中国科学技术协会

年 鉴

2019

中国科学技术出版社
·北 京·

图书在版编目（CIP）数据

中国科学技术协会年鉴．2019 / 中国科学技术协会组织编写．-- 北京：中国科学技术出版社，2021.2
ISBN 978-7-5046-8918-4

Ⅰ．①中… Ⅱ．①中… Ⅲ．①中国科学技术协会—2019 —年鉴 Ⅳ．①G322.25-54

中国版本图书馆 CIP 数据核字（2020）第 225903 号

责任编辑 韩　颖
装帧设计 中文天地
责任校对 焦　宁　吕传新　邓雪梅　张晓莉
责任印制 李晓霖

出　　版 中国科学技术出版社
发　　行 中国科学技术出版社有限公司发行部
地　　址 北京市海淀区中关村南大街16号
邮　　编 100081
发行电话 010-62173865
传　　真 010-62179148
网　　址 http://www.cspbooks.com.cn

开　　本 889mm × 1194mm　1/16
字　　数 2180千字
印　　张 68
印　　数 1—1600册
版　　次 2021年5月第1版
印　　次 2021年5月第1次印刷
印　　刷 北京顶佳世纪印刷有限公司
书　　号 ISBN 978-7-5046-8918-4 /G·884
定　　价 150.00元

编辑说明

一、《中国科学技术协会年鉴》是一部综合性资料性工具书，由中国科学技术协会主办，2001 年创刊，每年出版一卷，旨在全面、系统地反映中国科协系统为科技工作者服务、为创新驱动发展服务、为提高全民科学素质服务、为党和政府科学决策服务等各项事业发展变化的基本情况和发生的大事、要事、新事及有影响的事，为各方面了解中国科协提供信息和资料。

二、《中国科学技术协会年鉴》采用分类编辑法，主体内容设类目、分目、条目三个结构层次，以条目为表现内容的基本形式，全书条目的标题统一用黑体加【 】表示。

三、《中国科学技术协会年鉴（2019）》着重反映 2018 年中国科协系统的基本情况。全书设领导同志贺信批示讲话、中国科协主席党组书记讲话、重要文件、专题文章、重要会议和活动、主要活动和重要事件、人物、表彰奖励、统计公报、全国学会（协会、研究会）简况、省（自治区、直辖市，新疆生产建设兵团）科协简况、大事记、附录 13 个类目。

四、本年鉴配备双重检索系统，书前刊有目录，书后配有索引。索引采用主题分析法，款目按汉语拼音字母顺序排列。

五、本年鉴的编辑出版工作得到各撰稿单位的通力合作，谨此致谢。本卷疏漏之处，敬请批评指正。

《中国科学技术协会年鉴（2019）》编辑委员会

《中国科学技术协会年鉴（2019）》编辑部

目　录

专题文章

重要会议和活动

中国科协 2018 年主要活动和重要事件

人　物

表彰奖励

中国科协2018年度事业发展统计公报

全国学会、协会、研究会（含受委托管理的学会）简况

省、自治区、直辖市科协，新疆生产建设兵团科协简况

大事记

附　录

索　引

中国科学技术协会章程

（2016年6月1日中国科学技术协会第九次全国代表大会通过）

第一章　总　则

第一条　中国科学技术协会是中国科学技术工作者的群众组织，是中国共产党领导下的人民团体，是党和政府联系科学技术工作者的桥梁和纽带，是国家推动科学技术事业发展的重要力量。

第二条　中国科学技术协会的宗旨是：高举中国特色社会主义伟大旗帜，坚持以马克思列宁主义、毛泽东思想、邓小平理论、“三个代表”重要思想、科学发展观为指导，深入贯彻落实习近平总书记系列重要讲话精神，按照全面建成小康社会、全面深化改革、全面依法治国、全面从严治党的战略布局，坚持科学技术是第一生产力，坚持把创新作为引领发展的第一动力，把人才作为支撑发展的第一资源，把创新摆在发展全局的核心位置，深入实施科教兴国战略、人才强国战略、创新驱动发展战略，认真履行为科学技术工作者服务、为创新驱动发展服务、为提高全民科学素质服务、为党和政府科学决策服务的职责定位，促进科学技术的繁荣和发展，促进科学技术的普及和推广，促进科学技术人才的成长和提高，反映科学技术工作者的意见建议，维护科学技术工作者的合法权益，营造良好科学文化氛围，坚定不移走中国特色社会主义群团发展道路，不断增强政治性、先进性和群众性，建设开放型、枢纽型、平台型科协组织，真正成为党领导下团结联系广大科技工作者的人民团体，提供科技类公共服务产品的社会组织，国家创新体系的重要组成部分，把广大科学技术工作者更加紧密地团结凝聚在党的周围，为实现中华民族伟大复兴的中国梦而努力奋斗。

第三条　中国科学技术协会由全国学会、协会、研究会（以下学会、协会、研究会简称学会），地方科学技术协会及基层组织组成。

地方科学技术协会由同级学会和下一级科学技术协会及基层组织组成。

第四条　中国科学技术协会贯彻自主创新、重点跨越、支撑发展、引领未来的科技工作方针，弘扬尊重劳动、尊重知识、尊重人才、尊重创造的风尚，倡导创新、求实、协作、奉献的精神，坚持独立自主、民主办会的原则和“百花齐放、百家争鸣”的方针，依法依章程开展工作。

第五条　中国科学技术协会高举爱国主义旗帜，加强与香港特别行政区、澳门特别行政区和台湾地区的科学技术交流，维护民族团结，促进祖国统一。

第二章　任　务

第六条　密切联系科学技术工作者，宣传党的路线方针政策，反映科学技术工作者的建议、意见和诉求，维护科学技术工作者的合法权益，建设科技工作者之家。

第七条　开展学术交流，活跃学术思想，倡导学术民主，优化学术环境，促进学科发展，推进国家创新体系建设。

第八条　组织科学技术工作者开展科技创新，参与科学论证和咨询服务，加快科学技术成果转化应用，助力创新发展，为增强企业自主创新能力作贡献。

第九条　弘扬科学精神，普及科学知识，推广先进技术，传播科学思想和科学方法，捍卫科学尊严，提高全民科学素质。

第十条　健全科学共同体的自律功能，推动建立和完善科学研究诚信监督机制，促进科学道德建设和学风建设，宣传优秀科学技术工作者，培育科学文化，践行社会主义核心价值观。

第十一条　组织科学技术工作者参与国家科技战略、规划、布局、政策、法律法规的咨询制定和国家事务的政治协商、科学决策、民主监督工作，建设中国特色高水平科技创新智库。

第十二条　组织所属学会有序承接科技评估、工程技术领域职业资格认定、技术标准研制、国家科技奖励推荐等政府委托工作或转移职能。

第十三条 注重激发青少年科技兴趣，发现培养杰出青年科学家和创新团队，表彰奖励优秀科学技术工作者，举荐科学技术人才。

第十四条 开展民间国际科学技术交流活动，促进国际科学技术合作，发展同国（境）外科学技术团体和科学技术工作者的友好交往，为海外科技人才来华创新创业提供服务。

第十五条 兴办符合中国科学技术协会宗旨的社会公益性事业。

第三章 会 员

第十六条 中国科学技术协会实行团体会员制。

学会和高等学校科协、大型企业科协等基层组织，符合条件的，经批准可成为同级科学技术协会的团体会员。

学会和基层组织发展个人会员。

第十七条 会员的权利和义务：

团体会员可推选代表参加科学技术协会代表大会，享有选举权、被选举权和监督权；参加科学技术协会的活动，对科学技术协会的工作提出建议和批评并进行监督。

团体会员须遵守本章程，接受科学技术协会的领导，执行科学技术协会的决议和决定，开展符合本章程规定的各项活动，承担科学技术协会委托的工作任务。

个人会员的权利和义务由学会和基层组织章程规定。

第四章 全国领导机构

第十八条 全国代表大会和它选举产生的全国委员会是中国科学技术协会全国领导机构。

全国代表大会常务委员会是全国代表大会的常设机构。

第十九条 全国代表大会每五年举行一次，由全国委员会召集。特殊情况下，可以提前或延期举行。

第二十条 全国代表大会的代表名额和选举办法由常务委员会决定，其代表经全国学会和省、自治区、直辖市科学技术协会及有关方面民主协商，选举产生。

代表大会代表实行任期制。

第二十一条 全国代表大会行使下列职权：

一、决定中国科学技术协会的工作方针和任务；

二、审议和批准全国委员会的工作报告；

三、制定和修改中国科学技术协会章程；

四、选举产生全国委员会；

五、决定其他重大事项。

第二十二条 全国委员会会议每年举行一次，由常务委员会召集。

第二十三条 全国委员会行使下列职权：

一、执行全国代表大会的决议；

二、选举主席、副主席和常务委员；

三、审议中国科学技术协会年度工作报告；

四、决定授予荣誉职务；

五、决定其他重大事项。

第二十四条 全国委员会闭会期间，常务委员会领导中国科学技术协会的工作，实施全国委员会确定的任务，批准全国委员会委员的变更、增补或撤销，会员的接纳、退出或处罚；决定常务委员会委员、全国委员会副主席的调整，并提交全国委员会会议批准。

常务委员会会议一般每半年举行一次，由主席召集，也可由主席委托副主席召集。

第二十五条 常务委员会下设书记处。书记处由第一书记和书记若干人组成，人选由主席提名，经常务委员会通过。书记处在常务委员会领导下主持中国科学技术协会的日常工作。

第二十六条 常务委员会设置若干工作委员会和专门委员会，协助审议需经常务委员会审定的有关事项。

第二十七条 常务委员会根据需要，聘请成就卓著的科学家为中国科学技术协会顾问。

第二十八条 全国委员会委员和常务委员会委员应珍惜荣誉，遵守纪律，认真履职。全国委员会委员连续两次无故缺席全国委员会会议，没有正常履职的，一般应辞去全国委员会委员职务；常务委员会委员三次无故缺席常务委员会会议，没有正常履职的，一般应辞去常务委员会委员职务。

因为严重违纪受到查处或受到刑事处罚的，撤销委员职务，同时终止全国代表大会代表资格。

第五章 全国学会

第二十九条 本章程所称全国学会是按自然科学、技术科学、工程技术及相关科学的学科组建或以促进科学技术发展和普及为宗旨的社会团体。

第三十条 加入中国科学技术协会的全国学会须满足以下基本条件：

一、承认中国科学技术协会章程；

二、按照社会团体登记管理规定依法登记；

三、学术带头人应在相关领域有重要影响，个人会员达到1000名以上；

四、经常开展国内外学术交流活动，具有较强的服务科技创新、决策咨询和科学技术普及能力，编辑出版科学技术或科学普及刊物，原则上应设有科学技术奖项；

五、有实体办事机构、固定办公场所和专职工作人员。

第三十一条 符合本章程第三十条规定的全国学会，向中国科学技术协会提出申请，经常务委员会批准，即为中国科学技术协会的团体会员。

第三十二条 加入中国科学技术协会的全国学会接受中国科学技术协会的领导，执行中国科学技术协会的决议，承担并完成中国科学技术协会委托的任务，选举代表参加中国科学技术协会全国代表大会。

全国学会退出中国科学技术协会，须经中国科学技术协会常务委员会批准。

第三十三条 全国学会会员代表大会每四至五年举行一次，决定学会的工作方针和任务，审议和批准学会理事会的工作报告和财务报告，制定、修改会章，选举新的理事会。

全国学会办事机构在理事会领导下开展工作。

第三十四条 全国学会可根据学科发展需要组建学会联合体，有条件的学会联合体应设立党的工作机构。学会联合体为非法人社团组织，其成立或解散须经中国科学技术协会常务委员会批准。

第三十五条 全国学会有下列情形之一的，经中国科学技术协会批准，给予限期整改、警告、撤销团体会员资格等处罚：

一、履职不力、组织涣散的，责令限期整改；

二、限期整改后仍无明显改进的，经批准，给予警告处分；

三、违反国家法律法规，或严重违反中国科学技术协会章程，造成严重不良后果的，经常务委员会批准，撤销团体会员资格。

第六章 地方科学技术协会

第三十六条 本章程所称地方科学技术协会指省（自治区、直辖市）科学技术协会，市（地、州、盟）科学技术协会和县（市、区、旗）科学技术协会。地方科学技术协会是中国科学技术协会的地方组织，是地方同级党委领导下的人民团体。

第三十七条 省、自治区、直辖市科学技术协会接受中国科学技术协会的业务指导。

市（地、州、盟）科学技术协会接受省（自治区、直辖市）科学技术协会的业务指导。

县（市、区、旗）科学技术协会接受市（地、州、盟）科学技术协会的业务指导。

省级以下（含省级）学会接受同级科学技术协会领导，业务上受相应的上级学会指导。

第三十八条 地方科学技术协会执行中国科学技术协会的章程和决议，推选代表参加上级科学技术协会代表大会。

第三十九条 地方科学技术协会代表大会每五年举行一次，决定本地区科学技术协会的工作方针和任务，审议地方科学技术协会委员会的工作报告，选举地方科学技术协会委员会。

地方科学技术协会主席、副主席选举结果应报上一级科学技术协会备案。

第七章 基层组织

第四十条 科学技术工作者集中的企业事业单位和有条件的乡镇、街道社区等建立的科学技术协会（科学技术普及协会）是中国科学技术协会的基层组织，依照本章程开展活动。

地方科学技术协会联系指导农村专业技术协会等基层组织。

第四十一条 中国科学技术协会和地方科学技术协会可依规模和影响发展符合条件的基层组织作为团体会员。

第四十二条 基层组织应立足自身特点，动员和组织科学技术工作者开展学术交流，普及科学技术，推广实用技术，助力创新驱动，服务大众创业万众创新。

第四十三条 基层组织应大力发展个人会员，及时准确反映基层科学技术工作者的建议、意见和诉求，建好科技工作者之家、广交科技工作者之友。

第八章 工作人员

第四十四条 各级科学技术协会机关对其工作人员按照国家有关规定进行管理。

第四十五条 各级科学技术协会所属学会对其工作人员根据其编制性质和管理的需要，执行相应的人事管理制度。

第四十六条 各级科学技术协会所属事业单位的工作人员按国家对事业单位的管理规定进行管理。

第四十七条 各级科学技术协会工作人员应热爱科学技术协会的事业，牢固树立为科学技术工作者服务的思想，持续改进工作作风，深入实际和基层，密切联系和真诚服务科学技术工作者，不断提高政策水平、专业技能和社会服务能力。

第四十八条 各级科学技术协会要加强对工作人员的培养和教育，有计划有组织地开展培训工作，提高工作人员的政治和业务素质。

第四十九条 各级科学技术协会及所属团体工作人员应自觉加强纪律和道德约束，共同维护科学技术协会作为科技工作者之家的良好形象，不得肆意贬损诋毁。如有违犯者，视情节轻重给予处理。

第九章 经费及资产管理

第五十条 经费来源：

一、财政拨款；

二、资助；

三、捐赠；

四、会费；

五、企事业收入；

六、其他收入。

第五十一条 建立学术交流、科学技术普及、人才举荐和奖励等专项基金。

第五十二条 建立常务委员会领导下的民主理财管理体制。

第五十三条 各级科学技术协会的经费、资产及国家和地方拨给科学技术协会的不动产受法律保护，任何单位和个人不得侵占、挪用和任意调拨；各级科学技术协会所属企业、事业的资产隶属关系不得随意改变。

第十章　会　徽

第五十四条　中国科学技术协会会徽由古天象仪、航天器、齿轮、麦穗、蛇杖以及中文和英文标出的中国科学技术协会名称组成。

第五十五条　中国科学技术协会会徽可在办公地点、活动场所、会议会场悬挂，在出版物上印制，也可制作成徽章佩戴。

第十一章　附　则

第五十六条

中国科学技术协会简称中国科协。

中国科学技术协会会址设在北京。

中国科学技术协会的英文全称是 CHINA ASSOCIATION FOR SCIENCE AND TECHNOLOGY，缩写为 CAST。

第五十七条　全国委员会依照本章程制定《全国学会组织通则》。

第五十八条　全国学会依据有关社会团体登记管理规定、本章程制定学会章程。

地方科学技术协会可根据本章程制定实施细则。

第五十九条　本章程解释权属中国科学技术协会。

第六十条　本章程经中国科学技术协会全国代表大会通过实施。

中国科学技术协会会徽

中国科学技术协会会徽由古天象仪、航天器、齿轮、麦穗、蛇杖以及中文和英文标出的中国科学技术协会名称组成。

中国科学技术协会会徽可在办公地点、活动场所、会议会场悬挂，在出版物上印制，也可作为徽章佩戴。

中国科学技术协会标识

中国科学技术协会标识图案为双面拓扑图形，造型富于变化，富有动感。舞动的丝带寓意中国科协是党和政府联系广大科技工作者的桥梁和纽带，象征科协组织具有蓬勃的生命力和创造力。

中国科学技术协会简介

一、历史沿革

中华人民共和国成立前夕，党中央为团结科技工作者，为新中国建设事业贡献力量，邀请科技界派代表参加中国人民政治协商会议，批准由中国科学社、中华自然科学社、中国科学工作者协会和东北自然科学研究会4个科学团体共同发起，筹备召开中华全国自然科学工作者代表会议（简称科代会）。1949年7月，科代会筹备会议在北平召开，选出正式代表15人和候补代表2人参加中国人民政治协商会议。1950年8月，科代会在北京举行，决定成立“中华全国自然科学专门学会联合会”（简称全国科联）和“中华全国科学技术普及协会”（简称全国科普），推举地质学家李四光为全国科联主席、林学家梁希为全国科普主席。

1958年9月，经党中央批准，全国科联和全国科普合并，正式成立全国科技工作者的统一组织——中国科学技术协会。50多年来，中国科协先后召开九次全国代表大会，李四光、周培源、钱学森、朱光亚曾分别担任第一、第二、第三、第四届全国委员会主席，周光召为第五、第六届全国委员会主席，韩启德为第七、第八届全国委员会主席，2016年6月，万钢当选第九届全国委员会主席。1991年1月，全国政协七届十二次常委会议决定，恢复中国科协为全国政协组成单位。目前，中国科协是国家科教工作领导小组、中央精神文明建设指导委员会和中央人才工作协调小组成员单位，第十二届全国政协有科协界委员43名。

二、宗旨任务

《中国科协章程》规定，科协的宗旨任务主要是：

1. 宗旨

高举中国特色社会主义伟大旗帜，坚持以马克思列宁主义、毛泽东思想、邓小平理论、“三个代表”重要思想、科学发展观为指导，深入贯彻落实习近平总书记系列重要讲话精神，按照全面建成小康社会、全面深化改革、全面依法治国、全面从严治党的战略布局，坚持科学技术是第一生产力，坚持把创新作为引领发展的第一动力，把人才作为支撑发展的第一资源，把创新摆在发展全局的核心位置，深入实施科教兴国战略、人才强国战略、创新驱动发展战略，认真履行为科学技术工作者服务、为创新驱动发展服务、为提高全民科学素质服务、为党和政府科学决策服务的职责定位，促进科学技术的繁荣和发展，促进科学技术的普及和推广，促进科学技术人才的成长和提高，反映科学技术工作者的意见建议，维护科学技术工作者的合法权益，营造良好科学文化氛围，坚定不移走中国特色社会主义群团发展道路，不断增强政治性、先进性和群众性，建设开放型、枢纽型、平台型科协组织，真正成为党领导下团结联系广大科技工作者的人民团体，提供科技类公共服务产品的社会组织，国家创新体系的重要组成部分，把广大科学技术工作者更加紧密地团结凝聚在党的周围，为实现中华民族伟大复兴的中国梦而努力奋斗。

2. 任务

一是密切联系科学技术工作者，宣传党的路线方针政策，反映科学技术工作者的建议、意见和诉求，维护科学技术工作者的合法权益，建设科技工作者之家；二是开展学术交流，活跃学术思想，倡导学术民主，优化学术环境，促进学科发展，推进国家创新体系建设；三是组织科学技术工作者开展科技创新，参与科学论证和咨询服务，加快科学技术成果转化应用，助力创新发展，为增强企业自主创新能力作贡献；四是弘扬科学精神，普及科学知识，推广先进技术，传播科学思想和科学方法，捍卫科学尊严，提高全民科学素质；五是健全科学共同体的自律功能，推动建立和完善科学研究诚信监督机制，促进科学道德建设和学风建设，宣传优秀科学技术工作者，培育科学文化，践行社会主义核心价值观；六是组织科学技术工作者参与国家科技战略、规划、布局、政策、法律法规的咨询制定和国家事务的政治协商、科学决策、民主监督工作，建设中国特色高水平科技创新智库；七是组织所属学会有序承接科技评估、工程技术领域职业资格认定、技术标准研制、国家科技奖励推荐等政府委托工作或转移职能；八是注重激发青少年科技兴趣，发现培养杰出青年科学家和创新团队，表彰奖励优秀科学技术工作者，举荐科学技术人才；九是开展民间国际科学技术交流活动，促进国际科学技术合作，发展同国（境）外科学技术团体和科学技术工作者的友好交往，为海外科技人才来华创新创业提供服务；十是兴办符合中国科学技术协会宗旨的社会公益性事业。

三、组织状况

中国科协由全国学会、协会、研究会（以下简称学会）和地方科协组成。地方科协由同级学会和下一级科协及基层组织组成。组织系统横向跨越绝大部分自然科学学科和大部分产业部门，是一个具有较大覆盖面的网络型组织体系。

1. 全国学会

目前，中国科协所属全国学会 210 个。其中，理科学会 46 个，工科学会 78 个，农科学会 16 个，医科学会 28 个，交叉学科学会 42 个。

2. 地方科协

地方科协包括省、自治区、直辖市科协，市（地）科协和县科协，总计3141个，其中省级科协32个，副省级、省会城市科协 32 个，地市级科协 381 个，县级科协 2696 个。此外，还有大量科协基层组织，如乡镇科协（科普协会）、农村专业技术协会、企业科协、街道科协、高校科协等。

3. 科协机关

中国科协机关设有办公厅、计划财务部、组织人事部、调研宣传部、学会学术部（企业工作办公室）、科学技术普及部、国际联络部、机关党委、机关离退休干部办公室等部门，直属单位设有创新战略研究院、中国科普研究所、学会服务中心、信息中心、中国科技馆、青少年科技中心、企业创新服务中心、农村专业技术服务中心、中国国际科技交流中心、科学技术传播中心、培训和人才服务中心、科技导报社、机关服务中心、中国科技会堂、新技术开发中心、中国科学技术出版社有限公司等。

4. 领导体制

中国科协属中直系统，由中央书记处直接领导。中国科协实行全国代表大会、全国委员会、常务委员会领导制度。常务委员会设置组织建设专门委员会、学术交流专门委员会等 11 个专门委员会，协助审议需经常务委员会审定的有关事项。常务委员会下设书记处，书记处在常务委员会领导下主持中国科协的日常工作。

A Brief Introduction to the China Association for Science and Technology

As the largest non-governmental organization of scientific and technological professionals in China, the China Association for Science and Technology (CAST) serves as a bridge that links the Communist Party of China and the Chinese government to the country's science and technology community. Through its 210 national member societies and local branches all over the country, CAST maintains close ties with millions of Chinese scientists, engineers and other professionals working in the fields of science and technology.

The history of CAST can trace back to the eve of the founding of the People's Republic of China in 1949 when a number of the nation's primary scientific and technological organizations gathered at a meeting to call upon the country's science and technology community to dedicate all their efforts to the building of New China. The meeting led to the birth in 1950 of two new national organizations — the All-China Federation of Natural Science Societies and the All-China Association for Science Popularization. In September 1958, the two organizations decided at their joint congress to merge into a unified single organization — the China Association for Science and Technology.

Since its inauguration, CAST has made significant contributions to the prosperity and development of science and technology, to the popularization of science and technology among the public, to the emerging of large numbers of professional talents, and to the overall economic and social development in China.

As the bridge linking Chinese science and technology community with the Communist Party of China and the Chinese government, CAST is a constituent member of the country's top political advisory body — the Chinese People's Political Consultative Conference (CPPCC), where it joins all the political parties and other social groups in the state affairs through political consultation, policy-making and democratic supervision.

The highest leading organ of CAST is the National Congress that meets every five years and the National Committee elected by it. The President of the current National Committee is Prof. Wan Gang. The Secretariat appointed by the National Committee is responsible for the daily operation of CAST, which is headed by the Chief Executive Secretary — Dr. Huai Jinpeng.

Major tasks of CAST include:

1) to carry out academic exchanges, activate academic thinking, promote the development of all scientific disciplines, and stimulate independent innovation.

2) to organize scientific and technological professionals to contribute to the establishment of a technological innovation system that takes enterprises as the main body and can significantly enhance the enterprises' innovation ability.

3) to carry forward the scientific spirit, popularize scientific knowledge and disseminating scientific ideas and methods according to *the Law of the People's Republic of China on Science and Technology Popularization*; uphold the dignity of science, promote the application of advanced technologies, encourage and organize science educational activities among children and youth, and improve the scientific literacy of all citizens.

4) to reflect suggestions, opinions and demands of scientific and technological professionals, and safeguard their legitimate rights and interests.

5) to push forward the establishment and improvement of a research integrity supervision mechanism, and promote the construction of scientific ethics and a fine style of study.

6) to organize scientific and technological professionals to participate in the making of science- and technology-related policies and laws; organize scientific and technological professionals to participate in the political consultation, scientifically informed decisions and democratic supervision of state affairs.

7) to recognize and reward outstanding scientific and technological professionals, and recommend scientific and technological talents.

8) to provide scientific augmentation and consulting services, and policy advice, facilitate the transformation of research results; undertake project evaluation and appraisal, participate in the formulation of technical standards, professional qualification accreditation.

9) to organize international science and technology exchange programs, promote international scientific and technological cooperation, and develop cooperative relations with scientific and technological organizations and personnel worldwide.

10) to carry out continuing education and training programs.

11) to develop social and public welfare institutions cohering to the aim of the China Association for Science and Technology.

CAST maintains cooperative relations with scientific and technological organizations of many countries and, as the representative of the Chinese science and technology community, is the national members of ICSU, WFEO and many other international scientific and technological organizations. In 2004, CAST was granted consultative status with the Economic and Social Council of the United Nations.

领导同志贺信批示讲话

习近平向首届中国国际智能产业博览会致贺信

首届中国国际智能产业博览会8月23日在重庆市开幕，国家主席习近平向会议致贺信。

习近平指出，我们正处在新一轮科技革命和产业变革蓄势待发的时期，以互联网、大数据、人工智能为代表的新一代信息技术日新月异。促进数字经济和实体经济融合发展，加快新旧发展动能接续转换，打造新产业新业态，是各国面临的共同任务。

习近平强调，中国高度重视创新驱动发展，坚定贯彻新发展理念，加快推进数字产业化、产业数字化，努力推动高质量发展、创造高品质生活。中国愿积极参与数字经济国际合作，同各国携手推动数字经济健康发展，为世界经济增长培育新动力、开辟新空间。本次会议以“智能化：为经济赋能，为生活添彩”为主题，体现了世界经济发展的趋势，体现了各国人民对美好生活的期盼。希望与会代表深化交流合作，智汇八方、博采众长，共同推动数字经济发展，为构建人类命运共同体贡献智慧和力量。

由科学技术部、工业和信息化部、中国科学院、中国工程院、中国科学技术协会和重庆市人民政府共同主办的首届中国国际智能产业博览会于8月23—25日在重庆市举办。

习近平向世界公众科学素质促进大会致贺信

9月17日，世界公众科学素质促进大会在北京召开，国家主席习近平向大会致贺信。

习近平指出，科学技术是第一生产力，创新是引领发展的第一动力。当前，全球新一轮科技革命孕育兴起，正在深刻影响世界发展格局，深刻改变人类生产生活方式。加强科技产业界和社会各界的协同创新，促进各国开放合作，是让科技发展为人类社会进步发挥更大作用的重要途径。

习近平强调，中国高度重视科学普及，不断提高广大人民科学文化素质。中国积极同世界各国开展科普交流，分享增强人民科学素质的经验做法，以推动共享发展成果、共建繁荣世界。希望各位嘉宾在本次大会期间就普及科学知识、弘扬科学精神、传播科学思想、倡导科学方法积极交流互鉴，为增强公众科学素质、促进科学成果共享、推动构建人类命运共同体做出贡献。

由中国科学技术协会发起主办，联合国教科文组织、世界知识产权组织、国际科学理事会、世界工程组织联合会予以支持的世界公众科学素质促进大会于9月17—19日在北京举办。

习近平对中船重工第七六〇所黄群等3名同志壮烈牺牲做出重要指示

8月20日，今年第18号台风“温比亚”过境辽宁省大连市，受其影响，停靠在中国船舶重工集团有限公司第七六〇研究所的国家某重点试验平台出现重大险情。在危急紧要关头，第七六〇研究所党委委员、副所长黄群带领11名同志组成抢险队，对试验平台进行加固作业。作业过程中，黄群、宋月才、姜开斌同志被巨浪卷入海中，英勇牺牲。

中共中央总书记、国家主席、中央军委主席习近平闻讯后对黄群等3名同志壮烈牺牲做出重要指示，指出黄群、宋月才、姜开斌三位同志面对台风和巨浪，挺身而出、英勇无惧，为保护国家重点试验平台壮烈牺牲，用实际行动诠释了共产党员对党忠诚、恪尽职守、不怕牺牲的优秀品格，用宝贵生命践行了共产党员“随时准备为党和人民牺牲一切”的初心和誓言，他们是共产党员的优秀代表、时代楷模。习近平强调，广大党员干部要以黄群、宋月才、姜开斌同志为榜样，坚定理想信念，不忘初心、牢记使命，履职尽责、许党报国，为实现“两个一百年”奋斗目标、实现中华民族伟大复兴的中国梦贡献智慧和力量。

李克强对 2018 年全国大众创业万众创新活动周做出重要批示

2018 年全国大众创业万众创新活动周 10 月 9 日在四川成都拉开帷幕。中共中央政治局常委、国务院总理李克强做出重要批示。批示指出：近几年，在各方面共同努力下，双创活动蓬勃发展，为激发创新潜力和市场活力、扩大就业发挥了积极作用。面对新形势，要以习近平新时代中国特色社会主义思想为指导，认真贯彻党中央、国务院决策部署，按照高质量发展的要求，更大力度实施创新驱动发展战略，持续深入推进双创。进一步深化“放管服”改革，加强产权保护等制度建设，为各类市场主体营造市场化、法治化、国际化的创业创新生态。提升工业互联网平台服务能力，推动“互联网＋社会民生”健康发展，改善公共服务，释放人民群众中蕴藏的无穷创造力，为加快培育新动能、不断提升我国经济的创新力和竞争力打下更坚实的基础。

2018年全国大众创业万众创新活动周于10月9—15日举行。这次活动周由国家发展改革委牵头组成的活动周组委会主办，中国科协为活动周主办单位。

李克强对 2018 世界生命科学大会做出重要批示

2018 世界生命科学大会 10 月 27 日在京开幕，中共中央政治局常委、国务院总理李克强做出重要批示。批示指出：生命科学事关人的健康和发展，已成为许多国家科技创新的关键领域，全球生命科学面临前所未有的发展机遇。中国正在全面实施创新驱动发展战略和健康中国战略，不断加强生命科学研究，重视发展生命科学领域的新技术新产业，加快培育发展新动能，积极推进国际交流与合作。希望与会嘉宾围绕大会主题深入交流、凝聚共识，不断加强协作，推动生命科学研究和技术创新取得更多突破，携手应对重大疾病、人口老化、环境污染、资源短缺等挑战，促进世界经济社会可持续发展，为各国人民带来更多福祉。

由中国科学技术协会、科学技术部主办，中国科协生命科学学会联合体、中国生物技术发展中心承办的 2018 世界生命科学大会于 10 月 27—29 日在北京举办。

中国科协主席党组书记讲话

在中国科协九届全国委员会第四次会议上的工作报告

（2018年1月26日）

万　钢

各位委员：

现在，我受中国科协第九届全国委员会常务委员会委托，向大会报告工作，请予审议，并请列席同志提出意见。

2017年工作情况

2017年，在习近平新时代中国特色社会主义思想的战略指引下，我国科技战线砥砺前行、勇攀高峰，推动科技创新实现跨越发展。研发经费投入世界第二，全时研发人员数量世界第一，发明专利申请量连续7年全球第一，国际科技论文总量连续9年稳居世界第二，在基础研究前沿领域取得一批具有国际影响的重大成果，建成一批世界级重大科技基础设施，战略高技术实现整体跃升，创新治理体系更加完善，科技人才队伍"量""质"齐增，科技开放合作广度和深度不断拓展。我国科技创新已进入跟跑、并跑、领跑"三跑并存"新阶段，为培育新动能、打造先发优势、塑造引领型发展奠定了基础，为经济发展、社会进步、民生改善和国家安全提供了强有力的支撑。

一年来，在党中央坚强领导下，中国科协深入学习贯彻习近平总书记系列重要讲话精神，坚持以习近平新时代中国特色社会主义思想为指导，贯彻落实中央重大决策部署，认真履行"四服务"职责定位，坚定不移深化改革，各项工作迈上新台阶。

一、坚持以迎接学习宣传贯彻党的十九大为主线，对科技工作者思想政治引领力度进一步加大

牢牢把握科协组织的政治属性，提高政治站位，始终坚持把讲政治作为第一位要求，把巩固和扩大党执政的群众基础作为最重要的政治使命，深入学习习近平总书记治国理政新理念新思想新战略，不断加强对科技工作者的思想政治引领，坚决维护党中央权威和集中统一领导，把广大科技工作者紧紧团结在以习近平同志为核心的党中央周围。

一是精心组织、周密安排，迅速兴起学习宣传贯彻十九大精神热潮。坚持把迎接和学习宣传贯彻党的十九大作为全年工作主线，以组织开展"迎接党的十九大，做合格党员"主题实践活动为载体，营造众心向党、团结稳定的良好氛围。十九大召开前夕，及时召开党组扩大会，对组织收听收看大会盛况、做好学习宣传做出周密部署。十九大期间，通过516个全国科技工作者状况调查站点开展问卷调查，把握思想动向，宣传大会精神，及时分析上报。大会闭幕后，第一时间召开党组扩大会和全体党员干部大会，传达学习十九大精神，机关部门和直属单位基层党组织合计举办学习活动1016场，25855人次参加。举办科协

系统学习十九大精神宣讲报告会和地方科协主席专题培训班，实现“关键少数”全覆盖。及时举办科技工作者座谈会，深入全国学会和地方科协开展宣讲，引导科技工作者准确把握习近平新时代中国特色社会主义思想的核心要义，更加自觉地在思想上政治上行动上与以习近平同志为核心的党中央保持高度一致。

二是创新工作方式，着力在学懂弄通特别是做实上狠下功夫。根据中央统一安排，把学习宣传贯彻党的十九大精神作为第一要务、第一行动、第一考验，对标中央要求，不断深化对习近平新时代中国特色社会主义思想的深刻理解，切实做到“六个聚焦”和“十个深刻领会”，牢固树立“四个意识”，坚定“四个自信”。认真研究制订学习宣传贯彻党的十九大精神实施方案，部署在全系统开展“新时代创新先锋”主题实践活动，切实把学习成效转化为科协系统深化改革的强大动力。坚决破除以文件落实文件、以会议落实会议的形式主义陋习，组织机关各部门各单位把“摆进去”和“跳出来”有机结合起来，明确导向，抓紧压实，转变思想观念，转变目标标准，转变方法措施，通过理论联系实际、开放交流讨论等多种形式，在高强度的思想碰撞中拓视野、找差距。集中5个半天组织机关部门和直属单位深入开展学习贯彻方案研讨交流，逐个亮相接受评议，比学懂弄通做实，比创新思路举措，反复修改完善方案，凝练形成科协发展的目标使命、战略思路和重点工程。干部职工思想深受触动，工作作风和精神面貌出现重大变化，把科协工作融入十九大战略部署之中的思想自觉和行动自觉明显增强，争做改革创新先锋、规范高效先锋、品牌创造先锋的“比学赶帮超”氛围初步形成，展现出生动践行十九大精神的全新气象。

三是强化系统协同，突出示范引领，持续把科协系统学习宣传贯彻活动引向深入。做讲政治的知行合一者，坚持科协机关、全国学会和地方科协一体部署、一体推进，领导干部先学一步、学深一层，党组同志深入一线宣讲督导。把学习宣传贯彻十九大精神融入科学道德和学风建设宣讲教育活动之中，邀请知名院士专家结合自身成长经历进行集中宣讲，全国700余所高校近65万名学生和青年教师在线收听收看，反响强烈。中华医学会、中国煤炭学会、中国公路学会、中国力学学会等全国学会，北京、天津、黑龙江、湖北、海南、西藏等地方科协积极行动起来，广泛开展各种形式的宣讲教育活动。河南省科协在《河南日报》整版开设“不忘初心，牢记使命，坚定不移跟党走”专栏，多层面、多视角展示学习贯彻落实情况。内蒙古科协举办主题党日活动，通过系列学习研讨、知识竞答、红色经典诵读等形式，帮助干部职工及时掌握领会党的十九大精神实质。中华口腔医学会组织医学专家走进贵州省贵阳市、山西省吕梁市岚县，开展十九大精神宣讲和医疗帮扶，以实际行动落实十九大报告关于精准扶贫的战略部署。中国科协通过《科技界情况》等内刊及时反映情况、沟通信息，迅速形成落实、督导、反馈的抓实见效闭环。

二、坚持以全面深化改革为动力，科协工作社会影响力明显提升

全面贯彻落实党中央关于群团改革重大战略部署和习近平总书记重要讲话精神，认真履行为科技工作者服务、为创新驱动发展服务、为提高全民科学素质服务、为党和政府科学决策服务的职责定位，坚定不移强“三性”、去“四化”、除“四风”，努力在团结带领科技工作者打硬仗、打苦仗方面展示新形象、实现新作为。

一是扎实推动改革落地，科协组织活跃程度有所增强。深入贯彻习近平总书记关于群团改革重要讲话和“科技三会”重要讲话精神，全面落实《科协系统深化改革实施方案》，210个全国学会改革全部启动，31个省份出台改革方案。加大统筹协调和督导评估力度，第一阶段确定的改革任务近八成基本完成，全国学会近九成实现秘书处实体化运作，半数以上聘有专职秘书长，学会承接政府转移职能进入常态化运行，参与科协活动的积极性主动性显著提高。中国营养学会面向全球公开招聘秘书长。中国抗癌协会个人会员总数突破13万人，比2017年度增长8万多人。地方科协改革持续向下延伸，地市级科协改革方案出台率达到76%，县级达到17%以上，支持改革、参与改革蔚成风气。

二是改进服务、强化引领，科技工作者认同感明显提高。隆重举行全国科技工作者日活动，评颁首届全国创新争先奖，宣传黄大年、南仁东先进事迹，组织“共和国的脊梁——科学大师名校宣传工程”年度会演，举办中国现代科学家主题展巡展，大力弘扬心有大我、至诚报国的中国科学家精神。发挥政协科协界在社会主义协商民主中的积极作用，做好第十二届全国政协第五次会议科协界委员的服务保障，围绕科技工作者关心关注的切身利益问题建诤言献良策。坚持把举荐培育优秀人才作为重要使命，完善青年人才托举机制，创新筹资方式，扩大资助名额，新增托举优秀青年人才328人。做好两院院士候选人推选工作，推动院士制度改革。倾力打造网上科技工作者之家，1282个各级科协组织、643个各级学会入驻，学术会议直播、科技社交等功能受到好评。针对施普林格出版集团论文"撤稿事件"，以"零容忍"和负责任态度果断亮剑，充分发挥学术共同体的作用，推动严肃查处，正确引导舆情，着力营造风清气正的良好学术生态，受到科技工作者的广泛认可。浙江省科协强化"互联网+学会"理念，充分发挥手机移动终端APP的优势，使传统的学术交流、科学普及、人才培养、决策咨询等实现线上线下同步。广西科协建立桂籍科技人才信息管理系统，深入挖掘"九张创新发展名片"相关领域人才，完善专家联络机制。江西省科协与省委组织部共同深入实施"百人远航工程"，新选送104名中青年科技人员出国进修深造，资助总额500多万元。福建省科协建立机关干部联系基层"1×10×10"长效机制，形成上下联动、共同服务的工作格局。

三是坚持发挥学术交流基础作用，服务创新发展领域持续拓展。中国植物学会、中国宇航学会成功举办第十九届国际植物学大会和2017年全球航天探索大会，习近平总书记分别致贺信。与吉林省人民政府联合举办中国科协年会，以会展赛模式成功举办世界机器人大会、世界交通运输大会等高水平系列品牌国际会议，促进科技创新与融合，提升我国行业国际影响力和话语权。深入实施科技期刊国际影响力提升计划，25种科技期刊跻身世界同类期刊排名前25%（Q1区），《细胞研究》《光：科学与应用》《中国航空学报》等一批英文期刊、《岩石学报》《地球物理学报》《分析化学》《金属学报》等一批中文期刊国际影响力不断提升，《科学通报》（英文版）、《地学前缘》（英文版）、《中国科学：材料科学》等直接进入国际同类期刊排名前列，中国科技期刊国际影响力不断提升，学术引领能力明显增强。着力探索科技融入经济新模式，建立一批学会企业联合体和产业协同创新共同体，学会联合体各项工作有序开展，品牌影响力稳步提升。辽宁省科协组建了智能制造学会联合体、化工新材料学会联合体。安徽省科协组织11个学会筹备成立智能制造联合体。与国家发展改革委联合举办全国双创活动周，开展"创响中国"巡回接力活动，营造创新创业良好氛围。动员100余个全国学会，重点服务地方产业转型升级。中国城市规划学会围绕雄安新区建设提供咨询，中国环境科学学会、中国建筑学会服务西部地区发展，中国国土经济学会助力贫困县实施绿色发展脱贫，中国电子学会、中国复合材料学会、中国汽车工程学会、中国化工学会、中国茶学会等加强与地方合作，深入开展了有特色的创新驱动助力工作。在浙江省宁波市成功召开全国创新驱动助力工程总结交流会。近20个全国学会和10多个省级科协深入开展双创服务，上海市科协承办2017年全国双创活动周主会场相关主题展示，陕西省科协举办创新创业大赛，宁夏科协举办"塞上学术月"活动，支持学会开展学术交流。实施科技助力精准扶贫工程，据科技助力精准扶贫在线填报平台初步统计，全国共组织动员2.67万名科技专家、1590个科技组织参与科技扶贫，助力带动51.29万建档立卡贫困人口脱贫。组织600多位专家编写"科技助力精准扶贫工程丛书"，通过地方科协、农技协、学会和企业形成有效帮扶对接项目182个。定点支持吕梁市临县、岚县脱贫攻坚，帮助建立14个科技种植示范基地，直接带动建档立卡贫困户2135户、6232人增收脱贫。科协系统援疆援藏科技增效工程有序实施，有力支持新疆、西藏地区开拓科普资源、促进经济社会发展。青海省科协成立精准扶贫专家服务团，将扶贫与科普相结合，建立精准脱贫科普信息员队伍。山西省科协设立科协评估评价中心，接受省扶贫办委托开展全省18个样本县易地扶贫搬迁工作成效第三方评估等多个评估项目，受到地方党委政府好评。

四是推动学会承接政府转移职能常态化，学会公共服务质量不断提升。2017年，30个全国学会开展47个承能示范项目，18个全国学会承担工程教育专业认证工作。截至2018年年底，全国学会已经连续承担化学、数理、地学、生物和医学等领域国家重点实验室评估。受科技部委托，信息科技学会联合体承担信息领域国家重点实验室2017年评估工作。中国标准化协会牵头、30个全国学会参与，成立了团体标准化发展联盟。中国铁道学会发布《市域铁路设计规范》，填补了铁道领域团体标准空白。中国公路学会发布《同向回转拉索技术指南》等团体标准，核心技术已被成功应用于港珠澳大桥等一批重点工程。中国电机工程学会和中华医学会推荐的2个项目获得国家科技进步奖特等奖。中国建筑学会梁思成建筑奖成为国际建筑界最高奖项之一。江苏省现有85家学会参与承能工作，承担411项转移职能，3A以上省级学会实现全覆盖，带动391家市县学会承能836项。北京市科协以“经理学术”思路推进学会整体改革，支持60家“百强社团”创建单位开展试点，打造标杆学会。广东省科协实施学会创新和服务能力提升计划，推进学会改革发展。贵州省科协有序推进省级学会承接政府转移职能试点，省气象学会、化学化工学会、医学会等7家省级学会承能工作进展显著。

五是统筹扩大资源供给，科普服务的社会功能进一步显现。认真履行全民科学素质纲要实施工作办公室职责，不断加大科普工作统筹协调力度。扎实推进中国特色现代科技馆体系建设，全国达标科技馆总数169座，免费开放试点单位138家，服务公众近1亿人次，中国流动科技馆完成第一轮全国巡展。建设412所农村中学科技馆，流动科技馆、科普大篷车累计受益公众近3亿人次，科普公共服务产品供给水平显著提升。以“互联网+科普”全力打造“科普中国”品牌，扩大优质科普资源供给。建立社会重大事件科普快速反应机制，C919首飞期间组织生产160余项相关科普作品，全网传播量近1亿次，九寨沟地震48小时内推出100余篇科普作品，累计浏览量超5600万人次。实施基层科普行动计划，为贫困地区和公民科学素质薄弱地区提供公共科普服务。深入开展“科普中国·百城千校万村行动”，推进各地开展“科普中国”栏目（频道）、移动端传播体系、科普中国e站、科普信息员队伍等科普传播渠道建设，助推公民科学素质跨越提升。全国23个省、自治区、直辖市印发方案或召开工作推进会，建成科普中国e站2.49万个，全国科普员注册人数达10.1万人。精心组织全国科普日主题活动，参与公众超2亿人次。联合中央电视台主办《中国青少年科学总动员》，累计2.59亿人次收看，央视网多终端覆盖人群超10.4亿人次。在香港回归20周年之际举办“创新驱动成就梦想”科技展，在香港同胞中影响热烈广泛。四川省科协承办中国科幻大会，打造相互交流、融合发展的平台，推动科普科幻产业发展。新疆生产建设兵团科协加强“双语”科普作品创作和资源开发，发挥科普“去极端化”作用，倡导现代文明生活方式。

六是加强智库体系建设，服务科学决策能力不断提高。自觉围绕国家发展战略选题目，主动研究提交雄安新区国际化科教新城和创新特区建设调研报告，受到中央领导同志肯定。根据中央人才工作协调小组安排，在世界互联网大会期间举办互联网人才论坛，发布全球互联网人才报告，发出中国声音。积极承接中央部委委托任务，围绕国家中长期人才发展规划纲要、全面创新改革试验区、国家双创示范基地建设和政策措施落实情况等进行第三方评估，部分评估意见纳入国家政策。着力建设“小中心、大外围”科技创新智库体系，优化全国科技工作者状况调查站点结构，依托学会联合体虚拟布局一批专业研究所，注重发挥好老科技工作者协会作用，提交一批高质量调研报告，科协智库影响力稳步提升。江苏省科协打造苏科创新战略研究院，重庆市科协围绕打造“一带一路”与长江经济带协同创新研究中心，加强科技创新智库建设。

七是拓展国际合作交流，中国科技的国际话语权有效提升。成功推荐龚克同志高票当选世界工程组织联合会主席，实现该组织成立50年来首次由中国科学家担任主席的零的突破。推荐王曦、黄维同志分别当选亚洲科学理事会候任主席、亚太工程组织联合会副主席，推荐赵忠贤同志连任世界科技工作者协会副主席。参加第32届国际科学理事会全体大会，实现高案目标，有力维护国家核心利益，受到国家有关部门高度肯定。顺利实施“一带一路”国际民间科技组织合作平台建设项目，成立10个联合研究（培训）中心，覆盖沿线63个国家。研究制订中国科协“一带一路”民间科技人文交流计划（2018—2020）。成功举办第8届东盟10+3青少年科学英才冬令营和教师论坛、2017年科学教育国际论坛、“一带一路”青少年创客营和教师研讨活动。推动招才引智阵地前移，2017年新增11个海智计划工作基地，引入海外科技人才2880人，探索设立比利时海外海智创新创业基地，新增海外人才离岸创新创业基地5个，努力实现“离岸创新、国内转化”。山东省科协推进“海智强鲁”计划，实施“扬帆行动”，推进科技交流。云南省科协积极推进“科普东盟”建设，先后赴泰国、老挝、文莱等国开展测绘、城市规划、传统医药等方面的学术交流。

三、坚持以全面从严治党为抓手，科协系统组织建设得到有力加强

坚持把党的政治建设摆在首位，突出重点、抓住关键，健全制度、强化监督，充分发挥科协党组的政治核心作用、基层党组织的战斗堡垒作用和优秀党员的先锋模范作用，以“关键少数”的模范行为推动营造众心向党、风清气正的良好政治生态。

一是把全面从严治党作为首要政治责任扛在肩上，推动形成众心向党、气正风清的政治生态。认真落实“一岗双责”，重点抓好主体责任和责任主体，把纪律和规矩挺在前面，扎实推进“两学一做”学习教育常态化制度化，以永远在路上的坚韧，锲而不舍加强作风建设，持之以恒反“四风”。出台《中国科协贯彻落实中央八项规定精神实施细则》，对严格执行中央八项规定情况进行督察，开展财务廉政风险专项检查，强化监督执纪问责。及时建立巡视制度和工作机构，党组书记担任领导小组组长，启动党组巡视，强化震慑效应。积极推进学会党建工作，193个全国学会成立党委，162个全国学会办事机构成立基层党组织，实现学会党组织全覆盖，党对科技界的政治领导明显加强。河北省科协强化党建主体责任，实现了所属145个省级学会党组织和党的工作两个全覆盖。湖南省科协精准推进学会党建“两个覆盖”，省级学会党组织覆盖率达到99%，选派31名党员干部担任学会党支部“第一书记”。新疆推动自治区科协所属106个学会（协会、研究会）成立学会党组织92个，党组织覆盖率达到87%。

二是改进选人用人机制，提升干部队伍能力水平。按照习近平总书记关于好干部的“20字”标准，进一步优化选人用人机制，明确政治标准导向，真正把想干事、能干事、干成事、清正廉洁的好干部选出来、用起来，努力营造风清气正的政治生态。加大科协干部专兼挂交流力度，选派部分机关干部深入基层一线挂职锻炼，从全国学会、地方科协和院所高校选拔一批优秀科技工作者进入科协机关工作，在双向交流中增进理解、强化服务意识、提高能力水平。把干部培训放在更加突出的位置，举办科协机关青年干部培训班、全国学会秘书长培训班、县级科协主席培训班，引导科协干部不断增强“四个意识”、坚定“四个自信”，更加自觉地用习近平新时代中国特色社会主义思想武装头脑、指导实践、推动工作。

三是着力强化基层组织建设，科协工作覆盖面不断扩大。抓住县级科协这个关键，深入开展县级科协建设状况调查，分析突出问题及其深层次原因，研究制定加强县级科协工作的意见，召开现场会总结推广成功经验，推动解决“四缺”问题。重点推进高校科协和企业科协建设，发布《高等学校科学技术协会组织通则（试行）》，三分之一以上高等院校成立科协，高校科协成为科协基层组织的重要组成部分，企业科协组织建设和工作明显改观。浙江省科协推广“余姚模式”，2017年全省基层组织覆盖率达到70%，2018年将实现村社校企全面覆盖。甘肃省科协推动22个合署办公的县区科协实现独立建制，依托乡镇农技站组建了232个农技协联合会。福建省科协推广基层组织建设“福安经验”，建成62个高校科协、1800多个企业科协、1000多个乡镇（街道）科协、12000多个农技协（村、社区科普协会），覆盖率分别达到70%、55%、91%、71%。

四是加强制度化规范化建设，确保工作抓实见效。修订《中国科协全国代表大会任期制办法》，开展代表联络服务工作创新试点。修订《常委会工作规则》，为常委会开展工作奠定制度化规范化程序化基础。出台《中国科协党组会议会务工作规范》《中国科协书记处会议会务工作规范》等一系列规章制度。完成中国科协重点工作调研督查，全面启动重要工作督办，确保重大工作部署落实到位，推动工作形成完整“闭环”。

科协工作之所以开创新局面、取得新成绩，根本在于以习近平同志为核心的党中央坚强领导，在于习近平新时代中国特色社会主义思想科学指引。同时，我们也深切认识到，对标中央要求，面向世界一流水平和科技工作者的期待，科协各项工作还存在很大差距，主要表现在：对新形势下科协组织使命目标的思考不够深刻，对科协工作的规律性把握不足；学会治理现代化水平整体还处于“补课型”“改善型”阶段，学术引领作用和会员服务能力较弱；“科学普及与科技创新同等重要”没有破题，科普开放合作程度不够，优质科普资源供给不足；智库体系建设和智库产品影响与科协地位不相称；团结凝聚科技工作者的手段方式比较传统，效果还不理想，政治引领和政治吸纳作用发挥不充分；科协工作在一些地方仍然没有得到应有重视，县级科协和地市级以下学会基础薄弱，基层组织“四缺”问题没有根本解决，与科技工作者联系不亲不紧问题依然存在，群众组织力不能很好适应新时代新任务新要求。这些都是科协事业发展中的突出问题，必须用改革和发展的方法加以解决。

2018年工作安排

2018年是贯彻落实党的十九大精神开局之年，是改革开放40周年，是决胜全面建成小康社会、实施

“十三五”规划承上启下的关键一年，也是中国科协成立60周年。中国科协将以崭新面貌和昂扬姿态走进新时代，迎来一甲子。做好2018年科协工作，重中之重是深入学习宣传贯彻党的十九大精神和习近平新时代中国特色社会主义思想，按照学懂弄通做实的要求，在把握主线、融会贯通上深入，在突出群团特色、增强针对性实效性上深入，在推动落实党中央决策部署上深入。要全面贯彻党的十九大精神，深入落实中央党的群团工作会议、“科技三会”和中央经济工作会议精神，坚持稳中求进工作总基调，以坚持党对科协工作的全面领导、加强科协系统党的建设、全面从严治党为根本保证，聚焦增强政治性、先进性、群众性的要求，大兴调查研究之风，深化改革创新，认真履行“四服务”职责定位，深入开展“新时代创新先锋”主题实践活动，推进智库、学术、科普“三轮”驱动，国际化、信息化、协同化“三化”联动，外向拓展、纵横融合、网络活跃“三维”聚力，统筹实施六项重点工程，为科技工作者办成一批实事，抓党建促发展，抓重点创品牌，抓工程增效能，抓调研解难题，抓班子带队伍，推动科协工作格局重塑、流程再造和组织重构，构建科协事业协同发展新格局，切实改进工作、深化改革、服务成员、加强干部队伍建设，不断提升群众组织力、思想创造力、战略支撑力、文化传播力、国际影响力，团结动员广大科技工作者为决胜全面建成小康社会、建设创新型国家做出新贡献。

一、深入学习宣传贯彻党的十九大精神，准确把握新时代科协组织的新使命新任务

坚持把学习贯彻党的十九大精神作为首要政治任务，在学懂弄通做实上下功夫，深化理论学习和理论武装，推动习近平新时代中国特色社会主义思想深入人心，推进新时代党的建设新的伟大工程，广泛开展“新时代创新先锋”主题实践活动，把广大科技工作者更加紧密地团结在以习近平同志为核心的党中央周围，夯实党在科技界的执政基础，推动科协事业健康发展。

一是切实担负起加强科技界政治建设的历史使命。党的十九大突出强调政治建设是根本性建设，要求把政治建设摆在首位，坚决维护党中央权威和集中统一领导。科协作为党领导下的人民团体，必须旗帜鲜明讲政治，正确处理政治建设和业务建设的关系，不断增强群众工作本领，自觉肩负起加强科技界政治建设的使命任务，团结带领广大科技工作者在政治立场、政治方向、政治原则和政治道路上同党中央保持高度一致，不断增进科技工作者对习近平新时代中国特色社会主义思想的政治认同、思想认同、理论认同和价值认同，引导科技工作者在思想上高度信赖核心、政治上坚决维护核心、组织上自觉服从核心、感情上衷心爱戴核心、行动上始终紧跟核心，不断夯实党在科技界的执政基础。要把自己摆进去，把职责摆进去，把工作摆进去，学用结合，知行合一。要广泛开展多种形式的学习培训，举办高层次科技领军人才学习贯彻十九大精神专题研修班，党组成员带头深入基层一线宣讲十九大精神，把科技工作者的思想和行动统一到党的十九大精神上来。加强学会党建工作，把中国公路学会纳入部际学会党建管理试点范围，发挥好学会党组织统一思想、凝聚人心、化解矛盾作用。抓紧启动中国科协章程修订工作，及时载入习近平新时代中国特色社会主义思想，进一步明确新时代科协组织使命目标和职责任务，更好指导科协改革创新发展。

二是以全面从严治党打造“金刚不坏之身”。探索在科协系统坚持“三个一以贯之”、推进全面从严治党的根本保障机制。加强党员干部思想政治建设，严肃党内政治生活，严格遵守政治纪律和政治规矩，牢固树立“四个意识”。不断深化作风建设，严格执行中央八项规定，持之以恒去“四化”、除“四风”，坚决整治“庸懒散浮拖”现象，营造全身谋事、健康向上的良好政治生态。强化正风肃纪和党内监督，启动开展科协党组巡视工作，坚持发现问题、形成震慑，强化巡视成果运用，发挥巡视利剑作用。坚持党管干部原则和正确选人用人导向，从严监督管理干部。树立顾客思维，注重绩效导向，加强制度建设，以编印党建成果、工作计划、工作总结、调研报告等“四件套”为抓手，在重大工程和业务活动中建立干部业绩档案，对机关部门和直属单位班子成员建立KPI考核制度。着力建设有明确使命目标、有风清气正氛围、有激励制度文化的科协组织，加强科协系统干部培训教育，培养专业能力和专业精神，培养选拔一批、择优引进一批、交流任职一批，打造信念过硬、政治过硬、责任过硬、能力过硬、作风过硬的高素质专业化干部队伍，为科协事业健康发展提供可靠保障。

三是自觉在新时代战略部署中找位置、做文章。

要自觉融入党和国家工作大局，主动对标国家战略需求，瞄准世界一流水平，深入研究新时代科协组织的使命目标，明确科协组织贯彻落实十九大精神的工作任务，精心凝练一批重点工程、打造一批活动品牌，切实把十九大精神贯彻落实到科协工作的各个环节各个方面，转化为科协系统的生动实践。充分发挥国家推动科技事业发展重要力量的作用，积极探索团结带领科技工作者投身创新型国家建设、服务现代化经济体系发展的体制机制和路径举措，为建设美丽中国、健康中国、智慧中国、构建人类命运共同体做出更大贡献。充分发挥联系科技工作者桥梁纽带作用，积极探讨科协组织在聚天下英才而用之、实施人才强国战略中的功能定位和目标任务，在国家所需、科协所能、人才所愿的领域展现新作为，为培养造就国际水平的战略科技人才、科技领军人才、青年科技人才和高水平创新团队，充分释放“人才红利”做出更大贡献。进一步提升科技工作者之家的思想引领力、情感凝聚力、精神感召力和组织黏合力，深入研究弘扬科学精神、普及科学知识、倡导创新文化、履行社会责任的路径载体和传播机制，凝练科技界共同践行的价值理念，培育中国特色科学文化，破解以非第一身份建设中国科技界第一组织的内在制约，打造世界领先的科技创新价值共同体。

二、坚持智库、学术、科普“三轮”驱动，全力推动科协工作格局重塑、流程再造和组织重构

以中国科协成立60周年为契机，围绕“传承、创新、发展”主题，坚持科协组织的初心使命和优良传统，科学总结科协工作特点和发展规律，深入梳理智库、学术、科普发展的经验做法，增强新时代使命担当的自觉与自信，更加积极地把科协工作融入党和国家工作大局之中。瞄准建设世界科技强国，勾画支撑“两个一百年”目标的科协事业发展蓝图，研究制定中国科协事业发展中长期规划纲要，会聚广大科技工作者的磅礴力量。面向全面建成小康社会，制订2018—2020年三年行动计划，适应国家战略需求、世界先进水平和科技工作者期待，以格局重塑、流程再造和组织重构为切入点，推动“四服务”落地生效，显著增强科协组织对科技工作者的吸引力凝聚力，在决胜全面建成小康社会中发挥不可替代的独特作用；面向到2035年基本实现社会主义现代化、跻身创新型国家前列，明确科协组织在我国成为世界科技强国进程中的战略任务、使命担当和重大举措，努力形成与世界科技强国相适应的科协组织体系和工作格局，建设世界一流创新战略研究中心、科学文化传播中心、国际科技合作交流中心，打造世界领先的科技创新价值共同体，成为名副其实的、充分满足科技工作者学术需求和精神需求的科技工作者之家。

一是“三轮”驱动推进工作格局重塑。面对新时代新使命新任务，综合考虑资源禀赋和历史传承，科协组织要更好围绕中心服务大局，进一步明晰组织边界和工作边界，突出工作重点和关键领域，着力在凝聚科技工作者的智慧和力量、推动学术繁荣和提高、发挥科普工作的公平普惠作用上做文章、下功夫。按照高站位、高标准、高质量的要求，重塑科协工作格局，全力打造国际高端的智库、世界一流的学术、普惠创新的科普“三驾马车”，形成相互融合、协同推进的“三轮”驱动工作机制，着力提升“四服务”效能，形成一批彰显科协组织政治性先进性群众性的工作品牌。

二是“三化”联动促进工作流程再造。国际化、信息化、协同化既是工作目标，也是工作方法和工作要求，对于做好科协工作具有基础性、根本性和导向性作用。拓展开放包容的国际化，要求科协组织适应中国科技日益走近世界舞台中央的新形势，以全球视野重新审视科协工作，瞄准国际一流，把更多科协工作“流量”积淀升华为品牌和制度“存量”，形成中国特色、科协特点、世界水平的解决方案，着力提升国际影响力，扩大国际话语权。推进数据资源的信息化，要求科协组织适应社会信息化发展趋势，充分运用大数据、云计算、互联网和人工智能技术，有效整合和深度挖掘数据资源，结合关键绩效评估机制推动科协工作业务流程再造，开拓数字科协新境界，建设智慧科协。加强科协组织的协同化，要求进一步密切与有关部门和地方的联合协同，引导服务资源下沉和精准落地，推动从重活动规模向重质量品牌转变，从利用国内资源向统筹国际国内两种资源转变，着力解决科协工作中发展不平衡不充分的问题，让更多的科技工作者和人民群众享有更深切的获得感。

三是“三维”聚力促进组织重构。坚持外向拓展、纵横融合和网络活跃并进，提升群众组织力，将更多科技工作者纳入科协体系之中，紧紧团结在党的周围。外向拓展要面向社会、面向国际开放共享，用好组织和市场资源，统筹国内和国际资源，积极构建党政支持、市场和社会力量等多方参与科协工作的联合协同格局，围绕“一带一路”建设和推动构建人类命运共同体，积极争取国际科技组织总部落户中国，加强海外科协组织建设，积极探索面向大中华地区、“一带一路”沿线国家和欧美华人科技工作者发展区域性科技组织，深入实施海智计划，建设离岸创新创业基地，形成广聚天下英才的网络体系。纵横融合要适应学科交叉融合、科技经济融合等趋势，探索建立跨学科、跨领域、跨学会的组织协同机制，大力加强高校、非公企业、新型科研机构科协组织建设，强化横向学会组织和纵向各级科协组织的联系协同，积极推进县级科协建设和改革，发挥好县医院院长、中学校长和农技站站长等“关键人物”的作用，大力发展农技协、企业科协、社区科协等基层组织，推进专兼挂相结合的动态岗位管理制度。网络活跃要充分利用日益成熟的互联网技术，会聚海量科学数据，打造开放融合、互动共享的网上综合社区，为科技工作者提供开展学术交流、成果交流、思想交流和情感交流的社交服务网络平台，为建设世界科技强国会聚起磅礴的正能量。

三、精心组织实施六项重点工程，充分展示新时代科协组织新气象新作为

做好新时代新形势下科协工作，切实担负起党和国家赋予科协组织的使命任务，要坚持以习近平新时代中国特色社会主义思想为指导，进一步理顺工作思路和体制机制，深化改革、突出重点、抓住关键，明确科协工作主战场，以“新时代创新先锋”主题实践活动为牵引，组织实施一批重点工程，把资源优先配置在主要方向上，突出目标成果导向，开拓工作新局面，推动十九大精神在科协系统的生动实践。

一是实施凝心聚力工程，着力打造科技工作者的精神殿堂和情感家园。深入推进党的建设新的伟大工程，认真履行全面从严治党主体责任，实施“智慧党建”行动，抓好党建工作，组织开展“不忘初心、牢记使命”主题教育和“筑牢基础、忠诚担当”支部创新活动，搭建“党建＋互联网”平台，加强党员教育、管理和监督工作，全面提升科协党建科学化水平，通过党建强会，把党的全面领导作用充分发挥出来。实施政治引领和科学精神弘扬行动，强化对科技界的思想政治引领，大力宣传习近平总书记对科技事业的高度重视、对科技人员的关心关爱，加强对领军人才的政治引领政治吸纳，推动科技工作者深刻领会和落实习近平总书记关于实施创新驱动发展战略、加强国家创新体系建设、深化科技体制改革、倡导创新文化等重要论述，准确把握科技创新的任务要求，紧密团结凝聚在以习近平同志为核心的党中央周围，增强拥护核心、拥戴领袖的自觉性和坚定性。坚持潜移默化、润物无声、常抓不懈，面向科技领军人物、基层科技人员和青年学生等，引导践行社会主义核心价值观。以传承弘扬“西迁精神”为抓手，在科技工作者中开展“爱国、奋斗”精神主题教育活动，引导科技工作者为西部发展、国家建设奉献智慧和力量。举办“共和国的脊梁——科学大师名校宣传工程”年度会演活动，深入挖掘老科学家学术成长资料采集成果的丰富内涵，推动出台加强科技人物宣传、弘扬中国科学家精神的意见，发布中国科学家精神白皮书，大力弘扬中国科学家心有大我、至诚报国的崇高精神。实施群众组织力提升行动，大力加强县级科协建设，切实增强体制内基层组织活力，积极拓展体制外基层组织覆盖，探索吸引凝聚体制内外科技工作者进入科协组织、经常性参与科协工作的有效渠道，用活跃、便捷、高效的网络黏合器把科技工作者紧紧联系起来，形成科协组织和科技工作者紧密联系、有效互动的体制机制。实施科协系统改革攻坚行动，全面落实党的十九大改革部署和要求，深入实施《科协系统深化改革实施方案》，围绕增强政治性先进性群众性，突出问题导向，围绕学会治理方式、基层组织建设、联系服务科技工作者等集中发力，部署一批力度更大、要求更高、举措更实的改革任务，统筹推进地方科协改革和学会改革，用好改革监测平台，强化改革落地见效，力争突破一批关键环节和重要领域“梗阻”，使科技工作者改革获得感明显增强，科协事业发展新动能明显提升，开放型、平台型、枢纽型科协组织特色更加鲜明。充分发挥同行评价的基础作用，实施科协奖励提升行动，重点打造全国创新争先奖、全国杰出工程师奖、中国青年科技奖等品牌奖项，推动科技社团奖项和政府奖项的有效衔接，帮助更多科技工作者从同行认可走向政府认可和社会认可乃至国际认可，扩大科协奖项对基层一线的覆盖面，惠及更大范围的基层科技工作者。实施科学道德和学风建设宣讲教育行动，把科学共同体自律与他律有机结合起来，加强科研诚信与科技伦理建设，培育科学文化、倡导创新文化；坚持标本兼治，联合有关部门构建防范科研不端行为的有效机制，为加快建设创新型国家营造良好学术生态。

二是实施智汇中国工程，着力打造中国特色科技创新高端智库。服务世界科技强国建设目标，围绕人工智能、先进制造、生物技术等国民经济急需的科技产业前沿领域，依托学会联合体及学会组织科学家跨学科跨领域深入调研，实施技术预见研究计划，定期形成面向未来、面向产业的智库成果，及时报送分领域的科技前沿动态信息，为党和国家重大决策提供支撑。面向世界科技前沿，精心培育“中国科协论坛”等系列高端前沿学术论坛，发布代表中国科技界学术水平的学术前沿白皮书，倡导学术争鸣，引领学术方向。服务全球科创中心建设、实施“七大战略”特别是区域协调发展战略、打好“三大攻坚战”，与有关地方政府联合打造系列高端创新战略论坛，会聚科学思想，凝聚科学共识，提供战略咨询，服务经济社会发展。服务构建人类命运共同体的战略需求，实施全球科技组织伙伴计划，与全球顶尖科研机构、科技组织、科技智库建立以我为主的长期交流合作机制，支持我国科学家与世界高手同台竞技，开展合作研究，加强战略预判，发出中国声音。聘请全球顶尖专家和战略科学家，成立中国科技战略委员会，汇集全球智慧，凝聚战略共识，服务国家经济社会发展和科学决策。

三是实施学术引领工程，着力打造世界水平的科技创新高地。尊重科技人才成长规律，激发科技工作者内在动力，搭建人才举荐、干事创业平台，建设全球科技人才地理信息系统，实施青年科技人才托举行动，联合有关部委、依托全国学会科学设计服务产品和业务流程，推动人工智能、大数据、网络安全领域应用型人才培养模式改革，为青年科技工作者成长成才搭建平台、创造条件、提供机会。履行好引才聚才用才的重要职能，发挥“外力做功”作用，引导科技工作者积极投身乡村振兴、区域协调发展、军民融合发展等国家重大战略。深入推进学会创新服务能力提升计划，围绕建设世界一流学会，实施学会国际化行动，把打造国际一流期刊、改革学术成果评价标准等作为重要任务来抓，分领域发布我国高水平科技期刊分级目录，推动中国科协年会升级发展，培育一批具有世界影响的品牌主场学术会议，推出一批具有国际影响力的学会奖项，掌握学术引领和学术评价主动权，有效提升中国学会的国际话语权和影响力；做好承接政府转移职能工作。围绕科技工作者多层次多元化学术需求，推动科学数据会聚共享行动，打造在线世界科技文献数据库、科技成果开源共享平台等，为科技工作者提供高效、便捷、优质的服务。围绕解决科技经济“两张皮”问题，实施技术经济深度融合行动，引导科技工作者为实施科教兴国战略、人才强国战略、创新驱动发展战略贡献力量，深入开展双创系列活动，为推动供给侧结构性改革、促进产业转型升级提供科技支撑。重点围绕推动数字经济与实体经济深度融合发展，培育大消费产业、新兴产业和产业升级新动能，打造绿色开源共享平台，以“一省一案”方式持续开展创新驱动助力工程，服务地方经济发展和企业转型升级；健全完善科技工作者成果转化对接服务机制和产学研金协同创新机制，研究提出学术团体的产品标准、技术标准，帮助科技工作者跨越成果转化的“死亡之谷”，推动中国经济向高质量发展阶段迈进。

四是实施科普品牌工程，着力打造支撑国民素质提升的战略力量。着眼于实现人民群众对美好生活的向往，实施科普中国品牌提升计划，探索加强科普工作的有效途径，深入推进全民科学素质行动，发挥好全国科普日、双创活动周等载体作用，弘扬科学精神，普及科学知识。发布中国公民科学素质白皮书，创新升级中国特色现代科技馆体系，加大科普展品研发力度，推动院所高校企业科研设施开放共享，打造信息化科普服务精品，探索有效运用电视媒体、科普游戏等手段创新科普方式，构建多元、高效、精准、普惠的科普资源和科普服务推送渠道。着眼于引导科技工作者更好履行社会责任，推进学术资源科普化行动，面向社会公众及时传播各学科领域的最新进展，积极推动建立评价激励保障制度，引导优秀科学家、工程师在媒体上、到基层中开展科普活动，帮助公众了解科学进展、激发科学热情。着眼于让科技更多惠及基层群众，实施科普服务乡村振兴战略计划，推动科普资源向乡村倾斜，开展各种形式的农村科普活动，积极开展科技助力精准扶贫，引导农村居民科学生产、健康生活、可持续发展，提高生产效率和生活质量。适应城镇化快速发展、特色小镇迅速兴起的大趋势，实施科普小镇创建计划，探索联合地方政府依托大科学装置、重大工程及地域文化、乡村生态等共同建设一批科普小镇，推动科普旅游，助力文化软实力提升和地方经济社会发展。

五是实施科技外交助力工程，着力打造世界一流的民间科技人文交流平台。配合“一带一路”建设，面向全球国际合作，实施科技人文交流项目，开展科学家高层对话，推动成立以我为主的国际民间科技组织，举荐我国优秀科学家担任高级领导职务，夯实共商共建共促的国际民间科技人文交流基础，扩大国际话语权和影响力。配合我国标准和产业走出去战略，实施中国方案共享计划，为“一带一路”沿线国家提供我国优势科技产业发展模式和科普工作经验，促进沿线国家科普资源开放共享，积极参与、扎实推进工程教育和工程师资格国际互认，让更多国家搭上中国发展的快车，让更多中国工程师走上世界舞台，展示中国风范。配合践行亲诚惠容理念和与邻为善、以邻为伴的周边外交方针，实施青少年科技教育国际拓展计划，加强沿线国家青年科技人才交流培训，举办国际青少年创新教育论坛，为发展全球伙伴关系夯实青年基础。着眼于为构建人类命运共同体提供中国方案，举办世界公众科学素质促进大会，发布公众科学素质促进北京宣言，推动成立公众科学素质国际组织，抢占科技创新服务人民的道义制高点，扩大国际话语权。

六是实施数字科协工程，着力打造智能泛在的智慧科协。着眼于推动科协系统资源整合与开放共享，实施中国科协云建设项目，面向科技工作者建设特色鲜明、功能强大的云平台，提高网上组织、网上服务效能。着眼于开发应用丰富多样的科协数据资源，实施数据科协建设计划，打造科协数据中心，运用大数据技术精准挖掘智库建设、学术交流、科学普及、对外联系、人才服务、创新创业等方面信息资源的潜在价值，用好用活科协数据资源，为做好科技工作者工作提供支撑。着眼于更加广泛、更加紧密地联系广大科技工作者，实施网上科协建设计划，加快建好科技工作者之家网，打造科技工作者社交平台和科研成果供需对接平台，服务科技工作者社会交往和成长成才需求，增强网上群众组织力。着眼于提高科协信息化水平，实施信息化基础设施建设项目，推动 CAST 网、OA 工作平台、视频会议等信息系统建设，为保障数据安全、提高科协工作效率提供有力支撑。

四、大兴调查研究之风，精心办好一批实事，切实增强科技工作者获得感和科协群众组织力

深入贯彻以人民为中心的发展理念，坚持联系服务科技工作者与依靠科技工作者服务社会相统一，大兴调查研究之风，深入调研了解新时代科技工作者面临的新情况新问题，探求破解问题的办法和路径，通过全国学会、地方科协、全国科技工作者状况调查站点和网络平台广泛开展问需问计征集活动，在党政重视、科协所能、科技工作者关切、社会关注的领域，多为科技工作者办实事办好事，维护好科技工作者权益，把党中央的关怀和温暖送到科技工作者身边，切实增强科技工作者的获得感和社会公众的认同感，不断提升科协组织吸引力和凝聚力。

一是服务科技工作者多层次多样化学术交流需求，定期发布重要学术会议指南，与主要发达国家顶尖科学组织建立对话交流机制，支持我国优秀科学家进入关键国际科技组织任职，探索国际科技组织落户中国绿色通道，组建专业工程能力建设联盟并开展试点，实施优秀中外青年科技人才短期交流项目，探索在小范围建立面向重点科研人员的国际学术交流通信试点，为调动激发创新热情和创造活力搭建平台、提供机会。

二是服务科技工作者实现自身价值、获得社会认可的需求，评颁全国杰出工程师奖和中国青年科技奖，加大全国学会奖项宣传力度，开展科研助理培训，发布中国科学家精神白皮书和未来科技创新人才成长报告，推动以知识价值为导向的分配政策落地，建设临床医生案例成果期刊平台，推动临床医生评价机制改革，编发科技工作者法律援助手册，编写科学道德学风建设案例教材，助力科技工作者成长提高。

三是服务科技工作者履行社会责任的需求，推动成立科技与文化、科技与法律、科技与伦理、科技与社会等交叉学会或学会联合体，评选全国十佳学会、十佳科普基地，表彰一批优秀科协组织、科协好干部，编写全国学会会员服务工作指南，研发基于最新科技进展的高水平智能化科普展品，推动院所高校和企业开放科研设施和展示场馆，组织编写重大科技进展和科学工程科普读本，出版“乡村振兴系列丛书”等实用图书，举办县级科协主席培训班，为科技工作者服务经济社会发展提供更多条件支撑。

各位委员、同志们：

宏图引领未来，使命呼唤担当。在中国特色社会主义新征程上，各级科协组织要不忘初心、牢记使命，以党的十九大精神为指引，推动科协事业传承创新发展，以时不我待、只争朝夕的精神状态展现新气象，以抢抓机遇、实干兴邦的奋斗姿态砥砺新作为，把广大科技工作者更加紧密地团结在以习近平同志为核心的党中央周围，为加快建设创新型国家、进军世界科技强国、决胜全面建成小康社会、实现中华民族伟大复兴中国梦不懈奋斗。

在"英才计划"2017年度工作总结会上的讲话

（2018年1月8日）

韩启德

同志们，同学们：

大家上午好！

今天来参加"英才计划"2017年度工作总结会，看到这么多优秀的孩子生机勃勃、焕发着青春活力，我感到非常高兴。我从"英才计划"启动就开始参与这项工作，到目前为止，"英才计划"已经培养了2367名优秀中学生。实际上，"英才计划"的目的远不止于培养一批有创新潜质的优秀中学生，更是一项很好的教育改革实践，是探索高校与中学联合发现和培养青少年科技创新人才的有效模式，对整个教育制度都会产生影响，意义非凡。刚才林蕙青副部长对"英才计划"工作提了很好的意见，下面我也讲几点建议。

第一，要进一步加强各部门的协调。中国科协、教育部、中学、高校要各司其职，加强协调。科协要做好协调、服务和保障工作，促进多方共同合作，担负起一个组织者的作用。教育部门要加强统筹部署、指导和管理，要制定一些政策来鼓励更多的高校和中学把这项工作做得更好。参与的高校应该把"英才计划"纳入学校创新人才培养工作，促进"英才计划"与"拔尖计划"有效衔接，通过研究和中学教育的衔接，吸取经验进一步提高高校的教育质量。参与的中学应该把好"英才计划"的选拔入口关，输送更多品学兼优、对科学感兴趣的学生，并给入选学生更多关怀。

第二，要进一步探索"英才计划"的培养模式。刚才姚雪彪老师介绍，中国科学技术大学立足学生个人情况实施个性化的培养工作，这个经验值得提倡。"英才计划"分五个学科，每个高校、每个地方、每个中学都有不同的情况，但其宗旨是一样的，即并不是要求学生在此期间做出水平多高的科研成果，而旨在让他们早一点了解科学研究、培养科学精神、激发科学兴趣，把他们领入科学殿堂，仰望星空，产生想象力。在培养过程中，要根据个人的爱好、天赋和基础量身定制个性化培养目标、计划和方案，通过因材施教、言传身教来激发、培养和保持青少年的科学兴趣，让他们在科学世界里徜徉畅游。高校、中学参与计划的专家们要把"英才计划"作为教学乃至中国教育改革的一项重点内容，从各方面总结，使其产生更大的示范推广作用。

第三，要持续做好"英才计划"学生的跟踪服务工作，凝聚英才的力量。"英才计划"不仅是学生培养平台，还要成为会聚科学英才的平台。今天，作为第一批参加"英才计划"的代表，李嘉晖同学专门从美国回来参加会议并做交流发言。至今，已经有1120名学生从"英才计划"走出去，很多都对这个计划有一份难以割舍的情感。我们要持续关心他们，让他们始终能从这个集体获得温暖。现在我们为英才学生提供培养服务，增加他们的能力、信心和底气，将来他们在学术或科研的道路上取得成就后，就可以为“英才计划”服务。另外，今后在做好全面和长期追踪的基础上，还要进行重点追踪。一批批的英才学生陆续考入全国各地高校，有的还考入国外高校，怎么追踪、怎么服务，需要我们进一步研究。

第四，要着力培养入选学生高尚的家国情怀和远大的科学理想。科学没有国界，但科学家是有国界的。现在实施的“英才计划”是为实现伟大的中国梦开展的一项工作。中国人，特别是中国的知识分子，历来就有家国情怀，这是中华民族优秀基因的一部分。我们不仅要培养学生的科学精神，也要培养学生的爱国主义情怀，使其不管将来到哪里，都会心系祖国、心系人民，这是弘扬优秀文化传统的重要工作。同时，我想再次强调，对于“英才计划”不求一定要见名见利、出多少成绩，而要让学生向往和追求科学的至高境界。科学有不同的境界，当敲门砖、慕名谋利去做，是最低的境界；探寻和体验科学的美，则是最高的境界。科学的最后一站是美，如果没有钻到一定的深度、没有达到一定的高度，就不能领会那种至简至精至巧的美。从导师开始，就要帮助同学们树立远大志向，投身科学不为名利，而是为了攀登科学的高峰，沿途至顶探求科学的大美。我想这些都是“英才计划”要继续努力的方向。

我们的国家已经进入中国特色社会主义的新时代，正处于加速从科技大国迈向科技强国的关键时刻，大家又有幸遇上这个时代，应该尽更大的努力，为祖国、为时代留下更多奋发有为的事迹和印迹。我祝愿“英才计划”不断取得进步，做出更大的贡献。

谢谢大家！

在中国科协九届四次全委会议上的总结讲话

（2018年1月26日）

怀进鹏

各位委员、同志们：

一天紧张而充实的九届四次全委会议顺利完成各项议程，就要圆满结束了。按照会议安排，就会议作一个简要总结。

一、会议主要成果

今天上午的会议传达了中央书记处对科协工作的重要指示、沪宁同志在工青妇科侨群团组织班子成员会议上的重要讲话、延东同志听取《全民科学素质行动计划纲要》实施工作情况汇报的讲话要点。万钢主席代表常委会向会议作了工作报告，全国学会、地方科协和科协机关的5位代表作了典型发言。下午，各位委员围绕学习贯彻中央指示精神、审议常委会工作报告等内容进行了分组讨论，刚才各组代表作了发言，提出了很好的意见建议，请会务组认真整理研究，对可能形成政策建议的要持续跟踪研究，及时向中央反映，并推动政策落地。通过紧张的传达学习和热烈讨论，大家进一步统一了思想、振奋了精神、鼓足了干劲。从总体情况看，这次会议取得了以下几个方面的重要成果。

一是进一步增进了对习近平新时代中国特色社会主义思想和党的十九大精神的理解认同，增强了拥护核心、拥戴领袖的自觉性和坚定性。大家认为，党的十八大以来，以习近平同志为核心的党中央把科技创新摆在国家发展全局的核心位置，高度重视科技事业发展，悉心关怀关爱科技工作者，极大地调动了广大科技工作者的积极性。党和国家事业实现历史性成就和历史性变革，我国科技事业取得举世瞩目的成就，许多领域正在从跟跑、并跑向并跑和领跑发展，中国科学家正阔步走向世界科技舞台中央。这些成绩的取得，根本在于以习近平同志为核心的党中央坚强领导，在于习近平新时代中国特色社会主义思想的科学指引。大家认为，学习贯彻党的十九大精神，实现建设创新型国家和世界科技强国的宏伟目标，最重要的是聚焦习近平新时代中国特色社会主义思想这一灵魂和主线，在思想上高度信赖核心、政治上坚决维护核心、组织上自觉服从核心、感情上衷心爱戴核心、行动上始终紧跟核心，坚定不移沿着总书记指引的强国之路走下去，共同谱写伟大复兴新史诗。

二是进一步加深了对中国特色群团发展道路的认识和理解，深刻认识到增强政治性、先进性、群众性是群团工作的永恒主题。大家认为，党的十八大以来，习近平总书记对推进群团改革、加强党的群团工作做出一系列重要论述，深刻回答了党的群团事业发展的许多重大理论和实践问题，丰富和发展了党的群团工作理论，为做好党的群团工作提供了根本遵循。沪宁同志在工青妇科侨群团组织班子成员会议上的重要讲话从八个方面对习近平新时代中国特色社会主义群团工作重要思想做了深入系统的解读，加深了我们对习近平总书记关于群团工作的重要思想的理解和把握。中央书记处对科协工作的重要指示和沪宁同志的重要讲话精神是贯彻落实党的十九大精神在科协实践的重要指针，为做好新时代科协工作指明了方向、提供了遵循。大家认为，党中央决定由中央政治局常委联系分管群团工作，充分表明党中央对科技工作者和科协工作的高度重视，大家深受鼓舞、倍感振奋。科协是党领导下的人民团体、科技工作者的群众组织，必须将政治性作为灵魂所系，团结引领广大科技工作者按照党指引的方向前进；必须以先进性作为价值追求，凝练科技界共同践行的价值理念，强化学术引领和学风道德建设，号召广大科技工作者与党和祖国同呼吸、与时代共奋进；必须彰显群众性、增强组织力，在扩大有效覆盖上着力，构建纵横交错的组织体系，加强与非公有制经济组织、新社会组织的科技人员沟通联系，为科技工作者发挥作用搭建平台、提供支持。

三是进一步明确了新时代新使命，切实增强了做好科协工作的使命感责任感。大家认为，党的十九大开启了建设世界科技强国和社会主义现代化国家的新征程，为科技工作者提供了施展抱负的广阔舞台。新时代新征程对科技创新的战略需求前所未有，党和国家的事业对广大科技工作者提出的殷切期望前所未有，党中央对科协工作的关心重视前所未有。今年恰逢改革开放40周年和中国科协成立60周年，是科协工作的“大年”，科协应抓住机遇、乘势而上，焕发新气象，实现新作为。大家表示，担任中国科协常委、全委深感责任重大、使命光荣，要把本职工作与科协工作结合起来，强化创新思维和主动担当，做事不做“客”，务实不务虚，努力为科协事业发展献智出力，把科研工作的严谨作风融入科协工作中，推动科协组织的政策举措更加符合科学规律和基层需求，不辜负党中央和广大科技工作者的信任和重托。

四是进一步形成了深化改革的共识，明确了做好今年科协工作的重点和着力点。大家认为，万钢主席所作的工作报告亮点突出、特色鲜明，令人耳目一新。特别是聚焦增强政治性、先进性、群众性要求，创造性地提出科协组织贯彻落实党的十九大精神的“1-9-6-1”工作思路和工作部署（即以学习贯彻党的十九大精神为一条主线，以三轮驱动、三化协同、三维聚力推动组织重构、流程再造和格局重塑，着力推进6项工程，为科技工作者办一批实事），主线清晰、符合实际，是以党的十九大精神和习近平新时代中国特色社会主义思想为指导，以国家重大战略需求为导向，推动科协工作格局重塑、流程再造、组织重构的战略谋划和顶层设计，是面对新时代新形势新使命，以刀刃向内的勇气和魄力推动深化改革的新思路新举措，进一步明确了新时代科协工作格局和目标任务，充分体现了中央书记处对科协发展的新要求，符合广大科技工作者的新期待，具有很强的前瞻性和实践性。大家认为，科协应坚持联系服务科技工作者与依靠科技工作者服务社会相统一，大兴调查研究之风，为科技工作者多办好事实事，切实把党中央的关怀和温暖送到科技工作者身边，不断增强科技工作者获得感和社会公众认同感，不断提升科协组织吸引力和凝聚力。

五是进一步认识到修订《中国科学技术协会章程》的必要性和紧迫性，形成了重要共识。大家认为，《中国科学技术协会章程》是中国科协在党的领导下开展活动的根本遵循。中国科协九大对章程进行了修订，虽然只有短短一年多的时间，但科协面临的形势和任务发生了重大变化。一方面，党的十九大将习近平新时代中国特色社会主义思想写入党章，同马克思列宁主义、毛泽东思想、邓小平理论、“三个代表”重要思想、科学发展观一道确立为党的行动指南。中国科协作为党领导下的人民团体，必须做到统一步调，及时将习近平新时代中国特色社会主义思想载入章程，作为指导思想和根本宗旨。另一方面，新时代新形势对科技工作和科协工作提出了新使命新任务，科协作为科技工作者的群众组织和国家推动科技事业发展的重要力量，必须根据形势需要进一步明确新时代科协组织的使命目标和职责任务，及时载入章程进行固化，更好指导科协改革创新发展；将港澳台地区和海外华人科技工作者纳入团结服务对象，加强政治引领和政治吸纳，会聚建设世界强国、实现中国梦的磅礴力量。大家一致同意尽快启动章程修订工作，做到依法合规、按程序推动。

二、抓好会议精神的贯彻落实

会议印发的《工作报告》全面贯彻党的十九大精神和习近平新时代中国特色社会主义思想，充分体现了中央书记处对科协工作的重要指示和沪宁同志在工青妇科侨群团组织班子成员会议上的重要讲话精神，对科协 2018 年乃至今后一段时期的工作思路、工作目标、工作格局、工作重点作了详细阐述。希望各位委员认真学习领会、深入贯彻落实。在这里，我就需要重点关注的方面再提几点要求。

习近平总书记在学习贯彻党的十九大精神研讨班开班式上的重要讲话中指出，“时代是出卷人，我们是答卷人，人民是阅卷人。”昨天的成功并不代表着今后能够永远成功，过去的辉煌并不意味着未来可以永远辉煌。今年是贯彻落实党的十九大精神开局之年，是改革开放 40 周年，是决胜全面建成小康社会、实施“十三五”规划承上启下的关键一年，中国科协也迎来成立 60 周年。一甲子也是一轮回，意味着一个新的开始。站在新时代新起点上，我们要以习近平新时代中国特色社会主义思想为指导，坚持传承、创新、发展，按照“1–9–6–1”的工作布局，加强科学统筹和系统推进，切实把自己摆进去、把职责摆进去、把工作摆进去，推动各项决策部署落地生根，以永不懈怠的精神状态和一往无前的奋斗姿态创造新作为、建功新时代。

一要强化政治引领，深入学习贯彻党的十九大精神和习近平新时代中国特色社会主义思想，把科技工作者紧紧团结凝聚在以习近平同志为核心的党中央周围。科协作为党领导下的人民团体，必须进一步增强政治性、先进性、群众性，把厚植党执政的群众基础作为首要政治任务。要带头深入基层一线，做好党的十九大精神和习近平新时代中国特色社会主义思想的宣传阐释工作，潜移默化、润物无声地做好思想政治引领，引导科技工作者深刻领会和落实总书记关于实施创新驱动发展战略、加强国家创新体系建设、深化科技体制改革、倡导创新文化等重要论述，准确把握科技创新的任务要求。要以“爱国、奋斗”精神主题教育活动为抓手，大力宣传以习近平同志为核心的党中央对科技工作的高度重视和支持、对科技工作者的高度关怀和关爱，讲清楚只有在党的坚强领导下才能获得大展身手实现抱负的广阔舞台，引导科技工作者不断加深对中国特色社会主义的思想认同、理论认同、情感认同。要广泛组织发动身边的科技工作者参与弘扬中国科学家精神系列活动，通过凝练中国科学家精神并赋予其新的内涵和时代特征，推动形成科技界广泛认同、共同遵循的价值理念，引导广大科技工作者增强“四个意识”、坚定“四个自信”，紧密团结在以习近平同志为核心的党中央周围，担当起建设世界科技强国的时代使命。

二要强化问题导向，着力在关键环节改革上取得突破，重塑科协工作新格局。面对新时代新矛盾新使命，面向世界一流水平和科技工作者期待，科协必须以刀刃向内的自我革命精神，主动对标国家战略需求，建立完善智库、学术、科普“三轮”驱动，国际化、信息化、协同化“三化”联动，外向拓展、纵横融合、网络活跃“三维”聚力的科协工作新格局，为担当新时代新使命提供组织保障和战略支撑。要大兴调查研究之风，深入基层一线调查研究，放下架子、扑下身子、问计于民，研究在服务国家重大战略中实现新作为的战略路径，研究以深化改革不断增添新动能的战略举措，找准工作的切入点、结合点、着力点，找到破解问题的办法和路径，抓住科技工作者最急最忧的问题出实招、办实事、求实效，在关键环节改革上取得突破。比如，围绕学会治理方式、基层组织建设、联系服务科技工作者等关键环节集中发力，加快网上科协建设，做好承接政府转移职能试点工作，进一步打造开放型、枢纽型、平台型科协组织；积极推进县级科协建设和改革，发挥好县医院院长、中学校长和农技站站长等“关键人物”的作用，切实提升科协组织力等。着力打通科协改革的“堵点”和“痛点”，让更多的科技工作者和人民群众享有更深切的获得感。探索有效运用电视媒体、科普游戏等手段创新科普方式，打造信息化科普服务精品，构建多元、高效、精准、普惠的科普资源和科普服务推送渠道。开好世界公众科学素质促进大会，推动成立公众科学素质国际组织，扩大国际话语权。着力加强党的建设，落实全面从严治党主体责任，把党的政治建设摆在首位，抓好干部队伍建设，营造良好政治生态，为担当新时代新使命提供组织保障和战略支撑。

三要强化目标导向，不折不扣抓落实，向各级科协组织和广大科技工作者交上一份满意的答卷。经过认真研究，中国科协在今年的工作中提出实施凝心聚力工程等六项重点工程，在服务科技工作者多层次多样化学术交流需求等方面为科技工作者办一批实事。这些都是贯彻落实党的十九大精神和中央书记处重要指示的具体举措，只要不折不扣一件一件抓落实，科协工作必然能够开创新局面，科协对科技工作者的号召力必然大幅提升。一分部署，九分落实。制订工作计划不容易，笃行更弥足珍贵。要真正把功夫下到察实情、出实招、办实事、求实效上，坚持原则性与灵活性相结合，不断根据新形势新要求主动调适、校准，以创新的思路和举措推进落地见效。要坚持高站位、高标准、高质量，切实转变思想观念、转变目标标准、转变方法措施，用好MCR工作法，不断明确我们的使命目标，不断深入了解顾客需求，不断精准定义成果导向，使我们的工作更加符合中央要求，更加符合科技工作者的期盼。制订计划前要慎思，落实计划就要笃行。要以时不我待、只争朝夕的精神投入抓落实，不驰于空想，不骛于虚声，细化目标任务，落实工作措施，一步一个脚印，不负习近平总书记和党中央重托，不负科技工作者期待，真正在党和国家工作大局中彰显科协作为，做出独特贡献，交出一份无愧于新时代新使命、无愧于党和广大科技工作者的合格答卷。

最后，我再补充说明一点。关于今年中国科协成立60周年的有关活动，结合“新时代创新先锋”主题实践活动，回顾历史、总结经验、抢抓机遇，要按照紧扣主题、突出主线、淡化庆典、注重服务、搭建平台、广泛参与的原则，在传承中求创新，在创新中谋发展。中国科协制定了一个60年的工作方案，会上也征求了大家的意见。这不仅是中国科协层面的工作方案，而是面向科协系统的倡议书、动员令。全国学会、地方科协要按照总体工作思路，以整体部署、协同推进、联合开展的方式，提早谋划、周密安排、精心组织、加强协同、信息共享，围绕改革开放40周年，以科协成立60周年为契机，切实提升整个科协系统的思想引领力、群众组织力、战略支撑力、文化传播力、国际影响力，增强广大科技工作者的归属感、自豪感、使命感和获得感，为建设创新型国家和世界科技强国会聚起广大科技工作者的磅礴力量，书写科协系统坚定不移走中国特色社会主义群团发展道路的新篇章。

各位委员、同志们：

中国科协第九届全国委员会第四次会议经过与会委员和同志们的共同努力，完成了预定的各项议程，会议开得圆满、成功。我代表全体与会同志，向会议工作组各位同志为会议顺利召开所付出的辛勤劳动表示感谢！

春节临近，在此，我向大家拜个早年，祝大家身体健康、工作顺利、阖家幸福！

在中国科协 2018 年党风廉政建设推进会暨首轮巡视工作动员部署会上的讲话

（2018 年 3 月 22 日）

怀进鹏

今天，我们在这里召开科协党风廉政建设推进会暨首轮巡视工作动员部署会，传达学习十九届中央纪委二次全会精神和十九届中央第一轮巡视工作动员部署会议精神，部署科协党风廉政建设工作，全面启动中国科协巡视工作。刚才，我们传达学习了中央纪委二次全会和十九届中央第一轮巡视工作动员部署会议精神以及中直机关党的工作会议暨纪检工作会议精神，宣布了中国科协首轮巡视组任职及任务分工的决定。中央纪委派驻纪检组组长、中国科协党组巡视工作领导小组副组长王宾宜同志作了重要讲话，对学习贯彻中央纪委二次全会精神提出了明确要求，各级党组织要结合实际，认真贯彻落实。

刚才传达的文件精神以及宾宜同志的讲话是一次难得的党课学习。宾宜同志的讲话既肯定了科协过去工作的成绩，也指出了我们发展中的问题，并结合中央纪委巡视工作部署为我们下一阶段的工作提出了要求。

习近平总书记在十九届中央纪委二次全会上的重要讲话中强调，要真正把落实管党治党政治责任作为最根本的政治担当，紧紧咬住“责任”二字，抓住“问责”这个要害。中国科协各级党组织和全体党员要深入贯彻落实党的十九大精神，忠实履行党章所赋予的政治责任，牢固树立“四个意识”，坚决维护以习近平同志为核心的党中央的权威和集中统一领导，用习近平新时代中国特色社会主义思想武装头脑，始终坚持科协工作的正确政治方向，以永远在路上的执着，一刻不停歇地推动全面从严治党向纵深发展。下面，就科协系统深入学习贯彻党的十九大精神，落实十九届中央纪委二次全会精神、十九届中央第一轮巡视工作动员部署会议精神特别是习近平总书记重要讲话精神，搞好中国科协党风廉政建设、开展好首轮巡视工作，我想结合习近平总书记多次强调的“责任”来谈自己的认识体会。

一、识责——认清政治责任，以党的十九大精神为指引，贯彻落实中纪委二次全会精神，肩负起科协组织在推进新时代党的建设伟大征程中的历史担当

群团事业是党的事业的重要组成部分，群团组织是党领导下治国理政的重要力量，必须毫不动摇坚持和完善党的领导，必须毫不动摇加强党的建设。习近平总书记和党中央高度重视和加强群团工作，把建立健全联系广泛、服务群众的群团工作体系和工作机制作为改革的重要目标。处于新时代的科协组织，如何更加有效地发挥党领导下人民团体的政治功能，担负起党联系科技工作者的桥梁纽带作用，有力践行党的群众路线，最广泛地凝聚起进军世界科技强国、实现中华民族伟大复兴中国梦的磅礴力量，是我们必须回答的时代命题和实践要求。

讲政治、讲政治责任绝不是一句口号，要履行好科协组织的政治责任，首先要认清我们的责任。在新时代，广大科技工作者的需求和对未来的预期都发生了许多新的变化，需要我们识变应变求变，发挥好科协组织作为党和政府联系广大科技工作者的桥梁和纽带作用，发挥好群团组织在推进国家治理体系和治理能力现代化方面的独特作用，充分凸显作为人民团体的政治功能，推动政治责任的落实，为夯实党在科技界的执政基础发挥不可或缺的作用。

（1）深刻认识党的建设在“四个伟大”中的根本保证作用。习近平总书记指出，伟大斗争、伟大工程、伟大事业、伟大梦想紧密联系、相互贯通、相互作用，其中起决定性作用的是党的建设新的伟大工程。科协组织不是一般的社会群团组织，而是一个具有政治目标、政治使命的群团组织；我们的政治责任就是发挥好对科技工作者的政治引领政治吸纳作用，团结引领广大科技工作者听党话跟党走。要认真学习领会习近平总书记关于党的群团、科技工作的一系列重要指示，并在实际工作中贯彻落实。必须从政治高度来理解和把握习近平总书记提出的关于群团工作的要求，保持和增强群团的政治性、先进性、群众性，尤其是政治性。要把9100万科技工作者紧密团结在以习近平同志为核心的党中央周围，营造“众星拱月”的氛围，夯实党在科技界的执政基础，这是科协最为重要的政治责任，是新时代赋予科协组织的神圣使命。

（2）深刻认识全面从严治党必须坚持和加强党的全面领导。在党的十九大报告中，习近平总书记重申“坚持党对一切工作的领导”，将它置于新时代坚持和发展中国特色社会主义基本方略的第一条，作为新时代中国特色社会主义取得成功和走向胜利的根本政治保证。这一点，我们要永远铭记在心，贯彻到我们的工作实践中，特别是推进科协组织“四服务”职责更加有效的落实和履职过程中。要牢牢把握政治性、先进性、群众性的总要求，以“新时代创新先锋”主题实践为主线，进一步加强党的全面领导，把组织力建设摆在服务科技强国目标的突出位置，更加有力地动员科技界建功新时代。

（3）深刻认识坚持党的领导最根本是坚持党中央权威和集中统一领导。坚持党中央权威和集中统一领导是马克思主义政党的本质属性，是中国特色社会主义政治发展道路的历史必然，是推进新时代党和国家各项事业的根本原则。每位党员都要把向党中央看齐放在心中最高位置，时刻不忘维护党中央权威的责任和义务，自觉把维护党中央权威与维护习近平总书记的核心地位、领袖权威统一起来，做到思想上认同核心、政治上维护核心、组织上服从核心、行动上紧跟核心，自觉向习近平总书记看齐。进一步坚定理想信念，筑牢保持党的团结统一的思想基础。坚持对党绝对忠诚，把坚定地捍卫核心、爱戴核心、忠诚核心作为最大的政治、最大的原则、最重要的政治纪律和政治规矩。

（4）牢牢抓住加强党的长期执政能力建设、先进性和纯洁性建设这一主线。在新的历史条件下，我们党始终面临着“四大考验”和“四大危险”。经受考验、化解危险，要树立忧患意识。历史和现实多次证明，作为党员和党的各级组织，什么时候让广大群众感受到理想信念的强大力量，并将理想信念建立在对科学理论的理性认同上、建立在对历史规律的正确认识上、建立在对基本国情的准确把握上，始终以人民为中心，不折不扣地执行党的群众路线，就掌握了抵御各种风险和挑战的法宝。科协肩负新时代下推进科技强国建设的历史使命。在全世界新一轮的竞争和贸易保护不断加剧的背景下，要充分估量新一轮科技革命与产业变革历史交汇带来的重大影响，特别是颠覆性技术对产业、经济和社会带来的巨大冲击，充分认识到在产业变革和新型创新组织方式融合下科协所应发挥的作用，进一步推动颠覆性技术及其有效运用，做到因时而变、应势而动，在主动识变应变中谋划科协组织转型升级的战略方向，切实提高科协组织动员力。

二、负责——坚决落实责任，突出问题导向，全面落实党风廉政建设任务部署

过去一年，我们坚持把加强党的建设作为最核心的政治任务，坚持把落实全面从严治党“两个责任”作为最重要的工作举措，紧密结合科协实际，积极创新方式方法，探索党风廉政建设和反腐败工作有效途径，以党风廉政建设推动科协作风建设不断完善，推动形成众心向党、干事创业、风清气正的良好政治生态，各项工作取得了新成效。

党组坚持党的全面领导、加强党的建设、全面从严治党，认真贯彻落实中央关于加强党风廉政建设和反腐败工作要求，多次召开专题会议，听取党风廉政建设情况汇报，研究部署相关任务，推动建立健全党风廉政建设制度体系，形成了党组统一领导，机关党委、机关纪委组织协调，各部门单位齐抓共管，基层党组织负责落实的党风廉政建设领导和工作机制。以迎接和学习贯彻党的十九大精神为主线，党员干部思想政治建设不断加强。对标中央要求，结合科协实际，认真研究制定学习宣传贯彻党的十九大精神实施方案，组织开展践行党的十九大精神“大交流”“大比武”，展现出生动践行十九大精神的全新气象。充分发挥“关键少数”示范表率作用，党组同志带头深入一线调研宣讲，督导落实学习贯彻。学会党建工作也成为一道亮丽的风景线，得到中央书记处领导的认可，有193个全国学会成立党委、157个全国学会办事机构成立基层党组织，基本实现学会党组织全覆盖，党对科技界的政治引领和政治吸纳显著加强。扎实推进“两学一做”学习教育常态化制度化，严格落实“三会一课”制度，进一步严肃和规范党内政治生活，不断夯实基层组织。开展计财廉政风险专项检查，对涉及21个单位的120个问题紧盯不放加强整改。在去年一年里，党组、机关党委、机关纪委正确运用监督执纪“四种形态”特别是“第一种形态”，严肃查处违纪违规行为，切实把纪律和规矩挺在前面，2017年信访举报件17件，同比下降63%。这是在纪检组的指导下、在中直工委的直接领导下，我们全体党员干部、纪检工作人员和党组共同努力取得的成绩。同时，我们也相继出台了《中国科协党组巡视工作办法（试行）》等5个制度文件，扎实开展巡视准备工作，今天正式启动首轮巡视，务必实现良好开局。

科协不是世外桃源，在实际工作中仍存在不足，在党风廉政建设方面还存在问题。比如，违反中央八项规定精神存在反复性，经费管理不规范、资金使用效率低、评审验收和劳务费发放把关不严及“打擦边球”“改头换面”的情况尚未杜绝。全面从严治党存在上紧下松，有的基层党组织和党员领导干部履行党风廉政建设主体责任不力，遵守党章党规党纪不严格，“两张皮”现象仍比较突出；部门和单位之间党的工作发展不平衡，党建工作针对性、实效性还不强；直属单位比较多、人员比较多，一些单位作风建设、纪律建设以及党员日常教育管理不得力，对“三重一大”集体决策制度落实不到位，监管难度大；少数会议活动还存在铺张浪费现象，没有严格执行招投标、经费预算管理等方面的规定；一些党员干部还存在“庸懒散浮拖”的作风顽疾，离退休党员干部的管理服务工作需要加强，个别同志存在不如实报告甚至瞒报个人事项的问题；有的单位党务干部配备不足，党务纪检工作不够有力，更有一些主要岗位的党员干部对制度规定学习掌握不够，在其位不知其规，有的甚至有意规避、明知故犯等。这些问题需要我们深刻认识，并坚决加以纠正。科协的首轮巡视工作既是党的十九大之后巡视全覆盖的启动，又是对2014年中央对科协巡视“回头看”整改落实成效的检查。

（1）把党的政治建设摆在首位，坚决维护党中央权威和集中统一领导。要突出群团组织的政治性，教育引导广大党员干部牢固树立“四个意识”、坚定“四个自信”，严守政治纪律和政治规矩，提高政治觉悟和政治能力，自觉杜绝和防范“七个有之”，始终在政治立场、政治方向、政治原则、政治道路上同以习近平同志为核心的党中央保持高度一致。

（2）严肃党内政治生活，营造风清气正的良好政治生态。科协各级党组织要强化标准和要求，认真落实“三会一课”、民主生活会、领导干部双重组织生活、民主评议党员、谈心谈话等制度，加强经常性教育、管理、监督。党员领导干部特别是各部门单位主要负责同志要带头执行民主集中制，用好批评和自我批评这个锐利武器，扎实开展好“不忘初心、牢记使命”主题教育，引导广大党员干部在严肃认真的党内政治生活中接受锤炼、坚守信念。

（3）牢固树立党章党规党纪意识，全面加强党的纪律建设。科协各级党组织要强化政治担当，责无旁贷地担负起纪律建设的主体责任，有效运用监督执纪“四种形态”，加大第一种形态运用力度。坚持突出重点，紧盯领导干部这个“关键少数”，扎实开展领导干部经济责任审计工作，认真做好廉政风险排查和防控工作，建立健全廉政风险防控长效机制。要加大信访举报和问题线索处置力度，强化统一管理、分析研判和分类处置。要组织开展经常性纪律教育，让党员干部知敬畏、存戒惧，习惯在受监督和约束的环境中工作生活。

（4）持之以恒纠正“四风”，以钉钉子精神抓好作风建设。习近平总书记讲“紧紧咬住责任”最重要的就是要抓住“关键少数”，抓住工作中的薄弱点，特别是要害之处。所以领导干部特别是“一把手”要切实肩负起管党治党的政治责任，推动党风廉政建设责任落到实处。科协的工作，作为党组书记，我就是第一责任人，各部门各支部各单位的书记就是第一责任人，我们的第一责任人、关键少数、“头雁”就要切实扛起“两个责任”，带头转变作风，坚决抵制特权思想和特权现象，发挥好“头雁效应”。

（5）切实担负起管党治党政治责任，推动党风廉政建设责任落到实处。党组织书记要亲自研究和安排党风廉政建设工作，主持开展党风廉政理论学习，亲自督导落实党风廉政建设责任制。班子成员要认真落实“一岗双责”，对分管领域和部门的党风廉政建设工作负主要领导责任。加强党务纪检干部自身建设，加大专职干部配备力度，把政治强、作风实、有担当的干部选配到党务纪检岗位，为提升党风廉政建设和反腐败工作水平提供有力的人才保障。

三、问责——强化问责机制，以党组政治巡视为抓手，努力形成不敢腐不能腐不想腐的长效机制

习近平总书记强调，解决我们政治责任落实这一问题必须抓住问责这个要害。党的十九大要求中央单位开展巡视，根本目的就是要通过党组巡视这个重要手段，推动解决基层党组织在管党治党方面不同程度存在的宽松软问题。巡视是党之利器、国之利器，是党和国家监督体系的重要组成部分，要通过开展巡视来提升科协政治责任的落实能力。科协各级党组织和广大党员干部一定要深刻认识新时代加强党组巡视工作的重要性和必要性，自觉把党组巡视与学习贯彻党的十九大精神结合起来，与深入落实全面从严治党要求联系起来，与持之以恒推进党风廉政建设和反腐败工作统一起来，与深化新时代科协事业改革发展贯通起来，以管党治党新成效保障新时代科协事业健康发展。

（1）扎实有序推进科协党组巡视全覆盖。习近平总书记强调，只有全覆盖，才能零容忍。十九届中央新一轮巡视已经全面展开，充分展示了中央抓党内监督没有禁区、没有例外的鲜明立场，为全党做出了示范。对标中央要求，科协党组制定了五年巡视工作计划，确定了时间表和路线图，用4年时间实现全覆盖，重点巡视16个直属单位，机关部门视工作需要可安排专项巡视。通过此次巡视，推动科协形成内部监督的长效机制，打造不断完善升级的巡视工作“科协版”。各部门各单位党组织和广大党员干部要按照规划安排，积极主动地参与、支持、配合好巡视工作，保持好巡视节奏和进度，坚决完成全覆盖的硬任务。要坚持进度服从质量、形式服从效果，坚持边巡边改、立查立改，防止敷衍了事赶进度、蜻蜓点水走过场。

（2）坚决把政治巡视要求贯彻到党组巡视全过程。中央新修订颁布的《中国共产党巡视工作条例》明确指出：“深化政治巡视，聚焦坚持党的领导、加强党的建设、全面从严治党，发现问题、形成震慑，推动改革、促进发展，确保党始终成为中国特色社会主义事业的坚强领导核心。”这是对政治巡视内涵和定位的阐述，为我们做好党组巡视工作指明了方向。科协一些单位目前存在的问题包括“四化”问题、“庸懒散浮拖”问题，群众组织力不足、创新力不足、引领不充分、发展不平衡不充分等问题，表面上看是制度、管理、人员、能力、经费等方面的问题，但从根源上看，还是政治站位不够高、政治标准不够严、政治要求不够硬的问题。深化政治巡视，就是要从政治上找问题，看看被巡视党组织的领导核心作用发挥得够不够、领导班子凝聚力强不强，是不是坚定地与党中央保持高度一致，是不是在管党治党上体现“严”的要求，等等。科协各级党组织和广大党员干部一定要深刻领会在政治高度上突出党的领导、在政治要求上抓住党的建设、在政治定位上聚焦全面从严治党这“三大要求”，深刻理解加强党的领导是根本目的、加强党的建设是根本途径、全面从严治党是根本保障这“三个根本”，紧紧围绕党的领导弱化、党的建设缺失、全面从严治党不力这“三大问题”，切实推动中国科协全面从严治党从宽松软走向严紧硬。

（3）坚持把发现问题、推动解决问题作为党组巡视的重中之重。发现问题、形成震慑是衡量巡视成效的重要标准。巡视组作为党内监督的“前哨”和发现问题的“尖兵”，要始终坚持问题意识和问题导向，充分发挥巡视的政治体检功能，将主要时间和精力用在发现问题上，敢于坚持原则，勇于较真碰硬，紧盯重点人、重点事、重点问题“三个重点”，当好党组的“千里眼”和“顺风耳”。要及时发现被巡视单位存在的普遍性、倾向性问题以及影响改革发展的深层次体制机制问题，善于运用灵活的工作方式和方法，注重从举报线索、网络舆情、异常信息、审计结论、原始资料、数据分析、重大事项、走访调研、群众口碑中打开突破口。

（4）做好整改落实和成果运用这“后半篇文章”，发挥标本兼治作用。巡视既是治标之举，也是治本之策，发挥巡视监督标本兼治的战略作用，关键要抓好巡视成果的综合运用。习近平总书记指出："巡视发现了问题，就要解决、要处理，如果不了了之，就会损害巡视威慑力。"中央多次对加强成果运用、推进标本兼治做出具体部署，强调既要立足治标，落实当下改的举措，也要着眼治本，形成长久立的机制，为我们开展党组巡视明确了标准。按照中央要求，中国科协党组巡视工作要有效运用2014年中央对科协巡视的成果，开展对整改效果的检查和评估，在用好成果、分类处置上下功夫，建立完善审核把关、督查督导、纪律问责机制，严抓报告质量，严肃反馈情况，压实整改责任，规范线索移交，加强跟踪督办，公开巡视信息，宣传整改成效，有效发挥巡视工作推进改革、促进发展的治本作用。

（5）加强惩治和威慑，发挥制度的"高压线"作用。巡视组作为巡视工作的执行主体，要树立问题意识和目标导向，切实履行职责，不发现问题绝不罢休，不达目标绝不收兵。这是乐际同志、薛祥同志在中央纪委工作和中直机关工作中提出的明确要求。被巡视单位作为接受巡视的整改主体，要自觉摆正位置，夯实整改责任，层层传导压力，充分信任、全力配合巡视组开展工作，不讲任何条件、积极主动接受巡视监督。主要负责人要切实担负起整改第一责任人的责任，认真组织落实巡视整改任务。要把问题整改贯穿于巡视全过程，坚持自查自纠、即知即改、立行立改、"对号入座""逐一销号"，在定措施上见真章，在抓落实上见成效，确保事事有回音、件件有着落。

（6）加强组织领导，强化保障措施。党组先后召开四次会议专题研究巡视工作，成立了党组巡视工作领导小组，下设办公室；结合科协实际，制定印发了一系列巡视工作制度规范和落实文件；研究组建了首轮巡视组，精心选配了组长和成员，确定了被巡视单位。巡视办要发挥好"参谋部"作用，当好领导小组的助手、巡视组的帮手和促进工作的推手。机关各部门、各直属单位要发挥"后勤部"作用，为巡视提供支援和保障。巡视组要发挥"作战部"作用，严格按照巡视条例和有关规定办事，依靠被巡视单位党组织开展工作，不干预被巡视单位日常工作，不履行执纪审查的职责，发现重要情况、敏感事项和重大问题，及时向领导小组报告，不能作个人表态。被巡视单位领导班子及成员应当增强接受监督意识，组织好有关部门、处室配合巡视工作，营造干部群众积极参与、有利于发现和解决问题的良好氛围。广大党员干部要坚持党性原则，如实反映问题，在执行纪律规矩上不能有任何含糊。要通过各方面的密切协作、共同参与，形成上下贯通、左右衔接、协调配合的工作格局，确保党组巡视工作按计划有序推进。同时，巡视组组长要带头严守纪律和规矩，以身作则、以上率下，领好班子、带好队伍，切实发挥好"头雁效应"。巡视干部要严格执行各项制度规范，对党忠诚、敢于负责、实事求是、客观公正，坚决落实中央八项规定精神，积极发扬密切联系群众的优良作风，严禁跑风漏气、打探说情。坚持把巡视作为发现、培养、考察、锻炼干部的重要平台和历练场所，不断完善巡视干部的选拔推荐机制。坚持"严管就是厚爱，信任不能代替监督"，展现铁的纪律和过硬作风，突出政治标准、政治素质，强化群众意识、群众感情，锻造一支让党放心、让人民满意的群团干部队伍，为落实全面从严治党、加强党内监督提供坚实的组织保证。

同志们，源洁流清，本固枝荣。全面从严治党是党的建设的重大任务，做好巡视工作责任重大、使命光荣。我们要紧密团结在以习近平同志为核心的党中央周围，认真学习贯彻党的十九大精神，以习近平新时代中国特色社会主义思想为指引，贯彻落实十九届中央纪委二次全会精神，增强"四个意识"、坚定"四个自信"、争做"三个表率"，不忘初心、牢记使命，振奋精神、扎实工作，不断夯实科协事业发展政治保障，团结带领广大科技工作者在新时代展现新作为！

谢谢大家！

在2018世界交通运输大会开幕式上的致辞

（2018年6月19日）

怀进鹏

今天的北京，宾朋云集。我们共聚一堂，参加世界交通运输大会。我谨代表中国科学技术协会，向本次大会的召开表示热烈的祝贺，向来自海内外的专家学者和各位嘉宾、各位先生们、女士们的到来表示诚挚欢迎！

世界交通运输大会是一年一度的盛会，在座的各位都会感到世界在变、中国在变，一年来中国的变化可能超乎各位海外嘉宾的想象。2017年10月召开的中国共产党第十九次代表大会开启了新时代，首次提出建设交通强国的目标。我们正处于新一轮科学、技术、工程、工业的大变革时代，科技创新空前密集活跃，经济社会发展加快转型。特别是数字化生存与发展带动数字化转型，经济发展的动力转换，促进经济发展方式的转型，科技与经济的高密度互动，迎来社会发展观念的转型。我们筹划未来，现在“未来已来”；我们顺势应变，现在“唯变不变”。在众多变化之中，也许交通是变化最为显著、最为深刻的领域。在新一代信息技术变革浪潮下，不同的文明因子在现代交通的推动下跨界融合、协同发展，不断催生新的业态、新的生态和新的文明形态，从而深刻改变世界、改变人类生活。

变革交通，创造历史。纵观人类文明史，交通方式的变革、工具的演进、技术的进步一直是人类社会发展的重要推动力量。伴随着工业革命进程，人类通过变革交通，创造了文明历史。中国古代丝绸之路和“海上丝绸之路”的开通，密切了东西方文化贸易往来；“大航海时代”以及新大陆的发现，拓展了人们认识世界的空间；汽车、火车和飞机的发明，实现了人类日行千里、翱翔天空的梦想。交通科技的日新月异，开辟了交通运输一个又一个新纪元，促进了人口、商品、资本、信息的自由流通，使先进技术和生产方式广泛传播，推动了财富增长、民族融合、世界和平与发展。

创新交通，造福百姓。科技创新推动中国交通运输快速发展，以高速公路、高速铁路、海洋和航空运输等为代表的综合交通运输体系初步建成，以新能源汽车、远洋船舶、高速列车、大型飞机为代表的交通运输工具发展迅猛，为中国经济发展增添了新动能。以信息技术为代表的现代科技为交通运输插上信息化、智能化的翅膀，共享单车打通了城市交通的“最后一公里”；智能化交通运维体系让出行更加方便快捷；信息化物流网络体系拉近了从田间地头到舌头的距离。富含科技含量的中国交通，深刻改变着中国百姓的生活。

未来交通，谁主沉浮。“交通让世界更美好”是本次大会的主题，更是未来交通的愿景。大家可以畅想，这将是先进科技的竞技场，如何应对能源消耗、环境污染和城市拥堵等难题，突破无人驾驶、共享交通的瓶颈，新一代人工智能、新材料、新能源、生物技术等都将在这些领域大显身手；也将是创新人才的引力场，未来战略科学家、科技领军人才、企业家将荟萃于此，形成天下英才聚交通、万类霜天竞自由的创新生态雨林；也将是创新思想的梦工场，技术、人才会聚带来思想集聚，使交通领域成为更加充满人类想象力的空间，充满多学科交叉和创新结合的可能性，更成为年青一代筑梦圆梦的舞台。

习近平总书记在今年的中国科学院、中国工程院院士大会上指出，“要把满足人民对美好生活的向往作为科技创新的落脚点，把惠民、利民、富民、改善民生作为科技创新的重要方向”，同时强调要深化认识规律，抓重大、抓尖端、抓基础。广大交通科技工作者要加强与世界同行的交流与合作，以建设美好世界、满足人民群众对美好生活的向往为己任，把握交通创新发展规律、人才成长规律，突出重大战略牵引，着力提升创新能力和整体水平，推进尖端、交叉和颠覆性技术前沿突破，注重基础、底层、通用交通技术研发，筑牢交通科技及产业长远发展基础，为服务创新驱动发展、丰富人类交通知识和技术创新宝库做出积极贡献。

中国科协是中国科技工作者之家，是开放型、枢纽型、平台型、网络型科技组织，拥有包括航海、铁道、航空、汽车工程等领域的210个全国学会，具有跨界融合交流与组织动员的能力和优势。我们愿意与各国同行加强合作，搭建跨界集智的高端平台，推动实质性国际合作与交流，携手推进交通运输产业迈向数字化、网络化、智能化、绿色化发展道路，为促进世界经济的创新、活力、联动、包容性增长不懈努力。

交通改变世界，创新引领未来。衷心希望大家在这里交流前沿技术、分享实践经验、激发创新思维，并以此为契机增进共识、加强合作，共同打造酝酿创新、主导创新、展示创新和实施创新的国际化合作平台，创造更多承载交通科技创新的“快车”“便车”，为交通服务人类发展创造美好明天，为建设人类命运共同体贡献智慧力量。

祝愿本次大会圆满成功，谢谢大家！

在2018年全国科技助力精准扶贫现场会上的讲话

（2018年10月16日）

怀进鹏

同志们：

10月17日是第五个全国扶贫日，也是第二十六个国际消除贫困日。值此重要时刻，中国科协、农业农村部、国务院扶贫办共同在山西省吕梁市召开2018年全国科技助力精准扶贫现场会。会议任务是深入学习贯彻习近平新时代中国特色社会主义思想和党的十九大精神，全面落实党中央、国务院关于打赢脱贫攻坚战三年行动指导意见和实施乡村振兴战略的意见精神，总结交流工作经验，深化部署科技助力精准扶贫任务落实。

山西吕梁是革命老区，是全国集中连片特殊困难地区，也是中国科协30多年来的定点扶贫地区，更是科技助力精准扶贫攻克艰中艰、难中难的主战场，在山西召开现场会有着特殊重要的意义。会议期间，中国科协还将就进一步推进山西建设资源型经济转型发展示范区、打造能源革命排头兵和构建内陆地区对外开放新高地以及助力吕梁地区脱贫攻坚，分别与山西省、吕梁市签订合作协议。山西各界干部群众长期给予中国科协工作支持和配合，在此，我谨对山西省委省政府以及吕梁市和定点扶贫县的干部群众表示崇高敬意和诚挚感谢！

下面，我就做好科技助力精准扶贫工作讲几点意见。

一、坚持提高政治站位、对标中央要求，深刻认识打赢脱贫攻坚战和实施乡村振兴战略的重大意义

党的十九大对打好精准脱贫攻坚战、实施乡村振兴战略做出了战略部署，习近平总书记多次对打好精准脱贫攻坚战做出重要指示，去年，习近平总书记又专门来到山西调研考察。我们这次会议就是要进一步落实好习近平总书记的重要指示精神，为科技扶贫做出科协的贡献。今年，中央先后印发了关于打赢脱贫攻坚战三年行动的指导意见和乡村振兴战略规划（2018—2022年）。我们要深入学习领会、强化政治责任，坚决贯彻落实中央重大决策部署。

第一，脱贫攻坚和乡村振兴是决胜全面建成小康社会、实现“两个一百年”奋斗目标的重大战略部署。从党的十九大到党的二十大，既要全面建成小康社会、实现第一个百年奋斗目标，又要乘势而上开启全面建设社会主义现代化国家新征程，向第二个百年奋斗目标进军。走中国特色减贫之路，打好精准脱贫攻坚战，是党中央坚持以人民为中心的发展思想、为人民谋幸福、为民族谋复兴的战略部署，是党中央向全国人民、向全世界做出的庄严承诺。习近平总书记强调，我们党向人民做出的承诺绝不能打任何折扣。做好扶贫工作是检验我们党员干部践行“四个意识”和“两个维护”的试金石。实现乡村振兴，是顺应亿万农民对美好生活的向往，决胜全面建成小康社会、全面建设社会主义现代化国家的重大历史任务。因此，实施打赢脱贫攻坚战三年行动和乡村振兴战略是党中央适应经济社会发展趋势和乡村发展态势、准确把握社会主义现代化建设规律做出的科学决策，是解决新时期“三农”问题、化解农村发展突出矛盾的重大战略安排。

第二，脱贫攻坚和乡村振兴是改善民生、实现共同富裕的重要举措。党的十八大以来，我国累计减贫6800多万人，贫困地区和贫困群众生产生活条件也得到显著改善，脱贫攻坚取得决定性进展。但也要看到全国还有3000万人需要脱贫，且大都是贫中之贫、难中之难的深度贫困群体，越往后，扶贫工作难度越大。基于此，要实现深度贫困群众精准脱贫，确保到2020年同全国一道进入全面小康的目标任务，可以说是十分艰巨的。因此，我们要认识到打赢脱贫攻坚战被党中央确立为未来三大攻坚战，有其深刻背景和重要意义，必须充分认识打赢脱贫攻坚战和实施乡村振兴战略对于改善民生、实现共同富裕是非常重要的。同时，还要对标中央精神和要求，进一步明确细化科技助力精准扶贫的目标定位、发展思路和任务举措，为下一阶段工作开展做好充分准备。

第三，脱贫攻坚和乡村振兴是科技工作者创新建功的重要使命。科技是第一生产力，发展是第一要务，创新是第一动力，人才是第一资源。运用好科技创新的利器，助力打赢脱贫攻坚战，推动乡村振兴战略实施，是党中央交给科技工作者的光荣任务，也是我们重大的责任。各级科协组织一定要进一步增强责任感、使命感、紧迫感，弘扬爱国奋斗精神，充分发挥自身优势，找准科技助力精准扶贫的切入点、结合点，通过挖掘总结科技扶贫的典型案例，探索推广科技（科普）扶贫的典型方法、典型举措，找到可为之处，实现有为之举，更好履行科技界服务国家发展战略全局的重要使命，努力在服务脱贫攻坚中创新建功。

二、坚持问题导向、效果导向，扎实推进科技助力精准扶贫工作迈上新台阶

为深入贯彻落实党中央打赢脱贫攻坚重大决策部署，2016年中国科协、农业农村部、国务院扶贫办联合实施了科技助力精准扶贫工程。两年来，各级科技组织和广大科技工作者认真落实党中央精准扶贫、精准脱贫的基本方略，创新工作机制与工作方法，取得了良好成效。

一是聚焦建档立卡贫困村（户）精准脱贫需求，创新科技助力精准扶贫的精准对接模式。两年来，各级各类科技组织和广大科技工作者以深度贫困地区为重点，深入建档立卡贫困村、贫困户实地调查研究，摸清需求，精准施策，精心做好科技服务、技术推广、人员培训等工作，实现科技扶贫与精准脱贫的精准对接。如宁夏回族自治区科协精准绘制科技服务“菜单”，按照建档立卡贫困村（户）的订单，对建档立卡贫困乡镇村开展“订单式”培训，助力59个建档立卡贫困村、4.8万建档立卡贫困人口稳定脱贫。2018年，中华医学会组织实施基层卫生人才培养千人计划，针对11个贫困地区县级医疗卫生机构培养重点薄弱学科领军人才和其他各类紧缺人才需求，邀请148位专家对2912位基层医务人员进行精准定制培训，取得良好效果。

二是聚焦地方党委政府脱贫攻坚中心任务，创新科技助力精准扶贫的组织动员模式。两年来，各地紧紧围绕贫困地区党委政府脱贫攻坚中心任务，组织动员各级科技组织和广大科技工作者积极融入和依托当地扶贫体系，精心开展科技咨询、技术服务、生态健康科普等工作。如湖南省科协与当地省农业厅、扶贫办协同开展科技助力精准扶贫，推动科技专家小组进驻187个省派帮扶工作队，形成“省驻村工作队—科技专家小组—贫困群众”有效协同的组织动员模式。河北省动员205个科技组织的1894名科技专家组建“富岗李保国128科技小分队”等各种扶贫团，助力建档立卡贫困人口3.08万人增收脱贫。中国环境科学学会积极开展“大学生志愿者千乡万村环保科普行动”，形成“精准扶贫 + 科技帮扶 + 社会实践”的组织动员模式，赢得贫困地区干部群众好评。

三是聚焦贫困地区资源开发需求，创新科技助力精准扶贫的赋能服务模式。两年来，各级科协组织和广大科技工作者聚焦贫困地区资源开发需求，因地制宜帮助贫困地区发展产业、拓展农产品销售市场等，带动贫困地区群众增收脱贫。如中国国土经济学会通过开展创建百佳深呼吸小城活动，帮助贫困县打造生态旅游名片，助力122个贫困县脱贫攻坚。重庆市科协与市农技协联合会搭建线上电子商务平台“红农网”，建立线下“百品百店体验馆”30家，举办“舌尖上的田野”农产品展，帮助贫困区县解决农产品销售“最后一公里”问题。

以上三种典型模式都来源于科技助力精准扶贫的工作实践，体现了我们在科技扶贫方面的有益探索，并已取得阶段性成效。这里，也希望各地各部门不断总结科技助力精准扶贫的鲜活案例，通过更多典型模式的探索与推广，更加有效地助力贫困地区打赢脱贫攻坚战。应该说，目前全国科技助力精准扶贫工作已经取得了积极进展和成效，但同时还要看到，随着我们扶贫工作进入攻坚阶段，任务难度不同以往，原来一直适用的好的工作经验和做法，面对解决深度贫困地区问题时可能还有欠缺，需要我们进一步探索改进，找到更好更精准的方法、举措和模式，着力提高科技助力精准扶贫工作水平，让贫困地区的贫困群众有更丰富、更真切的获得感。

三、坚持扶贫与扶志扶智相结合，切实把科技助力精准扶贫各项任务落在实处

习近平总书记对打好精准脱贫攻坚战做出一系列重要论述、重要指示。打赢脱贫攻坚战三年行动，实施乡村振兴战略，对新时期科技助力精准扶贫工作提出了新的任务和要求。我们要坚决贯彻党中央、国务院重大决策部署，奋力开创科技助力精准扶贫工作新局面。

第一，准确把握中央要求，充分激发脱贫攻坚的内生动力。打赢脱贫攻坚战三年行动指导意见明确，要坚持扶贫同扶志扶智相结合，更加注重培养贫困群众依靠自力更生实现脱贫致富的意识，更加注重提高贫困地区和贫困人口自我发展能力。各级科协和科技组织要准确把握指导意见的要求，落实好“以扶贫为主题、以扶智为主线、以励志为目标”的工作定位。以扶贫为主题，就是要聚焦深度贫困地区和特殊贫困群体，按照建档立卡贫困村、贫困户的实际需要，大力组织开展科技助力产业扶贫、健康扶贫，加大对深度贫困地区科技资源的转移，精准提供科技服务。以扶智为主线，就是要着力提升贫困地区自我发展和可持续发展能力，大力组织开展科普教育扶贫、科技助力就业扶贫，积极推广“3+1”试点经验，全面增强贫困地区基层科协组织力、科普扶贫工作能力。以扶志为目标，就是要着力激发脱贫致富的内在活力，大力组织扶志教育活动，大力开展科技脱贫致富典型宣传，增强贫困群众脱贫信心，谋划建立长效机制，使脱贫攻坚的实效可持续。

第二，广泛动员科技组织和科技工作者投身精准脱贫和乡村振兴。把论文写在祖国大地上，打好脱贫攻坚战，科技人员大有可为。科技能否围绕国家战略来有效服务脱贫攻坚和乡村振兴是我们非常重要的一项工作。各级科协和科技组织要引领动员广大科技工作者积极参与脱贫攻坚和乡村振兴。要广泛组织各级学会、农技协（联合会）、农村科普示范基地、农民专业合作社、农技推广站、农技专家服务站等科技组织和科技工作者，通过与建档立卡贫困村（户）精准结对服务，围绕贫困地区实际需求，有效开展科技培训、技术推广、科普活动、产业服务。要大力支持有产业基础的贫困乡镇建立和完善乡镇农技协联合会（联合体），更好地促进当地特色产业发展。同时还要大力宣传科技助力精准扶贫先进典型，弘扬至诚报国、心系人民、扶贫济困、甘于奉献的科技扶贫精神。

第三，务实有效做好定点扶贫工作。今年9月，中央召开中央单位定点扶贫工作推进会，与中央单位签署2018年定点扶贫责任书，安排部署下一阶段重点工作，并对定点扶贫部门（单位）提出要选派得力干部、加大投入力度、强化产业就业扶贫、加强工作指导、做好基层队伍培训等五方面要求。中国科协党组、书记处高度重视，及时调整和充实了中国科协定点扶贫领导小组及扶贫办公室，新成立定点扶贫工作督导组，恢复定点地区的扶贫协调小组。近期将启动中国科协基层党组织“一对一”或“多对一”结对帮扶工作，开展中国科协基层党组织、全国学会基层党组与定点扶贫县贫困村党支部的结对帮扶。各级科协组织要在做好科技助力精准扶贫的同时，切实做好所承担的定点扶贫工作，为打赢脱贫攻坚战做出应有贡献。

第四，加强科技助力精准扶贫领域的作风建设。习近平总书记在今年“两会”强调，今年是脱贫攻坚作风建设年，要认真开展扶贫领域腐败和作风问题专项治理。各级科技组织要把作风建设贯穿科技助力精准扶贫全过程。科技领域是社会道德的风向标和制高点，科技助力精准扶贫绝不能出现作风问题。坚决杜绝在科技扶贫领域的形式主义、官僚主义、弄虚作假等行为，特别是坚决杜绝优亲厚友、虚报冒领、雁过拔毛等腐败行为。要严肃查处侵害群众利益的不正之风和腐败行为，形成持续有力震慑，为科技助力精准扶贫工作和脱贫攻坚提供坚强的纪律保障。

同志们：

习近平总书记强调，如期打赢脱贫攻坚战，让中华民族千百年来存在的绝对贫困问题在我们这一代人手里历史性地得到解决，是我们人生之大幸。让我们更加紧密地团结在以习近平同志为核心的党中央周围，铁肩担精准扶贫光荣使命，妙手著乡村振兴恢宏篇章，为决胜全面建成小康社会、早日建成社会主义现代化强国贡献出智慧和力量！

谢谢大家！

在中国科协警示教育大会上的讲话

（2018年10月22日）

怀进鹏

同志们：

今天我们召开中国科协警示教育大会，主要任务是学习贯彻习近平总书记重要指示批示精神，贯彻落实中央和国家机关警示教育大会精神，落实中央纪委《关于贯彻落实习近平总书记重要指示精神　集中整治形式主义、官僚主义的工作意见》（以下简称《工作意见》），以身边的违纪违法案件为镜鉴，以案示警，以案促教，集中部署形式主义、官僚主义专项整治工作，引导广大党员干部进一步警醒起来，更加坚定自觉地在思想上划出红线、行动上明确界限，共同推动中国科协全面从严治党向纵深发展，营造良好政治生态。

刚才，庆海同志传达了习近平总书记对违纪违法案件所作重要批示及中央政治局委员、中央书记处书记、中央和国家机关工委书记丁薛祥同志在中央和国家机关警示教育大会上的重要讲话精神。丁薛祥同志的重要讲话深刻阐释了习近平总书记重要批示的重大意义和实质内涵，明确提出了中央和国家机关要坚定不移推进党风廉政建设的总体要求，是我们当前和今后一个阶段抓好党风廉政建设和反腐败工作的重要遵循。我们要认真学习领会，坚决贯彻落实。陈刚、束为同志分别通报了中央办公厅个别党员干部严重违纪违法案件和党的十八大以来查处的中央和国家机关党员领导干部违纪典型案例，这些案例性质之劣、情节之重、影响之坏触目惊心、发人深省，给我们敲响了警钟，大家一定要深刻警醒、举一反三、引以为戒。宋军同志传达了中央纪委《工作意见》，各部门各单位要按照中央纪委文件精神和纪检监察组工作方案、中国科协专项整治工作部署抓好贯彻落实，完成好各项任务，确保整治工作取得实效。

下面，我就学习贯彻习近平总书记重要指示批示精神，贯彻落实中央和国家机关警示教育大会精神和中央纪委《工作意见》，深入开展警示教育和形式主义、官僚主义集中整治工作，进一步加强中国科协党风廉政建设讲几点意见。

一、深入学习贯彻习近平总书记重要指示批示精神，深刻汲取违纪违法典型案例的教训，做到以案明纪、警钟长鸣

党的十八大以来，习近平总书记多次发表重要讲话，对开展警示教育做出重要指示，强调要深入剖析严重违纪违法典型案例，发挥警示、震慑和教育作用；强调要用好反面教材，使广大党员干部明是非、辨真伪，养正气、祛邪气，管思想、固根本。在近日对中办个别党员干部严重违纪违法案件的重要批示中，习近平总书记明确要求中央和国家机关广泛开展警示教育，汲取教训，举一反三，解决核心机关、机要单位及人员的“灯下黑”、疏于监管的问题。总书记的重要指示批示不仅彰显了党中央坚持从严管党治党的鲜明态度和坚定立场，更体现了对全党特别是中央和国家机关履行管党治党主体责任、加强党员干部警示教育的严格要求。中国科协各部门各单位、各全国学会党组织和广大党员干部要认真学习、深刻领会习近平总书记重要指示批示精神，把党风廉政建设和反腐败工作摆在更加突出的位置，不折不扣地落实好廉洁自律各项要求，进一步筑牢拒腐防变的思想防线、纪律防线和制度防线。

（1）要深刻认识当前党风廉政建设和反腐败斗争依然严峻复杂的形势。党的十八大以来，以习近平同志为核心的党中央以雷霆万钧之势推进正风反腐，开启管党治党的新时代。反腐败斗争压倒性态势已经形成并巩固发展，党内政治生活和政治生态呈现新气象。但我们必须清醒地认识到，当前党风廉政建设和反腐败斗争形势依然严峻复杂。从刚才通报的案例看，在离党中央最近、服务党中央最直接的中央和国家机关，在如此高压态势下，仍有一些党员干部无视党纪国法，依然我行我素，不收敛不收手，甚至变本加厉、贪污腐败、肆意妄为，实在令人震惊！这充分表明，中央和国家机关"灯下黑"问题还很突出，制度笼子扎的还不严密，不正之风和腐败问题滋生蔓延的土壤还不同程度存在，一些影响党内政治生态的消极因素和深层次矛盾还没有彻底消除解决。因此，我们一定要增强忧患意识、风险意识和责任意识，坚决克服麻痹和懈怠心理，始终保持认识上的清醒、工作上的韧劲，把全面从严治党和党风廉政建设持之以恒地抓下去。

（2）要对照反面典型，深刻反思和高度警醒。前车之覆，后车之鉴。纵观这些违纪违法行为轨迹和一贯表现，理想信念的动摇缺失、思想观念的异化变质、日常监督的缺位乏力、组织纪律的涣散松弛往往是导致他们腐化堕落最直接的因素。从主观来看，一些党员干部不注重加强政治学习和党性锻炼，世界观、人生观和价值观发生扭曲，意志衰退，生活腐化，为了满足挥霍不惜铤而走险；一些党员干部不能正确看待得失成败，心态失衡，相互攀比，有的随着职务变动、权力变大，认为自己贡献大、回报少，得到补偿理所当然；有的觉得政治生涯即将到头，逐渐放松自我要求，赶紧抓住机会大捞一把；有的自以为收受贿赂手段高妙隐蔽，不易被组织察觉，拿自己的政治生命进行利益交换；有的乱交朋友，混淆了工作与朋友的关系，把党赋予的职责和使命当人情，打着"中字头""国字号"四处敛财。这些人私欲膨胀、利欲熏心，堕落在欲望的深渊不能自拔，最终亲手葬送了自己的美好前程。从客观来看，有的单位抓思想政治教育不扎实，满足于走过场、搞形式，党员干部政治学习不能入脑入心，极少触及思想灵魂；有的单位落实党风廉政建设主体责任不到位，党内政治生活不严肃，对党员干部监督管理和教育提醒不经常、不严厉；有的单位纪检组织监督执纪宽松软，"四种形态"运用不够，纪律执行不到位；有的单位制度建设存在漏洞，对重点领域、重点岗位和关键环节监督不力，权力配置过于集中，权力运行不够公开透明，为权力滥用和腐败滋生提供了可乘之机。通过剖析这些违纪违法案例，我们要在清醒认识其严重危害的同时，深刻反省自己，自觉查找和纠正存在的问题，不要仅仅把别人的"事故"当成"故事"。要对照反面典型，反思自己政治上是否忠诚，是否牢固树立"四个意识"，是否毫不动摇同以习近平同志为核心的党中央保持高度一致；要反思自己思想上是否干净，是否不忘初心使命，是否始终保持共产党人的政治本色；要反思自己作风上是否纯洁，是否培养健康的生活情趣，是否净化朋友圈和工作圈，是否管严家属和身边人；要反思自己行为上是否规矩，是否严守党的各项纪律，是否始终以党员标准严格要求自己。只有做到政治上忠诚、思想上干净、作风上纯洁、行为上规矩，毫不松懈地锤炼党性、涵养品行，才能在诱惑和利益面前保持头脑清醒、意志坚定、不为所动。

（3）要突出问题导向，以更大决心和力度补齐自身短板。坚持以问题为中心，把发现问题、解决问题作为工做出发点和落脚点，是以习近平同志为核心的党中央管党治党的一条宝贵经验。中国科协要开创新时代全面从严治党新局面，必须牢牢坚持和实践这条宝贵经验。科协不是世外桃源，在落实"两个责任"、推动全面从严治党向基层延伸方面还存在一些突出问题和薄弱环节。2014年中央巡视反馈意见指出，科协党风廉政建设和反腐败工作重制度、轻监管，一些领导干部在执行八项规定、廉洁自律、经费管理等方面问题突出；个别直属单位违规重复发放午餐补助，违规购买发放购物卡、健身卡；项目管理存在廉政风险，资金管理与项目管理脱节；部分直属单位、学会内部监控存在漏洞；个别直属单位擅自提高干部职级待遇，多名干部涉嫌学历、年龄、工龄造假等。根据反馈意见，及时对违纪违规行为进行了立案查处，分别给予2名党员领导干部和1名党员干部警告处分、2名党员领导干部严重警告处分、1名党员领导干部留党察看两年处分。2017年8月开展了计财廉政风险防控专项检查，发现一些单位计财内控体系不健全，财经纪律执行不严格，违规发放评审费、劳务费、加班费、节日补贴和慰问金；个别单位财务管理制度不完善，经费使用不合理，财务审核把关不严，报销程序不规范；部分直属单位廉政风险防控机制不健全，项目管理不到位，超预算、超范围支出项目经费等。根据检查情况，对涉及违规问题的11个单位共计60人进行了问责，其中局级干部16人、处级干部21人。2017年年底，纪检监察组对科协反馈综合监督意见，指出个别单位落实“两个责任”上紧下松，压力传导层层递减，抓作风建设和纪律建设不得力，党员教育管理不严格；仍然存在变相压线违反中央八项规定精神、违规发放津贴补贴和职工福利、公车私用禁而不绝等现象。2018年3月，党组启动了首轮巡视工作，巡视发现2家被巡视单位都存在基层组织建设薄弱，重业务、轻党建，贯彻执行中央八项规定精神不坚决，形式主义、官僚主义突出，纪检组织监督执纪不到位，风险防控机制不健全，项目管理不规范等问题。2018年6月开展了落实上一轮中央巡视整改督查工作，督查发现少数单位党风廉政建设向支部延伸不够，开展党内政治生活不严肃，党员发展培养把关不严；一些直属单位党务、纪检工作力量配备不足，干部人事管理工作不规范，个别同志不如实报告个人事项；一些单位财务内控制度建设滞后，项目设计不合理，财务处理不及时等问题。

这些问题的产生有体制机制层面的因素，但主要还是个别部门单位和党员干部政治站位不高、思想认识不足、自律意识不强、担当精神不够、工作作风不实造成的。如果不彻底解决这些问题，不仅会给科协事业的改革发展带来障碍和阻力，更会影响各级党组织领导班子的公信力和凝聚力，损害党的形象和声誉，严重者甚至会导致“破窗效应”，危及党的执政地位和执政基础。因此，我们不能有任何侥幸心理和“松口气、歇歇脚”的念头，要本着对党的政治生态负责、对科协事业负责、对干部健康成长负责的原则，从巩固党的执政地位和执政基础、永葆党的先进性和纯洁性的高度，深刻认识和坚决弥补这些问题、不足和薄弱环节，以刀刃向内的勇气和零容忍的态度，聚焦问题找症结、瞄准弱项抓整改、狠下功夫补短板，进一步扎牢制度机制的笼子，加强对各项工作的监督管理，坚决防范廉政风险和腐败隐患，以严的作风、严的要求和严的举措推动全面从严治党各项要求落到实处，为实现新时代科协事业的高质量发展提供坚强保障。

二、集中开展形式主义、官僚主义专项整治，把整治工作作为加强作风建设的首要任务、长期任务抓实抓细抓持久

近日，中央纪委办公厅印发《工作意见》，全面启动集中整治形式主义、官僚主义工作。纪检监察组也印发工作方案，提出明确要求，中国科协党组召开专题会议研究、做出部署安排。我们要按照有关要求，切实提高政治站位和政治觉悟，把整治形式主义、官僚主义作为重要内容和长期任务，持之以恒，常抓不懈。

（1）充分认识集中整治形式主义、官僚主义的极端重要性紧迫性。习近平总书记对整治形式主义、官僚主义始终高度重视，2017年年底，习近平总书记就新华社一篇《形式主义、官僚主义新表现值得警惕》的文章做出重要指示，强调“四风”问题具有顽固性反复性，纠正“四风”不能止步，作风建设永远在路上。形式主义、官僚主义从根本上背离党的宗旨，违背党的根本要求，是对党的不忠诚。我们要聚焦习近平总书记指出的形式主义、官僚主义突出问题，聚焦影响党的路线方针政策和中央重大决策部署贯彻落实的突出问题，聚焦群众反映强烈、损害群众利益的突出问题，坚持稳中求进工作总基调，把阶段性目标和长期目标有机统一起来，既树立打持久战的思想，又下定打攻坚战的决心，坚决防止用形式主义反对形式主义、用官僚主义反对官僚主义。

党的十八大以来，中国科协针对贯彻落实中央八项规定精神、纠正“四风”问题，制定了系列制度规范，开展了专项监督检查，收到明显效果，但仍然存在不少突出问题。有的部门单位依然习惯以会议贯彻会议、以文件落实文件，缺乏实际行动和具体措施；有的深入基层调研不够，了解掌握情况不足，与科技工作者联系不够紧密；有的抓中央和科协党组决策部署存在“说了就以为是做了、做了就以为是做成了”的错误观念；有的党员干部没有树立正确的政绩观，急功近利、好大喜功；有的党员干部庸碌无为、推卸责任、消极应付，遇见矛盾就躲、遇见麻烦就推；有的党员干部静不下心研究工作，想当然做事、拍脑袋决策。还有不少诸如此类的问题表现，要通过集中整治彻底摸排、深挖细究、着力解决。

（2）立足科协工作全局，把集中整治工作贯穿事业改革发展全过程。集中整治是一项综合性工作，要与日常开展的重点工作和重要专项相结合。一要与中央对群团改革工作的部署要求相结合。当前群团组织存在的"机关化、行政化、贵族化、娱乐化"问题和思想作风上的形式主义、官僚主义盘根错节、相互交织。要紧紧围绕增强"政治性、先进性、群众性"，直面形式主义、官僚主义方面存在的突出问题，采取有力措施集中整治，不断夯实群团改革工作基础。二要与科协党组巡视工作相结合。要充分发挥巡视对形式主义、官僚主义的监督利剑作用，新一轮科协党组巡视要对被巡视单位形式主义、官僚主义进行彻底排查、专门分析，将其列为巡视反馈和巡视整改的重点内容彻底整治。三要与科协重大任务和重点工作相结合。重大任务调度会是改进工作方法、注重目标效果、力戒形式主义和官僚主义的一项重要举措，要继续坚持，形成长效机制，确保中央重大决策部署和党组研究确定的重大事项落地见效。集中整治工作还要特别关注贯彻落实党的十九大精神、中央巡视反馈整改、科技奖励评审、院士增选、学会协会管理、科技扶贫、学术道德建设等重点工作领域，针对科技工作者反映强烈的问题，通过查漏补缺、强化整改、建章立制，以更高标准、更严要求、更实举措带动各项工作效果的全面提升。四要与促进事业发展和提高服务能力相结合。作风建设事关科协事业的兴衰发展和长足进步，事关科协组织对科技工作者的政治引领和政治吸纳，事关科协系统的组织向心力和社会影响力，各部门各单位要积极主动投入整治工作中，努力促进作风建设实现根本性好转，不断提高服务科技工作者能力水平，为推动事业发展迈上新台阶打下坚实基础。

（3）更好发挥"关键少数"的示范带动作用。中央明确提出，中央和国家机关要在这次集中整治工作中带好头，发挥"头雁效应"。中国科协作为党和国家联系科技工作者的桥梁和纽带，要不断增强对广大科技工作者的吸引力和凝聚力，发挥好自身优势和特点，切实改进工作作风和工作方式，力戒形式主义、官僚主义，以"1-9-6-1"工作布局打造"科技工作者之家"升级版。要坚决落实好"四个责任"，即党组和各级党组织主体责任、各级纪检组织监督责任、党组书记和各部门单位主要负责人第一责任、党组分管领导和各部门单位班子成员"一岗双责"。领导干部要充分发挥示范引领作用，在贯彻落实党中央决策部署上作表率，在纠正形式主义、官僚主义上作表率，以"关键少数"带动大多数党员干部。

三、强化政治担当，层层压实责任，坚定不移推进全面从严治党向纵深发展

党的十九大对加强党的建设做出新部署，明确提出了新时代党的建设总要求，为全面从严治党确立了新坐标。习近平总书记在2018年中央纪委二次全会上强调，要重整行装再出发，以永远在路上的执着把全面从严治党引向深入。在新时代的征程上，中国科协要按照党的建设总要求，以习近平新时代中国特色社会主义思想为指导，全面贯彻落实党的十九大精神，进一步强化党组对中国科协党的工作统一领导的政治担当，指导督促各部门各单位、各全国学会党组织认真履行主体责任，以党的政治建设为统领，推动全面从严治党各项举措落地见效，开创新时代科协党的建设和各项事业新局面。

（1）把党的政治建设摆在首位，坚决做到"两个维护"，筑牢党员干部拒腐防变政治根基。中国科协是政治机关，政治性是第一属性，讲政治是第一要求。要把讲政治贯穿党的各项建设的全过程，教育引导广大党员干部牢固树立"四个意识"、坚定"四个自信"、践行"两个维护"，自觉在政治立场、政治方向、政治原则、政治道路上同以习近平同志为核心的党中央保持高度一致。要严明政治纪律和政治规矩，严格尊崇党章、维护党章，切实做到"五个必须"，坚决防止"七个有之"。要抓好理论武装和思想政治教育，坚持把学习习近平新时代中国特色社会主义思想和党的十九大精神作为思想建设的长期任务，结合"两学一做"学习教育和"不忘初心、牢记使命"主题教育，把党的最新理论成果武装到每个支部、每个党员。要严肃党内政治生活，从组织生活抓起，严格执行"三会一课"、民主生活会、谈心谈话、民主评议党员等制度，切实增强党内政治生活的政治性、时代性、原则性、战斗性。要注重提高民主生活会、组织生活会质量，让红脸出汗成为常态，提高党员干部政治免疫力。要加强党内政治文化建设，大力弘扬忠诚老实、公道正派、实事求是、清正廉洁等价值观，积极选树先进典型，引导党员干部强化政治认同、增强政治定力，以良好的政治文化涵养风清气正的政治生态。

（2）全面压实党风廉政建设政治责任，做到两个“四责”相统一。落实党风廉政建设主体责任是党章做出的明确规定，是各级党组织的使命所系、职责所在。中国科协党组和各部门各单位、各全国学会党组织要认真履行党章赋予的这一重要职责，紧紧抓住落实主体责任这个“牛鼻子”，扎实推进好党风廉政建设各项部署安排。各级纪检组织要充分发挥专责监督作用，按照“三转”要求，聚焦监督执纪问责这个主业，加强对纪律执行情况的监督检查，抓好新修订《中国共产党纪律处分条例》的贯彻执行，紧盯重点领域和关键环节，严肃查处违纪违规行为，让制度“长牙”、纪律“带电”。要层层压实责任，切实推动党风廉政建设工作延伸到基层、责任落实到基层。一方面要在责任分配上把“四个责任”统一起来，即党组及各级党组织主体责任、各级纪检组织监督责任、党组书记及各部门单位“一把手”第一责任和党组分管领导及各部门单位领导班子成员“一岗双责”相统一；另一方面要在责任落实上把四个责任统一起来，即知责、履责、尽责、问责相统一。要不断健全党内监督体系，形成监督合力，机关各职能部门作为党组在各工作领域的载体和抓手，要严格执行党风廉政建设各项规章制度，加强职责范围内的职能监督工作，学会党组织和党员履行好监督职责，切实增强监督实效。要督促各级党组织做好廉政风险排查和防控工作，进一步加强制度建设，建立健全事前防范、事中监督、事后核查的制度机制，防止出现制度空白和“稻草人”，筑牢廉政风险的“防火墙”。要强化责任追究，有效运用监督执纪“四种形态”，实施“一案双查”，在查清本人违纪问题的同时，倒查主体责任、监督责任和领导责任，确保问责到位、追责到底。要对违纪违规行为加大曝光力度，持续释放越往后执纪越严的强烈信号。

（3）深入开展警示教育活动。各部门各单位要把组织开展警示教育活动作为加强党风廉政建设的重要内容，认真落实好各项要求。要注重用身边事教育身边人，梳理剖析近年来发生在身边的违纪违法案例，通过召开警示教育会、民主生活会、组织生活会等方式，使广大党员干部从反面教材中接受洗礼、受到警醒。要充分发挥基层党支部战斗堡垒作用，把开展警示教育纳入支部年度工作计划，并作为制度固化下来、形成常态。要不断丰富活动载体，采取组织观看警示教育片、参观廉政教育基地、讲廉政党课、开展主题党日活动等多种形式，引导广大党员干部进一步增强拒腐防变意识，做到心有所畏、言有所戒、行有所止。要加大活动宣传力度，利用“三微一端”、音视频系统、办公平台等渠道，充分展示活动成果，积极营造崇廉尚洁的浓厚氛围。

（4）认真组织落实形式主义、官僚主义集中整治任务。要重点围绕“三个聚焦”，瞄准中央纪委和派驻纪检监察组提出的四个方面 14 类突出问题，对科协进行全面“大扫除”。党组专门成立领导小组，强化组织领导和推进落实。党组分管领导要靠前指挥，加强对分管部门单位的具体指导和统筹协调，对重要问题和重要环节要直接部署、直接督办。机关党委、办公厅等部门要牵头抓好实施，制定工作方案，明确路线图和时间表，推动整治工作取得实效。各部门各单位要把自己摆进去、把工作摆进去、把职责摆进去，认真开展调研和自查，摸清问题的具体表现，深入剖析危害和根源，抓住主要矛盾和矛盾的主要方面，特别是针对表态多调门高、行动少落实差等突出问题，拿出务实管用、操作性强的整改措施和制度规范。要抓早抓小、防微杜渐，对不良苗头倾向及时处置，把问题解决在萌芽状态。要加大整治问责力度，严肃查办发现的问题线索，典型案例要点名道姓通报曝光，起到警示震慑作用。要以集中整治为契机，激发党员干部担当精神，积极培育优良作风，持续推动科协作风建设制度化常态化长效化。

同志们，新时代催人奋进，新征程任重道远。全面从严治党工作责任重大、任务艰巨。我们要紧密团结在以习近平同志为核心的党中央周围，坚决贯彻党的十九大精神，以习近平新时代中国特色社会主义思想为指引，不忘初心、牢记使命，振奋精神、担当实干，不断开创党风廉政建设和反腐败工作新局面，奋力谱写新时代中国科协全面从严治党新篇章，为维护全党风清气正、海晏河清的政治生态做出新的更大贡献！

重要文件

中国科协　科技部关于开展
2018年“全国科技工作者日”活动的通知

科协发厅字〔2018〕13号

各省、自治区、直辖市科协、科技厅（委、局），新疆生产建设兵团科协、科技局，中国科协所属各全国学会、协会、研究会：

2018年“全国科技工作者日”是党的十九大胜利召开后首个科技工作者自己的节日。为全面贯彻落实习近平新时代中国特色社会主义思想和党的十九大精神，广泛选树、大力宣传一批劳动、奋斗、奉献“科技楷模”标杆典范，进一步激发科技工作者创新争先的热情，在新时代的科学春天振奋精神再出发；进一步在全社会大力弘扬中国科学家精神，营造尊重劳动、尊重知识、尊重人才、尊重创造的良好氛围；进一步广泛动员、联合相关方面为科技工作者办实事，切实增强科技工作者获得感，树立为科技工作者服务的节日品牌，中国科协、科技部将于5月下旬开始在全国范围内组织开展系列活动，以实际行动共同庆祝科技工作者自己的节日。现将有关事项通知如下。

一、充分认识新时代首个“全国科技工作者日”的重要意义

2016年5月30日“科技三会”上，习近平总书记发表题为“为建设世界科技强国而奋斗”的重要讲话，吹响了我国建设世界科技强国的号角。习近平总书记对广大科技工作者亲切关怀、充分信任，提出殷切期望，极大地激发了广大科技工作者弘毅报国的政治热情和勇攀高峰的创新精神。党的十九大开启了决胜全面建成小康社会、建设社会主义现代化强国的新征程。新时代催生新思想，科技工作者要有新实践；新时代有伟大号召，科技工作者要有坚定响应；新时代赋予新使命，科技工作者要有新作为。广大科技工作者要以更加凝心聚力和昂扬奋进的姿态勇担新使命、砥砺新作为、建功新时代。

各地科协、科技厅（委、局）和全国学会等相关单位要充分认识新时代首个“全国科技工作者日”的重要意义，深入贯彻落实习近平新时代中国特色社会主义思想。在组织开展的各项活动中，要把鼓励广大科技工作者牢记使命责任放在首位，进一步激发科技工作者创新争先的热情，鼓励科技工作者紧紧抓住大有可为的历史机遇期，勇担重任，勇攀高峰，在新时代振奋精神再出发；要在全社会大力弘扬中国科学家精神，集中展示科技工作者投身创新争先行动、为建设世界科技强国奋力拼搏的精神风貌，推动全社会深刻理解“发展是第一要务，人才是第一资源，创新是第一动力”的重要意义，营造尊重劳动、尊重知识、尊重人才、尊重创造的良好氛围；要联合相关部门，广泛动员各方力量，聚焦科技工作者关切、社会关注的方面，竭诚为科技工作者办一批实事，切实增强科技工作者获得感。在新时代首个“全国科技工作者日”到来之际，广泛动员广大科技工作者在新时代创新争先，为建设世界科技强国凝聚广大科技工作者的磅礴力量。

二、广泛开展内容丰富、形式多样的主题活动

2018年“全国科技工作者日”活动以“深入学习贯彻习近平新时代中国特色社会主义思想和党的十九大精神，弘扬中国科学家精神，争做新时代创新先锋，为建设世界科技强国再立新功”为主题。中国科协将组织召开纪念改革开放40周年、中国科协成立60周年百名科学家、百名基层科技工作者座谈会，优秀科技工作者事迹报告会，举办科技工作者专场音乐会，开展“寻找新时代创新先锋”主题采风行动、为科技工作者办实事和走访看望基层一线科技工作者等活动，同时还将开展丰富多彩、形式多样、线上线下的系列宣传活动。

各地科协、科技厅（委、局）和全国学会等相关单位在组织开展活动时，要始终紧密围绕活动主题，深入贯彻落实习近平新时代中国特色社会主义思想和党的十九大精神，重温习近平总书记在“科技三会”上的重要讲话精神，回顾创新争先两年来科技界取得的重大科技成果，弘扬中国科学家精神，营造全社会广泛关注、科技界共同热议中国科学家精神的浓厚氛围，进一步激发广大科技工作者创新争先的热情，发扬艰苦奋斗、无私奉献的精神，在新时代更加奋发有为。

（1）选树宣传一批优秀科技工作者的典型事迹。要深入挖掘科技工作者中的典型人、典型事，推选一批党的十八大以来为我国科技事业做出突出贡献的优秀科技工作者；推选一批改革开放40年来为科技事业发展做出突出贡献的老一辈科技工作者；推选一批长期扎根基层一线，从事科研攻关、成果转化、科学普及、科技扶贫等工作的优秀科技工作者。积极开展“新时代创新先锋”宣传活动，充分利用各类媒体对典型人物、典型事迹进行集中宣传，广泛开展向优秀科技工作者学习活动，营造全社会弘扬科学家精神、崇尚科技劳模和大国工匠的浓厚氛围。

（2）为科技工作者办一批实事。要结合实际，积极争取、主动协调相关部门，为科技工作者成长成才、发挥作用、实现自身价值解难题办实事。要广泛听取科技工作者的意见诉求，征求对办实事的建议，凝练梳理形成为科技工作者办实事的清单。要按照“边调研、边征集、边落实”的方式持续推动，在节日前后为科技工作者集中办一批、向社会公布一批、持续推进一批实事，凝练总结为科技工作者办实事的典型做法，形成可复制、可推广的典型案例，让科技工作者有切实的获得感，增强对科协组织的认同感、归属感，增强科协组织的凝聚力、向心力。

（3）集中走访看望科技工作者。各地科协、科技厅（委、局）要积极邀请党委政府相关领导同志看望科学家代表和基层一线科技工作者，把党的关怀关爱送到科技工作者的心坎上。要积极主动地深入科技工作者集中的科研院所、高校、企业，与科技工作者共同开展“全国科技工作者日”活动，主动关心青年科技工作者、老科技工作者和女科技工作者，激发科技工作者的荣誉感、自豪感和获得感。

（4）因地制宜、结合实际，开展丰富多彩的主题活动。各地科协、科技厅（委、局）和各全国学会、协会、研究会要结合自身实际、发挥各地特色，围绕“树典型、重宣传、办实事”，组织开展一系列形式多样、内容丰富、科技工作者广泛参与、社会各界关注度高的主题活动。通过开展优秀科技工作者事迹报告会、科普讲座、院士专家报告会、专家科普知识巡讲、科技文化卫生“三下乡”、青少年科学调查体验活动、科普惠农、科技助力精准扶贫工程等活动，引导广大科技工作者积极投身科技创新、经济建设、科学普及和社会服务等，让科技工作者在服务奉献中体现自身价值。通过举办科技工作者沙龙、“科学之夜”活动、著名科学家纪念活动，丰富科技工作者的文化生活，树立为科技工作者服务的节日品牌。

三、精心组织，确保各项活动有序开展

（1）加强领导，统筹安排。要积极争取当地党委政府和社会各界对“全国科技工作者日”活动的重视和支持，做好活动设计策划和统筹安排，努力形成领导高度重视、全社会广泛参与、广大科技工作者热切期盼的工作局面。统筹安排好与同期举办的全国科技周等重要活动的协调和衔接，丰富活动内容，充分发挥“同频共振”效果。

（2）加强宣传，营造氛围。要充分发挥报纸、电视、广播和新闻网站、微信公众号、移动终端的作用，对优秀科技工作者典型代表集中开展全方位、立体式、全媒体的宣传，在全国范围内形成整体宣传效果，扩大活动的受益面和影响力。

（3）精心组织，务求实效。各相关单位要根据通知要求，认真组织、精心制订工作方案。要突出务实、高效、节俭的原则，严格贯彻中央八项规定精神和有关要求，不铺张浪费，不追求形式。

（4）认真做好总结评估。活动结束后，要认真总结活动开展情况和工作成效，梳理总结典型经验，提出意见建议，为今后更好地开展“全国科技工作者日”活动提供借鉴。

请各省级科协、科技厅（委、局）、全国学会于6月15日前报送2018年“全国科技工作者日”活动总结书面材料和电子版。各省级科协、全国学会报中国科协办公厅，各省级科技厅（委、局）报科技部政策法规与监督司。

中国科协　科技部
2018年4月17日

中国科协　中央宣传部　教育部　科技部　工业和信息化部　中科院关于举办2018年全国科普日活动的通知

科协发普字〔2018〕23号

2018年是全面贯彻党的十九大精神开局之年，是改革开放40周年，是决胜全面建成小康社会、实施“十三五”规划承上启下的关键一年。为深入贯彻习近平新时代中国特色社会主义思想和党的十九大精神，推动新时代“创新、协调、绿色、开放、共享”的发展理念深入人心，弘扬科学精神，普及科学知识，营造讲科学、爱科学、学科学、用科学的浓厚氛围，激发全社会的创新热情和创造活力，促进全民科学素质的跨越提升，中国科协联合中央宣传部、教育部、科技部、工业和信息化部和中科院等有关单位共同组织开展2018年全国科普日活动。现将有关事项通知如下。

一、活动主题和时间

2018年全国科普日主题为“创新引领时代，智慧点亮生活”，定于9月15—21日在全国各地集中开展。各地可根据实际情况合理安排，主题宣传活动贯穿全年。

二、活动内容

2018年全国科普日将围绕以下几个方面展开：

（一）传播新时代新发展理念

重点宣传我国经济已由高速增长阶段转向高质量发展阶段，大力普及宣传“创新、协调、绿色、开放、共享”的发展理念，让新发展理念在新时代开花结果。着力普及宣传创新是引领发展第一动力的理念，倡导创新文化，让创新在新时代蔚然成风，系统展现新时代公众科学素质提升以及智慧生活对实现人民美好生活的推动作用。

（二）弘扬科学思想和科学精神

着力弘扬求真务实、追求卓越、团结协作、无私奉献的科学精神，主张实事求是、主张客观真理、主张解放思想、主张理论与实践一致，培育良好的科学文化，用科学新风引导现代文明风尚，营造支撑创新发展的有利氛围。科学精神强则百业兴、人才盛，要着力提高人民文明素养，为培养创新型人才、建设创新型国家厚植科学的根基。

（三）普及科技助力美好生活

围绕人工智能、大数据、物联网、量子通信等前沿科技以及涉及公众衣、食、住、行的智能信息新技术，展现智能与生活的融合，通过各类线上线下活动展示提升公众生活质量方面的创新产品，让公众了解未来智慧生活的巨大影响，促进公众理解、接受、应用高新科技，让公众了解科技创新对持续改善民生的推动作用。

（四）倡导服务乡村振兴战略

全面对标2020年我国公民具备科学素质比例超过10%的目标，以助力乡村振兴战略为抓手，按照产业兴旺、生态宜居、乡风文明、治理有效、生活富裕的总要求，推动科普资源向乡村倾斜，加大农村科普活动力度，让科学普及渗透到农村的每个角落，让科学精神和科学知识深入农民心中，引领广大农民群众不断树立和掌握科学生产、健康生活、可持续发展的理念和知识，提高生产效率和生活质量。

三、主要活动

2018年全国科普日活动紧紧围绕“创新引领时代，智慧点亮生活”主题，认真总结和继承历年全国科普日活动经验，在活动组织实施过程中实现国际化、信息化、协同化“三化”联动，外向拓展、纵横联合、网络活跃“三维”聚力，打造主题性、全民性、群众性科普活动。重点开展全国科普日北京主场活动和全国科普日系列联合行动。

（一）2018年全国科普日北京主场活动

2018年全国科普日北京主场活动将以北京属地活动为基础，集成中国科协和各主办单位重点活动，以多媒体展示、实物或模型展示、虚拟现实、互动体验等为主要形式，以生动活泼、轻松易懂、现场互动等多样化方式展现科技创新事业蓬勃发展的生动局面，凸显新时代智慧生活的便利与快捷，打造线上线下结合的、富有浓郁北京特色和较高国际水准的重点活动圈，为广大公众带来一场丰富多彩的科普盛宴，全方位、立体化展现公众科学素质提升的中国方案。

（二）2018年全国科普日系列联合行动

广泛动员全国各地和社会各方面全年围绕科普日主题开展科普活动。在全国科普日活动期间，集中动员组织学会、企业、学校、社会机构以及流动科技馆、科普大篷车、农村中学科技馆等拥有单位结合“科普中国・百城千校万村行动”，深入农村、社区、学校、企业等开展多形式、广覆盖的科普宣传联合行动，向公众传播新发展理念，弘扬科学精神，促进公众对新时代智慧生活的认知，全面推动我国公民科学素质跨越提升。主要开展以下活动：

（1）基层科普联合行动。坚持因地施策，组织科技专家，动员农村专业技术协会、科普示范社区、科普中国e站、基层科普带头人和科普工作队，特别是历年“社区科普益民计划”和“科普惠农兴村计划”奖补对象，带头围绕科普日主题，结合基层实际，遵循科普对象精准化、科普内容精准化原则，开展科技讲座、技术培训等科普活动，将科普带进基层，利用科普渠道加强扶志、扶智，提高公众对科学的认知。

（2）科普教育（示范）基地联合行动。加强科普教育（示范）基地阵地效用，广泛发动各地科普教育（示范）基地以及相关学会、高等院校、科研院所和高新企业在全国科普日活动期间积极推出与主题相关的科普展览或科普宣传活动，如博物馆、实验室开放日等活动，组织公众参观体验，提高公众对科学的认知。

（3）校园科普联合行动。加强与教育部门的联合，积极动员科学家、优秀科技工作者等，充分发挥高校科协等作用，开展走进校园系列科普活动，如科学家演讲、科学实验、科普剧走进校园和科普中国校园e站等，把科学知识、科学方法、科学精神送给青少年，启迪他们的科学思维和创新意识。

（4）科技馆主题日联合行动。发动各地科技馆、流动科技馆、科普大篷车、农村中学科技馆和数字科技馆开展具有科技馆体系特色的科普活动，如展览展示、教育实验、网络科普等多种线上线下科普活动，全面普及科学知识、弘扬科学精神。

（5）院士专家科学传播行动。发动组织院士专家通过网络平台、科普讲座、论坛等形式，聚焦人工智能、大数据、云计算、物联网、智慧生活系统等民生重点环节和关键领域的科技进步成果，面向社会大众开展创新性、示范性科普活动，发出权威声音，倡导公众贴近科学、融入科学，提升公众对新时代智慧生活的认知度。

四、有关要求

（一）加强领导，服务大局

各级科协、党委宣传部、教育、科技、工信部门和中科院要充分认识全国科普日活动作为全国科普活动集中展现平台对提高全民科学素质的重要性，积极争取当地党委、政府对全国科普日活动的全面支持，主动邀请当地党政领导与公众一起参与全国科普日的相关活动。要根据有关要求认真谋划，制订当地的全国科普日工作方案及计划，认真组织实施全国科普日活动。

（二）精准施策，突出特色

各级科协、党委宣传部、教育、科技、工信部门和中科院要结合本地区、本部门资源优势开展活动，突出地区特色、领域特点。要针对未成年人、农民、城镇劳动者、领导干部和公务员、社区居民等重点人群的特点精准开展活动，增强青少年科学兴趣，培育新型职业农民，提升城镇劳动者技能，全面提高领导干部和公务员科学素质，服务经济社会发展。

（三）重心下移，公平普惠

要紧紧围绕科普日活动主题，接长手臂、深入基层、服务群众、普惠民生。坚持以人民为中心，坚持公平普惠，更加平衡充分开展科普活动，尤其注重面向乡村开展科普活动，大力服务乡村振兴战略，助力打赢脱贫攻坚战。鼓励有条件地区和部门赴对口支援点开展科普日活动。

（四）加强宣传，塑造品牌

开展全国科普日主题系列宣传活动，加强广播、电视、网络、新媒体宣传，组织各级各类媒体记者针对重点内容开展采风活动，加强深度报道。提高全国科普日活动的互动性和吸引力，塑造全国科普日活动品牌力。采用规范的主标题和灵活的副标题名称面向公众开展全国科普日活动，活动参考名称为“主标题——2018年×××学会（省、市、县、学校、科普教育基地……）全国科普日活动，副标题——特色活动名称”。

（五）厉行节约，务求实效

在组织开展全国科普日活动中，各地、各有关单位要认真落实中央关于改进工作作风、厉行勤俭节约的有关规定，切实贯彻落实中央八项规定精神，力戒形式主义、官僚主义。要加强调查研究，充分利用现有资源，结合实际工作，扑下身子办活动，在提高活动实效上下功夫。

五、工作考核

2018年全国科普日活动结束后，中国科协将会同全国科普日活动共同主办单位，根据各地报送的总结材料，对各省、自治区、直辖市和新疆生产建设兵团、各全国学会以及各地各有关单位组织开展的全国科普日活动情况，严格按照MCR（mission，customer，result）理念进行工作考核，更加注重人民满意度、客观统计数据和典型案例。各有关单位要严格按照既定时间节点开展工作，工作实效性将纳入考核范围。中国科协对活动组织工作扎实、成绩突出的单位以“2018年全国科普日活动优秀组织单位”的名义表扬，对特色鲜明、实效显著的活动以“2018年全国科普日优秀活动”的名义表扬。

六、其他事项

（1）请各级科协组织及全国学会、协会、研究会及时汇总本单位2018年全国科普日重点活动，于2018年7月30日—8月24日登录“e享科普日”网站（www.kepuri.org）中的全国科普日重点活动管理平台，填报重点活动登记表（见附件1）。以网络在线形式开展的活动须另行填报网络在线活动登记表（见附件2）。各省、自治区、直辖市及新疆生产建设兵团科协要在2018年8月31日前通过全国科普日重点活动管理平台做好本省基层活动审核工作。

（2）为提升科普日活动信息化水平，建设优质在线科普资源，全面展示全国科普日活动开展的成效，突出全国科普日活动的普及性与参与性，方便公众通过网络了解科普日活动、获取科学知识，“e享科普日”网站设置了各省、自治区、直辖市及新疆生产建设兵团的在线展厅，展示各地特色活动，各省级科协负责当地在线展厅资源建设。各活动开展单位在2018年9月1日—10月12日，可通过登录全国科普日重点活动管理平台及时上传当地活动的新闻、图片、海报、视频及其他特色活动资源。各省级科协要及时有效地鼓励活动开展单位上传特色活动资源并进行审核推荐。中国科协官网、“e享科普日”网站、科普中国微平台、全国科普日微平台和北京主场活动将择优进行展示。各省、自治区、直辖市及新疆生产建设兵团在线展厅的资源量、点赞量、访问量将被纳入工作考核范围。

（3）全国科普日活动结束后，各级科协要做好数据汇总和活动总结工作，各省、自治区、直辖市和新疆生产建设兵团科协于2018年9月1日—10月26日登录全国科普日重点活动管理平台提交本地区活动总结、图片和影像资料，并同时提交总结视频或总结幻灯片等作为支撑材料。各省级科协在线对优秀项目进行推荐，推荐的优秀项目包括“2018年全国科普日活动优秀组织单位”和“2018年全国科普日优秀活动”（见附件3、4）。今年将继续加大对网络在线传播活动的考核表扬力度。鼓励有条件的省份提供针对本省科普日活动开展情况的第三方评估报告，客观反映当地群众对科普日活动的满意度。

（4）获取全国科普日活动相关资源，各地可自行登录“e享科普日”、科普中国网站进行查询、下载。

附件：1.2018年全国科普日重点活动登记表（略）
2.2018年全国科普日网络在线活动登记表（略）
3.2018年全国科普日活动优秀组织单位推荐表（略）
4.2018年全国科普日优秀活动推荐表（略）

中国科协　中央宣传部
教育部　科技部
工业和信息化部　中科院
2018年6月13日

中国科协　教育部　国家发展改革委等五部门关于开展“体验科学　快乐成长——青少年科学调查体验活动”的通知

科协发青字〔2018〕22号

各省、自治区、直辖市科协、教育厅（教委）、发展改革委、文明办、团委，新疆生产建设兵团科协、教育局、发展改革委、文明办、团委：

为认真贯彻落实党的十九大精神，深入实施《全民科学素质行动计划纲要实施方案（2016—2020年）》，促进广大青少年培养科学兴趣、树立科学理想、提升科学素养、增强创新精神，推动青少年科技教育工作平衡充分发展，2018年，中国科协、教育部、国家发展改革委、中央文明办和共青团中央联合组织开展青少年科学调查体验活动。现将有关事项通知如下。

一、活动主题

为拓展活动领域范围，增强学生参与活动的自主性和连续性，促进活动资源积累深化和循环利用，强化活动品牌营造推广，促进活动校内外融合，推动活动与中小学综合实践活动有效衔接，从2018年开始，活动主题设置为“体验科学　快乐成长”。

二、组织机构

主办单位：中国科协、教育部、国家发展改革委、中央文明办、共青团中央

承办单位：中国科协青少年科技中心

三、活动内容

活动主题下设置“能源资源”“生态环境”“安全健康”“创新创意”四个活动领域，各活动领域下设置若干推荐活动（见附件）供学校和青少年自主选择推荐活动、参加调查体验。围绕选定的推荐活动，重点组织开展知识学习、科学调查、科学体验、拓展活动、展示交流等内容。

（1）知识学习。根据选择的推荐活动，围绕相关思考问题，青少年自主查阅资料进行学习。通过学习获取基本科学知识、方法，了解相关基本概念、定义、单位等常识，为后续环节活动奠定知识和方法基础。

（2）科学调查。根据活动指南设计的调查内容开展调查、记录数据、分析数据、形成报告，了解调查问题现象的现状和发展趋势。

（3）科学体验。在学习调查基础上，根据活动指南中设计的实验、试验，或在教师指导下自主设计相

关实验、试验，亲身参与动手实践活动，巩固所学科学知识、方法，探索科学新知识、新方法。

（4）拓展活动。依托青少年科学调查体验活动资源包和主题网站，或自行设计开发相关实践活动，或组织参观见学、交流分享、宣传推广等，进一步提高科学兴趣、动手实践能力和综合素质。

（5）展示交流。组织青少年和辅导教师提交个人活动成果，为他们提供展示交流的平台。

四、实施步骤

（一）活动筹备阶段

（1）1—4月，策划年度活动内容，编制配发活动指导手册和活动指南，开发制作配送活动资源包。

（2）2—4月，对各地活动进行重点培育，发动当地学校积极组织开展活动。

（二）活动组织阶段

（1）5月，组织活动首发式和骨干教师培训，活动在全国范围内正式启动。各地可结合实际开展省级骨干教师培训以及宣传发动。

（2）5—9月，各地围绕选定的推荐活动，组织青少年以班级、小组、家庭为单位开展内容丰富、形式新颖的科学调查体验活动。

（3）7—8月，组织开展青少年科学调查体验活动主题夏令营，各省级单位按要求推荐教师及学生代表参加。

（三）成果提交阶段

9月30日前，参与活动的教师、学生提交个人活动成果。其中，教师提交科技实践活动报告，学生提交调查数据和实验（试验）报告。各省级单位和参与活动学校登录主题网站，上传活动信息、照片、新闻稿、总结等材料。

（四）展示交流阶段

（1）10月上旬，各省级单位自行组织展示交流活动。10月15日前，向中国科协青少年科技中心推荐参加主办单位展示交流活动的单位和作品（具体要求另行通知）。

（2）11月上旬，主办单位组织展示交流活动。

五、活动资源和成果提交

（一）活动资源

（1）主办单位为部分参与活动的学校免费配发一定数量的活动指导手册、活动指南和活动资源包。

（2）登录活动主题网站（http://www.scienceday.org.cn），下载活动指导手册、活动指南和资源包电子版，参加在线课程学习。

（3）登录活动在线学习平台“科技学堂”（http://www.sciclass.cn），可在线参加活动免费课程培训、掌握活动资源包使用方法、交流活动经验。

（二）成果提交方式

活动参与者可采取以下任意一种方式提交活动成果。

（1）主题网站提交：登录活动主题网站（http://www.scienceday.org.cn），在线提交活动调查数据和报告。

（2）微信公众号提交：通过主题网站、活动指南中的二维码，或微信搜索“青少年科学调查体验活动”，关注活动官方微信公众号，提交活动调查数据。

六、要求

（1）提高认识，加强领导。各级科协、教育、发展改革委、文明办和共青团组织要从提高青少年科学素质、培育践行社会主义核心价值观的高度，充分认清加强青少年科技教育、培养科学兴趣、提升科学素养、增强创新精神对建设科技强国、人才强国的重要性，把开展好青少年科学调查体验活动摆在更加突出的位置，凝聚工作共识，加强组织领导，搞好研究筹划，做好动员部署，加强检查督促，强化宣传推广，确保活动顺利高效开展。

（2）发挥合力，系统推进。各级科协是青少年科学调查体验活动的牵头单位，要强化担当意识、责任意识，加强沟通协调，加大工作力度，拓展工作渠道，强化活动宣传，不断提高活动质量和影响力。要积极协调当地的科技馆、青少年宫、科技博物馆、妇女儿童活动中心等各类科技场馆及科普教育基地资源，为开展活动提供服务和支持。

各地教育行政部门要结合中小学品德课、科学课、综合实践活动课程和其他相关课程，积极动员和鼓励学校利用综合实践活动课程时间、课余时间和暑假时间组织学生开展活动，为学校、学生参与活动提供便利和支持。要将青少年科学调查体验活动纳入全国中小学研学实践基地活动内容，促进学校科技教育和校外科普活动有效衔接。

各地发展改革委、文明办和共青团要主动为活动开展推介优质资源，要把青少年科学调查体验活动与未成年人思想道德建设密切结合起来，引导广大青少年积极培育和践行社会主义核心价值观，加强青少年社会责任感、创新精神和实践能力的培养，充分发挥科学调查体验活动益智养德的功能，协助做好活动宣传推广工作。

（3）拓展范围，丰富手段。要加强城乡统筹，把活动向农村、偏远、欠发达和少数民族等地区倾斜延伸，加大指导帮带力度，促进活动平衡充分发展。要利用信息化手段开展工作，充分借助网络、媒体资源拓宽学习渠道、丰富活动内容。要积极协调利用当地科技馆、科普教育基地、青少年宫、儿童活动中心、高等院校、科研机构、公司企业等各类场所资源，组织参观见学，进行拓展实践，为活动提供服务和支持。

（4）精心组织，确保安全。青少年科学调查体验活动是一项密切联系生活实际、实践性较强的科学普及活动，各地各部门要加强协调、密切配合、精心组织，确保活动落到实处。要本着对学生高度负责的精神制订安全预案、落实安全措施、做好安全防范、强化安全监护，确保活动有序组织进行，确保青少年人身和财产安全。

附件：青少年科学调查体验活动主题、领域及推荐活动

中国科协　教育部　国家发展改革委

中央文明办　共青团中央

2018 年 6 月 5 日

附件

青少年科学调查体验活动主题、领域及推荐活动

活动主题	体验科学　快乐成长			
活动领域	能源资源	生态环境	安全健康	创新创意
推荐活动	1. 节水在我身边 2. 节电在我身边 3. 节约粮食　从我做起 4. 节约纸张　从我做起 5. 保护森林草原小卫士 6. 保护耕地志愿者 7. 我与海洋河流湖泊交朋友 8. 珍惜矿产资源 9. 保护文物古迹 10. 循环利用　节约资源	1. 我的低碳生活 2. 做养绿护绿小能手 3. 垃圾分类与处理 4. 秸秆和落叶的有效处理 5. 我爱绿色出行 6. 用绿色包装生活 7. 我是绿色校园小主人 8. 生活中的塑料制品 9. 让天空湛蓝 10. 关爱身边小动物	1. 科学饮食　健康生活 2. 零食（或饮料）与健康 3. 营养与健康 4. 食品安全与健康 5. 科学用药 6. 安全使用家用电器 7. 交通安全伴我行 8. 我是网络信息安全员 9. 养成爱护眼睛好习惯 10. 居家安全我知道 11. 自然灾害与安全 12. 科学锻炼身体	1. 走近创客　体验创新 2. 创新在我身边 3. 变废为宝　从我做起 4. 我爱发明 5. 我的创意生活 6. 智能产品应用 7. 体验物联网 8. 创意设计与制作 9. 我是小小设计师 10. 创意工艺坊 11. 创意工程师 12. 我设计的机器人

中国科学技术协会　中华全国妇女联合会 中国联合国教科文组织全国委员会关于开展第十五届中国青年女科学家奖和 2018 年度未来女科学家计划候选人推荐工作的通知

科协发组字〔2018〕34 号

各省、自治区、直辖市科协、妇联，新疆生产建设兵团科协、妇联，中国科协所属各全国学会、协会、研究会，有关高等学校和中央企业科协：

为深入学习贯彻习近平新时代中国特色社会主义思想和党的十九大精神，深入学习贯彻习近平总书记在两院院士大会上的重要讲话精神，培养造就一大批具有国际水平的战略科技人才、科技领军人才、青年科技人才和高水平创新团队，激发广大女科技工作者的创新创造热情，传承、弘扬中国科学家精神，为建设世界科技强国贡献智慧和力量，2018 年将继续开展第十五届中国青年女科学家奖和 2018 年度未来女科学家计划候选人推荐工作。现就有关事项通知如下。

一、第十五届中国青年女科学家奖

（一）评选范围和条件

（1）拥护党的路线、方针、政策，思想政治坚定，热爱祖国，作风廉洁，遵纪守法，具有良好学风，恪守科学道德。

（2）在基础科学或生命科学领域取得重大发现、重大成果的青年科技领军人才，特别注重推荐创新团队中的领军人才。

（3）不超过45周岁（1973年7月1日及以后出生）的中国籍女科技工作者。

（4）评选范围不含工程技术领域及涉密领域。

（二）奖励人数

奖励人数不超过10名，其中至少1名在西部地区工作。

（三）组织推荐

（1）各省、自治区、直辖市科协、妇联和新疆生产建设兵团科协、妇联可推荐本地区的候选人3~5名。

（2）各有关全国学会、协会、研究会可推荐本学科领域的候选人1~2名。

（3）各有关高校科协和中央企业科协可推荐本单位候选人1~2名。

上述推荐渠道不得推荐军队系统候选人，军队系统候选人由中央军委政治工作部统一推荐；香港、澳门特别行政区候选人由有关机构推荐。

（四）专家提名

1. 提名专家范围

（1）中国科协第九届全国委员会常务委员会委员。

（2）中国科学院和中国工程院院士（不含外籍院士）。

（3）中国青年女科学家奖历届获奖者（不包括未来女科学家计划入选者）。

2. 提名条件

提名专家不超过65周岁，院士可以放宽至70周岁。

3. 提名规则

3名提名专家可联合提名本学科专业（一级学科）范围内第十五届中国青年女科学家奖候选人1名。

4. 责任与义务

（1）提名专家应承担提名、异议答复等责任，并对相关材料的真实性和准确性负责。

（2）向中国科协正式提名前，提名专家应征得候选人及其工作单位同意。

（3）提名专家应严格遵守有关保密规定和回避制度。

二、2018年度未来女科学家计划

（一）评选范围和条件

（1）热爱祖国，遵纪守法，诚实守信，勤奋学习，刻苦钻研，具有良好的学风和道德品质，表现出较强的科研能力和发展潜力。

（2）从事基础科学或生命科学领域研究工作，研究项目涉及动物（如实验用脊椎动物）和化妆品研究的不在此列。

（3）不超过35周岁（1983年7月1日及以后出生）的中国籍女性在读博士生或在站博士后（候选人学籍关系或工作关系应在国内，在读博士生应为全日制）。

（4）具有拟利用本计划资助开展的科研项目，且获得资助后该项目研究的持续时间不少于12个月。

（二）支持人数

本次支持人数不超过5名。择优推荐参加“世界最具潜力女科学家”项目评选；符合中国科协青年人才托举工程申报条件的入选者可推荐至该项目。

（三）组织推荐

（1）各省、自治区、直辖市科协、妇联和新疆生产建设兵团科协、妇联可推荐本地区的候选人2~3名。

（2）各有关全国学会、协会、研究会可推荐本学科领域的候选人1~2名。

（3）各有关高校科协和中央企业科协可推荐本单位候选人1名。

上述推荐渠道不得推荐军队系统候选人，军队系统候选人由中央军委政治工作部统一推荐；香港、澳门特别行政区候选人由有关机构推荐。

（四）专家提名

1. 提名专家范围

（1）中国科协第九届全国委员会常务委员会委员。

（2）中国科学院和中国工程院院士（不含外籍院士）。

（3）中国青年女科学家奖历届获奖者（不包括未来女科学家计划入选者）。

2. 提名条件

提名专家不超过65周岁，院士可以放宽至70周岁。

3. 提名规则

3名提名专家可联合提名本学科专业（一级学科）范围内2018年度未来女科学家计划候选人1名。

4. 责任与义务

（1）提名专家应承担提名、异议答复等责任，并对相关材料的真实性和准确性负责。

（2）向中国科协正式提名前，提名专家应征得候选人及其工作单位同意。

（3）提名专家应严格遵守有关保密规定和回避制度。

三、推荐工作要求

（1）每位被推荐人须明确参评中国青年女科学家奖或未来女科学家计划，不得同时参评两个项目。

（2）坚持“公开、公正、公平、择优”原则，拓宽推荐渠道，严格评选条件，保证评选质量。

（3）中国青年女科学家奖推荐人选要注重向长期在科研和生产一线以及西部地区工作的优秀青年女科技工作者倾斜，被推荐人的成果贡献以在国内做出的为主，应为主要完成人或主要贡献人；未来女科学家计划推荐人选既要注重目前已承担的科研工作取得的成果及表现出的科研潜力，也要注重拟申请资助项目的创新性。

（4）候选人推荐材料是评审的主要依据，要简明扼要、突出重点。非学术性报纸、刊物、网络的有关报道不作为证明材料，非学术任（兼）职、非科技类奖项不得填入推荐表相关栏目。电子版材料与相应的纸质版材料须保持一致。

（5）推荐单位和候选人要自觉恪守科学道德和学术规范，推荐材料要客观、准确、完整，对于材料填报不实和有其他学术不端行为者，经查实，均按程序取消评选资格或撤销获奖和资助资格，并记录在案。如候选人被投诉，推荐单位及候选人所在单位应进行调查核实并提供书面调查材料和结论性意见。

（6）候选人推荐材料不得涉及国家秘密，并由候选人所在单位出具保密审查证明。材料违反保密规定的，取消被推荐资格。

四、报送材料要求

组织推荐须报送推荐工作材料和候选人材料，专家提名须报送候选人材料。

（一）推荐工作材料

推荐情况报告1份，内容包括推荐人选产生方式、专家评审情况以及确定推荐的人选等，单位负责同志签字并加盖推荐单位公章。同时将电子版发至邮箱pjjlc@cast.org.cn。

（二）候选人材料

报送的推荐材料包括电子材料和书面材料。

1. 电子材料

电子材料通过中国青年女科学家奖推荐及评审管理系统（http://qnnkxjj.cast.org.cn）报送。请各推荐单位用分配的“推荐单位用户名、密码”登录系统，按照要求组织候选人用“候选人注册密码”注册并登录后进行网络填报，填报中注意选择拟推荐的类别。“推荐单位用户名、密码，候选人注册码”另行发送。网络填报截止时间为2018年9月24日。

2. 中国青年女科学家奖候选人书面材料

（1）《第十五届中国青年女科学家奖候选人推荐表》一式5份，其中原件1份、复印件4份，请勿另附封面。使用中国青年女科学家奖推荐及评审管理系统将电子材料填报成功后，须在该系统打印推荐表。

（2）附件材料1套，包括代表性论文（不超过3篇）、主要科技成果目录以及被引用情况、技术鉴定、知识产权、技术应用、所获奖项等相关证明材料。专著（不超过1本）可另附。

（3）候选人所在单位出具的保密审查证明。

3. 未来女科学家计划候选人书面材料

（1）《2018年度未来女科学家计划候选人推荐表》一式5份，其中原件1份、复印件4份，请勿另附封面。使用中国青年女科学家奖推荐及评审管理系统将电子材料填报成功后，须在该系统打印推荐表。

（2）博士生请提供研究生院出具的在读证明，须写明专业及拟毕业时间；在站博士后请提供博士学位证书及工作协议。

（3）候选人所在单位（学校）出具的保密审查证明。

（三）专家提名报送材料要求

提名专家须在本人提名的候选人推荐表上签署推荐意见及本人签字。提名专家开展提名工作前，可与中国科协培训和人才服务中心联系获取系统用户名、密码。

（四）材料报送截止时间

书面材料报送截止时间为2018年9月30日。以接收时间为准。

（五）材料接收单位

网上系统填报指导及材料接收工作委托中国科协培训和人才服务中心进行。

附件：1. 第十五届中国青年女科学家奖候选人推荐表（略）

2. 2018年度未来女科学家计划候选人推荐表（略）

中国科学技术协会　中华全国妇女联合会

中国联合国教科文组织全国委员会

2018年8月15日

中国科协　市场监管总局　共青团中央关于开展全国计量科普创新创意素材征集活动的通知

科协发普字〔2018〕19号

各省、自治区、直辖市科协、质量技术监督局（市场监督管理部门）、团委，中国科协所属各全国学会、协会、研究会，中央军委政治工作部组织局群团处，全国铁道团委，全国民航团委，中直机关团工委，中央国家机关团工委，中央金融团工委，中央企业团工委，新疆生产建设兵团科协、质量技术监督局、团委，各有关单位：

为学习贯彻习近平新时代中国特色社会主义思想和党的十九大精神，实施创新驱动发展战略，进一步落实《全民科学素质行动计划纲要实施方案（2016—2020年）》和《计量发展规划（2013—2020年）》，弘扬科学精神、普及科学知识，面向全社会宣传计量在经济社会发展各领域的基础支撑作用，传播普及计量知识，提高全民科学素质水平，中国科协、市场监管总局、共青团中央决定联合举办全国计量科普创新创意素材征集活动。现就有关事项通知如下。

一、活动主题

创新驱动发展　计量无处不在

二、组织机构

主办单位：中国科协、市场监管总局、共青团中央

承办单位：中国计量测试学会、中国计量协会

协办单位：中国计量科学研究院、中国质检出版社

三、内容方向

计量科普创新创意素材内容可以计量促进创新驱动发展战略，计量服务新发展理念，现代先进测量体系，计量在促进技术进步、维护社会公平正义和优化市场环境、产品提档升级中的重要作用和计量基础知识等方面作为选题的主要方向，采用形式多样的科普展现形式进行应征。

四、素材形式

主要包括网络计量科普、软件等作品；计量科普影音、动漫作品；计量科普展教品（实物或设计方案）；计量科普图画、摄影；计量科普文学、科普报告、图书；计量科普创意作品等。参加征集活动的计量科普创新创意素材应是2018年1月1日以后创作完成或发表的作品。参加征集活动的素材及作品、创意要力争原创性，保证对提交作品拥有自主知识产权，不存在知识产权争议。活动主办方有权对参加征集活动的素材进行汇编出版、发行、展示及其他公益活动使用。

五、活动时间安排

此次活动面向全社会从事计量工作及关心计量事业的个人及单位、团体开展。主要分为征集、筛选、展示三个环节。

2018年5月20日—2019年1月31日，征集阶段。

2019年2月1日—5月10日，筛选阶段。

2019年5月20日—6月20日，展示阶段。

六、有关要求

（1）高度重视，精心组织。此次活动是在全国范围内进行计量科普工作的一项重要活动。各级科协组织、质量技术监督局（市场监督管理部门）、团组织要高度重视，加强组织协调和资源统筹，充分调动各方面的积极性和创造性，动员社会力量积极参与，着力提高活动实效。

（2）加强宣传，广泛动员。各地各部门要精心策划制定活动方案，重视活动宣传报道，充分发挥广播、电视、报刊、互联网、手机、移动终端等作用，着力加强网络、新媒体宣传，全面扩大活动影响面和覆盖率。

（3）突出中心，务求实效。各推荐单位要认真策划、切合主题，对优秀的科普作品进行初审把关，力争征集出突出主题、贴近生活、形式多样、喜闻乐见的优秀的科普作品。

活动具体实施方案由活动承办单位组织制定，另行发布。

中国科协　市场监管总局　共青团中央
2018年5月18日

中国科协关于在广大科技工作者中深入开展“弘扬爱国奋斗精神、建功立业新时代”活动的通知

科协发组字〔2018〕41号

各全国学会、协会、研究会，各省、自治区、直辖市科协，新疆生产建设兵团科协，有关高校科协、企业

科协：

《中国科协关于在广大科技工作者中深入开展“弘扬爱国奋斗精神、建功立业新时代”活动工作方案》已经中国科协第二十七次党组会议讨论通过。现印发你们，请结合实际，认真贯彻落实，并指导下级科协组织广泛动员科技工作者深入开展相关工作。

中国科协
2018年9月10日

中国科协关于在广大科技工作者中深入开展“弘扬爱国奋斗精神、建功立业新时代”活动工作方案

为深入贯彻落实习近平总书记重要指示精神，团结带领广大科技工作者在新时代为建设世界科技强国、实现中华民族伟大复兴而努力奋斗，根据《中共中央组织部　中共中央宣传部关于在广大知识分子中深入开展“弘扬爱国奋斗精神、建功立业新时代”活动的通知》，制订本工作方案。

一、指导思想

以习近平新时代中国特色社会主义思想为指导，全面贯彻党的十九大和十九届二中、三中全会精神，充分发挥科协开放型枢纽型平台型组织优势，以传承弘扬中国科学家精神为载体，在科技界全面兴起“弘扬爱国奋斗精神、建功立业新时代”活动热潮，引导广大科技工作者在新时代自觉弘扬践行爱国奋斗精神，把自己的理想同祖国的前途、把自己的人生同民族的命运紧密联系在一起，扎根人民，奉献祖国，做新时代的奋斗者，为实现“两个一百年”奋斗目标、实现中华民族伟大复兴的中国梦贡献智慧和力量。

二、基本原则

（1）强化政治引领。深入开展“弘扬爱国奋斗精神、建功立业新时代”活动，进一步加强对科技工作者的政治引领和政治吸纳，生动传播爱国主义精神，唱响爱国主义主旋律，让爱国奋斗精神成为广大科技工作者的坚定信念和精神支柱，推动广大科技工作者进一步增强“四个意识”、坚定“四个自信”，牢固树立家国情怀。

（2）突出科协特色。紧密结合本地区本单位实际，围绕增强政治性、先进性、群众性，将弘扬爱国奋斗精神贯穿于服务科技工作者、服务创新驱动发展、服务全民科学素质提高、服务党和政府科学决策的全过程，履职尽责，主动作为，推动广大科技工作者在积极弘扬践行爱国奋斗精神中切实增强学术上的成就感、精神上的获得感、组织上的归属感、政治上的认同感，以更加饱满的爱国奋斗激情建功立业新时代。

（3）注重全面覆盖。在各级科协组织及所属学会中全面开展“弘扬爱国奋斗精神、建功立业新时代”活动，广泛调动和激发科技工作者爱国奋斗激情，持续发力，久久为功。将开展活动与扩大组织覆盖和工作覆盖、激发科技工作者创新创业活力结合起来，推进高校、企业、园区、科研院所以及“两新组织”科协开展形式多样、内容丰富的活动，确保活动深入基层、热在科技工作者。

三、重点任务

各级科协组织及所属学会要紧密结合本地区本单位实际，把开展活动与对广大科技工作者的团结引领充分结合起来，上下联动，全方位、立体化统筹推进“弘扬爱国奋斗精神、建功立业新时代”活动，突出学用结合、知行合一，全面加强宣传解读，组织深入学习研讨，抓好专题研修培训，发挥典型引导作用，开展岗位践行活动，动员组织广大科技工作者进一步增强责任感使命感紧迫感，把个人理想自觉融入国家发展伟业，在祖国最需要的地方建功立业。

（1）深入传承弘扬中国科学家精神，在科技界迅速兴起学习宣传爱国奋斗精神的热潮。传承弘扬中国科学家精神，弘扬“两弹一星”精神、载人航天精神、载人深潜精神、“太行山上的新愚公”精神等，大力宣传钱学森、邓稼先、郭永怀等“两弹一星”元勋和以西安交大“西迁人”为代表的老一辈科技工作者，大力宣传黄大年、李保国、南仁东、钟扬等为代表的新时代科技工作者，充分利用网站、微博、公众号、宣传栏等平台，集中开展践行爱国奋斗精神模范群体和先进人物的学习宣传，让“爱国、创新、求实、协同、人梯”等精神内核在科技界形成广泛共识，巩固共同思想基础。各级学会要结合本单位、本领域实际，丰富活动载体，创新活动方式，针对会员发展需求，以青年科技工作者和中青年科技领军人才为重点，广泛开展中国科学家精神宣讲，传承弘扬爱国奋斗精神。各级科协组织要按照本地区党委部署，在组织、宣传部门的指导下，结合当地实际，组织开展模范人物先进事迹报告会、老科技工作者口述

历史、撰写理论文章、开发音视频资料、编辑出版图书、创作文艺作品等活动，展示模范人物先进事迹，诠释新时代爱国奋斗精神。

（2）组织深入学习研讨专题培训，让爱国奋斗精神入脑入心。紧紧围绕习近平总书记关于爱国奋斗精神的重要指示，以深入学习爱国奋斗精神学习读本为重点，广泛开展爱国奋斗精神学习讨论，切实增强对新时代爱国奋斗精神、党和国家奋斗目标的思想认同、情感认同、价值认同。各级学会要结合爱国奋斗精神学习读本科学设计学习研讨主题，组织动员引导本行业、本领域科技工作者深入开展专题研讨、主题报告、座谈交流，将爱国奋斗精神作为科技工作者国情研修、业务培训的重要内容。各级科协组织要积极搭建平台、提供服务，努力挖掘当地历史文化和革命传统教育资源，丰富教育内容和实践载体，提高学习教育的吸引力和实效性，增进科技工作者对国情党情的认识了解，激发科技工作者爱国奋斗激情。

（3）充分发挥典型引导作用，让爱国奋斗精神成为时代风尚。在科技界积极开展践行爱国奋斗先进群体和个人选树工作，广泛开展“寻找新时代创新先锋”主题宣传，唱响社会主义核心价值观主旋律，用身边事教育身边人。深入开展向康彬同志学习、立足本职岗位创新建功新时代活动，大力宣传康彬同志用心、用情、用力诠释人生价值的先进事迹。各级科协组织要注重发现一批基层一线和“两新组织”科技工作者典型，深入挖掘先进事迹，把爱国奋斗精神人格化、形象化、具体化，强化榜样力量，宣示正能量，加强对科技工作者的影响力和感召力。充分利用科技馆、博物馆、爱国主义教育基地等平台，应用多种形式展示模范人物先进事迹，讲好科技工作者爱国奋斗故事。

（4）深入开展岗位践行，助力科技工作者建功新时代。把开展活动与激发科技工作者创新创造活力、服务经济社会发展结合起来，为科技工作者干事创业、施展才干搭建平台、创造条件、提供机会，引导科技工作者立足岗位，以学促行、以行促效，更好开展岗位创新、岗位建功、岗位奉献。各级学会要组织和支持本学科领域科技工作者深入边远贫困地区、边疆民族地区、革命老区开展社会调研、国情考察、咨询服务等主题实践活动，释放创新创造创业活力，推动科技与经济社会发展深度融合，助力当地经济社会发展。各级科协组织特别是高校、企业、园区、科研院所以及“两新组织”的科协基层组织要深入基层一线，团结引领广大科技工作者结合主责主业开展岗位践行活动，立足本职岗位，自觉践行爱国奋斗精神，把活动成果转化为创新创造的生动实践，使开展活动的过程切实成为促进实际工作、推进创新发展的过程。

四、工作保障

加强组织领导，确保活动实效，把组织开展“弘扬爱国奋斗精神、建功立业新时代”活动作为一项重要政治任务抓紧抓细抓实，确保各项工作任务不折不扣地落到实处、取得成效。

（1）明确主体责任。各级科协组织及所属学会要切实履行主体责任，将活动作为推进科协系统深化改革、紧密联系服务科技工作者、提升科协系统组织能力和宣传动员能力的重要抓手，加强统一领导，精心组织实施。基层党组织要把爱国奋斗精神学习教育纳入党支部“三会一课”和主题党日活动，发挥党员知识分子的先锋模范作用。强化统筹协调和督促落实，组织动员本地区、本系统、本领域科技工作者特别是中青年科技工作者积极参与活动。加强宣传引导，为活动营造良好舆论氛围。

（2）加强组织领导。各级科协组织及所属学会要高度重视活动开展，做好组织实施工作，明确职责分工、责任到人，把时与效有机结合起来，见人见事、有思想有案例，形成有效的工作闭环，达成知行果的统一。

（3）注重分类指导。要按照精准科学的要求，针对不同单位类型、不同学科领域、不同层次、不同地域科技工作者群体特殊性因类制宜、因人施策，提高活动针对性、实效性。把握节奏、注重长效，将活动融入日常、抓在经常，坚持久久为功，形成一批实践成果、学习成果。要创新活动方式方法，使学习教育既春风化雨、润物无声，又入脑入心、落地生根。

（4）务求活动实效。各级科协组织及所属学会要根据中国科协工作方案和本地区活动实施方案制定切实可行、特色鲜明的具体工作方案，提高活动针对性和实效性。注重创新活动方式方法，及时总结活动中创造的好经验、好做法。建立定期上报机制，省级科协和全国学会原则上每月形成工作简报报送中国科协，中国科协注重加强指导，通报印发典型案例予以总结推广。要严格责任落实，克服形式主义，防止空喊口号、做表面文章，确保活动深入基层、热在科技工作者、取得实效。要把开展活动与关心关爱结合起来，加强对广大科技工作者的思想联系、感情交流和服务保障，以尊重关心服务凝心聚力，激励支持广大科技工作者为建设世界科技强国、实现中华民族伟大复兴的中国梦不断做出新的更大贡献。

中国科协关于印发《面向建设世界科技强国的中国科协规划纲要》的通知

科协发计字〔2018〕59号

各全国学会、协会、研究会，各省、自治区、直辖市、副省级城市科协，新疆生产建设兵团科协：

为深入学习贯彻习近平新时代中国特色社会主义思想，把学习党的十九大精神转化为新时代科协组织的生动实践，深入实施《国家创新驱动发展战略纲要》，会聚建成世界科技强国、实现中华民族伟大复兴中国梦的磅礴力量，中国科协组织编制了《面向建设世界科技强国的中国科协规划纲要》。现印发给你们，请做好学习宣传工作，并结合本学会、本地区科协组织的实际，聚焦重点目标任务，推动高质量发展，一年接着一年干，每年都有新气象。

中国科协

2018年12月28日

面向建设世界科技强国的中国科协规划纲要

党的十九大提出了新时代坚持和发展中国特色社会主义的战略任务，擘画了把我国建成社会主义现代化强国的宏伟蓝图，开启了中华民族伟大复兴的新征程。为深入学习贯彻落实习近平新时代中国特色社会主义思想，全面落实党中央关于群团改革的决策部署，把学习党的十九大精神转化为新时代科协组织的生动实践，实施创新驱动发展战略，会聚广大科技工作者建成世界科技强国、实现中华民族伟大复兴中国梦的磅礴力量，特制定本规划纲要。

一、开启新时代科协事业发展新征程

习近平总书记指出，科技是第一生产力，创新是引领发展的第一动力，人才是第一资源。决胜全面建成小康社会、基本实现社会主义现代化、全面建成社会主义现代化强国的战略部署，为新时代科协事业创新发展提供了根本遵循、指明了工作方向。

中国科协是党领导下的人民团体，是国家创新体系的重要组成部分，是我国科技工作者的群众组织。中国科协成立60年来，坚持把党的领导作为核心，充分发挥科协组织在党和政府联系科技工作者中的桥梁纽带作用；坚持把服务科技工作者作为使命，始终以科技工作者为中心，充分发挥科协组织科技工作者之家的应有作用；坚持把学术交流作为主业，充分发挥在学术创新引领中的不可替代作用；坚持把科学普及作为基业，充分发挥在全民科学素质建设中的不可或缺作用；坚持把科技决策咨询作为重要责任，充分发挥在服务党和政府科学决策中的科技智库作用；坚持把民间国际科技交流合作作为重要任务，充分发挥在民间国际科技交流合作中的独特作用。在我国从向科学进军到迎来“科学的春天”，从“科教兴国”“人才强国”战略到建设创新型国家、建设世界科技强国的发展历程中，始终活跃在团结带领广大科技工作者共同奋斗的第一线，始终同国家建设、人民幸福、科技创新的发展紧密相连，不断谱写精彩篇章。

进入21世纪以来，全球科技创新进入空前密集活跃的时期，新一轮科技革命和产业变革正在重构全球创新版图、重塑全球经济结构、加速世界多极化发展。科学技术从来没有像今天这样深刻影响着国家前途命运，从来没有像今天这样深刻影响着人民生活福祉。中国要强盛、要复兴，就一定要大力发展科学技术，努力成为世界主要科学中心和创新高地。近年来，特别是党的十八大以来，我国科技事业密集发力、加速跨越，实现了历史性、整体性、格局性重大变化。我国比历史上任何时期都更接近中华民族伟大复兴的目标，比历史上任何时期都更需要建设世界科技强国。但我们也清醒地看到，与世界科技强国相比，我国在科技创新方面还存在基础科学研究薄弱，重大原创性、颠覆性技术成果缺乏；以全球视野谋划科技开放合作不够，科技成果转化能力不强；人才发展体制机制不完善，激发人才创新创造活力的激励机制不健全，顶尖人才和团队缺乏；科技创新政策与经济、产业政策的统筹衔接，以及科技与经济、科技与社会、科技创新与科学普及之间融合发展不够；科技评价导向偏离，科学精神宣传不够，全社会鼓励创新、包容创新的机制和环境有待优化等突出问题。同时，相对在建设世界科技强国中须承载的新使命而言，科协组织还存在机关化、行政化等脱离科技工作者；与科技工作者联系不亲、不紧，对科技工作者的政治引领政治吸纳和桥梁纽带作用发挥不够；凝聚力不强、组织松散，基层科协组织缺编制、缺经费、缺办公场所、缺工作人员；组织活力不够，专业化服务能力不强，创新引领能力不强，组织“连接”作用发挥不够等突出问题。

新时代中国特色社会主义的航向已经明确，中华民族伟大复兴的巨轮正在破浪前行，形势逼人、挑战逼人、使命逼人，这要求科协组织必须把握大势、抢占先机、久久为功，开创繁荣兴盛科学文化的新天地，开启塑形铸魂科学家精神的新征程，搭建柔性集聚科技创新领军人才的新平台，孕育智慧赋能科技创新主体的新生态，拓展砥砺迈进世界科技舞台中央的新通道，把中国科协建成团结奋斗、爱国奉献的科技工作者精神之家、价值之家、发展之家，建成追求卓越、创新突破的科技工作者筑梦之地、赋能之地、成就之地，进一步营造崇尚科学、尊重知识、尊重人才、鼓励创造、自律自励、潜心研究、淡泊名利的科学文化氛围，为建成世界科技强国、全面建成社会主义现代化强国砥砺奋进、勠力前行。

二、指导思想和发展目标

（一）指导思想

高举中国特色社会主义伟大旗帜，以马克思列宁主义、毛泽东思想、邓小平理论、“三个代表”重要思想、科学发展观、习近平新时代中国特色社会主义思想为指导，坚定不移走中国特色社会主义群团发展道路，不断增强政治性、先进性、群众性，增强“四个意识”、坚定“四个自信”、坚定“两个维护”，融入大局、聚焦靶心，始终坚持以科技工作者为中心，建立健全联系广泛、服务群众的科协工作体系，全面提升政治引领政治吸纳能力、创新文化引领能力、创新人才凝聚能力、科技社会化服务能力、科技人文交流合作能力，坚持为科技工作者服务、为创新驱动发展服务、为提高全民科学素质服务、为党和政府科学决策服务，使科协组织真正成为科技工作者的精神家园，把广大科技工作者紧紧团结在党的周围，充分释放科技创新能量，为实现“两个一百年”奋斗目标、建成世界科技强国、全面建成社会主义现代化强国、实现中华民族伟大复兴的中国梦建功立业。

（二）基本原则

——坚持党的领导。党的领导是科协事业创新发展的根本保证，科协组织必须坚持在各级党委领导下，坚持正确的政治方向，自觉把党的理论和路线方针政策贯彻落实到科协工作各方面和全过程，不断健全党对科协组织的领导体制，深化对创新发展规律、科技管理规律、人才成长规律的认识，为科协事业发展提供坚强政治保证。

——坚持以科技工作者为中心。为科技工作者服务是科协组织的天职，科协组织必须坚决贯彻落实党的群众路线，坚持以科技工作者满意度作为衡量科协服务的标准，多为科技工作者办好事、解难事，维护和发展科技工作者利益，强化对科技工作者的政治引领政治吸纳，不断增强科协组织自身吸引力、感召力、凝聚力、影响力。

——坚持服务大局。为党和国家工作大局服务是科协组织的价值所在，科协组织必须始终坚持围绕党和国家工作大局规划和开展工作，把科技工作者的创新激情引导到服务国家战略需求上来，承担起服务建设世界科技强国、建设社会主义现代化强国的责任与担当。

——坚持改革创新。改革创新是推动新时代科协事业发展的根本动力，科协组织必须坚持走中国特色社会主义群团发展道路，坚持自我革新，在历史前进的逻辑中前进、在时代发展的潮流中发展，抓住深层次矛盾和重点难点问题，不断推进科协组织建设的理论创新、实践创新、文化创新，始终与党和国家伟业发展同频共振。

——坚持开放融合。开放融合是新时代科协组织发展的根本出路，科协组织必须坚持以开放促改革、促发展，充分发挥开放型、枢纽型、平台型组织特点，密切与党政部门、群团组织、地方等的协同，用好国际国内两种资源、政府市场两种机制、线上线下两种渠道，主动融入全球科技创新网络，形成全面开放融合的新格局。

（三）发展目标

分三步走。

第一步，到2020年，紧紧围绕我国实现全面建成小康社会、进入创新型国家行列的战略目标，科协系统全面深化改革取得突破性进展，扩大有效覆盖、转变拓展职能、建设网上科协、强化基层基础取得明显成效，实现学术、科普、智库“三轮”驱动发展新格局的重塑，实现国际化、信息化、协同化“三化”联动工作新流程的再造，实现外向拓展、纵横融合、网络活跃“三维”聚力组织新力量的重构，进一步推动形成胸怀祖国、艰苦奋斗、开拓创新、无私奉献、自律自励、淡泊名利的学术氛围，实现我国公民具备科学素质的比例超过10%，政治引领政治吸纳能力、围绕中心服务大局能力、联系广泛服务群众能力显著提升，为科协事业跨越发展奠定坚实基础。

第二步，到2035年，紧紧围绕我国进入创新型国家前列、基本实现社会主义现代化的战略目标，联系广泛、服务群众的科协工作体系全面建成，科协组织政治引领政治吸纳能力、创新文化引领能力、创新人才凝聚能力、科技社会化服务能力、科技人文交流合作能力全面提升，为科协组织的卓越贡献发展注满动能。

——政治引领政治吸纳能力全面提升。科技工作者对党的政治认同、思想认同、理论认同、情感认同更加坚定，党在科技界的执政基础和群众基础更加牢固，科技工作者政治参与渠道更加通畅，利益诉求得到充分维护与发展。

——创新文化引领能力全面提升。理性质疑、求实求真、探索创新、包容失败的科学文化氛围基本形成，科技职业成为青少年的向往，拥有一批国际一流的科技社团、科技期刊、学术会议，成为推动科技经济融合和引领创新文化的重要力量，形成科学普及与科技创新协同发展的良好局面，我国公民具备科学素质比例超过20%。

——创新人才凝聚能力全面提升。扩大科协组织在科技工作者集中的机构（单位）、新经济组织、新社会组织中的有效覆盖，科协组织奖励的国际影响力和导向作用充分显现，推动建立完善工程能力认证和国际互认体系，形成以业兴才、以才引才、以德聚才的高端科技创新领军人才涵养的良好生态，科协组织在政、产、学、研、才、金、用等创新价值链中的桥接作用充分发挥。

——科技社会化服务能力全面提升。建成专业性与跨界结合的柔性科技智库网络，成为党和国家科学决策的重要力量，成为全球科技智库网络的重要枢纽，成为具有公信力和美誉度的权威咨询服务平台，成为深度参与科技制度设计和科技创新评价的独立力量。

——科技人文交流合作能力全面提升。中国科技界“朋友圈”进一步扩大，成为全球科技创新议题的重要发起者和对话交流的重要主场，成为全球科技治理规则制定的重要倡导者和组织者，实现“一带一路”科技人文交流合作全方位发展，成为国际科技组织总部的重要会聚地。

第三步，到2050年，把中国科协建成与世界科技强国和社会主义现代化强国相适应的卓越、赋能、创新、包容的科技工作者精神家园，成为世界主要枢纽科技组织，与社会各方勠力同心建成世界科技创新文化高地、全球高端创新人才中心、全球科学文化传播中心、全球高端科技智库中心、国际科技组织总部中心，为中国成为世界主要科学中心和创新高地提供强力支撑。

三、重大任务

紧紧围绕科协组织的政治性、先进性、群众性的核心关键，建成世界科技强国对科协组织的使命要求，科协组织自身改革发展面临的重大挑战，强化重大任务和关键措施的部署。

（一）提升政治引领政治吸纳能力

坚持科协组织作为党领导下的人民团体的政治属性，以政治建设为统领，加强党的全面领导，将党的建设贯穿科协事业改革发展全过程，增强科技工作者对党的政治认同、思想认同、理论认同和情感认同。

（1）全面宣传贯彻党的路线方针。全面深入学习宣传贯彻落实习近平新时代中国特色社会主义思想，牢固树立“四个意识”、坚定“四个自信”，强信心、聚民心、暖人心、筑同心，坚决维护习近平总书记在党中央和全党的核心地位，坚决维护党中央权威和集中统一领导，在思想上政治上行动上同以习近平同志为核心的党中央保持高度一致。学习宣传贯彻落实“五位一体”总体布局和“四个全面”战略布局，助力打赢决胜全面建成小康社会的防范化解重大风险、精准脱贫、污染防治三大攻坚战，深入推进供给侧结构性改革。在广大科技工作者中大力宣传党的路线方针政策，特别是对科技事业的方针政策。建立完善科技工作者对党的路线方针政策响应的快速反馈机制，实时精确反映科技工作者的意见建议。

（2）加强科协组织党的建设。探索中国特色社会主义科技群团党的建设规律，彰显政治建设的统领地位，建立健全党全面领导科协工作的组织保障体系。建立完善学会党的组织工作体系，推动学会党的组织和党的工作全覆盖，发挥学会党组织的政治核心作用。

（3）支持科技工作者政治参与。积极组织科技工作者参与国家科技战略、规划、布局、政策、法律法规的咨询。支持人大代表和政协委员中的科技工作者积极参政议政。进一步推动建立完善科技工作者参与政治协商、民主监督、参政议政的意见建议征询机制。积极推动建立完善重大科技政策面向科技社团的意见咨询机制，鼓励开展第三方评估工作。

（4）维护科技工作者合法权益。创新完善科技工作者状况调查机制，准确把握变化趋势、思想动向和关切需求。协调和推动解决科技工作者职业发展中最关心、最直接、最现实的重大问题。帮助科技工作者通过正常渠道、合法途径伸张利益诉求、依法理性表达诉求，促进社会公平正义，自觉维护社会和谐稳定。

（5）创新凝聚科技工作者方式。研究科研规律、科技创新发展规律、科技人才成长规律、科协组织政治引领政治吸纳工作规律。充分尊重科技工作者主体地位，因人而异、尊重差异、宽容个性，让科技工作者在充分信任、平等交流、自我实现、价值认同中赢得内心认同，自觉融入大局。加强与科技工作者的业务联系、思想沟通、情感交流，用心用情把科技工作者感召、会聚在党的周围。建设和发挥“智慧科协”信息平台作用，拓宽科协组织联系服务科技工作者的渠道，改善服务品质。

（二）提升创新文化引领能力

普及科学知识、弘扬科学精神、传播科学思想、倡导科学方法，提倡学术民主，捍卫科学尊严，引领科技创新未来人才成长，孕育理性质疑、求实求真、探索创新、包容失败的科学文化传统。

（6）推动全民科学素质提升。坚持党委领导、政府推动、社会参与、以人民为中心，编制面向2035年乃至21世纪中叶的全民科学素质规划纲要。创新公民科学素质建设长效机制，推动建立科技工作者参与科普的评价体系，形成科学普及与科技创新同等重要的制度安排，建立完善新时代中国公民科学素质测评体系。培养一批科普专家，充分发挥广大科技工作者的作用，建立完善科普应急反应机制，加强公众与科学家、专家的互动与对话交流，促进公众对科学、技术、工程等的理解，增强公众对科学的兴趣与认同。创新农业农村科普，促进农民科学文化素质提升，服务乡村振兴战略，推动产业结构转型升级和经济高质量发展。推动科普科幻创作和科普产业发展，建立完善智能泛在的科普信息化服务平台，打造科学传播产品的生产和集散中心。推进科学与文化的融合发展，组织开展国际科学传播交流合作，贡献中国科学传播智慧。

（7）营造良好科学文化氛围。推动完善同行评议的学术评价体系，倡导直面问题、大胆质疑的学术民主和百家争鸣、海纳百川的学术文化，形成爱国奉献、追求真理、勇于创新、淡泊名利的科学家职业行为自觉。持续开展科学道德和学风建设宣讲教育，引导广大科技工作者、青年学生恪守学术道德和科学伦理，努力成为良好学术风气的维护者、严谨治学的力行者、优良学术道德的传承者。

（8）大力弘扬科学家精神。开展中国科学家精神进校园、进院所、进企业活动，弘扬爱国、创新、求实、奉献、协同、育人的中国科学家精神。弘扬精益求精、执着专注的工匠精神，营造尊重劳动、尊重创造的社会氛围。广泛宣传表彰爱国报国、为党和人民事业做出突出贡献的优秀科技人才，塑造科技界的模范先锋，展现无私奉献的胸怀与担当，在广大科技工作者中大力弘扬爱国奉献精神，激发报国之志。

（9）激发青少年科学梦想。开展校内外融合的青少年科技教育活动，激发青少年科学兴趣，激励青少年树立科学梦想。推动把科学精神、创新思维、创造能力和社会责任感的培养更好贯穿教育全过程，培育青少年科学思维习惯，提高青少年对周围世界的科学认知和创新实践能力。推动科技教师和科技辅导员队伍建设，推动高校、科研院所、科技型企业和科普场馆等面向青少年开放，建立完善青少年科技教育基地，拓展青少年体验和参与科技创新实践的平台和渠道。

（10）建立完善科学共同体自律功能。探索建立以学术机构（团队）以及领域（行业）、区域等为对象的创新环境社会评价，充分应用现代信息技术开展创新环境的跟踪评价和发布，促进创新环境的改善。充分发挥学术共同体的自律自净功能，引导各级学会积极开展科研活动行为规范制定、诚信教育引导、诚信案件调查认定、科研诚信理论研究等工作，实现自我规范、自我管理、自我净化。

（11）开展高水平学术交流活动。瞄准学科前沿、学科交叉领域，聚焦科技产业发展重点关键领域，搭建系列高端学术交流平台，发起重大议题，发布世界科技前沿进展，预测学科发展趋势。推动学术交流活动方式创新，提高学术交流质量，支持推动学会发起主办或承办国际高端学术会议。建设国家科技传播中心，组织开展前沿成果、科技信息、科学文化等传播和交流活动，建成国家重大科技成果发布传播之地、国内外最新科技成果展示交流之地、国内外最新科技成果交易转化之地。

（12）推动建立科技期刊分类评价体系。把握基础研究、应用研究、科学普及等不同类型科技期刊的功能定位，发挥学会的学术优势，按照不同学科领域特点，推动建立科技期刊分类评价标准，引导国内科技期刊坚持以价值导向办刊。探索分领域发布自然科学类高质量学术期刊分级目录，在全球遴选认定和应用推广，推动国内外、中英文科技期刊同质等效，引导期刊专注提升学术水平，引导优秀科研成果在高质量期刊首发。

（三）提升创新人才凝聚能力

用好国内国际两种资源，接长手臂，着力扩大有效覆盖、转变拓展职能、建设网上科协、强化基层基础、做大做强学会，拓宽联系服务科技工作者渠道，实现创新创造价值。

（13）促进科技创新人才成长。开展创新人才成长和流动规律研究，开展创新领军人才合作交流活动。推动建立国内工程能力认证评价标准及认证体系，不断拓展工程教育与工程师资格互认协议范围，积极在国际工程联盟中推送我国工程师。按照国家有关规定，推动设立具有广泛公信力和国际影响力的奖励表彰。开展青年科技人才托举行动、中外青年科技人才交流。

（14）促进科技创新人才聚集和流动。推动建立完善科技人才的培养机制、评价机制、流动机制、激励机制，激发科学家激情，让各类科技人才的创造活力竞相迸发、聪明才智充分涌流。鼓励引导科技人才向边远贫困地区、边疆民族地区、革命老区和基层一线流动。广泛宣传人才引进政策，实施海外智力为国服务行动计划，加强海外科技人才的联系联络。加强与国际科技组织的交流合作，吸引发展中国家科学家、青年科技人员创新创业合作交流。推动建立科技人才分类评价标准体系，建立科技人才信息平台，开展科技人才政策评估，开展科技人才的数据交互、认定评价、宣介引荐。

（15）推动建立赋能创新协同组织。围绕前沿技术、颠覆性技术、战略性新兴产业关键共性技术的研发和产业化，推动建立完善创新协同联合体、跨学科联合体、跨产业联合体、跨学会联合体等赋能创新协同组织。推动形成政、产、学、研、才、金、用等科技创新价值链，会聚创新资源、连接创新价值、对接社会资本，推动技术成果转化和应用。

（四）提升科技社会化服务能力

服务党和政府的科学决策，实时回应社会关注焦点，承接政府转移社会职能和服务，服务区域创新驱动发展，开展科技类社会化服务，促进国家治理体系和治理能力现代化建设。

（16）建立柔性科技智库网络。筹建并发挥中国科技战略委员会作用，以中国科技峰会为平台，构筑中国科技智库旗舰，调动国内外智库资源，围绕人类可持续发展等关键问题发起议题，为构建人类命运共同体贡献中国智慧。打造科协组织高端智库的服务产品。充分发挥各级学会学科性和专业性的特点优势，推动专业智库建设，鼓励地方科协加强区域智库基地建设。与一流的科研机构、高等院校、科技组织、科技智库建立伙伴关系，推动建立科技智库联盟。

（17）开展重大科学决策咨询。紧扣世界和国家发展战略需求，聚焦事关国计民生的重大战略问题，组织开展战略咨询研究，研判重大发展趋势，围绕党和国家工作大局出主意、提建议，为经济社会发展建言献策。开展党和国家重大政策落实的第三方评估，为科学决策提供参考依据。针对经济社会发展中的重大专题开展深入调查研究，提出解决方案。

（18）正确引导社会话题。针对公众普遍关注的生态环境、卫生健康、食品安全等民生话题，组织科技工作者通过解读、讨论、对话等方式释疑解惑。建立应对引导社会关注话题的科协组织迅捷反应机制，有效组织科技工作者主动发起、积极参与有关社会关注的重大话题讨论。

（19）服务区域创新发展。组织全国学会与地方科协深度参与京津冀、长三角、粤港澳大湾区等区域的创新发展，支持北京、上海建设科技创新中心，服务国家区域协调发展战略和创新驱动发展战略的实施，深度参与科技创新引领、技术经济融合、社会公共服务，激发科技工作者创新创业活力，提升科协系统服务经济社会发展能力。中国科协与地方党委政府开展高层次、全方位、机制化的战略合作，为区域发展引入创新资源，增强区域发展内生活力和发展均衡性。

（20）开展专业性社会化服务。推动学会成为专业化、职业化的科技类社会公共服务提供方，开展科技评估、工程技术领域职业资格认定、技术标准研制、国家科技奖励推荐等工作。发挥联系广泛、专业化程度高、社会信誉好等科技社团优势，为高校、科研院所和企业提供产学研深度融合全链条的科技中介服务，营造良好科技创新生态环境。

（五）提升科技人文交流合作能力

开展民间国际科技交流，促进国际科技合作，发展全球科技伙伴关系，融入全球科技创新网络，深度参与全球科技治理，贡献中国智慧，服务人类命运共同体发展。

（21）深度参与全球科技治理。拓展民间国际科技人文交流合作渠道，充分利用国际创新资源，统筹国内国际两个大局，围绕服务民族复兴、促进人类进步的主线，构建合作共赢的全球伙伴关系网络。深度参与全球科技治理中的规则制定、议程设置、舆论宣传、统筹协调，积极参与引领全球科技治理体系改革。加强国际组织任职后备人选的推选和培养。

（22）支持发起国际科学计划。鼓励支持我国科学家主动设置、积极参与、牵头组织国际大科学工程和大科学计划，共同应对未来发展、粮食安全、能源安全、人类健康、气候变化等人类面临的共同挑战。

（23）开展"一带一路"科技人文交流。建立完善"一带一路"沿线主要国家和地区的高层科学家对话机制，拓宽科技人文领域合作渠道，建立多边、双边合作机制。开展共建联合实验室、科技园区合作、技术转移等行动，提升共建"一带一路"倡议的技术含量。开展与重要对口组织深度对接，推动伙伴关系深入发展，实现重点国别对口组织对接的全覆盖。

（24）推动国际科技组织总部中心建设。大力支持和推动在华建立国际科技组织，聚焦前沿新兴交叉学科领域，运用国际规则，吸引国际同行搭建国际交流平台。积极引导新建国际科技组织来华登记并设立总部，积极争取国际科技组织或分支机构来华设立总部或秘书处，为国际科技组织发展创造新的机遇和条件。

四、保障措施

本规划纲要是新时代科协组织创新发展的基本遵循，全国科协系统必须凝聚共识、形成合力、共同实施、确保实效。

（1）加强组织领导。成立中国科协规划纲要实施工作领导小组，负责推动科协系统规划纲要的制定和实施，研究决策和协调解决重大问题，指导督导科协系统规划纲要实施工作落实。中国科协将对本规划纲要的目标任务进行分解和分工，纳入工作考核体系。

（2）制定学会发展规划。各全国学会要在本规划纲要的指引下加强组织领导，充分结合本学科、本行业、本领域特点，研究制定本学会中长期发展规划，有序推动新时代学会创新发展，以学会治理结构和治理方式改革为突破口，全面推进学会组织改革创新，提升服务能力。

（3）制定地方科协发展规划。各级科协要在党委政府的坚强领导下，紧紧围绕国家和区域发展战略，结合当地实际，研究制定本地区科协组织发展规划，做好与相关区域、行业发展规划的衔接，加强与相关部门的协同配合，积极争取把规划纲要确定的重点任务纳入当地党委政府的工作规划计划，统筹协调落实。

（4）加强科协基层组织建设。加强科协基层基础建设，推动解决基层科协组织缺编制、缺经费、缺办公场所、缺工作人员等"四缺"问题，推动建设完善网上科协。推动高校、科研院所、企业（园区）、乡镇（街道）科协组织建设。推动在新经济组织、新社会组织、新型研发机构中建立科协组织。推动农村专业技术协会服务向全产业链、协同精准、现代信息化转型升级。

（5）加强干部队伍建设。制定科协系统干部教育培训规划，组织开展培训教育，提升科协系统干部的专业化、职业化、国际化水平。推进学会秘书处实体化、秘书长职业化，推动改善学会工作条件和待遇。

（6）加强条件保障。规划纲要实施要与规划、计划、年度工作和预算等有机衔接，积极争取党委政府支持，推动制定完善支持学会发展的法律法规和政策措施，鼓励支持承接政府转移社会公共服务职能，鼓励支持兴办社会公益性事业，加强学会的监管和服务，强化规范和自律。推动制定完善支持科普设施建设、科普公共服务等保障政策，落实有关鼓励科普事业发展的税收优惠等相关政策，落实科学普及与科技创新同等重要的有关要求，根据财力情况和公民科学素质建设发展的实际需要，推动逐步提高科普经费的投入水平。推动完善科技期刊支持机制。建立完善以科技类社会化公共服务产品为核心、以绩效为导向的预算管理体系。积极探索建立多元供给的支撑保障模式，充分用好国际国内两种资源、政府市场两种机制，创新科协组织保障方式和机制，增强科协组织发展活力和支撑保障水平。

（7）加强实施接续。规划纲要作为科协组织超长期的事业发展战略部署和安排，要做好实施的接续衔接。与本规划纲要配套制定的《中国科协事业发展三年行动计划（2018—2020年）》（见附件）是规划纲要前三年的实施方案，也是《中国科学技术协会事业发展“十三五”规划（2016—2020）》的后续行动方案。今后与国家国民经济和社会发展规划同步，每五年制定阶段性的规划纲要实施方案。同时，加强对规划纲要实施情况的监测评估，每五年评估两次。

附件：中国科协事业发展三年行动计划（2018—2020年）

附件

中国科协事业发展三年行动计划（2018—2020年）

党的十九大提出了建设社会主义现代化强国“三步走”战略部署，提出第一步到2020年即建党一百年时，要建成经济更加发展、民主更加健全、科教更加进步、文化更加繁荣、社会更加和谐、人民生活更加殷实的小康社会的发展目标。为深入学习贯彻落实习近平新时代中国特色社会主义思想，全面落实党中央关于群团改革的决策部署，把学习党的十九大精神转化为新时代科协组织的生动实践，在对中国科协“十三五”规划实施情况中期评估基础上制订本行动计划，作为《面向建设世界科技强国的中国科协规划纲要》前三年的实施方案和《中国科学技术协会事业发展“十三五”规划（2016—2020）》的后续行动方案。

一、发展背景和形势

“十三五”时期以来，全国科协系统深入学习贯彻落实习近平总书记系列重要讲话精神，坚持政治性、先进性、群众性，扎实落实中央党的群团工作会议以及全国科技创新大会、两院院士大会、中国科协的第九次全国代表大会精神，坚持以科协系统深化改革为动力，认真履行为科技工作者服务、为创新驱动发展服务、为提高全民科学素质服务、为党和政府科学决策服务的职责定位，推动各项工作取得新的成绩。一是政治引领政治吸纳作用进一步增强，科协系统积极组织开展创新争先行动，强化科技工作者思想政治引领，团结引领广大科技人员听党话、跟党走，不断增强“四个意识”，始终同以习近平同志为核心的党中央保持高度一致，维护党中央权威。二是全面实施《科协系统深化改革实施方案》取得初步成效，突出问题导向，在扩大有效覆盖、转变拓展职能、建设网上科协、强化基层基础、提升组织活力等方面取得明显进展。三是学术创新服务引领力明显增强，学术交流迈向高端化、品牌化，科技期刊国际化取得新进展，促进学科集群发展、产学研深度融合、协同创新、创新资源精准匹配等取得初步成效。四是科普公共服务支撑力进一步增强，中国特色现代科技馆体系初步建成，青少年科技创新大赛、高校科学营活动等影响力进一步提升。五是国际民间科技人文交流影响力显著增强，中国科协成功转为国际工程教育认证体系《华盛顿协议》正式成员，我国一批科学家在国际科技组织担任重要领导职务，“一带一路”科技人文交流、海智计划等取得新成效。

党的十九大开启了建设世界科技强国和社会主义现代化国家的新征程，对标新时代科协组织发展的新使命新任务新要求以及《面向建设世界科技强国的中国科协规划纲要》提出的目标任务，科协组织还存在群众组织力不足、创新力不足、引领不充分、发展不平衡不充分等突出问题。站在新的历史起点上，在全面建成小康社会、开启全面建设社会主义现代化国家“两个一百年”奋斗目标的历史交汇期，必须谋求新时代科协组织发展新战略、践行新作为，形成科协事业发展的新格局。

二、指导思想和发展目标

（一）指导思想

全面贯彻党的十九大和十九届一中、二中、三中全会精神，高举中国特色社会主义伟大旗帜，以马克思列宁主义、毛泽东思想、邓小平理论、“三个代表”重要思想、科学发展观、习近平新时代中国特色社会主义思想为指导，深化科协系统改革，始终坚持以科技工作者为中心，着力扩大有效覆盖，着力转变拓展职能，着力建设网上群团，着力强化基层基础，坚持为科技工作者服务、为创新驱动发展服务、为提高全民科学素质服务、为党和政府科学决策服务，实现学术、科普、智库“三轮”驱动发展新格局的重塑，实现国际化、信息化、协同化“三化”联动工作新流程的再造，实现外向拓展、纵横融合、网络活跃“三维”聚力组织新力量的重构，为科协事业跨越发展奠定坚实基础，为全面建成小康社会、进入创新型国家行列、实现第一个百年奋斗目标建功立业。

（二）发展目标

紧紧围绕实现全面建成小康社会、我国进入创新型国家行列的战略目标，科协系统全面深化改革取得突破性进展，实现科协组织发展格局重塑、流程再造、组织重构，进一步推动形成胸怀祖国、艰苦奋斗、开拓创新、无私奉献、自律自励、淡泊名利的学术氛围，政治引领政治吸纳能力、围绕中心服务大局能力、联系广泛服务群众能力全面提升。

——政治引领政治吸纳能力明显增强。党组织在科协组织的有效覆盖和组织活力明显提升，科学家精神更加深入人心，科协组织奖励的导向作用和影响力明显提升，尊崇创新、鼓励探索、宽容失败、多元包容的学术氛围更加浓厚，科协组织的桥梁纽带作用进一步增强。

——科协组织有效覆盖面明显扩大。全国学会、地方科协深化改革取得明显进展，科协组织治理体系和治理能力现代化取得新成效，开放型、枢纽型、平台型组织的特点优势进一步发挥。

——学术交流服务能力明显增强。学术交流活动的国际影响力进一步提高，形成5~10个国际会议品牌，中国科技期刊国际影响力进一步提高，学会服务能力进一步提升，组建一批赋能创新协同组织，在促进科技工作者创新创业、促进技术与经济深度融合方面取得新成效。

——初步建成柔性科技智库网络。中国科技战略委员会和中国科技峰会作用充分展现，服务党和国家决策的能力明显增强，初步形成快速响应社会关注科技话题的反应机制，服务公众生产生活的科学决策能力明显提升，初步形成与全球高水平科技智库的良性互动和伙伴关系。

——进一步形成社会参与、联合协作的大科普格局。推动全民科学素质行动计划全面深入实施，形成科技工作者积极参与科普的良好氛围，推动科普供给侧结构性改革取得初步进展，科普公共服务产品精准供给能力明显提升，公民科学素质在地区间、人群间的差距进一步缩小，推动实现我国公民具备科学素质的比例超过10%。

——进一步形成对外民间科技交流新格局。科协组织的国际科技人文交流影响力进一步增强，深度参与全球科技创新议题发起、对话交流的能力进一步增强，初步形成共享公民科学素质建设、工程教育和工程能力认证等中国智慧的局面，推动国际科技组织总部落户中国取得初步成效。

——基本建成智慧科协服务体系。实现科普中国快速迭代，科普服务更加全面、精准、智能，新建完善学会学术信息化服务系统、网上科技工作者社交等平台，初步建成智慧科协“中央厨房”，初步实现信息互通和数据共享开放。

三、实施凝心聚力工程

加强科协系统党组织建设，提升组织动员能力，弘扬科学精神，激发科技工作者的爱国之情、报国之志、强国之行，打造科技工作者的精神家园。

（1）开展“智慧党建”行动。推进科协系统全面从严治党，把政治建设摆在首位。利用“智慧党建”平台持续推进“互联网＋党建”深度融合。健全学会理事会、分支机构、办事机构党组织，稳步提高学会党建工作队伍专业化水平，持续实施“党建强会计划”，充分发挥学会党组织的政治引领作用。

（2）开展群众组织力提升行动。举办全国科技工作者日活动，选树一批科技楷模。开展提升基层科协组织力“3+1”试点，吸纳医院院长、中小学校长、农技站站长等进入县乡镇科协兼职挂职。开展全国学会综合能力评估，引导学会完善优化服务创新发展的工作机制。推动高校、企业（园区）、科研院所、乡镇（街道）科协组织建设，推动在新经济组织、新社会组织中建立科协组织。开展中国科协与省级政府、中央有关部门、高等院校等省会、部会、院会合作，围绕“一带一路”倡议、京津冀、粤港澳大湾区、长江经济带发展，与省级党委政府、有关部门建立紧密协同的合作机制。

（3）开展科协奖励提升行动。加强战略科技人才、科技领军人才、青年科技人才和高水平创新团队成长规律研究。评颁全国杰出工程师奖，联合科技部、人力资源和社会保障部、国资委共同开展评颁全国创新争先奖。调整中国青年科技奖定位、内容，着力培养造就具有国际水平的青年科技领军人才。颁发中国青年女科学家奖，推荐优秀女性科技工作者参与“世界杰出女科学家成就奖”评选，推荐未来女科学家计划入选者参与“世界最具潜力女科学家奖”评选。实施青年人才托举工程，选拔32岁以下的青年科技工作者进行稳定资助培养。扩大实施优秀中外青年科技人才短期交流项目，举办青年科技人才交流会。

（4）开展科学精神弘扬行动。推动出台并贯彻落实《关于进一步弘扬科学家精神加强作风和学风建设的意见》，以传承弘扬科学家精神为载体，在科技界全面兴起“弘扬爱国奋斗精神、建功立业新时代”活动热潮，引导广大科技工作者践行爱国奋斗精神。编印《爱国奋斗精神学习读本》，讲好领袖关心关爱知识分子的故事，讲好知识分子爱国奋斗的故事，激励广大知识分子牢固树立“四个意识”、增强“四个自信”。与北京大学联合成立科学文化研究院，推动科技与文化交叉融合。扩展老科学家学术成长资料采集工程“引、藏、展、研、宣”综合功能，打造一批科技人物宣传精品力作，推进中国科学家博物馆建设。深入实施“共和国的脊梁——科学大师名校宣传工程”，探索开展“追梦身影”——新时代创新先锋宣传工程，打造高校思想政治教育新名片，推动科学家精神进校园、进课堂、进教材。讴歌新时代最美科技人物，润物无声强化宣传时、度、效。建设科技人物宣传资料库和宣传产品“中央厨房”，面向社会开放中国科协会史展陈。

（5）开展科学道德和学风建设宣讲教育行动。统筹指导全国科学道德和学风建设宣讲教育体系建设，每年举办全国科学道德和学风建设宣讲教育报告会、科学道德建设论坛、全国科学道德和学风建设宣讲教育专题研究班、研究生导师科学道德和学风建设宣讲教育专题培训活动等，举办新当选院士研修班专题交流活动。编制科学道德和学风建设系列教材和动漫产品，为推进宣讲教育纳入学生培养体系和教师、科技工作者职业培训体系提供教材保障。加强科研诚信建设国际交流合作，展示我国加强科研诚信的建设成果，积极参与国际科研行为规范和科研诚信规范的研究制定。

四、实施学术引领工程

深化学会改革，开展学术交流，活跃学术思想，倡导学术民主，促进创新协同，促进经济技术融合，引领科技创新和学科发展。

（6）打造高端学术产品和品牌。发起或联合举办生命科学、机器人、交通运输等世界系列学术大会，在前沿大学科交叉融合领域以及国家战略发展的关键技术领域形成示范品牌。进一步将中国科协年会打造成为中国科协“发声、发力、发布”的高端国际平台。推出百个特色鲜明的学会示范性会议，建立中国科协学术会议质量评估制度，扩大中国科协学术会议品牌核心竞争力。组织年度科技前沿热点综述，发布学科进展，面向2050年世界科技强国建设目标，持续发布“引领世界科学的前沿科学问题、建设世界科技强国的工程技术难题”。

（7）推动建设世界一流科技期刊。以“中国科技期刊卓越行动计划”为牵引，推动完善中国科技期刊发展支撑体系，分梯次建设优秀科技期刊，重点支持有潜力的优秀期刊进入世界同领域顶级期刊行列，形成世界一流期刊建设方阵。分领域发布高质量科技期刊分级目录，推动建设科技期刊基础数据集成平台。

（8）推动建设国际一流科技社团。深入推进全国学会改革，加强服务能力建设。开展全国学会综合能力评估，搭建国际化学术交流平台，培育世界顶级科技期刊，打造具有国际影响力的学会奖励品牌，制定国际化的技术标准，深入开展国际交流与合作，创新产学研服务模式，提供高质量的社会化公共服务产品等。

（9）推动建设赋能创新协同组织。围绕前沿技术、颠覆性技术、战略性新兴产业关键共性技术的研发和产业化，推动建立完善一批创新协同联盟、跨学科联合体、跨产业联合体、跨学会联合体等赋能创新协同组织。围绕技术成果转化构建创新链、对接资本链，开展示范应用和引导，搭建众创空间，参与国际合作，抱团出海，推动建立完善技术创新保障体系。扩大与港澳台青年交流规模，搭建海峡两岸暨港澳青年创新创业及学术交流合作平台，推动与港澳台新兴产业领域开展产学研协同创新。

（10）促进技术与经济深度融合。发挥院士专家工作站的创新推动作用，培养企业急需的一线人才，培育企业创新生态，助力企业高端化转型。促进科技工作者创新创业，继续承办好全国双创活动周和“创响中国”系列巡回展示，评选“颠覆性创新百强榜”，举办“世界创意创新日”和海外双创周活动。

五、实施智汇中国工程

建设柔性科技智库网络，搭建决策咨询平台，服务党和政府的科学决策，及时回应社会关注焦点，参与国际科技治理，促进国家治理体系和治理能力现代化建设。

（11）加强柔性科技智库网络建设。依托学会建设一批专业科技智库，依托地方科协建设一批区域科技智库研究基地，开展第三方评估，建立完善科技工作者状况调查体系。与全球顶尖科研机构、科技组织、科技智库建立互利共赢的长期交流合作机制，开展联合研究，支持我国科学家与世界高手同台切磋。

（12）举办中国科技峰会系列活动。举办科学与技术、科技与经济、科技与文化、青年等系列专题峰会，举办全球科技智库高峰论坛、国际创新战略与科技政策论坛等，设置科技重大议题，提出促进科技创新、应对经济社会发展重大挑战、社会可持续发展等相关政策建议。举办中国科技战略委员会系列活动，邀请知名科技战略专家设置热点科技议题展开讨论，打造致力于人类命运共同体建设的科技战略思想平台。

（13）开展技术预见研究计划。围绕科技产业前沿领域，实施技术预见研究计划，定期形成面向未来、面向产业的智库成果，报送科技前沿动态信息，研判典型领域的技术发展演化趋势和前沿热点，预测新学科生长点，分析生长机制并提出对策建议。

（14）开发和应用科技智库成果。推进中国科协重大调研课题研究，及时形成重大决策咨询成果。根据重大决策咨询成果的内容特点和质量水平，改进和丰富成果上报或公开发布方式。提高《科技界情况》《科技工作者建议》等智库产品的成果质量，提高报送效率。建立完善新的成果报送渠道。

六、实施科普品牌工程

弘扬科学精神，传播科学思想和科学方法，激发青少年科学梦想，形成联合协作的科普格局，促进科技创新与科学普及协同发展，提升全民科学素质。

（15）深入推进全民科学素质行动。完善公民科学素质建设共建机制，落实各级政府的主体责任，推动全民科学素质工作纳入各级党委、政府绩效考核，加强全民科学素质工作和国家总体规划以及相关工作的衔接，推动与有关部门和各地方签署战略合作协议，强化政策、经费、人才等保障。加强科普理论研究，建立完善新时代中国公民科学素质测评体系，研究编制面向2035年乃至21世纪中叶的全民科学素质规划纲要。开展全国科普日等主题科普活动，及时回应公众关切的科学热点问题。推进科普专门人才培养，加强科普人员继续教育，加强科普志愿者培训和指导服务。促进科普产品研发与创新，支持优秀科普原创作品、科幻创作和交流活动，推动科普产品研发与产品交易。

（16）开展现代科技馆体系创新行动。进一步建立完善以实体科技馆为依托和基础，以流动科技馆、科普大篷车、农村中学科技馆、数字科技馆为拓展和延伸，辐射基层科普设施的现代科技馆体系。推动实体科技馆建设，加强对新建科技馆的支持，推动中西部地区和地市级科技馆的建设，推动建设和发展一批具有地方、产业特色的专题科技馆和行业科技馆。加强各地科技馆的科普展品研发力度、展教活动服务水平和科普影视创作能力，促进实体科技馆与流动科技馆、科普大篷车、数字科技馆联动协作。建设智慧科技馆，全面提升展览展品、教育活动、观众服务和管理运行等方面的信息化水平，实现场馆的智能化管理和公众的个性化服务。重塑中国数字科技馆，努力建设成为科技馆体系运行管理和资源共享的枢纽以及示范性交互型学习体验中心。建设完善流动科普设施，加大流动科普设施配发力度和服务范围，提升流动科普设施专题化和特色化展教资源的开发和服务水平。到2020年，中国流动科技馆的保有量达到300套，科普大篷车的保有量达到1500辆，服务基本覆盖全国未建科技馆地区的所有乡镇；农村中学科技馆建成1000所。完善科技馆建设标准等行业国家标准体系以及相关标准规范，开展科技馆评级与分级评估，加强科技馆免费开放工作考核。

（17）开展科技后备人才培养促进行动。扩大和提升全国青少年科技创新大赛、高校科学营、中学生英才计划、全国中学生五项学科竞赛等青少年科技教育活动的覆盖面和影响力，探索建立科技后备人才发现、培养、跟踪机制。动员高校、科研院所、科技型企业等机构面向青少年开放实验室等教学科研设施，把科协青少年科技活动贯穿到创新型人才培养教育各阶段，巩固科学课作为基础教育阶段主要课程的地位。办好港澳台青少年科技交流活动，做好港澳台学生参加高校科学营的服务工作，做好港澳台学生参加创新大赛、机器人竞赛等活动的组织协调工作。加强青少年科技教育培养体系、政策、方式、内容等研究，建立一批国家级科学教师和科技辅导员培训基地，推进培训课程资源建设，完善国家、省级和基层三级培训体系。

（18）开展学术资源科普化行动。推动学科领域的最新进展面向社会公众及时传播，依托学会组织引导科技工作者更好履行社会责任，组织支持优秀科学家、工程师深入基层开展科普活动。加强科学传播专家团队建设，举办科学传播权威发布活动，到2020年，80%以上的全国学会建有科学传播专家团队，受聘科学传播专家超过1万人。推进建立科技创新与科学普及良性互动机制，组织开展科技创新成果科普成效和创新主体科普服务评价，推动国家科技计划项目、重大工程项目等的科普效果评估，推进将科普纳入各级科技计划项目、重大工程项目等的目标任务，推动将科普纳入科技人员职称评定和晋升、科研成果评价指标。

（19）开展科普服务乡村振兴计划。深入实施乡村振兴农民科学素质提升行动，通过加强乡村重点人群科学素质培训、农民科学素质网络信息化建设、三农科普资源建设等方式，优化政策供给，全方位提升农民科学素质。加强科普信息员队伍建设，建设完善科普中国 e 站等基层科普新阵地，将优质科普信息精准落地传播。深入实施基层科普行动计划，推动科普资源向科普服务薄弱地区和乡村倾斜，持续开展科普助力精准扶贫、科普援藏援疆、“智爱妈妈”和“智慧蓝领”行动。推动农业生产经营主体和技术服务主体合作与联合，推动农村专业技术协会由技术示范推广型向全产业链服务型、由封闭粗放的服务方式向协同精准的服务方式、由传统服务手段向现代信息化服务手段的转型升级，打造全产业链运营模式，推动协会依靠科技创新和农业技术推广建立现代化“农技协 + 企业”发展模式，引领当地农业产业聚合发展。建立健全农村专业技术协会的培训、认证、扶持体系，全面提升协会领办人、技术骨干的经营管理能力和专业技能。

七、实施科技外交助力工程

开展民间国际科技交流合作，融入全球科技创新网络，深度参与全球科技治理，贡献中国智慧，推动形成深度融合、互利合作的对外民间科技交流新格局。

（20）开展科技人文交流项目。探索推动海外合作设立非实体性科学中心，开展科技创新项目合作研究。支持我国科学家担任重要国际组织领导职务，推动更广泛、更高水平地参与国际组织决策和管理。鼓励在华发起国际组织，吸引国际组织总部及秘书处在华落户，开拓国际组织联盟国际项目。配合和服务国家“一带一路”倡议，在工程能力、科技产业、科普共享、人才培训、智库建设等方面开展务实的项目合作。搭建国际民间科技交流全球伙伴关系合作平台，开展高层互访、举办双边活动、签署合作协议、设立双边项目等。建立完善对话机制，开展双边科学家高层对话活动，创新活动形式，带动项目实施。实施“海外智力为国服务行动计划”，通过发展和建立海智工作基地，在条件成熟的城市建立海外人才离岸创新创业基地。开展柔性引智工作，打造集聚海外高层次人才、促进海外人才创新创业的重要平台。

（21）开展中国方案共享计划。建立完善国内工程能力认证评价标准及认证体系，探索解决我国工程技术人员海外从业资格问题及工程师国际流动瓶颈等问题。发挥我国作为《华盛顿协议》正式会员的作用，在国际工程联盟中推送我国工程师，拓宽与其他工程教育和工程师资格互认协议的联系渠道。开展双边互认试点和多边互认谈判工作，促使中国工程能力评价标准与国际主要通行标准实质等效，逐步实现工程师资格国际互认。通过联合国咨商专委会会聚科学家在联合国系统以非政府组织的身份开展活动，主动承办相关重点领域的分论坛或展览活动。

（22）开展青少年科技教育国际拓展计划。打造青少年科技教育国际论坛，举办“一带一路”青少年创客营与教师研讨等活动，建立“一带一路”青少年科技人文教育交流机制。推动青少年科技创新大赛、机器人竞赛等重大竞赛活动的国际化，丰富竞赛活动内容和形式，完善规则，扩大参赛国家和地区规模，办成国际青少年科技爱好者和科技教育者的嘉年华。规范全国中学生五项学科竞赛监督管理工作，做好国际奥林匹克学科竞赛选拔、培训及组队参赛工作，办好国际科学与工程大奖赛（ISEF）、樱花计划等重点国际青少年科技交流活动。

（23）开展世界公众科学素质促进系列活动。举办世界公众科学素质促进大会，与国际社会共同应对科技与社会发展的全球共性问题，推动形成世界公众科学素质建设长效合作机制，发布世界公众科学素质促进行动北京宣言，共享中国公民科学素质建设的有效模式和经验，呼吁全球高度重视公众科学素质在构建人类命运共同体中的重要作用，筹划发起建立世界公众科学素质促进组织。推动建立科学传播领域全球性、综合性、高层次的交流合作机制，推动搭建全球科学文化传播平台、建立全球传播数字网络，举办国际科普作品大赛，组建“一带一路”沿线国家科普场馆联盟，开展科普大篷车等服务活动。

八、实施智慧科协建设工程

适应数字化、网络化、智能化发展趋势，建设网上群团的智慧科协，接长手臂，增加服务科技工作者的“节点”，增强智慧服务能力。

（24）实施科普信息化提升行动。深入实施科普信息化建设专项，推进优质科普内容的生产会聚和传播服务。运用电视媒体、科普游戏等手段创新科普内容表达方式，采用新闻导入、科学解读等方式，围绕重大科学事件、突发事件等及时发声。建立科普中国联盟，会聚科普产学研用商机构（单位），链接联盟各成员节点和数据，建立科普中国认证评估机制，探索设立高层次科普中国传播奖项，推动科普行业政策规划制定和落地实施。

（25）建设学会学术信息化服务系统。搭建开放共享的学术资源服务新平台，构建会聚各类学会学术资源，集会议、期刊、图书、教育等为一体的中国学术知识系统。搭建科技工作者网上社交圈平台，构建科研社交、学术成长、参与社会治理的中国学术交流系统。搭建创新创业资源共享平台，提供仪器设备共享、创新创意共享、科技成果转化、技术专家预约等服务，构建以资源共享为核心的绿色开源共享平台。搭建科协系统一体化协同工作平台，以数据为核心整合管理流程，构建智慧科协与智慧学会一体化工作格局，构建大学术、数字化、智能化的智慧科协学术交流系统，实现学术资源找得到、用得着、智慧精准的服务目标。

（26）建设智慧科协“中央厨房”。研究制定完善智慧科协建设标准规范，按照统一标准桥接科普信息化、学术信息化、科协办公系统、科协党建信息化等平台，建设完善大科协大资源大数据的智慧科协体系。基本建成资源会聚、融合共享、安全可靠的智慧科协数据中心，加强人才成长、学科发展、智库建设等数据分析，实现数据资源的有效会聚和特色服务。基本建成体系完整、安全稳定、智能服务的协同工作平台，实现科协系统上下贯通、左右互通、网络畅通、信息联通。

（27）创新智慧科协产品和服务模式。建立完善智慧科协双引擎驱动的建设运营体制机制，强化信息是科协治理和发展依据的理念，实现从小数据到大数据、从大数据到组织资源的转变，从小程序起步，直接上应用，逆袭做平台。通过信息化建设提升学术、科普工作软实力，提升知识交流效率和创造新价值，通过跨界融合挖掘科协系统优势。采用集中部署、分级应用的方式，用“定制应用+应用商店”的生态服务模式完善“小程序”与大平台的融合，实现业务应用层面“小程序”式的即插即用、共建共享。坚持智慧科协建设运营公益性与市场化有机结合，实现业务管理部门牵头建设、提出需求，技术服务单位提供技术支撑、制定标准、安全运维、数据挖掘和服务，企业商业化运维的模式。充分发挥市场机制和互联网动员机制作用，积极引导社会力量参与网上科协建设，探索智慧科协持续发展的市场运营模式。

九、保障措施

一是加强组织领导。全国科协系统要高度重视，加强组织领导，对标本行动计划确定的目标任务，结合各自科协及学会实际情况，及时调整完善规划、计划及工作安排，确保中央对科协组织的各项部署要求落实到位。中国科协将本行动计划的各项目标任务分解到机关部门和直属单位，明确责任部门（单位）和进度安排，制订年度和阶段实施计划。

二是深化科协系统改革。各级科协及学会要深化落实中共中央办公厅印发的《科协系统深化改革实施方案》要求，扎实推行各项改革。要切实解决重业务活动、轻政治思想引领等问题，强化科协组织党的建设，增强政治引领政治吸纳能力。要切实解决与科技工作者联系不亲、不紧等问题，扩大组织有效覆盖，增强联系服务能力。要切实解决缺编制、缺经费、缺办公场所、缺工作人员等“四缺”现象，积极争取党委和各方支持，坚持眼睛向下、面向基层，将力量配备、服务资源向基层倾斜。要切实解决学会凝聚力不够、活力不强、组织松散等问题，以学会治理结构和治理方式现代化为突破口，推进创新组织方式，加大对学会改革工作的支持指导力度，做大做强学会，切实增强对科技工作者的组织服务能力。

三是加强干部队伍建设。优化各级科协及学会干部队伍结构，加大干部交流力度，完善干部考核评价机制，强化作风建设，营造干事创业的良好氛围。建立健全干部教育培训体系，加强干部教育培训，提高各级科协及学会干部落实规划各项任务的执行力。推进学会秘书处实体化、秘书长职业化、学会干部国际化等改革。

四是加强条件建设和评估。各级科协组织要积极争取党委政府支持，充分用好国际国内两种资源、政府市场两种机制，积极探索建立多元化支撑保障机制。推动制定完善支持学会发展的法律法规和政策措施，鼓励支持承接政府转移社会公共服务职能，鼓励支持兴办社会公益性事业，加强学会的监管和服务，强化规范和自律。落实有关鼓励科普事业发展的税收优惠等相关政策，根据财力情况和公民科学素质建设发展的实际需要，推动逐步提高科普经费的投入水平。对本行动计划目标任务进行分解和分工，并对实施情况进行年度评估和三年终期评估，将评估结果纳入工作绩效和干部评价考核。

中国科协关于在全国开展“传承　创新　发展”主题年工作的通知

科协发厅字〔2018〕5号

各全国学会、协会、研究会，各省、自治区、直辖市科协，新疆生产建设兵团科协：

2018年是全面贯彻党的十九大精神开局之年，是改革开放40周年，是决胜全面建成小康社会、实施“十三五”规划承上启下的关键一年，也是中国科协成立60周年。为深入学习贯彻习近平新时代中国特色社会主义思想和党的十九大精神，努力在建设世界科技强国中展现科协组织新作为，中国科协将2018年确定为“传承　创新　发展”主题年，大力推动科协组织凝心聚力、深化改革、提质增效、创新发展，强力构建联系广泛、服务群众的群团工作体系，进一步激发科协组织活力，切实担负起新时代党赋予的职责使命。现就有关事项通知如下。

一、充分认识开展“传承　创新　发展”主题年工作的重要意义

坚持以习近平新时代中国特色社会主义思想为指引，全面贯彻党的十九大精神，夯实党在科技界的执政基础，是科协组织责无旁贷的政治使命和政治责任。中国科协成立60年以来，科协组织始终坚持党对群团工作的绝对领导，团结引领广大科技工作者听党话、跟党走。做好主题年各项工作，将有力推动科协组织加强对科技工作者的政治引领政治吸纳，更好地担负起新时代科协新使命。全国学会、协会、研究会（以下简称“全国学会”）和各地科协要将广大科技工作者更加紧密地团结在以习近平同志为核心的党中央周围，牢固树立“四个意识”、坚定“四个自信”，带领广大科技工作者为创新型国家建设奉献智慧和力量。

新时代对科协事业发展提出了新要求、寄予了新期待，科协组织迎来了改革发展的重大历史机遇期。做好主题年工作，将推动科协系统深化改革，增强政治性、先进性、群众性，建设“三型”组织，充分发挥“四服务”职能。全国学会、各地科协要主动识变应变求变，以只争朝夕、艰苦奋斗的精神大力推动科协系统转型升级、提质增效，扩大有效覆盖，不断拓展新职能，使网上学会、网上科协更加活跃，使基层组织建设更加完善，与科技工作者联系更加广泛、紧密，桥梁纽带作用得到充分发挥。

在走进新时代、开启新征程的关键历史节点，传承中创新、创新中发展，全面做好主题年工作，既是科协组织承前启后、继往开来的历史责任，也是科协组织锐意进取、建功立业的时代使命。全国学会、各地科协要认真总结凝练发展经验和工作规律，创新工作理念和工作方法，提升群众组织力，增强群众工作本领，打造新时代科协新格局、展现新时代科协新作为。

二、准确把握“传承　创新　发展”主题年工作的总体要求

加强工作统筹。要统筹全面深入贯彻党的十九大精神、庆祝改革开放40周年的重要部署，将中国科协成立60周年各项重点工作融入落实党的十九大精神、推动改革开放的伟大事业中，把主题年工作作为科协系统深入学习贯彻党的十九大精神的鲜活实践和深化改革的重要抓手。统筹中国科协和地方党委政府重点任务要求，服务国家重大战略实施和区域创新发展，协同推进科协基层组织建设，不断提升科协系统群众组织力。统筹主题年主要工作安排和本学会、本地区年度重点工作安排，结合实际，认真谋划新思路，精心设计新举措，切实取得新成效。

明确工作目标。要主动对标党的十九大报告明确的重点任务和群团改革使命，围绕科协工作新格局、新目标，在关键环节改革上取得新突破，不断提升科协组织的组织力和动员力。全国学会要对标国际一流学会，进一步深化学会内部治理结构和治理方式改革，不断提升学会发展和服务科技工作者的能力。各级地方科协要努力解决“四缺”问题，着力扩大基层组织覆盖面，拓展职能，增强服务基层和群众的能力。

突出工作重点。要以学习宣传贯彻党的十九大精神为主线，组织动员广大科技工作者深入学习习近平新时代中国特色社会主义思想，深入开展“新时代创新先锋”主题实践活动。广泛开展中国科学家精神学习、宣传、弘扬活动，使中国科学家精神成为广大科技工作者共同推崇的价值追求。要通过智库、学术、科普“三轮”驱动，国际化、信息化、协同化“三化”联动和组织外向拓展、纵横融合、网络活跃“三维”聚力，推动科协工作格局重塑、流程再造和组织重构。要围绕2035年我国基本实现社会主义现代化战略部署，对事业发展“十三五”规划进行中期评估并调整完善，制定全国学会和各级科协事业发展中长期规划，更加积极地把科协工作融入本学科（领域、行业）、本地区的发展大局之中。要大兴调查研究之风，深入了解基层一线科技工作者的期待和诉求，为广大科技工作者真正办一批实事，让科技工作者感受到关怀和温暖。建设“智慧科协”，切实提高联系服务科技工作者的能力和水平。

扩大社会影响。要组织动员全国学会会员、各级科协组织等广泛参与，在全社会努力营造主题年浓厚氛围。加大报纸、电视、广播、网站的宣传力度，充分发挥科协系统官网、“两微一端”的作用，大力宣传“传承　创新　发展”主题和重点工作，大力宣传涌现出的典型人、典型事。动员社会力量制作开发一批公众喜闻乐见、形式活泼的原创性产品，积极向中国科协推荐报送，中国科协将择优予以支持和推广。

注重成效评估。要认真总结好经验、好做法，对主题年重点工作开展情况进行绩效评估，总结亮点工作、成功经验、特色做法、显著实效，撰写典型案例，凝练形成有效解决科协组织发展问题的方案，提出工作建议。中国科协将强化工作激励，把全国学会、各地科协开展主题年工作情况作为评选优秀学会、优秀科协组织的重要考核内容和项目优先支持的主要参考依据。

三、全国学会主要工作任务

对标国际一流，深化内部治理。全国学会要以提升组织力、动员力、影响力为核心，从专业智库、科技期刊、学术交流、科学普及、科技奖励、工作团队等方面明确发展目标和具体举措，制定国际化发展工作方案，重塑工作格局。要围绕会员发展、秘书长职业化、办事机构实体化专业化规范化建设、创新工作品牌等方面深化学会治理改革，不断激发学会活力。要重视学会工作的网上互联互通，加强网上联系、网上服务的功能。要配合中国科协对相关重点工作的开展情况进行评估。

结合自身实际，创新开展工作。全国学会要密切联系和服务广大会员和科技工作者，主动听取采纳意见建议，组织专家形成高质量科技工作者建议报告，定期报送中国科协。要认真总结凝练本学会事业发展的经验，积极参与中国科协会史馆建设。要在智库、学术、科普等领域至少举办一项特色品牌活动，做到事事见成效、会内会外有影响。要为会员和科技工作者办成办好一批实事，年底前将办实事情况报送中国科协。

四、地方科协主要工作任务

推进省市县乡各级科协深化改革。努力破解“四缺”难题，提升各级科协群众组织力。用好组织和市场资源，积极构建党政支持、市场和社会力量等多方参与科协工作的联合协同格局。积极推进县级科协建设，开展提升基层科协组织力“3+1”试点工作，积极吸纳探索“三长”（即医院院长、学校校长、农技站站长）等进入县乡镇科协领导机构任职、兼职、挂职，发挥“三长”等“关键人物”的作用，提升基层科协组织力。

扩大科协基层组织有效覆盖。着力扩大高校科协、农技协、企业科协、社区科协等基层组织覆盖面，着力加强非公企业、新型科研机构等“两新组织”科协组织建设，鼓励共建共用共享基层党群工作阵地。加强信息化建设，研究制定本地区“智慧科协”建设方案，为科技工作者提供学术交流、成果交流、思想交流和情感交流的社交网络服务。认真总结凝练本地区事业发展的经验，积极参与中国科协会史馆建设。

按照成熟先上、急用先行、量力而行、注重实效的原则开展省－会合作试点示范，既突出体现地方需求、区域特点，又发挥科协组织智力、人才优势，在学术引领与技术经济融合、智库建设与决策咨询、公民科学素质与科学普及、人才培养与离岸基地建设、基层组织建设与干部交流等方面开展战略合作。

深入实施全民科学素质行动计划和科普品牌工程。要切实履行全民科学素质纲要实施工作牵头职能，推动将相关工作纳入本级党委政府绩效考核体系，开展“十三五”纲要实施工作中期评估自查。要创新发展全国科普日等科普活动品牌。深入实施“科普中国·百城千校万村行动”，通过基层科普活动服务乡村振兴。深入推进科普信息化建设和科普融合协同传播，协同创新升级科技馆体系，动员广大科技工作者深入基层开展科普活动。

五、切实将主题年各项工作任务落到实处

（1）加强领导，落实责任。要高度重视主题年工作的有效落实，成立领导小组，确定主题年工作要点，明确职责分工，做到目标任务实、方法措施实、成效结果实。按照整体部署、统筹安排、协同推进、联合开展的方式，形成科协系统上下联动、广泛参与的工作局面。

（2）目标导向，有序推进。要切实增强做好主题年工作的责任感和紧迫感，列出重点任务时间表、路线图，对重点工作任务进行督查，定期报送相关工作的任务进展，年底报送总结报告。中国科协将通报全国学会、各地科协主题年工作的进展情况和工作成果，并选择相关内容报送中央。

（3）精简高效，务实节俭。要严格执行中央八项规定精神及实施细则，淡化庆典、注重服务，务求节俭、突出实效，坚决反对形式主义和铺张浪费。

现将《传承　创新　发展主题年——中国科协成立60周年工作方案》印发给你们，请参考工作方案，并结合各自工作任务，制定目标明确、重点突出、预期成效显著的主题年工作要点。请于3月22日前将主题年工作要点和联系人报送中国科协办公厅。

附件：1. 中国科协成立60周年“传承　创新　发展”主题年工作方案（略）

2. 中国科协成立60周年“传承　创新　发展”主题年工作领导小组主要职责及组成人员（略）

3. 全国学会、地方科协主题年工作要点框架（略）

4. 全国学会、地方科协主题年工作联系人回执（略）

中国科协

2018年3月5日

中国科协办公厅关于征集“引领世界科学的前沿科学问题、建设世界科技强国的工程技术难题”的通知

科协办发学字〔2018〕1号

各全国学会、协会、研究会：

为庆祝中国科协成立60周年，为科技界研判未来科技发展趋势、抓住科技创新突破口、前瞻谋划和布局前沿科技领域与方向提供依据，推进世界科技强国建设，中国科协将通过各全国学会、学会联合体面向广大科技工作者征集“引领世界科学的前沿科学问题、建设世界科技强国的工程技术难题”。现就有关事项通知如下。

一、征集时间

即日起至2018年3月10日止。

二、征集领域及内容

重点征集数理化等基础科学以及与信息科技、智能制造、生命科学、先进材料、能源环境、农业科技、公共安全、交通运输、空天科技、地球科学、医学与健康等领域相关，对面向2050年的科技发展具有引领作用的前沿科学问题、工程技术难题。

征集内容包括问题题目、所属学科、关键词、问题描述以及问题产生的背景、最新进展和重要意义等。正文长度为中文2000个汉字左右、英文3000个字符左右。撰写格式见附件。

三、征集方式

由相关领域全国学会、学会联合体以各自名义推荐本领域及交叉领域的问题、难题。每个全国学会或学会联合体向中国科协推荐问题10个、难题10个。

（一）组织机构

本次征集活动由中国科协主办，中国科学院文献情报中心承办，各有关全国学会和学会联合体协办。

（二）工作要求

为保证征集问题、难题的科学价值和学术水平，体现全国学会和学会联合体的学术权威性和公信力，有序高效完成征集任务，各有关全国学会和学会联合体须按照以下要求组织征集工作。

（1）理事长负责制。相关领域全国学会、学会联合体由理事长牵头主持本领域的问题、难题遴选推荐工作。

（2）组建学会专家推荐委员会。成立代表本领域学术水平的专家推荐委员会。设主任1名，由理事长担任；副主任1名。委员会组成应确保在学科覆盖面以及部门、地域等方面具有一定代表性，人数不少于15人。

（3）建立推荐工作体系。建立能负责、可问责的推荐工作体系，根据本学科特点制定具体的遴选推荐方案，明确推荐原则、推荐流程等。

（4）所推荐问题、难题需由理事长签字，以全国学会、学会联合体名义提交。

四、有关事项

（1）2018年1月20日前，各有关全国学会、学会联合体将本学会遴选推荐方案以电子邮件报送chinakx@mail.las.ac.cn。

（2）2018年3月10日前，各有关全国学会和学会联合体将推荐问题、难题按电子文件 *.doc 形式，

以电子邮件报送至 chinakx@mail.las.ac.cn。邮件中须注明学会全称、联系人、电话、传真及电子邮箱等信息。邮件主题以“科技问题征集＋学会或学会联合体全称”格式命名，附件文稿按照“科技问题＋标题＋姓名”格式命名。提交格式见附件。

（3）中国科协将组建学术评议委员会及有关学科组，通过专家初选、学科组复选、学术评议委员会终选三个环节，对各全国学会或学会联合体推荐问题进行遴选评议，遴选出问题和难题各 60 个并通过以下方式发布。

1）通过终评的问题、难题拟在 2018 年 5 月第二十届中国科协年会发布。中国科协邀请问题、难题撰写者以及推荐学会或学会联合体负责人、联系人各 1 人作为嘉宾出席发布仪式。

2）中国科协遴选的问题、难题将集结为《引领世界科学的前沿科学问题》《建设世界科技强国的工程技术难题》两书，由中国科学技术出版社正式出版。出版时标注问题推荐学会或学会联合体名称及撰写者姓名。

3）中国科协将选取部分问题，通过“科技工作者建议”等渠道呈送国家有关部门，提供决策参考。

4）推荐问题、难题的全国学会和学会联合体优先承办中国科协主办的相关议题学术会议。

5）“中国科技工作者之家网”“中国科讯”等媒体将设立专题，公告、解读入选问题、难题。

望中国科协全国学会及学会联合体、各相关研究院所和高校以及广大科技工作者踊跃参与，会聚科技界智慧，共同为建设世界科技强国做出应有贡献。

附件：1.××× 学会（学会联合体）问题、难题遴选推荐方案模板（略）

2. 问题、难题撰写、提交格式模板（略）

中国科协办公厅

2018 年 1 月 5 日

中国科协办公厅　科技部办公厅关于举办 2018 世界生命科学大会的通知

科协办发学字〔2018〕26 号

中国科协所属各全国学会、协会、研究会、学会联合体，各省、自治区、直辖市及计划单列市科协、科技厅（委、局），新疆生产建设兵团科协、科技局，各有关单位：

由中国科学技术协会、科学技术部共同主办，中国科协生命科学学会联合体、中国生物技术发展中心共同承办的 2018 世界生命科学大会将于 2018 年 10 月 27—29 日在北京国家会议中心举行。为做好大会筹备和举办工作，现将有关事项通知如下。

一、大会基本情况

（1）名称：2018 世界生命科学大会（2018 World Life Science Conference，WLSC 2018）。

（2）时间：2018 年 10 月 27—29 日。

（3）地点：北京国家会议中心（北京市朝阳区天辰东路 7 号）。

（4）定位目标：以“学术、智库、产业、科普”四者结合为目标，致力于将“生命科学大会”打造成为促进生命科学领域人类命运共同体建设的国际知名的大会品牌，并对我国举办生命科学领域世界性大会起示范和引领作用。

（5）专业特色：大会围绕医学与健康、农业与食品安全、环境科学、生物技术与经济、卫生政策等领域开展高水平的学术交流和最新成果展示，瞄准生命科学重大需求，进一步加强交流与合作，相互借鉴，以更多科学突破和创新积极应对人类生存发展面临的共同挑战，推动经济社会可持续发展。

（6）主要活动：大会期间举办为期 3 天的主论坛，由生命科学领域诺贝尔奖获得者和知名学者作大会报告；安排 60 个由国内外顶尖科学家主持的生物学和医学各前沿领域的分会场；举办海峡两岸暨港澳生命科学青年论坛、中国生命科学园区论坛、中国生物技术发展战略国际研讨会等 3 个综合性特色分论坛；举办为期 3 天的中国生命科学领域重大成果展和专项展，以及多项诺贝尔奖获得者参与的科普活动。大会邀请我国生命科学领域的著名科研机构、高校、科技园区、企业集中展示生命科学领域的最新科研成果与应用产品，并为中国生命科学领域创新创业者提供国际性的产业交流平台。

（7）大会官方网站：http://wlsc2018.csi.org.cn/。

二、大会组织

（1）主办单位：中国科学技术协会、科学技术部。

（2）承办单位：中国科协生命科学学会联合体、中国生物技术发展中心。

三、工作要求

（1）请各全国学会、协会、研究会、学会联合体和各省、自治区、直辖市及计划单列市科协、科技厅（委、局），新疆生产建设兵团科协、科技局等采取多种形式，向有关高校、科研院所、科技园区、企业发放大会通知，组织生命科学和医学领域科技工作者及科研院所、科技园区、企业等前往参会观展。

（2）相关部门组织本单位人员参会观展的具体事宜请与大会秘书处联系。

（3）大会交通、食宿费用自理。

附件：2018 世界生命科学大会介绍

中国科协办公厅　科技部办公厅
2018 年 9 月 26 日

附件

2018 世界生命科学大会介绍

一、概况

为贯彻落实习近平总书记在两院院士大会上关于科技创新发展的讲话精神，积极推动创新驱动发展战略，实现我国生命科学领域的跨越发展，2016 年 11 月 1 日，经国务院批准，第一届世界生命科学大会胜利召开。大会邀请了 13 位诺贝尔奖得主、3 位世界粮食奖得主、美国科学院院长、英国皇家科学院院长等众多享有国际声誉的顶级科学家参会，得到生命科学领域多个国际重要学术组织的支持。

在成功举办上一届世界生命科学大会基础上，由中国科学技术协会、科学技术部主办，中国科协生命科学学会联合体、中国生物技术发展中心承办的 2018 世界生命科学大会定于 10 月 27—29 日在北京国家会议中心召开。大会将围绕医学与健康、农业与食品安全、环境科学、生物技术与经济、卫生政策等领域开展高水平的学术交流和最新成果展示，瞄准生命科学重大需求，进一步加强交流与合作，相互借鉴，以更多科学突破和创新积极应对人类生存发展面临的共同挑战。全国人大常委会副委员长陈竺和诺贝尔生理学或医学奖获得者 David Baltimore 教授将共同担任大会主席。

二、主要活动

2018 世界生命科学大会由大会报告、分组报告、特色论坛、重大成果展示、企业展览、科普活动等六部分组成。

（一）开幕式 + 大会报告（10 月 27—29 日）

10 月 27 日上午在国家会议中心四层多功能会议大厅举行开幕式，拟邀请有关领导人出席大会并讲话，6 位诺贝尔奖获奖科学家出席大会并作大会报告。

（二）分组报告（10 月 27—29 日）

响应中国科协成立 60 周年，共选定生命科学领域 60 个主题（60 个分会场），每个分会场 6 位报告人（中方外方各 3 人），总计 360 位中外报告人，均为国内外生命科学领域顶尖级专家学者，其中中国科学院院士 19 名、中国工程院院士 8 名、美国科学院院士 17 名、英国皇家科学院院士 10 名、欧洲等其他国家院士 7 名，总计 61 名国内外院士。

（三）特色论坛（10 月 27—29 日）

（1）海峡两岸暨港澳生命科学青年论坛：为贯彻党的十九大精神，促进海峡两岸青年学者的学术交流与合作，由中国科协主办、中国科协生命科学学会联合体承办的“海峡两岸暨港澳生命科学青年论坛”将于大会期间召开。论坛参会人员包括两岸暨港澳青年学者代表 200 人，通过会中讨论和会后实地走访交流，拓宽青年人才国际视野，促进两岸暨港澳青年学术交流常态化、多样化。

（2）中国生命科学园区论坛：由科技部中国生物技术发展中心、中国科协生命科学学会联合体共同主办的“中国生命科学园区论坛”将于大会期间召开。论坛以“发挥地缘优势、错位协同发展”为宗旨，围绕民生健康和新兴产业培育的战略需求、避免园区间同质化竞争、推动体制机制改革和政策先行先试等一系列重大议题，通过创建有效的信息共享平台，推动我国产业园区健康可持续发展。

（3）中国生物技术发展战略国际研讨会：为促进中国生物技术的国际交流合作，听取海外专家对中国生物技术发展的真知灼见，由科学技术部中国生物技术发展中心、中国科协生命科学学会联合体共同主办的“中国生物技术发展战略国际研讨会”将于大会期间召开。研讨会将邀请生命科学、生物技术、医药卫生和人口健康领域的诺贝尔奖得主、各国科学院院士、著名学术期刊主编、国际知名跨国公司高管等出席，通过各国专家的密切交流、通力合作，以共同应对中国乃至世界所面临的健康、环保及可持续发展等诸多挑战。

（四）中国生命科学领域重大成果展和专项展（10月27—29日）

（1）中国生命科学领域重大成果展：遴选6个中国生命科学领域研究和生物医药高新技术转化中里程碑性的重大成果在大会特邀嘉宾及领导会客区进行特别展示，成果展由以下六个主题组成：走在世界生命科学前沿的中国干细胞技术、中国领衔的生命科学大科学计划、走向世界的中国疫苗、蓄势待发的中国生物治疗、弯道超车的人工智能、新机制引领下的中国健康产业。

（2）中国生命科学十大进展（2016年和2017年）介绍：为推动生命科学领域的创新发展，充分展示和宣传我国生命科学领域的重大科技成果，中国科协生命科学学会联合体分别于2016年和2017年开展了“中国生命科学十大进展”的评选工作，经22家成员学会推荐、生命科学领域同行专家审核，评选出本年度具有创新性或先进性和重大学术价值或应用前景并在国内外具有显著影响力的研究成果。

（3）国家重点实验室和国家临床医学研究中心介绍：旨在全方位展示我国生命科学和医学所取得的成果，邀请生物领域和医学领域的国家重点实验室和国家临床医学研究中心进行展示。各重点实验室和临床医学研究中心将围绕最新的国际学术进展和发展趋势，展示最具代表性、最有影响力、最能体现实验室和研究中心特色的重要成果。

（4）联合体成员学会介绍：中国科协生命科学学会联合体成立于2015年，是隶属于中国科协的首个学会联合体，由22家生命科学领域的全国性一级学会组成，基本涵盖了从基础研究到产业转化中的生命科学全部领域。22家成员学会分别为中国动物学会、中国植物学会、中国昆虫学会、中国微生物学会、中国生物化学与分子生物学学会、中国细胞生物学学会、中国植物生理与植物分子生物学学会、中国生物物理学会、中国遗传学会、中国实验动物学会、中国神经科学学会、中国生物工程学会、中国中西医结合学会、中国生理学会、中国解剖学会、中国生物医学工程学会、中国营养学会、中国药理学会、中国抗癌学会、中国免疫学会、中国预防医学会、中国认知科学学会。

（五）国内外生命科学领域知名企业展览（10月27—29日）

邀请国内外知名生物及医药企业，专业领域涵盖生物医药、生物农业、生物能源、生物制造、生物环保、生物服务、生物信息学等利用生命科学和生物技术在医药健康、现代农业、生物能源、生物制造、生物环保等产业引领行业发展、具有国际影响力的企业及其核心产品展览。

（六）科普活动（10月27—29日）

邀请国内外知名学者针对公众关注的热点问题进行面向大众的科学传播，包括在国家会议中心阶梯报告厅举办科普专题分论坛；在国家动物博物馆举办院士科普报告会；在中国科技馆举办“诺奖大师与中学生面对面”科普报告会；举办“诺奖大师校园行”，与学生们进行深度交流等。

中国科协办公厅　教育部办公厅关于开展2018年青少年高校科学营活动的通知

科协办发青字〔2018〕12号

各省、自治区、直辖市科协、教育厅（教委），新疆生产建设兵团科协、教育局，各有关高校、企业、科研单位：

为认真贯彻落实习近平新时代中国特色社会主义思想和党的十九大精神，深入实施《国家教育事业发展“十三五”规划》和《全民科学素质行动计划纲要（2006—2010—2020年）》，落实立德树人根本任务，充分发挥高等院校在科学普及和提高公众尤其是青少年科学素质方面的重要作用，促进高中与高校合作育人，为培养科技创新后备人才和德智体美全面发展的社会主义建设者和接班人服务，2018年，中国科协、教育部将继续组织开展青少年高校科学营活动。

请各地科协、教育行政部门和有关高校、企业、科研单位按照《2018年青少年高校科学营活动实施方案》的要求，在认真总结去年工作的基础上，精心策划组织，加强沟通协调，落实安全保障措施，确保2018年青少年高校科学营活动取得圆满成功。

附件：2018年青少年高校科学营活动实施方案

中国科协办公厅　教育部办公厅

2018年4月19日

附件

2018年青少年高校科学营活动实施方案

2018年青少年高校科学营活动以习近平新时代中国特色社会主义思想为指引，紧紧围绕党的十九大确定的目标任务，主动融入服务国家工作大局，在保持海峡两岸暨港澳活动总体规模的基础上紧贴新时代主题、紧贴各地实际，继续以常规营、专题营和西部营的组织模式精心谋划、稳妥实施，扎实做好2018年青少年高校科学营活动的各项工作。

一、活动时间

2018年青少年高校科学营活动统一安排在7—8月。各分营开（闭）营时间自主确定，同一地区的分营可以协商统一开（闭）营时间。

二、活动主题

科技梦·青春梦·中国梦

三、组织实施

2018年青少年高校科学营活动由中国科协、教育部共同主办，国务院港澳办、中科院、铁路总公司为支持单位，各省级科协、教育厅（教委）、有关高校、中央企业、科研机构为承办单位。活动继续按照全国—省级两级管理模式管理。全国管理办公室设在中国科协青少年科技中心，承担日常组织管理工作。

四、活动组织

2018年青少年高校科学营活动继续以常规营、专题营、西部营的模式组织。

（一）常规营

常规营由各高校承办。活动应充分体现承办高校的学科特点、专业特色和人文传统。通过组织营员与名家大师对话交流、参加科技实践活动、参观重点实验室及科研场所、体验校园生活等形式，帮助学生了解前沿科技知识、品味大师成长历程、感悟科学精神、树立科学志向。活动内容由承办高校设计并组织实施，不得组织与高考升学辅导有关的活动。

（二）专题营

专题营由企业/科研单位和高校共同承办。营员食宿、交通费用由高校承担。活动安排由承办单位协商确定，应充分体现专题特点和高校特色，企业/科研单位相关活动安排不少于3天。通过参观企业/科研单位和高校的科普场馆，与优秀科技工作者交流座谈，参观科研设施、生产流程，参加互动性、体验性科技教育项目等活动，帮助营员认识企业/科研单位和高校的发展历程，体验创新文化，感受科技魅力，了解企业/科研单位和高校在国家经济建设和社会发展中的重大作用，引导营员树立科技强国、实业报国的远大志向，培养营员对科学技术研究的兴趣。

（三）西部营

西部营由中科院云南天文台独立承办。营员食宿费用由承办单位承担。活动安排由承办单位确定，可参照专题营的形式内容，应充分体现科研单位特色。

五、活动规模

2018年计划招募营员及带队教师12100人，其中营员11000人（内地10000人、香港500人、澳门300人、台湾200人）、带队教师1100人（附件1）。

（一）常规营

组织常规营53个，计划接收营员9540人（附件2）。

（二）专题营

组织专题营14个，计划接收营员1400人（附件3）。

（三）西部营

组织西部营1个，计划接收营员60人（附件3）。

六、营员招募与管理

（1）招募数量。营员招募总额由主办单位根据年度活动经费及各高校最佳接待量确定。各地营员招募数量综合考虑当地普通高中在校生数量、承办高校数量及上一年度组织管理工作等情况确定。营员招募数量按《2018年青少年高校科学营各地营员分配总表》《2018年青少年高校科学营各营接收一览表》《2018年青少年高校科学营专题营/西部营接收一览表》执行。

（2）招募标准。营员招募及带队教师选拔工作继续由省级管理办公室负责，精心选拔品学兼优、学有余力、热爱科学、有科技特长的普通高中学生（当年5月就读高一、高二年级的在校学生）参加科学营活动，选拔责任心强、沟通协调能力突出、具有丰富学生工作经验的中青年科技教师带队。

（3）贫困地区营员招募。落实科技助力精准扶贫工程，加强精准扶贫力度，困难营员招募要重点考虑困难家庭尤其是建档立卡户，引导各地加大对老少边穷地区和集中连片特困地区的招募力度，将高校分营对口扶贫县纳入招募计划，提升贫困地区青少年的科学素质。

（4）港澳台营员招募。港澳台营员招募、集结、培训、总结等工作由港澳台承办机构负责。营员组织管理由派出机构、承接高校和相关承办单位共同负责。

（5）营员及带队教师管理。省级管理办公室要加强对营员及带队教师的培训和管理，指派专人开展营前集结与安全培训、营中监督与协调管理、营后总结与调查评估。全国管理办公室将对各地营员招募、营前培训、活动组织工作进行抽查。

七、活动宣传

各单位要充分运用电视、网络、报刊、广播等媒体对各阶段活动进行宣传报道。各省级管理办公室要做好本地科学营活动的宣传工作，认真制定宣传方案，精心做好宣传报道，按时上报宣传总结。各分营承办单位要利用单位网站、微信公众号等自身宣传平台加强活动宣传。活动相关宣传报道内容要及时在科学营活动官网（www.kexueying.org.cn）发布。各单位宣传工作纳入年度工作考核。

八、进度安排

2018年青少年高校科学营活动要依据年度工作进度安排，精心筹备、稳步实施、认真总结。

（1）3月，中国科协、教育部和中科院等相关单位共同协商确定年度工作方案，确定承办高校、企业、科研机构和招募营员数量。

（2）4月，中国科协、教育部联合下发《关于开展2018年青少年高校科学营活动的通知》；组织召开承办单位对接会；指导各承办单位制定活动方案、安全预案和经费预算等；启动网络申报工作。

（3）5—6月，各省级管理办公室开展营员招募及行前培训，各分营承办单位深化活动设计、制定安全工作预案。做好科学营活动港澳台宣讲工作。

（4）7—8月，组织全国开营式，各地陆续开营。其间，各分营组织营员及教师填写调查问卷。全国管理办公室选派部分工作人员深入科学营一线，全程与营员一起参加活动，了解活动开展情况。

（5）9—10月，各省级办公室、高校、专题营承办单位和港澳台承办机构提交年度工作总结，评审年度特色活动资源及优秀组织单位。

（6）11—12月，全国管理办公室发布年度工作报告，组织召开省级管理办公室暨分营承办单位总结研讨会。

九、工作要求

各级要强化责任意识、加强人员管理、创新活动形式，确保活动安全顺利圆满。

（1）强化安全责任，确保安全顺利。各常规营、专题营、西部营承办单位要制定切实可行的安全工作预案，做好卫生防疫和营员安全管理工作。各省级管理办公室要做好安全检查工作，按照“谁主管、谁负责；谁组织、谁负责”的原则抓好安全责任落实。

（2）创新活动形式，丰富活动内容。针对各地营员认知水平差异大的实际，引导承办分营视派出营员地域提前评估营员的接受能力，有针对性地策划活动内容，尽量满足各个认知水平营员的需求。鼓励各分营承办单位之间联合策划组织活动，共享科教资源。全国管理办公室将继续开展《特色营队活动优秀案例》及《名家大师精彩报告》评选及推介活动，对省级优秀组织单位、分营优秀组织单位和优秀工作者实施奖励。

（3）做好营员招募，加强营员管理。各省级管理办公室要加强对营员招募的组织管理，推荐品学兼优、对科学探究有浓厚兴趣的优秀高中生参加科学营活动。特别要做好专题营、西部营营员遴选工作，推荐对数学、物理、化学、天文、地理、生物等基础学科或航空、航天、航海等应用学科感兴趣的优秀高中生参加专题营活动。各地要加强对营员的安全管理教育工作，参考营员心理问卷调查结果，严格选拔营员。严格带队教师遴选标准，严把带队教师入口关，切实提高活动管理水平。

附件：1. 2018年青少年高校科学营各地营员分配总表（略）

2. 2018年青少年高校科学营各营接收一览表（略）

3. 2018年青少年高校科学营专题营/西部营接收一览表（略）

中国科协办公厅　教育部办公厅关于开展2019年“英才计划”工作的通知

科协办发青字〔2018〕28号

各有关省（自治区、直辖市）科协、教育厅（教委），各有关高校：

为贯彻落实《国家中长期教育改革和发展规划纲要（2010—2020）》有关要求，切实促进高校优质科技教育资源开发开放，建立高校与中学联合发现和培养青少年科技创新人才的有效方式，2019年，中国科协、教育部将继续组织开展中学生科技创新后备人才培养计划（以下称为“英才计划”）工作。请各有关省级科协、教育行政部门和高校按照《2019年“英才计划”工作实施方案》（见附件），并结合《教育部等六部门关于实施基础学科拔尖学生培养计划2.0的意见》（教高〔2018〕8号）有关要求，认真组织实施，确保工作取得实效。“英才计划”实施范围等将根据“基础学科拔尖学生培养计划”发展情况适时调整。

附件：2019年“英才计划”工作实施方案（略）

中国科协办公厅　教育部办公厅

2018年11月5日

中国科协办公厅　中科院办公厅　工程院办公厅　自然科学基金会办公室　关于表彰第17届“明天小小科学家”奖励活动获奖学生的通知

科协办发青字〔2018〕2号

各省、自治区、直辖市科协，新疆生产建设兵团科协，各有关科研单位：

由中国科协、中科院、工程院、自然科学基金会和周凯旋基金会共同主办的第17届“明天小小科学家”奖励活动已圆满结束。本届活动共有1156名高中生申报，经初评、终评和公示等环节，确定一等奖15名（含3名称号获得者）、二等奖35名、三等奖44名。现将本届活动获奖学生名单正式公布（见附件）。

根据《“明天小小科学家”奖励活动章程》，中国科协、中科院、工程院、自然科学基金会和周凯旋基金会将对获奖学生发放获奖证书和奖学金，同时，对二等奖及以上获奖学生所在学校和辅导机构发放奖金，予以奖励。证书和奖金的发放工作由组委会办公室（中国科协青少年科技中心）负责具体落实，各地科协协助做好相关工作。

各地科协要认真落实《全民科学素质行动计划纲要》，积极发动学校和科研单位进一步关心和支持青少年科技创新后备人才培养工作，广泛开展青少年科学探究和创新实践活动，为培养创新型人才创造良好条件。

附件：第17届“明天小小科学家”奖励活动获奖学生名单（略）

中国科协办公厅　中科院办公厅

工程院办公厅　自然科学基金会办公室

2018年1月29日

中国科协办公厅等9个部门关于公布第33届全国青少年科技创新大赛获奖名单的通知

科协办发青字〔2018〕29号

第33届全国青少年科技创新大赛已于2018年8月14—20日在重庆市成功举办。经初评、终评和公示等环节，确定青少年科技创新成果竞赛项目一等奖59项、二等奖136项、三等奖192项；科技辅导员科技教育创新成果竞赛项目一等奖30项、二等奖70项、三等奖95项；“十佳优秀科技辅导员”10人；“十佳科技教育创新学校”10所。现将本届大赛的获奖名单予以公布（名单见附件）。

希望获奖个人和单位珍惜荣誉，再接再厉，广泛开展青少年科学探究和创新实践活动，不断提升广大青少年的科学素质，为培养青少年科技创新后备人才、建设创新型国家做出更大贡献。

附件：1.第33届全国青少年科技创新大赛青少年科技创新成果竞赛项目获奖名单（略）

2.第33届全国青少年科技创新大赛科技辅导员科技教育创新成果竞赛项目获奖名单（略）

3.第33届全国青少年科技创新大赛十佳优秀科技辅导员获奖名单（略）

4.第33届全国青少年科技创新大赛十佳科技教育创新学校获奖名单（略）

中国科协办公厅　教育部办公厅

科技部办公厅　生态环境部办公厅

体育总局办公厅　知识产权局办公室

自然科学基金会办公室　共青团中央办公厅

全国妇联办公厅

2018年12月5日

中国科协办公厅　科技部办公厅关于举办首届中国创新方法大赛的通知

科协办发企字〔2018〕20号

各省、自治区、直辖市及计划单列市、副省级城市科协、科技厅（委、局），新疆生产建设兵团科协、科技局，各有关单位：

为贯彻落实《国务院关于强化实施创新驱动发展战略进一步推进大众创业万众创新深入发展的意见》（国发〔2017〕37号），充分发挥创新方法在推动创新创业方面的重要作用，展示交流创新方法重要成果和实践，培育创新方法团队，中国科协、科技部决定举办首届中国创新方法大赛，现将有关事项通知如下。

（1）本届大赛的主题为“创新创业，方法先行”。作为中国创新创业大赛的专业赛事，通过中国科协和科技部共同搭建的全国性创新方法大赛平台，实现更大范围、更深层次的推广应用创新方法，助力创新创业。

（2）大赛由中国科协企业创新服务中心、中国21世纪议程管理中心、创新方法研究会和湖南省科学技术协会共同承办。

1）大赛设立3个专项赛事。

企业创新方法专项赛由中国科协企业创新服务中心、创新方法研究会和湖南省科学技术协会共同举办。

大学生TRIZ专项赛由创新方法研究会、黑龙江省科技厅、黑龙江省教育厅、黑龙江省科学技术协会、黑龙江省知识产权局共同承办（赛事方案另行发布）。

工业工程创新方法专项赛由清华大学、创新方法研究会共同举办（赛事方案另行发布）。

2）大赛分区域赛和总决赛2个阶段。

区域赛由地方科协、科技主管部门根据实际情况联合组织。

总决赛由中国科协企业创新服务中心、中国21世纪议程管理中心、创新方法研究会和湖南省科学技术协会共同承办。

3）拟参赛团队登录中国创新方法大赛官网（http://cxffds.scei.org.cn）统一注册报名参赛。大赛不向参赛企业或机构收取任何费用。大赛报名时间为2018年7月15日—8月15日。

4）大赛采用公开透明的方式逐级进行遴选。企业创新方法专项赛前三名（10个团队）直接进入总决赛争夺大赛金、银、铜奖；大学生TRIZ专项赛、工业工程创新方法专项赛前三名在总决赛中进行集中颁奖。中国创新方法大赛总决赛采用电视擂台赛的方式进行。

5）大赛将积极引进社会资本、技术团队和企业等市场资源，为大赛优胜团队提供对接等多元化服务。

（3）省级科协会同地方科技主管部门负责辖区内报名材料的形式审查并积极组织地方区域赛，共同确认参赛资格并推荐入围名单。

（4）请各地科协、科技主管部门等单位积极宣传大赛，认真组织本区域赛事，为参赛团队提供更多的增值服务。

中国科协办公厅　科技部办公厅
2018年7月11日

中国科协办公厅　农业农村部办公厅关于开展2018年全国农民科学素质网络知识竞答活动的通知

科协办发普字〔2018〕11号

各省、自治区、直辖市科协、农业（农牧、农村经济）厅（局、委），新疆生产建设兵团科协、农业局：

为深入贯彻党的十九大、十九届三中全会以及《中共中央　国务院关于实施乡村振兴战略的意见》精神，落实《全民科学素质行动计划纲要实施方案（2016—2020年）》的有关要求，中国科协、农业农村部决定联合开展“2018年全国农民科学素质网络知识竞答”活动，提高农民群众科学素质，极大调动农民依靠科技脱贫致富的积极性和主动性，助力乡村振兴战略和精准脱贫。现将有关事项通知如下。

一、活动主题

提升农民科学素质，助力乡村振兴战略

二、活动时间

2018年4月20日—10月31日

三、组织机构

主办单位：农民科学素质协调行动小组

承办单位：中国农学会、中国科协农村专业技术服务中心、同方知网（北京）技术有限公司

支持媒体：全国农业科教云平台、新华网、腾讯网、科普中国网

四、活动对象

专业大户、合作社社员、农业企业骨干、农业社会化服务组织成员等新型农业经营主体骨干和新型职业农民以及农村专业技术协会会员和广大农民；农村科普工作者、基层农技人员、基层卫生计生工作人员、大学生村官；农业专家、农业科研院所研究人员以及高、中等农林院校师生等。

五、活动目标

（1）提高农民群众运用互联网获取农业生产、科学生活、科学经营等方面技术和知识的能力，树立科学、文明、健康的生产生活方式，促进农村乡风文明和农业产业发展。

（2）传播“大国三农”新理念、新进展，激发农民发展生产的内生动力，助力乡村振兴战略以及精准脱贫。

（3）征集一批优质科普原创作品，促进农村科普资源共建共享。

六、活动方式

本次活动设置知识竞答、科普活动有奖竞答、科普原创作品征集、优秀作品展播等内容，全面动员社会各界参与竞答活动，并于今年12月向社会公布竞答活动优秀组织单位。

（1）知识竞答。参与者可访问全国农民科学素质网络知识竞答官网（以下简称“竞答官网”）参与网络端答题，或通过进入“全国农民科学素质网络知识竞答”“全国农业科教云平台”“三农科学传播”等微信公众号、“科普网络书屋”“云上智农”“中国农技推广”手机APP等方式参与移动端答题。本次竞答设置学习区，可先学习后答题。

（2）科普活动有奖竞答。结合全国科技活动周、全国科技工作者日、全国科普日等活动，同步举办有奖竞答。

（3）科普原创作品征集。征集包含农业生产、生态环保、政策法规、物候气象等10大类的科普原创作品。参与者可通过登录竞答官网上传作品。

（4）优秀作品展播。主办方将评选出优秀原创作品100件，公众可通过投票的方式进行评选。优秀作品网络传播权归主办方所有。主办方将组织优秀作品在竞答官网、全国农业科教云平台、新华网、腾讯网、科普中国网等媒体平台展播。

七、参与方式

通过互联网、微信公众号、手机APP等均可参加。

官网网址：http://www.nongminjingsai.com

微信公众号二维码：

全国农民科学素质网络知识竞答公众号　全国农业科教云平台微信公众号　三农科学传播公众号

手机APP二维码：

网络书屋安卓版　网络书屋IOS版

云上智农APP安卓版　云上智农APP苹果版

八、工作要求

（1）高度重视，加强领导。各地科协、农业部门要把组织开展全国农民科学素质网络知识竞答活动作为助力乡村振兴战略及精准脱贫、提高农民科学素质的重要举措，创新活动组织方式，积极组织动员广大农民和社会有关方面参与竞答活动。

（2）部门配合，分工协作。各地科协、农业部门要加强沟通协调，共同筹划活动的组织实施，积极发挥本系统的组织优势和资源优势，充分调动群众参与的积极性，确保竞答工作落实到位。

（3）宣传发动，营造氛围。各地科协、农业部门要加大全国农民科学素质网络知识竞答活动的宣传力度，层层发动，转发竞答通知，通过报刊、广播、电视、互联网等方式广泛深入宣传动员，要利用各种时机和场合扩大竞答活动的参与度和知名度，形成全社会共同参与的良好氛围。

中国科协办公厅　农业农村部办公厅

2018年4月11日

中国科协办公厅　中国气象局办公室关于举办2018年全国气象科普日的通知

科协办发普字〔2018〕21号

各省、自治区、直辖市科协、气象局，新疆生产建设兵团科协，中国气象局各直属单位：

2018年是全面贯彻党的十九大精神开局之年，是改革开放40周年，是决胜全面建成小康社会、实施“十三五”规划承上启下的关键一年。为深入贯彻习近平新时代中国特色社会主义思想和党的十九大精神，推动新时代“创新、协调、绿色、开放、共享”的发展理念深入人心，弘扬科学精神，普及科学知识，激发全社会的创新热情和创造活力，促进全民科学素质的跨越提升，中国科协、中国气象局拟于2018年全国科普日期间共同组织开展2018年全国气象科普日活动。现将有关事项通知如下。

一、活动时间

2018年9月15—21日

二、活动主题

结合2018年全国科普日“创新引领时代，智慧点亮生活”主题，在全国广泛开展气象科学普及活动，弘扬气象文化和科学精神，普及气象科学知识，宣传以“智慧气象”为重要标志的气象现代化建设成果，提升全民气象科学素质。

三、主要活动

（一）围绕2018年全国科普日主题，针对气象服务地方经济社会发展需求和人民群众气象服务需要，广泛依靠社会力量，调动多方积极性，开展形式多样、内容丰富、体验性强、参与度大的气象科普活动。

（二）积极参加全国和地方科普日有关活动，面向公众开放气象科普教育基地，鼓励重点实验室和野外科学试验基地对外开放，促进发挥科技资源的科普作用，组织开展气象科普进社区、进学校、进农村、进军营、进公共场所等活动，营造有利于促进气象科技创新的文化氛围。

（三）积极利用科普中国、各级气象部门网络媒体开展各种形式的线上科普活动，拓展受众范围，提升活动效益。

四、工作要求

（一）加强领导，统筹协调

2018年全国气象科普日是全国科普日活动的重要组成部分，各级气象部门、科协要高度重视、密切配合，加强资源统筹和协同协作，调动各方面的积极性。

（二）加强宣传，营造氛围

各单位要充分发挥在科技成果、科普场地和科技人员等方面的资源优势，充分利用广播、电视、网络、新媒体等宣传手段开展专题宣传，为全国气象科普日营造良好的宣传氛围。

（三）做好策划，及时总结

各单位要做好活动策划和备案工作。请气象系统各单位于2018年7月30日—8月24日登录“e享科普日”网站（www.kepuri.org）中的全国科普日重点活动管理平台，按要求填报重点活动登记表（附件1），以网络在线形式开展的活动须另行填报网络在线活动登记表（附件2）；同时将相关活动登记表发至中国气象局科技与气候变化司联系人。活动参考名称为“主标题——2018年×××单位全国科普日活动，副标题——×××气象科普日特色活动名称”。

各单位要认真总结活动成效。请气象系统各单位于2018年9月1日—10月26日登录全国科普日重点活动管理平台（www.kepuri.org）提交本单位的活动总结、图片和影像资料，并提交总结视频或总结幻灯片等作为支撑材料，同时将上述材料发至中国气象局科技与气候变化司。

中国科协对活动组织工作扎实、成绩突出的单位以“2018年全国科普日活动优秀组织单位”的名义表扬，对特色鲜明、实效显著的活动以“2018年全国科普日优秀活动”的名义表扬。

附件：1.2018年全国科普日重点活动登记表（略）

2.2018年全国科普日网络在线活动登记表（略）

3.2018年全国科普日活动优秀组织单位推荐表（略）

4.2018年全国科普日优秀活动推荐表（略）

中国科协办公厅　中国气象局办公室

2018年7月12日

中国科协办公厅关于举办第十四届中国科技期刊发展论坛的通知

科协办发学字〔2018〕24号

各全国学会、协会、研究会，各省、自治区、直辖市、副省级城市科协：

由中国科学技术协会、国家新闻出版署联合主办的第十四届中国科技期刊发展论坛（以下简称“论坛”）将于10月23—24日在湖北省武汉市举办。现将有关事项通知如下。

一、指导思想

全面落实党的十九大精神，认真学习贯彻习近平新时代中国特色社会主义思想，围绕建设世界科技强国战略目标，聚焦培育世界一流科技期刊，开言纳谏凝聚共识，以全球视野和开放姿态探讨中国科技期刊品牌化、数字化、国际化和市场化创新发展对策，营造推进世界一流科技期刊建设的学术氛围和理论基础。

二、论坛主题和议题

主题：合作　开放——新时代科技期刊建设

议题：科技期刊与媒体融合

中国科技期刊的市场化探索

科技期刊编辑成长之路

高水平出版传播平台建设

三、组织机构

（一）主办单位

中国科学技术协会、国家新闻出版署

（二）承办单位

中国科协学会服务中心、湖北省科学技术协会、湖北省新闻出版广电局

（三）支持单位

教育部科技司、中国科学院科学传播局、中国工程院三局、国家自然科学基金委员会科学传播中心

（四）协办单位

中国出版协会、中国期刊协会、中国科学技术期刊编辑学会、中国高校科技期刊研究会、中科院自然科学期刊编辑研究会、武汉大学科协、华中科技大学科协、中科院武汉分院科协、湖北省科协学会信息服务中心、湖北省科技期刊编辑学会

四、时间地点

2018年10月23—24日，武汉东湖国际会议中心（武汉市武昌区东湖路142号）。10月22日全天报到，10月25日上午离会。

五、主要活动安排

（一）开幕式和大会主旨报告

主办单位领导同志讲话。邀请国内知名专家学者围绕论坛主题作大会报告。

（二）高峰论坛

（1）中国科技期刊的国际化道路：结合国内外优秀科技期刊的成功先例，充分探讨国内科技期刊国际化道路的策略与路径。

（2）一流学会与一流期刊：探讨国内外科技社团主办科技期刊的现状及发展方向。

（三）专题分论坛

（1）科技期刊与媒体融合：探讨国内外科技期刊融合出版现状，展望融合出版发展趋势，探索科技期刊转型升级路径，寻求融合发展突破。

（2）中国科技期刊的市场化探索：借鉴国外科技期刊出版市场化运作模式，研讨中国科技期刊与市场金融结合的主要模式、运作方式和政策环境。

（3）科技期刊编辑成长之路：重点讨论适应科技期刊快速发展需要的人才培养、使用、激励、竞争机制建设和政策保障等。

（4）高水平出版传播平台建设：探究如何建立国际化的科技期刊出版传播平台，探讨在策略思路、资源配置、体制政策等方面需要重点解决的问题。

（四）专项活动

组织编辑业务大赛决赛、全媒体沙龙，现场参观长江出版传媒股份（集团）有限公司长江少年儿童出版社（集团）有限公司和国家出版融合发展（武汉）重点实验室。

（五）展览

围绕新时代科技期刊建设主题，以全球视野、历史纵深透视世界一流科技期刊发展规律，回顾改革开放40年、中国科协成立60年来我国科技期刊跨越式发展和现状，激励期刊人探索一流科技期刊建设之路。

六、其他事项

本次大会引入智能会务系统，通过PC端和移动端两种方式进行报名注册。

（1）PC端：访问中国科协学会服务中心微会议平台（http://www.8u.com.cn/conf/index/info/1252），点击“我要报名”。

（2）移动端：关注“学会服务365”订阅号，点击底部菜单栏“期刊论坛”进入会议微站，点击“我

要报名"。

报名截止时间9月25日，由于论坛接纳能力有限，报名人员需经主办方审核通过后方可参会，审核结果将以短信形式通知。

论坛不收取会议费，住宿统一安排，费用自理。

中国科协办公厅
2018年8月24日

中国科协办公厅关于公布2017年度全国科技助力精准扶贫工作考核评估结果的通知

科协办发计字〔2018〕7号

各全国学会、协会、研究会，各省、自治区、直辖市科协，新疆生产建设兵团科协：

为深入贯彻党的十九大对脱贫攻坚任务的新部署新要求，进一步落实习近平总书记在深度贫困地区脱贫攻坚座谈会上提出的"加强脱贫攻坚检查监督，实施最严格的考核评估"重要指示和中央纪委扶贫领域监督执纪问责工作电视电话会议精神，2018年1月，中国科协、农业部、国务院扶贫办联合组织开展了2017年度全国科技助力精准扶贫工作考核评估。依据《全国科技助力精准扶贫工作考核评估办法》，经过推荐、评审、公示，河北省科协、农业厅、扶贫办等10个省（自治区）有关单位被评为优秀组织单位，北京农学会等100个单位被评为先进团队，陈春秀等298人被评为先进个人。希望各先进单位和个人再接再厉，积极投身脱贫攻坚，继续帮助贫困户提升科学素质、实现增收脱贫。

各地各单位要大力宣传先进单位和个人的事迹，树立先进典型，形成引领示范效应。同时，要不断创新科技助力精准扶贫工作机制，继续集聚科技资源优势，加大对贫困地区的科技供给和支撑，大幅提高贫困地区公民科学素质和生产技能，为实现脱贫攻坚目标做出新贡献。

附件：2017年度全国科技助力精准扶贫工作考核优秀名单（略）

中国科协办公厅
2018年3月5日

中国科协办公厅关于印发《中国科协深化改革领导小组工作规则（试行）》的通知

科协办发调字〔2018〕6号

机关各部门、各直属单位：

为规范中国科协深化改革领导小组工作，深入贯彻落实《科协系统深化改革实施方案》，参照中央全面深化改革领导小组有关规定，制定《中国科协深化改革领导小组工作规则（试行）》。经中国科协党组、书记处领导同志同意，现印发你们，请遵照执行。

中国科协办公厅
2018年3月1日

中国科协深化改革领导小组工作规则（试行）

第一章　总　则

第一条　为规范中国科协深化改革领导小组（以下简称"领导小组"）的工作，推动深入贯彻落实中办印发的《科协系统深化改革实施方案》，根据中央全面深化改革领导小组有关规定，制定本试行规则。

第二条　领导小组坚持以习近平新时代中国特色社会主义思想为指导，坚定不移维护以习近平同志为核心的党中央权威和集中统一领导，深入学习贯彻党的十九大精神，认真贯彻《中共中央关于全面深化改革若干重大问题的决定》、中央党的群团工作会议和"科技三会"等重要精神，牢固树立政治意识、大局意识、核心意识、看齐意识，坚定道路自信、理论自信、制度自信、文化自信，贯彻落实中央重大决策部署，聚焦增强政治性、先进性、群众性，切实履行"四服务"职责定位，深化科协系统改革，以改革增添科协事业发展新动能、展示新时代科协新作为。

第二章　职　责

第三条　领导小组由中国科协党组全体成员组成。领导小组设组长1名，由中国科协党组主要负责同志担任。成员在组长领导下按照职责分工开展工作。

第四条　领导小组履行以下职责：

（一）深入贯彻党中央及中央全面深化改革领导小组的重要会议文件精神和重大决策部署，负责科协系统改革统筹协调、整体推进、督促落实。

（二）研究提出改革工作规划、年度计划和阶段任务安排。

（三）根据督察工作需要，组建督察组，研究督察工作安排。

（四）听取深化改革领导小组办公室（以下简称“领导小组办公室”）和督察组工作报告。

（五）研究改革中的重大问题和督察成果的运用、处置，提出相关意见和建议。

（六）向中央全面深化改革领导小组办公室报送改革工作的重要情况。

（七）研究处理改革工作中的其他重要事项。

第三章　会议制度

第五条　领导小组会议由组长召集和主持。会议主要研究、审议以下事项：

（一）研究贯彻落实中央关于全面深化改革的重要精神和重大决策部署。

（二）研究部署实施推进落实《科协系统深化改革实施方案》的工作规划、年度计划。

（三）研究部署迎接中央改革办督察的工作方案、工作报告等重要文件。

（四）听取中国科协机关各部门和各直属单位的改革进展情况汇报。

（五）听取地方科协和全国学会的改革进展情况汇报。

（六）研究部署改革任务督察工作。

（七）审议改革工作的重要文件和配套政策措施，协调解决有关重要问题。

（八）研究部署有关改革的其他重要事项。

第六条　领导小组会议议题由领导小组办公室根据组长要求研究提出建议，报组长（或由其委托党组、书记处同志）确定。

第七条　领导小组会议一般每月召开一次，可以与党组、书记处会议合并召开，组长可视工作需要适时召开专题会议。根据讨论议题，安排中国科协有关部门、直属单位、全国学会、地方科协负责同志列席会议。领导小组每年至少专题听取并研究全国学会改革、地方科协改革进展报告各一次。

第四章　文件制度

第八条　领导小组印发以下文件：

（一）科协系统深化改革年度工作总结和下一年度工作要点。

（二）领导小组会议纪要（包括与党组、书记处会议合并召开的领导小组会议纪要）。

（三）组长在领导小组重要会议上的讲话。

（四）推进深化改革的重要配套政策。

（五）领导小组会议研究同意的其他重要事项。

第九条　以领导小组名义印发的文件须经组长签批，印发范围为领导小组组长、成员以及会议决定的有关部门或单位，并根据要求报送中央改革办。

第五章　督察调研制度

第十条　建立改革督察制度。

（一）按照中央关于深化群团改革的要求，制定年度督察工作计划。

（二）按照有关规定组成督察组，开展全面督察或专项督察。

第十一条　督察工作须经领导小组负责人同意，由领导小组办公室负责组织实施。

第十二条　大兴调查研究之风，及时掌握改革中出现的问题矛盾，加强改革规律研究。领导小组成员根据职责分工，认领若干与改革密切相关的重大调研课题，探求破解难题的办法和路径。

第十三条　运用信息化手段打造改革监测平台，面向各类改革主体开展动态监测，定期形成改革进展报告，充分用好监测成果，加强督察问责。

第十四条　深入总结改革工作，凝练典型经验，以《科协改革专报》等形式上报、发布重要动态信息，宣传推广可复制的改革经验。

第六章　领导小组办公室

第十五条　领导小组下设办公室。办公室设在调研宣传部，为领导小组日常办事机构（即改革工作办公室）。领导小组办公室主要负责贯彻落实领导小组决策部署，协调科协系统深化改革事务性工作，对领导小组决定事项进行督办。联系省级科协报送深化改革进展，协调督促中国科协有关部门、直属单位加强对全国学会、地方科协改革工作的指导。负责领导小组交办的其他事项。

第十六条　向领导小组提交年度改革进展和评估报告。协调提出改革规划与建议，报领导小组审议同意后实施。

第十七条　承担领导小组会议相关工作，经领导小组组长批准准备会议议程和材料，整理会议文件，负责会议精神的传达落实。

第十八条　根据工作需要，定期或不定期召开专题协调会议、专题研究会议，及时沟通各方面改革进展情况和动向，研究有关问题，推动相关部署落实。

第十九条　以领导小组办公室名义编发《科协改革专报》，由领导小组办公室负责人签发。

第七章　附　则

第二十条　本规则由领导小组办公室负责解释。

中国科协办公厅关于开展提升基层科协组织力“3+1”试点工作的通知

科协办发组字〔2018〕13号

各省、自治区、直辖市科协，新疆生产建设兵团科协：

为深入学习贯彻习近平新时代中国特色社会主义思想，全面落实党的十九大和十九届二中、三中全会精神，强化基层基础，中国科协研究决定开展提升基层科协组织力“3+1”试点工作。中国科协统筹指导试点工作，各省、自治区、直辖市科协和新疆生产建设兵团科协（以下简称“省级科协”）结合实际情况分步推进试点工作。现将《中国科协提升基层科协组织力“3+1”试点总体方案》（附件1）印发给你们，并就做好试点工作通知如下。

一、高度重视试点工作

各省级科协要从贯彻落实习近平总书记关于群团改革指示精神，强“三性”、去“四化”、破解“四缺”问题的高度认识开展提升基层科协组织力“3+1”试点工作的重要意义，把吸纳医院院长、学校校长、农技站站长（以下简称“三长”）等“关键人物”进入县乡镇科协领导机构兼职挂职作为推动基层科协改革、提升基层科协组织力的重要抓手，通过“三长”广泛联系服务团结引领卫生、教育、农业等各领域基层一线科技工作者，助力健康中国战略、创新驱动发展战略、乡村振兴战略。

二、研究制定实施方案

各省级科协要根据中国科协制定的总体方案，结合实际情况制定本省实施方案，明确分管领导、责任部门和专职人员，明确试点工作目标和阶段安排，选好试点基层科协，分步有序推进试点工作，确保到2020年实现“三长”全面进入县乡镇科协领导机构并发挥积极作用。

三、深入开展调查研究

各省级科协要对县乡镇科协组织机构、领导机构、人员队伍、工作开展等情况进行全面普查，深入了解“三长”进入县乡镇科协领导机构的数量比例和作用发挥情况，总结基层科协吸纳“三长”工作经验，梳理存在问题并提出解决措施。指导县乡镇科协开展科技工作者情况调查，摸清卫生、教育、农业等各领域基层一线科技工作者数量，了解科技工作者意见诉求，更好发挥“三长”的团结引领作用。

四、认真总结提炼经验

各省级科协要结合优势、因地制宜、大胆创新，推动试点县乡镇科协先行先试，及时总结提炼试点工作开展过程中形成的好经验好做法，形成“三长”发挥作用的典型模式，为全国基层科协建设提供借鉴。要广泛宣传试点工作开展过程中涌现出来的典型组织、典型个人、典型事迹，充分发挥优秀典型的引领示范作用。中国科协将适时组织召开提升基层科协组织力“3+1”试点工作推进会，全面推进试点工作。

请各省级科协于5月10日前报送本省提升基层科协组织力“3+1”试点工作实施方案，基层科协吸纳“三长”情况调研报告，本省各级科协领导机构中“三长”兼职挂职情况汇总表（附件2），本省各级科协领导机构中“三长”兼职挂职情况明细表（附件3），省级科协试点工作分管领导、部门负责人、各级试点科协联系方式；每月5日前报送试点工作进展情况报告和典型案例。在推进试点工作中遇到的问题和意见建议，请及时报告中国科协。

附件：1. 中国科协提升基层科协组织力“3+1”试点总体方案

2. ×××省各级科协领导机构中“三长”兼职挂职情况汇总表（略）

3. ×××省各级科协领导机构中“三长”兼职挂职情况明细表（略）

中国科协办公厅

2018年4月26日

附件1

中国科协提升基层科协组织力“3+1”试点总体方案

党中央高度重视群团基层组织建设。党的十九大报告明确要求，群团组织要增强政治性、先进性、群众性，发挥联系群众的桥梁纽带作用，组织动员广大人民群众坚定不移跟党走。党的十九届三中全会明确提出要深化群团组织改革，坚持眼睛向下、面向基层，将力量配备、服务资源向基层倾斜，更好适应基层群众需要。为深入学习贯彻习近平新时代中国特色社会主义思想，全面落实党的十九大精神和十九届二中、三中全会精神，加强基层科协组织建设，推动基层科协改革，发挥好医院院长、学校校长、农技站站长等“关键人物”的作用，中国科协决定在各省、自治区、直辖市开展提升基层科协组织力“3+1”试点工作。现制定总体方案如下。

一、基本内容

（1）主要内容：提升基层科协组织力“3+1”试点工作以强“三性”、去“四化”、破解“四缺”问题、深化基层科协改革为目标。其中，“3”指吸纳“三长”进入县乡镇科协领导机构兼职挂职、发挥作用，“1”指加强上级科协指导。通过开展“3+1”试点，旨在支持引导以“三长”为代表的“关键人物”在县乡镇科协组织建设中发挥积极作用，探索形成新时代基层科协有效联系服务团结引领卫生、教育、农业等各领域基层一线科技工作者，助力健康中国战略、创新驱动发展战略、乡村振兴战略的经验模式，在科协系统掀起加强基层科协建设的热潮，切实增强基层科协依靠科技工作者、动员科技工作者、组织科技工作者的能力和水平。

（2）试点时间：2018—2020年。

（3）试点单位：各省级科协根据实际情况确定试点县乡镇科协，分步推进实施，三年内覆盖全部县乡镇科协。

二、基本原则

（1）强化政治引领。牢牢把握基层科协的政治属性，增强政治引领政治吸纳能力，贯彻落实党的路线方针政策，提升群众工作本领，团结引领以“三长”为代表的各领域基层一线科技工作者听党话、跟党走，增强“四个意识”、坚定“四个自信”，充分发挥基层科协和基层教育体系、医疗卫生体系、农业推广体系的积极作用，为有效实施健康中国战略、创新驱动发展战略、乡村振兴战略贡献智慧和力量，巩固和扩大党在科技界的执政基础和群众基础。

（2）突出问题导向。聚焦基层科协弱化、虚化、边缘化“三化”现状和缺编制、缺经费、缺办公场所、缺工作人员“四缺”难题，坚持补弱项、强短板，以团结吸纳“三长”为代表的“关键人物”为突破口，引领带动广大基层一线科技工作者进入科协组织、参与科协工作，充实队伍力量，提升工作影响，释放组织活力，强化服务实效。

（3）创新工作理念。用改革的方法激发活力、用创新的思路打开局面、用开放的胸襟集聚资源，坚持外向拓展、纵横融合、网络活跃“三维”聚力，把工作对象转变为工作力量，创新基层组织设置和活动方式，通过抓牢用好“三长”，积极参与基层社会治理创新，不断扩大基层科协有效覆盖，提升凝聚力和影响力，努力在党委政府工作格局中展现科协组织新作为。

（4）注重系统推进。加强顶层设计，强化上级指导，注重上下联动，积极把上级科协力量配备、服务资源引入到基层。发挥县级科协承上启下的关键枢纽作用，推动包括县级学会、乡镇（街道）科协、村（社区）科协、农技协、企业（园区）科协、高校科协等基层组织的全面改革创新，形成整体格局和系统效应。充分利用信息技术加强网上科协建设，推动线上服务平台和线下服务阵地有效对接，实现线上组织和线下组织协同发展。

三、重点任务

（一）以“三长”为纽带，扩充骨干队伍，提升基层科协凝聚力

坚持延长工作手臂、会聚社会力量，充分吸纳以“三长”为代表的“关键人物”进入县乡镇科协领导机构，发挥“三长”联系面广、动员力强的作用，把更多热爱科协事业，具有一定专业知识、组织活动能力、群众工作经验的同志充实到科协队伍中，夯实基层科协的组织基础和群众基础。

一是县级层面注重吸纳医院院长、学校校长、农技站站长等进入科协领导机构兼职挂职，通过“三长”进一步带动卫生、教育、农业等各领域科技工作者担任县级科协代表、委员、常委等。

二是乡镇（街道）层面注重吸纳乡镇卫生院院长、街道卫生服务中心主任、学校校长、农技站站长、农业服务中心主任、社会服务中心主任等担任乡镇（街道）科协兼职挂职副主席。

三是村（社区）级层面注重吸纳村卫生室主任、社区卫生服务中心主任、小学校长、青年大学生基层社区工作者、大学生村官、科技科普示范户、种养殖大户、“土专家”“田秀才”等进入科协工作队伍。

（二）以“三长”为引领，重塑工作格局，提升

基层科协影响力

找准基层科协的职责定位和使命目标，自觉融入县级党委政府工作大局，团结引领以“三长”为代表的各领域基层一线科技工作者发挥专业特长和优势，带动卫生、教育、农业等各领域资源向农村社区倾斜、向基层一线倾斜，为基层群众提供形式多样、内容丰富的科技类公共服务产品，推动“四服务”职责定位和智库、学术、科普“三轮”驱动工作机制落地生效，形成与新时代基层经济社会发展相适应的科协工作新格局。

一是发挥医院院长团结引领作用，发挥卫生系统科技工作者作用。加大与县乡镇医疗卫生机构的合作力度，以县级医学会、科普公益组织为载体，建立由医院院长牵头、医技人员广泛参与的医疗队伍，深入社区、农村、学校、企业举办健康讲堂、专业咨询、健康义诊、防癌体检、公益募集等宣传活动，倡导健康文明的生活方式，服务农村地区精神卫生、职业病和重大传染病防治，推进健康乡村建设，助力健康中国战略。

二是发挥学校校长团结引领作用，发挥教育系统科技工作者作用。将科技活动和科普活动引进校园，联合中小学举办青少年科技创新大赛、模型竞赛、机器人竞赛等科技竞赛，定期开展“科普月”“科普周”“科普读书日”等系列活动，提升青少年科学素养，激发青少年科学探索热情。将教育资源和教师资源引入社会，支持引导中小学教师走出校园，发挥专业优势，履行社会责任，作为骨干力量广泛参与群众性、基础性、社会性科技科普活动，弘扬科学精神、普及科学知识，提高全民科学素质，服务创新驱动发展战略。

三是发挥农技站站长团结引领作用，发挥农业领域科技工作者作用。加大与县级农委、农办和扶贫办的合作力度，以县级农学会、农技协联合会为载体，会聚农技站站长、农技协联合会会长、农业服务中心主任、社会服务中心主任等“关键人物”的资源平台渠道优势，推广新技术、新品种、新模式，深入开展实用性和实践性强的专业科技培训，培育爱农业、懂技术、会经营的新型职业农民。建立社会优质科普资源向农村倾斜机制，创新科普宣传方式，举办形式多样的乡村科普活动和文化学习活动，提高农民科学文化素养，焕发乡风文明新气象。吸引带动专家学者、技能人才、高校学生、企业家等社会各界人士投身农业农村事业，畅通智力、技术、管理下乡渠道，为农民脱贫致富和加快农业农村现代化提供支撑，助力精准扶贫，服务乡村振兴战略。

（三）以“三长”为依托，拓宽组织体系，提升基层科协覆盖力

坚持把抓基层、打基础作为科协系统的固本之策，坚持外向拓展、纵横融合、网络活跃“三维”聚力，积极推动科协组织向基层延伸，发挥好“三长”组织动员优势，创新基层组织设置方式，扩大有效覆盖，形成纵向到底、横向到边的基层科协组织网，将更多科技工作者纳入科协体系，紧紧团结在党的周围。

一是推动县乡镇科协组织科协工作全覆盖，着力消除空白点和盲区，形成以县级科协为枢纽、乡镇（街道）科协为重点、村（社区）科协为延伸的基层组织网络体系。

二是加强县级学会建设，推动“三长”发挥带头作用，进一步发展壮大医疗卫生、工程技术、农业等相关学科领域和县域特色优势产业的专门学会，鼓励引导县域中学自然科学教学人员发起成立基础学科领域专门学会，不断扩大县级学会的组织覆盖和活动覆盖。

三是加强农技协建设，在乡镇普遍建立不同类型的农技协，建好建强县级农技协联合会，发挥各级各类农技协在基层农技推广体系中的积极作用，围绕服务乡村振兴战略，推动现有农技协转型升级，把农技协打造成为面向农村开展科普工作和专业技术服务的重要平台和载体。

四是加强企业（园区）科协建设，引导科技人员集中的县域企业、经济技术开发区采取单独组建、区域联建、行业统建、依托组建等方式成立企业科协或园区科协，推动建立企业科协联合会、企业家联合会等组织。

五是大力发展个人会员。创新会员设置方式，积极吸纳企业研发人员、工程技术人员、中小学自然科学类教师、大学生村官、农业技术人员、医疗卫生人员等普通科技工作者加入各级各类科协组织，不断壮大会员队伍、扩大会员覆盖。

（四）以上级指导为保障，聚合资源优势，提升基层科协发展力

坚持发挥科协系统上下联动优势，建立各级科协共同推进基层科协建设工作格局，大力推动科技创新资源、学会资源和科普资源向基层科协倾斜，在项目申报、经费支持、奖项推荐、人才举荐、干部交流等方面给予基层科协更多支持，为基层科协吸纳“三长”发挥作用提供保障。

一是中国科协加强对基层科协建设的顶层设计和统筹谋划，强化县级科协“四服务”职责定位，围绕“学术、智库、科普”指导推动基层科协实现格局重塑、流程再造和组织重构。以《中国科学技术协会章程》为核心，指导地方科协完善配套实施细则，建立科协系统换届制度规范，推动基层科协吸纳“三长”工作规范化、制度化。建立科协系统学术资源、智力资源、科普资源、学会资源向基层科协的延伸机制，支持县乡镇科协整合资源服务“三长”等各领域基层一线科技工作者，拓宽基层科协发展平台。加强网上科协组织建设，激活各级各类科协组织的信息节点和分享功能，强化对以“三长”为代表的各领域基层一线科技工作者的网上服务、网上引领。

二是省级科协加强对试点工作的统筹设计和整体推进，制定实施方案，加强组织领导，明确试点工作分管领导、责任部门和专职人员，分步有序推进试点工作。建立吸纳“三长”制度规范，指导基层科协依法依章做好“三长”进入县乡镇科协领导机构兼职挂职工作。发挥系统联动作用，推动建立省、市、县、乡四级试点工作格局，将“三长”吸纳工作纳入上级科协对下级科协的年度目标考核，建立年中督查、年底考核制度，层层推动落实。加大对县乡镇科协的支持力度，推动力量配备、服务资源向基层科协倾斜，在经费保障、项目申报、干部交流等方面为“三长”发挥作用创造条件、提供平台。

三是要争取县级党委政府对基层科协的重视和支持。出台加强基层科协建设的规范性文件，将“三长”进入县乡镇科协领导机构作为一项制度安排，完善“三长”兼职挂职服务机制。加强与县级组织、编制、财政、卫生、教育、农林、经济等部门的合作，为“三长”进入科协领导机构、发挥作用提供保障。

四是基层科协在试点工作开展过程中，要注重吸纳在基层具有广泛影响能力、动员能力、组织能力的“三长”进入县乡镇科协领导机构。有关人选要征求上级科协组织和同级党委组织部门的意见，通过召开代表大会换届选举或召开委员会议增补等方式吸纳“三长”，并形成制度规范。

四、实施进度

（一）各省开展试点工作（2018 年）

中国科协制定提升基层科协组织力“3+1”试点总体方案，明确试点工作的目标要求和重点任务，启动试点工作。各省级科协结合实际情况制定本省实施方案，明确思路举措，选定试点单位，探索积累经验。

（二）各省推广试点经验（2019 年）

中国科协加强对各省试点工作的统筹指导推动，搭建平台，促进各省级科协交流分享试点经验。各省级科协在先期试点的基础上，在全省范围内推广试点经验，确保“三长”普遍进入县乡镇科协领导机构。

（三）全国推广试点经验（2020 年）

中国科协总结提炼各省试点经验，在全国范围内推广典型模式，推动“三长”普遍进入县乡镇科协领导机构并发挥积极作用。各省级科协继续加强探索，因地制宜，形成各具特色的“三长”工作模式。

中国科协办公厅关于组织开展中国科协规划纲要编制专题研究的通知

科协办发计字〔2018〕14 号

各全国学会、协会、研究会，各省、自治区、直辖市科协，新疆生产建设兵团科协：

党的十九大开启了建设中国特色社会主义现代化国家的新征程。为深入贯彻习近平新时代中国特色社会主义思想，把党的十九大精神转化为新时代科协组织生动持久的实践行动，勾画面向世界科技强国的中国科协事业发展远景和蓝图，中国科协决定编制事业发展中长期规划纲要（以下简称“中国科协规划纲要”）。为支撑中国科协规划纲要编制工作，广泛凝聚社会各界智慧，增强中国科协规划纲要的科学性，提高中国科协规划纲要编制的透明度、民主参与度，拟采取定向委托研究和自愿选题研究两种方式同时开展中国科协规划纲要编制专题研究。现将有关事项通知如下。

一、中国科协规划纲要编制的目的意义

编制中国科协规划纲要是全面贯彻中央决策部署的战略需要，是强化服务科技强国战略责任与使命的要求，是抢抓发展战略机遇的大势所趋，是深化改革的形势所迫，是引领科技界进军新征程的强烈需求。因此，中国科协要面向新时代，站高望远，全面系统设计科协事业中长期发展方向、目标任务，形成一个与党和国家发展中长期（2020—2035—2050 年）战略部署相协调、与建设世界科技强国的目标相适应、指导科协事业发展的纲领性文件。

二、中国科协规划纲要的主要定位

中国科协规划纲要将坚持以习近平新时代中国特色社会主义思想为指引，坚持对标中央、服务大局，突出全球视野、历史纵深，强化前瞻谋划、战略引领，强调以人为本、改革攻坚，成为全方位推进新时代科协事业创新发展的科学纲领和行动指南。

中国科协规划纲要将主要体现科协组织的以下功能和作用。一是准确把握党领导下人民团体的政治属性，强化政治引领吸纳的功能；二是引导科技工作者弘扬中国科学家精神，树立创新自信，塑造实现强国目标的创新文化功能；三是适应新时代中国社会主要矛盾新变化，塑型服务国家目标的群团组织功能；四是构建服务国家治理体系现代化的社会服务功能；五是服务社会主义先进文化建设，引领面向人类命运共同体发展的人文交流功能。

三、中国科协规划纲要的重点考虑

（1）在新时代党和国家事业“全视图”中确立科协组织“三步走”战略目标。主动融入党和国家发展全局，着力支撑新时代战略部署，形成战略引领、绩效导向的目标体系。一是根据2020年建成创新型国家和全面小康社会的目标需要，大幅提升智库、学术、科普的国际化、信息化、协同化水平，构建体系健全、结构优化、运行高效、适应创新驱动发展战略要求和基层群众需要的科协组织。二是按照2035年进入创新型国家前列的发展要求，打造国际高端的智库、世界一流的学术、普惠创新的科普，建成体系完备、充满活力、联系广泛的世界一流科技组织，形成较强的国际影响力。三是前瞻2050年科技强国目标，建成具有强大引领力、全球辐射力、战略动员力、社会吸引力的中心枢纽型科技组织。

（2）充分估量未来社会经济发展与变革对科协组织的影响。一是充分估量新一轮科技革命与产业变革历史交汇期的重大影响，二是充分估量科技产业变革与创新组织方式历史交汇的重大影响，三是充分估量全球人才流动变化趋势可能出现的重大转折，四是充分估量科技社团从本地化、区域化向全球化拓展进而演化为国际科技组织的发展趋势及其影响。

在预见研判的基础上因时而变、应势而动，在主动识变、应变中谋划科协组织转型升级的战略方向，实现从传统联系服务向更加有效的政治引领政治吸纳转变；从服务科技创新向生态营造并重转变；从组织硬实力建设向软实力、巧实力并重转变；从利用国内资源向统筹利用国际国内两种资源转变；从建设物理之家向智慧之家、精神之家转变。

（3）在世界眼光和历史纵深的大视野中打造科协组织的硬实力、软实力、巧实力，形成国际一流的发展实践。对标中央要求和国际最佳实践，立足科协组织职责定位，牢牢把握政治性、先进性、群众性的总要求，把组织力建设摆在服务科技强国目标的突出位置，以一流的服务平台团结引领广大科技工作者响应党的号召，投身实现中华民族伟大复兴的历史征程。重点打造五个中心，一是一流学术交流中心，二是一流高端人才创新中心，三是一流国际科技组织总部中心，四是一流科学文化传播中心，五是一流科技思想智库中心。

（4）在国家治理体系的大格局中体现科技群团的新担当。以科技创新为核心，全面创新重构产业和经济生态，塑造政府企业等社会主体之间的关系。数字经济、智慧社会蓬勃发展，以区块链技术、社交平台为代表的发展力量推动去中心化的社会联系和治理体系深刻变革，信任替代权威，多中心的网络治理趋势不可扭转，对意识形态引领和社会治理提出重大挑战。重点在三方面体现科协组织的新担当，一是成为践行党的群众路线的时代先锋，二是成为新时代科技创新的赋能型组织，三是成为国际科技创新的行动者和引领者。

四、中国科协规划纲要编制专题研究设置

根据中国科协规划纲要编制需要，紧紧围绕科协事业发展的客观规律和历史经验，充分估量未来发展重大“拐点”的趋势和影响，紧紧围绕到2020年、2035年和2050年党和国家事业发展战略部署，对科协组织发展的新使命新要求、战略目标和重大战略任务、发展路线图和重大改革发展举措等重大理论和实践问题设定13个专题研究课题（详见附件）。

五、课题研究组织方式

专题研究同时采取定向委托、自愿选题两种方式进行。

（1）定向委托研究。请各全国学会、省级科协结合专题研究课题目录的内容与要求，积极组织推荐具备研究能力和合作意向的高校、科研院所、智库等专业机构作为课题研究的承担单位，并于5月15日前将推荐单位和课题负责人名单以及相关简介（主要介绍推荐单位和课题负责人的研究基础和优势）通过电子邮箱报送中国科协计财部。中国科协将根据推荐单位和课题负责人的研究方向、专长、资质、团队、成果等方面进行综合评价，对应附件中设定的专题研究课题择优评选课题研究承担单位和课题负责人。定向委托研究方式将遵循课题研究的管理方式，每个专题研究题目拟补助 8 万 ~15 万元课题经费。

（2）自愿选题研究。请各全国学会、省级科协充分发挥自身优势，积极参与课题研究工作，或组织动员高校、科研院所等单位专家在附件中设定的专题研究课题中自愿选择其擅长的专题进行研究，并于 6 月 20 日前将其研究报告及研究个人或团队相关情况（负责人姓名、职称、电话、邮箱、通信地址）通过电子邮箱报送中国科协计财部。中国科协将对各全国学会、省级科协以及推荐的个人或团队报送的研究报告组织评审，最终评审时间为 6 月 30 日。每个专题评选 2~3 篇优秀研究报告，对每篇优秀研究报告以后资助方式给予 3 万 ~5 万元补助。

研究报告正文的篇幅一般控制在 5000~8000 字，报告须符合附件中专题研究课题相应的研究方向、任务和目标等要求。研究报告须紧密联系中国科协工作实际，突出时代发展、社会前沿，突出全球视野、历史纵深，突出前瞻谋划、战略引领，重点围绕战略目标、重大任务和重大举措提出较强针对性、借鉴性和操作性的对策建议，切实为规划纲要编制工作提供内容支撑。报告表述应逻辑清晰、主题突出、层次分明、内容翔实。

各全国学会、省级科协要高度重视，充分认识编制中国科协规划纲要对科协组织引领科技界服务我国建设世界科技强国的重大意义，深刻理解新时代科协组织所面临的战略态势和时代要求，积极组织开展并广泛动员社会力量参与中国科协规划纲要编制专题研究工作。

附件：中国科协规划纲要编制专题研究课题目录

中国科协办公厅

2018 年 5 月 9 日

附件

中国科协规划纲要编制专题研究课题目录

专题 1：面向 2050 年强化科协组织政治引领吸纳的战略研究。准确把握科协组织作为党领导下人民团体的政治属性，围绕增强政治性先进性群众性、充分发挥政治引领政治吸纳功能，把广大科技工作者紧密团结在以习近平同志为核心的党中央周围，为夯实党在科技界的执政基础、践行新时代党的群众路线提供重要遵循。该专题主要研究凝练科协组织政治引领政治吸纳的基本经验和科学规律，提出科协组织在政治引领政治吸纳中的使命，以及 2020 年、2035 年、2050 年分阶段目标任务、重大举措和支撑条件。

专题 2：面向 2050 年科协组织服务国家目标的战略动员研究。主动适应我国社会主要矛盾新变化，融入党和国家发展全局，围绕到 2020 年全面建成小康社会、到 2035 年基本实现社会主义现代化、到 2050 年建成社会主义现代化强国的战略目标，顶层设计科协组织的主攻方向、发展战略和重点任务，形成最广大科技工作者的强大战略动员力。该专题主要研究科协组织在服务国家发展目标中的地位和作用以及战略动员的途径和方式，提出科协组织动员广大科技工作者服务国家发展目标的战略任务、战略目标，以及 2020 年、2035 年、2050 年分阶段目标任务、重大举措和支撑条件。

专题 3：面向 2050 年强化科协组织塑造实现强国目标的责任使命研究。凝练弘扬中国科学家精神，放眼世界，勇闯科技创新无人区，以敢为天下先的创新自信走近世界科技舞台中央，塑造国家竞争能力基础，形成进军世界科技强国、为中华民族伟大复兴拼搏创新的强大文化支撑。该专题主要研究凝练提出中国科学家精神，研究总结从“三跑并存”到领跑过程中科技工作者的战略自信、文化自信、创新自信的形成规律，提出科协组织在塑造实现强国目标中的应有职责、战略任务、战略目标，以及 2020 年、2035 年、2050 年分阶段目标任务、重大举措和支撑条件。

专题 4：面向 2050 年科协组织服务国家治理体系和治理能力现代化的战略研究。服务国家治理体系和治理能力现代化，与时俱进彰显科协的“三型”组织特色，夯实社会发展基础，体现在未来国家创新体系和全球创新治理体系中的新定位新作为，打造具有强大组织能力、鲜明组织目标、有效组织行动的科技群团组织。该专题主要研究面向 2050 年释放人才创新活力、激发自由思维的战略需求，科协组织服务国家治理体系和治理能力现代化的战略定位、特色和作用，提出科协组织在释放人才创新活力、激发自由思维、提升国家创新能力、服务国家治理体系和治理能力现代化建设中的战略任务、使命担当，以及 2020

年、2035年、2050年分阶段目标任务、重大举措和支撑条件。

专题5：面向2050年科协事业发展战略目标与远景研究。该专题主要研究在2020年建成创新型国家和全面小康社会、2035年进入创新型国家前列、2050年建成世界科技强国的"全视图""拐点"中对科技组织发展的目标要求，提出科协事业发展总体战略目标、总体战略任务、基本策略，以及2020年、2035年、2050年"三步走"的发展目标、重点任务、重大措施和支撑条件。

专题6：面向2050年适应科技革命与产业变革趋势的科协组织发展对策研究。该专题主要研究面向2050年科技革命与产业变革趋势，研判找到我国发展"短板"和"命脉"以及对科协组织的影响，提出科协组织组织动员科技工作者在我国发展重点领域进一步开放交流、提升创新活力的基本策略、对策措施、重大方案，以及2020年、2035年、2050年分阶段目标任务、重大举措和支撑条件。

专题7：面向2050年科协组织服务构建人类命运共同体的战略研究。服务社会主义先进文化建设，深化对创新规律的认识，营造有利于科技工作者创新创业的文化环境、科技创新生态，谋划科协组织在推进国家全面开放合作、通过国际化进军世界科技舞台中央的战略通道和路径，推动形成我国科技硬实力、软实力、巧实力相得益彰的良好局面。该专题主要研究科协组织在服务构建人类命运共同体中的地位和作用，提出科协组织在进军世界科技舞台中央、构建人类命运共同体中的战略任务、战略目标、解决方案，以及2020年、2035年、2050年分阶段目标任务、重大举措和支撑条件。

专题8：面向2050年科协组织引领国际学术交流对策研究。该专题主要研究面向2050年国际学术交流发展态势以及全球学术交流中心转移的规律，提出科协组织引领国际学术交流、打造世界学术交流中心的基本策略、对策措施、解决方案，以及2020年、2035年、2050年分阶段目标任务、重大举措和支撑条件。

专题9：面向2050年科协组织会聚全球创新领军人才对策研究。该专题主要研究面向2050年全球创新领军人才发展态势以及全球创新领军人才会聚的规律，研判我国未来发展重点领域急需紧缺人才的趋势，提出科协组织会聚全球创新领军人才、打造中国特色具有差异化竞争优势的世界领军人才中心的基本策略、对策措施、解决方案，以及2020年、2035年、2050年分阶段目标任务、重大举措和支撑条件。

专题10：面向2050年科协组织打造国际科技组织总部中心对策研究。该专题主要研究面向2050年国际科技组织发展态势以及国际科技组织会聚和转移的规律，提出科协组织推动国际科技组织总部落户中国、打造全球国际科技组织总部中心的基本策略、对策措施、解决方案，以及2020年、2035年、2050年分阶段目标任务、重大举措和支撑条件。

专题11：面向2050年科协组织打造全球科学文化传播中心对策研究。该专题主要研究面向2050年全球科学文化传播发展态势以及全球科学文化传播中心形成与转移的规律，提出科协组织打造全球科学文化传播中心、提供公民科学素质促进解决方案的基本策略、对策措施，以及2020年、2035年、2050年分阶段目标任务、重大举措和支撑条件。

专题12：面向2050年科协组织引领全球科技思想智库对策研究。该专题主要研究面向2050年全球科技思想智库发展态势以及全球科技思想智库中心形成与转移的规律，提出科协组织建设创新思想策源地、构建全球智库伙伴网络、引领战略议题的基本策略、对策措施、解决方案，以及2020年、2035年、2050年分阶段目标任务、重大举措和支撑条件。

专题13：面向2050年科协组织适应党和国家机构职能体系改革对策研究。该专题主要研究面向2050年人类社会发展变化、国际科技组织发展演变态势，根据党和国家改革对科技群团"联系广泛、服务群众"的要求，提出科协组织增强组织力和社会动员力的基本策略、对策措施、解决方案，以及2020年、2035年、2050年分阶段目标任务、重大举措和支撑条件。

中国科协办公厅关于印发《关于中国科协所属全国学会进一步加强财务管理的若干规定》的通知

科协办发计字〔2018〕22号

各全国学会、协会、研究会：

为落实中央巡视中国科协反馈意见和中纪委综合派驻纪检组要求，进一步加强各全国学会、协会、研究会财务管理，中国科协制定了《关于中国科协所属全国学会进一步加强财务管理的若干规定》，现印发你们，并将有关落实事项通知如下。

（1）请按照本规定，对本学会财务管理进行一次全面对照检查，并将财务管理对照检查和整改报告于2018年9月30日前报送中国科协计划财务部。

中国科协将组织对全国学会财务管理对照检查和整改情况进行抽查，对对照检查不落实、整改走过场的全国学会将予以通报。

（2）请遵照本规定，结合财务管理对照检查情况，制定和修订完善本学会财务管理制度，全面加强财务内控管理，并将本学会财务管理制度文件于2018年10月31日前报送中国科协计划财务部备案。

（3）中国科协将通过巡视、财务专项检查等方式加强对全国学会财务管理的监督，同时开展全国学会财务内控管理培训和交流。

中国科协办公厅

2018年8月20日

关于中国科协所属全国学会进一步加强财务管理的若干规定

为落实中央巡视中国科协反馈意见和中纪委综合派驻纪检组要求，针对中国科协所属全国学会、协会、研究会（以下简称“全国学会”）财务管理存在的突出问题，依据国家对社会组织管理有关规定和中国科协主管部门职责，结合科协实际情况，现就全国学会进一步加强财务管理做如下规定。

（1）严格执行中央八项规定精神。各全国学会要坚决落实中央八项规定精神，切实增强贯彻落实中央八项规定精神的自觉性和坚定性，强化监督执纪问责，以永远在路上的坚韧和执着，巩固拓展落实中央八项规定精神成果。要进一步对标中央八项规定精神，参照中央八项规定出台后严格禁止的财务行为，制定完善财务管理制度并严格执行。

（2）严格执行财务内部控制制度。各全国学会要认真按照权责一致、有效制衡和分事行权、分岗设权、分级授权的要求，围绕收入管理、支出管理、项目管理、资产管理、合同管理等经济业务活动进行流程梳理和风险评估，逐一针对风险点建立健全各项内部控制制度。严格执行会计不得兼任出纳、出纳不得兼管稽核等不相容岗位工作人员互不兼任规定。严格执行理事会、监事会成员及其直系亲属不得担任或兼任会计人员规定。严格执行学会财务收支两条线管理、各项收入不得坐收坐支、盈余不得分红等规定。严格执行分支（代表）机构的全部收支纳入全国学会财务统一核算和管理、不得计入其他单位（组织或个人）账户等规定。

（3）严格执行财务信息公开制度。各全国学会要建立完善财务信息公开制度，将会费、社会捐赠（或资助）、政府资助（或专项拨款）、活动（或服务）收入、利息等收入以及相关支出等财务信息通过特定的媒介或方式主动定期向社会公开。财务信息公开应当真实、准确、及时，不得有虚假记载、误导性陈述或重大遗漏。要定期向理事会、监事会（监事）和会员（会员代表）大会报告财务状况，定期向中国科协报送年度财务报告。

（4）严格项目实施管理。各全国学会要进一步强化项目管理理念，按照国家和中国科协等相关规定，制定完善并严格执行项目管理办法。全国学会承担的财政项目必须严格遵守国家财政项目管理和中国科协等相关部门财政项目管理的规定，严格执行项目进度安排，严格专款专用和专账管理，严格执行财政部关于结转和结余资金的有关规定。

（5）严格财务审计监督。各全国学会须按照有关规定，明晰记账人员与业务事项和会计事项的审批人员、经办人员、财物保管人员的职责权限。严格执行重大事项决策、重要人事任免、重要项目安排、大额资金的使用必须经集体讨论做出决定的“三重一大”决策制度。严格执行全国学会定期组织财产清查和会计资料内部审计规定。严格执行全国学会换届或者更换法定代表人前接受财务审计规定。

（6）严格查处财务违法违纪问题。中国科协将全力推动中央巡视中国科协反馈意见和中纪委综合派驻纪检组要求在全国学会的全面整改落实，并将其纳入中国科协对全国学会巡视重点，定期组织对全国学会财务内控风险防控的专项检查，对发现的全国学会财务管理突出问题将限期整改。对发现问题严重或整改落实不到位的全国学会，将停止中国科协各类奖励、荣誉、项目等方面的支持；对落实中央八项规定精神不到位以及不制止、不纠正、不查处财务管理突出问题的，将进行通报；涉及违规违纪的，将按照相关规定移交纪检监察部门处理；构成违法犯罪的，将按照有关法律规定移交司法机关处理。

本规定自印发之日起实施。《关于颁发〈中国科协所属全国性学会经费管理的暂行办法〉的通知》(〔1990〕科协发综字349号)和《关于代管部分学会经费的暂行办法》(〔1987〕科协发综字385号)同时废止。

中国科协办公厅关于印发《中国科协机关工作人员行为规范新十六条》的通知

科协办发厅字〔2018〕8号

机关各部门、各直属单位：

为切实将学习贯彻党的十九大精神落到实处，体现新时代中国科协新使命新气象新作为，指导党员干部进一步明确使命责任、强化担当意识、改进工作作风、提高工作成效，办公厅会同机关各部门研究制定了《中国科协机关工作人员行为规范新十六条》。

经中国科协党组会议审议通过，现将《中国科协机关工作人员行为规范新十六条》印发给你们，请结合实际认真贯彻落实，可与2014年9月印发的《中国科协机关工作人员行为规范（试行）》配合使用。

中国科协办公厅

2018年3月7日

中国科协机关工作人员行为规范新十六条

为认真贯彻落实党的十九大精神，落实中国科协党组书记处对机关工作的新要求，主动适应新时代赋予科协的新使命，将党的十九大对党员干部的要求落实在机关工作人员的行为规范中，以高站位、高标准、严要求塑造科协机关干部的新形象，更好地服务于科协工作格局重塑、流程再造和组织重构，特制定本规范。

一、坚定政治立场，做信念过硬、政治过硬的“明白人”

（1）坚定理想信念和政治立场。坚定不移地与以习近平同志为核心的党中央保持高度一致，牢固树立“四个意识”，自觉拥护核心、维护核心。旗帜鲜明讲政治，保持正确政治定力，坚定“四个自信”。党员干部学习党章、尊崇党章，加强党性锻炼，提高政治觉悟和政治能力，严格执行新形势下党内政治生活若干准则。

（2）坚持提高政治理论水平。坚持用习近平新时代中国特色社会主义思想武装头脑，深刻领会精神实质和丰富内涵。学习贯彻落实好习近平总书记在“科技三会”上的重要讲话和对群团工作等做出的重要指示、批示精神。

（3）坚守政治纪律政治规矩。在政治上讲忠诚、在组织上讲服从、在行动上讲纪律，牢固树立党纪意识，严守工作纪律、保密纪律。严格执行请示报告制度，如实报告个人有关事项。

二、强化使命担当，做责任过硬、创新发展的“开拓者”

（4）深入研究新时代科协组织的使命目标。自觉对标党的十九大精神、对标世界先进水平，明确科协组织的工作任务，在服务国家战略和人民需要中拓展事业发展的广阔空间，贯彻执行中国科协党组的各项决定和任务。

（5）扎实推进目标任务落地见效。身体力行实施好智库、学术、科普“三轮”驱动，国际化、信息化、协同化“三化”联动，外向拓展、纵横融合、网络活跃“三维”聚力，推动构建科协事业发展新格局。增强群众工作本领，创新服务形式，更好地服务科技工作者。

（6）积极主动识变应变求变。善于思考新问题，勇于实践新格局，主动转变思想观念、转变方法措施、转变目标标准，克服惯性思维和习惯做法。用心谋划事业发展，全身谋事，敢当重任、善于做成。

三、加强能力建设，做能力过硬、锐意进取的“实干家”

（7）明确目标使命，树立顾客思维，强化成果导向。全面贯彻MCR工作方法，善用关键绩效指标（KPI）推进工作。严格按照工作规范和业务流程办事，部署工作有方案、落实工作有举措、推进工作有节点、督促检查有力度、评估效果有指标，打造工作流程完整闭环。

（8）努力提升工作效能。坚持高标准、高质量、重实效的工作要求，提高工作成效，简化冗余流程，提高会议效率，力戒懒政怠政。坚持问题导向，不断改进工作。善于辩证思考，研究探索业务工作的特点和规律，提升谋划、推动、落实的能力。

（9）全面提升素质本领。紧紧围绕科协事业发展需要，不断提升学习能力、拓宽国际视野、提升思维深度，牢固树立以事业为上的理念，提高核心业务必需的专业能力。着力加强财务内部控制和风险防范能力。

（10）尊法学法守法用法。牢固树立法律面前人人平等的观念，切实做到在法治思维之下想问题、作决策、办事情，办事依法、遇事找法、解决问题用法、化解矛盾靠法，依法依规办理各项事务。

四、改进工作作风，做作风过硬、联系群众的“知心人”

（11）大兴调查研究之风，广泛与科技工作者交朋友。把调查研究与科协中心工作紧密结合，紧扣影响和制约发展的突出矛盾问题、科技工作者反映强烈的热点难点问题，找到破解问题的办法和路径。加强与科技工作者的直接联系，了解科技工作者所作所为、所思所想，为科技工作者办实事。

（12）坚持以“钉钉子精神”抓落实。以脚踏实地的态度埋头苦干，力戒表态多调门高、行动少落实差等“四风”突出问题。

（13）发扬团结协作、优势互补、顾全大局精神。善于沟通联合、互助协作、资源互补，在工作中尊重他人、虚心诚恳，积极主动协助他人做好各项工作。

五、坚持廉洁自律，做严于律己、品德高尚的“好干部”

（14）坚决贯彻执行中央八项规定精神及实施细则。廉洁自律，自觉做到自重、自省、自警、自励。

（15）践行社会主义核心价值观。向上向善、孝老爱亲，强化社会责任意识、规则意识、奉献意识。遵守社会公德、职业道德、家庭美德。

（16）模范遵守社会公序良俗。以有理想、有自信、有品位、有文化、有朝气、有活力为自身追求，情趣高雅、品行端正，倡导健康向上、简约适度、绿色低碳的生活方式。

本规范自发布之日起生效。

专题文章

打造高质量发展的科技创新引擎

全国政协副主席、中国科协主席、科技部部长　万钢

高质量是新发展理念的本质要求。经济发展加快从要素驱动向创新驱动转变，是高质量发展最鲜明的特征和路径选择。科技创新是引领高质量发展的核心驱动力，为高质量发展提供了新的成长空间、关键的着力点和主要支撑体系。

新一轮科技革命和产业变革为我国推动高质量发展开辟了广阔的新空间，我们绝不能再重蹈历史上与科技革命失之交臂的覆辙，必须在全球科技竞争中抢占先机，为高质量发展占据“桥头堡”和“制高点”。

实体经济是一国经济的立身之本，是国家强盛的重要支柱。实体经济要做优做大做强，需要科技创新的有力支撑和先发引领。

创新作为现代化经济体系的战略支撑，不但要体现在强大的科技创新能力引领上，也要体现在高效的体制机制和良好的创新环境支撑上。

习近平总书记在党的十九大报告中指出，“我国经济已由高速增长阶段转向高质量发展阶段”，这是新时代我国经济发展的一个重大判断。创新是引领发展的第一动力，是建设现代化经济体系的战略支撑。充分发挥科技创新在高质量发展中的支撑引领作用，保持经济持续健康发展，是当前和今后一个时期科技工作的重要任务。

一、科技创新有力提升新动能，正在成为高质量发展的中坚力量

党的十八大以来，以习近平同志为核心的党中央对科技创新的高度重视、战略谋划和实施力度前所未有，大力实施创新驱动发展战略，开启了建设世界科技强国的新征程。我国科技创新发生了整体性、格局性、历史性重大变革，着力催生新动能，带动传统产业转型升级，支撑引领经济社会发展，创新型国家建设取得丰硕成果。

科技创新的整体实力显著增强，为高质量发展提供了源源不断的高水平创新供给。科技创新“三跑并存”中领跑、并跑的比例越来越大，内容越来越丰富，正在从量的积累向质的飞跃、从点的突破向系统能力提升转变。2017 年全社会研发经费支出达到 1.75 万亿元，比 2012 年增长 70%，研发经费支出占国内生产总值的比重为 2.12%，超过欧盟 15 国的平均水平。科技投入的产出质量和效率大幅提升，我国已成为世界第二大高质量论文贡献国，发明专利申请量和授权量均居世界第一。国家创新指数排名从 2012 年的第 20 位升至 2017 年的第 17 位。基础研究和前沿技术领域实现多点突破、群体性跃升，在载人航天、北斗导航、量子通信、深海探测、资源勘探、超级计算、大飞机等领域成功实现“后发先至”，向引领型发展目标迈进。

科技创新有力支撑供给侧结构性改革，成为推动产业转型升级的“开路先锋”。科技进步对经济增长贡献率从 2012 年的 52.2% 增至 2017 年的 57.5%。高技术产业增速明显高于规模以上工业的平均增速。科技重大专项实施 10 年，累计新增产值 1.9 万亿元，有力提

升了我国科技和产业的核心竞争能力。移动通信、高速铁路、半导体照明、太阳能光伏、风电、特高压输变电、高端装备制造等重点产业规模和技术水平世界领先，新能源汽车占全球市场产销量和保有量 50% 以上。移动支付、共享单车等新兴领域引领世界创新潮流。攻克干旱半干旱和盐碱地粮食增产的世界难题，良种在粮食增产中的贡献率达到 43% 以上。一批创新药物打破国外产品垄断，有力支撑健康中国发展。

科技成果加快向现实生产力转化，科技型创新创业蓬勃发展。科技体制改革向纵深推进，重点领域和关键环节取得实质性突破，以增加知识价值为导向的分配政策全面实施，科技成果“三权”改革的效果充分释放，高校、科研院所成果转化“量”“质”齐增。国家科技成果转化引导基金累计设立 14 支创业投资子基金，引导社会投资达 247 亿元。创新创业孵化链条日趋完善，4298 家各类众创空间、3255 家孵化器和 400 余家加速器服务创业团队和初创企业近 50 万家、带动就业超过 280 万人。全国高新技术企业达到 13.6 万家，营业总收入超过 30 万亿元。

区域创新高地不断涌现，打造一批创新发展的增长极增长带。北京、上海科技创新中心建设取得重要进展，全面创新改革试验区、创新型省份和城市建设形成一批可复制可推广的经验，京津冀、长江经济带协同创新发展等深入推进，东中西部跨区域创新合作迈出新步伐。19 个国家自主创新示范区和 168 个国家高新区成为区域创新发展的核心载体和重要引擎。北京中关村、武汉东湖、上海张江、广东深圳等国家自主创新示范区对所在地区国内生产总值增长贡献率超过 20%，成为创新发展的“领头雁”。

二、促进科技创新与经济发展深度融合，提升高质量发展的创新含量

高质量是新发展理念的本质要求。经济发展加快从要素驱动向创新驱动转变，是高质量发展最鲜明的特征和路径选择。科技创新是引领高质量发展的核心驱动力，为高质量发展提供了新的成长空间、关键的着力点和主要支撑体系。

新一轮科技革命和产业变革加速演进是高质量发展的重大战略机遇。历史上科技领域的每次革命性突破都会引发生产力、生产关系和国际格局的重大调整。能抓住并引领科技革命大势的国家就会成功迈向更高水平的发展阶段并成为国际秩序的主导力量。当前，全球科技创新进入空前密集活跃期。科学技术新发现、新发明呈现非线性、爆发式增长，直接转化为生产力和经济效益的周期大为缩短。人工智能、物联网、纳米材料等一大批新技术加快推动经济发展向网络化、数字化、智能化、绿色化转变。新一轮科技革命和产业变革为我国推动高质量发展开辟了广阔的新空间，我们绝不能再重蹈历史上与科技革命失之交臂的覆辙，必须在全球科技竞争中抢占先机，为高质量发展占据“桥头堡”和“制高点”。

提高科技创新对实体经济的贡献率是高质量发展的必然要求。实体经济是一国经济的立身之本，是国家强盛的重要支柱。实体经济要做优做大做强，需要科技创新的有力支撑和先发引领。因此，要大力推进互联网、大数据、智能制造和实体经济深度融合，提高消费零售、医疗保健、货运物流等行业的数字化、智能化水平，为传统产业转型升级开辟新的方向。比如，共享单车集成应用了智能芯片、射频识别、位置服务、移动支付、电子围栏等多个领域的先进技术，得益于我国在卫星导航、超级计算、移动通信、智能终端和互联网等重点领域科技创新的超前部署，推动了创新创业，带动了自行车产业转型升级，是以新技术改造旧动能、培育新动能的生动例证。

高效协同的创新体系和开放包容的创新创业生态是高质量发展的重要保障。创新作为现代化经济体系的战略支撑，不但要体现在强大的科技创新能力引领上，也要体现在高效的体制机制和良好的创新环境支撑上。高质量发展需要完善的基础科学研究体系，着力解决产业发展中的关键性科学问题。高质量发展需要完善的产学研深度融合技术创新体系，不断强化企业的创新主体地位，促进创新链、产业链、资金链、政策链有效结合。高质量发展需要完善的创新创业生态环境，充分调动全社会创新创业的积极性。高质量发展需要良好的创新文化环境，在全社会弘扬科学精神、普及科学知识、倡导科学方法、提升全民科学素质，厚植高质量发展的创新土壤。

三、强化科技创新的核心引领能力，塑造更多依靠创新驱动的高质量发展新格局

党的十九大对科技创新做出全面系统部署，推动高质量发展、支撑供给侧结构性改革、加快新旧动能转换对科技创新提出新的更高要求，必须坚持以习近平新时代中国特色社会主义思想为指导，推动科技创新主动引领经济社会发展，打造经济增长、产业升级、民生改善的内生动力，为质量变革、效率变革、动力变革提供强有力的科技支撑。

提高引领前沿的源头供给能力，在更多领域成为全球创新引领者。全面加强基础研究和应用基础研究，促进自由探索与目标导向结合、自然科学与人文社会科学交叉融合。全面启动实施“科技创新2030—重大项目”，与国家科技重大专项形成梯次接续格局，对重大战略必争领域进行前瞻部署，形成更多创新引领的战略势差。

提高产业技术的融合发展能力，加快产业迈向中高端。强化关键共性技术、前沿引领技术、现代工程技术、颠覆性技术创新的系统布局，推进信息、能源、生物、材料等新兴技术领域和产业发展的跨界融合，以数字化、网络化、智能化推动传统产业转型升级，支撑引领新兴产业的集群式发展。

提高创新创业的要素聚集能力，打造双创升级版。以科技型创新创业为主线，以融通发展、高端普惠、国际拓展、生态优化为方向，推动双创向更高层次、更优质量、更大效益、更广范围升级发展。完善“众创空间—孵化器—加速器—科技园区”创业孵化链条，推动众创空间向专业化、市场化方向发展。推动高校、科研院所和龙头骨干企业开放科技资源、转化科技成果，通过开放式创新降低新技术应用门槛，将我国打造成全球创新创业热土。

提高创新主体的先发突破能力，培育战略科技力量。以国家实验室为引领，加快推进国家科技创新基地的优化整合，建设一批世界一流的高校、科研院所和创新领军企业。在重大创新领域建设一批国家实验室，以突破型、引领型重大任务攻关为主线，统筹全国优势资源，探索建立适应国家重大目标和战略任务需求的运行管理机制。强化企业的技术创新主体地位，建设若干战略目标明确、运行开放高效、资源整合能力强的国家技术创新中心。

提高创新高地的辐射带动能力，构建各具特色的区域创新体系。紧紧围绕国家重大区域发展战略，以点带面，推动更多地方加快走出创新驱动发展的新路。加快北京、上海科技创新中心建设，支持雄安新区和粤港澳大湾区科技创新的顶层设计，优化国家自主创新示范区和高新区的建设布局。促进科技资源向农村基层流动，以科技创新支撑乡村振兴战略、助力打赢脱贫攻坚战。

提高科技创新的开放合作能力，更加主动融入全球创新网络。不断拓展国际科技合作的深度和广度，把我国科技实力转化为全球创新治理的影响力，提升在全球创新规则制定中的话语权。加快实施“一带一路”科技创新行动计划，构建平等互利、合作共赢的科技创新共同体。构建全球领先的新技术、新产业标准体系，推动更多的中国产业技术标准成为全球通用标准。加快牵头组织国际大科学计划和大科学工程，为解决全球性问题贡献中国智慧。

提高创新资源的多元配置能力，构建创新友好的生态环境。在继续发挥集中力量办大事体制机制优势的同时，充分发挥企业、社会力量在前沿突破和新兴产业培育方面的作用。发挥中央财政科技投入的引导作用，建立地方、企业、社会力量多元化投入机制。鼓励企业加大对基础研究的投入，支持企业牵头承担国家科技重大项目。构建开源开放的科技创新平台，加强创新政策的普适普惠和精准支持，推动产学研用各类创新主体协同创新、融通发展。

提高领军人才的培育造就能力，建设一支结构合理、国际化水平高的科技人才队伍。依托重大项目和高水平科研基地，集聚和培养能够把握世界科技大势、研判创新方向的战略科技和高端专业人才，培育锻造具有全球战略眼光、创新精神和社会责任感的创新型企业家。扩大国家科技计划对外开放，与国际著名机构建立联合实验室，吸引国际顶尖人才来华工作。改革完善科技评价制度，加强科研诚信建设。充分发挥各级科技群团组织的作用，把科技人员紧紧地团结在党的周围，加强智库、学术和科普能力建设，更好地营造全社会崇尚科学、尊重知识、尊重人才、致力创新、勇于创业、开放包容的创新生态和创新文化。

（来源:《求是》2018年第6期）

高扬爱国奋斗主旋律　引领创新建功新时代

中国科协党组书记、常务副主席、书记处第一书记　怀进鹏

中华民族从站起来、富起来到强起来的伟大飞跃中，始终贯穿着伟大的爱国奋斗精神。奋力实现党的十九大确立的目标任务，向世界科技强国进军，是走近世界舞台中央、走向伟大复兴的新长征。习近平总书记的一系列重要指示深刻阐明爱国奋斗的时代意义，对全社会弘扬爱国奋斗精神、建功立业新时代提出了明确要求，是弘扬中国科学家精神、推动科技创新发展的根本遵循。

爱国主义是中华民族精神的核心，是具有伟大号召力、激励中华儿女不懈奋斗的精神旗帜。新时代的爱国奋斗是与许党许国、报党报国有机统一的，是与植根人民、服务人民有机统一的，是与为人民谋幸福、为民族谋复兴、为世界谋大同有机统一的。新时代是奋斗者的时代，广大科技工作者要把爱国之情、报国之志融入祖国改革发展的伟大事业之中，融入人民创造历史的伟大奋斗之中，融入建设世界科技强国、构建人类命运共同体的伟大实践之中。

我国科技界素有爱国奋斗的光荣传统。新中国成立以来，在党的领导下，以钱学森、邓稼先、郭永怀、袁隆平、黄旭华、屠呦呦、赵忠贤等为代表的老一辈科技工作者用自己的忠诚和担当、智慧和才能、奉献和牺牲谱写出一曲曲爱国奋斗的英雄赞歌。在改革开放和创新型国家建设的伟大征程中，李保国、黄大年、南仁东、钟扬等当代科技工作者把论文写在祖国大地上，以丰硕的创新争先成果诠释了心有大我、至诚报国的浓烈情怀，不愧为国家栋梁、民族脊梁、人民赤子。从“西迁精神”到“两弹一星”精神、再到“载人航天”“载人深潜”精神，爱国奋斗精神绵延传承，成为中国人民伟大创造精神、伟大奋斗精神、伟大团结精神、伟大梦想精神的时代观照。

爱国奋斗不是抽象的，而是具体的，不是在口头上，而是在行动中。高扬主旋律、发力主战场、建功新时代，是新时代弘扬爱国奋斗精神的必然选择。面临科技革命和产业变革的历史交汇期，面临世界百年未有之大变局，面临复杂严峻的国际形势，我们比历史上任何时期都更需要建设世界科技强国。知识分子是时代中坚、是社会之光，必须不畏任重、不惑世变、不惧时艰，“苟利国家生死以，岂因祸福避趋之”。形势逼人、挑战逼人、使命逼人，广大科技工作者要继承爱国奋斗的光荣传统，把个人理想自觉融入科技强国伟业，洞察变革于端倪，把握先机于初始，引领方向于“无人区”，补短板、增长板，摆脱核心技术受制于人的局面，打造未来竞争新优势，在奋斗中成就创新梦想、实现人生价值。

中国科协作为党领导下的人民团体、科技工作者的群众组织，坚持聚焦靶心、围绕中心、突出重心、服务大局，始终把弘扬爱国奋斗精神作为潜移默化加强政治引领的重大政治任务。今年以来，我们深入贯彻习近平总书记重要指示精神，把握主基调、唱响主旋律、面向主战场，引领科技工作者为祖国建功立业、

与新时代同频共振。我们广泛动员地方科协和全国学会结合实际大力弘扬爱国奋斗精神，深入开展“寻找新时代创新先锋”主题宣传，唱响社会主义核心价值观主旋律。在传承创新发展中，我们逐步提炼出“爱国、创新、求实、协同、人梯”等精神内核，在科技界形成广泛共识，进一步激发了广大科技工作者的创新报国激情与活力。

今年是改革开放40周年，适逢中国科协成立60周年，明年将迎来中华人民共和国成立70周年。站在新的历史起点，面对新的征程、新的使命，推动改革再出发，需要在科技工作者中大力弘扬爱国奋斗的传统、充分激发爱国奋斗的情怀。中国科协要坚持以习近平新时代中国特色社会主义思想为指导，更好发挥桥梁纽带作用，引导广大科技工作者坚决维护习近平总书记在党中央和全党的核心地位，坚决维护党中央权威和集中统一领导，增强“四个意识”，坚定“四个自信”，为建设世界科技强国、实现中华民族伟大复兴的中国梦不懈奋斗。

（来源:《人民日报》2018年8月10日12版）

打造新时代创新发展的科普之翼

中国科协党组书记、常务副主席、书记处第一书记　怀进鹏

习近平总书记深刻指出，科技创新、科学普及是实现创新发展的两翼，要把科学普及放在与科技创新同等重要的位置。党的十九大报告强调，弘扬科学精神，普及科学知识。进入新时代，中国科普事业肩负着神圣使命，满足人民群众对美好生活的向往，践行以人民为中心的发展理念，以全民科学素质的持续提升构筑未来发展新优势，厚植国家创新发展的科技和人力资源基础，必须以新的理念武装科普工作，以更加符合科技创新规律和时代需要的手段传播科学精神、科学思想、科学知识、科学方法，在科技创新与科学普及协同进步中，让公众理解科学，让科学普惠人民，以更加强劲的科学普及之翼服务全面建成小康社会和社会主义现代化强国。

科普事业肩负着神圣使命

科普是建设创新型国家和世界科技强国的基础支撑。当前，新一轮科技和产业变革的桅杆已若隐若现，深刻改变着当今世界发展的战略走向和竞争格局，深刻影响着人类生产生活方式和社会治理方式。创新驱动社会生产力快速跃升，人才成为发展的第一资源，国家间竞争越来越表现为人才的竞争。人才的涌现源于强大的公民科学素质和创新文化积淀，大众创业、万众创新更需要科学精神和科学方法在全社会的广泛传播和弘扬、成为民众自觉追求的价值风尚。百舸争流竞创新的全球化浪潮中厚植人才成长的沃土，建设创新文化，成为国家面向未来的战略优先和基础工程。我国已确立了到2020年建成创新型国家、在2035年迈向前列进而跻身世界科技强国的宏伟目标，以中华民族伟大复兴的历史视野和世界眼光审视科学普及的发展任务，要求我们不仅要在科技、产业等重要领域抢占制高点，形成综合国力竞争的强大优势和硬实力，更要在国民科学素养、人才质量、创新文化等方面形成强大软实力。

科普是繁荣中国特色社会主义文化的重要动力。中华文化在与近代科技发展的相互激荡中不断丰富着科学精神和科学思维的内涵，一代代中国科技工作者在追求科技进步、服务国家人民的伟大实践中孕育发展的中国科学家精神已成为中国特色社会主义文化的重要组成部分。当代中国，科普不仅肩负着弘扬科学精神、普及科学知识、提升公民科学文化素质、增进民生福祉和实现人的全面发展的使命，更是弘扬社会主义核心价值观、建设中国特色社会主义文化的关键力量。弘扬中国科学家精神，让公众在潜移默化中受到科学思想、科学精神、科学方法的熏陶和教育，让科学家精神成为社会主义核心价值观的具体体现，激励一代代人投身科技报国、服务人民的伟大事业中，以强大的创新自信和文化自信屹立于世界民族之林，具有重大的意义。

科普是推动构建人类命运共同体的重要途径。科技走出去，科普要先行。在加强“一带一路”建设、推动构建人类命运共同体的进程中，科普作为展现国

家科技和文化软实力的重要载体，担负着越来越重要的职责使命。让科技文明为全人类共享，实现人类文明的共同繁荣和进步，必须以更加开放的姿态参与到全球科普的大合唱中。科学普及是民心相通的重要桥梁，科协组织作为民间科技人文交流的主渠道，以科普为纽带，基于和而不同、兼收并蓄的理念开展丰富多彩的科技人文交流，在互利共赢中求取最大公约数，可以在构建人类命运共同体中提供更多的中国方案，为促进全球公民科学素质提升贡献更多的中国智慧。

坚定自信，推动科普创新发展

新中国成立伊始，“普及科学和技术知识”就写入了我国宪法。自此，科普事业便在中国共产党的有力领导下走向经济社会发展的广阔舞台。特别是以《全民科学素质行动计划纲要（2006—2010—2020年）》发布为标志，部门联动、社会协同、产学研联合推动大科普事业的格局日趋完善。十年间，我国实现了公民具备科学素质的比例从2005年的1.6%提高到2015年的6.2%的历史性跨越，同期增速居于世界前列。

落实习近平总书记的重要指示，真正把科学普及放在与科技创新同等重要的位置，是涉及发展理念、工作思维和体制机制的深刻变革。

一是以协同化形成科普强大合力。在战略顶层设计、资源配置、平台搭建等方面一体化设计、一体化落实，形成战略合力。要推进政府与市场的协同，积极构建党政支持、市场和社会力量等多方参与科普工作的联合协同格局，共同营造有利于科普事业发展的政策和市场环境。推进产学研协同，用好组织和市场资源，统筹国内和国际资源，加强精品科普资源开发。加强平台协同，统筹好传统媒体和新媒体，推进科学与文艺的融合、科普与传媒的协作。探索运用科普游戏等手段，创新科普服务提供机制与方式，打造引人入胜的网络视频、电视广播节目、动漫、图书等科普精品。

二是以信息化重构科普服务流程。要以信息化推进科普服务流程再造。深刻洞察“顾客”需求，以信息化实现科普产品服务的定制化、场景化和精准化。要善用信息化这一利器，让信息追着用户跑，创造崭新的用户体验，在流动中塑造科普产品的竞争优势，加快提升科普资源生产力。要实施好“互联网+科普”工程，构建层次丰富、良性循环、持续发展的科普生态，推动科普工作由单一渠道向融合传播转变、由偏重主观评价向用户评价转变。秉持创新、提升、协同、普惠的理念，持续打造科学权威的“科普中国”品牌，形成会聚海量资源、开放融合、互动共享的服务平台，更广泛动员社会各方丰富科普产品供给，提高科普服务的质量和效益。

三是以国际化实现科普开放提升。发展新时代科普事业，必须坚持以全球视野谋划和推进科普工作。要以更加开放的世界眼光，充分借鉴吸收国际有益经验，同时总结发挥自身所长，提炼公民科学素质建设的中国方案。举办世界公众科学素质促进大会，发起建立相关国际组织，搭建科普领域全球性、综合性、高层次的交流合作平台，积极倡导和参与国际通用的标准化公民科学素质测评指标体系研究制定，为世界公民科学素质建设提供中国经验、凝聚最大共识，为推动人类社会文明进步贡献更多中国智慧。

科技工作者是科学普及的第一战略力量，科学普及是科技工作者的重大社会责任。要破除阻碍科研与科普结合的制度制约，建立完善各类主体特别是科技工作者从事科普的激励机制，充分调动科技工作者履行社会责任的积极性主动性创造性。积极探索推动高校、科研院所、企业等把科普工作纳入科技人员考评体系，推进学术资源科普化，引导支持优秀科学家、工程师面向社会公众及时传播各学科领域最新进展。发挥市场配置资源的决定性作用，加强知识产权保护力度，使各社会力量在市场机制下竞相创新发展，在科普服务社会中实现应有的价值回报。

2018年是贯彻落实党的十九大精神的开局之年，是我国改革开放40周年，也是中国科协成立60周年。以传承、创新、发展为主题，我们将把科普工作摆在更加重要的战略位置，全面启动科普品牌工程，打好“科普中国”品牌提升计划、学术资源科普化、科普服务乡村振兴、科普小镇创建等组合拳，着力打造支撑国民素质提升的战略力量。广大科技工作者将更加紧密地团结在以习近平同志为核心的党中央周围，以时不我待、只争朝夕的精神投入科普工作，共同推进我国科普事业再上新台阶，在中华民族伟大复兴历史进程中续写科普工作新篇章。

（来源:《人民日报》2018年4月10日12版）

重要会议和活动

【世界公众科学素质促进大会在北京举办　王沪宁宣读习近平主席贺信并致辞】 世界公众科学素质促进大会9月17日上午在北京开幕。中共中央政治局常委、中央书记处书记王沪宁出席开幕式，宣读习近平主席的贺信并致辞。

王沪宁表示，习近平主席专门发来贺信，充分肯定本次大会的重要意义，高度评价增强公众科学素质对构建人类命运共同体的重要作用，体现了对增强公众科学素质的高度重视。习近平主席历来高度重视科技创新和科技事业，强调科技创新有赖公众科学素质的提升，要把科学普及放在与科技创新同等重要的位置，普及科学知识、弘扬科学精神、传播科学思想、倡导科学方法。中国高度重视科学普及，颁布了科学技术普及法，为中国人民提供了便捷的科普服务。

王沪宁表示，当今时代，开放合作是科技发展的助推器，科技发展带来的新挑战需要人类共同应对，科技创新必须扎根在公众科学素质和能力不断增强的沃土中。中国愿意为增强世界公众科学素质贡献力量，积极同各国开展科普交流，为增强公众科学素质、促进科学成果共享、推动构建人类命运共同体而携手努力。

联合国秘书长古特雷斯向大会发来贺信。联合国教科文组织代表、世界知识产权组织代表、世界工程组织联合会主席分别在开幕式上致辞。

会前，王沪宁会见了出席大会的重要外宾代表。

全国政协副主席、中国科协主席万钢陪同参加上述活动。

世界公众科学素质促进大会以"科学素质与人类命运共同体"为主题。来自23个国际科技组织、38个国家的58个国别科技组织和机构的代表以及境内有关方面代表1000余人参加大会。

9月17—19日，中国科协举办的世界公众科学素质促进大会在北京召开。这是首次专门为促进公众科学素质而召开的全球性会议。大会以推动实现联合国2030年可持续发展议程和构建人类命运共同体为宗旨，以"科学素质与人类命运共同体"为主题，旨在搭建国际交流平台和全球合作机制，推动公众科学素质共商共建共享共促，争取各国政府支持，会聚科技、教育、媒体、企业等各方和广大公众力量，共同缩小全球科学素质鸿沟，引领世界公众科学素质提升，充分释放科技发展正能量，增进人类福祉，共创美好未来。

参会境外正式代表200余位，其中诺贝尔奖及国际科技大奖获得者8人、各国院士23人。境内各界代表和嘉宾800多人，其中部级以上领导、两院院士和社会知名人士近200人。大会举办4个主旨报告、3场高峰论坛、6场高端对话、1场圆桌对话以及30场专业论坛，教育界、科技界、企业界、传播界等领域的305位嘉宾分享了观点。

大会发布了《世界公众科学素质促进北京宣言》，凝聚各国最大共识，强调"形成有效的组织机制安排"，开展密切的国际交流合作，共促公众科学素质提升，共创人类社会美好未来。

【中国科协成立60周年百名科学家、百名基层科技工作者座谈会召开　王沪宁出席会议并讲话】 中国科协成立60周年百名科学家、百名基层科技工作者座谈会5月30日在北京召开，中共中央政治局常委、中央书记处书记王沪宁出席会议并讲话。他表示，广大科技工作者要深入学习贯彻习近平总书记在中国科学院第十九次院士大会、中国工程院第十四次院士大会上的重要讲话精神，全力投身创新实践，勇攀科技发展高峰，切实担负起进军世界科技强国的时代使命。

5月30日是全国科技工作者日。座谈会上，与会代表向全国科技工作者发出《科技中国梦　建功新时代》倡议书，11位科学家和基层科技工作者代表作了发言。

王沪宁表示，党的十八大以来，以习近平同志为核心的党中央高度重视科技创新，习近平总书记做出一系列重要论述，科学回答了事关我国科技事业发展的一系列重大问题。推动建设世界科技强国，关键是要深入学习领会习近平总书记关于科技创新的重要思想，增强贯彻落实的自觉性和坚定性。

王沪宁表示，面对新形势新任务，广大科技工作者要增强责任感使命感紧迫感，在抢占全球科技制高点上展现新作为，在服务经济社会发展主战场上展现新作为，在加强国际科技创新合作上展现新作为，加快推动我国由科技大国迈向科技强国。要传承弘扬老一辈科学家的优良传统，用实际行动推动科技事业实现新跨越。中国科协要以成立60周年为契机，加强对科技工作者的政治引领，提高联系服务科技工作者的能力，深化科协系统改革，抓好科协组织党的建设，更好服务党和国家工作大局。

陈希、黄坤明、陈竺、卢展工和韩启德以及苗华出席会议，万钢主持会议。

中央和国家机关有关部门负责同志以及200多位科学家和基层科技工作者代表参加会议。

【王沪宁参加2018年全国科普日北京主场活动】 9月17日上午，中共中央政治局常委、中央书记处书记王沪宁和黄坤明、蔡奇、万钢等来到中国科技馆，参加全国科普日北京主场活动。王沪宁表示，要深入贯彻习近平总书记关于科技创新和科学普及的重要指示精神，持续抓好科普工作，提升全民科学素质，激发创新发展活力，为建设世界科技强国提供坚实支撑。

2018年全国科普日北京主场活动吸引了首都各界群众和青少年前来参观。上午10时许，王沪宁首先参观了“国际科普荟萃”展区。在“华夏之光”展厅，王沪宁参观了“中国古代水利机械”等展项。在“感触前沿科技”展区，王沪宁仔细观看“5G智能制造”展项，了解芯片研发情况和第五代移动通信技术应用前景。他表示，科普工作要加强国际交流、推动共享优质科普资源，要弘扬创新精神、增强创新自信，要坚持科普为民惠民、将科技成果展示给公众。

在“创新决胜未来”展区，王沪宁参观了港珠澳大桥模型搭建，观看了超导材料、人工智能、“汉字激光照排”和“致敬科技工作者”展项。在“放飞科学梦想”展区，王沪宁观看了青少年做的“爱迪生”留声机，详细询问有关情况。他表示，科普工作要面向青少年，激发他们的科学热情和创新意识。科协组织要发挥作用，运用好“科普中国”等平台载体，推动全社会科普工作。

2018年全国科普日活动主题是“创新引领时代，智慧点亮生活”，时间为9月15—21日。各地围绕这一主题组织开展1.8万场科普活动。

【韩正出席2018年全国大众创业万众创新活动周启动仪式并讲话】 10月9日，2018年全国大众创业万众创新活动周在四川省成都市拉开帷幕。中共中央政治局常委、国务院总理李克强做出重要批示。中共中央政治局常委、国务院副总理韩正出席启动仪式并讲话。

韩正表示，我国经济已由高速增长阶段转向高质量发展阶段，要以习近平新时代中国特色社会主义思想为指导，深入实施创新驱动发展战略，加快新旧动能接续转换，推动中国经济行稳致远。

韩正强调，要着力优化发展环境，加快发布全国统一的市场准入负面清单，加快推进企业简易注销登记改革，构建全流程信用监管机制。要着力增强发展动力，加大财税政策支持力度，完善金融服务，建立完善知识产权管理服务体系。要着力提升创业带动就业能力，鼓励和支持更多社会主体投身创新创业。要着力强化科技创新引领作用，加快建设一批国家产业创新中心、国家技术创新中心等创新平台，加速高校科研成果转化和技术转移。要着力提高创新创业平台服务能力，引导众创空间向专业化、精细化方向升级。

在启动仪式上，韩正与创新创业者代表共同启动活动周。启动仪式结束后，韩正参观了创新创业主题展览，并与参展企业负责人交流。

全国政协副主席、中国科协主席万钢，中国科协党组书记、常务副主席、书记处第一书记怀进鹏，中国科协党组成员、书记处书记宋军出席成都主会场活动。

全国双创活动周已经成功举办过三届，2018年是第四届。本次活动由国家发展改革委牵头，会同相关部门和地方政府共同组成2018年活动周组委会作为活动周主办单位，由中国科协和四川省人民政府、成都市人民政府承办，有关部委和地方政府负责同志、部分双创示范基地代表和各类创新创业者代表等约400人参加了启动仪式。活动周期间，成都主会场还举办创新创业平台建设推进会、创业乐天府、创新星空间、黑科技每日秀、@活动周等活动。

【刘鹤出席2018世界机器人大会开幕式并讲话】 8月15日，2018世界机器人大会开幕式在北京举行，中共中央政治局委员、国务院副总理刘鹤出席并讲话。中共中央政治局委员、北京市委书记蔡奇，全国政协副主席、中国科协主席万钢出席开幕式。

刘鹤指出，机器人是当前科技变革的最重要领域之一，将对人类社会的生产模式和生活方式产生深刻影响。当今世界，在人口和社会结构变化、由“科”到“技”变革加快、经济发展迫切需要新增长点的背景下，机器人发展受到广泛重视。当前机器人领域发展呈现出一些趋势性现象，机器人产业发展明显加快，机器人与新一代信息技术深度融合，应用范围不断拓展，机器人领域的国际协作更为密切。

刘鹤强调，促进中国机器人领域持续健康发展，要从中国实际出发，坚持需求导向，坚持以人民为中心，不断提高供给质量和水平。要处理好政府和市场的关系，发挥市场配置资源的决定性作用，允许自由思考和充分探索，创造公平竞争的市场环境，坚定不移加强知识产权保护。要大力加强教育，培养更多机器人领域发展所需人才，努力提升国民教育水平，适应机器人时代的新要求。要妥善应对道德伦理和法律法规方面提出的新问题，趋利避害。要积极开展国际合作，与世界各国携手应对诸多共同挑战，推动构建人类命运共同体。

由北京市人民政府、工业和信息化部、中国科学技术协会主办，中国电子学会、北京市经济和信息化委员会、北京经济技术开发区管委会承办的2018世界机器人大会于8月15—19日在北京亦创国际会展中心举行。大会以“共创智慧新动能，共享开放新时代”为主题，由论坛、博览会、大赛、地面无人系统活动四大板块组成。

世界机器人大会已经成功举办三届，有机器人界“达沃斯”“汉诺威展”“奥运会”的美称，已发展成为沟通中国与世界、融合科技与产业的一个重要平台。2018世界机器人大会继往开来，共话技术发展、展示创新成就、探索合作途径、展望未来愿景，为全球机器人产业发展贡献智慧与方案。

本届大会受到了海内外的广泛关注，得到了来自联合国工业发展组织（UNIDO）、IEEE机器人与自动化学会（IEEE RAS）、世界工程组织联合会（WFEO）等21家国际机器人机构的支持。大会致力于搭建起一个更加成熟的国际合作平台，展开一系列学术研究和前沿领域探讨，构建全球机器人产业新生态。

大会论坛于8月16—18日举行，为期3天的主论坛会聚来自中国、俄罗斯、美国、德国、日本、加拿大、韩国、以色列等国的300多位业界顶尖专家和企业领袖。嘉宾分别围绕“国际合作与机遇”“基础技术与创新”“前沿趋势与探索”“人工智能与融合”“新兴应用与实践”“市场前景与投资”六大阶段进行主旨报告和高峰对话；20多场专题论坛则专注于不同领域，为全球机器人领域精英们搭建观点交流与碰撞的平台。

博览会作为机器人大会专业性强、参与度高的板块之一，ABB、发那科、新松、哈工大机器人集团、安川首钢、科尔摩根、中瑞福宁、费斯托、SMC、科沃斯、优必选等160多家国内外知名企业全面展示最新成果及应用。博览会专业化程度全面加强，格力钢琴机器人、中国自主制造完全摆脱外部供电的机器狗、在中国首飞成功的费斯托仿生飞蝠机器人、手术机器人达芬奇Xi、人形机器人优必选Walker等精彩展品集中亮相。为期5天的博览会为全球机器人产业提供国际性的展示舞台，沟通产、学、研、用，推进机器人产业良性发展。

大赛共设共融机器人类、BCI脑控类、青少年机器人设计类、KOB全球机器人格斗类、无人船公开赛五大类赛事。经过全国各大赛区历时数月的严格选拔，从近20个国家和地区的10000多支参赛团队的40000多位参赛选手中脱颖而出的国际化赛队在大会现场展示他们的杰出作品与前沿技术，角逐冠军席位。

2018世界机器人大会以开放、包容、共享、互惠的国际视野，集学术引领、行业应用、产业发展、技能竞赛、科普教育等于一体，聚焦机器人发展最新成果。为行业观点碰撞创造机会，为产业链、资金链、创业链提供纽带，促进多领域融合，构建良好行业生态，打造人机共融发展新格局，为机器人产业界的未来发展注入新动能。

【刘延东听取《全民科学素质行动计划纲要》实施工作情况汇报】 1月15日下午，国务院副总理刘延东主持召开会议，听取《全民科学素质行动计划纲要》（以下简称《纲要》）实施工作情况汇报。中央组织部、中央宣传部、教育部、中国科协等10个《纲要》实施工作办公室成员单位参加会议。

刘延东充分肯定近年来全民科学素质工作取得的成绩。她指出，《纲要》颁布以来，特别是党的十八大以来，在以习近平同志为核心的党中央坚强领导下，我国公民科学素质得到显著提高，崇尚科学的社会氛围日益浓厚，科普公共服务能力明显提升，各方支持参与《纲要》工作的热情不断高涨，逐步形成了“以人民为中心、党委领导、政府推动、社会参与”的成功模式。取得的成绩和创造的模式是习近平新时代中国特色社会主义思想在公民科学素质建设领域的具体体现，是多年不懈努力积累的宝贵财富，也是今后做好公民科学素质建设工作的基本遵循。

刘延东强调，进入新时代，要准确认识公民科学素质建设在全面建成小康社会、全面建设社会主义现代化强国中的基础性、战略性作用，切实担负起新时代赋予的使命与责任。2018年是全面贯彻党的十九大精神的开局之年，也是全面建成小康社会的关键时期。一是要把深入学习贯彻党的十九大精神作为首要政治任务，加强党对科普事业的领导，深入领会新时代、新思想、新矛盾、新目标、新征程对科普工作的新要求，完善体制机制，落实主体责任，创造性地开展工作。围绕我国社会主义现代化建设总体战略，加强顶层设计，为2020年之后的公民科学素质建设提供前瞻性、创新性的理论指导。中国科协要履行好牵头职能，凝聚各方力量共同推进公民科学素质提升。二是大力弘扬求真务实、追求卓越、团结协作、无私奉献的科学精神，培育良好的科学文化，用科学新风引导现代文明风尚，营造支撑创新发展的有利氛围。三是要聚焦重点人群，分类指导、精准施策，增强青少年科学兴趣，培育新型职业农民，提升城镇劳动者技能，全面提高领导干部和公务员科学素质，服务经济社会发展。四是要深化科普供给侧结构性改革，紧跟信息化发展步伐，坚持公平普惠、重心下移，满足人民的美好生活需求。五是要树立国际视野，统筹国际、国内两个大局，总结推广我国公民科学素质建设的成功模式经验，为世界公众科学素质提升做出中国贡献。

中国科协党组书记、常务副主席、书记处第一书记怀进鹏对《全民科学素质行动计划纲要》2017年实施情况和2018年工作安排作了汇报，国务院副秘书长江小涓，中央组织部副部长高选民，中央宣传部副部长庹震，国家发展改革委副主任林念修，教育部副部长孙尧，科技部副部长李萌，财政部副部长余蔚平，人力资源和社会保障部副部长汤涛，农业部副部长张桃林，文化部副部长董伟，中国科协党组副书记、副主席、书记处书记徐延豪等有关同志出席会议。

【中国科协第九届全国委员会第四次会议】 1月26日，中国科协第九届全国委员会第四次会议在北京召开。会议传达学习了中央关于中国科协工作的指示精神，审议通过了九届四次常委会工作报告和《关于修改〈中国科学技术协会章程〉部分内容的建议》的决议，研究讨论《中国科协成立60周年工作方案》。全国政协副主席、中国科协主席万钢作常委会工作报告。中国科协党组书记、常务副主席、书记处第一书记怀进鹏主持会议并作总结讲话。

会议指出，一年来，在党中央坚强领导下，中国科协坚持以迎接学习宣传贯彻党的十九大精神为主线，坚决贯彻落实中央重大决策部署，认真履行"四服务"职责定位，对科技工作者的思想政治引领力度进一步加大；坚持以全面深化改革为动力，科协工作社会影响力明显提升；坚持以全面从严治党为抓手，科协系统组织建设得到有力加强，各项工作迈上新台阶。

会议强调，2018年是贯彻落实党的十九大精神开局之年，是改革开放40周年，是决胜全面建成小康社会、实施"十三五"规划承上启下的关键一年，也是中国科协成立60周年。要深入学习宣传贯彻党的十九大精神和习近平新时代中国特色社会主义思想，聚焦增强政治性、先进性、群众性的要求，以坚持党对科协工作的全面领导、加强科协系统党的建设、全面从严治党为根本保证，深入开展"新时代创新先锋"主题实践活动，构建科协事业协同发展新格局，不断提升群众组织力、思想创造力、战略支撑力、文化传播力、国际影响力，把广大科技工作者更加紧密地团结在以习近平同志为核心的党中央周围，为决胜全面建成小康社会、建设创新型国家做出新贡献。

会议指出，要以中国科协成立60周年为契机，围绕"传承、创新、发展"主题，深化改革创新，打造具有世界影响力的科技创新价值共同体。要明晰组织边界和工作边界，突出工作重点和关键领域，以建设国际高端的科技智库、构筑世界一流的学术学会、打造普惠创新的科学普及"三轮"驱动重塑工作格局。适应中国科技日益走近世界舞台中央的新形势，以拓展开放包容的国际化、推进数据资源的信息化、加强科协组织的协同化"三化"联动再造工作流程。坚持外向拓展、纵横融合和网络活跃并进的"三维"聚力促进组织重构，提升群众组织力。

会议强调，要切实担负起党和国家赋予科协组织的使命任务，精心组织实施六项重点工程，充分展示新时代科协组织新气象新作为。一是实施凝心聚力工程，开展"智慧党建"行动、政治引领和科学精神弘扬行动、群众组织力提升行动、科协系统改革攻坚行动、科协奖励提升行动、科学道德和学风建设宣讲教育行动，着力打造科技工作者的精神殿堂和情感家园。二是实施智汇中国工程，开展技术预见研究计划，培育"中国科协论坛"等系列高端前沿学术论坛，与有关地方政府联合打造系列高端创新战略论坛，实施全球科技组织伙伴计划，成立中国科技战略委员会，着力打造中国特色科技创新高端智库。三是实施学术引领工程，开展青年科技人才托举行动、学会国际化行动、科学数据会聚共享行动、技术经济深度融合行动，着力打造世界水平的科技创新高地。四是实施科普品牌工程，开展"科普中国"品牌提升计划、学术资源科普化行动、科普服务乡村振兴战略计划、科普小镇创建计划，着力打造支撑国民素质提升的战略力量。五是实施科技外交助力工程，开展科技人文交流项目、中国方案共享计划、青少年科技教育国际拓展计划，举办世界公众科学素质促进大会，着力打造世界一流的民间科技人文交流平台。六是实施数字科协工程，开展中国科协云建设项目、数据科协建设计划、网上科协建设计划和信息化基础设施建设项目，着力打造智能泛在的智慧科协。

会议认为，中国科协要深入贯彻以人民为中心的发展理念，坚持联系服务科技工作者与依靠科技工作者服务社会相统一，大兴调查研究之风，在党政重视、科协所能、科技工作者关切、社会关注的领域多为科技工作者办实事办好事，服务科技工作者多层次多样化学术交流需求，服务科技工作者实现自身价值、获得社会认可的需求，服务科技工作者履行社会责任的需求，维护好科技工作者权益，把党中央的关怀和温暖送到科技工作者身边，切实增强科技工作者的获得感和社会公众的认同感，不断提升科协组织吸引力和凝聚力。

与会委员围绕学习贯彻中央指示精神、审议常委会工作报告进行了分组学习讨论。大家一致认为，这次会议是一次凝心聚力的政治动员会、攻坚克难的改革动员会、抓实见效的工作部署会。通过会议，进一步增进了对习近平新时代中国特色社会主义思想和党的十九大精神的理解认同，增强了拥护核心、拥戴领袖的自觉性和坚定性；进一步加深了对中国特色群团发展道路的认识和理解，深刻认识到增强政治性、先进性、群众性是群团工作的永恒主题；进一步明确了新时代新使命，切实增强了做好科协工作的使命感责任感；进一步形成了深化改革的共识，明确了做好科协工作的切入点、结合点和着力点；进一步认识到修订《中国科学技术协会章程》的必要性和紧迫性，一致同意依法合规启动章程修订工作。

中国科协九届全委会委员、部分在京的中国科协荣誉委员出席会议。全国学会、协会、研究会秘书长，部分省级地方科协专职主席、党组书记，部分副省级城市科协党组书记，以及中国科协机关各部门、各直属单位主要负责同志等列席会议。

【中国科协第九届全国委员会第五次会议】 经中国科协九届八次常委会议同意，中国科协第九届全国委员会第五次会议于9月4日召开，会议审议并批准了《关于增补孟庆海同志为中国科协第九届全国委员会副主席、常务委员会委员的决议》和《关于增补宋军同志为中国科协第九届常务委员会委员的决议》。经全委委员表决通过，孟庆海同志担任中国科协第九届全国委员会副主席、常务委员会委员，宋军同志担任中国科协第九届全国委员会常务委员会委员。

【中国科协第九届全国委员会常务委员会第六次会议】 1月25日，中国科协第九届全国委员会常务委员会第六次会议在北京召开，会议由全国政协副主席、中国科协主席万钢主持。

中国科协党组书记、常务副主席、书记处第一书记怀进鹏传达中央对中国科协工作的指示精神，报告了中国科协九届四次全委会议日程安排。

会议审议了中国科协常委会工作报告《关于修改〈中国科学技术协会章程〉部分内容的建议》及全委会委员变更事项。听取了关于《中国科协成立60周年工作方案》和世界公众科学素质促进大会筹备情况的汇报。会议还书面审议了九届常委会各专门委员会2017年工作总结和2018年工作计划。

会议表决通过了《关于修改〈中国科学技术协会章程〉部分内容的决议》。因工作变动，王春法同志不再担任中国科协书记处书记职务；变更陶福胜同志为中国科协第九届全国委员会委员，毕卫星同志不再担任中国科协第九届全国委员会委员。

中国科协副主席马伟明、王曦、李华、李静海、沈岩、陈左宁、郑晓静、赵玉沛、袁亚湘、徐延豪、高松，常委王春法、宁允展、朱蓓薇、向巧、刘若鹏、李元元、杨金成、束为、吴孔明、吴伟仁、吴海鹰、陈维江、武向平、欧阳竹、孟红、项昌乐、徐晓兰、高福、黄璐琦、曹淑敏、韩喜球、谢和平、雷增光出席会议。

中国科协党组成员、机关党委书记王延祜，党组成员、学会学术部部长宋军，以及中国科协办公厅、计财部、组人部、调宣部、学会部、科普部、国际部、机关党委、学会服务中心、企业创新服务中心、培训和人才服务中心等有关部门、直属单位主要负责同志列席会议。

【中国科协第九届全国委员会常务委员会第七次会议】 5月25日，中国科协第九届全国委员会常务委员会第七次会议在浙江省杭州市召开，全国政协副主席、中国科协主席万钢主持会议。

会议审议了《关于〈中国科学技术协会章程〉修改工作进展情况的报告》、提名中国科协书记处书记事项、增补中国科协第九届常务委员会委员事项，以及变更、增补中国科协第九届全国委员会委员事项，听取了关于中国科协规划纲要编制情况和第二十届中国科协年会筹备情况及第二十一届中国科协年会初步设想的汇报。

根据中国科学技术协会章程，经万钢主席提名，会议一致表决通过，宋军同志担任中国科协第九届书记处书记；审议通过了《关于增补宋军同志为中国科协第九届常务委员会委员的报告》；因工作变动，变更麻魁和孙科同志、增补孙春雷同志为中国科协第九届全国委员会委员，斯琴毕力格、呼燕同志不再担任中国科协第九届全国委员会委员。

中国科协办公厅、计财部、组人部、调宣部、学会部、国际部、学会服务中心、培训和人才服务中心等有关部门、直属单位主要负责人列席会议。

【中国科协第九届全国委员会常务委员会第八次会议】 9月3日，中国科协第九届全国委员会常务委员会第八次会议在北京召开，会议由全国政协副主席、中国科协主席万钢主持。

会议审议了《面向建设世界科技强国的中国科协规划纲要》，听取了世界公众科学素质促进大会筹备工作情况和关于创新开展省会合作工作情况。

根据中国科学技术协会章程，经万钢主席提名，会议一致表决通过，孟庆海同志担任中国科协第九届全国委员会常务委员会书记处书记；审议通过了《关于增补孟庆海同志为中国科协第九届全国委员会副主席、常务委员会委员的报告》。会议决定以通讯方式召开中国科协九届五次全委会议，批准增补中国科协副主席、常委的有关决议。会议还审议通过变更郑庆顺同志为中国科协第九届全国委员会委员，何真同志因工作变动不再担任中国科协第九届全国委员会委员。

中国科协常务副主席怀进鹏，中国科协副主席邓秀新、李洪、沈岩、陈左宁、赵玉沛、袁亚湘、徐延豪，常委马林、卢怀玉、宁允展、尼玛扎西、向巧、刘若鹏、束为、吴孔明、吴海鹰、吴曼青、张杰、陈勇、陈维江、武向平、欧阳竹、孟红、项昌乐、姚建年、黄璐琦、曹淑敏、龚旗煌、雷增光出席会议。

中国科协书记处书记孟庆海，党组成员、书记处书记宋军和党组成员王守东同志列席会议。中国科协办公厅、计财部、组人部、调宣部、学会部、科普部、机关党委、学会服务中心、企业创新服务中心、培训和人才服务中心等有关部门、直属单位主要负责同志列席会议。

【第二十届中国科协年会】 5月26日上午，由中国科协和浙江省人民政府共同主办的第二十届中国科协年会在杭州国际博览中心隆重召开，主题为“改革开放创新引领”。全国政协副主席、中国科协主席万钢致开幕词。浙江省委书记、省人大常委会主任车俊致欢迎词。电气和电子工程师协会（IEEE）执行总干事兼首席运营官史蒂芬·韦尔比致辞。开幕式由中国科协党组书记、常务副主席、书记处第一书记怀进鹏主持。

万钢在开幕式致辞中系统总结了改革开放40年来，特别是党的十八大以来我国科技事业取得的历史性成就。他指出，伴随着应对新一轮科技和产业变革孕育兴起的浪潮，中国的科技工作者要坚定创新自信，坚定中国特色社会主义道路自信、理论自信、制度自信和文化自信，坚定不移地走中国特色自主创新道路，在新的起点上有更大作为、实现更大跨越。要抢抓创新机遇，着力探究世界科技前沿热点，遵循科技发展规律，做好体系布局，力争重点突破，把握好颠覆性技术演进与产业变革中的产业之间的规律，为未来发展做好充分准备。要强化创新担当，把核心技术掌握在自己手中，真正掌握竞争和发展的主动权，提升科技实力，从根本上保障经济发展、民生改善、国家安全和世界和平发展。要坚持开放创新，多形式、多渠道汇集全球智慧，共同应对新挑战、开辟新空间、创造新价值，为世界经济社会可持续发展提供新动能。

万钢回顾了年会20届和中国科协60年发展历程。他强调，本届年会在科技创新的理念、思路和举措上再次系统升级，将达到一个新的巅峰高峰。面向未来，中国科协将自觉融入党和国家工作大局，遵循党和国家发展中长期战略部署，面向建设世界科技强国的目标，主动对标国家战略需求，制订创新发展规划，全面系统设计科协事业发展方向、目标任务，瞄准世界一流水平，培育中国特色科学文化，构建国际科技创新共同体，以更加开放的视野和胸怀不断提升政治引领力、战略支撑力、群众组织力，打造新时代科协新格局，实现更大新作为。

开幕式分别邀请科技部党组书记、部长王志刚，中国工程院院长、中国机械工程学会荣誉理事长、中国工程院院士周济，中国科协副主席、西湖大学校长、中国科学院院士施一公和阿里巴巴集团董事局主席马云作主旨报告《科技创新与国家核心竞争力》《走向新一代智能制造》《从清华实践到西湖实验》《因为相信　所以看见》。报告会由中国科协副主席、科学技术部党组成员、国家自然科学基金委员会主任、中国科学院院士李静海主持。

开幕式上，浙江省委、省政府有关领导同志，中央军委科技委等有关方面负责同志，中国科学院院士、中国工程院院士等著名专家学者，中国科协荣誉委员、常委，来自科研、生产、教学一线的科技工作者，港澳台专家学者，来自26个国家的国际嘉宾及新闻界朋友共2500余人参加活动。

本届年会对标党的十九大精神，对标中央群团改革要求，对标建设世界科技强国的历史使命，按照中央书记处指示精神，紧紧围绕中国科协“四服务”的职责定位和智库学术科普三轮驱动新的工作格局，以团结引领广大科技工作者为主线，首启中国科技峰会，首开中国科技智库论坛和世界科技期刊论坛，首发重大科学问题和工程技术难题，共邀请135位院士、113位国外嘉宾、49位港澳台嘉宾分别参加智库聚才、学术引领、科普示范和群团改革共四大板块20多项活动，会聚国内外精英智慧，服务国家发展战略和浙江省科技强省建设，致力打造高端智库服务国家和地方发展的咨询平台、思想引领学术创新的示范平台、科学家面向公众开展科普服务的展示平台，成为一场特色鲜明、亮点纷呈、服务精准、成效显著的科技盛会。

5 月 26 日，全国政协副主席、中国科协主席万钢出席
在浙江省杭州市举办的第二十届中国科协年会，并在开幕式上致辞

9 月 17 日，全国政协副主席、中国科协主席万钢出席
在北京举办的世界公众科学素质促进大会，并在开幕式上讲话

9月15日，中国科协名誉主席韩启德出席
在北京举办的“科学与你”国际研讨会暨科学文化高峰论坛，并作特邀报告

8月25日，中国科协名誉主席韩启德在北京出席纪念中国科协成立六十周年
暨科学之声合唱团建团三十周年——共和国之恋合唱音乐会并题词

1月26日，中国科协第九届全国委员会第四次会议在北京召开

1月25日，中国科协第九届常委会第六次会议在北京召开

5 月 24 日，中国科协第九届常委会第七次会议在浙江省杭州市召开

9 月 3 日，中国科协第九届常委会第八次会议在北京召开

4月22日，中国科协党组书记、常务副主席、书记处第一书记怀进鹏出席在北京举办的首届中国特色社会主义群团改革与发展研讨会第三次专题会议并讲话

5月26日，中国科协党组书记、常务副主席、书记处第一书记怀进鹏出席在浙江省杭州市举办的第二十届中国科协年会，并主持开幕式

9月17日，中国科协党组书记、常务副主席、书记处第一书记怀进鹏（左二）于2018年全国科普日期间在北京主场参观展览

12月3日，中国科协党组副书记、副主席、书记处书记徐延豪（左二）在国家博物馆参观改革开放大型成就展

11月14日，中国科协副主席、书记处书记孟庆海（右）在北京出席风向标——中国创新创业先锋论坛，并为创新创业科技先锋荣誉称号获得者颁发荣誉证书

6月22日，中国科协党组成员、书记处书记吴海鹰（左三）在北京会见世界工程组织联合会中国委员会委员、珠海格力电器股份有限公司董事长兼总裁董明珠

9月17日，中国科协党组成员、书记处书记束为（左一）参加2018年全国科普日北京场“科学之夜”活动

1月29日，中国科协党组成员、书记处书记项昌乐（左四）出席在北京举行的科技导报社与美国《科学》杂志签约仪式

10月9日，中国科协党组成员、书记处书记宋军（前排左一）在四川省成都市出席2018年全国大众创业万众创新活动周活动，并参观展览

9 月 14 日，中国科协党组成员兼机关党委书记、组织人事部部长王守东（右）参观北京钱学森故居

10 月 28 日，中国科协党组成员兼中国科技馆馆长殷皓（右）于 2018 世界生命科学大会期间在北京会见 1997 年诺贝尔化学奖获得者、英国剑桥大学教授约翰 · 沃克

1 月 27 日，2018 年地方科协工作座谈会在北京召开

2月7日，中国科协第九届常务委员会国际合作与对外联络专门委员会第二次会议在北京召开

8月22日，中国科协第九届常务委员会科技工作者道德与权益专门委员会第三次会议在北京召开

3月22日，中国科协2018年党风廉政建设推进会暨首轮巡视工作动员部署会在北京召开

7 月 28 日，首届中国特色社会主义科技群团改革与发展研讨会第二次专题会议在北京召开

10 月 16 日，2018 年全国科技助力精准扶贫现场会在山西省吕梁市召开

12 月 29 日，中国科协深化改革领导小组 2018 年第十七次会议在北京召开

6月15日，中国科协和中国气象局战略合作协议签署仪式在北京举行，中国科协党组书记、常务副主席、书记处第一书记怀进鹏与中国气象局党组书记、局长刘雅鸣代表双方签署合作协议

7月9日，中国科协党组成员、书记处书记宋军与国资委党委委员、副主任徐福顺代表双方在北京签署《国资委 中国科协共同推进中央企业科技创新战略合作协议》

11月26日，中国科协党组书记、常务副主席、书记处第一书记怀进鹏（左）与香港工程师学会会长余锡万代表双方在北京签署《香港工程师学会和中国科协合作协议》

5月27日，浙江省人民政府和中国科协全面战略合作协议签约仪式在浙江省杭州市举行，中国科协党组书记、常务副主席、书记处第一书记怀进鹏与浙江省委副书记、省长袁家军代表双方签署协议

10月16日，吕梁市人民政府和中国科协合作协议签约仪式在山西省吕梁市举行，中国科协副主席、书记处书记孟庆海与吕梁市市长王立伟代表双方签署协议

12月18日，中国科学技术协会－北京大学科学文化研究院成立大会暨揭牌仪式在北京举行

10 月 15 日，2018 年全国科学道德和学风建设宣讲教育报告会在北京人民大会堂举行，
黄旭华、施一公、怀进鹏三位院士先后作宣讲报告

11 月 30 日，以“传承伟大精神，创新建功新时代”为主题的
中国科协党组理论学习中心组集体学习暨传统教育宣讲报告会在北京举办

12 月 28 日，“不忘初心　创新发展”
——庆祝改革开放 40 周年　中国科协成立 60 周年晚会在北京举办

12 月 29 日，中国科协会史陈列馆在北京揭幕

9月17—19日，由中国科协主办的首届世界公众科学素质促进大会在北京举办，大会主题为“科学素质与人类命运共同体”，举办主旨报告、高峰论坛、高端对话、圆桌会议以及30场专题论坛等活动，发布《世界公众科学素质促进北京宣言》。

首届世界公众科学素质促进大会开幕式

发布《世界公众科学素质促进北京宣言》

高端对话：科学素质促进与科学教育

“百名科学家、百名基层科技工作者”座谈会

参会代表参观国家博物馆

“百名科学家、百名基层科技工作者”
录制央视《对话》栏目

2018年5月30日是第二个全国科技工作者日，围绕全国科技工作者的这一重大节日，中国科协在北京组织了“百名科学家、百名基层科技工作者”分组讨论、参观国家博物馆、科技界大咖对话央视、“百名科学家、百名基层科技工作者”座谈会等一系列活动。

第二十届中国科协年会开幕式

5月26日，第二十届中国科协年会在浙江省杭州市召开。本届年会主题为“改革开放 创新引领”，旨在打造高端智库服务国家和地方发展的咨询平台、思想引领学术创新的示范平台、科学家面向公众开展科普服务的展示平台，135位院士、113位国外嘉宾、49位港澳台嘉宾分别参加智库聚才、学术引领、科普示范和群团改革四大板块20多项活动。

高峰对话——数字经济下的技术创新与产业机遇

中外科技社团发展论坛

2018 年全国大众创业万众创新活动周成都会场启动仪式

2018 年全国大众创业万众创新活动周北京会场启动仪式

北京会场 2018 年“创新创业·惠民生”方案征集活动颁奖典礼

10 月 9 日，2018 年全国大众创业万众创新活动周在成都会场和北京会场启动。活动以“高水平双创、高质量发展”为主题，举行了峰会论坛、主题展示、创新创业平台建设推进会、创新竞赛等一系列活动。

9月15日，以“创新引领时代，智慧点亮生活”为主题的2018年全国科普日活动在全国范围内同步启动。北京主场在中国科技馆首次举办“科学之夜”活动。设在奥林匹克公园区的北京科学嘉年华包括国际科普、科技教育、智慧生活等12个主题展区。

全国科普日北京主场

“科学之夜”灯光表演

北京科学嘉年华活动

8 月 15 日，2018 世界机器人大会在北京开幕

8 月 15—19 日，2018 世界机器人博览会在北京举办

6 月 19 日，2018 世界交通运输大会在北京开幕

9 月 15 日，2018“科学与你”国际研讨会暨科学文化高峰论坛在北京举办

1月11日，中国女科技工作者协会2017年度社会服务奖评审会在北京召开

3月8日，2017年度女科技工作者社会服务奖颁奖暨相约国际妇女节主题音乐会在北京举行

3月30日，在新时代的科学春天里出发——纪念全国科学大会召开40周年“中国科学家精神”座谈会在北京召开

11月26日，老科学家学术成长资料采集工程2018年度捐赠仪式在北京举行

12月9—10日，第十五届中国青年科技奖评审委员会会议在北京召开

12月29日，接力精神火炬　奋进新的长征——弘扬新时代科学家精神座谈会在北京召开

1 月 28 日，《中国科技期刊发展蓝皮书（2017）》发布会在北京举行

10 月 23 日，第十四届中国科技期刊发展论坛在湖北省武汉市开幕

10 月 23—24 日，新时代科技期刊建设主题展在湖北省武汉市举办

1 月 29 日，“典赞 · 2017 科普中国”活动在北京举办

11 月 27 日，“阿里天文台科普站”挂牌仪式在北京中国科技馆
和西藏阿里天文台同步举行

7月17日，2018年青少年高校科学营全国开营式暨北京营开营活动在北京举办

8月16日，第33届全国青少年科技创新大赛在重庆市开幕

11月26日，2018年全国青少年创意编程与智能设计大赛闭幕式暨颁奖典礼在北京举行

8 月 28 日，全国政协副主席、中国科协主席万钢在北京会见米其林（中国）投资有限公司董事长夏逸夫

3 月 26 日，中国科协党组副书记、副主席、书记处书记徐延豪在北京会见英国科学博物馆集团总监兼执行长伊恩·布莱区福（Ian Blatchford）一行

8 月 7 日，中国科协党组成员、书记处书记束为在北京会见巴基斯坦工程科技促进会执行董事沙克尔·杜拉尼（Shakil Durrani）一行

7月26日，全国政协副主席、中国科协主席万钢，中国科协党组书记、常务副主席、书记处第一书记怀进鹏在北京会见香港特区行政长官林郑月娥一行

11月26日，中国科协党组书记、常务副主席、书记处第一书记怀进鹏在北京会见香港工程师学会访问团

4月2日，中国科协党组书记、常务副主席、书记处第一书记怀进鹏在北京会见澳门科学技术协进会代表团

中国科协 2018 年
主要活动和重要事件

中国科协 2018 年工作概况

2018 年是深入贯彻党的十九大精神的开局之年，是改革开放 40 周年。40 年来，我国科技发展取得举世瞩目的成就，自主创新能力不断提升，为支撑经济社会发展做出重要贡献。特别是党的十八大以来，科技事业实现了历史性、整体性、格局性重大变化。过去一年，在习近平新时代中国特色社会主义思想指引下，我国经济社会持续健康发展，创新驱动发展战略深入实施，创新型国家建设迈出新步伐。基础研究、战略高技术等领域取得一批重大成果，首次在半导体量子点体系中实现三量子比特逻辑门，首次人工创建单条染色体真核细胞，嫦娥四号探测器首次成功登陆月球背面，国产大型水陆两栖飞机水上首飞，北斗系统开始提供全球服务，港珠澳大桥正式通车运营。人工智能、大数据、云计算等新技术迅速发展，数字经济与实体经济加快融合，大众创业万众创新深入推进，科技创新为孕育未来发展新动能奠定了良好基础，为经济发展、社会进步、民生改善和国家安全提供了有力支撑。

一年来，中国科协在党中央的坚强领导下，深入学习宣传贯彻习近平新时代中国特色社会主义思想和党的十九大精神，坚决贯彻落实党中央重大决策部署，树牢“四个意识”，坚定“四个自信”，坚决做到“两个维护”，扎实履行“四服务”职责定位，聚焦靶心、突出重心，围绕中心、服务大局，开启“1–9–6–1”工作布局，着力扩大有效覆盖、转变拓展职能、建设网上科协、强化基层基础、深化系统改革、提升组织活力，务实推进传承、创新、发展，展现了新时代科协组织新气象新作为，塑造科协发展新格局新风貌。

一、提高政治站位，筑牢团结引领广大科技工作者的共同思想根基

一是坚定践行“四个意识”“两个维护”，不折不扣贯彻落实习近平总书记重要指示精神。坚持把党的政治建设摆在首位，把旗帜鲜明讲政治融入科协工作各环节各方面，强化政治引领政治吸纳，引导广大科技工作者坚定不移听党话、跟党走，把政治优势转化为发展优势。各级科协组织以上率下、分层分批开展研讨、培训，持续学习宣传贯彻习近平新时代中国特色社会主义思想。坚持学、思、践、悟相贯通，知、信、行、果相统一，引导科技界、各级科协组织持续深入学习宣传贯彻，深刻领会党的创新理论蕴含的世界观、方法论等内涵，在学懂、弄通、做实上下功夫。坚决落实习近平总书记重要指示精神，建立完善制度机制，大兴调查研究之风，在实际工作中培养和运用政治思维，引导科技界在思想上政治上行动上同以习近平同志为核心的党中央保持高度一致，增强拥护核心、拥戴领袖的自觉性和坚定性。各全国学会和各地科协也以贯彻落实党的十九大精神为契机，掀起学习贯彻习近平新时代中国特色社会主义思想热潮。

二是讲好总书记关心科技事业、关爱科技工作者的故事，提升润物无声宣传思想工作实效。坚定“四个自信”，夯实党在科技界的执政基础，开展爱国奋斗精神主题宣传教育活动，强化精品导向。举办 900 余场科学家宣讲党的十九大精神巡回报告，受众 40 余万人。内蒙古、新疆等地将宣讲活动与科普传播行、天山南北院士行等品牌活动紧密结合。与央视联合推出“科技中国梦、建功新时代”主题报告会，形成科技界学习宣传贯彻党的十九大精神的热潮。联合中宣部、科技部发布“最美科技工作者”先进事迹并录制专题节目，与主流媒体加强战略合作，联合新华社、央视等制作《追梦身影》等宣传片，《嘱托》首次以微视频解读总书记科技论述，新华社客户端点击量迅速突破百万，引发广泛关注。内宣外宣联动，多媒体融合，生动讲述总书记对科技事业的关心、对科技工作者的关爱，向世界展示我国科技工作者的新形象，提升对海外科技工作者的凝聚力，促进世界了解中国，推动民心相通。坚持守正创新，把握时度效，切实履行在科技界举旗帜、聚人心、育新人、兴文化、展形象的使命任务。

三是高扬爱国奋斗主旋律，砥砺中国科学家精神。突出领军人才、基层一线科技人员、青年人才等重点对象，做细高端引领，做实大众引领，做好开放引领。召开中国科协成立 60 周年百名科学家、百名基层科技工作者座谈会，体现总书记和党中央对科技工作者的关心关爱和激励鼓舞，彰显全国科技工作者日不忘初心、凝聚人心的良好氛围，发挥了砥砺奋进、创新建功的引领效应。会同光明日报社、陕西省委等举办纪念全国科学大会召开 40 周年座谈会、“西迁精神”座谈会。制订方案，统筹部署，在科协系统深入开展“弘扬爱国奋斗精神、创新建功新时代”活动。持续开展“共和国的脊梁——科学大师名校宣传工程”，让中国科学家精神在新时代绽放异彩。会同中组部组织新当选院士培训，专题研修爱国奋斗精神。受中组部委托编印《爱国奋斗精神学习读本》，将其作为知识分子和青年学生思想政治教育、职业道德和科学道德建设的重要内容。在人民日报发起科学家精神微话题，一天阅读量超过2000万，有效激发正能量。与中宣部、科技部联合研究制定《关于进一步弘扬科学家精神加强作风和学风建设的意见》，弘扬爱国、创新、求实、奉献、协同、育人精神，引领价值取向。组建科学家精神报告团，在内蒙古、广东开展“科学家精神进校园”行动。陕西省科协评选30位长期扎根西部的最美科技工作者。吉林省科协组织评选“黄大年式科研团队”，推动排演话剧《黄大年》。上海市科协举办科学会堂草坪音乐会，礼赞科学家精神。

四是寓政治引领于广泛联系服务。把政治引领、学术规范建设融入人才培养举荐等环节，增强科技工作者的事业成就感、精神获得感、组织归属感、政治认同感。优化奖项评选标准和程序，认真组织第十五届中国青年科技奖、青年女科学家奖评选工作。持续开展青年人才托举工程，2018年新托举335名，4届累计支持1051名青年人才，激励处于创新活跃期的年轻科技人员。经中央军委批准，军事科技领域青年人才托举工程被正式纳入军队青年英才计划序列。继续推进中国科协优秀中外青年交流计划，遴选59所高校163名博士生与国际同行交流。中国科协女科技工作者专门委员会主动承办世界公众科学促进大会“科学素质与科技女性”分论坛，开展“走基层 贵州行”行动，策划出版“大美·中国女科学家”丛书，促进女性成长和发展。举办2018年全国科学道德和学风建设宣讲教育报告会，近6000名研究生新生现场参加会议，31个省、自治区、直辖市的500余所高校设立分会场，60余万名师生聆听报告，有效凝聚创新正能量。高度关注科技伦理安全，加强舆论引导。针对“基因编辑婴儿”事件启动应急处置机制，着眼维护我国科技界整体形象和声誉，有效应对、积极发声亮剑，确保科协组织在科技重大危机事件中不失语、不失策。各地科协积极拓宽人才服务新途径，山东建立科协人才工作体系，天津承担“天津市杰出人才”评选，将青年人才托举工程纳入“海河英才计划”，黑龙江将现有奖项纳入省委组织部人才工作手册，河南首次牵头遴选“中原青年拔尖人才”，甘肃恢复设置中断六年的“青年科技奖”，广西首评首颁创新争先奖和杰出工程师奖，重庆、安徽等深入开展创新争先奖评选表彰，山东的泰山科技论坛、吉林的“青年科技领英计划”、江西的“百人远航工程”、辽宁的资助出版工作成为凝聚科技工作者的品牌。

二、坚持服务大局，支撑创新驱动发展工作领域不断拓宽

一是服务科学决策。广泛汇众智、出主意，服务党和政府科学决策。积极应对中美经贸摩擦，组织专家加强高科技发展与国际合作态势研判，开展建言资政。一些重要建议得到习近平总书记等中央领导同志批示，会同相关部门加紧推动落实。系统研究提出关于实施数字经济领先战略和人才培养的建议，得到李克强总理高度重视，相关举措逐步落实。积极开展技术预见，发布第四次全国科技工作者状况面上调查报告、2018绿色发展科技创新人才地图，为党和政府制定人才政策提供支撑。突出文化铸魂、治理筑基，分别与北京大学、清华大学共建科学文化研究院、科技发展与治理研究中心，加强科技界自律和规范管理。推动云南、贵州将全民科学素质工作纳入政府工作考核，协调中央文明办将公民具备科学素质比例纳入全国文明城市测评体系。中国老科学技术工作者协会积极开展战略课题研究，服务科学决策取得显著成效。山东加强智库高端人才队伍建设，一些决策建议得到省委领导批示，部分成果已得到转化。天津将智库成果转化为重点产业专项规划和招引项目目录。上海关于青少年科学教育、光子大科学装置建设等建议获得市委领导批示。江苏、吉林、海南等地优秀智库成果进入决策。河南、湖北、广东等地积极承担中国工程科技发展战略地方研究院工作。

二是加强前瞻规划。坚持登高望远、规划先行，编制完成《面向建设世界科技强国的中国科协规划纲要》，统筹近、中、远期发展，进一步明确了科协组织工作靶心、目标愿景、战略任务和保障措施，坚持聚民心筑同心、汇众智谋发展，以科协事业高质量发展促进经济社会高质量发展，勾画与党的十九大部署相协调、支撑“两个一百年”目标的科协事业发展蓝图。规划纲要提出到2050年将中国科协建成卓越、赋能、创新、包容的科技工作者精神家园的科协组织远景目标，明确了建成世界主要枢纽科技组织、世界科技创新文化高地、全球高端创新人才中心、全球科学文化传播中心、全球高端科技智库中心、国际科技组织总部中心的奋斗目标。

三是促进科技经济深度融合。着力构筑创新生态，破解科技成果转化等难题，为推动供给侧结构性改革、促进产业转型升级提供科技支撑。在福建、天津等地推动数字经济创新示范区和创新创业基地建设。推动创新驱动助力工程升级发展，130 余家全国学会主动围绕地方产业发展需求引入科技创新要素，强化试点地区示范引领。聚焦科技成果转化“最后一公里”，中国煤炭学会、中国纺织工程学会、中国机械工程学会、中国环境科学学会、中国兵工学会、中国化工学会等一批学会依托产业协同创新共同体扎实推进煤炭清洁高效利用、生态纺织、军民融合等领域协同创新。推动成立智慧城市、智慧交通、绿色建造等 10 个企业科技联合体。搭建跨界平台，畅通交流渠道，助力科技型独角兽企业创新发展。贯彻落实习近平生态文明思想，组建生态环境产学联合体。成功举办 2018 年全国双创活动周。国家科技传播中心正式启动工程建设，计划于 2021 年竣工投入使用，努力打造国际科技创新展示中心、科技成果发布交易中心、国际高端学术交流中心和国际科技组织总部基地。重庆的“院士牵头科技创新引导专项”、福建的“院士专家八闽行”、宁夏的“院士专家宁夏行”、河南与各级政府举办的“一市一品”产业技术大会等助力地方产业结构优化升级。江西赣州科协打造“赣州科创吧服务”等系列平台，服务人才成长和企业发展。

四是创新省会合作机制。坚持强化区域战略合作，以协同化发展推进党中央重大决策部署落实落地。先后与江苏、福建、天津、浙江、重庆、山西等 6 个省市党委政府建立全面战略合作机制，会同天津举办第二届世界智能大会，共建创新创业平台；与重庆举办首届中国国际智能产业博览会，与福建举办 2018 数字经济产学研厦门论坛，打造数字经济发展国际化产学交流平台，重点推动数字经济与实体经济融合发展以及智库、人才、基层组织建设等工作，服务区域发展转型升级和动能转换，助力增强内生动力和发展均衡性。与澳门特别行政区政府签署合作框架协议，服务粤港澳大湾区建设。组织编制相关专题报告，支持雄安新区创新发展。适应新一代信息技术人才培养需求，组织编制《云计算导论》《大数据导论》《人工智能导论》等教材，面向高校和企业培训骨干师资近 500 人次，近 20 所高校开设为通识课或选修课。构建覆盖全国、区域落地的绿色开源共享平台，助推数字经济领先战略，近 10 万企业用户和 310 家服务机构入驻，线上发布各类科技活动 2000 余场。天津等地开展人工智能教育培训和全域科普。重庆市科协、中国电子学会联手举办数字经济百人会、高端闭门研讨会，发布《全球数字经济十大发展趋势》。

五是助力打赢脱贫攻坚战。会聚科协资源，聚焦脱贫攻坚，深入实施乡村振兴战略。召开全国科技助力精准扶贫现场会，全面落实习近平总书记重要指示精神，部署推动科技助力精准扶贫工作。完善定点扶贫工作机制，根据国务院扶贫办统一部署，签订《中央单位定点扶贫责任书》，强化工作督导和责任落实。全年直接带动山西临县和岚县建档立卡贫困户 5567 户、建档立卡贫困人口 14137 人脱贫。发挥科普大篷车在科普助力精准扶贫中的作用，向青海、甘肃、陕西试点配发一批科普大篷车，探索社会化运行模式，与“十二五”相比，青海、甘肃两省平均开展活动次数指标提升近 3 倍。山西开发精准脱贫评估管理平台，配合省扶贫办开展 2018 年易地扶贫搬迁成效评估督导。四川开展扶智扶志“双扶”工程，激发贫困群众内生动力。打造中国农技协科技小院联盟，探索农业科技创新、技术服务和人才培养新模式，由涉农科技专家团队直接驻扎生产一线，“零距离”指导当地农业产业发展，着力提升服务能力，将农技协打造成为农业科技成果转化、“三农”工作智库及科普服务平台，助力乡村振兴战略。开展“智爱妈妈”“智慧蓝领”行动，提升农村妇女、农村务工人员科学素质。面向中西部 22 个省、自治区、直辖市国家级贫困县乡村学校少年宫开展 2018 年“圆梦工程”——农村未成年人科普志愿行动。全国学会广泛开展西部行活动，助力精准扶贫。中华口腔医学会支持西藏成立口腔医学会，组织为无牙颌贫困老人免费镶牙的“雪域口福行”活动。新疆生产建设兵团科协打造 10 个特色产业示范村，建设 16 个兵地融合发展科技示范基地。甘肃先后组织动员 3343 名科技专家，与 1.75 万户建档立卡贫困户建立常态扶智脱贫链接，河南坚持“农技协 + 农村电商培训基地 + 农村电商示范商铺 + 科技扶贫基地”培训模式，海南创设“村集体经济 + 示范基地 + 农户”的经营模式，湖南派工作队在驻点贫困村全覆盖，云南倡导“科技助力、智力帮扶、素质提升、产业先导”模式，西藏开展“雪域科普大讲堂”系列活动，有效拓展了科技助力精准扶贫和乡村振兴的新途径。湖南省湘西州泸溪县开展大中型水库青年移民科技创业“启航行动”，四川省德阳市科协打造“农业科技小院”，引导院士专家等资源下沉到基层，贵州省黔西南州贞丰县科协建设土布小镇，宁夏固原市西吉县科协推动建立乡村科技馆，发展乡村旅游。

三、深化改革创新，科技公共服务制度平台基础不断夯实

一是系统谋划一流期刊建设。准确把握科技期刊传承人类文明、荟萃科学发现、引领科技发展的战略定位，在谋划期刊发展中彰显科协作为。在党中央关心指导和支持下，聚焦我国科技期刊质量不高、影响力不大、整体水平偏低等问题，系统研究一流期刊建设，配合中央改革办形成《关于深化改革 培育世界一流科技期刊的意见》，经中央深改委第五次会议审议通过，谋划以建设世界一流科技期刊为目标、科学编制重点建设期刊目录、做精做强一批基础和传统优势领域期刊的战略思路。搭建国际一流期刊交流平台，首创世界科技期刊论坛，拓展期刊"国际朋友圈"，推动本土品牌期刊建设。会同美国科学促进会，打造高水平综合性英文科技期刊 *Research*。强化科技期刊发展导向，分梯次建设优秀科技期刊方阵，继续实施中国科技期刊国际影响力提升计划等重大期刊支持项目，支持期刊学术水平和国际影响力进一步提升，38 种期刊进入国际同类期刊影响力排名前 25%，较 2017 年增加 9 种。按照中央关于推进学术成果评价标准改革的重要指示，结合科协职能定位和组织优势，探索开展科技期刊分级目录发布工作，推动中外科技期刊同质等效使用，中华医学会、中华中医药学会、中国农学会、中国电机工程学会、中国地质学会等启动分领域发布高质量科技期刊分级目录工作。中国汽车工程学会倡议并推动行业内科研成果在英文科技期刊 *Automotive Innovation* 首发。创立 *Cultures of Science*，聚集国内外学术同行，促进科学文化研究。突出原创导向，开展第三届优秀科技论文遴选活动，200 余位专家评审确定 812 位作者的 95 篇论文入选，活动受到广泛关注和认可，对原创成果国内首发形成激励导向。探索解决"四唯"问题新路径，建设临床医生案例成果期刊平台，加快推进医务工作者多元评价体系建设。

二是推动学术交流和学会创新发展。会同浙江省人民政府举办第二十届中国科协年会，135 位院士和 3300 余名科技工作者参加。首创中国科技智库论坛、中外科技社团发展论坛和世界科技期刊论坛，首启中国科技峰会系列活动，首次发布 60 个重大科学问题和工程技术难题，强化前沿引领和学术规范。海外人才双创大赛有 56 个项目签订落地意向协议，17 个项目落地浙江，助推科技人才延揽和科技成果转化。2018 世界生命科学大会、世界机器人大会、世界交通运输大会、绿色发展科技创新大会等一批世界品牌学术会议持续形成广泛影响。首次发布《重要学术会议指南（2018）》，收录 158 家全国学会及学会联合体高端学术会议品牌，提升影响力。推动学会承接政府转移职能常态化，拓展学会公共服务领域，支持学会打造科技评估、人才评价等公共服务品牌。开展学会设奖情况调查，遴选 10 个学会奖项加强国际宣传，支持 35 个全国学会完善标准组织机构和标准管理制度，与国际组织联合制定技术标准，推动技术标准"走出去"。江苏 7 成省级学会实现秘书处实体化、秘书长聘任制，98 家省级学会承接 37 个职能部门的 516 个公共服务项目，实现 84 家 3A 级以上省级学会承能全覆盖，17 家综合示范学会实现"科技评估、人才评价、标准研制、科技奖励、决策咨询、教育培训"六大类别全覆盖。

三是创新科普服务机制。认真履行全民科学素质纲要实施牵头部门职责，统筹开展科学教育、传播和普及活动。开展全民科学素质纲要实施工作"十三五"中期评估，赴贵州、内蒙古等 8 个省份实地检查，对山东、河南等 6 个省份进行第三方评估。开展第十次公民科学素质调查，中国公民具备基本科学素质比例达到 8.47%。全国科普日活动以"创新引领时代，智慧点亮生活"为主题，各地共 1.2 万家单位举办各类活动 1.8 万项，线上线下参与达 3 亿人次，比 2017 年提高近 70%，参与活动的科技工作者约 110 万人，是 2017 年的近 3 倍。

创新升级中国特色现代科技馆体系。建立科普资源精准推送和落地新机制，2018 年中国流动科技馆巡展 692 站，其中贫困县（市）199 站，服务公众约 2126 万人次。科普大篷车开展活动 2.1 万次，行驶里程约 286.5 万千米，服务公众 1802.5 万人次。农村中学科技馆服务公众逾 96 万人次。中国数字科技馆资源总量新增 1.6TB。中国科技馆首次举办"科学之夜"活动，邀请 25 家省、自治区、直辖市科技馆共同参与，累计服务公众 10378 人次，与抖音合作推出"扔出平稳立在桌上的水瓶"挑战，播放量超 17.6 亿次。首次开展"全国科技馆联合行动"，全年共举办 4 期，累计联合 62 座次科技馆（或博物馆）参与，服务公众约 16 万人次。

"明天小小科学家""英才计划"等科技创新后备

人才培养活动提质增效。落实国务院《新一代人工智能发展规划》，成功举办首届全国青少年创意编程与智能设计大赛。海峡两岸暨港澳 2118 所中学的 1.1 万名高中生参加高校科学营的 1000 余场活动。青少年科学调查体验活动吸引 400 余万中小学生参加，科学影像节、航天、海洋等青少年系列科普活动广泛开展，效果显著。

创新公民科学素质建设社会动员机制，推进学术资源科普化。推动全国学会深入开展科学传播专家团队建设工作，98 个学会组建科学传播专家团队 433 个，共计聘任推荐首席科学传播专家 435 人，其中院士 41 人，在库科学传播专家总人数为 5444 人，已建团队的学会占中国科协所属学会的 49%。创新工作模式，繁荣科普创作。通过政府购买服务方式实施科普信息化工程，加强与人民网、新华网等互联网机构合作，实现科普服务精准推送。截至 2018 年 12 月底，科普中国累计建设内容资源 27.91TB，新增 12TB，一年增长 80%，累计预览和传播量达 232.58 亿人次，增长量接近前三年总和。

启动应急科普快速响应机制，针对非洲猪瘟疫情开展科普宣传。组织拍摄制作《科普中国》纪录片。探索将科普元素植入手机游戏，覆盖青少年 1 亿余人次。首次举办中国国际科普作品大赛，推出 2018 国际科普作品展。举办 2018 中国科幻大会，培育科幻创作人才，推动科幻产业发展。策划实施“创新决胜未来”科普展览，精选改革开放以来 40 项代表性科技成果面向公众展出，累计服务公众 13.7 万人次。在此基础上推出高品质虚拟现实仿真体验节目“嫦娥五号虚拟现实节目”，纳入“伟大的变革　庆祝改革开放 40 周年”大型展览。

各地科普服务机制不断推陈出新。北京抓住职称改革契机，推动设立全国唯一的科学传播专业职称，解决科普工作者内生动力问题；建立以北京科学中心为核心、以 16 个区域分中心和 N 个专业特色科普场馆为依托的“1+16+N”科普体系。山东联合有关单位建设科普专家队伍。河南建设覆盖 2000 多个农村和社区的科技传播网络，实现科技“进村（社区）、入户、到人”，破解基层科普阵地缺失和科普“最后一公里”问题。福建举办“一赛一营一会三论坛”，深化闽台科技交流合作。第八届中国（芜湖）科普产品博览交易会、第五届上海国际科普产品博览会成为科技展会的一张“名片”。江苏全面提升青少年科技教育，扎实开展院士专家进百校系列活动，规范设立省政府青少年科技创新大赛培源奖，引领 10 个设区市、42 个县（市、区）设立青少年科技创新市（县、区）长奖。四川成立科幻学会。西藏联合宣传部门播出《科普西藏》等专题栏目。湖北、甘肃扎实推进省科技馆新馆建设。四川推进地市科技馆体系建设，促进科普经费“一人一级一元”政策落地。

四是推进科协系统深化改革。以庆祝改革开放 40 周年为契机，加强总结谋划，推动新时代科协系统改革再出发。强化顶层设计，成立中国科协深化改革领导小组，制定工作规则，全年召开 17 次会议讨论重大改革事项，推进落实改革重点任务。深入总结改革经验，针对中央改革办专项督察反馈问题开展扎实整改。指导 31 家地方科协改革试点探索，鼓励基层首创，加强改革交流，推广可复制经验。目前，80% 以上地市级科协、半数以上县级科协出台了改革方案。聚焦突出问题精准发力，眼睛向下，紧紧抓住基层组织力和活力不足、学会治理模式滞后等共性“硬骨头”问题，推出“三长制”等一批制度化成果，增强广大科技工作者的改革获得感。开展学会综合能力评估，促进学会创新发展。遴选 50 个左右基础较好的学会，分三类支持，引导其向一流学会目标迈进。启用全国学会组织管理信息平台，实现学会办事“最多跑一趟”。召开“中国特色社会主义科技群团改革与发展”系列研讨会，深入研究科技群团发展规律，探寻改革路径。

各地科协改革取得新进展。北京科协改革经验被市委改革办推广。江西 11 个设区市科协、100 个县（市、区）科协改革方案全部出台并全面推进实施。山东实施改革品牌培育工程，推动科协工作转型升级、提质增效，全省 17 个市科协改革方案全部出台，137 个县级科协有 135 个改革方案已经出台、130 个实现独立建制，县级科协新成立事业单位 56 个，实现加强型改革目标。湖北市县科协编制有所增加，近九成县级科协实现独立建制。河北、四川、江苏、安徽等推动所有地市级科协、85% 以上县级科协出台改革方案。

四、加强组织建设，广泛联系、服务群众的工作体系不断完善

一是扩大科协组织覆盖。与国务院国资委、教育部、农业农村部等联合推进在企业、高校、农村建立科协组织，探索联系服务非公企业、新型科研机构的新机制。推动中央企业、大型民营企业、新经济组织企业科协建设。与国务院国资委签署战略合作协议，推动中国电子集团、中国节能环保集团等一批中央企业建立科协组织，支持中石油、中石化等中央企业开展科技创新。强化对民营科技型领军企业的联系覆盖，相继推动阿里、腾讯、小米等一批有影响力的民营企业成立科协。会同教育部加强高校科协建设，新建87家高校科协，湖北、江苏、陕西、黑龙江、湖南、广东等省成立高校科协联盟，促进协同联动、资源共享。河北在全国首创实施个人会员和会士制度，拓宽直接联系科技精英的渠道，推进基层科协组织备案制改革，将建家活动与基层科协组织建设相结合，按照“六有”标准建设“科技工作者之家”。湖北襄阳、四川遂宁等地在科技工作者密集的地方开展建家交友工作。

二是开展提升基层科协组织力“3+1”试点。聚焦加强组织体系建设，全面开展提升基层科协组织力“3+1”试点工作，广泛吸纳以“三长”（医院院长、农技站站长、学校校长）为代表的“关键人物”进入基层科协机构兼职挂职、发挥作用，接长科协手臂，夯实基层基础。制定方案，做好顶层设计，指导全面铺开试点工作。加强研讨交流，召开全国提升基层科协组织力“3+1”试点工作座谈会、直辖市社区科协建设座谈会，凝聚发展共识。截至2018年年底，全国四分之三市级科协、86%县级科协、近六成乡镇（街道）科协开展“3+1”试点工作，市、县、乡三级科协兼职挂职副主席中“三长”人数分别为435人、1225人、14348人，占比分别为31.3%、34.4%和61.1%。各地科协创造性开展“三长”工作，天津、江苏、福建将“3+1”组织建设拓展为“4+1”或“n+1”。浙江涌现出余姚、安吉、嘉善、浦江、仙居、鹿城等一批推进改革鲜活样本。湖南制定加强基层科协组织力“3+5+1”试点工作方案，开展“三长”“五老”（老干部、老战士、老专家、老教师、老劳模）兼挂职试点。贵州依托全球贵州博士俱乐部开展人工智能、云计算等100场系列科技前沿主题讲座，探索科协组织力建设新领域。山东菏泽在“三长”中要求每个乡镇科协配齐干部，达到“四有一落实”，即有组织机构、有办公地点、有牌子、有议事规程，相当一部分乡镇科协干部在换届中得到提拔使用。

三是推进“智慧科协”建设。以智慧点亮科协，突出基于思想、组织、人才的大党建引领，集成管理、服务、决策的大数据分析，打造洞悉科技舆情、洞察群团规律、网上联系引领、服务高质量发展的智慧科协平台，提升网上组织力、网络空间话语权，提升“四服务”能力。完成以“智慧党建”为引领的“智慧科协”一期建设，突出“应用为王、数据为魂”，以业务工作为引擎推动信息化建设，提出党建、智库、学术、科普四大业务板块和以协同平台、融合信息平台及数据中心为基础支撑的总体架构，连接业务系统103个，会聚数据1.4亿条，初步实现互联互通。目前，协同工作平台正在国际动物学会、中国汽车工程学会、中华预防医学会、中国女科技工作者协会、中国城市规划学会等5个全国学会以及广西、黑龙江、河南、湖北、海南、河北等6个省科协开展试用。“科界”APP注册用户超过79万，吸引2554个各级科协组织、1410个各级学会以及若干媒体、企业、高校入驻，累计组织线上互动活动251场、线上现场会议257场、直播会议281场，形成“县级科协论坛”“科技咖啡馆”等65个兴趣部落和“科学家精神”等2803个热门话题，总阅读量累计2061万次，推广传播量5.46亿次。内蒙古在全国首开蒙汉文数字资源共享平台建设。

五、拓展开放合作，推动构建人类命运共同体作用不断彰显

一是召开世界公众科学素质促进大会，开启科普国际化新征程。以“科学素质与人类命运共同体”为主题，召开世界公众科学素质促进大会，来自38个国家、58个国别科技组织、机构和23个国际组织的负责人或代表与会。大会系统总结国际科普实践，推动全球科普大交流，发布《世界公众科学素质促进北京宣言》，形成推动弥合知识鸿沟、共享发展成果、共建繁荣世界的广泛共识，拓展了开放合作新空间。习近平总书记向大会致贺信，强调加强科技产业界和社会各界的协同创新，促进各国开放合作，为新时代增强人民科学素质提供了重要遵循和行动指南。王沪宁同志出席大会并致辞。会议有关活动报道量超过3.4万篇，“公众科学素质”成为现象级热词。中国流动科技馆首次走出国门，赴缅甸、柬埔寨成功开展国际巡展，受到当地社会广泛关注。

二是全方位拓展开放合作，着力打造世界一流民间科技人文交流平台。深化全方位开放合作，拓展中欧民间科技交流渠道，实施科技组织伙伴计划，强化民间科技人文柔性连接，努力构建全球创新合作互利共赢新生态。设立中瑞杰出科学家交流计划，与瑞典皇家工程科学院共同举办“中国的科研与创新”论坛，探索中国－北欧科技人文交流新机制。拓展双边合作新渠道，将 30 个国家 86 个组织作为中国科协全球伙伴关系的重点工作目标，扩大中国科技界的“朋友圈”，打造全球伙伴关系网络。顺利实施“一带一路”民间科技人文交流携手计划，其中国际民间科技组织平台建设项目吸引包括联合国教科文组织等共 29 个国际组织机构参与，全年开展双边交流 77 次、多边交流 54 次、举办国际会议 54 次，借助平台新孵化出了 6 个海内外培训基地，为 1282 人次国外科技人才提供培训机会。召开 2018 绿色发展科技创新大会，会聚国内外 35 个城市和 630 余名产业界、学术界代表，发布《“一带一路”绿色城市合作论坛遂宁共识》，探索服务人类命运共同体建设的绿色发展路径。首届国际科技馆能力建设培训班共吸引 11 个国家参与，中国古代科技展在希腊雅典巡展，吸引 14.6 万人次参观，进一步促进了世界各国科技馆事业共同繁荣以及从业人员专业发展。实施青少年科技教育国际拓展计划，成功举办中国－东盟青少年创新大赛、“一带一路”青少年科技夏令营和第二届“一带一路”青少年创客营与教师研讨活动，成立“一带一路”国际科学教育协调委员会，打造国际交流平台和长效合作机制。成功举办第 33 届全国青少年科技创新大赛，来自 52 个国家和地区的 318 名代表参加，已经成为亚洲区域规模最大、参赛国别最多的青少年科技类竞赛活动。成功举办第十八届中国青少年机器人竞赛暨 2018 世界青少年机器人邀请赛，来自 28 个国家和地区的 60 个代表团共 3000 余人参加，总规模和国际代表数量均创历届新高。坚持服务中央对港澳台工作大局，以科普、学术交流和海峡两岸暨港澳协同创新工作为主线，以交流项目为抓手，重点拓展与港澳台科技组织、产学研机构的交流与合作项目，继续做好港澳台科技人员、青少年的人心回归工作。广西科协策划中欧生命科学论坛、中韩海洋可持续发展论坛、中国－东盟汇商聚智高峰论坛、中国－东盟工程项目合作与发展论坛等系列活动。中华口腔医学会以承办 2020 年世界牙科大会为契机，加强与国际口腔界的联系。

三是拓展会聚创新人才新通道，提升中国科技的国际话语权。2018 年经中国科协及所属学会推荐在重要国际组织任职的中国科学家首次突破 300 人次，达到 348 人次，其中担任主席、副主席职务的 155 人次，在以中国科协名义加入的六大国际组织中均继续保持副主席以上任职全覆盖。发起举办工程能力国际论坛，邀请 9 个国际组织、26 个国别的 41 名国际代表参会，其中包括 8 个国际组织的主席和候任主席、11 个国家的工程师组织主席，就构建全球统一的工程师能力标准和工程教育标准达成广泛共识。探索筹建中国科技战略委员会，举办人工智能圆桌会议等 5 项预热活动。以工程教育认证和工程能力建设工作为抓手，组建中国专业工程能力建设联盟（筹）。创办中外科技社团发展论坛，拓展学会国际化发展视野。有序推进在华成立国际科技社团工作。推动招才引智阵地前移，累计建设海智计划工作基地 69 个、海外人才离岸创新创业基地 13 个、海外海智双创基地 5 个。成功举办第二届中欧现代农业论坛、第四届中欧生命科学论坛、中国（杭州）海外人才创新创业项目大赛等高层次引才引智活动。上海市科协会同临港管委会等共同举办首届世界顶尖科学家论坛，云集 40 多位包括诺贝尔奖得主在内的世界顶尖科学家。欧洲华人微电子中国论坛、中国海归创业联盟杭州创业中心正式落户浙江。杭州、合肥、宁波探索建立国家海外人才离岸创新创业基地。广东加强与港澳科技团体交流，与 144 个海外科技团体建立联系，协助引进海外人才 1140 人。

六、强化党建引领，全面从严治党不断走向深入

一是推进“智慧党建”行动。充分运用互联网技术，推动基层党建创新发展。全面提升科协党建科学化水平，建设科协“党建云”业务平台并与中央和国家机关工委“支部工作”顺利对接。研究制定《关于实施“智慧党建”行动的具体措施》，中国科协机关、直属单位及全国学会的 100 多个基层党组织和 1000 多名党员注册上线，开发建设大数据平台，“大党建”工作格局初步形成。

二是扎实推进党建工作。强化顶层谋划和系统部署，落实“一岗双责”，重点抓好主体责任和责任主体，扎实推进“两学一做”学习教育常态化制度化。开展“不忘初心、牢记使命、筑牢基础、忠诚担当”支部创新活动。广泛开展党风廉政建设警示教育，强化震慑作用。首亮巡视利剑，全面启动党组巡视工作，高标准高质量对 4 家直属单位开展巡视，督促被巡视党组织进一步强化管党治党政治责任，推动科协全面从严治党向基层延伸。开展中央巡视整改专项督查，专门成立督查工作组对 13 个部门单位开展重点抽查，推进中央巡视整改落实落地。加强干部队伍建设，坚持正确用人导向，加强科学规划，鼓励新时代干部新担当新作为。积极推进学会党建，推动理事会层面成立学会党委198个，选派国际组织理事会党建联络人1名。各类基层党组织覆盖学会办事机构186个，对18个不具备成立条件的办事机构选派了党建指导员，实现学会党组织全覆盖，党在科技界的政治领导基础进一步巩固和加强。各全国学会结合自身情况不断加强党建工作，中华医学会从制度建设层面推进理事会和专科分会党的组织和工作全覆盖，中国水产学会引导学会党员发挥先锋模范作用服务基层一线，中国航空学会、中国城市科学研究会等80多个全国学会积极参加中国科协“党建强会计划”，将学会重点业务和党建活动紧密融合。江苏深入实施党建强会计划，设立科技社团党委学会党总支。新疆发挥党支部的战斗堡垒作用和党员的先锋模范作用，积极开展“民族团结一家亲”活动，实现入户走访、结对认亲、扶贫帮困“三个全覆盖”。

三是持续加强作风建设。加强制度建设，完善重大问题专题研究、重大任务定期调度、重要工作及时总结、重要事项督办问责等制度，建立绩效考核和业绩档案管理机制，切实提高执行力。开展落实中央八项规定精神实施细则专项检查，推进反“四风”工作常态化长效化。突出计财廉政风险防控，持续强化财务内控制度建设。加强对学会的财务监督与规范管理，科学防范风险。坚持把纪律和规矩挺在前面，完善督查机制，强化不折不扣坚定贯彻中央重大决策部署的政治担当。集中整治形式主义、官僚主义，建立长效机制，造就忠诚干净担当的高素质科协干部队伍。

综　合

【纪念全国科学大会召开40周年暨中国科学家精神座谈会】 3月30日，由中国科协与光明日报社联合主办的“在新时代的科学春天里出发——纪念全国科学大会召开40周年暨中国科学家精神”座谈会在北京举行。会议旨在继承发扬的基础上凝练新时代中国科学家精神的新内涵，会聚向世界科技强国进军的磅礴力量。中国科协党组书记、常务副主席、书记处第一书记怀进鹏，中宣部宣教局副局长刘军胜出席座谈会。围绕座谈会主题，“载人深潜”“中国天眼”等科技团队的代表以及多位社会科学领域的学者进行研讨。中国科协党组成员、书记处书记束为主持会议。

怀进鹏表示，每一个时代都有其培育的人才，也有其成就的事业，而我们这个时代所面临的就是科技强国的使命，如何更好地动员社会广大科技工作者在科技强国的新春天践行使命，这就是中国科协的使命所在。中国进入新时代，新时代的科学精神应有新的使命。在大科学时代，在我国科技创新开始由跟跑为主转向更多领域并跑、领跑的时候，我们需要有务实求真、永无止境的探索精神。心有大我、至诚报国的中国科学家精神需要弘扬宣传，更需要一代代人来传承发扬，以推动我国建设世界科技强国的目标。

光明日报总编辑张政表示，科学家们所表达的“将自己一生所学奉献于国家，这是最幸福的事”体现了优秀科学家的人生观、价值观，而展现他们身上的优秀精神品质是新时代媒体人的责任。

【庆祝改革开放40周年、中国科协成立60周年演出活动】 12月28日下午，在新年来临之际，庆祝改革开放40周年、中国科协成立60周年“不忘初心　创新发展”演出活动在中国科技会堂隆重举行。全国政协副主席、中国科协主席万钢，中国科协党组、书记处成员束为、宋军、王守东、殷皓，科协老领导张玉台、张勤、王延祐等出席活动，共同庆祝改革开放40周年光辉历程、共贺中国科协60华诞。

演出分为“不忘初心·创业与传承”“爱国奋斗·科学家精神”“创新发展·奋进新时代”三个篇章。整场演出综合运用视频、音乐、舞蹈、合唱、独唱、朗诵、情景表演、多媒体、现场采访等多种形式，精彩纷呈、高潮迭起，生动再现了60年来科协组织创业、传承、创新、发展的历史进程。演出在《明天会更好》的大合唱中圆满落下帷幕。

出席演出活动的还有中国科协离退休老同志代表、机关各部门和直属单位干部职工以及部分全国学会代表共计600余人。活动由办公厅、机关党委、机关工会主办，机关离退办、科技社团党委、中国科技馆、中国科技会堂协办。

【“礼赞·科学家精神”中国科协甲子华诞特别奉献专题活动】 为庆祝改革开放40周年、中国科协成立60周年，由中国科协、人民日报社共同主办的“礼赞·科学家精神”中国科协甲子华诞特别奉献专题活动于12月29日在中国科技会堂举行。

全国政协副主席、中国科协主席万钢，中国科协名誉主席韩启德，中国科协党组书记、常务副主席、书记处第一书记怀进鹏，中国科协党组、书记处成员，人民网股份有限公司党委书记、总裁叶蓁蓁，中国科协老领导、部分科协常委、中国科协所属全国学会理事长代表，以及来自有关中央和国家机关、高等院校、科研院所的嘉宾，中国科协机关及直属单位干部职工、媒体记者等 450 余人出席活动。

此次活动是为引领科技界深入学习贯彻习近平总书记在纪念改革开放 40 周年大会上的重要讲话精神，以弘扬科学家精神为主线，庆祝中国科协成立 60 周年，献礼新中国成立 70 周年。

怀进鹏在致辞中表示，时值岁末，科技工作者相聚在科技工作者之家，以别开生面的形式共同学习习近平总书记在庆祝改革开放 40 周年大会上的重要讲话精神，从改革奋进的宏伟历史长卷中重温科技第一生产力的伟大创造和广大科技工作者在爱国奋斗的创新实践中铸就的中国科学家精神，以此更好地铭记中国科协一个甲子的发展历程，在传承创新中实现新时代科技群团事业的更好更快发展。科技工作者作为时代中坚、社会之光，必须不畏任重、不惧时艰，把个人理想自觉融入科技强国伟业，洞察变革于端倪，把握先机于初始，引领方向于“无人区”，补短板、增长板，摆脱核心技术受制于人的局面，打造未来竞争新优势，在奋斗中成就创新梦想、实现人生价值。

专题活动分为爱国创新、求实奉献、协同育人、传承发展 4 个篇章，邀请国家天文台研究员、五百米口径球面望远镜（FAST）调试工作总体技术负责人、南仁东同事姜鹏，清华大学副校长、中国科学院院士薛其坤，改革先锋、中国中车集团有限公司总经理、“复兴号”高速列车研制主持者孙永才，改革先锋、2018“最美科技工作者”获得者、中国电子科技集团公司第五十四研究所副总工程师蔚保国，浙江大学、北京交通大学、厦门大学、中国地质大学（武汉）、西安交通大学等高校领导，以及“共和国脊梁——科学大师名校宣传工程”主创人员代表、科学家家属代表等进行现场访谈，并创新表达形式，以故事讲述、话剧片段、书信朗诵等艺术手法展现从科学报国、科学春天、科教兴国向科技强国迈进的道路上，一代代中国科学家为推动民族独立、国家繁荣和人民幸福所建立的卓越历史功勋，以此缅怀科学大师、弘扬科学精神，激励广大科技工作者接力精神火炬、奋进新的长征。

活动期间，由中国科协编印的《爱国奋斗精神学习读本》正式向全社会发布。中央组织部、中央宣传部、教育部、中国科协四家单位共同为该书发布揭幕，并举行现场赠书。

万钢在活动闭幕致辞中表示，命运与祖国相连、与人民相依，事业就会永恒，生命就会长青。习近平总书记在庆祝改革开放 40 周年大会上以非凡的胆魄、坚定的自信和将改革进行到底的勇气深刻指出，要传承革命文化、发展先进文化，努力创造光耀时代、光耀世界的中华文化。现在，中国人民和中华民族在历史进程中积累的强大能量已经充分爆发出来，为实现中华民族伟大复兴提供了势不可当的磅礴力量。在建设创新型国家和世界科技强国的征途中，中国科学家精神以其强大感召力薪火相传并在新时代愈加焕发出勃勃生机。中国科学家精神必将成为一面旗帜，激励科技工作者在新时代奋勇前行，做科技报国的践行者和示范者、中华民族伟大复兴的追梦者和筑梦者。

【全国政协科协界委员座谈会】 1 月 16 日上午，全国政协科协界在京召开委员座谈会，围绕科协界关注的重要问题和如何做好全国政协十三届一次会议大会发言工作进行交流研讨，提出意见建议。全国政协人口资源环境委员会副主任齐让主持座谈会。十一届全国政协委员、中国科协党组副书记、副主席、书记处书记徐延豪，十二届全国政协科协界委员程津培、张勤、沈保根、林惠民、曹效业、宋家慧、徐世杰、李和平、张薇、易建强、周伟江和十一届全国政协科协界委员王庭大、葛志荣、宋南平等出席会议。

委员们围绕全民科学素质提升、科学家的科普社会责任、科研经费管理、科技期刊、科学道德、增强科技自信等方面展开讨论。

徐延豪对两届科协界委员始终心系国事、情牵科协表示崇高敬意和衷心感谢。他说，近些年，全国政协科协界委员积极履行职责，围绕科技科协事业发展的热点难点问题深入调查研究、积极协商议政，讲真话、建诤言、献良策，形成了多份调研报告和大会发言，充分发挥了科协界的作用，多份提案、调研报告中的工作建议得到国家有关部门的采纳，有力推进了多项工作落实。徐延豪表示，科协是科技工作者之家，也永远是科协界委员的家，中国科协将一如既往地为科协界委员履职建言搭好平台、做好服务，也衷心希望委员们继续关注和支持科协事业发展，共同为建设世界科技强国做出应有的贡献。

【中国科协深入安吉学习贯彻全国生态环境保护大会精神】 5 月 25 日，为进一步贯彻全国生态环境保护大会会议精神，落实党中央关于加快推进生态文明建设重大战略部署，深入学习领会习近平生态文明建设思想，深刻把握总书记关于“绿水青山就是金山银山”的绿色发展理念，充分认识加强生态文明建设的重大意义，切实增强做好生态环境保护工作的责任感、使命感，有效促进科技与社会经济的融合发展，中国科协党组组织全国各省科协的代表同志深入浙江省湖州市安吉县余村开展集体学习和实践活动，亲身感受“绿水青山”发展之路，实地考察生态文明发展理念在浙江基层的生动实践。

2005年8月15日，时任浙江省委书记的习近平同志到余村考察调研时首次提出了“绿水青山就是金山银山”的重要论述。十余年间，余村始终秉承该理念，大力发展生态经济、建设美丽乡村，绿色发展之路越走越宽。

参会代表观摩了余村文化礼堂，深刻感受了余村从粗放型经济增长向生态化产业转型的发展历程；参观了科普风情大道、院士林、科普成就展示区，详细了解了余村十余年来源源不断地将绿水青山转化为“金山银山”的实践历程；观看了习近平总书记“绿水青山就是金山银山”的珍贵纪录片，深刻领悟了这一科学论断的深刻内涵；考察了余村的生态文明建设实践，切实体会了生态经济发展带来的历史性转变。

中国科学院生态环境研究中心主任、党委书记欧阳志云和浙江大学“两山”发展研究中心研究员张清宇应邀就生态文明建设和“两山”理论实践作辅导性报告。

中国科协党组书记、常务副主席、书记处第一书记怀进鹏主持会议并发表总结讲话。

中国科协党组副书记、副主席、书记处书记徐延豪，各省和副省级城市科协党组书记，以及中国科协相关部门负责人参加学习活动。

【中国科协年会浙江省党政领导与院士专家座谈会】 5月27日，在第二十届中国科协年会期间，中国科协举办浙江省党政领导与各领域的院士专家座谈会。全国政协副主席、中国科协主席万钢，浙江省委书记车俊出席会议并讲话。中国科协党组书记、常务副主席、书记处第一书记怀进鹏出席会议。浙江省委副书记、省长袁家军主持会议。

会上，潘云鹤、刘燕华、穆荣平、王玉明、方滨兴、尤政、李骏、方新等8位院士专家围绕发展人工智能和集成电路产业、加快自由贸易港和大湾区建设等问题分别介绍了各自主持的服务浙江课题调研成果。

万钢充分肯定了浙江省近年来创新发展所取得的成绩，高度赞赏院士专家服务浙江课题调研成果。他表示，今年是贯彻落实党的十九大精神的开局之年，是改革开放40周年，是中国科协成立60周年。中国科协和浙江省都要思考新时代赋予的新使命新要求，梳理新思路，发展新事业，实现新目标。从这个意义上说，双方的合作才刚刚开始，继续深化的空间巨大。我们要谋划推进改革，构建科协事业协同发展新格局；加强政治引领政治吸纳，打造世界领先的科技创新价值共同体；改进工作服务体制机制，促进技术经济深度融合。希望浙江省对标国际先进水平，率先建成创新型省份。希望中国科协以此次年会召开为契机，将院士专家的建议切实转化为浙江推动科技进步的良方和创新驱动发展的妙策，为浙江破解科技创新体制机制和政策障碍提供动力；继续发挥广泛联系科技工作者的优势，以双方全面战略合作为框架，建立院士专家、科技智库与浙江省的良好沟通机制，推动浙江省在先发优势的基础上释放更大潜力，为浙江新一轮发展插上更加强健的科技翅膀。

车俊表示，广大院士专家是浙江创新发展的一支重要力量，发挥着引领性、关键性的重要作用。这次中国科协组织开展高端智库服务浙江课题调研活动，更是院士专家支持浙江发展的生动写照。我们将把这些课题调研报告提出的意见建议吸纳到省委、省政府的决策部署中，转化为促进经济社会发展的政策思路和具体举措。当前，浙江正在加快推进“两个高水平”建设，这为广大院士专家创新创造提供了大好机遇和广阔舞台。希望中国科协和各位院士专家继续鼎力相助，在决策咨询方面多建言，在关键共性技术攻关方面多出招，在帮助打造人才最优生态省方面多发力，让科技成果在浙江多落地，为浙江高质量发展注入科技创新的强大动力。浙江愿为院士专家和科技人才当好勤务兵、参谋员、店小二，为大家创新创业做好服务。

中国科协党组副书记、副主席、书记处书记徐延豪，党组成员、书记处书记项昌乐、宋军，浙江省领导任振鹤、陈金彪、冯飞、周江勇、高兴夫、王文序和省科协主席姚克出席座谈会。

【中国科协地方科协党组书记座谈会】 5月26日晚，中国科协在浙江省杭州市召开地方科协党组书记座谈会。中国科协党组书记、常务副主席、书记处第一书记怀进鹏主持会议并讲话。党组副书记、副主席、书记处书记徐延豪，党组成员、书记处书记项昌乐、宋军出席会议。来自全国各省、自治区、直辖市和副省级城市科协，新疆生产建设兵团科协的党组书记、专职主席参加会议。中国科协机关和直属单位部分负责人列席会议。

会上，浙江、山西、福建、河南、重庆等地方科协党组书记围绕“3+1”基层科协组织建设试点、科普服务乡村振兴、开展省会合作、加强学术交流、助力产业发展、推进群团改革、促进智库建设等内容作典型发言，辽宁、黑龙江、江西、湖北、湖南、广西、四川等地方科协党组书记结合本地实际作交流发言。

怀进鹏对地方科协开展的相关工作给予充分肯定。他指出，2018 年以来，各地科协组织深入学习贯彻党的十九大和十九届二中、三中全会精神，坚持以习近平新时代中国特色社会主义思想为指导，坚定不移深化改革，加强队伍建设，强化对科技工作者的政治引领和政治吸纳，着力凝聚智慧力量服务党委政府中心工作，积极搭建高质量学术交流平台，充分发挥科普工作公平普惠作用，基层组织不断夯实，为科协系统焕发活力、增强动力、提升竞争力做出了卓有成效的贡献。

怀进鹏指出，在看到成绩的同时还要清醒认识到科协改革距离中央要求和科技工作者期待有不小的差距，一定要不忘初心、牢记使命，推进科协系统深化改革再出发。一是要增强政治性，不断提升政治引领政治吸纳能力，认真学习贯彻习近平新时代中国特色社会主义思想和党的十九大精神，牢固树立“四个意识”、坚定“四个自信”，弘扬新时代中国科学家精神，筑牢科技界共同思想基础。二是要增强先进性，不断提升围绕中心、服务大局的能力，创新举措、主动发力，对标地方党委政府关切，在服务区域转型升级和动力转换中找准可为之地，在认真落实习近平生态文明思想、打好三大攻坚战、探索建立提升生态环境质量长效机制等方面实现有为之举。三是要增强群众性，不断提升联系广泛、服务群众的能力，在扩大有效覆盖、转变拓展职能、建设网上科协、强化基层基础等方面着力深化改革，通过抓好智能科协平台建设、基层组织力提升“3+1”试点等工作，织密科协网络、创新组织机制，使科协组织节点更多、动力更大、活力更强，提高协同、协作的效率和效能，在提升科协组织力和组织活力上做文章、做贡献、做示范、做榜样。

怀进鹏指出，要用好省会合作战略平台，充分发挥科协组织大联合、大协作的优势，共同推进科协事业协同化发展。要进一步密切科协各级组织的联合协同，以组织联结织密网络、接长手臂、织长纽带，以组织动员贯彻落实党中央的战略部署、实现科协自身价值。要加强省会合作顶层设计，丰富省会合作的试点内容，共同搭建密切合作、协同发展的战略平台，以此推动地方科协提升能力水平，有效服务国家和区域经济社会发展。

怀进鹏强调，新时代中国科技工作、科协工作迎来了新的机遇和难得的发展空间，科协系统必须坚持以习近平新时代中国特色社会主义思想涵养正气、淬炼思想、升华境界、指导实践、开阔视野、拓展格局，主动识变应变求变，树立科协工作大目标，构筑科协组织大团队，形成科协事业大平台，打造新时代科协发展大品牌。

5 月 25—27 日，地方科协党组书记、专职主席还出席了第二十届中国科协年会开幕式暨大会特邀报告会和闭幕式，并深入浙江省安吉县余村实地考察生态文明发展理念在浙江基层的生动实践，参加了系列科普观摩活动。

【《面向建设世界科技强国的中国科协规划纲要》发布】 12 月 29 日，中国科协在北京召开新闻发布会，中国科协副主席、书记处书记孟庆海发布《面向建设世界科技强国的中国科协规划纲要》（以下简称《规划纲要》），并和中国科协科学技术普及部部长白希、中国科协学会学术部副部长陈锐一同回答记者提问。发布会由中国科协调研宣传部部长郭哲主持。

《规划纲要》确定了到 2050 年要实现把中国科协建成卓越、赋能、创新、包容的科技工作者精神家园，建成世界主要枢纽科技组织的科协组织远景目标，以及与社会各方勠力同心把我国建成世界科技创新文化高地、全球高端创新人才中心、全球科学文化传播中心、全球高端科技智库中心、国际科技组织总部中心的奋斗目标。为此，《规划纲要》提出了与国家战略部署同步的“三步走”战略安排以及坚持党的领导、科技工作者为中心、服务大局、改革创新、开放融合的五大基本原则。

中国科协制定的《规划纲要》与政府部门规划更加关注提升科技硬实力、攀登创新高峰的最大不同之处，在于着重围绕服务提升科技软实力、高扬科学精神、铸就创新高原、不断赋能和激发我国科技界自主创新和攀登科学高峰等。据此,《规划纲要》确立了新时代科协组织五大新作为，即充分发挥政治引领政治吸纳优势，会聚建成世界强国的磅礴力量；充分发挥创新文化引领作用，厚植建设世界科技强国的创新沃土；充分发挥创新人才凝聚优势，构筑全球科技创新人才高地；充分发挥科技社会化服务优势，促进国家治理体系和治理能力的现代化；充分发挥民间科技人文外交独特优势，推动构建人类命运共同体。

会上还发布了《中国科协事业发展三年行动计划(2018—2020年)》(以下简称《三年行动计划》)，作为《规划纲要》前三年的实施方案和中国科协“十三五”规划的后续行动方案。《三年行动计划》明确了凝心聚力工程、学术引领工程、智汇中国工程、科普品牌工程、科技外交助力工程、智慧科协建设工程等六大重点工程和27项重大举措。

【中国科协召开征求科学家、全国学会代表意见座谈会】 1月8日下午，按照《中共中央纪委机关、中共中央组织部关于开好2017年度县以上党和国家机关党员领导干部民主生活会的通知》要求，为开好2017年度中国科协党组民主生活会，中国科协党组召开征求科学家、全国学会代表意见座谈会，征求对中国科协党组的意见建议。中国科协党组成员、书记处书记项昌乐出席座谈会。中国科协党组成员兼学会学术部部长、企业工作办公室主任宋军主持座谈会。中国岩石力学与工程学会候任理事长何满潮院士，中国核学会荣誉理事长王乃彦院士，中国科普作家协会理事长周忠和院士，中国电机工程学会理事长郑宝森，中国公路学会理事长翁孟勇，中国国土经济学会理事长柳忠勤以及全国学会秘书长、青年科技工作者、学会代表等13人在会上发言。学会学术部、机关党委等有关部门负责人参加会议。

与会代表从不同角度围绕《中国科协机关党委关于2017年中国科协党组民主生活会前征求意见和建议的通知》要求的七个方面，结合自身工作实际踊跃发言。中华中医药学会等事先召开专门会议，研究并提交书面意见建议。大家对中国科协党组在坚定不移推进全面从严治党、自觉履行主体责任和监督责任、深入学习贯彻习近平新时代中国特色社会主义思想和党的十九大精神等方面的工作给予充分肯定和认可，同时也对学术道德建设、人才评价体系建立、学会党委建设、科技成果转化、社团依规治理等方面，向中国科协党组提出了中肯的意见建议。

在听取科学家、全国学会代表的发言后，项昌乐表示，大家提出的意见建议针对性很强，中国科协会进一步梳理，作为党组民主生活会的重要参照内容。项昌乐还就普遍关心较多的学术道德、学会党建等问题进行了解答。他强调，中国科协牢牢把握科协组织的政治属性，团结带领广大科技工作者听党话跟党走，不断加强对科技工作者的思想政治引领。在新时代下，中国科协以智库、学术、科普为重点，以国际化、信息化、协同化为导向，着力推动科协工作格局重塑、流程再造和组织重构，构建科协事业协同发展新格局。他还希望，全国学会要重新定位目标任务，对标国家重大需求，瞄准建设世界一流学会方向，不断创新工作品牌，提供一流公共服务产品，服务国家现代化经济体系建设。

【中国科协第九届常委会科学技术普及专门委员会第二次会议】 12月21日，中国科协第九届常委会科学技术普及专门委员会(以下简称“科普专委会”)第二次会议在北京召开。中国科协党组副书记、副主席、书记处书记、科普专委会主任徐延豪出席并主持会议。中国科协党组成员兼中国科技馆馆长殷皓，科普专委会副主任武向平、卢怀玉等出席会议。

会议讨论通过了关于增补殷皓、周琪两位同志为科普专委会副主任的建议，听取了中国科协2018年科普工作总结和2019年工作计划、2018年科普专委会工作情况和2019年工作安排的汇报。与会委员建言献策，对2019年科普工作安排、加强科普能力建设、搭建科普专委会沟通平台等展开讨论。

徐延豪指出，2019年科普工作要加大科学精神的宣传力度，着力解决科普工作发展不平衡不充分的问题。要为科普专委会各位委员搭好服务平台，充分发挥智力优势和资源优势，建立有效指导科普工作持续健康发展的长效机制。

中国科协科学技术普及部、青少年科技中心、农村专业技术服务中心、中国科学技术出版社等部门和单位的有关负责人出席会议。

【中国科协第九届常委会国际合作与对外联络专门委员会第二次会议】 2月7日，中国科协第九届常委会国际合作与对外联络专门委员会第二次会议在北京中国科技会堂召开。会议围绕科协组织如何对标党的十九大要求、对标习近平总书记“科技三会”讲话精神、开展民间科技外交助力科技强国建设、稳步推进2018年工作等议题进行研究讨论。会议由中国科协副主席、国际合作与对外联络专委会主任施一公主持。专委会副主任束为、吴国雄，专委会委员才让、刘阳、张知彬、张建生、张彦敏、陈军、林润华、郝希山、高福、彭友良、穆荣平等参加会议。

施一公提出，专委会计划在 2018 年组织 1~2 次调研活动，希望专委会委员积极参与专委会工作，加深对科协重点工作的理解与把握，履职尽责，出谋划策，提出宝贵意见与建议，为创新科协对外交流工作集思广益。

会议听取并审议了 2017 年中国科协对外交流工作情况汇报及 2018 年工作安排。委员们一致认为，中国科协系统外事和对港澳台交流工作坚持以学习宣传贯彻党的十九大精神为主线，为科协工作国际化更上一个新台阶谋好了开篇之局；国际组织工作助力中国科学家走向世界舞台中央；双边科技交流合作新渠道与新机制得到不断拓展与完善；海峡两岸暨港澳协同创新工作持续推陈出新；海智计划升级版本推动了“聚天下英才而用之”的“中国实践”更进一步。

会议认为，2018 年是改革开放 40 周年，中国科协国际合作与对外联络工作将按照“1–9–6–1”工作思路，坚持“三轮”驱动推进工作格局重塑、“三化”联动促进工作流程再造、“三维”聚力促进组织重构，主动识变应变求变，自觉转变思想观念，转变措施方法，转变目标标准，落实好 2018 年各项重点工作。

国际联络部及中国国际科技交流中心有关负责人参加会议。

【中国科协回应“基因编辑婴儿”事件】“基因编辑婴儿”事件一经公布，引起学界和社会广泛关注，特别是引发了法律和伦理方面的争议。

11 月 29 日，中国科协党组书记、常务副主席、书记处第一书记怀进鹏在接受记者采访时表示，此次事件性质极其恶劣，严重损害了中国科技界的形象和利益。我们对涉事人员和机构公然挑战科研伦理底线、亵渎科学精神的做法表示愤慨和强烈谴责。

“中国科技界坚决捍卫科学精神和科研伦理道德的意志决不改变，坚决捍卫中国政府关于干细胞临床研究法规条例的决心决不改变，坚守科技始终要造福人类、服务社会持续健康发展的初心决不改变。”怀进鹏说。

中国科协将进一步加大面向科技界的科研伦理道德的教育力度，以“零容忍”的态度处置严重违背科研道德和伦理的不端行为，取消贺建奎第十五届“中国青年科技奖”参评资格。

“我们将继续加大在全社会弘扬科学家精神工作力度，为科技创新的持续健康发展和创新型国家建设营造良好的文化和生态环境。”怀进鹏说。

中国遗传学会、中国细胞生物学学会、中国科协生命科学学会联合体以及一批科技工作者也相继发出严正声明，表明中国科技界的鲜明立场和坚定态度，反对挑战科学伦理的任何言行。

【中国科协求是杰出青年奖评审会议】 4 月 28 日，第二十一届中国科协求是杰出青年奖评审会议在北京召开。经评审委员会审议通过，共有 25 名青年科技工作者获奖，其中实用工程奖 15 名、成果转化奖 10 名。

【中国科协与国资委签署战略合作协议共同推进中央企业科技创新】 7 月 9 日，中国科协与国资委在北京召开共同推进中央企业科技创新座谈会，并签署战略合作协议。国资委主任、党委副书记肖亚庆，中国科协党组书记、常务副主席、书记处第一书记怀进鹏出席并讲话。国资委党委委员、副主任徐福顺主持会议。中国科协副主席李洪、周守为，党组成员、书记处书记宋军出席会议。

徐福顺和宋军分别代表双方签署《国资委　中国科协共同推进中央企业科技创新战略合作协议》。根据协议，双方将共同开展重大战略研究，联合举办中国科技产业论坛，推动中央企业与国际科技组织合作，建设“一带一路”国际科技合作平台，支持建立中央企业引才目录，加大中央企业青年科技人才、院士候选人的举荐力度，研究建立中央企业科学技术协会，在重点产业领域建立中央企业科技联合体，深入开展企业科普工作。

多年来，中国科协与国资委密切合作，2015 年 4 月，双方联合印发《关于加强国有企业科协组织建设的意见》，在双方大力推动下，43 家中央企业已建或正在筹建企业科协，全国已有 6000 余家国有及集体企业科协，为充分调动和激发企业科技人员创新热情和创造活力、提升企业自主创新能力和科技人才成长发挥了积极作用。

在北京的中央企业负责人，国资委有关厅局负责人，中国科协有关部门负责人，部分全国学会负责人和中央企业的部分中国科协九大代表参加会议。

【中国科协与江苏省签署全面战略合作协议】 3 月 21 日，中国科协党组书记、常务副主席、书记处第一书记怀进鹏在江苏省南京市会见省委书记娄勤俭和省委副书记、省长吴政隆，并与吴政隆签署全面战略合作协议。省政府副省长马秋林，中国科协党组成员兼学会学术部部长、企业工作办公室主任宋军，省政府秘书长、党组成员王奇等陪同会见并出席签约仪式。

怀进鹏和娄勤俭分别代表双方讲话。

会见结束后，怀进鹏与吴政隆正式签署《江苏省人民政府 中国科学技术协会全面战略合作协议》。协议为期三年，主要包括高端学术引领与推进科技经济融合、智库建设与决策咨询、公民科学素质提升与科学普及、人才培养与离岸基地建设、科协基层组织建设等五方面合作内容，突出苏南国家自主创新示范区和城市群建设，试点吸纳医院院长、学校校长、农技站站长和科技型企业家等进入县乡科协领导机构任职、兼职、挂职制度。

中国科协有关部门、单位负责人，江苏省委组织部、省发展改革委、省教育厅、省科协等有关部门负责人参加会见和签约仪式。

【中国科协与福建省签署全面战略合作协议】 4月16日上午，中国科协与福建省人民政府在福州市正式签署全面战略合作协议，中国科协党组书记、常务副主席、书记处第一书记怀进鹏，党组成员兼学会学术部部长、企业工作办公室主任宋军，福建省委书记、省人大常委会主任于伟国，省委副书记、省长唐登杰，省委常委、秘书长梁建勇，副省长杨贤金等出席签约仪式。

中国科协与福建省的全面战略合作为期三年，主要包括服务实体经济、打造创新高地、搭建智库平台、公民科学素质提升、加速人才培养、夯实基层基础等合作内容，突出创新创业和数字经济示范区建设，加快培养新一代信息技术人才，试点吸纳基层医院院长、学校校长、农技站站长等进入县乡科协领导机构任职、兼职、挂职。

怀进鹏和于伟国分别代表双方讲话。

中国科协和福建省有关部门单位负责人参加签约仪式。

【中国科协与天津市签署全面战略合作协议】 5月16日，第二届世界智能大会期间，中国科协与天津市人民政府签署全面战略合作协议。中共中央政治局委员、天津市委书记李鸿忠出席。中国科协党组书记、常务副主席、书记处第一书记怀进鹏与天津市委副书记、市长张国清分别代表双方签署协议。天津市委常委、宣传部部长陈浙闽，中国科协党组成员兼学会学术部部长、企业工作办公室主任宋军，中国科学院院士、天津市科协主席饶子和，天津市政府秘书长孟庆松等出席签约仪式。天津市副市长孙文魁主持签约仪式。

围绕深入实施创新驱动发展战略和京津冀协同发展战略，双方将共同建设中国科协·天津创新创业平台，推动以滨海新区为核心的天津市数字经济发展示范区建设，实施新一代信息技术人才培养计划，创建天津全域科普模式，积极吸纳“三长”即医院（卫生院）院长、中小学校长、农技站站长等进入区、乡镇（街道）科协领导机构兼职和挂职。

中国科协和天津市有关部门、单位负责人参加签约仪式。

【中国科协与浙江省签署全面战略合作协议】 5月27日，第二十届中国科协年会期间，中国科协与浙江省人民政府签署全面战略合作协议。全国政协副主席、中国科协主席万钢，浙江省委书记、省人大常委会主任车俊出席。中国科协党组书记、常务副主席、书记处第一书记怀进鹏与浙江省委副书记、省长袁家军分别代表双方签署协议。

围绕深入实施创新驱动发展战略以及“一带一路”、长江经济带发展战略，双方将共同打造数字经济示范区和创新创业平台，建设国际数字创新创业中心，开展绿色开源共享平台区域试点，实施新一代信息技术人才培养计划，建设海外人才离岸创新创业基地，大力提升公民科学素质，积极吸纳“三长”即医院（卫生院）院长、中小学校长、农技站站长（中心主任）等进入县乡（镇）科协领导机构兼职和挂职。

中国科协党组副书记、副主席、书记处书记徐延豪，党组成员、书记处书记项昌乐、宋军，浙江省委常委、省纪委书记、省委组织部部长任振鹤，省委常委、省委秘书长陈金彪，省委常委、省政府常务副省长冯飞，省委常委、杭州市委书记周江勇，省政府副省长高兴夫等出席签约仪式。省政府副省长王文序主持签约仪式。

中国科协和浙江省有关部门负责同志参加签约仪式。

【中国科协与重庆市签署全面战略合作协议】 8月24日，首届中国国际智能产业博览会期间，中国科协与重庆市人民政府签署全面战略合作协议。中国科协党组书记、常务副主席、书记处第一书记怀进鹏与重庆市委副书记、市长唐良智分别代表双方签署协议。重庆市委常委、组织部部长胡文荣，市人大常委会副主任沈金强，副市长李殿勋，中国科协党组成员、书记处书记宋军出席签约仪式。李殿勋主持签约仪式。

双方围绕推动大数据智能化为引领的创新驱动发展，充分发挥重庆“一带一路”建设和长江经济带发展重要联结点的区位优势，将在打造智能产业国际化服务平台、建设数字经济先行示范区、提升公民科学素质、提升基层科协组织力、加强优秀干部交流等方面开展务实合作。中国科协和重庆市有关部门负责同志参加签约仪式。

【中国科协与山西省签署全面战略合作协议】 10 月 16 日，中国科协与山西省人民政府签署全面战略合作协议。中国科协党组书记、常务副主席、书记处第一书记怀进鹏与山西省委副书记、省长楼阳生分别代表双方签署协议。山西省委常委、统战部部长徐广国，副省长王一新，省政府秘书长王纯，中国科协党组成员、书记处书记宋军出席签约仪式。王一新主持签约仪式。

怀进鹏和楼阳生分别代表双方讲话。

围绕推进山西建设资源型经济转型发展示范区，推动大数据智能化为引领的创新驱动发展，促进科技经济融合和产业转型升级，双方将在助力山西脱贫攻坚、加强学术高端引领、打造资源型经济转型区域研究平台、提升公民科学素质、提升基层科协组织力、加强优秀干部交流等方面开展务实合作。

中国科协和山西省有关部门负责人参加签约仪式。

【中国科协与山西省吕梁市签署合作协议】 10 月 16 日，中国科协与山西省吕梁市人民政府签署合作协议。中国科协副主席、书记处书记孟庆海与吕梁市市长王立伟分别代表双方签署协议。中国科协党组书记、常务副主席、书记处第一书记怀进鹏，山西省政协副主席、吕梁市委书记李正印出席签约仪式。吕梁市委副书记张广勇主持签约仪式。

怀进鹏和李正印分别代表双方讲话。

围绕脱贫攻坚实际需求，吕梁市希望中国科协助力当地产业升级发展，围绕吕梁转型发展帮助引进高端人才、帮助建设院士工作站。近期，吕梁市重点在县、乡开展“三长制”建设，并将在全市全面推行。

中国科协和吕梁市有关部门负责人参加签约仪式。

【2018 年全国科技助力精准扶贫现场会】 10 月 16 日，2018 年全国科技助力精准扶贫现场会在山西省吕梁市召开。会议深入贯彻习近平新时代中国特色主义思想和党的十九大精神，全面落实党中央、国务院关于打赢脱贫攻坚战三年行动指导意见和实施乡村振兴战略意见精神，总结交流经验，部署推动科技助力精准扶贫工作。中国科协党组书记、常务副主席、书记处第一书记怀进鹏在现场会上总结回顾了两年来全国科技助力精准扶贫工作，围绕贯彻落实中央精神，对全国科技助力精准扶贫工作做出部署。国务院扶贫办杨瑞华传达了党中央、国务院关于打赢脱贫攻坚战三年行动的工作部署和要求。中国科协副主席、书记处书记孟庆海主持现场会并作会议总结。12 名来自地方科协、全国学会以及中国科协定点帮扶贫困县的代表围绕“聚力扶贫扶智扶志，助力坚决打赢脱贫攻坚战”主题作交流发言。与会代表现场观摩了岚县王狮乡沙棘良种繁育基地、临县电子商务产业园区等科技扶贫示范点，现场交流科技助力生态扶贫、科技改造传统产业、搭建电商扶贫平台等典型经验和工作模式。

此次现场会由全国科技助力精准扶贫领导小组主办。山西省委常委、统战部部长徐广国，山西省政协副主席、吕梁市委书记李正印出席会议并致辞。中央和国家机关工委、国务院扶贫办、农业农村部、中央纪委派驻科技部纪检监察组等有关司局的负责人出席会议，来自 22 个全国学会和 32 个省级科协、新疆生产建设兵团科协的相关负责人和有关人员共 150 人参加会议。

【中国科协定点扶贫领导小组办公室第一次会议】 12 月 13 日，中国科协定点扶贫领导小组办公室第一次会议在北京中国科技会堂召开。中国科协副主席、书记处书记、定点扶贫领导小组副组长孟庆海出席会议。中国科协计划财务部部长、扶贫办主任杨文志主持会议。中国科协 25 个机关部门、直属单位的扶贫办成员及相关负责人，吕梁市科协、定点扶贫县科协主要负责人，中国科协派驻定点扶贫县挂职副县长、驻村第一书记等参加会议。

会议宣布了中国科协扶贫办成立及职责，听取了扶贫办 2018 年工作及有关情况汇报，听取了中国科协各机关部门、直属单位 2018 年定点扶贫工作情况及 2019 年工作安排考虑，讨论审议了中国科协定点扶贫 2018 年工作总结和 2019 年工作思路、2019 年工作要点、2019 年科普惠民服务专项服务定点扶贫县项目指南。

孟庆海作总结讲话。他高度概括了中国科协 2018 年定点扶贫工作成效，对中国科协定点扶贫下一步工作和 2019 年工作重点做出安排。

【中国科协召开会议总结上半年工作研究 部署下半年重点任务】 为深入学习贯彻习近平新时代中国特色社会主义思想和党的十九大、十九届二中、三中全会精神，全面落实中央对科协工作的指示精神，7月4日下午，中国科协召开会议，总结上半年重点工作情况，研究部署下半年重点任务。中国科协党组书记、常务副主席、书记处第一书记怀进鹏主持会议并作总结讲话。党组副书记、副主席、书记处书记徐延豪，党组成员、书记处书记吴海鹰、束为、宋军，党组成员殷皓出席会议。

会议听取了督查工作组6月轮值单位机关党委关于2018年上半年重大任务进展情况的汇报和办公厅关于2018年上半年各部门单位局级干部出差情况的汇报，计财部、调宣部、学会部、科普部、机关党委分别就科协事业中长期规划纲要编制、中国科学家精神宣传、世界一流期刊建设和学会学术信息化、世界公众科学素质促进大会和全国科普日以及科普信息化、智慧党建等重大任务落实情况作交流发言。

中国科协各部门和直属单位领导班子成员、机关全体干部职工参加了会议。

【怀进鹏一行赴天津市调研】 4月24日，中国科协党组书记、常务副主席、书记处第一书记怀进鹏一行赴天津市调研，就开展市会全面战略合作、共同筹备第二届世界智能大会、支持滨海新区建设等开展深入研究对接。天津市委常委、滨海新区区委书记张玉卓，天津市副市长、南开区区委书记姚来英，中国科协党组成员兼学会学术部部长、企业工作办公室主任宋军等出席调研座谈。

怀进鹏表示，天津市在京津冀协同发展、自由贸易试验区建设、国家自主创新示范区建设、滨海新区开发开放、“一带一路”建设等国家重大战略中具有重要地位，这一次到天津市调研，主要是贯彻落实国家重点战略部署，推动中国科协与天津市开展全面战略合作。在天津滨海新区调研时，怀进鹏讲到，中国科协愿意支持滨海新区立足长远，探索发展规律，共同寻找升级版发展解决方案，聚焦信息产业、医疗健康产业和智能制造业发展，共同打造创新创业服务基地，建设绿色开源共享平台，降低实体经济创新创业门槛，形成机制化平台，吸引海内外企业家和青年优秀科技人才，实现创新资源高密度集聚和高效利用。张玉卓表示，滨海新区正处在新旧动能转换的关键时期，希望得到中国科协支持，共同建设中国科协创新创业中心。

在座谈交流第二届世界智能大会筹备工作时，怀进鹏强调，中国科协作为主办单位之一，积极组织中国电子学会等深度参与大会筹备，推动大会进一步突出高起点、入主流、国际化、有特色，努力把大会办成引领智能时代发展潮流的全球盛会。

中国科协有关部门、中国电子学会、天津市科协负责同志参加相关活动。

【怀进鹏会见广西壮族自治区副主席费志荣】 7月27日，中国科协党组书记、常务副主席、书记处第一书记怀进鹏在北京中国科技会堂会见广西壮族自治区副主席费志荣一行。双方围绕中国科协和广西壮族自治区有关合作情况进行了交流。中国科协党组成员、书记处书记宋军参加会见。

费志荣代表广西壮族自治区党委、政府向中国科协对广西发展的大力支持表示衷心感谢。他指出，目前，广西上下正在按照习近平总书记对广西提出的“三大定位”和“五个扎实”的要求抓紧落实。广西的科技创新工作同广西经济发展水平比、同区位优势和作用比还很薄弱。广西创新不足的核心关键是人才，下一步要在科技创新方面有突破，需要与中国科协一同加大广西的科技人才培养。费志荣提出，希望中国科协与广西壮族自治区人民政府联合主办“2018中国－东盟汇商聚智高峰论坛”；在时机成熟时，希望双方签署战略合作协议，发挥科协组织相关全国学会的人才资源和联系广泛的组织优势，支持广西打造学术品牌，为广西高端人才创造更多的发展机会。

广西科协党组书记、副主席纳翔介绍了“2018中国－东盟汇商聚智高峰论坛”以及建设东盟科普国际交流传播平台、“全国学会入桂计划”等相关活动内容的建议。

怀进鹏对费志荣一行来访表示欢迎。他指出，发挥好科技人员的作用、服务助力地方经济社会人才发展是科协看不见的这只手能发挥的作用。他认为，中国科协与广西党委、政府多年来在推动“一带一路”建设、广西产业转型升级、广西科协基层组织建设和科学普及工作等诸多方面所开展的合作均卓有成效。他强调，中国科协将继续支持广西面向东盟建立区域性国际组织、建立朋友圈，推动国际合作组织为东盟科技和产业服务，助力广西产业转型，促进经济社会发展。一是找准相关行业为突破口，依托国际学术交流活动发挥民间科技外交作用。二是进一步加大各级基层组织建设力度，以创新的方式开展“三长”工作。三是根据《中国科学技术协会章程》的有关规定，组织好广西科协第八次代表大会的换届工作。

中国科协办公厅、组人部、科普部、国际部和广西科协相关负责人参加会见。

【怀进鹏会见重庆市副市长李殿勋】 7月31日，中国科协党组书记、常务副主席、书记处第一书记怀进鹏在北京中国科技会堂会见重庆市副市长李殿勋一行。双方围绕中国科协和重庆市有关合作情况进行交流。中国科协党组成员、书记处书记宋军参加会见。

李殿勋代表重庆市委、市政府感谢中国科协对重庆市发展长期以来的大力支持。

怀进鹏欢迎李殿勋一行来访。他表示，重庆市作为直辖市、西部工业重镇，近年来在科技和经济社会发展等方面的工作均取得很大进步。他指出，智库、学术、科普是中国科协“三轮驱动”重塑发展新格局的主要抓手。8月在重庆市举办两个大型国际会议是中国科协发挥自身优势助力地方经济社会发展的典型案例。本届青少年创新大赛从参赛规模、参赛范围、选手水平等方面都达到了历史之最，高居亚洲第一，为提高重庆市乃至整个西南地区在青少年科技创新领域的国际影响力将有较大推动作用。同时，举办智博会及“数字经济百人会”是中国科协为打造具有前瞻性、引领性的科技创新高地，推动数字经济与实体经济深入融合，服务重庆市经济高质量发展的重要举措。双方在共同举办好上述两个大会的基础上，应加快推动基层科协组织建设，结合重庆市实际推动“三长制”落地实施，服务助力基层科普。

他希望，重庆市借举办大会之机会聚资源、搭好平台、推动合作，打造创新品牌，培养创新人才，展示创新形象，从而推动重庆市工业经济大力度转型升级，由重庆传统制造变成重庆智造。

中国科协办公厅、青少年科技中心相关负责人，重庆市科协党组书记、常务副主席王合清参加会见。

【怀进鹏会见腾讯公司董事会主席马化腾一行】 10月15日，中国科协党组书记、常务副主席、书记处第一书记怀进鹏在北京中国科技会堂会见腾讯公司董事会主席、首席执行官、企业科协主席马化腾一行，双方围绕中国科协与腾讯战略合作愿景进行了会谈。中国科协党组成员、书记处书记束为一同会见。

怀进鹏对马化腾一行表示欢迎，他赞赏腾讯在科普信息化、以产学研人才资助等方式履行社会责任、体现社会担当的做法。他表示，中国科协所属全国学会210个，涵盖了理科、工科、农科、医科、交叉学科等各个领域，具有跨界融合交流与组织协同动员的能力和优势，希望能与腾讯在加强创新人才培养、企业科技联合体建设、科普信息化、搭建青年科学家国际交流平台等方面逐步开展更深入的合作，促进大中小企业融通，打造科技界和产业界联合组织，营造良好产业生态，促进科技经济深度融合。

马化腾感谢中国科协长期以来对腾讯发展的关心支持，他谈到，腾讯公司深感时代的机遇和国家的支持，理应肩负起社会责任，为国家战略和公益事业做出应有贡献。腾讯持续承接了科普信息化项目，在科普头条热点、科普进手游、科学辟谣、科幻产业化平台搭建上做了积极的探索和实践，并于2018年成立了企业科协，牵头成立产学研智能计算科技联合体，积极开展创新创业活动和科技服务，为联合体建设赋能。腾讯愿意同中国科协一起在产业界和学术界之间搭建更为有效的信息交流平台，为国家战略和公益事业做出应有贡献。

中国科协办公厅、组织人事部、学会学术部、科学技术普及部等部门负责人参加会见。

【与央视《对话》栏目联合推出“科技中国梦、建功新时代”主题报告会】 5月30日，作为2018年全国科技工作者日的重要活动之一，中国科协在中国科技会堂举办“科技中国梦、建功新时代”专题报告会。中国工程院院士、应用物理学家杜祥琬，中国工程院院士、中国铁路总公司总经理特别技术顾问何华武，中国工程院院士、计算机专家倪光南，西安交通大学教授、首批西迁教师马知恩，吉林大学地球探测科学与技术学院原院长刘财，“蛟龙号”载人作业潜水器首席潜航员叶聪，国家天文台研究员、“中国天眼”FAST调试组组长姜鹏，梁启超孙女梁红等作为嘉宾出席报告会。

报告会嘉宾围绕学习贯彻习近平总书记在两院院士大会上的重要讲话精神，以追求自主创新、科技报国的中国科学家精神为主线，通过演讲＋访谈的形式与中央电视台主持人、现场观众进行互动交流，展示我国不同时期、不同领域的科技工作者始终一脉相承的爱国奋斗、自主创新、无私奉献的精神追求和价值理念，并结合新时代宏伟目标探讨掌握核心技术、提高自主创新能力的重要性。

本次报告会也是中国科协组织开展的科学家宣

讲党的十九大精神巡回报告活动的首场报告。报告会由中国科协、中央电视台联合主办。中国科协党组成员、书记处书记束为出席报告会。清华大学、北京大学、北京交通大学等在京高校师生代表，企业和科研院所的青年科技工作者代表，新闻媒体记者及中国科协机关和直属单位共500多人参加报告会。报告会在中央电视台《对话》栏目播出。

【与中国新华新闻电视网联合推出微视频《嘱托》《习近平的情怀——为了美好未来》《他们来自中国》】 2018年，为加强对习近平总书记高度关心科技事业和科技工作者的宣传，让科技工作者感受到党中央的关怀温暖，中国科协组织开展“总书记的科技情怀”系列宣传报道，与中国新华新闻电视网（CNC）联合陆续推出《嘱托》《习近平的情怀——为了美好未来》《他们来自中国》等微视频，讲述习近平总书记对科技事业的关心、对科技工作者的关怀，激发海内外科技工作者为建设世界科技强国、实现中华民族伟大复兴的报国之志。

【中国科协召开高层次专家座谈会】 2月12日，中国科协召开高层次专家座谈会，围绕推动中国科技长远发展、团结动员广大科技工作者建功新时代、在服务世界科技强国建设中发挥中国科协不可替代的独特作用等进行交流研讨，提出意见建议。中国科协党组书记、常务副主席、书记处第一书记怀进鹏主持会议。中国科协党组成员、书记处书记项昌乐，中国科协党组成员兼学会学术部部长、企业工作办公室主任宋军出席。

中国科学院院士、科技部原部长徐冠华，中国科学院院士、中国数学会原理事长杨乐，中国科学院院士、清华大学教授张钹，国务院参事、科技部原副部长刘燕华，中国工程院院士、中国工程院原副院长杜祥琬，中国工程院院士、中国金属学会理事长干勇，中国科学院院士、中国科学院原副院长王恩哥，世界工程组织联合会主席、南开大学原校长龚克，中国科学院院士、清华大学副校长薛其坤，中国科学院院士、中国科学院大学副校长周琪等10位院士专家参加会议。

与会专家围绕战略性高端智库建设、科技评价改革、国际合作交流、科技资源共享、全民科学素质提升、青年科技人才培养、科学道德与学风建设等展开热烈讨论，对更好地发挥中国科协优势、建设世界水平的科技创新高地、打造世界领先的科技创新价值共同体、服务创新型国家建设提出了许多建设性意见建议。

怀进鹏表示，各位专家提出的意见建议从不同侧面反映了科技工作者对科协的关切期盼，对国家科技事业发展的赤诚之心。大家以宽广的胸怀、坦诚的态度和求实的精神直面问题、提出建议，非常有远见，让我们对科协工作的方向性、战略性和时代性有了新的、更深刻的认识。科协是科技工作者之家，期待更多的科技工作者讲真话、建诤言、献良策，更好地促进科协服务的创新，更好地推动中国科技的发展。我们将逐条梳理大家的意见建议，认真研究，深入思考，切实转化为推动新时代科协工作的思路和举措。

怀进鹏强调，党的十九大以来，我国的科技、社会已进入新的转型时期。中国科协将主动对标国家战略需求，瞄准世界一流水平，把“四个服务”职责落到实处，把长远目标和时代担当结合起来，在国家所需、科协所能、人才所愿的领域展现新作为。科协要全力打造全新的顶级学术交流平台和高端国际战略智库，努力营造“无功利”的学术氛围，在弘扬科学精神方面发挥示范作用，让更多中国科学家在世界科技舞台展示中国风范，促进我国科技从“跟踪”加速进入“领跑”，为加速世界创新中心转移、建设世界科技强国做出中国科协应有的贡献。

怀进鹏代表中国科协党组和书记处对各位专家致以新春的祝福，对大家情牵科协、厚爱科协、支持科协表示崇高敬意和衷心感谢。

【2018年“共和国的脊梁——科学大师名校宣传工程”江苏会演活动】 10月20日，2018年“共和国的脊梁——科学大师名校宣传工程”江苏会演暨江苏省科学道德与学风建设教育活动在南京大学启动。中国科协党组书记、常务副主席、书记处第一书记怀进鹏，江苏省委常委、宣传部部长王燕文，南京大学党委书记张异宾分别致辞。中国地质大学（武汉）党委书记何光彩介绍《大地之光》剧目情况。中国科学院院士方成、陈洪渊、吴培亨、祝世宁、芮筱亭，江苏省科协党组书记、副主席孙春雷等出席活动。启动仪式由中国科协党组副书记、副主席、书记处书记徐延豪主持。

本次会演活动由中国科协、教育部、共青团中央、中国科学院、中国工程院共同主办，江苏省科协、省教育厅、共青团江苏省委、中科院南京分院、江苏省社会科学院等部门联合承办。10 月 20—30 日，共有清华大学等 9 所参演高校分赴江苏省南京、苏州、无锡、扬州、南通、淮安等地分别演出，为大江南北的青年学子和科技工作者献上 27 场精彩纷呈的科学家主题剧目，展现李四光、竺可桢、钱学森、邓稼先、茅以升、杨石先、师昌绪、黄大年、罗阳等 9 位中国科学家的光辉人生和感人故事。

怀进鹏在致辞中表示，青年是国家的希望、民族的未来。习近平总书记关心创新人才队伍建设、关爱青年学子成长，强调要完善创新人才培养模式，强化科学精神和创造性思维培养，要以凝聚人心、完善人格、开发人力、培育人才、造福人民为目标，培养德智体美劳全面发展的社会主义建设者和接班人。这项宣传工程正是按照总书记的要求，致力于促进青年师生的精神涵养与人格塑造。

怀进鹏说，今年是改革开放 40 周年，明年将迎来伟大祖国 70 华诞。涵养精神气质、凝聚精神动力，敦品立学、积厚成器，是新时代青年应有的使命担当。要在习近平新时代中国特色社会主义思想指引下，继承发扬爱国、创新、求实、奉献、协同、育人的中国科学家精神，以奋斗出彩的行动和业绩为建设世界科技强国、实现中华民族伟大复兴的中国梦做出更大贡献。

王燕文代表江苏省委、省政府对会演活动的启动表示热烈祝贺。

启动仪式后，来自中国地质大学的演员们带来了话剧《大地之光》。《大地之光》是以李四光为原型，由中国地质大学（武汉）倾情打造的一部原创话剧。话剧以李四光“爱国、求是、担当、奉献”的价值追求为灵魂和主线，以其生平事迹为基本素材，充分展现以李四光为代表的科技工作者为民族振兴、国家富强、社会进步和人民幸福鞠躬尽瘁的崇高品格。

“共和国的脊梁——科学大师名校宣传工程”由中国科协、教育部、共青团中央、中国科学院和中国工程院联合主办，自 2012 年启动实施以来，通过校友演校友、学弟演学长的方式展现共和国脊梁的光辉形象。6 年来，创作排演了 14 部舞台剧，先后演出 340 多场，近 50 余万人现场观看，受到广大青年学生的热烈欢迎。

在南京的全国创新争先奖和中国青年科技奖获奖代表、中国科协九大代表等百余位优秀科技工作者，以及教育部、共青团中央、中国科学院、中国工程院等主办单位，江苏省和南京市有关部门，演出高校和场地高校的相关负责人出席启动仪式并观看演出。

【中国科协会史陈列馆开幕】 12 月 29 日，中国科协会史陈列馆开幕仪式在北京中国科技会堂举行。全国政协副主席、中国科协主席万钢和中国科协名誉主席韩启德共同为中国科协会史陈列馆揭幕。开幕式由中国科协党组书记、常务副主席、书记处第一书记怀进鹏主持。

万钢在致辞中表示，中国科协会史陈列馆是中国科协在庆祝自己甲子生日之际，为改革开放 40 周年伟大奋斗历程奉献的一枚纪念勋章。从百年前科技救国的风云时代以来，无数科技先贤和仁人志士为民族振兴和国家事业发展献身奋斗，树起巍峨的精神丰碑。在革命战争年代，科技工作者为新中国成立而团结起来，塑造起科协组织作为党领导下的人民团体的坚实架构。至此，科协组织便以崭新的形象与国家、人民同呼吸共命运，在中国共产党的领导下，紧紧地把千千万万科技工作者凝聚起来，走出了一条具有中国特色的科技群团发展道路。

万钢强调，一代代科技工作者心怀伟大梦想、实现伟大创造，书写的科技发展成就彪炳史册，深深镌刻于人类科技文明的历史丰碑，更以爱国奋斗的情怀和胆魄诠释出爱国、创新、求实、奉献、协同、育人的中国科学家精神，点亮了后来者创新前进的道路，为中华民族的伟大精神殿堂增添了生动的时代观照。今日之科协组织肩负前所未有的重大使命，要更加紧密地团结在以习近平同志为核心的党中央周围，传承并高举科学家精神火炬，以新的加速度一棒接着一棒跑下去，为现在、为未来跑出一个无愧于历史、无愧于时代的好成绩。

怀进鹏代表中国科协党组、书记处和全体科协人向为中国科协会史陈列馆建设工作付出智慧和汗水的所有同志表示衷心感谢和诚挚慰问。他指出，中国科协 60 年的历史是凝心聚力、团结引领科技工作者创新建功的奋斗史，是砥砺奋进、不断推进科技强国建设的创业史。科技事业的巨大成就是我国改革开放历史性变革的精彩缩影，也是经济社会发展取得历史性成就的生动体现。

怀进鹏强调，建设会史陈列馆就是为了致敬共和国脊梁、礼赞伟大的科学家精神，并更好地铭记中国科协一个甲子的发展历程，激励后来人一棒接着一棒跑下去，赢得更大的荣光、创造更大的辉煌。要团结引领广大科技工作者树牢“四个意识”、坚定“四个自信”、坚决做到“两个维护”，勇担历史使命，锐意改革创新，以优异成绩向新中国70华诞献礼，奋力跑好决胜全面建设小康社会和实现中华民族伟大复兴中国梦的接力赛。

开幕式上，中国科协常委代表与全国学会、高校和科学家及亲属代表一起启动中国科协网上会史馆。随后，参加开幕式的嘉宾集体参观了中国科协会史陈列馆。

【2018年地方科协办公室工作研讨会】 7月12—13日，2018年地方科协办公室工作研讨会在黑龙江省哈尔滨市召开。中国科协党组成员、书记处书记吴海鹰出席会议并讲话。黑龙江省科协党组书记、副主席陶福胜致辞。会议由中国科协办公厅主任任福君主持。中国科协办公厅、中国科协信息中心及黑龙江省科协有关负责人出席会议。

吴海鹰代表中国科协党组书记处向为科协事业发展做出努力和贡献的科协系统办公室同志表示衷心感谢并提出具体要求。

会议期间，河南、河北、浙江、广西、山东科协办公室负责人围绕全国科技工作者日活动举办情况、服务中国科协九大代表、科协系统深化改革等工作作交流发言，江苏、山西、江西、重庆、湖南、贵州科协办公室负责人围绕政务信息报送、加强督查督办等工作作交流发言。与会代表分成三组进行讨论，内蒙古、上海、河南、湖南、四川、宁夏科协办公室负责人分别代表小组进行大会交流发言，介绍分组讨论情况，交流工作经验，对科协办公室工作提出建议。

各省、自治区、直辖市科协以及副省级城市科协办公室负责人、信息员，中国科协各部门及单位综合处（办公室）负责人共100余人参加会议。

会议还组织观看了“双百”座谈会、中国科协年会影像片，参观了航空工业哈尔滨飞机工业集团有限责任公司、哈工大机器人集团、侵华日军第七三一部队罪证陈列馆等。

人　才

【2018年全国科学道德和学风建设宣讲教育报告会】 10月15日，中国科协、教育部、中国科学院、中国社会科学院、中国工程院、国家自然科学基金委和北京市政府共同主办的2018年全国科学道德和学风建设宣讲教育报告会在北京人民大会堂举办。全国政协副主席、中国科协主席万钢代表主办单位致辞。中船重工七一九所名誉所长、中国工程院院士黄旭华，西湖大学校长、中国科学院院士施一公，中国科协党组书记、常务副主席、书记处第一书记、中国科学院院士怀进鹏先后作宣讲报告。教育部党组成员、副部长朱之文主持报告会。来自首都高校、科研院所以及部队院校等40余个研究生培养单位的研究生新生近6000人现场聆听报告。据不完全统计，31个省、自治区、直辖市和超过500余所高校、研究院所设立分会场，通过网络视频同步收看报告会。

万钢在致辞中指出，在中华民族从站起来、富起来到强起来的伟大进程中，一代代科学家接续奋斗，以爱国奉献的坚定信仰、开拓创新的不懈追求、唯实求真的精神品质铸成中国科学家独特的精神血脉和鲜明的文化气质，铸就了中国科学家精神。他勉励青年学子在世界新一轮科技革命和产业变革同我国转型发展的历史交汇期，在中国逐渐走向世界科技舞台中央的伟大进程中，要牢记习近平总书记的殷殷嘱托和谆谆教诲，增强胸怀大局、科技报国的使命担当，树立勇立潮头、自信自强的创新情怀，锻造恪守道德、严谨求实的学术品格，大力弘扬爱国奋斗精神，在祖国最需要的地方建功立业，在火热的奋斗实践中铸就光荣与梦想，书写无愧于祖国、无愧于人民、无愧于时代的绚丽篇章。

92岁高龄的黄旭华院士作了题为“使命、责任与担当”的报告。他结合自身开展核潜艇研制的科研经历和心路历程，介绍了我国核潜艇事业如何在一穷二白情况下起家，克服严密的技术封锁和种种难以想象的困难，攻克一个个顶尖技术难题，从无到有一步步发展壮大的艰辛历程，展示了“自力更生、艰苦奋斗、大力协同、无私奉献”的“核潜艇精神”。通过核潜艇工作者“此生没有虚度”的人生评述和“此生属于祖国、属于核潜艇，献身核潜艇事业，此生无怨无悔”的人生感悟，展现了老一辈科学家的爱国奋斗精神和使命、责任与担当。

施一公院士作了题为“做诚实的学问　做正直的人”的报告。他以自身的成长经历生动阐述了学术品位、学术道德、学术道路的深刻内涵。他告诉大家走好科学研究之路、做一名优秀的研究生必须要付出大量的时间和心血，要具备批判性思维，要有独立人格，不可触碰学术道德底线。他鼓励同学们，科学研究是让人牵肠挂肚、茶饭不思、情有独钟的美好事业，要坚持走下去，从日复一日的重复、无路可走的焦灼到柳暗花明、灵光乍现的起伏中体会从事科研的幸福感、满足感和成就感。

怀进鹏院士作了题为“弘扬新时代中国科学家精神　会聚科技强国建设磅礴力量”的报告。他以图文视频结合的形式生动讲述了中国科学家明德楷模的感人故事，阐释了中国科学家精神的丰富内涵。以全球视野研判世界大发展大变革大调整的趋势，诠释了精神文化建设对推动人类文明进步的重要作用；以历史眼光关照中国现实，反思了科学精神缺失对中国发展的影响，阐明了弘扬中国科学家精神、培植科学传统、涵养精神气质对建设世界科技强国的重要意义，并结合自身治学与管理的体会，以四个关键词——视野、自律、想象力和梦想，勉励大家志存高远、求真唯实、大胆创新、筑梦圆梦。

三位院士结合各自的科研经历和人生感悟为大家生动讲述弘扬科学精神、恪守科学道德、矢志科技创新的理念与实践，深刻诠释爱国奋斗精神的本质要义和时代内涵，充分展示了我国优秀科学家在建设世界科技强国、实现中华民族伟大复兴中国梦的伟大征程中心有大我、至诚报国、开拓创新、立德修身、奖掖后学的精神品格，身体力行激励广大青年学子弘扬爱国奋斗精神、建功立业新时代。报告会现场掌声雷动、高潮迭起，同学们深受启迪和鼓舞。

中央组织部、科技部、工业和信息化部、卫生健康委、国资委、农业农村部、中央纪委国家监委驻科技部纪检组、中国科学院、中国社会科学院、中国工程院、国家自然科学基金委、北京市政府、中央军委装备发展部、中央军委科技委、解放军学位委员会等有关方面代表以及中国科协党组书记处领导同志出席报告会。

【《爱国奋斗精神学习读本》在北京发布】 12月29日，中国科协、人民日报社共同主办科技界深入学习贯彻习近平总书记庆祝改革开放40周年大会重要讲话精神，庆祝中国科协成立60周年“礼赞·科学家精神”中国科协甲子华诞特别奉献专题活动。中央组织部、中央宣传部、教育部、中国科协四家单位现场共同为《爱国奋斗精神学习读本》揭幕，正式向全社会发布。

6月，中央组织部、中央宣传部联合印发通知，在广大知识分子中深入开展“弘扬爱国奋斗精神、建功立业新时代”活动，明确要求编印《爱国奋斗精神学习读本》，作为深入学习贯彻习近平总书记系列重要指示精神和加强团结引领、联系服务广大知识分子的重要举措。根据中央组织部工作部署，中国科协承担《爱国奋斗精神学习读本》编印工作。

全国政协副主席、中国科协主席万钢在专题活动的致辞中指出，在伟大的时代进程中要润物无声、春风化雨般高扬爱国奋斗主旋律，让爱国奋斗为核心的中国科学家精神和伟大的改革开放精神同频共振、相互激荡，激励广大科技工作者在新时代奋勇前行，做科技报国的践行者和示范者、中华民族伟大复兴的追梦者和筑梦者。

中国科协党组书记、常务副主席、书记处第一书记怀进鹏在致辞中强调，要铭记一代代科技工作者铸就的“爱国、创新、求实、奉献、协同、育人”的中国科学家精神，激励鼓舞广大科技工作者把个人理想自觉融入建设世界科技强国伟业，在奋斗中成就创新梦想、实现人生价值。

浙江大学校长、中国科学院院士吴朝晖，北京交通大学校长、中国工程院院士宁滨，厦门大学校长张荣，中国地质大学（武汉）党委书记何光彩，西安交通大学党委副书记、纪委书记赵军武接受现场采访，从高校立德树人、传承弘扬爱国奋斗精神的角度发表寄语感言。来自有关中央和国家机关、高等院校、科研院所、全国学会的嘉宾为中国科协青年人才托举工程入选者代表赠送《爱国奋斗精神学习读本》。

《爱国奋斗精神学习读本》为系列丛书，先期出版榜样篇和理论篇。榜样篇共收录钱学森、邓稼先、郭永怀等“两弹一星”元勋和黄大年、李保国、南仁东、钟扬等新时代优秀知识分子典型事迹7篇，约请深度采访报道并掌握一手鲜活资料的主流媒体记者撰写；收录西安交通大学“西迁人”为代表的老一辈知识分子典型群体事迹1篇，约请“西迁精神”发源地——西安交通大学党委宣传部门撰写。力求从最直接、最真实的角度讲好典型人物和典型群体的爱国奋斗故事，重温他们的爱国奋斗人生道路，感悟他们的爱国奋斗心路历程，传承老一辈知识分子“党让我们去哪里，我们背上行囊就去哪里”“始终与党和国家的发展同向同行”的家国情怀和奉献精神，弘扬新时代优秀知识分子“心有大我、至诚报国”的感人事迹和爱国情怀。

理论篇共收录《人民日报》、新华社、《求是》杂志、《光明日报》等主流媒体评论文章10篇，从理论高度阐释了爱国奋斗精神的精髓要义，解读了爱国奋斗精神的丰富内涵，展现了弘扬爱国奋斗精神的新时代要求。共收录署名文章37篇，其中，收录《人民日报》《光明日报》刊载的知识分子和知识分子群体代表署名文章12篇；约请高等院校、科研院所、大型企业、军队系统等知识分子代表或优秀知识分子生前所在单位撰写署名文章25篇，得到了热情响应和积极配合。署名文章内容丰富、角度各异，有的从自身经历角度诠释了作者毕生的爱国奋斗心路历程，有的从高校立德树人角度阐明新时代弘扬爱国奋斗精神的重要意义，有的从企业服从服务于国家重大发展战略角度解读爱国奋斗精神，有的从重大工程项目攻关角度展现爱国奋斗精神给予的巨大鼓舞，有的从发挥高端智库作用角度在传承爱国奋斗精神的同时为经济社会发展建言献策……具有较强的代表性、典型性和可读性。

《爱国奋斗精神学习读本》榜样篇和理论篇适合作为加强知识分子和青年学生思想政治教育、职业道德建设和科研道德培养的重要读物。

【“爱国知识分子的杰出典范——钱学森生平事迹展”开幕】 11月9日，由教育部、中国科协、内蒙古自治区人民政府共同指导，上海交通大学、中国航天系统科学与工程研究院、中国科技馆联合主办，上海交通大学钱学森图书馆、内蒙古自治区阿拉善盟行政公署承办的“爱国知识分子的杰出典范——钱学森生平事迹展”在中国科技馆开幕。中国科协名誉主席、中国科学院院士韩启德出席并为展览揭幕。中国航天系统科学与工程研究院院长、国际宇航科学院院士薛惠锋代表主办方致辞。国家最高科技奖获得者、中国载人航天工程总设计师王永志，清华大学原党委书记贺美英，上海交通大学党委常委、副校长张安胜，上海交通大学钱学森图书馆馆长、钱学森之子钱永刚，内蒙古自治区阿拉善盟副盟长秦艳，中国科技馆党委书记、副馆长苏青等出席。活动还特别邀请中国工程院院士徐銶、魏正耀，中国科学院院士黄克智、过增元、庄逢辰、陈难先、滕吉文等专家学者，以及来自军委科技委、军事科学院、载人航天工程办公室、中国空气动力研究与发展中心，内蒙古、山西、青海等地代表出席。中国科协党组成员、中国科技馆馆长殷皓主持开幕式。

薛惠锋在致辞中深情地回顾了钱学森科学探索的人生之路、永世长存的功勋、杰出高超的才能、博大深邃的思想以及坚定不移的信念和坦荡宽广的胸怀。他认为此次生平事迹展览对于总结和传承钱学森精神具有重要意义，希望能有更多的人通过展览走进钱学森的世界，让科学大师的精神代代延续、思想巨擘的薪火永世相传。

此次展览依托上海交通大学钱学森图书馆多年的系统研究成果和丰富史料，通过80余件珍贵实物展品和230余幅历史图片生动还原了钱学森爱国奋斗的人生历程。开幕式上，上海交通大学将“钱学森交通大学本科毕业证书”展品复制件赠予中国科技馆永久展出。

本次展览所展出的大部分实物展品均为首次在北京公开展出，特别是钱学森获得的“两弹一星”功勋奖章、“国家杰出贡献科学家”荣誉称号证书、钱学森留美护照等。这些珍贵实物全面展现了钱学森爱国奋斗、建功立业，为国家强盛、人民幸福奉献毕生智慧和心血的一生。在11月9日—12月23日为期一个半月的展出期间，该展览纳入“观中科馆展品学十九大精神”品牌教育活动，展览内容与馆内有关航天展品相结合，推出主题参观辅导路线，充分发挥中国科技馆爱国主义教育基地的宣教作用。

【弘扬“西迁精神”科技工作者座谈会】 5月21日，由中国科协、陕西省委、光明日报社联合举办的弘扬“西迁精神”科技工作者座谈会在陕西省西安市召开。来自基层一线的8位科技工作者代表饱含深情地讲述了西迁历史中的感人事迹，畅谈了对“西迁精神”的认识与实践。中国电子科技集团第二十研究所研究员张修社代表与会科技工作者向陕西省科技工作者发出《弘扬“西迁精神”，争做新时代科技创新先锋》的倡议书。

潘季教授亲历62年前数千名交通大学师生由上海到西安的“西迁”全过程。他在发言中表示，交通大学西迁是一大批科学家科技报国、家国情怀的体现。在国家从站起来到富起来的过程中，西安交通大学的老同志发扬爱国奉献精神，奋斗了一辈子。

“西北工业大学脉源三支，秉承了艰苦奋斗的‘西迁精神’，更注入了不怕牺牲的‘军工精神’。”西北工业大学航空学院教授周洲说，“如果说‘西迁精神’代表着无私、奉献和服从，‘军工精神’更是忘我、牺牲和忠诚。”

西安电子科技大学原党委书记涂益杰回顾西安电子科技大学的多次变迁后感慨道，迁址西安是西电人坚决服从党的领导、以国家和人民利益至上的生动体现，贯穿着“艰苦奋斗、自强不息，求真务实、爱国为民”的西电精神。

中国科学院院士、西安交通大学教授管晓宏，西安交通大学教授田文喜，中科院西安光机所研究员范文慧，陕西法士特汽车传动集团有限责任公司总经理马旭耀，中交第一公路勘察设计研究院有限公司工程技术研究院院长张娟等 5 位科技工作者分别讲述自己身边的“西迁故事”。他们表示，在工作中要以“西迁精神”为激励，以敢于担当的勇气和家国情怀不畏艰难困苦、甘于扎根奉献，在新时代、新征程有新作为，立足岗位建功立业，争做新时代科技创新的先锋。

中国科协党组书记、常务副主席、书记处第一书记怀进鹏院士在讲话中强调，党有号召，科技界就要有行动，科协组织必须有新作为。老一辈西迁科技工作者为国家的经济社会发展做出了历史性贡献，新时代传承弘扬爱国奋斗的“西迁精神”具有十分重要的意义。中国科协和各级科协组织要切实担负起时代赋予科协组织的历史使命，团结引领广大科技工作者紧紧围绕习近平新时代中国特色社会主义思想，深刻领会习近平总书记关于科技创新的重要论述，进一步凝练当代中国科学家精神元素并赋予新的内涵和时代特征，形成科技界的广泛认同和共同遵循的价值理念与行动指南，引导广大科技工作者切实增强“四个自信”，坚定理想信念，把广大科技工作者紧密团结在以习近平同志为核心的党中央周围，凝聚起进军世界科技强国的磅礴力量和使命担当。

陕西省副省长陆治原在讲话中指出，陕西省科技工作者要充分认识新时代弘扬“西迁精神”的重要意义，深入挖掘丰富“西迁精神”的时代内涵，争当“西迁精神”的传承者、践行者，要勇攀高峰，全力攻克核心技术瓶颈，抢占科技制高点，积极推进科技成果转化，为建成创新型省份贡献智慧和力量。

中国科协副主席、西安电子科技大学党委书记郑晓静，中国科协党组成员、书记处书记束为，西安交通大学原党委书记潘季，陕西省科协主席、中国工程院院士蒋庄德，陕西省科协党组书记、常务副主席孙科等出席座谈会。陕西省副省长陆治原主持会议。座谈会由陕西省科协承办。

【第五期科学道德和学风建设宣讲教育专题研究班和 2018 年研究生导师专题培训活动】 11 月 6—9 日，由全国科学道德和学风建设宣讲教育领导小组主办，福建省科协、省教育厅、厦门大学承办的第五期全国科学道德和学风建设宣讲教育专题研究班和 2018 年研究生导师科学道德和学风建设宣讲教育专题培训活动在福建省厦门市举办。全国科学道德和学风建设宣讲教育领导小组组长、中国科协党组成员、书记处书记束为，全国科学道德和学风建设宣讲教育领导小组副组长、国家自然科学基金委员会党组成员、副主任王承文，厦门大学副校长、中国科学院院士韩家淮等出席有关活动。中国科协、教育部、中国科学院、中国社会科学院、中国工程院、自然科学基金委等部门有关负责人，各省、自治区、直辖市和新疆生产建设兵团科协、教育厅有关负责人，高校研究生院（处）负责人约 200 人参加专题研究班，教育部直属高校、中国科学院各研究所和中国科学院大学、中国社会科学院各研究所及中国社会科学院大学等近两年新晋研究生导师代表约 120 人参加导师班活动。

束为代表全国科学道德和学风建设宣讲教育领导小组讲话。他从新使命、新要求、新机遇三个方面系统阐释了新时代宣讲教育工作面临的新形势，全面梳理了 2011 年以来全国宣讲教育领导小组，各省、自治区、直辖市宣讲教育领导小组和各研究生培养单位密切配合、协同联动，在突出政治引领、构建长效机制、打造特色品牌活动、加强宣讲专家队伍和课程教材体系建设等方面的成功实践和宝贵经验，总结了宣讲教育在增强工作力度和丰富内容形式、增强研究生培养单位对学术不端行为的调查惩处力度、提升高校师生科学道德自律意识等方面取得的工作成效。他强调，宣讲教育工作仍存在尚未实现“全覆盖”、研究生导师作用发挥不充分、长效机制不完善等问题，并从巩固成效、提高实效、丰富手段、强化导师责任、完善监督惩处机制等方面对下一步工作做出了部署，强调各级宣讲教育领导小组、研究生培养单位以及研究生导师要以习近平新时代中国特色社会主义思想为指导，勇担新使命、砥砺新作为。

在专题报告环节，中国科学院院士杨乐，中国科协副主席、中国科学院院士袁亚湘，中国科学院院士何满潮，中国科协原副主席冯长根，科技部科技监督与诚信建设司副司长冯楚建等分别作专题报告《研究与学风》《指导研究生的感想》《研究生的价值观教育》《今天，我们怎样搞科研》《〈关于进一步加强科研诚信建设的若干意见〉精神解读》。在交流研讨环节，学员们围绕如何贯彻落实《关于进一步加强科研诚信建设的若干意见》精神、建立科学道德和学风建设宣讲教育的常态化长效化工作机制，如何贯彻落实《关于全面落实研究生导师立德树人职责的意见》精神、发挥研究生导师的科学道德教育引导作用等问题进行了深入讨论。大家提出意见建议，进一步深化了对做好宣讲教育工作的思想共识。

自2013年以来，全国科学道德和学风建设宣讲教育专题研究班已举办5期，各地方、各高校院所有关负责人共计约1000人次参加过专题研讨活动。为贯彻落实《关于进一步加强科研诚信建设的若干意见》，提升宣讲教育工作实效性，2018年首次举办研究生导师专题培训活动，旨在强化导师在研究生科学道德和学风建设中的作用。

【“双百”代表推荐委员会会议】 5月10日，中国科协在北京组织召开“百名科学家、百名基层科技工作者”代表推荐委员会会议。十二届全国政协副主席、中国科协名誉主席韩启德院士担任推荐委员会主任。中国科协副主席、中国运载火箭技术研究院原院长李洪，中国科协常委、北京大学副校长龚旗煌院士担任副主任。中国科协部分常委、荣委，中组部等有关部委相关部门负责人，高校、企业以及新闻媒体有关负责人等共35人担任委员。

韩启德首先介绍了会议背景。为在新的历史起点上团结引领广大科技工作者深入贯彻落实习近平新时代中国特色社会主义思想和党的十九大精神，广泛弘扬中国科学家精神，为建设世界科技强国会聚强大力量，奋力谱写中华民族伟大复兴的壮丽篇章，中国科协将在2018年全国科技工作者日期间举办“纪念改革开放40周年、中国科协成立60周年暨百名科学家、百名基层科技工作者座谈会”。召开本次推荐工作委员会会议的目的就是研究确定参会代表，为座谈会的胜利召开做好筹备工作。

中国科协组织人事部负责人简要介绍了“百名科学家、百名基层科技工作者座谈会”代表推荐工作情况。中国科协面向工业和信息化部、国务院国资委、中国科学院、中国工程院、国防科工局、中央军委政治工作部、中国工程物理研究院、十大军工集团，中国科协所属全国学会、省级科协以及京港学术交流中心、澳门科学技术协进会等366家推荐渠道，广泛动员开展代表推荐工作。截至4月25日，中国科协共收到1296名推荐人选。这些人选都将是中国科协在当前和今后一个时期重点联系、服务、宣传的对象，中国科协将通过实施一批工程、办成一批实事、组织一批活动、搭建一批平台等多种方式团结好、引领好、服务好这些科技工作者。

根据研究确定的推荐原则，经研究产生了拟出席“百名科学家、百名基层科技工作者座谈会”的参会代表。会议同时对座谈会发言代表人选提出了意见建议。

韩启德在总结讲话中指出，党的十八大以来，中国特色社会主义进入了新时代，中华民族实现了从站起来、富起来到强起来的历史性飞跃。以习近平同志为核心的党中央把创新摆在国家发展全局的核心位置。习近平总书记强调，发展是第一要务，人才是第一资源，创新是第一动力。推动以科技创新为核心的全面创新是广大科技工作者的神圣职责、光荣使命，广大科技工作者一定要不忘初心、牢记使命、砥砺拼搏、奋勇争先。中国科协要以实际行动深入贯彻落实习近平新时代中国特色社会主义思想和党的十九大精神，把广大科技工作者更加紧密地团结在以习近平同志为核心的党中央周围，为建设世界科技强国、实现中华民族伟大复兴的中国梦不断做出新的更大的贡献。

【新当选院士研修班专题交流活动】 4月17日，按照中央组织部安排，中国科协承办了在中央党校举办的新当选院士研修班专题交流活动，活动主题为“弘扬爱国奋斗精神，加强科学道德建设”。中国科协党组书记、常务副主席、书记处第一书记、中国科学院院士怀进鹏，中船重工集团有限公司第七一九研究所名誉所长、中国工程院院士黄旭华，国家自然科学基金会原主任、中国科学院院士杨卫，中国科协党组成员、书记处书记束为，中央组织部人才工作局副局长牛伟宏出席活动。活动由浙江大学校长、党委副书记、中国科学院院士吴朝晖主持，120多位2017年新当选中国科学院院士、中国工程院院士参加活动。

怀进鹏作报告《砥砺新作为　建功新时代　做学风学术“双引领”表率》，围绕弘扬爱国奋斗精神和加强科学道德建设主线，结合国际国内科技发展大势，从主基调、主战场、主旋律三个角度深刻阐释了新时代新征程我国科学家肩负的新使命。

怀进鹏强调，爱国奋斗一向是我国科技界的优良传统，科技工作者作为第一生产力的开拓者、先进文化的创造者，是全社会思想道德建设的重要引领力量。院士是科技工作者中的关键少数，新当选院士要涵养德学双馨师表风范，弘扬爱国为民、立德树人、求真创新、拼搏奋斗精神。希望各位院士对标中央要求、对标国际一流，在智库、学术、科普和人才工作主战场中发挥重要作用，争做学术学风“双引领”的楷模，推动形成科技界广泛认同、共同遵循的价值理念，打造新时代中国科技的信仰明灯和精神图腾，引领广大科技工作者为加快创新型国家和世界科技强国建设贡献智慧和力量。

92岁高龄的黄旭华院士专程从湖北赶来作了题为“使命、责任与担当”的报告，讲述了自身开展核潜艇研制的科研经历和心路历程，展现了老一辈科技工作者的爱国奋斗精神和使命、责任与担当。

杨卫院士在题为“为学有道　为人有德”的报告中阐释了科学道德的内涵和重要意义，分析了当选院士后面临的动力、压力、扰力和定力，介绍了钱学森、周光召、张存浩等德学双馨的老一辈科学家的光辉事迹，剖析了13种学术不端行为的典型表现和现实案例，对新当选院士如何做到为学有道、为人有德提出了建议。

武汉大学校长、党委副书记、中国科学院院士窦贤康，中国铁路总公司原副总经理、中国铁道学会理事长、中国工程院院士卢春房作为学员代表发言。吴朝晖院士作了活动总结。中国科协组织人事部、调研宣传部有关人员参加活动。

【举办青年科技领军人才国情研修班】 6月6—12日，中国科协2018年第一期青年科技领军人才国情研修班在中国大连高级经理学院举办。来自全国各条科技战线的51名青年科技领军人才会聚一堂，深入学习习近平新时代中国特色社会主义思想和党的十九大精神，学习领会习近平关于科技创新的重要思想和习近平总书记5月28日在两院院士大会开幕会上的重要讲话精神，系统了解党的十九大后我国国情、民情和科技创新形势，进一步坚定理想信念、强化责任担当、培育家国情怀、提升创新思维。

6月12日，中国科协党组成员、书记处书记束为出席结业式并作总结讲话。束为首先对习近平总书记5月28日重要讲话精神进行了解读，并对全体学员和广大青年科技工作者提出了四点要求，一是要真学“习”，筑牢科技创新的思想根基，自觉担负起党和人民的期待和嘱托；二是要有大格局，要有人民情怀、民族担当、世界责任；三是要有高境界，传承、弘扬新时代中国科学家精神；四是要“双”引领，要在学术引领和学风引领上发挥更大作用，力做德学双馨的科技工作者的榜样和楷模。

中国科协党组成员、组织人事部部长王守东出席开班式并讲话。研修班期间，中国浦东干部学院原常务副院长奚洁人作了题为“不忘初心，牢记使命”的党的十九大精神解读，中央组织部人才工作局副局长牛伟宏就《深入学习贯彻习近平总书记人才思想，加强人才强国建设》作专题讲座，杨卫、龚克两位院士专家分别作专题讲座《新时代的基础研究》和《加强科学道德与学风建设》，吉林大学黄大年事迹宣讲团进行了“时代楷模”黄大年同志先进事迹报告会。研修班还邀请知名专家、学者为学员就我国经济、外交、新闻传媒、创新思维等作了专题讲座。本次研修班具有以下特点：一是坚持以政治引领为主题，二是层次水平高，三是课程设计精，四是研修班成效好。

10月28日—11月4日，中国科协2018年第二期青年科技领军人才国情研修班在中国延安干部学院举办。研修班是在中组部的指导下，由中国科协和中国延安干部学院联合承办，研修学员主要从中国科协奖项的获奖者和人才工程的入选者中选调而来，均是活跃在基层一线的青年科技领军人才。

此次国情研修班以“弘扬爱国奋斗精神，建功立业新时代”为主题，46名全国科技战线的青年领军人才齐聚革命圣地延安，深入学习贯彻习近平新时代中国特色社会主义思想和习近平关于科技创新的重要思想，学习延安精神，深刻感受老一辈革命家的家国情怀和责任担当。

研修班采用专家授课、现场教学、访谈交流、原著诵读等形式，有针对性地进行政策解读和政治引领，鼓励学员重点在学懂、弄通、做实上下功夫。邀请黄大年宣讲团队和贾箭鸣教授、杨卫院士、杨忠虎教授等多位专家就黄大年精神、西迁精神、新时代基础研究、中国共产党奋斗历程、延安精神时代价值、张思德精神等主题作专题报告。组织学员参观知青旧居、延安革命纪念馆、杨家岭革命旧址、枣园革命旧址、王家坪革命旧址等教育基地，身临其境感受老一辈无产阶级革命家运筹帷幄、决胜千里的英雄气概和坚强不屈的革命意志。在延川县梁家河村，学员与村民面对面访谈，深刻感悟习近平总书记的梁家河七年知青岁月。研修班还组织学员集体学原著、读名篇，热烈讨论，加深理解。此外，研修班学员向“四·八”烈士陵园敬献了花篮，缅怀英烈，寄托哀思。

学员们经过一周的“弘扬爱国奋斗精神，建功立业新时代”国情研修，更加坚定爱国心、报国志，决心要把爱国奋斗的热情转化为创新创造的不竭动力，把科研成果应用在建设社会主义现代化强国的伟大事业中，把人生理想融入实现中华民族伟大复兴中国梦的不懈奋斗中。

【第十五届中国青年科技奖评审工作】 11月24日，第十五届中国青年科技奖领导工作委员会（以下简称“领导委员会”）会议在北京召开。全国政协副主席、中国科协主席、领导委员会主席万钢出席并主持会议。领导委员会常务副主席怀进鹏，领导委员会副主席周祖翼、汤涛、奇巴图、束为，以及由相关院士和专家组成的领导委员会成员出席会议。

会议对中国青年科技奖30年来的总体情况作了简要介绍。1987年，钱学森等老一辈科学家提议并于1988年正式设立颁发中国科协青年科技奖；1994年起由中央组织部、人事部和中国科协共同主办，并更名为中国青年科技奖；2017年增加共青团中央作为主办单位。每两年评选一次，每届表彰名额不超过100人；2015年经中央批准增设特别奖项，每届从受表彰的100人中择优评选不超过10人给予表彰。中国青年科技奖自设立以来，先后有1395名青年科技工作者获奖，已有142人当选两院院士，80%成为各个学科领域的学术带头人，一大批获奖者走上了高等院校、科研院所、大型企业、国际组织、党政部门的重要领导岗位，为解决我国人才断层、助力青年科技人才进一步成长成才发挥了良好的激励、引领和导向作用。

会议听取了组织推荐、筹备评审等工作情况汇报。本届中国青年科技奖面向全国学会、省级科协、中央和国家机关、中央军委政治工作部和高校科协、企业科协、港澳等有关机构共400余家单位、500余位专家开展推荐、提名工作，共推荐、提名近1200名有效候选人，候选人数创历史新高。会议还听取了对候选人的学术水平初步情况分析、有关意见建议和下一步工作打算，原则审议通过了修订的《中国青年科技奖条例》，原则批准了评审委员会委员名单。

万钢强调，中国青年科技奖在新时代要以习近平新时代中国特色社会主义思想和党的十九大精神为指导，进一步提高奖项站位、明确奖项定位，服从服务于科教兴国战略、人才强国战略、创新驱动发展战略等重大国家战略，致力于培养造就具有国际水平的战略科技人才、科技领军人才、青年科技人才和高水平创新团队，为建成创新型国家、建设世界科技强国提供强有力的人才支撑。

万钢指出，要深入贯彻落实习近平总书记关于人才工作重要指示精神和中央有关文件精神，进一步创新人才评价机制、改进人才评价方式、发挥人才评价指挥棒作用，促进优秀青年科技人才脱颖而出，发挥中国青年科技奖在科技人才奖励项目中的引领和导向作用。

万钢要求，四家主办单位要进一步加强对获奖者的政治引领、联系服务、表彰宣传，在广大青年中营造热爱科学、崇尚科学的良好氛围，扩大中国青年科技奖的影响力、感召力，提升品牌效应，团结引领广大科技工作者为建设世界科技强国、实现中华民族伟大复兴的中国梦不断努力奋斗。

领导委员会围绕奖项评审、表彰、宣传、对获奖者的团结引领等一系列工作进行了充分讨论，提出了很多具有建设性的意见建议，形成了广泛共识。

12月9—10日，第十五届中国青年科技奖评审会议在北京召开。评审委员会主任、中国科学院院士侯建国出席并主持会议。评审委员会副主任、中国工程院院士陈左宁，评审委员会副主任、中国科学院院士薛其坤，监督委员会主任、中国科学院院士王乃彦，领导工作委员会副主席、中国科协党组成员、书记处书记束为，领导委员会办公室主任、中国科协党组成员、组织人事部部长王守东，包括162位院士在内的233名高层次科技专家评委、监督委员会成员出席会议。

受领导委员会委托，束为代表中央组织部、人力资源和社会保障部、中国科协、共青团中央四家主办单位出席评审委员会会议、学科评审组全体会议并讲话。他简要回顾了中国青年科技奖30年的光辉发展历程，强调奖项评审的重要意义，就初评、复评工作提出明确要求。

束为要求，第十五届中国青年科技奖评审，一是要深入贯彻习近平总书记关于科技体制改革系列重要指示精神，以学术水平、科研成就、成果贡献、创新潜力为引领，突出能力、业绩导向，坚持同行评议，破解“四唯”倾向，树立正确评价导向，促进优秀青年人才脱颖而出；二是要突出学术导向，坚持客观、公平、公正，突出品德评价，弘扬科学道德伦理和优良学风；三是监督委员会要充分发挥巡视、监督作用，强化评审纪律，保证评审结果经得起社会监督、经得起历史检验。

初评会议上，16 个学科评审组严格按照评审办法，经主审专家逐一审阅、介绍候选人材料，本组全体评委对候选人逐一评议并充分讨论，按照名额投票产生中国青年科技奖获奖人选，并择优推荐 1~2 人作为特别奖人选进入复评。

侯建国院士主持复评会议，经各学科评审组汇报初评情况、介绍本组特别奖人选、集中评议等环节，表决产生 100 名第十五届中国青年科技奖获奖人选，投票产生 10 名中国青年科技奖特别奖进入终评人选，评审结果将报领导委员会会议审定。

监督委员会全程巡视、监督本次评审工作，领导委员会办公室有关负责人参加会议。

12 月 13 日，第十五届中国青年科技奖终评会议在北京召开。全国政协副主席、中国科协主席、领导委员会主席万钢出席并主持会议。领导委员会委员吴建平、何华武、沈岩、袁亚湘、唐华俊、薛其坤院士，监督委员会委员王乃彦、黎乐民院士，领导委员会副主席束为，领导委员会办公室主任王守东出席会议。领导委员会常务副主席怀进鹏和副主席周祖翼、汤涛、奇巴图委托相关负责同志出席会议。

会议听取了第十五届中国青年科技奖初评、复评工作情况报告，对中国青年科技奖特别奖人选的科研成就、成果贡献进行评审答辩，监督委员会全程监督并发表监督意见。

万钢与院士专家、答辩人围绕中国青年科技奖特别奖人选的学术成就、工作业绩开展深入交流，对研究领域、科研方向提出针对性指导意见，对所在科研团队予以肯定。

万钢强调，中国青年科技奖特别奖要瞄准培养造就具有世界一流水平的战略科技人才、科技领军人才，以获奖者卓越的学术成就、核心的团队贡献、远大的发展潜力、典范的道德学风为广大青年科技工作者树立楷模和标杆。

万钢要求，要根据院士专家意见建议进一步扩大中国青年科技奖的社会影响力，全面加强对获奖者的表彰宣传、团结引领、联系服务，充分发挥中国青年科技奖和特别奖获奖者的先锋表率作用，为获奖者广泛搭建交流平台和面向大众的科普、社会服务平台，讲好获奖者的爱国奋斗故事，加强科研伦理和道德学风建设，传承弘扬中国科学家精神，把广大青年科技工作者紧密团结在以习近平同志为核心的党中央周围，激励引领广大青年为建设世界科技强国、实现中华民族伟大复兴中国梦不懈努力奋斗。

【第十五届中国青年女科学家奖、2018 年度未来女科学家计划评审会议】 12 月 17 日，第十五届中国青年女科学家奖评审会议在北京召开。评审委员会主任、北京大学常务副校长、中国科学院院士詹启敏出席并主持会议。监督委员会主任、世界工程组织联合会候任主席、中国新一代人工智能发展战略研究院执行院长龚克，监督委员会成员、国家自然科学基金委员会监督委员会副主任、中国科协九届常务委员会道德权益专委会委员何鸣鸿，中国科协党组成员、机关党委书记兼组织人事部部长王守东，包括 36 位院士在内的 41 位院士专家组成的评审委员会成员出席评审会议。

中国科协党组成员、书记处书记束为代表主办单位出席评审会并讲话。束为表示，中国青年女科学家奖致力于为国家选拔高端优秀女性科技工作者，经过 15 年的发展，在培养、发现、举荐优秀青年女科技工作者中发挥了重要作用，奖项社会影响力不断扩大，品牌形象已逐步形成。切实做好第十五届中国青年女科学家奖评选表彰工作意义重大。

束为指出，本届中国青年女科学家奖的入选率已达到 22∶1，竞争激烈，关注度高，要以更高的选拔标准、更严的评审要求，坚持以学术水平、科研成就、成果贡献、创新潜力为引领，突出能力、业绩导向，注重代表作评价和标志性成果的质量、贡献、影响，力求破除“唯论文、唯职称、唯学历、唯奖项”倾向，树立正确评价导向，促进优秀人才脱颖而出。

监督委员会全程巡视、监督本次评审工作，评审委员会办公室有关负责人参加会议。

中国青年女科学家奖由中国科协与全国妇联、中国联合国教科文组织全国委员会、欧莱雅（中国）有限公司于 2004 年设立，是联合国教科文组织和欧莱雅集团设立的“世界杰出女科学家成就奖”在中国的延伸，是中央批准设立的唯一面向广大女性科技工作者的科技奖项。中国青年女科学家奖的定位和宗旨是选拔培养我国在基础研究和生命科学领域的国际化女性人才，关注、支持女性科技工作者，鼓励、吸引更多的女性进军科技创新，为建设世界科技强国贡献力量。截至 2018 年年底，中国青年女科学家奖共评选表彰了14届，共有124名优秀女科技工作者获奖，已成为我国发现和举荐高层次女性科技人才的一个重要平台。

“未来女科学家计划”设立于2015年，是欧莱雅-联合国教科文组织设立的“世界最具潜力女科学家奖”在中国的发展和延伸。“未来女科学家计划”的定位和宗旨是发现和培养处于博士或博士后研究阶段、从事基础科学或生命科学领域研究、具有较强科研能力和发展潜力的女科技工作者。目前已开展了3届，共有14位女性博士或博士后获此计划支持。

【2018年中国科协优秀中外青年交流计划】 2018年中国科协优秀中外青年交流计划于11月启动，面向71所高校科协印发通知、部署推荐工作，经广泛宣传、跟踪调研、深入动员，共有60所高校科协（较2017年增加7所）推荐候选人180人（较2017年增加49人）。12月12日召开评审会，中国科协党组成员、书记处书记束为，中国科协党组成员兼组织人事部部长王守东出席并讲话。10位中国科协九届常委会青年科技工作者专门委员会委员和1位九届常委会国际合作与对外联络专门委员会委员担任评审专家。经逐一审核候选人推荐材料、集中评议，共研究确定资助59所高校163名人选，资助人数和范围较2017年进一步扩大。资助人选拟访学地点分布在26个国家，少数博士生开始关注西亚欠发达地区国家，访学国家分布范围进一步扩大并呈现出多元性。

青年计划有助于促进青年博士生树立全球视野、激发科研兴趣、明确科研方向，进一步激发爱国之情、报国之志，并积极探索建立合作交流机制，得到了有关高校和高校科协重视，得到了青年博士生的积极响应和热情参与，并获得充分肯定。

中国科协优秀中外青年交流计划在中国科协第九届常委会青年科技工作者专门委员会指导下，设立于2017年，旨在深入贯彻习近平新时代中国特色社会主义思想和党的十九大精神，围绕国家重大战略需求，支持青年科技人才赴国外大学、研究机构、实验室开展短期访问、交流，与国际同行共同开展学术研究，促进青年科技人才走近国际科技前沿、拓宽国际科技视野、把握世界科技大势，打造国家高层次科技创新人才后备队伍。

【科学家宣讲党的十九大精神巡回报告安徽站活动启动仪式】 6月27日，中国科协科学家宣讲党的十九大精神巡回报告安徽站活动启动仪式报告会在安徽农业大学举行。中国科协党组成员、组织人事部部长王守东出席会议并致辞。安徽省科协党组书记、常务副主席王洵主持会议并讲话。中国工程院院士、合肥通用机械研究院有限公司党委书记、安徽省科协副主席陈学东作题为“学习领会党的十九大精神——浅谈进入新时代的科技创新”的宣讲报告。

王守东在致辞中指出，2018年是全面贯彻党的十九大精神的开局之年。习近平总书记在党的十九大报告中明确提出，群团组织要增强群众工作本领，创新群众工作体制机制和方式方法，增强政治性、先进性、群众性，发挥联系群众的桥梁纽带作用，组织动员广大人民群众坚定不移跟党走。为全面贯彻习近平总书记的要求，营造深入宣传落实党的十九大精神的浓厚氛围，增强对广大科技工作者的政治引领和政治吸纳，激励广大科技工作者勇担新时代赋予的历史使命、奋力争做新时代创新先锋，中国科协决定开展中国科协科学家宣讲党的十九大精神巡回报告活动。截至2018年年底，黑龙江、湖南、四川、山东、陕西、山西、江苏、福建、江西、云南、内蒙古、辽宁、浙江、河北、安徽等15个省、自治区、直辖市已经启动了宣讲活动，预计全国各地将举办超过200余场活动，掀起了科学家宣讲党的十九大精神的新热潮。会议还对获得首届安徽省创新争先奖的团队和个人进行了表彰，颁发了安徽省创新争先奖牌、奖章、奖状。安徽省科学道德和学风建设领导小组成员，首届安徽省创新争先奖获得者，部分高校师生、省级学会代表、市县级科协负责人和安徽省科协机关及直属单位人员等500余人参加会议。

【2018年中国科协院士专家暑期考察休假活动】 为团结引领广大科技工作者弘扬爱国奋斗精神、建功立业新时代，8月26—31日和9月3—8日，中国科协组织苏哲子、胡思得、钱七虎、于俊崇、陈念念、何华武、吴光辉、杨小牛、王沙飞、冯煜芳等30余名院士专家偕家属共60余人分两批组成考察团赴青海省和山东省，深入基层一线，开展社会调研、国情考察、咨询服务等考察休假活动，感悟老一辈科学家的爱国奋斗之路，服务、助力地方经济社会发展。

中国科协党组成员、书记处书记束为，中国科协党组成员兼组织人事部部长王守东代表中国科协党组分别赴山东和青海两省看望慰问院士专家，会见当地党政领导，深入听取科技工作者关于科技工作、科协工作的意见建议。

在山东省，束为主持召开专题座谈会，围绕在新时代传承弘扬爱国奋斗精神和中国科学家精神，进一步深化院士制度改革、做好院士增选工作议题，与院士专家进行了深入交流。在青海省，王守东会见了青海省委常委、省总工会主席马吉孝，并陪同院士专家实地考察。两批考察团分别在青海省实地参观了原子城纪念馆、龙羊峡水电站等，学习老一辈科技工作者艰苦奋斗、爱国奉献、矢志不渝为“两弹一星”事业和地区经济社会发展贡献智慧和汗水的动人事迹，接受典范洗礼，传播正能量；在山东省参观了刘公岛甲午战争纪念馆、郭永怀事迹陈列馆等爱国主义教育基地，并赴威高集团有限公司、威海市碳纤维产业园等高新技术企业参观考察，与企业负责人深入交流、建立初步联系、展望合作前景、共话发展未来。在威海市，船舶领域相关高校和科研院所的科技专家及科研管理专家、企业技术负责人与考察团成员中的著名船舶核心技术专家共同召开技术座谈会，专门对接、专题对话，共话行业发展前景并达成合作意向。

参加两期考察休假的院士专家部分为在科技创新事业中做出突出贡献的优秀科研团队核心成员，部分为中央军委政治工作部、国防科工局、十大军工集团推荐的国防、军工领域权威专家，都是各行业领域高层次科技领军人才。院士专家指出，中国科协组织的考察休假活动充分体现了党和国家对广大科技工作者的关心关怀关爱，既放松身心、愉悦心情，又搭建了院士专家之间的沟通交流平台，创造了院士专家交叉创新、协同攻关的潜在机会，加强了与地方高新技术企业的对接、提供了合作机遇，一举多得、成果丰硕。两期考察休假活动由中国科协组织人事部主办，分别由青海省科协和山东省科协承办。青海省科协党组书记、主席尤伟利，山东省科协党组书记、副主席王春秋，中国科协组织人事部负责人和青海省、山东省有关部门、地市党政相关负责同志出席部分活动。

【宋军赴中国航天科工集团调研院士制度改革】 2 月 24 日，中国科协党组成员兼学会学术部部长宋军率组织人事部有关人员赴中国航天科工集团开展调研。中国航天科工集团董事长、党组书记高红卫主持召开座谈会，双方就院士增选相关工作进行了交流。

宋军代表中国科协对中国航天科工集团表示感谢，介绍了此次调研的背景和需求，并简要回顾了近年来中国科协在推进院士制度改革方面开展的工作和取得的成效。

高红卫对宋军一行表示欢迎，介绍了该集团科技领军人才队伍建设发展的有关情况以及开展工业互联网工作的进展和经验。同时就院士增选工作中航天科工集团的做法、航天战线科技工作者面临的问题等做了深入分析，提出院士增选工作应紧密配合国家战略目标导向、适应国家安全需求和经济社会科技发展需求。高红卫表示，长期以来，航天科工集团与中国科协在各项工作中均有着十分广泛密切的合作。在下一步工作中，航天科工集团将一如既往地积极参与中国科协开展的学术交流、科学普及、智库建设等各项工作。

宋军表示，这次座谈会是一个在固本基础上谋远的起点，同时也是中国科协着力推进工作创新的起点。高红卫董事长等提出的问题切中要害，建议中肯具体。中国科协将深入落实《关于加强和改进党的群团工作的意见》，充分发挥学术团体应有作用，认真研究中国科协深入推进院士制度改革的相关问题，进一步加强与两院的沟通交流，共同采取有力措施，积极推进院士增选工作。

中国科协组织人事部有关负责人参与调研。

学术交流

【第二届世界智能大会】 5 月 16 日，由国家发展改革委、科技部、工业和信息化部、国家网信办、中国科学院、中国工程院、中国科协和天津市政府共同主办的第二届世界智能大会在天津梅江会展中心开幕。中共中央政治局委员、天津市委书记李鸿忠，全国政协副主席、中国科协主席万钢，中国工程院院长周济，中国科协党组书记、常务副主席、书记处第一书记怀进鹏，天津市委副书记、市长张国清，河北省委副书记、省长许勤，国家发展改革委副主任林念修，联合国教科文组织信息与传播知识社会局主任英德拉吉特·班纳吉等出席。

万钢在讲话中说，人工智能是引领未来的战略性高科技，习近平总书记明确要求加快人工智能技术部署实施。大会以智能时代为主题，抓住了科技创新发展的“牛鼻子”，有利于京津冀协同发展，有利于推动中国高质量发展，有利于提升全球福祉。中国高度重视人工智能发展，出台《新一代人工智能发展规划》，制定了三步走的发展目标。推进我国人工智能发展，要着力实体经济的高质量发展，构建开源开放的产业生态；提升原始创新能力，夯实人工智能的发展基础；重视人工智能教育，壮大培育人才队伍；着力提高社会共识，营造人工智能发展的良好社会生态环境。要推动人工智能产业战略布局，研究出台有力的扶持政策，为国家人工智能和科技产业发展做出积极贡献。

怀进鹏受邀主持大会第一场主论坛，并在第二场主论坛中与阿里巴巴集团董事局主席马云进行了精彩对话。怀进鹏强调，习近平总书记对世界经济的信息化转型发展提出了重要判断，党的十九大报告对推动数字经济与实体经济融合做出了重大部署。未来已来，科技与产业、与社会高密度互动，机遇与挑战并存。要把握世界大势和历史契机，突出观念创新，主动识变应变求变，赢在转折点。中国的创新型企业既是智能经济价值的创造者，又是智能技术创新的引领者，一批充满自信、具备全球视野的企业家是中国经济高质量发展的希望所在。创新人才是创新驱动之本，要特别关注成长中的人才特别是青年人才，更加关注基础研究人才，为推动智能科技的原创突破提供智力支撑和人才保证。

第二届世界智能大会以“智能时代：新进展、新趋势、新举措”为主题，邀请17个国家和地区的1800多位人工智能专家与会，举办3场主论坛和18场专题论坛，设置了3.5万平方米的世界智能科技展，同时举办世界智能驾驶挑战赛、智能无人机大赛等活动。中国电子学会、天津市科协等深入参与大会策划和筹备，承办多个专项活动。

中国科协党组成员兼学会学术部部长、企业工作办公室主任宋军等一同出席。中国科协有关部门和天津市科协负责人参加大会。

【2018世界交通运输大会】 6月19日，由中国科协、交通运输部、中国工程院主办的2018世界交通运输大会在北京国家会议中心召开，主题为“交通让世界更美好”。中国科协党组书记、常务副主席、书记处第一书记怀进鹏，交通运输部部长、党组副书记李小鹏，中国工程院副院长、中国科协副主席、中国工程院院士何华武出席会议并致辞。国际道路联盟主席基兰·卡比拉、尼日利亚联邦共和国交通部部长罗蒂米·阿马埃奇、拉脱维亚共和国交通运输部部长乌尔迪斯·奥古利斯、缅甸联邦共和国交通运输和通讯部部长丹辛貌、南苏丹共和国道路和桥梁部部长瑞贝卡·居舒阿·奥瓦西、尼泊尔联邦民主共和国基础设施和交通部部长拉古比鲁·马哈塞特分别致辞。开幕式由中国科协党组成员、书记处书记项昌乐主持。

怀进鹏指出，我们正处于新一轮科技、产业大变革时代，科技创新空前密集活跃，经济社会加快转型。在众多变化之中，交通是变化最为显著、最为深刻的领域。科技创新正推动中国交通运输快速发展，并为经济社会发展增添了新动能。以信息技术为代表的现代交通科技、智能化交通运维体系、信息化物流网络体系等高科技含量的中国交通深刻改变着中国。习近平总书记在2018年的中国科学院、中国工程院院士大会上指出：“要把满足人民对美好生活的向往作为科技创新的落脚点，把惠民、利民、富民、改善民生作为科技创新的重要方向。”今后一个时期，广大交通科技工作者应突出重大战略牵引，着力提升创新能力和整体水平，推进尖端、交叉和颠覆性技术突破，注重基础、底层、通用技术研发，筑牢交通科技及产业长远发展基础。他强调，世界交通运输大会就是要搭建跨界集智的高端平台，推进实质性国际合作与交流，携手推动交通运输产业迈向数字化、网络化、智能化、绿色化发展道路，为促进世界经济的创新、活力、联动、包容性增长不懈努力。

开幕式后，6位交通运输领域的知名专家和政要围绕构建现代交通运输体系，交通领域的电动、自动和共享变革，北斗系统在交通领域的应用，未来交通、智能汽车以及都市圈交通可持续发展等主题，为行业和产业界分享交通科技创新前沿观点和发展战略趋势研判。

本届大会重点打造36个品牌论坛、150个交流单元、150场学术报告栏、1300场学术报告，内容涵盖了大数据、高铁技术、未来交通、城市大脑、智能交通、交旅融合、新能源汽车、共享经济与绿色出行等交通运输领域的热点和前沿话题。值得关注的是，2018世界交通运输大会倾力打造的国际化展台——大会交通科技博览会汇集了全球交通运输领域的最新技术、工程实例和智能交通、未来交通生态体系。此外，2018世界大学生桥梁设计大赛现场总决赛也同时上演精彩对决，还有系列智库产品、未来交通研究所2017年成果发布会、“一带一路”国际交通研讨会（BRITS）、“一带一路”国际交通联盟（筹）工作会、行业科技奖颁奖仪式等多场专项活动同步进行。

30多位院士及来自50多个国家和地区的交通主管部门、驻华使馆、国际组织、高校、科研机构、企事业单位的6000多人出席会议。

【首届世界科技期刊论坛】 5月25—26日，中国科协在浙江省举办中国科技峰会——世界科技期刊论坛。本次论坛的主题是“开放·共享·发展——更好的期刊，更好的科学”，旨在搭建国内外科技期刊交流平台，探讨科技期刊的使命和未来，为建设“更好的期刊”提出有效方案，为发展“更好的科学”做出积极贡献。论坛分别在浙江大学和乌镇举办报告会和研讨会。

全国政协副主席、中国科协主席万钢，中国科协党组书记、常务副主席、书记处第一书记怀进鹏，中国科协党组成员、书记处书记项昌乐、宋军，浙江省政协十二届副主席周国辉，浙江省政协十一届副主席、省科协主席姚克，浙江大学党委书记邹晓东等出席论坛报告会，怀进鹏、邹晓东在报告会上致辞。

怀进鹏在致辞中指出，350多年前，第一份学术刊物《英国皇家学会哲学汇刊》因创新思想交流需要应运而生，开启了科技期刊的发展历程。科技期刊自诞生以来，就成为科研成果交流和展示的重要载体，成为人类思想交流的重要平台。全球科技期刊发展史告诉我们，创造与交流是一对孪生兄弟，科技创新离不开科技期刊的支撑服务，科技期刊的发展离不开科研产出和学术交流的环境。有更好的科学才有更好的期刊，有更好的期刊才能催生更好的科学。期待在未来的发展中，中国科技期刊与世界同步发展，为人类文明进步做出更大的贡献。

怀进鹏强调，科技创新需要有良好的交流平台，更要有开放合作的视野和胸怀。中国的科技期刊要不断借鉴国际杰出期刊的方法、机制和经验，更要有创造的勇气和智慧，全球创新的版图也需要有东方的智慧和中国人的贡献。如今以中国为代表的新兴发展中国家创新成果日渐攀升，在亚太地区，东方文化越来越显示出蓬勃的生命力。特别是近年来中国科技期刊进展喜人。截至2018年，已经有一批中国期刊跻身世界一流行列。面对世界变革创新的滚滚浪潮，中国科技期刊应当更有效地融入世界期刊洪流，更好地为知识创造、社会进步和文明发展做出应有的贡献。

《光：科学与应用》主编曹健林主持报告会。中国科学院院士、国家自然基金委原主任杨卫指出，中国学术产出与学术影响力正在持续上升，科技工作者要无问西东、共创科学，努力消除科技期刊创作与出版的地缘分离。美国《科学》副总编 Valda J. Vinson 女士强调，作为科技期刊，要保障刊登内容的可重复性、透明性并赢得公众信任。英国《自然》总编 Philip Campbell 认为，成为一本顶级科技期刊，要积极应对技术和需求的变化，努力让科研成果获得更多读者的认可与肯定。《免疫》主编 Peter Lee 关注科技期刊的合作与分享以及开放性问题。《新英格兰医学杂志》副主编肖瑞平则关注临床研究和医学期刊之间的关系。《中国航空学报》（英文版）主编孙晓峰认为工程类期刊必须承担社会责任，了解社会的深刻需求。

在闭门会议中，《蛋白质与细胞》主编饶子和主持研讨。中国科协党组成员、书记处书记项昌乐致欢迎词。参会的中外顶级科技期刊的主编、副主编就科技期刊如何将科研成果更好地传播出去、在全球化的趋势下如何建立开放和共享的机制、顶级科技期刊未来的作用是什么等问题进行深入探讨。

本届论坛共邀请《科学通报》（英文版）、《AIP 应用物理杂志》《科学制造与工程学报 – 美国机械工程师协会会刊》《IET 电力电子》《纳微快报》《中华医学杂志》（英文版）等17种中外顶级科技期刊的主编出席研讨会进行互动交流，共论科技期刊发展“道”与“术”。来自全国科技期刊领域的250余人参加论坛报告会。

【第六届智能制造国际会议】 5月9日，第六届智能制造国际会议（2018）在北京举行。第十一届全国人大常委会副委员长路甬祥，中国科协党组书记、常务副主席、书记处第一书记怀进鹏出席会议并致辞。工业和信息化部部长苗圩，中国工程院院长周济，中国工程院原常务副院长朱高峰，中国船舶工业集团有限公司董事长雷凡培，德国驻华使馆公使吕帆出席大会。会议由中国机械工程学会理事长李培根主持。

怀进鹏指出，新一轮科技革命与产业变革正在形成历史交汇，智能制造作为产业变革的重要方向，正在成为全球制造业变革和科技创新的制高点，许多国家纷纷出台相关创新战略和政策，加强前瞻布局，推动制造业智能化转型，塑造未来竞争新优势。中国正在全力推动中国制造2025，智能制造作为其中一个重要方向，是制造技术与信息技术、数字经济与实体经济的深度融合，这一融合将为传统制造业增添新元素、培育新动能、开辟新生态。

怀进鹏强调，中国科协是中国科技工作者的群众组织，愿与各国同行加强合作，为深化前沿学术交流、加强智能制造人才培养、推动实施创新制度与政策、催生全球智能制造新产业新业态和新模式、培育全球经济增长新动力做出学术界的贡献。他希望本次国际会议能够广泛会聚各方力量，增进共识、加强合作，共同打造全球智能制造学术与人才合作交流平台，共同谋划智能制造美好未来，共同推动智能制造技术创新与产业发展。

会上，苗圩、周济、雷凡培分别作主旨报告《坚定不移加快发展智能制造 奋力推动制造业高质量发展》《走向新一代智能制造》《以智能船舶引领全球海事业高质量发展》。海尔家电产业集团副总裁陈录城，美国密西根大学科研副校长 S.Jack Hu，美国欧特克公司制造业行业总监 Sean Manzanares，美国佐治亚理工学院教授 Ben Wang，菲尼克斯（中国）投资有限公司总裁顾建党分别作主旨报告，从不同角度阐述了智能制造行业的发展趋势。会上还举行了国际智能制造联盟筹备委员会成立发布仪式。

本次智能制造国际会议以“新一代智能制造”为主题，由中国科协、工业和信息化部、中国工程院共同主办，中国科协智能制造学会联合体、中国机械工程学会、青岛海尔工业智能研究院、德国机械设备制造业联合会、同济大学工业 4.0– 智能工厂实验室、汉诺威米兰展览（上海）有限公司承办。会议期间，举办了智能制造科技进展“双十”论坛、2018 制造业知识高峰论坛、2018 先进智能制造技术发展研讨会。500 余名国内外智能制造领域的政府官员、专家学者和企业家参加了会议。

【2018 绿色发展科技创新大会】 9 月 26 日，由中国科协、生态环境部、住房和城乡建设部、四川省人民政府主办的 2018 绿色发展科技创新大会在四川省遂宁市开幕。中国科协党组书记、常务副主席、书记处第一书记怀进鹏，生态环境部副部长黄润秋，住房和城乡建设部副部长黄艳出席开幕式并致辞。300 名专家以及众多知名企业家参加会议，共同为绿色城镇发展献计。中国科协党组成员、书记处书记宋军主持开幕式。

本次大会以“清洁能源为绿色发展注入新动力”为主题，旨在展示绿色科技创新成果，推动国际国内绿色发展战略研讨和交流，促进生态环境领域产学融合，着力营造科技创新与人才集聚、产业发展的良好生态，为国家生态文明建设提供有力支撑。

怀进鹏在致辞中指出，生态环境问题与全人类休戚相关，加强国际交流与合作，共同应对人类社会面临的气候变暖、地质灾害等全球性问题，正逐步成为世界各国的广泛共识。党的十八大以来，以习近平同志为核心的党中央高度重视生态文明建设，把五大发展理念中的绿色发展上升到指导经济社会发展全局的战略高度，明确提出了“建设生态文明是中华民族永续发展的千年大计”。科技创新是推动人类文明进步的重要动力，生态文明离不开科技创新，绿色发展需要广泛领域的科技支撑。社会各界需要在创新研究方法、创新科技与产业融合的组织业态、创新社会治理方式、创新科学普及理念与方法等方面积极探索实践。希望通过本次大会，进一步凝聚各方力量，敏锐把握世界绿色发展趋势，紧紧抓住和用好新一轮科技革命和产业变革的历史机遇，促进交流与合作，积极推动以新能源、绿色装备制造、节能环保技术、现代生态农业等为代表的新技术、新业态和新产业发展，以科技创新引领绿色高质量发展，让绿色生态成为人类社会的共识与行动。

本次大会由“会”“展”“赛”“服”4 大板块组成。其中，“会”主要包括开幕式、高端峰会、闭幕式，清洁能源与储能论坛、新能源汽车论坛、绿色金融论坛、“一带一路”绿色城市合作论坛（包括圆桌会）、乡村振兴与创新发展论坛 5 个专业论坛，并同步举行中国科技峰会——生态环境高峰论坛暨中国科协生态环境产学联合体成立大会；“展”即 2018 国际绿色发展博览会；“赛”即“绿点大赛”，邀请国内知名高校设计团队开展乡村聚落规划设计竞赛；“服”包括投资洽谈会和科技成果发布会以及遂宁绿色发展成就展现场参观等系列配套活动。

大会邀请涵盖政、产、学、媒等领域的 300 名高层次专家及知名企业家，17 家世界 500 强企业，20 家全国学会，20 名国内城市代表，42 名外宾等共 800 人参加开幕式。大会期间签署发布《“一带一路”绿色城市合作遂宁共识》以及《“一带一路”绿色城市合作备忘录》。整个大会着力搭建国际交流平台和全球合作机制，共同推动经济社会繁荣发展。

【2017 年“创响中国”总结暨成果展示活动】 1 月 24 日，2017 年“创响中国”系列活动总结暨成果展示在北京中国科技会堂举行。中国科协党组成员兼学会学术部部长、企业工作办公室主任宋军出席活动并致辞，企业创新服务中心主要负责人主持活动。

宋军表示，2017 年“创响中国”21 站活动各具特色、成果累累。2018 年“创响中国”活动要以习近平新时代中国特色社会主义思想为指引，围绕全面贯彻党的十九大精神、实施创新驱动发展战略，不断创新组织方式、拓宽活动范围、丰富活动内容、扩大活动影响，宣传创新创业的新经验，完善创新创业新生态。要更加注重落实新时代发展要求，更加注重凸显服务功能，更加注重聚众智汇众力，更加注重创新宣传引导，为推动创新创业上水平做贡献。

国家发展改革委高技术产业司相关负责人宣读了国家发展改革委副主任林念修对 2017 年“创响中国”系列活动做出的批示，并对活动进行了总结，对 2018 年“创响中国”活动进行了总体部署。

与会领导为 2017 年“创响中国”各类最佳组织单位颁牌，启动了“创新创业服务平台 APP”。最佳组织单位代表、“创响中国”相关站代表、专家代表和创新创业企业代表分别发言，交流感想经验，对 2018 年工作提出意见建议。与会人员还参观了 2017 年“创响中国”活动成果展示，并赴中关村、清华大学和航天科工集团对在京双创示范基地进行实地观摩学习。

推进大众创业万众创新部际联席会议部分成员单位相关负责人，2017 年“创响中国”各站代表，在京高校、科研院所、企业示范基地代表，参与政策行、投资行、科技行等活动的专家代表，部分创新创业企业代表和相关媒体代表等 130 余人参加活动。

从 2017 年 4 月开始，国家发展改革委、中国科协会同相关地方政府相继在武汉、成都、常州等 21 站举办“创响中国”系列活动，通过政策行、导师行、科技行、投资行、宣传行等活动集中宣传国家和地方创新创业政策、展示最新创新创业成果、交流特色创新创业经验，取得显著成效，在全国各地掀起了双创热潮。

【中国创新创业成果交易会暨“创响中国”广州站活动】 6 月 22 日上午，2018 中国创新创业成果交易会暨 2018 年“创响中国”广州站活动正式启动。全国政协副主席、九三学社中央常务副主席邵鸿，中国工程院副院长何华武，广东省委副书记、广州市委书记任学锋，广东省副省长黄宁生，中国科协党组成员、书记处书记宋军，广州市市长温国辉，广州市人大常委会主任陈建华，刘人怀、方滨兴、赵连城、周克崧、李立浧、周福霖、林浩然、谢先德、刘焕彬、刘绍臣等中国工程院院士、外籍院士，以及来自国内外科技团体、高校科研院所、民办科研机构、参展技术成果持有人或团队代表、风投创投机构代表及各界创新创业人士共约 650 人参加启动仪式。启动仪式由广州市副市长王东主持，宋军致辞。

中国创新创业成果交易会由中国科协、国家发展改革委、中国工程院、九三学社中央、广东省政府、广州市政府共同主办。2018 中国创新创业成果交易会以“双创新动能、引领新跨越”为主题，会期 3 天，展出创新创业成果项目约 1000 项，并举办未来科技峰会、移动互联网开发创意大赛全球总决赛、粤港澳大湾区科技金融论坛等 30 多场专项活动。2018 中国创新创业成果交易会是由国家发展改革委、中国科协牵头主办，广州市政府承办的 2018 年“创响中国”第四站重点活动——广州站的标志性活动。

【吴海鹰出席 2018 年国家电网“创响中国”活动】 9 月 27—28 日，2018 年国家电网“创响中国”发布会暨国家电网有限公司科技成果转化推介会在北京召开。中国科协党组成员、书记处书记吴海鹰，国家发展改革委高技术产业司副司长朱建武，国资委综合局副局长袁雷峯，国家电网有限公司副总经理、党组成员杨晋柏出席会议并讲话。

国家电网公司有关部门和单位组织了科技成果发布和推介会、青年创新创意大赛、纪念质量管理（QC）小组成立 40 周年、国网创 e 空间能源互联网国际创新创业计划、“双越之星”劳动竞赛等内容丰富、形式多样的系列双创活动。

在为期两天的推介会上，国家电网公司发布职工创意孵化项目、待转化创新成果和新技术新产品 33 项，国家电网公司所属 38 家省市电力公司、直属科研和产业单位展览展示 150 余项科技创新成果。

【第四届中国科协青年人才托举工程项目评审会】 9 月 20 日，中国科协召开第四届（2018—2020 年）中国科协青年人才托举工程项目评审会议。中国科协副主席、评审专家委员会主任李华主持评审会议。中国科协党组成员、书记处书记宋军出席评审会全体会议并讲话。近 50 名评审专家委员会成员、79 个项目申请单位的负责人及中国科协学会学术部、培训和人才服务中心相关人员参加评审会议。

经专家评审委员会评审，共 58 个单位获得第四届中国科协青年人才托举工程立项资格，共分配各类名额 335 个。

【《中国科技期刊发展蓝皮书（2017）》】 1 月 28 日，《中国科技期刊发展蓝皮书（2017）》（以下简称

《蓝皮书（2017）》）发布会在北京举行。中国科协党组书记、常务副主席、书记处第一书记怀进鹏，中国科学院原副院长、《科学通报》（英文版）主编、《蓝皮书（2017）》专家委员会主任、中国科学院院士王恩哥，以及科技期刊管理、出版单位和机构的近400人出席发布会。

中国科协党组成员兼学会学术部部长、企业工作办公室主任宋军代表主办单位在发布会上讲话，王恩哥代表专家委员会和编写委员会发布《蓝皮书（2017）》内容。全国政协委员、中国出版协会常务副理事长、国家新闻出版广电总局原副局长邬书林，中国科协科学技术普及专门委员会副主任、中国疾病预防控制中心主任、《科学通报》（中文版）主编、中国科学院院士高福，天津市肿瘤研究所所长、国家肿瘤临床医学研究中心主任、中国工程院院士郝希山分别作学术报告。怀进鹏与王恩哥共同为《蓝皮书（2017）》正式发布揭幕，发布会由中国科协党组成员、书记处书记项昌乐主持。

中国科协组织编写发布的《蓝皮书（2017）》是对国内科技期刊所做的一次全面检查，全书通过把脉问诊、摸清家底，实事求是地剖析问题，总结规律，借鉴国际优秀科技期刊成功经验，预测未来发展趋势，探索中国科技期刊可持续发展道路。同时，对中国科技期刊的未来发展提出以下建议：一是要对标国际一流科技期刊，瞄准世界科技前沿，充分利用科技社团优势资源，大力推进融合发展。二是正确发挥科技期刊在学术评价中的作用，推动改革学术成果评价。要充分发挥科学共同体的主导作用，推动建立适应各类科研活动特点的分类评价机制。三是共同营造促进中国科技期刊高质量发展的良好环境，进一步提升科技期刊总体发展水平，大力提升科技期刊质量和影响力。建设世界一流期刊是推进我国从科技大国向科技强国迈进的重要支撑，要形成协同推进的强大合力，建立行之有效的激励机制，发挥学术道德和学术伦理监督作用，扩大国际交流合作。

王恩哥在发布《蓝皮书（2017）》内容时表示，《蓝皮书（2017）》首次全面系统地分析我国科技期刊面临的问题和挑战，丰富了我国科技期刊的研究成果。《蓝皮书（2017）》从中国科技期刊全貌、中国科技期刊发表论文分析和中国科技期刊发展趋势三个方面，以国内外权威数据为基础，由国内科技期刊领域权威专家把握编制总体方向，保持公正客观，采用文献调研、数据库检索、科学计量学、专家咨询等多种方法，定量分析与定性分析相结合，注重以数据为基础，以事实为依据，实事求是地剖析问题，致力于呈现客观、准确的事实依据和逻辑关系，并在此基础上进行趋势预测。《蓝皮书（2017）》注重国内外比较研究和典型案例剖析，从德国、日本、法国、俄罗斯四个典型的非英语母语国家和金砖五国两组样本入手，揭示九个国家科技期刊的出版特点和学术影响力，同时提出对我国科技期刊出版与传播的借鉴与启示。《蓝皮书（2017）》作为我国首本科技期刊发展蓝皮书，研判了我国科技期刊发展中的主要矛盾、重大问题和潜在机遇，进而不断明确科技期刊在新时代中国特色社会主义事业总体布局中的功能定位，以积极适应国家创新驱动发展战略的需要。

邬书林、高福、郝希山分别作报告《提高科技期刊学术出版质量服务国家创新战略》《推动中文科技期刊发展　传播中华文化》《维护学术诚信——科技期刊的责任担当》。《蓝皮书（2017）》由中国科协主编、中国科协学会服务中心组织编撰，旨在推动我国科技期刊在引领科技创新、推动文化繁荣、服务经济社会发展和建设创新型国家中发挥越来越重要的作用。

【《中国科技期刊发展蓝皮书（2018）》定稿会】 8月27日上午，《中国科技期刊发展蓝皮书（2018）》（以下简称《蓝皮书（2018）》）定稿会在北京召开。《蓝皮书（2018）》专家委员会主任、中国科学院院士、《科学通报》（英文版）主编王恩哥，《蓝皮书（2018）》专家委员会副主任、中国出版协会常务副理事长、国家新闻出版署原副署长邬书林等20余位委员及相关人员参加会议。中国科协党组成员、书记处书记宋军出席会议，会议由中国科协学会服务中心主任刘兴平主持。

会上，编写委员会副主任刘培一介绍图书编制情况，各章牵头人汇报各章编制内容。专家委员会和编写委员会委员围绕图书内容进行了讨论。

宋军对给予《蓝皮书（2018）》编制工作大力支持的各位委员表示感谢，并指出2017年开创性地组织编制《蓝皮书》获得了良好反响，今后要更加突出引领性和前瞻性、注重科学性和准确性，树立《蓝皮书》作为反映我国科技期刊状况、引领我国科技期刊发展的系列品牌书籍。

王恩哥院士肯定了编写委员会的工作，同时感谢各位委员提出的修改意见。他强调，做好《蓝皮书》以服务我国科技期刊发展为根本，以分析科学、结论客观为前提，加强对科技期刊融合出版的研究，进而加速推动我国融合出版发展，促进我国科技期刊转型升级。

《蓝皮书（2018）》主题为“科技期刊的融合出版”，由中国科协组织编撰、学会服务中心制定方案并具体实施，计划于2018年10月在第十四届中国科技期刊发展论坛上发布，旨在引领我国科技期刊融合出版发展方向，提升我国科技期刊国际竞争力，促进我国科技期刊可持续发展。

【中国科协12种科技期刊获第4届中国出版政府奖】 1月17日，国家新闻出版广电总局正式公布第4届中国出版政府奖评选结果。中国科协有12种科技期刊获奖或获提名奖，《稀有金属材料与工程》编辑部的石应江获优秀出版人物奖，《中草药》编辑部的陈常青获优秀编辑奖。

《中国航空学报》（英文版）、《中华心血管病杂志》《中国电机工程学报》《中国国家地理》《中国农业科学》和《暖通空调》等6种中国科协科技期刊获期刊奖，占10种科技类期刊奖的60%。

《林业科学》《作物学报》《系统工程理论与实践》《中医杂志》《遗传学报》（英文版）、《植物学报》（英文版）等6种中国科协科技期刊获提名奖，占19种提名奖的32%。

在获得中国出版政府奖期刊奖和期刊奖提名奖的29种科技类期刊中，有18种期刊获“中国科协精品科技期刊工程”或“中国科技期刊国际影响力提升计划”或“中国科技期刊登峰行动计划”资助。

中国出版政府奖是中国新闻出版行业的最高奖，自2007年开始，每3年评选一次。第4届中国出版政府奖评选出7个子奖项，共233个出版物、单位或人物获奖。此外，还有234种优秀出版物获提名奖。

【中国科协邀请专家共议国际一流科技期刊建设】 2月27日，中国科协召开会议，邀请有关专家共同探讨推动我国一流科技期刊建设、搭建中外顶级科技期刊主编交流平台的有关举措。中国科协副主席、中国科协九届常委会学术交流专门委员会主任李静海，中国科协党组成员兼学会学术部部长、企业工作办公室主任宋军出席。中国科协党组成员、书记处书记项昌乐主持会议。

中国科学院院士饶子和，中国科协常委、中国化学会理事长、中国科学院院士姚建年，应用光学国家重点实验室主任、科技部原副部长曹健林，中国科协九届常委会学术交流专门委员会委员、北京大学心血管研究所所长、教育部重点实验室主任董尔丹，口腔疾病研究国家重点实验室主任周学东等参加会议。与会专家围绕加速国际一流科技期刊建设、搭建中外顶级科技期刊交流平台等展开讨论，提出建设性意见。

项昌乐表示，党的十九大以后，国家加大创新型国家建设力度，对加快国际一流学会、国际一流科技期刊建设提出了明确要求。中国科协在推动国际一流科技期刊建设方面做了大量的工作，搭建中外顶级科技期刊主编高端交流平台对促进中外科技期刊交流合作、进行思想碰撞、提升科技期刊国际传播能力、探寻共建共享共发展的国际交流合作新机制具有重要意义。各位专家提出的意见建议非常务实、针对性强，为进一步丰富和完善这项工作打下了良好基础，为一流期刊建设提供了有益指导，也为我国科技期刊支持计划的进一步调整和升级提供了支撑。

中国科协学会学术部有关负责人参加会议。

【中国科协召开世界一流科技期刊建设主编座谈会】 3月12日，中国科协邀请国内优秀科技期刊主编共同探讨我国建设世界一流科技期刊的重点、难点问题。中国科协党组书记、常务副主席、书记处第一书记怀进鹏主持会议。中国科协党组成员、书记处书记项昌乐，中国科协党组成员兼学会学术部部长、企业工作办公室主任宋军出席。

《中国科学·化学》（英文版）主编、中国科学院院士、中国侨联党组书记、主席万立骏，《细胞研究》主编、中国科学院院士裴钢，《中国物理快报》主编、中国科学院院士朱邦芬，《中国科学·材料科学》（英文版）主编、《纳米研究》联合主编、中国科学院院士李亚栋，《国家科学评论》执行主编、美国科学院院士蒲慕明，《中国电机工程学会电力与能源系统学报》副主编、中国工程院院士汤广福，《机械工程学报》《中国机械工程学报》主编、中国机械工程学会监事长宋天虎，《整合动物学》主编、挪威科学院外籍院士张知彬，《植物学报》（英文版）主编、国家重大研究计划首席科学家刘春明，《分子细胞生物学报》（英文版）主编、中国科学院系统生物学重点实验室主任吴家睿，《电子学报》（英文版）编委会常务委员、北京大学教授许进，《航空学报》《中国航空学报》（英文版）主编、北京航空航天大学教授孙晓峰，中国公路学会副理事长兼秘书长刘文杰等13位专家参加会议。

与会期刊主编立足我国科技发展现状和期刊建设需求，综合分析国际科技期刊发展格局和态势、国内科技期刊发展现状和问题，从我国科技期刊的办刊理念、发展策略、建设重点、政策环境等方面进行了深入交流和探讨，提出了很多具有建设性的意见和建议。

怀进鹏指出，经过国家几十年的不断发展、科技界的不懈努力，我国科技水平已跻身世界前列，科学发展进入了新的时代，无论规模还是效益都引起了全球的关注。高水平的科学研究需要打造大家共同认同的有影响的中国科技期刊，建设国际化的学术交流平台，加强知识产权保护，营造良好的学术生态，这给我们创造了难得的机遇。中国科协将把推动科技期刊建设发展作为一件重大任务，把品牌化、国际化、平台化的工作做好，通过更优化的交流方式、更有效的传播途径和更完善的评价体系，更好地服务科技工作者和创新型国家建设。

【中国科协专题座谈一流学会一流期刊建设】 3月14日，中国科协邀请有关专家共同探讨世界一流学会发展与科技期刊建设的难点和问题。中国科协党组书记、常务副主席、书记处第一书记怀进鹏主持会议。中国科协党组成员、书记处书记项昌乐，中国科协党组成员兼学会学术部部长、企业工作办公室主任宋军出席会议。

会议围绕科技期刊在世界一流学会建设中的地位、作用以及学会如何建设世界一流科技期刊展开深入研讨，提出了许多建设性的意见和建议。

怀进鹏指出，期刊是学术交流的重要平台，期刊的发展水平充分反映出学会的活力，反映出学会在国际同类组织当中的竞争力和影响力。一个好的学会应该有好的期刊，推进世界一流学会与一流期刊建设是中国科技由大变强的必然选择、是打造科技高峰和学术高地的必然要求。中国科协要以一流学会、一流期刊的发展为契机，发挥更多作用，更好地为学会的发展服务，更好地为期刊的建设服务，更有效地促进中国科技的进步。

怀进鹏强调，在当前全球科技革命和产业变革的交汇期，中国科技发展到今天，学会和期刊的发展迎来了变革发展的机遇。中国学术界、期刊界要形成新的共识，就是要走向高质量的发展，增强自信，不断创新，开辟由弱到强的新路。既要遵循国际规律，又要打造我们新的平台，由大到强需要一个过程，要注重数字化带给中国的新的机会，重视中国科技期刊的平台建设；要注重整合资源、资金和社会力量来共同推动科技期刊的专业化运营水平；要推动建立和完善既有利于科技创新、又能推进期刊发展的评价体系，增强学术自信和创新自信。

中华中医药学会会长、国家卫生计生委党组成员、副主任王国强，中国科学院院士、中国卒中学会会长赵继宗，中华口腔医学会会长、北京大学口腔医学院原院长俞光岩，中国系统工程学会理事长、中国科学院数学与系统科学研究院党委书记、副院长汪寿阳，中国颗粒学会理事长、中国科学院过程工程研究所党委书记、副所长陈运法，中国煤炭学会理事长、中国煤炭工业协会副会长刘峰，中国心理学会理事长、中国科学院心理研究所所长傅小兰，中国实验动物学会理事长、中国医学科学院医学实验动物研究所所长秦川，中国科协九届常委会学术交流专委会委员、中国病理生理学会常务理事董尔丹，中国地理学会副理事长兼执行秘书长张国友，中国图学学会副理事长兼秘书长赵罡，中国自动化学会副理事长王成红，中国建筑学会秘书长、国家住宅与居住环境工程技术研究中心主任仲继寿等13位专家参加会议。

【科技期刊专业化运营与服务能力提升专题调研会】 3月19日，中国科协召开科技期刊专业化运营与服务能力提升专题调研会，深入了解科技期刊出版行业发展现状和问题，征求对科协期刊工作的意见建议。中国科协党组书记、常务副主席、书记处第一书记怀进鹏出席会议并讲话。

中国科协党组成员兼学会学术部部长、企业工作办公室主任宋军参加会议。中国科技出版传媒股份有限公司总经理彭斌，人民邮电出版社党委书记、社长兼总编辑顾翀，《中国学术期刊（光盘版）》电子杂志社有限公司董事长王明亮，中国科学技术出版社社长、科技导报社社长秦德继，北京卓众出版有限公司党委书记、副总经理肖军，中华医学会杂志社社长姜永茂，中国人民大学书报资料中心总编辑高自龙，课堂内外杂志社党委书记、董事长刘信中，陕西小哥白尼杂志社有限公司总经理罗锋伟，北航文化传媒集团总经理、航空知识杂志社社长刘德生，有研博翰（北京）出版有限公司副总经理钱九红，清华大学出版社党委副书记、期刊中心主任石磊等12位科技期刊出版单位的代表分别介绍了所在单位经营运作科技期刊、科普杂志的经验、做法以及发展中遇到的问题和困难，并就加强顶层设计、破除体制机制障碍，改进评价体系、优化发展环境，加大资金支持和政策倾斜，推动科技期刊集约化出版和数字化平台建设，培育专业出版人才等提出有针对性的建议。

怀进鹏在认真听取了代表们的发言后谈到，近年来，伴随国家科技的投入、科研实力的增强，无论学术期刊还是科普期刊都有显著的进步，平台建设也在快速推进。但在发展的同时也遇到了新的挑战和压力。期刊弱、小、散的现状没有根本改变，这其中有政策和传统管理模式的局限，也有科技期刊行业本身发展阶段的局限，需要深入分析问题、研究对策，找准科技期刊新的发展空间。

怀进鹏指出，当前学术界、期刊界、产业界对推动科技期刊走向国际化、走近世界学术中心形成了广泛共识。尽管全媒体和互联网的应用给国内科技期刊带来巨大冲击，但同时也带来很多机会。构建科技期刊发展的国际化新生态，需要从体制机制优化、平台建设和评价体系改革等多方面入手，为科技期刊发展创造良好生态环境，促进学术与市场的有机融合，以提供更加有效的学术资源服务产品，赢得学者的信任和国际的认同。

中国科协机关有关部门及直属单位负责人参加调研会。

【中国科技期刊国际影响力提升计划二期 D 类确定 20 个创刊项目】 5 月 17 日，中国科技期刊国际影响力提升计划二期项目 2018 年度 D 类项目评审会在北京召开。中国工程院院士、中国科技期刊国际影响力提升计划专家委员会主任姜会林主持会议。来自多个学科领域的 34 位专家（包括 4 位院士）分 4 个学科小组，对 87 个陈述答辩项目进行了评审打分，遴选出 20 个入围项目。中国科协党组成员兼学会学术部部长、企业工作办公室主任宋军出席会议。

会上，宋军代表项目联合实施部门讲话。他指出，中国科技期刊国际影响力提升计划是中国科协、财政部、教育部、国家新闻出版署、中国科学院、中国工程院等六部门联合实施，面向全国英文科技期刊的重大资助项目。2013 年启动至今，累计支持英文科技期刊 280 项（次），遴选新创办英文科技期刊 70 种，有力支持了一批代表我国前沿学科、优势学科的科技期刊迅速崛起，促进了我国优秀科研成果的对外传播与交流，形成了我国期刊发展新的增长极。在党的十九大提出建设世界科技强国的时代背景下，中国科技期刊国际影响力提升计划的实施对于服务科技发展、支撑创新型国家建设意义重大。D 类刊的遴选要以党的十九大精神为指引，围绕我国建设创新型国家的需求，在学科上瞄准世界科技前沿和我国重点突破的科技领域，从推动供给侧改革的高度，真正遴选出一批代表我国前沿学科或能填补国内学科空白的高水平英文科技期刊，增加重点学科领域高起点英文科技期刊供给，更好地为我国建设世界科技中心服务。希望评审专家坚持价值导向、宁缺毋滥，坚持科学公正、严格把关，遴选出学术水平最高、最具国际影响力、最具发展潜力的优秀期刊。

姜会林院士介绍了项目概况及专家委员会和监督小组组成情况。中国科协学会学术部副部长苏小军汇报评审方案，就项目设置、申报情况、名额分配及评审程序等方面做了介绍，并请专家委员会进行讨论评议。

各学科小组专家按照评审细则和遴选指标，从创刊基础条件和国际化办刊条件两方面对参评项目进行了分项打分，根据得分排名确定了入围项目名单。

中国机械工程学会监事长宋天虎和中国煤炭学会理事、中国科学技术期刊编辑学会理事许升阳作为评审工作监督小组成员对评审进行了全程监督。

【第十四届中国科技期刊发展论坛】 10 月 23—24 日，由中国科学技术协会、国家新闻出版署共同主办，中国科协学会服务中心、湖北省科学技术协会、湖北省新闻出版广电局联合承办的第十四届中国科技期刊发展论坛在湖北省武汉市召开。本届论坛的主题为“合作　开放——新时代科技期刊建设”，围绕建设世界一流科技期刊的目标，以全球视野、历史纵深透视世界一流科技期刊发展规律，积极探索中国科技期刊的开放合作、融合协同、卓越发展的途径与举措。

来自全国各地的 600 余名专家学者和科技期刊工作者参加论坛。中国工程院院士、“辽宁舰”总设计师、《中国舰船研究》名誉主编朱英富，中国科学院院士、《力学学报》主编魏悦广，中国科学院院士、中国科学院上海有机化学研究所研究员、《中国化学》《有机化学前沿》主编麻生明，中国科学院院士、武汉大学物理科学与技术学院院长、*Nanoscale* 副主编徐红星，科技部原副部长、《光：科学与应用》（英文版）主编曹健林，剑桥大学先进光电中心主任初大平等近

50位专家学者就新时代背景下我国科技期刊的国际化道路、学会与期刊、融合发展、市场化探索、出版传播平台的建设等作专题报告。

论坛得到了教育部科技司、中国科学院科学传播局、中国工程院三局、国家自然科学基金委员会科学传播中心等国内科技期刊管理部门和中国出版协会、中国期刊协会、中国科学技术期刊编辑学会、中国高校科技期刊研究会、中国科学院自然科学期刊编辑研究会等机构的支持。

论坛的内容包括开幕式、大会主旨报告、高峰论坛、专题分论坛、主题展览、编辑业务大赛决赛、全媒体沙龙、地方专项活动等。

10月23日上午举行了简短的开幕式。湖北省人民政府副省长陈安丽，中国科协党组成员、书记处书记宋军，原国家新闻出版广电总局新闻报刊司司长李军出席论坛开幕式并讲话。《中国科技期刊发展蓝皮书（2018）》专家委员会委员、中国药理学会原理事长、中国医学科学院药物研究院副院长杜冠华发布了《中国科技期刊发展蓝皮书（2018）》。同时，发布了第三届中国科协优秀科技论文遴选计划入选论文。开幕式由中国科协学会学术部部长、学会服务中心主任刘兴平主持。

开幕式结束后，举行大会主旨报告，由徐红星院士主持。曹健林主编、魏悦广院士、朱英富院士、初大平教授分别作了题为“超越论文，服务科研”“学会与期刊的融合发展——从《力学学报》与中国力学学会谈起”“提高期刊学术质量，促进舰船行业科技创新”“把握科学前沿，助推期刊发展”的大会主旨报告。

10月23日下午，同期举办中国科技期刊的国际化道路、一流学会与一流期刊两个高峰论坛，由中国科学院科学传播局局长周德进和麻生明院士分别主持。与会专家结合国内外优秀科技期刊的成功案例，探讨国内科技期刊国际化道路的策略与路径、国内外科技社团主办科技期刊的现状及发展方向等。麻生明院士、周治平教授等10余位专家分别作报告。

针对新时代科技期刊建设，论坛设置了科技期刊与媒体融合、中国科技期刊的市场化探索、科技期刊编辑成长之路、高水平出版传播平台建设等4个专题分论坛。

在论坛召开同期，举办了“合作开放——新时代科技期刊建设”主题展，以全球视野、战略眼光透视世界一流科技期刊发展规律，以合作开放、使命担当激励期刊人探索新时代科技期刊建设之路；组织了第二届中国科技期刊青年编辑业务大赛决赛和全媒体沙龙；参观了湖北科技期刊创新发展成果展、长江少年儿童出版社（集团）有限公司、国家新闻出版署出版融合发展（武汉）重点实验室。

【中国科协公布中文科技期刊精品建设计划2018年度入选项目】 12月6日，中国科协公布了中文科技期刊精品建设计划2018年度入选项目。经自主申报、资格审查、专家评审和公示，最终确定中文科技期刊精品建设计划2018年度入选项目共95项，单刊支持经费定为10万—20万元。

为贯彻落实党的十九大精神，落实国家创新驱动发展战略和科技强国战略，中国科协充分发挥学会的学术优势、渠道优势和资源优势，以打造高质量中文科技期刊、提升学会办刊水平和服务能力为目标，对精品科技期刊工程进行了优化设计。根据不同类型期刊的功能设置三个子项，分别为学术创新引领、产业发展服务、科学素质培育，分类扶持基础研究类、工程技术类、科学普及类期刊，促进期刊专业化发展。2018年度项目以一年为周期试点实施、查缺补漏，2019年完善项目方案后进行周期化推进。

中国科协自2006年设立中国科协精品科技期刊工程以来，已累计实施4期12年，支持期刊273种1461刊次，投入资金2.14亿元，取得了良好效果。

【第十七、十八期中国科协科技期刊主编沙龙】 12月11日，第十七期中国科协科技期刊主编（社长）沙龙在清华大学举办。中国科协党组成员、书记处书记宋军出席并致辞。中国科学院院士、清华大学教授饶子和担任本期沙龙主席。中国科学院院士、清华大学教授朱邦芬等科研及出版机构专家，有关学会负责人，国内有关科技期刊的主编、社长共30余人参加。本期沙龙由中国科协学会学术部主办、中国生物物理学会承办。

宋军在致辞中指出，随着我国科技事业的突飞猛进，我国学者发表论文数量、质量大幅增长。但科研诚信以及学术不端等问题时有出现，严重挑战了科学研究的严肃性。他强调，我们要始终坚持正确的办刊方向，坚守科学性和科学精神，加强主管单位的监督力度，强化办刊单位的主体责任，规范学术论文同行评议，持续加强科研伦理规范和学风道德等方面的建设，严格执行规范的投审稿制度，提高业务能力，把好科技期刊的质量关，建立健全科技期刊出版管理监督机制，筑牢学术诚信和出版伦理底线，构建支撑世界一流科技期刊发展的体系和生态。

中国科学院院士、清华大学教授朱邦芬作主题报告《中国科技期刊要守卫科研诚信和学术伦理的生命线》。中国科学院长春光机所*Light*中心、*Light*执行主编白雨虹，中国农业科学院作物科学研究所所长刘春明，中国科学院动物研究所研究员王皓毅，中国科技期刊编辑学会副理事长、施普林格·自然大中华区学术关系总监颜帅，施普林格·自然大中华区科学总监、《自然》系列期刊执行主编杨晓虹，《浙江大学学报》（英文版）编辑部叶青，同方知网科研诚信技术公司总经理孙雄勇，国家自然科学基金委科学传播中心编辑出版部主任任胜利等围绕学术期刊有关的科研诚信、学术伦理等话题进行发言。

本期沙龙采用主旨发言和自由讨论相结合的形式，与会专家围绕“我国目前科研诚信方面存在的主要问题及原因分析”“科技写作与发表过程中常见的科研诚信问题及防范对策”“科技期刊在发现、识别和解决科研诚信问题过程中的困难与对策”“国内外科研诚信规范分析”“我国如何尽早形成全面、系统的《科技期刊出版伦理规范》”等议题进行交流和探讨，提出建设性的意见和建议。

12月20日，由中国科协学会学术部主办、中国汽车工程学会承办的第十八期中国科协科技期刊主编（社长）沙龙在北京召开。本次沙龙以“建设世界一流科技期刊的思考与举措”为主题，从如何通过集团化（集群化）、市场化、数字化推进期刊建设，应用类学科期刊如何引领学科发展、更好地服务于行业，有助于中国科技期刊健康发展的评价方式，世界一流期刊的团队素养和培养、激励机制四个方面进行主旨报告和分组讨论。

来自32个期刊和数据平台的社长、主编、资深编辑分为5个小组围绕不同的题目开展3次交流与讨论，对期刊出版、人才培养、学科引领等方面给出建设性的意见。

【中国科协公布第三届优秀科技论文遴选计划入选论文】 10月22日，中国科协公布第三届优秀科技论文遴选计划入选论文。经终审会审议通过后，最终确定95篇论文入选。

为深入贯彻落实党的十九大精神，服务创新型国家建设，引导更多高水平科研成果在我国科技期刊首发，提高我国科技期刊会聚科学发现、引领学科发展、培育顶尖人才的能力，在优秀论文遴选工作中，中国科协依照“统筹安排、分类实施，价值导向、综合评价，公平推荐、公正遴选，激励创新、示范引导”的总原则，将我国科技期刊文献划分为10个学科集群，每个集群分配10篇名额，分别委托中国光学工程学会、中国地质学会、中华中医药学会、中华医学会、中国农学会、中国机械工程学会、中国通信学会、中国汽车工程学会、中国电机工程学会、中科院文献情报中心等10家单位牵头组织。

各集群牵头单位联合学科领域相关学会，共邀请2266位专家推荐论文共计1752篇，涉及期刊585种，覆盖学科74个。经194位评审专家初审，择优推荐100篇论文进入终审。9月27日，中国科协邀请高层次学科专家、文献情报专家等13人组成终审委员会，对候选论文进行了集中审议，综合学术计量指标和同行评议意见，最终确定95篇论文入选。

【科技导报社与*Science*举行合作签约仪式】 1月29日下午，科技导报社和*Science*就共同推广宣传全新综合性英文科技期刊*Research*在北京中国科技会堂举行签约仪式。中国科协党组成员、书记处书记项昌乐出席签约仪式并讲话。科技导报社社长秦德继和美国科学促进会*Science*出版人Bill Moran代表双方共同签署合作推广协议。

项昌乐指出，中国科协创办*Research*的主要目的是通过与*Science*的合作推广，为我国打造具有国际一流水平的科技期刊积累经验，提升我国科技期刊的整体水平，更好地为科技工作者服务，为展示我国科技工作者的学术成就和建设国际科学前沿预测高地服务，为建设世界科技强国服务。同时，这项合作也是中国科协和美国科学促进会战略合作的重要内容之一，希望双方以此为契机，进一步拓展合作领域。

Bill Moran发言指出，美国科学促进会与中国科协有着共同的理念和目标，双方拥有长期的合作关系，此次合作也是双方合作框架的一部分，希望通过双方的合作打造出一个有效的科学交流平台，更好地为科研人员服务。

*Research*作为*Science*自1880年创刊以来进行海外合作的第一本科技期刊，计划由科技导报社于2018年正式出版，主要发布交叉学科热点领域的最新突破性科研进展。*Science*将为*Research*提供国际化的出版平台和推广服务。

科技导报社和*Science*有关人员共同参加签约仪式。

【中国科协召开人工智能发展研讨会】4月3日，中国科协召开人工智能发展研讨会。全国政协副主席、中国科协主席万钢主持会议。中国科协党组书记、常务副主席、书记处第一书记怀进鹏出席会议。

中国科协党组成员兼学会学术部部长、企业工作办公室主任宋军参加会议。中国工程院院士、同济大学副校长吴志强，北京大学教授黄铁军，清华大学教授张涛，西安交通大学教授薛建儒，浙江大学教授吴飞，中国科学院自动化所所长徐波，中国电子学会副理事长兼秘书长徐晓兰，阿里巴巴集团副总裁、阿里云总经理刘松，百度技术委员会理事长陈尚义，北京地平线机器人技术研发有限公司CTO吴强，京东集团副总裁、AI平台与研究部负责人周伯文，科大讯飞股份有限公司高级副总裁、科大讯飞人工智能研究院院长胡国平，北京奇虎科技有限公司副总裁、360人工智能研究院院长颜水成，滴滴人工智能实验室时空序列首席科学家刘燕，华为诺亚方舟实验室人工智能首席规划专家丁士明等15位来自学术界和产业界的人工智能专家参加会议。

吴志强院士建议，要推动中国人工智能持续发展，需要实施专家战略、运用战略、青年战略和地域战略；吴松建议，通过技术创新网络和产业平台网络"双轮驱动"模型推动人工智能产业发展；黄铁军提出，要打造国家层面的开源平台，将更多的科技力量会聚到平台上，支撑人工智能长远发展；张涛建议，要加强产学研合作，鼓励企业牵头申请重大项目，高校企业联合开展人才培养。会上，大家还围绕当前全球人工智能发展的新进展、新趋势、新举措等，从人工智能发展取得的成就、对社会的影响、面临的问题和未来发展建议等方面发表意见。

万钢指出，人工智能高度渗透于各行各业，具有强烈的渗透性和变革性，我国于2017年7月发布《新一代人工智能发展规划》，提出了到2030年人工智能理论、技术与应用总体达到世界领先水平，成为世界主要人工智能创新中心的发展目标。万钢希望，一是要着力实体经济高质量发展，构建开源共享平台，形成产业发展生态；二是要重视基础研究，不断适应并引领人工智能领域的变革；三是要培育一支强大的人才队伍，搭建人才沟通平台，打造吸引世界人才的高地；四是要充分考虑人工智能发展带来的社会问题，提高社会对人工智能的认知，营造人工智能发展的良好社会生态环境。

怀进鹏强调，人工智能发展呈现出"应用创新亮点多、产业发展痛点少、理论突破难点大"的特点，学术界和产业界要把握国家推动新一代人工智能发展的重大机遇，挖掘产业发展的新领域和共性难点问题，不断加强基础研究与核心算法、技术突破，开展跨界联合攻关，推动学术产业结合。中国科协将积极搭建人工智能产学研合作平台，推动国内外人工智能领域科技与经济社会交流合作的发展。

中国科协机关部门及直属单位有关负责人列席会议。

【中国科协召开颠覆性技术座谈会】4月24日，中国科协组织召开颠覆性技术座谈会。中国科协党组书记、常务副主席、书记处第一书记怀进鹏主持会议。中国科协党组成员兼学会学术部部长、企业工作办公室主任宋军出席会议。

中国工程院院士、中国工程院原副院长杜祥琬，中国工程院院士、中国人工智能学会理事长李德毅，中国科学院院士、西北工业大学党委常委、常务副校长黄维，中国科学院院士、北京理工大学党委常委、副校长梅宏，中国科学院院士、北京信息科学与技术国家研究中心主任陆建华，中国工程院院士、国防科技大学教授卢锡城，中国工程院院士、清华大学自动化系教授戴琼海，中国工程院院士、中国人民解放军军事科学院某研究所研究员王沙飞，腾讯公司副总裁王巨宏，阿里巴巴集团副总裁刘松，百度公司副总裁王海峰，华为技术有限公司副总裁艾伟，京东云事业部总裁申元庆，滴滴出行首席科学家刘燕等14位院士专家及产业界代表参加会议。

怀进鹏指出，党中央、国务院高度重视颠覆性技术。党的十九大报告中特别提出把关键共性技术、前沿技术、现代工程技术、颠覆性技术创新作为国家发展现代化科技强国的一个重要内容。习近平总书记在网络安全和信息化工作座谈会上特别强调："互联网核心技术是我们最大的'命门'，核心技术受制于人是我们最大的隐患。核心技术靠化缘是要不来的，只有自力更生。"

怀进鹏表示，加强颠覆性技术及其相关的基础研究、应用研究对我国建设现代科技强国、实现"两个一百年"奋斗目标具有战略意义，充分认识、深刻理解并努力推动这项工作是科技界的重大使命。中国科协召开本次座谈会，就是希望以信息技术领域为切入点，凝聚学术界、产业界的共识思考发展方向。他强调，要真正推进颠覆性技术取得突破性进展，必须要从技术层面追溯基础应用研究，从研究层面提供政策依据，从政策层面构建生态和价值体系，要有思想的穿透力，要有问题的发现力，更要有政府的支撑力。中国科协将持续营造并不断完善联系广大科技工作者的良好生态，促进产学政深度融合、服务国家经济建设，为党和国家决策提供咨询服务。

与会专家围绕信息科技领域颠覆性创新的前沿动态，研判未来对国家核心竞争力可能产生深刻影响的痛点问题及突破方向，提出适应性措施建议和解决方案。

中央政策研究室、中央深改办、国家发展改革委、中国科学院、中国工程院的相关部门负责人，中国科协机关部门及直属单位、信息科技学会联合体有关负责人参加会议。

【中国科协召开基因编辑与合成生物学专家座谈会】 5 月 8 日，中国科协召开座谈会，邀请专家共同探讨基因编辑与合成生物学的新进展、新趋势和新举措。全国政协副主席、中国科协主席万钢主持会议。中国科协党组书记、常务副主席、书记处第一书记怀进鹏，中国科协党组成员兼学会学术部部长、企业工作办公室主任宋军出席会议。

中国科学院院士、中国科学院动物研究所研究员周琪，中国科学院院士、中国科学院上海生命科学研究院植物生理生态研究所研究员赵国屏，中国科学院生物物理所研究员王江云，中国科学院遗传与发育生物学研究所研究员田志喜，中国科学院遗传与发育生物学研究所植物细胞与染色体工程国家重点实验室研究员高彩霞，天津大学副校长、教授元英进，中国科学院上海有机化学研究所研究员吕龙，中国科学院上海生命科学研究院植物生理生态研究所研究员周志华，中国科学院广州生物医药与健康研究院研究员赖良学，中国科学院深圳先进技术研究院研究员戴俊彪，中国农业科学院蔬菜花卉研究所研究员黄三文，华东理工大学教授杨弋，中国科学技术大学教授刘海燕，四川大学教授卢铀，深圳华大生命科学研究院合成与编辑研究所所长沈玥，常州胜杰化工公司博士苏衡，中国科学院北京基因组研究所助理研究员张聚等 17 位院士专家参加会议。

与会专家重点围绕基因编辑与合成生物学对经济社会发展与国家安全、生命健康领域、农业生态发展的影响以及对促进传统产业转型升级的作用等进行了深入探讨，并针对相关问题提出了意见建议。

万钢指出，近年来，合成生物学及基因编辑技术在国内外科技界受到广泛关注。其学科外延覆盖范围广、应用潜力巨大，有助于解决人类可持续发展所面临的重大挑战，在改变经济发展模式、促进传统产业升级过程中可能发挥重大作用。及时了解、准确把握国内外合成生物学的研究热点和发展趋势，提升我国现代化生物技术水平，抢占合成生物学研究制高点，对于我国把握发展机遇、实现前瞻谋划和战略布局具有重要意义。

万钢表示，中国科协关注合成生物学领域可能取得的创新进展和颠覆性突破，关注潜在的安全隐患及预防管控，也关注学科与产业融合带来的新业态、新动能。合成生物学及其他领域的交叉融合将为相关领域的研究提供崭新的理念与方法，从而推动新一轮的科技创新、产业发展和社会进步。

万钢希望参与座谈的院士专家更多地关注和支持中国科协的工作，结合各自专业领域，充分表达意见观点、提炼政策建议，为推动我国在合成生物学领域的创新发展贡献智慧。

【中国科协召开深海科技与海洋装备高层次研讨会】 6 月 15 日，中国科协召开专题会议，邀请院士专家一同探讨深海科技与海洋装备的新进展、新趋势和新举措。全国政协副主席、中国科协主席万钢主持会议。中国科协党组书记、常务副主席、书记处第一书记怀进鹏，党组成员、书记处书记宋军出席。

中国科学院院士、同济大学海洋与地球科学学院教授汪品先，中国科学院院士、中国科学院声学研究所研究员张仁和，中国工程院院士、中船重工第七〇二研究所名誉所长吴有生，中国工程院院士、中国科学院沈阳自动化研究所研究员封锡盛，中国工程院院士、中国科协副主席、油气藏地质及开发工程国家重点实验室主任周守为，天津大学党委常委、副校长王树新，中国海洋大学教授田纪伟，大连海事大学环境信息研究所所长、教授李颖，中国船级社海洋工程技术研究中心主任杨清峡，上海交通大学特聘教授肖湘，上海海事大学教授吴华锋，浙江大学海洋研究院常务副院长、教授徐文，中船重工第七一九研究所所长、研究员翁震平，中国科学院深海科学与工程研究所首席科学家、研究员彭晓彤等 10 余位院士专家参加研讨会，就深海科技及海洋装备等相关科技领域最新研究进展、面临的问题和挑战以及对国家重点战略发展的促进和影响展开热议，并提出意见建议。

万钢指出，党中央、国务院高度重视海洋强国的建设，包括深海装备研究、深海科学研究、深海产业研究等方面。习近平总书记在山东考察时也特别强调，建设海洋强国，发展海洋经济、海洋科研是强国战略的重要方面。

万钢强调，近年来，我国的深海科技与深海装备，包括深海产业、能源等方面逐步赶超世界领先地位，取得了长足的发展，但距离实现海洋强国的目标仍然具有差距。在科研技术本身的产业发展较松散、关键共性技术问题难突破等方面问题比较集中，所以应坚持问题导向，及早发现问题、及时解决问题。科协组织要充分发挥智库作用，在学术、科技等多方面为党和国家战略决策提供智力支撑。

科技部社会发展科技司有关人员应邀出席会议，中国科协办公厅、调研宣传部、学会学术部、创新战略研究院有关负责人列席会议。

【中国科协召开青藏高原生态环境与全球气候变化高层次研讨会】 9月10日，中国科协组织召开青藏高原生态环境与全球气候变化高层次研讨会，邀请院士专家围绕青藏高原生态环境的现状、趋势及其对全球气候变化的影响等问题展开研讨。全国政协副主席、中国科协主席万钢主持会议。中国科协党组成员、书记处书记宋军出席。

中国科学院院士、中国科学院青藏高原研究所名誉所长姚檀栋，中国工程院院士、中国气象科学研究院研究员徐祥德，中国科学院院士、中国海洋大学副校长吴立新，中国科学院院士、青海大学校长王光谦，亿利资源集团有限公司党委书记、董事长王文彪，北京师范大学全球变化与地球系统科学研究院院长、教授程晓，中国极地研究中心研究员李院生，亿利资源集团有限公司首席科学家蔡满堂，中国气象科学研究院副院长、研究员周广胜，中国科学院地理科学与资源研究所研究员牛书丽等10位专家参加研讨会。

与会专家介绍了青藏高原生态环境与全球气候变化方面的最新研究进展，研讨了面临的问题和挑战，针对相关国家科技布局及重大战略提出了相关意见和建议。

万钢指出，青藏高原是中华民族的生态宝藏和环境屏障，也是我国重要的战略资源基地。青藏高原的生态环境是党中央高度关注、科技界共同关心的一件大事。他表示，以青藏高原为核心的世界第三极地区包括海洋、山地、水体，是全球最独特的地质地理资源生态系统。青藏高原生态环境与全球气候变化研究是一个需要多学科、多部门、多地域协同推进的重要工作。2017年国家启动的第二次青藏高原综合科学考察研究已经取得首期研究成果，可以多角度解读气候环境变化的“青藏密码”。他强调，深入推动南极、北极、青藏高原三极联合研究，要从提高观测与灾害应对能力建设、完善灾害防御的综合决策体系、加强并积极开展国际合作、培养人才队伍等多方面着手，更加主动积极地推进我国在青藏高原生态环境保护和应对气候变化方面的工作。他要求中国科协充分发挥智库作用，组织科技工作者为党中央的决策、为我国未来发展提供意见建议，用实际行动践行绿水青山就是金山银山的美好愿景。

科学技术部、自然资源部、生态环境部、西藏自治区那曲市政府、中国地理学会、中国青藏高原研究会等有关单位及部门负责人，中国科协机关及直属单位有关负责人参加会议。

【中国科协召开工业互联网产学融合高层次座谈会】 9月20日，中国科协召开工业互联网产学融合高层次座谈会。会议邀请来自大学、科研院所、企业、社团等多个学科、多个领域的知名专家，围绕工业互联网技术产业发展趋势、推广应用、平台建设以及面临的问题与挑战，国家支持工业互联网发展的路径、措施等展开讨论，提出相关意见建议。中国科协党组书记、常务副主席、书记处第一书记怀进鹏主持会议。工业和信息化部总经济师王新哲，中国科协党组成员、书记处书记宋军出席会议。

王新哲介绍了工信部推进工业互联网发展的政策措施和相关工作。中国工程院院士、国防科技大学教授卢锡城，中国工程院院士、华中科技大学原校长李培根，中国工程院院士、北京邮电大学信息与通信工程学院院长刘韵洁，中国科学院院士、北京信息科学与技术国家研究中心主任陆建华，朗新科技股份有限公司董事长徐长军，用友网络科技股份有限公司高级副总裁王健，腾讯云副总裁蔡毅，树根互联技术有限公司CTO刘震，北京东方国信科技股份有限公司工业互联网研究院院长赵宏博，西门子（中国）有限公司（Siemens）数字化工厂战略部总经理范扬国，美国通用电气（GE）公司数字集团开发者生态系统总监夏鹏，中国电子学会副理事长兼秘书长徐晓兰，北京航空航天大学计算机学院教授刘旭东，中国信息通信研究院总工程师余晓晖，工业大数据应用技术国家工程实验室主任祝守宇，e-work数字化企业网总编黄培等专家先后发言，分享观点和典型案例。

怀进鹏对各位专家为国家工业互联网发展建言献策表示感谢。他指出，工业互联网是未来国际竞争的制高点和产业发展的重要领域，具有广阔的应用前景。党中央、国务院高度重视，明确提出要加速推进工业互联网的建设、发展和应用，使我国工业互联网创新发展能力、技术产业体系以及融合应用等达到国际先进水平。怀进鹏强调，产学融合对引领、推动、支撑国内工业互联网产业链和价值链的成长有着至关重要的影响。工业互联网发展和产业突破面临的重大技术问题需要产业界和学术界共同探讨交流。中国科协将持续推动产业界、学术界加强合作融合，发挥彼此优势，达成有效共识，更好地为国家相关决策部门的产业规划、发展路径、技术布局和政策制定提供咨询，增强对工业互联网产业发展的有效支撑，为推动我国工业互联网发展建设贡献力量。

中国科协机关及直属单位有关负责人列席会议。

【新时期中国集成电路产业发展战略论坛】 9月12日，由中国科协、国家集成电路产业发展咨询委员会和中国电子信息行业联合会联合主办的“新时期中国集成电路产业发展战略论坛暨《集成电路产业全书》首发式——纪念集成电路发明60周年”在北京人民大会堂召开。中国科协党组书记、常务副主席、书记处第一书记怀进鹏，国家集成电路产业发展咨询委员会主任、中国工程院副院长陈左宁，中国电子信息行业联合会常务副会长曲维枝等出席会议并致辞。会议由国家集成电路产业投资基金股份有限公司总裁丁文武，中国科学院院士、北京大学教授王阳元分别主持。杨芙清、李国杰等10余名中国科学院院士、中国工程院院士，集成电路产业企业家代表以及《集成电路产业全书》编委会委员、撰稿人、审稿人500余位嘉宾出席了会议。

怀进鹏指出，党的十九大以来，核心技术创新已成为当前及今后一个时期我国经济转型的关键推动力，集中力量促进集成电路技术和产业的发展已成为推动我国经济高质量发展、保障国家安全的必由之路。改变我国在核心技术领域受制于人的现状，必须要在关键核心领域实现重大突破。2018年也恰逢中国科协成立60周年，主办本次会议是中国科协学习贯彻习近平总书记关于弘扬爱国奋斗精神的一系列重要指示精神，深入开展“弘扬爱国奋斗精神、建功立业新时代”活动，加强团结引领服务知识分子，积极弘扬以“爱国、创新、求实、协同、人梯”为核心的中国科学家精神，团结科技工作者把个人理想自觉融入科技强国建设伟业的重要举措。

《集成电路产业全书》主编王阳元以“诚信修典，夯实信息产业战略基础；与时俱进，把握信息时代发展脉搏”为题发表了主旨演讲。中国半导体行业协会理事长、中芯国际集成电路制造有限公司董事长周子学，长江存储科技有限公司总裁杨士宁，中国科学院院士、北京大学教授黄如，国家重大科技专项01专项技术总师、清华大学微电子与纳电子学系主任魏少军和国家重大科技专项02专项技术总师、中国科学院微电子研究所所长叶甜春等5位特邀嘉宾分别以“集成电路产业发展规律性问题思考”“大存储芯片——技术创新与产业突破的探索”“风起于青萍之末——基础研究对IC产业发展的作用”“芯片架构创新与中国集成电路设计业发展”“中国集成电路封装测试技术、制造装备和材料发展情况”为题作主题报告。电子工业出版社总编刘九如就《集成电路产业全书》的编辑工作做了说明，与会领导与嘉宾共同出席了赠书仪式。

为促进我国集成电路产业的快速发展，让社会各界全面了解世界和我国集成电路技术和产业的发展进程，2015年由王阳元等多位院士专家共同提出动议，在468位撰稿人、125位审稿人的共同努力下，历经三年完成《集成电路产业全书》的编纂出版工作，获得国家出版基金的支持。《集成电路产业全书》包括1052个词条，共240万字，横跨学科、交叉融合，涵盖集成电路技术、经济、管理、人才、市场等全产业链。系统总结了集成电路技术的最新成果，介绍了具有发展前景的新技术、新材料和新工艺，综合分析了集成电路发展技术规律、经济规律和发展路径，为正在加速发展的中国集成电路产业提供了权威的知识工具和有力的智力支持。

【中国科技峰会——生态环境高峰论坛】 9月26日，中国科技峰会——生态环境高峰论坛暨中国科协生态环境产学联合体成立大会在四川省遂宁市召开。中国科协党组书记、常务副主席、书记处第一书记怀进鹏，中国科协生态环境产学联合体首任主席、中国环境科学学会理事长、生态环境部副部长黄润秋出席大会并致辞。大会由中国科协党组成员、书记处书记宋军主持。

怀进鹏指出，组建生态环境产学联合体是中国科协践行习近平生态文明思想、推动我国生态文明建设的具体实践。中国科协将通过生态环境产学联合体积极推进产业界、学术界和其他社会各界有效结合，共话生态环境的前沿热点，共商生态环境产学协同创新，共建生态环境的治理体系，共同落实党中央和国务院重大决策。希望生态环境产学联合体坚持开放交流共享，在全世界范围内推进生态文明思想，引领生态环境价值观和道德观，打造国际生态环境科技的学术高地和创新载体，分享我国在生态环境建设领域的经验做法和优质资源，为实现美好世界美好地球的愿景贡献中国方案、中国智慧。

黄润秋表示，联合体将以习近平生态文明思想为指引，立足中国、面向世界，联合科技界、产业界等社会各方力量，聚焦环境保护、资源节约和绿色发展的重大问题，坚持跨领域、跨学科协同和产学融合，构建开放共享的产、学、研、社、金一体化合作平台，努力建设成为我国生态环境领域的高端智库和产学融合协同创新标杆组织。

会上，怀进鹏、黄润秋共同为中国科协生态环境产学联合体揭牌。联合体成立大会后，召开了中国科技峰会——生态环境高峰论坛。本次论坛是继科技智库论坛、科技期刊论坛、科普高峰论坛之后，中国科技峰会的第四场高端学术活动。论坛由中国科协生态环境产学联合体秘书长、中国环境科学学会秘书长王志华主持。

论坛邀请黄润秋，中国工程院院士、生态环境部环境规划院院长王金南，中国工程院院士、北京大学教授张远航，中国光大国际有限公司行政总裁王天义分别作主旨报告《深入贯彻落实全国生态环境保护大会精神，打好污染防治攻坚战》《生态环境空间管制》《二次污染防治与蓝天保卫战》《环保产业与创新发展》等；邀请浙江省安吉县委副书记赵德清、亿利资源集团有限公司执行总裁尹铖国分别作实践案例报告《绿水青山就是金山银山的安吉实践》和《生态文明建设的库布齐样本》。论坛主讲嘉宾围绕“促进产学融合，建设美丽中国”的主题，和与会人员分享他们的思考和观点，通过产学研政等多角度、多层面的深入交流，从不同维度阐释新时代推动生态文明建设的理论和实践，为全球生态安全贡献中国智慧、中国方案。

中国气象学会、中国地质学会、中国地理学会、中国海洋学会、中国环境科学学会、中国水利学会、中国可再生能源学会、中国农学会、中国林学会、中国土壤学会、中国生态学学会、中国节能环保集团有限公司、中国光大国际有限公司、亿利资源集团、威立雅（中国）有限公司、中华环保基金会、阿里巴巴公益基金会、中国生态文明研究与促进会、世界自然基金会等联合体成员单位代表，中国科协、生态环境部等相关部委代表，四川省环保系统、科技系统、省属学会代表共计 280 余人参加会议。

【中国智能医学发展战略研讨会】 12 月 14 日，中国智能医学发展战略研讨会在北京中国科技会堂召开。会议由全国政协副主席、中国科协主席万钢主持。中国科协党组成员、书记处书记宋军出席会议。顾晓松、李兰娟、钟登华、顾东风、乔杰、陈善广、卢宠茂、刘中民、蒋青、李梢、滕建荣、周伯文、朱永宏、迟颖、范洺铷等 15 位人工智能及智能医学领域学术界、产业界的院士专家出席会议。会议由中国科协主办、天津大学承办。

与会院士专家围绕智能医学发展现状、面临的机遇和挑战、我国智能医学发展等议题，从智能医学发展背景、人工智能技术的创新发展、人工智能技术与医疗服务有效融合、智能诊断技术应用、国家政策支持、产业发展趋势、人才建设、专业发展等几个方面展开交流研讨，提出促进我国智能医学发展的意见和建议。

万钢作总结讲话。他指出，实施健康中国战略、为人民群众提供全方位全周期健康服务是党的十九大确立的新时代发展目标之一。近年来，我国政府不断加大对人工智能领域、健康医疗领域的重视和扶持力度，积极推动人工智能应用于医疗健康行业。中国科协持续关注人工智能 + 医疗健康及智能医学领域可能取得的突破及其带来的变革，积极推进健康中国建设。他希望医疗界、产业界和学术界高度关注智能医学领域创新，以理论联系实践，提高医疗服务效能，以健康为中心，通过智能医学和智慧医疗缓解我国医疗资源不平衡的现状，通过开放合作有效促进健康中国战略实施，联合各界力量共同促进我国智能医学发展，为提升我国医疗卫生健康水平做出贡献。

中国科协办公厅、学会学术部、调研宣传部等部门相关负责人出席会议。

【数字经济百人会】 8 月 23—24 日，首届中国国际智能产业博览会期间，中国科协、工业和信息化部、全国工商联、重庆市人民政府联合国内外数字经济领域专家学者和企业领军人物，在重庆市举办数字经济百人会。中国科协党组书记、常务副主席、书记处第一书记怀进鹏，重庆市委副书记、市长唐良智，中国工程院原院长、中国工程院院士周济，重庆市政协主席王炯，工业和信息化部原部长李毅中，重庆市委常委、组织部部长胡文容，重庆市副市长李殿勋，重庆市人大常委会副主任沈金强，中国科协党组成员、书记处书记宋军，工业和信息化部原副部长、北京大学教授杨学山等出席相关活动。

怀进鹏在开幕式致辞中表示，数字经济将成为我国在新时代贯彻新发展理念、建设现代化经济体系、实现经济高质量发展的重要依托。数字经济在中国发展的主要着力点应当集中到与实体经济的融合发展上来，特别是与制造业的融合发展上来。中国科协指导数字经济百人会，希望发挥其集智谋划、跨界协同、开放合作的平台功能，促进我国新兴产业发展，助力传统产业转型迈向数字化、网络化、智能化、绿色化。

本次论坛主题为“数字新经济·发展新动能”，目标是引领数字经济产业方向、服务重庆高质量发展、形成数字经济创新示范品牌。论坛第一阶段举办了主旨报告和高端对话，国内外院士专家、学者、政府官员、企业代表围绕数字经济前沿科技和产业发展重点领域发表创新观点，聚焦主题开展讨论。论坛发布了全球数字经济十大发展趋势以及数字经济重点领域研究报告等前沿成果，开展了国际人才合作对接并成立了数字经济百人会。论坛第二阶段举办了高端闭门研讨会，邀请国内 12 名院士、学者与数字经济典型企业领军人物对话重庆市委、市政府领导，围绕“重庆市着力工业大数据，推动工业高质量发展”“推动重庆市数字基础设施建设和资源整合分享，促进数字经济与实体经济深入融合”“深化政产学研合作，加快建设数字重庆”等主题，贡献真知灼见，提供路径方案选择，为推动重庆市数字经济创新发展建言献策。

怀进鹏在高端闭门研讨会上的讲话指出，要引导树立正确的数字经济发展观，构建促进融合发展的政策体制机制，建立公共服务平台，依托龙头企业推动重点领域应用示范，加强对跨界人才的引进培育，依托“一带一路”加强国际交流合作。唐良智在讲话中希望院士专家能够为重庆市发展更多建言献策、更多支着破题、更多牵线搭桥、更多加油助力，并要求相关部门整理座谈会上的意见建议，深入研究落实，转化成推动重庆市经济社会发展的成果。

硅谷人工智能研究所创始人皮埃罗·斯加鲁菲等 3 位国际著名专家、中国科学院计算技术研究所研究员倪光南、中国互联网协会理事长邬贺铨、国家数字交换系统工程技术研究中心主任邬江兴等 10 余位智能化相关领域的院士和科大讯飞股份有限公司董事长刘庆峰、浪潮集团董事长兼首席执行官孙丕恕等 20 余位知名企业家出席并作主旨报告、参与对话或座谈发言。

【2018 数字经济产学融合厦门论坛】 11 月 2 日，2018 数字经济产学融合厦门论坛在厦门软件园举办。中国科协党组成员、书记处书记宋军，全国政协常委、中国科学院院士、福建省科协主席郑兰荪出席论坛并致辞。中国科协企业创新服务中心、福建省科协、福建省发展改革委、厦门市科协、厦门火炬高技术产业开发区管委会、清华海峡研究院等单位的有关负责人或代表出席论坛。

本次论坛由中国科协指导，中国科协企业创新服务中心和福建省科协共同主办，清华海峡研究院、厦门市科协共同承办，厦门火炬高技术产业开发区管理委员会协办。论坛以“经济数字化时代下的产学研对接”为主题，举办“深化高效务实合作，共建数字经济示范区”工作会议、“企业数字化转型的探索与实践”主题论坛和“新一代信息技术人才培养”“产业数字化转型升级的机遇与挑战”“经济数字化时代下的产学研对接”等 3 场分论坛，以及数字经济区域研究中心筹备专题座谈会等活动，还开设了厦门市产业数字化转型升级和 2018 年数字经济领域“科技加速营”专题展区。来自中国电子学会、腾讯、百度、清华大学、武汉大学等单位的数字经济领域专家在论坛上作主题报告。

福建省各地市科协负责人、厦门市市级学会代表、厦门市院士专家工作站建站企业代表、厦门火炬高技术产业开发区入驻企业代表，以及部分中央媒体、福建主流媒体和厦门当地媒体的代表共 180 余人参加本次论坛。

【首届中国科技智库论坛】 5 月 24 日，作为第 20 届中国科协年会的重要活动之一，由中国科协与浙江省政府联合主办的中国科技智库论坛在杭州国际博览中心举办。论坛聚焦“以高水平创新引领高质量发展”主题进行主旨报告和嘉宾对话，发布科协品牌智库成果，发起组建智库联盟倡议。中国科协党组书记、常务副主席、书记处第一书记怀进鹏出席论坛并致开幕词。浙江省委常委、常务副省长冯飞出席并致欢迎词。论坛由中国科协党组成员、书记处书记束为主持。

该论坛是2018年中国科技峰会的第一场，也是中国科协年会首次以“智库”为主题设置论坛。中国科技峰会是中国科协2018年新设立的高端智库品牌，致力于打造成会聚智慧思想的高端智库平台和探索科技前沿的学术交流平台。论坛着眼于如何为实现建设世界科技强国目标，为下一个十年乃至更加长远的发展做出贡献。

怀进鹏在致辞中从中国科技智库发展之道、发展之理以及发展之效三个方面对设立中国科技智库论坛的初衷、目标和期待进行了深刻的阐述。他指出，我国当下正处于重大的发展转型期，特别是党的十九大之后，中国进入了新时代，中国社会正面临如何有效提升原始创新能力，提高经济与社会结合的能力，更好解决经济和科技“两张皮”问题，从而实现把科技强转化为产业强和经济强。这些都是中国在走向世界中央舞台的时候不能不面对、不能不回答、也不能不解决的重要问题。在这样的背景下，探索科技智库的发展，更为重要的是希望寻求智库之道，探索围绕中心大局服务国家战略的重大使命，这也是设立中国科技智库论坛的初衷。

中国工程院原副院长、中国工程院院士杜祥琬，浙江大学校长、中国科学院院士吴朝晖，中国农业大学校长孙其信，中国国家博物馆馆长王春法，世界工程组织联合会当选主席、南开大学原校长龚克发表主旨演讲。40余位来自国内各知名智库、高校、研究机构的著名专家、学者、企业家围绕“科技与创新：科技变革培育经济发展新动能”“科技与经济：供给侧结构性改革引领经济转型升级”“科技与治理：科技发展推动国家治理现代化”“科技智库与群团改革：中国特色社会主义科技群团发展道路”4个分议题开展对话讨论。

论坛上还举办了报告发布仪式，由中国科协创新战略研究院院长罗晖和副院长陈锐共同发布了《中国科学技术与工程指标》《互联网人才发展报告》两份报告。论坛发起组建中国科技智库联盟的倡议，中国科协调研宣传部副部长王挺宣读了智库联盟倡议书《钱江共识——关于成立中国科技智库联盟的倡议书》。

50多家综合性研究机构、高等院校、区域性研究机构、科技型企业及社会组织的200余位政、商、研各界代表出席本次论坛。

本次论坛由中国科协调研宣传部和学会学术部支持，中国科协创新战略研究院承办，浙江省科协和中国国际科技交流中心协办。

【中国科协召开专题座谈会探讨基础研究优化支持良策】 6月7日，中国科协会同中央改革办、国家自然科学基金委员会组织召开对基础研究进行稳定支持座谈会，就如何更好地支持我国基础研究听取科技工作者意见建议。中国科协党组书记、常务副主席、书记处第一书记怀进鹏主持座谈会。

中国科学院院士、清华大学交叉信息研究院院长姚期智，中国科学院院士、中国科学院西北生态环境资源研究院研究员秦大河，中国科学院院士、中国科学院数学与系统科学研究院研究员、湘潭大学数学研究所所长周向宇，中国科学院院士、北京计算科学研究中心讲座教授、中国工程物理研究院研究生院院长孙昌璞，中国科学院院士、中国科学院化学研究所研究员、中国化学会理事长姚建年，中国科学院院士、中国科学院青藏高原研究所所长、中国地理学会副理事长陈发虎，中国科学院院士、北京大学第六医院院长、北京大学精神卫生研究所所长陆林等18位从事基础研究的老中青科技工作者代表参加座谈会，并针对相关问题展开讨论、提出意见建议。

怀进鹏指出，科技是第一生产力，基础研究是科技发展的最重要基石。党中央高度重视基础研究和国家创新体系建设，特别强调基础研究是整个科学体系的源头，要瞄准世界科技前沿下好“先手棋”、打好基础，夯实世界科技强国建设的根基。要尊重科学规律，通过加大政府投入带动企业、社会多元投入，让科研人员真正沉下心来研究原创性成果。要增强创新自信，敢于探索科学未知领域，敢于在“无人区”引领方向，敢于挑战最前沿科学问题。

中央改革办协调局负责人，国家自然科学基金委员会副主任、党组成员张希，中国科协党组成员、书记处书记宋军等出席座谈会。

【中国科协生态环境学会联合体筹备工作研讨会】 7月10日，中国科协生态环境学会联合体（暂定名）筹备工作研讨会在北京举行。中国科协党组成员、书记处书记宋军出席会议并讲话。中国环境科学学会秘书长王志华主持会议。

中国科协学会学术部副部长苏小军介绍了生态环境学会联合体组建背景，中国环境科学学会副秘书长彭宾汇报了生态环境学会联合体组建方案。参会人员围绕生态环境学会联合体的目标定位、工作任务、运行机制等进行研讨，达成了基本共识。

中国气象学会、中国地质学会、中国地理学会、中国海洋学会、中国生态学学会、中国环境科学学会、中国自然资源学会、中国水利学会、中国林学会、中国土壤学会、中国植物保护学会、中国水土保持学会、中国草学会等 13 家全国学会负责人以及中国节能环保集团、中国科协学会学术部有关负责人参加会议。

【中国科协召开科技社团发展法律政策瓶颈问题座谈会】 4 月 18 日，中国科协召开专题座谈会，就全国学会在新时代发展中遇到的法律政策等瓶颈问题进行深入讨论，并为推进世界一流科技社团建设提出中国经验、中国方案的建议与意见。中国科协党组书记、常务副主席、书记处第一书记怀进鹏主持会议。中国科协党组成员兼学会学术部部长、企业工作办公室主任宋军出席会议。

中国科学院院士、中国力学学会理事长杨卫，中国科学院院士、中国生物工程学会理事长高福，中国营养学会理事长杨月欣，中国城市规划学会副理事长兼秘书长石楠，中国计算机学会秘书长杜子德，中国自然资源学会副理事长兼秘书长沈镭，中国林学会副理事长兼秘书长陈幸良，中华医学会副会长兼秘书长饶克勤，中国电工技术学会副理事长兼秘书长裴相精，中国科技期刊编辑学会副理事长兼秘书长任胜利，中国体育科学学会副理事长祝莉等 11 位学会负责人参加会议。

学会负责人分别介绍了所在学会在深化改革中加强组织建设、提升学会能力、扩大运营规模、拓展国际化运作等方面的实践经验，剖析了发展中遇到的法律政策瓶颈问题，并就确立科技社团独立法律主体地位、推进办事机构人员职业化、加大财政支持与税收优惠政策、破除体制机制障碍、增大科技社团社会和国际影响力等方面提出有针对性的意见和建议。

怀进鹏在认真听取学会负责人的发言后指出，群团组织、社会组织在国家治理体系和治理能力现代化建设中发挥着重要的基础性支撑作用。科协所属全国学会作为我国科技类社会组织的主要代表，应充分发挥参与国家和社会治理、团结科技工作者服务科技创新的积极作用，找准定位、释放活力、主动布局，融入全球创新网络，开展国际科技合作，建设世界一流科技社团，形成世界科技影响力，在服务国家战略和人民需要中拓展事业发展的广阔空间。

怀进鹏强调，党和政府对科协工作高度重视，科技社团发展迎来了新的机遇，应将短期问题和长期研究结合起来，充分研讨科技社团改革法律地位和法律体系建设，找准关键的核心问题，寻求制度改革的"最大公约数"，坚持分步实施，积极推动相关政策瓶颈问题的解决。要坚持分类指导，且行且思索，探索学会多元化发展之路，推动学会有效规范发展。要切实加强学会能力建设，充分发挥第三方的权威性、公正性，大力推进智库、学术、科普"三轮"驱动，以适应中国科技日益走近世界舞台中央的新时代要求。

中国科协机关部门及直属单位有关负责人参加座谈会。

【学会学术工作信息化建设需求专家座谈会】 5 月 11 日，中国科协召开学会学术工作信息化建设需求专家座谈会。中国科协党组书记、常务副主席、书记处第一书记怀进鹏主持会议。中国科协党组成员、书记处书记项昌乐，中国科协党组成员兼学会学术部部长、企业工作办公室主任宋军出席会议。

中国石油化工集团公司总经理、中国化工学会理事长戴厚良院士，清华大学教授、中国细胞生物学学会理事长陈晔光院士等科技界、企业界、全国学会、期刊出版、数字图书馆、网络服务等方面的专家学者和企业家参加会议。

与会专家围绕新时代"智慧科协"建设工作，从打造学术资源集散地、建设科技工作者的网上社交圈、搭建科技工作者参与社会治理的平台、推动创新创业资源共享等角度，共同探讨了科技工作者、全国学会、科技期刊等用户对学会学术工作信息化建设的需求，对"智慧科协"建设的内容设计、流程设计、机制建设等方面提出意见建议。

怀进鹏指出，"智慧科协"是 2018 年中国科协的"一号工程"，建设"智慧科协"就是要为科技工作者打造交流沟通的新平台、排忧解难的新途径、建言献策的新渠道，信息化建设必须坚持服务用户、服务会员、服务经济发展的理念，切实增强科协系统的活力和能力。

怀进鹏强调，新时代科协系统信息化建设工作已经从简单提供工作手段的阶段提升到提高知识交流效率和创造新价值的阶段。在“数据万能”时代，“智慧科协”建设要集大成集众智，会聚学会学术资源，集会议系统、出版系统、科普系统、创新创业系统等内容为一体，构建中国学术知识系统，为用户提供智能化、个性化和精准化服务，实现科学知识从传统的交流传播到价值再生的转变。

怀进鹏要求，“智慧科协”建设需要把公益性与市场化有机结合起来，加强统筹设计，转变思维模式，通过业务和技术部门双引擎驱动，引入企业和社会资本，形成资源共建、利益共享、风险共担的信息化健康发展生态，构建彰显学术价值、有效利用资源、持续迭代发展的信息化大平台。

中国科协机关部门及直属单位有关负责人列席会议。

【中外科技社团发展论坛】 5月24—25日，中外科技社团发展论坛在浙江省杭州市举行。中国科协党组书记、常务副主席、书记处第一书记怀进鹏，党组成员、书记处书记项昌乐、宋军出席论坛。

怀进鹏表示，面对全球化、信息化、网络化对科技治理、社会治理乃至全球治理的机遇和挑战，中国科协主动识变应变求变，首次创设中外科技社团发展论坛，搭建与国际知名科技社团的合作交流平台，围绕构建人类命运共同体，与全球有识之士共同分享科技社团管理的经验和思考，共同探讨科技社团发展的未来方向，共商科技组织在增进人类福祉、缩小知识鸿沟、促进科技服务社会中的作用，共同探讨如何更广泛地团结凝聚世界范围内的科技工作者积极应对科技、经济与社会融合发展带来的新机遇与新挑战。

中外科技社团发展论坛以“交流合作、创新发展”为主题，分为报告会和研讨会两个环节。论坛引起中外科技社团的高度重视和关注，有近200位中外科技社团的负责人参加了论坛的有关活动。会上，中国地理学会与英国皇家地理学会、中国农学会与德国农业协会、中国纺织工程学会与英国纺织学会签署了合作协议。

【2018全国学会综合能力评估工作动员部署会】 7月23日，2018年度全国学会综合能力评估工作动员部署会在北京中国科技会堂召开。中国科协党组成员、书记处书记项昌乐出席会议并讲话。中国科协党组成员、书记处书记宋军主持会议。210家全国学会秘书长和代表以及中国科协相关部门负责人参加会议。

项昌乐强调，各学会要以党的十九大精神武装头脑，践行“新时代创新先锋”精神，开创学会工作新局面。要切实把学懂弄通做实党的十九大精神作为首要任务，加强政治引领，组织团结广大科技工作者听党话跟党走，不断提升服务广大科技工作者的能力。

项昌乐要求，各学会要明确新时代学会工作的使命担当，以“1–9–6–1”工作布局为统领，突出问题导向，坚持目标导向，对标世界一流，不断提升学会创新服务能力。要着力打造学术引领高地；着力建设一流期刊；着力加强决策咨询，组织专家建言献策；着力搭建产学研服务平台，促进科技经济深度融合；着力打造科技工作者的精神家园，提升学会组织力；不断丰富科技类公共服务产品供给，提升参与社会治理的能力；加强学会信息化建设，持续增加科技工作者的满意度和获得感。

项昌乐指出，学会综合能力评估是深入贯彻习近平新时代中国特色社会主义思想和党的十九大精神、落实中央群团改革精神的重要举措，是引导学会发展的“指挥棒”，通过设置科学性、导向性的评估指标对学会进行“体检”，引导学会找差距、抓痛点、补短板，实现学会综合能力的整体提升。

宋军表示，开展学会综合能力评估是落实中国科协党组提出的建设世界一流学会和一流科技期刊的“双一流”建设开展的一项重要工作。他要求，各学会要认真学习领会项昌乐书记的动员讲话精神，按照中国科协年初制定的各项工作方案总体安排，抓紧时间部署落实；要把学会综合能力评估工作真正开展起来，以实际行动创建一流学会，以实际行动投入到科协新时代改革大潮中。

中国科协相关部门负责人对评估相关工作进行了解读，并介绍了学会学术信息化建设情况。

【新一代信息技术系列丛书编制委员会第一次会议】 4月9日，中国科协召开新一代信息技术系列丛书编制委员会第一次会议。中国科协党组书记、常务副主席、书记处第一书记怀进鹏出席会议并讲话。

中国科协党组成员、书记处书记项昌乐，丛书编制委员会委员李德毅院士、李伯虎院士、赵春江院士出席会议。会议由丛书编制委员会主任、北京理工大学副校长梅宏院士主持。《云计算导论》《大数据导论》《人工智能导论》3本丛书的执行主编分别从丛书定位、内容安排、编写组构成、编写进度等方面进行汇报。丛书编制委员会对各编写组前期工作给予充分肯定，从丛书的定位、内容、编排、进度等方面提出了具体指导意见，并要求各编写组以高度负责的态度做好编制工作，保证丛书质量。

怀进鹏指出，党的十九大以及中央经济工作会议对数字经济发展做出一系列重大部署，中央领导高度重视信息技术人才培养，编制新一代信息技术系列丛书对于加快应用型人才培养、满足我国未来产业发展和技术应用的人才需求、推动数字经济发展壮大、实现经济高质量发展具有重要意义。地方省市也非常关注此项工作，主动提出试点，为中国科协和全国学会发挥人才优势服务社会提供了机会。新一代信息技术系列丛书编制有明确的价值导向和市场需求，是促进科技与经济社会发展深度融合的重要举措，希望各位院士专家把好关，各位执笔人协同配合，共同努力把这套丛书打造成信息技术丛书的经典之作。同时，新一代信息技术系列丛书也要通过各种方式宣传推广，除了面向在校本科生和研究生教学外，还要借助“一带一路”等平台走向国际，促进国际交流与合作。

项昌乐介绍了新一代信息技术系列丛书编制工作进展情况。他说，为贯彻落实中央经济工作会议和中央领导指示精神，加速培养新一代信息技术人才，中国科协组织开展新一代信息技术系列丛书编制工作，组建了由 8 位院士组成的编委会，成立了由李德毅院士、李伯虎院士、张尧学院士分别担任主编的 3 个编写组，为高质量丛书编制打下坚实基础。项昌乐要求，主编要做好顶层设计和系统规划，编写组按照主编思想精心组织丛书内容编写，智能制造学会联合体和出版社启动丛书出版推广相关工作，按计划完成丛书出版。

《云计算导论》《大数据导论》《人工智能导论》编写组专家、中国科协智能制造学会联合体、机械工业出版社、中国科学技术出版社有关人员以及中国科协学会学术部有关负责人列席会议。

【2017 年度中国生命科学十大进展交流会】 8 月 4 日，2017 年度中国生命科学十大进展交流会暨青少年科普报告会在江苏省南京市举行。中国科协党组成员、书记处书记宋军出席会议并致辞。江苏省人大常委会副主任许仲梓，中国科学院院士、清华大学教授饶子和，中国科学院院士、北京大学教授程和平，中国科学院院士、北京生命科学研究所研究员邵峰，中国科学院院士、昆明理工大学教授季维智，江苏省科协党组书记、副主席孙春雷，南京市委常委、南京江北新区党工委专职副书记罗群等出席会议。会议由中国科协生命科学学会联合体副秘书长王小宁主持。

宋军代表中国科协向入选 2017 年度“中国生命科学十大进展”的研究团队和科学家们表示祝贺。他强调，党和国家高度重视基础研究，习近平总书记在 2018 年两院院士大会上指出，基础研究是整个科学体系的源头，是夯实世界科技强国建设的根基。生命科学作为基础研究领域之一，备受各国关注，是新一轮科技革命的重要组成部分。

宋军指出，生命科学学会联合体围绕生命科学领域高端科技创新智库建设、高水平学术交流和创新人才培养等做了大量卓有成效的工作，打造了多个有国际影响力的工作品牌。特别是一年一度的“中国生命科学十大进展”迄今已连续举办三届，不仅充分展现了我国生命科学领域的最新重大科技成果，而且邀请科学家向广大公众和青少年科技爱好者作科普报告、讲科学故事，正是落实把科学普及放在与科技创新同等重要位置的生动实践。宋军希望，青少年朋友们能够抓住这次难得的学习机会，学习科学家追求真理、久久为功的科学精神，立志勇攀科技高峰，努力成长为祖国的栋梁之材。

会上，入选 2017 年度“中国生命科学十大进展”的 10 位专家分别作科普报告。中国科协生命科学学会联合体、江苏省科协、南京市江北新区有关负责人以及来自南京中华中学等的 500 余位中学生参加会议。

【第五届智能网联汽车技术年会】 5 月 24—25 日，第五届智能网联汽车技术年会（CICV 2018）在浙江省宁波市举办。年会聚焦全球智能网联汽车及自动驾驶关键技术和政策与法规，深度讨论环境感知与智能安全、开发与测试、V2X、人工智能、信息安全、高精度地图、智能交通、未来出行等话题，探讨我国在智能网联汽车关键领域取得领先的机遇与挑战。中国科协党组书记、常务副主席、书记处第一书记怀进鹏，宁波市委常委、副市长刘长春，宁波市人大常委会副主任、宁波杭州湾新区党工委书记俞雷出席开幕式并致辞。

怀进鹏在致辞中表示，世界经济正加速向以网络信息技术产业为重的经济活动转变，党的十九大报告提出了关于推动互联网、大数据、人工智能和实体经济深度融合的战略部署，为我国包括智能网联汽车在内的技术创新和产业发展提供了广阔空间。要把握难得的历史契机，以信息化培育新动能，用新动能推动新发展。

他指出，智能网联汽车是一个让弱者止步、让强者激动、更是让智者争相冲锋领先的行业，其发展将推动形成IT产业、5G以及汽车产业等新的万亿级产业，带来巨大发展机遇。中国在智能网联汽车科技与产业发展过程中正在崛起为世界的领跑者之一，会聚了一批优秀的企业家和科学家，在世界科技创新舞台上登场亮相。以中国汽车工程学会为代表的科技工作者组织充分发挥在国内外汽车工业界的广泛影响力，在探索学术、交流新业态、推动产业发展新趋势、培养业界新人才方面做了大量积极有效的探索。聚焦我国智能网联汽车科技产业的发展前沿，会聚众智，面对未来，探索中国乃至世界产业路在何方，具有重要的意义。

本届年会邀请了来自汽车、交通、互联网等多个领域的知名专家和领先企业技术领袖到会交流，包含约60场报告和6场互动论坛，吸引了1000多位代表参会。中国汽车工程学会理事长李骏院士，北京航空航天大学副校长王云鹏教授，清华大学汽车工程系教授、中国智能网联汽车产业创新联盟专家委员会主任李克强教授，雷诺-日产联盟全球总监、日产汽车公司副总裁吉泽隆，美国威斯康星大学-麦迪逊分校ITS计划主任冉斌教授，新加坡微电子研究院副院长古元冬博士，吉利汽车副总裁兼CTO冯擎峰等200余位国内外著名专家和学者出席大会。会议开幕式和报告会由中国汽车工程学会常务副理事长兼秘书长张进华主持。

【中国科协第九届常委会学术交流专门委员会赴浙江省调研】 11月27—28日，中国科协副主席、第九届常委会学术交流专门委员会主任李静海带队赴浙江省杭州市、绍兴市围绕学术交流活动如何发挥对引领科技创新、促进产学融合和推动产业发展的独特作用进行了专题调研。专门委员会委员向巧、董尔丹、姜永茂等参加本次调研。

调研组先后调研了浙江大学、第20届中国科协年会、浙江省科协年度灾情趋势会商会、阿里巴巴云栖大会和中国纺织工程学会绍兴柯桥学会服务工作站等不同层次学术交流平台，听取相关单位通过开展学术交流活动促进科技难题攻坚和成果转化、打造产学研深度融合的创新体系的工作情况汇报，并与相关单位的领导和专家展开交流和讨论。

中国科协学会服务中心以及浙江省科协、中国纺织工程学会有关人员参与调研。

【孟庆海出席2018世界物联网博览会并在江苏省调研】 9月15日，2018世界物联网博览会在江苏省无锡市开幕。江苏省委书记娄勤俭，工业和信息化部部长苗圩，江苏省委副书记、省长吴政隆，中国科协副主席、书记处书记孟庆海，科技部党组成员陆明，江苏省委常委、无锡市委书记李小敏等出席，共同启动博览会开幕。

此次博览会围绕物联网通信、智能制造、智慧生活、智慧城市等领域，通过主题展会、高峰论坛、成果发布、创新大赛等形式集中展示物联网前沿技术、产品方案、商业模式和应用示范，吸引了国内外院士、知名专家学者、物联网领域领军人才以及众多企业家和企业高管3000余人参加。

落实中国科协与江苏省人民政府全面战略合作协议，中国科协受邀作为2018世界物联网博览会大会支持单位。江苏省科协、无锡市科协会同工信部信软司等单位举办中国大数据创新发展高峰论坛，中国电子学会发布《工业大数据创新指数》，邀请国际知名专家学者、国内外知名企业负责人、行业协会、行业上下游用户、国内外知名媒体机构等约500人参加。

孟庆海赴苏州市、无锡市等地，先后到中国科协（苏州）海外人才离岸创新创业基地、苏州中国纺织工程学会面料产业研究院、无锡威孚高科技集团公司企业科协、无锡市滨湖区蠡湖街道美湖社区、中国船舶重工集团公司第七〇二研究所"蛟龙号"研发基地等进行工作调研，与一线科技工作者交流，深入了解科协组织相关重点工作开展情况。江苏省科协党组书记孙春雷等一同调研。

【李洪出席2018云栖大会及对话数学活动】 9月19日，2018杭州·云栖大会开幕。浙江省委副书记、省长袁家军，中国科协副主席李洪，北京大学副校长、中国科学院院士田刚等出席。浙江省委常委、杭州市委书记周江勇致辞，阿里巴巴集团董事局主席马云作主题演讲。

本届大会以"驱动数字中国"为主题，涵盖金融科技、智联网等众多创新领域，展现覆盖芯片、量子计算、人工智能、车路协同、物联网、生物识别、软硬件一体、安全等各领域的前沿技术，吸引了64个国家共6万多名嘉宾云集云栖小镇分享数字科技创新成果。

大会期间，李洪出席"阿里巴巴数学源计划——对话数学"活动，与阿里巴巴集团董事局主席马云，北京大学副校长、中国科学院院士田刚，美国加州大学圣芭芭拉分校数学系终身教授张益唐，加州大学洛杉矶分校数学系教授印卧涛，中国科学院院士励建书，中国科学院院士汤涛等交流企业如何与学术界合作推进数学学科发展、数学人才培养。多位数学家轮流发言，探讨数学对于科技、社会发展的意义和价值。

中国科协受邀作为“阿里巴巴数学源计划”（以下简称“数学源计划”）指导单位，中国科协党组书记、常务副主席、书记处第一书记怀进鹏担任“数学源计划”名誉主席。“数学源计划”面向国内外高校和科研院所的在读全日制数学专业本科生，开展培训、交流、竞赛等活动，旨在为国家培养更多基础科学人才。通过这项计划，吸引海外数学人才进入中国进行基础科学研究，号召全社会的年轻人热爱数学，从这门基础科学中发现新知。2018 年计划筛选 300 位数学专业本科生加入首届“数学源计划”中，2019 年 1 月进行集中培训和竞赛。

中国科协企业工作办公室负责人一同出席相关活动。

【中国科协开展学会工作约谈　推动学会依法依规发展】 8 月 13 日上午，中国科协与中国晶体学会、中国建筑学会、中国畜牧兽医学会、中国病理生理学会、中国管理现代化研究会、中国国际经济技术合作促进会和中国生物多样性保护与绿色发展基金会等 7 个学会负责人进行约谈。中国科协党组成员、书记处书记宋军，中国科协学会服务中心、科技社团党委有关负责人出席。会议由中国科协学会学术部副部长苏小军主持。

此次约谈主要针对科技社团党委反馈的党建问题、民政部反馈的学会违规问题和年检中发现的问题，集中表现在党建工作不力、学会分支机构管理不规范、常务理事会设置不合理和学会存在违规活动等方面。各学会对存在的问题和整改措施分别进行了汇报，并表示将认真研究制定整改方案，按进度落实整改措施，按时提交整改报告。

全民科学素质工作和科普活动

【2018 年全民科学素质工作会】 3 月 28 日，2018 年全民科学素质工作会议在北京中国科技会堂召开。中国科协党组书记、常务副主席、书记处第一书记怀进鹏，中国科协党组成员、书记处书记束为，中国科协党组成员、书记处书记项昌乐，中国科协党组成员兼学会学术部部长宋军，中央组织部、国家发展改革委、教育部等 34 个全民科学素质纲要实施工作办公室成员单位的有关负责人，各省和副省级城市科协分管《科学素质纲要》实施和科普工作的负责人、全国学会分管科普工作的负责人等参加会议。会议由中国科协党组副书记、副主席、书记处书记徐延豪主持。

会议的主要任务是深入学习贯彻习近平新时代中国特色社会主义思想、党的十九大精神和全国两会精神，总结 2017 年全民科学素质行动计划纲要实施工作情况，部署 2018 年公民科学素质建设和科普工作重点任务，交流好经验好做法，动员各地各部门认清形势、解放思想、攻坚克难、创新争先，扎实推进全民科学素质行动，全面提升公民科学素质服务质量和水平，全力推进我国公民科学素质建设工作再上新台阶，为决胜全面建成小康社会、开启全面建设社会主义现代化国家新征程、实现中华民族伟大复兴的中国梦夯实社会基础。

怀进鹏指出，党的十九大报告对在新的历史条件下加强公民科学素质建设提出了明确要求。全民科学素质工作要充分认识公民科学素质建设的基础性、思想性、包容性作用，自觉在新时代战略部署中找位置、做文章，切实担负起新时代赋予的“创新发展科普之翼”重要使命与责任。发挥公民科学素质建设的基础性作用、思想性作用和包容性作用，为实现“两个一百年”目标提供重要支撑，保障人民美好生活需要，为构建人类命运共同体提供重要的途径。

怀进鹏要求，应对新形势新任务，全民科学素质工作要以习近平新时代中国特色社会主义思想为引领，不断加强党对公民科学素质建设的领导，牢牢把握科技创新和科学普及全面渗透经济社会的时代特征，善于识变、应变、求变，加强国际合作交流，在新的广度、深度和力度上释放科学普及对第一资源和第一动力的支撑作用，打造新时代创新发展的科普之翼；要重塑“三化”联动工作方式方法，推动全民科学素质工作高质量发展，对“四大人群”科学素质重点发力、精准施策，服务经济社会发展大局；要激发科技工作者的科普积极性，强化科协组织的科普功能，拓展科技界参与科普的网络平台，提升科协系统群众组织力，凝聚科普之翼托起创新发展的强大力量。

束为传达了国务院《听取全民科学素质行动计划纲要实施情况汇报的会议纪要》精神，中国科协科普部部长白希作了关于《全民科学素质行动计划纲要》实施情况的报告，国家卫生健康委员会、中国气象局、地方科协、全国学会和企业代表作大会交流发言。

【世界公众科学素质促进大会组委会第一次会议】 7月16日，世界公众科学素质促进大会组委会第一次会议召开。会议由中国科协党组副书记、副主席、书记处书记徐延豪主持。中国科协党组成员、书记处书记吴海鹰、束为，中国科协党组成员、中国科技馆馆长殷皓出席会议。

会议听取了组委会秘书处关于大会筹备工作进展情况的汇报，对大会前一阶段筹备工作给予充分肯定。会议认为，世界公众科学素质促进大会是经党中央和国务院批准，中国科协贯彻落实党的十九大精神、落实“1–9–6–1”工作格局的重要举措，各方都对本次会议寄予厚望。会议对全部境外嘉宾邀请联络和接待、北京宣言沟通、境内嘉宾和代表邀请、文件组运转机制、大会宣传、国家会议中心国际科普作品展、大会会场和食宿等事项进行了研究，并对下一阶段筹备工作进行了部署。

会议强调，各有关部门和单位一要高度重视，强化责任；二要细化方案，明确标准；三要加强沟通，提高效率；四要紧盯重点难点，群策群力集中攻关；五要全方位注意安全，防范应对突发事件；六要统筹安排、全力以赴做好大会各项筹备工作。

中国科协机关有关部门和直属单位的相关负责人参加会议。

【韩启德出席英才计划工作总结会暨专家咨询委员会会议、第二届英才论坛】 1月8日，英才计划2017年度工作总结会在北京召开。全国政协副主席、中国科协名誉主席、英才计划专家咨询委员会名誉主任韩启德，教育部党组成员、副部长林蕙青出席会议并讲话。会议由中国科协党组副书记、副主席、书记处书记徐延豪主持。

韩启德充分肯定了“英才计划”五年来的工作。他强调，要进一步加强协调合作，扎实推进英才计划；要以兴趣为着力点，积极推动个性化培养工作；要持续做好跟踪服务工作，凝聚英才力量；要不断弘扬高尚的家国情怀和远大的科学理想。

林蕙青在总结会上强调，教育部门要与科协相关部门共同努力，让每个青少年英才拥有更加广阔的发展空间，为国家青少年科技创新人才培养做出更大贡献。

会议向2018年新加入英才计划培养工作的导师代表颁发了导师聘书，向84位获得第二届英才论坛优秀学员颁发了优秀证书。

英才计划专家咨询委员会主任、北京大学原校长、中国科学院原副院长、中国科学院院士王恩哥，英才计划专家咨询委员会副主任、复旦大学原校长、中国科学院院士杨玉良，中国科学技术大学校长、中国科学院院士包信和，中国科学院国家天文台研究员、中国科学院院士武向平，北京航空航天大学校学术委员会副主任、中国科学院院士郑志明，以及其他专家咨询委员会和学科工作委员会的代表，全国15个参与省市和6个省级试点省市科协、教育主管部门和北京大学、清华大学、复旦大学、上海交通大学、中国科学技术大学等20多所参与高校的代表，参加第二届英才论坛的英才学员共400余位代表参加了会议。

第二届英才论坛和英才计划专家咨询委员会会议同期举办。韩启德，中国科协党组书记、常务副主席、书记处第一书记怀进鹏，林蕙青和徐延豪参加论坛的成果展示活动，并现场与英才学员们进行交流。

韩启德观看英才学员的成果展示后表示，英才计划是为培养青年科技创新人才而做的有益探索和尝试，参与英才计划的学生都对科学具有浓厚的兴趣。要通过个性化培养，进一步增强英才计划的吸引力，让更多有学科特长和科研潜质的学生在满足学科兴趣的基础上得到更专业和更全面的培养。

经研究成果展示和专家评议，本届英才论坛评选出2017年英才计划优秀学员84名和参加2018年中国科协青少年国际科技交流项目遴选培训暨 Intel ISEF 冬令营资格学员31名。

英才计划专家咨询委员会会议由中国科学院院士、英才计划专家咨询委员会主任王恩哥主持。会议听取了数学、物理、化学、生物和计算机五个学科工作委员会2017年度工作总结和2018年工作计划汇报。会议强调，要充分发挥专家咨询委员会的作用，在课题研究、发挥自身资源优势、加强对学科工作委员会的指导方面做出努力；要积极开展实地调研，了解高校培养状况、存在的问题以及导师和学生的需求，指导高校学生培养工作；要设计完善跟踪机制，持续做好学生跟踪工作；要鼓励英才计划适当扩大规模，继续做好省级试点工作，推动英才计划工作均衡发展。会上，与会委员分别就英才计划的学生选拔、培养方式以及学术交流活动等问题进行了交流和讨论。

英才计划由中国科协和教育部共同主办，共有15个省、自治区、直辖市和20所高校等参与培养工作。

【韩启德出席中国科技馆发展基金会捐赠活动】 6月7日，上海智慧圆科普教育设备有限公司向中国科技馆发展基金会捐赠仪式在中国科技馆举行。第十二届全国政协副主席、中国科技馆发展基金会名誉理事长韩启德，第十二届全国政协人口资源环境委副主任、中国科技馆发展基金会顾问齐让，中国科技馆发展基金会理事长殷皓，捐赠方上海智慧圆科普教育设备有限公司董事长季祥义、总经理季林奇，以及中国科协机关、中国科技馆、基金会和捐赠方的代表等出席捐赠仪式。仪式由中国科技馆发展基金会秘书长初学基主持。

上海智慧圆科普教育设备有限公司是一家服务于青少年科普教育的高新技术企业，本次向中国科技馆发展基金会无偿捐赠价值人民币 1000 万元的科普展品用于支持基金会农村中学科技馆公益项目，以实际行动响应科教兴国、人才强国、创新驱动发展及乡村振兴战略实施。

捐赠仪式上，韩启德向季祥义赠送了纪念品，齐让向季祥义颁发了“科普慈善大使”荣誉证书。

【中国科协与国家食品药品监管总局签署合作框架协议】 2月5日，中国科协与国家食品药品监督管理总局在北京举行合作框架协议签订仪式。中国科协党组副书记、副主席、书记处书记徐延豪，国家食品药品监管总局副局长尚勇分别致辞并签署协议。

根据协议内容，双方将成立中国科协、食品药品监管总局科普合作领导小组，深化在推动食品药品安全科普政策落实、加强食品药品科普人才队伍建设、加强食品药品科普宣传场馆建设、联合实施“互联网 + 食品药品安全科普”行动、推动食品药品安全科普资源建设等方面的合作。

中国食品药品检定研究院院长李波、中国食品科学技术学会理事长孟素荷、中国药学会副理事长兼秘书长丁丽霞参加仪式并发言。中国科协相关部门和直属单位负责人、国家食品药品监管总局各司局负责人、有关专家学者及新闻媒体参加签订仪式。

【中国科协与中国气象局签署战略合作协议】 6月15日，中国科协和中国气象局战略合作协议签署仪式在北京举行。中国科协党组书记、常务副主席、书记处第一书记怀进鹏和中国气象局党组书记、局长刘雅鸣代表双方签署了合作协议。中国科协党组副书记、副主席、书记处书记徐延豪，中国气象局副局长宇如聪、矫梅燕出席协议签约仪式。

怀进鹏表示，希望通过签订战略合作协议，双方在实施“互联网 + 气象科普”行动、加强气象科普教育基地建设和人才队伍建设、促进气象科普创作与主题活动品牌化发展、支持中国气象学会健康发展、推动气象科学国际交流合作等方面全面加强合作，共同打造“大气象、大科普”融合发展的良好生态，为实现人民对美好生活的向往做出新的贡献。

刘雅鸣表示，中国气象局积极参与中国科协牵头的全民科学素质行动，近年来气象科普工作体系不断优化，科普活动内涵不断提升，科普资源开发和传播力度不断加大，科普基础设施建设效益不断提升，科普人才队伍不断加强。希望通过深化合作，进一步提升气象科技创新能力和科普传播能力，共同促进公民科学素质提升，为全面建成小康社会、全面建设社会主义现代化强国作贡献。

中国科协、中国气象局有关部门、单位负责人员参加签约仪式。

【中国自然科学博物馆协会与联合国教科文组织签订合作协议书】 6月24日，中国自然科学博物馆协会和联合国教科文组织双边合作协议书签署仪式在上海科技馆举行，协议由中国自然科学博物馆协会理事长程东红和联合国教科文组织自然科学助理总干事史凤雅（Flavia Schlegel）共同签署。联合国教科文组织代表约斯兰·努尔（Yoslan Nur），上海科技馆理事长、上海科普教育发展基金会原理事长左焕琛，上海市政协常委、教科文卫委员会常务副主任杨建荣及部分驻沪领馆代表、部分中国自然科学博物馆协会会员单位代表出席签约仪式。

中国自然科学博物馆协会与联合国教科文组织签订双边合作协议书是中国自然科学博物馆协会落实中国科协党组关于深入学习贯彻落实党的十九大精神的部署、探索我国科技类博物馆服务构建“人类命运共同体”实施路径的重要突破。

协议书旨在通过开展国家和国际层面有针对性的专项活动和合作项目，促进科技类博物馆成为实现联合国可持续发展目标的平台，协助联合国教科文组织成员国特别是“一带一路”沿线国家科技类博物馆的建设和发展，借助科普场馆的展教资源支持科学、技术、工程和数学（STEM）的非正规教育，推动“一带一路”沿线国家科技类博物馆的合作与交流，实现科普资源和展览教育资源的互惠共享。

协议书要求，双方将支持召开“一带一路”沿线国家科普场馆发展国际研讨会，并将这个会议作为“一带一路”沿线国家科技类博物馆开展国际合作的平台；支持“一带一路”沿线国家科技类博物馆进行科普资源的联合开发和互惠共享，优先支持有助于实现联合国可持续发展目标的科普资源；支持有助于STEM教育创新发展的科普资源的联合开发和互惠共享；联合组织开展“一带一路”沿线国家科技类博物馆发展与管理能力建设项目（如培训研讨）等实质性活动。

协议书的签署体现了联合国教科文组织对中国自然科学博物馆协会长期致力于促进和推动科技类博物馆事业繁荣和发展的高度认可和鼓励。

【缅甸国务资政昂山素季参观中国流动科技馆缅甸国际巡展】 12月4—6日，缅甸教育发展博览会在缅甸首都内比都国家展览馆举办。缅甸国务资政昂山素季出席开幕仪式并参观了中国流动科技馆展览。缅甸教育发展博览会通过展示缅甸最先进、最前沿的展教装备和成果来推动教育改革和创新发展，是缅甸教育行业最具影响力的盛会。

在博览会基础教育展厅，缅甸教育部专门搭建了中国流动科技馆展台。开幕仪式当天，昂山素季在缅甸教育部部长缪登基的陪同下参观了中国流动科技馆展览，并在缪登基的示范下亲自体验了多项展品内容。她指出，这些展品不仅很好地展现了基础教育的科学原理，更让学生对科学有了更直观的了解，为缅甸的基础教育提供了新的思路。

整个展会期间，来自缅甸各州、邦的政府官员和学校教师共计3000多人参观了中国流动科技馆的展览，展示内容得到一致称赞。

中国流动科技馆缅甸国际巡展自6月14日开幕以来，深受缅甸公众喜爱。其探究学习的教育理念、丰富多样的展示内容、互动体验的展示形式得到了缅甸教育部门的高度重视和广泛认可。

【“典赞·2017科普中国”活动】 1月29日，由中国科协和人民日报社主办、人民网承办的“典赞·2017科普中国”活动在人民日报社新媒体大厦举行，活动现场揭晓了2017年十大科学传播人物、十大网络科普作品、十大科学传播事件、十大“科学”流言终结榜和十大科普自媒体。

中国科协党组书记、常务副主席、书记处第一书记怀进鹏，人民日报社社长杨振武，中国科协党组副书记、副主席、书记处书记徐延豪，人民日报社副总编辑、人民网董事长王一彪，王陇德、刘嘉麒、武向平、高福、孙宝国、周忠和6位院士，获奖者代表出席本次活动。

怀进鹏在致辞中指出，在习近平新时代中国特色社会主义思想的科学指引下，在党委政府领导和社会各界的关心支持下，科普大联合、广协同的发展格局日益完善。中国科协广泛联合各有关部门和社会力量推动“科普中国”成为融合线上线下、覆盖校园农村、连接科技人员与社会公众的枢纽平台和闪亮品牌。处于新时代的历史潮头，科普工作必须以自我革命的勇气主动融入新技术、新产业变革的历史洪流中，善于识变、应变、求变，强化顾客思维，细分用户需求，树立平台理念，进行一场内容生产、传播机制、管理体制和运行方式的深刻创新，实现工作流程和服务形态的再造和重构，从而使我们能够做到紧跟时代并引领时代，实现新时代科普人的新作为、新担当。要把进一步激发和弘扬蕴藏在亿万人民中的科学精神作为科学普及的灵魂，在全社会大力宣传和弘扬中国科学家精神。

活动现场，中国科学院老科学家科普演讲团被授予“十大科学传播人物”特别奖；中国科学院高能物理研究所研究员张双南，中华预防医学会会长、中国工程院院士王陇德等10人被授予“2017年十大科学传播人物”；电视节目《奇幻科学城》《加油！向未来》等10个音视频节目被授予“2017年十大网络科普作品”；新浪微博@果壳网、“好奇博士”微信公众号等被授予“2017年十大科普传播自媒体”；“紫菜是黑色塑料袋做的”“肉松是棉花做的”等流言及其辟谣作品入选“2017年十大‘科学’流言终结榜”；“2017全国科普日精彩纷呈　公众线上感受科学魅力”“国产大飞机C919首飞成功”等被授予“2017年十大科学传播事件”。

“典赞·2017科普中国”活动从2017年11月底开始向社会各界公开征集本年度具有影响力和科学传播元素的人物、科普作品、事件、流言和自媒体。活动旨在创新科普理念和服务模式，盘点年度科学传播典范，融汇科学传播业界智慧，彰显科普中国品牌文化，促进全民科学素质提升。征集期间，全民科学素质纲要办各成员单位、各全国学会、各省市科协、企事业机构及个人积极报送，经专家初评、大数据分析、网络投票、专家终评四个阶段，主办方根据综合大数据分析结果、网络投票结果及专家终评分数评选出结果。

【"一带一路"国际科学教育协调委员会在北京成立】 11 月 16 日，"一带一路"国际科学教育协调委员会成立会议暨 2018 年度会议在北京召开。中国科协青少年科技中心、国际科学院组织科学教育项目国际委员会、经济合作组织科学基金会、联合国儿童基金会、非洲科学院联盟、捷克科学技术协会联合会及巴基斯坦科技部等 19 个国际组织和国内外科学教育机构负责人和代表出席会议。

会议遵循共商、共建、共享的工作理念，研究讨论"一带一路"国际科学教育协调委员会组织架构、运行机制及未来工作规划。经与会代表一致通过，会议宣布"一带一路"国际科学教育协调委员会成立，并选举中国科学院大学副校长、中国科学院院士吴岳良任首届委员会主席，中国科协青少年科技中心主任刘阳、国际科学院组织科学教育项目国际委员会主席 Lee Yee Cheong、经济合作组织科学基金会主席 Manzoor Hussain Soomro、乌克兰少年科学院主任 Oksen Lisovyi 任副主席。委员会秘书处设在中国科协青少年科技中心，刘阳兼任秘书长。突尼斯科学技术未来协会、阿塞拜疆教育部、马来西亚科学院、泰国科技馆、伊朗国立英才发展组织以及澳大利亚西南科学教师协会等 18 个国际组织和国内外科学教育机构作为首批成员单位加入委员会。

"一带一路"国际科学教育协调委员会是在"一带一路"倡议框架下，为贯彻 2018 年 9 月世界公众科学素质促进大会精神，积极响应大会发布的《北京宣言》的号召，由中国科协青少年科技中心发起，并得到了"一带一路"沿线国家对口组织的积极响应。委员会作为一种多边工作协调机制，下设青少年科学教育活动、科技教师及科教资源等 3 个工作委员会，旨在促进各国科教资源共享、信息互通和人才交流，为中国与"一带一路"沿线国家搭建长效的科学教育交流与合作平台。

会议结束后，"一带一路"国际科学教育协调委员会全体成员共同发出《"一带一路"科学教育合作倡议》，呼吁各方在科技教育领域开展形式多样、内容丰富的务实合作，推动"一带一路"沿线国家科技教育发展和人文交流合作，促进构建人类命运共同体。

【第二届"一带一路"青少年创客营与教师研讨活动】 11 月 16 日，由中国科协、科技部共同主办的第二届"一带一路"青少年创客营与教师研讨活动在北京开幕。中国科协、科技部、北京市科协、北京市人民对外友好协会等主承办单位领导及国际科学院组织科学教育项目国际委员会主席 Lee Yee Cheong、经济合作组织科学基金会主席 Manzoor Hussain Soomro、联合国儿童基金会驻华办事处副代表 Douglas Noble 出席开幕式并致辞。

本届活动为期一周，主题为"科聚英才，乐创未来"。来自亚洲、欧洲、非洲、美洲和大洋洲的 33 个国家和国际组织的 350 余名青少年创客精英、科技教师以及科技教育行政部门和国际组织的代表参加活动。与第一届相比，参与本次活动的国别数量明显增加。活动期间，除为青少年和科技教师量身打造的体验科技奥秘和感受人文魅力的科教文化交流活动外，中国科协青少年科技中心还与乌克兰少年科学院、伊朗国立英才发展组织签订合作协议，并组织召开"一带一路"国际科学教育协调委员会成立会议暨 2018 年度会议，努力推动建立"一带一路"科学教育长效工作机制。

【第 33 届全国青少年科技创新大赛】 8 月 16 日上午，第 33 届全国青少年科技创新大赛在重庆国际博览中心开幕。来自 31 个省、自治区、直辖市，新疆生产建设兵团，香港、澳门特别行政区和台湾地区的 35 个代表队约 500 名青少年和 200 名科技辅导员，以及来自亚洲、欧洲、大洋洲、北美洲、南美洲、非洲 50 多个国家和地区的 300 多名国际代表，各地观摩大赛的科技教育工作者共 2200 余人参加开幕式。

全国政协副主席、中国科协主席万钢出席开幕式并讲话。重庆市委副书记、市长唐良智在开幕式上致欢迎词。教育部党组成员、副部长朱之文，科技部党组成员夏鸣九，生态环境部副部长黄润秋，知识产权局党组成员、副局长廖涛，共青团中央书记处书记徐晓，重庆市副市长李殿勋等主办、承办和协办单位领导，本届大赛评委会主任、中国科学院院士王乃彦，评委会监督委员会主任、中国科学院院士黎乐民，大赛评委会副主任、中国科学院院士吴岳良，中国工程院院士、中国青少年科技辅导员协会理事长陈赛娟，中国新一代人工智能发展战略研究院执行院长、世界工程组织联合会候任主席龚克，北京大学博雅讲座教授、2017 未来科学大奖获得者许晨阳等专家学者，经济合作组织科学基金会等国际组织的代表，来自美国、芬兰、意大利、卢森堡、突尼斯等国家有关科技教育机构的代表出席开幕式。

万钢在讲话中指出，全国青少年科技创新大赛为科技后备人才培养提供了坚实支撑，为各国青少年体验科学之美、创新之妙搭建起广阔舞台。当前，世界正处在新一轮科技革命和产业变革的历史交汇点，全球面临百年未有之大变局。发展科技事业是人类应对全球性挑战、实现可持续发展的战略选择。科技创新的未来在青少年，人类命运共同体建设的希望在青少年。他希望，科技创新大赛要拓展开放创新的大格局，努力开阔孩子们的科学视野；要播撒希望的种子，充分激发孩子们的好奇心和想象力；要引导孩子们敢于有梦、勇于追梦、勤于圆梦。

唐良智在致辞时表示，青少年最富有朝气、最富有梦想，是创新创业的有生力量。要不断加强青少年科技教育，大力提升青少年科学素养，用实际行动普及科学知识、弘扬科学精神、传播科学思想、倡导科学方法，点燃广大青少年的科学梦想，使青少年成为建设创新型城市的强大生力军。

许晨阳教授在开幕式上作演讲《“为了人类心智的荣耀”——数学世界的魅力》，分享他走上数学研究之路的心路历程和感悟，展现数学理论的奇妙和科学研究的内在价值。

本届大赛的国际化水平显著提升，参赛国别和人数规模创历史新高。大赛共收到3000多项创新项目和作品，经过专家初评，共有358项青少年科技创新项目和201项辅导员科技教育创新项目入围大赛终评。入围终评的学生和辅导员在大赛问辩中与专家评委进行面对面交流，并在大赛公众开放日向社会展示介绍他们的科技创新作品。大赛同期举办“中国－东盟青少年创新大赛”“一带一路”青少年科技夏令营、中国科协青少年科技教育专题展览、2018中国青少年科技辅导员协会年会等丰富多彩的展示和交流活动。

本届大赛由中国科协、教育部、科技部、生态环保部、体育总局、知识产权局、自然科学基金会、共青团中央、全国妇联和重庆市人民政府共同主办。

8月19日，第33届全国青少年科技创新大赛在重庆市闭幕。重庆市副市长李殿勋，本届大赛评审委员会副主任、中国科学院院士袁亚湘，大赛评审委员会副主任、中国科学院院士吴岳良，中国工程院院士、重庆市科协主席潘复生，经济合作组织科学基金会主席 Manzoor Hussain Soomro，国际科学教育协会理事会原主席 Janchai Yingprayoon，卢森堡青年科学家基金会主席 Carlo Joseph Martin Hansen，突尼斯国家科技未来协会主席 Hatem Slimane，意大利科学技术协会联合会秘书长 Alberto Pieri 等出席闭幕式并为获奖学生颁奖。全体参赛学生、辅导员、国外代表队、领队、评委、主办及承办单位嘉宾、媒体、志愿者及观摩团共2000余人参加闭幕式。

袁亚湘在闭幕式上作评审工作报告。本届大赛共评选出青少年项目一等奖59项、二等奖136项、三等奖192项，并在一等奖项目中评选出中国科协主席奖3人；科技辅导员项目一等奖30项、二等奖70项、三等奖95项；“十佳优秀科技辅导员”奖10人；国际选手项目一等奖13项、二等奖29项、三等奖43项。

本届大赛最高奖项“中国科协主席奖”的3名获奖者分别是来自福建省泉州第五中学的林楷睿、中国人民大学附属中学的许鹤瀛、重庆市第八中学校的冯路桥。

【第十八届中国青少年机器人竞赛暨2018世界青少年机器人邀请赛】 7月20日晚，由中国科协主办的第十八届中国青少年机器人竞赛暨2018世界青少年机器人邀请赛在贵州大学开幕。来自全国各地和亚洲、欧洲、非洲、北美洲、大洋洲共28个国家和地区的60个代表团2300余名青少年和教练员代表，以及裁判员、评审专家、志愿者、国内外观摩人员共3000余人参加开幕式。

全国共有4500多所中小学的9000多支队伍、23000多名中小学生参加省级竞赛。全国赛共设立5个赛项：主题为“海洋开发”的机器人综合技能比赛、主题为“家庭服务机器人”的机器人创意比赛、主题为“细水长流”的FLL机器人工程挑战赛、主题为“跃上巅峰”的VEX机器人工程挑战赛、主题为“信息时代”的WER工程创新赛。各赛项根据不同规则分年龄组进行比赛，通过场地对抗赛、评委问辩等方式产生各赛项不同年龄组的冠军队和各赛项奖项。

为提升竞赛活动国际知名度和影响力，首次在第十八届中国青少年机器人竞赛同期举办了2018世界青少年机器人邀请赛，共设立WRO常规赛、WRO创意赛和全球FIRST机器人挑战赛3个赛项。

竞赛期间，组织开展友谊之夜、科普讲座、科学表演秀和参观贵阳孔学堂、东方科幻谷、贵州省博物馆一系列丰富多彩的科技和文化体验活动，为中外师生搭建沟通交流的平台，使参赛代表充分体验科技的魅力、领略贵州的风采、感受中国传统文化的博大精深。

来自全国各地 518 支参赛队、1454 名学生参加第十八届中国青少年机器人竞赛的现场竞技；来自亚洲、非洲、欧洲、北美洲、大洋洲 28 个国家和地区的共 94 支队伍、266 名学生参加 2018 世界青少年机器人邀请赛。经过激烈角逐，2018 世界青少年机器人邀请赛共产生冠军队 7 支，亚军队 7 支，季军队 4 支。第十八届中国青少年机器人竞赛 5 项比赛共产生一等奖 87 项、二等奖 167 项、三等奖 264 项。其中，来自四川、甘肃、福建、广东、安徽、北京、天津等省、直辖市的参赛队分别获得本届竞赛机器人综合技能、FLL 机器人工程挑战赛、VEX 机器人工程挑战赛和 WER 工程创新赛 4 个赛项的冠军。

闭幕式上举行了会旗交接仪式。第十九届中国青少年机器人竞赛计划于 2019 年在重庆市举办。

【2018 年青少年高校科学营全国开营式暨北京营开营活动】 7 月 17 日，2018 年青少年高校科学营全国开营式暨北京营开营活动在北京航空航天大学举行。中国科协党组书记、常务副主席、书记处第一书记怀进鹏，教育部党组成员、副部长林蕙青，中国科协党组副书记、副主席、书记处书记徐延豪以及来自海峡两岸暨港澳地区的 2530 名中学生和带队教师参加开营活动。

怀进鹏代表主办单位宣布 2018 年青少年高校科学营开营。林蕙青、徐延豪分别向北京大学、清华大学等 16 个分营代表授予营旗。2018 年青少年高校科学营活动全面启动，海峡两岸暨港澳的 11000 名中学生和 1100 名教师分别走进全国 68 个分营，体验大学生活，聆听名师讲座，感受科技魅力。

北京航空航天大学党委书记曹淑敏致欢迎词。她表示，青少年高校科学营是激发青少年科学兴趣、引导青少年崇尚科学、鼓励青少年立志从事科学研究事业的重要平台，也是集聚少年英才、展现时代风貌、绽放青春光芒的绚丽舞台，能够有效推动高等教育与基础教育的贯通，为国家的科学事业培养后备人才。她希望营员们敏于发现、求真拓新，享受大学的文化；勇于探索、独立思考，做好自己的智囊；善于协作、精诚团结，共克科学难关；勤于实践、知行合一，积蓄梦想的力量。

开营式上，青少年高校科学营全国管理办公室以视频的方式回顾了 2017 年活动的精彩瞬间；北京航空航天大学艺术团的同学们以科学营主题诗朗诵形式向营员诠释了“科技梦、青春梦、中国梦”的主题，号召所有营员做有理想、有情怀、有责任、有担当的新一代青少年；以歼 -15 战机研制现场总指挥罗阳为原型的音乐剧感染了现场营员。青少年高校科学营活动由中国科协、教育部共同主办，在国务院国资委、国务院港澳办、国务院台办、中国科学院、铁路总公司等单位的支持下，在各省级青少年科技教育工作机构、港澳台承办机构等多部门的协同配合下，已于 2012—2017 年连续开展了 6 年。6 年来，共招募来自海峡两岸暨港澳的 58125 名中学生和 5829 名教师参加了活动，组织院士专家讲座 1263 场，开放国家级、省部级重点实验室 1752 次，举办科技实践活动 1359 场，参观科普场馆、文化场所等交流活动累计超过 7000 场次。

【第 18 届“明天小小科学家”奖励活动】 11 月 1 日上午，由中国科协、中国科学院、中国工程院、国家自然科学基金委员会和周凯旋基金会共同主办的第 18 届“明天小小科学家”奖励活动终评在北京航空航天大学开幕。中国工程院院士金涌、王浚，中国科学院院士汪景琇受邀参加开幕式暨院士讲坛，与来自全国各地的优秀青少年科技爱好者分享交流。中国科学院院士、北京航空航天大学副校长房建成，中国科协青少年科技中心主任刘阳出席开幕式并致辞。

开幕式现场，三位院士分别讲述了他们的科研经历、分享了治学感悟，鼓励同学们树立远大的科学志向、坚定科学研究的信心。现场的同学们围绕院士讲述内容和感兴趣的学科领域知识踊跃提问，三位院士均耐心地给出了专业解答，现场气氛热烈。

终评活动期间，通过研究项目问辩、综合素质考察、知识水平测试等一系列测评环节，评选产生活动的最终奖项。第 18 届“明天小小科学家”奖励活动共有 2472 人注册申报，创历届新高。经资格审查和专家初评，共有来自全国 20 个省、自治区、直辖市及香港、澳门特别行政区的 130 名高中学生入围终评。

11 月 4 日，第 18 届“明天小小科学家”奖励活动颁奖典礼在北京航空航天大学举行。

活动评审委员会主任、中国科学院院士吴岳良，活动评审监督委员会主任、中国科学院院士黎乐民，北京航空航天大学科协主席、中国工程院院士王浚等科学家，国家自然科学基金委员会副主任、党组成员高瑞平，香港周凯旋基金会董事张培薇，以及各主办、承办单位有关部门负责人出席颁奖典礼并为获奖选手颁奖。

吴岳良代表活动评委会作评审工作报告。经评委专家初评，130名学生入围终评。终评阶段，通过研究项目问辩、综合素质考查和知识水平测试，最终确定一等奖15名，其中“明天小小科学家”称号获得者3名，二等奖35名，三等奖50名，入围奖26名。北京市第一七一中学汪晓娅、北京汇文中学张诗雯、浙江省衢州第二中学饶伊珂3名同学荣获本届活动最高奖——“明天小小科学家”称号。

终评期间，参赛学生除接受评委会专家问辩考察以外，还参加了院士讲坛、诺贝尔奖获奖科学家讲座、青年科学沙龙、“明天小小科学家”同学会等交流活动，参观北京航空航天大学国家重点实验室、航天航空博物馆、中国科学院奥运科技园区等科技场馆，与北京航空航天大学科技文化社团的大学生互动交流等。通过聆听前辈教诲、体验前沿科技、感受大学氛围，增强了爱国情怀，激发了科学兴趣，坚定了探究科学的信心。

“明天小小科学家”奖励活动定位于发现具有科研潜质的优秀学生，鼓励他们选择学习科学技术专业、未来投身科学研究事业。同时，通过奖励学校和辅导机构，推动青少年科技教育工作广泛深入开展。

【英才计划生物学科工作委员会会议】 4月12日，英才计划生物学科工作委员会会议在北京召开。中国科协党组副书记、副主席、书记处书记徐延豪，中国科协副主席、英才计划生物学科工作委员会主任施一公，英才计划生物学科工作委员会副主任乔守怡等参加会议。会议由施一公主持。

会议总结回顾了英才计划生物学科工作委员会2017年度工作，研究讨论了2018年度工作计划。会议议定，2018年生物学科工作委员会要认真贯彻落实党的十九大精神，紧紧围绕国家战略部署，紧密结合实际，突出重点，着眼实效，重点开展实地调研，征集优秀导师培养案例，组织优秀学生参加国际交流、野外考察、暑期实践活动，组织中学生物教师培训、生物学科论坛，编辑生物学科基础实验技能手册，加强新媒体宣传等工作。会议还就委员更替事宜进行了讨论。

徐延豪代表主办单位对各位专家长期以来对英才计划的大力支持和辛勤付出表示感谢，对生物学科工作委员会的工作给予充分肯定。他指出，英才计划是从国家战略层面推动的大学与中学合作培养科技创新人才的项目，目的是要探索一种新的科技创新人才培养模式。徐延豪强调，英才计划工作要解放思想、开拓创新，不断扩大工作的内涵和外延，积极探索青少年科技创新人才选拔、培养机制，不断创新工作方法，扎扎实实做好培养工作。徐延豪表示，中国科协将继续全力做好服务工作，为委员会开展工作提供坚实的保障。

【2018中国科幻大会】 11月23日，2018中国科幻大会在广东省深圳市开幕。深圳市人大常委会副主任、市科协主席蒋宇扬，腾讯公司副总裁李方在开幕式上致辞，深圳大学党委书记刘洪一致欢迎词。中外科幻作家、学者代表，科学家、科幻产业界代表，科幻展商，省级科协代表，全国科幻迷代表，高校科幻社团代表等1000余人参加开幕式。

开幕式上颁发了银河奖、水滴奖、晨星奖等科幻奖项，举行了银河科幻联盟发起仪式、高校科幻联盟成立仪式，协同欧洲最大的科幻节南特科幻节组委会及南特市代表发布了“未来者说——凡尔纳培养计划”，发布了《2018科幻产业发展报告》。

2018中国科幻大会以“幻想无界　共享未来”为主题，聚焦科幻产业发展和年轻科幻创作人才的培育，为高校科幻作者和高校科幻社群提供舞台。大会由中国科协主办，腾讯公司、深圳市科协、科学与幻想成长基金、科幻世界杂志社、深圳大学承办，主要包括开幕式、科幻产业发展闭门会议、科普科幻青年之星计划座谈会、科幻主题TED演讲秀、30多场科幻专题论坛、高校科幻主题辩论赛、科幻艺术展及创意市集等。

【首届国际科技馆能力建设培训班】 10月29日上午，由中国科技馆、中国科技馆发展基金会、国际博物馆协会科技博物馆专业委员会联合举办的首届国际科技馆能力建设培训班在北京中国科技馆开班。培训班得到国际博物馆协会中国国家委员会和中国自然科学博物馆协会的大力支持。国内外知名科技博物馆的7名专家担任培训班教师。

中国自然科学博物馆协会理事长程东红，中国科协党组成员、中国科技馆馆长殷皓，国际博物馆协会科技博物馆专业委员会（ICOM-CIMUSET）主席依科·科基达马利对培训班的成功举办表示祝贺，对相关各方付出的努力表示感谢；国际博物馆协会副主席、中国博物馆协会副理事长兼秘书长安来顺发来视频表示祝贺。培训班协调人克劳德－福贝尔以及来自美国、英国、芬兰和中国的教师出席开班仪式。开班仪式由中国科技馆党委书记、副馆长苏青主持。殷皓宣布培训班正式开班。

本次培训班以“如何开发具有时代性的启迪创新的科技馆展览——从创意到展出”为主题，内容涵盖科技馆展品设计流程、展览研发与叙事性设计、展览团队创新方法等方面，为提升科技馆从业人员专业能力、增进同行交流合作搭建平台。培训班学员共 42 名，其中国际学员 16 名，来自 11 个国家的 14 家科普场馆，以发展中国家为主；中国学员 26 名，来自中国大陆 19 个省、自治区、直辖市的 17 家科普场馆和 5 家科普企业。

培训班采用专家授课、开放性讨论、项目制学习、实地考察等多种形式，鼓励学员充分交流思想、提升自我，为各自所在场馆的能力建设做出更大贡献。

【第九届全国青少年科学影像节展映展评活动】 10 月 28 日上午，由中国科协青少年科技中心、中国青少年科技辅导员协会和湖南省科协共同主办的第九届全国青少年科学影像节展映展评活动在湖南省长沙市开幕。来自 31 个省、自治区、直辖市以及澳门特别行政区的青少年和科技教师代表、评审专家和各地青少年科技教育工作机构代表近 500 人参加开幕式。

为营造青少年科学嘉年华的节日氛围，开幕式前设立了红毯秀和科学表演秀。参加活动的师生携带精心创作的科学影像作品，欣赏着美轮美奂的科学表演，脚踏红毯，步入开幕式现场。

开幕式上，湖南省科协党组成员、副主席刘晓河致辞，并与中国科协青少年科技中心副主任刘会强、中国青少年科技辅导员协会原常务副理事长牛灵江共同启动第九届全国青少年科学影像节展映展评活动。

第九届全国青少年科学影像节活动于 2018 年 4 月启动，共收到 31 个省、自治区、直辖市，新疆生产建设兵团和澳门特别行政区申报作品 3057 部，经过省级评选，2356 部作品参加全国阶段评选。经专家初评，124 部作品入围并参加展映展评活动，角逐科学万花筒最佳作品奖、最佳单项奖、一等奖、二等奖、专项奖等多个奖项。

全国青少年科学影像节是面向广大青少年开展的一项融知识性、科学性、趣味性为一体的探究性科普活动，已连续举办 9 届，从 2015 年开始被教育部列为“圆梦蒲公英”暑期主题活动之一。

【2018 年农村中学科技馆工作研讨及业务培训会】 11 月 21—23 日，中国科技馆发展基金会在广西壮族自治区南宁市组织召开 2018 年农村中学科技馆工作研讨及业务培训会。来自全国科协系统的农村中学科技馆项目负责人、2017—2018 年农村中学科技馆负责人及相关科技教师、“中学科技馆在行动”活动获奖学校代表等 300 余人参加会议。

中国科协副主席、中国科协第九届常委会老科技工作者专门委员会（以下简称“老科技工作者专委会”）主任、中国科学院院士沈岩，老科技工作者专委会副主任、中国老科技工作者协会常务副会长、中国科技馆发展基金会顾问齐让，广西政协副主席、广西科协主席黄日波，老科技工作者专委会委员、中国老科技工作者协会副会长张国梁，中国科协党组成员、中国科技馆馆长、中国科技馆发展基金会理事长殷皓，广西科协党组书记、副主席纳翔等出席开幕式并为 2018 年全国科普日“中学科技馆在行动”活动获奖学校颁奖。开幕式由中国科技馆发展基金会秘书长初学基主持。

黄日波在欢迎词中充分肯定农村中学科技馆公益项目在广西落地实施的成效，赞扬农村中学科技馆为中西部地区农村青少年体验科技成果、享受科技乐趣提供了很好的途径与平台。沈岩、齐让分别作主旨报告《创新人才培养之管见》和《我的国 · 科技视角》。报告对科普工作服务人才培养、基金会在科普工作中发挥作用提出思考、给出方案。

工作研讨环节中，与会人员分别就近一年来项目管理运行情况进行探讨。国内科普教育专家刚永运、赵力红、鲍建中等分别作主题报告《科技创新大赛中科技创新课题研究的流程与方法》《科技馆展品的原理及其拓展》《基于国家课程的学校科普教育》。

殷皓在总结讲话中就进一步促进项目工作增效升级对基金会、地方科协、学校三方管理主体单位提出有针对性的要求：一是基金会作为项目建设主体，要做好项目顶层设计，强化对项目监管的力度；二是地方科协作为项目监督主体，要加大对项目跟进和持续关注的力度，摸清属地农村中学科技馆的实际情况，指导学校结合当地特点积极开展具有当地特色的科普活动；三是学校作为中学科技馆的运行管理主体，要主动向教育主管部门汇报项目建设运行等有关情况，争取上级主管部门更多的支持与帮助。

【世界海拔最高的天文科普站在西藏阿里挂牌】 11 月 27 日上午，阿里天文台科普站挂牌仪式在北京中国科技馆和西藏阿里天文台通过网络联动的方式同步举行。全国政协副主席、中国科协主席万钢，中国科协党组书记、常务副主席、书记处第一书记怀进鹏，中国科协党组成员、中国科技馆馆长殷皓，中国科学院国家天文台党委书记赵刚和首都青少年共同参加北京现场活动。西藏自治区政府副主席罗梅，西藏自治区政府副秘书长旦增伦珠，西藏自治区科协党组书记、副主席顿珠旦增，阿里地区地委书记朱中奎，以及阿里地区80名青少年代表共同参加西藏阿里现场活动。

怀进鹏在讲话中充分肯定了阿里天文台科普站在推动地区公民科学素质提升、助力阿里地区发展中的积极作用，并希望参与阿里天文台科普站建设的各单位、各部门科技工作者通力协作，弘扬爱国奋斗精神，砥砺创新建功，共同推动天文科普站的建设与运营，共同促进西藏科普事业发展，共同打造中国天文科普教育新格局，为建设世界科技强国、实现中华民族伟大复兴的中国梦做出新的贡献。

万钢在青少年们的注视下启动了阿里天文台科普站，并提出三点希望：一是希望通过阿里天文台科普站，让全世界青年及天文爱好者更加深入地了解天文事业，了解深空探测、量子卫星等领域，更好地发挥科普站科学普及的功能；二是希望通过阿里天文台独一无二的科普站建设，全面带动阿里地区旅游事业，让更多的人了解青藏高原的风光美景和西藏地区的科学事业发展；三是希望通过各方共同努力，尽早发挥阿里天文台科普站在科学普及和科学探索中的作用。

阿里天文台科普站海拔5100米，由中国科协支持，国家天文台配合，中国科技馆、西藏科协、阿里天文台、阿里地区共同实施，是科研与科普紧密结合、通力协作的一次创新性尝试。阿里天文台科普站计划通过以科研带科普、以科普促科研的形式发挥中国科协科普资源开发优势以及阿里天文台观测条件优良、科研创新能力强的特点，成为集天文观测、科普展教于一体的世界海拔最高、独具特色的天文科普教育基地，实现我国高原天文科普场所从无到有的突破；利用互联网技术，建设开放融合、互动共享、特色鲜明的网上天文科普平台，为高原地区的公众提供优质科普服务，为促进西藏科普事业的发展起到推动作用。

仪式结束后，在阿里地区陕西实验学校礼堂举办了“走进美丽的星空”和“西藏博物馆与西藏天文馆”天文科普讲座，阿里地委副书记张会明以及青少年代表共170余人参加。晚间，阿里天文台举行了星空观测活动，顿珠旦增和青少年代表参加。天文科普讲座和星空观测活动通过科普中国、中国数字科技馆、百度等网站进行实时连线直播。

【第四届科普场馆科学教育项目展评】 9月25—28日，第四届科普场馆科学教育项目展评在江苏省苏州市举办。中国青少年科技辅导员协会常务副理事长李晓亮、中国科协青少年科技中心副主任张振威、江苏省科协副主席徐春生出席颁奖典礼并为获奖项目颁奖。本届展评由中国科协青少年科技中心、中国自然科学博物馆协会、中国青少年科技辅导员协会共同主办。

本届展评共收到来自全国87家科技馆、自然科学类博物馆、专业技术博物馆、青少年科学工作室、全国科普教育基地、高校科研院所的198个项目方案。经过初评，60家科普场馆的72个项目参加最后的角逐。项目共分为“展览教育类项目”和“拓展教育类项目”两类，通过展示问辩的形式进行，共评选出一等奖12项、二等奖18项、三等奖21项、优秀奖21项。为体现“科技馆活动进校园”工作的导向作用，突出校外科技场所在学校科学教育中的作用，主办单位在一等奖中遴选出1个特别奖。本届展评评委由高校科学教育研究人员、科学传播机构以及科普场馆的科技工作者组成。

本届展评除常规的项目问辩和公众展示外，首次尝试将72个项目进行展演。来自不同类型场馆的优质教育项目拓展了展教人员的视野，丰富了展评内容。

【中国科技馆“科学之夜”活动】 作为2018年全国科普日北京主场夜场活动和中国科技馆开馆30周年主题年系列活动的重要内容，中国科技馆“科学之夜”大型活动于9月17—24日举办。这是中国科技馆开馆30年来首开夜场。活动期间累计接待观众达10378人次，并于9月17—18日完成世界公众科学素质促进大会专场接待任务，受到各界一致好评。卡林加奖获得者李象益、北京天文馆馆长朱进、卡尔·萨根奖获得者郑永春、中国科学院光电研究院研究员徐颖及中央电视台主持人阿丘、王端端等作为嘉宾参与此次活动。

“科学之夜”大型活动以科幻为主题，分为“3D结构投影视觉秀”“科幻主题探秘”“角色扮演主题巡游”“密室逃脱”“科学嘉年华”“真人VR绝地求生”六大板块内容。“科学之夜”活动还邀请到易方机器人、梦神科技等9家科技企业、12个中国传统非遗项目参与到“科学嘉年华”和“真人 VR 绝地求生”板块活动中。其中，“真人 VR 绝地求生”引入全球首家用姿态控制的 VR 体验终端仓，无缝匹配 VR 内容，观众通过力反馈背心、VR 眼镜感受超强的人机互动感，体验科技魅力。

“科学之夜”活动还面向全国科技馆征集科学表演项目及参与活动实施的辅导员，宁夏科技馆、山西科技馆、广西科技馆等 25 家省市科技馆报名参与，73 名工作人员、10 个科学表演项目参与，展现了我国科技馆教育活动水平和最新成果。

【第十次科技博物馆理论研讨会】 9 月 20 日，在中国科技馆迎来开馆 30 周年之际，中国科技馆与《自然科学博物馆研究》杂志社联合举办“迈向 2035”——科技馆事业发展研讨会暨第十次科技博物馆理论研讨会，会议主题为“‘迈向 2035’——科技馆事业发展的机遇与挑战”。中国国家博物馆馆长王春法，中国科协党组成员、中国科技馆馆长殷皓出席研讨会并作主旨报告。省、自治区、直辖市科技馆馆长，高校的专家学者，科普企业代表以及全国各地科技馆相关人员共 200 余人参会。

王春法作了题为“关于博物馆发展的若干思考”的主旨报告。殷皓作了题为“迈向 2035 的中国科技馆”的主旨报告。研讨会设“科技馆展教资源的开发与创新”“智慧科技馆建设的探索与展望”“科技馆运行管理的经验与机制”3 个分议题，并安排“馆长沙龙”和中国科技馆系列图书新书发布会等内容。

【2018 科学教育国际论坛】 8 月 16 日下午，由中国科协青少年科技中心和中国青少年科技辅导员协会共同主办的 2018 科学教育国际论坛在重庆市开幕。重庆市副市长屈谦，中国青少年科技辅导员协会理事长、中国工程院院士陈赛娟，中国科协青少年科技中心主任刘阳，重庆市科协党组书记、常务副主席王合清等出席开幕式。来自中国、美国、意大利、卢森堡、泰国、突尼斯等 47 个国家和地区的 800 多名专家学者、中小学校长、科技教师参加论坛，围绕“面向未来的科技教育”主题，交流研讨世界科技革命和产业变革的大背景下科技教育如何培养面向未来的人才。

陈赛娟在致辞中表示，中国青少年科技辅导员协会愿为国内外科技教育工作者了解新的科技教育理念和资讯、分享科技教育实践经验提供学习和交流平台，为教育机构搭建沟通和合作的桥梁。

中国新一代人工智能发展战略研究院执行院长、世界工程组织联合会候任主席龚克，美国科学教师协会前任主席 David Crowther，清华附中校长王殿军，芬兰于韦斯莱大学 Pekka Koskinen 分别作主旨报告《浅议面向未来的科学教育》《STEM 教育的挑战与回报》《科技教育的科学与技术》《黄金时段学习：培养主动学习的要素》。

本次论坛为期 3 天，举办了主论坛、分论坛、教师工作坊等交流活动。

【中国 – 东盟青少年创新大赛】 8 月 15 日，由科技部和中国科协共同主办的中国 – 东盟青少年创新大赛（China-ASEAN Youth Innovation Contest）在重庆市开幕。来自柬埔寨、印度尼西亚、马来西亚、缅甸、菲律宾、越南、新加坡、泰国、老挝和中国等 10 个国家的近 100 名师生参加启动仪式。科技部党组成员夏鸣九、重庆市政府副市长李殿勋出席启动仪式并致辞。科技部国际合作司、政策法规与监督司，中国科协科普部、中国科协青少年科技中心和重庆市科协等单位的有关负责人，菲律宾驻重庆总领事、新加坡驻成都总领事出席启动仪式。

大赛期间，各国青少年携科技项目参赛，通过封闭问辩、公开展示等环节展现自己对于科技创新的思考，角逐中国 – 东盟创新奖。本次大赛与第 33 届全国青少年科技创新大赛深度结合，让东盟国家的青少年有机会与来自亚洲、欧洲、美洲、非洲 30 多个国家的科学英才同台竞技、交流学习，在成长的同时收获友谊。

中国 – 东盟青少年创新大赛不仅是中国和东盟国家的青少年展示技艺、开阔视野、互相学习的竞技平台，同时也是他们增进交流、收获友谊的人文交流平台，有助于深化我国与东盟国家在青少年科技人文领域的交流与合作。

【中国研究生创新实践系列大赛（2018）启动大会】 4 月 3 日，中国研究生创新实践系列大赛（2018）启动大会在北京邮电大学举行。中国科协党组副书记、副主席、书记处书记徐延豪，教育部党组成员、副部长杜占元，中国产学研合作促进会副会长陈小娅，国家自然科学基金委原主任杨卫，中国计算机学会理事长高文，以及中国科协青少年科技中心、教育部学位与研究生教育发展中心、各主题赛事承办单位、企业、高校的有关负责人和师生 300 余人参加启动大会。徐延豪、杜占元及大赛顾问共同点亮启动球，启动本届大赛。

徐延豪、杜占元向陈小娅、杨卫、高文颁发了系列大赛顾问聘书，并向华为技术有限公司颁发了企业特殊贡献奖。中国科协青少年科技中心主任刘阳、教育部学位与研究生教育发展中心主任黄宝印代表大赛主办单位向2018年9个主题赛事承办单位授旗。

中国研究生创新实践系列大赛于2013年启动实施，由教育部学位与研究生教育发展中心联合中国科协青少年科技中心共同举办。

【青少年科技创新人才成长规律研究座谈会】 2月2日上午，青少年科技创新人才成长规律研究座谈会在北京召开。中国科协党组副书记、副主席、书记处书记徐延豪出席并主持座谈会，听取科技和教育各领域专家对青少年科技创新人才成长规律研究工作的意见建议。来自高校、科研机构和中学的30多位科技专家、教育专家、优秀科技教师参加座谈交流。

与会专家结合自身工作经验，对科技创新人才培养、创新人才成长规律研究提出了意见和建议。中国科学院大学数学学院副院长、中国数学会副理事长陈敏讲道，现在的中学生将成为未来我国引领世界科技水平攻坚战中的主力军，研究青少年科技创新人才成长规律是更好布局未来一二十年中国青少年科技后备人才储备和培养的起点。北京大学物理学院党委书记陈晓林认为，学生参与科技竞赛需要一定的资源支持，贫富差距会导致青少年人才选拔的不平等。中国科学院心理研究所研究员刘正奎提出，针对院士、国家杰青的成长情况的分析研究可以发现人才成长中的一些规律，他希望农村欠发达地区创新人才培养条件不足和资源匮乏能够受到社会的关注。北京大学生命科学学院教授昌增益认为，创新人才培养的关键是创新意识的培养。北京市第四中学原校长、党委副书记刘长铭认为，人的成长是复杂的过程，建议在没有搞清规律之前，青少年科技创新人才评价和选拔应当慎重。

徐延豪代表中国科协对各位专家、学者为科技创新人才培养和研究建言献策表示感谢。会上，中国科协青少年科技中心、中国科协创新战略研究院和中国科普研究所有关研究人员介绍了近些年中国科协在青少年科技创新人才成长发展方面已经开展的一些研究工作和下一步的工作设想。

【2018年青少年科学调查体验活动】 11月21日，由中国科协、教育部、国家发展改革委、中央文明办、共青团中央共同组织开展的“体验科学 快乐成长——2018年青少年科学调查体验活动”总结展评会结束。

2018年，青少年科学调查体验活动主办单位从调整主题设置、促进校内外融合、丰富形式内容、加强师资队伍建设、提供精准资源服务等方面进行创新，拓展师生参与活动的领域范围，增强师生参与活动的自主性、连续性，促进活动资源积累深化和循环利用，推动活动与中小学综合实践活动的有效衔接，受到广泛好评。

在各地科协、教育、发展改革委、文明办、共青团等部门的支持和协作下，2018年全国共有400余万名学生参与活动，主题网站访问量230万人次，参与调查表提交学校3044所、学生140余万名，提交活动报道1786项、活动图片5035张、活动视频1287部，提交作品19476项，其中教师提交作品1855项、学生提交作品17621项。主办单位组织相关领域专家对各省推荐作品进行了评审，共评出优秀组织单位15个、优秀实施学校200所、优秀教师作品300项、优秀学生作品594项。

【2018年度“大手拉小手——科普报告希望行”活动】 11月10日，2018年度“大手拉小手——科普报告希望行”活动在海南省圆满收官。本年度的活动主要依托中国科学院老科学家科普演讲团、航天院士专家演讲团队、中国科普作家协会科普报告团、国杰老教授演讲团队，组织专家70人次赴河北、宁夏、江苏、浙江、广西、吉林、青海、新疆、西藏、四川、贵州、山西、海南等13个省、自治区开展323场科普报告活动，内容涉及物理、化学、生物、天文、生态环保、航空航天、心理卫生、新能源新材料、南北极、遥感、科学史等诸多领域，直接听众达13.5万人次。专家们内容丰富、深入浅出、生动有趣的科普报告深受青少年喜爱，他们在聆听报告的过程中开阔了科学视野、增长了科学知识、学习了科学方法、激发了科学兴趣，并为科学家身上坚韧不拔的科学精神所鼓舞。

中国科协“大手拉小手——科普报告希望行”活动为科学家深入基层从事科普活动搭建平台，科学家们通过这个平台向广大青少年普及科学知识、弘扬科学精神、传播科学思想、倡导科学方法，推动当地形成讲科学、爱科学、学科学、用科学的良好氛围。

【第69届英特尔国际科学与工程大奖赛中国代表团取得佳绩】 5月14—19日，第69届英特尔国际科学与工程大奖赛（Intel ISEF）在美国匹兹堡市举行。来自中国人民大学附属中学的丑瑞华和华东师范大学第二附属中学的樊悦阳分别获得系统软件学科和植物学一等奖，并同时荣获学科最佳奖。这是中国代表团首次获得两个学科最佳奖，取得历史性突破。

此次大奖赛共有来自 81 个国家和地区的约 1800 名“科技未来之星”参加。中国科协派出了 24 名中学生组成的中国代表团。在中国科协选派参赛的 21 个项目中，共有 12 名选手获得 14 个奖项，创造了历史最佳成绩。此外，中国香港选手获得 1 个三等奖和 1 个四等奖；中国澳门选手获 1 个三等奖；中国台北选手获 1 个二等奖、1 个三等奖和 1 个四等奖。

5 月 14—15 日，中国科协党组副书记、副主席、书记处书记徐延豪出席大赛开幕式，并会见美国科学与公众社团主席 Maya Ajmera，就双方增进共识、加强合作、推动中国青少年参与国际赛事和青少年科技教育国际化等方面进行交流。徐延豪还赴赛场看望中国大陆、香港和澳门选手，并与他们交流。

中国科协继续在本届大赛上设立专项奖——中国科协主席奖，经评审，分别授予美国、沙特阿拉伯、俄罗斯和印度的 14 名选手。美国国家航空航天局（NASA）、电气和电子工程师协会（IEEE）和计算机学会（ACM）等 53 个科研机构、政府部门、社会组织和企业在本届大赛上设立了专项奖。

【第 42 届国际大学生程序设计竞赛全球总决赛】 4 月 15—20 日，由中国科协青少年科技中心和北京大学联合承办的第 42 届国际大学生程序设计竞赛全球总决赛在北京大学举办。全国政协副主席、中国科协主席万钢出席大赛开幕式并致辞。

万钢代表中国科协向大赛的举办表示热烈祝贺，向来自世界各地的嘉宾、教练和队员表示诚挚欢迎。他说，本次大赛既是世界大学生的盛会，也是影响信息科学未来发展的大会，必将带动世界各国广泛开展编程和计算机教育培训活动，激励更多青少年科技人才勇于创新、追求卓越，发现更深奥的科学规律，创造更重要的技术发明，实现他们的青春梦想和辉煌前景。万钢希望各国科学家特别是青年科技人才，包括国际程序设计高手和创新人才，来中国创新创业。

在开幕式上，为表彰中国科协青少年科技中心在推动教育活动、产业及学术融合，在全球范围内为年轻一代提供科学教育资源与支撑平台所做出的突出贡献，国际大学生程序设计竞赛基金会（ICPC Foundation）向中国科协青少年科技中心颁发了“杰出国际贡献奖”。

本届总决赛共有来自 51 个国家和地区的 140 多支代表队参赛，参赛人员约 1500 名。国际大学生程序设计竞赛（ACM-ICPC）是由计算机学会（ACM）于 1970 年组织发起，旨在展示大学生创新能力、团队精神和在压力下编写程序、分析和解决问题能力的一项年度竞赛活动。经过 40 余年的发展，该项赛事已经成为全球最具影响力、规模最大、层次最高的大学生计算机竞赛，每年共有来自六大洲、100 余个国家和地区的近 3000 所大学参加竞赛活动。

4 月 19 日，第 42 届国际大学生程序设计竞赛全球总决赛在北京大学闭幕。经过激烈角逐，莫斯科国立大学代表队获全球总冠军，北京大学代表队获得金牌，清华大学、上海交通大学代表队获得银牌。中国科协党组书记、常务副主席、书记处第一书记怀进鹏出席大赛闭幕式，并为全球总冠军和金牌队颁奖。

国际大学生程序设计竞赛组委会执行主席 Bill Poucher 向中国科协青少年科技中心和北京大学在本届大赛承办过程中的突出贡献和付出的努力表示感谢，并希望进一步加强在创新人才培养方面的深入合作。

【中国科协召开科普信息化工作专家座谈会】 5 月 10 日，中国科协召开座谈会，邀请专家共同探讨推进科普信息化、构建大科普平台的新思考和新探索。中国科协党组书记、常务副主席、书记处第一书记怀进鹏主持会议。中国科协党组副书记、副主席、书记处书记徐延豪出席会议。

上海市科协党组书记、副主席马兴发，上海市第六人民医院急诊部主任、中国科普作家协会医学科普青委会主任委员王韬，腾讯网资讯运营部总经理、功能游戏联合项目组专家顾问王永治，科普时报社总编辑尹传红，新华网董事、副总裁申江婴，北京市第三十五中学校长朱建民，北京东方华盖创业投资有限公司创始人、总经理许莉，人民网总编辑余清楚，中国科技馆网络科普部副主任张炯，百度百科总经理陈合春，未来论坛发起人、北京奇点未来自然科学发展基金会秘书长武红，青海省海南藏族自治州藏文信息技术研究中心副主任拉吉卓玛，中国农业大学食品学院营养与食品安全系副教授范志红，网易副总裁庞大智，中国药学会科技开发中心副主任施阳，国家博物馆讲解员袁硕，今日头条副总编辑徐一龙，果壳网、分答创始人嵇晓华等 18 位专家参加会议。

与会专家围绕科普创作、科普传播、科普人才培养、科普信息应用、科普游戏、智慧科普场馆、科普产业等方面进行研讨，针对科普信息化的发展提出意见和建议。

怀进鹏指出，探索未知是人的本性，经济社会文明程度与人的认知能力与活力呈现正相关关系。科普的价值与意义需要进一步认识和挖掘，互联网时代为科普发展提供了新的平台机制、传播载体和资本力量。科普的信息化是当前科普工作的焦点，工具理性与价值理性相互融合并相互增强。

怀进鹏表示，今后应提升对科普的认识，与文明的认识、价值观的传播、市场化的发展有机结合。中国科协要探索建立科普大平台，设计有效的公共政策体系，通过政府的有效指导，借助互联网平台，借助民间资本和社会化力量，发挥资本的杠杆和撬动作用；要探索打造新的科普组织模式，结合知识生产与激励机制，结合评估标准与评价约束，建立专家信用体系和科学性认证体系，为各类科普主体提供服务，在共建共享中各取所需；要创造更广阔的科普空间，进一步推动解决数据鸿沟和知识鸿沟，提升全民科学素质，支撑世界科技强国建设。

中国科协机关有关部门及直属单位负责人参加会议。

【2018 年科普产业发展论坛】 4 月 20 日，2018 年科普产业发展论坛在安徽省芜湖市举办。论坛由中国科协科普部主办、中国自然科学博物馆协会承办、安徽省科协和芜湖市人民政府协办，主题为“集群发展与平台营销——新时代科普产业实践创新”。来自科普场馆、企业、高校、研究机构及相关单位的 150 余位代表参加了论坛。

中国科协科普部部长白希表示，为更好推动科普产业发展，中国科协科普工作将不忘初心，以科普产业的发展服务于全民科学素质提升；依靠创新来驱动科普产业集群的发展，通过培育和发展科普产业集群提升整个产业的层次、促进产业结构优化转型升级，形成科学合理的现代化产业体系；进一步沟通连接科普产业的供给侧和需求侧，充分运用市场的手段提升效率、降低成本、扩大科普公共服务范围、提升科普公共服务水平。

中国科普研究所科普政策研究室主任郑念和中国科技新闻学会副理事长、中国科技大学管理学院科普产业研究所所长周建强就科普产业发展的相关问题作主旨报告。合肥探奥自动化有限公司、厦门亦翰文化、江苏科学梦创展工程有限公司、宁波新文三维股份有限公司、腾讯公司、上海睿宏文化传播有限公司以及上海丽人丽妆化妆品股份有限公司代表分别围绕科普企业创新发展、文化产业、科技馆建设、AI 技术应用、科普游戏、科普影视及电商经济等相关内容进行研讨。

【科技馆免费开放工作座谈会】 4 月 19 日，科技馆免费开放工作座谈会在安徽省芜湖市召开，中国科协党组副书记、副主席、书记处书记徐延豪出席会议。安徽省科技馆、合肥市科技馆、蚌埠市科技馆、滁州市科技馆、马鞍山市科技馆、芜湖市科技馆、铜陵市科技馆、池州市科技馆、安庆市科技馆等九家科技馆代表参加座谈会。

与会科技馆代表分别介绍了科技馆运行及免费开放的工作情况，提出在场馆运行、人员管理、展品维护和经费管理使用中遇到的问题，并就免费开放资金使用等方面的情况提出意见和建议。

徐延豪听取各科技馆代表的发言，并就科技馆免费开放工作的现状和未来工作的开展等与代表进行探讨。他说，科技馆免费开放经费对于科技馆的运营发展起着重要作用，管好用好免费开放资金对于科技馆未来运营和发展有重要意义。徐延豪希望各省科协加强对科技馆免费开放资金的管理和使用，管好用好免费开放资金，加快地方科技馆服务能力建设，同时加大对社会宣传科技馆免费开放工作的力度，提高免费开放带给公众的效益，扩大免费开放工作的影响力。

中国科协科普部、安徽省科协有关人员参加座谈会。

【2018 年度科协系统青少年科技教育研讨会】 2 月 28 日—3 月 1 日，2018 年度科协系统青少年科技教育研讨会在安徽省合肥市召开。中国科协党组副书记、副主席、书记处书记徐延豪出席会议并讲话。

徐延豪在讲话中充分肯定了 2017 年科协系统青少年科技教育工作取得的成绩。他强调，2018 年是贯彻党的十九大精神的开局之年，是改革开放 40 周年，是决胜全面建成小康社会、实施“十三五”规划承上启下的关键一年，也是中国科协成立 60 周年。要通过大力加强科技创新后备人才成长规律研究，探索有效促进青少年科技英才成长成才的培养模式，在建设国家青少年科技英才培育体系上开创新局面。要着力打造青少年科技教育国际知名品牌，瞄准“一带一路”沿线国家和港澳台推动建立科技人文交流机制，在拓展青少年科技教育国际交流合作上开创新局面。要围绕科普服务乡村振兴计划和科技助力精准扶贫工作，加强统筹协调支持薄弱地区工作，用好信息化手段，在促进青少年科技教育的平衡充分发展上开创新局面。要推动校内外科技教育深度融合，继续探索利用电视、广播、报纸等传统媒体加强青少年科技教育和科普宣传的新模式，在创新青少年科技教育活动内容和形式上开创新局面。要积极推动青少年科技教育政策制定，建设一支高素质的科技辅导员队伍，大力加强组织管理队伍建设。中国科协青少年科技中心主任刘阳作工作报告，报告全面回顾总结了 2017 年青少年科技教育工作，对 2018 年重点工作任务进行了部署。会议交流了 2018 年重点工作的计划和安排。

中国科协青少年科技中心，各省、自治区、直辖市和新疆生产建设兵团，副省级城市科协青少年科技教育工作机构负责人参加会议。

【“科普中国”海报亮相美国纽约时代广场】 3 月 28 日，中国科协“科普中国”巨幅海报在纽约时代广场投放，标志着“科普中国”开启国际科普资源共享的新征程。

“科普中国”首度亮相纽约时代广场，一句“你好，世界！”向全世界发出中国科普的声音，展现出中国在提升全民科学素养方面的决心和与全球共享科普资源的期待。

此前，“科普中国”视频已通过汉雅星空 – 魅力中国、中国侨联 – 华文电视等渠道覆盖北美地区，25 万华人华侨用户可以通过网络电视搜索“科普中国”专区，观看医学、安全、认知类科普视频。“科普中国”生产、创作、会聚的科普资源已触达全球 16 亿用户。

“科普中国”在科普内容建设方面，按照开放包容的国际化思路，积极挖掘全球优质科普资源，陆续引进美国国家航空航天局、麻省理工学院、牛津大学等机构的科学科普类视频 10 余部。引进的科普资源经过字幕处理、专家校审等环节，形成方便中国公众学习观看的科普内容，在“科普中国”自有及合作平台免费向公众开放。

【协同开展地震应急科普 “科普中国”内容首次登陆台湾地区媒体】 2 月 6 日 23 时 50 分，中国台湾地区花莲县发生 6.5 级地震，“科普中国”迅速启动新闻导入、科学解读应急机制，联手中国台湾网，第一时间联动台湾当地媒体，上线播出地震科普视频。这是“科普中国”与中央新闻媒体协同开展两岸应急科普的一次成功尝试，也是“科普中国”内容首次登陆台湾地区媒体。

中国台湾网是国务院台湾事务办公室管理的国家重点新闻网站。地震发生后，“科普中国”迅速组织地震科普资源，与中国台湾网紧密协作，24 小时内即在中国台湾网 Facebook 账户上推出科普视频，36 小时内在台湾当地媒体“今日新闻”等平台进行推广，向台湾同胞普及地震的基本形成原理、前期征兆现象、如何逃生等方面的科学知识。

【全国文化科技卫生“三下乡”福建分会场集中示范活动】 2 月 2 日，2018 年全国文化科技卫生“三下乡”福建分会场集中示范活动在福建省福鼎市磻溪镇赤溪村举行。中国科协党组书记、常务副主席、书记处第一书记怀进鹏，福建省副省长郑新聪出席活动并讲话。

怀进鹏说，中国科协作为 9000 多万名科技工作者的群众组织、科学普及的主力军，将深入贯彻党的十九大精神，在实施乡村振兴战略过程中发挥科协组织优势，组织科技工作者提供技术、科技和服务，提高科技致富能力。同时，中国科协将加强科普中国 e 站、科普活动室等基层科技设施建设，广泛开展农村科技服务活动，引导农民养成科学健康文明的生产生活方式，提高科学素质。怀进鹏希望福建人民以习近平新时代中国特色社会主义思想为指导，坚持“绿水青山就是金山银山”的发展理念不动摇，把生态文明优势转化为产业发展优势，多渠道增收致富，加快推进新农村建设。

郑新聪要求福建省各级各部门要全面贯彻落实习近平新时代中国特色社会主义思想和党的十九大精神，积极主动开展好“三下乡”活动，创新下乡模式，把集中下乡服务与面向“三农”开展经常性、专题性服务相结合，精准扶贫、精准脱贫，把党的温暖送进农民群众心头。

2018 年全国文化科技卫生“三下乡”福建分会场集中示范活动由中国科协、福建省委省政府共同主办，福建省委宣传部、省卫生计划生育委员会等 58 个单位联办。活动内容涵盖文艺演出、党的十九大精神主题微展览和社会主义核心价值观主题宣传、科普体验展示宣传、健康检查、书法家写联赠联等。活动现场捐赠惠农资金、项目、物资突破 2000 万元。福建省其他各设区市和平潭综合实验区设立分会场同期举办集中服务活动。

中国科协科普部、学会学术部、农村专业技术服务中心等部门和单位人员参加活动。

【科学普及出版社荣获全国未成年人思想道德建设工作先进单位】 日前，中国科学技术出版社（科学普及出版社）被中央精神文明建设指导委员会授予第四届“全国未成年人思想道德建设工作先进单位”称号，成为全国200家受表彰的单位之一，也是科协系统唯一获此殊荣的单位。

近年来，中国科学技术出版社按照“一体两翼”的发展思路，将科普图书产品线扩展到少儿科幻、科学童话、科学图画书等方面，实现线上线下青少年图书产品线全覆盖。在坚持传统出版的基础上，加强了互联网出版和融媒体出版，通过图书、期刊、新媒体等介质向青少年输送高品质的科普精品内容和服务，依托互联网率先向青少年读者定向推送科普动画视频、科学童话音频，把未成年人科学道德、科学文化建设工作贯穿到日常出版和科学文化传播工作之中。

2016年，中国科学技术出版社开发的动漫微视频《阿U学科学》荣获国家新闻出版广电总局颁发的“优秀国产电视动画片”“中国梦原创网络视听节目获奖作品”等奖项。网上该剧的播放点击量突破5亿次，中文版视频在中央电视台少儿频道、金鹰卡通卫视等电视台播出，英文版视频在美国、印度等海外媒体播出，受到了广大青少年受众的欢迎。

中国科学技术出版社品牌期刊《知识就是力量》杂志自2014年改版以来，注重向青少年读者传播权威、有趣的科普内容。该杂志与知力微电台合作，通过线上线下互动的方式引导全国青少年形成读科普、听科普、写科普的良好风尚。2017年，《知识就是力量》杂志从全国5000多份杂志中脱颖而出，入选国家新闻出版广电总局“2017年度向全国少年儿童推荐百种优秀报刊”。

国际学术交流

【中国科协国际科技组织工作座谈】 5月22日，中国科协国际科技组织工作座谈在北京中国科技会堂举行。中国科协副主席、国际科联副主席李静海，中国科协副主席、国际工业与应用数学联合会主席袁亚湘，中国科学院遥感与数字地球研究所研究员、中国科学院院士、第三世界科学院院士、国际数字地球学会主席郭华东，中国科学院生态环境研究中心研究员、第三世界科学院院士、太平洋科学协会主席吕永龙，中国科协党组成员、书记处书记束为等参加会议。座谈围绕国际科技组织发展的特点、趋势及影响与如何设置公共服务产品推动国际科技组织在华落户两个单元展开。座谈活动由中国科协国际联络部部长张建生主持，束为在会上讲话。

参加座谈的专家一致认为，在我国发起成立国际科技组织是提高我国在国际科技舞台上的影响力、建设世界科技强国的重要工作内容之一。在开展此项工作时需要发挥国际一流科学家的牵头引领作用，注意相关人才储备、团队支撑与国际化工作环境建设，应重点推进新兴学科与交叉学科成立国际科技组织，加快占领学术制高点进程。中国科协应以满足国际科技组织在中国发展的需求为目标，积极部署协调相关工作。

中国科协国际联络部、有关学会与国际组织负责人40余人参加座谈。

【中国科协国际科学理事会工作协调委员会全体会议】 1月4日，中国科协国际科学理事会工作协调委员会（ICSU-CHINA）全体会议在北京中国科技会堂举行。ICSU副主席、中国科协副主席、中国科学院院士李静海，国际纯粹与应用化学联合会（IUPAC）主席、中国科学院院士周其凤，国际纯粹与应用生物物理学联盟（IUPAB）前主席、中国科学院院士饶子和，国际纯粹与应用物理学联盟（IUPAP）副主席、中国科学院院士王恩哥，中国科学院院士胡海岩、崔鹏、杨元喜等工作协调会委员及相关学会代表50余人参加会议。会议由ICSU-CHINA主席、中国科学院院士吴国雄主持。

ICSU-CHINA秘书长、中国科协国际联络部副部长王庆林对2017年度ICSU-CHINA工作进行了总结并汇报了2018年度工作思路。中国科协国际联络部部长张建生在会上强调了近期国际组织人才工作的重点任务。李静海围绕在ICSU任职及国际科联和国际社会科学理事会合并带来的机遇与挑战作专题报告。

会议从任职情况、参加会议、人才培养、工作拓展和支撑保障五个方面回顾总结了2017年中国科协系统参与ICSU活动的情况，介绍了ICSU最新动态和发展，交流了各学会参与ICSU活动经验和做法以及如何在科学的严谨中保持政治正确，并从建立健全国际科联中国委员会系统体制机制、制定长期规划以提升统筹协调能力、加强人才培养以提升在国际科联系统的引领力和ICSU-CHINA未来工作四个方面确定了

2018 年工作思路。

会议围绕做好国际组织任职人才梯队培养工作、参与我国“一带一路”倡议、利用边会主办权提升显示度、加强与成员组织的交流与合作、参与国际组织政策制定、体现学科交叉与科学为社会服务的属性、促进组织对新成员的吸纳力、推进国际科学计划顺利实施、共建共享科技数据库、发出与大国国体相称的科技强音等议题展开讨论。

会议建议，加强与 ICSU 秘书处的交流与联系，组织好将于 7 月召开的首届国际科学理事会（ISC）全体会议及相关助选工作。

【世界工程组织联合会中国委员会（WFEO-CHINA）2018 换届工作会议】 6 月 22 日，世界工程组织联合会中国委员会（WFEO-CHINA，以下简称“中委会”）2018 换届工作会议在北京中国科技会堂举行。中国科协党组成员、书记处书记吴海鹰参加会议并致辞。会议由中国科协荣誉委员、世界工程组织联合会（WFEO）候任主席龚克主持。

会议宣布了 2018 届中委会委员名单。本届中委会由 30 人组成，龚克任主席。吴海鹰为新任委员颁发了证书。

龚克作题为“WFEO 2018 年工作”的主旨报告。

亚太工程组织联合会副主席、西北工业大学常务副校长黄维，WFEO 创新技术委员会（WFEO-CEIT）秘书长、中国电子学会副秘书长林润华，中委会秘书长秦久怡分别作专题报告《FEIAP 2018 年工作》《WFEO 创新技术委员会（WFEO-CEIT）2018 工作安排》《WFEO-CHINA 秘书处工作建议》。

在总结发言中，龚克对新当选的各中委会委员提出三点要求：一是要深入学习领会习近平总书记关于科技创新的重要思想，切实担负起进军世界科技强国的时代使命；二是以对接联合国 17 个可持续发展目标为契机，构建共同的话语体系基础，主动担责、认真履职，更好地发挥国际组织对全球治理的参与作用；三是将中委会工作融入自身担负的其他工作中，建立信息交流平台，协同合作、共同履职，提高世界工程组织联合会工作的显示度。

世界工程组织联合会中国委员会委员、国际联络部有关负责人 30 余人参加会议。

【中国科协灾害风险综合研究计划工作协调委员会 2018 年度工作会议】 3 月 27 日，中国科协灾害风险综合研究计划工作协调委员会（IRDR CHINA）2018 年度工作会议在北京召开。来自中国科协、中国科学院、灾害风险综合研究计划国际项目办公室（IRDR-IPO）等机构的 40 余名领导和专家出席会议。IRDR CHINA 主席郭华东院士主持会议并作会议总结。

中国科协国际联络部副部长王庆林作题为“中国科协国际科技组织合作工作思路”的报告。IRDR-IPO 执行主任韩群力教授作题为“IRDR 工作回顾及 2020 之后的设想”的报告。

“灾害风险综合研究计划”（Integrated Research on Disaster Risk，IRDR）是在国际科学理事会、国际社会科学理事会、联合国国际减灾战略共同支持下为期 10 年的国际减灾计划，旨在联合各国自然科学、社会经济、卫生和工程技术专家，凝聚经验和智慧，共同应对自然和人类引发的环境灾害的挑战，提高各国应对灾害的能力，减轻灾害的影响，改进决策机制。IRDR-IPO 于 2010 年落户我国，是亚洲首次承办的 ICSU 系统大型科学计划国际办公室。

【中国－北欧国家科学战略圆桌会议】 7 月 13 日，中国－北欧国家科学战略圆桌会议在北京中国科技会堂召开。中国科协党组书记、常务副主席、书记处第一书记怀进鹏参加会议。此次圆桌会议由中国科协主办、中国国际科技交流中心承办。

中国科协海智专家、哥德堡大学理论气象学教授、中国科学院外籍院士、瑞典皇家科学院院士陈德亮，奥斯陆大学生态与进化综合中心教授、挪威科学与文学院前院长 Nils Chr. Stenseth，赫尔辛基大学前校长、围产医学教授、前 ICSU（现 International Council for Science，ICS）副主席 Kari Raivio，北极圈组织 CEO、冰岛前总统顾问 Dagfinnur Sveinbjornsson，中国青藏高原研究会理事长、中国科学院青藏高原研究所所长、中国科学院院士姚檀栋，中国科学院生态环境研究中心研究员、国际环境问题科学委员会（SCOPE）前主席、第三世界科学院院士吕永龙，国家海洋局第二海洋研究所卫星海洋环境动力学国家重点实验室主任、中国科学院院士陈大可，中国科学院农业政策研究中心副主任、中国科学院地理科学与资源研究所创新基地首席研究员、第三世界科学院院士张林秀出席会议。

本次圆桌会议是中国科协建设科技智库的一项重要工作，组织中国、北欧顶级专家展开讨论，并将形成会议成果供有关部门参考。会议由科学与技术、科学建言体制与科学促进政策发展三个板块构成。陈德亮、吕永龙、Nils Chr. Stenseth分别于板块开始阶段作引导性发言《科学与技术议题》《中国的决策科学》《科学学与政策学》。随后，参会专家围绕科学战略重大议题分别进行了讨论，主要包括：科学与技术在社会中的角色及科学与技术的关系，当前及新兴的与科学界有关的重大社会挑战，如何改进公共政策制定中的科学建言体制，研究机构及科技组织如何参与建设科学建言体制，如何向政策制定者提供跨学科、问题导向的科学建议，面向公共政策制定的科学建言实践所需的技能及素质等。

参会专家还就中国科协发布的2018年60个重大科学问题和工程技术难题部分英文译稿进行了专项讨论。最后，就会议达成的共识进行了总结，包括注重学科群和交叉学科建设、联合科学界和媒体界力量形成完善的建言渠道、完善推广国际科技交流圆桌会议形式等。

中国科协国际联络部、调研宣传部、学会学术部、中国科协创新战略研究院、中国国际科技交流中心相关负责人列席、观摩会议。

【人类智能与人工智能讨论会】 5月16日，由联合国教科文组织知识社会局（UNESCO Knowledge Society）、世界工程组织联合会创新技术委员会（WFEO-CEIT）、中国科协国际联络部、中国电子学会共同主办的“人类智能与人工智能讨论会”在天津市召开。世界工程组织联合会候任主席龚克、联合国教科文组织知识社会局局长英德拉吉特·班纳吉先生、法国驻华大使馆商务投资处Thomas VIAL先生、WFEO各专委会委员及全球人工智能领域的专家和企业家代表等20余人参加了讨论会。会议由龚克主持。

与会专家与企业家围绕人工智能应用热点、科技伦理、中法人工智能合作等议题展开讲解与讨论。座谈会上，英德拉吉特·班纳吉和龚克共同发布了由联合国教科文组织、Netexplo联合出版的《人类决策——对人工智能的思考》一书的中文版。

作为在天津市召开的第二届世界智能大会的重要组成部分之一，人类智能与人工智能讨论会为人工智能技术创新与产业发展搭建国际交流平台，发挥产学研共铸经济发展新动能的优势与作用。

【中国科协前沿论坛——生态能源圆桌论坛】 6月12—13日，中国科协前沿论坛——生态能源圆桌论坛在北京召开。论坛由中国科协主办、中国国际科技交流中心承办，共邀请到海内外相关领域院士专家、学者11人，就7个生态议题和7个能源议题的前沿研究展开交流探讨。中国科协国际联络部部长张建生参会并致辞。

本次会议的学术召集人有：中国工程院院士、水文学及水资源学家王浩，欧洲科学与艺术院院士、瑞典皇家理工学院和梅拉达伦大学教授、国际能源期刊*Applied Energy*主编严晋跃，2015年普利高津金奖获得者、美国加利福尼亚大学河滨分校生态学终身教授、国际生态与可持续发展研究中心主任李百炼，国际生态城市建设理事会秘书长、美籍生态学家、北京博大生态城市规划设计院院长伍业钢。参会的专家学者还有美国科学促进会会士、澳大利亚国立大学克劳福德（Crawford）公共政策学院生态经济学家和公共政策教授兼副院长Robert Costanza，新加坡工程学院和英国能源研究院院士、新加坡国立大学机械工程系教授兼能源研究所执行总监S K Chou，欧洲科学与艺术院院士、鲁尔大学波鸿分校碳封闭循环经济研究部主任Roland Span，国际能源研究期刊*Joule*主编Philip Earis博士，奥地利生态经济学家Klaus Hubacek博士，英国工程技术学会（IET）会士、清华大学及英国南安普顿大学教授吴建平，中国科学院生态环境研究中心研究员、第三世界科学院院士吕永龙。

在第一天的会议上，11位专家学者分别作大会主旨报告；第二天展开分组讨论，分别就生态议题与能源议题展开交流与探讨。

此次圆桌论坛就生态能源领域面临的主要问题与挑战以及潜在应用，提出前瞻性科学问题、发展趋势、预警、风险规避、挑战和机遇建议，为学术和产业界提供最前沿的研究和思考。

【第三届中国大地测量和地球物理学学术大会】 8月23—24日，第三届中国大地测量和地球物理学学术大会（Congress of China Geodesy and Geophysics，CCGG）在兰州大学召开。会议由国际大地测量和地球物理学联合会中国委员会（Chinese National Committee for International Union of Geodesy and Geophysics，简IUGG中国委员会）主办、兰州大学承办、中国卫星导航定位协会等单位协办。来自国内外的1000余名专家、学者和研究生出席会议并进行学术交流。

大会开幕式由IUGG中国委员会秘书长李建平教授主持。IUGG中国委员会主席杨元喜院士，国际ISC秘书长、国际IUGG秘书长Alik Ismail-Zadeh教授，兰州大学校长严纯华院士分别致辞。杨元喜院士回顾了国际 IUGG 及中国委员会的发展历程和显著成就。Alik Ismail-Zadeh 教授从国际 IUGG 的研究范围、成员国家、合作组织及科研项目等方面详细介绍了 IUGG 的情况。严纯华院士介绍了兰州大学以大气科学学院、地质科学与矿产资源学院、资源环境学院为核心的“地球科学学科群”的发展特色与突出成绩。IUGG 中国委员会顾问委员陈运泰院士和吴国雄院士为荣获“优秀研究生论文奖”的青年学者颁奖。

大会特邀报告环节由杨元喜院士主持。国际 ISC 秘书长、国际 IUGG 秘书长 Alik Ismail-Zadeh 教授、IUGG 中国委员会顾问委员吴国雄院士、IUGG 中国委员会副主席夏军院士、兰州大学大气科学学院院长黄建平教授分别就灾难科学、青藏高原气候、水安全和氧循环等主题作特邀报告。

第三届 CCGG 大会为我国地球科学工作者提供了深入交流与合作的平台，促进专家学者对“一带一路”沿线相关地球科学研究和发展方面进行交流，并对核心关键科学问题进行了深入讨论，为青年学者和研究生提供了更多的学习机会，也推动了以兰州大学为代表的中西部高校和院所未来在“一带一路”发展过程中继续发挥应有智力支持和国际合作桥梁纽带作用。

【第五届中俄工程技术论坛】 11 月 26—27 日，第五届中俄工程技术论坛在四川省遂宁市召开。本届论坛由中国科协和俄罗斯科学工程学会联合会（以下简称“俄罗斯科工联”）共同主办，中国国家航天局、中国航天科技集团有限公司、中国航天科工集团有限公司支持举办，中国宇航学会、四川省科学技术协会、遂宁市人民政府共同承办。中国科协副主席李华，俄罗斯科工联第一副主席德鲁卡连科，遂宁市委副书记、市长杨自力，中国航天科技集团有限公司科技委副主任吴劲风等在开幕式上致辞。论坛由中国宇航学会副理事长兼秘书长、中国航天科技国际交流中心书记王一然主持。

本届论坛以“促进航天技术进步、服务社会经济发展”为主题，包括开幕式、主旨报告、圆桌会议、技术考察、闭幕式等环节。来自中俄两国航空航天及相关领域的专家、学者、企业代表等 200 余人出席论坛，其中包括来自俄罗斯科工联、俄罗斯科学院、莫斯科工程物理研究院、罗斯航空系统、国际空中导航系统康采恩、莫斯科飞机修理厂等单位的 19 位俄罗斯专家。中国工程院院士、中国航天科技集团有限公司高级技术顾问杜善义，俄罗斯国家科学中心奥布宁斯克“技术”科研生产联合体预研部主任、俄罗斯科学院陶瓷材料科技委员会委员什卡鲁帕，中国工程院院士、中国空间技术研究院总工程师周志成，俄罗斯“罗斯航空系统”副总裁塔列斯尼科夫分别作主旨报告《新型航天器中的材料与结构问题》《航空航天工业非金属材料及结构件》《中国卫星通信的现状与未来》《大型飞艇运输系统及应用前景》。

【工程能力国际论坛】 11 月 21 日，工程能力国际论坛在北京举行。此次论坛由中国科协主办，世界工程组织联合会（WFEO）、亚太工程学会联合会（FEIAP）支持举办。中国科协党组成员、书记处书记束为，WFEO 候任主席、论坛程序委员会主席龚克，联合国教科文组织亚太科学局主任沙赫巴兹·汗在开幕式上致辞。束为在会上讲话。论坛由中国科协国际联络部副部长王庆林主持。

此次论坛围绕“加强能力建设，共建美好未来”这一主题，包含全体大会、“工程能力与标准”与“工程教育和认证”平行论坛、专业访问三个环节。在全体大会上，龚克、亚太经合组织工程师协调委员会主席陈成川、中国工程教育认证协会理事长吴启迪、WFEO 副主席兼 WFEO 工程能力建设委员会主席雅辛·布里奇莫汉分别作主旨报告《面向可持续发展的工程能力建设》《APEC 工程师流动性——“一带一路”倡议带来的机遇》《中国工程教育与认证》《为不断发展的技术时代建设工程能力》。中国科协副主席、中国科协工程能力建设联盟（筹）主席何华武院士代表中国科协作主旨报告《面向未来的工程师》。中国科协培训和人才服务中心代表在会上介绍了 10 月 30 日发布的《工程能力评价通用规范》的有关情况。

经过为期两天的交流与讨论，与会专家达成一致共识。一是在经济全球化的背景与“一带一路”倡议深度推进进程中，以促进工程技术人员的自由流动与就业为目标，持续探讨推动国际工程师能力与标准的实质互认，并进一步推进执业标准互认；二是将联合国可持续发展目标与各国工业新发展目标融入工程能力建设中，升级更新已有的工程能力标准，用工程师的智慧将蓝图转化为现实，为世界创造一个更加美好的未来。国际工程界应紧密配合、加强沟通，以更加开放、包容、合作、共赢的方式，共同提升工程能力，让工程技术不断造福人类、促进人类更好发展。

在闭幕式上，中国科协与巴基斯坦工程师学会、马来西亚工程师学会、新加坡工程师学会、印度工程师学会、伊拉克工程师学会和卢旺达工程师学会分别签署了合作备忘录。

本次合作备忘录的签署是中国科协与签署各方在前期不断开展合作交流、建立互认互信成果的重要体现。经过前期与各国沟通，共有12个国家工程师组织表示希望与中国在工程能力建设方面开展合作，中国科协根据工作重点选取了6个国家在此次论坛签署合作备忘录。

合作备忘录明确签署双方建立了致力于工程能力提升的合作关系，协同合作促进双方的工程师能力提升，支持双方组织间各部门的交流合作，支持双方会员开展交流学习活动；分享工程项目的信息和经验，以支持两国工程师的职业发展，在学业、资格认证和职业等方面对双方的年轻工程师给予鼓励和协助，分享双方在关于成员服务方面的经验等。

8个国际科技组织、20个国家的工程师组织代表和联合国教科文组织的代表160余人出席会议。

【"中国的科研与创新"论坛在瑞典皇家工程科学院举行】 10月25日，由中国科协和瑞典皇家工程科学院共同举办的"中国的科研与创新"论坛在瑞典皇家工程科学院举行。中国科协常委、北京大学副校长龚旗煌院士，清华大学副校长薛其坤院士，国家能源集团总经理凌文院士，科大讯飞副总裁李世鹏分别围绕中国科技发展、量子物理、能源发展与人工智能等领域在中国的进展与理念进行了介绍。瑞典皇家工程科学院执行理事会主席 Carl-Henric Svanberg（思文凯）、瑞典皇家工程科学院院长 Tuula Teeri 和瑞典皇家工程科学院副院长 Magnus Breidne（白瑞楠）参加了此次论坛。

此次论坛的100余名听众包括来自10余个国家的瑞典皇家工程科学院院士及瑞典科技界人士。论坛激发了听众的兴趣，使他们对中国国家创新体系与科技发展全景有了更为深刻的认识，并与中方科学家进行了热烈的交流和讨论。

瑞典皇家工程科学院院长 Tuula Teeri 教授对论坛的成功表示祝贺，并认为"现在，我们的合作迈出了实质性的一步"。此次论坛进一步落实中国科协党组书记、常务副主席、书记处第一书记怀进鹏2018年在瑞典皇家工程科学院进行的题为"理解、信任、合作"宣讲成果，为继续深化"中瑞杰出科学家交流计划"、促进中瑞双边科技合作关系积累了经验，为未来推进中瑞科技人文交流机制的建立打下了基础。

【中国科协代表团访问美国、哥斯达黎加、智利】 5月14—24日，中国科协党组副书记、副主席、书记处书记徐延豪率中国科协代表团应邀赴美国、哥斯达黎加、智利访问。代表团此行的主要任务是加强中国科协与上述国家相关机构在科学传播、科技政策制定及STEM教育领域的交流与合作，并邀请相关机构领导人和专家出席计划于2018年9月在北京举办的世界公众科学素质促进大会，从而推动建立、完善中国与美国、哥斯达黎加、智利等国家的双边科技人文交流机制。

代表团一行访问了联合国经社理事会、美国科学促进会、英特尔公司、哥斯达黎加工程师与建筑师联合会、智利国家科委、智利未来科学与挑战委员会、智利大学等机构，会晤科学传播和科学政策制定领域的权威专业人士，与各机构就开展科学传播、科技教育、科技政策制定等方面交换意见，同时邀请机构主要负责人出席世界公众科学素质促进大会，得到各机构的热烈响应。

5月14—15日，代表团一行赴美国匹兹堡市出席第69届英特尔国际科学与工程大奖赛（Intel ISEF）开幕式，与主办方交流经验、增进共识，推动中国青少年参与国际赛事，看望中国内地、香港和澳门特别行政区的参赛选手，鼓励选手们为国争光。5月17日上午，代表团一行专程赴联合国总部拜访联合国经社理事会，与相关负责人进行座谈交流，双方就联合国方面参与世界公众科学素质促进大会相关工作、共同开展科技创新人才培养等方面达成共识。5月18日上午，代表团一行访问哥斯达黎加工程师与建筑师联合会，双方就科学传播、工程师认证、科技人员培训等工作深入交流，并以中国科协名义和哥斯达黎加工程师与建筑师联合会签署双方框架合作协议。5月22日下午，代表团一行调研考察中智天文联合研究中心，看望中方研究人员，鼓励他们克服在国外的困难，为祖国的天文科学技术研究做出更大贡献。

【中国科协代表团参加第十三届联合国互联网治理论坛】 11月12—14日，第十三届联合国互联网治理论坛（Internet Governance Forum，IGF）在法国巴黎联合国教科文组织总部召开。围绕"互信的互联网（Internet of Trust）"主题，论坛对网络安全与治理、新兴技术、可持续发展等热点议题展开讨论。中国科协联合国咨商代表团参加大会并主办1个分论坛，与相关单位合办了 3 个分论坛。

此届论坛是 IGF 历史上最为特殊的一届，第一次受到了联合国与主办国的最高级礼遇。联合国秘书长古特雷斯、法国总统马克龙同时到会致辞。论坛也第一次被纳入主办国举行的系列活动中，与巴黎和平论坛及政府科技高峰会一起成为巴黎数字周的开幕活动。

中国科协联合国咨商代表团积极开展科技外交工作，主办了"关于《巴黎协定》和可持续发展目标的大数据治理"分论坛，并分别与意大利总统内阁、法国 Orange 公司、尼泊尔国家信息技术委员会合办三场分论坛。从数据开放、网络治理与可持续发展的角度探讨新一代信息技术在人类社会发展中的重要作用，呼吁世界各国共同迎接科技革命浪潮、共享科技创新成果。分论坛宣传了中国在互联网治理、信息社会建设上所做的努力和贡献。

中国科协代表团同时策划组织了中国科协咨商工作展台，吸引了哈萨克斯坦互联网协会主席 Shavkat Sabirov、美国电气和电子工程师协会互联网倡议分会（IEEE Internet Initiative）主席 Deepak 等 100 余名国际组织机构代表参观。联合国副秘书长刘振民、联合国经济和社会事务部高级官员郭伟民等特意来到展台，了解展览信息及科协工作。

【中国科协举办联合国气候变化大会（COP 24）边会】 12 月 3—15 日，联合国气候变化框架公约第 24 次缔约方大会在波兰卡托维茨召开。中国科协派出联合国咨商代表团在此次大会期间主办"中国科学家在行动"与"'未来地球计划'在中国"两场边会活动。

12 月 12 日，为宣传中国科学家在应对气候变化重大挑战时做出的积极贡献，中国科协联合国咨商环境委员会举办"中国科学家在行动"边会。边会邀请到中国科协联合国咨商环境委员会秘书长、中山大学大气科学学院院长董文杰，"未来地球计划"中委会副主席、国家发改委能源研究所研究员姜克隽，中国气象局国家气候中心研究员巢清尘，清华大学副教授滕飞等多位科学家，分别从地球系统模型、中国发电转型、中国气候变化适应性和未来全球温室气体排放路径等角度分享不同领域的研究成果，阐述了中国在气候变化领域的投入和经验。科技部原副部长、国务院参事、国家气候变化专家委员会主任刘燕华出席边会并作总结发言。12 月 13 日，为介绍中国开展"未来地球计划"的进展、分享中国经验，中国科协联合国咨商环境委员会联合中山大学、中国农科院农业环境与可持续发展研究所、可持续发展组织（秘鲁）等多个组织共同举办了"'未来地球计划'在中国"边会。边会由董文杰主持，中国科协联合国咨商环境委员会主席、中国科学院院士、中国科协原副主席秦大河，姜克隽，"未来地球计划"中委会委员、科技日报总编辑刘亚东，联合国环境规划署项目经理谭迪文等多位科学家分别从"未来地球计划"在中国的活动、中国为实现巴黎协议目标制定的排放路径、科学精神与生态文明建设以及通过南南合作进行生态系统适应实践等多个方面分享了中国经验和成果。专家们在会议现场与参会代表们开展互动问答，从气候变化基础科学研究、减缓与适应问题、国际合作和女性科学家培养等方面进行交流，呼吁国际合作，促进共同发展。中国科协联合国咨商代表团团长刘阳出席活动并致辞。

会议期间，中国科协代表团一行还参加了中国角的边会活动，并与国际科学理事会"未来地球计划"秘书处、亚洲开发银行、国际原子能机构等多个国际组织的代表进行互动交流。代表团成员分别出席了中日韩低碳城市、排放量差距、气候教育等多个领域的边会活动。

【周其凤就任国际纯粹与应用化学联合会主席】 1 月，中国科学院院士、北京大学教授、中国化学会副理事长、中国科协国际科学理事会工作协调委员会委员周其凤正式就任国际纯粹与应用化学联合会主席一职。这是自 1919 年国际纯粹与应用化学联合会在法国成立以来，中国化学家首次在该组织担任主席一职。

周其凤，中国著名化学家、教育家。多年从事高分子合成及液晶高分子领域研究。2008 年由中国化学会推荐到国际纯粹与应用化学联合会担任理事，后又被推选为执行委员会委员。2015 年成功竞选成为该组织副主席。根据《国际纯粹与应用化学联合会章程》的相关规定，副主席任期满两年后升任主席职位。

国际纯粹与应用化学联合会于 1919 年在法国巴黎成立，是目前世界上最权威的化学与应用化学组织。该组织的基本任务是创建全球通用的化学语言和工具，包括化学元素的发现、物质量的定义、化学物与化学反应的命名及测定方法、相关数据的确认与推荐等。该组织的宗旨是促进化学为人类福祉服务。

【陶小峰当选 MAG 成员】 3月19日，联合国互联网治理论坛（Internet Governance Forum，IGF）多利益相关方咨询专家组（Multistakeholder Advisory Group，MAG）第一次工作会议在瑞士日内瓦召开。会上宣布中国科协联合国咨商专家、北京邮电大学教授陶小峰当选2018届MAG成员。陶小峰教授由中国科协提名推荐，是2018届MAG成员中科技类社团代表中唯一的中国专家。联合国互联网治理论坛成立于2006年11月，是联合国根据信息社会世界峰会（WSIS）的决定而设立的有关互联网治理问题的开放式论坛，是当前研讨全球互联网治理问题最高级别的平台，秘书处设在瑞士日内瓦。IGF关注全球互联网国际规则制定、人工智能、网络平等、网络安全等议题，对互联网全球治理的框架和发展走向均产生重要影响，因此受到国际社会的高度重视。论坛多利益相关方咨询专家组由联合国秘书长发起成立，是论坛的最高咨询和决策机构，负责每年论坛议题议程的设定及分论坛的审批工作。MAG成员每年换届，每届任期一年，可连任三届。

中国科协于2004年获得联合国经社理事会特别咨商地位，随后积极参与联合国系统的重要会议，代表中国科技界在世界舞台上展示研究成果、发出声音、表达观点与意见，发挥了积极的作用。

中国科协已连续12年参加IGF。2016年，科协团组首次受邀在论坛主会场发言。2017年，中国科协在论坛上共举办“互联网+大数据治理扶贫和环境”“智慧城市的物联网：绿色和可持续性”“人工智能发展面临的政策挑战”与“共享经济时代的政策挑战”4个分论坛。

【昌增益当选国际生物化学与分子生物学联盟（IUBMB）执委】 6月6日，国际生物化学与分子生物学联盟（The International Union of Biochemistry and Molecular Biology，IUBMB）会员代表大会在韩国首尔举行。经过发表竞选演讲与各会员代表无记名投票环节，中国生物化学与分子生物学会副理事长、北京大学教授昌增益当选IUBMB执委，任期三年（2018—2021）。同时兼任联盟出版委员会主席。

昌增益由中国生物化学与分子生物学会提名，在得到美国、俄罗斯与马来西亚等国生物化学与分子生物学会书面支持后成为有效候选人。经由IUBMB提名委员会遴选成为最终候选人后，参加会员代表大会的正式选举。昌增益是担任该国际学术机构执委的首位中国大陆学者。经过此次选举，新当选的IUBMB六位执委分别来自中国台北（担任主席）、美国（担任候任主席）、加拿大（担任秘书长）、中国大陆（负责出版）、意大利（负责资产管理）和智利（负责学术会议）。

国际生物化学与分子生物学联盟成立于1955年。该组织的宗旨是促进国际间生物化学与分子生物学的研究、学术交流、教育和出版；促进生物化学名词、符号与方法方面的国际标准化等。目前，IUBMB拥有国家（地区）会员近80个，分为四个地区性联盟，分别是亚洲及大洋洲生物化学家与分子生物学家联盟（FAOBMB）、欧洲生物化学联盟（FEBS）、泛美洲生物化学与分子生物化学联盟（PABMB）和非洲生物化学与分子生物学联盟（FASBMB）。

【王曦当选亚洲科学理事会主席】 12月5日，亚洲科学理事会（Science Council of Asia，SCA）第18次会议在日本东京召开。会议宣布，中国科协副主席、中国科学院院士、中国科学院上海微系统与信息技术研究所所长王曦当选亚洲科学理事会主席，任期为2018—2020年。

本次会议的主题是“科学促进社会发展：亚洲可持续发展战略”，包括5个大会报告和15个平行分论坛。会议通过《第18届亚洲科学理事会国际会议大会宣言》，在努力实现人人机会均等共享发展成果、加强弹性基础设施与可持续发展城市建设、可持续利用自然资源、提升亚洲人均寿命、加强科学家对社会的贡献五个方面呼吁推动亚洲地区科技发展与创新。

亚洲科学理事会于2001年在泰国曼谷成立，由日本学术会议（Science Council of Japan，SCJ）发起，创始成员国共10个。中国作为创始成员国之一，充分借助亚洲科学理事会的平台，发展同亚洲地区科技界领导人的友谊，促进中国科协双边与多边交流活动的展开，服务国家科技发展需要。

外事活动

【万钢会见米其林集团管理合伙人夏逸夫一行】 8月28日，全国政协副主席、中国科协主席万钢在北京中国科技会堂会见米其林集团管理合伙人（联合总裁）夏逸夫（Yves Chapot）一行。双方围绕科技发展与技术创新等主题进行交流。

万钢对夏逸夫来访表示欢迎。他指出，技术创新对于促进社会发展具有重要意义。大力支持传统汽车产业转型升级，并结合人工智能研发新能源汽车、自动驾驶汽车等是未来科技创新的一大亮点。米其林集团在行业服务、技术创新等方面做了很多出色的工作，今后可以在汽车科技创新中尤其是与人工智能技术结合中发挥更重要的作用。希望米其林集团同中国汽车科技相关企业、全国学会及工业协会加强合作，与共同开展中国汽车行业发展的崭新道路体验，携手发展，开拓前行。

夏逸夫感谢万钢一直以来对米其林集团的支持，非常赞同万钢主席的观点。他介绍了米其林集团在企业全球化的发展背景下拓展新业务的情况，表示愿同中国科技组织深化合作、共同发展。

米其林（中国）投资有限公司总裁方诺德（Bruno de Feraudy）和高级副总裁王兆华陪同夏逸夫来访。中国科协国际联络部副部长王庆林陪同万钢会见。

【万钢出席 2018 年天津夏季达沃斯论坛】 9月18—19日，应世界经济论坛（WEF）执行主席施瓦布教授的邀请，全国政协副主席、中国科协主席万钢出席了在天津市举办的世界经济论坛第十二届新领军者年会（暨 2018 年夏季达沃斯论坛）并参加相关活动。

9月19日上午，万钢出席“扩大电动交通的规模”互动式会议。万钢介绍了电动化已成为交通领域的重要技术手段，强调协同创新对于推动汽车产业转型升级具有重要意义。拜腾创始人兼首席执行官毕福康、雷诺集团亚太地区主席福兰、摩羯座投资集团董事总经理沙卢贾和 GCL 系统集成技术公司首席执行官罗鑫作为嘉宾出席了该互动式会议。该会议由财新国际董事总经理李昕主持。

论坛期间，万钢会见了世界经济论坛执行主席施瓦布教授、施普林格·自然集团总编辑菲利普·坎贝尔、施普林格·自然集团大中华区董事总经理安诺杰、欧洲科研和创新委员会委员莫达斯一行。

本届夏季达沃斯以“在第四次工业革命中打造创新型社会”为主题，重点关注第四次工业革命给经济、社会、企业和个人带来的机遇与挑战，特别是确保创新以人为本，以创新增强社会凝聚力，并在社会构建完整的创新生态系统。来自 100 多个国家的 2300 多名政界、学界、商业界与社会人士参加论坛。中国科协党组成员、书记处书记项昌乐，中国科协学会学术部、国际联络部有关负责人一同参加。

【万钢会见冲村宪树一行】 12月24日，全国政协副主席、中国科协主席万钢在北京中国科技会堂会见日本科技振兴机构（JST）前理事长、JST 中国综合研究·樱花科技交流中心首席研究员冲村宪树一行。双方围绕中日科技人文交流展开座谈。

万钢欢迎冲村宪树一行来访中国科协，并回顾了双方近年来在青少年科技交流、科技管理人员交流和高层科学家对话方面的成果。他表示，积极开展中日双方各领域“人”的交流是中日双边关系长久发展的重要基础，希望中国科协与日本科技振兴机构携手并肩，继续加强在青年创新创意创业人才培养、高层科学家对话、科技服务经济社会发展及青少年科技交流等领域的合作，为中日民间科技交流搭建桥梁，为两国科技创新进步和人民福祉提升做出更多贡献。

冲村宪树感谢万钢和中国科协一直以来对“樱花科技计划”的支持。他建议双方深化合作，推动中日青少年科技交流等合作再上新台阶。

双方还围绕中日科普场馆互学互鉴等共同关心的话题展开交流。

中国科协党组成员、书记处书记束为，中国科协国际联络部部长刘阳，JST 中国综合研究·樱花科技交流中心副主任米山春子（Haruko Yoneyama）、JST 北京代表处首席代表茶山秀一（Hidekazu Chayama）等参加会见。

【怀进鹏率中国科协代表团访问挪威、瑞典】 应挪威科学与文学院和瑞典皇家工程科学院的邀请，中国科协党组书记、常务副主席、书记处第一书记怀进鹏率中国科协代表团于6月23—29日访问挪威和瑞典。访问期间，代表团与挪威生物经济研究所、挪威科学与文学院、瑞典皇家工程科学院、瑞典皇家科学院等机构负责人进行了会谈，访问了瑞典机器人谷（Robotdalen）、华为瑞典研究所、瑞典 ABB 集团机器人工厂等技术创新型企业及机器人谷所在地韦斯特罗斯市科技园。

代表团一行广泛会晤两国科技界、产业界高层人士，举办多场座谈会；邀请挪威及瑞典专家出席世界公众科学素质促进大会；围绕科学政策、科技创新、科学技术与经济社会融合、青年科学家交流、科学教育与科学传播等主题，深入探讨双边和多边合作新模式、新机制的建立，就加强民间科技交流形成高度共识。

6月26日，怀进鹏在瑞典皇家工程科学院作题为“理解、信任、合作”的演讲，宣讲中国新的发展理念、创新发展实践和人类命运共同体理念，介绍中国科协的愿景、使命、任务，倡导建立双边科技创新合作新机制，引起强烈反响。会后，怀进鹏与瑞典皇家工程科学院院长 Tuula Teeri 教授共同签署合作协议。

此次访问推进了两国民间科技界的理解与共识，开辟了与挪威、瑞典相关科技组织、研究机构及产业界的合作渠道，深化了与瑞典皇家工程科学院等机构的战略合作，并就举办青年科学家论坛、产学论坛等合作达成初步意向。

中国科协国际联络部部长张建生及办公厅有关负责人一同出访。

【怀进鹏会见思科公司董事长兼首席执行官罗卓克一行】 4月23日，中国科协党组书记、常务副主席、书记处第一书记怀进鹏在北京中国科技会堂会见思科公司董事长兼首席执行官罗卓克（Chuck Robbins）一行。同行人员包括思科公司全球高级副总裁、大中华区董事长陈仕炜（Owen Chan），思科公司全球副总裁、大中华区首席执行官萧洁云（Hera Siu）等。双方围绕中国科协与思科公司在产学互动及科普教育等方面开展合作进行了会谈。

怀进鹏对罗卓克一行表示欢迎。他介绍说，2018年是中国科协成立60周年，在新时代新形势的背景下，中国科协的主要任务包括科学普及、学术引领、决策咨询和国际合作四个方面，并逐类介绍了各项重点工作。他赞赏思科公司一直以来携手政府、社会组织和合作伙伴，以先进的信息通信技术和创新的公益实践模式在履行企业的社会责任、推进社会经济与环境的可持续发展等方面取得的成绩。罗卓克对中国科协的事业及发展理念表示赞赏。他介绍了思科公司在华发展的最新进展，包括与浪潮集团有限公司的合作、广东省智慧城市建设项目、电子工坊实验室与思科网络技术学院等相关情况。他表示，思科珍视与中国的合作，愿意同中国科协一起运用自身资源改变人类生活方式、解决社会面临的难题，为中美两国关系注入正能量。

双方还就探讨建立中美产学互动交流新模式、新一代信息技术服务脱贫发展等共同关注的议题展开交流讨论。

中国科协国际联络部、学会学术部、企业创新服务中心等有关部门和单位负责人参加会见。

【怀进鹏会见三菱电机株式会社社长杉山武史一行】 7月9日，中国科协党组书记、常务副主席、书记处第一书记怀进鹏在北京中国科技会堂会见日本三菱电机株式会社社长杉山武史一行。双方围绕新变革时期智能制造业发展与加强新型人才培养，就以更加开放的方式促进产学研合作、更好地服务社会进行了深入探讨。

怀进鹏对杉山武史一行的来访表示欢迎。他追溯了中国科协最早的全国学会之一的中国药学会与日本的渊源，并介绍了中国科协在新时期以智库建设、学术引领、科学普及“三轮”驱动服务社会的工作模式。杉山武史赞赏中国在智能和互联网领域的迅速发展。他介绍了三菱电机引入人工智能高速处理技术实现生产线全面升级的最新做法。双方还就信息综合研究、国际智能制造联盟筹集、科技金融等共同感兴趣的议题展开交流。

日方同行人员包括：三菱电机株式会社执行董事、中国总代表、三菱电机（中国）有限公司董事长兼总经理富泽克行（Tomizawa Katsuyuki），三菱电机自动化（中国）有限公司总裁王坚等。中国科协国际联络部、学会学术部和中国机械工程学会、中国科协智能制造学会联合体智能制造研究所有关负责人参加会见。

【怀进鹏会见参加世界公众科学素质促进大会的科技团体负责人】 9月18日上午，中国科协党组书记、常务副主席、书记处第一书记怀进鹏分别会见了来北京出席世界公众科学素质促进大会的世界工程组织联合会（World Federation of Engineering Organizations，WFEO）主席 Marlene Kanga、候任主席龚克，以及美国科促会（American Association for the Advancement of Science，以下简称“科促会”）首席执行官 Rush Holt 一行。

怀进鹏首先感谢 WFEO 和美国科促会专门派出高层代表团出席世界公众科学素质促进大会和长期以来对中国科协所开展各项工作的大力支持。他表示，公众科学素质的提升对建设科技创新型国家与构建人类命运共同体具有重要作用。2018年是中国科协成立60周年，围绕智库、学术、科普“三轮”驱动战略，中国科协希望与各国及国际科技组织开展深入交流与合作。此次大会搭建了一个全球性的促进公众科学素质提升的交流与合作平台。中国科协愿意积极同各界合作开展科学传播交流，为增强公众科学素质、促进科学成果共享、推动构建人类命运共同体携手努力。

Marlene Kanga、Rush Holt 首先祝贺大会成功举办，并表示非常荣幸能参与中国科协发起的这项重要事业中。他们分别介绍了 WFEO、美国科促会近年来的重点工作。Marlene Kanga 重点介绍了 WFEO 在促进公众理解科学方面开展的特色工作及在全球化背景下推动全球工程师标准及能力互认和国际工程教育互认方面的构思和实践，表示 WFEO 愿在这些方面及开展长期科技人文交流方面加强与中国科协的合作。Rush Holt 对于中国政府几十年来大力提升公民科学素养的行动表示十分赞赏。他认为中国科协和美国科促会在科学辟谣、科学传播平台建设等领域都有非常多的共同点，未来可以加强合作。

【怀进鹏会见留美青年科技工作者一行】 6 月 13 日，中国科协党组书记、常务副主席、书记处第一书记怀进鹏在北京中国科技会堂与来访的部分留美青年学生代表进行座谈交流。

来自美国杜克大学医学物理专业的在读博士生吕客作为代表，作了题为“构建新型科学技术文献检索系统——基于互联网思维、大数据、人工智能等新技术的青年学者们的创业梦想”的发言。与会的青年学生表示，基于新技术迸发的新时代，希望建立一个更实用、全免费、全开放的新型的、智慧的科学科技文献检索体系，为提升科技工作者创新能力和建立未来科学家梯队服务。开发出一套以中文为中心的系统，有利于中国科技工作者在科研过程中减少成本、提高效率。与会青年学生代表踊跃发言，交流分享关于开展科技创新创业、投身世界科技强国建设的理想。

怀进鹏充分肯定青年学生们的家国情怀、抱负理想和创新创业热情，赞扬青年学生立足科技工作者需求开展创新创业的选题和思路。他表示，中国科协支持青年学生，利用信息化手段强化科技交流，推动成立民间科技交流组织，合法合规开展学术交流和研究咨询，在加强中美青年学生、学者科技人文交流方面发挥作用，打造“中美青年科学家论坛”等有影响力的国际科技交流平台。中国科协还支持青年学生在中国科协年会、双创平台、中关村 U30、科猫网等平台展示成果和风采，帮助对接联系相关创新主体。他勉励青年学生在兼顾社会事务的同时要潜心学习深造，努力成长成才。

来自美国杜克大学、麻省理工学院、伯克利大学、康奈尔大学、佐治亚理工学院、伊利诺伊大学、卡耐基梅隆大学的 10 余位青年学生代表参加了座谈交流。中国科协国际联络部、学会学术部等有关部门负责人参加座谈会。

【徐延豪会见英国科学博物馆集团总监兼执行长伊恩·布莱区福】 3 月 26 日，中国科协党组副书记、副主席、书记处书记徐延豪在北京中国科技会堂会见英国科学博物馆集团总监兼执行长伊恩·布莱区福（Ian Blatchford）一行。同行人员包括英国科学博物馆集团策略及国际部总监海伦·琼斯（Helen Jones）、伦敦科学博物馆藏品部主任及首席策展人提莉·布里斯（Tilly Blyth）、英国国家铁路博物馆副馆长及首席策展人安德鲁·麦克林（Andrew McLean）等。双方围绕通过经验分享与资源共享、以实质性合作共同推动中英两国科学传播和科学教育事业的发展进行磋商。

徐延豪首先对布莱区福教授一行来访表示欢迎。他重点介绍了中国科协在普及科学技术与繁荣学术发展方面开展的工作。他说，中国科协是中国科普工作的主要社会力量，自 1958 年成立以来，中国科协就把科普工作作为重要任务之一。目前，中国拥有综合性科技博物馆 200 余座，隶属于科协系统的不同类型的 138 座科普场馆实现了免费开放。中国数字科技馆资源总量达到 10TB，日均页面浏览量 290 万左右。他表示，英国科技类博物馆在展览理念、展览规模、展品数量与场馆接待能力等方面均属世界领先，希望中国科普场馆可以同英国科学博物馆集团开展实质性合作，通过经验分享与资源共享，共同推动中英两国科学传播和科学教育事业的发展。

布莱区福对中国普惠共享的现代科技馆体系的建设表示赞赏。他介绍说，作为世界顶尖的科学博物馆集团之一，英国科学博物馆集团旗下管理着 5 座博物馆，其中包括伦敦科学博物馆、曼彻斯特科学与工业博物馆等知名场馆。集团保存并陈列对自然科学技术发展以及对现代科技研究与探索具有意义的藏品，仅伦敦科学博物馆就拥有藏品 700 多万件。集团希望通过特别展览、专业培训、藏品共享等方式与中国相关机构开展合作。目前已围绕“超级病菌”等特展与中国科技场馆展开实质合作，下一步拟举办特展和巡展，展现中国近现代具有突破性意义的科技成就以及取得这些成就背后的人文故事。

双方同意建立和拓展合作伙伴关系、合作策划展览，共同推动两国科普场馆事业的发展。

中国科协国际联络部、科学技术普及部、中国科技馆有关负责人参加会见。

【吴海鹰会见墨西哥科学院前任院长 Jaime Urrutia 一行】 5月23日，中国科协党组成员、书记处书记吴海鹰在北京中国科技会堂会见墨西哥科学院前任院长、墨西哥总统科学顾问委员会委员哈伊梅·乌鲁蒂亚教授（Jaime Urrutia）一行。科技部中国科学技术交流中心副主任赵新力、国际欧亚科学院中国科学中心相关人员陪同来访。双方就共同感兴趣的议题进行交流，探索未来合作的可能性。

吴海鹰对乌鲁蒂亚教授一行的来访表示欢迎。她首先介绍了中国科协的发展历史、组织架构与“四个服务”的工作职责。随后，她重点介绍了中国科协在提高公民科学素养、促进青少年科技创新、举办前沿高端示范性学术会议、加强科技期刊建设与建设有国际影响力的高端智库等方面开展的工作。她希望促进中墨两国在科学普及、科技智库建设等方面的交流与合作，并表示中国科协愿意发挥桥梁纽带作用，以促进两国专业学会增进交流、开展合作。

乌鲁蒂亚教授赞赏中国科协各项工作取得的成就。他介绍说，科学普及在墨西哥也是一项非常重要的工作，中墨科技界在该领域有很大的合作潜力。

中国科协国际联络部有关负责人参加会见。

【吴海鹰会见世界工程组织联合会中国委员会委员董明珠一行】 6月22日，中国科协党组成员、书记处书记吴海鹰在北京中国科技会堂会见世界工程组织联合会中国委员会委员、珠海格力电器股份有限公司董事长兼总裁董明珠。同行人员包括格力电器股份有限公司科技管理部部长助理刘怀灿与北京格力总经理周天宇。

吴海鹰首先对董明珠一行的来访表示欢迎。她简要介绍了中国科协的组织结构与基本情况，并重点介绍了近期由中国科协承办的2018年全国科技工作者日活动与中国科协女科技工作者专门委员会所开展的工作。她表示很高兴看到董明珠当选新一届世界工程组织联合会中国委员会委员，赞赏格力电器通过自主创新与品牌建设在全球范围内取得的成功。希望中国科协能与格力电器凝聚共识、携手前行，使中国产品与中国方案走向世界舞台中央，为我国科技强国建设做出贡献，并为全球经济发展注入新动能。

董明珠赞赏中国科协在服务企业产学研融合技术创新方面所做的工作。她表示，格力电器愿意与中国科协一起开展国际交流与合作，运用国内国际两种规则，积极参与全球治理和落实“一带一路”倡议，在推动以人类命运共同体理念为指导构建新型国际关系的同时，彰显中国企业的吸引力、感召力与凝聚力。

中国科协国际联络部有关负责人参加会见。

【束为会见匈牙利驻华大使白思谛一行】 6月11日，中国科协党组成员、书记处书记束为在北京中国科技会堂会见匈牙利驻华大使白思谛一行。双方就中匈科技人文交流和创新领域的合作进行了探讨。

束为首先欢迎白思谛大使一行来访。在简要介绍中国科协基本情况后，他重点介绍了中国科协在学术交流、公民科学素质提升、智库建设与工程能力建设和工程教育互认等方面所开展的国际交流与合作。束为表示，中国科协多年来一直与匈牙利驻华大使馆保持着密切合作。中国科协期待着与更多匈牙利科技机构建立联系并开展实质性合作，希望能继续得到匈牙利驻华大使馆的支持与协助。白思谛大使对中国科协开展的国际科技人文交流与合作工作表示赞赏。他表示，匈牙利是首批与中国建交的国家之一，匈牙利在开展对华务实合作方面长期走在欧洲国家前列。他认为，中匈两国政府都十分重视科技创新，两国在科技合作方面有着良好基础与巨大潜力，希望两国科技界能保持良好合作势头，发挥彼此优势，在各层级开展更深入、更广泛的合作。双方还就其他共同感兴趣的话题进行了交流。

匈牙利驻华大使馆科技专员李莉（Lili Siklós）等陪同来访。中国科协国际联络部有关负责人参加会见。

【束为会见旅美科协访问团一行】 4月11日，中国科协党组成员、书记处书记束为在北京中国科技会堂会见中国旅美科技协会（Chinese Association for Science and Technology，USA，CAST-USA）（以下简称旅美科协）访问团一行。访问团成员包括旅美科协总会候任会长焦德泉、旅美科协总会前会长方彤、旅美科协南京联络处主任邹云峰、旅美科协北京办事处执行主任冯杏建。

束为对焦德泉一行表示欢迎。他简要回顾了中国科协与旅美科协在搭建海外人才创新创业平台等方面的合作，赞赏旅美科协在美中两国的民间科技交流中所发挥的桥梁纽带作用。中国科协愿意同旅美科协进一步交流合作，为两国民间科技界交流思想和加强互动提供帮助。他希望双方共同为中美两国关系的发展注入更多正能量。

焦德泉感谢中国科协一直以来对旅美科协的支持。他介绍说，旅美科协于1992年在美国纽约成立，是一个非政府、非营利性的专业组织，目前已在美国30多个州的大学、企业、政府部门和其他行业拥有20余个分支机构和数以万计的会员。旅美科协愿意同中国科协在专家智库建设、海外人才创新创业、科学普及等方面开展合作，合力打造品牌项目，同时希望在促进两国青少年思想交流与教育文化的对接方面做出尝试。

中国科协国际联络部有关负责人参加会见。

【王守东出席2018中日科学家高层对话活动】10月20日，2018中日科学家高层对话活动在山东省青岛市即墨区举行。中国科协党组成员兼机关党委书记、组织人事部部长王守东，日本科学技术振兴机构首席研究员冲村宪树，日本驻青岛总领事馆首席领事福永护，青岛市即墨区区委书记张军参加开幕式并致辞。开幕式由中国国际科技交流中心主任陈剑主持。中国人工智能学会理事长、中国工程院院士李德毅等相关领域专家做主旨报告。

2018中日科学家高层对话以“智能科技应对老龄化社会”为主题，由中国科协与日本科技振兴机构共同主办，中国国际科技交流中心、中国城镇化促进会智能社会专业委员会、青岛市科协承办，中国人工智能学会、中国自动化学会等单位参与支持。

本次活动包括开幕式、主旨报告、主题对话、企业技术路演等环节，邀请了中日双方30余名知名院士专家发表演讲报告，来自中日科研院所、高校、企业、政府和社会团体的约300名专家学者参加活动。

港 澳 台

【2018当代杰出华人科学家公开讲座】由中国科协、香港特别行政区政府康乐文化事务署、京港学术交流中心、香港科学馆、澳门科学技术协进会共同主办的2018当代杰出华人科学家公开讲座于11月2日分别在香港科学馆和澳门科学馆举行。此次公开讲座邀请广州医科大学呼吸内科教授、国家呼吸系统疾病临床医学研究中心主任、中国工程院院士钟南山，香港中联办副主任、中国科学院院士谭铁牛出席并担任主讲嘉宾。中国科协党组书记、常务副主席、书记处第一书记怀进鹏受邀出席在澳门举办的公开讲座并作报告。

怀进鹏作题为“信息技术与数字经济：创新与变革”的报告，重点探讨信息技术与产业发展对社会发展的深刻改变以及面临的机遇和挑战。他指出，智能科技将深刻改变产业和人民生活，数字经济面临多个发展机遇：一是跨界与开放融合正引领新方向和变革新方法；二是跨界融合；三是数字时代：经济学VS社会科学之演化或变革。怀进鹏认为，数字经济面临全球治理带来的全方位挑战，需要牢牢把握竞争主动，面向世界科技强国建设强化创新人才培养。

钟南山在题为“提高青年创新素质的思考”的报告中，从创新的定义出发，结合生物医药领域创新，剖析青年创新素质的培养，指出创新素质应包括“异想天开”、执着追求、尊重事实、讲求诚信和团结协作。他希望青年人培养“五干”精神——肯干、能干、善干、长干、敢干，分别代表动力、能力、凝聚力、体力和抗挫力，通过永不满足的心态、打好基本功、调动积极性、坚持身体锻炼和培养永不言败的精神来实现。

谭铁牛作题为“人工智能：天使还是魔鬼”的报告，他通过对图像识别领域多个案例和实验的分析，深入浅出地描述了人工智能近年的突破和发展，指出人工智能已成为新一轮科技革命与产业变革的核心驱动力，必将对国际格局产生深刻影响，加速推进人类社会迈入智能化新时代。

受香港主办方邀请，在香港的公开讲座上，香港中文大学校长段崇智作题为“再生医学的前途与挑战”的报告，他从干细胞与仿生材料——骨骼的组织工程与再生方面对再生医学的定义、发展现状、挑战和未来发展方向进行了阐述。

当代杰出华人科学家公开讲座已经在香港举办了15年、在澳门举办了14年，至今已有包括周光召院士、王礼恒院士、白春礼院士在内的40余位内地院士专家担任过主讲嘉宾。为不断推动公开讲座创新发展，主办方2018年特别邀请香港教育局作为联合主办单位，并在全港中学推广此次活动，进一步提升公开讲座的受众面和影响力。

【万钢率团赴香港进行工作访问】5月22—23日，应团结香港基金邀请，全国政协副主席、中国科协主席万钢率团赴香港特别行政区进行工作访问。在港期间，万钢出席了团结香港基金“中华大讲堂”讲座并作专题报告，会见了香港特别行政区行政长官林郑月娥，全国政协副主席、团结香港基金主席董建华，香港中联办主任王志民，并出席了香港海外学人联合会座谈会与香港创业青年座谈会。

万钢与董建华会面时，围绕香港创新科技发展、粤港澳大湾区建设、香港建设国际创新中心等议题深入交流。万钢与林郑月娥会晤时表示，很高兴看到香港科技创新氛围越来越浓厚。他建议香港特区政府进一步加强科技畅通与人员沟通，发挥香港科技与人才优势，打造世界科技人才创新驿站。万钢介绍了中国科协情况，并邀请林郑月娥在适当时间访问中国科协。林郑月娥接受了邀请，她感谢万钢多年来支持香港创新科技发展。她还通报了香港特区政府近期推出的新修订的《税务条例》等多项政策措施以及大力推进香港创新科技发展的情况。

5月23日下午，万钢出席团结香港基金“中华大讲堂”讲座并作专题报告。董建华、外交部驻港公署副特派员谢锋、香港中联办副主任陈冬、香港特区政府创新科技局局长杨伟雄及多位香港特区政府官员，半官方机构与中方机构代表，科技界、企业界、工商界代表，青年学生共计500余人出席。

杨伟雄、团结香港基金总干事郑李锦芬分别致辞。活动中播放了“改革开放四十年之创新科技篇”宣传短片，回顾国家创新科技发展历史。随后，万钢以“加强香港与内地合作——携手共建世界科技强国”为题作专题报告。他在报告中回顾了五年来国家科技创新的历史性变革，分享了内地与香港科技创新合作的重要进展，指出当前科技发展中存在的短板与未来努力的方向。在座谈环节，万钢与香港科学院创院院长徐立之教授等多位嘉宾就香港创新科技发展进行了进一步的交流研讨。

5月22日下午，万钢参加香港海外学人联合会（以下简称“海学联”）座谈会。海学联会长胡海星及学会高层出席座谈会，与会代表围绕香港创新科技发展现状及问题、内地与香港科技如何展开交流与合作等议题充分发言。万钢指出，香港一要抓住时代的机遇，同内地发展紧密相连；二要用好时代的机遇，促进两地融合发展；三要引领时代的发展，发挥香港科技、金融及国际化优势，引领未来社会发展。

5月23日上午，万钢参加香港创业青年座谈会。近百名香港创业青年出席，他们大多是团结香港基金与科技部火炬中心组织的“香港创业青年内地行”（Mainland Expedition on Entrepreneurship & Technology，MEET）网络的成员。座谈会采取提问＋回应的方式举行，10余名香港创业青年围绕创业路上遇到的政策瓶颈、信息瓶颈、人才瓶颈等问题积极提问，万钢一一回应。他勉励与会创业青年，一是要多与内地青年交朋友，发挥香港青年在国际视野、语言及行为习惯上的天然优势；二是要携手助力创新创业，同其他创业者交流、共享创业经验；三是要共建美丽家园，缩短香港与内地的距离，加强两地合作与快速融合。

中国科协交流部、科技部国际合作司有关负责人一同访问。

【怀进鹏率团出席澳门科学技术协进会成立20周年庆祝活动】 11月1—2日，应澳门科学技术协进会邀请，中国科协党组书记、常务副主席、书记处第一书记怀进鹏率团赴澳门出席澳门科学技术协进会成立20周年庆祝活动并进行工作访问。代表团在澳门期间还出席了“2018当代杰出华人科学家公开讲座”、中国科协与澳门科技界代表座谈会等活动，访问澳门中联办、澳门大学、澳门科技大学。

11月1日晚，澳门科学技术协进会举行了成立20周年庆祝活动，澳门特别行政区行政长官崔世安、中国科协党组书记怀进鹏分别致辞。全国政协副主席、澳门特别行政区前行政长官何厚铧、中国工程院院士钟南山、刘永才等内地科技界代表，澳门特别行政区有关人士和各界代表，广东省有关方面代表和科技界、教育界人士等应邀出席活动。

怀进鹏在致辞中对澳门科学技术协进会成立20周年表示热烈祝贺，对澳门特别行政区历任行政长官和政府、科技界以及社会各界人士长期以来对中国科协的大力支持表示感谢。他指出，澳门科学技术协进会自成立以来，不遗余力地推动和助力祖国内地与澳门特区政府在科学普及、学术交流和协同创新等方面开展卓有成效的合作，积极推动澳门参与全国青少年科技创新大赛、青少年高校科学营和澳门大中学生赴祖国内地交流和实习等活动，形成了“当代杰出华人科学家公开讲座”“海峡两岸暨港澳协同创新联盟”等品牌项目，在持续开展澳门与祖国内地的科技交流方面做出了独特贡献。他强调，希望澳门科学技术协进会以此为新起点，积极把握国家布局区域经济和创新发展的重要战略机遇，立足澳门的独特区位优势和业已形成的良好发展局面，进一步推动澳门科技界和社会各界人士参与“一带一路”建设和粤港澳大湾区发展战略，积极承担中国科协与澳门特区政府合作框架协议的推动落实工作，与中国科协共同落实“中国科协－澳门科技交流中心”等愿景规划，打造两地科技交流平台、人才集聚平台、协同创新平台，助力澳门经济和产业的适度多元发展，为创新型国家和世界科技强国建设会聚强大的澳门力量。他勉励澳门科学技术协进会再接再厉、取得更大发展，继续为澳门科技工作者服务。

11 月 1 日，怀进鹏率团访问澳门中联办，该办副主任张荣顺接待代表团一行并进行座谈交流。怀进鹏表示，澳门中联办一直以来给予中国科协很多鼓励和支持，此次中国科协与澳门特区政府签署合作框架协议，共同推动内地与澳门科技交流与合作，希望今后在中国科协与澳门特区政府合作框架协议的落实工作中以及 2019 年即将在澳门举办的第 34 届全国青少年科技创新大赛等展赛活动中得到澳门中联办一如既往的帮助和指导。中国科协愿为深化澳门与祖国内地的科技创新、人文交流等发挥组织优势和独特作用。

张荣顺表示，当前澳门也处于经济社会转型时期，亟须树立科学发展理念、培养社会崇尚科学的氛围，因此中国科协推动两地科技交流走向深入正当其时，澳门中联办将继续大力支持中国科协的对澳门科技交流工作。

11 月 2 日，怀进鹏一行访问澳门大学和澳门科技大学，参观澳门大学“模拟与混合信号超大规模集成电路国家重点实验室”及澳门科技大学“月球与行星科学国家重点实验室”，分别与澳门大学校长宋永华、澳门科技大学副校长姜志宏会面。双方在创新人才培养、科技创新与学科发展等方面进行了广泛交流，并就下一步的交流与合作达成初步共识。

中国科协办公厅主任王进展，学会学术部、科普部、交流部有关负责人参加上述活动。

【怀进鹏与出席第 20 届中国科协年会的港澳台代表座谈】 5 月 26 日，中国科协党组书记、常务副主席、书记处第一书记怀进鹏与出席第 20 届中国科协年会的港澳台代表座谈。

会上，港澳台地区代表畅谈畅议，踊跃交流。怀进鹏对参加本届年会的港澳台代表表示欢迎和感谢。他指出，党的十九大报告进一步明确了建设世界科技强国的目标，支持香港、澳门融入国家发展大局，推动两岸关系和平发展，习近平主席不久前对在港两院院士来信做出重要指示，中国科协要坚决贯彻好习近平主席重要指示精神，更好地调动好各方面的积极性，推进与港澳台的科技合作与交流，会聚建设科技强国的磅礴力量。

怀进鹏表示，港澳台和大陆同根、同源、同语言，科技工作者要共同努力为中华民族之崛起、中华民族之辉煌、中华民族之梦想贡献力量。中国科协要充分发挥大联合、大协作的优势，广泛搭平台拓渠道，推进与港澳台的实质性合作交流。希望香港、澳门和台湾地区科技工作者结合自身独特优势，携起手来，共同提升中国科技的国际影响力、创造力、贡献力。

参加本届年会的 50 余名港澳台代表，以及香港和澳门中联办、全国学会、浙江省科协、中国科协交流部等有关部门的负责人出席座谈会。

【怀进鹏会见澳门科学技术协进会访京团】 4 月 2 日，中国科协党组书记、常务副主席、书记处第一书记怀进鹏在北京中国科技会堂会见澳门科学技术协进会访京团。访京团成员包括中国科协九届全委、澳门科学技术协进会理事长、第十三届全国人大代表崔世平，中央驻澳门联络办公室经济部副部长级助理徐俊，澳门科学技术协进会会长、澳门科技大学校监顾问许敖敖，澳门科学技术协进会监事长、澳门大学校长宋永华等。中国科协党组成员、书记处书记束为参加会见。

怀进鹏对崔世平一行来访表示欢迎。他简要回顾了中国科协与澳门科学技术协进会在青少年科普、当代杰出华人科学家公开讲座、青少年高校科学营等项目的合作。怀进鹏指出，习近平总书记在党的十九大报告中提出，香港、澳门发展同内地发展紧密相连，要支持香港、澳门融入国家发展大局。中国科协作为全国科技工作者之家，主动对标国家战略需求与科技工作者的期待，确立了智库、学术、科普“三轮”驱动的工作格局。2018 年是中国科协成立 60 周年和澳门科学技术协进会成立 20 周年，双方可在新的起点上谋求进一步合作。

崔世平对中国科协长期以来给予澳门科学技术协进会的支持表示感谢。他表示，党的十九大为澳门未来发展指明了方向，澳门在融入国家发展大局的进程中需要不断发挥高校及科研人员的作用，提升自身竞争力，保持经济适度多元发展。近年来，澳门科学技术协进会通过开展多种形式的科普活动，向澳门青少年普及科学知识，提升他们的科学素养，取得了一定成绩，并在参与澳门中小学通识教材编写工作方面取得突破。他提出三点希望及建议：一是希望中国科协支持更多的科技类会展在澳门举办；二是希望以澳门回归 20 周年为契机，2019 年在澳门举办中国梦科技展；三是希望组建粤港澳大湾区科技社团联盟，整合信息与产业发展机遇，共谋发展。

怀进鹏表示，中国科协将全力支持崔世平所提建议。他赞赏澳门科学技术协进会所做的科普工作接地气、通人气、有生气。他说，当前澳门与内地的融合发展已到了新的阶段，粤港澳大湾区建设被纳入新一轮国家发展战略，整合各方面力量实现更高层次发展的条件日趋成熟。中国科协建议与澳门特区政府合作，在澳门成立“中国科协－澳门科技交流中心”，由澳门科学技术协进会具体承接，集合内地与澳门科技界、产业界力量，双方合作将其打造成集科普、双创、人才交流和产业交流为一体的大平台，全面推进内地与澳门的科技、经济和社会发展。

崔世平代表澳门科学技术协进会代表团对提议成立“中国科协－澳门科技交流中心”表示热烈欢迎，认为这将大力促进内地与澳门的科技交流和发展。

双方还就青年创新创业合作、科技创新型人才培养、国际可持续发展项目等其他互相关心的问题深入交换了意见。中国科协交流部等有关部门负责同志参加了会见。

【怀进鹏会见澳门特别行政区行政长官崔世安】 11月1日，中国科协党组书记、常务副主席、书记处第一书记怀进鹏在澳门进行工作访问期间与澳门特别行政区行政长官崔世安会面，双方就进一步加强中国科协与澳门特区政府合作、推动澳门与祖国内地的科技交流深入交换意见。

怀进鹏表示，澳门特区近年来在行政长官崔世安的带领下，经济和产业健康发展、社会保持和谐稳定、民生福祉不断改善，执政成绩显著，受到中央的充分肯定，成为践行“一国两制”的典范。在科技与经济和社会等领域深度融合、跨界发展的新时期，澳门科技界在搭建与祖国内地的科技和人文交流平台，发挥独特区位优势推动澳门科技创新、人才培养和青少年科学素质提升等方面发挥了重要作用。

崔世安对中国科协代表团的来访表示欢迎，对中国科协多年来对澳门科技界的关心、支持和指导表示感谢。他指出，中国科协与澳门特区政府签署合作框架协议标志着中国科协与澳门特区政府的合作进一步加强；希望中国科协继续发挥全国学会的人才和智慧等优势，指导和支持澳门在科技交流、人才培养和科学普及等方面进一步协同发展；特区政府将继续从政策、财政资源方面支持澳门科技界和澳门科学技术协进会，努力推动澳门与内地的科技交流和合作。他预祝双方在未来的科技交流和举办展赛等方面深度合作，共同收获成长和发展。

中国科协为支持澳门融入国家发展大局、全面推进内地同澳门的互利合作，经与澳门特区政府认真协商，双方于11月1日签署了《澳门特别行政区政府 中国科学技术协会合作框架协议》。该协议旨在贯彻落实国家粤港澳大湾区发展战略，充分发挥中国科协系统智力、人才、组织优势，集合内地与澳门科技界、教育界、产业界力量，支持澳门配合国家重大政策，支持大湾区科技规划的实施，建设粤港澳大湾区的科技创新高地，促进澳门科技与经济社会发展紧密结合，大力推动内地与澳门开展科普交流、创新创业交流、人才交流和学术产业交流。澳门特区政府与中国科协建立会商制度，共同成立“中国科学技术协会与澳门特区政府科技交流合作委员会”，负责协调解决有关合作项目重大问题。委员会下设秘书处，由澳门科学技术协进会负责承担秘书处相关工作。

澳门特别行政区行政长官办公室主任柯岚、政策研究和区域发展局局长米健，中国科协有关部门负责人参加会见。

【怀进鹏与澳门科技社团代表座谈】 11月2日下午，中国科协与澳门科技界代表座谈会在澳门青年创业孵化中心举行。中国科协党组书记、常务副主席、书记处第一书记怀进鹏，澳门科学技术协进会会长许敖敖，澳门科技发展基金行政委员会委员郑冠伟，澳门科学馆馆长邵汉彬，澳门工程师学会理事长萧志泳，澳门产学研合作促进会会长余成斌，以及澳门大学、澳门科技大学的代表约40位专家出席座谈会。澳门科学技术协进会理事长崔世平主持座谈会。座谈会围绕澳门参与粤港澳大湾区及内地与澳门科技交流进行座谈讨论。

澳门科学技术协进会会长许敖敖、澳门大学研究服务与知识转移办公室主任杨志新、澳门机电工程师学会会长邝伟文等10余位澳门科技界代表先后发言，通报相关领域工作和进展，从行业标准制订、青少年科学素质培养、学术交流平台建设、“云”应用、产学研合作等多方面阐述新的形势下对粤港澳大湾区建设、加强澳门与内地科技交流与合作的意见建议。

怀进鹏认真听取澳门科技界代表发言，不时记录并适时回应。他表示，很高兴也很荣幸有机会与澳门科技界的专家和创新创业的年轻朋友一起座谈，交流思想、凝聚共识、促进合作。他代表中国科协感谢澳门科学技术协进会组织的这次座谈会。怀进鹏对中国科协进行了简要介绍。他表示，2019 年是新中国成立 70 周年、是澳门回归祖国 20 周年，近期港珠澳大桥的开通标志着粤港澳大湾区建设的逐渐提速，希望利用此次机会听取澳门科技界在新时代、新起点对粤港澳大湾区建设、内地与澳门科技交流与合作的意见建议。

怀进鹏对部分澳门科技界代表的发言进行了回应。他表示，澳门科学技术协进会凝聚澳门科技社团力量，充分发挥社团专业实力，积极推动社团自身发展，不断强化竞争能力和可持续发展能力，同时更加注重开展与祖国内地相关专业学会的学术交流；希望澳门科技界积极参与国家“一带一路”建设和区域发展战略布局，立足澳门独特区位优势，进一步强化与祖国内地的科技交流和创新协作，进一步发挥面向葡语系国家乃至欧洲的平台优势，形成推动澳门经济和产业多元发展的新动力，构建创新人才培养和集聚的新高地，不断提升澳门的创新竞争力和可持续发展能力。他指出，澳门科技社团不仅关注自身发展问题，凭借专业实力和独立性不断强化竞争能力和可持续发展能力，更注重与内地的学术交流，互相辐射、优势互补，这一点在粤港澳大湾区得到体现。他勉励澳门科技社团进一步提升眼界、坚定信念、保持沟通，与内地和国际一步步对接发展。

会议主持人、澳门立法会议员、中国科协第九届全委、澳门科学技术协进会理事长崔世平希望与会的澳门科技界代表对“在粤港澳大湾区战略中澳门何为？”的议题认真思考和研究，同时将此作为澳门科学技术协进会成立 20 周年的新起点，在粤港澳大湾区建设中做出澳门科技界的贡献。

中国科协有关部门负责人出席座谈会。

【束为会见香港中文大学校长段崇智一行】 2 月 12 日，香港中文大学校长段崇智教授率该校高层代表团访问中国科协，中国科协党组成员、书记处书记束为会见段崇智一行并座谈。双方围绕香港中文大学参与国家创新驱动发展战略、STEM 教育专家与资源共享、面向学生与公众的科普短期课程开发、高校科学营、紫荆计划等内地与香港科技交流项目进行了交流。

束为代表中国科协对段崇智一行来访表示欢迎，并简要介绍了中国科协“四个服务”的职责定位及 2018 年重点工作。他指出，加强与香港科技界、工程界和教育界的交流是中国科协的重点任务之一。近年来，中国科协充分发挥学术交流和科学普及优势，注重与香港科技社团、高校之间的高层交流，同时以项目为抓手，不断推动对港青年创新创业、青少年科技交流和海峡两岸暨港澳协同创新工作，促进和深化两地科技交流。束为希望香港中文大学与中国科协继续加大合作力度，谋求新的合作机会，促成更多实实在在的合作交流项目。

段崇智简要介绍了香港中文大学 2016—2020 策略计划和香港中文大学与内地合作交流规划。双方还就其他互相关心的问题交换了意见。香港中文大学代表团成员包括香港中文大学副校长霍泰辉教授、张妙清教授，协理副校长王淑英教授，中国科学院院士、香港中文大学新亚书院院长黄乃正教授，香港科学会会长、敬文书院院长陈伟仪教授等。

中国科协交流部、学会学术部有关负责人参加会议。

【束为会见澳门中联办副主任姚坚】 7 月 6 日，中国科协党组成员、书记处书记束为在北京中国科技会堂会见澳门中联办副主任姚坚一行，双方围绕中国科协和澳门特别行政区开展的几项重要合作项目进行了交流。中国科协青少年科技中心主任刘阳、中国科协交流部副部长张森、澳门中联办经济部部长助理徐俊参加会见。

会谈中，双方对中国科协与澳门特别行政区政府签订《全面战略合作协议》、成立“中国科协 - 澳门科技交流中心”以及澳门特别行政区申办 2019 年第 34 届全国青少年科技创新大赛等有关事项达成基本共识，并落实推进相关工作进展。

【束为与香港科学工作者协会访问团座谈】 7 月 12 日，中国科协与香港科学工作者协会访问团座谈会在北京召开。访问团由香港科学工作者协会主席、香港大学外科学系临床与转化实验室主任万钧，香港中联办教科部副巡视员刘志明，香港大学副校长高为元等一行 19 人组成。中国科协党组成员、书记处书记束为，中国科协学会学术部副部长苏小军，中华医学会器官移植学分会副主任委员、首都医科大学泌尿外科学系主任田野等参加座谈会。

束为对香港科学工作者协会代表团的来访表示欢迎。他简要介绍了中国科协的组织架构与工作职责，并重点介绍了中国科协同香港特别行政区共同开展的科技创新、学术研讨、青少年交流、科技展览等品牌项目。他表示，香港拥有雄厚的科技基础和众多高素质科技人才，是我国实施创新驱动发展战略的一支重要力量，香港国际科技创新中心建设与粤港澳大湾区建设为香港和内地深化合作、共创未来带来新的机遇。中国科协愿意在学术、人才、双创与科普四大领域加强与香港科学工作者协会的互利合作，支持香港融入国家发展大局。他建议双方今后建立常态化的交流沟通机制，并邀请香港科学工作者协会参与中国科协年会、中国科技峰会等高端学术会议，组织更多的香港青年科技工作者参与海峡两岸暨港澳青年科学家学术月、青年创新创业训练营等科技交流活动。

万钧感谢中国科协一直以来对香港科技工作者的支持与厚爱。她介绍了香港代表团成员的学科背景与合作意向。她表示，2018 年 5 月习近平主席对在港两院院士来信做出重要批示，体现了国家对香港的关怀和重视，令香港科技界深受鼓舞。香港科技工作者愿意参与到祖国科技发展大潮中，为把我国建设成为世界科技强国贡献力量，内地与香港科技共冶一炉，将会创造出更多一流的科研成果。香港科学工作者协会愿意同中国科协携手并肩，把握新时代内地与香港合作共赢新机遇，发挥自身拥有的科技成果产业化与国际金融中心优势，强化基础学科与前沿技术领域的专业交流和深度合作，在常来常往的工作互动中推动双方合作共赢迈上新台阶。

会议还围绕如何将香港学者主办的 SCI 科技期刊纳入“中国科技期刊国际影响力提升计划”范围、如何申请内地科技项目与科技工作者表彰奖励等共同感兴趣的议题进行深入交流，希望加深了解后达成进一步合作。

中国科协交流部、中华医学会等有关单位人员参加会议。

海智计划

【中国科协海智计划领导小组 2018 年第一次会议】 6 月 1 日下午，中国科协海智计划领导小组 2018 年第一次会议在北京中国科技会堂召开。海智计划领导小组组长、中国科协党组成员、书记处书记束为，海智计划领导小组副组长、中国科协党组成员、书记处书记宋军参加会议。

领导小组成员听取了国际联络部海智计划 2017 年工作总结与 2018 年阶段性工作汇报，并就下一步工作如何开展进行了研讨。会议审议通过了《海智计划项目管理办法》《海智计划工作基地管理办法》《海外人才离岸创新创业基地管理办法》《海智计划特聘专家管理办法》《海智计划海外创新创业基地管理办法》5 个管理办法的试行稿。会议对各地提交申报的海外人才离岸创新创业基地、海智计划工作基地与海智海外创新创业基地文件进行了现场审批。会议讨论通过了新的海智计划工作基地和海外人才离岸创新创业基地统一牌匾的实施方案。

束为在讲话中提出三点要求：一是要保证包括人才引进与项目落地等在内的海智工作各项数据的真实性与准确性；二是要通过细致精准的数据收集与分析凸显中国科协海智计划在发挥海外资源方面的独特优势；三是要严格执行各基地、项目与专家管理办法，并研究制定相关考核标准与淘汰机制，提高各单位的工作成效。

【海外人才离岸创新创业座谈会】 10 月 12 日下午，作为“2018 年全国大众创业万众创新活动周”北京会场环节之一，海外人才离岸创新创业座谈会在北京中关村国家自主创新示范区展示交易中心举行。中国侨联副主席、致公党中央兼职副主席李卓彬，中国科协党组成员、书记处书记束为参加会议并讲话。座谈会由中国科协与中国侨联联合主办。

本次会议旨在贯彻落实国务院双创工作部署以及政府工作报告中关于建设“中国科协国家海外人才离岸创新创业基地”的工作分工，总结并推广离岸基地建设经验，促进海内外创新创业服务机构和创新创业团队的交流合作，提高海外离岸创新创业基地建设的水平，并加强中国科协与相关地方政府和有关部门的沟通合作，进一步优化相关政策环境，共同促进海外人才离岸创新创业工作，推动更多海外人才回国创业。

李卓彬和束为肯定了海外人才离岸创新创业工作取得的成效，并指出推动海外人才离岸创新创业是落实党中央对群团组织改革的必然要求，是落实国务院统一部署的必然要求，是破除体制机制障碍、实现高质量发展的必然要求；并要求进一步探索符合群团组织特色和优势的工作模式和机制，推动海外人才离岸创新创业工作的深入发展。

会上，国家外汇管理局资本项目管理司有关负责人就跨境投资相关外汇管理政策进行了解读。中国科协苏州、济南、宁波国家海外人才离岸创新创业基地代表，中国科协海智计划日本、瑞士、比利时、美国纽约、美国硅谷创新创业基地代表分别围绕离岸基地和海智海外双创基地的建设、海内外联合的优质双创平台打造等议题进行经验分享。优秀海归创业者代表结合自身创业经历，围绕吸引和推动高层次人才归国创业与依托国内优势资源壮大发展等议题提供了思考和建议。与会代表还结合国家双创战略，在政策支持、服务提升、软硬件打造等方面提出了相关建议。

中国科协有关部门负责人参加会议。

中国科协国家海外人才离岸创新创业基地代表、中国科协海智计划海外创新创业基地代表、中国科协和中国侨联邀请的优秀海归创业者代表以及全国学会代表等约 80 人参加会议。

【中国（杭州）海外人才创新创业项目大赛路演签约活动】 5 月 26 日，中国（杭州）海外人才创新创业项目大赛路演签约仪式在杭州未来科技城国际会议中心举行。中国科协党组成员、书记处书记束为，中国科协国际联络部部长、海智办主任张建生，中国海归创业联盟理事长马启元，中国海归创业联盟秘书长田千里，浙江省科协副主席田梅，杭州市余杭区政协主席阮文静参加活动。本次活动由中国科协与浙江省人民政府联合主办，浙江省科协、杭州市余杭区人民政府与中国海归创业联盟共同承办，是第二十届中国科协年会核心板块“智库聚才”四个重点活动之一。

在本次大赛路演现场，来自人工智能组、大健康产业组与高端装备组的 6 个获奖项目进行了展示，它们分别是刘宇新申报的“智能视频编码系统与应用解决方案”项目、徐清华申报的“肿瘤精准医疗 + 人工智能技术研发与产业化”项目、张琬皎申报的“微纳光学元件的先进制造——在 3D 成像及汽车高端照明等领域的应用”项目、孙国明申报的“皮肤再生水凝胶”项目、谢文锋申报的“工业仿真分析平台”项目、王辑亮申报的“高性能交易文档生成、管理和分析系统”项目。

依据参加路演团队的现场表现，经过大赛评审委员会与由科技专家、创投专家、政策专家与企业家组成的大众评委团的联合评审，徐清华团队获得“最佳人气奖”与“最具投资价值奖”两个奖项，刘宇新团队获得“最佳技术创新奖”奖项。

现场还举行了签约活动，大赛获奖项目现场签约落户共计 14 项。余杭区对进入决赛荣获三等奖及以上奖项且在余杭区落地的项目提供免余杭区人才项目评审，享受拎包入住、租金减免和最高 150 万元政府及天使梦想基金资助、最高 600 万元研发补助或最高 500 万元设备补助等优惠政策。

活动现场举办了海外推荐单位授牌仪式。中国科协 – 欧洲（比利时）海智创新创业基地、中国留学人员创业协会等 13 家机构被授予项目推荐合作机构奖牌。

本次海外人才创新创业项目大赛历时 5 个月，得到 13 家海外科技社团及 17 家中国驻外使领馆全力支持，征集到来自 27 个国家的 444 个创新创业项目，相较于 2017 年长春大赛申报的 374 个项目增加 70 个，同比增长近 20%。在 444 个项目中，外籍非华裔作为主申报人的项目 39 个。经过初审和连线视频答辩，70 个项目晋级入选杭州总决赛。经过评委闭门会评审，评选出一等奖 3 名、二等奖 6 名、三等奖 9 名。目前，与余杭区签订落地意向的项目有 56 个，占比超过了 80%。大赛所有获奖项目计划在第二十届中国科协年会闭幕式上接受颁奖。

107 名选手，50 名海外特邀嘉宾及评委，全国有关省市科协代表，省内各离岸基地、海智基地、投融资机构代表，企业代表，媒体界代表约 600 人参加此次活动。

【海智专家为浙江省发展积极建言献策】 5 月，浙江省委书记、省人大常委会主任车俊等多位省领导对浙江省科协 5 月 29 日报送的《关于浙江省发展集成电路产业的若干建议》（科技工作者建议总第 350 期）做出批示。

车俊批示请有关领导和部门负责人研阅。浙江省委常委、常务副省长冯飞，浙江省副省长高兴夫也做出批示。

在第二十届中国科协年会暨中国（杭州）海外人才创新创业项目大赛期间，浙江省科协围绕引才引智、创新创业等重点工作，协调中国海归创业联盟杭州创业中心正式落户杭州市余杭区，牵线欧洲华人微电子中国论坛作为第一个整体回归祖国的海外华人科技社团永久落户杭州大江东产业集聚区。

浙江省科协高度重视海智智库作用，主动联系邀请以中国海归创业联盟理事长马启元教授为组长的中国海归创业联盟电子专家组和浙江大学微电子学院名誉院长严晓浪教授等专家，建议由省政府牵头成立集成电路产业发展领导小组与集成电路产业发展咨询专家组，并依托目前已具备的硅材料生产等产业优势，打造以虚拟 IDM（设计制造一体化）模式为重点，以汽车电子与车联网芯片、物联网芯片等为特色的集成电路产业高地；建议加强对台合作并推进长三角地区集成电路产业统筹发展，防止中低水平的重复建设。专家组还就专业人才培养和创新能力建设提出成立人才培养中心、创新中心、国际合作中心、专业加速器等建议。

浙江省科协计划进一步跟踪好相关平台和项目的落地情况，进一步会聚海内外智库资源，为浙江省重点领域把脉问诊、建言献策，助力浙江省“两个高水平”建设。

自身建设

【中国科协事业发展中长期规划纲要编制工作会议】 2月24日，中国科协事业发展中长期规划纲要编制工作会议在北京召开。全国政协副主席、中国科协主席万钢出席并讲话。中国科协党组书记、常务副主席、书记处第一书记怀进鹏主持会议。中国科协党组成员、书记处书记吴海鹰、束为出席会议。

万钢强调，编制中国科协事业发展中长期规划纲要，一是要以服务建成世界科技强国为目标，找准科协的使命与担当、定位与作为、特色与作用；二是既要提升科协组织软实力，又要有硬功夫，树立以人民为中心的科普服务理念，实现从“三跑”并存到学术引领，发挥智库的前瞻性引领作用，拓展面向全球的科技人力资源开发与服务，搭建科技工作者的国际化服务平台；三是要以中国科协成立60周年为契机，总结科协发展规律，围绕凝练中国科学家精神、科协组织能力结构、科学共同体国际对比等进行战略研究，凝聚共识，广泛征求意见，加强顶层设计。

怀进鹏对中国科协事业发展中长期规划纲要编制工作提出三点要求：一是要从党和国家全视图广角度中找目标，结合世界先进国家的经验，结合未来科技产业革命的发展趋势，既要顺势预测，也要对问题拐点进行判断；二是要在新形势新背景下找目标方向和重要举措，从建成世界科技强国、人才第一资源、科学普及与科技创新同等重要等角度找破题点；三是要务虚与务实相结合，提高站位、拓宽视野，明确目标任务、坚持问题导向，聚焦重点成立规划编制研究专班，组织开展专题研究，推动规划纲要制定工作。

中国科协计划财务部、调研宣传部负责同志和相关工作人员出席会议。

【中国科协深化改革领导小组第11次会议暨规划纲要编制专家指导委员会和领导小组会议】 8月15日，中国科协深化改革领导小组第11次会议暨规划纲要编制专家指导委员会和领导小组会议在北京召开。会议听取了规划纲要编写组关于中国科协规划纲要起草情况汇报，审议了《面向建设世界科技强国的中国科协规划纲要（审议稿）》。全国政协副主席、中国科协主席万钢出席会议。会议由中国科协党组书记、常务副主席、书记处第一书记怀进鹏主持。

会议充分肯定了规划纲要编制起草工作。与会专家就规划纲要文本进行讨论并提出意见建议。

会议指出，规划纲要要进一步突出科协组织的独特性，聚焦科协做人的工作这个靶心，要“神不能散、魂不能变”，把广大科技工作者紧紧团结在党的周围，充分激发和释放科技创新能量，打造超越物质的科技工作者精神之家、价值共同体。要突出科协组织发展与国家发展目标的关联性，把握科协组织在服务建设世界科技强国、服务建设社会主义现代化强国的责任和使命，加强与国家创新驱动发展战略的衔接，紧扣国家发展大局。要进一步突出科协工作的系统性，要全面提升科协组织力，接长手臂，加强基层组织建设，服务基层科技工作者，服务社会，服务创新驱动发展，促进科学技术社会化、大众化和产业化。

会议强调，要优质高效按时完成规划纲要修改完善和发布工作，进一步提炼规划纲要的核心价值观，做到简明扼要、清晰易懂，鲜明体现科协组织的工作特点和方向。同时，尽快召开部分全国学会、部分地方科协的征求意见座谈会，并同步征求中央和国家相关部门（单位）的意见。在充分吸收各方意见的基础上修改完善规划纲要文件，按程序提请中国科协九届八次常委会议审定。要尽早启动关于规划纲要宣传和解读的准备工作。

中国科协党组副书记、副主席、书记处书记徐延豪，中国科协领导孟庆海，中国科协副主席、国家自然科学基金委员会原副主任、中国科学院院士沈岩，中国科协副主席、中国航天科技集团有限公司科技委常务副主任李洪，中国科协副主席、北京大学党委常委、常务副校长兼教务长、中国科学院院士高松，中国科协党组成员、书记处书记吴海鹰、束为、宋军，党组成员王守东、殷皓等中国科协深化改革领导小组成员、规划纲要编制指导委员会委员、领导小组成员出席会议。

【中国科协规划纲要征求全国学会意见座谈会】8 月 23 日下午，中国科协规划纲要征求全国学会意见座谈会在北京召开。会议就规划纲要起草情况进行了说明，并对《面向建设世界科技强国的中国科协规划纲要（征求意见稿）》进行研讨和交流。中国科协领导孟庆海主持会议并讲话。

会议指出，此次讨论既是发动广大科技工作者建言献策、献计出力，开门开放编规划的过程，同时也是统一思想、凝聚共识、振奋精神、凝聚力量的过程。会议建议，规划纲要要充分体现学会在科协事业发展中的主体地位和作用，进一步明确学会能力提升的具体措施，推进学会深化改革；要直面学会发展中最关注、最迫切需要重点突破的难题，要有所为有所不为；要积极推动支持学会科技类社团法律法规、税收优惠、待遇等相关配套政策的制定和完善，为学会生存与发展拓展空间；要进一步突出加强对学会的管理与指导，探索学会组织体制、管理模式、运行机制和活动方式改革的新思路和新方法；要统筹好规划纲要的目标和任务，把握好近期、中期、远期的目标一致性和差异性，做好各时期各阶段工作的协调衔接。

部分全国学会的秘书长、副秘书长，中国科协规划纲要编写组成员参加会议。

【中国科协规划纲要征求地方科协意见座谈会】8 月 23 日上午，中国科协规划纲要征求地方科协意见座谈会在北京召开。会议就规划纲要起草情况进行了说明，并对《面向建设世界科技强国的中国科协规划纲要（征求意见稿）》进行研讨和交流。中国科协领导孟庆海主持会议并讲话。

与会人员普遍认为，规划纲要对标党中央要求、对标国际一流，立足科协组织发展规律，面向未来、面向世界，围绕中心、聚焦靶心，瞄准建设世界科技强国战略目标，确立了科协组织与新时代发展同向、与国家战略部署同步、与党中央对科协组织要求同心的发展策略、路线图、时间表。规划纲要视野开阔、立意高远、目标明确、重点突出、措施得力、令人振奋，具有较强的前瞻性和指导意义。在充分肯定规划纲要文本的同时，会议建议进一步加强规划纲要与国家战略、区域发展战略和地方重大部署等的有效衔接；进一步突出科协事业的整体性、系统性和协同性设计，加强科协组织的上下联动，突出基层科协组织建设，加大力量配备和服务资源向基层倾斜力度，推动科协组织向基层延伸；推动科协组织工作法制化建设，推动科普法修订等。此外，规划纲要还要进一步精炼文字、锤炼语言，做到简明扼要、表达准确、清晰易懂、文风朴实。

部分省、自治区、直辖市科协和副省级城市科协党组书记、副主席，中国科协规划纲要编写组成员参加会议。

【中国科协在上海市召开基层科协建设座谈会】11 月 19 日，中国科协党组书记、常务副主席、书记处第一书记怀进鹏在上海市调研基层科协建设情况并主持座谈会。上海市委常委、组织部部长于绍良一同调研，出席座谈会并讲话。上海市科协党组书记、副主席马兴发，北京市科协党组书记、常务副主席马林，天津市科协副主席、一级巡视员白景美，重庆市科协党组书记、常务副主席王合清参加座谈会。

怀进鹏指出，加强新时代基层科协建设是贯彻习近平总书记近期在上海考察时强调“基层是党委和政府联系群众、服务群众的神经末梢”等重要指示精神，落实中央关于党的群团改革部署的必然要求；是以党建带群建、以群建助党建，推动科协组织扩大有效覆盖、转变拓展职能，接长手臂、扎根基层的必然要求；是加强科协组织体系建设，夯实基层基础，提升科协组织力、凝聚力、影响力、动员力的必然要求。

怀进鹏强调，科协组织要不断增强政治性、先进性、群众性，不求有名，但求有为、创新建功，通过共建共享共用基层党群服务阵地，有效解决科协组织无法扎根、手臂难以延长和基层“四缺”等问题。要加强机制建设，聚焦科协系统改革“上热中温下冷”、倒三角结构性矛盾和基层科协“弱化、虚化、边缘化”等问题，找准主要矛盾和矛盾的主要方面，以党建为引领，加强科协组织能力建设，实现资源合理配置和有序调度，确保组织有效传导和高效运行。要加强内容和载体建设，聚焦科普能力转型升级和科技类公共服务产品供给侧改革，分类梳理不同阶段、不同领域、不同人群的多样化需求，突出“内容为王”，精准推送科普服务，在党组织统一平台上发挥科协组织专业化和普适化功能与作用。要构建全域科协网络，形成体现科普的知识价值、经济价值、社会价值、文化价值、生活价值的多元价值体系，打造有效发挥市场机制作用、共建共享、协同融合的多重工作体系，完善覆盖不同人群需求、开放包容、集成整合的多样内容体系。充分利用信息化手段，整合学会资源和地方科协组织网络资源，围绕基层党群服务中心，建设科学社、基层书院、科普大学、科普中心等科协工作阵地，不断拓宽科协组织网络体系，有效调动各类资源，让阵地建设有活力、区域统筹有张力，提升区域科技资源供给水平和服务能级。于绍良在会上讲话。

北京、天津市、上海市、重庆市科协主要负责人分别就本地基层科协建设情况和工作思路作了汇报。怀进鹏对4个直辖市科协在加强基层科协建设特别是推进基层科协建设和“3+1”试点工作方面取得的成绩给予充分肯定。

11月19日上午，怀进鹏一行考察了虹口区白玉兰广场“科普驿站”、徐汇区枫林街道“邻里汇”。怀进鹏称赞上海市在楼宇党建、基层党建方面进行的积极探索和取得的突出成效，对上海市党建带科建、科建促党建工作模式给予了高度评价。

中国科协办公厅、组织人事部、调研宣传部、学会学术部、科学技术普及部和上海市委组织部有关负责人参加调研座谈。

【提升基层科协组织力“3+1”试点工作座谈会】 5月25日，提升基层科协组织力“3+1”试点工作座谈会在浙江省杭州市召开。中国科协党组成员、书记处书记束为出席会议并讲话。中国科协党组成员兼组织人事部部长王守东主持会议并作会议总结。

束为对试点工作开展以来各级地方科协大胆探索、大胆创新、大胆尝试取得的初步进展和成绩给予了充分肯定，要求各级科协认真梳理和总结试点工作经验，在探索中形成可复制、可推广的典型模式，推动试点工作取得切实成效。束为强调，基层科协组织在推动试点工作过程中要进一步解放思想、因地制宜，系统推进试点工作，抓好关键人物，强化“四服务”职责定位，进一步做出科技工作者认同、老百姓认同、各级党委政府认同的成绩。同时，对做好下一步工作提出四点意见：一是省市县乡各级科协要各有侧重，省级科协加强统筹协调和顶层设计，充分调动市县科协积极性；二是精准推进，把问题搞清楚，把对策搞准确，避免“一窝蜂”，不搞“一刀切”；三是加强统筹指导，把存量和增量有效结合起来，与已开展的工作结合，充分发挥已经吸纳的“三长”作用，不另起炉灶；四是重心下移、重在基层，把县乡作为试点工作的重中之重，把贫困、欠发达地区作为试点工作的重中之重，为打赢脱贫攻坚战发挥重要作用。

座谈会上，浙江、江苏、四川、重庆、河北5个省级科协，浙江宁波、浙江台州、山东菏泽、湖北襄阳、江苏连云港5个市级科协，浙江余姚、福建福安、江苏东台3个县级科协做了交流发言。13家单位从省、市、县三个层面充分展示了试点工作开展以来各地各级科协积极推进、创新探索取得的成效和经验。在实践过程中，省级科协普遍注重加强顶层设计和统筹指导，制定实施方案，加强调查研究，摸清“三长”进入基层科协领导机构情况和发挥作用情况。市级科协注重发挥承上启下的关键作用，认真落实上级科协部署，积极争取党委政府支持，以党委政府名义出台实施意见等文件，把试点工作融入地方党政工作大局，加强与组织、卫生、教育、农业等部门的沟通合作，为吸纳“三长”进入科协组织赢得政策保障；探索建立考核制度规范，把吸纳“三长”目标化、项目化、责任化。县级科协注重结合实际探索吸纳“三长”的有效途径，印发文件或出台意见，明确通过换届选举、召开全委会或常委会增补等方式吸纳“三长”进入县乡镇科协兼职挂职；建立“三长”履职机制和为“三长”服务的措施，部分地区明确兼挂职副主席分管部门和职责任务，提升“三长”参与科协工作的积极性。

王守东在总结时强调，一是各级科协要从加强党的政治建设的高度认识试点工作的重要性，履行好桥梁纽带作用；二是注重协同化，在党和政府的领导下、有关部门的配合下积极开展工作；三是注重持久性，加强制度设计和制度建设；四是要在“1”上做好文章，加强上级科协指导；五是加强对试点工作的考核，尤其是与中国科协签订省会战略合作协议的省份应严格对照协议要求推进工作；六是加强典型示范，注意发现工作中的亮点、难点和特点，及时总结并与中国科协沟通。各级科协要共同努力、形成合力，共同推进试点工作，有效提升科协系统组织力。

中国科协常委会组织建设专门委员会委员、中国天文学会理事长、中国科学院院士武向平，中国科协组织人事部有关负责同志，各省、自治区、直辖市科协分管组织建设的副主席和相关部门负责同志，有关试点市县科协负责同志等80余人参加座谈会。与会代表还参观了绍兴市柯桥中学、柯岩宇成蔬菜现代农业园区，现场观摩了通过发挥“三长”作用服务基层科协工作的典型。

【2018年第一期县级科协主席培训班】 9月2—6日，2018年第一期县级科协主席提升组织力专题培

训班在北京大学举办，来自28个省、自治区、直辖市的90名县级科协党组书记、主席参加培训。中国科协党组成员兼机关党委书记、组织人事部部长王守东出席开班式作动员讲话并进行专题授课。北京大学继续教育学院院长章政作开班致辞。中国科协培训和人才服务中心主任辛兵主持开班式。

王守东在动员讲话中强调，党的十九大以来，中国科协围绕建设世界科技强国的宏伟目标确定自身的新使命新任务，以“1-9-6-1”战略思路推进科协系统改革发展，把抓基层、打基础作为固本之策，坚持眼睛向下、面向基层，积极推动科协组织向基层延伸，将力量配备、服务资源向基层倾斜，有效提升了科协系统组织力。县级科协直接面向群众、面向基层是科协系统发挥党和政府联系科技工作者的桥梁和纽带作用的关键一环。希望参训学员在学习中注重结合工作实际，在工作中活学活用学习的知识，做到知行合一，为推动本级科协事业发展再上新台阶奠定良好基础。

开班式后，王守东以“深化改革　夯实基础　全面提升科协系统组织力”为题，围绕开展“3+1”试点工作的重要意义、中国科协的整体部署、各地各级科协推动试点工作取得的初步成效、试点工作面临的突出问题、下一步推动试点工作的举措等进行了首场专题授课。

本期培训班是中国科协与北京大学合作办学的一次有益尝试。在课程内容上，聚焦加强县级科协组织力建设的主题，安排了40个学时的面授课程，邀请农业农村部专家、北京大学教授讲授乡村振兴、科技扶贫、产业结构调整与区域经济发展、创新思维与变革、善治与公共组织管理、领导艺术等内容。其中，50%的授课老师是来自北京大学法学院、政府管理学院等院系的知名教授，部分老师曾为中组部司局级领导干部培训班授课。

在教学形式上，在8场专家报告之外还安排了2次案例教学、1次分组研讨、1次现场教学。邀请连云港市科协主席和河北省宁晋县科协主席开展案例教学，传授推广先进经验和方法，激发县级科协主席干事创业的信心；组织学员到中国科技馆现场教学，邀请中国科技馆专家讲授《现代科技馆体系建设及发展趋势》，感受现代科技传播的魅力。

【中国科协青年干部座谈新时代新担当新作为】 6月14日上午，中国科协在北京召开新时代新担当新作为青年干部座谈会。中国科协党组书记、常务副主席、书记处第一书记怀进鹏，党组成员、书记处书记吴海鹰、束为、宋军，党组成员王守东等出席会议。来自中国科协机关和直属单位的28名在关键岗位承担重点任务的青年干部参加座谈。

与会青年干部认真学习习近平新时代中国特色社会主义思想和党的十九大精神，围绕贯彻落实习近平总书记在两院院士大会上的重要讲话精神、王沪宁同志“5·30”重要指示以及中办印发的《关于进一步激励广大干部新时代新担当新作为的意见》，结合承担的科协重大项目、重点工作，畅谈工作中的感受、体会和收获，提出对科协工作的思考及意见建议。

与会党组领导认真听取青年干部发言，不时与青年干部互动交流。

怀进鹏勉励科协青年干部把个人工作、科协工作与中央工作紧密结合起来，站在党和国家发展大局中，找准科协位置、认清个人位置，突出高站位、高标准、高质量，主动识变、应变、求变。他提出，青年干部创造品牌、提高能力、增强创造最重要的基础就是在实践中不断提高三方面能力：一是增强谋划力。要学会思考、学会分析，注重学习马克思主义哲学，学习社会组织机制原理，学习非科技类专业知识，以此推动提高科协智库能力和学术发展。二是提高执行力。在执行工作过程中要明确三个基本要素，即干什么、谁来干、怎么干；把握三个方面，即所需时间、如何控制和重要节点，通过“两个三”结合得出时间表、任务图、成绩单，才能做到知行果统一。三是锻炼判断力。要通过学思践悟，在实践学习和读书学习过程中不断优化，才能应对变化和危机。科协组织树立大目标、搭建大平台、联合大团队、打造大品牌，将有益于干部谋划力、执行力和判断力提升发展，更好地团结引领服务广大科技工作者。

怀进鹏强调，此次座谈听取青年干部意见建议是落实激励广大干部新时代新担当新作为意见的一项具体举措。切实加强青年干部工作是科协事业发展的源头工程、是科协未来兴旺发达的基础工程，对干部最有效最直接的激励就是选好人、用对人。党组绝不会埋没人才，不会不识别对党和人民做出贡献的人。通过这次会议交流，鼓励干部在事中学、事中练，也要事中用，大胆选用敢作为、敢担当的干部，为干部成长撑腰，建好科协干部队伍，让科协有效成为科技工作者的大平台、大家庭，真正发挥团结引领作用，把科协事业提到一个新的高度。

座谈会由束为主持。办公厅、调宣部、机关党委等部门负责人参加会议。

【今日头条成立科学技术协会】 1月18日，北京字节跳动科技有限公司（今日头条运营商）科学技术协会（以下简称“企业科协”）成立仪式在北京举行。中国科协企业创新服务中心副主任郭昊，北京市科协副巡视员兼科普部部长陈维成等出席活动。2017年10月，中国科协已携3000余家各级科协组织整体入驻今日头条，打造了科协系统四级传播矩阵，截至2018年1月在今日头条平台上发布超过4.2万篇文章，累计产生9914万次阅读，文章总展示人次超过11.22亿。企业科协成立后，将利用今日头条的大数据、人工智能等自身领先技术优势，进一步服务科技创新，进一步推动今日头条将科技应用于社会民生和公共领域。成立大会上，以企业科协名义发布了《新时代 新科普——2017网民科普阅读大数据报告》。报告显示，2016—2017年人工智能热度指数飙升了286.3%，是年度关注度飙升最快的科普话题。头条指数显示，今日头条平台上关注科普内容的用户众多，平均每5.4篇内容消费中就有1篇是关于科普的文章。

【滴滴成立科学技术协会】 3月22日，滴滴正式宣布成立科学技术协会，中国科协、北京市科协有关部门负责人出席在北京举行的成立大会。

在成立大会上，滴滴首席发展官李建华介绍了滴滴科协的宗旨、章程和组织架构。滴滴CTO张博、中国科学院院士鄂维南担任滴滴科协名誉主席。滴滴副总裁、滴滴AI Labs负责人叶杰平任主席。

叶杰平表示，随着滴滴科协的成立，滴滴计划为科技人员搭建更广阔的学术交流平台，同时积极携手科协组织推进科技知识普及，提速院士专家工作站建设。滴滴也将充分发挥科技优势，助力精准扶贫，以互联网创新实现更多社会价值。

【2018年全国学会财务管理培训班】 10月11日，2018年全国学会财务管理培训班在北京中国科技会堂举办。中国科协副主席、书记处书记孟庆海出席开班式并讲话。中国科协计划财务部部长杨文志主持开班式。

孟庆海指出，财务管理是加强学会内部治理的基本内容，是影响学会创新发展的重要因素，打造一流的财务管理体系是当前推动学会改革、提高学会治理能力的重点和当务之急。

孟庆海要求，各全国学会要认真贯彻党的十九大精神，从建设世界科技强国的全局高度和打造世界一流学会的战略视角，充分认识新时期加强学会财务管理工作的主攻方向，要充分认识加强学会财务管理对提升自身服务能力的重要性，强化学会财务管理主体责任，加强学会财务管理队伍建设，进一步建立完善学会财务管理制度，以提升财务保障能力为抓手，逐步推动学会全方位提高专业化服务能力和平台支撑力度。

在培训期间，孟庆海主持召开了部分全国学会财务管理工作座谈会，听取学会在财务管理方面的经验做法和目前遇到的困难和问题介绍。孟庆海在座谈时指出，中国科协党组书记处高度重视学会财务管理工作，下一步中国科协要对各全国学会财务管理工作组织开展抽查，同时还要组织编制学会财务工作的指导大纲，指导学会制定好管理规则和制度。

培训班围绕学会财务管理及其风险控制、学会活动及项目的财务管理、学会税收政策及涉税业务管理等进行专题授课，并对2018年度全国学会财务决算和综合统计工作进行了部署培训。中国科协所属全国学会、协会、研究会分管财务工作的秘书长和财务负责人，中国科协学会学术部、计划财务部有关负责人，中国科协机关及直属单位有关部门负责人，共计370人参加培训。

【2018年度地方科协综合统计和财务决算培训班】 11月29日，由中国科协计划财务部主办、重庆市科协承办的2018年度地方科协综合统计和财务决算培训班在重庆市开班。中国科协副主席、书记处书记孟庆海出席开班式并讲话。重庆市副市长李殿勋致欢迎辞。中国科协计划财务部部长杨文志，重庆市科协党组书记、常务副主席王合清等参加开班式。

孟庆海在讲话中指出，党的十九大做出“完善统计体制”的重大部署，中央经济工作会议明确提出加快形成推动高质量发展的统计体系，习近平总书记多次对统计工作发表重要讲话、做出重要指示批示，为推进统计高质量发展提供了基本遵循、指明了工作方向。过去一年，全国各级科协组织顺利完成统计调查工作，并积极推动科协综合统计工作改革创新，科协统计制度建设迈出新步伐，统计数据质量实现新提升，统计信息化建设有了新突破，统计产品质量和服务有了新提高。

孟庆海强调，为适应新时代重塑科协发展新格局、再造工作新流程、重构组织新力量的新使命新要求，科协统计工作要立足“三轮驱动、三化联动、三维聚力”，以科协统计设计优化重构为基础，以科协智慧统计系统建设为支撑，努力实现由小统计向大统计转变、由粗放统计向精准统计转变、由封闭孤岛向开放共享转变，推动科协统计数据应用共享，提升科协统计数据质量。

孟庆海要求，各级科协组织必须全面推动科协统计新规定执行，强化主体责任落实；大力推广智慧科协统计系统，全面提升科协统计数据质量；强化数据主权意识，加强科协系统数据资产管理；开展新时代科协统计指标体系研究，构建完善科协组织特色的统计指标，开展科协系统统计干部队伍建设和业务培训，更加奋发有为、担当实干、开拓创新，服务好科协事业创新发展。

开班式上通报了 2017 年度地方科协综合统计和财务决算工作优秀单位。培训期间，杨文志围绕新时代科协组织发展对计财工作的新任务新要求作专题报告，国家统计局执法监督局副处长马婧对国家统计相关法律法规进行解读，重点介绍负责统计的领导和人员的法律责任要求。培训班还进行了分组交流讨论。

来自 30 个省、自治区、直辖市科协和 13 个副省级城市科协的统计或财务分管领导，以及负责统计、财务的工作人员 130 余人参加培训。

党　建

【中国科协党组理论学习中心组专题学习习近平新时代中国特色社会主义思想】 1 月 11 日下午，中国科协党组理论学习中心组学习扩大会议专题学习习近平新时代中国特色社会主义思想。中国科协党组书记怀进鹏主持会议并讲话。中国科协党组副书记徐延豪，党组成员吴海鹰、束为、项昌乐、王延祜、宋军出席会议并作交流发言。

中央宣传部政策法规研究室巡视员、副主任王雷鸣受邀作专题辅导报告，详细介绍了《习近平谈治国理政》两卷的编辑出版过程和特点，全面系统、重点突出、深入浅出地阐述了习近平新时代中国特色社会主义思想的科学体系、丰富内涵和核心要义，并对《寻乌扶贫调研报告》蕴含的科学调研方法作了深刻解读。

党组各位成员结合学习体会和工作实际作交流发言。大家一致表示，《习近平谈治国理政》第二卷和先前出版的《习近平谈治国理政》集中反映了习近平新时代中国特色社会主义思想的发展脉络、主要内容和精神实质，生动记录了以习近平同志为核心的党中央推进理论创新的生动历程，充分反映了习近平总书记为新时代中国特色社会主义思想的创立所发挥的决定性作用和做出的决定性贡献。学习研究《习近平谈治国理政》，可以深切体会到习近平新时代中国特色社会主义思想所贯穿的坚定信仰信念、鲜明人民立场、强烈历史担当、求真务实作风、勇于创新精神和科学思想方法，深切领会到这一思想的鲜明理论特色，给人以信心、智慧和力量。

怀进鹏就中国科协深入学习领会习近平新时代中国特色社会主义思想和贯彻落实党的十九大精神提出要求。

一是要高站位，不能含糊。党组班子成员和机关各部门、各直属单位负责同志是中国科协的“关键少数”，一定要用习近平新时代中国特色社会主义思想武装头脑、指导实践，做到真学真信真用，在学思践悟中增强政治认同、思想认同、理论认同、情感认同，坚决维护以习近平同志为核心的党中央权威和集中统一领导。要带头增强“四个意识”、坚定“四个自信”、做到三个“一以贯之”，切实提高政治站位，坚守责任担当，着力加强对科技工作者的政治引领和政治吸纳，夯实党在科技界的执政基础。

二是要敢破题，不能懈怠。要把学习领会习近平新时代中国特色社会主义思想同贯彻落实党的十九大各项决策部署贯通起来，把我国社会主要矛盾发生变化所带来的新要求新挑战作为极端重要的课题加以认真思考和研究，准确把握科协组织的新方位新使命新目标。

三是要敢担当，不能躲闪。科协组织以习近平新时代中国特色社会主义思想为指导，务必把自己摆进去、把职责摆进去、把工作摆进去，研究新问题新挑战新要求，展现新气象新格局新作为。

中央纪委驻科技部纪检组邢波和中国科协机关各部门、各直属单位主要负责人参加会议。

【中国科协党组理论学习中心组专题学习马克思主义及其中国化最新成果】 5 月 11 日上午，中国科协党组理论学习中心组召开学习扩大会议，深入学习习近平总书记关于推进马克思主义中国化时代化大众化的重要思想和习近平总书记在纪念马克思诞辰 200 周年大会上的重要讲话精神。会议由中国科协党组书记怀进鹏主持。党组副书记徐延豪，党组成员吴海鹰、束为、项昌乐、宋军出席会议并作交流发言。

全国人大代表、中国社会科学院大学学术委员会副主任、中国社会科学院马克思主义学院原院长程恩富教授受邀作专题辅导报告。党组成员围绕学习领会习近平总书记在纪念马克思诞辰200周年大会上的重要讲话精神作交流发言。大家一致认为，习近平总书记的重要讲话深情缅怀了马克思的伟大人格和历史功绩，全面阐释了马克思主义的科学体系和丰富内涵，提出了新时代继续推进马克思主义中国化的要求，是一篇光辉的马克思主义纲领性文献。马克思主义是博大精深、影响深远的伟大理论，为中国革命、建设、改革提供了强大思想武器。习近平新时代中国特色社会主义思想是当代中国马克思主义、21世纪马克思主义，必须学好马克思主义及其中国化最新成果这一必修课，不断从中汲取科学智慧和理论力量，把马克思主义的立场、观点、方法落实到新时代中国特色社会主义的伟大实践中。

怀进鹏在总结讲话中指出，马克思是人类历史上最伟大的思想家，他为人类提供了正确认识世界、改造世界的科学方法论。马克思主义把方法论建立在辩证唯物主义和历史唯物主义的基础上，结束了唯心主义方法论的统治地位，第一次使方法论具有了科学的属性；把实践观点引入方法论，提出哲学的使命不仅为了解释世界，更重要的在于改变世界，使方法论的功能发生了革命性变革。马克思主义离我们并不遥远，自然科学、社会科学、人文科学的进步都需要方法论的支撑。只有学深悟透马克思主义，才能把握历史变迁大势和社会发展的内在规律，才能提高我们识别、解决问题的能力。

怀进鹏强调，科协作为党联系服务广大科技工作者的群众组织，必须实践马克思主义关于坚守人民立场的思想。广大科技工作者是先进生产力的代表、是科技创新能力的基本载体，科协组织要借助马克思主义的科学方法论，把他们的共同需求落实到政策，把他们的共同利益纳入机制，引导他们释放创新热情和能力，为促进社会生产力的发展做出独特贡献。

怀进鹏强调，学习马克思主义及其中国化最新成果要坚持学以致用、用以促学，注重提高马克思主义理论素养，把科学思想理论转化为强大实践力量，把贯彻落实习近平新时代中国特色社会主义思想和党的十九大精神转化为科协组织的生动实践。中国科协机关各部门、各直属单位主要负责人列席会议。

【中国科协党组理论学习中心组举行集体学习暨专题党课讲座】 6月4日下午，中国科协党组理论学习中心组举行集体学习暨专题党课讲座，深入学习习近平新时代中国特色社会主义思想的科学理论体系。中国科协党组书记怀进鹏主持会议。党组副书记徐延豪，党组成员吴海鹰、束为、宋军、王守东参加集体学习。

天津大学马克思主义学院院长颜晓峰应邀作专题辅导报告，围绕《习近平新时代中国特色社会主义思想三十讲》，系统讲解习近平新时代中国特色社会主义思想的时代背景、重大意义、理论体系和理论品格，分析梳理新时代坚持和发展中国特色社会主义的基本支柱、实践基础、根本原则、历史使命、总体布局、安全保证、基本国策、国际战略、领导力量和领导方法，为中国科协党员干部进一步学习好、领会好、贯彻好习近平新时代中国特色社会主义思想作引领式的导读。颜晓峰还就习近平新时代中国特色社会主义思想的精神实质、内在逻辑和实践要求与科协党员干部进行了互动。参加此次集体学习的党员干部普遍认为，颜晓峰的讲座由浅入深、提纲挈领、重点突出，具有很强的针对性时效性，对深刻感悟和把握习近平新时代中国特色社会主义思想的真理力量具有很强的指导意义。

怀进鹏对科协系统深入理解掌握习近平新时代中国特色社会主义思想提出三点要求：一是深刻领会习近平新时代中国特色社会主义思想的历史地位和丰富内涵，充分认识习近平新时代中国特色社会主义思想是立足时代之基、回答时代之问的科学理论，准确把握贯穿其中的人民立场、民族抱负和世界责任，以习近平新时代中国特色社会主义思想筑牢共同思想基础，不断夯实党的思想建设；二是深刻认识习近平总书记关于科技创新的重要思想在习近平新时代中国特色社会主义思想体系中的重要地位，准确把握习近平总书记深刻阐释的人类社会发展规律和创新发展规律、科技管理规律、人才成长规律，始终坚持党对科技事业的领导；三是深刻领会习近平新时代中国特色社会主义思想所贯穿的思想方法和工作方法，认真对标“六个坚持”“五个着力”和五大任务，践行新思想、拥抱新时代、展现新作为，努力完善“1–9–6–1”科协工作布局，成为学习贯彻习近平新时代中国特色社会主义思想的生动实践。

中国科协机关各部门、各直属单位主要负责同志以及 900 多名党员干部参加专题党课集体学习。

【中国科协党组理论学习中心组学习扩大会议专题学习习近平关于党的建设和组织工作重要思想】 7 月 19 日上午，中国科协党组理论学习中心组召开学习扩大会议，专题学习习近平总书记关于党的建设和组织工作重要思想，传达学习习近平总书记对推进中央和国家机关党的政治建设的重要指示精神、全国组织工作会议精神及中央和国家机关党的政治建设推进会议精神。会议由中国科协党组书记怀进鹏主持。

党组副书记徐延豪就深入学习习近平总书记关于党的建设的重要论述，从重视党的政治建设是我们党的优良传统、准确理解和把握党的政治建设基本内涵和充分发挥党的政治建设的"火车头"作用三个方面作重点发言，党组其他成员作交流发言。大家一致认为，党的十八大以来，党和国家事业取得一切成就的根本原因在于以习近平同志为核心的党中央的坚强领导，在于习近平新时代中国特色社会主义思想的科学指引。把党的政治建设摆在首位，既是对我们党长期以来党建经验和规律的一个深刻总结，也是党的十八大以来全面从严治党的一条成功经验，必须进一步坚定担负政治使命、履行政治责任、增强政治能力的自觉，以党的政治建设为统领，将新时代党的建设总要求落到实处。加强党的政治建设的关键是做到"两个维护"，路径是做好"三个表率"，要将旗帜鲜明讲政治这根弦绷紧把牢，坚持"知行果同"，把中央确定的科协系统深化改革实施方案各项任务落实到位，把"1–9–6–1"工作布局落到实处，努力建设让党中央放心、让人民群众满意的群团组织。

怀进鹏指出，把党的政治建设作为统领党的建设全局的根本性建设是习近平新时代中国特色社会主义思想和党的十九大精神的重要内容。中国科协作为党领导下的人民团体、党和政府联系科技工作者的桥梁和纽带，政治性是第一属性，讲政治是第一要求。必须深刻认识科协工作是政治工作、政治使命是根本使命，坚定不移朝着共产主义远大理想、中国特色社会主义共同理想、"两个一百年"奋斗目标和党的基本理论、基本路线、基本方略所指引的正确政治方向砥砺前行，坚决维护习近平总书记的核心地位，坚决维护党中央权威和集中统一领导，坚持和加强党对科协事业的领导，紧扣民心这个最大的政治，把加强对广大科技工作者的政治引领政治吸纳作为根本政治担当，不断夯实党在科技界的执政基础。

怀进鹏强调，党的政治建设是实践的、具体的，科协系统要在做好"三个表率"上下功夫见行动。一是要在深入学习贯彻新时代中国特色社会主义思想上作表率，坚持把学习宣传贯彻工作作为第一行动、第一考验，自觉做习近平新时代中国特色社会主义思想的坚定信仰者、忠实实践者；二是要在始终同党中央保持高度一致上作表率，大力弘扬中国科学家精神，真正把广大科技工作者动员和组织起来，把他们的思想统一到习近平新时代中国特色社会主义思想上来，把他们的创造热情和创新活力凝聚到新时代中国特色社会主义建设事业上来；三是要在坚决贯彻落实党中央各项决策部署上作表率，以追求卓越的精神创造性地实现党中央赋予科协组织的各项职责，始终坚持聚焦靶心，发挥跨界交流的组织优势，推动学术科普智库在更高水平上的协同发展，以中国科技战略委员会、全球公众科学素质大会等重大任务的突破有效回应党中央重大关切，拓展连接全球创新网络的战略通道，扩大在世界科技舞台的"朋友圈"，服务人类命运共同体建设，体现科协组织围绕中心、服务大局的担当和作为。

党组成员吴海鹰、束为、项昌乐、宋军、王守东、殷皓出席会议。机关各部门、各直属单位主要负责同志列席会议。

【中国科协召开《中国共产党纪律处分条例》专题学习报告会】 9 月 29 日，中国科协党组理论学习中心组召开学习扩大会议暨党课报告会，专题学习《中国共产党纪律处分条例》(以下简称《条例》)。会议由中国科协党组书记怀进鹏主持。

中央纪委国家监委研究室副主任苏静应邀作辅导报告，报告全面梳理了修订《条例》的背景和必要性，结合典型案例对《条例》修订的主要内容进行详细解读，明确切实抓好《条例》贯彻执行和做深做细做实监督检查的要求，为广大党员和领导干部上了一堂生动的党课。

与会党员干部普遍认为，苏静的辅导报告既有历史纵深感、又有现实穿透力，对党员干部深刻理解加强新时代党的建设、准确把握党内法规制度、真正把铁的纪律转化为日常习惯和自觉遵循、切实做到"两个坚决维护"具有指导意义。

怀进鹏作学习讲评。他指出，重视和加强党的纪律建设是我们党的优良传统。要深刻理解在新时代背景下修订《条例》的重大意义。《条例》把坚决维护习近平总书记党中央的核心、全党的核心地位，坚决维护党中央权威和集中统一领导作为出发点和落脚点，对深入推进党的政治建设及加强思想建设、组织建设、作风建设、纪律建设和制度建设，全面贯彻落实新时代党的建设总要求具有重要作用。《条例》摆正了纪律和法律的逻辑关系，将执纪和执法贯通和衔接起来，强调“纪严于法、纪在法前”，使全面从严治党的思路举措更加科学、更加严密、更加有效。党的纪律既是党内政治文化的制度化形态，也是党内政治文化的重要组成部分。《条例》的修订对发展积极健康的党内政治文化、不断巩固和发展风清气正的良好政治生态具有重要意义，为我们在实际工作中加强党的纪律建设提供了重要的方法指导和实践遵循。

怀进鹏强调，要严格贯彻落实党的纪律建设要求，推进科协全面从严治党向细、向实发展。一要强化纪律教育，抓紧抓实《条例》的学习宣传。二要坚持执纪必严、违纪必究，让制度“长牙”、纪律“带电”。三要坚持党建与业务相结合，强化没有脱离政治的业务，也没有脱离业务的政治。

徐延豪、孟庆海、吴海鹰、束为、项昌乐、宋军、王守东等党组书记处领导同志，机关各部门和直属单位党员干部800多人参加学习。

【中国科协召开党组理论学习中心组学习扩大会议暨传统教育宣讲报告会】 11月30日，中国科协党组理论学习中心组召开学习扩大会议暨传统教育宣讲报告会。会议暨宣讲报告会由中国科协党组书记、常务副主席、书记处第一书记怀进鹏主持。中央和国家机关工委宣传部副部长郭建军应邀出席指导。

此次学习活动以“传承伟大精神，创新建功新时代”为主题，是中国科协庆祝改革开放40周年及科协成立60周年的一项重要活动。四位中国科协退休老同志进行了传统教育宣讲：吴伟文同志作题为“三位科协主席的风范和精神”的报告，深情回顾周培源、钱学森、朱光亚主席做到对党负责与对科技工作者负责的高度统一所留给广大科协工作者不忘初心、求真务实的宝贵精神。崔建平同志作题为“回忆老一代科协人开拓科普事业的几件往事”的报告，透过推动制定《科普法》《科学素质纲要》、设立全国科普日的历程，讲述老一代科协人艰苦奋斗、甘于奉献、团结协作、开拓创新，坚持围绕中心、服务大局，立足当前、着眼长远，突出特色、打造品牌的优良传统和作风。雷绮虹同志作题为“科协人要大力发扬科协密切联系群众的作风”的报告，勉励科协年轻一代要善于与科技工作者打成一片，要善于把握公众需求和社会需求，要放下架子深入基层、了解基层、理解基层，为科技工作者服好务，为他们营造“家”的美好氛围。李象益同志作题为“中国科技馆艰苦创业的峥嵘岁月”的报告，通过回顾中国科技馆开馆30年的奋斗历程，向为中国科技馆建设呕心沥血呼吁和帮助的老一辈科学家，在中国科技馆建设初期运筹帷幄的几代领导人，在那些艰难岁月中拼搏奉献、献出了青春和年华的开拓者们和所有帮助、关怀、支持中国科技馆建设和发展的人们致敬。老同志们以亲身经历说历史、讲传统、话未来，传经送宝，为新时代科协人提供了文化的滋养和精神的激励。

怀进鹏在作学习讲评时强调，此次学习活动献礼改革开放40周年及科协成立60周年，既是一次传统教育，也是一次党性教育。传承创新发展是科协人的使命追求，也是科协人当下更好发展的重要依托。我们要牢记习近平总书记关于“不忘历史才能开辟未来，善于继承才能善于创新”的教导，铭记科协老主席的风范和老一代科协人的精神和他们在科协建设发展的关键时期所表现出的使命初心和意志品质，牢固树立“四个意识”，不断坚定“四个自信”，始终践行“两个维护”，努力做好“三个表率”。

怀进鹏指出，中国科协发展史特别是改革开放以来的发展历程为我们留下了许多宝贵经验：一是坚持把加强党的全面领导作为科协组织健康发展的根本保证；二是坚持把强化政治引领政治吸纳作为科协工作发挥作用的根本方向；三是坚持把突出科技工作者的主导地位作为科协事业持续发展的不竭动力；四是坚持把围绕中心服务大局作为找准科协工作在党和国家全局工作中定位的战略基石；五是坚持把满足人民对美好生活的需要作为科协事业发展的坚实基础；六是坚持把依靠科协系统干部队伍作为科协事业发展的重要保障。老一辈科协工作者的品德、风范和精神已经成为科协优良传统的重要组成部分，成为科协系统的宝贵精神财富。新时代科协人要传承他们的精神滋养和文化追求，努力做信念过硬、政治过硬的明白人，责任过硬、创新发展的开拓者，能力过硬、锐意进取的实干家，作风过硬、联系群众的知心人，严于律己、品德高尚的好干部。

怀进鹏强调，科协发展经过60年，站到了新的历史起点，将开启下一个 60 年的新征程。面向未来，我们要以深入学习贯彻习近平新时代中国特色社会主义思想和党的十九大精神为主线，始终围绕“五位一体”总体布局和“四个全面”战略布局，深入推进并不断完善科协“1–9–6–1”工作布局，找准科协工作与党和国家事业发展的切入点、结合点、着力点，在党和国家大局中找准定位、彰显作为，在切实提升科协组织的政治引领力、战略支撑力、群众组织力等方面下功夫、做文章、求实效、作贡献，不断努力把科协的组织优势有效转化为聚焦靶心、服务党和国家中心工作的优势，有效转化为贡献大局、服务世界科技强国建设的优势。

徐延豪、孟庆海、束为、宋军、王守东、殷皓等中国科协党组书记处领导，机关各部门、各直属单位干部职工和全国学会党员干部共 900 余人参加此次主会场和视频分会场的学习活动。

【庆祝中国科协成立 60 周年第二场传统教育宣讲报告会在京召开】 12 月 20 日，庆祝中国科协成立 60 周年第二场传统教育宣讲报告会在北京中国科技会堂召开。报告会以“传承伟大精神，创新建功新时代”为主题，是中国科协庆祝改革开放 40 周年及科协成立 60 周年的一项重要活动。中国科协党组副书记、副主席、书记处书记徐延豪主持会议并讲话。

会上，四位中国科协退休老同志进行了传统教育宣讲。中国科协国际部原副部长、中国反邪教协会专职副秘书长程宁宁作题为“严谨认真　恪尽职守——回顾中国科协国际交流中的难忘故事”的报告，生动讲述了她在国际民间科技交流中的亲历故事和感受体会。中国科协青少年科技中心原主任牛灵江以“不怕困难，不负重托——全国科普日北京主场活动纪事”为题作报告，重点讲述了当年在党中央、国务院的亲切关怀下精心筹备全国科普日主场活动的感人故事，充分反映了科普工作者不怕困难、不负重托的拼搏进取精神。中国科技会堂原副总工程师孙葆玮作题为“筚路蓝缕十六载，不忘初心铸辉煌——回顾中国科技会堂的建设历程”的报告，深情回顾了科技会堂不平凡的建设历程以及各级领导和科学家的关心支持，彰显了科协人艰苦创业、百折不挠、奋发向上的精神品质。中国科技馆原馆长王渝生在题为“回忆中国科技馆传承发展那些年”的报告中，讲述了中国科技馆在传承发展中形成的 6 条重要经验。

徐延豪在总结讲话中向参加宣讲的老同志们表示崇高的敬意和衷心的感谢。他指出，60 年来，中国科协始终沿着党指引的正确方向认真履行桥梁纽带职责，团结带领广大科技工作者勇当推动创新发展的时代先锋，在全面推进改革开放和助力世界科技强国建设中谱写了壮丽篇章，形成了许多值得继承和学习的科协传统、科协精神和科协经验。通过宣讲报告会，让大家更好地领悟中国科协的历史地位和重要作用，努力做到在传承中创新、在创新中发展，使科协事业的连续性和创新性得到有机统一。

徐延豪强调，进入新时代、踏上新征程，我们一定要继承和发扬科协 60 年来形成的优良传统、发展规律和宝贵经验，始终坚持党对群团工作的领导，不断增强科协组织的政治性、先进性、群众性，充分发挥“四服务”职能，以智库、学术、科普为重点，以国际化、信息化、协同化为导向，推动科协工作格局重塑、流程再造和组织重构，更好地团结引领广大科技工作者积极投身经济社会发展主战场，唱响弘扬新时代中国科学家精神主旋律，努力在建设世界科技强国中展现新作为。

中国科协党组书记处领导，在京部分九大代表，中国科协机关和直属单位干部职工、离退休干部代表，部分全国学会干部共 800 余人在主会场和视频分会场参加此次报告会。

【中国科协举办学习贯彻党的十九大精神集中轮训班】 3 月 26 日，中国科协学习贯彻党的十九大精神集中轮训开班式在中国科技会堂举行。中国科协党组书记、常务副主席、书记处第一书记怀进鹏出席开班式并以“新时代焕发新气象　新使命砥砺新作为”为题作主旨报告。

怀进鹏围绕准确把握党的十九大精神实质、明确科协组织新使命新思路新部署、科学谋划展现科协系统新气象新作为、制定科协事业发展中长期规划、攻坚克难狠抓各项工作落实五个方面作了全面、翔实的报告，从科技、经济发展等多维度对科协干部进行了“大科普”。他强调，科协干部要在学懂弄通党的十九大精神上下功夫，要统筹好“摆进去”和“跳出来”，要对世情、国情、党情、科情进行充分估量和全面研判，在学习党的十九大精神中寻找科协工作的题目和发展的空间，要把重点放在贯彻落实上，真正做到知行果的统一。

怀进鹏指出，下一阶段科协工作要以习近平新时代中国特色社会主义思想为指导，按照“1–9–6–1”

工作布局，加强科学统筹和系统推进，切实把自己摆进去、把职责摆进去、把工作摆进去，推动各项决策部署落地生根，推动科协系统改革向纵深发展，实现改革再出发，以永不懈怠的精神状态和一往无前的奋斗姿态展现新作为、建功新时代。

按照学习宣传贯彻习近平新时代中国特色社会主义思想和党的十九大精神要与对党章的遵从、对宪法的服从、对全国"两会"精神的理解紧密结合起来的要求，培训班邀请第十三届全国人大代表、常委、主席团成员，中国科协党组副书记、副主席、书记处书记徐延豪为参训干部作《2018年全国人大会议精神辅导报告》。培训班还邀请有关专家就习近平新时代中国特色社会主义思想、中华人民共和国宪法、中国共产党章程等作专题报告。

开班式由中国科协党组成员、书记处书记束为主持，近400名中国科协机关各部门处级及以上、各直属单位中层及以上干部参加。

【中国科协党组召开2017年度民主生活会】 按照中央统一部署和要求，2月9日，中国科协党组召开2017年度民主生活会。中国科协党组书记、常务副主席、书记处第一书记怀进鹏主持会议。党组副书记徐延豪，党组成员吴海鹰、束为、项昌乐、王延祜、宋军参加会议。中央第28督导组组长毛明奎及督导组成员，中央纪委三室、中央纪委派驻纪检组的有关同志到会指导。

2017年度党组民主生活会以认真学习领会习近平新时代中国特色社会主义思想、坚定维护以习近平同志为核心的党中央权威和集中统一领导、全面贯彻落实党的十九大各项决策部署为主题，党组成员以中央政治局民主生活会为榜样和标杆，对标党章和《中共中央政治局关于加强和维护党中央集中统一领导的若干规定》《中共中央政治局贯彻落实中央八项规定实施细则》精神，对标初心和使命，对标党的十九大精神，联系科协工作，联系带头执行中央八项规定精神的实际，联系狠抓党的十九大决策部署的实际，深入查摆突出问题，深刻剖析产生问题的原因，以整风精神开展批评和自我批评。

怀进鹏首先代表中国科协党组作对照检查，从带头学习贯彻习近平新时代中国特色社会主义思想、认真执行党中央决策部署和上级决议决定、对党忠诚老实、担当负责攻坚克难、纠正"四风"不止步、严格执行廉洁自律准则等六大方面查找存在的突出问题，深入剖析原因，并提出了五个方面的努力方向和改进措施。随后，怀进鹏带头开展个人对照检查，进行批评和自我批评，党组其他同志也联系思想和工作实际逐一作对照检查并开展批评和自我批评。

怀进鹏在总结中强调，要逐一分解细化领导班子和个人整改措施，认真抓好落实。要把这次专题民主生活会作为学习宣传贯彻党的十九大精神的新起点，在加强问题整改的同时不断深化对习近平新时代中国特色社会主义思想的认识、理解和实践，坚定维护以习近平同志为核心的党中央权威和集中统一领导，牢固树立"四个意识"、坚定"四个自信"，努力营造积极向上、干事创业、风清气正的政治生态，全面贯彻落实党的十九大各项决策部署，有力推动科协系统深化改革和事业发展迈上新台阶，不负习近平总书记和党中央的重托，不负广大科技工作者的期待。

认真开好2017年度民主生活会是深入学习贯彻党的十九大精神的重要举措。根据中央有关要求，中国科协党组高度重视，认真研究制定民主生活会工作方案，及时上报中央纪委、中央组织部、中直工委、中央督导组和中央纪委派驻纪检组；扎实开展专题学习研讨，深刻领会习近平新时代中国特色社会主义思想的历史地位和丰富内涵，搞清楚、弄明白"八个明确"主要内容和"十四个坚持"基本方略的重大创新思想创新观点；逐条梳理2017年度民主生活会整改落实情况；召开科协九大代表、基层科技工作者代表、科学家代表、党员和党外人士代表、部门（单位）主要负责同志代表、青年干部代表、离退休老同志代表等多层面系列座谈会，广泛征求科技工作者和党员干部群众的意见建议290条，梳理归纳为5个方面61条意见；党组同志之间逐一开展谈心谈话，党组同志与分管部门（单位）负责人深入谈心谈话，并分头参加分管部门（单位）的民主生活会，提出指导意见。在此基础上，认真准备班子对照检查材料和个人发言提纲，怀进鹏主持研究起草班子对照检查材料，带头撰写发言提纲，并对班子成员发言提纲逐一审阅把关，提出具体修改意见。

【组织参观"伟大的变革——庆祝改革开放40周年大型展览"】 为隆重庆祝改革开放40周年，按照中央和国家机关工委统一部署，中国科协机关党委印发《关于组织观看"伟大的变革——庆祝改革开放40周年大型展览"的通知》，并组织百名党员干部于12月3日下午赴国家博物馆进行参观。中国科协党组副书记、副主席、书记处书记徐延豪，中国科协党组成员、书记处书记宋军带队参观。

大家在生动反映改革开放辉煌成就的展板前热烈讨论，深刻领会改革开放40年来的伟大成就归功于党的正确领导、归功于中国特色社会主义道路、归功于亿万勤劳勇敢的中国人民，感到备受鼓舞。大家纷纷表示，40年前，邓小平同志在全国科学大会上提出“科学技术是第一生产力”的战略论断，我国科学技术事业迎来了“科学的春天”。从“科学的春天”到创新型国家建设、再到世界科技强国目标，我国走上了一条从人才强、科技强到产业强、经济强、国家强的创新发展康庄大道。

大家一致认为，只要我们坚持以习近平新时代中国特色社会主义思想为指导，全面贯彻落实党中央决策部署，坚定不移全面深化改革、扩大对外开放，中国特色社会主义一定会迎来更加美好的明天。

【中国科协召开2018年党风廉政建设推进会暨首轮巡视工作动员部署会】 3月22日下午，中国科协召开2018年党风廉政建设推进会暨首轮巡视工作动员部署会。中国科协党组书记、常务副主席、书记处第一书记怀进鹏，中央纪委驻科技部纪检组组长王宾宜出席会议并讲话。

中国科协党组副书记、副主席、书记处书记徐延豪主持会议。中央直属机关纪律检查工作委员会副书记韦国富，中央纪委驻科技部纪检组副组长玄洪云到会指导。中国科协党组成员、书记处书记吴海鹰、束为，党组成员宋军，机关党委书记王延祜出席会议。

会议深入学习贯彻习近平新时代中国特色社会主义思想，传达学习十九届中央纪委二次全会、十九届中央第一轮巡视工作动员部署会议和中央直属机关党的工作会议暨纪检工作会议精神，认真落实新时代党的建设总要求，总结和部署中国科协党风廉政建设和反腐败工作，启动首轮党组巡视并宣布首轮巡视组组长、副组长的授权任职及任务分工。

怀进鹏在讲话中指出，习近平总书记在十九届中央纪委二次全会上的重要讲话中强调，要真正把落实管党治党政治责任作为最根本的政治担当，紧紧咬住“责任”二字、抓住“问责”这个要害。中国科协各级党组织和全体党员要深入贯彻落实党的十九大精神，忠实履行党章所赋予的政治责任，牢固树立“四个意识”，用习近平新时代中国特色社会主义思想武装头脑，始终在政治立场、政治方向、政治原则、政治道路上同以习近平同志为核心的党中央保持高度一致，以永远在路上的执着一刻不停歇地推动全面从严治党向纵深发展。

怀进鹏围绕落实政治责任，结合科协实际，提出知责、负责、问责三点要求：一要认清政治责任，以党的十九大精神为指引，贯彻落实中纪委二次全会精神，肩负起科协组织在推进新时代党的建设伟大征程中的历史担当；二要坚决落实责任，以政治建设为统领，全面落实党风廉政建设任务部署，推动科协作风建设不断完善；三要强化责任机制，以党组政治巡视为抓手，努力形成不敢腐不能腐不想腐的长效机制。怀进鹏强调，科协不是“世外桃源”，要坚持问题导向，完成好党组巡视各项任务，既要发现新问题，更要解决老问题，确保上轮中央巡视组提出的整改意见不折不扣地落实到位，为接受新一轮中央巡视做好准备。

王宾宜在讲话中充分肯定中国科协党的十九大以来党风廉政建设工作所取得的进展和成效，指出了存在的不足和问题，并就下一阶段中国科协推进全面从严治党向纵深发展提出了七方面要求。中国科协党组巡视工作领导小组及办公室全体成员、巡视组全体成员，机关党委委员、机关纪委委员，机关各部门、各直属单位党委（总支、支部），科技社团党委，以及下属基层党组织书记、副书记、纪委书记、纪检委员等参加会议。

【中国科协党组巡视组正式进驻被巡视单位开展2018年首轮巡视】 根据中国科协党组统一部署，4月16日和19日，党组巡视组分别进驻中国科普研究所和中国科技馆并召开动员会，全面开展中国科协2018年首轮巡视。中国科协党组巡视工作领导小组副组长兼办公室主任、机关党委书记王延祜出席两个动员会并讲话。

在党组常规巡视组进驻中国科普研究所动员会上，组长李志刚作动员讲话，中国科普研究所所长、党总支书记王康友主持会议并作表态发言。在党组专项巡视组进驻中国科技馆动员会上，组长公坤后作动员讲话，中国科技馆馆长、党委副书记殷皓作表态发言，中国科技馆党委书记、副馆长苏青主持会议。两位巡视组组长分别通报了巡视工作的主要任务和工作安排，提出了工作要求。被巡视单位表达了坚决拥护党组决定，全力支持、配合做好巡视工作的坚定立场和鲜明态度。被巡视单位领导班子成员、在职干部和近3年退休的中层干部参加动员会。

王延祜强调，做好首轮巡视工作要加强组织协调，统一思想行动，坚决落实政治巡视各项要求，确保巡视工作迈好第一步、站稳第一台阶。被巡视单位领导班子和广大党员干部要提高政治站位和政治觉悟，充分认识、深刻领会党中央和科协党组推进巡视工作的坚定决心和意志，自觉增强接受监督的政治意识，充分信任、坚决支持、积极配合、同步监督巡视组工作，共同完成好中国科协党组交给的巡视任务。

【中国科协召开警示教育大会】 10月22日下午，中国科协召开警示教育大会，传达学习贯彻习近平总书记关于全面从严治党的重要论述，传达落实中央和国家机关警示教育大会有关安排，通报违纪违法典型案例，部署开展警示教育和形式主义、官僚主义集中整治工作。中国科协党组书记、常务副主席、书记处第一书记怀进鹏出席会议并讲话。中国科协副主席、书记处书记孟庆海，党组成员、书记处书记束为、项昌乐、宋军，中央纪委国家监委驻科技部纪检监察组副组长玄洪云出席会议。会议由党组成员兼机关党委书记、组织人事部部长王守东主持。

会议传达了中央和国家机关警示教育大会精神，传达了党的十八大以来中央和国家机关党员领导干部违纪违法典型案例有关通报，传达了中央纪委办公厅《关于贯彻落实习近平总书记重要指示精神集中整治形式主义、官僚主义的工作意见》。

怀进鹏强调，要提高政治站位，深入学习贯彻习近平总书记重要指示精神，深刻汲取违纪违法典型案例的沉痛教训，做到以案明纪、警钟长鸣；要深刻认识当前党风廉政建设和反腐败斗争依然严峻复杂的形势，注意从身边人、身边事抓起，不断增强忧患意识、风险意识和责任意识，坚决克服麻痹和懈怠心理，始终保持认识上的清醒、工作上的韧劲，把全面从严治党和党风廉政建设持之以恒地抓下去；要对照反面典型，深刻反思和高度警醒，始终做到政治上忠诚、思想上干净、作风上纯洁、行为上规矩，毫不松懈地锤炼党性、涵养品行，在诱惑和利益面前保持头脑清醒、意志坚定、不为所动；要突出问题导向，以更大决心和力度补齐自身短板，提高政治免疫力，坚决防范廉政风险和腐败隐患，把“严”的态度、“严”的要求和“严”的举措贯彻到党风廉政建设的全过程，为实现新时代科协事业的高质量发展提供坚强保障。

怀进鹏强调，要立足科协工作全局，集中开展形式主义、官僚主义专项整治，围绕“三个聚焦”，瞄准四个方面12类问题进行全面“大体检”“大扫除”，坚持把自己摆进去、把工作摆进去、把职责摆进去，深化科协服务能力。要把集中整治工作贯穿事业改革发展全过程，做到“四个结合”，即把集中整治与中央对群团改革工作的部署要求相结合、与科协党组巡视相结合、与科协重大任务和重点工作相结合、与促进事业发展和提高服务能力相结合，把整治工作抓实抓细抓持久。

怀进鹏要求，各部门各单位、各学会党委及办事机构党组织要迅速向全体党员干部传达会议精神，以高度的政治自觉扎实推进警示教育，以作风建设成效推动各项工作再上新台阶。广大党员干部要紧密团结在以习近平同志为核心的党中央周围，坚决贯彻党的十九大全面从严治党战略部署，以习近平新时代中国特色社会主义思想为指引，不忘初心、牢记使命，振奋精神、担当实干，不断开创党风廉政建设和反腐败斗争新局面，奋力谱写新时代中国科协全面从严治党新篇章，为维护全党风清气正、海晏河清的政治生态做出新的更大贡献。

中国科协机关各部门全体干部职工、直属单位处级（中层）以上干部和各全国学会党委、办事机构党组织负责同志500余人参加会议。

【中国科协2018年第二轮巡视组正式进驻被巡视单位开展工作】 根据中国科协党组统一部署，12月19日上午，党组巡视组分别进驻农村专业技术服务中心和企业创新服务中心并召开动员会，全面展开中国科协2018年第二轮巡视。中国科协党组成员兼机关党委书记、组织人事部部长，党组巡视工作领导小组副组长兼办公室主任王守东出席两个动员会并讲话。

在党组巡视组进驻农村专业技术服务中心动员会上，组长辛兵作动员讲话，农村专业技术服务中心党支部书记、主任师铎主持会议并作表态发言。在党组巡视组进驻企业创新服务中心动员会上，组长苏青作动员讲话，企业创新服务中心主任苏小军主持会议并作表态发言。两位巡视组组长分别通报了巡视工作的主要任务和工作安排，提出了工作要求。被巡视单位表达了坚决拥护党组决定，全力支持、配合做好巡视工作的立场和态度。被巡视单位领导班子成员、在职干部和近3年退休的中层干部参加动员会。

王守东强调，开展党组巡视是对科协各级党组织坚持和加强党的全面领导、落实党的建设总要求和全面从严治党情况的全面体检和有力促进。做好党组巡视工作必须突出科协组织的政治属性，坚决落实政治巡视基本要求，把“两个维护”作为根本任务，督促被巡视党组织进一步强化管党治党政治责任，不断净化基层政治生态。被巡视单位领导班子和广大党员干部要切实提高政治站位、统一思想行动，深刻把握加强党组巡视工作的重要性和必要性，自觉增强接受巡视监督的政治意识，充分信任、坚决支持、积极配合、同步监督巡视组工作，共同完成好党组交付的巡视任务。

【中央纪委国家监委驻科技部纪检监察组与中国科协党组召开沟通会】 12 月 21 日下午，中央纪委国家监委驻科技部纪检监察组（以下简称“驻科技部纪检监察组”）与中国科协党组在中国科技会堂召开沟通会，通报派驻监督情况，专题研究中国科协全面从严治党、党风廉政建设和反腐败工作。中国科协党组书记、常务副主席、书记处第一书记怀进鹏，驻科技部纪检监察组组长王宾宜出席会议并讲话。中国科协党组副书记、副主席、书记处书记徐延豪，副主席、书记处书记孟庆海，党组成员、书记处书记束为、宋军，党组成员王守东、殷皓，驻科技部纪检监察组副组长玄洪云等出席会议。会议由怀进鹏主持。

会上，王守东代表党组汇报了中国科协 2018 年全面从严治党、党风廉政建设和反腐败工作情况，查摆了存在的主要问题，提出了下一步工作的初步设想。

王宾宜指出，坚持定期会商机制是深化派驻机构改革的重要措施。结合派驻监督情况，王宾宜充分肯定了中国科协 2018 年全面从严治党、党风廉政建设和反腐败工作取得的成绩。中国科协党组坚持以习近平新时代中国特色社会主义思想为指导，全面贯彻落实党的十九大和十九届二中、三中全会精神，牢固树立“四个意识”，坚决践行“两个维护”，旗帜鲜明坚持党的领导，认真落实中央重大决策部署，扎实推进科协系统改革，坚持以政治建设为统领，切实加强党的建设，认真落实主体责任，深入推进全面从严治党，自觉接受驻科技部纪检监察组监督，各方面工作均取得明显成效。

王宾宜指出，结合一年来的综合监督情况，中国科协在履行全面从严治党主体责任、落实中央重大决策部署、执行中央八项规定精神和反“四风”工作、对业务主管全国学会的监管、业务监督和纪律监督的协调配合、扶贫项目管理等六个方面还存在一些问题和不足，并就中国科协下一步工作提出六点意见。

怀进鹏在总结讲话中表示，驻科技部纪检监察组对科协 2018 年工作给予了充分肯定，指出的六方面问题非常精准，提出的六条建议非常中肯、具有很强的指导性和可操作性，中国科协党组将认真研究，紧密结合工作实际特别是 2019 年工作安排，认真贯彻落实。怀进鹏表示，中国科协党组一定正确对待监督、习惯接受监督、自觉欢迎监督，将会同驻科技部纪检监察组建立健全工作机制和协调机制，采取切实可行措施，全面履行从严治党、党风廉政主体责任，在营造良好政治生态上下功夫，在加强日常领导和监管上下功夫，在持之以恒正风反腐上下功夫，在为全面从严治党提供组织保障上下功夫，确保中国科协全面从严治党、党风廉政建设和反腐败工作取得新的更大成效。

办公厅、计财部、组人部、调宣部、机关党委主要负责同志列席会议。

【“践行新思想　建功新时代”主题团日活动】 5 月 11 日下午，中国科协机关团委举行“践行新思想　建功新时代”——讲好中国科协直属机关青春故事主题团日活动，并对年度“一红两优”先进典型进行表彰。中国科协党组副书记、副主席、书记处书记徐延豪出席活动并讲话。机关党委书记王延祜出席活动并为先进典型颁发荣誉证书。机关党委常务副书记李志刚，科普出版社党委副书记、第四届机关团委书记林立，原中央直属机关团工委委员、第五届机关团委副书记刘静出席活动并对各团支部的青春故事作点评。约 120 名团员青年参加活动。

徐延豪首先代表党组书记处对主题团日活动的举办表示祝贺，向科协全体团员、青年、团干部和青年工作者致以亲切问候和崇高敬意。

徐延豪强调，2018 年是中国科协成立 60 周年，科协组织必须以崭新面貌和昂扬姿态走进新时代。推动科协事业传承创新发展，不仅是直属机关党员干部的历史使命，更是科协青年的时代重任。他对科协青年提出五点希望：一是坚定理想信念，牢牢把握“为实现中华民族伟大复兴的中国梦”这一青年运动的时代主题；二是锤炼过硬本领，通过努力学习增强干事创业本领；三是树立良好形象，自觉践行社会主义核心价值观；四是展现更大作为，争当新时代创新先锋和践行党的群众路线的时代先锋；五是珍惜青春韶华，书写无怨无悔的青春华章。

青少年科技中心团支部书记曾筝等9位团支部负责人分享了所在集体的青春故事。

根据各团支部和广大团员团干部的现实表现，机关团委决定授予机关团支部等7个团支部2016—2017年度“五四红旗团支部”称号，授予办公厅副主任科员董力男等24名同志“优秀共青团员”称号，授予机关离退办主任科员徐腾等17名同志“优秀共青团干部”称号。

2018年是马克思诞辰200周年和五四运动99周年。五四期间，按照《共青团中央关于在全团集中开展“青年大学习”五四主题团日活动的通知》要求及中央和国家机关团工委统一部署，中国科协机关团委制定了《“青年大学习”五四主题团日系列活动方案》，直属机关各级团组织共举办“青年大学习”五四主题团日活动20多场次，组织团员青年600余人次参加了集中收看纪念马克思诞辰200周年大会、研读习近平总书记在北京大学考察座谈等各类学习活动。

人　物

2018年新当选的中国科协副主席

孟庆海，1964年11月出生，辽宁新宾人。九三学社社员。1989年7月参加工作。研究生学历，工学博士学位，高级工程师。现任中国科协副主席、书记处书记。曾在抚顺石化公司乙烯化工厂、设备研究所工作，1997年5月任抚顺石化公司石油三厂设备研究所副所长；1998年2月任抚顺石化公司设备研究所总工程师。1998年11月任辽宁省科学技术委员会主任助理。2000年5月起，先后任辽宁省科技厅厅长助理、副厅长，辽宁省科技创新工作领导小组办公室副主任（正厅级）。2017年7月起，先后任九三学社辽宁省主委、九三学社中央常委。2018年1月任辽宁省副省长。2018年9月任中国科协书记处书记，当选中国科协副主席。

第十三届全国人大代表。

2018 年新当选的全国学会、协会、研究会理事长

（按中国科协团体会员序列排序）

张春华，中国声学学会理事长。

1962 年 2 月出生，北京人。1992 年博士毕业后在中国科学院声学研究所任助理研究员，1993 年任副研究员、研究室主任，1996 年任研究员、研究室主任，1998 年任水声工程中心主任，1999 年 10 月任声学研究所副所长，2009 年 9 月任声学研究所党委书记兼纪委书记，2015 年 7 月至今任声学研究所党委书记。现任声学研究所学术委员会副主任、学位委员会副主任、中国声学学会青年委员、中国科学院某信息专业组成员。

主要从事声学信号处理技术研究，涉及信号处理系统体系结构、阵列信号处理、自适应滤波、高分辨谱估计、高分辨声学成像等。曾获中国科学院科技进步奖二等奖和中国船舶工业总公司科技进步奖二等奖。

姚建年，中国化学会理事长，中国科学院院士。

1953年9月出生，福建晋江人。1978—1982年在福建师范大学化学系学习。1982—1995 年任福建师范大学化学系助教、讲师（其间，1987—1988 年日本东京大学工学部研究人员，1988—1993 年日本东京大学工学部工学硕士、博士研究生，1993—1995 年日本大和感光材料研究所博士后）。1995—1999 年任中国科学院感光化学研究所研究员、室主任、所长助理。2000—2008 年任中国科学院化学研究所副所长。2008—2018 任国家自然科学基金委副主任。

主要从事新型光功能材料的基础和应用探索研究。在 *Nature*、*Accounts of Chemical Research*、*Chemical Society Reviews* 等杂志上发表论文 400 余篇。出版合著 4 部，合作译著 1 部。担任《光电子科学与技术前沿丛书》主编，《中国大百科全书》第三版化学学科副主编、物理化学分支主编。曾获国家自然科学奖二等奖、中国分析测试协会科学技术奖一等奖等奖项。

景益鹏，中国天文学会理事长，中国科学院院士。

1964年1月出生，浙江上虞人。1993年3月—1994年2月在美国亚利桑那大学做博士后。1994年3月—1996年10月在德国马普天体物理研究所做博士后。1996年11月—1999年11月在日本东京大学做JSPS特别研究员。1999年11月—2000年5月在日本东京大学做高级访问学者。2000年5月—2012年9月任中国科学院上海天文台研究员、学术委员会主任。2012年9月—2017年7月任上海交通大学讲席教授、物理与天文学院副院长，天文系主任。2017年7月至今任上海交通大学讲席教授、物理与天文学院院长。曾任“973”计划“宇宙大尺度结构和星系形成与演化”项目首席科学家、国家自然科学基金委“星系形成和星系活动”创新团队负责人等。现任教育部科技委数理学部副主任、国家基金委数理学部咨询专家等。曾获国家自然科学二等奖、上海市自然科学一等奖等科技奖项和荣誉。

陈发虎，中国地理学会理事长，中国科学院院士。

1962年12月出生，陕西丹凤人。兰州大学自然地理学博士、英国利物浦大学博士后、发展中国家科学院院士、教育部“长江学者奖励计划”特聘教授。入选中国科学院“百人计划”。曾任兰州大学副校长，现任中国科学院青藏高原研究所所长、兰州大学特聘教授。兼任国际地理联合会环境演变委员会副主席，中国资源学会、中国第四纪研究会副理事长，担任多家国内外刊物的执行主编、副主编或编委。

从事晚第四纪气候和环境变化、史前文明演化与气候环境变化相互作用、气候环境变化与丝路文明兴衰、史前人类定居青藏高原的历史过程和动力机制等方面研究。在《科学》《中国科学》等刊物发表SCI论文240多篇，被SCI刊物引用7100多次。获省部级科技奖12项（含一等奖6项）和国家自然科学二等奖2项（第一完成人）。曾获国家杰出青年基金资助、中国青年科技奖、全国先进工作者称号等。

詹仁斌，中国古生物学会理事长。

1965年11月出生，江苏仪征人。1986年7月毕业于南京大学地质系，获学士学位。1994年获中国科学院南京地质古生物研究所博士学位。1989年起在中国科学院南京地质古生物研究所任研究实习员、助理研究员、副研究员，1998年晋升为研究员。现任中国科学院南京地质古生物研究所所长、研究员、博士生导师，国际古生物协会秘书长。

主要从事奥陶纪、志留纪地层、腕足动物及相关领域的研究。2005年被江苏省政府评为江苏省优秀博士后，2008年获国家自然科学基金委“杰出青年基金”资助，2009年入选“国家百千万人才工程”计划，2010年入选中国科学院“百人计划”，2012年入选人力资源和社会保障部“政府特殊津贴专家”。共发表论文180余篇，编著英文专著8本。

种康，中国植物学会理事长，中国科学院院士。

1962 年 4 月出生，陕西合阳人。在兰州大学获学士、硕士和博士学位。曾在兰州大学、中国科学院植物所和日本东北大学进行博士后研究。1997 年至今任中国科学院植物所副研究员、研究员。2018 年当选第十三届全国政协委员、农业和农村专委会委员。现任中国科学院植物研究所党委书记、副所长，中国科学院大学教授、博士生导师，*Journal of Integrative Plant Biology* 共同主编，*Journal of Biological Chemistry*、*Journal of Genetics & Genomics* 等国际期刊编委。

主要研究植物感知低温信号网络与发育应答机理以及作物重要农艺性状的分子设计。发现植物低温感受器及其信号转导途径、揭示蛋白质糖基化修饰介导植物春化作用机理以及赤霉素与甾醇类激素互作网络，成果在 *Cell* 以及 *Nature* 子刊等刊物发表。先后主持国家自然科学基金委创新群体项目“植物细胞分化与器官发生”、中国科学院战略性先导科技专项“分子模块解析”、国家“973”计划子项目“水稻稳产性状的分子机制与设计”等。

李林，中国生物化学与分子生物学会理事长，中国科学院院士。

1961 年 5 月出生，江苏南京人。1983 年毕业于南京大学，1989 年获中国科学院上海生物化学研究所博士学位。曾任中国科学院上海生物化学研究所所长。现任中国科学院上海生命科学研究院研究员、院长。第十一届全国政协委员，第十二届全国人大代表。

主要从事细胞信号转导研究，在对 Wnt 信号转导通路的研究中做出了系统性和原创性的工作，取得了有理论意义和潜在应用价值的成果。曾主持“973”计划子项目“炎症的细胞信号转导网络及其调控机制”等。1995 年获国家杰出青年科学基金资助，1996 年获香港求是科技基金会“杰出青年学者奖”，1997 年获中国青年科技奖。

薛勇彪，中国遗传学会理事长。

1963 年 1 月出生，山西太原人。中国科学院特聘核心研究员。1983 年获兰州大学学士学位，1986 年获中国科学院遗传与发育生物学研究所硕士学位，1989 年获约翰·英纳斯研究所和东英吉利大学博士学位，1990—1995 年在约翰·英纳斯中心和牛津大学从事博士后研究。1995—1997 年在英国剑桥大学塞恩思伯里实验室任 Research Scientist。1997 年任中国科学院遗传与发育生物学研究所研究员。1998 年获“百人计划”和国家自然科学基金委杰出青年项目资助，2007 年获国家自然科学二等奖 2 项。曾任中国科学院先导科技专项（A 类）首席科学家。现任中国科学院北京基因组研究所所长。

主要从事植物分子遗传学和分子育种研究。在 *Nature*、*Science*、*Annual Review of Plant Biology* 等刊物上发表 SCI 论文 100 余篇。授权专利 10 项。

周晓林，中国心理学会理事长。

1963 年 12 月出生，江苏扬州人。1981 年 9 月—1988 年 7 月在华东师范大学进行本科与硕士研究生学习，1988 年 10 月—1992 年 12 月在英国剑桥大学攻读博士学位，1992 年 5 月—2000 年 8 月先后在伦敦大学、北京师范大学和剑桥大学（兼职）工作，1998 年 12 月回国任职于北京大学，2008 年 7 月—2013 年 12 月任北京大学心理学系系主任。教育部“长江学者奖励计划”特聘教授，北京大学校务委员会委员，浙江师范大学心理与脑科学研究院院长，国务院学位委员会心理学评议组成员，教育部高等学校心理学教学指导委员会主任委员。任国内外多家学术刊物副主编或编委。

主要研究领域为语言认知、注意选择与执行控制、决策与神经经济学、社会认知与实验社会心理学。主持科技部“973”计划、国家自然科学基金、英国经济与社会研究基金科研项目等 30 余项，2015、2016、2017、2018 年度入选 Elsevier 中国高被引学者心理学榜单。

欧阳志云，中国生态学学会理事长。

1962 年 9 月出生，湖南攸县人。1993 年 7 月在中国科学院生态环境研究中心获理学博士学位。1993 年 7 月至今任中国科学院生态环境研究中心助理研究员、副研究员、研究员。现任中国科学院生态环境研究中心主任、党委书记。

主要从事生态系统服务功能、生态规划与生态评价、城市生态、生物多样性保护等方面的研究。共发表论文 500 多篇，包括 SCI 论文 170 余篇，在 *Science*、*PNAS* 与 *Nature* 子刊发表论文 12 篇。以第一作者出版著作 10 余部。曾获国家科技进步奖二等奖 3 项、省部级科技进步奖 9 项及中国科学院杰出成就奖、中国青年科技奖、第一届和第二届中国百篇最具影响优秀国内学术论文奖等。

杨晓光，中国系统工程学会理事长。

1964 年 7 月出生，安徽凤台人。1981 年 8 月—1986 年 7 月在清华大学进行本科学习。1986 年 7 月—1988 年 8 月任安徽大学助教。1988 年 8 月—1993 年 6 月在清华大学进行研究生学习。1993 年 6 月—1995 年 6 月在中国科学院系统科学研究所做博士后。1995 年 7—12 月任中国科学院系统科学研究所助理研究员。1995 年 12 月—1998 年 12 月任中国科学院系统科学研究所副研究员。1999 年 1 月—2005 年 3 月任中国科学院数学与系统科学研究院副研究员。2005 年 3 月至今任中国科学院数学与系统科学研究院研究员。中国运筹学会副理事长、欧亚系统科学研究会副理事长。

主要从事金融风险管理、应用经济学、数学优化和博弈等领域研究。先后主持“973”计划课题、“863”高技术项目、国家自然科学基金重大项目课题、国家自然科学基金重点项目、国家自然科学基金面上和应急项目等，发表论文 160 余篇，研究成果获省部级奖励 7 项。曾获中国青年科技奖、全国优秀科技工作者、国家杰出青年基金、百千万工程国家级人才、国务院特殊贡献专家、茅以升青年科技奖等荣誉。

陈霖，中国认知科学学会理事长，中国科学院院士。

1945年11月出生，福建福州人。中国科学院生物物理研究所教授，第三世界科学院院士。从事视知觉的实验心理学、认知科学和脑成像研究。2004年获香港求是科技基金会“杰出科学家奖”。

王博，中国农业机械学会理事长。

1968年10月出生，山西沁源人。1990年7月毕业于北方交通大学技术经济专业，2004年6月获北京大学工商管理硕士学位。

曾任中工国际工程股份有限公司副总经理、中国机械工业集团有限公司投资管理部部长、国机资本控股有限公司副董事长、中国农业机械化协会副理事长等职务。现任中国农业机械化科学研究院党委书记、院长、法定代表人、学位委员会主席。兼任国家农机具质量监督检验中心主任、中国农业机械化科学研究院标准与质量检测中心主任、中国农业机械化科学研究院食品与食品机械检测中心主任、全国农业机械标准化技术委员会主任委员等。

郑南宁，中国自动化学会理事长，中国工程院院士。

1952年12月出生，江苏南京人。西安交通大学人工智能与机器人研究所教授、国际电子与电气工程师协会会士。曾任国家“863”高技术发展计划信息领域首席科学家、国务院第一届信息化专家委员会委员、中国自动化学会第十届理事会理事长。现任中国认知科学学会副理事长、国际模式识别协会理事会成员。

主要研究计算机视觉与模式识别、认知计算与人工智能系统及其架构。1995年获国家杰出青年基金资助，2000年获国家自然科学基金委首批创新研究群体项目资助。著有《计算机视觉与模式识别》、Statistical Learning and Pattern Analysis for Image and Video Processing。曾获何梁何利科学技术奖、国家科技进步奖二等奖2项、国家技术发明二等奖、国家自然科学二等奖、IEEE智能交通学会杰出研究团队奖。

尤政，中国仪器仪表学会理事长，中国工程院院士。

1963年12月出生，江苏扬州人。教育部“长江学者奖励计划”特聘教授。1985年毕业于华中科技大学机械工程一系。1990年获华中科技大学工学博士学位。1990—1992年在清华大学精密仪器系做博士后。1992年至今任教于清华大学精密仪器系，现任清华大学副校长、原总装备部科技委兼职委员/微米纳米技术专业组组长、“863”对地观测与导航领域专家组专家、国务院学位委员会仪器学科评议组召集人、中国微米纳米技术学会理事长、中国机械工程学会副理事长。

从事微纳技术及其空间应用研究，在基于微纳技术的航天器功能部件微型化方面，研制了一系列微型化、高性能的空间微系统并实现在轨应用。作为总设计师主持完成NS-1等多颗微卫星的研制。曾获国家技术发明奖二等奖2项、国家科技进步奖二等奖2项、国家发明专利90余项。发表SCI/EI收录论文400余篇。出版专著2部、译著2部。

张峰，中国电子学会理事长。

1959年10月出生，河北人。工程硕士，高级工程师。历任河北省石家庄市电信局科长、副局长、局长。1999年6月任河北省邮电管理局副局长、党组成员。2001年5月任河北省通信管理局局长、党组书记。2003年7月兼任河北省国防动员委员会信息动员办公室主任。2009年11月任工业和信息化部通信发展司司长。2013年5月任工业和信息化部总工程师。2016年12月任工业和信息化部党组成员、总工程师。

王福会，中国腐蚀与防护学会理事长。

1960年6月出生，辽宁北票人。1992—1999年历任中国科学院金属腐蚀与防护研究所副研究员、研究员和副所长。1999—2016年任中国科学院金属研究所研究员、金属腐蚀与防护国家重点实验室主任。2016年至今任东北大学教授。

开辟纳米材料的化学稳定性和高温海洋环境腐蚀2个学科方向。发展的梯度TiAlN涂层、CoNiCrAlYHfSi涂层、金属复合搪瓷涂层、铝和镁合金微弧氧化涂层等应用于国防重大型号工程，提出的化学键合涂料概念制备涂料在国防领域获得应用。1993年获国际材料联合会青年科学家与工程师奖，1994年获中国科学院“有突出贡献的中青年专家”称号，2001年获中国科学院青年科学家奖，2010年获辽宁省自然科学奖一等奖，2012年获全国优秀科技工作者称号。

王寿君，中国核学会理事长。

1955年7月出生，山东招远人。博士研究生，研究员级高级工程师。全国政协常委，中国核学会党委书记。

先后担任中国核工业总公司建工局副局长，中国核工业建设集团副总经理，中国核工业集团公司副总经理，国家核电技术公司总经理，国务院派驻国有大型企业监事会主席，中国核工业建设集团公司党组书记、董事长，中国核工业集团公司党组书记、董事长。曾获国防科学技术奖一等奖、国家科技进步奖一等奖等。

刘峰，中国煤炭学会理事长。

1967年12月出生，甘肃平凉人。研究员。1989年获西南交通大学铁道运输专业学士学位，1998年获中国矿业大学经济学国际贸易专业学士学位，2011年获中国矿业大学（北京）管理科学与工程专业博士学位。担任全国煤炭标准化技术委员会主任委员、中国煤炭工业协会副会长、中国矿业大学兼职教授、世界煤炭协会技术委员会副主席、国际矿山测量学会主席团成员、《煤炭学报》主编、《国际煤炭科学技术学报》（英文版）副主编等职务。

主要从事煤炭行业采矿工程、矿山安全、矿山机电运输、矿山电气工程、资源综合利用、节能环保等领域的科技管理领导工作，负责行业技术经济、质量管理、标准化管理工作。主持国家纵向课题7项、行业横向课题5项。曾获国家科技进步奖一等奖，中国煤炭工业科学技术奖特等奖、一等奖、二等奖，“十一五”国家科技计划组织管理突出贡献奖，全国科协系统先进个人等奖项和称号。

郭允冲，中国土木工程学会理事长。

1953年1月出生，江苏启东人。毕业于兰州铁道学院铁路运输专业，工学学士学位，工程师。1973年7月参加工作，2007年任中央纪委驻信息产业部纪检组组长、党组成员。后任中央纪委驻住房和城乡建设部纪检组组长、党组成员。2009年5月—2013年7月任住房和城乡建设部副部长、党组成员。

魏炳波，中国材料研究学会理事长，中国科学院院士。

1964 年 4 月出生，山东惠民人。工学博士，教授，博士生导师。首批“长江学者奖励计划”特聘教授，首批国家杰出青年基金获得者，国家有突出贡献中青年专家。历任西北工业大学理学院院长、基础研究院院长、校长助理、研究生院院长、党委常委、副校长。

主要从事金属材料凝固科学与技术和空间材料科学研究。研制以电磁悬浮、超声悬浮、静电悬浮、熔体浸浮和自由落体为特征的金属材料超常凝固实验系统，研究深过冷合金熔体中枝晶和共晶快速生长的动力学机制，揭示微重力和深过冷条件对快速凝固过程的耦合作用，发展快速偏晶和包晶凝固的组织演变理论，探索深过冷合金熔体的热物理性质变化规律。发表论文 300 余篇。曾获全国先进工作者、全国五一劳动奖章、国家自然科学奖二等奖、国家技术发明二等奖、国家教学成果二等奖等奖项和称号。

张桂凤，中国粮油学会理事长。

1951 年 11 月出生，吉林通化人。研究生，高级经济师。毕业于吉林大学政治经济学专业。历任国家计委副处长、处长、机关服务中心副主任，国家粮食局直属机关党委书记兼机关服务中心主任，国家粮食局党组成员、副局长兼机关党委书记，中国粮油学会第七届理事会党委书记、理事长。2018 年 10 月当选中国粮油学会第八届理事会党委书记、理事长。

主要从事人事、行政、党务、粮食行业管理、科研管理工作。曾被评为中央国家机关优秀女领导干部、全国扶贫工作先进个人等。曾获国家粮食局粮食工作优秀调研报告奖。在《中国粮食经济》发表论文 8 篇。主持编撰《2014—2015 粮油科学技术学科发展报告》《粮油食品安全与营养健康知识问答》等图书，组织撰写《国内外粮油科学技术发展现状与趋势》调研报告。

朱庆山，中国颗粒学会理事长。

1969 年 5 月出生，江苏高邮人。研究员，博士生导师。1991 年毕业于华东理工大学化学工程系，1994 年获中国科学院化工冶金研究所（现过程工程研究所）硕士学位，1997 年获清华大学博士学位。1998 年 2 月—2000 年 2 月在日本九州工业技术研究所工作（日本政府资助 STA fellow），2000 年 3 月—2002 年 3 月在荷兰埃因霍温技术大学做博士后。现任中国科学院过程工程研究所副所长。担任 *Journal of Crystallization Physics and Chemistry*、《过程工程学报》等杂志编委、副主编。

从事矿产资源高效利用等领域的研究工作。发表 SCI 论文 160 多篇。申请中国发明专利 110 多项、国际专利 70 多项。主持完成千吨级多钒酸铵流化床还原等项目。曾获中国石油与化学工业联合会科技进步奖一等奖等。入选科技部“中青年科技创新领军人才”（2014 年）、国家百千万人才工程（2014 年）。

包为民，中国惯性技术学会理事长，中国科学院院士。

1960年3月出生，黑龙江哈尔滨人。1982年8月毕业于西北电讯工程学院（现西安电子科技大学）电子工程系信息处理专业。历任航天一院十二所副主任、副所长、控制系统副总设计师，中国航天科技集团运载火箭技术研究院总设计师。现任中国航天科技集团公司科技委主任，兼任原总装备部科技委委员等职务。

作为中国航天运载器总体及控制系统领域学术带头人，为国防现代化建设解决了一系列技术难题，是国防科技工业有突出贡献中青年专家，先后获国防科工委二等功1次、国家科技进步奖特等奖1项、国防科技进步奖一等奖1项、国防科技进步奖二等奖1项等。

陈重，中国风景园林学会理事长。

1954年2月出生，北京人。高级工程师。1982年毕业于重庆建筑工程学院。2004年任建设部标准定额司司长，2007年任建设部工程质量安全监督与行业发展司司长，2009年任住房和城乡建设部建筑市场监管司司长，2012—2014年任住房和城乡建设部总工程师。2013年10月当选中国风景园林学会副理事长兼秘书长。

彭友良，中国植物病理学会理事长。

1961年10月出生，湖北武穴人。博士生导师，教育部“长江学者奖励计划”首批特聘教授。1982年7月毕业于华中农学院植物保护系。1982年9月—1983年9月做出国预备研究生。1983年10月—1989年3月在日本京都大学农林生物学系植物病理学专业学习，获该校硕士和博士学位。

1989年4月—1991年12月任日本三井植物生物工程研究所研究员。1992年1月—1993年12月任北京农业大学副教授，1993年12月起任中国农业大学教授。2000—2005年任“973”计划子项目“农作物重大病虫害成灾机理及调控基础的研究”首席科学家，2006年起任“农作物重大病害成灾的机理及调控的基础研究”首席科学家，兼任农业部分子植物病理学开放实验室主任、中国农业大学有害生物综合防治研究所所长。2011年1月至今任中国农业大学植物保护学院院长。2014年6月任中国植物病理学会第十届理事会理事长。

陆桂华，中国水土保持学会理事长。

1962年6月出生，浙江东阳人。教授，博士生导师。河海大学水文学及水资源博士，曾任河海大学科学研究院常务副院长，江苏省水利厅副厅长、巡视员，水利部南水北调规划设计管理局局长，现任水利部副部长。第十三届全国政协常委。享受国务院特殊津贴。

王韵，中国生理学会理事长。

1966年4月出生，江西赣州人。1989年获江西医学院医疗系学士学位，1992年获北京医科大学生理系硕士学位，1996年获北京医科大学神经科学研究中心博士学位。现任北京大学神经科学研究所副所长、教授。教育部长江学者奖励计划特聘教授，国家杰出青年基金获得者。兼任国际神经肽协会中国分会秘书长、中国神经科学学会理事、教育部基础医学教学指导委员会副主任委员等职务。

长期从事痛及痛觉调制信号通路研究、蛋白激酶及其在痛觉及痛觉调制和神经系统发育、损伤及修复中的作用等研究。作为课题负责人先后获国家自然科学基金、北京市自然科学基金、教育部博士点基金等17项基金资助。发表科研论文79篇，包括SCI论文44篇。曾获全国优秀科技工作者、张香桐神经科学青年科学家、北京市教育先锋先进个人等荣誉称号。

张绍祥，中国解剖学会理事长。

1957年10月出生，重庆人。教授，博士生导师，少将军衔。第三军医大学数字医学研究所所长，国际数字医学学会主席，中华医学会数字医学分会主任委员，国务院学科评议组成员，中国人体解剖学与数字解剖学学科首席科学传播专家。任*Digital Medicine*、《局解手术学杂志》《解剖学报》等15本学术期刊主编、副主编、编委等职务。

建立中国数字化人体数据集，牵头创立中国“数字医学”交叉学科，创建“数字化人体数字解剖学教学系统”。以第一作者或通讯作者在国内外发表论文400余篇，主编学术专著和全国统编教材21部。曾获国家杰出青年基金资助，入选首批新世纪百千万人才工程国家级人选。以课题负责人获国家自然科学基金重大课题、科技部“国家重点研发计划”项目、国家科技支撑计划、“863”计划课题等19项资助。作为第一完成人获国家科技进步奖二等奖2项，国家和省部级科技进步奖一、二等奖17项。

周平坤，中国毒理学会理事长。

1963年9月出生，湖南衡山人。中国人民解放军军事科学院军事医学研究院辐射医学研究所研究员、科技委主任。1985年毕业于湖南医科大学（现中南大学），在原军事医学科学院获硕士、博士学位，1998—2000年任法国居里研究所客座研究员。曾任中国毒理学会秘书长（2001—2013）、第六届理事长。

从事放射生物学、核辐射损伤防护研究。国家杰出青年基金获得者，“973”项目首席科学家。获国家科技进步奖二等奖1项，军队科技进步奖一等奖1项、二等奖4项。授权美国专利1项、国家发明专利6项。被亚洲辐射研究协会授予辐射研究杰出贡献奖。

何鸣鸿，中国自然辩证法研究会理事长。

1957年7月出生，安徽合肥人。研究员。1978—1989年在东北大学有色冶金系进行本科、硕士研究生、博士研究生学习。1990—1992年在中国科学院化工冶金研究所（现中国科学院过程工程研究所）做博士后。1992—1994年在生物化工国家重点实验室工作。1997—1998年在美国威斯康星大学材料科学与工程系做访问学者。1994年调入国家自然科学基金委员会，1998年任工程与材料科学部副主任，2001年任计划局副局长、局长，2004年任副秘书长兼计划局局长，2008—2018年任国家自然科学基金委员会第六届、第七届委员会副主任、党组成员，2018年被聘为监督委员会副主任。

曾参与国家中长期科技发展规划、“863”计划专家委员会、国家科技基础条件平台专家顾问组、国家重大科技专项专家组等咨询评议工作。

柯炳生，中国农村专业技术协会理事长。

1955年5月出生，辽宁凤城人。1982年获北京大学地理系学士学位，1984年获北京农业大学农经系硕士学位，1989年获德国Hohenheim大学农业政策与市场研究所博士学位。历任北京农业大学经济管理学院讲师、教授，农业部农村经济研究中心主任，中国农业大学校长，十二届全国政协委员，国务院学位委员会委员等。

主要从事农业经济与政策研究。著有《农业市场政策基本原理》《中国粮食市场与政策》《中国农业经济与政策》《工业反哺农业的理论与实践》《三农思语》等。在各类学术期刊发表文章百余篇，主持多项国家级项目。2008年获中国农村发展研究奖著作类一等奖，2017年入选CCTV年度三农人物。

宋南平，中国科技新闻学会理事长。

1949年4月出生，安徽定远人。十一届全国政协委员。1977年毕业于安徽省淮北煤炭示范学院。1978年调任中国科协工作，历任科学技术普及部副处长、副部长、部长。1991年10月—1993年1月挂职承德地委副书记。1993年3月任中国科协党组成员兼机关党委书记。1996年5月起任中国科协书记处书记、党组成员，担任中国科协新闻发言人。先后兼任中国科学技术发展基金会秘书长、中国科协办公厅主任、中国科协组人部部长等。曾任中国科技新闻学会第五届理事会理事长。

2018 年新当选的省、自治区、直辖市科协主席

赵吉，内蒙古自治区科协第七届委员会主席。

1962 年 12 月出生，内蒙古呼和浩特人。民盟盟员，研究生学历，博士学位。现任内蒙古自治区十三届人大常委会委员、十二届民盟中央委员、民盟内蒙古自治区区委副主委。

1984—2009 年在内蒙古大学自然资源研究所、内蒙古大学生命科学学院任教。2005—2009 年任内蒙古大学生命科学学院副院长兼本科基础实验教学中心主任。2009—2016 年任内蒙古大学环境与资源学院院长。2016—2018 年任内蒙古大学副校长、民盟内蒙古自治区区委副主委。2018 年 7—11 月任内蒙古自治区科学技术协会主席。2018 年 11 月任民盟内蒙古自治区区委副主委、内蒙古自治区科学技术协会主席。

郭东明，辽宁省科协第九届委员会主席，中国工程院院士，中央候补委员。

1959 年 4 月出生，河南温县人。1992 年获大连理工大学博士学位。现任大连理工大学校长、党委副书记。

提出高性能零件数字化制造新原理与新方法，解决了航空、航天、能源等领域系列重大工程中关键高性能零件的制造难题，丰富了现代制造科学的理论与方法体系。授权发明专利 13 项，出版专著 2 部、编著 1 部，主编国际会议论文集 5 本，发表 SCI/EI 收录论文 200 余篇。先后被评为全国优秀科技工作者、全国先进工作者、全国劳动模范。获国家技术发明一等奖 1 项、二等奖 1 项，国家科技进步奖二等奖 1 项，省部级一等奖 5 项，“十一五” 国家科技计划执行突出贡献奖，大连市五一特等奖章。

陈赛娟，上海市科协第十届委员会主席，中国工程院院士。

1951 年 5 月出生，浙江鄞县人。发展中国家科学院院士，法国医学科学院外籍院士，英国皇家内科医师学院院士。十届、十一届全国人大代表，十二届、十三届全国政协委员。1989 年 7 月在法国巴黎第七大学获科学博士学位。现任中华医学会副会长，上海医学会副会长，上海交通大学医学院附属瑞金医院上海血液学研究所研究员、名誉所长，医学基因组学国家重点实验室主任，国家转化医学研究中心（上海）主任。

从事白血病发病机理与治疗研究。提出并实施白血病基因组解剖学计划，发现新的白血病发病相关的突变基因与融合基因，揭示白血病发病新机制，建立急性髓性白血病预后相关的分子分型体系。实现 APL 新型协同靶向治疗。曾获国家自然科学二等奖、上海市自然科学奖特等奖、何梁何利基金科学技术奖、吴阶平医学奖等 10 余项科技与医学奖项以及全国先进工作者、全国创新争先奖等奖项和称号。

韩军，安徽省科协第十届委员会主席。

1964年1月出生，安徽阜阳人。研究生学历，工学硕士学位，助理研究员。中共十九大代表、十二届全国人大代表，中共安徽省第十届委员会委员。1981 年 9 月—1988 年 7 月在同济大学管理工程系工业管理工程专业、同济大学管理学院中德联合培养硕士研究生班学习。曾任安徽省计委经济研究所技术经济室副主任、安徽省计委财金处主任科员、安徽省计委经济研究所副所长、中国驻德国大使馆一秘、安徽省计委综合处正处级干部、安徽省发展计划委员会国外资金利用处处长、芜湖市副市长、安徽省政府副秘书长、中国国际贸易促进委员会安徽省委员会主任、宣城市市长、宣城市委书记、宣城市人大常委会主任等。2018 年 1 月任安徽省政协副主席。

郑兰荪，福建省科协第九届委员会主席，中国科学院院士。

1954 年 10 月出生，江苏吴江人。第十、十一、十二、十三届全国政协常委，第十、十一届福建省政协副主席，第八届民盟中央委员，第九、十、十一届民盟中央副主席，第八、九届省科协主席。1987 年 5 月加入民盟。1986 年在美国 Rice 大学获博士学位。现任厦门大学化学化工学院教授、博士生导师、分子反应动力学国家重点实验室学术委员会主任、教育部高等学校化学类专业教学指导委员会主任。

主要从事原子团簇科学研究。1995 年当选全国先进工作者，1996 年入选国家“百千万人才工程”，2000 年被聘为“长江学者奖励计划”特聘教授，2001 年当选中国科学院院士。2007 年作为首席科学家承担“973”计划项目“物质性能的分子设计与结构调控”。2011 年获何梁何利基金科学与技术进步奖。研究成果两次获国家自然科学奖二等奖。

史可，江西省科协第七届委员会主席。

1968 年 12 月出生，江西鄱阳人。大学学历，工程硕士，副研究员。1989 年 8 月参加工作，曾任江西省鹰潭市月湖区政府副区长、鹰潭市政府副市长、农工党鹰潭市委会主委等。2012 年任江西省新余市政府副市长、农工党新余市委会主委、农工党省委会副主委。2016 年任新余学院院长、农工党省委副主委。2017 年 6 月任新余学院院长、农工党省委主委。2018 年 4 月任江西省科协主席、农工党省委主委。

1999 年获江西省十大杰出青年提名奖，2001 年获江西省职工职业道德十佳标兵称号，2002 年 4 月被江西省总工会授予江西省五一劳动奖章，2009 年被授予全国县（市）科技进步工作先进个人称号。

陈勇，广东省科协第九届委员会主席，中国工程院院士。

1957 年 6 月出生，浙江宁波人。第十、十一届全国人大代表。1981 年毕业于南京化工学院，1993 年获日本名古屋大学化工专业工学博士学位。2006 年当选国际欧亚科学院院士。曾任广东省人民政府副秘书长、中国科学院广州分院院长、广东省科学院院长等。现任中国科协常委，中国科学院广州能源研究所研究员，国家能源投资集团有限公司新能源与环保领域首席科学家，常州大学城乡矿山研究院首席科学家。兼任煤燃烧国家重点实验室、能源清洁利用国家重点实验室、多相流国家重点实验室学术委员会委员。

主要从事有机固体废物能源化与资源化利用技术、生物质能利用技术研究与开发。主编《固体废弃物能源利用》等著作 7 部，参编著作 11 部。2008、2011 年分别获国家科技进步奖二等奖，获省部级科技奖励 4 项。2012 年获何梁何利科学与技术进步奖。

黄日波，广西壮族自治区科协第八届委员会主席。

1958 年 7 月出生，广西靖西人。研究生学历，理学博士，教授。第十一、十二届全国政协委员，广西壮族自治区第八、九、十、十二届人大代表，广西壮族自治区第八、九、十届人大常委会委员，政协第十、十一、十二届广西壮族自治区委员会委员。历任广西壮族自治区副主席、广西科学院院长。现任广西壮族自治区政协副主席、广西党外知识分子联谊会会长、中国微生物学会常务理事、中国酶工程委员会副主任委员。

提出微生物内含物的分步释放法。2007 年获国家科技进步奖二等奖，2012 年获广西自然科学奖一等奖，2011 年获广西科技进步奖二等奖、中国酶工程杰出贡献奖。曾获国家有突出贡献的中青年专家、中国首届百名青年科技创业奖、中国青年科技标兵、全国杰出专业技术人才、全国模范教师、广西优秀专家、广西青年“五四”奖章等奖项和称号。

何力，贵州省科协第九届委员会主席。

1959年5月出生，贵州贵阳人。在职研究生学历，工学博士学位，教授。贵州省第十一届人大常委会委员、第九届贵州省政协常务委员。1978—1982年在兰州大学物理系金属物理专业学习，1997—2002年在西安交通大学材料科学与工程学院材料科学与工程专业学习。曾任贵州工业大学科技处副处长、贵州省材料技术创新基地副主任、民盟贵州省副主委、贵州科学院院长、贵州省副省长。现任贵州省人大常委会副主任，全国政协常委，民盟中央常委、贵州省主委，贵州省红十字会会长（兼）。

主持承担国家“863”项目1项、国家工程技术研究中心组建项目1项、贵州省重大科技专项1项、贵州省省长基金项目1项、贵州省攻关项目2项、贵州省教育厅重大项目1项、首钢横向合作项目1项，其中，1项通过科技部验收、2项通过省级鉴定，相关技术指标达到国内领先水平。

陈红缨，宁夏回族自治区科协第八届委员会主席。

1965年9月出生，辽宁沈阳人。中央党校研究生学历。历任宁夏日报社《小龙人报》副主编、总编辑，宁夏回族自治区固原市副市长，宁夏回族自治区妇联副主席、党组成员，原宁夏回族自治区人口和计划生育委员会副主任、党组副书记（正厅级），宁夏回族自治区民政厅副厅长、党组副书记（正厅级）、巡视员等。现任宁夏回族自治区科协党组书记、主席。

徐秀芝，新疆生产建设兵团科协第四届委员会主席。

1968年3月出生，山东诸城人。毕业于石河子农学院农田水利专业，工学学士、法学学士学历，讲师职称。曾任石河子大学农学院水利系团总支书记，石河子大学团委书记，兵团团委副书记、团委书记，兵团党委组织部副部长、人事局副局长，第五师党委副书记、师长，双河市人民政府党组书记、市长，兵团党委统战部（台湾事务办公室）部长（主任），兵团民族宗教事务局党组书记，兵团工商联党组书记。2017年12月任兵团科技局党组书记、局长，兵团科协主席。

2018年去世的中国科协荣誉委员生平

原农业部副部长、党组副书记，中国农业科学院原院长、党组副书记，中国科协副主席王连铮同志，因病于2018年12月12日在北京逝世，享年88岁。

王连铮，1930年10月出生于辽宁海城。1953年4月加入中国共产党。大豆遗传育种专家。1954年毕业于东北农学院。1957—1960年在黑龙江农科所从事马铃薯育种研究，1960年赴莫斯科农学院从事遗传育种研究，获博士学位。1962年10月起历任黑龙江省农业科学院生物室技术员、副主任。1970年2月起先后任黑龙江省农业科学院农作物育种研究所负责人、副院长、院长。1983年2月起历任黑龙江省人民政府副省长兼黑龙江省农业科学院院长，黑龙江省人民政府副省长、党组副书记。1987年10月起历任中国农业科学院院长、党组书记，农业部副部长兼中国农业科学院院长、党组书记，农业部副部长、党组副书记兼中国农业科学院院长，中国农业科学院院长、党组副书记等。1991年5月起当选第四、五届中国科协副主席。

王连铮是中共十二大代表、第九届全国人大代表、第九届全国人大农业与农村委员会委员、政协第八届全国委员会委员。

长期从事大豆遗传育种研究，主持选育大豆品种34个，包括国审品种10个，累计推广面积1.5亿亩。在国内核心期刊发表论文170余篇，主编、合编专著8部，发起创办《大豆科学》杂志。曾获全国科学大会奖1项、国家发明二等奖2项、省部级科技进步奖8项，2012年获国家科技进步奖一等奖，2010年获作物学会科学技术成就奖，2012年获何梁何利科学与技术进步奖。

表彰奖励

中国科协关于授予闫敦豹等15位同志第二十一届中国科协求是杰出青年实用工程奖的决定

科协发厅字〔2018〕16号

青年是国家的未来、民族的希望。青年科技工作者是国家科技创新的生力军。为鼓励奋斗在工程技术科研和生产一线的优秀青年科技工作者，根据《中国科协求是杰出青年奖条例》规定，经中国科协求是杰出青年奖评审委员会审议通过，决定授予闫敦豹等15位同志第二十一届中国科协求是杰出青年实用工程奖。

荣获本届中国科协求是杰出青年实用工程奖的同志热爱祖国、胸怀理想，脚踏实地、甘于奉献，勇攀高峰、矢志奋斗，不断书写创新创造的时代篇章，在工程技术相关领域做出了突出贡献。希望获奖同志珍惜荣誉、认清使命、再接再厉、锐意进取，在科技创新的道路上不断取得新的更大成就。希望广大青年科技工作者向获奖同志学习，锤炼品格、甘于奉献，团结协作、勇于创新，为实现“两个一百年”奋斗目标、建设世界科技强国、实现中华民族伟大复兴的中国梦贡献智慧和力量。

获奖人员名单如下：

闫敦豹　鲁军勇　盛春泉　李春英　吴利荣

查柏林　刘　勇　肖仁珍　申传安　何元智

伯晓晨　刘永祥　梁剑寒　王　裴　黄清华

中国科协

2018年5月7日

中国科协关于授予刘新华等10位同志第二十一届中国科协求是杰出青年成果转化奖的决定

科协发厅字〔2018〕17号

青年是国家的未来、民族的希望。青年科技工作者是国家科技创新的生力军。为鼓励在科技成果转化工作中做出优异成绩的青年科技工作者，根据《中国科协求是杰出青年奖条例》规定，经中国科协求是杰出青年奖评审委员会审议通过，决定授予刘新华等10位同志第二十一届中国科协求是杰出青年成果转化奖。

荣获本届中国科协求是杰出青年成果转化奖的同志热爱祖国、胸怀理想，脚踏实地、潜心探索，勇攀高峰、敢为人先，不断书写创新创造的时代篇章，在科技成果向现实生产力转化等方面做出了突出贡献。希望获奖同志珍惜荣誉、认清使命、再接再厉、锐意进取，在科技创新的道路上不断取得新的更大成就。希望广大青年科技工作者向获奖同志学习，艰苦奋斗、无私奉献，脚踏实地、潜心研究，团结协作、创新争先，努力践行创造精神、奋斗精神、团结精神和梦想精神，为实现“两个一百年”奋斗目标、建设世界科技强国、实现中华民族伟大复兴的中国梦贡献智慧和力量。

获奖人员名单如下：

刘新华　许家忠　李炎军　郑海荣　赵　宇

赵　勇　唐亚伟　容　易　梁运涛　彭木根

中国科协

2018年5月7日

中国科协 2018 年度
事业发展统计公报

中国科协 2018 年度事业发展统计公报*

2018 年，中国科协在党中央的坚强领导下，深入学习宣传贯彻习近平新时代中国特色社会主义思想和党的十九大精神，坚决贯彻落实党中央重大决策部署，聚焦靶心、突出重心，围绕中心、服务大局，扎实履行为科技工作者服务、为创新驱动发展服务、为提高全民科学素质服务、为党和政府科学决策服务的工作职责，务实推进传承、创新、发展，展现了新时代科协组织新气象新作为。

一、组织建设

（一）科协组织建设

各级科协 3142 个，直属单位 1553 个。各级科协驻会领导班子人数 6254 人；各级代表大会总人数 272277 人，其中委员会委员总人数 73032 人、常务委员会委员总人数 28726 人。

各级科协从业人员 39672 人，其中女性从业人员 17264 人。举办干部教育培训班 2208 次（期），共培训 39.5 万人次。

各级科协 2018 年收入总额 117.8 亿元。

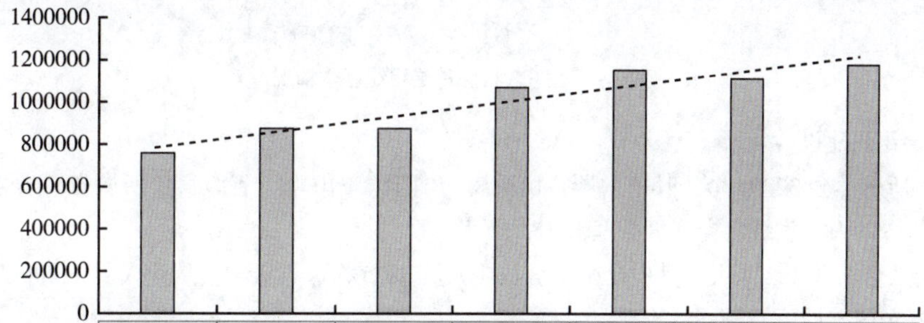

	2012年	2013年	2014年	2015年	2016年	2017年	2018年
各级科协总收入	754356	876440	872804	1070565	1156639	1118080	1177507

图 1　各级科协收入情况（单位：万元）

企业科协①20312 个，个人会员 290.2 万人。高校科协②1374 个，个人会员 72.8 万人。街道科协（社区科

* 本公报中各项统计数据均未包括香港特别行政区、澳门特别行政区和台湾地区。部分数据因四舍五入的原因，存在着与分项合计不等的情况。

公报中各种范围所表述的含义：

各级科协：指中国科协机关及直属单位、省级科协、副省级与省会城市科协、地级科协、县级科协。

地方科协：指省级科协、副省级与省会城市科协、地级科协、县级科协。

学会：指各级科协所属学会、协会、研究会。

两级学会：指中国科协所属全国学会、省级科协所属省级学会。

全国学会：指中国科协所属全国学会。

省级学会：指省级科协所属省级学会。

中国科协基层组织：指各级科协在科技工作者集中的企业事业单位、高校院校和有条件的街道社区乡镇、农村等建立的科学技术协会（科学技术普及协会）等。

① 企业科协是指各级科协批复由企业成立的科协基层组织。

② 高校科协是指各级科协批复由高等院校成立的科协基层组织。

协）[①]12184 个，个人会员 67.4 万人。乡镇科协[②]22012 个，个人会员 142.9 万人。农技协[③]7.8 万个，个人会员 1166.3 万人，其中在民政部门注册的农技协 3.9 万个。

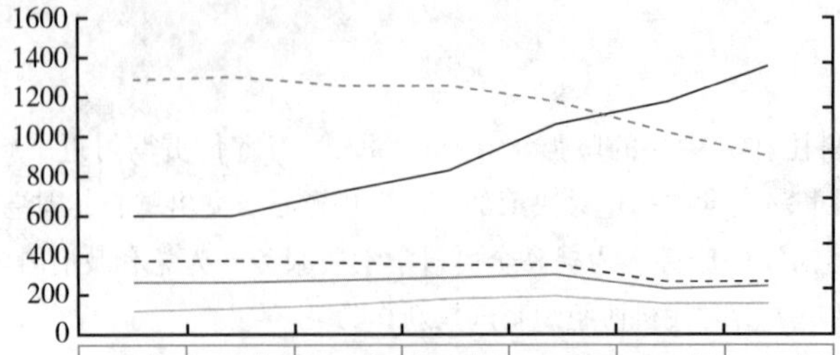

	2012年	2013年	2014年	2015年	2016年	2017年	2018年
高校科协（个）	574	584	703	831	1066	1181	1374
企业科协（个）	20968	21281	21931	23929	26096	18523	20312
街道科协（社区科协）（个）	8235	9067	11179	13636	15046	11292	12184
乡镇科协（个）	31227	30904	30236	29911	29052	21590	22012
农技协（个）	113068	114775	110442	110476	103606	89856	78492

高校科协（个） 企业科协（个）
街道科协（社区科协）（个） 乡镇科协（个）
农技协（个）

图 2　科协基层组织基本情况

（二）学会组织建设

各级科协所属学会 32304 个，其中中国科协所属全国学会 210 个，省级科协所属省级学会 3462 个。全国学会理事会理事[④]3.5 万人，省级学会理事会理事 25.1 万人。

两级学会从业人员 35231 人，其中全国学会从业人员 3825 人、省级学会从业人员 31406 人。

全国学会 2018 年收入总额 44.8 亿元。

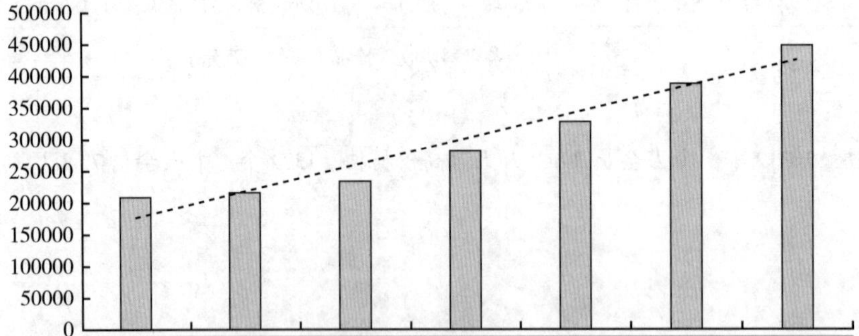

	2012年	2013年	2014年	2015年	2016年	2017年	2018年
全国学会总收入	208438	216491	234802	282446	328191	388230	448292

图 3　全国学会收入情况（单位：万元）

① 街道科协（社区科协）是指街道、社区成立的科协基层组织。

② 乡镇科协是指乡镇成立的科协基层组织。

③ 农技协是指在民政部门登记、经本级科协正式审批接纳的农村专业技术协会（农技协）和在科协登记备案的各类农村专业技术研究会（农研会）。

④ 理事会理事是指经学会会员代表大会选举产生的学会理事会理事。

中国科协学会联合体[①]7个，即中国科协生命科学学会联合体、中国科协学会联合体、中国科协清洁能源学会联合体、中国科协信息科技学会联合体、中国科协智能制造学会联合体、中国科协先进材料学会联合体、中国科协生态环境产学联合体。省级科协学会联合体60个。

全国学会个人会员[②]466.9万人、团体会员5.6万个；省级学会个人会员642.8万人、团体会员20.2万个。

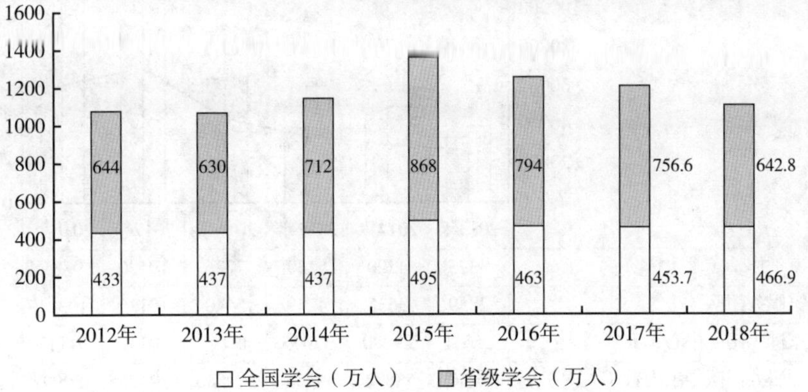

图4　全国学会和省级学会个人会员情况

在基层直接为公众提供科普服务的专职科普工作者（科普工作时间占其全部工作时间60%以上的工作人员）7.5万人，兼职科普工作者80.9万人，注册科普志愿者182.1万人。

二、服务科技工作者

各级科协和两级学会向省部级（含）以上科技奖项、人才计划（工程）举荐人才5280人次，向省部级（含）以上科技奖项推荐项目数2441项。

设立科技奖项数[③]1598项，其中省级及以上科协组织设立61项、全国学会设立417项、省级学会设立1120项。表彰奖励科技工作者10.1万人次，其中女性科技工作者3.0万人次、40岁以下科技工作者4.5万人次。

开展科学道德与学风建设宣讲活动[④]1986场次，宣讲活动受众人数365.7万人次，参加活动专家2.0万人次。

举办继续教育培训班8320场次，培训结业人数239.8万人次。

通过媒体宣传科技工作者13.3万人次，其中中央媒体宣传科技工作者0.5万人次、省级媒体宣传科技工作者1.7万人次。宣传媒介呈多样化，通过电视宣传1.0万人次，通过纸质媒体宣传3.9万人次，通过网络与新媒体宣传9.8万人次。

三、服务创新驱动发展

建设双创服务平台/中心793个。开展推进大众创业万众创新活动3383项，其中双创竞赛、论坛、展览等类型的活动1393项，双创咨询、教育、培训等类型的活动1660项，双创投融资、成果转化等类型的活动564项。

签订创新驱动助力工程项目合同2449个。参与创新驱动助力工程的科技工作者14.7万人。

两级学会研制技术标准[⑤]990个，其中全国学会310个、省级学会680个。两级学会研制团体标准[⑥]881个，其中全国学会485个、省级学会396个。

---

① 学会联合体是指为推动学会适应创新型国家建设和全面深化改革的时代要求，根据国家科技发展战略的重大部署，由学科相近的学会自愿联合，在一些重点学科领域组建的非法人的联合体组织。

② 学会个人会员是指在学会注册登记并取得本学会会员资格的人员（包括外籍会员）。

③ 科技奖项是指省级及以上科协组织和两级学会设立的科技奖项，涵盖人物奖和成果奖、科技奖和科普类奖项等。不包括一般的表扬鼓励和专门针对本单位工作人员的表彰奖励。

④ 科学道德与学风建设宣讲活动是指各级科协和两级学会主办或牵头组织宣讲科学精神、科学道德、科学伦理和科学规范等的活动。

⑤ 技术标准是指两级学会针对具有普遍性和重复出现的技术问题，对标准化领域中需要协调统一的技术事项所制定的标准。

⑥ 团体标准是指两级学会按照团体确立的标准制定程序自主制定发布，由社会自愿采用的标准。

各级科协指导组建专家工作站[①]9881个，全年组织进站专家6.1万人次；组建专家服务团队[②]10321个，参加服务团队专家12.9万人次。

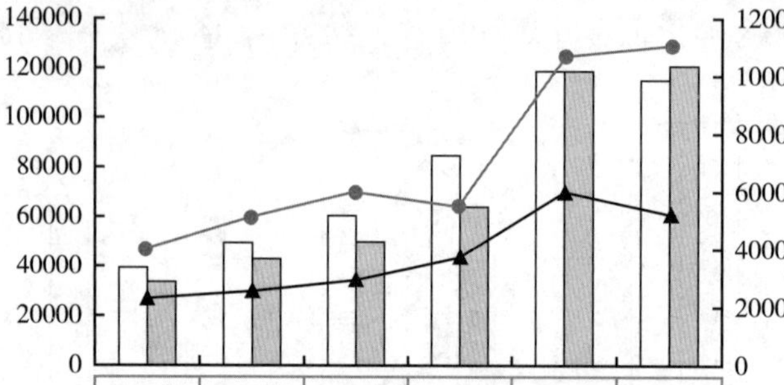

	2013年	2014年	2015年	2016年	2017年	2018年
专家工作站（个）	3323	4200	5139	7226	10120	9881
专家服务团队（个）	2859	3635	4249	5440	10175	10321
专家进（站、中心）人数（人次）	26611	29080	33675	43199	70142	61117
参加服务团队专家人数（人次）	46373	58878	69853	63536	124755	129099

专家工作站（个）　专家服务团队（个）
专家进（站、中心）人数（人次）　参加服务团队专家人数（人次）

图5　各级科协指导组建专家工作站、专家服务团队情况

四、学术交流活动

各级科协和两级学会共举办学术会议21096场次，参加人数613万人次，交流论文93.5万篇。

举办国内学术会议[③]19549场次，其中举办学术年会7545场次。国内学术会议参加人数525.2万人次，交流论文83.3万篇。

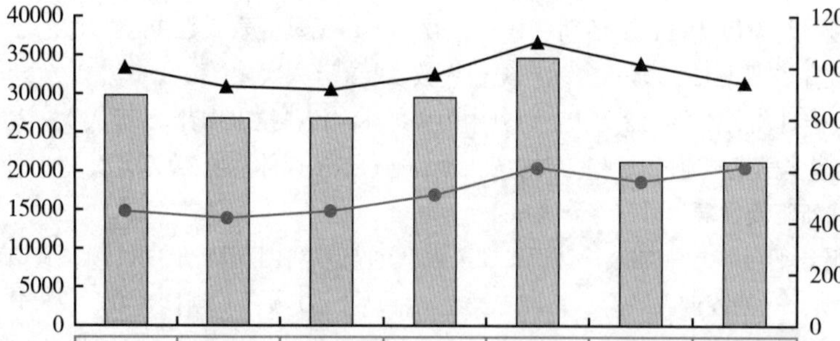

	2012年	2013年	2014年	2015年	2016年	2017年	2018年
学术会议（次）	29586	26693	26592	29105	34542	21096	21096
参加人数（万人次）	442	411	438.7	502.7	610	558.8	613
交流论文（千篇）	995	920	910	968	1094	1008	935

学术会议（次）　参加人数（万人次）　交流论文（千篇）

图6　各级科协和两级学会举办学术交流活动情况

① 专家工作站是指各级科协组织和两级学会协同有关单位，为高层次专家直接参与经济建设和社会服务而组建的科技服务机构。

② 专家服务团队是指各级科协和两级学会根据项目合作需要，按专业特点牵头组织的专家服务团队，主要承担科学普及、科技攻关、决策咨询、工程论证、技术指导、科技扶贫等相关合作项目。

③ 国内学术会议是指在我国境内由各级科协和两级学会主办或牵头主办的以学术交流为目的，有国内有关专家、学者及科技人员参加并提交学术论文的学术研讨会、交流会、报告会和论坛等。

举办境内国际学术会议①1316 场次。境内国际学术会议参加人数 83.9 万人次，交流论文 9.1 万篇。

举办港澳台地区学术会议②231 场次。港澳台地区学术会议参加人数 4.4 万人次，交流论文 1.0 万篇。

五、科技期刊

各级科协和两级学会主办科技期刊③2417 种。科技期刊总印数 8857.3 万册，其中已实行开放存取的期刊 719 种。

2417 种科技期刊包括中文学术期刊、科普期刊、技术期刊和英文学术期刊，其中中文学术期刊 1642 种、科普期刊 328 种、技术期刊 686 种，英文学术期刊 170 种。中文学术期刊印数 3008.9 万册，科普期刊印数 5631.7 万册，技术期刊印数 944.4 万册，英文学术期刊印数 139.6 万册。发表论文 88.28 万篇，其中英文学术期刊发表论文 2.8 万篇。

六、科技开放与交流

各级科协和两级学会加入国际民间科技组织④860 个。在国际民间科技组织中任职专家 2212 人，其中担任主席、副主席、执委或相当职务的高级别任职专家 895 人，其他一般级别任职专家 1317 人。

参加国际科学计划⑤171 项。参加国外科技活动 3.1 万人次，参加港澳台地区科技活动 2.0 万人次。接待国外、港澳台地区专家学者 4.3 万人次。促成双边合作交流项目 439 个。

七、科学技术普及活动

各级科协和两级学会举办科普宣讲活动⑥5.4 万场次，其中院士科普报告会 1757 场次、专题展览 1.0 万场次、流动科技馆巡展 4441 场次、科技咨询 23391 场次。科普宣讲活动受众人数 12.2 亿人次，其中流动科技馆巡展受众

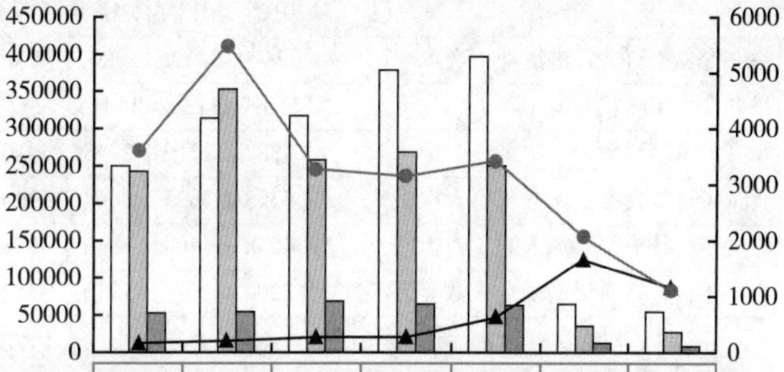

	2012年	2013年	2014年	2015年	2016年	2017年	2018年
举办科普宣讲活动（次）	252886	315486	317669	380770	399458	66418	54010
举办实用技术培训（场）	242880	355657	261181	270747	253595	37109	27543
推广新技术、新品种（项）	52678	55536	69328	67358	64434	12810	7604
科普宣讲活动受众人数（百万人次）	172	203	318	322	621	1710	1218
实用技术培训人数（万人次）	3640	5509	3303	3178	3423	2093	1111

举办科普宣讲活动（次）　举办实用技术培训（场）
推广新技术、新品种（项）　科普宣讲活动受众人数（百万人次）
实用技术培训人数（万人次）

图 7　各级科协和两级学会科普活动情况

① 境内国际学术会议是指在我国境内由各级科协和两级学会主办或牵头主办以及受国际组织委托承办的以学术交流为目的，与会代表来自三个或三个以上国家或地区（不含港澳台地区）的研讨会、交流会、报告会和论坛等。

② 港澳台地区学术会议是指由各级科协和两级学会与港澳台地区有关组织联合主办的以学术交流为目的，来自港澳台地区的与会代表人数占总参会人数三分之一以上的研讨会、交流会、报告会和论坛等。

③ 科技期刊是指由各级科协和两级学会主办或合办，具有固定刊名、刊期、年卷或年月顺序编号，以报道科学技术为主要内容的连续出版物，包括学术期刊、综合期刊、技术期刊、科普期刊和检索期刊等，不包括各类内部刊物。

④ 国际民间科技组织是指各级科协和两级学会代表国家、地区或学科加入的，经所在国正式注册、具有法人资质的国际民间科技组织。

⑤ 国际科学计划是指各级科协和两级学会及所联系的专家参与国际民间科技组织发起或主导的国际科学计划。

⑥ 科普宣讲活动是指各级科协和两级学会单独或牵头组织的单次或系列化的以报告会、广播、电视、报刊、网络或其他形式举办的科普讲座和报告，以陈列实物及展示图片等形式举办的各类科普展览，以及相关专业专家组成智力团体向社会和公众提供的智力服务等活动。

人数 3992 万人次。举办实用技术培训 2.8 万次，接受培训人数 1111 万人次。推广新技术新品种 7604 项。参加各类科普活动的科技人员 1197.3 万人次，其中专家人数 43.7 万人次。参加各类科普活动的学会、协会、研究会 12.5 万个次。各类科普活动覆盖村 37.3 万个次，各类科普活动覆盖社区 11.2 万个次。

八、青少年科技教育

各级科协和两级学会举办青少年科普宣讲活动 12794 场次，其中专家报告 0.7 万场次。青少年科普宣讲活动受众人数 5456.3 万人次。举办青少年科技竞赛 4883 项，参加竞赛的青少年 9905.2 万人次，获奖人数 139.2 万人次。举办青少年科学营[①]1094 次，参加人数 19.1 万人次。编印青少年科技教育资料 1018 种，印数 698.5 万册。举办青少年科技教育活动和培训 7565 场次，参加培训人数 1488.2 万人次。通过中学生英才计划[②]培养学生 4.6 万人。

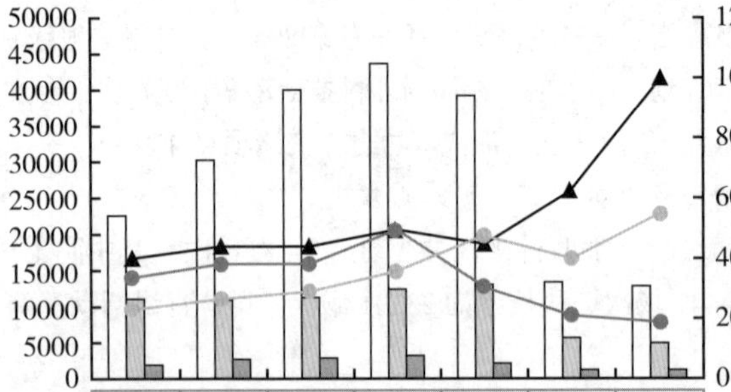

	2012年	2013年	2014年	2015年	2016年	2017年	2018年
举办青少年科普宣讲活动（次）	22609	30125	39807	43743	38876	13408	12794
举办青少年科技竞赛（项）	11097	11382	11415	12577	11906	5834	4883
举办青少年科学营（次）	1882	2710	2945	3010	2178	1164	1094
青少年科学营参加人数（百人次）	3353	3825	3864	4936	3007	2078	1908
青少年科技竞赛参加人数（万人次）	4048	4400	4363	4956	4484	6196	9905
青少年科普宣讲活动受众人数（万人次）	2290	2675	2915	3552	4693	3949	5456

举办青少年科普宣讲活动（次）　举办青少年科技竞赛（项）
举办青少年科学营（次）　青少年科学营参加人数（百人次）
青少年科技竞赛参加人数（万人次）　青少年科普宣讲活动受众人数（万人次）

图 8　各级科协和两级学会举办的青少年科技教育活动情况

九、科普基础设施建设

截至 2018 年年底，各级科协拥有所有权或使用权的科技馆[③] 909 个。总建筑面积 502.6 万平方米，展厅面积 205.3 万平方米。其中建筑面积 8000 平方米以上的科技馆 133 个，已实行免费开放的科技馆 848 个。科技馆全年接待参观人数 6972.0 万人次，其中少年儿童参观人数 3446.0 万人次。流动科技馆 1755 个。科普活动站（中心、室）4.7 万个，全年参加活动（培训）人数 3751.4 万人次。科普画廊建筑面积（宣传栏、宣传橱窗）241.7 万平方米，全年展示面积 457.9 万平方米。

截至 2018 年年底，中国科协配发给地方科协用于科普活动的大篷车 1245 辆，科普大篷车全年下乡次数 3.5 万次。科普大篷车全年下乡行驶里程 824.6 万千米，受益人数 2806.8 万人次。

① 青少年科学营是指由中国科协、教育部共同主办，旨在充分利用重点大学的科技教育资源，激发青少年对科学的兴趣，培养青少年的科学精神、创新意识和实践能力的青少年高校科学营活动。

② 中学生英才计划是指中国科协和教育部联合开展，为落实“支持有条件的高中与大学、科研院所合作开展创新人才培养研究和试验，建立创新人才培养基地”的要求，选拔一批品学兼优、学有余力、具有创新潜质的中学生走进大学，在自然科学基础学科领域的著名科学家指导下参加科学研究项目、科技社团活动、学术研讨和科研实践等活动。

③ 科技馆是指各级科协拥有所有权或使用权的具备展览教育、培训教育、实验教育等功能，面向公众常年开放的社会科技教育固定设施。

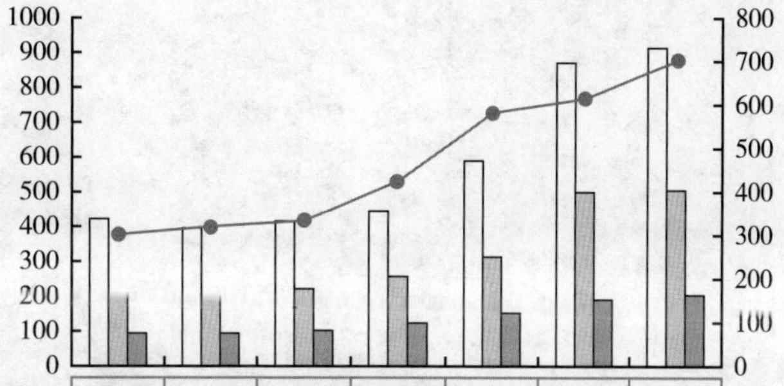

	2012年	2013年	2014年	2015年	2016年	2017年	2018年
科技馆（个）	419	400	410	445	587	867	909
建筑面积（万平方米）	203	202	220	258	314	499	502.6
展厅面积（万平方米）	95	97	104	123	155	194	205.3
全年接待参观人数（十万人次）	303	320	333	422	579	610	697.2

图 9 各级科协科技馆建设基本情况

十、科技传播

各级科协和两级学会编著科技图书 2438 种，印数 1550.8 万册。主办科技报纸 140 种，印数 0.7 亿份。制作科普挂图 2507 种，印数 846.2 万张。

制作科技广播影视节目总时长 28.3 万小时，播放科技广播及影视节目总时长 657 万小时。制作科普动漫作品总时长 4.7 万小时。

主办科普网站 1014 个，全年浏览量 74.2 亿人次。主办科普 APP 112 个，下载安装 383.9 万次。主办科普手机报 67 个，订阅数 284.4 万。主办科普微信公众号 2050 个，关注数 3341.1 万个。主办科普微博 457 个，粉丝数 3322.7 万个。开设科教栏目的电视台 675 家、广播电台 260 家。

十一、科技创新智库建设

截至 2018 年年底，建设全国科技工作者状况调查站点 506 个，建设省级科技工作者状况调查站点 448 个。

各级科协和两级学会举办决策咨询活动 1605 场次，参与专家 3.3 万人次。开展科技评估[①] 3172 项。组织参与立法咨询 527 次。组织政协科协界委员协商或调研活动 617 场次。提供决策咨询报告 2421 篇，其中获上级领导同志批示的报告 1174 篇。反映科技工作者建议 11784 条，其中获上级领导同志批示的建议 2368 条。答复人大、政协代表（委员）提案 423 件。发布智库品牌报告 265 份。组织政策解读活动 669 场次。发布政策解读文章 435 篇。

① 科技评估是指各级科协和两级学会独立或牵头开展，遵循一定的原则、程序和标准，运用科学、公正和可行的方法，对科技活动有关的政策、计划、项目、成果、专有技术、产品机构、人才等进行专业判断的评估活动。

中国数学会

中国数学会 2018 年学术年会开幕式

中国物理学会

中国物理学会 2018 年秋季学术会议大会报告会

中国力学学会

第一届全国软物质力学大会

中国光学学会

2018 年亚洲光电子会议

中国声学学会

2018 年全国声学大会

中国化学会

中国化学会第十一次全国会员代表大会

中国气象学会

第 35 届中国气象学会年会

中国地理学会

中国地理学会第十二次全国会员代表大会

中国地球物理学会

第四届“创新杯”全国大学生地球物理知识竞赛

中国古生物学会

中国古生物学会第十二次全国会员代表大会暨第29届学术年会

中国海洋学会

2017年度海洋科学技术奖颁奖

中国植物学会

中国植物学会第十六次全国会员代表大会暨八十五周年学术年会

中国昆虫学会

中国昆虫学会 2018 年学术年会

中国细胞生物学学会

中国细胞生物学学会 2018 年全国学术大会

中国植物生理与植物分子生物学学会

第一届卫志明青年创新奖颁奖

中国生物物理学会

第 16 次中国暨国际生物物理大会

中国心理学会

第二十一届全国心理学学术会议开幕式

中国生态学学会

第十七届中国生态学大会开幕式

中国环境科学学会

2018 中国环境科学学会科学技术年会暨第一届中国环境科学学会青年科学家奖颁奖

中国优选法统筹法与经济数学研究会

第二十届中国管理科学学术年会

中国系统工程学会

第四届系统科学与系统工程科学技术奖颁奖

中国实验动物学会

第十四届中国实验动物科学年会开幕式

中国汽车工程学会

2018 中国汽车工程学会年会暨展览会

中国农业机械学会

中国农业机械学会第十一次全国会员代表大会暨 2018 中国农业机械学会学术年会

中国电机工程学会

中国电机工程学会理事长郑宝森和陈维江院士共同为 CSEE 标准揭幕

中国水利学会

中国水利学会当选世界水理事会董事

中国自动化学会

2018 中国自动化大会——中国自动化学会会士授予仪式

中国计量测试学会

2017年度中国计量测试学会科学技术进步奖颁奖仪式

中国标准化协会

中国标准化协会40华诞座谈会

中国图学学会

第八届“龙图杯”全国BIM大赛启动会暨第七届“龙图杯”全国BIM大赛颁奖典礼及高峰论坛

中国计算机学会

计算机博物馆签约仪式

中国造船工程学会

中国造船工程学会 75 周年庆典颁奖仪式

中国航海学会

2017 年度中国航海学会科学技术奖颁奖大会

中国公路学会

首届车路协同自动驾驶国际论坛

中国宇航学会

首届中国航天大会

中国腐蚀与防护学会

中国腐蚀与防护学会第十次全国会员代表大会

中国煤炭学会

首届煤炭行业科普大会

中国能源研究会

中国能源研究会第二届学术年会

中国硅酸盐学会

第29届中国国际玻璃工业技术展览会

中国建筑学会

2018 首届郑州国际城市设计大会

中国生物工程学会

第十一届中国生物产业大会——“一带一路”生命科技促进联盟倡议发起仪式

中国纺织工程学会

2018 中国纺织学术年会——2018 百草纤维纺织科技成果转化贡献奖颁奖

中国造纸学会

2018 中国国际造纸创新发展论坛

中国印刷技术协会

世界印刷与传播论坛暨中国印刷论坛

中国食品科学技术学会

2018 年国际食品安全与健康大会

中国粮油学会

中国粮油学会终身成就奖颁奖仪式

中国仿真学会

智能制造与仿真技术论坛暨 2018 年中国仿真大会

中国照明学会

2018 年中国照明论坛

中国动力工程学会

中国动力工程学会第七届青年学术年会

中国惯性技术学会

中国惯性技术学会第七次全国会员代表大会

中国风景园林学会

2018 中国风景园林学会年会

中国电源学会

第二届国际电力电子技术与应用会议

中国消防协会

中国消防协会第六届五次理事暨 2018 科学技术年会

中国图象图形学学会

第一届全国 SLAM 技术论坛

中国人工智能学会

2018 第四届中国人工智能大会会议

中国指挥与控制学会

2018 第二届 CICC 全国青少年创客联赛

中国密码学会

中国密码学会 2018 年会开幕式

中国卫星导航定位协会

中国卫星导航与位置服务第七届年会暨中国北斗应用大会——2018 卫星导航定位科学技术奖颁奖

中国生物材料学会

国际生物材料论坛

中国农学会

中国农学会与德国农业协会签署合作备忘录

中国林学会

2018 森林中国大型公益系列活动启动仪式

中国土壤学会

第十一届农业与环境国际研讨会开幕式

中国水产学会

2018 年中国水产学会学术年会

中国园艺学会

第五届华耐园艺科技奖颁奖仪式

中国植物保护学会

中国植物保护学会 2018 年学术年会暨植保科技奖颁奖大会

中国作物学会

2018 年中国作物学会会员活动日活动

中国热带作物学会

2018 年全国热带作物学术年会

中国蚕学会

“东方紫杯”第一届全国大学生蚕桑生物技术创新大赛

中国植物营养与肥料学会

中国植物营养与肥料学会 2018 年学术年会

中华医学会

中华医学会西部行公益活动宜昌站开幕式

中国中西医结合学会

第六次世界中西医结合大会

中国药学会

2018 年中国药学大会

中华护理学会

中华护理学会第 8 届学术年会——专科护士培训基地授牌仪式

中国生理学会

中国生理学会第 25 届代表大会暨生理学大会

中国解剖学会

中国解剖学会第十四次全国会员代表大会

中国生物医学工程学会

中国生物医学工程学会联合学术年会

中国营养学会

2018 年全民营养周启动仪式

中国针灸学会

2018 灵台《针灸甲乙经》学术思想传承国际研讨会暨皇甫谧文化节

中国防痨协会

中国防痨协会第 32 届全国学术大会暨首届中国防痨科技奖颁奖大会

中国抗癌协会

2018 中国肿瘤学大会

中国体育科学学会

2018 香港赛马会助力运动处方师培训启动仪式

中国毒理学会

中国毒理学会第七次全国会员代表大会

中华预防医学会

2018 年中国慢性病大会

中华口腔医学会

中华口腔医学会第 20 次全国口腔医学学术会议（2018 年会）暨 2018 中国国际口腔设备器材博览会——2018 中华口腔医学会科技奖颁奖

中国医学救援协会

2018 年中国 · 国际第 16 届现代救援医学论坛暨汶川地震十周年系列纪念活动

中国自然辩证法研究会

中国自然辩证法研究会第八次会员代表大会——表彰先进单位、先进个人

中国管理现代化研究会

第十三届（2018）中国管理学年会

中国科学技术情报学会

“一带一路”海外投资竞争情报研讨会

中国图书馆学会

2018 年中国图书馆年会

中国农村专业技术协会

中国农村专业技术协会第五次全国会员代表大会

中国工业设计协会

2018 年中国优秀工业设计奖颁奖典礼

中国青少年科技辅导员协会

第六届全国科学表演大赛

中国科学技术期刊编辑学会

第 20 期全国科技期刊英文编辑写作与国际化发展培训班

中国土地学会

2018 年中国土地学会学术年会

中国科技新闻学会

2018 年中国科技传播论坛暨中国科技新闻学会第十四次学术年会

中国老科学技术工作者协会

全国老科技工作者日活动

中国科学探险协会

极地科普活动——到达北极点

中国城市规划学会

2018 中国城市规划年会全体大会

中国产学研合作促进会

第 28 届国际血管联盟世界大会暨第十四届中国首都血管论坛

中国创造学会

中国创造学会 2018 年学术年会

中国基本建设优化研究会

首届芦笋大健康亚洲论坛

中国科技馆发展基金会

中国科技馆发展基金会向寻乌县捐赠农村中学科技馆仪式

全国学会、协会、研究会（含受委托管理的学会）简况

中国数学会

学会建设 学会完善官网与微信公众号的版面设计与内容。网站累计浏览量36.7万次，累计访问9.7万人。微信公众号累计推送文章247篇，其中，科普类文章206篇、新闻类41篇。微信公众号关注6万余人，环比增长56.7%。文章平均阅读量6470次，平均转发量409次。学会个人会员系统运行顺畅，已有约7000人通过会员系统注册成为学会会员。个人会员人数环比增长14.3%。

召开党委会议1次，党员扩大会议1次，正副理事长、秘书长会议2次，常务理事会会议2次，理事会会议1次。召开学术交流工作委员会会议1次、组织工作委员会会议1次。工作会议上，讨论通过《中国数学会印章管理规定》《中国数学会分支机构财务管理条例》。讨论并批准中国数学会概率统计分会换届申请；对中国数学会数理逻辑专业委员会成立1年来的工作进行考核；对拟设立中国数学会数学教育专业委员会的申请进行审批。讨论并批准学会主办期刊《数学学报》新增编委的申请、《应用概率统计》《数学进展》新一任编委的换届申请及《中学生数学》杂志主要负责人的变更申请。会议就如何修改完善数学学科评价体系，如何扩展会员服务内容、提升会员服务质量，举荐国际组织任职人选、各奖项的候选人选，学会换届工作内容及流程等相关事宜进行讨论。

青年人才托举工程 学会于2017年获中国科协青年人才托举工程第三届（2017—2019年度）项目2个托举名额。2018年，2名被托举人在中国科协支持及学会协助下，在科研方面取得进展。其中，浙江大学教授王伟发表SCI论文4篇，指导博士后1人，获邀参加国内与国际会议并在会议上作报告；北京大学教授史逸完成2篇论文，举办主题为“Partially Hyperbolic Diffeomorphisms”的小型研讨会，参加在澳大利亚举办的主题为“Dynamics，Foliations，and Geometry in Dimension 3”的研讨会并在会议上作报告。

主办期刊 主办期刊9种，有内部刊物《中国数学会通讯》1种。其中，学术类期刊8种、科普类期刊1种。中文学术期刊全部为国内核心期刊，英文期刊全部被SCI收录，多个期刊获中国科协、中国科学院、基金委期刊择优支持。其中《数学学报》（英文版）、《应用数学学报》等获中国科协精品期刊A类和B类项目支持。期刊总印数约23.6万册，发表论文2308篇，环比持平。各期刊编辑部加强对编辑的专项业务培训，缩短期刊的稿件处理周期和发表周期。

国际学术会议 学会举办中美数学会联合年会、丝路数学中心系列会议——2018年现代代数几何会议。学会分支机构举办中–加量化金融问题联合研讨会暨全国2018金融数学与金融工程Team Workshop和非线性分析国际会议暨第二十届全国非线性泛函分析会议。参会人员累计1400余人次，其中，国外学者200余人次。大会报告及分组报告共570余场。

5月12—13日，非线性分析国际会议暨第二十届全国非线性泛函分析会议在山西省太原市召开，来自国内外高校和科研院所500余名专家、学者参加会议。会议设立6场大会报告、50场分组报告。6月11—14日，由学会、美国数学会联合主办的中美数学会联合年会在复旦大学召开。7月23—26日，丝路数学中心系列会议——2018年现代代数几何会议在北京国际数学研究中心报告厅召开。

国内主要学术会议 举办国内主要学术会议9场，参会人数近3000人次，累计学术报告800余场。

5月11—13日，2018年全国数理逻辑年会在贵州省都匀市黔南民族师范学院召开。学院师生代表及国内外专家、学者共200余人参加会议。会议设立1场公共报告、4场特邀报告、16场大会报告及5场小组报告。

8月3—5日，2018全国奇异摄动理论和应用学术研讨会在浙江省湖州市举行，此次会议是自2005年以来国内连续举办的奇异摄动会议的延续。来自美国堪萨斯大学、台湾淡江大学、上海交通大学、华中科技大学、华东师范大学、吉林大学、上海大学、福建师范大学、江苏师范大学等30余个单位70名专家、学者参加研讨会。

8月23—26日，由中国数学会组合数学与图论专业委员会主办的第八届全国组合数学与图论大会在安徽省合肥市举行。共约800名专家、学者参加会议。会议共安排50分钟大会报告8场、30分钟邀请报告18场、15分钟小组报告142场。与会专家、学者围绕组合数学与图论热点和前沿问题进行交流和探讨。

10月20—21日，中国数学会2018年学术年会在贵州省贵阳市召开。

10月25—28日，第十届全国计算机数学学术会议在湖北省武汉市东湖宾馆举行。来自国内外高校及科研院所180余名专家、学者参加会议。大会邀请3名国内学者作大会报告，9名在计算机数学相关领域取得重要成果的青年学者介绍其在符号计算、几何计算、密码编码等方向的最新科研成果。

10月25—28日，中国概率统计学会第十一届全国代表大会在西南财经大学举行。大会共举行6场特邀大会报告、23场中会邀请报告、100余场分组报告，介绍概率统计前沿研究热点。

国际组织任职 7月30日，第18届国际数学联盟全体大会（IMU General Assembly）在巴西圣保罗召开。与会代表从9名候选人中投票选出6名新一届国际数学联盟执委会委员。中国科学院院士、学会副理事长田刚当选新一届国际数学联盟执委会委员。

国际交往 6月11—14日，学会与美国数学会联合举办学术会议。7月23—26日，学会丝路数学中心联络“一带一路”沿线各国数学会举办学术活动，并与中心的11个成员数学会理事长共同召开指导委员会工作会议。7月23—27日，第二届金砖五国数学家大会在巴西伊瓜苏召开，中国科学院院士、学会理事长袁亚湘参加大会核心委员会会议，讨论推动金砖五国间数学交流与合作。8月，第28届国际数学家大会（ICM）在巴西里约热内卢举行，中国科学院院士、学会理事长袁亚湘，秘书长陈大岳和副秘书长陈亦飞代表学会参加会议。

推进亚洲数学联盟筹备工作，并建议学会副理事长田刚担任亚洲数学联盟筹备工作小组组长，召集各国数学会授权代表推进成立亚洲数学联盟的各项筹备工作。

科普活动 学会数学传播工作委员会以举办科普报告会、学术报告会和推送科普文章等形式开展“双百”活动，传播与普及数学知识和文化。各省、自治区、直辖市数学会共举办科普报告会186场（含院士报告会30余场），推送科普文章65篇。学会微信公众号累计推送科普类文章206篇，平均转发量409次，单篇文章最高转发量1.2万次。

10月19—21日，学会与贵州民族大学邀请中国科学院院士袁亚湘、汤涛，孙斌勇研究员和周晓华教授在贵州省各大院校作科普报告7场。

表彰举荐优秀科技工作者 推荐上海交通大学范金燕、复旦大学雷震、北京大学章志飞入选2017年度科技创新领军人才计划。

党建强会 学会党组织召开党委会议和党员扩大会议，学习党章，领悟党的重要指示和精神。开展批评与自我批评，总结经验。在学会重大事务上严格把关，认真监督。利用微信公众平台加强党建宣传，开辟学会党建专栏，传达党中央的重要文件精神及重要工作部署。

5月，申报中国科协“2018年学会党建调研课题”，以问卷形式向全国学会征集相关信息，完成题为“运用互联网技术和信息化手段开展学会党建研究”的调研报告。6月，学会党组织成员参与中国科协科技社团党委组织的“不忘初心，牢记使命”——党的十九大精神知识问答活动，获优秀组织奖。10月19日，学会理事会党组织在党委书记袁亚湘带领下参观息烽集中营遗址。

会员服务 1月27日下午，组织工作委员会及各省、自治区、直辖市数学会理事长召开会议，就下一届会员的会费标准及如何提升会员服务等问题进行讨论。与会人员发表意见和建议，会费标准参考欠发达地区的标准来制定；将学会会员根据不同类型进行分类，并向不同类型会员提供不同服务，使会员服务更有目的性、针对性。学会通过学会网站、微信公众号、主办期刊、召开的各类会议等方面做好会员服务工作，将现有会员培养成长期会员。

【中美数学会联合年会】 6月11—14日，由学会、美国数学会联合主办的中美数学会联合年会在复旦大学举行。来自中国、美国、英国等国700余人注册参会。美国数学会会长、美国科学院院士Kenneth A. Ribet，中国科学院院士、学会副理事长、北京大学副校长田刚，学会副理事长、中国科学院数学与系统科学研究院常务副院长高小山，学会副理事长陈敏，学会副理事长、中国科学技术大学教授叶向东，学会副理事长、复旦大学教授程晋，学会副理事长、贵州民族大学教授韦维，美国国家科学院院士Richard M. Schoen，美国数学会副秘书长Steven H. Weintraub，上海市数学会理事长、复旦大学教授陈晓漫等参加开幕式。开幕式由学会秘书长、北京大学数学科学学院院长陈大岳主持。复旦大学常务副校长桂永浩、学会副理事长田刚、美国数学会会长Kenneth A. Ribet、上海市数学会理事长陈晓漫等分别致辞。

加州大学尔湾分校教授Richard M. Schoen、南开大学教授尤建功、加州大学伯克利分校教授Kenneth Ribet、北京国际数学研究中心教授许晨阳、密歇根大学教授邬似珏、中国科学院数学与系统科学研究院研究员戴彧虹受邀作大会报告。大会设31个分组会议，500余场学术报告。

【中国数学会2018年学术年会】 10月20—21日，由学会主办，贵州民族大学承办的中国数学会2018年学术年会在贵州省贵阳市召开。中国科学院院士、中国数学会理事、各高校与科研单位专家和学者、编辑出版单位代表等560余人参加会议。

开幕式由学会秘书长陈大岳主持。中国科协副主席、学会理事长、中国科学院院士袁亚湘，贵州省人大常委会副主任、贵州省科协主席何力，贵州省科协党组书记张美圣，贵州省教育厅副厅长王红红，贵州民族大学党委书记张学立，贵州民族大学校长陶文亮，国家自然科学基金委项目办主任赵桂萍，大会特邀报告人、中国科学院院士、南方科技大学副校长汤涛，北京大学教授周晓华，中国科学院数学与系统科学研究院研究员孙斌勇以及贵州省科协副主席刘炳银，贵州省教育厅高教处处长邸姜涛，贵州省科协学会学术部部长李昕，学会副理事长陈敏、程晋、高小山、罗懋康、王万义、王跃飞、韦维和学会部分理事参加开幕式。

开幕式上，学会理事长袁亚湘通报学会在会员建设、人才举荐、学术交流、国际交流及党建方面所做的工作与取得的成果。

会议期间，汤涛院士、孙斌勇研究员和周晓华教授分别作大会报告《相场模型的算法、理论和挑战》《李群的酉表示和轨道方法》《因果推理的数学原理及其在生物医学中的应用》。来自各高校、科研单位百余名数学学者，就代数与数论、几何与拓扑、分析数学、计算数学、概率和统计、运筹与控制、组合与计算机数学7个领域作分组报告。

应学会和贵州民族大学邀请，袁亚湘院士、汤涛院士、孙斌勇研究员和周晓华教授在会议期间分别前往贵州省各大院校作科普报告。

【丝路数学中心系列会议——2018年现代代数几何会议】 7月23—26日，学会与北京国际数学研究中心、北京大学数学科学学院在北京国际数学研究中心报告厅联合举办丝路数学中心系列会议——2018年现代代数几何会议。来自内地与香港及波兰、德国等国百余名学者参加会议。会议期间，举行丝路数学中心指导委员会第三次工作会议。

现代代数几何会议是丝路数学中心举办的第二次学术活动，邀请斯特拉斯堡大学教授Damian Brotbek、苏黎世大学教授Yohan Brunebarbe等17名专家、学者作大会报告，丝路数学中心成员数学会推荐的16名青年学者作海报展示。会议以现代视角讨论双有理几何、导出范围、模空间、奇点理论、解析方法的应用、正特征几何等代数几何诸多方向的最新进展。

7月23日下午，在中国科学院数学与系统科学研究院南楼召开丝路数学中心指导委员会第三次工作会议。经中心委员会委员投票，亚美尼亚数学会、香港数学会、印度尼西亚数学会成为丝路数学中心新成员。会议总结中心运行情况、学术活动组织及宣传情况，部署2019年活动安排。

（撰稿人：陈景辉）

中国物理学会

学会建设 2018年，学会发展个人会员289人。通过民政部的年度检查。学会所属等离子体物理分会、低温物理专业委员会、非晶态物理专业委员会、高压物理专业委员会、光散射专业委员会、光物理专业委员会、量子光学专业委员会、凝聚态理论与统计物理专业委员会进行换届改选。

学会治理结构和治理方式改革 制定《中国物理学会分会、专业委员会设立标准》，规范分支机构管理。增补中国科学院物理研究所研究员杨槐馨为学会副秘书长，与《物理》编辑部主任王进萍同时加入学会办公室。针对中国科技评价体系中存在的问题，成立评价工作小组，不定期地通过报纸、网络、微信公众号、新闻发布会等渠道发表学会对学术期刊、人才举荐等评价体系的看法。

主办期刊 主办科技期刊11种，完成出版和发行任务，部分期刊获中国科协项目资助。*Chinese Physics B* 获2016—2018年度中国科技期刊国际影响力提升计划A类项目资助；*Chinese Physics C* 获B类资助；*Communications in Theoretical Physics* 和 *Chinese Physics Letters* 分别获C类资助；*Chinese Physics Letters* 获2016—2018年度中国科协"中国科技期刊登峰行动计划"资助;《物理学报》和《物理》分别获2018年度中国科协中文科技期刊精品建设计划"学术创新引领"项目、"科学素质培育"项目的资助。《物理学进展》和 *Communications in Theoretical Physics* 编辑委员会分别进行换届。10月28日,《物理教学》编辑部在华东师范大学召开《物理教学》创刊四十周年纪念会暨编委会会议。

国际学术会议 学会所属各分支机构参与组织第七届国际液晶光子学会议、图像处理及反问题国际会议、超快现象与太赫兹波国际会议、第三届极端条件下物质与辐射国际会议等国际学术会议20余次。

国内主要学术会议 学会及其分支机构举办中国物理学会2018年秋季学术会议、引力与相对论天体物理分会学术年会、第八届冷原子物理学术研讨会、高能物理分会学术年会、第二十届全国凝聚态理论与统计物理会议、第七届全国掺杂纳米材料发光性质学术会议、第二十届中国高压科学学术会议、第二十届全国波谱学学术年会、全国电子显微学学术年会、第十八届全国量子光学学术报告会、第三届中国粒子加速器会议、第十七届全国电介质物理材料与应用学术会议、中国质谱学术大会等国内学术会议80次。参会人数400余人次。

9月14—16日，中国物理学会2018年秋季学术会议在辽宁省大连市举行，来自国内外250余所高校及科研院所3400余名物理学者及学生参加会议。

国际组织任职 加入国际纯粹与应用物理联合会（IUPAP）和亚太物理学会协会（AAPPS）2个国际组织。

10月31日—11月2日，中国科学院院士、学会常务理事、IUPAP执委会副主席王恩哥和学会常务理事、IUPAP物理与发展专业委员会（C13）副主任金奎娟出席在立陶宛维尔纽斯举行的IUPAP执委会及专业委员会主任会议，在会上争取第30届IUPAP全体大会承办权。11月12日，IUPAP决定，2020年在北京召开第30届IUPAP全体大会。这将是IUPAP全体大会首次在中国举行。

11月9—10日，第38次AAPPS理事会议在韩国浦项市举行。学会常务理事、AAPPS主席龙桂鲁及常务理事、AAPPS理事金奎娟和朱星参加会议。

国际交往 3月7日，2018年中美物理学会负责人早餐会在美国洛杉矶市举行。副理事长兼秘书长方忠，常务理事王恩哥、杜江峰、沈健、金奎娟、夏钶及副秘书长谷冬梅等代表学会参加会议。参会的美方代表有美国物理学会（APS）主席Roger Falcone、首席执行官Kate Kirby、首席运行官James Taylor、主编Michael Thoennessen、国际事务部主任Amy Flatten等。会议就双方合作有关事项展开讨论。

9月12日，英国物理学会出版集团（IOPP）总监Antonia Seymour见面会在北京举行。中国科学院院士、学会理事长詹文龙，中国科学院院士、*Chinese Physics Letters* 主编朱邦芬，中国科学院院士、*Chinese Physics B* 主编欧阳钟灿，中国物理学会出版工作委员会主任吕力以及IOPP亚太地区负责人Elaine Tham等参加会议。

9月27日，美国物理学会主编Michael Thoennessen见面及报告会在北京举行。学会出版工作委员会主任吕力、中国科学院物理研究所学术服务部主任杨槐馨、学会副秘书长谷冬梅、《物理》编辑部主任王进萍，及 *Physical Review Letters* 副主编王牧等参加会议。会议期间，学会会刊《物理》与美国物理学会网刊 *Physics* 续签合作协议。

科普活动 4月24—28日，第六届中国物理学会女物理学家巡回报告会在江西省举办。9月17—19日，2018年全国物理科普大会在天津市召开。11月1—2日，中国科学院院士、清华大学教授朱邦芬，复旦大学教授金晓峰和学会副秘书长谷冬梅应邀访问江苏省锡山高级中学。朱邦芬、金晓峰分别为该校学生作科普报告。

科普传播专家团队成员出版《粒子加速器》等科普图书及译著，发表科普文章，参与《加油向未来》等电视科普栏目制作，在全国大中学校等单位作科普报告等。学会科普工作委员会依托科普委员及其所在单位的科普资源，组织开展科普活动，孟卫东委员在清华附中永丰学校开办“大家讲堂”系列科普讲座8场，魏红祥委员在中国科学院物理研究所举行第四届“科学三分钟”全国科普微视频大赛等。

表彰举荐优秀科技工作者 6月，启动2018—2019年度胡刚复、饶毓泰、叶企孙、吴有训、王淦昌物理奖，谢希德物理奖，周培源物理奖，黄昆物理奖及萨本栋应用物理奖的推荐工作。经学会推荐，清华大学教授何珂入选科技部2017年中青年科技创新领军人才，北京大学研究员肖云峰、上海交通大学教授钱冬、中国科学院物理研究所研究员王文洪入选科技部2018年中青年科技创新领军人才。

会员服务 1月，启用电子会员证。会员参加中国物理学会秋季学术会议享受注册费优惠政策。

【中国物理学会2018年秋季学术会议】 9月14—16日，中国物理学会2018年秋季学术会议在辽宁省大连市举行。来自国内外250余所高校及科研院所3400余名物理学者及学生参加会议。

2018年是秋季学术会议举办20周年，中国科学院院士、会议重要发起人之一、组委会首任召集人张杰在开幕式上作题为“二十年征程再出发”的演讲。上海交通大学教授季向东、香港科技大学、美国康奈尔大学教授戴自海，中国科学院物理研究所研究员丁洪及中国科学院武汉物理与数学研究所研究员管习文应邀作大会报告。中国工程院院士、中国科学院等离子体物理研究所李建刚应邀作题为“我国磁约束聚变下一步计划的进展及展望”的报告。

会议设立粒子物理、场论与宇宙学，核物理与加速器物理，原子分子物理，光物理，等离子体物理等19个物理学及交叉领域专题进行分组交流，其中3个专题设立平行分会场。会议安排报告1700余个，其中，邀请报告和口头报告800余个，张贴报告近900个。

同期召开首届中国物理学期刊专场报告会、秋季会议组委会会议、全国物理学院院长 / 系主任联席会、国际组织任职专家交流座谈会、女物理工作者圆桌会议、蔡诗东等离子体物理奖颁奖暨20周年纪念会、庆祝PRL创刊60周年专场报告会等10余个专题会议。其中，首届中国物理学期刊专场报告会吸引近500名专家、学者参加。报告会分期刊优秀论文颁奖和特邀报告2个环节进行。中国科学院院士、清华大学教授朱邦芬主持期刊优秀论文颁奖礼，中国科学院院士、国家自然科学基金委副主任、北京大学教授谢心澄主持特邀报告会，中国科学院院士张杰和中国科学院物理研究所研究员曹则贤应邀作报告。

【2018年全国物理科普大会】 9月17—19日，2018年全国物理科普大会在天津市召开。来自全国大中学校及科研院所约300名物理工作者参加会议。中国科学院院士、南开大学教授葛墨林，中国科学院院士、中国科学院物理研究所研究员王鼎盛，中国科学院院士、北京大学教授龚旗煌，中国科学院院士、中国科学院大学教授吴岳良，中国科学院院士、中国科学院高能物理研究所所长王贻芳，中国科学院高能物理研究所研究员张双南、邢志忠，清华大学教授王亚愚，南开大学教授宋峰及北京四中前校长刘长铭应邀作大会报告。会议设科普和教学2个分会场进行，安排24个交流报告。

会议期间，物理科普与教学方法展演获奖者进行获奖作品展示，组织中国物理学会十一届二次科普工作委员会会议和学术沙龙活动。在学术沙龙上，中国科学院院士王鼎盛，中国科学院高能物理研究所研究员张双南、张闯，南开大学教授刘玉斌、宋峰，第二南开学校副校长璩巍，山东大学教授梁作堂等7名专家围绕“物理科普与教学”主题，解答参会者提出的问题。

会议通过《2018年全国物理科普大会倡议书》。

【第六届中国物理学会女物理学家巡回报告会】 4月24—28日，第六届中国物理学会女物理学家巡回报告会在江西省举办。报告团成员包括中国科学院物理研究所研究员金奎娟、吴令安、厚美瑛，北京工业大学教授隋曼龄，贵州大学教授胡林，复旦大学教授刘韡韬，中国工程物理研究院研究生院教授储祥蔷，北京邮电大学教授郭霞，南京大学教授王慧田，北京大学教授王前，《物理》编辑部主任王进萍及学会办公室胡兴华。

报告团专家介绍物理领域的有趣现象和科研前沿进展，如金奎娟研究员的《氧化物薄膜中的电场与光场调控》、吴令安研究员的《“鬼成像”不那么鬼》、厚美瑛研究员的《微重力下的颗粒物质行为研究》、隋曼龄教授的《原位透射电子显微镜下的材料科学研究》、刘韡韬教授的《非线性光学浅谈：做做“表面文章”》、储祥蔷教授的《如何给蛋白质拍电影》、郭霞教授的《柔性超高灵敏度石墨烯基光探测器》、王前教授的《千姿百态的碳》等。

报告会历时5天，辗转4个城市，走访南昌大学、江西师范大学、南昌一中、九江学院、井冈山大学、赣南师范大学和赣南师范大学附中，举办学术科普报告会30场。与会专家与其中6所学校师生进行座谈。

【全国高等学校物理基础课程教育学术研讨会暨青年教师讲课比赛决赛】 8月20—23日，2018年全国高等学校物理基础课程教育学术研讨会在贵州省贵阳市召开。来自全国200余所高校400余名教师和学者参加会议。教育部高教司理工处处长吴爱华，中国科学院院士、中国科学院理论物理研究所研究员蔡荣根，贵州大学教授吴忠祖，南京大学教授王炜，中国科技大学教授张增明，上海交通大学教授高景，清华大学教授王青，北京大学教授田光善及北京师范大学教授包景东应邀作大会报告。30余名专家、教师围绕实验课改、物理实验、教学研究、课程建设等议题作分会报告。

会议同期举行第四届全国高等学校物理基础课程青年教师讲课比赛决赛。比赛由教育部高等学校大学物理课程教学指导委员会、教育部高等学校物理学类专业教学指导委员会和中国物理学会物理教学委员会联合主办。经过预赛、复赛选拔，来自东北、华北、华东、西北、西南、中南6大赛区的12名选手进入决赛。来自全国各高校的近200名教师现场观摩比赛。参赛选手在赛前通过抽签决定上场顺序；上场前1个小时抽取比赛题目并开始备课；讲课时间为每人20分钟。决赛最终评出一等奖2人、二等奖4人、三等奖6人。

会议期间，召开中国物理学会物理教学委员会全体会议，专题交流讨论部分省市高考制度在试点中出现的涉及物理学科的问题及影响。

（撰稿人：胡兴华）

中国力学学会

服务创新型国家和社会建设 8月20—26日，学会等离子体科学与技术专业委员会在山东大学威海校区举办第四届全国低温等离子体模拟培训班。国内50余家科研院所近200名师生参加培训。培训班进行报告15场，内容涵盖低温等离子体流体模型、粒子模型及整体模型的主要理论与数值实现方法。授课教师代表为学员颁发结业证书。

9月7日，学会爆炸力学专业委员会特种抗爆结构专业组在四川省绵阳市举办安全防护技术学术交流论坛。与会专家围绕安全防护技术现状、技术发展和产学研情况进行交流和研讨。为高校、研究所、企业合作搭建桥梁。会议发起成立安全防护装备产学研联盟。

12月3—6日，学会固体力学专业委员会生物材料及仿生专业组在江苏省南京市组织召开仿生创新技术及产业化论坛。论坛邀请来自加拿大、瑞士、澳大利亚等国家专家，介绍各自的方向、成果及产业化思路。同时，中国专家向国外专家介绍中国在生物力学与仿生方面的研究成果。

在地方政府支持下，学会生物力学专业委员会与南京航空航天大学合作，在江苏省南京市成立南京溧航仿生产业研究院，推进仿生技术的转化和产业化。

学会能力提升计划 入选中国科协世界一流学会建设项目。项目实施年度为2018—2020年。

5月18—21日，在新疆维吾尔自治区喀什市召开中巴经济走廊国家战略背景下的实验力学机遇与挑战学术研讨会。6月5—9日，首次与美国力学国家委员会共同主办2018年全美力学大会。筹划建设亚洲力学奖，完成立项调研工作。

组织青年学术沙龙6期。9月27日，在日本仙台组织召开北京国际力学中心第三届亚太青年联谊会。11月16—18日，在四川省成都市召开第二届中泰双边青年力学交流研讨会。启动“力学实验设备信息共享”工作，整理全国各主要高校、科研院所内能够共享的力学装备信息（性能指标、代表文章、联系人等），通过学术会议、电子邮件等方式免费发送给相关力学科研人员。

12月15日，在广东省珠海市组织召开第十届理事会分支机构经验交流会，为专业委员会、工作委员会和期刊编委会的相互交流与学习搭建平台。继续推动学会信息化建设，相继开发学术活动审批管理系统、学术会议信息发布平台、分支机构活动管理平台等。

学会建设 发展个人会员3491人，个人会员总数达到29748人。组建软物质力学工作组；11月18日，在浙江省杭州市召开中国力学学会软物质力学工作组第一次全体会议，确定此届工作组的主要工作目标。发布《中国力学学会年报2017》，向会员和社会公开全年活动信息。12月15日，中国力学学会第十届理事会第八次常务理事会审议通过第十一届理事会换届筹备工作方案。第十一届理事会换届筹备工作启动。

学会治理结构和治理方式改革 继续强化学会办事机构职业化建设，建立员工长效培训机制，新制定和修订《中国力学学会秘书处日常行为规范》《中国力学学会秘书处差旅费管理办法（试行）》等规章制度，加强专职队伍的规范化管理。

开展2016—2018年度重点项目档案规范整理自查工作。开展2012—2018年度财务全面梳理和内控自查工作，制定财务内控管理制度，加强学会内部管理。

青年人才托举工程 完成第一期青年人才托举工程实施计划，在中国科协组织的第一期青年人才托举工程项目述职答辩中取得“优秀”成绩。获第四届（2018—2020年度）青年人才托举工程立项资格，4人入选。已有4期共21名青年获得资助。

12月22日，在北京举办中国力学学会青年托举人才与导师交流会。中国科学院院士、学会理事长杨卫出席会议并作题为“导师十策”的报告。

主办期刊 所属期刊聚焦社会热点，跟踪学科前沿，加强与专家学者联络，组织高水平的专题、专刊文章，开辟期刊专栏。*Acta Mechanica Sinica* 和 *Applied Mathematics and Mechanics*（English Edition）的SCI影响因子上升至1.545和1.538，其中，*Applied Mathematics and Mechanics*（English Edition）在应用数学类的排名进入Q1区。

《力学学报》获国家新闻出版广电总局颁发的2018年百强科技期刊称号。*Acta Mechanica Sinica* 和《力学学报》发表的论文入选第三届中国科协优秀科技论文。*Plasma Science & Technology*（PST）获第六届华东地区优秀期刊奖。《工程力学》获百种中国杰出学术期刊称号。《工程力学》《力学进展》《力学学报》入选"中文科技期刊精品建设计划"。

学科发展研究 10月12—14日，在湖北省武汉市召开固体力学的挑战与发展研讨会。中国科学院院士方岱宁、张统一、郭万林、魏悦广，中国工程院院士杜彦良出席会议。学会固体力学专业委员会委员、《固体力学学报》编委会成员、国家杰出青年获得者及国内外特邀专家共100余人参加会议。会议旨在研讨固体力学的前沿科学问题，提高固体力学服务国家重大战略需求的能力，推动固体力学的发展。

学会物理力学专业委员会完成系列专著《物理力学前沿》第Ⅰ和第Ⅱ卷的撰写与出版工作。该套丛书记述复杂流体物理力学、固体介质和表界面物理力学、高压物理力学、激光物理力学、空间环境效应物理力学5个研究方向近年取得的研究进展。

学会生物力学专业委员会完成系列专著《生物力学研究前沿系列丛书》共10册的撰写与出版工作。丛书展示21世纪以来中国生物力学研究所取得的工作成果。

国际学术会议 学会及所属分支机构举办12场国际学术会议，参会人数2107人次，交流论文1439篇。

1月12—15日，由学会实验力学专业委员会和固体力学专业委员会主办的结构疲劳与断裂理论和实验技术国际会议在海南省海口市召开。会议讨论"结构疲劳与寿命预测""结构损伤与断裂""高周/超高周疲劳与断裂"等议题。国内外高校、科研院所和企业180余名专家、学者参加会议。

5月7—11日，第二届材料和结构冲击响应国际会议在陕西省西安市召开。会议由学会爆炸力学专业委员会主办，西北工业大学承办。西北工业大学教授李玉龙、赵涵担任会议主席。会议主要议题是材料在高应变率下的力学行为、结构的动态失效及系统能量吸收和耐撞性的研究、新型高应变率加载动态实验技术、动态载荷下的仿真建模和数值分析、车辆安全、理论与计算技术在交通和建筑领域的应用等。组织大会报告10场、学术分会场39个。来自中国、南非、挪威等23个国家和地区的150余名专家、学者参会。

10月11—15日，第17届亚洲实验力学国际会议在陕西省西安市召开。会议由学会与亚洲实验力学组委会主办，陕西省冲击动力学及工程应用重点实验室等单位承办。西北工业大学航空学院教授李玉龙担任会议主席。会议主题涵盖应力应变与变形测量、微纳米尺度下的材料力学性能、生物及复合材料力学性能、动态及冲击响应模式及高应变率下材料的力学行为等多个方面。来自中国、日本、韩国、新加坡、美国等国160余名专家、学者参加会议。

国内主要学术会议 学会及所属分支机构举办国内学术会议47个，11639人次参会，交流学术论文7541篇。

8月7—9日，第15届全国实验力学大会在辽宁省葫芦岛市召开。中国科学院院士伍小平、胡海岩、方岱宁担任大会名誉主席，中国科学院院士于起峰担任大会主席。600余名专家、学者参会。会议设置分会场9个，分别围绕实验力学方法与技术、实验力学与学科前沿交叉、实验力学与国家重大需求等领域进行学术交流。大会特邀报告4篇。

8月19—22日，中国计算力学大会暨国际华人计算力学大会2018在江苏省南京市举行。清华大学教授庄茁、浙江大学教授郑耀和河海大学教授章青为此次大会共同主席。700余名专家、学者参会。会议邀请报告17个，设专题会场68个。举办首届中国力学学会计算力学专业委员会计算力学终身成就奖、第五届钱令希计算力学奖和第六届国际华人计算力学协会奖（ICACM）颁奖仪式。

10月25—28日，第十届全国流体力学学术会议在浙江省杭州市召开。浙江大学教授林建忠任会议主席。900余名专家、学者参会。大会特邀报告5篇。

11月2—5日，第十二届全国爆炸力学学术会议在浙江省桐乡市召开。中国科学院力学研究所研究员戴兰宏任大会学术委员会主任，中国工程物理研究院研究员李华任大会组织委员会主任。1200余名专家、学者参会。收录论文730余篇，安排大会报告9篇。

11月18—20日，第一届全国软物质力学大会在浙江省杭州市召开。会议由中国科学院院士、浙江大学教授杨卫，中国科学院院士、美国西北大学教授黄永刚担任名誉主席；中国科学院院士、北京理工大学教授方岱宁担任学术委员会主任，浙江大学教授曲绍兴担任会议主席。来自美国麻省理工学院、清华大学、北京大学等高校的专家、学者、研究生共180余人参会。会议邀请13名国内外软物质力学及相关领域的学者作学术报告。参会专家、学者进行互动交流。

11月23—25日，2018年全国固体力学学术会议在黑龙江省哈尔滨市召开。

两岸交流 4月14—18日，第九届海峡两岸激波与复杂流动学术会议在江苏省扬州市召开。参会正式代表43人，其中，中国台湾地区代表9人。中国科学院力学研究所研究员姜宗林任会议主席。会议收到论文36篇，大会邀请报告5篇。学术报告涉及高超声速流动、激波动力学与爆轰机理，超声速燃烧、高能激光、热防护技术，高超声速飞行器气动力评估，湍流，数值算法，实验技术等领域。

11月7—10日，2018海峡两岸破坏科学与材料试验学术会议暨第十二届全国MTS材料试验学术会议在广西壮族自治区北海市召开。广西大学教授张克实主持大会开幕式。与会专家、学者130余人；其中，中国台湾地区专家、学者14人。收录论文100余篇，大会特邀报告5篇，专题报告6篇。与会专家、学者就材料的破坏（失效）、疲劳、断裂、环境对材料力学性能的影响，材料使用寿命评估，无损检测，材料试验设备改造、维修和维护，材料试验新技术及应用等问题进行交流。

国际组织任职 7月22—25日，国际理论与应用力学联盟2018年全体理事大会在美国波士顿东北大学召开。学会名誉理事、国际理论与应用力学联盟（IUTAM）资深理事白以龙，学会副理事长、IUTAM理事郑晓静，学会常务理事、IUTAM专题研讨会流体组评审委员刘桦，学会特邀理事、IUTAM大会委员会委员王建祥代表中国出席会议。学会理事长杨卫当选IUTAM理事会选举委员会委员，刘桦、卢天健继续分别担任IUTAM专题研讨会流体组和固体组评审委员，王建祥继续担任大会委员会委员。

国际交往 加强与“一带一路”沿线国家的科技交流和人员互访，与意大利理论与应用力学协会签署合作备忘录，启动2019年中意双边力学交流研讨会。向国际理论与应用力学联盟提名第四届IUTAM Batchelor Prize in Fluid Mechanics和IUTAM Rodney Hill Prize in Solid Mechanics获奖候选人。推荐1名中国学者作为第25届世界力学家大会邀请报告人。

科普活动 5月19日，以“发现世界，创造未来”为主题的2018年科技周活动在中国科学院力学研究所举行。大中小学生、社会各界公众人士约3000余人参加活动。活动内容包括科普讲座，参观体验趣味力学科普展室，参观中国科学院力学所园区、实验室，力学科普主题展览以及动手体验等项目。

10月6日，中国力学学会《大众力学丛书》十周年纪念座谈会在中国科学院力学研究所召开。学会副理事长周哲玮、丛书编委会主任武际可等43人参加会议。8名专家围绕丛书的创作、出版以及从事科普工作的经历作主题报告。与会专家对丛书出版及力学科普工作提出建议。会议完成丛书编委会换届工作。

学会运营的力学科普微信公众号推送科普信息100余条，有粉丝近6000人，成为学会向公众传播力学知识的渠道之一。

表彰举荐优秀科技工作者 完成第四届中国力学学会科学技术奖和2017年度中国力学学会优秀博士学位论文奖2个奖项的评选工作，选出科学技术奖获奖项目5项，优秀博士学位论文奖10人。

完成2018年度国家科学技术奖、2018年度教育部高等学校科学研究成果奖青年科学奖、第十五届中国青年女科学家奖、2018年度未来女科学家计划等科技人才和项目的推荐工作。其中，学会提名的北京航空航天大学教授王晋军主持的“仿复眼成像的单相机三维流场测速关键技术及装备”项目获2018年度国家技术发明奖二等奖，学会推荐的西北工业大学教授杨慧获第十五届中国青年女科学家奖。

党建强会 召开第5次、第6次、第7次党委工作会议，审议学会重要事项决策和重要业务活动。

下发《中国力学学会党委关于推进学会所属分支机构党建工作的指导意见》，鼓励有条件的分支机构建立党的组织，开展党的工作。

开展党建强会特色活动，围绕3个方面开展，一是组织青年科研人员分别走进中国科学院力学所、大连理工大学和中山大学，开展报告交流、考察等学术活动；二是组织力学大师面对面活动，邀请杰出科学家介绍自己成长、求学、科研的经历，引导青年学者投身科研、为国奉献；三是以期刊为载体，组织“纪念郭永怀先生逝世50周年”专栏。

6月21日，中国科协社团党委副书记刘桂荣等一行7人到学会开展“创建星级学会党组织”试点评价工作。学会党委委员、秘书处党支部书记汤亚南汇报学会党委和秘书处党支部的相关党建工作开展情况。科协社团党委对学会党建工作给予肯定，考核成绩评价为“优秀”。

会员服务 实施会员服务能力提升计划，2018年实现会员微信电子证书的即时获取。继续推动学会网上会员之家建设。利用网站、期刊、会讯、会员专刊、年报以及微博和微信等新媒体手段，向会员提供及时的学术资讯。全年整理印发《会讯》6期，电邮推送《会员专刊》23期，微信公众号推送信息160余条，学会网站发布信息230余条。坚持推行学会年报制度，向会员发布《中国力学学会年报2017》。

【第十八届全美力学大会】 6月5—9日，第十八届全美力学大会（18th U.S. National Congress of Theoretical and Applied Mechanics，USNCTAM 2018）在美国芝加哥召开。大会由美国力学国家委员会和学会联合主办，旨在探讨和交流近4年世界范围内在理论和应用力学领域的基础研究、创新技术的进展。会议分为固体力学、流体力学、计算力学、生物力学和动力学与控制5大专题，并增设博士与博士后职业发展研讨会和女性研究人员社交活动。大会由美国塔夫斯大学教授曲建民，美国西北大学教授Wing Kam Liu，学会理事长、浙江大学教授杨卫和学会副理事长、北京理工大学教授方岱宁担任共同主席。近千名海内外专家、学者参会，近300人来自中国。部分中国学者报告近2年在国际前沿方向的研究成果。

6月6日上午，中美双方代表出席中美力学组织高层双边早餐会（CSTAM-USNC/TAM VIP Breakfast Meeting）。6月7日晚，中美双方代表出席中美双边VIP招待会（US-China VIP Reception），双方就合作的可能性、合作形式等问题展开讨论并达成一致。

此次大会，中方组织或共同组织软物质力学分会场1个、生物力学分会场5个、相关专题研讨会4个、固体力学分会场14个。中方组织的固体、软物质和生物领域的分会场约占大会总体的三分之一，展示中国力学工作者在以上领域的成果和进展，受到相关领域学者的关注。

大会期间，为给女性科研人员提供交流和拓展人际网络的机会，双方发起女性研究人员社交活动（Women Researchers’ Networking Event）。学会女科技工作者委员会副主任委员段慧玲和来自中国各大学与研究机构的21名女学者参加活动。

【2018年全国固体力学学术会议】 11月23—25日，2018年全国固体力学学术会议在黑龙江省哈尔滨市召开。120余所高校2000余名专家、学者和研究生代表参会。

中国工程院院士杜善义、谢礼立，中国科学院院士方岱宁，王铁军教授和吴林志教授担任大会主席，申胜平教授担任大会秘书长。黑龙江省人民政府副省长孙东生，中国科学院院士、学会理事长、浙江大学教授杨卫，中国科学院院士、北京大学教授魏悦广，中国科学院院士、南京航空航天大学教授郭万林出席会议。

会议主题是“固本求新，顶天立地”。会议设学术议题34个，包括复合材料力学，计算固体力学，实验力学先进测量方法、技术与应用等固体力学议题；大会特邀报告9个；交流近4年来中国固体力学前沿研究及工程应用等方面取得的主要进展和成果。

【国际理论与应用力学联盟高端研讨会】 8月26—30日，国际理论与应用力学联盟电磁功能材料与结构力学研讨会（IUTAM Symposium on Mechanics of Electro/Magneto-Active Materials and Structures）在北京举行。此次IUTAM研讨会由学会副理事长方岱宁和美国加州大学洛杉矶分校教授Christopher Lynch担任共同主席。来自中国、美国、德国、日本、加拿大、英国、丹麦、以色列的70余名专家、学者参会。

美国工程院院士、加州大学圣芭芭拉分校教授Robert McMeeking作会议的开场报告。中国科学院院士、学会理事长、浙江大学教授杨卫，中国科学院院士、上海大学教授张统一，美国加州理工学院教授Bhattacharya等国内外学者作邀请报告。

会议邀请专家、学者作口头报告39个。为给国内青年学者提供交流机会，会议邀请20余名国内青年学者以海报的形式进行工作展示与交流。

会议期间，国内外学者就电磁功能材料与结构力学领域的多个相关问题进行研讨与交流，对该领域的未来发展趋势进行展望。

10月7—12日，国际理论与应用力学联盟面向增材制造的拓扑优化理论与方法专题研讨会（IUTAM Symposium on When Topology Optimization Meets Additive Manufacturing-Theory and Methods）在辽宁省大连市召开。中国科学院院士、大连理工大学工程力学系教授程耿东担任会议主席。来自中国、美国、丹麦等10个国家的高校及研究机构的60余名学者参会。会议研讨“面向增材制造的拓扑优化新框架”“考虑制造约束的形状与拓扑优化”“无尺度分离的材料性能预测”“增材制造与多物理场多尺度拓扑优化”“增材制造与超材料拓扑优化设计”“增材制造与拓扑优化相结合的材料结构一体化设计”等主题。26名国际专家、学者作邀请报告，14名青年学者应邀分别作墙报展示。

（撰稿人：刘　洋）

中国光学学会

服务创新型国家和社会建设　学会举办培训活动7次，分别为第五届工业用激光器及系统使用安全培训班、企业家进课堂、第七期上海市领导干部培训班、超精密光学制造与检测技术培训班、2018年全国高校光电信息类课程教师研修班（总第4期）、全国激光安全培训班、第14届光学薄膜培训班。共1300余人次参加培训。

学会建设　4月15日下午，学会八届三次常务理事会议在陕西省西安市西北工业大学召开。36名理事及代表参加会议，学会监事会监事列席会议。会议由学会理事长龚旗煌主持。会议审议2016年度全国光学优秀博士学位论文和2017年度第十四届王大珩光学奖评选结果，通报首个国际光日和2018年亚洲光电子会议等活动的筹备情况。会上，启动2018年会士遴选和中国科技奖评选工作，讨论光学产业联盟和青年工作委员会前沿论坛的筹备工作。

9月5日上午，学会八届四次常务理事会议在深圳会展中心召开。34名常务理事及代表参加会议，学会监事会监事列席会议。会议由学会理事长龚旗煌主持。会议听取学会国际光日科普活动、2018年亚洲光电子会议筹备、国际交流合作、中国光学科技奖评审、学会综合能力评估、光学产业联盟、学会会士和新增设外籍会士推荐情况，通过理事会常务理事、理事退出机制，讨论专委会管理与协调机制，讨论修改王大珩光学奖条例。

9月5日下午，学会八届二次理事会议在广东省深圳市大族激光科技中心召开。123名理事及代表参加会议，学会监事会监事列席会议。会议由学会理事长龚旗煌主持。会议审议通过龚旗煌作的理事会工作报告。学会秘书长刘旭作学会财务报告，通报学会八届二次、三次、四次常务理事会的有关情况。会议讨论通过理事会理事退出机制。与会理事就如何更好地发挥专业委员会作用、统筹协调各种学术会议、推动会员发展、提升学会综合能力、扩大学会影响力等问题进行讨论并形成共识。

发展个人会员272人，其中，80%以上为高级会员，会员总数达到3528人。发展单位会员8家，总数达到94家。

学会治理结构和治理方式改革　为加强学会综合治理改革，学会执行在2017年年底制定并修编的制度，包括财务管理、会员发展、分支机构管理、固定资产管理、薪酬制度等，并进行监督。

12月21日，学会专业委员会会议在北京召开。会议由学会秘书长刘旭主持，学会副理事长、组织工作委员会主任贾锁堂和学会22个专业委员会的29名负责人或代表及学会工作人员参加会议。会上，组织学习分支机构管理条例。会议邀请生物医学光子学专业委员会、光电技术专业委员会、纤维光学与集成光学专业委员会代表介绍工作经验。

青年人才托举工程　华中科技大学教授黎敏以第一作者或通讯作者在*Physical Review Letters*、*Physical Review A*、*Optics Express*、*Optics Letters*等期刊上发表论文5篇。在青年人才托举工程项目的支持下，参加在日本札幌举办的相干XUV和X射线产生及应用亚洲研讨会、在上海市举办的光驱动动力学国际研讨会和在南京市举办的全国光学青年学术论坛。

天津大学讲师张学迁以通讯作者身份发表SCI论文3篇，以共同作者身份发表SCI论文6篇。主持青年人才托举工程项目1项、青年基金1项、天津大学自主创新基金1项、桂林电子科技大学重点实验室开放基金项目1项。参与国家自然科学基金重点项目1项、面上项目2项、青年基金1项。

主办期刊　新增主办期刊《光：科学与应用》（英文版），期刊主管单位为中国科学院。截至2018年年底，学会有13种学术期刊，其中，中文期刊9种，英文期刊4种；被SCI收录的3种，被EI收录的9种（有部分期刊被SCI、EI同时收录）。

《中国光学快报》（英文版）、《高功率激光科学与工程》（英文版）、《光谱学与光谱分析》入选2018最具国际影响力期刊。《光：科学与应用》（英文版）、《中国光学快报》（英文版）、《高功率激光科学与工程》（英文版）分别入选中国科技期刊国际影响力提升计划项目A类、B类、C类。《中国激光》《光学学报》获中国科协中文科技期刊精品建设项目资助。《中国激光》《光学学报》《光子学报》及《光电子前沿》（英文版）入选2018中国国际影响力优秀学术期刊。《中国激光》《光谱学与光谱分析》入选百种中国杰出学术期刊。《中国光学》《光谱学与光谱分析》入选中国精品科技期刊。《高功率激光科学与工程》（英文版）、《中国光学快报》（英文版）入选上海最具国际影响力英文学术期刊。《光电子前沿》（英文版）入选2018年中国高校优秀科技期刊。

学科发展研究 学会秘书长刘旭组织中国光电领域专家，在调研和讨论的基础上，撰写《我国光学与光学工程学科发展态势及建议》学科发展态势报告，提交到中国科协。

国际学术会议 学会及专委会主办、协办、承办各类国际学术会议8次，来自科研院所、高校和企业的科技人员、青年学生3920人次参会，交流论文2349篇。

11月1—3日，由学会空间光学专委会联合承办的第五届空间光学仪器与应用国际研讨会在北京召开。会议由中荷空间光学仪器联合实验室主办，荷兰国家应用科学研究院（TNO）和北京空间机电研究所承办，专委会参与会议筹备组织工作。参会代表分别来自荷兰、瑞士、芬兰、比利时、英国、中国以及中国香港等国家和地区，参会单位60余家，参会人数230余人，收到论文投稿88篇。

会议以“精确感知、深度应用”为主题。邀请荷兰宇航院、荷兰国家应用科学院、荷兰联合仪器公司、国防科工局、民政部国家减灾中心、北京航空航天大学、中国科学院上海技术物理研究所、中国四维测绘技术有限公司等单位的19名国内外专家作大会特邀报告。报告介绍遥感科技发展的热点和重点，探讨遥感学科的发展方向。中国航天科技集团有限公司五院508所科技委主任王小勇作大会特邀报告，介绍研究所近2年在光学载荷方面取得的成就。会议共设立3个分会场，30名专家、学者进行专题分组报告交流，13名专家、学者进行海报张贴交流；就空间光学遥感系统设计技术、先进光学系统及制造技术、空间光学遥感定标和计量技术、空间光学遥感数据处理和信息提取技术、空间光学遥感数据应用技术等领域进行讨论，介绍遥感各研究主题的科研工作进展和成就。经大会组委会审核，评选出现场交流优秀论文5篇。会议论文集计划于2019年由德国斯普林格出版社出版发行。

国内主要学术会议 学会及专委会主办、协办各类国内学术会议24次。来自科研院所、高校和企业的科技人员和青年学生9102人次参会，交流论文3140篇。

7月13—16日，由学会微纳光学专业委员会和中国通信学会光通信委员会、学会纤维光学与集成光学专业委员会、中国电子学会通信分会联合主办，集成光电子学国家重点实验室、吉林大学电子科学与工程学院承办的全国第18次光纤通信暨第19届集成光学学术大会（OFCIO 2018）在吉林大学召开。大会设4个主题，12个专题，涵盖光传输技术与系统等研究方向。中国工程院院士姜会林、美国罗切斯特大学光学所教授张希成、英国南安普顿大学教授Peter Kazansky等专家、学者受邀围绕空间信息网络与激光通信、石墨烯光子信息器件以及PLC光波导器件产业化进展等作大会特邀报告。大会共有邀请报告141场、口头报告133场、张贴报告287个。参加人数600余人。

两岸交流 7月12日，中国光学学会与台湾光电科技工业协进会代表团座谈会在中国科协综合业务楼举行。参加座谈会的中国台湾地区代表团成员包括台湾光电科技工业协进会（PIDA）董事长邰中和、台湾清华大学原副校长刘容生等一行4人。座谈会由学会副理事长任晓敏主持，学会常务副秘书长李淼等参加座谈会。双方就如何借助光电行业发展契机实现产业转型、有效地整合资源推动海峡两岸光电技术发展进行交流。

国际组织任职 学会理事长龚旗煌当选发展中国家科学院院士；任国际光学委员会（International Commission for Optics -ICO）副主席，任期2017—2020年。

国际交往 美国当地时间1月30日下午，学会理事长龚旗煌与国际光学工程学会（SPIE）主席Maryellen Giger在美国旧金山签署战略合作协议，深化2个机构之间的交流与合作。同时学会还与美国光学学会（OSA）、韩国光学学会、欧洲光学学会以及日本光学学会建立联系并签订学术交流合作协议。

10月25日，学会理事长、中国科协常委、北京大学副校长龚旗煌参加在瑞典皇家工程学院举行的中国的科研与创新论坛。论坛由中国科协和瑞典皇家工程科学院共同举办，来自10余个国家的瑞典皇家工程科学院院士和瑞典科技界人士参加论坛，龚旗煌对中国科技发展进行介绍。

10月25日，学会高速摄影和光子学专业委员会接待 *Reports on Progress in Physics* 主编、美国亚利桑那大学光学科学学院教授 Masud Mansuripur。Mansuripur 在西安光机所作题为“光的力学效应：辐射压力，光子动量和洛伦兹力”（Mechanical Effects of Light: Radiation Pressure, Photon Momentum, and the Lorentz Force Law）的学术报告。报告结束后，参观瞬态光学与光子技术国家重点实验室，与实验室研究人员就光学微操纵方面的研究进展和实验细节进行交流。高校本科生、研究生和社会人员约 300 人参观瞬态光学与光子技术国家重点实验室。

科普活动 学会理事、会士中有8名院士在大学、中学作科普报告10场，7000余名学生参加科普报告会。

参加公众开放日、科普周、科普日等活动，举办各种科普活动15次，如作科普报告、参观实验室、展示裸眼3D光学显示设备、科普夏令营、开发中小学科学探究课程、科学家走进偏远和少数民族地区的中小学校园等。15030人次参与活动。

5月19日，学会高速摄影和光子学专业委员会为西安市高新第一中学、西安铁五小以及通过网上报名参加活动的学生举办探究神奇的光学世界主题科普活动。5月20日，学会红外专业委员会组织主题为“科技创新　强国富民”的科普活动，并设置科学小课堂、科学魔法秀、科创驿站、超级VR世界、趣味水火等主题板块。600余名公众参加活动。

表彰举荐优秀科技工作者 4月，经学会讨论商议，向中国科协推荐谢树森教授、黄维教授、杨宏高级工程师、邓玉强研究员4名老、中、青优秀科技工作者代表；其中，邓玉强研究员作为代表参加5月召开的纪念改革开放40周年、中国科协成立60周年暨百名科学家、百名基层科技工作者座谈会。

12月，由学会向中国科协提名的浙江大学项目“超分辨光学微纳显微成像技术”、南京大学项目“超构材料光子芯片”入选中国科协拟提名2019年度国家科学技术奖名单。2个项目通过中国科协评审，并向国家奖励办提名。

学会创新发展 两年一届的亚洲光电子会议是学会与国际光学工程学会（SPIE）共同主办的主要面向光学科技领域的品牌学术会议。在2018年亚洲光电子会议期间，新增光电子产学研高峰论坛，邀请中国科学院院士、中国人民解放军总医院顾瑛等7名国内外光电子领域的专家和企业家分析现状，共同探讨光电产业发展的前景和战略。会上，超过150名代表参加论坛，共同交流光电子领域的发展现状和战略前景。会议期间，学会与SPIE达成决议，将办会周期从以往的两年一次改成一年一次，且双数年在北京举办，单数年在北京以外的城市举办。

党建强会 1月9日，中国科协科技社团党委（科协社团党发〔2018〕8号）批复同意学会成立党委及组成人选。

4月15日，在陕西省西安市召开八届三次常务理事会议，会议期间，召开学会党委扩大会议。会上，学会党委书记龚旗煌传达中国科协社团党委2018年学会党建工作要点，要求学会党委要以习近平新时代中国特色社会主义思想为指引，学习宣传贯彻党的十九大和十九届二中、三中全会精神，明确新使命新定位，紧跟科协战略部署，以巩固深化学会党的组织和党的工作“两个全覆盖”为重点，锐意改革，推动学会党组织发挥好政治引领政治吸纳和战斗堡垒作用，夯实党在科技界的执政基础，以党的建设推动学会事业不断向前发展。

9月5日，在广东省深圳市召开八届四次常务理事会议之际，召开学会党委扩大会。学会党委书记龚旗煌传达中共中央组织部、中共中央宣传部关于在知识分子中开展弘扬爱国奋斗精神、建功立业新时代活动的通知，布置学会党委工作。

会员服务 学会办事机构从社会公开招聘工作人员，并制定相应的薪酬制度。对学会网站进行改版。在原有中国光学学会微信公众号基础上，新建光学界微信公众号，2个微信公众号分别报道学会近期开展活动和光学领域专家访谈及科技发展资讯。2个微信公众号关注量均超过3000。设计制作新版会员证。建设会议注册系统，方便参会注册。每2周给会员发送一份学会活动简报。

【2018年亚洲光电子会议】 10月11—13日，2018年亚洲光电子会议（Photonics Asia 2018）在北京国际会议中心举办。会议由学会和国际光学工程学会（SPIE）联合主办。学会理事长龚旗煌、学会副理事长李儒新、学会副理事长任晓敏、学会秘书长刘旭、SPIE主席 Maryellen Giger、SPIE前任首席执行官（CEO）Eugene Arthurs、SPIE全球业务发展高级

总监 Andrew Brown、法国驻华大使馆科技参赞 Pierre Lemonde 等出席。近 1000 名来自国外和国内高校、科研院所、企业单位从事光学领域研究工作的专家、学者和青年学生参加会议，光学相关企业参加同期光电展览活动。

10 月 11 日上午，会议开幕式由刘旭主持。龚旗煌和 Maryellen Giger 分别代表主办单位致开幕词。大会邀请 2018 年诺贝尔物理学奖获得者法国科学家 Gérard Mourou 作大会报告。

开幕式会上，刘旭宣布新当选的会士名单，戴琼海院士、刘铁根教授、罗先刚研究员、潘庆教授、王建宇院士、徐红星院士、祝宁华研究员、张卫平教授当选 2018 年中国光学学会会士；Gérard Mourou、Eugene Arthurs、BOS PHOTONICS 公司总裁顾波、美国光学学会首席执行官 Elizabeth Rogan、加州理工学院汪立宏、加州大学伯克利分校张翔当选中国光学学会首届外籍会士。龚旗煌为新当选会士代表授牌，Eugene Arthurs 代表外籍会士发表感言。龚旗煌为 2017 年度王大珩光学奖中青年科技人员光学奖获得者北京大学研究员肖云峰、国防科技大学研究员侯静颁发证书。

开幕式结束后，举行大会特邀报告会。中国工程院院士、中国计量科学研究院研究员李天初主持上半场的大会特邀报告会。

大会设 16 个专题、519 个口头报告、486 个张贴报告。会议同期举办光电展览和光电子产学研高峰论坛。高峰论坛由清华大学教授黄翊东主持，邀请国内外光电子领域的专家和企业家作报告。

【首个国际光日科普活动】 5 月 16 日，学会领导出席法国巴黎联合国教科文组织国际光日启动仪式，与各国通过各种形式的活动宣传国际光日。

4 月 9—11 日，中国科学院京区科协组织首都师范大学附属中学研学团赴合肥研究院，开展为期 3 天的中国科学院求真科学营暨国际光日活动。89 名高一实验班学生在 7 名学校教师的带领下走进安徽光机所，分组完成课题资料检索、实验操作、汇报答辩等科学实践课程。

5 月 4 日北大校庆、国际光日和 5 月 19 日校园开放日期间，北京大学开展系列活动，制作国际光日主题科普展板。

5 月 9 日晚，武汉光电国家研究中心举办创新创业大赛辅导讲座。邀请 2017 年全国“互联网 +”大学生创新创业大赛金奖获得者肖芳作报告。

5 月 16 日，解放军总医院（301 医院）本部和海南分院两地同时举办“魅力之光，健康你我”大型义诊活动。

5 月 19—20 日，浙江大学在浙江省杭州市举行国际光日系列纪念活动。活动包括光学企业公益捐赠中小学光学仪器活动、国际光日国家重点实验室青少年开放日。贵州省遵义市求是小学，浙江省丽水市景宁畲族自治县鹤溪小学、杭州第二中学、杭州高级中学、杭州外国语学校等 400 余名师生参加为期 2 天的活动。

5 月 20 日，中国科学院上海光机所举办国际光日主题活动。活动以“科普讲堂，实验室开会”为主题，邀请青海泉吉小学的藏族学生参加。中国科学院院士李儒新作主题科普报告《激光——让科技与生活更美好》。

新建光学界微信公众号，推送国际光日活动报道和光学领域专家访谈 25 期。联合中国科技大学共同制作《光耀世界》国际光日科普手册。利用多媒体平台进行科普宣传，《中国激光》杂志社在科学网开设光学知识大讲堂特色科普栏目。

（撰稿人：贾瑞卿）

中国声学学会

服务创新型国家和社会建设 11 月，举办声学企业展会活动，共 16 家声学相关企业参加。经过专家研讨、通知发布、报名企业资格审查、正式邀请、展会展示等流程，学会在 2018 年全国声学大会闭幕式上评选出 6 家企业获优秀参展单位奖。

举办技术培训班 7 次，累计参加培训 1085 人次。举办全国第十九期诊断听力学学习班、第十五届乳腺超声新技术新理论学习班、第十三届神经外科术中超声应用学习班、中国重症超声第三届学术会议暨 CCUSG 重症超声系列培训班（上海站）、脊柱与关节超声 workshop、上海市中西医结合学会疼痛与麻醉专业委员会学习班暨中美慢性疼痛诊治新进展学术交流、电声新技术与音质评价新标准技术培训。

学会建设 截至 2018 年年底，学会个人会员总数 5390 人，团体会员总数 46 个。组织召开八届八次、九次常务理事扩大会议，八届五次理事会议，第九次全国会员代表大会和九届一次理事会议。中国声学学会第九次全国会员代表大会选举产生120名第九届理事、5名监事会监事。九届一次理事会议选举产生40名第九届常务理事、1名理事长、6名副理事长，聘任1名秘书长和3名副秘书长。学会监事会在第九次全国会员代表大会上履行表决程序。

新成立建筑声学分会，将技术咨询工作委员会更名为产业促进工作委员会，新成立标准化工作委员会。学会专业委员会数量增至11个，总分支机构数量达18个。

学会治理结构和治理方式改革 实施理事会聘任秘书长制，现有专职秘书长1人。面向社会招聘2名专职工作人员，负责科学传播和出纳工作。

青年人才托举工程 8月，启动中国科协青年人才托举工程第四届项目申报工作。经过发布遴选通知、网上宣传、学会及会员单位推荐、候选人资格审查、同行专家遴选评议，向中国科协推荐3名托举青年人才候选人。9月，获中国科协资助2名优秀青年人才的培养托举资金，学会计划自筹资金培养1名优秀青年人才。

主办期刊 学会主办、编辑《声学学报》（中、英文版）、《应用声学》《噪声与振动控制》。

国内主要学术会议 学会及所属分会举办国内学术交流活动14次，参与人数2681人次，交流论文759篇。

11月5—7日，学会、中国地球物理学会与中国科学院声学研究所在北京联合主办第九届全国储层声学与深部钻测技术前沿研讨会，参会130余人。

9月12—13日，学会声频工程分会和声学媒体与信息分会在江苏省苏州市联合主办2018声频工程暨声学媒体与信息学术交流年会。来自电声和声学媒体领域的专家、学者、企业负责人和工程技术人员共130余人参加会议，共进行70篇论文报告。此次会议是学会声频工程分会和声学媒体与信息分会首次联合举办的学术交流年会。

9月14—16日，学会物理声学分会在河北省保定市主办2018年全国物理声学学术会议。来自各高校、科研院所、公司企业等32家单位的110余名专家、学者参加会议。会议以“物理声学迈入新时代”为主题，共进行近60篇文章专题交流。会议展示物理声学领域理论及应用研究最新成果，促进各科研单位与企业间的学术交流与合作。

10月17—20日，学会检测声学分会在重庆市主办2018年度全国检测声学会议。会议邀请11名专家、学者作特邀报告。来自40余家高校、科研院所和企业的160余名代表重点围绕检测超声与光声检测、固体声学与深部钻测、非线性声学与非线性超声检测技术3个专题展开学术交流。会议共收到专题稿件82篇。

国际组织任职 学会副理事长李风华任西太平洋地区声学委员会主席。学会副理事长他得安任国际骨超声学会理事。学会常务理事王秀明任国际超声委员会理事。学会常务理事杨军任国际噪声控制工程委员会会议选址委员会委员。

国际交往 5月9—10日，学会国际交流工作委员会主任王秀明应邀参加美国声学学会会议，就学会与美国声学学会联合举办国际声学会议事宜进行沟通与交流。双方建议，学会与美国声学学会和西太平洋声学委员会等其他声学相关国际组织于2021年至2029年期间（2022年左右），在美国举办1次联合声学会议，并于2029年在中国举办联合声学会议。*The Journal of the Acoustical Society of America*（JASA）主编James F. Lynch与王秀明就JASA和中国方面声学杂志合作事宜达成合作意向。

10月29—31日，学会与法国声学学会在法国勒芒大学共同主办第二届中法声学会议。参会人员160余人，共同探讨声学领域的前沿研究成果。双方负责人就未来联合会议的举办时间和地点达成合作意向。

科普活动 发动科学传播专家团队、学会所属分会、会员单位开展科普活动21场。创作科普视频作品13个、图文作品142个，组织科普相关培训3场，累计受众24.5万人次。

在北京、江苏省南京市、陕西省西安市、山东省青岛市等地开展开放实验室、科普进校园、科普旅游讲解等活动。重点加强科普信息化建设，打造“两江科技评论”微信公众号科普自媒体平台，致力于“光声力热”超构材料、凝聚态物理和新能源前沿科技传播，从5月至年底，总计发送文章200余篇，其中，原创文章128篇；累积关注人数4389人，累积阅读人数193604人，累积阅读次数306431次。

11月10—11日，2018年全国声学大会在北京举行，第二届声学科普作品展评活动是大会的一项重要内容。活动自4月启动，共征集科普作品29件。作品线上浏览量近5000次，2000人次参与线上投票，近800名声学爱好者和科普工作者在科普展现场参观。

表彰举荐优秀科技工作者 向第十五届中国青年女科学家奖推荐科技工作者2人。受魏荣爵基金会委托，于8月启动魏荣爵奖评审工作，并在2018年全国声学大会开幕式上举行颁奖仪式，2人获奖。第二届声学科普作品展评活动共评出10部作品，分获一等奖、二等奖、三等奖和优秀奖。

党建强会 学会党委重视前置审议学会“三重一大”事项，对于规范党委权力行使和加强反腐倡廉建设具有重要意义。在4月的党委会上传达中国科协有关文件精神，并讨论学会换届方案等学会事项。学会党委重视党的十九大精神宣讲活动，带领学会理事会党员成员以邮件、通信方式进行文件学习。通过网上党建，形成党员学习、教育管理服务平台。学会党支部通过自学、集中学习、举办专题党课形式，把习近平新时代中国特色社会主义思想讲清楚、讲明白，把学习成果转化为推动学会建设的动力，发挥党员模范带头作用，为声学一流学科建设做贡献。

派出工作人员3人次参加中国科协组织的全国学会党务干部培训班和全国学会党组织负责人培训班。学会党支部发展2人成为入党积极分子。6月，学会党委和党组织成员参加中国科协组织的全国学会党组织党的十九大精神知识竞答活动，党委书记张春华获知识竞答活动一等奖。7月，学会党支部组织党员前往国家博物馆参观“真理的力量—纪念马克思诞辰200周年主题展览”；11月，组织党员前往中国电子科技集团，参观空警2000预警机，学习“自力更生、创新图强、协同作战、顽强拼搏”的预警机精神，拓展“两学一做”学习内容。学会党支部开展党风廉政建设宣传教育活动；9月，组织党员参加中国科学院北京分院纪监审工作专题讲座《担当有为，做好新时代纪监审工作》。

会员服务 中国声学学会微信公众号群发文章103篇，内容涉及国际国内学术活动预告及报道、声学前沿动态专栏、单位会员宣传、人才举荐及表彰、科普活动、学会日常事务等，向会员展现声学及相关专业行业动态和学科前沿发展趋势，微信公众号的关注人数3000余人。中国声学学会网站更新内容130条，向会员提供了解学会和整个声学领域的窗口。建设2018年全国声学大会网站，为参会人员提供在线注册、投稿、缴费、查询等服务，为2018年全国声学大会的召开提供支撑。

【2018年全国声学大会】 11月9—12日，学会与中国科学院声学研究所在北京共同主办2018年全国声学大会。大会以“创新声学科技，服务国家发展”为主题，来自高校、科研院所和企业的700余名专家、学者，围绕声学基础与应用研究、声学教育、产学研结合等内容展开对话和讨论。

会议共录用文章327篇，邀请4名专家作大会特邀报告、71名专家作专题分论坛报告。会议首次举办北极声学发展论坛、声学重点实验室论坛、声学教育论坛、声效应沙龙。旨在优化学术资源和产业资源配置，推动北极声学未来发展、重点实验室相互借鉴组织管理经验、声学教育事业发展和声效应产业发展。大会期间，开展第二届声学科普作品展评活动。

【中国声学学会第九次全国会员代表大会】 11月10日，中国声学学会第九次全国会员代表大会在北京召开。理事长王小民代表第八届理事会向大会作工作报告，报告总结过去4年学会在学术交流、科学普及、期刊编辑、学科发展、表彰举荐、服务创新型国家和社会建设、学会党建等工作中取得的成绩，总结经验并分析存在的问题和不足，对新一届理事会提出建议。大会审议通过第八届理事会工作报告，与会代表认为报告内容客观翔实、深刻全面。

会议审议通过第八届理事会财务工作报告,《中国声学学会章程（修订草案）》，中国声学学会个人会员及单位会员会费标准，第九届理事会选举工作总监票人、监票人、计票人名单，第九届理事会、监事会选举办法。副理事长张春华报告第九届理事会理事候选人产生情况和监事会监事候选人产生情况。

全体代表通过无记名投票方式选举产生120名中国声学学会第九届理事会理事和5名监事会监事。随后召开中国声学学会九届一次理事会议，学会第八届理事长王小民作为主席团主席主持会议。会议选举产生40名常务理事和学会负责人。张春华研究员当选理事长，李琪教授、孙超教授、他得安教授、谢菠荪教授、章东教授、李风华研究员当选副理事长。经新当选的理事长张春华提议，第九届理事会第一次会议决定聘任张守著研究员为秘书长，刘晓峻教授、蒋德军高级工程师、郑海荣研究员为副秘书长。

（撰稿人：耿祎晗）

中国化学会

服务创新型国家和社会建设 向中国科协报送站

点信息4篇，包括《化学测试服务类实验室管理中的问题》《重视实验室安全，防患于未然》《化学学科博士研究生毕业延期的原因》《科研数据资料记录与留存问题》。完成科技工作者压力情况、生活方式、职业发展调查工作等问卷调查3次，为党和政府制定有关政策提供参考。

5月5日，中国化学会第31届学术年会附设“新技术、新产品与新仪器大型成果展”，会聚参展单位共计106家、设置特装和标准展位132个，展览面积4150平方米，吸引10000余人参观。

6月14日，助力2018中国（平顶山）尼龙新材料产业技术发展大会及分论坛。学会发挥人才和智力优势，邀请80余名专家和100余家河南省内外企业代表参会，为平顶山市行政区划内建设行业企业转型升级提供发展战略咨询、工程技术支撑和项目科技服务。大会期间，与河南省化学会联合主办尼龙化工新材料分论坛，与平顶山市科学技术协会签署“创新驱动助力工程战略合作协议”，向平顶山尼龙新材料产业集聚区授予“中国科协创新驱动助力工程中国化学会平顶山服务站”牌匾。

8月16—17日，学会产学研委员会邀请中英两国专家团队，对河南省濮阳市地方石化产业进行诊脉和技术对接工作，并与濮阳市科学技术协会签署战略合作协议，在当地设立“中国化学会产学研合作与促进工作委员会濮阳工作站”。

10月17—19日，承办中国科协第358次青年科学家论坛。论坛以“蓝色海洋经济中的化学问题与应对”为主题。来自中国科学院、清华大学、北京大学、中国科学技术大学等50余所高校、科研院所的60余名专家、学者就海洋科学与化学的交叉、融合、发展进行学术交流与探讨。

10月27—28日，应地方科协求助，学会产学研委员会助力河南招才引智创新发展大会。为河南省平顶山市和河南省濮阳市2地市推荐高层次专家9名，其中，欧洲科学院院士1名、国际木材研究院院士1名。与地方专项进行技术对接，为地方经济的发展进行诊断和技术指导、成果对接。

学会能力提升计划 再获中国科协第三期学会能力提升专项“世界一流学会建设项目”一类资助。将专项资金用于提升学会群众组织力、学术引领力、战略支撑力、文化传播力、国际影响力5个方面。

提升群众组织力方面。12月，召开第十一次全国会员代表大会，选举产生新一届理事会，修改学会章程。升级会员管理系统，增加微信入会渠道。7月，补充专职人员1名，负责期刊建设。

提升学术引领力方面。继续打造中国化学会学术年会品牌，5月5日，在浙江省杭州市召开中国化学会第31届学术年会。建立国际一流期刊团队，5月5日，发布自主创办新刊 *CCS Chemistry*（《中国化学会会刊》英文版），聘请国际期刊专家，建立期刊出版团，组织两场 *CCS Chemistry* 聚焦论坛。继续承担化学学科发展报告项目，12月28日，组织2018—2019化学学科发展报告项目选题和开题。

提升战略支撑力方面。组织产学研论坛，为企业解决实际问题。组织专家撰写化学领域国家重点实验室布局调研报告。

提升文化传播力方面。组织全国科技工作者日活动，策划国际元素周期表年科普活动。

提升国际影响力方面。发布化学科学与社会高峰论坛（CS3）论坛白皮书，组织2场国际学术会议、1场国际双边学术会议，筹备IUPAC百年系列活动。授予2名国际科学家“中国化学会荣誉会士”称号。截至2018年年底，共计46名国际科学家获该称号。

学会建设 截至2018年年底，发展个人会员16701人，会员总数64112人，单位会员143个。成立分支机构1个，下设分支机构34个。28个分支机构完成换届工作。

12月29—30日，召开第十一次全国会员代表大会。选举产生第一届监事会，第三十届理事会、常务理事会。

官网总浏览量近410万次，会员邮件系统发信近60万封。发布各类信息500余篇。微信公众号图文阅读总量约75万次，累计阅读人数约59万人次，单篇最高阅读量约1.8万次。增设 *CCS Chemistry* 微信公众号。

青年人才托举工程 学会获中国科协免答辩资格，实施2018—2020年度（第四届）青年人才托举工程项目。经过在线申请、在线函评、现场答辩，根据评审专家评议和投票，确定6名青年人才入选会第四届青年人才托举工程项目。

2018年，举办青年人才托举工程学术会议2次，主要内容为托举人才项目中期汇报和项目启动汇报。

主办期刊 据科睿唯安2018年发布的影响因子，联合主办期刊的26种学术期刊中，影响因子超过2.0

的有9种。其中,《化学学报》影响因子2.735，继续保持中文SCI学术期刊之最;《催化学报》影响因子达到3.525，连续7年居SCI收录中国化学类期刊前2位；与英国皇家化学会合办的《有机化学前沿》和《无机化学前沿》影响因子均突破5.0。

自主创办旗舰新刊*CCS Chemistry*发布，并于学会第31届学术年会期间举行发布仪式和系列活动。*CCS Chemistry*拟收录和发表国内外化学各领域的高质量原创科技论文，目标是成为国际化学领域最好的综合期刊之一。*CCS Chemistry*在第九届亚洲纳米科学和纳米技术会议、第十届新加坡国际化学会议期间，举办Spotlight System的主题论坛2场，参加国内外学科领域内的相关会议20余场，并在会上进行宣讲。

学科发展研究 3月,《2016—2017化学学科发展报告》正式出版发行。12月28日，召开2018—2019化学学科发展研究项目开题会，确定实施方案和时间节点，继续承担2018—2019年度化学学科发展报告。

国际学术会议 主办国际学术会议2场，分别是第九届上海国际分析化学研讨会、2018年中日韩分析化学研讨会。主办国际双边学术会议1场，为第7届中德化学前沿研讨会。向会员发布10余项化学领域国际活动。

10月31日—11月2日，学会和慕尼黑博览集团在上海新国际博览中心联合主办第九届上海国际分析化学研讨会。来自中国、德国、日本、英国、加拿大等10余个国家和地区的学者、企业技术专家、博士研究生、硕士研究生等近300人参会。大会主题为“Analytical Chemistry for Health Science（分析化学——让生命更健康）”。共设立4个大会特邀报告、6个分会场、28个分会邀请报告和17个口头报告。大会共收到100余篇论文摘要投稿，评选优秀墙报奖6个。

国内主要学术会议 学会及分支机构共举办国内学术会议40场，参会人数3.5万余人次，交流论文1.9万余篇，其中8场学术会议参会人数超过1000人。

5月5—8日，中国化学会第31届学术年会在浙江省杭州市召开。参会人数1.3万余人，参会“两院院士”70人，论文投稿数8000余篇，参会人数和投稿数均达历年之最。年会以“构建化学新时代”为主题，设置学术分会48个、学术论坛11个。安排邀请报告1418个、口头报告1486个、墙报3553个。

国际组织任职 学会副理事长周其凤履职国际纯粹与应用化学联合会（IUPAC）主席，任期2年（2018年1月1日—2019年12月31日）。

国际交往 5月5—8日，美国化学会、英国皇家化学会、日本化学会、韩国化学会、法国化学会5家友好学会参加学会第31届学术年会，并出席开幕式等相关活动。年会期间，学会与法国化学会续签中法化学讲座奖合作协议。

牵头并组织美国化学会、德国化学会、日本化学会以及英国皇家化学会等5家学会共同完成第七届化学科学与社会高峰论坛（CS3）白皮书的初稿、审稿、校稿、排版、设计、出版、推广工作。联同国外学会，分别在美国化学会第255届学术年会和学会第31届学术年会期间，举办第七届CS3白皮书《太阳能与光子——为了可持续发展的未来》（Solar Energy and Photonics for a Sustainable Future）发布会，向世界范围化学工作者发布此白皮书。

科普活动 7月19—29日，第50届国际化学奥林匹克在斯洛伐克布拉迪斯拉发和捷克布拉格举行，中国队4名队员均获金牌。

8月，组织第32届中国化学奥林匹克（初赛），30个省、自治区、直辖市约17万学生参加。颁发一等奖1494名、二等奖8406名、三等奖5266名。

11月28日—12月4日，学会在山东省济南市举办第32届中国化学奥林匹克（决赛）暨冬令营。来自30个省、自治区、直辖市和澳门特别行政区的347名学生和322名领队、观察员、学会代表及列席代表参加。决赛暨冬令营历时7天，通过综合考察学生的理论知识和实验能力，共决出107枚金牌、144枚银牌、96枚铜牌。

根据国际纯粹与应用化学联合会（IUPAC）发布的最新版化学元素周期表，在全国科技名词委员会正式发布4个新元素中文命名后，制作新版化学元素周期表，并免费向会员、化学工作者和公众开放下载。

表彰举荐优秀科技工作者 中国化学会青年化学奖的申报机制采用推荐申请制，接收135人在线注册，经审查，91人被确认为有效候选人。推荐委员会委员167人和同行专家28人参与候选人推荐。清华大学陈晨等10名青年化学工作者获2018年度中国化学会青年化学奖。

5月5日，在学会第31届学术年会开幕式上，为2016年度和2017年度中国化学会青年化学奖、首届中国化学会终身成就奖等7项学术奖励举行颁奖典礼。

学会分支机构奖励增设中国化学会化学生物学奖。

参与科技部创新人才推进计划－中青年科技创新领军人才候选人推荐工作，推荐的6名候选人均进入第二轮视频答辩环节，其中北京大学伊成器、华中科技大学翟天佑、中国科学院化学研究所王栋最终入选。参与中国科协第十五届中国青年女科学家和2018年未来女科学家计划推荐工作，推荐中国科学技术大学梁倞为未来女科学家计划候选人并当选。

学会创新发展 6月22日，受中国科协学会服务中心委托，在北京举办第一期科技社团学术引领沙龙。30余家中国科协所属全国学会秘书长、学术交流负责人，政策研究专家以及中国科协学会服务中心相关负责人等50余人参加沙龙。沙龙探讨如何强化全国学会学术引领作用，繁荣学术交流。在广泛调研、深入探讨的基础上形成研究报告，为中国科协的深化改革和世界一流学会的建设献言进策。

党建强会 学会党委参加科技社团党委创建星级学会党组织评估，获得“优秀星级党组织”称号。

12月30日，学会第三十届理事会召开第一次党员大会。会议表决通过新一届学会党委委员7名，分别为：丁奎岭、范青华、黄维、谢在库、孙世刚、田禾和于吉红。其中，副理事长丁奎岭为党委书记，秘书长范青华为党委副书记。

会员服务 增添微信公众号与电子会员卡绑定的一键式快捷服务功能，会员通过学会微信公众号，可一键注册会员，登录会员账户可随时查看和快速修改个人账户信息。

学会制作“5·30全国科技工作者日”主题庆祝海报，并继续推出会员体验活动。5月30日当天新注册中国化学会会员可免费入会体验一年。活动当天，新入会会员总数4663人，同比增长233.07%。微信公众号关注人数净增2612人，同比增长483.03%。全国科技工作者日微信公众号系列宣传推文累计阅读量近1.2万次，同比增长18.01%。

借助学术年会、学会换届，广泛联系企业单位、化学类科研院所加入学会单位会员。新加入学会的团体会员单位7家，理事单位14家，共计新加入单位会员21家。

【中国化学会第十一次全国会员代表大会】 12月29—30日，中国化学会第11次全国会员代表大会在北京国际会议中心举行。学会第二十九届理事会领导班子和来自全国各地250余名会员代表参加大会。大会审议通过《中国化学会第二十九届理事会工作报告》《关于修改〈中国化学会章程〉的报告》和《中国化学会第二十九届理事会财务报告》。

大会通过无记名投票方式选举产生中国化学会第三十届理事会和中国化学会第一届监事会。中国化学会第三十届理事会规模179人，平均年龄52.65岁，含45岁以下青年化学工作者19名，女性化学工作者14名，中国科学院和中国工程院院士40名。监事会是学会历史上的新生组织机构，是学会的监督机构，对会员代表大会负责。第一届监事会规模9人，通过监事会第一次会议，选举北京大学周其凤为监事长。

在随后召开的中国化学会第三十届理事会第一次会议上，通过两轮差额选举产生44人组成的常务理事会，选举产生第三十届理事会理事长和副理事长。姚建年再次当选学会第三十届理事会理事长，丁奎岭、黄维、帅志刚、孙世刚、谭蔚泓、田禾、谢在库、杨学明、于吉红当选第三十届理事会副理事长。理事会聘任范青华为秘书长。

大会同期召开学会第三十届理事会党委第一次党员大会。第三十届理事会共有中共党员113名。会议表决通过由丁奎岭担任第三十届理事会党委书记。

【中国化学会第31届学术年会】 5月5—8日，中国化学会第31届学术年会在杭州国际博览中心举办。年会主题为“构建化学新时代”。参会代表达到1.3万余人，共设立学术分会48个，专题论坛11个，同时设立新技术、新产品与新仪器大型成果展览，设立展台120余个，规模均超过历届。交流论文8058余篇，年会期间共安排分会邀请报告1418个、分会口头报告1486个、墙报展讲3554个。

会上颁发2016年度和2017年度中国化学会青年化学奖、首届中国化学会终身成就奖等7个奖项，举办2019国际化学元素周期表年和中国化学会新刊*CCS Chemistry*新闻发布仪式。开幕式后，哈佛大学和复旦大学教授施扬，香港中文大学教授谢作伟和南开大学教授陈军分别作大会特邀报告Epigenetic Regulation of Tumor Immunogenicity、《碳硼烷选择性催化官能团化方法》《微纳结构电极材料制备与电池应用》。

年会首次将会议场地由高校转至专业展览场馆举办。首次不再委托高校具体承办，而由学会独立举办。首次开设开幕式及大会特邀报告同步直播，近4万名化学工作者通过网络直播的方式观看。首次启用电子发票、开启电子支付，提高服务工作质量。

（撰稿人：王以菲）

中国天文学会

学会建设 学会召开第十四次会员代表大会，完成换届选举工作。组织召开中国天文学会十三届八次、九次、十次常务理事会议、十三届五次理事会议和十三届四次组织工作会议。发展会员68人，外籍会员1人。

青年人才托举工程 开展第四届中国科协青年人才托举工程项目，遴选、培养北京大学科维理天文与天体物理研究所研究员邵立晶、中国科学院国家天文台副研究员李婷为“青托人才”。组织往届“青托人才”参加年度工作汇报。

主办期刊 加强RAA、《天文学报》《天文学进展》《天文爱好者》《天文研究与技术》5个期刊建设，落实完成优先建设项目。完成期刊年度核验工作。

国内主要学术会议 举办中国天文学会2018年学术年会、中国天文学会第20届郭守敬学术研讨会暨2018年星系宇宙学前沿研讨会等学术会议12次，其中，综合性学术年会1次，参会1600余人次，交流论文近750篇。

国际交往 组团参加国际天文学联合会（IAU）第30届大会，组织大会上学会的展览、展示工作。针对在IAU网站和IAU大会注册网站上有关中国大陆和台湾名称问题，与IAU官方交涉，再次重申中国在IAU中的正确名称，最终问题得到解决。向IAU推荐新会员25人、初级会员65人。按期向IAU缴纳团体会费，及时传达IAU各项通知。

科普活动 依托学会普及工作委员会，通过中国科协关于全国学会科普工作考核。开展第二届全国大学生天文创新作品竞赛活动，经过作品展示与答辩，评出一等奖7项、二等奖10项、三等奖13项。

表彰举荐优秀科技工作者 开展中国天文学会第十四届张钰哲奖推荐表彰工作，中国科学院紫金山天文台研究员常进获中国天文学会第十四届张钰哲奖。开展中国天文学会第十四次会员代表大会的评奖表彰工作，表彰奖励42名先进工作者，并在代表大会上颁奖。与中国科学院国家天文台联合举办2017年度十大天文科技进展评选活动。开展第三届中国科协优秀科技论文遴选活动。开展第十五届中国青年女科学家奖、2018年度未来女科学家计划候选人推荐工作，中国科学院新疆天文台博士后姚菊枚入选未来女科学家计划。

党建强会 组织召开中国天文学会第十四届理事会全体党员大会，选举产生中国天文学会第十四届理事会党委。完成中国天文学会党委换届报备工作。组织常务理事会、理事会学习党的十九大精神等有关文件。

【中国天文学会2018年学术年会】 10月28日，中国天文学会2018年学术年会在云南大学开幕。来自全国各天文科研机构的900余名专家、学者，交流最新研究成果，探讨中国天文学的发展趋势。学会秘书长杨戟主持大会开幕式。中国科学院院士、学会理事长武向平，云南省政府办公厅副主任黄小荣，云南天文台台长白金明，云南大学副校长张力分别致欢迎词。开幕式上，中国科学院紫金山天文台研究员常进被授予中国天文学会第十四届张钰哲奖。

此次学术年会为期3天，以大会特邀报告、高级科普报告、专题讲座和分会场报告等形式进行。28日，9名天文专家作特邀报告，举行2场高级科普报告。29—30日，同时在9个分会场展开学术交流和研讨。29日晚，设专题讲座2场。年会分会场共交流口头报告388篇，张贴报告32篇。

【中国天文学会第十四次会员代表大会】 10月31日，中国天文学会第十四次会员代表大会在云南省昆明市召开。到会代表146人。大会以无记名投票方式选举产生新一届50名理事。10月31日晚，召开第一次理事会议、第十四届理事会第一次全体党员大会、第一届监事会议。

第十四次会员代表大会通过第十三届理事会工作报告、中国天文学会章程修改报告。大会提案工作组通报大会收到提案的处理情况。选举产生新一届理事会，组织召开十四届一次理事会，选举产生理事长、副理事长、常务理事，聘任秘书长、司库、各工作和专业委员会主任，中国科学院院士景益鹏当选理事长。选举产生第一届监事会，赵长印任监事长。选举产生第十四届理事会党委，白金明任党委书记。代表大会上表彰42名为中国天文事业做出贡献的科技工作者。

（撰稿人：孟红宇）

中国气象学会

服务创新型国家和社会建设 学会开展承接政府转移职能和创新驱动助力发展工作。承接完成中国气象局科研院所中期评估和气象科学数据共享服务效益评估工作，联合安徽农网获批中国科协创新驱动助力工程项目。

发挥学会独立第三方作用，推动科技成果评价，组织提出气象科技成果评价办法（试行），完成气象行业科技成果评价2项、科技评价1项。编制地方特色气候资源评估规程，完成湖北省利川市生态气候资源评估报告论证。3月，授予浙江省温州市文成县“气候养生福地”称号；6月，授予湖北省利川市“中国凉爽之城”称号，促进地方生态文明建设和扶贫攻坚。

5月，在上海市举办2018年中国气象现代化建设科技博览会，来自国内外气象、水文、防雷领域的上百家厂家参展，展示气象现代化建设最新成果；同期举办科博风云论坛、气象人才招聘会及2018年气象行业最具影响力品牌网络评选活动。10月，在第35届中国气象学会年会期间举办气象科技成果展和气象科技期刊展，50余家行业企业和科技期刊参展。

学会建设 初步完成学会章程修订草案，增加学会党建和监事会等事项，编制学会换届筹备工作方案，开展换届筹备工作。加强省级学会联系和内部治理，4月，组织召开全国气象学会秘书长会议、分支机构工作会议，学习十九大精神，交流工作经验，讨论分支机构财务管理办法等。规范秘书处工作，完善内部治理管理制度，完善专职人员竞聘、聘用人员管理，加强秘书处队伍职业化、规范化建设。

青年人才托举工程 完成中国科协青年人才托举工程项目第一届项目总结验收和第二届项目年度计划任务。启动实施第三届项目；申报第四届项目，2人获资助；完成项目管理相关工作。

主办期刊 《气象学报》（英文版，*Journal of Meteorological Research*，JMR）SCI影响因子1.022，更名后首次破1；Scopus数据库影响因子1.23，位居海洋工程学科排名Q2区；获中国科协2017年度期刊审读优秀等级。《气象学报》（中文版）获第三届全国“百强报刊”称号，综合评分在中国科学技术信息研究所发布的2018年版CJCR大气科学类期刊排名第2。学会期刊主动约稿，参加学术交流会议。《气象学报》（英文版）参加第98届美国气象学会年会展会。主办气象科技论文诊断会，开展气象期刊优秀审稿人推荐评审活动，加强气象期刊联盟建设。

学科发展研究 获批中国科协学科发展研究项目——“大气科学学科史研究”。10月，组织召开项目计划汇报会。

决策咨询 1月16—18日，2018年中国科协预防与控制生物灾害分析研讨会在北京召开。组织国家气象中心、国家气候中心有关农业气象、气候预测等方面专家参加会议，提出2018年冬春气候趋势预测并撰写研究报告。

国际学术会议 4月24—26日，由学会主办的第十四届亚洲区域气候监测、预测和评估论坛在广西壮族自治区南宁市举办。6名国内外气候专家围绕季节预测可预报性、东亚季风活动等关键因子的影响等短期气候预测科研最新进展作报告，就气候服务技术和管理、影响东亚气候异常的关键外部因子及其影响物理机制、近期气候和气候变化的异常特征、2018年东亚夏季风预测、次季节到季节预测研究前沿以及2018年亚洲夏季气候趋势预测等进行交流研讨。论坛就2018年夏季亚洲区域气候趋势进行预测，初步给出2018年夏季亚洲区域降水、温度分布趋势，最终意见提供世界气象组织等有关机构和相关国家气象部门参考。论坛安排36篇口头报告和20余篇墙报。来自国内外的100余名专家、学者参加论坛。

国内主要学术会议 9月20—21日，中国新一代天气雷达发展20周年学术交流会在安徽省合肥市召开。交流会邀请国内雷达界从事科学研究、技术研发、业务应用方面专家、学者参加学术研讨，与会人员了解天气雷达建设与发展前沿，探讨中国天气雷达在灾害性天气监测方面存在的问题和未来天气雷达的发展趋势。会议开幕式上，对在新一代天气雷达建设、发展中做出突出贡献的个人和单位进行表彰。会议同期举办新一代天气雷达发展20周年成就展，展现天气雷达在灾害性天气监测、预警、气象服务保障中的作用，及天气雷达20年来技术发展历程。

10月23—26日，由学会主办的第35届中国气象学会年会在安徽省合肥市召开。9月5—6日，由学会主办的全国人工影响天气60周年科技交流大会在陕西省西安市召开。

两岸交流 6月5日，由学会与台湾大学共同主办，福建省气象学会、厦门气象天文学会联合承办的第七届海峡两岸民生气象论坛在福建省厦门市召开。论坛以“深化气象交流，惠泽两岸民生”为主题，来自海峡两岸气象、水文水利、海洋等领域的专家、青年学者及基层代表170余人聚焦短时临近气象预报预警、气候预测和数值天气预报应用技术及台风、暴雨等灾害天气成因及相关机理分析，交流生态气象服务和防灾减灾救灾经验，共商气象服务两岸民生大计，共谋提升两岸防灾减灾水平与趋利避害能力。论坛期间，开展两岸气象青年汇活动。

海峡两岸民生气象论坛是第十届海峡论坛二级论坛之一，此次论坛通过体验式交流和互动性探讨，分享两岸各自最新气象科研及应用成果，传播先进气象理念，探讨针对性的防灾减灾救灾措施。

国际组织任职 学会副理事长胡永云当选国际气象学会论坛（IFMS）秘书长。

国际交往 组织《气象学报》（英文版 *Journal of Meteorological Research*，JMR）等期刊参加美国气象学会年会展览并开展国际推广。

科普活动 世界气象日期间，联合组织开放活动，约1.2万名社会公众参观中国气象局园区和北京市观象台；举办全国气象科普系列报告会，25个省、自治区、直辖市气象学会举办气象科普报告会40余场，数千名公众参与；在中国农业科学院附属小学联合举办金穗少年科学院气象研究所和华云金穗校园气象站启动仪式。

举办“华风杯”全国气象科普讲解大赛；参加2018年气象科技周主场活动，设立互动展区；以“人工影响天气探秘”为主题，在全国同时举办“人工影响天气知识进社区、进学校、进农村、进公共场所”的线上线下活动，22万人次参与。

举办2018年气象防灾减灾宣传志愿者中国行活动，17所高校2000余名大学生志愿者到30个省、自治区、直辖市的800余个基层乡镇1.5万余家农户、200余所中小学校开展宣传调查，发放宣传资料200余万份。

组织首届全国气象摄影大赛作品征集活动，承办繁荣“元科普”创作主题沙龙活动，联合中国气象科学研究院和北京市海淀区北下关街道办事处开展全国科普日系列科普宣传活动，承办世界公众科学素质促进大会“气候变化：科学与传播”专题论坛。

7月28日—8月2日，由学会与中国气象局主办，青海省气象局、青海省气象学会承办，青海省气象局、青海省气象学会和总营办公室组织的第37届全国青少年气象夏令营在青海省西宁市举办。活动以“感受高原气象　领略大美青海”为主题。来自北京、天津市、河北省等20个分营150名营员和辅导员参加为期8天的全国青少年气象夏令营。

开营式后，营员们听取青海省气候中心高级工程师杨延华题为“青海的气候”及中国大气本底基准观象台高级工程师李德林题为“提高全民海洋意识及青海气象对极地事业的贡献”的科普报告。气象夏令营期间，组织参观青海省气象局、青海省气象服务中心、海北州牧业气象试验站、青海原子城等活动。在刚察县青海湖生态保护活动中，参加裸鲤苗放生活动。

8月22—23日，由学会主办，中国气象局支持，安徽省气象局和安徽省气象学会承办的2018年校园气象科普教育论坛在安徽省宿州市举办。来自全国各地的中小学校校长、科技教师、气象科技工作者、教育专家和新闻媒体等150余人参加论坛。

开幕式上，中国气象学会科普工作委员会对校园气象科普优秀校长和校园气象优秀科普资源包进行表彰，40名优秀校长和10个校园优秀科普资源包获奖。

论坛以“未来校园气象科普教育的发展方向”为主题。中国气象局原副局长、中国气象学会科普工作委员会主任委员许小峰，陕西师范大学教授胡卫平和中国科技大学教授周荣庭分别作特邀报告《气象科技发展的脉络与趋势》《中小学创客与STEM融合的课程体系的建构与实践》《新媒体在科学教育中的创新实践》。论坛围绕校园气象科普教育发展方向、校本教材开发、校园气象科学实践与社会资源利用等组织5个分论坛，对校园气象科普教育进行探讨，与会专家为校园气象科普教育发展献计献策。

开展全国气象科普教育基地考核工作，25个基地被评为2017年度优秀全国气象科普教育基地；组织全国气象科普教育基地世界气象日、科技活动周期间对外开放；完成第六批全国气象科普教育基地申报评审工作，新增67家；中国气象科技展厅等8家基地入选教育部第二批全国中小学生研学实践教育基地；组织开展基地检查与调研，制定全国气象科普教育基地创建规范。

表彰举荐优秀科技工作者 完成中国科协第十五届中国青年女科学家奖和2018年度未来女科学家计划候选人推荐、遴选工作，推荐候选人各2名。完成中国气象学会2018年度大气科学基础研究成果奖、气象科学技术进步成果奖推荐评审和颁奖，共推荐40项，16项获奖。完成第六届邹竞蒙气象科技人才奖推荐评审和颁奖，共推荐19人，5人获奖。完成第九届全国优秀青年气象科技工作者和十佳全国优秀青年气象科技工作者推荐评审及颁奖，评选出第九届全国优秀青年气象科技工作者78人、十佳全国优秀青年气象科技工作者9人。

党建强会 学会秘书处党支部参加中国科协、中国气象局党组和中国气象科学研究院党委组织的有关专题学习，及时传达有关精神。开展“学用新思想 笔谈千字文”活动，全体党员撰写学习体会。完成秘书处党支部换届；召开支部民主生活会和组织生活会；落实“三会一课”制度，召开支委会7次、支部大会9次，领导干部带头讲党课3次；全年组织各类支部活动24次。

开展“不忘初心、牢记使命”主题教育活动，学习中国气象学会发展史；开展“不忘初心，重温入党志愿书”主题党日活动。结合新职工入职教育、业务学习开展系列主题党日活动，组织参观“真理的力量——纪念马克思诞辰200周年主题展览”、白乙化烈士纪念馆、北京上甸子区域大气本底观测站。开展党风廉政宣传教育，组织参观2018年廉政文化展。

会员服务 通过学术交流、科技咨询、科技期刊、人才举荐、科学传播等方式及网站、微信群、公众号等渠道发展个人注册会员，增强学会科技工作者的联系。截至2018年年底，学会个人注册会员1887人，较2017年增加20%以上。

整合学会网站、公众号、期刊等宣传资源，加强智慧学会建设，实现学会各类信息及时准确推送。编印《中国气象学会会讯》4期、年度工作手册1本、《气象知识》杂志6期，发放至1800余名会员及全体理事单位，合计1万余册，扩大社会影响力和会员凝聚力。

【第35届中国气象学会年会】 10月23—26日，第35届中国气象学会年会在安徽省合肥市召开。大会主题为“智慧气象 助力生态文明建设”。学会副理事长胡永云主持会议。学会理事长王会军、中国气象局副局长于新文、安徽省人民政府副秘书长刘卫东出席年会开幕式并致辞。1400余位专家、学者参加年会。

年会开幕式特邀中国工程院院士、原国家气候中心主任丁一汇，国家气象中心主任王建捷，中国科学院大气物理研究所研究员郄秀书，南京信息工程大学教授廖宏分别作特邀报告《中国现代天气预报发展的先驱与领航者——纪念陶诗言先生百年诞辰与学术成就》《精细化智能网格预报技术》《雷电重大灾害天气系统的动力－微物理－电过程和成灾机理》《近几年我国臭氧污染的变化特点以及排放和气象场的相对贡献》。

年会颁发中国气象学会2018年度大气科学基础研究成果奖4项、气象科学技术进步成果奖12项，为获第六届邹竞蒙气象科技人才奖的5名气象科技工作者颁发证书。年会举办气象科技成果展和气象科技期刊展，50余家行业企业和科技期刊参展，并与参会专家、学者进行交流。年会分会场为期4天，共组织学科专题交流23场、专题论坛2场、科学家论坛3场、交叉学科交流3场，组织王绍武教授学术思想暨气候科学前沿研讨会。气象科技工作者围绕天气、气候与气候变化、大气物理与大气环境、大气探测与信息、应用气象等问题开展交流。年会报名上传论文2627篇，审核通过2483篇，CNKI光盘收录2023篇；现场交流728篇（特邀报告188篇）、墙报246篇；评出优秀报告29篇、优秀墙报23篇。

【全国人工影响天气60周年科技交流大会】 9月5—6日，由学会主办，中国气象局人工影响天气中心、中国气象局云雾物理环境重点开放实验室、陕西省气象局、中国气象学会人工影响天气委员会、陕西省气象学会承办的全国人工影响天气60周年科技交流大会在陕西省西安市召开。中国气象局副局长余勇、陕西省科协党组书记孙科、中国气象局有关职能司的领导及陕西省气象局局长丁传群等出席开幕式。来自全国各地相关科研院所、高校、部队、企业（公司）等单位专家、学者，中国气象局及各省、自治区、直辖市人工影响天气一线的科技工作者及部分老专家300余人参加会议。

余勇在致辞中回顾人工影响天气60年的发展历程、人工影响天气在基础研究和外场试验等方面的工作及成果。

大会表彰于子平等20名为开创和发展中国人工影响天气工作做出重要贡献的专家，大会开幕式上，与会领导为到会的部分专家颁发证书。会议特邀中国气象局人工影响天气中心主任李集明、中国科学院大气物理研究所研究员雷恒池、南京信息工程大学教授银燕、北京应用气象研究所研究员蔡军等作大会报告，分别从全国人工影响天气进展、云降水物理与人工影响天气研究进展、气溶胶－云－降水相互作用研究、人工影响天气相关研究及工程建设4个方面介绍中国人工影响天气的发展及最新研究成果。大会设立4个分会场，分别从数值模式与应用、关键技术与科学试验、装备与安全管理、业务服务与重大活动保障4个专题展开交流，口头交流报告120余篇，交流墙报80余篇。会议期间，召开第三届全国人工影响天气中心主任会议；举办全国人工影响天气60周年发展成就展，29个省、自治区、直辖市及22家企业（公司）

参展，展示中国人工影响天气60年以来的发展历程、成就及人工影响天气最新研发产品，展会面对社会公众开放，500余人次参观展会。

【世界公众科学素质促进大会“气候变化：科学与传播”专题论坛】 9月18日，由中国科协主办，学会承办的世界公众科学素质促进大会“气候变化：科学与传播”专题论坛在北京举办。中国科学院院士秦大河主持活动，出席活动的国内外专家、学者与现场观众共同探讨“气候变化：科学与传播”。特邀中国工程院院士丁一汇、联合国政府间气候变化专门委员会（The Intergovernmental Panel on Climate Change，IPCC）第二工作组副主席 Andreas Fischlin、IPCC 第一工作组联合主席翟盘茂、IPCC 第二工作组副主席 Stuart Mark Howden、中国社会科学院学部委员潘家华分别作报告《增加的气候变化风险与可持续性治理：中国双赢的应对战略》《气候变化的挑战、科学及我们如何应对》《城市对响应气候变化的重要性》《澳大利亚气候变化历程的经验教训》《低碳的经济理性》。来自国家气候中心、中国气象科学研究院、中国科学院大气物理研究所、民航气象中心、绿色和平传播、北京师范大学等高校以及通过中国科协系统报名参会的近120名代表参加活动。代表们围绕专家、学者的主旨报告及气候变化的科学问题与传播经验等话题展开交流。现场听众在互动交流环节提问，线上听众关注论坛进展，通过线上提问系统和直播平台提出与气候变化相关的问题。

论坛邀请《科技日报》《中国科学报》及中国天气网、《中国气象报》、澎湃新闻等媒体参与活动并作特别报道。建立线上提问网站和网络直播平台，通过学会媒体平台和相关媒体对活动的预热、直播及报道，覆盖70万人次，其中，学会自有平台50万人次。

【气象科技前沿与创新发展高端论坛】 5月18日，由学会和北京城市气象研究所承办的气象科技前沿与创新发展高端论坛在北京举办。此次论坛是全国气象科技周主场活动之一，学会副理事长、中国气象局副局长宇如聪主持会议。中国科学院院士、冰冻圈科学国家重点实验室学术委员会主任秦大河，中国科学院外籍院士、瑞典哥德堡大学教授陈德亮，中国工程院院士徐祥德，美国国家大气研究中心研究员郭英华分别就气候变化与冰冻圈科学的发展、气象在可持续发展中的作用等作特邀报告。与会专家、学者交流气象科技，探讨国际上大气科学研究领域的科研环境和发展趋势，对未来中国气象科技与创新发展寄予期望。

（撰稿人：王　媛　刘文泉）

中国空间科学学会

服务创新型国家和社会建设　学会空间生命专委会开展空间科学及其应用标准化技术委员会体系表修订工作，提出生命交叉领域标准体系表空间亚磁生物学领域规划标准修订内容。空间科学及其应用标准化技术委员会公布实施空间高能天文数据存档格式、月球中文地面与代码、空间材料实验样品管理技术规范等空间标准8份。

11月19日，学会受中航贵州飞机有限责任公司和中国科学院光电研究院的委托，组织召开“无人机遥感安全检测与网络应用系统”鉴定会。会议由学会秘书长庞红勋主持。会议成立由中国科学院院士欧阳自远及中国工程院院士王华明、陆军、费爱国、戴琼海5名院士和6名“863”专家组成的11名专家鉴定委员会，欧阳自远担任鉴定专家组组长。项目鉴定组织单位代表、项目完成单位的科研及管理人员90余人参加会议。鉴定专家组听取《无人机遥感安全检测与网络应用系统项目工作总结报告》《无人机遥感安全检测与网络应用系统成果查新报告》，现场审查成果应用材料、知识产权材料、实物成果以及展示材料。经质询和答辩，专家组同意项目科技成果通过鉴定，并给出“无人机遥感安全检测与网络应用系统”鉴定意见。

学会建设　发展新会员193人，共收取团体会费和个人会费49.88万元。完成分支机构一年一度的年审工作。

8月，完成学会全国学会综合能力评估工作，报送中国科协。

9月13日，在第九届理事会第三次会议上，经庞红勋秘书长提议刘冰任学会常务副秘书长，会议一致通过。修改中国空间科学学会科技奖奖励办法，提交常务理事会讨论并审议通过，向科技部国家奖励办备案材料，完成奖励的科技部备案。

经过3个多月的准备，11月底，完成中国社会组织评估等级资料申报工作，拟向民政部申请3A或更高等级。召开两次常务理事会和一次理事工作会议。

根据中国科协会员管理要求，学会专委会专人定期维护中国科协所属学会个人会员管理系统，提醒、帮助会员填写各类会员信息，及时审核相关信息。

学会第九届空间物理学专委会和空间探测专委会分别举办2018年新春座谈会暨专委会工作会。专委会名誉主任委员肖佐、涂传诒、魏奉思，学会理事长（兼探测专委会主任）吴季等百余名理事、委员和会员代表参加会议。

学会空间探测专委会增补中国科学院国家空间科学中心研究员姜秀杰为学会空间探测专委会委员。学会空间材料专委会发展武汉科技大学教授包海峰和中南大学特聘教授雷永鹏为学会会员、空间材料专委会委员。学会微重力专委会增补吕从民、杨扬、张伟、姚伟4人为微重力专委会委员。地球空间科学专委会第二次常务理事会讨论通过增补地球空间科学专委会理事事宜，将在2019年提请理事会讨论通过。

青年人才托举工程 获得青托人才名额5名，中国科协资助2名，自筹经费3名。10月22日，组成以吴季理事长为组长的评审组，遴选出空间物理专委会陆全明教授推荐的高新亮博士、微重力专委会赵建福研究员推荐的张永海博士、空间生命专委会李莹辉研究员推荐的卢亮博士、空间探测专委会翟光杰研究员推荐的刘雪峰博士、空间物理专委会王赤推荐的张佼佼博士5名青托人才。经学会和中国科协网站2次公示后，5名青托人才正式入选。完成2015—2017年度第一届青年人才托举工程总结，提交纸质版和电子版文档。按要求制作8分钟录像片和何杰颖、杨超2名青托人才的成长微视频。

主办期刊 完成主办学术期刊《空间科学学报》日常编辑和出版业务工作，完成年度出版工作计划。出版研究性学术论文102篇。

国际学术会议 11月17—18日，在山西省晋中市召开空间大数据及国际标准化高峰论坛。论坛主题为“空间大数据·数字中国”。国内外专家、学者及相关产业单位共计215人参加会议，其中，外籍专家11人。中国工程院院士、中国科学院院士、武汉大学教授李德仁，加拿大标准委员会ISO/TC 211委员会主席Jean Brodeur，委内瑞拉国家航天局玻利瓦尔空间中心主任Mariano Imbert等国内外空间信息产业专家、学者参会，交流空间大数据及国际标准化的问题，探讨大数据时代下空间信息产业的发展及应用。

国内主要学术会议 学会及各专业委员会2018年度共组织开展学术交流会议18次。约2646人次参会，征集论文1655篇。

3月23日，第九届中国空间科学学会空间遥感专业委员会第二次工作会暨学术交流会在浙江省湖州市召开。中国科学院院士童庆禧、薛永祺、王建宇和中国工程院院士潘德炉，全体正副主任、委员、秘书和特邀代表40余人参加会议。会议组织报告6场。

5月8日，星载高光谱成像技术与产业化应用研讨会在山西省太原市召开。会议由学会空间遥感专业委员会、国际数字地球学会中国国家委员会成像光谱对地观测专业委员会联合主办，中国科学院红外探测与成像技术重点实验室承办，上海市红外与遥感学会协办。来自20余个单位的70余名高光谱成像遥感领域内专家、学者参加会议。大会组织特邀报告6场。

5月24—27日，空间灾害事件因果链中的物理过程研讨会在安徽省合肥市召开。会议由中国科技大学与学会空间物理学专业委员会共同主办。参会专家、学者103人，报告55篇，分别从太阳风、行星际物理、磁层物理、电离层物理、中高层大气物理、空间天气与环境应用各方面就空间灾害事件因果链中的物理过程展开讨论。

6月15—17日，首次火星探测任务有效载荷探测技术和数据处理第二次学术研讨会在广东省珠海市召开。欧阳自远院士作大会致辞。研讨会设3个分会场，共进行学术报告48场。首次火星探测任务工程相关人员近150人参加研讨会。

7月，空间天文及暗物质研究专题会议——暗物质卫星DAMPE实验物理分析研讨会在安徽省六安市召开。会议的中心议题是“BGO量能器高精度测量”。安排专题报告18场，讨论中国下一代可能的空间高能宇宙线探测谱仪——基于未来空间站的HERD项目及基于卫星的DAMPE-II项目。来自南京紫金山天文台、兰州近代物理研究所、北京高能物理研究所、香港大学、中国科学技术大学等单位的41名专家、学者参加会议。

8月18—23日，2018年空间机电与空间光学学术研讨会在贵州省贵阳市举行。会议由学会空间机电专业委员会主办。会议论文涉及空间光机结构设计、空间遥感成像技术、空间飞行器电子学设计与测试技术等领域。来自全国30家科研院所和高校的110余名专家参会，会议收录论文58篇、摘要10篇。中国工程院院士邓宗全作大会报告。会议印刷会议论文集，合作期刊为《光学精密工程》《机械工程学报》《红外与激光工程》《空间科学学报》《光电工程》。

9月12—15日，学会空间探测专业委员会在宁夏回族自治区银川市举办第三十一届全国空间探测学术研讨会。中国卫星气象中心、中国科学院空间中心、中国科学院高能物理所等25家单位，共计130余人参会，共收到论文118篇。文章内容涉及任务总体设计、分析与仿真技术，探测器技术，平台、测控、数据处理公共技术，火箭与气球探空技术，地外天体着陆减速技术，行星声学技术6个专题。大会组织特邀报告6篇，经过2天的会议现场交流，共安排70篇论文进行口头报告交流。

10月11—13日，学会空间生命专业委员会第二十二届学术研讨会暨中国宇航学会航天医学工程与空间生物学专业委员会第六届学术研讨会在江苏省苏州市召开。会议主题为“创新空间站、健康中国人”。会议共收录稿件137篇，参会人数210人。会议设6个分会场，共安排特邀报告9场、专题报告46场。

10月19—21日，学会空间材料专业委员会在广西大学资源、环境与材料学院举办2018全国空间材料学术研讨会。研讨会主题为“需求牵引，面向未来，应用创新”。组织特邀报告2场，征集学术论文20余篇，60余人参会。

10月19—21日，第九届全国分子手性学术研讨会在北京化工大学召开。研讨会组织大会报告4场、邀请报告53场、口头报告12场。全国近200名专家、学者参会，收到会议摘要107篇。

11月4—6日，学会空间生命起源与进化专委会2018年年会在浙江省宁波大学召开。大会组织特邀报告7场，专委会主任赵玉芬作有关磷科学的学科发展战略研究咨询报告。32名专家、学者参加年会。

11月12—16日，第十二届亚洲微重力会议（12th Asian Microgravity Symposium，AMS 2018）在广东省珠海市召开。会议由学会微重力科学与应用研究专业委员会等主办。中国科学院院士顾逸东等11名来自中国、日本、韩国和印度的学者分别就微重力流体物理、微重力燃烧学、空间材料科学、空间生命科学与生物技术领域的重要进展和计划作大会邀请报告。来自内地与香港以及日本、韩国、印度、以色列、比利时和美国等国240余名专家、学者参会，共收到论文175篇。

11月14—17日，2018年新成立的空间地球科学专业委员会在海南省三亚市召开第一届空间地球科学学术研讨会。中国科学院院士徐冠华、郭华东、吴一戎、吕达仁以及来自全国65家单位的近400名学者参加会议。会议围绕空间地球科学基础理论、前沿技术和应用研究组织专题分会12场、口头报告192场和张贴报告112份。《人民日报》、新华网、中新网、《科技日报》等媒体对会议进行专题报道。

两岸交流 8月26—30日，第十三届海峡两岸太空、空间科学研讨会在金门召开。会议由台湾“中央大学太空科学研究所”主办，学会与中国科学院国家空间科学中心等协办。来自中国科学院国家空间科学中心、北京大学、同济大学、中国科学院紫金山天文台、中国科学技术大学、哈尔滨工业大学等单位专家、学者90人参加会议。会议收录论文74篇。中国科学院国家空间科学中心研究员吴季等作大会报告。

科普活动 1月，学会微重力专委会协助宁夏回族自治区石嘴山市三中开展走进中国科学院的回访活动。近400名中学生参观中国科学院微重力重点实验室落塔、中国科学院力学所怀柔新区先进风洞与高铁动模型实验室、国科大及两弹一星博物馆、国家空间中心东方红卫星展厅以及航天员科研训练中心等。学会微重力专委会还针对2017年科普活动中学生的问题，组织人员回复，并印制问答集锦。

4月21—22日，学会空间生命专委会在北京航空航天大学举行月宫开放日活动。共举办16场参观活动，接待600余人。学会与中国科学院国家空间科学中心共同组织策划第三个航天日（4月24日）科普活动。“慧眼”首席科学家张双南作科普讲座《从星际穿越到中国慧眼天文卫星》，150名中学生和社会公众在国家空间科学中心怀柔园区东方红厅现场参加活动。活动开始前，参观空间科学先导专项卫星工程展和科学卫星运控中心。

5月7日，学会空间遥感专委会薛永祺院士、亓洪兴研究员和杨一德研究员在江苏省太仓市开展专家进校园系列科普报告会活动，分别作《天眼看地球》《颜色背后的科学》《漫谈红外线》3场科普报告。750名中小学生参加科普活动。

7—8月，中国科学院院士薛永祺在上海市浦东新区军营和上海飞机设计研究院开展院士进军营“天眼看地球”和“光电遥感技术与应用”科普活动。700余名官兵及科研人员参加科普活动。

8月，组织2批120余名香港以及边远山区的青少年参加“航天夏令营”活动，体验航天员训练、失重防护等特色项目，为青少年普及航天知识。

9月7—14日，学会空间遥感专委会亓洪兴研究员在上海北郊高级中学、华师大一附中、复兴高级中学和上音实验学校作4场科普报告，1220名师生参加活动。9月18日，学会空间遥感专委会潘德炉院士在浙江省金华市浙江师范大学行知学院作科普报告《弘扬爱国奋斗精神　做新时代合格大学生》，约500师生参加活动。中秋节，学会空间天文专委会在中国科学院紫金山天文台仙林园区附近组织中秋赏月科普活动。紫金山天文台仙林园区布置的暗物质粒子探测卫星“悟空”号科普模型对公众开放。

10月11—12日，学会在甘肃省金昌市参加火星基地“太空C计划”启动仪式和科普活动。10月11—13日，学会空间生命专业委员会在召开第二十二届学术研讨会期间，开展航天医学工程学术沙龙和航天医学科普活动。邀请中国科学院院士柴之芳、中国工程院院士顾晓松到会指导。与会人员就航天医学工程和载人航天的先进技术展开讨论。11月12—16日，第十二届亚洲微重力会议会议期间，学会微重力专委会组织“空间科学”科普珠海行活动。顾逸东院士等9位专家、学者赴珠海市第一中学、北京师范大学（珠海）附属高级中学、暨南大学（珠海校区）、中山大学（珠海校区）、吉林大学珠海学院和珠海市实验中学等大中学校，为5000余大中学生进行空间科学科普宣传讲座11场次。

11月5日，空间生命起源与进化专委会在年会期间，专委会副主任委员刘志恒在宁波大学作科普报告《地外生命科学探索》。11月20日，刘志恒教授在郑州中学为1500名高中生作同一题目的科普报告。11月30日，学会与中国工程院院士龙乐豪赴校园开展科普活动，300余名中小学生代表参加。

12月，学会与中国科学院天地生科学文化传播中心合作，组织具有科学传播专长、工作在科研一线的中青年科技工作者，到北京市101中学（怀柔）开讲空间科学系列科学课程。

年内，学会空间天文专委会欧阳自远院士作科普报告多场次。学会全国空间探测技术学科首席科学传播专家庞之浩在国家图书馆作航天科普演讲4次，应邀作多场航天科普报告，多次参加中央电视台、北京电视台、凤凰网等媒体的电话采访、节目录制、直播活动，在《人民日报》、国防科工局网站、新浪网的“科学大家”等媒体上发表大量航天科普文章，多次接受《科技日报》《环球时报》采访，获科普杂志《航空知识》颁发的优秀科普作者奖。厦门大学教授章慧推出系列科普和化学史文章，在微信上开设公众号“化学真好玩”栏目。

表彰举荐优秀科技工作者　开展优秀科技工作者代表推荐工作，常务理事会投票选出中年科学家代表张立福研究员、青年科学家代表王小勇研究员、中年基层科技工作者代表王赤研究员、青年基层科技工作者代表王跃研究员。将推荐名单上报中国科协。

5月27日，中国科协在第20届中国科协年会闭幕式上发布2018年重大科学问题和工程技术难题。经学会推荐、中国科学院空间中心刘勇研究员的“空间天气的及时准确预报”问题入选60个重大科学问题之一。

党建强会　4月27日，学会第九届理事会2018年第一次常务理事会暨党委扩大会在北京召开，吴季理事长主持会议。会议专设人大代表、政协委员传达两会精神，传达中国科协学习十九大文件精神和中国科协九届四次全委会情况的议题。全国政协吴季委员和高铭委员分别介绍参加政协会议的情况。中国科协九届委员吴季理事长传达中国科协学习十九大文件精神和中国科协九届四次全委会情况。

学会在2017年“七一”推荐的优秀青年共产党员胡一鸣登上中国科协刊物《学会党建动态》2018年第4期封面人物。

参加由中国科协机关党委和中国科协科技社团党委组织的2018年中国科协全国学会乒乓球赛。学会组成包括男女老中青运动员在内的10人参赛队伍，由秘书长亲自带队，获团体组织奖。

9月13日，学会第九届理事会第三次会议暨党委扩大会议在宁夏回族自治区银川市召开。会议由吴季理事长主持，学会理事及理事代表共91人参加会议。会议议题包括党委工作汇报等。学会秘书长庞红勋向大会报告中国空间科学学会党委工作情况。

12月19日，第九届理事会2018年第二次常务理事会暨党委扩大会召开。吴季理事长带领常务理事及各专委会秘书长学习《关于进一步加强中国科协所属学会党委建设的指导意见》《怀进鹏同志在中国科协警示教育大会上的讲话》等文件。

（撰稿人：庞红勋）

中国地质学会

服务创新型国家和社会建设　学会所属58个分

支机构举办全国工程地质大会、全国矿床会议、全国洞穴学术会议、深部钻探进展论坛、全国青年地质大会、全国大学生地质技能交流及竞赛、全国首届地学研究生论坛等学术会议15个。

学会矿产勘查专业委员会与联合国资源分类专家组技术咨询组共同编制完成中国国家标准《固体矿产资源/储量分类》（GB/T 17766—1999）、《联合国资源分类框架（UNFC）对接文件》，由自然资源部与联合国欧洲经济委员会于9月28日在联合国日内瓦总部联合发布。

举办城市地质业务培训研讨班、2018中国技能大赛首届全国地质勘查行业物探职业技能竞赛裁判员培训班、“劳雷杯”首届全国地质勘查行业物探职业技能竞赛等。

组织28个地质类本科教育专业点通过教育部高等教育教学评估中心和中国工程教育专业认证协会认证，进入全球工程教育“第一方阵”。全年组织21个专家组完成18所高校21个专业点的进校考查工作。组织召开地质类专业认证分委会2018年度工作会，与会专家就如何写好认证报告进行研讨。

学会建设 坚持民主办会原则，召开全体理事大会（通讯）1次、常务理事会议（通讯）2次和全国秘书长会议1次，研究通过学会重要事项。完成学会法人的变更手续及向民政部、中国科协、自然资源部的备案工作和民政部法人年检等工作。组织省级学会开展学会会员摸底清查工作，组织省级学会秘书长召开加强为会员精准服务研讨会，梳理为会员提供精准服务的依据和举措。学会秘书处制定《中国地质学会个人会员会费收缴管理办法》，修订学会《会议制度》《会员管理条例》《分支机构管理办法》等。

全年向中国科协申报并获批中国科协世界一流学会建设项目，中国科协学会党建专项，中国科协创新助力工程项目，中国科协工程能力国际互认项目，财政部、中国科协2018年度科技期刊国际影响力提升计划项目，地学科技期刊编辑队伍现状调查项目，中国科协百篇优秀论文（地学集群10篇）评选组织工作，“地学领域高质量科技期刊分级”项目等8项项目。

主办期刊 根据美国科学引文数据库（SCI数据库）公布的2017年度分析统计结果，《地质学报》（英文版）影响因子上升至2.506，获“2017中国最具国际影响力学术期刊”称号。《地质学报》（中文版）、《地质论评》获“2017年百种中国杰出学术期刊”称号；经过多项学术指标综合评定及同行专家评议推荐，被《中国科技论文统计源期刊》收录为中国科技核心期刊，在地质类科技期刊中，《地质学报》（中文版）、《地质论评》综合评价分别排名第1、第3。Wiley出版集团董事会董事Jesse Wiley一行到学会进行年度工作访问，讨论《地质学报》英文版网站管理等事宜。

学科发展研究 2月3日，学会探矿工程专业委员会在中国地质大学（北京）国际会议中心举办“深部钻探进展论坛”。学会数学地质与地学信息专业委员会牵头组织编写《数字地质学》教材，已完成初稿；其专委会主要成员共同承担的国家重点研发计划所属“深地资源勘查开采”专项的“深部资源预测系统技术研究与示范”项目取得阶段性进展。学会矿床地质专业委员会编写的《中国大百科全书》（第三版）矿产资源分支梳理出编写条目898条，已全部完成条目编写及一、二审工作，部分条目将于2019年年初上线。学会徐霞客研究分会协同相关单位组织开展“徐霞客出游里程碑”江阴—上林段的建设工作。

决策咨询 学会地质灾害研究分会与重庆市规划与自然资源局共同主办三峡库区地质灾害研讨与咨询会商。中国工程院院士王思敬、郑颖人、王景全、钮新强，重庆大学副校长刘汉龙，长安大学教授彭建兵等专家现场考察调研库区地质灾害防治工作，在重庆市巫山县召开三峡工程重庆库区地质灾害防治专家座谈会，对地质灾害防治相关问题进行咨询会商。

学会与中国地质科学院、中国地质图书馆、中国自然资源报社联合申报国家自然科学基金——“中国自然资源部安全与管理研究”。项目重点研究如何适应新时代的要求，努力探寻、合理开发、节约利用和保护自然资源，加强自然资源管理，确保国家可持续发展的资源安全。

国际学术会议 4月11—13日，由学会非开挖技术专业委员会指导的2018年中国国际非开挖技术研讨会暨展览会在郑州国际博览中心举行。研讨会上，非开挖技术专业委员会副主任颜纯文作题为“2017年非开挖行业发展回顾与展望”的报告，日本非开挖技术协会副会长岛田英树（Hideki Shimada）作题为“日本泥水平衡小口径顶管在岩石和砾石层中的施工技术”的报告，马来西亚非开挖与隧道技术协会顾问钟锦华（Cheng Kim Hua）作题为“马来西亚监测隧道和非开挖管道施工技术”的报告，北京市政工程设计研究院有限公司副总工程师宋奇叵作题为“市政管道非开挖工程的设计理论与施工技术”的报告，中国市政工程协会管道检测与修复专委会副秘书长伍进作题为“黑臭在河里 核心在管网防治要及时应用非开挖”的报告。展览会上，来自国内外的68家公司展出各自最新产品和技术，其中14家公司为首次参展，85%的参展公司展出10台以上实物产品。来自26个省、自治区、直辖市和10个国家及地区的1944人登记参加展览会。共有3105人次参观展览。

5月12日，第五届强震地质灾害及后效应国际学术大会暨纪念汶川地震十周年国际学术研讨会在成都理工大学召开。大会包括主题报告18场、邀请报告19场和分组报告48场。中国工程院院士王思敬及来自中国、英国、日本、德国等13个国家和地区的350余名地质灾害专家参会，就如何提高强震区城镇抵御灾难性地质灾害的能力展开讨论。

6月22—26日，由学会纳米地质专业委员会主办的2018年纳米地球科学国际学术研讨会（2018 International Conference on Nanogeosciences）暨第三届中国纳米地球科学学术研讨会在贵州省贵阳市召开。

国内主要学术会议 10月29—31日，由学会非常规油气地质专业委员会联合有关单位主办的第五届非常规油气地质评价学术研讨会在成都理工大学召开。300余名非常规油气研究领域的中外专家、学者围绕“创新非常规油气理论技术”（致密砂岩油气、页岩油气、煤层气、天然气水合物）主题进行探讨。

11月27—29日，中国地质学会旅游地学与地质公园研究分会第33届年会暨重庆万盛世界地质公园创建与旅游发展研讨会在重庆市万盛区举行。会议由学会旅游地学与地质公园研究分会发起，重庆黑山谷旅游投资有限公司主办，重庆黑山谷旅行社有限公司承办。约300名专家、学者参会。

国际交往 学会副秘书长、国际地质科学联合会秘书处主任何庆成受中国科协特邀出席中国科协国际组织工作未来发展座谈会，作承办国际科技组织秘书处运行情况、积极影响和需求的经验报告。接待缅甸、意大利等国外代表团，讨论学术交流合作与期刊出版等议题。

科普活动 组织2018年全国青少年地学夏令营。来自全国的200余名营员与带队教师在黑龙江省太阳岛江漫滩湿地、漠河、五大连池、汤旺河国家地质公园、嘉荫古生物化石采集地等场所开展地学科考工作，完成为期7天的北上科考之旅。编写《2018年全国青少年地学夏令营活动纪实》。

与湖北省黄石市政府联合主办第二届中国黄石地矿科普大会。学会创新科普产品形式，与广东广播电视台合作，联合出品可燃冰科普舞台剧《冰火传奇》。

9月14—16日，第五届全国大学生地质技能竞赛在长安大学举行。竞赛由学会、教育部高等学校地质学类专业教学指导委员会、学会地质教育研究分会主办，长安大学承办，西北大学协办，北京普瑞赛司仪器有限公司赞助。来自中国地质大学（北京）、中国地质大学（武汉）、吉林大学、中国石油大学、西北大学、河北地质大学等65所高校、科研单位的负责人、专家组、领队、教练，共165支参赛队伍1500余人参赛。竞赛允许在华就读的地质类专业留学生报名参赛，各会员高校在原有“3+1”组队的基础上，单独报送留学生队。

各参赛队在地质技能综合应用竞赛、野外地质技能竞赛、地质标本鉴定竞赛、地学知识竞赛4个环节的展开角逐。最后评出本科院校单项特等奖18个、一等奖39个、二等奖84个、优胜奖66个；团体特等奖2个、一等奖9个、二等奖12个；优秀组织奖57个；优秀指导教师30人。高职高专院校单项特等奖5个、一等奖5个、二等奖12个、优胜奖1个；团体奖特等奖1个、一等奖1个、二等奖2个；优秀组织奖7个；优秀指导教师4人。

举办第二届北京市中学生地学知识竞赛。北京市12个区32所学校的近6000名学生报名参加初赛，选拔出200名学生参加决赛。最终产生一等奖22人、二等奖36人、三等奖52人、优秀奖81人。邀请中国科学院院士、天体物理学家武向平以“谁将主宰宇宙的命运”为题在首都师范大学附属中学永定分校举办科普讲座。

完成学会第二届优秀科普产品奖评选工作 。

表彰举荐优秀科技工作者 完成2017年度十大地质科技成果和十大地质找矿成果的评选工作，获奖成果受到《中国国土资源报》《中国矿业报》和有关网站的报道；完成学会第九届黄汲清青年地质科学技术奖、第三届野外青年地质贡献奖（金罗盘奖）的评选工作。完成2018年度国土资源科学技术奖推荐工作，学会推荐的17个项目获奖，占总授奖数的27%，其中，一等奖3项、二等奖14项。开展2018年度高等学校科学研究优秀成果奖青年科学奖候选人的推荐工作。

党建强会 学会地质灾害研究分会秘书长陈红旗、中国地质科学院矿产资源研究所研究员唐菊兴作为优秀党员代表，参加中国科协“不忘初心，砥砺前行”学习十九大精神宣讲团。学会党支部组织党员、入党积极分子与新入职员工赴北京市延庆区、河北省涉县开展党建活动。完成学会党支部主要负责人交接工作，加强学会办事机构一岗双责制度。开展中国科协科技社团党委组织的星级学会评选工作。完成中国地质学会功能性党组的组建工作。开展纪念黄大年教授活动，学习宣传黄大年至诚报国的爱国情怀及敢为人先的敬业精神。加强党风廉政建设，贯彻落实中央八项规定精神，遵守和接受组织监督和纪律约束。

会员服务 开发会议智能服务平台，提升学会及分支机构各类会议的标准化管理水平，实现参会代表实名认证、在线报名、自助报到和在线投稿等功能，提升会议服务的信息化水平。搭建财务服务系统，自主研发会员管理系统，推进学会管理服务信息化建设。完成《中国地质学会2017年报》出版发行，总结宣传2017年的重点工作及工作亮点。改革《会讯》《情况通报》报道的内容和形式，突出对行业、学会重大活动、重要事项的报道，全年出版《会讯》5期、《情况通报》15期。加强学会网站建设，上传信息300余条，浏览量180余万人次。

【学会科普产品参加“改革开放40周年大型展览”】 11月13日，学会科普产品天然气水合物试采成果展台参加“伟大的变革——庆祝改革开放40周年大型展览”。展台以中国海域天然气水合物试采平台“蓝鲸一号”和天然气水合物综合调查船“海洋六号”模型为主体内容。展台介绍勘查的地震技术、如何进行降压开采及水气分离的过程等中国海域天然气水合物成藏的机理和从勘探到试采过程中的关键技术。

【首届全国地学研究生论坛】 11月2—4日，学会青年工作委员会创办的首届全国地学研究生论坛在中国地质大学（北京）举办。论坛主题为“献青春智慧，护绿水青山”。来自国内外40余所高校、科研院所的200余名在读研究生参加。论坛邀请中国工程院院士赵文津和中国科学院院士李曙光作大会报告，为青年科技人才传授经验；论坛设分论坛10个，110余名研究生通过学术报告进行学术交流与研讨。经过论坛评选，4所高校的研究生会获优秀组织单位奖，3人获特别贡献奖。来自14所高校的30名参会代表获优秀研究生论文奖及奖金。论坛被《科技日报》《中国矿业报》、新华网、中国青年网和自然资源部网站等媒体刊登报道。

【参加第20届国际沉积学大会】 8月13—17日，第20届国际沉积学大会（20th ISC）在加拿大魁北克市会议中心（Québec City Convention Centre）召开。来自51个国家的931名专家、学者参会，包括中国沉积学家及青年沉积学工作者300余人。大会涉及沉积学领域中的热点问题，4个大会特邀报告分别涉及评价生物扰动储层成像技术、加拿大北极斯维德鲁普盆地、泥岩中孔隙度递减的定量机制、人类世等方面。会议设主题7个，涉及碳酸盐岩、碎屑岩两大沉积体系，古环境与古气候，沉积学进展，源－汇系统，应用沉积等领域，下设专题会场49个。大会共作英文报告536个、精短报告161个、展板交流467个。大会设会前及会后野外考察线路12条、会间考察线路和短期培训课程5个及专题讲习3场。

中国科学院院士、学会沉积地质专业委员会主任委员王成善由国际沉积学家协会理事会推荐，经大会选举成为国际沉积学家协会副主席（vice-President）。会议确定，第21届国际沉积学大会由学会沉积地质专业委员会主办、中国地质大学（北京）等单位承办，会议主题为“A New Journey of Sedimentology：from the Pacific to the Himalaya”，将于2022年8月在北京召开。在大会的闭幕式上，由学会沉积地质专业委员会副主任委员兼秘书长林畅松代表专委会作宣传报告。

经国际沉积学家协会执行局会议通过，在大会的闭幕式上，由上任国际沉积学家协会主席、德国波鸿鲁尔大学教授Adrian Immenhauser宣布设立以中国科学院院士、中国沉积学家孙枢命名的国际沉积学家奖SUN SHU PRIZE。该奖项针对中青年沉积学家，每2年评审1次，每次评选获奖者2人。第一批获奖人将在2020年评选产生。

【第四、第五次中国－捷克汉中天坑联合科考活动】 5月和11月，学会洞穴专业委员会与以国际洞穴联合会副主席兹德内克·莫提契卡为领队的捷克考察团及陕西省、广西壮族自治区的洞穴探险爱好者联合开展第四、第五次中国－捷克汉中天坑联合科考活动。

第四次探险科考新发现洞道15.3千米，包括溶洞大厅2处；在溶洞大厅发现、地下分水岭成因揭示和天坑演化地貌背景研究3方面取得新成果。溶洞大厅位于天星地下河系统主洞之中，长300余米、宽100

米，主洞道仍在延伸。

第五次探险活动主要结合“陕中南岩溶区水文地质与环境地质调查”项目及南郑区地下岩溶景观资源调查进行，主要集中在小南海岩溶台原面，即白水洞－龙王庙地下河流域和小南海观音洞地下河流域。此次考察新探测洞穴和地下河总长度近4000米，发现世界级地下岩溶湖泊，长近500米，洞道宽度5—50米，高度60—80米。探险队在探测天星岩洞穴系统、追踪地下河源头过程中，发现一处古生物化石堆积，经中国科学院古脊椎动物与古人类研究所专家初步鉴定为剑齿象化石。

中央电视台新闻直播对探险活动作系列报道。

【第十四届全国矿床会议】 10月19—22日，第十四届全国矿床会议在河北省石家庄市召开。会议由学会及学会矿床地质专业委员会主办，中国地质科学院矿产资源研究所等7家单位承办。来自“产学研用政”300余家单位1500余人参会。大会以“开创绿色勘查新格局，构建矿业发展新途径”为主题，设置“矿产资源绿色调查、绿色勘查与绿色矿山”等专题22个，接收论文摘要598篇、口头报告492个、展板报告58个。会议借鉴国外学术会议模式，在会前举办由矿床学各领域学者讲授的“成矿理论与找矿勘查技术”系列讲座。会议在开幕式上首次颁发《矿床地质》最佳论文奖和中国地质学会矿床地质专业委员会终身成就奖。

大会开幕式由学会矿床地质专业委员会常务副主任陈仁义主持，中国地质调查局党组成员、总工程师严光生致开幕词，河北地质大学校长王凤鸣、国家自然科学基金委副主任侯增谦、学会矿床地质专业委员会主任毛景文分别致辞。

会议期间，与会代表围绕矿床模型与找矿预测等22个专题进行探讨。评选出学生优秀口头报告奖22个及优秀专题组织奖2个。会后组织与会代表赴河北省张家口市崇礼区东坪金矿、赤城县黄土梁金矿、张北县蔡家营铅锌矿进行为期3天的野外地质考察。

（撰稿人：唐　序）

中国地理学会

服务创新型国家和社会建设 学会承担《中国大百科全书》第三版《地理学》和《中国地理》2个卷本词条编写任务。完成《中国地理》卷9000余个词条编写工作，推进《地理学》卷词条编写工作。组建完成《世界地理》卷编写队伍。在全国高校及地理机构举办地理大数据百校传播活动10期。

学会能力提升计划 在中国科协组织的学会“世界一流学会建设项目”评选中，学会获评二类项目建设单位。与俄罗斯地理学会联合开展科普活动2项。与英国、哈萨克斯坦地理学会签署合作备忘录。地方学会举办学术年会，选派专家到基层地理机构开展学术交流。

学会建设 12月，学会召开第12次会员代表大会。选举产生第十二届理事会、常务理事会，首届监事会，新一届学会理事会党委。8个分支机构完成换届，新成立分支机构2个。发展个人会员1563人。助推“一带一路”国际科学组织联盟建设，11月，联盟成立。

学会治理结构和治理方式改革 加强学会党委对学会工作指导，增设监事会，发挥学会分支机构和地理机构积极性，以全员参与治理方式开展学会工作。在学会常务理事会领导和监督下，分支机构负责人独立开展学术交流活动。学会活动由全国地理单位承担具体组织工作，学会给予学术支撑、人力和资金支持。发挥已建立合作联系的世界一流国家地理学会平台优势，开展国际学术交流、科学普及和科学考察活动。

主办期刊 学会与复旦大学联合申请并获批新增学术期刊《历史地理研究》。学会学术期刊总数达18种，包括获中国科技期刊国际影响力计划和中国科协精品期刊资助3种；入选中国最具国际影响力学术期刊和中国国际影响力优秀学术期刊11种。《地理学报》发表的1篇论文获中国科技期刊2018年度优秀论文奖。《全球变化数据学报》双语刊及其数据平台“全球变化科学研究数据出版与共享系统”获联合国信息社会世界峰会电子科学类冠军奖和第八届中国数字出版博览会创新项目奖。

4月，在云南省昆明市举办中国地理编辑出版年会。

学科发展研究 完成中国科协项目《中国地理科学发展路线图》研究与编写工作。编写出版《信息时代社会经济空间组织的变革》。

决策咨询 组织专家完成《关于打通图们江出海口的建议》报告，获习近平总书记等8名党和国家领导人重要批示。8月，在陕西省西安市召开中国地理学大会，梳理的智库成果《关于中华文明探源要高度重视西秦岭的建议》获中共中央办公厅采纳。出版《中国地理与资源国庆快报》（政策版，总第3期）1期，发表重要智库成果 10 篇。12 月，协助中国科学院学部工作局和地理科学与资源研究所创建中国国情与发展论坛，举办论坛首届年会。

国际学术会议 召开国际学术会议 4 次。主导或参与组织第 13 届中日韩地理学国际研讨会、第四届亚洲地理大会、第七届中欧国际旅游研讨会暨中国地理学会旅游地理专业委员会第十二届国际旅游学术前沿研讨会、第三届时间地理学国际会议。

国内主要学术会议 学会及分支机构举办中国地理学大会、中国人文地理学术年会、中国地理编辑出版年会、地理学与中国全球战略高层论坛、全国地理学研究生学术年会等学术交流活动（含青年培训）40 次。

两岸交流 5 月，在台湾地区台东市举办第 16 届海峡两岸休闲产业与乡村旅游学术研讨会。6 月，在台湾地区台北市举办第七届海峡两岸经济地理学研讨会，会议探讨两岸地理学本土化与国际化问题。

国际组织任职 8 月，学会推荐的中国科学院院士傅伯杰当选国际地理联合会（IGU）副主席。12 月，在广东省广州市发起创立亚洲地理学会，中国科学院院士秦大河当选过渡委员会主席。

国际交往 4 月，参加美国地理学家协会年会。5 月，邀请英国皇家地理学会（RGS-IBG）代表参加杭州中国科协年会首届中外科技社团发展论坛，双方签署合作备忘录。6 月，邀请哈萨克斯坦地理学会代表团到华访问，双方签署合作备忘录。学会理事长傅伯杰应邀率团访问波兰地理学会。学会秘书长刘毅率团访问哈萨克斯坦地理学会，探讨科研合作和联合科学考察合作事宜。8 月，参加在加拿大召开的国际地理联合会（魁北克）区域会议。8 月，邀请俄罗斯地理学会青年学者代表团一行 12 人对中国东北开展为期 10 天的科学考察和交流活动；在陕西省西安市举办中国地理学大会，邀请美国、英国、印度、日本等国地理学会代表参会交流。10 月，联合日本、韩国地理学会在重庆市举办第 13 届中日韩地理学国际研讨会。

科普活动 编辑出版《中国国家地理》，年发行量 500 余万册。《中国国家地理大讲堂》举办活动 20 余场，累计参加 5000 余人次。将全球变化数据出版与共享百校传播活动更名为地理大数据百校传播，在浙江大学、复旦大学、南京大学等开展宣讲活动 9 场，在尼泊尔举办宣讲活动 1 场。

举办 2017—2018 年度“地球小博士”全国地理科普知识大赛活动，来自全国 1000 余所中小学校师生 10 万余人参加活动。活动被教育部列入面向中小学生全国性竞赛活动名单。

与央视合作创作《绿水青山看中国》（第二季）。与俄罗斯地理学会合作，在北京举行俄罗斯地理学会摄影大赛“最美国度”。11 月，在天津市召开全国地理科普工作会议。

组织遴选并编辑出版《中国地理与资源国庆快报》（科普版，总第 3 期）1 期。

表彰举荐优秀科技工作者 学会推荐 1 人获选中国青年女科学家。开展中国地理科学成就奖评选活动，表彰地理学家 4 人。组队参加在加拿大魁北克举办的国际地理奥林匹克竞赛，获金奖 3 项、铜奖 1 项。

学会创新发展 9 月，学会受中国科学院地理科学与资源研究所委托，组织专家评价国家“十二五”地理信息系统技术主题重大项目和“863”计划地球观测与导航技术领域“全球海量空间信息更新关联与主动服务系统”项目成果。

党建强会 学会党委召开专门会议，前置审议学会理事会换届等常务理事会议议题。召开党委工作会议 2 次，对参加国际组织竞选、学会资产处理提出指导性意见，供秘书处执行。4 月，在广东省珠海市举办全国地理学会秘书长工作会议，开展党建报告活动 1 场、企业考察实践活动 1 次。加强办事机构党组织建设，在相关支部成立学会党小组，发挥办事机构党员带头作用。

【2018 年中国地理学大会】 8 月 28—30 日，学会在陕西省西安市召开 2018 年中国地理学大会。学会决定，从 2018 年起，将中国地理学会综合学术年会更名为中国地理学大会（China Conference on Geography，CCG），每年举办 1 次。大会特邀 8 名中外院士和 4 名中外学者作大会报告，包括美国地理学家协会（AAG）、英国皇家地理学会（RGS）代表。大会设专题分会场 61 个，分别以学术报告会、科普报告会、圆桌会议等形式进行交流，包括英文国际交流分会场、中文中日交流分会场、科普报告会、研学旅行专家研讨会等。1500 余名参会者作口头发言，150 余人进行板报交流。报告内容涉及地理学理论与方法及社会实践的各个方面，回答国家战略地理实践重大需求问题，探索培养地理人才途径。会议为出版商和企业机构搭建地理科技成果展示平台，促进产学融合，推动学会协同化建设。形成咨询报告《关于中华文明探源

要高度重视西秦岭的建议》，获中共中央办公厅批复。来自国内外地理学4000余名专家、学者参会。

【第四届亚洲地理大会】 12月6—10日，第四届亚洲地理大会在广东省广州市举行。大会由学会和中山大学主办，中山大学地理科学与规划学院承办，日本地理学会、韩国地理学会、印度国家地理学会、香港地理学会、澳门地理暨教育研究会等协办。大会主题为“崛起的亚洲与我们的地理学”。来自中国、日本、韩国、澳大利亚、比利时、法国、南非和美国等国500余名专家、学者参会。会议举行大会报告会、专题报告会、亚洲国家代表工作会，开展野外考察调研等活动。中山大学常务副校长孙冬柏，中国科学院院士、学会理事长傅伯杰，国际地理联合会主席、日本北海道教育大学教授Yukio Himiyama，比利时地理学会前主席Philippe De Maeyer出席开幕式并致辞。中国科学院院士、中国气象局原局长秦大河，中国科学院院士、香港大学教授叶嘉安，南非皇家学会院士、国际地理联合会前秘书长Michael Meadows等国内外学者参会。大会邀请8名中外地理学家围绕大会主题作大会特邀学术报告；大会安排专题分会场23个，分别以学术报告、板报等形式交流讨论，210余名参会者进行口头发言，30余人进行板报展示。

在学会倡议和组织下，来自22个亚洲国家和地区地理学会代表签署备忘录，共同发起成立亚洲地理学会，通过亚洲地理学会章程，产生亚洲地理学会临时过渡委员会。会议推举中国科学院院士秦大河为亚洲地理学会过渡委员会主席，日本地理学会会长村山佑司、韩国地理学会会长李成浩、印度国家地理学会秘书长Suresh Chand Rai、哈萨克斯坦国家地理学会理事长Kanat Baigarin、土耳其地理学会理事长Ahmet Ertek和越南地理学会代表Lai Vinh Cam为委员，学会外事主管张萱子为秘书。亚洲地理学会秘书处挂靠中国科学院地理科学与资源研究所。

（撰稿人：张国友）

中国地球物理学会

学会建设 截至2018年年底，学会会员总数20530人，其中，女会员3607人。新增会员2111人，其中，女会员907人。单位会员112家，新成立青年工作委员会、团体标准工作委员会和固体矿产测井分会。

组织召开学术会议29次，其中，计划内会议13次、计划外会议16次，参加学术交流人员累计7367人次。召开常务理事会议2次、秘书长会议2次、全国秘书长联席会议1次、党委专题工作会议2次、学会工作会议1次、理事扩大会议1次。

青年人才托举工程 经答辩、评委打分，中国石油大学（华东）宗兆云、同济大学赵峦啸入选2017—2019年度中国科协青年人才托举工程项目。

主办期刊 2016年，经申请，中国科协批准成立*Earth and Planet Physics*（*EPP*）英文期刊编辑部，主办单位为学会、中国科学院地质与地球物理研究所、科学出版社。9月6日，*EPP*期刊编辑部收到科睿唯安关于*EPP*被ESCI（Emerging Sources Citation Index）数据库收录的邮件。*EPP*创刊以来的全部论文将在Web of Science被检索到。

《地球物理学报》获“百种最优秀–cnki双语–科协2019”资助，获评中国百种杰出学术期刊、中国科学院优秀期刊、中国科协优秀科技期刊。

《应用地球物理》（*Applied Geophysics*）2017年SCI期刊因子上升为1.000;《地球物理学报》2017年被引频次学科排名第1，影响因子学科排名第1。

国际学术会议 6月10—14日，在浙江省杭州市举办第八届环境与工程地球物理国际会议（ICEEG 2018）。7月21—22日，由学会与中国石油勘探开发研究院西北分院、甘肃省石油学会共同主办的2018年勘探地球物理国际会议（CEG）在甘肃省兰州市举行。来自中国石油、中国石化、中国海油等油田企业，研究机构，相关高校的专家、学者以及来自美国、加拿大、英国、以色列、俄罗斯的外籍专家共200余人参加会议。

11月14—16日，由学会与中国科学院深海科学与工程研究所、海南省科学技术协会、三亚市科学技术协会主办，海南省地球物理学会承办，海南省海洋地质调查研究院、海南省地震局、海南省海底资源与探测技术重点实验室、海南热带海洋学院联合协办的21世纪深海探测与资源开发利用国际研讨会在海南省三亚市召开。来自美国、英国、德国等国及国内相关领域专家、学者参会并作学术交流报告。各地高校、科研单位和兄弟学会的专家、学者200余人参加会议。

国内主要学术会议 11月5—7日，第九届全国储层声学与深部钻测技术前沿研讨会在北京召开。20名来自中国、美国、澳大利亚、意大利、新加坡、阿根廷等国专家作大会报告，来自中国石油、中国石化、中国海油、国内各研究院所及高校共32家单位130余人参会。

11月25日，由学会和国土资源部煤炭资源勘查与综合利用重点实验室联合主办，陕西省煤田地质集团有限公司和西安科技大学联合承办的第二届绿色勘查科技暨“一带一路”地球物理高层论坛在陕西省西安市举行。论坛旨在推动资源绿色勘查与生态文明建设的融合，加强“一带一路”倡议中地球科学的合作和学术交流。

11月29—30日，由学会主办，中国石油集团东方地球物理勘探有限责任公司、中国石化石油物探技术研究院、电子科技大学和成都理工大学联合承办的勘探地球物理学进展学术研讨会在四川省成都理工大学举行。研讨会旨在交流勘探地球物理工作者的创新研究成果和经验，汇集30余家单位专家、学者。与会学者从勘探地球物理新理论与新技术进展、地震波传播理论与波场成像新方法、地球物理勘探资料采集和处理新方法、岩石物理新技术与设备、非常规油气储层预测与评价技术进展、勘探地球物理成果解释与应用实例、油气地球物理面临的机遇和挑战、工程与环境地球物理技术8个方面进行探讨。

国际交往　10月15日，美国地球物理学会（American Geophysical Union，AGU）代表团一行8人到学会访问。

科普活动　中国科协授予学会2018年度科普工作优秀学会称号。学会已组建科学传播专家团队8支。组织各团队开展科普讲座、撰写科普文章等科普活动。多名专家形成各自的特色讲座，并在各地宣讲，各团队共开展科普讲座70余场。

建设“地球科学探秘”和“上天入地”科普公众号2个，推送科普图文40余篇，文章涵盖地质、地球物理、地震、海洋、环境与能源等内容。结合世界地球日、防灾减灾日等主题日及热点科技事件发表系列科普文章，线上传播约30万人次。《“张衡一号”卫星发射成功，开启地震监测预测新篇章》和《地震预测新技术：地下云图让地震实时看见》2篇图文科普文章阅读量上万人次，在科普中国支持下，通过移动终端科普中国栏目首发，在今日头条、百度知道、网易新闻等新媒体上转发。

与新华网合作，完成对学会地震电磁卫星首席科学家申旭辉在线视频采访及互动，收听收视人数达几十万人次。学会地球科学首席传播专家施光海参加中央十台科学教育频道《透过光谱识颜料》的策划与拍摄，该节目于2月28日在央视十频道播出。

9月17—19日，由学会主办的第四届“创新杯”全国大学生地球物理知识竞赛在陕西省西安市举行。竞赛旨在促进全国高校间的相互交流，为学生提供实践、创新与交流平台，为提高学生整体素质和综合运用地球物理专业知识能力，培养创新型人才、应用型人才、国际化人才创造条件，丰富和发展地球物理专业人才培养及教育教学模式，推进地球物理事业的普及与发展。来自吉林大学、中南大学、中国海洋大学、长安大学等24所高校的21支重磁队、20支地震测井队共300余人参赛。

中国科学院院士、学会前理事长陈颙领衔开发制作科普图书“院士谈减轻自然灾害系列丛书”，丛书包含《地震灾害》《火山灾害》《空间灾害》《海啸灾害》4册，是教科书式科普图书，已通过赠送和公开发售等渠道传播。

表彰举荐优秀科技工作者　开展中国地球物理科学技术奖、顾功叙地球物理科技发展奖等奖项评选。11个项目获中国地球物理科学技术奖，其中，“‘两宽一高’三维高精度地震采集设计核心理论与关键技术”项目获一等奖，“KLSeisII新一代开放式采集工程设计系统”等7个项目获二等奖，“变质岩区深反射地震方法研究及在胶东金矿成矿构造探测中的应用”等3个项目获三等奖，中国国土资源航空物探遥感中心熊盛青获科技创新一等奖。

中国科学院地质与地球物理研究所研究员王妙月获顾功叙地球物理科技发展奖。山东大学史全岐、香港中文大学杨宏峰、中国地质大学（武汉）杨涛、中国科学院地质与地球物理研究所孙伟家和南方科技大学张振国获傅承义青年科技奖。根据《刘光鼎地球物理青年科学技术奖评选办法》，巴晶、杨涛、高永新、贾晓峰、王祥春获第九届刘光鼎地球物理青年科学技术奖。

根据期刊检索系统对《地球物理学报》论文引用率查询统计结果，4篇论文获陈宗器地球物理优秀论文奖，分别是《2016年1月21日青海门源6.4级地震的发震机制探讨》（胡朝忠等）、《航空电磁勘查技术发展现状及展望》（殷长春等）、《2014年云南鲁甸M_s6.5地震序列的双差定位》（王未来等）、《基于相似度权重算子和f-x域经验模态分解的随机噪声衰减方法》（甘叔玮等）。

学会创新发展 推动院士专家工作站建站工作，新建东方地球物理公司“中国地球物理学会地球物理院士专家工作站”、长江地球物理探测（武汉）有限公司“中国地球物理学会工程物探检测重点实验室”、“中国地球物理学会科技推广试点单位”核工业航测遥感中心。

党建强会 7月9日，学会党委专题学习会议在北京召开。会议由党委副书记、学会秘书长郭建主持。会议学习《中国科协关于认真学习宣传贯彻党的十九大精神的实施方案》《中国科协关于深入学习贯彻党的十九大精神的通知》，传达学习习近平总书记在“两院”院士大会上的重要讲话精神。2018年，学会党建工作重点，一是学习宣传贯彻党的十九大精神，把握新时代学会党建的新使命新任务；二是巩固深化学会党的组织和党的工作“两个全覆盖”，全力推进学会党建工作新发展；三是注重加强党风廉政宣传教育，推进学会党组织作风建设；四是实施“党建强会计划”，充分激发学会党组织活力；五是实施智慧党建计划，着力提升学会党建科学化水平；六是开展党建课题调研和理论学习，提升学会党建理论研究水平。会议就学会党建工作开展情况及下一步工作重点进行讨论与部署。学会党委委员、秘书处临时党支部委员及入党积极分子参加会议。

会员服务 开展会员职称评审工作，评定正高级职称4人、副高级职称10人、中级职称13人。截至2018年年底，共为会员单位评审人才149人。11月19—20日，中国注册地球物理工程师考试、考核答辩在北京举行。经笔试、考核答辩，评审专家阅读参评人员申报材料并进行评议、打分，最终46人通过。

【中国地球科学联合学术年会】 10月11—14日，由学会与中国地震学会、全国岩石学与地球动力学研讨会组委会、中国地质学会构造地质学与地球动力学专业委员会、中国地质学会区域地质与成矿专业委员会、国家自然科学基金委员会地球科学部联合发起的中国地球科学联合学术年会在北京举行，联合学术年会设专题100个，收到论文2150篇，大会邀请报告6篇。设主会场1个、分会场35个。作口头报告1500余篇，张贴报告600余篇。参会专家、学者约2300人。

【美国地球物理学会代表团到学会访问】 10月15日下午，美国地球物理学会（American Geophysical Union，AGU）主席 Eric Davidson，首席执行官、执行董事 Christine W. Mcentee，战略及组织优化执行副总裁 Janice Lachance，科学执行副总裁 Brooks Hanson 及 Wiley 出版集团董事、Wiley 家族第七代继承人 Jesse Wiley，Wiley 出版集团全球政府事务副总裁 Andrew Tein 一行8人到学会访问。双方就未来合作事宜进行会谈，中国科协国际联络部双边合作处副处长孙林出席会谈，学会副秘书长胡敏主持会谈。

学会副理事长赵殿栋就学会学术活动、国际合作、人才培养、会员发展、期刊建设及创新服务等情况向代表团作介绍。Christine W. Mcentee 就 AGU 在全球的影响力、AGU 会议种类、AGU 科学期刊等方面进行介绍。AGU 主席 Eric Davidson 邀请学会访问 AGU，参加 AGU 年会展览。学会与 AGU 在2015年3月签署合作谅解备忘录，AGU 此次访问，加强两个学会间的联系，为两个学会的学术交流、人才联合培养、期刊建设等合作奠定基础。

【第八届环境与工程地球物理国际会议】 6月10—14日，学会在浙江大学召开第八届环境与工程地球物理国际会议。大会共邀请16名来自中国、美国、欧洲等地环境与工程地球物理领域学者作大会报告和专题特邀报告。中国科学院院士、浙江大学教授杨文采，中国工程院院士、中国地质科学院研究员毛景文，中国地质科学院地球深部探测中心名誉主任董树文作大会特邀报告。会议完成108个口头报告和13个张贴报告。来自国内外专家、学者共300余人参会。

（撰稿人：乔忠梅）

中国矿物岩石地球化学学会

学会能力提升计划 学会继续在“精品期刊”计划、“国际影响力提升”计划的资助下，完善期刊平台建设，提高期刊质量，完善会员系统，制定并完善专业委员会管理考评制度。

学会建设 使用会员管理系统，对个人会员资料进行整理、统计，及时更新会员的联系方式。新增会员73人，截至2018年年底，会员总数达7717人。其中，终身会员1358人，其余为年度会员和学生会员。

2月，以通讯方式召开第九届理事会第二次（通讯）会议。会议就学会2017年的工作情况和2018年的活动安排向理事会进行汇报，听取理事对学会工作意见。

4月21日下午，第九届理事会第三次常务理事

（扩大）会议在安徽省合肥市召开。参加会议的有名誉理事长刘丛强，理事长胡瑞忠，副理事长陈骏、郑永飞、何宏平、郑建平，秘书长冯新斌，监事长李世杰以及部分常务理事、华东区理事、监事、专业委员会主任委员、学会副秘书长等50余人。会议由胡瑞忠主持。会议听取冯新斌关于学会2018年1—4月学会总体工作情况的汇报，审议通过学会成立40周年庆典活动方案和监事会工作报告。对2个新设分支机构的申请进行审议和无记名投票表决，最后确定新设气体地球化学专业委员会。侯德封奖评选委员会主任刘丛强汇报第17届侯德封奖评选情况，经会议审议通过。审议确定"全国优秀科技工作者代表"的提名人选。第17届学术年会承办方及学术工作小组介绍第17届学术年会的承办方案和关于学术交流的意见。

8月3—4日，2018年度秘书长工作会议在贵州省黔东南苗族侗族自治州黎平县召开。会议由冯新斌主持，包括10名副秘书长，监事长、《矿物岩石地球化学通报》执行主编以及学会秘书处部分工作人员等16人出席会议。会议就修订学会工作改革设想（征求意见稿）、第17届学术年会学术交流内容、学会成立40周年活动方案、学会全国科普日活动方案等进行讨论。讨论新设生态地球化学专业委员会的申请内容和人员等具体事宜，听取上期青托项目执行情况的汇报。最后，根据中国科协关于建设一流学会的精神和参与科技评价等问题进行讨论，提出意见。

11月25日上午，第九届理事会第四次常务理事（扩大）会议在北京召开。参加会议的有名誉理事长刘丛强，理事长胡瑞忠，副理事长翟明国、郑永飞、邓军、何宏平、郑建平，秘书长冯新斌，监事长李世杰，以及部分常务理事、京区理事、监事、专业委员会主任委员、学会副秘书长、省级学会负责人等60余人。

会议由胡瑞忠主持，冯新斌作2018年理事会工作报告，李世杰作监事会工作报告。

青年人才托举工程　4月21日，在安徽省合肥市召开第17届侯德封奖评审会，会议评选产生21名获奖人。

开展青年人才托举工作，学会承担的第二届青托项目结题。获第四届青托工程项目2个资助名额；经申报和评选，中国科技大学副教授高彭和浙江大学副教授何毓新获得项目资助。

主办期刊　主办的7种刊物均正常出版，全部通过有关单位年度核查。7种期刊共发表文章674篇，共印刷22586册。《岩石学报》、*Acta Geochimica* 和《古地理学报》召开编委会，《岩石学报》《古地理学报》申报"中文科技期刊精品建设计划项目"，项目还在评审中。

国际学术会议　学会各专业委员会组织召开国际学术会议6次。

4月6—8日，学会微束分析测试专业委员会与中国科学院地质与地球物理研究所共同组办的首届中国显微学与显微谱学及其纳米地球科学应用专题研讨会（Micro-Spectroscopy & Nano- Geosciences 2018）在北京召开。来自中国科学院、法国兰斯大学、南京大学、加拿大同步辐射光源软X射线光谱显微学线站、台湾同步辐射研究中心X射线电脑断层扫描实验站等78家单位的210余名专家、学者参加会议。

9月11—17日，第七届亚洲流体包裹体会议（Asian Current Research on Fluid Inclusions VII）在北京召开。来自澳大利亚、德国、俄罗斯、加拿大等14个国家的150余名学者和研究生参会。

9月12—13日，成矿流体和成矿机制国际研讨会在南京大学召开。来自德国、美国等7个国家的上百名专家、学者和研究生参加会议。会议特邀的17名国内外专家就成矿流体与成矿机制领域的最新研究成果作学术报告。

10月10—12日，学会海洋地球化学专业委员会联合同济大学海洋地质国家重点实验室、国际大洋发现计划中国办公室和中国国家自然科学基金委共同组织的第九届亚洲海洋地质大会在上海市召开。大会设立32个专题、3个主题会议，邀请6名国际学者作大会报告，安排298个专题口头报告。来自中国、韩国、日本等25个国家的670余名专家、学者参加大会。

10月19—21日，第七届亚太地区激光剥蚀与微区分析国际研讨会（The 7th Asia-Pacific Workshop on Laser-Ablation and Micro-Analysis）在北京召开。大会由学会岩矿分析测试专业委员会、学会微束分析测试专业委员会以及岩石圈演化国家重点实验室共同承办。来自加拿大、瑞士、比利时等11个国家和地区的180名学者和研究生参会。

11月2—4日，成因矿物学找矿矿物学专业委员会在福建省福州市组织召开第四届资源环境与生命过程成因矿物学研讨会。来自国内外40余单位的120余名专家、学者参加会议。会议共收到摘要50余篇、全文24篇，参加交流的学术报告33个，其中，主题报告5个。

国内主要学术会议 学会各专业委员会主办或作为主要主办单位参与组织召开各类学术会议34次，其中，国内系统性学术会议12次、国际学术会议6次、主题论坛16次。在相关会议中组织专题8次。

4月27—29日，学会大数据与数学地球科学专业委员会主办的第二届全国大数据与数学地球科学学术研讨会在广东省广州市召开。140余人参会，交流学术报告40余个。

4月27日—5月3日，学会化学地球动力学专业委员会与岩浆岩专业委员会共同主办的2018年俯冲带岩浆岩高级研讨会在安徽省合肥市召开。200余名专家、学者及研究生参加会议。会议共收到摘要55篇，交流口头报告46个、展报9个。

5月5—8日，学会矿物包裹体专业委员会在安徽省合肥市组织召开第十九届全国包裹体与地质流体学术研讨会。国内外数十个单位200余名专家、学者参加会议。

5月11—16日，学会变质岩专业委员会在吉林省长春市组织变质岩专业委员会2018年度学术研讨会，包括吉林大学、北京大学等39家科研院所在内的254人参会，交流口头报告98个，展板34份。

5月19—22日，学会地幔矿物岩石地球化学专业委员会在湖北省武汉市主办2018年地幔矿物岩石地球化学研讨会。100余名专家、学者及研究生代表参加会议。

7月6—8日，学会新矿物及矿物命名专业委员会等专业委员会在四川省绵阳市共同主办第八届全国矿物科学与工程学术会议。330余名专家、学者参加会议。会议收录论文摘要104篇，交流大会报告14个。6个分会场交流42个邀请报告、77个分会场口头报告以及24个展报。会后评选出20个优秀口头报告和4个展板报告。

8月24—26日，学会实验矿物岩石地球化学专业委员会在贵州省贵阳市组织召开第九届实验岩石学与计算地球化学前沿研究专题学术研讨会。100余名专家、学者出席会议，交流学术报告25个。

9月8—11日，学会地表与生物地球化学专业委员会与环境地质地球化学专业委员会共同主办的第七届全国环境地球化学大会在贵州省贵阳市召开。600余人参会。

9月15—17日，学会岩相古地理专业委员会在四川省成都市西南石油大学召开第十五届全国古地理学及沉积学学术会议。来自60余个单位的专家、学者521人参会。会议收到论文摘要639篇、大会学术报告11个。设立34个分会场、学术报告322个，其中，主题报告49个、展报169个。会上评选出10篇青年优秀论文。

10月19—22日，学会矿床地球化学专业委员会在河北省石家庄市组织召开第14届全国矿床会议。共有1000余人参会。

11月2—4日，学会应用地球化学专业委员会在广西壮族自治区桂林市召开第七届全国应用地球化学学术会议。200余名专家、学者与会。交流摘要143篇，其中，评出9篇青年优秀论文。

11月10日，学会沉积学专业委员会联合国内16个国家重点实验室在北京召开第一届青年沉积学家论坛，特邀16名国内青年沉积学家作大会报告。

国际组织任职 8月13—17日，第22届国际矿物学大会在澳大利亚墨尔本召开。学会常务理事鲁安怀当选国际矿物学协会（International Mineralogical Association，IMA）第一副主席暨候任主席。沉积学专业委员会主任委员王成善当选国际沉积学家协会副主席。学会理事孙卫东当选国际地球化学学会（Geochemical Society）执委。

科普活动 学会、科普工作委员会以及各理事单位、分支机构开展多种科普活动。

5月21日，学会与支撑单位中国科学院地化所共同举办主题为“科技创新　强国富民”的中国科学院第十四届公众科学日活动。活动首次采用网络同步直播的方式，超过3.1万网民收听中国科学院院士欧阳自远作的题为“中国的探月梦”的科普报告。

9月14—18日，响应中国科协等6部委号召，学会6家理事单位联合举办主题为“认知地球、亲近自然、科教助学”的全国科普日活动。参加人数达1000余人。中国科学院院士、学会名誉理事长欧阳自远开展科普讲座40余场次，受众34000余人。

多个专业委员会组织科普活动，组织科普讲座、培训班20余场，受众人数4000余人。

党建强会 党建工作以学习贯彻落实十九大精神为核心，按照中国科协学习十九大精神的实施方案组织学习，以学习促进学会专兼职工作人员和全体理事思想认识的提高，促进学会能力的提升，促进学会各项工作的开展。

学会党委以召开理事会（常务理事会）为契机，学习贯彻落实十九大精神和习总书记新时代中国特色社会主义思想，把握发展中国的地球化学事业、为科技强国贡献力量的初心和使命，增强学会的凝聚力。

以扶贫、支教和推进全民科学素质的提高为抓手，学会党委牵头、秘书处党支部具体落实，为三大战略的实施做出贡献。开展扶贫支教活动 2 次，组织科普报告 3 场。

在支撑单位党委的领导下，学会秘书处党支部统一开展学习宣传贯彻党的十九大精神的活动，坚持“三会一课”制度，每月定期集中学习至少 1 次，不定期进行交流，将“两学一做”学习教育活动常态化、制度化落到实处。

8 月，按照党建计划，在召开秘书长会议期间，学会党委书记冯新斌及参会的副秘书长和秘书处党员参观黎平会议纪念馆，了解中国革命的关键转折时期的历史。

8 月 22 日，秘书处党支部联合机关一支部和矿床支部在贵州省水城县蟠龙镇二道岩村开展为贫困山区学子送温暖的助学扶贫活动。20 余名党员代表和部分群众参加活动。贵州省水城县是全国深度贫困县，地处蟠龙镇的二道岩村位于北盘江水系上游支流喀斯特地貌大陡坡的半山腰上，自然环境恶劣。在 2018 年的高考中，有 17 人考入大学。为鼓励和支持 17 名学生进入大学，秘书处党支部联合其他支部发起为贫困山区学子送温暖募捐活动。活动得到党员和群众的响应和支持。除所募集的款项外，几个支部拿出部分党费返回的活动经费，捐赠给 17 名即将入学的学生。

11 月 24 日晚，第九届理事会第四次党委会议在中国地质大学（北京）召开。党委书记冯新斌，党委副书记何宏平出席会议，副秘书长刘莉、刘强列席会议。会议由冯新斌主持。

按照中国科协科技社团党委对学会理事会层面功能型党委前置审议学会“三重一大”事项的要求，冯新斌就将在常务理事会议审议的议题进行前置审议。经过与会人员讨论，冯新斌通报学会 2018 年党建活动开展情况以及学会 2018 年重大财务支出。

会议通报了将于 11 月 25 日下午召开的庆祝学会成立 40 周年座谈会的筹备情况。

在中国科协党建研究会的支持下，学会开展“理事会党委工作职能及现状研究”的调研工作。按照调研计划，走访 3 家全国学会，通过电子邮件向多家全国学会进行问卷调查（最后收回 35 份问卷）。根据调研和问卷形成中国科协所属全国学会“理事会党委工作职能及现状研究”的调研报告。

学会秘书处党支部承担学会理事会层面功能型党委的组织和联络工作。在学会党委的领导下，秘书处党支部起草《学会党委工作规则》，提交学会党委审议通过。组织 2 次理事会层面功能型党委的会议，对学会工作进行前置审议。

会员服务 每 2 个月将会刊《矿物岩石地球化学通报》寄送给会员。建立官方公众号，通过公众号和学会现有的网站即时发布学会最新信息。

针对会员开展人才奖励推荐活动，例如：中国科协青年人才托举工程和侯德封矿物岩石地球化学青年科学家奖。

【庆祝中国矿物岩石地球化学学会成立 40 周年座谈会】 11 月 25 日，庆祝中国矿物岩石地球化学学会成立 40 周年座谈会在北京举行。参加过成立大会的老专家，亲历学会发展的名誉理事长、原副理事长、专业委员会主任和老会员代表，以及现任的理事长、副理事长及理事单位代表、专业委员会代表、秘书长代表等 80 余人参会。会议由学会理事长胡瑞忠主持。

【王成善院士当选国际沉积学家协会副主席】 8 月 13—17 日，第 20 届国际沉积学大会在加拿大魁北克召开。中国科学院院士、学会沉积学专业委员会主任委员王成善当选国际沉积学家协会副主席。这是中国沉积学家首次在国际沉积学家协会中担任此项要职。

【鲁安怀当选国际矿物学协会第一副主席并候任主席】 8 月 13—17 日，第 22 届国际矿物学大会在澳大利亚墨尔本召开。学会常务理事鲁安怀当选国际矿物学协会（International Mineralogical Association，IMA）第一副主席并候任主席（1st Vice-President，候任主席，2020 年担任主席）。

（撰稿人：郭　盛）

中国古生物学会

服务创新型国家和社会建设 学会按照国务院扶贫开发领导小组对全国性社会团体发挥全国性和省级社会组织示范带头作用的要求，与理事单位及团体会员中有扶贫经验的单位共同合作，在广西壮族自治区桂林市灵川县开展调研，就如何对尚不发达地区发挥学会自身优势，帮助解决最直接、最现实、最迫切的问题进行调研，在承担公共服务、提供智力支持、实施科技帮扶项目、协助科学决策等方面主动作为。

学会能力提升计划 2月8日，学会在江苏省南京市发布2017年度中国古生物学十大进展评选结果。这些成果集中反映中国科技工作者2017年度在古生物学各分支领域所取得的高水平创新研究成果和重大发现。

学会建设 4月25日，学会在广东省深圳市召开十一届十次常务理事会议，会议审议通过《中国古生物学会第十二届理事会换届方案》、关于提请第十二次全国会员代表大会审议修改《中国古生物学会章程》部分内容并增加监事会的决定及《中国古生物学会2017年年报》。

9月17—19日，中国古生物学会第十二次全国会员代表大会暨第29届学术年会在河南省郑州市召开。9月18日，通过无记名方式投票选举产生中国古生物学会第十二届理事会和第一届监事会。

9月18日晚，召开第十二届理事会第一次会议，参会理事以无记名等额方式选举产生由23人组成的常务理事会。9月19日，第十二届常务理事会召开第一次会议，以无记名方式选举中国古生物学会第十二届理事会负责人。根据学会十一届六次常务理事会制定的换届方案和中国科协的批复，第十二届常务理事会选举产生学会负责人，选举詹仁斌为理事长，邓涛、王永栋、姚建新、白志强、华洪为副理事长。新当选的常务理事会理事长詹仁斌向第十二届常务理事会理事颁发证书，并代表第十二届理事会向第十一届理事会全体成员表示感谢，提出理事会近期工作目标和任务。第十二届常务理事会决定，授予第十一届理事会理事长杨群、副理事长孙革、副理事长童金南，前副理事长季强以及中科院院士沈树忠中国古生物学会荣誉理事称号。詹仁斌为其颁发荣誉理事证书。第一届监事会召开第一次会议，9名参会成员以无记名等额方式选举产生第一届监事会负责人，选举杨群为监事长，选举孙革为副监事长。

10月27—28日，学会在辽宁省沈阳市召开2018年分支机构暨秘书长工作会议。会议学习和传达中国科协所属全国学会分支机构管理办法、中国科协所属全国学会《关于进一步加强财务管理的若干规定》及关于进一步规范分支机构换届报备工作等文件。讨论分会、专业委员会和工作委员会存在的问题和现状，并就学会2019年度理事会工作、学会成立90周年纪念活动及国际交流工作等进行讨论和部署。

主办期刊 学会主办的期刊《古生物学报》出版4期，印发4800册。

国内主要学术会议 7月20—26日，中国古生物学会微体学分会第十七次学术年会、中国古生物学会化石藻类专业委员会第十八次学术年会在内蒙古自治区赤峰市召开。9月17—19日，中国古生物学会第十二次全国会员代表大会暨第29届学术年会在河南省郑州市召开。11月10—12日，中国古生物学会古脊椎动物学分会第16届学术年会在安徽省合肥市召开。11月16日—21日，中国古生物学会古植物学分会第九届会员代表大会暨2018年学术年会在中国地质大学（武汉）秭归产学研基地举行。

国际交往 3月20日，学会接待日本古生物学会理事长、日本国立科学博物馆教授Makoto Manabe（真锅真），日本古生物学会前理事长、名古屋大学教授Tatsuo Oji（大路树生）应邀来访。中国古生物学会理事长杨群、秘书长王永栋等与日方就中国和日本两国古生物学会开展深入合作进行交流座谈。会谈结束后，Makoto Manabe和杨群分别代表双方学会共同签署合作备忘录。根据合作备忘录，双方一致同意在组织中日古生物学会双边会议、组建地区古生物学国际学术组织、推动经常性双边科研人员和研究生交流、共同组织双边野外教学和展览活动等方面开展深入合作，共同推动地区古生物学发展。会谈期间，双方就近期拟重点推动的工作进行商讨。

7月9—13日，学会理事长杨群、副理事长邓涛、秘书长王永栋等60余名会员参加在法国巴黎召开的第五届国际古生物学大会（IPC5）。来自60余个国家的1000余名代表参会。参会期间，学会作30余场报告交流，内容涉及对古脊椎动物、腕足动物、珊瑚、海绵、疑源类、牙形刺、有孔虫、几丁虫、节肢动物等门类的古生物、古地理、古环境、古气候研究，涵盖前寒武纪生物演化与海洋环境、寒武纪特异埋藏、生物灭绝与复苏、生物礁演化、中生代植物演化、被子植物起源、分子古生物学等方向。学会青年学者王博组织琥珀中的远古生态系统学术分会场，樊隽轩组织地质古生物学数据库短训班。大会期间，与会人员参观法国国家自然历史博物馆、古生物和比较解剖学展览、巴黎植物园等，部分人员参加大会组织的会前和会后野外地质考察。

8月12—17日，第10届欧洲古植物学与孢粉学大会在爱尔兰都柏林大学召开。来自43个国家的400

余名代表参加此次大会。学会秘书长王永栋等28人参加此次大会并分别作学术报告。会议期间，学会部分参会人员参加国际古植物学协会（IOP）年度工作会议，考察都柏林植物园的植物多样性展览。

8月13—17日，10名学会代表参加在加拿大魁北克城举行的第二十届国际沉积学大会。会议以“A sedimentary journey through 3 billion years in the new world”为题，下设7个主题，包括碳酸盐岩沉积系统、碎屑岩沉积系统及古气候和古环境等。共有来自51个国家的931名专家、学者参加会议。10名学会代表分别完成口头报告或短报告，樊隽轩研究员向国际沉积家协会的前主席和新任主席介绍GBDB数据库最近进展情况，并讨论双方在未来的合作事宜。与会人员赴魁北克城周边考察劳伦板块圣劳伦斯台地中部的晚奥陶世地层。

科普活动 2月8日，学会公布首届“我身边的化石”科普创作大赛获奖结果。经过专家对全球1320件作品进行评审，共有35件作品获奖，其中，来自辽宁古生物博物馆、上海自然博物馆、化石网、西南大学附中的5件作品获一等奖。2017年，国际古生物协会（IPA）向全球古生物科研科普机构发起号召，将每年10月11日定为“国际化石日”。各地通过举办纪念活动推动公众对古生物化石和生命演化知识的了解，提升保护珍贵化石遗产的意识。为响应首届国际化石日活动主题——“化石的未来：公众参与研究和保护我们的化石遗产”，学会组织举办、化石网具体承办此次大赛。此次大赛由全球14家单位承担分赛区，共同组织比赛。自2017年10月发布至2018年1月5日，14个分赛区共收到参赛作品1320件，144件作品入围，包括绘画类作品57件、摄影类作品26件、手工类作品16件、视频类作品4件、文字故事类作品41件。

4月13—14日，三亚古生物科普论坛暨第四届全国地质古生物科普研讨会在海南省三亚市举行。来自全国地质古生物博物馆、国家地质公园博物馆、三亚水稻公园、地质古生物科普杂志网站、热心于古生物题材创作的文创影视公司等领导、专家、科普创作者及媒体记者等近150人参加会议。会议分别从科普教育活动、科普展览、新技术与古生物科普等方面报告成绩，就中国古生物学会全国古生物科普教育基地发展情况展开交流，学会秘书长王永栋介绍学会科普教育基地基本情况、发展态势和存在的问题。随后，相关基地的17名博物馆馆长或科普主管上台发言，介绍各自基地科普工作情况。会议期间，举办《2017年中国古生物科普中国十大进展》评选结果发布仪式暨首届国际化石日特别活动“我身边的化石”科普创作大赛颁奖仪式。

9月17日上午，在河南省郑州市举行“守护远古生命——海外追缴化石特展”揭幕暨新闻发布会。中国科学院院士舒德干、国家古生物化石专家委员会办公室副主任王丽霞和国际古生物协会秘书长詹仁斌等共同为特展揭幕。学会秘书长王永栋、国家古生物化石专家委员会办公室副主任王丽霞及河南省国土资源厅处长冯进城、河南省地质博物馆馆长徐莉等负责人分别向媒体介绍会议和特展的重要意义。新华社、《人民日报》、中新社、《科技日报》《中国科学报》《中国自然资源报》《河南日报》、河南电视台及新浪网、腾讯网等新闻媒体对会议各项活动进行报道。

表彰举荐优秀科技工作者 中国古生物化石保护基金会联合新华公益向社会共同发起“平凡化石故事·非凡贡献人物（1998—2018）”征集活动，共征集到24个省、自治区、直辖市上报的110余篇“化石故事”。11月16日晚，中国古生物化石保护基金会与新华公益联合举办的“平凡化石故事·非凡贡献人物（1998—2018）”征集活动发布仪式在新华网全媒体集成播控中心举行并进行网络直播。最终评出非凡贡献人物（终身成就）、非凡贡献人物和非凡贡献团队。中国科学院院士、学会荣誉理事张弥曼，周志炎，殷鸿福，舒德干等5人获非凡贡献人物（终身成就）称号，荣誉理事汪啸风、常务理事袁训来等10人获非凡贡献人物称号，中国古生物学会获非凡贡献团队称号。

3月23日，世界杰出女科学家（L’Oréal-UNESCO for Women in Science Awards）颁奖典礼在法国巴黎举行。中国古生物学家、中国科学院院士、学会荣誉理事张弥曼与来自南非、英国、阿根廷、加拿大的4名女科学家共同获奖。联合国教科文组织以此表彰“她开创性的化石研究工作为水生脊椎动物向陆地的演化研究提供了新观点”。张弥曼参加学术报告会议、庆祝“妇女参与科学项目”20周年等系列活动。

张弥曼院士为学会荣誉理事，1993—1997年任学会理事长，1992—1996年任国际古生物协会主席。张弥曼致力于鱼类演化及相关古地理的研究，关于早期肉鳍鱼类杨氏鱼和奇异鱼头骨的细致工作，对总鳍鱼类是四足动物祖先的判断提出质疑，在国际上引发对四足动物起源和肉鳍鱼类演化的新思考。

世界杰出女科学家奖由联合国教科文组织和法国欧莱雅公司于1998年共同创立，旨在奖励为科学进步做出杰出贡献的女性，提高妇女在科学领域的地位。该奖每年颁发1次，将全球划分为非洲与中东、亚太、欧洲、拉丁美洲、北美5个地区，每个地区仅有1名获奖者。中国古生物学会作为亚太地区的推荐组织之一，于2016年向评选委员会推荐张弥曼，详细介绍张弥曼的工作，阐明其研究的科学意义。

【中国古生物学会第十二次全国会员代表大会暨第29届学术年会】 9月17—19日，中国古生物学会第十二次全国会员代表大会暨第29届学术年会在河南省郑州市召开。来自全国科研院所、高等院校、博物馆、化石保护、科普基地、出版文创和地质公园等行业及地质、石油、煤炭等系统的190个单位（包含台湾地区）以及日本、英国、波兰、俄罗斯、奥地利等国专家750余人参加大会。

大会围绕“新时代古生物学——学科交叉与技术创新”主题开展学术交流活动。会议共设置学术专题34个，收录论文摘要422篇，安排学术报告54场，包括主题报告72个、口头学术报告320个、展板报告42个等。内容涵盖古无脊椎动物学、微体古生物学、古植物学和孢粉学、古脊椎动物学、古人类学、地层学、生物地理学和古气候学、分子古生物学、地球生物学以及沉积学和地球化学等学科分支。大会研讨内容涉及早期生命演化、寒武纪大爆发、寒武纪特异化石库、古生物多样性演化及环境、热河与燕辽生物群、综合地层学、古生物大数据、微生物沉积与生物礁、微体古生物学及应用、古植物学与演化、地球生物学、青藏高原地层古生物等学科门类，以及古生物研究新技术和新方法、化石保护研究论坛、博物馆与科普教育、古生物学教学与人才培养、古生物化石与地质公园创新发展等主题。

会议期间，举行中国古生物学会第十二次全国会员代表大会，听取第十一届理事会工作报告、第十二届理事会换届方案报告以及学会财务工作报告。表决通过《中国古生物学会章程修改草案》和《中国古生物学会会员会费标准修改草案》。与会代表经过无记名投票选举产生中国古生物学会第十二届理事会和第一届监事会。随后，召开第十二届理事会第一次会议和第一届监事会第一次会议，选举产生常务理事会成员以及理事会和监事会负责人。詹仁斌当选第十二届理事会理事长，邓涛、王永栋、姚建新、白志强和华洪当选副理事长，杨群当选第一届监事会监事长，孙革当选副监事长。举行地球生物学分会成立大会，选举产生第一届分会理事会负责人，讨论并原则通过关于成立化石保护工作委员会的决定，召开《门类古生物学科学丛书》编写工作会议。

【中国古生物学会微体学分会第十七次学术年会、中国古生物学会化石藻类专业委员会第十八次学术年会】 7月20—26日，中国古生物学会微体学分会第十七次学术年会、中国古生物学会化石藻类专业委员会第十八次学术年会在内蒙古自治区赤峰市召开。75名代表参加会议，会议共收到论文摘要42篇，29名代表在会上作口头报告，另有展板报告9个。报告内容涵盖微体古生物和化石藻类的所有主要门类，包括有孔虫、放射虫、介形虫、几丁虫、牙形类、刺胞动物、疑源类、蓝藻和孢粉等；涉及的时代从中新元古代到现代海洋，地域遍及陆地和海洋；有传统的古生物演化和古生物地层学的研究和微体古生物在大地构造与古环境恢复中的应用研究及《海洋调查规范》最新国家标准的制定等。

【中国古生物学会古脊椎动物学分会第16届学术年会】 11月10—12日，中国古生物学会古脊椎动物学分会第16届学术年会在安徽省合肥市召开。来自全国各科研院所、高校、文博系统110余家单位共340余名专家、学者参加年会。

大会共安排学术报告70余场。大会特邀主题报告，内容涉及羽毛的演化研究、巴西国家博物馆的重建工作、河南许昌灵井人研究、安徽中生代脊椎动物化石研究等领域。分会报告展示古脊椎动物学、古人类学、旧石器考古学、生物地层学、分子生物学、博物馆建设与科普传播等领域的最新研究成果和进展。全体代表在各会场进行学术交流，总结研究进展，探寻合作，共同研讨学科发展趋势，为中国相关领域的国际化发展献计献策。会议收录学术论文37篇，考察早三叠世巢湖鱼龙动物群化石地点、下三叠统印度阶—奥伦尼克阶全球界线层型候选剖面、安徽省地质博物馆、安徽博物院。

【中国古生物学会古植物学分会第九届会员代表大会暨2018年学术年会】 11月16—21日，中国古生物学会古植物学分会第九届会员代表大会暨2018年学术年会在中国地质大学（武汉）秭归产学研基地召开。来自国内高校、科研院所、博物馆及企事业单位等 37 个单位 150 余名代表参加会议。

大会安排 66 个口头报告和 7 个展板报告。印制会议摘要集（包含 80 个会议论文摘要）1 本，编制第 51 期古植物学简讯。学术报告从地质时代上讲，跨越地球上有植物的所有时代，从最早的陆生维管植物，到最早的被子植物及其早期演化。有对具体植物类群的分类学研究和对植物群整体进行群落生态、古气候和古地理分区的探讨。昆虫与植物的协同演化、古植物学与地球化学结合等学科交叉报告反映古植物学研究的拓展。

11 月 17 日晚，学会古植物分会第九届理事会召开第一次理事会会议，选举王军为理事长。

11 月 18 日下午，举行会议闭幕式，徐洪河研究员主持。在闭幕式上，新、老理事长进行交接，为获得优秀学术报告的学生颁发证书和理事长特别奖，王军致闭幕词。

（撰稿人：唐玉刚）

中国海洋湖沼学会

服务创新型国家和社会建设 学会受华东师范大学委托开展成果水平鉴定工作、受山东蓝色海洋科技股份有限公司和新疆金风科技股份有限公司委托开展项目论证工作、受三峡新能源山东昌邑发电有限公司委托开展项目咨询论证工作。在科技评估领域开展承接政府职能转移工作，推动承接政府转移职能工作常态化开展，为打造社会化公共服务品牌奠定基础。

学会建设 召开常务理事会议和分支机构秘书长会议。完成第五届曾呈奎海洋科技奖评审工作。学会常务理事会批准成立 2 个新分支机构：海岸带可持续发展分会、海湖信息技术专业委员会。

主办期刊 主办《海洋湖沼学报》（英文版）、《海洋与湖沼》《水生生物学报》《湖泊科学》《海洋科学》5 种科技期刊。《海洋湖沼学报》（英文版）、《海洋与湖沼》被评为 2018 中国国际影响力优秀学术期刊。《湖泊科学》获中国百种杰出学术期刊称号。《水生生物学报》入选第五届中国精品科技期刊，并继续被收录为中国科技核心期刊。

3 月 23—24 日，学会海洋环境腐蚀与污损专业委员会举办第九届中日海洋腐蚀与控制学术交流会。学术交流会在山东省青岛市即墨区鳌山卫镇海洋科学与技术试点国家实验室举行。来自日本、韩国、印度尼西亚和中国的 10 余家单位的 100 余名专家、学者投稿并参加会议。交流会设口头发表和海报环节，围绕大气腐蚀、微生物腐蚀、水环境腐蚀和防护技术等专题组织 56 个报告，共同探讨腐蚀学科发展的研究热点、腐蚀预防控制的新技术与腐蚀工程应用等问题。

4 月 24 日，由学会河口海岸学分会主办，联合国教科文组织政府间海洋学委员会西太分委会和国家海洋局协办的第二届海洋微塑料污染与控制国际学术研讨会在上海市开幕。来自美国、俄罗斯、西班牙、挪威、日本、韩国、中国 7 个国家海洋塑料污染研究领域的 70 名专家、学者参会。与会专家探讨交流海洋微塑料在海洋中的来源和归趋、海洋微塑料输运数值模型、海洋微塑料与化学污染物的相互作用、微塑料对海洋生物的生态效应等议题，交流论文 34 篇。

9 月 17—19 日，海洋生物地球化学与西太平洋生物圈可持续发展国际研讨会议暨第八届中 - 日 - 韩海洋生物圈整合研究研讨会在上海市举行。会议由学会河口海岸学分会、中国海洋生态系统研究计划区域项目办公室联合主办。来自日本、韩国、泰国、印度、巴基斯坦、斯里兰卡、马来西亚、加拿大和中国等国家和地区近 30 家海洋科研机构及大学的 100 余名专家、学者参会。大会围绕主题探讨气候变化和人类活动影响下西太平洋地区生态系统所承载的压力及其可持续化发展问题，交流论文 34 篇。

国内主要学术会议 学会及分支机构举办全球变化下的海洋与湖沼——“一带一路”与生态文明建设学术交流会、中国海洋湖沼学会青年科技论坛、中国海洋科普教育论坛、第九届中日海洋腐蚀与控制学术交流会、海洋地质与环境学术研讨会、第二届海洋微塑料污染与控制国际学术研讨会、鱼类学分会 2018 年学术研讨会、大河三角洲国际研讨会、海洋生物地球化学与西太平洋生物圈可持续发展国际研讨会议暨第八届中 - 日 - 韩海洋生物圈整合研究研讨会、第六届全国藻类多样性和藻类分类学术研讨会、海洋底栖生物研究与保护研讨会 11 场国内学术会议。共有 1947 人次参会，交流论文 584 篇。

11 月 22—23 日，学会主办的全球变化下的海洋与湖沼——“一带一路”与生态文明建设学术交流会在浙江省舟山市召开。来自全国 142 家高校、科研机构和相关单位海洋湖沼领域的 800 余名专家、学者参加会议。大会为期 2 天，邀请 5 名专家作大会特邀主题报告，邀请 5 名曾呈奎海洋科技奖获奖者作大会报告。学术交流会下设15个分会场，与会专家、学者围绕海洋与湖沼分领域进行学术交流和研讨。大会分会场共交流报告281篇，展示学术海报190余份。

5月10—12日，中国海洋湖沼学会青年科技论坛在贵州省平塘县克度镇召开。论坛以“全球变化下的海洋与湖沼——健康海洋、智慧海洋、观测技术、物联网技术”为主题。来自全国30余家科研院所和高校的100余名专家和青年科技工作者参加论坛。论坛邀请6名学者作论坛特邀报告，特邀报告介绍各自的研究成果、国际前沿发展现状、科技工作者如何专业地做人做事以及一些科普知识。论坛从各分会推荐的报告人中选出13名青年科技工作者和1名研究生作论坛报告。与会专家、学者经过2天的交流，提出新观点、新看法，展示其在研究领域上取得的成果。

11月29—30日，学会主办的2018年中国海洋科普教育论坛在山东省青岛市召开。论坛以“科普、科普产品和科普研学”为主题。全国省市科技馆、科普传播与教育机构、青岛海洋科普联盟成员单位的负责人，科普教育部门的领导、专家、学者300余人参加论坛。论坛下设科普和科普研学2个分论坛，共有14个分论坛报告，围绕海洋科普、科技馆发展、教育创新进行研讨交流。

3月30—31日，学会地质学分会主办的海洋地质与环境学术研讨会在山东省青岛市召开。来自中国科学院海洋研究所、中国地质大学、中国海洋石油总公司、国家深潜基地、国家海洋局一所、南京地质调查中心、中国海洋大学、同济大学的专家、学者100余人参会。会上20余名青年学者围绕“海洋地质与环境”议题作报告。报告涵盖地球物理、地球化学、沉积学、岩石学和古海洋学等内容，与会专家、学者就相关问题开展讨论。

7月8—10日，由学会鱼类学分会主办，大黄鱼育种国家重点实验室和宁德市富发水产有限公司承办的中国海洋湖沼学会鱼类学分会2018年学术研讨会在福建省宁德市召开。来自中国科学院、中国水产科学研究院、中国海洋大学、上海海洋大学、华中农业大学、南京农业大学、西南大学、集美大学、台湾中山大学等高校及科研机构的317名专家、学者参加研讨会。会议围绕鱼类生理、生殖与发育、鱼类遗传学、鱼类分类与生态、鱼类生物多样性及进化等主题展开。大会设5个主题报告、2个分会场报告。大会还设置青年研究生论坛，共4个主题，每个主题有20名研究生作报告。

10月15—16日，由学会河口海岸学分会主办的大河三角洲国际研讨会在上海市维也纳国际酒店召开。会议邀请来自11个国家、从事大河三角洲研究的20余名科学家，包括未来地球－海岸科学指导委员会主席 Bruce Glavovic、*Marine Geology* 主编 Edward Anthony、美国地理学会和地质学会会士 Charles Nittrouer、英国地貌学会主席 Steve Darby、英国皇家工程院院士 Ian Townend 等。

9月7—9日，由学会藻类学分会与哈尔滨师范大学共同举办的第六届全国藻类多样性和藻类分类学术研讨会在黑龙江省哈尔滨市召开。会议以藻类分类及生理生态学研究为主题，邀请全国藻类学研究领域的专家、学者100余人参加。会议收到学术报告36个，涉及淡水、海洋等5个大类群的分类，分子生物学和生理生态学最新研究动态及研究内容，为藻类学研究者提供交流平台。专家、学者就最新学术研究成果及藻类学前沿发展的前景动态进行讨论，加强同行之间的学术交流与合作。

10月24—26日，学会海洋底栖生物学分会第一届理事会第三次会议暨海洋底栖生物研究与保护研讨会在浙江省温州市平阳县南麂列岛国家级海洋自然保护区召开。学会海洋底栖生物学分会20余名理事及平阳县委县政府相关部门、南麂列岛国家海洋自然保护区管理局等相关人员参加会议。全国底栖生物研究领域的专家共同研讨“海洋底栖生物研究与保护”议题，8名专家作报告并进行研讨。会后参会人员到海洋自然保护区进行调查采样研究。

国际交往 1月30日—2月3日，学会海洋遥感专业委员会主任委员林明森一行3人赴欧洲气象卫星组织总部所在地德国达姆施塔特，进行卫星数据交换、处理、应用和芬兰极地站海洋二号卫星数据落地接收等技术交流和洽谈。

4月20—24日，学会海洋遥感专业委员会秘书长邹斌等3人赴荷兰德比尔特访问皇家荷兰气象研究协会，进行微波散射计数据处理与业务应用交流研讨。双方围绕星载微波散射计数据处理、定标及真实性检验、产品服务等方面展示各自的研究成果并进行交流和探讨，对后续工作达成初步合作意向。

5月28日—6月1日，第16届国际棘皮动物大会在日本名古屋举行。国际棘皮动物大会每3年召开一次，已经召开15次。学会副理事长杨红生带领5

名科研人员参加会议，作 4 场学术报告和 1 个墙报。杨红生研究员作题为 *Biological Characteristics and Aquaculture of Sea Cucumber Apostichopus Japonicus* 的分会报告。

10 月 25 日—11 月 4 日，北太平洋海洋科学组织 2018 年年会在日本横滨召开。会议主旨为综合理解北太平洋生态系统变化，交流内容涉及渔业资源评估、生态变化、物理海洋等方面最新研究成果。学会遥感专业委员会副主任委员王其茂等 3 人参加研讨会。会上邹斌研究员作题为 *Marine Environmental Monitoring with GF Satellite Data* 的报告。王其茂研究员作题为 *Chinese Ocean Satellites and Application* 的学术报告。

科普活动 6 月 21 日，学会走进山东省五莲县育才小学开展“海洋科普进校园”活动。除开展海洋生物、海洋腐蚀等方面科普讲座以外，学会为向学生宣传普及海洋湖沼科普知识，举办海洋湖沼科普知识有奖问答活动。320 名学生参加活动。

10 月 20—22 日，由中国科协青少年科技中心、中国科学院科学传播局、青岛海洋科学与技术国家实验室主办，《知识就是力量》杂志社承办的“全国青少年海洋科技文化之旅”巡讲活动走进山东省，学会组织海洋腐蚀科普传播团队为山东省泰安市、安丘市 2 所学校的学生开展关于海洋腐蚀防护及海洋微生物腐蚀的讲座。

7 月 15 日，由中国科协、央视少儿频道、海洋国家实验室、中国科学院联合举办“慧聚海洋 · 声动青春——我是海洋科学演说家”问海夏令营活动，学会邀请海洋腐蚀科普传播团队郑萌博士作为科学导师，带领 5 名来自全国各地的小营员，了解腐蚀室的各项研究课题和成果，并指导营员们进行为期 9 天的科学实验和课题研究。

10 月，学会组织海洋腐蚀科普传播团队申报的中国科协“科普中国”创作项目《还没等你吃土，微生物已经大口吃金属了！》在网易、一点咨询、今日头条、百家号等各大网站头条推送。

党建强会 学会在秘书长联席会议、2018 年青年科技论坛、分支机构理事会上开展学习党的十九大精神主题活动，以“不忘初心，牢记使命”为主题学习党的十九大报告有关内容。同时，学会在网站主页上开辟党建工作专栏，累计发布党建工作内容近 50 篇，贯通党建工作政策宣传、理论学习和业务交流的渠道。建立微信党建工作平台，将习近平总书记的重要讲话精神、十九大精神专题学习文件、重要文件的解读等内容加以整合、编辑，以图、文、音、像并茂的形式在微信上进行推送。

会员服务 每周向理事会员发送展示国外同行最新研究进展的情报资料《海洋科学快报》和《海洋科学消息》，发送潮汐与海平面专业委员会内部刊物《气候变化与海平面上升研究动态》月刊，定期向理事会员提供学会《海洋湖沼学报》(英文版)、《海洋与湖沼》《水生生物学报》《湖泊科学》《海洋科学》5 种科技期刊目录。为会员提供贝类养殖、浮游生物监测、基准潮位核定、计量认证知识等方面的培训活动 60 余次，3000 余人次参加。

【2018 年度中国海洋与湖沼十大科技成果评选】 学会组织评选 2018 年度中国海洋与湖沼十大科技成果，评选范围为 2018 年度在国际或国内产生重大影响的海洋湖沼领域的科技成果。经过海洋与湖沼领域相关单位、专家、学者推荐，以投票方式评选出 2018 年度中国海洋与湖沼十大科技成果。分别是：首次确认北太平洋存在千年尺度的淡水事件；北大西洋经向翻转环流减弱加强全球气候变暖；自主研制的系列“海燕”水下滑翔机创造世界纪录；中国科学院海洋先导科技专项“热带西太平洋海洋系统物质能量交换及其影响”通过结题验收；现代化海洋牧场构建与生态安全保障；治疗阿尔茨海默病海洋创新药物甘露寡糖二酸（GV-971）；海洋系列卫星多星发射，初步构建海洋立体观测天基系统；西太平洋湍流混合研究取得重要突破；全球气候变化下的海洋生物适应新认知；中国改性黏土技术引领国际赤潮治理领域。

（撰稿人：潘文静）

中国海洋学会

服务创新型国家和社会建设 2—7 月，围绕 2018 年度海洋科学技术奖评选工作以及针对 2017 年度已出版的海洋科技图书开展海洋优秀科技图书评选工作。面向大专院校及科研机构，对海洋领域科研成果开展成果鉴定共 4 项，组织科技成果评价实施工作共 14 项。6 月，组织召开由科技部、国家奖励办委托的国家科学技术奖励行业咨询会 1 次，对 11 个申报国家科学技术奖项目给出专家咨询建议意见。

学会能力提升计划 5 月，经中国海洋学会八届三次理事会议讨论通过，拟加强对分支机构、团体会员单位、个人会员的规范管理，提升服务质量。学会制作分支机构、团体会员、个人会员电子信息登记及授权证书。

10月25日，根据中国科协项目资助内容的要求，由学会支持，自然资源部第三海洋研究所和北京国海深蓝文化传播有限公司共同主办的海洋生物产业创新驱动研讨会在福建省厦门市召开。来自国内6个产业园区、3个公共服务平台、1个海洋产业服务机构和1个海洋产业联盟的代表共50余人参加会议。会议组织专家为“海洋生物产业化中试技术研发公共服务平台”提供专家咨询服务。

11月3日，根据常务理事会单位的申请，为团体会员单位提供提供咨询服务。学会支持浙江海洋大学在浙江省舟山市主办国际海洋类高校校长论坛暨海洋科学和工程技术学术研讨会。20余名国内外专家、学者作学术报告。会议期间，与日本东京海洋大学等5所国外高校签署教学合作协议或合作备忘录。

11月8日，由学会、厦门南方海洋研究中心、厦门市海洋与渔业局共同主办，国家海洋局东海分局、福建省海洋与渔业局协办、厦门市加快海洋经济发展领导小组办公室，厦门南方海洋研究中秘书处承办的2018厦门海洋周海洋科技成果转化洽会在福建省厦门市召开。来自全国100余家涉海企事业单位和团体展示最新海洋科技成果，涉海企业、项目单位的嘉宾、代表、市民共5000余人参会。来自30余个国家和地区的政府部门、国际组织官员代表到会观展。会议期间，根据市政府的需求，召开院士专家咨询座谈会，由学会组织院士专家接受媒体采访活动。

学会建设 截至12月1日，学会理事会成员191名，新增理事4名。理事以上人员任全国人大代表1名（吕彩霞）。理事以上人员任全国政协委员4名（蒋兴伟、何广顺、李琳梅、张海文）。常务理事会成员37名，新增常务理事9名。会员人数11480名，团体会员单位281家，新增团体会员单位3家，新增会员300名。分支机构45家，新增5家。科普基地90家，新增12家。

获批成立理事会党委。召开理事大会1次，会议选举党委会成员11名，选举通过增补副理事长4名，选举成立监事会。召开常务理事会议1次。

主办及独立承办学术活动1场，共同主办学术活动12场。支持分支机构主办学术活动23场。支持地方政府开展科学技术专家咨询、科技成果洽谈会3场。组织策划科普主题活动3项，指导各委托单位开展科普特色活动共5类，10个场点。主办科技成果评估鉴定会共10场。召开学会工作例会3次，年度工作会议1次。

5月21日，在北京召开中国海洋学会八届四次常务理事会议。学会理事长陈连增主持会议，学会荣誉副理事长、中国科协副主席周守为等出席会议，副理事长、秘书长和常务理事及代表共40人参会。会议讨论审核调整和新增学会理事、常务理事，制作分支机构授权证、团体会员登记证和个人会员电子证式样，新增全国海洋科普教育基地名单，主办第九届海洋强国战略论坛主题及主要事宜，主办第四届海峡两岸海上丝绸之路学术研讨会方案，召开中国海洋学会八届三次理事会议及方案等议题。会议审核通过增补理事、常务理事和新增12家单位成为中国海洋学会全国海洋科普教育基地。

5月22日，中国海洋学会八届三次理事会议暨2018年度工作会议（全国海洋科普工作会）在北京召开。学会理事长陈连增主持会议，常务副理事长、副理事长、秘书长等相关机构和部门代表共400余人参加会议。根据中国科协科技社团党委的要求，参加会议的理事党员表决通过学会成立党委及其委员人选。会议审核通过自然资源部国家卫星海洋应用中心党委书记、副主任林明森为秘书长，自然资源部国家卫星海洋应用中心主任蒋兴伟为常务副理事长，自然资源部南海分局党委书记、副局长雷波为副理事长。会议审核通过新增2家分支机构及中国海洋学会科技成果评价办法（暂行），通报八届四次常务理事会议新增理事、常务理事，新增全国海洋科普教育基地名单等决定，部署下半年学会的重点工作等。

主办期刊 学会主办学术期刊11种，以《海洋学报》（中英文版）为龙头。11月,《海洋学报》（中文版）获中国科协国际学术期刊项目资助；全年出版4期，发表论文69篇，发行2000册。《海洋工程》（中文版）出版4期，发表论文60篇，发行1500册。《海洋应用学报》《海洋科学进展》出版4期，刊发论文59篇，发行2000册。《海洋调查》（无刊号），出版4期，发表论文28篇，刊发2400册。《海洋环境科学》出版6期，发表论文143篇，发行3000册。《海洋报》出版6期，刊发论文83篇，发行2700册。《海洋技术学报》全年共出版5期，发表论文94篇，发行2660册。

国际学术会议 11月9—11日，由学会等单位主办的第六届西湖国际水业大会暨第十五届京沪杭高科技产业化合作交流活动创新膜技术助力生态环境改造及水污染防治长三角院士论坛在浙江省召开。

国内主要学术会议 学会及所属分支机构举办中国海洋学会2018年第九届海洋强国战略论坛等7个学术论坛，5次大型学术会议，收到学术交流论文400余篇。

1月19日，由学会联合其他学会主办的第三届资源环境与生命科技创新发展高层论坛在云南省昆明市举办。论坛以“加大创新要素供给、强化创新平台支撑”为主题，探讨资源环境和生命科技领域的创新发展模式。来自全国医药卫生、国土资源、环境、农业、水利、气象、测绘地理信息、地震、海洋等行业的机构领导，和相关机构的科研部门、信息情报部门领导近300人参加会议。

5月10日，由学会联合其他单位共同主办的第四届海底观测科学大会在浙江大学海洋学院开幕。来自国内高校、科研机构和企业的500余名专家、教授和青年科技工作者，围绕国内外海底科学观测的前沿科学问题和关键技术难题进行研讨。

5月19日，由学会、中国太平洋学会、中国海洋工程咨询协会和国家海洋信息中心共同主办的2018中国海洋信息技术高端论坛在天津市召开。论坛以“助力海洋强国建设——海洋信息互联互通、深度融合、智慧应用”为主题。设置开幕式、主旨报告、产品发布等板块，旨在集合海洋信息技术领域专家、学者，通过沟通交流，促进海洋信息技术发展，助力海洋强国建设。

6月5日，中国海洋学会北方海专业委员会成立大会暨冰上丝绸之路研讨会在吉林省长春市召开。来自20余所高校、科研机构及杂志社的负责人参加会议。学会北方海专业委员会与北方4省及新疆签署战略合作协议。12家单位宣布成立冰上丝绸之路联盟。专家、学者共同研讨冰上丝绸之路，并以《东北亚经济研究》为载体发布中国冰上丝绸之路研究成果。

6月14日，中国海洋学会海洋测绘专业委员会2018年年会暨首届新时期海洋测绘发展论坛在浙江省舟山市举行。论坛由学会主办，学会海洋测绘专业委员会承办。论坛主题为“新时期水下地形测量技术的机遇与挑战”。

7月11日，2018年中国航海日论坛在上海市举行。来自“一带一路”沿线30余个国家和地区，及国内的代表、专家和学者等近400人出席主论坛。学会是航海日活动组委会成员单位之一。

7月11—12日，由学会、上海港城开发（集团）有限公司联合主办的2018上海临港海洋节——第二届上海海洋智能装备高峰论坛在上海市举行。活动围绕海洋无人智能装备科技与产业，凝聚共识、集聚资源、深化合作，探讨人工智能和海洋科技的融合效应，加速海洋智能装备升级，提升新时代下海洋装备业的行业高度。

10月11—12日，2018中国极地科学学术年会在福建省厦门市举行。年会由学会和中国极地研究中心联合主办，厦门大学、自然资源部第三海洋研究所和学会极地科学分会承办。来自92家机构的500余名专家、学者参会。

10月18日，由学会和中国指挥与控制学会联合主办的2018第二届中国海洋发展与指挥控制论坛在湖北省武汉市召开。来自海洋信息化装备领域的科研院所、高校、高新科技企业200余人参加论坛并进行交流。

10月20日，由学会与宁波大学、中国海洋大学共同主办的2018中国海洋经济论坛在浙江省宁波市召开。论坛根据研究领域设置3个分会场。30余名专家、学者就各自最新研究成果进行学术交流。来自相关国家机关和相关沿海省市海洋部门的管理者，涉海科研院校的专家、学者以及涉海企业负责人共200余人参加论坛。

11月4—6日，由学会、山东师范大学主办，山东师范大学历史与社会发展学院、聊城大学太平洋岛国研究中心、上海郑和研究中心、学会21世纪海上丝绸之路工作委员会承办的第四届海峡两岸海上丝绸之路研讨会在山东师范大学、聊城大学举行。会议以“太平洋—印度洋格局下战略环境、文化交流与海洋生态安全”为主题。来自中国社科院、南开大学、台湾淡江大学等30余所高校及科研机构的70余名专家、学者出席研讨会。两岸专家、学者围绕21世纪中国海洋战略思考、海上丝绸之路中的中外文化交流与融合、中国传统文化与海峡两岸文化传承、海峡两岸与南太平洋岛国文化交流、海上丝绸之路上的生态环境安全、海上丝绸之路路线民俗文化与海洋信仰等问题展开讨论。

11月20日，第九届海洋强国战略论坛暨海洋科学技术颁奖仪式在广西壮族自治区北海市举行。论坛由学会和中国太平洋学会共同主办，以“新时代加快建设海洋强国的策略、措施与实践”为主题。主会场共有6名专家分别作不同主题的主旨报告。下午，6个分会场召开专题学术会议。论坛开幕式上为2017年度海洋科学技术奖获奖项目、2017年度海洋优秀科技图书获得者颁发奖励证书。近800余人参加论坛。评选论文集共2类150余篇。大会开幕式及主旨报告会议实况借用微信直播方式，向未参会的会员及国外协议合作学术机构进行在线直播，近8万余人在线收看。学术会议还同期引进科技成果会展。

11月20日，由学会、北海市人民政府共同主办的向海经济暨21世纪海上丝绸之路成果转化交流会在广西壮族自治区北海市召开。

科普活动 新增海洋科普教育基地12家，已考察待审批15家。截至2018年年底，在16个省（直辖市）25个市成立海洋科普教育基地90家。按照中国科协工作要求，2018年扩大海洋科普志愿者队伍，依托涉海高校学生社团，以“6·8”世界海洋日大学生慢跑活动为契机，招募大学生海洋科普志愿者200名。组建海洋科普志愿者队伍4支。依托分支机构，按照海洋学科分类成立19支海洋科学传播专家团队，专家团队成员240余人。组织专家团队参与海洋科普进内陆、进校园等活动，提高公众特别是青少年的海洋意识。

“6·8”世界海洋日期间，联合全国12所高校、9家高校学生海洋社团举办第五届“奔向大海，跑向未来”全国涉海高校大学生慢跑公益活动暨全国海洋科普志愿者招募活动。近万名师生参与活动，各高校结合“扬帆新时代，奋进新海洋”的活动主题，组织开展海洋主题展览、海洋知识竞赛、专家讲座等活动。

“6·8”世界海洋日，组织开展海洋科普进内陆——走进青海师范大学附属中学科普活动。邀请3名专家为学校近千名学生开展海洋卫星应用、海岛开发与管理以及大洋资源勘探开发等主题科普讲座。

“6·8”世界海洋日、全国科普日期间，联合海洋科普教育基地杭州水处理中心、广东雷州珍稀海洋生物保护区管理局、浙江海洋大学船舶管理中心、国家海洋信息中心、天津市南开区华夏小学、学会海水淡化分会、学会海域和海岛分会开展“清洁沙滩，保护蔚蓝”海洋环保主题公益活动。同时，鼓励沿海地区海洋科普教育基地在全年组织开展相关活动，组织海洋微塑料等环保主题展览，向公众宣传保护海洋环境的重要性。

6月13—15日，联合中国航海学会、中国人工智能学会等共同主办2018年中国首届智能船艇挑战赛。来自智能船艇研制高校、研究院所以及企事业单位的11个代表队携16艘智能船艇参加比赛。

8月11日，与中国造船学会联合主办第七届全国海上航行器设计与制作大赛。来自51所本专科院校及科研院所的568个学生项目参赛。

4月22日，向全国海洋科普教育基地下发通知，要求依托全国海洋科普教育基地组织开展世界地球日宣传活动。各海洋科普教育基地发挥专家、专业以及策划等优势，组织开展线上与线下相结合的地球日宣传活动。

根据《科技部 中央宣传部 中国科协关于举办2018年全国科技活动周的通知》要求，学会组织广东海洋大学水生生物博物馆、中国极地研究中心极地科普馆、中国水产科学研究院内东海水产研究所、青岛海洋地质研究所、中国科学院热带海洋生物实验站等科研类科普教育基地在全国科技周期间开展公众开放日活动。通过举办海洋科普讲解大赛、专家讲座、互动活动、科普展览等方式，向公众普及海洋科学知识。

“5·12”防灾减灾日期间，学会根据活动主题“行动起来，减轻身边的灾害风险”，组织和指导各海洋科普教育基地开展海洋主题的防灾减灾宣传活动。洛阳龙门海洋馆通过微信公众平台向公众普及防灾减灾相关知识。西安曲江海洋极地公园走进校园，通过科普讲座以及互动活动普及防灾减灾知识。福建崇武海洋科普馆走进社区为公众开展科普咨询活动。

全国科普日期间，联合国家海洋信息中心等单位举办“深之蓝杯”第一届天津中小学知识竞赛活动。择优支持中国地质大学（北京）蓝色海洋协会、哈尔滨工程大学船舶海洋学院等涉海高校社团开展全国科普日活动。同时，各海洋科普教育、分支机构围绕活动主题，立足自身特点，策划、组织、开展全国科普日活动。

委托中国水产科学研究所东海水产研究所制作《海洋卫星遥感渔场科普视频》，委托中国科学院南海海洋所制作“海洋外来物种入侵”科普宣传册、“智慧海洋”科普展板。学会主办的《海洋世界》杂志与公众号“地球知识局”合作出刊，联合中国海洋报社主办《亲海特刊》。制作极地科考、深海调查等科普专题，定期免费向海洋科普教育基地发放，截至2018年年底，共发放11期，总计59400余份。

表彰举荐优秀科技工作者 11月20日，第九届海洋强国战略论坛暨海洋科学技术颁奖仪式在广西壮族自治区北海市举行。颁奖仪式以“新时代加快建设海洋强国的策略、措施与实践”为主题。海洋科学技术颁奖仪式在论坛开幕式上进行。自然资源部第一海洋研究所副所长王宗灵作2017年度海洋科学技术奖特等奖项目“黄海浒苔绿潮起源与发生原因”的成果汇报。学会常务副理事长、海洋科学技术奖奖励委员会常务副主任、自然资源部国家卫星海洋应用中心主任蒋兴伟代表海洋科学技术奖奖励委员会宣读2017年度海洋科学技术奖获奖项目的决定。中国太平洋学会常务副会长、海洋科学技术奖奖励委员会副主任、自然资源部海洋出版社党委书记丁磊代表海洋科学技术奖奖励委员会宣读2017年度海洋优秀科技图书奖获奖图书的决定。出席会议的领导、院士专家为获2017年度海洋科学技术奖特等奖1项、一等奖9项、二等奖24项、优秀科技图书奖16项的获奖代表颁发奖励证书。

【2018年度中国海洋十大科技进展项目评选】 学会联合中国太平洋学会、中国海洋湖沼学会、中国造船工程学会、中国指挥与控制学会和中国航海学会评选出2018年度中国十大海洋科技进展。分别是：北大西洋经向翻转环流减弱导致全球表面增暖加强；中国科研人员证实南大洋环状模对南大洋表层酸化速率具有明显的调控作用；中国科学家首次揭示南海扩张期地幔组成本质；中国首艘自主建造极地破冰船下水；中国首次成功完成深海多金属结核采集系统500米海试；首颗中法海洋卫星发射成功；大型灭火、水上救援水陆两栖飞机成功实现水上首飞；中国自主品牌深海作业级潜水器首次联合探查“海马冷泉”取得重大科学进展；完成中国首次环球海洋综合科考；中国第一条海上沉管隧道工程——港珠澳大桥岛隧工程建成通车。

【2018年度海洋科学技术奖】 5月15日，学会奖励办公室启动发出举办2018年度海洋科学技术奖推荐、申报工作部署会暨网络申报业务指导教学会的通知。共向123家具有奖励科技成果项目推荐资格单位发送。

6月12—13日，学会在广西壮族自治区北海市举办海洋科学技术奖申报培训会。约30家推荐单位的130余人参加会议。会上，奖励办公室对《海洋科学技术奖奖励办法》（暂行）及《海洋优秀科技图书评选办法》（暂行）做出解读。截至7月底，奖励办公室共收到海洋科学技术奖报奖项目101项，海洋优秀科技图书推荐42项。

9月25日，奖励办公室对申报海洋科学技术奖的保密项目进行会议初评。针对项目涉及的专业领域，会议邀请20名相关行业资深专家。在签订保密协议后，与会专家对项目内容进行探讨及审议，并提交书面意见及评审等级。每个项目确保有3名专家评审。

11月10日起，2018年度海洋科学技术奖网上申报项目的网评工作正式开始。奖励办公室陆续发出网评短信通知。

12月14—15日，2018年度海洋科学技术奖评审委员会评审会议在北京召开。会议邀请奖励委员会部分成员、相关院士、资深专家共44人，对2018年度海洋科学技术奖申报项目及海洋优秀科技图书进行评审。中国工程院院士潘德炉担任评审委员会主任，中国工程院院士侯保荣、中国工程院院士蒋兴伟、中国科学院院士焦念志及自然资源部海洋出版社党委书记丁磊担任评审委员会副主任。经过评审委员会评审，2018年度海洋科学技术奖评选出拟获奖项目总计40项，其中海洋科学技术研究类拟获奖项目23项（一等奖6项、二等奖17项），海洋科技转化类拟获奖项目17项（一等奖4项、二等奖13项），海洋科技图书拟获优17部。12月26日，拟获奖（获优）名单在《中国海洋报》及学会网站、微信公众号发布公示。

（撰稿人：王东亚）

中国地震学会

学会建设 学会成立中国地震学会大地测量与地震动力学专业委员会，下设二级分支机构增至31个。召开理事会通信会议1次、常务理事会议（含通信会议）3次、全国秘书长工作会议1次。截至2018年年底，发展个人会员318人，个人会员数达2430余人。

学会办公室更新官网布局，新建会议系统与会员系统。筹备设立中国地震学会科学技术奖，计划于2019年开展第一届奖励活动。6月29日，中国地震学会大地测量与地震动力学专业委员会成立大会在中国地震局地质研究所召开。11月21日，在福建省厦门市召开中国地震学会2018年全国秘书长工作会议。会上，向各省级学会传达中国科协学习十九大的文件精神和最新动态，各省级学会进行工作汇报和经验交流。

11月21日，学会授予福建省地震学会等18家单位2018年度中国地震学会系统优秀学会（会员单位）称号，授予郑小菁等19人2018年度中国地震学会系统先进工作者称号。

主办期刊 《地震学报》编辑部从网站、排版系统、采编系统和微信方面进行系统更换，实现期刊数字出版全过程的一体化。据中国科技引证报告（核心版）数据显示，《地震学报》2017年的核心影响因子为0.613，核心总被引频次为1306，综合评价总分为39.9，学科扩展指标为9.60，学科影响指标为0.93。

Earthquake Science（《地震学报》英文版）通过中国科技信息研究所完成Doi和CrossCheck的申请，可作为独立会员单位为期刊出版内容申请Doi，对每篇投稿进行CrossCheck查重检测；重新设计期刊网站，将每篇文章内容碎片化，便于读者能更加快速、准确地搜索到需要的内容；搭建期刊微信服务平台，期刊网站上发布的期刊内容可一键同步在微信服务号发布，方便读者通过各种媒体浏览期刊出版内容。

《国际地震动态》对官网进行实名认证、备案和更新，排版采用XML一体化，建立并运行微信公众号，更新并运行采编系统，建立QQ工作交流群。

决策咨询 学会作为第一批一级地震安全性评价第三方技术审查机构，承接并完成由地震部门委托的技术审查73项。

国际学术会议 学会及分支机构共主办国际学术研讨会4次，提交学术交流论文228篇，累计参加会议人数450余人。

5月9—10日，学会构造物理专业委员会与地震动力学国家重点实验室等单位联合举办断层力学与地震机制国际研讨会。会议在中国地震局地质研究所举行。中国地震局地质研究所所长马胜利组织此次会议，会议邀请美国、荷兰、日本及国内专家、学者50余人参加，其中，16人作口头报告，对断层力学与地震机制进行交流。

5月12—14日，学会岩土工程防震减灾专业委员会与国际土力学与岩土工程学会（ISSMGE）亚洲自然灾害技术委员会（ATC3）等单位共同主办第七届东亚岩土自然灾害技术大会。来自10个国家的约100名专家、学者参加大会。会议共收到63篇论文摘要，安排1个汶川地震纪念大会特邀报告、Ishihara论坛、4个分会场主题特邀报告、23个邀请报告、22个口头报告及13个展板报告。

7月31日—8月2日，2018年国际大地测量与地球动力学学术研讨会（ISGG 2018）在云南省昆明市召开。

8月21—22日，学会可恢复功能防震体系专业委员会及恢先地震工程学基金会等单位共同主办的第四届恢先国际地震工程青年论坛（4th Huixian International Forum on Earthquake Engineering for Young Researchers）在上海市召开。来自美国、加拿大、日本、新西兰、韩国、意大利、希腊、中国等9个国家和地区的150余名青年学者参加论坛。来自美国、加拿大、日本、中国的专家为参会青年学者带来5场关于地震工程前沿领域研究成果的大会报告。分会场上，专家、学者围绕强震动观测和监测、地震地面运动、基础设施安全评价、抗震分析方法和试验技术、区域防震减灾策略等议题展开57场报告，展现各自的研究思路和成果，进行学术研讨与交流。

国内主要学术会议 学会及分支机构共举办国内学术交流活动31次，提交学术交流论文3547篇，累计参加会议人数6760余人。

5月26日，由学会地震地质专业委员会、中国地震局活动构造与火山重点实验室、中国地震局地壳动力学重点实验室、自然资源部新构造运动与地震灾害重点实验室联合举办的新构造运动、活动构造与地震地质学术研讨会在北京召开。会议旨在推进中国新构造运动、活动构造与地震地质的学科发展，展示最新研究成果，探讨未来科学研究的方向与重点。中国科学院院士滕吉文、马瑾、邓起东、石耀霖、张培震、丁林及各地46个院校、科研单位的230余名新构造运动、活动构造学、地震地质学、地球动力学及相关领域专家参加研讨会。

6月29日，中国地震学会大地测量与地震动力学专业委员会成立大会在中国地震局地质研究所召开。相关专家代表、学会会员及研究生共计80余人参加会议。随后举行专委会第一次学术研讨会。会上，来自中国科学院、地震局及国内高校的专家、学者围绕空间对地观测、地壳探测、地震动力学等研究问题作报告。报告总结国内国际相关研究现状，展示专家、学者在大地测量学与地震动力学方面的研究成果，分析当前亟待解决的“卡脖子问题”，对未来学科发展提出见解和建议。

8月14—18日，学会地震应急专业委员会在新疆维吾尔自治区富蕴地区召开2018年中国地震学会地震应急专业委员会年会暨地震应急论坛联合会议。地震应急专业委员会委员、即将发展为地震应急专业委员会委员的地震应急领域青年专家、应急观测技术专家、地震灾害可视化预测专家以及无人机应急应用专家等23名专家、学者参加会议。会议安排15个报告。会议期间，组织参会专家考察富蕴地震断裂，在富蕴断裂现场，专家用无人机拍摄部分断裂图片，清晰地显示断裂带情况。

8月22—25日，由学会地震工程专业委员会、中国建筑学会抗震防灾分会和中国地震工程联合会等单位主办的第十届全国地震工程学术会议在上海市召开。

10月21—23日，由学会与中国地球物理学会等单位联合主办的2018年中国地球科学联合学术年会在北京国际会议中心召开。2300余名来自地球科学不同领域的专家、学者和学生参加大会。会议共设置专题100个，交流探讨学术报告2150余份。

11月2—4日，由学会岩土工程防震减灾专业委员会、中国振动工程学会土动力学专业委员会和恢先地震工程学基金会（中国）共同主办第十届全国土动力学学术会议在江苏省南京市召开。

国际交往 5月9—10日，受学会工程隔震与减震控制专业委员会主任委员崔杰邀请，加拿大不列颠哥伦比亚大学教授所罗门到专业委员会访问，并在广州大学工程抗震研究会议室作关于木结构隔震减震技术专题报告，介绍加拿大木结构在高层建筑中的应用及相应的抗震与减震技术。广东省土木工程领域相关专家，广州大学土木工程学科相关教师、硕士和博士研究生共50余人参会。

科普活动 4月24日是第三个“中国航天日”，中国地震学会空间对地观测专业委员会依托中国地震局地壳应力研究所，举办“4·24”中国航天日暨航天遥感防震减灾应用宣传活动。活动旨在纪念中国航天事业成就，传承并发扬中国航天精神，宣传中国地震局“张衡一号”卫星、InSAR等航天技术在地震监测、防震减灾、应急救援方面的应用。此次活动介绍航天遥感技术在防震减灾事业中的应用历史、应用发展现状，对“十三五”期间防震减灾中遥感应用作宏观展望。制作30余张宣传板，展示空间对地观测技术在防震减灾应用中的发展历程及趋势、“张衡一号”01星与02星的载荷与方案、InSAR地壳形变监测、红外高光谱地震异常监测等。此次宣传活动面向公众，宣传形式包括展板介绍、宣传册发放等，受众100余人。

7月28—29日，学会与中国灾害防御协会在河北省唐山市联合召开地震科普学术交流会。交流会主题为“推动科普实践，弘扬防灾文化”。交流会分为主会场和3个分会场。在主会场，中国灾害防御协会秘书长唐豹和学会副理事长吴忠良致欢迎词，中国科学院院士陈颙作题为“唐山地震与地震科普”的报告，联合国教科文组织“卡林加奖”获奖者李象益教授作题为“世界科普教育新走向与地震科普创新”的专题报告。来自日本的佐野有司教授和意大利的Mariano Lisi教授分别作专业研究报告。关心防震减灾科普工作的领导，从事科普及相关工作的专家、学者，防震减灾科普工作第一线工作人员，防震减灾科普事业相关社会组织和企业代表参加交流研讨会。

党建强会 学会党委组织召开党委及党委扩大会议2次。

4月24日，学会党委召开第四次中国地震学会党委会议。学会党委书记张培震作题为《认真学习贯彻党的十九大精神，全力推进学会党建工作新发展》的报告；党委委员马胜利围绕推进学会党组织作风建设等问题与参会党员进行讨论，并作题为《认真学习贯彻党的十九大精神，推进学会党组织作风建设》的报告。

11月21日，学会党委组织党员代表学习《中国共产党纪律处分条例》；学会理事、原中国地震局地球物理研究所书记乔森为各分支机构党员代表作题为“深入学习，开拓思路，继续加强学会各专业委员会工作”的报告。传达学习中国科协对科学社团的新要求、习近平总书记在中央财经工作第三次会议上发表的重要讲话。要求各分支机构加强跟踪“九大工程”布局情况、关注“九大工程”项目落实情况、关注“十三五”项目与“九大工程”对接等问题。

学会党委为学会党员及科技工作者购置《习近平的七年知青岁月》《青春之歌》《红岩》等书籍。

会员服务 每月为已交纳会费的会员免费发放《国际地震动态》1册。

【2018年中国地球科学联合学术年会】 10月21—23日，由学会与中国地球物理学会等单位联合主办的2018年中国地球科学联合学术年会在北京国际会议中心召开。会议设立1个主会场、35个学术报告分会场。开设专题100个（含1个国际英文专题），其中，地球物理专题46个（含1个国际英文专题）。会议报告包括6个大会特邀报告、100个分专题报告、5

个2018年傅承义青年科技奖获奖人报告等。会议共提交报告2150篇，其中，口头报告1500余篇、张贴报告600余篇。国内地球科学领域2300余名专家、学者参会。

中国科学院院士、学会理事长张培震主持联合学术年会的大会报告。中国科学院院士、中国科学院地质与地球物理研究所研究员朱日祥在会上宣布2017年联合学术年会学生优秀论文奖名单。中国科学院院士、中国科学院青藏高原研究所研究员丁林作题为“从古特提斯洋的打开到新特提斯洋的关闭”的特邀报告，南方科技大学教授陈永顺作题为“全球板块构造理论和动力学：海洋–大陆–海洋”的特邀报告，中国地震局地质研究所研究员马胜利作题为“断层力学与地震机理”的特邀报告，北京大学教授鲁安怀作题为“地表矿物膜光电子能量的产生与利用”的特邀报告，中国石油勘探开发研究院教授级高级工程师张水昌作题为“走进地球中世纪——从元古宙生态环境到油气资源”的特邀报告，中山大学教授张健作题为“前板块构造体制下的地壳变形”的特邀报告。

学术年会期间，进行学生优秀论文评选，在专题推荐出学生优秀论文奖候选人的基础上，经学术委员会审议评定，65名学生获此次学术大会的学生优秀论文奖。

【2018年国际大地测量与地球动力学学术研讨会】 7月31日—8月2日，由学会与国际大地测量协会（IAG）、中国地震局地震研究所等共同主办，湖北省地震局、中国地震学会地壳形变测量专业委员会、湖北省地震学会等共同承办的2018年国际大地测量与地球动力学学术研讨会（ISGG 2018）在云南省昆明市召开。国际大地测量协会主席Harald Schuh、国际大地测量和地球物理学联合会（IUGG）秘书长Alik Ismail-Zade、亚洲大洋洲地球科学学会（AOGS）副主席赵丰等来自15个国家的150余名专家、学者参加研讨会，其中，境外专家、学者32人。会议期间，与会人员围绕“构造、地震和地质灾害”主题进行讨论，共交流大会报告31个、专题报告16个、青年论坛报告18个，展出学术海报22幅。报告分享各国专家、学者在大地测量与地球动力学领域的最新研究成果，反映学科发展动态。

【中国地震预报论坛–2018年度学术交流年会】 8月10—13日，中国地震学会地震学专业委员会、中国地震学会地震学专业委员会和中国地球物理学会固体地球物理委员会在新疆维吾尔自治区富蕴县联合举办中国地震预报论坛–2018学术交流年会。来自地震系统内外28家单位的110余人参加学术交流活动，16名专家、学者作大会和专题报告。

此次学术交流活动设6个专题：汶川地震十年回顾：大陆大地震孕震理论、预测方法与技术；数字地震观测与预报新方法及新技术；地震数值预测理论、方法与技术；地震前兆现象、机理与观测新方法探索；跨学科交叉与地震预测/预报研究相关领域；地震预报科普技术与方法。共征集学术论文摘要162篇，在《国际地震动态》2018年第8期出版。交流会上共有25个张贴报告，全体与会代表对25个张贴报告进行评选，7个张贴报告获奖，组委会为获奖人员颁发奖励证书。按照惯例，优秀张贴报告作者将获在下一届学术年会上作口头报告的资格。论坛同时安排大会讨论（Panel Discussion），Panel的主题是关于富蕴地震和关于数值地震预测。

【“不忘初心，砥砺十年”社会力量参与汶川抗震救灾十周年纪念活动】 5月9日，由中国地震局、中国红十字总会指导，学会与中国灾害防御协会、中华预防医学会、中国应急管理学会、中国气象服务协会、中国少年儿童发展服务中心、中国青少年宫协会、中国卫星导航定位协会、中国消防协会9家单位联合主办的“不忘初心，砥砺十年”社会力量参与汶川抗震救灾十周年纪念活动在四川省绵阳市北川羌族自治县举行。

活动围绕2018应急救援论坛、社会救援力量及应急产业十年发展成果展、牵手未来全国青少年防灾减灾体验公益活动、全国社会救援力量技能竞赛4个部分展开。

2018灾害应急救援论坛以“人与自然和谐共存”为主题，来自国内外的专家、学者、社会组织、科研机构和企业代表共300余人参加。中国灾害防御协会副秘书长刘兴业为大会致辞，联合国儿童基金会驻中国办事处代表郑道，总参谋部测绘导航局原局长袁树友，中国消防协会副会长、公安部消防局副局长陈飞，中国红十字会总会赈灾救护部副部长李庆华，中国地震局震害防御司副司长韦开波参加开幕式并致辞。公安部灭火救援专家组组长牛跃光参加开幕式。北川羌族自治县委书记赖俊参加开幕式并致欢迎词。当日下午，进行灾害救援医学、社会力量应急救援参与、地震学研究在灾害应对中的实践应用3个分论坛。

在新北川游客中心举行防灾减灾救灾应急产品、文化展暨"牵手未来"全国青少年防灾减灾培训体验公益行活动，成果展向社会公众展示十年来防灾减灾救灾中的成就、风采和文化，防灾减灾应急企业和科研机构展示应急产业方面的新科技、新设备和新成果。北川羌族自治县人民政府副县长、公安局局长黄海军及来自大专院校、科研院所、国际组织的专家、学者和全国15支社会救援队参加活动。

（撰稿人：顾　玲）

中国动物学会

服务创新型国家和社会建设　学会撰写《中国动物学会改革工作要点》，上报中国科协。与国家濒危物种科学委员会办公室联合开展中国CITES（《濒危野生动植物种国际贸易公约》）附录动物物种回顾与评估调查问卷，征集专家对拟列入筛选野生动物的建议。推荐会员孟安明、陶庆华的"母源因子huluwa诱导脊椎动物胚胎体轴形成"与孙强、刘真的"构建世界首例体细胞克隆猴"项目，获2018年度"中国生命科学领域十大进展"。

学会建设　9月14—16日，学会十七届六次理事会及秘书长工作会议在河南省新乡市召开。会议讨论通过学会第十八届全国会员代表大会、第十八届理事会规模、会员代表及理事候选人条件、名额分配原则及产生办法、会费标准等。审议《中国动物学会会章修改草案》，审议通过《中国动物学会理事会议事规则》等。

5月10日，召开学会十七届七次通讯常务理事会议，讨论通过《2018年中国动物学会改革工作要点》。11月26日，召开学会十七届八次通讯常务理事会，讨论通过学会推荐的2018年"生命科学十大进展"项目。成立动物生理生态学分会。获中国科协世界一流学会建设项目，获连续3年的经费支持。

主办期刊　《动物学报》（*Current Zoology*）继续保持JCR Q1区行列，学科排名在前13%。《动物学研究》（*Zoological Research*）被SCI-E收录。《兽类学报》在昆虫和动物类13种期刊中影响因子0.926，排名第5；总被引频次746，排名第8；学科综合排名第6。《鸟类学研究》（英文版）（*Avian Research*）影响因子为1.063，在鸟类学学科排13/25位，与2017年（0.853，14/24）相比，影响因子的数值和排名均有提升。

根据中国科学技术信息研究所《2018年版中国科技期刊引证报告（核心版）自然科学卷：中国科技核心期刊（中国科技论文统计源期刊）》，《动物学杂志》核心总被引频次895，核心他引率0.85，核心影响因子0.383，综合评价总分50.2；在昆虫学、动物学类期刊中分别排名第7和第5。

《生物学通报》邀约《普通高中生物学课程标准》修订组负责人及常务副主编刘恩山组织系列稿件，对2018年教育部颁布的《普通高中生物学课程标准》进行解读，帮助一线教师理解并实施培养学生的核心素养。

学科发展研究　征集"健康和医学领域前瞻研究和技术难题"，学会推荐的中国科学院动物研究所刘以训团队建议的难题"人类精原干细胞分化及其在非梗阻性无精患者治疗中的应用研究"中选，并获得资助，完成近1.5万字报告并上报中国科协。

组织征集"引领世界动物学科的前沿科学问题、建设世界动物科技强国的工程技术难题"，征集到"海洋无脊椎动物生物矿化及分子调控机制研究""动物社会行为的进化""以再生生物学和再生医学研究为基础，找出正常细胞增殖与肿瘤细胞增殖的根本区别基因/蛋白，为肿瘤治疗提供理论依据和技术支持，包括相应的新药创制"3个难题，上报中国科协。

3月，组织专家完成动物生态学及保护生物学领域的前沿跟踪研究任务并结题。该项目是由中国生物医学工程学会牵头的生命科学领域前沿跟踪研究项目，2017年启动。

国际学术会议　主办及承办国际会议5次，1280名学者参加，其中，国外学者125名；收到论文摘要518篇，其中，国外学者102篇。组织4个代表团126位专家、学者到国外参加国际学术交流活动。7月10—13日，组织15人代表团参加第51届国际生殖生物学年会并进行交流；7月15日—21日，组织32人代表团参加第13届国际水产遗传学大会；8月19—26日，组织53人代表团参加第27届国际鸟类学大会；9月27—29日，组织26人代表团赴非洲肯尼亚参加第二十七届国际灵长类大会。派专家赴非洲进行"一带一路"交流，探讨野生动物保护监测标准的建立论题。接待21名世界卫生组织官员及科学家来华访问并交流，接待亚洲鱼类学会20名专家来华访问及交流。推荐1名优秀青年作为国际组织后备人才，获中国科协国际组织专项支持，资助其赴加拿大温哥华参加国际组织学术会议并进行交流。

10月27—29日，2018年世界生命科学大会（2018 World Life Science Conference）在国家会议中心召开。大会主题为“科学促进美好生活（Science for Better Life）”。学会组织3个分会场，分别是全球变化生物学效应、野生动物肠道微生物与进化、动物适应性进化研究。3个分会场共邀请19名专家作学术报告，其中，国外专家10人，包括欧洲科学院、美国科学院院士3人。有11名国外专家注册参会，共有356名参会者听报告。

11月1—6日，第四届野生动物疟原虫及血孢子虫国际学术研讨会（4th International Conference on Malaria and Related Haemosporidian Parasites of Wildlife）在北京师范大学召开。120名学者、研究生参会，其中，国外学者62人。

11月24—26日，第十一届世界华人虾蟹养殖研讨会（The 11th World Chinese Symposium on Crustacean Aquaculture）在汕头大学召开。600人参会，其中，国外学者10人；收到论文摘要300篇，其中，国外学者5篇。16名海内外虾蟹产业领域的科学家和企业家作大会特邀报告，有110名位专家在分会场作报告。

11月24—26日，第三届亚洲原生生物学大会暨第十届亚洲纤毛虫生物学大会（The 3rd Asian Congress of Protistology，10th Asian Congress of Ciliate Biology）在广东省广州市召开。共62人参加，其中，国外学者12人，港澳台地区3人。会议收到论文摘要42篇，其中，国外学者14篇。会议设大会报告4个、口头报告21个。会议期间，召开亚洲原生生物学家学会委员会会议，推选伦照荣教授为第三届亚洲原生生物学家学会主席，赖德华副教授为秘书长。

11月30日—12月5日，第三届亚洲鱼类学会学术年会（Asian Fish Annual Meeting 2018，AFAM 2018）在广西壮族自治区南宁市召开。142名专家、学者及研究生参加，其中，国外学者20人；收到论文摘要92篇，其中，国外学者20篇。大会安排特邀报告8个、口头报告38个、墙报15个。

国内主要学术会议 学会组织召开14次、协办1次国内学术会议、讲座。参会人数3357人次，交流学术论文1405篇，编辑印刷摘要集8本。

6月29日—7月2日，第七届中国西部动物学学术研讨会在宁夏回族自治区银川市召开。276名专家、学者及研究生参加，收到论文摘要117篇。邀请12名专家作大会报告，另有60名学者作专题学术报告。

6月30日—7月4日，学会比较内分泌学专业委员会第十二次学术研讨会在上海海洋大学召开。200名学者、研究生参加，收到论文摘要116篇。论文内容涵盖哺乳类、鸟类、鱼类、甲壳类、昆虫等动物类群的内分泌学研究。

7月8—10日，学会鱼类学分会2018年学术研讨会在福建省宁德市召开。317名专家、学者参加，收到论文摘要191篇。会议主要讨论鱼类生理、生殖与发育、鱼类遗传学、鱼类分类与生态、鱼类生物多样性及进化等多个主题。

8月14—17日，学会两栖爬行动物学分会2018年学术研讨会在兰州大学召开。189名学者和研究生参加，收到论文摘要112篇。会议邀请7名专家作大会报告，80名学者（含50名研究生）作专题报告。学者就肠道菌群与两栖爬行动物的生理和疾病、两栖动物皮肤抗菌肽的活性和功能、性别决定机制等新兴领域进行探讨、交流。

8月30—31日，中国青年鸟类学家研讨会暨第十四届翠鸟论坛在北京召开。87名研究生参加。论坛分专家讲座、学生报告和工作坊3个单元。邀请2名专家作报告，23名研究生作报告，10名学生作5分钟的快速报告。论坛评出优秀学术报告的金翠鸟奖和银翠鸟奖。

9月18—21日，学会细胞与分子显微技术学分会第十九次学术研讨会在宁夏回族自治区银川市召开。202名学者和研究生参加，收到论文摘要78篇。会议邀请13名专家作大会报告。与会学者交流和探讨细胞与分子显微技术学近2来的研究成果。

9月20—23日，学会原生动物学分会委员会会议暨第一届原生动物生物多样性研讨会在新疆维吾尔自治区乌鲁木齐市召开。40名专家参会，开展以“原生动物生物多样性”为主题的学术研讨活动。共邀请8名委员作大会报告。

10月9—10日，第四届水生动物行为学学术研讨会在山东省青岛市召开。127名专家、学者参加。邀请7名专家作主题报告，25名学者作口头学术报告。报告内容覆盖濒危资源保护、鱼道和养殖设施、声光电影响、行为演变和进化、行为生态生理、特异行为特征、行为示踪科技、行为实践应用等多个交叉学科和领域。

10月19—20日，2018年生物学教育研讨会在首都师范大学举行。700名专家、学者、中学生物教研员、一线教师和研究生参加。会议主题为“聚焦核心素养，助力基础教育”。

12月21—24日，第三届原生动物学分会青年学者研讨会在吉林省吉林市召开。121名专家、青年学者参会，收到论文摘要78篇。53名学者和研究生作报告，其中，中型报告6个、小型报告40个、墙报7个。

国际组织任职 正式加入国际动物学会、国际原生动物学家学会2个国际组织，学会常务副理事长张知彬继续任国际动物学会主席（2016—2020），会员韩春旭任秘书长（2016—2020）。

学会常务理事雷富民当选国际鸟类学家联合会唯一副主席，吴志强教授当选新一届亚洲鱼类学会主席，伦照荣教授、赖德华副教授当选第三届亚洲原生生物学家学会主席和秘书长。

科普活动 全年开展11次科普活动，参加活动人数51591人次。

3月1—4日，在清华大学生命科学学院举办选拔国际生物学奥林匹克竞赛国家集训队队员的比赛，18个省的50名选手参加。按成绩从中选出4名选手。

7月14—22日，组织代表团参加第29届国际生物学奥林匹克竞赛。代表团由9人组成，其中，学生4名。68个国家和中国台湾地区的261名选手参加比赛。最终决出金牌27枚、银牌55枚、铜牌65枚。中国4名选手全部获得金牌，团体总分第一名。

3月17日，全国高校生物博物馆专业委员会筹备会在广东省广州市召开。12所高校的25名生物博物馆主管教师参加。与会学者分别介绍各自单位生物博物馆的特色和面临的挑战。

5月20日晚，组织专家和志愿者参与中国科学院科学传播局主办的2018年重大示范活动暨中国科学院第十四届公众科学日特色活动“科学之夜”活动。1500人参加活动，其中，学会2名科技工作者、2名工作人员参加。6名志愿者协助在国家动物博物馆组织4场《北京的候鸟》立体书制作活动。

5月22—26日，与中国科学院动物研究所、中国野生动物保护协会等单位联合举办第四届全国动物标本大赛暨标本展示活动。257件作品参展，共评出获奖作品100余件。涵盖哺乳类、鸟类、爬行类、两栖类、鱼类等动物类群的皮张和骨骼标本。此届比赛邀请国内外标本制作专家共同担任评委，标本评审依据国际标准。安排国内外专家在赛事期间开展标本制作讲座，并举办国际标本商品的展示、展销。邀请林业、海洋渔业等主管部门参与赛事举办。在加强交流的基础上，促进中国标本制作技术水平的提升和与国际接轨。

表彰举荐优秀科技工作者 组织青年托举人才候选人评选推荐工作，推荐的1名候选人获中国科协第四届青年人才托举工程资助计划（2018—2020年度）支持。9月，开展蔡司·斑马鱼科学研究奖评选工作，共17名青年科技工作者和研究生获奖。学会高亚威副教授被评为2015—2017年度优秀青年托举人才。

党建强会 3月20日，学会、国际动物学会党建活动小组组织党员和群众观看《厉害了，我的国》电影，进行爱国主义教育。

9月14—16日，学会在河南省新乡市组织召开学习和贯彻党的十九大精神报告会。学会党委书记张知彬作学习党的十九大报告精神的专题宣讲报告，与会理事、秘书长一同学习党的十九大报告精神。

会员服务 通过学会及分会、专业委员会网站为会员提供国内、国际学术会议信息，学科发展前沿性进展，科普信息等。学会重要活动信息通过学会各个会员微信群发布给会员，学会组织的专家学术报告进行网上在线直播。

【第四届野生动物疟原虫及血孢子虫国际学术研讨会】 11月1—6日，第四届野生动物疟原虫及血孢子虫国际学术研讨会（4th International Conference on Malaria and Related Haemosporidian Parasites of Wildlife）在北京师范大学和北京动物园召开。来自中国、美国、瑞典、立陶宛、巴西、哥伦比亚、喀麦隆等20个国家的120名学者和研究生参会，其中，国外学者62人。收到论文摘要65篇，其中，国外学者58篇。会议主题为“野生动物疟原虫和血孢子虫的多样性、进化与动物健康”。邀请3名专家作大会主题报告，9名专家作大会专题报告，有49名学者、研究生作口头报告。参会学者围绕野生动物疟原虫及血孢子虫的多样性起源与维持机制、分子进化、与宿主的协同演化、谱系基因组学、致病机理与药物研发、媒介昆虫的影响机制以及气候变化、栖息地丧失等环境变化对宿主—寄生虫关系的影响等内容进行讨论和交流。会议期间，举办第2届全国鸟类血孢子虫培训班。

【动物生理生态学分会成立大会暨第八届学术研讨会】 10月19—22日，动物生理生态学分会成立大会暨第八届学术研讨会在沈阳师范大学召开。42家单位的243名学者和研究生参加，收到论文摘要91篇。研讨会设1个大会特邀报告、4个大会报告、6个优秀青年工作者报告、36个口头报告，另有37个墙报展示。会议学术交流内容涵盖动物生理生态学学科的各个领域，涉及贝类、鱼类、两栖爬行类、鸟类和兽类等各主要动物类群。与会会员代表通过无记名投票方式选举出分会的第一届委员会委员，选举计翔教授为主任委员。

【第十四届全国野生动物生态与资源保护学术研讨会暨第九届中国动物学会兽类学分会全国会员代表大会】 11月21—24日，第十四届全国野生动物生态与资源保护学术研讨会暨第九届中国动物学会兽类学分会全国会员代表大会在云南省昆明市召开。来自116个单位的640名学者和研究生参加，收到论文摘要294篇。会议设立6个分会场，组织19个专题。224名学者、研究生作报告，其中，研究生报告98个；45名代表用墙报展示其研究成果。学会兽类学分会进行委员会换届改选，选举产生分会第九届委员会委员和新的负责人集体，中国科学院院士、中国科学院动物研究所研究员魏辅文任主任委员。

【世界整合动物学大讲堂学术报告会】 12月13日上午、12月20日下午，世界整合动物学大讲堂学术报告会在北京举办，同时庆祝中国科学院动物研究所成立90华诞。国际动物学会与学会联合邀请3名中国科学院院士、2名美国华裔专家和1名国内专家作学术报告。

中国科学院院士、发展中国家科学院院士魏辅文阐述大熊猫科学探秘与保护的重要意义。美国佛罗里达州立大学教授汪作新作题为Oxytocin, Social Bonding and Social Buffering的报告。美国密西西比州立大学教授王桂明讲述动物生态学的时空性。全国政协前常委、前北京师范大学副校长葛剑平围绕生物多样性形成与维持机制问题，介绍其研究团队的东北虎豹生物多样性野外科学观测研究及构建的基于大型野生动物的野外科学观测研究平台。河北大学校长、中国昆虫学会理事长康乐作题为“蝗虫保护色的形成与群体防御”的报告，介绍群居型飞蝗与散居型飞蝗不同防御策略和机制。中国科学院院士、清华大学教授、学会理事长孟安明介绍其研究组关于卵源因子控制脊椎动物胚胎体轴的形成的重要发现。205名学者、研究生现场聆听学术报告。第2次报告会采取网上在线直播方式，为国内的会员、学者提供聆听报告的机会。

（撰稿人：张永文　张　欢）

中国植物学会

学会建设 10月11日，召开学会第十六次全国会员代表大会，进行理事会、常务理事会换届选举工作。第十六届理事会有120名理事、40名常务理事。新增国家绿色发展智库与咨询工作委员会、生物竞赛工作委员会、教育工作委员会、省级学会联络工作委员会与女植物科学家分会。工作委员会由6个增至10个，专业委员会（分会）由14个增至16个，完成理事会换届改选工作。《科技导报》杂志专刊出版《第19届国际植物学大会专集》，纸质版发行1500册。编辑印制《中国植物学会2018年年报》150册。完成2017年财务审计和民政部年度审计工作、2017年度中国科协财务统计工作和综合统计调查工作。

青年人才托举工程 学会推荐的中国科学院植物研究所鲁丽敏入选中国科协青年人才托举工程2018—2020年度项目。

主办期刊 学会主办的9种期刊全年共出版84期，发表论文1034篇，发行量172600余册。

《植物学报》英文版（*Journal of Integrative Plant Biology*，JIPB）、《植物分类学报》英文版（*Journal of Systematics and Evolution*，JSE）、《植物生态学报》英文版（*Journal of Plant Ecology*，JPE）连续获“中国科技期刊国际影响力提升计划”资助，2017年SCI影响因子分别为3.129、3.657和1.937，均入选2018最具国际影响力学术期刊。在2017年SCI收录的222种植物学期刊中分别位列第36位、第26位和第80位；JIPB和JSE位居Q1区，JPE位居Q2区。

Plant Diversity（原《植物分类与资源学报》，简称PD）从2016年起，由中文变更为英文，采取一系列期刊影响和服务提升举措，月均下载达到9000余次，在2018年下半年进入SCI评估阶段，模拟影响因子为1.2。

根据科睿唯安公布的2017年期刊引证报告，JIPB 2017年5年SCI影响因子为3.499，2年SCI影响因子为3.129，连续6年位居Q1区，被引频次为3660，排名第64。获国家新闻出版广电总局第三届“百强报刊”、第四届中国出版政府奖期刊奖提名奖。JIPB与

JSE 各有 1 篇论文获第三届中国科协优秀科技论文。

《植物生态学报》《生物多样性》《植物学报》分别获中国科协精品科技期刊工程项目和中国科协中文科技期刊精品建设计划资助。

《生物多样性》被评为 2017 年百种中国杰出学术期刊、第四届中国精品科技期刊和 2018 中国国际影响力优秀学术期刊，1 篇论文获第三届中国科协优秀科技论文。

决策咨询 参与 2017 年度“中国科协重大调研课题”，承担生命科学领域前沿跟踪研究课题中植物科学前沿分报告的子课题。完成专报《利用基因编辑技术精细调控农作物复杂数量性状》，组织专家撰写《关于发展基因组编辑技术，推动农作物育种革命的建议》并通过科协提交至中央。

国际学术会议 10 月 27—29 日，2018 世界生命科学大会在北京国家会议中心举办。学会组织承担植物与环境、农业新进展、可持续农业 3 个分会场，共邀请 18 名国内外专家作报告，其中，国外专家 8 人，4 人分别为英国皇家学会会员及德国、法国、美国科学院院士。

国内主要学术会议 学会及下设各分支机构组织召开各类学术年会、研讨会等共 7 次，共有 5500 余名专家、学者参加交流。

7 月 13—15 日，第九届中国民族植物学大会暨第八届亚太民族植物学论坛在云南省昆明市召开。论坛设置 14 个特邀报告、7 个专题及 86 个口头报告，聚焦民族植物学与“一带一路”跨区域交流发展，研讨新形势下民族植物学面临的机遇和挑战，300 余名专家、学者参会。

8 月 23—27 日，第十三届全国植物结构与生殖生物学学术研讨会在河南省新乡市召开。会议围绕植物组织与细胞结构的多样性及其生态适应与进化调控，植物育性、受精和早期发育的分子细胞机制等议题进行交流。48 所国内高校和科研院所的 160 余名专家、学者参会。

10 月 11—13 日，学会在云南省昆明市召开中国植物学会 85 周年学术年会。大会主题为“绿色发展助力中国梦”。来自 23 个省、4 个直辖市、5 个自治区、香港特别行政区的 309 家单位的 1400 余名专家、学者参加会议。

10 月 19—20 日，学会与中国动物学会、《生物学通报》编辑部等单位联合主办的 2018 年全国中学生生物教学研讨会在首都师范大学举行。700 余名专家、学者、中学生物教研员参加会议，以“聚焦核心素养，助力基础教育”为主题，研讨和交流中学生物教学与实践等议题。

10 月 19—21 日，2018 年全国植物生物学大会在山东省泰安市举行。会议主题为“植物科学助力乡村振兴”。来自北京大学、清华大学、中国科学院、中国农业科学院等 200 余家高校、科研院所的 2000 余名专家、学者参会。

11 月 6—8 日，2018 年中国植物园学术年会在湖北省武汉市召开。大会以“新时代、新使命、新作为”为主题，来自全国植物园、科研院所等 110 余家单位的 380 余名专家、学者参加会议。会议组织 59 场学术报告，4 名青年学者获“优秀青年报告奖”。

11 月 23—26 日，2018 全国系统与进化植物学研讨会暨第十三届青年学术研讨会在湖北省武汉市举行。会议围绕植物资源调查与分类学、植物系统发生与生物地理学等 5 个专题，设置 15 个大会报告和 80 余个分会场报告。会议吸引中国科学院植物所、武汉植物园、北京大学、复旦大学等 100 余家研究机构和高校的 500 余名专家、学者参加。

科普活动 组建以朱瑞良、黄璐琦、赵世伟、陈进、李思锋、张寿洲、江明喜、任海、管开云、赵遵田、李梅 11 名专家为首席科学传播专家的 11 支科学传播团体。

2 月 12 日—3 月 2 日，第十四届北京兰花展在北京植物园举办，展出近 500 种 / 万余株兰花。

4 月 8 日，新疆植物学会“青年专家服务团”赴新疆维吾尔自治区和田地区墨玉县开展“成长之路、爱心科普”活动，为恰瓦格小学进行捐助活动，并举办科普讲座。

10 月 22 日，由中国植物学会植物细胞生物学专业委员会主办的动植物科普教育周活动在河南省开封市启动。活动以“粮食安全和农业生物技术”为主题，面向中小学教师和学生，注重与科学家的互动，帮助青少年了解生命科学，提高青少年的基本科学素养。

表彰举荐优秀科技工作者 学会推荐的中国科学院植物所陈之端的“中国被子植物区系进化历史研究”科研成果入选中国科协生命科学学会联合体发布的 2018 年度“中国生命科学领域十大进展”。

中国科协公布第六批首席科学传播专家。经学会推荐，巩志忠、李楠、卢宝荣、孙蒙祥、张力 5 名专家被聘为首席科学传播专家。

党建强会 10月11日，召开中国植物学会第二次党员大会，选举产生新一届党委。13日上午，中国植物学会新一届党委开展“不忘初心 牢记使命”主题党日活动，组织党员参观昆明西南联大旧址，使“两学一做”学习教育常态化、制度化，共29名党员及会议代表参加此次活动。

会员服务 编辑《电子简报》6期，反映学会、专业委员会和分会、省级学会全年工作。发布科协、中国科学院等相关单位重要资讯，定期发送给理事、各分支机构、学会高级会员及相关单位，及时更新至学会网站。

【中国植物学会第十六次全国会员代表大会暨85周年学术年会】 10月10—13日，中国植物学会第十六次全国会员代表大会暨85周年学术年会在云南省昆明市召开。

10月11日，近300名会员代表参加第十六次全国会员代表大会。学会理事长武维华代表学会第十五届理事会作工作报告，副理事长种康、安黎哲分别作关于章程修改与会费修订的报告，副理事长李德铢汇报第十六届理事会和第一届监事会产生办法的说明。会议审议通过学会章程修订报告和会费修订报告。代表们以无记名投票方式选举产生第十六届理事会，共120名理事，同时选举产生由7名成员组成的第一届监事会。

学会第一届监事会召开，选举葛颂为监事长，选举安黎哲为副监事长。第十六届理事会第一次会议随后召开，武维华主持会议。经选举，洪德元、匡廷云、许智宏、张新时、周俊5人任第十六届理事会名誉理事长，种康任理事长，巩志忠、顾红雅、黄宏文、康振生、刘宝、孙航、谭仁祥、汪小全担任副理事长，汪小全（兼）任秘书长。大会通过此届理事会学会各分支机构负责人和学会副秘书长人选。

会议举行2017年第19届国际植物学大会（IBC 2017）颁奖典礼，表彰在该会议筹备和举办过程中做出重要贡献的先进团体和优秀个人。决定授予深圳市人民政府IBC 2017特别贡献奖，表彰其在大会筹备中给予组织保障和经费支持。授予深圳市城市管理局等4家单位IBC 2017集体奖，葛颂等6人IBC 2017杰出贡献奖，程佑发等34人IBC 2017贡献奖。

学术年会设置生物多样性、资源和保护，分类学、系统发育和进化，生态学、环境与全球变化，发育和生理学，细胞、基因组和生物信息学5个植物学相关领域的180个分会场口头报告，安排10个大会特邀报告、期刊论坛和青年论坛及壁报展示等交流活动。

会议特邀中国科学院院士朱玉贤、李德铢研究员、黄三文研究员、韩兴国研究员、谢道昕教授、杨淑华教授、施苏华教授、贺金生教授、龙春林教授、瞿礼嘉教授分别作大会报告《异源四倍体棉花基因组解析与育种应用》、Bamboo：a Key Lineage to Our Understanding of Evolution of the Grass Family、《优薯计划—基因组指导的马铃薯再驯化》《大气氮沉降对草原生态系统结构和功能的影响》《植物激素茉莉素和独脚金内酯的受体研究进展》《蛋白激酶调控植物的抗冻性》《红树多物种趋同适应性进化的基因组机制》《新时期草地生态学的机遇与挑战》《民族植物学研究新进展》《拟南芥雌雄相互作用中的信号及感受》。

大会共收到论文摘要410篇，经专家评审，402篇收录到《中国植物学会八十五周年学术年会论文集摘要汇编》。

（撰稿人：姜 晔）

中国昆虫学会

服务创新型国家和社会建设 学会组织专家提供技术，解决关键制约问题。专家先后考察、支持山东省乐陵东亚飞蝗产业扶贫基地、费县蔬菜瓜类废弃物环境昆虫转化处理技术示范基地。组织技术力量，提供科技支撑，规划实施沂水烟草公司天敌产业化基地、沂水崔家峪镇作物秸秆环境昆虫转化处理示范基地、齐河万亩生态林公园项目。利用黄粉虫转化处理蔬菜废弃叶果，利用白星花金龟转化处理作物秸秆、蔬菜秧蔓、畜禽粪污、菌糠残渣等，在城乡生活垃圾分类后的湿垃圾资源化中发挥作用。突破7种捕食性瓢虫的规模化、工厂化生产繁育技术，形成生产工艺和释放技术规范，为生物防治和生态植保技术体系的研究和生产应用提供理论和技术支撑。天敌昆虫生产体系和环境昆虫工艺技术在农业绿色发展和农村环境治理领域发挥作用。

学会能力提升计划 按期完成中国科协项目3个：“引领世界科学的前沿科学问题、建设世界科技强国的工程技术难题”项目、“智爱妈妈行动”、“中国科协青年科学家参与国际组织学术会议”项目。

学会建设 截至2018年年底，学会有会员13525个，其中，单位会员6个，个人会员13519人。1月20日，成立中国昆虫学会直翅类昆虫专业委员会。学会分支机构由27个增至28个。

青年人才托举工程 9月，启动第四届青年人才托举工程（2018—2020年度）项目申报工作。5名青年学者上报，学会通过常委会通讯审阅上报材料，评审出3名候选人进入联合体层面参加评审。联合体最终评选出中国林业科学研究院森林生态环境与保护研究所研究员王梅助入选中国科协青年人才托举工程（2018—2020年度）项目扶持人才。截至2018年年底，学会已有8名青年学者获该项目资助。

主办期刊 学会主办《昆虫科学》（英文版）、《昆虫学报》、《动物分类学报》（英文版，合办）、《应用昆虫学报》、《昆虫分类学报》（英文版）、《寄生虫与医学昆虫学报》（合办）和《环境昆虫学报》（合办）7种期刊，共发行30240册，发表文章707篇。

《昆虫科学》（英文版）于2016年入选中国科协中国科技期刊国际影响力提升计划。在项目支持下，期刊注重国际化发展，出版学术专集与专栏，完善期刊数字化出版。该刊进入国际昆虫学期刊前15%。在提升期刊国际影响力方面，编辑部关注昆虫学热点研究领域，出版学术专刊，提高学术影响力；通过会议宣传提升期刊显示度；利用新媒体推介文章；评选高引用论文，吸引优质稿件。出版学术专刊，提高期刊的学术影响力：2018年出版专刊2期，第2期 *Insects for Feed and Food* 和第4期 *The Impact of Transgenic Crops on Protected Arthropods*。通过会议宣传提升期刊显示度：设计制作期刊宣传页、海报，赠送期刊；作大会报告介绍期刊发展态势；邀请参会代表关注“昆虫科学”微信公众号；配合会议主题，创建植物－昆虫－微生物互作、昆虫共生菌专题，受到代表关注；制作虚拟专刊：昆虫基因组、植物－昆虫－微生物互作、昆虫基因编辑，在会议手册中刊登期刊广告。利用新媒体推介文章：将每篇文章的摘要翻译为中文，通过“昆虫科学”公众号，向国内学者推介文章。2018年平均每周推送文章2篇，每篇推文平均阅读量300。2018年与超星发现平台合作，扩大期刊在国内的影响力。评选高引用论文：自2016年起，每年评选高引用论文，在期刊网站上公布获奖论文，并向获奖论文作者颁发证书。

《应用昆虫学报》获得2018年中国科技期刊精品建设计划资助。制定《中国昆虫学会期刊管理办法》，明确期刊编委的权利与义务，对期刊稿件评审程序、稿件的编辑和加工、校对与出版做出详细规定。

学科发展研究 第三次承担2016—2017学科发展项目，学会副理事长兼秘书长戈峰为项目负责人。《2016—2017昆虫学科发展报告》科学评价和总结2012—2016年中国昆虫学及重要新兴分支学科（如昆虫基因组学、昆虫分子生物学、媒介昆虫学、传粉昆虫学、入侵昆虫学、全球变化昆虫学、害虫综合防治等）发展现状、存在的问题。中国昆虫学发展研究项目已按科协要求按期完成，相关成果将于3月份由中国科学技术出版社出版发行。

决策咨询 组织专家在全国针对害虫生物防治技术需求及应用中存在的问题进行调研。通过多种形式在同行间进行交流和沟通，改进和提升生物防治技术与产品，推广应用于实际生产，包括天敌昆虫大量繁殖技术和保护型生物防治体系，为全国农技推广中心、有关省市农业推广部门及相关企业提供害虫生物防治技术咨询。

国际学术会议 组织召开国际会议2个，1400余人参加会议，交流论文615篇。

5月14—16日，由中国农业科学院、中国植物保护学会、国际生物防治组织主办，中国昆虫学会生物防治专业委员会等协办的第一届国际生物防治大会在北京召开。会议主题是“生物防治与全球健康”。来自9个国家的15名专家围绕国际生物防治天敌研究热点问题进行交流。800余人参加会议。

10月27—29日，2018世界生命科学大会在北京国家会议中心举办，学会作为生命科学学会联合体发起单位之一，负责大会6个分论坛。

国内主要学术会议 举办国内会议23场，共计2978人次参加会议，累计交流论文898篇。

8月21—24日，在四川省成都市召开中国昆虫学会2018年学术年会。年会安排10个大会报告，设8个分会场，安排学术报告234个。通过口头报告和墙报展示，会议评选出青年优秀报告一等奖8人、二等奖18人，优秀墙报奖7幅。

国际交往 6月17—26日，学会教授刘星月赴德国参加第13届国际脉翅类昆虫学研讨会。刘星月是国际脉翅类昆虫学会理事会中第一位也是唯一一位来自中国的领导成员。

科普活动 推进科普社会动员机制建设，组织科普专家团队开展科普工作。科普专家团队致力于红火蚁控制科普专题。开展科普巡展、专家讲座，依托科普大篷车，开展科普进校园活动。科普专委会专家和蝴蝶分会昆虫馆科普团队科普宣传通过线上和线下同时传播。线上传播受众达30余万人次。在38所学校开展科普进校园活动，在农村社区开展科普活动20余场次，开展科普讲座60余场次。64所学校到昆虫馆开展研学旅行活动。举办科普夏令营35次、研学拓展活动50场左右。线下传播受众10余万人次。举办第五届全国昆虫摄影比赛和昆虫摄影展，收到来自广东、北京等25个省、自治区、直辖市及香港特别行政区、澳门特别行政区和台湾地区的昆虫摄影作品3000幅；专家评出特等奖2幅、一等奖2幅、二等奖7幅、三等奖25幅、优秀奖34幅，分别颁发荣誉证书。学会获中国科协2018年度科普先进单位称号。

表彰举荐优秀科技工作者 根据《中国科协办公厅关于开展优秀科技工作者代表推荐工作的通知》（科协办函组字〔2018〕60号）要求，由各省昆虫学会、各分支机构及全体理事推荐，经常务理事范围内网上投票，评选出浙江大学农业与生物技术学院院长陈学新为优秀科技工作者中的中年科学家代表，中国林业科学研究院森林生态环境与保护研究所助理研究员张彦龙为基层科技工作者代表。

党建强会 通过举办学术会议和全国常委会，学会党委举办“传承·创新·发展，学习贯彻党的十九大精神”宣讲活动3次，受众人数1560人。请专业机构制作宣讲活动宣传片并转发各分支机构，在分支机构学术会议上学习。学会党委发挥政治引领作用，参与学会“三重一大”事项前置审议，为会员提供服务；发挥思想引领作用，服务科技工作者，学会召开常务理事会议之前，都要召开学会党委会议，对会议议程及具体内容进行讨论。完成关于理事会党委工作职能及现状研究调查问卷和学会党建情况调查问卷工作，对学会党建工作进行梳理和总结。

会员服务 通过网站为会员提供服务。编辑出版《中国昆虫学会2018年学术年会论文集》和《中国昆虫学会通讯》第41期，将电子版挂在学会网站上，为会员提供了解学会动态和学术交流的机会，同时可利用学会网站开展学术互动交流。

【2018世界生命科学大会分论坛】 10月27—29日，由中国科协、科技部主办，中国科协生命科学学会联合体、中国生物技术发展中心承办的2018世界生命科学大会在北京国家会议中心举办。大会主题为“科学促进美好生活（Science for Better Life）”。大会举办模式为“学术、智库、产业、科普”四者结合，来自30多个国家生命科学领域的4000余名专家、学者参加大会。

大会安排60个由国内外科学家主持的生物学和医学前沿领域分论坛，学会作为生命科学学会联合体发起单位之一负责6个分论坛：昆虫的化学通信（S2）、从基因到行为的化学生态学（S22）、人类与动物疾病的昆虫载体（S4）、传染病的演化与生态学（S42）、基因组学在昆虫研究中的应用（S5）、昆虫微生物组的前景和应用（S23）。每个分论坛吸引100余名听众参加，参加分论坛的专家、学者展开讨论交流。学会举行的分论坛，有助加强昆虫科学领域国际交流，提升中国昆虫科学的科研水平。中国科学院院士、河北大学校长、学会理事长康乐在接受采访时指出，世界生命科学大会对提升中国在生命科学领域自主创新意识、了解世界科技发展前沿以及检阅中国生命科学发展的形势和态势有重要意义；研究蝗虫的控制，不仅是为解决局部地区的问题，而且是为蝗虫控制发展新的技术，以此为模式系统，研究害虫成灾的共同规律和内在联系，以推广到其他害虫；昆虫是一个很大的资源库，是人类许多基因、信息和生物材料的来源。

（撰稿人：孟晓星）

中国微生物学会

服务创新型国家和社会建设 学会承担中国科协生命科学领域前沿跟踪研究课题“微生物细胞社会学”项目。学会普通微生物学专业委员会主任委员、山东大学教授李越中负责并按时完成该课题。

学会秘书长东秀珠承担并完成自然科学基金委生命科学部微生物学科的“学科调研应急管理”项目，常务副秘书长杨海花为项目组成员。项目组在2个月时间内，根据微生物学科的国际前沿、国家中长期发展战略和近5年基金委申请项目情况，提出学科代码、研究方向和关键词的调整方案。利用学会专家资源，召开专家评审会。学会副理事长张克勤担任专家组组长，常务理事周宁一、理事李文均和张玉忠为专家组成员。

举办2018年实验动物及动物实验技术培训班3次，300余名学员参加培训。

学会建设 截至2018年年底，学会会员总数1.82

万余人。学会和各专业委员会共组织学术会议 24 次，参会人数 7900 余人。各专业委员会召开专业委员会委员会议，制定活动计划和发展方向。

青年人才托举工程 推荐北京师范大学田怀玉和中国农业科学院农业环境与可持续发展研究所李红娜入选 2018—2020 年度青年人才托举工程项目。

主办期刊 6 月,《中国病毒学》英文版（*Virologica Sinica*）获首个影响因子 2.357。在期刊引证报告（JCR2017）收录的 35 种病毒学（Virology Category）SCI 期刊中，排名第 21。《生物工程学报》入选 2018 年中国科协中文科技期刊精品建设计划——学术创新引领项目。

国内主要学术会议 学会及所属专业委员会共组织各类学术会议 24 次。

6 月 8—11 日，由学会主办的中国微生物学会地质微生物学专业委员会成立大会暨第七届地质微生物学学术研讨会在上海光大会展中心国际大酒店举行。来自全国 146 个单位的 600 余名研究生代表、专家、学者参会。会议设立大会报告、特邀报告、分会报告及墙报展示等。会议根据地质微生物学领域前沿热点学术方向设立 7 个专题，共收到 127 份展板报告摘要、76 份口头报告摘要。论文集收录地学领域、微生物领域及地质微生物学科交叉领域的 15 名专家、学者进行的大会报告和特邀报告摘要。分会口头报告及墙报均展示该研究领域的前沿进展。会议主席团组织评选分会优秀展板及优秀口头报告。

9 月 14—16 日，由学会微生物学教学工作委员会主办的首届全国地方院校微生物学教学研讨会在浙江省杭州市召开。大会汇集 50 余所国内高校和地方院校 150 余名从事微生物学相关教学工作的一线教师和科学家代表。研讨会围绕全国“双一流”建设和深化教育改革背景下的地方院校微生物学课程建设和教学质量展开，参会代表就教学理念、教学改革和课程建设，尤其中国大型开放式网络课程（MOOC）建设过程中遇到的问题和解决方法等进行交流和研讨。

10 月 30 日—11 月 1 日，由中国科协和科技部主办、中国科协生命科学学会联合体承办的 2018 世界生命科学大会在国家会议中心举办。大会以“科学促进美好生活（Science for Better Life）”为主题。来自 30 余个国家的专家、学者和 5 名诺贝尔奖得主共 2000 余人参加大会。会议设置 60 个分会场。28 日下午，学会主办第 34 分会场“Microbiome and Human Health”。中国科学院微生物研究所所长刘双江担任分会场主席，美国哈佛医学院附属 Forsyth 研究所教授施文元担任共同主席。美国科学院院士 Gary Borisy、中国科学院微生物研究所研究员王军、中国人民解放军总医院教授杨云生、美国哈佛医学院附属 Forsyth 研究所教授施文元和中国科学院微生物研究所所长刘双江在此分会场作报告。100 多名专家、学者到会听取报告。

科普活动 举办第二届中国微生物培养皿艺术大赛，收到来自大专院校、研究院所、微生物研发企业等单位的参赛作品近 300 幅。经过自由报名、网上点赞、初评和终评，选出一等奖、二等奖和三等奖及优秀奖。95 万人次参与活动。

中国农业微生物科普馆是学会与公司共建的第一个科普基地，累计接待 2.62 万余人次。其中，全国边疆少数民族优秀村党支部书记 10 批 1400 人，世界微生物技术大会参会代表 300 人，中农控股、中化农业等全国涉农企业 810 余家，生产企业、经销商代表参观和企业培训 12560 人，儿童、青少年学生 8400 人、接待政府及科研院所 165 次 2390 人次及农村种植大户、农户代表 1200 人次。全年讲解 1460 余场次。该基地为公益性质，不收取任何费用。

表彰举荐优秀科技工作者 中国科协生命科学学会联合体开展 2018 年度“中国生命科学十大进展”项目评选工作，由学会推荐的“国际首例人造单染色体真核细胞”项目入选。该项目由学会常务理事、中国科学院上海植物生理生态研究所研究员覃重军领衔的团队，以天然含有 16 条染色体的真核生物酿酒酵母为研究材料，采用合成生物学“工程化”方法和高效使能技术，在国际上首次人工创建自然界不存在的简约化的生命——仅含单条染色体的真核细胞。该成果发表于《自然》（*Nature*）杂志。

党建强会 2018 年中国微生物学会学术年会会议期间，学会党委书记东秀珠组织党员在江西省南昌市进行学习和交流。通过学习习近平总书记重要讲话精神，探讨当前形势对学会发展、学术交流、建设创新型国家的意义，特别是科学家在国家可持续发展中的责任和担当以及科学家在科普中的作用。此次党委会对学会 2019 年的主要工作进行讨论和审定。

【第七届工业企业微生物安全控制技术与实践研讨会】 8 月 22—24 日，由中国微生物学会工业微生物学专业委员会和发酵行业生产力促进中心等联合主办的第七届工业企业微生物安全控制技术与实践研讨会在北京工大建国饭店召开。会议聚焦国内外微生物安全控制法规标准动向、微生物实验室建设与运行和生产过程中微生物风险监控等主题，围绕国内外微生物检测、鉴定、分型、溯源、评价前沿技术与应用展开讨论，在行业新法规、新技术、新理念、新应用和新趋势等方面达成共识。来自食品、药品、化妆品等行业及国家各级检测机构、科研院所和实验耗材设备供应商的260余名专家、学者和企业代表参加研讨会，包括宝洁集团、联合利华、赛诺菲、百事可乐、可口可乐、蒙牛、伊利等全球500强和中国500强企业。

8月23日召开的主会场报告主要针对国际、国内行业政策法规动向展开研讨，会议邀请来自中国、英国、德国、法国、澳大利亚、日本、新加坡等国家的政府机构官员和国际组织专家，包括国际标准化组织（ISO）、国际乳品联合会（IDF）、国际分析家协会（AOAC）、欧洲国际食品保护联合会（IAFP）和国家药典委员会等机构，针对中国药品微生物质控中注射剂再评价及核酸序列数据库建设、WGS技术在微生物鉴定与分型中的应用、国际标准间的方法验证、食品微生物菌种安全性评价、微生物限度检查方法、益生菌计数方法、AOAC官方微生物快检技术等议题开展交流。

8月24日召开的食品分会场报告主要针对GB 29921、GB 4789.26和散装即食食品微生物限量等国标修订动向，益生菌菌种安全性评价，实验室生物安全，微生物承检实验室飞行检查，ISO 17034微生物标准样品要求，食品企业微生物安全性管控等议题展开研讨。药品和化妆品分会场报告主要针对《2020版中国药典》1421灭菌法修订进展、非无菌药品微生物限度要求、化妆品微生物检测技术、化妆品微生物学方法与菌种保存、生物指示剂、药品注册现场核查、工业企业菌种验证技术、药品生产过程中微生物鉴定策略等议题展开研讨。

（撰稿人：王　旭）

中国生物化学与分子生物学会

服务创新型国家和社会建设　学会完成中国科协“分子生物学学科方向预测及技术路线图”项目。

学会建设　发展个人会员1393人，会员总数增至1.2万余人。对分支机构进行评估。召开常务理事会议2次、理事会议1次、分支机构负责人会议1次、地方学会负责人会议1次。完成工业生物化学与分子生物学分会、农业生物化学与分子生物学分会、脂质与脂蛋白专业委员会、教学专业委员会换届工作。

10月27日，召开2018年度分支机构负责人暨省市学会负责人会议。分支机构管理工作组、15个分支机构代表以及22个省、自治区、直辖市学会负责人参加会议。各分支机构代表介绍年度工作进展并对下一年工作计划进行交流，同时交流分支机构管理及省、自治区、直辖市学会加强联系的思路。

编撰出版《中国生物化学与分子生物学会2018年工作年报》，发行纸质及电子版材料。

国际学术会议　学会及下属分支机构组织学术交流活动23次，内容涵盖临床应用、多糖多肽、脂质、医学、中医药、工业、酶学、蛋白质、蛋白质组、农业、基因、教学、系统生物学、核酸等专题领域。参与人数9157人次。

组织召开国际学术会议6次。6月19—22日，第11届糖基转移酶国际研讨会在山东省青岛市召开，参会人数约350人。9月14—16日，第三届国际高密度脂蛋白功能与心血管病研讨会在广东省广州市召开，参会人数约200人。10月13—15日，第三届绿潮研究国际研讨会在上海市召开，参会人数80人。10月19—21日，第十四届全国脂质与脂蛋白学术会议暨2018年脂质代谢与器官损害国际学术研讨会在重庆市召开，参会人数200余人。

国内主要学术会议　组织召开国内学术会议17次，参会专家、学者8000余人次。3月30日—4月1日，首届生物化学与分子生物学国际化（来华留学生）教学研讨会在广东省广州市召开，参会人数约70人。4月20—21日，第三届中国生物化学与分子生物学会医学生化分会青年论坛在广东省深圳市召开，参会人数近100人。6月15—17日，第十届全国核糖核酸（RNA）学术讨论会在浙江省宁波市召开，参会专家、学者800余人。8月11—14日，第六届全国生物化学与分子生物学教学研讨会在福建省福州市召开，参会人数近300人。8月17—19日，全国农业生化与分子生物学第八届全国代表大会暨第十七次学术会议在湖南省长沙市召开，会议人数300余人。8月22—23日，第五届中国计算蛋白质组学研讨会在北京召开，会议人数约150人。8月26—29日，全国第十一届海洋生物技术与创新药物学术会议暨海洋生化年会在浙江省舟山市召开，会议人数400余人。9月8—9日，香山科学会议第632次学术讨论会：核糖核酸与生命调控及健康在北京召开，参加会议人数50人。9月20—22日，2018年全国糖生物学会议在上海市召开，参加会议人数550人。10月15—16日，RNA与医学研讨会在湖北省武汉市召开，参加会议人数约200人。10月25—28日，中国生物化学与分子生物学会第十二届会员代表大会暨2018年全国学术会议在重庆市召开，参会人数1800余人。11月9—10日，生物技术专业委员会2018年度学术研讨会在浙江省杭州市召开，参会人数约100人。11月15—17日，第十届中国蛋白质组学大会在广东省广州市召开，参会人数约1000人。

国际组织任职 学会第十一届副理事长昌增益当选国际生物化学与分子生物学联盟（The International Union of Biochemistry and Molecular Biology，IUBMB）执委。

科普活动 向全国各省市学会、学会各分支机构发出开展2018年学会科普活动月的倡议。5月，22个省、直辖市的80家高校实验室及医院举办主题科普活动，活动形式包括科普报告、实验观摩、展板介绍、疑问解答、动手操作、发放宣传手册、免费检测等。杭州医学院人体标本馆、温州医科大学人体科学馆、山西医科大学生命科学馆、大连理工大学植物标本室及动物标本室等单位免费提供科普场馆。科普受众包括研究生、大学生、中小学生、学龄前儿童、社区居民等，共计6000人次。向开放实验室提供经费支持22.62万元，发放志愿者证书800余份。

表彰举荐优秀科技工作者 推荐国内外各级奖项及人才21余人，奖励各级人才500余人。推荐的清华大学生命科学学院教授（现为美国普林斯顿大学教授）颜宁获2018年亚洲及大洋洲生物化学家和分子生物学家联盟（FAOBMB）“卓越研究奖”，中国科学院生物化学与细胞生物学研究所研究员刘默芳、哈尔滨工业大学生命科学与技术学院教授黄志伟获2018年度谈家桢生命科学创新奖，中国科学院生物化学与细胞生物学研究所刘默芳团队“人Piwi基因突变致男性不育”、北京生命科学研究所邵峰团队“化疗药物通过caspase-3诱导细胞焦亡而产生毒副作用”、厦门大学林圣彩团队“细胞感应葡萄糖水平并调控代谢的分子机制”入选2017年度“中国生命科学领域十大进展”，中国科学院生物化学与细胞生物学研究所许琛琦获第十五届中国青年科技奖，复旦大学生物医学研究院青年研究员王义平（非独立PI）、四川大学华西二院副研究员唐小强入选2018—2020年度青年人才托举工程项目。

奖励人才800余人。2014—2017年度邹承鲁杰出研究论文4人，杨力等（中国科学院－马普学会计算生物学伙伴研究所，2014年）、施一公等（清华大学，2015年）、邵峰等（北京生命科学研究所，2016年）、林圣彩等（厦门大学，2017年）；第三届普洛麦格生物化学奖2人，许琛琦（中科院生物化学与细胞生物学研究所）、周斌（中科院生物化学与细胞生物学研究所）；2016—2017年度郑集－张昌颖青年优秀论文8人、2018年全国生化大会青年论坛15人、2018年全国生化大会博士生论坛14人、2018年全国生化大会优秀墙报奖20人。奖励科普志愿者800余人。

党建强会 全体党委成员认真学习贯彻落实十九大精神和新时代中国特色社会主义思想，推进党内政治生活制度化、规范化。10月25日，学会党委进行换届。新一届党委成员明确将结合2019年工作计划，强调纪律、总结规律、找准重心、做好顶层设计、创新方法，使学会工作和党的领导紧密结合。

会员服务 2018年，学会入会会员1376人。完善会员入会服务系统，开通微信注册会员功能。制作学会简报，定期推送给会员。学会召开的学术会议，对会员实行注册费减免制度，减免幅度20%左右。提供免费寄送刊物、免费发放CNKI论文数据库检索卡等服务。制作2018年年报和2019年工作手册，对会员免费发放邮寄。

【中国生物化学与分子生物学会第十二次全国会员代表大会暨2018年全国学术会议】 10月25—28日，由学会主办，重庆市生物化学与分子生物学学会、重庆医科大学、中国科学院生物化学与细胞生物学研究所、上海市王应睐生物化学与分子生物学发展基金会共同承办的中国生物化学与分子生物学会第十二次全国会员代表大会暨2018年全国学术会议在重庆市召开。会议主题为“多功能生物分子”。

会议经过大会报告、分会报告、青年科学家论坛、博士生论坛和学术墙报等学术交流方式，围绕大会主题设置生物分子的相互作用、生物分子的定位与功能、生物大分子修饰及其功能、代谢调控网络、生物化学应用和生物化学教育6个专题，共同分享5个大会报告、105个专题报告、29个青年科学家与博士生报告，展示近2年来生物化学与分子生物学领域新方向、新进展，就一个较为完整的领域横切面开展交流。

10月26日上午大会特邀报告结束后，召开第十二次会员代表大会。大会由第十一届副理事长兼秘书长刘小龙主持。理事长李林、副理事长兼秘书长刘小龙、副理事长昌增益、副理事长汤其群分别向大会作学会第十一届理事会工作报告、第十一届理事会财务工作报告、学会章程修改说明、会费修改说明、第十二届理事会理事候选人、监事会候选人产生说明。与会代表审议并通过第十一届理事会工作报告等相关内容。以无记名投票方式进行第十二届理事会理事选举，第十二届理事会由140名理事组成，监事会由5名监事组成。10月26日晚，召开第十二届理事会第一次全体会议，选举产生学会常务理事、副理事长、理事长，同时聘任学会秘书长、副秘书长。

10月27日，理事长李林致闭幕词，并代表第十二届理事会全体成员向会员表示，新一届理事将秉承“传承、创新、发展”的理念，不忘初心、始终牢记促进中国生物化学与分子生物学学科发展与学术繁荣的使命。

（撰稿人：孙晓丽）

中国细胞生物学学会

服务创新型国家和社会建设　学会承担中国科协服务国家社会治理品牌建设项目“干细胞标准研究”。

11月26日，“基因编辑婴儿”事件在国内外掀起舆论风波。事发当天，学会联合中国遗传学会发表声明，谴责这一行为。随后组织专家建言献策，撰写相关科普文章，维护中国科技界名誉，引导生命科学领域科技创新健康发展。中国科协办公厅对学会在此次事件中积极发声予以表扬。

举办继续教育培训5次，共182人次参加。其中，细胞黄浦研修班2期、第七届中日小鼠暑期训练营1期、第六届高校细胞生物学骨干教师研修班1期、小鼠遗传工程和表型分析研讨班1期。

学会能力提升计划　在中国科协“2015—2017年能力提升计划”支持下，各项基础得到夯实。获“世界一流学会建设项目”二类支持。

强化学会党建对业务工作的统领，形成对“三重一大”事项会前审议制度。推动学会办事机构规范化、职业化建设，制定学会秘书处工作人员员工手册，对专职工作人员进行人事规范管理和职业化规划，稳定秘书处团队。聘请人事代理公司代理学会专职工作人员人事关系。聘请律师事务所作为学会法律顾问，审核学会对外签订的协议以及对学会重大事项的法律风险进行评估。聘请专业财务人员从事学会财务工作，完善学会财务管理制度。完善和修订学会分支机构管理条例等制度。

举办2018年全国学术大会及相关专业领域国内学术会议共20次，共计参加9165人次，交流论文1294篇。举办境内国际学术会议13次，共计3250人次参会，交流论文636篇；包括承办2018世界生命科学大会4个分会场，举办第一届CSCB-EMBO学术研讨会和华人生物学家协会（CBIS）第十二届年会。举办第13届海峡两岸细胞生物学学术研讨会等2次港澳台学术交流，共计900人次参会，交流论文337篇。

学会院校企业创新创业工作委员会携手江西省上饶市人民政府、南京市江北新区生物医药公共服务平台，为上饶、南京地区的生物产业发展提供专家咨询，与江苏省南京市江北新区签订战略框架合作协议，搭建地方生物产业园和相关企业合作平台，助力地方生物经济发展。学会干细胞生物学分会开展干细胞标准研究。

举办实验室开放日和诺贝尔奖解读2大品牌科普活动及各类科普公益活动共33次，受众人数累计36996人次。首次设立首都医科大学附属儿童医院等13家单位为中国细胞生物学学会科学普及基地，依托入选单位在细胞生物学教学、科研、生产、传媒和服务等方面的资源载体，面向社会和公众开放。

面向“一带一路”沿线国家专业人员举办小鼠遗传工程和表型分析技术培训班。首次与欧洲细胞生物学组织合作开展学术交流，主办第一届CSCB-EMBO学术研讨会。参与主办华人生物学家协会（CBIS）第十二届年会。加强与美国细胞生物学学会合作，双方在各自学术年会上共设学术专场，邀请报告人进行交流。

学会建设　新增个人会员3077人，占学会会员总数20.2%。新增企业团体会员3家、地区团体会员1家。为配合学会第十二届理事会换届工作，对所有在册会员进行重新登记，经过核对清理，截至2018年年底，共有个人会员1.25万余人、团体会员24个。

成立衰老细胞生物学分会、细胞代谢分会、细胞器生物学分会，原再生细胞生物学分会合并入干细胞生物学分会。截至2018年年底，共有17个专业分会和7个工作委员会。

召开第十一届理事会第四次全体会议、2018年第十一届理事会常务理事会议、第三届学会下属分支机构评估会议。召开学会办事机构党支部会议3次、地方细胞生物学会工作会议1次、科普工作会议1次。完成对现有下属分支机构2016—2017年度工作评估，评选出干细胞生物学分会、细胞信号转导分会、神经细胞生物学分会3个优秀分会。筹备学会第十二届理事会和第二届监事会换届工作。

参与创建中国科协科技社团党委“星级学会党组织”试点评价工作，获评为八星级优秀学会党组织。

设立中国细胞生物学学会创新奖，包括终身贡献奖、杰出成就奖和青年科学家奖3个子奖项，已提交国家科学技术奖励工作办公室备案。

学会治理结构和治理方式改革 修订学会理事会、常务理事会会议制度，增加会议议题会前提交党委审议制度。明确规定（常务）理事会议缺席2次严重警告，缺席3次视同请辞，强调（常务）理事在收到学会邮件后有义务及时反馈秘书。修订学会下属分支机构管理条例，对分会换届、设立奖项、经费使用等明确规定，强调各分会除参与学会年会分会场组织外，每2年至少举办1次自己的品牌学术活动，鼓励分会投入科普原创文章创作。修订学会学术会议组织条例，强调会议主办方和承办方的责权利，规定如有公司参与共同主办学会及其分会活动，必须提前6个月向学会申报。修订学会财务管理制度，规定对学会活动经费实行预算管理，每个季度财务提交季度财务明细报表，审议出台学会财务管理实施细则。针对学会新设立的科普基地，研究制定学会科普基地的准入和评估原则，通过以奖代补方式鼓励基层单位投入科普活动。制定学会秘书处工作人员员工手册，设置奖励机制，明确工作人员的责权利，使学会办事机构的管理更为规范、有效。

青年人才托举工程 2018年，2人入选2018—2020年度青年人才托举工程项目。截至2018年年底，共计9人经学会推荐入选该人才项目，其中3人项目已结题。6名项目期内“青托人才”共发表期刊论文11篇，主持、参与承担国家基金委以及省、部级各类项目8项，参加国内外学术会议交流2次，李元元入选北京市科技新星计划。

在学会2018年全国学术大会上设立青年人才托举座谈会，介绍中国科协青年人才托举工程项目的申请和执行流程，邀请前几期获资助的青年学者分享经验，为青年科研工作者提供成长交流平台。

依托“青托人才培养跟踪服务平台”，规范对现有“青托”项目的跟踪管理，并筹备2019年起召开的年度项目汇报会议。该会议计划每年举办1次，由学会邀请专家和导师对“青托人才”的年度工作汇报进行点评。

主办期刊 学会与中国科学院上海生物化学与细胞生物学研究所共同主办《细胞研究》（*Cell Research*）、《分子细胞生物学学报》（*Journal of Molecular Cell Biology*）、《细胞发现》（*Cell Discovery*）和《中国细胞生物学学报》共4个科技期刊。经学会常务理事会议讨论决定，拟增办一本英文期刊 *Cell Regeneration*（中文刊名《细胞再生》）。

Cell Research（IF：15.393）发表论文134篇，发行6000册。11月1—2日，首届Cell Research分子细胞科学国际研讨会暨2018年度会议在上海市举行。会议以干细胞与基因编辑为主题，邀请18名国内外学者作报告，200余名专家、学者参加会议。会议旨在促进分子细胞科学领域中外科学家交流与合作，提升 *Cell Research* 的国际影响力。会议计划每年举办一届，每届设置不同主题。

《细胞研究》（*Cell Research*）得到中国科协科技期刊国际影响力提升计划A类支持。2018年最新影响因子为15.393，在生命科学领域亚太地区学术期刊中排名第1，被评为2018年中国最具国际影响力学术期刊。《细胞研究》编辑部获第四届中国出版政府奖先进出版单位奖。

Journal of Molecular Cell Biology（IF：5.595）发表论文153篇，发行1700册。获2018年中国科学院科技期刊出版基金、中国科技期刊登峰行动计划资助，以完全开放获取模式出版。6月8—10日，2018分子细胞生物学国际前沿论坛在上海市召开，海内外从事分子细胞生物学研究的300余名专家、青年学者和研究生参加会议。会议旨在促进国内外分子细胞生物学领域研究人员交流与合作，提升 *Journal of Molecular Cell Biology* 的国际影响力。

Cell Discovery（IF：4.462）是国内第一本生命科学领域综合性开放获取期刊，定位于国际一级学会会刊水平，2018年获得首个影响因子，发表论文67篇。

《中国细胞生物学报》发表论文278篇，印发11700册。

决策咨询 11月28日，向中国科协生命科学联合体推荐专家参加闭门座谈会，对基因编辑技术可能带来的风险以及对策、国家政策出台给予建议，形成建议报告供相关部门决策。组织专家参与2018重大科学问题和重大工程技术难题征集发布活动，共征集到8项“引领世界科学的前沿科学问题、建设世界科技强国的工程技术难题”。向科技部生物技术发展中心推荐杨弋、王启要、赵玉政作为国家重点研发计划“合成生物学”重点专项评审专家。完成中国科协九大代表调研课题“我国英文科技期刊编辑人才队伍状况调研”，对中国目前英文科技期刊的编辑队伍作摸底调查，从编辑人员的来源、培养、能力提升、待遇水平、队伍稳定等各方面进行归纳总结，为相关部门决策提供参考信息。

国际学术会议 举办境内国际学术会议13次，共3250人次参会，交流论文636篇。

11月22—24日，CSCB-EMBO Young Investigator Conference在江苏省苏州市召开。大会主题为“Tissue Regeneration and Tumorigenesis”，共39名专家、学者和青年科学家报告最新研究成果。会议收录摘要68篇、墙报42篇，200余名国内外专家、学者参加。此次会议是学会首次与欧洲细胞生物学组织合作开展的学术交流。

12月21—24日，第十二届华人生物学家双年会在广东省深圳市举行。400名海内外专家、学者参加会议，探讨生命科学领域最新进展。会议特别邀请诺贝尔生理学或医学奖得主Bruce Beutler和大隅良典、美国国家科学院院士Dinshaw Patel、威廉·科利奖得主陈列平作主旨报告。美国国家科学院院士曹雪涛、董欣年、陈志坚、骆利群，中国科学院院士陈晔光、徐国良、韩家淮，美国艺术与科学学院院士林海帆，英国皇家学院院士鲁欣，哈佛大学医学院贺曦、邹力，美国安德森肿瘤中心陈俊杰，美国得克萨斯大学西南医学中心于洪涛，耶鲁大学钟伟民作大会发言。6名跨学科工业界人士主办科研与创新讨论会，颁发3项协会奖，28个分组会议讨论不同题目，近100名专家、学者在分组会发言。

国内主要学术会议 学会及各专业分会主办年会、研讨会、论坛等国内高层次学术会议20次，共9165人次参会，交流论文1294篇。

8月11—14日，第一届全国肿瘤细胞生物学年会在宁夏回族自治区银川市召开。参会人数近500人，18家相关企业参与赞助展。大会收录摘要69篇，展示墙报31篇，设立10个相关主题分会场。此次会议是学会肿瘤细胞生物学分会首次主办的全国性学术年会，计划每年定期召开1次。

9月14—16日，中国干细胞第八届年会在山东省济南市召开。年会以“干细胞研究与转化——新时代之诺”为主题，2000余人参会，包括6名院士和近100名专家、学者。

10月5—10日，第七届细胞结构与功能的信号基础研讨会在贵州省遵义市召开。116名专家、学者参会。会议共有37个专家报告，收到墙报18篇、摘要48篇。该会议每2年召开1次，定位前沿高端，报告内容为最新研究进展和发现，已成为学会品牌学术活动。

10月14—16日，第四届全国发育生物学大会在云南省昆明市召开。大会主题为“Development, Regeneration and Diseases”。共设8个分主题和1个WLLA青年科学家论坛。85名专家、学者和青年科学家报告最新研究成果，750余名专家、学者参会。大会每2年召开1次。

两岸交流 举办两岸学术交流会议2次，共900人次参会，交流论文337篇。

7月19日，第13届海峡两岸细胞生物学学术研讨会在青海省西宁市召开，来自海峡两岸高校、研究院所的100余名专家、学者参会，其中中国台湾地区代表23人。会议围绕细胞命运决定的表观调控，神经元功能的形成和紊乱，细胞器形成、功能与互作3个主题展开研讨，两岸各推荐14名专家、学者为与会代表作学术报告。

国际组织任职 学会副理事长丁小燕连任第八届亚太地区细胞生物学组织（APOCB）秘书长，任期2018—2021年。学会理事长陈晔光入选APOCB后备人才，学会理事曾艺入选APOCB青年后备人才，学会理事曾益新入选国际细胞生物学联盟（IFCB）后备人才，学会青年工作委员会委员欧光朔入选IFCB青年后备人才。

国际交往 1月27—31日，2018年国际细胞生物学大会在印度海德拉巴召开。学会组织多名国内专家参加会议。其中，王纲研究员、谢欣研究员受邀作主旨演讲，并与现场听众进行互动。会议期间，学会秘书长王纲和国际细胞生物学联盟（IFCB）后备青年科学家欧光朔代表学会出席IFCB执委会会议。学会名誉理事长裴钢、秘书长王纲代表学会参加亚太地区细胞生物学组织（APOCB）执委会会议。会议进行

APOCB 第八届执委会换届，讨论该组织今后发展方向。

11 月 22 日，第一届 CSCB-EMBO 学术研讨会期间，学会理事长陈晔光、学会青年工作委员会主任惠利健与欧洲分子生物学组织（EMBO）副总监 Wallon Gerlind 女士会晤，达成今后双方合作意向。

12 月 7—12 日，美国细胞生物学学会 / 欧洲分子生物学联盟（ASCB/EMBO）2018 年学术年会在美国圣地亚哥召开。学会理事长陈晔光率团一行 7 人出席会议。大会上设立 ASCB/CSCB/EMBO“Organelle Interactome and Cell Plasticity Control”研讨会专场，150 余人参会。清华大学教授陈晔光、浙江大学教授冯新华、上海交通大学教授钟清、中科院上海生化细胞所研究员陈正军与中国科学技术大学教授姚雪彪作主题报告。学会理事长陈晔光代表学会参加“International Funding Session”，与巴西细胞生物学学会会长 Celia Garcia 分别介绍各自学会的发展现状及展望。程磊博士、秦宇博士分别介绍 *Cell Discovery* 和 *Journal of Molecular Cell Biology* 办刊情况。姚雪彪教授作为中国代表参加为 30 余个国家及地区设立的国际交流咨询集会。

科普活动 全年开展科普活动 33 次，受众达 36996 人次。包括学会品牌科普活动“全国实验室开放日”活动 15 次、“诺贝尔奖解读讲座”活动 12 次共计 188 场。包括 6 次科普公益活动。设立科普活动团体组织奖和科普活动优秀奖，6 家地方细胞生物学会或专业分会、21 个研究室受到表彰。

12 月 1 日，学会在上海市举办基于“基因编辑婴儿”的伦理思考科普报告会，邀请生物学和伦理学专家面对面讨论，使大众了解贺建奎事件涉及的基因编辑科学、技术、伦理和社会问题，250 人参会。通过光明网和梅斯医学、一直播等平台直播，在线浏览量达 136460 次，推动形成正面舆论导向。

举办中国细胞生物学学会第六届显微摄影大赛，共征集作品 38 幅，评选出大赛一等奖、二等奖、三等奖和优秀奖作品共 12 个。

首次设立首都医科大学附属儿童医院等 13 家单位为中国细胞生物学学会科学普及基地，依托入选单位在细胞生物学教学、科研、生产、传媒和服务等方面的资源，面向社会和公众开放。

学会被中国科协科普部评选为 2018 年全国学会科普工作优秀单位和 2018 年全国科普日优秀活动组织单位。

表彰举荐优秀科技工作者 经学会推荐，刘颖研究员获第十五届中国青年女科学家奖。刘光慧研究员获第十一届谈家桢生命科学创新奖、第十五届中国青年科技奖特别奖。颉伟研究员获第十五届中国青年科技奖。季维智研究员、裴端卿研究员入选全国学会“优秀党员科技工作者”。余迪求研究员入选中国科协全国优秀科技工作者代表人选。“灵长类动物发育和寿命调控关键通路获揭示”（刘光慧研究员负责）、“脑内新型谷氨酸合成通路参与学习记忆”（熊伟研究员负责）2 项研究项目入选 2018 年度“中国生命科学十大进展”。学会副理事长周琪、张旭当选 2018 年发展中国家科学院院士，周琪获树兰医学奖。学会常务理事裴端卿入选欧洲分子生物学组织外籍会士。

设立细胞生物学奖项，评选出青年科学家奖 2 人，青年优秀论文奖一等奖、二等奖、三等奖共 5 人，青年教师讲课比赛优胜一等奖、二等奖、三等奖共 5 人，优秀墙报奖 20 人，CST 卓越创新转化奖 1 人，第八届中国干细胞年会奖项 14 人。

学会创新发展 首次设立中国细胞生物学学会科普基地，制定申请准入和考核评估标准，在学会 2018 年全国学术大会开幕式上向第一批入选的 12 家单位授牌。

首次面向“一带一路”沿线国家专业人员举办小鼠遗传工程和表型分析技术培训班，通过向“一带一路”沿线国家的青年科学家传授技术和理念，培养当地的科技骨干人才，促进当地社会发展。首期活动共遴选出 17 名学员参加。

党建强会 召开党委会议 3 次，审议“三重一大”事项，并对理事会党风廉政建设等发挥宣传、教育及督导作用。推荐季维智研究员、裴端卿研究员入选全国学会“优秀党员科技工作者”。

5 月，在学会党委号召下，15 个省、自治区、直辖市的 150 余家实验室发挥学会党员专家先锋模范作用，先后开展中国细胞生物学学会 2018 年全国“实验室开放日”活动，参观人数 1 万余人，受众人群主要为中小学生。

会员服务 全年主办会议中，60% 活动设置注册费会员优惠价。学会品牌青年人才培训项目细胞黄浦研修班、骨干教师研修班仅面向会员招生。

编写学会电子简讯 8 期，通过会员邮箱免费发送给会员。编印 2018 年学会年报、学会 2019 年度工作手册和 2019 年度科普台历，免费寄送给学会会员，其中，学会年报在官网提供电子版下载。学会网站发布236条会议通知、新闻、招聘信息等；学会官方微信"细胞世界"关注人数1.65万余人，全年推送科普文章、学术交流资讯及前沿进展等435条，阅读量达300554次。学会新浪官方微博关注人数2655人。学会官方头条号"细胞世界"发布学会新闻和视频，累计阅读量15002人次。

【中国细胞生物学学会2018年全国学术大会】 4月10—13日，中国细胞生物学学会2018年全国学术大会在江苏省南京市召开。会议由学会主办，医药生物技术国家重点实验室、模式动物与疾病研究教育部重点实验室、南京大学模式动物研究所、南京生物医药谷发展中心、上海博生会展有限公司共同承办，南京大学－南京生物医药研究院、江苏省细胞与发育生物学会共同协办。1500名来自全国各地科研院所、高校等单位的专家、学者参加大会。

学会名誉理事长裴钢、理事长陈晔光、监事长高翔分别致开幕词。大会为学会首批12家科学普及基地举行授牌仪式。大会特邀中国工程院院士、第二军医大学东方肝胆外科医院王红阳，中国科学院神经科学研究所张旭院士，得克萨斯大学西南医学中心Joseph S. Takahashi院士，中国科学院遗传与发育生物学研究所李家洋院士等进行主题演讲。

大会共设立14个分会场，有202名国内外专家、学者作分会场报告。4月10日下午，大会开展5个特色活动和5个暖场活动，包括基金委基金申请、就业宣讲会，资深专家见面会，"创意课堂"大赛，改进教学方法，在国际杂志发表教学研究论文，细胞自噬专家示范授课，青年教师讲课比赛，华夏源细胞治疗行业论坛，WLLA青年论坛：发育 & 干细胞，院校企业创新创业联盟委员会议暨首届研讨会。

会议论文集共收录305篇最新论文摘要，包括126篇墙报摘要，并安排专门墙报展示时间。大会同期举办仪器、试剂和耗材展览活动，70家厂商参展。

（撰稿人：林晓静）

中国植物生理与植物分子生物学学会

学会建设 2018年，学会共召开理事会通信会议1次，常务理事会现场会议1次、通信会议1次。

10月18日，在山东省泰安市召开第十一届常务理事会第九次扩大会议。会议应到常务理事28人，实到20人。各分支机构负责人、秘书处工作人员列席会议，参会人员42人。

学会秘书处和学会期刊汇报一年来的工作进展以及2019年的工作计划，讨论通过《中国植物生理与植物分子生物学学会第十二届理事会换届方案》；确定学会第十二次会员代表大会的时间，理事会、常务理事会、监事会的规模等事项；讨论通过第十二次会员代表大会暨全国学术年会的学术组织方案和奖项设置方案。

新增辽宁省植物生理学学会、湖南省植物生理与分子生物学学会2个地方分会。

青年人才托举工程 学会推荐的浙江大学徐娟获青年人才托举工程项目支持。截至2018年年底，学会有4名会员获该项目资助。在项目的支持下，4名会员均取得较好的成绩。其中，湖南大学于峰在植物FERONIA受体激酶如何将其RALF1多肽配体信号传递进入细胞核并调控基因表达的分子机理上取得较好成果，并以EBP1 Nuclear Accumulation Negatively Feeds Back on FERONIA-Mediated RALF1 Signaling为题在PLoS Biology上发表论文。中国科学院华南植物园李涛涛在层出镰刀菌侵染香蕉的机制研究和层出镰刀菌胞外分泌蛋白研究等方面取得进展，发表论文5篇。

主办期刊 6月26日公布的2017年度《期刊引用报告》显示，学会主办的英文期刊《分子植物》（*Molecular Plant*）的SCI影响因子上升至9.326，再次超过《植物细胞》（*Plant Cell*），位居本领域研究类期刊TOP3，连续7年在本领域期刊中排名亚洲第一，连续6年进入本领域SCI期刊前5%。

《分子植物》关注植物科学前沿领域，邀请和吸引前沿领域的高质量投稿；重视期刊宣传和推广，国际影响力不断提升；注重搭建前沿学术交流平台，6月11—15日，在陕西省西安市举办第三届"分子植物"国际学术研讨会：植物与环境互作。来自国内外30名专家围绕"植物与环境互作"主题，分别在植物与非生物互作、适应性生长、植物与生物互作、作物基因组学与生物技术等4个专题作报告。来自美国、英国、德国、法国、意大利、荷兰、澳大利亚、西班牙、以色列、瑞士、韩国和中国等10余个国家的300余名专家、学者参加会议。

《植物生理学报》为中文核心期刊、中国科技核心期刊、中国精品科技期刊，被荷兰Scopus（Elsevier）、美国化学文摘（CA）、日本科学技术振兴机构数据库（JST）、俄罗斯文摘杂志（AJ）、CSCD、CNKI、CJCR 等数据库、检索系统收录。全年刊出论文 212 篇，共 1894 页，开辟“植物细胞壁生物学”和“植物脂质生物学”专栏。

9 月，接北京大学图书馆通知，《植物生理学报》入编《中文核心期刊要目总览》2017 年版（即第 8 版）植物学类核心期刊。《植物生理学报》连续第 8 次入选中文核心期刊。

11 月，据中信所发布的报告显示，《植物生理学报》核心影响因子上升至 1.154 分，在“植物学类”核心期刊中排名第 2，较 2017 年上升 1 位；核心总被引频次达到 3450 次，位居“植物学类”核心期刊第 3 位。

决策咨询 参与中国科学院学部“发展营养牵引型农作物，促进农作物供给侧结构性改革”咨询评议项目。组织贫困地区营养与健康调研活动 3 次，分别赴河南省郑州市、洛阳市，黑龙江省哈尔滨市，吉林省长春市 4 地开展作物多样性和营养健康调研活动，以“农作物的多样性、营养品质与健康”为主题，了解中国种植业供给侧存在的问题和挑战，研究营养补充型（作物的品质改良）与营养平衡型（作物种植的多样性）种植业体系对中国居民营养健康和农业发展的影响。通过调研，对河南省、黑龙江省、吉林省等地的作物多样性发展提出改进建议，形成作物发展和营养改善措施调研报告 2 篇，为农作物供给侧结构性改革提出具有操作性的建议和意见。

国际学术会议 学会主办、承办国际会议 5 场，参会人数 1880 人，交流论文 326 篇，国外参会学者 421 人。

6 月 12—14 日，举办第三届“分子植物”国际学术研讨会：植物与环境互作。来自国内外的 30 名专家围绕“植物与环境互作”主题，分别在植物与非生物互作、适应性生长、植物与生物互作、作物基因组学与生物技术 4 个专题作报告。来自美国、英国、德国、法国、意大利、荷兰、澳大利亚、西班牙、以色列、瑞士、韩国和中国等 10 余个国家的 300 余名代表参加会议。与会代表提交 90 余份摘要和 30 余份墙报，通过多种形式开展学术交流与讨论。

10 月 27—29 日，组织承办世界生命科学大会植物代谢与人类健康、植物基因组学和遗传、植物 - 生物互作 3 个分会场。分会场共邀请包括美国科学院院士、英国皇家科学院院士、中国科学院院士在内的 17 名国内外科学家作学术报告，超过 1000 名代表聆听报告。

组织举办光合作用合成生物学国际研讨会、第一届亚洲 - 大洋洲国际光合作用大会、上海辰山第四届药食同源与植物代谢国际学术研讨会，促进国内外相关领域内学术的交流。

国内主要学术会议 召开国内学术会议 6 次，参会人数 1290 人，交流论文 231 篇。

10 月 19—20 日，举办全国中学生物教学研讨会。

10 月 26—29 日，在福建省厦门市召开第一届全国植物光生物学大会。会议围绕光受体、光信号转导、光与其他信号整合等主题，组织专题报告 28 场。来自国内外相关领域的 200 余名专家、学者参会。

举办植物生物学女科学家第五届学术交流会、第六届全国植物生物技术及其产业化大会以及植物开花、衰老和贮藏前沿学术研讨会等会议。

两岸交流 9 月 16—18 日，海峡两岸植物生理学与分子生物学研究与教学论坛在南京农业大学召开。来自中国科学院、北京大学、浙江大学、山东大学、武汉大学、中国农业大学、台湾大学、台湾清华大学、“中央大学”等多家单位的 160 余名专家代表参会。会议以“植物生理与分子生物学研究与教学前景展望”为主题，通过大会报告的形式，总结和交流近期内植物生理与分子生物学科学研究和教学改革的成果与经验，讨论植物生理学与分子生物学面临的新机遇、新挑战及发展新方向。

国际交往 5 月 30 日—6 月 2 日，组织学会理事和会员代表参加第三届中日韩三边生物技术国际研讨会。学会理事和会员代表作大会主题报告和分会报告。学会取得 2019 年第四届中日韩三边植物生物技术国际研讨会主办权。

邀请美国植物学家学会主席 Robert Last 访华，并在世界生命科学大会上作专题报告。10 月 28 日，与美国植物学家学会共同组织召开小型高端学术交流会，就 2019 年在美国植物学家年会上设置 CSPB-ASPB 招聘推介会达成合作意向。

科普活动 5 月，联合国内 7 个省市 20 余家高校、科研院所组织开展“国际植物日”大型科普活动。活动期间，举办各种类型的科普活动 90 余场次。新增“实验室开放日”科普形式，全国免费向公众开放植物科学实验室 15 家，150 名普通民众参加活动。“国际植物日”科普活动获中国科协表扬。

举办面向中小学生物教师的科普培训工作 2 次。7

月，举办暑期中学生物教师培训班。来自江苏省、浙江省、上海市等地的50余名生物教师参加培训。10月，在首都师范大学举办全国中学生物教学研讨会。来自全国各地的700余名一线生物教师参加会议。培训通过网络向国内各高校师生同步直播，5000人次点击直播推送，10万余人次观看。

学会植物生物学女科学家分会开展植物生物学女科学家科普校园行活动。举办科普校园行活动6次，中国科学院院士曹晓风、美国科学院院士李雪梅、北京大学教授顾红雅、山东大学教授夏光敏等30名国内外女科学家走进广州大学、广州实验中学、喀什大学、东北林业大学、东北师范大学、吉林农业大学等6所大中小学，通过科普报告、科学家面对面等形式，向学生传播植物科学知识。联合《新作文》杂志社举办的第七届“植物 家园 乡梦”主题征文大赛。全国2万余名中小学生参赛。评选出一等奖、二等奖、三等奖共110名，优秀奖110名。优秀作品结集成册刊登在《新作文》上进行表彰推广。

学会首席科普专家、北京大学教授许智宏走进南通大学、海安高级中学、景德镇一中、九江一中、临川一中等学校，作“植物科学与人类生活”“植物资源与现代农业”“作物的起源、育种技术的演变和现代农业的发展”“中国农业面临的挑战和应对”等主题的科普报告，向学生普及植物科学。同时，许智宏作为联合国教科文组织“人与生物圈计划”中国国家委员会主席，指导黄山成功申报世界生物圈保护区。学会首席科普专家、中国科学院植物生理生态研究所陈晓亚参与科普，做客上海图书馆、四川凉山州、重庆大学等地，普及“植物科学与生态文明”科学知识。学会多名科普专家参与科普，全年共参加科学普及活动52场。专家们通过讲座、论坛等形式将复杂科学原理转化为公众通俗易懂的形式，取得良好的效果，有3名专家获相关荣誉奖项，其中，学会首席科学传播专家、北京大学教授许智宏获2018年度“科普杰出人物奖”，学会植物生物学女科学家分会会长、山东大学教授夏光敏获2018年度“女科技工作者社会服务奖”，中国科学院植物生理生态研究所研究员张鹏获“中国科学院网络科普联盟科普启明星个人奖”。

学会网站科普专栏、微信、微博累计发送科普图文消息120余篇，粉丝人数超过8500人，阅读量超过10万人次，转发量超过4000次。

表彰举荐优秀科技工作者 举荐谈家桢生命科学成就奖、谈家桢生命科学创新奖、2018—2020年度青年人才托举候选人才、十五届中国青年女科学家奖等奖项候选人5人，其中，推荐的浙江大学徐娟获2018—2020年度青年人才托举工程项目资助。

首次设立卫志明青年创新奖和光生物学杰出贡献奖，用于奖励在植物生物学相关领域做出突出贡献的科研工作者。2018年卫志明青年创新奖和光生物学杰出贡献奖共表彰奖励科研工作者6名。

党建强会 学会第十一届理事会正式党员48人，学会办事机构正式党员3人。在学会党委的领导下，召开理事党员会议1次。

会员服务 建立学术会议管理系统，实现快速搭建和远程管理会议系统。全面升级学会会员系统，新系统将地方学会会员纳入全国学会管理，开创会员发展和会员服务的新模式。改版学会中英文网站，增加网站的可读性和便捷性。通过开展国际、国内学术会议，参加两岸学术交流，为会员和科技工作者搭建学术交流平台。

【2018年国际植物日全国大型科普活动】 学会联合7个省、自治区、直辖市的20余家高校、科研院所开展国际植物日大型科普活动。活动期间，举办科普讲座25场、科普展览18次、植物认知活动12次、开放实验室15家、科学互动探索活动5次、科普征文大赛1次、科普知识竞赛2次、科普视频展播10场、科普培训活动2场。2018年新增设实验室开放日科普形式。实验室开放日活动同步在斗鱼直播平台播出，浏览量超过1万人次。与上海科教制片厂联合制作科普视频《缤纷的植物王国》，在上海纪实频道及各活动参与单位进行展播，累计观看人数超过15万人次。

【全国中学生物教学研讨会】 10月19—20日，举办全国中学生物教学研讨会。会议以“聚焦核心素养，助力基础教育”为主题，旨在提高中小学生物教师的专业能力和科普素养。来自全国的700余名专家、学者、中学生物教研员、一线教师和生物教育硕士、师范生参加研讨会。

大会涵盖生物核心素养、生物课程教材与课堂教学、基础教育质量监测与评价、生物实验、现代教育技术与生物教育、生物教师教育等方面。会议通过网络向国内各高校师生同步直播大会，直播推送5000人次点击，观看人次突破10万人次。

【首次设立人才奖励专项奖】 学会重视人才奖励，首次设立卫志明青年创新奖和光生物学杰出贡献奖，用于奖励在植物生物学相关领域做出突出贡献的科研工作者，特别是青年科研人才。

卫志明青年创新奖是为纪念中国著名植物生理学家卫志明研究员，发扬卫志明踏实创新的治学精神，激励和促进植物生物学青年科研工作者扎实做事、潜心研究、创新发展，由上海皓嘉科技发展有限公司独家资助而设立的奖项。2018 年共有来自浙江大学、中国农业大学、南京大学、上海辰山植物园和上海师范大学的 5 名优秀青年科研工作者获奖。

光生物学杰出贡献奖是为全方位推进光生物科技成果转移转化，将光生物产业化研究面向国民经济主战场，服务国家重大需求，激励和促进中国植物光生物学的产业化研究、创新发展，由福建省中科生物股份有限公司独家资助设立的奖项。奖项每 2 年评选一次，每次获奖人数 1 名。2018 年中国科学院植物所研究员林荣呈获奖。

（撰稿人：郑亚洁）

中国生物物理学会

服务创新型国家和社会建设 学会完成《世界知名自然科技社团运营和发展调研报告》《世界一流学会标准体系及建设方法研究》等中国科协委托的调研报告。

11 月 26 日，学会体育医学分会与西安交通大学全球健康研究院共同主持在陕西省西安市开幕的第二届“一带一路”全球健康国际研讨会暨丝绸之路大学联盟 2018 全球健康论坛。世界卫生组织、世界银行、联合国儿童基金会、中国国家卫生健康委员会、亚太临床营养学会等众多机构及中外院士、学者，聚焦全球健康热点问题，开展对话与交流，为“一带一路”建设提供智库支撑。

学会建设 截至 2018 年 12 月 31 日，学会个人会员 12010 人，环比增长 55%。新增代谢组学分会、生物微量元素分会、体育医学分会、学术工作委员会、学会发展与规划工作委员会、组织建设工作委员会、会员工作委员会和宣传与推广工作委员会。学会下属分支机构增至 34 个，其中专业分会 16 个、专业委员会 6 个、工作委员会 12 个。

学会治理结构和治理方式改革 完善《中国生物物理学会章程》《中国生物物理学会分支机构管理办法》《中国生物物理学会财务管理制度》。制定《分支机构量化考评体系》，对分支机构全年各项活动按绩效打分排序，规范学会内部管理流程。

青年人才托举工程 推荐的 15 名青年科技工作者参与联合体评审，10 名候选人获中国科协项目资助。

主办期刊 《蛋白质与细胞》（*Protein & Cell*）入选 2018 年度中国最具影响力学术期刊，获 2018 年度中国高校杰出科技期刊奖。在 2018 年 6 月发布的 2017 年度《SCI 期刊引证报告》中，*Protein & Cell* 影响因子为 6.228，进入 Q1 区。

《生物化学与生物物理进展》以专题和专刊为牵引，提高综述类论文学术质量和学术导向性。打通原创性论文快速发表通道，提升原创性论文创新性和学术水平。启用自动化排版软件，实现论文自动排版，纸质版与数字化版本同步生产。

《生物物理学报》（*Biophysics Reports*）全年出版 6 期。启动 SCI、Pubmed 及 Biosis Preview 等数据库申请。

学科发展研究 “纳米生物学学科发展研究”（课题负责人：梁兴杰，国家纳米科学中心）、“发展认知神经科学学科方向发展路线图研究”（课题负责人：左西年，中国科学院心理研究所）、“选择性剪切前沿热点综述”（课题负责人：狄翠霞，中国科学院近代物理研究所）中标中国科协 2018 年学科发展工程项目。截至年底，“选择性剪切前沿热点综述”课题已完成。

邀请专家解读“基于核酸精准调控的生物医药技术”“遗传信息的结构编码——纳米尺度遗传信息动态结构解析”2 个问题，从问题简介、研究现状、关键技术难点与挑战方面进行解读。2 个问题入选 60 个中国一线科技工作者关注的重大科学问题和工程技术难题并在第二十届中国科协年会上发布。

国际学术会议 学会及其下属专业分会、专业委员会主办、承办国际学术会议 5 场次。3 月 29 日—4 月 1 日，在安徽省休宁县举办第六次国际暨第十五次全国膜生物学学术研讨会；4 月 1—3 日，在上海市举办第二届脂质代谢与生物能学国际学术研讨会；8 月 24—27 日，在四川省成都市举办第十六次中国暨国际生物物理大会；10 月 19—21 日，在湖南省长沙市举办首届国际衰老生物学大会。参会人数累计 2434 人次，交流论文 745 篇。邀请到包含数名美国科学院院士、英国皇家学会会员在内的国外专家、学者 149 人，交流学术论文 149 篇。

7 月 18—22 日，由学会主办、中国医科大学承办的第十二届国际钙信号和细胞功能研讨会（The 12th

International Symposium on Calcium Signaling in China，SCSC）在辽宁省沈阳市召开。加拿大多伦多大学教授王路阳和中国医科大学教授郝丽英共同担任大会主席。大会围绕钙信号和细胞功能研究领域的进展和研究成果，共分钙信号及相关离子通道、钙库和钙结合蛋白、G蛋白耦连受体和细胞功能、钙信号与健康和疾病、离子通道与新药研发、钙信号检测新技术6大主题。大会邀请加拿大不列颠哥伦比亚大学Terrance Snutch院士、加拿大卡尔加里大学Gerald Zamponi院士、加拿大多伦多大学Michael Salter院士分别作报告《癫痫突发性猝死机制的探索》《以钙离子通道为靶点的慢性疼痛治疗》《从受体到疼痛：疼痛的分子动力学》。来自美国、加拿大、英国、法国、德国等国的30余名专家和150余名国内专家参加会议。

国内主要学术会议 举办国内学术会议8场次，参会人数2139人次，交流学术论文787篇。

7月11—14日，第九届中国光生物学学术会议在宁夏回族自治区银川市召开。来自中国和美国共39个单位94名专家、学者参加会议。会议以“学科交叉之光照亮生物学”为主题，凸显光生物学的交叉学科特质，通过生物、化学、物理各领域的交叉，交流光在生物体内与各种生命物质从微观到宏观的作用机制，为能源、环境、医药健康等领域诸多问题的解决提供技术和思路。中国科学院院士、中国科学院大连化物所研究员李灿作题为“太阳能人工光合成：人类生产太阳燃料之梦”的大会邀请报告，报告其课题组通过借鉴自然界绿色植物光合作用过程，在人工合成光催化体系方面的研究工作，该项研究工作提升太阳能裂解水分子、固碳等过程的效率，体现生物学、化学等学科交叉在实现太阳能利用方面的作用。美国俄亥俄州州立大学教授仲冬平作题为“光裂合酶DNA修复的动力学及机理”的大会邀请报告，报告其课题组通过超快光谱技术，结合生物化学等手段，对光裂合酶修复DNA详细机理的研究成果。美国伊利诺伊大学芝加哥分校任重博士作题为“动态结晶学导论”的大会特邀报告，指出未来的结构生物学研究热点将会是理解生物体系在动态水平上的变化，才有可能全面了解这些体系的详细功能。中国科学院生物物理所研究员柳振峰作题为“植物捕获光能及其调节过程的超分子基础”的大会特邀报告，介绍其对高等植物捕光系统及能量传递方面的研究结果。中国科学院植物所研究员杨春红作题为“光合作用光反应低能激发态的调控及意义”的大会特邀报告，介绍在光合作用研究中以往被忽视的低能激发态所发挥的重要作用。会议上，11个专题特邀报告和12个口头报告展现在光化学、光治疗以及研究技术等领域的研究成果。会议附设学术墙报展讲，共评选出优秀墙报奖3份。

国际交往 12月2—6日，亚洲生物物理联合会（Asian Biophysics Association，ABA）在澳大利亚墨尔本召开第十届亚洲生物物理大会。学会名誉理事长饶子和应邀作大会报告，多名学会会员作邀请报告。ABA主席、中国科学院院士阎锡蕴主持召开ABA理事会议，讨论新一届理事会成员及下一届大会召开地点，学会总干事长刘平生作为学会代表出席理事会。

4月20—25日，组团参加在圣地亚哥举办的2018年美国生化学会年会。12月8—12日，参加在圣地亚哥举办的美国细胞生物学会年会，与美国生化学会和美国细胞生物学会就联合举办学术会议、年会互设分会场、资助中国学生参加国际会议等事宜进行协商。

科普活动 挖掘中国科学院院士阎锡蕴、国际人类脑图谱学会理事会成员左西年研究员、第五届“贝时璋青年生物物理学家奖”获得者石发展博士和宗伟健博士、中国生物物理学会科普工作委员会秘书长叶盛，利用学会官网、新浪博客、微信公众号、头条号等渠道，对其事迹展开报道。该系列报道获近500次转发推荐，直接阅览量近8000次。

通过微信公众号、网站、微博、头条号、科学网（个人账户）等推送科普文章100余篇，阅读量5万次。《生物医学大讲堂》上传腾讯视频450次，浏览413万余人次，其微信公众号推送200篇，阅读量30万次，订阅者超过1.6万人；中国科学院院士、科普团队首席专家陈润生接受新华网视频采访，宣传精准医学。学会科普专家叶盛在知乎网个人科普主页获5.8万关注，个人公众号“原质说”单篇文章阅读量达2.4万次。

表彰举荐优秀科技工作者 经学会推荐，中国科学院生物物理研究所研究员刘光慧被授予第十五届中国青年科技奖特别奖和第十一届谈家桢生命科学创新奖。“疱疹病毒的组装和致病机理”“灵长类动物发育和寿命调控关键通路获揭示”入选2018年度“中国生命科学领域十大进展”项目。上海交通大学兰鹏飞博士、中国科学院生物物理研究所刘亮博士获中国科协2018—2020年度第四届青年人才托举工程项目资助。

美国科学院、医学院、艺术与科学学院三院院士，美国得州大学西南医学中心教授 Helen H. Hobbs 获 2018 年贝时璋国际奖。

学会创新发展 第十六次中国暨国际生物物理大会邀请以色列生理药理学会和奥地利生物物理学会代表参会，并举行专题论坛，就学会发展和合作进行探讨。

与美国细胞生物学会（ASCB）合作，首次在第十六次中国暨国际生物物理大会上设立“2018ASCB 青年差旅奖”。该奖项由美国细胞生物学会出资，学会负责遴选，对中国青年学者参加美国细胞学会年会给予经费资助。

党建强会 完成学会理事会党委和学会办事机构党支部换届。学会副理事长雷鸣担任党委书记，常务理事陈畅担任副书记，梁兴杰担任纪检委员，李蓬、王宏伟、宋保亮、顾宁担任党委委员。健全学会党委工作机制，明确党委委员的工作职责和责任内容，规范工作程序。制定并完善学会党委工作议事制度、“三重一大”决策机制，启动党委研究讨论重大事项前置审议程序，发挥党委在学会建设的政治引领和组织保障作用。开展“缅怀英烈　不忘初心”党日活动；执行“三会一课”、民主评议党员等党内组织生活制度，提升支部建设的规范性。

会员服务 通过开通会员邮件列表、建立会费收取标准化流程、会议注册系统与会议管理系统关联互动，建立会员管理模式。编辑、印制、寄送《2018 年学会工作年报》6000 余册，传播学会学术活动，传递学会工作信息。组织推荐会员参与第十五届中国青年女科学家奖、2018 年度未来女科学家计划、青年人才托举工程项目及 2018 年度谈家桢生命科学奖、2018 年度中国生命科学十大进展等评选。

【第十六次中国暨国际生物物理大会】 8 月 24—27 日，第十六次中国暨国际生物物理大会在四川省成都市召开。学会理事长徐涛担任大会主席。中国科学院院士、中国科学技术大学教授施蕴渝，中国科学院院士、香港科技大学教授张明杰，中国科学院院士、中国科学院生物物理研究所研究员阎锡蕴，中国科学院院士、陆军军医大学第一附属医院教授卞修武，中国科学院院士、中国科学院生物物理研究所研究员徐涛，四川省医学科学院、四川省人民医院院长邓绍平，大会特邀报告人——美国圣裘德儿童研究医院教授 Paul Taylor 和哥伦比亚大学教授 Wayne A. Hendrickson，以及来自中国、美国、英国、日本、法国、加拿大、澳大利亚、新西兰、以色列、新加坡、哈萨克斯坦及中国港澳台地区的科技工作者和企业代表共计 1200 余人参加会议。

围绕大会主题“生物物理与人类健康”，美国哥伦比亚大学教授 Wayne A. Hendrickson，美国圣裘德儿童研究医院 Paul Taylor 博士，中国科学院院士、香港科技大学教授张明杰，中国科学院生物化学与细胞生物学研究所研究员陈玲玲，中国科学院生物物理研究所研究员李国红，复旦大学教授徐彦辉，北京大学教授周专分别作大会特邀报告《肌肉兴奋 - 收缩耦合过程中钙释放控制的结构基础》《神经系统疾病的相变紊乱》《突触微反应机制的重构与表征》《非常规 RNA 的形式和功能》《基因调控中 30nm 染色质纤维的结构与动态调控》《DNA 损伤反应的结构》《哺乳动物感觉神经元中电压门控 N 型钙离子通道钙离子非依赖电压依赖分泌的机制》。大会组织专题讨论会 23 个、卫星会 1 个、专题论坛 3 个、专题报告 237 场。提交学术论文 402 篇，张贴学术墙报 179 份。

【“低氧与健康”科学大会】 9 月 15—18 日，由学会与中华全国体育总会科教部、西藏自治区体育局和中国体育科学学会联合主办，全国 50 余家科研机构、大学和医院参与的首届“低氧与健康”科学大会在西藏自治区鲁朗镇举办。大会探讨世界“第三极”青藏高原地区低氧自然环境下的健康科学问题及机体在生理和病理的低氧条件下的代谢、适应和保护。与会专家、学者达成共识，生命科学、体育科学、医学科学在中国“健康中国”方针战略指导下，联合起来，共同探索低氧与健康的关系，对于全民健康战略创新实施、促进高海拔地区民众健康、保证高原建设者高效率地工作、保护边防战士身体健康，推动西藏乃至全国“低氧与健康”科学及相关的科技成果转化和产业发展，从而推动西藏长足发展和长治久安具有重要而深远的意义。

与会专家共同起草并发布《鲁朗宣言》：将“低氧与健康”科学大会办成国际高水准论坛，提升中国在“低氧与健康”科学领域的影响。将生命科学、体育科学、医学科学深度融合，建立“低氧与健康”科学研究和促进成果转化联合体，积累“低氧与健康”科学数据库，为深度融合低氧科学研究提供智力支持。在“第三极”——西藏鲁朗小镇创建“低氧与健康”研发基地，强化生命科学研发成果对经济社会发展的促进作用。坚信经过持续的努力，一定会为“健康中国”和西部发展、为人类健康做出积极贡献。

【第十七期中国科协科技期刊主编（社长）沙龙】 12 月 11 日，由中国科协学会学术部主办，学会承办的第十七期中国科协科技期刊主编（社长）沙龙在清华大学举办。学会名誉理事长饶子和，中国科技期刊编辑、学会副理事长颜帅主持沙龙。中国科协党组成员、书记处书记宋军出席并致辞。中国科学院院士、清华大学教授饶子和，中国科学院院士、清华大学教授朱邦芬等科研及出版机构专家、有关学会负责人及国内有关科技期刊主编、社长共 30 余人参加沙龙。参会人员就学术伦理达成共识，加强维护科研诚信方面的使命感、职责感，持续构建与国际接轨的规范与标准。科研工作者与科技出版物合力引导科技发展有利于人类文明进步，有利于增进社会福祉，促进国家经济社会发展。

（撰稿人：王　悦）

中国遗传学会

服务创新型国家和社会建设　学会承担“中国科技与经济融合论坛”项目。11 月 7—10 日，中国科技与经济融合论坛“分子设计育种发展与未来”在北京市召开。论坛由中国科协学会服务中心主办、学会承办，中国科学院遗传与发育生物学研究所、中国科学院老科技工作者协会协办。中国科学院院士李家洋担任大会主席，8 名院士及 260 余名专家、学者参加会议。论坛邀请中国分子设计育种领域专家和种业公司代表参会，总结分子设计育种理论研究进展，研讨基因组学技术、基因组编辑技术、生物信息技术、人工智能技术、大数据等在分子设计育种研究中的应用，探讨中国未来种业需求、分子设计育种最新进展以及未来发展方向。

学会建设　截至 2018 年年底，学会个人会员总数 12000 人。全年召开学会九届十次、十一次、十二次、十三次、十四次常务理事会议，十届一次理事会议。

主办期刊　《遗传学报》(*Journal of Genetics and Genomes*，JGG）围绕学科热点组织策划专刊 2 期。2 月，组织出版 *Medical Genetics* 专刊；11 月，组织出版纪念学会成立 40 周年专刊。利用参加学术会议、微信、拜访专家、邮件等形式向专家约稿。围绕“CRISPR”等遗传学、基因组学热点，组稿、约稿近 40 篇。获中国出版政府奖期刊奖提名奖，再次入选中国最具国际影响力学术期刊，获中国科学院出版基金一等奖（排名第 5）。

《基因组蛋白质组与生物信息学报》(*Genomics, Proteomics & Bioinformatics*，GPB）出版第 2 期 RNA Epigenetics（Ⅲ）专辑、第 4 期 Bioinformatics Commons（Ⅰ）专辑、第 5 期 Bioinformatics Commons（Ⅱ）专辑 3 期专辑。结合期刊刊载范围及研究人员需求，将 Bioinformatics Commons 专题作为固定栏目，每年集中发布生物信息学工具类精选稿件，为领域提供高性能工具。与专业设计团队合作，设计和排版封面，提升期刊形象，入选 2018 年“中国最美期刊”。获第一个官方影响因子 6.615，位于 Genetics Heredity 学科领域 Q1 区，在本学科 171 个期刊中排名第 16，进入前 10%。连续 6 年入选“中国最具国际影响力学术期刊”名单，期刊排名继续上升，国际影响力指数在自然科学与工程技术类期刊中排名第 19。国际他引影响因子为 6.5，排名第 9。

《遗传》出版《中国遗传学会成立 40 周年纪念》专刊（第 10 期）和《中国科学院北京基因组研究所建所 15 周年纪念》专刊（第 11 期）2 期专刊。加强“特邀综述”“前沿聚焦”“资源与平台”栏目组稿工作，增设“领域前瞻”“历史回顾”栏目，拓展《遗传》报道范围。完成《遗传》官方网站 www.chinagene.cn 全面改版升级，新增或优化功能项目 11 项，升级后网站采用 RWD 技术，支持不同移动端访问和屏幕自适应。11 月，中国科学技术信息研究所发布《2018 年版中国科技期刊引证报告（核心版）》。在 28 种生物学基础学科期刊中，《遗传》核心总被引频次 1715，排名第 5；核心影响因子 0.968，排名第 3；综合评价指标 71.4，排名第 3。

《激光生物学报》进入 2018 年版中国科技期刊引证报告自然科学卷核心版，根据中国学术期刊影响因子年报统计，2018 年影响因子为 0.578，学科排名比 2017 年提升 4 名，影响因子及各项指标呈上升趋势。12 月 28—29 日，由湖南师范大学和学会主办的《激光生物学报》第七届编委会第一次会议在北京大学中关新园宾馆召开。学会副理事长谭华荣，湖南师范大学副校长匡乐满，生命科学学院执行院长彭贤锦，《激光生物学报》主编、淡水鱼类发育生物学国家重点实验室副主任夏立秋及来自全国各地的 45 名编委和《激光生物学报》编辑部人员参加会议。

国内主要学术会议　学会和各专业（工作）委员

会在国内主办学术交流会议 10 次，会议交流论文 860 篇，参会人数 7463 人次。

3 月 16—18 日，2018 年中国遗传学会遗传咨询分会年会在江苏省苏州市召开。年会设妇产、生殖、儿科、耳聋、ACMG、肿瘤 6 大专场，国家部委领导、苏州市政府领导，及国内外院士专家、医疗工作者、企业领袖等 1000 余人参加大会。年会推动建立中国遗传咨询标准。

4 月 20—22 日，中国遗传学会第十三届全国激光生物学会议在湖南省长沙市召开。会议由学会主办，湖南师范大学承办，华南师范大学、福建师范大学和中南大学协办。来自中国科学院、北京大学、清华大学等科研院所、高校的专家、学者 200 余人参加会议。会议分 5 个分会场，共举行特邀报告 6 场、专题报告 36 场、青年论坛报告 13 场。会议论文集收录论文 114 篇。与会专家、学者讨论激光生物学和生物光子学基础研究、生物光子学及相关新技术、激光生物技术及其仪器研制与应用等领域最新进展，展示中国激光生物学领域最新研究成果。

6 月 14—15 日，学会遗传诊断分会作为联合主办单位举办 2018 分子与遗传诊断高峰论坛。论坛以“小分子撬动大健康”为主题，聚焦分子诊断热点问题和最新进展，分设肿瘤精准诊治多学科协作、肿瘤分子诊断新技术研究与转化、遗传分子诊断、感染性疾病分子诊断、孕前产前分子诊断、多基因疾病遗传风险评估等分论坛。参会专家分别围绕分子诊断在多个专业领域研究进展、问题挑战及应用前景作报告。近 700 人参加论坛，包括中青年专家、学者 500 人。

7 月 11—13 日，2018 年全国遗传学教学研讨会在黑龙江省哈尔滨市召开。会议讨论遗传学教学模式和方法改革经验及相关数字化资源建设创新举措。

7 月 27—30 日，第八届全国微生物遗传学学术研讨会在四川省成都市召开。会议由学会微生物遗传专业委员会主办，四川师范大学和中国科学院微生物研究所微生物资源前期开发国家重点实验室共同承办。80 余所海内外高校和研究机构的 360 余名专家和研究生参会。会议展示中国微生物遗传学及其交叉学科研究最新成果，收到论文摘要 137 篇。

27 日，研讨会以专设的微生物生物技术与产业化论坛开幕，研讨该领域科研成果与产业化对接。15 名教授、研究员作大会报告，31 名专家、学者作专题报告。报告涉及微生物遗传及其前沿交叉领域多个方面，包括基因组复制及转录调控、合成生物学与生命再造、微生物遗传资源与开发利用（抗生素、工业酶、生物制造等）、CRISPR 分子机制及其应用、微生物遗传与健康、微生物遗传与环境、人工智能蛋白设计及生物大数据利用等。会议期间，召开第九届中国遗传学会微生物遗传专业委员会第二次会议。

8 月 19—22 日，第十九届全国植物基因组学大会在四川省成都市召开。大会由学会植物遗传与基因组学专业委员会主办，四川农业大学和中国科学院遗传与发育生物学研究所承办。国内外 162 所高校和科研院所及 19 个企业的 1100 余名专家、学者参会。大会讨论基因组测序与新技术、功能基因组、蛋白质组代谢组与生物信息、基因组多样性、表观遗传学和表观基因组学、转基因技术和分子育种 6 个专题。大会安排口头报告 45 场，其中，国外特邀报告 6 场、国内特邀报告 3 场、重要报告 30 场、学生报告 6 场。大会共收到摘要 194 篇，展示墙报 79 份。大会设置墙报交流环节，为参会人员提供讨论交流平台，评选出优秀墙报 12 份。大会宣布第二十届全国植物基因组学大会将于 2019 年 8 月在江西省南昌市举行，由江西农业大学和中国科学院遗传与发育生物学研究所承办。

10 月 19—21 日，2018 年全国植物生物学大会在山东省泰安市举行。大会由学会与中国作物学会、中国植物学会、中国植物生理与植物分子生物学学会、中国细胞生物学学会联合主办，山东农业大学、作物生物学国家重点实验室、中国科学院植物分子生理学重点实验室共同承办。大会主题为“植物科学助力乡村振兴”。中国科学院院士许智宏、孙大业、陈晓亚、韩斌、刘耀光、种康，中国工程院院士万建民、康振生，来自北京大学、清华大学、中国科学院、中国农业科学院等 200 余家高校、科研院所共 2000 余名专家、学者参加大会。100 余名专家围绕植物发育生物学、基因组与演化、基因组分析与应用、植物复杂农艺性状解析、激素生物学、逆境生物学、细胞生物学、基因编辑与生物技术、作物生产与绿色增效、光合作用生物学、免疫与作物抗病等主题作学术报告。大会举办青年学者论坛，10 余名青年研究人员作报告。经大会组委会组织专家评审，8 人获优秀青年论坛报告奖，16 人获优秀墙报奖。

11 月 3—4 日，2018 精准医学及儿童自闭症精准诊疗峰会在江西省南昌市召开。会议由学会、国家卫生计生委医药卫生科技发展研究中心、中国科学院北京生命科学研究院、中国妇女发展基金会、中南大学生命科学学院、上海中科科创文化集团有限公司主办，学会行为遗传学分会、学会表观遗传专业委员会、迪安捷（北京）精准医学科技有限公司承办。会议探讨精准医学创新发展及自闭症等神经系统发育障碍疾病的科学研究、临床诊疗及康复等议题。会议特邀中国工程院院士詹启敏、中国科学院院士陆林、国家卫生计生委医药卫生科技发展研究中心主任李青、中国妇女发展基金会妇儿帮扶基金主任郭海良、学会表观遗传专业委员会主任孙中生、中南大学生命科学学院院长夏昆等专家作主题演讲。

11月15—17日，学会遗传诊断分会作为联合主办单位在上海市举办第一届中国临床分子诊断大会。大会由中国生物物理学会临床分子诊断分会和学会遗传诊断分会联合主办，由复旦大学附属华山医院、上海交通大学医学院附属上海儿童医学中心承办。国内外临床遗传学专家近800人参加会议，包括中青年专家700人。大会围绕“创新与转化”主题，针对临床分子诊断面临的机遇和挑战，邀请基础研究、临床医学、实验诊断等领域院士专家作大会特邀报告及6个分论坛报告，共有主题报告52场。交流分子标志物的发现、分子诊断新技术的研发及其在临床各领域的应用等内容。

11月26—29日，中国遗传学会第十次全国会员代表大会暨学术讨论会在江苏省南京市召开。

科普活动 年内，学会遗传诊断分会联合上海市遗传学会遗传与分子诊断专业委员会、上海市医学会分子诊断分会、上海交通大学医学院医学检验系开展“浦江分子诊断大讲堂”。大讲堂内容围绕病原体感染、优生优育、恶性肿瘤、遗传性疾病等影响健康的重大问题，各专题讲座线下人数50人左右，线上网络直播受众在1000—10000人不等，其中波士顿医学遗传学者会议线上人数达49651人，并有来自全国各地的300余名临床医生、分子诊断技术人员现场参与。

10月28日，国际基因组学大会第十三届会议（ICG-13）科普嘉年华活动在广东省深圳市举办。活动由深圳华大生命科学研究院主办，深圳市科协、中国科普作家协会、学会协办。邀请中国科学院院士、著名学者、作家、媒体人30余人与科学爱好者对话。华大基因CEO尹烨、癌症科普作家李治中（菠萝）、央视纪录片频道特约撰稿人史钧、国家教育咨询委员会委员王渝生等参加活动。

11月27日，在学会成立40周年全国会员代表大会暨学术讨论会之际，由学会遗传诊断分会联合上海市遗传学会主办、上海市临床检验中心协办的第一届全国NGS建库技能大赛知识竞赛暨颁奖仪式在江苏省南京市举行。上海市肺科医院病理科获一等奖。第一届全国NGS建库技能大赛通过实际操作，如文库制备、文库质控、上机测序及分析、报告解读，及NGS基础知识对参赛选手进行评估，旨在通过比赛，达到相互学习、共同发展、提升技能，解决临床检验高水平实验室操作人才匮乏问题，实现各单位临床检验持续稳健发展。

杨晓实验室举办主题为“你的样子——基因与发育”的全国“实验室开放日”活动。科普活动主讲人从基因编辑、人工生命等热点问题切入，介绍基因在决定个体发育中的重要作用，介绍以CRISPR/Cas9为代表的基因编辑技术及其应用。实验室向参加活动的学生颁发活动证书及赠书——《海明威的猫：基因是如何运作的》。

学会创新发展 4月15—21日，第十三届遗传咨询初级培训班在黑龙江省哈尔滨市举办。培训班由国家卫健委能力建设和继续教育中心指导，学会遗传咨询分会主办，哈尔滨医科大学和哈尔滨工业大学联合承办。

8月26日—9月1日，第二届国际遗传咨询高级班在山东省青岛市举办。高级班由国家卫生健康委能力建设和继续教育中心指导，学会遗传咨询分会和美国贝勒医学院联合主办，山东大学附属生殖医院和香港中文大学联合承办。

10月27日—11月2日，第四届遗传咨询中级班（产前专场）在上海市举办。中级班由国家卫健委能力建设和继续教育中心指导，学会遗传咨询分会主办，上海市第一妇婴保健院和上海市妇幼保健中心联合承办。为帮助遗传咨询从业人员提高临床遗传咨询能力，积累病例实践经验，促进遗传咨询知识传播和在临床的应用，学会遗传咨询分会举办遗传咨询病例分享直播活动。组织遗传咨询病例分享直播35次，根据后台统计数据，每次直播有上千人通过不同方式（手机、电脑、平板电脑）观看，观众分布在中国、美国、英国、澳大利亚、加拿大等国。学会开展遗传咨询继续教育和培训工作，初步形成“行业培训—资质认证—临床应用”遗传咨询体系。

党建强会 根据中国科协科技社团党委关于推

进中国科协所属学会党建“两个全覆盖”专项工作方案，成立中国遗传学会理事会功能型党委和学会办事机构党支部。以党的十九大会议精神为纲领，以中国科协要求为指导，在学会党委带领下，开展学会换届工作，探索党建强会工作。

【中国遗传学会第十次全国会员代表大会】 11月26—29日，中国遗传学会第十次全国会员代表大会暨学术讨论会在江苏省南京市召开。会议由学会主办，江苏省遗传学会、南京农业大学、作物遗传与种质创新国家重点实验室、江苏省现代作物生产协同创新中心承办，江苏省科协协办。学会第一次全国会员代表大会于1978年在南京市召开，此次大会恰逢学会成立40周年，来自34个省、自治区、直辖市及特别行政区的遗传学相关领域科技工作者900余人参加会议。大会围绕“遗传学：继承、创新、发展”主题，回顾学会发展历史，交流遗传学领域新成果、新进展及发展趋势。中国工程院院士曾溢滔、中国科学院院士贺林、中国科学院院士季维智等13人分别作大会报告。大会设分会场12个，共有主题报告51场、分组报告105场、展示墙报26份。大会汇编论文集，收到会议摘要192篇。与会人员交流遗传学热点和前沿课题，展示遗传学发展最新成果。

大会播放《生命之光》纪念片，展示《遗传》、*Journal of Genetics and Genomics* 献礼“遗传学会成立四十周年”专刊。中国遗传学会第十次全国会员代表大会通过第九届理事会工作报告，通过无记名等额选举产生149名第十届理事会理事、4名第一届监事会监事，通过学会章程和会费标准。薛勇彪当选第十届理事会理事长。

（撰稿人：肖明杰）

中国心理学会

服务创新型国家和社会建设 配合国家推进“一带一路”建设工作，开展“一带一路”国际培训项目。4月，在北京举办“带路驱动的南亚心理学家国际交流与合作”项目，学员来自“一带一路”沿线的15个国家，每个国家2名学员，合计30名学员。利用2017年南亚地区心理学会议（RCP 2017）在“一带一路”南线地区业已建立的国际心理学网络，发现、发动全国学会系统中有志于国际合作与交流的后备力量，密切中国心理学界与南亚国家心理学界的联系，建立面向未来、带路驱动的可持续南亚地区心理学家合作网络。

受国家卫健委疾控局委托，继续推进“全国社会心理健康服务机构调查”项目。1月9日，召集各省、自治区、直辖市心理学会负责人在北京召开全国社会心理健康服务机构调查项目启动大会。与会代表共同讨论调查表的内容科学性和实测可行性，就数据收集和数据质控等问题进行论证。

学会能力提升计划 完成新版学会官方网站、会员管理系统、微信公众号的部署和试运行。开发一套集投稿、注册、缴费、报到等功能于一体的学会会议系统，提升网上联系、网上服务、网上引导、网上动员会员的能力。

加大对青年科技工作者成才的奖励力度，研讨《中国心理学会优秀青年学者评选办法（草案）》《中国心理学会优秀博士学位论文评选办法（草案）》。

发布《中国心理学会临床与咨询心理学工作伦理守则》（第二版）、《中国心理学会临床与咨询心理学专业机构和专业人员注册标准》（第二版）、《中国心理学会团体标准管理办法》等。

学会建设 11月2日，在北京召开中国心理学会第十二届二次全国会员代表大会，共231名代表参加会议。根据学会章程，全体与会代表无记名投票差额选举产生中国科学院心理研究所研究员韩布新为学会新一任候任理事长，增选北京大学教授苏彦捷为副理事长。

11月2日，中国心理学会第十二届理事会第二次全体会议在北京召开。会议通过关于变更学会法定代表人的决议。随后，召开中国心理学会理事会和监事会党员会议，按照中国科协科技社团党委对学会党委换届的指导意见，学会党委完成换届，周晓林担任党委书记。

召开4次常务理事会议，讨论调整会员入会程序、全国心理学学术学会组织方案等学会重大议题，通过分支机构的新增设立与转正申请等决议。

完成分支机构换届工作，新增专业委员会4个，工作委员会1个，学会分支机构数量达40个。

发展会员1150人，个人会员增至14900人。

青年人才托举工程 学会发布申请通知，组织候选人项目答辩，经6名专家投票，深圳大学徐鹏飞副研究员及浙江大学周宵研究员当选受资助人。

主办期刊 《心理学报》《心理科学》2刊入选

2018年中国最具国际影响力学术期刊，在人文社科类期刊中,《心理学报》排名第5,《心理科学》排名第17。《心理学报》入选WAJCI-Q2期刊，在心理学综合类全球153个评价源期刊中，排名第57，是中国大陆心理学类期刊中进入WAJCI-Q1/Q2列表的两种学术期刊之一。《心理科学》完成中国科协精品科技期刊工程第四期项目预期目标并结题。完成编委换届工作，在十二届二次常务理事会议上强调并规范编委会成员的当选条件，研究制订《中国心理学会科技期刊编辑委员会管理办法》。

学科发展研究 自筹经费组织开展《2018—2019心理学学科发展报告》编撰工作。11月3日,《2018—2019心理学学科发展报告》启动会议在中国科学院心理研究所召开。项目由学会出版工作委员会牵头组织，32名各专业委员会的代表出席启动会。

12月23日,《2018—2019心理学学科发展报告》编撰工作会议在中国科学院心理研究所召开。会议由项目首席科学家杨玉芳主持，18名参与报告撰写的作者参加研讨。此期学科发展报告主题是“心理学与人工智能”。根据国内研究现状，会议上确定综合报告的4个分主题，围绕主题还确定6个专题报告的题目和作者。完成编撰工作的进度规划。

国内主要学术会议 学会及所属分支机构举办各类国内学术会议38次，包含学术年会21次。参加人数9470人次，其中，企业科技工作者1164人次。交流论文3292篇。举办港澳台地区学术会议1次。

10月19—21日，第十三届海峡两岸心理与教育测验学术研讨会在中国台湾地区南投县召开。研讨会自1993年以来，每2年一次，在大陆和台湾地区轮流举办。大陆主办方为学会心理测量专业委员会和中国教育学会教育统计与测量分会，台湾主办方为台湾“中国测验学会”。研讨会分为5个主题，分别为信息科技在教育与心理测量上的应用，教育、心理统计方法与应用，人工智能与巨量数据分析于教育与心理研究之应用，国际大型测验的趋势与启发，学生素养导向评量设计。参会人员200名，其中，科技工作者20名，交流论文110篇。

5月8日，心理援助2018国际研讨会暨汶川地震灾后心理援助十周年纪念大会在北京召开。绵阳会场的会议于5月9—11日在西南科技大学举办。通过开展承诺接纳疗法、绘画治疗等用于灾后心理援助的工作坊，灾后心理援助及心理创伤研究主论坛，灾后心理技术应用分论坛和儿童青少年心理援助分论坛以及系列主题纪念活动，引导与会人员学习心理援助技术，悼念在灾难中失去的生命，激励灾后心理援助工作。500余人参会。

4月11—14日，由上海体育学院、学会脑电相关技术专业委员会等共同主办的第五届脑成像与脑电研究与应用研讨会暨中国认知科学学会社会认知科学分会成立大会在上海体育学院举办。来自68个单位的300余人参会。

6月8日，学会决策心理学专业委员会与芝加哥大学北京中心联合主办新时代的幸福学与决策心理学学术研讨会。约100名专家、学者参会。

6月14—16日，由学会生理心理专业委员会等共同主办的第三届应激与大脑高峰论坛在中国科学院心理研究所召开，170余人参加会议。

8月22—25日，第十一届全国运动心理学学术会议在北京体育大学举办。会议由中国体育科学学会运动心理学分会和学会体育运动心理专业委员会主办，主题为“以发挥潜能与和谐健康为目标的运动及锻炼心理学”。来自全国60余所高校及科研院所的214名专家、学者参加，交流论文255篇。

9月19—22日，学会生理心理专业委员会主办的第十四届中国生理心理学学术研讨会在山西省西安市召开。会议主题为“心理、脑与健康：机遇与挑战”，包括特邀报告、专题研讨、口头报告、墙报、研究生优秀会议论文报告等形式。来自国内外近百家单位300余名专家、学者参加会议。

9月21—23日，中国心理学会心理学质性研究专业委员会成立大会暨海峡两岸质性心理研究研讨会在苏州大学举办。会议主题为“另一种智慧：质性心理研究在中国”。海峡两岸从事质性心理学研究的180余名专家、学者（其中台湾地区代表30余人）参加会议。会议收到近100篇论文及摘要。会议设有1个主会场、7个分会场，发布8场主报告和61篇分会场报告。

10月17日，首届经济心理前沿研究论坛在北京举行。论坛由学会经济心理学专业委员会（筹）主办，主题为“财经素养”。参会师生22人。

11月9—11日，由学会临床与咨询心理学专业委员会、临床心理学注册工作委员会、心理服务机构工作委员会联合主办的“专业与活力：社会化心理服务发展”会议在湖北省武汉市召开。137名专家、学者参会。

11 月 17—18 日，由学会临床与咨询心理学专业委员会等共同主办，临床心理学注册工作委员会协办的全国临床与咨询心理学学历教育联盟首届会议在西南民族大学召开。130 名专家、学者参会。参会的 60 余所学校成为第一批联盟成员。

11 月 17—18 日，由学会心理学普及工作委员会主办的第一届中国营地心理论坛在北京召开，200 名专家、学者参会。

11 月 23—25 日，由中国科学院心理研究所和学会联合主办的 2018 中国 EAP 行业峰会暨中国 EAP 行业 20 周年庆典在浙江省杭州市召开。峰会主题为“服务社会、创新治理”。来自国企、央企、民企、外企的 80 余家企事业机构代表，30 所高校或科研院所的专家代表，50 余家 EAP 从业机构的供应商代表，以及来自 31 个省、自治区、直辖市的 EAP 从业者代表，共计 450 人参加会议。

11 月 30 至 12 月 1 日，由学会心理咨询师工作委员会（筹）主办的中国心理咨询师职业发展研讨会暨中国心理学会心理咨询师工作委员会（筹）第一次会议在山东省青岛市城阳区召开。来自全国各地的第一届委员、专家和咨询师 70 余人参会。

12 月 14—15 日，学会决策心理学专业委员会协同浙江大学心理与行为科学系举办第一届双脑与决策学术研讨会。会议主题为“双脑与决策”，约 100 名专家、学者参会。

12 月 22—23 日，第一届中国心理学会积极心理学专业委员会（筹）学术年会在清华大学召开。700 余名积极心理学专家、学者、学生和实践者参会。会议邀请 6 个主题报告，分 5 个分论坛，交流论文 213 篇。

12 月 30 日，由学会人格心理学专业委员会主办的“人性的力量暨改革开放四十年与心理学发展论坛”在北京召开。共计 190 名专家、学者参会。

国际组织任职 张建新研究员现任国际心理科学联合会执委，任期 2016—2020 年。

国际交往 6 月 24—25 日，学会张侃研究员和教师王日出受邀参加在加拿大召开的国际应用心理学协会主席团会议（Board of Directors）。第三十届国际应用心理学大会（ICAP 2022）主席张侃向理事会介绍过去 2 年会议准备工作情况。会议选举产生新的理事和秘书长。除 ICAP 2022 主席张侃自动成为理事，中国心理学学者苏彦捷、朱莉琪、王日出经选举成为新一届理事。

6 月 26—30 日，学会代表团韩布新研究员、张建新研究员等 20 余人赴加拿大蒙特利尔参加第 29 届国际应用心理学大会（ICAP 2018）。中国学者方方、李兴珊、苏彦捷、朱莉琪等作特邀报告，甘怡群、李纾等组织特邀主题研讨会。

6 月 28 日—7 月 3 日，第 8 届国际运动心理学大会（8th ASPASP）在韩国大邱市 Keimyung University 举行。在此次会议上，学会体育运动心理专业委员会委员、北京体育大学心理学院教授张力为卸任 ASPASP 主席并以前主席的身份继续担任该学会理事会成员。40 余名中方学者和学生代表参加大会。

7 月 18—22 日，学会经济心理学专业委员会（筹）发起人辛自强教授带队一行 5 人参加在英国伦敦举行的行为科学前沿学会及经济心理学研究国际协会会议（SABE-IAREP）。5 人均在会议上作口头报告，并收听全部主题报告，参与多个分会场的讨论。

候任理事长韩布新研究员代表学会参加第 6 届亚洲认知行为治疗年会、第 8 届加勒比地区心理学大会、第 11 届印度心理科学院年会等国际学术活动。

学会护理心理学专业委员会委员关青、戴琴分别参加第 24 届 OHBM 大会年会和第十四届 BioInquirer 年度学术会议，并在会议上作口头报告。

科普活动 发起建设心理服务基层协作网，遴选与扶持心理服务基层科普讲师。通过初试和复试，分别在北京、福建省福州市、福建省厦门市开展 4 批心理服务基层优选心理科普工作者相关遴选工作。近 1000 人报名，总计选拔与培养心理服务基层科普讲师 300 余人。

开展全国心理普及工作者培养工作，借助学会科普委心理学科普传播专家团队资源，深化心理服务基层科普讲师团队建设。在北京等地开展多期全国心理普及工作者培养工作，内容包括三维平衡理论与关键技能培训、基于《公众心理科普纲要》的基本知识与应用、心理科学普及工作的工作能力建设与具体实践应用。

配合中国科协，完成科学传播专家团队续聘工作。

9 月 15—17 日，中国心理产业博览会在厦门市集美区召开。博览会展示 500 余件总价值 4000 余万的高科技心理服务产品。博览会为期 3 天，举办 7 场高水平论坛、40 余场体验活动和科普讲座，吸引 2 万余人次参与，100余家媒体发布报道。

表彰举荐优秀科技工作者 组织开展2018年中国心理学会终身成就奖、2018年中国心理学会学科建设成就奖评选及中国心理学会会士增选工作。授予莫雷教授中国心理学会终身成就奖，江光荣教授、卢家楣教授、汪新建教授、许燕教授（女）、叶浩生教授、邹泓教授（女）6人中国心理学会学科建设成就奖。李纾研究员、苗丹民教授、彭聃龄教授、钱铭怡教授（女）、杨鑫辉教授5人当选中国心理学会会士。

向科协推荐优秀科技工作者6名，张侃研究员、钱铭怡教授被中国科协选定为纪念改革开放40周年、中国科协成立60周年暨百名科学家、百名基层科技工作者座谈会代表。

党建强会 完成学会党委换届工作。每次常务理事会前召开党委会议，前置审议会议议程并商讨相关工作。制订中国心理学会党的十九大精神宣讲计划。推荐“展风采，树楷模”全国学会优秀党员科技工作者樊富珉、张力为2人。组织会员参加“我与科协同成长”演讲比赛投稿，选送5篇稿件；其中，郑晓边获得演讲比赛二等奖，刘旭峰获得优秀征文奖。召开理事会和监事会党员会议，学习《中国共产党纪律处分条例》。

会员服务 升级学会信息化建设，开发上线新的中国心理学会官方网站、会员系统、会议系统，提高会员在获取信息、入会缴费、论文投稿、参会注册等方面的便捷性。同时改版中国心理学会会员管理系统，改革个人会员入会程序，实行推荐人制度，首次开放单位会员申请。

发布《中国心理学会年报2017》，组织开展2018年全国科技工作者日活动，展示优秀心理学家事迹，走访看望老一辈科技工作者。学会心理学家评定小组认定新一批心理学家鲍敏等13人。通过“荆其诚国际心理学大会青年学者资助计划”资助安媛媛等4名青年学者赴加拿大参加第29届国际应用心理学大会。

【中国心理学会第十二届二次全国会员代表大会】 11月2日下午，中国心理学会第十二届二次会员代表大会在北京中国科学院心理研究所召开。

中国心理学会第十二届全国会员代表大会代表301人，参加会议的代表共231人。

代表大会由学会秘书长罗劲主持。首先进行候任理事长、副理事长选举。学会理事长傅小兰宣读《中国科协关于同意中国心理学会第十二届理事会候任理事长、副理事长人选的批复》，2名候任理事长候选人中国科学院心理研究所研究员韩布新、深圳大学教授李红分别作竞选演说。全体与会代表分别对候任理事长候选人、副理事长候选人进行无记名投票，到会的6名监事会监事和现场推选的4名会员代表担任监票人。

在大会计票期间，全体代表分别听取学会各项工作报告《中国心理学会工作报告2017—2018》《代表联络服务工作试点项目介绍》《面向一带一路的国际合作与交流》《中国心理学会CEO工作报告》《中国心理学会智库工作报告》《中国心理学会监事会工作报告》等。

代表大会选举中国科学院心理研究所研究员韩布新为新一任候任理事长，增选北京大学教授苏彦捷为副理事长。

【第二十一届全国心理学学术会议】 11月2—4日，第二十一届全国心理学学术会议在北京国际会议中心举行。大会由学会主办，学会秘书处承办，中国科学院心理研究所、北京心理学学会、成功之道（北京）教育科技股份有限公司协办。来自高校、科研院所和社会应用机构的2000余名专家、学者参加大会。大会的主题为“新时代·心理学”。

11月3日上午，会议开幕式在北京国际会议中心召开。参加开幕式的有大会主席、学会理事长、中国科学院心理研究所所长傅小兰，学会候任理事长、北京大学教授周晓林，学会候任理事长、中国科学院心理研究所研究员韩布新，学会原理事长、中国科学院心理研究所研究员张侃，中国科学院心理研究所研究员杨玉芳，华南师范大学教授莫雷，浙江大学教授沈模卫，天津师范大学教授白学军，及捷克2020国际心理学大会秘书长Sarka Dobiasova、副秘书长Sarka de Groot。开幕式由大会执行主席、学会秘书长、首都师范大学教授罗劲主持。

开幕式上，学会前任理事长白学军宣布中国心理学会2018年增选会士5位、终身成就奖1位、学科建设成就奖5位。张侃为与会的中国科学院心理研究所研究员李纾、北京师范大学教授彭聃龄、北京大学教授钱铭怡颁发中国心理学会会士证书和奖章。中国心理学会原理事长杨玉芳为华南师范大学教授莫雷颁发中国心理学会终身成就奖。中国心理学会原理事长沈模卫为与会的华中师范大学教授江光荣、上海师范大学教授卢家楣、北京师范大学教授许燕、广州大学教授叶浩生颁发中国心理学会学科建设成就奖。白学军宣读学会新一批认定的 13 名心理学家名单。最后，《心理学报》主编李纾、《心理科学》主编梁宁建分别宣布各自期刊 2017 年度优秀论文奖获奖者名单，并颁发证书。

大会期间，美国东北大学教授 Derek M. Isaacowitz、中国科学院心理研究所研究员左西年、北京师范大学教授秦绍正、加拿大多伦多大学教授李康、北京大学教授甘怡群、中央财经大学教授辛自强分别作大会特邀报告 Socioemotional Aging：Expecting Differences，Finding Similarity、《发展群体神经科学》《应激下大脑功能重组模式》、How Children Learn to Tell Lies、《应激背景下的未来取向：动机功能、应激缓冲机制和遗传学基础》《社会心理服务与社会治理心理学》。

此次会议网上缴费注册人数 1652 人，实际到会人数 2013 人。共收到有效论文摘要 2238 篇，经大会学术委员会按比例审核，会上共交流学术论文 1360 篇。大会共有 2 场 6 个特邀报告、2 场学术论坛、47 场 255 个专题报告、123 个硕博研究生论坛报告、81 场 438 个口头报告、4 场 532 个展贴报告。

大会录用自由投稿摘要 818 篇，硕博论坛录用摘要 338 篇摘要，其中，博士 82 篇，硕士 256 篇。全部摘要中有 123 篇提交全文，其中，博士论坛全文 56 篇，硕士论坛全文 67 篇。

大会组织 47 场高水平的专题报告会。11 月 4 日，在北京国际会议中心举行闭幕式。闭幕式由学会常务副秘书长、CEO 李志毅主持。傅小兰进行大会总结。新当选的学会候任理事长韩布新宣读第二十一届全国心理学学术会议青年优秀论文奖名单，傅小兰、周晓林、白学军为获奖的博士生和硕士生颁奖。

（撰稿人：王　希　孔　君　张　蔓）

中国生态学学会

服务创新型国家和社会建设　学会与深圳市红树林湿地保护基金会签订红树林生态研究与保护合作框架协议。发挥双方优势，共同促进红树林湿地生态系统学术研究的发展；整合社会资源，共同推动学术研究成果应用于红树林湿地的保护、恢复、管理、利用和科普教育。

为推动“双一流”学科建设，加强与国内各高校、科研院所间的交流与沟通。组织 20 名国内生态学专家、学者前往厦门大学环境与生态学院指导学科建设。专家、学者针对厦门大学环境科学与工程学科和生态学学科存在的问题、今后的建设与发展思路进行研讨。

8 月，由学会与甘肃省甘南州联合主办的第九届生态文明腊子口论坛在甘肃省甘南藏族自治州合作市举办。论坛围绕“全民推进生态文明建设，加快实现甘南绿色崛起”主题，组织 20 余名专家、学者，通过主旨演讲、实地调研及与当地管理干部面对面交流和专项咨询等活动，调查甘南地区实际情况，为推动甘南地区生态文明建设，促进甘南地区生态经济发展，提供智力支持和科技支撑。

学会分支机构参与地方区域发展。学会红树林专业委员会提出《广西特色新型智库联盟虾塘红树林生态农牧场咨询报告》，学会产业生态专业委会针对河南省郑州市、福建省福州市、江西省抚州市、安徽省铜陵市的经济技术开发区国家生态工业园示范区的发展提出咨询报告等。

学会能力提升计划　申报并获批中国科协第三期全国学会能力提升专项“世界一流学会建设项目”，入选项目建设的三类优秀科技社团。在 2018 年全国科普日活动中，学会等 702 个单位组织工作表现突出。学会与学会科普工作委员会组织的“关注生态、创造美好生活”和“中国生态文明科学大讲坛”等 627 个全国科普日活动得到中国科协科普部发文表扬。学会等 66 个单位的科普工作得到中国科协科普部发文表扬。获《中国科学技术协会年鉴（2017 卷）》优秀组织单位、2018 年中国科协全国学会乒乓球赛（第九届）团体组织奖等奖项。

学会建设　5 月 5 日，召开第十次全国会员代表大会，选举产生第十届理事会和监事会。产生第十届理事会理事 150 人，常务理事 50 人，监事 7 人。截至 2018 年年底，学会个人会员 10550 人，较 2017 年增加 550 人。共有 5 个工作委员会、26 个专业委员会。新增流域生态专业委员会、产业生态专业委员会和区域生态专业委员会。

主办期刊　主办科技期刊 7 种。国际期刊 *Ecosystem Health and Sustainability*（EHS）（ISSN：2332-8878）被美国生物学文摘（预评）数据库（BIOSIS Previews，BP）、Digital Open Access Journal（DOAJ）、Zoological Record 等收录。根据 2018 年版《中国学术期刊影响因子年报》数据，《生态学报》被引频次 26152，居全

国核心科技期刊第1名。《生态学报》《应用生态学报》和《生态学杂志》总被引频次和影响因子在生态学期刊中分别排名第1、第2、第3。《生态学报》和《应用生态学报》获中国科协精品科技期刊建设计划资助。

学科发展研究 承担并完成中国科协学科发展研究项目,《2016—2017景观生态学学科发展报告》于4月发布。组织申报和承担2018年中国科协学科发展项目——“景观生态学学科方向预测及技术路线图”。开展生态学重点分支学科前沿与动态研究，开展《产业生态学》和《湿地生态学》生态学透视丛书编撰工作。

决策咨询 学会副理事长闵庆文、薛建辉、陈利顶当选第十三届全国政协委员，在全国两会上，提出有关“农业文化遗产”等建言。

组织推荐学会海洋生态专业委员会和学会生物入侵生态专业委员会撰稿的《海洋生态系统储碳与全球变化》与《脆弱生境生物多样性的维持机制》入选“2018年60个重大科学问题和工程技术难题”。学会淡水生态专业委员会提出的《关于加强抚仙湖生态环境保护与精准管理的建议》报告被中共中央办公厅采用;《抚仙湖局部水域水质退化》报告得到云南省委书记陈豪的批示。学会红树林生态专业委员会范航清等人向广西壮族自治区人民政府提交的报告《我区红树林保护与旅游开发调研报告》以参事资政专报形式报送自治区政府主要领导，获得批示；完成广西壮族自治区人大法工委委托的《广西壮族自治区红树林资源保护立法论证报告》。学会生态遥感专业委员会提供决策咨询报告和建议5篇，均被中共中央办公厅或国务院办公厅采纳，1份被国家领导人实质性批示。

国际学术会议 学会及下属专业委员会举办湿地与生态文明国际学术研讨会暨第二届亚洲湿地大会、第三届中国湿地论坛，中国生态学学会微生物生态专业委员会2018年学术年会暨微生物生态学国际研讨会，第三届生物入侵与全球变化国际学术研讨会，中日产业生态学国际研讨会等国际会议10次。参会人数累计2260人次，邀请国外专家、学者175人次，交流学术论文437篇。

8月17—21日，湿地与生态文明国际学术研讨会暨第二届亚洲湿地大会、第三届中国湿地论坛在吉林省长春市召开。

11月9—12日，由学会微生物生态专业委员会和中山大学主办的中国生态学学会微生物生态专业委员会2018年学术年会暨微生物生态学国际研讨会在广东省广州市召开。会议以“以微小之身 探全球之变 以组学之道 揭生态之秘”为主题。安排17个大会报告、126个分会报告、64份学术墙报和207篇会议摘要。来自美国、加拿大、荷兰等国家240余个单位的1000余名专家、学者参加会议。

国内主要学术会议 学会及分支机构共举办年会、研讨会、报告会、论坛等学术活动30余次，参与人数9000余人次，提交学术交流论文2330篇。

5月4—6日，由学会主办、南京林业大学承办的第十七届中国生态学大会在南京林业大学举办。31个省、自治区、直辖市的323家单位共2300名生态学科技工作者参加会议。

5月21—23日，时逢李时珍诞辰500周年，学会中药资源生态专业委员会在湖北省武汉市召开第二届中国中药资源大会——纪念李时珍诞辰500周年学术会议。大会安排79个专题报告、185篇会议交流论文。来自全国的600名专家、学者参加交流。

6月22—25日，学会化学生态专业委员会在福建省举办全国第十二届化学生态学学术会议，会议主题为“化学生态与生态文明”，来自国内外的330名专家、学者参加会议。

11月21—24日，由学会动物生态专业委员会、中国动物学会兽类学分会、中国野生动物保护协会科技委员会和国际动物学会联合主办的第十四届全国野生动物生态与资源保护学术研讨会在云南省召开，来自全国的560名专家、学者参会。

国际交往 7月11日，国际生态学会主席、韩国Kookmin University教授Eun-Shik KIM访问学会。双方就相互合作和共促生态学发展等进行座谈会晤，商谈国际生态学会会员发展、有关学术活动及国际生态学会与中国生态学会的合作等。

科普活动 举办主题科普活动239次、科普讲座361次、科普展览327次及其他科普宣传活动342次。参加活动的科技工作者累计1810人次，主题科普活动受众累计329069人次。

2018年是学会“生态科普校园行”品牌科普活动持续开展的第8年，在地方学会和分支机构支持下，学会在北京、重庆市、江苏省等10余个省、自治区、直辖市校园开展主题科普活动，29.2万余人次参加活动。联合江苏省生态学会、重庆市生态学会、鼎湖山国家自然保护区、中国科学院南海海洋生物标本馆、中国科学院东北地理研究所、江西省生态学会、黑龙江兴凯湖生态研究站、安徽农业大学、国家海洋监测中心、中国科学院西双版纳热带植物园，在学会微生物生态专业委员会、科普工作委员会、种群生态专业委员会、科普教育基地广西崇左白头叶猴自然保护区的支持下开展主题活动。活动主题涉及植物生态、动物生态、海洋生态、微生物生态、种群生态、低碳环保、湿地生态、噪声污染等生态环保各分支学科领域；活动形式包括讲座、展览、实验、参观、野外考察、科学实践、知识大赛、影视展播、科普剧、动手制作等。

表彰举荐优秀科技工作者 开展第十五届中国青年科技奖候选人、第十五届中国青年女科学家奖、未来女科学家计划候选人等推荐工作。与中国地理学会共同推荐的“百人计划”研究员牛书丽获第十五届中国青年女科学家奖。开展学会第五届青年科技奖、第三届学会先进集体、第三届学会先进工作者及学会综合年会和专题性学术年会优秀报告奖、优秀墙报奖等评选，共169人获奖。

学会创新发展 开发会员服务产品，创办集高端学术和“互联网+”相融合的会员服务产品——空中生态大讲堂。大讲堂定期推送生态学专家、学者的学术报告，为会员提供学习的机会。启动学会分支机构设置调研项目，探讨分支机构工作机制和尝试开展分支机构考评。9月，召开全国生态学会秘书长会议，60名与会代表围绕“新时代学会工作的机遇与挑战”会议主题，交流学会工作经验，为全国学会和专业委员会的联系与合作搭建平台，推动学会创新与发展、政府职能转移、为地方建设服务。

党建强会 强化党的领导，制订新一届理事会功能性党组织工作方案，确定学会层面和办事机构两级党的组织人员分工。结合学会业务开展“不忘初心 牢记使命”知识竞赛、学会党建工作问卷调查等活动。

会员服务 通过智能化学术交流平台、电子期刊、官方微信、微博，建立秘书长微信工作群等手段为科技工作者提供服务。推送电子期刊18期、信息量881条，学会微信公众号推送信息76条。

开展面向会员的科技工作者状况调查、生态学科技工作者意见建议征集及引领世界科学的前沿科学问题、建设世界科技强国的工程技术难题征集等活动，完成科技工作者压力情况调查、生活方式系列调查、职业发展状况调查等问卷199份，7项科技工作者建议得到中国科协相关领导认可。

依托分支机构及相关高校、科研院所、期刊编辑部等，共举办新技术、新方法和写作能力提升等培训9场，累计受训2387人次。

10月，《生态学报》编辑部编审孔红梅在浙江省杭州市富阳区中国林业科学研究院亚热带林业研究所，为研究所的200余名研究生做科技论文写作培训。

5月12—17日，学会海洋生态专业委员会承办海洋痕量元素与同位素生物地球化学国际讲习班，组织14个专题报告，来自世界各地的48名青年学者参加讨论。

5月21—25日，学会微生物生态专业委员会在中国科学院生态环境研究中心举办微生物群落生态学信息分析培训班。来自高校及科研院所的89名青年教师及研究人员参加培训。

学会中药资源生态专业委员会开展中药资源精准脱贫冬季培训班、第四次全国中药资源普查县（市）技术培训班、林下三七和中药材资源院士专家培训班、铁皮石斛岩壁仿野生生态种植技术培训，累计400人次接受继续教育。通过中药资源普查门户网站进行中药资源普查培训、教育、宣传，培训1500余人。

11月7—9日，由中国科学院亚热带农业生态研究所和中国生态学学会稳定同位素生态专业委员会主办的“同位素、生物标识物、成像技术在生态科学中的应用”课程讲座在中国科学院亚热带农业生态研究所举行。来自中国科学院、中国农业科学院、上海交通大学等30余家单位的150余人参加课程讲座。

【第十七届中国生态学大会暨中国生态学学会第十次全国会员代表大会】 5月4—6日，由学会主办、南京林业大学承办的第十七届中国生态学大会暨中国生态学学会第十次全国会员代表大会在南京林业大学举办。31个省、自治区、直辖市323个单位的2300名生态学科技工作者参加大会。

中国工程院院士李文华、中国科学院院士秦大河、中国工程院院士曹福亮、中国科学院院士魏辅文、中国科协学会学术部副部长刘宴兵、南京林业大学书记蒋建清、江苏省生态学会（协办单位）名誉理事长薛建辉、学会理事长刘世荣及其他相关单位领导参加开幕式。

大会主题为“创新生态科学，建设美丽中国”。秦大河、魏辅文、中山大学教授彭少麟、江苏省生态学会名誉理事长薛建辉、杭州师范大学教授董鸣、中国科学院沈阳应用生态研究所研究员朱教君、南开大学教授周启星、北京大学教授刘鸿雁、中国科学院生态环境研究中心研究员郑华分别从气候变化科学与可持续发展、野生动物保护基因组学、生态恢复、农业生态、种群生态、污染生态、植被建设、生态系统服务等方面作大会报告。

大会设置 33 个专题，进行 381 个专题口头报告和 90 个学术墙报。同期举办全国生态学研究生论坛，263 名研究生作口头报告。专家、学者和青年学生的学术报告内容涵盖生态学前沿和理论研究、生态学实践与应用。大会共评选出 30 个研究生优秀报告奖和 13 个优秀墙报奖。会议期间，举办中国生态科普工作发展战略与实践论坛和生态与企业家融合创新论坛。

5 月 5 日，召开中国生态学学会第十次全国会员代表大会。来自全国的 260 名会员代表参加大会，大会选举产生第十届理事会和监事会。会后，举行第十届理事会全体理事会议，选举产生第十届常务理事、副理事长、理事长、秘书长。欧阳志云当选第十届理事会理事长，安黎哲、陈利顶、吕永龙、闵庆文、任海、王克林、王艳芬、魏辅文、吴文良、朱教君当选第十届理事会副理事长，钟林生当选第十届理事会秘书长。

【湿地与生态文明国际学术研讨会】 8 月 17—21 日，湿地与生态文明国际学术研讨会暨第二届亚洲湿地大会、第三届中国湿地论坛在中国科学院东北地理与农业生态研究所召开。会议由国际湿地科学家学会中国分会、国际湿地科学家学会亚洲分会、中国生态学学会湿地生态专业委员会、中国科学院湿地研究中心主办，中国科学院东北地理与农业生态研究所、中国科学院湿地生态与环境重点实验室承办。来自拉姆萨尔公约（国际湿地公约，Ramsar Convention）组织、国际湿地科学家学会（SWS）、美国地质调查局湿地研究中心（NWRC）、佛罗里达海湾大学、北达科他州立大学、国家林业局湿地保护管理中心、清华大学、台湾大学、台湾“清华大学”、台湾中兴大学、台湾研究院、台湾“中山大学”、中国科学院生态环境研究中心等 120 余家国际公约组织、研究机构和高校共 400 余人参加会议。

参议专家有中国科学院院士安立佳、陈宜瑜、秦大河、傅伯杰、陈发虎，中国工程院院士刘兴土，国际湿地保护联盟执行主席、国际生态工程学会主席、美国佛罗里达海湾大学大沼泽湿地研究中心主任 William J. Mitsch，国际湿地科学家学会（SWS）主席、美国地质调查局国家湿地研究中心 Beth Middleton，拉姆萨尔公约组织－东亚区执行董事 Seung Oh Suh，湿地国际中国办事处主任陈克林，国际湿地科学家学会（SWS）亚洲分会主席方伟达，国际湿地科学家学会（SWS）中国分会主席吕宪国，韩国湿地学会主席 Young Cheol Park，中国台湾湿地学会主席林幸助，美国北达科他州立大学教授 Otte Marinus，美国佐治亚大学教授 Darold Batzer 等。

会议围绕湿地关键生物地球化学过程、生态系统演变与环境效应、受损湿地系统的恢复重建与生态保育、湿地水土优化调控与高效利用等问题开展探讨。包括院士和专家等 16 名代表作大会主题报告。在 4 个分会场，来自世界各地的 130 名专家作学术报告。参会学者就湿地形成与演化、湿地水文过程、湿地生物地球化学循环、湿地沉积与环境变化、湿地演替及其生态效应、湿地生态工程、湿地恢复与资源利用等领域进行讨论。

大会闭幕式由国际湿地科学家学会中国分会主席吕宪国主持，宣读关于建立国际湿地研究联盟的倡议书。

（撰稿人：罗春燕）

中国环境科学学会

服务创新型国家和社会建设 学会在创新驱动助力工程实现 7 大片区全覆盖、“点状分布、链状延伸、面状辐射”工作布局初步形成的基础上，建设国家环境保护工程技术中心信息平台，加强对 40 余个中心的管理服务支撑。结合学术活动链接优势资源，对接地方需求，促进项目落地，解决实际问题。开展团体标准编制工作，提升科技成果转化工作。

按照《居民环境与健康素养监测总体实施方案》要求，面向 15~69 岁常住人口开展环境与健康素养监测。组织地方环境学会在 15 个省份 90 个县区 180 个村、居委会开展实地访问工作，完成问卷访问 39600 人，推动建立环境与健康素养常规监测体系。完成国家级科研基金“环境科学传播途径及其在生态文明建设和环境应急中应用研究”项目。完成中国科协委托的“环保类科研机构和企业科普服务评价研究与试点”项目。

学会能力提升计划 以学会为主体，搭建“环境治理智能化产业协同创新共同体”平台。联合多家企业、科研院所、高校、金融和中介服务机构，立足京津冀协同发展和区域环境协同治理，开展协同创新与技术攻关、科技成果转化与产业孵化、公共技术服务与交流合作。推动智能信息技术在区域环境协同治理和环境监测管理执法领域的应用。

学会建设 1月和7月，召开2次理事长办公会，部署大学术和大传播体系建设等重点工作，审议学会愿景、价值、使命及LOGO等文化建设方案和理事会增补、分支机构设立、学术年会、青年科学家奖等议题。召开第八届理事会第二次会议、第三次会议（扩大）和第八届常务理事会第五、六次会议，审议分支机构变更、分支机构管理办法及年度考评等事项决策，增补2名副理事长，批准成立青年分会等7个分支机构，发挥民主议事决策作用。发挥监事会民主监督作用，完善学会治理结构。制定监事会工作办法、年度工作计划。组织监事会人员列席理事会及参加学术年会，监督民主程序合规性及理事履职情况。组织召开第一届监事会2018年工作会议，听取年度工作报告、财务报告，修订工作办法等，履行民主监督职能。

5月1日，学会新版会徽正式启用，学会所有网站、公众号、宣传材料等已经更新。原版会徽停止使用。新版会徽的使用遵照《中国环境科学学会文化形象使用管理办法》执行。新会徽在学会成立40周年纪念活动上揭牌（发布）。为落实第八届理事会提出的“建设国际一流学会”目标，展示一个更加现代化、国际化的科技社团形象，在研究学会创会宗旨、历史使命的基础上，结合社团改革和国际化发展需求，在征求各方意见的基础上设计，经第八届理事会第二次全体会议批准，正式启用新会徽。

主办期刊 《中国环境科学》处理稿件近3000篇，发表论文约600篇，每期页码400页，每期筛选8篇论文双语出版。7月，改版为A4开本，彩图所在印张改为铜版纸印刷。组织评选2017年度《中国环境科学》十佳论文。组织专家推荐论文参评“第三届（2018年度）中国科协优秀科技论文遴选计划”，并参与线下评审会;《我国不同大气环境下亚微米颗粒物吸湿特性》获评第三届中国科协优秀科技论文，是环境学科唯一入选的论文。根据《2018年版中国科技期刊引证报告》,《中国环境科学》2017年度核心影响因子1.918，核心总被引频次6675，在2029种自然科学领域中国科技核心期刊中分别排名第53和第39。入选“第四届中国精品科技期刊”即“中国精品科技期刊顶尖学术论文（F5000）”项目来源期刊，22篇论文入选F5000。《中国环境科学》获2018中国国际影响力优秀学术期刊称号，在第五届中国学术期刊评价中继续获RCCSE中国权威学术期刊（A+）称号。

决策咨询 八届三次理事会（扩大）会议对“打好污染防治攻坚战”建言献策，受到部领导和有关司局肯定。

中国环境科学学会2018年科学技术年会期间，举办环保科技创新发展高端论坛。与会专家讨论VOCs污染成因、法律法规及标准体系、重点行业污染治理技术、监测监管等议题，并汇总成专家建议书，为实现中国打赢蓝天保卫战行动目标建言献策。

启动《2018—2019环境科学技术及资源科学技术学科发展报告》编制工作。对近2年中国环境科学技术学科的发展进行总结、分析和研究，比较国内外学科发展状况，提出中国在该学科领域的发展对策与建议。

国际学术会议 6月，在广东省广州市举办“一带一路”环保产业创新创业大会。组织10余场技术论坛、洽谈会、推介会等专题活动。会议同期举办第12届中国广州国际环保产业博览会，展览面积4.2万平方米，660余家企业参展。

6月，与四川省成都市人民政府联合举办成都科技治霾国际峰会。

10月，在四川省成都市举办2018土壤与地下水国际研讨会。国内外土壤与地下水污染防治专业领域专家、学者参加会议。会议围绕土壤法、标准及相关政策进行研讨和交流。

国内主要学术会议 学会主办或共同主办全国固体废物污染控制与资源化综合利用研讨会、全国生态与环境信息学研讨会、第二届有机固体废弃物处理与资源化研讨会、第四届全国流域生态保护与水污染控制研讨会、2018全国VOCs监测与治理高峰论坛、2018大循环：农业水土有机污染防治技术研讨会、第六届全国沉积物环境与污染控制研讨会、第八届重金属污染防治技术及风险评价研讨会、第二届环境监测与预警技术大会暨第十三次全国环境监测学术交流会、第三届资源环境与生命科技创新发展高层论坛等。学会、分支机构主办或参与主办国内外学术活动近40场，参加交流人数2万余人次。

4月，在山西省太原市举办第二十二届大气污染防治技术研讨会。结合举办地需求，组织山西省各市县环保局、大气污染排放企业代表与清华大学等8家科研院所及环保企业对接大气污染治理创新技术和综合治理方案。

8月3—5日，在安徽省合肥市举办中国环境科学学会2018年科学技术年会。

10月19—21日，由学会、中国农业大学生物质能科学与技术国家级国际联合研究中心、农业部可再生能源清洁化利用技术重点实验室、国家能源生物燃气高效制备及综合利用技术研发中心共同主办的“大循环：农业水土有机污染防治技术研讨会”（Great Cycle：Symposium of Rural Soils and Waters Organic Pollution Control，GC ROP Control）在北京举办。

研讨会由中国农业大学教授董仁杰于2013年发起设立。中国与发达国家从事有机废弃物厌氧处理与资源化利用的学者，通过年度会议交流和探讨有机废弃物处理和资源化利用的前沿技术和工程方案。研讨会已在北京、山东省烟台市及德国斯图加特市等地举办五届。

研讨会针对中国绿色发展面临的挑战，致力于创造绿水青山，提出“农业水土有机污染防治”主题并得到各位学者的认同和参与。

11月，学会大气环境分会在山东省青岛市举办第24届中国大气环境科学与技术大会。10名院士，1500余名国内外大气环境界的专家、学者参会，展示交流大气环境科技方面最新研究成果和经验。

两岸交流 12月，在中国台湾地区台北市举办2018两岸环保高层专家论坛，近100名两岸专家、学者就共同关注的大气、水、土壤以及环境服务业等环境问题开展研讨和交流。8月，参与中国科协两岸暨港澳青年科学家学术活动月活动，召开两岸四地环境科技创新与合作青年学者论坛。

国际交往 6月，组织20余家团体会员单位代表赴比利时、荷兰开展环保科技创新与产业对接交流活动，实地考察对环境保护技术研发机构和企业、土壤修复项目及对外贸易投资环境，搭建技术交流、产业合作、信息分享及商业采购精准对接服务和机制性的双边合作平台。6月，组团赴波兰参加第22届科普周；访问哥白尼科学中心、波兰科学与高等教育部科学处和波兰环境部教育与传播处，就科学传播机制和资源共享进行交流。

科普活动 以政策热点走天下、全民环保在行动、美在中国发现之旅3项工程为重点，搭建政府与大众、科学家与大众之间交流桥梁。发挥生态环保科普引领作用，推动全民共同参与建设美丽中国。

依托“环保科普365”微信平台和微博，与百度、新浪、一点资讯等互联网机构合作，提高传播覆盖面。围绕习近平生态文明思想、七大标志性战役、四个专项行动及环境监测、美丽中国等主题，发布200期图文信息，单篇阅读量达35万。全年开展环境监测专题系列报道、霾科普系列报道、全国最美自然保护区宣传系列报道200余篇，总阅读量10万余次。

组织首届“我是环境讲解员”活动，邀请业内专家和媒体共同发掘环境解说人才，培养环境传播宣传队，提升环境传播影响力。1—5月，从数百名参赛选手中评选出15名选手，其中，一等奖3人、二等奖5人、三等奖7人，4人在6月举办的全国科普讲解大赛中获奖。

组建由中国工程院院士郝吉明、环境保护部南京环境科学研究所所长高吉喜等专家组成的10支环境科学传播首席专家及团队。团队面向青少年、农村城镇居民、领导干部等重点人群，围绕热点进行科学解读和宣讲。首批制作10个议题的20项科普报告。6人次团队成员参加科普日等科普活动，面向领导干部、科研人员和青少年开展讲座36次，撰写科普文章56篇，在生态环境部官网、新华网、“环保科普365”等传播。接受央视等媒体采访9次，参编出版科普读物25部。

启动以“环境与健康”为主题的2018年暑期大学生志愿者农村环保科普行动。组织大学生志愿者，面向农村居民开展环保科普活动，传播科学、文明、环保、健康的生产和生活方式。全国100余所高校、9000余名志愿者、1000余支科普小分队，深入农村开展环保科普活动。受众100万余人次。

8月，在中国环境科学学会2018年科学技术年会上举行第二届高等学校环境类专业本科生优秀毕业设计（论文）颁奖活动。经过形式审查、专家初审、复审、公示等程序，筛选出60项优秀作品，其中，优秀毕业设计24项，优秀毕业论文36项。作品内容涉及大气治理、污水处理、垃圾处理、材料化学、农业污染等。

学会与教育部高等学校环境科学与工程类专业教学指导委员会联合开展第二届高等学校环境类专业本科生优秀毕业设计（论文）评选活动。评选活动旨在促进全国高校环境类专业加强本科教学过程中对学生工程实践、分析研究实际问题等相关能力的培养与训练，提高学生理论与实际相结合、解决复杂环境问题的能力。评选活动面向全国环境科学与工程类专业本科毕业生征集作品，包括环境科学与工程、环境工程、环境科学、环境生态工程、环保设备工程、资源环境科学、水质科学与技术 7 类专业。由各学院在 2018 届毕业生毕业设计（论文）中择优申报，每个办学专业点至多申报毕业设计或毕业论文 1 项。共收到全国 82 所高校的 106 份作品。

表彰举荐优秀科技工作者　设立中国环境科学学会青年科学家奖。与教育部高等学校环境科学与工程类专业教学指导委员会联合开展年度全国高校环境类专业本科生优秀毕业设计（论文）征集活动，从 82 所学校的作品中评选出 60 份优秀作品。经学会推荐，中国环境科学研究院研究员席北斗获第十二届光华工程科技奖。由学会推荐的清华大学鲁玺、学会与北京市委组织部等单位联名推荐的南方科技大学刘俊国获第十五届中国青年科技奖。

8 月，在中国环境科学学会 2018 年科学技术年会上颁发第一届中国环境科学学会青年科学家奖。经过提名推荐、专家评审，评出第一届中国环境科学学会青年科学家奖获奖者 30 人，其中，金奖 8 人、优秀奖 22 人。学会设立中国环境科学学会青年科学家奖，旨在贯彻落实党的十九大精神，引导、激发青年环保科技工作者创新创业活力，攻坚克难，推动环保科技创新，服务环境质量改善和生态文明建设，加速实现美丽中国的奋斗目标。

学会创新发展　牵头组建中国科协生态环境产学联合体，黄润秋理事长任联合体主席。

党建强会　以党总支书记讲党课、外聘专家授课和集中研讨等形式，完成集体学习 21 次。4 月，邀请生态环境部机关党委副书记兼纪委书记孙洪林为全体党员授课，引导全体党员学习贯彻党章党规。5 月，邀请北京大学哲学系教授徐春为全体党员解读《共产党宣言》，学习经典著作，强化理论指导。11 月，在中国科协科技社团党委组织的创建星级学会党组织试点评价中获得优秀。

会员服务　面向个人会员加强继续教育服务。结合政策热点和市场需求，开展排污许可、危险废物、环境法医培训、环境监理、环保管家等继续教育培训 22 期，累计培训 1500 余人次。提升建设项目环境监测验收能力和水平，培养满足“科学治水、理性治水、长效治水”水环境治理实际需求的一线人才。

通过调研或集中会议的形式，累计调研百余家企业会员单位，了解其发展和需求，为强化会员服务提供数据支撑。走访中国环境科学研究院、核与辐射安全中心等 10 余家科研类团体会员单位，就分支机构发展和业务提升、高端学术交流、科技奖励、成果转化推广平台建设、青年科技人才举荐等进行交流，探讨加强战略合作。

利用技术展示推广平台服务会员。5 月，在上海市举办中国环境技术大会，国内外 600 余名环保行业企业家、技术人员参加会议。面向会员组织 30 余场高峰论坛及技术专题会、创新技术展示及路演洽谈等。会议同期，举办 2018 中国环博会，展览面积 10 万余平方米，1762 家企业参展。

会员总数 7 万余人，新增个人会员 3000 余人。新增单位会员 205 家，单位会员共计 1766 家，包括常务理事单位 113 家、理事单位 559 家。

【中国环境科学学会 2018 年科学技术年会】 8 月 3—5 日，在安徽省合肥市举行中国环境科学学会 2018 年科学技术年会。生态环境部副部长、学会理事长黄润秋，安徽省副省长周喜安，原国家环保总局副局长王玉庆，中国科学院院士江桂斌，中国工程院院士刘文清、任南琪、张远航、段宁、张偲、吴丰昌、朱利中，学会副理事长邹首民、陆新元、任官平，欧盟环境总署技术官员米歇尔·加拉托拉，英国自然环境委员会戈登·麦克格雷戈及中外专家、学者、企事业单位与各界环保人士等 2500 余人参加会议。

黄润秋在开幕致辞中指出，生态环保科技创新要在推动形成绿色发展方式和生活方式、解决污染治理难题等方面发挥更加重要的作用，要服务于环境管理决策，促进生态环境治理体系和治理能力现代化，为打好污染防治攻坚战提供能力保障。

年会主题为“助推绿色发展，建设美丽中国”。中国工程院院士刘文清、任南琪、张远航等，中国台湾“中央研究院”院士王宝贯，李广贺、戴晓虎、米歇尔·加拉托拉及戈登·麦克格雷戈等 604 名中外专家、学者作学术报告。年会围绕主题，安排分会场 36 个、论坛 5 个（含“一带一路”国际论坛和两岸四地论坛）、青年专场 1 个、研修班 4 个（含 1 个基层领导干部环保培训班）、CEO 圆桌会议 1 个、竞赛 1 个及科技成果展，是集会、展、赛、奖于一体，融合智力资源的平台。与会者就环境创新技术与管理对策等进行交流。

在黄润秋的倡导和提议下，年会首次设立青年科学家专场。专场报告人遴选主要面向千人计划、长江学者、青年千人计划、青年拔尖人才、青年长江学者或优秀青年科学基金项目等国家级人才计划入选者，中国科学院“百人计划”入选者等。温宗国、杜林、谢明辉等在青年科学家专场上作特邀报告。

年会上，颁发2017年度环境保护科学技术奖、2018年度环保科技创新实用成果奖、《中国环境科学》2017年度十佳优秀论文奖、中国环境科学学会科学技术年会（2018）光大国际优秀论文奖等6个奖项。同期举办第二届环保科技创新发展高端论坛，聚焦VOCs污染排放与臭氧形成机制及防控，形成专题建议供决策参考。

【中国科协生态环境产学联合体成立大会】 9月26日，中国科技峰会——生态环境高峰论坛暨中国科协生态环境产学联合体成立大会在四川省遂宁市举办。来自生态环境领域管理部门、科研院所、企业等300余名专家、学者参加会议。论坛主题为“促进产学融合，建设美丽中国”。论坛邀请生态环境部副部长黄润秋，中国工程院院士、生态环境部环境规划院院长王金南，中国工程院院士、北京大学教授张远航及中国光大国际有限公司行政总裁王天义到会并分别作主题报告。与会代表通过产学研政等多角度、多层面的交流，从不同维度阐释推动生态文明建设的理论和实践。随后，联合体编制完成《组织建设与实施方案》，确定联合体未来5年的重点任务，并将开展生态环境高端智库研究、发布年度生态环境科技十大进展报告和开展生态环境宣传和设计创新竞赛活动作为具体工作任务。

学会在中国科协支持下，联合中国科协所属生态环境领域11家全国学会，中国节能环保集团、三峡集团、中国光大国际有限公司等7个企业，中国社科院城市发展与环境研究所、清华大学、北京大学等5个学术研究机构，世界自然基金会（WWF）、阿里巴巴公益基金会等6个基金会，组建成立中国科协生态环境产学联合体（以下简称“联合体”）。联合体以习近平生态文明思想为指引，立足中国、面向世界，联合科技界、产业界等社会各方力量，聚焦环境保护、资源节约和绿色发展问题，跨领域、跨学科协同和产学融合，构建开放共享的产、学、研、社、金一体化合作平台。联合体旨在促进科技协同创新，服务生态环境治理体系和治理能力现代化，助力打好污染防治攻坚战，努力建设成为中国生态环境领域的高端智库和产学融合协同创新标杆组织，同时加强国际交流与合作，为全球生态文明建设做出贡献。

联合体为非法人非营利性社会组织，坚持“平等、开放、合作、共享”原则，主要工作目标和任务是组建生态环境高端智库，服务生态文明建设；搭建科技交流平台，打造世界生态环境科技创新高地；构建产学融合协同创新平台，促进绿色经济高质量发展；建立生态环境科技传播平台，倡导绿色生产与消费。

9月14日，联合体筹备会暨主席团第一次会议在北京召开。筹备会听取联合体筹备工作情况的汇报，审议通过主席团主席、副主席及成员名单。推选学会理事长黄润秋为中国科协生态环境产学联合体首届主席。联合体主席团第一次会议审议通过联合体章程，专家委员会、工作委员会、秘书处负责人人选，联合体形象标识设计方案等，研究讨论联合体成立大会及近期重点工作。联合体秘书处设在学会。

【2018年全国环保科普工作交流会】 8月30日，学会主办的2018年全国环保科普工作交流会暨环境科学传播高级培训班在黑龙江省双鸭山市召开。来自各省环保厅（局）、省环境科学学会、国家环保科普基地、环保科研院所开放单位和从事环保科普工作的高校代表100余人参加会议。

会议旨在深入学习全国生态环境保护大会的精神和习近平生态文明思想，针对生态环境保护工作的新形势，研讨生态环保科普的新内容、新方法，推动环保科普工作更好开展。会议对环境科普大传播工作提出站位高、格局大、产品丰富、形式多样的4点要求。

会议提出要加大环境科普工作的力度；依托传统和新媒体平台，传播习近平生态文明思想；把握生态环保工作的时代要求，更新观念，创新手段；树立全国上下一盘棋理念，上下联动，创造环境科普工作的新渠道；未来要善于利用信息化手段，实现内容、形式和管理服务的创新。

【两岸四地环境科技创新与合作青年学者论坛】 8月4—5日，学会联合台湾环境永续发展基金会、澳门科技促进会、香港大学等单位，在安徽省合肥市举办两岸四地环境科技创新与合作青年学者论坛。论坛是中国科协2018年海峡暨港澳青年学者活动月的系列专场之一，也是学会推动两岸暨港澳学术交流的重要活动之一。论坛旨在搭建学术交流平台，聚焦两岸四地青年学者的共同责任和使命，通过学术交流，增进了解，凝聚共识，互相学习，互相借鉴，共同推动环保科技发展，通过科技创新，实现更加清洁、绿色和高质量的发展。

论坛以“青年推动科技创新与合作”为主题，讨论生态环境修复技术、固体废弃物处理处置技术、废气处理处置技术以及废水处理处置技术等两岸四地共同面临的生态环保问题。来自两岸四地的100余名青年环保学者参与论坛，港澳台代表为30人。

【2018成都科技治霾国际峰会】 6月4日，由学会与成都市人民政府、学会大气环境分会举办的2018成都科技治霾国际峰会在成都世纪城娇子国际会议中心举行。生态环境部副部长、学会理事长黄润秋，成都市委副书记、市长罗强，中国工程院院士张远航、王金南、贺克斌、贺泓、刘文清出席会议并作报告。

黄润秋在致辞中指出，打赢蓝天保卫战是重大政治任务，此次峰会开展的大气污染成因及治理措施等研讨，对于支撑和推动治霾具有现实意义；成都地处四川盆地，风速小、雨雾多、逆温出现频繁、大气环境容量极为有限，污染物排放处于高位水平，空气质量改善形势不容乐观。

峰会主题为“协同创新·共享蓝天”。开幕式后，举行17场主题演讲和论坛交流。来自中国环境规划院、北京大学、中国科学院生态环境研究中心、中国环境科学研究院、中国科学院合肥物质科学研究院、清华大学、美国爱荷华大学、瑞典环境科学研究院、南开大学、香港理工大学等国内外高校、科研院所专家，围绕科技治霾主题，分析研讨相关技术发展趋势，为成都市长效治霾建言献策。论坛期间，峰会搭建占地1400平方米的大气治理技术、成果展览展示区。

（撰稿人：张宏亮）

中国自然资源学会

服务创新型国家和社会建设 7月28日—8月2日，学会农业资源利用专业委员会参与组织第四期全国科技小院联盟研究生培训与交流会。来自15所高校的200名科技小院研究生在河北省石家庄河北师范大学参加培训。

9月21日，学会资源生态研究专业委员会邀请出版集团ELSEVIER总部出版商Sandra Broerse博士、ELSEVIER北京分部资深特刊专员Pamela Liang、*Environmental Development*期刊主编Natarajan Ishwaran教授，在北京举办英文写作培训班，50余名师生参加培训。

9月26—28日，学会在湖北省武汉市举办流域综合治理和保护专项培训班。邀请专家讲解河湖综合治理实践、生产建设项目水土流失防治技术、美丽乡村绿色振兴等课题，40余人参加培训。

12月24—25日，学会副理事长兼秘书长沈镭、资源型城市专业委员会主任张文忠一行赴重庆市万盛经济开发区调研资源型城市转型发展工作，与党工委各部门举行座谈会，为“中国自然资源学会资源型城市专业委员会万盛科研实践基地”揭牌。

学会建设 新增会员600人，个人会员总数7300人。新设立中南大学志愿者工作站、湖南省经济地理研究所志愿者工作站。

6月25日，资源流动与管理研究专业委员会召开成立大会，中国科学院地理与资源研究所研究员邓祥征当选主任；12月15日，森林资源专业委员会召开成立大会，中国科学院地理与资源研究所研究员王辉民当选主任。

资源产业专业委员会、教育工作委员会、中药和天然药物资源研究专业委员会分别召开换届会议，中国地质调查局发展研究中心副局长龙宝林、南京大学教授黄贤金、南京中医药大学教授段金廒分别当选新一届主任。山地资源研究专业委员会变更负责人，中国科学院水利部成都山地灾害与环境研究所研究员王小丹任主任。

11月2日，学会召开七届五次理事会议，增选科普工作委员会主任雷梅、资源流动与管理专委会主任邓祥征、资源产业专委会新一届主任候选人龙宝林当选学会候补理事。

主办期刊 据《2018年版中国科技期刊引证报告（核心版）》显示，《自然资源学报》总被引频次5162，影响因子1.994，在环境科学技术及资源科学技术期刊中排名第2。《资源科学》总被引频次5746，影响因子1.986，排名第3。《应用基础与工程科学学报》被引频次826次，核心影响因子0.581，在工程与技术科学领域21种期刊中排名第6。

《自然资源学报》《资源科学》被评为中国国际影响力优秀学术期刊和第四届中国精品科技期刊。《资源科学》被评为2017年百种中国杰出学术期刊。

3月24日，学会在北京召开资源类学术期刊发展研讨会，邀请南京大学中国社会科学研究评价中心主任王文军围绕资源类期刊在国家的学科分类体系中的定位、建议在《中文社会科学引文索引》（简称CSSCI）评价系统中单独列出“资源科学”分类问题进行专题座谈。

11月4日，第9届资源科技期刊论坛在湖南省长沙市召开，论坛主题为“新时代办刊新举措”。20余名资源环境领域期刊主编、编辑部主任和编辑及40余名作者参加论坛。

与内蒙古农业大学沙漠治理研究所、内蒙古自然资源学会签订协议，共同主办《干旱区资源与环境》，已向国家新闻出版局提出正式申请。

学科发展研究 11月3日，在2018年学术年会开幕式上举办《中国资源科学学科史》《2016—2017资源科学学科发展报告》发布会。主编成升魁、江源分别介绍2部专著的研究成果和意义。

开展2018年度资源科学学科前沿热点研究，撰写《资源科学学科前沿热点综述研究报告》，系统阐述和评论资源综合研究、基础资源学研究、部门资源学研究等方面的前沿热点和重要研究机构。学会副理事长、南京大学教授濮励杰任项目首席科学家。

委托教育工作委员会开展“全国资源科学优秀教材”评选活动，彭补拙等编著的《资源学导论》（东南大学出版社，2007）等14部教材获奖。

决策咨询 组织专家调研，向中国科协提交《关于在资源富集地区创建国家资源型城市转型创新试验区的建议》《关于慎重使用“点沙成土”技术在沙漠地区开荒种地的建议》咨询报告2篇。

学会理事长成升魁率领团队开展粮食安全研究，提交的《专家认为东北地区旱田改水田给水资源安全带来了巨大隐患——警惕东北沦为第二个华北大漏斗》《我国中小学生食物浪费、营养健康、食品安全等问题日益突出，中国科学院专家认为开展中小学食育迫在眉睫》《学习国外先进经验，尽快在我国开展中小学食育工作》《确保国民营养健康，有效减少粮食过度加工》分别得到习近平总书记，国务院副总理韩正、胡春华和孙春兰批示。

国际学术会议 6月8—9日，第六届景观可持续科学论坛（The 6th Landscape Sustainability Science Forum）在北京召开。会议由学会资源持续利用与减灾专业委员会等单位联合主办。智利康塞普西翁大学教授Cristian Echeverría、美国俄克拉荷马州立大学Amy Frazier博士、美国北卡罗来纳大学教授象伟宁、澳大利亚迪肯大学教授Brett Bryan及国内20余个科研单位近120名学者参加论坛。

11月6日，中蒙俄经济走廊生态风险国际研讨会在北京召开。15名专家围绕中蒙俄经济走廊绿色发展等问题作报告，为开展中蒙俄资源环境科技合作奠定基础。会议由学会资源经济研究专业委员会等单位主办。来自俄罗斯、蒙古和国内的专家50余人参加会议。

国内主要学术会议 学会及分支机构组织各类学术会议25场次，累计5520人次参会。交流论文1026篇，评选表彰优秀论文127篇。编辑论文集4部，包括正式出版2部。

4月27—29日，2018中国土地资源科学创新发展暨倪绍祥先生学术思想研讨会在江苏省南京市召开。会议由学会土地资源研究专业委员会主办，围绕土地开发整治与精准扶贫模式、城乡土地集约利用与土地流转等6个议题展开讨论。330余人参会，交流论文104篇。研讨会论文集《中国土地资源科学创新与精准扶贫研究》由南京师范大学出版社正式出版。

5月5—6日，第三届全国资源科学青年科学家论坛在河南省郑州市召开。15名青年科学家围绕“新时代中国自然资源与生态环境管理——责任与使命，挑战与机遇”主题作报告。论坛由学会和郑州大学主办，学会青年工作委员会等单位联合承办，60余名青年代表参加研讨。

5月22—23日，第二届中国中药资源大会暨纪念李时珍诞辰500周年学术会议——中药资源循环利用与产业绿色发展分会在湖北省武汉市举行。会议以“中药资源循环利用与产业绿色发展”为主题，聚焦中药资源开发利用与产业创新发展的前景和路径，围绕行业发展面临的困难探讨解决方案。会议由学会中药及天然药物资源专业委员会等单位联合主办，500余人参加会议。

6月25日，首届中国资源流动与管理研究学术论坛在北京举行。围绕资源流动与管理研究方法的交叉整合及面临的机遇与挑战等问题，3名学者作学术报告。论坛由学会资源流动与管理研究专业委员会主办，70余名专家、学者参加会议。

8月19日，中蒙俄经济走廊资源环境合作战略咨询会在北京召开。12名专家围绕“中蒙俄经济走廊资源环境合作战略与对策”主题作报告。会后形成 3 份咨询建议并上报。会议由学会资源经济研究专业委员会主办，40 余名专家、学者参加会议。

9 月 14—16 日，首届全国资源型城市学术研讨会暨中国自然资源学会资源型城市专业委员会 2018 年年会在河南省开封市召开。主题为“新时代发展需求与资源型城市转型创新”。会议设立 3 个专题分会场，近 30 名专家、学者作专题报告。会议由学会资源型城市专业委员会主办，100 余人参加大会。

11 月 9—12 日，第十六届中国水论坛在安徽省黄山市举行。会议以“保护绿水青山，共享绿色发展”为主题，以“创新、绿色、协调、开放、共享”五大发展理念为引领，以水环境保护和水资源开发利用为主线，对流域生态补偿机制和绿色发展实践经验进行交流、宣传、推广，为美丽中国和生态文明建设做出探索。会议由学会水资源专业委员会等单位主办，黄山市人民政府等单位共同承办。来自 100 余家单位的 1300 余名代表参加论坛。

11 月 16—18 日，第四届中国资源循环利用学术研讨会暨第二届全国自然资源可持续利用研究生论坛在江苏省南京市举行。会议主题为“资源循环利用与生态环境保护”。会议由学会资源循环利用专业委员会等单位主办，100 余名学者参加会议。

11 月 23—24 日，由学会资源制图专业委员会等单位联合主办的第九届中国地图与地理信息系统年会在湖北省武汉市召开。资源制图专委会承办大数据与资源制图和国家地图集的编制与创新 2 个分会场，每个分会场参会人员 100 余人。

12 月 15 日，中国自然资源学会森林资源专业委员会成立大会暨首届中国森林资源论坛在中国科学院地理科学与资源研究所召开。中国工程院院士李文华、中国林业科学研究院院长刘世荣等学者围绕中国森林经营管理等热点问题作报告。19 所高校和研究机构的林业领域专家、学者共 50 余人参加论坛。

国际交往 8 月 9—10 日，第二届中欧资源论坛暨海外华人青年资源学者论坛在德国海德堡举行。论坛由学会主办，德中学术交流中心承办。论坛主题为“资源科技创新与 2030 可持续发展目标”。来自 10 余个国家的 40 余名代表参加会议。

4 月—5 月，学会森林生态学首席科学传播专家王辉民为北京市中关村第一小学学生作“小叶片 大贡献——自然界奥秘的探索”科普讲座及培训。

科普活动 5 月 19 日，在中国科学院第十四届公众科学日地理资源所系列活动中，学会主办科普讲座。科普工作委员会副主任、中国科学院地理资源所副研究员刘洪涛讲解“垃圾分类背后的故事”，传播“生活垃圾不是没用的废物，只是放错了地方的资源”的理念。100 余名市民参加讲座。

6 月 14—15 日，山地资源研究专委会组织科普团队赴四川省广元市利州区荣山镇初级中学，开展“传递山地知识、爱撒山区儿童——2018 年山地科普行”活动。

11 月 4 日，科普工作委员会举办首届资源科普论坛，就资源环境科普工作中存在的问题、瓶颈、途径、国际合作等议题开展交流。

11 月 29 日，科普工作委员会主任、中国科学院地理资源研究所研究员雷梅为北京东升实验小学师生作“土从哪里来”的主题科普知识讲座。

组建资源循环利用科学传播专家团队，刘洪涛任首席科学传播专家。

12 月 22 日，中国自然资源学会科普教育基地在内蒙古自然博物馆举行挂牌仪式。

表彰举荐优秀科技工作者 2018 年学术年会期间，评选并表彰中国自然资源学会 2018 年学术年会优秀青年论文奖，30 篇优秀论文获奖。

第十六届中国水论坛期间，评选并表彰中国水论坛 2018 年度十佳优秀青年论文奖。

党建强会 11 月 2 日，学会党委召开会议，增补沈镭、姜鲁光、魏晓、何春阳为党委委员。青年工作委员会成立党小组。

6 月 30 日，学会党委与支撑单位党支部联合组织开展“凝心聚力 共创辉煌”主题党建强会活动。20 余名党员参观中国科学院大学雁栖湖校区内的“两弹一星”纪念馆。

7 月 5 日，学会党委与中国科学院地理资源所党委联合举办“不忘初心 牢记使命”主题实践报告会。学会党委书记、理事长成升魁作题为“践行十九大精神，倡导绿色消费，树立新时代粮食安全观”的报告。学会理事及在京分支机构秘书长、党员代表 80 余人参加报告会。

11 月 2 日，参加 2018 年学术年会的 81 名代表赴韶山开展“重温红色荣光 再造金色辉煌——伟人故乡行”党建活动。在学会党委书记、理事长成升魁带领下，学会理事及分支机构秘书长及 45 个单位的会员代表参观毛泽东主席纪念广场及故居。

【中国资源热点问题研讨会】 3月25日，学会七届八次常务理事扩大会议暨资源热点问题研讨会在北京举行。会议围绕“点沙成土”“那曲种树”和“藏水入疆”等资源开发和生态环境问题，特别是对违背自然规律和资源科学规律的研究、立项以及媒体的炒作，进行学术交流和讨论。中国科学院院士孙鸿烈、郑度、陈发虎、夏军，学会理事长成升魁，副理事长王艳芬、江源、吴文良、沈镭、林家彬、濮励杰、高峻，中国科学院新疆生态与地理研究所所长雷加强，中国科学院地理科学与资源研究所研究员李秀彬、何希吾和部分常务理事，分支机构主任、秘书长等70余人参加研讨。研讨会邀请3名学者分别作学术报告《尊重并敬畏大自然的基本规律是人类生存的基本法则》《论温度对森林分布上限的决定作用——西藏那曲种树问题的商榷》和《我国西线调水研究与发展》。

针对上述3个热点问题，代表们一致认为，重大的自然资源开发工程和生态环境建设项目，必须以“敬畏自然、尊重自然、顺应自然、保护自然”为前提。针对当前有关工程项目草率问题，专家认为，重大资源环境生态工程项目立项或重大科学决策，必须经过严格的、规范的科学论证，必须进行广泛的学术讨论。

【中国自然资源学会2018年学术年会】 11月3日，中国自然资源学会2018年学术年会在湖南省长沙市召开。年会由中国自然资源学会主办，中南大学、湖南省经济地理研究所、湖南省自然资源学会承办。年会主题为“新时代·新机遇·新征程　自然资源科技创新与管理变革”。来自国内外资源科学领域的1200余名专家、学者及代表探讨资源领域国家重大战略前沿热点和关键科学问题，旨在提高自然资源关键核心技术创新能力，为自然资源事业发展提供科技保障。

中国工程院院士钟掘、赵春江，中国科学院院士周成虎，学会理事长成升魁，湖南省科协党组书记刘小明，湖南省自然资源厅副厅长金勇章以及学会副理事长沈镭、江源、吴文良、高峻、濮励杰等出席开幕式。

中国工程院院士钟掘、赵春江，中国科学院院士周成虎、俄罗斯科学院基础生物研究所 Vladimir Matychenkov、中国农业大学资源与环境学院教授吴文良、中国科学院地理科学与资源研究所研究员陈同斌、中国国土资源经济研究院院长张新安、中国科学院地理科学与资源研究所研究员 Ayman Elshkaki、中国五矿稀土集团黄国平董事长分别作主题报告《天人合一创造金属资源的无尽价值——努力提升国家基础竞争力》《智慧农业与资源高效利用》《自然资源创新研究的思考》、Si-based Technology for Reduction Pollutants in Rice and Other Cultivated Plants，Theory and Practical Recommendations、《硒——资源环境、科学技术与产业发展》《修复污染耕地，改善土壤环境》《自然资源管理中的经济关系》、Natural Resource Nexus: Past，Present，and Future Perspective、《中国稀土产业高质量发展的思考》。

11月4日，大会围绕主题，就资源开发利用、环境资源保护等17个议题展开讨论。

年会被《科技日报》、凤凰网、中新网、腾讯新闻、一点资讯、搜狐新闻、触电新闻、《湖南日报》、新湖南客户端、中南大学新闻网、《中国自然资源报》等17家媒体报道。

（撰稿人：刘丽娜）

中国感光学会

服务创新型国家和社会建设　学会组织中国科学院理化技术研究所与天津美迪亚影像材料有限公司开展院企产学研合作座谈会2次，促成双方在涂布生产线的利用问题上达成初步合作意向。学会辐射固化专业委员会和光催化专业委员会推进行业标准的制定工作。学会辐射固化专业委员会举办辐射固化技术培训班、环保智能包装印刷技术培训班；学会数字成像技术专业委员会举办产业合作培训班；3次培训累计培训人数200余人次。

学会建设　召开理事会议1次、常务理事会议2次、理事长办公会议2次。

11月5日，学会组织召开九届六次理事会议。会议传达中国科协有关文件精神，通报学会年1—10月份主要工作，通报学会延期至2019年换届的批复，审议通过学会第十届理事会换届方案。

截至2018年年底，学会个人会员4417名，单位会员67个。

主办期刊　《影像科学与光化学》和《影像技术》按计划编辑出版12期，共刊登文章近200篇。《影像科学与光化学》改选组建第九届编委会，新增发行渠道。《影像技术》与天津工业大学合作联合办刊，双方签署合作协议。

学科发展研究 3月，《2016—2017感光影像学学科发展报告》出版印刷。学科发展报告由综合报告和11个专题报告组成，共29万字。

国内主要学术会议 学会及各专业委员会共举办国内学术交流活动10余次，参会专家、学者1500余人次，发表论文200余篇。

4月23—25日，学会辐射固化专业委员会联合江南大学在江苏省无锡市举办2018国际感光聚合物科学研讨会。近200名专家、学者参加会议。7月26—28日，学会辐射固化专业委员会联合北京印刷学院等单位在河南省郑州市共同主办2018环保智能包装印刷技术与应用研讨会。会议主题为"环保智能创新、引领包装印刷未来之路"。100余名专家、学者参加会议。8月2—3日，学会光催化专业委员会在北京举办2018中国光催化论坛及产业大会暨展览会。会议主题为"竞合、标准、发展"。会议包括论坛和展览2大部分。论坛邀请16名专家作报告。展览会与第16届中国国际新风系统与空气净化产业博览会联合举办，共有82家单位参展。9月11—14日，学会辐射固化专业委员会在湖南省长沙市主办2018第十九届辐射固化年会。近500名专家、学者参加会议。11月3—6日，学会在海南省海口市召开中国感光学会2018年学术年会。来自感光影像领域的科研院所、高校、企业的200余名专家、学者参加会议。11月17—19日，学会印刷技术专业委员会联合中国印刷科学技术研究院等单位在山东省济南市共同举办2018第9届中国印刷与包装学术年会暨科技融合创新发展论坛。200余名专家、学者参加会议。11月26—28日，学会视频侦查技术与特种照相专业委员会联合上海市现场物证重点实验室在陕西省西安市主办视频侦查技术与特种照相专业委员会年会暨视频侦查新技术理论研讨会。来自公安系统的100余名专家、学者参加会议。

国际交往 5月20—28日，学会印刷技术专业委员会组织专家、学者赴北欧进行学术交流。专家、学者在瑞典林雪平大学、瑞典国家研究院、芬兰阿尔托大学和芬兰国家技术研究中心进行参观和学术交流，了解最前沿的创新产品和应用解决方案，为印刷包装的科研发展提供新思路和新方向。

科普活动 5月，学会联合中国科学院理化技术研究所在北京组织"理化技术、创新为民"公众科学日活动。来自多所学校的1000余名中小学生参加活动。科普形式包括科普讲座、科学小魔术、互动科普实验、科普画廊、实验室参观等。学会光催化专业委员会在北京小学开展4场光催化科普进校园活动，近600名小学生参与活动。科普讲座以"太阳和光催化的故事"为主题，通过现场演示实验让学生体验到光催化的本领和科学的魅力。

党建强会 学会承担中国科协"党建强会计划"项目，开展主题为"2018年科技活动周活动"的党建强会特色活动。学会党委组织开展创建星级学会党组织试点工作，试点评价星级结果为6星良好。学会党委组织召开党的十九大精神宣讲活动，学会党委书记黄勇作题为"学习十九大精神，全面建成小康社会——解读十九大报告"的宣讲活动。

会员服务 依托院士专家工作站、院士专家企业行等活动为会员单位提供咨询服务。通过会员会议注册费减免制度、论文版面费优惠制度、免费寄送学会期刊等学术资料、同等条件下会员优先在期刊上发表文章等方式服务个人会员。学会和光催化专业委员会共开设3个微信公众账号，分别是中国感光学会、中国感光学会科普传播、中国光催化。全年发布微信文章近200篇，点击次数上万。

【中国感光学会2018年学术年会】 11月3—6日，中国感光学会2018年学术年会在海南省海口市召开。来自感光影像领域的科研院所、高校、企业的200余名专家、学者参加会议。

会议邀请6名专家作大会特邀报告。北京印刷学院教授蒲嘉陵、中国科学院院士杨万泰、中国科学院自动化研究所研究员徐波、清华大学教授段炼、江南大学教授刘晓亚、北京理工大学教授程灏波分别作报告《感光影像学学科发展研究报告》《有机高分子材料表/界面问题及表面C–H转化新化学》《新一代人工智能现状与发展趋势》《有机发光的新机制、新材料与理论探索》《感光科学与微纳结构功能材料》《影像获取系统及超大数据快速处理》。

会议设2个分会场，分别就新型成像材料与技术、数字影像技术与应用进行交流，共交流24篇口头报告。会议展示21篇展报。学术年会共评选出9篇青年优秀科技论文，其中，6篇为口头报告论文，3篇为展报论文。会议同期召开中国感光学会九届六次理事会议及《影像科学与光化学》第九届编委会第一次会议。

【第十九届辐射固化年会】 9月11—14日，学会辐射固化专业委员会主办的2018第十九届辐射固化年会在湖南省长沙市召开。来自200余家企事业单位的近500名专家、学者参会。学会辐射固化专业委员会副主任刘晓亚主持开幕式。清华大学教授洪啸吟、亚洲辐射固化协会主席聂俊、学会副理事长杨建文分别致辞。

年会邀请11名辐射固化领域专家、学者作大会报告。亚洲辐射固化协会主席聂俊、暨南大学教授肖浦、中山大学副教授杨建文、同济大学教授金明、沙多玛公司亚太地区技术总监范明信、南昌航空大学教授梁红波、南开大学教授赵国锋、华南农业大学教授杨卓鸿、中南林业科技大学教授廖有为、四川大学教授王跃川、湖南大学教授郭文迅分别作报告《从北美辐射固化国际会议看UV/EB技术的未来》《可见光敏感多功能光聚合引发体系》《辐射固化技术在汽车产业中的应用》《UV-LED光引发剂的技术进展与应用》《紫外光固化原料的最新进展》《功能型涂层制备及性能研究》《现阶段光引发剂面临的问题分析和应对措施以及未来展望》《桐油及衍生物的光/热双重固化研究》《发展桐油基生物涂料，助力我国涂料工业转型升级》《光交联——不同于光聚合的光固化方案》《水性自引发光固化材料的研发与应用》。

会议安排口头报告25个，技术讲座1场。会议出版论文报告集，收录论文报告40篇。会议组织优秀论文报告评选，选出优秀论文奖5名，优秀行业新人论文奖3名。会议同期举办辐射固化技术培训班。

（撰稿人：周云霞）

中国优选法统筹法与经济数学研究会

服务创新型国家和社会建设 研究会受中国科协委托，承担中国科协大众创业万众创新示范基地第三方评估项目。对山东大学、厦门火炬高新区、福建省泉州市丰泽区进行第三方评估，达到预期目标。完成中国科协办公厅关于征集“引领世界科学的前沿科学问题、建设世界科技强国的工程技术难题”项目，获中国科协认可和奖励。

学会建设 截至2018年年底，研究会发展会员656人，会员总数累计3383人，团体会员单位总数43个，下设分支机构20个。高等教育管理分会、灰色系统专业委员会完成理事会换届改选工作。召开理事长联席会议1次、理事工作会议1次、常务理事工作会议2次、分支机构工作会议1次、秘书长工作扩大会议8次。

11月底，根据中国科协《关于全国学会分支机构管理办法》和研究会制定的《分支机构管理办法》《分支机构测评标准》，对下设20个分支机构开展测评工作。测评工作流程为分支机构提交材料、分支机构会议上逐一汇报、各分支机构交叉测评打分、研究会组织工作委员会委员测评打分。根据测评分数，结合实际工作情况评选出优秀分支机构8个，在12月1日召开的第二十届中国管理科学学术年会开幕式上颁发优秀分支机构奖。

主办期刊 主办、出版期刊5种，其中，学术期刊3种（中文1种、英文2种），印数2.82万册。《中国管理科学》发表论文239篇，印数2.76万册。2012—2018年，《中国管理科学》连续7年被中国知网评为中国最具国际影响力学术期刊，排名由2012年的第22名提升至2018年的第6名。其中，国际他引总被引频次提高77%，国际他引影响因子提高291%。截至2018年年底，研究会有评审专家1240人，青年评审专家占比50%。全年评选出优秀评审专家22人，在12月1日召开的第二十届中国管理科学学术年会开幕式上颁发获奖证书。

11月，经过与25个科技期刊角逐，争取到中国科协技术创新与引领项目，预计2019年年底完成。由灰色专业委员会出版的国际期刊*Grey System: Theory and Application*，组稿3期，发表学术论文36篇；*The Journal of Grey System*（SCI源刊），组稿4期，发表论文40篇。

国际学术会议 举办国际学术会议11次，其中，高端前沿会议10次。参会人数2356人次，其中，境外专家、学者153人次，交流论文413篇。

4月14—15日，由研究会和中国科学院科技战略咨询研究院联合主办的2018能源金融国际会议（ICEF 2018）在中国科学院学术会堂召开。大会主题为“能源金融前沿与未来展望”。会议共收到论文140篇，接收86篇，设18个分会场进行学术交流。来自15个国家的近180名代表参加会议。

4月20—22日，由国际灰色系统与不确定性分析联合会和灰色系统专业委员会主办的2018灰色系统与不确定性分析国际会议暨第32届全国灰色系统学术会议在南京航空航天大学召开。会议主旨为展示灰色系统理论最新研究进展，促进交流与合作，讨论如何加快中国灰色系统理论的理论研究和实践应用。组委会收到论文 66 篇，通过专题会议交流及专家评审，选出优秀论文 23 篇，将优先推荐到国际期刊发表。来自国内外 220 余名专家、学者参加会议。

7 月 13—15 日，由研究会主办，山东师范大学商学院承办的 2018 大数据时代的智慧交通与物流国际会议暨第六届国际决策科学高峰论坛在山东省济南市举行。会议主题包括但不局限于交通运输管理、智能物流优化理论与方法、供应链网络设计优化理论与方法等方面。会议邀请加拿大阿尔伯塔大学 Witold、美国德州大学达拉斯分校教授 Metin、台湾“清华大学”教授简祯富、意大利萨勒诺大学教授 Vincenzo、中国科学院研究员李建平、清华大学教授刘宝碇、美国辛辛那提大学教授 Anca、北京交通委主任杜勇、腾讯公司秘书长侯杰，分别针对交通运输管理中信息孤岛、智能供应链管理、颠覆性创新等主题作大会报告。会议收到中、英文论文 138 篇，评选优秀论文 27 篇。来自美国、加拿大、意大利等 17 个国家和地区及国内 60 余所高校、中国科学院科研院所等专家学者，阿里巴巴、腾讯、高德、国家电网、中国石油等企事业专业技术人员共计 260 余人参加会议。

国内主要学术会议 举办国内学术会议 25 次，其中，学术年会 12 次、高端前沿会议 13 次。参加会议 4720 人次，其中企业科技工作者 335 人次，交流论文 1195 篇。

5 月 12 日，由能源经济与管理研究分会和郑州大学主办的第五届全国青年能源环境政策与管理学术会议在郑州大学召开。会议主题为“能源转型与环境治理”。来自英国伦敦大学、北京大学、东南大学等国内外 70 余所高校、科研机构共 200 余名专家、学者，围绕主题进行研讨交流。

8 月 19 日，由低碳发展管理专业委员会主办的第五届全国低碳发展学术年会在山东省烟台市山东工商大学召开。会议主题为“能源革命与低碳发展”，会议邀请能源领域专家作主题报告。来自全国 30 余所高校和科研机构的 200 余名专家、学者参加会议。

10 月 14—15 日，由应急管理专业委员会主办的第 13 届国际应急管理论坛暨第 14 届中国（双法）应急管理专业委员会学术年会在辽宁省大连市召开。论坛主题为“世界变革中的危机与应急管理”。来自美国俄勒冈大学、纽约州立大学、香港中文大学等境内外高校及国内科研院所共 160 余名专家、学者参加会议。

10 月 26—28 日，由国家自然科学基金委员会管理科学部、能源经济与管理研究分会、中南大学和湖南商学院主办的第九届能源经济与管理学术年会暨第十二届中国能源资源开发利用战略学术研讨会在湖南省长沙市召开。大会主题为“中国绿色发展管理创新与能源政策”。

11 月 30 日—12 月 3 日，由研究会主办的第二十届中国管理科学学术年会在福州大学召开，大会主题为“数据、智能与管理”。

12 月 1—2 日，由研究会项目管理研究委员会（PMRC）和西北工业大学等单位联合主办的 2018 中国项目管理大会暨中国特色与跨文化项目管理国际论坛在上海市华东理工大学召开。大会主题为“VUCA 时代的项目管理”。华东理工大学副校长吴柏钧、原国际项目经理资质认证（IPMP）中国认证委员会主席钱福培、国际项目管理协会（IPMA）理事会主席莱因哈特·瓦格纳（Reihard Wagner）、国际项目管理期刊（IJPM）主编玛蒂娜·哈曼（Martina Huemann）、芬兰项目管理研究所董事长马迪·阿文哈尤（Matti Ahvenharju）、芬兰项目管理研究所总裁泰波·努米宁（Teppo Nurminen）等专家参加会议并作大会主旨报告。大会同期举办 2018（第三届）全国高等院校项目管理大赛。来自国内外近 1000 名专家、学者参加会议。

12 月 2 日，由青年工作委员会主办的第九届中国优选法统筹法与经济数学研究会青年论坛在福州大学召开。会议主题为“青年人才成长”。论坛包括主题报告、专题论坛和青年工作委员会第二届四次全体会 3 个板块。会议邀请管理科学领域青年专家学者，围绕中国社会经济发展面临的主要问题、学科发展前沿问题最新进展作主题报告。近 200 名青年专家、学者参加会议。

国际组织任职 研究会秘书长李建平任国际信息技术与量化管理研究会（International Academy of Information Technology and Quantitative Management，IAITQM）执行委员兼秘书长，常务理事寇纲任执行委员兼出版委员会主席。常务理事刘思峰担任国际电器和电子工程师学会、系统、人、与控制学会（Systems，Man，and Cybernetics Society of Institute of Electrical and Electronic Engineers，IEEE SMC）主席。常务理事欧立雄担任国际项目管理协会（International Project Management Association，IPMA）战略顾问委员

会委员，戚安邦担任研究管理委员会主席，丁荣贵担任大奖管理委员会委员。

国际交往 9月2—3日，研究会常务理事、项目管理研究委员会副理事长欧立雄率队参加在巴西里约热内卢召开的第31届IPMA全球大会。由项目管理研究委员会推荐的重庆联盛建设项目管理有限公司的内蒙古少数民族文化体育中心项目和中国石油云南石化股份有限公司的中国石油云南石化13MMTA炼油厂项目，被授予国际卓越项目金奖和银奖；中国石油云南石化13MMTA炼油厂项目经理宋官武获2018年度全球项目经理成就奖金奖。

10月中旬，工业工程分会理事长崔利荣受邀赴英国参加Hawkes Process研究会议。崔利荣分别在斯旺西大学（Swansea University）和利物浦大学（University of Liverpool）作专题报告。

科普活动 由研究会主办，数学教育委员会负责编辑、发行的科普期刊《数理天地》出版24期（初中版12期、高中版12期），发表论文590篇，印刷207970册。

4月5—7日，由研究会主办的2018年第八届MathorCup高校数学建模挑战赛在天津市举行。来自美国加利福尼亚大学洛杉矶分校（UCLA）、香港大学、香港中文大学等境内外387所高校的3210支队伍近10000名选手参赛，包括本科生参赛队2881支、研究生队伍294支、专科生队伍35支。大赛最终收到有效参赛论文2842份。经专家评审委员会初评、网评、会评和复审4个阶段评审及特等奖现场答辩会，最终评选出特等奖队伍4支、一等奖90支、二等奖289支、三等奖720支、成功参赛奖1739支。来自西北农林科技大学、天津工业大学、郑州大学和西南交通大学的4支参赛队伍获竞赛最高荣誉奖并夺得MathorCup奖杯。

8月18—19日，由研究会主办，低碳发展管理分会承办的“INE杯”第四届全国大学生能源经济学术创意大赛总决赛在山东工商学院举行。组委会共收到全国78所高校的444支团队参赛作品，3000余名选手参赛。

12月1—2日，由项目管理研究委员会主办的2018（第三届）全国高等院校项目管理大赛总决赛在华东理工大学举行。此次大赛有30余所院校的80余个团队近400人参赛。

党建强会 1月20日，研究会召开九届八次常务理事扩大工作会议暨研究会党委工作会议。会议传达学习贯彻党的十九大精神专题辅导报告会会议精神，提出2018年党委工作指导思想和工作计划，48名在北京的党员、常务理事参加会议。12月2日，召开九届五次理事工作会议暨党员工作会议。会议总结2018年学会党建工作，传达相关文件。96名理事、党员参加会议。12月3日，举办党员活动日，组织参观马尾船政爱国主义教育基地，开展党员教育活动，87名党员、青年学者参加活动。

【第二十届中国管理科学学术年会】 11月30日—12月3日，由研究会、中国科学院科技战略咨询研究院、福州大学、《中国管理科学》编辑部主办，福州大学经济与管理学院承办的第二十届中国管理科学学术年会在福建省福州市福州会堂举行。会议主题为“数据、智能与管理”。会议开幕式由研究会秘书长、中国科学院科技战略咨询研究院研究员李建平主持。福州大学党委书记陈永正致欢迎词，国家自然科学基金委员会管理学部副主任杨列勋、中国科学院科技战略咨询研究院副院长刘春杰、中国优选法统筹法与经济数学研究会理事长池宏先后致辞。年会分为大会主题报告、分专题交流、多论坛研讨交流3部分。在大会报告阶段，邀请中国工程院院士杨善林、陈晓红及长江特聘教授、杰青专家，围绕大会主题作主题报告。在分专题讨论阶段，大会分6个专题设8个分会场进行论文交流，经专家评审组评审，最终有30篇论文获优秀论文报告奖。在多论坛研讨交流阶段，分4个论坛根据不同主题进行研讨交流。年会期间，召开中国优选法统筹法与经济数学研究会理事长联席会议、九届五次理事工作会议、九次常务理事会议、分支机构工作会议。来自全国高校、科研院所的管理科学与工程等领域专家、学者共1200余人参加大会。

【第九届能源经济与管理学术年会暨第十二届中国能源资源开发利用战略学术研讨会】 10月26—28日，由能源经济与管理分会、国家自然科学基金委员会管理科学部、中南大学和湖南商学院联合主办的第九届能源经济与管理学术年会暨第十二届中国能源资源开发利用战略学术研讨会在湖南省长沙市召开。研讨会主题为“中国绿色发展管理创新与能源政策”。大会开幕式由国家自然科学基金委管理科学部副主任高自友主持，大会主席陈晓红院士、中南大学党委副书记蒋建湘、分会理事长魏一鸣、国家自然科学基金委副主任侯增谦致辞。9名院士作大会主题报告，金智新院士、郑静晨院士和魏一鸣教授分别主持大会报告。

国家自然科学基金委管理科学部刘作仪作基金资助情况报告。114名专家学者分18个单元进行分组学术报告。会议期间，开展期刊宣讲及论文发表交流会，颁发中国能源经济与管理优秀研究生论文奖，召开能源经济与管理分会常务理事扩大会议。12名院士，15名杰青、优青及来自海内外100余所高校和科研院所的500余名能源经济与管理研究领域专家、学者参加会议。

（撰稿人：张　玲）

中国岩石力学与工程学会

服务创新型国家和社会建设　学会参与并承担岩石力学、岩土工程领域项目评估、成果鉴定，完成31项科技成果鉴定。组建以学会理事、常务理事为基础的专家库，扩大吸收其他领域学术带头人纳入专家库。

学会理事长冯夏庭主编《ISRM系列丛书》和《岩石力学与工程丛书》，涵盖该领域最新进展。

加快中国标准与国际标准对接，建立以学会常务理事为主要力量的团体标准编制领导小组与工作小组。已有21项团体标准立项获批，正在编制中，其中，50%以上团体标准填补中国标准的空白。

承担中国科协“科研诚信档案建设工作方案研究与建议”和“基于科研诚信档案数据库的征信体系建设”2项承接政府职能扩大试点项目，提出“科技工作者科研诚信量化评分建议方法”，基于科技工作者从事的学术活动及已有学术成果，综合量化评价科技工作者科研信用度。建立“学术不端行为记录及管理办法”，综合学术不端行为记录，构建科技工作者科研诚信综合评价体系。

学会落实中国科协“科技助力精准扶贫工程实施方案”，在山西省吕梁市和陕西省延安市2个革命老区的贫困地区，结合当地资源特点和区域产业基础开展并实施“高科技精准帮扶”行动计划。通过企业产业帮扶和技术帮扶，构建科技引领产业发展服务体系，共增产煤炭65万吨、增加经济效益5.2亿元。

吕梁山店坪煤矿“高科技精准帮扶”示范工程实施1年多来，多回收煤柱24万吨，少掘巷道3078米，增加经济效益2.3亿元。延安能化集团禾草沟二矿“高科技精准帮扶”示范工程实施2年多来，提高采区回收率14.2%，多回收煤柱12万吨，少掘巷道6600米，减少排矸10万吨，增加经济效益6060万元。延安黄陵瑞能煤矿“高科技精准帮扶”示范工程实施1年来，采区资源回收率提高13%，回采巷道掘进率降低50%，增加经济效益1200余万元。

9月4日，在中国科协指导下，由学会和吕梁市政府共同主办的首届高科技精准帮扶吕梁现场会召开。经山西省人民政府人社厅批准的柳林能源与环境院士工作站启动。吕梁市领导会见何满潮、赵景礼2名院士，并向2名院士颁发吕梁转型发展顾问（专家）聘书。

10月16日，全国科技助力精准扶贫现场会在山西省吕梁市举办。学会常务副秘书长杨晓杰作题为《高科技精准帮扶、实现传统产业升级——中国岩石力学与工程学会助力革命老区纪实》的特邀发言。

学会能力提升计划　获“中国科协一流学会建设项目”三等资助。在学会党委和理事会领导下，从国家战略和重大工程建设需求出发，以打造世界一流学术品牌、培养年轻后备人才、提升国际影响力等工作为主要抓手，推进并实施该项目。

学会建设　落实制度建设和规范化管理。在原有《学会规章制度汇编》基础上，发布新的《学会规章制度汇编2018》，内容包括组织建设、人才奖励、财务管理、办事机构等5个部分，各类规章制度42项，其中，组织建设10项、党建宣传3项、人才与奖励16项、团标与规范4项、秘书处建设8项、其他1项。完成3项二级机构组织管理条例的制订。

学会治理结构和治理方式改革　在中国岩石力学与工程学会八届一次理事长办公会上提出“学会秘书长将社会招聘、择优录用”。9月29日，召开第八届理事会第五次党委会，决定成立秘书长招聘领导小组，由冯夏庭担任组长，启动学会秘书长社会招聘工作。11月6日，学会秘书长招聘领导小组召开秘书长竞聘会。经过申报、资格审查、面试竞聘，投票选举出秘书长拟任职人选——中国矿业大学（北京）教授杨晓杰。11月19日，经学会第八届理事会第六次党委会审议，一致同意招聘结果，并经学会八届三次理事会议审议通过，公示期无异议后，杨晓杰于12月5日正式上任，成为学会治理结构改革后聘任制的专职秘书长。

青年人才托举工程　由于中国科协第一届（2015—2017）青年人才托举工程测评为优秀免答辩，直接获得中国科协入选资助名额2人，中国科协自筹经费6人。以青年托举人才为依托，举办中国岩石力学与工程学会第二届青年学者论坛。以青托人才为主，承办中国科协2018年海峡两岸青年科学家论坛和中国科协第368次青年论坛。连续3年获得中国科协青年人才托举工程资助。3年来，学会共有9名青年获得中国科协经费资助，10名青年获得中国科协自筹经费名额，7名青年获得学会经费资助。

主办期刊 学会会刊《岩石力学与岩土工程学报》（英文版）（*Journal of Rock Mechanics and Geotechnical Engineering*）连续3年（2016—2018年）被评为中国最具国际影响力学术期刊。《岩石力学与工程学报》持续5年获国家精品期刊、中国最具国际影响力学术期刊以及百种中国杰出学术期刊，首次获得全国百强报刊等称号，得到精品期刊TOP50项目资助。

学科发展研究 3月，在中国科协的项目资助下，学会编写的《2016—2017岩石力学与工程学科发展报告》由中国科学技术出版社出版发行。

决策咨询 学会地下空间分会编著并连续4年（2015—2018年）发布《中国城市地下空间发展蓝皮书》，通过数据分析、整理和梳理，全景式地剖析当前中国城市地下空间所涉及的各个领域和影响深度，为城市的可持续发展和地下空间资源永续利用提供新的研究方向。

国际学术会议 5月9—10日，地震动力学国家重点实验室与学会构造物理专业委员会、高温高压岩石力学专业委员会在中国地震局地质研究所联合举办断层力学与地震机制国际研讨会。中国地震局地质研究所研究员马胜利组织会议。会议邀请美国、荷兰、日本及国内同行50余人参加会议，其中16人作口头报告，对断层力学与地震机制进行探讨。

8月24—26日，第七届废物地下处置国际学术研讨会在上海市举办。会议由学会废物地下处置专业委员会、国际岩石力学与岩石工程学会放射性废物处置委员会、国际工程地质与环境协会废物地质处置专业委员会等7家单位联合主办，由同济大学、核工业北京地质研究院和北京科技大学承办。会议主题为“推进废物地下处置研究进展，建设美丽中国”。生态环境部辐射源安全监管司副司长康玉峰，中国工程院院士钱七虎、潘自强，中国科学院院士陈云敏，中核集团战略与管理咨询委员会委员林森，学会副理事长朱合华，同济大学副校长顾祥林，法国国家放射性废物管理局首席科学家P. Landais及来自中国、法国、德国、瑞典、比利时和韩国等国家和地区的330余名代表参加研讨会。会议被列入2018年度中国科协培育学术会议示范品牌项目，并得到项目经费资助。

国内主要学术会议 5月5—8日，由学会和南京大学联合主办的第二届岩石力学与工程青年论坛在南京大学召开。会议由中国科协青年人才托举工程入选者、南京大学地球科学与工程学院副教授刘春担任执行主席，召集组织并主持学术论坛。论坛主题为“岩土工程离散元法”。来自全国52所高等院校和科研院所的156名专家和青年学者参加论坛。

中国科协青年人才托举工程入选者、南京大学副教授刘春以报告人和大会执行主席身份，召集组织、主持学术论坛。论坛将“青年托举”工作会议、学术论坛、技术培训及工程实践相结合，吸引青年学者参与。学术论坛参会人数达156人，技术培训参会人数达128人。论坛从离散元理论、系统研发和应用方面展开交流和讨论，强调发展完全自主的数值模拟软件的重要性和急迫性，在技术层次上进行探讨。

10月19—21日，由学会主办、学会地下空间分会和南华大学共同承办的第九届全国高校城市地下空间工程专业建设研讨会暨第三届全国高校城市地下空间工程专业青年教师讲课大赛、第三届全国高校城市地下空间工程专业大学生模型设计竞赛在湖南省衡阳市举办。来自全国61所高校的700余名城市地下空间工程专业教师代表和参赛学生参加大会。

10月21日上午，会议邀请华北科技学院教授朱建明、西南交通大学副教授蒋雅君、西南石油大学教授张军伟、中南林业科技大学教授江学良、辽宁工程技术大学副教授贾宝新分别作有关城市地下空间工程专业建设的报告，邀请毕业生就业单位水电八局水电公司副总工程师李才平作为企业代表为城市地下空间工程专业人才培养建言。报告之后，与会人员围绕“城市地下空间工程专业人才培养和专业课程建设”主题展开交流与研讨。

两岸交流 8月3—5日，中国科协2018海峡两岸暨港澳青年科学家学术活动——京津冀－港澳台能源绿色开发及低碳城市建设论坛在北京召开。论坛由中国科协支持，学会、中国矿业大学（北京）、清华大学联合主办。

10月，学会与澳门岩土工程学会、香港岩土工程学会、中国台湾地区台北市大地工程技师公会在澳门特别行政区共同主办岩土工程防灾减灾研讨会。会议期间，与会专家和工程师共作6个相关学术报告，学会副理事长杨光华在会上作《边坡稳定分析的应力位移场方法》报告。

国际组织任职 国际岩石力学与岩石工程学会（ISRM）的中国个人会员数以每年11%—13%的增长率增长，截至2018年年底，学会个人会员达1882人，占国际学会总会员数的23%。2018年，ISRM中国国家小组再次获最佳国家小组奖。学会理事长当选由国际土力学与岩土工程协会（ISSMGE）、国际岩石力学与岩石工程学会（ISRM）、国际土工合成材料学会（IGS）和国际工程地质与环境协会（IAEG）4大国际组织构成的国际地质工程联合会主席。中国科学院院士何满潮担任ISRM副主席（2015—2019）、教育基金会主席、软岩专委会副主席，另外5名专委会主席由中国学者担任。

学会专家、学者在其他相关国际组织的任职由3个增加至8个，即国际地下物流学会（ISUFT）、国际地下空间联合研究中心（ACUUS）、国际岩土力学计算方法与进展协会（IACMAG）、国际地质工程联合会（FedlGS）、国际土力学与岩土工程协会（ISSMGE）、国际土工合成材料学会（IGS）、国际地质与环境协会（IAEG）、国际地质灾害与减灾协会（ICGdR）。

国际交往 国际岩石力学与岩石工程学会中国国家小组主席、国际岩石力学学会教育基金会（ISRM-EFC）主席何满潮，组织在越南开展国际培训1次，在EUROCK2018和ARMS10期间开展ISRM－EFC青年论坛2次，资助14名青年参会并研讨。

科普活动 建立7个科学传播专家团队，提供多层次、多维度的科普讲座和科普产品。

以科普专家团队和科普基地为依托，在全国科普日、科技周、地球日等重大时间点开展科普讲座、科学实践、夏令营、国家重点实验室研学等科普活动20余场次。学会线上、线下科学传播点击达162520次。

建立三峡中心—巴东野外试验场和蛇蟠岛矿山公园学会2个科普教育基地。

表彰举荐优秀科技工作者 学会获国家科技奖提名资格和2019年国家科技奖提名资格。学会提名浙江大学龚晓南等完成的“复合地基理论、关键技术及工程应用”项目获国家科技进步奖一等奖。

开展系列评奖活动，评出中国岩石力学与工程学会科学技术奖特等奖3项、一等奖11项、二等奖12项、三等奖21项，青年科技奖金奖5人、银奖10人，优秀博士论文奖获奖9人、提名3人，第三届全国高校城市地下空间工程专业青年教师讲课大赛一等奖10人、二等奖13人，第三届全国高校城市地下空间工程专业大学生模型设计竞赛4支代表队获特等奖、9支代表队获一等奖、17支代表队获二等奖、30支代表队获三等奖。学会科学技术奖纳入国家奖试点提名单位，2018年提名科技进步奖一等奖1项，已通过会评。

经学会推荐，学会理事长何满潮于12月18日当选阿根廷国家工程院院士。

学会提名副理事长李术才获第十二届光华工程科技奖。

学会推荐副理事长李晓作为“百名科学家、百名基层科技工作者”代表，出席在北京人民大会堂举办的“纪念改革开放40周年、中国科协成立60周年双百座谈会——百名科学家、百名基层科技工作者座谈会”。

党建强会 学会把“设立中国共产党的组织，开展党的活动，为党组织的活动提供必要条件”列入学会章程。发挥学会各项工作的政治引领和政治吸纳，落实党的组织全覆盖，建立13个二级机构基层党组织。十九大代表、学会副理事长康红普院士和十九大候补中央委员、学会常务理事王旭东数次宣讲十九大会议精神，发挥党在学会的群众组织力方面的作用。

会员服务 发展个人会员1729人。初步完成学会网站会员频道建设、会员系统改造。在会员服务方面，整理并建立新会员录，在《动态》开辟新会员专栏。编辑发行《岩石力学与工程动态》4期。编撰完成2017年《中国岩石力学与工程年鉴》。编辑完成《中国岩石力学与工程学会简介（中英文版）》。学会官方微信最高关注人数达5万余人，发布信息119篇。改版学会网站，总访问人数达237万余人。

强化个人会员主体地位，提名表彰以王思敬院士为代表的2批15名资深会员。

【CHINA ROCK 2018——第十五次中国岩石力学与工程学术大会】 11月19—22日，CHINA ROCK 2018——第十五次中国岩石力学与工程学术年会在北京九华国际会展中心举行。会议在中国科协指导下由学会主办。主题为“展示中国岩石力学与工程进展，服务‘一带一路’建设与发展”。中国科协党组成员、书记处书记宋军，中国工程院院士钱七虎、顾金才、蔡美峰、康红普、金智新、徐寿波，中国科学院院士张楚汉、何满潮，学会理事长、国际地质工程联合会主席冯夏庭，俄罗斯科学院院士Mikhail Guzev，日本工程院外籍院士蒋宇静，国际岩石力学与岩石工程学会副主席 Seokwon Jeon（韩国），联合国教科文组织教席“地球环境灾害与减灾”首席科学家汪发武、国际地下物流学会主席 Johan Visser（荷兰）、越南岩石力学学会副理事长 DacManhPhung（越南）等出席大会。学会所属 31 个二级机构、19 个地方学会组织的来自全国水利水电、煤炭石油、地质冶金、交通铁路、安全防护、市政建设、国防工程等领域的专家、学者、科研人员、企业家代表、工程技术人员、青年学生、设备厂商和新闻媒体记者共计 4060 人参加大会。

大会共举办 18 场特邀报告，征集 365 篇学术论文，从大会征文中选出与“一带一路”直接相关的论文 35 篇，形成 CHINA ROCK 2018“一带一路”主题论文集。

大会邀请 44 名国际岩石力学专家作学术报告，设立 4 个国际分会场。设立 27 个分会场，参会人员 4060 人。举办学术报告、技术培训、工业展览，举办 789 场学术报告、8 场技术培训和 110 个工业展位。来自中国三峡集团、中铁十四局集团、中铁十六局集团、中国煤炭科工集团、大同煤矿集团等 20 家企业集团，深部岩土力学国家重点实验室、水资源与水电工程国家重点实验室、土木工程防灾国家重点实验室等 20 个国家或省部重点实验室，共计 110 家单位参加工业展览。

【京津冀－港澳台能源绿色开发及低碳城市建设论坛】 8 月 3—5 日，中国科协 2018 海峡两岸暨港澳青年科学家学术活动在北京召开。中国科协支持，学会、中国矿业大学（北京）、清华大学联合主办，香港大学等 8 家单位协办京津冀－港澳台能源绿色开发及低碳城市建设论坛，主题为“京津冀－港澳台能源绿色开发及低碳城市建设”。中国矿业大学（北京）教授左建平、清华大学副教授赵志宏、香港大学副教授王毅远、台湾交通大学教授翁孟嘉、清华大学副教授刘晓丽、天津大学特聘教授朱建波 6 名青年科技工作者共同担任论坛执行主席。38 名青年代表作学术报告。来自海岸两岸暨香港、澳门相关单位共计 40 余家 102 名专家、青年学者参加论坛。

论坛着眼于国家战略需求，报告与讨论内容围绕京津冀经济带、粤港澳大湾区等绿色能源开发、可持续基础设施建设，主要聚焦于深地工程与低碳城市、轨道交通与可持续基础设施、深海工程与智能建造 3 个方面。针对矿山灾害防治、深部能源开发等地下工程、深海工程以及轨道交通和可持续基础设施的建设等新时代国家战略性布局的基础研究方向，厘清相关学科未来的重要科技攻关方向，并在会上达成数项共识。参会人员包括国家杰出青年科学基金获得者 3 人、国家优秀青年科学基金获得者 9 人、青年千人计划获得者 4 人、青年拔尖人才支持计划获得者 2 人、青年人才托举工程获得者 8 人、北京市有突出贡献高技能人才获得者 1 人，涵盖采矿、能源、土木、水利等领域。中国新闻网、人民网等媒体报道或转载相关新闻。

【《2016—2017 岩石力学与工程学科发展报告》】 为贯彻落实全国科技大会和《国家中长期科学和科技发展规划纲要（2006—2020）》精神，促进学科发展，学会在中国科协的项目资助下已于 2017 年编写完成《2016—2017 岩石力学与工程学科发展报告》。2018 年 3 月，《2016—2017 岩石力学与工程学科发展报告》由中国科学技术出版社出版。报告由学科发展的综合报告和 16 个专题报告两大部分构成，总结中国岩石力学与岩石工程学科近年来研究的新进展、新成果、新观点、新技术、新方法。同时，报告为该领域决策层和科研人员提供参考，为学会服务会员提供文献载体。

【《中国城市地下空间发展报告蓝皮书（2018）》】《中国城市地下空间发展报告蓝皮书（2018）》由学会地下空间分会发布，以快速城镇化背景下中国城市地下空间发展为评价对象，分综述、城市地下空间建设鸟瞰、行业与市场、科研与交流、事故与灾害 5 个板块共 19 个问题进行阐述。在 2016 年报告提出的政策支撑体系、开发建设指标、重点工程建设、可持续发展指标 4 个评价要素基础上，增加安全城市评价指标，评价中国各城市群中大中小城市地下空间的综合实力，旨在为不同城市群中类似城市的地下空间普遍特征和发展方向提供参考。

采用大数据实时跟踪手段，新增以地下空间为对象的微信订阅号等网络媒体及交流平台的发展分析。报告为关注城市地下空间发展研究人员提供一份集 2017 年地下空间建设发展、市场前景、智力资源、信息数据于一体的指南，为城市的可持续发展和地下空间资源永续利用提供研究方向。

（撰稿人：胡　威）

中国野生动物保护协会

服务创新型国家和社会建设 6 月 4—8 日，协会与国家林业和草原局保护司、世界自然基金会共同举办打击野生动植物非法贸易部门培训班。培训期间，全国人大法工委、最高人民法院研究室等单位代表和专家分别就《野生动物保护法》解读、破坏野生动植物资源犯罪司法解释、中国打击野生动植物非法贸易形势与任务、野生动植物的行政执法、国际打击野生动植物非法贸易情况、《濒危野生动植物种国际贸易公约》（CITES）履约相关要求、NGO 参与打击野生动植物非法贸易情况、濒危野生动物物种鉴定等进行分析和解读，就相关问题进行答疑和解释。海关总署缉私局、森林公安局等执法机关介绍打击野生动植物犯罪成效与挑战。农业农村部、国家市场监管总局等职能部门就应对野生动植物非法贸易的政策措施进行阐述。中国邮政速递物流股份有限公司（EMS）、腾讯、百度代表介绍工作中如何参与打击野生动植物非法贸易情况。学员们前往海南省东寨港国家级自然保护区进行现场教学活动，了解保护区日程管理、公众教育和社区参与等情况。来自外交部、公安部等打击野生动植物非法贸易部际联席会议成员单位、基层海关和森林公安、非政府组织等 70 余名学员代表参加培训学习。

5—7 月，协会开展“自然体验培训师”培训班 3 期。5 月 21—24 日，2018 年全国林业和草原科技活动周暨第 14 期“自然体验培训师”培训班在浙江省天目山国家级自然保护区举行。培训期间，徐大鹏、郭光普等教师分别讲授生态道德教育理论与实践、利用保护区资源开展自然教育、项目制学习和探究式参观、植物昆虫类引导等课程，学员走进自然保护区开展森林夜观实践、植物昆虫类探究式观察、自然笔记、自然艺术手作、观鸟、保护区自然导赏等实习活动。来自全国各省、自治区、直辖市国家级自然保护区和野生动植物保护协会的 70 余名学员代表参加培训学习。7 月 9—12 日，协会第 15 期“自然体验培训师”培训班在四川省成都市都江堰市举行。来自四川省 25 个自然保护区和 16 个学校及教育机构共 45 名学员代表参加培训学习。7 月 16—20 日，协会第 16 期“自然体验培训师”培训班在陕西省长青国家级自然保护区举行。来自陕西省 20 个自然保护区和 7 个学校共 41 名学员代表参加培训学习。培训班期间，协会向浙江省杭州市临安区西天目小学、陕西省汉中市华阳中学、华阳小学、茅坪九年制学校和洋县南街小学赠送生态保护图书。河北雾灵山国家级自然保护区管理局蔡万波等 29 人被评为“自然体验培训师”。2 名学员代表国家林业和草原局参加 6 月 19—22 日在广东省广州市举行的 2018 年全国科普讲解大赛，均被评选为优秀选手。

学会建设 年内，协会全国个人会员总数 423028 人，团体会员 3916 个，资深会员 308 人。全国各级协会 832 个。协会下设分支机构 17 个，其中，新成立分支机构 3 个，变更名称 2 个。建立专家库，现有专家成员 88 人，其中，院士 1 人、正高级职称人数 59 人、副高级职称人数 23 人、其他职称 5 人，涉及高校及科研院所 45 所。协会门户网站全年总访问量 151175 次，微信公众号全年累计阅读数 63 万人次，点赞数 1 万人次，在中国 NGO 绿色公众号周榜单保持前 5 名，被列入中国新闻办公室主推送的公众号序列。召开全国会员代表大会暨理事会、常务理事会、全国野生动（植）物保护协会秘书长工作会议、纪念中国野生动物保护协会成立 35 周年座谈会及相关活动。

11 月 12 日下午，协会召开全国秘书长工作会议。会议由协会副秘书长赵胜利、郭立新主持。秘书长李青文参加会议并听取各省、自治区、直辖市协会工作情况及建议。各省、自治区、直辖市协会秘书长总结 2018 年工作情况，汇报 2019 年工作计划。来自 31 个省、自治区、直辖市级野生动（植）物保护协会秘书长及相关负责人参加会议。

11 月 12 日，协会第五届全国会员代表大会第三次会议暨第五届理事会第三次会议在北京召开。会议总结协会全年工作，会长陈凤学对协会下一步工作提出要求。会议审议通过《中国野生动物保护协会章程》（修改草案），表决通过新增理事人选，新增常务理事、副会长人选，向副会长、副监事长、分支机构负责人颁发证书。

3 月 31 日，在福建省厦门市召开中国野生动物保护协会保护繁育与利用专业委员会成立大会。协会养殖委员会更名为保护繁育与利用委员会。来自全国野生动（植）物保护行业的 200 余名代表参加会议。

5 月 2—9 日，协会在西班牙马德里举办的第六十五届 CIC 代表会员大会上被接纳为该组织社团会员。

7 月 12 日，在北京召开中国野生动物保护协会志愿者委员会成立大会。来自全国各省、自治区、直辖市野生动（植）物保护协会、志愿者骨干代表共 50 余人参加会议。

9 月 21 日，在福建省福州市召开中国野生动物保护协会野生动物标本委员会成立大会。来自野生动物保护行业的100余名代表参加会议。

11月3日，在山东省东营市召开中国野生动物保护协会鹤类联合保护委员会换届大会。来自鹤类领域专家学者、鹤类分布重点省份和保护区代表共60余人参加会议。

11月10日，在北京梅地亚中心召开中国野生动物保护协会生态影像文化委员会成立大会。来自全国各省、区、市代表共100余人参加会议。

12月8日，在云南省昆明市召开中国野生动物保护协会野生动物保护区委员会换届暨国家公园及自然保护地委员会成立大会。野生动物保护区委员会更名为国家公园及自然保护地委员会。来自全国的100余名代表参加会议。

国内主要学术会议 3月14—15日，协会与湿地国际中国办事处等单位在辽宁省盘锦市共同主办黄渤海湿地与水鸟保护研讨会。与会学者探讨2017年黄渤海水鸟调查工作和迁徙水鸟保护及水鸟调查技术事项，实地考察辽河口国家级自然保护区，在保护区内进行水鸟监测技术培训。100余名中外专家学者参加研讨会。

11月21—24日，协会科技委员会等单位在云南省昆明市召开第十四届全国野生动物生态与资源保护学术研讨会暨第九届中国动物学会兽类学分会全国代表大会。会议交流中国野生动物资源、动物生态学相关领域最新研究成果，探讨野生动物生态、野生动物多样性保护与管理发展战略。会议包括3个大会特邀报告、6个分会场共19个专题224个分会报告。来自国内外116所院校、科研机构和企业共635名代表参加会议。

两岸交流 12月2—7日，协会参加在中国台湾地区台北市举办的2018年黑面琵鹭与自然保育研讨会。海峡两岸交流基金会前理事长江丙坤、台湾地区野生动物保护协会理事长陈如舜、协会副秘书长郭立新参加研讨会并致辞。来自海峡两岸黑脸琵鹭保护及自然生态保育界的70余名专家代表参加研讨会。

国际交往 协会与英国布莱恩里斯制作公司（Brian Leith Productions）合作，联合摄制5集生态纪录片《中国：神奇的动物王国》（*China's Hidden Kingdoms*）。

1月29日，协会与世界自然基金会（WWF）、国际野生物贸易研究组织（TRAFFIC）合作召开中国象牙禁贸的成就与挑战研讨会。与会代表认为，中国政府履行承诺，展现负责任大国形象。来自国家林业局、国家濒管办、外交部、海关总署、森林公安等政府机构，象牙雕刻企业、学术机构和商业公司及非政府组织（NGO）驻华代表机构共120名代表参加会议。

3月3日，由协会合办的中芬大熊猫保护研究合作项目启动仪式暨大熊猫馆开馆仪式在芬兰艾赫泰里动物园举办。芬兰总理西比莱、中国驻芬兰大使陈立参加活动并致辞。该项目是国家主席习近平和芬兰总统尼尼斯托于2017年达成的共识，反映双边关系基础和两国人民友谊，是在芬兰独立100周年之际，中国人民寄予芬兰人民的礼物。国家林业和草原局代表团及中芬代表300余人参加活动。

9月7—9日，协会参加在中国科学院大学国际会议中心举办的第三届世界自然保护联盟（IUCN）中日韩会员会议。IUCN亚洲区会员委员会主席、中国科学院植物研究所研究员马克平主持会议。亚洲区副主任T. P. Singh博士对审议2017年第二届中日韩三方会议做出汇报。来自中国、日本和韩国会员单位及IUCN亚洲区域办公室的30余名代表参加会议。

10月20—23日，由协会主办的首届自然共同体论坛在浙江省杭州市举行。论坛主题为“人与自然和谐共生，生态文明新时代的自然教育”。论坛旨在推动生态文明宣传教育，为自然教育机构与工作者搭建交流合作桥梁。来自全国相关行业代表及德国、日本、新加坡等国的专家共300余人参加论坛。

科普活动 与国家林业和草原局、广东省、辽宁省等有关单位，分别联合举办全国“爱鸟周”“世界野生动植物日”“生态中国 美丽家园—中国野生动物保护生态摄影书画作品展”等科普宣传活动。全国人大、全国政协、国家林业和草原局、广东省和辽宁省等领导参加活动。

1月初，与政府部门和国际非政府组织（NGO）合作开展象牙禁贸公众宣传教育。制作视频和宣传海报，在政府，各NGO微博、微信平台及地铁、机场播放和张贴，提醒公众不再购买象牙及其制品。与央视创造传媒有限公司合作推出科普竞猜节目《正大综艺·动物来啦》。节目于6月初在中央电视台综合频道首播，全年播出合作节目29期。微博话题“正大综艺·动物来啦”阅读量1.9亿次，讨论量8.2万次。10月，与华中科技大学出版社合作出版“中国的珍稀动物”系列丛书，分别为《大熊猫》《雪豹》《金丝猴》

《藏羚羊》。封面采用光影视觉动画技术，通过动态效果复原野生动物生活真实场景。3 月 27 日，与凯德集团、自然资源保护协会（NRDC）合作在上海虹口凯德龙之梦商城开启公益性宣传教育活动。活动主题为“保护中国大猫”。活动覆盖凯德华东地区 9 大购物中心，旨在引导和带动公众了解和参与大型猫科动物保护，增强自然资源保护意识。

2018 年，协会与英国布莱恩里斯制作公司（Brian Leith Productions）联合摄制生态纪录片《中国：神奇的动物王国》（China’s Hidden Kingdoms）。纪录片共 5 集，每集 1 个小时。以栖息地划分，第一集：山脉（雪豹）；第二集：雨林（亚洲象）；第三集：竹林（大熊猫）；第四集：高原（藏狐）；第五集：季节性森林（金丝猴）。截至 2018 年年底，野外拍摄已完成，正在进行后期编辑。

12 月 5—7 日，由协会主办的第十届洞庭湖观鸟节在湖南省岳阳市举行。此次观鸟节主题为“建设大美洞庭，守护观鸟胜地”。国家林业和草原局副局长李春良、湖南省政协副主席张健、湖南省林业局局长胡长清参加开幕式。开幕式上，发布中国观鸟节比赛联盟《岳阳倡议》，向洞庭湖“护鸟飞”志愿者授旗。洞庭湖观鸟节构建政府主导、公众参与、多部门协同推动鸟类与湿地保护主流化平台，将野生动物保护公众参与机制推上新台阶。来自各地保护组织、研究机构、全国 21 支观鸟队等共 800 余人参加开幕式。

学会创新发展 协会等单位合作开发“中国自然生态百科（鸟类）数据库”（发布时定名为“识鸟家”）。微信小程序于 8 月底上线，可识别全国 1470 种鸟类并获得对应鸟种形态、分布及生态习性等信息。该项目后台数据库汇总近 20 年中国鸟类观察记录，通过 AI 技术智能识别鸟类图片，查找全国鸟类信息。截至 2018 年年底，微信小程序和 APP 用户累计 2 万余人，月活跃用户约 1 万次，APP 下载量 3000 余次。协会科学考察委员会经过网络评选和专家审议、公示、签约，决定资助“新疆盘羊的保护及生境调查”“唐家河保护区中华蜜蜂形态特征和 mtDNA 遗传多样性研究”“基于卫星跟踪定位大鸨迁徙保护研究”“迁徙候鸟的保护”4 个项目。

会员服务 编辑出版会员通讯 2 期，在网站和微信公众号上同步更新协会和社会信息。通过对中国林业网、协会官网及公众号 800 余篇文章、2000 余张图片进行统计筛选，完成通讯汇编。在东北林业大学野生动物资源学院主办基层协会组织建设管理培训班 2 期。在辽宁省大连市和北京分别举办协会志愿者骨干学习培训班 2 期。协会野生动物救护委员会在内蒙古自治区鄂尔多斯市举办野生动物救护经验交流及技术培训班。

【“世界野生动植物日”系列公益宣传活动】 3 月 1 日，协会与国家林业和草原局、广东省人民政府、国家濒危物种进出口管理办公室等在广东省长隆野生动物世界共同主办 2018 年“世界野生动植物日”主题宣传活动启动仪式。活动主题为“保护虎豹，你我同行”。国家林业局副局长李春良、广东省人民政府副秘书长顾幸伟参加活动并致辞。启动仪式上，协会授予樊昭甫等 26 人“打击野生动植物非法贸易先进个人”称号，表彰“绘眼看自然——‘长隆杯’第一届自然笔记大赛”获奖代表。广东省长隆动植物保护基金会向东北虎豹国家公园捐赠红外线相机和资金，用于虎豹资源监测和巡山清套活动。青少年学生代表宣读野生动植物保护倡议书。活动同期，举行濒危物种图片展览。全国各省、自治区、直辖市协会相继举办“世界野生动植物日”公众教育宣传活动。来自外交部、公安部等 22 个部门代表，美国等 8 个国家驻广州领事馆代表，世界自然基金会等 8 个国内外组织代表，社会各界群众等 1000 余人参加活动。

【全国“爱鸟周”系列宣传活动】 2018 年，协会向全国各省级协会印发通知，提出全国“爱鸟周”活动要求，统一活动主题。4 月 2 日，2018 年全国“爱鸟周”暨志愿者“护飞行动”启动仪式在辽宁省大连市举办。国家林业局副局长李春良、辽宁省人民政府副省长郝春荣参加仪式并致辞，协会会长陈凤学宣布全国“爱鸟周”活动启动。参会领导为 2018 年春季候鸟迁徙志愿者“护飞行动”队伍授旗，向来自大连市金普新区小学生赠送鸟类科普书籍。协会表彰获 2017 年度“斯巴鲁生态保护奖”的 80 名野生动物保护工作者，授予田志伟等 23 人“2017 年中国野生动物保护协会志愿者‘护飞行动’先进个人”称号。开展 2018 年中国（京山）国际观鸟节暨“太力杯”中国（京山）第十一届野生鸟类观鸟摄鸟大赛，推动观鸟活动开展，搭建爱鸟护鸟国际交流平台。全国各级协会开展观鸟、科普讲座和文化演出等“爱鸟周”宣传活动。

【中国野生动物保护协会志愿者护飞行动】 2018 年，协会开展“保护候鸟，志愿者护飞行动”。志愿者护飞行动范围遍及全国候鸟迁徙通道停歇地和栖息地，坚持巡查救护与科普宣教并举，突出社区共管长效机制和配合政府联合打击协作机制建设，推动建立野保志愿活动组织体系和运行机制。2018年秋冬季志愿者护飞行动集合国内民间爱鸟护鸟志愿者，组成100余支护飞队伍开展“百队百天”秋冬季护飞行动，形成中国野生动物保护志愿活动规范发展态势。开展“爱鸟文明村”社区共建活动，通过与100个乡镇、村签订共建爱鸟护鸟文明协约，推动候鸟保护进乡村，建立民众参与候鸟保护共管长效机制。志愿者候鸟保护护飞行动入选为2018年中国野生动植物保护十件大事。志愿者巡护村屯365个，拆除鸟网138张、总面积约3300平方米，救助、放飞野鸟1425只，无害化处理死鸟744只，捡拾有毒食物及垃圾近100千克，清理毒饵面积近700平方米。举办12场讲座和20余场座谈会，发放宣传资料22880份，在一线发展志愿者500余人。

【生态中国　美丽家园——中国野生动物保护生态摄影书画作品展】 11月10日，协会在北京举办生态中国　美丽家园——中国野生动物保护生态摄影书画作品展。展览期间，国家林业和草原局副局长张永利陪同国务院原副总理刘延东参观展览。此次展览共展出150余幅野生动物影像作品和70余幅书画作品，从不同视角展现中国野生动物尤其是珍稀濒危物种资源和自然生态奇观。十八届中共中央书记处书记，十一届、十二届全国政协副主席杜青林，全国人大常委会原副委员长顾秀莲，国家林业和草原局局长张建龙、副局长李春良，协会会长陈凤学，中国书法家协会主席苏士澍等领导参加开幕式。来自相关单位负责人等共80余人参加开幕式并参观展览。

【纪念中国野生动物保护协会成立35周年座谈会】 11月12日，协会召开纪念中国野生动物保护协会成立35周年座谈会。国家林业和草原局副局长李春良参会并讲话。会上，放映由协会拍摄制作的六小龄童代言的公益宣传片，放映协会35周年成就纪录片。展出中国野生动物保护协会宣传册制作和协会成立35周年成就展——我们的足迹。国家林业和草原局副局长彭有冬等参观展览。在《中国绿色时报》开展“我的野生动物保护故事”征文活动，征文比赛共收到作品132篇，评选出一等奖1篇、二等奖2篇、三等奖5篇、优秀奖10篇。出版《我的野生动物保护故事——中国野生动物保护协会成立35周年征文作品集》。

（撰稿人：于永福　郭　远）

中国系统工程学会

学会建设　学会有个人会员2010人、单位会员数37家。设专业委员会27个、工作委员会6个。10月27日，在四川省成都市温江皇冠假日酒店召开中国系统工程学会第十次全国代表大会暨第二十届学术年会。会议审议通过第九届理事长汪寿阳研究员所作《九届理事会工作报告》，以无记名投票方式通过《章程》（修改草案），通过无记名投票方式选举产生学会第二届监事长及监事、第十届理事会理事。

主办期刊　2018年，学会主办期刊8个。《系统工程理论与实践》《系统工程学报》《交通运输系统工程与信息》、*Journal of Systems Science and Systems Engineering*、*Journal of Systems Science and Information* 5个期刊为第一主办。加强期刊管理，在作者、评审、学术内容、专题策划、学术会议、网络建设等方面展开工作，提高期刊质量。其中，《系统工程理论与实践》2018年核心总被引频次4959，核心影响因子1.193，综合评价总分86.2，在信息科学与系统科学类（包括系统工程和决策科学）期刊综合排名第1。获中国科协中文科技期刊精品建设计划项目资助和中国科学院科学出版基金资助。获第四届中国出版政府奖提名奖、2017年百种中国杰出学术期刊、2018中国国际影响力优秀学术期刊、2018数字影响力百强期刊等。高媛媛的《中国水资源利用效率评估模型构建及应用》入选“中国百篇最具影响国内学术论文”，17篇文章入选“领跑者5000——中国精品科技期刊顶尖学术论文（F5000）”。

国际学术会议　学会所属专业委员会组织不同规模国际会议。4月27—28日，由系统可靠性工程专业委员会主办的2018系统工程和管理科学国际研究会议在辽宁省大连市东北财经大学召开。参会人数230人次，交流论文68篇。

7月28—29日，由交通运输系统工程专业委员会主办的第十届交通运输研究国际学术会议在北京召开。参会人数80人次，交流论文30篇。

9月8—9日，由港航经济系统工程专业委员会主办的第七届国际交通运输与物流年会在辽宁省大连市召开。参会人数150人次，交流论文46篇。

9月21—23日，由教育系统工程专业委员会主办的第八届中国博弈论及其应用国际会议在上海市召开。参会人数 300 人次，交流论文 74 篇。

10 月 20—22 日，由人 – 机 – 环境系统工程专业委员会主办的第 18 届国际人 – 机 – 环境系统工程大会在江苏省南京市召开。参会人数 102 人次，交流论文 83 篇。

国内主要学术会议 主办、召开多场学术会议及论坛讲座。

学术会议方面：4 月 27—29 日，能源资源系统工程专业委员会在湖北省武汉市召开能源资源系统工程第三届学术会议，参会 255 人次，交流论文数 102 篇。5 月 18—19 日，可持续运营与管理系统工程专业委员会在上海市召开 2018 年中国系统工程学会可持续运营与管理系统分会成立大会暨中国可持续运营与管理年会，参会 102 人次，交流论文 10 篇。6 月 2 日，林业系统工程专业委员会在江西省南昌市召开第十三届中国林业青年学术年会，参会 50 人次，交流论文 20 篇。7 月 13—17 日，模糊数学与模糊系统专业委员会在重庆市召开中国模糊数学与模糊系统第十九届学术会议，参会 400 人次，交流论文 48 篇。8 月，教育普及工作委员会在山东省烟台市召开体系工程学术年会，参会 55 人，交流论文 30 篇。8 月 3—5 日，船海系统工程专业委员会在大连海事大学召开第十届中国决策科学学术年会，参会 300 人，交流论文 63 篇。8 月 4—5 日，教育系统工程专业委员会在上海理工大学召开中国系统工程学会教育系统工程专业委员会第十七届学术和工作年会，参会 30 人，交流论文 4 篇。8 月 17—19 日，社会经济系统工程专业委员会在新疆维吾尔自治区乌鲁木齐市召开中国系统工程学会社会经济系统工程专业委员会第 13 届学术年会，参会 120 人次，交流论文 100 篇。8 月 22—24 日，过程系统工程专业委员会在青海省西宁市召开 2018 年过程系统工程年会，参会 212 人，交流论文 212 篇。10 月 13—14 日，农业系统工程专业委员会在河南省郑州市河南农业大学召开 2018 年全国农业系统工程学术年会，参会 92 人，交流论文 15 篇。5 月 12—13 日，学会在北京市召开第二届中国系统科学大会，参会 631 人，交流论文 491 篇。10 月 26—28 日，学会总会在四川省成都市召开中国系统工程学会第十次全国代表大会暨第 20 届学术年会。

论坛类讲座方面：学会交通运输系统工程专业委员会召开交通 7+1 论坛 3 次，分别为 3 月 31 日 No.50、6 月 30 日 No.51、9 月 29 日 No.52，累计参会 150 人次。船海系统工程专业委员会在辽宁省大连市大连海事大学举办供应链决策论坛活动 2 期，累计参会 62 人次，交流论文 3 篇。6 月，教育普及工作委员会在长沙举办第一届大数据、复杂网络与人类行为前沿交叉论坛，参会 50 人次，交流论文 20 篇。5 月，水利系统工程专业委员会在浙江省湖州市湖州师范学院举办 2018 年中国生态文明建设 · 湖州论坛，参会 200 人次，交流论文 3 篇。9 月 15—16 日，应急管理系统工程专业委员会在陕西省会西安西北大学举办第二届应急管理系统工程学术论坛，参会 100 人次。

国际组织任职 学会副理事长陈国青担任国际模糊系统协会副主席。系统工程国际委员会（INCOSE）中国南方分会副理事长、前副理事长、系统理论专业委员会主任委员徐玖平担国际管理科学与工程管理学会（International Society of Management Science and Engineering Management）主席。前副理事长、国际交流工作委员会主任委员陈剑担任国际知识与系统科学学会（ISKSS）主席，副主任委员唐锡晋担任 ISKSS 副主席和秘书长。

国际交往 与国际系统研究联合会（IFSR）保持联系，参加 ISKSS 学术活动。11 月 25—27 日，副主任委员、中国科学院数学与系统科学研究院唐锡晋参加在日本东京召开的 KSS 2018 年会。12 月 13—16 日，国际学术交流工作委员会委员、西安电子科技大学杜荣教授参加在美国旧金山召开的 ICIS 2018 会议，并协助举办 10 月 25 日在陕西省西安市举行的 Workshop on Data Science，Knowledge Management，and Blockchain 论坛。

表彰举荐优秀科技工作者 完成第四届中国系统科学与系统工程科学技术奖评选工作。8 月 28 日，系统科学与系统工程科学技术奖评审委员会对提名候选人推荐材料进行最终评审。评奖工作办公室汇报奖励申报、材料审核、通讯评议等流程，向评审委员会介绍候选人情况。评审专家审阅入围推荐材料，经过无记名投票，共 16 名候选人获 2018 年度科学技术奖。顾基发、杨善林获终身成就奖，杨新民、张纪峰获理论奖，唐立新、张维获应用奖，曹志刚、王熹徽、吴俊、赵延龙、曾燕获青年科技奖，贾祥、李永立、沈德华、魏云捷、吴春林获优博奖。

党建强会 学习贯彻党的十九大精神和习近平总书记系统讲话精神，落实中国科协《关于加强科技社团党建工作的若干意见》工作部署，践行“两学一做”活动成果。加强党对社会组织的领导，为学会工作开展提供思想组织保障。理事会党委发挥政治引领、思想引领和组织保障作用，秉承党建强会指导思想，推动学会事业发展。

【中国系统工程学会第十次全国会员代表大会暨第20届学术年会】 10月26—28日，由学会主办，西南财经大学承办，中科院数学与系统科学研究院、南京财经大学协办的中国系统工程学会第十次全国代表大会暨第20届学术年会在四川省成都市召开。西南财经大学党委副书记曾道荣、中国系统工程学会九届理事长汪寿阳、香港城市大学教授郭位、合肥工业大学教授杨善林、中国系统工程学会前理事长顾基发参加开幕式。部分高校副校长，经管学院、系统工程学院院长、副院长，系统科学领域专家、学者，企业代表，地方系统工程学会负责人，学会各分支机构负责人及来自全国各地20余省、自治区、直辖市100余所科研院所代表共600余人参加大会。此次会议得到中国科学院数学与系统科学研究院、南京财经大学等单位支持。

大会开幕式由学会第九届秘书长杨晓光主持，西南财经大学党委副书记曾道荣、中国系统工程学会第九届理事长汪寿阳、西南财经大学工商管理学院院长寇纲致辞。狄增如副理事长宣读“第四届系统科学与系统工程科学技术奖获奖者名单”及“第一届系统科学与系统工程优秀博士论文奖获奖名单”，并为获奖人颁奖。

大会审议通过理事长汪寿阳所作《九届理事会工作报告》，以无记名投票方式通过《章程》（修改草案）并选举产生学会第二届监事长及监事、第十届理事会理事。召开十届一次理事会议、十届一次常务理事会议、分支机构工作会议和编辑出版工作会议。选举杨晓光研究员为理事长，陈国青、狄增如、冯耕中、胡祥培、寇纲、李仲飞、汪小帆、王红卫、薛惠锋为副理事长，唐锡晋研究员为秘书长，孙宏才将军为监事长。

此次学术年会主题为“‘一带一路’系统科学与系统工程”。进行5个大会报告，举办11个分会场、4个专题论坛，共计308场次会议报告。其中包括郭位院士《你不能不知道的能源环保真相》、汪寿阳研究员《论定性分析与定量分析综合集成》、黄海军教授《拥挤交通网络中的路径选择行为》、张纪峰研究员《随机最优控制中的时间非一致性问题》、杨海教授《城市交通拥堵治理新办法：可交易电子路票系统》等。收到论文摘要677篇，收录论文摘要308篇，推荐124篇给学会所属《系统工程理论与实践》《系统工程学报》《交通运输系统工程与信息》3个期刊再评审。会议将出版学术论文摘要电子文集。

会议闭幕式由唐锡晋秘书长主持，并对会议做总结，为西南财经大学优秀组织者和志愿者颁发奖励证书。第二十一届会议承办方西安交通大学管理学院介绍承办条件。杨晓光理事长致闭幕感谢词。此次年会促进系统科学与系统工程领域学界与政界、产业界交流和沟通，对中国系统科学与系统工程发展产生影响。

（撰稿人：李星润）

中国实验动物学会

服务创新型国家和社会建设 1—6月，学会教育培训工作委员会对4家继续教育基地进行评审。4月9—12日，学会在北京市主办非人灵长类实验动物医师岗位培训班，培训围绕“实验用非人灵长类动物”专题开展，120余人参加培训。6月11日，实验动物标准化专业委员会在北京主办实验动物团体标准宣贯培训班，6名专家讲解21项团体标准起草及操作重点，60余名学员参加培训。

6月12日，在北京主办实验动物标准编写培训班，讲解标准编写规则等，80余名学员参加培训。6月14日，高校专业教育和学科建设工作委员会在湖南省长沙市主办第一届实验动物学教学研讨暨教师培训会，9名专家示范授课，130名教师参加研讨会。10月9—10日，学会与英国皇家防止虐待动物协会（RSPCA）联合举办的实验动物福利操作技术规范培训班在山东省青岛市召开，60余名学员参加培训。10月10日，学会在山东省青岛市主办2018年度第二期实验动物标准宣贯培训班，6名标准起草专家讲授12项团体标准起草及实操重点，50余名学员参加培训。

发布团体标准35项，完成征求意见稿29个。出版《中国实验动物学会团体标准汇编》（第二卷、第三卷）。对北京地区实验动物从业人员开展上岗培训，累计310人参加培训。

学会能力提升计划 通过各种渠道做宣传。官网开发通用会议系统，内设会议发布、会议注册、在线缴费等功能，简化会务流程。增设在线投稿功能，面向行业内所有科技工作者，可在线投稿。实现网站会员分级管理，增加会员网上、微信、支付宝缴纳会员费功能。

学会建设 截至2018年年底，个人会员3120人，团体会员29个。新成立分支机构4个，下设分支机构共31个。

3月13日，实验动物福利伦理专业委员会全体会议暨第二届专业委员会换届大会在山东省青岛市举行。主任委员作工作报告，选举第二届专委会成员，新当选第二届主任委员作工作规划报告。40余人参加会议。

4月14日，学会主办的中国实验动物学会实验动物与毒理学专业委员会成立大会在四川省成都市举办。会议选举产生专业委员会成员，讨论未来五年工作规划。

6月11日，实验动物标准化专业委员会2018年度工作会议在北京召开。委员会秘书长作《中国实验动物学会实验动物标准化专业委员会2018年度工作报告》。会议立项16项团体标准，决定组织委员、专家编写《实验动物标准体系指南》。20余名委员参加会议。

9月9日，第一届实验动物模型研讨会暨中国实验动物学会实验动物模型鉴定与评价工作委员会成立大会在四川省泸州市召开。5名专家作报告，与会者建议加强对各种特因环境所致功能性损伤动物模型的研究、鉴定和评价。

10月10日，中国实验动物学会无菌动物专业委员会成立大会暨第一届委员会第一次全体会议在山东省青岛市召开。会议围绕"无菌动物与微生物学"主题举办研讨会，中国工程院院士夏咸柱参加研讨会。30余人参加会议。

12月9日，中国实验动物学会免疫与细胞治疗专业委员会成立大会在上海市召开。赵宏旭秘书长宣布专委会第一届委员会成立并宣读第一届委员会委员名单，向挂靠单位——上海市公共卫生临床中心授牌。会议选举产生专业委员会成员，新当选主任委员主持讨论工作规划。20余名专家委员参加会议。

青年人才托举工程 依据中国科协青年人才托举工程第四届（2018—2020年度）项目要求组织推荐工作，经学会推荐，朱晓晓获得资助。

主办期刊 3月，学会与中国医学科学院医学实验动物研究所主办的《动物模型与实验医学》（英文版）（*Animal Models and Experimental Medicine*）创刊。

10月10日，学会在山东省青岛市召开《中国实验动物学报》《中国比较医学杂志》第四届编委会成立大会。会议产生主编1人、副主编20人、《中国实验动物学报》编委100人、《中国比较医学杂志》编委100人及通讯编委210人组成的第四届编委会。

国际学术会议 3月13—15日，由动物福利伦理专业委员会、英国政府及英国驻华大使馆主办的中英第五届实验动物福利伦理国际论坛在山东省青岛市举行。来自大陆与台湾的300余人及国内外30余家实验动物科技企业和机构参加论坛。

论坛以"提升我国实验动物福利伦理科技和管理规范化水平"为宗旨，以"科技进步与动物福利"为主题，探索通过科技进步和政策完善，提升中国实验动物科技和福利伦理管理水平的科学途径。

论坛包含7个专题、13个大会报告、3个分论坛及大会交流环节，对实验动物福利伦理国家技术标准、善待实验动物和3R理念如何具体实践、实验动物的疼痛管理、麻醉镇痛、福利伦理审查中的利弊分析、仁慈终点、国内外实验动物替代新技术、环境丰富、福利伦理国际认证常见的技术问题等学术和国际合作议题进行研讨。会议安排参观青岛康大生物科技公司实验动物设施，学习标准化现代化实验动物设施。

10月12日，在山东省青岛市举办国际实验动物发展论坛。论坛主题是"100 Years of Laboratory Animal Science Promotes Translational Medicines"。7名中外专家作报告，100余人参加会议。

10月27—30日，学会作为联合体成员在由中国科协生命科学学会联合体主办的2018年世界生命科学大会上承办2个分会场学术交流，澳大利亚、英国等国家的12名专家作报告。大会在北京召开，2000余人参加开幕式。

国内主要学术会议 1月20日，动物实验生物安全专业委员会在上海市主办BSL-3实验室运行维护的关键环节研讨会。会议讨论并解答BSL-3实验室维护运行中所遇到的问题，为生物安全实验室运行、管理提供经验和依据。40余人参加研讨会。

3月28日，绿色实验动物设施专业委员会在北京召开团体标准《实验动物设施运行维护》《实验动物环境控制节能型空调机组》第二次工作会议。会议就2个团体标准初稿进行讨论并明确框架及修改方向。

4月9—12日，学会在北京市主办实验用非人灵长类动物专业技术交流会。会议主题是“实验用非人灵长类动物”，围绕5个模块16个主题开展讨论。120余人参加会议。

4月14日，学会在四川省成都市主办实验动物与毒理学学术研讨会。7名专家作报告，展示毒理学研究与药物安全性评价策略、方法及进展，讨论毒理学研究中实验动物质量控制和实验动物模型应用方面的问题。

5月12—13日，由中国实验动物学会实验病理学专业委员会、中国药学会毒性病理专业委员会、中国毒理学会毒性病理学专业委员会、中国畜牧兽医学会兽医病理学分会共同主办的第七届北方片区毒性病理读片会在北京召开。参会专家作18个报告，进行读片和分享。150人参加会议。

6月12日，学会与全国实验动物标准化技术委员会共同主办的实验动物标准化研讨会议在北京举办。研讨会确定各项实验动物强制性国家标准修订的基本原则。80余名专家参加会议。

9月26—27日，动物实验生物安全专业委员会与兰州兽医研究所在甘肃省兰州市联合主办全国动物实验生物安全学术交流及培训会。会议主题为“One World, One Health”。美国和中国专家讲解世界各国动物实验生物安全管理的优点和问题。50人参加会议。

9月27—29日，中医药实验动物专业委员会在上海市主办第十届中国中医药实验动物科技交流会。会议针对中医药基础研究与临床转化的发展展开学术交流与讨论。9名专家作大会报告，其中，学会理事长秦川作题为“人类疾病动物模型研究进展”的主题报告。会议收到论文投稿68篇，评选出29篇优秀论文并颁奖。160余人参加会议。

10月9—12日，由学会主办，山东省实验动物学会承办的第十四届中国实验动物科学年会在山东省青岛市举行。会议主题是“实验动物科技创新，助力健康中国战略”。700余人参加会议。

11月25—27日，农业实验动物专业委员会和黑龙江省实验动物学会在黑龙江省哈尔滨市联合主办实验动物管理及实验动物新标准学术研讨会。70余人参加会议。

国际组织任职 2018年，学会理事长秦川任国际实验动物科学理事会（ICLAS）理事、ICLAS教育培训委员会主任和福利伦理委员会委员、亚洲实验动物学会联合会（AFLAS）副主席。

国际交往 5月16—18日，组织16名专家赴日本富山县参加第65届日本实验动物学会年会。大会以“实验动物科学的多样性与和谐”为主题，举办学术报告和展会。经学会推荐，军事科学院军事医学研究院张娜娜获2018年日本实验动物学会国际奖。会议期间，学会代表团到东京大学医学科学研究所参观。

6月14—22日，学会理事长秦川参加在巴西举办的2018届ICLAS执委会会议及ICLAS理事会全体会议。秦川汇报2018年开展的教育培训工作，介绍中国在此领域开展的工作。ICLAS批准学会设立“ICLAS–CALAS国际青年奖”。

10月28日—11月1日，学会组织5名专家赴美国参加第69届美国实验动物学会年会。会议研讨实验动物技术等内容；考察美国华盛顿儿童医院、美国洛克菲勒大学和纽约大学（曼哈顿校区）实验动物中心。

11月29日—12月1日，学会组织10名专家参加在印度班加罗尔举办的第8届AFLAS大会。大会由印度实验动物学会（LASA）主办，主题是“印度实验动物科学，缩小亚太地区的差距”。会议研讨动物模型研究应用等内容。高苒博士作报告，介绍学科现状、未来计划及中国相关产业发展布局。

科普活动 制作科普挂图8种，印刷21次，悬挂在科普画廊。定期更新科普微信公众号信息，关注人数增加291人。

5月19日，在北京自然博物馆参加2018年全国科技周活动，活动主题为“科技创新·强国富民”。学会开展专家与公众互动、展示实验用大小鼠、显微镜观察螨虫标本等活动。发放科普图书《我们身边的人兽共患病》800余册、科普宣传单2000余张。3000余人参加活动。

9月15日，参加北京东城区“全国科普日”主场宣传活动。活动以“创新引领未来，智慧点亮生活”为主题。学会展示不同品种实验用大小鼠，开展填问卷赢礼品、显微镜观察螨虫等活动。发放科普图书《我们身边的人兽共患病》800余本、科普宣传单2000余张。6000余人参加活动。

10月12日，由中国实验动物学会主办、山东省实验动物学会承办的第十四届中国实验动物科学年会科普讲座在山东省青岛市举行。会议主题是“实验动物科技创新　助力健康中国战略”。魏强教授作题为“我们为什么用实验动物做实验”的报告，邵奇鸣研究员作题为“实验动物福利的基本知识”的报告。会议发放科普图书《我们身边的人兽共患病》600册。青岛农业大学300名学生参加会议。

表彰举荐优秀科技工作者 10月11日，学会在山东省青岛市颁发2018年中国实验动物学会科学技术奖，13个项目和个人获奖，其中，一等奖1项，二等奖、三等奖共12项。2个单位获国际科学技术合作奖、2人获优秀青年人才奖。10月11日，学会颁发ICLAS-CALAS国际青年奖，闫森等10名国内外青年学者获奖。经学会推荐，军事科学院军事医学研究院张娜娜获2018年日本实验动物学会国际奖。

党建强会 学会党支部用党建公众微信号传达十九大精神，转载中国科协党建活动，提供学习材料，供党员学习交流。

3月9日，学会党支部组织党员观看纪录片《厉害了，我的国》和《红海行动》。6月11日，学会党支部组织党员到石景山区反腐倡廉教育基地参观。

会员服务 学会官网为会员提供网络会议系统注册，163人进行网络会议注册、在线缴费，每2个月为会员推送一次电子通讯，内容包括学会活动、会议、通知等内容。

3月8日，学会组织在北京的女性科技工作者会员参加由中国女科技工作者协会联合中央音乐学院举办的2017年度女科技工作者社会服务奖颁奖暨第九届科学与艺术——相约国际妇女节主题音乐会。

“全国科技工作者日”期间，学会通过官网、微信公众号，向全国实验动物科技工作者致以节日问候；学会工作人员来到北京大学生命科学学院实验动物中心看望一线的科技工作者们，并与其进行座谈。

【承办2018年世界生命科学大会分会场】10月27—30日，学会作为中国科协生命科学学会联合体成员，在2018年世界生命科学大会上承办新发传染性疾病、基因多样性2个分会场的学术交流，12名来自澳大利亚、英国、挪威、中国的专家作报告。2018年世界生命科学大会由中国科学技术协会、科技部主办，中国科协生命科学学会联合体、中国生物技术发展中心承办。大会主题为“科学促进美好生活（Science for Better Life）”。2000余名专家、学者参加大会开幕式。大会围绕医学与健康、农业与食品安全、环境科学、生物技术与经济、卫生政策等领域，开展学术交流和成果展示。

【第十四届中国实验动物科学年会】10月9—12日，由学会主办，山东省实验动物学会承办的第十四届中国实验动物科学年会在山东省青岛市举办。来自国内外实验动物科学及相关领域的科技人员、教学人员、管理人员、科技产品研发人员、企业负责人及媒体记者等700余人参加会议。会议主题为“实验动物科技创新，助力健康中国战略”。

10月11日，山东省实验动物学会秘书长王可洲主持大会开幕式。中国工程院院士、军事科学院军事医学研究院军事兽医研究所研究员夏咸柱，中国实验动物学会理事长秦川，山东省实验动物学会理事长吕素军，国际实验动物科学理事会主席Patri Vergara，巴西实验动物学会主席Ekaterina Rivera等参加开幕式。开幕式上举行中国实验动物学会科学技术奖、ICLAS-CALAS国际青年奖、中国实验动物科学年会优秀论文奖颁奖仪式。

第十四届中国实验动物科学年会设立分会场10个，举办专家报告73场。会议举办学术交流活动20项，包括大会特邀报告、专题研讨、学术沙龙、技术培训、科普讲座、墙报交流、实验动物设备及相关产品展示会等。

【国际实验动物发展论坛】 10月12日，学会在山东省青岛市举办国际实验动物发展论坛。100余人参加论坛。论坛主题是100 Years of Laboratory Animal Science Promotes Translational Medicines。7名中外专家作报告，其中，学会理事长秦川作题为Comparative Medicine in Infectiouse Diseases Research的报告，国际实验动物科学理事会（ICLAS）主席Patri Vergara作题为Education and Training in LAS: Challenges and Objectives的报告，国际实验动物评估和认可管理委员会（AAALAC International）Kathryn Bayne教授作题为Institutional Culture of Care and Research Animal Welfare的报告。英国科技期刊*Nature*对会议进行报道。

【《动物模型与实验医学》（英文版）创刊】 3月，学会与中国医学科学院医学实验动物研究所主办的《动物模型与实验医学》（英文版）（*Animal Models and Experimental Medicine*，AMEM）创刊。该刊为季刊，主编为学会理事长秦川，期刊全文开放获取（Open Access），文章可以被读者免费阅读、下载和共享。截至2018年年底，已出版4期，刊载论文45篇。

该刊围绕实验动物科学基础和应用研究，展示实验动物科学及实验医学的学术、理论、技术、应用成果，以及实验动物在生命科学、医学、生物学、药学、兽医学等交叉学科中的实验研究。主要栏目有Reviews、Commentaries、Original Research Articles、Short Communications、Guidelines and Consensus、Research Highlights、Meeting Reports、Technical Notes、AFLAS Focus、Laboratory Animal Welfare and Ethics、Letters to the Editor。7月26日，该刊被开放存取期刊目录数据库DOAJ（Directory of Open Access Journals）收录。

（撰稿人：陈　蕾）

中国青藏高原研究会

服务创新型国家和社会建设　研究会宣传贯彻学习党的十九大精神，加强组织领导、强化政治导向。聚焦青藏高原环境变化，联合举办第二次青藏高原综合科学考察首期成果报告会。发挥高层智库作用，院士专家共谋西藏生态安全与可持续发展。举办高水平学术会议，发起三极合作倡议。发挥学术社团的作用，开展国际科教中心平台建设项目，推动第三极地区周边国家相关学会合作与交流。加强自身建设，推进研究会规范化、制度化发展。

学会能力提升计划　承担实施中国科协“一带一路”国际科技组织合作平台建设项目。依托研究会建设的第三极环境联合科教中心，是中国科协“一带一路”国际科技组织合作平台建设项目首批启动的联合科教中心之一，旨在通过已凝聚起来的一批国内外顶尖科学家，围绕第三极环境在地球科学领域产出重大研究成果，培养“一带一路”相关国家优秀青年科技与管理人才，完善第三极数据库和网络建设，发布第三极地区环境变化科学评估报告，服务国家“一带一路”倡议。研究会秘书处在实施中国科协“一带一路”国际合作计划“第三极环境科教中心建设”项目基础上，与尼泊尔地貌学会、尼泊尔气象水文学会、巴基斯坦地理环境学会、缅甸地理学会等周边国际相关学会加强联系，共同举办培训班，签订合作协议等，为建立第三极学会联盟创造条件。

学会建设　新增会员64人，其中外籍会员32人，研究会会员总数达1611人。完善会员信息数据库建设，颁发新的会员证；完善管理制度，修改制定秘书处财务管理办法；主办和承办国内、国际学术交流会，开展决策咨询工作，开展创新科普活动，表彰举荐优秀科技工作者。

决策咨询　9月6日下午，第二次青藏高原综合科考与服务西藏高质量发展专题咨询会在西藏自治区拉萨市召开。西藏自治区党委书记吴英杰、十届全国人大常委会副委员长热地、十二届全国人大常委会副委员长向巴平措致辞。西藏自治区党委副书记、自治区人大常委会主任洛桑江村出席，自治区党委副书记、自治区主席齐扎拉主持会议。中央和国家部委有关领导及中国科学院院士、研究会名誉理事长孙鸿烈，中国科学院院士、研究会理事长姚檀栋，中国科学院院士、研究会副理事长张人禾，中国工程院院士、研究会荣誉理事郑绵平，中国科学院院士、研究会常务理事多吉、王成善、崔鹏、郭正堂、陈发虎、丁林，及中国科学院院士吕达仁、中国工程院院士徐祥德、中国科学院院士王光谦，自治区领导旦科、王拥军、曾万明、边巴扎西、何文浩、白玛旺堆、刘江等出席会议。吴英杰向新一届西藏自治区发展咨询委员会委员代表、研究会名誉理事长孙鸿烈颁发证书，并发表致辞。

7月18日，国新办举行《青藏高原生态文明建设状况》白皮书发布会，研究会名誉理事长郑度院士、西藏自治区副主席张永泽、青海省副省长田锦尘和国务院新闻办新闻发言人胡凯红出席发布会，介绍有关情况并答记者问。发布会上，郑度就青藏高原生态补偿机制实施情况、存在的问题回答记者提问。郑度指出，国家在青藏高原启动生态补偿机制有一些具体措施，包括重点生态功能区的转移支付、森林生态效益补偿、草原生态保护补助奖励、湿地生态效益补偿等，这些措施的实施在稳定和提高农牧民生活水平、保护青藏高原生态安全和促进区域发展等方面取得明显成效。

国际学术会议　7月13日，中国－北欧国家科学战略圆桌会议在中国科技会堂召开。研究会理事长姚檀栋，中国科协海智专家、中国科学院外籍院士陈德亮，奥斯陆大学生态与进化综合中心教授、挪威科学与文学院前院长Nils Chr. Stenseth，赫尔辛基大学前校长、前ICSU（现ICS）副主席Kari Raivio，北极圈组织CEO、冰岛前总统顾问Dagfinnur Sveinbjörnsson，国家海洋局第二海洋研究所卫星海洋环境动力学国家重点实验室主任陈大可等出席会议。中国科协常务副主席、书记处第一书记怀进鹏介绍中国科协发挥学会人才、专业优势，在科技战略咨询和智库建设方面取得的工作进展，并表示，当今世界面临许多重大挑战，亟须国际科技界讨论、研究并提出科技解决方案。

国内主要学术会议 9月5日，由研究会理事长姚檀栋任队长的第二次青藏高原综合科学考察研究首期成果报告会与论坛在西藏自治区拉萨市召开。西藏自治区党委常委、常务副主席罗布顿珠，副主席罗梅，副秘书长旦增伦珠，科技部创新发展司副司长余健，中国科学院科技促进发展局副局长赵千钧，及中国科学院有关单位与部门、西藏自治区相关厅局、西藏大学负责人，全国地学领域有关院士专家，新闻媒体代表等150余人参加报告会与论坛。

报告会上，姚檀栋院士介绍第二次青藏科考首期成果。他讲到，在西藏自治区的大力支持下，第二次青藏科考队完成江湖源、河湖源和南亚通道等多个关键区和西藏阿里阿汝冰崩等多个专题科考工作。

8月10日，以孙鸿烈院士为组长、陈宜瑜院士为副组长的科考成果评估咨询委员会对科考首期成果进行系统评审，科考队根据评审意见对成果进行凝练提升，形成以重大科学发现和科学对策为主要内容的首期成果体系：一是揭开喜马拉雅造山带差异隆升历史，提出“走出西藏”和“高原枢纽”共存的生物演化模式；二是发现气候变暖变湿引起亚洲水塔的加速液化和失衡并伴生新灾巨灾频发；三是发现青藏高原暖湿化伴生生态系统趋好和潜在风险增加，青藏高原生态系统极为脆弱；四是提出色林错国家公园建设科学方案及第三极国家公园群建设建议。姚檀栋指出，第二次青藏科考队将在后续工作中强化综合观测体系和能力建设、灾害风险评估预判，加大高寒生态系统保护与修复、第三极国家公园群和三江源区西藏区域等方面的科考工作，支撑青藏高原生态安全屏障优化体系建设，切实为地方经济社会发展做出新贡献。

10月8—10日，中国青藏高原研究会2018年学术年会在西藏自治区林芝市举行。来自中国科学院各有关院所、中国地震局地质研究所、北京大学、清华大学、兰州大学、中国地质大学、中山大学等30余家单位170余人参加会议。研究会理事长姚檀栋，中国科学院院士陈发虎、丁林、崔鹏等14名专家作特邀报告。会议设立高原隆升与大陆碰撞成矿效应、地表圈层相互作用与远程效应、现代气候变化与灾害防治、冰冻圈与水循环、生物多样性与生态系统、人类活动与可持续发展6个分会场。

10月10日，在西藏自治区林芝市召开第二届青年科学家论坛，研究会名誉理事长孙鸿烈、研究会理事长姚檀栋、研究会秘书长欧阳华和青年科技工作者60余人参加论坛。论坛邀请第十一届青藏高原科技奖获奖者白玲、陈建徽、戴紧根、胡军华、牛书丽、王磊、王伟涛、王小萍、王子谦、张克存分享科研历程和感受。孙鸿烈表示，年轻科技工作者的成长，第一要夯实基础，当进入某个领域要继续深入下去的时候，会发现有很多相关学科的基础知识需要补充上；第二要融入自然，尽一切可能抓住机会到野外调查、观测，要深入到自然，掌握数据和规律，在这个基础上再运用模型；第三是要作为终生的事业来投入，要做好青藏高原研究这项事业就要坚持不懈地投入。

国际交往 6月19—23日，世界极地大会在瑞士达沃斯举办。会议主题为“为应对极地地区面临的共同挑战提供科学支持”，来自中国、挪威、法国、瑞典、瑞士、荷兰、美国等国的3000余名专家、学者参加会议。研究会在此次极地科学大会上组织举办从高极到极地科学论坛，理事长姚檀栋在论坛上作学术报告。他指出，南极、北极、第三极是全球气候变化最敏感的地区，三极之间的环境变化也息息相关，三极地区对全球水资源和生态系统可持续发展、防灾减灾等都至关重要；为应对全球气候变化挑战、推进三极地区地球系统多圈层研究，迫切需要三极进行多方合作。国际北极科学委员会（IASC）主席、美国阿拉斯加大学费尔班克斯分校副校长莱瑞·亨泽曼（Larry Hinzman）在交流中表示，希望在极地研究领域与中国科学家开展合作与交流。研究会理事长姚檀栋，中国科学院院士、国家海洋局海洋研究所陈大可，中国极地研究中心研究员杨惠根等中国科学家发起“第三极、南极和北极研究合作倡议”。

科普活动 5月19日，研究会“走进青藏高原”和挂靠单位“第十四届公众科学日”活动在北京和西藏自治区拉萨市同时举行。来自中国科学院附属小学、朝阳外国语学校、昌平一中、北师大燕化附中西藏班的中学生和西藏自治区拉萨市第四高级中学的中学生、西藏环保厅工作人员、拉萨市部分中小学教师代表及留学生家属和社会公众等400余人参加活动。通过举办公众科学日等科普活动，向社会宣传普及青藏高原环境变化和保护的科学知识，吸引社会群众和大、中、小学生参与和互动。

表彰举荐优秀科技工作者 10月，在中国青藏高原研究会2018年学术年会上为白玲、陈建徽、戴紧根、胡军华、牛书丽、王磊、王伟涛、王小萍、王子谦、张克存共10名第十一届“青藏高原青年科技奖”

获奖者颁发奖状、奖杯和奖金。

党建强会 研究会党委落实中国科协"党建强会计划"的统一部署，探讨学会党建工作的新方法、新思路，强化政治思想引领，推动"两个全覆盖"工作，发挥学会党委在政治引领、思想引领和组织保障方面的作用，在学懂上下功夫，在弄通上下功夫，在做实上下功夫。

会员服务 成立专家推荐委员会，推荐研究会会员王小萍研究员作为"第十五届中国青年女科学家奖"候选人，推荐徐超作为"2018 年度未来女科学家计划"候选人。

（撰稿人：宁建贞）

中国环境诱变剂学会

学会建设 6 月 23 日和 12 月 7 日，学会在山东省青岛市、北京分别召开七届二次、三次常务理事会议。12 月 7 日，同时召开七届二次理事会议。会议确定第七届学会领导分工及工作委员会组成，商讨学会今后的发展方向，研究部署学会 2019 年度各项工作，确定于 2019 年 6 月在贵州省遵义市召开学会第十八届学术大会的相关事宜，通报成立新专业委员会情况。

12 月 7 日，七届二次理事会议后活性氧生物学效应专业委员会等 6 个专委会在北京召开专委会工作会议，部署 2019 年工作与学术活动事宜。

6 月 23 日，《癌变 · 畸变 · 突变》编辑部在山东省青岛市召开第七届第二次编委会议，探讨提高办刊质量等问题。

6 月 23 日，在山东省青岛市召开中国环境诱变剂学会生物标志物专业委员会成立大会。会议选举产生第一届主任委员、副主任委员、秘书长、常务委员及专委会委员。

8 月 23—25 日，学会致突变专业委员会在浙江省嘉兴市嘉善县举行换届会议。会议选举产生第三届主任委员、副主任委员、秘书长、常务委员及专委会委员。

1 月 12 日和 11 月 7 日，学会风险评价专业委员会分别在吉林省松原市、广西壮族自治区南宁市召开第六届第三次、第四次工作会议。商讨召开第二十届专委会学术交流年会事宜，研究发展学会会员，表决该届委员的增免、补发委员等事宜。

学会会员 55600 余人，下设专业委员会 10 个、组织工作委员会 4 个。公开出版发行杂志 1 种。

主办期刊 《癌变 · 畸变 · 突变》是中国科协主管、学会主办的学术期刊。办刊宗旨是通过介绍环境因子致癌、致畸变和致突变领域新理论、新技术、新方法及国内外研究动态，进行学术交流。

该刊是中国科技核心期刊，双月刊，每年发行 6000 册，被 14 种数据库收录。2018 年，发表论文 126 篇。据 2018 年版《中国期刊引证研究报告》，总被引频次 429，影响因子 0.488，他引率 0.93，基金论文比 0.84。在编辑流程中应用科技类杂志社稿件采编系统处理稿件，作者投稿、修稿、专家审稿、读者阅读和检索论文等均可在网上进行。杂志可发表英文稿件。根据中国科学院文献情报中心发布的中国科技期刊引证指标，杂志各项指标在近年均稳中有升。

国内主要学术会议 共举办重点学术会议 5 次，包括前沿综合交叉会议 1 次、境内国际学术会议 1 次、学术年会 2 次。参会人数 1070 余人次，包括企业学者 83 人、境外专家代表 53 人，交流论文 546 篇。

5 月 25—27 日，学会出生缺陷防治专业委员会和膳食与疾病专业委员会在湖北省武汉市联合举办第十一届中国生物产业大会暨第三届"中国光谷"生博会非临床研究质量管理研讨会（综合交叉会议）。参会人数共 125 人，其中，企业代表 80 人、国外专家 3 人、科研院所等 42 人。大会报告 56 篇。会议聚焦数据管理，旨在提升药物、农药、兽药、化学品、新化学物质、医疗器械、转基因食品等健康相关产品非临床研究的数据质量，为国家卫健委"重大疾病防治科技行动计划"带动下的转化医学项目提供技术服务。

6 月 24 日，学会生物标志物专业委员会在山东省青岛市举办第一届学术研讨会。参会人数 100 余人，交流论文 33 篇。

8 月 23—25 日，学会致癌、致畸与致突变 3 个专业委员会在浙江省嘉兴市嘉善县联合举办 2018 长三角生物医药技术产业化论坛。参会人数 242 人，交流论文 160 篇。会议旨在搭建生物科学研究和临床之间的交流平台。邀请 15 名生物科学家和临床专家在大会上发表演讲，探讨国内外转化医学发展现状、发展趋势及未来中国在国际转化医学中的角色。

10 月 9—11 日，学会毒性测试与替代方法专业委员会在广东省广州市召开 2018（第四届）毒性测试替代方法与转化毒理学（国际）学术研讨会暨第二届亚洲替代方法大会。

11月1日，学会风险评价专业委员会在广西壮族自治区南宁市召开第二十届专委会学术交流年会。参会人数102人，包括企业代表3人。交流论文93篇，21名学者获中青年科技论文优秀奖。

国际组织任职 第十二届国际环境诱变及基因组学联合会（IAEMGS）执行机构换届会议上，学会曹佳、郝卫东、杨军教授当选执委。

国际交往 第12届国际环境诱变剂学会学术大会和第5届亚洲环境诱变剂学会学术大会在韩国首尔联合举行。学会派出10人代表团参会，5名专家在大会和分会场作报告。

多名专家参加联合国卫生组织的相关学术会议，参加各国举办的相关领域的学术会议，邀请国外专家来中国参加学会组织的研讨会。

科普活动 利用各专业委员会的专业特点，开展专业培训、科普活动、论坛、科普讲座、专家咨询、发放科普挂图及宣传册等活动。

6月22日，学会抗诱变剂与抗癌剂专业委员会在哈尔滨医科大学公卫生院举办食品安全与健康科普活动。36名专家、学者参加活动，受众人数500余人，发放科普宣传册1000余份。

6月26—29日，学会风险评价专业委员会在湖南省长沙市开展2018年保健食品功能学和毒理学检验方法培训班（第三期）。60人参加培训，中国食品药品检定研究院颁发“2018年保健食品功能学和毒理学检验方法培训班（第三期）结业证书”。

10月9日，学会毒性测试与替代方法专业委员会在广东省广州市开展有害结局路径（AOP）介绍及AOP Wiki等培训。60人参加培训活动。

党建强会 学会党委把学习宣传贯彻党的十九大精神，作为学会当前和今后的首要政治任务，结合实际工作学习。学会党委书记郝卫东讲党课3次。秘书处和在京部分党员理事参加焦裕禄干部学院“不忘初心，牢记使命，坚定信念，强化素质，提升能力”主题培训。4月，在山东省青岛市召开学会常务理事会，学习十九大精神及中国科协的相关文件精神。

学会党委发挥政治核心和政治引领作用，对学会发展和重大活动把握好政治原则和方向。事关学会发展的重大事项先经党委讨论决定。组织学会理事会、常务理事会集体研究。

学会党委号召全体会员服务科技强国战略，强调严守学术规范和学术道德，学术交流的主题和内容要切合党和国家发展的战略，反映社会发展的需求，学术交流者要有良好的品德。

学会秘书处成立党支部，理事会层面成立党委。4月和10月，召开党委会。

【2018毒性测试替代方法与转化毒理学国际学术研讨会暨第二届亚洲替代方法大会】 10月9—11日，2018（第四届）毒性测试替代方法与转化毒理学（国际）国际学术研讨会暨第二届亚洲替代方法大会在广州白云国际会议中心召开。大会由学会毒性测试与替代方法专业委员会、中国毒理学会毒理学替代法与转化毒理学专业委员会、中华预防医学会卫生毒理分会联合日本、韩国实验动物替代方法学会共同主办，南方医科大学、广东省疾病预防控制中心、解放军疾病预防控制所、广州市疾病预防控制中心和广东省毒理学会5家单位共同承办。内地与香港及美国、英国、德国、日本、韩国、新加坡、荷兰等近10个国家和地区的500余名专家、学者参加会议，包括境外专家、学者50余人。

会议主题是“替代、转化、协作、创新”。会议紧紧围绕3R原则与生命科学，动物替代方法的发展与管理认可，化妆品、食品、药品及化学品毒理学替代方法应用，转化毒理学测试新技术，毒理学评价模型的建立与应用，毒作用模式与有害结局路径（AOP）等转化毒理学前沿发展领域。安排大会特邀报告18场、分会场6个，学术报告共58场。开办继续教育培训班3个，特别设置优秀青年英文报告专场。共有91名国内外专家作专题发言。会议共收到交流论文摘要204篇，包括72篇作壁报交流。从专题报告和壁报中评选出15篇优秀论文，评选出10名优秀青年英文报告奖。大会受到国内外有关媒体的关注和报道。

毒性测试替代方法与转化毒理学国际学术研讨会是由解放军疾病预防控制所研究员、学会毒性测试与替代方法专业委员会主任委员、中国毒理学会毒理学替代法与转化毒理学专业委员会主任委员彭双清组织发起，秉承“精心组织、学术至上”的办会精神，自2015年已连续开展4届。此次会议是首次在中国国举办的亚洲替代方法大会。

（撰稿人：高苏堤）

中国运筹学会

学会建设 截至2018年年底，学会共有登记会员 1878 人，包括学生会员 314 人、缴费会员 1516 人。下设分支机构 17 个。召开理事会议 1 次、常务理事会议 2 次、三刊编委会工作会议 1 次。

3 月 30 日，学会十届三次常务理事会议在上海市召开。会议重申学会关于分支机构财务管理的相关规定。要求各分会在学术年会的组织工作中遵守学会和科协的规定。3 月 30 日下午，学会一行近 40 人到上海市第一人民医院参观调研，参观医院的药品管理和发放系统及日间手术管理中心。随后，常务理事、上海市第一人民医院副院长钟立炜主持召开研讨会。

3 月 31 日，中国运筹学会一行近 30 人到乌镇，参观世界互联网大会永久会址。

主办期刊 学会主办《运筹与管理》《运筹学学报》《中国运筹学会会刊》3 个学术期刊。2018 年中文学术期刊总印数 24800 册，英文学术期刊总印数 800 册，发表论文数 387 篇。

8 月 22 日，学会主办期刊（《运筹与管理》《运筹学学报》《中国运筹学会会刊》三刊）联合编委会在贵州省贵阳市召开。三刊编辑部分别介绍期刊目前发展状况、取得的成绩，以及面临的问题与挑战，并提出针对性的建议供编委会成员讨论。学会领导听取各位编委提出的意见和建议。这是三刊第一次组成联合编委会，三刊共享资源、互相促进，提高三刊学术质量和影响力。

9 月 6 日，《运筹学学报》编辑部收到北京大学图书馆《中文核心期刊要目总览》2017 年版编委会来函，通知《运筹学学报》入编《中文核心期刊要目总览》2017 年版（即第 8 版）之“数学”类的核心期刊。

《中国运筹学会会刊》（英文版）编辑部收到 EI 官方正式通知：“Evaluation of the title mentioned（*Journal of the Operations Research Society of China*，JORSC）above for inclusion in Compendex is now complete，and the decision was made to accept this title in Compendex。”经过评估，EI 内容团队决定“接受”JORSC 为其核心期刊。

10 月 3 日，《中国运筹学会会刊》在重庆市召开的中国运筹学会第十四次学术年会上，颁发第二届优秀论文奖。共有 9 名作者的 3 篇论文获该奖项，具体名单如下：An Alternating Direction Approximate Newton Algorithm for Ill-Conditioned Inverse Problems with Application to Parallel MRI（作者：William Hager、Cuong Ngo，美国佛罗里达大学；Maryam Yashtini，美国佐治亚理工学院；张洪超，美国路易斯安那州立大学），Approximation Algorithms for Stochastic Combinatorial Optimization Problems（作者：李建、刘宇，清华大学），Inexact Proximal Point Methods for Quasiconvex Minimization on Hadamard Manifolds（作者：Nancy Baygorrea、Eik Alex Papa Quiroz、Nelson Maculan，里约热内卢联邦大学）。中国科协副主席、JORSC 主编袁亚湘向获奖作者代表颁发奖牌和奖状。

12 月，《中国运筹学会会刊》被中国学术文献国际评价研究中心、清华大学图书馆研制，中国学术期刊（光盘版）电子杂志社有限公司出版的《中国学术期刊国际引证年报》（2018 版）评选为 2018 中国国际影响力优秀学术期刊。

国际学术会议 学会和学会分支机构共组织境内国际会议 5 次，交流论文 315 篇，与会专家学者 900 人。

7 月 1—6 日，第二十三届国际数学规划大会（ISMP 2018-The 23rd International Symposium on Mathematical Programming）在法国波尔多召开。大会由国际数学优化学会（The Mathematical Optimization Society）每 3 年举办一次。此届会议代表 1800 余人，中国 50 余名代表出席会议。在 7 月 3 日下午召开的学会事务会议（Business Meeting）上，顾问委员会主席 Jon Lee 介绍下一届大会（ISMP 2021）举办国家的遴选情况。委员会对中国、新加坡和智利递交的竞办申请书进行评估，并向国际数学优化学会理事会提出推荐意见。最后，由中国运筹学会提出的方案获得通过，第二十四届国际数学规划大会将于 2021 年 8 月中旬在北京举办。

8 月 23—25 日，学会与日本运筹学会联合举办的第 13 届运筹学及其应用国际研讨会（The 13th International Symposium on Operations Research and Its Applications，ISORA 2018）在贵州省贵阳市召开。来自国内外的 65 名学者和研究生参加会议，其中近 30 名代表来自境外。会议由学会理事长胡旭东和日本运筹学会理事长 Tatsuo Oyama 担任会议共同主席。开幕式由胡旭东主持。会议邀请 3 名学者作 45 分钟大会报告：日本国立政策研究大学院教授 Hozumi Morohosi 报告题目 Network-Based Multiple UAVs Search Planning for Disaster Relief；香港中文大学教授李端报告题目 Risk and Potential：A Perspective from Mean-Variance Induced Utility Functions；中国科学院数学与系统科学研究院研究员戴彧虹报告题目 On the Binary Eisenberg-Noe Model and Its Extensions。会议安排近 20 个小组报告，涉及最优化理论与方法、应急管理问题和应用、组合优化方法与应用、排序调度、博弈论在金融和经济中的运用、现实建模与优化等领域。

8月18—21日，计算系统生物学国际会议（ISB2018）在贵州省贵阳市召开。会议由计算系统生物学分会与中国生物化学与分子生物学会分子系统生物学专业委员会联合主办，上海生科院贵安大数据中心、贵州师范大学生命科学学院、贵州科技信息中心承办。参会人数180人，会议安排6个大会报告、60个分组报告，有26篇优秀论文推荐到SCI国际期刊。

9月21—23日，第八届中国博弈论及其应用国际会议在上海理工大学管理学院召开。会议由博弈论分会主办，中国运筹学会理事长、中国科学院数学与系统科学研究院胡旭东，上海理工大学副校长吴忠，以及中国运筹学会副理事长、博弈论分会理事长、中国科学院数学与系统科学研究院杨晓光共同担任会议主席。会议特别邀请博弈论与人工智能交叉领域学者、ACM会士、国家千人计划获得者、北京大学信息科学技术学院教授邓小铁，上海财经大学杰出青年获得者何思迈教授，俄罗斯科学院卡列里研究中心应用数学研究所所长V. V. Mazalov，纽约大学斯特恩商学院讲座教授J. P. Valles、教授A. M. Brandenburger，以色列理工学院教授R. Lavi以及上海理工大学曙光学者干宏程等分别作大会报告。来自国内多所高校的上百名青年教师和博士生参加会议。

国内主要学术会议 学会及分支机构共举办国内学术会议10次，提交学术论文382篇。

5月11—13日，中国运筹学会排序分会和医疗运作管理分会2018年学术年会在武汉武钢宾馆召开。来自全国各地的300余名专家、学者、医生和研究生出席会议。此次学术交流会旨在为从事组合优化、排序与调度、医疗运作管理研究的相关人员提供学术交流和合作平台，促进中国组合优化、排序与调度、医疗运作管理的研究和应用不断发展。

7月6—8日，中国运筹学会决策科学分会学术年会在陕西省西安市召开。年会由决策科学分会主办，陕西师范大学国际商学院承办，西安电子科技大学经济与管理学院协办。来自国内多所研究机构和高校的近300余名学者参加会议。国外*Omega*、*Information Sciences*、*IEEE Trans. SMCA*等期刊主编参加会议。国际期刊*Queueing Models and Service Management*主编、INFOR副主编Zhe George Zhang作大会报告。会议分别举行10场主旨报告、43场分会场报告和12场期刊论坛，涉及金融决策与风险管理、物流与供应链管理、大数据决策、模糊决策、演化博弈、行为经济与管理等领域。举办“院长论坛”。召开第五届决策科学分会理事会第二次会议，会议决定，决策科学分会2019年学术年会将于2019年6月在江苏省无锡市举行，由江南大学承办。

8月8—10日，中国企业运筹学第十三届学术年会在四川省成都市召开。年会由企业运筹学分会主办，四川大学商学院与成都师范学院经济与管理学院联合承办。来自国内多所院校的180余名专家、学者参加会议。会议组织6场专题报告。会议期间，组织专家、学者参观成都京东3C仓库，并召开企业现场会。

10月10—12日，中国科协第357次青年科学家论坛在重庆市召开。论坛主题为“人工智能与运筹学”。论坛由中国科协主办，学会承办，学会青年工作委员会与重庆师范大学数学科学学院协办。东南大学教授耿新、北京航空航天大学教授韩德仁、中国科学院数学与系统科学研究院研究员吴凌云、重庆师范大学教授赵克全联合担任论坛执行主席。来自全国40家高等院校、科研院所和企业的60余名青年学者参加论坛。论坛期间，中国科协副主席袁亚湘与重庆师范大学副校长杨新民莅临论坛现场。论坛内容涉及人工智能与运筹学交叉领域的多个热点方向，如机器学习中的优化算法、人工智能的博弈论基础、模型驱动与数据驱动相结合的机器学习方法、基于大数据与人工智能的可靠性等。西安交通大学教授孟德宇、东南大学教授耿新、北京大学教授文再文、京东南京人工智能研究院易津锋等20名专家、学者介绍人工智能与运筹学中的前沿科学问题，分享最新的研究成果，探讨大数据时代人工智能与运筹学的研究与发展趋势。与会青年学者围绕“人工智能与运筹学”主题展开交流与探讨。

科普活动 5月26日，学会运筹学科普教育基地落户西安高新一中。学会理事长胡旭东和西安高新一中校长王淑芳共同为运筹学科普教育基地揭牌，并向学校赠送首任理事长华罗庚的科普著作《聪明在于勤奋，天才在于积累》。西安电子科技大学教授高淑萍参加揭牌仪式。

党建强会 5月10日，学会理事长胡旭东一行6人到武汉市公安局交通管理局调研。5月12日下午，学会党委组织近20名党员和入党积极分子参观辛亥革命博物馆和纪念馆。7月27日，学会党委书记胡旭东和办事机构党支部书记张世华等一行到北京中国国家博物馆参观“真理的力量——纪念马克思诞辰200周年主题展览”。

【中国运筹学会第十四次学术年会】10月12—15日，中国运筹学会第十四次学术年会在重庆融汇丽笙酒店召开。会议由中国运筹学会主办，重庆师范大学承办。来自全国各地及国外的700余名代表参加会议。10月13日上午，学会秘书长刘克主持开幕式，学会理事长胡旭东、重庆师范大学副校长杨新民、中国科协副主席袁亚湘、中国科学院信息技术科学部副主任徐宗本、中国工业与应用数学学会理事长张平文和国家自然科学基金委员会数理学部项目主任赵桂萍致欢迎词。开幕式上举行第六届中国运筹学会科学技术奖颁奖仪式，袁亚湘为中国农业大学教授邓乃扬颁发终身成就奖，荣誉理事长章祥荪为浙江大学教授张国川颁发运筹研究奖。颁发第二届JORSC优秀论文奖，主编、中国科学院院士袁亚湘为3篇获奖论文作者或代表颁发证书。开幕式后，美国运筹与管理协会（INFORMS）主席N. G. Hall作题为INFORMS，Analytics，Research and Challenges的大会报告，张国川教授作获奖者报告，中国科学院院士、西安交通大学教授徐宗本作题为“人工智能与最优化：融通共进的时代”的大会报告，澳大利亚科廷大学教授孙捷作题为Variational Inequalities，Optimization，and Nash Equilibria under Uncertainty的大会报告，中国科学院数学与系统科学研究院研究员张汉勤作题为Some Topics in Operations Management and Operations Research的大会报告，华为诺亚方舟实验室主任曾嘉作题为“华为供应链关键AI技术挑战”的大会报告。10月14—15日，学术交流会组织分会场6个，同时举行18组30分钟的专题特邀报告和9组20分钟的自由报告，有100余名运筹学专家和研究生作分组学术报告。14日，召开“运筹学应用奖”和“青年科技奖”的评审会。经过申报人答辩，评奖委员会讨论和无记名投票，中国科学院数学与系统科学研究院研究员戴彧虹等人的项目“整数规划在能源领域的应用”获运筹应用奖，南京大学陈彩华、中国科学院数学院刘亚锋、电子科技大学刘宇、南京师范大学孙海琳、山东大学王光辉5名青年学者获青年科技奖，哈尔滨工业大学边伟、香港理工大学操宜新、西安交通大学程永席、上海财经大学江波获提名奖。10月15日下午，刘克主持闭幕式。在闭幕式上举行颁奖仪式。重庆师范大学副校长杨新民颁发运筹应用奖，中国科协副主席袁亚湘和中国运筹学会副理事长张玉忠共同颁发青年科技奖。最后，胡旭东致闭幕感谢词。10月15日下午，组织会员日活动，中国科协副主席袁亚湘、中国运筹学会党委书记胡旭东和100余名会员一同参观歌乐山烈士陵园。

（撰稿人：胡　洁）

中国菌物学会

服务创新型国家和社会建设　学会筹划和举办菌物产业专题论坛3个，分别是2018第三届全国羊肚菌会议、2018第二届全国虫草大会、2018第六届全国天麻会议，参会人数近1000人次。

举办继续教育专业领域培训班现代真菌分类系统学与分子生态学高峰论坛，近200名师生、90名企业代表参加论坛交流。

学会建设　截至2018年年底，发展个人会员254个、团体会员7个。为加强产学研结合，推动菌物产业发展，经理事会表决并同意，成立中国菌物学会蛹虫草产业分会、双孢蘑菇产业分会、天麻产业分会、食用菌采后及加工产业分会、木耳产业分会、菌物文化产业分会、块菌产业分会、灵芝产业分会、茯苓产业分会、羊肚菌产业分会10个菌物产业分会。同时通过成立海洋与淡水菌物专业委员会的决议。

主办期刊　主办学术期刊3种。其中，英文期刊*Mycology*旨在搭建中国菌物学家与国际学者学术交流的平台，引领和促进菌物学科发展，促进与国际的接轨，增强国际影响力。*Mycology*刊登菌物学（包括卵菌、黏菌）各个领域的最新研究成果，被CABI、PubMed、Scopus、CSA、DOAJ数据库收录。*Mycology*发表近200篇稿件，作者涵盖中国、美国、德国、荷兰、芬兰、日本、韩国、印度等20余个国家。

中文期刊《菌物学报》为中国自然科学核心期刊，被AM、CA、CABI、Ulrich IPD、CSA、CSCD、CNKI、IC等国内外检索数据库收录。已出版13本主题专辑和1个专栏。

8月，承办大数据时代中国学术期刊知识服务发展战略研讨圆桌会，通过主题报告、互动交流等环节，对科学家的需求、科技期刊追求的目标、期刊的平台作用、期刊的运营方式等方面进行交流与探讨，为中国科技期刊的知识服务发展和建设提供参考和借鉴。

国内主要学术会议　主办与参与举办国内学术会

议 7 次，其中双边国际会议 1 次，国内学术交流活动 6 次。双边国际会议为第十三届中韩菌物学学术研讨会。国内学术交流活动分别为：3 月 9—11 日，在云南省迪庆藏族自治州香格里拉市举办的 2018 第三届全国羊肚菌会议；8 月 10—12 日，在山东省泰安市举办的 2018 年中国菌物学会学术年会；11 月 23—25 日，在浙江省杭州市举办的 2018 第二届全国虫草大会；11 月 23—25 日，在陕西省汉中市宁强县举办的 2018 第六届全国天麻会议；12 月 7—9 日，在北京举办的第三届全国生物系统学学术论坛；12 月 17—21 日，在北京举办的现代真菌分类系统学与分子生态学高峰论坛。学术会议参加人数共计近 2000 人次，交流论文 300 余篇。

国际组织任职　学会是国际真菌协会（IMA）国家成员、亚洲菌物协会（AMA）国家成员。学会理事长刘杏忠担任亚洲菌物协会（AMA）主席（2015—2019）。学会副秘书长蔡磊担任亚洲菌物协会（AMA）秘书长（2015—2019），同时担任国际真菌分类委员会委员。

科普活动　学会各地科普基地参与所在单位举办的科普活动及科普讲座，内容涉及农作物寒害后复产技术，蘑菇栽培技术、病虫害防治等方面。

学会湖北省科普工作基地依托易菇网平台，在易菇网微信公众号“emushroom”进行科普宣传，受众累计超 3 万人次。

中国菌物学会广东省科普工作基地广东省微生物研究所真菌标本馆，全年工作日免费对外开放，接待人数 6000 余人次。配合主流媒体，提高市民毒蘑菇中毒的防患意识。

表彰举荐优秀科技工作者　颁发 2018 年度戴芳澜科学技术奖。学会首届理事长、中国科学院院士魏江春，中国工程院院士廖万清获戴芳澜终身成就奖。中国科学院微生物研究所姚一建、福建省农业科学院食用菌研究所王泽生获戴芳澜杰出成就奖。中国科学院微生物研究所尹文兵获戴芳澜优秀青年奖。9 名学生获戴芳澜优秀研究生奖，分别是中国科学院昆明植物研究所崔杨洋、海军军医大学皮肤病与真菌病研究所方文捷、中国科学院微生物研究所胡鹏杰、江南大学生物工程学院胡鹏飞、南京农业大学刘锐、中国科学院微生物研究所马轲、中国科学院微生物研究所王蒙蒙、中国农业科学院生物技术研究所谢李楠、北京林业大学邢佳慧。

学会利用学会官方网站宣传科技工作者 13 人次，涉及奖项宣传、论文发表等方面。

党建强会　中国菌物学会党委会议开展 2018 年中国菌物学会党组织宣讲活动，学习贯彻十九大精神，科研服务食用菌产业发展，助推精准脱贫。12 月 1 日，中国菌物学会党委会议在广东省广州市召开，开展关于《不忘初心，牢记使命——重温入党志愿书》的党课学习活动。

【第三届全国生物系统学学术论坛】12 月 7—9 日，第三届全国生物系统学学术论坛在北京胜利饭店召开。论坛由学会主办，中国科学院微生物研究所真菌学国家重点实验室承办，中国植物学会、中国昆虫学会、中国微生物学会、中国科学院青年创新促进会协办。

开幕式由中国科学院微生物研究所研究员蔡磊主持。中国科学院微生物研究所副所长向华，中国菌物学会理事长、中国科学院微生物研究所郭良栋，中国科学院动物研究所乔格侠分别代表承办单位、主办单位和协办单位出席开幕式并致辞。论坛组委会邀请中国科学院微生物研究所庄文颖等有关专家到会指导。

论坛邀请 36 名涉及动物学、植物学、微生物学、古生物学等不同学科，研究不同生物类群系统学的专家、学者作学术报告。来自全国 58 个科研院校的 400 余名师生代表参会。

12 月 6—7 日，论坛在香山举办第一期生物系统学方法培训班。

【大数据时代中国学术期刊知识服务发展战略圆桌会】8 月 5 日，大数据时代中国学术期刊知识服务发展战略圆桌会在北京召开。会议由中国科协学会服务中心主办，学会、《菌物学报》编辑部、《菌物学》（英文版）编辑部承办。中国科学院院士、中国科学院大学研究员魏江春，中国科学院院士、中国科学院微生物研究所真菌学国家重点实验室研究员庄文颖，中国科学院微生物研究所副所长向华等 30 余名期刊一线专家和科学家代表，国内外知名出版机构专家以及优秀期刊的社长、主编、编辑部主任参加会议。会议开幕式由郭良栋主持。

中国科学院微生物研究所研究员蔡磊、《中国学术期刊（光盘版）》电子杂志社副社长兼副总编肖宏、中国科学院文献情报中心研究员初景利、施普林格－自然大中华区学术关系总监颜帅、北京科爱森蓝文化传播有限公司副总经理柴钊、泰勒弗朗西斯集团中国期刊出版人丁海珈、《中国激光》杂志社总经理杨蕾、科技导报副社长史永超8名专家、学者，分别从期刊编辑出版全流程的知识服务、期刊大数据如何为双一流服务、知识服务的体系构建和实现过程、学术出版与知识服务的关系、知识服务的发展趋势等方面作主题报告。

与会专家围绕科学家对科技期刊知识服务的需求、科技期刊的知识服务发展战略2个议题进行交流与探讨，分享各自单位在知识服务方面的成功经验及做法，为中国科技期刊在大数据时代下提升知识服务能力和水平提供参考和借鉴。

【中国菌物学会2018年学术年会】 8月10—12日，由学会主办，山东农业大学与易菇网联合承办，泰安市人民政府协办的中国菌物学会2018年学术年会在山东泰安宝盛大酒店举行。来自全国200余个科研院所、高校、企业的750余名专家、学者和研究生参加会议。

学会秘书长、中国科学院微生物研究所研究员白逢彦主持开幕式。中国工程院院士、海军军医大学上海长征医院廖万清在致辞中肯定学会在菌物学和相关领域的影响力和贡献，指出菌物科学工作者要担当起应有的责任和使命。

年会以“组学时代的菌物科学”为主题，特邀6名专家作大会报告，分别为南京中医药大学教授谭仁祥的《共生微生物的化学生物学研究》、中国科学院微生物研究所研究员白逢彦的《醉人的进化：酿酒酵母菌的起源、驯养与环境适应机制》、东北大学教授丁辰的Co-evolution of Acetylomes and Pathogenicities in Major Human Fungal Pathogens、南京农业大学教授董莎萌的《植物疫霉菌变异的表观遗传学进展》、中国科学院微生物研究所研究员王军的《微生物组学的测序和分析技术进展》以及西北农林科技大学教授刘慧泉的《真菌中A-to-I mRNA编辑的功能和机制》。内容涵盖菌物学与其他学科的交叉、最新科研技术与热点研究方向等方面。

此外，大会设置以菌物多样性及系统学、食用菌、植物与昆虫病原真菌、医学真菌、药用真菌、菌物化学、菌根及内生真菌、裸菌生物学、菌物遗传与分子生物学、真菌毒素、菌物组学等为主题的分会场。参会代表分别展示国内菌物学各个领域一年来的重要成果与成就。在注册当日，与泰安市科学技术协会共同举办岱下论坛，以蕈菌资源与产业为主题，邀请6名专家展开专题讨论。大会共安排口头报告151个、海报21张，收集大会论文摘要328篇。

会议期间举行中国菌物学会第七届理事会第三次会议，《菌物研究》编委会和菌物产业分会第三次理事会议。

（撰稿人：蒋　娜）

中国晶体学会

学会建设　学会第六届理事会有理事90人，苏晓东任理事长。截至2018年年底，有会员1890人。常务理事会下设大分子、小分子、粉末衍射、晶体生长与材料表征、电子显微学、药物晶体学、极端条件晶体材料、晶体应用与产业8个专业委员会和晶体学教育与普及工作委员会。成立第一届监事会，有理事5人，麦振洪任监事长。成立第一届学会党委，有党委成员9人，孙俊良任书记，苏成勇任副书记。

国内主要学术会议　7月28日—8月1日，第十三届全国X射线衍射学术大会暨国际衍射数据中心（ICDD）研讨会在甘肃省兰州市召开。9月26—28日，中国晶体学会第七届学术年会在天津市召开。9月26—27日，第七届全国晶型药物研发技术学术研讨会在天津市召开。

【第十三届全国X射线衍射学术大会暨国际衍射数据中心（ICDD）研讨会】 7月28日—8月1日，第十三届全国X射线衍射学术大会暨国际衍射数据中心（ICDD）研讨会（13th National Conference on X-ray Diffraction and ICDD Workshop）在甘肃省兰州市召开。会议由学会粉末衍射专业委员会、中国物理学会X射线衍射专业委员会和国际衍射数据中心等单位共同主办。会议旨在召集全球X射线衍射专家、学者，创造交流和合作平台，总结X射线衍射及相关学科发展现状，交流新思想和成果，推动X射线衍射及相关学科发展。380余名专家、学者参会。会前面向研究生及青年科技工作者举办讲习班，讲习班培训主题为材料应力分析、织构分析、小角散射等，约150余名学者参加培训。

【中国晶体学会第七届学术年会】 9月26—28日，中国晶体学会第七届学术年会在天津市召开。年会由学会主办，南开大学、天津理工大学承办。年会主题为“新时代的晶体学与美好生活”。中国科学院院士、南开大学和清华大学教授饶子和，中国科学院院士、发展中国家科学院院士、北京大学教授高松担任年会主席。会议分主会场1个、分会场9个，主会场作大会报告8个，分会场作主题报告60个、邀请报告134个、口头报告154个，集中展现中国晶体学相关领域研究进展。来自全国234所高校及科研单位的819名代表（含8名外宾）参会。

饶子和，高松，中国科学院院士、中国科技大学教授钱逸泰，美国纽约州立大学教授阿图姆奥加诺夫在开幕式作大会报告。大会宣布并颁发中国晶体学会第一届青年科技奖，4人获奖。闭幕式由组委会共同主席鲁统部教授主持。中国科学院院士、中国科学院化学所研究员韩布兴，中国科学院生物物理所研究员许瑞明，东南大学教授熊仁根和中国科学院长春应化所研究员薛冬峰应邀作大会报告。闭幕式颁发由 *Inorganic Chemistry Communication* 资助的优秀墙报奖，26人获奖。

【第七届全国晶型药物研发技术学术研讨会】 9月26—27日，第七届全国晶型药物研发技术学术研讨会在天津市召开。会议报告涉及晶型药物研发、药品生产、晶型药物品种研究、晶型应用技术研究等内容。会议结合中国晶型药物研究现状，进行学术交流和讨论，旨在推动中国晶型药物研究发展，为多学科晶型药物研究搭建学术交流平台。来自科研院所和药企的专家、学者100余人参会。

（撰稿人：陈　冲）

中国神经科学学会

学会建设　学会会员增至1.1万人，新增团体会员1个，共8个团体会员，20个专业分会。微信公众号粉丝增至4493人。召开常务理事会议2次、理事会议1次、理事长办公会议1次。通过《中国神经科学学会下属分支机构管理规定》。

青年人才托举工程　浙江大学汪仪获2018—2020年度青年人才托举工程项目资助。

主办期刊　学会与中国科学院上海生命科学研究院主办的英文学术期刊 *Neuroscience Bulletin*，全年出版6期1136页，发表论文120篇，其中学术专辑2期，全部链接到学会网站上供会员下载。根据科睿维安（原汤森路透）公司2018年6月公布的2017《期刊引证报告》（*Journal Citation Reports*，JCR），*Neuroscience Bulletin* 影响因子为3.155。获中国科技期刊国际影响力提升计划C类资助（2016—2018），再次获2018中国最具国际影响力学术期刊称号。

学科发展研究　承担中国科协“神经科学方向预测与技术路线图”“中国神经科学领域十大问题”“运动物体的智能感知算法研究进展”项目。副理事长张旭担任项目负责人。6月，组织2050：脑科学与未来社会沙龙，形成《神经科学方向预测与技术路线图研究》，在总结学科发展规律和特点、分析比较学科国内外发展现状的基础上，以神经科学与中国未来经济社会发展前景关系的系统性刻画和描绘为重点，预测学科和相关技术的未来发展趋势，分析中国神经学科的重点发展方向和研究领域以及推动学科发展的有效机制，提出该学科及相关领域发展路线图，为谋划学科布局、抢占科技发展制高点以及促进相关产业发展和民生建设提出战略决策咨询建议。

国际学术会议　学会及其分会举办第五届国际突触传递及可塑性学术研讨会、第一届国际前沿脑电技术研讨班、脊髓损伤与修复国际研讨会、脑科学与类脑研究国际学术交流论坛暨2018年认知神经科学与学习国家重点实验室学术年会等国际研讨会。邀请到包括诺贝尔奖获得者、美国科学院院士等在内43名国外专家学者参加。

国内主要学术会议　学会及分会共举办年会、研讨会、论坛等学术活动20场次，其中，高端前沿学术会议2次、综合交叉学术会议9次，参会人员共计3250人次。

国际交往　学会与日本神经科学学会合作，承担推荐 Travel Awards for the Annual Meeting of the Japan Neuroscience Society（JNS）。学会组织评委对材料进行评审选拔，最终向JNS推荐6名青年学生。

与欧洲神经科学联盟（FENS）合作设立第十一届欧洲神经科学联盟论坛国际交流资助，推荐3名学生出国培训。

科普活动　组织科普活动共计9次。包括转基因小鼠研究的常用实验方法观摩，走进神经、探索智慧，第24届全国肿瘤防治宣传周科普活动，2018年中国镇痛周及世界舒缓宁养日主体宣教活动，实验室开放日——“神经干细胞与脑疾病”，“霍金的大脑”，世界帕金森、阿尔茨海默病宣教和义诊，2018脑瘤宣传月，“送科技　下基层”陕西洋县行。制作《拯救大脑危机》科普宣传片。

表彰举荐优秀科技工作者　向2018全国学会优

秀科技工作者代表、第十五届中国青年女科学家奖推荐候选人共计2人次。

学会创新发展 携手上海市神经科学学会，集合各个高校、科研院所和医院的智库，出资成立脑科学创新中心——上海脑智工程中心。加入计算神经科学、理工科、临床和企业，使神经科学专家共同研发，为中国脑计划做出贡献。开展多种项目及合作，各家企业和单位以项目形式攻破技术难点。从视觉、听觉、触觉、感觉等方面，寻找相对应企业、高校、医院等。入驻的单位和企业有爱观视觉（视）、科大讯飞（说）、寒武纪（芯片）、新松（机器人）、联影（医疗影像）、华山医院（脑医学）等。

会员服务 向会员发布学会简报4期，每季度发布一次，反映学会年度工作综合信息，形成服务会员新方式。

自主开展青年科技人才培养工作，举办技术和前沿进展培训班7次，培训人员1540人次，提高学会人才培养能力水平，扩大青年人才托举工程后备队伍。如技术类：神经环路示踪技术专题研讨会暨全国培训班（4月，武汉），现代电生理技术培训班（6月，延安）。临床类："欣中心"——抑郁焦虑诊疗系列教学项目，中青年医师精神科能力提升项目，"赛过阳光"2018心境障碍学术能力提升项目，《阿尔茨海默病及相关认知障碍临床诊治新进展》学习班，2018年第三届中国（蚌埠）神经内镜颅底解剖培训班（11月，蚌埠），北京市神经外科研究所第二期生物信息培训班（12月，北京）。

【第二十届中国科协年会－脑科学研究学术研讨会】 5月26—27日，由学会主办的第二十届中国科协年会－脑科学研究学术研讨会在浙江省杭州市举行。会议主题为"脑科学和脑健康：机遇和挑战"。浙江省副省长高兴夫、省政协副主席蔡秀军等出席会议。浙江大学校长吴朝晖，中科院神经科学研究所所长蒲慕明，中国科学院上海分院副院长张旭，中国科学院院士、北京天坛医院赵继宗，中国科学院院士、北京大学教授程和平，中国科学院院士、交通大学教授贺林，美国加州大学圣地亚哥分校教授邹益民等10余名国内外专家、学者在会上作主题发言。

【2018世界人工智能大会－脑与智能科技主题论坛】 9月18日，由世界人工智能大会组委会主办，学会与中科院上海分院、上海神经科学学会、上海脑科学与类脑研究中心承办，中国金融信息中心协办的2018世界人工智能大会－脑与智能科技主题论坛——"智慧·融合：脑与智能科技之未来"在上海国际会议中心国际厅举行。论坛以"脑与智能科技之未来"为主题，开展"会、院、校、企、金、政"6个领域专家代表组参与的主题论坛交流。

【第十届海内外华人神经科学家研讨会】 7月6—9日，由学会主办的第十届海内外华人神经科学家研讨会（SCNW2018）在山东省青岛市举行。此次会议注册签到525人，其中，中国493人、美国21人、加拿大3人、德国2人、香港2人、爱尔兰2人、澳大利亚1人、日本1人。会议设置9个Session、66个Poster Session，评选出6人获Leica优秀墙报奖。会议期间，召开SCNW Business Meeting，邀请所有参会PI参与讨论。参会专家针对SCNW会议的组织方式及会议模式提出建议。同时评选*Neuroscience Bulletin* 2018年度"编委杰出贡献奖"，召开第五届*Neuroscience Bulletin*优秀论文评审会。海内外华人神经科学家研讨会（SCNW）首届会议于2000年举办，每2年举办一次，致力于为海内外神经科学研究者提供沟通交流平台。

【神经科学方向预测与技术路线图研究】 学会承担中国科协2016—2018年学科发展项目，为期3年。学会副理事长张旭担任项目负责人。与上海市神经科学学会、中国科学院上海生命科学信息中心情报部门合作开展国内调研和国外调研，采用个人访谈与问卷调查等形式相结合，多方位、多领域地对业内100名专家进行个人访谈，包括神经科学基础、临床、类脑人工智能、企业和管理等领域。采用横向调研和纵向调研，将每期简报寄送给相关院士专家和领导征求意见，将意见整理形成下一期简报，如此循环调研。最终形成报告《神经科学方向预测与技术路线图研究》，提出该学科及相关领域发展路线图，为谋划学科布局、抢占科技发展制高点以及促进相关产业发展和民生建设提出战略决策咨询建议。该项目的简报《神经科学和类脑人工智能发展：机遇与挑战》《神经科学和类脑人工智能发展：未来路径与中国布局——基于业界百位专家调研访谈》在《生命科学》杂志上发表。项目得到科技部、自然科学基金委、中国科协、中国科学院、军事医学科学院、上海市科协、上海市政协等部门领导的认可和书面反馈意见。

（撰稿人：傅　璐　韩　雪）

中国认知科学学会

服务创新型国家和社会建设 4月20日，学会理事长陈霖参加第十三届全国政协第一次双周协商座谈会，作题为“新一代人工智能的核心基础科学问题：认知和计算的关系”的预约发言。

学会建设 截至2018年年底，学会有个人会员1080人、单位会员25家。成立理事会功能型党委，通过党建工作引领学会能力提升。设立分会2个、专业委员会2个、工作委员会2个，分别为社会认知科学分会、神经教育学分会、神经环路与信息处理专业委员会、神经与精神影像专业委员会、认知科学和脑疾病转化医学工作委员会、认知计算与人工智能工作委员。与四川省、辽宁省、广东省、重庆市成立的地方分会组织保持联系，探索与分支机构、地方分会共同发展和服务会员的联动机制。

学科发展研究 邀请中外专家、学者，分析中国认知科学优势，提出中国要成为人工智能领域的科学强国，离不开对人工智能的基础研究的观点；提出新一代人工智能的核心基础问题是认知和计算的关系问题。学会围绕核心基础科学问题，开展认知科学发展战略研究，举办首届中国认知计算与混合智能学术大会、中国科技峰会脑与认知科学圆桌会议（认知和计算的关系），在《中国科学基金》和《院刊》发表论述。

国际学术会议 4月27—29日，在北京召开项目启动会。国际神经网络协会主席、孟菲斯大学教授Robert Kozma等专家、学者从4个方面作报告并开展讨论。来自国内外的专家、学者参加会议。

10月27—29日，承办世界生命科学大会Multiscale Brainnetome Atlas分论坛。在生命联合体平台开展大学科交流，促进学科间融合创新。

国内主要学术会议 3月22日，由西门子医疗系统有限公司主办，学会承办的求索·超越——“10T”磁共振转化论坛在北京召开。论坛主题为“探索磁共振尖端领域的最新成果，搭建科研与临床之间的紧密桥梁”，旨在促进超高场磁共振成像技术向临床应用转化。论坛共6个主题，50人参加，

8月25—26日，联合国家自然科学基金委员会信息科学部、中国自动化学会主办中国认知计算和混合智能学术大会（CCHI 2018）。

11月23—24日，承办中国科协2018年度中国科技峰会——脑与认知科学圆桌会议。

科普活动 5月6日，受未来论坛邀约，选派何生等3名专家，参加在中国科学技术馆举办的第三十九期理解未来讲座。为公众讲解大脑如何形成和如何思考、意识与多种认知功能的关系等问题，让公众了解大脑皮层是如何运作，如何支持思维、注意力、语言、意识等精神活动。

表彰举荐优秀科技工作者 3月，在中国科协“引领世界科学的前沿科学问题、建设世界科技强国的工程技术难题征集”过程中，推荐前沿科学问题2项、工程技术难题1项，均获选。推荐青年女科学家奖2人、青年人才托举2人、谈家桢奖1人、生命科学十大进展2人。其中，1人获青年人才托举工程资助。

会员服务 通过学术年会、科普宣传、培训等方式服务会员。开通微信公众号，将相关会议信息、上级公文及时推送会员。

【中国认知计算和混合智能学术大会】 8月25—26日，联合国家自然科学基金委员会信息科学部、中国自动化学会主办中国认知计算和混合智能学术大会（CCHI 2018）。大会是中国第一个认知科学、神经科学与AI交叉融合学术会议。中国科学院院士陈霖、中国工程院院士郑南宁担任大会主席。8名院士作大会报告。学会理事长陈霖作题为《新一代人工智能的核心基础科学问题：认知和计算的关系》的开场报告。24名大会指导委员会院士参会，参会人数600余人。

【中国科协2018年度中国科技峰会——脑与认知科学圆桌会议】 11月23—24日，承办中国科协2018年度中国科技峰会——脑与认知科学圆桌会议。德国科学院院士Ernst Poeppel，台湾联合大学系统校长曾志朗，中国科学院院士、中国卒中学会会长赵继宗等30余名海内外专家、学者研讨新一代人工智能的核心基础科学问题。与会专家、学者形成6方面论点，认知和计算的关系：回答人工智能会不会取代人类智力；“大范围首先”理论体系：改变“局部首先”的经典的认知的计算理论；认知基本单元：“大范围首先”的拓扑学定义；“大范围首先”神经表达的解剖结构：质疑神经网络联结主义——联结重要，细胞也重要；认知涌现（意识、语言发展）：人类认知成就，符号处理计算的难题；认知的数学基础：重新审视“计算”概念。

【中国认知科学学会第二次会员代表大会】 12月23日，中国认知科学学会第二次会员代表大会在北

京举行。大会完成学会换届工作，选举陈霖院士为理事长，段树民院士、赵继宗院士、陆林院士、谭力海教授、马原野教授、辛景民教授为副理事长。来自高校、中国科学院各研究所及各个脑系科医院等30余个单位的150余名会员参会。

（撰稿人：周　馨）

国际数字地球学会

服务创新型国家和社会建设　9月10日，在北京召开数字"一带一路"遥感卫星虚拟地面站及应用高级培训班。培训班为期2周，主题为"加强对地观测交流，共建数字'一带一路'"。20余名学员来自尼泊尔、肯尼亚、突尼斯、哈萨克斯坦、蒙古、委内瑞拉、斯里兰卡、孟加拉国、卢旺达、埃及、伊朗、苏丹、塔吉克斯坦等国家，均为先期安装虚拟地面站系统或希望安装虚拟地面站系统的国家。

10月30日，在北京举办"一带一路"地球大数据减灾应用国际培训班。培训针对地球大数据在减轻"一带一路"沿线国家灾害风险中的应用，开展基于"一带一路"地球大数据分析与决策支持系统的减灾实践应用培训。捷克、加纳、伊朗、尼泊尔、亚美尼亚、孟加拉国、科特迪瓦、津巴布韦、保加尼亚、马来西亚、斯里兰卡等17个国家的20名学员参加培训。

学会建设　4月16日，学会召开第十三届理事会会议。学会理事、会员等20余名国内外专家、学者参会。中国科学院院士、学会主席郭华东主持会议。会议研讨学会发展、秘书处工作动态、技术委员会工作报告、国家委员会工作报告、未来战略发展5方面内容。会议听取并审议15名负责人所作的工作报告，审议并通过青年最佳论文评选，确定2020年第八届数字地球峰会举办地，讨论学会未来发展等问题。

主办期刊　学会主办的《国际数字地球学报》（*International Journal of Digital Earth*，IJDE）收到稿件336篇，提交修改稿件181篇，共收文517篇，出版专刊6个。根据美国汤森路透（Thomson Reuters）发布的《SCI期刊引证报告》，《国际数字地球学报》2018年2年期影响因子2.746，5年期影响因子3.024，被12个国际大型数据库检索。

2月，地球科学领域大数据开放获取国际学术刊物《地球大数据》（*Big Earth Data*）举办创刊仪式。该刊为全球地球科学领域第一个大数据刊物，由学会与中国科学院遥感与数字地球研究所、中国科学院战略性先导科技专项"地球大数据科学工程"、英国Taylor&Francis出版集团、中国科技出版传媒股份有限公司联合出版，主编为学会主席郭华东。

国际学术会议　4月17—19日，学会主办的第七届国际数字地球峰会在摩洛哥杰迪代市举行，这是数字地球系列国际会议首次在非洲举办。会议由摩洛哥杜卡利大学（UCD）、非洲环境遥感协会（AARSE）、摩洛哥环境遥感协会（MARSE）承办，主题为"数字地球，服务非洲可持续发展"。45个国家的200余名专家、学者参会。会议举办3场全会、15场分论坛，多场座谈会和边会，8名专家作主旨演讲。

4月17日，杰迪代市市长Mohammed El Guerrouj、杜卡利大学校长Yahia Boughaleb、摩洛哥国家科技研究中心主任Mohamed Khalfaoui、学会主席郭华东、大会主席Kamal Labbassi等参加开幕式并致辞。郭华东和美国航空航天局喷气推进动力实验室Kamal Oudrhiri教授分别作主旨报告《数字丝路国际科学计划和非洲可持续发展》《雷达与地球水资源观测方法》。大会召开以"非洲国家如何利用地球大数据提升管理和决策"为主题的专题讨论，学会秘书长Mario Hernandez主持。

4月18—19日，非洲环境遥感协会主席Olajide Kufoniyi、国际科技数据委员会执行主任Simon Hodson、国际电子与电气工程师协会（IEEE）地球科学与遥感学会（GRSS）执行副主席Paolo Gamba、全球环境安全监测项目非洲协调人Tidiane Ouattara、世界安全基金会Krystal Wilson、武汉大学教授李德仁分别作报告《数字地球和非洲可持续发展》《数字地球理念解决全球挑战》《地球科学和非洲》《全球环境安全监测与非洲可持续发展》《世界安全基金会的空间科学新案例》《社会科学的地理运算》。

4月19日，摩洛哥杜卡利大学副校长Mohammed Sahabi在闭幕式上宣读呈送给国王的信，信中提到设立数字丝路国际科学计划艾尔杰迪代国际卓越中心（DBAR ICoE-El Jadida）对促进非洲可持续发展的重要性。

9月25—28日，学会在第四届世界社会科学论坛上召开数字地球专场会议，此次会议是学会加入国际科学联和会（ICSU）后首次在新合并成立的国际科学理事会会议上举办的学术活动。论坛在日本福冈举行，由国际社会科学理事会（ISSC）主办，联合国教科文组织资助，九州大学承办，日本科学理事会（SCJ）和日本科学技术振兴机构（JST）支持。论坛主题是“可持续未来安全与平等”。论坛讨论全球范围和特定地区在安全领域的研究重点及相关数据和知识差距。论坛汇集研究人员、资助者、政策制定者和其他利益相关者讨论社会面临的主要挑战，评估社会科学的贡献和能力，为之后的研究、实践和政策制定提供建议。

11月4日，学会在“一带一路”国际科学组织联盟成立大会暨第二届“一带一路”科技创新国际研讨会开幕式上组织召开“数字丝路”科学分会。大会围绕绿色发展、信息与数据、政策与战略、基础研究与教育等议题召开7个科学分会。40余个“一带一路”沿线国家的700余名专家、学者参加大会开幕式。

国内主要学术会议　4月22—24日，学会参加在福建省福州市召开的首届数字中国建设峰会，并举办展览。学会主席郭华东在数字海丝分论坛作大会报告。

9月7—10日，学会中国国家委员会数字山地专业委员会2018年（第四届）学术研讨会在吉林省长春市举行。国内20余家科研院所和高校的200余名专家、学者参加会议。会议主题为“数字山地与绿水青山”。会议安排10个特邀报告、34个专题报告，设立山地遥感与“一带一路”应用、秦巴山地科学考察与数字地形分析、数字山地理论与方法、东北山地研究4个分会场。

11月19—23日，学会参加由联合国主办，自然资源部和浙江省政府承办的首届联合国世界地理信息大会。学会主席郭华东作题为《构建“数字丝路”》的主旨报告。在地理信息技术与应用展览上，向参会代表展示学会发展理念、工作进展、学术交流概况、期刊出版情况。

国际交往　3月8—9日，学会代表参加中国科学院遥感与数字地球研究所与欧盟联合研究中心在意大利伊斯普拉欧盟联合研究中心（JRC）召开的学术研讨会。会议开幕式由学会主席郭华东和欧盟联合研究中心数字经济部主任 Alessandro Annoni 主持。学会代表作题为 *RADI & JRC Collaboration for Future ISDE Development* 的报告。

6月18—23日，学会参加在保加利亚索佐波尔市召开的第七届制图与地理信息系统会议。学会执行主任王长林作题为“地球大数据助力‘一带一路’发展”（Big Earth Data for Belt and Road Development）的报告，组织数字地球的智慧解决方案分会场。王长林与保加利亚制图协会主席 Temenoujka Bandrova、捷克马萨里克大学教授 Milan Konecny 分别签署数字丝路国际科技联盟与保加利亚制图协会、捷克马萨里克大学科学学院合作备忘录。

10月29—30日，学会参加在芬兰北极空间中心召开的第二届高山与极地寒区变化观测与理解国际研讨会（HiMAC2018）。研讨会为北极观测联合研究中心揭牌。该中心是数字丝路国际科学计划（DBAR）赫尔辛基卓越中心空间技术分中心。中国、芬兰、德国、法国、加拿大、西班牙、美国7个国家的40余名专家、学者参加会议。

学会创新发展　推进“中国科协‘一带一路’国际科技组织合作平台建设”项目。开展与“一带一路”沿线国家和相关机构的科技交流与合作，推进“一带一路”沿线国家空间地球信息的能力建设，服务资源环境可持续发展。

4月17日，数字丝路国际科学计划（DBAR）艾尔杰迪代国际卓越中心（DBAR ICoE - El Jadida）成立，该中心是数字丝路国际科学计划启动的第二个国际卓越中心。中心由摩洛哥杜卡利大学、非洲环境遥感协会牵头组建，以地球大数据应用于水资源管理及对气候变化的适应性为核心开展合作研究和能力建设，涵盖农业、生态及环境保护等领域，建设立足摩洛哥、面向非洲的对地观测领域科技合作开放基地和研究网络。

摩洛哥杜卡利大学校长 Yahia Boughaleb、国际卓越中心 ICoE El Jadida 摩洛哥方负责人 Kamal Labbassi、非洲环境遥感协会（AARSE）主席 Olajide Kufoniyi、GMES&Africa 计划非盟总协调人 Tidiane Ouattara、国际水和卫生研究所（IIWS）所长 Adderafii Mardi、联合国外层空间事务办公室（UNOOSA）项目主管 Lorant Czaran、国际地球观测组织（GEO）和国际科学技术数据委员会（CODATA）代表，摩洛哥粮食、林业和防沙治沙高级委员会地理信息系统和遥感局局长，摩洛哥有关政府部门、高校、研究机构及流域管理部门代表及来自突尼斯、塞内加尔等国家代表近30人出席成立会议。

数字丝路国际科学计划（DBAR）由学会主席郭华于2016年提出倡议，并担任主席。建设数字丝路国际科学计划艾尔杰迪代国际卓越中心是中国科学院A

类战略性先导科技专项“地球大数据科学工程”第三项目“数字一带一路”工作内容和目标之一。

（撰稿人：王长林　刘婧娜）

国际动物学会

服务创新型国家和社会建设　7月，学会协助中华人民共和国人与生物圈国家委员会举办协调人与生物圈保护生命共同体展览，展示中国世界生物圈保护区发展现状、研究成果等内容。此次展览是中国加入联合国教科文组织“人与生物圈计划”45周年暨人与生物圈中国委员会成立40周年大会系列活动之一。

10月23—27日，挂靠学会的FAO亚太森林入侵物种网络北京办公室（APFISN）在北京林业大学举办亚太地区利用综合治理方法拓展森林保护技能国际研讨会。来自亚太地区19个国家的近40名专家学者、技术人员及政府官员参加会议。会议旨在落实国家“一带一路”倡议，促进沿线国家、地区，尤其是东南亚国家森林入侵物种的研究与交流，应对森林产品贸易上升引起的森林外来病虫入侵危害。研讨会及相关培训重点是林业病虫害鉴别、控制与管理，外来入侵物种监测与防控，林业病虫害成因和传播等。与会者讨论工作中遇到的信息不足、技术薄弱、资金短缺等问题，相互学习借鉴。

学会建设　截至2018年年底，共有团体会员123个，覆盖各类科技人员3万余人，分布在36个国家。个人会员1503名，分布在73个国家和地区。共有工作组9个。

青年人才托举工程　学会采取申请与推荐相结合、专家委员会评审、公示的模式，确定托举对象。成立专家指导委员会和项目工作组，负责项目学术指导、人员评审及组织实施。为突出学会国际化培养特色，向托举对象推荐具备一定知名度和国际影响力的国内外指导专家各1名，形成2对1指导模式。项目开展以来，承担3期项目，共资助6人。

主办期刊　学会主办的双月刊《整合动物学》（*Integrative Zoology*）获中国科技期刊国际影响力提升计划第二期项目B类支持。被美国科技信息研究所（ISI）《科学引文索引》（*Science Citation Index*，*SCI*）收录。根据《期刊引用报告》（*Journal Citation Reports*，*JCR*），影响因子1.856，在JCR全球166种动物学期刊中排名第40，连续4年进入JCR动物学期刊前25%（Q1区）。期刊编委员会由来自18个国家的64名科学家组成。

学科发展研究　4月22—29日，学会在中国科学院西双版纳热带植物园召开第三届野生动物多样性监测学术研讨会暨红外相机技术培训。来自26个省、自治区、直辖市的科研院所、自然保护区、NGO等110余家单位和216名代表参加培训研讨会。会议以“野生动物监测与自然保护”为主题，旨在规范中国野生动物红外相机监测技术规范和数据管理标准，促进中国野生动物监测和自然保护领域的学术交流与科研合作。23—25日，举办红外相机技术培训班。13名专家培训及交流17个专题，讲授红外相机监测技术规范、历史发展和应用概况，自然保护区红外相机应用中存在的问题和对策，野生动物调查方法，R语言数据分析基础，模型原理及应用案例，保护区监测经验分享，科技论文写作与投稿技巧，自然保护和野生动物监测相关主题知识与前沿问题等问题，组织相应实践操作辅导。26—28日，举办研讨会。43名报告人分8个专题作学术报告46个，内容涉及猫科动物、灵长类到鸟类监测与保护，物种间相互作用，动物生态与行为学，人兽冲突与公众科学，自然保护区野生动物监测，野生动物监测信息化应用等。

国际学术会议　9月13—14日，2018国际自然保护地联盟年会在长白山召开。来自22个国家的200余名专家、学者参加会议，包括国内外45个联盟成员单位，50余名国际保护地专家和管理者。年会主题为“自然保护地是人类生态安全底线”。数名专家、学者从各自研究领域发表主旨演讲，交流探讨生态系统服务功能、自然保护地管理。会议期间，国际动物学会、东非野保协会、守望自然野保发展研究中心三方签署合作备忘录，备忘录包括在中国和非洲进行野生动物研究与监测，共同举办学术研讨会和培训班，共同出版野生动物研究专辑等内容。中国科学院院士、中国科学院动物研究所研究员魏辅文主持召开N%全球保护协作研讨会，210余名全球生态保护专家及自然保护地管理者发出《N%全球研究协作倡议》，呼吁全球尽快量化最低自然区域比例，据此建立生态保护与社会发展指标体系。

11月4日，“一带一路”国际科学组织联盟成立大会暨第二届“一带一路”科技创新国际研讨会在北京开幕。来自40余个“一带一路”沿线国家的700余名科研机构及高校负责人、国际组织代表、专家等参加会议。学会主席张知彬担任分会召集人，学会执委 Nils Chr. Stenseth 和 Yvon Le Maho 作报告。近 150 名中外专家、学者参加该分会。

国内主要学术会议 学会挂靠单位中国科学院动物研究所成立九十周年之际，学会联合中国动物学会于 12 月 13 日上午和 12 月 20 日下午在研究所报告厅举办 2 场世界整合动物学大讲堂学术报告会，邀请 3 名院士和 3 名专家作学术报告。报告涉及熊猫研究、催产素、种群空间分布、红外相机检测、蝗虫生态基因组、卵源因子控制动物胚胎体轴等前沿研究。报告会首次尝试网上直播。

国际交往 4 月 9—13 日，学会主席张知彬、熊文华高级工程师及中国科学院动物研究所副研究员宛新荣等赴印度尼西亚参加“一带一路”国家农业鼠害监测及防治技术合作研究。访问印度尼西亚水稻研究中心（ICRR Sukamandi），讨论鼠类不育剂 EP-1 技术在东南亚稻田区的验证和示范工作。考察当地鼠害情况，讨论和细化项目野外实施方案，对印尼项目组成员开展现场技术培训。双方讨论学会在东南亚设立协调联络机制、开展农业有害动物防控合作等。

7 月 14—24 日，学会主席张知彬等一行 9 人访问坦桑尼亚 SOKOINE 农业大学有害动物控制研究中心，参加双方合作研讨会。有害动物控制研究中心项目负责人、英国格林威治大学合作者及来自乌干达、纳米比亚、埃塞俄比亚等国家的项目技术骨干 20 余人参加研讨会。双方讨论鼠类不育剂 EP-1 技术在坦桑尼亚实验示范合作。实地考察害鼠种类及危害情况，现场讨论和细化项目野外实施方案。代表团访问肯尼亚 Jomo Kenytta 农业技术大学中国科学院中非联合研究中心，协商依托该中心设立国际动物学会非洲项目协调联络机制，开展非洲鼠害及鼠疫防控、野生动物自动化智能化监测等合作研究，参观中非中心园区实验室。

9 月 3—7 日，组织张知彬研究员等 20 余名中国学者参加在德国波茨坦召开的第 6 届国际鼠类生物学与治理大会（The 6th ICRBM）暨第 16 届鼠类与环境研讨会（The 16th R&S）。来自 50 余个国家的约 300 名专家、学者参加会议。学会资助 Hannu Yiönen 和 Charley Krebs 2 名大会报告人。鼠类行为、种群动态、鼠传疾病、鼠害治理、鼠类生态系统功能研究是会议的主流和热点。张知彬和比利时安特卫普大学教授 Herwig Leirs 被授予 ICRBM 终身成就奖。

表彰推荐优秀科技工作者 10 月 30 日，在第十届整合动物学大会上颁发杰出贡献奖，表彰在动物学领域取得杰出成就并对学科和学会发展做出突出贡献的个人和机构。中国科学院院士、中国科学院昆明动物研究所研究员张亚平，加拿大不列颠哥伦比亚大学 Charles Krebs 院士获杰出贡献个人奖，日本动物学会、长白山自然保护区和陕西动物研究所获杰出贡献团体奖。

党建强会 学会联合中国动物学会，组织党员和群众观看《厉害了，我的国》，进行爱国主义教育。参加挂靠单位中国科学院动物研究所党委组织的党史专题中心组学习扩大会，聆听党史专题报告，赴北京丰台国家康复辅具研究中心附属康复医院看望孤残儿童。

会员服务 学会通过电子邮件和学会网站，向会员发送会议通知、杂志目录、培训活动等信息。团体和个人可通过学会网站和电子邮件申请成为会员。

【第十届整合动物学国际研讨会】 10 月 27—30 日，学会在北京市召开第十届整合动物学国际研讨会。会议主题为“全球变化的生物学效应”。27—29 日，会议日程结合中国主办的 2018 世界生命科学大会进行。27 日下午和 30 日，组织全球变化生物学效应专题。会议邀请 3 名院士作专题报告。欧洲科学院和挪威科学院院士 Nils Chr. Stenseth 介绍阈值模型在海洋生态学中的研究进展。美国科学院院士、斯坦福大学教授 Rodolfo Dirzo 作关于全球人类活动对野生动物影响的报告。美国科学院院士、加州大学教授 Alan Hastings 作关于物种对适宜生境迁移响应的报告。10 月 28 日晚，学会召开执委会会议，讨论学会 2019 年工作计划，讨论第十一届整合动物学国际研讨会和 2020 年南非主办第二十三届国际动物学大会筹备情况。

【全球变化生物学效应（BCGC）项目启动十周年】 2008 年，学会发起 BCGC 国际科学计划项目，同年被中国科学院列为国际合作重点项目。2009 年，该计划被国际科学生物联合会（IUBS）列为国际研究项目。2012 年，被评估为 IUBS 核心国际研究计划。2015 年，经 IUBS 大会评审，BCGC 国际科学计划被 IUBS 列为该联合会 2016—2019 年度国际科学研究项目。2018 年，是“全球变化生物学效应（BCGC）”科学研究计划十周年，项目由张知彬、Nils Stenseth 协调实施，学会组织编写、学会秘书长韩春绪起草项目十周年工作总结报告。截至2018年年底，10余个国家近百名科学家加入该计划；在SCI期刊*Integrative Zoology*出版3期BCGC成果专刊，发表论文35篇；在PNAS、*Climate Change Biology*等国际期刊上发表相关文章；在中国、俄国、以色列、法国、日本等国家，举办BCGC主题国际研讨会8次；举办培训班4次；人员互访交流50余人次。组织专家撰写学术成果报告《应加强对全球变化生物学效应研究的支持》，被中国科协调研宣传部作为《调研动态》总第488期发表，报送中国科协主席、副主席、党组成员、书记处书记、常委、机关各部门及各直属单位主要负责人。

（撰稿人：张　薇）

中国机械工程学会

服务创新型国家和社会建设　学会与中国机械工业联合会共同设立的中国机械工业科学技术奖受理申报项目874项。416项获奖，其中，特等奖5项、一等奖47项、二等奖137项、三等奖227项。向国家科学技术奖提名候选项目25项，获国家技术发明奖二等奖1项、科学技术进步奖一等奖1项。

学会设立的绿色制造科学技术进步奖共有15个项目获奖，其中，一等奖2项、二等奖4项、三等奖3项、优秀奖6项。

受科技部委托，学会作为智能制造学会联合体秘书处单位，牵头承担工程领域43个国家重点实验室2018年度评估工作。评估历时8个月，参与评估专家113人次。

受工信部委托，开展重大短板装备需求论证工作，组织专家梳理论证委托方提供的工业装备（机床、基础制造装备、检测装备等）及关键零部件需求信息11次，论证装备需求859项，建议补充需求10项；补充梳理30个重大短板产品清单。

完成科技成果鉴定项目31项。开展30项团体标准研制工作，8项已完成研制。获批成为人力资源社会保障部设立的国家级专业技术人员继续教育基地（人社厅发〔2018〕68号）。作为机械类专业认证委员会秘书处挂靠单位，组织完成89个专业点认证申请初审及71个专业点现场考查和认证工作。

开展机械工程技术人员能力评价工作，通过组织全国统考、同行评议，248人取得学会颁发的工程师专业技术水平证书，2675人取得学会颁发的见习工程师专业技术水平证书。截至2018年年底，40371人取得学会颁发的各类工程师专业技术水平证书。

联合教育部高等学校机械类、材料类、工业工程类教学指导委员会共同主办中国大学生机械工程创新创意大赛。举办“永冠杯”第九届中国大学生铸造工艺设计大赛、“格力杯”第一届中国大学生工业工程与精益管理创新大赛、第四届中国大学生材料热处理创新创业大赛、“三聚福大杯”第九届过程装备实践与创新大赛、“矿源杯”第三届中国大学生起重机创意大赛5个专项赛事活动。

5月9—11日，与德国汉诺威展览公司在北京共同主办中国（北京）国际工业智能及动力传动与自动化展览会。近200家企业参展，展览面积2万平方米，观众1.8万余人次。

5月8—11日，与中国焊接协会、中国电器工业协会电焊机分会、德国焊接学会和德国埃森展览公司在广东现代国际展览中心共同主办第二十三届北京·埃森焊接与切割展览会。展览面积9.6万平方米。来自24个国家和地区的993家展商参展，包括国际展商117家。来自63个国家和地区的观众33849人次参观。同期举办多场论坛、工作会议、行业会议及展商技术座谈和产品发布会。

11月6—9日，与中国物流与采购联合会、德国汉诺威展览公司联合举办2018亚洲国际物流技术与运输展览会。展览面积近7万平方米。630家企业参展，观众10万余人次。

组织国内企业参加境外展览8次，累计参展企业90余家。

学会能力提升计划　制定《世界一流学会建设项目（2018—2020年）任务分解方案》，确定年度具体建设内容与考核指标。

评选年度最具影响力学术会议和综合活动平台，评选出最具影响力学术会议10项、最具影响力综合活动平台8项。修订《中国机械工程学会最具影响力的学术活动评选条例》。

完成高端轴承、食品与包装机械、无损检测3个分技术领域路线图研究和编制工作。组织编写“智能制造系列丛书”（共计30本分册）获国家出版基金资助，3本分册完成全稿。牵头组织完成《中国物流仓储装备产业发展研究报告（2016—2017）》并在2018亚洲国际物流技术与运输展览会期间首发。

上线会议（活动）管理系统、协同办公（OA）系统、项目管理系统，完善学会信息化平台安全防护措施。组织全体员工进行质量管理体系培训，编制新版体系文件和程序文件，换发新版 ISO 9001 质量管理体系认证证书。

学会建设 学会第十一届理事会召开理事会议 1 次、常务理事会议 2 次。通过“对中国机械工程学会章程个别条款进行修订”“会士遴选及首批会士认定办法”“中国机械工程学会十一届理事会理事增补、辞任”“发起成立国际智能制造组织”等有关议案。

召开全国总干事秘书长工作会议 1 次。6 个专业分会完成换届，8 个分会委员会做调整。

学会治理结构和治理方式改革 启动《中国机械工程学会分支机构管理办法》及配套文件制订、修订工作。进行分支机构年度考核和先进评选。

青年人才托举工程 完善学会青年人才储备库、导师库建设。组织学会第四届青年人才托举评审会，邀请 9 名理事担任评委，清华大学教授田煜代表学会参加中国科协第四届青年人才托举工程项目评审答辩，4 人入选。第一届至第四届，学会共有 15 名优秀青年科技人才获中国科协青年人才托举工程项目资助。

主办期刊 学会主办科技期刊 36 种，年总印数约 170 万册，刊载论文约 1.1 万篇。学会主办的《机械工程学报》获中国科协精品科技期刊工程 TOP50 项目资助,《中国机械工程》《中国表面工程》《材料热处理学报》《焊接学报》获中国科协精品科技期刊工程学术质量提升项目资助,《汽车知识》获中国科协精品科技期刊工程精品科普期刊项目资助。英文版期刊《中国机械工程学报》获中国科技期刊国际影响力提升计划 C 类项目和中国科技期刊登峰行动计划资助，该刊全部论文免费向全球读者开放。

受中国科协委托，学会作为牵头单位承担制造业与材料集群第三届中国科协优秀科技论文评选，涵盖机械、仪表工业等 9 个学科（期刊分类），共评选出 10 篇论文入选第三届中国科协优秀科技论文。

学科发展研究 学会获批“2018 年度中国科协学科发展工程项目——机械制造学科发展研究”。9 月 16 日，在北京召开项目开题会，研讨课题研究调研思路、研究方向、学科前沿内容、项目工作进度等，启动项目研究和撰写工作。11 月 10 日，在四川省成都市召开由各专题组负责专家为主体的中期研讨会，各专题组向项目首席科学家、大连理工大学校长郭东明和与会专家汇报调研情况、撰写框架内容等，研讨调研内容和各专题进展情况。

决策咨询 受中国工程院委托，开展“实施创新设计十年行动咨询研究”“‘一带一路’制造业国际合作研究”“中国制造与‘一带一路’研究”等多项与创新设计相关战略咨询研究项目。承担工信部“制造业创新设计发展生态区域示范行动方案研究”咨询项目，结合“中国制造 2025”国家级示范区创建、制造业创新中心建设等重点任务与工程实施，开展制造业创新设计发展生态区域示范和典型案例研究。

组织有关专业分会和中国科协智能制造学会联合体相关学会，开展中国科协“前沿科学问题、工程技术难题”征集活动。5 月 27 日，第二十届中国科协年会闭幕式发布“2018 年 60 个重大科学问题和工程技术难题”，学会推选的基于多源信息融合的大型复杂系统健康状态监测与评估、先进微纳机器人技术及联合体推选的人机共融关键技术、工业互联网中数据集成和边缘处理技术、新一代智能制造系统 5 个问题入选。

作为中国科协智能制造学会联合体秘书处单位，组织评选世界智能制造十大科技进展、中国智能制造十大科技进展，并在 10 月 11 日举行的 2018 世界智能制造大会智领全球发布会上发布。

承担“浙江高端装备制造关键基础件创新发展研究”课题，在 5 月 27 日举办的第二十届中国科协年会期间，向中国科协主席万钢和浙江省党政领导进行汇报。

向中国科协提供《发展产业动能，培育数字“新工人”》《加强工业软件建设，解决智能制造根本问题》2 项专报建议。

国际学术会议 组织召开国际会议 19 次，累计参会约 3869 人次，交流论文约 1517 篇。

9 月 13—15 日，由学会生产工程分会、日本精密工学会主办的第 14 届中日超精密加工国际会议（14th China-Japan International Conference on Ultra-Precision Machining Process）在黑龙江省哈尔滨市举行。来自中国和日本及欧美学术界和行业界的专家、学者 150 人参会。

会议安排大会主题报告 9 个、分会场报告 50 余个。会议征集论文 100 篇，包括境外论文 20 篇、交流论文 54 篇。哈尔滨工业大学机电工程学院精密研究所所长孙涛担任大会主席。

会议同期举办中日双边交流三十周年纪念活动。为中日早期双边交流做出贡献的专家获中日交流贡献奖，4 名青年学者及 18 名研究生分别获大会青年学术奖和优秀论文奖。

10 月 21—25 日，由学会材料分会和西安交通大学共同承办的第 15 届亚太地区断裂与强度会议（15th Asia-Pacific Conference on Fracture and Strength，APCFS）在陕西省西安市召开。来自中国、日本、韩国、澳大利亚、法国、意大利等近 10 个国家的 230 余名代表参会，包括国外代表 49 人。会议收到交流论文 209 篇。

中国科学院院士、华东理工大学教授刘昌胜，燕山大学教授田永君（由其代表作报告），日本神户大学教授 Yoshikazu Nakai，韩国高丽大学教授 Yun-Jae Kim 及澳大利亚阿德莱德大学 Andrei Kotousov 分别作大会主旨报告。

会议共分 15 个主题进行分组交流，共交流 175 篇口头报告、30 篇墙报。

国内主要学术会议 举办国内学术会议 89 次，累计参加人数 3.2 万余人，交流论文 4500 余篇，编印论文集 13 册。

两岸交流 1 月 11—14 日，由学会材料分会、哈尔滨工业大学共同承办的第十二届海峡两岸工程材料研讨会在黑龙江省哈尔滨市召开。会议以“工程材料研究及其产业应用”为主题。来自海峡两岸的 4 名专家作学术报告。90 余名专业人士参加。

12 月 7—13 日，学会热处理分会及台湾金属热处理学会共同举办的第八届海峡两岸金属热处理论坛暨台湾金属热处理学会成立 40 周年大会在台北市召开。海峡两岸热处理业界学者讨论热处理产业当下面临的挑战、热处理产业节能减排策略、热处理技术人才储备与培养、两岸热处理技术合作交流模式、产业参访与经验传承等话题。

国际组织任职 学会 9 名专家在国际学术组织担任执委以上职务，其中，主席 1 人、副主席 2 人、执委（理事）6 人。

国际交往 4 月 21—28 日，学会秘书长陆大明率团赴德国参加世界物料搬运联盟会议。与美国物料搬运协会（MHI）签署双边合作协议，与欧洲物料搬运联合会（FEM）约定就签署双边合作协议开展对话。

5 月 8 日，学会牵头发起国际智能制造联盟筹备会议。来自 15 个国家和地区的 120 余名参加联盟筹备工作代表参加会议。11 月 24 日，联盟学术委员会筹备会议在湖北省武汉市召开，15 名国内外智能制造领域专家参加会议。

8 月 19—23 日，学会理事长李培根率团出席在韩国举办的第一届机械工程新兴技术国际会议。来自东亚、东南亚、南亚等国家和地区的 300 余名代表参会，就 18 项机械工程新兴技术开展分会场交流，录用论文 260 余篇。

9 月 12 日，学会秘书长陆大明率团出席在日本东京举办的第十届中日物流技术交流会。期间，参观同期举办的 2018 年东京国际物流综合展。

全年接待来自美国、英国、德国、日本、巴基斯坦、马来西亚等 10 余个国家与地区的外宾 100 余人次。出国参加国际交流活动 10 余次，涉及德国、法国、美国、韩国、澳大利亚、日本等 10 余个国家与地区，参加有关国际学术会议，并与外方对等机构就双方合作事宜交换意见，考察相关企业、高校和研究院所。

科普活动 打造中国好设计品牌科普活动。开展中国好设计合作伙伴计划，与全国 9 个以设计为主题的设计大赛开展合作伙伴关系；在全国建设 9 个中国好设计区域中心，围绕中国好设计开展展览展示、创新创业、推广交易、培训交流等活动；编写“中国好设计”系列丛书 8 本，挖掘设计引领企业转型升级、提质增效典型案例；摄制 2018 好设计主题宣传片，拓展中国好设计媒体传播渠道；开展 2018 好设计评选活动，382 个项目进入年度终评，79 个项目获奖，其中，金奖 10 项、银奖 20 项、创意奖 40 项、最具网络人气奖 3 项、优秀组织奖 6 项。

表彰举荐优秀科技工作者 推荐中国科学院宁波材料所研究员王立平入选中央组织部、人力资源社会保障部、中国科协、共青团中央共同主办的第 15 届中国青年科技奖。推荐汤海波参评教育部 2018 年度高等学校科学研究优秀成果奖青年科学奖。

学会创新发展 实现咨询项目的研究成果与地方产业发展有机结合。以中国机械工程技术路线图专题活动结合地方制造业产业特点，分析产业、企业所面临的挑战和瓶颈，从技术支撑角度进行交流、探讨、研究。11 月 22 日，服务乐清电气产业发展——中国机械工程技术路线图专题活动在浙江省温州乐清市召开。针对温州乐清市电气产业发展需求，提出模具、3D 打印、精密加工、电气智能制造 4 个专业技术对接领域，分别邀请行业内专家为乐清电气产业发展建言献策。

党建强会 召开党委会议 4 次，贯彻落实上级党组织各项工作部署，集中讨论研究学会各项重点工作。

召开支委会10次、民主生活会1次、组织生活会1次、党员大会3次、党课4次。组织“不忘初心、牢记使命”党性教育培训、征文演讲比赛系列活动，开展“提升学会党组织的组织力和政治功能”课题研究。

理事会党委第一届五次会议通过《中共中国机械工程学会理事会党委关于所属分支机构组建党的工作小组的工作方案》。实际开展业务工作的34个专业分会全部成立党的工作小组，实现党的工作小组在学会系统全覆盖。工作总部成立党群（纪检监察）处并配有专职人员。

会员服务 完成首批会士认定工作，首批认定会士111人，包括80周岁以上资深会士47人。

上线新版会员管理系统，新增微信、支付宝等线上缴纳会费渠道，增加电子会员证书。

推出《先进制造信息参考》（周刊）、《全球战略及产业政策》（34期）、《宏观经济数据》（29期）和《中国制造与“一带一路”倡议》（16期）4种知识服务产品，打造“知识服务”等会员精品服务项目。

编制完成《中国机械工程学会会员发展与服务三年行动计划（2018—2020）》《中国机械工程学会会员日活动方案》。

【第六届智能制造国际会议】 5月9日，第六届智能制造国际会议（2018）在北京举行。会议主题为“新一代智能制造”。来自国内外的500余名专家、学者和企业家参加会议。会议由中国工程院、工信部、中国科协共同主办，中国科协智能制造学会联合体、中国机械工程学会、青岛海尔工业智能研究院、德国机械设备制造业联合会、同济大学工业4.0-智能工厂实验室、汉诺威米兰展览（上海）有限公司承办。

会议由学会理事长李培根主持。全国人大常委会原副委员长、中国科学院院士、中国工程院院士、学会荣誉理事长路甬祥以“中国制造与全球合作共赢”为题致辞。中国科协党组书记、常务副主席、书记处第一书记怀进鹏代表中国科协向会议的召开表示祝贺。

会议举办智能制造科技进展双十论坛、2018制造业知识高峰论坛、2018先进智能制造技术发展研讨会、第七届物流装备绿色与智能技术发展研讨会等专题分论坛。开幕式上，国际智能制造联盟筹备委员会成立。

【2018年中国机械工程学会年会】 11月9—11日，2018年中国机械工程学会年会在四川省成都市召开。年会主题为“科技创新 质量强国”。来自全国各地的1000余名机械科技工作者参加。

开幕式由学会常务副理事长张彦敏主持。中国工程院院士、学会理事长李培根，四川省经济和信息化厅党组书记、厅长陈新有出席开幕式并致辞。

开幕式上，举行中国机械工程学会国家级专业技术人员继续教育基地揭牌仪式，第八届上银优秀机械博士论文奖、第八届绿色制造科学技术进步奖、2018年中国大学生机械工程创新创意大赛最佳创新创意奖、《机械工程学报》第二届高影响力论文颁奖仪式，中国机械工程学会首批会士证书颁发仪式。

年会期间，举办2018年制造业绿色发展论坛暨绿色制造科技成果交流会、中国机械工程学会年会青年论坛——绿色制造创新助推高质量发展、中国机械工程学会青年论坛——上银优博论文交流会、上银优秀机械博士奖颁奖典礼、大师讲堂暨《机械工程学报》第二届高影响力论文及2019年重点刊登方向发布活动、机械制造装备能力提升核心关键技术高端论坛、增材制造技术前沿学术报告会等专题活动。

【2018年中国机器人学术年会】 12月8—10日，由学会机器人分会、中国自动化学会机器人专委会、中国宇航学会机器人专委会共同主办的2018年中国机器人学术年会在湖北省武汉市召开。会议主题为“人机共融，改变生活”。来自全国高校、研究所和企业的专家、学者、学生1200余人参加会议。

中国科学院院士熊有伦、封锡盛、任露泉、丁汉，中国工程院院士蔡鹤皋、郑南宁、王天然、林忠钦、杨华勇、邓宗全，德国汉堡科学院院士张建伟及国家自然科学基金委员会“共融机器人基础理论与关键技术研究”重大研究计划专家组专家，科技部“智能机器人”重点研发计划总体组专家等机器人领域专家参加会议。开幕式上，进行世界机器人大赛——共融机器人挑战赛2019年赛事宣讲，由国家自然科学基金委员会工程与材料科学部副主任王国彪对外宣布。中国电子学会副秘书长梁量介绍大赛2019年度实施方案。

大会设大会主旨报告4个、大会主题报告12个、分论坛特邀报告51个及学术海报成果展示120份，涵盖共融机器人、先进工业机器人、可穿戴医疗与服务机器人、救援机器人、空间与水下机器人、仿生机器人、生物与微纳机器人、软体机器人、协作机器人、群体机器人及其他热点机器人结构、控制、感知的基础理论和关键技术等学术方向。会议举办主题论坛和顶刊论坛，主题论坛结合国家重大需求，邀请领域专家谈论中国机器人发展机遇与挑战；顶刊论坛邀请国内在 *Science* 与 *Nature* 等顶级刊物发表过机器人研究论文的专家、学者分享研究历程。

【第 25 届国际热处理与表面工程联合会大会】 9 月 11—14 日，由学会热处理分会主办的第 25 届国际热处理与表面工程联合会大会（25th Congress of International Federation for Heat Treatment and Surface Engineering）在陕西省西安市举行。来自 40 余个国家和地区材料热处理及表面工程领域的专家、学者及各界代表共计 1200 余人参加大会，包括外籍代表 200 余人。

开幕式由国际热处理及表面工程联合会原主席、西安市决咨委主任、西安文理学院教授徐可为主持。陕西省委常委、西安市委书记王永康，中国工程院院士、学会热处理学会理事长、哈尔滨工业大学校长周玉，国际热处理及表面工程联合会主席 Scott MacKenzie 博士为大会致辞。

大会设分会场 19 个。来自世界各国家和地区的 362 名论文作者现场汇报各自新成果、新技术、新概念和新产品，147 余名论文作者进行论文张贴展示。大会评选出青年优秀论文奖 27 个、优秀海报宣读作者奖 9 个。

【第五届国际增材制造与生物制造会议】 12 月 2—5 日，由学会、中国生物材料学会及清华大学联合主办的第五届国际增材制造与生物制造会议（5th International Conference on Additive Manufacturing and Bio-Manufacturing，ICAM-BM 2018）在北京举行。会议交流和探讨增材制造及生物制造的基础研究、技术创新、交叉应用、教育培训、产业发展和标准法规等主题。来自 9 个国家的近 300 名学者参加会议。

开幕式由清华大学机械工程系教授孙伟主持，学会副理事长兼秘书长陆大明、清华大学增材制造和生物制造中心原主任颜永年致辞。

大会接收摘要近 200 篇，涵盖 16 个主题。会议邀请美国医学院院士、麻省理工学院教授 Roger D. Kamm，德国埃尔兰根 - 纽伦堡大学教授 Carolin Koerner，德国维尔茨堡大学教授 Jürgen Groll 及中国工程院院士、北京航空航天大学教授王华明作大会主旨报告。来自美国、英国、德国、日本、新加坡、韩国等国生物制造领域的学者参会并作邀请报告。

（撰稿人：刘永华　范晓庆）

中国汽车工程学会

服务创新型国家和社会建设　学会完成“北京（BJ）80 轻型越野汽车平台开发研制”“面向汽车开发的互联网大数据智能分析平台”“乘用车数字化虚拟制造技术研究与应用项目评审报告”等科技评估工作 10 项。学会秘书处完成立项 79 项。主持或协助各分会、联盟组织召开标准审核会议 10 余次，审核发布《汽车工程师能力标准》《汽车气候老化试验与评价术语和定义》《乘用车车身试验舱加速腐蚀试验方法》等标准 32 项。复审汽车润滑油 4 项标准和汽车金属材料 19 项标准，其中，废止 2 项，继续有效 1 项，修订 16 项。举办动力电池测试技术及测试规范培训、智能网联标准培训、电动汽车消防安全系列标准宣贯、第一期 CSAE 标准编写培训等专业技术人才培训班和技术讲座 12 次，参加培训人数 1069 人次。

《节能与新能源汽车技术路线图》是受国家制造强国战略咨询委员会和工信部委托，由学会牵头，来自汽车及汽车相关产业的 500 余名专家参与开展的一项联合研究。《节能与新能源汽车技术路线图年度评估报告 2018》是《节能与新能源汽车技术路线图》的延续、深化和拓展，旨在动态研究和评估节能与新能源汽车领域的技术进展，对年度标志性进展及距离路线图规划目标存在的挑战进行分析和总结。

按照《节能与新能源汽车技术路线图》“1+7”的技术领域框架，即节能汽车、纯电动和插电式混合动力汽车、氢燃料电池汽车、智能网联汽车、动力电池、汽车轻量化等开展年度进展评估。评估工作分为综合评估和专题评估。综合评估模块主要围绕节能与新能源汽车发展的外部环境、产业趋势、技术进步等发展情况进行评估。专题评估模块围绕智能网联汽车、新能源汽车、节能汽车、汽车制造等主题，每年选择 1 个主题滚动开展专题研究。2018 年度评估主题为“新能源汽车”，具体工作由学会和电动汽车产业技术创新战略联盟完成，编写组通过实地调研、专家访谈等方式开展行业调研和技术交流，结合咨询组专家意见，形成评估报告。

《节能与新能源汽车技术路线图年度评估报告 2018》包括行业发展指引与数据透视趋势部分，主要是关注产业发展环境和技术应用状况等领域，基于持续的技术统计数据开展技术趋势研究。

2018 年 2—10 月，评估报告经历评估方案论证、实地调研、专家咨询等主要阶段，正式完成。在参考《节能与新能源汽车技术路线图》专家意见的基础上，研究小组总体完成技术路线图发展方向判断等方面的评估工作。

学会建设 5 月 24 日，学会九届一次常务理事会议在浙江省宁波市召开。学会理事长李骏传达《关于进一步加强中国科协所属学会党委建设的指导意见（试行）》和《中国科协 2018 年学会改革工作要点》文件精神。11 月 7 日，中国汽车工程学会九届二次理事会议暨二次常务理事会议在上海市召开。参会理事肯定秘书长张进华所作 2018 年工作总结报告，同意学会秘书处提出的 2019 年工作思路。

青年人才托举工程 完成编制《中国汽车工程学会青托项目管理办法》、修订《中国汽车工程学会青托经费管理办法》、修订《中国汽车工程学会青年人才托举工程考核表》工作；完成“青托”项目 2018 年度的总体预算编制工作、青托项目（2017—2019 年度）第二年项目合同书的编写工作、青托项目（2018—2020 年度）申报书的编写工作；发布《关于开展中国科协“青年人才托举工程（2018—2020 年度）”项目申报工作的通知》，提交申报材料 27 人，形式审查全部合格。组织 16 名专家初审，组织 7 名专家和领导终评，评选青托人员 6 名，其中，中国科协拨款 3 名，学会自筹 3 名。

主办期刊 《汽车工程》在交通运输领域核心总被引频次继续保持第一；收稿 1254 篇，录取 197 篇，刊出 214 篇，其中。智能汽车相关论文刊登比例达到 13%，较 2017 年增长 5%。在中国科协的支持下，学会创办英文学术期刊 *Automotive Innovation*。期刊以建设世界一流期刊为目标，邀请来自全球高 H 指数汽车专家担任编委，以 SCI 检索期刊的标准确保论文水平和出版质量。截至 2018 年年底，出刊 4 期，刊出论文 38 篇，国外论文占 16%。文章下载量 19997 次，被引用论文 3 篇，读者涉及国家和地区 72 个。

学科发展研究 10 月 10 日，发布《中国汽车产业发展报告（2018）》。报告依托中国汽车工程学会、国务院研究发展中心和大众汽车集团（中国）三方优势资源，研究汽车产业发展重点和热点问题。报告以“新时代的新能源汽车产业发展战略”为主题，对国内外新能源汽车产业发展现状及趋势，后补贴时代中国新能源汽车发展新思路与新举措，氢经济背景下的燃料电池汽车产业发展新机遇，新能源汽车与资源、能源、交通和未来城市的融合发展等内容进行分析和阐述。

决策咨询 承接全国人大“车辆购置税（征求意见稿）研究及反馈建议”、中财办“汽车革命顶层设计——未来汽车与汽车产业协同”、工信部“汽车产业中长期发展规划八大重点工程实施方案编制”“CATARC——节能与新能源商用车积分管理课题研究”“汽车产业中长期发展规划实施情况评估项目”“后补贴时代新能源汽车政策体系研究”“汽车技术短板筛选”、国家发展改革委“汽车产业投资管理（征求意见稿）研究及反馈建议”、中国工程院“汽车长板和短板瓶颈技术筛选”、中国科协“一流学会调研报告”等课题。

国际学术会议 学会及分支机构举办国际学术交流活动 20 余项，包括 2018 中国汽车工程学会年会暨展览会、第十届国际汽车变速器及驱动技术研讨会、第三届国际氢能与燃料电池汽车大会、2018 国际汽车智能共享出行大会、第五届国际智能网联汽车技术年会、第二届国际燃料电池汽车大会等。交流论文 600 篇。参加人数 8500 人次，其中，境外专家、学者 400 人。

10 月 23—25 日，第三届国际氢能与燃料电池汽车大会在江苏省如皋市召开。大会延续会展结合方式。来自 21 个国家和地区 680 余家单位的 1522 名专家、学者参会，其中，国外参会专家、学者 205 名。

国内主要学术会议 学会及其分支机构举办年会、研讨会、论坛等学术活动 20 余场。近 5000 人参加活动。

9 月 28—30 日，2018 中国汽车轻量化技术研讨会在江苏省苏州市召开。会议历时 3 天，采取 1 个主会场、10 个分会场相结合的形式。会议同期举办整车、零部件、新材料、模具、装备等轻量化产品与技术展览会，产业对接与技术成果转移活动。来自国内整车及零部件企业、科研院所、原材料企业、政府机构、检测机构和设备企业等单位的 800 名专家、学者参会。

国际组织任职 加入国际汽车工程学会联合会（FISITA），赵福全任 FISITA 主席，任期为 2018—2020 年。

国际交往 派 25 人次前往德国、美国、日本、西班牙等国家开展国际交流活动。9 月 10—15 日，受全球气候行动峰会主办方之一美国能源基金会邀请，学会常务副理事长兼秘书长张进华参加全球气候行动峰会，并参加活动期间举办的未来零排放出行研讨会、中国角讲述中国故事以及全球气候行动峰会电动汽车分会活动并发表演讲。

科普活动 学会及其分支机构开展科普竞赛和展览活动10余项。包括中国大学生方程式汽车大赛（FSC）、中国大学生电动方程式大赛、中国大学生无人驾驶方程式大赛、中国汽车工程学会巴哈大赛等。

10月9—13日，第九届中国大学生方程式汽车大赛（FSC）在湖北省襄阳市举办。全国66支车队到场参赛，吉林大学获冠军。此届赛事有2500名学生到场参赛，130名裁判人员执裁、60名志愿者及40名工作人员为赛事服务。

11月26日—12月1日，中国大学生电动方程式大赛在广东省珠海市举办。全国48支电车队在珠海航展中心进行比赛，广西科技大学鹿山学院获电车赛冠军。大赛共吸引2400余名学生参赛，有180余名裁判、70名志愿者、40名工作人员以及50名媒体教师到场。

2018年，由爱驰亿维冠名的第二届爱驰杯大学生无人驾驶方程式大赛在广东省珠海市举办。参赛车辆部分基于往年的电车基础改造而成，队员主要由来自非汽车领域的各个专业的跨界人才组成。报名参赛车队15支，到达现场车队9支。为比赛现场安全，超半数的车队未通过安全检测。大赛新增无人系统答辩与有人驾驶的操控性测试。

8月22日—8月26日，中国汽车工程学会巴哈大赛在湖北省襄阳市举办。报名车队102支，其中，本科组45支、职校组55支、高中车队1支、企业车队1支。参赛车队本科车队37支、职校车队46支、高中车队1支、企业车队1支，共85支。赛事参与人数超3000人。除现场参与外，活动视频直播量2190万，图片直播浏览量269047。比赛被CCTV5、《中国汽车报》等新闻媒体报道。

表彰举荐优秀科技工作者 9月，在浙江省杭州市召开2018年度中国汽车工业科学技术奖终评会。评出拟授奖项目54项，其中，一等奖5项（含技术发明奖2项）、二等奖17项（含技术发明奖1项）、三等奖32项，项目评奖比例约36%。科技人才奖5人，其中，优秀科技人才奖2人、优秀青年科技人才奖2人、优秀归国科技人才奖1人，评奖比例约14.71%。

学会创新发展 首次推出学会微课堂平台，完成百期微课堂，涉及电动汽车、智能网联汽车、汽车轻量化、NVH和共享出行等领域。微课堂是一个为学会会员服务、有科普性质的公益平台，目的是让学员足不出户就可以接收到汽车行业的新技术、新知识，让学员认识汽车和汽车学会。首次开展优秀博士学位论文的评选工作。共收到45份申报材料，经15名专家评选，选出优秀博士学位论文10篇和优秀博士学位论文提名10篇。

会员服务 启动第三次中国汽车工程学会会士评选工作。会士是个人会员的最高级别，也是学会授予个人会员的最高荣誉。此次会士提名评选工作选出8名会士，在学术水平和为行业、为学会发展贡献上，都得到行业认可。为促进学会个人会员发展，完善会员服务体系，组建学会核心专家库及学术会议演讲候选人名录，启动2018年度高级会员征集工作。采用单位推荐和个人推荐相结合的方式，征集工作收到66名候选人资料；经过形审，产生高级会员28人。面向团体会员单位开展团体标准制定工作。邀请会员单位参与学会组织的课题研究，为会员单位提供在学会官方渠道的宣传平台。

【2018中国汽车工程学会年会暨展览会】 11月6—8日，2018中国汽车工程学会年会暨展览会（2018 SAECCE）在上海汽车会展中心召开。年会历时3天，设分会70余场，技术报告467场，邀请行业及跨行业院士10人、整车CTO 20人参与策划、组织和演讲；技术展览场地面积16000平方米，展商128家。来自20个国家和地区的3036名参会代表和14012人次观众参会。

2018 SAECCE主题为"未来汽车与交通变革"，紧抓行业热点，定位智能网联汽车技术和新能源汽车技术。内容涵盖传统动力总成技术、环保排放、轻量化材料技术、智能制造、检测测试技术、安全技术、NVH技术等。组织包括全体大会、中外交流论坛、院士论坛、技术大会、专题分会、技术分会、青年工程师活动、技术展览、试乘试驾、企业参观等活动。

年会收到论文投稿980篇，录取443篇。其中，入选《汽车工程英文刊》（*Automotive Innovation*）8篇、入选《汽车工程》8篇、入选《汽车技术》17篇；入选《2018中国汽车工程学会年会论文集精选集》76篇，将进入EI检索；其他334篇入选《2018中国汽车工程学会年会论文集》。

【2018国际汽车智能共享出行大会】 11月19—21日，学会和中国智能交通协会在广东省广州市花都区联合举办2018国际汽车智能共享出行大会（International Smart Shared Mobility Congress 2018，SMC

2018）。大会以“集聚创新新动能，共塑产业新生态”为主题。旨在发挥政府部门及国际组织、全球顶尖智库、产业生态圈核心企业等出行产业的智慧，打造促进融合创新、构建多元交流的平台。

大会期间，多名行业专家从顶层规划、政策落地、监管挑战等方面，提出未来智能共享出行行业发展的政策需求和优化建议。广州市花都区人民政府发布《花都2025，智能共享出行城市发展规划纲要》，宣布将打造汽车智能共享示范区。大会亮点是推动智能汽车、智能交通、智慧城市融合发展。参加会议专家、学者67人，其中，海外14人，占比21%。来自政府部门和行业机构、整车企业、零部件企业、科技公司、出行服务平台、科研机构、高校、咨询机构等近300家单位的617名代表参会。合作媒体超40家，包括《中国汽车报》、新浪汽车、搜狐汽车、汽车头条、汽车商业评论、汽车之友、智谷、汽车之家、新智驾等媒体。到场记者60余人。

【2018中国汽车轻量化技术研讨会】 9月28—30日，2018中国汽车轻量化技术研讨会在江苏省苏州市召开。会议由学会、汽车轻量化技术创新战略联盟、电动汽车产业技术创新战略联盟共同主办，云南航天神州汽车有限公司、河钢股份有限公司唐山分公司协办。

会议历时3天，采取1个主会场、10个分会场相结合的形式。同期举办整车、零部件、新材料、模具、装备等轻量化产品与技术展览会，产业对接与技术成果转移。举办第二届优秀研究生奖、首届中国汽车轻量化设计奖和点对点轻量化业务对接活动。近800名来自国内整车及零部件企业、科研院所、原材料企业、政府机构、检测机构和设备企业等单位的专家、学者参会。

会议首次设立新能源汽车轻量化分会场，吸引200余名专家、学者参会。该分会场主要围绕热点与难点问题，交流与探讨新能源汽车轻量化技术策略、生态设计与整车轻量化关键技术、超轻量化电动车研究开发以及多材料、先进工程塑料、铝合金、电池系统、电池包、轻量化底盘等新能源汽车的实践与应用等话题。

【《汽车产业中长期发展规划八项重点工程实施方案》】 8月，学会完成《汽车产业中长期发展规划八项重点工程实施方案》编制和专家评审工作。

为贯彻落实《汽车产业中长期发展规划》，工信部装备工业司委托学会组织行业专业力量编制《汽车产业中长期发展规划》重点工程实施方案。2017年7月，项目编制工作启动，项目编制工作历时近1年。编制工作团队由学会牵头，联合中国汽车工业协会、中国汽车技术研究中心有限公司、中国汽车工程研究院股份有限公司、清华大学、中国汽车零部件技术创新组织G20、中国智能网联汽车产业创新联盟等行业重点机构以及企业单位组成。成立由相关部门领导、两院院士、行业权威专家、行业组织及科研院所技术负责人组成的指导小组。

在实施编制过程中，各编制小组针对各自领域相关企业和机构开展调研走访以及内部专家论证，其间六易其稿，召开专题研讨论证会20余场，参与讨论的专家累计超过300人次，达成行业共识。在具体推进方面，创新重点工程推进的模式和机制，提出相关政府部门、汽车行业组织及产学研协同推进的矩阵式、多层次、立体化的实施方案。

（撰稿人：张　静　孙　莹　路瑞刚
罗慧姝　吴胜男　曲　兴）

中国农业机械学会

服务创新型国家和社会建设 12月8日，在福建省福州市福建农林大学举行“东方红杯”第四届全国大学生智能农业装备创新大赛。面向行业征集并发布中国农机学会团体标准2018年计划项目15项，并按规定程序开展起草和制定工作；批准发布34项中国农机学会团体标准；开展8项排灌机械团体标准审查、7项绿色产品评价团体标准征求意见。举办水泵设计、试验技术等培训班，培训50余人次，招收的学员来自全国各地的水泵厂、电机厂、喷灌机厂、化工设备厂、泵阀厂、排灌机械综合性公司和检测机构、经营公司及使用等单位。

学会建设 11月25日，中国农业机械学会第十一次全国会员代表大会在浙江省杭州市举行。

经学会十届八次常务理事会议批准，组建人工智能分会、检验检测技术分会、设施园艺与果蔬机械分会和丘陵山区农林机械分会。

学会青年工作委员会建立新的官网，将活动新闻进行系统性对外宣传；学会现代物理农业分会网站上线运行，成为物理分会对外宣传的重要平台和窗口。学会拖拉机分会通过对农机行业知识产权状况调查，编写完成《2013—2017 年我国拖拉机行业与企业专利状况分析》等技术报告，为农机行业内各企业在技术发展和技术创新方面提供具体参考信息。

4 月 11—13 日，中国农业机械学会 2018 年工作会议暨创新驱动助力工作研讨会在浙江省温岭市举行。学会 19 个分支机构和 13 个地方学会秘书长或代表，以及学会秘书处工作人员等共 40 人参加会议。

在中国农机学会网发布各类通知、报道等 90 篇；挂靠单位网站发布相关新闻 18 篇，中国科协网站 13 篇。

学会治理结构和治理方式改革 制定学会《人事聘任及薪酬管理制度》，规范学会内部管理；面向社会招聘员工 2 人。

主办期刊 《国际农业与生物系统工程学会期刊》（*CIGR Journal*）出版 4 期，发表学术论文 109 篇；亚洲农业工程学会（AAAE）学术期刊——《国际农业工程》（IAEJ）出版 4 期，发表论文 167 篇。

主办的《农业机械学报》影响因子年度提高 8.26%，总被引频次年度提高 10.65%。共收到有效来稿 2000 余篇，完成正刊 12 期、增刊 1 期出版任务，共刊出论文 680 篇，各类基金类论文达 100%，国家级项目资助论文约占 95%。依托中国科协优秀科技论文遴选平台、指标体系，通过中国科协组织的组建专家库、论文网上推荐、论文网上评审及评审专家委员会终审等环节，《农业机械学报》发表的 4 篇论文获 2018 年中国科技期刊农林学科年度优秀论文特等奖、一等奖、二等奖、三等奖。《秸秆 – 土壤 – 旋耕刀系统中秸秆位移仿真分析》被评为第三届中国科协优秀科技论文。

国际学术会议 学会及所属分支机构共举办国际会议 2 场。3 月 28 日，由学会、中国农业机械工业协会、中国农业大学共同主办的 2018 国际精准农业技术装备峰会在河南省郑州市召开。峰会主题为“精准智能，跨界融合”，聚焦精准农业核心的农机导航与位置服务技术与装备。会议分为学术报告和权威访谈 2 部分。220 人参加会议。

11 月 30 日，学会排灌机械分会在江苏省镇江市举办“一带一路”农业现代化国际合作发展论坛。论坛以“理念与模式创新”为主题，邀请“一带一路”沿线国家农业部门、国际组织和智库、中国农业装备行业企业、高校和研究机构代表，共同探讨“一带一路”农业现代化国际合作发展。与会专家介绍中国农业对外投资合作的情况与展望，农业走出去的潜力、环境和风险，围绕“‘一带一路’农业现代化与农业装备合作有哪些重点、难点和痛点？”“中国农业装备走向‘一带一路’国家的过程中，政产学研分别可以发挥什么样的作用？”等议题进行交流。会议特邀专题报告 18 篇，参会人员 150 余人，其中外籍 18 人。

国内主要学术会议 学会及所属各分支机构举办学术活动 28 次，征集交流论文 705 篇，近 5000 人次参加交流活动。

1 月 13 日，由学会青年工作委员会参与组织的第七届中国智慧农业创新发展高峰论坛暨“匠农杯”颁奖大会在中国农业机械化科学研究院开幕，来自全国各地的农业主管部门领导、智慧农业行业学者、智慧农业企业代表 300 余人参加会议。新华网、央视网、《经济日报》、中国网、《中国化工报》《农资导报》《中国食品报》、中国智慧农业网、灌溉网等 20 余家行业媒体现场跟踪报道。

7 月 6—7 日，由学会普及工作委员会、青年工作委员会和现代物理农业工程分会共同主办的第六届中国农机高端论坛在北京召开。相关行业协会领导、专家，生产企业、经销商、用户代表等 150 余人参加论坛，围绕农机行业新技术、新模式变革，“糟糕”市场下行业的应对之策，行业中长期发展的驱动引擎等问题进行探讨。

8 月 25—26 日，学会排灌机械分会承办的第二十九届全国水动力学研讨会在江苏省镇江市江苏大学召开。会议设 5 个分会场，包括 7 场大会报告、130 场分会场报告。来自全国 45 家单位共 200 余人参会，会上交流论文 130 余篇。

10 月 12—13 日，团体标准化实践与标准编写基础研讨会暨团体标准审查会在浙江省台州市举行。会议由学会和全国农业机械标准化技术委员会等联合举办。会议围绕中国标准化改革思路与发展趋势、《中华人民共和国标准化法》、科技成果如何转化为标准、标准立项与编写、中国农机学会团体标准管理运行机制等开展专题演讲和研讨。60 人参加会议。

10 月 26 日，学会农机化分会联合中国农业机械流通协会、中国农业机械化技术开发推广分会、湖北省农业机械学会共同举办“推进丘陵山区农业机械化发展”专题报告会。此次报告会明确丘陵山区农业机械化现状与需求，探讨丘陵山区农业机械化发展对策、技术选择与路径，创新丘陵山区农业机械化扶持政策的方式方法，推进丘陵山区农业机械化发展。近200名专家、学者参加报告会。

11月25—26日，在浙江省杭州市举行2018中国农业机械学会学术年会暨现代农业装备技术创新与高质量发展论坛。

国际交往 4月22—25日，国际农业与生物系统工程学会（CIGR）第十九届世界大会在土耳其安塔利亚召开。中国工程院院士、学会理事长罗锡文，学会前任理事长（2002—2010）、中国农机工业协会会长、CIGR现任主席陈志等来自中国各大专院校、研究机构和农机企业共38人参加大会。CIGR第十九届世界大会以“Sustainable Life for Children”为主题，大会期间，4名专家作大会主旨报告，来自世界各个国家和地区的140余名专家、学者作学术报告，就水土工程、农场建筑与环境、作物设备工程、农业能源、农业图像分析和光谱学、农业系统管理、农业生物过程、农业信息技术等主题进行交流与研讨。

科普活动 6月14日，学会普及工作委员会联合农业机械杂志社在北京举办农机新媒体发展论坛暨农业机械公开课启动会议。首期公开课定位前沿新媒体发展，试图解决农机企业及行业对互联网及传统媒体的认识问题，来自全国各地农机行业及媒体的80余人参加公开课。农机（网络）公开课为农机科普工作的开展提供思路，将成为普及工作委员会重要科普项目。

11月6日，学会普及工作委员会在北京承办彭阳县2018年新型职业农民培育工程培训班。来自宁夏回族自治区固原市彭阳县的50名农机合作社骨干及农机大户参观农机生产企业和农机专业合作社，并请专家对现代农机及相关维修等内容进行讲解。

表彰举荐优秀科技工作者 开展中国农业机械发展贡献奖（2014—2018年度）评比表彰活动，王金富、毛罕平、方宪法、应义斌、陈学庚、范伯仁、诸慎友、韩鲁佳8人获奖。开展“中联重科杯”第六届中国农业机械学会青年科技奖评比表彰活动，王强、王在满、付君、孙宜田、沈有柏、张若宇、张金凤、张俊宁、黄光群、董昊10人获奖。

学会创新发展 成立监事会，对学会重大事项进行监督，助力学会发展。第一届监事会由9名监事组成，其中监事长1人、副监事长2人。经反复争取，亚洲农业工程学会秘书处迁址北京，由学会配备人员承担具体工作。

党建强会 进行换届工作，学会党委召开党委会及党委全体党员会议3次，商议确定换届方案和学会负责人、常务理事候选人选等。完成新一届中国农业机械学会功能型党委换届工作。

学会党委和秘书处党支部按照中国科协要求，作为首批试点学会，参加“创建星级学会党组织”试点评价工作，获中国科协科技社团党委优秀党组织称号。

申报中国科协学会党建研究会2018年党建调研课题并获经费资助，撰写的调研报告获中国科协党建研究会优秀论文奖。申报“党建强会计划”项目——党务干部培训项目，获经费资助，按计划完成项目执行工作。配合中国科协科技社团党委的各类宣传工作，学会党建联络员贾如被授予中国科协优秀党建通讯员称号。

9月，秘书处党支部组织主题党日活动，学习塞罕坝精神。

【中国农业机械学会第十一次全国会员代表大会暨2018中国农业机械学会学术年会】 11月25—26日，中国农业机械学会第十一次全国会员代表大会暨2018中国农业机械学会学术年会在浙江省杭州市召开。

25日上午，近300名代表参加第十一次全国会员代表大会，副理事长王博主持大会开幕式和第一阶段全体会议。理事长罗锡文致开幕词，秘书长张咸胜代表第十届理事会作工作报告。副理事长方宪法作第十一届理事会理事候选人资格审查的报告，副理事长袁寿其作第一届监事会候选人资格审查的报告，副秘书长赵凤敏作第十届理事会财务工作报告，副秘书长张振新就中国农业机械学会章程的修订进行说明。会议审议通过学会新的章程，代表以举手表决方式选举产生第十一届理事会，共147名理事。

大会第二阶段全体会议由理事长罗锡文主持。大会审议通过第十届理事会工作报告、第十届理事会财务工作报告、中国农业机械学会章程（修订稿）的决议；听取并表决通过副理事长赵剡水宣读的《关于缴纳2018—2022年度团体会费的决议》；听取并通过副理事长王博宣读的《学会十一次代表大会授予名誉理事长的决议》，决定蒋亦元、汪懋华、任露泉、罗锡文、陈学庚、闫楚良、陈志为中国农业机械学会名誉理事长。同期召开中国农业机械学会十一届一次理事会议暨学会功能型党委全体党员会议，选举产生于海业等49人为中国农业机械学会第十一届理事会常务理事。王博当选第十一届理事会理事长，于海业、刘旭、刘恒新、李安宁、杨洲、赵春江、赵剡水、姜文娟、袁寿其、隋斌、傅泽田（按姓氏笔画为序）11人当选副理事长，提名聘任张咸胜为秘书长。会议通过学会副秘书长人选。经表决，会议选举王博、刘恒新、刘旭、赵剡水、于海业、张咸胜、张振新7人组成中国农业机械学会功能型党委。选举产生由方宪法、应义斌、韩鲁佳、王金富、王桂民、吕黄珍、刘敏、姜卫东、骆琳9人组成的中国农业机械学会第一届监事会。

25日下午，举行2018中国农业机械学会学术年会暨现代农业装备技术创新与高质量发展论坛，700余名专家、学者参加会议。围绕大会“科技创新　乡村振兴”主题，中国工程院院士汪懋华就“新时代新征程，农业机械化与装备工程创新驱动发展的思考”，中国工程院院士罗锡文聚焦“精准农业技术研究进展”，任露泉院士围绕“农机创新与非光滑仿生”，中国工程院院士陈学庚就“突破农业装备薄弱环节，助力乡村振兴战略”，中国工程院院士赵春江聚焦“农业机器人展望”，中国科学院院士闫楚良围绕“航空航天技术科学及展望”，学会名誉理事长陈志就“玉米全价值收获技术装备探索与实践”等相关内容作7个主题学术报告。

11月26日，现代农业装备技术创新与高质量发展论坛设11个专题分会场进行学术交流，中国农业机械学会17个分支机构联合浙江农机学会等有关单位，分别承办相关分会场的学术交流活动。126名学者进行口头学术演讲，600余人参加相关分组学术讨论。

【中国科协第353次青年科学家论坛】 8月11—12日，中国科协第353次青年科学家论坛在北京召开。论坛由中国科协主办，中国农业机械学会、中国农机院承办，中国农业机械学会青年工作委员会、中国农业机械学会现代物理农业工程分会、中国农业机械学会普及工作委员会协办。来自全国80余家农业科研院所、高校和生产企业等单位的近200名青年专家、学者参加论坛。论坛以“农机装备创新支撑乡村振兴”为主题，围绕农机装备创新、农村产业融合、智慧农业前沿、农村绿色发展等方向，邀请33名青年专家、学者分享主要作物机械化生产装备协同创新思考、大规模个性化定制背景下的农机装备智能制造、构建自主可控的智能农机创新体系、收获装备与种植装备创新、工业设计理论在农机装备新产品研发中的应用、农业机械的安全性设计、智慧农业4.0新模式、农村一二三产业融合研究模型与休闲农场运营管理、农业机器人、农机全生命周期数据化建设、农机智能终端监控解决方案、二维码在农业领域的应用、中国生态循环农业发展等最新研究成果。

【“东方红杯”第四届全国大学生智能农业装备创新大赛】 12月8日，“东方红杯”第四届全国大学生智能农业装备创新大赛在福建省福州市福建农林大学举行。大赛由中国农业机械学会、中国农业工程学会、教育部高等学校农业工程类专业教学指导委员会、江苏省现代农业装备与技术协同创新中心主办，福建农林大学承办。大赛以“智能农装　创新未来”为主题，旨在创建高校、院所、企业和行业协同培养学生的综合平台，激发学生热爱农业装备、学习农业装备科技、投身农业装备事业的积极性和主动性，培育一批行业亟须的“专业知识雄厚、动手能力较强、创新创业能力过硬”的现代农业装备创新创业人才。来自吉林大学、中国农业大学、江苏大学、福建农林大学等55所高校718名学生的359件智能农业装备创新作品参加决赛，共评出特等奖作品25件、一等奖作品57件、二等奖作品124件、优秀奖作品67件、优秀指导教师119人，江苏大学、华中农业大学、福建农林大学、中国农业大学等11所高校获“优胜杯”。4家企业代表与学生代表在闭幕式现场进行创新成果转移转化签约，促进高校创新人才培养和企业需求的结合。

【2018年农机推广高峰论坛】 12月20日，由学会农机化分会联合中国农业机械化协会技术推广分会联合主办，雷沃福田重工股份有限公司承办的2018年农机推广高峰论坛在天津市召开。农业农村部主要农作物生产全程机械化推进专家指导组专家、农业农村部农机化新机具新技术试验示范项目总结会代表及部分流通企业代表等近300人参加论坛。论坛以“创新协作，共推农机化高质高效发展”为主题，结合乡村振兴战略的部署以及国务院对农业机械化和农机装备产业升级的新要求，邀请中国工程院院士罗锡文、陈温福，农业农村部农机推广总站站长刘恒新，雷沃副总经理李金良分别作主题报告《对我国农机科技创新的思考——学习习近平总书记在两院院士大会上的讲话》《农业现代化与乡村振兴》《农机推广助力农机化高质量发展》《科技创新：助力农业现代化》。

（撰稿人：袁爱洁）

中国农业工程学会

服务创新型国家和社会建设　学会依托专业学

术会议资助制度，提出科技工作者建议5项。在华中农业大学园艺植物生物学教育部重点实验室组织开展“柑橘采后绿色生产技术及装备创新与应用”成果评价1项。

与中国振华进出口总公司、中国三农控股有限公司签订战略合作框架协议，为其提供农业工程相关咨询培训服务及专家智库资源，共同推进现代农业工程体系建设。

4月8—10日，学会与中国农业国际合作促进会联合主办的2018年中国国际现代农业博览会在北京举行。

8月26—27日，“华裕杯”第六届全国大学生农业建筑环境与能源工程相关专业创新创业竞赛在西北农林科技大学举办。竞赛由学会和教育部高等学校农业工程类专业教学指导委员会主办，中国农业大学和西北农林科技大学承办。竞赛以“乡村振兴与现代农业工程”为主题。来自24个省、自治区、直辖市的41所高校150支代表队共500余名师生参加在陕西省杨凌示范区举办的决赛，参赛作品150件。

12月8日，“东方红杯”第四届全国大学生智能农业装备创新大赛决赛在福建农林大学举行。大赛由学会与中国农业机械学会、教育部高等学校农业工程类专业教学指导委员会、江苏省现代农业装备与技术协同创新中心联合主办。大赛主题为“智能农装，创新未来”。经过初赛和复赛，共55所高校718名学生359件智能农业装备作品参加决赛。大赛同期，举办大学生项目成果供需洽谈会和大赛成果签约仪式。

12月22日，由学会土地利用工程专业委员会等联合主办的第六届“易修复之星”创新创业大赛在北京林业大学举行。共18所高校、科研院所的53名研究生参与比赛。

学会能力提升计划 完成中国科协综合能力评估工作。申报世界一流学会建设项目，以学会第一期、第二期学会能力提升专项为基础，总结学会在能力提升专项中取得的成果和经验。

学会建设 截至2018年年底，个人会员共11672人，包括学生会员1413人、党员会员4391人。学会畜牧工程分会、农业系统工程专业委员会、设施园艺工程专业委员会3个分支机构完成换届工作。学会召开理事会议1次、常务理事会议2次、监事会议2次、理事长工作会议3次、学会党委会议4次、学会分支机构主任委员工作会议1次、秘书长工作会议8次。

学会新版网站月均浏览量4500人次。微信公众号“中国农业工程学会”发布文章92篇，截至2018年年底，关注人数800余人。

学会治理结构和治理方式改革 推进办事机构规范化职业化建设，出台《中国农业工程学会秘书处组织机构方案》，增强秘书处工作统筹职能，整合资源、统一配置人员，形成工作整体合力。出台《中国农业工程学会工作规则》，推进学会工作规范化、制度化、科学化。出台《中国农业工程学会监事会工作规范》，保障监事会行使对理事会和常务理事会的监督权力，履行监督职责。

7月，学会在北京市社会保险基金管理中心的企业社保账号启用。学会秘书处为新入职员工申请办理个人社保账号及五险新参保手续。同期，学会在北京市住房公积金管理中心朝阳管理部登记开户。

青年人才托举工程 已完成第一届中国科协青年人才托举工程项目（2015—2017年度）。

主办期刊 《农业工程学报》出刊24期，增刊1期，入选中国科协2018年度中文科技期刊精品建设计划项目（学术创新引领项目）、中国科协科技期刊精准推送服务试点项目。入选2018中国最具国际影响力学术期刊，期刊国际影响力指数入围TOP5%。再次被评为百种中国杰出学术期刊、期刊数字影响力100强（学术类期刊），获中国科技论文在线优秀期刊一等奖。7月，新增农业资源循环利用工程栏目，出版《农业农村资源循环利用》专刊，评出优秀论文10篇。

《国际农业与生物系统工程学报》（英文版）（IJABE）出刊6期，刊发论文180篇，包括国外及国际合作发表论文60篇，录用论文全部实现SCI、EI双收录。IJABE第3个影响因子及引证报告公布。影响因子为1.267，2017年为0.835。在被SCI收录的14种农业工程类期刊中排名第8。

学科发展研究 联合分支机构，开展学科发展调查研究，为出版第5本学科发展报告打下基础。

国际学术会议 学会及分支机构共举办国际会议3次，交流论文350篇，参会人数900余人次，包括国外专家、学者32人次。

7月13日，2018智慧农业创新发展国际研讨会在北京召开。会议针对新一代人工智能技术、大数据与区块链技术、智慧农业技术、智慧农业创新发展与全球化战略、智慧农业协同创新与关键技术、装备以及智能农业产品研发与产业提升等组织开放式研讨。来自美国、日本、韩国等10余个国家和地区的60余名专家及300余名学者参加会议。

9月3—5日，2018年中国畜禽环境与智慧畜牧业学术研讨会在黑龙江省哈尔滨市召开。大会重点围绕畜禽环境与智慧畜牧业主题，涵盖畜禽环境生理与调控、饲养工艺与行为福利、饲养设施与装备、大数据与信息化4大主题。来自美国、丹麦及国内20余个省、自治区、直辖市高校、科研机构和企业的专家、学者和在校研究生300余人参加会议。

10月22—23日，第六届水产工业化养殖技术国际学术研讨会在浙江省杭州市召开。会议以“新时代水产养殖工业化和信息化”为主题。围绕水产工业化养殖技术前沿和产业发展趋势，进行交流和研讨。来自国内外高校、科研院所和企业界的300余人参会。

国内主要学术会议 学会及分支机构举办国内学术会议20次，交流论文900篇，形成科技工作者建议5个，参会人数2600余人次。

7月2—22日，学会青年科技委员会和农业电气化与信息化分会联合主办的智能农业技术与装备高峰论坛暨2018年中国农业工程学会农业电气化与信息化学术年会在新疆石河子大学召开。会议主要针对现代信息化条件下，中国智能农业装备的发展方向及最新成果作报告。来自全国60所高校和科研院所的专家、学者近200人参会。

7月19日，学会山区资源综合利用开发分会主办的河北省山区农业工程技术研究中心2018年工程技术委员会会议在河北省保定市举行。与会专家讨论和交流未来山区农业发展目标、研究重点和成果转化等，提出可行性建议。共40余名专家、学者参会。

8月16日，学会农业水土工程专业委员会第十届学术研讨会在江苏省镇江市召开。会议围绕农业绿色高效用水理论与技术，现代节水灌溉技术与装备，变化环境下农业水文与伴生过程及其调控，农业灌排智能化及信息化技术，灌区生态环境保护理论与技术，农业水土资源管理理论、政策与机制6个议题展开。来自全国120余家单位的学科骨干、学生代表及参加中美农业节水技术与国际论坛的代表共1000余人参会。

8月24日，学会蓖麻经济技术分会第六届二次年会在新疆维吾尔自治区塔城地区召开，同期召开蓖麻科学种植与沙漠化土地治理专题会议。业界专家及企业代表共130人受邀参加专题会议。会议主要分析讨论抗旱品种的研发和选择，新型生物肥在极端气候、土地条件的作用及现阶段已经开展的治理工程和试验，提出具体措施和新的方案。

10月12—14日，学会农业系统工程专业委员会、中国系统工程学会农业系统工程专业委员会联合主办的2018全国农业系统工程学术年会在河南农业大学召开。来自全国24所高校和研究所的80余名农业系统工程领域专家、学者参加会议。

10月21日，由学会设施园艺工程专业委员会、中国园艺学会设施园艺分会共同主办的2018中国设施园艺学术年会在山东省烟台市召开。会议围绕设施蔬菜绿色生产技术、设施结构与性能、设施装备新技术和新设备、设施环境调控、设施栽培等方面的新理念和新成果展开大会报告。来自全国设施园艺领域的教学、科研、生产、经营、管理、技术推广人员等500余人参加会议。

11月28日，学会教育工作委员会主办的2018新工科视域下农业工程学科与专业建设研讨会在江苏省南京市举行。与会专家、学者围绕“新工科视域下农业工程学科与专业建设”主题展开报告和研讨。来自全国30余所高校的100余名农业工程学科专家、学者及教师代表参加研讨会。

11月16日，学会农业工程情报信息专业委员会主办的2018年全国农业农村信息化展望大会在江苏省南京市召开。此次会议是全国“双新双创”博览会期间同步举办的专业论坛。大会会集国内农业信息化领域院士专家、企业家、政府官员，以理论、政策、技术、产品、市场、标准为重点内容，总结党的十八大以来中国农业农村信息化发展成就，分析面临的困难和问题，展望未来1年和5年的农业农村信息化发展。共300余名代表参会。

12月8日，学会土地利用工程专业委员会在中国地质大学（北京）召开第二届土地整治工程专业建设研讨会。与会人员交流土地整治工程专业建设模式与发展方向，对培养方案、课程体系和教材提出意见和建议。会议研讨学会土地利用工程专业委员会换届方案、《中国农业百科全书·农业工程卷》土地利用工程分册条目设置方案。来自10余所高校等单位的专家、学者90余人参加研讨会。

12月15日，由学会种子机械装备工程专业委员会、山东省主要农作物机械化生产装备协同创新中心、国际田间试验机械化协会（IAMFE）中国分会联合主办的2018年全国种子繁育试验机械化装备技术研讨会在青岛农业大学召开。与会专家围绕中国种子生产机械化现状、发展目标，智能农业装备发展方向，中国种业机械化发展分析及玉米、小麦良种繁育等作专题报告。来自全国高校的专家、学者和大中型企业负责人及技术骨干60余人参加会议。

国际组织任职 共有24名专家在14个国际组织任职。

科普活动 开展科普讲座、科普培训等20余次，直接受众约7000人次。在2018中国国际现代农业博览会期间，以视频、展板等形式，开展农业工程科普展，活动覆盖企业500余家、高校12所、观众3.6万余人次。

学会土地利用工程科学传播专家团队在全国第28个土地日，以科普资料发放、科普讲座、农事体验的形式开展“6·25”土地日宣传活动。活动覆盖200余人。

学会畜禽健康养殖环境及工程科学传播专家团队以培训、讲座等形式开展畜牧业绿色发展中国行——畜禽养殖节水与粪肥利用设施装备科普活动。活动覆盖450余人次。

学会农业航空技术传播专家团队组织田间观摩会，向农民和种粮大户免费发放科普书籍《农用无人机100问》500余册。

科普杂志《农业工程技术》开通微信公众号“农业信息化”，发布文章82篇。截至2018年年底，关注人数2700余人。

学会被中国科协科普部评为2018年度科普工作优秀单位。

表彰举荐优秀科技工作者 向中国科协推荐中国工程院院士汪懋华、罗锡文、康绍忠，朱明研究员、韩鲁佳教授、杜太生教授分别作为“老、中、青”科学家代表和基层科技工作者代表。向中国科协科技社团党委推荐李保明教授、沈玉君研究员作为全国学会优秀党员科技工作者。

学会创新发展 评估专业学术会议资助制度，完善实施机制。经过申报、评审、公示等程序，7个分支机构的7个专业学术会议获资助，参会人数共1800余人次。通过专业学术会议资助制度，基础良好的分支机构提升学术会议质量，基础薄弱的分支机构建立起学术会议机制，强化学会与分支机构的业务互动。

结合科学道德与学风建设宣讲，开展中国农业工程学会院士专家校园行活动。学会在云南师范大学邀请2名院士，以科学道德和学风建设为主题，面向青年教师、研究生和高年级本科生，开展2场院士专家校园行活动，听众达300余人次。

党建强会 以学会官网和官微党的建设专栏为宣传阵地，开展十九大线上宣传21次。学会党委和党支部组织参加十九大线下学习会4场、主题党日活动2场，举办党的十九大精神宣讲活动1场。组织学会党员理事、党员会员参加中国科协党的十九大精神知识竞答活动、我与科协同成长征文活动并分别获学习标兵称号、优秀征文奖。推荐李保明教授、沈玉君研究员为全国学会优秀党员科技工作者。

9月8—9日，学会牵头承办中国科协第九届全国学会乒乓球赛，探索党建强会、建家交友工作模式。动员50余名全国学会理事长、秘书长参赛。中国科协机关及8家直属单位党组织、42家全国学会党组织参赛，参赛选手400余人。

会员服务 建设企业会员工作站1个，扩大会员体系的会员覆盖面。

通过学会官网和官微会员服务和意见反馈渠道接受会员反馈和监督。开展线上、线下会员满意度调查各1次，形成调查报告1份。在学会官网和官微开展会员风采展，展示学会“老、中、青”科学家代表、基层科技工作者代表、优秀党员科技工作者代表。

向会员提供全年4期《中国农业工程学会会讯》，学会开展奖励推荐、乒乓球赛等会员基础服务和特色服务。

【第十三届全国高等院校农业工程及相关学科建设与教学改革学术研讨会】 8月17—18日，第十三届全国高等院校农业工程及相关学科建设与教学改革学术研讨会在云南省昆明市召开。会议由学会、国务院学位委员会农业工程学科评议组、教育部农业工程类专业教学指导委员会、全国高等院校农业工程相关学科（校长）联谊会主办，云南师范大学承办。来自全国44所高校及科研院所的230名专家、学者参加会议。

会议以“培养高质量人才、支撑乡村振兴战略”为主题。8名中国工程院院士参加大会，其中，刘旭院士、汪懋华院士、罗锡文院士、康绍忠院士、陈学庚院士、赵春江院士6名院士作大会特邀报告。研讨会共有大会特邀报告11个，本科生专业建设讨论交流、学科建设与研究生专业建设讨论与交流2个分会场，院士专家校园行、国务院学位委员会农业工程学科评议组扩大会议2个平行活动。参会专家、学者参观云南师范大学能源与环境科学学院教育部重点实验室、国家太阳能热水器质量监督检验中心等国家和省部级科研教学平台。研讨会投票选举第十四届教改会的承办单位为福建农林大学。

【2018中国国际现代农业博览会】 4月8—10日，由学会和中国农业国际合作促进会联合主办的2018中国国际现代农业博览会（CIMAE 2018）在北京中国国际展览中心召开。大会开幕式由学会副秘书长秦京光主持。农业部原常务副部长尹成杰，中国工程院院士、学会副理事长赵春江，学会理事长隋斌，农业农村部畜牧业司副司长王峰，农业农村部农机推广总站副站长徐振兴，中国农业国际合作促进会副会长吕明宜等出席开幕式。

农业部《农业信息化》杂志、《人民日报》、北京电视台、宇辰网、中国农业新闻网、《农村科技》《农民日报》、全球无人机网、凤凰网、网易新闻、腾讯、搜狐、《中国经济报》《环球时报》、中国经济新闻网、国际在线、中国新闻快报网、中国日报网资讯、中国网等媒体宣传报道展会。

博览会以“科技驱动，创新发展”为主题。展出面积达2万平方米，展示智慧农业、设施农业、精准农业、休闲农业、农业航空植保、优质农产品等方面农业科技及20余个省、自治区、直辖市的500余家企业现代农业发展成就和优质农产品。展览会同期，针对不同专业观众，召开第三届现代农业发展高峰论坛，第八届现代都市农业高层论坛，产品、项目对接洽谈会，第五届中国农业精准灌溉创新论坛，第三届中国美丽乡村创新论坛，新产品、新技术发布（推介）会等。

博览会加强与国内农业院校的合作，江南大学、南京农业大学、内蒙古农业大学、华南农业大学、吉林农业大学、河北农业大学、西北农林科技大学、安徽农业大学、上海交通大学、沈阳农业大学、华中农业大学、中国科学院海洋所科研处12所高校和科研院所在博览会上展示其科研优势。

（撰稿人：李建丽　管小冬　秦京光）

中国电机工程学会

服务创新型国家和社会建设　学会承担国家发展改革委、国家能源局、中国科学院、中国科协、国家电网有限公司等单位委托的项目评价224项，组织2116人次专家（院士152人次），涉及86个第一完成单位。完成科技成果登记474项，履行电力行业科技查新管理服务职能，确认电力科技查新资质机构38家。

学会推荐的“电力系统接地基础理论、关键技术及工程应用”“国家工频高电压全系列基础标准装置关键技术与工程应用”“高效低风速风电机组关键技术研发和大规模工程应用”“超、特高压变压器/电抗器出线装置关键技术及工程应用”4个项目获国家科学技术进步奖二等奖。组织2018年中国电力科学技术奖推荐评审工作，评选出获奖项目134项。

学会能力提升计划　获中国科协世界一流学会建设项目二类资助。按照年度合同书的工作内容和进度安排，在群众组织力、学术引领力、战略支撑力、文化传播力、国际影响力等方面均实现预期提升目标，完成年度总结。

学会建设　完善工作委员会、专委会、省级学会管理体制和运行机制，举办2018年院士专家座谈会暨省级学会、专委会主要负责人培训班，举办部分省级学会工作座谈会。根据能源电力发展需要对专委会布局进行调整，新成立3个专委会，完成4个专委会换届改选工作。

推进会员规范登记，完成个人会员规范登记81400人，113人晋升高级会员。开展会士和外籍会士遴选工作，新入选会士17人、外籍会士10人。与山东大学、华南理工大学建立战略合作关系，并成立会员中心。

加强学会员工管理，充实员工队伍，优化人员结构，加大培训力度，规范员工职级管理，完善薪酬和绩效考核制度。强化学会财务管理，完成中国科协科技社团财务管理规范化研究与应用项目并出版《现代科技社团财务规范管理研究》专著，调整管理办法，完善各项规章制度。按期推进学会信息化规划建设（2018—2020年）落地。自主研发新版会员管理、数字化图书馆、会议管理、团体标准管理、民主决策、优秀论文评审、门户网站、移动应用APP、微信公众号、学会办公自动化（OA）等信息系统，取得6项软件著作权，支持学会各项业务发展。编印《中国电机工程学会2018年年报》。

主办期刊　主办科技期刊17种。《中国电机工程学报》首次获中国政府出版奖期刊奖，连续16年获中国百种杰出学术期刊称号，入选第三届全国“百强报刊”。《中国电机工程学会电力与能源系统学报》

（英文版）被科学引文索引（SCI）数据库收录，入选2018中国最具国际影响力学术期刊。

学科发展研究 完善学术报告编撰体系和学术研究成果发布制度。出版电力行业环境保护、水电建设等专业发展报告8个，以及新能源功率预测、配电网触电保护等专题技术报告7个，并在2018年学术建设发布会上发布。

决策咨询 完成"构建我国新一代电力系统研究""雄安新区智慧能源系统战略研究""多种新能源发电技术路线发展研究"等课题研究。首次开展"2035、2050电力科技重大发展方向研究""新能源消纳状况与前景"和"面向综合能源系统的节能新技术研究"3项学会重点自立课题研究。受国家能源局委托，组织开展"660MW超超临界CFB机组示范项目技术装备评估"和"燃气轮机关键部件自主化制造项目技术评审"工作。

国际学术会议 组织召开2018紫金论电——智能电网保护和运行控制国际学术研讨会、第八届中国国际供电会议、第二届能源互联网与能源系统集成会议国际会议（EI^2）、第十一届电力系统技术国际会议、2018年国际大电网会议专题技术报告会。

在日本和韩国组织中日可再生能源发电技术研讨会、中韩高压直流国际会议（HVDC）等双边学术交流活动。与美中绿色能源发展促进会共同在美国召开美中绿色能源高峰论坛。学会英国分会在英国组织中英未来能源发展论坛。学会英国分会、北美会员中心共同在德国柏林举办能源转型战略及综合能源先进技术研讨会。

国内主要学术会议 11月12—15日，2018年中国电机工程学会年会在北京召开。同期举办院士专家论坛、学术建设发布会等30项学术交流活动，吸引院士专家、科技工作者及高校师生20余人参加。各专业委员会围绕各自专业领域开展学术活动70场。

两岸交流 以海峡两岸暨港澳学术团体的合作为基础，与中国电机工程学会（台湾地区）、台湾智慧型电网产业协会、台湾汽电共生协会、香港工程师学会、澳门机电工程师学会联合组织第一届两岸四地电机工程学术研讨会，搭建学科、人才、研发等的创新平台，推动海峡两岸暨港澳科技人员参与粤港澳大湾区、长江经济带、京津冀一体化和"一带一路"建设。

国际组织任职 学会副理事长兼秘书长谢明亮任国际大电网委员会（CIGRE）理事会成员和指导委员会委员、电机工程国际会议（ICEE）共同主席。学会副秘书长陈小良任国际供电会议组织指导委员会委员。学会推荐40名专家加入国际大电网委员会各工作组，推荐7名专家参与国际供电会议组织（CIRED）专业组的研究工作。

国际交往 学会领导与英国工程技术学会（IET）主席及首席运营官就学会间加强合作议题进行交流，并签署《中国电机工程学会与英国工程技术学会战略合作协议》和《国际工程师资质认证项目合作协议》。与国际大电网委员会主席就推动中国专家在CIGRE组织发挥更大作用等议题进行交流，并邀请CIGRE主席为CIGRE中国国家委员会部分专家委员及员工作题为"CIGRE战略及国家委员会的参与"的技术讲座。与电气与电子工程师学会电力和能源分会（IEEE PES）主席、副主席及执行总监进行会谈，在深化合作的基础上进一步拓展合作领域。将电机工程国际会议（ICEE）的合作模式升级为国际电机工程理事会。

组织国内专家、学者和论文作者参加国际大电网委员会2018年大会、IEEE PES年会、国际供电会议组织（CIRED）2018年技术研讨会、第24届电机工程国际会议、2018年日本电气学会年会。

继续开展国际大电网委员会和国际供电会议组织中国国家委员会秘书处工作，国际大电网委员会中国国家委员会等会员数继续保持全球第一。组织国内专家参加CIGRE 2018年大会，参会人数创新高，加强青年工程师培养力度，向大会推荐4名青年专家参加青年会员论坛。全年推荐40名专家加入CIGRE工作组。16个专委会均成立国家委员会专委会并每年举办工作会议及研讨会。参加CIRED战略规划研究组工作，抓住CIRED组织改革的机遇，在CIRED机构改革中发挥核心引领作用，提升中国在CIRED的影响力和话语权。宣传并组织国内专家参加CIRED 2018年技术会议，向会议推荐报告人，推荐专家加入有关工作组。

加强与IEEE标准协会的高层交流，推动双标号标准联合开发项目协议的签署和落实。鼓励国内专家参加IEEE PES各专委会的技术活动，建立互信的合作关系，为双标号标准在IEEE立项、投票等环节的工作创造有利条件。继续推进联合开发及互认试点工作，以3项UPES成套标准为试点，实现双方联合开发双标号标准的突破。

与IET开展工程师资质国际认证。10月，双方启动首批工程师资质国际认证报名。按照中国科协工程能力建设和工程能力国际认证的总体部署，与巴西联邦工程和农业委员会（CONFEA）探索开展工程师资格互认。

科普活动 召开学会2018年科普工作委员会会议，全面总结部署学会科普工作。联合12家理事长、副理事长单位共同创立并开展2018年首届“电力之光”中国电力科普日活动，打造“1+N”的全国联动电力科普活动。举办电力科普工作经验交流会，交流探讨科普教育基地的发展建设。命名授牌2018年电力科普教育基地29家。推荐李立浧院士、刘建明主任为全国首席科学传播专家。搭建电力之光科普项目在线申报系统，挖掘电力行业科普资源。举办电力之光甘肃科普下乡暨扶贫攻坚活动，开展电力科普和产业扶贫工作。编著出版“国家风光储输示范工程　储存风光　输送梦想”科普丛书和《电气化小分队科普故事：蓝天保卫战》科普图书。科普工作得到中国科协表扬。

表彰举荐优秀科技工作者 通过科协项目资助、学会资金支持、依托单位配套支撑、导师培养指导相结合的方式，开展2018—2020年度青年人才托举工程项目，支持青年人才27人，其中，中国科协资助2人。

将中国电力年度科技人物奖更名为中国电力科学技术人物奖，调整授奖比例，加大获奖人数。评选出中国电力科学技术杰出贡献奖获奖者10人、中国电力优秀科技工作者奖获奖者50人、中国电力优秀青年科技人才奖获奖者50人。

完成顾毓琇电机工程奖评审工作，西安热工研究院有限公司原总工程师危师让获2018年顾毓琇电机工程奖。举荐的中国华能集团公司董事长舒印彪获第十二届光华工程科技奖。

学会创新发展 学会规范标准工作流程，提高标准质量，推进标准国际化，各项工作有序推进。共发布CSEE标准71项，批准立项183项，首次启动成套系列标准编制工作。通过优化工作流程、增设标准指导专家、组织专家评审和形式审查、增大督促检查力度等多种方式，提升标准编制质量。组织标准编写人培训班。加大学会标准的宣传力度，鼓励各单位试点应用已发布标准，结合工作实际开发与提炼应用场景。实施标准项目专家负责制，建立标准应用过程中常态问题反馈机制。推动学会标准与国际标准、国外先进标准接轨，完成与IEEE标准互认协议细则制订。3项UPFC成套标准在IEEE和学会同步完成标准立项。学会参与团体标准化发展联盟工作，联盟牵头编写、学会参与编写的《团体标准的结构和编写指南》《标准必要专利许可规范》《团标百问百答》发布。坚持以信息化为支撑，提升标准工作效率。结合工作实际要求，优化学会标准信息化平台功能，实现申请立项、形式审查、征询意见、投票评审等全过程信息化，增设系列（成套）标准平台。申报并获批中国科协服务国家社会治理品牌建设项目——“打造CSEE标准品牌，推动标准国际化”，扩大学会标准影响，为构建中国新型标准体系贡献力量。

针对电力行业共同关注的热点和难点技术问题，发挥学会在高端智库优势，加大研究力度。经过课题征集、专家研讨、可研评审等环节，利用自有资金300万元，设立“2035、2050电力科技重大发展方向研究”“新能源消纳状况与前景”及“面向综合能源系统的节能新技术研究”3个自立咨询研究项目。分别由行业专家作为项目负责人，聘请10余名院士作为首席技术专家，参与研究技术专家累计近200人。分别针对2035和2050电力科技发展重大方向、新能源消纳、综合能源系统的节能新技术开展研究，为电力行业科技立项决策、促进新能源消纳和利用、促进综合能源系统发展提供咨询支持。其中，“新能源消纳状况与前景”项目研究成果在11月召开中国电机工程学会院士专家论坛上进行研究成果发布。

党建强会 参加中国科协党建系列活动，承担“党建强会计划”项目，参加党的十九大知识竞赛答题活动和我与科协同成长演讲比赛，开展党建课题研究项目，参加星级党组织创建评优。推进“两学一做”学习教育制度化、常态化。按照发展党员程序和要求，完成2名入党积极分子的培养考察发展。健全党组织制度，发挥党支部的政治引领作用。组织参加中国科协党务人员培训班，提升党务人员党性修养和业务能力。

会员服务 完善会员工作体系，发展会员并开展会员规范登记。推进在高校、海外成立会员中心（分会）工作，加强与青年会员、海外会员的联系。举办院士专家座谈会、老科技工作者座谈会、省级学会和专委会主要负责人培训班，组织全国科技工作者日赠书活动。通过微信、群发系统等信息化手段定期向会员推送学会电子刊物及各类学术活动信息，向会员提供载有各类期刊信息及会议报告的数字化图书馆。

【2018年中国电机工程学会年会】11月12—15日，2018年中国电机工程学会年会在北京召开。年会以“新时代　新能源　新电力”为主题，吸引包括20名院士在内的2000余名电机工程领域的专家、科技人员、工程师及高校师生的关注和参加。会议旨在研讨创新变革趋势，交流前沿关键技术，推动能源电力绿色协调发展。

为期4天的会议安排：院士专家论坛，联合港、澳、台相关学会共同召开的首届两岸四地电机工程学术研讨会，以及清洁高效发电技术协作网年会、学术建设发布会、女工程师论坛、11场专题研讨会、论文交流、技术参观等近30项学术交流活动，200余名院士专家在会上作报告。年会期间推出电力科技成果展，集中展示中国电力发展的成就，系统反映中国电力科技的成果。年会还展示学会的奖励、标准和科普工作。

【2018年首届“电力之光”中国电力科普日活动】9月15日，首届2018年“电力之光”中国电力科普日活动在北京奥林匹克公园中心庆典广场开幕。学会联合国家电网有限公司等12家理事长、副理事长单位共同发起“电力之光”科普行动计划并创办“电力之光”中国电力科普日活动。活动旨在全面贯彻党的十九大精神、落实国家能源战略，助力全民科学素质的提升，满足人民日益增长的美好生活需要。

首届“电力之光”中国电力科普日是在中国科协和国家能源局指导下，学会联合12家“电力之光”发起单位共同主办的面向公众的大型科普系列活动。活动围绕“新时代、新能源、新电力，共建美好生活”主题，开展一场以科普互动展示为主的主场活动及N场全国分会场活动，形成“1+N”模式的全国联动电力科普系列活动。

9月15—19日，主场活动于北京奥林匹克公园庆典广场举办。开幕式上，来自中国科协、国家能源局及活动主办单位的代表共同点亮“电力之光”。举行“国家风光储输示范工程　储存风光　输送梦想”科普丛书首发仪式。主会场1000平方米的展览展示区域涵盖洁净能源、智慧输电、科学用电、电力安全4个板块50余项展品，通过多媒体展示、实物或模型展示、虚拟现实、互动体验等方式向公众展示。活动参观人数达3000余人次。分会场活动在全国范围内开展，来自10余个省市的省学会、专委会及电力企业在全国各地开展科普讲座、科普进校园、科普基地开放日等形式的科普活动。

（撰稿人：刘雁斌　李洛安）

中国电工技术学会

服务创新型国家和社会建设　10月16—18日，中国（宜兴）电线电缆产业高质量发展论坛在江苏省宜兴市举办。学会与宜兴市科协、宜兴市官林镇政府共同签署助力宜兴产业创新发展科技服务协议，举行中国电工技术学会宜兴服务中心揭牌仪式。

学会电子信息与电气工程类专业认证委员会审议认证申请书261份，受理专业116个，完成87个专业入校考查工作。新增见习专家29人，推荐新专家26人。组织6名专家参加中国科协工程能力建设联盟（筹）工程能力评价候任考官培训班并获证书。填写《工程教育认证专家登记表》和《专家个人信息表》专家191人，颁发专家证书145人。编写《电气类专业认证工作规划》等4个文件。

12月，学会在北京召开电气工程师资格评审会议。学会专委会、省市学会推荐的22家企业35名工程技术人员获电气工程师资格认定。

学会承担中国科协工程能力国际互认体系建设工作，推荐8名专家至机械专指委。

全年发布团体标准27项。完成CNAS（中国合格评定国家认可委员会）实验室认可及CMA（中国计量认证）计量认证工作。

学会建设　4月，学会召开八届四次常务理事会议、八届四次理事会议、秘书长工作会议。8月，召开理事长办公会议。12月，召开学会系统秘书长及专兼职工作人员业务培训会。新增个人会员146人。审核批复12个专业委员会换届及委员调整方案。学会新网上线，网站增加会员管理系统、专委会管理系统，增加移动端阅览、微信公众号及网站会员注册功能。

申报世界一流学会建设项目，获三类项目建设学会。收到标准化工作专家委员会分支机构设立申请书29份，获批14个。

青年人才托举工程　学会收到31个单位48名青年人才提交的申请。按照《中国科协青年人才托举工程管理办法》和《中国科协青年人才托举工程实施细则》相关要求，确定5名青年人才入选中国科协青年人才托举工程2018—2020年度项目。

主办期刊　《电工技术学报》获中文科技期刊精

品建设计划学术创新引领项目资助。参与中国科学院信息情报研究所 F5000 领跑计划工作。全年出版正刊 24 期、增刊 2 期，策划专题 5 个，发行 22032 册。在中国知网和万方数据库中学科排名均为第 4 名。2 篇论文入选中国科协科技论文遴选计划百篇优秀科技论文。

《电气技术》全年出版正刊 12 期。在中国知网和万方数据库中的学科排名第 47 和第 32。

《中国电工技术学会电机与系统学报》(英文版)全年出版正刊 4 期，组织专题 4 个，刊登稿件共 48 篇。申请成为 Crossref 会员，对所有拟发表论文进行学术不端检测。

学科发展研究 学会编写的《电气工程学科发展研究》《高压放电与等离子体应用学科方向预测及技术路线图研究》《放电等离子体能源技术前沿热点综述》入选 2018 年度中国科协学科发展项目。

决策咨询 受安徽省芜湖市无为县政府委托，发挥学会组织平台优势，助力安徽无为线缆企业与哈尔滨理工大学、西安交通大学等电缆领域权威科研单位对接。累计接受清华大学、中国电力科学研究院等 60 余家单位鉴定委托，对 30 项科技成果开展科技成果鉴定。

国际学术会议 10 月 7—10 日，第 21 届国际电机与系统会议（ICEMS 2018）在韩国召开。会议收到 29 个国家和地区 765 篇摘要，交流论文 564 篇。750 余名代表参会。

11 月 4—6 日，2018 IEEE 第二届国际电气与能源大会在北京举办。来自中国、美国等 10 个国家的 400 余名代表参会。

11 月 16 日，学会主办的“一带一路”沿线国家电气与能源产业技术合作交流会在北京召开。来自乌克兰、塔吉克斯坦、吉尔吉斯斯坦等国的驻华代表和国内有关企业代表参会。

国内主要学术会议 6 月 28—29 日，2018 年中国电工技术学会工程教育学术研讨会在山西省太原市召开。来自全国 90 余所大学电子信息与电气工程类相关专业的 400 余名专家、学者参会。

8 月 22—24 日，2018 第十二届中国电工装备创新与发展论坛暨第八届电工技术前沿问题学术论坛在天津市举行。来自全国各装备制造企业代表近 700 人出席论坛。论坛颁发《电工技术学报》2016 年度优秀论文奖、《电工技术学报》2017 年度优秀审稿人奖及《电气技术》2017 年度优秀审稿人奖。

9 月 15 日，学会与中国电机工程学会主办的第十届电气工程学院院（校）长论坛在陕西省西安市召开。来自全国高校院（校）长及学校代表近 140 人参加论坛。

国际交往 4 月 23—27 日，学会组织来自电气、电子及机械行业的专家及用户 30 余人赴德国参加汉诺威工业博览会。5 月 20—24 日，学会副理事长徐殿国赴日本参加 2018 年国际电力电子会议（IPEC 2018-ECCE Asia）并代表学会讲话。9 月 30 日—10 月 3 日，学会派副秘书长王志华等赴日本参加第 31 届世界电动车会议及展览会。会议确定第 34 届世界电动会议及展览会在中国举办并由学会作为亚太电动车协会下一届（2018—2021 年）秘书处挂靠单位，承接秘书处工作。10 月 7—11 日，学会派副秘书长奚大华赴韩国参加国际电机与系统会议。

科普活动 5 月 25 日，中国电工技术学会大讲堂——“认识等离子体”走入中国人民大学附属中学实验小学。9 月，学会为保定高新区小学校园 400 余名师生开展关于“电”的专业知识讲座。

完成《中国大百科全书》第三版电气工程学科编纂工作，收集、整理、编撰词条 3500 余个。编撰并在微信发布科普作品 120 余篇。

表彰举荐优秀科技工作者 4 月 2 日，2017 年度中国电工技术学会科学技术奖、电工行业—正泰科技奖颁奖大会在北京举行。

12 月，开展 2018 年度中国电工技术学会科学技术奖及电工行业—正泰科技奖评选工作。中国电工技术学会科学技术奖收到项目推荐书 121 份，受理 115 份，包括一等奖 5 项、二等奖 10 项、三等奖 13 项。选出拟奖人 15 人，其中，科技成就奖 5 人、科技创新奖 10 人。

党建强会 4 月和 8 月，学会分别召开八届理事会理事长办公会暨理事会党委扩大会议。9 月，学会党支部举行换届选举会议，选举产生新一届支部委员。

学会推荐清华大学教授李永东、北京交通大学教授和敬涵入选全国学会优秀党员科技工作者。组织学会党员、群众学习贯彻党的十九大精神，参观改革开放 40 周年大型展览及观看庆祝改革开放 40 周年大会。获批中国科协“党建强会计划”十百千特色活动资助项目和党建调研 2 项课题。

学会党委被中国科协科技社团党委评为 7 星学会党组织。

会员服务 学会以改革开放40周年为契机，举办改革开放40周年——机械工业杰出产品活动。10台（套）产品入选“杰出产品”。学会网站会员管理系统上线运行，系统具备入会申请、在线审批、会费缴纳、活动通知、报名缴费、意见反馈等功能。编纂《中国电工技术学会会讯》，每2个月出版一期。

【第五届电工学科青年学者学科前沿研讨会】 3月6—8日，由学会、国家自然科学基金委员会电工学科共同主办，福州大学电气工程与自动化学院承办的第五届电工学科青年学者学科前沿研讨会在福建省福州市召开。来自全国68所高校和科研院所的240余名青年学者参加会议。

研讨会大会环节由国家自然科学基金委员会电工学科主任丁立健主持，学会副理事长兼秘书长裴相精、福州大学副校长黄志刚分别致欢迎词。中国科学院院士、中国电力科学研究院总工程师周孝信作题为“我国新一代电力系统的发展前景”的特邀报告。清华大学教授曾嵘作题为“科研选题的思考与探索”的特邀报告。

研讨会设置大会主会场1个、分会场3个。同期召开学术交流、人才培养交流会。邀请大会报告9场、分会场报告69场。

【第二十三届国际电磁兼容与微波暨测试测量技术交流展览会】 4月17—19日，第二十三届国际电磁兼容与微波暨测试测量技术交流展览会在北京举办。

大会邀请北京航空航天大学教授苏东林、清华大学电子工程系微波与天线研究所所长杨帆、加拿大国家通信研究中心高级研究工程师曾庆生、罗德与施瓦茨公司技术专家Ang Estelle等专家、学者分别从系统级电磁兼容、界面电磁学、5G波束可重构天线、RED认证、微波及天线技术作主旨报告。

此次展会展览面积4000平方米，参展商54家，高峰论坛10场，主题报告45场，参会观众2000余人。

（撰稿人：马佳佳）

中国水力发电工程学会

服务创新型国家和社会建设 学会开展中国应对气候变化清洁能源发展现状研究、雅砻江流域风光水能互补相关政策研究工作。

开展大中型水电工程设计施工总承包监理技术、水污染检测与防控及取水口突发事件快速处理、水电工程枢纽区地质灾害监测预警与应急管理、地质灾害隐患排查和风险评估及治理技术等技术咨询服务。

国际河流水电开发生态环境研究工作委员会开展柬埔寨水电开发国际投资政策与建议研究、澜沧江—湄公河鱼类资源调查与鱼类洄游监测研究工作。

学会风险管理专委会组织开展的“大型水电工程建设场地地质灾害监测预警与应急管理研究及应用”科技成果通过专家鉴定。

全年受理承担21个行业单位委托的43项科技成果鉴定工作，包括高混凝土重力坝岸坡坝段缺口导流关键技术研究、水电工程沥青混凝土心墙施工技术经济研究等。

举办水情水调监控技术、清洁能源调度、水电站运行管理技术、水电工程造价、水电厂计算机监控系统、大中型水电站安全生产管控及应急管理、贯流式水电站机电设备新技术等培训班10余次。

学会建设 学会有团体会员单位194个，包括分支机构32个。有理事会成员159人。个人会员38712人（含委托地方学会管理的会员），比2017年增加686人。完成1个专委会换届工作。成立清洁能源装备冷却技术专委会。

1月12日，与国家电网公司共同举办中国水电发展论坛暨水力发电科学技术奖颁奖典礼，300余名新老水电工作者代表参会。

3月22—23日，在北京召开水电学会系统秘书长工作会议。学会理事长张野作十九大精神宣讲报告。80余名秘书长和代表参会。

9月26日，学会八届三次理事会议在北京召开。理事和代表共150余人参会。

9月26日，在北京举办改革开放40年中国水电纪念大会。行业新老领导和水电科技工作者代表共230余人参会。

设国际事务部，聘用国际事务专员。制定、修订管理制度9个。加强财务预算和决算管理，获评中国科协全国学会财务决算工作先进单位。

截至2018年年底，潘家铮水电科技基金有56家单位和10名个人捐资，基金规模达4679万元。召开基金三届三次理事会；开展2018年度潘家铮水电奖学金评定；11月23日，在青海大学举行第十届奖学金颁奖典礼，奖励来自18所高校和科研院所的学生60人。

编撰出版《中国水力发电年鉴》（第22卷）、《中国水力发电信息2018年报》、《学会简讯》（季刊）。编制《学会2018年年报》，在网上公布并寄送全体会员单位和理事。

学会治理结构和治理方式改革 参与民政部社会组织评估，获评4A等级。参与中国科协综合能力评估、申报世界一流学会建设项目，获连续3年经费资助。成立监事会，加强对理事会（常务理事会）履职、学会财务运行管理和内部治理的监督检查。开展中国科协学会分支机构发展现状和管理情况研究。

主办期刊 学会会刊《水力发电学报》全年出版12期，收到论文稿件593篇，录用刊登150篇，印发6000册。在《中国科技期刊引证报告（核心板）》2018年统计中，《水力发电学报》核心影响因子0.776，在23种水利工程类刊物中排名第3；核心总被引频次1789，排名第3。综合总评分47，在23种水利工程类刊物中排名第5；在全国2008种学术刊物中排名第625(2017年排名746)。完成2017年《水力发电学报》优秀论文奖评定工作。

联合主办《岩土工程学报》《水电能源科学》《大坝与安全》《水电站机电技术》《小水电》等核心期刊。

学科发展研究 联合有关单位组织编撰"中国水电关键技术丛书"（36分册）和"中国水电管理创新丛书"（16分册），总结中国水电科技和管理成就及经验。2017年完成书稿编写。2018年和2019年分批次出版。联合支撑单位水电水利规划设计总院编撰《中国水电工程技术发展报告》。

决策咨询 组织专家评估蒸发冷却技术在抽水蓄能机组应用，形成《关于建议蒸发冷却技术在抽水蓄能电站推广应用的报告》报送有关部门。

学会水能规划及动能经济专委会参与编制《中国可再生能源发展报告2017》，组织参与"一带一路"国家多项有关水电和新能源规划研究等30余项研究工作和10余项规范编制工作。

学会电力系统自动化专委会调研并形成《水电站厂房三维辅助设计研究与应用》建言报告，为企业打造精品工程提供智力支持。

学会水库专委会完成"水电技术标准走出去研究""云南省大中型水利水电工程移民安置方式实践与创新研究"，启动"西藏自治区水利水电工程移民安置工作专题研究""水电移民经验研究"等研究，服务国家水库移民工作。

国际学术会议 5月12日，学会联合中国大坝工程学会在四川省成都市举办2018高坝大库抗震安全国际学术研讨会。270余名中外专家参会。

5月21日，学会协办国际水电协会水电与未来能源系统北京论坛。100余名中外专家共同探讨如何加快能源转型步伐，推动实现《巴黎协定》目标承诺。

5月30日，学会高坝通航工程专委会在江苏省南京市协办第二届水工河工模型模拟与量测技术国际研讨会。220余名中外专家参会。

10月17日，学会机械疏浚专委会在湖北省武汉市承办中国首届与自然和谐国际水环境生态建设技术发展会。中外专家500余人参会。

国内主要学术会议 学会及各专委会举办国内学术交流活动40余场次，累计参加人数5200余人次。出版论文集24部共6700册，收录论文1600余篇。会议交流论文480余篇。

8月29日，由学会、青海省科协主办，青海水力发电工程学会承办，黄河上游水电开发有限责任公司协办的风光水能互补开发研讨会在青海省西宁市召开。60余名领导、专家代表和新闻媒体记者参加会议。

黄河水电公司董事长谢小平作题为"黄河公司水光互补开发的历程与经验"的主旨报告，介绍黄河公司总体发展情况，结合水光互补光伏电站开发的历程与经验，围绕黄河上游水电规划及开发、光伏规划及开发、水光互补研究与应用、风光水储能互补研究等方面作交流发言。有关专家就水风光互补研究思考、雅砻江风光水互补基地规划、华润电力黑水扎窝光伏扶贫项目案例分析、风光水能互补与能源革命等进行专题交流。与会代表围绕风光水能资源互补、技术互补、投资互补、电网调度、政策支持等内容展开探讨。

11月20日，学会清洁能源装备冷却技术专业委员会成立仪式暨第一届清洁能源装备冷却技术交流论坛在北京举办。来自30余家单位的100余位领导、专家、学者参加论坛。

国际组织任职 中国水力发电工程学会理事、中国电建股份有限公司总工程师周建平任国际大坝委员会（ICOLD）副主席，任期2016—2019年。

学会高坝通航工程专委会主任委员、南京水利科学研究院副院长李云出任国际航运协会内河委员会委员。高坝通航工程专委会牵头组织成立国际航运协会升船机工作组，专委会副主任委员胡亚安担任工作组主席，是协会成立以来首次由非欧美国家专家担任工作组主席。

国际交往 3月28日，国际水电协会（IHA）到访学会，双方洽商深化日常合作等事宜。

4月9日，日本三菱综合研究所环境及能源事业本部主席研究员田野中新及其合作机构艾斯佩兰萨公司高级咨询师石里宏一行来访学会。双方就利用西南地区剩余水电资源制氢方面合作开展交流。

5月，学会高坝通航工程专委会组织专家团赴巴拿马参加国际航运协会第34届大会；10月，组织专家团赴西班牙塞维利亚参加国际航运协会内河委员会会议及第四届地中海日会议；组织参与湄公河老挝北本船闸、坡诺枢纽及船闸、乌干达白尼罗河卡鲁玛水电站鱼道等工程项目的设计、科研工作。

学会梯级调度控制专委会组织专委会的代表参加国际大坝委员会世界大会，与国际代表围绕“梯级水库群联合优化调度”的案例和经验进行交流；组织专委会委员参加国际水利与环境工程学会（IAHR）主办的第一届梯级水库与水系统调度国际研讨会；配合IEA国际能源署水电课题组开展关于流域梯级水库管理模式及典型案例分析研究。

组织翻译IHA《2018水电现状报告——行业趋势及思考》，收集整理形成年度电力能源国际会议指南2期，上传学会网站供会员单位下载使用。

科普活动 推进中国水电科技博物馆筹建工作，完成博物馆主体场馆建设，开展展陈方案设计；组织召开中国水电史料及科技博物馆藏品征集研讨会、大中型水电站建设成就（展示系统）研讨会，征集展品和开发水电成就展示系统。

5月30日，联合常务理事单位汉能集团举行水电与新能源科普论坛暨科普教育基地授牌仪式。8月，接待大连理工大学“走进爱心企业　传递公益能量”暑期社会实践团队，组织参观基地并座谈。

6月12日，支持四川水电学会举办第五届“李冰杯”水利水电知识竞赛。学会专家出席活动并作题为“如何科学全面认识水电”的知识讲座。组织为地处全国连片深度贫困地区四川省凉山彝族自治州西昌学院捐赠价值5万余元的水利水电专业书籍400余册。在西昌市开展“爱惜生命之源，关注点点滴滴”保护水资源、节约用水的宣传活动。

表彰举荐优秀科技工作者 开展水力发电科学技术奖评定工作。行业单位申报科技成果135项，参与科研人员近1500人。经过形式审查、网络初审、专家会审和终审，获奖36项，其中，一等奖7项、二等奖9项、三等奖20项。获奖科技人员近400人。

开展自设奖项第五届潘家铮奖评定工作，中国电建昆明院张宗亮、中国电建水电四局席浩、雅砻江流域水电公司陈云华获奖。

开展第五届张光斗优秀青年科技奖评审推荐工作，中国电建华东院刘宁、中国电建水电七局李正兵、西南理工大学畅建霞获奖。

学会设立面向水利水电工程基层一线工程师和科技人员的水电英才奖，将于2019年开始评奖，每年一评、每次奖励10人。

党建强会 在学会《章程》中增加党的建设和社会主义核心价值观有关内容。

学会党委推进“三重一大”事项前置审议，全年召开党委工作会议5次，前置审议学会改革发展事项40余件。

学会党委和秘书处党支部作为试点单位推进中国科协星级党组织创建工作并被评为7星党组织。在分支机构中开展成立党小组试点工作，7家分支机构完成。

申报中国科协党建强会活动项目并获资助。

会员服务 学会和32个分支机构搭建学术交流平台。组织论文征集并结集出版。结合会员企业诉求组织开展岗位技术技能培训和有关专业取证人员继续教育培训等。推荐水电专家在有关国际组织机构任职。更新网站和公众号有关行业资讯，建设并管理会员联络QQ群、微信群。

【2018中国水电发展论坛暨水电科技奖颁奖典礼】 1月12日，由学会与国家电网公司联合主办的2018中国水电发展论坛暨水力发电科学技术奖颁奖典礼在北京举行。学会名誉理事长、中国工程院院士陆佑楣，学会名誉理事长、国务院南水北调办原主任张基尧，水电科技奖励委员会主任委员、原中国国电集团总经理周大兵，学会理事长、国务院南水北调办副主任张野，国家开发银行原行长姚振炎，水利部原副部长、大坝工程学会理事长矫勇，中国华电集团原总经理贺恭、程念高，国家电网公司总经理寇伟，中国电建集团董事长晏志勇，国家能源局监管总监李冶等领导，中国科学院院士陈维江，中国工程院院士王浩、胡春宏、张建民、孔宪京等专家和来自全国水力发电战线80余个单位的300余名新老水电工作者代表参加会议。

开幕式上，学会理事长张野、国家电网总经理寇伟分别代表主办单位致辞。陆佑楣、李冶分别代表水电界老领导和国家能源局发表讲话。陈维江等5名专家作主旨演讲。

周大兵主持2017年度水力发电科学技术奖颁奖仪式。根据《水力发电科学技术奖励办法》，经水力发电科学技术奖励委员会评审，2017年评选出水力发电科学技术奖一等奖、二等奖、三等奖共45项。大会向获奖单位代表颁奖。会议对获2017年度《水力发电学报》优秀论文奖的10篇获奖论文作者进行表彰。

学会常务副理事长兼秘书长袁柏松主持赠书环节。大会宣布向水电学会全体单位会员赠送最新出版的《潘家铮全集》（共18卷）和《谭靖夷纪念文集》图书，并举行赠书仪式。

【改革开放40年中国水电系列纪念活动】 学会党委牵头研究策划改革开放40年中国水电系列纪念活动，重点举办1场改革开放40年中国水电纪念大会，召开大中型水电工程总承包论坛、风光水能互补开发研讨会、西藏水电发展论坛3场高端学术会议，组织出版1本纪念文集和制作1部宣传片。活动吸引400余名行业新老领导、院士专家和水电科技工作者代表参与。活动开展纪念文集征稿，收到投稿200余篇，经评审录用150余篇，分上、下册公开出版发行。联合水电规划总院、中央新影制作《江河作歌　水电筑梦》宣传片，展现改革开放40年来中国水电成就。完成国内大中型水电站、中国建设的国外水电站数据统计工作，以此为基础，每年滚动更新数据资料。

【推动移民竣工验收，促进移民后续发展研讨会暨中国水力发电工程学会水库专业委员会2018年年会】 7月12—13日，推动移民竣工验收，促进移民后续发展研讨会暨中国水力发电工程学会水库专业委员会2018年年会在青海省西宁市召开。会议由学会水库专业委员会、青海省移民安置局、中国水利水电工程勘测设计协会、中国电力规划设计学会征地移民专业委员会共同主办，中国电建集团西北勘测设计研究院有限公司协办。来自青海省国土资源厅、云南省移民开发局等34家政府部门，中国华电集团、中国长江三峡集团等11家项目业主单位，中国电建成都院等15家规划设计单位，华北电力大学、同济大学等5家高等院校的领导、专家和代表共170余人参加会议。

会议以“推动移民竣工验收，促进移民后续发展”为主题，围绕水利水电工程移民竣工验收管理、移民后续发展途径和措施进行研讨。

开幕式上，青海省政府副秘书长冯志刚发表讲话，介绍青海省移民安置的做法和经验。学会水库专委会主任委员、水电总院彭程书记作主题发言，通报改革开放40年来水电建设成就，总结水库移民专业发展成绩和经验，指出当前面临的问题，提出水电发展的四点思考。水库专委会副主任委员、水利部水规总院陈伟肯定水库移民专业发展取得的成就，指出当前移民专业存在重当前规划、轻长远规划，重基础设施建设、轻后续产业发展等问题。

会议收到论文45篇，安排交流论文18篇。水利部河湖司副司长刘冬顺作会议总结。

【大型水电工程建设总承包论坛】 7月26日，大型水电工程建设总承包论坛在北京召开。论坛由学会主办，雅砻江流域水电开发有限公司承办，中国电建水电七局、中国电建华东院、水电学会施工专委会协办。来自水电开发、设计、施工、运行管理、行业中介机构和媒体等40余家单位的100余名领导、专家和代表参会。

学会理事长张野、中国电建股份副总经理姚强、原中国水电顾问集团总经理李菊根分别讲话。

大会邀请主题报告9个，包括《杨房沟水电站EPC建设管理》《做大做优承包模式　实现项目价值最大化》《阻碍工程总承包发展的突出问题及对策建议》《大型水电站工程EPC总承包管理实践》《践行“一带一路”倡议　推动中国电建海外水电投资业务持续健康快速发展》《水电工程建设总承包实践经验与思考》《海外EPC总承包工程实践》等。

在讨论交流环节，与会专家代表围绕水电工程总承包现状及未来发展，从体制机制变革、技术创新、管理心得、价值实现等方面展开讨论和交流。

论坛开展论文征集工作，录用论文103篇，交出版社出版发行。

【西藏水电发展论坛】 9月27日，由学会主办，西藏开发投资集团有限公司承办，水电水利规划设计总院协办的西藏水电发展论坛在北京召开。与西藏水电开发有关的规划、设计、施工、运行管理、金融机构和媒体等40余家单位100余名领导、专家和代表参会，交流中国西藏水电开发的实践经验，探讨如何合理有序开发西藏水电。

大会邀请专题报告9个，从西藏水电发展历程和发展展望、履行央企责任助力西藏发展、建设西藏水电服务国家能源、西藏水电开发与生态环境保护、高海拔深切高山峡谷地区一些关键技术问题的思考研究、加快西藏水电开发促进西藏经济发展、提高西藏水电市场竞争力的支持效应分析、西藏水电发展与理性思考等方面，阐述西藏水电开发面临的问题，对其中一些难点提出解决方案。

与会专家围绕西藏水电开发现状及未来发展，从体制机制变革、技术创新、政策分析、投资评价等方面与代表展开讨论和交流，提出多项解决思路。

（撰稿人：雷定演）

中国水利学会

服务创新型国家和社会建设 受水利部委托，承担水利技术标准日常管理工作，完成152项在编标准管理和30项标准报批稿审定等工作，发布国家标准10项和水利行业标准19项，报批国家标准9项；开展《水利标准化工作管理办法》修订工作，完成报批稿。在团体标准研制方面，根据市场需求和团体会员实际情况，组织开展《生态护坡 预制混凝土装配式护岸技术规程》等11项团体标准的立项论证，发布团体标准6项；与中国工程建设标准化协会签订团体标准战略合作协议，联合发布《预制混凝土板桩式挡土墙技术规程》；学会团体标准《农村饮水安全评价准则》被水利部、国家扶贫办、国家卫健委三部委发文采信，作为全国脱贫攻坚成效考核的评价标准。

组织完成2018年度水利职称考试工作，3845人参加考试。

10月10—12日，2018年中国水博览会暨第十三届中国水务高峰论坛在北京展览馆举办。展会设水务设备与技术、节水设施与饮水安全、水生态建设与水环境治理、智慧水利、防灾减灾设施与技术5大展区。展览面积1.5万平方米，参展企业108家，约1.1万人次参观展览。

学会能力提升计划 申请并获批中国科协世界一流学会项目。按照《项目合同书》要求，开展以下工作。一是加强学会党建工作。修改完善《中国水利学会章程》，强化党的工作对学会的有效覆盖。结合中国科协和水利部重点工作任务，开展重温入党志愿书、知识竞赛等党建活动。二是提供精准多元的会员服务产品，修订《中国水利学会会员管理办法》。资助学会举办的水利青年科技论文（英文）竞赛一等奖获得者赴巴拿马参加世界水大会。三是打造世界知名学术活动品牌。邀请重要涉水国际组织负责人参加学会年会并作学术报告。邀请外籍青年科技工作者和学生参加年会和水利科技青年论文（英文）竞赛。四是推进科技期刊建设。开发涉水期刊门户网站，建立涉水期刊数据库和期刊群。五是设立科技奖项。邀请港澳台地区涉水科技成果完成单位申报大禹奖。六是建设智库品牌。与国际水利与环境工程学会签订战略合作备忘录。竞选并成为世界水理事会董事。启动修订学会团体标准管理办法。七是提供优质普惠的科普服务。9月18日，承办世界公众科学素质促进大会水利分会场。开展“中国水之行”大型公益科普活动3次。八是构建开放共享的产学融合服务平台。

学会建设 召开十届七次、八次、九次常务理事会通信会议，决定增补理事4人、常务理事2人，变更理事3人、常务理事2人、兼职副秘书长1人，新增单位会员51个，确认恢复专委会2个，审议通过有关制度办法等。召开十届十次理事会暨2018年党委会现场会，审议通过2018年度学会工作总结和年度财务报告、2019年度计划等事项。

加强分支机构管理。印发《中国水利学会分支机构管理办法》《中国水利学会分支机构财务管理细则》。接收8个新增专委会的申请，批复5个专委会的换届方案。建立分支机构、地方学会、单位会员联络员制度。在广西壮族自治区南宁市举办分支机构和地方水利学会专职、兼职人员培训班。

5月18日，在重庆市召开分支机构和地方水利学会秘书长工作座谈会。中国科协学会学术部副部长刘宴兵，中央纪委驻水利部纪检组副局级纪律检查员段同华，中国科协科技社团党委、学会服务中心纪委书记冯继谦出席会议并讲话，学会秘书长汤鑫华作关于习近平治水兴水思想的专题报告。会议向参会代表介绍学会一年来的工作情况、面临的新形势和新要求、今后一个时期的工作思路和主要任务等，围绕学会党建工作及会员服务、建立激励约束机制等进行讨论。150余名代表参加会议。

青年人才托举工程 在中国科协第一届青年人才托举工程项目测评中获第一届中国科协青年人才托举工程优秀项目实施单位称号。7月，学会启动第四届青年人才托举工程（2018—2020年度）申报，获得7个名额免答辩成绩。学会举办青年人才学术交流会，申办中国科协青年科学家论坛项目。

主办期刊 学会主办科技期刊6种。《水利学报》获2018年度中文科技期刊精品建设计划资助。期刊工作委员会首次组团参加刊博会，设立水利科技期刊专区。学会按照世界一流学会建设要求，着手准备建设中国水利学会英文期刊，多次走访调研相关单位。

学科发展研究 学会承担《2018—2019水利学科发展报告》的编写工作，成立学科发展报告编写工作组，在《2016—2017水利学科发展报告》基础上，组织原编写单位进行修订、审查其中的专题报告32个和综合报告1个。新版《2018—2019水利学科发展报告》预计2020年出版。

决策咨询 结合“中国水之行”活动，针对山东省临清市水环境水污染方面存在的问题，组织专家提出建议和解决办法。一是要做好总体策划和顶层设计，宏观规划和微观项目一起抓，社会、经济、环境、生态、人文协调发展，整体推进，分步实施。二是要以运河文化为龙头，做好运河文化园+国学园+红色（英雄）园+专业特色文化（轴承、皇砖、国画、武术、美食等）园，在传承历史的基础上创新发展。

国际学术会议 10月19—21日，在江西省南昌市举办中国水利学会2018学术年会国际分会场。来自南京水利科学研究院、河海大学、清华大学和中国水利学会青托人才代表等国内专家，以及来自国际水利与环境工程学会（IAHR）、日本、韩国、美国等国外水利专家、学者共60余人，就水资源、水生态、绿色发展等国际水科学问题展开交流研讨。

9月18日，由中国科协主办、学会承办的世界公众科学素质促进大会水利专题论坛在国家会议中心举办。论坛以“科学素质促进水利可持续发展”为主题，邀请加拿大国家工程院院士Abdul Ghani Razaqpur和芬兰科学与人文院院士John Moore等分别作水利科普专题报告，向公众普及水科学知识，提升公众水科学素质。

国内主要学术会议 学会及下属专业委员会举办国内会议50余场，累计参会人数1万余人次，交流论文4000余篇。

10月10日下午，学会在中国水博览会同期举办第十三届中国水务高峰论坛。论坛共设活动8场，包括主论坛1个、分论坛5个和技术研讨会2场。主论坛围绕“推动绿色发展 守护绿水青山”主题，安排特邀报告6个，吸引1500余人次参会交流研讨。

10月19—22日，中国水利学会2018学术年会在江西省南昌市举行。

两岸交流 10月17日，由学会海峡两岸水利科技交流促进工作委员会承办的“传承水利 放飞梦想——第6届海峡两岸青年工程交流营”在北京召开。交流会以水科技和水工程为主线，以水文化为载体，开展专题课堂授课、讨论、实验室和试验基地参观、水利工程参访、文化参访、成果交流与总结等活动。

国际组织任职 学会秘书长汤鑫华在2018年世界水理事会上当选世界水理事会董事（董事会成员单位代表），副秘书长刘咏峰当选副董事。

国际交往 1月，学会在北京与IAHR签署合作备忘录。根据备忘录精神，双方将在期刊发展、人才举荐、学术交流、人才培养等领域展开合作。5月23—27日，由学会副秘书长吴剑任团长，组团一行3人赴韩国参加韩国水资源协会2018年会，团组成员在会上作专题报告，并参加技术调研。9月1—5日，学会秘书长汤鑫华赴印度尼西亚日惹市参加第21届国际水利与环境工程学会亚太大会，在会上作题为《中国的水问题及应对策略》的主旨报告。9月12—16日，由学会副秘书长刘咏峰任团长，组团一行5人赴日本参加日本水文水资源学会2018年会，团组成员在会上与日韩等国专家互相交流。

科普活动 承办世界公众科学素质促进大会水利专题论坛。论坛邀请中国工程院院士王浩等5名国内外专家作报告，并交流互动。组织大型水利公益科普活动“中国水之行”。全年分别在山东省临清市、山西省大同市和广东省深圳市组织活动3次。活动将智库建设、学术交流、科普活动融为一体，通过邀请专家与地方政府座谈交流、实地调研、建立水科普兴趣小组、开展科普讲座等形式，向城市党政领导和群众普及水生态文明知识理念，提升水科学素养。在世界水日、中国水周、全国科技周、全国科普日之际，组织开展各类科普活动。组织编写《美丽长江——长江流域水生态科普读本》，该书为“中国水之行”丛书的分册之一。推荐的《山洪灾害防御知识读本》入选科技部2018年全国优秀科普作品。

表彰举荐优秀科技工作者 完成2018年度大禹水利科学技术奖的评审，获奖成果62项。

开展2018年度刘光文水文科技教育基金奖励组织推荐工作。会同水利部水文局和河海大学，联合发文，请有关高校推荐候选人并进行评选，完成此奖项年度奖励工作。按照张光斗基金会要求，完成2018年度张光斗优秀青年科技奖的评审工作。

学会创新发展 按照《党政机关干部选拔任用工作条例》的精神制订实施学会在新形势下的干部职工

选拔任用办法，制订实施学会秘书处绩效工资分配办法、职工年度考评办法，形成奖优罚劣、优胜劣汰、能上能下、能进能出的用人局面和激励约束机制。

结合中国科协创新驱动工程示范项目，发挥全国性学会作用，举办主题为“创新智造·砼艺生辉”的大学生水利水运装配式技术设计大赛。

党建强会 党支部组织召开秘书处全体党员大会、支部委员会会议20余次。组织党员干部学习习近平新时代中国特色社会主义思想、党的十九大和十九届三中全会精神，交流学习体会、深入贯彻落实；多次组织召开支委扩大会议，专题学习习近平总书记关于治水的重要论述，交流学习成果，形成长篇文章《顺势应变，革故鼎新——学习“3·14”和鄂部长讲话精神心得要点》上报水利部。在中国科协全国学会星级党组织创建活动中获七星级党组织荣誉。在制度建设方面，修订支部工作规则；在完善组织体系方面，结合业务分工，把党支部全体党员划分为3个党小组。按照中国科协科技社团党委的要求，协助学会党委在学会所属数十个专委会、工委会层面启动党的工作小组建设，全年已建成6个；在丰富组织活动方面，组织各分支机构、地方学会和单位会员参加中国科协主办的“不忘初心、牢记使命”——党的十九大精神知识竞答活动，获二等奖。组织秘书处全体职工赴上海市、浙江省嘉兴市参观中共一大会址，赴江西省瑞金市、赣州市联合开展党建活动，赴重庆市巫溪县开展水利定点扶贫调研，赴“一二·九”运动纪念地集体宣誓。强化正风肃纪，加强党员日常教育管理监督。健全落实党建工作责任制。

会员服务 学会针对不同人群设定不同层级与服务标准，分析不同人群的需求，拓宽服务渠道，丰富会员服务手段。全年学会走访长江水利委员会、湖北省水利厅、河海大学、南京水利科学研究院等单位会员近20余家。

【中国水利学会2018学术年会】 10月20—22日，中国水利学会2018学术年会在江西省南昌市召开。年会主题为“创新助力新时代人水和谐”。

年会设大会和分会场19个，学会十届理事会理事，学会分支机构、省级水利学会、单位会员代表，有关水利科研人员和技术骨干，年会论文作者代表，2018年度大禹水利科技奖和2017年度刘光文水文科技教育基金获奖代表及有关国际组织的领导和美国、加拿大、澳大利亚、日本、韩国、南非等国家的专家、学者共1200余名注册代表参加年会，实际参加年会人数3000余人。年会被中国科协列为2018年学术交流重点项目和示范品牌。

年会为期3天。20日，举行大会开幕式。学会理事长胡四一主持大会并致开幕词，江西省副省长胡强、国际灌溉排水委员会主席菲利克斯·兰德斯和南昌工程学院校长金志农分别致辞，水利部总规划师汪安南代表水利部部长鄂竟平讲话。21日，各分会场进行交流研讨。22日，开展技术调研。年会邀请江西省水利厅厅长罗小云等10名院士专家围绕破解4大新老水问题的需要作特邀报告。

年会将“会、展、赛、服”相结合，设节水、河湖长制等分会场19个，围绕党中央和社会关注的水利焦点、热点、难点问题，根据各自分会场主题、分会场议题，邀请302名专家、学者作学术报告。

年会期间，学会首次举办水利科技青年论文（英文）竞赛及其颁奖仪式，组织开展“水利与无人机”等展览展示及技术调研。在英文竞赛中，受邀担任竞赛评委的除国内外专家，还有部分水利“青托”人才。

年会收到论文1000余篇，经组织专家评审，502篇论文入选中国水利学会2018年学术年会论文集并出版。年会颁发2018年度大禹水利科技奖。

（撰稿人：李志平）

中国内燃机学会

学会建设 2018年，学会新增会员101人，其中，女性会员18人。召开常务理事会议2次、理事会议1次、秘书长工作会议3次。

主办期刊 学会编辑出版的《内燃机学报》（双月刊）全年刊发学术论文73篇。2017年总被引频次2874、影响因子1.158、基金论文比0.92，在能源与动力工程类49种期刊中排名第4。《内燃机工程》（双月刊）刊发学术论文79篇，2017年总被引频次2530、影响因子0.934、基金论文比0.76，在能源与动力工程类49种期刊中排名第6。《内燃机》（双月刊）刊发科普性文章92篇。

国内主要学术会议 学会及所属各分会举办年会、研讨会、报告会、论坛等学术活动16场次，累计交流学术论文556篇，参会人数3022人次。

6月28—29日，燃料与润滑油分会在北京举办2018清华－壳牌国际清洁交通技术研讨会。来自中国、美国、英国、沙特阿拉伯、日本等国家与会代表160人。会议针对机动车排放控制与油品监管特邀清华大学汽车产业与技术战略研究院院长赵福全、壳牌全球燃料技术副总裁Paul Bogers、壳牌全球商业技术副总裁Selda Gunsel、康明斯（中国）投资有限公司李军辉博士、清华大学教授杨殿阁、丰田汽车研发中心（中国）横尾望、吉利动力院总工程师沈源、清华大学王志博士、中石油润滑油公司教授级高级工程师杨俊杰、潍柴动力股份有限公司郭灵燕博士、美国康宁公司何苏浩博士和雅富顿公司亚太区技术总监梁克坚分别作报告《汽车产业变革与未来移动出行的机遇与挑战》《车用动力发展与未来能源展望》《润滑油技术和联合研发》《高含硫柴油对国六发动机的影响与对策》《智能网联车前沿技术展望》《丰田公司新直列四缸2.5L汽油发动机》《吉利汽车动力前沿技术研究》《发动机与燃料协同优化研究》《中国润滑油标准制定的工作进展》《柴油机可靠性前沿技术研究》《颗粒过滤器灰分捕集和系统研究》和《新能源汽车动力系统润滑油及添加剂开发的挑战》。与会代表一致认为绿色交通出行及交通能源低碳化是未来发展趋势，车用发动机燃油和润滑油技术在汽车产业变革背景下面临挑战，同时存在新机遇，传统车用动力与电动化和车联网融合将焕发发展机会。

7月1—2日，设计与智能制造分会联合工信部高效低排放内燃机技术重点实验室在北京共同举办内燃机虚拟设计与智能制造学术研讨会。来自全国有关高校、研究所和内燃机生产企业的100余名代表参加研讨会。中国工程院院士、天津大学教授苏万华指出，发展虚拟设计及智能制造是内燃机行业走出困境、走向未来的重要途径，并勉励参会代表通过研讨，互相学习，共同提高，促进中国内燃机设计与制造技术发展，实现“中国内燃机制造2025”目标。会议特邀北京理工大学教授刘福水、AVL公司总部技术专员Peter Tibaut博士、长安汽车动力研究院总工程师沈惠贤、昆明理工大学教授申立中和北京理工大学教授王西彬分别作学术报告《内燃机虚拟设计和智能制造技术》《内燃机虚拟仿真技术进展》《动力总成研发中的CAE》《国六内燃机高原性能及技术措施》和《智能制造及其在内燃机工程中的应用》，集中呈现近期国内外内燃机虚拟设计和智能制造领域的成果和存在的问题，分析新时代中国内燃机设计与制造技术发展方向。

9月26—27日，学会大功率柴油机分会与船舶与海洋工程动力系统国家工程实验室、中国船舶重工集团公司第七一一研究所、上海临港海洋高新技术产业发展有限公司在上海市共同举办第四届2018中国船舶动力系统创新发展论坛。200名代表参会。会议围绕“未来船舶　绿色领航”主题，邀请上海海事局主任林祥彬、上海市临港开发建设管理委员会首席规划师顾长石、中国船舶重工集团公司第七一一研究所节能环保部主任沈飞翔、武汉理工大学院长钱作勤、江苏大学能源与动力工程学院副院长温华兵、上海高斯通船舶配件有限公司副总经理何赟、中船温特图尔发动机（上海）有限公司经理李伟珏、中国船舶重工集团公司第七一一研究所副总经理邱爱华、MAN Energy Solutions中国工程中心系统设计师刘喜卫、中船温特图尔发动机（上海）有限公司经理梁钦、上海船舶研究设计经理院匡岩、中远海运重工有限公司技术研发中心总经理赵志坚和中国船舶重工集团公司第七一一研究所节能环保部副主任王志刚分别作报告《国内船舶排放控制区政策实施情况简介》《上海临港——高端产业未来之城》《船舶尾气SO_X后处理解决方案及案例分享》《内燃机热负荷与可靠性》《废气涡轮增压器振动噪声分析及控制技术》《气阀常见鼓掌简析和建议》《WinGD X-DF双燃料发动机最新进展》《船舶混合动力技术应用及发展》《主机辅助系统节能减排研究》《WinGN数字集成发动机专家故障诊断系统》《造船新规带来的机遇和挑战》《应对脱硫系统改装的资源瓶颈及创新解决方案》和《船舶尾气NO_X后处理解决方案及案例分享》。与会代表针对国内船舶排放控制区政策实施情况、造船新规带来的机遇和挑战、脱硫脱硝案例分享、脱硫系统改装的资源瓶颈及创新解决方案等互动交流，并就“如何正确选择合规的降硫方式来满足全球限硫规定”专题进行探讨。会议期间，组织参观中国船舶重工集团公司第七一一研究所后处理装置生产基地。

国际组织任职　10月，国际内燃机学会（CIMAC）2018年秋季常设委员会会议在德国法兰克福召开。会上，经各副主席推荐、理事会各成员国投票表决，一致同意推选CIMAC执行副主席，中国工程院院士，学会理事长，上海大学党委书记、校长金东寒当选新一届CIMAC主席，任职期限2019—2022年。

国际交往　6月13—14日，CIMAC 2018年春季常设委员会会议在第29届CIMAC大会举办地加拿大温哥华召开。学会理事长金东寒，副理事长兼秘书长、CIMAC常设委员会委员李树生等一行3人出席会议。来自奥地利、加拿大、中国、德国、瑞士、芬兰、日本、美国、韩国、挪威、丹麦等成员国的30名代表参加会议。会议由CIMAC主席Klaus M. Heim主持。会议对CIMAC章程修订、CIMAC 2017年财务决算、2017年CIMAC各工作组、CASECADES和在上海海事会期间CIMAC Circle举办情况及2019年第29届CIMAC大会筹备工作进展情况等相关事宜进行通报表决。组织考察第29届CIMAC大会的会址和展馆等设施。

6月27—27日，国际内燃机学会（CIMAC）WG19第七次会议在奥地利维也纳举行。会议由WG19工作组主席、中国内燃机学会大功率柴油机分会主任委员、七一一研究所总工程师王锋主持。来自中国、德国、奥地利、荷兰、法国等9个国家的20余名行业专家参加会议。与会专家代表围绕气体机在内河船舶领域应用、在线排放监测技术开展交流，分享各自国家内河船舶排放法规最新动态，讨论内河沿海船舶发动机节能减排新技术发展趋势及船舶行业排放法规，探索未来柴电混合动力、纯电动力和LNG清洁燃料等新能源技术在内河船舶动力系统领域应用。

10月30—31日，CIMAC2018年秋季常设委员会会议在德国法兰克福召开。来自加拿大、美国、中国、德国、瑞士、奥地利、芬兰、日本、挪威、丹麦等成员国的30名代表出席会议。会议确认上次常设委员会会议纪要；通报近期CIMAC工作情况；对章程修订、2018年财务决算情况、2019年财务预算方案、各成员单位会费缴纳情况、长期发展作战略部署；听取第29届大会筹备工作情况汇报及各工作组活动情况汇报；会议审议并表决通过下一届主席的决定和下一届大会承办国的决定，经成员国韩国申请，并经全体与会人员审议投票表决，同意第30届CIMAC大会在韩国举行。

科普活动　学会及下属各分会举办科普讲座8场次，撰写科普报告7篇，累计受众868人次。

4月7日，由学会燃烧节能净化分会与天津大学内燃机燃烧学国家重点实验室共同主办的内燃机燃烧学国家重点实验室开放日科普活动在天津市举行。社会各界群众及校友共计500余人参加活动。活动通过宣传展板、智能驾驶汽车、大学生赛车、发动机实物展和参观实验室等活动进行发动机知识科普宣传，吸引中小学生到场参观交流。

测试技术分会分别于1月、4月、5月、9月和12月在天津市举办科普讲座。分别邀请7名专家、教授作专题报告《发动机金属构件中参与应力的认识与控制》《内燃机爆震及燃烧室部件损伤控制技术》《车用燃料电池发展现状》《高增压发动机进气流动机理及高压差气道稳流评价》《自主创新，专利护航——给内燃机一副好“咽喉”》《工艺封堵技术》《柴电混合动力策略》等，累计参加活动368人次。

表彰举荐优秀科技工作者　学会选荐的教授级高级工程师林铁坚为基层科技工作者代表，受邀出席“纪念改革开放40周年、中国科协成立60周年，百名科学家、百名基层科技工作者座谈会”。学会评选出刘福水、姚春德和杨晓获2018年度昆仑突出贡献奖。汪俊君、王辉和张平获2018年度史绍熙人才奖。于国鹏获2018年度优秀博士学位论文一等奖；钱勇和刘浩业获2018年度优秀博士学位论文二等奖；高建兵、李耀鹏、马寅杰和依平获2018年度优秀博士学位论文三等奖。评选2018年度科学技术奖7项，《高效清洁内燃机爆震燃烧机理》获自然科学奖一等奖；《柴油机高效后处理系统关键技术研究及应用》和《重型柴油机尾气后处理系统技术及应用》获科技进步奖二等奖；《小排量增压汽油机高效燃烧关键技术开发及应用》《2.0L CTI高效柴油动力产品开发》《中重型高功率密度高效清洁柴油机》和《船用柴油机故障诊断与安全保护技术研究及应用》获科技进步奖三等奖。

【2018年世界内燃机大会】　11月8—11日，由学会和无锡市政府主办的2018年世界内燃机大会在江苏省无锡市召开。来自中国、英国、美国、日本、韩国、德国、奥地利、俄罗斯、新加坡、澳大利亚、瑞士、意大利、加拿大、乌克兰14个国家的1423名代表出席大会，其中，外国专家、学者150人，中外院士35人。大会同期举办展览会，展览面积9200平方米，参展单位106家，其中，特装独立展位41家、标准展位69家，参展商850余人。展示内燃机整机、关键零部件及研发、生产、加工、测试设备等相关技术产品。

11月9日上午，中国工程院院士，学会理事长，上海大学党委书记、校长金东寒主持开幕式并致开幕词。全国政协副主席、中国科协主席万钢发来视频，代表中国科协对大会的召开表示祝贺。他指出，内燃机是工业革命中最具核心价值、最有代表性的发明。在动力系统电动化、工业生产智能化大趋势下，传统内燃机产业面临挑战，召开世界内燃机大会对于共同谋划创新驱动发展之策、探寻转型升级之路具有重要意义。希望与会专家、代表围绕内燃机技术创新、产业转型升级交流合作，推动经济高质量发展、增进人类社会福祉。

原机械工业部部长、学会名誉理事长何光远，中国内燃机工业协会理事长晏平，国际内燃机学会（CIMAC）秘书长 Peter Müller-Baum 分别作主旨演讲。会议围绕“绿色　高效　创新　发展”主题，特邀中国工程院院士、学会副理事长、中国汽车工程学会理事长、清华大学教授李骏，牛津大学访问教授、阿美石油公司（美国）首席科学家 Gautam Kalghatgi，吉利控股集团董事长李书福，中国工程院院士、中国化工学会理事长、中国石油学会副理事长曹湘洪，一汽解放事业本部发动机事业部总经理钱恒荣 AVL 副总裁 Marko Dekena，上海交通大学副校长黄震，中国工程院院士、天津大学教授苏万华，FEV 副总裁 Peter Heuser，东风集团有限公司副总工程师蒋学锋，美国康宁公司技术总监 Timothy Johnson 及马自达汽车株式会社执行董事人见光夫分别作主题报告《未来汽车汽油新动力发展趋势》、Development of Fuel/Engine Systems-The Way Forward to Sustainable Transport、《发展智能动力系统　实现多元应用发展》《持续推进我国炼油化工与汽车工业的协同发展》《内燃机发展进入新时代》、Great Future of IC-Engines in a Diversified Marine World、《面向未来的内燃机燃料与燃烧新技术》《内燃机高热效率和清洁排放技术》、Green and Cean Marine Powertrain Solutions to Meet China Ⅱ Inland River Legislation、《商用车柴油机新技术发展趋势及进展》、HD Regulations，Engine，and Exhaust After-treatment Technology Trends 和《作为机动车用动力源的内燃机的责任及目标》。

11 月 10—11 日上午，大会设分会场 8 个，主题分别为“高效清洁燃烧”“排放与后处理”“燃料与润滑油”“设计、制造、材料与可靠性”“测试、燃油喷射、高效增压”“绿色智能船舶动力”“低碳能源及高效利用”“康宁、路博润分”。对 138 篇学术论文进行宣读交流，各分会场根据主题分别邀请中外专家、学者作分会场专题报告共计 80 篇，259 篇学术论文以墙报形式进行交流。大会编辑出版《内燃机科技——2018 年世界内燃机大会学术交流论文集》，论文集分上、中、下 3 册，共收录学术论文 397 篇。

会议期间，组织参观无锡威孚高科技集团股份有限公司、凯龙高科技股份有限公司、一汽解放发动机事业部和无锡开普机械有限公司。

（撰稿人：祝维瑾）

中国工程热物理学会

服务创新型国家和社会建设　承接“创新驱动助力工程——贵州先进压缩空气储能技术研究”项目。与贵州省毕节市科协实施该工程。组织学会有关专家与毕节市能源领域特别是压缩空气储能领域的研发机构、企业的领导和技术人员进行面对面交流，针对毕节市研发机构、企业提出的技术需求和生产现状，为其提供咨询服务。通过此次创新驱动助力工程工作，促成储能研发中心储冷储热技术产业化。8 月，成立注册资本 5000 万元的产业化公司。

学会建设　学会根据中央全面深化改革的总体部署和《中共中央关于加强和改进党的群团工作的意见》要求，制定完成《中国工程热物理学会改革实施方案》并上报中国科协学会学术部。

根据《中共中央　国务院关于深化科技体制改革加快国家创新体系建设的意见》有关要求，学会接受有关部门委托开展科技评估工作，制定《中国工程热物理学会科技评价工作暂行条例》，推进学会承接政府转移职能工作，强化公共服务导向，引导学会主动参与政府购买服务市场，推动形成科技公共服务的常态化、规范化和制度化的格局。

主办期刊　《工程热物理学报》被中国学术文献国际评价研究中心授予中国国际影响力优秀学术期刊。全年出版 12 期，刊登论文 470 篇，其中，重大基础研究计划和其他国家重点项目，各类国家、省、部级基金资助项目论文占发表论文总数约 82%。《工程热物理学报》获评 2018 期刊数字影响力 100 强。

国际学术会议　8 月，多相流成像与测量国际研讨会（International Workshop on Multiphase Flow Imaging and Measurement）在天津大学举行。会议邀请中国、德国、日本、挪威、英国复杂过程可视化领域专家和学者，以主题报告、座谈交流和实验室现场调研等形式，围绕电学、超声、射线等新型可视化测试技术在多相流过程状态监测中存在的关键理论与技术问题和最新的发展动态等内容进行研讨和交流。

8 月 10—15 日，第 16 届国际传热大会在北京国家会议中心举办。来自 40 余个国家和地区 1400 余名学者参加大会。会议设特邀报告3个和主旨报告28个，共有1000余篇会议论文在40个分会场进行汇报和讨论。此届国际传热大会首次安排学术专题研讨会4场，分别是纳米尺度传热专题研讨会、储能中的传热传质专题研讨会、传热学中的新概念——火积专题研讨会和多尺度变革性数据中心冷却技术专题研讨会。

国内主要学术会议 学会组织国内学术交流会议12次。

3月30日—4月1日，第四届全国青年燃烧学术会议在湖北省武汉市召开。来自全国120余所高校及科研单位的近550余名青年教师和科研人员参加会议。会议采取学术沙龙、大会特邀报告及专题研讨会模式。会议邀请中国工程院院士、清华大学教授范维澄做客学术沙龙并作特邀报告《从燃烧、火灾到公共安全》。在科研体会交流环节，浙江大学教授、国家杰出青年基金获得者王树荣分享自己的科研经验及体会。来自上海交通大学、华中科技大学、清华大学、北京航空航天大学、美国FM Global、美国奥克兰大学的6名青年学者作大会特邀报告。会议设专题研讨会9个。

4月13—15日，传热传质青年学术论坛会议在北京西郊宾馆召开。会议由学会、国家自然科学基金委员会共同主办，北京科技大学能源与环境工程学院、中国工程热物理学会传热传质分会青年委员会共同承办，九州优才（北京）人力资源咨询有限公司协办。中国科学院院士、清华大学教授过增元，中国科学院院士、南京航空航天大学教授宣益民，中国科学院院士、西安交通大学教授何雅玲，中国工程热物理学会传热传质分会主任张兴，国家自然科学基金委处长刘涛、主任纪军和来自70余所院校与科研单位的专家、青年学者和学生代表共280余人参加会议。

5月17—18日，学会传热传质分会，上海市浦东新区高分子学会和上海第二工业大学共同举办微纳尺度传热及热物性学术会议暨中国工程热物理学会传热传质分会青年学者论坛。学会传热传质分会主任张兴，浦东新区科协副主席刘永辉，上海第二工业大学副校长谢华清、徐玉芳等领导和来自国内外高校和科研机构的60余名代表参加会议。

7月21—23日，第五届全国气动力学与流体机械青年学者研讨会在北京航空航天大学召开。会议由国家自然科学基金委员会工程与材料科学部、中国工程热物理学会热机气动热力学分会和流体机械分会共同主办，北京航空航天大学能源与动力工程学院、中国工程热物理学会热机分会和流机分会青年工作委员会共同承办。国家自然科学基金委工程三处主任纪军，中国工程热物理学会热机分会主任李应红、流机分会主任席光，来自全国40余所高校、科研院所的专家、青年学者和中国航发集团研究骨干共220余人参加研讨会。21日，举办青年学术沙龙活动。活动由空军工程大学教授吴云、哈尔滨工业大学教授常军涛和北京航空航天大学教授陆利蓬共同主持。空军工程大学教授李应红作大会报告。北京航空航天大学教授孙茂作题为《极小昆虫飞行的空气动力学研究》的演讲。浙江大学教授林建忠、中国科学院工程热物理所研究员张燕峰、南京航空航天大学教授谭慧俊分别作大会报告《超常颗粒两相流若干问题的研究》《尾迹扫掠下叶片吸力面附面层特性变化分析》《超声速进气道中的若干空气动力学问题初探》。

9月13—16日，中国工程热物理学会燃烧学学术年会暨国家自然科学基金燃烧项目进展交流会在黑龙江省哈尔滨市召开。国内外147家高校和研究机构1200余名代表参加年会。会议由大会邀请报告、专题邀请报告、基金进展报告、墙报交流及各专题的分组报告构成。与会代表围绕层流火焰，反应动力学，湍流燃烧，喷雾与液滴燃烧，燃烧测试与诊断，爆轰、爆炸和超音速燃烧，火灾研究，燃烧污染物控制，固体燃料燃烧，内燃机和燃气轮机燃烧，新型燃烧技术11个专题展开交流。会议期间，组织燃烧领域科普作品展示与交流、工业论坛交流、女性沙龙等专题活动。

9月22日，国家自然科学基金委员会工程科学三处在北京组织航空发动机气动与燃烧领域现状及发展战略调研研讨会。中国工程热物理学会热机气动热力学分会、中国科学院工程热物理研究所承办。徐建中院士指导论证工作，孙晓峰教授作学术报告。热机气动热力学分会10余名专家参加研讨。会议邀请中国航发606所、624所等行业专家进行研讨，梳理出非设计状态航空发动机气动设计体系、飞发匹配等关键科学问题。

10月12—15日，2018年度中国工程热物理学会传热传质学术会议暨国家自然科学基金传热传质领域项目进展交流会议在哈尔滨国际会议中心（哈尔滨华旗饭店）召开。此次会议由中国工程热物理学会和国家自然科学基金委员会主办，哈尔滨工业大学承办。

会议设分会场8个，进行相关学术论文的专题研讨。在基金汇报分会场，国家自然基金进展交流123篇，包括口头12篇。参会单位188家，参会人数1048人，包括7名院士。会议邀请72名专家、学者作特邀报告。邀请国内开设工程热物理专业的高校、研究所及能源与传热领域相关大型企业开展学术交流和探讨，展示最新科研成果。

10月19—22日，由学会多相流专业委员会、国家自然科学基金委工程三处主办的2018年中国工程热物理学会多相流学术会议暨国家自然科学基金多相流项目进展交流会在中国石油大学（北京）召开。来自自然科学基金委工程与材料科学部和中国工程热物理学会领导及中国、澳大利亚、新加坡等国家70余所院校与科研单位的专家、学者和学生代表共580余人参会。会议增设沸腾与冷凝传热及强化专题研讨会，14名该领域专家分别作前沿学术报告。

10月26—28日，中国工程热物理学会热机气动热力学和流体机械学术年会暨国家自然科学基金项目进展交流会在陕西省西安市召开。大会由中国工程热物理学会和国家自然科学基金委主办，西安交通大学能源与动力工程学院和空军工程大学等离子体动力学重点实验室承办。西安交通大学副校长王铁军出席开幕式并致辞。中国科学院院士、中国科学院工程热物理所研究员徐建中，中国科学院院士、空军工程大学教授李应红，中国科学院工程热物理所所长朱俊强发表讲话。中国工程热物理学会秘书长杜建一，国家自然科学基金委工程与材料学部工程三处史翊翔，西安交通大学能源与动力工程学院院长严俊杰、书记何茂刚及来自85家科研院所单位的630余名专家、学者和研究生参加会议。大会开幕式由会议组织委员会负责人西安交通大学副校长席光主持。北京航空航天大学教授李秋实，中国联合重型燃气轮机技术有限公司总设计师顾春伟，中国科学院院士徐建中分别作大会特邀报告。会议设分会场32个、基金进展交流报告会场2个和基金进展交流展板会场1个，围绕离心式、轴流式透平压气机，风能与风力机，水泵与水动力学，数值模拟方法与技术，实验研究，仿生与噪声等专题进行学术报告共381场、展板交流51份。

11月2—5日，由学会、国家自然科学基金委员会主办的2018年中国工程热物理学会工程热力学与能源利用学术年会暨国家自然科学基金工程热力学与能源利用领域项目进展交流会在辽宁省大连市召开。国内700余名专家、学者参会。中国科学院院士、学会理事长金红光出席会议。工程热力学分会主任、华北电力大学教授杨勇平介绍2018年学会工作及2019年学会新设置研究方向等改革内容。大会由大连理工大学教授唐大伟主持。国家自然科学基金委工程科学三处主任纪军介绍2018年自科基金资助情况、2019年资助政策局部调整和资助重点，公布2017年结题项目的评价为“优+”和“差”的项目信息，强调基金结题评价情况对后续资助的重要性。大会邀请天津大学教授舒歌群、上海交通大学教授吴静怡、浙江大学教授邱利民和大连理工大学教授赵佳飞作大会特邀报告。大会包括基础热力学等7个专题分会场和基金进展报告交流分会场。

11月30日—12月2日，由多相流专委会主办，西安交通大学多相流国家重点实验室承办的2018年多相流与新能源青年学者论坛在陕西省西安市举办。

国际组织任职 上海交通大学教授齐飞担任国际燃烧学会秘书长和理事会理事、国际燃烧学会Fellow遴选委员会委员。华中科技大学教授徐明厚担任国际燃烧学会理事会理事。清华大学教授任祝寅担任国际燃烧学会理事提名委员会委员、国际燃烧学会理事计票委员会委员、国际燃烧学会早期职业生涯咨询委员会委员。清华大学副教授游小清担任国际燃烧学会媒体委员会委员。清华大学教授杨斌担任国际燃烧学会理事提名委员会委员。中国科学技术大学教授刘乃安担任国际森林火灾学会理事、国际火灾研究机构主任论坛成员、国际尺度模拟委员会委员。天津大学副教授刘海峰担任国际内燃机学会（CIMAC）气体机专家委员会委员。

清华大学教授姚强担任*Combust. Sci. Technol.*主编。清华大学教授杨斌担任*Combust. Sci. Technol.*副主编。清华大学教授孙超担任*Int. J. Multiphas. Flow*副主编。清华大学教授任祝寅担任*Combust. Theor. Model.*编委。清华大学教授徐海涛担任*New Journal of Physics*编委。清华大学教授于溯源担任*Particuology*编委。上海交通大学教授齐飞担任*Proc. Combust. Inst.*副主编、*Prog. Energ. Combust. Sci.*编委。上海交通大学教授许敏担任*Proc. Combust. Inst.*副主编。上海交通大学教授黄震担任*International Journal of Engine Research*编委。中国科学技术大学教授刘乃安担任*Int. J. Wildland Fire*和*Fire Tech.*副主编、国际火灾安全科学学会会刊*Fire Safety J.*编委。中国科学技术大学教授孙金华和研究员纪杰担任 *Fire Safety J.* 编委。天津大学教授苏万华担任 *International Journal of Engine Research* 编委。天津大学教授尧命发担任 *Frontiers Journal of Engines and Automotive Engineering* 副主编。北京大学研究员陈正担任 *Combust. Flame* 编委。西安交通大学教授黄佐华担任 *Fuel* 主编。东南大学教授肖睿担任 *Fuel Process. Tech.* 副主编。华北电力大学教授徐进良担任 *ES Energy Environment* 编委。

科普活动　中国科学院院士、西安交通大学动力工程多相流国家重点实验室主任郭烈锦到江西省遂川中学参观并为中学生讲课。

表彰举荐优秀科技工作者　开展2018年吴仲华基金评选活动，评选出2018年度吴仲华优秀青年学者奖3人，吴仲华优秀学生奖10人。浙江大学教授周昊、天津大学教授卫海桥、南京理工大学教授刘冬、上海交通大学教授王丽伟获2018年国家杰出青年基金资助项目资助。东南大学教授张会岩、北京航空航天大学副教授孙大坤获2018年国家优秀青年基金资助项目资助。清华大学教授胥蕊娜入选2018年长江学者奖励计划青年学者。

党建强会　选出学会会员中基层一线优秀共产党员代表，通过宣讲、网络平台等形式在社会上宣传。

（撰稿人：宋娟娟）

中国空气动力学会

服务创新型国家和社会建设　学会通过专委会组织专家为多家企业和研究机构提供产品设计技术咨询，包括中国地质调查局南京地调中心“台风暴雨型滑坡水文响应特征及变形机制研究（浅层滑坡风洞模型实验）”项目风洞试验方案、中冶南方检测中心太阳能面板抗风试验方案、重庆大学下击暴流风场结构试验研究方案等。

1月4日，邀请业内多家单位专家组成鉴定委员会，鉴定北京航空航天大学完成的流动显示项目成果。6月4日，组织专家对南京航空航天大学完成的风力机项目成果进行鉴定评价。制定并发布实施《中国空气动力学会科技成果鉴定实施办法》。

10月，发布《中国空气动力学发展蓝皮书（2017年）》。该书由学会牵头、依托中国空气动力研究与发展中心编写，是首部展示中国空气动力学发展全貌的著作。该书回顾中国空气动力学发展历程，集中展示近5年来中国在空气动力学基础理论、前沿技术、试验设备设施和国防与国民经济应用等方面的成果。

11月，组织开展空气动力学共享设备、软件信息征集，建立科技信息共享平台。截至2018年年底，已完成第一轮空气动力学共享设备、软件信息征集，中国空气动力研究与发展中心、中国航空工业气动院、中国航天空气动力技术研究院、北京航空航天大学等单位发布共享设备和软件28项。

学会建设　学会召开理事会议1次、常务理事会议3次、理事长办公会议3次。

7月21日，在北京召开七届十次常务理事会议。组织学习中国科协有关文件精神，审议并通过《中国空气动力学奖章程（讨论稿）》《中国空气动力学会科技成果鉴定实施办法》《中国空气动力学会青年人才托举工程实施办法（修改）》《中国空气动力学会分支机构管理办法（草案）》，物理气体专委会建议更换主任委员、成都飞机设计所更换学会理事的申请及设立中国空气动力学大会议案和创办空气动力学会英文期刊议案共7项议案，并予以公布。

10月23日，在北京召开七届五次理事长办公会议，讨论确定拟增设专业委员会事宜。同意按照有利于专业覆盖、业务拓展的目标成立新的专业委员会，开展竞争择优，由学会组织与改革委员会领导实施。

主办期刊　《空气动力学学报》全年编辑出版6期，刊登论文123篇，其中，计算空气动力学占90%，实验空气动力学占10%。编辑出版综述稿件4篇，设专栏5个，印刷发行6000册。

《实验流体力学》全年编辑出版6期，刊登论文80篇，开展重点专栏约稿6个。参加中国科协主管期刊审读工作，印刷发行6000册。

完善网刊采编系统，加强数字化、网络化建设调研与跟踪，规范互联网保密审查工作，加强专栏策划和约稿工作。《空气动力学学报》和《实验流体力学》全年策划专栏13个，约稿160余篇。

召开《空气动力学学报》和《实验流体力学》第一届青年编委会第二次会议，邀请青年专家为学报发展出谋划策。组织召开《空气动力学学报》第六届编委会第二次会议，总结学报2年来的工作。

安排编辑赴北京参加出版资格考试培训，7人考取出版专业技术人员职业资格证书。赴上海激光杂志社等单位调研学习，参加第十四届中国科技期刊发展论坛。

完成《空气动力学进展》英文刊国际刊号申请、出版合同签订、期刊编委会组建、首刊审稿等前期准备工作。

国际学术会议 7月17—21日，第二届海内外华人计算流体力学（CFD）研讨会在四川省绵阳市举办。来自27个机构的70余名专家参会，包括2名院士，11名来自美国、英国、德国、加拿大的外国专家。会议交流大会报告7篇，邀请报告37篇，研讨CFD新技术、新方法、新应用。与会专家、学者实地考察中国空气动力研究与发展中心相关试验设施。

12月14—15日，学会主办的《空气动力学进展》英文刊（AIA）编委会会议暨首届空气动力学进展国际研讨会在四川省成都市召开。研讨会交流报告22篇。参会代表60余人，包括外国专家、学者20人。15日，期刊编委会会议召开，主编和编委共34人参会，与会编委交流与探讨AIA的覆盖范围、优势、稿源、可持续性发展等问题。

国内主要学术会议 学会主办全国性学术会议16次。

1月19日，春节学术座谈会在北京召开。邀请中国航天空气动力技术研究院院长李锋作题为“临近空间太阳能无人机及其关键技术”的报告，中国空气动力研究所与发展中心研究员孙海生作题为“气动中心低速所动态试验技术进展”的报告，中航工业空气动力研究院研究员李周复作题为“国内航空风洞建设进展”的报告。来自北京大学、北京航空航天大学等10余家单位的近140名代表参加。

4月26日，高超声速专委会在北京召开精确热环境与新型热防护研讨会。邀请中国工程院院士杜善义、崔俊芝等专家出席。特邀报告9篇。参会代表82人。与会专家一致认为，在未来研究中应重点关注超声速飞行器气动热环境预测与地面试验、超声速飞行器防护系统精确设计、高超声速环境与材料耦合问题、创新防热材料与结构设计与实现等技术领域。

5月8—9日，2018大质量比空射非定常问题学术研讨会在安徽省合肥市召开。会议由空气弹性专委会主办，航天空气动力技术研究院协办。邀请报告9篇。参会代表30人。会议采用专题研讨形式，围绕空射平台非定常空气动力学问题展开研讨。

6月9日，俞鸿儒院士学术思想及成就研讨会在北京召开。中国空气动力研究与发展中心主任范召林、中国科学院力学研究所所长秦伟、中国航天空气动力技术研究院院长李锋和中国航空工业空气动力研究院副院长王志川分别致辞。与会专家回顾俞鸿儒院士对中国空气动力学事业的贡献，研讨俞鸿儒院士学术思想，探讨中国空气动力学发展之路。

8月6—8日，测控专委会在湖南省怀化市芷江侗族自治县召开测控技术交流会。会议由湖南大学承办。特邀专家报告5篇。收到论文126篇，内容涵盖测控技术、非接触测量技术、天平传感器技术、信号采集处理、风洞结构设计、特种试验技术等领域。按专业领域分3组，交流论文45篇，评出优秀论文7篇。20家单位90余名代表参加会议。

8月16—18日，首届中国空气动力学大会在四川省绵阳市召开。

12月8日，学会和清华大学航天航空学院在北京举办第十次钱学森学术讲座。邀请英国帝国理工学院教授斯潘塞·舍温作题为“高保真度谱方法/Hp有限元法的发展现状及其在高雷诺数复杂流动中的应用”的报告，中国空气动力研究所与发展中心研究员桂业伟作题为“高超声速飞行器气动热及综合热效应问题”的报告，西北工业大学教授张伟伟作题为“浅谈空气动力学智能化”的报告。110余名代表参加讲座。

科普活动 学会组建先进轨道交通科学传播专家团队和结构风工程科普基地科学传播专家团队。

中国空气动力研究与发展中心依托专委会开展科普活动和高校学生的实习见学工作。全年接待相关单位领导、专家百余次，接收并组织清华大学、北京大学、北京航空航天大学等高校约400余名师生参观见学和实习培训。开展暑期实习周活动，免费为师生提供住宿、接送站等保障条件。针对不同实习对象，分层次组织开展专家、科研团队学术交流和专业基础知识授课，深入科研试验现场开展岗位认知和实习活动。

7月16—27日，南京航空航天大学航空宇航学院师生40余人在中国航天空气动力技术研究院进行暑期实习。实习期间，流动显示专业委员会组织专家为学生作流动显示及流动控制技术专题讲座，组织师生参观流动显示实验室、风洞试验现场，科普风洞试验，特别是流动显示试验基本过程和方法。

全国科技活动周期间，先进轨道交通科学技术普及基地接待长沙市中学生参观与科普体验，湖南教育电视台拍摄并制作科普视频，作为湖南省科普示范教学片在全省范围内演播。科普基地全年接待参观专家、学者、学生2500余人。

同济大学教授赵林领导的结构风工程科普团队参

与组织2018（第七届）上海国际青少年科技博览会暨明日科技之星国际邀请赛。结合桥梁构思与建造议题，负责竞赛设计、组织、出题、评比等环节，通过电视、网络和微信公众号等媒介进行宣传。向世界各地中学生介绍中外著名桥梁，展示同济大学学生制作的桥梁模型。

表彰举荐优秀科技工作者 5月30日，中国科协在北京人民大会堂召开纪念改革开放40周年、中国科协成立60周年暨百名科学家、百名基层科技工作者座谈会。经学会推荐，中国科协组织专家推选陈迎春为座谈会代表特邀出席。

11月25日，学会召开七届十一次常务理事会通信会议。会议同意北京航空航天大学组建陆士嘉实验室专家团队，决定向中国科协推荐刘佩清教授为首席科学传播专家。

经学会七届四次理事会议审议，决定授予计算空气动力学专业委员会 、物理气体动力学专业委员会、清华大学航天航空学院2018年度学会先进集体称号，授予18人2018年度学会先进个人称号。

党建强会 3月10日，学会党委结合七届四次理事长会议召开党委扩大会议，学习中国科协全国委员会常务委员会会议精神、万钢在中国科协九届全国委员会第四次会议上的工作报告和怀进鹏的总结讲话精神。学会党委成立党的十九大精神宣讲队伍，由学会党委书记唐志共牵头，党委委员和学会十九大代表参加，结合学会工作开展活动。

6月11日，向中国科协报送沈清为学会办事机构党建指导员。

10月23日，学会结合七届五次理事长会议召开党委扩大会议，组织学习中央八项规定及实施细则、《关于中国科协所属全国学会进一步加强财务管理的若干规定》等文件。任玉新传达中国科协警示教育大会精神。根据科协党建工作要求，学会党委研究讨论学会党建有关工作，确定尽快制定新财务制度和议事规则事宜，落实“八项规定”要求。

【首届中国空气动力学大会】 8月16—18日，首届中国空气动力学大会在四川省绵阳市召开。大会由学会、中国空气动力研究所与发展中心、绵阳市政府联合主办。杨卫、乐嘉陵、徐建中、李椿萱、陈政清、王振国、宋君强、杨孟飞、杨伟、何国威等院士出席开幕式。大会由主会场大会及21场主题会议和专题会组成，是中国空气动力学界第一次集中组织的全国学术交流大会，是学会第一次将9个专委会集中在一起召开的学术交流会。会议期间，7名院士作大会特邀报告，49名专家作分会场邀请报告，宣讲交流报告共690篇。评选35岁以下青年优秀论文42篇。来自航空、航天、航海、兵器工业、科研院所、高校等156个单位的1280名代表参加大会。

（撰稿人：胡汉东　孟　琳　吴德松）

中国制冷学会

服务创新型国家和社会建设 学会科技评估工作委员会承接“售安徽广信农化股份有限公司机组故障鉴定”、上海海立电器有限公司“H型无壳体一体化机架直流变频微型压缩和低温采暖喷气增焓转子式压缩机”产品鉴定等10项评估鉴定工作，涵盖技术咨询、产品鉴定、科技评估等。

开展专业技术人员专业水平评价工作。11个省市184人申报见习工程师、助理工程师、工程师、高级工程师、资深工程师5个级别，制冷系统、制冷空调设备、空调系统3个方向工程师，其中，8人申报首次设立的资深工程师。

组织第10届CAR-ASHRAE学生设计竞赛。66所院校报名，提交作品60份，最终评审一、二、三等奖，优秀奖及单项奖。组织“丹佛斯杯”第五届中国制冷学会创新大赛，74家单位242个作品申报，经过初评、复审和决赛答辩，评出特等奖及一、二、三等奖。11月，与全国机械职业教育教学指导委员会、中国制冷空调工业协会联合主办的“三向杯”制冷设备安装与调试技能大赛在湖南省长沙市召开。34所院校56支竞赛队伍参赛。

举办继续教育活动3次，累计培训学员152人次。7月7日，首届制冷空调行业技术总监（CTO）高级研修班在广东省佛山市顺德区开班，学员25人，学时300小时。8月20—23日，在广东省肇庆市举办全国职业教育制冷空调类专业骨干教师培训班，20余所学校47名教师参加培训并获中国制冷学会颁发的继续教育证书。11月27—30日，在云南省玉溪市举办首期农产品热泵烘干高级研修班，60家单位80名学员参加。

学会首次开展自有课题研究工作，经过评审，从22项申报项目中确定5项课题，已进入中期验收阶段。

学会在国家标准化管理委员会组织的2018全国专业标准技术委员会考核评估工作中被评为二级。完成行标《氨制冷企业安全规范》并正式实施，完成《食用菌冷链流通技术要求》送审稿。完成团标《氨制冷系统安全评估方法》《家用空调器安装维修技术规程》送审稿及报批稿，完成《载冷剂的性能及评价方法》征求意见稿。与中国标准化研究院合作完成国标《冷库（箱）和压缩冷凝机组能效限定值及能效等级》征求意见稿，完成团标《绿色设计产品评价技术规范—商用冷柜》送审稿。

学会建设 截至2018年年底，学会有单位会员620家、资深会员94人、高级会员1075人、普通会员9987人、学生会员12687人。召开理事会议1次、常务理事会议2次。参加民政部社会组织评估，秘书处提出以评促建目标，完善规章制度90项，评估等级为4A。借助中国科协“创新驱动助力工程”项目，联合西安交通大学、国家商用制冷设备质量监督检验中心，建立中国制冷学会轻型商用制冷（空调）设备产业协同创新中心，12月11日，在陕西省西安市正式挂牌。

11月2日，在广西壮族自治区南宁市召开第32次全国各省、自治区、直辖市学会秘书长会议，22个地方学会50余名代表参加会议。

学会治理结构和治理方式改革 加强对专业委员会、工作委员会、工作组监管，要求各项活动财务账统一归到学会，每年公布学会财务状况，加大信息公开力度。

主办期刊 《制冷学报》全年出版6期，总页数816页。刊登论文110篇，发行量1.855万册。在CSTPCD数据库（扩展库全部6667种期刊）E14学科分类中，影响因子在39种期刊中排名第1；在CNKI数据库中，综合影响因子同比增长29%、复合影响因子同比增长21.7%。组织第四届《制冷学报》优秀论文评选，评出优秀论文10篇、高被引论文5篇、杰出作者6人、突出贡献单位3项、优秀审稿人3人。由陈焕新、刘江岩、胡云鹏、李冠男撰写的《大数据在空调领域的应用》刊登在《制冷学报》2015年第4期，2018年入选第三届中国科协优秀科技论文。

《中国制冷简报》全年出版6期，增刊1期，总页数400页。发表专家观点、行业动态、企业资讯等文章321篇，全年发行总页数400页，发行量52300册。策划翻译由联合国SEforALL非营利性组织编写的Chilling Prospects：Providing Sustainable Cooling for All报告并以增刊形式出版，发行量1500册。

《制冷技术》全年出版6期，增刊1期，总页数480页。载文量127篇，全年发行量6.2万册。2018年综合影响因子（JIF）在50种工程技术类期刊中排名第15。组织评选出《制冷技术》“开利杯”优秀论文14篇。

学科发展研究 申报并获批中国科协“制冷及低温工程学科发展研究报告”项目，于9月在上海市召开启动会。组织30名行业专家牵头成立14个编写小组，预计总字数约24万字。

与英国建筑服务研究与信息协会（BSRIA佰世越管理咨询北京有限公司）共同撰写出版2018年版《中国制冷行业发展分析报告》，并于4月以《制冷技术》增刊形式发行1.5万册，8万字共80页。

通过征集、专家评审和公示，发布《2018年中国制冷学会节能环保产品（技术）目录》。共征集到节能环保产品78项、节能环保技术36项，15项节能环保产品和9项节能环保技术入选。

组织42名专家撰写《2017中国数据中心冷却技术年度发展研究报告》，全文16万字，共218页。《报告》聚焦技术变化，内容偏重实践工程中遇到的问题及解决对策，部分技术观念和思辨观点更加开放。5月12日，启动2018版报告编写工作，30余名专家组成撰写组。

国际学术会议 4月6—8日，由学会承办的第五届国际制冷学会冷链及可持续发展会议（ICCC 2018）在北京召开。来自17个国家的192名专家、学者出席会议。会议收录论文73篇，其中，48篇来自国外。学术报告针对食品质量、食品安全、储运物流、设备等研究热点介绍冷链及可持续发展领域的研究和应用最新研究成果。4月10日，由学会和ASHRAE共同主办的2018CAR-ASHRAE技术交流会在北京举行，40余名中外专家、学者出席，4名中外专家作主题报告。

国内主要学术会议 学会及其下属专业委员会举办国内学术会议9场次，累计参会3590人次，交流学术论文505篇。

8月1—3日，第十届高等院校制冷及暖通空调学科发展与教学研讨会及第十届全国制冷空调新技术研讨会在山东省威海市召开。300名专家、学者围绕学科建设与人才培养、课程建设与改革、制冷循环与系统、制冷工质与蓄能技术等主题开展学术交流与讨论。

8月22—24日，第二届文物保存环境监测与调控技术论坛在浙江省杭州市召开。150名专家、学者出席，收到投稿论文19篇。论坛设开幕式、主题报告、分论坛和技术参观等环节。主题报告由行业内专家作8个内容涉及文物保存各领域报告。

9月27—28日，第十三届全国食品冷藏链大会暨第十届全国冷冻冷藏产业创新发展年会在四川省成都市召开。全国政协经济委员会副主任、商务部原副部长房爱卿出席并致辞。会议组织8名国内外专家作特邀报告，32名国内外专家和企业家分别在冷冻冷藏装备技术、冷链企业发展论坛、食品保鲜技术、商用制冷设备及冷链物流与冷藏运输5个分会场作交流报告。450人参会。

10月23—27日，由学会空调热泵专业委员会、中国建筑学会暖通空调分会、中国建筑科学研究院有限公司主办的2018年第二十一届全国暖通空调制冷学术年会在河南省三门峡国际会展中心开幕。

两岸交流 12月5日，由学会主办的2018海峡两岸暨港澳制冷空调青年学术论坛在广东省珠海市召开。来自各高校、科研院所及企业的80余名青年学者参加会议。会议特邀5名专家针对国家自然科学基金申请，优青、杰青分享，职业技能，行业期刊，行业未来趋势等方面作主题报告。针对产、学、研对接难，青年人才机会少等行业痛点话题，邀请25名青年人才分享其科研项目，4家企业介绍产、学、研合作项目。

国际组织任职 9月3—7日，第27届国际低温工程大会暨低温工程材料大会（ICEC27-ICMC2018）在英国牛津大学举行，学会理事、浙江大学教授邱利民当选国际低温工程委员会副主席，任期4年。

国际交往 1月23日，组织6人代表团出席2018美国ASHRAE冬季年会。代表团与ASHRAE就CAR-ASHRAE学生竞赛、研讨会及出版物方面合作举行会谈。

1月22—25日，组织37人代表团参加在美国芝加哥举行的2018年美国制冷展。展团展出面积400余平方米，17家企业参展。全球约2150家参展商参展，净展出面积49238平方米，其中，中国展商660家，参观观众约7万人。

2月7—10日，组织8人代表团参加在土耳其伊斯坦布尔举行的土耳其制冷展（ISK-SODEX2018），总展位面积82平方米。

2月22—24日，组织10人代表团参加在印度班加罗尔举行的印度制冷展（ACREX India 2018）。期间，与印度供热制冷空调工程师学会（ISHRAE）进行会谈并签署谅解备忘录，双方将就展会、期刊交换等方面提供相互支持。

3月18—21日，组织14人代表团参加在美国科罗拉多斯普林斯举行的2018国际氨制冷学会工业制冷大会及展览会。代表团与国际氨制冷学会就合作出版标准、培训材料等进行商谈。

3月23—27日，组织7人代表团访问日本冷冻空调学会和日本前川制作所总部、守谷工厂及产品应用企业，参观低充注量氨制冷系统。

6月10—13日，组织115名中国业内专家赴日本札幌参加第九届亚洲制冷空调大会（ACRA 2018）。会议收录论文213篇，约350人参会。会议有主题报告4个，设分会场42个，涉及食品技术与冷链、换热器、吸收和吸附制冷等。学会成功申办2020年第十届亚洲制冷大会（ACRA 2020），并在此次会议上作申报报告。

6月15—17日，学会参加在法国巴黎召开的国际制冷学会执委会会议，审议各项议程。

6月18—20日，组织13人代表团参加在西班牙瓦伦西亚召开的第十三届天然工质大会。会议收录论文147篇，设主题报告6个、分会场会议36场，内容涉及制冷剂物性、商超家用制冷系统、系统安全等。250余人参会。

10月16—18日，组织21家单位52人展团参加在德国纽伦堡举办的2018年德国制冷空调展览会。展团总展出面积227.47平方米，12家企业参展。与EUROVENT、ASERCOM、RATA、纽伦堡展览公司等各国际组织和机构进行互访和会晤，邀请清华大学教授李先庭在热泵论坛上作报告。

科普活动 学会科普工作重点打造“制冷在你身边”——科普进社区、进校园、全国科普日活动。举办各类科普活动95场次，参与专家397人次、志愿者1208人次，累计受众约2万人次。发放各类免费资料7000余册。24家科普基地举办挂牌仪式，新批准北京建筑大学、四川省制冷学会和湖北省制冷学会3家科普基地。

学会创新发展 申报并获批“制冷及低温工程学科发展研究报告”“创新驱动助力工程”“国际科技组织事务专项经费”等项目10个。配合中国科协项目，与吉林省科协合作开展冷链项目调研；与江苏省苏州市、张家港市科协合作对口贵州扶贫项目；与江苏省科协签订战略合作协议，互相支持开展活动。

党建强会 6月22—26日，由学会、湖北省制冷学会联合主办的“制冷在你身边”科普志愿者小分队革命老区行暨党建强会活动，分别在湖北省仙桃市和天门市举办。活动累计为老区人民维修保养电冰箱、空调器310台，发放制冷科普读物200册，发放冰箱除味宝230盒，开展科普讲座2次，30余名志愿者参加活动。10月11—12日，与北京制冷学会联合组织18人专家团举办“党建强会促发展，聚力帮扶创新业”中国制冷学会、北京制冷学会专家丰宁行活动，为河北省承德市丰宁满族自治县企业和政府提供技术支持，赠送科普读物和国家与行业标准。

会员服务 5月30日—6月1日，2018中国制冷学会（单位）会员大会在浙江省杭州市召开。300余家单位470人参会。大会组织报告22个，颁发2017节能环保技术目录和节能环保产品目录，表彰优秀会员单位3家。组织20名院士专家走访格力、天加、海立3家企业，为企业建言献策。为会员编写《中国制冷空调行业名册》2018版，提供免费期刊及其他专享优惠等。

【第29届中国制冷展】 4月9—11日，第29届中国制冷展在北京中国国际展览中心（新馆）举办。展出总面积106800平方米，净面积46431平方米，来自32个国家和地区的1141家厂商参展，来自103个国家和地区的49303名观众参观展览。展会期间，举办主题论坛1场、专题研讨会20场、企业技术交流及活动47场；展览最终评出23家企业26项创新产品，17个重要国际专业组织领导人受邀与主办方领导人共同为获奖企业颁奖；首次发布《中国制冷展十年技术回顾报告》。学会与美国、印度、法国、土耳其、俄罗斯、日本、韩国等国相关组织机构，以及中国台湾地区组织和机构举行会谈，开展合作。

【第十三届全国食品冷藏链大会暨第十届全国冷冻冷藏产业创新发展年会】 9月27—28日，第十三届全国食品冷藏链大会暨第十届全国冷冻冷藏产业创新发展年会在四川省成都市召开。年会由学会、华商国际工程有限公司主办，学会冷链工作委员会、全国商业冷藏科技情报站、学会冷冻冷藏冻结专业委员会承办，四川省制冷学会、重庆市制冷学会协办。年会主题为“产业升级、协调发展”。来自全国有关高校、科研院所、企业和媒体的450余名专家、学者参加会议。全国政协经济委员会副主任、商务部原副部长房爱卿，学会理事长金嘉玮等出席会议。

房爱卿根据中国近些年冷链取得的成绩、现阶段存在的问题及未来发展趋势，对中国冷链所处阶段进行判断和展望。指出中国冷链正处于由低向高的提升期、由点向面的连接期、由线向面的跨越期、由虚向实的转变期；对中国冷链物流发展潜力进行分析，认为中国冷链发展潜力大，发展前景好；对中国冷链发展思路进行展望，提出4个完善，即要完善冷链物流的市场机制、完善冷链物流基础设施网络、完善冷链物流的互联网通道及完善冷链物流建设组织体系。

会议组织8名国内外专家作特邀报告，32名国内外专家和企业家分别在冷冻冷藏装备技术、冷链企业发展论坛、食品保鲜技术、商用制冷设备及冷链物流与冷藏运输5个分会场就制冷设备，冷库建设，冷链标准化体系，冷库设计、施工及商用冷柜等标准，冷链运营管理等内容进行技术交流和经营管理经验介绍。以“产业升级、协调发展”为主题的高端对话环节，邀请7名专家和企业家针对冷链产业升级、协调发展进行对话讨论，重点围绕冷链制冷装备安全、节能、环保及智能化发展，讨论制冷行业发展趋势，通过智能化装备制造及标准的完善，促进产业智能化监管与产业可持续发展。

【第21届暖通空调制冷学术年会（2018）】 10月24—26日，第21届全国暖通空调制冷学术年会在河南省三门峡市召开。年会由学会空调热泵专业委员会、中国建筑学会暖通空调分会、中国建筑科学研究院有限公司主办，河南省土木建筑学会暖通空调专业委员会、河南省制冷学会空调热泵专业委员会协办。年会主题为“清洁低碳　美好生活”。行业领导与专家、设计院校技术科研工作者、主流暖通空调厂商、行业媒体等近2000人参会。

学会理事长金嘉玮代表学会致辞。

年会设置大会论坛，特邀行业专家、学者围绕行业热点作大会报告24个。组织专题交流会30个、专题报告236个、企业新技术交流2个、国际交流1场、国际竞赛1场、工作会议1场、边会2场、颁奖仪式4场。同期举办第21届暖通空调制冷学术年会优秀论文评选，评选出获奖论文25篇，其中，优秀论文8篇，青年优秀论文17篇。

（撰稿人：范　薇）

中国真空学会

服务创新型国家和社会建设 学会质谱分析与检

漏专业委员会参加并推动航天无损检测泄漏检测人员资格认证委员会工作。LT专业专家组、培训组、考评组的10余名成员全部由该专委会成员组成，承担3册教材编写和10余套培训工装设备研制工作。5月13—20日，在四川省成都市7102厂举办第一批航天检漏人员Ⅰ、Ⅱ的培训和资格认证工作；7月17—22日，在北京511所完成第二批航天检漏从业人员Ⅰ、Ⅱ的资格认证工作。2批共180余人通过培训和资格认证。

中国真空网分别在广东省深圳市、江苏省无锡市、四川省成都市举办真空技术培训班各1场。培训对象主要为真空技术应用单位技术人员、科研开发人员，近百人参加培训。培训课程讲授镀膜原理及工艺。

7月9—13日，学会表面与纳米科学专业委员会举办的2018年微纳米加工技术讲习班在中国科学院物理研究所举行。讲习班旨在培养微纳米加工技术领域人才，通过全面介绍微纳米加工技术基础知识与前沿领域最新发展，使学员系统了解各种微纳米加工技术及其应用领域。全国125家单位350余名研究生和科研人员参加讲习班。

7月21—28日，学会真空冶金、真空工程和真空咨询专业委员会在东北大学联合举办第十五期真空技术培训班。培训班课程分为5个部分，增加19个应用专题。培训学员80人，全体学员取得中国真空学会印发的继续教育证书。

学会建设 学会全年召开办公会1次、常务理事会议3次、理事会议1次。新增团体会员18家，截至2018年年底，有团体会员单位402家、个人会员3485人。

学会治理结构和治理方式改革 落实《中国真空学会分支机构管理办法（试行）》，规定分支机构的全部收支纳入学会财务统一核算、管理。建立每周办公室例会制度，通报工作进展。

主办期刊 《真空科学与技术学报》全年收到稿件223篇，录用148篇，录用率66.4%。中国科技期刊公布2017年引证报告，学报总被引频次809、影响因子0.384、他引率0.72、引用刊数260、学科影响指标0.14。

国际学术会议 2月28日—3月2日，学会电子材料与器件专业委员会召开第13届国际薄膜晶体管会议。来自10余个国家和地区的140人参会。会议安排大会报告6个、邀请报告41个、口头报告29个、张贴报告35个。

7月4—7日，由学会纳米和表面科学与技术专业委员会主办、兰州大学承办的2018纳米物理与器件国际研讨会在甘肃省兰州市召开。会议主席由学会副理事长高鸿钧担任。在研讨会中，新加坡国立大学教授Stephen J. Pennycook、美国布鲁克海文国家实验室（Brookhaven National Laboratory）的Hans-Joachim Freund、德国明斯特大学教授Harald Fuchs等26名国际学者受邀作报告。会议主要在低维纳米结构在表面的可控组装、物性调控、二维原子晶体材料的制备与物性、自旋相关特性及相关纳米电子器件的构建与特性等方面的最新进展展开讨论。

国内主要学术会议 1月21—22日，显示技术专业委员会承办第三届薄膜晶体管技术与应用研讨会。参会人数近100人。

2月3日，薄膜专业委员会召开薄膜专委会研讨会暨2018年年会。会议议题是了解薄膜事业发展趋势，交流薄膜技术最新动态。

3月14—15日，在上海市召开2018中国显示大会。参会人数200人。

3月15日，质谱分析与检漏专业委员会召开2018年质谱专委会年度会议，10余人参会。会议讨论2019年第20届全国质谱分析和检漏专委会学术大会事宜。组织参加第十二届欧洲无损检测会议、第十二届欧洲真空会议、第二十二届国际质谱大会等国际会议。

4月13—15日，第七届国际液晶光子学会议在南京大学召开。来自美国、瑞士、日本、韩国、中国香港、中国台湾等国家和地区的40余所高校和研究所及江苏和成、京东方等企业的260余名专家、学者、工业界人士出席。会议展示报告71篇、张贴报告34篇。

5月19日，表面与纳米科学专业委员会参与举办中国科学院物理研究所第十五届公众科学日。会议主题为“科技创新，社会责任”。来自全国各地的8000余名观众参与活动。8月18—19日，2018年联合会议在吉林省长春市召开。会议邀请多所高校青年科研人员作科研进展报告。

6月17—22日，真空冶金专业委员会、真空工程专业委员会、咨询工作委员会参加第15届欧洲真空大会，作多场分会场口头报告，主持分会场会议，代表学会出席国际真空科学与应用联合会成立60周年纪念活动。

7月10日—9月6日，工程分会联合咨询分会成立调研小组，开展对中国集成电路领域零部件产业的调研工作。

8月4—5日，举办2018显示周新技术演讲会。参会人数约200人。

8月17—19日，由学会主办、东北师范大学承办的2018学术年会在东北师范大学召开。

8月25—28日，召开2018年度工作会议。会议议题是研讨中国薄膜技术与薄膜产业的发展状况，交流薄膜技术最新动向。

8月31日—9月1日，举办第九届全国光电信息博士研究生学术论坛。论坛围绕“光电互联”主题，邀请近10名专家、学者及20余名国内高校研究生作专题报告。

两岸交流 4月9—12日，显示技术专业委员会与国际信息显示学会（SID）的香港分会和台北分会联合主办的国际显示技术会议在广东省广州市召开。来自国内外的显示行业科学家约40人出席会议，包括中国科学院院士2人、美国工程院院士1人、SID Fellow11人。参会代表约1050人。会议收到论文380篇，安排主题报告15个；分会报告历时2天，分53个主题，发表报告256个，张贴报告90篇。会议安排专题技术讲座4个，25家显示行业公司参展。会议举办“未来之星”活动，Ⅰ-zones（创新区），Micro-LED和量子点的特色专业交流活动等。

国际组织任职 8月13—16日，亚洲和澳大利亚真空与表面科学会议指导委员会进行改选，学会理事长许宁生当选第六届主席，学会秘书长郭海明任秘书。

国际交往 6月17—22日，第15届欧洲真空大会暨国际真空科学技术与应用联合会（IUVSTA）成立60周年纪念活动在瑞士日内瓦举行。学会派多名代表出席会议及活动，作多场会议报告，主持分会场会议。

8月10—12日，国际真空科学技术与应用联合会2018执委会会议在澳大利亚悉尼召开。学会秘书长郭海明参会。来自30余个国家的近50名代表参会。

8月13—16日，第9届亚洲和澳大利亚真空与表面科学会议在澳大利亚悉尼召开。学会秘书长郭海明参会，来自30余个国家的近200人参会。

2018年，学会在中国科协资助下，向IUVSTA缴纳会费1500欧元。

科普活动 科普工作委员会依托兰州510所科普资源，参与并开展科普活动。

申报“科普中国共建基地”。全国扶贫日期间，到甘肃省临夏回族自治州永靖县红泉镇，为航天科普教室揭牌并组织航天课堂活动；全国科普日期间，作航天科普讲座。

开展“中国航天日”主题开放活动、大学生假期实践团、科普基地参观学习、精准扶贫等科普活动20余场，累计7000余人参加活动。

再版《载人航天与太空旅游》科普图书；出版“国之重器”系列丛书《空间电推进测试与评价技术》；编纂《卫星充放电效应基础理论》和《卫星充放电效应试验技术》等专著。

表彰举荐优秀科技工作者 学会开展评选工作，评选出中国真空科技成就奖1人，中国真空科技青年创新奖2人，中国真空学会真空科学硕士、博士优秀论文奖学金5人，中国真空学会真空科学与技术硕士生奖学金5人，中国真空学会优秀党员科技工作者1人。

向中国科协推荐第十五届中国青年女科学家奖候选人及全国学会优秀党员科技工作者候选人各1人。

学会创新发展 以会员数据库为基础，将理事会、专委会、工作委员会、高级会员等组建网络化组织体系，建成专家库资源信息。组织专家跨学科跨领域调研，服务国家经济社会发展和科学决策。

党建强会 学会党委制定《中国真空学会党委十九大精神学习计划》，以主题宣讲、座谈交流等方式，解读十九大精神。为党员配发《决胜全面建成小康社会，夺取新时代中国特色社会主义伟大胜利》《习近平新时代中国特色社会主义思想学习纲要》等资料，组织观看《大国外交》《辉煌中国》《不忘初心、继续前进》等电视专题片。

开展“不忘初心、牢记使命”主题教育，加强党员教育。申请“党建强会特色活动”项目。

5月20日，学会党委组织党员前往成都市建川博物馆参观学习。参观中流砥柱馆中民族的脊梁、敌后之岁月、根据地建设3个主题单元。

利用学会社团党建微信平台，宣传十九大精神及中国科协社团党委相关文件精神。

会员服务 运用信息化手段等管理和服务方式，利用中国科协个人会员管理系统会员库，建立近4000名会员信息库，强化会员信息化管理工作。建立学会年报制度。中国真空学会微信公众号向会员发布科协和学会相关资讯、真空行业动态、学科前沿发展趋势等，全年发布文章22篇，总浏览量16696次。编印

《学会动态》纸质版。改进网站会员服务功能。

【中国真空学会 2018 学术年会】 8 月 17—19 日，由学会主办、东北师范大学承办的中国真空学会 2018 学术年会在东北师范大学召开。学术年会主题为“推动科技创新、实现学术引领”。学会理事长、复旦大学校长许宁生致开幕词，东北师范大学校长刘益春致欢迎词。开幕式由学会秘书长郭海明主持。

大会邀请加利福尼亚大学欧文分校的美国科学院院士 Wilson Ho，中国科学院北京纳米能源与系统研究所王中林，中国科学院计算技术研究所、“龙芯”CPU 首席科学家、龙芯中科总裁胡伟武，中国科学技术大学教授董振超，香港中文大学教授肖旭东，复旦大学教授张远波，中国科学院物理研究所研究员郇庆副等作主旨报告。报告会由中国科学院院士刘明和学会副理事长董振超共同主持。

大会历时 2 天半。来自科研、生产、教学一线的科技工作者及海外专家、学者近 500 人参加活动。7 人作特邀报告。会议邀请报告 108 篇、口头报告 117 篇、张贴报告 120 篇，收录论文共 352 篇，墙报分组展示论文近 80 篇。

大会颁发 2018 年度中国真空科技成就奖、中国真空科技青年创新奖、最佳张贴报告奖，向 6 家相关单位颁发支持单位奖。会议采用线上直播方式，线上线下观众累计 5000 余人次。

（撰稿人：刘　锋）

中国自动化学会

服务创新型国家和社会建设　组织专家走访浙江省宁波市、慈溪市、温州市，河南省郑州市、焦作市，河北省保定市等地，调研郑州众扶网络科技有限公司、河南视界文化传媒有限公司、风神轮胎股份有限公司等企业 30 余家，与焦作市科协就创新驱动助力工程进行签约，在宁波市海曙区成立学会服务站，在温州市鹿城区就创建驱动助力工程学会工作站合作签署协议。

组织开展决策咨询、科技评价等相关工作。发布《区块链技术前沿热点综述》《工业控制系统信息安全》等决策咨询报告，参与中国钢铁企业智能制造发展状况与需求调研工作；参与完成信息领域国家重点实验室评估工作。

举办智能自动化学科前沿讲习班 6 次，参加培训人数 1000 余人次。设智能自动化学科前沿讲习班，每期围绕一个热点专题，邀请该学科方向从事前沿工作的专家、学者作学术报告，并与参会者交流讨论。

通过现场考察，在云南省弥勒市弥勒第三中学、五三乡中心学校建立首个智航助学助教基地，在弥勒第三中学建立智航 iSTREAM 实验室。截至 2018 年年底，学会智航助学助教基地从云南省一地扩大到贵州省、陕西省、甘肃省等地的 10 所学校，建立爱心图书馆 1 所、智慧教育实验基地 8 个。在中国科协全国科技助力精准扶贫工程领导小组组织开展的 2018 年度全国科技助力精准扶贫工作考核中，学会被评为全国科技助力精准扶贫优秀组织单位。

学会建设　新发展个人会员 5850 人、团体会员 21 个。截至 2018 年年底，学会有个人会员 36215 人、团体会员 182 个。新成立分支机构 8 个，下设分支机构共 59 个。

召开正副理事长会议 4 次、正副秘书长会议 6 次、常务理事会议 2 次、全体理事会议 1 次。完成空间及运动体控制专业委员会、工程设计专业委员会、技术过程的故障诊断与安全性专业委员会、集成自动化专业委员会、生物控制论与生物医学工程专业委员会、智能自动化专业委员会 6 个分支机构换届工作。

12 月 29 日，召开第十一次全国学会会员代表大会。大会选举产生第十一届理事会和第一届监事会。学会第十一届理事会理事长由中国工程院院士、西安交通大学教授郑南宁担任，秘书长由中国科学院自动化研究所高级工程师张楠担任。第一届监事会监事长由中国科学院自动化研究所研究员王飞跃担任。

学会治理机构和治理方式改革　学会自上而下实行分管机制，各司其职，分工合作，副理事长与副秘书长及业务主管一一对应，按照综合管理、学术、财务、会员发展与奖励、会议会展、出版宣传、工业科技、社会服务和地方服务、外事、港澳台等方面进行分工。常务理事会也按上述工作内容进行分组，自上而下，开展工作。

创新“分支机构秘书长－秘书长－理事长－党委－常务理事、理事工作会议”五级例会制度，借鉴罗伯特议事规则，制定学会议事制度。

青年人才托举工程　经学会推荐，2 名青年人才获中国科协青年人才托举工程资助。

主办期刊　根据《2018 年版中国科技期刊引证报告（核心版）自然科学卷》,《自动化学报》影响因子 2.061。根据《世界学术期刊学术影响力指数（WAJCI）年报》,《自动化学报》是自动化领域进入世界学术影响力 Q1–Q2 区的唯一中文刊。获评 2018 中国最具国际影响力学术期刊、百种中国杰出学术期刊。

《自动化学报》英文版（*IEEE/CAA Journal of Automatica Sinica*，JAS），根据 Scopus 公布的数据，3 年影响因子 CiteScore 分值在所属所有领域的国际英文刊中位列第 1 区，在所属所有领域的中国英文刊中排名第 1；根据《中国学术期刊国际引证年报》，国际影响力指数和国际他引影响因子全部排名第 1；根据《世界学术期刊学术影响力指数（WAJCI）年报》，影响因子 4.204，在自动化领域位列第 1 区，是进入世界学术影响力 Q1–Q2 区的唯一中国大陆英文刊；入选 2018 中国最具国际影响力学术期刊。

学科发展研究 承担中国科协“2016—2017 年控制科学与工程学科发展研究”项目工作，通过国内外研究现状对比分析，总结学科发展动态与趋势，展望未来发展趋势，提出学科发展的对策意见和建议，现已完成学科发展报告出版工作。

承担中国科协学科方向预测及技术路线图项目工作，组建项目专家工作组，历时 2 年多，召开撰写会议 10 余次，征求近百名自动化领域专家建议，研讨并撰写完成《自动化学科发展路线图》，已交付出版社出版。

开展自动化学科期刊分类工作，形成《中国自动化学会推荐期刊目录（试行）》，于 7 月公开发布，点击量破百万。

国际学术会议 6 月 10 日，学会联合 IEEE SMC 学会（IEEE System，Man，and Cybernetics Society）等单位在北京举办 IEEE 人工智能与控制论国际研讨会。同期发起召开 2018 中国智联网大会。香港城市大学教授 Sam Kwong、德国马格德堡大学教授 Andreas Nuernberger、美国新泽西理工学院教授 MengChu Zhou、美国宇航局喷气推进实验室高级研究员 Adrian Stoica、美国罗文大学教授 Ying（Gina）Tang、IEEE SMC 学会司库 Robert Woon 等 IEEE SMC 学会执委会成员及澳门大学教授陈俊龙、台湾科技大学教授苏顺丰等参加会议，与参会人员探讨人工智能及控制论领域发展现状与趋势。

6 月 25—30 日，第 29 届 IEEE 国际智能车大会（IEEE IV 2018）在江苏省常熟市召开。

8 月 21 日，由学会、国际模式识别联合会、中国科学院自动化研究所主办的第 24 届国际模式识别大会在北京召开。这是会议创办 40 余年来第一次在中国内地召开。大会安排模式识别和机器学习、计算机视觉、语音图像视频和多媒体、生物识别技术和人机交互、文档分析和识别及生物医学成像和生物信息学 6 个主题讨论，颁发 Maria Petrou 奖、最佳论文、最佳学生论文 3 项奖项。

国内主要学术会议 学会及所属分支机构举办国内学术交流活动 100 余次，参加人员 5 万人次，发表论文 1 万余篇。

2 月 2 日，学会在山东省青岛市召开 2018 国家智能产业峰会。会议围绕“智能产业与未来世界：趋势、技术与挑战”，安排特邀主题报告 7 个，设专题论坛 2 个，邀请 17 名来自科研、产业一线的专家、学者，就人工智能前沿研究和产业实战展开对话。300 余人参加峰会。

4 月 12—13 日，学会在浙江省绍兴市召开 2018 国家机器人发展论坛暨 RoboCup 机器人世界杯中国赛。大会安排特邀主旨报告 7 个，设专题 5 个。38 名专家、学者作分会场报告，800 人参加会议。RoboCup 机器人世界杯中国赛吸引来自 25 个省、自治区、直辖市和香港特别行政区、澳门特别行政区及韩国 452 所学校的 555 支代表队共计 2472 名师生参加比赛。期间，国内外多家机器人及智能装备企业参展。

8 月 23 日，学会在福建省漳州市召开 2018 新一代人工智能高峰论坛。论坛安排主题报告 3 个，设“一带一路”技术前沿、产业发展、产学发展 3 个专题论坛 18 个报告。来自高校、科研院所及企事业单位的 300 余人参加论坛。

8 月 25—26 日，学会在陕西省西安市召开第一届中国认知计算与混合智能学术大会。参会人数 600 余人。14 人作大会报告，43 人作特邀专题报告。围绕认知科学、神经科学和人工智能学科等领域交叉融合的最新进展和前沿技术，设立认知计算的基础理论、混合增强智能与深度学习、受神经科学启发的计算构架与器件、先进感知与智能环境 4 个专题报告。

9 月 26 日，学会在浙江省宁波市召开 2018 国家智能制造论坛。大会安排特邀主题报告 13 个。智能制造相关领域的专家、学者近 300 人参加论坛。此次会议上，学会与宁波市海曙区政府就建设中国自动化学会服务站签订协议。

10月13日，由世界智能制造大会组委会主办、学会等作为联合执行单位的区块链技术在制造业中的应用高峰论坛在江苏省南京市举办。论坛主题为“区块链可信 制造业升级”。来自智能制造领域的200名专家、学者参加会议。学会获最佳论坛组织奖。

11月16日，学会在江苏省常熟市召开2018中国智能车大会暨国家智能车发展论坛。大会安排特邀主题报告14个。来自全国各地致力于汽车、无人车驾驶及相关领域的研发、生产、使用、媒体等机构的200余人参加论坛。同期，学会协助举办中国智能车未来挑战赛。

12月1—2日，学会在陕西省西安市召开2018中国自动化大会。大会围绕“自动化创造智慧社会”主题，设大会报告7个、专题特邀报告200余个、会议论文报告180余个及张贴论文800余篇。围绕自动化未来发展，设大会圆桌论坛1个和专题圆桌论坛2个。来自海内外自动化、电气信息技术、先进制造、人工智能及相关领域的13名院士，200余名“长江学者”“国家杰青”“千人计划学者”等自动化领域专家、学者探讨自动化产业的未来发展趋势。

国际交往 9月1—5日，国际自动控制联合会（IFAC）2018年度理事会及相关会议在巴西弗洛里亚诺波利斯召开，同期召开第9届IFAC鲁棒控制设计研讨会和第2届IFAC线性参数时变系统国际会议。IFAC理事会成员、哈尔滨工业大学教授高会军和IFAC经济、商业与金融系统技术委员会副主席、中国科学院自动化所副研究员袁勇代表学会参加IFAC理事会及相关会议。

科普活动 组织开展2018 RoboCup机器人世界杯中国赛、第十二届“三菱电机自动化杯”大学生自动化创新大赛、第五届“台达杯”两岸高校自动化设计大赛、菲尼克斯智能技术创新与应用大赛，受众人数达万人。

多次开展科普下基层活动，在2018年宁波市研究生学术节院士报告会上，邀请中国工程院院士吴澄作题为“工程科技中的创新思维”的报告，与在校师生现场互动，答疑解惑。

依托《中国自动化学会科普教育基地管理办法》，开展2018年度科普教育基地的组织评选工作，新建立科普教育基地9家。

遴选专家组成学科科学传播团队。2018年，学会新组建科学传播专家团队3支。由学会推荐的段海滨、刘富、王平被中国科协聘任为第六届全国首席科学传播专家。

利用官方微信公众号、微博、今日头条等新媒体渠道传播自动化、信息与智能科学技术领域相关知识，累计发布领域动态1315条，粉丝近5万人。

学会科普考核工作受到中国科协科普部表扬。

表彰举荐优秀科技工作者 向中国科协、国家奖励办等单位推荐第十五届中国青年女科学家奖、2018年度未来女科学家等奖项的候选人。

完成中国自动化学会（CAA）科学技术奖、CAA优博论文奖、CAA第四届青年科学家奖、CAA高等教育教学成果奖、CAA先进集体、CAA优秀学会工作者、中国自动化企业创新奖、杰出自动化工程师奖、中国自动化小微企业奖等奖项的评审工作。在2018中国自动化大会上举行颁奖仪式。

党建强会 完成学会功能型党委换届工作。

在中国科协“十百千”项目的支持下，学会以多种形式开展党建强会活动。组建学会党员先锋队，在学会主要学术会议期间，承担接待国内外重要嘉宾、解答参会人员问题和帮助参会人员注册签到等任务。

学会党支部和学会功能型党委分别以“马克思诞辰200周年”“《共产党宣言》发表170周年”“重温入党志愿书、传承革命精神”等主题组织党员日活动和理论学习 。

学会党委被中国科协科技社团党委评为全国星级学会党组织优秀奖。

会员服务 改版升级会员管理系统，增加支付宝、微信电子支付功能，简化入会流程，提高会员入会效率。组织开展会士推选工作，授予22名自动化、信息与智能科学领域的杰出科技工作者会士荣誉称号，并在中国自动化大会期间举行授予仪式 。向会员邮寄《中国自动化学会通讯》《自动化学报》等期刊共2.2万余册，通过举办各项活动发放2万余册。依托学术会议，建立微信交流群近20个。先后开展“开年钜献”“喜迎CAA会庆月”“五四青年节：给奋斗者的礼物”等会员月活动。

学会实时在微信、微博、今日头条等渠道更新领域动态，保证会员及时了解最新学术活动；开辟会员成就专栏，实时发布个人会员取得的成绩信息。

【2018 IEEE国际智能车大会】 6月25—30日，第29届IEEE国际智能车大会（IEEE IV 2018）在江苏省常熟市召开。大会由IEEE智能交通系统协

会主办，学会、常熟市政府、中国科学院自动化研究所、西安交通大学人工智能与机器人研究所等机构承办。IEEE智能交通系统协会主席Miguel Ángel Sotelo，中国工程院院士、学会理事长郑南宁，中国科学院院士、学会副理事长杨孟飞，交通运输部总工程师周伟，常熟市政府市长周勤第等出席大会。来自34个国家的1000多名学者围绕智能车领域先进技术交流互动。

大会分别进行专题研讨会和教程报告、主旨报告、口头报告、海报展示、国际智能车联合道路演示。国防科技大学教授徐昕等人作大会报告。大会收到34个国家的603篇论文，确认接收论文346篇，从中选取评委评价最高的33篇论文开展口头报告。Workshop论文接收50篇。自动车辆、视觉传感、智能机四人车辆是此届会议关键词。

大会颁发最佳论文奖（Best Paper Awards）、最佳学生论文奖（Best Student Paper Awards）及最佳应用奖（Best Application Paper Awards）。

【中国自动化学会第十一次全国会员代表大会】 12月29日，中国自动化学会第十一次全国会员代表大会在北京召开。中国科学院院士、学会特聘顾问吴宏鑫，中国科学院自动化研究所党委书记牟克雄，学会第十届理事会理事长，地方科协、兄弟学会代表及来自全国各地的会员代表共计274人参加大会。大会审议并投票通过《中国自动化学会第十届理事会工作报告》《中国自动化学会第十届理事会财务工作报告》《中国自动化学会章程修改报告》《中国自动化学会会员条例修改报告》，审议并表决通过《第十一届理事会选举条例》《第一届监事会选举条例》，以无记名方式投票选举产生第十一届理事会理事180人和第一届监事会监事7人。同期召开中国自动化学会十一届一次理事会工作会议，审议表决通过《中国自动化学会第十一届理事工作条例》，以无记名方式投票选举产生第十一届理事会常务理事60人，选举郑南宁为第十一届理事会理事长，陈杰等12人为第十一届理事会副理事长，王飞跃为第一届监事会监事长；一致同意聘任张楠为第十一届理事会秘书长；审议表决第十一届理事会功能型党委书记由郑南宁担任，党委委员由张剑武等8人担任。同期召开学会十一届一次常务理事会工作会议，一致同意陈积明等17人任第十一届理事会副秘书长。

（撰稿人：叩　颖）

中国仪器仪表学会

服务创新型国家和社会建设 学会在承接政府转移职能扩大试点项目中，从科技评估、工程技术领域职业资格认定、技术标准研制、国家科技奖励推荐等工作着手，承接国家相关政府部门设立的研究课题。

开展学术交流活动百余场，参与人数2万余人。承接政府及社会机构委托项目22项。制定标准4项。开展技能类大赛2场，对27所高校开展工程教育专业认证。评价资深工程师、高级工程师、工程师水平科技人员369人。推荐3名科技工作者获首届全国创优争先奖。评选科技奖获奖项目55项，优秀博士论文2篇、提名5篇，青年科技人才奖4人。为22所高校2252名学生颁发见习工程师资格证书。

开展会员组织力、学术引领力、战略支撑力、科普传播力、国际影响力5大能力建设。

在学会已发布的4个学会标准中，选择2个学会标准，制定发布中文版和英文版。截至2018年年底，已有2个学会标准在国际标准组织（ISO）申报推进立项。

学会能力提升计划 学会获中国科协世界一流学会二等奖，实施世界一流学会建设项目。

学会建设 8月28—29日，中国仪器仪表学会第九次全国会员代表大会在北京召开。

青年人才托举工程 3月7—11日，应韩国科学技术院邀请，学会组成以常务副秘书长张彤任团长的9人代表团，赴韩国大田广域市进行学术、技术交流及工程教育专业认证等相关项目洽谈访问活动。访问期间，代表团与韩国科学技术院共同举办中韩青年科学家论坛技术交流会。学会青托工程入选者耿旭辉、孔雯雯和孙婷3名教师与韩国青年学者在荧光检测、热敏电阻、医用机器人、星体跟踪定位等领域进行交流。双方商讨8月在中国举办国际青年科学家论坛的相关事宜。

8月11—13日，2018年中国科协海峡两岸暨港澳青年科学家学术活动月项目粤港澳大湾区智能检测与协同创新青年论坛在华南理工大学召开。论坛由中国科协指导，中国仪器仪表学会主办，广州市仪器仪表学会等9家单位联合承办。焦海龙、卞雷祥等6名学会青托工程入选者参加论坛。论坛围绕现代传感与智慧物联、精密检测与仪器仪表、光机电一体化信息集成与装备、测试计量与质量保障、检测认证认可与标准化制定、粤港澳大湾区协同创新等方面进行探讨。

10月，学会开展中国仪器仪表学会2018—2020年度青年人才托举工程遴选工作。学会5名教师入围中国科协青年人才托举工程项目。

11月4—8日，军民融合学会联合体在广东省江门市召开2018年军民融合学会联合体青年人才托举论坛。会议同期举行军民融合学会联合体青托联合会成立大会，青托工程学会入选者北京信息科技大学副教授张雯被推举为联合会主席团成员之一。学会有9名青托工程入选者参会，对近2年科研工作作总结报告。

主办期刊 学会主办期刊8种。《仪器仪表学报》被EI收录，影响因子1.96。加强中英文期刊编委、评审专家、作者队伍建设，聘请国内外专家，打造国际化编委团队；吸收中青年专家成为学报评审专家，规范评审标准；通过重点约稿、专题报道，针对国内外研究的热点领域组稿，推出人工智能、精密仪器、机器人、网络安全等特色专题。

学科发展研究 学会承担中国大百科全书出版社委托的《中国大百科全书》第三版《仪器科学与技术卷》编撰工作。完成编委会设计学科条目框架和分支、制定选条标准等工作，正在审稿过程中。

决策咨询 组织学科内专家开展仪器科学与技术学科方向预测与技术路线图研究和面向2035的中国传感器与微系统、科学仪器技术发展战略研究。学会作为“国家智能制造标准化协调推进组、总体组、专家咨询组”成员单位，开展咨询和项目评审及验收工作。参与工信部、中国工程院决策咨询项目。完成“面向2035的仪器仪表发展战略研究”，开展“面向2035的传感器与微系统发展战略研究”。

国际学术会议 10月17—19日，第十二届国际可靠性、维修性、安全性会议在上海市举行。国内外270余人次参会。会议有大会报告8个，设分论坛主题会场2个及分会场5个。来自美国、新加坡、日本、葡萄牙的专家作大会报告和论坛报告，国内开设可靠性专业的高校学生和教师参与，收录论文153篇。会议设智能制造、航空航天的可靠性和核电可靠性维修性安全性2个分论坛，邀请苹果公司的可靠性经理、南航飞机维修中心工程师、清华大学高铁项目人员做可靠性相关分享，并由2家企业分享上海信息安全功能平台的软件可靠性测试及E+H产品的可靠性性能等。核电分论坛邀请WANO的英国专家、中广核、中核、728院、秦山核电及上海仪器仪表自控系统检验测试所（SITIIAS）等单位代表做RMS的分享。

国内主要学术会议 学会开展学术交流活动百余场，参与人数2万余人。组织中国科协智能制造学会联合体成员参与世界智能制造大会（WIMS）专题论坛，推动筹备成立国际智能制造联盟（ICIM）。

科普活动 学会加强科普队伍建设，成立新一届科普工作委员会。更新科普工作者队伍，开展学会及所属分支机构科普工作人员培训，新组建6个科普团队，向中国科协推荐7名科技工作者入选该学科领域首席科学传播专家。拓展学科科普阵营，建立学会科普基地2个，联合地方政府、地方科协、有关学会、地方学会共同开展科普助力地方产业发展活动。开展学科产业科技论坛、科普产业科技大会、讲座、实地调研、科普展示、科普研究报告、科普刊物编纂、科普视频制作及科普竞赛等形式的科普活动50余场次，参与人数约45200人次。参与中国科协组织的全国科技工作者日、科技活动周、全国科普日等科普活动。与长沙市科协联合承担创新驱动助力工程之助力地方特色产业发展项目“湖南省油茶产业质量安全检测、监测体系建设”。组织学会空间仪器分会承担“北斗全球卫星导航系统科普软件”项目。策划并制作3大类共7部科普视频，出版发行学科史料1本。

表彰举荐优秀科技工作者 完成2018年度学会科学技术奖、奖学金、优博论文、青年科技人才奖的评审及表彰工作。修订《中国仪器仪表学会优秀博士学位论文评选办法》。

全年评选出中国仪器仪表学会科学技术奖64项，包括科学技术奖一等奖5项。推荐3个项目参选2019年度国家科学技术奖评选。评选出青年科技人才奖4人。评选出中国仪器仪表学会奖学金获得者43人，颁发奖学金共9.8万元，其中，一等奖12人。评选出测量控制与仪器仪表领域全国优秀博士学位论文3篇，优秀博士论文提名3篇。

在调研国际奖项设立原则、奖励对象、评选方式、奖励办法等基础上修订《中国仪器仪表学会科学技术奖励办法》，增设中国仪器仪表学会国际科学技术合作奖，明确该奖的奖励办法、提名和评审程序。国际科学技术合作奖不分等级，每年授奖数额不超过3个。

学会创新发展 成立智能传感器创新联盟，筹划学术产业研究院的架构与业务。

联合河南省政府，举办2018世界传感器大会（WSS）。与贵州省、天长市、郑州市、宁波市等地方政府建立战略合作伙伴关系。开展国际奖励研究，与电气和电子工程师协会（IEEE）和国际仿生工程学会探讨联合设立中国仪器仪表学会国际突出贡献奖和国际杰出青年奖细则，探索国际化的提名规则、评审流程、评审专家、宣传推广等合作模式。

开展科技服务民生科普系列活动，通过现场专家咨询、技术人员讲解、仪器开机实验、互动体验的方式，为群众科普涉及食品、药品、医疗、环境、膳食、农残、核技术等领域知识。开展传感器创新创业大赛、虚拟仪器大赛、“北斗杯”青少年科技创新大赛、微米纳米技术“创新与产业化”科研成果转化学生大赛等科普竞赛。开展仪器仪表制造工、智慧楼宇管理员、制冷工等全国性技能大赛。开展面向中小学生的科技进校园活动。

11月12—14日，2018首届世界传感器大会在郑州国际会展中心举办。

党建强会　学会在贵州省仁怀市、山西省忻州市、广东省广州市开展科技进基层、到厂矿系列活动。活动期间，理事会党委和办事机构党支部参与策划活动。参会人员与专家教授、专业技师人员进行交流、探讨，通过搭建技术平台，提高小企业技术人员技术，对接学会平台资源，通过专家授课、技术支持，建立产学研联合创新平台，开展“科技进基层、到厂矿”主题实践活动。

会员服务　完善会员服务系统台。借助“互联网+”的方式，为会员设立全职业生命周期会员服务平台，梳理和整合学会已有活动和服务，为不同职业生命周期的会员找到相关阶段的会员服务活动。开展“线上+线下”会员活动，在平台上传学会相关会员服务的活动，为6个阶段的会员举办线下活动聚会。

根据会员与科技工作者个人职业发展全程服务系统的设计，学会采用成长记录袋方式，针对会员在个人职业发展的启蒙期、择业期、成长期、成熟期、顶峰期、荣誉期的各个环节，提供定向服务。

在学会换届之际，制定新的会费标准，增设会士会员类别、会费管理办法等相关会员工作管理条例。拟定《中国仪器仪表学会会士评定办法》，并按照评定流程，评选中国仪器仪表学会会士32人，其中，自然认定会士28人、提名认定会士4人。在广东省广州市和四川省成都市分别设立华南和西南2家会员服务分中心。

【中国仪器仪表学会第九次全国会员代表大会】 8月28—29日，中国仪器仪表学会第九次全国会员代表大会在北京召开。大会由大会主席团主席尤政主持。参加会议的会员正式代表262人、列席代表21人。

28日，学会常务副理事长吴幼华作《中国仪器仪表学会第八届理事会工作报告》，学会副理事长吴朋作《关于修改中国仪器仪表学会章程的报告》，学会常务理事张彤作《中国仪器仪表学会第八届理事会财务报告》，学会副理事长许大庆作《中国仪器仪表学会会费收取标准及管理办法（修改稿）》报告，学会秘书处副秘书长张莉作《中国仪器仪表学会换届筹备工作报告》。大会以无记名投票方式选举产生由丁克勤等159人组成的第九届理事会、由陈云麒等5人组成的第一届监事会，通过第八届理事会工作报告、学会章程、会费收取标准及管理办法、第八届理事会财务报告等文件。

29日，召开九届一次理事会、一届一次监事会，选举产生第九届理事会领导机构和第一届监事长，尤政当选中国仪器仪表学会新一届理事长，谭久彬、王巍、刘文清、黄如、钱锋、曾周末、徐洪海、吴朋、许大庆、邵柏庆、马玉山、叶华俊、王东江、张彤当选副理事长，专职副理事长张彤被理事会聘任为秘书长，于海斌等51人当选常务理事。李明远当选中国仪器仪表学会第一届监事会监事长。九届一次理事会议通过授予张广军等8人为名誉副理事长的决定和授予金建祥等7人为荣誉理事的决定。通过九届理事会党委名单。

在闭幕大会上，宣布第九届理事会常务理事、理事长、副理事长选举结果及第一届监事会监事长选举结果；宣布学会下属6个工作委员会负责人名单；宣读《聘任吴幼华为理事长特别顾问的决定》及《表彰优秀分支机构的决定》；宣布首批28名自然认定会士和4名提名认定会士。向名誉理事长、名誉副理事长、名誉理事、首批会士、理事长特别顾问及先进分支机构代表颁发证书。大会完成各项议程。闭幕式后，召开九届一次常务理事会，通过成立“中国仪器仪表学会防爆仪控分会”的议案。召开九届一次党委会议，对党委成员进行分工。

【2018世界传感器大会】 11月12—14日，2018首届世界传感器大会在郑州国际会展中心举办。大会以“感知世界、智赢未来”为主题。

主论坛，即世界传感器科技高峰论坛，由中国工程院院士、清华大学副校长尤政主持。IEEE传感器委员会主席Fabrice Labeau，*Sensors and Actuators*期刊主编Paddy French，诺贝尔物理学奖获得者、美国加州大学圣塔芭芭拉分校工程学院材料系教授中村修二，美国加州大学伯克利分校传感器和执行器中心主任林立伟，中国科学院院士、天津大学教授姚建铨，声表面波世界级专家千叶大学教授桥本研共6名专家作主题演讲，讲解传感器技术、相关热点、难点问题及解决方案、未来发展趋势及国内外传感器技术应用等问题。主论坛结束后，发布由相关院士、学者审议并通过的《郑州共识》。来自38个国家和地区的传感器产学研相关机构代表1818人到场参会。会议设分论坛20场，涉及传感器技术、元件、标准和传感器在不同领域内的应用。

会议期间，举办2018首届世界传感器大会新产品、新技术发布会，17家企业发布18项传感器新产品、新技术，展示传感器研发、生产、应用环节的最新科技成果。3200余人参加分论坛。同期举行中国（国际）传感器创新创业大赛决赛，为比赛获奖者颁奖，现场展示优秀成果，组织优秀成果与产业界对接。

大会受到美国、日本、英国、法国、德国等21个国家和地区媒体宣传报道。

（撰稿人：王兰萍）

中国计量测试学会

服务创新型国家和社会建设　学会鉴定中国计量科学研究院、北京计量检测科学研究院等单位科技成果8项。编辑出版《2017年中国计量测试学会科学技术进步奖获奖项目汇编》。批准立项团体标准《诚信计量管理体系》《(373-1373)K功能涂层红外光谱发射率测量方法》《氟化氢气体检测报警器》3项，予以公示。帮助648家企业建立测量管理体系，后续服务企业1248家。评审一级标准物质2406项、二级标准物质8694项。开展注册计量师资格考试命题、网络阅卷工作，修订注册计量师教材，完成375名注册计量师注册工作。完成1000余项全国计量标准考核工作，培训计量标准考核员500余人。承接全国计量检定规程审查任务，审查计量技术规范80余项。

学会能力提升计划　开展学术交流活动和决策咨询工作，创新科普活动，建立、完善会员管理系统、分支机构管理制度，加强网站建设。开展国际学术交流，提升学会国际影响力，选派专家到大专院校、科研机构、计量机构进行学术交流，提升学会在会员中的影响力。根据中国科协创新驱动助力工程要求，利用学会人才和科技资源，举办计量测试助力企业创新升级活动。

学会建设　截至2018年年底，有会员560余人、团体会员152家，下设分支机构33个。新发展个人会员126人。成立集成电路测试专业委员会。

学会治理结构和治理方式改革　实施“推动学会深化改革，提升学会服务能力，着力建设‘三型组织’，促进学会持续发展”学会改革方案。坚持服务科技工作者、服务创新驱动发展战略、服务公民科学素质提高、服务党委政府科学决策的“四服务”职业定位和能力建设原则，通过深化改革，解决学会实际问题，提升学会发展和服务能力。

青年人才托举工程　获开展青年人才托举工程资格。培养往届青托人才，聘请专家进行指导，给予科研经费支持，支持其开展科学研究。

主办期刊　《计量学报》全年发表论文178篇，环比增长14%。根据北大图书馆《中文核心期刊要目总览》2017年第8版数据,《计量学报》获评计量学类核心期刊，排名第1。根据2018年《中国学术期刊影响因子年报》和中国科学技术信息研究所发布的期刊指标数据,《计量学报》在计量测试有关期刊中排名第1。

学科发展研究　组织专家开展《中国制造2025》中计量测试技术问题研究。根据中国计量科学研究院、清华大学、天津大学、中国计量大学等单位专家、学者提供的资料，撰写专题报告，提交国务院有关部门。

国际学术会议　8月8—10日，第十届精密工程测量与仪器国际学术会议（ISPEMI 2018）在云南省昆明市举办。国际测量联合会主席Ken T. V. Grattan院士等10名国际专家、学者作大会特邀报告。会议设分会16个，作口头报告104篇、专题邀请报告53篇，张贴报告140篇。会议收到论文290余篇，收录论文244篇。论文全部收入国际光学工程学会（SPIE）出版的论文集和EI数据库。经学会计量仪器专业委员会讨论决定，第十一届精密工程测量与仪器国际学术会议（ISPEMI 2020）将于2020年8月8—10日在广西壮族自治区桂林市举办。

11月27日，第15次中日计量定期协议会议在北京召开。来自中国、日本的计量部门官员、专家、学者及长野计器株式会社、东京计装株式会社等公司代表共20余人参会。

国内主要学术会议 学会及分支机构举办年会、研讨会、报告会、论坛等学术活动20余次，参会人数2000余人次，征集会议论文500余篇，出版论文集7本。5月18日，学会在天津大学举办2018年计量测试学术交流会。

两岸交流 9月17—18日，第十二届海峡两岸计量测试学术研讨会在长春理工大学召开。

国际组织任职 学会秘书长马爱文在国际计量测试联合会（IEMKO）理事会任理事。9月1—2日，在国际测量技术联合会（IMEKO）第61届总理事会上，马爱文被推选为2019年度财务审计负责人，将代表理事会监督并管理2019年度联合会经费使用和开支。

国际交往 9月1—2日，国际测量技术联合会（IMEKO）第61届总理事会召开。学会秘书长马爱文作为总理事会理事参加每年1次的总理事会，代表中国行使投票权。会议讨论第60届理事会提出问题，制定解决方案，包括公布2018年IMEKO组织财务状况及每年接受并发表学术报告统计数据等。9月3—6日，第22届IMEKO世界大会在英国召开。大会每3年召开一次，此次大会邀请4名专家作特邀报告。大会同期召开IMEKO所属24个专业委员会学术会议，各专业委员会召开专业学术交流会议近百场，参加人数近400人，张贴学术论文近百篇。各专业委员会分别举办专业委员会工作会议。学会组织中国计量测试专家参加大会，交流国际计量领域新进展、新技术，尤其是SI基本量的重新定义、先进测量技术的发展现状和趋势。中国科学院理化技术研究所－法国国家计量院计量科学与技术联合实验室副主任高波获最佳张贴论文奖。

科普活动 承办由中国科协主办的世界公众科学素质促进大会－国际单位制的演变及影响分论坛。来自全国计量技术机构、高校及社会各界对计量测试科学研究和计量历史文化感兴趣的专业技术人员、学者及社会人员约100人参加论坛。

依据《中国计量测试学会科普教育基地建设管理办法》，发展科普教育基地，受理、审核、评审科普基地申报单位。经申报、现场考核和审批，批准吉林修正博物馆、福建计量科技文化馆、河北省计量监督检测研究院3家单位为中国计量测试学会科普教育基地。在全国科普日期间，组织11个科普教育基地开展科普宣传教育活动。印发宣传资料4000余份，接待参加活动人员1万余人次。

组建科普专家队伍，组织专家在民族小学、北京信息科技大学、清华大学、天津大学、全国青少年夏令营等单位、活动作讲座。1000余名学生参加讲座。

8月6—12日，举办第四届“计量筑梦　我爱北京”夏令营公益活动。

表彰举荐优秀科技工作者 在会员单位中开展全国优秀科技工作者、第十五届中国青年女科学家奖、2018年度未来女科学家推荐工作。5月20日，学会举办中国计量测试学会科学技术进步奖表彰大会。会议表彰获2017年度中国计量测试学会科学技术进步奖项目29个。会上，在LED大屏幕上播放所有获奖项目视频资料。国家市场监督管理总局局长张茅、副局长秦宜智，中国工程院院士金国藩、叶声华、李天初、张钟华，中国科学院院士王志新，学会理事长蒲长城分别为获奖项目颁奖。国务院相关部委、计量测试领域的院士专家、学者1000余人参会。

党建强会 学会功能性党委由学会理事会的10名党员组成。学会理事长蒲长城任书记，学会副理事长兼秘书长马爱文任副书记。学会理事会有理事190人，包括党员157人。

会员服务 会员可优先参与学会活动和在学会期刊发表论文，可通过学会官方网站、微信公众号等平台了解学会活动，可通过会员系统网站平台办理入会事宜。

【2018年计量测试学术交流会】 5月18日，学会在天津大学举办2018年计量测试学术交流会。交流会主题为“国际单位制（SI）量子化演进”。交流会结合2018年国际单位制改革，邀请国际法制计量组织（OIML）前主席艾伦·约翰斯顿、中国计量科学研究院党委书记段宇宁等专家分别作题为《国际单位制演变》《计量支撑发展》《国际单位制变革及其对电学计量标准的影响》等的专题报告。来自全国计量技术机构、科研院所、高校、企事业单位的200余名专家、学者参会。

【第十二届海峡两岸计量测试学术研讨会】 9月17—18日，第十二届海峡两岸计量测试学术研讨会在长春理工大学召开。会议由学会副理事长兼秘书长马爱文主持。长春理工大学副校长苏忠民、吉林省计量科学研究院院长樊宇、中国台湾计量工程学会理事长章明致辞。研讨会侧重两岸计量测试青年科学家交流与合作。会议特邀中国工程院院士、长春理工大学学术委员会主任姜会林作题为“空间目标高精度多维度天基光学探测技术研究”的报告，中国台湾工业技术研究院量测技术发展中心副主任庄柏年作题为“计量科技创新研发与成果转化”的报告，国际计量委员会委员、中国计量科学研究院党委书记段宇宁作题为“计量支撑发展”的报告，向参会青年科学家传授踏实认真的科学精神、如何做好科技创新转化及国际单位制改革。两岸计量测试青年科学家宣读并交流会议论文22篇。会议编辑出版《第十二届海峡两岸计量测试学术研讨会论文集》，收录论文30篇。来自两岸计量测试专业专家、学者150余人参会。

【第四届“计量筑梦　我爱北京”夏令营】8月6—12日，学会举办第四届“计量筑梦 · 我爱北京”夏令营公益活动。来自四川省凉山彝族自治州、云南省元阳县等地彝族、哈尼族、苗族、瑶族等少数民族的18名学生参加活动。学生抵达北京后，首先在中国计量科学研究院（和平里院区）组织开营仪式。国家市场监督管理总局计量司司长谢军参加开营仪式并讲话。中国科协科普部副部长钱岩、中国计量科学研究院副院长吴方迪、学会副理事长兼秘书长马爱文、北京市计量检测科学研究院电磁所所长黄艳等参加开营仪式。夏令营举办专家讲座，参观天津大学、中国计量科学研究院、中国科技馆、中国航空博物馆、北京故宫博物院等地，观看天安门升旗仪式，攀登长城。

（撰稿人：徐　雷）

中国标准化协会

服务创新型国家和社会建设　作为国家标准委团体标准试点的支撑单位，组织第二批试点单位的筛选工作，支撑第二批团体标准试点工作运行。完成《城市家具系统设计指南》等70余项协会标准立项，批准发布《工程能力评价通用规范》等协会标准39项。截至2018年年底，协会累计发布标准220余项，其中，《农场动物福利要求　猪》等3项标准获由国家市场监督管理总局和国家标准化管理委员会颁发的2018年度中国标准创新贡献奖三等奖，《家用电冰箱智能水平评价技术规范》等2项标准列入2018年工信部“百项团体标准应用示范项目”。

参与国家市场监督管理总局标准创新管理司《进一步加强团体标准管理规定的意见》文件的起草工作组，研究与中国现阶段发展相匹配的规范团体标准的实施路径，提出规范和管理团体标准化工作的政策建议。

承担国家标准委“团体标准扩大试点支撑及品牌影响力提升”“团体标准中知识产权处置研究”“国内外团体标准推广应用案例分析及可持续发展研究”“青少年标准化知识科普教育活动”“新时代背景下中国地理标志产品保护研究”等项目；承担中国科协“中国科协专业工程能力评价标准化基础研究”“创建星级学会党组织评价标准化研究”、团体标准化工作群运行等项目；支撑中国科协开展2018年服务国家社会治理品牌建设项目技术标准引领子项目评审相关工作；编写并出版图书《团体标准百问百答》。

完成《基于雷电定位系统的低山密度　总则》等6项国家标准制订、修订工作，完成《地理标志产品　坦洋工夫》国家标准外文版的翻译工作，发布实施《洁净室及相关受控环境空气过滤器应用指南》等10项国家标准和修改单，申请14项国家标准立项等。下达《标准样品工作导则第7部分　标准样品生产者能力的基本要求》国家标准的修订计划、《水泥细度和比表面积标准样品》等73项国家标准样品研复制计划，完成《标准样品工作导则第2部分　常用术语及定义》《标准样品工作导则第4部分　证书、标签及附带文件内容》2项国家标准的修订工作。全年获批《喷丸弧高度试片标准样品》等国家标准样品91项。

学会能力提升计划　以大会员发展与服务为理念，以现有技术资源优势集成服务和专项服务为机制，以信息技术和网络平台为载体，提升会员服务能力体系与平台建设。开辟会员宣传、互相联络、获取信息的多种途径。加强与各分会及协会分支机构工作的配合。逐步在信息传播、电器电子、服务贸易、中医药、城市家具、太阳能应用、纤维、汽车和海洋等领域拓展会员工作，同时，链接多个地方标准化组织，构建互通化的协作、互补体系和网络，建设成为全国标准化工作者互通互动基地。

在标准化塔式教育培训体系研究成果基础上，研发培训课程，初步形成高中低搭配的标准化塔式培训体系。包括与中国计量大学联合开设标准化技能高端人才培训班，在浙江省等地举办新《企业标准体系》系列国家标准宣贯培训班10余期，编著出版《企业标准化》宣传贯彻教材和《企业标准化法规标准汇编》。

举办第十五届中国标准化论坛和若干场专业性的系列化论坛；完善年度标准化优秀论文评选和标准化助力奖评选机制，征集推出高水平的标准化研究成果和实践应用案例，为相关部门举荐、输送标准化高级技术专家和研究成果；围绕需求与问题，归纳整理有建设性的技术政策建议报告，提供给政府部门作为决策咨询与参考。

搭建国家标准样品项目管理平台，实现在线申请国家标准样品研复制计划项目立项的运行与数据维护，国家标准样品研复制计划项目的调整、报批和有效期延长的试运行；完成样品征集工作，完善现有数据库，完成标准样品数字馆的搭建；组织召开标准样品技术交流讨论会；承办标准样品基础知识培训班；完成《国家标准样品管理办法（征求意见稿）》的修订。协助国家标准审评中心完成全国标准信息公共服务平台标准样品板块的数据维护和信息更新。

学会建设 新成立城镇基础设施、装备制造业、婴幼儿托育3个分支机构，分支机构累计达到23个。协会有会员5948个，其中，团体会员2899个、个人会员3049人。更新完善会员管理系统，提升协会信息化系统建设，升级开发中国标准化协会协同办公平台。

支持和创造条件鼓励员工学习实践，派员工参加各类学习会、培训班、研讨会、调研活动；推动以申请立项专题项目来锻炼人，全年申请立项课题项目16个；引进青年骨干3人，外派1人赴德国参加国际社会治理知识培训，激励员工牵头或参与研究类、活动类、编著类、管理类项目。

调整优化协会网站板块与内容，提供信息搜索指引；升级改版OA系统；全年协会网站发布新闻265条，微信推送文章132篇，累计阅读量17160次；中国标准化协会微信号推送100余条信息，阅读量2万余人次。

主办期刊 协会主办《中国标准化》、*China Standardization*、《标准科学》《标准生活》《产品安全与召回》5种杂志，以打造主流、专业、精品为目标，服务标准深化改革和实施标准化战略，提高杂志质量和传播力，不断创新，发挥标准化宣传报道和知识科普的主流媒体作用。

国内主要学术会议 5月10—11日，由协会举办的标准化战略与质量提升研讨交流会在江苏省南京市举行。来自全国各地近150名标准化工作者参加会议。

5月17—18日，协会理事长纪正昆一行赴浙江省台州市横街镇调研指导小城镇标准化建设工作。协会副理事长兼秘书长高建忠等随行调研。

5月29—30日，承办国家标准化委员会组织的标准样品基础知识培训班。各专业技术委员会负责人、标准样品研复制单位代表等50余人参加培训。学员听取标准样品常用术语及定义、标准样品的研制技术和使用等内容的介绍和解读，了解标准样品的国内外现状、管理要求和申报程序，交流标准样品研复制工作经验。

9月20日，管廊万里行——2018综合管廊安全运营管理标准化、智能化技术交流观摩会暨中国标准化协会城镇基础设施分会成立大会在云南省昆明市举办。会议由协会、中国灾害防御协会、北京城市管理科技协会、综合管廊运维管理及信息化建设联盟共同主办，获中国电建集团昆明勘测设计研究院有限公司等企业支持。

11月27—29日，第二届全国项目管理标准化技术委员会（SAC/TC 343）2018年度工作会议在浙江省杭州市召开。会议总结2018年度工作开展情况，通报国际项目管理标准化工作最新进展，讨论现有工作中存在的不足，规划下一步工作计划。委员会委员等40余人参加会议。

11月28日，全国项目管理标委会（SAC/TC 343）联合主任委员单位中国航空综合技术研究所在浙江省杭州市举办第三届装备发展项目管理论坛。相关领域的专家、学者100余人参加论坛。

11月14—16日，在山东省青岛市举办全国标准样品技术委员会五届三次年会暨标准样品技术交流研讨会。会议总结2018年度工作，通报国际标准样品情况，讨论现有工作中存在的问题，提出下一步工作意见及建议。与会代表就标准样品定义进行交流，了解标准样品研制技术要求，分享定性标准样品的研究进展及环境标准样品的研制经验。

12月18日，中国标准化协会装备制造业工作委员会成立大会暨第一届委员会第一次代表大会在辽宁省沈阳市召开。

12月21日，全国项目管理标委会在北京组织召开《科技成果评价规范》《科技成果挂牌交易服务规范》《科技成果拍卖服务规范》《技术合同认定登记服务规范》4项团体标准审查会。

国际组织任职 高建忠秘书长担任国际标准联盟（IFAN）理事会成员，任期自2016年1月1日起至

2018年12月31日。

国际交往 5月14—18日，参加在日本冈山召开的第41届太平洋地区标准大会（PASC）；6月27—29日，在浙江省杭州市举办第十七届东北亚标准合作会议；7月10日，参加在加拿大渥太华召开的第41届ISO/REMCO标准样品年会；8月10日—12月2日，参加由德国发展研究院举办的德国全球治理管理培训项目；9月15—19日，参加在印度新德里召开的自愿性可持续标准论坛；9月23—26日，赴瑞士日内瓦参加在IEC总部召开的第45届国际标准用户联盟（IFAN）年会，同期出席ISO大会，并于9月28日访问德国发展研究院（DIE）；11月27日—12月1日，派代表参加印度尼西亚自愿性可持续标准会议。

科普活动 开展新版《标准化法》宣讲。全年分别在北京、浙江省杭州市、江苏省南京市、天津市、山东省青岛市、河北省唐山市等地开展新标准化法及国家标准化战略宣讲活动，听讲人数累计500余人；8月8—11日，组织北京市第三十五中学师生赴韩国参加青少年奥林匹亚标准竞赛活动；开展标准进校园活动，在北京市第三十五中学和海淀民族小学举办多场标准化知识科普讲座，组织学生参观标准化实验基地。

表彰举荐优秀科技工作者 举办2018年度标准化助力奖评选征集活动。参评单位53家、个人77人。经初审、复审和专家委员会终审，评选出获奖单位5家、个人14人。在第十五届中国标准化论坛上为获奖单位和个人颁发奖牌和证书。

开展第十五届中国标准化论坛论文征集评选工作。活动收到586人提交的410余篇标准化研究论文。经评审，入选325篇。论文围绕“标准化事业发展新时代”主题，涵盖一、二、三产业和社会管理各方面。协会编辑出版《第十五届中国标准化论坛论文集》，从中评选出特等奖论文8篇、优秀奖论文19篇。

党建强会 协会开展党课培训，组织全体党员集中学习，派党员干部参加市场监管总局、国家标准委及中国科协的论坛、讲座、培训等，开展“自选三个一”支部学习活动等。7月，响应国家乡村振兴战略，组织“新时代　新作为　标准化助理乡村振兴”专题活动。11月，被中国科协科技社团党委评为九星级优秀学会党组织。12月，组织全体党员、职工参观国家博物馆举办的“伟大的变革——庆祝改革开放40周年”大型展览；集中观看庆祝改革开放40周年大会直播。

会员服务 以协会专项技术资源和交流活动为抓手，提供多层面、定向化联络和标准化研讨、培训、咨询及标准制定等方面服务，让会员参与到标准化工作中。服务分支工作，指导各分支举办14次研讨会、论坛和培训班，支持举办“管廊万里行——2018年中国城市地下综合管廊安全运行管理标准化、智能化技术交流观摩会”2场、中国智能家居国际高峰论坛2场，支持海洋分会举办标准化战略与《标准化法》培训班，服务贸易分会举办第二届服务贸易标准化论坛，城市家具分会举办城市家具标准化暨综合治理观摩交流会；联合会员单位申报并获批2018年服务国家社会治理品牌建设项目“‘三评’指标体系研究与应用方法”，与海洋分会合作开展“规划实施评估制度、方法和程序研究和团体标准管理政策制度研究”项目。组织、遴选会员参评中国标准化助力奖及年度优秀论文奖。组织第十五届中国标准化论坛。建立中国标准化协会标准信息服务网窗口，为会员提供在线便捷查询检索。全年接待、走访会员60余家，为456家会员查询、查新、购买标准共计24359件，代购4147件。

【改革开放40周年回顾与展望——中国标准化协会40华诞座谈会】 9月6日下午，改革开放40周年回顾与展望——中国标准化协会40华诞座谈会在国家市场监管总局马甸办公区召开。国家市场监管总局副局长、国家标准化管理委员会主任田世宏，中国科协学会学术部副部长苏小军，国际标准化组织ISO前主席张晓刚，协会理事长纪正昆，协会第六届、第七届理事长李忠海等有关单位领导出席座谈会。座谈会由协会秘书长高建忠主持。座谈会上播放反映中国标准化协会40年发展的视频片《难忘四十载　峥嵘岁月稠》。纪正昆、苏小军、田世宏分别讲话。

【第十五届中国标准化论坛】 10月22—23日，第十五届中国标准化论坛在浙江省义乌市举办。论坛由协会主办，义乌市市场监督管理局承办，浙江省标准化协会协办。国家市场监督管理总局标准创新管理司司长崔钢、义乌市政府副市长李东方出席开幕式并致辞。协会副理事长兼秘书长高建忠主持开幕式，宣读理事长纪正昆书面讲话。

纪正昆在书面讲话中提出，全体标准化工作者要围绕国家建立以强制性国家标准、公益性推荐性标准、市场性团体标准为主要内容的新型标准体系，着力发展市场主体制定的团体标准和企业标准体系，提高标准水平，完善标准化制度。

论坛主题为“新时代　新作为——标准化事业新

发展”，内容紧扣当前国家全面深化改革的形势和标准化体制机制的改革，解读国家标准化工作政策举措；分享学科发展、国际合作、产业创新、专利融入、城镇基础建设、团标发展等方面的新成果和新实践；推广、普及标准化知识；探讨在完善社会主义市场经济体制、市场发挥决定性作用的环境中，如何持续实施标准化战略，发挥好标准的支撑与引领作用，助力中国经济社会改革发展。

论坛采取“1+N”形式，即1个主论坛，第十五届中国标准化论坛；N个专题活动，包括中小企业标准化（国际）大会暨品字标品牌成果发布会、第二届团体标准化发展论坛、团体标准化发展联盟年会及联盟标准宣贯会、中国标协标准展览区等系列活动。

国内外标准化领域专家、学者，各省、各市、各行业标准技术管理负责人及20余个省、自治区、直辖市的300余名标准化工作者、跨国集团企业代表参加论坛。

（撰稿人：田　欣）

中国图学学会

服务创新型国家和社会建设　6月、12月，学会与人力资源社会保障部教育培训中心联合开展第二十期、第二十一期全国CAD技能等级考试。累计报名参加考试22085人。

6月、12月，与人力资源社会保障部教育培训中心联合开展第十二期、第十三期全国BIM技能等级考试。累计报名参加考试67555人。考前分别在湖北省武汉市和北京举办全国BIM技能等级考试考评员培训班2期，累计培训考评员246人。

5月13日，成立中国图学学会团体标准化技术专家委员会，有专家委员25人。召开工作会议2次，拟定《中国图学学会团体标准体系》《中国图学学会（CGS）标准体系》等文件。10月，“产品图样设计关键团体标准研制与应用”立项为中国科协2018年服务国家社会治理品牌建设项目的“技术标准引领”子项目。12月10日，在全国团体标准信息平台注册备案，团体代号“SCGS”。

学会建设　5月19日，召开七届五次常务理事会议。12月2日，召开七届六次常务理事会议。12月2日，召开七届四次理事会议。

升级考试管理系统、会议系统、会员管理系统、大赛报名系统，新增会议投审稿系统，专人负责官方微信信息发布及功能管理。编写并印制《中国图学学会2017年年报》。

学会治理结构和治理方式改革　学会新发展个人会员38337人，新增单位会员4个。截至2018年年底，学会有个人会员75310人、会员单位74个。

3月，开展对14个专业委员会2017年工作的评估。5月19日，在七届五次常务理事会议上公布评估结果，表彰优秀专业委员会。

七届六次常务理事会议审议通过《中国图学学会分支机构财务管理办法》及《关于收回分支机构公章及其使用权的决定》。

青年人才托举工程　学会申报并获批青年人才托举工程（2018—2020年度）名额2个。启动中国图学学会青年托举计划评选工作，大连理工大学讲师刘婵娟、云南大学讲师谢诚、南开大学讲师任博、中国石油大学（华东）副教授李静入选学会首届青托计划。12月2日，举办颁奖典礼，为4名青年人才授奖。经学会组织遴选，刘婵娟、谢诚入选第四届中国科协青年人才托举工程。

主办期刊　《图学学报》出版发行6期，发表论文178篇，包括国家级项目支持的77篇，省、部级基金项目支持的51篇，校级基金项目支持的13篇。被国内3大数据库收录，入选中国知网学术期刊影响因子年报统计源期刊、万方中国核心期刊（遴选）数据库及中国学术期刊文摘源期刊。

5月19日，《工医艺的可视计算》英文版（VCIBA）与Springer Nature签约合作。12月，被开放存取期刊目录DOAJ（Directory of Open Access Journals）收录，成为开放存取期刊（Open Access Journal）。

《土木建筑工程信息技术》出版6期，刊载论文128篇，收稿380篇，同比增长8%。入选2018年《中国学术期刊影响因子年报》统计源期刊，在中国知网学术期刊影响因子年报（自然科学与工程技术2018版）影响力指数CI值42.679（学科排序69/158），复合影响因子0.737，5年影响因子1.504，他引5年影响因子1.368，JIF学科排序25%（排序40/158）。

学科发展研究　“图学学科发展研究”入选中国科协学科发展项目。9月20日，在北京召开项目启动会，明确研究大纲、专题撰写小组及对应成员。11月25日，在浙江省杭州市召开小型研讨会。参与中国科协“引领世界科学的前沿科学问题、建设世界科技强国的工程技术难题”的推荐工作。

国际学术会议 8月3—7日，第18届国际几何与图学学术会议（ICGG 2018-18th International Conference on Geometry and Graphics）在意大利米兰召开。来自35个国家和地区的250余名代表参加会议。学会代表团一行近30人参加会议，发表论文14篇，位列参会国第5位，有4人担任分会场主席。

8月19—21日，在辽宁省大连市召开机器人与服务智能高峰论坛（DEA 2018）。来自国内外机器人技术、计算机视觉、机器学习等相关领域的专家和业界代表150余人参加会议，包括“杰青”“长江学者”“优青”“青千”等代表约20人。

10月30—31日，在北京召开第五届BIM技术在设计、施工及房地产企业协同工作中的应用国际技术交流会。来自国内外的专家，勘察设计、施工、运营、房地产开发、软件厂商、BIM服务商等企业代表，高校师生500余人参会。中国工程院院士、学会理事长孙家广出席会议并致辞。

国内主要学术会议 5月19日，网络化协同制造和智能工厂学术研讨会在四川省成都市召开。会议结合“中国智能制造发展战略研究”“科技创新2030—智能制造和机器人重大项目”、国家重点研发计划“网络协同制造和智能工厂”重点专项的战略研究，围绕研发设计、智能工厂、制造服务、工业互联网与制造大数据等方向开展学术研讨。中国科学院院士申长雨，中国工程院院士卢秉恒、谭建荣及来自科技部高新司和高技术研究发展中心、四川省科学技术厅及主办、承办单位的近400名领导、专家、委员和代表参会。

5月22—23日，业主总发包模式推动下的设计、施工企业BIM应用交流会在四川省成都市举办。来自国内相关单位的200余名BIM负责人参加会议。

5月25—28日，第四届数字化论坛在湖南省长沙市举办。会议以“人工智能与数字化制造”为主题，邀请来自全国29所高等院校、科研院所和企事业单位的40名专家就脑科学、智能设计、智能制造、智能装配、区块链、数字化人体、大数据应用等内容作学术报告。

7月9—11日，2018年大数据时代智能农业高峰论坛暨第15届全国智能CAD与数字娱乐学术会议在北京召开。会议以“人工智能、大数据、虚拟仿真、数字媒体”为背景，推进虚拟仿真、数字媒体技术在现代智能农业领域应用方面的前沿新技术、新方法与产业化交流讨论，旨在促进虚拟仿真、数字媒体、人工智能和农业信息技术领域的交叉融合与创新研究，农业物联网大数据解析与处理，农业数字动漫技术与文化创意，智能农业技术集成与工程化应用等方面交流，达成合作共识。国家农业信息化工程技术研究中心主任赵春江担任会议主席，中国科学院地理科学与资源研究所研究员孙九林和学会副理事长、大连理工大学教授魏小鹏出席会议。

8月14—17日，第二十一届全国图学教育研讨会在山西省太原市召开。160余所高校、企业及科研机构240余名代表参加会议。研讨会围绕“新工科”“双一流”“互联网+”等新理念，探索在信息技术发展新趋势下，如何抓住机遇、应对挑战，寻求图学教育的发展、创新与突破。山西省科协副主席郝建新、太原理工大学副校长吕永康等到会祝贺。

11月1—2日，学会制图标准化专业委员会学术年会在广东省珠海市召开。78名与图学相关的标准化专家参加会议。会议安排《我国智能制造标准化发展思路》等学术报告4个，向所有参会代表做国际标准化知识培训。

11月24日，图学大数据研讨会在山东省济南市召开。47名专家、学者参加会议，3名优秀青年科学基金获得者作特邀报告。

11月24—25日，第四届全国BIM学术会议在安徽省合肥市举行。来自全国多省市的高校师生、建筑企业主管领导和技术负责人及BIM从业人员500余人参加会议。中国铁路BIM联盟常务副理事长盛黎明、美国斯坦福大学综合设施工程中心项目总监甘嘉恒、广州地铁集团公司建设事业总部党委书记邹东、中铁四局集团有限公司副总经理伍军等专家作特邀报告。大会分为BIM基础研究、BIM技术研究、BIM应用研究3个会场。42名论文投稿作者、专家、学者分享学术成果并展开自由讨论。

11月29日，BIM高峰论坛在北京召开。来自全国各地建设、设计、施工、企业和科研院所的技术、管理人员及大专院校的师生700余人参加会议。中设数字技术股份有限公司总经理于洁作题为“建筑云与数字孪生城市”的报告，上海悉云信息科技有限公司总经理过俊作题为“企业级BIM实施的路径与探索”的报告。

12月2日，中国图学学会2018年学术论坛暨首届奋发图强青年科学家论坛在北京召开。学会常务理事、理事、部分在京会员及在读硕士、博士等80余人参加论坛。北京航空航天大学教授田捷作题为“基于深度学习的医学成像及应用”的特邀报告，山东山大华天软件有限公司首席技术官、技术研究院院长梅敬成作题为“面向智能制造的3D技术”的特邀报告。4名中国科协第二届、第三届青年人才托举工程被托举人分别作学术报告，展示青年图学科学家的创新研究成果。

国际组织任职 学会副理事长、国际联络工作委员会主任韩宝玲担任国际几何与图学学会副理事长职务。

科普活动 制图技术专业委员会、产品信息建模专业委员会联合其他机构举办第十一届“高教杯”全国大学生先进成图技术与产品信息建模创新设计大赛。参赛学校由最初的51个发展到331个，参赛团队由58个发展到541个，参赛学生由322人发展到3587人，带队教师由118人发展到1936人。大赛评选出机械类团体一等奖33项、二等奖50项、三等奖67项，建筑类团体一等奖12项、二等奖18项、三等奖26项，道桥类团体一等奖3项、二等奖5项、三等奖6项，水利类团体一等奖2项、二等奖3项、三等奖5项及个人奖、3D打印竞赛奖和天正BIM创新应用竞赛奖。

表彰举荐优秀科技工作者 3月28日，在学会官方网站发布关于开展中国图学学会图学教育奖提名工作的通知、关于开展中国图学学会优秀科技工作者奖提名工作的通知、关于开展中国图学学会优秀博士学位论文奖推荐工作的通知。5月21日，发布关于开展中国图学学会科技奖项提名推荐工作的通知（第二轮）。8月27日，组织专家召开现场评审答辩会。8月28日，对评奖结果进行公示。12月2日，在七届四次理事会议上为获奖者颁奖。

参与中国科协中国青年女科学家奖推荐工作。

学会创新发展 参与中国科协信息科技学会联合体工作，共同承办第二十届中国科协年会分会场工作。

党建强会 5月8日，学会组织开展“新时代我学雄安精神”党建活动。赴白洋淀红色教育基地参观抗日战争纪念馆。

会员服务 依靠分支机构、学术会议、培训、大赛等多渠道、多手段发展个人会员。新增个人会员38337人，增幅103.7%；新增会员单位4家，增幅5.7%。截至2018年年底，学会有个人会员75310人、会员单位74家。

学会更新官网有关会员制度信息，重新制作会员宣传易拉宝。在分支机构办会现场开展靶向性会员权益宣传。组织首次科技工作者日活动——走进雄安。第二十一届全国图学教育研讨会等重要学术会议对会员实行费用减免优惠。为普通会员升级高级会员开辟“一键升级”通道。从中国科协争取更多课题申报、科技奖励等资源，促进会员成长，提升会员满意度。

【第七届“龙图杯”全国BIM大赛】 11月29日，由学会主办，学会土木工程图学分会、BIM专业委员会承办的第七届“龙图杯”全国BIM大赛在北京举办。大赛由中国科协、人力资源和社会保障部教育培训中心、住房和城乡建设部建筑节能与科技司、中国建筑科学研究院、清华大学、北京航空航天大学等相关政府部门和科研院校指导。

大赛分为设计、施工、综合、院校4个组别，有参赛单位788家，收到参赛作品1158项，参赛人数9792人次，涵盖BIM应用的各个阶段。经过初审、复审、答辩、公示等环节，按照公平、公正、公开的原则，从BIM技术应用功能、应用创新、应用水平和综合效益等方面评审，最终4个组别共评出一等奖42人、二等奖83人、三等奖127人、优秀奖153人，获奖成果共计405项。

会议印发由学会组织的第七届大赛一、二等奖获奖单位撰写的《2018第七届“龙图杯”全国BIM大赛获奖工程应用文集》，介绍获奖成果，展示获奖成果BIM应用亮点及最新技术。会议同期举办优秀获奖作品展览展示活动。

人民网、新华网、《科技日报》《经济日报》、中国科技网等媒体对大赛进行报道和转载。

（撰稿人：杨　洁　王　玉）

中国电子学会

服务创新型国家和社会建设 学会承接科技部委托的32个信息领域国家重点实验室评估工作；承接中国科协关于双创示范基地第三方评估工作；承接中国科协新一代信息技术领域、智慧城市和数字社会领域人才队伍情况调研和评估工作；承接工信部机器人产业评估工作，编写《我国机器人产业发展评估报告》；承接中国科协双创政策评估工作；承担工信部委托的

7所部属高校创新创业特等奖评选组织工作；承担中国科协委托的2018年工程和材料2个领域国家重点实验室评估工作，提供评估方案和信息化系统支撑。完成科技成果鉴定44项。牵头编写教材《大数据导论》与《云计算导论》。

学会能力提升计划 举办品牌学术会议，发挥传统学术引领优势；跟踪电子信息学术前沿热点问题，推进协同创新，助力产业发展。完善成果转化平台功能，将科技成果数据资源导入平台成果库；形成科技成果转化服务机制，与地市级政府合作搭建服务平台，推进成果转化；开展"创领中国"院士专家地方行活动，对接企业技术与政策需求，解决技术难题。通过学会青年科学家俱乐部，改革人才服务机制。

学会建设 12月18日，中国电子学会第十次全国会员代表大会在北京召开。召开常务理事会议、理事会议、监事会议和工作会议。各工作委员会召开工作会议。新增量子信息分会、智能无人系统分会2个专业分会；成立软件定义推进委员会；更名分会2个。截至2018年年底，学会所属分会49个。

学会治理结构和治理方式改革 学会出台、完善《中国电子学会总部项目管理实施办法（试行）》《中国电子学会所属分支机构、专家委员会、工作推进委员会印章管理细则》《中国电子学会工作委员会工作办法》《中国电子学会会费管理办法》《中国电子学会总部公务用车管理办法》等管理规章制度，更新人事合同文本，规范工作标准和流程。制定《中国电子学会所属分会管理办法（试行）》《中国电子学会所属分会评估考核工作办法（试行）》《中国电子学会"先进集体"和"先进工作者"评选表彰办法（试行）》《中国电子学会所属分会财务管理办法》，形成学会对分会指导与服务、管理与监督的工作体系和运行模式。签订《共建协议书》，举办分会秘书长沙龙，开展分会调研活动、"六个一"工作季度通报、分会秘书长工作座谈、分会工作年度评估考核，评选学会"先进集体"和"先进个人"。

青年人才托举工程 学会修订并完善《中国电子学会青年人才托举工程项目管理办法》，开展第四届中国科协青年人才托举工程（2018—2020年度）项目评审和实施工作。建立青年托举人才库。举办青年人才托举沙龙、全国电子信息青年科学家论坛等活动，邀请被托举人参加学会组织的学术会议、培训、进修、调研、考察等活动。

主办期刊 学会有专业期刊14本。根据中国知网发布的国际影响力数据，《电子学报》和*Chinese Journal of Electronics*（CJE）获2018中国国际影响力优秀学术期刊；根据科技部信息中心发布的中国科技论文统计源期刊（CSTPCD），《电子学报》总被引频次在专业分组中排名第1，*Chinese Journal of Electronics*入选SCI数据库。

学科发展研究 学会推进机器人、互操作、物联网、数据中心等领域20余项团体标准和"机器人互操作"等方向标准研制工作，发布"脉冲星导航""数据中心"等领域多项学会标准。牵头编写教材《大数据导论》《云计算导论》。

决策咨询 学会围绕机器人、人工智能、智慧社会、数字经济、工业互联网、区块链等科技和产业，为中国科协、工信部、网信办等提供决策咨询专报、政策文件编写、调研报告整理、领导重要讲话稿起草等工作支撑。承担"信息技术前沿跟踪研究""智能社会发展特征及演进机理"等课题研究工作。实施"雄安新区智能经济社会中长期发展规划""河北省数字经济发展规划（2018—2025年）""天津滨海新区电子信息产业提振研究"等地方研究课题。成立"中国数字经济百人会"。

国际学术会议 学会举办世界机器人大会、世界智能大会、"一带一路"青年创新大会、2018全球信息技术主管大会、2018数字经济国际合作论坛、2018智能科技与产业国际合作论坛、首届中国国际智能产业博览会的数字经济百人论坛、国际智能无人系统大会、云计算大数据"一带一路"国际合作论坛等国际学术会议。学会所属分会举办第十九届电子封装技术国际会议、第二十三届国际广播技术研讨会、电磁兼容国际会议、国际区块链大会、第七届亚洲机械电子学国际学术会议等国际学术会议。

国内主要学术会议 学会举办国内学术会议105次。主办第十届中国云计算大会、全国物联网技术与应用大会、第十三届中国电子信息技术年会、电子信息青年科学家论坛、纪念集成电路发明60周年学术会议、2018无人系统与智能制造高峰论坛、2018中国工业大数据创新发展高峰论坛、2018中国绿色数据中心大会、首届数字中国建设峰会的中国智慧社会发展与展望论坛、2018中国大数据创新发展高峰论坛等。

7月24日，第十届中国云计算大会在北京国家会议中心开幕。会议由工业和信息化部、国家发展改革委、中国科协、北京市人民政府指导，学会主办，中国云计算技术与产业联盟、学会云计算专家委员会、中国大数据专家委员会承办，至顶网协办。大会主题为“聚力云上生态　赋能实体经济”。大会公布由学会云计算专家委员会联合中国云计算大会组委会发起的“云界十年”评选结果。第十二届全国政协副主席、国家电子政务专家委员会主任王钦敏，原邮电部、信息产业部部长吴基传，工业和信息化部党组成员、总工程师张峰，中国工程院院士王恩东、李伯虎、郭桂蓉，学会副理事长兼秘书长徐晓兰等代表参会。

9月20—21日，2018全国电子战大会在安徽省合肥市召开。大会由学会、合肥市人民政府、国防科技大学、中国电子信息行业联合会共同主办，学会电子对抗分会、学会会员服务中心、合肥市发展改革委、国防科技大学电子对抗学院承办。中国科学院院士、国防科技大学校长邓小刚，中国工程院院士、军委科技委常任委员、大会主席吕跃广，合肥市委副书记、市长凌云，学会党委书记张宏图，中国电子信息行业联合会副秘书长袁立峰在大会上致辞。大会以“创新·融合·超越——新时代、新使命、新征程”为主题，旨在探讨交流全球电子战最新研究成果，推动电子战事业发展。安徽省委常委、合肥市委书记宋国权，安徽省军区副司令员徐继龙，中国工程院院士郭桂蓉、张光义、凌永顺、张锡祥、贲德、刘泽金、王沙飞，中国科学院院士郭光灿、徐宗本，来自政府、各军兵种、各战区及相关高校、科研院所近1000名专家、学者参会。

两岸交流　12月25—29日，学会代表团应台湾地区电机电子工业同业公会邀请，赴台交流访问。访问工业技术研究院、台湾地区电机电子工业同业公会、联华聚能科技股份有限公司、祥仪企业股份有限公司，参观祥仪机器人梦工厂，与台湾永续力发展学会、台湾资源再生协会、艾德绿能科技有限公司、天硕电网科技股份有限公司等单位人员进行座谈交流。

国际组织任职　学会有4名专家在国际组织任职。学会第二届监事长龚克当选世界工程组织联合会（WFEO）候任主席，这是该组织成立50年以来，中国科学家首次当选主席。学会副秘书长林润华任世界工程组织联合会创新技术委员会（WFEO-CEIT）秘书长及国际信息处理联合会（IFIP）理事。学会电波传播分会主任委员吴健任欧洲非相干散射科学联合会（EISCAT）理事、国际无线电科学联盟（URSI）理事会中国代表。学会虚拟、增强现实技术与产业分会副主任委员牟同升任国际电工委员会（IEC）电子显示国际标准战略顾问专家组成员及国际信息显示测量委员会（ICDM）委员。

国际交往　学会代表中国加入国际无线电科学联盟（URSI）、国际信息处理联合会（IFIP）、国际医药信息学会联合会（IMIA）和国际污染控制学会联合会（ICCCS）4个学术组织。受中国科协委托，承接科协联合国咨商工作信息与通信技术专业委员会秘书处和世界工程组织联合会创新专委会秘书处工作。3月4—10日，参加在巴黎举行的WFEO50周年相关活动和WFEO执委会扩大会议；10月19—25日，参加在伦敦举行的世界工程大会和WFEO执委会会议；11月11—16日，参加在巴黎举行的2018年联合国互联网治理论坛（IGF 2019），主办分论坛1个。

科普活动　学会全年发展各地青少年考试中心20余个、青少年科普基地30余个、青少年等级考试网点70余个，省市地方教育机关参与合作20余个。举办青少年机器人技术等级考试4次，参与人数18000余人次。4—12月，启动第6届全国青少年电子信息智能创新大赛，参与人数1万余人；出版《机器人基础技术教学》等图书，发行量3万余册。联合学会科普联盟科技教育机构5家，在北京、上海市、安徽省、江苏省等地举办以“电子信息和机器人”为主题的全国科普日地方联合行动；在中国科协年会、世界公众科学素质促进大会、全国科普日北京主场活动举办专题论坛活动。支撑中国科协科普部策划、执行“科普中国共建基地”申报、评审工作，发展共建基地30家。在各地举办或联合举办世界智能大会人工智能科普论坛、上海人工智能教育大会、微软人工智能大赛、天津中美青年创客大赛、广西北海中小学创客活动等活动，累计参加8000余人次。独立或与地方教育机关、合作单位联合开展师资培训18次，累计培训师资3000余人。

表彰举荐优秀科技工作者　学会开展中国科学院院士和中国工程院院士候选人推选、中国青年女科学家奖、中国青年科技奖、光华工程科技奖等人才举荐活动，完成2018年度中国电子学会科学技术奖、第五届中国电子学会优秀科技工作者评选，第六届中国电子学会优秀科技工作者候选人征集工作。推荐参评国家科学技术奖109项，获一等奖3项、二等奖45项。推荐13名学者入选中国科协2018—2020年度青年人才托举工程。

学会创新发展 学会按照“一智库、四服务、三平台”发展战略规划开展工作。加强学会总部专职人才队伍和管理制度化、程序化建设；加强对分支机构业务指导及财务管理。

党建强会 学会总部党委筹备成立学会理事会临时党组织，实现社会组织、党的组织和工作两个全覆盖。成立理事会临时党委。开展学习贯彻党的十九大精神系列活动。学会总部党委通过党委会议、党委理论学习中心组、支部书记会议，传达学习党中央有关精神和工信部、中国科协决策部署；开展两委委员、党支部书记讲党课活动；开展党的十九大精神集中培训活动，为全体党员配发《中国共产党章程》等学习读本；不定期对支部书记、普通党员进行考试。配合工信部党组第三专项巡视检查组完成对学会总部党委专项巡视检查工作。专项巡视检查反馈意见后，学会总部党委召开专题民主生活会进行对照检查，召开专题党委会研究部署整改工作，启动巡视整改工作。开展“弘扬爱国奋斗精神、建功立业新时代”主题活动、2018年全国学会青年党务干部培训班，组织全体党员赴国家博物馆参观“真理的力量——纪念马克思诞辰200周年展览”，前往西山无名英雄纪念广场参观学习。

会员服务 截至2018年年底，学会会员总数120572人，新发展个人会员2380人。建立会员学术技术交流基地30个、学生会员工作站28个。举办会员日活动130余次。评定学会高级会员5833人、会士360人、团体会员620个。搭建“互联网+”会员服务工作模式，利用互联网开通会员服务频道，实行电子会员证书，向会员提供咨询，赠阅《会员通讯》。举办全国电子信息青年科学家论坛、青年人才托举沙龙、云计算青年科学家论坛、机器人青年科学家论坛、“优博优硕”论文评选、“电子信息大讲堂”系列活动、单位会员交流年会、科技工作者日、会员年会等活动。

【2018世界机器人大会】 8月15—19日，2018世界机器人大会在北京亦创国际会展中心召开。中共中央政治局委员、国务院副总理刘鹤出席开幕式并讲话。中共中央政治局委员、北京市委书记蔡奇，全国政协副主席、中国科协主席万钢，工业和信息化部部长苗圩，北京市市长陈吉宁，中国科协党组书记、常务副主席、书记处第一书记怀进鹏，中宣部副部长梁言顺等出席开幕式。

主论坛和专题论坛邀请国内外300余名专家和企业代表进行演讲，工业和信息化部副部长辛国斌在主论坛作主旨报告。博览会有展区4个、主题9个，15个国家166家企业500余件展品参展，涵盖传统工业机器人、服务机器人、特种机器人及一批基础零部件。10余个国家和地区1000余支参赛队近5000余名参赛选手参赛，包括国外选手约500人。大赛全年累计参与人数4万余人。大会期间，签约合作意向金额总计89亿元。大会发布《中国机器人产业发展报告2018》等研究成果。

大会获联合国工业发展组织、世界工程组织联合会等21家国际组织支持。被CCTV、《人民日报》、新华社、日本东京电台、俄罗斯全国广播电视公司、彭博社等355家媒体报道。现场参会和参展28.2万人次，在线观看直播1470余万人次。

【第十三届中国电子信息技术年会】 4月21日，由学会主办的第十三届中国电子信息技术年会在江苏省苏州市开幕。大会设主论坛、专题论坛和展览展示等环节，发布《中国电子学会会士观点（2018）》等文件。同期举行2017年中国电子学会科学技术奖和第五届中国电子学会优秀科技工作者颁奖和表彰仪式。中国工程院院士、学会副理事长、北京理工大学校长张军任大会主席。会议由学会党委书记张宏图主持。工信部党组成员、总工程师张峰，中国科协党组成员、书记处书记项昌乐，江苏省政府副省长王江，苏州市委副书记、市长李亚平为大会致辞。大会主题涵盖大数据、天空地海一体化、下一代互联网技术、集成电路、人工智能与机器人、生物医学大数据等领域，展示电子信息领域学术进展和科研成果，搭建产学研交流平台，促进科技成果转化。学会副理事长兼秘书长徐晓兰，俄罗斯宇航科学院外籍院士龚克，中国科学院院士杨元喜、梅宏、刘明、郑志明，中国工程院院士费爱国、戴琼海、王沙飞，全国电子信息领域科技工作者及相关产学研代表共1200人参会。

【纪念集成电路发明60周年学术会议】 10月11日，纪念集成电路发明60周年学术会议在清华大学举行。会议由学会、国家自然科学基金委员会信息科学部、中国科学院信息技术科学部、中国工程院信息与电子工程学部共同主办。中国科学院院士、中国科学院副院长、学会副理事长李树深，工业和信息化部电子信息司副司长吴胜武代表指导单位和主办单位致辞，清华大学副校长、学会副监事长王希勤致欢迎词。学会电子设计自动化专委会主任委员、清华大学微电子学研究所所长魏少军，学会理事、浙江大学教授严晓浪分别主持学术报告环节。中国工程院院士、中国工程院副院长陈左宁，中国科学院院士、北京大学教授王阳元，中国科学院院士、中国科学院半导体所研究员王启明，中国工程院院士、中国电子信息科技集团第五十八研究所研究员许居衍，中国科学院院士、国家自然科学基金委员会信息科学部主任郝跃，中国科学院院士、中国科学院上海微系统与信息技术研究所所长王曦，中国科学院院士、中国科学院微电子研究所研究员刘明，美国国家工程院院士卢超群，学会党委书记兼副秘书长张宏图、副秘书长刘明亮等人参会。

【2018 国际区块链大会】 11 月 28—30 日，2018 国际区块链大会在湖南省长沙市国际会展中心举办。大会由学会、长沙市人民政府、中国电子信息产业集团有限公司主办，学会区块链分会、长沙经济技术开发区、中电会展与信息传播有限公司承办。大会以“集智　链新　赋能”为主题，由主论坛、专题论坛及展览等组成。11 月 29 日，举行开幕式及主论坛。论坛分别由长沙市政府副市长李晓宏，国家特聘专家（千人计划）、可信计算重点实验室学术委员会副主任韩永飞，上海证券交易所前总工程师、中科院博导白硕主持。大会聚焦区块链技术探索与应用话题，围绕战略布局、政策导向、前沿探索、市场风向、应用实践等内容展开交流与研讨。十二届全国政协副主席、国家电子政务专家委员会主任王钦敏，美国工程院院士 C. Mohan，挪威工程院院士、挪威斯塔万格大学教授 Chunming Rong，加拿大皇家科学院院士 Sherman Shen，湖南省政府副省长陈飞，湖南省政协副主席胡旭晟，亿达集团董事局主席、第十二届全国政协常委孙荫环，学会副理事长兼秘书长、全国政协委员、中国科协常委、中国致公党中央常委徐晓兰，清华大学教授、学会区块链分会副主任委员尹浩，深圳市迅雷网络技术有限公司首席执行官陈磊，Hedera Hashgraph 亚太区总裁 Edgar Seah，iExec 全球首席创新官、企业以太坊联盟主席 Jean-Charles Cabelguen，腾讯区块链业务总经理蔡弋戈等领导、全球区块链领域专家及企业代表参会。

【中国电子学会第十次全国会员代表大会】 12 月 18 日，中国电子学会第十次全国会员代表大会在北京召开。工业和信息化部党组书记、部长苗圩，中国科协党组书记、常务副主席、书记处第一书记、第九届理事会理事长怀进鹏，国家民政部党组成员、副部长詹成付，工业和信息化部党组成员、总工程师张峰，中国科协党组成员、书记处书记宋军及学会十大主席团成员参会。大会选举学会第十届理事会。张峰当选学会第十届理事会理事长。

（撰稿人：段　续）

中国计算机学会

服务创新型国家和社会建设　学会全年举办计算机软件能力认证（CSP）3 次，来自 200 余所高校 25081 人报名。全国 122 所高校建立认证点。CSP 认证成绩受到清华大学等 80 所高校计算机专业的多种方式认同，如将 CSP 认证成绩作为考研复试成绩、计入创新学分、评定奖学金、纳入教学计划等。在未来计算机教育峰会期间，表彰在 CSP 工作中表现突出的单位。选拔 CSP 认证成绩优秀者参加 2018 年全国 CCSP 竞赛，来自全国 62 所高校的教练员及 474 名选手参加竞赛和颁奖会。

截至 2018 年年底，举办学科前沿讲习班（The CCF Advanced Disciplines Lectures，ADL）97 期，约 1.5 万人次参加。全年组织活动 10 期，主题既有大数据环境下内存存储与内存计算、量子计算、群智协同计算等最新研究方向，也有计算机视觉、人工智能与机器人前沿技术、网络遇见人工智能等热点话题。

学会能力提升计划　学会获中国科协学会创新和服务能力提升工程项目经费支持。

培育中国计算机大会（China National Computer Congress，CNCC）、学科前沿讲习班（ADL）、青年科技论坛（YOCSEF）、计算机课程导教班等品牌学术活动。提升《中国计算机学会通讯》（CCCF）和学科发展报告的质量，办好 4 本新创英文电子学报。

撰写发布 CCF 学术道德和行为规范，建立学术诚信档案。

撰写出版《2017—2018 中国计算机科学技术发展报告》，收录形式化方法的研究进展与趋势、大图数据管理与分析技术、知识图谱的系统工程观等发展研究报告 10 个。

发布《计算机科学与技术专业培养方案编制指南》，在全国范围内选择 10 个试点专业进行试点，完成对10个试点专业培养方案的首轮工作组入校交流工作。

在学会平台上，CCF-绿盟鲲鹏基金和CCF-腾讯犀牛鸟基金发布企业需求，通过课题招标、高校承接企业需求等方式开展校企合作。与滴滴出行共建大数据联合实验室，针对智慧出行领域前沿技术展开交流。

遴选培训新增专家43人，完成见习7人。举办培训及研讨活动5次，专家170余人次、近320人次专业负责人参加活动，完成专业现场考查39个。组织编写《计算机类专业工程教育认证工作分规划》《计算机类专业委员会工程教育认证现场考查专家工作评价办法》，修订《计算机专业工程教育认证专家认证纪律》《计算机专业委员会关于被认证专业的规定》。

学会建设 学会召开常务理事会议2次、常务理事会执委会会议2次、理事大会1次和工作机构会议若干次。理事大会审议通过《CCF秘书长选举聘任条例》。常务理事会审议通过关于2019年换届选举相关事项。

开展常务理事参加专委会学术年会活动，对专委会活动进行调研和数据采集。12月，组织专委会秘书长培训会和主任研讨会。按照专委会服务会员人数拨付工作经费。

组织区块链技术与工程实践研讨会、大数据在新零售上的应用、大数据时代背景下数字内容生产行业的技术变迁研讨会等研讨会9场。

青年人才托举工程 10月26日，学会举行青年人才托举计划终评会议，评出推荐到中国科协青年人才托举工程（2018—2020年度）入选者3人，分别是中国科学院计算技术研究所陈晓明、清华大学姜宇、南京理工大学张姗姗；评出CCF青年人才发展计划入选者3人，分别是清华大学甘霖、南京航空航天大学刘哲、南京大学蒋炎岩。

主办期刊 《计算机科学技术学报》（*Journal of Computer Science and Technology*，JCST）被SCIE、EI、DBLP等国际检索系统收录。

《计算机学报》被EI、CSCD、Scopus、Inspec、美国数学评论等国际检索系统收录。中国科学技术信息研究所2018年公布数据显示，《计算机学报》影响因子在计算机科学技术类期刊中排名第1。入选中国科协中文科技期刊精品建设工程，被中国科学技术信息研究所评为中国精品科技期刊、百种中国杰出学术期刊，被CNKI评为中国国际影响力优秀学术期刊。

《软件学报》2018年获中国科协中文科技期刊精品建设计划支持项目、中国科学院科学出版基金科技期刊择优支持项目和国家自然科学基金应急管理项目资助，获评百种中国杰出学术期刊、中国最具国际影响力学术期刊。

《计算机辅助设计与图形学学报》被CJCR、CNKI、CSCD、维普、EI、俄罗斯文摘、Scopus等多家国内外检索机构收录。

《计算机研究与发展》是中国科学院计算技术研究所和中国计算机学会联合主办的学术性期刊，被美国工程索引（EI）、日本科学文献速报、俄罗斯文摘杂志等国际检索系统收录，获评百种中国杰出学术期刊。

学科发展研究 学会组织多领域专家编纂完成《2017—2018中国计算机科学技术发展报告》（以下简称《发展报告》）。10月，《发展报告》由机械工业出版社出版，电子版发布在学会网站数字图书馆出版物栏目。《发展报告》分10个章节，分别介绍形式化方法、大图数据管理与分析技术、AI与系统软件的深度融合研究、知识图谱的系统工程观、生成对抗网络的研究、CAD/CAE高精度仿真分析中的关键几何计算理论与方法、记忆驱动的媒体学习与创意、面向智慧化技术研究、面向云端融合的分布式计算技术研究、自主可控抗恶劣环境计算技术及应用的研究10个方向的研究现状、国内研究进展及发展趋势。

学会计算机术语审定工作委员会完成新词挖掘2.1万条，补充及优化现有术语释义4.5万条，术语共5.6万余条。完成术语审定手机版和网页端多渠道应用系统，完善游客浏览和众包编辑、审核和激励流程，基本实现三级火箭众包阶段目标。与OpenBASE合作推广术语。截至2018年年底，总用户数300余人，月活跃用户约20人。

国际学术会议 5月11—13日，学会主办的CCF 2018 International Conference on Service Science（CCF ICSS 2018）在上海市召开。来自国内外多所高校及科研单位208名学者和师生参加会议。

8月9—10日，第一届中国计算机学会国际人工智能会议（CCF-ICAI 2018）在山东省济南市召开。来自国内外多所高校及科研单位770余名学者和师生参加会议。

9月16日，第十届亚太网构软件研讨会会议（Internetware 2018）在北京召开。来自国内外多所高校及科研单位150余名学者和师生参加会议。

10月22—24日，第十八届中国虚拟现实大会暨虚拟现实与可视化国际会议（ChinaVR & ICVRV 2018）在山东省青岛市召开。来自国内外多所高校及科研单位500余名学者和师生参加会议。

11月9—11日，第十二届中国计算机图形学大会（Chinagraph 2018）在广东省广州市召开。来自国内外多所高校及科研单位300余名学者和师生参加会议。

国内主要学术会议 学会及下属专业委员会共组织学术会议51个，参加人数约1.8万人次。

青年计算机科技论坛总部和分论坛全年开展活动近200场，包括总部组织报告会和论坛25场。

5月25日，2018 CCF青年精英大会在北京召开。大会以"责任·激情·制度"为主题。来自学术界、产业界、投资界的近50名特邀嘉宾共近600名计算机领域人士参会。

科普活动 5月21—27日，学会组织山西省吕梁市优秀教师到北京参加为期7天的观摩学习与交流活动。来自吕梁市兴县、岚县的21名优秀教师观摩北京第八十中学及分校、人大附中、北京十一学校，参观游览中国科技馆、毛主席纪念堂、奥运场馆、故宫、长城等科技和人文景观。9月15日，学会吕梁教育扶贫团赴吕梁市兴县、岚县进行调研和支教活动。25名支教团成员分2组走访数所中小学，为学生上励志课与计算机科普课。与当地教育局领导、校长、教师进行座谈，探讨如何在当地开展教育扶贫工作。向学校和学生捐赠文具，向贫困家庭的留守儿童捐赠助学金。

组织信息学奥林匹克冬令营、中国队选拔赛、亚太信息学奥林匹克中国赛区比赛、全国青少年信息学奥林匹克竞赛及信息学奥林匹克联赛等竞赛。来自31个省、自治区、直辖市（含香港、澳门特别行政区）的14万余名选手参加活动。组织选拔的信息学中国代表队参加第30届国际信息学奥林匹克竞赛，中国队4名选手取得4金成绩。在竞赛发展基础上，推动计算机科学知识（编程）在中学生中的普及。组织13期中小学教师培训，1000余名教师参加。

表彰举荐优秀科技工作者 学会授予中国工程院院士何新贵和中国科学院院士周巢尘2018年度CCF终身成就奖，授予国防科技大学教授王怀民和中国科学院计算技术研究所研究员胡伟武王选奖，授予航天工程大学教授李晓梅和西北民族大学教授于洪志夏培肃奖，授予香港中文大学计算机科学暨工程学系教授吕荣聪和伊利诺理工大学计算机科学系杰出教授孙贤和海外杰出贡献奖，授予IEEE CS前主席、乔治华盛顿大学荣誉退休教授David Alan Grier和北京大学教授肖建国杰出贡献奖，授予清华大学教授杨士强杰出教育奖。青年科学家奖由学会与IEEE CS联合评审与颁发，中国科学院计算技术研究所研究员范东睿、北京大学副教授刘譞哲、清华大学副教授崔鹏获奖。授予广州科韵大数据技术有限公司创始人臧根林卓越服务奖，授予南京大学蒋炎岩、哈尔滨工业大学苗东菁、东北大学王志刚、清华大学易鑫、上海交通大学郑臻哲优秀博士学位论文奖，授予科大讯飞股份有限公司AI研究院常务副院长刘聪和英特尔亚太研发有限公司高级工程师吴峰光CCF杰出工程师奖，授予研祥高科技控股集团董事长陈志列CCF企业家奖。

中国科学院西安光学精密机械研究所、西北工业大学、浙江大学共同完成的"高维数据的低维流形表达与学习"项目获2018 CCF科学技术奖自然科学一等奖；清华大学、香港科技大学共同完成的"非结构化数据可视分析理论与方法"和中国科学院大学、香港中文大学（深圳）、北京航空航天大学共同完成的"生物仿生特征及费舍尔向量理论和方法研究"及湖南大学、国防科技大学、上海交通大学共同完成的"基于超算的精准医学技术研究"获自然科学二等奖。北京大学、中国科学院数学与系统科学研究院、东软集团股份有限公司共同完成的"基于知件的知识获取和知识服务关键技术与应用"和中国科学院计算技术研究所"三维人体运动建模关键技术及应用"获2018 CCF科学技术奖技术发明一等奖；华南理工大学"数据库系统中的个性化服务"项目获技术发明二等奖。北京字节跳动科技有限公司"端上智能计算机视觉算法平台"项目、北京奇虎科技有限公司"360安全大脑——分布式智能生态安全系统"项目获2018 CCF科学技术奖科技进步卓越奖；北京京东尚科信息技术有限公司"基于物联网和大数据的新一代智能零售终端"项目、北京奇艺世纪科技有限公司"基于人工智能的爱创媒资系统"项目、腾讯科技（深圳）有限公司"TAPD——基于SaaS云服务的敏捷研发协作平台"项目、杭州安恒信息技术股份有限公司"面向电子银行的Web漏洞扫描系统"项目获科技进步杰出奖。

评出优秀大学生奖72人，全额资助获奖者参加2018年中国计算机大会。

党建强会 学会党委参与中国科协组织的"展风采，树楷模"全国学会优秀党员科技工作者先进事迹宣传活动。经学会工委和地方分部推荐，CCF 女工委主任卢宇彤和无锡分部推荐的国家超级计算无锡中心研究科学家薛巍，在中国科协“展风采，树楷模”全国学会优秀党员科技工作者先进事迹活动网站进行宣传。

在每次理事会和常务理事会之前，党委书记召开党委会，讨论学会发展方向性工作。

7月1日，与 CCF 无锡分部、苏州大学计算机学院近 60 名党员到新四军革命根据地沙家浜，开展“重温誓词，不忘初心，牢记使命”主题党日活动。全体党员在党旗下重温入党誓词，与沙家浜党组织进行座谈。

号召各地方分部、专委等机构，借助召开学术会议等机会，利用各地红色教育基地等资源开展活动，将活动信息报学会秘书处宣传，有特色创意的活动报中国科协科技社团党委。

会员服务 学会完成网站改版和会议系统改版，建立 CCF 在线 APP，购买 IEEE CS 的计算机专业杂志中文版赠送会员阅读。通过会员满意度调查、周年纪念品、效率手册、学术活动通知等方式提升会员满意度。全年组织走进高校社会公益讲座近百场，提供在线学术视频 500 余小时。向全体会员发送年度财务决算和预算，并接受质询。完成高级会员和杰出会员评选各 1 次。新成立江西省南昌市会员活动中心和 5 个学生分会。截至 2018 年年底，有会员活动中心 30 个、学生分会 44 个。活动中心和学生分会组织各类学术活动 200 余场。

全年新发展会员 2 万余人，截至 2018 年年底，会员总数 5.5 万余人。

【2018 中国计算机大会】 10 月 25—27 日，2018 中国计算机大会（CNCC 2018）在浙江省杭州国际博览中心举行。会议主题是“大数据推动数字经济（Big Data Drives the Digital Economy）”。

中国工程院院士、学会理事长高文出席大会。美国电子与电气工程师协会计算机学会（IEEE-CS）、美国计算机学会（ACM）、日本信息处理学会（IPSJ）、韩国信息科学学会（KIISE）等国际组织代表参加会议并在大会开幕式致辞。大会开幕式由学会秘书长杜子德主持，中国科学院院士、大会主席梅宏，杭州市委常委、萧山区委书记佟桂莉分别致辞。新华社、《中国青年报》《科技日报》《中国科学报》、知识分子、量子位、雷锋网等媒体对大会进行报道，爱奇艺进行现场直播。来自近 1100 家企事业单位 7000 余名专业人士参会，2 万余人次在线参会。大会得到字节跳动、阿里巴巴、滴滴、中科睿芯、英伟达等企业赞助。

大会邀请 15 名国内外专家作特邀报告。2004 年图灵奖获得者、TCP/IP 协议合作发明者 Robert Kahn 作题为 Digital Objects and the Internet 的报告；学会名誉理事长、学会会士、中国工程院院士李国杰作题为“发展数字经济值得深思的几个问题”的报告；学会副理事长、学会会士、南京大学校长、中国科学院院士吕建作题为“软件新技术发展之道初探”的报告；东软集团股份有限公司董事长兼首席执行官刘积仁作题为“当我们谈大数据”的报告。

大会举办 3 场论坛。第 1 场大会论坛以“CPU 及 xPU 芯片未来之路”为主题，由学会会士、华中科技大学教授金海主持，孙贤和、黄畅、陈云霁、范东睿作特邀嘉宾。第 2 场大会论坛围绕“软件工程五十周年：路在何方？”展开，由美国伊利诺伊大学香槟分校计算机科学系教授谢涛主持，吕荣聪、李宣东、金芝、苏振东、张冬梅、潘爱民作特邀嘉宾。第 3 场大会论坛题目为“共享经济未来走向”，由学会副秘书长、360 集团技术总裁、首席安全官谭晓生主持，王连涛、胡钢、刘二海、黄步添作论坛嘉宾。

10 月 25—27 日的下午，围绕人工智能（AI）、智慧城市、类脑计算、深度学习、云计算、大数据等计算机领域尖端话题举办论坛 60 余场。举办包括犀牛鸟精英研究生论坛、女性精英论坛、CCF 优秀大学生奖互动讲座和颁奖会、CCSP 颁奖会、英伟达公司组织的深度学习零基础入门、CNCC 网络攻防演练秀、CCF 颁奖晚宴等特色活动 20 余场。

举办 CCF- 腾讯犀牛鸟基金及 CCF- 启明星辰鸿雁基金答辩及交流会、CCF- 滴滴大数据联合实验室学术研讨会 CCSP 颁奖会等。揭晓 CCF 王选奖、海外杰出贡献奖、科学技术奖、CCF-IEEE CS 青年科学家奖。

学会资助 28 个省、自治区、直辖市的 128 所高校 208 名师生参会。

【YOCSEF 二十周年庆典】 5 月 25—26 日，CCF YOCSEF 二十周年庆典暨 2018 青年精英大会在北京辽宁大厦举办。会议邀请 20 年来历任 YOCSEF 主席和荣誉委员等作为嘉宾。颁发 YOCSEF 年度奖和 YOCSEF 二十周年奖励等奖项。李国杰、高文、方兴东等 10 名专家获 YOCSEF 二十周年杰出演讲者称号；中国信息领域研究应走向何方、从 SCI 反思中国的学术评价机制、从屠呦呦获诺奖看中国科研评价机制等10个论坛获YOCSEF二十周年最具影响力论坛奖；YOCSEF第一届第二任主席、第二届主席谭铁牛，第三届主席李明树，第六届主席胡事民获YOCSEF二十周年最佳推动力主席奖；侯紫峰、孟小峰、史元春等8名YOCSEF荣誉委员获YOCSEF二十周年最佳荣誉委员奖；联想、和佳软件、西普教育等企业获YOCSEF二十周年优秀合作伙伴奖；《中国青年报》《中国科学报》等媒体及谢湘、李新玲、计红梅、刘路沙等媒体从业者获YOCSEF二十周年最佳报道奖；上海市、广州市、杭州市、哈尔滨市分论坛获YOCSEF二十周年优秀分论坛奖；赵明理、臧根林、祝烈煌等5名委员获YOCSEF二十周年吕梁教育扶贫贡献奖。

【计算机博物馆建设签约仪式】 8月22日，学会和浙江省杭州市萧山区政府在杭州国际博览中心举行计算机博物馆建设签约仪式。计算机博物馆选址为杭州市萧山区钱江世纪城。学会理事长高文、秘书长杜子德、会士陈纯及部分常务理事、理事，杭州市委常委、副市长刘德生及萧山区领导参加签约仪式。学会秘书长杜子德、杭州市萧山区区委常委、常务副区长顾春晓分别代表各自单位在协议上签字。学会经考察确定将业务总部和学术交流中心落户苏州市相城区，预计2019年年初签署协议。

（撰稿人：王新霞）

中国通信学会

服务创新型国家和社会建设 学会开展“国家级远程医疗服务平台的技术研发与应用”“APT攻击检测关键技术研究与应用”“面向云网协同的随选系统及规模应用”“网络空间IP地址测绘平台关键技术及应用”等10项科技成果的评审鉴定工作。

初步建立团体标准工作体系，起草《中国通信学会标准化工作管理办法》等6个系列标准化管理文件，完成《北斗移动通信终端定位技术要求及测试方法》和《物联信息产品云端测试标准》2项团体标准的项目建议书。

受工信部委托，承担并完成工信部工程系列科技管理专业副高级职称评审工作，评选出具备副高级职称资格的人选11人。

学会建设 按照中国科协和工信部工作部署，制定《中国通信学会事业发展规划（2018—2025年）》，明确学会事业发展的指导思想和基本原则，阐明学会的发展定位和发展目标，统筹布局重点工作任务。

先后组织召开常务理事会议、理事会议、全国会员代表大会二次会议，审议通过《分支机构工作条例》《中国通信学会章程》《中国通信学会事业发展规划（2018—2025年）》，完善组织，增补理事，调整机制。组建云计算和大数据应用委员会、经济与管理创新委员会、天线与射频技术委员会3个分支机构，完成通信电源、卫星通信等7个分支机构的换届改选工作。

截至2018年12月，完成全国个人会员5万余人摸底清查工作，全年发展个人会员6400余人。

完成以官网升级、会员管理系统等为主要内容的学会信息化项目，运行办公自动化（Office Automation，OA）系统。

学会治理结构和治理方式改革 健全个人会员和团体会员入会申请注册机制，优化会员结构，发展学生会员。鼓励团体会员中的科技工作者以个人会员身份加入学会。

修订并下发执行各类制度30项，加强学会秘书处实体化、规范化、职业化。通过挂职借调方式，接收借调干部2人、挂职干部3人。通过公开招聘、社会招聘方式，接收应届毕业生2人、军转干部1人、社招人员3人。

6月27日、9月18日，先后组织东部、中西部省区和地方工作座谈会，共有28家省级通信学会负责人参会。

青年人才托举工程 举办第二届托举培养中期汇报会。4月22日，召开第三届青年人才托举工程启动会，确定北京邮电大学李斌、上海交通大学吴泳澎为托举对象。组织吴泳澎参加中国科协在陕西省延安市举办的青年科技领军人才国情研修班。

学会第四届项目的自筹部分得到中国科协支持，获2个在学会免答辩名额和5个学会自筹名额。通过提名、两轮评审，从23名人选中，选出青托对象人选7人。

主办期刊 《中国通信》（英文版）发行1000册，SCI影响因子首次超过1.0，从2017年的0.903提升至2018年的1.514。

《通信学报》发行2000册，入选中文科技期刊精品建设计划的“学术创新引领项目”。

《电信科学》发行2000册，再次入选中国科技核心期刊，核心影响因子由2017年的0.289提升至0.610，在17个同类期刊中排名第5。与中国知网合作，确定“网络首发”的优先出版方式。受邀被EBSCO学术数据库收录。

7月，正式创刊全国第一本针对7—18岁青少年的原创机器人科普杂志——《爱上机器人》，发行7500册，推出国内首本原创套件书《爱上机器人plus1：机械狂潮》。

《中国电信业》发行6500册，围绕“《国际电信规则》（ITR）审议与修订”“人工智能”“共享汽车”“网络扶贫”等行业热点组织稿件。

学科发展研究　6月22日，学会与工信部信息通信经济专家委员会（ECICE）首次在北京联合举办2018年夏季学术沙龙活动。活动研讨“平台的经济社会角色”和“科学的平台治理模式”2个主题。原信息产业部部长吴基传、工信部信息通信发展司司长闻库等参加沙龙会议。

10月29日，以“构筑5G生态，释放发展动能”为主题的秋季学术沙龙活动在北京举行。秋季沙龙由专题调研和学术研讨组成，来自工信部信息通信发展司，北京市、广东省等地通信行业管理机构，学会及国务院发展研究中心、国务院国资委研究中心、北京大学、清华大学、北京邮电大学、西安邮电大学等研究咨询机构，中国电信、中国移动、中国联通、腾讯、华为等代表性企业，新华网、《人民邮电》等媒体机构的领导、专家共同参与现场调研和沙龙会议活动。

12月26日，以“期盼5G高质量发展，自主创新助力强国之路”为主题的冬季沙龙在北京召开。此次沙龙首次采用辩论赛形式，辩证探讨实现强国之路的两大路径“自主创新”与“开放合作”的关系。ECICE名誉理事长吴基传，工信部党组成员、总工程师张峰，ECICE理事长、中国信息通信研究院院长刘多，工信部信息通信发展司副司长陈立东，ECICE副理事长、学会秘书长张延川等参加会议并发表讲话，来自政府、企业、高校、行业机构的40余名专家、学者参加研讨。

撰写通信行业科技前沿报告12篇。从中选出《5G通信建设工程技术前沿报告》《车联网技术、标准与产业发展态势前沿报告》《通信集成电路系列前沿报告》《信息通信服务业发展前沿报告》4篇，印刷3000册，在中国信息通信大会上发布，同时上传至官网和微信公众号供科技工作者下载，下载量近2000次。

受工信部委托，编辑出版《中国通信年鉴》（2018卷），总发行量5000册。

决策咨询　围绕信息通信产业创新和变革关键领域，依托各专业委员会，在制造、网络、信息技术等重大创新前沿领域建立智库政府专报工作体系，形成专报常态化报送机制。1篇专报获省部级领导批示。

承担并完成中国科协2018年度学术交流重点项目，组织中国工程院院士方滨兴领衔的院士专家团队，完成“浙江打造网络安全产业高地的对策研究”调研课题及“中国科学技术协会数据资产管理研究”课题。

承接中国科协科技民生报告项目。该项目聘请中国工程院院士邬江兴作为首席专家，学会普及与教育工作委员会副主任委员杨义先担任主编。依托科学传播专家团队及网络安全领域的专家、学者组成编委会及编写组，组织开展前期调研、框架研讨、素材收集、撰写修订、专家评审等工作。完成项目工作，项目成果成为“科技民生报告丛书”的组成部分。

国际学术会议　举办中国国际通信大会、中国卫星应用大会、亚太通信大会等国际学术活动5次，参与人数近3000人次，提交学术交流论文600余篇。

5月11日，第二届全球未来网络发展峰会在江苏省南京市江宁区召开，学会承办未来网络学术发展与产业进展论坛。论坛讨论未来网络体系及关键技术、安全、频谱、网络智能、未来网络基础设施及未来网络产业等内容。中国工程院院刊《信息与电子工程前沿》（英文版）（FITEE）总编辑张月红、明尼苏达大学（University of Minnesota）教授Zhili Zhang、清华大学网络技术研究所副所长崔勇、卡尔顿大学（Carleton University）终身教授F. Richard Yu、美国佛罗里达国际大学副教授Jason Liu等专家分别作报告。产学研用各界参会人员达300人。

8月16—18日，由学会主办的中国国际通信大会（ICCC 2018）在北京召开。大会以“Ubiquitous Network，Intelligence，and Society（万物智联新时代）”为主题，内容涵盖5G、物联网、空天一体化通信、人工智能等领域。大会邀请6名中外籍院士、近20名国际电气与电子工程师学会会士（IEEE Fellow）。大会共有主题报告7个，是历届ICCC数量最多的一次。中国工程院院士邬贺铨、加拿大工程院院士庄卫华、澳大利亚工程院院士Abbas Jamalipour、中国台湾交通大学教授张涛、美国国家仪器公司SDR和无线研究中心主任 James Kimery、新加坡信息通信研究院 Sumei Sun 教授担任报告人。大会共有专题研讨会 10 个、研讨会 7 个、专题讲座 7 个、特邀报告 7 个和工业与学术专题研讨会 1 个，近 300 人参加。大会共收到论文投稿 479 篇，录用出版 233 篇，参与会议组织和论文审稿工作的国内外专家达 350 余人。

10 月 24—26 日，由学会主办的中国卫星应用大会在北京新世纪饭店召开。大会主题为“迈向商业航天时代的卫星应用之路”。大会主论坛由原总参谋部通讯部副部长杨千里主持，中国工程院院士胡光镇、范本尧、周志成，中国科学院院士陆建华参加主论坛。大会同期举办中国国际卫星应用技术与设备展览会，展览面积 1500 平方米，共有 110 余家中外企业、卫星运营商、VSAT 运营商、卫星制造商、业务系统集成商等展示最新卫星设备、应用系统和科技成果。

11 月 12—14 日，由学会与日本电子信息与通信工程师协会（IEICE）、韩国通信与信息科学研究所（KICS）等单位联合主办的第 24 届亚太国际通信大会（APCC 2018）在浙江省宁波市宁波大学举办。大会主题为“IoT for Smart City：Green and Sustainability（物联网与绿色、可持续的智慧城市）”，内容涵盖 5G、物联网、空天一体化通信、人工智能等领域。大会邀请中外籍院士 4 人、IEEE Fellow6 人。大会共有大会报告 9 个，分别由南京邮电大学校长杨震、日本东北大学教授 Fumiyuki Adachi、加拿大滑铁卢大学教授沈学民、加拿大皇家科学院和工程院两院院士吴柯、南京邮电大学教授 Hikmet Sari（IEEE Fellow）、美国弗吉尼亚理工大学教授 Thomas Hou（IEEE Fellow）、美国特拉华大学教授 Xiang-Gen Xia（IEEE Fellow）、浙江大学教授张朝阳、南京航空航天大学教授吴启辉担任报告人。大会邀请多名青年科学家在分论坛等环节作报告。此次会议共有专题会议 4 个、讨论会 2 个、演示分区 6 个。由学会推荐的上海科技大学教授杨旸当选 2019—2020 APCC 指导委员会主席，学会副秘书长宋彤继续任指导委员会委员。

国内主要学术会议 建立旗舰会议、品牌会议、核心会议、专题会议、高端沙龙为主体的学术会议结构，组织国内学术交流研讨活动 50 余场，参会人数 2 万余人次。

5 月 25 日，中国国际大数据产业博览会新一代人工智能前沿技术高峰论坛在贵州省贵阳市举办。论坛以“壮大智能产业　培育智能经济”为主题，研讨全球新一代人工智能的最新动态和发展方向及新一代人工智能的前沿技术等议题。

8 月 14—15 日，2018 可信云大会在北京国际会议中心召开。大会旨在建立云计算信任体系，规范云计算行业，提升产业技术和服务水平。工信部、中国银行保险监督管理委员会、中国保险学会、中国信息通信研究院相关负责人，数百名公司高管和行业专家，云计算产业界从业人员 1000 余人参加会议。

国际交往 学会与国际电信联盟（International Telecommunication Union，ITU）等国际组织建立合作关系，深化与 IEEE 下属通信学会（ComSoc）、日本通信学会、韩国通信学会的合作，与德国中小企业联合会等开展务实合作，探索“一带一路”科技人文交流合作渠道和机制。

9 月 5 日，学会秘书长张延川在北京会见德国中小企业联合会中国区负责人、中德文化基金会董事长汪文海和德国中小企业联合会德国北部和东部大区主管延斯·君特。会上，学会分别与德国中小企业联合会、中德文化基金会签署战略合作备忘录。三方将在 ICT 领域，包括标准化、技术学术、政策法规等方面展开合作与交流，建立年度互访机制，互相支持各方的重要活动等。

11 月 12 日，第 24 届亚太国际通信大会期间，学会秘书长张延川会见韩国通信学会名誉会长 Daehyoung Hong，签署合作谅解备忘录。未来 3 年，双方会员将互享对方权益，包括期刊、会议、活动等。

科普活动 举办学会科普品牌活动 4 项，覆盖 20 余个省份和地区，受众约 5.8 万人次。

5 月 17 日，在北京举办 2018 世界电信和信息社会日大会。同时组织“世界电信和信息社会日系列活动”，举办共 20 余场次的科学传播活动，线下传播覆盖 6000 人次。

承办全国科普日北京主场未来通信展，重点展示 5G 商用在行业融合中的典型应用，观众累计达 3000 余人次。

组织“中国通信学会全国科普日联合行动”，覆盖 13 个省、自治区，受众人数约 4.9 万人次。

承办中国科协世界公众科学素质促进大会“互联网+助力科学普及”主题论坛。

表彰举荐优秀科技工作者 评出中国通信学会科学技术奖等奖项获奖人 60 余人。开展中国青年女科学家奖和未来女科学家计划候选人、优秀科技工作者代表推荐工作，共推选 8 人次。

开展 2018 年度中国通信学会科学技术奖评选工作，共征集科技成果项目 118 项，其中，自然科学类 11 项、技术发明类 8 项、科学技术进步类 99 项。终评设立评审委员会，由中国工程院院士邬贺铨担任主任委员，产生一等奖 12 项、二等奖 12 项、三等奖 24 项。遴选 6 项获学会科学技术奖项目，经工信部推荐，参加 2018 年度国家科技奖励评选。由中国科学院半导体所研究员祝宁华等完成的“集成化宽频带光发射器件与模块”项目获国家技术发明奖二等奖。由北京邮电大学教授彭木根等完成的“热点区域高容量无线网络的协同自组织技术及应用”，经教育部推荐，获国家技术发明奖二等奖。

党建强会 学会在分支机构建立党的工作小组 15 个，制定《中国通信学会分支机构党组织工作规则》等相关规定，推进“两个全覆盖”工作。

5 月 10 日，获批承担中国科协 2018 年度“党建强会计划”项目。参加创建星级学会党组织试点工作；11 月 30 日，获评八星级党组织。

会员服务 编制全国学会通信录，建立微信群，依托信息化建设项目，上线运行会员管理信息系统。

全年向会员和单位会员寄送科技期刊 3 种共 12000 余册，组织会员和会员单位科技工作者参加学术交流研讨。

经学会推荐，北京邮电大学教授张平作为优秀科技工作者代表，参加 5 月 30 日在人民大会堂召开的“纪念改革开放 40 周年、中国科学技术协会成立 60 周年暨百名科学家、百名基层科技工作者座谈会”。

【中国信息通信大会暨 2018 年中国通信学会学术年会】 12 月 14—16 日，由工信部、中国科协、四川省人民政府指导，学会与成都市人民政府、四川省经济和信息化厅、四川省通信管理局、四川省科协主办的 2018 中国信息通信大会在四川省成都市举行。大会主题为“推动数字经济发展　助力网络强国建设”。工信部相关司局、四川省直属相关部门、各市（州）经信委负责人，70 余家高校和行业协会组织及 500 余家行业企业的专家、学者，媒体工作者等共 9000 余人参会。大会收集论文 300 篇。

12 月 15 日，工信部副部长、学会理事长陈肇雄主持大会开幕式暨院士主题报告会并致辞。

大会分为“首届互联网体系结构与技术大会”和“2018 中国信息通信大会开幕式暨院士主题报告会（中国通信学会学术年会）”2 场主题大会，及 25 场以专题会议、内部会议等形式呈现的分项活动，覆盖信息通信前沿技术、产业应用、经济与管理等领域，具体包括 5G 天线与射频技术、5G 时代的数据安全、信息消费展望、互联网体系结构与技术、云“VR+”、数字时代的企业竞争力、SD-WAN 技术标准、区块链、集成电路技术、新型智慧城市等内容。

【2018 年世界电信和信息社会日大会】 5 月 17 日，2018 年世界电信和信息社会日大会在北京召开。大会由工信部指导，学会与中国人工智能产业发展联盟共同主办，中国电信、中国移动、中国联通、中国铁塔、中国通信企业协会协办。大会主题是“推动人工智能（AI）的正当使用，造福人类（Enabling the Positive Use of Artificial Inteligence for All）”。来自国务院相关部委信息中心、工信部相关司局、电信运营企业、信息通信设备及智能终端制造企业、互联网公司、相关高校和科研院所的 500 余名专家、学者参加大会。工信部党组成员、总工程师张峰参加会议并讲话。

各省、自治区、直辖市电信主管部门和通信学会也在 2018 年世界电信和信息社会日期间举办宣传纪念活动。

【2018 网络扶贫典型案例交流会】 10 月 25 日，由工信部和四川省人民政府指导，学会联合四川省经济和信息化委员会、四川省通信管理局等单位共同主办的 2018 网络扶贫典型案例交流会在四川省凉山彝族自治州西昌市举行。交流会邀请工信部、四川省通信管理局、四川省信息化工作办公室、中国信息通信院相关负责人，及在网络扶贫领域做出重要贡献的单位、企业和专家参加会议。现场发布网络扶贫优秀论文和网络扶贫最佳实践案例评选结果，围绕网络扶贫典型案例展开分享交流。工信部信息通信发展司司长闻库、四川省通信管理局局长邢海英参加会议并致辞。会上，学会发布获奖论文 71 篇和获奖案例 42 个，并颁发获奖证书。

（撰稿人：贺成文）

中国中文信息学会

学会建设 6 月，学会网络空间大搜索专业委员会成立，并在广东省广州市举行第一次全体委员会议。会议旨在为中国的网络空间大搜索发展提供一个学术交流探索平台。

7月，学会大数据安全与隐私保护专业委员会成立，并在陕西省西安市举行第一次全体委员会议。会议旨在促进大数据安全与隐私保护的学术交流与技术进步、推动大数据安全与隐私保护的技术与产业发展。

主办期刊 《中文信息学报》第1期由双月刊改版为月刊，页码142页，每期刊登文章16—18篇，载文量较2017年增加19%。

编辑部完善《中文信息学报》网站的电子化平台建设，强化网站服务、宣传等功能，实现投审稿一体化、所有刊出文章免费下载浏览等功能，增加常见问题、高被引文章、下载排行等栏目。学报与中国知网等学术平台、超星域出版等新兴媒体合作，同时借助期刊微信公众号进行宣传和科技信息传播。

整理200余名专家信息，通过搜索整合关键词，形成审稿专家数据库；组织编辑部全体工作人员参加中国编辑学会主办的2018年第25期全国科技期刊编辑业务培训班，通过业务实践和培训学习，提高编辑业务能力和综合素质。

国际学术会议 6月18—21日，第三届网络空间数据科学国际会议（IEEE DSC 2018）在广东省广州市召开。会议主要面向数据科学、大数据、网络空间中的数据密集型应用等数据科学和大数据研究热点。会议设立深度学习及应用、社交网络及其安全、网络空间安全、表示学习、网络智能、数据安全、流量控制及城市计算、网络数据处理新技术与机遇等主题分会。会议邀请美国伊利诺伊大学芝加哥分校教授、清华－青岛数据科学研究院院长俞士纶，欧洲科学院院士、德国洪堡大学教授Jürgen Kurths，澳大利亚新南威尔士大学教授、国家“千人计划”入选者林学民等专家作主题发言。约300人参加会议。

9月14—17日，第四届国际信息检索理论学术会议（ACM SIGIR）在天津市举行。约150人参加会议。会议提供信息检索领域交流平台，旨在介绍和讨论与信息检索理论基础有关的研究工作。

10月14—15日，第十八届中日自然语言处理联合推进会议（CJNLP 2018）在广西壮族自治区桂林市召开。中日两国自然语言处理领域的专家、学者汇报最新的研究进展。中日双方的专家、学者约50人参加会议。

国内主要学术会议 学会及分支机构共举办系列研讨会、学术讲座、报告会、年会、评测竞赛等学术活动约30次，总参会人数5000余人次。

5月4—5日，第十五届自然语言处理青年学者研讨会（YSSNLP 2018）在江苏省南京市召开。研讨会的主题为“关注学科交叉，增进产学交流”。研讨会邀请京东AI研究院常务副院长何晓冬和中国科学院自动化所研究员余山作特邀报告，并设置前沿论坛、NSFC基金项目论坛、产业论坛、新会员论坛4场专题论坛。国内自然语言处理领域的青年学者在自然语言处理领域的前沿技术、不同场景下的应用及目前所面临的机遇与挑战等方面展开讨论。会议采取邀请制，约有120人参会。

7月26—30日，第十三届中国中文信息学会暑期学校暨中国中文信息学会《前沿技术讲习班》（CIPSATT）在北京召开。

7月28日，学会与中国计算机学会合办的第三届语言与智能技术高峰论坛在北京召开。论坛以“语言、认知与智能”为主题，邀请学会理事长方滨兴、伊利诺伊大学香槟分校（UIUC）教授翟成祥、华盛顿大学教授Luke Zettlemoyer、北京大学心理与认知科学学院教授周晓林作特邀报告，就大数据时代人工智能的安全、当前自然语言处理技术研究的最新进展及会话含义理解的神经科学基础等进行剖析，探讨未来发展方向和挑战性问题；论坛举行学术界与企业界圆桌对话，针对观众的提问，共同探讨语言与智能领域的新发展和新技术。

8月3—5日，第七届全国社会媒体处理大会（SMP 2018）在黑龙江省哈尔滨市召开。大会安排讲习班专题4个、大会特邀报告5个、论坛8个、技术评测报告3个和论文报告会2场。会议邀请北京语言大学语言资源高精尖创新中心主任李宇明、新南威尔士大学教授林学民、大连理工大学计算机科学与技术学院教授林鸿飞、北京师范大学新闻传播学院教授张洪忠、德雷克塞尔大学计算与信息学院教授Xiaohua Tony Hu及中央财经大学国际经济与贸易学院副教授李兵作特邀报告。约600人参加会议。

8月14—17日，全国知识图谱与语义计算大会（CCKS 2018）在天津市举行。会议主题为“知识计算与语言理解”。会议包括学术讲习班、特邀报告、顶级会议回顾、工业界论坛、知识图谱评测与竞赛、学术论文及演示等环节，旨在让社会各界了解知识图谱与语义计算的新方向和新趋势，以推动中国语言与知识计算领域的发展。中国科学院院士张钹作题为“知识与人工智能”的特邀报告，介绍知识在未来人工智能发展中的重要性；语义网（Semantic Web）创始人之一 James A. Hendler 作题为 The Semantic Web: Vision, Reality and Revision 的报告；阿里巴巴集团副总裁墙辉在《阿里巴巴生态下的知识引擎》中介绍阿里通用知识图谱、商品知识图谱、客服知识图谱等的构建和应用；罗马大学教授 Roberto Navigli 作题为 What Can You Do with Multilingual Knowledge Graphs? Experiences at Sapienza and Babelscape 的报告。会议收到投稿 155 篇，录用中文论文 14 篇、英文论文 15 篇。800 余人参加会议。

8 月 18—19 日，第七届全国少数民族自然语言处理青年论坛在内蒙古自治区呼和浩特市召开。会议以"大数据时代的民族语言信息处理"为主题，旨在促进国内各民族语言文字信息处理技术的学术研究，加强同行间的学术交流与合作。清华大学教授刘洋、内蒙古大学教授白音门德、复旦大学教授毕玉德、内蒙古大学教授飞龙、内蒙古师范大学计算机与信息工程学院副院长林民分别作特邀报告。约 100 人参加会议。

9 月 27—29 日，学会和中国计算机学会合办的第二十四届全国信息检索学术会议（CCIR 2018）在广西壮族自治区桂林市召开。会议旨在面向人类精准获取信息与知识的需求，推动互联网和 IT 领域的发展，提升行业生产效率，支撑国家战略决策。会议邀请澳大利亚皇家墨尔本理工大学教授 Mark Sanderson、明略数据首席科学家和副总裁吴信东、乔治敦大学副教授 Grace Hui Yang、字节跳动人工智能实验室主任李航、中国人民大学信息学院副教授赵鑫、京东算法专家任昭春作大会特邀报告。会议利用社交媒体进行线上交流，精选部分大会报告进行现场直播。会议收到投稿 220 篇，录用论文 81 篇，其中，中文 59 篇、英文 22 篇。来自全国从事信息检索理论与应用研究的 60 余所高校和科研机构 300 余人参加会议。

10 月 19—21 日，第十七届全国计算语言学学术会议（CCL 2018）在湖南省长沙市召开。会议安排主旨报告 5 个、口头报告 4 个及测评报告 1 个。会议邀请中国工程院院士、清华大学教授戴琼海，百度科学家 Kenneth Ward Church，微软云计算与人工智能事业部全球技术院士黄学东，滴滴出行自然语言处理首席科学家 Kevin Knight，清华大学脑与智能实验室主任王小勤作大会主旨报告。会议收到投稿 277 篇，其中，中文 181 篇、英文 96 篇；录用论文 102 篇，其中，中文 69 篇、英文 33 篇。总体录用率 36.82%，中文论文录用率 38.12%，英文论文录用率 34.38%。来自内地与香港及海外的 700 余名专家、学者参加会议。

10 月 25—26 日，由学会机器翻译专业委员会主办的第十四届全国机器翻译研讨会（CWMT 2018）在福建省厦门市召开。会议关注国内外机器翻译领域的最新进展，探讨机器翻译领域面临的挑战和关键性技术难题。研讨会邀请爱丁堡大学教授 Rico Sennrich 和巴斯克国家大学教授 Eneko Agirre 作大会特邀报告。200 余名专家、学者参加。专委会决定，从 2019 年开始，CWMT（China Workshop on Machine Translation）更名为 CCMT（China Conference on Machine Translation）。

12 月 1—2 日，第四届中国健康信息处理学术会议（CHIP 2018）在广东省深圳市召开。会议邀请谢菲尔德大学信息学院院长 Peter Bath、本古里安大学软件与信息系统工程系教授 Robert Moskovitch、国家卫生与计划生育研究所人类遗传资源中心主任高华方作特邀报告，同时设前沿技术讲习班和青年论坛。来自健康信息处理领域的 150 余名研究人员参加会议。

国际组织任职 2018 年，学会有 5 人在国际组织中任职，其中，在领导层及管理委员会担任职务的有 4 人，分别为国际信息与通信处理联合会 2 人、国际计算语言学协会 2 人；在专委会担任职务的有 1 人。

7 月，国际计算语言学协会亚太地区分会（The Asia-Pacific Chapter of the ACL，AACL）成立。学会副理事长、百度高级副总裁王海峰出任创始主席。

科普活动 全年举办系列学术科普活动 5 期，2500 余人参与活动。

7 月 26—27 日、29—30 日，中国中文信息学会《前沿技术讲习班》（CIPS ATT）第八期和第九期在北京举行。8 月，在黑龙江省哈尔滨市举办第 10 期讲习班，主题为"计算社会学"等；同月，在天津市举办第 11 期讲习班，主题为"知识图谱"。10 月，在湖南省长沙市举办第 12 期讲习班，主题为"强化学习""机器学习"等。

表彰举荐优秀科技工作者 6 月 14 日，《新闻联播》报道由中宣部、科技部和中国科协联合主办的"最美科技工作者"评选结果。学会向中国科协推荐的优秀科技工作者代表中国工程院院士倪光南入选。

11 月 10 日，颁发钱伟长中文信息处理科学技术奖一等奖 3 项、二等奖 1 项。一等奖分别授予中国科学院西安光学精密机械研究所李学龙等、北京信息科技大学张仰森等、中国科学院自动化研究所赵军等，二等奖授予中国民族语文翻译中心何燕龙等。

11 月 10 日，2018 年青年创新奖分别授予清华大学副教授黄民烈、复旦大学副教授邱锡鹏和中国科学院自动化研究所副研究员张家俊。

11 月 10 日，颁发中国中文信息学会优秀博士学位论文奖，获奖人员为复旦大学陈新驰、中国科学院计算技术研究所范意兴、清华大学毛佳昕、北京理工大学魏骁驰和中国科学院自动化研究所王少楠。

党建强会 9 月 6 日，学会党委组织召开党支部换届大会，新一届支部委员会成员分别为支部书记兼纪检委员吴健、组织委员孙航和宣传委员张伟莉。

会员服务 在向会员赠阅《中文信息学报》期刊的基础上，学会继续改革会员资讯类服务手段。借助社交媒体平台宣传学会，完善学会微信公众平台，青年工作委员会和社会媒体专业委员会继续建设微信公众号，及时发布相关学术领域的新闻，宣传学会学术活动。

【中国中文信息学会系列前沿技术讲习班】 7 月 26—27 日、29—30 日，中国中文信息学会《前沿技术讲习班》（CIPS ATT）第八期和第九期在北京举行。讲习班主题分别为深度学习与文本分析、深度学习新进展及其在自然语言处理中的应用。讲习班邀请复旦大学计算机科学技术学院副教授邱锡鹏等 10 名青年学者讲授深度学习理论知识及自然语言处理中的应用。第八期介绍深度学习的基础理论知识和工具实战及深度学习在自然语言处理基础文本分析任务上的前沿动态；第九期介绍深度学习新进展及其在自然语言处理中的应用（如信息检索、对话系统及知识图谱）上的前沿动态。2 期讲习班共吸引约 800 名青年学者参与。

【中国中文信息学会 2018 学术年会暨理事会】 11 月 10—11 日，中国中文信息学会 2018 学术年会暨理事会在北京举行。年会颁发钱伟长中文信息处理科学技术奖一等奖 3 项、二等奖 1 项；青年创新奖 3 项；中国中文信息学会优秀博士学位论文奖 5 项，优秀博士学位论文提名奖 5 项。

年会邀请 4 名国内外专家作学术报告，邀请 6 名领域专家进行主题为“自然语言理解”的专题讨论。爱丁堡大学教授 Mark Steedman 作题为 The Lost Combinator 的报告；北京大学教授袁毓林作题为“怎样利用语言知识资源进行语义理解和常识推理”的报告；浙江大学研究员丁鼐作题为“层级语言结构的认知神经加工”的报告；清华大学教授朱军作题为“不确定和对抗环境下的机器学习”的报告。4 名专家从不同角度阐述自然语言处理和中文信息处理领域的前沿动态及未来趋势，分析计算机、语言、认知等学科的交叉与融合，促进中文信息处理领域的理论创新、技术交流。专家、学者 300 余人参加年会。

11 日，中国中文信息学会第八届理事会第三次全体会议上，学会副理事长兼秘书长孙乐向第八届理事会全体理事作学会 2018 年度工作报告，各学会工委会和专委会主任分别作 2018 年分支机构工作报告。学会理事长方滨兴进行总结发言，在肯定学会工作的同时，明确学会及各分支机构 2019 年的工作方向和思路。

（撰稿人：肖千慧）

中国测绘学会

服务创新型国家和社会建设 学会开展测绘科技进步奖、全国优秀测绘工程奖、优秀地图作品裴秀奖、青年测绘地理信息科技创新人才奖、科技创新型优秀单位奖等奖励评选工作，受理参评项目 1018 项，评出获奖项目 481 项。完成 2018 年测绘地理信息创新产品认定工作，受理申报产品 42 项，认定 2018 年测绘地理信息创新产品 22 项。

向国家奖励办提名“北斗性能提升与广域分米星基增强技术及应用”“国产卫星准实时厘米级精密定轨系统及其重大工程应用”“国家地理国情普查与监测关键技术及应用”“城市不透水面遥感高精度监测关键技术及应用”4 个测绘项目为 2019 年国家科学技术进步奖候选项目。

学会能力提升计划 开展教育认证专家培训工作，新增认证候选专家 29 人，认证专家团队共 67 人。完成测绘工程和遥感科学与技术 2 个专业共 12 个专业点的认证工作。制定《测绘地理信息类专业认证专家管理办法》，定期开展专家考评和现场考查专家评价工作。编制《测绘地理信息类专业认证分规划》。开展无人机测绘航空摄影从业人员培训等继续教育工作。

学会建设 新发展团体会员近 100 家，截至 2018 年年底，团体会员达到 600 余家。召开 1 次理事会议和 2 次常务理事会议，完成 13 个副理事长、常务理事、理事变更、增补和请辞工作。完成 22 个分支机构换届和主要负责人增补变更工作，新设立分支机构 3 个，截至 2018 年年底，学会有分支机构 25 个。

学会治理结构和治理方式改革 学会制定、修订

8项制度。每周召开理事长办公会，工作任务分解细化到人，及时落实学会工作。实施月绩效工资制度，奖勤罚懒，调动秘书处工作人员积极性。完成分支机构印章回收、备案等工作。制定《中国测绘学会分支机构年度工作考评奖励管理办法（试行）》。

主办期刊　通过专家推荐、初评遴选、终评审定及公示等程序，中国科学院院士杨元喜发表于《测绘学报》2018年第7期的文章《弹性PNT基本框架》入选第三届中国科协优秀科技论文遴选计划。

学科发展研究　编撰完成《测绘科学与技术学科发展报告（白皮书）》《测绘学科发展蓝皮书（2017—2018卷）》和《测绘科技创新与产业发展报告》，编写《中国大百科全书》第三版《测绘卷》。向中国科协提出重大科学问题、工程技术难题，获中国科协评议通过并获奖励。

国际学术会议　2月1—8日，以原国家测绘地理信息局副局长、学会理事长宋超智为团长的学会代表团出席在老挝首都万象举行的首届“一带一路”老中合作论坛。论坛旨在推动落实中老两国元首互访成果，加快老挝“变陆锁国为陆联国”战略与“一带一路”倡议对接，共建中老经济走廊。

5月7—10日，由国际摄影测量与遥感学会（ISPRS）第三技术委员会（主题“遥感”）主办、国家基础地理信息中心承办的“遥感、技术、发展、应用”国际学术会议在北京国际会议中心召开。中国测绘地理信息学会秘书长彭震中等致欢迎词。中国测绘学会理事长宋超智，中国地理信息产业协会常务副会长胥燕婴，联合国全球地理信息管理专家委员会共同主席李朋德，ISPRS荣誉会员康奈斯尼，中国工程院院士李德仁、春德教授、阿尔坦教授及ISPRS执行局成员参加会议。52个国家和地区近700余名代表参加会议，12家企业参加技术展览。

国内主要学术会议　9月26—28日，以“创新 智能 融合——开辟测绘地理信息新时代”为主题的中国测绘学会2018年学术年会暨第八届中国测绘地理信息技术装备博览会在浙江省湖州市德清县举办。自然资源部领导、浙江省领导和8名院士出席会议。来自全国各地测绘学会、企事业单位和港澳台地区的4000余名代表参加会议。设分论坛14个。此次年会和展会同期举行，展会展示面积2万余平方米，参展单位300余家，观展人数3万余人次。举办10余场新品新技术发布会、测绘交易节等活动。运用互联网、信息化手段进行网上图文和视频直播，网络点击率5万余次。

学会分支机构开展涉及测绘地理信息领域各专业技术学科的研讨会、新技术应用技术交流会、专业领域学术年会、高端论坛等交流活动30余项，华东“六省一市”测绘学会学术交流会、海峡两岸测绘发展研讨会等成为区域性学术交流主要平台。

国际组织任职　经学会推荐，在2018年国际测量师协会（FIG）工作周会议上，国家测绘产品质量检验测试中心主任张继贤当选FIG副主席，香港测量师学会副会长萧慧仪当选FIG第一委员会主席。

根据中国科协要求，在原国家测绘地理信息局科技与国际司配合下，就专家个人信息、任职组织及期限等核实2018年国际组织相关数据统计表。通过制定《国际组织任职专家服务管理办法》、召开座谈会等方式，加强对国际组织任职专家服务与管理，培养国际科技组织后备人才。

国际交往　启动与英国皇家特许测量师协会（RICS）入会互认工作。与RICS沟通协商，完成RICS直接入会申报工作。2018年年底，英国诺丁汉大学率团来访，双方签订合作协议。

组团赴德国法兰克福参加InterGEO国际博览会及合作会谈。赴波兰、瑞士交流测绘地理信息领域新技术，探讨人员培训等合作项目。

科普活动　8月19日，2018年全国学生定向锦标赛暨“中国四维杯”第十四届全国测绘地理信息职工定向越野赛在福建省漳州市举行。比赛设混合接力、短距离、中距离、长距离、团队、积分与百米定向7个参赛项目20个组别，历时7天。来自全国180余所学校的191支参赛队伍1700余名运动员、教练员、裁判员及近1000名测绘职工参加比赛。

学会赴长安大学、淮海工学院、中国矿业大学等高校开展测绘法宣讲活动。编制出版《一起来了解中华人民共和国测绘法》宣传画，向全国甲乙级测绘单位及有关企事业单位免费发放。宣传普及新修订的《中华人民共和国测绘法》，印发纸质宣传彩页1万份。结合第15个全国测绘法宣传日活动主题“强化国家版图意识，共同守护美丽中国”，开展测绘法知识问答有奖竞赛活动，普及测绘法律知识和测绘科学技术，强化国家版图意识，共10余万人参与活动。

组织会员单位参与中国科协等单位组织的防灾减灾日、科普中国——2018互联网科普产品征集活动、第七届中国科普摄影大赛等科普活动。

表彰举荐优秀科技工作者 经学会推荐，武汉大学国家遥感重点实验室钟燕飞获第十五届中国青年科技奖。

学会创新发展 受自然资源部委托，与浙江省德清县签署合作协议，共同打造测绘地理信息科技与产业示范区。组织11家测绘地理信息企业赴浙江省湖州市德清县参观考察。11月，组织15家企业与湖州莫干山高新技术产业开发区管理委员会签署协议，入驻德清地理信息小镇。

贯彻落实自然资源部党组关于宣传思想工作的部署要求，推进《中国测绘》杂志、测绘影视作品制作等政府职能移交及承办工作。

党建强会 学会党委组建以学会党委书记为中心、党委委员为主体的十九大精神宣讲组，通过集中宣讲、走访调研、多媒体平台宣传、走访院士专家等形式，向会员单位、高校等宣传十九大精神。

6月，组织学会党员干部群众赴浙江省嘉兴市南湖区开展“不忘初心 牢记使命”主题教育活动，重温入党志愿书，深刻理解习近平总书记阐释的“红船精神”。

组织会员单位参加中国科协科技社团党委主办的征文比赛。会员单位撰写反映测绘地理信息科技人员“传承、创新、发展”文章30余篇，1篇获优秀作品奖。在十九大精神知识竞答活动中，获学习标兵荣誉称号。

会员服务 学会利用多种网络新媒体，在学会网站、微信公众号、微信群、QQ群等方面进行信息化升级与整合。上线学会综合服务平台，为团体会员注册和各奖项申报提供便利，提升报奖工作质量和效率；为团体会员单位、理事单位、分支机构发展和管理提供工作平台。

（撰稿人：钱晓雪）

中国造船工程学会

服务创新型国家和社会建设 学会承担工信部《船舶设计单位设计条件基本要求及评价方法》标准修订工作。编写小组专家由船舶设计单位、科研院所、船检机构等单位推荐产生。召开工作会议2次，重点在湖北省、江苏省、安徽省开展现场调研、资料收集、座谈研讨等工作，处理征集意见，形成送审稿。

6月13—15日，由学会与中国海洋学会、中国航海学会、中国人工智能学会共同主办的中国首届智能船艇挑战赛在江苏省扬州市江都区举行。来自全国9家智能船艇研发企事业单位的16艘智能船艇参赛。通过自主航行、景物拍照等竞赛方式，经综合评比，产生特等奖1项、一等奖7项、敢斗奖1项、优胜奖6项、组织奖1项。

8月11—13日，第七届全国海洋航行器设计与制作大赛在海军工程大学举行。大赛由学会与中国船舶重工集团、中国船舶工业集团公司、中国海洋学会联合主办，海军工程大学、中共湖北省委军民融合发展委员会办公室承办。上海交通大学、浙江大学等51所院校及科研院所的568个学生项目参赛。

3月27—29日，由学会参与主办、振威展览公司承办的第十八届中国国际石油石化技术装备展览会暨中国国际海事技术与装备展览会在北京举行。来自65个国家和地区的2000家企业参展，展出面积10万平方米，其中，从事海洋工程装备业务的企业占比近50%，专业观众8万人。

10月24—26日，由学会参与主办的第十三届中国大连国际海事展览会在辽宁省大连市举办，学会组织大学生创客展区，展示大学生参赛获奖作品。12月5—7日，由学会参与主办的第八届中国广州国际海事贸易展览会在广东省广州市举行。展会期间，学会举办中国造船工程学会75周年庆典，颁发船舶设计大师奖等奖项。

承担工信部高技术船舶科研项目“浮式保障平台工程（二期）专题9：法规适用性及应急方案”中的南海海事法规适用性研究、南海岛礁浮式港池法规适用性研究、南海环境保护政策研究3个子专题，通过项目中期评估和任务书评审。围绕深海养渔、海上执法、油气开采等平台的开发，开展调研、资料收集和相关深入研究工作，基本完成各子专题研究报告初稿。

作为参研单位，承担工信部高技术船舶科研项目“风帆船节能指标与经济性分析课题”，针对国际石油市场和主要航线、港口特征，研究船型经济性、投资成本关联度，节能环保技术敏感度，节能指标对相关主要因素循环链影响等，已进入结题准备阶段。

参与上海振华重工（集团）股份有限公司“自升沉垫式海上风电安装平台研发”项目立项工作，承担海工技术团体标准制定等项目子专题。参与工信部“船舶与典型配套设备质量品牌评价体系及标准研究”

项目立项工作，承担项目子专题研究。

与福建省造船工程学会商议，在福建省建立学会服务站，服务马尾造船公司半潜式深海养殖平台、600吨级自升式海上风电大部件更换运维平台和福船技术研究院、东南造船公司智能环保型鲍鱼养殖平台的研发设计工作；10月17日，在福建省科协年会上为学会服务站授牌。应邀到辽宁省大连市建立学会服务站，重点服务辽宁省船舶与海洋工程产业，服务辽宁“一带五基地”建设；10月24日，在大连国际海事展期间，举行学会服务站授牌仪式。

为解决中小企业和民营企业没有专业技术职务任职资格评审渠道的问题，在上海市、辽宁省大连市、安徽省芜湖市等地召开专业技术职务任职资格评审会，为150余名当地船舶与海洋工程企业及配套企业的科技人员提供任职资格评审服务。

受科技部基础研究司委托，中国科协智能制造学会联合体承担工程领域国家重点实验室2018年度评估工作。学会推荐专家和监督专家参加实验室评估工作，受到联合体好评。

学会标准化学术委员会组织舾装与甲板机械领域国际标准化专家咨询组会议。

学会建设 截至2018年年底，学会个人会员30000余人、团体会员1000余个。发展高级会员126人、普通会员97人，学会办事机构接收挂职锻炼1人。召开理事会议1次、常务理事会议1次、学会年度工作会议1次。完成船舶力学学术委员会换届工作。

根据中国科协《关于中国科协所属全国学会进一步加强财务管理的若干规定》的通知要求，对照检查学会财务管理制度，提交财务管理对照检查和整改报告。9月，经中国科协综合考核，学会入选2017年度全国学会财务决算工作先进单位。

12月5日，举行中国造船工程学会75周年庆典活动。

学会治理结构和治理方式改革 学会与江苏科技大学签订人员挂职锻炼协议，江苏科技大学派出具有博士学位和从事科研工作经验的年轻教师到学会秘书处挂职锻炼。

青年人才托举工程 学会青年人才托举工程申报工作以中国科协军民融合学会联合体为申报单位，学会轮值负责第四届中国科协青年人才托举工程（2018—2020年度）推荐申报工作，中国科协给予此次推荐工作方案免答辩资格，分配推荐名额32个。经联合体内部协调、推荐、评审，学会推荐的哈尔滨工程大学水声工程专业硕士生导师刘凇佐等4人入选第四届中国科协青年人才托举工程。学会按照培养计划定期检查，加强青年人才托举工程经费管理。

主办期刊 学会学报《中国造船》全年推选159篇论文被美国工程索引（EI）收录，收录率100%。

学会会刊《船舶工程》全年发行正刊12期，影响因子为0.574，2017年为0.389，文章发表周期在6个月以内。使用科技期刊学术不端检测系统检测稿件内容，只接受重合度在20%以下的稿件。

学会科普会刊《舰船知识》秉承时事、装备、中国三要素原则，每期1个专题，全年推出专题12个。加大对中国海军报道力度和中外重要海军装备报道深度，加大对世界新军事格局及新战争形态的报道。通过读者来信以及新浪微博投票等方式与读者交流。

学科发展研究 应中国科协智能制造学会联合体邀请，学会组织专家编写《中国智能制造行业发展报告（2018年）》高技术船舶行业篇，面向10余家相关单位开展内容征集，挖掘中国制造业重点领域在推广实施智能制造中的难点及各领域潜在智能制造发展需求。

中国科协智能制造学会联合体依托13家成员学会，评选“中国智能制造十大科技进展”。学会推荐的武汉船用机械有限责任公司的“船海工程机电设备数字化车间”项目入选。

国内主要学术会议 学会及分支机构全年举办年会、研讨会、报告会、论坛等学术活动39次，交流论文975篇，累计参加4.5万人次。

5月4日，2018年船海工程机电设备智能化及新技术应用论坛在湖北省武汉市举办。论坛主题为“船海工程机电设备智能化、材料基因工程等新技术应用”。国家有关部门领导，高校、科研院所专家、学者，企业一线科技工作者约120人参加论坛。

7月27日，未来舰载航空力量发展论坛在北京举行。论坛举办舰载航空力量回顾与展望主题展览、行业专家学术报告，观看《擘画海天 决胜大洋》录像片，参观中国船舶工业系统工程研究院实验室。

11月1日，2018年水下无人系统技术高峰论坛在陕西省西安市举行。全国水下无人系统相关科研院所、高校、部队、企业等60余家单位的300余名专家、学者和研究人员参加论坛。9名专家围绕水下无人系统领域科技前沿技术和研究热点作主题报告。

两岸交流 6月9日，2018海峡科技专家论坛——海峡两岸航海技术与海洋工程研讨会在福建省厦门市召开。研讨会由学会与中国航海学会、福建省航海学会等单位主办，是2018海峡科技专家论坛15个分会场之一。研讨会以“扬帆海丝·福泽两岸”为主题，收到海峡两岸专家、学者的交流论文55篇，包括中国台湾地区专家、学者的论文23篇。

国际组织任职 9月9日—14日，学会首席专家陈映秋参加在比利时举办的国际船舶暨海洋工程结构大会（ISSC）第20届大会（2019—2021）。会上进行常务委员会改选，陈映秋连任常务委员。17个委员会中，2个专家委员会各有1名中国委员，15个专家委员会各有2名中国委员。

国际交往 学会标准化学术委员会组织部分委员参加在日本东京召开的第10届ISO/TC 8/SC 4全会暨工作组会议，参加在丹麦哥本哈根召开的第37届ISO/TC 8（国际标准化组织/船舶与海洋技术委员会）全会。

科普活动 7月11—17日，学会与国家航海日活动组织工作委员会办公室、中国科协科普部、中国航海学会共同举办2018年全国舰船及航海知识竞赛。20余个省、自治区、直辖市的参赛者登录学会网站参加竞赛活动。竞赛产生一等奖10人、二等奖15人、三等奖25人、幸运奖2人。

7月24—29日，2018年中国青少年舰船夏令营在江苏省扬州市和上海市举办。40余名来自北京、天津市、辽宁省、重庆市等省市的青少年参加夏令营。营员参观中船重工723所、扬州中远海运重工有限公司、上海海事大学、中国航海博物馆和世纪天子号邮轮，进行船模制作与比赛。夏令营邀请学会首席科学传播专家、中国船舶工业综合技术经济研究院研究员田小川作演讲2场。

6月、9月、11月，国防科普知识进校园活动分别在广西壮族自治区、贵州省、广东省深圳市等地开展。学会通过捐赠图书、模型，邀请船舶行业科普专家作讲座的形式，在校园和园区传播国防舰船科普知识，活动覆盖学校师生和园区企业员工10万余人。

表彰举荐优秀科技工作者 11月14日，学会船舶设计大师评审会在北京召开。根据学会《船舶设计大师评选办法》规定的程序，胡震等8人被授予船舶设计大师称号。

11月16日，学会优秀科创人才评审会在北京召开。根据学会《优秀科创人才评选办法》规定的程序进行首次评审，荆丰梅等20人被授予优秀科创人才称号。

组成评审专家组对申报2018年学会科学技术奖的57项成果进行评审，评审出拟奖项目38项，其中，一等奖6项、二等奖15项、三等奖17项。评审结果在学会网站公示，未收到异议，提请理事会审定。

组成评审专家组对推荐申报2018年度学会优秀学术论文的60篇论文进行审读，评选出优秀学术论文38篇。

学会和国务院学位委员会船舶与海洋工程学科评议组共同开展全国船舶与海洋工程学科优秀博士学位论文评选工作，制定《全国船舶与海洋工程学科优秀博士学位论文评选办法》。

学会创新发展 学会研究制定《中国造船工程学会会议制度与议事规则》《中国造船工程学会会员行为准则》，经学会十四届理事会党委会审议批准。

【2018年全国职业院校技能大赛船舶主机和轴系安装赛项】 6月23—26日，由学会和全国船舶工业职业教育教学指导委员会共同主办的2018年全国职业院校技能大赛船舶主机和轴系安装赛项在武汉船舶职业技术学院举行。来自14个省、自治区、直辖市的20支代表队60名选手参赛。该项赛事是教育部指定的全国高职组职业技能大赛之一，竞赛内容设置“船舶轴系定位”等6个模块，每个模块均包括理论考核与实操考评、技能竞赛和综合素质展示。最终，2个参赛队获一等奖、4个参赛队获二等奖、6个参赛队获三等奖。

【2018海洋技术与装备发展论坛】 10月24日，2018海洋技术与装备发展论坛暨中国造船工程学会年会在辽宁省大连市举行，近200名专家、学者参加论坛。论坛以“发展海洋技术装备，建设海洋强国”为主题，学会首席专家、“船舶设计大师”、国际防腐专家等6名专家、学者围绕中国舰船海工业适应新时代发展、海洋腐蚀管理新模式、深潜水作业支持船设计研究、海运业腐蚀经济管理、智能船舶规范标准、海工装备设计与建造技术等议题作主题演讲。论坛同期举行第十三届中国大连国际海事展览会。

【中国造船工程学会75周年庆典】 12月5日，中国造船工程学会75周年庆典在广东省广州市举行。学会理事长李长印，副理事长李国安、刘志刚、宋保维、王自力，香港海事科技学会理事长陈满松及18个省市造船学会和19个学术委员会相关人员等共600

余人参加庆典。李国安发表题为“继往开来，砥砺奋进”的纪念讲话，挪威国家航运及导航局局长奥拉夫、中国船级社广州分社党组书记谭好修致辞祝贺，中国科协军民融合学会联合体、中国科协智能制造学会联合体、中国船舶工业行业协会到会祝贺。中国科学院院士、学会成立的见证人杨槱录制视频表示祝贺。

庆典举行颁奖活动，为胡震等 8 人颁发“船舶设计大师”证书，为荆丰梅等 20 人颁发“中国造船工程学会优秀科创人才”证书；为重庆齿轮箱有限责任公司的“联合动力传动装置关键技术研究及产业化”等 6 个项目颁发“2018 年中国造船工程学会科学技术奖”一等奖证书；为《中国造船》编辑部郑永敏等 3 人颁发中国造船工程学会优秀编辑证书。

（撰稿人：金向军）

中国航海学会

服务创新型国家和社会建设　启动中国航海学会专家库的补充完善工作，制定《中国航海学会专家库管理办法（试行）》，已完成 1235 名专家信息录入工作。

组织实施年度全国船舶系列高级技术职务评审工作，119 人获海船高级职务相应任职资格，35 人获河船高级职务相应任职资格。召开磁罗经工作会议，通报年度工作情况，审议通过服务机构、人事调整的建议方案，全年校正各类船舶磁罗经约 1.8 万台次。

向全国 15 所航海院校 87 名优秀学生发放中国航海学会－中国船级社航海奖学金 13.9 万元；向全国 20 所航海院校海上专业的 267 名贫困学生发放中国航海学会－张荣发助学金 100 万元。

完成中国科协科技前沿热点综述项目“大数据技术在枢纽港智能服务中的研究与应用”课题和 2018 创新驱动助力工程“基于北斗系统的国产智慧船舶交通管理系统技术研发和推广”项目，获中国科协奖励。

鉴定航海科技成果 58 项。评定并发布年度航海科学技术奖 73 项，其中，特等奖 3 项、一等奖 15 项、二等奖 43 项、三等奖 12 项。

学会能力提升计划　中国航海学会在增强学术引领、促进科技推广、发展航海科普、加强组织建设、增强会员凝聚力、提升信息化水平等方面进行梳理总结，申报中国科协世界一流学会建设项目。11 月 21 日，中国航海学会获批中国科协世界一流学会建设项目，获连续 3 年项目资助。学会根据项目总体目标和各年度目标，结合“十三五”规划纲要的建设任务和“一带一路”“海洋强国”建设目标，分别制定 2018—2020 年主要建设内容及措施、考核指标、计划进度、阶段目标及经费预算。

学会建设　召开党委会议 2 次、理事会议 1 次、理事长办公会议 3 次、秘书长沙龙 1 次，集体审议决策议题 30 余项。新设立中国航海学会极地航行与装备专业委员会和中国航海学会航运保险专业委员会。设有 OA 办公系统、会员管理服务系统和专家库信息系统 3 个信息化工作平台。

学会治理结构和治理方式改革　编写《中国航海学会新员工入职手册》，起草制定《中国航海学会社团标准的实施方案（试行）》《中国航海学会团体标准管理办法（试行）》《中国航海学会秘书处工作补充规定》，完善学会内部治理机制。承办第二十九期中国科协所属全国学会秘书长沙龙。

青年人才托举工程　在第四届中国科协青年人才托举工程（2018—2020 年度）项目中，推荐交通运输部天津水运工程科学研究所陈松贵成为被托举人。

主办期刊　《中国航海》和《航海技术》刊发文章中，获中国航海学会科技期刊优秀论文一等奖 5 篇、二等奖 7 篇、三等奖 10 篇、优秀奖 27 篇。分获期刊论文评比优秀组织奖、分获上海高校精品科技期刊和优秀科技期刊。编辑部负责人获上海出版人奖并当选中国期刊协会理事。3 人获中国高校科技期刊研究会中国高校科技期刊优秀主编或编辑，1 人获中国科学技术期刊编辑学会首届全国科技期刊青年编辑业务大赛优秀奖。由《中国航海》杂志社推荐的《面向智能航行的货船“航行脑”概念设计》在第三届中国科协优秀科技论文遴选计划评选中获优秀奖。

学科发展研究　11 月 14—15 日，在福建省厦门市召开中国航运业发展与海商法修改学术研讨会。大连海事大学法学院院长初北平、中国海事仲裁委员会资深仲裁员张永坚分别作“《海商法》修改介绍”与“《海商法》修改若干问题思考”主题发言。会议分沿海内河运输、国际海上货物运输、船舶物权与海事赔偿责任限制问题、海上保险与其他热点问题 4 个板块，由业界专家与航运企业交流互动。

决策咨询　提供决策咨询报告 3 篇，举办决策咨询活动 8 次。咨询报告为《南海航行状况研究报告》《2017 长江航运发展报告》《集装箱运输发展报告》，其中《南海航行状况研究报告》证明“南海水域航行的商船不分国籍和区域，航速稳定、航行顺畅，过往全程未受任何影响；商船航路选择是自由的，航行是安全的”。学会危险货物运输专业委员会和依托单位利用资源优势和特长，承担《乏燃料海路运输方案及安全保障技术研究》《内河危险化学品禁运标准和遴选机制研究》《公路水路行业安全生产事故典型案例警示录》《港口及水路运输危险货物标准关键指标对比研究》《危险货物港口作业安全标准体系研究》《易燃易爆危险品过闸技术导则》《易燃易爆危险品过闸研究》《公路水路危险货物运输安全管理与政策》等行业重大政策法规研究咨询工作。

5月27日，由中国航海学会推荐的“悬浮隧道建设”提案入选中国科协发布的交通运输领域6个“硬骨头”问题难题之一。学会开展遴选并组织专家委员对征集到的30项问题难题材料进行评议、讨论和研判，确认推荐的航海领域重大科学问题和工程技术难题共18项。

国际学术会议 2018世界交通运输大会期间，学会主办推进冰上丝绸之路建设国际合作论坛。论坛旨在推进全球北极航道及资源的开发利用，为“一带一路”倡议在北极航线领域的多渠道全方位建设建言献策。6月20日，由中国航海学会和上海海事大学专家学者共同研究的《2017年南海航行状况研究报告》在2018世界交通运输大会上正式发布。中国航海学会和上海海事大学专家、学者连续2年就南海水域船舶航行安全实际状况进行分析与论证，课题组通过梳理南海水域岛礁分布、海峡水道、航行规则、天气系统及推荐航路，分析和归纳南海水域航海安全保障能力现状。基于对卫星AIS大数据采集、统计与分析，获取南海水域船舶交通流量等基础数据，并比对南海航路分布及习惯航行方法等资料，证明“南海水域航行的商船不分国籍和区域，航速稳定、航行顺畅，过往全程未受任何影响；商船航路选择是自由的，航行是安全的”。

与交通运输部水运科学研究院和上海市国际航运中心建设工作推进小组共同主办2018年中国航海日论坛。来自“一带一路”沿线30余个国家和地区及中国社会各界的代表、专家和学者等近400名嘉宾出席主论坛。

由学会联合相关单位共同主办的2018年中国国际海员论坛以“关注海员发展　实现多方共赢”为主题，论坛聚焦海员的培训和发展，探讨中国海员发展现状、多国海员混派管理及海员身心健康、权益保护等话题。

8月16—17日，学会航海历史与文化研究专业委员会在上海市召开以“丝路和弦：全球化视野下的中国航海历史与文化”为主题的国际学术研讨会。来自国内外的90余名专家、学者参会。大会将海洋史宏观与微观层面的研究相结合，聚焦海洋文化、海船建造、导航及航线等学术前沿问题。

9月19—20日，由学会救助打捞专业委员会主办的第十届中国国际救捞论坛在浙江省杭州市召开。来自26个国家及地区的救捞界近300名代表参加论坛。

国内主要学术会议 学会及22个分支机构全年举办年会、研讨会、报告会、论坛等国内学术会议50余次。

两岸交流 6月9—10日，第十届海峡科技专家论坛——海峡两岸航海技术与海洋工程研讨会在福建省厦门市召开。研讨会以“扬帆海丝 · 福泽两岸”为主题，进行交流研讨。会议共收到来自海峡两岸专家、学者的交流论文55篇，包括台湾代表的论文23篇。

2018年年初，学会应邀组团赴台湾地区“中华海洋事业协会”、台湾海洋大学、基隆港务公司、台湾交通部航港局等单位进行学术访问。

国际组织任职 学会理事长黄有方在国际航行学会联合会任高级副主席，任期为2018—2021年。

国际交往 11月28—30日，国际航行学会联合会（IAIN，简称国际航联）第16届世界大会在日本千叶召开。中国航海学会理事长黄有方率团出席会议，并在结束后出任国际航联高级副主席。学会副秘书长施朝健、常务理事肖英杰分别主持大会分组论文交流活动。学会推荐的4篇论文参与演讲交流。学会理事长黄有方在闭幕式上作发言。学会获国际航行学会联合会2024年第18届大会主办权。

组团赴日本参加2018年中日韩航海学会学术年会，学会推荐的大连海事大学叶文祥和武汉理工大学王雪佳的学术成果分别获二等奖和三等奖。

科普活动 学会与相关单位联合开展交通运输行业科学技术普及体系建设研究工作，形成《关于加强交通运输行业科学技术普及体系建设指导意见》报送稿。组织海军诞生地纪念馆等6家科普基地参加2018年全国科普日活动，线上参与人数10余万人次，线下参与人数17万人次。组织参与中国科协2018年防灾减灾活动、2018 年全国科技活动周活动、2018 中国国际科普作品大赛活动。学会组织报送的《藏在木头里的灵魂——榫卯》《航海知识和航海习俗对现代航海的影响》入选中国科协科普素材库，会员宋凯和胡月祥获科普贡献者荣誉。学会联合举办的“知航海 懂航海”全国公众航海知识普及活动历时 3 个月，覆盖 34 个省、自治区、直辖市及特别行政区，11 万余人参与网络答题，直接关注并浏览活动 218 万人次，网络转发 500 余万人次。学会联合组织开展的航海游（研）学夏令营活动共 6 期，约 800 余名学生参加。联合相关单位共同主办第二届“更路簿杯”国际帆船赛。

表彰举荐优秀科技工作者 学会评选出青年科技奖人选 10 人，首次增设 10 名青年科学技术奖提名表彰人选，并在中国航海学会第三届青年科技奖颁奖大会上予以表彰。由学会推荐的水利部交通运输部国家能源局南京水利科学研究院胡亚安，作为特邀参会代表出席“纪念改革开放 40 周年、中国科协成立 60 周年暨百名科学家、百名基层科技工作者座谈会”，并列席中国科学院、中国工程院院士大会。

学会创新发展 推进航海领域 4 个创新平台建设，即高校创新平台、企业创新平台、科研机构创新平台、国际交流创新平台，已完成高校创新平台建设。公开发布《中国航海学会 2017 年度年报》，执行信息公开制度。

党建强会 学会党委组织召集以黄有方为团长的 5 人宣传团，开展党的十九大精神宣讲活动，并分批派员参加中国科协党员学习班。按计划召开 2 次党委会，对副理事长变更、学会参与重大活动等重要工作决策进行前置把关。参加“展风采，树楷模”宣传活动，推荐青岛港集团张连钢、港珠澳岛隧工程项目部尹海卿入选全国学会优秀党员科技工作者典型宣传人物。参加科技社团党委开展的“不忘初心 牢记使命——党的十九大精神知识竞答活动”，会员高健获学习标兵。办事机构党支部按计划召开民主生活会，开展党员民主评议工作，组织党员群众赴红色教育基地参观调研，因地制宜开展党员十九大知识问答赛，组织党员群众参观国家博物馆举办的改革开放 40 周年成果展。

会员服务 组织会员参加中国科协科技工作者日活动，参加学术年会、航海日论坛、国际或地区学术交流活动等。完成会员系统与学会官网对接。开展会员履行职责、义务情况清理，所收会费全部用于会员服务、学术和科普工作。

【2018 年中国航海日系列活动】 7 月 11 日，是中国第 14 个航海日，也是“世界海事日”在中国的实施日。航海日活动的主题是“航海新时代，丝路再出发”。学会作为主办方参与中国航海日论坛、中国国际海员论坛等活动。

11 日上午，2018 年中国航海日论坛在上海外滩开幕。该论坛由学会、上海市国际航运中心建设工作推进小组、交通运输部水运科学研究院共同主办。交通运输部部长李小鹏、上海市市长应勇出席并致辞。交通运输部副部长何建中、国际海事组织秘书长林基泽、上海市副市长时光辉、中国远洋海运集团董事长许立荣作主旨演讲。论坛开始前，2018 年中国航海日主题活动启动仪式暨舰船开放日在上海国际客运中心码头举行。交通运输部副部长何建中出席并宣布活动开始，上海市副市长时光辉出席并致辞，理事长黄有方受邀出席。

11 日下午，学会理事长黄有方参加在沪单位推进交通强国建设座谈会。交通运输部部长李小鹏主持会议并发表讲话，交通运输部副部长何建中、上海市副市长时光辉、交通运输部办公厅主任徐成光、水运局局长李天碧、上海市交通委主任谢峰及上海海事局、东海救助局等 20 余家在沪单位主要负责人参加座谈会。理事长黄有方汇报中国航海学会在服务“一带一路”及交通强国方面所做的工作。

11 日下午，由学会、上海海事大学共同主办的 2018 年中国国际海员论坛在中国金融信息中心举行。论坛邀请来自国际海事组织、非政府国际组织、交通运输部、国内外航运企业、船员管理公司、航海类院校等企事业单位高管和专家，研讨和交流海员发展现状、多国海员混派管理及海员身心健康、权益保护等话题。

7 月 10 日，以“提升上海综合服务能力，建设世界级的国际航运中心”为主题的中国航运 50 人论坛 2018 夏季峰会在上海召开。交通运输部原副部长徐祖远出席峰会。论坛执委、学会理事长、上海海事大学校长黄有方出席并发言。峰会上，20 名教授或研究员被聘为中国航运 50 人论坛高级研究员。

【2018 上海“临港杯”水下智能机器人大赛】 7 月 9 日上午，第三届上海“临港杯”水下智能机器人大赛开幕式在上海海事大学（临港校区）游泳馆举行。赛程共 3 天。大赛由学会指导，上海海洋工程咨询协会和港城集团（海洋高新园区）共同主办，上海智海

海洋技术有限公司及遨拓深水装备公司承办，得到浦东新区海洋局、上海海事大学及国际水中机器人联盟的支持。中国潜水打捞行业协会秘书长浦士达、中国航海学会专职副秘书长顾维国、上海市海洋局总工程师胡欣、上海市海洋工程咨询协会会长徐德弘等出席开幕式。作为指导单位，学会副秘书长顾维国参加大赛。大赛旨在促进相关海洋高新科技企业与涉海科研院校交流和合作、发展水下智能机器人产业，在普及海洋知识、宣传航海文化等方面发挥作用。

【第十届中国国际救捞论坛】 9月19—20日，第十届中国国际救捞论坛、中国航海学会救捞专业委员会2018年年会暨国际海上人命救助联盟第四届亚太区域发展会议在浙江省杭州市举行。来自26个国家及地区救捞界近300名代表参加会议。国际海事组织首届海事大使、交通运输部原副部长徐祖远出席论坛开幕式并致辞。论坛旨在促进国际海上救助和打捞行业内外产、学、研交流与合作。

【全球航行状况研究中心揭牌】 6月，中国航海学会与上海海事大学共同发起成立的全球航行状况研究中心在2018世界交通运输大会上举行揭牌仪式。交通运输部原副部长、中国航海学会原理事长徐祖远，中国航海学会理事长、上海海事大学校长黄有方，中国航海学会常务副理事长曹迪，交通运输部东海航海保障中心主任王鹤荀，大连海事大学副校长刘正江，上海海事大学副校长杨万枫，中国航海学会秘书长王群、副秘书长顾维国及来自航运企业、高校研究院所等相关部门的人员参加揭牌仪式。

【2018年中国航海学会学术年会】 11月13—14日，由中国航海学会主办、集美大学承办、厦门市航海学会协办的2018年中国航海学会学术年会在集美大学举行。交通运输部海事局、救捞局、水运科学研究院、中国船级社等单位领导，大连海事大学、上海海事大学、武汉理工大学、集美大学、宁波大学、重庆交通大学、广东海洋大学等近20所航海类高校和职业技术学院专家，中国引航协会、各大航运公司等航海领域学术界和产业界学者及中国航海学会22家分支机构及地方航海学会代表，航海领域优秀论文作者代表等共210余人参加年会。

会议由学会副秘书长顾维国主持。学会常务副理事长曹迪、集美大学副校长谢潮添分别为大会致欢迎词。开幕式上，交通运输部水运科学研究院院长李扬，中国航海学会海洋船舶驾驶专业委员会秘书长、原中远集团总船长赵庆爱，集美大学航海学院院长邵哲平分别作主旨报告《以创新推动交通强国建设》《坚持以防为主是船舶防避台成功的基础》《海洋大数据在国家战略需求中的应用》。闭幕式上，上海海事大学杂志总社社长袁林新作题为“航海科技论文写作基本要求及投稿策略”的讲座。学术年会共收到征文520篇，评选出优秀论文97篇，包括二等奖4篇、三等奖6篇、一等奖空缺。

（撰稿人：殷艳杰）

中国铁道学会

服务创新型国家和社会建设 学会制定并发布《中国铁道学会标准化委员会章程（试行）》《中国铁道学会标准管理办法（试行）》《中国铁道学会标准化专业技术委员会工作细则（试行）》等标准化制度文件，首次印发以构建市域铁路技术标准体系为重点的学会标准年度研制计划37项，构建15个标准化专委会近700名专家参与的铁道行业团体标准管理信息系统。编制《铁路岩溶隧道技术规范》《铁路工程地质勘察报告编制规程》工程建设标准，组织市域铁路创新团队在《中国铁路》杂志2018年第8期刊载市域铁路论文专辑。

2017年发布的《市域铁路设计规范》获住建部系列授予的标准科技创新奖一等奖。在中国科协组织开展的2018年度服务国家社会治理品牌建设“技术标准引领项目”评审中，学会标准化工作入选全国十佳并获奖励。作为标准引领技术进步的案例，中央电视台《朝闻天下》跟踪报道学会标准化专业技术委员会组织的第二届铁路加筋土技术研讨会。

完成“高速铁路板式无砟轨道结构关键水泥基材料制备与应用成套技术”“兰渝铁路挤压性围岩隧道修建技术及应用”2项科技成果的鉴定工作。

学会能力提升计划 学会承担中国科协组建的铁路工程能力评价指导委员会秘书处工作，并推荐中国工程院副院长何华武担任中国科协工程能力建设联盟主席。

首次承接专业工程师水平评价和认证工作。在中国科协和中国铁路总公司的推动下，学会牵头联合中国铁路总公司相关部门和单位，解决制约中泰铁路合作项目二期工程受控专业工程师的执业资格障碍。

调研行业学会、会员单位等，组织开发建设会员信息管理系统、会议全流程操作系统等网络平台。

学会建设 学会新增理事5人、个人会员104人、单位会员50个。截至2018年年底，学会有理事216人、个人会员67689人、单位会员183个。

召开八次理事会议，审议学会理事变更、分支机构换届和成立、分支机构调整、分支机构管理办法、省级铁道学会指导办法、新增会员单位等事宜。秘书处完成指导通信信号分会、高速铁路委员会、轨道交通装备分会、经济规划委员会、桥隧委员会、工程管理分会6个分支机构的成立工作，指导完成工程分会、劳动和卫生委员会、环境保护委员会、牵引动力委员会、电气化委员会、轨道交通工程分会、通信信号分会、工务委员会、重载委员会、车辆委员会、经济委员会11个分支机构的换届工作，完成军事运输委员会撤销工作，指导采购与物流委员会完成更名和变更挂靠单位的工作。

加入全球能源互联网发展合作组织，成为其会员单位。

青年人才托举工程 制定《中国铁道学会青年人才托举工程项目实施办法（试行）》。经中国科协组织评审答辩，获资助名额12个。12月4日，在北京召开铁路青年人才托举工程项目专题会议。会议包括首届铁路青年人才签约颁证仪式及中期报告会、第二届铁路青托人才遴选评审会。约100人参加会议。经答辩评审，从37名候选者中遴选出第二届铁路青托人才12人。截至2018年年底，铁路行业入选者达19人。

主办期刊 学会与中南大学联合主办铁道行业第一本英文期刊《交通安全与环境》（*Transportation Safety and Environment*）。《铁道学报》成立理事会，成员单位62个，涵盖铁路行业科研院所、高校。《铁道学报》获中国最具国际影响力的中文期刊、百种中国杰出学术期刊等称号，继续排名《中文核心期刊要目总览》铁道运输类核心期刊首位，在中国科技论文与引文数据库所收录的全部2029种中英文核心期刊中，综合评价总分排名第5；10篇论文入选“领跑者5000——中国精品科技期刊顶尖学术论文（F5000）”。

《铁道知识》对焦铁路科技发展前沿，刊发铁路行业重大学术论坛概况，根据会议热点邀请行业专家撰写科普文章并刊发。新添铁路风采栏目。采访詹天佑大奖及成就奖获得者8人，刊发其中6名的相关报道。2篇2017年度的报道编入中国铁路新闻工作者协会《中国铁路优秀新闻作品选编》。

学科发展研究 开展征集铁道行业“引领世界科学的前沿科学问题、建设世界科技强国的工程技术难题”工作，获中国科协专项经费补贴奖励。

在印发《关于征集铁道行业“引领世界科学的前沿科学问题、建设世界科技强国的工程技术难题”的通知》基础上，成立专家委员会，面向中国铁路总公司、中国中铁股份有限公司、西南交通大学等24家铁道行业单位、科研机构与高校开展问题难题征集工作。3月下旬，组织18名院士专家，遴选评议通过初步审查的70项科技问题，最终向中国科协申报聚焦科技前沿和铁道行业代表性科技问题22项。

经过中国科协组织专家评审，在全国遴选出科技问题60项，学会入选3项。3项科技问题是高原高寒冻土地区高速铁路与公路修建关键技术、时速1000公里及以上低真空管道运输高速磁悬浮铁路建造关键技术、基于北斗卫星和5G通信技术的新型高速铁路列车运行控制技术。

国内主要学术会议 学会及分支机构举办学术会议44场，其中，学会举办学术会议11场。参加人数6087人次，交流论文1464篇。

经评审，共有186篇论文获评中国铁道学会2017年度学术活动优秀论文，11篇一等奖优秀论文名单及摘要送《中国铁道年鉴》收录。编写出版《中国铁道学会成立40周年学术论文专集（上、下册）》《复杂艰险山区高速铁路修建关键技术学术研讨会论文集》《中国铁路电气化建设成就1958—2017》《中国铁道学会自动化委员会40年（1978—2018）》宣传册等书籍。

6月25日，学会与中国铁路总公司在辽宁省沈阳市联合组织召开高速铁路智能关键技术综合试验现场调研咨询会。50余名院士专家参加现场调研，针对京沈客专综合试验组织情况、试验配套工程建设情况及综合试验总体情况等提出意见建议。

9月26—27日，学会与中国中铁电气化局集团有限公司联合主办的中国铁路电气化发展60年暨智能牵引供电技术论坛在北京召开。铁路行业有关领导、专家、学者共190余人参加论坛。开幕式由中国中铁电气化局集团有限公司总经理李爱敏主持。学会副理事长兼秘书长马福海等领导致辞。中国工程院院士钱清泉等15名专家、学者以中国高铁，尤其是智能牵引供电技术发展为主题进行交流，研讨铁路牵引供电技术的发展趋势和突破重点。会议征集论文87篇，评选39篇编入《电气化铁道》2018年增刊，并在作者及读者中交流。

9月28日，由学会、中国铁道出版社和华东交通大学共同主办的《铁道学报》理事会成立大会暨学术报告会在江西省南昌市举行。学会副理事长兼秘书长马福海主持成立大会。中国工程院院士傅志寰、孙永福、卢春房、宁滨、陈政清分别作学术报告。300余名专家、学者聚焦中国铁路科技创新发展，开展交流，展示中国高速铁路技术创新所取得的成果，提出关于交通强国战略的若干思考，探讨更高速度轮轨高铁技术，明确中国高速铁路建设创新发展的思路。

10月12—13日，由中国铁路总公司、重庆市政府主办，学会、重庆市交通委员会、中国铁路成都局集团有限公司共同承办的市域铁路与城市发展论坛在重庆市举办。会议主题为“开放共享　合作共赢”。380余名专家、学者参加论坛。

铁路总公司党组书记、总经理陆东福，重庆市委副书记、市政府市长唐良智出席论坛开幕式并致辞。山东省政府党组成员、副省长孙立成和云南省政府党组成员、副省长王显刚出席并讲话。铁路总公司党组成员、副总经理黄民主持开幕式并作题为“推动铁路与城市群深度融合发展的战略思考”的主旨报告。中国铁路总公司总经理特别技术顾问何华武、重庆市交通规划建设领导小组组长陈和平分别作主旨报告《重庆铁路枢纽与城市空间格局》《“三铁”融合引领重庆城市发展格局》。12名来自国家有关部委、重点城市和企业、院校的代表作专题发言。

与会人员围绕国内外市域铁路发展情况，铁路枢纽与城市空间格局，市域铁路平纵断面、最大坡度等关键技术，国土空间规划的约束和用地保障，中法对比的城市群与国土通达性，成都局与重庆市、成都市和贵阳市3市推行市域铁路发展，成都平原城市群铁路公交化运营探索等议题进行研讨，对市域铁路发展和利用既有能力开行市域列车等提出工作思路、政策建议和发展举措。

10月26—27日，中国重载铁路技术交流会暨大秦重载铁路运营三十周年论坛在山西省太原市举办。会议由中国铁路总公司和学会共同主办，中国铁路太原局集团有限公司、中国铁道科学研究院集团有限公司、学会重载委员会、山西省铁道学会承办。国际重载协会主席布莱恩·莫纳卡里及美国理事丽莎·斯泰博勒，来自美国交通技术中心公司（TTCI）、俄罗斯铁路研究院和国内相关单位的专家、学者约320人参加会议。开幕式由学会副理事长兼秘书长马福海主持，布莱恩·莫纳卡里、丽莎·斯泰博勒等11名国内外专家作学术报告《国际重载协会未来发展战略方向：重载运输运营者从优异到卓越》《北美重载运输现状》等。开幕式后举行技术交流会，分为主论坛、圆桌论坛和3场分论坛，分论坛主题分别为“重载铁路移动装备设计制造与运用维护技术”“固定设备设计建造与运用维护技术”“运营管理、节能环保及新材料”。论坛特邀中国工程院院士丁荣军等40名重载铁路领域院士专家作报告，举行国际重载协会荣誉奖颁奖仪式、重载铁路技术研究中心揭牌仪式，举办中国重载铁路发展成就展、装备展。

国际交往　5月6—12日，中国铁路总公司副总经理王同军、学会副理事长兼秘书长马福海等7人赴土耳其参加第十届世界高铁大会。会上回答高速铁路对区域发展带来的无可争议的正面的影响，高速铁路、高速公路和机场对区域和地方发展带来的影响的不同，高速铁路是否创造就业机会，高速铁路对就业的积极影响等10个问题。

6月17—25日，学会组团赴美国参加国际重载协会2018年度理事会会议。中国铁路总公司机辆部主任申瑞源作题为“中国重载铁路发展”的主旨演讲，介绍中国重载铁路发展情况、未来规划及重载相关研究工作开展情况，分享中国铁路关于重载铁路未来发展方向的思考。经理事会投票同意，授予申瑞源重载荣誉奖。会后代表团参观先进铁路公司梅菲尔德工厂及纽约空气制动机公司，并进行技术交流。

9月28日，南非交通运输集团货运铁路公司就与中国开展技术交流事宜致函学会，希望与中国铁路总公司就基础设施维护、重要工程项目规划及项目执行等内容，开展为期2周的对口技术交流。经学会沟通协调，拟定于2019年一季度联合中国铁路总公司开展技术交流工作。

转发国际重载协会2019年技术专题研讨会征文通知，组织征文活动。已收到来自中国铁路太原局集团有限公司、中国铁道科学研究院、北京交通大学等单位论文46篇。

科普活动　制作科普挂图900份，制作科技广播、影视节目2套，制作科技光盘60张。参加活动的科技工作者301人次、专家34人次，受众人数100万余人次。编辑出版《中国铁路不可移动文物和具有保护价值的铁路建筑图册》等10余部书籍。

5月19—26日，学会率中国铁道博物馆参加在中国人民革命军事博物馆举办的全国科技活动周暨北京科技周主场展示活动。铁路展台展出复兴号中国标准动车组模型及京张高铁C3+ATO自动驾驶仿真操纵台，接待观众3.2万余人次，获2018年全国科技活动周暨北京科技周活动主场最受公众喜爱项目称号。

5月19日，中共中央政治局委员、中宣部部长黄坤明，中共中央政治局委员、北京市委书记蔡奇等领导参观铁路展区。中国铁路总公司副总经理王同军汇报中国铁路聚焦“交通强国、铁路先行”所取得的成就。学会副理事长兼秘书长马福海陪同相关活动。

5月19日，为配合全国科技活动周，学会组织邀请20余家单位参加铁路科技周活动启动仪式，在启动仪式向北京铁路电气化学校、北京交通大学詹天佑班等10家单位赠送科普图书。全国铁路科技活动周期间，学会推出“强路为民，助力发展”专题展览，在多个博物馆展出；推出铁路主题文化专家讲座、观看最新京张高铁建设宣传片、铁路科普知识趣味问卷等活动。

结合2018年全国铁路科技活动周主题、国际博物馆日主题，利用铁路文物资源，开展铁博寻宝连连看、火车雕版印刷、立体火车拼插、火车艺术创作、铁博随手拍、科普讲座等活动，传播铁路文化知识。分别参加北京市东城区、朝阳区、延庆区举办的科技活动周相关活动。

7月13—22日，参与2018城市科学节。城市科学节的主题是“科技成就梦想”。学会推出拼装火车、火车雕版印刷及火车涂鸦等社教课程。

首次参加全国科技周活动。邀请12家行业单位参加以“强路为民、助力发展”为主题的铁路科技周启动仪式，号召并组织各省级铁道学会和各分支机构同步开展科技活动。

9月15日，在北京举办全国铁路科普日启动仪式。启动仪式上举行科普讲座2场，200余名师生参加活动。在全国范围内同步举办以“智能铁路、品质生活”为主题的2018年全国铁路科普日活动。

推出2018年科普教育课程系列活动，开展你认识火车票吗、贝贝哥讲高铁之高速动车组、铁路史之詹天佑与中国铁路、机车车辆模型展示会、小小铁路员、开着火车去探索、弘扬传统文化——博物馆进校园等铁路科普知识系列活动。参加北京市科协主办的“科普嘉年华　畅享一夏”科普活动。组织、策划、制定青少年研学课程，规划青少年研学路线、制作体验项目和青少年科普知识读本。加强上海市中学生社会实践基地建设，安排上海市多所中学进行社会实践服务活动。

表彰举荐优秀科技工作者　经学会组织评审，奖励科技工作者共2506人。授予“时速350公里复兴号动车组制动系统研制”等5项成果中国铁道学会科学技术奖特等奖，授予“铁路运输信息集成平台”等24项成果中国铁道学会科学技术奖一等奖，授予“铁路大跨度上承式变截面提篮式钢桁拱桥建造关键技术”等67项成果中国铁道学会科学技术奖二等奖，授予“供电生产调度指挥系统及6C系统综合数据处理中心”等83项成果中国铁道学会科学技术奖三等奖。

经学会推荐，85名科技工作者获茅以升铁道工程师奖，并在学会组织的北京茅以升科技教育基金会第二十七届颁奖大会暨第八届桥梁与隧道工程技术论坛上为获奖者颁发证书。茅以升科学技术奖，包括桥梁大奖、土力学及岩土工程大奖、铁道工程师奖等10余个奖项，其中，铁道工程师奖由学会负责推荐工作。

党建强会　学会提升党建强会的“三会一课”学习质量，召开党员大会10次、支委会14次。组织开展“不忘初心、牢记使命——重读入党志愿书，重温入党誓词”主题党日活动。与中国铁道科学研究院开展联学联建活动，组织听取第十一届全国政协委员罗援作的题为“中国周边环境和我国外交形势”的学术报告。学会支部推送的“构建数字党建平台，打造总公司机关智能党建品牌”被“我为改革献一策”活动授予三等奖。

【中国铁道学会成立40周年年会】3月31日，中国铁道学会成立40周年年会在北京举行。会议由学会副理事长兼秘书长马福海主持。中国科协党组书记、常务副主席、书记处第一书记怀进鹏，中国铁路总公司党组书记、总经理陆东福出席会议并致辞，230余名专家、学者参加会议。怀进鹏表示，希望学会秉承科学家精神和工匠精神，团结带领铁路战线科技工作者，以全面深化改革为动力，塑造学会发展新格局，以高质量发展为导向，打造国际一流科技社团，以服务会员为根本，把学会建成科技工作者之家。大会宣读2017年度中国铁道学会科学技术奖获奖项目通知，颁发中国铁道学会科学技术奖。学会理事长卢春房作题为“不忘初心　继往开来　不断谱写学会事业发展新篇章”的工作报告，中国科协副主席何华武等4人作学术报告。会议召开中国铁道学会分支机构秘书长及省级铁道学会秘书长工作会议，要求各单位加强自身组织建设、创新学会工作思路，推动铁道学会做出新成就。

【北京茅以升科技教育基金会颁奖大会】 7月7—8日，由学会与中国工程院、北京茅以升科技教育基金会共同主办的北京茅以升科技教育基金会第二十七届颁奖大会暨第八届桥梁与隧道工程技术论坛在北京举行。第十一届全国政协副主席、九三学社中央原副主席王志珍出席并讲话。500余名专家、学者参加会议。论坛举行第27届茅以升科学技术奖颁奖仪式、主论坛报告会1场和分论坛报告会2场。报告会以“创新桥隧技术、建设交通强国”为主题，聚焦桥隧技术发展中的关键技术、问题难题和创新性、前瞻性问题，25名报告专家与来自桥梁和隧道工程领域的科技工作者，就铁路桥梁、隧道的设计、建造关键技术、发展方向进行研讨。会议征集论文100余篇，经评审，78篇论文编辑成册供会上交流。

【复杂艰险山区高速铁路修建关键技术学术研讨会】 8月22—23日，由学会、中国中铁股份有限公司主办，中国中铁二院工程集团有限责任公司承办的复杂艰险山区高速铁路修建关键技术学术研讨会在四川省成都市召开。来自中国科学院、中国工程院、中国铁路总公司、国家铁路局、中国中铁股份有限公司等相关单位的300余名专家、学者参加会议。

研讨会以“复杂艰险山区高速铁路修建关键技术”为主题，总结中国在复杂艰险山区修建高速铁路的技术成果。中国工程院副院长、中国铁路总公司总经理特别顾问何华武，中国工程院院士、学会理事长卢春房分别作主题报告《川藏铁路面临的挑战与对策》《铁路建设项目标准化管理研究与实践》。19名院士专家作学术报告，报告从研究规划、勘察设计、建设管理和现场施工等不同阶段和角度，展示复杂艰险山区高速铁路修建技术的最新发展理念、研究成果、工程技术和应用案例。部分专家现场回答听众提问，与听众进行互动交流。何华武等院士专家从环境、地质、安全、管理等方面分析川藏铁路建设面临的挑战，对川藏铁路的科学研究、勘察设计、建设施工、装备制造及运营维护等提出建议。

会议征集论文122篇，经专家审查，录用62篇，于2018年年底在《高速铁路技术》出版。

会后，《人民日报》、央广网、中青网、凤凰网等媒体对会议进行报道。凤凰网对会议主要内容进行网络直播。

【中泰工程师、建筑师工程管理制度专题研讨活动】 2018年，按照中国科协总体部署，学会推进工程能力国际互认工作，经过调研铁路“走出去”项目现状和实际需求与主要问题，确定以泰国作为铁路领域双边互认试点，以期解决中泰二期项目中国铁路工程师受控专业执业资格问题，逐步开展铁路领域工程能力国际互认工作。

7月20日和24日，学会联合中国科协国际部、人才服务中心在北京分别组织召开中泰工程师、建筑师管理制度第一次专题研讨会。中国科协党组成员、书记处书记束为分别会见来访的泰国工程师委员会（COE）主席甲蒙·达甲布和副秘书长吉拉萨·桑碰、泰国建筑师委员会（ACT）主席解甘钟·帕隆育提和秘书长蒙隆·巴吉迪·甲盛讪。中泰双方重点围绕泰国和东盟对工程师资格的有关认证要求和工程能力互认的可行性以及非泰国籍人员申请流程要求进行交流与研讨，签署《中国－泰国工程师管理制度专题研讨会议纪要》《中国－泰国建筑师管理制度专题研讨会议纪要》。

11月1—3日，学会副理事长兼秘书长马福海与中国科协人才服务中心主任辛兵等一行赴泰国参加中泰工程师（建筑师）管理制度第二次研讨会。会议期间，中泰双方研讨两国工程师、建筑师能力评价标准、评价流程等关键性问题。泰国工程师（建筑师）委员会同意中泰铁路合作项目一期工程泰国培训合格的227名中国工程师和17名建筑师通过简单申请程序和绿色通道获得兼任工程师（建筑师）资质；在东盟框架下，支持并帮助中国加入工程师（建筑师）国际互认机制（东盟10+1）。

（撰稿人：王　艳）

中国公路学会

服务创新型国家和社会建设　6月，中公科技成果转化引导基金成立。基金聚焦于中国公路交通行业的科技成果转化，助力智能交通、智慧城市领域的新材料、新设备和具有行业技术前瞻性的科技型企业创新发展，推动行业科技成果转化落地，为科技型企业和人才提供支撑。

6月，玄武岩纤维公路产业协同创新共同体成立。共同体将整合玄武岩纤维行业内各方资源，开展联合攻关，实现技术创新和产业升级，推进玄武岩纤维科技成果在中国公路工程中转化应用。

学会建设 截至2018年年底，学会有个人会员72743人、会员单位2451个。

成立交通史志与文化工作委员会。调整筑路机械分会、运输与物流分会的管理方式，对交通工程与信息化分会、环境与可持续发展分会进行更名等。

召开全体理事会议1次、常务理事会议2次。完成4个分会换届后负责人的聘任、15名理事的变更、1名理事除名、2名学会八届理事会副理事长增补等工作，批准成立自动驾驶工作委员会。通过《中国公路学会会员管理办法》修订。加强制度体系建设，编制《中国公路学会制度汇编》。

3月31日，学会在重庆市举办全国公路学会能力建设培训。培训主题为“学会治理与效能提升”。邀请中国科协、全国学会的领导和专家为全国公路学会系统工作者作专题讲座。

12月12日，由学会主办在山东省威海市召开2018年全国公路学会秘书长工作会议。会议围绕如何在新时期做好学会工作、提升服务能力、推进学会事业健康发展进行讨论和交流。

青年人才托举工程 学会首次获青年人才托举工程2名候选人推荐资格，拟在符合条件的中国公路学会会员或世界交通运输大会（WTC）技术委员会委员中，采取自荐和推荐相结合方式确定有效候选人。10月18日，发布《关于实施2018—2020年度“青年人才托举工程”项目的通知》，启动青年人才托举工程候选人推荐工作。10月30日，组织行业专家对项目申报人进行初评，9名优秀青年人才获现场答辩资格。11月3日，在北京召开青年人才托举工程评审会，9名候选人参加评审答辩。评审程序采取个人陈述8分钟和专家提问5分钟相结合的方式进行。经专家评议、投票，评选推荐北京工业大学郭猛、浙江大学陈喜群入选青年人才托举工程。

主办期刊 全年累计发行各类杂志30余万本。针对改革开放40年、中国高速公路30年、2018世界交通运输大会等重大事件和活动，策划制作专题53个。

5月18日，由学会主办的《国家交通》（*National Transportation*）入选中国科技期刊国际影响力提升计划D类项目。

6月21日上午9时，学会在北京国家会议中心举办《国家交通》新闻发布暨2018世界交通运输大会成果通报会，标志英文国际期刊《国家交通》（*National Transportation*）创立。

学科发展研究 由学会牵头，联合14家科研机构、院校和相关科技企业编制的《中国交通运输2017》于2018世界交通大会对外发布。报告总结2017年中国交通基础设施、运输网络、客运与物流服务等方面发展成就，全方位展示2017年交通运输行业发展成果。

决策咨询 学会和省级公路学会开展成果鉴定、科技评价项目300余项，通过技术咨询提出相关技术政策建议100余条。

参与中国工程院2017年重大咨询项目——交通强国战略研究重大课题，已初步结题，所承担的“交通基础设施综合优化研究”“交通强国战略保障体系研究”2个子课题研究成果获中国工程院和交通运输部认可。承担天津市、陕西省、内蒙古自治区等省市的地方交通强国战略研究工作。

联合交通运输部科学研究院共同承担“中国绿色公路发展研究”课题，阐述绿色公路内涵特征及评价体系，回顾中国绿色公路发展历程，分析新趋势、新动向和新特点，提出新时代中国绿色公路发展的总体思路、发展目标、战略重点和政策取向。

国际学术会议 6月18—21日，2018世界交通运输大会在北京召开。来自全球40余个国家和地区的交通运输领域专家、学者7500余人参加会议。大会经国务院批准，首次由中国科协、交通运输部、中国工程院共同主办，中国公路学会承办。大会以“交通让世界更美好”为主题，由开幕式、主旨报告、“一带一路”国际交通联盟主题活动、学术论坛、博览会、2018大学生桥梁设计大赛和专项发布活动6大板块活动组成。

6月，在2018世界交通运输大会期间，学会主办智慧城市交通国际论坛、中国桥梁论坛、中美院士论坛、“一带一路”国际交通合作研讨会、第二届中非交通合作研讨会、中非交通基础设施技术标准研讨会6个国际分论坛，为加强国际交通行业科技发展提供交流平台。

6月11日，第35届国际桥梁大会在美国华盛顿召开。在大会召开期间，学会主办中国主题年活动。140余名国内桥梁界的专家、学者和桥梁工程师参加会议。

10月17日，学会在重庆市举办2018国际浇注式沥青协会（IMAA）年会暨首届钢桥面铺装技术研讨会。25名国内外演讲嘉宾围绕钢桥面铺装现状、钢桥面铺装的结构形式、钢桥面铺装设计标准与方法、钢桥面铺装施工工艺及装备等进行交流与探讨。

11月1日，在北京召开首届车路协同自动驾驶国际论坛。论坛以“自动驾驶与智慧公路”为主题。来自国内外交通运输、汽车工程、通信工程和互联网产业等领域的专家、学者及来自美国、韩国、乌兹别克斯坦、尼泊尔、澳大利亚驻华大使馆的官员等400余人参加会议，研讨车路一体化自动驾驶、智能网联交通系统等问题。

国内主要学术会议　学会及分支机构全年举办年会、研讨会、报告会、论坛等学术活动共150余场次，提交学术交流论文4000余篇。

3月29日，学会在山东省青岛市举办第二十届中国高速公路信息化研讨会暨技术产品展示会。大会以“转型、升级、发展”为主题。来自交通运输主管部门，高速公路建设、运营管理单位和部门，高速公路信息化等单位4000余名代表参会、参展。参会行业专家研讨高速公路信息化形势、“互联网+”管理、移动支付、车路协同、“ETC+”、智慧监控、智慧养护等问题。

10月24日，在江西省南昌市召开第四届绿色公路技术交流会。会议以“践行绿色理念，提升品质工程”为主题。全国各省市近600名代表参会。参会代表围绕绿色公路建设、绿色新技术与新材料的应用、绿色公路理念与创新等问题展开交流。

11月5日，在安徽省滁州市召开2018中国隧道与地下工程大会暨中国土木工程学会隧道及地下工程分会第20届年会。会议就未来国际隧道技术的发展及与中国公路工程、隧道工程等方面的发展进行讨论。

12月5日，在江苏省苏州市召开第二届旅游交通大会。会议主题以“融合带来新机遇”为主题。来自全国各地交通行业、旅游行业的从业者代表约700人参加大会，探讨旅游与交通的深度融合发展之道及促进旅游与交通转型升级发展等话题。

两岸交流　11月14日，学会在广东省珠海市联合广东省科协、香港公路学会、澳门工程师学会主办大湾区交通发展带来的机遇峰会及海峡两岸及香港、澳门青年科学家交通论坛。围绕大湾区交通发展机遇、基础设施建设、城市发展规划、企业投资创业、科技创新发展等方面内容，展开交流探讨，促进粤港澳大湾区交通基础设施互联互通和粤港澳三地在科技、工程、交通等领域的交流与合作。

国际交往　学会全年接待10余批次、300余名来自10余个国家和中国台湾地区、香港特别行政区的同行和科技工作者。邀请800余名国外专家参加世界交通运输大会，开展学术交流。

1月，组织赴美国参加第九十六届美国交通研究委员会年会。与美国交通研究委员会就双方开展合作达成初步共识。

7月，组织赴南非参加第37届南非交通研讨会并访问莫桑比克，推动非洲国家交通部门、科研机构和当地企业加入“一带一路”国家交通联盟。

9月，组团赴丹麦参加世界智能交通大会并访问瑞士，并就世界交通运输大会的合作与智能交通国际组织达成初步共识。

科普活动　学会向中国科协推荐全国工程勘察设计大师、中交公路规划设计院有限公司副总经理、港珠澳大桥总设计师、教授级高级工程师孟凡超担任中国公路学会首席科学传播专家。

5月19—26日，组织开展“科普让生活更美好”主题宣传活动。动员全国各省级公路学会、中国公路学会各分会、51家全国公路科普教育基地、64名公路科学传播专家联合开展科普活动。

6月19日，与中交公路规划设计院有限公司联合主办2018世界大学生桥梁设计大赛。收到参赛作品224部。来自多个国家52所大学的920名学生参赛。经各学校推荐、大赛组委会初评，总分前10名的作品进入总决赛。在2018世界交通运输大会上举行世界大学生桥梁设计大赛现场总决赛暨颁奖典礼，通过方案汇报、专家质询，评选出特等奖、一等奖和二等奖。

9月15—21日，组织全国公路科普教育基地、各级公路学会、科学传播专家及公路行业相关单位开展以“创新引领时代，智慧点亮生活”为主题的公路知识普及宣传活动。

9月1—30日，联合中国知网开展“科普公路知识，提升创新能力”线上科普活动，面向公众免费开放《现代公路创新发展知识资源总库》《四好农村路专题知识库》2个数据资源库使用权限，为公路领域各行业提供科普信息。

表彰举荐优秀科技工作者　开展2018年中国公路学会科学技术奖的申报服务工作，全年受理申报项目557个。

受中国土木工程学会委托，完成詹天佑大奖的推荐工作，推荐北京市政路桥管理养护集团有限公司和黑龙江省公路勘察设计院的2项工程。

开展中国公路学会优秀科技工作者评选工作，经学会评审，授予上官甦等10人第三届十佳全国公路优秀科技工作者荣誉称号，授予于志兵等40人第三届全国公路优秀科技工作者荣誉称号，并在学会成立40周年纪念会上进行表彰。

党建强会 学会党委组织多种形式党的十九大精神宣讲活动，发挥学会党委书记和党委委员带头引领作用。建立《中国公路学会分支机构党建工作联系人制度》《中国公路学会党风廉政建设规定》《中国公路学会联系科技工作者制度》等制度，深化“两个全覆盖”，加强党联系科技工作的作用和党委廉政建设。

参与创建星级学会党组织的评价工作。党委办公室汇总党建工作材料，形成完整材料汇编，提交中国科协科技社团党委进行评定，获优秀学会党组织（八星级）的荣誉。

学会党委将“党建+扶贫”列为党建强会重点工作，开展科技助力精准扶贫活动。学会联合交通运输部科学研究院、中社交通公益基金，并在学会会员单位山西喜跃发集团公司和山西交科公路勘察设计院支持下，为山西省临县城庄镇程家塔村捐建一座爱心桥。

会员服务 编撰《中国公路学会通讯》，每月出版1期，便于会员了解学会动态、行业政策、技术发展等信息。学会会员可优先参与学会活动和在学会期刊发表论文，并享受会员优惠政策。根据会员需求，主动为会员单位举办技术推广、人才培训、成果鉴定等服务，加大对个人会员和公路科技工作者的举荐表彰力度。通过举办会员日、走访慰问等活动，增强学会与会员之间的联系。利用学会微信公众号、网站等信息化平台，定期为会员推送公路科技信息。

【2018世界交通运输大会】 6月18—21日，由中国科学技术协会、交通运输部、中国工程院主办，中国公路学会承办，国内外交通运输科技组织共同支持的2018世界交通运输大会（World Transport Convention 2018，WTC 2018）在北京国家会议中心举办。

大会以“交通让世界更美好”为主题，吸引多个国家交通主管部门的主要领导、30余名院士及来自50多个国家和地区的交通主管部门、驻华使馆、国际组织、高校、科研机构、企事业单位的7500余名代表参加会议。

大会涵盖开幕式暨主旨报告、“一带一路”国际交通研讨会、学术论坛、交通科技博览会、2018世界大学生桥梁设计大赛、WTC智库产品发布及专项活动6个板块，表现为“会、展、赛、商”4种基本形式，展示世界交通运输发展的最新科技成果。

大会举办主题论坛59场、专项活动9场、专题论坛890场、墙报展示230场，共计1188场。内容涵盖大数据、高铁技术、未来交通、城市大脑、智能交通、交旅融合、新能源汽车、共享经济与绿色出行等交通运输领域热点和前沿话题。发布《中国交通运输2017》等系列智库产品。召开未来交通研究所2017年成果发布会。举办“一带一路”国际交通研讨会（BRITS）及“一带一路”国际交通联盟（筹）工作会。会议期间，行业科技奖颁奖仪式等多场专项活动同步进行。

2018世界交通运输大会交通科技博览会汇集全球交通运输领域的最新技术、工程实例和智能交通、未来交通生态体系，有240多家产、学、研单位参展。举行2018世界大学生桥梁设计大赛现场总决赛，10支通过初赛和预赛的队伍进行现场比赛。

【“一带一路”国际交通联盟】 截至2018年年底，有来自50余个国家的约100个单位申请加入“一带一路”国际交通联盟。学会起草联盟中英文章程并逐一征求和汇总会员意见，在筹备会上进行讨论。6月，在2018世界交通大会期间，召开“一带一路”国际交通联盟（筹）工作会，讨论通过联盟中英文章程，提出联盟筹备工作小组、联盟理事会成员名单。学会启动联盟注册成立程序，推动联盟筹备工作。

在2018世界交通运输大会期间，联盟举办“一带一路”国际交通研讨会（BRITS），集中探讨“一带一路”交通基础设施投融资与PPP，“一带一路”国际物流与运输便利化，加强“一带一路”沿线各国在交通运输基础设施建设领域的互联互通、交流融合，建设安全、智能、绿色、可持续发展的现代化交通运输系统等交通科技前沿热点问题。

【山西省临县城庄镇程家塔村捐建桥梁仪式】 8月25日，在学会举办的中国公路事业发展40年暨中国公路学会成立40周年纪念会上举行为山西省临县城庄镇程家塔村捐建桥梁仪式。学会党委组织举办“尽微薄力 筑爱心桥”——中国公路学会党员干部为山西临县程家塔村建设桥梁捐款活动。学会党委书记翁孟勇，学会秘书处全体党员、全体干部，《中国公路》杂志社全体党员、全体干部参与捐款活动。爱心桥由学会联合交通运输部科学研究院、中社交通公益基金，在学会会员单位山西喜跃发集团公司和山西交科公路勘察设计院支持下捐建。

（撰稿人：李 乾）

中国航空学会

服务创新型国家和社会建设 学会组织专家鉴定20个单位申请的61项科技成果，包含ARJ-21飞机整机、大型民用飞机（AC313）研制等国家重点研发计划。科技奖评审委员会主任胡海岩，学术工作委员会主任甘晓华、副主任唐长红，资深会员张福泽等专家参加成果鉴定。7月10日，在北京召开2018年度综合评审会，评出获奖项目35项。

4月20日，信息融合分会召开东方科技论坛。聚焦信息融合技术前沿，推动相互合作和信息融合技术的进步，为国家和上海在信息融合技术方面的发展和战略布局提供咨询建议。

下半年，走访江苏省淮安市、湖北省荆门市、江西省南昌市和景德镇市、湖南省郴州市等地，与地方政府交流探讨，共同建设融产教科研一体的航空综合体。

5月27日—6月1日，学会承办的2018年人社部专业技术人才知识更新工程高级研修项目“中国无人机产业领军人才高级研修班”在湖北省武汉市举办。来自全国无人机产业上下游企业和相关主管单位的70名高级工程师及高级管理人员参加培训。

7—11月，完成中国科协2018年创新驱动助力工程项目“军民融合助推西部产业发展研究”课题。通过对四川省、陕西省、甘肃省等地调研，研究西部地区军民融合发展需求、优势、不足，以航空产业为重点提出西部地区军民融合发展建议。

8月，承担北京经信委的“北京市无人机产业发展研究”项目，为北京市无人机产业发展规划提供专业咨询并被采纳。

11月14日，在江西省南昌市举办院士专家共话江西航空产业高质量发展高端对话。江西省政府副省长吴晓军、学会理事长林左鸣出席并讲话。中国工程院院士刘大响、甘晓华、王振国、赵振业、李明、何友到会并建言献策。

学会能力提升计划 经申报、专家评审和现场答辩，学会入围中国科协创建世界一流学会工程。

学会建设 召开九届五次理事会议、九届九次及九届十次常务理事会议、2018年工作会及各工作委员会会议等工作性会议。完成2017年民政部年检等工作。加强对专业分会、会员工作站和地方航空学会的指导与支持，推动鸟撞分会、飞行汽车分会有关筹备工作的开展，推动江西省航空学会完成换届，指导福建省航空学会完成换届。

学会治理结构和治理方式改革 承担中国科协青年科技人才成长服务平台建设项目（应用研究及国防领域）。

青年人才托举工程 8月中旬，完成第四届（2018—2020年度）青年人才托举工程申报工作。学会推荐的4名优秀青年人才入选。承办中国科协第347次青年科学家论坛——制导导航与控制前沿技术青年科学家论坛，举办青年人才成长沙龙等活动。

主办期刊 学会主办学术期刊5种、科普期刊2种，全部完成预定编辑出版及发行工作。《中国航空学报》（英文版）回归Q1区，影响因子由1.307增至1.614，增幅23.49%，总被引频次由1655增至2138，增幅29.18%。《航空材料学报》实现在线排版，缩短论文发表周期。《航空动力学报》在中国各学科顶级期刊名单中进入Q2区，并在Q2区航空航天科学技术类期刊中排名第3。《航空工程进展》在北大中文科技核心期刊综合定量评价指标评比中，排在航空航天类38本刊物的第19名。

学科发展研究 承担中国科协、中国科协军民融合学会联合体等上级单位的“2018—2035年中国浮空器系统发展路线图”“2016—2035无人驾驶航空器发展路线图”“电磁超材料前沿技术热点综述”“临近空间飞行器前沿技术热点综述”“军民两用技术指南”等6项学术研究项目。

决策咨询 7月，学会受商务部委托，完成2宗设立合营企业的反垄断调查。

学会推进工程教育认证航空航天分委员会组建工作。

全年与江苏省科协、江西省科协和浙江省建德市、四川省绵阳市、湖北省荆门市等地方政府签署战略协议，共同促进航空产业发展。与中科招商集团、四川天立教育、江西军工思波等企业签署合作协议，共同开展航空综合体建设、航空教育培训。

国际学术会议 3月20—21日，2018民航空中交通管理科学技术交流会在北京召开。会议由北京航空航天大学和中国航空学会航空电子与空中交通管理分会联合主办。近 300 名嘉宾参加活动。

4 月 17—18 日，2018（第七届）民用飞机航电国际论坛在上海市召开。近 600 名嘉宾、约 20 家展商参与论坛。

8 月 10—12 日，2018 IEEE/CSAA 制导、导航与控制学术会议在福建省厦门市举办。国内外 680 余名代表和嘉宾参加会议。

9 月 9—15 日，第 31 届国际航空科学大会（ICAS 2018）在巴西举办。会议规模 800 余人，代表来自 40 余个国家。中国 60 余名学者参会，近 30 名由学会统一组织参会，8 名任职委员参会并履职。学会设置展台，发放宣传材料，宣传将在上海市举办的第 32 届国际航空科学大会。学会领导在大会闭幕式上向代表发出第 32 届国际航空科学大会邀请。

9 月 18 日，2018 年（第十二届）商用飞机复合材料应用国际论坛在山东省青岛市召开。来自中国、美国、英国、以色列、比利时等国家和地区的 120 余名代表参会。论坛安排口头报告 26 篇。

10 月 16—18 日，2018 亚太航空航天技术学术会议（APISAT 2018）在四川省成都市开幕。与会代表近 400 人，包括来自澳大利亚、韩国、日本、加拿大、越南、印度等国家的境外代表约 100 人。来自 4 国的专家分别作大会报告。大会报告后，安排 300 余篇文章在近 80 个技术分组中进行宣读交流。

12 月 12—14 日，学会与国际民航组织（ICAO）、深圳市政府及北京航空航天大学联合主办的第二次国际民航组织下一代航空专业人才全球峰会在广东省深圳市召开。来自 82 个国家及地区的 1000 余名代表出席会议。

国内主要学术会议 9 月 5 日，第八届中国无人驾驶航空器系统大会暨展览会在北京召开。理事长林左鸣出席并宣布开幕，学会副理事长李春宏、吴松及来自军方、政府、用户、制造商、投融资机构、运营与服务企业等无人机全产业链的 300 余名代表出席会议。

11 月 4—6 日，第八届中国航空学会青年科技论坛在广东省江门市举行。学会理事长林左鸣，中国工程院院士王兴治，中国科协军民融合学会联合体成员学会领导，航空航天相关高校、科研院所的 320 余名科技工作者参加论坛。

国际交往 根据学会与美国航空航天学会（AIAA）签署的谅解备忘录，组织国内作者投稿并参加其年度航空大会暨展览会。经评审，录用国内作者稿件 107 篇。

7 月 13 日，学会参加 2018 年第 51 届范堡罗国际航展。参展期间，学会代表团访问英国皇家航空学会就一系列工作领域达成合作共识，并在 11 月珠海航展期间签署谅解备忘录，开启中英双边交流。

9 月，ICAS 年度执行委员会工作会在巴西召开。学会副理事长张新国作为执委会委员应邀出席会议，参与关于国际组织未来发展规划、委员会设置等重大事项的讨论与决策。中国 7 名委员出席程序委员会工作会，对 ICAS 2018 大会征集的论文进行评审与分组，协助邀请分组交流主持人与报告人。

11 月 15—19 日，学会与深圳市政府共同拜访加拿大国际民航总部，共同商议第二次国际民航组织下一代航空专业人才全球峰会的落实并签署协议。

科普活动 学会组织开展航空科普活动 26 项，参与人数近 15 万人次。新增全国航空特色学校 20 所、航空科普教育基地 1 个、以王亚男为首的航空知识科普传播专家团队 1 个。

举办第三届中国航空创新创业大赛。大赛收到 239 个参赛项目，经过初评、复评和全国总决赛，2 组各评选出 10 个全国十强获奖项目。9 月 6—9 日，在绵阳科博会上举办中国航空创新创业大赛优秀项目展，展示历届优秀项目，同期举办 2018 中国航空产业创新峰会。

10 月 13—15 日，在山东省荣成市举办“歌尔杯”2018 涡喷大师编队邀请赛。学会理事长林左鸣，威海市市长张海波，中国科协科技社团党委副书记刘桂荣及中国航空学会、荣成市政府等相关单位的领导和嘉宾出席开幕式。来自德国、英国等国家及香港地区的 12 支顶级队伍 30 余名涡喷模型赛选手参赛表演。大赛期间，举办“蓝天飞梦”青少年模拟飞行大赛、教育无人机研学邀请赛、航空嘉年华、航空重点院校创新展等航空科普活动，累计参与 10 万余人次。

11 月 2—4 日，“航空工业杯”第六届国际无人飞行器创新大奖赛暨 2018 安吉航空嘉年华活动在浙江省安吉县举办。学会理事长林左鸣、副理事长李春宏等领导出席开幕式。大奖赛为年度竞技类赛事，设有固定翼、旋翼、固定翼第一视角穿越等项目。来自国内相关单位的 25 支队伍参赛。比赛历时 3 天，吸引观众近 6 万余人。

表彰举荐优秀科技工作者 组织开展优秀科技工作者代表推荐工作。推荐3名科学家代表人选、3名基层科技工作者代表人选，其中，中国科学院院士顾诵芬院士、中国工程院院士尹泽勇当选，并出席5月30日中国科协召开的“百名科学家、百名科技工作者座谈会”。推荐张福泽、严亮等多名航空科技专家为中国科协多个人才项目评审专家。

学会创新发展 推进以中国航空学会APP为主的信息化平台建设，基本完成集会员服务、在线服务、报名缴费等为一体的综合化服务平台。全年在线创建各类活动16项，其中，在线投票活动1项、会议活动15项。通过平台浏览活动信息用户20余万人，注册用户账号3万余人，其中，在线报名1576人，在线缴费865人。第八届未来飞行器创新大奖赛决赛网络最佳人气奖投票环节得到1万余名用户关注，近6000人参与投票。

党建强会 牵头搭建中国科协军民融合学会联合体党建强会服务平台，动员全会参与。在广西壮族自治区百色市与河池市、贵州省安顺市普定县与遵义市务川仡佬族苗族自治县、广东省深圳市组织大规模主题活动3次，组织党员专家近230人次，为15所中小学校6.5万余名中小学生开展科普报告47场、专业航模表演14场，捐赠图书9000余册、航模9600架，有1.1万名中小学生在专家指导下完成航模制作与放飞，广西电视台、广西电台、光明网、《河池日报》、今日头条、人民图片网、深圳电视台、《深圳日报》等媒体对活动进行报道。申请承担中国科协全国学会党建研究会调研课题，加强党建理论研究。

会员服务 学会2018年全国科技工作者日活动以7家会员工作站为主，全会近20家基层组织集中开展特色活动30余项，直接受众1万余人。以张福泽院士延长飞机日历寿命理论与方法培训班、科技创新与科学普及走进航空科研生产一线及根据单位会员需求提供针对性上门培训为代表，开展面向广大会员和航空科技工作者的科技培训30余场，累计受众4500余人。

（撰稿人：杨　亮）

中国宇航学会

服务创新型国家和社会建设 在中国科协支持下，与地方政府、科协、科技馆等相关部门合作开展航天放飞中国梦巡展，分别在江西省赣州市、贵州省贵阳市举办航天科普展，累计40余万公众参观。

开展中国科协创新驱动助力工程项目“广州干细胞与再生细胞空间实验创新平台建设”，推动保定创新驱动发展示范市和环首都现代农业示范带中相关领域合作建设。

学会能力提升计划 学会按照中国科协第三期全国学会能力提升专项“世界一流学会建设项目”工作计划，以建设世界一流宇航科技社团为发展目标，完成全年各项任务指标，实现学会能力提升预期目标。结合航天中心工作，开展学术交流和科普活动、拓展国际交流与合作、有序承接政府转移职能、助力航天科技工作者成长成才，完成各项工作，推动航天学科发展和技术创新，强化学术交流国际化、科普活动品牌化、咨询服务高端化、商业航天产业化。

学会建设 召开第七届理事会第二次会议、第三次和第四次常务理事会议等，审议通过学会全年工作总结、2018年中国航天日专项工作及学会全年国际合作、科普等重点工作内容。

推进个人会员实名化工作。截至2018年年底，学会有个人会员33275人，会员单位137个。制作学会2018年宣传资料1万余册。

学会和各专业（工作）委员会组织各类学术交流活动26次，参加人员6600人次，发表论文1800余篇。

学会治理结构和治理方式改革 10月，启动学会内设机构重构工作，优化调整各内设机构。

制定干部管理、职称管理、人事档案管理、退休工作管理等管理制度，优化人力资源操作流程，将学会人才建设工作科学化、规范化。以制度建设为抓手，健全内部控制体系，全年制（修）订财务管理、人力资源管理、基础保障与公共管理等多项制度。

青年人才托举工程 推荐4名航天优秀青年人选2018—2020中国科协青年人才托举工程项目，累计15名航天优秀青年入选。

4月24日，学会在黑龙江省哈尔滨市召开航天青聚夜2018年中国宇航学会青年专家论坛。近200名航天青年、高校师生参加会议。航天科技集团公司党群工作部副部长、团委书记王双军作题为“青春陪伴航天梦”的报告。中国工程院院士龙乐豪、载人航天工程运载火箭总设计师张智、航天三江集团型号副总师刘萧磊、哈尔滨工业大学教授于达仁及青年人才代表就论坛主题“航天青年如何成为航天领袖”接受访谈并向青年人才送上祝福语。

主办期刊 《宇航学报》入选中文核心期刊、中国科技核心期刊、EI源期刊。11月，在由中国科学技术信息研究所举办的中国科技论文统计结果发布会上，《宇航学报》获百种中国杰出学术期刊称号。根据《2018年版中国科技期刊引证报告》，《宇航学报》核心影响因子为0.942，为学科平均水平0.430的2.2倍，较2017年0.885提高6.4%，综合评价总分保持航天科技期刊第1名。12月，《宇航学报》入选中国科协2018年度中文科技期刊精品建设计划。

英文刊《航天科技前沿》（*Advances in Aerospace Science and Technology*）与国际出版集团斯普林格和国际宇航联合会合作，被选为2018年第69届国际宇航大会专刊。

《太空探索》杂志进行全新改版，注重以深度科普专题解读航天重大进展和热点事件，新设互动栏目，向大众普及航天科技知识，提升读者阅读体验。

3月30日，学会航天科技期刊工作委员会在北京召开年度工作会。来自50余种航天领域科技期刊的60余名代表参加会议。会议表彰13种优秀期刊及21名优秀期刊工作者。

学科发展研究 学会征集的航天运输技术难题入选中国重大科学问题和重大工程技术难题，在第20届中国科协年会上发布。

10月，由学会承接的“航天科学技术学科发展研究（2018—2019）”项目启动。项目将对航天重点学科开展专题研究，总结回顾航天技术发展现状，比较国际相关技术发展，提出航天学科未来发展趋势及发展战略，预计将在2019年上半年结题。

学会所属国际宇航科学院（IAA）研究中心（北京）作为IAA总部外唯一的实体分支机构，参与IAA研究工作。全年完成IAA“世界航天史”丛书《俄罗斯航天史》的编辑出版工作，通过IAA面向全世界公开发行；完成《商业载人航天》《低成本快速交付小卫星的需求与定义》等研究报告的出版工作。

决策咨询 学会完成“世界卫星及应用产业发展研究”“卫星导航法律责任研究”“IAA宇航前沿研究成果发展报告与资源建设”等课题研究，配合中国科协开展“世界一流学会标准体系及建设方法研究”“国家双创示范基地评估”等工作，完成工信部《中国智能制造重点领域发展报告（2018）》中航天领域的编写工作。梳理知名智库IAA的研究成果和文献，开展研究小组报告、ACTA期刊快报的编译和整理工作。

国际学术会议 5月27日，学会承办第20届中国科协年会“天地往返运输技术研讨会”，来自中、美、俄、法、德、意等国40余家航天机构的100余名专家、学者参会。来自中、法、德、俄、意5个国家共10个航天机构的专家为参会代表作3个专场累计10个专题报告。来自中、法、德、俄4个国家7家航天机构的10名航天专家就Space X公司Falcon 9运载火箭的发展和应用等问题举办圆桌会议进行专题研讨。

7月30日—8月3日，由学会和美国俄亥俄州立大学共同主办的首届中美航天青年专家研讨会在北京召开。50余名学生和青年学者参加会议。研讨会包括专题讲座、圆桌会议、模拟法庭竞赛、技术参观等内容，议题涵盖航天项目设计与管理、风险管理的经验与方法、领导团队的经验与方法、太空治理与太空安全、对地观测应用、国际空间合作谈判等。

9月18日，由中国科协主办、学会承办的太空探索与人类未来主题论坛在国家会议中心举办。论坛是世界公众科学素质促进大会的重要分论坛之一，旨在通过与人类生活息息相关的航天主题演讲，让人们了解中国航天及世界航天文化，提升公众航天科学素养，探索普及航天科学知识的有效途径。国外航天领域专家、学者参会，包括前联合国外空司司长马兹兰·奥斯曼在内的美国、日本等10余个海外国家的代表参加论坛。

11月26—27日，学会举办第五届中俄工程技术论坛。论坛主题为“促进航天技术进步、服务社会经济发展”。参会人数200余人，包括19名俄方专家，中俄双方专家分别作主旨报告及交流研讨。中俄有关单位签署合作意向书10项。

12月7日，由学会主办的2018年银河论坛在北京举办。来自美国、奥地利、韩国、泰国等国家和地区政府机构官员，国际组织代表等共150余人参加论坛。杨利伟致开幕词。会议展示世界月球探测与观测发展的最新成就，展望载人登月任务的发展前景，推进月球观测与探测领域的交流与合作。

国内主要学术会议 在2018年中国航天日主场活动中，学会承办航天日主场活动、首届中国航天大会、首届中国航天创业创新大赛、中国航天科技教育校长论坛、商业航天产业国际论坛、航天放飞中国梦航天科普展、国家航天局科普教育基地评选、第七届太空画大赛颁奖、“我的太空梦想”文学艺术活动、航天图书展示等系列活动。

4月23—25日，由学会主办的首届中国航天大会在黑龙江省哈尔滨市召开。

9月26日，由学会主办的航天领域大数据应用研讨会暨2018中国宇航学会工作会在贵州省贵阳市召开。300余人参加会议。会议邀请5名专家作大会主旨报告，分享航天大数据潜能、应用、发展的思考与建议。开幕当天举办企业交流会，贵州省贵阳市有关部门及大数据企业、航天企业100余人参会。

10月29—31日，由中国科协学会学术部主办、学会承办的第三十期中国科协所属全国学会秘书长沙龙在北京举办。来自中国科协所属41个全国学会的秘书长、副秘书长参加活动。活动邀请5名学会负责人和有关专家作专题报告，围绕科技社团国际化发展方向、外籍会员备案管理等内容进行研讨交流。

国际组织任职 截至2018年年底，累计推荐11名专家担任国际宇航联合会（IAF）和国际宇航科学院（IAA）副主席，25名专家任职IAF、IAA执委以上职务；118名专家成为IAA院士，仅次于美、俄。

协助IAF副主席杨保华履职；推荐1名专家当选IAA空间生命科学专业委员会副主席；推荐1名专家进入IAF载人飞行委员会；推荐15名中国专家当选IAA正式院士和通讯院士。

国际交往 5月19—26日，中国宇航学会组织8人代表团参加在乌拉圭举办的2018年全球航天应用大会（GLAC）。

7月10—19日，学会组织航天智能制造能力建设技术交流团，赴德国、荷兰和英国执行出访任务。出访德国西门子3D打印工厂、西门子安贝格工厂、欧洲空间研究和技术中心、荷兰代尔夫特理工大学、英国谢菲尔德大学先进制造研究中心及2050未来工厂等地，调研增材制造和数字孪生技术、数字化工厂、并行作业模式、先进工艺技术中心研发模式及定向人才培养模式等相关领域。学会与荷兰航天局、中国驻荷兰大使馆、英国航空航天防务安全联合会代表举行会谈。

10月1—5日，组织70余人的中国航天代表团参加在德国不来梅召开的第69届国际宇航大会（IAC）。中国航天专家参与IAF的相关技术和管理委员会活动，交流论文近100篇。由学会发起成立的IAF卫星商业应用专门委员会在大会期间首次组织技术分组会，举办中国新一代返回式卫星搭载服务全球网络论坛。学会与国际宇航联合会、国际宇航科学院、国际空间法学会、欧洲航天联盟、美国航空航天学会、美国凯赖斯基金会、美国宇航学会、日本火箭学会、阿联酋穆罕默德·本·拉希德航天中心等组织机构就未来合作项目开展双边会谈。

科普活动 9—10月，学会举办世界空间周科普宣传系列活动。活动举办报告会、研讨会等形式的会议及活动70余场，受众320余万人（含网络）。70余家媒体对世界空间周活动进行报道，与搜狐网合作制作世界空间周专题网页，点击量达290万次，10月7日的日点击量最高达33万次。10月7日，由国家航天局主办，学会和中国科技馆承办的庆祝2018年世界空间周科普报告会在中国科技馆举行。中国工程院院士钟山出席会议并作报告，中国科技馆副馆长隗京花等领导出席报告会，约450人参加报告会。

7月15—21日，由中国航天科技集团有限公司主办，中国宇航学会承办，何鸿燊基金会赞助的“梦想航天　情系中华”——航天科技夏令营在北京举办。来自香港特别行政区、澳门特别行政区及台湾地区和新加坡的110名师生参观中国科学院遥感与数字地球研究所、中华航天博物馆等航天科研单位。

7月16日，由中国科协主办，中国科协青少年科技中心、学会承办的2018年空间站搭载青少年科学实验方案训练营在北京开营。来自全国数十所学校的近50名师生参加。7月18—20日，由中国科协和教育部共同主办的全国高校科学营在北京举办。由学会带队的220名师生参加航天专题营。学会获2018高校营优秀组织奖荣誉。

8月3—17日，由学会主办的2018年赴美国太空夏令营举办。30名营员在美国亨茨维尔太空火箭中心进行5天封闭式训练，获得毕业证书。

在2018年全国科普日期间，学会组织参加北京主场活动，受到科协公开发文表扬。

表彰举荐优秀科技工作者 5月30日，由学会推荐的中国航天科工集团有限公司副总经理、党组成员魏毅寅获第十二届光华工程科技奖。

由学会推荐的原航天科工集团总经理夏国洪和中国运载火箭技术研究院龙乐豪分别获2018年度国际宇航联合会（IAF）阿兰·艾米尔奖和名人堂奖；中国资源卫星应用中心主任徐文获2018年度国际宇航科学院社会学部奖。

学会创新发展 学会启动航天产业化服务平台建设工作，开展商业返回式卫星搭载业务。学会将依托由学会发起成立的国际宇航联合会卫星商业应用专门委员会，开展包括空间育种、空间微生物、空间科学实验、新技术验证、空间制药、空间材料、文化创意产品等在内的国际搭载业务，推动卫星商业应用的国际合作。

12 月 5 日，由学会主办的天地航班——中国首次商业返回式卫星服务科学传播沙龙在北京科学中心举行。参会专家、记者围绕如何更好地开展返回式卫星搭载服务，如何让“高大上”的搭载实验研究成果更“接地气”，展开探讨与交流。

党建强会 学会理事会党委召开专题学习会，组织开展学习贯彻党的十九大精神系列活动。学会党建强会微信专栏刊载“党的十九大系列学习”内容。

全年组织学会全体党员赴雄安市民服务中心、白洋淀雁领翔抗日战争纪念馆开展“七一”主题党日教育活动；开展“不忘初心 牢记使命”2018 年度微党课比赛；组织党员赴井冈山开展党日主题特色活动；开展“不忘初心 牢记使命——学习习近平总书记系列重要讲话精神朗读会”等活动。

会员服务 实现会员与航天知识、会展、文创等服务绑定。搭建微信公众号、中国航天科普网、中国航天期刊平台等，构建互联网生态环境，丰富联系服务会员机制手段。

【首届中国航天大会】 4 月 23—25 日，在第 3 个中国航天日活动期间，由学会主办的首届中国航天大会在黑龙江省哈尔滨市召开。大会以“共筑航天新时代”为主题。大会通过主旨报告、专业论坛、青年活动和科普宣传等形式，聚焦航天产业政策、相关领域技术发展和专业前沿热点问题。来自国内外航天领域的 2000 余名专家、学者参会。大会组建学术委员会机构，14 名中国科学院、中国工程院院士和 60 余名国内航天技术专家担任委员会的首批高级顾问和专家委员。

在大会主论坛上，国防科工局总工程师田玉龙解读中国政府对航天产业政策保障体系的建设情况。科技集团王巍和科工集团符志民，代表中国航天两大核心企业，围绕航天未来发展路径分别作主旨报告。中国载人航天工程总设计师周建平介绍未来中国空间站的有关情况。航天一院龙乐豪介绍未来 10 年的重复使用航天运输系统发展情况。来自中国科学院、中国气象局、中国卫星导航系统管理办公室、国防科工局重大专项工程中心、探月与航天工程中心、航天有关科研院所的领导和院士专家及代表民间商业航天技术发展的企业家，分别就中国空间科学卫星计划、“一带一路”信息走廊、北斗系统、探月工程、气象卫星、空天飞机、空间人工智能技术、航天制造等最新研究成果、发展技术路线和战略研究方向等作主旨报告。大会开展包括智慧火箭与火箭智慧技术、空间机器人技术及应用、先进小卫星技术与应用、空间太阳能电站、太空态势感知等专业论坛 12 个，从多学科、多角度探讨中国航天科技发展现状与未来。

大会运用大数据、互联网和人工智能技术，通过主流数字媒体、微信平台、专题宣传网页等方式，推进信息共享。大会通过与多家国内航天领域知名期刊合作，搭建具有影响力的会议成果发布平台。

（撰稿人：曹亚君）

中国兵工学会

服务创新型国家和社会建设 12 月，经组织专家评审，以工作简报形式，将《陆战智能武器装备未来发展建议》和《我国智能化无人装备发展建议》上报常务理事会。12 月，出版《无人胜有人——聚焦无人平台技术发展与应用》，向群众普及无人平台知识，宣传兵器行业军民融合科技重点发展方向。

试点开展军工安防企业和从业人员水平评价工作，39 个单位取得军工安防资质证书。全年评选 30 人获军工安防水平资质，评选 16 家企业获企业资质证书，部分企业因此获公安部招投标。成立中国兵工学会军工安防研究院，设天津分院和深圳分院；天津分院获批立项“枪型催泪发射器”项目，联合兵装 216 厂和兵器 104 厂，开发产品模具，确定弹体参数，完成试验样机。

全年开设公共基础类、工商管理类、信息技术类、工程技术类及医疗教育类 5 大类 55 门课程，包括根据会员需求和新兴技术领域发展新开的 25 门。采购发放教材 55 种 8102 册。新编考核大纲、辅导教材 25 种，共计 29 万余字。招收学员 8054 人。累计开考 135 科次，考试人数 15265 人次。表彰和奖励 2017 年度 52 名继续教育先进工作者。

学会能力提升计划 学会承接中国科协、国家发展改革委、军委科技委委托的“军民两用技术创新发展指南”项目，完成海洋应用等 9 大领域 30 项重点技术的发展应用和产业化发展报告。初步建立军民两用技术领域稳定研究团队、高端智库和研究模式。

承接中国工程教育认证协会专业认证任务，开展机械类专业工程教育认证和兵器类专业试认证。9月，获中国工程教育认证协会机械类专业工程教育认证授权。11月，对大连理工大学等14所高校申请的19个专业进行评审，获机械类专业认证委员会认可。推进兵器类工程教育试认证工作，制定编写兵器类专业未来3年和5年的认证规划框架；受理北京理工大学弹药工程与爆炸技术专业和南京理工大学武器系统与工程专业2个专业的兵器类专业工程教育认证申请，完成对北京理工大学弹药工程与爆炸技术专业的自评报告评审。

学会建设 学会召开八届九次、十次常务理事会议，八届五次理事会议和中国兵工学会第37次工作会，开展换届及委员变更工作。截至2018年年底，学会理事会有理事186人、常务理事59人；学会有普通会员34112人、高级会员762人、会士49人。

青年智库提交的决策建议促使学会成立智能武器装备专委会。

完成《兵器知识》信息服务平台、兵器大学教育培训管理系统功能更新、维护办公自动化系统、学术会议数字管理系统、《兵工学报》学术期刊稿件管理系统、*Defence Technology* 在线投稿审稿系统等信息化建设。

主办期刊 学会主办学术期刊15种，其中，以《兵工学报》为龙头。根据中国科技信息研究所《2018年版中国科技期刊引证报告》,《兵工学报》综合评价得分81.8分，分别位列兵器学科21种核心期刊、国防科技期刊第1位，全国2029种核心期刊第56位。

Defence Technology 全年来稿600余篇，环比提高2.33倍。刊登稿件共90篇，稿件来自英、法、美等近20个国家。下载量30余万次，环比提高20%。期刊被EI、SCI收录，成为兵器学科领域首个且是唯一一个被SCI收录的学术期刊。完成编委会换届工作，有编委73人，来自22个国家，国际比例占67.5%。

《火炸药学报》被EI Compendex数据库全文收录。

在“今日头条”上开通《兵器知识》头条号，关注人数26万，环比增加约8万。发布文章、微头条共约220篇，包括阅读量10万以上的文章13篇。《兵器知识》被国家新闻出版广电总局评为第九届向全国少年儿童推荐百种优秀报刊。

学科发展研究 学会完成兵器科学技术学科基础建设工作。申请并获批2018—2019年中国科协学科发展研究项目，组织专家开展制导兵器技术学科发展建设与研究工作，完成学科大纲的起草与制定，组建各分课题负责人和专家团队，召开2次综合性会议。完成为期3年的中国科协“兵器学科协同创新”项目，与北京理工大学合作建设兵器学科资源共享与应用网络数据库，为兵器学科科技资源、教学资源共享提供网上查找与协同创新的信息平台。

决策咨询 申报国家发展改革委“军民两用前瞻性技术指南”项目研究工作、中国科协社团标准研究项目。完成中国科协“依托一带一路建设构建战略支点研究”项目。

国际学术会议 10月，2018国际防务技术大会（2018 International Conference on Defence Technology）在北京召开。

表彰举荐优秀科技工作者 12月12日，开展第二届兵器学科全国优秀博士、硕士毕业学位论文评审，评出2016年度兵器科学技术学科全国优秀博士论文5篇，提名奖4篇；优秀硕士论文9篇，提名奖2篇。为获奖论文指导教师颁发荣誉证书。

科普活动 学会承接中国科协高校科学营“装甲雄风”和“精度大师”2个活动。北京和西安2地共200名营员和20名带队教师参加活动。学会被评为北京市优秀组织单位。

杜志岐领衔的坦克装甲车辆学科科学传播专家团队在清华国防定向生和北京理工大学车辆专业本硕学生中开展装甲车辆技术概论的讲座，并在自媒体微信公众号上发表原创文章500余篇；陈波领衔的反恐装备学科科学传播专家团队在南京理工大学开展反恐科技宣传介绍，开展科普讲座10次。

在科技活动周期间，3个全国科普教育基地面向社会公众开放，组织系列主题科普活动，多家社会团体和社会公众共计5000余人参观学习。南理工兵器博物馆的《科技兴军　砥砺后人——兵器博物馆组织王泽山院士科研成果专题展》入选《2018年全国科普教育基地优秀科普活动案例汇编》。

申请并获批中国科协科普基地共建项目。在中国科协建设国际一流学会项目中提出围绕创建“兵小白”卡通形象的系列科普活动的建议。

军事专家杜文龙入选中国科协“典赞2018·十大科普人物”候选人名单。

党建强会 制定学会2018年度党建工作要点和清单，在年底同步考核党建工作与业务工作。制定《中国兵工学会理事会党委议事规则》，修订《中国兵工学会分支机构管理制度》。开展学会层面“三重一大”事项前置审议工作。组建26个专业委员会党的工作小组，发挥理事党委在学会层面的政治引领功能。

【2018国际防务技术大会】 10月，由中国科协、中国兵器工业集团有限公司、中国兵器装备集团有限公司指导，中国兵工学会依托 *Defence Technology* 牵头主办，中国兵器科学研究院、中国北方工业公司联合主办的2018国际防务技术大会（2018 International Conference on Defence Technology）在北京召开。这是中国举办的第一次防务技术领域的国际性学术会议。北京理工大学教授冯长根和英国帝国理工学院首席科学家克莱夫·伍德利（Clive Woodley）担任会议主席。

大会开幕式上，中国科协书记处书记、北京理工大学副校长项昌乐，帝国理工学院首席科学家、《防务技术》执行主编克莱夫·伍德利，中国兵工学会理事长尹家绪分别致辞。尹家绪在致辞中指出，国际防务技术大会是国际化、专业化、开放性的平台，将围绕国际防务技术发展主题，分享防务前沿科技研究成果，追求防务科技的价值理性，探寻止戈之道与和平发展之路。

来自中国、英国、法国、俄罗斯、波兰、南非、印度、捷克、新加坡、瑞典10个国家的15名科学家作大会报告。

大会设主会场和5个分会场，分会场主题分别是电磁发射、含能材料、制造过程与管理及材料行为与特性、冲击动力学、光电信息化及其他防务技术。

大会收到论文投稿共284篇。评出最佳贡献奖1人、最佳报告奖1人、最佳海报奖1人和青年作者奖6人，分别奖励10000—1500美金不等的奖金。

来自中国、美国、俄罗斯、英国、法国、德国等31个国家的398名专家、学者参加大会。其中，国外专家、学者70余人，包括数名上将、少将，国际组织的主席和执委、首席科学家，世界一流防务技术期刊的主编和副主编。国内专家、学者320余人，包括14名院士，40余名校长、研究所所长、首席科学家。

【承办中国科协第361次青年科学家论坛】 10月26—27日，中国科协第361次青年科学家论坛在陕西省西安市召开。论坛由中国科协主办、中国兵工学会和中国兵器工业第二〇三研究所联合承办，中国兵工学会火箭导弹专业委员会协办。论坛主题为“未来陆战与智能制造”。来自国内高校、研究院所和军方30余家单位的70余名代表参加论坛。中国科协2017—2019年青年人才托举工程（第三届）入选者南京理工大学何英、中国兵器工业第二〇八研究所毛喜旺、中国兵器装备研究院郭学佳及中国兵器工业第二〇三研究所制导控制技术部苗昊春联合担任论坛执行主席。

论坛由主题报告和专题讨论2部分组成。主题报告内容包括智能弹药、单兵智能系统、智能制造、先进材料4个部分。来自浙江大学，哈尔滨工业大学，南京理工大学，中航天地激光科技公司，航天五院，中国兵器装备研究院，中国兵器工业第二〇一研究所，第二〇三研究所，第五二研究所，江麓机电集团的12名专家分别作主题报告，内容涉及陆军中近程导弹、无人战车、主动防护系统、单兵外骨骼、穿戴式传感器、增材制造、防护材料、装甲车辆制造等方面，与会代表围绕会议主题开展交流和讨论。专题讨论部分由邀请发言和自由发言相结合，北京理工大学、材料科学研究总院、58所、海军研究院、中国兵器工业第二〇二研究所及第二〇三研究所等单位的代表分别就压制火炮、变体飞行器、智能制造、单兵外骨骼、反辐射导弹、低成本弹药、微型飞行器等话题进行自由讨论。

（撰稿人：殷宏斌）

中国金属学会

服务创新型国家和社会建设 学会面向企业和会员提供公共服务。建立中国金属学会炼铁生产技术服务平台、中国金属学会电炉炼钢生产技术服务平台，指导企业解决生产中的技术难题，提出可行性方案，促进企业绿色化。构建冶金与新材料产学研协同创新服务平台，更新科技成果与研发动态信息40余项。围绕节能减排等问题，组织筛选12项行业关键共性技术进行推广。

对“RH精炼功能提升及工艺技术研发”等42项行业科技成果项目开展评价工作。完成国家发展改革委委托的“研究短流程工艺，优化电炉钢厂布局”课题，系统分析中国废钢铁资源状况与趋势、电炉短流程发展现状与问题及现阶段钢铁产能布局与存在问题。组织专家开展全国钢铁企业烧结、焦化烟气超低排放情况调研，走访典型企业12家，撰写《关于钢铁企业烧结、焦化烟气超低排放情况的调研报告》并提交相关部门。

举办专业技术人才培训班13次，累计培训700余人次。3月，举办2018年钢铁行业环保税专题培训交流研讨会。10月，举办人社部专业技术人才知识更新工程2018年高级研修项目计划——材料基因工程关键技术高级研修班。

组织13名培训专家参与材料类专业工程教育认证，开展51个专业认证工作。包括自评报告审阅、现场考查、结论审议等，新增正式专家1人。

受科技部委托，牵头联合先进材料学会联合体成员学会共同承担2018年度材料领域国家重点实验室评估工作。对材料领域21个国家重点实验室近5年来的研究水平与贡献、队伍建设与人才培养、开放交流与运行管理情况进行全面评估，9月，提交评估报告。

学会建设 围绕夯实学会基础、提升“五大能力”为目标，实施“世界一流学会建设”项目。通过提升会员服务品质、打造学术精品活动、建设世界一流科技期刊、优化学会奖励体系、建设有影响力智库品牌、强化科普服务等，提升学会综合能力和国际化水平。

建立中国金属学会团体标准信息管理系统并试运行。成立耐火材料专业标准化技术委员会和电炉技术团体标准委员会。征集并审核通过金属新材料技术领域团体标准项目12项、智能制造技术领域团体标准项目17项。学会和各分支机构共组织学术、技术交流活动67次，累计参加14040人次、交流论文4367篇。

截至2018年年底，学会个人会员90295人、单位会员175个，新发展高级会员6人。2个分支机构完成换届，新成立分支机构1个。增补副理事长1人，变更副理事长6人；增补常务理事1人，变更常务理事4人，变更理事12人。

学会治理结构和治理方式改革 加强分支机构管理，取缔三级组织，对长期不开展活动的分支机构进行清理和调整。制定学会专业分会年度工作考评办法，从组织与管理、工作绩效、社会影响、财务管理4个方面完成对分会2017年工作年度评价。

青年人才托举工程 完成中国科协青年人才托举工程首届（2015—2017年度）项目总结工作。4月，提交项目总结与成果展示视频材料；7月底，参加中国科协项目述职测评活动，通过答辩。9月20日，参加中国科协青年人才托举工程第四届项目立项答辩评审活动，申请并获25个资助名额。10月18日，由学会牵头成立的先进材料学会联合体在北京举行青年人才托举工程2018—2020年度项目候选人答辩评审会，来自9个学会的36名候选人参加答辩，25人入选。学会6名青年人才获自筹资金资助。

主办期刊 《材料科学与技术》（英文版）和《金属学报》（英文版）获中国科协期刊国际影响力提升计划项目资助，被评为2018年度中国最具国际影响力学术期刊。《材料科学与技术》（英文版）获中国科学院科学出版基金一等基金择优支持，入选世界影响力Q1期刊。《金属学报》（中文版）获中国科协中文科技期刊精品建设计划学术创新引领项目支持，获第三届全国百强报刊称号。《钢铁》和《中国冶金》获中国科协中文精品期刊支持项目支持。《中国冶金》入选中文核心期刊。

学科发展研究 承担中国科协“2018—2019冶金工程技术学科发展报告”项目，中国工程院院士殷瑞钰担任项目首席科学家。9月27日，召开项目启动会，确定报告内容应系统概括和总结该学科最近几年的新观点、新理论及新方法、新技术、新成果等发展状况，研究学科发展规律，预测学科发展趋势，促进优势学科发展，推进学科交叉融合，引领学科发展方向。

决策咨询 学会常务副理事长赵沛作为京津冀协同发展专家咨询委员会成员，参与国家《京津冀协同发展战略规划》重要咨询、调研、编制工作。学会联合中国钢铁工业协会、北京科技大学等单位向工信部原材料司提交《合理有序发展电炉炼钢》咨询报告，提出加强电炉炼钢技术工艺研究、加强政策引导鼓励电炉炼钢发展等政策建议。受工信部委托，组织专家对有关大热输入焊接药芯焊丝配方及技术召开技术评议会，评价结果上报工信部，并提出下一步研究工作建议。

国际学术会议 4月25—26日，学会与中国工程院、中国宝武集团在湖北省武汉市联合举办2018年国际薄板坯连铸连轧学术研讨会。中国工程院院士毛新平担任大会主席。学会理事长、中国工程院院士干勇，中国工程院院士殷瑞钰、翁宇庆、张寿荣、王海舟等出席会议。会议围绕薄板坯连铸连轧和薄带连铸连轧技术发展现状及趋势进行研讨，收录来自美国、德国、韩国等10余个国家及地区论文100余篇。

9月17—20日，学会与粉末冶金产业技术创新战略联盟联合主办的2018世界粉末冶金大会（WORLDPM 2018）在北京召开。来自中国、瑞典、日本、美国、德国、英国、澳大利亚等32个国家和地区的专家、学者1000余人参会，探讨世界粉末冶金工程及技术的可持续发展。会议设立相关主题会场15个、兴趣主题会场7个，发布学术报告91场、专业论文570余篇。

10月21—23日，学会与韩国金属材料学会共同举办的第十届中韩双边先进钢铁技术研讨会在上海市召开。会议邀请中方和韩方共23名专家进行学术报告，与会专家针对高温物理化学、炼铁、炼钢、热轧、冷轧与钢铁产品、可持续发展与环境保护等领域进行研讨。

10月25—26日，2018年可持续发展炼钢技术国际研讨会在天津市召开。

国内主要学术会议 4月17日，首届中国电炉炼钢科学发展论坛在北京召开。国家发展改革委和工信部相关领导进行政策解读，中国工程院院士殷瑞钰在会上分析中国废钢资源状况及未来电炉流程发展趋势。

4月22—24日，2018年全国炼铁生产技术会暨炼铁学术年会在浙江省杭州市召开。会议围绕原燃料优化、高炉操作、高炉长寿、焦炭及喷吹技术、节能环保、设计设备、非高炉炼铁技术等方面最新科技成果展开交流，探讨新形势下高效率、低成本、安全长寿、绿色清洁炼铁技术。

8月2—3日，2018年全国炼钢连铸生产技术会暨连铸学术年会在山东省烟台市召开。会议主题为“优质、高效、绿色、智能”。会议安排大会报告19个，炼钢、连铸分会场报告36个，收录论文100余篇。来自全国钢铁企业、科研院校等90余家单位200余名专家、学者、生产技术人员参加会议。

9月12—13日，2018年钢铁行业绿色制造发展高端论坛暨2018年全国冶金能源环保会议在山东省济南市召开。会议主题为“努力构建绿色制造技术体系，强化大气污染物治理，推动钢铁工业高质量发展”。

9月15—16日，第九届中国金属学会青年学术年会在安徽省马鞍山市召开。会议主题为“冶金新青年、筑梦新时代”。学会理事长、中国工程院院士干勇，中国工程院院士周国治、毛新平作大会主旨报告。9月20—21日，学会联合中国自动化学会、中国人工智能学会、中国金属学会自动化分会在江苏省南京市召开工业机器人及其在钢铁工业中的应用研讨会。会议研讨近几年工业机器人新技术、新成果及其在钢铁生产中的新技术及应用情况，分析存在的问题，探讨今后冶金工业机器人发展方向及重点。

10月17—18日，2018年全国轧钢生产技术会在河北省邯郸市召开。会议主题为“发展绿色智能轧钢技术，促进钢铁工业高质量发展”。

11月29—30日，由学会牵头、中国科协先进材料学会联合体和浙江省科学技术协会联合主办的第一届中国先进材料青年科学家学术论坛在浙江省台州市召开。中国科学院院士沈保根，中国工程院院士蹇锡高，学会联合体秘书长、学会副理事长兼秘书长王新江及材料领域专家、青年学者等170余人参加交流。论坛设主题报告会、青年人才托举项目汇报会、青年科学家学术沙龙、先进材料科普讲座、企业对接交流会、现场考察等活动。

国际组织任职 学会常务副理事长赵沛担任国际矿业冶金和材料联合会副主席。学会常务理事、中钢集团洛阳耐火材料研究院有限公司院长李红霞担任联合国际耐火材料会议执行委员。学会分析测试分会主任委员、钢研纳克检测技术有限公司总经理贾云海担任国际冶金钢铁分析委员会副主席。

国际交往 3月，学会常务副理事长赵沛、秘书长王新江、外事工作委员会委员尚成嘉等4名教授参加美国矿物、金属和材料学会2018年年会（TMS 2018 Annual Meeting）及第二届材料计算设计及模拟国际会议（CDSM 2018）。其间，学会组织召开第十届环太平洋先进材料及工艺国际会议（PRICM-10）第一届国际组织委员会会议。学会与TMS就双方今后多个合作项目进行沟通交流。

10月25日，学会组织西北有色金属研究院赵永庆等5名专家参加在韩国大田召开的第一届中韩轻金属在交通运输应用会议。中韩双方围绕铝合金、镁合金和钛合金基础研究、加工技术、应用技术等方面交流报告10篇。

11月6—8日，学会常务副理事长赵沛、秘书长王新江赴德国杜塞尔多夫参加2018年国际冶金学会秘书长联席会议。会议协调2028年前各个国际会议的安排。学会在会上提出申办2020年第六届国际钢铁热机械处理会议、2024年第十届国际炼铁科技大会、2026年第六届钢铁行业节能及CO_2减排国际会议提议，获得通过。

科普活动 举办科普展览2次，受众1万余人。发放科普宣传材料1500份，组织科普工作志愿者300余人次参与活动。科普工作受到中国科协表扬。

5月，举办2018年全国冶金科技活动周，以“科技创新　强国富民”为主题，开展青少年科普大讲堂活动、冶金科技成果展览、网上科普展览、主题报告会、专家专题讲座等多地、多点系列科学技术普及活动。10月10—12日，依托金属材料学科科学传播专家团队，在内蒙古自治区包头市举办2018年“内科大杯”全国模拟炼钢－轧钢大赛，30余家单位87支队伍参加比赛。9月15日，在安徽省马鞍山举办第三届冶金青年创新创意大赛决赛。

表彰举荐优秀科技工作者　与中国钢铁工业协会共同开展冶金科学技术奖评选工作。85个项目获奖，其中，特等奖1项、一等奖15项、二等奖24项、三等奖45项。开展2018年度中国金属学会冶金医学奖评选工作，获奖项目35项，其中，一等奖1项、二等奖11项、三等奖23项。开展第八届中国金属学会冶金青年科技奖评选工作，12人获第八届中国金属学会冶金青年科技奖，20人被评为第八届中国金属学会冶金先进青年科技工作者。

党建强会　学会坚持把党的政治建设摆在首位，把旗帜鲜明讲政治融入学会各工作环节。10月，召开中国金属学会党委扩大会议，讨论理事会议案。组织参加“不忘初心　牢记使命——党的十九大精神知识竞答活动”，以赛促学，牢固树立“四个意识”，增强“四个自信”。组织参观中央国家机关廉政教育基地——恭王府，接受爱国主义和党风廉政教育。

会员服务　编写2018年年报，反映学会年度工作综合信息。建立微信平台，向会员发布会议通知，介绍学会工作动态，传播学会工作信息。依托学会工作站、院士专家企业行活动等开展创新驱动助力工程工作，为会员单位提供技术咨询。在江苏省丹阳市建立中国金属学会飞达服务站，与江苏飞达集团签署《成立电炉炼钢联合研发中心意向书》，围绕220吨连续加料式电炉开展会员服务。3月2日，学会理事长干勇、秘书长王新江等到河北省唐山市开展调研，针对唐山市钢铁产业转型发展方向，系统分析唐山市钢铁产能、环保控制及质量提升等问题，提出建设性解决方案。7月，在内蒙古自治区包头市召开学会总工程师工作委员会成立大会暨钢铁产品全生命周期评价技术研讨会，团结和动员企业总工程师为行业科技服务。

【第九届中国金属学会青年学术年会】　9月15—16日，第九届中国金属学会青年学术年会在安徽省马鞍山市召开。会议主题为“冶金新青年、筑梦新时代”。来自全国钢铁企业、高校、科研院所等80余家单位300余人参加会议。9月15日上午，举行青年学术年会主题报告会暨冶金青年科技奖颁奖典礼。中国工程院院士徐匡迪为中国金属学会冶金青年科技奖获得者题词，提出殷切期望：“冶金青年科技工作者要热爱祖国、热爱冶金科技事业，勇于创新，锐意进取，共建年轻科技工作者之家，共圆钢铁科技强国梦。”学会理事长干勇、中国工程院院士周国治、中国工程院院士毛新平作大会主旨报告，与冶金青年科技工作者分享其对钢铁行业发展现状的分析和对今后发展战略的思考。分会场围绕炼铁与炼钢、材料与加工、装备与智能制造、节能与减排等内容进行研讨和交流。年会期间，举办第三届冶金青年创新创意大赛决赛。初赛选拔出16支队伍，经过自我陈述、专家答辩等环节，最终决出特等奖5项，最佳创新奖、最佳应用奖和最佳表现奖各1项。会议同期召开主题为“绿色高性能钢铁材料关键技术”的中国科协第350次青年科学家论坛。

【2018年可持续发展炼钢技术国际研讨会】　10月25—26日，2018年可持续发展炼钢技术国际研讨会在天津市召开。10月25日上午，学会常务副理事长赵沛致大会开幕词，对于重要炼钢技术发展进行回顾，同时指出技术创新对于钢铁工业的促进作用，介绍目前中国钢铁工业状况和绿色化智能化发展趋势。来自中国、日本、韩国、奥地利、加拿大的5名炼钢领域专家、学者作大会特邀报告，对近年来国际炼钢领域发展及取得的成就做介绍和论述，同时对该领域研究、生产和应用方面最新技术进行分析，指出今后发展方向。研讨会按照不同主题设分会场4个，主要内容为氧气炼钢、连铸、夹杂物、炼钢机理研究、能源环保及回收处理利用等。来自15个国家及地区的370余名专家参加会议，会上交流论文130余篇。

（撰稿人：曹莉霞）

中国有色金属学会

服务创新型国家和社会建设　学会与中国有色金属工业协会共同开展中国有色金属工业科学技术奖评选工作。193个项目获奖，其中，一等奖60项、二等奖73项，三等奖60项。

与湖南省、辽宁省、湖北省科协及江西省赣州市、山东省东营市、湖北省黄石市等市科协开展合作。根据企业技术需求，组织专家深入现场为企业解决技术难题，助力地方经济发展。与江西省宜春市和新余市、辽宁省朝阳市、河南省鹤壁市科协签订合作协议，建立学会工作站、帮助当地企业技术攻关、开展国内外学术交流等。受河南省鹤壁市科协邀请，组织镁加工领域相关专家赴河南明镁镁业科技有限公司、鹤壁维达科巽电气有限公司、鹤壁万德芙镁科技有限公司等企业开展实地调研。开展点对点服务，为企业提供技术咨询和指导。受鹤壁市科协委托，组织编写《鹤壁市镁产业与技术发展规划》，促进镁产业成果应用转化，推动鹤壁市技术创新发展。与山东省东营方圆铜业集团建立院士专家工作站，组织高层次专家学术交流活动，开展技术需求对接、支持企业建设等。

6月，分别在江西省南昌市、福建省厦门市举办全国智慧矿山与数字矿山建设关键技术及智能化信息化管理高级培训班、全国矿业采掘爆破与高效开采新技术及新工艺及爆破作业安全管理高级培训班。8月，在贵州省贵阳市举办矿产资源调查勘查新技术、新方法暨矿产资源野外绿色勘查、物化探遥与深部找矿培训。举办矿山地质环境保护与地质灾害防治技术交流研讨班专题培训班3期。安全学术委员会举办安全法规、标准培训班31期，卫生培训4期，累计培训2050人次。

与有色金属工业协会共同举办2018第三届全国（东营）有色金属工业展，同期举行以“创新驱动，绿色发展”为主题的全国铜冶金技术与装备暨铜材加工技术交流会。与中国冶金矿山企业协会联合举办第五届中国（北京）国际矿业展览会暨第三届中外矿山技术装备发展论坛。学会理事长贾明星及中国工程院院士孙传尧等300余名代表出席会议。

学会建设 截至2018年年底，学会共发展个人会员43000人、团体会员238家。新成立分支机构钒资源清洁利用专业委员会。合金加工学术委员会更名为铜合金加工学术委员会。

12月5日，在海南省海口市召开七届三次理事会议。中国有色金属工业协会会长陈全训出席会议并讲话。中国工程院院士、海南省委常委、组织部部长彭金辉，中国工程院院士黄伯云、古德生、邱定蕃、何季麟、孙传尧、张文海、周克崧、邱冠周、桂卫华、谢建新等13名院士及学会理事和理事代表共230人出席会议。学会理事长贾明星作大会报告。会议审议有关事项并对加强学会能力建设、开展学术交流、申报科协项目、加强期刊管理等工作做整体部署安排。邀请中国人民大学国际关系学院副院长翟东升作国际形势报告。

12月5日，召开分支机构及地方学会秘书长会议。各分支机构及地方学会代表共60余人参会。学会理事长贾明星对各单位工作做总结并对下一年度工作提出要求。会议开展分支机构业绩中期评估工作，总结学会各分支机构2018年工作并讨论2019年工作计划。会议由副理事长兼秘书长张洪国主持。

申报并获批“2017—2035年矿物加工工程学科方向发展路线图”“中国科协主管科技期刊年度核验”“改革开放40周年、中国科协成立60周年学会党建规律研究”“2018重大科学问题和重大工程技术难题”等项目。完成“2016—2017矿物加工工程技术学科发展报告”“中国科协学会综合治理改革项目总结报告”“改革开放40周年、中国科协成立60周年学会党建规律研究”等项目。组织实施中国工程院“新材料强国2035战略研究重大咨询项目”子项目“先进基础材料强国战略研究”（有色金属类）。召开“矿物加工工程学科方向发展路线图”项目开题会并按计划编写。

主办期刊 学会主办的《中国有色金属学报》（英文版）获中国科技期刊国际影响力提升计划项目A类资助。《稀有金属》（英文版）获中国科技期刊国际影响力提升计划项目C类资助。《稀有金属》（中文版）、《中国有色金属学报》（中文版）、《稀有金属材料与工程》（中文版）获中国科协精品科技期刊工程资助。《中国有色金属学报》入选2018期刊数字影响力100强，影响力指数CI排名位居全国80种冶金工程技术类期刊第1名，30种材料科学类期刊第1名。

国际学术会议 7月26日，由学会、东北大学、加拿大英属哥伦比亚大学共同举办的第一届中加有色金属冶金国际研讨会在辽宁省沈阳市召开。会议共设2个冶金分会场和2个青年学者论坛。学会理事长贾明星，加拿大工程院院士、英属哥伦比亚大学教授David Dreisinger，中国工程院院士黄小卫等300人参加会议。学会副理事长兼秘书长张洪国主持会议。

国内主要学术会议 举办国内学术会议37场次，累计参会11154人次。发表论文1500篇，大会报告1200篇。

4月20日，在北京召开第四届全国有色金属结构材料制备/加工及应用技术交流会。中国工程院院士周廉、左铁镛等8名院士及700余名代表参加会议。周廉、左铁镛等专家、学者作大会专题报告。会议围绕有色金属材料制备及加工领域科技热点、重点、难点等问题展开研讨与交流。会议旨在推动中国有色金属结构材料学术繁荣、技术创新和产业发展，促进有色金属结构材料向高性能化、复合化、结构功能一体化发展，提升中国高端材料产业核心技术水平。

6月20日，在湖北省武汉市召开第九届全国矿产资源综合利用学术会议暨矿冶绿色发展高峰论坛。会议主题为“推动矿产资源综合利用，助力绿色矿冶发展”。中国工程院院士张寿荣、干勇等14名院士及来自全国各科研机构、大专院校和企事业单位、管理机关的1100余名代表出席论坛。论坛邀请干勇等200名专家、学者作专题报告。会议收到论文摘要200余篇，全文60余篇。

8月21日，在吉林省长春市召开2018年青年科技论坛。会议设分会场17个。学会理事长贾明星，中国工程院院士、吉林大学校长李元元，中国工程院院士、北京矿冶科技集团有限公司孙传尧，中国工程院院士、中南大学教授桂卫华等1100余名专家、学者出席会议。

8月23日，在江西省井冈山市召开全国MOCVD学术会议。来自MOCVD技术领域机构、院所、企业等500余名专家、学者参加会议。

9月27日，在浙江省杭州市举办全国有色金属生态环境保护大会。大会主题为“保护生态环境　实现绿色发展”，设有专题分会场10个和电解铝大修渣专题研讨会。600余名专家、学者出席会议。

10月16日，在北京召开2018矿业前沿与信息化智能化科技年会暨首届智能矿业国际论坛。会议主题为“金属矿采矿科学理论与技术的发展和应用”与“数字化矿山技术与智能采掘设备的发展与应用”。500余名国内外专家、学者、企业家、工程技术人员参加会议。中国工程院院士古德生等专家作专题报告。

10月24日，学会与有色金属工业协会在湖南省长沙市联合召开全国有色金属科技创新大会暨技术合作湖南洽谈会。中国有色金属工业协会会长陈全训、学会理事长贾明星及湖南省、国防科工局、军委装备发展部、兵器装备集团等单位领导出席大会。中国工程院院士黄伯云等9名院士及全国有色行业专家、学者共600余人参会。会上发布《2018有色金属工业新技术推广指南》和《2018有色金属行业高新技术产品目录》。

科普活动　学会在北京友谊医院开展以“科技创新，强国富民”为主题的科普宣传活动。学会地质学术委员会组织近1000名中学师生走进厂矿企业开展地质知识科普实践。粉末冶金及金属陶瓷学术委员会建有粉末冶金陈列室，常年对社会公众普及粉末冶金知识，全年参观人数1000余人次。

表彰举荐优秀科技工作者　开展2018—2020年度青年人才托举工程项目推荐工作。中南大学副教授韩海生、杨越，西南科技大学教授徐龙华入围。参与2018年优秀科技工作者代表推荐工作。

党强建会　按照中国科协和协会党委加强党建工作要求，学习贯彻习近平新时代中国特色社会主义思想和党的十九大精神，推动学会党建工作持续深入开展。学会功能性党委成立后，从组织上保证党对学会的领导。学会发展规划、重大事项、重要人事变动必须征求党委意见。秘书处党支部坚持“三会一课”并开展活动以加强基层党组织建设。11月下旬，学会组织党员群众到浙江省嘉兴市开展“重走一大路线，学习红船精神”党建活动；组织参观2018年全国科技活动周暨北京科技周活动主场及庆祝改革开放40周年大型展览等。

会员服务　编纂《中国有色金属学会会刊》，每2个月出版一期。每月向个人会员发送电子会刊2期，介绍学会工作动态和工作信息等。会员可通过微信公众号和学会官网了解学会活动和行业动态。个人会员可通过电子邮件办理入会，免费为部分个人会员提供继续教育。会员可优先参与学会活动，可在学会期刊上发表论文，可优先受聘参加学会组织的论证、评议、鉴定和技术咨询等活动，可以优惠价格参与学会会议。

【2018年全国有色金属环保工作推进会暨学术交流会】 9月26—27日，全国有色金属生态环境保护大会在浙江省杭州市召开。大会主题为“保护生态环境　实现绿色发展”。中国有色金属工业协会会长陈全训、工信部节能与综合利用司副司长杨铁生出席开幕式并讲话。学会理事长贾明星主持开幕式。

会上，浙江华友钴业股份有限公司董事长陈雪华致辞，生态环境部大气环境管理司处长汪涛、生态环境部规划财务司副处长储成君、中国工程院院士邱定蕃、中国工程院院士黄小卫、中国有色金属工业协会科技部节能环保处处长邵朱强等院士专家分别作报告《有色金属企业运输结构调整和错峰运输的要求》《新时期有色金属行业面临的环境形势》《有色金属工业绿色化及其途径》《稀土资源绿色高效开发与应用》《"十三五"重金属污染防控的整体思路》。

来自全国有色金属相关领域高校、科研院所及企业的专家、学者600余人参加大会。大会专设有色金属矿山、冶炼固体废物处理处置，有色金属工业废气处理与综合利用，有色金属工业废水处理与回用，重金属污染土壤修复，稀有稀土金属清洁冶金，绿色节能技术及清洁冶金，矿山及水文地质环境技术，环保分析检测技术及标准，有色金属资源综合利用与绿色发展，有色金属二次资源循环利用与环境保护10个专题分会场和电解铝大修渣专题研讨会。相关领导、专家、学者就相关议题展开交流。大会邀请170名国内相关领域专家、学者作报告，内容涵盖有色金属固废处理、废气处理、废水处理、土壤修复等研究方向。

会议收到相关论文摘要100余篇，编辑印刷《坚决打好有色金属工业污染防治攻坚战行动方案（征求意见稿）》《有色金属行业绿色制造标准化三年行动计划（征求意见稿）》《大会专家、企业简介及论文摘要汇编》《2018有色金属行业重大环保工程技术难题》《2018有色金属行业节能环保先进实用技术》等资料集。

【中国有色金属学会2018青年科技论坛】 8月21—23日，2018青年科技论坛在吉林省长春市召开。学会理事长贾明星，中国工程院院士、吉林大学校长李元元，有研科技集团有限公司副总经理黄松涛等院士、领导出席会议并致辞。中国工程院院士、北京矿冶科技集团有限公司孙传尧，中国工程院院士、有研科技集团有限公司屠海令，中国工程院院士、中南大学教授桂卫华，昆明理工大学副校长杨斌，中南大学副院长赵中伟，挪威科技大学教授、吉林大学教授李彦军等院士专家出席会议并分别作大会报告《基因矿物加工工程》《有色金属新材料与第四次工业革命》《大型高炉炼铁过程运行信息的高性能检测方法研究》《部分有色金属二次资源的回收利用技术》《电化学脱嵌法从高镁盐湖卤水中提锂》《铝合金凝固过程中晶粒形核机制》。

会议设国外分会场1个、国内分会场16个。分别围绕国际矿物加工、材料设计与成型计算模拟，金属矿绿色开采，先进金属成形与加工技术，高性能有色金属与凝固过程，铝合金、镁合金、钛合金等全工艺流程组织性能优化，轻合金制备加工与组织及性能调控，先进有色金属功能材料与器件设计制备及服役行为，第三代半导体材料与器件暨无线能量传输，金属基复合材料，绿色冶金与污染控制，微观组织与力学性能，电化学冶金与电池电化学，有色金属交叉科学与技术，有色金属先进连接技术，材料与冶金过程的外场控制，有色金属资源绿色开发及应用等主题开展交流与讨论。

国内外从事有色金属行业院士专家、学者及青年科技工作者共1000余人到会。大会邀请孙伟、高志勇等336名国内外相关领域青年专家、学者作特邀报告，内容涵盖有色金属行业多个研究方向。与会代表现场交流口头报告250篇。会后，经会务组专家评审，50名参会代表获论坛最佳报告奖。

大会制作墙报28幅、大型展板7面。会议期间，举办墙报论文交流、展览展示等相关活动。会后，经会务组专家评审，9名参会代表获论坛最佳墙报奖。会议收到相关论文全文70余篇，相关论文摘要240余篇，编辑印刷摘要集1册。

（撰稿人：刘为琴）

中国稀土学会

服务创新型国家和社会建设 学会与包头稀土研究院合作，制定并发布《铒镁合金》《镧铈铁合金》《核屏蔽保温材料锆酸钆》3项团体标准。正在编制稀土助剂相关团体标准2项。

牵头制定国际标准《稀土术语》，制定13（6+6+1）项、修订5（2+2+1）项、发布3（2+1）项国家标准及行业标准。会员单位和专委会委员单位分别负责或参与国际标准化组织稀土术语定义工作及稀土矿物和氧化物、稀土金属及合金标准制定工作，负责或参与《绿色设计产品评价技术规范 稀土湿法冶炼分离产品》《离子型稀土矿混合氯化稀土溶液》《镨钕钆金属》《钇铁合金》《稀土熔盐电解阳极用碳素阳极》《高纯金属镝》《高纯金属铽》《金属镱》《氟化钇》《稀土金属及其氧化物中稀土总量化学分析方法》《铝中间合金化学分析方法》《高纯稀土金属化学分析方法 痕量元素的测定 GDMS辉光放电质谱法》《离子型稀土矿混合稀土氧化物化学分析方法 二氧化硅的测定》等国家行业标准的立项、研究、起草、制定和修订工作。

协助中国稀土行业协会筹备组织于12月28—30日在江西省赣州市召开的CSTM稀土领域专家委员会成立大会暨稀土行业团体标准推进大会。

10月17—19日，中国稀土学会第五届继续教育知识更新研修班在北京召开，来自稀土领域20余家高校、研究院所及企业的50余人参加研修班。

学会实地调研考察北京中科三环高技术股份有限公司、乐山盛和稀土股份有限公司、四川润和催化新材料股份有限公司、中国稀有稀土股份有限公司等单位，与调研单位领导和科技人员就研发与应用进行技术交流与座谈。

学会建设 年内，已缴费单位会员70个，发展个人会员440人、单位会员13个。截至2018年年底，个人会员4400余人、单位会员73个。

学会官网试运营会员、会议和奖励系统，三大系统实现互联互通、大数据相互融合等一体化功能，首次实现学会信息化建设与业务系统相融合。

学会秘书处制定、完善秘书处多项规章制度及工作人员专业联系分工专员制度。调整《中国稀土学会年鉴》（2017年版）章节内容和篇幅，完成2017年年鉴编校工作并提交付印。编辑并发出简报7期。完成2018年度民政部年检相关工作。

召开六届三次理事会议，六届五次、六次常务理事会议。7月17日，中国稀土学会六届三次理事会议在北京召开。学会理事长李春龙主持会议。副理事长李波、黄松涛、胡伯平、薛冬峰、王涛，中国工程院院士黄小卫出席会议。监事会成员王彩凤列席会议。会议总结2018年上半年工作，提出下一步主要工作计划，审议通过吸收新会员、变更副理事长、增补调整部分理事及常务理事、提请聘任副秘书长的议案和授予廖春生等5人中国稀土学会杰出工程师奖的决定。110名理事及理事代表参加会议，与会理事人数超过理事总人数的三分之二，会议形成决议有效。

8月12日，学会稀土化学和湿法冶金专业委员会及火法冶金专业委员会工作会议在黑龙江省哈尔滨市召开，30余名委员和受邀人员参加会议。

10月25日，学会环境保护专业委员会工作会议在北京召开。会议审议通过增补2名委员的议案；讨论中国稀土开采、冶炼、三废治理及放射性污染等环保问题以及《稀土工业辐射环境保护规定（征求意见稿）》，形成一致意见。

12月7日，2018年度中国稀土学会分支机构工作会议在北京召开。会议听取15个专业委员会和2个期刊编辑部2018年度工作总结和2019年度工作计划，安排各专委会（含筹备中）和编辑部参与组织和宣传学会各项工作，提出具体要求。中国科协科技社团党委副书记刘桂荣参加会议，以“推进学会分支机构设立党的工作小组”为题，讲解工作方法、工作原则、条件创造、教育开展和党风建设等内容，提出建议意见。

青年人才托举工程 学会申报第四届中国科协青年人才托举工程（2018—2020年度）项目。成立由7名专家组成的评审组，评审稀土领域14家单位19名申报人的申报材料；通过无记名投票评选出学会推荐候选人。经最终答辩，刘爽、王帆获项目资助。

主办期刊 11月，中国科学技术信息研究所发布《2018年版中国科技期刊引证报告》，《中国稀土学报》英文版和中文版影响因子均为1.120，在材料科学类期刊中并列第1名。学报中文版被评为2017年百种中国杰出学术期刊，1篇文章入选中国百篇最具影响国内学术论文。完成全年出版任务，中文版全年刊发6期，发表文章93篇，发表约稿9篇。英文版全年刊发12期，发表文章187篇，发表约稿5篇；在爱思唯尔ScienceDirect平台全年下载量19万余次，下载量环比增长；2017年SCI影响因子2.524，总被引频次4116次，SCI学科分区连续5年保持在Q2区。

《稀土》杂志出版6期，刊发文章121篇，共计150万余字，差错率小于万分之一，累计印刷11400册，发行约9600册。开展优秀论文评选活动，选出年度优秀论文6篇。全年单篇优先出版11篇，网络首发优质稿件17篇。缩短优质稿件出版周期，提前进入数字传播渠道，在纸制出版前下载总频次400余次。《稀土》继续被Scopus数据库收录；据Scimago Laboratory2018年数据，《稀土》杂志2017年SJR影响因子升至Q3区；CJCR影响因子为1.091，在材料科学综合类期刊中排名第2。

学科发展研究 9月25日，学会召开中国科协学科发展工程项目启动会。会议由学会秘书长牛京考主持，稀土永磁、催化、发光、固体科学与新材料等领域12名专家参加会议。会议包括学科方向预测及技术路线图研究项目和特种功能金属材料前沿热点综述项目2部分内容，邀请中国科学院院士沈保根、中国工程院院士李卫分别担任 2 个项目首席科学家。

决策咨询 学会开展原材料工业创新驱动发展课题研究，撰写其中稀土部分研究报告。完成“改革开放 40 年来稀土产业发展取得的成就”项目。参加由工信部稀土办组织的稀有金属部际协调机制工作会议、中美贸易战对稀土影响和应对措施研讨会议，参与稀土总量控制管理、打击以“综合回收”为名变相加工稀土矿行为、界定“综合回收”与“冶炼分离”项目等工作，派员参会或按要求提供建议和书面材料。参加由工信部稀土办组织的“十三五”中期稀土行业技术创新进展情况调研工作，向理事、团体会员、专业委员会发布《关于“十三五”中期稀土行业技术创新调研的函》。完成稀土高值利用和产业协同发展项目研究报告。

承担稀土新材料短板品种和需求情况分析项目。学会副秘书长张安文参加包头稀土产业开发区中长远发展规划论证工作。

国内主要学术会议 学会和各专业委员会组织各类学术交流活动 12 次，累计交流报告 400 余篇，参会 2800 余人次。

4 月 25—27 日，第六届全国湿法冶金工程技术交流会在江苏省徐州市召开。会议由学会化学和湿法冶金专业委员会协同其他单位共同主办。学会秘书长牛京考致辞，中国工程院院士黄小卫等 14 名稀土专家在大会和分会场作报告。

7 月 17—19 日，由学会主办的 2018 稀土科技成果推介会暨学术交流会在北京举行。来自全国相关政府部门、高校、科研院所、企业界共 400 余人参加会议。此次会议入选中国科协编著的《重要学术会议指南（2018）》推荐目录。会议邀请稀土领域专家作大会报告，开展稀土科技成果推介活动，分专业进行专题报告交流，颁发中国稀土学会杰出工程师奖，举办仪器设备展览。

7 月 21—24 日，第七届全国掺杂纳米材料发光性质学术会议在辽宁省大连市召开。国内外 120 余所高校和科研院所的 500 余名专家、学者参会。会议安排大会报告 16 个、邀请报告 66 个、学生报告 78 个、墙报展示 141 份。

8 月 12—14 日，全国稀土冶金学术研讨会在黑龙江省哈尔滨市召开。全国从事稀土湿法冶金、火法冶金、基础材料制备与应用领域的企业、科研院所、设备供应单位共 200 余人参加会议。中国工程院院士黄小卫主持开幕式，学会理事长李春龙致辞。会议安排主旨报告 12 个，设置稀土冶金、稀土基础材料制备及应用、稀土冶金青年 3 个分会场，共 45 个报告。

9 月 27—29 日，第 359 期中国科协青年科学家论坛在吉林省长春市召开。论坛主题为“夯实稀土学科基础，推动稀土高端应用”。中国科学院长春应用化学研究所研究员廖伍平、有研科技集团有限公司教授级高级工程师刘荣辉、中国钢研科技集团有限公司钢铁研究总院高级工程师韩瑞、华南理工大学教授王海丰担任论坛执行主席。25 名优秀青年科学家代表作学术报告。全国 24 家高校、研究院所及企业的专家、学者共 60 余人参会。

10 月 12—14 日，由学会催化专业委员会主办的第 22 届全国稀土催化学术会议在山东省青岛市召开。学会副秘书长张安文在开幕式上致辞。来自全国 75 家高校、科研院所和企事业单位的 166 人参加会议。会议以“稀土催化领域新概念与工业技术发展”为主题，特邀 4 名领域内专家、学者作大会报告。大会设置分会场 3 个，安排 13 名学者作主题报告，安排口头报告 24 篇、墙报展示 37 份。大会评选出优秀学生口头报告 5 篇、优秀学生墙报 5 份，颁发获奖证书。

11 月 3—4 日，由中国科协学会服务中心主办、学会承办的中国科技与经济融合论坛——稀土材料与新能源汽车融合发展论坛在北京召开。120 名院士专家、学者和企业代表共同探讨稀土材料与新能源汽车的协同融合发展，旨在推动中国智能制造高质量发展，发挥产学研联动作用。论坛交流报告 21 篇，举行沙龙讨论，探讨如何更好地在新能源汽车领域发挥稀土功能材料优势，助推新能源汽车产业健康发展，把中国稀土资源优势转变为产业优势和经济优势。

11 月 8—10 日，由学会固体科学与新材料专业委员会举办的 2018 中国功能新材料学术论坛在广东省汕头市召开。学会理事长李春龙参加会议并致辞，全国 20 余家高校、科研院所的 100 名专家、学者参会。

表彰举荐优秀科技工作者 学会审议通过《中国稀土科学技术奖奖励条例（试行）》（2018 年修订）和《中国稀土科学技术奖量化评价标准》，按申报、网络评审、专业评审组评审、评审委员会评定、公示、奖励委员会审定程序，完成 2018 年稀土科技奖评审工作。

为奖励对中国稀土科技和行业发展做出突出贡献的稀土科技工作者，经常务理事会审议，设立“中国稀土学会杰出工程师奖”。按照评审流程，专家以无记名投票方式评选出获奖候选人廖春生、彭新林、曹鸿璋、孙晓琦、祝文才，在2018年稀土科技成果推介会暨学术交流会上为获奖者颁发奖杯和证书。

开展优秀科技工作者代表、全国学会优秀党员科技工作者评选推荐工作，产生科学家代表类和基层科技工作者代表类获推人选6人，钢铁研究总院教授朱明刚入选最终审定名单。

党建强会 学会召开党支部述职和民主生活会，召开党支部扩大会议3次，学习贯彻“两会”精神和新宪法；召开支委会会议3次；向学会党委委员报告有关事项。开展“展风采、树楷模”全国学会优秀党员科技工作者推荐工作，推荐薛冬峰、郝茜作为全国学会优秀党员科技工作者候选人，上报中国科协。开展“加强学会党务工作者队伍建设研究”项目问卷调研。“七一”前，学会理事长李春龙面向学会全体党员和职工以“以习近平新时代中国特色社会主义思想指引学会工作”为题讲党课。

（撰稿人：王　勇）

中国腐蚀与防护学会

服务创新型国家和社会建设 学会推进防腐蚀工程师技术资格培训、认证工作。举办3期培训班，累计结业143人。组织业内专家进行防腐蚀工程师系列水平评价工作3批次，7人通过研究员级高级工程师评审，16人通过高级工程师评审，100人通过工程师评审，7人通过助理工程师评审。开展NACE阴极保护课程4期，共计80余人参加学习。组织8次科技成果鉴定会，对11项科技成果进行鉴定。

学会建设 6月23—24日，中国腐蚀与防护学会第十次全国会员代表大会暨腐蚀与防护高峰论坛在江苏省南京市召开。会议通过无记名投票方式选举第十届理事会理事、常务理事、副理事长、理事长；选举监事会监事、监事长。

新增设中国腐蚀与防护学会装备健康智能诊断专业委员会、铁道设施专业委员会、耐蚀钢专业委员会。非金属耐蚀材料专业委员会更名为非金属耐蚀材料及先进制备技术专业委员会。注销汽车腐蚀与防护专业委员会和耐蚀金属材料专业委员会。

青年人才托举工程 参加中国科协先进材料联合体组织的活动。推荐4名青年入选中国科协青年人才托举工程。

主办期刊 《中国腐蚀与防护学报》全年来稿188篇，发表论文79篇614页，退稿率70%。《中国腐蚀与防护学报》最新CJCR影响因子为0.713，被引频次837次，在收录的腐蚀与防护领域4种期刊中，排名第1。

《材料保护》全年刊出文稿约380篇，环比增长超过20%。全年来稿600余篇，环比增长约20%。11月，在云南省昆明市举行编委会换届会议。

国际学术会议 4月16日，学会常务副理事长李晓刚带队应邀出席在美国菲尼克斯举办的NACE 2018腐蚀与防护年会暨2018腐蚀与防护博览会。会议期间，举办第四届中国腐蚀与防护学会海外研讨会，来自中美两国企业及高校的130余人参加。9月9—13日，参加在波兰克拉科夫举办的2018欧洲腐蚀大会。11月5—8日，由学会协办的第18届亚太腐蚀控制大会（18th APCCC）在泰国芭堤雅举行，约50名中国代表参会。

国内主要学术会议 召开第五届海洋材料与腐蚀防护大会、先进材料腐蚀与防护学术年会、装备健康智能诊断学术年会等国内学术会议共21场次。累计参会4000余人，发表论文1000余篇。

两岸交流 8月12—15日，第十一届海峡两岸材料腐蚀与防护研讨会在北京召开。来自两岸材料腐蚀与防护领域的专家、代表270余人参会。会议主题为“高科技与互联网时代的材料腐蚀与防护”，议题涵盖腐蚀机理与测试技术、自然环境中的腐蚀与防护、新型耐蚀涂层制备及性能等14项内容，会议收到论文摘要240余篇。安排两岸青年腐蚀与防护论坛，来自两岸腐蚀与防护领域的42名青年学者参加论坛交流。

国际组织任职 学会常务副理事长李晓刚担任国际腐蚀理事会（International Corrosion Council）理事。学会国际交流合作办公室主任张达威担任NACE International技术委员会国际联络员。

国际交往 学会与NACE International举办高层会谈，就标准联合制定、海外奖学金设立等议题进行协商，应邀访问位于美国亚利桑那州菲尼克斯郊区的阿特拉斯材料大气腐蚀暴晒试验基地。

7月20日，由学会常务副理事长李晓刚、程学群研究员和刘智勇副研究员等组成的代表团，受马尔代夫住建部部长Abdulla Fayaz邀请，对已开展3年的中马大桥防腐蚀工程设计及相关科研项目进行现场采集数据和桥梁防腐蚀施工质量现场验收考察，就水下管桩、钢筋、桥梁钢和护栏等典型结构防腐课题开展研究并制订针对性防腐蚀设计方案。

在欧洲腐蚀大会期间，学会与材料腐蚀学科顶级期刊 *Corrosion Science* 编辑团队专家就期刊及学科未来发展问题进行会晤和交流。

10 月，荷兰代尔夫特理工大学教授、*Corrosion Science* 主编 J. M. C.（Arjan）Mol 教授与法国国家科学院教授 Philippe Marcus 共同访问北京科技大学及东北大学等高校腐蚀与防护团队。其间，2 名教授与各团队专家、学者就腐蚀防护涂层和表面处理技术未来发展进行研讨，对青年师生前沿工作给予指导和帮助。

12 月 3 日，德国亥姆霍兹国家研究中心教授 M. L. Zheludkevich 和研究员 C. Blawert 受邀访问学会，专家代表就镁合金及其防护技术等方面科研及产业合作进行会谈。

科普活动 在世界腐蚀日期间，以线下及线上（网络、微信平台）宣传方式开展腐蚀日专题活动。向腐蚀科研及生产工作者有奖征集科普文章，以科普角度向公众介绍腐蚀问题及防护技术。活动共征集科普文章 162 篇，经“材料卫士”——腐蚀与防护科学传播专家团专家评审，评选出优秀获奖作品 14 篇，学会给予奖励。以《腐蚀防护之友》杂志、网站为载体，设立“走进世界腐蚀日——抵御腐蚀侵袭，为国家重大工程保驾护航”世界腐蚀日专题，介绍世界腐蚀日背景、腐蚀防护领域基本知识，刊登部分优秀获奖文章。在科技活动周期间，以线上宣传方式，在中国腐蚀防护网站和微信平台开展以“资源共享，创新圆梦”为主题的科普宣传活动。在全国科普日活动期间，以线上宣传方式，在中国腐蚀防护网站和微信平台开展以“推进智能装备智能化制造，加强腐蚀大数据监测预警”为主题的科普宣传活动。在世界地球日活动期间，联合北京腐蚀与防护学会参加在北京东城区南馆公园举办的科普宣传活动，以展板、书籍、防腐知识有奖问答、有奖竞猜等形式面向公众展开宣传，近 120 人参与。

表彰举荐优秀科技工作者 向中国科协推荐优秀科技工作者 4 人，其中 1 人当选。

党建强会 在每月固定时间组织党员集体理论学习。定期召开党员会议，落实“三会一课”等组织生活制度。党组织注重发挥思想引领作用，坚持对重大工作部署集体讨论决定。组织秘书处党员及工作人员观看影片《厉害了，我的国》。组织全体党员观看教育节目《榜样》并撰写观后感。组织前往陕西省延安市接受革命传统教育，学习老一辈无产阶级革命家的革命精神。

会员服务 加强与个人会员及团体会员联系。定期向团体会员单位发送学会动态，及时办理证书更换，为新入会团体会员办理入会相关事宜，将学术活动计划通知团体会员单位，团体会员单位均有权选派代表参加与其有关学科的学术会议。为会员单位提供技术咨询，为其进行施工资质认证等。全年发展个人会员 125 人、团体会员 3 个。

【第五届海洋材料与腐蚀防护大会】12 月 9 日，由学会主办的 2018 第五届海洋材料与腐蚀防护大会在广东省珠海市长隆横琴湾酒店开幕。会议主题是“前沿·延寿·互利·发展”。大会主会场报告环节由学会常务副理事长李晓刚和李劲教授主持。中国工程院院士张福泽，学会理事长、东北大学教授王福会，东北大学教授王昭东，华南理工大学教授张广照，中国科学院宁波材料技术与工程研究所研究员王立平，学会副理事长、天津大学教授胡文彬，中山大学教授李伟华，中交四航工程研究院有限公司教授级高级工程师范志宏，厦门大学教授宋光铃分别作主旨报告。700 余名腐蚀防护领域及材料领域专家、业界人士、企事业单位领导及代表出席会议。

【第一届装备智能化诊断与安全学术年会】 9 月 25—27 日，由学会、国家材料环境腐蚀平台联合主办，浙江省腐蚀与防护学会、浙江钱浪智能信息科技有限公司联合承办的 2018 第一届装备智能化诊断与安全学术年会在浙江省杭州市召开。会议主题为“共享智能诊断技术，构筑装备安全保障”。中国工程院院士薛群基任大会主席，244 名代表参加会议。44 名专家、学者提交有关行业的科学研究、成果应用、该领域装备健康与智能诊断的发展现状等论文（摘要），其中 36 人在大会上作报告。按照中国科协对重点会议的要求，组织与会人员对会议质量进行评价。

【中国腐蚀与防护学会第十次全国会员代表大会】 6 月 23 日，在江苏省南京市召开中国腐蚀与防护学会第十次全国会员代表大会。学会代表共 340 人，其中 247 名代表出席会议。会议由学会理事长王福会主持。李晓刚教授代表第九届理事会作工作报告，李久青教授作中国腐蚀与防护学会章程修改说明报告，“长江学者奖励计划”特聘教授乔利杰作中国腐蚀与防护学会第九届监事会工作报告，北京科技大学新材料技术研究院教授杜翠薇作中国腐蚀与防护学会第九届理事会财务报告。会议代表对所作报告进行审议，经过举手表决，一致同意各项报告并讨论通过个人会员和团体会员会费标准。

中国船舶重工集团公司七二五所研究员陈光章代表换届领导小组作学会换届筹备工作情况汇报。会议通过无记名投票的方式选举第十届理事会理事、常务理事、副理事长、理事长，选举监事会监事、监事长。大会举手通过监票小组名单。

经监票小组统计，发出选票247张，收回选票239张，有效选票239张。候选人得票均超过总选票的三分之二。150名理事候选人全部当选，50名常务理事候选人全部当选。副理事长候选人全部当选，王福会当选第十届理事会理事长，李晓刚当选常务副理事长。5名监事会候选人全部当选，乔利杰当选监事长。陈光章、侯保荣、张统一、左禹当选第十届荣誉理事长。

6月23日晚，召开中国腐蚀与防护学会十届一次理事会议暨十届一次常务理事会议。杜翠薇当选中国腐蚀与防护学会第十届理事会秘书长。

（撰稿人：张小红　靳婉平）

中国化工学会

服务创新型国家和社会建设　开展“国企、科研院所及事业单位聘用制技术人员人才水平评价”项目，获中国科协2018年服务国家社会治理品牌建设项目立项资助。

受全国科学技术名词审定委员会委托，《化工名词（定义版）》的《基本有机化工》和《化学工程基础》分册已经完成，准备出版；受《中国大百科全书》出版社委托，承接的《中国大百科全书》第三版《化工学科》编纂完成基本有机化工、燃料化工、无机化工3个分支学科初稿。

完成“高效煤泥浮选及煤泥水有效净化技术的研发与应用”“中低品位磷矿高效清洁综合利用选矿集成技术”“磷尾矿高效清洁综合利用技术”等8项石油化工、精细化工领域科技成果评价。

参与完成华东理工大学、东华大学、中国石油大学（北京）、四川大学、中国海洋大学等14所高校的本科工程教育认证工作。

实施创新驱动助力工程，与日照市、岳阳市、台州市、九江市、泰安市等地建立合作关系，全年举办论坛及会议7次，各种形式考察对接活动14次，与地方和企业签订合作协议7项，成立学会工作站3个，向地方政府决策提供咨询建议书2份，参加对接活动专家100余人次，包括院士20余人次。

4月12—14日，学会与江苏省化工行业协会、江苏省化学化工学会、全国功能高分子行业委员会等单位共同主办的2018第五届全国化工行业（园区）污染综合治理大会暨展览会，在江苏省南京市举行，展场面积1.2万平方米。来自全国各地的参会代表1万余人。

5月18—20日，学会与教育部化工类专业教学指导委员会、天津大学共同举办的第二届中国大学生Chem-E-Car竞赛（化学能汽车）在天津大学举办。来自25所高校的代表队参赛，300余名代表出席和观摩赛事。清华大学和天津大学2支队伍被选中，参加由美国化学工程师学会（AIChE）主办的2018年度学生年会Chem-E-Car总决赛，清华大学代表队排名第5，在亚洲参赛高校中排名第1，获性能奖；天津大学代表队排名第10，获杰出学生分会奖。

8月17—22日，学会与中国化工教育协会、教育部高等学校化工类专业教学指导委员会主办的第十二届全国大学生化工设计竞赛全国总决赛在中南大学举办。全国共333所高校1852支队伍报名参赛，参与学生9000余人。全国大学生化工设计竞赛增列入2014—2018年高校竞赛评估排行榜。

9月20—21日，学会与泰安市科学技术协会主办的2018中国石化和化学工业绿色制造、三废治理及园区智慧化建设（泰山）大会在山东省泰安市召开。会议主题为“绿色制造、环境友好、智慧管理、安全高效”。约400名代表参会。参会代表讨论石化行业热点关注的绿色化工、安全生产及数字智能化发展应用等议题。

12月7—9日，学会与华南理工大学主办的首届华南地区化工安全与工程实践邀请赛在广东省广州市举办。来自华南地区22所高校的35支队伍参赛。大赛围绕化工实验室及工程安全主题，以墙报展示、知识竞赛、仿真模拟、主题陈述等形式，将安全、环保理念与实践有机结合，探索实验室安全管理、化学化工人才培养的新模式。

学会能力提升计划　在中国科协组织实施的世界一流学会建设项目中，学会被评为一类优秀社团。

按照一流学会的建设目标，学会重点推进科技智库建设，拓展科技评估、科技成果转化服务，启动开展团体标准、化工工程师专业水平评价工作。加强科学传播专家团队建设，出版系列化工科普图书，建设科普大讲堂品牌。启动会员最高荣誉会士的评选工作，建立学生分会，发展个人会员尤其是青年会员，建立多层次、精准优质的服务体系。参与国际组织议事会议，成立国际绿色技术联盟（IGTA），推动“一带一路”倡议创新和国际合作。

学会建设 召开四十届二次常务理事会议和四十届二次理事会议，并在会前召开理事会党委扩大会议，学习贯彻十九大精神，传达落实民政部和中国科协科技社团党委对学会党建工作的新部署、新要求。会议邀请第四十届监事会参会，监督理事会履职情况和秘书处工作，并作监事会报告。

新成立过滤与分离、化工过程强化、工程热化学、石化生态工程、日用化学品5个专业委员会，下属分支机构由30个增至35个。

编撰出版《中国化工学会2017年度报告》，纸质版发行400余册，电子版寄送12000余份。

学会治理结构和治理方式改革 加强分支机构管理，修订《分支机构管理办法》《分支机构财务管理办法》。

5月17日，学会在山东省日照市召开分支机构工作会议。48名相关人员参会。会上举行分支机构学习贯彻十九大精神、提升党建工作水平宣讲会，重点解读修订的《中国化工学会分支机构管理办法》及配套财务管理办法，推进分支机构会员发展、业务发展。

青年人才托举工程 学会通过先进材料联合体推荐的1名科技工作者入选青年人才托举工程。

主办期刊 主办会刊《化工学报》及《中国化学工程学报》（英文版）、《化工进展》《储能科学与技术》。

《化工学报》和《化工进展》分别入选中国科协中文科技期刊精品建设计划项目。《储能科学与技术》申请并获批中国科协储能技术学科方向及路线图预测项目。

《化工学报》和《化工进展》均入选2018年度精品期刊顶尖论文平台领跑者F5000项目，各自入选2017年中国百篇最具影响国内学术论文1篇。《化工学报》被评为2017百种中国杰出学术期刊、2018中国国际影响力优秀学术期刊、2018期刊数字影响力100强，入选中国科技期刊2018年度优秀论文1篇。《中国化学工程学报》（英文版）入选2018中国最具国际影响力学术期刊。

决策咨询 学会围绕国家重大战略需求和行业迫切需求选题，承担软课题研究项目。承担并结题“中国科协新能源材料前沿跟踪研究（化工部分）课题”。承担中国工程院批准立项的先进基础材料强国战略研究项目，提交先进石化化工基础材料子课题研究初稿。

组织推荐并入选中国科协“引领世界科学的前沿科学问题、建设世界科技强国的工程技术难题”2项。

国际学术会议 学会及所属专业委员会在全年举办国际会议8个，参会人数共1635人次，交流论文306篇。

3月20—23日，学会与美国汤森咨询、宁波市科学技术协会联合主办的2018国际烯烃及聚烯烃大会（IOPC）在浙江省宁波市召开。来自中国、美国、瑞士、荷兰、比利时、巴西、沙特阿拉伯、日本、韩国等10余个国家和地区约300名专家参会。

国内主要学术会议 学会全年开展学术活动90余项，累计交流人数1.2万余人。

7月21日，学会与浙江省海高会、中共长兴县委、长兴县政府主办的2018中国·长兴新能源技术和产业高峰论坛暨浙江“千人计划”专家峰会在浙江省湖州市长兴县召开。来自全国各地的院士、“千人计划”专家、高校院所教授等80余名高端人才与40余名国内外新能源企业代表进行交流。

9月9日，学会与浙江省台州市政府共同主办的2018（台州）国际医药化工发展论坛在浙江省台州市召开。国内外医药化工行业的专家及台州当地企业、高校代表300余人参会。学会副理事长兼秘书长华炜，台州市委常委、副市长芮宏出席开幕式并致辞。论坛主题为“技术创新　绿色发展”，旨在加强医药化工领域的学术交流，探讨医药企业和国际医药化工高层次人才在高端医药中间体、仿制药、生物制药等领域的前沿技术，促进台州地区医药化工产业创新成果的产业化进程，助力台州（椒江）打造“绿色药都”。

10月22—24日，学会与西南石油大学主办的2018中国油田化学学术论坛在陕西省西安市召开。来自全国各高校及研究院所、石油公司及油田化学相关单位的400余名专家参会。会议总结和交流油田化学领域的学术研究成果与现场应用经验，探讨油田化学研究和技术发展方向。

10月24—26日，学会与四川省科学技术协会主办的2018中国（德阳）资源化工绿色发展大会在四川省绵竹市举办。150余名专家参会。大会围绕资源化工"生态循环、精细高端"主题，梳理资源化工中磷钛化工行业及锂电行业的发展思路，研讨产业技术方向，为资源化工转型升级发展谋篇布局。

国际组织任职 学会常务理事陈建峰担任世界化学工程联合会（World Chemical Engineering Council）执委委员。学会监事钱旭红担任亚太化工联盟（Asian Pacific Confederation of Chemical Engineering）理事。学会理事马良清和张立群担任国际橡胶会议组织（International Rubber Conference Organisation）委员会委员。

国际交往 与世界化学工程联合会、亚太化工联盟和欧洲化学工程联盟等国际组织建立信息共享及沟通机制，互通发布国际学术交流及国际项目合作信息，推动国内外科技工作者的交流和互动。

与法国过程工程学会建立合作关系，探讨在学术交流、工程师认证、项目合作等领域的全方位合作，协同推进2019国际化工过程强化大会工作。

推动学会离子液体专委会以中国科学院过程工程研究所为依托，整合世界多个国家绿色技术领域优秀科学家力量，成立国际绿色技术联盟（IGTA），重点关注"一带一路"国家和地区重大需求，促进发展中国家在绿色技术领域的创新能力提升和国际合作。

推动中国化工安全教育与国际接轨，引进美国化学工程师学会（AIChE）过程安全认证课程10门，将其纳入与化学工业出版社等单位合作的化工安全教育公共服务平台。

筹备2025年第12届世界化学工程大会暨第21届亚太化工联盟大会，初步提出大会的筹备委员会组织框架，推进建立筹备委员会。

科普活动 学会举办科普宣传活动共11次，受众2万人次，发放科普宣传材料5000份。

与《知识就是力量》杂志社开展第三届全国中学生数理化科普竞赛。在沈阳市、天津市、青岛市等全国13个主要城市设立分赛区，5000余名中学生参与竞赛，361名学生获奖。

由学会领衔、多家单位参与编写的《身边的化工》和《走进化工》2本科普书出版。

在2018年全国科技工作者日期间，学会开展2018年广西中小学教师科学营主题活动，邀请两院院士及专家开展科普讲座，组织中国石化北京化工研究院、中国化工博物馆、清华大学等会员单位开放科普资源，提升教师队伍综合科学素养。

表彰举荐优秀科技工作者 开展第十届侯德榜化工科学技术奖评审活动，孙丽丽等5人获成就奖，陈平等14人获创新奖，白进等29人获青年奖。

首次开展学会会士评选工作，范代娣、方向晨等20人当选会士。

向中国科协青年人才托举工程、教育部青年科学奖、全国石油和化工优秀科技工作者、中国青年女科学家奖、亚洲杰出科研工作者和工程师奖等国内外奖项推荐候选人10人。经学会推荐，北京工业大学李建荣获2018年度亚洲杰出科研工作者和工程师奖（The SCEJ Award for Outstanding Asian Researcher and Engineer）。

学会创新发展 启动团体标准制修订工作，制定《中国化工学会团体标准管理办法（试行）》，审核批准团体标准立项3个。

牵头组建中国科协化工新材料产业协同创新共同体，筹建完成共同体组织机构和办事机构。

党建强会 学会设党建办公室，在各分支机构建立党小组，实现理事会党委—秘书处党支部—分支机构党小组的组织体系。召开理事会党委会议2次，制定《中国化工学会党委工作规则》《中国化工学会贯彻落实"三重一大"决策制度实施办法（试行）》，提升党建工作制度化水平。在中国科协科技社团党委开展的中国科协创建星级党组织试点评价中获优秀等级。

6月26—28日，学会党支部在宁波市科协支持下，开展"美丽化工、美好生活——党建强会特色活动"。活动围绕贯彻落实党的十九大精神，加强党建阵地、组织队伍建设，重点将学会党建与科普、学术、智库业务活动融合，组织公众开放日、科普大讲堂、科技对接及咨询等活动。

会员服务 完善升级信息化系统，建立精准推送会员服务信息系统。将主办期刊电子版、化工安全教育公共服务平台等资源向会员开放。

通过协同分支机构及地方学会、提升信息化精准服务、建设学生分会等措施，个人会员从2017年的1.1万人发展到1.5万人，新增会员单位20家。

【2018绿色化工高端论坛暨中国化工学会首届全国化工过程强化大会】 5月12—13日，由中国工程

院化工、冶金与材料工程学部和学会联合主办的2018绿色化工高端论坛暨中国化工学会首届全国化工过程强化大会在云南省昆明市召开。包括陈建峰、舒兴田、费维扬、胡永康、钱旭红、谢在库、祝京旭（加拿大工程院）等7名院士在内的500余名化工领域专家参会。

论坛旨在为绿色化工和化工过程强化技术研究的专家、学者提供一个广阔的交流平台，促进产学研之间的交流与合作、多学科交叉与融合，推动提升绿色化工和化工过程强化技术在传统产业技术升级与转型中的服务。中国科学院院士费维扬、中国工程院院士陈建峰、中国科学院院士谢在库、加拿大工程院院士祝京旭、学会监事长杨元一分别作特邀报告《化学工程面临的新挑战和新机遇》《分子化学工程》《工业催化剂设计：分子筛形貌调变与反应扩散过程强化》《流态化百年纪——多级强化及其在绿色化工的成功应用》《化工过程强化技术》，中国工程院院士钱旭红主持大会。

【美丽化工、美好生活——中国化工学会党建强会特色活动】 6月26—28日，学会党支部在浙江省宁波市科协的支持下，开展“美丽化工、美好生活——党建强会特色活动”。

学会党支部、宁波市科协第三党支部组织40余名党员参加中国石化镇海炼化“探秘智慧能源”公众开放日活动，参观体验镇海炼化展厅、石油梦想科普宣传片、白鹭园、乙烯智能联合控制室、废水回用装置等。通过趣味性和科普性的参观流程，党员对石油生产炼制的全过程有了直观的感受，了解到现代先进炼化厂所应用的安全、环保技术，体会到化学工业对人类的作用。

学会理事会党委书记、副理事长兼秘书长华炜向党员作“中国石油化工工业发展趋势”主题科普讲座，讲解中国石油和化工产业发展的概貌和趋势，指出石化产业在国民生活和战略经济中的重要作用，展望中国石油和化学工业国际化发展挑战与机遇。

（撰稿人：王　燕）

中国核学会

服务创新型国家和社会建设　学会完成东华理工大学、南华大学、华北电力大学以及成都理工大学核工程类专业工程教育认证工作。12月2日，中国核学会召开国际工程教育认证核工程类专业认证委员会工作会议，会上考核2018年认证专业现场考查专家并投票，审议2019年申请认证专业。

申报并获批中国科协2018年“服务国家社会治理品牌建设项目”。修订完成《核专业工程能力评价标准》。被中国科协指定为首批工程师资格国际互认试点学会。9月6日，与中国科协签署《开展核工程专业工程能力国际互认项目合同》。10月，组织专家参加中国科协10月24—26日举办的中国科协工程能力建设联盟（筹）工程能力评价候任考官培训班。11月，参加工程能力国际论坛。

《核电厂金属材料高温高压水中划伤再钝化试验方法》《核电厂金属材料高温高压水中腐蚀疲劳试验方法》等4项标准英文版计划于2019年第一次标准工作委员会上审定并发布。3月10日，中国核学会标准工作委员会第三次工作会议在北京召开。会议审议中国核学会2017年度标准化工作及2018年工作建议；审议并批准发布编制的《电子束处理印染和造纸工业废水技术规范》等标准7个；审议并确定2018年标准立项申请6项。8月，由团体标准化联盟主办、学会承办的团体标准发展联盟2018年第一期团体标准化实践沙龙在中国科技会堂举办，学会、中国标准化协会、中国土木工程学会、中国汽车工程学会等28家全国学会、协会参加。

9月6—9日，学会举办第六届中国（绵阳）科技城国际科技博览会。在中国科协和四川省政府领导见证下，与绵阳市政府签署战略合作协议。主办以“核技术在医学领域应用的发展展望”为主题的核医学论坛。

与国家核安保技术中心签署框架合作协议。双方将在建设分支机构、开展课题研究、期刊建设、继续教育、团体标准等方面开展合作，共同推动核安保领域国内外合作与交流工作，构建核安保网络。

与中原对外工程有限公司签订战略合作协议。双方将在学术交流、国际合作、技术推广、海外核能市场开发等方面开展合作。

学会建设　学会成立学会核安保分会、学会辐照效应分会、学会船用核动力分会、学会放射性药物分会4家专业分会。

召开专业分会管理工作会及年度总结会。发布《中国核学会专业分会管理办法（试行）》《中国核学会专业分会财务管理细则》，各专业分会的全部收支纳入学会财务统一核算和管理。

召开第二届全国各省核学会秘书长联议会。

修订秘书处岗位职责及任职条件、差旅费管理办法，制定合同管理办法、固定资产管理办法、财务报销细则。聘用专业法律顾问。

5月26日，中国核学会第九次全国会员代表大会暨第九届理事会第一次会议在北京召开。

学会治理结构和治理方式改革 学会制定《中国核学会2018年改革工作要点》。申报并获批世界一流学会建设三类项目。

青年人才托举工程 4月12日，学会召开2015—2017年度青年人才托举工程项目总结会。11月4—8日，在广东省江门市召开2018年青年人才托举论坛，总结评价2016—2018年度青年人才托举工程，成立青托联合会（俱乐部），主席团由学会推荐的哈尔滨工程大学郝琛等9名青年科学家组成。完成2017—2019年度青托人才三方培养协议签订、导师匹配和聘请工作，召开院士报告、青年沙龙、技术参观等形式的学会青托工作会议。完成2018—2020年度青年人才托举工程项目评审及相关工作，4名青年人才入选中国科协资助推荐名单，4名青年人才入选学会自筹经费资助推荐名单。

主办期刊 主办学术期刊《核科学与工程》《核技术》、NST（《核技术》英文期刊）和《计算物理》。

学科发展研究 6月，学会出版《中国核科学技术进展报告（第五卷）》。报告收录中国核学会2017年学术年会征集论文中较高水平论文701篇，共分10册，按26个二级学科设立分卷。

下半年启动“2018年国外核工业与技术重大发展动向”项目。形成情报研究成果，体现学会核领域专业智库的行业价值，计划于2019年发布。

根据1月召开的第三次审定大会专家对《核科学技术名词》提出的修改意见，6月，各小组重新提交修改后的科技名词。截至2018年年底，共收录21个专业名词共计7998条。计划在2019年召开第三次《核科技技术名词》审定大会上定稿。

决策咨询 9月3—5日，以“助力军民融合、创新核工业发展”为主题的中国核学会2018年“院士行”活动在四川省成都市举办。

中国科学院院士王乃彦、詹文龙，中国工程院院士李冠兴、孙玉发、叶奇蓁、赵宪庚、李建刚、邓建军、王国法参与活动。

学会向中国科协提交“引领世界科学前沿科学问题、建设世界科技强国的工程技术难题”21篇，包括入选为中国一线科技工作者关注的重大科学问题和工程技术难题4篇，并在第二十届中国科协年会发布，分别是《超临界场强的量子电力学效应》《宇宙中的重元素起源》《核能系统高安全结构材料》《高水平放射性废物安全处置》。

国际学术会议 3月11—17日，2018年国际青年核能大会暨第二十六届世界核妇女大会（2018 WiN & 2018 IYNC）在阿根廷巴里洛切举办。秘书长于鉴夫率国内学者20余人组团参会并作国家报告。

7月22—26日，第二十六届国际核工程大会（ICONE 26）在英国伦敦举行。大会主题为“Powering the World, One Atom at a Time”。大会由学会、美国机械工程师学会、日本机械工程师学会联合主办。来自全球的900余名代表参加会议。副秘书长王志致作大会报告。大会最终入选论文762篇，中方入选论文350篇，占46%。大会论文入选国际工程索引（EI）。中国核动力研究设计院二所副所长兼总工程师黄彦平获本届ICONE奖。在学生竞赛单元，12名中方学生获最佳论文和最佳海报奖。

9月30日—10月4日，第二十一届太平洋地区核能大会（PBNC 21）在美国召开。学会副理事长雷增光和副秘书长王志出席会议并发言。

10月15—18日，第十二届国际核反应堆热工水力、运行与安全学术会议（NUTHOS）在山东省青岛市召开。会议由学会主办，国家电投集团科学技术研究院承办，美国核学会、韩国核学会、日本原子能学会、国际原子能机构等协办。会议促进核反应堆热工水力、安全与运营的国际技术交流，总结近2年各国在相关领域的技术进步，展示中国首批AP1000机组建设的重大成就及自主化先进三代核电CAP1400技术的发展。

国内主要学术会议 8月16—17日，由学会指导，西部核学会联合体主办，西部各地核学会承办的中西部核学会联合体成立大会暨2018年学术年会在甘肃省嘉峪关市召开。学会副理事长赵军出席并讲话。中国工程院院士于俊崇等7名院士专家作特邀大会报告。分会场口头报告83篇，评选优秀论文27篇。

11月9—11日，第十三届核科技、核应用、核经济——“三核”论坛在江苏省苏州市召开。论坛由江苏省核学会承办，论坛报告内容涉及核电、核农、核医、新材料环境保护等核技术应用各方面。会议征集论文 142 篇，其中，核能科学与应用 47 篇，核理论与方法、辐射技术应用 38 篇，核医学 57 篇。

两岸交流 11 月 4—8 日，第十七届海峡两岸核能学术交流研讨会在中国台湾地区召开。会议由学会和核能科技协进会共同主办。学会理事长王寿君带团赴台出席并致辞，大陆专家与台湾专家交流华龙一号、池式低温供热堆等核电技术发展现状，核电站运行管理与安全，核燃料后处理，核技术应用，核科普宣传与公众沟通等议题。两岸近 100 名专家参会。

国际组织任职 学会副秘书长王志被任命为太平洋核理事会副理事长。

国际交往 学会服务国家“走出去”战略，加强与“一带一路”沿线国家的科技交流，与哈萨克斯坦核学会签订合作备忘录；与约旦原子能委员会、马来西亚核学会、泰国核学会建立联系并拟签署谅解备忘录。

1 月，响应商务部印发《南南合作援助基金项目申报与实施管理暂行规定》的通知。5 月，被列入中国社会组织申请南南合作援助基金机构名录，征集来自中原公司和核工业二〇三研究所 2 个单位的 4 个项目申请。

科普活动 举办 2018 年度科普中国——绿色核能主题科普活动。

启动组织编写关于王淦昌、汪德熙、钱皋韵、姜圣阶、王乃彦、李冠兴 6 名理事长院士的“中国核学会科学家”系列画册工作。

完成《中国核科学开创与发展》6 集电视文献纪录片。以中国核科学重大发展历程为脉络，以老一辈核科学家口述原创形式为主，填补中国核科学开创与发展视频文献纪录的空白，传承核科学文化。

1 月，学会组织开展第二批全国核科普教育基地（2018—2022）评选。评选出秦山核电、辽宁核电、宁德核电等 10 家单位，由学会向其颁发全国核科普教育基地（2018—2022）牌匾和证书。

1—3 月，开展 2017—2018 年度中国核科普奖评选工作。全国 53 家单位、58 件作品申报参评。评选出中国核科普先进单位 10 家、中国核科普先进工作者 10 人、中国核科普优秀作品 30 件。

3 月 28 日，组织开展第六届“魅力之光杯”全国中学生核电科普知识竞赛。6 月 20 日，答题活动截止。53.8 万名参赛者参与竞赛答题，产生一等奖 50 人、二等奖 50 人、三等奖 100 人、优胜奖 300 人。7 月 16 日，第六届“魅力之光”夏令营开营仪式在清华大学工程物理系举办。夏令营为期 5 天，在北京和辽宁二地举办。

11 月 3 日，在大亚湾核电站召开全国核科普教育基地经验交流会，邀请中国科协、国家能源局领导介绍相关政策趋势，对核科普教育基地建设发展提出指导意见，邀请 20 家全国核科普教育基地代表进行经验分享，组织参观岭澳一期项目。

学会发布《绿色核能科普特色学校认定与管理办法（试行）》，开展绿色核能科普特色学校评选。11 月 23 日，经第九届理事会科普咨询教育工作委员会评出辽宁红核希望中学、山东荣成市蜊江中学、江苏连云港石桥中学等 11 所中学为首批绿色核能科普特色学校，有效期 5 年。

11 月 23 日，在北京召开第九届理事会科普咨询教育工作委员会第一次会议。向各位委员颁发聘书，审议并确定第九届理事会科普咨询教育工作委员会工作重点为“十个一工程”，明确委员会任期内工作的总体目标和主要任务。

表彰举荐优秀科技工作者 推荐优秀科技工作者代表 4 人、全国学会优秀党员科技工作者 6 人、第十五届中国青年女科学家奖和 2018 年度未来女科学家 3 人。

党建强会 学会召开第九届理事会党委第一次党员大会。表决通过《第九届理事会党委委员建议名单》和《第九届理事会党委工作条例》。王寿君担任理事会党委书记，于鉴夫担任党委副书记，王森、王凤学等 13 人担任党委委员。

完成学会党支部换届。党员大会选举产生学会新一届党支部委员于鉴夫、王志、秦昭曼。于鉴夫任支部书记。选举结果报中核集团直属机关党委审核批准备案。

开展党员学习活动。党支部组织学习十九大精神和习近平总书记系列重要讲话精神，全年召开 10 余次专题学习。为党员配发《中国共产党章程》《中国共产党支部工作条例》《中国共产党纪律处分条例》《十九大报告解读》《习近平谈治国理政》，并进行全文学习。在重大活动成立临时党支部；参与国防科技社团联盟党建强会活动；派优秀党员代表赴井冈山革命老区参加青年党务干部培训；集体参观学习改革开放 40 周年成就展。

7 月 8 日，理事会党委在山东荣成郭永怀事迹陈列馆举办党员教育基地揭牌仪式。党委书记王寿君、副书记于鉴夫、纪委委员田东风及山东荣成市委书记江山、市委副书记刘昌松，党员陈念念、邓建军，学会30家专业分会领导及优秀党员代表参加活动。

会员服务 学会成立会员会议部，发展个人会员4000人、单位会员9个。5月30日，按照中国科协文件要求组织开展全国科技工作者日活动，宣传表彰全国学会优秀党员科技工作者2人、全国学会优秀科技工作者4人、中国核学会优秀学会工作者10人。

【中国核学会第九次全国会员代表大会及第九届理事会第一次会议】 5月26日，中国核学会第九次全国会员代表大会在北京召开。生态环境部、国家能源局、国防科工局、中核集团等领导应邀出席会议并致辞。学会相关领导、会员代表200余人参加会议。选举产生第九届理事会、第九届理事会监事会。审议并通过《中国核学会第八届理事会工作报告》《中国核学会第八届理事会财务工作报告》《中国核学会章程修改说明》《中国核学会团体会费缴纳标准与管理办法》等文件，表彰中国核学会优秀学会工作者。

同日召开第九届理事会第一次会议。投票选举万钢等45人为第九届理事会常务理事；全国政协常委、中国核工业集团有限公司董事长、党组书记王寿君当选第九届理事会理事长，雷增光等14人当选副理事长；审议并通过《第九届理事会增补副理事长候选人的决定》；通过工作委员会主要负责人名单；聘任于鉴夫为秘书长、王志等10人为副秘书长。授予李冠兴、余剑锋、张维岩、康克军为名誉理事长，丁中智、杨长利、邱爱慈、彭先觉、穆占英为荣誉理事长，丁建波等97人为荣誉理事。

【第十五届中国国际核工业展览会】 3月28—31日，由学会、中国原子能工业有限公司、北京市展协联合主办的第十五届中国国际核工业展览会在北京国家会议中心举办。展会以“创新·合作：核能助力美好生活”为主题，展出总面积12500平方米。来自15个国家的220余家单位参展，50余个国家2万余人次观众参观。此届展会呈现出6大亮点，分别是主题1个，场馆2个，展览展示、技术研讨会、科普宣传活动形式3种，开展第六届“魅力之光杯”全国中学生核电科普知识竞赛启动仪式、2018—2022年度全国核科普教育基地授牌、2017—2018年度中国核科普奖颁奖及作品展示、“核科技创造美好生活”大型科普展科普活动4场，开展小型堆安全与实践、同位素与辐射技术服务人类社会、烟台市打造“中国核能产业新城”、华龙核电研讨会、中美核电企业对话研讨会5场，举办中广核电力股份有限公司《企业社会责任报告》、中国核能电力股份有限公司《企业社会责任报告》“核与辐射安全科普系列丛书”及《2017年度中国核与辐射安全网络舆情蓝皮书》、中国核学会团体标准、《2016—2017年中国核技术应用学科发展报告》《2017年国外核工业与技术重大发展动向》发布会6场。

【第六届中国（绵阳）科技城国际科技博览会】 9月6—9日，第六届中国（绵阳）科技城国际科技博览会在四川省绵阳市举办。展览总面积7万平方米，650余家境内外单位参展。展会期间，学会举办大型核科普展，与绵阳市政府在中国科协和四川省政府领导见证下签署战略合作协议。主办以“核技术在医学领域应用的发展展望”为主题的核医学论坛，展示核技术在医学诊断、治疗技术上所取得的成果和潜力，促进相关技术的应用和成果转化，推动军民融合，为核科技工作者提供交流沟通平台。

【2018年度“科普中国——绿色核能主题科普活动”】 8月3日，中国科协、国家能源局、国家原子能机构、国家核安全局联合向各地方科协、全国学会及全国主要涉核企事业单位印发年度工作方案，收到全国52家单位的活动登记表，上报活动约128项。开展《核安全法》宣贯活动约47场次；编写《绿色核能科普宣传大纲》1份和《绿色核能科普宣传题库》1套；新增全国核科普教育基地10个，建设评选绿色核能科普特色学校11所；举办核行业科普基地公众开放周活动、全国中学生核电科普知识竞赛系列活动、院士行、核安全文化校园行活动等特色核科普宣传活动约101场次；全国13家各地方科协通过全国核科普日、科技活动周等开展核科普活动约27场次；开展媒体专题活动10余项，开发科普资源，编辑科普图书、视频等40余册，线上线下覆盖人数880余万人。

（撰稿人：王 笑）

中国石油学会

服务创新型国家和社会建设 学会落实与教育部全国工程专业学位研究生教育指导委员会签订的《石油工程硕士研究生教育认证合作框架协议》，举办第2期石油工程硕士研究生教育认证专家培训班，完成中国石油大学（北京）石油与天然气工程领域工程硕士专业学位研究生教育认证授牌和西南石油大学入校考查。

受国家科学技术奖励工作办公室委托，组织院士专家对2018年国家科技奖初评通过项目提出行业咨询意见。承担的中国石油大港油田公司《北大港构造带奥陶系上马家沟组沉积层序与储层成因》项目通过验收，解决油田奥陶系碳酸盐岩古潜山储层及石膏分布预测问题，指出奥陶系内幕白云岩储层是油田潜在有利勘探新领域。启动《碳酸盐岩层序地层及储层地质——理论、方法与应用》学术著作编写工作，按计划完成河北省、山西省、山东省、湖南省、贵州省等地野外地层剖面实测观察及样品采集。举办院士专家论证会，论证"一种冷再生催化剂循环方法及其设备"发明专利涉及技术问题。

举办第三届全国油气地质大赛、第八届中国石油工程设计大赛、第四届全国大学生测井技能大赛和第三届全国大学生油气储运工程设计大赛。开展全国石油管材螺纹检测人员资格鉴定与认证、NACE阴极保护技术CP2/CP3国际资格认证、油气管道完整性管理技术、通信信息技术应用、SEG短训课程等专业培训27场，培训人数2382人次。

学会建设 学会全年发展个人会员127人。组织召开理事会议2次、常务理事会议1次、秘书处办公会议12次和年度工作会议1次。变更副理事长刘中民、副理事长兼秘书长于明祥获中国科协和民政部批准（民社登〔2018〕9536号），石油经济专业委员会完成换届。8月17日，第九届理事会第四次会议取消1名理事资格，第九届理事会理事减少至116名，常务理事减少至38名。制定、执行《中国石油学会公务接待管理规定》《中国石油学会公文处理办法》《中国石油学会会议管理暂行规定》等制度规定13项，推动内部管理规范化、制度化、科学化。将分支机构年度学术活动由备案制改为审批制，增强年度学术活动计划性、严肃性和统一性。改版学会网站、增设党建栏目。建立学会工作微信群，加大宣传力度。组织分支机构及地方学会自查自评、数据统计、年度考核和评先选优，评选、表彰年度优秀秘书长10人。再次获评中国科协"全国学会财务决算先进单位"，涌现中国石油直属优秀共产党员1人。

主办期刊 《石油学报》影响因子3.695，总被引频次5766，在全国2029种核心科技期刊中，分别排名第2和第53，综合排名第14。在能源类科技期刊中均排名第1，再次入选百种中国杰出学术期刊。

《石油学报（石油加工）》影响因子0.876，总被引频次1530。刊发的《络合制备技术在加氢催化剂中的应用》入选第三届中国科协百篇优秀科技论文。

Petroleum Research 设立中国典型油气田栏目，介绍典型油气田地质、开发特征和关键技术，全年发表文章6篇，占总刊发量18.7%。论文下载量达20982次。

《石油知识》新开设"石油之最"栏目，刊发《数字石油40年》等文章，深化网络媒体合作及企业合办栏目，拓宽知识传播渠道。

国际学术会议 3月16—18日，天然气专业委员会与重庆市能源局等单位在重庆市举办中国储气库科技创新与产业发展国际高峰论坛。储气库行业国内外专家、学者及全国能源类媒体记者300余人参会。学会理事长赵政璋和重庆市政府党组成员陈和平到会致辞。中国科协副主席、中国工程院院士周守为，中国工程院院士曹耀峰、赵文智、孙金声，中国科学院院士邹才能，国家能源局原副局长张玉清及法国、俄罗斯等国专家，围绕储气库技术创新和未来发展、中国复杂地质条件储气库建设、储气库安全和完整性、气藏型储气库钻完井技术现状及建议、加快中国调峰保供能力建设思考、储气库在未来低碳经济面临挑战、中国储气库运营与气价改革等专题展开研讨。

4月19—21日，天然气专业委员会与中国石油勘探开发研究院在河北省廊坊市举行2018年中国天然气与新能源国际学术论坛。

4月24—27日，学会与国际勘探地球物理学家学会（SEG）在北京联合主办国际地球物理会议暨展览。理事长赵政璋与SEG当值主席Nancy House到会致辞，国内外研究院所及企事业单位1000余名专家、学者参会参展。大会以"推动地球物理跨学科发展"为主题，收录论文446篇，其中，宣讲论文263篇、张贴论文183篇。设地震数据采集、两宽一高地震勘探技术、地震资料速度建模及偏移成像、地震资料解释、油藏地球物理、深部地球物理、井中地球物理、工程地球物理、综合物化探技术与设备等技术专题22个，同期举办"人工智能及压缩感知在地球物理领域的应用"专题研讨会和"地球物理未来之路"技术论坛。

10月26—28日，学会联合美国石油地质学家协会（AAPG）等单位在北京召开"深层—超深层含油气系统”国际地质技术研讨会。国内外石油公司、科研院所和高校近200名专家、学者参会。17名外国专家与中国科学院院士贾承造、金之钧、郝芳等院士在内的18名国内学者作主题报告。会议围绕“深层—超深层（包括深水）含油气系统”主题，通过世界不同地区实例，交流展示陆上深层—超深层及深水系统油气勘探新理论和新技术。

11月6—8日，学会与日本石油能源技术中心（JPEC）和韩国石油管理院（Kpetro）在广东省广州市召开第十一届中日韩炼油技术研讨会。中国科学院院士、学会副理事长金之钧，中国工程院院士曹湘洪、李大东，JPEC专务理事中野贤行，Kpetro专务理事金东日等80余名专家、学者参加会议。研讨会主题为“石油加工与环境保护”，交流技术报告26篇（中方9篇、日方8篇、韩方9篇），内容涉及中日韩三国石油政策、炼油工业发展趋势、石油加工、油品质量与环境保护新技术等方面。会议商定，第十二届研讨会将于2019年10月下旬在韩国首尔举行。

国内主要学术会议 学会及分支机构全年组织召开各类重点学术会议124次，参加人数23109人次，交流论文6775篇，出版论文集27部。

4月17—19日，学会在北京召开中国石油石化企业信息技术交流大会暨展示会。大会以“大力发展石油石化工业互联网，全面提升网络安全，有效促进企业数字化智能化”为主题，工信部政策法规司副司长范斌、信息化和软件服务司巡视员李颖，中国工程院院士倪光南、翟光明、沈昌祥、方滨兴、李阳等行业专家到会作主题报告。来自国家有关部委、高校、研究院所、石油石化企事业及IT技术服务商等单位1000余人参会。会议围绕智慧油田、智慧工厂、智慧管道、智慧加油站、云计算与大数据、网络安全等主题交流论文600余篇。100余家信息技术服务商现场展示新技术、新成果、新设备。

5月10—12日，非常规油气专业委员会联合四川省石油学会等单位在四川省成都市召开全国页岩气勘探开发学术研讨会。中国工程院党组书记李晓红，中国工程院院士马永生、何继善、谢和平、胡见义、罗平亚、李阳，中国科学院院士刘宝珺等13名中国科学院和中国工程院院士在内的约260名专家、学者参加会议。会议以“页岩气勘探开发创新与发展”为主题，设置页岩气发展形势与潜力、生储机理与富集规律、地球物理及工程技术、页岩气田开发理论及技术4个专题，交流学术报告32篇。专家指出，中国页岩气富集机理和理论有待完善，页岩气井生产规律、开发技术和行业政策还需探索，常压、深层、陆相新领域新类型页岩气勘探技术、页岩气持续稳产开发技术有待攻关。

7月2—4日，学会在北京举办石油石化科技成果转化与推介会。中国科学院院士王铁冠、高德利、谢在库，中国工程院院士李大东、李阳、孙金声、袁晴棠、胡永康、苏义脑、刘合10名院士在内的350余名专家、学者参加会议。会议收到申请推介项目240个，从理论与技术上的创新性与引领性、转化为实际生产应用的实用性、推广应用的价值与效益3方面评选50个项目进行大会推介。

10月31日—11月1日，学会在北京召开第三届中国石油石化安全生产与应急管理技术交流大会暨国家级危险化学品、油气管道应急救援基地建设交流会。中国工程院院士高金吉、范维澄，国家安全生产应急救援指挥中心、工信部安全生产司、国家能源局电力安全监管司等部委领导，从事石油石化安全生产工作的企事业单位管理和技术人员300余人参加会议。会议以“交流推广安全与应急科技成果，全面提升应急救援的自动化和现代化水平”为主题，征集论文290余篇，论文集收录167篇。主会场及油气勘探与开发、炼油化工与储运、危险化工品与管道应急救援基地3个分会场交流论文70余篇。

11月15—16日，天然气专业委员会在福建省福州市召开全国天然气学术年会。学会理事长赵政璋到会致辞，全国天然气行业72家单位600余人参加会议。中国科学院院士贾承造、邹才能，中国工程院院士胡文瑞、刘合、孙金声，国家能源局原副局长张玉清等14名院士专家作大会报告。年会设地质勘探、气藏开发、非常规气藏、工程技术和储运综合等5个分会场，交流论文185篇。专家认为，中国天然气市场需求量巨大，必须加大对天然气勘探开发科技投入，快速提高国内天然气产量以满足国内天然气需求，确保国家能源安全；中国天然气产量增长具有较大潜力，特别是非常规天然气效益开发已初具规模，天然气发展黄金时代已经来临；中国天然气稳定安全供应存在短板，需要从整个天然气产业链上出发，进行系统、全面的改革，构建完善的产供储销体系。

11月29—30日，学会与中国石油勘探与生产分公司等单位在北京召开中国油气开发技术大会。国内油气勘探与开发领域管理和技术人员近400人参加大会。大会主题为“推动技术进步，为国添油增气”，中国工程院院士李阳、刘合、孙金声，中国科学院院士高德利等13名专家作主题报告。大会设特殊油气藏评价及开发技术（含非常规）、提高油气藏采收率技术、油气藏开采工程技术、青年学术论坛4个分会场，宣讲论文79篇，张贴论文90篇。大会征集论文880余篇，论文集收录433篇。

科普活动 学会各级组织全年举办院士专家科普报告会10次、专题讲座28次、科普展览21次，科普活动受众人数13042人次。年度科普工作获中国科协通报表扬。

安排石油地质、工程、物探、经济、通信、储运、管材、非常规油气8个分支机构和5个地方学会及2个科普教育基地在“科技周”期间开展科普活动19项，13家科普教育基地及5家院校、研究院所及科研中心对公众开放。围绕“创新引领时代，智慧点亮生活”全国科普日主题，组织石油地质、工程、管材、通信4个分支机构和6个地方学会开展活动，其中“石油院士走基层、科技传播进厂矿”院士专家科技咨询报告会、石油地质专业委员会“能源革命与使命”科学传播大讲坛、石油管材专业委员会“石油天然气管道与安全”科普报告会、石油通信专业委员会“石油娃进企业”等7项特色活动受到中国科协表彰。

调研命名第三批科普教育基地，为中石油云南石化有限公司石油化工清洁生产科普基地，中国石油云南销售公司昆明西福路加油站、大理富海加油站，中国石化河南油田文化馆3家单位授牌。

表彰举荐优秀科技工作者 评选并表彰《石油学报》2017年度十佳优秀论文和 *Petroleum Research* 2016—2017年优秀论文及作者15人、第三届“全国石油石化优秀科技工作者”20人。利用“全国科技工作者日”活动，推荐中国石油高雄厚、中国石化聂红、中国海油张凤久、延长石油郝世彦4名会员获评中国科协“展风采，树楷模”全国学会优秀党员科技工作者。

党建强会 学会党委坚持政治引领、思想引领、组织保障功能定位，审议确定年度工作思路和安排，落实党对学会工作全面领导。秘书处党支部开展“两学一做”学习教育，按照《专项巡视反馈意见整改方案》30个整改措施逐条检查落实情况；研究制定《中国石油学会贯彻落实中央八项规定精神实施细则》《中国石油学会党支部工作细则》《中国石油学会党风廉政建设实施办法》《中国石油学会贯彻落实习近平总书记重要指示精神集中整治形式主义、官僚主义的工作方案》，强化党组织制度建设；组织党员参加“学习十九大，奋进石油人”知识答题竞赛，参观平西抗日战争纪念馆、改革开放40周年大型展览，弘扬爱国主义精神和石油精神；增设网站党建工作栏目，创建学会党员微信群，开展党建信息化平台培训及应用，实施“党建强会计划”项目。全年组织召开党委、支委会议8次，党员干部民主生活会1次，党员组织生活会1次，党员大会9次，支委专题辅导讲党课2次。在2018年中国科协组织的星级党组织评选中，学会党支部被评为六星级基层党组织。

6月6日，召开支部党员大会换届选举。11日，获中国石油直属党委批复（直属党委〔2018〕48号），于明祥任书记，组织委员王素云、纪检委员邹刚、群工委员赵宗举、宣传（学习）委员康剑。

10月12日，中国石油党组决定（中油党组〔2018〕146号），学会纳入党组纪检组驻直属党委纪检组综合监督范围。

会员服务 学会副理事长兼秘书长于明祥到陕西省开展工作调研，召开科技工作者及学会工作者座谈会，答疑解惑和征询意见。《石油学报》主编为非常规油气专业委员会和天津市、河北省、浙江省、陕西省、吉林省等地方学会及油田单位举办“科研论文写作技巧及《石油学报》投稿建议”讲座，提高科技工作者写作能力。石油通信专业委员会在新疆维吾尔自治区克拉玛依市大学城为会员开办为期2天的科技管理信息系统培训班。

【2018年中国天然气与新能源国际学术论坛】 4月19—21日，天然气专业委员会与中国石油勘探开发研究院在河北省廊坊市举行2018年中国天然气与新能源国际学术论坛。国际天然气联盟、国际氢能协会等国际学术组织，国家能源局、国家发展改革委能源研究所、自然资源部矿场资源储量评审中心等政府有关机构，国内外石油公司、高校及科研院所等50余家单位400余名专家、学者参加论坛。学会理事长赵政璋到会致辞，中国科学院院士李德生、戴金星、汪集旸、陈旭、朱日祥、王铁冠、金之钧、郝芳、邹才能，中国工程院院士邱中建、陈清泉、韩大匡、康玉柱、袁士义、赵文智、李阳、刘合，英国皇家工程院、美国工程院、德国工程院、俄罗斯天然气研究院

相关专家、学者参加论坛。

论坛以“天然气时代与新能源未来”为主题，以世界视觉研讨中国天然气和新能源供需发展。论坛采用主题报告会和高峰论坛2种形式交流。国际天然气联盟战略委员会主席Ulco Vermeulen、国家能源局原副局长张玉清等19名专家围绕世界及中国天然气和新能源发展作主题报告，内容涉及世界及中国天然气发展与新能源发展、美国与中国页岩气开发、中国天然气供需、天然气产业政策、新能源汽车、氢能、地热、储能新材料、石油工业数据化智能化等领域。德国工程院院士Horsfield、英国皇家工程院院士陈清泉、国际氢能协会副主席毛宗强等7名专家就国际能源发展态势与转型、中国天然气供需、国际和中国新能源发展态势、减少“气荒”的天然气保供措施等内容互动交流，探讨中国天然气供应安全与对外依存度、国内天然气生产前景、美国与欧洲页岩气开发前景、中国新能源汽车发展方向等重大战略话题。

（撰稿人：邹　刚）

中国煤炭学会

服务创新型国家和社会建设　学会与中国煤炭工业协会共同组织煤炭工业科学技术奖评审工作，收到来自煤炭企事业单位申报的项目743项，评选出奖项322项，其中，特等奖1项、一等奖33项、二等奖126项、三等奖162项。

组织完成5000KW爆炸性环境机电传动安全性能综合检测系统开发研制等科技成果评价鉴定6项。完成企业课题“晋城无烟煤利用现状及未来方向的研究”。

学会开采损害技术鉴定委员会完成通辽国土局委托的通辽市科左旗格日查村部分房屋损害技术鉴定等鉴定项目7项；完成开采沉陷异常损害规律及防控研究工作，被评定为国际领先水平。

开展全国信息化计算机应用技术水平教育培训（CCAT），举办信息安全测评师、矿山机电自动控制工程师、信息系统测评工程师培训班3期。

接受中国科协委托，完成对山西转型综合改革示范区等4家全国双创示范基地第三方评估工作。完成全国双创活动周煤炭行业双创成果展示，遴选矿用特种作业机器人等高科技创新实物展品9项，并通过音视频多媒体短片和展板参展。

开展贵州省遵义市桐梓县煤矿科技帮扶精准对接活动，为云南省腾冲地区贫困小学生赠送《神奇的煤炭》等科普图书。

学会能力提升计划　制定《煤炭工程师专业水平评价实施方案》，建立煤炭工程师专业评价制度体系，启动煤炭工程师水平评价工作。

入选中国科协世界一流学会建设三类项目建设学会。

学会建设　根据中央文件精神，届中变更学会理事长，经学会七届五次理事会议选举通过，民政部批准备案，刘峰成为新任理事长。履行程序免去学会副理事长1人、理事4人。指导岩石力学与支护、土地复垦与生态修复、煤矿运输、矿山测量等4个专业委员会完成换届。新成立矿用油品专业委员会，学会下设分支机构达到34家。调整分支机构负责人、委员6人，增补分支机构委员19人。

新发展个人会员1433人，截至2018年年底，会员总数23000人。

4月26日，中国煤炭学会2018年常务理事会暨工作会在江西省南昌市举行。会议传达《中国科协〈关于认真学习宣传贯彻党的十九大精神的实施方案〉》，报告《中国煤炭学会2017年工作总结与2018年重点工作安排》。审议通过《中国煤炭学会换届方案》。

学会治理结构和治理方式改革　制定各级会议议事规则，健全完善分支机构管理体制，建立考核机制，强化监督管理责任。提升办事机构服务保障能力，推进专职工作人员职业化建设，开展员工年度考核评优、领导成员述职评价工作。完善高学历优秀人才引进、培养和使用机制，制定工作绩效激励制度。

青年人才托举工程　推选邢耀文、江丙友、李建、李海涛、夏綦 、徐宏祥、蒋力帅7人入选第四届（2018—2020年度）中国科协青年人才托举工程。

主办期刊　《煤炭学报》期刊核心总被引频次9119次，核心影响因子1.971，综合评价学科排名第1；第11次入选百种中国杰出学术期刊，第7次入选中国最具国际影响力学术期刊，第3次入选期刊数字影响力100强；入选2018年度中国科协中文科技期刊精品建设计划和科技期刊精准推送服务试点项目；发表论文中，1篇入选2017年中国百篇最具影响国内学术论文，2篇入选第三届中国科协优秀科技论文，22篇入选F5000——中国精品科技期刊顶尖学术论文（领跑者5000）。

《国际煤炭科学技术学报》（*International Journal of Coal Science & Technology*，JCST）核心总被引频次280次，核心影响因子1.904，综合评价学科排名第2。3篇论文入选F5000。期刊编委会由来自10个国家的37名专家、学者组成。

学科发展研究 编写并出版中国科协《2016—2017煤矿区土地复垦与生态修复学科发展报告》。承担中国科协《中国矿山安全学科史》项目，组建编撰人员队伍，拟定编写大纲。

决策咨询 受科技部和中国科协委托，完成对《煤炭清洁高效利用重大项目实施方案（2030年）》征求意见工作。

完成国家煤矿安监局委托的《防治煤矿冲击地压细则》编制和宣贯解读工作，培训煤矿安全监测人员600余人次。编写出版《建筑物、水体、铁路及主要井巷煤柱留设与压煤开采指南》。

学会煤炭清洁高效利用产业协同创新共同体开展“煤炭清洁高效利用技术路线图研究”项目，厘清煤炭清洁高效利用技术现状，提出煤炭清洁高效利用重点研发和推广应用技术清单及相关对策建议。

科技工作者状况调查站点完成压力情况调查、职业发展调查、生活方式系列调查，收集调查问卷240余份，报送科技工作者建议6篇。

开展煤炭供给与技术方向研究、中国煤炭科技四十年发展研究等课题研究4项。交流研讨《中国煤炭科学技术志》已完成的100余万字的部分书稿。

国际学术会议 学会主办或协办国际学术会议3次，组织学术报告35个。累计到会人数512人，包括外籍专家25人。

7月17日，由国际矿山测量学会（ISM）、中国煤炭学会等共同举办的煤矿井下智能化透明生产中的矿山测量与地理信息系统国际学术研讨会在浙江省湖州市德清县召开。来自国际矿山测量学会及俄罗斯、哈萨克斯坦、乌兹别克斯坦、阿尔巴尼亚等国家7名矿山测量方面的专家及中国煤炭技术人员共120余人参加会议。国际矿山测量学会（ISM）主席、俄罗斯伊尔库兹克国立技术大学教授Anatoly Okhotin、浙江省测绘与地理信息局副局长闵建平出席会议。11名专家作专业报告。

7月16—21日，由国际矿山测量学会（ISM）、中国测绘研究院、中国煤炭科工集团主办，学会协办的第二届国际矿山测量与地理信息技术培训暨研究生夏令营在浙江省湖州市德清县地理信息小镇开营。来自俄罗斯、哈萨克斯坦、乌兹别克斯坦、阿尔巴尼亚、波兰等国家的15名师生与中国矿业大学、河南理工大学、安徽理工大学等高校的40余名师生开展交流和培训活动。《人民日报》以图片新闻形式刊载此次活动。

国内主要学术会议 学会和各专业（工作）委员会组织国内学术会议33场次，累计出席4540人次，交流学术论文1548篇，编辑出版论文集11本。

5月9—10日，钻探工程学术研讨会在陕西省黄陵市召开。120余人参会。会议邀请中国工程院院士王双明及专家、学者19人作专题报告。会议收到论文86篇，其中16名作者在会上进行技术交流。《煤炭科学技术》设立专题，录用会议论文33篇。

7月25—26日，煤炭安全高效绿色开采地质保障技术研讨会在黑龙江省五大连池市召开。300余名代表参加会议。20名专家、学者作学术报告，内容涵盖煤矿水害防治、地质条件精细探测、煤层气开发、煤矿环境地质问题应对等方面。会议遴选22篇论文在《煤田地质与勘探》上发表。

8月13—14日，全国煤矿动力灾害防治学术研讨会在陕西省咸阳市召开，中国工程院院士邱爱慈、顾金才、王双明及有关专家、学者和工程技术人员200余人参加会议。会议主题为“我国煤矿动力灾害防治新形式与新挑战”。与会院士专家与陕西省煤炭企业负责人进行交流，探讨深井冲击地压问题，提出相关灾害防治对策。

8月15—17日，全国选煤技术交流会在宁夏回族自治区银川市召开。会议主题为“智能·绿色·融合·发展”。近300名专家、技术人员参加会议。20名选煤技术人员就最新研究课题、新工艺技术的应用作学术报告。会议设立选煤智能化专题论坛，12名专家对选煤厂智能化进行交流。

9月6—7日，2018年全国煤炭安全、高效、绿色开采与支护技术新进展会议在浙江省杭州市召开。来自全国40余个单位的180余名代表出席会议。会议以“煤炭安全、高效、绿色开采与支护技术新进展”为主题，30名专家、学者作学术报告。中国工程院院士康红普主持会议并作主题报告。

10月10—11日，2018年煤层气学术研讨会在辽宁省阜新市召开。会议安排39个学术报告和论文交流发言，内容涉及煤层气、煤系气、页岩气等非常规能源勘探开发最新进展、资源评价、钻采工艺技术等内容。300余名专家、学者参加会议。会议出版论文集，收录论文68篇。

11月1—3日，第七届土地复垦与生态修复学术研讨会在安徽理工大学召开。250名代表参会。中国矿业大学教授、长江学者胡振琪，美国南伊利诺伊大学教授Brenda K. Schladweiler和Y. Paul Chugh等6名专家作特邀报告，40余名专家、学者发言。会议同期举办第二届土地复垦与生态修复研究生论坛。

11月2—5日，全国矿山建设学术年会在西安科技大学召开。216名专家、学者和专业人员参会。中国工程院院士王双明，“长江学者”特聘教授刘泉声、来兴平等11名专家作专题报告。会议期间，举办学术分论坛。会议出版论文集，收录论文170篇。

国际交往 9—12月，经学会推荐，通过国家考试与选拔，王蕾博士作为国家清洁能源拔尖人才，前往瑞典梅拉达伦大学国际清洁能源大会（组织）进行为期3个月短期培训与工作。

科普活动 评选认定煤炭行业科普教育基地16家、科普教育社团5家。组建学会科学传播专家团队（2018—2020年），聘任谢和平等27名专家为首席科学传播专家，聘任马占国等129名专家为科学传播专家团队成员。

9月13日，举办首届煤炭行业科普大会。大会主题为“创新共享，助力煤炭科学素质提升”。来自煤炭行业高等院校、科研院所、企事业单位的180余名代表参会。

组织全国科技工作者日活动，举办煤炭科技知识普及与分享系列讲座2次，参与编纂第二部全彩科普图书《神奇的无人化采煤》。

表彰举荐优秀科技工作者 开展煤炭青年科技奖评审奖励工作，从基层推荐的99名候选人中选拔出33名获奖者，并对获奖青年科技人才进行宣传。

完成第三届杰出工程师奖候选人和工程科技人才贡献奖推荐工作。推荐杰出工程师候选人18人、青年杰出工程师候选人3人，其中，文光才获第三届杰出工程师奖，王宝冬获第三届杰出工程师青年奖，中国煤炭科工集团有限公司获2018工程人才科技贡献奖。推荐并入选国家能源局软科学评审专家2人，推荐中国科协优秀科技工作者代表5人。

学会创新发展 学会提出《关于科技评价、团体标准与学术交流的改革思考》和《关于专业技术人才水平评价工作的改革思路》。

被国家标准化委员会批准为团体标准示范单位，制定学会团体标准管理办法，完成2018年度团体标准立项建议征集工作。

党建强会 3月30日，学会党委制定并发布《中国煤炭学会关于“三重一大”制度的实施办法》，规定针对学会重大事项，党委进行前置审议。

4月26日，在学会工作会议和常务理事会上，党委纪委委员、副理事长刘建功就党的十九大精神及科协改革方案进行第一次宣讲。170余人参会。9月13日，在首届煤炭行业科普大会上，党委书记、理事长刘峰就深入学习贯彻党的十九大精神，充分认识新时代科普工作新挑战和新任务作第二次宣讲。190余人参会。

4月27—28日，学会党委组织井冈山精神主题教育活动，部分学会理事、分支机构和办事机构党员40人参加学习。6月，组织学会党员、会员59人参加中国科协“不忘初心　牢记使命——党的十九大精神知识竞答活动”。9月13日，组织90余名科技人员参观云南省科技馆和爱国主义教育基地云南陆军讲武堂。11月26日，组织党员和职工参观“伟大的变革——庆祝改革开放40周年大型展览”。

学会官网、期刊、微信平台设置党建强会专栏，宣传习近平总书记有关讲话、十九大系列文件及辅导报告、党的重要规定、中国科协和学会党组织活动资讯、矿区优秀共产党员事迹、老一辈煤炭科技工作者爱国奋斗精神等。

参加科技社团党委创建星级党组织活动，获八星级评价。

会员服务 建设学会信息发布平台，由专人管理。发布学会信息，传播煤炭科技信息、新成果新技术、知名专家新观点。编制并向会员发送学会2018年年报。与同方知网（北京）联合开展科技知识免费分享系列活动。

【贵州省桐梓县煤矿科技精准对接活动】 5月24—25日，中国煤炭学会贵州省桐梓县煤矿科技精准对接活动在贵州省遵义市桐梓县安全监管局举行。学会党委书记刘峰策划活动。遵义市安全生产监督管理局、桐梓县安全生产监督管理局参与活动。来自桐梓地区所属20余家煤矿的科技人员130人参加技术培训。活动是煤炭学会全国科技工作者日系列活动之一。

活动邀请中煤科工集团重庆研究院专家团组分别就矿井瓦斯抽采新技术及新装备、突出预测仪操作维修、瓦斯监控系统操作维修进行培训，帮助当地科技人员提升专业技能。学会科普工作委员会发放《煤矿安全规程执行说明》《煤矿瓦斯及粉尘防治》《矿工自救与互救》《矿井防治煤与瓦斯突出使用措施》《当代矿工》等图书500余本。

5月25日下午，召开中国煤炭学会科技精准帮扶桐梓县煤矿座谈会。贵州省安监局安全监察处处长石坚胜解读国家安全生产监督管理方面的相关政策。参会科技人员同中国煤炭学会专家讨论和交流桐梓县地区煤矿瓦斯防治共性问题，专家对煤矿企业提出的问题进行答疑。

【首届煤炭行业科普大会】 9月13日，首届煤炭行业科普大会在云南省昆明市召开。会议由中国科协科普部指导，中国煤炭学会主办。中国科协学会服务中心对会议给予支持。会议主题为“创新共享，助力煤炭科学素质提升”。来自煤炭行业高等院校、科研院所、企事业单位的180余名代表参会，交流科普工作经验，商讨行业科普工作发展。

学会副理事长田会主持会议。中国工程院院士谢和平作题为“煤炭革命的战略与方向”的报告，中国工程院院士王国法作题为“煤炭安全高效绿色智能化开发技术装备的发展与展望”的报告。会议发布首批煤炭行业科普教育基地和中国煤炭学会科普教育社团名单，宣读新一届煤炭科学传播专家团队专家名单和第十一届全国煤炭工业生产一线青年技术创新交流活动优秀论文作者名单，并对单位与个人进行授牌及颁发证书。

9月13日下午，邀请中国科普研究所、开滦国家矿山公园管理中心、煤炭总医院、中国知网、煤炭行业科普教育基地、科普教育社团专家与代表作经验交流报告。第十一届全国煤炭工业生产一线青年技术交流活动优秀论文作者代表进行发言。

学会理事长刘峰作题为“凝心聚力，砥砺前行，谱写煤炭科普事业新篇章”的总结讲话。

会议是中国煤炭学会全国科普日活动，增设第十一届全国煤炭工业生产一线青年技术创新交流活动内容。

【第355次中国科协青年科学家论坛暨第四届煤炭行业青年科学家论坛】 9月27—28日，第355次中国科协青年科学家论坛暨第四届煤炭行业青年科学家论坛在中国矿业大学举办。论坛由中国科协主办，中国煤炭学会、中国矿业大学联合承办。来自清华大学、浙江大学、南开大学、国家能源集团、中煤科工集团等全国高校、企业单位、科研院所的200余名专家、青年学者参加论坛。

论坛特邀国家能源集团教授级高级工程师李全生，湖南科技大学教授冯涛，“长江学者”特聘教授胡振琪分别作主旨报告《矿区生态保护的创新与实践》《矿山生态修复》《中国煤矿区土地复垦与生态修复：机遇与挑战》。论坛执行主席、国家杰出青年基金获得者、中国矿业大学教授张吉雄，国家优秀青年基金获得者、青年拔尖人才、南开大学教授王莹莹，中国矿业大学（北京）教授赵艳玲和中国地质大学（北京）教授王金满应邀作专题报告。

设分论坛2个，42名青年科学家代表围绕矿山生态修复前沿技术作学术报告。内容涉及环境与生态保护、资源绿色开采、土壤质地空间、煤火与瓦斯治理等研究领域。参会学者赴江苏省徐州市潘安湖湿地，实地调研煤矿塌陷区生态修复和再利用示范区。

（撰稿人：岳燕京　赵　奇）

中国可再生能源学会

服务创新型国家和社会建设　学会参与承担中国工程院咨询项目“废弃矿井可再生能源利用模式与发展研究”。项目主要针对废弃矿井可再生能源开发利用，提出废弃矿井开发利用遵循的基本原则，系统研究不同废弃矿井类型的可再生能源利用模式、关键技术及工程建设相关问题。根据需求和发展趋势，提出废弃矿井可再生能源战略构想，使资源化转型升级所涉及的关键技术，如地下生态城市、井下抽水蓄能发电、和农业种植结合的太阳能利用、科学探索相应关键技术，为未来关停矿井的资源化利用、立体式开发和全面转型升级提供解决思路。

参与承担中国工程院项目“可再生能源多能互补功能体系”。

组织各专委会向能源局规划司报送《中美贸易对我国可再生能源领域的影响分析》，为国家主管部门了解行业中美贸易现状、争端所可能引发的潜在风险及应对建议等提供调查与分析。

向能源局综合司报送《能源装备自主创新调查重点项目意见》。意见主要面向国内可再生能源装备制造及创新技术进行可再生能源自主创新发展调查，开展征集项目筛选评估，通过筛选评估形成重点项目、推荐项目、储备项目清单。

向科技部“可再生能源与氢能技术”重点专项核心专家库推荐专家，为专项评审提供支撑。

与辽宁省阜新市新邱区政府签署战略合作协议，共建阜新市新邱区专家工作站。与浙江省湖州市长兴县政府签署合作协议，共建可再生能源专家服务站。

承接中国海洋石油总公司“可再生能源及多能互补行业分析研究”课题。项目主要梳理、分析光伏、风电及多能互补产业发展现状、全产业链技术及行业布局和政策。

4 月 27 日，学会太阳能建筑专委会组织会员及相关单位 30 余人，探讨雄安新区太阳能城市建设和实施路径。形成《关于雄安新区太阳能城市建设和实施路径的工作建议》，上报中国科学院和中国科协，中国科学院院士黄其励采纳报告内容并形成院士建议上报国务院。

受国家能源局委托，学会风能专委会与中国人民财产保险股份有限公司共同完成新能源保险问题研究课题，编写完成《新能源保险课题研究报告》。报告在加强新能源行业标准体系协调发展，建立新能源行业及相关保险信息共享平台，提高新能源领域第三方评估机构专业能力建设，提高保险公司新能源领域专业保障、服务能力，创新保险资金投资新能源行业模式等方面提出建议。

学会发电并网专委会承担河南省电力公司课题“河南可再生能源发展研究”。课题测算河南省“十三五”可再生能源发展规划布局下消纳形势和消纳能力，研究高渗透率可再生接入配电网联合规划，提出促进河南省可再生能源发展措施。6 月，在北京召开项目验收会，通过验收。

受会员单位广东爱旭科技股份有限公司委托，组织 7 名太阳能光伏领域专家赴广东省佛山市实地调研并对齐单面、双面 PERC 电池（管式 PECVD）量产技术成果进行评审。

制定并审议通过《中国可再生能源学会团体标准管理办法（暂行）》，成立标准化技术委员会，在北京召开中国可再生能源学会团体标准工作会暨学会标准化技术委员会成立大会。首批学会标准化技术委员会专家委员 35 人，专业涵盖风能、光伏、生物质能、氢能等领域。审议并通过可再生能源领域团体标准立项申请 6 项，推广使用《抛物面槽式太阳能吸热管热损系数测试方法》（T–CRES 0001—2018）、《太阳定日镜跟踪准确度测量方法》（T–CRES 0002—2018）、《太阳能聚光器面形性能测量方法》（T–CRES 0003—2018）3 项标准。

学会建设 召开理事会议、常务理事会议、理事长工作会扩大会议、秘书长工作会 10 余次，形成、传达、落实有关重要决议 30 余项。

聘请广东省科协主席、中国工程院院士陈勇，中国工程院原副院长、中国工程院院士杜祥琬，中国科学院工程热物理研究所研究员、中国科学院院士徐建中，中国电力科学研究院研究员、中国科学院院士周孝信等 13 名院士专家组建学会专家咨询委员会。

新成立储能专业委员会。批准同意筹建地热能专业委员会、太阳能热发电专业委员会和青年工作委员会。

截至 2018 年年底，学会有个人会员 2333 人，环比增加 51.98%。会员缴费比例由 2017 年度的不足 10% 提升至 31.38%。

在中国科协支持下，向国际太阳能学会（ISES）推荐 40 名中国专家、学者，以团体会员身份加入国际太阳能学会。

通过学会微信公共平台公开发布学会年报、新闻动态、通知、公示文件等；以工作简报形式定期向全体理事、会员发布工作动态、学会新闻及有关重要决定等。

学会治理结构和治理方式改革 学会常务理事会审议批准副理事长单位 1 家、理事单位 2 家。启动分支机构考核评价工作，11 个分支机构（专业委员会和杂志社）参与考评。

青年人才托举工程 利用学会专家资源、科技资源、学术平台、国际合作交流平台、重大实验室资源等，为入选的青年拔尖人才提供国内外专家、学者 1 对 1 或多对 1 指导、前沿技术信息、最新技术动态、学习调研、参与国内外重大课题研究或重点技术联合攻关等支持。

开展青年人才托举工作，组织座谈，听取青年科技工作者、学会各专委会及专业领域专家和院所高校代表建议，成立学会青年人才托举工作小组。根据《中国科协青年人才托举工程管理办法》和《中国科协青年人才托举工程实施细则》有关要求，制定学会青年人才托举工作总体目标、实施计划、主要内容、工作方案及保障措施等。

主办期刊 《太阳能学报》加强审稿专家队伍建设，履行同行评议。与行业组织或行业会议合作，组织优质稿源。在 2018 中国可再生能源学术大会期间，对大会评选的优秀论文进行优先发表。全年发表文章481篇、3200余页。

《太阳能》杂志全年出版12期，发表文章221篇。

学科发展研究 “可再生能源学科方向预测及技术路线图研究”课题获中国科协学科发展研究项目支持。已完成课题组组建、任务分工、制定研究大纲及实施方案工作。课题主要包括可再生能源学科属性和边界研究、可再生能源学科发展方向研究、学科技术研究平台建设、学科技术发展路线研究、可再生能源科普教育体系建设等研究。

学会光伏专委会发布《2018年中国光伏技术发展报告》。报告分5个章节，分别从晶体硅材料、晶体硅太阳电池、薄膜太阳电池、新型太阳电池、光伏系统与应用技术5个方面梳理2017年各领域技术进展，分析和预判2018年技术发展趋势。

学会风能专委会编辑出版《中国风电产业地图2017》。该书分析2017年中国风电发展情况，包括市场格局及风电装机情况。

决策咨询 受副理事长单位国电联合动力技术有限公司委托，承担《分散式新能源行业发展》咨询项目。通过分析国内外分散式新能源行业现状、未来发展趋势等问题，撰写调研报告，为企业科学决策提供支撑。

学会风能专委会牵头开展分散式风电项目开发建设管理办法的基础研究工作，形成书面意见，为国家能源局出台《分散式风电项目开发建设暂行管理办法》提供支撑；在研究行业发展现状、总结行业发展面临的挑战基础上，形成《2022年风电发展规划意见》并上报有关部门。意见内容包括产业和技术发展规划。

学会氢能专委会参与编撰《中国氢能集燃料电池产业发展研究报告》《中国氢能产业基础设施发展蓝皮书（2018）》。

国际学术会议 10月17—19日，学会风能专委会联合多家单位共同举办2018北京国际风能大会暨展览会（CWP 2018）。会议举办论坛16个，共作报告122个。来自国内外的专家、学者1500余人参会。会议探讨风电平价上网的机遇和挑战、风电机组智能化、风电场数字化、海上风电工程施工技术和风电场运行维护技术等问题。600余家企业参展，总展览面积6万平方米，参展观众6.2万人次。

10月16—19日，学会生物质能专委会联合多家单位共同主办的第六届生物质能源国际会议（ICBE 2018）在湖北省武汉市召开。来自中国、美国、加拿大、澳大利亚、英国、法国、葡萄牙、爱尔兰、韩国、泰国、匈牙利等10余个国家的500余名代表参加会议。大会主题涵盖政策战略和微藻利用、液体燃料、生物质燃气技术、成型燃料和燃烧等。召开国际生物质进展分会、中美生物质能源论坛和中加生物质论坛。会议邀请加拿大皇家协会院士、英属哥伦比亚大学教授John（Jack）N. Saddler，中国科学院广州分院院长、学会副理事长吴创之，美国威斯康星大学麦迪逊分校教授George W. Huber，韩国能源研究所教授Jin-Suk Lee，美国伊利诺伊大学香槟分校教授Vijay Singh，加拿大工程院院士、英属哥伦比亚大学教授毕晓涛，澳大利亚科学院院士、昆士兰大学教授Curt Wentrup 、美国纽约州立大学教授Shijie Liu和华中科技大学教授陈汉平等国内外专家、学者参与。大会收到摘要280余篇，包括大会特邀报告9篇、分会场主题报告41篇、口头报告81篇和墙报报告约80篇。

10月22日，学会海洋能专委会主办的2018中韩海洋能研讨会在浙江大学（舟山校区）召开。来自中韩双方研究机构的专家、学者及企业代表交流学术研究成果和技术应用心得，探讨未来海洋能发展新趋势及合作模式。

10月28日—11月2日，学会氢能专委会参与承办金属氢国际会议（MH 2018）。参会学者300余人，包括国外学者100余人。会议围绕储氢材料与储氢系统及其应用最新进展展开交流，探讨金属氢系统的前沿热点研究成果与发展趋势。会议期间，召开国际能源署氢能执委会任务32进展研讨会（IEA-HIA ExCo Meeting Task 32），研讨储氢技术研发现状和研究发展方向。

国内主要学术会议 举办国内学术会议13项，累计9000余人次参会，交流论文约2163篇。

国际组织任职 学会热利用专业委员会秘书长何涛代表中国参加国际能源署太阳能供热制冷委员会（IEA-SHC）第84次执委会。经现任IEA-SHC主席、法国国家代表Daniel Mugil提名，执行委员会表决，何涛当选IEA-SHC新一届副主席。

国际交往 1月31日—2月2日，学会生物质能专委会主任委员袁振宏、副秘书长庄新姝等人应邀参加在泰国清迈举办的2018年食品与应用生物科学国际会议（International Conference on Food and Applied

Bioscience 2018）。袁振宏受邀担任食品生物工艺与发酵分会场主席。庄新姝以主讲人身份作题为 Combined Production of High Value Chemicals and Ethanol Biofuels from Lignocellulose 的报告。

5月，学会生物质能专委会秘书长雷霆宙带队出访美国、加拿大，与马里兰大学、纽约州立大学、英属哥伦比亚大学相关专家同行及美国化学工程师学会林产分会副主任 Shijie Liu 进行交流，讨论合作。

6月，学会氢能专委会组织代表赴巴西参加第22届世界氢能大会（WHEC 2018）。会议在氢制取、输运、燃料电池及氢安全等方面交流科学与技术、政策法规、经济前景等问题。

12月，学会天然气水合物专委会2名代表应邀参加美国地球物理协会2018年年会天然气水合物专题会议。

科普活动 11月，学会常务理事会通过《中国可再生能源学会科普教育基地认定与管理办法（试行）》，为挖掘和利用新能源和可再生能源科普资源提供依据。

7月，学会副理事长李宝山、秘书长祁和生携科普工作人员前往位于京西南石花洞景区修德谷基地开展可再生能源科普基地认定实地考察工作。经考察，修德谷基地已有的建筑群、室外照明和户外景观中，集成应用太阳能、风能、地热能、空气能等新能源技术，示范性引入氢能技术和农业废弃物循环利用技术，实现可再生能源和传统能源多联供示范。考察结束后，学会协同北京修德谷文化传播有限公司及天普新能源科技有限公司共同向中国科协提出有关“科普中国－中国可再生能源科普教育基地”申报。

学会参加中国科协举办的科普、宣传、培训活动3次。以2018中国可再生能源学术大会为契机，面向大学生群体发展数十名可再生能源科普志愿者。学会及各专委会开展科普活动3场，参与拍摄科普系列片2部，印发科普读物500册。组织科普专家参与相关项目咨询。

1月，学会天然气水合物专委会为初高中学生讲授“神奇可燃冰”科学课程。课程介绍天然气水合物基础知识，可燃冰开采、储存、运输及应用。科普传播专家现场展示天然气水合物分子模型、深海钻取的岩心，进行点燃可燃冰样品科学实验。

7月，学会风能专委会与企业联合举办“风中足迹”夏令营。来自北京、河北省、广东省、江苏省、湖南省、上海市、陕西省等地26名青少年参加。夏令营行程为北京至张家口至怀柔，为期1周。

10月，在2018北京国际风能大会暨展览会期间，来自北京展览路二小和赤峰市巴林左旗富河镇寄宿制小学的100余名小学师生参观展览。学会风能专委会名誉主任、风能科普专家团队首席科学传播专家施鹏飞及金风科技、明阳风电、协合新能源等公司技术人员制作用于现场授课的风机模型120余件，现场向师生授课、讲解，普及风电相关科普知识。

学会创新发展 首次引入线上会议服务系统，开通在线注册缴费参会、在线投稿、评审等服务。通过二维码扫码签到参会。

党建强会 在学会秘书处工作会、理事长办公会、常务理事会议、理事会议和学术大会期间，组织开展十九大精神宣讲活动5次，累计参加学习培训200余人次。学会党委对“三重一大”事项坚持前置审议。

6月，学会风能专委会组织党员参加学习丝绸文化系列党建活动。活动邀请人民大学丝绸文化讲师为党员开展文化宣讲。宣讲结束后，组织党员参观丝绸艺术展品。

会员服务 学会针对风电、光伏行业中小企业（会员单位）因拖欠款项、拖欠补贴导致资金链断裂，面临随时倒闭的问题，向能源局高新司报送《关于风电、光伏行业企业资金被拖欠状况的初步调研及建议》。向科技部提交《关于恢复风力发电系统国家重点实验室资格的建议》。

学会光伏专委会通过网站平台开设会员专享通道、在线资料查询和下载等信息化方式服务会员；学会风能专委会举办中国风能新春茶话会，召集会员及来自政府机构、科研院所、产业链企业的代表、风电行业老专家等分享和总结风能领域的发展；学会生物质能专委会为会员建立微信群，为会员单位发声，如为龙岩卓越生物能源有限公司就生物柴油免税一事向国家有关部门提交报告；学会发电并网专委会就行业热点问题组织会员沙龙等研讨活动；学会地热能专委会为会员争取优惠参与其他行业组织举办的活动的机会。

【2018中国可再生能源学术大会】 8月21—23日，2018中国可再生能源学术大会及第十二届全国研究生生物质能研讨会在北京召开。大会主题为“绿色能源·创新引领”。中国工程院原院长、中国工程院院士周济，中国工程院原副院长、中国工程院院士杜

祥琬，中国科协党组成员、书记处书记宋军，国家能源局能源节约与科技装备司司长王思强，中国科学院院士徐建中，中国工程院院士蒋剑春等受邀出席。来自国内外的1200余名专家、学者、科研一线工作者、学生及企业代表参会。大会收录论文789篇，其中，口头交流100余篇、墙报交流600余篇。

中国工程院院士、学会理事长谭天伟在开幕式上致欢迎词时表示，希望领域内科研人员和企业界联手合作交流，寻找跨界融合契机点，建立多能互补体系。

会议通过特邀报告、专题对话及分专题交流等方式，探讨可再生能源发展现状、全球技术趋势、未来能源架构等。8月21日，在主场会议上，中国工程院副院长、中国工程院院士杜祥琬，国际可再生能源署创新与科技中心主任Golf Gielen，国家发展和改革委员会能源所原所长戴彦德，中国可再生能源学会副理事长、大会学术委员会主席许洪华，天津大学电气自动化与信息工程学院院长、“国家2030智能电网重大项目”实施方案编制专家组组长王成山，联合国环境规划署哥本哈根能效中心高级顾问陈卓伦分别作报告《高质量高比例发展可再生能源》《全球可再生能源技术趋势——对中国可再生能源技术创新的建议》《未来能源架构与中国能源展望》《可再生能源与未来能源架构》《可再生能源与智能电网》《联合国可持续能源项目“SE4ALL”及其区域能源项目在中国实施的情况》。主会场围绕“未来能源架构与我国能源发展路线”“破解当前行业发展瓶颈的技术解决方案”2个主题进行讨论。

大会期间，召开光伏、风能、生物质能、海洋能、地热能、天然气水合物、超低能耗建筑与清洁供热供冷、氢能与燃料电池、可再生能源与新一代电力系统、太阳能的光化学转化和利用、储能等13个专题41场次学术分场会议。

【首届全国大学生可再生能源科技竞赛】 8月17—19日，学会首次举办的全国大学生可再生能源科技竞赛全国总决赛在华北电力大学召开。全国108所高校3000余名大学生参赛，500余件作品通过审查进入预赛。最终，比赛评选出二等奖65人、一等奖27人、特等奖5人。大赛响应党的十九大报告提出的关于“推进能源生产和消费革命，构建清洁低碳、安全高效的能源体系”的号召，旨在引导大学生将创新激情与国家重大战略需求结合，提高大学生创新实践能力。

（撰稿人：梁　媛　孙孟佳）

中国能源研究会

服务创新型国家和社会建设　研究会和各分支机构完成国家能源局、发改委、中国科协、中央及地方能源企业等委托的研究课题20项。

完成国家发改委和国家能源局委托的创新我国能源科学管理模式研究、新技术新方法在核电发展中的应用前景分析、政府和社会资本合作（PPP）与核电发展、2030年能源主要品种发展定位和政策研究、能源监管业务流程与元数据管理研究项目、电力安全事故应急处置和调查处理条例（国务院令599号）释义修订、推进电力安全生产改革发展若干问题研究、长江沿线及华南重点地区天然气市场研究8项课题。

完成中国科协委托的新能源领域前沿跟踪研究、中国科协优先建设学会项目、中国科协学会综合治理改革项目、科技评估与人才评价品牌建设、党建强会特色活动5项课题。

完成企事业单位委托的推动商业电价改革研究、陕西地方电力发展研究项目、山西地方电力发展研究项目、四川地方电力发展研究项目、电网有序减供负荷政策实践与业务创新研究、2017年本质安全风险管控关键技术研究项目、2017年徐州特色电力安全文化创建项目7项课题。

学会能力提升计划　11月7—8日，研究会举办以“中国能源高质量发展”为主题的第二届学术年会。

中国能源研究会能源创新奖在管理创新奖和能源技术创新奖的基础上增设学术创新奖。10月，被国家奖励办公室纳入社会科技奖励目录（奖励编号：0285）。组织中国能源研究会能源创新奖评选，累计收到申报项目309项，评选出能源管理创新奖、技术创新奖和学术创新奖共83项，其中，一等奖13项、二等奖28项、三等奖42项。

创设优秀青年能源科技工作者奖，评选出30名优秀青年能源科技工作者。

首次发布《高压开关柜无线测温在线监测装置技术规范》《3.6kV—40.5kV交流金属封闭开关设备和控制设备（环保气体）》《相变式储热装置储热性能衰减试验规程》《压缩空气储能系统集气装置工程设计规范》团体标准4项。

学会建设　新发展个人会员1086人、会员单位108家。截至2018年年底，研究会有个人会员2011

人、会员单位255家。

成立核能专业委员会、智能发电专业委员会，成立电力发展改革30人论坛、中小配电企业发展战略研究中心。

学会治理结构和治理方式改革 修订《中国能源研究会印章管理办法》《中国能源研究会分支机构印章管理办法》《中国能源研究会分支机构管理办法》《中国能源研究会关于加强分支机构举办学术会议、论坛、展览、培训及主办刊物管理的若干规定》。重新制定《中国能源研究会分支机构课题管理办法》。

主办期刊 《能源研究参考》（月刊）被中央财经工作领导小组办公室、国家发展改革委、科技部、财政部、国务院研究室等部委和单位指定每期报送。

《中外能源》杂志组织专家撰写《对近年来我国能源投资发展的分析》《我国天然气消费与经济增长的动态关联研究》《由当前全球能源及原油市场发展趋势研讨油气企业战略建议》等科技论文40余篇。

杂志编委会派编辑参加北京市新闻出版广电局、国家新闻出版广电总局组织的编辑业务学习和培训活动。

配合中国石化催化剂分公司完成《燃料电池应用及催化剂技术》《纳米催化、水制氢催化研发动向》《贵金属化学及其在催化剂中的应用》《贵金属催化剂的回收》；配合天津经济技术开发区南港工业区完成《国际石油化工与能源动态》等调研报告。

决策咨询 发布《中国能效投资进展报告2017》《中国能源发展报告2018》《能源数据简明手册2018》《储能产业白皮书（2018）》《中国地方电力发展报告》《分布式能源大全》《增量配电发展研究白皮书2018》《能源经济形势分析报告（季度）》。合作编译《2018全球能效市场报告》（中文版）。合作编制《2018中国能源行业研究季度报告》（全四册）。

2月6日，《中国能效投资进展报告2015》获国家能源局2016年度能源软科学研究优秀成果二等奖。

国际学术会议 6月14—15日，研究会可再生能源专委会与中国可再生能源学会风能专业委员会、中国海洋工程咨询协会海上风电分会联合举办2018海上风电领袖峰会。大会以“夯实产业基础、强化带动效应”为主题。明确海上风电定位，聚焦政策市场导向，解读技术发展脉络，为参会者提供海上风电交流平台。约500人参会。

8月9—10日，研究会分布式能源专业委员会和中国能源网研究中心联合主办2018（第十四届）中国分布式能源国际论坛。论坛以“分布式能源新时代·变革　创新　融合”为主题。大会为期2天，共350人参会。

8月29日，在挪威斯坦万（Stavanger）的2018 ONS能源大会期间，中国能源研究会北京国际能源俱乐部联合挪威北海石油基金会（ONS）举办中国能源转型研讨会。会议由2018 ONS能源大会主席、挪威国际石油公司原执行副总裁John Knight和俱乐部名誉理事会副主席、中国石化集团原董事长傅成玉联合主持。来自世界各地的100余名专业人士参加会议。

国内主要学术会议 研究会及分支机构举办各类研讨会、论坛等学术活动30余次。围绕能源发展“十三五”规划、推动能源高质量发展过程中的重点和关键问题及当前能源领域的热点、难点问题举办中国能源高端论坛系列专题研讨会11场。

1月11日，在辽宁省沈阳市举办中国能源高端论坛——“大规模及分布式可再生能源并网”专题研讨会。来自国家有关部门、能源企业、科研院所等单位的80余名专家、学者参加会议。1月26日，在北京举办“中国能源高端论坛——推动储能创新发展，提升能源整体效率”专题研讨会。3月27日，在北京举办“中国能源高端论坛——2050中国能源展望”专题研讨会。参会人数240余人。5月15—16日，在广东省惠州市举办“中国能源高端论坛——我国生态核电发展”专题研讨会。参会人数80余人。6月4日，在江苏省常熟市举办“中国能源高端论坛——火电厂循环经济”专题研讨会。6月30日，在北京举办“中国能源高端论坛——天然气供应保障”专题研讨会。7月6日，在甘肃省兰州市举办“中国能源高端论坛——高比例风电、光伏利用系统集成问题”专题研讨会。7月31日，在北京举办“中国能源高端论坛——煤制油产业政策”专题研讨会。9月18日，在北京举办“中国能源高端论坛——电动汽车及新能源”专题研讨会。11月14日，在江苏省苏州市举办“中国能源高端论坛——风电光伏分布式发展”专题研讨会。来自政府行业管理部门、相关企业、科研院所的90余名专家、代表参加研讨会。12月27日，在北京举办“中国能源高端论坛——新时代‘一带一路’能源合作的机遇与策略”专题研讨会。来自能源企业、金融机构、研究院所的130余名代表应邀参加研讨会。

邀请能源行业高层代表共同搭建电力可持续发展高端对话平台，举办以“中国电力可持续发展”和“电改与电力市场建设促低碳转型”为主题的高端闭门研讨会。

国际交往 2月1—10日，燃料电池专委会组织专家赴美国固体氧化物燃料电池企业及研究机构进行考察交流。主要考察Bloom Energy、GE Fuel Cell、Atrex Energy固体氧化物燃料电池公司3家，访问斯坦福大学、麻省理工学院、南加州大学等大学固体氧化物燃料电池研究机构。

8月5—9日，第5届亚洲固体氧化物燃料电池会议、第16届亚洲固态离子学会议、第19届全国固态离子学会议在上海市召开。燃料电池专委会常务副主任兼秘书长韩敏芳担任会议共同主席。

10月24—26日，能源经济专委会派专家出席国际能源署（IEA）第三届全球能效大会，并在会上就中国在推动能效方面的进展和成果作专题发言。

11月5—12日，中国能源研究会储能专委会组织储能产业专家参加2018北美储能峰会，实地调研多个储能项目。

科普活动 研究会科普工作获中国科协科普部表扬。

5月19—26日，全国科技活动周期间，组织各能源科普教育基地，宣传走近核电和生态核电，通过发放核电科普手册等宣传资料、播放核电科普宣传短视频方式开展活动。各科普基地发放宣传资料1000余份，受众1万余人。

全国科普日期间，开展党建强会、科普下基层和科学传播、帮扶送温暖活动。组织专家团队赴云南省等地开展能源科普教育基地授牌、共产党员科普教育宣传岗授牌、科学传播专家讲座、帮扶送温暖、科普知识有奖问答等活动。

向网络空间安全教育科普基地、广州电力知识馆、广东电网公司韶关供电局能源科普展厅、中广核新能源吉林大岗子科普教育基地、中广核新能源河南荟萃山风电场科普教育基地等16家单位授予能源科普教育基地称号。

开展首届（2018年）能源优秀科普作品评选活动，收到申报项目72个。经专家评审、科普工作委员会审定，评选出能源优秀科普作品17项，其中，影视动画类作品4项、图书类作品13项。

党建强会 研究会官方网站增设党建强会专栏，会刊《能源研究通讯》每期刊载党建强会内容，宣传党的路线方针政策。

召开党委会和党委（扩大）会议11次。建立党委日常工作制度，制定《中国能源研究会党委工作规则（试行）》。建立学会党委请示报告工作制度，定期向中国科协科技社团党委作工作报告。

由研究会授牌的能源科普教育基地中国广核集团有限公司广东省大亚湾、广西壮族自治区防城港、辽宁省大连市红沿河、福建省宁德市、广东省台山市、广东省阳江及国家电力投资集团、哈尔滨电气集团，设立党员宣传岗，悬挂“共产党员科普教育宣传岗”牌匾。

5月19—26日，全国科技活动周活动期间，开展“党建强会——科普下基层活动”。

9月15日，研究会启动党建强会、科普下基层活动。9月15—17日，组织专家团队赴云南省等地开展能源科普教育基地授牌、共产党员科普教育宣传岗授牌、科学传播专家讲座、帮扶送温暖、科普知识有奖问答等活动。研究会副理事长、科普工作委员会主任、首席科学传播专家王禹民向中国广核集团有限公司云南磨豆山风电场授予“能源科普教育基地”牌匾。研究会科普工作委员会委员、首席科学传播专家韩水向中广核磨豆山风电场授予“共产党员科普教育宣传岗”牌匾。9月17日，研究会党建强会、科普下基层暨帮扶送温暖活动在云南省楚雄市牟定县凤屯中心小学举行。研究会向学校捐助科普图书、学习用品、文体用品等，为学生作新能源科普讲座，组织学生参与新能源知识有奖问答。

会员服务 2018年，研究会创办会刊《能源研究通讯》（双月刊）。编纂年报，反映学会年度工作综合信息。为会员颁发会员证书和牌匾，定期向会员免费寄送能源智库研究成果。

【中国能源研究会2018年会】 11月7—8日，研究会在北京举办以“中国能源高质量发展”为主题的第二届学术年会。政府有关主管部门的代表、研究会个人会员和会员单位、能源企业和科研院所代表800余人参加大会。

大会邀请中国工程院院士、中国工程院原副院长杜祥琬，中国工程院院士、国家能源集团公司党组副书记、总经理凌文及中国工程院院士江亿、叶奇蓁、刘吉臻，中国科学院院士金之钧，国家发展改革委能源研究所副所长王仲颖等专家作主旨报告。中国能源研究会副理事长吴吟、陆启洲，分别就散煤治理和清洁供暖等能源领域问题作报告，并提出政策建议。

年会举行中国能源研究会能源创新奖颁奖、优秀青年能源科技工作者颁奖、能源优秀科普作品颁奖、能源科普教育基地授牌等颁奖和授牌仪式。评选出能源管理创新奖、技术创新奖和学术创新奖 83 项，优秀青年能源科技工作者 30 人，能源优秀科普作品 17 项，对 16 家能源科普教育基地进行授牌。

11 月 8 日，研究会主办、8 个分支机构分别承办专题论坛 8 场。专题论坛围绕“中国能源高质量发展”主题，涉及智慧电厂建设、综合能源创新服务应用、电力智慧安全发展、增量配电改革与智慧能源投资、储能技术创新与热点市场实践交流、生态核电、燃料电池行业高质量发展与检测认证服务、能源行业改革与政府监管等话题。

（撰稿人：刘淑琴）

中国硅酸盐学会

服务创新型国家和社会建设 学会实施中国科协创新驱动助力工程项目，完成项目各项任务指标。参与先进材料学会联合体承担的材料领域 21 个国家重点实验室评估工作。

经申请，由学会与中国建筑工业出版社共同牵头负责的《硅酸盐辞典》修订再版工作获国家出版基金专项支持。

学会建设 学会发展个人会员 78 人，截至 2018 年年底，个人会员总数 21020 人、团体会员总数 50 个。4 月 13 日，学会在北京召开第八届理事会第十次常务理事会议，理事长徐永模，名誉理事长张人为，副理事长陈立泉、彭寿、姚燕等 31 名常务理事出席会议，会议审议通过《中国硅酸盐学会分支机构组织管理条例》，批准成立微纳技术分会、团体标准委员会、青年工作委员会。

学会微信公众号关注人数增长 1000 人，《2019 年最具潜力 20 大新材料》阅读量 4998 人次。所属分会建立分会网站、微信公众号、微信群等，用于日常管理、沟通信息、发布学会有关通知等，提供行业动态及技术信息资讯，开展技术咨询服务。

主办期刊 学会主办期刊《硅酸盐学报》收到稿件 916 篇，编辑出版 12 期，刊发论文 241 篇，包括基金资助论文 227 篇。《硅酸盐学报》总被引频次 2538 次，影响因子 0.742；入选中国科协 2018 年度中文科技期刊精品建设计划资助项目；入选中国科协科技期刊精准推送服务试点项目。学会开展第十三届《硅酸盐学报》优秀论文奖评选奖励工作，评出获奖论文 3 篇。召开《硅酸盐学报》第七届编委会第三次会议，规范、优化《硅酸盐学报》编辑出版工作流程。

Journal of Materiomics（JMAT）全年收到稿件 179 篇，编辑出版 4 期，刊发论文 48 篇，包括综述 8 篇。开展首届 JMAT 优秀论文奖评选奖励工作，评出获奖论文 2 篇。学会副秘书长刘捷带团前往美国费城，访问科睿维安公司，洽谈 SCI 收录 JMAT 事宜。

国际学术会议 8 月 5—9 日，学会固态离子学分会在上海市召开第 16 届亚洲固态离子学会议暨第 19 届全国固态离子学会议。同期举办第 5 届亚洲固体氧化物燃料电池会议。来自中国、日本、韩国、新加坡、印度、印度尼西亚以及美国、德国、挪威、俄罗斯等国的专家、学者及企业界代表 1000 余人参会。

10 月 28 日—11 月 2 日，第十二届混凝土超塑化剂和其他化学外加剂国际会议（12th ICSP）、第十四届混凝土及可持续发展技术国际会议（14th ICACTS）在北京国际会议中心开幕。会议由学会主办，中国建筑科学研究院承办。会议安排学术报告 183 个，收录论文 162 篇，涵盖外加剂和混凝土应用基础研究领域所有主题，55 篇会议论文由美国混凝土协会（ACI）出版论文集 2 册。其中 55 篇论文被 ACI 正式出版两册论文集。来自 33 个国家的 430 名专家、学者参会，包括国外专家、学者 137 人。

国内主要学术会议 学会举办第 18 届全国晶体生长与材料学术会议、第 3 届中国固废与生态材料学术与技术交流会、第 19 届全国固态离子学会议、装配式被动房高峰论坛暨第 5 届被动式集成建筑材料产业技术交流会、2018 年全国玻璃窑炉技术研讨交流会、第 20 届全国高技术陶瓷学术年会、光电玻璃产业链协同创新高峰论坛、非金属矿物材料创新技术与行业发展论坛、2018 中国溶胶 - 凝胶学术研讨会暨国际论坛、第 10 届中国功能玻璃学术研讨会暨新型光电子材料国际论坛、2018 年中国城市既有幕墙安全保障与可靠性高峰论坛、第 22 届全国玻璃钢 / 复合材料学术交流会、第 10 届无机非金属材料专题——高性能陶瓷研讨会等学术会议 44 场，参会人数累计 12009 人次，交流论文 2876 篇。

4 月 18—19 日，学会玻璃钢分会在江苏省南通市举办第 3 届复合材料拉挤型材制造及应用技术发展论坛暨 FRP 型材结构技术规范研讨会。会议围绕技术规范、工艺前沿技术、VOCs 处理方法、结构设计等内容，安排大会报告 12 个。参会人数 150 人。

7 月 21—23 日，学会矿物材料分会在天津市举办 2018 全国矿物材料学科发展研讨会暨中国科协“矿物材料学科发展（2016—2017）”成果发布会。会议以“促进学科融合发展、创新人才培养模式”为主题，结合国内外矿物材料学科及相关产业发展趋势与人才需求趋势国家中长期科技与产业发展战略及规划，探讨学科结构、主要或前沿研究领域及科技发展趋势和创新方向，研讨矿物材料领域学术与技术、技术与产业、产业与市场或供给侧融合发展及促进矿物材料学科建设与人才培养等议题。100 余名专家、学者、企业家和代表参会。

10 月 24—27 日，学会工程技术分会在江苏省苏州市举办第 3 届水泥窑协同处置废弃物技术交流大会。大会安排报告 17 个。参会人员探讨市政垃圾、危废、飞灰、污泥、污染土、工业固废等各类废弃物协同处置技术路线、技术现状、发展趋势、技术装备服务等议题。220 余名来自水泥企业、科研院所、技术服务供应商的代表参会。

12 月 14—16 日，学会工程技术分会在广西壮族自治区南宁市举办 2018 中国水泥技术年会暨第 20 届全国水泥技术交流大会。大会安排报告 20 个，报告内容涵盖节能减排技术、产品、服务，协同处置废弃物，智慧化工厂建设，砂石骨料产业链延伸等领域。来自水泥企业、科研院所、大专院校、技术设备服务商等单位的代表共约 300 人参会，包括水泥企业负责人 200 余人。

12 月 15—16 日，学会微纳技术分会在南京航空航天大学举办 2018 先进功能材料与原子力显微技术学术研讨会暨中国硅酸盐学会微纳技术分会学术年会。中国科学院院士郭万林、王中林，美国工程院院士 Ramesh 等 9 位代表分别作大会特邀报告。会议设分会场 2 个，分专题 10 个，交流分会场邀请报告 54 个、口头报告 14 个、墙报 67 个。会议参会代表 280 余人，分别来自国内 80 余家高等院校和科研院所，另有来自美国和新加坡的 15 位海外特邀代表参会，牛津仪器等 4 家单位作为参展商参加本次会议。

科普活动　11 月 4—10 日，学会举办第四届国际玻璃协会冬令营暨核废料玻璃固化国际研讨会。国际玻璃协会主席、前主席、副主席等 17 名专家任主讲教师，参营学员 60 余人，包括国际学员 7 人。学会玻纤分会在微信公众平台开展“科普小贴士”活动。学会玻璃钢分会举办以“玻璃钢回收处理”为主题的科普讲座。

表彰举荐优秀科技工作者　学会开展第四届中国科协青年人才托举工程人选推荐工作。从 15 名候选人中推选 4 人参加先进材料学会联合体评选，经过综合评议，学会推荐的张鑫、刘清风、王冉冉、庄逸熙入选。开展第二届和第三届中国硅酸盐学会优秀博士学位论文评选工作。开展中国硅酸盐学会第 13 届青年科技奖、中国青年科技奖候选人推荐工作。实施优秀中外青年科技人才短期交流项目。

【第 29 届中国国际玻璃工业技术展览会】 4 月 19—22 日，由学会主办、北京中硅展览有限公司承办的第 29 届中国国际玻璃工业技术展览会在上海新国际博览中心举办。展会展示面积 80500 平方米。来自 29 个国家和地区的 865 家厂商参展，其中，国内厂商 612 家、国外厂商 253 家。卡尔蔡司、施耐德、莱茵技术等 24 家国外厂商首次参展。德国联邦经济能源部、德国机械设备制造业联合会、意大利政府对外贸易委员会、意大利玻璃加工机械和配件制造商协会等国外政府机构和相关行业协会，组织 80 余家该国厂商，以德国展团、意大利展团、美国展团形式参展。国内外玻璃行业从业者 33515 人参观展览。展会期间，接待韩国、印度、越南、伊朗、日本等国相关行业机构组织的专业观众参观团。

【第 3 届中国固废处理与生态材料学术与技术交流会】 8 月 11—12 日，第 3 届中国固废处理与生态材料学术与技术交流会暨吴中伟先生诞辰 100 周年——水泥混凝土可持续发展论坛在陕西省西安市召开。会议由学会主办，学会固废与生态材料分会、中国矿业大学（北京）、西安建筑科技大学、郑州鼎盛工程技术有限公司等承办。会议主题为“固废处理，绿色转化”。大会安排大会报告 14 个、分会场报告 68 个，汇编参会交流论文 88 篇。设水泥混凝土可持续发展论坛、建筑固废、煤电固废、冶金固废、工业副产石膏、危废—有机固废、战略新兴产业固废等学术专场。来自中国内地和香港特别行政区，美国、日本、新加坡等国和地区 250 余家单位的 600 余名专家、学者和企业家代表参会。

【第 10 届无机非金属材料专题——高性能陶瓷研讨会】 8 月 25 日上午，第 10 届无机非金属材料专题——高性能陶瓷研讨会在河南省郑州市开幕。研讨会由学会主办、郑州航空工业管理学院承办。开幕式由中国科学院院士、清华大学教授南策文主持。学会副理事长兼秘书长晋占平，清华大学、中国科学院上海光学精密机械研究所、中国建筑材料科学研究总院等高校、科研院所、生产企业的200余名专家、学者参加开幕式。

研讨会设“功能陶瓷”和“结构陶瓷”2个分会场，开展学术交流报告约60个。“功能陶瓷”分会场研讨高性能室温热电材料、储能多层陶瓷电容器研究、铌酸钾钠基无铅压电陶瓷的发展与未来展望等议题；“结构陶瓷”分会场交流燃烧合成快速制备陶瓷材料、极端环境下应用的超高温陶瓷材料、尖晶石型透明陶瓷研究新进展等领域研究成果。

（撰稿人：孙睿哲）

中国建筑学会

服务创新型国家和社会建设 年内，学会协助住房和城乡建设部全国高等学校建筑学专业教育评估委员会完成28所院校评估工作。截至2018年年底，68所院校通过评估，占全国开办本科建筑学专业院校的23%。协助中国科协开展工程能力国际互认项目，参加中国科协工程能力建设联盟组建、候任考官培训、建筑师制度研讨会、国际论坛等工作。

5月，中国科协征集“引领世界科学的前沿科学问题、建设世界科技强国的工程技术难题”。学会推荐南建林提出的“公共安全领域——工程结构安全的长期智能监测预警技术”和程晓辉、郭红仙、陈肇元提出的“交通运输领域——悬浮隧道技术”2个项目入选。

3月30日，学会成为国家标准化改革第二批团体标准试点单位，试点实施周期为2018年4月1日—2020年3月31日。5月18日，学会标准工作委员会第一次全体会议在福建省泉州市召开。标准工作委员会发布2批次研编计划，立项项目19个，其中，第一批立项项目15个，第二批立项项目4个；发布1批次编制计划，立项项目3个。

受2022北京冬奥办和河北省张家口市崇礼区政府委托，学会开展太子城冰雪小镇建筑大师工作营工作。29家全国设计机构35个设计团队，8名院士、19名全国建筑设计师加入工作营，工作营规模150人，创作优秀建筑设计方案53个。5月，文创商街、会展酒店片区开工建设。12月，国宾山庄设计实施方案得到确定。

4月21—22日，由学会和郑东新区管理委员会共同组织的郑州龙湖金融中心超高层及文化建筑概念性设计方案国际征集评审会在郑东新区规划展览馆召开，邀请到国内外建筑设计大师担任评委。

4月，学会在清华大学召开河南省安阳市东部区域核心区城市设计专家咨询会。专家组听取方案汇报，审阅设计文本，质询设计内容，向设计单位提出专业意见。

5月，福建省泉州市政府与学会联合主办西街片区点亮家园营造活动。

年内，开展4项科技成果鉴定工作。4月12日，开展“古建筑抗震及振动控制关键技术研究与应用”成果鉴定；6月25日，开展“一带一路沿线国家特殊土工程性质研究与应用”成果鉴定；8月4日，开展“寒地人居环境绿色性能优化设计关键技术研究与应用”成果鉴定；11月14日，开展“宁夏工人文化宫综合楼楼顶造型建筑风格”成果鉴定。

学会能力提升计划 组织中国建筑学会奖项评选，启动中国建筑学会品牌学术活动培育等工作。

学会建设 全年完成工作制度汇编48项，其中，理事会工作3项、党务工作10项、秘书处行政工作11项、秘书处财务工作11项、秘书处人事工作6项、秘书处工作人员收入及分配3项、秘书处外事工作1项、学会二级组织及下设企业3项。

新增个人会员3381人，增长率204%；新增团体会员253个，增长率175%。截至2018年年底，学会有二级组织48个，包括建筑专业类、建筑类型类、建筑传承与宣传类、建筑教育与职业类、建筑可持续发展类，实现“大建筑”行业全覆盖。全年举办二级组织工作会5次。

编辑微信会讯41期，微信平台发布专业信息近2000余条，累计阅读量24万次。学会网站发布文章7946篇。入驻今日头条和科猫，不定期发布业内热点信息。

主办期刊 学会及二级组织公开出版和内部发行刊物18种，全年累计发行60余万册。《建筑学报》刊登论文247篇、建筑作品56个，共计250余万字，出版《建筑学报·学术论文》专刊（2018＋2019期）、《建筑学报·郑东新区规划设计》专刊、《中国建筑设计作品选 2013—2017》，举办学术活动 7 场。《建筑结构学报》出版 15 期、增刊 2 期，电子刊提前 3 个月上线，组织学术会议 2 场，走访专家团队 12 个。《建筑知识》更名为《建筑实践》，计划 2019 年改版出刊。

决策咨询 4 月，受河北雄安新区规划建设局委托，学会就雄安新区建筑风貌研究开展顾问咨询工作。4—10 月，组织专家 60 人次召开专家咨询会 10 余次，指导课题研究，对研究成果进行评审和把关，形成《雄安新区建筑风貌导则》。

国内主要学术会议 5 月 17—20 日，2018 中国建筑学会学术年会在福建省泉州市举行。年会主题为“新时代本土建筑文化的融合与创新”。年会通过主旨报告会、专题论坛、学术展览等形式展开。来自全国各地的建筑科技工作者、会员、高校师生、媒体代表 800 余人参加会议。

9 月 18—21 日，学会联合河南住房和城乡建设厅、郑州市政府在河南省郑州市郑东新区举行 2018 首届郑州国际城市设计大会。大会主题为“塑造新时代城市特色风貌”。大会包括主旨报告会 2 场、专题论坛 7 场、学术展览 1 场。75 名专家担任演讲嘉宾及论坛主持人。举行学术报告 67 场，出版学术论文集 1 本、专刊 2 本。参会 3500 人，包括中国科学院院士和中国工程院院士 8 人、全国勘察设计大师 8 人、国外嘉宾 22 人。央视新闻连续 3 天报道活动。

10 月 31 日—11 月 3 日，学会举办建筑设计博览会 2018（北京）。博览会主题为“传承与新生”。博览会展区约 1 万平方米，展示“人”“物”“事”“典”“迹”“案”“术”7 个主题板块，集学术研讨、文化传播、成果展示、建筑新材料新技术展示为一体。近 1 万人次观众入场参观。

学会及二级组织举办中国建筑学会成立 65 周年系列学术活动 194 项，包括论坛 46 项、研讨会 20 项，累计交流论文 3161 篇、出版论文集 29 本，累计参会人数 46126 人次。

两岸交流 9 月，由学会与台湾地区“中华全球建筑学人交流协会”主办、东南大学建筑学院承办的第六届海峡两岸建筑院校学生工作坊在东南大学举行。工作坊主题为“城市修补——中心区的再生”。工作坊各小组针对南京市中心新街口区域进行研究，提出地块功能策划、概念设计并提交最终设计成果。来自大陆及台湾地区 20 所院校的 120 余名师生参与工作坊活动。

11 月，学会秘书长仲继寿赴香港特别行政区出席第八届热带与亚热带地区绿色建筑技术国际论坛暨第九届两岸四地绿色建筑技术发展论坛并作主题演讲。

国际组织任职 学会副理事长庄惟敏任国际建筑师协会理事，任国际建筑师协会职业实践委员会联席主任；学会理事、清华大学建筑学院教授张利任国际建筑师协会副理事；学会常务理事、同济大学常务副校长伍江任亚洲建筑师协会副主席。庄惟敏代表学会担任堪培拉协议主席（2018—2019）并在伦敦会议期间主持会议。学会副理事长、中国工程院院士、国家工程设计大师崔愷任 APEC 建筑师项目中国监督委员会主任、庄惟敏任 APEC 建筑师项目轮值秘书长。

学会承担堪培拉协议中方秘书处、亚太经合组织（APEC）建筑师项目秘书处、SCI 杂志《亚洲建筑与建筑工程》编辑部秘书处工作。

国际交往 全年接待来自日本、韩国、德国和中国台湾地区等国家和地区及亚洲建筑师协会、国际建筑师协会等国际组织的来访团组 6 个 57 人次。派出出访团组 6 个 54 人次，访问英国、美国、韩国、日本、朝鲜等国家和香港特别行政区，参加国际会议 4 次。

5 月，学会代表团赴英国伦敦访问英国建筑师注册委员会、英国皇家建筑师学会、英国特许建筑技师协会，出席堪培拉协议会议。

6 月，学会代表团赴美国参加美国建筑师学会年会，在纽约访问美国建筑师学会、美国建筑院校联合会、美国建筑学生联合会、美国建筑师注册委员会。

8 月，学会代表团一行 5 人访问朝鲜并进行友好交流，出席“融合之间——转型中的当代中国建筑成果图片展”开幕式，考察平壤建筑综合大学并进行学术交流等活动。

9 月 10 日，应亚洲建筑师协会邀请，学会代表团赴日本东京参加亚洲建筑师协会第 18 届亚洲建筑师大会。中方参会代表近 40 人。

10 月，学会作为主办单位之一，在韩国平昌组织召开第十二届亚洲建筑国际交流会。80 余名会员参会，47 人作宣讲，海报展示论文 49 篇。

科普活动 学会科技培训中心自主举办培训班 6 期，参加培训人员 1000 余人次。通过举办培训吸收团体会员 1 个，形成以培训带动会员发展，以会员促进培训的循环模式。

完成学会科普工作委员会委员提名与换届。截至 2018 年年底，发展科普教育基地 65 家，覆盖 24 个省、自治区、直辖市。以“匠人精神”为主旨，在9个省市举办科普大讲堂15场。出版科普教育图书5本。

开展亚洲建筑师协会2018学生设计竞赛大陆赛区作品征集活动，浙江大学储宇鑫、胡晓南、唐玉田作品获亚洲建协建筑学生设计竞赛银奖。

表彰举荐优秀科技工作者 6月，经学会推荐，中国建筑设计研究院总建筑师、全国勘察设计大师李兴钢入选2018年最美科技工作者。

2018年年初，启动2018年梁思成建筑奖评选工作。4月30日，发布2018年梁思成建筑奖评选通知。来自大陆、香港特别行政区、台湾地区及德国、日本、墨西哥等国家和地区的15人申报。7月12日，召开2018年梁思成建筑奖专家提名委员会工作会议，对申报人进行提名。9月18日，在河南省郑州市举行2018年梁思成建筑奖评选，评选出2018年梁思成建筑奖获奖者。获奖结果计划于2019年公布。

中国建筑学会建筑设计奖评选出535项获奖作品与获奖个人，其中，综合奖金奖20项、银奖30项、优秀奖23项，一等奖96项、二等奖141项、三等奖186项，青年建筑师奖29人，建筑教育奖10人。

中国建筑学会科技进步奖纳入国家科学技术奖励工作办公室《社会科技奖励名录》。

党建强会 学会党委对学会“三重一大”事项、学会换届、分支机构成立和撤销、预防学术不端行为、接收大额捐赠、开展涉外活动等事项进行前置审议。学会党支部组织学会机关党员、入党积极分子和单位职工学习党的十九大精神和习近平新时代中国特色社会主义思想，开展“三会一课”活动4次、党建活动3次，完善党务工作制度7项，制定加强党风廉政建设措施4项。

会员服务 举办北京建造节、礼拜五沙龙、中国建筑学会会员之家活动11场。完善会员注册系统、会议系统、财务便捷服务系统，完善会员服务体系，推进网络课程、数字化图书馆等服务项目建设。组织并协助会员申报亚洲建筑师协会建筑设计奖，获3项金奖、3项荣誉提名奖、1项提名奖。

（撰稿人：吕挺潇）

中国土木工程学会

服务创新型国家和社会建设 学会标准与出版工作委员会申报并参加“十三五”国家重点研发计划“工业化建筑标准体系建设方法与运行维护机制研究”课题。学会轨道交通分会承担中国科协学科创新协同项目“轨道交通协同创新平台建设（2016—2018）”，项目已验收结题。学会隧道及地下工程分会申报并承担中国科协学科发展项目“2018—2019隧道及地下工程学科发展报告”。

开展团体标准编制工作，征集并发布2018年学会标准研编计划和正式立项计划，开展学会标准编制管理、跟踪管理，对标准编制项目进行引导、规范、监督、审查等并提供技术指导。2018年批准立项学会标准11项。截至2018年年底，4项学会标准正式批准发布。

7月，受科技部委托，协助国家科技奖励工作办公室组织开展2018年度国家奖初评通过项目行业咨询工作。负责组织行业内有关专家，对国家技术发明奖工程建设组，国家科技进步奖土木建筑组、机械组、创新团队评审组中涉及土木工程领域的13个入选项目进行核查，并提出书面审查意见。

学会教育工作委员会组织开展2018年优秀毕业生奖评选。经全国土木工程专业（包括工程管理专业）院校推荐，由学会教育工作委员会评审委员会进行评审，学会秘书处审核，授予45名学生2018年中国土木工程学会高校优秀毕业生称号，其中，土木工程专业30人、工程管理专业15人。

学会建设 6月2日，学会在北京召开第十次全国会员代表大会暨十届一次理事会议。会议选举产生新一届理事会及领导机构，审议通过制（修）订的《中国土木工程学会分支机构管理办法》等工作制度10项。组织召开2018年度分支机构秘书长工作会议、2018年度地方学会工作会议以及部分分支机构座谈会等工作会议。学会5家分支机构按期进行换届工作。建设协同办公系统，打造学会及分会交流统一平台。

主办期刊 完成全年12期《土木工程学报》正刊编辑出版工作，发表稿件166篇。出版增刊2期，发表稿件43篇。《土木工程学报》电子版由中国知网、中国科学技术信息研究所、EI、中国学术期刊文摘收录，全文PDF文件上传至学会网站供会员免费下载。

《土木工程学报》“论坛”栏目发表文章15篇，在2018年学术年会上发行论坛文章单行本。

国内主要学术会议 学会及所属分支机构举办学术会议70余次，累计参会人数2.3万人次，交流学术报告3000余个，出版论文集20余部。

学会主办或重点支持的学术会议包括中国土木工程学会2018年学术年会、第十五届中国土木工程詹天佑奖技术交流会、第二十届中国科协年会分会场特长隧道面临的技术挑战研讨会、2018年土木工程院士知名专家系列讲座暨第九届全国土木工程研究生暑期学校、第二届土木工程海外华人青年学者学术交流与联谊会、2018年内地与香港建筑论坛、第十六届中国建筑企业高峰论坛、第五届建筑科学与工程创新论坛、土木工程可持续发展高端论坛等。

学会与香港工程师学会土木部共同举办第二十届内地与香港青年工程师土木工程科技交流营活动。

9月，学会在天津市召开中国土木工程学会2018年学术年会。会议主题为“智慧城市与土木工程”。来自建设、交通、铁路、道桥、隧道、市政等土木工程领域的院士专家、学者、学会会员、企业代表近500人参会。学会理事长郭允冲在会上作题为“全面科学综合规划开发地下空间资源，再造无数个地下城市”的报告。20余名国内外院士和专家作学术报告，内容涉及智慧城市、生态城市、智慧交通、智能高铁、地下空间、轨道交通、城市水资源、城市燃气、数字建造、智慧管理等问题。会议组织土木工程智慧建造和智慧城市2个分论坛。

国际交往 学会接待加拿大土木工程学会（CSCE）、英国土木工程师协会（ICE）等学术组织访问。

国际组织任职 中国科协代表中国加入世界工程组织联合会（WFEO），学会推荐秘书长李明安作为世界工程组织联合会中国委员会（WFEO-CHINA）委员，参与该组织各项活动。

表彰举荐优秀科技工作者 完成第十六届詹天佑大奖推评工作。经推荐申报、资格审核、专业预审、评审大会评审、公示等评审程序，30项工程入选，涵盖建筑、桥梁、铁道、隧道、公路、水利、水运、市政、轨道交通等土木工程领域。6月3日，在北京组织召开第十五届詹天佑大奖颁奖大会，近500名土木工程科技工作者参加会议。

受科技部国家科技奖励工作办公室委托，组织开展2018年度国家奖遴选推荐工作。经各有关单位推荐、秘书处审核、组织业内专家评议，学会提名7个项目参加2018年度国家科学技术奖评选，其中，技术发明奖1项、科技进步奖6项。7个项目全部通过国家科技奖励办公室形式审查，其中3个项目通过网评，1个项目获2018年度国家科技进步奖二等奖。

开展中国土木工程学会优秀论文奖评选。经学会各专业分会、地方学会、团体会员单位及学会主办的期刊编委会推荐，收到候选论文68篇。由学会学术工作委员会组织专家评选，共评出获奖论文28篇，其中，一等奖2篇、二等奖9篇、三等奖17篇。由学会颁发证书，由北京詹天佑土木工程科学技术发展基金会提供奖金。

组织推荐科技部2018年“创新人才推进计划”中青年科技创新领军人才候选人3人，其中2人入选。受中国科协委托，组织推荐第十五届中国青年科技奖候选人2人，1人入选。受教育部委托，组织推荐2018年度教育部青年科学奖候选人1人。向中国科协推荐10名工业遗产专家。

会员服务 制定《学会会员与会费管理办法》。按照新修订《中国土木工程学会章程》和《中国土木工程学会会员与会费管理办法》，秘书处对学会会员管理系统进行修改完善，启动学会第十届理事会会员发展工作。截至2018年年底，学会共发展单位会员339个，对于有权参与学会所设奖项评选表彰活动的单位会员，可免费或优惠参加学会组织开展的学术交流活动，并免费获赠《土木工程学报》。

【中国土木工程学会第十次全国会员代表大会】 6月2日，中国土木工程学会第十次全国会员代表大会暨十届一次理事会议在北京召开。住房城乡建设部原部长姜伟新，原副部长仇保兴、齐骥，原总工程师王铁宏，中国科协党组成员、书记处书记宋军等出席会议。来自建设、交通、铁道、水利领域及相关学（协）会的代表约400人参加会议。

住房城乡建设部原副部长、学会九届理事会理事长郭允冲代表九届理事会作工作报告。从8个方面对中国土木工程学会第九届理事会工作进行回顾，对新一届理事会提出四点工作建议。会议审议表决通过中国土木工程学会第九届理事会工作报告、财务工作报告、《中国土木工程学会章程》（修订草案）、第十届理事会理事产生和选举办法、成立监事会报告、关于调整学会会员会费标准的报告等议案。

十届一次理事会会议选举产生中国土木工程学会第十届理事会及领导机构。郭允冲当选理事长；交通运输部副部长戴东昌，中国建筑工程总公司总经理王祥明，中国中铁股份有限公司总裁张宗言，中国交通建设集团有限公司董事长刘起涛，中国建筑科学研究院院长王俊，中国铁建股份有限公司副总裁李宁，同济大学副校长顾祥林，中国工程院院士、清华大学教授聂建国，上海建工集团股份有限公司董事长徐征当选副理事长；聘任中国中元国际工程有限公司专项总工程师李明安为秘书长。来自学会分支机构、地方学会、单位会员及行业管理部门等单位163名代表当选第十届理事会理事。会议选举产生第十届监事会，清华大学原副校长袁驷当选监事长。

【第十五届中国土木工程詹天佑奖颁奖大会】 6月3日，第十五届中国土木工程詹天佑奖（以下简称“詹天佑奖”）颁奖大会在北京举行，30项科技创新工程获詹天佑奖。颁奖大会由学会秘书长李明安主持。学会理事长郭允冲在大会上发表讲话，中国工程院院士、原铁道部原副部长卢春房宣读第十五届中国土木工程詹天佑奖颁奖决定。来自住房城乡建设部、交通运输部、水利部、中国铁路总公司、国家科技奖励工作办公室、北京市民政局、北京市科学技术协会等单位有关负责人，有关行业学会、协会和各省市土建学会代表，中国建筑工程总公司、中国交通建设股份有限公司、中国铁路工程总公司、中国铁道建筑总公司等央企代表，第十五届中国土木工程詹天佑奖获奖单位代表，以及来自全国土木建筑科技工作者近500人参加会议。

截至2018年年底，詹天佑奖历经16届评选，共有463项土木工程领域工程获表彰，包括香港特别行政区和澳门特别行政区共12项、海外7项。

【中国土木工程学会2018年学术年会】 9月27—28日，由学会主办、中国建筑集团有限公司承办的中国土木工程学会2018年学术年会在天津市召开。大会主题为“智慧城市与土木工程”。中国科协党组副书记、副主席、书记处书记徐延豪，天津市副市长金湘军出席会议并分别致辞。学会副理事长、中国建筑集团有限公司总经理王祥明代表承办单位讲话并作主旨报告。王祥明从智慧设计、智慧工地、智慧管理3方面介绍中建集团推进智慧建造的实践与成果，就推进智慧建造全面落地的措施提出建议。学会理事长郭允冲代表学会讲话，并作题为“全面科学综合规划开发地下空间资源，再造无数个地下城市”的大会报告。来自建设、交通、铁路、道桥、隧道、市政等土木工程领域的院士专家、学者、学会会员和新闻媒体代表近500人参加会议。

中国工程院院士何华武、钱七虎、聂建国、丁烈云、王浩、陈湘生，中国科学院院士周成虎，加拿大工程院院士Abdul Ghani Razaqpur等20余名国内外院士和专家作学术报告。报告内容涉及智慧城市、生态城市、智慧交通、智能高铁、地下空间、轨道交通、城市水资源、城市燃气、数字建造、智慧管理等热点、难点问题。学会副理事长王俊、中国建筑股份有限公司总工程师毛志兵、学会秘书长李明安分别主持大会报告。

会议组织土木工程智慧建造和智慧城市2个分论坛，参观天津周大福金融中心项目和天津塘沽湾城市综合开发项目。

会议针对智慧建造新技术和热点，重点探讨涵盖智慧城市与土木工程8个方向的问题，即智慧市政工程在智慧城市建设中的作用，依托“互联网+”和“大数据应用”发展智慧城市交通工程，城市地下空间资源统一规划与智能化管理，大数据与城市防灾减灾工程，物联网与云计算在智慧建筑中的应用，土木工程施工中的智慧建造新技术，物联网、大数据在工程质量智慧管理中的应用及“互联网+”城市燃气。

（撰稿人：张　君）

中国生物工程学会

服务创新型国家和社会建设 学会承担中国工程院“生物产业发展战略研究（2035）”项目。课题任务为瞄准2035国家发展需求，提出生物产业未来5—10年发展思路、重点方向和实施路径。学会分阶段提出生物产业发展目标，分析破解发展瓶颈，研究加快培育与发展生物产业路径，2025年、2035年生物产业发展思路、目标和重点方向，预测2035产业技术发展路线图，为战略性新兴产业发展提供决策建议。

5月25日，中国生物产业大会组委会在第十一届中国生物产业大会上举行“一带一路”生命科技促进联盟倡议发起仪式。联盟由华大基因科技有限公司倡议发起，联合拉脱维亚经济部、老挝科技部、阿联酋国际盐碱植物研究所、中国国际经济交流中心、武汉东湖新技术开发区、深圳国际交流合作基金会、深圳基因产学研资联盟、深圳国家基因库等成立。会上，联盟单位共同签署《“一带一路”生命科技促进联盟合作共识》。

11月28日，学会与德州市科协在山东省德州市举行生物技术产业对接会。学会瞄准德州市生物技术产业发展需求，邀请8名相关生物技术领域专家到德州进行对接交流与合作。会上，双方签订加强技术合作和人才引进战略协议。

10月27—29日，学会承办世界生命科学大会3个分会场。Global Health Infection Diseases由学会理事长高福担任主席，New Vaccines Development and Application由吴桂珍研究员担任主席，Synthetic Biology由中国科学院院士、学会顾问委员会委员赵国屏担任主席。

12月8日，由中国科协学会服务中心、学会和迁安市政府共同主办的生物健康产业与健康养殖（中国·迁安）创新论坛暨中国生物工程学会（迁安）协同创新中心成立仪式在河北省迁安市举行。相关企业代表200余人出席论坛。开幕式上，中国生物工程学会（迁安）协同创新中心正式揭牌，该中心以中国生物工程学会、中科生物健康产业（迁安）协同创新研究院为依托，发挥各类科技资源、人才、平台优势，根据迁安市生物健康、生物医药企业发展需求，组织开展战略咨询、技术交流，帮助解决技术难题，有针对性地引进科研机构创新团队和高质量企业入驻，推动迁安市传统产业升级和新旧动能转换。会上，签订项目孵化入驻合作协议。

学会建设　召开常务理事会议2次、理事会议1次。截至2018年年底，学会理事会有理事127人，其中，常务理事37人。学会个人会员2661人，团体会员单位133个。学会分支机构20个，其中，专业委员会14个、工作委员会6个。

青年人才托举工程　经学会推荐，中国科学院微生物研究所彭如超、天津大学吴毅入选第四届中国科协青年人才托举工程（2018—2020年度）。12月，学会为提供国际交流机会，申请并获批中国科协青年人才托举工程国际交流项目，为3名青年人才托举工程入选者提供赴美国参加2019年美国免疫学年会机会。

主办期刊　学会会刊《中国生物工程杂志》每月出版1期，每期印刷1500册，全年印刷18000册。该刊入选《2018年版中国科技期刊引证报告（核心版）》，入选2018年11月发布的2018年中国科学院科学出版基金科技期刊排行榜，入选2018年北大《中文核心期刊要目总览》等。

学会与中国化工出版社共同主办《生物产业技术杂志》，为双月刊。全年印刷4800册，载文92篇，文章录用率50%，平均发稿周期90天，每期纸质刊物订阅数700册。

国际学术会议　7月6—7日，第二届中国国际免疫&基因治疗论坛在北京举行。学会理事长高福，美国科学院院士、澳大利亚科学院院士Jonathan Sprent，国家药审中心生物制品药学部部长罗建辉等700余名国内外专家和专业人员参加论坛。论坛设1个主会场和3个分会场，围绕“开发新一代前沿产品，推进创新治疗从科研技术走向产业化”主题展开研讨与交流，内容涵盖国内外免疫和基因治疗趋势、抗体免疫治疗、细胞免疫治疗及免疫和基因治疗前沿等方面。

国内主要学术会议　4月14—15日，中国生物工程学会第三届青年科技论坛在天津市举行。论坛旨在推动生物工程领域不同学科、不同专业和不同区域青年研究人员交流，促进青年学者成长与发展。300余名青年科学家参会，交流最新前沿和热点话题。

4月21—22日，第五届全国计算生物学与生物信息学学术会议在河北省唐山市举行。会议主题为“大数据时代的生命组学、精准医疗与产业发展”。来自计算机生物学与生物信息学领域的200余名专家、学者到会交流。

9月14—15日，第四届干细胞与转化医学学术论坛在四川省眉山市召开。论坛主题为“抗衰老和干细胞研究”。来自中国大陆与台湾地区，美国、日本、韩国等国的10余名专家作学术报告，100余名一线专业人员参会。

10月15—16日，第二届人体微生物组与健康学术年会在北京举行。会议围绕胃肠道、口腔、呼吸道、泌尿生殖道微生物组等相关专题进行报告24场，来自全国各地高校、科研机构、医院和企业等机构的500余人参加交流和探讨。

科普活动　5月25—27日，由学会等19家全国学会与湖北省政府联合主办的第十一届中国生物产业大会专门设置科普展区，以“体验与分享——生物技术的魅力”为主题，以生命科学与自然科学爱好者为主要目标受众，辐射影响关注科学前沿进展的大公众和参会代表，按3个区域分别介绍生命科学最新成果、转基因技术、基因的故事。大会期间，科普专家结合最新作品《基因机器》《生物的故事》内容进行科普讲座。大会循环播放分别由中国科协和农业部资助设计制作的生物技术短视频15部，观看人数每天1000余人次。

9月19日，在北京举办转基因科学沙龙。由美国农业部前食品政策与生物技术高级顾问Jark Bobo和基因农业网主编方玄昌主讲，介绍中美两国科普经验和活动案例，从大众传播学角度出发，就如何做好转基因科学传播进行交流探讨。

10月5—7日，"从微生物到生物传感——揭秘合成生物学"科普展览在中国科技馆举办。活动设有展览区和操作区。

学会主办基因农业网，每周通过电子邮件向目标群体发送《基因农业资讯传递》；调整网站内容布局，增加博客功能；加强网站在移动端的信息推送渠道建设，开通基因农业网微信公众号，每日推送最新资讯。基因农业网微信公众号关注人数20万人，网站点击数105万余次，最高单篇阅读量17万余次。邀请100余名科研专家、网络意见领袖等注册成为博主，构建科普原创作者群，形成信息转载与原创文章相结合并通过移动端渠道推广的机制。

学会被中国科协科学技术普及部评为2018年度全国学会科普工作予以表彰单位。

表彰举荐优秀科技工作者　经过专家函评，推荐陈玲玲、吴燕为第十五届中国青年女科学家奖候选人，刘护为2018年度未来女科学家奖计划候选人。在2018年第十二届学术年会上，向12名青年优秀论文奖获得者颁发奖状和奖金。

党建强会　8月13—14日，学会秘书处组织开展"重温历史、不忘初心、使命担当、见证雄安"主题教育活动，组织攀登狼牙山，参观雄安新区核心区建设。

【第十一届中国生物产业大会】　5月25—27日，由学会等19家全国学会与湖北省政府联合主办、武汉市政府承办的第十一届中国生物产业大会在湖北省武汉市举行。会议主题为"发展生物经济，助力健康中国"。大会邀请400余名演讲人，包括13名中国科学院院士、中国工程院院士，医疗机构专业人员200余人、高校及科研机构学者100余人、国内外商界领袖60余人。国内外300余家行业企业集中展示生命健康领域最新成果。来自美国、英国、日本、韩国等约30个国家和地区代表团，广东省、天津市、上海市等10余省市代表团，新闻媒体等近1000人参加大会开幕式和高层论坛。

大会安排专业论坛26场，举行研讨会近50场次。19家企业34个创新产品或技术集中发布，26个生物健康产业项目集中签约，总金额200余亿元。设立50亿元生命健康产业母基金，签署首批17支直投子基金合作协议，基金签约总金额130亿元；6个项目集中签约，1支100亿元的中国科学院成果转化基金签约落户武汉光谷。

大会展览面积近2万平方米，设置全国重点园区及重点企业展区，国家级学（协）会及湖北省内园区展区，生物医药、精准诊疗技术展区，智慧医疗、大健康展区，生物技术服务、设备耗材展区，医疗器械展区，近400家企业参展，7.8万人次参观参展。

大会聚焦中国生物产业发展的产业政策、前沿热点及产业链发展等核心问题，展示中国生物技术研究与产业发展成就，探讨生物产业发展趋势，推动自主知识产权创新成果产业化，促进生物产业集群化和国际化发展。

【中国生物工程学会第十二届学术年会暨2018年全国生物技术大会】　11月9—11日，中国生物工程学会第十二届学术年会暨2018年全国生物技术大会在湖南省长沙市举行。800余名一线科研人员、研究生、地方科协领导和学会创新驱动助力服务企业负责人参加大会。大会主题为"生物技术让生活更美好——科学家的责任"。

主会场安排7个专家报告，科技部中国生物技术发展中心副主任沈建忠介绍"'十三五'生物技术领域国家重点专项"实施进展；中国工程院院士夏家辉、中国科学院院士赵国屏、中国科学院院士季维智、中国工程院院士郑裕国、中国科学院生物物理所研究员张先恩、军事医学科学院生物工程研究所所长陈惠鹏分别就基因位置效应问题、合成生物学、非人灵长类生物基因编辑、生物催化合成医药化学品、生物传感技术、生物安全的技术与伦理等主题发表演讲。

大会设置10个分会场，分别为合成生物学研讨会、细胞分析技术论坛、动物生物技术研讨会、全军生物技术学术研讨会暨医学生物技术分会、生命科学仪器发展论坛、2018人体微生态与健康论坛、精准医疗与伴随诊断论坛、生物资源与柿子产业技术创新研讨会与中国柿子产业技术创新共同体理事会扩大会议、计算生物学与生物信息学研讨会、全国生物技术职业教育教学指导委员会2018年年会暨职业教育生物技术类专业建设研讨会，进行110余场学术报告。年会设有成果及产品与技术展示平台，向相关领域专业人士征集大会论文，共收到论文投稿105篇，经过专家评审，选出一等奖6篇、二等奖6篇。同期召开学会第六届理事会第四次会议和常务理事会第七次会议。

（撰稿人：蒋玉清）

中国纺织工程学会

服务创新型国家和社会建设 学会分别与福建省、江苏省等8个省市科协通过面谈等方式对接，组织纺织行业专家约71人次调研企业41家。建立中国科协创新驱动助力工程中国纺织工程学会平顶山服务站，为企业提供决策咨询、技术攻关、技术推广和人才培训等服务。向中国科协报送创新驱动大事记11篇、月报11篇。

4月，在新疆维吾尔自治区喀什地区开展科技助力精准扶贫工作。组织专家组到喀什广新纺织股份有限公司开展技术帮扶，帮助企业厘清技术管理、设备运转和产品开发等生产经营中的问题。在喀什广新纺织股份有限公司建立全国纺织纯棉超柔纱技术研发中心，依托研发中心承接纺纱科技成果异地转化，帮助该地区培养纺织科技人员及专业技术师资力量，带动当地贫困人口就业和增收脱贫。

8月7日，中国工程院“新材料强国2035战略研究”咨询项目之“先进基础材料强国战略研究”课题纺织领域子课题讨论会在北京召开。学会副理事长、中国工程院院士俞建勇为课题牵头人，该项目工作正在进行中。

参与中国科协智能制造联合体双十进展评选，学会推荐的“康平纳筒子纱自动化染色技术”入选2018中国智能制造十大科技进展，并在世界智能制造大会期间向全球发布；组织完成《中国智能制造行业发展报告2018》纺织行业篇编写工作；组建学会军民融合办公室；组织2018年纺织科技成果转化贡献奖申报、评审和奖励，评出获奖者6人；完成中国科协生态纺织产业协同创新共同体项目中期评估工作。

10月12日，学会与北京华文版图文化传媒有限公司、光明日报出版社等单位对接成立中国纺织工程学会汉服与国学文化发展联盟。10月28日，举办中国纺织工程学会汉服与国学文化发展联盟授牌仪式和联盟研学基地——西塘书院揭牌仪式。活动期间，举办汉服与国学文化发展联盟大会。

学会成为国家标准化管理委员会第二批团体标准试点单位。申请团体标准立项18项，通过立项12项，出版标准12项，在全国团体标准信息平台新发布标准6项。《粘胶原液着色用水性色浆》标准列入工业和信息化部2018年“百项团体标准应用示范项目”。

2018年，建立超临界流体无水绳状匹染技术科研基地等科研基地9家。截至2018年年底，共建立科研基地19家。

2018年，学会在喀什广新纺织股份有限公司、重庆三五三三印染服装总厂有限公司建立企业技术研发中心6家，对13家技术研发中心开展复审工作。

建立石狮中纺学服装及配饰产业研究院、苏州中纺学面料产业研究院，组织专家深入生产一线，开展技术服务，交流推广清洁生产技术等新工艺、新技术，帮扶企业86家。与3家企业开展科技计划项目联合申报工作，与21家企业签订战略合作协议，完成36家企业资源库建设。完成“一种亲肤性功能面料评价标准体系的开发和建立”项目，实现“一种新型弹性复合纤维的开发及产业化”项目成果产业化。

开展2018年初级、中级工程师水平评价工作。修订初级、中级及高级工程师评价细则，制定详细量化指标。在质量管理、染整工程、纺织工程、服装工程4个专业方向进行评价评审，42人次参加评审。

11月3日，在北京举行第四期全国纺织复合人才培养工程高级培训班结业式。培训班培训学员48人，分别来自化纤、纺织、染整、机械、院校、行业协会等纺织产业链相关领域。

分别与中国恒天集团有限公司、中国昆仑工程有限公司合作的“高新技术纤维发展战略研究”和“中国化纤产业现状及竞争力分析”项目，获2018年度中国纺织工业联合会科学技术奖二等奖和三等奖。

学会能力提升计划 10月29日，通过中国科协开展的全国学会综合能力评估，完成申报和答辩相关工作，学会入选中国科协第三期全国学会能力提升专项——“世界一流学会建设项目”，获项目资金支持。

学会建设 召开第二十五届常务理事会第十次扩大会议和第二十五届理事会第六次扩大会议。审议通过《中国纺织工程学会学术奖章程（试行）》等事项8项。实现申请入会电子化，年内发展会员396人。印制中英文版《会员手册》并发送至国内外20余个学术活动现场进行宣传。学会微信公众号关注人数3000余人，全年发布图文消息36次108条，阅读量58324次，朋友圈转发15344次，分享14175次。

全年发展会员396人，其中，高级会员123人、普通会员254人、学生会员15人、海外会员4人。

7月13日，学会常务副理事长伏广伟率团应邀出席在香港特别行政区举行的香港纺织及服装学会第25

届年会。来自中国内地和香港特别行政区纺织服装界的100余名专家、学者参会。会上，学会与香港纺织及服装学会签署合作协议，开展会员互认。

青年人才托举工程 8月，启动中国科协青年人才托举工程第四届（2018—2020年度）项目申报及选拔工作。东华大学闫建华入选第四届中国科协青年人才托举工程经费资助项目，天津工业大学莫帅、浙江理工大学余厚咏入选第四届中国科协青年人才托举工程自筹经费资助项目。

12月4日，学会组织召开第4期纺织青年人才托举工程沙龙，对入选中国科协青年人才托举工程2016—2018年度项目的黄庆林和邱志成进行3年工作考评，对入选中国科协青年人才托举工程2017—2019年度项目的张坤进行中期考核。启动学会2018—2020年度青年人才托举工程项目，3名入选中国科协青年人才托举工程候选人介绍未来3年成长计划。学会领导，纺织学术大奖获得者、纺织学术带头人、纺织青年科技奖获奖者、青年人才托举工程导师、专家、学者等30余人参加沙龙。

主办期刊 《纺织学报》编辑出版12期，刊登论文351篇，获2018期刊数字影响力100强称号，入选中国科协中文科技期刊精品建设计划2018年度项目，被Scopus数据库收录。新增使用Email Alert、微信方式推荐论文，微信关注人数4000余人。

《毛纺科技》编辑出版12期，刊登论文236篇，入编2017年《中文核心期刊要目总览》。

6月，《纺织学报》与《毛纺科技》联合开展科技期刊走进高校活动。与南通大学纺织学院师生交流如何写好科技论文，介绍期刊投稿流程和要求、科技论文格式规范等。

学科发展研究 学会承担纺织科学技术学科发展研究及其报告编撰工作。3月，出版《2016—2017纺织科学技术学科发展报告》。

国内主要学术会议 学会及分支机构开展学术活动34次，累计参加人数4400人次。6月13—15日，由中国科协指导，学会和中国化学会、河南省科协、平顶山市政府联合主办的2018中国（平顶山）尼龙新材料产业技术发展大会在河南省平顶山市召开。河南省人大常委会副主任王保存，省科协党组书记曹奎，平顶山市委书记周斌，中国科学院院士韩布兴，中国工程院院士俞建勇、张铁岗，欧洲科学院院士、英国皇家化学会会士孙文华等专家、学者及企业代表约200人参加会议。

6月15日，学会在江苏省苏州市举办第13期纺织科技新见解学术沙龙。主题为"纳米纤维的宏量制备及其应用"。中国工程院院士俞建勇、天津工业大学教授程博闻、苏州大学教授潘志娟担任沙龙领衔科学家。来自高校、科研院所、企业的40余名专家、学者参加沙龙，交流研讨医疗、能源、环境保护与治理、安全与防护领域的纳米纤维产品研发近况及9种纳米纤维制备方法与发展现状。

9月19—20日，学会与山东省高密市政府在高密市共同举办2018全国家纺（印染）产业技术发展会。来自高校、科研院所、企业的300余名专家、学者参加会议。会议期间，举行授牌活动，孚日集团获生态纺织产业协同创新共同体创新技术验证中心资质，东莞市金银丰机械实业有限公司获全国无水少水清洁印染设备研发中心资质。会议论文集收录论文70篇。

10月22日，学会在陕西省西安市举办第14期纺织科技新见解学术沙龙。沙龙围绕"安全与防护用纺织品及其防护技术"主题，从外力冲击防护、辐射防护和核生化防护3个议题展开交流。中国工程院院士俞建勇、教授级高级工程师施楣梧、南通大学教授高强、英国曼彻斯特大学教授陈晓刚担任沙龙领衔科学家。来自高校、科研院所、企业的100余名专家、学者参加沙龙。

两岸交流 10月，在学会举办的2018中国纺织学术年会期间，由学会、香港纺织及服装学会和台湾逢甲大学发起成立海峡两岸纺织服装产学研联合体，主要围绕建设纺织强国战略目标与产业发展需求开展工作，重点搭建海峡两岸产学研用合作平台。

国际交往 4月30日—5月4日，学会常务副理事长伏广伟等6人访问美国纽约州立大学时装技术学院（FIT）、北卡罗来纳州立大学纺织学院（NC State College of Textiles）、美国纺织化学师与印染师协会（AATCC）等院校、机构，就今后合作开展座谈交流。5月，邀请英国纺织学会（TI）高层领导参加中国科协第20届年会。年会期间，学会与英国纺织学会签署合作备忘录，就会员双方互认等项工作达成一致意见。

7月，学会常务副理事长伏广伟及国内院校和企业20名代表出席在英国利兹大学举办的第91届世界纺织大会。中国代表与全球各地科技工作者共同探讨纺织新技术研究、成果转化及产业发展等课题。英国纺织学会特邀伏广伟参加其理事会活动，双方探讨会员互认、英文期刊合作、共同举办技术交流活动等事宜。

11月，学会组织国内纺织企业和高校12名会员参加在日本名古屋召开的第六届国际纺织品染色及功能性论坛，与来自德国、美国、马来西亚、日本、韩国等国家和中国台湾地区的专家进行交流和对接。

科普活动 依托学会专家资源，组建产业研究院科普团队。在福建省石狮市建设智能纺织及服饰科普基地，在江苏省苏州市吴江区盛泽镇建设基于云资源智能制造科普平台。开通线上科普——微信小课堂，发送科普推文14篇，阅读量3000余人次。在福建省石狮市开展为期1周的“棉花的神奇世界”科普活动。

5月，分别在北京中国人民大学附中实验小学、朝阳第二实验小学、史家胡同小学举办2018全国科技活动周——中国纺织工程学会科普大讲堂活动。邀请军事科学院系统工程研究院军需工程技术研究所肖红博士以“神奇的布和纤维”为题，为近130名学生讲授纺织知识科普课。

表彰举荐优秀科技工作者 学会向中国科学院两院院士候选人、第十二届光华工程科技奖、第十五届中国青年科技奖、中国科协青年智库等推荐科技工作者31人次。

3月，完成中国科协“引领世界科学的前沿科学问题、建设世界科技强国的工程技术难题”推荐工作。经学会推荐，苏州大学纺织与服装工程学院院长潘志娟撰写的《纳米纤维的产业化生产关键技术》入选全国60个重大科学问题和重大工程技术难题。

开展2018纺织学术大奖及学术带头人、技术带头人和纺织青年科技奖推荐工作。评出纺织学术大奖1人、纺织学术带头人5人、纺织技术带头人3人、纺织青年科技奖2人。

党建强会 召开党支部支委会议8次，组织党员集体学习7次，召开民主生活会，组织民主评议党员工作。学会党组织参加中国科协党的十九大精神知识竞答活动，获优秀组织奖。

组织党员和入党积极分子开展“不忘初心 牢记使命”主题教育和“重温入党誓词、发扬红船精神”活动。组织参观李大钊纪念馆，参观庆祝改革开放40周年大型展览等。

会员服务 在江苏省和天津市建立会员工作站2个。与英国纺织学会、香港纺织和服装学会建立会员互认机制，为学会会员开通直接入会途径。全年为会员发放《纺织学报》1.02万本、《毛纺科技》9600本、《纺织动态信息》1.2万份、《2018年学会年度报告》600册。每月向会员发送电子月报，发送《纺织动态信息网络月刊》1万余次。

【2018中国纺织学术年会】 10月20—22日，由学会主办、西安工程大学承办的2018中国纺织学术年会在陕西省西安市召开。中国纺织工业联合会会长、学会理事长孙瑞哲担任大会主席，中国工程院院士孙晋良、蒋士成、姚穆、俞建勇、王琪担任大会名誉主席。

年会主题为“建设产业学术智库，推进科技·绿色·时尚纺织”。来自美国、英国、澳大利亚等国家和地区，中国大陆、香港特别行政区和台湾地区共700余名专家、学者及国内高等院校、科研院所、企业代表参会交流。在大会主会场，孙瑞哲，中国工程院院士、四川大学教授王琪，浙江理工大学校长陈文兴分别作大会主题报告。

会议期间，举行2018中国纺织工程学会学术奖的颁发仪式。陈南梁获2018纺织学术大奖，樊增禄等5人获2018纺织学术带头人称号，胡广敏等3人获2018纺织技术带头人称号，景军锋等2人获2018纺织青年科技奖，陈宝建等6人获2018百草纤维纺织科技成果转化贡献奖，15篇论文获第19届陈维稷优秀论文奖。向中国纺织工程学会超临界流体无水绳状匹染技术科研基地等9家科研基地授牌。举行海峡两岸纺织服装产学研联合体成立仪式等活动。

年会设生物基纤维材料的产业技术发展论坛、现代纺织技术论坛、纺织科技成果转化分会场等9个分会场，分会场根据各自议题，从不同角度展开交流研讨。

（撰稿人：郭建伟）

中国造纸学会

服务创新型国家和社会建设 学会与专业委员会配合完成工信部“十三五”期间造纸机械发展项目进展情况调研，主要内容是高速纸机流送系统、纸病检测系统和运行监控系统。学会参与工信部关于禁止废纸进口对造纸工业发展影响问题研究项目。

7月，学会组织造纸器材业界专家，成立中国造纸网毯（原料到应用）应用技术创新联盟。该联盟提供造纸器材研发和使用平台，建立企业与科研院所、高校沟通机制，促进学术性交流和定制化科研活动的创新。

学会衢州市纸基功能材料专家工作站与衢州市特种纸业行业协会、中国纸院衢州分院、浙江省龙游特种纸产业技术创新平台、衢江区经信局合作举办2018纸基功能新材料及节能减排培训班。培训内容涉及纸基功能材料领域节水减排、湿部化学、高浓打浆、斜网成型技术、废水处理、纳米纤维素、化学机械浆及数字化采购等与特种纸相关的技术和应用。36个单位104人参加培训。

学会特种纸专业委员会完成2017年特种纸产业情况调查统计工作，统计分析国内近50家特种纸企业产能、产量及销量和销售额。4月，学会启动《造纸网应用规范、造纸毛毯应用规范团体标准》立项与编制工作。

完成《2018中国造纸年鉴》编辑和校对工作，于9月出版发行。《2018中国造纸年鉴》为《中国造纸年鉴》出版发行的第22卷，有13个栏目，介绍2017年中国造纸工业发展状况。

学会建设 截至2018年年底，学会个人会员12294人，会员单位209个。

5月，召开第七届理事会第五次会议，审议通过副理事长单位芬欧汇川（中国）有限公司变更特聘副理事长代表的请示。8月，召开第七届常务理事会第十次会议，审议通过《中国造纸学会第八届理事会换届筹备方案》。12月，召开第七届常务理事会第十一次会议，审议通过副理事长单位汶瑞机械（山东）有限公司变更特聘副理事长代表的请示。

学会治理结构和治理方式改革 重新修订《中国造纸学会专业委员会管理办法》《中国造纸学会专业委员会资金管理细则》《中国造纸学会秘书处薪酬方案》，促进学会人员结构优化，规范学会内部管理。

主办期刊 学会主办及合办的期刊《中国造纸学报》《纸和造纸》《中国造纸》《造纸信息》《造纸与生物质材料》（*Paper & Biomaterials*）应用ScholarOne采编系统。《造纸与生物质材料》（*Paper & Biomaterials*）围绕纳米纤维素研究与应用、产业化紧张等问题，与学会纳米纤维素及材料专业委员会开展合作，组稿出版专刊。

学科发展研究 学会承担中国科协《2016—2017制浆造纸科学技术学科发展报告》编撰工作，在中国科协学术建设发布会上发布。

学会特种纸专业委员会组织撰写《我国特种纸产业发展现状及分析》，包含特种纸产业产销形式、特种纸产业进出口情况、特种纸企业上市公司概况、特种纸产业投资情况、特种纸细分品种概况、特种纸产业地区分布特点、中国特种纸产业发展趋势及对策等内容。组织编写《全球特种纸产业概况》，包括市场概况、地区分布、不同种类特种纸发展趋势、国际特种纸新技术、国际特种纸新动向等内容。

国际学术会议 举办国际学术会议2场次，累计参会500余人，交流学术论文21篇。

8月29日，学会在上海市召开2018中国国际造纸创新发展论坛。

8月30日，在上海市召开2018国际造纸技术报告会，200余名代表参会。会议邀请国内外9名专家、学者围绕制浆造纸行业的科技研究、工厂应用等技术进行研讨。

国内主要学术会议 举办国内学术会议4场次，累计参会近700人，交流学术论文150余篇。

3月29—30日，学会在山东省淄博市召开2018年特种纸产业市场形势和发展战略研讨会，介绍2016—2017年国内外特种纸产业信息与动态、2017年国内特种纸产业发展情况。学会组织特种纸产业发展战略研究会第一次工作会议，66名国内特种纸及相关企业代表参加会议。

5月16—18日，中国造纸学会第十八届学术年会在广西壮族自治区南宁市召开，260余名专家、学者和技术人员参加会议。会议收录论文86篇，评选出优秀论文22篇。

6月27—29日，2018年中国造纸学会造纸器材专业委员会技术交流年会在安徽省芜湖市召开，50个单位80余名代表参会。会议围绕造纸网毯的新技术及新材料进行交流探讨。

10月23—25日，由学会主办、学会特种纸专业委员会承办的2018全国特种纸技术交流会在广东省湛江市召开，130余家企业280余名代表参会。会议邀请国内外14名专家、学者和企业家对特种纸产业市场概况、发展趋势及新产品、新技术进行探讨和交流。会议收录论文32篇，评选出优秀论文10篇。学术报告后，参会代表在广东冠豪高新技术股份有限公司进行现场交流。

国际交往 11月，学会特种纸专业委员会组织国内13家企业19人赴日本考察访问。访问参观栗田工业、巴川制纸、北越制纸、KJ特种纸、日本王子TACK及日本造纸技术协会和富士工业技术支援中心7家日本企业，同期参加日本机能纸研究会举办的第57届特种纸技术交流会。

科普活动 学会科普传播专家团队与造纸史手工

纸专家参与电视纪录片《纸世界》拍摄工作。该电视纪录片共5集，记录中国古代四大发明之一的造纸术，传播中华民族纸业璀璨文化。该纪录片计划于2019年在央视播出。

表彰举荐优秀科技工作者 在中国造纸学会第十八届学术年会上，表彰第三届中国造纸蔡伦科技奖获奖人2人、第三届中国造纸蔡伦青年科技奖获奖人3人，邀请获奖人作专题学术报告。向中国科协推荐参加“纪念改革开放40周年、中国科协成立60周年暨百名科学家、百名基层科技工作者座谈会”的科技工作者代表人选2人。

党建强会 学会党委发挥政治引领作用，参与学会“三重一大”事项审议。通过集中宣讲、理论学习、走访交流等方式，开展党的十九大精神宣讲活动，解读习近平新时代中国特色社会主义思想、《中国共产党纪律处分条例》、弘扬科学家精神等专题。联合党支部执行“三会一课”制度，召开组织生活会、民主生活会4次，组织参观学习活动2次。

会员服务 结合全国科技工作者日及学会其他相关活动，开展团体会员单位走访调研工作。加强与团体会员、高校及科研院所间交流，增进产学研合作。学会及各专业委员会全年走访调研团体会员单位30余个、高校及科研院所近10家。学会定期向会员寄赠《中国造纸年鉴》和学会主办的专业期刊，传播学会及行业活动信息。

【中国造纸学会第十八届学术年会】 5月17—18日，由学会主办，广西大学、广西造纸学会承办的中国造纸学会第十八届学术年会在广西壮族自治区南宁市召开。来自国内外高等院校、科研院所、造纸及相关企业单位等的260余人参加会议。会议由学会秘书长曹春昱主持。广西大学副校长钱健致开幕词。

会议围绕木片蒸煮技术、纸浆清洁漂白技术、造纸废水资源利用、生物精炼技术、纸基功能材料研究、国产造纸设备研发、工业互联网应用等方面展开交流探讨。学术报告后，参会代表在广西大学轻工与食品学院和广西博世科环保科技股份有限公司进行现场交流。会议收录论文86篇，评选出优秀论文22篇。

【2018中国国际造纸创新发展论坛】 8月29日，由学会主办、中国造纸杂志社承办的2018中国国际造纸创新发展论坛在上海市召开。来自20余个国家的300余名代表参加论坛。论坛以“创新赋能生态·进化重塑未来”为主题，邀请工信部、中国科学院专家及国内外企业家、专家进行演讲，聚合产、学、研各方力量，共同探讨如何通过创新创造核心竞争力，共同关注造纸产业未来。

论坛安排专题报告12场。围绕造纸产业是否构建相对完整的生态系统、全球造纸产业发展不均衡问题、中美贸易战对造纸国际贸易形势影响、造纸PCC创新产品和解决方案、特种纸和包装纸等纸种未来发展趋势、面对造纸原料市场现状如何掌握原料资源等问题进行探讨和交流。

论坛发布《2018中国造纸产业竞争力报告》《2018中国造纸化学品产业发展研究》等研究报告。

（撰稿人：王 斌）

中国文物保护技术协会

服务创新型国家和社会建设 协会承接国家文物局可移动文物保护修复项目，组织近200名专家，利用网报网审系统，采取网审结合会审形式评审文物本体保护修复、预防性保护和数字化保护项目立项材料1075份。组织专家评审国家一级文物保护修复计划46项。

10月27—29日，在国家文物局支持下，由协会、中国文物学会、山东省文物局主办的2018年全国文物修复职业技能竞赛在山东省曲阜市举行。本次竞赛是首次全国性文物修复职业技能竞赛。

学会建设 3月9日，协会在北京召开第七次全国会员代表大会。全年召开常务理事会议2次、理事长办公会1次。3月，在北京故宫博物院召开协会分支机构管理会议，邀请协会下属8个专业委员会负责人，探讨现阶段分支机构管理和发展等问题，明确分支机构重要事项变更审批备案流程、分支机构重要活动前期申请与审批程序。

国内主要学术会议 协会和各专业（工作）委员会全年举办国内学术会议8次。

【中国文物保护技术协会第七次全国会员代表大会】 3月9日，中国文物保护协会第七次全国会员代表大会在北京召开。大会审议中国文物保护技术协会第六届理事会工作报告及章程修改草案，进行第七届理事会改选。经过近130名协会会员投票，大会选举产生第七届理事会、常务理事会领导班子及第一届监事会，形成由新一届协会功能性党委、理事会和监事会组成的决策、管理和监督架构。王时伟当选协会第七届理事会理事长。

【中国文物保护技术协会第十次学术年会】 9月11日，中国文物保护技术协会第十次学术年会在山西省太原市召开。年会以“科学保护文物，弘扬中华文明，实现中华民族伟大复兴”为主题，进行文物科技成果展示和学术交流。会议收到论文200余篇。30余名专家、学者作大会报告和分组学术报告。会上，协会与中国知网签署战略合作协议，计划在学术研究、智库建设、成果评比、学术交流、人才培养、会员服务等方面展开合作。来自故宫博物院、国家博物馆、中国文化遗产研究院、敦煌研究院、北京大学等140余家单位的300余名专家、学者参会。

（撰稿人：张　瑜）

中国印刷技术协会

服务创新型国家和社会建设 协会以国家“丝路书香工程”出版印刷人才培养项目为抓手，开展海外实训基地建设、“一带一路”沿线国家出版印刷技术管理人员来华出版印刷专业培训、重点企业上岗培训、文化交流等活动。

作为全国印刷标准化技术委员会秘书处承担单位，完成印刷业国家标准和行业标准制定、修订工作。全国印刷标委会完成19项标准立项工作，开展35项国家标准、行业标准项目制定、修订工作，6项国家标准颁布实施。

7月19—22日，作为协办单位，协会在第28届全国图书交易博览会展区举办第三届绿色创意印刷展，开辟改革开放40周年纪念专题区。

10月，在中国国际全印展期间举办《绿色原辅材料产品目录》发布五周年纪念活动，表彰绿色原辅材料质量管理先进单位和绿色原辅材料质量管理持续优异单位。修订发布《绿色原辅材料产品目录（2018）》，完善目录实用工具功能。

开展第六届全国印刷行业职业技能大赛组织工作。全国共计约65万余名工、学生参加各省、自治区、直辖市赛区选拔赛，选拔出507名选手参加各工种、各组别全国总决赛。经过决赛，最终15名选手被授予全国技术能手称号，60名选手被授予全国印刷行业技术能手称号，部分在大赛中做出突出贡献的单位和个人获通报表扬。

学会建设 召开全体理事会议1次、常务理事会议2次。截至2018年年底，发展个人会员1121人、单位会员2257个。协会有理事449人、常务理事156人。设工作委员会7个、二级分会7个。12月26日，协会在上海市召开八届四次理事会议，报告审议并通过部分理事、常务理事变更和增补名单，中国印刷技术协会2018年度财务预算执行情况和2019年度财务预算编制说明及中国印刷技术协会监事会工作情况说明。

决策咨询 受生态环境部委托，协会参与承担“第二次全国污染源普查——印刷和记录媒介复制业产排污核算方法与指南编制”项目，与中环联合认证中心联合召开项目工作启动会，开展排污技术征集工作，完成项目调研报告。受原国家新闻出版广电总局印刷发行司和政策法制司委托，协会分别承接“《国家印刷复制示范企业管理办法》修订”与“《印刷业管理条例》立法后评估报告”研究项目，均已上报项目报告并通过专家评审。

国际学术会议 10月23日，协会举办2018世界印刷与传播论坛大会（WPCF 2018）。来自美国、欧洲、日本、印度、澳大利亚、韩国等国家的印刷协会组织代表及国内印刷行业代表共300余人参会。

国内主要学术会议 5月31日，协会与中国印刷博物馆共同举办以“传承印刷文明、传播印刷文化”为主题的中国古代印刷史学术研讨会。北京、上海市、广东省、江苏省、江西省、甘肃省、福建省等省市共16家相关印刷博物馆、展示馆负责人以及来自有关研究机构、高校的专家、学者参会。国家文物局博物馆与社会文物司派员到会指导。

11月16—19日，协会与中国印刷科学技术研究院、齐鲁工业大学共同举办2018第9届中国印刷与包装学术年会暨科研创新论坛。收到来自国内外56所院校、企业、科研机构的论文236篇。经过会议论文三轮评审，最终评审出138篇论文推荐到国际期刊，其中，20篇论文获优秀学术论文奖、6篇论文获最具行业应用潜力奖，推荐到国际顶级科技文献数据库（EI-Compendex、Scopus及ISTP）检索。

两岸交流 9月20日，第十六届两岸四地印刷业交流联谊会在中国台湾地区台北市举行，以协会理事长王岩镔为团长的中国印刷技术协会代表团出席会议，并出席第十七届TIGAX台北国际印刷机材展开幕式、TIGAX台北国际印刷机材展暨印刷传播科技研讨会、中国台湾地区印刷暨机器材料工业同业公会成立70周年庆典等活动。

国际交往 4月16—20日，国际标准化组织/印刷技术委员会（ISO/TC 130）第32届春季工作组会议在德国柏林召开。来自18个国家的80余名专家分别参加15个组别会议。以全国印刷标准化技术委员会（SAC/TC 170）秘书长、协会副秘书长胡桂绵为团长，北京印刷学院副校长、ISO/TC 130主席蒲嘉陵及北京印刷学院副教授何晓辉等17名专家和工作人员组成的中国印刷标准化代表团参加会议。

12月4—9日，国际标准化组织/印刷技术委员会（ISO/TC 130）第33届秋季工作组会议及全会在日本召开。来自16个国家的近98名专家分别参加14个组别会议。以全国印刷标准化技术委员会（SAC/TC 170）秘书长、协会副秘书长胡桂绵为团长，北京印刷学院副校长、ISO/TC 130主席蒲嘉陵等16名专家和工作人员组成的中国印刷标准化代表团参加会议。

科普活动 协会组织专家参与全国科技活动周、全国科普日、防灾减灾日等活动。协会与力嘉创意文化产业园、中国印刷博物馆共同开展绿色印刷展、创意设计大赛、中华印刷之光展览等活动，发放科普资料7000余册，接待咨询5000余人次。

表彰举荐优秀科技工作者 4月，启动第二十届中国专利奖的申报评选工作。推荐北京印刷学院、乐凯华光、广东高璐美、南京光谷4个单位报送的专利参加第二十届中国专利奖评选，其中，乐凯华光“一种柔性版计算机直接制版用的烧蚀黑膜及其制备方法”和广东高璐美“一种水性彩色喷墨打印介质及其生产方法”获第二十届中国专利优秀奖。

5月30日，协会名誉理事长陈堃銶作为协会推荐的百名科学家代表应邀出席在北京召开的中国科协成立60周年百名科学家、百名基层科技工作者座谈会。

党建强会 协会党支部多次召开党员大会，组织学习党章党规，学习党的十九大报告精神。编辑出版《伟大复兴——改革开放40周年印刷业辉煌印迹（1978—2018）》大型纪念图书。10月，在中国国际全印展期间进行首发。

【2018第七届中国国际全印展】 10月24—28日，由协会、中国印刷科学技术研究院、杜塞尔多夫展览（上海）有限公司共同主办的第七届中国国际全印展在上海市新国际博览中心举行。此次全印展以“开启印刷智能时代”为主题，全面展示中国近年来印刷技术的推进成果与发展趋势。全国政协文化文史和学习委员会副主任阎晓宏，上海市委常委、宣传部部长周慧琳，中宣部印刷发行局局长刘晓凯等出席展会开幕式。

展会展出面积11万平方米，17个国家和地区1030个中外展商参展。接待海内外专业观众10933人，参观总人次145811人次。接待国内协会和企业组团112个，接待澳大利亚、加拿大、法国、日本、韩国、葡萄牙、俄罗斯、印度、菲律宾、马来西亚、泰国等22个国家53个海外买家团体。展会同期举办印刷论坛和技术交流会、发布会共计100余场。

【2018世界印刷与传播论坛大会】 10月23日，协会与世界印刷与传播论坛组织（WPCF）、中国印刷科学技术研究院、杜塞尔多夫展览（上海）有限公司共同主办的2018世界印刷与传播论坛大会（WPCF 2018）在第七届中国国际全印展期间举办。来自美国、欧洲、日本、印度、澳大利亚、韩国等国家的印刷协会组织代表及国内印刷行业代表300余人参加大会，共同研究产业发展规律，寻找产业变革的新动力，探索智能化发展新方向。协会理事长王岩镔致欢迎词。中央宣传部印刷发行局局长刘晓凯作题为“坚持以开放创新增添印刷业共同发展新动力”的主旨报告。美国印刷工业协会会长、WPCF主席Micheal Makin，欧洲印刷企业和关联产业联合会秘书长Beatrice Klose，日本印刷产业联合会国际关系部部长Kunio Ishibashi，全印度印刷商联合会主席Raveendra Joshi，澳大利亚印刷工业协会总裁Andrew Macauleay等WPCF各成员国代表分享各国印刷行业数据，共同探讨全球印刷发展趋势及未来机遇和挑战。来自国内印刷行业各界的代表分别发表演讲。

（撰稿人：沈　翔）

中国材料研究学会

服务创新型国家和社会建设 学会为地方区域经济发展提供咨询建议，帮助地方解决技术问题，建立产学研联合创新平台，促进科技成果和专利技术推广应用。

完成“大众创业万众创新示范基地”第三方评估工作。5—6月，中国科协承接国家发展改革委对全国120家大众创业万众创新示范基地开展第三方评估工作，学会负责江苏省常州市武进区发改局、华南理工大学、中国科学院苏州纳米技术与纳米仿生研究所、中国科学院宁波材料技术与工程研究所、北京有色金属研究总院5个示范基地评估工作，组织相关专家完成示范基地评估意见。

7月，"中国材料大会2018"在厦门召开，其间，学会与江西省宜春市科协共同举办专家企业对接会，签订中国材料研究学会宜春服务站合作协议。10月底，在江西省宜春市举办中国材料研究学会工作站揭牌仪式。

7月，学会在福建省厦门市与厦门材料协会签订《中国材料研究学会厦门专家服务站战略合作协议》。

8月，在内蒙古自治区包头市召开学会专家与企业对接会。会议商议讨论与中国科学院包头稀土研发中心合作建立学会包头服务工作站相关事宜。

8月，由学会承担的中国科协创新驱动助力工程示范项目——新型稀土镁镍基储氢合金产业推广项目应用研讨及评价会议在内蒙古自治区包头市召开。会议听取包头中科轩达新能源科技有限公司关于年产200吨新型稀土镁镍基储氢合金电极材料生产示范线技术水平、产品性能和技术标准及推广应用报告，审定和讨论新型稀土镁镍基储氢合金产品标准。

10月，学会在湖北省襄阳市与襄阳市科协商议关于建立专家服务站相关合作协议。

学会建设 1月，召开七届二次常务理事会议，审议通过新成立分支机构5个、新增补3名理事。7月，召开七届三次理事会议，审议变更理事2人。12月，召开七届三次常务理事会议，审议通过新成立分支机构1个。

截至2018年年底，学会有团体会员单位190个。

青年人才托举工程 学会通过先进材料联合体参与第四届中国科协青年人才托举工程人选推荐。收到候选人材料20份，经学会初审、联合体答辩评审，学会推荐的4名候选人全部入选。

主办期刊 学会与国际材料研究会联盟联合主办的英文期刊*Progress in Natural Science*：*Materials International*获中国科技期刊国际影响力提升计划B类资助。

学科发展研究 学会承担由国务院立项、国家财政支持出版《中国大百科全书》第三版《材料学科卷》编纂工作。《材料学科卷》收集4400余个词条，涉及综合部分材料发展史、材料科技基础、金属材料、无机非金属材料、有机高分子材料、复合材料、信息材料、能源材料、生物医用材料、环境材料、纳米材料和天然材料等12个分支。学会组织相关专家和各分支主编、副主编对每个词条进行修改，完成各分支词条（初稿）最终审定工作，11个分支初稿提交中国大百科全书出版社审核，2018年年底完成总编委会复审。

学会与铁道出版社共同组织编写并出版"中国战略性新兴产业——新材料"丛书，该丛书从发展战略性新兴产业高度论述新材料在国民经济和国防建设重大工程和项目中的地位和作用、技术基础、最新研究成果、应用领域及发展前景，被列为国家"十二五"重点图书出版规划项目。截至2018年年底已完成15部专著的编写工作，年内全部出版。

决策咨询 学会联合中国金属学会、中国科学院文献情报中心共同完成2017年中国科协重大调研课题"新材料领域前沿跟踪研究"项目。提交10万字《2017年新材料领域前沿跟踪研究报告》。2018年年底，出版《2017年新材料领域前沿跟踪研究报告》。

学会承担中国科协调研宣传部咨询课题"2018新材料科技前沿热点综述研究"。课题宗旨是瞄准和跟踪全球新材料发展前沿，了解和把握全球新材料科技最新发展现状和趋势，研究和找出先进国家的发展特点和经验，通过专家研讨，形成信息全面、客观准确和具有实际参考意义的高质量研究报告或咨询性文献。中国科学院院士、学会理事长魏炳波担任课题专家组组长，学会秘书长韩雅芳担任课题负责人，组成包括5名院士的18人课题组。项目选择新材料领域材料基因工程、功能分子材料、锂离子电池材料、生物材料、仿生材料、智能材料、超材料、量子材料、生态功能材料九大热点研究方向进行系统研究，形成3万字研究报告，已提交至中国科学技术出版社，进行编校出版工作。

国内主要学术会议 7月12—16日，由学会发起并主办，中国科协、科技部、国家自然科学基金委员会、中国科学院、中国工程院、厦门市会议展览事务局支持的中国材料大会2018在福建省厦门市召开。

12月19—22日，学会与国家新材料产业发展专家咨询委员会在江苏省南京市共同举办中国新材料产业发展大会。

两岸交流 7月13—15日，海峡两岸暨港澳新材料论坛在福建省厦门市举行。论坛由学会主办，北京科技大学、香港浸会大学、香港理工大学、台湾"清华大学"承办，得到中国科协"海峡两岸暨港澳青年科学家学术活动月"项目支持。来自中国大陆、香港特别行政区、台湾地区的150余名专家、学者参会，包括1名欧洲科学院院士，国内“千人计划”特聘专家、国家杰出青年科学基金获得者、教育部“长江学者”特聘教授共约20人参加。会议安排主题报告3个、邀请报告52个、口头报告5个及墙报21个，其中大陆学者报告27个、香港特别行政区学者报告20个、台湾地区学者报告13个。

国际组织任职 学会秘书长韩雅芳担任国际材料研究联合会第一副主席，任期2017—2018年，并将于2019年任国际材联主席，任期2019—2020年。

国际交往 4月，学会秘书长韩雅芳代表国际材料研究联合会出席美国春季材料大会，讨论双方合作事宜。

8月，学会秘书长韩雅芳作为国际材料研究联合会第一副主席参加在韩国大田国际会议中心召开的国际材联-电子材料大会（IUMRS-ICEM 2018）。会议设分会场5个，安排口头报告650个，收到论文摘要近1000篇。来自20余个国家和地区的800余人参会，其中，中国代表近100人。

10月，学会秘书长韩雅芳代表学会赴印度尼西亚参加2018国际材料研究联合会亚洲材料大会，与国际材联执委会成员协商和讨论国际材料研究联合会秘书处移址问题等具体事项。

表彰举荐优秀科技工作者 3月，学会向团体会员单位发出《关于评选第二届材料学科优秀博士学位论文的通知》。收到来自24个会员单位的申报论文51篇。经专家初选、评审小组专家初审、评审专家会审阅和讨论、评审小组专家无记名投票，评选出第二届C-MRS材料学科优秀博士论文10篇。

6月，召开“2018年中国材料研究学会科学技术奖”评审会。经组织专家评审，评选出一等奖3项、二等奖2项，奖励人数48人，并在中国材料大会2018开幕式上颁奖。

党建强会 1月10日下午，学会党委书记李元元到学会秘书处指导学习和贯彻十九大精神和习近平总书记1月5日的讲话。党委委员、学会秘书处党支部书记韩雅芳，党委委员、学会副秘书长张增志，副秘书长武英和秘书处党支部全体成员参加学习。

7月13日，学会理事会党委召开全体理事党员大会。党委书记李元元传达党中央的相关文件和中央领导的重要讲话。经学会理事会党委研究决定，授予张增志、武英、张艳红优秀党员称号。

学会秘书处党支部每月召开会议1次，传达和学习党中央和中国科协社团党委文件，开展批评和自我批评。

购买《党的十九大报告》《党的十九大报告辅导读本》《中国共产党章程》《十九大文件汇编》《习近平关于科技创新论述摘编》等书籍，发给党员和职工学习。秘书处党支部组织党员，通过党的十九大报告自学和集中学习相结合，通读和自测题相结合，记笔记和交流心得相结合的方式，开展党的十九大报告学习。

学会秘书处党支部青年党员贾怡明被评为中国科协科技社团党委优秀共产党员。

会员服务 将每月2期，全年共24期材料刊物电子版上传至中国科协会员网站及学会网站，供学会会员下载和浏览。向会员邮寄学会期刊。

【中国材料大会2018】 7月12—16日，由学会主办的中国材料大会2018在福建省厦门市厦门国际会展中心召开。国际材料研究联合会主席Soo Wohn Lee，巴西材料研究学会理事长Osvaldo Novais Oliveira Jr.，墨西哥材料研究学会理事长R. Claudia Elizabeth Gutierrez Wing，新加坡材料研究学会理事长B. V. R. Chowdari，国际材料研究联合会司库、中国材料科学学会秘书长洪健龙，法国国家技术科学院院士、香港城市大学教授吕坚，厦门副市长韩景义，中国科学院院士魏炳波、刘云圻、张统一、邹志刚，中国工程院院士李鹤林、李元元、丁文江、何季麟、蹇锡高、王玉忠、王琪、王迎军、毛新平、谢建新、聂祚仁、潘复生及学会监事长李光宪，学会副理事长韩高荣、翁端、姚燕、张平祥、朱美芳、周少雄等参加开幕式。学会秘书长、国际材联第一副主席韩雅芳主持开幕式。

大会报告由学会副理事长潘复生、翁端共同主持。吕坚、巴西圣保罗大学教授Osvaldo Oliveira、沈阳铸造研究所研究员娄延春分别作大会邀请报告《超纳米结构双相金属：金属材料的一个新领域》《机器学习数据分析和生物传感器检测癌症生物标志物》《高性能不锈钢及其大叶片先进制造技术》。

大会设分会场34个、海峡两岸暨港澳新材料论坛1个。征文内容涵盖能源材料、环境材料、先进结构材料、功能材料、材料基础研究等材料领域。大会同期举办2018国际材料工艺设备、科学器材及实验室设备展，院士专家-企业对接会，新材料科普展示会，新材料期刊论坛及中国材料研究学会厦门工作站、中国材料研究学会宜春工作站开启仪式等活动。

大会收到论文摘要4000余篇，2300余名专家、学者作口头报告，展示交流墙报近1800个。会议注册缴费近4500余人，实际参会近5500人，参展企业200余个。大会向16名代表颁发优秀墙报奖。

【中国新材料产业发展大会】 12月19—22日，由学会发起、联合国家新材料产业发展专家咨询委员会共同举办的中国新材料产业发展大会在江苏省南京市召开。会议旨在服务国家新材料发展战略，服务新材料特色产业，服务新材料创新创业。大会设分论坛19个。安排大会报告、分论坛研讨、圆桌会议和产学研对接等。大会成果以新材料发展蓝皮书和产业发展报告形式向社会公开发布。大会同期举办国家优势新材料产业展、师昌绪诞辰100周年纪念活动等。

（撰稿人：张艳红）

中国食品科学技术学会

服务创新型国家和社会建设 学会承接国家市场监督管理总局“食品安全风险解析”和“食品安全消费提示”项目。全年完成食品安全风险解析28期，参与专家136人次；完成《食品安全消费提示》29篇。6月，学会与国家市场监督管理总局合作出版《食品安全风险解析》汇编（2014—2018年）和《如何吃得更安全——食品安全消费提示》（2017—2018年），在全国食品安全宣传周期间发放。

受全国科学技术名词审定委员会委托，学会历时3年组织完成的《食品科学技术名词》，于9月经全国科学技术名词审定委员会批准，进行预公布，期限为一年。

学会承接食品类专业认证工作。全年申请认证20个专业，共组织专家180余人次参与审阅；受理申请13个，对通过自评审核的12个专业，组织专家近50余人次进行现场考查。

根据中国科协“全国学会专业技术人员专业水平评价工作群”的整体工作部署，学会2018年食品专业技术人员专业水平评价工作于4月启动。学会2018年食品专业技术人员专业水平评价工作于4月启动。9月16日，北京、上海市、河南省郑州市、湖南省长沙市、福建省福州市、山东省济南市、黑龙江省哈尔滨市7个考区完成统一在线考试，对申报高级工程师人员进行面试。来自50个单位的136人参评。

学会参与《食品安全国家标准　发酵乳》《食品安全国家标准　乳粉》《食品安全国家标准　乳制品良好生产规范》《食品安全国家标准　粉状婴幼儿配方食品良好生产规范》《食品安全国家标准　食品微生物学检验菌落总数测定》《食品安全国家标准　速冻食品》《食品安全国家标准　调味面制品》《食品安全国家标准　食品用菌种》8项食品安全国家标准制修订工作。学会组织专家对10项创新产品进行技术评审。

学会举办专业技术人才培训班“食品安全风险管理实践培训班——微生物采样与检验”“2018年食品卫生工程与设计培训班”，累计培训200余人次。

学会能力提升计划 11月，申请并获批中国科协世界一流学会建设项目。

学会建设 1月16日，学会在北京召开学会组织建设工作会议。来自所属21个分支机构及19个地方食品科学技术学会的近60名相关负责人参加会议。

4月19日，学会食品真实性与溯源分会在北京成立，同期召开专题研讨会。来自科研机构、大专院校、第三方检测和食品企业等的100余名专家参加会议。会上投票选出分会理事、常务理事及负责人。

青年人才托举工程 学会获批中国科协青年人才托举工程第四届（2018—2020年度）项目2名资助名额。

主办期刊 3月20日，学会在北京召开《中国食品学报》编委会三届二次会议。针对食品科学与很多前沿学科相互交叉，中国食品产业发展迅速，技术创新不断涌现现状，探讨《中国食品学报》内容优化、栏目设置等问题。《中国食品学报》全年载文量提升50%左右。

学科发展研究 承接并完成工业和信息化部消费品工业司关于《食品工业发展报告》的编撰工作。《食品工业发展报告》已出版发行。报告由综合篇、行业篇和附录3部分组成，总结、评价中国食品工业年度发展状况。

承担中国科协“食品科学技术学科方向预测及技术路线图”项目，已撰写总报告及7个分领域报告及相关技术路线图，并交中国科学技术出版社进行初审。组织近140名各学科专家，为中国食品科技和食品工业发展相关政策和规划制定提供科学依据。

国际学术会议 全年举办国际会议2场次，累计参会1000余人次。

5月22—24日，由学会主办，学会益生菌分会、广东省食品学会承办的第十三届益生菌与健康国际研讨会在广东省广州市举行。会议主题为“益生菌：技术及产业化”。近500名来自国内外高校、科研机构的学者参会。学会副理事长、广东省微生物研究所所长吴清平代表学会致欢迎词。学会副理事长兼秘书长邵薇，学会益生菌分会理事长、江南大学副校长陈卫，学会益生菌分会副理事长、浙江大学何国庆，内蒙古农业大学“乳品生物技术与工程”教育部重点实验室主任张和平，亚洲乳酸菌学会联盟前主席、新加坡国立大学 Lee Yuan Kun，首都医科大学肿瘤学系主任石汉平等业内专家作大会报告。中国、芬兰、日本、美国、新西兰等国家和地区专家和企业代表共同探讨益生菌功能性研究和产业化应用等方面难点和热点问题。研讨会收集论文72篇，张贴交流38篇，评选出优秀论文摘要4篇。

国内主要学术会议 学会举办年会、研讨会等国内学术活动20余次，提交学术交流论文690余篇。

4月8—9日，学会与中国罐头工业协会在浙江省新昌市共同主办2018中国罐头行业创新与健康高峰论坛。6月5日，学会在北京组织召开辐照杀菌技术在复合调味品中的应用专家研讨会。

9月6—7日，由学会主办的第十八届中国方便食品大会暨方便食品展在北京召开。会议以“创新与跨越”为主题，近600名科技及产业界代表参加大会。中国工程院院士孙宝国和学会理事长孟素荷等多名科学家和来自康师傅、今麦郎、统一、日清、金光、三全、思念、通用磨坊、正大、克明、金沙河等企业的代表共同参与大会报告与交流，从科技和产业两个角度剖析行业发展中的得与失，探寻方便食品行业如何实现跨越式发展。国家卫生健康委员会食品安全标准与监测评估司副司长张磊时介绍食品安全标准相关工作进展。孙宝国院士发布2018年中国方便食品行业创新趋势。方便食品展场集中展示60余家方便食品企业近年来创新成果，现场1.5万人次参观交流。学会理事长孟素荷以“转型与跨越”为题作大会主旨报告，用数据分析中国食品市场5个趋势及方便食品行业中方便面、冷冻食品、挂面3大行业创新发展现状。

大会设领袖论坛，企业研发负责人论坛，青年企业家、科学家成长论坛，设置方便食品创新论坛——网络时代的新思考、方便食品与餐饮的跨界对接——供应链安全保障、智能化制面装备的提升——从单元到智能化、方便自加热食品的标准与创新4个专题。据人民网统计，媒体发出线上线下新闻稿1018篇，对大会进行报道。

国际交往 7月15—19日，应美国食品科技学会（IFT）邀请，学会代表团赴美国参加IFT年会。会议期间，双方围绕中美食品界发展情况及未来合作展开讨论，就中美两学会在刊物出版、培训、会议、学生竞赛等方面合作进行沟通。

8月22—23日，学会组团赴日本参加第九届世界方便面峰会。会议期间举办的中日恳谈会上，南开大学教授王硕、中国经济网总编辑崔军与日方专家针对方便面科普及安全等话题进行讨论。

8月26日，学会名誉副理事长饶平凡代表学会应邀赴加拿大参加国际AOAC分析化学家协会年会并出席董事会成员会议。会议期间，确立学会与AOAC工作中“检测方法逐步与国际接轨”的工作方向。

10月，学会组团赴印度孟买参加第十九届世界食品科技大会。学会副理事长、南京农业大学校长周光宏在大会论坛作题为“中国食品产业与科技的发展概况”的专题报告，学会副理事长、中国疾病预防控制中心营养与健康所所长丁钢强作题为“食物、营养与健康在中国的发展”的报告，学会名誉副理事长、杜邦营养与健康事业部亚太区总裁李永敬在大会主会场作题为“大趋势推进亚洲食品创新”的主题报告。在学会副理事长饶平凡主持的分论坛上，来自日本、泰国、中国的食品专家们围绕“民族传统特色食品”主题作报告。

11月20—23日，学会受邀赴英国参加2018世界卫生工程与设计年会。学会分别就欧洲卫生设备设计组织（EHEDG）理念在中国的发展、食品卫生工程与设计培训班等事宜与EHEDG高层进行沟通，就2019年相关活动展开讨论。

科普活动 举办科普活动20余次，组织食品领域科技界和工业界相关专家编写并出版发行科普读物《挂面的“故”与“事”》和《黑芝麻　大营养》。

1月12日，由学会主办，原国家食品药品监督管理总局、中国科协共同指导的食品安全热点科学解读媒体沟通会在北京举办。会议邀请包括4名中国工程院院士在内的多名专家解读2017年食品安全10个热点话题，对舆情话题趋势进行回顾分析。会议受到60余家主流媒体关注和报道。

6月9日，学会在江苏省镇江市举办科普工作座谈会。与会者围绕“如何整合科普资源，更好地开展科普工作，释放出科普的更大能量”展开探讨。

举办以食品安全科普为主题的竞赛3场，包括国家市场监督管理总局指导的防范食品保健食品欺诈和虚假宣传科普动画竞赛、第四届食品安全科普创新公益大赛、2018大学生食品安全科普动画创作竞赛。

与北京青年报合作开展科普进社区活动3次。邀请中国工程院院士、北京工商大学校长孙宝国，中国疾病预防控制中心营养与健康所研究员霍军生，北京中医药大学教授林殷等专家，向消费者面对面开展食品安全与健康等方面的科普宣传。

2018年全国食品安全宣传周期间，经学会认证的12家科普教育基地配合地方食药部门，以工厂开放日等形式，向公众科普食品生产与安全控制知识，受众人数2.5万人次。

7月20日，由中国科协主办、学会承办的“全国食品安全宣传周·中国科协主题日”活动在北京举办。中国科协科普部部长白希、原国家食品药品监督管理总局食品安全监管三司司长李奇剑作大会致辞。中国工程院院士、北京工商大学教授孙宝国以“离不开的食品添加剂”为题，为近200名社区居民作科普报告。活动期间，学会与中国连锁经营协会、饿了么、便利蜂签署《食品安全进万家战略合作协议》。

表彰举荐优秀科技工作者　11月7日，根据《中国食品科学技术学会科技创新奖奖励办法》相关规定，在山东省青岛市召开的中国食品科学技术学会第十五届年会上，对获中国食品科学技术学会科技创新奖的32个项目颁奖，其中，技术发明奖一等奖2项、二等奖2项、三等奖2项；技术进步奖一等奖7项、二等奖4项、三等奖7项；产品创新奖二等奖4项、三等奖4项。

经学会推荐，学会副理事长、南京农业大学校长周光宏与国家食品安全风险评估中心技术总师吴永宁当选国际食品科学院（IAFoST）院士。

学会创新发展　学会与雅培贸易（上海）有限公司、北京科拓恒通生物技术开发有限公司合作设立2项专项科研基金。

与杜邦营养与健康、福建盼盼食品集团、李锦记（中国）销售有限公司和康师傅控股有限公司、安琪酵母股份有限公司、江苏恒顺醋业股份有限公司合作推进学生创新大赛，全国60余所食品高校参与。从全国范围内评选出2名优秀大学生赴美国参加IFT 2018全球挑战学生活动。

以学会青年工作委员会成员为种子库，建立上海市、黑龙江省、河南省等地方学会青年委员会，形成以青年人才为主体的科企深入对接生态圈。

党建强会　3月和9月，学会分别召开党委会和党委（扩大）会，传达和学习党的十九大报告和党纪方面文件；研究讨论学会主要工作及重大项目工作安排。组织参加中国科协科技社团党委举办的党的十九大精神知识竞答活动。学会青年党员罗江钊获学习标兵称号。

【中国食品科学技术学会第十五届年会】11月6—8日，由学会主办，中国海洋大学、山东农业大学、中华全国供销合作总社济南果品研究院、齐鲁工业大学、青岛农业大学、山东省食品科学技术学会共同承办的中国食品科学技术学会第十五届年会在山东省青岛市召开。中国工程院院士孙宝国、陈坚，来自中国、美国、新西兰、日本、韩国、英国、荷兰、加拿大、爱尔兰、澳大利亚等10余个国家和地区的2300余名专家、学者参会，涵盖国内188所高校、53所科研单位及海外21所高校。

年会开幕式由中国轻工业联合会副会长、学会名誉副理事长贾志忍主持。学会理事长孟素荷，青岛市委常委、统战部部长王久军，中国海洋大学校长于志刚出席开幕式并致辞。中国工程院院士、中国食品科学技术学会副理事长、北京工商大学校长孙宝国作题为“中国食品产业的机遇与我们的使命”的报告。

年会历时3天，举办活动30余项，设营养健康、食品安全、食品化学与生物技术、新产品新技术等板块。承办单位或学会分支机构组织的东方食品、海洋食品、特色农产品加工、果蔬绿色制造与产品加工、碳水化合物结构功能与健康等会议专题，以及智能食品制造、淀粉科学与谷物加工前沿技术等对应行业科技需求的专题成为本届年会的热点。

年会收到论文690篇，内容涉及食品安全热点问题、食品检测技术等10个方向，186篇论文提交大会并张贴交流。

【2018年国际食品安全与健康大会】4月19—20日，由学会与国际食品科技联盟共同主办的2018年国际食品安全与健康大会在北京举行。大会主题为“全球治理——合作与分享”。来自英国、美国、加拿大等20余个国家和地区的90余名专家到会分享其在食品安全与营养健康方面最新研究成果及趋势解析，近500名学者参加会议。

大会开幕式由学会名誉副理事长潘迎捷主持。学会理事长孟素荷致欢迎词。会议安排大会报告2场，中国工程院院士陈君石，学会副理事长、北京工商大学校长孙宝国，学会副理事长、南京农业大学校长周光宏，以及来自国家食品安全风险评估中心、AOAC INTERNATIONAL、英国女王大学、荷兰瓦赫宁根大学等单位的10余名中外专家作报告。

会议设置6个专题共65个报告，探讨交流食品营养与健康、食品产业链安全、食品真实性评价与溯源技术、国际食品检测方法体系与中国对接、食品企业工厂卫生设计与标准化、网络餐饮安全与健康发展等话题。会议举行以“企业家的责任——食品安全与健康并行”为主题的企业家高峰对话，由美国农业部前副部长、IUFoST（国际食品科学技术联盟）国际食品安全专家委员会共同主席任筑山及中国工程院院士、国家食品安全风险评估中心总顾问陈君石共同主持。

会议形成6个科学家观点，即中国食品工业已开启“安全与健康并行”新篇章；食品真实性检测技术应从单技术、单纬度向多技术协同集成发展；科普是破解谣言的重要途径；食品工厂卫生设计理念应根植在食品安全文化中；坚持“线上线下一致”原则，落实网络餐饮各主体责任，保证食品安全“最后一公里”；从食品安全延伸至营养、美味——食品工业的健康转型。形成4个企业家共识，即中国目前的食品安全状况持续稳中向好；消费者的安全与健康意识得到很大提升；食品企业应加强自身品质建设，积极承担企业的社会责任；食品安全与健康是食品工业实现可持续发展的最基本途径。

【2017年食品安全热点科学解读媒体沟通会】 1月12日，由学会主办，原国家食品药品监督管理总局、中国科协共同指导的2017年食品安全热点科学解读媒体沟通会在北京举行。来自国家食品安全风险评估中心、中国烹饪协会、中国检验检疫科学研究院、中国农业大学、北京工商大学、大连工业大学、北京大学等高校及科研院所的多名食品相关领域专家参会，包括国家食品安全风险评估中心总顾问陈君石、中国农业科学院茶叶研究所原所长陈宗懋、北京工商大学校长孙宝国、大连工业大学国家海洋食品工程技术中心主任朱蓓薇4名中国工程院院士。专家解读保健食品问题与治理、普洱茶“致癌”、“网红食品”显现安全问题、法国奶粉被召回、中式咸鱼致癌风波、喝白酒抗癌、无矾油条的铝超标、喝王老吉“可延寿10%”、网络餐饮监管加强、挂面可燃10个热点问题。60余家媒体对会议内容进行报道。

国家食品安全风险评估中心技术顾问刘秀梅、渤海大学副校长励建荣共同回顾与分析2017年国际重要食品安全事件，向中国食品安全监管提出4点启示，即微生物污染仍是食品安全面临的重要挑战、应高度关注对食物致敏原的标示、兽药残留成为禽类养殖面临的重要风险、需高度关注“食品造假”事件。

（撰稿人：侯　威）

中国粮油学会

服务创新型国家和社会建设　在国家粮食和物资储备局仓储与科技司开展2018年全国粮食科技活动周期间，学会协助开展武汉会场粮食科技成果、科研人才、科研机构与企业“三对接”，粮食科技成果展及科技成果签约等活动。通过制作印刷《2017年度中国粮油学会科学技术奖获奖项目汇编》，举办2017年度中国粮油学会科学技术奖获奖项目成果展览，一等奖获奖项目作项目报告等方式开展2017年度中国粮油学会科学技术奖获奖项目成果推广。受会员单位委托，为“纤维素燃料乙醇成套工艺技术及关键配套设备开发”等18项粮油科技成果开展科技成果评价。

由学会主办、山东省泰安市政府承办、学会营销技术分会具体执行的第十三届全国粮油产销企业（春季）订货会在山东省泰安市举办。参展粮油产销企业210余家、经销商15000余人，现场签约订货量500万吨。学会与湖北省潜江市政府及有关单位共同主办第二届中国（潜江）国际龙虾·虾稻产业博览会。学会食品分会、发酵面食分会、花生食品分会分别与吉林省农村工作委员会、吉林省商务厅、内蒙古自治区巴彦淖尔市政府、山东省平度市政府、湖北省监利县政府等地方政府合作举办首届毛市佬面点美食文化节、2018中国河套农产高峰论坛暨粮油产业发展研讨会、2018年中国花生产业发展大会暨花生交易博览会等活动，助力地方粮食产业经济发展。

经国家粮食和物资储备局推荐，经过初审、答辩、公示等环节，学会入选国家标准委第二批团体标准试点单位。学会召开团体标准试点工作启动会，组建团体标准工作委员会和技术委员会，面向粮食行业开展项目征集工作，第一批团体标准立项5项。

按照中国科协要求，学会面向行业征集前沿科学问题申报材料3份、工程技术难题材料13份。经业内专家评选，最终向中国科协推荐前沿科学问题3项、工程技术难题2项。按照国家粮食和物资储备局信息化推进办要求，学会面向行业征集、筛选、报送信息化新技术、新成果材料8项。

学会建设 截至2018年年底，学会个人会员15916人、单位会员1807个。

10月，召开中国粮油学会第八次全国会员代表大会，选举产生第八届理事会，张桂凤当选理事长，王莉蓉等14人当选副理事长，王莉蓉兼任秘书长。选举产生第一届监事会，胡承森当选监事长。

细化所属分会换届流程，全程监督指导油脂分会等7个分会换届工作。推进信息化建设，2018年学会网站年点击量400万次，增长100%；微信公众号用户1264人，增长47.66%。完成并发布《中国粮油学会30年》。

青年人才托举工程 在第四届中国科协青年人才托举工程人选申报中获批5人。设立中国粮油学会青年人才储备库，已入库402人。

主办期刊 《中国粮油学报》全年刊登稿件248篇。开通学报微信服务号，选举产生学报第七届编委会。学报刊发的《超微粉碎对甘薯膳食纤维成分及物化特性影响》入选中国科协优秀科技论文遴选计划。

学科发展研究 “2018—2019年粮油科学技术学科发展研究项目”在中国科协获批立项，项目执行时限为2个工作年度。报告将分为综合报告和7个专题报告，计划于2020年公开出版发行。

决策咨询 学会编写的《关于环渤海油脂产业综合利用的调研报告》入选《“深化改革、转型发展”优秀成果文萃》。学会营养分会牵头撰写的九大代表调研课题《营养健康科普志愿者队伍建设和激励研究》在中国科协立项并完成。学会物流分会参与《军民融合军粮供应工程建设指南》等3份报告撰写工作。油脂分会针对行业相关问题向国家市场监管总局提出意见与建议。

国际学术会议 举办第五届全谷物食品与健康国际研讨会等国际会议3次，累计提交论文31篇。

国内主要学术会议 学会及所属分会举办中国粮油学会第九届学术年会等国内学术会议42场次，专业覆盖粮食储藏、物流、食品、油脂等领域。累计提交论文423篇，参会专家、学者共计5913人次。

国际交往 应哈萨克斯坦中哈粮食产业企业家联合会邀请，学会副理事长兼秘书长王莉蓉率团赴哈萨克斯坦进行考察访问。在国家粮食和物资储备局与哈萨克斯坦农业部合作框架下，就开展合作进行交流会商。双方签订《合作谅解备忘录》，学会将与中哈粮食产业企业家联合会共同搭建两国间粮油贸易、农机和粮油加工装备贸易、技术服务、信息交流、融资服务平台，推动国内相关企业“走出去”，推进中哈粮食产业合作。学会派员赴荷兰参加国际谷物科技协会（ICC）第七届国际膳食纤维大会及会员大会，与国际谷物科技协会（ICC）进行交流和探讨，推动双方开展合作。

学会与加拿大杂豆协会在《第二期中加杂豆合作框架协议》基础上开展交流与合作，促进杂豆技术创新和产业发展。经双方共同研究决定，由学会牵头在中国境内开展中加杂豆合作项目征集，共征集到7个领域25个项目。在北京举办中加杂豆项目合作及技术交流会，组织中加双方专家分享杂豆应用研究领域经验和思路，筛选确定杂豆面条开发、市场调研、制粉、蛋白等8个优先领域。

科普活动 通过深入社区、学校及互联网直播等方式开展科普活动40次，惠及群众近2万人次。

学会参与2018中国国际科普作品大赛，征集上报视频《小金的奇妙旅行》及科普图文作品11篇；开展第七届中国科普摄影大赛作品征集活动；组织参与典赞·2018科普中国活动，征集、评选科学传播典范；组建稻米制品及膳食健康和米制主食营养与安全科学科普专家团队。

开展全国科普日系列科普宣传活动。走进北京市新华社区、天坛街道，举办科普讲座，发放粮油科普书籍1000余册和爱粮节粮小团扇1000余个。学会粮油营养分会开展营养健康大讲堂14期，每场线上传播1000余人，线下传播听众100余人。学会饲料分会开展“创新引领时代，智慧点亮生活——你身边的物联网”、肉蛋奶质量安全与国民健康、饲料安全食品安全等科普宣传活动并现场答疑解惑，发放饲料食品安全科普知识活页1000余份。学会信息自动化分会联合河南工业大学信息科学与工程学院开展主题为“创新引领时代，智慧点亮生活——你身边的物联网”科普日活动。

学会发酵面食分会在北京、湖北省宜昌市、上海市等地举办面点加工技术培训班80场次，惠及2000人次；开展发酵面食科普体验（DIY）活动20场，累计参与340人次。学会玉米深加工分会就如何评价玉米品质，从加工适宜性角度对60余名科技工作者开展培训。学会储藏分会邀请行业专家对136名粮油食品检验员进行检验能力比对培训；邀请仓储技术专家和一线技术人员，分别对100余名保管员进行专项技术培训。学会质检分会在北京举办标准起草和审查培训班，150余名会员代表参加交流活动。

表彰举荐优秀科技工作者 经学会推荐，江南大学教授王兴国获第十二届光华工程科技奖。王兴国是中国食用油加工领域专家，专注于食用油加工基础理论和技术创新研究。主持国家科技重点项目6项，获国家技术发明奖二等奖1项、国家科技进步奖二等奖3项、省部级奖励8项，授权发明专利44件。出版著作10部，发表SCI收录论文120篇。培养研究生125人，其中，博士28人。制定、修订国家和行业标准30余项。

2018年，学会完善科技奖励工作规章制度，制定、修订《中国粮油学会科学技术奖管理办法》《中国粮油学会科学技术奖实施细则》《中国粮油学会青年科技奖实施细则》《中国粮油学会终身成就奖实施细则》，向国家科学技术奖励工作办公室提交备案报告。

学会开展2018年度中国粮油学会科学技术奖项目评审工作，收到42个单位推荐的61个项目，受理57项申报项目。最终评选出获奖项目28项，其中，一等奖6项、二等奖10项、三等奖12项。开展中国粮油学会第一届青年科技奖评选工作，收到23家单位推荐的38名青年科技工作者申报材料，评选出10名青年科技工作者获中国粮油学会第一届青年科技奖，其中3人获国家粮食和物资储备局评选的行业青年拔尖人才。开展中国粮油学会终身成就奖评选工作，收到11个单位推荐的11名业内资深专家推荐材料，最终评选出4名资深专家获中国粮油学会终身成就奖。

党建强会 学会作为62家试点学会之一，参与中国科协组织的星级学会党组织试点评价工作，获8星优秀等次。学会第八次全国会员代表大会选举产生新一届学会功能型党委，张桂凤当选党委书记。学会党委发挥政治引领和政治吸纳作用，对重点活动进行前置审议。向中国科协举荐涂长明、俞学锋2名共产党员，开展“展风采，树楷模”活动。学会秘书处党支部按照国家粮食和物资储备局机关党委统一部署，推进“两学一做”学习教育常态化制度化，组织开展“三会一课”，带领学会秘书处全体党员干部开展政治理论学习。完成“党建强会计划”项目。组织撰写完成的《增强学会党员教育针对性、有效性研究》获中国科协学会党建研究会2018年度优秀论文奖。组织开展党员示范岗活动。

会员服务 在会员范围内，组织开展第四届全国粮油优秀科技工作者、第四届中国粮油学会优秀单位会员、第三届全国粮油优秀科技创新型企业3个奖项推荐与评选工作，评选出第四届全国粮油优秀科技工作者93人，第四届中国粮油学会优秀单位会员91个，第三届全国粮油优秀科技创新型企业50个。

【中国粮油学会第八次全国会员代表大会暨第九届学术年会】 10月16日，中国粮油学会第八次全国会员代表大会暨第九届学术年会北京召开。此次活动是国家粮食和物资储备局2018年世界粮食日和粮食安全系列宣传活动分会场。国家粮食和物资储备局党组成员、副局长曾丽瑛，中国科协学会学术部副部长苏小军出席大会开幕式并讲话。全国各地会员代表近500人参会。

第八次全国会员代表大会听取和审议学会第七届理事会工作报告和财务报告，修订《中国粮油学会章程》，通过《中国粮油学会关于会员缴纳会费的有关规定》。大会选举产生学会第八届理事会，当选理事150人；选举产生第一届监事会，胡承淼当选监事长，胡新民当选副监事长，白鸥当选监事。随后召开的学会八届一次理事会议，选举产生常务理事50人；张桂凤当选理事长，马俊、王莉蓉、丹志国、卞科、刘民钢、邱伟芬、佟毅、俞学锋、宫旭洲、顾正彪、涂长明、陶英、谢松柏、翟江临14人当选副理事长；王莉蓉为学会法定代表人和秘书长。设立首席专家组，聘任王瑞元、姚惠源、岳国君为学会3个领域首席专家。学会理事会功能型党委进行换届。

会员代表大会及理事会闭幕后，召开中国粮油学会第九届学术年会，年会主题为“科技引领粮食产业经济发展”。特邀中国工程院陈君石、中国科协创新战略研究院副院长陈锐、国家粮食和物资储备局总工程师何毅、科技部农村中心主任贾敬敦及同济大学教授程国强作大会特邀报告。以引领粮油学科和粮油行业高质量发展为核心，设立油脂及饲料产业的创新发展、粮食流通产业链的创新发展、粮油食品科技的创新发展3个分会场，邀请学科前沿领域专家、学者61人进行学术交流，征集论文101篇。

粮油科技成果展区集中展示获得2017年度中国粮油学会科学技术奖项目情况；粮油新技术新产品展区展示国家粮食和物资储备局科学研究院、中粮集团、京粮集团等18家粮油行业内企业和科研院所在粮油科技、新产品开发、人才培养及成果转化等方面的新成果；粮油科研团队展区则邀请8个科研团队重点展示团队建设情况和科技成果。会议特设图书展区，分8个专业领域展示近5年粮油科技图书，为科技工作者和会员代表搭建信息共享平台。

（撰稿人：魏 然 张 勇）

中国职业安全健康协会

服务创新型国家和社会建设 受应急管理部安全生产基础司委托，开展石油行业安全生产标准化评审组织工作，集中培训213名评审人员，受理16家企业安全生产标准化评审申请。向安全生产基础司提交其面向社会下发的《〈金属非金属矿山安全规程（修订征求意见稿）〉修改意见的函》修改意见建议。

推进职业安全健康示范基地建设，完成广东省佛山市里水镇典型企业职业卫生关键控制点管控项目、里水镇职业健康技术支撑体系项目验收工作。

完成北京、上海市、合肥市等地6家国际安全社区建设单位咨询指导工作，承接江苏省昆山市花桥国际安全社区技术咨询项目，完成北京市顺义区石园街道社区安全风险评估项目。依托广东省佛山市里水镇职业健康技术支撑体系项目开发设计的职业健康专家技术服务平台，组织入驻中介机构近100家、专家300余人。

7月，在江苏省昆山市举办协会城市安全发展论坛，协会理事长王德学出席论坛并讲话。上海市、江苏省、重庆市、四川省等省市安全监管局领导及吉林省长春市、四川省成都市、湖北省襄阳市、江苏省苏州市等30余个城市代表参会。

8月，在北京举办职业安全健康论坛，主题为“关爱生命、关心健康”。协会理事长王德学作题为“推进安全生产治理体系和治理能力现代化建设”的主题报告。20余名行业专家作演讲。来自全国各地的300余名代表参加论坛。

开展一企一班、一地一班、一行一班等专题化、专业化培训活动。举办注册职业卫生师培训、全国应急管理培训、注册安全工程师培训等职业安全健康培训班20余个，累计培训6000人次。

申请并获批中国科协“培育学术会议示范品牌建设工程项目”，提交相关工作总结报告。

完成北京科技大学、北京理工大学、交通运输部水科院、华北科技学院等单位20个项目科技成果鉴定工作。

学会建设 截至2018年年底，协会有个人会员6000人、单位会员3120个。全年发展会员单位32个，其中，副理事长单位7个、常务理事单位11个、理事单位8个、委员单位6个。启用中国科协会员管理系统，在协会网站设立会员注册与登录专栏，协会及分支机构单位会员和个人会员均可进入中国科协个人会员管理系统实现自助入会申请填报和自助信息更新维护；建立协会理事微信群、分支机构微信群、委员单位微信群，搭建交流平台，促进会员互助和会员间、会员与分支机构及协会间沟通与合作。

根据《中国职业安全健康协会分支机构管理办法》规定，撤销管理科学专业委员会、机电安全专业委员会、航空工业分会、石油天然气分会等不能正常开展活动的分支机构。成立化工职业健康专业委员会、职业安全健康教育专业委员会、医美与整形安全专业委员会、有限空间作业安全分会。召开分支机构工作会议，对加强分支机构工作做全面部署。

8月21日，中国职业安全健康协会第六届理事会第五次会议在河北省秦皇岛市北戴河区召开。156名理事出席会议。协会理事长王德学发表题为“立足服务宗旨，致力健康发展，朝着创办一流协会目标奋力登攀”的讲话，对协会当前工作和未来发展问题提出指导性意见。会议审议财务报告，通报六届四次常务理事会议函审通过的《中国职业安全健康协会调整会费档次》《中国职业安全健康协会分支机构管理办法（修订）》《中国职业安全健康协会（常务）理事人员调整方案》《中国职业安全健康协会关于撤销管理科学专委会等4家分支机构的决定》等议案，审议任免理事、常务理事、副理事长议案及增设副秘书长议案。

在河北冀中能源、江西绿宝景观建设集团等副理事长单位支持下，协会召开企业安全文化经验交流会和党建会建座谈会暨分支机构工作会议。

协会通过全国性联合类社会团体最高等级4A级评审。

学会治理结构和治理方式改革 成立《中国职业安全健康协会章程》修改小组，修改完善协会章程部分章节。完善补充协会《会议费管理办法》《项目管理暂行办法》《财务报销管理办法》《培训暂行管理办法》《项目专家咨询费管理》等。

主办期刊 完成《中国安全科学学报》编委会换届工作。与国家铁路局合作出版增刊2期。

国内主要学术会议 9月27—28日，在湖南省长沙市召开中国职业安全健康协会2018年学术年会暨2017年度科学技术奖颁奖大会。

两岸交流 组织参加在香港特别行政区举办的第二十六届海峡两岸及香港、澳门地区职业安全健康学术研讨会。

国际交往 6月14—16日，协会副理事长、秘书长马骏等21名中国代表赴韩国仁川参加第二十八届中韩日职业卫生学术交流会。组织参加在香港特别行政区举办的第三十三届亚太地区职业安全健康组织年会。

学会创新发展 与金诚信、翰丰2个副理事长单位共同出资组建中职安健公司并开展新业务，为协会向“三自”方向和实业化、实体化、市场化转变、转型、转向奠定基础。

为加强对协会工作全局性、战略性和长远性重大问题的研究，充分发挥专家支撑作用，提高科学决策、民主决策水平，推进协会改革创新，协会成立了专家咨询委员会，专家咨询委员会设主任1名，副主任9名，委员16名。为进一步加强协会精神文明建设工作，协会成立了精神文明建设委员会，设主任1名，副主任2名，委员6名。

党建强会 强化协会党建促会建工作，成立党建会建领导小组及专家组。协会党委发挥政治引领作用，参与协会“三重一大”事项前置审议，采取集中学习、专题调研、理论研讨、心得交流等方式，开展每月政治理论学习，制订计划开展业务培训30讲、党课学习12讲。7月中旬，开展“弘扬爱国奋斗精神、建功立业新时代”活动。通过集中学习、辅导报告、观看先进事迹纪录片、专题研讨、座谈交流和个人自学等方式，学习习近平总书记关于弘扬爱国奋斗精神系列重要指示精神，爱国奋斗精神先进事迹等内容。

会员服务 探索“互联网+政策服务+技术服务”工作模式，提升会员服务水平。依托技术咨询委员会、专家会员，为会员提供学术交流、科学普及、决策咨询和技术服务等。建立会员服务信息化平台为会员提供服务。建立会员单位联络员制度，组织召开会员单位联络员活动。出台功勋会员单位和功勋个人会员评选标准。

推荐会员参评协会组织的科技奖评奖，推荐参加国家大奖和国家专利奖评审。推荐会员单位4项专利申报国家专利奖，其中，理事单位佛山市普拉电数控科技有限公司获第二十届中国专利优秀奖。

【中国职业安全健康协会成立35周年纪念活动】 8月21日，中国职业安全健康协会第六届理事会第五次会议在河北省秦皇岛市北戴河区召开。2018年是协会成立35周年，在理事会召开之际举行纪念活动。中国煤炭工业协会、中国安全生产协会和中国化学品安全协会领导应邀参会。

中国化学品安全协会副理事长兼秘书长路念明发表致辞表示祝贺，协会相关理事代表、分支机构代表和员工代表分别致辞表示祝贺。

【中国职业安全健康协会2018年学术年会暨2017年度科学技术奖颁奖大会】 9月27—28日，中国职业安全健康协会2018年学术年会暨2017年度科学技术奖颁奖大会在湖南省长沙市召开。来自全国各地的专家、学者及社会各界人士共200余人参加会议。年会主题为“生命至上、安全第一”。湖南省安委办主任、安监局局长李大剑作开幕式致辞，协会理事长王德学出席会议并讲话。

大会表彰2017年以来80项科技成果，其中，“基本职业卫生服务模式构建及其关键技术研究与应用”等14项成果获一等奖，“危险化学品安全管理量化评估系统开发及研究”等29项成果获二等奖，“冲击地压煤层瓦斯涌出规律及治理技术研究与应用”等37项成果获三等奖。9月28日，季学伟、谭云亮、吴礼康等10名专家、学者作主题演讲；100余名专家、学者在安全技术、职业健康、安全管理3个分会场进行专题发言。

【中国职业安全健康协会分支机构工作会议暨标准工作委员会成立大会】 11月6日，中国职业安全健康协会分支机构工作会议暨标准工作委员会成立大会在江西省南昌市召开。协会理事长兼党委书记王德学，副理事长兼秘书长马骏，副理事长伊烈、贺黎光、周彬，江西煤监局局长赵苏启，江西绿宝景观建设集团有限公司董事局主席罗时坤，中国黄金集团公司副总经理魏山峰等共100余人参加会议。

会议旨在加强分支机构与协会的联系，加强协会对分支机构的引领、支持、监督与管理，增强协会凝聚力；加强协会在标准化和团体标准制修订方面的工作力度。

会议由协会副理事长兼秘书长马骏主持。协会理事长王德学作题为“大力加强党建会建和分支机构建设 促进协会健康快速全面发展”的报告，强调做好协会分支机构工作的重要性，阐述协会党建会建工作的重要意义，提出协会党建会建的工作方向。

（撰稿人：孙 静）

中国烟草学会

服务创新型国家和社会建设 学会联合广东烟草学会对不适用烟叶的非烟产业化应用进行文献研究及实验研究。研究目的是为不适用干烟叶的产业化路径提出方向性建议。

学会建设 年内发展会员459人。截至2018年年底，学会个人会员12267人。

4月，召开学会第七届常务理事会第八次会议，审议通过3名参加中国科协成立60周年百名科学家、百名基层科技工作者座谈会的基层科技工作者代表人选。9月，召开学会第七届常务理事会第九次会议，讨论通过中国烟草学会第八次会员代表大会代表和理事候选人名额分配情况、换届改选方案（草案）和《中国烟草学会章程》修改内容。12月，召开学会第七届常务理事会第十次会议，表决通过新产业专业委员会主任委员调整，电子商务专业委员会和信息化专业委员会更名事宜。

联合中国烟草博物馆编撰发行《新中国卷烟烟标精选图集》。学会农业专业委员会依托烟叶公司参与烟叶生产技术指导、工作检查、调查研究，编撰年度《烟叶生产技术指南》，印刷5000册。学会新型烟草制品专业委员会创办行业第一本聚焦新型烟草制品综合性期刊《新烟》，作为季刊已出版4期。9月，学会工业专业委员会承办《中国烟草科学技术与学科发展30年》终审审稿会议。参与《中国烟草科学技术与学科发展30年》编写、审稿工作，全书16章，约55.48万字，已提交终审书稿。

青年人才托举工程 制定青年人才托举工程资助经费使用管理办法，确保资助经费专款专用、手续完备、账目清楚。落实青年人才托举工程款项拨付工作。实时跟踪托举人才科研动态，加强对托举人才跟踪、评价，建立青年人才储备库。

主办期刊 《中国烟草学报》（以下简称《学报》）刊登论文120余篇。根据2018年知网中国学术期刊影响因子统计年报显示，《学报》影响因子1.100，被引频次2689，基金论文比77%，影响力指数（CI）1025.172，在轻工业学科（除食品与纺织外）中排名第3。入选中文核心期刊。《学报》微信公众号关注人数3878人，同比增加142%。《学报》编辑部利用微信平台推送消息59条，阅读12042人次，点赞105人次，留言134人次。《学报》编辑部与烟草经济研究所共同完成“关于烟草行业科技期刊定位分析与未来发展的几点建议”调研任务。

12月4日，《中国烟草学报》2018年编委会会议在福建省厦门市召开。会议由《学报》主编谢剑平主持。编委会主编、顾问、编委、特邀专家和作者代表40余人参加会议。会议听取《学报》2018年工作报告和2019年工作安排、《烟草科技期刊定位与发展》专题研究报告（附件2）和编委审稿情况汇报，研讨《学报》下一步工作。会议邀请中国知网孙红梅、中国科学院土壤研究所原所长曹志洪、河南农业大学副教授杨惠娟作专题学术报告。

国际学术会议 10月22—26日，学会在云南省昆明市举办国际烟草科学研究合作中心（CORESTA）2018年大会。

2月27—28日，学会在广东省广州市举办CORESTA 2018年第一次理事会会议。13人参会，包括中国烟草界代表2人。会议讨论CORESTA会费及会员变更情况、2017年度财务报告和2018年度财务预算。CORESTA科学委员会主席报告各学组进展情况，分析探讨国际最新发展趋势变化，鼓励中国烟草科技工作者开拓思路，推动创新，提高国际化水平，为中国中青年科技工作者进入该组织技术核心层争取机会与平台。

国内主要学术会议 11月8日，学会卷烟流通专业委员会在四川省成都市召开学术交流会。会议围绕深化卷烟营销改革，促进卷烟营销学术交流等主题展开交流，90余名专家、学者参加会议。

国际组织任职 学会副理事长、郑州烟草研究院院长谢剑平担任CORESTA理事会理事代表。郑州烟草研究院胡斌担任CORESTA科学委员会委员和产品技术学组副主席。云南省烟草公司玉溪市公司张立猛当选CORESTA科学委员会委员。

国际交往 1月和6月，学会组织代表分别前往美国默特尔比奇、津巴布韦维多利瀑布城参加CORESTA2018年第一、第二次科学委员会会议，为CORESTA2018昆明大会做准备。

4月，学会组织10人代表团参加CORESTA2018年在英国吉尔福德召开的上半年分学组会议。学会代表团就CORESTA2018年上半年分学组的常规化学分析分学组（RAC）、烟气分析物分学组（SMA）及电子蒸汽（EVAP，原电子烟）分学组工作会议与国外代表进行沟通与交流。

10月，学会组织29人代表团参加CORESTA2018年下半年分学组会议。学会代表团与烟气分析物（SMA）、常规分析（RAC）、电子烟（EVAP）、生物标志物（BMK）、烟草及烟草制品分析（TTPA）分学组会议，使用行为和（PUB）/生物标志物（BMK）分学组联席会议及卷烟波动性（CVAR）分学组会议代表进行交流，在分学组工作及分学组研究方向等方面提出建设性意见。

科普活动 开展线上科普，入驻中国科协官方科普平台——科普中国微平台，加入科协中国科技工作者之家平台APP，构建网上科协。组织各会员单位开展2018年全国科普日活动。依托各专业委员会、省级烟草学会开展全国科普日、全国科技活动周活动。

表彰举荐优秀科技工作者 根据《中国烟草学会优秀论文评选办法》相关规定，围绕“一个首要任务、五个坚定不移”行业重点任务，开展2018年优秀论文征集评选活动。活动收到省级学会、专业委员会、行业科技期刊推荐和个人申报论文1660篇。评选出优秀论文653篇，其中，一等奖135篇、二等奖194篇、三等奖324篇。

党建强会 坚持党员集体学习和党支部“三会一课”制度，在“两学一做”活动中开展“灯下黑”问题专项整治。在建党节之际，学会党委组织支部开展以“不忘初心，牢记使命”为题的重温入党志愿书党日活动和党支部书记讲党课活动。

会员服务 开展对在册中国烟草学会个人会员重新登记和新会员发展工作。对CORESTA入选论文作者进行英语语言能力培训，全年培训25人次。定期在微信公众号上发布消息。学会会员可优先参与学会活动和在学会期刊发表论文。

【国际烟草科学研究合作中心（CORESTA）2018年大会】 10月22—26日，学会在云南省昆明市举办国际烟草科学研究合作中心（CORESTA）2018年大会。大会主题为“科技创新·责任担当”（Science and Innovation：Addressing the needs）。国家烟草专卖局局长张建民作大会致辞。大会发表口头报告148篇，包括大会特邀报告1篇、科技报告105篇、论坛报告20篇、分学组或工作组工作报告21篇、终身成就奖报告1篇。大会交流墙报89篇。报告及墙报集中展示全球烟草行业及相关科研领域科研成果和发展动向。来自全球各大烟草公司、科研机构、第三方实验室及供应商等近600人参加大会，其中正式代表498人。

（撰稿人：陈　晨）

中国仿真学会

学会建设 学会召开理事长办公会议3次、常务理事会议2次、理事会议1次。新增会员7463人，会员总数17479人。发展单位会员2个，单位会员总数105个。

改版学会网站，全年总浏览量6万余次，发布信息207篇，全年图文阅读总量约2.5万次，单篇阅读量最高达到1578次。建立理事工作群、常务理事工作群、学会领导工作群及分支机构工作群等，开通学会专家库，实现《中国仿真学会通讯》在线阅读。

青年人才托举工程 10月12—13日，由学会推荐入选青年人才托举工程的6名青年学者在中国仿真大会上共同举办青年科学家论坛。

主办期刊 《中国仿真学会通讯》印刷出版3期通讯，增设华如之窗、学术沙龙、科普园地等栏目。

《系统仿真学报》全年受理投稿857篇，录用稿件282篇，出版正刊12期（含会议专刊3期），发表稿件582篇，印发期刊1.11万册。该刊入选中文核心期刊、中国科技核心期刊和中国科学引文核心期刊等。据《中国学术期刊影响因子年报》2018版（截至2017年12月31日数据）143种自动化技术计算机技术类期刊数据显示，《系统仿真学报》影响力指数值为474.807，排名第14；影响因子为0.757，排名第59；综合总被引频次为4001。据《中国科技期刊引证报告》2018年版2008种中国科技核心期刊（自然科学）数据显示，《系统仿真学报》综合评价总分为61.8分，排名第252；核心影响因子为0.404，排名第1376；核心总被引频次为2960，排名第197。

国际建模、仿真与科学计算杂志（*International Journal of Modeling, Simulation, and Scientific Computing*，IJMSSC）收到投稿400余篇，录用文章72篇。期刊全文被Web of Science数据库和美国工程数据库（EI Compendex）检索。

学科发展研究 编写完成《仿真科学与技术学科方向预测及技术路线图》报告并提交给中国科协。报告预测仿真科学与技术学科发展趋势，提出仿真科学与技术学科发展方向，重点研究虚拟现实、网络化仿真、智能仿真、高性能仿真、动态数据驱动仿真内涵，分析国家对虚拟现实、网络化仿真、智能仿真、高性能仿真、动态数据驱动仿真科技重大需求，研究国际虚拟现实、网络化仿真、智能仿真、高性能仿真、动态数据驱动仿真科技前沿与发展趋势，总结中国现状和机遇，提出重点研究领域关键科学问题与技术，制定未来科技领域发展路线图。报告为仿真科学与技术在各个方面中期和中长期发展提出具体目标和可操作执行方案，为仿真科学与技术学科协调研究创新和谋划学科布局，抢占科技发展制高点及促进相关产业发展和民生建设提出建议。

国际学术会议 5月11—13日，2018国际康复医学与工程大会在上海市举办。大会由学会医疗仿真专业委员会、上海交通大学、国家康复辅具研究中心、国家增材制造创新中心、全国增材制造（3D打印）产业技术创新战略联盟主办，由上海交通大学康复工程研究所、民政部智能控制与康复技术重点实验室、数字医学临床转化教育部工程研究中心、上海市康复医学会、上海市康复医学工程研究会、上海生物医学工程学会医用机器人专业委员会、中华医学会上海数字医学专业委员会、上海交通大学先进产业技术研究院、上海交通大学康复辅具创新中心、上海市医学图像处理与计算机辅助手术重点实验室、中国医疗器械行业协会3D打印医疗器械专业委员会、中国康复辅具协会肢体功能重建与外固定委员会承办。来自美国、日本、澳大利亚3个国家及其他地区的外国专家和来自国内高校、研究院所的专家、学者共300余人参加会议。会议分6个分会场，征集论文20篇，录用论文19篇，评选优秀论文7篇。

5月14—19日，第19届纳米结构中光与物质相互作用物理国际会议（PLMCN19）在四川省成都市举办。会议由学会集成微系统建模与仿真专业委员会、意大利地中海基础物理研究所（MIFP）、中国工程物理研究院微系统与太赫兹研究中心（中物院微太中心）联合主办，北京大学、复旦大学和北京计算科学研究中心协办。英国南安普顿大学教授Alexey Kavokin和学会集成微系统建模与仿真专业委员会主任委员、中国工程物理研究电子工程研究所研究员张健担任大会主席。会议邀请中国工程院院士赵宪庚，中国科学院院士沈学础、郑厚植、朱邦芬、祝世宁、孙昌璞、谢心澄、俞大鹏、刘明担任大会咨询委员会成员。近70名来自欧洲、北美、澳洲和亚洲等近20个国家及地区的专家及170余名国内高校、研究院所专家、学者参会。大会征集论文250篇，录用论文205篇，评选优秀论文3篇。

国内主要学术会议 10月12—13日，中国工程院工程科技论坛智能制造与仿真技术论坛暨2018年中国仿真大会在广东省珠海市举办。会议由中国工程院主办，中国仿真学会、珠海（国家）高新技术产业开发区、中国工程院信息与电子工程学部、北京仿真中心、珠海格力集团有限公司联合承办。中国科协副主席、中国工程院副院长陈左宁，学会理事长赵沁平，中国工程院院士、清华大学教授吴澄，中国工程院院士、北京交通大学教授宁滨，百度公司技术委员会理事长陈尚义，香港大学教授黄国全等专家出席论坛并作报告。广东省珠海市政府、珠海（国家）高新技术产业开发区管委会有关领导及来自产学研领域的700余名代表参加论坛。

论坛分主旨报告会、分论坛、合作项目签约仪式及展览会4个部分。会上，有关专家作主旨报告《智能制造，实体经济创新发展的一个新抓手》《提高计算机系统的智商》《人工智能与自动驾驶》等。与会代表围绕智能制造与仿真技术的未来发展之路，推动人工智能、智能制造与仿真技术紧密结合等问题进行讨论与交流。学会分别与珠海（国家）高新技术产业开发区管委会、珠海格力集团有限公司签署战略合作框架协议，旨在建立长效合作机制。大会举办以“产学研对接会场”“医疗器械智能制造技术与仿真”“智能仿真优化与调度”“军事训练与仿真技术”“仿真技术与人工智能在中小学教育中的实践”为主题的5个专题分会场和1个青年科学家论坛。在2018中国智能制造与仿真技术应用展览会上，展出口腔手术模拟器、智能关节模组的机器人平台、国产软硬件下的二三维战场态势信息系统等产业研究成果。

国际组织任职 学会常务副理事长张霖当选国际建模仿真学会（The Society for Modeling & Simulation International，SCS）会士。

科普活动 8月，学会与教育部高等学校自动化类专业教学指导委员会和西门子（中国）有限公司联合主办“西门子杯”中国智能制造挑战赛。3129支高校队伍报名参赛，总决赛评选出特等奖30项、一等奖79项、企业奖项5项。

7月20日—8月20日，由山东体育局组织，学会体育系统仿真专业委员会、山东大学体育学院、山东体育学院等共同参与的山东省“全民健身宣讲团”在山东省17地市40余个县市区举办近50场科普讲座。科普讲座内容涉及科学健身基本常识，科学健身基本方法及饮食、运动、健康三者之间关系，体育科学技术应用及发展，体育仿真虚拟现实实际应用等方面。

表彰举荐优秀科技工作者 完成4项学术奖励评选工作。评选出2018年中国仿真学会科学技术奖7项，授予“新能源大规模接入下交直流混合电网仿真关键技术与平台应用”等4个项目一等奖，授予“基于高仿真驾驶模拟平台的场景建模与驾驶行为规律实验”等3个项目二等奖。学会与北京华如科技有限公司签署对中国仿真学会优秀博士学位论文奖冠名协议，得到企业支持，评选出中国仿真学会优秀博士学位论文奖5人。中国仿真学会优秀科技工作奖评奖范围扩大到全体会员，评选出中国仿真学会优秀科技工作者奖18人。评选出中国仿真学会优秀论文奖9篇。

组织申报2018年中国科协青年科学家参与国际组织及相关活动项目。经学会推荐，高林、苏洲、周鹏、许其超4名青年科学家获项目支持，其中，高林为学会推荐中国科协青年人才托举工程第三届（2017—2019年度）入选人员。

党建强会 截至2018年年底，学会23个分支机构均已成立党小组。学会总会及各分支机构开展党建活动25次。

会员服务 学会各分支机构及单位会员组织“走进实验室”“重点实验室开放日”“智能电网”和“智慧能源城市”主题成果展及相关学术、科普等会员日活动。

（撰稿人：赵 罡）

中国电影电视技术学会

服务创新型国家和社会建设 学会受国家新闻出版广电总局广播科学研究院、中央广播电视总台、中国电影科学技术研究所等9家单位委托，对“基于射频快速捕捉技术的有线电视信号监测平台”“中央广播电视总台Wi-Fi无线网络安全防护体系研究”“智能家庭影院系统国内外应用与推广”等30项科研项目进行科技成果鉴定。

开展科技进步奖、科技人才奖、影视化妆金像奖、声音学院奖、电视节目技术质量奖、广播节目技术质量奖等评选工作。奖励单位734个，奖励个人3812人。

研制并在全国标准信息平台上发布《超高清电视图像质量主观评价方法》《AVS+标准统计复用编码器技术要求和测量方法》《基于4K超高清图像和环绕声/三维声的家庭影院配置规范》团体标准3个。

学会及下属委员会举办专业技术培训班和技术讲座8次，累计培训316人次。3月19—23日，学会在北京举办电视节目制作技术质量控制培训班。来自北京电视台、天津电视台等20余个单位的80名技术人员参加培训。6—7月，学会标准与测试专业委员会与声音专业委员会在贵州省贵阳市、浙江省杭州市、广东省广州市、北京组织2018三维声制作技术培训4次，累计培训78人次。12月10—14日，学会组织的2018电视安全播出研修班在四川省西昌市举办。研修班采用专家授课、同行间经验交流、参会专业技术人员交流等形式，围绕电视安全播出主题进行探讨。来自中央广播电视总台、上海广播电视台、四川电视台等30个单位的95名一线技术人员参加。

学会建设 学会召开常务理事会议2次、理事会会议1次。

3月23日，学会八届一次常务理事会议在北京召开。会议审议学会第八届理事会工作规划、关于增加学会理事和理事单位的提案，审议并修订《学会科学技术奖奖励办法》《学会广播影视科技优秀论文奖评奖办法》《学会分支机构管理条例》《学会财务管理制度汇编》管理制度4项。

3月23日，学会秘书处在北京召开分支机构工作会议。表彰2017年度优秀分支机构，讨论2018年学术交流工作计划。

9月5日，学会八届二次常务理事会议、理事会议在新疆维吾尔自治区喀什市召开。会议审议学会工作报告、财务报告、6项组织提案、3项学术提案。

截至2018年年底，学会个人会员3910人，会员单位133个，分支机构20个。

青年人才托举工程 年内，学会组织被托举人才参加中国科协年会及分会场研讨会、北京国际电视技术研讨会（ITTC）、影视声音研讨会等会议。

学科发展研究 学会组织编著科技图书《2017—2018中国电视媒体融合发展报告》《西部广播电视——2017年度四川广播电视优秀技术论文集》，总印数1150本。

国际学术会议 举办境内国际学术交流活动3次，累计1800人次参会，交流论文105篇，32名外国专家、学者参会。

5月24—25日，学会与中央广播电视总台共同举办的2018北京国际电视技术研讨会（ITTC 2018）在北京举行，500人参会。中宣部副部长、中央广播电视总台台长慎海雄在开幕式发表讲话。研讨会以融合媒体、4K超高清、5G网络、人工智能、大数据应用等当前科技热点的最新发展和应用前瞻为重点，与会广电行业专家、学者和业内人士就推动融媒体技术平台建设及当前国内外传媒新技术、新趋势等议题进行交流。

10月12—14日，学会声音专业委员会在上海市举办国际电影电视技术高端论坛（IFTT）。来自美国、德国等国家的学术机构，中央广播电视总台和国内省市级电视机构，中影集团等电影机构，艺术院校及国内外企业代表300人参会。论坛主要议题是如何提高4K、三维声超高清节目年生产能力及声音行业如何配合4K技术的发展为受众带来全新的视听体验。

国内主要学术会议 学会举办国内学术交流活动21场次，累计参会3304人次，交流论文376篇。

5月18日，学会城市电视台技术分会在海南省海口市召开第30届技术年会，430人参会。年会以“技术引领，智创未来”为主题，交流探讨城市台传播形态变化、未来转型策略及业务发展模式等问题，展现电视领域新技术、新产品、新应用，提供智慧广电解决方案。

6月12—14日，学会节目制作与传输专业委员会在四川省西昌市举办第十届四川广播电视技术年会，170人参会。年会以“技术引领融合发展，广电助力精准扶贫”为主题，采用专题互动交流形式，就四川省广播电视机构在媒体融合方面的具体举措及实现媒体资源融合的路径、措施进行研讨。

8月23日，学会图像专业委员会在北京举办BIRTV2018中国视觉效果峰会电视产业论坛“4K及HDR制播新技术”峰会，200名专家、学者参会。会议通过4K工艺研究、超高清交互式数字创意实践、4K超高清关键要素与应用实践、俄罗斯世界杯4K及HDR网络化制播案例分享，展示电视台在4K及HDR制播新技术方面新进展。会议采用全程直播方式，在央视网、BIRTV（北京国际广播电影电视展览会）官方网站及公众号等平台同步放送。观看直播的观众通过网络实时向演讲嘉宾提出问题进行互动。

9月6日，由学会主办，国家新闻出版广电总局无线局二〇二二台、新疆生产建设兵团广播电视台协办的影视4K超高清应用技术研讨会在新疆维吾尔自治区喀什市召开，学会120名理事参会。会议以“推动创新发展，开启智慧应用”为主题，就4K超高清技术应用和系统建设进行研讨和交流。

11月27日—12月1日，学会新技术应用专业委员会在广东省广州市召开年会，150人参会。会议紧贴当前广播电视技术行业发展，举行以“4K新视界·智慧融媒体”为主题的交流研讨会。研讨会就4K超高清、高清化、媒体融合、IP化、智能化、云计算、信息安全和安全播出等问题展开研讨。

12月28日，学会摄影摄像专业委员会在北京召开影像科技与艺术论坛，60人参会。会上交流国际国内4K、8K拍摄制作播出方面最新技术和资讯，介绍4K全流程及HDR测试、监测、存储、显示、承托等方面技术。在互动论坛环节，业界专家以“影像技术在大小屏两端各自发展的趋势”为题展开讨论，从拍摄制作发展趋势、压缩编解码技术等方面探讨。

科普活动 学会组织开展科普活动4次，累计受众5194人次。

9月21日，学会在北京现代管理大学未来智能飞行基地举办会员科普日活动，45名学会会员参加。活动科普无人机相关知识，普及无人机相关法律法规。安排操控飞行环节，参加活动的会员亲自操控无人机。

8—12月，学会摄影摄像专业委员会开展送科普到基层活动。活动为新疆阿勒泰地委宣传部、巴音郭楞蒙古自治州宣传部、新疆生产建设兵团第二师宣传部、新疆电视台、厦门卫视、泉州电视台、莆田电视台等单位基层工作者举办视频创作技能公益课60场次，受众人数约5000人次。在美摄APP上开办用于影像科技推广和影像知识普及的影像公社专区，在手机短视频APP媒体平台及高校中宣传推广，截至2018年年底线上点击20余万次。

12月1日，学会传输与覆盖专业委员会组织中国传媒大学信息与通信工程学院51名学生参观中国卫星通信集团和北京地球站。使学生了解卫星制造发射、测控遥感、卫星宽带通信、广播电视传输，卫星传输覆盖等相关技术知识和全系统技术环节。

表彰举荐优秀科技工作者 开展2018年度中国电影电视技术学会影视青年科技奖评选活动。活动采用网络推荐方式，收到22个单位和1个分支机构推荐的50名候选人评审材料。7月，终评会在北京举行，学会理事长谢锦辉主持评审工作。评奖程序参照国家奖励办评奖办法，评委在审阅推荐材料后，依照《中国电影电视青年科技奖条例》，从科学思想品德、重要科技贡献、影视科技界威望及专家系数4方面进行综合评定，以不记名投票方式评选出中国广播电影电视青年科技奖获奖者30人。

党建强会 3月23日，学会党委书记丁汶平组织召开学会党委扩大会议。全体理事会成员学习中国共产党第十九届中央委员会第三次全体会议公报。学会负责人及常务理事共40人参会。

9月5日，在学会召开八届二次理事会议期间，召开学会党委扩大会，参加八届二次理事会议的理事参加会议。会上，学会党委书记丁汶平传达中国科协关于印发《关于进一步加强中国科协所属学会党委建设的指导意见（实行）》的通知，与全体理事共同学习《习近平在中国科学院院士大会、中国工程院第十四次院士大会上的讲话》，要求贯彻落实习近平总书记关于加强社会组织党建工作的重要指示和全国社会组织党的建设工作座谈会会议精神，落实《科协系统深化改革实施方案》，实现学会党的组织和党的工作"两个全覆盖"。

会员服务 利用学会网站及微信公众号，向会员发布会议通知，介绍影视科技发展动态，传播学会工作信息。

【第四届"世界电视日"中国电视大会】 11月21—22日，由学会、中国电视艺术家协会媒体融合推进委员会、广西壮族自治区新闻出版广电局、BIRTV（北京国际广播电影电视展览会）组委会、北京电视台、中国传媒大学、凤凰卫视、央视市场研究（CTR）、中国广视索福瑞媒介研究（CSM）共同主办，中广互联承办的第四届"世界电视日"中国电视大会在广西壮族自治区南宁市召开。来自全国各地电视及相关行业的专家、学者及美国、德国、日本、新加坡、马来西亚、柬埔寨、泰国等国家和地区代表共1000人参会。

此届"世界电视日"中国电视大会以"从电视到大视频"为主题，设1个主论坛和10个分论坛。大会探讨中国电视媒体融合、4K与未来视听趋势、广电内容产业与本地化运营、短视频生态等议题。此届大会特设中国－东盟影视文化产业合作、中国－东盟媒体合作发展等议题，邀请柬埔寨、泰国、缅甸、老挝等东盟国家传媒从业人员参会，共同交流探讨热点问题。

中国工程院院士丁文华以"中国4K/UHD产业的发展"为题，分享4K产业发展情况，认为未来5年是4K/UHD发展黄金时期，中国将加大4K/UHD产业部署推进力度。

大会组织广西广电网络生态大会、中国电视媒体融合峰会、4K与未来视听趋势峰会、TV大屏运营论坛、中国－东盟影视文化产业合作论坛、广电内容产业与本地化运营峰会、广电融媒体创新峰会、人工智能与电视场景论坛、中国－东盟媒体合作发展论坛、短视频生态峰会10个分论坛，与会行业人士共同探讨大视频背景下的电视发展。

（撰稿人：李慧芳）

中国振动工程学会

服务创新型国家和社会建设 学会振动与噪声控制专业委员会在北京组织举办关于振动和噪声测试基础与数据采集操作、模态测试技术、机械振动噪声测试与智能监测技术、结构动力学测试分析与工程应用技术、交通运输环境振动噪声评价分析与控制、土木桥梁结构动力学检测与健康监测技术、机械振动噪声测试技术与工程应用等方面专业技术培训8次，累计培训650人次。

5月，学会开展庆祝全国科技工作者日系列活动。中国科学院院士、学会名誉理事长闻邦椿作题为"转子动力学研究的近期发展及应重视的几个研究方向"的特邀报告，赠送学会U盘纪念品，邀请会员代表参观考察苏州东菱振动试验仪器有限公司，邀请2017年度国家科技进步奖一等奖获得者、中复神鹰碳纤维有限公司董事长张国良作题为"国之重器　做中国人自己的碳纤维"的专题报告。

6月，组织完成科技成果鉴定1项。

学会建设 8月，中国振动工程学会第八届常务理事会第五次扩大会议在江苏省南京市召开。会议讨论审议学会党建、《中国振动工程学会科学技术奖励实施细则》（讨论稿），评选中国振动工程学会2018年青年科技奖。

11月，中国振动工程学会八届六次常务理事会议在上海市召开。会议汇报学会换届选举工作方案起草情况和部分专业委员会换届等工作，讨论第十三届全国振动理论及应用学术会议、第八次振动工程国际学术会议筹备工作。

11月，中国振动工程学会八届四次理事会议在上海市召开，110名理事参加会议。会议邀请2名专家作学术报告，听取学会2018年度学会工作总结及2019年度学会工作计划，内容涉及制度建设、机构设置、推荐人才、学术交流等方面。

主办期刊 《振动工程学报》全年出版6期，收稿535篇，发表论文126篇。根据《中国学术期刊影响因子年报（2018版）》数据显示，《振动工程学报》2017年复合影响因子1.182，在力学类19种期刊中排名第4；影响力指数CI值在工程与技术科学基础学科类52种期刊中排名第3；基金论文比0.94。

《振动与冲击》全年出版24期，收稿3060篇，刊发论文924篇。根据《中国学术期刊影响因子年报（2018版）》数据显示，《振动与冲击》2017年他引总被引频次6959，他引影响因子0.656，影响力指数在工程与技术科学基础学科类52种期刊中排名第1，在土木建筑工程158种期刊中排名第8。

国际学术会议 7月22—25日，第七届国际结构控制与监测大会在山东省青岛市召开。大会由国际结构控制与监测学会（International Association for Structural Control and Monitoring，IASCM）主办，哈尔滨工业大学、学会结构抗振控制与健康监测专业委员会、国际结构控制与监测学会中国分会承办，青岛理工大学、《桥梁》杂志社、齐鲁交通发展集团有限公司、隔而固（青岛）振动控制有限公司协办。来自25个国家和地区的768名代表参会。安排大会专家报告16个、中国桥梁健康监测工程应用报告1个、邀请报告61个、学术报告469个。

国内主要学术会议 学会和专业委员会等单位主办或协办学术活动15场，累计参会3000余人次，交流论文600余篇。

1月23—25日，学会动态测试专业委员会在河南工业大学举办2018年动态测试技术专题学术交流研讨会，30余所高校、研究单位及企业70余名专家、学者参会，12名专家作学术报告。

4月20—22日，由学会振动与噪声控制专业委员会与上海交通大学振动冲击噪声研究所联合主办的第28届全国振动与噪声高技术应用学术会议在上海交通大学闵行校区召开。会议收到投稿论文196篇，录用论文153篇。参会代表265人，包括企业科技工作者85人。会议邀请7篇前沿专题技术报告，组织6个方向12个分会场147篇论文宣读和交流，评选出优秀论20篇文。会议论文集以《噪声与振动控制》第38卷第Z1期增刊出版。

5月4—8日，第13届全国转子动力学学术大会（ROTDYN 2018）暨中国振动工程学会转子动力学专业委员会九届三次会议在江苏省苏州市召开。来自全国100余家高校及单位代表400余人参加会议。中国科学院和中国工程院院士、"千人计划""长江学者""杰青"等专家、学者作特邀学术报告。大会宣读或张贴中英文论文132篇。会议期间，召开学会转子动力学专业委员会会议，完成专业委员会成员调整。

5月19—20日，学会结构动力学专业委员会在上海市主办2018全国结构振动与动力学学术研讨会暨结构动力学专业委员会会议，高校及航天科研院所40余名代表参会。大会组织特邀报告2场，21名代表宣读论文。

7月30日—8月1日，中国振动工程学会机械动力学第十一届专业委员会第一次会议暨学术讨论会在辽宁省沈阳市召开。会议由沈阳工业大学承办，参会代表120余人。

8月10—12日，中国振动工程学会动态测试专业委员会2018年学术年会在江苏省南京市召开。会议由江苏省机械工程学会、南京工程学院承办。会议旨在加强中国振动工程学会动态测试专业委员会学术交流，讨论推进专委会在动态测试技术领域的研究工作。50余所高校、研究单位及企业的100余名代表参加会议。

8月10—12日，全国设备监测诊断与维护学术会议在内蒙古自治区包头市召开，620名专家、学者参会。会议征集故障诊断领域相关学术论文159篇，发表在《振动与冲击》增刊。举行"故障诊断研究的新春天"主题沙龙。中国工程院院士、北京化工大学教授高金吉，北京科技大学教授徐金梧，阿尔伯塔大学教授左明健分别作大会邀请报告《人工自愈赛博－物理机器健康系统》《钢铁智能制造及工业大数据》、Dynamic Simulation of Gearbox Operation for Prognosis and Health Management。会议设分会场4个，组织专题报告14个。

8月18日，学会模态分析与试验专业委员在广东省珠海市召开模态分析与试验专业委员会第七届第三次委员会会议暨模态分析与试验2018高端论坛。会议由学会模态分析与试验专业委员会主办，广东省珠海市质量计量监督检测所－国家船舶及海洋工程装备材料质检中心承办。来自多所工科院校及国防领域科研院所的近40名模态分析与试验专业委员会委员参加会议。

10月12—14日，由学会主办的第十一届全国随机振动理论与应用学术会议暨第七届全国随机动力学学术会议在湖北省宜昌市召开。会议由学会随机振动专业委员会、三峡大学、同济大学土木工程防灾国家重点实验室、三峡大学防灾减灾湖北省重点实验室联合承办，上海交通大学机械系统与振动国家重点实验室、中国建筑学会建筑结构分会、中国力学学会动力学与控制专业委员会随机动力学学组、同济大学工程可靠性与随机力学国际联合研究中心等单位协办，57个单位250余名专家和代表参会。大会收到投稿摘要102篇、全文32篇。会议作大会特邀报告10场。会议期间，进行随机振动专业委员会换届，选举产生学会第八届随机振动专业委员会领导机构和委员。

10月30日—11月1日，第三届可展开空间结构学术会议在江苏省南京市召开。260人参会，交流论文70篇，其中，大会报告16篇，分会场交流54篇。论文集收录78篇。会议由中国航天科技集团有限公司科学技术委员会、中国力学学会、中国宇航学会、中国振动工程学会联合主办。来自高校及科研院所的专家、学者应邀作大会报告，交流本领域最新科学技术及科学研究新成果。会议期间，举行高峰论坛。论坛邀请中国科学院院士胡海岩、中国科学院院士赵淳生、中国工程院院士范本尧、中国航天技术（上海）研究院副院长孟光、空间技术研究院西安分院副院长李军等专家讨论空间技术未来发展趋势。

11月2—4日，由学会土动力学专业委员会、中国地震学会岩土工程防震减灾专业委员会和恢先地震工程学基金会（中国）共同主办，南京工业大学承办的第十届全国土动力学学术会议在江苏省南京市召开。会议主题为"'一带一路'与韧性城市"，主要研讨自然、城市与重大工程灾害灾前预防与综合防范所面临的前沿科学与关键技术问题，交流近年中国在土动力学理论研究和工程应用方面的进展。来自高校、科研院所、勘察设计和科技企业等110个单位的近800余名代表参加会议。安排大会报告2场、分会报告17场，报告专家231人，推荐111篇论文在《自然灾害学报》《地震工程学报》等期刊上发表。

表彰举荐优秀科技工作者 经学会推选，西安交通大学教授温广瑞受邀出席中国科协组织召开的"纪念改革开放40周年、中国科协成立60周年暨百名科学家、百名基层科技工作者座谈会"。

7月20日，学会全体理事、各专业委员会等单位推荐中国振动工程学会2018年度青年科技奖候选人11人。经学会办公室汇总、形式审查后，在8月4日召开的学会八届五次常务理事扩大会议上，经相关专家评审遴选，无记名投票表决，评选哈尔滨工业大学教授陈文礼、北京工业大学教授崔玲丽、中国船舶科学研究中心研究员邹明松、上海交通大学副研究员瞿叶高、合肥工业大学教授张永斌为中国振动工程学会2018年度青年科技奖获得者。

党建强会 学会党委注重引导监督，保证学会依法依章程开展活动，参与学会重大问题决策。8月4日，中国科学院院士、学会副理事长翟婉明作为党的十九大代表，结合参加党的十九大体会，宣讲会议精神。中国工程院院士、学会理事长苏义脑传达国务院总理李克强在中国科学院第十七次院士大会和中国工程院第十二次院士大会上所作经济形势报告的要点。

（撰稿人：龚慧林）

中国颗粒学会

服务创新型国家和社会建设 10月17—19日，第十六届中国国际粉体加工/散料输送展览会（IPB 2018）在上海市举办。展览会由学会和纽伦堡会展（上海）有限公司联合主办。来自颗粒或粉体制备或合成、粒度或结构调控、修饰或改性等领域的近200家展商在7500平方米的空间展示最新粉体加工和散料输送技术。参观人数近9000人次。展会同期举行2018年第三届上海国际医药粉体制备技术交流会、第七届INDEX工业防爆大会暨安全环保研讨会、2018年中澳固体散料输送技术交流会、日本粉体产品技术交流会、2018年中国颗粒学会智能绿色安全奖颁奖典礼。

10月18日，2018年颗粒测试与表征技术培训班在上海市举办。培训班由学会、纽伦堡会展（上海）有限公司共同主办。来自高校、研究所的专家、学者，企业界技术服务、研发、分析、质检人员共80余人参加培训。

主办期刊 学会主办《颗粒学报》（英文版）（*Particuology*）和《中国粉体技术》（中文版），前者定位为国际化学术期刊，后者定位为应用技术研究的行业性期刊。

Particuology 先后被 SCI、EI、CA、CSA、AJ、Scopus 和中国科学引文数据库、中国科技论文与引文分析数据库等检索机构收录。该刊 6 个 SCI 影响因子数据均位列 SCI 化工类期刊 Q2 区。

《中国粉体技术》是国内粉体工程领域唯一的专业技术期刊。该刊入选中国科技核心期刊、全国中文核心期刊、中国高校优秀科技期刊，被国内外多家检索机构和数据库收录。

国内主要学术会议 8 月 9—12 日，中国颗粒学会第十届学术年会暨海峡两岸颗粒技术研讨会在辽宁省沈阳市召开。10 月 10—11 日，学会颗粒测试专委会召开颗粒测试热点学术研讨会。

10 月 19—21 日，全国吸入给药联盟 2018 年学术研讨会在江苏省南京市举办。研讨会由学会吸入颗粒专业委员会、中国药科大学主办，中国医药工业信息中心承办。大会设主题 6 个，分别为"吸入药物的研发和法规要求""吸入仿制药的产业化和临床评价""吸入药物临床前及临床应用研究进展""吸入技术和给药装置研发进展""优秀论文演讲及供应商技术交流""吸入和鼻喷药物的发展趋势"。吸入给药领域专家、学者近 300 人参会。

【中国颗粒学会第十届学术年会暨海峡两岸颗粒技术研讨会】 8 月 9—12 日，中国颗粒学会第十届学术年会暨海峡两岸颗粒技术研讨会在辽宁省沈阳市召开。研讨会由学会、中国科学院金属研究所、清华大学、大同大学（台北）联合主办。来自中国大陆与台湾地区、日本的颗粒学及粉体技术领域专家、学者、企业代表近 800 人参会。

会议收到论文摘要及报告 445 篇，交流口头报告 385 个，包括大会特邀报告 14 个、分会邀请报告 92 个。安排墙报学术交流 78 个、学会奖项交流项目 42 个、学会会员成果交流 9 个。会议设分会场 16 个，围绕颗粒的测试与表征技术、颗粒的制备与处理技术、超微颗粒及纳米技术等主题进行交流探讨。年会特设仪器展区，14 家公司参会并展示产品。

会议期间，颁发中国颗粒学会自然科学奖 11 项、科学技术进步奖 8 项、技术发明奖 3 项，9 人获得中国颗粒学会青年颗粒学奖、12 人获得中国颗粒学会优秀博士生论文奖及提名奖，2 篇发表在《颗粒学报》（英文版）的优秀论文获得麦克仪器 - 颗粒学报优秀论文奖。另外，29 名学生获得年会优秀论文奖、14 名学生获得优秀墙报奖。

【颗粒测试热点学术研讨会】 10 月 10—11 日，学会颗粒测试专委会召开颗粒测试热点学术研讨会。来自北京、天津市、上海市、广东省深圳市、山东省济南市和青岛市等地的专家、学者参会。会议邀请 8 名行业技术人才作会议报告。专家、学者围绕纳米材料规格标准、SI 米定义、团体标准、PM2.5 测量溯源性、拉曼光谱基底材料、颗粒标准物质、比表面积实验室比对验证及润滑油检测等工作和成果进行演讲，与听众进行交流。

（撰稿人：韩秀芝）

中国照明学会

服务创新型国家和社会建设 学会完成国家发展改革委、联合国开发计划署和全球环境基金项目"中国半导体照明促进项目"子项目"智慧照明示范及应用推广方案研究"，提交的《智慧照明示范及应用推广方案研究》通过中国半导体照明促进项目管理办公室组织的终期评审。

承接中国科协学科发展项目"科技前沿热点综述项目——半导体照明研发与工程应用创新进展"。召开项目启动会 1 次、中期专家讨论会 1 次、终期专家评审会 1 次，提交《半导体照明研发与工程应用创新前沿热点综述》。

联合吉林省科协、长春希达电子技术有限公司完成中国科协创新驱动助力工程"汽车工业照明产品研发及应用示范"项目。召开项目启动会 1 次、专家研论会 1 次、中国汽车工业照明高峰论坛 1 场、项目验收会 1 次。在中国第一汽车集团公司汽车生产车间进行示范应用。

7 月 12 日，学会组织专家对长春希达电子技术有限公司"LED 大空间照明应用新技术"项目进行科技成果鉴定。举办照明设计师培训 25 次，累计培训 1230 人，环比增加 482 人，其中，助理照明设计师 478 人、中级照明设计师 495 人、高级照明设计师 257 人。

制定并发布《电视演播室灯光系统运行维护标准》（T/CIES 016—2018）、《基于窄带物联网（NB-IoT）的道路照明智能控制系统技术规范》（T/CIES 015—2017）等团体标准。

学会建设 截至 2018 年年底，学会个人会员 4200 人，环比增加 45 人，包括高级会员 625 人；学会团体会员 1269 个，环比增加 275 个。

主办期刊 主办学术期刊《照明工程学报》，全年出版6期。入选中国科协“科技期刊精准推送服务试点项目”，入选波兰《哥白尼索引》（*ICI Journals Master List 2017*），被收录为中国科技核心期刊。

国际学术会议 6月21—22日，学会交通运输照明和光信号专业委员会与上海机动车检测认证技术研究中心有限公司、复旦大学电光源研究所等联合主办的第六届中国国际汽车照明论坛（IFAL）在上海市召开。学会专职副理事长高飞、复旦大学信息学院副院长刘冉、联合国灯光与信号法规部（GRE）前主席Marcin A. Gorzkowski、上海机动车检测认证技术研究中心有限公司副总经理沈自伟等500余名专家、学者参会。论坛以“创新照明技术与安全”为主题，收到论文139篇。

6月21日，学会交通运输照明和光信号专业委员会、复旦大学电光源研究所、上海机动车检测认证技术研究中心有限公司在上海市联合主办第六届中国国际汽车照明论坛，学会交通运输照明和光信号专业委员会主任、复旦大学电光源研究所副所长林燕丹发布《汽车照明产业调研白皮书》。白皮书聚焦当今国内汽车照明技术现状和发展趋势，从汽车照明行业综合评述开始，分析目前国内汽车照明光源和灯具技术现状，预测相关技术发展趋势。参会专家、学者围绕“无人驾驶时代车灯行业发展”“汽车照明与信号新技术”“无人驾驶对道路照明、信号指示照明的要求”“车灯性能提升”“新型技术的评价、测量及法规”5个主题作专题报告38篇。

国内主要学术会议 学会及其所属分支机构举办国内学术交流活动16场次，累计参会3310余人次，交流论文180余篇。

9月7—8日，学会在浙江省绍兴市上虞区召开2018年中国照明论坛。480余名专家、学者、设计师参加。论坛收到论文36篇，28名专家作报告。

10月28日，学会与香港贸易发展局联合举办的2018照明创新应用论坛在香港特别行政区召开。100余名专家、学者参加。4名专家围绕“景观照明”主题作报告，剖析景观照明的核心技术、产品创新和管理服务。

11月15—16日，学会在山东省济南市举办照明设计师交流中心第八届年会。500余名专家、学者、设计师参会。北京清控人居光电研究院有限公司院长荣浩磊作题为“用光共创价值——价值、构成与责任”的报告。清华大学美术学院教授柳冠中作题为“设计师理学——从‘造物’转为‘谋事’”的报告。北京工业大学教授郭伟玲作题为“洞悉LED特点，设计出更好的照明光源和项目”的报告。15名专家围绕城市景观照明、智慧照明、照明工程设计等主题作报告。

两岸交流 11月9日，学会与台湾地区照明灯具输出业同业公会在广西壮族自治区崇左市举办海峡两岸第二十五届照明科技与营销研讨会。150余名专家、学者参会。14名专家作报告。

国际组织任职 12月21日，国际照明委员会（CIE）在官方网站公布新一届董事局官员名单（任期2019—2023年），学会副理事长、《照明工程学报》主编郝洛西当选CIE副主席，主管出版工作。

国际交往 3月9日，学会理事长邴树奎，副理事长、同济大学教授郝洛西等前往日本东京出席亚洲照明大会组委会第21次工作会议。会议讨论亚洲照明委员会的工作方向及目标，确定第十一届亚洲照明大会举办方案。

5月29日—6月1日，学会理事阮军率领7名中国代表参加在加拿大多伦多大学举行的ISO/TC 274光与照明技术委员会第六次成员大会。来自14个国家和地区的41名专家、学者出席。会议研讨智能道路照明系统标准、光与近视、非视觉效应等。

表彰举荐优秀科技工作者 学会开展第十三届中照照明奖评选工作。评选出学术贡献奖一等奖3项，照明工程设计奖一等奖21项、二等奖30项、三等奖47项，演出场所工程设计奖一等奖3项、二等奖5项、三等奖5项。

学会开展2018年优秀青年科技工作者推荐与评选工作，评选出优秀青年科技工作者29人。

学会创新发展 5月8日，学会在湖南省长沙市与中国超级电容产业联盟签署战略合作协议，将超级电容光伏路灯作为超级电容重点应用推广项目。学会理事长邴树奎，中国工程院院士、中国超级电容产业联盟理事长杨裕生等参加。

党建强会 9月8日，学会党委在浙江省绍兴市上虞区召开2018年党员理事专题会议，40余名学会党员理事参加会议。

会员服务 学会为会员免费寄送《照明工程学报》8000余份。会员可优先参与学会活动和在学会期刊《照明工程学报》发表论文。会员可通过学会会员QQ群、学会微信公众平台等了解学会活动。非会员可通过学会网站会员专栏办理入会。

【2018 年中国照明论坛】 9 月 7—8 日，学会主办的 2018 年中国照明论坛在浙江省绍兴市上虞区召开。学会理事长邴树奎在开幕式上致辞。论坛以“智能、经济、质量、健康”为主题。照明行业专家、学者、设计师等 480 余人参加论坛。

学会秘书长窦林平作题为“国内照明行业热点分析”的大会主题报告，总结照明产业 20 年发展情况，分析当前照明行业热点，为照明行业今后发展提供新思路。同济大学建筑与城市规划学院教授郝洛西作题为“城市照明的科学与艺术”的报告，从科学层面、艺术层面和健康方面解读城市照明。

26 名专家、学者从智慧城市照明、智慧互联照明、光健康、文物保护、照明工程设计等方面作学术报告，阐释照明行业关注的智能、质量、健康等话题。大会设主题论坛 1 个，设照明设计与应用、照明产业与技术分论坛，安排学术报告 28 篇。论坛同期举行第十三届中照照明奖颁奖活动，举办照明企业新产品新技术展览。

【海峡两岸第二十五届照明科技与营销研讨会】 11 月 9 日，由学会与台湾地区照明灯具输出业同业公会共同主办的海峡两岸第二十五届照明科技与营销研讨会在广西壮族自治区崇左市召开。会议主题为“照明科技与营销——照明行业边境贸易”。来自海峡两岸照明领域的专家、学者 150 余人参会。开幕式上，学会理事长邴树奎、台湾地区照明灯具输出业同业公会理事长黄明智、崇左市委书记刘有明分别致辞。

在大会主题报告环节，北京第二外国语学院教授王成慧作报告《“一带一路”的战略格局与机遇》，提出“一带一路”倡议对转移中国照明产业产能过剩发挥的作用。台湾科技大学电机工程系教授萧弘清作报告《“一带一路”对两岸照明产业的商机与台商因应之道》，分析在“一带一路”倡议下照明企业的商机与策略，提出海峡两岸照明企业只有以“以人为本”态度去开发产品，才能在“一带一路”倡议指引下赢得贸易商机。

12 名专家、学者作专题演讲报告，内容涵盖钙钛矿发光二极管、汽车照明、智慧照明、照明工程设计、照明产品出口贸易等。

【第十一届亚洲照明大会】 9 月 13—14 日，由学会、日本照明学会及韩国照明电气设备学会共同组织，日本照明学会主办的第十一届亚洲照明大会在日本神户召开。会议主题为“LED 时代：来自亚洲的挑战”（The LED Age：Challenge from Asia）。来自中国、日本、韩国、印度、新加坡等国家和地区的 150 余名专家、学者参会。

开幕式上，学会副理事长、亚洲照明大会中方主席、同济大学教授郝洛西，日本照明学会会长 Youko Inoue，韩国照明电气设备学会代表、亚洲照明大会韩方主席 Jae-Man Ryu 等分别致辞。

在大会主旨报告环节，日本福井大学教授 Yukio Akashi 的报告《老年人的照明》阐述了针对老年人的照明设计。

在主题为“照明的颜色科学”（Color Science for Lighting）workshop 环节，浙江大学教授罗明作题为“LED 照明的颜色质量指标”的报告，国际照明委员会（CIE）第一分部主任 Youngshin Kwak 介绍新 CIE 色度学（CIE 2015），日本千叶大学教授 Yoko Mizokami 作题为“光散射对表面外观的影响”的报告，分享颜色质量研究进展。

会议为期 2 天，共设口头报告 27 篇、短口头报告 21 篇，张贴报告 80 余篇。会议围绕人居照明、智能照明、照明设计、颜色科学、光健康等问题展开研讨。

（撰稿人：郑炳松）

中国动力工程学会

服务创新型国家和社会建设 1 月，学会水轮机专委会分 3 队完成 14 个电站实地调研工作。调研总结中国冲击式水轮机使用经验，为中国超高水头（1000—1800 米）超大容量（大于 1000MW）水电开发提供第一手资料。

学会组织专家开展“SG- 加压循环流化床煤气化制燃料气”技术方案评审会。组织开展“活性分子臭氧氧化燃烧烟气多种污染物一体化脱除技术”“二次再热火电机组自启停及运行控制优化技术研究”等项目鉴定会。与相关单位共同组织编撰《电力强国的崛起——中国电力装备技术创新与发展》，召开系列工作会议 6 次，近 100 名专家参与，已完成近 50 万字初稿。

9 月 5—7 日，2018 中国国际核电装备展览会在北京国展中心举办。学会咨询展览工作委员会作为承办单位参与筹备工作。

受企业委托，组织大容量机组调峰研讨和有关企业设备招投标等技术咨询工作。

学会建设 召开常务理事会议2次、理事会议1次。理事更换和终止工作经理事会会议审议通过。学会十届五次理事会议增补陈干锦作为十届理事会副理事长。整理、统计个人会员和团体会员资料。截至2018年年底，学会个人会员1471人、团体会员81个。

主办期刊 《动力工程学报》完善期刊采编系统各项设置。据《中国学术期刊影响因子年报（自然科学与工程技术·2018版）》报告统计，《中国动力工程学报》在能源与动力工程类的44种期刊中排名第3，被列为中文工程类核心期刊。《动力工程学报》编辑部组织员工参加第3届上海市科技期刊编辑技能大赛，获团体优秀奖和优秀组织奖，其中，6人获个人优秀奖。

国际学术会议 6月25—28日，学会副理事长倪明江率学会代表团一行赴美国奥兰多参加国际动力工程会议（ICOPE）国际顾问委员会（IAC）会议，应邀出席美国机械工程师协会（ASME）POWER 2018会议，讨论交流计划于2019年10月21—25日在云南省昆明市举行的国际动力工程会议（ICOPE-19）相关事宜。

9月26—27日，学会环保专委会主办的第三届亚洲危险废弃物处置大会在江苏省南京市举行。大会就危险废物司法鉴定技术与实践、新技术在国内危险废物焚烧项目中的应用、危废行业的挑战和未来发展等方面进行探讨。来自美国、法国、瑞典、瑞士等20余个国家和地区的政府、企业、协会代表和专家、学者200余人参会。

国内主要学术会议 学会和各专业（工作）委员会组织学术、技术交流活动15场次，累计参加活动人数1403人次，发表论文593篇。

8月29—31日，由学会主办、中国电力科技网承办的第十二届超超临界机组技术交流2018年会在山东省潍坊市召开。会议邀请30余名专家发表主题演讲，80余人参会。年会探讨新形势、新常态下超超临界技术发展前景。

9月12—15日，学会材料专委会在四川省德阳市召开第二届长寿命高温材料高端发展论坛暨2018年先进电站长寿命高温材料学术会议。高校、企业、研究院所专家、学者200余人参会。会议邀请21名业内专家就目前研究成果和进展情况作主旨报告，交流论文16篇。

10月10—13日，学会新能源专委会在上海市召开技术交流会，邀请专家分别以“综合智慧能源”和“储能电池”为主题作专题报告。30余人参会。同期举行专委会换届工作会议。

10月17—19日，学会自控专委会在湖北省武汉市召开2018电站自动化信息化学术与技术交流会，大专院校、科研设计院所和发电厂等单位专家、学者60余人参会。会议采用大会报告和分组报告、交流讨论方式进行。会议收到论文84篇。

10月17—20日，学会透平专委会与上海发电设备成套设计研究院在江苏省无锡市联合主办2018年汽轮机行业总工程师工作研讨会暨透平专委会年会。行业内100余名科技工作者参加会议。会议收到论文42篇，内容涉及超临界CO_2发电技术、燃气轮机技术、理论应用创新研究、新工艺材料等。

10月18—21日，学会热力与燃气专业委员会2018年年会暨学术交流会在天津市召开，30余名专家、学者参会。会议征集论文13篇，选出5篇论文在年会上进行交流。

10月25—27日，学会锅炉专委会在江苏省徐州市召开锅炉专委会学术交流会暨锅炉行业总工程师研讨会，参会代表约60余人。会议征集涉及数字化智能制造、节能改造、超超临界锅炉的设计等领域学术论文35篇。

11月2—3日，学会环保技术与装备专委会在河北省唐山市召开2018钢铁、焦化行业超低排放改造技术研讨会。国家发改委能源研究所、中国钢铁工业协会、唐山市环境保护局等10余家技术单位及近50家钢铁、焦化行业企业代表参会。

11月8—10日，中国动力工程学会叶片制造专委会第五届年会在浙江省杭州市召开。30余人参会，交流论文11篇。会议研讨和交流叶片制造行业新技术、新工艺、新材料应用及各单位近年来技术发展动态等。

科普活动 7月9—20日，学会环保专委会联合挂靠单位上海电力学院，组织贵州黔西南“草帽黔进”暑期实践队到贵州省黔西南布依族苗族自治州普安县龙吟镇高阳村丫口小学开展为期2周的暑期支教活动。志愿者安排基础课、兴趣课、实验课、科技课等活动，举办文艺会演。

8月5—11日，学会核电专委会联合上海大学、日本保全学会等单位在上海市承办第九届2018维护科学暑期学校活动。来自日本、瑞典等国家及中国大陆和台湾地区的40余名高校学生参加暑期学校。学员参观国核电站运行服务技术有限公司青浦研发基地和上海电气临港制造基地，了解大型压水堆核电站关键设备构造与运维知识等，开展主题交流和报告活动。

表彰举荐优秀科技工作者 学会向中国科协科技社团党委推荐2人为全国学会优秀党员科技工作者。

党建强会 11月24日，学会党委在学会十届五次理事会议召开之际召开党委会，就党的十九大报告精神进行学习交流。党委会对副理事长更换、学会换届工作安排、召开学会第十一次会员代表大会等事宜进行前置审议。

会员服务 学会通过微信平台向会员发布会议通知、介绍学会工作动态、开展科学普及工作、传达科协有关会议精神。学会网站与中国科协在线会员注册系统建立链接，实现会员电子化管理。定期向会员、会员单位赠送学会主办期刊《动力工程学报》，学会会员可优先参与学会活动和在学会期刊发表论文。

【中国动力工程学会第七届青年学术年会】 8月24—25日，由学会学术工作委员会、哈尔滨工业大学、哈尔滨电气集团有限公司共同承办的中国动力工程学会第七届青年学术年会在黑龙江省哈尔滨市召开。大会主题为“清洁能源与先进动力”。会议安排大会报告、分组口头报告、研究海报和学术沙龙等形式交流活动。青年学者和行业专家约300余人参加会议。年会录用论文181篇，交流论文120余篇，评选出优秀论文和研究海报18篇。会议期间，举行第一届中国动力工程学会青年科技奖颁奖仪式。

（撰稿人：施亦龙）

中国惯性技术学会

服务创新型国家和社会建设 1月16日，学会学术交流部、南京惯性技术学会应邀在中船重工716所举办惯性导航、组合导航与信息融合学术讲座。4月27日，学会科普部在北京航空航天大学举办题为“超高真空磁悬浮复合分子泵关键技术及应用”的技术讲座。9月20日，学会科普部在北京理工大学举办题为“导航有道——道可道也，非恒道也”的报告讲座。

5月18日，学会学术交流部联合南京惯性技术学会在导航与定位微信群讲授公开课“针对捷联式惯性导航系统初始对准原理方法的理解与思考”。这是学会首次尝试使用线上方式举办学术讲座。讲授过程中，在线人数200人左右，课后视频下载量1000余次。

学会建设 12月12日，中国惯性技术学会第七次全国会员代表大会在北京中国科技会堂召开。大会选举产生第七届理事会理事136人、第一届监事会监事5人。第七届理事会第一次会议选举产生第七届理事会常务理事45人，选举产生理事会领导人员。

7月,《中国惯性技术学会纪念册（2007—2017）》公开出版，发行2000余册。

学会召开秘书长与联络员工作会议1次、工作机构办公会议6次、筹备工作调度会3次，传达和研究落实中国科协部署的工作，讨论研究第七次全国会员代表大会和理事会换届有关工作。

截至2018年年底，学会个人会员4401人，年内增加114人；团体会员155个，年内增加1个。

9月，学会建立官方微信公众号、企业微信工作群。对学会科普期刊《海陆空天惯性世界》微信公众号进行改版，从每周推送3期6篇文章增加至每周推送5期20篇。

学会治理结构和治理方式改革 修订完善《中国惯性技术学会章程》。调整理事会及常务理事会组成原则，提高新一届理事会及常务理事会中共产党员、科研一线技术人员及青年科技工作者比例。完善《专业委员会管理办法》《学会会费收取标准及财务管理办法》《科普期刊编辑出版工作管理办法》，成立第一届监事会，规范学会内部管理。

主办期刊 《中国惯性技术学报》全年出版发行6期，刊载论文130余篇。据2018年《中国学术期刊影响因子年报（自然科学与工程技术）》数据显示，《中国惯性技术学报》复合影响因子1.220，在57种航空航天类科技期刊中排名第5，处于核心Q1区。9月，经《中文核心期刊要目总览》编委会组织学科专家评审,《中国惯性技术学报》入编《中文核心期刊要目总览》2017年版（即第8版）航空、航天类核心期刊。《中国惯性技术学报》是国际数据库EI（The Engineering Index，EI）及CSCD等国内数据库收录刊源。6月28日，在湖南省株洲市召开《中国惯性技术学报》第六届编委会第三次工作会议，表彰15名优秀审稿人。

《海陆空天惯性世界》全年出版12期，每期发行1万册，刊载各类武器装备及惯性技术军民应用等科普文章120余篇、图片5000余幅，出版增刊2期。为加强“惯性技术之窗”栏目稿件质量控制，特邀编委撰写稿件，聚焦惯性技术在热点领域新应用。4月，完成期刊同名微信公众号改版工作，编制《“海陆空天惯性世界”公众号管理条例》，规范公众号运营与建设，微信公众号全年发布文章800余篇，其中，原创文章40余篇。

国际学术会议 10月20日，学会与中国航天科技集团联合主办的第三届精密光机电国际学术研讨会在北京召开。会议旨在为精密光机电领域产、学、研、用链条上的高校、研究所、产业化公司搭建学术交流与合作平台。学会理事长包为民担任大会荣誉主席，学会副理事长王巍，英国皇家工程院院士、剑桥大学副校长因·怀特担任大会主席并致辞。学会常务理事汪顺亭等出席会议。会议安排大会主题报告、学术交流及项目路演，邀请国内外相关领域20余名专家作报告。来自英国、意大利、美国、加拿大、俄罗斯、乌克兰、以色列、保加利亚及国内高校、科研院所、企业的近200名专家和学者参加大会。

会议期间，多个会员单位与英国剑桥大学、英国曼彻斯特大学、加拿大卡尔加里大学、加拿大METI公司、俄罗斯ITMO大学、俄罗斯包曼国立技术大学、乌克兰国立技术大学、以色列先进测量系统公司、浙江之江实验室、华为欧洲研究院等进行技术交流并达成多个合作意向。

国内主要学术会议 学会及所属专业委员会、地方学会举办年会、研讨会等学术会议6次，邀请院士专家作特邀报告24个，征集论文332篇，会议交流103篇，评选表彰优秀论文38篇，参加学术交流活动610余人次。

6月28日，学会在湖南株洲中国动力谷自主创新园举办无人载体导航与控制技术发展与应用学术研讨峰会。这是学会首次与民营企业会员单位、地方性国家创新型科技园区联合举办技术应用高峰论坛，旨在展示中国无人载体导航与控制技术发展及应用领域最新研究成果，为军民技术产业合作提供平台、机遇，促进技术成果向企业转化。

9月12日，中国惯性技术学会2018中国定位导航与授时高峰论坛在江西省九江市举办。来自中国航天、中国航空、中船重工、中国电子等28家科研院所和北京大学、北京航空航天大学、北京理工大学、哈尔滨工业大学、南京航空航天大学等18家高校的专家、学者、科研人员近150余人参加论坛。中国科学院院士、中国工程院院士、武汉大学遥感信息工程学院李德仁，学会理事长、中国航天科技集团科技委主任包为民等作大会报告，阐述和分析国内外定位导航与授时（PNT）技术最新进展及趋势。论坛安排8篇特约报告、12篇学术论文进行宣讲和交流。论坛现场发布由学会技术咨询部多名国内惯性技术领域专家参与建立的惯性与导航情报数据库。

11月9—10日，由学会光电技术专业委员会主办、北京世维通科技股份有限公司协办的第十三次学术交流会在浙江省嘉兴市召开。来自中电科技集团重庆声光电有限公司、北京航空航天大学等33个单位的120余名专家、学者参加会议。会议邀请2名专家作报告《高精度光纤陀螺关键技术》《光纤陀螺的过去、现在与未来》。17名专家、学者就光纤陀螺的误差、光学器件、工艺、分析算法、测试方法等方面作学术汇报交流。会议成立优秀论文评审小组，评选出优秀论文5篇。

11月30日—12月2日，由学会惯性系统与测量专业委员会、西安惯性技术学会、厦门大学航空航天学院联合举办的2018年度学术交流会在福建省厦门市召开。会议邀请西北工业大学、空军工程大学、厦门大学3名教授作专项报告。安排16篇论文进行汇报交流，内容涉及棱镜式激光陀螺稳光强特性研究、惯导全温建模参数拟合方法优化等方面。来自10个单位的40余名学者、专家参加会议。

国际交往 3月26—29日，由学会常务理事赵小明带队，一行8人赴意大利参加第五届IEEE（电气和电子工程师协会）惯性传感器与系统国际会议，参会人员来自5个会员单位。会议报告交流制作材料、微制造工艺、创新设计、新原理、产品性能、新应用和商业市场等惯性传感技术最新研究进展。赵小明与会议主席、IEEE传感器委员会主席、美国加州大学埃尔文分校机械和航天工程系教授Andrei M. Shkel探讨IEEE惯性与传感器会议在中国举办的可能性和会议形式。

5月28—30日，学会组织会员单位代表一行15人赴俄罗斯圣彼得堡参加第25届圣彼得堡组合导航国际学术会议。参会人员来自航天科工集团、清华大学、西北工业大学、海军航空航天大学、中国海洋大学、大连海事大学、南京信息科学技术大学等高校、科研院所。学会征集论文摘要18篇，16篇被大会录取，其中3篇论文作为大会主要报告在会议现场进行发言和交流。中国航天科技集团九院十三所付红伟、清华大学程思琪、中国航天科工集团三院33所于怀勇等在导航误差补偿算法、组合导航系统及方法、新型惯性传感器、民用低成本导航系统、数字滤波控制等前沿及关键技术领域与国内外专家、学者进行讨论并交换意见。

9月11—12日，学会组织会员单位代表一行8人赴德国布伦瑞克技术大学参加德国陀螺会议惯性传感器及系统会议。会议研讨新型惯性技术（含惯性传感器、惯性导航系统及陀螺技术）最新进展，包含新技术的应用情况，系统、组件及测试方法的发展，陀螺仪表成本控制、市场开拓等方面。

科普活动 依托陆海空天惯性技术科普展厅科普平台，作为北京市青少年科技后备人才培养基地，学会科普部组织指导中小学生参加各类科技创新比赛。在北京市科技创新比赛中，1月，“助力推车控制系统的设计与实现”项目获小学组一等奖2项；3月，“基于睡眠检测的电视控制器”项目获初中组一等奖，“基于自稳定平台的移动服务系统”项目获初中组二等奖，“基于人脸识别的智能随动电风扇”项目获高中组一等奖，该项目获全国青少年科技创新大赛一等奖。4月，“基于人脸识别的键鼠切换装置”项目获日内瓦发明展金奖1项。7月，科普部专家指导的大学生参加香港科大－汇川技术2018百万奖金国际创业大赛RoboStartup国际智能机器人创业营＋创业比赛，获30万港元创业基金。

3月5日，上海市惯性技术学会组织志愿者为上海市松江区泗泾镇第二幼儿园小朋友讲授主题为“探索宇宙的奥秘”的公益课。5月11日，南京惯性技术学会在东南大学举办主题为“无人机测绘系统组成及遥感应用”的南京科协大讲堂。11月13日，上海市惯性技术学会联合上海市空间智能控制技术重点实验室、上海惯性工程技术研究中心共同举办航天开放日活动，复旦大学教师与学生代表及几十组市民家庭参观科普展厅。

表彰举荐优秀科技工作者 开展第四届陆元九基金惯性技术创新优秀论文奖评选。学会成立评审组，由中国科学院院士、学会理事长包为民担任组长并主持评审，邀请航天科技、科工、船舶等单位9名院士专家担任评审委员，评选出中国航天科工集团三院33所张亚文、北京航天时代激光导航技术有限责任公司章光建、国防科技大学王林3名会员获奖，颁发获奖证书及奖金。

按照中国科协评选推荐优秀科技工作者代表的通知，评选推荐中国工程院院士、北京理工大学教授汪顺亭为老年优秀科学家代表，航天科技集团钱学森空间技术实验室郑伟为青年优秀科学家代表，中国船舶重工集团707研究所赵小明为中年优秀科技工作者代表，中国航天科技集团九院十三所王汀为青年优秀科技工作者代表。

党建强会 1月26日，召开常务理事会议暨党委会，学习中国科协《关于认真学习贯彻党的十九大精神的实施方案》，学习万钢、怀进鹏在科技工作者学习贯彻党的十九大精神座谈会上的讲话。学会党委纪检委员姜福灏汇报参加中国科协社团党委举办的“学习党的十九大精神”专题辅导报告会情况和心得体会。

4月27日，学会党委组织常务理事学习党的十九大会议精神，学习《关于进一步加强中国科协所属学会党委建设的指导意见》《2018年科协系统深化改革重点任务》。

10月10日，召开党委暨六届十六次常务理事会议，学习《中国科协关于在广大科技工作者中深入开展“弘扬爱国奋斗精神、建功立业新时代”活动工作方案》。

5—11月，学会理事长包为民，副理事长王巍、赵连元、赵坤，常务理事赵小明分别在会员单位宣讲学习党的十九大报告心得体会5次。

会员服务 全年向227名资深会员赠送《中国惯性技术学报》《海陆空天惯性世界》，累计赠送3600余册。

4月和10月，举办会员之家活动2期，150余名京津地区会员参加活动。

【中国惯性技术学会第七次全国会员代表大会】 12月12日，中国惯性技术学会第七次全国会员代表大会在北京中国科技会堂召开。来自全国各地的163名代表参加会议。中国科协党组成员、书记处书记宋军出席大会并讲话，肯定学会在第六届理事会领导下取得的成绩，并对新一届理事会提出希望和要求。学会理事长包为民代表学会第六届理事会作工作报告，学会副理事长赵连元作第六届理事会财务报告及修订财务管理办法说明报告。学会常务理事李立新作关于修改学会章程的说明报告。中国宇航学会副理事长兼秘书长王一然作为兄弟学会代表发表讲话，祝贺大会召开，强调将加强学会间合作交流。参会代表通过无记名投票方式选举产生第七届理事会理事136人、第一届监事会监事5人。大会表彰了第六届理事会工作期间贡献突出的先进集体和个人。

在随后召开的学会第七届理事会第一次会议上，经选举，包为民当选第七届理事会理事长；马卫华、王巍、王振华、刘付成、李立新、杨雨、尚俊云、赵坤、姜福灏、袁利、雷宏杰当选副理事长；王家序等45人当选常务理事。经包为民提名，理事会集体通过，聘任王岩为秘书长。会议审议并表决通过，授予中国工程院院士丁衡高为名誉理事长，聘请陆元九、花禄森为高级顾问。

召开七届一次常务理事会议，研究审议学会领导分工和七届理事会工作机构、专业委员会的设置及其支撑单位。召开第一届监事会会议，讨论确定监事会成员具体分工。

【无人载体导航与控制技术发展与应用学术研讨峰会】 6月28日，由学会主办、株洲菲斯罗克光电技术有限公司承办、株洲国家高新技术产业开发区管理委员会协办的无人载体导航与控制技术发展与应用学术研讨峰会在湖南省株洲中国动力谷自主创新园举行。来自全国航天、航空、航海、部队、高校及株洲市地方等30余个单位的130余名代表和论文作者参加会议。

会议开幕式由学会秘书长王岩主持，株洲市委副书记、市长阳卫国出席开幕式并致欢迎词。学会理事长包为民在开幕词中介绍学会发展历程，近年重点学术交流工作及惯性技术行业发展前景，号召大家掌握核心技术自主知识产权，强化自主创新供给能力，攻克产业转型升级和关键技术瓶颈。

开幕式后进行大会特邀报告。围绕大会主题，包为民作题为《智能技术与航天》的主题报告，介绍人工智能技术发展现状和态势，展望人工智能技术未来发展，结合航天应用背景，探讨航天技术与智能技术相结合的前景与优势。中国工程院院士、南京航空航天大学自动化学院名誉院长冯培德作题为“对惯性技术未来发展的思考”的主题报告，阐述惯性导航技术在新时代的挑战和现阶段发展概况，针对近年来新趋势、新技术，提出未来惯性导航领域发展亟待解决的关键技术点。北京师范大学党委常委、副校长王守军代中国工程院院士樊邦奎作题为“无人机发展及其安全管理”的报告，针对近年来无人机技术发展和应用前景，从信息基础设施和无人机安全管理系统架构方面，阐述无人机安全管理技术重要性和必要性。北京理工大学自动化学院教授邓志红代学会常务理事付梦印作题为“地空协同感知系统”的主题报告，介绍北京理工大学近年来在基于行驶空间的地面无人平台自主导航系统方面的进展，从系统基本概念、自主导航关键技术、地空协同应用等方面具体阐述技术背景和部分关键技术。

会议收到论文43篇，选出9篇作为大会交流报告，展示国内无人载体导航与控制领域最新成果和进展。经专家审议，评选出一等奖论文1篇、二等奖论文2篇、三等奖论文2篇、优秀奖论文4篇。

（撰稿人：李文萍）

中国风景园林学会

服务创新型国家和社会建设 学会受雄安新区管委会委托，承担《雄安新区街道树种选择和种植设计导则》编制工作。由学会理事长陈重任组长的编写工作领导小组及10家国内高校、科研院所和企业组成的编写团队，历时3个月完成《雄安新区街道树种选择和种植设计导则（报审稿）》和14个专题研究报告，得到雄安新区管委会领导和专家的肯定。学会推荐40家规划设计咨询单位和50名咨询专家参与雄安新区规划建设。

7月25—27日，学会在四川省成都市举办公园城市与风景园林论坛。研讨公园城市产生背景、基本概念、内涵、特征、发展途径及公园城市与风景园林关系、当前城市建设背景下风景园林的责任等。学会举办的相关活动还有“公园城市建设”国际学术论坛和“天津·公园城市启航”2018海峡两岸高校学术论坛等。

学会开展行业人才评价工作，初步建立项目管理人员评价体系。学会园林绿化企业工作委员会、学会园林工程分会、北京林业大学、棕榈生态城镇发展股份有限公司等单位共同完成培训教材编制、考试题库建设和考试系统设计等工作。学会以广东省为试点，组织首批项目管理人员试考。在项目管理人员评价基础上，探索规划设计人员、现场施工管理人员、技术工人等评价体系建设。学会支持和指导上海市风景园林学会完成“风景园林职业制度（上海）标准及考试大纲研究”。

学会建设 截至2018年年底，个人会员10300人，较2017年增加469人；单位会员1200余家，与2017年持平。

1月12—13日，在广东省广州市召开第六次全国会员代表大会，住房城乡建设部副部长倪虹发表书面讲话。同期召开六届一次理事会议，选举产生学会新一届领导班子，陈重当选理事长，贾建中当选秘书长。

4月17日，在北京召开六届二次常务理事（扩大）会议。传达学习住房城乡建设部副部长倪虹在学会会员代表大会上的讲话和中国科协第九届全委会第四次全体会议精神。审议通过《中国风景园林学会2018年工作计划》《中国风景园林学会分支机构管理办法（新修订稿）》等文件，确定第六届理事会理事长分工。

10月19日，在贵州省贵阳市召开六届二次理事会议。原则通过《2019中国风景园林年活动方案》，审议通过增补夏颖彪、周如雯、张勇为第六届理事会副理事长。

12月，学会副理事长李雄等参加由住房城乡建设部组织召开的与香港特区政府发展局派出的访问团磋商会议，与香港园境师学会（HKILA）会长许虹座谈，就未来风景园林师职业资格互认交换意见。

主办期刊 《中国园林》入选中文核心期刊和中国科技核心期刊，全年编发论文300篇，约20万字，出版12期。

学科发展研究 推进《风景园林学学科史》研究工作，开展分章节稿件审议和全书统稿，对书稿章节体系和全部内容等进行反复推敲，补充和修订相关史料。截至2018年年底，书稿已基本完成，进入最后审定阶段。

联合中国建筑工业出版社启动《风景园林设计资料集》（第二版）编写工作。全书设总论、绿地系统规划、公园绿地设计、城市景观、风景园林建筑、植物景观设计、园林工程和风景规划8个分册。组建由陈重、沈元勤、贾建中任总主编的总编委员会和分册编写委员会，初步确定各分册编写大纲和写作样张等。与北京林业大学共同启动《中国风景园林史》编写工作，组建由中国工程院院士孟兆祯、张锦秋、王建国、孟建民领衔的编委会，研究确定分册安排，组织召开各分册编写会议。组织专家参与《中国大百科全书》（第三版）人居环境科学的风景园林学卷编纂及《〈园冶〉集注》和《中国盆景现代史》编写工作。

决策咨询 1月，协助住房城乡建设部组织召开园林绿化工程市场管理试点省市经验交流座谈会。组织7个试点省市交流试点情况，总结阶段成果，听取企业意见，就下一阶段园林绿化工程施工招投标管理及企业诚信体系全国联网等问题进行探讨。

4月，协助住房城乡建设部城市建设司组织召开专家研讨会。就新时期、新时代园林工作定位、发展方向、主要任务及机构改革后新目标和新举措等进行讨论，强调风景园林行业要服务生态文明建设和文化事业发展。

12月23日，与中国林学会、中国风景名胜区协会共同在北京召开风景名胜区和自然保护地研讨会。针对构建国家公园为主体的自然保护地体系要求，探讨风景名胜区的价值和定位，发表会议建言，呼吁建立国家公园为主体、自然公园为基础、风景名胜区为特色、其他自然保护地为补充的自然保护地体系。

国际学术会议 4月17—18日，在上海市举办2018城市树木栽培和养护管理国际研讨会，主题为"城市树木地下生境改善"。围绕城市环境下土壤特性与改良对策、根系活力与树木生长相关性、地下生境改善的策略等方面开展研讨。会上，上海辰山植物园、上海市绿化管理指导站和美国莫顿树木园签约合作，共同致力于城市树木管理研究与技术研发，改善树木生境，提高树木长势，提升树木生态效益和景观风貌。

10月3—5日，与韩国造景学会、日本造园学协会在韩国首尔共同举办第十六届中日韩风景园林学术研讨会，主题为"城市更新与风景园林介入"（Urban Regeneration and Landscape Intervention）。学会理事长陈重参会并代表学会致辞，学会常务理事刘滨谊、沈实现、宋爽分别在3个专题发言。《第十六届中日韩风景园林学术研讨会》共收录论文34篇，其中，中方论文22篇。

国内主要学术会议 全年举办国内主要学术会议20余次。8月，学会与中国城镇供水排水协会联合在北京召开海绵城市建设座谈会，就即将出台的"海绵城市建设评价标准"进行讨论，对海绵城市建设中的不当做法提出调整意见。8月23日，学会在上海市举办程绪珂先生从业70年学术思想研讨会，研讨程绪珂生态园林学术思想及其对上海市风景园林建设的贡献。10月20—22日，由贵州省风景园林学会、贵州省风景名胜区协会、贵州省公园绿地协会、贵州大学和贵州省城乡规划设计研究院共同承办的中国风景园林学会2018年年会在贵州省贵阳市举办，主题为"新时代的中国风景园林"。国际风景园林师联合会（IFLA）主席詹姆斯·海特应邀出席会议并作大会报告。会议设国家公园和风景名胜区分会场。年会全程直播，累计收看人数35万人次。11月26日，学会在上海市举办陈从周先生百年纪念活动，研讨陈从周学术思想，缅怀他对中国传统园林保护的贡献等。浙江省、云南省等地相应举办纪念研讨活动。

国际交往　7月17—21日，学会秘书长贾建中带队参加在新加坡举办的第55届IFLA世界大会。学会原副理事长、北京林业大学园林学院院长王向荣等6名中国学者在会上作学术报告。代表团向IFLA主席詹姆斯·海特介绍中国风景园林行业发展情况，邀请詹姆斯·海特访问中国。学会组织会员参加IFLA规划设计竞赛，学会理事长陈重担任竞赛评委。学会参加由大会举办的风景园林国际展览，通过展板、视频、讲解等方式介绍中国风景园林事业和取得的建设成就。学会代表团与新加坡国家公园局和建设局负责人进行公务会谈。

科普活动　举办2018年风景园林月系列科普活动，主题为"风景园林与中华文化"。活动响应国家"一带一路"倡议，支持西部地区风景园林行业建设和交流，先后在重庆市、陕西省延安市、新疆维吾尔自治区乌鲁木齐市举办3场主题报告会。由学会盆景赏石分会承办的风景园林走进公众生活盆景精品展活动在山东省临沂市举办。由北京园林古建院承办的大学生走进企业职场沙龙活动在北京举办。组织"我与风景园林的故事"主题征文活动。

5月16日，与中国园林博物馆合作在北京举办避暑山庄及周围寺庙园林艺术论坛暨"风景园林月"说园沙龙。9月20日，与中国园林博物馆合作在北京举办盆景艺术论坛。11月，与中国园林博物馆合作开展第五届中国园林摄影大展作品征集和展览。

推进风景园林科学传播专家团队和科普教育基地建设，下发相应管理办法，命名首批30名科学传播专家和10个科普教育基地。

表彰举荐优秀科技工作者　开展中国风景园林学会优秀科技成果征集工作。评选出《人居环境研究方法论与应用》等优秀科技成果33项，推荐4项参与2018年华夏科学技术奖评选，其中1项获华夏科学技术奖三等奖。

8月，向国家科学技术奖励办公室申报并完成"中国风景园林学会科学技术奖"备案，制订《中国风景园林学会科学技术奖奖励章程》及各子奖项评审细则等。

学会创新发展　成立学会标准化技术委员会，组建标准专家团队，制定《中国风景园林学会标准化技术委员会管理办法》等。编制完成《园林绿化施工工程招标投标管理标准》《黄淮海采煤沉陷区生态修复技术标准》《采矿废弃地生态修复技术标准》等团体标准。承担并完成中国科协服务国家社会治理品牌建设项目，在专项资金资助下，完善学会团体标准编制体系，优化组织机构和工作流程，提升团体标准编制和管理水平。

党建强会　坚持学习和贯彻党的十九大精神，强化党对学会工作的领导，落实"六个一"学习机制，用党章党规规范学会党组织和党员行为。在建党97周年之际，学会联合党支部组织全体党员开展"不忘初心、牢记使命——重读入党志愿书，重温入党誓词"主题党日活动，开展党的知识问答活动。

会员服务　全年为会员免费寄发《中国园林》及学会简讯1.6万余册。12月，在湖南省长沙市举办第十届会员日活动，主题为"情景交融的风景园林"，近700名会员代表参加活动。

【中国风景园林学会第六次全国会员代表大会】 1月12—13日，中国风景园林学会第六次全国会员代表大会在广东省广州市召开，来自全国各地的240余名会员代表参加会议。住房城乡建设部副部长倪虹发表书面讲话。学会第五届理事会理事长陈晓丽作题为"不忘初心，凝神聚力，推动中国风景园林事业砥砺前行"的第五届理事会工作报告。会议讨论通过了《中国风景园林学会章程》（修订稿）、《第五届理事会财务报告》和《中国风景园林学会会费管理办法》（修订稿）。

大会选举产生第六届理事会理事128人。同期召开六届一次理事会议，选举常务理事41人，选举产生新一届领导班子，陈重当选理事长，王翔、王磐岩、李雄、朱子瑜、杨锐、吴桂昌、郑淑玲、强健、高翅当选副理事长，贾建中当选秘书长。

大会前期，学会组织召开了中国风景园林学会标准化技术委员会成立大会和园林绿化工程建设市场管理改革创新试点座谈交流会等会议。

（撰稿人：付彦荣　刘艳梅）

中国电源学会

服务创新型国家和社会建设　学会发布首批团体

标准8项，起草完成第二批9项团体标准立项和征求意见稿，征集第三批团体标准提案18项。组织科技成果评价会议3次，评价高效可靠风电电力变换及机网柔化控制关键技术与应用项目、多兆瓦级电池储能高效变换器和风光储集成关键技术与应用项目、轨道交通大功率高可靠供电系统的关键技术及工程应用项目。举办高端专业技术培训班5个，累计培训专业技术人员260人。4月21—23日，在福建省福州市举办功率变换器磁技术分析、测试与应用高级研修班。7月28—30日，在安徽省合肥市举办光储系统设计与应用专题研修班。10月12—14日，在浙江省杭州市举办新能源车充电与驱动设计与应用高级研修班。11月19—21日，在上海市举办新一代功率半导体器件发展及应用高级研修班。12月15—16日，在江苏省南京市举办高效率高功率密度电源技术与设计高级研修班。

学会建设 学会18个分支机构完成换届。新成立电源女科学家工作委员会、会员发展工作委员会。召开常务理事会议2次、全体理事会议1次，组织各工作委员会和专业委员会交流2017年度工作总结及2018年度工作计划等。

学会治理结构和治理方式改革 学会修订《中国电源学会财务管理制度》。制定《中国电源学会项目管理办法》《中国电源学会资产管理制度》《中国电源学会合同管理制度》《中国电源学会会议管理办法》《中国电源学会差旅费管理办法》《中国电源学会国内公务接待管理办法》，部分制度经学会八届三次常务理事会议审议通过并实行。

主办期刊 《电力电子技术及应用学报》英文版（*CPSS Transactions on Power Electronics and Applications*，CPSS-TPEA）通过特邀国际知名专家担任客座主编组织专辑等形式，进一步提升期刊质量，出版专辑4期，发表论文33篇，总印数4000余册。

《电源学报》入选《中文核心期刊要目总览》核心期刊（北大核心）。完成学报第三届编委会换届工作。全年出版6期，包括特邀专辑3期，发表论文127篇，发行12000册。

CPSS-Spring电力电子英文丛书年内正式出版3本：High-Frequency Isolated Bidirectional Dual Active Bridge DC-DC Converters with Wide Voltage Gain（CPSS Power Electronics Series）、Equivalent-Small-Parameter Analysis of DC/DC Switched-Mode Converter、Control of Series-Parallel Conversion Systems。

学科发展研究 学会编写完成《中国电源行业年鉴（2018）》，由机械工业出版社出版，纸质版发行800册。内容方面完善行业发展报告数据来源和分析方法，增加年度电源技术发展综述、细分领域报告等内容。

国内主要学术会议 学会开展专题研讨会11场，参会人数2769人次。内容涉及电力电子技术、新能源车充电与驱动技术、特种电源、功率半导体技术、磁技术、信息系统供电技术、光伏发电、储能等。

国际交往 11月5日，国际电气电子工程师学会（IEEE）电力电子学会与中国电源学会联合分会（Joint Chapter）成立暨授牌仪式在广东省深圳市举行，并成立上海，浙江、江苏、安徽，西安3个地区的联合分会。3月16—21日，学会理事长、浙江大学教授徐德鸿，学会副理事长、西安交通大学教授刘进军等赴美国参加APEC 2018国际会议，与IEEE电力电子学会进行工作会谈，并联合美国电源制造商协会组织会员企业午餐会、中美电源产业创新论坛等活动。

科普活动 学会举办第四届高校电力电子应用设计大赛。

学会创新发展 6月6日，学会发布首批团体标准8项，涵盖低压配电网、无功发生器、电力滤波、变流器、电压暂降、传感器等电源相关领域技术或检测规范。这些标准填补了国内相关领域空白，是中国电源学会开展行业标准化体系建设的重要成果。起草组包括国内重点大学、知名科研院所、行业领军企业等几十家单位，通过评审委员会严格审议、面向社会广泛征求意见，又经起草组多次修改完善，对于电源行业树立标杆、提升质量等具有重要参考意义。其中大功率聚变变流系统集成测试规范等3项标准均是相关领域首发，填补了国内空白。

学会完成网站升级，使会员系统与会议系统、服务平台、申报系统形成统一平台。新上线学会综合活动平台，集合学会及分支机构交流活动、专题技术培训等信息，使会员和用户了解学会活动。完善在线会员系统功能，优化会员入会申请、在线缴费、信息更新的流程。

党建强会 3月24日，中国电源学会“新征程，向着伟大梦想前进”党的十九大精神专题宣讲会在湖北省武汉市召开。学会常务理事、分支机构代表、企业代表、青年代表等38人参会。年内，召开党委会议2次，审议学会“三重一大”事项。

会员服务 12月9日，学会会员发展工作委员会在上海市成立。来自各专业委员会、各主要地区和行业企业23人组成委员会。学会网站设会员专区栏目，会员登录后，可在线浏览下载为会员提供的专属技术资料、学术论文、行业资料、报告PPT。

调整改进《会员通讯》内容设置和选题，全年编辑出版通讯23期。推出“匠心筑梦　砥砺前行|电源科技人物系列报道”，发表报道3篇，总阅读量近3万次。

【第二届国际电力电子技术与应用会议暨展览会】 11月4—7日，第二届国际电力电子技术与应用会议（IEEE PEAC 2018）暨展览会在广东省深圳市举行。会议由学会与IEEE-电力电子学会（PELS）联合主办。中国工程院院士臧克茂、美国电源制造商协会主席Stephen Oliver、韩国电力电子学会主席Eui-Cheol Nho教授等及31个国家和地区电力电子学术界和产业界800余名代表参会，38家参展单位参展。会议收到投稿论文722篇，录用论文479篇。大会采用大会报告、专题讲座、分会场报告、墙报交流、展览展示等形式，交流和讨论电力电子最新技术、科研成果和工程教育。会议获美国电源制造商协会（PSMA）、韩国电力电子学会（KIPE）、日本电气工程师学会-工业应用学会（IEEJ-IAS）、中国国家自然科学基金委员会（NSFC）等支持。

11月4日，组委会邀请国内外相关领域专家开设专题讲座12场，围绕可靠性、交流电机驱动、虚拟同步发电机、并网逆变器稳定分析、锂电池充电、控制技术、系统交互和小信号分析及宽禁带器件等技术话题进行讲解。

11月5日上午，大会主席、学会理事长、浙江大学教授徐德鸿主持开幕式并致开幕词。会议荣誉主席、美国工程院院士、弗吉尼亚理工大学教授李泽元，IEEE-电力电子学会主席、阿肯色大学教授Alan Mantooth致欢迎词。会议程序委员会主席、浙江大学教授马皓介绍会议主要情况。大会特邀李泽元、Alan Mantooth、丹麦奥尔堡大学教授Frede Blaabjerg等9名专家作大会特邀报告。

11月6—7日，大会进行分会场交流。设技术报告分会场52个，围绕48个主题作报告256场；设工业报告分会场10个，围绕10个主题作报告32场。与会论文作者和产业界资深工程师交流和探讨电力电子领域最新成果。

会议安排主题墙报交流活动2次，交流墙报论文223篇。会议特设优秀分会场报告人评选活动，48名技术报告人和10名墙报报告人获选，由会场主席现场颁发证书。安排中美电源产业创新论坛1场。

【IEEE Empower a Billion Lives国际创意设计大赛亚太赛区竞赛】 4月，由学会主办的IEEE Empower a Billion Lives（EBL）国际创意设计大赛亚太赛区竞赛启动。预赛收到来自10个国家和地区的项目方案43份。经产学研领域国内外评审专家评审，10支参赛队通过预赛，晋级亚太赛区决赛。

11月4—6日，EBL亚太赛区决赛在广东省深圳市举行。最终，法国参赛队Okra、EDM获EBL亚太赛区最高奖并获奖金1万美元；独立参赛队Solageo&Partners、台湾科技大学等单位Apollo参赛队、复旦大学FDU_LightingUp参赛队、哈尔滨工业大学（深圳）GreenSpark参赛队分别获分组优胜奖；清华大学参赛队Dream Grid获学生队优胜奖。

【“GaN Systems杯”第四届高校电力电子应用设计大赛】 11月4—6日，“GaN Systems杯”第四届高校电力电子应用设计大赛在广东省深圳市举行。大赛由学会、中国电源学会科普工作委员会主办，西安交通大学承办，GaN Systems公司冠名赞助，宁波希磁电子科技有限公司联合赞助，获Chroma公司测试设备支持。大赛主题为“高效高功率密度双向DC/DC变换器设计”。

6月9日，大赛组委会在陕西省西安市举行启动仪式，召开评审委员会会议，评审报名参赛的项目计划书。41所高校的43支队伍报名参赛，评选出20支队伍进入初赛，为各参赛队提出修改方案和改进意见。

11月4日，决赛在广东省深圳市举行。10支队伍进入决赛。决赛分汇报答辩和样机性能测试2个环节。评审委员会根据参赛队答辩和样机测试数据进行评审。华中科技大学获特等奖，杭州电子科技大学、西安交通大学获一等奖，浙江大学、南京航空航天大学获二等奖，北方工业大学、黑龙江科技大学、天津大学、上海电力大学及南京理工大学获优胜奖。颁奖仪式现场为获奖队伍颁发获奖证书和奖金。

（撰稿人：杨乃芬）

中国复合材料学会

服务创新型国家和社会建设 学会召开第二批次科技评价项目评审会，现场评审“仿生复合结构表面材料集水特性的应用研究”等科技成果11项。与山东省泰安市政府、中材科技集团股份有限公司合作建设泰安产业技术研究院，6项科技成果计划落户研究院，2个项目已产生经济效益500万元。12月，学会与广东省珠海市金湾区政府签订合作框架协议，开展协同创新平台及科普基地建设。

2018年，学会与13家省、市科协对接，与江苏省科协签订创新驱动战略服务框架协议，并为15家地方企业提供技术服务。学会《复合材料学科发展研究》《高性能复合材料学科方向预测及路线图》入选“十三五”国家重点出版物出版规划项目。学会承接2018双创周北京分会场“人工智能与新型智能复合材料的深度融合”主题论坛。学会入选国家标准化管理委员会第二批团体标准试点单位，成为全国团体标准信息平台注册用户及团体标准化发展联盟成员，参与编写《团体标准百问百答》。学会在研团体标准10项。

7月28日，在北京举行科技成果发布会，为江苏澳盛复合材料科技有限公司2项碳纤维产品颁发科技成果证书。学会成为教育部授权工程教育认证试点单位，派专员参加教育部评估中心在兰州理工大学及华东理工大学进行的现场考查，并赴山西省太原市参加工程教育认证高端骨干研修班。

学会以“成型工艺及结构设计与应用”为主题举办培训班2期，共培训学员近100人。

学会能力提升计划 学会入选中国科协第三期全国学会能力提升专项“世界一流学会建设项目”。

学会重点加强制度规范化建设，七届三次理事会议集中修订及审议学会管理制度。形成学会党委对重要工作前置审议规范流程。

学会建设 召开七届三次理事会议，七届四次、五次常务理事会议，理事长办公会2次。七届三次理事会议集中修订、审议已执行的管理制度50余项，新设立管理制度2项。4月，召开监督审计工作委员会工作会议，检查2017年度学会财务等工作。

经理事会审议通过，设立智能复合材料专业委员会，召开航空复合材料专业委员会成立大会。截至2018年年底，学会设工作委员会12个、分会及专业委员会21个。

支持青年工作委员会开展工作，举办各类青年论坛及学术交流10场次，内容均面向学科前沿与热点。

学会治理结构和治理方式改革 学会秘书处开展机构与人员改革，设置会员部、学会部、事务部、财务部及期刊部。截至2018年年底，秘书处专职工作人员21人，专业涉及材料、工程技术、外语、管理、设计、信息及财会等。

青年人才托举工程 组织开展第四届中国科协青年人才托举工程（2018—2020年度）申报及选拔工作。经遴选与推荐，7名青年科技工作者入选，其中4名为学会自筹资金支持。召开第二届青年人才托举工程项目结题及第三届青年人才托举工程项目中期会、2018年度青年人才托举工程项目签约会。第一届青年人才托举工程项目通过结题。各期托举人才举办高端青年沙龙6场，参会人员400余人次。

7月23—24日，中国科协第354次青年科学家论坛——先进复合材料应用发展论坛在四川省成都市召开。论坛安排4名第一、二期中国科协青年人才托举工程项目入选者担任执行主席，进行报告邀请、审核及会场主持。来自全国32家科研院所、高校的62名复合材料学科青年代表参加论坛，其中，15名学者作学术报告。

主办期刊 《复合材料学报》中国知网（CNKI）复合影响因子1.556，在材料类期刊中排名第5，影响力指数排名第4；中国科技信息所核心影响因子0.956，在材料类期刊中排名第6，综合评价总分排名第3。学会与海外机构共同创建的英文期刊*Composites Communications*被ESCI收录。

学科发展研究 学会承接2018年度中国科协学科发展工程项目子项目，组织编写复合材料学科发展研究、复合材料学科方向预测及技术路线图研究等内容。开展“引领世界科学的前沿科学问题、建设世界科技强国的工程技术难题”征集等工作，为国家优化科技资源配置、规划科技战略布局提供参考。

决策咨询 学会参与中国科协创新驱动助力工程实施效果监测评估工作，完善创新驱动助力工程实施效果评估指标体系，对中国科协创新驱动助力工程试点单位的实施效果进行评估并反馈评估意见。学会在项目总结报告中归纳创新助力工程评估工作经验，为创新驱动助力试点单位提升工作效能提供参考与借鉴。

学会土木工程复合材料分会以中冶建筑研究总院有限公司为项目牵头承担单位，同济大学、东南大学等单位为课题承担单位，开展国家重点研发计划“高性能纤维增强复合材料与新型结构关键技术研究与应用”研究工作。

国际学术会议 10月21日，由学会和日本复合材料学会联合举办的第十三届中日复合材料学术会议（CJJCC-13）在兰州理工大学召开。近100名中日复合材料界专家、学者、工程技术人员参会。会议旨在为中日复合材料界专家、学者、工程技术人员及对该领域感兴趣的研究人员提供学术交流平台，展示有关复合材料的最新科研成果，加强中日双方材料学界的交流与合作，促进两国材料领域发展。

国内主要学术会议 举办论坛及学术研讨会14场、各类学术沙龙10余场，参会专家、学者总数3000余人次。举办第二十届全国复合材料学术会议（NCCM-20）、2018（第五届）全国交通运输领域复合材料科技会议。

10月15日，学会承办的“人工智能与新型智能复合材料的深度融合”主题论坛在2018双创周北京分会场举行。论坛围绕智能复合材料的研究进展及其与人工智能的深度融合：机遇及挑战、高温复合材料地面在线试验技术与机器视觉、形状记忆合金智能复合材料与系统的设计及应用、新一代人工智能时代的群体智能、4D打印智能复合材料技术及其初步应用、新型复合材料在协作机器人方面的应用、野外机器人智能作业与复合材料的应用、智能材料与人工智能融合助力无人机性能提升、让复合材料更加绿色环保——碳纤维复合材料的回收技术进展及环境影响性评价等议题，展示复合材料行业中新兴产业前沿技术成果和创新产品。

8月15—18日，由学会生物医用复合材料分会和中国生物材料学会复合材料分会共同主办的全国生物医用复合材料2018学术年会在中国科学院长春应用化学研究所召开。从事生物医用复合材料研究、生产的140余名专家、学者、企业代表及研究生参加年会。

11月13日，学会航天复合材料及应用专业委员会联合先进功能复合材料技术重点实验室共同组织的第十八届先进功能复合材料技术学术交流会在西安交通大学召开。来自国内20余家科研院所的96名复合材料领域专家、学者参加会议。参会专家、学者围绕航天复合材料技术的发展及应用展开交流研讨。

两岸交流 学会在2018（第五届）全国交通运输领域复合材料科技会议上，邀请中国台湾地区有关专家开设海峡两岸学术交流分论坛。

国际组织任职 学会副理事长、哈尔滨工业大学教授冷劲松担任国际复合材料委员会副主席，是首位在该组织中担任此职务的中国学者。学会副理事长、西北工业大学教授成来飞担任国际复合材料委员会执委成员。

国际交往 3月，组团参加2018年法国巴黎国际复合材料展，在会上与JEC集团、GOM公司、Zwick公司达成长期合作意向。6月，学会接待澳大利亚技术科学与工程院院士、悉尼大学教授叶林来访。学会组团参加第十八届欧洲复合材料大会。

7月30日—8月1日，第十一届亚澳复合材料会议（ACCM 11）在澳大利亚凯恩斯市举行。此次会议上，学会代表团在浙江大学教授彭华新带领下完成第十二届亚澳复合材料会议（ACCM 12）的申办工作，ACCM12会议计划于2020年在中国举办。

科普活动 参加由中国科协军民融合学会联合体等单位主办的2018年党建强会国防科普进校园活动，在广西壮族自治区百色市、河池市2个革命老区及贵州省安顺市普定县、遵义市务川县举办科普讲座，捐赠复合材料羽毛球拍100副、雨伞50把。参与中国科协军民融合联合体建设国防科技小镇复合材料展馆相关规划方案的制定工作。

表彰举荐优秀科技工作者 推荐优秀科技工作者代表候选人4人、第十五届中国青年女科学家奖候选人1人。评选出2017年度中国复合材料学会优秀博士学位论文5篇、优秀博士论文提名5篇。12月24日，学会推荐的北京航空航天大学教授刘克松获第十五届中国青年科技奖。

党建强会 制定学会党委工作规则、“三重一大”决策实施办法等制度，形成学会党委对重要工作前置审议规范流程。召开党员大会1次、党委会议2次。

会员服务 创新联系服务会员的机制和手段，建立200平方米的会员之家，配备电脑、打印机、电话、投影仪等办公设施，布置可容纳40人的会议场地及会议设备，为会员提供办公、休息、交流的空间，会员可以积分兑换等形式获得优惠服务。

学会网站及数据库完成改版并投入使用，会员可线上完成申请入会、接受审核、缴纳会费、会议注册及学术推荐等操作。

【第二十届全国复合材料学术会议（NCCM-20）】 8月25—26日，第二十届全国复合材料学术会议（NCCM-20）在辽宁省大连市召开。520余人参会，包括20余名院士、学者。会议主题为“复合材料新时代：创新，研发与产业”。大会设主题11个、分会场12个及复合材料产业创新技术成果展区，安排大会报告9个、学术报告168个，涉及复合材料学科前沿热点，涵盖力学、机械、航空航天等学科交叉领域。会议期间，中国工程院院士杜善义对大会报告做出点评。

【2018（第五届）全国交通运输领域复合材料科技会议】 11月24—25日，2018（第五届）全国交通运输领域复合材料科技会议在福建省福州市举行。从事交通运输领域复合材料研究的300余名专家、学者参加会议，探讨复合材料科技创新及产业发展。会议开幕式上，学会副理事长徐坚在致辞中表示，提升复合材料应用水平，促进复合材料在战略性新兴产业等领域的应用是学会开展工作的重要目标，搭建各类产学研用平台是学会开展创新助力工作的主要举措。福建农林大学副校长郑郁善在致辞中表示，复合材料研究的深度和广度已成为衡量一个国家科学技术先进水平的重要标志之一。会议特邀国内交通运输一线生产企业及科研院所专家作报告，内容涵盖汽车、船舶、轨道交通、桥梁土木等相关领域的技术应用与需求。会议邀请山东省泰安市复合材料产业最新孵化技术项目融资路演活动。

（撰稿人：叶金蕊　郝江涛）

中国消防协会

服务创新型国家和社会建设　2018年，协会加强消防行业自律管理，开展第九批（2018年度）企业信用等级评价工作。45家企业参加第九批信用等级评价，其中29家生产型企业中，22家获AAA级、5家获AA级、2家获A级；9家安装施工型企业中，6家获AAA级、3家获AA级。根据《人力资源和社会保障部办公厅关于做好国家职业资格目录公布实施后技能人员职业资格有关工作的通知要求》，加强对消防行业特有工种职业技能鉴定站建设和管理，组织理论知识全国统考4次，累计444271名社会消防从业人员报名参加；配合人力资源和社会保障部、应急管理部完成消防行业特有工种职业目录清单调整衔接，全面升级考务管理和证书核发系统。调整充实注册工程师考试工作专家组，完成新版资格考试辅导教材修订出版和考试命题等工作，89.7万人报名参加考试。

与中国汽车工程学会联合发布新能源汽车消防安全团体标准9项，召开电动汽车消防安全系列标准宣贯培训会。与中国银行业协会签署战略合作协议，共同举办全国银行系统消防安全系列培训班，全国各银行网点负责人、安保人员等分期分批参加培训，全年完成2期240余人培训工作。

成立扶贫支援工作领导小组，由协会会长陈伟明任组长，副会长尹俊士、秘书长曹忙根任副组长；4月，按照公安部扶贫办《关于下达2018年扶贫资金筹措任务的通知》要求，向青海省玉树藏族自治州称多县拨付扶贫资金10万元，向贵州省黔西南布依族苗族自治州普安县拨付扶贫资金5万元。

学会建设　2018年，协会规范和完善工作运行机制，以制度建设为抓手规范和完善协会内部管理机制，加强协会品牌建设，提高协会服务和管理水平。修订完善标准制度，加强分支机构管理指导。推动消防科技创新，扩大消防科普宣传和教育培训。有序开展消防职业技能鉴定、注册工程师考评、国际交流等工作。

加强协会网络化、信息化建设，提升协会网上联系、网上咨询、网上服务、网上引导广大会员的能力。推动消防专业人才培养，保持和深化与美国、日本等国家消防协会友好往来，在开展互访交流和专业人员短期培训基础上，探索以研修学习、访问学者、交流工作等方式，培养国际化消防专业人才。通过互联网技术和大数据平台，探索线上、线下2种会展模式，提升国际消防设备技术交流展览会品牌魅力，提高专业化和国际化水平，提升为会员、消防科技工作者和社会单位服务的能力。

9月14日，2018年度新入会单位会员法定代表人（主要负责人）座谈会在北京召开。会议重点学习《中国消防协会章程》和《中国消防协会会员管理办法》，向新入会的单位会员颁发会员证书。会员代表进行发言和座谈交流，协会副会长王铁民、张荣昌、冷俐及秘书长曹忙根出席会议并讲话。

学会治理结构和治理方式改革　根据中国科协办公厅印发的《中国科协2018年学会改革工作要点》，结合工作实际，制订2018年改革工作方案。根据《中国科学技术协会全国学会组织通则（试行）》和《中国消防协会章程》有关规定，建立理事、常务理事会议议事规则；根据《中国科协所属全国学会分支机构管理办法（试行）》和《中国消防协会分支机构、实体机构管理办法》，加强协会分支机构建设和管理，规范分支机构、实体机构依法、依章程开展活动；按照国务院颁布的《深化标准化工作改革方案》要求，组织召开中国消防协会团体标准工作筹备会，研究制定《中国消防协会团体标准管理办法（草案）》，推动团体标准制定工作。根据中共中央《深化党和国家机构改革方案》，按照公安部、应急管理部及消防救援局统一部署，11月，中国消防政协会移交应急管理部。

主办期刊 协会主办的《中国消防》《消防技术与产品信息》和《消防科学与技术》围绕消防工作大局，宣传党和国家对消防工作的重大决策和部署，报道全国消防工作经验和动态，推广消防应用技术，开展消防科学学术交流。《中国消防》由半月刊改为月刊，每期80页；对开本、版式及栏目做相应调整。《消防科学与技术》被中文核心期刊和中国科技核心期刊收录。

国内主要学术会议 协会主办、承办及参与承办以促进消防科学发展、消防学术交流及消防课题研究等学术性话题为主题的国内大型学术会议10余次，消防领域专家、学者约1万人次参加会议和研讨。

两岸交流 6月10—12日，第二届海峡两岸防灾减灾论坛（第十届海峡论坛子论坛）在福建省厦门市召开。论坛由协会与中华志愿者协会共同指导，福建省消防协会、中国台湾地区“中华消防协会”主办。主论坛上，两岸专家、学者就“灾害管理策略”“消防社会化管理”“地铁事故处置”等主题进行交流。期间，举办海峡两岸灭火、救援实操技术演练和妇女消防培训及宣导示范等活动。

国际组织任职 协会会长陈伟明担任国际消防协会联盟执行委员，任国际消防协会联盟亚洲分会副会长。

国际交往 3月，协会会长陈伟明赴马来西亚参加国际消防协会联盟执委会及亚洲分会，参观马来西亚消防展，审议联盟工作开展情况，就联盟事务发展提出中国的观点和意见。

3月，协会组织赴日本消防研修团进行为期15天的研修考察；7月，协会会长陈伟明带队赴日本参加中日韩三国消防协会联席会议；10月，协会在北京承办中日消防协会第33次协议会。

科普活动 组织召开全国消防科普理论与技术研讨会，来自香港特别行政区、中国台湾地区，以及英国、美国的300余名代表参加会议，就消防科普的文化发展、宣传形态、人才培养、科普模式、场馆基地建设等方面进行研讨交流。组织发动各地方消防协会及相关消防科普工作者，在科技活动周、全国科普日、“11·9”消防日、防灾减灾日等全国性消防安全教育活动期间，开展消防科普教育活动；举行2018灾害应急救援论坛、全国社会救援力量技能竞赛、“牵手未来”全国青少年防灾减灾培训体验公益行和汶川地震十周年总结回顾及表彰大会。

采用线上、线下相结合方式，举办2018年全国消防安全知识网络大赛，近100万名网民参与。召开2018年消防科普启动活动与研讨会，举办第十一届“火凤凰杯”全国优秀消防科普工作者评选活动和2018年全国优秀消防科普作品评选大赛，组织拍摄“烈火青春”系列宣传片。

面向全国各有关单位公开征集消防科学传播专家团队成员，聘任全国消防科普专家41人、科普中国共建基地专家19人。

表彰举荐优秀科技工作者 完成第八届中国消防协会科技创新奖评选工作。组织征集相关企业和科研单位申报项目36项，评审出获奖项目28项，其中，一等奖5项、二等奖9项、三等奖14项。开展2018年优秀消防论文征集评奖活动。征集科技论文311篇，133篇论文获优秀论文奖，其中，一等奖19篇、二等奖42篇、三等奖72篇。

党建强会 根据《中国共产党章程》和中国科协科技社团党委《关于进一步加强中国科协所属学会党委建设的指导意见（试行）的通知》精神，协会党委制订《中国消防协会功能型党委工作规则》，发挥党委把方向、管大局、抓落实的重要作用，确保协会保持正确的政治方向。加强班子建设，以建设学习型、创新型、和谐型、廉洁型党委班子为核心，发挥党委、党支部在协会建设中的重要作用，完善规章制度和议事规程，学习贯彻中央会议精神和上级党委要求，研究审议“三重一大”事项，突出政治引领，团结带领党员听党话、跟党走，保持党组织在协会各项工作中的政治核心、思想引领和组织保障。强化队伍建设，严格按照中央关于社会团体党的组织和党的工作全覆盖要求，将全体党员纳入党支部管理，退休老同志参加双重组织生活。党支部认真落实“三会一课”制度，组织开展“不忘初心、重温入党志愿书”主题党日活动，参观改革开放40周年成果展等活动。

协会党委贯彻中国科协、应急管理部消防救援局警示教育和党风廉政建设要求，将全面从严治党与依法依章办会相结合，下发《中国消防协会“五个严禁”规定》和《中国消防协会党风廉政建设和反腐败意见》。

会员服务 以会员需求为导向，向会员单位转发中国科协、国家奖励办公室等单位文件11份。为会员单位牵线搭桥，保障会员单位的优秀科技项目在立项、资金等方面能够获得相应支持，保障优秀科技工作者在获得相应表彰奖励等方面有申报平台。新发展单位会员84家、个人会员143人。对少数不遵守协会章程、不履行会员义务的会员进行3次清理。召开新入会单位会员负责人座谈会，共同学习相关产业政策，听取会员需求，搭建交流沟通平台。组织11家会员单位赴美参加美国消防装备展览会，引领会员企业将中国消防产品推向国际市场。

【中国消防协会六届五次理事会议暨2018科学技术年会】 11月20日，中国消防协会六届五次理事会议暨2018科学技术年会在北京召开。协会会长陈伟明和应急管理部消防救援局副政委詹寿旺等出席会议。应急管理部消防救援局副局长魏捍东、应急管理部沈阳消防研究所副所长徐放作为特邀专家，分别以“新时代国家综合性消防救援队伍新使命新挑战”“物联感知技术创新，驱动智慧消防发展”为题作特邀报告。年会设立火灾预防与灭火救援技术研讨会、消防科普教育论坛和第五届青年消防学者论坛。

【第九届中国国际安全生产论坛消防安全分论坛】 10月17日，协会在浙江省杭州市召开第九届中国国际安全生产论坛消防安全分论坛。论坛主题为“强化火灾事故预防，促进消防事业发展”。这是消防工作纳入应急管理部后举办的首个大型国际消防学术交流活动，来自美国消防协会、日本消防协会、国际消防协会联盟、德国VDS认证机构及国内的消防专家、学者，围绕“强化火灾事故预防，促进消防事业发展”主题，作主题报告14场。

【全国消防科普理论与技术研讨会暨中国消防协会科普教育工作委员会第七届委员会二次会议、第一届热安全科学与技术研讨会】 8月23日上午，全国消防科普理论与技术研讨会暨中国消防协会科普教育工作委员会第七届委员会二次会议、第一届热安全科学与技术研讨会在安徽省合肥市召开。中国大陆与香港特别行政区、台湾地区，以及英国、美国等地高校、科研院所、学术团体、企业等社会各界300余名代表参会，围绕消防科普产业发展、消防科普理论和消防科普创新等话题进行研讨交流。协会副会长冷俐、秘书长曹忙根等参会，协会科普教育工作委员会主任委员张和平主持会议。协会副理事长周建强、中国应急管理学会理事罗秀华、中国科学技术大学教授纪杰、台湾高雄科技大学副教授苏崇辉分别作主题报告《发展中的中国科普产业》《关于做好当前消防科普宣传的几点建议》《基于数据同化的火灾发展实时动态预测方法》《以纹影光学系统探讨高大厂房单侧自然式排烟之气流分布》。

【汶川抗震救灾十周年纪念活动】 5月9—13日，由中国消防协会、中国灾害防御协会等9家单位共同主办的社会力量参与汶川抗震救灾十周年纪念活动在四川省北川羌族自治县举办。纪念活动包括启动仪式、灾害应急救援论坛、社会救援力量及应急产业十年发展成果展、全国青少年防灾减灾体验公益活动、社会救援力量技能竞赛和十周年总结回顾表彰等。第十二届全国政协副主席、中国灾害防御协会会长马培华致贺信。中国消防协会副会长陈飞、中国地震局震害防御司副司长韦开波、联合国儿童基金会驻中国办事处副代表Douglas Noble、北川羌族自治县党委书记赖俊等领导出席会议并致辞。各主办单位、协办单位、相关救援力量及社会各界人士近500人参加仪式。陈飞在致辞中回顾2008年“5·12”汶川地震发生后，军民团结一心、众志成城战天灾的身影和全国消防部队克服万难、并肩作战的抗震历史。灾害应急救援论坛邀请10余名国内外相关领导、专家和学者针对灾害救援中的体制机制、政社合作、社会救援力量参与及灾害救援医学、防灾减灾救灾理论与技术等进行交流。

（撰稿人：曲　毅）

中国图象图形学学会

服务创新型国家和社会建设 学会主办的中国国际机器视觉展览会暨机器视觉技术及工业应用研讨会（Vision China）分别在上海市、广东省深圳市、北京举办。展览面积达8000平方米，参观人数达4.5万余人次。

举办专业技术讲座CSIG图像图形中国行、CSIG图像图形学科前沿讲习班和SLAM技术论坛共计20期，累计参加3000余人次。

根据国家关于鼓励科技社团开展第三方科技评价工作的精神，学会启动科技成果鉴定工作，完善鉴定流程，完成“大规模网络图像的文本识别技术及应用”科技成果鉴定。

学会建设 召开理事会议1次、常务理事会议2次、理事长会议1次。截至2018年年底，学会个人会员4600人，环比增长50%。新增三维视觉专业委员会、女科技工作者工作委员会。学会下属分支机构增至36个。

学会治理结构和治理方式改革 完善《中国图象图形学学会理事会条例》《中国图象图形学学会专业委员会条例》。制定《关于中国图象图形学学会主办或参与活动的若干规定》《中国图象图形学学会会士条例》等规章条例10项，完善学会内部治理机制。

青年人才托举工程 学会推荐的中国科学院自动化研究所副研究员樊彬、华中科技大学副教授许永超获中国科协2018—2020年度青年人才托举工程项目资助。8月16日，学会在甘肃省兰州市召开青年托举计划座谈会。邀请被托举人和相关领域专家围绕青年人才托举计划实施现状、取得经验、存在问题及后续工作设想等方面进行交流。

主办期刊 《中国图象图形学报》获2018年度中国最美期刊称号。

学科发展研究 根据专业委员会学科方向，结合当前热点，撰写学科发展报告5篇。

国际学术会议 10月22—24日，由学会与中国计算机学会、中国仿真学会主办，学会虚拟现实专业委员会、山东大学、中国海洋大学承办的第十八届中国虚拟现实大会（ChinaVR 2018）暨第八届国际虚拟现实与可视化大会（ICVRV 2018）在山东省青岛市召开。会议主题为“虚拟现实助力产业新动能”。国内外高等院校、科研院所、企业500余名专家、学者参加会议。会议安排特邀报告9个，收录论文93篇。

5月20—22日，由学会与国际先进情感计算协会、中国人工智能学会、中国计算机学会主办，中国科学院自动化所承办，中国图象图形学学会人机交互专业委员会、中国人工智能学会人工心理与人工情感专业委员会及中国计算机学会人机交互专业委员会协办的首届亚洲情感计算学术会议（ACII Asia 2018）在北京召开。国内外高等院校、科研院所、企业200余名专家、学者参加会议。会议安排特邀报告4个，收录论文46篇，其中，口头报告17篇、墙报交流29篇。

国内主要学术会议 学会及分支机构举办国内学术交流活动71次，累计参会8000余人次，交流学术论文649篇。

5月11—13日，由学会主办、扬州大学承办的第十九届全国图象图形学学术会议（NCIG 2018）在江苏省扬州市召开。会议主题为“AI时代的图像图形新技术”。国内高等院校、科研院所、企业700余名专家、学者参加会议。会议安排特邀报告3个，收录论文139篇，其中，口头报告43篇、墙报交流96篇。

7月26—28日，由学会主办、可视化与可视分析专业委员会承办的第五届中国可视化与可视分析大会（ChinaVis 2018）在上海市召开。来自高等院校、科研机构、企业的500余名专家、学者参加会议。英国牛津大学教授Min Chen、中国科学院计算机网络信息中心主任廖方宇作特邀报告。会议安排专题报告8个，交流论文40篇。

8月14—16日，由学会主办、三维成像与显示专业委员会承办的中国图象图形学学会第九届立体图像技术学术会议在新疆维吾尔自治区伊宁市召开。会议围绕立体视觉和医疗影像辅助诊断等应用，涉及三维成像与显示的原理、技术、设备、内容生成和应用等领域主题。大会交流论文29篇，安排特邀报告3个。

8月16—17日，由学会主办、青年工作委员会承办、兰州大学协办的第十四届青年科学家论坛在甘肃省兰州市召开。来自高校、科研院所及企业的100余名专家、学者参加会议。论坛特邀中山大学教授赖剑煌作题为“自适应深度学习与行人再识别方法”的学术报告。11名青年学者就各自研究成果作学术报告。参会青年科学家就当前热点问题进行讨论，旨在促进图像图形相关领域青年学者间沟通与交流，推动交叉领域科学家之间的合作。

11月22—25日，由学会与中国人工智能学会、中国计算机学会、中国自动化学会主办，中国图象图形学学会视觉大数据专业委员会、中国人工智能学会模式识别专业委员会、中国计算机学会计算机视觉专业委员会、中国自动化学会模式识别与机器智能专业委员会承办的第一届中国模式识别与计算机视觉学术会议（PRCV2018）在广东省广州市召开。国内高等院校、科研院所、企业1600余名专家、学者参加会议。会议安排主题报告4场、大会特邀报告8场。会议收录论文179篇，其中，口头报告24篇、墙报交流155篇。

科普活动 组织开展科普活动13场。

9月7—21日，组织“虚拟现实、美好生活”和“漫谈人工智能”全国科普日系列活动，并获中国科协2018年全国科普日优秀活动。网易平台对活动进行直播和专访，线上传播千余人。

在北京、福建省、广东省广州市等地开展面向中小学生的人工智能科普系列讲座7场，累计受众2000余人次。

表彰举荐优秀科技工作者 学会推荐中国青年女科学家奖、未来女科学家计划、中国科协青年人才托举工程、全国学会优秀党员科技工作者7人次。学会推荐的清华大学副教授马惠敏、北京交通大学教授赵耀被授予“展风采，树楷模”全国优秀党员科技工作者。

学会创新发展 学会搭建形式多样的学术交流平台，满足会员和科技工作者的多层次需求。首次开展全国SLAM技术论坛，7月28—29日在浙江省杭州市召开。国内科研院所、高校400余名专家、学者参加会议。活动旨在使在校学生了解企业需求，为企业定向筛选优秀学生搭建平台。

党建强会 学会党委发挥政治引领作用，参与学会“三重一大”事项前置审议。采用集中学习等方式开展学习宣传党的十九大精神活动。在学会理事会上，理事长谭铁牛作题为“迈进新时代，开启新征程”的报告，解读党的十九大和全国“两会”精神。

会员服务 完善会员系统建设，简化入会流程。完成2018年高级会员评选工作，62名会员晋升为高级会员。组织学术活动，为科技工作者搭建交流平台，以学术交流带动会员发展。通过微信公众号、网站等渠道宣传会员成就和成果。

【第十九届全国图象图形学学术会议】 5月11—13日，由学会主办、扬州大学承办、扬州市科协和扬州市电子学会协办的第十九届全国图象图形学学术会议在江苏省扬州市召开。来自国内高校、科研院所、企业的700余名专家、学者参加会议。美国德州大学圣安东尼奥分校教授田奇作题为Person Re-Identification：Recent Advances and Challenges的报告，北京大学、山东大学教授陈宝权作题为“基于机器人的三维感知”的报告，浙江大学教授吴飞作题为“数据、知识和行为交互下的智能学习”的报告。会议安排前沿论坛报告12个、成果展览项目7项。会议录用论文139篇、口头报告43个、墙报交流96个。3篇论文获优秀论文奖，2篇论文获最佳墙报奖，3项成果展览项目获最佳高校成果展览奖。

（撰稿人：骆岩峰　洪　淼　黄英英）

中国人工智能学会

服务创新型国家和社会建设 2018年，学会开展面向教育的智能终端技术解决方案及系列产品、棋牌谱标准设计及复盘分析软件、航天发射中的智能数据服务关键技术、智能化虚拟仿真实验的研究与应用和云计算关键技术及新型云应用引擎与“粤教云”工程等科学技术成果鉴定工作。

2月14—15日，学会主办的全国高校《人工智能导论》师资培训班在福建省福州市永泰县举办。

学会能力提升计划 10月，学会入选中国科协第三期学会能力提升专项“世界一流学会建设项目”。

学会建设 召开全体理事会议1次、常务理事会议1次、常务理事通信会议2次。审议通过新建人工智能与安全专业委员会，增补11名常务理事、7名理事等事项。截至2018年年底，学会有理事194人，包括常务理事68人。

2018年，新增个人会员5457人，个人会员总数达25469人，包括海外会员近130人；新增企业会员61个，企业会员总数达163个；新增会士11人，会士总数达64人；新增缴费会员3023人，缴费会员总数达11135人。

设分支机构45个，其中，专业委员会38个、工作委员会7个。全年各分支机构举办学术活动、竞赛、科普活动等177次，包括国际学术会议25次、国内学术会议84次、讲座27次、竞赛23场、科普活动35次、培训近10场。

学会知识工程与分布智能专业委员会、机器博弈专业委员会、不确定性人工智能专业委员会、智能交通专业委员会、离散智能计算专业委员会、自然语言理解专业委员会、会员服务工作委员会和认知系统与信息处理专业委员会等完成换届工作。

学会启动人工智能智库建设工程。在16名召集人基础上，推举出全国人工智能领域科技工作者和企业家61人（含院士8人）作为首批智库专家，设脑认知基础、机器感知与模式识别、自然语言处理与理解、知识工程、机器人和智能系统6个方向。

成立广西壮族自治区、海南省、湖南省、浙江省、山东省、日照市等省市人工智能学会及香港人工智能与机器人学会共7个地方学会。截至2018年年底，地方学会增至22个。

学会重视信息化建设工作，完善学会官网智库、培训等板块。利用新媒体微信公众号拓展学会信息传播渠道，学会和CAAI会员中心2个微信公众号推送内容近1000条，累积关注11万余人次。

青年人才托举工程 学会开展中国科协青年人才托举工程评审工作，收到申报材料28份。经7名专家网上评审，推选出7名优秀青年人才进行现场答辩。通过专家无记名投票、公示等流程，中国科学院自动化研究所张煦尧和南京理工大学宫辰入选。

主办期刊 《中国人工智能学会通讯》全年发表原创文章113篇，包括翻译文章3篇。紧抓栏目策划和稿件质量，坚持每期发表专家原创稿件5篇左右。

《智能系统学报》和粒计算与知识发现专业委员会、模式识别专业委员会和机器学习专业委员会等学术团队开展合作，刊发热点学术论文近40篇。被中国科技核心期刊、中文核心期刊、CSCD数据库收录。据《中国学术期刊影响因子年报（2018版）》数据显示,《智能系统学报》复合影响因子1.350。获2018年度中国高校百佳科技期刊奖 。

CAAI Transactions on Intelligence Technology 是由学会和重庆理工大学共同创办的英文季刊。期刊有编委114人，包括海外编委76人。1月，期刊与英国工程技术学会（IET）合作出版。期刊所有收录文章同时在IET Digital Library和IEEE Xplore Digital Library双平台发布。截至2018年年底，期刊文章被引用751次，包括SCI引用536次、EI引用400次。期刊被美国乌利希国际期刊指南（UPD）、INSPEC、GoOA和维普等数据库收录。

学科发展研究 2018年，学会共撰写并发布行业权威报告——三部白皮书和一部绿皮书，即《世界人工智能白皮书》《中国人工智能白皮书——知识工程》《中国人工智能白皮书——机器博弈棋牌谱》和《新AI、新动能、新实体——中国人工智能与实体经济融合发展研究报告》。

8月30日，学会完成《人工智能导论》印刷出版工作。《人工智能导论》是中国科协策划并组织编制以人工智能、云计算、大数据等为代表的新一代信息技术系列丛书之一。该书邀请中国科学院院士陆汝钤、谭铁牛、吴朝晖，中国工程院院士桂卫华、戴琼海担任顾问专家。于剑、王万良、李涓子、马少平、朱军、山世光、周明、陶建华、陈小平、高阳、孙富春等十几名专家、学者参与编写。

国际学术会议 学会举办国际学术交流活动25次，累计3790人次参加。

8月22—24日，由学会与电气和电子工程师协会（IEEE）联合举办的IEEE网络基础设施与数字内容国际会议在贵州省贵阳市召开。来自中国、韩国、日本、美国、加拿大、英国、澳大利亚等国家的150余名专家、学者参加会议。

10月13—14日，由学会智能空天系统专业委员会承办的第14届中国智能系统会议在浙江省温州市召开。来自全国各地的近300名代表参加大会。

11月23—25日，由学会和IEEE联合主办的第五届云计算与智能系统国际会议在江苏省南京市召开。来自10余个国家及国内10余所大学的专家、学者共390余人参加会议。会议收到论文384篇，包括国外稿件26篇。录用论文214篇，涉及机器学习、计算智能及智能电网控制等16个专题。

国内主要学术会议 6月15—17日，由学会生物信息学与人工生命专业委员会联合天津大学承办的生物信息学与智能信息处理学术年会在天津市举行，来自20余省市的140余名专家、学者参加会议。

9月19日，由学会主办的人工智能与大数据论坛在浙江省杭州市举行。来自中国、美国、马来西亚、菲律宾、英国、俄罗斯、塔吉克斯坦等国家和地区的政府官员、企业家、专家、学者500余人参加论坛。论坛是数字经济暨数字丝绸之路国际会议分论坛之一，设主题演讲、国际合作模式分享、成果发布及高端对话4个环节，旨在探索“一带一路”背景下“数字丝绸之路”建设路径。

11月，第八届中国智能产业高峰论坛在四川省成都市举办。2000余人参会，8名专家作主题报告。在12个产业专题论坛中，140余名行业专家和与会者分享经验和建议。论坛与学会理事会议同期举办，得到各分支机构支持。

11月23—26日，由学会和中国计算机学会、中国自动化学会、中国图象图形学学会联合主办的首届中国模式识别与计算机视觉大会在广东省广州市举办。会议邀请4名专家作大会主题报告。来自全国高校、科研机构及工业界的专家、学者约1600人参会，分享最新研究成果、创新思想和产品应用。

科普活动 1月13日，学会启动“人工智能大讲堂”重点项目。13名专家在湖南省长沙市、北京、广东省深圳市、江苏省南京市、陕西省西安市、广西壮族自治区桂林市、重庆市、上海市、四川省成都市等10个城市开展演讲23场，受众涵盖政府机关、企事业单位、高校、科研院所、大型社区、中小学等1万余人。

9月18日，学会承办的世界公众科学素质促进大会——“科学素质促进人工智能创新与发展”专题论坛在北京举行。200余人参加论坛。中国、西班牙和意大利的5名教授和企业界人士介绍人工智能在医疗、无人机、人力资源和教育等领域应用和创新。

表彰举荐优秀科技工作者 学会开展吴文俊人工智能科学技术奖评选和中国人工智能学会优秀博士学位论文评选工作。表彰奖励科技工作者共279人次，包括女性科技工作者46人，40岁以下科技工作者139人。

党建强会 7—11月，在中国科协科技社团党委组织的创建星级学会党组织评选活动中，经学会自行评估、试点评价小组成员初评、中国科协科技社团党委创建试点审议，学会党委综合评分700分以上，获全国首批星级学会党组织奖。

会员服务 12月22日，中国人工智能学会会员精准服务研讨会在广东省深圳市召开。来自高校、企业、政府单位和地方学会、海外学会的10余名代表就如何从质和量两方面提升学会会员服务能力问题进行讨论。此次研讨会在学会入选中国科协世界一流学会建设项目背景下召开，旨在发现与国际人工智能领域的差距与不足，形成服务会员新思路。

【第三届全球人工智能技术大会】 5月，第三届全球人工智能技术大会在北京国家会议中心举办。2000余人参会。大会由中德两国院士领衔，来自美国、德国、英国、西班牙、意大利、新西兰等10余个国家和地区的人工智能领域100余名专家、学者作12场主题报告、7场专题论坛。大会还组织青年科学家论坛，邀请国内AI新生企业家，讨论智造AI产业。

【第四届中国人工智能大会】 7月，第四届中国人工智能大会在广东省深圳市罗湖区举办。大会涵盖多元化主题，旨在打造国内人工智能领域产、学、研结合平台。2000余人次参加大会，30名专家、学者分享观点和研究成果。大会设置专题论坛“我国人工智能如何务实推进”，邀请全球专家探讨粤港澳大湾区智能机器人与中国智能芯片发展方向，促进AI和实体经济深度融合。

【全国人工智能学院院长、系主任论坛】 4月28日、5月27日、11月18日，分别在北京、陕西省西安市和四川省成都市举办全国人工智能学院院长、系主任论坛。来自高校、企业、科研院所的专家探讨和分析人工智能学科建设与发展、人才培养体系建设与人才需求匹配等。

【首届中国“AI+”创新创业大赛】 10月24日，学会举办首届中国“AI+”创新创业大赛决赛。大赛以“创新驱动未来，智能改变现在”为主题，收到来自各科技企业和高校近100支队伍的参赛作品。通过召开初赛专家现场评审会，遴选27支队伍晋级总决赛。通过项目路演展示加专家互动答辩，北京千寻未来科技有限公司“人工智能非接触式高速扫描机器人”项目夺冠。

（撰稿人：邹亚茹）

中国体视学学会

服务创新型国家和社会建设 2018年，学会新增《工业用计算机断层成像方法　第1部分：术语》《工业用计算机断层成像方法　第2部分：性能参数》《工业用计算机断层成像方法　第3部分：测试模体》3项团体标准研发项目。

7月21—24日，学会金相与显微分析分会主办的第六届“蔡司·金相学会杯”大学生金相比赛、第四届“莱州华银·金相学会杯”材料专业大学生综合技能大赛在广西壮族自治区桂林市举行。来自全国73所高校的约400名师生参加比赛。

11月3—4日，学会金相与显微分析分会主办的第三届高校失效分析大赛在河南理工大学举办。比赛设置专业组和挑战赛，邀请来自高校、科研院所和企事业单位从事失效分析工作的青年科技人员参赛。38个单位200余名代表参加。

学会建设 完成学术委员会、会员管理委员会、奖励委员会、标准化技术委员会换届工作。9月12日，学会在清华大学召开在京理事长、秘书长联席会，就学会学术委员会、奖励委员会、会员管理委员会、标准化工作委员会改选，提出建议名单；10月26日，学会召开七届三次常务理事会议，审议建议名单；10月27日，学会召开七届二次理事会议，审议并表决通过新一届学会学术委员会、会员管理委员会、奖励委员会、标准化技术委员会名单。

学会材料科学分会、金相与显微分析分会分别召开委员会会议，完成分会换届。

学会官网完成改版重建，上线运行。新网站集成会员管理系统、会议系统、期刊在线采编系统、奖励评选系统、在线支付等功能。

学会治理结构和治理方式改革 10月，召开七届三次常务理事会议。审议并表决通过《中国体视学学会财务管理条例（试行）》和《中国体视学学会分支机构财务管理规定（试行）》，规范学会财务和分支机构财务管理。

主办期刊 学会期刊《中国体视学与图像分析》为中国科技核心期刊，季刊，每年出版4期。全年收录论文55篇，其中，获国家自然科学基金、“863”国家重点科研、全军指令性科研基金、省市自然科学基金等各类基金项目资助论文46篇，占全年刊登论文的83.6%。

学会将期刊全部论文实现移动端（手机、平板电脑、移动阅读器）阅读功能，会员可通过移动端阅读学会期刊论文全文。

国内主要学术会议 2018年，学会及所属各专业委员会组织学术、技术交流活动13次。累计参加活动约2200人次，交流论文300余篇。

8月10—13日，由学会CT理论与应用分会主办，东莞信大融合创新研究院、东莞信大光电技术有限公司承办，河北中模医疗设备科技有限公司协办的2018年全国射线数字成像与CT新技术研讨会在内蒙古自治区呼伦贝尔市召开。来自全国高校、科研院所及相关企业的约90名代表参加会议。会议邀请到国内射线数字成像与CT技术领域15名专家、学者作会议专题报告。

11月17日，2018年全国金相与显微分析学术研讨会在安徽工业大学召开。会议由中国体视学学会金相与显微分析分会主办，来自全国各高校、科研院所的专家、学者约100人参加会议。研讨会邀请东南大学国家特聘专家孙正明，吉林大学“长江学者”特聘教授、国家杰出青年基金获得者王慧远，西安交通大学“长江学者”特聘教授、国家杰出青年基金获得者刘刚，复旦大学国家杰出青年基金获得者车仁超，上海大学“长江学者”特聘教授高彦峰作特邀报告。报告涉及陶瓷材料到金属材料、功能材料到结构材料、材料科学到显微分析技术的各个方面。

科普活动 学会及各专业分会开展科普讲座、科普展览等科普活动4次，累计受众人数约800人。

表彰举荐优秀科技工作者 学会七届三次常务理事会和七届二次理事会审议通过《中国体视学学会终身成就奖评审办法（试行）》和《中国体视学学会青年人才托举工程实施细则（暂行）》。

12月25日，学会2018年科学技术奖、青年科学技术奖评审会在清华大学召开。通过函评的科技成果申报人和各分会推荐的青年科技奖候选人进行现场汇报和答辩，经专家评议、打分，评出拟授予年度科学技术奖项目和拟授予年度青年科技奖获奖者。经公示，评选出2018年中国体视学学会科技进步奖一等奖1项、自然科学奖二等奖1项、青年科学技术奖5人。

党建强会 召开党委会会议2次、全体理事会党员会议1次，组织理事会党员学习参观活动1次。

学会党委开展党员活动，团结带领科技工作者听党话跟党走，紧密联系服务广大科技工作者，发挥党委思想引领作用。10月27日，学会党委组织学会理事约70人参观位于江苏省常州市的同方威视科技江苏有限公司、华罗庚纪念馆和金坛区博物馆。大家在同方威视江苏科技园展馆内体验人脸识别、与智能机器人安检机互动、无人超市购物等技术和理念，参观成像产品车间、高能产品车间、安检CT制造中心等；在华罗庚纪念馆内，学习数学家华罗庚先生自学成才、身残志坚、追求真理、报效祖国的精神和情怀；在金坛区博物馆，了解当地发展和文化、经济特色。

（撰稿人：胡 蓓 王 锂）

中国工程机械学会

服务创新型国家和社会建设 学会在中铁一局（洛阳）和盾构国家重点实验室建立盾构操作者培训中心。维修与再制造分会提出《高端智能装备再制造进行计划2018—2020》，推进百台盾构再制造计划、盾构再制造技术攻关项目、盾构再制造质量保障体系建设项目和创新计划等，并在广东省广州市召开盾构再制造创新战略联盟成立大会，在中铁隧道局和中国检验认证集团检验有限公司建立全断面隧道机械检验中心。

7月15—20日，维修与再制造分会组织盾构施工单位、盾构制造单位、服务企业进行考察。考察内容包括有关生产技术、生产设备、生产管理、质量保证体系等。

8月，工程起重机械分会举办“矿源杯”第三届中国大学生起重机创意大赛；在副理事长单位安徽省蚌埠市华峰起重机职业培训学校举办“起重装卸机械操作培训”8期，通过对起重基础理论、工作原理、安全文明生产及典型案例分析等方面培训，向市场输送合格起重机学员247人。组织相关企业赴法国巴黎参观工程机械展览会。

工程铲土机械分会组织编写并出版“工程机械手册”《铲土运输机械》。特大型工程运输车辆分会主编的“工程机械手册”《隧道机械》出版发行。

10月16日，在北京召开2019长沙国际工程机械展览会全球新闻发布会，宣布将于2019年主办长沙国际工程机械展览会。11月26日，学会在上海召开2019中国（广州）国际工程建筑机械零部件·再制造·维修技术及服务展览会新闻发布，宣布将于2019年在广州交易会址举办工程机械零配件及维修再制造展览会，并将于2019年召开学会第七届工程机械与车辆工程研究新进展国际会议。展览会将体现中国工程机械行业70年发展成果，使工程机械行业服务于中国基础建设设施和城市建设，服务于创新型国家建设。

学会建设 学会推进成立分会工作，召开工程机械智能制造分会和高空作业机械和装备分会筹备会。讨论起草分会章程，推荐分会理事、常务理事、理事长、副理事长，完成组织机构构架设置，并提交给将于2019年召开的第四届理事会第二次全体理事会议审议。7月14日，召开维修与再制造分会配件创新营销专业委员会第一次筹备会议、筹备配件领域专业委员会，参会人员59人。

学会治理结构和治理方式改革 学会加强并健全各分会管理机制，建立团体标准委员会。制定相关行业团体标准，协助中小工程机械企业。学会协助盾构机国家重点实验室力量和中检集团检测力量，建立盾构质量检测和控制中心。

学科发展研究 学会组织学校教师、研究单位和生产企业研究人员编写“工程机械手册”丛书，包括《港口机械》《桩工机械》《混凝土机械与砂浆机械》《挖掘机械》《工程起重机械》《铲土运输机械》《隧道机械》《路面与压实机械》《环卫与环保机械》《基础件》10卷，共计963万字。由清华大学出版社出版，分别在各分会年会上举办发行仪式。

在研讨会基础上，推进第二期出版的“工程机械手册”，包括《桥梁施工机械》《高铁施工装备》《高空作业机械及设备》《钢筋及广应力机械》《混凝土制品机械》《市政施工装备与园林绿化机械》《城市娱乐设施》《工业用车辆》《电梯与扶梯》《农林牧渔业机械》《工程机械信息化》《工程机械维修和再制造》等卷编写工作，已进入大纲讨论阶段，计划3年完成。

完成为“一带一路”服务的《阿汉汉阿双向辞典》《意汉汉意双向辞典》《韩汉汉韩双向辞典》排版工作。

决策咨询 学会港口机械分会为工程机械领域相关企事业单位提供技术咨询，解决测试技术相关技术问题。组织技术专家，为上海港、天津港、青岛港、厦门港、宁波港等港航企业提供持续性技术咨询服务。

国际学术会议 5月11日，2018扬州（邗江）高层次人才高科技成果交流洽谈会在江苏省扬州市扬州会议中心举行。学会理事长赵静一教授和名誉秘书长王永昌教授代表特大型工程运输车辆分会参加会议，并签约科技成果合作项目。

国内主要学术会议 1月12日，由学会主办，维修与再制造分会、盾构再制造创新战略联盟承办的高端智能装备（盾构）再制造行动计划（2018—2020年）研讨会暨工程机械维修分会第十四次年会在北京召开。来自全国60余家企事业单位的近100名专家学者代表参会。会上制定《盾构再制造三年行动计划》。

3月28日，由桩工机械分会与中国建筑业协会深基础与地下空间分会、中国土木工程学会土力学与岩土工程分会联合举办的第八届深基础工程发展论坛在江西省南昌市召开，参会代表500余人。

4月19—22日，由港口机械分会主办的第八届中国港口装卸机械新技术研讨会在湖北省武汉市召开。会议就起重机运输设备相关安全问题进行研讨，为设备的设计、制造提供相关参考。会议为适应“一带一路”需求，旨在提升港口行业竞争能力，推动港口设备管理现代化、信息化、自动化、智能化发展，鼓励企业技术创新，加强港口行业技术交流，推广港口装卸机械新技术。

4月23—26日，由港口机械分会主办的港口装卸机械节能环保技术交流会在重庆市召开，260余名代表参加会议。与会代表围绕起重机设备高效、节能、环保及其新技术运用进行研讨。

9月20日，工程起重机械分会第20届年会在江苏省徐州市召开。年会主题为“推动行业技术融合，促进企业创新发展”。会议围绕工程机械大数据应用、起重机相关标准解读、起重机行业相关知识产权保护等内容开展讨论，邀请国内院校专家学者及行业企业领导，共同商讨“创新驱动”相关内容。会上举办分会主编的“工程机械手册”《工程起重机械》出版发行仪式。

8 月 18 日，由液压技术分会主办的全国筑养路机械行业创新发展专家论坛在山西省长治市召开。会议主题为“资源节约 + 固废利用 + 清洁生产”，400 余名筑养路机械行业领导和技术专家参会，交流、探讨筑养路机械行业最新技术和发展方向。会议响应《中国制造 2025》国家战略行动纲领要求，在中国筑养路机械领域践行“创新驱动、质量为先、绿色发展、结构优化、人才为本”基本方针，弘扬“工匠精神”。

9 月 8—10 日，矿山机械分会第三届理事会暨矿山机电装备创新研讨会在西安科技大学举行，100 余人参会。6 名教授、高级工程师分别作深部矿井智能开采、机器人化综掘装备、新时代煤机装备绿色制造、机电液传动与控制、高端采煤机、塔机行业发展趋势等方面报告。矿山机械分会组织学术交流和讨论会，讨论有关矿山机械基础理论研究、优化设计、智能制造、状态监测与智能诊断等方面问题，破解矿山机械领域发展难题，旨在提高矿山机械技术水平。多所高校与西安煤机制造有限公司共同申报工信部绿色制造创新平台。帮助企业解决技术难题。初步建立行业内专家库，为中国工程机械分会项目鉴定委员会奠定基础。2 个项目通过专家组鉴定，并获教育部科技进步奖二等奖。推进完善矿山机械专家库。

11 月，工程环卫与环保机械分会在山东省烟台市召开第四届年会。年会主题为“新时代环卫环保装备新需求、新趋势、新技术”。分会结合上海市容绿化局对纯电动环卫车辆技术需求，开展新能源环卫车辆技术调研，就汽车动力性和新能源环卫车辆空调技术进行专题研讨，配合市容绿化局设备委进行环卫车辆性能检测。会上举办分会负责组织编写的“工程机械手册”《环卫与环保机械》出版发行仪式。组织分会党的工作小组，组织学习习近平总书记在上海进博会期间讲话。

11 月 17 日，由学会主办，维修与再制造分会、盾构再制造创新战略联盟承办的维修与再制造分会盾构再制造创新战略联盟 2018 会员大会在广州白云国际会议中心召开。来自国家工信部、中国科学院和中国工程院的 5 名院士，近 200 名专家学者、工程师和企业家参加大会。与会专家分析再制造产业发展形势，交流近年来再制造领域最新研究成果。

11 月 25 日，由桩工机械分会主办的桩工机械行业年会在江苏省苏州市召开，到会代表 150 余人。会上举办分会主编的“工程机械手册”《桩工机械》出版发行仪式。

11 月 25 日，挖掘机械分会年会在江苏省昆山市召开，60 余名代表参加会议。中国工程院院士、挖掘机械分会理事长杨华勇作题为“智能电静液驱动执行器基础研究”的报告；学会首席顾问王长江作题为“挖掘机如何从 V2.0 向 V4.0 发展”的报告；高级工程师曹东辉博士作题为“挖掘机智能化的思考”的报告；英国工程机械咨询公司刘玉山作题为“国际工程机械市场分析”的报告。与会代表作相关报告，并就上述议题进行讨论。

国际交往 3 月 19—22 日，由德国亚琛工业大学流体技术传动和控制研究所（Institut Fuer Fluidtechnische Antriebe und Steuerungen，IFAS）主办的第 11 届国际流体动力会议在德国亚琛召开。燕山大学作为理事单位参加会议，学会理事长、燕山大学教授赵静一代表流体传动与控制分会进行产品及技术展览，向国际学者展示分会在流体传动与控制领域学术研究及工程应用中所取得成果。

党建强会 推进各分会党的工作小组建设，成立分会党的工作小组。组织党委会成员参观改革开放 40 周年成就展。

（撰稿人：石来德）

中国遥感应用协会

服务创新型国家和社会建设 2018 年，协会发布《中国遥感应用协会团体标准管理暂行办法》，组织各会员单位和分支机构开展相关标准征集与评审工作。

配合国防科工局，参与组织、论证和编制形成《卫星应用助力数字福建创新发展总体方案》。设计建设海丝空间信息港，实施 5 个“卫星 +”示范应用工程，打造卫星应用产业集群的“151”卫星应用创新示范工程，由福建省政府和国家航天局于 4 月 18 日印发（闽政文〔2018〕108 号）。

学会建设 截至 2018 年年底，协会个人会员 2076 人，包括协会 2040 人、分会 36 人；会员单位 420 家，包括协会391家、分会29家。有分支机构11家。

在民政部社会组织管理局组织开展全国学术类社团评估期间，梳理和完善、改进协会理事会和分支机构档案、规章制度、会费标准、会议活动等材料与工作流程，提升自身建设与运行规范性，获3A级评价。

开展2018年度中国遥感应用协会科学技术奖评选活动，形成评审推荐意见，待征求获奖单位意见和公示后颁奖；形成《中国遥感应用协会科学技术成果鉴定办法（草案）》，待审议完善。

主办期刊 协会主办期刊《红外》被维普中文科技期刊数据库、万方中文核心期刊（遴选）数据库、中国期刊网中国学术期刊（光盘版）全文数据库和中国学术期刊综合评价数据库（CNKI）等数据库收录。

协会内部期刊《中遥通讯》，记录协会2018年度重要活动、党建工作、科普建设、内部治理等工作。协会向理事和会员邮寄《中遥通讯》纸质版，发送电子版。

学科发展研究 申报中国科协学科发展工程项目"摄影测量与遥感学科发展研究"并获资助。

国际学术会议 9月27—28日，依托北华航天工业学院，会同河北省农业厅和廊坊市政府，在河北省廊坊市举行第三届中国（国际）农业遥感应用技术高峰论坛。来自国内外的200余名专家、学者、企业代表研讨农业遥感应用和产业发展。

国内主要学术会议 3月4—6日，协会联合香港遥感学会、台湾地理资讯学会、澳门科技大学，以"遥感、大数据与空间数据科学"为主题，在香港中文大学召开第十一届海峡两岸暨港澳地区遥感与空间资讯研讨会。来自中国大陆、香港特别行政区、澳门特别行政区和中国台湾地区的数十名遥感专家和企业家参加。举行遥感科技、数据应用及其产业化相关报告18场。

7月19—20日，会同湖南相关部门，在湖南省长沙市联合主办主题为"空间信息应用——新型大数据新时代发展新产业"的2018大数据空间信息应用博览会。举办由1.5万平方米展览、1个主论坛、6个分论证组成的中国（湖南）空间信息应用高峰论坛。近100家国内遥感、大数据企事业单位参展，湖南省省长许达哲，副省长陈飞、陈文浩出席，67名专家和企业家作专题报告。来自全国的3万余观众观展。空间信息与地理信息应用专业人员1000余人参加。

8月21日—24日，会同中国遥感领域相关组织，在浙江省湖州市德清县举办主题为"遥感与数字中国"的第二十一届中国遥感大会。第十二届全国政协副主席、全国工商联原主席王钦敏，浙江省常务副省长冯飞和14名中国科学院、中国工程院院士及国际宇航科学院院士出席大会。大会安排特邀报告13个。设分论坛7个、报告46个；设专题14个、学术分组讨论5场，讨论报告83个，交流论文53篇，张贴论文20篇。同期举行国家民用空间基础设施中期评估地面及应用专家组总体会、中国遥感应用协会智慧产业创新联盟会员大会、高分丛书编委会第一次会议、"航天宏图杯"第十届中国青年遥感辩论会等活动。来自全国遥感领域的专家、学者、政府人员、企业家等500余人参会。

1月22—23日，在浙江省湖州市德清县举办中国航天商业遥感卫星应用论坛。

10月9日，会同安徽省经济和信息化委员会和滁州学院举办2018人居环境与空间信息应用高峰论坛。

10月23—24日，会同中国光学工程学会在上海市举办第四届高光谱成像技术及其应用研讨会。

10月29—30日，会同江西省经济和信息化委员会在江西省南昌市举办2018江西高分遥感应用推广会。

两岸交流 10—12月，协会应中共中央台湾工作办公室邀请，会同中国电视艺术家协会、中华文化发展促进会开展主题为"40年·辉煌足迹"的第二届海峡两岸及港澳无人机航拍创作大赛，向香港特别行政区、澳门特别行政区及中国台湾地区各界展示中国大陆在遥感领域科研、建设与应用的成就。

国际交往 9月，配合国防科工局（国家航天局）在广西壮族自治区南宁市举办以"共商、共建、共享、共用'一带一路'空间信息走廊"为主题的中国-东盟"一带一路"空间信息走廊合作发展论坛。

科普活动 协会与辽宁省朝阳市喀喇沁左翼蒙古族自治县政府共同举行喀左六十周年县庆展览。参观人数约15万人次。

9月15日，会同中国测绘学会、武汉大学在湖北省武汉市举办"慧眼寰球"遥感科普交互展。参观人数约1万人次。

10月10日，在滁州学院举行2019年度中国遥感应用协会CRS用户培训会。面向来自全国各地相关事业单位、科研院所、高校、企业等近100名工程技术人员，就中国自主陆地观测卫星服务及应用进行培训。

12月19日，会同深圳市科协在广东省深圳市举办中国（深圳）航天科普展。参观人数约200万人次。

表彰举荐优秀科技工作者 推荐中国工程院院士赵文津、北华航天工业学院教授李国洪、中国资源卫星应用中心系统总体部研究员龙小祥作为中国科协成立60周年百名科学家、百名基层科技工作者座谈会的优秀科学家代表。推荐新疆维吾尔自治区黄新利、安徽省陈冬花作为中国科协成立60周年百名科学家、百名基层科技工作者座谈会的基层科技工作者代表。

根据《中国遥感应用协会奖章实施细则》和《中国遥感应用协会章程》，经协会理事长提名和理事长办公会、常务理事会审议通过，授予中国科学院院士、中国工程院院士李德仁中国遥感应用协会推广应用奖章。

完成中国科协青年科学家参与国际组织及相关活动申报工作，由协会推荐申报的中国资源卫星应用中心郭朝辉获资助并出席Charter ECO国际会议；中国科学院遥感与数字地球研究所研究员周翔等获资助。

党建强会 协会党委在中国科协科技社团党委指导下，开展党的十九大精神宣讲活动、学会党建工作问卷调查；开展“弘扬爱国奋斗精神、建功立业新时代”活动，传达学习中国科协警示教育大会精神等工作。

依托协会秘书处，在国防科工局直属机关党委指导下，协会党支部组织秘书处和各分支机构参与国防科工局2017年度基层党组织组织生活会和开展民主评议党员、2018年党风廉政建设宣传教育月、中共工业和信息化部直属机关第三次代表大会代表候选人推选等工作，开展廉政党课、秘书处廉政谈话、观看《铁纪强军》系列宣传片警示教育学习、参与党的十九大报告等系列活动。

协会党支部和党委组织秘书处、各分支机构和部分会员单位党员开展考察学习活动，学习考察中共一大会址纪念馆、嘉兴南湖革命纪念馆、中国科学院与两弹一星纪念馆、韶山毛泽东同志故居和纪念馆、纪念马克思诞辰200周年主题展览、改革开放40周年展等。

会员服务 组织相关会员单位参加对地观测卫星委员会空间数据协调工作组（SDGC）会议、第三十九届亚洲遥感大会等国际会议，宣传中国遥感建设成就，加强合作交流。

【2018年中国遥感应用协会年会暨五届四次理事会议】 4月23日下午，2018年中国遥感应用协会年会暨五届四次理事会议在黑龙江省哈尔滨市举行。会议审议并通过《中国遥感应用协会2017年工作报告》和《中国遥感应用协会团体标准管理暂行办法》等管理办法，为新增的亚热带分会和智慧产业创新联盟2个分支机构授牌。发布2017年度中国遥感领域十大事件评选结果。

（撰稿人：张圆圆　卫　征）

中国指挥与控制学会

服务创新型国家和社会建设 5月15日，学会在北京召开《一体化指挥调度业务资源　数据交换技术要求》等6项智能指挥调度团体标准送审稿审查会。审查专家组一致同意通过标准送审稿的审查。

7月2—4日，在北京主办第四届中国（北京）军民融合技术装备博览会。

10月15—20日，在陕西省西安市主办空天大数据与人工智能高级研修班。来自中国电子科技集团、中国兵器工业集团、中国航天科工集团及军事科学院、国防大学、国防科技大学、武警警官学院、哈尔滨工程大学等科研院所、军事院校和企业37个单位的75名专业技术骨干、企业高管参加研修班。研修班包括精修课程10门、现场参观学习3次、专题研讨及结业考核1次。

学会建设 2018年，学会成立空天大数据与人工智能、空中交通管制、智能可穿戴技术、网络空间安全、数据链技术、指挥控制网络、筹划与决策技术、公共安全数据工程和智能指挥与控制系统工程8个专业委员会及青少年创客联合会。

3月28日，学会在北京召开二届二次常务理事会议。学会理事长、副理事长等42名常务理事出席会议，分支机构负责人和筹备分支机构负责人列席会议。会议宣传贯彻党的十九大及中国科协九届四次全委会精神，汇报了学会2017年工作及2018年工作计划，讨论学会能力提升专项问题，审议常务理事单位、理事单位、常务理事、理事增补事宜，审议分支机构增设事宜，审议学会会士实施细则。各分支机构进行经验交流。学会组织工作委员会对学会秘书处、分支机构开展评价，评选出先进分支机构5个和先进工作者12人。

9月8—9日，首次组队参加中国科协机关党委和中国科协科技社团党委组织的2018中国科协全国学会乒乓球赛（第九届），取得女子老年组八强、男子中年组八强、女子中年组单项季军成绩。11月21日，获2017年度科协系统统计调查工作优秀单位称号。12月19日，在北京主办分支机构负责人培训会，来自33个分支机构的总干事及负责人参加培训。

学会微信公众号设科普栏目全年日更内容，7万余名专家、学者关注与点击。学会微信公众号具备平台直播、书籍购买、会议报名、在线缴费、学会微站等功能。

学科发展研究 12月，学会完成《智能化无人系统学科方向预测及技术路线图》编写工作。

决策咨询 5月5日，在北京召开北京网迅科技有限公司“闪迅万兆网络智能控制器”项目科技成果鉴定会。倪光南、费爱国、王子才等11名中国工程院、中国科学院院士及19名来自军队科研院所、军工集团、高校和企业的专家参加会议。中国工程院院士倪光南担任鉴定会主任，学会理事长费爱国、中国工程院院士王子才担任副主任。会议由倪光南和费爱国共同主持。

国内主要学术会议 2018年，学会及分支机构举办年会、研讨会、报告会、论坛等国内学术交流活动30余次，累计提交学术交流论文1500余篇，评选表彰优秀论文40余篇。

1月20日，在北京主办空天大数据与军事智能化研讨会暨院士专家新春座谈会。来自军队、院校、科研院所有关专家共80余人参加会议。专家、院士分别作主题报告《空天大数据与军事智能》《时空大数据与精确制导武器应用》《区块链技术及其国防应用》《基于空天大数据的智能云控制与决策方法》。

2月5日，联合中国人工智能学会、军事科学院系统工程研究院在北京主办理技融合创新新春座谈会。来自军委机关、军事科学院、国防大学、陆军研究院、海军研究院、空军研究院、火箭军研究院及学会相关领域的40余名专家代表参加座谈会。

4月11日，在山西省太原市主办智能可穿戴技术及其发展专题报告会。兵器集团公司科技带头人张钟铮主持。兵器集团首席科学家郭志强作为嘉宾向电子科技大学教授陈东义颁发荣誉证书。

5月4—6日，学会与中国工业与应用数学学会在江苏省南京市联合主办第十四届中国网络科学论坛。会议围绕复杂系统与复杂网络及其相关领域国际学术前沿展开讨论与交流。

6月12日，在北京主办2018中国信息化装备复杂电磁环境效应技术大会。300人参加大会。

7月2—4日，在北京主办第六届中国指挥控制大会。来自相关单位的600余名专家、学者参加大会。大会同期举办专业技术高端论坛10场，开展报告100余场。征集论文涉及20余个专业领域，收录213篇。

7月5—6日，由军事科学院主办，学会与其他单位协办的第一届军事大数据论坛在北京召开。来自军工集团、大数据研究应用企业、高校等相关单位专家300余人参加论坛。中国科学院院士、中国工程院院士和相关专家共19人作大会报告及主题交流。论坛举办22家军地单位大数据研发及应用成果展。向参会代表发放自主编撰的《国外军事大数据应用汇编》。

8月3日，在山西省太原市主办AI赋能C4KISR系统——兼谈无人地面特种机器人系统与技术发展专题报告会。学会常务理事、火力与指挥控制专委会副主任委员赵爱军主持，学会副理事长、火力与指挥控制专委会主任委员李定主出席。120余人参加报告会。

9月6—8日，在四川省绵阳市主办第三届全国公共安全与应急防控论坛。安全防护与应急救援专委会委员、绵阳市有关企业、游仙区有关部门和乡镇领导干部、大学生代表等近300人参加论坛。5名专家在主论坛上作大会主旨报告。

10月13—14日，在湖南省长沙市主办第六届CICC青年科学家论坛。来自科研院所、军事院校、高等院校、企业、媒体等80余个单位的近200名青年代表参加论坛并进行交流，7名院士作主题报告。

10月18—19日，与中国海洋学会在湖北省武汉市联合主办2018第二届中国海洋发展与指挥控制论坛。来自海洋信息化装备领域科研院所、高等院校、高新科技企业代表200余人参加论坛并进行交流，14名专家作主题报告。

11月2—4日，在江苏省镇江市主办火力与指挥控制专业委员会、海上指挥控制专业委员会2018年学术年会。40余家单位100余名代表参加学术年会，12名专家进行论文交流发言，公布22名优秀论文作者获奖名单并颁发证书。

11月19—20日，会同“一带一路”航天创新联盟、国际宇航联合会、中国宇航学会、中国指挥与控制学会及IEEE西安分会在陕西省西安市主办首届中国微小卫星大会。会议安排国际立方星及应用创新设计大赛、学术论坛、会展3部分。来自20余个国家的近400名专家、学者参会并开展学术交流。

11月29日，在江苏省南京市主办2018第一届空中交通管理系统技术学术年会。来自国家空管委办公室、各军兵种、民航局、军地院校的领导、嘉宾及论文作者共130余人参加会议。会议收录论文61篇，评选出12篇优秀论文并颁奖。

12月5日，与信息系统工程重点实验室在湖南省长沙市联合主办第九届C4ISR技术论坛暨指挥与控制学科专题研讨会。20余名院士及22家单位142名代表参加会议。10名院士作主题报告。会议收到论文109篇，录用论文60篇，出版《C4ISR系统前沿技术研究》论文集。

12月20日，与中国人工智能学会、一体化指挥调度技术国家工程实验室在北京联合主办2018首届智能指挥调度技术创新大会。2名院士作主题报告。参会代表就人工智能时代智能指挥调度领域发展进行分享与讨论。

科普活动 1月23—27日，受中国人民解放军东部战区邀请，在江苏省南京市联合主办“前沿科技进军营活动——科技兴军走进东部战区”。

5—12月，主办第二届全国兵棋推演大赛。

8月6—10日，受北京卫戍区邀请，举办“前沿信息技术进军营——走进北京卫戍区活动”。活动包括前沿科技大讲堂和科技兴军走进东部战区科技成果展，面向全区团以上首长机关及直属单位官兵，7000余人参加。

12月5日，由学会安全防护与应急管理专委会和北京市海淀区文明办、北京市政法之光消防志愿服务队在凤凰岭公园共同举办以“文明海淀、志愿你我”为主题的“国际志愿者日——文明志愿消防科普活动”。

表彰举荐优秀科技工作者 7月3日，根据前期开展的2018年度中国指挥与控制学会科学技术奖、中国指挥与控制学会青年科学家奖、中国指挥与控制学会优秀博士学位论文申报及评审工作，对8个科技进步奖、2名创新奖、2名青年科学家奖、8篇博士学位论文、32篇大会优秀论文和1名终身成就奖获得者进行授奖，并在第六届中国指挥控制大会上颁奖。

8月30日，经学会党组织推荐，学会理事、海军航空大学教授关欣被评为2018—2019“展风采，树楷模”全国学会优秀党委科技工作者。

10月6日，学会副理事长陈杰获2018年度何梁何利基金奖科学与技术进步奖，学会副理事长付琨获2018年度何梁何利基金奖科学与技术创新奖。

党建强会 10月9日，学会党委下发《在分支机构中建立功能性党支部》的通知，对分支机构及办事机构进行分类指导、精准施策，加强与有关部门沟通协调，实现学会理事会和办事机构党组织全覆盖。

发挥微信群作用，开展“不忘初心、牢记使命，学习贯彻党的十九大精神答题活动”，获中国科协学习党的十九大精神知识问答优秀组织奖。选派党员领导干部参加全国学会党组织负责人学习贯彻党的十九大精神学习班、科协系统学习宣传贯彻党的十九大精神培训、2018年全国学会党组负责人培训班。学会党委建立健全微信群、学会微信公众号、学会官网等宣传渠道，落实“党建强会计划”项目，截至2018年年底，学会微信公众号CICC党建园地板块推送300余篇文章，公众号关注人数6万余人；利用CICC分支机构负责人工作群及专委会工作群等平台，宣传党的方针政策。

会员服务 9月7日，依据《中国指挥与控制学会章程》开展首届高级会员发展工作。

【第六届中国指挥控制大会暨第四届中国（北京）军民融合技术装备博览会】 7月2—4日，学会主办的第六届中国指挥控制大会暨第四届中国（北京）军民融合技术装备博览会在北京召开。来自军委联合参谋部、装备发展部，军事科学院、陆军、海军、空军、火箭军、战略支援部队、各战区和国防科技工业部门、企业、高等院校、科研院所的领导、专家等600余名代表参加开幕式。中国工程院院士、学会理事长费爱国主持开幕式，有关领导和嘉宾致辞。中央军委联合参谋部原副参谋长戚建国及10名国内院士专家作大会特邀主旨报告。

大会同期举办大数据技术高峰论坛、富媒体指挥信息系统论坛、C4ISR理论与技术高峰论坛、第四届智能指挥与控制论坛、智能可穿戴技术论坛、网络空间安全论坛、军地联动应急指挥体系建设论坛、数据链技术论坛、指挥控制网络论坛、筹划与决策技术高峰论坛10个领域高端论坛。来自各领域的专家、学者近100人作报告近100场，共同探讨任务式指挥、智能化作战、战场智联网、大数据运用、军事区块链、人机融合智能、有人系统与无人系统协同作战、军地联动应急指控体系建设等问题，分析仿视网膜视觉芯片、智能可穿戴技术、单兵网络化侦查技术、未来智能士兵、可信网络安全架构、武器协同数据链等前沿技术发展现状和应用前景，研究思考新时代下科技助力、军民融合发展措施办法。

大会期间，举行2018年度CICC科学技术奖、优秀论文颁奖典礼，对8个科技进步奖、2名创新奖、2名青年科学家奖、8篇博士学位论文、32篇大会优秀论文和1名终身成就奖获得者进行授奖。学会名誉理事长、中国工程院院士李德毅获2018年度CICC终身成就奖。

大会同期举办第四届（北京）中国军民融合技术装备博览会。主题为“聚焦自主创新技术装备、推进军民融合深度发展”。博览会旨在展示中国军民融合技术产业最新发展成就，搭建军民融合技术创新要素资源沟通、交流与对接平台，为国防和军队现代化建设提供科技支撑。展览面积2万余平方米。参展企业300余家，参观观众4万余人。受到200余家媒体、自媒体关注和报道。获军委机关、各战区、各军种、武警部队、政府有关部门和各军工集团肯定与支持。

【第二届全国兵棋推演大赛总决赛暨“国防与未来”主题论坛】 10月22—25日，由学会主办，中国科学院自动化研究所、学会筹划与决策专业委员会、北京纵横兵棋信息技术研究院承办，北京方圆奇正数码科技有限公司、济南棋战网络科技有限公司技术支持的2018第二届全国兵棋推演大赛总决赛暨“国防与未来”主题论坛在北京举办。

5月，2018第二届全国兵棋推演大赛经中国科协、国家国防教育办公室和军队有关机关批准启动。比赛历时5个月，分为分区赛和全国决赛2个阶段。分区赛阶段，在北京、上海市、山东省、山西省、河北省、河南省、陕西省、四川省、江苏省、湖北省、湖南省、新疆维吾尔自治区、吉林省设立分赛区13个，注册参赛选手1.2万人，依托互联网陆战平台铁甲突击群展开比赛。各分区赛优胜选手推荐参加全国决赛，使用空海作战平台突破·舰队指挥官，分别决出军队组和地方组个人赛前16名、编组赛前8名，进入全国总决赛。其间，对外发布2018全国兵棋推演大赛视频宣传片。

10月22—24日，来自11所军队院校、16所地方院校和有关研究院所、企业单位的近100名选手经过3天对抗，确定全国总决赛名次。总决赛结束后，组织颁奖典礼。

结合2018第二届全国兵棋推演大赛颁奖典礼，同期举办“国防与未来”主题论坛。学会理事长费爱国，副秘书长宋荣、刘玉超，中国军事文化研究会副会长崔福兴，中国电子学会副秘书长洪京一，中国科学院自动化研究所副所长杨一平，国家国防教育办公室和有关机关领导及多家军地高等院校，大赛分赛区承办单位领导、专家，有关国防教育机构和高技术企业约300名嘉宾参加论坛。

【第二届CICC全国青少年创客联赛】 6—8月，学会组织展开2018第二届CICC全国青少年创客联赛。联赛经中国科协批准，由学会主办，CICC青少年创客联合委员会、北京格物明理教育咨询有限公司承办，北京学川科技有限公司协办，获北京大学多元文化教育研究中心支持。主题为“创客普及·协作分享”。8月20日，2018第二届CICC全国青少年创客联赛全国总决赛在北京举办。来自20余个城市的青少年创客选手进行3D打印设计、液压机械臂、机器人挑战赛、迷宫探险挑战赛、创客作品展示评选等项目比赛。最终决出各个赛项一、二、三等奖和优胜奖，评选出创客联赛优秀组织单位和优秀指导老师。创客联赛全国总决赛嘉宾为获奖选手、指导教师和组织单位颁发获奖证书和奖杯。

（撰稿人：杜　颖）

中国微米纳米技术学会

服务创新型国家和社会建设　学会申报的“胶原蛋白作为生物材料的科技研发及产业化”项目获中国科协2018创新驱动助力工程项目立项支持。截至2018年年底，项目结题并完成各项指标。项目形成调研报告2篇；建立生物材料产业基地1个，完成专家库组建，提出后续工作计划；完成1条低免疫原性、高纯度和高稳定性的胶原蛋白规模化生产线改造和升级工作；1项发明专利公告授权；举办行业交流会1场。申报的福建省“海洋资源生物医药行业产业调研”项目获中国科协2018创新驱动助力工程项目立项支持，将于2019年3月结题。

学会冠名主办第九届中国国际纳米技术产业博览会和2018中国（上海）国际纳米技术展览会。参与第20届中国科协年会院士专家调研课题，浙江省“加快半导体产业发展对策研究专题调研”获立项支持，形成专题调研报告《浙江省加快半导体产业发展的对策研究》。

参与中国科协智能制造学会联合体工作。参与工程领域国家重点实验室2018年度评估、新一代信息技术系列丛书推广、2018年智能制造科技进展评选、国际智能制造联盟筹备工作。承办第20届中国科协年会分会场。

举办继续教育培训班2期，累计培训220余人次。10月，在国际会议期间举办短期培训。12月，举办微纳传感器技术系列研修班。

学会建设 2018年，在民政部2017年度全国性社会组织评估中，学会被评为全国3A级社会组织。新发展个人会员193人、团体会员9个。截至2018年年底，学会个人会员1960人、团体会员94个。评选3名学会会士，并于学会年会期间颁发聘书。学会独立原创书籍Micro and Nano Fabrication Technology已出版Micro Electro Mechanical Systems、Micro and Nano Fabrication Technology 2卷，其余3卷正在筹备中。

学会治理结构和治理方式改革 根据《科协系统深化改革实施方案》《中国科协2018年学会改革工作要点》等相关要求，制定《中国微米纳米技术学会2018年改革方案》。编纂《中国微米纳米技术学会规章制度汇编》《中国微米纳米技术学会兼职人员行为准则》《中国微米纳米技术学会团体会员管理办法》《中国微米纳米技术学会2018年年报》。召开分会机构工作会议，修订《中国微米纳米技术学会十三五科普发展规划》及2018年工作计划。

主办期刊 学会联合主办期刊《传感技术学报》全年总印数9600册，发表论文320篇。*Nanotechnology and Precision Engineering* 总印数1000册，发表论文29篇。

学科发展研究 参与中国科协学科发展工程项目,《功能微纳结构石油工程潜在应用前沿热点综述》《先进传感技术前沿热点综述》获立项支持并结项。

国际学术会议 10月23—26日，学会冠名主办第十七届中国国际纳米科技（南京）研讨会，参会人数约200人，交流论文100余篇。

10月19—22日，中国微米纳米技术学会第二十届学术年会暨第九届国际会议在河南省郑州市举办。会议规模515人，其中，外籍专家58人。收录论文236篇。会议邀请12名国内外专家作大会主旨报告，121名领域专家作分会场邀请报告。

国内主要学术会议 5月19—21日，由学会主办、西安科技大学承办的第二届微米纳米技术应用创新大会在陕西省西安市举办。100余所高校、企事业单位的300余位专家、学者参会。6月23—24日，由学会主办、西安交通大学承办的第三届微纳制造与传感测试技术青年学者论坛在陕西省西安市举办。论坛规模控制在60人以内，与会学者探讨微纳制造与传感测试技术领域关键科学问题及学科研究前沿，并在未来发展趋势上达成部分共识。11月17—18日，由学会主办，清华大学深圳研究生院、清华－伯克利深圳学院、香港大学、香港城市大学、澳门大学协办的2018粤港澳大湾区青年科学家微米纳米技术协同创新论坛在广东省深圳市举办。来自福建省、深圳市、香港特别行政区、澳门特别行政区等地的50余名青年学者参会。12月8—10日，由学会主办、西安交通大学承办的第二届微流控应用创新论坛在陕西省西安市举办，320余名代表参会。

科普活动 学会响应中国科协第六批首席科学传播专家号召，筹建MEMS、生物纳米材料2支科学传播专家团队。学会推荐的3名专家入选中国科协第六批首席科学传播专家。举办全国科普日活动“读原创科普，玩有趣问答”。组织参加公众科学素质促进大会。

表彰举荐优秀科技工作者 参与2018年中国科学院院士候选人推选、中国工程院院士候选人推选、中国青年女科学家奖推选、未来女科学家推选、全国优秀科技工作者等人才推荐工作。

会员服务 编纂《新科技快讯》12期，每期电子版发送12万余人次。编纂《会讯》2期，发送至会员。开通网站、微信、电子邮件等便捷入会通道。通过QQ群、微信群、MEMS技术论坛、微信公众号、官网、会议网站、邮件、新浪微博等平台，推送学会活动信息。微信公众号整理学会理事关注的科技信息及行业动态，设立理事推荐信息专栏，提高学会推荐科技信息的实用性。自主开发会员系统，统计会员信息。

【中国微米纳米技术学会第二十届学术年会暨第九届国际会议】 10月19—22日，中国微米纳米技术学会第二十届学术年会暨第九届国际会议在河南省郑州市召开。会议由学会主办，郑州大学、微纳成型技术国家级国际联合研究中心承办，机电动态控制重点实验室协办。

大会以“微纳科技让生活更美好”为主题，设置大会报告、分会场报告、海报交流、技术展览、技术创新大赛等交流活动，关注国内外科技前沿，聚焦国计民生需求，带动产学研用协同创新，促进微米纳米技术发展。

大会邀请专家12人，其中，中国科学院院士、中国工程院院士、获国际知名奖项者4人，长江学者2人，“杰青”5人。美国阿克伦大学院士Stephen Z. D. Cheng作Giant Molecules Based on Nano-atoms报告，多伦多大学院士Chul B. Park作Nano-Fibril Technology for Superior Properties and Foaming-Ability报告，美国俄亥俄州立大学教授L. James Lee作Delivery—Cancer Therapy，Immune Disease Treatment，and Regenerative Medicine报告，中国工程院院士、中国石油勘探开发研究院副总工程师刘合作《微纳技术在石油工业中的应用》报告，华中科技大学教授刘世元作《光谱椭偏学：原理、仪器及纳米测量应用》报告，西安交通大学教授赵玉龙作《新型微火工品微纳执行器关键技术研究》报告，中国科学院电子学研究所夏善红作《微纳传感器与微系统研究及应用》报告，中国科学院物理所研究员韩秀峰作《新型自旋逻辑和自旋存储等器件物理研究进展》报告，苏州大学教授孙立宁作《微纳米机器人的创新与应用》报告，郑州大学教授李倩作Processing Technologies，Theory and Applications of Polymeric Micro-nano Parts报告，北京邮电大学教授邓中亮作《RF MEMS发展趋势》报告，苏州大学教授陈林森作《大面积微纳柔性制造的关键技术与应用前景》报告。

大会围绕微纳加工制造、微纳传感器与执行器、微纳马达和微纳机器人、微纳机电系统（M/NEMS）、微纳流体器件与系统、微纳米性能表征与计量测试应用、工业微纳传感器、微纳米材料、微纳能源技术、微纳光学、微纳米生物医药、射频/微波/太赫兹微纳器件与系统、微纳米技术应用、微纳技术军事需求14个主题设15个分会场，共121个邀请报告。

会议录用论文236篇，录用论文被推荐至SCI、EI、核心等期刊。100篇被录用论文作口头报告，进行分会场交流，其余被录用论文进行海报展示。

会议同期举办展览、技术竞赛等活动。展览分企业展、海报展2个板块；技术竞赛评选上届优秀论文、此届优秀海报。

（撰稿人：李　娟　刘　颖）

中国密码学会

服务创新型国家和社会建设　5月，受相关单位委托，组织专家完成对浪潮集团、中国电信集团、中国移动集团“大众创业、万众创新”示范基地的评估工作。

6月11日，学会发出《关于举办全国密码算法设计竞赛的通知》，利用媒体、分支机构工作会议及中国密码学会年会等18场会议、活动开展宣传动员。

7—11月，组织开展2018第四届全国密码技术竞赛。竞赛以“提高密码意识、普及密码知识，实践密码技术、培养密码人才”为宗旨，先后组织初赛、复赛和决赛。最终评选出特等奖2人、一等奖13人、二等奖25人、三等奖56人。活动得到高校、商密企业的支持，累计有323个队伍参赛，2000余人次参加。

8月27—31日，学会在北京举办密码学高端系列培训之七——抗量子公钥密码算法设计与分析高端培训，130余名科研院所、企业单位科技工作者及研究生参加培训。

11月2日，在北京主办金融和重要领域密码应用安全性评估培训，200余名省部密码管理部门、产业单位专家等参加培训。

学会建设　截至2018年年底，学会有个人会员3311人、单位会员202个，环比分别增加11%、28%。

制定、修订《中国密码学会青年人才托举工程项目管理办法（试行）》《中国密码学会青年人才托举工程项目经费使用管理办法（试行）》《中国密码学会财务管理规定》《中国密码学会财务业务办理细则》等8项制度。召开常务理事会议3次、理事会议1次。学会学术工作委员会、量子密码专委会、安全协议专委会完成换届。

学会治理结构和治理方式改革　制定并落实《中国密码学会2018年改革工作方案》。

青年人才托举工程　申报第四届中国科协青年人才托举工程（2018—2020年度）项目，2人获中国科协资金支持。制订并实施2018年青年人才托举工程培养计划。

主办期刊　出版《密码学报》6期、《区块链技术》专刊1期，发表论文共65篇。期刊增设“认证加密算法”“数据安全与隐私保护”“椭圆曲线密码”“侧信道分析”4个专栏。将该学报创刊以来所有文章分类，通过微信公众号向社会推送。

学科发展研究　组织编撰、出版《中国密码学发展报告2018》。

国际学术会议　9月16日，2018世界物联网博览会——物联网密码应用专题峰会在江苏省无锡市举办。会议由学会与江苏省国家密码管理局、无锡市人民政府共同主办。400余名专家、学者及研究生等参加会议。会议以“万物互联‘密’不可分”为主题，特邀中国工程院院士陈左宁、蔡吉人，中国科学院院士郑建华及国家密码管理局领导等16名专家、学者作报告。

11月6—8日，学会与重庆大学、中国科学院软件所等单位在北京承办欧盟电信标准研究院第六届量子安全国际会议。来自美国、英国、欧盟等政府部门代表及全球量子安全领域专家、学者和研究生300余人参加会议。

国内主要学术会议　学会及分支机构主办国内学术会议21次，交流论文382篇，参加人数约4500人次。

4月14日，中国密码学会2018年青年论坛在山东省济南市举办。150余名专家、学者及研究生参加会议，11名青年学者作特邀报告。

4月19—20日，学会密码测评专业委员会在广东省深圳市主办中国密码学会2018年密码测评学术会议。200余名专家、学者及研究生参加会议。会议邀请比利时皇家科学院院士、鲁汶大学教授Ingrid Verbauwhede等4名专家作特邀报告，山东大学教授王美琴等7名专家作专题报告。

5月19—20日，学会密码算法专业委员会在广东省广州市主办中国密码学会2018年密码算法学术会议。240余名专家、学者及研究生参加会议。会议特邀国际密码学会会士、韩国科学技术院（Korea Advanced Institute of Science and Technology，KAIST）教授Kwangjo Kim作题为Cryptographic Strength of Cryptocurrencies Against Quantum Computers《量子计算机时代密码货币的安全性》的报告，讲解未来量子计算机时代如何提高密码货币的安全性，以达到抵抗量子算法攻击的目的，介绍美国国家标准与技术研究院（NIST）对后量子加密标准的征集工作。新加坡南洋理工大学郭建博士作题为Lightweight Symmetric-Key Cryptography《轻量级对称密码体制》的报告，展示如何在不影响安全性的前提下，有效满足IoT设备对小存储、低能耗等特殊要求的需求。香港大学教授姚兆明作题为Can We Know（hack）Anything from Encrypted Traffic《我们能从加密流量中得到什么》的报告，介绍加密流量研究结果。中国科学院信息工程研究所研究员邓燚作题为“零知识证明：知识的抽取与公钥密码黑盒下界”的报告，重新审视一系列被证明无法利用黑盒归约来证明其安全性的公钥密码系统、协议，讨论突破黑盒归约下界和建立新型个体化安全性归约方法的可能途径，关注存在性而非构造性的零知识证明。密码科技国家重点实验室副研究员张江作题为“基于格的公钥加密：从理论到标准”的报告，介绍代表性的格上公钥加密方案，探讨格上公钥密码方案从理论到标准的技术发展历程，对比NIST相关候选抗量子密码方案的设计思路与特点。会议安排专题报告12个，内容涉及公钥加密、群签名、密码分析等研究方向。

6月4日，学会和北京市数字认证有限公司在北京组织中国密码学会走进数字认证学术交流会。会议围绕“创新决胜未来，密码技术服务企业创新发展”主题进行研讨交流。来自国家密码管理局商密办、学会分支机构、会员单位的专家、学者及青年人才托举工程被托举人等60余人参加交流会。

6月6日，学会在北京主办全国科技工作者日—密码高端前沿论坛。70余名专家、学者及研究生参加论坛。论坛以“新时代新使命，密码前沿技术推动创新发展”为主题，安排特邀报告5个，交流密码学前沿热点问题。中国科学院院士王小云作点评小结。

6月22日，学会电子认证专业委员会和全国信息安全标准化技术委员会鉴别与授权工作组在江苏省南京市联合主办2018全国电子认证技术交流大会暨电子认证专业委员会年会。150余名专家、学者及研究生参加会议。大会以“新时代电子认证2.0生态体系建设”为主题，特邀中国工程院院士沈昌祥作题为“以科学的网络安全观营造清朗的网络空间”的大会主题报告，剖析国内外网络安全现状。会议安排专题报告13个。

6月23—24日，由学会密码应用工作委员会主办的中国密码学会2018年密码应用高峰论坛在山东省济南市召开。约150名专家、学者及研究生等参加论坛。论坛以“密码支撑区块链，应用开启新未来”为主题，交流区块链及其应用的前沿、热点问题。

7月6日，学会联合IMT-2020（5G）推进组在北京举办ZUC-256密码算法及5G应用研讨会，160余名专家、学者及研究生参加会议。

7月19—20日，由学会量子密码专业委员会主办的中国密码学会2018年量子密码学术会议在广东省江门市召开。170余名专家、学者及研究生参加会议。会议特邀北京大学教授郭弘作题为“面向实际应用的量子密钥分发技术”的报告，介绍QKD关键技术，展示CV-QKD外场实验和CV-QKD长距离实验成果；上海交通大学教授曾贵华作题为“连续变量量子密钥分配研究进展”的报告，介绍连续变量量子密钥分配的国内外研究进展；中国科学院大学教授吕述望作题为“密码本原与密码工具”的报告；中山大学教授邱道文介绍其团队在量子计算理论方面取得的进展等。会议安排大会报告3个、主题报告15个、口头报告6个，内容涉及量子密钥分发、量子通信等科学前沿问题。

7月27—29日，由学会密码数学理论专业委员会主办的2018年中国密码学会密码数学理论年会在新疆维吾尔自治区乌鲁木齐市召开。130余名专家、学者及研究生参加会议。大会邀请密码学领域的8名专家和优秀青年学者作特邀学术报告。华东师范大学教授曹珍富作题为“属性基加密是否解决加密数据共享问题”的报告。上海交通大学教授郁昱作题为“基于规则单向函数的伪随机产生器构造”的报告。复旦大学教授赵运磊作题为“实用格基公钥密码设计与分析”的报告。会上，学会首次向全国密码科技工作者发出《密码科研诚信倡议书》。

8月24—25日，由学会密码芯片专业委员会主办的中国密码学会2018年密码芯片学术会议在北京召开。来自国内及比利时、法国、美国、荷兰、德国的240余名专家、学者及研究生参加会议。会议安排特邀报告3个，分别介绍IoT安全研究，包括攻击类型、内容保护方法、实现原则等，提出应对常见错误和IoT设备攻击的安全系统体系架构；分析目前侧信道攻击泄露评估方法的优缺点及改进方法；展示对物理不可克隆函数（PUF）和真随机数生成器（TRNG）的研究等内容。会议安排专题报告7个、口头报告13个。

10月26—28日，中国密码学会2018年会（China Crypt 2018）在四川省成都市召开。

11月3日，由学会主办的密码发展基金优秀课题论坛在北京召开，150余名专家、学者及研究生参加论坛。

科普活动 学会与《知识就是力量》杂志社合作，出版密码科普期刊1期，刊登密码科普文章8篇。

表彰举荐优秀科技工作者 学会开展密码创新奖评选活动，张江获一等奖，王于波、孙兵、陈宇获二等奖。开展中国密码学会优秀博士学位论文奖评选活动，4人获奖。

学会创新发展 学会与相关单位联合主办2018 ISC互联网安全大会、2018世界物联网博览会——物联网密码应用专题峰会。修订《中国密码学会推荐学术刊物和国际会议目录》。

党建强会 学会全年召开中国密码学会党委工作会议9次，布置安排学习宣传贯彻党的十九大精神，研究审议学会制度建设、分支机构换届、业务活动、经费预算等“三重一大”事项。学会获中国科协2018年全国学会“党建强会计划”项目支持。

会员服务 学会组织开展2018年全国科技工作者日系列活动。

5月12日，2018年中国密码学会湖南会员活动日在湖南省长沙市举办。活动安排特邀报告3个，150余名专家、学者及研究生参加；组织密码产学研座谈会，30余名专家、学者参加。

6月，学会开展“新时代创新先锋”优秀密码科技工作者评选和宣传活动，先后对裴定一、王小云、荆继武、雷利民、胡予濮、黄欣沂6名老中青优秀密码科技工作者进行专题宣传报道。

出版《中国密码学会通讯》4期，刊登稿件33篇。向会员赠送《中国密码学发展报告（2016—2017）》《中国密码学会通讯》等图书3000余册。

【中国密码学会2018年会】 10月26—28日，中国密码学会2018年会在四川省成都市举办。800余名专家、学者及研究生参加会议。开幕式上，向2018年密码创新奖一等奖获得者张江，二等奖获得者王于波、孙兵、陈宇颁发证书；向4名2018年中国密码学会优秀博士学位论文奖获得者及其导师颁发证书。

会议安排特邀报告6个。加拿大卡尔加里大学教授Rei Safavi-Naini作题为Long-term Recure Communication《长期安全的通信》的报告，回顾近年安全通信系统研究历程，给出不同级别的安全定义与证明。法国国家科学研究中心（CNRS）研究员Benoît Libert作题为New Applications of the Lossy Mode of LWE《有损模型的新应用》的报告，指出LWE问题在有损模式下的新应用。纽创信安科技开发有限公司首席执行官樊俊锋作题为“基于深度学习的芯片侧信道分析”的报告，总结基于深度学习侧信道分析（AI-SCA）优缺点与发展方向。上海交通大学教授郁昱作题为“基于线性编码的抗碰撞哈希和并行压缩模式”的报告，介绍关于LPN问题进展，包括困难性规约和构造抗碰撞Hash函数的算法。山东大学教授王美琴作题为Automatic Cryptanalysis of Symmetric Ciphers《对称密码的自动化分析》的报告，介绍分组密码分析中常见的MILP和SAT/SMT两种自动化搜索算法。北京航空航天大学教授伍前红作题为“区块链安全与标准化”的报告，介绍区块链的安全需求与标准化等问题。

年会安排专题报告14个、优秀博士论文报告4个，特设自由论坛并安排自由发言10个。闭幕式上，向年会最佳论文获奖者颁发证书。

【2018 ISC互联网安全大会——密码技术应用论坛】 9月4—6日，由学会参与主办的2018 ISC互联网安全大会在北京召开。5日，学会主办2018 ISC互联网安全大会——密码技术应用论坛。300余名专家、学者及研究生参加论坛。论坛以“回归本源、守护价值”为主题，安排特邀报告6个。国家密码管理局商密办副主任霍炜作题为“构建以密码为基石的网络新安全”的主旨发言，阐述要把握网络安全的基本现状和发展趋势，系统构建网络空间的密码支撑和防护体系，全面推动密码与网络空间的深度融合发展。中国科学院软件所副总工程师张振峰作题为“我国商用密码算法的ISO/IEC国际标准化”的报告，介绍中国商用密码算法标准总体情况、ISO/IEC密码算法纳入准则及中国商用密码算法ISO/IEC推进进展。国家密码管理局副处长刘健作题为“商用密码应用安全性评估”的报告。中国银联高级工程师陈芳作题为“银联密码应用的探索与实践”的报告，介绍中国银联信息系统密码应用历程、产业发展及展望。中国电力研究院教授级高级工程师赵兵作题为“融合电力密码技术　保障电网信息安全”的报告。中国科学院控股有限公司副总经理荆继武作题为“密码技术面临的挑战”的报告，分析密码技术面临着密码基础理论、密码工程、密码应用3个方面的安全问题及挑战，分享解决安全问题及应对各种挑战的思考方案。

（撰稿人：陈　灏）

中国大坝工程学会

服务创新型国家和社会建设　学会受水利部建设司委托，承担《水利工程质量检测管理规定》（水利部36号令）修订工作，完成《〈水利工程质量检测管理规定〉修订研究报告》。提交的相关修订意见被《水利部关于发布水利工程质量检测单位资质等级标准的公告》采用。

配合水利部监督司，参与编制完成“安全生产监管信息化工程（一期）水利部建设项目”可行性研究报告和初步设计报告，通过国家发展改革委批复和概算核准。参与开发的系统已通过初步验收并投入试运行。

受水利部规划计划司委托，承担“全国病险水库水闸除险加固项目”管理平台开发和运行维护工作。开展系统维护工作和全国各地病险水库、水闸除险加固摸底数据统计汇总、数据校核工作。

推动高坝抗震、高边坡安全、胶结坝、水下清淤及检测修补加固、高坝结构与材料、堰塞坝、堰塞湖、江河治理等项目立项。应贵州省水利厅、重庆市水务局、西藏自治区水利厅、四川省水利厅和航道局等邀请，在贵州省贵阳市、重庆市、西藏自治区拉萨市、四川省成都市等地多次组织召开新技术推广会、培训会。

6月，由学会推荐的糯扎渡水电站、锦屏一级水电站2个工程获第十五届中国土木工程詹天佑奖。2017年，学会推荐糯扎渡水电站、锦屏一级水电站2个工程参评詹天佑奖。经形式审查、专业预审、大会评审、公示等环节，2个工程获第十五届中国土木工程詹天佑奖。学会作为中国土木工程詹天佑奖推荐单位，先后推荐四川二滩水电站、贵州乌江洪家渡水电站、湖北清江水布垭水电站、贵州乌江索风营水电站、广州抽水蓄能电站、贵州北盘江董箐工程、四川大渡河瀑布沟、糯扎渡水电站、锦屏一级水电站共9座工程参评并获詹天佑奖。

学会能力提升计划　2018年，学会入选中国科协第三期全国学会能力提升专项“世界一流学会建设项目”。

学会建设　截至2018年年底，学会个人会员10022人、单位会员225家。其中，新增单位会员10家、个人会员6432人。

新设立监事会作为学会监督机构，新设立大坝数值模拟专业委员会、智能建设与管理专业委员会、环境生态工程专业委员会、大坝管理新技术产学研分会、水工混凝土建筑物检测与修补加固专业委员会。截至2018年年底，学会有分支机构11个。

全年召开全体理事会议2次、常务理事会议2次。制定并经理事会通过中国大坝工程学会分支机构管理评价办法，分支机构财务管理办法，监事会工作规则，科技进步奖奖励办法，技术发明奖奖励办法，固定资产管理办法，对外投资管理制度，财务信息监督、公开制度，项目管理办法，合同管理办法等规章制度。学会被中国科协评为2018年财务决算工作优秀单位。

完成“基于互联网 + 水利水电技术服务平台”一期建设工作，包含学会动态、工程智库、工程医院、科技奖励、会议管理五大服务系统。

学会不断建立和完善国内外大坝数据库，世界大坝数据库已收录大坝 13 万座。包含国内已建、在建 30 米以上大坝 5733 座，全国病险水库 6.02 万座，国内溃坝 3496 座，国外溃坝 1609 座。

青年人才托举工程 学会成为中国科协青年人才托举工程第四届（2018—2020 年度）实施单位。中国水利水电科学研究院博士韩瑞和南京水利科学研究院博士王智源经学会推选获资助。

主办期刊 主办期刊《水利学报》入选 2018 年度中文科技期刊精品建设计划项目、百种中国杰出学术期刊、2018 期刊数字影响力 100 强、2018 中国国际影响力优秀学术期刊。《水生态学杂志》入选中文核心期刊、中国科技核心期刊（中国科技论文统计源刊）、中国科学引文数据库（CSCD）来源期刊（核心库）和《中国学术期刊影响因子年报》统计源刊。

决策咨询 学会理事长矫勇作为十三届全国人大常委会委员、环境与资源保护委员会委员，向全国人民代表大会提交《关于进一步加大地下水保护力度的建议》提案，并赴河北省等地参与国家海洋环境保护法执法检查工作。学会会员、国务院发展研究中心研究员王亦楠撰写《“绿水青山就是金山银山”不是等出来的》《“水电妖魔化”严重制约着我国水安全保障能力提升》等专题文章。

国际学术会议 5 月 12 日，在第十个全国防灾减灾日之际，学会在四川省成都市发起举办汶川地震十周年国际研讨会暨第四届大陆地震研讨会。来自 40 余个国家、地区及国际组织的 1200 余名专家、学者参会。

5 月 12—13 日，在纪念汶川地震十周年之际，由学会和中国水力发电工程学会主办的高坝大库抗震安全国际学术研讨会在四川省成都市举行。来自中国、巴西、瑞士、韩国、日本、菲律宾和伊拉克等国家的 260 余名代表参会。

10 月 16—17 日，第十届中日韩坝工学术交流会在河南省郑州市举行。同期召开第十一届非洲水库大坝与水电可持续发展圆桌会议。来自中国、日本、韩国、法国、安哥拉、博茨瓦纳、津巴布韦、肯尼亚、赞比亚、摩洛哥、突尼斯、加纳、尼日利亚、苏丹和印度尼西亚等国家和地区的 180 余名专家、学者参加会议。国际大坝委员会荣誉主席 Luis Berga、国际大坝委员会副主席 Michel Lino、埃塞俄比亚水利部副部长 Abraha Adugna Ashenafi 等出席会议。会议收到中外论文 208 篇，安排学术报告 160 余个。

10 月 18—19 日，由中国工程院主办、学会承办的水资源高效利用与土木工程新技术国际研讨会暨流域水循环调控工程安全与防灾减灾国际研讨会在北京召开。来自 17 个国家和地区的 200 余名专家、学者参加会议。

国内主要学术会议 5 月 10—11 日，由学会主办，雅砻江流域水电开发有限公司、流域水循环模拟与调控国家重点实验室、中国水利学会水工结构专业委员会承办的第七届水库大坝新技术推广研讨会在四川省成都市召开。会议注册代表 340 余人，分别来自学会各会员单位及相关企事业单位、科研院所等。

10 月 15—16 日，中国大坝工程学会 2018 学术年会在河南省郑州市召开。820 名中外院士专家、学者参会。

国际组织任职 国际大坝委员会有专委会 26 个，中国专家参加其中 23 个。其中，国际大坝委员会亚太地区副主席、胶结颗粒料坝专委会主席、水电站与水库综合管理专委会主席、水库移民安置专委会主席由中国专家担任。

国际交往 7 月 1—7 日，国际大坝委员会第 26 届大会暨第 86 届年会在奥地利维也纳召开。学会副理事长兼秘书长贾金生率 70 余人组成的代表团出席。

12 月，国际大坝委员会举办纪念成立 90 周年大坝可持续发展论坛。学会副理事长兼秘书长贾金生率代表团出席。

科普活动 学会在长江、雅砻江、大渡河、澜沧江流域授牌设立首批水库大坝科普教育基地，分别为中国长江三峡集团有限公司三峡工程展览馆、华能澜沧江水电有限公司糯扎渡水电站两站一园、雅砻江流域水电开发有限公司澎湃雅砻江展厅和国电大渡河水电开发有限公司大渡河智慧企业展厅。

3 月，组织知名学者看三峡活动。中国作家协会主席团委员、诗人舒婷，福建省政协副主席、福建省文联主席张帆，北京大学中国诗歌研究院研究员陈仲义等应邀开展三峡工程实地调研，与中国工程院院士、学会常务理事郑守仁等水电专家进行座谈。会后，作家们撰写刊发《坝上》等文章。

5 月，在湖北宜昌三峡坝区举办中国工程院院士三峡行活动。中国工程院副院长赵宪庚、中国工程院工程管理学部主任孙永福、学会荣誉理事长陆佑楣、学会常务理事郑守仁等16名院士和20余名专家、学者参加。同期举行三峡工程管理研讨会和哲学家与工程师的对话座谈会等系列活动。

6—8月，组织“三峡娃娃行——童心圆梦溪洛渡”和“三峡娃娃行——宜昌水电夏令营”科普活动，被评选为2018年全国科普日优秀活动。

8—9月，组织清华大学30名学生分批前往老挝、厄瓜多尔及乌干达等国家开展水电基地参观实习活动，被评选为2018年全国科普日优秀活动。

学会大坝新闻微信公众号保持每周2期资讯推送频率。截至2018年年底，公众号连续发布资讯455期，单篇资讯阅读量峰值达2.92万人，稳定关注受众1.3万余人。

表彰举荐优秀科技工作者 9月，第三届杰出工程师奖评选出40名杰出工程师奖候选人和30名杰出工程师青年奖候选人，由学会推荐的中国华能集团公司副总经理樊启祥获2018年杰出工程师奖。经由学会推荐的“黄河下游河道综合治理关键技术研究及推广应用”获第十二届产学研合作创新成果一等奖。

开展第二届大坝杰出工程师奖评选工作。中国电力建设集团有限公司总工程师宗敦峰、南京水利科学研究院副院长蔡跃波、水利水电规划设计总院副院长刘志明、雅砻江流域水电开发有限公司副总经理王继敏和中国电建集团昆明勘测设计研究院有限公司副总经理兼总工程师张宗亮获奖。

组织评选第八届汪闻韶院士青年优秀论文奖。经单位推荐、形式审查、专家网评、会评、公示等环节，最终评选出优秀论文3篇，黄河水利科学研究院张向萍、中国水利水电科学研究院邓刚、中国水利水电科学研究院邓检强获奖。

组织评选学会科技进步和技术发明奖。学会会员项目“三峡升船机工程总体设计关键技术与实践”“黄河下游宽滩区滞洪沉沙功能及滩区减灾技术研究”和“高碾压混凝土坝全寿命周期性能演变机理与安全控制关键技术”获学会科技进步奖特等奖。

党建强会 学会通过自媒体平台宣传优秀党员和科技工作者代表。开设致敬前辈专栏，开展中国科学院院士、中国工程院院士张光斗和潘家铮，中国工程院院士谭靖夷，中国科学院院士汪闻韶等老一辈坝工专家典型事迹宣讲活动。结合“展风采，树楷模”活动，宣传全国勘测设计大师杨泽艳和长江珍稀植物研究所学科组带头人黄桂云。宣传首届国际大坝创新奖、光华工程科技奖工程奖获得者、学会副理事长兼秘书长贾金生在涉水领域方面的科技创新成就。

6月，动员会员参与中国科协“不忘初心 牢记使命——党的十九大精神知识竞答活动”。学会秘书处党支部参与中国科协举办的全国学会党建工作培训班，与47家全国学会党务工作者交流党建工作经验，进行学会党建工作成果汇报。同期，学会秘书处党支部组织党员参观“真理的力量——纪念马克思诞辰200周年主题展览”。7月，学会秘书处党支部在北京宋庆龄故居开展“不忘初心，重温入党志愿书”主题党日活动。8月，学会党委书记、理事长矫勇一行6人赴贵州省雷山县开展主题为“成长路上，与你同行”教育扶贫关爱活动。通过分享学会科普资源，帮助民族中学50名学生。在捐赠活动中，矫勇为10名受资助学生发放助学金、衣服及学习用品。9月，学会秘书处党支部派代表赴广西壮族自治区河池市金城江区慰问受到中国少年儿童基金会“春蕾计划”资助的10名广西女童。

会员服务 通过编印《大坝新闻》内刊、《中国大坝工程学会工作会议2018年工作报告》《学会参阅资料》《会员通讯》等材料及学会中英文网站、微博、微信等平台为会员提供资讯服务。建设或完善个人会员在线申报和管理系统、学会系列科技奖项在线评审管理系统。通过学会会议系统完成主办国际国内学术会议的在线注册、论文投稿、专家审稿和代表联络工作。

【中国大坝工程学会2018学术年会暨第十届中日韩坝工学术交流会】 10月15—16日，中国大坝工程学会2018学术年会暨第十届中日韩坝工学术交流会在河南省郑州市召开。会议是中国水利水电科学研究院组建60周年活动周分会活动之一。820名中外院士专家、学者以“绿色和高质量的建设管理推动大坝安全和河流健康”为主题，围绕新时代中国水库大坝建设和水利水电发展需求，结合对重大水利水电工程建设和运行管理经验的总结及水库大坝建设及管理技术、生态环境保护、水库可持续发展等议题展开研讨，旨在推动水库大坝建设管理高质量发展。

大会特邀中国工程院院士张建云、钟登华、王复明及黄河水利委员会副主任苏茂林等专家作主旨报告。中国水利水电科学研究院院长、中国大坝工程学会副理事长匡尚富主持大会主旨报告。国际大坝委员会荣誉主席 Luis Berga、国际大坝委员会副主席 Michel Lino、埃塞俄比亚水利部副部长 Abraha Adugna Ashenafi 等国际专家参与专题研讨。

大会设 3 个技术分会和 5 个专题研讨会，包括水库大坝公众认知论坛、水库泥沙淤积控制与可持续管理专题研讨会及第十一届非洲水库大坝与水电可持续发展圆桌会议等。大会期间，成立中国大坝工程学会大坝数值模拟专业委员会，举办数值模拟进展与展望专题研讨会。在水库大坝公众认知论坛上，举行中国大坝行特别活动。会议收到中外论文 208 篇，安排学术报告 160 余个。23 家单位参加会间技术展览，展示水利水电最新技术理念与成就。

会议特别邀请中央电视台、《中国水利报》《中国能源报》《中国电力报》《能源》杂志、新浪网、《黄河报》、黄河网、《人民黄河》杂志、黄河有线电视台等新闻媒体参与交流和报道。

【“300m 级特高拱坝安全控制关键技术及工程应用”获国家科技进步奖二等奖】 2018 年，经学会提名推荐的“300m 级特高拱坝安全控制关键技术及工程应用”获国家科技进步奖二等奖。学会是国家科学技术奖励工作办公室确定的 15 家具有提名国家科学技术奖资格社团之一。经向会员单位征集、专家遴选，向国家奖励委员会办公室提名“三峡水库与下游河道泥沙调控关键技术及应用”“300m 级特高拱坝安全控制关键技术及工程应用”和“大渡河流域梯级电站群智慧化建设与运行关键技术”3 个项目参加国家科技进步奖评选。

【“高混凝土面板堆石坝关键技术创新”成果获首届国际大坝委员会科技创新奖】 7 月，经学会推荐的“高混凝土面板堆石坝关键技术创新”成果在国际大坝委员会第 26 届大会开幕式上获首届国际大坝委员会科技创新奖。“高混凝土面板堆石坝关键技术创新”由中国水利水电科学研究院、南京水利科学研究院、中国电建集团等单位贾金生、郦能惠、徐泽平、向建等共同完成，并在颁奖仪式上展示成果。首届创新奖共有各国推荐的 29 个项目参与评选，4 个项目获奖。“高混凝土面板堆石坝关键技术创新”针对近 10 年高面板坝快速发展需求，在巴西、美国早期开展研究基础上，围绕高面板坝变形安全、防渗安全关键技术难题，创新性提出高面板坝变形协调设计新理念和动态稳定止水新理念，开发系列新模型，研发专用施工装备和新型监测仪器。

【第一期水科学名人大讲堂】 11 月 30 日下午，由学会和北京师范大学联合主办的第一期水科学名人大讲堂在北京师范大学举行。首期讲堂特邀生态环境部副部长、九三学社中央副主席、第十三届全国政协常委黄润秋围绕“学习贯彻习近平生态文明思想，以防范流域生态风险促进国家生态安全”作主题讲座。来自 50 余家单位的 300 余名专家、学者出席活动。通过宣讲，使与会会员代表对习近平生态文明思想有更为全面的了解，对中国生态安全的地位、定位和问题有新的认识。

（撰稿人：周　虹）

中国卫星导航定位协会

服务创新型国家和社会建设 3 月，协会制定《中国卫星导航定位协会团体标准管理办法》。启动 2018 年团体标准立项申报征集工作。规范和鼓励会员及有关单位共同参与卫星导航与位置服务领域团体标准建设。

1—11 月，落实由中国科协资助的创新驱动助力工程示范项目——“中国北斗助力精准农业示范工程”。项目依据精准农业发展趋势，由中国自主可控的北斗卫星系统为现代农业提供技术支撑。协会在农业农村部指导下，与新疆维吾尔自治区石河子市、喀什地区、库尔勒市、乌鲁木齐市，黑龙江省，吉林省，山东省东营市等地超大型农事企业合作，依托超大型农事企业通过土地流转而拥有的超大面积平整耕地区域优势，结合 17 个企业单位及与当地农业服务产业配套发展的协同效应，通过引进北斗精准农业新技术与农机自动化设备，建设精准农业示范工程，形成北斗产业伺服农业现代化的服务体系与技术标准。12 月，项目完成并通过中国科协验收。

6—8 月，召开科学技术成果鉴定会 6 次。鉴定天津安中电子通讯公司“基于复合技术的共享单车精准停放电子围栏系统”，西安测绘研究所、地理信息工程国家重点实验室“X 射线脉冲星导航模型及信号处理方法研究”，西安测绘研究所“北斗全球系统试验卫星精密定轨体制验证评估”，中国科学院上海天文台、北京卫星导航中心、北京神州天鸿科技有限公司“北斗二号空间信号精度提升”，深圳华大北斗科技有限公司“支持北斗三号信号体制的多系统多频高精度基带射频一体化定位芯片”，河南北斗遥感信息科技有限公司“电动自行车北斗防火防盗监控系统”6项科技成果项目。

3月19—20日，与海南省工信厅在海南省陵水黎族自治县联合主办北斗产业落地海南对接会。海南省副省长彭金辉率省政府各厅、局负责人参会，陵水县委书记麦正华率陵水县有关部门领导和清水湾国际信息产业园有关负责人参会。协会组织40余家会员企业对接海南省、陵水县政府有关部门。6月30日，与海南省工信厅在北京海南大厦举行签约仪式。协会会长于贤成与海南省工信厅厅长王静签署战略合作框架协议，共同推动卫星导航产业落地海南省；与陵水县工信局签署相关协议。11月，编制完成海南省北斗产业发展规划。12月，编写完成陵水县北斗产业重点课题研究报告。

5月4日，由协会主办、深圳市北斗产业互联网研究院和深圳大学承办的首届“北斗之星”创新创业大赛开幕式在广东省深圳市举行。协会名誉会长孙家栋参加开幕式。协会将引导产业发展与创新创业大赛相结合，整合北斗产业创新创业要素，构建北斗卫星导航与位置服务产业发展平台。9月8日，举行决赛并颁奖。

学会建设 协会新发展个人会员57人、单位会员95个。截至2018年年底，协会有理事51人，下设分支机构22个。

5月18日，中国卫星导航定位协会六届二次常务理事（扩大）会议在北京举行。自然资源部党组成员闵宜仁应邀参会并讲话。协会会长于贤成、秘书长张全德，各副会长、副秘书长、常务理事及各专业委员会主任及有关代表参会。会议发布《2018中国卫星导航与位置服务产业发展白皮书》。审议通过六届一次常务理事会议以来的工作报告及下半年工作部署、卫星导航定位科学技术奖奖励条例（2018年修订稿）、中国卫星导航定位协会卫星导航定位科学技术奖奖励委员会人员组成、新增选理事单位和团体会员单位、新增选专业委员会挂靠单位及主任委员人选、《中国卫星导航定位行业自律公约》《中国卫星导航定位协会会员条例》。

9月7日，中国卫星导航定位协会六届二次理事会议在四川省绵阳市召开。于贤成作六届二次理事会议工作报告，总结六届一次理事会议以来工作。会议审议和表决协会主要工作、未来工作计划及协会相关建设等事项，审议通过六届二次理事会议工作报告、新成立专委会、新加入协会理事及单位会员、增选协会副秘书长等议案。

青年人才托举工程 协会首次申请第四届中国科协青年人才托举工程（2018—2020年度）项目。评出北京理工大学沈凯、武汉大学郭靖为项目候选人，获中国科协连续3年资助。

主办期刊 协会与中国测绘科学研究院、中国测绘学会共同主办《导航定位学报》（季刊），由原国家测绘地理信息局主管。办刊队伍和经费主要由中国测绘科学研究院《导航定位学报》编辑部提供。全年发表论文89篇。

学科发展研究 5月18日，协会在北京发布《中国卫星导航与位置服务产业发展白皮书（2017年度）》。白皮书介绍2017年产业发展现状、格局、市场规模和发展趋势。9月，编撰完成《中国卫星导航与位置服务产业年鉴（2017年度）》，出版《卫星导航定位与北斗系统应用（2018年）》论文集。论文集分为综述、高精度定位应用、导航与位置服务应用、系统与设备4部分，选编2018年卫星导航与位置服务方面创新理论，科技信息、方法和成就，应用成果等。

国内主要学术会议 4月26日，由协会和中国民用航空应急救援联盟牵头，与中国灾害防御协会、郑州亚太通航展组委会等8家单位联合主办的2018中国空地协同救援发展论坛在河南省郑州市召开。协会主持中国北斗与应急救援论坛，协会会员单位介绍北斗导航系统特点、发展现状及北斗导航在应急救援中的应用。

9月5—9日，由协会主办的中国卫星导航与位置服务第七届年会暨中国北斗应用大会在四川省绵阳市举行。

科普活动 9月，协会编印科普读物《中国北斗科普知识问答》《卫星导航科普读本60问》《北斗系统及其应用服务》，在中国卫星导航与位置服务第七届年会暨中国北斗应用大会上，向参会人员和观众免费发放2万余册。

9月9日，由协会主办的2018“九洲杯”全国北斗定位越野行业大赛在四川省绵阳市富乐山景区举行。此次赛事是首次借助北斗定位设备举办的行业科普赛事活动。大赛分团队赛和个人赛。来自全国各地100余名选手参赛，选手均是参加中国北斗应用大会的北斗行业专家、学者、从业人员。

表彰举荐优秀科技工作者 3—8月，协会开展2018年度卫星导航定位科学技术奖评选工作。经项目推荐、奖励办公室形式审查、评审专家委员会评审、奖励委员会审定批准、向社会公示等程序，评出卫星导航定位科技进步奖特等奖项目3个、一等奖项目5个、二等奖项目17个和卫星导航定位创新应用奖金奖项目3个、银奖项目10个、铜奖项目28个。经协会专家顾问团专家提名和奖励委员会审定批准，评出卫星导航定位终身成就奖2人。

12月25日，协会推荐的2项专利获国家知识产权局和世界知识产权组织（WIPO）颁发的第二十届中国优秀专利奖。获奖专利为“基于导航数字多波束接收阵列天线的卫星跟踪测角方法”和“差分定位方法、系统、调频广播发射机、导航信号接收机”。

学会创新发展 1月31日，协会副秘书长武晓淦作为指导单位代表参加在北京市环境保护宣传中心举行的“2018春节回家顺风车公益活动”启动仪式。启动仪式上，成立全国顺风车工作委员会。

5月12日，在汶川8.0级特大地震十周年之际，协会与相关单位在四川省绵阳市北川羌族自治县举办社会力量参与汶川抗震救灾十周年纪念活动。活动分全国社会救援力量参与救援技能竞赛、社会救援力量参与防灾减灾救灾工作回顾及应急产业成果展、2018灾害应急救援峰会、“牵手未来”全国青少年防灾减灾培训体验公益行4个板块。

会员服务 8月13日，协会在北京举办第一期会员活动日，约100名会员参加活动。活动特邀中国工程院院士、北斗一号地面应用系统副总设计师谭述森作题为“北斗系统历史性成就与转型贡献”的学术报告。10月26日，在北京举办第二期会员活动日。活动日主题是“科技成果推介”，推介5项成果获2018年度卫星导航定位奖项目。11月28日，在北京举办第三期会员活动日。活动日主题为“亲睹北斗卫星真容，聆听北斗动人故事”，参加活动日的40余名会员单位代表参观中国北斗卫星。1—11月，协会会长于贤成考察北京、广东省、四川省、湖北省、湖南省等地40余个会员单位，了解会员单位发展经营情况，听取会员单位对协会工作的意见和建议。

【中国卫星导航与位置服务第七届年会暨中国北斗应用大会】 9月5—9日，由协会主办的中国卫星导航与位置服务第七届年会暨中国北斗应用大会在四川省绵阳市举行。协会秘书长张全德主持大会。国内外北斗及相关产业专家、学者、行业从业人员共2000余人参加会议。

年会以“深化北斗应用　促进产业发展”为主题，以活动、展览等形式展示北斗应用模式。9月5日，中国科学院院士孙家栋、四川省副省长王一宏、自然资源部总工程师李志刚、中国科协副主席李华、北斗卫星导航系统总设计师杨长风等参加开幕式。会上颁发2018年卫星导航定位科技进步奖、创新应用奖、终身成就奖、优秀论文奖。首次颁发卫星导航定位终身成就奖，中国科学院院士陈俊勇、中国工程院院士许其凤获奖。中国科学院院士杨元喜作报告，介绍北斗系统最新进展。

9月6日上午，协会组织参会领导、院士专家进行展览会巡场活动。往届年会举办的“卫星导航与位置服务应用成果展”更名为“中国北斗应用大会”。大会展览面积7500平方米，参展单位115家，通过视频、产品、专业解说等形式展示北斗新产品和新成果。军民融合馆北斗应用综合展区设有协会开设的300平方米展区，展区内容涉及协会简介、历届年会、北斗发展历程、北斗应用产品、科普读物等。9月6日下午，举行年会主论坛，院士专家围绕北斗性能提升与天地一体化增强技术、北斗导航系统服务的优势、北斗新时空体系是中国智能信息产业发展的核心主线等主题作报告。

9月7日，举办分论坛13场，涵盖卫星导航+自动驾驶、“一带一路”北斗+产业走出去、大数据时代的卫星导航和定位、“北斗+新业态”应用、北斗在海洋领域中的应用等内容，展示“北斗+互联网+通信”在各领域的典型应用。

同期举办第六届中国（绵阳）科技城国际科技博览会，参加人数52.21万人，包括专业观众11.2万人。参加博览会的多数人员参观协会开设的北斗展区。

（撰稿人：梁聪伟）

中国生物材料学会

服务创新型国家和社会建设 2018年，学会协助国家药监局医疗器械审评中心，开展决策咨询和审批培训。协助国家药监局医疗器械审评中心在规定时限内组织专家审查创新医疗器械申请，截至10月31日，承接创新医疗器械特别审批申请项目86个，组织专家审查会54次，邀请专家近200人次。协助开展创新医疗器械特别审批培训，12月14—16日在四川省成都市举办创新医疗器械特别审查程序培训班，300余名专家、学者、企业人员、药监及检验部门代表参加培训。协助开展创新医疗器械特别审批政策研究工作，与药监部门进行专题研讨，8 月 21 日与国家药品监督管理局在北京联合召开医疗器械监管科学研讨会。

2 月，参与国家重点实验室评估专家推荐，推荐中国科学院院士刘昌胜和张先正教授担任材料领域国家重点实验室 2018 年度评估工作专家初评会议评审专家。7 月，向中国科协推荐生命科学与基础医学学科领域论文推荐专家、论文评审专家。10 月，在 2018 全国再生医学材料大会开幕式上，学会理事长、中国工程院院士付小兵和武汉国家生物产业基地建设管理办公室常务副主任钱德平签署中国生物材料学会——武汉国家生物产业基地建设管理办公室战略合作协议。

学会建设 新发展会员 127 人。截至 2018 年年底，会员总数 2046 人、团体会员 78 个。成立分支机构 2 个，下设分支机构共 15 个。召开常务理事会议 2 次、理事会议 1 次。

11 月 1 日，召开第二届理事会第四次会议。经全体理事表决，一致同意将学会法人变更为王云兵教授。新增王均、张凯为常务理事，陈红、潘浩波、赵德伟为理事。理事会通过《理事会、常务理事会议规则》《第三届理事会换届方案》。

主办期刊 3 月，学会会刊 *Regenerative Biomaterials*（《再生生物材料》）被 SCI 收录。截至 9 月 15 日，通过会刊官网、PMC、Web of Science 等官方途径的全文下载为 34503 次，平均每月 3833 次。2018 年，估算的影响因子为 3.082。

国际学术会议 学会及二级分会全年共举办国际会议 7 次，分别为生物材料定义共识会、当代生物材料的进展及重点发展领域国际生物材料论坛、中意科技交流日——生物材料及新材料论坛、第五届国际增材制造与生物制造会议、应对老龄化的骨修复及骨修复材料国际研讨会、IFAM 2018 新材料国际发展趋势高层论坛、第五届国际生物材料大会。参会人数 1333 人次，交流论文 351 篇。邀请美国科学院院士、加拿大皇家学会院士、法国国家医学科学院院士等在内的国外专家、学者 190 人参加。

6 月 11—12 日，在四川省成都市召开 2018 生物材料定义共识会。6 月 13 日，在四川省成都市举办当代生物材料的进展及重点发展领域国际生物材料论坛。

9 月 24 日，中意科技交流日——中意生物材料及新材料论坛在四川省成都市举行。中意双方高校、科研院所、企业代表 200 余人参加论坛。中国工程院院士、四川大学教授张兴栋，中国工程院院士、四川大学教授王玉忠，中国工程院院士、重庆大学教授潘复生，意大利国家研究委员会 Ambrosio Luigi 教授，意大利萨伦托大学教授 Alessandro Sannino 等来自中国和意大利的 12 名专家、学者作学术报告。论坛旨在推进四川省与意大利在生物及新材料等领域技术转移方面的合作，加强中意在生物材料研究领域的交流与发展。

国内主要学术会议 学会及分支机构共举办年会、研讨会、报告会 17 次，参会人员 3300 人次，提交学术交流论文 1350 余篇。

4 月 20—23 日，学会医用金属材料分会在广东省深圳市召开 2018 年医用金属材料分会年会。来自高校、科研院所、临床机构以及行业内企业的 60 余名专家、学者作报告，近 300 名与会人员开展讨论。

8 月 21 日，学会与国家药品监督管理局在北京联合召开医疗器械监管科学研讨会。会议立足中国医疗器械产业和监管实际，聚焦创新与安全，谋划中国医疗器械监管科学体系建设。围绕监管科学与创新发展主题，从科技前沿动态、产品研发创新、审评审批制度改革、上市后监管等方面开展研讨。中国生物材料学会、中国生物医学工程学会的专家、学者，中国医疗器械行业协会和相关企业代表及医疗器械监管人员围绕监管科学建设目标、内涵和主要任务等，从监管制度机制、分类标准、风险评估、检测方法、组织机构、人才队伍和经费支持等方面，研讨监管科学体系建设实施方案。

9 月 8—9 日，由学会骨修复材料与器械分会主办的 2018 年全国骨修复材料与器械学术大会暨骨修复材料与器械国际交流会在江苏省南通市召开，国内外骨科专家和企业家围绕骨科疑难病例临床经验、前沿研究进展、新型产品研发等进行交流。

10 月 29 日—11 月 2 日，在湖北省武汉市举办全国再生医学材料大会。

10 月 31 日，学会生物材料生物学评价分会在湖北省武汉市召开生物医用材料生物学评价研讨会，研讨会主要讨论医疗器械生物学评价进展及挑战、认监委 GLP 体系介绍、医用镁和镁合金的应用潜能与生物学评价关注点、软组织诱导性生物材料核心技术及临床转化、骨诱导生物材料诱导评价关键技术研究等。

12 月 8 日，学会青年工作委员会高端论坛在华东理工大学举办。论坛旨在促进生物材料领域青年科学家成长，来自国内高校、科研院所的教授及青年教师130余人参加论坛。

国际交往 组织专家代表团参加韩国生物材料学会年会、2018美国生物材料年会、第29次欧洲生物材料年会，促进学会与国际组织和外国生物材料学会之间的交流、合作。

4月，组织专家代表团参加在美国华盛顿特区举办的美国医学与生物工程院（AIMBE）年会。会议期间，学会刘昌胜、顾宁、申有青、钟志远、艾华5名专家受聘为美国医学与生物工程院会士（AIMBE Fellow）。学会已入选的会士（Fellow）还包括张兴栋、崔福斋、樊瑜波、常江、高长有、张凯。

9月，第29次欧洲生物材料大会在荷兰马斯特里赫特召开。大会期间召开国际生物材料科学与工程学会联合会2018年度委员会，学会名誉理事长、国际生物材料科学与工程学会联合会主席张兴栋参加并主持会议。会议讨论Fellow名额及提名相关问题，汇报2020年和2024年世界生物材料大会筹备情况，修订联合会指南、主席和秘书长提名与选举流程等。

科普活动 组织会员参与科技活动周、全国科普日、全国科技工作者日、全国防灾减灾日和科技进社区、科普进校园等活动。举办科普宣讲活动17次，受众人数3000余人次，参加活动的科技人员200余人次。

科技活动周期间，以举办特色科普活动——“名师讲坛”的形式，开展3次大型科普讲座，受众人数800人。活动邀请美国工程院院士Bruce E. Rittmann，美国工程院院士、美国医学院院士、中国工程院外籍院士Nicholas A. Peppas，欧洲科学院院士Emst Wagner来中国讲学。

5月，组织部分会员单位开放科技资源，向公众开放国家生物医学材料工程技术研究中心、四川医疗器械生物材料制品检验中心、华东理工大学教育部医用生物材料工程研究中心、中国科学院上海硅酸盐研究所、山东省医疗器械产品质量检验中心、中国科学院长春应用化学研究所。以参观实验室、展览室和开展科普讲座的形式，向在校学生普及科技知识。参观学生共800人。

全国科技活动周期间，学会生物学生物评价分会在山东省济南市理想嘉园社区、闵子骞社区开展志愿服务活动进社区活动。活动被山东电视台公共频道《民生直通车》栏目报道。

学会生物学评价分会组织相关专业人员在甸柳一小、历下实验小学、山师附小、山东师范大学附属小学开展现场科普宣讲，宣讲主要涉及医疗器械、生物材料、实验动物和生物学评价。受众师生200余人。

5月，学会批准山东省医疗器械产品质量检验中心、厦门大学材料学院、中国科学院上海硅酸盐研究所等5家单位为学会科普基地。学会理事郑裕东参与编写由海峡出版发行集团和福建省少年儿童出版社出版的科普专著《儿童科学启蒙》2018年第5期。

表彰举荐优秀科技工作者 3月，开展中国科协优秀科技工作者代表推荐工作，向中国科协推荐张兴栋、王迎军、刘昌胜参评科学家代表类别奖项，常江、张胜民、吴成铁参评基层科技工作者代表类别奖项。5月30日，中国工程院院士王迎军受邀作为学会代表参加中国科协成立60周年暨百名科学家、百名基层科技工作者座谈会。

5月，开展2018年学会杰出贡献奖、青年科学家奖评选工作。曹谊林获杰出贡献奖，侯仰龙、任力、张欣获青年科学家奖。

7月，经理事长会议推荐，学会向中国科协推荐生命科学与基础医学学科领域论文推荐专家和评审专家。推荐孔德领教授、刘伟教授、田卫东教授、王常勇研究员、吴军教授为第三届中国科协优秀论文评选推荐专家，王均教授为评审专家。

9月，推选四川大学副研究员杨晓、中国科学院过程工程研究所研究员张欣为第十五届中国青年女科学家奖候选人，推选解放军总医院博士后秦华为学会2018年度未来女科学家计划候选人。

10月，开展推荐中国科协先进材料学会联合体青年人才托举工程项目候选人推荐工作。推选的杨晓、李洪军入选中国科协青年人才托举工程资助人选。

党建强会 学会开展党的十九大精神宣讲活动。在第二届常务理事会第七次会议及第二届理事会第三次会议上，学会副理事长、学会党委委员奚廷斐宣讲党的十九大精神。

学会依托“互联网+党建”工作方式，通过网站党建专栏、微信公众号专题学习版面等形式组织开展系列学习宣传教育活动。截至2018年年底，学会微信公众号推送党建学习文章30余篇。依托学会挂靠单位四川大学的党的十九大精神学习宣讲团，完善党建制度和党员培训制度，做好宣讲学习活动，在各项学会工作任务中落实十九大精神。

会员服务 利用网站、邮件、微信等形式加强与会员的沟通和服务。组织编写《中国生物材料学会简讯》，为会员提供生物材料科学与产业资讯，内容涵盖学会新闻、技术专题、技术新闻、产业新闻、政策法规及会员资讯、会员新闻等。主办专家讲坛，邀请会员免费参加，将讲座视频上传学会网站，供会员下载学习。

【全国再生医学材料大会】 10月29日—11月2日，全国再生医学材料大会在湖北省武汉市举办。会议由学会主办，华中科技大学和学会再生医学材料分会、海洋生物材料分会、智能仿生生物材料分会、纳米生物材料分会承办。来自中国内地与香港及美国、澳大利亚和韩国的600余名专家、学者、行业监管和审评工作者、企业家、金融及投行专家参加会议。会议得到科技部、国家药品监督管理局、国家自然科学基金委员会、湖北省人民政府、武汉市东湖国家自主创新示范区、武汉国家生物产业基地建设管理办公室和华中科技大学支持。在大会开幕式上，学会理事长、中国工程院院士付小兵和武汉国家生物产业基地建设管理办公室常务副主任钱德平签署《中国生物材料学会与武汉国家生物产业基地建设管理办公室战略合作协议》。

【2018生物材料定义共识会】 6月11—12日，由学会名誉理事长、中国工程院院士、国际生物材料科学与工程学会联合会主席张兴栋发起，国际生物材料科学与工程学会联合会主办，学会与四川大学承办的2018生物材料定义共识会在四川省成都市召开。来自美国、澳大利亚、加拿大、英国等17个国家和地区的50余名生物材料领域专家对生物材料学术词汇进行新的定义。与会专家定义了“组织诱导性生物材料”“生物材料基因组”等生物材料术语。此次会议是继1986年在英国召开的首次生物材料定义共识会后，第2次举办国际性生物材料定义共识会。张兴栋提出的“组织诱导性生物材料”，作为新定义列入生物材料定义清单。会议提出定义87个，现场修改、讨论并投票定义50个，通过定义39个。会议的成果专著《二十一世纪生物材料定义》计划于2019年年初出版。

【当代生物材料的进展及重点发展领域国际生物材料论坛】 6月13日，由学会与中国工程院、四川大学联合主办的当代生物材料的进展及重点发展领域国际生物材料论坛在四川省成都市举行。中国工程院、国家食品药品监督管理总局医疗器械注册管理司、四川省科技厅、四川省食品药品监督管理局、成都市高新技术产业园、成都市科技局等相关部门领导参加论坛开幕式。

论坛期间，学会理事长、中国工程院院士付小兵、美国医学与生物工程院会士Yasuhiko Tabata、美国乔治亚理工学院Andres Garcia、德国柏林夏里特医学院Frank Witte、加拿大皇家学会院士John Brash、美国工程院外籍院士Kazunori Kataoka、意大利帕尔马大学Ruggero Bettini、美国工程院院士Arthur Coury、美国德雷塞尔大学孙伟等围绕用于再生医学的生物材料，药物、基因、生物活性物质的传递及控释，生物相容性及其评价的科学基础和新方法，生物材料发展的新兴领域及生物材料产业的现状和发展4个主题作专题报告。

300余名来自美国、英国、加拿大、德国、澳大利亚、新加坡、意大利、日本、印度、葡萄牙、罗马尼亚、南非、西班牙等国家和中国大陆及台湾地区的专家、学者参加论坛。与会专家、学者交流世界生物材料发展趋势和前沿。

（撰稿人：许秀娟　刘　静）

国际粉体检测与控制联合会

服务创新型国家和社会建设　7—12月，联合会分别在辽宁省沈阳市、云南省昆明市、山东省青岛市、天津市、湖北省武汉市、广东省深圳市举办粉尘爆炸与安全防护技术培训6期，累计参加培训849人次。

学会建设　截至2018年年底，联合会有个人会员1433人、外籍会员52人，会员分布在中国、美国、日本、韩国、澳大利亚、德国、英国、意大利、荷兰等。有理事30人、常务理事7人。

联合会秘书处在东北大学信息学院举办常务理事会网络会议3次，3次会议均由常务副秘书长金智贤主持，理事长谢植，副理事长盖国胜、Siegfried Radandt（德国）、Mark G. Jones（澳大利亚）、Shuji Matsusaka（日本）、Ihnsup An（韩国），秘书长李新光参会。3月16日，举行第一次常务理事会网络会议，会议介绍上半年秘书处工作计划和国内联合会分支机构工作计划，重点介绍新成立的工业防爆技术创新联盟的宗旨、活动内容。7月20日，举行第二次常务理事会网络会议，会议讨论通过第十三届国际粉体检测与控制学术会议征文通知；通报会议筹备进度、工业应用委员会开展国内和国际学术活动计划；明确在澳大利亚、韩国和德国筹备成立分支机构计划和申报中国科协“2018高端学术研讨会”项目意向。11月9日，举行第三次常务理事会网络会议，会议通报第十三届国际粉体检测与控制学术会议筹备情况，决定于2019年在韩国庆尚大学举行该会议；通报工业防爆技术创新联盟在国内开展活动的情况。

国际学术会议 9月5—9日，由联合会工业应用委员会与中国建筑材料联合会粉体技术分会共同主办的国际粉体加工技术论坛及粉体原材料展览在山东省淄博国际会展中心举行。会议经费来自淄博市科技局、参展及与会单位自筹。展览邀请国内外新材料、涂料、塑胶、造纸、食品、医药、军工等领域原材料采购商，各类粉体原材料生产供应商及粉体加工装备、仪器和辅助材料制造商参展，为粉体原料加工与应用厂商、参会人员提供展示、采购咨询和新产品发布会等服务。来自国内、日本、韩国共300余人参会。

11月22日，由联合会工业防爆技术创新联盟指导、Fike公司主办的2018国际粉尘爆炸事故预防与整治公益研讨会在广东省广州海航威斯汀酒店召开。约150人参会。研讨会主要报告新版GB 15577粉尘防爆安全规程解读、爆炸预防与控制技术应用与设备检验、实际生产过程中金属粉尘的爆炸危险性、企业粉尘爆炸常见隐患及整治措施、粉尘爆炸危险场地区域划分方法与实例、美国粉尘防爆现状和未来及NFPA标准防爆技术讲解、粉尘防爆隐患排查与监督管理、粉尘爆炸事故案例分析讲解等内容。

国内主要学术会议 3月9—11日，由联合会主办的全国碳酸钙粉体加工技术论坛在四川省雅安市召开。论坛经费来自与会单位自筹。200名专家和工程技术人员参加论坛。论坛旨在帮助碳酸钙企业学习碳酸钙精细加工应用技术，掌握技术发展新动向。论坛主要交流碳酸钙粉体加工技术及其应用、碳酸钙及纳米碳酸钙相关加工技术，如纳米粉体的分散，微纳米粉体的复合，无污染高纯粉体加工，纳米粉体合成，亚微米精细分级、球形化、高均匀度混合。参会企业介绍碳酸钙行业发展情况、市场情况、企业现状，分享碳酸钙行业现有环保问题解决方案等内容。

6月27日，由联合会工业防爆技术创新联盟主办的第三届苏州市粉尘防爆技术研讨会暨展览会在江苏省苏州广电国际会展中心召开。研讨会邀请国内粉尘防爆技术专家、工程技术人员作粉尘防爆技术专题讲座。展览会有参展单位45个，107名联合会会员和各地安监部门工作人员、行业专家、院校学者及新闻记者共800余人参加。

8月17—18日，由联合会主办的石墨粉体与锂电池负极材料加工技术应用论坛在黑龙江省鹤岗市召开。来自企业和研究单位的技术人员共300人参加论坛。论坛主要研讨随着国家产业结构升级，粉体加工技术（精细粉碎分级、高均匀度混合与复合、表面包覆改性、颗粒球形化和片状化、低温节能干燥、粉体特性定量分析等新技术）在新材料、航空航天、电子元器件、生物制品、矿物加工、精细化工、食品医药、农业土壤改良、涂料塑胶、环境保护等方面的作用。

11月20日，由联合会主办的工业防爆技术应用论坛与展览在江苏省苏州市召开。联合会工业防爆技术创新联盟秘书长钟圣俊主持论坛。全国58个单位120人参会。国内外粉尘防护专家和企业技术人员发表《粉尘防爆控制之问题与建议》《粉尘爆炸防护新深刻理解》《火花探测和熄灭系统之FM和VDS认证相同与不同之处？》等文章，探讨中国工业过程安全和粉尘爆炸防护技术。

国际交往 8—9月，联合会秘书处与联合会副理事长、韩国庆尚大学新材料学院院长安仁燮（Ihnsup An）达成协议，计划于2019年在韩国晋州举办第十三届国际粉体检测与控制学术会议。根据协议，秘书处开展会议筹备工作，7—9月，完成征文通知，向各国理事和会员通报此届会议筹备情况。

11月26—30日，联合会工业应用委员会受日本粉体协会邀请参加日本国际粉体工业展览。联合会组织20名相关企业单位专家赴东京参展，展出国内先进粉体材料。爱知电机株式会社、OMC株式会社、大川原化工、杉山重工、大野化学机械等日本公司及来自瑞典、美国、德国的公司近300家企业参展。参展期间，赴多家日本企业考察交流，学习日本制造业精益化管理与技术革新，探讨商业合作机会。

联合会在澳大利亚完成筹备第十三届散料存储处理和输送国际学术会议（ICBNH 2019）相关工作，通报国内会员参加。该会议由联合会协助发起，联合会副理事长、澳大利亚纽卡斯尔大学教授Mark Jones主持。

党建强会 联合会秘书处功能型党支部贯彻党的十九大精神和《中国科协关于加强科技社团党建工作

的若干意见》，发挥党员在联合会发展中的带头作用。通过各种渠道向各国理事和会员介绍中国进一步扩大改革开放的意义，向各国理事和副理事长宣传并协助参与“一带一路”建设项目。

【创立工业防爆技术创新联盟】 2月，联合会根据常务理事会议精神，在国内创立第二个分支机构——工业防爆技术创新联盟。联盟会员以企业为主体，旨在搭建工业防爆相关产品与服务产学研与应用平台，提升联盟成员企业在工业防爆领域研究开发、生产制造、应用服务、教育培训、产品认证和安全管理水平，推广工业防爆技术在可燃物料加工、处理与使用企业的应用，贯彻落实与工业防爆相关的标准和法规，促进中国工业防爆产业健康发展。联盟下设专家委员会（80人），有单位会员95个，东北大学粉尘爆炸防护研究所所长钟圣俊担任秘书长。

（撰稿人：金智贤）

中国农学会

服务创新型国家和社会建设 启动2018—2019年度中华农业科技奖推荐申报工作。向国家奖励办提名2018年度国家科技奖10项，获奖3项。受国家奖励办委托，对评审通过的22项农业项目开展行业咨询评议。顺应多样化评价需求，健全评价标准体系，拓展评价服务范围，组织院士专家评价重大农业科技成果119项。

承办农业领域高层次专家、农业科研杰出人才及其创新团队等高级研修班，参加人数150余人。围绕农业农村领域行政管理人员和专业技术人员能力提升和继续教育需求，举办财务管理、公文写作、档案管理、基层农技推广等专业技能培训活动，培训学员1000余人。

立足自身专家智力优势，推进河北省承德市承德县定点帮扶工作；通过举办高端辅导报告、组织农村实用技术培训、编制国光苹果等特色产业发展规划；开展院士专家企业家对接服务活动等方式，解决地方特色产业发展、农产品精深加工、畜禽粪污资源化利用等瓶颈问题，助力农业产业提质增效。开展新疆维吾尔自治区、西藏自治区、四省藏区和老少边穷地区科技扶贫工作，组建农业扶贫专家团队，举办精准扶贫基层行和院士专家企业行活动，开展技术咨询服务和产业对接合作，精准助力地方脱贫攻坚。

学会能力提升计划 11月7日，中国科协公示世界一流学会建设项目评审结果。根据中国科协有关要求，通过项目申报、第三方评价、专家评估、质询答辩等环节，学会获中国科协世界一流建设项目一类支持学会。

学会建设 12月12日，在浙江省杭州市召开十一届二次理事会议、常务理事会议。十一届二次理事会议听取并审议《关于中国农学会2018年主要工作及2019年工作思路的报告》，审议学会部分理事调整情况，表决同意邓秀新等5人辞去学会理事职务，增补邹德堂、王成、乔日红为学会理事。经十一届二次常务理事会议研究，同意成立农业监测预警分会，同意科技情报分会、农业图书馆分会合并为图书情报分会，通过《中国农学会关于加强会员服务管理工作的意见》《中国农学会分支机构考核管理办法（试行）》。与会常务理事在分析世界一流学会的内涵、标准及定位基础上，围绕如何将中国农学会打造成世界一流农业科技社团进行讨论。

9月6—7日，全国省级农学会负责人座谈会在北京召开。会议学习中央领导致信祝贺中国农学会成立100周年指示精神。江苏省、甘肃省等6个地方农学会作典型经验交流，中国农学会办事机构7个内设部门介绍主要业务工作，与会人员交流和研讨学会自身发展建设及今后的重点任务等议题。

组织办事机构所有工作人员参加公文运转、档案管理、内部控制等系列专题讲座。研究起草《关于进一步规范公文处理的意见》，加强公文运转管理和审核把关，强化档案管理与服务。开展档案质量评比活动，促进干部职工知识结构更新和业务素质提升。强化绩效管理，加强督促检查，提升业务工作效能，推动单位职能履行。

4月20日，民政部民间组织管理局及第三方评估机构组织专家11人评估学会内部治理、工作绩效、财务管理等。经过申报审查、专家评估、第三方评价、现场复评、质询答辩等环节，专家组从工作层面到组织层面对学会给予肯定。此次评估活动涉及100余个参评社会组织。学会获民政部2017年度中国社会组织评估最高等级5A级。张桃林会长和农业农村部部长韩长赋先后做出批示，肯定学会工作，勉励学会增强凝聚力和影响力，在推进新时代“三农”事业发展中发挥作用。

学会治理结构和治理方式改革 4月20日，在民政部社会组织评估中获 5A 等级。

对标十八大以来的新政策、新要求，完善现行规章制度，起草印发《中国农学会关于加强会员服务管理工作的意见》《中国农学会分支机构考核管理办法（试行）》和《公务交通费管理办法》等规章制度。规范各项业务工作流程，启动编制主要业务工作规范。

青年人才托举工程 制定《农科科技社团联合体“青年人才托举工程”第一届项目总结工作方案》，部署第一届青托项目总结工作，通过中国科协项目总结、审核工作。完成第二届项目（2016—2017 年度）自评估工作，推进实施 2 届项目。获批并实施第四届青托项目，经专家推荐、分会和学会分级评选，推荐苏宏等 4 人为学会支持对象。

主办期刊 创办《棉花研究》（英文版）（*Journal of Cotton Research*），组建国际化编辑和编委队伍，与开放获取（Open Access）出版商 BMC 出版社建立合作，推动期刊国际化及论文开放获取。优化《农业科学学报》（英文版）（*Journal of Integrative Agriculture*，JIA）与出版商爱思唯尔（Elsevier）合作模式，JIA 在 ScienceDirect 平台下载量提升 20% 以上。加大编辑人员培训力度，提升《中国农学通报》《农学学报》《中国农业科学》等 7 种主办中文期刊影响力。在 11 月召开的中国科技论文统计结果发布会上,《中国农学通报》《农学学报》等刊获中国科技核心期刊证书。

学科发展研究 在中国科协的支持下，第 7 次承担 2018—2019 年基础农学学科发展研究课题。11 月 23 日，召开项目启动会，成立以中国工程院院士刘旭、中国科学院院士陈晓亚、中国工程院院士万建民为首席科学家的课题组，重点研究农业生态学、农业微生物学等 6 个学科。

决策咨询 总结党的十八大以来中国农业农村人才发展概况，编制《中国农业农村人才发展报告》。组织专家深入基层开展调查研究，完成《激发农业科技人才创新创业活力专题报告》《高等院校和农业科研单位开展农业技术推广服务情况报告》等研究成果。组织专家开展基层农业科技档案管理调研咨询，形成《基层农业科技档案管理薄弱 基础工作亟需坚强》报告，以中国科协《调研动态》形式呈党中央国务院有关部门参考。参与《农牧渔业丰收奖奖励办法》修订，负责新修订办法的统稿和修订说明的起草。参与修改讨论的《关于建设国家生猪大数据中心的建议》得到李克强总理和胡春华副总理的批示。

国内主要学术会议 举办第五届中国现代农业发展论坛，邀请吴孔明、陈剑平、孙其信、叶兴庆、黄季焜、刘松等院士专家、企业家，围绕“农业高质量发展与乡村振兴”主题，采取主旨报告和高端对话方式，开展研讨交流，为乡村振兴战略实施建言献策。联合举办首届中国农业农村科技高峰论坛，遴选发布《2017 中国农业农村新技术、新产品和新装备》。聚焦农业大数据、农业产业化、农产品贮藏加工、都市农业等产业振兴热点问题，开展 60 余场专业学术活动。

国际组织任职 推荐会员到国际民间科技组织任职，鼓励中国科学家在国际事务中发出声音，扩大国际影响力。学会理事周光宏担任全球农业与生命科学高等教育协会联盟副主席、国际标准化组织肉禽鱼蛋及其制品委员会主席，学会常务理事韩鲁佳担任国际标准化组织饲料机械技术委员会主席、世界工程组织联合会女性与工程委员会执委，学会理事闵庆文担任东亚地区农业文化遗产研究会轮值主席、联合国粮农组织全球重要农业文化遗产专家咨询小组副主席。

举办第三期国际组织后备人才培训班，推选联合国粮农组织准专业官员和访问专家项目、国家公派留学人选 22 人，培养具有国际视野的外事外经人才。

国际交往 与德国农业协会签署合作谅解备忘录，加强与国际科技组织的合作交流。继续与跨国企业先正达公司合作，设立实施杰出青年农业科学家项目和全国杰出农村实用人才项目，资助评选产生的 15 名杰出青年农业科学家和 40 名全国杰出农村实用人才，初步形成“由农业行政部门指导、社会力量广泛参与、社团组织落实推进”扶持培养农业农村人才新模式。

选派优秀科技人才出国（境）培训、公派出国留学，组织派遣农业系统人员赴国外研修和实习。围绕农业生态环境治理、农产品质量安全和乡村城镇建设等农业农村重点领域，引进境外专家 95 人次，引进前沿技术、规范和装备 28 项，选派 25 个团组 207 名专业技术人员和管理骨干出国（境）培训。

科普活动 组织编制《农民科学素质发展战略中长期规划（2021—2030—2035 年）》。承办科学素质促进农业可持续发展国际论坛和全国农民科学素质网络知识竞赛。围绕社会热点和公众需求，通过科普展览、科普大讲堂、技术培训等形式，举办 60 余场农产品质量安全、科学认识转基因、科技扶贫等科普活动。编辑创作奶业振兴动漫、基因故事科普图文、农药残留漫画等系列科普制品，在人民网科普、科普中国、三农科学传播等微信公众平台传播。

表彰举荐优秀科技工作者 实施2018年度全国杰出农村实用人才评选资助，择优评选产生杰出青年农业科学家25人，予以项目资助。推荐创新人才推进计划候选人，向科技部推荐候选人38人。推荐2018年国家“万人计划”青年拔尖人才候选人，向科技部推荐自然科学类青年拔尖人才候选人35人，向中宣部推荐社会科学类青年拔尖人才候选人1人。推荐未来女科学家计划候选人，向中国科协推荐候选人1人。

学会创新发展 围绕精准服务承德国光苹果产业技术创新发展，申报并获批2018年中国科协创新驱动助力工程示范项目。制定实施方案，组织专家多次开展实地调研。开展服务咨询，提出政策制定、结构调整、战略规划等方面咨询建议。编制完成《承德国光苹果产业发展中长期规划（2018—2025）》《承德国光苹果产业发展咨询报告》。帮助当地组建产业发展专家指导组，形成服务承德特色产业发展需求的专业化、综合性解决方案，为河北省承德市承德县特色农产品科学发展、提质增效提供决策参考。

受中国科协委托，组织专家组对国家大众创业万众创新示范基地5家农口基地开展第三方评估工作。开展会评和实地调研评估，对每个基地出具书面评估意见。制定典型案例模板，收集5家基地上报材料，形成典型案例汇编。

党建强会 发挥理事会层面功能性党委作用，前置审查学会、理事会重大事项。在办事机构党委层面，以“两学一做”学习教育常态化、制度化为抓手，加强思想政治建设。完善“三会一课”制度，组织干部职工学习十九大报告、新《党章》和《习近平新时代中国特色社会主义思想三十讲》等文献资料，参加农业农村部和中国科协组织举办的宣讲会、辅导会和培训班，理解党的理论创新成果。开展“不忘初心，重温入党志愿书”主题党日活动，感悟“红船精神”，重温入党誓言。学习贯彻中央和国家机关党的政治建设推进会精神，对照检查整改。

会员服务 制定《中国农学会关于加强会员服务管理工作的意见》，经十一届二次常务理事会议审议通过，研究制定学会会员服务清单，落实会员优先优惠举措。根据《中国农学会章程》《中国农学会会员管理办法》及《中国农学会关于加强会员服务管理工作的意见》等相关规定，梳理各类会员关系，规范会员入会流程，编写会员系统使用说明。启动会员重新登记工作，会员数量上升。

【深入学习贯彻落实习近平总书记致信祝贺中国农学会成立100周年重要指示精神】 2月5日，发布《关于深入学习贯彻习近平总书记致信祝贺中国农学会成立100周年重要指示精神　推动学会事业实现跨越发展的决定》。传达学习习近平总书记致信祝贺中国农学会成立100周年重要指示精神。召开全体干部职工大会、院士专家研讨会、省级农学会负责人座谈会和学会常务理事会、理事会。统一思想、凝聚共识、强化责任、会聚力量，共同谋划做好新时期学会创新发展工作。团结动员全体会员和农业农村科技工作者，投身乡村振兴事业，为加快实现农业农村现代化做出贡献。

【与德国农业协会签署合作备忘录】 5月24日，在中国科协举办的首届中外科技社团发展论坛期间，学会与德国农业协会签署合作备忘录。双方同意发挥各自优势，通过交流互访、联合培训、举办学术交流活动等方式，加强农业科技交流与合作，共同促进农业科技进步。

【首届全国农业行业职业技能大赛】 9月20日，2018年中国技能大赛——全国农业行业职业技能大赛总决赛在山东省日照市举行。首届全国农业行业职业技能大赛搭建全国统一的农业行业职业技能竞赛平台，是农业行业首个国家级一类大赛和首届中国农民丰收节系列展示活动之一。全国近10万名农业农村技能人才参加比赛。中央电视台《新闻联播》《人民日报》等媒体对大赛进行报道。

【中国农学会青年科技奖】 11月15日，报国家奖励办备案，恢复设立中国农学会青年科技奖。该奖项主要表彰在中国农业科技创新、农业农村经济发展中做出突出成就的青年科技人才。旨在通过创新遴选培育机制，开发智力资源，培养青年农业科技英才，造就一批进入世界科技前沿的青年农业科学和技术带头人，为推进中国农业农村现代化作贡献。

（撰稿人：杜　勇）

中国林学会

服务创新型国家和社会建设 强化浙江省宁波市、吉林省、大兴安岭地区等地服务站建设，在山西省、四川省新设服务站，在山西省吕梁市岚县、四川省江油市新设工作站。实施乡土专家计划，编制《中国林学会乡土专家评选认定管理办法（试行）》，开展乡土专家认定工作。评选出首批中国林业乡土专家213人。实施2018年中国科协创新驱动助力工程示范项目“林业乡土专家体系建设助力宁波乡村振兴”。

根据《中国林学会团体标准管理办法》，制定并发布《无人机遥感监测异常变色木操作规程》等5项团体标准。按照《中国林学会科技成果评价管理办法（试行）》，应邀开展科技成果评价，开展“西北旱区枣品质行程机制及提升关键技术研究”等近30次科技成果评价。

在山西省吕梁市召开发展经济林助力精准扶贫研讨会，为吕梁深度贫困地区脱贫攻坚建言献策。完成中国科协组织的吕梁市临县、岚县定点扶贫任务。成立临县红枣院士工作站，推动红枣产业振兴发展。引进新品种、新科技，推动岚县沙棘产业发展。与深度贫困地区——贵州省黔东南苗族侗族自治州签订林下经济助推脱贫攻坚协议，编制该州天柱县林下经济脱贫攻坚规划，与黎平县签订杉木人工林可持续经营科技示范协议。组织专家赴西藏自治区开展科技助力西藏引竹增绿工作，促进科研成果转化和脱贫攻坚。

学会建设 召开全国秘书长会议，部署全年工作。修订《中国林学会分支机构管理办法》，开展分支机构考核评估，注销2个分支机构，实现分支机构动态管理。新设森林疗养分会、栎类分会2个分会。完成森林防火专业委员会等3个分支机构更名工作，完成竹藤利用资源等8个分会、专业委员会换届工作。

主办期刊 《林业科学》收稿776篇，发表238篇。影响因子1.191，总被引频次4565。第16次被评为百种中国杰出学术期刊，继续被EI收录。入选中国科协科技期刊精准推送服务试点项目，入选中国科技期刊精品建设计划2018年度项目。

加强审稿专家队伍建设，制作并发送电子版审稿专家证书。召开第六届全国林业科技期刊发展研讨会。1篇论文获得2018年中国科技期刊农林学科年度优秀论文二等奖。

学科发展研究 出版《2016—2017林业科学学科发展报告》，获批并开展“2018—2019林业科学学科发展报告”“林业科学学科方向预测及技术路线图研究”2项中国科协学科发展项目。启动《中国林业优秀学术报告2017—2018》征集工作。与有关省级林学会、分会、专业委员会、科研、教学等单位联合开展重点学科专题学术交流。

决策咨询 编撰完成《林业专家建议》4期，2篇建议得到国家林业和草原局领导批示。开展寻找中国最美古树活动，在全国遴选85株最美古树，在《国土绿化》杂志出版《中国最美古树》专刊。颁发2017森林文化小镇证书和奖牌，赴云南省腾冲市和顺镇，开展森林文化小镇专题调研，为小镇遴选工作总结经验，为小镇规划建设提供建议。开展2018森林中国·发现森林文化小镇活动、中国最美银杏文化小镇遴选活动。

与广西人工林种植行业协会联合开展人工林企业调研，举办现代人工林企业创新发展论坛，解决企业经营实际需求。开展中国近代林业科学先驱凌道扬生平及学术思想研究，举办凌道扬诞辰130周年暨学术思想座谈会，组织专家编辑出版《中国近代林业先驱——凌道扬》。完成2018年度中国科协九大代表调研项目。召开2018年中国科协预防与控制生物灾害分析研讨会，组织专家编著《2018年预防与控制生物灾害咨询报告》，该项工作已连续开展24年。

国际学术会议 4月24日，在北京林业大学召开第五届国际森林科学论坛暨森林经营高端研讨会。会议主题为“森林科学经营的理论实践与国际经验”。国家林业局副局长彭有冬出席会议并致辞。法国、德国以及国内专家200余人参加研讨。

6月25日，与国际竹藤组织、日本林学会、韩国林学会等在北京国家会议中心举办中日韩竹产业合作与人文交流对话会。学会副理事长兼秘书长陈幸良，国际竹藤组织副总干事李智勇，学会竹子分会理事长蓝晓光，韩国竹业发展协会主席钟正宇，日本东京大学教授饭山贤治，日本大和生物研究所总裁、东京农业大学客座教授大泉高明等专家、学者参加交流。

9月12—14日，在浙江省杭州市桐庐县举办中国森林疗养杭州国际研讨会。会议主题为“森林疗养构建新型社会福祉”。澳大利亚、日本、韩国、芬兰、德国及国内森林疗养领域专家、学者160余人参加会议。学会理事长赵树丛作题为“森林价值新发现——中国森林疗养的发展”的主旨演讲。会议发布中国森林疗养《杭州宣言》，学会森林疗养分会与桐庐县人民政府签订森林疗养产业战略合作协议。

11月5—6日，第六届中国（邳州）银杏节暨第二届国际银杏峰会在江苏省邳州市举办。银杏节主题为“标准引领发展，品牌创造未来”。学会理事长赵树丛、全国政协原副秘书长何丕洁、中国工程院院士曹福亮、魏玛银杏博物馆馆长海因里希·贝克、俄罗斯自然科学院院士彼得琴科·弗拉基米尔、阿根廷拉美中国政治经济研究中心副主任逗博及400余名来自“一带一路”沿线国家的青年代表和其他国家、地区的受邀代表参加开幕式。

开幕式上，学会颁布银杏团体标准，宣布中国最美银杏文化小镇评选结果。南京林业大学艺术学院副院长杨杰宣布全国银杏艺术设计大赛评奖结果，曹福亮为获奖代表颁奖。在随后的签约环节中，邳州世界银杏博览馆与德国魏玛银杏博物馆缔结为友好馆。来自“一带一路”沿线60余个国家的青年代表共同种植银杏友谊林。

11月21日，在南京森林警察学院举办生态环境保护国际研讨会。美国、新加坡、缅甸、澳大利亚、芬兰、印度及国内专家、学者100余人参加会议。

国内主要学术会议 学会及各分会共举办综合性和专题性国内学术交流100余次，参会人员3万余人次，交流报告7000余篇、论文1万余篇。

1月24—26日，在浙江省杭州市桐庐县召开中国林业青年专家助力乡村振兴战略学术研讨会。研讨会提交关于实施林业青年英才培养工程等专家建议2篇。80余名专家、学者参加会议。

6月14日，在山东省滕州市召开华东六省一市林学会学术交流会暨全国元宝枫产业发展学术研讨会。全国绿化委员会副主任、学会理事长赵树丛，山东省政协副主席、林业厅厅长刘均刚，山东省科协党组成员、副主席纪洪波等出席会议，230余人参加会议。会后，与会人员参观考察滕州市元宝枫生产基地。

7月18—20日，在上海市召开第二届中国（上海）国际竹产业博览会暨竹产业发展学术研讨会。研讨会以“绿色、低碳、设计、环保”为主题。200余人参加会议，70余家企业在博览中心布置70余个展位。会前，学会开展第二届中国（上海）国际竹产业博览会优质产品评选活动，共评出获奖产品39项。会后，学会开展中国竹业特色之乡认定评审工作，浙江省湖州市安吉县孝丰镇等16个乡镇被评为中国竹业特色之乡。

10月29日—11月1日，在河北省保定市召开第七届中国森林保护学术大会。大会主题为“新时代、新森保、新发展”。550余人参加大会。会议评选出50个优秀学术报告，其中，一等奖12名、二等奖38名。

11月4—7日，在贵州省贵阳市召开第十八届全国森林培育学术研讨会暨人工林质量精准提升高峰论坛。论坛主题为“新时代森林培育”。310余名专家、学者参加会议。开幕式上，中国工程院院士沈国舫作题为“中国的人工林——肩负生态和生产的双重使命”的特邀报告，并为12名获沈国舫森林培育奖励基金的青年教师及研究生颁发证书和奖金。中国工程院院士张守攻作题为“关于森林培育学科发展的三点思考”的特邀报告。

11月14—16日，在湖南省长沙市承办中国科协第367次青年科学家论坛。论坛主题为“苗木质量精准提升与林分更新理论技术”。80余名专家、学者参加论坛。

11月21—23日，在北京林业大学召开第五届全国林下经济发展学术研讨会暨林下经济学科发展座谈会。110余人参加会议。中国工程院院士、学会林下经济分会主任委员李文华，原国家林业局副局长李育材等出席会议并作特邀报告。会前，参会人员参观北京林下经济示范基地。

12月10—12日，在四川省江油市召开栎树国家创新联盟成立大会暨栎类产学研协同创新发展高端研讨会。120余人参加会议。中国工程院院士蒋剑春向大会致贺信。会上，国家林业和草原局科技司向学会颁发栎树国家创新联盟牌匾，学会为美国南卡罗来纳州克莱姆森大学教授王高峰颁发中国林学会国际咨询专家证书。会议进行中国林学会四川服务站、中国林学会四川服务站——江油站授牌仪式。

两岸交流 10月22—24日，学会在浙江省杭州市举办2018两岸林业基层交流研讨会，中国台湾地区代表实地调研浙江省林业经营情况。12月8—14日，在云南省昆明市举办两岸栎类经营发展论坛。

国际交往 4月24日，学会理事长赵树丛授予德国弗莱堡大学教授Heinrich Spiecker等3人中国林学会国际咨询专家证书，国家林业和草原局副局长彭有冬参加相关活动。6月21日，学会理事长赵树丛率团参加第四届植树造林面临的挑战国际会议，会议期间，代表团访问贝尔格莱德大学。8月30日，学会副秘书长李冬生会见到访的德国埃伯斯瓦尔德大学教授Michael Mussong。

科普活动 开展2018年全国林业和草原科技周、第二届“憧憬·美丽中国”艺术设计大赛、2018全国林业和草原科普微视频创新大赛等活动，召开第七届梁希科普奖评选工作会议等，科普活动实现森林、草原、湿地、荒漠和陆生野生动植物全覆盖。开展第四批全国林业科普基地（增补）工作，全国林业科普基地达159个。在陕西省、河南省等省组织科普日活动约30场次，活动受众超5000人。推荐全国科普日优秀活动项目9项。

实施林业科学传播团队创建行动，支持北京植物园和湿地科学2个科学传播团队举办科普报告20场，推荐的41人入选科普中国科学传播专家。实施林业科普资源共建共享行动，定向制作林业科普微视频40部，依托科普中国会聚林业科普视频288部，全年新增林业科普视频作品427个，容量达400G。实施林业科普信息化建设，林业科学传播公众号发布作品208篇，林业科学传播频道发布作品650篇，王康聊植物微信平台刊登文章60篇。

7月16—20日，第35届青少年林业科学营活动在安徽扬子鳄国家级自然保护区举行。来自北京5所学校的80余名师生参加活动。

表彰举荐优秀科技工作者 梁希科学技术奖第三方评价以90分的成绩在全国200余个社会力量设奖中排名第9。在评选活动的规范性、社会影响和可持续性方面得到评委认可。第九届梁希林业科学技术奖评出获奖项目102项，其中，一等奖6项、二等奖52项、三等奖44项。一等奖项目由国家林业和草原局推荐上报2019年国家科技进步奖。完成第七届梁希青年论文奖评选工作，收到申报论文645篇，评选出获奖论文255篇，其中，一等奖论文19篇、二等奖论文64篇、三等奖论文172篇。完成第七届梁希优秀学子奖评选工作，全国33所高校候选人75名，评选出获奖者51名。开展优秀科技工作者代表候选人推荐工作。

党建强会 学会党委获中国科协优秀星级党组织称号，学会党总支获国家林业和草原局优秀党组织称号。

全年集体学习13次。开展“七一”党建系列活动，赵树丛理事长带领学会秘书处中层以上干部瞻仰中共一大遗址，带领秘书处全体党员赴山东原山林场开展党性教育活动。组织秘书处党员干部参观“真理的力量——纪念马克思诞辰200周年主题展览”。开展重温入党志愿书活动，向国家林业和草原局直属机关党委提交优秀体会3篇。

制定《中国林学会党总支关于加强党总支及所属党支部、党小组建设的实施意见》，明确各级党组织的功能、作用及制度要求。与各业务部室签订全面从严治党责任承诺书。在会员党员中开展全国优秀党员科技工作者宣传活动。

会员服务 完善学会网站，启用学会公共邮箱，开发会员发展与服务系统APP，建设会议系统。从2018年1月1日起，入会的有效收费个人会员为1142个，其中，普通会员894人、高级会员164人、学生会员84人，有效收费团体会员单位12个。提供会员服务，召开会员代表座谈会，开展会员义务植树活动，制作中国林学会团体会员牌匾，印制会员发展和服务宣传折页，提供会员活动相关优惠，创新服务产品，提高服务品质。

【第六届中国林业学术大会】 11月14—16日，第六届中国林业学术大会在西南林业大学召开。大会主题为“创新引领：新时代林业新发展”。2300余人参加会议。学会理事长赵树丛、湖南省政协副主席张大方等出席大会并讲话。中国林业产业联合会常务副会长、原国家林业局总工程师封加平，中国工程院院士、学会副理事长曹福亮等出席开幕式并作特邀报告。

开幕式期间，颁发第九届梁希林业科学技术奖和第七届梁希科普奖。

大会设分会场25个，收到论文（摘要）1500余篇，交流报告700余篇。会议研讨内容涉及木本植物基因组与分子生物学、森林培育、林木遗传育种、木材科学与技术、林产化工、森林经理、森林生态、森林保护、园林、经济林、森林公园与森林旅游、城市森林、林业机械、水土保持与荒漠化、湿地与自然保护地、森林防火、野生动物、林业经济、林下经济、草原、森林水文、林业史等学科领域。

【第十三届中国林业青年学术年会】 6月1—3日，第十三届中国林业青年学术年会在江西农业大学召开。年会主题为“林业青年科技创新与乡村振兴”。1200余人参加大会。中国工程院院士蒋剑春、学会理事长赵树丛等出席开幕式。

开幕式期间，颁发第七届梁希青年论文奖、第七届梁希优秀学子奖。

学术大会共设分会场12个，研讨内容涉及森林培育、林木遗传育种、森林经理、森林保护、木材科学与技术、林产化工、湿地野生动物与自然保护区管理、林业经济、竹类科学、森林生态、风景园林、森林防火等学科领域。

【生态文明贵阳国际论坛】 7月6日，生态文明贵阳国际论坛——林业与生态系统治理中外专家对话会在贵州省贵阳市举办。论坛主题为“新时代林业的新定位新使命”。国内外近100人参加对话会。国家林业和草原局副局长彭有冬、学会理事长赵树丛、贵州省人大常委会副主任李飞跃等领导出席论坛并致辞。

会议提出《以自然为基础的新时代林业——贵阳倡议》。倡议的提出坚持生态保护第一，推广尊重自然、顺应自然和保护自然的生态文明理念，倡导人和山水林田湖草是一个生命共同体的整体观和系统治理；遵循自然规律，更好地节约各种资源、能源、人力和土地；推广示范山水林田湖草综合规划、管理和经营的方法和理念，把森林保护、恢复和经营纳入区域的综合发展规划；增加生态系统的面积、提高生态系统的质量将会提高生态资产的价值，提高生态系统生产总值；尊重自然，保护绿水青山和生态系统。

会议发布《中国栎类经营指南》和贵州省10个县的生态系统生产总值（GEP）核算报告。会议期间，学会与贵州省黔东南苗族侗族自治州签订林下经济助推精准脱贫攻坚战略合作协议；与贵州省黔东南苗族侗族自治州黎平县、天柱县分别签订杉木人工林可持续经营科技示范协议、林下经济助推脱贫攻坚合作协议；与沈阳农业大学签订栎类经营示范样板基地协议。

【2018森林中国大型公益系列活动】 6月5日，2018森林中国大型公益系列活动在北京西山国家森林公园启动。国家林业和草原局党组成员、副局长张永利，共青团中央书记处书记傅振邦，全国绿化委员会副主任、学会理事长赵树丛，中国光华科技基金会党委书记、理事长侯宝森等出席活动并致辞。《光明日报》《中国绿色时报》、人民网等100余家新闻媒体参加启动仪式。启动仪式还颁发2017森林中国森林文化小镇奖牌和证书。

（撰稿人：林昆仑）

中国土壤学会

服务创新型国家和社会建设 学会鉴定“西北地区盐碱地改良与整理利用技术模式”科技成果。

学会土壤质量标准化工作委员会发布国家标准8项，提出国家标准项目3项，已在审批中；7个项目在推荐性国家标准立项评估会上通过答辩，已在审批中；根据标准体系构建目标和原则，结合土壤质量的特性和需求，建立全国土壤质量标准体系，形成由7大类、255项标准构成的《土壤质量标准体系表》，覆盖土壤质量标准重点领域和关键环节，完成中国土壤质量领域标准初步系统设计。

参与《中国大百科全书》第三版农业资源与环境学科部分编写工作。

8月15—17日，智慧农业、土壤生物和生态信息（物联网+机器人）培训课程在江苏省南京市举办，30余人参加。9月7—9日，第七届污染场地土壤与地下水风险评估技术HERA软件培训班在河北省石家庄市举办。培训班主要围绕利用HERA软件进行污染场地土壤与地下水风险评估技术培训授课，邀请政产学研各界专家作场地风险评估工作分享报告；网络版HERA软件在会议上推广试用。11月15—17日，土壤微生物新理论新技术培训班在江苏省南京市举办，国内32所高校和研究院所70余名青年科研人员参加培训班。

学会建设 召开理事会议1次、常务理事会议2次。学会理事减少4人。成立土壤健康工作组。发展团体会员1个。

为申办第23届世界土壤学大会，成立申办工作小组，制作宣传册、宣传单、申办视频、申办文件等材料。8月16日，第二十一届世界土壤学大会在巴西里约热内卢市召开，学会获第二十三届世界土壤学大会承办权。第二十三届世界土壤学大会计划于2026年6月在中国江苏省南京市召开。

2018年年初开通财政票据电子化管理系统。在中国科协计划财务部的要求下，开展学会财务自检工作，针对学会出现的财务问题，修订完善《中国土壤学会财务管理办法》，制订《中国土壤学会劳务费管理实施细则》。

青年人才托举工程 经申请，获中国科协2018—2020年青年人才托举工程项目资助，名额2人。修订完善《中国土壤学会青年人才托举工程项目实施与管理办法》。完成学会2018—2020年青年人才托举遴选工作。

主办期刊 主办或合办《土壤通报》《土壤学报》《土壤圈》（英文版）、《水土保持学报》《干旱区研究》5种期刊。刊出文章939篇，发行量约2万册。

《土壤学报》继续获中国科学院科技期刊择优支持出版基金资助。核心影响因子2.433，核心总被引频次5370，较上年提升。综合评价总分84.1。再次入选中国国际影响力优秀学术期刊，入选期刊数字影响力100强。

《土壤圈》（英文版）继续获中国科技期刊国际影响力提升计划项目资助（第2年）和中国科学院科技期刊择优支持出版基金资助；再次入选中国最具国际影响力学术期刊，期刊国际影响力指数入围全国TOP1%；获江苏省科技期刊优秀期刊奖十佳精品期刊奖。

国际学术会议 学会及专业委员会举办农业绿色发展国际研讨会、第三十四届国际湖沼学大会、第十一届农业与环境国际研讨会、农业环境质量国际研讨会、第四届亚太生物炭国际会议5场国际会议。参会人数约1650人次，其中，国外参会人数约400人次。交流报告约750个、论文约1150篇。

4月24日，学会土壤-植物营养专业委员会联合中国农业大学在北京市举办农业绿色发展国际研讨会。来自十几个国家高校的150名专家、学者参加会议。探讨农业绿色发展面临的资源环境、粮食安全和环境问题，探索中国和全球未来农业绿色可持续发展之路。

11月2—5日，由学会土壤化学专业委员会主办的土壤环境质量国际研讨会在江苏省南京市召开。会议围绕“土壤污染、农产品安全与可持续发展”主题，安排口头报告35个、展示墙报23份。来自近10个国家的专家、学者73人参加会议。参加会议的农业环境领域专家、学者开展合作与交流，展示最新研究进展与成果。

国内主要学术会议 学会及专业委员会、工作委员会举办20次学术会议，参会人数6150余人次，交流报告1100余个，交流论文、摘要近1200篇。

6月8—10日，第一届全国土壤工程学术研讨会暨中国土壤学会土壤工程工作委员会成立大会在江苏省南京市召开。近200名专家、学者参加会议。会议主题为“土壤与工程的交叉融合”。会议旨在突破传统土壤学研究范畴，建立土壤学和工程学交叉融合平台，体现“创新、交叉、融合、实用、前瞻”会议宗旨，加快土壤工程的学科建设与人才培养。30名专家和11名研究生作报告。

7月4—6日，土壤科技助力乡村振兴学术研讨会在河南省郑州市召开。来自科研、生产、教学等单位的专家、学者300余人参加会议。会议围绕“土壤科技助力乡村振兴”主题，重点研讨现代农业发展过程中遇到的困难。22名专家、学者作相关主题报告，展示现代农业中土壤科学多方面的研究进展和最新成果。

8月5—7日，中国土壤学会土壤环境专业委员会第二十次会议暨农田土壤污染与修复研讨会在安徽省合肥市召开。来自全国各地从事土壤环境保护科研、教学和应用工作的110家单位600余名专家、学者参加会议。围绕“农田土壤污染与修复”主题，12名专家作大会特邀报告，36名青年科学家作分会主题报告，32名专家、学者作分会报告。参会专家、学者讨论土壤污染修复过程中存在的问题，指出农田土壤污染与修复技术的发展新思路。会议期间，召开4场研究生专场报告，69名研究生作学术报告。

10月18—20日，第十七届中国青年土壤科学工作者暨第十二届中国青年植物营养与肥料科学工作者学术研讨会在河南省郑州市召开。来自全国60余个单位的350余名专家、学者参加会议。会议主题为“高效施肥提升土壤生态健康”。安排口头报告93个、墙报52份，展示青年土壤与植物营养科学工作者最新研究成果。

两岸交流 10月14—19日，第十二届海峡两岸土壤肥料学术交流会在中国台湾地区台北市召开。来自海峡两岸的专家、学者200余人参加会议。

国际组织任职 有2名专家担任国际土壤科学联合会执行委员会委员，3名专家担任专业委员会或工作组正副主席。

国际交往 4月29日—5月4日，应联合国粮食及农业组织水土资源司邀请，学会秘书长张甘霖赴意大利参加联合国粮食及农业组织政府间土壤专家委员会第八次工作会议暨全球土壤污染大会。此次会议是联合国粮食及农业组织第二届政府间专家委员会最后一次会议。会议回顾自2012年第一届委员会成立以来所开展的重要工作，讨论通过全球土壤伙伴计划与一系列全球土壤治理重要文件。会议与全球土壤污染大会同步召开，张甘霖主持国家土壤污染状况分会，作口头报告。张甘霖是联合国粮食及农业组织政府间土壤技术小组（ITPS）亚洲区5名代表之一，代表中国连续2届担任该委员会成员。

6月24—30日，应组织委员会和马来西亚博特拉大学邀请，学会理事长沈仁芳率团赴马来西亚参加第十届低pH值下植物-土壤相互作用国际会议。该会议每3年召开1次。此次会议围绕酸性土壤上食品安全与农业的可持续发展开展研讨。沈仁芳作题为“不同氮素形态对酸性土壤中水稻体内磷再利用的潜在调节机制”的大会报告。

7月22—29日，应阿根廷科学、技术和创新产业部邀请，学会秘书长张甘霖赴阿根廷参加20国集团峰会附属会议20国科学院会议。会议主题之一是“食品和营养安全面临的挑战与契机——科学院的观点”。张甘霖作关于土壤质量的口头报告。参会代表讨论并签署《改良土壤增加产量服务食品与营养安全》共同宣言。

8月12—17日，第21届世界土壤学大会在巴西里约热内卢市召开。此次大会主题是“土壤科学：超越食物和燃料”。来自140余个国家的7500余名专家、学者参加会议。会议征集到论文摘要2896篇，安排大会特邀报告8个、口头报告644个、展示墙报1604份。学会理事长沈仁芳率领学会代表团近300人参加大会。中国工程院院士、学会常务理事、中国农业大学教授张福锁作为唯一来自亚洲的大会特邀报告人，作题为“粮食安全和可持续性的土壤－作物系统综合管理”的报告。该项会议每4年举办一次。沈仁芳代表学会申请并获得第二十三届世界土壤学大会的举办权。这将是世界土壤学大会首次在中国召开。

10月24—28日，应韩国土壤与肥料学会邀请，学会理事长沈仁芳赴韩国参加土壤健康：挑战与机遇研讨会。会议是为庆祝韩国土壤与肥料学会成立50周年而举办的学术活动。沈仁芳作题为“中国土壤环境管理规划及战略”的大会报告。

科普活动　12月5日是世界土壤日，学会在所在地张贴2018年世界土壤日主题“土壤污染解决方案”宣传画，对外开放学会科普场馆并提供义务讲解，向公众免费发放《健康土壤带来健康生活》科普宣传册，在学会网链接2018年世界土壤日科普宣传知识。承办2018年世界土壤日中国活动主题：土壤污染防治暨第一届全国土壤修复大会，来自100余家科研院所、高校及相关行业的专家、学者近1800人参加活动。

表彰举荐优秀科技工作者　向中国科协推荐优秀科技工作者代表5人，其中，南京农业大学教授沈其荣被评为老科学家代表，参加5月30日在北京召开的纪念改革开放40周年、中国科协成立60周年暨百名科学家、百名基层科技工作者座谈会。推荐中国科协国际科学理事会中国委员会委员1人。

开展第十三届中国土壤学会科技奖和第六届中国土壤学会优秀青年学者奖评选工作，评选出学会科技奖一等奖2个、二等奖3个和优秀青年学者奖10人，表彰奖励48人次、单位10家。

经学会推荐，中国科学院南京土壤研究所杨飞博士获首届Yaalon青年科学家奖章。该奖章为纪念土壤学家Dan Yaalon而设立。由国际土壤科学联合会第1分部（土壤时空）与4.5委员会（土壤科学－历史、哲学与社会）颁发，奖励相关领域内做出重要成绩并具发展潜力的年轻学者（获得博士学位5年内）。该奖章每4年颁发一次，首届产生2名获奖者。

党建强会　7月4日，学会理事扩大会议在河南省郑州市召开，学会副理事长、党委书记胡锋作党的十九大精神宣讲报告。报告阐述党的十九大基本概况、主要精神、对学习和贯彻十九大精神的初步思考3个方面。围绕习近平总书记在十九大报告中提出实施乡村振兴战略和加快生态文明体制改革建设美丽中国等方面内容提出要求。

会员服务　每年编纂2期会讯，反映学会工作的综合信息，包括会议预告、学会动态、通知公告等，定期发送给会员。学会网站更新学术交流、学会动态、通知公告等栏目，为会员提供相关信息。《土壤学报》《土壤圈》（英文版）、《水土保持学报》及《干旱区研究》4种主办的期刊全部建立期刊专网，会员可在网上免费查阅期刊论文。

【第三十四届国际湖沼学大会】8月19—24日，由国际湖沼学会主办、学会和中国科学院南京地理与湖泊研究所等单位联合承办的第三十四届国际湖沼学大会在江苏省南京市召开。近700名专家、学者参加会议，包括境外专家、学者近300人。大会主题是“湖沼学——支撑水生态系统保护与修复的科学”。会议设置大会报告8个，15个会议专题、29个特别专题共392个口头报告和109份墙报。国际湖沼学大会每2年至3年举行一次，首次会议于1922年在德国基尔市举行，此届会议是国际湖沼学大会首次在中国举行。

【第十一届农业与环境国际研讨会】10月14—18日，由学会氮素工作组、中国科学院南京土壤研究所和江苏省土壤学会主办的第十一届农业与环境国际研讨会在江苏省南京市召开。来自中国、美国、英国、澳大利亚、新西兰、西班牙、奥地利、巴西、捷克、巴基斯坦等国420余名专家、学者参加会议。会议主题是“创新农业科技，应对环境变化！”。会议安排学术报告84个，展示墙报102份，内容涵盖水土保持、土壤肥力、养分管理、碳氮循环、农业废弃物利用、土壤污染修复、面源污染防控等领域。参会专家、学者讨论和交流农业环境保护世界科技前沿问题、现代农业创新和绿色发展理论与技术等。大会为国内外农业生态与环境保护领域专家、学者、企业及管理部门搭建探讨现代农业可持续发展新思路、新技术和新方法的国际交流平台。农业与环境国际研讨会每2年举办一次，自1998年起已经举办10次。2018年，首次在中国召开。

【第十二届海峡两岸土壤肥料学术交流会】 10月14—19日，由学会与“中华土壤肥料学会”共同主办的第十二届海峡两岸土壤肥料学术交流会在中国台湾地区台北市召开。来自海峡两岸的专家、学者200余人参加会议，以学会副理事长徐建明为团长的42人代表团参加会议。开幕式上，徐建明代表学会、许正一代表“中华土壤肥料学会”相互赠送礼品。会议上，中国台湾地区“中央研究院”院士杨秋忠和徐建明分别作大会报告《现在及未来之土壤微生物研究及发展》《全球尺度长期施肥的土壤微生物生态效应》。60余人在土壤基础研究、土壤肥料与施肥技术、土壤生态与微生物利用、土壤环境与污染整治、土壤改良与土壤物理、土壤资讯与管理应用六大专题会议上作口头报告，其中包括学会代表团近40人。报告内容基本涵盖土壤学研究的各热点领域。会议展出墙报20余份。两岸学者围绕主题展开研讨，交流双方相关领域研究进展。

【第四届亚太生物炭国际会议】 11月4—8日，由学会与中国生物炭产业技术创新战略联盟、国际生物炭联盟（IBI）和佛山科学技术学院主办的第四届亚太生物炭国际会议在广东省佛山市举行。来自中国、加拿大、韩国、新西兰等20余个国家生物炭领域的专家、学者约360人参会，交流最新研究成果和应用进展，共谋生物炭科学研究技术与环境应用结合蓝图。会议征集论文352篇，安排报告198个，展示墙报108份。亚太生物炭会议是为响应国际生物炭行动计划，推进全球生物炭技术研发和应用而召开的国际学术会议。前3届分别于2009年、2011年、2016年在澳大利亚、日本和韩国召开。2018年，首次在中国召开。

（撰稿人：蒋宇霞）

中国水产学会

服务创新型国家和社会建设 申报并获批中国科协世界一流学会建设项目，完成举办国际热点问题研讨会、建立“一带一路”海水养殖技术培训基地、举办丝绸之路经济带国家渔业发展与管理研修班等任务。11月，申报并获批中国科协“一带一路”国际科技组织合作平台建设项目，通过组织实施项目，调动和利用已建立合作机制的国际资源和凝聚学会会员单位科技组织力量，实现以水产科技交流为先导，推动以水产科技交流为中间环节的贸易、科技、人文3个层次交流，推进“一带一路”沿线国家水产科技交流与合作、政策沟通和民心相通。

中国水产学会、全国水产技术推广总站、河北省水产技术推广站与涿鹿县政府签订《环京津产业扶贫帮扶合作协议书》，建立联合工作机制，制定联合工作方案，形成联合推进机制，协助涿鹿县组织制定产业扶贫技术帮扶方案。建立特色产业专家帮扶体系，组建渔业、粮食、蔬菜、林果、畜牧5个特色产业，由院士、国家产业体系岗位科学家等44名专家组成的专家团队，助力形成“一个产业+一批专家”帮扶机制。开展“节水节地型受控式集装箱循环水养殖试验示范”项目，项目累计投资93万元。引进陆基推水式集装箱养殖系统4套，试验渔旅结合的休闲农业新模式。目前，集装箱养鱼已成为当地乡村旅游新景点，吸引游客参观，集装箱养殖鱼类产品作为旅游食品销售，取得经济效益。10月10日，项目通过专家组验收。

研究制定《中国水产学会团体标准管理办法（试行）》，完成学会团体标准在全国团体标准信息平台的资格备案。组织学会团体标准启动发布仪式，完成《集装箱养殖技术通则》《池塘工程化循环水养殖技术通则》2个学会团体标准立项工作。组织处室人员参加中国标准化研究所团体标准培训。申请服务国家社会治理品牌建设项目“渔业绿色转型引领性技术团体标准研制与推广”。

学会与浙江省湖州市南浔区政府和菱湖渔业协会分别签署学会服务站共建协议。中国科学院院士、学会副理事长桂建芳在南浔区建立院士工作站，组织专家团队带领周边村民探索桑基鱼塘资源保护开发利用。截至2018年年底，学会成立院士工作站4个，学会服务站16个。

为加强渔业对外贸易监测，学会向农业农村部渔业渔政管理局提供监测报告10余份。5月，协助部局落实新一轮全国渔业国际贸易重点跟踪研究计划，并与11名专家签订委托项目协议，为政府决策提供前瞻性建议。在农业农村部办公厅组织下，组织6名农业专家赴中共中央办公厅就农产品、水产品纳入首批中国对美加征关税清单进行咨询，并就中美水产品贸易发展现状、美国关税与非关税壁垒措施、中美贸易存在的风险点等涉渔问题作汇报，为中央提供决策意见。7月，参与农业农村部渔业渔政管理局关于加强中美贸易摩擦对产业影响的调研与研究工作，参与撰写报告并上报中央办公厅和国务院办公厅。组织专家就美国2000亿美元产品加征关税清单进行梳理，对其中涉及中国373个水产品税目进行翻译整理，并通过《农民日报》、中国水产、《科学养鱼》《水产前沿》等新闻媒体进行发布，点击率累计5万余次。11月，召开全国水产市场与贸易形势分析会，全国市场与贸易专家共计40余人出席会议，研讨水产市场行情和贸易走势，分析波动成因。发布中国水产市场与贸易走势报告，由学会撰写《2017年我国水产品进出口贸易再创新高》研究分析报告。

完成2017年年报数据汇审与发布。贯彻落实渔业统计数据质量控制有关要求，协助做好《2018中国渔业统计年鉴》《2017年各省、自治区、直辖市主要渔业统计指标情况》等统计产品出版发行和信息发布，为全面反映2017年渔业发展提供统计信息产品。

完成2018年统计月报数据采集、评估、汇总和报送等工作。加强渔业经济运行情况监测研判，完成多篇情况信息专报。启动新中国成立以来渔业统计数据汇总和分析应用数据库建设，目前已完成数据库搭建。在国家统计局专家指导下，开展渔业统计指标说明修订工作，做好渔业转型升级指标体系和热点研究。

学会能力提升计划 选派30余人次参加农业农村部、科技部、中国科协等部门举办的培训交流、走访调研活动。通过专业知识培训、实践锻炼及学习交流，提高学会办事机构人员业务能力。

完善信息采集的两个月报、两个日报制度，提高市场信息报送数量、质量。强化信息发布，按照“农产品批发市场价格200指数”要求，每日通过农业农村部官网对外发布11类水产品价格指数；每月通过《农民日报》、中国水产、《中国渔业报》、学会官网、《科学养鱼》等定时发布市场运行月报和价格信息。其中，8月撰写的月度形势分析报告得到农业农村部领导肯定并指示修改后上报国务院。

学会建设 5月15日，学会以通讯形式召开中国水产学会十届二次常务理事会议。会议审议科技奖励优化及学会团体标准方案，完善评优评奖机制。11月14日，在陕西省西安市召开中国水产学会十届二次理事会暨十届三次常务理事会议。会议审议高端智库建立方案、青年工作委员会建立草案、分支机构更名等，通报各分支机构工作情况，规范学会对分支机构的管理，变更理事、常务理事。

学会治理结构和治理方式改革 制定内部绩效管理制度，量化各处室具体工作，全面实施绩效管理。定期以渔业热点问题、重大科技突破、学科领域相关知识等内容为主题，开展科技大讲堂活动。统一对全体干部进行公文培训，组织部分员工开展保密培训，开展处室间公文交叉互审活动。全面使用OA办公系统，利用信息技术实现网上平台办公。

筹办青年工作委员会、学术诚信与学术规范委员会。4月，安排专人负责分会筹办相关事宜，编写草案；8月，组织草案研讨会，修改完善筹建草案；10月，完成草案终稿；11月，提交学会理事会审议并通过。

青年人才托举工程 遴选2人入选中国科协青年人才托举工程。争取到中国科协资助青年人才托举项目2个。

主办期刊 学会主办期刊《水产学报》申报并获批中国科协中文科技期刊精品建设计划项目。期刊分会组织召开主任委员会，对工作规范、评优评奖等工作进行讨论；组织成员参加2018刊博会·中国农业期刊馆活动。

学科发展研究 学会申报并获批新一轮学科发展项目，明确水产科技发展重点领域和方向，优化科技资源，谋划学科布局，组织专家对水产学科发展态势和规律进行总结，解析科学问题，发现潜在突破口，发挥重大导向作用。

决策咨询 1月，组织专家参加中国科协生物灾害预防与控制研讨会并提交决策咨询报告。

4月下旬和6月中旬，分别组织专家深入福建省宁德市开展大黄鱼产业绿色发展和库区水产养殖调研。联合当地渔业主管部门及企业，对当地渔业发展现状和存在的主要问题进行研讨，提出发展对策建议。与蕉城区科协合作，征集地方产业发展技术联合攻关需求，形成《宁德市蕉城区水产业发展咨询报告》。

国际学术会议 学会与美洲水产学会、世界水产养殖学会等国际组织合作开展相关合作活动。5月，与福建省水产研究所在福建省厦门市联合举办多鱼种渔业捕捞限额管理国际研讨会，国内外40余名专家就淡水、海水捕捞区域、捕捞技术、捕捞额度分配等问题进行交流研讨。

7月，在浙江省舟山市举办基于渔业水域使用权的海洋渔业管理国际研讨会。农业农村部渔业渔政管理局局长张显良、农业农村部科教司副巡视员张文、美国环保协会亚太海洋项目副总裁约翰·米卡斯等出席研讨会开幕式并致辞。伯利兹渔业局局长贝弗利·韦伯、日本渔业研究和教育机构主席宫原正典、墨西哥锡那罗亚自治大学教授费尔南多·马奎斯等专家作会议报告。

10月，在重庆市联合举办大河流域渔业管理国际研讨会。学会理事长王清印、西南大学校长张卫国、世界渔业学会联合会副理事长 Donna Parrish、美国水产学会副理事长 Scott Bonar 出席会议并作报告。

国内主要学术会议 10月14日，第九届全国水产生物技术学术研讨会在广东省广州市召开。中国工程院院士麦康森、中国科学院院士桂建芳、中国水产科学研究院黄海水产研究所研究员陈松林、中山大学水生经济动物研究所所长何建国等出席会议并作主题报告。研讨会设立基因组资源发掘、重要性状遗传基础、遗传改良及水产种业相关技术3个分会场，350余人参会。大会收集并编录论文摘要集。

11月15—16日，学会组织召开以"融合创新、协同发展"为主题的2018年中国水产学会学术年会。年会邀请中国科学院院士桂建芳、华东理工大学教授张元兴、中国科学院水生生物研究所研究员胡强、中国水产科学研究院渔业机械仪器研究所研究员徐皓作大会主题报告。680余人参会，交流论文400余篇。

学会组织开展淡水养殖、渔业资源与环境、鱼类工业化养殖等专题学术交流活动10余次，累计参加交流讨论者4000余人次，交流论文800余篇。

11月26—28日，由学会主办的2018年全国海水养殖科技与产业融合论坛在海南省海口市召开。来自14个省市80余家单位的参会代表300余人。农业农村部渔业渔政管理局养殖处处长陈家勇、海南大学教授王爱民、中国科学院海洋研究所研究员杨红生、中国海洋大学教授温海深出席会议并作主题报告。大会共遴选80个报告，分别在种质资源与遗传育种、苗种繁育与养殖技术、营养饲料、疾病防控与养殖装备4个分会场进行学术交流。

国际交往 学会先后赴泰国参加全球金枪鱼世贸会议，赴澜湄国家开展水产养殖技术合作交流，赴法国参加世界水产养殖大会。学会理事长王清印在参加世界水产养殖大会期间，与世界水产养殖学会主席 Maria Celia Portella 等负责人共同商讨2022年世界水产养殖大会在中国举办相关事宜。

科普活动 5月，学会围绕"科技创新 强国富民"主题，以启动大会、水产科技会展、科普讲座等形式，在山东省荣成市开展科技活动周活动。中国工程院院士、中国海洋大学教授包振民，中国科普研究所研究员郑念等专家出席活动启动仪式并分别举办科普讲座。参与活动8000余人次，累计发放科普宣传资料2000余份，线上传播1万余人次。

8月12—18日，学会在宁夏回族自治区银川市举办面向水产技术推广一线工作人员的水产养殖技术科普培训班。来自全国各地的282名基层水产技术人员参加培训。培训班邀请中国农业科学院、中国水产科学研究院、中国海洋大学、重庆市水产技术推广站专家、学者，围绕乡村振兴战略、八大健康养殖模式技术等内容授课。举办针对渔民的技术培训班20余场次，培训渔民1万余人次，科技入户近1万次。组织编印第38集《水产养殖用药指南》，印刷3500册，发放各地用以加强水产养殖用药技术科普宣传。

9月，在全国科普日期间，学会打造一系列主题性、全民性、群众性科普活动。9月15日，由学会、浙江省宁波市科协主办的科普日启动仪式暨水产科普教育基地联盟科普联展在宁波主会场举行。现场为海洋科普志愿者代表绶带，民众参与"倡导积极向上的先进文化科学，倡导健康文明的生活方式"签名承诺活动，观看全国水产科普教育基地联盟科普联展及鱼类快检科技惠民项目展示。网易"2018年全国科普日百场直播"平台全程直播活动。在北京、山东省、陕西省等地分会场，各水产科普教育基地、科学传播专家团队同步开展特色科普活动，举办科普基地开放日、开展绿色生态水产养殖科普培训、主办渔文化科普讲座等。学会有13个科学传播专家队伍、175名专家，全年开设科普讲座25场，受众3000余人。

表彰举荐优秀科技工作者 学会动员水产科技工作者参与评优评奖活动，完成优秀人才推荐相关工作。向中国科协推荐参评中国工程院院士候选人1人；1人获全国创新争优奖；2人被评为全国优秀科技工作者；15名推广人员、18名农户获2018年神内基金农技推广奖；1人代表学会参加"纪念改革开放40周年、中国科协成立60周年暨百名科学家、百名基层科技工作者座谈会”。

制定并印发《优化中国水产学会范蠡科学技术奖的方案》。6月，启动第四届范蠡奖评审工作。经网络评审和会议评审，评出一等奖、二等奖、优秀成果奖和科学普及奖共计47项。

学会与中国渔业协会联合组织开展改革开放40周年渔业重大科技成果与突出贡献人物遴选推介活动。经单位推荐、专家提名、征求意见、专家审议等程序，共遴选出改革开放40周年渔业科技标志性成果50项、渔业科技突出贡献人物20人、渔业科技纪念人物24人。

党建强会 全年召开理事会党委（扩大）会议4次，对“三重一大”事项进行审议，发挥功能性党委作用。十九大召开后，学会党委组建党的十九大精神宣讲队伍。参加创建星级学会党组织工作，开展交叉实地试评，学会获优秀等次。

5月，学会研究制定《中国水产学会理事会党委工作规则》《中国水产学会分支机构党小组工作办法》，所属21个分支机构均已成立党建工作小组。学会理事会党委重视学会规范化建设，执行议事制度，确保党的路线方针政策在学会的贯彻执行。每季度召开一次党委委员会议，研究学会重点工作、人才举荐、评选表彰等重大事项。学会办事机构党委坚持民主集中制，坚持“三会一课”和其他组织生活制度，建立党建绩效评价考核制度。

7月，学会理事会党委书记、理事长王清印应邀出席中国科协召开的学会党建工作调研座谈会。组织参加中国科协“我与科协同成长”征文演讲比赛，获优秀组织奖，2人获优秀征文奖和三等奖。向中国科协学会党建研究会申报2018年度调研课题，获批“加强学会理事会党委对会员、科技工作者的政治引领、政治吸纳研究”课题并组织开展相关调研。

9月，在中国科协科技社团党委的领导下，学会党委赴云南省红河州元阳县开展以“服务生产一线，助推产业扶贫”为主题的2018年党建强会签约仪式和捐书活动，构建长期帮扶咨询服务机制。

会员服务 截至2018年年底，学会有单位会员328家。针对单位会员需求，联系行业领域专家对企业进行诊脉，协助突破专业技术瓶颈，实现实用技术推广与成果落地转化。

【中国珍珠产业生态养殖发展研讨会暨院士专家诸暨行活动】 8月10—12日，学会联合浙江省绍兴市科协、诸暨市政府在浙江省诸暨市举办中国珍珠产业生态养殖发展研讨会暨院士专家诸暨行活动。中国工程院院士、学会副理事长麦康森，中国水产科学研究院淡水渔业研究中心主任徐跑，上海海洋大学副校长李家乐等10余名专家和绍兴市60家珍珠企业代表参加活动，共商珍珠生态绿色养殖新模式。以专家顾问团和试点项目相结合方式建立学会服务站的工作模式，分别与诸暨市政府签署学会服务站建设协议、与湖州师范学院签约成立专家服务工作站，作为诸暨珍珠产业绿色发展的智囊团和学会服务珍珠产业高质量发展的常设平台。合作内容包括，为诸暨珍珠产业转型升级提供智力支撑和技术咨询、帮助诸暨构建现代珍珠产业体系、实施珍珠产业共性关键技术重大专项研究、共建科技成果转化基地、开展珍珠知识更新和珍珠技术培训、举办水环境保护宣传及科普教育活动等，推动诸暨珍珠产业转型升级和绿色发展。组织专家对企业、公司提供技术支持；举办中国科协创新驱动助力工程示范项目“珍珠蚌滴管养殖暨生物法原位水处理技术”项目验收及研讨会。

（撰稿人：郁　娇　李利冬）

中国园艺学会

服务创新型国家和社会建设 受国家科学技术奖励工作办公室委托，学会完成“大豆优异种质挖掘、创新与利用”“高产优质小麦新品种郑麦7698的选育与应用”“黄瓜优质多抗种质资源创制与新品种选育”等5项国家科技奖初评通过项目的行业咨询。受农业农村部委托，学会樱桃分会参与完成《甜樱桃大苗繁育技术规程》农业行业标准制定。受国家标准化管理委员会委托，6月，魔芋分会《魔芋凝胶食品》国家标准上报国家标准化管理委员会审批。受农业农村部全国农技中心品种登记处委托，西甜瓜专业委员会完成2018年国家强制登记品种西瓜甜瓜的展示与评价工作，为36个品种做出评价报告。

草莓分会完成中国科协的创新驱动助力工程项目——“京香”和“公主”系列草莓新品种在西北部地区的示范推广。学会完成中国农业科学院蔬菜花卉研究所“辣椒自交系0516的创制及新品种选育”、华中农业大学“柑橘功能基因组学平台构建及重要品质性状形成机制”等4项科技成果的评价工作。

葡萄与葡萄酒分会制定的《湖南怀化刺葡萄产业

发展规划》《通化集安鸭江谷冰酒产业发展规划》被相关政府部门采纳，魔芋分会制定的《楚雄魔芋栽培技术规范》《魔芋丰产栽培技术规程》被楚雄彝族自治州采纳为地方标准。草莓分会制定的《西藏拉萨市草莓产业发展方案（征求意见稿）》获拉萨市市长果果批示：请科技局在此报告基础上深入调研充分论证，对该产业发展提出切实可行的实施意见供政府研究。

石榴分会河南省科技特派员“十百千”工程助力脱贫攻坚项目“国家级绿色食品原料标准化生产基地创建活动”通过现场审核，确定为南阳市淅川县“三品一标”项目。葡萄与葡萄酒分会为新疆维吾尔自治区林业厅提供《新疆葡萄产业评估报告》并根据产业发展情况和存在问题，提供工作简报。

学会建设 完成学会网上会史馆专题网页建设工作。申请官方微信公众号，发布学会信息。在利用现代信息技术联系和服务会员、提升学会群众组织力方面做出尝试。

为加强学会对个人会员的统一管理，组织新老会员在中国科协所属学会个人会员管理系统注册登记。截至2018年年底，学会有个人会员9602人，比2017年增加37%。

黄瓜、柿、石榴、梨、茄子分会分别进行换届选举，完成理事会改选工作。

学会治理结构和治理方式改革 制定《理事会、常务理事会议事规则》《中国园艺学会科技成果评价管理办法（试行）》《中国园艺学会财务管理办法（试行）》《中国园艺学会分支机构考核细则》《中国园艺学会名称、会徽、印章使用规范》。

与河北省保定市科协建立学会工作站及辣椒产业协同创新共同体；与河南省周口市科协创建创新驱动助力工程周口服务站；与北京市延庆区政府签订战略合作框架协议；与河南省扶沟县政府签订战略合作协议。在中国（周口）蔬菜产业创新发展大会上，学会理事长杜永臣和中国工程院院士李天来分别作题为《我国蔬菜产业发展现状与趋势》《新时代我国设施园艺发展的战略思考》的报告。

主办期刊 《园艺学报》在全国2029种核心期刊中排名由2017年的第18名上升到第11名，在园艺学科中排名第1。中国学术期刊影响年报数据显示，《园艺学报》最新复合总被引频次11582，影响因子1.498。

Horticultural Plant Journal 被 SCIE、Scopus、BIOSIS Previews（BP）& Biological Abstracts（BA）、DOAJ、CAB Abstract、Food Science and Technology Abstract、中国科技论文与引文数据库（CSTPCD）等国内外数据库收录。

学科发展研究 园艺学科科技工作者获国家自然科学奖二等奖1项（黄三文“黄瓜基因组和重要农艺性状基因研究”）、国家科学技术进步奖二等奖3项（顾兴芳“黄瓜优质多抗种质资源创制与新品种选育”，张绍铃“梨优质早、中熟新品种选育与高效育种技术创新”，高俊平“月季等主要切花高质高效栽培与运销保鲜关键技术及应用”）、国家技术发明奖二等奖1项（陈发棣“菊花优异种质创制与新品种培育”）。

在中国科协办公厅征集“引领世界科学的前沿科学问题、建设世界科技强国的工程技术难题”工作中，“植物工厂人工环境条件下植物的生长发育调控”被采纳。

国际学术会议 学会及分会举办第二届世界饮品大会、首届国际草莓品牌大会、2018国际宿根花卉产业高峰论坛、中俄小浆果研讨会等国际学术会议5场。

国内主要学术会议 学会及分会举办学术年会、研讨会、论坛等51次，参加人数15500余人次，较2017年增加4000余人次。征集学术论文1600余篇，300余人作大会学术报告，编辑出版《中国园艺学会2018年论文摘要集》《中国观赏园艺研究进展2018》《中国猕猴桃科研与产业四十年》等学术论文集。

7月7—9日，第五届中国园艺学会青年学术研讨会在陕西省杨凌国际会展中心召开。来自中国科学院植物研究所、浙江大学、东北农业大学等单位的200余人参会，包括“四青人才”14人。教育部长江学者特聘教授郭文武、2018年度国家自然科学基金杰出青年基金获得者周艳虹教授及相关专家等受邀作专题报告，交流该领域的新成果和基础研究的重要研究进展。

7月25—27日，花卉创新与高质量发展学术研讨会在黑龙江省哈尔滨市召开。来自26个省、自治区、直辖市的131家教学、科研、行政企事业单位及美国佐治亚大学、田纳西大学和日本东京大学的700余名专家、学者参加会议。中国工程院院士尹伟伦、福建农林大学校长兰思仁、美国佐治亚大学教授张冬林分别作主题报告《园林的个性与多样性——生态文明时代的需求是园林发展的新机遇》《兰科植物资源保育与产业化应用》《美国新优园林植物新品种选育》，从国内外园林植物资源、产业化与应用、分子研究等领域分享最新研究成果。

8月3—5日，“开发果树资源，助力健康中国”学术研讨会在山西省太谷县召开。来自22个省、直辖市教学、科研、行政单位的309人参加会议。中国工程院副院长邓秀新以“柑橘种质资源研究”为题，介绍中国柑橘产业情况、黄龙病危害现状及柑橘种质资源创新方面的研究进展。会议聚焦中国野生果树资源收集、评价与开发利用的前沿动态，为中国果树资源有关工作提出建议。

9月16—19日，第七届全国猕猴桃学术研讨会在陕西省西安市周至县召开。600余名专家、学者参会。12名专家就资源与育种、生理与栽培、植保与生物技术、贮藏保鲜与加工、产业化与市场等专题作大会报告，交流国内外猕猴桃科研与产业发展的最新进展。

10月20—23日，设施园艺2018学术年会在山东省烟台市召开。来自全国设施园艺领域的教学、科研、生产、经营、管理、技术推广人员等500余人参加会议。中国工程院院士李天来、沈阳农业大学教授孙周平、浙江大学教授喻景权等16名专家与企业代表分别围绕设施蔬菜绿色生产技术、设施结构与性能、设施装备新技术和新设备、设施环境调控、设施栽培等方面的新理念和新成果作大会报告。

10月26—29日，苹果产业科技可持续发展研讨会在山东省蓬莱市召开。来自科研、教学等单位的290余人参会。7名业界专家作专题报告，中国工程院院士束怀瑞聚焦中国东中西部苹果主产区产业和科技发展现状、苹果物流与市场变化，作题为“我国苹果科技可持续发展应该加强的几个方面”的主旨报告。

11月19—21日，第十四届全国十字花科蔬菜学术研讨会在湖北省武汉市召开。中国工程院院士方智远及来自26个省、自治区、直辖市从事十字花科蔬菜生产、管理、研究、推广的高校、科研院所、农业管理部门、技术推广部门、种子种苗经销商、农业新型经营主体等150余家单位近600人参加会议。

国际组织任职 学会共有11人在国际组织任职并连任。张启翔任国际园艺学会理事、观赏植物遗传资源工作组主席、国际园艺生产者协会副主席，孙日飞、韩振海任国际园艺学会理事，陈国菊任国际压花协会（总部在美国）中国区总监，刘孟军任国际园艺学会枣属植物工作组主席，林顺权任国际园艺学会枇杷工作组主席，刘威生任国际园艺学会杏工作组主席、联合国粮农组织杏地区间合作网国家协调员，张开春任国际园艺学会樱桃工作组主席，张运涛任国际园艺学会草莓工作组副主席，张盛林、王玲任国际天南星植物学会魔芋种质资源委员会执委。

国际交往 学会及分会邀请国际园艺学会国外专家、学者50余人到中国进行8次学术交流和研讨，200余人次出国交流、参加会议。20余人赴土耳其参加第30届国际园艺大会，进行学术交流。

3月，与国际园艺学会签署在中国举办2021国际樱桃大会的协议书。

8月，国际园艺学会在第30届国际园艺大会期间进行换届选举，孙日飞、张启翔、韩振海连任理事。会议期间，国际园艺学会枣属植物工作组主席刘孟军在土耳其组织召开第四届国际枣属植物研讨会，来自美国、韩国、罗马尼亚等10余个国家的50余名专家、学者在枣属植物基因组学研究、杂交育种、品种选育、营养加工、病虫害防治等方面作主题报告15个。

8月，波兰园艺研究所教授Edward Zurawicz、Stanisal Pluta来华交流，在蓝莓品种选育、技术研发等领域开展合作。

10月，日本京都大学教授、国际园艺学会理事会原财务总监Eiji Nawata、Ryutaro Tao访问学会柿分会并就柿学研究进行交流。

科普活动 学会及各分会在全国各地开展技术培训、现场指导等活动共771次，培训农民94706人，受益贫困人口927235人。编译科普图书4部，出版《草莓美食》《佛罗里达草莓种植者食谱》。

在科技部、中央宣传部、中国科协举办的科技周活动中，牡丹芍药分会的牡丹资源展示室接待周边大中小学生、居民、科技工作者500余人次。猕猴桃分会在中国科学院武汉植物园的国家级种质资源圃内设立宣传墙，面向大众和中小学生普及猕猴桃基本知识。

采后科学与技术分会、葡萄与葡萄酒分会、草莓分会开展科技援藏援疆工作，开展包括商务部主办的“一带一路”培训班在内的科技培训80余次，培训3000余人。西藏自治区林芝市巴宜区更章门巴民族乡久巴村被农业部认定为第七批全国一村一品示范村镇（草莓）。

李杏分会在辽宁广播电视台《黑土地》栏目录制并播出《杏新品种——国之鲜》《杏花山庄设施国之鲜杏》《李新品种——国峰7》《国峰李子九月甜》科普节目4期。

葡萄与葡萄酒分会副会长段长青及其团队为吉林

省集安市冰葡萄产业发展提供技术咨询与服务，被集安市政府授予突出贡献奖。

表彰举荐优秀科技工作者 推荐第十五届中国青年女科学家奖、“展风采，树楷模”全国学会优秀党员科技工作者。顾兴芳人选“展风采，树楷模”全国学会优秀党员科技工作者。第五届华耐园艺科技奖评审通过特等奖2项、华耐园艺科技奖14项。

党建强会 学会党委学习贯彻党的十九大精神，组织宣讲队伍先后在党委会、分支机构工作会议、杨梅分会、苹果分会、柿分会、观赏园艺分会、樱桃分会、石榴分会、辣椒分会进行8次宣讲。

制定《中国园艺学会党委工作规则（试行）》，草莓分会、樱桃分会率先成立党小组。秘书处组织“不忘初心 重温入党誓词”主题党日活动、参观“真理的力量——纪念马克思诞辰200周年主题展览”、开展“科技精准扶贫”专题党日活动等。

参加中国科协科技社团党委系列活动，在党的十九大精神知识竞答活动中获优秀组织奖；征集4篇诗词参与讴歌党的十九大诗词楹联原创作品征集活动。

会员服务 承接政府职能，免费面向全体会员进行园艺科技成果评价。经国家奖励工作办公室批准的华耐园艺科技奖，表彰优秀团队16个，包括园艺科技工作者202人。申请并获批中国科协开展的科技期刊精准推送服务项目，分2次选取10篇论文向相关领域的研究人员精准推送，每次推送2000人。依托学会网站、今日头条、科界APP、中国科协所属学会个人会员管理系统、微信公众号等转发中国科协相关通知，发布会议、培训及其他活动信息等。鼓励高校学生免费申请会员。学生会员由6人增长至89人。

【中国园艺学会2018年学术年会】 10月17—19日，中国园艺学会2018年学术年会在山东省青岛市召开。来自科研院所、高校、企业单位900余人参会。大会主题为“加强科技创新，助力乡村振兴”。大会邀请中国工程院副院长邓秀新、中国农业科学院深圳农业基因组研究所所长黄三文、南京农业大学教授张绍铃、中国农业科学院蔬菜花卉研究所研究员顾兴芳、南京农业大学教授陈发棣、中国农业大学教授高俊平、山东省园艺学会理事长高东升分别作主题报告《园艺产业发展四十年回顾与展望》《蔬菜育种的基因组路线图》《梨自交不亲和性机制和基因组研究与应用》《黄瓜分子育种研究进展》《菊花种质资源研究与利用》《月季产业现状与采后研究进展》《山东省园艺产业概况》。大会设果树、蔬菜、观赏园艺、西甜瓜专业分会场，67人作学术报告。大会期间进行第五届华耐园艺科技奖颁奖,《园艺学报》第九届编委会召开第一次会议，编委围绕如何办好两刊进行讨论。

【第二届世界饮品大会】 10月22—25日，学会与国际园艺学会、陕西省农业厅共同主办的第二届世界饮品大会在陕西省西安市召开。来自30余个国家的43名饮品领域的科学家、18名中国工程院院士及国内外有关高校、科研院所、知名企业代表500余人参会。国际园艺学会主席、国际园艺学会终身名誉主席罗德里克·德鲁参加大会并致辞。大会主题为“健康饮品——满足人民美好生活”。大会议程包括开幕式、高峰论坛、学术大会、产业论坛、参观考察、项目签约、展览展示及闭幕式等活动。69个国内外行业专家作主旨演讲或报告，为饮品产业的发展提供思路、方法和措施。大会收到论文62篇、研究报告10份、建议意见72条。大会促成相关项目签约，学会与国际园艺学会、西安市政府签署战略合作协议，乌兹别克斯坦丝路文化研究会与彬县融诚农业科技集团公司签订建设“一带一路”友谊果园合作协议，德国集培会展公司拟在西安市举办“一带一路”国家国际果蔬博览会。

（撰稿人：陈 红）

中国畜牧兽医学会

服务创新型国家和社会建设 学会组织专家在中国畜牧兽医学会宁波（象山）服务站开展科技咨询、技术帮扶等活动。组织专家赴山东省、河北省、黑龙江省、安徽省、四川省、重庆市、山西省、河南省等地会员企业调研，从新产品研发、生产工艺、产品配方、企业管理等方面向企业提出建议。

学会建设 4月，在广西壮族自治区柳州市召开十四届三次理事会和2018年全国秘书长会议。12月，在北京召开十四届五次常务理事（扩大）会议。学习贯彻党的十九大和中国科协九届四次全会精神，发展团体会员，审批年度活动计划和分会换届申请。增补李明研究员为学会副理事长，增补常务理事4人、理事7人。调整学科分会组织机构，小动物医学分会、兽医公共卫生学分会、兽医影像技术学分会、中兽医学分会、兽医寄生虫学分会、动物生理生化学分会、禽病学分会7个学科分会完成理事会换届改选工作。

学会治理结构和治理方式改革 4月，十四届三次理事会通过《中国畜牧兽医学会所属学科分会管理办法》，就分会的设立、换届、会议冠名、会徽使用、举办学术会议及新媒体管理等制定规定。

青年人才托举工程 为贯彻中国科协青年人才托举工程要求，1月，在浙江省杭州市召开中国畜牧兽医学会第二届青年拔尖人才学术论坛。学会推荐的青年人才托举工程项目人才及储备人才参加会议并开展交流。

主办期刊 学会主办期刊6种，合作主办期刊2种。《畜牧与生物技术杂志》（英文版）（*Journal of Animal Science and Biotechnology*）的 SCI（科学引文索引）影响因子，由 2017 年度的 2.052 提升到 3.205，在 60 种同学科类别期刊中排名第 3。

5 月，《动物营养》（英文版）（*Animal Nutrition*，ANINU）被生物医学数据库 PubMed 收录。此外，*Animal Nutrition* 已被 ESCI（Emerging Sources Citation Index）、Scopus、DOAJ（Directory of Open Access Journals）等数据库收录。

9 月，《动物营养学报》获中国期刊协会期刊数字影响力 100 强（学术类期刊）称号。12 月，申请的中国科协中文科技期刊精品建设计划学术创新引领项目批准立项。据《2018 年版中国科技期刊引证报告（核心版）自然科学卷》，《动物营养学报》在全国 17 种畜牧兽医科学类科技核心期刊中，核心总被引频次连续 2 年排名第 1，核心影响因子连续 9 年排名第 1，综合评价总分连续 4 年排名第 1。

11 月，《畜牧兽医学报》编辑部与中国知网签署《中国学术期刊（网络版）》（CAJ-N）网络首发学术期刊合作出版协议书。实现网络出版，优秀论文定稿后随时首发。

学科发展研究 申报并承担中国科协“2018—2019 兽医学学科发展研究项目”。9 月，在北京召开开题会，12 个牵头分会、10 个配合分会的 40 余名专家参会。会议布置第一阶段任务，确定动物解剖及组织胚胎学、动物生理学与生物化学、兽医病理学、兽医药理学与毒理学、兽医微生物学、动物传染病学、兽医寄生虫学、兽医公共卫生学、兽医内科学、兽医外科学、兽医产科学、中兽医学等 13 个专题专家组。决定在 2019 年 3 月召开学科发展研讨会。

决策咨询 1 月，继续与中国植保学会等 4 个学会合作，组织专家撰写一年一度的《预防与控制生物灾害咨询报告》。共同向中国科协提交《2017 年生物灾害发生状况和 2018 年预防与控制生物灾害的报告》咨询报告。

继续为农业农村部生猪等畜禽产品信息统计监测预警系统提供信息决策服务。为农业农村部生鲜乳质量安全监管提供信息决策服务。为农业农村部提供饲料原料的市场研究及风险评估专项研究。承担农业农村部畜牧兽医局中小散户服务现状调查研究，承担河南省畜牧局畜牧业生产形势信息咨询服务研究等工作。

针对中美贸易摩擦，学会信息与市场研究部开展蛋白原料供需与预警专题研究，提交农业农村部畜牧兽医局，并提供日度、周度价格监测与行情判断及可行性政策建议。

国际学术会议 6 月 11—14 日，由学会与国际猪兽医学会、中国农业大学共同主办的第二十五届国际猪病大会（25th International Pig Veterinary Society Congress）在重庆市举行。来自 6 大洲 42 个国家的 5599 名注册代表参会，刷新历届参会人数记录。会议以“健康猪，放心肉”为主题展开研讨。同期举行 2018 国际猪繁殖与呼吸综合征学术研讨会。

7 月 30 日—8 月 2 日，与扬州大学联合主办的第十二届马利克氏病与家禽疱疹病毒国际学术研讨会在江苏省扬州市召开。来自 20 余个国家和地区的 300 余名学者参会。会议设置免疫学与病毒学，流行病学、诊断与发病机制，病毒与宿主相互作用，疫苗与预防 4 个主题，安排口头报告 42 个、墙报交流 34 个。其中，有 10 个报告来自中国学者。

国内主要学术会议 学会及所属各分支机构举办学术年会、研讨会、交流会、报告会和学术论坛等 48 次，比 2017 年增加 11 次，征集交流论文 4388 篇，比 2017 年增加 660 篇，参会人数 5599 人次。

4 月 12—13 日，学会联合中华预防医学会、中国工作犬管理协会在湖南省长沙市召开 2018 年中国狂犬病年会。来自国内公共卫生、临床医学、畜牧兽医、工作犬管理等领域专家、学者 1500 余人参会。会议围绕“新时代迈向狂犬病消除新征程”开展研讨。

10 月 22—24 日，第八届中国畜牧科技论坛在重庆市荣昌区召开。包括 11 名院士在内的 1100 余名科技工作者参会。论坛主题是“乡村振兴与畜牧业高质量发展”。论坛期间，举办国家高新区暨国家现代畜牧业示范核心区建设研讨会、大数据与智慧畜牧高峰论坛、中国中兽医药创新发展论坛、农牧高新产业高质量发展专业论坛等20余项活动。

11月22—24日，中国畜牧兽医学会2018年学术年会在广西壮族自治区南宁市召开。会议以“家禽·生产·健康”为主题，1000余人参会。

举办第十届中国氨基酸与饲料原料应用研讨会、2018中国维生素产业发展高层论坛、3次中兽药新产品研发研讨会、2018养业发展高级研讨会等活动。

国际交往 7月5—8日，学会动物营养学分会秘书长尹靖东代表学会赴加拿大温哥华参加世界畜产大会（12th World Conference on Animal Production，WCAP 2019）。会议期间，代表学会参加世界畜牧学会工作会议。

8月19—24日，学会寄生虫学分会50余名会员参加在韩国大邱市召开的第十四届国际寄生虫学大会（14th International Congress of Parasitology，ICOPA 2018）。参会中国专家、学者中5人被邀请作主题发言，14人作分会场报告，展示50余张壁报。

8月26日—9月2日，学会组织2017年度优秀青年奶牛兽医工作者获奖者以及部分专家参加在日本札幌举行的第30届世界牛病大会（The 30th World Buiatrics Congress，WBC 2018），与来自66个国家的1800余名专家、学者交流。来自中国的代表73人，是除日本外的第二大参会团体。中国有2名专家作分会场报告，展示壁报8篇。此次国际交流得到勃林格殷格翰国际贸易（上海）有限公司协助。

科普活动 学会组织专家参与全国科技周、全国科普日和科技下乡、科技服务等活动。举办科普宣讲活动11次，宣讲受众2456人次。举办实用技术培训18次，培训人数2054人次。

4—9月，学会联合全国畜牧总站和农民日报社，继续开展2018寻找中国美丽猪场大型公益活动。9月，在北京召开颁奖典礼，评选出40家中国美丽猪场。举办活动4年来，走访18个省、自治区、直辖市的432家猪场，行程11万余千米，发放各类养猪材料5万余份，举办多场技术讲座。

表彰举荐优秀科技工作者 1月，主办第二届青年拔尖人才学术论坛。学会于2017年3月在江西省井冈山市主办第一届青年拔尖人才论坛，推荐5名参会专家入选国家级人才项目。第二届青年拔尖人才学术论坛为国家级人才项目入选者颁发贺信和奖金。6月14日，在第25届国际猪病大会上评选出青年兽医奖5人，会议为6名获2018年猪蓝耳病研究进步奖和猪圆环病毒进步奖的代表颁奖。10月23日，第八届中国畜牧科技论坛颁发大北农青年学者优秀论文奖、优秀论文提名奖、大北农“振兴杯”中国畜牧业贡献奖各10项。11月24日，中国畜牧兽医学会2018年学术年会评选出中国畜牧兽医学会奖（优秀论文奖）10项、优秀壁报奖10项，在现场进行颁奖。推荐5名科技工作者参评第十六届中国青年科技奖，1人进入公示名单。

学会创新发展 中国畜牧兽医学会学术会议管理平台在部分分会试用。幻灯片投送系统、视频直播会议首先在学会的国际会议、学术年会上使用。

党建强会 4月和12月，结合学会全国理事会和常务理事会，学会党委召开党委会议，传达贯彻中国科协有关会议精神，研究加强学会党建工作。

会员服务 编辑2018年《会讯》，反映学会、学科分会、省学会季度工作综合信息，全年印刷4期12550份，比2017年增加1050份。免费发给学会高级会员和相关单位。

召开2次高级会员评审会，评审通过新高级会员280人。继续在学会网站上为会员、高级会员提供不同权限的会议论文集电子版、会讯电子版等资料的下载推送服务。

【中国畜牧兽医学会2018年学术年会】 11月21—24日，由学会与中国农业大学主办，学会禽病学分会、学会家禽学分会、广西大学、北京博亚和讯农牧技术有限公司承办的中国畜牧兽医学会2018年学术年会在广西壮族自治区南宁市开幕。国内禽病学与家禽学领域专家、学者、科技工作者，家禽业及其产业链从业者等1050人参加年会。同期举行学会禽病学分会第十次全国会员代表大会暨第十九次学术研讨会。

开幕式上，中国科学院院士、学会理事长黄路生致开幕词，广西农业厅副厅长梁雄、广西大学副校长罗廷荣出席开幕式并致辞。学会秘书长杨汉春主持开幕式。

年会以“家禽·生产·健康”为主题，设置家禽生产、禽病防治2个专题，安排大会报告5个、重点专题报告23个、分会场口头报告68个、壁报展示116个、禽病防控及家禽生产实践答疑会1场等交流活动。

5个大会报告分别是中国工程院院士、扬州大学教授刘秀梵的《我国新城疫病毒的进化和基因Ⅶ型疫苗的研发及应用》，国家蛋鸡产业技术体系首席科学家、世界家禽学会主席、中国农业大学教授杨宁的

《国际产业发展背景下的家禽科学研究》，国家肉鸡产业技术体系首席科学家、中国农业科学院北京畜牧兽医研究所研究员文杰的《肌内脂肪对鸡肉品质的影响及其沉积的调控机制》，中国农业大学动物医学院教授刘金华的《禽流感灭活疫苗对鸡群的免疫防控分析》，中国农业大学动物医学院教授张大丙的《当前水禽主要疫病流行现状与趋势》。

年会论文集收录论文 546 篇，论文交流率 38.8%。年会期间，组织专家评审优秀论文，颁发中国畜牧兽医学会奖——优秀论文奖 10 个、优秀壁报奖 10 个。大会资助 166 名在读硕（博）士研究生免费参会交流。

【第二十五届国际猪病大会】 6 月 11—14 日，由学会与国际猪兽医学会、中国农业大学共同主办的第二十五届国际猪病大会（25th International Pig Veterinary Society Congress，IPVS 2018）在重庆市举行。国际猪病大会自 1969 年由国际猪兽医学会创立至今 50 年来，首次在中国召开。来自 6 大洲 42 个国家的注册代表 5599 人参会，其中，国外代表 1479 人。

6 月 11 日，国家首席兽医师张仲秋，重庆市人大常委会副主任夏祖相，中国农业大学校长孙其信，中国科学院院士、学会理事长黄路生，中国工程院院士、学会名誉理事长陈焕春，学会名誉理事长阎汉平，第二十五届国际猪病大会主席、学会副理事长兼秘书长杨汉春，农业农村部、重庆市相关单位领导，国际猪兽医学会执委会成员等出席开幕式。大会开幕式由第二十五届国际猪病大会秘书长、学会副秘书长马闯主持。

大会以“健康猪，放心肉”为主题，以特邀报告、口头报告、卫星会报告、壁报展示等方式展示与猪群健康相关的各个研究领域最新研究内容。大会围绕病毒学与病毒病、细菌学与细菌病、新发与再发传染性猪病、养猪生产与动物福利、兽医公共卫生与食品安全、饲料营养与猪群健康管理、猪场管理与环境控制、猪繁殖与呼吸综合征 8 个主题设立 15 个专题会议，邀请 36 名全球猪兽医研究领域专家、学者作 37 个特邀报告，其中，美国科学院院士 Xiangjin Meng 为大会作 2 个特邀报告。大会设立中国猪病控制实践研讨会（会前会）、猪兽医沙龙，中国工程院院士陈焕春在会前会上作特邀专题报告。大会从 918 篇投稿论文中评出 162 篇论文作口头报告，组织展示 617 份壁报。

大会召开由国内外动保企业组织的 4 个卫星会。同期召开 2018 国际猪繁殖与呼吸综合征学术研讨会，会议通过遗传多样性与演化、流行病学与临床疾病、病毒 – 宿主相互作用与致病性、免疫学和宿主遗传抗性、诊断与疫苗、疫病防控与净化等主题展示全球兽医界在猪繁殖与呼吸综合征方面最新研究成果。

6 月 13 日晚，举行国际猪兽医学会成立五十周年庆典。国际猪兽医学会秘书长 Francois van Niekerk 致辞。

6 月 14 日下午，大会闭幕式上举行 3 个奖项的颁奖，共有 11 名国内外研究人员分别获 2018 勃林格猪蓝耳病研究进步奖、2018 勃林格猪肠道病研究进步奖、青年兽医奖。经过投票，2022 年第二十七届国际猪病大会将在德国莱比锡市举办。杨汉春将主席徽章交给 2020 年第二十六届国际猪病大会主席 Fernanda Almeida。

【中国畜牧兽医学会第二届青年拔尖人才学术论坛】 1 月 12—14 日，由学会主办，江西农业大学省部共建猪遗传改良与养殖技术国家重点实验室、浙江大学动物科学学院和播恩集团联合承办的中国畜牧兽医学会第二届青年拔尖人才学术论坛在浙江省杭州市举行。科技部中国农村技术开发中心、国家自然科学基金委员会生命科学部相关领导及 6 名中国科学院院士、中国工程院院士，29 名“长江学者”和国家杰出青年科学基金获得者，30 余家高校、科研院所的青年科技工作者等 160 余人参加会议。开幕式上，中国科学院院士、学会理事长黄路生，播恩集团总裁邹新华分别为 5 名 2017 年井冈新秀（参加第一届会议并最终入选 2017 年度的国家级青年人才）颁发贺信和奖金。

论坛旨在贯彻中国科协青年人才托举工程要求，落实学会为会员服务的宗旨，培养和举荐青年人才。论坛以“传承井冈山精神，助推青年人才成长”为主题，设置畜牧学科和兽医学科 2 个分会场。论坛邀请 45 名青年学者作报告，12 名青年学者作壁报交流，主要是申请 2018 年度国家杰出青年科学基金、“长江学者”、优秀青年科学基金、青年长江学者计划人员。由大会邀请的中国科学院院士和中国工程院院士、行业专家、学者、“长江学者”、国家杰出青年科学基金获得者、优秀青年科学基金获得者、中组部青年千人获得者等进行现场点评。专家为青年报告者申报项目和研究计划提出意见，建议青年报告者聚焦关键点，阐述课题背景要谨慎严选、表述清晰明确、体现创新性、思路要有系统性、主线明确、科学态度严谨求实，增强长远发展意识，建立团队工作理念。

会后，参加第二届青年拔尖人才学术论坛的青年学者有10人在2018年分别入选国家级人才名单，曹胜波、李孟华、刘玮入选国家自然科学基金杰出青年科学基金，姜雨、熊波、吴东东、申邦、靳津、毕玉海、沈永义入选国家自然科学基金委优秀青年科学基金。

（撰稿人：石　娟）

中国植物病理学会

学会建设　完成会员信息登记工作，完善会员数据信息。建立完善会员交纳会费制度，实现会员交缴会费目标。为按时缴纳会费会员以优惠价格加入美国植物病理学会（APS）和订阅APS期刊提供服务，为加入APS会员在APS期刊上发表文章提供版面费减免推荐和植物病理学刊物上发表文章提供优惠。全年262名中国植物病理学会（CSPP）会员加入APS。

主办期刊　联合中国农业大学共同创办英文期刊*Phytopathology Research*，获国家新闻出版广电总局批准（新广出审〔2017〕8299号）。期刊主管单位是中国科协，与Springer Nature出版集团旗下开放获取先锋BMC合作出版。*Phytopathology Research*是同行评审开放获取期刊，旨在为系统评述植物病理学研究新进展，反映国内外植物病理学领域新发现、新方法、新技术等新成果，加强国内外学术交流，促进该学科学术创新和研究成果推广应用，保障世界粮食安全、食品安全和生态安全。7月，*Phytopathology Research*网站（https://phytopatholres.biomedcentral.com/）开通，接受在线投稿（https://www.editorialmanager.com/phre/default.aspx）。

国内主要学术会议　8月7—10日，在河北省保定市主办第十四届全国植物线虫学学术研讨会。310余人参会。70余名国内外专家、学者及博士、硕士研究生汇报交流。

8月25—27日，中国植物病理学会第十一届全国会员代表大会暨2018年学术年会在北京召开。

9月14—16日，在陕西省西安市举办全国第十届种子病理学学术研讨会。收到中英文学术论文及摘要24篇。10余个省、自治区、直辖市的相关高校、研究院（所）、企业及推广单位近90余名代表参会。特邀美国ISU种子科学中心及美国种子健康系统教授Gary Munkvold及佛罗里达州农业部教授孙小桉出席。20名国内外同行进行报告。

10月12—15日，由学会化学防治专业委员会主办，华中农业大学植物科技学院承办，先正达（中国）投资有限公司、巴斯夫（中国）有限公司协办，北京明德立达农业科技有限公司赞助的第十一届中国植物病害化学防治学术研讨会在华中农业大学召开。来自国内89余所高校、科研院所、技术推广单位和企业的专家、研究生代表312人参会。会前，编辑出版由西北农林科技大学教授刘西莉担任主编的《中国植物病害化学防治研究论文集》（第十一卷），收录会议论文65篇。

10月15—18日，由学会主办，山东农业大学植物保护学院、山东植物病理学会、山东省农业微生物重点实验室、泰山学者建设工程、农作物病虫害绿色防控协同创新团队联合承办的中国植物病理学会病毒专业委员会与生物技术专业委员会2018年第十次学术年会在山东省泰安市召开。来自美国、加拿大、西班牙、芬兰、意大利的8名国外植物病毒学家和国内58个科研单位的306名代表参加大会。会议出版《植物病毒学研究进展》，收录论文及论文摘要36篇。

10月19—21日，由学会产后病理学专业委员会主办、西南大学承办的中国植物病理学会产后病理学专业委员会2018年学术年会在重庆市举行。78所高校和科研单位300余名代表出席。学会理事长彭友良出席开幕式并致辞。产后病理学专业委员会主任田世平汇报委员会工作进展。42名专家、青年学者、研究生作口头报告，其中，特邀报告5个、专题报告26个、青年学者和研究生报告11个，29人次通过墙报展示工作进展。

国际组织任职　中国植物病理学会是国际植物病理学会（International Society for Plant Pathology，ISPP）团体会员。学会理事长彭友良当选国际植物病理学会会士（ISPP Fellow）。1名会员现任ISPP植物检疫和生物安全专业委员会主席，7名会员任ISPP理事。8名会员现为ISPP食品和纤维生产的生物限制、葡萄枝干病害、植物致病细菌、核盘菌、教学共5个专业委员会理事会成员。学会是亚洲植物病理学协会（Asian Association of Societies for Plant Pathology，AASPP）发起单位，彭友良担任亚洲植物病理学会副主席。彭友良（2011—2015）和副理事长周雪平（2016—2020）受邀担任国际植物病理学领域顶尖期刊*Annual Review* *of Phytopathology*（《植物病理学年评》）编委。中国科学院遗传与发育生物学研究所研究员周俭民担任 *Molecular Plant-Microbe Interactions* 主任编辑，副理事长王源超和王宗华担任 *Molecular Plant Pathology Senior Editor*。多名会员为国际著名期刊编委成员。彭友良和周雪平当选美国植物病理学会会士，是中国大陆首批入选 APS 会士的植物病理学家。

科普活动　举办科普宣传活动 18 次、实用培训技术 45 次。累计参加科技人员 637 人次、受众 7600 人次，活动覆盖村镇 180 个。

【中国植物病理学会第十一届全国会员代表大会暨 2018 年学术年会】 8 月 25—27 日，由学会主办，中国农业大学植物保护学院承办，中国农业科学院植保所、北京植物病理学会、北京市农林科学院环保植保所、北京市植物保护站和北京农学院协办的中国植物病理学会第十一届全国会员代表大会暨 2018 年学术年会在北京召开。来自 30 个省、自治区、直辖市 200 余所高校、科研院所、技术推广单位和企业的会员、研究生及来自美国、新加坡的部分专家共计 1700 名代表参会。会前，编辑出版由学会理事长彭友良和北京中医药大学教授王琦担任主编的《中国植物病理学会 2018 年学术年会论文集》，收录会议论文摘要 504 篇。编制《中国植物病理学会第十一届全国会员代表大会暨 2018 年学术年会》会议指南。会议期间，召开英文版《植物病理学研究》期刊编委会会议。

8 月 25 日上午，大会开幕式由学会第十届理事会副理事长、北京农学院党委书记王慧敏主持。彭友良致开幕词，介绍学会 4 年来的发展。学会副理事长陈保善宣读中国科协贺信，中国农业大学副校长龚元石代表学会挂靠单位讲话。中国工程院院士陈剑平代表中国植物保护学会发言。

开幕式最后，举行学会 2018 年度颁奖仪式。学会副理事长兼秘书长韩成贵宣读中国植物病理学会会士、青年植物病理学家奖和终身成就奖获奖名单。中国工程院院士朱有勇、陈剑平、康振生为新当选学会会士颁奖，中国农业大学副校长龚元石为学会青年植物病理学家奖获得者颁奖，彭友良为学会终身成就奖获得者朱有勇、陈剑平颁奖。

8 月 25 日下午，中国植物病理学会第十一届全国会员代表大会召开。大会由学会副理事长吴元华主持。与会会员代表听取并审议通过学会第十届理事会学会理事长彭友良所作《中国植物病理学会第十届理事会工作总结报告》、副理事长兼秘书长韩成贵所作《中国植物病理学会第十届理事会财务报告》和副理事长姜道宏教授所作《〈中国植物病理学会章程〉修改报告》。大会以无记名投票方式选举产生由 118 名理事组成第十一届理事会，选举产生由 9 名监事组成的监事会。随后，分别召开第十一届理事会和监事会第一次全体会议。理事会以无记名投票方式选举出 39 名常务理事和学会负责人，彭友良连任理事长；聘任韩成贵兼任秘书长。监事会第一次会议选举出 3 名监事会负责人，监事长为河海大学教授王慧敏。

2018 年学术年会包括大会特邀报告、中美专题研讨、分组交流和墙报展示。大会邀请 9 名专家作大会特邀报告。大会开幕式后，举行首场大会特邀报告，中国工程院院士康振生和学会副理事长王宗华主持。中国工程院院士朱有勇、陈剑平，南京农业大学教授周明国和山东省泰山学者特聘教授张修国分别作报告。27 日下午，第二场大会特邀报告由学会副理事长姜道宏、王源超主持。张正光、刘俊峰、郭军、刘嘉和宁约瑟 5 名专家作报告。8 月 27 日上午，举行中美专题研讨，Guo-Liang Wang 和孙文献主持。美国植物病理学会代表国际植物病理学会主席（2018—2023）、科罗拉多州立大学（Colorado State University）教授 Jan Leach，俄亥俄州立大学（Ohio State University）助理教授 Jonathan Jacobs、Guo-Liang Wang 和学会代表南京农业大学教授孙文献、华中农业大学教授郭晓黎及复旦大学副教授陈云进行报告交流。8 月 26 日，大会安排分组学术交流，在 6 个平行分会场上，129 名代表进行口头报告交流。8 月 25 日下午至 26 日，安排墙报展示 116 份。

8 月 27 日下午举行闭幕式。彭友良讲话，希望会员关注和支持英文版植物病理学期刊的创办。学会副理事长姜道宏宣读此届学术年会优秀墙报奖获得者名单和分组报告优秀奖获奖者名单。

（撰稿人：邹菊华）

中国植物保护学会

服务创新型国家和社会建设　学会热带作物病虫害防治专业委员会与支撑单位联合建立示范基地，开展病虫害绿色防控技术示范工作。在海南省文昌市建立 200 亩热带果蔬病虫害绿色防控示范基地，开展无公害绿色农产品科研试验，主要包括柑橘种苗、芦笋、火龙果、莲雾、常年瓜菜等热带经济作物的生产种植、病虫害防治科研试验；建立棕榈科植物病虫害监测与生物防治技术试验区。根据海南省科技援助工作安排，专业委员会委员组织资深专家组成专家服务团，在海南省白沙黎族自治县、琼中黎族苗族自治县、东方市、屯昌县等10个市县的18个贫困村开展科技援助工作，专家与帮扶村签订为期1年的科技帮扶协议，为当地病虫害防治、产业发展等提供技术支撑，累计开展驻点技术帮扶活动32次。

学会农药学分会联合中国农业大学为国内数十家企业完成15项农药全组分分析、86项农药残留消解动态、83项农药安全性评价工作，保障企业产品登记、确保产品质量，为政府监管农药、进行农药登记提供技术支撑。

学会建设　完成第十二次全国会员代表大会换届材料报备工作，包括大会总结、理事会成员备案表、监理会成员备案表、新一届理事会负责人备案、换届工作报告、学会章程。

召开学会理事会议1次、常务理事会议2次，全国理事长、秘书长工作会议1次，监事会例会2次。完成中国科协要求的全国学会评估材料上报工作。

整理和更新学会会员信息，清理部分长期不参加活动和不缴费的会员。新增会员50人。截至2018年年底，会员总数22388人，发展团体会员1个。

学会治理结构和治理方式改革　首次制定《中国植物保护学会监事会工作条例（试行）》，修订完善《中国植物保护学会分支机构管理办法》《中国植物保护学会财务管理条例》《中国植物保护学会报销实施细则》；4月9—11日，学会2018年工作会议暨十二届二次常务理事会议在四川省绵阳市召开，审议通过上述文件。完善学会内部管理监督机制，明确学会各分支机构的财务和公章由学会统一管理等规定。

青年人才托举工程　2018年年初，总结学会承担的中国科协第一届青年人才托举工程项目。青托人才指导导师和责任专家认可2名青年托举人才取得的成绩，对下一步工作计划提出建议。8月，申报中国科协第四届青年人才托举工程项目，经推荐和遴选，福建农林大学副教授卫静获项目资助。

主办期刊　主办期刊2种，联合主办3种。《植物保护学报》《植物保护》发表论文共443篇，总发行量15300册。发表论文数量比2017年增加36篇，发行量与2017年基本持平。根据《2018年版中国科技期刊引证报告（核心版）》,《植物保护学报》《植物保护》影响因子分别为0.949和0.651，在11种植保类核心期刊中排名第2和第5；总被引频次分别为1600次和2147次，在11种植保类核心期刊中排名第3和第1；综合评价总分排名植物保护学科第2和第1。经申报和评审,《植物保护学报》再次获中文科技期刊精品建设计划项目资助。

学科发展研究　3月，组织编写的《2016—2017植物保护学学科发展报告》由中国科学技术出版社出版。与中国农业科学院植物保护研究所共同主编的《中国农作物病虫害（第三版）》获第四届中国出版政府奖图书奖。开展“引领世界科学的前沿科学问题、建设世界科技强国的工程技术难题”遴选和推荐工作。依据中国科协有关通知要求，制定《中国植物保护学会问题、难题遴选推荐方案》，经征集和遴选，向中国科协提交前沿科学问题2个、工程技术难题1个。学会推荐的前沿科学问题“绿色农药创新研究和原创性靶标的发现”通过中国科协遴选，在第二十届中国科协年会上发布。组织专家申请并承担中国科协学科发展研究项目“转基因生物安全前沿热点综述研究”；从学科领域前沿与技术网络构建与分析研究、学科前沿及关键核心技术测度分析、学科领域前沿热点综述、国际发展态势与重大突破性进展综述4个方面进行研究，完成研究报告3.9万字；11月，将研究报告提交中国科学技术出版社。

决策咨询　提供决策咨询报告2篇。牵头完成《中国科协2018年预防与控制生物灾害咨询报告》。与中国林学会等4个全国学会组织专家开展生物灾害调研。1月17—18日，中国科协2018年预防与控制生物灾害分析研讨会在北京召开，来自农、林、渔、畜4大领域的专家52人参加会议。研讨会在前期生物灾害调研基础上形成《中国科协2018年预防与控制生物灾害咨询报告》，咨询报告通过中国科协上报国务院。

2019北京世界园艺博览会计划于2019年4月29日—10月7日在北京延庆区举行。学会植物检疫学分会组织专家团队对博览会引进种苗等方面进行调研考察，与博览会园艺部、市县植保植检站及林业保护站领导及专家就博览会引种中的生物安全问题进行座谈，就如何防控外来有害生物提出监控和防控对策建议。

国际学术会议　学会及下属各分支机构与有关单位联合主办或协办国际会议5次。5月9—12日，在海南省举办绿色植保技术创新国际高端论坛。5月14—16日，在北京举办第一届国际生物防治大会。9月16—18日，在湖北省武汉市举办第二届MycoKey国际真菌毒素大会。10月17—19日，在江苏省南京市举办第四届国际雷达会议——使用雷达监测迁飞昆虫的飞行行为专场。11月11—13日，在江苏省南京市举办杂草治理与生物安全国际学术研讨会。参会人数共2075人次，包括国外专家265人次。交流论文368篇，出版论文集2部。

国内主要学术会议 组织学术交流活动20余次，其中，大型学术年会1次、中国科协第370次青年科学家论坛1次、综合交叉学术会议5次、专业研讨会10余次。参会人数近4000人次，交流论文737篇，出版论文集2部。

1月4—5日，学会植保产品推广工作委员会与杂草学分会在河南省安阳市联合召开飞防药剂研发与田间试验规范研讨会。55人参加研讨会。会议研讨植保无人机飞防药剂研发、登记试验、登记管理、作物安全性、环境兼容性、药剂混溶性等内容，交流日本、韩国飞防农药登记与田间试验情况、国内飞防专用药剂研发探索情况与应用现状及存在的问题。

2月26—28日，学会科普工作委员会联合全国农业技术服务推广中心在北京召开农作物重大病虫害防控技术方案会商会。40人参加会议。会议交流论文15篇，邀请植保技术领域专家制定《作物健康栽培为基础，组装配套生态调控》《生物多样性、保护利用天敌和科学用药》等2018年重大病虫害防控技术方案13个，3月上旬，以全国农技中心文件形式下发各地执行。

5月19—22日，学会园艺病虫害专业委员会在浙江省杭州市召开园艺病虫害防治专业委员会2018年度学术研讨会。191人参会。会议主题为"'互联网+'时代的园艺病虫害防治"。20名专家作主题学术报告，介绍中国重要园艺病虫害防控领域的最新研究进展，无人机应用、国内智慧农业应用案例、现状及发展趋势。

8月3—6日，学会生物入侵学分会在新疆维吾尔自治区乌鲁木齐市召开第五届全国入侵生物学大会。300余名学者及研究生参会。会议主题为"入侵生物与生态安全"。大会设置大会报告9个、专题报告40余个。与会专家、学者从基础研究、应用基础研究、关键共性技术与产品、典型应用与示范等方面介绍中国外来入侵生物研究领域的最新研究进展和科研成果。

8月12—15日，学会青年工作委员会在河北省保定市召开第十三届全国青年植保科技创新学术研讨会暨全国植物保护博士后论坛。200名青年专家参会，包括博士后80人。会议设农业昆虫、植物病理等分会场4个，举办全国植物保护博士后成长交流座谈会，评选出博士后优秀学术报告奖获奖人8人。会前出版《青年植保与农业高质量发展》论文集，收录论文79篇。

科普活动 学会和分支机构与支撑单位联合举办棉花主要病虫害监测预报技术、小麦条锈病越冬基数调查、农区鼠情监测和灭鼠技术、蔬菜害虫的抗药性及抗性治理等专业技术培训班15次，来自31个省、自治区、直辖市的植保站、种植大户、病虫害测报网点的技术人员共2900人次参加培训。举办根蛆类害虫综合防治技术科普宣讲活动2次，受众人数235人次。

9月，学会植保产品推广工作委员会配合唐山农业局在河北省保定市唐县白合镇开展为期20天的精准扶贫技术增收工作。活动以"把论文写在大地上、将科技送进千万家"为共同追求，针对唐县大洋乡、白合镇2个国家级扶贫工作重点乡种植特点，以作物绿色解决方案为出发点，从常见作物病虫害图鉴着手，通过图片故事讲解生物农药在农业种植上的应用和特点，开展技术培训会43场，培训贫困人口2000余人。

微信公众号全年累计推送文章178篇，累计阅读量160416次，新增关注人数2667人，累计关注人数11972人。

表彰举荐优秀科技工作者 依据《中国科协办公厅关于开展优秀科技工作者代表推荐工作的通知》，经组织推荐和遴选，向中国科协推荐康振生、李云河为中、青年优秀科学家代表，推荐杨大荣、郑永权和杨松为老、中、青年优秀基层科技工作者代表。

依据《中国植物保护学会科学技术奖奖励办法》，在组织各有关单位推荐的基础上，经专家网评、会议评审和答辩、公示异议处理，再经奖励委员会审定，决定颁发中国植物保护学会科学技术奖21项，其中，一等奖4项、二等奖9项、三等奖8项，获奖单位和个人分别为83个和197人。2018年中国植物保护学会科学技术奖颁奖大会在中国植物保护学会2018年学术年会期间举行，会议期间编印成果手册，组织获奖成果墙报展示。

党建强会 4月10日，学会工作会议暨十二届二次常务理事会议期间，学会党委开展党的十九大精神宣讲活动。学会党委副书记、副理事长魏启文作题为“以十九大精神为引领 用实际行动振兴乡村”的宣讲报告。召开学会党委第二次（扩大）会议，审议通过《关于中国植物保护学会党委工作规则（试行）》的报告。4月11日，学会办公室党支部与绵阳市农业科学研究院党委举办党建工作对接会，组织参观该院陈列室、试验基地和中国工程物理研究院科学技术馆。7月5日，学会办公室党支部、青年工作委员会党小组（筹）与河北省农林科学院植物保护研究所植保支部联合开展主题为“发挥科技引领作用，提升乡村振兴质量”的党日活动，开展主题党课，部分党员参观白洋淀红色教育基地雁翎队纪念馆。10月25日，学会党委书记、理事长陈万权主持召开学会党委第三次（扩大）会议，审议通过学会所属6个分支机构申请建立分支机构层面功能型党的工作小组（试点）的报告。

会员服务 推进科技工作者状况调查站点体系建设。开展科技工作者状况调查工作，了解中国科技工作者工作、学习和生活实际情况及其意见和建议。完成双创政策实施情况、压力调查问卷、科技工作者创新创业情况调查、科技工作者职称状况调查问卷及调研报告撰写工作。完成科协站点工作任务。改进会员服务方式，提高学会信息化办公水平，实现会员会费票据管理电子化，增设刷卡、微信支付等缴费渠道。

【中国植物保护学会2018年学术年会暨植保科技奖颁奖大会】 10月24—26日，中国植物保护学会2018年学术年会暨植保科技奖颁奖大会在陕西省西安市召开。学会第十二届理事及来自全国植保界的1000余名专家、学者参加会议。开幕式举行2018年中国植物保护学会科学技术奖颁奖典礼。

大会学术交流由中国工程院院士宋宝安、农业农村部农药检定所研究员刘学主持。中国工程院院士吴孔明、陈剑平、康振生，湖南省农业科学院教授柏连阳、华中师范大学教授杨光富、浙江大学研究员杜永均分别作大会特邀学术报告《作物重大害虫迁飞监测与控制技术研究》《乡村振兴的研究与实践》《小麦条锈病及其绿色防控策略的探索》《我国农田杂草抗药性状况与治理技术》《基于靶标组结构的超高效除草剂创制》《昆虫信息素在害虫综合防治中的应用及其机理》。

年会主题是“绿色植保与乡村振兴”。交流论文273篇，会前出版论文集1部。围绕大会主题设置农业害虫与绿色防控、植物病害与绿色防控、生物防治技术与应用、农药减量增效、农田草害与绿色防控、农田鼠害与绿色防控6个分会场，134名专家、学者、科技工作者和研究生作口头报告，评选出18个青年优秀学术报告奖，予以表彰奖励。

会议期间，召开学会第十二届理事会第二次全体会议暨十二届三次常务理事会议、学会党委第三次（扩大）会议、学会监事会第三次会议；总结学会一年来的主要工作、研讨下阶段工作重点；审议学会第十二届理事会理事调整等事项；听取学会党委工作报告，研究成立学会分支机构党支部（试点）等事宜。

【承办中国科协第370次青年科学家论坛】 11月11—13日，学会承办的中国科协第370次青年科学家论坛在浙江省杭州市召开。论坛主题为“作物－微生物－昆虫三者互作与生态安全”。70名优秀青年科学家代表参加论坛，论坛分设作物－病原－媒介昆虫三者互作的机制、作物微生物组的解析和在植物保护中的应用、昆虫－微生物（有益和病原）互作的机制解析、有益微生物资源的挖掘和利用4个专题。25名青年学者作口头报告。论坛展示中国青年科学家在探索昆虫学、病毒学、微生物学、病理学方面的新成果和新业态。会前编辑论文集1部。

【第一届国际生物防治大会】 5月14—16日，由学会与中国农业科学院、国际生物防治组织主办，中国农业科学院植物保护研究所、植物病虫害生物学国家重点实验室等单位联合承办的第一届国际生物防治大会在北京召开。农业农村部党组成员、中国农业科学院院长唐华俊，中国科协国际联络部副部长王庆林，国际生物防治组织（IOBC）主席乔治·海默尔（George Heimpel）出席会议开幕式并致辞。开幕式由中国农业科学院副院长、学会名誉理事长吴孔明主持。大会是中国首次与国际生物防治组织共同举办的国际会议。来自40余个国家800余名生物防治领域的专家、学者围绕“生物防治与人类健康”主题开展研讨。大会设置国内外专家大会报告12个、分组报告160余个、墙报展示30个。会前出版论文集1部。

（撰稿人：文丽萍）

中国作物学会

服务创新型国家和社会建设 学会主办中国·青海青稞产业发展推进行动，提出“绿色 优质 发展”理念。学会粟类作物专业委员会参加摄制4集纪录片

《粟说——一粒小米的故事》，从历史、人文、考古、科学、美食、风俗等方面讲述粟文化在中华文明传承中的作用；12月底，纪录片在中央七台播出。学会大豆专业委员会与黑龙江省黑河市人民政府开展大豆产业技术全方位合作，为打造中国黑河大豆品牌提供技术支撑。中国工程院院士、学会栽培专业委员会主任委员张洪程领衔编纂《中国农业百科全书·农作物卷》（第二版）。学会作物学人才培养与教育专业委员会主编“不忘初心 砥砺前行——走进乡土乡村 助力精准扶贫”系列丛书第二册《阡陌共语》。

学会建设 召开全体理事会议1次、常务理事会议3次、秘书长联席会议1次。截至2018年年底，个人会员5193人，团体会员442个。

5月30日—6月2日，在广西壮族自治区北海市召开2018年秘书长联席会。会议总结2017年学会工作，部署2018年学会重点工作任务，表彰2017年度考核优秀的分支机构。各省级作物学会和专委会的秘书长开展经验交流和讨论。

学会3个微信公众号新增关注人数1342人，发送信息46条，总阅读量2.4万人次。加强分支机构管理。12月，考评分支机构，评选出年度优秀分支机构。

1月24—26日，学会麻类专业委员会第六届委员会第一次会员代表大会在福建省厦门市召开，会议选举产生第六届委员会。2月4日，学会小麦产业分会第三次会员代表大会在北京举行，会议选举产生第三届委员会。3月8日，学会甘薯专业委员会在江苏省徐州市召开改选换届大会，选举产生第六届理事会。5月17—18日，学会甜菜专业委员会换届，选举产生第五届委员会。9月2日，学会玉米专业委员会换届大会在黑龙江省哈尔滨市召开，完成第三届委员会的换届工作。11月20—21日，学会油料作物专业委员会第八次会员代表大会暨学术年会在山东省青岛市召开，选举产生第八届委员会。

学会治理结构和治理方式改革 完善《中国作物学会财务管理办法》及相关制度，加强财务管理监督，完善财务运行机制。2月9日，印发《中国作物学会分支机构年度工作考核管理办法》，加强对分支机构的规范管理。实行学会年报制度。2018年年初，公开发布学会2017年年报，旨在使年报成为学会信息公开、事业发展、业务活动推广、学会形象展示的重要载体。完善《中国作物学会分支机构换届程序及指南》，明确学会分支机构换届流程方案及相关要求。

青年人才托举工程 承担的4届青年人才托举工程项目已托举作物领域青年人才10人。完成第一届青托项目总结，扶持与培养第二届、第三届、第四届青托项目人才。

主办期刊 《作物学报》（英文版）（*The Crop Journal*）得到中国科协科技期刊国际影响力提升计划支持。出版6期，共676页，刊登文章68篇。在ScienceDirect平台上月下载量3万余次。6月26日，*The Crop Journal* 首获SCI期刊影响因子为2.658。在87种农学期刊中排名第14，在222种植物科学期刊中排名第54，均位于Q1区。

《作物学报》2018年综合评价总分95.2分，在2029种中国科技核心期刊中排名第2。获第四届中国出版政府奖期刊奖提名奖，第17次被中国科学技术信息研究所评为百种中国杰出学术期刊，被中国期刊协会等评为2018期刊数字影响力100强。

《作物杂志》期刊影响力指数在农艺学类期刊中排名第13名。总被引频次排名第12，复合影响因子1.204，排名第11。综合影响因子0.877，排名第11。

《麦类作物学报》复合影响因子及复合总被引频次分别为1.328和5031，获中国高校百佳科技期刊奖、第五届陕西省精品科技期刊奖。

决策咨询 组织专家承担国家科学技术奖励工作办公室开展的2018年度国家科技奖初评。承担项目行业咨询工作，提供书面咨询意见。

学会栽培专业委员会提出的水稻钵苗机械化高产优质栽培、发展中高端优质稻米等意见，引起有关领导及部门的重视，获专门立项与重点推广。

学会大豆专业委员会组织专家撰写的《耕地质量持续涵养理论和技术研究》《关于中国大豆生产的建议》等被国务院研究室采用,《关于发展粮豆轮作 提升大豆自给能力的建议报告》得到农业农村部主要领导批示,《关于加强我国农业生物种质资源收集与保护的调研报告》得到全国政协采纳并上报中共中央办公厅和国务院办公厅。

学会大麦专业委员会组织专家为农业农村部撰写大麦（青稞）2018年生产指导建议并发布在农业农村部网；向农业农村部提交《2017年大麦（青稞）产业技术发展报告》《2018年大麦青稞产业发展趋势与政策建议》；为全国农业技术推广中心撰写《2017年大麦（青稞）产业发展解读报告》。

学会油料专业委员会组织专家向农业部、相关地方政府和油料企业提供《花生产业发展年度报告》《油菜“绿色倍增计划”关键技术攻关方案》等10余份决策咨询报告，向各地方政府提交研究、调查报告及政策建议等60余项。

学会甘薯专业委员会组织学会专家与全国农技中心编写《2018年甘薯生产技术指导意见》并发表在《农民日报》及相关农业部门网站。

学会水稻产业分会向农业部、浙江省有关部门提交决策咨询报告8份，其中,《关于促进我省（浙江省）水稻产业绿色高效发展的对策建议》《促进我省（浙江省）油菜产业绿色高效发展的对策建议》等得到批示。

国际学术会议 6月19—20日，由学会大豆专业委员会与欧洲多瑙河大豆协会联合主办的第二届中国－欧洲大豆高峰论坛在德国施韦比施哈尔召开。围绕“发展面向全球、可持续大豆生产的中欧战略同盟”主旨，大会交流欧洲各国相关研究机构大豆研究概况、巴西大豆出口中国和欧洲的贸易概况，讨论解决全球蛋白供应和可持续性问题。

9月8—9日，学会粟类作物专业委员会与内蒙古自治区赤峰市敖汉旗共同主办的第五届世界小米起源与发展大会在内蒙古自治区赤峰市敖汉旗召开。联合国世界粮食计划署官员、西班牙等国11名专家及国内专家、企业代表等240人参加会议。专家、学者围绕“敖汉旱作农业系统与文明起源、敖汉旱作农业发展与乡村振兴战略研究、小米品质研究与产品开发”等主题展开专场研讨。

11月3—5日，学会油料作物专业委员会主办的第三届国际脂质科学与健康研讨会在山东省青岛市召开。国内外脂质科学领域专家、学者和产业代表300余人参加会议，交流国际脂质科学与健康领域最新动态和前沿研究成果。

11月17—18日，学会燕麦荞麦分会与中日经济技术研究会等共同主办的第一届中日荞麦产业发展国际论坛在北京召开。中日两国相关专家、学者及企业代表等80余人参加会议，讨论荞麦产业发展及荞麦食文化等议题。

国内主要学术会议 学会及专业委员会、分会举办国内学术会议41次，参加人数16567人次，交流论文1783篇。

6月19—21日，学会玉米专业委员会主办的2018年全国鲜食玉米学术研讨会暨第六届南方鲜食玉米大会在四川省成都市召开。会议以“产业创新，农旅融合，共享美好”为主题，通过成果展示、学术交流、文化宣传、产销对接等形式，为行业全产业链互利合作提供渠道。国内相关专家、学者、企业家、经销商、种植户等近1000人参会。

7月8—10日，学会马铃薯专业委员会主办的第二十届中国马铃薯大会在云南省昭通市召开。来自高校、科研院所、企业的2000余人参会。大会以“马铃薯产业与脱贫攻坚”为主题，安排遗传育种与生物技术、栽培技术与病虫害综合防治、种薯生产与质量控制、产后技术4个专题研讨会。

8月14—16日，学会主办的第九届全国小麦基因组学及分子育种大会在四川省成都市温江区召开。来自137家国内外高校、科研院所、种业和生物公司的近1000名代表参会，围绕小麦基因组学与分子育种开展研讨。

10月14—17日，2018年中国作物学会学术年会在江苏省扬州市扬州会议中心举办。

10月18—22日，学会主办的2018全国植物生物学大会在山东省泰安市举办。来自全国200余家高校、科研院所的2100余名专家、学者参加会议。大会围绕“植物科学助力乡村振兴”主题，研讨中国植物生物学研究最新成果和进展，交流研究思路和内容。

国际交往 7月25日，韩国作物学会会长禹仙熙（Sun-Hee Woo）到学会访问。学会理事长翟虎渠、秘书长刘春明会见禹仙熙一行。双方就加强在作物科学领域的学术交流、加强东北亚及亚洲范围内的农业科技合作交换意见，就推进合作达成共识。

学会甘薯专业委员会组织会员参加2018年第八届国际甘薯研讨会，展示中国甘薯研究创新成果；邀请国际甘蔗技师学会（ISSCT）主席Philippe Rott到福建省、广西壮族自治区等地甘蔗产区开展学术交流。学会甜菜专业委员会邀请意大利帕杜瓦（Padova）大学教授Piergiorgio Stevanato到中国交流。12月17—23日，学会藜麦分会负责人赴德国国家种质库、法国国家农科院访问，双方交流藜麦种质资源交换、技术合作等内容。学会油料作物专业委员会开展和参与国际油料质量安全学术交流活动，邀聘请日本、荷兰、加拿大等国专家来中国交流，为会员提供学术交流渠道。

科普活动 学会及分支机构举办科普活动35次、教育培训42次。科学传播专家团队首席专家开展科普讲座50余次，受众人数约16万人次。

全国科普日期间，学会开展走进科普基地感受作物科技主题科普活动，为公众展示正在生长的玉米、水稻、大豆等作物，普及作物高产栽培技术等。活动受到中国科协表扬。

表彰举荐优秀科技工作者 开展第七届中国作物学会科学技术成就奖评选工作，扬州大学教授杨建昌、山东省农业科学院作物研究所研究员刘建军获奖。开展2018年度中国作物学会作物科技奖评选工作，评选出科技奖3项、创新团队奖1项、科普奖2项。开展2018年中国作物学会优秀博士论文奖评选工作，11篇博士论文获奖。开展首届油料产业科技终身成就奖和青年创新奖评选表彰工作，20名科学家获奖。

学会创新发展 学会作物学人才培养与教育专业委员会通过举办全国农学院校青年教师教学技能大赛助推作物学青年教师培养，通过举办全国农科学子农业创新创业大赛探索人才培养新模式，通过举办农科高校农业微课程大赛推动作物学科的人才培养。

党建强会 召开党委会议3次。学会党组织赴甘肃省定西市开展党建强会特色活动2次，助力当地乡村振兴；参加创建星级学会党组织试点评价工作，获七星良好等次；组织会员参加由中国科协科技社团党委组织的“我与科协同成长”征文演讲比赛、2018中国科协全国学会乒乓球赛等活动。

会员服务 定期向高级会员邮寄主办期刊《作物学报》《作物杂志》。会员可优先参与学会活动、在学会期刊发表论文。

10月14日，学会在扬州大学举办2018年中国作物学会会员日活动。该领域专家、学会会员、农业科技工作者近400人参加活动。活动以“作物科学与乡村振兴”为主题，举办院士公开课和专题讲座。

【2018年中国作物学会学术年会】 10月14—17日，2018年中国作物学会学术年会在江苏省扬州市扬州会议中心举办。来自全国100余家单位的1400余名专家、学者参加会议。围绕“作物科学与乡村振兴”主题，年会设置大会报告、分会场报告、墙报交流及研究生论坛等形式学术交流活动，交流内容涉及作物基因挖掘、基因编辑与分子育种、作物绿色发展与乡村振兴等6个专题。

中国工程院院士王汉中、吴孔明、赵春江、刘旭，中国宏观经济研究院研究员马晓河等12名院士专家作大会特邀报告，解读乡村振兴战略规划及重点任务，交流作物种质资源、作物高产栽培技术、农业信息技术、作物科学与人类健康等领域研究进展，为发展作物学科、农业科技及提高农业科技自主创新水平、成果转化水平提供建议。

在作物基因挖掘与分子育种、作物栽培生理与乡村振兴、作物种质资源与遗传改良3个分会场，国内外54名专家作学术报告，展示作物学各领域新进展、新成果、新技术，探讨作物科学热点问题和发展方向，为发挥农业科技在乡村振兴中的作用提供建议。24名研究生通过研究生论坛开展交流，42名青年科技工作者及研究生通过墙报展示研究进展与最新成果。会议收到论文摘要236篇。26家企业展示最新研发动态及新产品、新技术。

【2018全国植物生物学大会】 10月18—22日，由学会与中国植物学会、中国植物生理与植物分子生物学学会、中国遗传学会、中国细胞生物学学会联合主办的2018全国植物生物学大会在山东省泰安市召开。来自全国200余家高校、科研院所的2100余名专家、学者和师生参加会议。大会研讨中国植物生物学研究最新成果和进展，交流研究思路和内容，促进植物生物学各相关研究领域科研人员之间的交流与合作，为科技助力乡村振兴贡献力量。

大会围绕“植物科学助力乡村振兴”主题，设置大会报告、分会场报告、青年学者论坛、美国植物生物学家学会论坛及墙报展示等形式学术交流活动。交流内容涉及植物发育生物学、植物激素生物学等11个专题。

中国工程院院士万建民、康振生，中国科学院院士刘耀光、韩斌，山东农业大学教授张宪省等12名院士专家作特邀报告。84名专家作专题报告，交流与探讨各领域新进展、新成果、新技术。16名青年科技工作者通过青年学者论坛交流最新研究成果。83名青年科技工作者及研究生通过墙报展示研究进展与最新成果。会议收到论文摘要223篇。

美国植物生物学家学会首席执行官克里斯潘·泰勒（Crispin Taylor）和*Plant Cell*及*Plant Physiology* 2个外文期刊的专栏编辑玛丽·威廉姆斯（Mary Williams）参会并组织美国植物生物学家学会论坛。

（撰稿人：徐　莉）

中国热带作物学会

服务创新型国家和社会建设 学会围绕热带作

物产业重大科技需求，依托四川国光农化股份有限公司、福建省乡村休闲发展协会，成立中国热带作物学会成都服务站和福州服务站，搭建产学研协同创新平台，主动服务创新驱动发展和乡村振兴战略，助推区域经济社会发展。

学会理事长李尚兰、副理事长吕林汉到第九届理事会理事单位广东省农垦集团公司（农垦总局）、云南省农业科学院、云南农业大学等单位调研，部署和指导学会工作，走访看望科技工作者，听取科技工作者意见和诉求，全面了解热带作物产业发展现状、关键科技问题及重大产业技术需求。

学会建设 召开中国热带作物学会2018年工作会议暨九届四次理事会议，九届十二、十三、十四次常务理事会议，秘书长会议及理事长办公会和党委会各4次，研究和审议学会重大事项。

调研12个分支机构和云南省、广西壮族自治区、福建省热带作物学会，加强分支机构的业务指导和联系。开展分支机构年度考核，用工作经费支持获优秀等次者，约谈考核不合格分支机构负责人，调整科技推广与咨询、农业经济与信息2个专委会的支撑单位。加强分支机构组织建设，完成国际合作、天然橡胶、棕榈作物、农业经济与信息、剑麻、南药6个分支机构换届工作，选举产生新一届委员会。

改版升级学会官网，增加党建强会、创新驱动、专家风采等专栏，着力集成系统宣传资源，打造宣传品牌，塑造对外形象。优化期刊信息化服务，初步构建远程采编系统，为作者投稿、专家审稿提供便捷渠道。通过官网、微博、微信等新技术、新手段，加大学会各项工作宣传。

学会治理结构和治理方式改革 制定分支机构年度综合考评管理办法，围绕组织建设、学术活动、服务科学素质提升、服务创新驱动发展、服务科学决策、会员发展与服务、外部评价、特色工作8个方面构建考评指标体系。制定科普基地管理办法，明确科普基地的界定、申报、认定与运行管理等方面要求。

完善秘书处机构设置，增设培训部，新增专职人员5人、挂职人员1人，工作人员数量达到13人。

青年人才托举工程 完成中国科协青年人才托举工程第一届项目总结工作；召开2018年度中国热带作物学会青年人才托举工作会议，启动中国科协第三届青年人才托举工程；开展中国科协青年人才托举工程项目调研；组织开展中国热带作物学会青年人才托举工程2018年度项目评审。

主办期刊 《热带作物学报》回归理事会直接管理。召开编委会换届暨第五届编委会第一次会议，组建新一届编委会，中国工程院院士邹学校和学会副理事长郭安平任主编。制定编委会章程，与科学出版社签订战略合作协议。通过理顺管理体制、转变办刊理念、规范内部管理、强化质量体系建设等措施，《热带作物学报》学术质量和影响力得到提升，2018年影响因子1.066，在全国本学科领域期刊中排名第5，入编《中文核心期刊要目总览》（第8版）。获第四届海南省出版物政府奖期刊奖一等奖。

国际学术会议 主承办国际会议4场。

8月2日，第二届中欧现代休闲农业论坛在海南省海口市举行。论坛主题为“海南自由贸易试验区（港）建设·现代休闲农业助推乡村振兴”。200余名国内外专家、学者和企业界代表参加论坛，围绕现代休闲农业的公共政策、现代信息化与休闲农业服务乡村振兴等内容进行研讨，借鉴欧洲现代休闲农业管理、技术和营销方面的经验，推动海南休闲农业向精细化、信息化、品牌化、产业化的现代休闲农业转型升级。

8月28日，首届全球天然橡胶发展论坛在广东省广州市召开。学会理事长李尚兰出席会议。会议主题为“共商共享　胶合天下——‘一带一路’天然橡胶发展新机遇”。近600名国内外嘉宾及行业代表参加论坛，共同探讨天然橡胶产业在“一带一路”倡议下，如何通过资源共享、贸易合作、技术创新、上下游产业链共荣共生实现新发展。

8月29—31日，首届中非热带农业科技合作论坛在海南省琼海市博鳌镇举办。学会副理事长兼秘书长刘国道出席会议。来自卢旺达、赞比亚、坦桑尼亚等十几个国家的专家、学者、企业代表100余人参加论坛，为共筑“一带一路”倡议下中非热带农业科技合作新格局建言献策。

10月16—19日，第八届国际澳洲坚果大会在云南省临沧市举办。全球25个国家和地区近600名澳洲坚果专家、学者、企业代表参会。会议围绕“加快绿色发展，实现生态富民”的宗旨和“绿色·希望·健康·共享”主题，交流与研讨国际澳洲坚果产业概况、果园管理、种苗培育、全球市场等专题。

国内主要学术会议 学会及所属分支机构主办国内学术会议17次。

6 月 26—29 日，天然橡胶专业委员会第九次会员代表大会暨 2018 年学术年会在内蒙古自治区包头市召开。92 名代表参会。

6 月 27—28 日，2018 全国天然香料产业品牌高峰论坛暨香料饮料作物学术年会在上海市召开。140 余名代表参会。

6 月 27—30 日，在 2018 年中国国际荔枝产业大会期间，园艺专业委员会 2018 年全国学术研讨会在广东省广州市从化区召开。会议主题为“乡村振兴，美荔前行”。120 余人参会，包括南非、澳大利亚、孟加拉国等国家外籍专家 30 余人。

9 月 5—8 日，第二届全国热带作物青年科学家论坛在贵州省黔西南布依族苗族自治州兴义市召开。全国高校和研究机构的 68 名青年科学家代表参加论坛，17 名特邀专家和青年学者作专题讲座和专题报告。

9 月 17—20 日，2018 年度云南高原特色热带农业研讨会在云南省腾冲市召开。200 余人参会。

10 月 23—26 日，2018 年全国热带作物学术年会在福建省厦门市召开。来自全国的 580 余名专家、学者参加会议。会议围绕“做强做优热带高效农业，服务热区乡村振兴”开展学术交流，分享中国热带作物和相关学科领域最新科技创新成果。

11 月 5—7 日，广西热带作物学会 2018 年会暨科普创新发展论坛在广西壮族自治区钦州市浦北县召开。80 余名代表参会。

11 月 9—11 日，2018 年槟榔产业发展研讨会暨棕榈作物专业委员会学术年会在海南省海口市召开。会议主题为“助力槟榔产业发展服务热区乡村振兴”。从事槟榔科学研究、技术推广、生产和管理的 100 余名专家、学者和企业代表参会。

11 月 14—16 日，2018 年全国热带作物遗传育种学术研讨会在云南省保山市召开。80 余名专家、学者参会。

科普活动 5 月 19—26 日，2018 年全国科技活动周暨第二届热带农业科技活动周在云南省保山市举行。活动以“科技创新强国富民”为主题，由中国热带作物学会、中国农学会、保山学院等单位共同主办，云南省农业科学院热带亚热带经济作物研究所等单位承办。学会副理事长兼秘书长刘国道，保山市委常委、副市长姜涛，保山市人大常委会副主任李元标等领导出席启动仪式。科技活动周举办转基因、地震和气象科普讲座 7 场，600 余名师生参加；进行科普展览展示，50 余名科技人员制作挂图、展板、海报等宣传资料 32 份（块），发放科普读物 4600 余份，开展科技咨询服务 7500 人次，受益群众 9000 余人次。活动期间，召开“科技支撑乡村振兴战略”专题研讨会。50 余名专家和领导参加会议。会上，中国农学会科普处处长孙哲，党的十九大代表、中国热带农业科学院香料饮料研究所副所长郝朝运，保山市农业科学研究所研究员郑家文分别作专题报告《农业科技创新发展与应用》《科技支撑乡村振兴战略——科研力量的责任担当》《关于“科技支撑乡村振兴战略”的战略思考》。

9 月 15—22 日，学会联合中国农学会、云南农科院热经所、云南省热带作物学会、保山市科协等单位，主办以“创新引领时代，智慧点亮生活”为主题的全国科普日活动。活动期间，举办各类科普宣传活动 20 余项，开展科技咨询服务 500 余人次，举办科技扶贫讲座 6 场、科普展览 5 场，制作挂图、展板、海报等宣传资料 400 余份，发放科普读物 4 万余份，直接受益群众 1 万余人次。学会获 2018 年全国科普日优秀组织单位。

各分支机构、省级热带作物学会举办橡胶树割胶与施肥技术、热带作物病虫害防治技术、食用菌基质化栽培技术、蚯蚓养殖技术、南药种植技术、林草间作技术等培训班，介绍给农户先进适用的热带农业新品种、新技术，提高农业生产质量和效益。

组建天然橡胶、香料饮料作物、薯类、高原特色热带农业、产品加工、植保 6 支科学传播专家团队，聘任学会推荐的李开绵、易克贤、李积华、刘光华、刘爱勤、谢贵水 6 名研究员为第六批全国首席科学传播专家。依托首席科学传播专家和科学传播专家团队，传播科学知识、科学精神、科学思想和科学方法。

学会创新发展 参加 2017 年度全国性社会组织评估，获 4A 等级。获全国性学术类社会组织 4A 等级。

党建强会 制定分支机构党建工作“两个全覆盖”指导意见，8 个分支机构建立党的基层组织，设立党组织的专业委员会和工作委员会 15 个。

开展学习贯彻党的十九大精神专题报告会 2 场，全体理事、分支机构和省级热带作物学会负责人 300 余人参会。组织党员会员参加中国科协“不忘初心　牢记使命”——党的十九大精神知识竞答活动。学会党委获集体三等奖，2 人获个人三等奖，10 人获学习标兵称号。召开党委会 4 次，前置审议《热带作物学报》合作协议和编委会委员名单、分支机构党组织委员名单、理事会和常务理事会议程等“三重一大”事项。

制订秘书处党支部党建年度工作计划，明确支委会委员分工。以实施乡村振兴战略、深化改革和创新发展等为主题，开展4次党课。开展“寻找红色足迹　弘扬特区精神”和“不忘初心　牢记使命”——重温入党申请书2次主题党日活动。落实“三会一课”“两学一做”、组织生活会和民主评议党员等组织生活制度。全年选派4人次参加中国科协和支撑单位组织的党务干部培训。

会员服务　制作会员手册1000册，健全单位会员和个人会员入会申请审批制度、登记注册制度和会费收缴制度；新增个人会员近300人。编制学会工作简报；优先安排会员参与学会活动和在《热带作物学报》发表论文。通过学会官网、微博、微信、QQ群等平台向会员发布学会活动。1名会员获中国科协2018中国国际科普作品大赛科普贡献者称号。1名会员入选中国科协社团管理类和智库类项目评审专家（第三批）。

【国家热带农业科学中心建设规划研讨会】　6月30日，学会联合支撑单位中国热带农业科学院在海南省海口市召开国家热带农业科学中心建设规划研讨会。研讨会旨在贯彻落实习近平总书记4月13日在庆祝海南建省办经济特区30周年大会上讲话精神和《中共中央　国务院关于支持海南全面深化改革开放的指导意见》精神，加快推进国家热带农业科学中心的建设。

农业农村部总经济师张合成、海南省副省长刘平治、农业农村部科技教育司副司长汪学军等领导出席并讲话。中国科学院院士方荣祥、谢华安，中国工程院院士汪懋华、瞿金平、宋宝安、王汉中、邹学校，学会理事长李尚兰，副理事长郭安平、张治礼、胡新文等院士专家围绕国家热带农业科学中心建设规划进行研讨，并建言献策。

张合成总经济师建议，此次研讨会力争在重大科学问题、建设目标、建设内容、人才战略、服务“一带一路”建设、构建新型体制机制6个方面达成共识。

刘平治副省长强调，中国热带农业科学院作为“打造国家热带农业科学中心”的主要支撑依托单位，长期以来，扎根海南、服务海南，为海南建设国家热带现代农业“五基地一区”做出重要贡献，希望中国热带农业科学院再接再厉、整合国内外优势科研资源，推动国家热带农业科学中心建设成为集国际热带农业科技研发创新智谷、海上丝路热区农业国际合作平台、热带农业科技成果转移转化基地和海南现代高效特色农业展示窗口等多功能于一体的创新驱动发展先行区。

汪学军副司长强调，新责任、新机遇、新使命，中国热带农业科学院作为国家队，要不忘初心、牢记使命，强化协同协作，聚集岛内外优势力量，牵头加快推进国家热带农业科学中心建设，在新时代实现新作为。

与会院士和专家肯定《国家热带农业科学中心建设规划》，认为发展定位科学合理，重点任务和主要研究方向优势特色突出，建设内容切实可行，发展目标明确，具有很强的科学性、前瞻性和引领性。

【2018年全国热带作物学术年会】　10月23—26日，2018年全国热带作物学术年会在福建省厦门市召开。中国工程院院士、国家农业信息化工程技术研究中心主任赵春江，福建省政协常委柯少愚，福建省科协副主席尤民生，福建省农业科学院院长翁启勇，学会副理事长刘波、郭安平、符月华、张治礼、刘国道、范源洪、钟广炎等领导和嘉宾出席会议。来自全国的580余名专家、学者参加会议，围绕“做强做优热带高效农业，服务热区乡村振兴”开展学术交流，分享中国热带作物和相关学科领域最新科技创新成果。

赵春江院士等10名专家作特邀报告和大会报告。大会设种质资源与遗传育种、组学与生物工程、耕作栽培与生理生态、病虫害防控与绿色农业、农产品储藏加工与质量安全、农业经济与信息、热带农业国际交流合作与科技创新7个专题论坛，112名专家、学者作主旨报告和专题报告。

（撰稿人：孙爱花　杨礼富）

中国蚕学会

服务创新型国家和社会建设　3月11—12日，学会理事长廖森泰和蚕桑行业专家到广西壮族自治区河池市宜州区为当地蚕桑生产及蚕桑循环经济提供技术服务，推动学会在蚕桑行业科研、成果推广和技术服务方面与宜州区开展合作，服务宜州区蚕桑产业发展。

3月24—27日，廖森泰理事长带领有关专家到四川省南充市嘉陵区调研桑树产业并进行技术指导，落实学会联合当地企业及国内蚕业科研、教学单位在嘉陵区组建桑产业创新技术研究院的工作。研究院旨在开展研究示范工作，创新驱动该区以桑茶为主导的桑食品产业。

7月19—20日，学会组织有关专家到安徽省安庆市岳西县服务当地蚕桑产业。结合当地实际情况提出发展蚕桑产业思路：高起点谋划，差异化定位，突出生态效益，建立蚕桑技术服务体系。学会计划在蚕桑科研、成果推广和技术服务方面，支持岳西县蚕桑产业。

10月10—11日，学会蚕种分会在广东省广州市举办全国桑蚕品种选育及原种提纯复壮技术培训班。100余名从事蚕种生产、科研、教学、管理的技术人员参加培训。培训班邀请相关专家开展专题讲座，交流生产管理经验，现场答疑解难。

11月30日—12月2日，在江苏科技大学举办"东方紫杯"第一届全国大学生蚕桑生物技术创新大赛。

学会建设　以会议形式召开理事会议1次、常务理事会议1次，以通信方式召开常务理事会议1次。召开理事长办公会2次。

3月27日，在四川省南充市召开理事长办公会。会议交流学会改革中的问题，统一认识，推进各项改革措施。3月27日，在四川省南充市召开十届三次常务理事会议。会议总结学会2017年工作，提出2018年主要工作任务，研讨学会改革与发展问题，提出强化学会会员管理、信息化建设、服务能力建设和规章制度建设。4月20—25日，以通信方式召开常务理事会议、学会党委会，推荐中国科协优秀科技工作者代表候选人。10月11日，在陕西省杨凌示范区召开十届二次理事会议。100名学会理事参加会议。会议总结学会换届以来开展的主要工作，报告学会改革措施、财务状况及今后拟开展的主要工作。10月11日，在陕西省杨凌示范区召开理事长办公会，主要研究学会当前重点工作和2019年主要工作任务。

主办期刊　学会主办的《蚕业科学》2018年出版6期，1170个版面，刊登论文132篇。被中国科技核心期刊、中文核心期刊、中国农业核心期刊和美国化学文摘（CA）收录。

国内主要学术会议　举办4次学术交流活动。参会人数625人次，其中，企业参会155人次。出版论文集2册，收录论文185篇。

5月19日，在山东省德州市夏津县召开第三届中国果桑产业发展大会。来自18个省、自治区、直辖市的研发、生产、销售单位153人参会。会议旨在贯彻落实中央深入推进农业供给侧结构性改革精神，研讨果桑产业发展路径，交流果桑产业发展经验，搭建沟通合作平台，促进全国果桑产业发展。

7月24日，在辽宁省沈阳市召开第十四届家（柞）蚕遗传育种学术研讨会。来自国内各地蚕业主管部门、科研院所、企业的代表155人参会。会议论文集收录论文及摘要100篇。会议结合现代蚕桑产业技术体系的建设，研讨家（柞）蚕遗传育种基础研究现状与生物技术育种应用，实用品种研究进展，适应省力化、轻简化的品种培育和良种繁育技术等。

9月21日，在浙江省湖州市召开桑树草本化高效收获技术研讨会。来自国内从事桑树相关领域科研、生产、教学及管理单位的代表109人参会。会议围绕提高桑园管理收获效率和推进适宜现有机械高效收割的草本化高蛋白桑的研究开展研讨。

10月11—12日，在陕西省杨凌示范区召开中国蚕学会2018年学术年会。

科普活动　学会秘书处联合江苏科技大学开展"蚕桑科普进校园"品牌科普活动4次，在江苏省扬州市和镇江市面向中小学生开展蚕桑主题科普，参加科普专家25人次，受众师生4000人次。

表彰举荐优秀科技工作者　向中国科协推荐优秀科技工作者代表候选人3名。

党建强会　3月27日，在四川省南充市召开学会党委会，研究学会党委年度工作和学会年度重点工作，推进各项改革措施。10月11日，在陕西省杨凌示范区召开学会党委会，研究学会2019年主要工作任务及学会党委工作机制。

【中国蚕学会2018年学术年会】　10月11—12日，中国蚕学会2018年学术年会在西北农林科技大学召开。学会理事长廖森泰主持年会开幕式。中国工程院院士向仲怀，西北农林科技大学常务副书记赵忠，学会常务副理事长李龙及来自全国60余家高校、科研院所、企事业单位的208人参加会议。会议论文集收录研究论文和摘要85篇。会议设置特邀报告2场、专题报告7场及分组交流活动。

向仲怀在致辞中指出，要创建新时代的蚕桑学科，开拓新型蚕桑产业，加强对蚕桑丝绸文化的发掘，推进以立桑为业为代表的产业拓展升级，实现蚕桑产业多元发展。

中国科学院植物生理生态研究所研究员黄永平和中国农业科学院农产品加工研究所研究员戴小枫作特

邀报告，家蚕基因组生物学国家重点实验室主任、西南大学生物技术学院院长代方银，中国农业科学院蚕业研究所研究员李木旺，浙江大学教授杨明英，苏州大学教授徐世清，广西蚕业技术推广总站研究员李标，辽宁蚕业研究所研究员李喜升和广东省农业科学院研究员廖森泰作专题报告。会议开展蚕桑生物和基础研究、蚕桑技术和资源利用等领域分组学术交流，参会人数55人次。

【第一届全国大学生蚕桑生物技术创新大赛】 11月30日—12月2日，“东方紫杯”第一届全国大学生蚕桑生物技术创新大赛在江苏科技大学举行。学会理事长廖森泰、江苏科技大学校长周南平参加开幕式。

来自15所高校和科研院所的137项作品报名参赛。54名专家组成竞赛网络评审和决赛答辩专家组。经过资格审查和初赛网评，71个项目进入决赛，其中，研究生项目53项、本科生项目18项。决赛中，各参赛队伍以PPT形式，现场讲解与展示实验设计、各项实验或调查内容、后续实验或调查结果，由评委组根据项目的前沿性、可行性、创新性、理论与现实意义等综合评分。评选出特等奖15项、一等奖21项、二等奖31项。10所院校获优秀组织奖。

大赛专家委员会主任、学会名誉理事长鲁成在大赛闭幕式上及颁奖仪式上作大赛评审工作报告。鲁成对大赛赛前策划与准备、比赛中的组织与实施、赛后评比与服务工作表示肯定，肯定各代表队水平、风格及取得的成绩。参加闭幕式的相关领导为获奖代表和优秀组织单位颁奖。4项优秀作品开展现场路演。下一届全国大学生蚕桑生物技术创新大赛计划在西南大学举行。

（撰稿人：刘　挺）

中国水土保持学会

服务创新型国家和社会建设　学会完成生产建设项目水土保持方案编制单位和监测单位水平评价工作，708家方案编制单位、224家监测单位提出水平评价申请。经学会咨询与评价工作委员会组织专家评审，480家方案编制单位满足基本条件，其中，5星级单位47家、4星级单位78家、3星级单位74家、2星级单位95家、1星级单位186家。150家监测单位满足基本条件，其中，5星级单位2家、4星级单位11家、3星级单位28家、2星级单位29家、1星级单位80家。

编撰并出版水土保持行业从业人员培训系列丛书《水土保持监督管理》《生态清洁小流域建设技术》。

举办生产建设项目水土保持方案编制技术人员、生产建设项目水土保持监测技术人员、生产建设项目水土保持设施验收报告编制技术人员、水土保持规划设计培训班5期，培训学员2000余人次。

学会建设　召开理事会议2次、常务理事会议2次、理事长办公会3次，审议通过学会修订或制定的制度和其他重要事宜。

5月19日，在福建省福州市召开2018年秘书长工作会议。59名代表参加会议。会议传达有关文件精神，总结学会2017年工作，部署学会2018年重点工作，开展工作交流和研讨。

5月28—31日，开展全国科技工作者日座谈会等系列活动，庆祝第2个全国科技工作者日。

在北京分别召开学术交流、期刊与科技奖励工作委员会会议，组织宣传工作委员会会议，水平评价工作委员会会议和科普工作委员会会议。各工作委员会会议研究各专项工作的工作思路，审议专项重点工作。

主办期刊　10月19日，在北京召开《中国水土保持科学》创新发展研讨会。会议从选稿组稿、审稿制度、出版流程、品牌建设、传播途径5个方面对期刊的发展现状做系统梳理和总结，邀请《水利学报》主编助理介绍办刊和加入国际数据库的经验，围绕期刊存在问题及应对措施、定位与办刊宗旨、学术质量提升举措、完善审稿流程和同行评议制度等方面展开研讨，聚焦期刊未来发展方向。

学会会刊《中国水土保持科学》出版正刊6期，刊出文章110篇，其中，特邀专栏4篇、基础研究25篇、应用研究63篇、开发研究11篇、工程技术2篇、研究综述5篇。

继续与中国知网合作，推出整期“优先出版”，期刊纸质版印刷之前，电子版优先在线发表。期刊官网和微信公众号及时更新和推送当期目录和精选论文。

学会开展第七届《中国水土保持科学》优秀论文评选工作，评选范围涵盖期刊2016年1至6期，共计112篇。评选出优秀论文5篇。

国际学术会议　9月12—14日，学会与世界水土保持学会、国际荒漠化协会在陕西省杨凌农业高新技术产业示范区共同举办2018全球土壤侵蚀研究高层论坛。来自中国、美国、澳大利亚、瑞士等国的土壤侵蚀研究专家、学者和硕士研究生、博士研究生共274人参加论坛。

11月4—7日，学会与中国科学院、亚洲泥石流学会在北京共同主办第五届国际泥石流学术会议。来自11个国家和地区的130余名专家、学者参加会议。会议主题为“山地灾害形成、监测、模拟与防治”。

国内主要学术会议 11月29日—12月1日，学会在北京举办第一届中国水土保持学术大会。会议主题为“协同创新，助力人与自然和谐共生”。大会设主会场和8个分会场，以及学科发展论坛、青年学术论坛。来自全国的1000余名水土保持科技工作者参会。大会征集论文和摘要342篇，评出优秀论文82篇。

两岸交流 9月19—21日，学会与中国台湾地区“中华水土保持学会”在广东省深圳市共同主办2018年海峡两岸水土保持学术研讨会。会议主题为“水土保持与城市建设”。

科普活动 5月12日，学会在山东省济南市开展纪念汶川特大地震十周年暨全国第十个防灾减灾日科普宣传活动。

11月21日，在北京召开《水土保持读本（中学版）》专家咨询会，启动科普读本《水土保持读本（中学版）》的制作与出版工作。

举办“绿水青山惠民生”中国水土保持生态建设摄影大赛。征集作品1088幅，经评审委员会评审，评出佳作奖10幅、优秀奖50幅、入围奖30幅。

开展第二批全国水土保持科普教育基地评选工作，福建省三明市宁化县国家水土保持科技示范园等3家国家水土保持科技示范园区被评为学会第二批全国水土保持科普教育基地。

表彰举荐优秀科技工作者 评选出第十届中国水土保持学会科学技术奖8项，其中，一等奖2项、二等奖2项、三等奖4项。评选出第十一届中国水土保持学会青年科技奖5项。向中国科协举荐国家科学技术奖候选项目2项。

党建强会 5月29日，学会党委在江西省南昌市开展“重温革命历史、弘扬‘八一精神’”主题教育活动。

11月23日，学会党委在北京召开第三次会议。会议传达学习《关于进一步加强中国科协所属学会党委建设的指导意见》，审议通过《中国水土保持学会党委关于推进分支机构党建工作的指导意见》。

学会秘书处党支部申报并获批中国科协学会党建研究会调研课题项目，开展项目调研和研究工作，完成《学会党组织建设标准化、规范化、科学化、制度化研究调研报告》。

（撰稿人：张东宇）

中国茶叶学会

服务创新型国家和社会建设 学会组织253人次专家赴陕西省商洛市商南县、广西壮族自治区柳州市融水苗族自治县、山东省青岛市黄岛区、湖南省湘西土家族苗族自治州、湖北省恩施土家族苗族自治州、云南省普洱市宁洱哈尼族彝族自治县等75地开展茶叶科技助力产业扶贫活动200余次。当地茶叶管理部门、企业、茶叶专业合作社负责人及茶叶生产技术骨干5600余人参加活动。专家通过调研，结合当地茶叶生产情况，开展专题培训90余次，举办咨询会2次，赠送《茶树主要病虫害防治技术》《茶园防灾减灾实用技术》等生产技术资料7100余份。推广新品种25个，应用面积32.3万亩，推广新技术22项。

开展茶学前沿科学问题和技术难题征集，收到15个前沿科学问题和12个工程技术难题。组织专家按领域分4组对27个问题逐项综合评议，将遴选出的“茶树基因组的表达和非编码RNA的预测”等6个前沿科学问题，“智能采茶机研制”等6个工程技术难题上报中国科协。经中国科协初次筛选，有10个问题、难题进入投票初选，占农业科技领域总数37.04%。

受浙江省绍兴市柯桥区茶叶产业协会、中国农业科学院茶叶研究所、安吉董茶茶叶有限公司委托，在浙江省杭州市召开3次科技成果评价会，评价“平水日铸茶产业化提升技术集成与应用”等3个项目，出具评价报告。

制定并发布《白茶仓储规范》团体标准1项。

受中国国际茶叶博览会组委会委托，承担第二届中国国际茶叶博览会金奖评选工作，负责评选方案起草、资质审核、组织专家评审、结果统计等工作。收到20个主要产茶省、直辖市及中国台湾地区的参赛茶样275个，组织浙江省、贵州省等省的9名专家进行评审，评出金奖108个。

开展优质茶品质评价活动，评价17个省、自治区、直辖市选送的茶样428个，其中，绿茶158个、红茶160个、乌龙茶50个、白茶26个、黑茶21个、黄茶2个、花茶1个、特种茶10个。

举办评茶员、茶艺师职业技能培训13期，培训898人次。举办专业人员知识更新研修班16期，培训858人次，其中，普洱茶品质评鉴研修班50人次、西湖龙井茶品质评鉴研修班54人次、闽北乌龙茶品质评鉴研修班58人次、茶业经营管理与产业升级研修班121人次、茶叶绿色生产与提质增效研修班80人次、茶艺师资培训班5期225人次、首届审评师资培训班6期270人次。

学会能力提升计划 以"世界一流学会建设"项目实施为契机，开展党建强会，服务会员，提升学会群众组织力；打造品牌学术会议，遴选发布科学难题，提升学术引领力；建立高端智库，构建产学研融合服务平台，提升战略支撑力；弘扬科学精神，举办品牌科普活动，提升文化传播力；开展国际茶科技文化交流，提升国际影响力。

学会茶叶精准扶贫专家团队被评为2018年度全国科技助力精准扶贫工作先进团队，2018年度科普工作得到中国科协科普部的表扬。

学会建设 个人会员3539人，团体会员330个，新发展个人会员220人、团体会员100个。建立4个会员小组，便于会员交流与服务。

学会会员管理系统包括新闻公告、学术交流、科技普及、继续教育、会员之家、报名中心6大主要板块，实现会员网上入会、审批、缴费、信息修改和管理。微信公众平台具备文章推送、培训报名、活动查询等功能，重点打造茶叶资讯、茶叶科普、茶叶科技、党建强会4大板块。

学会治理结构和治理方式改革 制定《中国茶叶学会理事会工作规则》《中国茶叶学会监事会工作规则》《中国茶叶学会理事长办公会议工作规则》《中国茶叶学会重大事项报告管理办法》《中国茶叶学会信息公开管理办法》制度5项；修订完善《中国茶叶学会分支机构活动管理办法》《中国茶叶学会专家工作站管理办法》《中国茶叶学会团体标准管理办法》《中国茶叶学会科学技术奖奖励办法》《中国茶叶学会全国优秀茶叶科技工作者评选表彰办法》《中国茶叶学会全国优秀女茶叶科技工作者评选表彰办法》制度6项。

建成专家工作站6个及浙江省宁波市宁海县、浙江省余姚市、江西省景德镇市、广西壮族自治区柳州市三江侗族自治县学会服务站4个。为4个学会服务站提供1—2次科技服务。

青年人才托举工程 申请并获批第四届青年人才托举工程（2018—2020年度）项目托举名额2个。根据《中国科协青年人才托举工程管理办法》选拔推荐中国农业科学院茶叶研究所孙亮、边磊入选第四届中国科协青年人才托举工程项目。

主办期刊 《茶叶科学》处理稿件350篇，出版6期，编辑约100万字。网络版主要向中国科学引文数据库、中国知网、万方数据、维普等提供已排版好的电子文档。据中国知网2018年发布的统计指标，综合影响因子为1.361，学科排名第3；2017年网上下载次数7.12万次。根据中国科学技术信息研究所2018年公布数据，核心影响因子1.032，核心综合评价总分65.8，学科排名第3。继续被2017版《中文核心期刊要目总览》收录，再次被中国科学引文数据库（CSCD）收录核心库。网站（www.tea-science.com）浏览量19481次，与2017年相比增长7.02%，其中，国内访问量占97.15%，国外占2.85%。编辑部招硕士1人、博士1人。

决策咨询 先后组织50余名专家赴安徽省宣城市广德县、广西壮族自治区柳州市、陕西省商洛市商南县、陕西省安康市紫阳县等地举办茶产业咨询会5次，提供调研报告1份。在茶叶科技创新、提质增效、扶贫规划、标准制定、品牌培育等方面，提供建议。为政府和产业发展建言献策，助推茶产业转型升级。

国内主要学术会议 分别在山东省、浙江省、福建省、四川省、天津市举办第十届海峡两岸暨港澳茶业学术研讨会、全国茶叶品质提升研讨会、第八届茶学青年科学家论坛、第六届茶叶感官审评研究学术沙龙、第二届全国少儿茶艺教学研讨会5次会议。来自海峡两岸及港澳地区的560余名专家、学者参会，106名各领域专家作专题报告，包括食品、分子生物、棉花育种等跨领域专家4人。收录论文302篇，出版论文集3本，展示墙报106份，审评茶样24个。

国际交往 加拿大茶叶协会、悉尼大学、韩国圆光网络大学等协会、高校相关人员赴学会开展茶叶科技文化交流。学会为来访海外人士举办专题讲座2次，为期5天的高级茶艺培训班1期，培训学员近100人。

科普活动 4—6月，学会组织开展第十届全民饮茶日活动。通过举办百城共饮一杯茶、线上线下茶生活、微信平台茶知识有奖竞答、全民饮茶日恳谈会、入驻茶博会和电商平台等活动，推广茶让生活更美好的理念。据不完全统计，4月20日前后，北京、上海市等近100个城市举办多种形式全民饮茶活动，参与人数近1000万人次。学会组织的微信平台茶知识有奖竞答活动参与人数近11万人次，送出品鉴茶1300份。

9月20日，组织第三届全国茶艺职业技能竞赛个人赛获奖者等技能人才参加由农业农村部等部门共同主办的2018年中国技能大赛——全国农业行业职业技能大赛总决赛开幕式展示活动。向参赛人员介绍茶叶功效，普及茶叶冲泡方法、展示手工制茶全过程，宣传中国传统茶文化。展示茶艺作品6个，8人现场炒制扁形和卷曲形2种绿茶，演示手工制茶技艺。

12月13—17日，在2018中国（深圳）国际秋季茶产业博览会期间组织名师讲堂、茶知识有奖竞答、茶书分享会等活动。

微信公众号平台发布文章186篇，点击量85万余次，粉丝人数52858人。

表彰举荐优秀科技工作者　开展全国优秀茶叶科技工作者、全国优秀女茶叶科技工作者评选工作。收到来自15个省、自治区、直辖市的高校、科研院所、农业部门及企业的全国优秀茶叶科技工作者推荐人选材料24份、全国优秀女茶叶科技工作者推荐人选材料26份。经形式审查及专家初审，分别有24名、17名推荐候选人进入复审。6月27日，召开评审会，评选出青岛农业大学茶叶研究所丁兆堂等全国优秀茶叶科技工作者10人，湖南省茶叶研究所李赛君等全国优秀女茶叶科技工作者10人。

学会创新发展　在浙江省杭州市举办全民饮茶日十周年恳谈会，11家相关机构的代表参加恳谈会。恳谈会总结全民饮茶日活动经验，讨论通过由学会牵头提出的全民饮茶新倡议。

首次在中国（深圳）国际秋季茶产业博览会开展名师讲堂、茶知识有奖竞答、茶书分享会等活动。

党建强会　围绕中国科协科技社团党委部署的党建工作任务，开展十九大精神学习教育；落实“三会一课”制度，开展党组织星级评定工作；申报中国科协党建强会项目，组织党员干部开展生产调研和科技服务活动。

学会秘书处党支部与贵州省黔南布依族苗族自治州贵定县云雾镇营上村党支部签订结对共建协议。以结对为契机，为当地茶产业发展出谋划策，为茶农提供技术服务，共同探索基层专业人才培养与服务型党组织建设新途径。为当地茶叶企业负责人、茶叶加工技术人员及茶农等90余人开展技术培训。

6月，办事机构支部党员前往浙江革命历史纪念馆参观“钱江潮——浙江现代革命历史陈列”。

会员服务　向个人会员和单位会员提供全年12期《中国茶叶》期刊或6期《茶叶科学》期刊，发送学会工作简报和节日问候。

“5·30”全国科技工作者日前后，学会理事长江用文带领来自15个省、自治区、直辖市的常务理事、理事、省级学会负责人和学会会员代表，看望慰问80周岁以上、部分从事茶叶科技工作40年以上的历届学会理事、奉献奖获奖者代表共50人，感谢老一辈茶叶科技工作者为推动茶业发展做出的贡献。

通过微信、年会、期刊等渠道，宣传推广会员产品和品牌，通过微信平台宣传会员80余人。

【第十届海峡两岸暨港澳茶业学术研讨会】　9月3—4日，由学会、台湾茶协会、青岛市科学技术协会联合主办的第十届海峡两岸暨港澳茶业学术研讨会在山东省青岛市举办。来自海峡两岸及港澳地区的200余名专家、学者参加会议。会议安排特邀主题报告及茶树资源、育种、生理与植保，茶叶加工、检验、生化与功效，茶业经济与人文3个分会场。包括特邀报告会4个、专题报告50个、交流墙报48份。会议收录论文155篇。参会专家、学者交流与探讨各自最新研究成果。

【科技与经济融合论坛——2018中国茶业科技年会】　11月7—10日，由中国科协主办，学会承办，三江侗族自治县人民政府、柳州市农业局、广西茶叶学会、广西桂林茶叶科学研究所、广西茶业协会等单位协办的科技与经济融合论坛——2018中国茶业科技年会在广西壮族自治区柳州市三江侗族自治县举办。中国工程院院士、学会名誉理事长陈宗懋，学会副理事长兼秘书长阮建云，学会副理事长麦楚均、肖力争、梁月荣及特邀专家、学者参会。学会副理事长余文权主持开幕式。来自北京、上海市、天津市等22个省、自治区、直辖市，包括51个县市政府部门、67所科研院校、31个茶叶社团及300余家生产企业、销售企业，共1000余人参加会议。会议特邀人民网等媒体对会议进行全程网络直播。据不完全统计，有近100万人次在线观看会议图文、视频直播。

年会以“科技创新与茶业高质量发展”为主题，集产、学、研、政合作交流为一体，安排1个主会场特邀报告、2个科技分会场、1个经济分会场专题交流。年会围绕茶产业绿色发展技术集成与模式，茶叶经济新形势、新探索、新动能，茶叶加工新技术、新产品3个主要方向，邀请中国工程院院士陈宗懋等26名专家、学者交流20个议题，发布全国14所相关高校茶学应届毕业生简历550份，展示科技成果68项、茶叶产品69个。年会介绍国内外产业、技术发展动态，展示最新技术，分析产销形势，推介茶叶专业人才，传播科学饮茶文化，营造饮茶氛围。

【第八届茶学青年科学家论坛】 6月14—16日，由学会主办，学会青年工作委员会和福建省大田县人民政府承办，福建省茶叶学会协办的第八届茶学青年科学家论坛在福建省三明市大田县举办。来自14个省、自治区、直辖市的41所高校、科研院所等单位近170名专家、学者参加论坛。论坛主题为"传承·创新·发展"，安排4个特邀报告、32个专题报告及墙报交流。收到论文及摘要114篇、展示墙报58份。由学会青年工作委员会评审出《茶树酯型儿茶素合成途径中参与没食子酸合成的CsDQDSDH基因功能研究》等优秀论文22篇，《茶树对炭疽菌侵染的应答机制研究》等优秀墙报10份，对获奖者颁发证书。

【第六届茶叶感官审评研究学术沙龙】 8月9—10日，学会主办的第六届茶叶感官审评研究学术沙龙在四川省雅安市名山区举行。此届沙龙围绕黄茶感官审评，以学术交流与审评实践结合的方式进行。15个省、自治区、直辖市12所高校、6家茶叶研究所及主管部门、代表性企业的80余名茶叶专家、学者及业内人士参会。学术交流阶段，专家介绍中国黄茶生产现状、品质表现及创新工艺，从新的食品研究视角阐释智能感官理论与技术研究进展，食品口腔行为的机理以及味觉感受反馈，感官审评项目数据库建设等方面研究成果。审评实践交流阶段，审评从全国筛选出的24个典型黄茶样品，就传统工艺与创新工艺黄茶的感官品质表现交流意见。

（撰稿人：马秀芬）

中国草学会

服务创新型国家和社会建设 学会组织专家调研20余次、培训10余次、学术交流20余次，内容涉及草原生态补奖政策实施效益、草原蝗虫灾害、草原鼠害、草地病虫害、苜蓿种植、饲草加工、青贮和家畜养殖等。

3月13日，学会饲料专业委员会常务理事匡崇义到西双版纳万沐现代农业开发有限公司肉羊养殖场开展调研和指导工作。14日，会同云南省热带经济作物科学研究所专家田耀华等开展交流合作。

4月8日，学会饲料专业委员会副理事长李向林、秘书长万里强在收揽查阅国内外放牧家畜草料复合型饲喂模式及其技术方法文献基础上，初步拟定适合于中国典型区域放牧补饲管理中饲草型复合日粮制备方法发明专利初稿中的技术部分。5月3—4日，学会草地植保专业委员会的张泽华教授参加全国畜牧总站组织的全国草地有害生物防治研讨会，撰写《全国人工草地病虫鼠害和杂草防治项目建议书》中病害部分内容。建议书已上报农业农村部，用于制定草地有害生物防控政策。

6—10月，学会饲料生产专业委员会常务理事徐成体8次赴青海省海北藏族自治州、海东市等地开展2018年度青海省农牧行业专业技术人员继续教育知识更新培训班。作报告8次，培训人数300余人次。

8月，承担联合国开发计划署全球环境基金小额赠款计划项目资助的青海玉树市气候智慧星草原生态系统管理示范项目。项目旨在使公众认识到草原退化的严重性及其对生态系统服务、固碳减排、生物多样性保护、牧民生机的负面影响。

9月3日，受农业农村部委托，承担西北地区草原生态补奖政策实施效益调研。组建包括专家和学生实践团队的调研队伍，实地走访甘肃省武威市古浪县和天祝县。调查草原生态补奖政策实施后产生的生态效益、社会效益和经济效益及政策落实程度，调查农牧民对草原补奖政策的满意度和基层一线草原管护员及地方草原站人员对草原补奖政策的态度，采样分析禁牧和草畜平衡草原的植被、土壤等，总结草原补奖政策实施过程中的问题和经验。

11月5—6日，学会饲料专业委员会常务理事白昌军配合海南省农业厅安排，推进玉米秸秆饲料化和收贮工作。赴海南省东方市冬季玉米生产地调研玉米秸秆饲料化生产。为海南省畜牧技术推广总站30余人开展海南省人工草地清查及草地监测技术培训。

学会建设 截至2018年年底，发展个人会员10人，会员总数增至5325人。完善单位会员入会程序。成立运动场场地专业委员会，更改分支机构名称1个，下设分支机构增至19个。

11月8日，中国草学会2018年理事会在四川省成都市温江区召开。会议讨论并全票通过草原火专业委员会更名为草原火及自然灾害防控专业委员会的申请，讨论并修订《中国草学会二级分支机构管理办法》等制度。

主办期刊 主办《草业学报》《草业科学》《草地学报》《中国草地学报》《草原与草坪》5种期刊。根据《中国学术期刊影响因子年报（自然科学与工程技术2018版）》,《草业学报》2017年复合类影响因子2.357，期刊综合类影响因子1.709，复合总被引频次8127，影响力指数CI值1414.214，在全国66种畜牧、兽医科学类期刊中影响因子排名第1。《草业科学》2017复合类影响因子2.087，期刊综合类影响因子1.704，复合总被引频次7013，在全国66种畜牧、兽医科学类期刊中影响因子排名第2。《草地学报》2017年复合类影响因子1.181，期刊综合类影响因子0.890，复合总被引频次3912，在全国66种畜牧、兽医科学类期刊中影响因子排名第4。《中国草地学报》2017年复合类影响因子1.716，期刊综合类影响因子1.373，复合总被引频次3468，在全国66种畜牧、兽医科学类期刊中影响因子排名第5。《草原与草坪》2017年复合类影响因子0.714，期刊综合类影响因子0.521，复合总被引频次1405，在66种全国畜牧、兽医科学类期刊中影响因子排名第22。

学科发展研究 9月16日，中国工程院院士任继周主编的《中国农业伦理学导论》首发式在兰州大学学生活动中心学术报告厅举行。该书是任继周召集清华大学、中国农业大学、兰州大学、南京农业大学、北京师范大学、国家图书馆等单位专家、学者10余人，共同编写的农业伦理学专著。该书针对中国农业可持续发展，指出“三农”问题与农业伦理观的缺失密切相关，从时、地、度、法4个维度探讨中国农业伦理问题的发生与发展，展望中国农业伦理问题发展趋势，填补国内农业伦理学研究与教学的空白。

学会牧草种质资源委员会建立牧草种质资源共性数据库和特性数据库，开发数据库管理系统。建立和完善中国牧草种质资源信息共享网络系统及专业网站。

国内主要学术会议 学会和各专业委员会举办学术会议8次、学术论坛1次，参与国内重要学术会议10余次，收到论文100余篇。

1月11日，由学会草地植保专业委员会组织，全国畜牧总站微生物治理草原蝗虫协作组、中国农业科学院植物保护研究所、国家牧草产业技术体系病虫害防控研究室、农业部锡林郭勒草原有害生物科学观测实验站协办的全国草地植保学术研讨会暨2017年微生物治理草原蝗虫工作总结会在中国农业科学院召开。会议研讨中国草原虫害、鼠害、毒害草、牧草病害相关研究，总结2017年度微生物治理草原蝗虫工作。

3月7—9日，2018年全国草地有害生物监测预警与防治技术培训会在福建省厦门市召开。学会草地植保专业委员会多名成员参加会议。

6月1日，学会饲料专业委员会在北京市昌平区马池口镇亭自庄村举办第二届中科羊草现场观摩会。

7月，学会草地管理专业委员会在吉林省长春市召开中－俄草地生态修复与可持续发展论坛。草地管理专业委员会主任委员王德利作为组织者在论坛上作主题报告。

8月4—12日，学会草地生态专业委员会在内蒙古自治区锡林浩特市召开内蒙古动物生态学联合研究站工作会议及动物监测研讨会。

8月8—9日，学会草地植保专业委员会与中国农业科学院植物保护研究所杂草鼠害与草地植保研究室、农田杂草监测与防控创新团队、草地有害生物监测与防控创新团队在农业农村部锡林郭勒草原有害生物科学观测实验站共同组织召开草原有害生物学术研讨会。

11月21—25日，学会多名专家委员参加第十四届全国野生动物生态与资源保护学术研讨会，在啮齿动物生态、行为以及鼠害防控，草原动物生态组2个专题组交流国内外鼠害学科研究进展。

国际交往 3月21日—4月9日，美国诺贝研究院研究员丁辛顺访问学会草地生态专业委员会，举办英文论文写作和国际会议报告技巧培训。培训共9场报告，为期20天。兰州大学草地农业科技学院、生命科学学院、资源环境学院100余名师生参加培训。

7月2—5日，学会草地生态专业委员会主任委员沈禹颖参加在塞尔维亚诺维萨德大学举行的丝绸之路农业教育科技创新联盟第三届合作论坛。

7月8—10日，由学会与日本草地学会和韩国草地与牧草学会联合主办的第七届中日韩草地大会在日本北海道大学召开。中国科学院植物所研究员刘公社、四川农业大学教授张新全、兰州大学教授郭振飞、华南农业大学教授卢少云等参加会议。刘公社作大会特邀报告，张新全、郭振飞、卢少云等作大会报告。中日韩草地大会发起初衷是促进中国－日本－韩国及周边国家草学科技工作者及产业的交流合作，发挥草地生态、生产、生活功能。

7月13—24日，由学会草地植保专业委员会张知彬带队，考察肯尼亚、坦桑尼亚的鼠害等问题。在坦桑尼亚SOKOINE农业大学ACE IRPM & BTD研究中心交流鼠害防控技术。

9月11—18日，学会草地植保专业委员会会员出访老挝，为当地科技人员讲授蝗虫绿色防控技术，培训人员160余人次。

10月20—29日，新西兰梅西大学研究员何雄钊访问学会。何雄钊和贝尔法斯特女王大学教授Nigel Scollan参观甘肃省白银市会宁县黄土高原种草养畜模式，与会宁县相关单位负责人和草畜部门负责人交流，与学会草地生态专业委员会副主任委员兼秘书长侯扶江讨论科研和国际研究生联合培养等合作事宜。

党建强会 7月23—27日，学会党支部、内蒙古草原系统工作人员30余人对内蒙古自治区通辽市开鲁县、赤峰市阿鲁科尔沁旗、锡林郭勒盟等地苜蓿种植基地进行考察、取样，参观苜蓿草产品加工车间、草捆储藏仓库，了解草产品的种子来源、种植情况、加工流程、销售渠道。

学会开展创建星级学会党组织试点工作。发挥学会党组织政治引领、思想引领和组织保障方面作用。

会员服务 学会通过网站、微信公众号、邮件等形式加强与会员的沟通联络。梳理会员信息管理，为学会理事、会员编制会员号码，颁发证书。

【第三届中国草学会草业科学技术奖】 11月7日，第三届中国草学会草业科学技术奖颁奖仪式在中国草学会年会开幕式上举行。

第三届中国草学会草业科学技术奖申报推荐工作于2017年12月开始，2018年5月30日截止申报。根据《中国草学会草业科技奖奖励办法》及相关要求，奖励工作办公室根据评审程序初审报奖项目材料。按照申报项目的研究领域、研究方向、成果应用范围并结合评审专家所在省份、奖励评审经验、研究专业等，从中国草学会草业科技奖评审专家库中选出7名评审专家。10月20日，在北京召开现场评审会议。评审过程采取本单位评审专家回避、单个项目汇报、评审专家集体表决的方式。评审专家在听取申报人汇报后质询相关成果，按照中国草学会草业科技奖评审标准评选出一等奖2项、二等奖4项、三等奖6项，共12个获奖项目。

中国草学会草业科学技术奖是科技部国家奖励办公室批准通过、民政局备案成立的社会力量奖项，旨在奖励草业领域在基础研究、技术创新、推广应用等方面取得突出贡献的组织和个人，是学会承接政府转移职能的重要形式。

【2018中国草学会年会】 11月7—10日，由学会主办、四川农业大学承办的2018中国草学会年会在四川省成都市召开。年会主题是“乡村振兴战略需求下的草业发展”。学会名誉理事长、宁夏回族自治区原主席、十一届全国人民代表大会民族委员会主任委员马启智，中国科学院院士、北京大学教授方精云，国家林草局草原管理司副司长宋中山、国有林场和种苗管理司副司长杨连清等相关行政部门领导，甘肃农业大学教授孙吉雄，南京农业大学副校长董维春，四川农业大学副校长朱庆等专家、学者及企业家代表1000余人参加会议。大会开幕式由学会秘书长张英俊主持，学会理事长何新天致大会欢迎词。

会议开幕式上颁发中国草学会草业科学技术奖和王栋奖学金。甘肃农业大学《高寒牧区草地管理与生态牧养模式研究》和西北大学《草原主要毒害草发生规模及防控技术》获中国草学会草业科技奖一等奖；东北师范大学宋旭昕博士等10人获2017年度王栋奖学金。

会议围绕“草原生态系统的理论创新与实践＋草业教育与学科发展＋乡村振兴与草牧业发展”“草地资源保护与利用”“中国草业科技与产业发展论坛＋草牧业发展与草产品安全”“生物技术与草类植物育种”“草坪与地被植物”5个主题，举办特约报告8场、专题报告9场。5个分会场举办报告共205场。

8日，召开学会全体理事工作会议。会议由张英俊主持。会议讨论通过草原火专业委员会更名为草原火及自然灾害防控专业委员会的申请；成立中国草学会运动场专业委员会，由北京林业大学教授韩烈保担任主任委员，秘书处设在北京林业大学；完善修订《中国草学会二级分支机构管理办法》。

（撰稿人：芦　迪）

中国植物营养与肥料学会

服务创新型国家和社会建设 依据学会《科技成果鉴定暂行管理办法》，学会对华中农业大学、湖北省耕地质量与肥料工作总站、武穴市耕地质量保护与肥料管理局、沙洋县土壤肥料工作站、荆州市荆州区农业技术推广中心等共同完成的“湖北省水稻绿色高效养分管理技术研究与集成”项目进行科技成果评价。

为助力基层植物营养与肥料业创新发展，应福建省龙岩市永定区科协请求，在福建省建立中国植物营养与肥料学会永定服务站。学会理事长白由路出席服务站揭牌仪式，到当地企业调研、指导。

组织专家走访山西天脊集团、贵州芭田生态工程有限公司、金正大贵州分公司等磷肥企业，调研中国磷肥的生产结构。

学会建设 截至2018年年底，会员总数6000余人，团体会员152个。召开全体理事会议1次、常务理事会议2次、工作会议1次。

3月16日，中国植物营养与肥料学会2018年工作会议在北京召开。会议传达中国科协九届四次全委会议精神，总结学会2017年工作，研究部署2018年度工作重点。与会代表围绕学习贯彻党的十九大精神、2018年学术年会筹备、发挥学会智库作用、思想库建设、会员服务、国际合作、科普及学会奖励7个方面开展讨论，提出意见与建议。

8月6日，中国植物营养与肥料学会第九届四次常务理事会在陕西省西安市召开。会议审议通过第二届优秀博士、硕士学位论文获奖名单，部署年会相关事宜。

12月26日，学会九届五次常务理事会在北京召开。会议学习贯彻党的十九大会议精神，贯彻落实中国科协党组的安排部署，总结学会2018年工作，研究2019年重点工作安排。学会常务理事、监事共40余人参加会议。会议听取并审议通过《中国植物营养与肥料学会2018年工作情况汇报和2019年重点工作建议》。

学会治理结构和治理方式改革 针对学会年会等主要学术活动和理事会议等，秘书处建立理事考评表，统计理事参加学术年会及理事会议次数等，根据统计反馈罢免和增补学会理事。将结果在会讯中通报全体会员和理事。

监事会按章程规定列席理事会和常务理事会，监督、检查和评价理事会和常务理事会审议事项及学会财务状况。

梳理并修订《中国植物营养与肥料学会档案管理制度》《中国植物营养与肥料学会学术自律规范》《中国植物营养与肥料学会关于印章使用和管理的办法》等制度。

青年人才托举工程 11月6日，按照中国科协统一部署，在中国农业科学院资源楼召开2018—2020年度青年人才托举工程项目答辩评审会。评审专家对候选人科研成果、发展规划等4个方面进行实名评分，南京农业大学荀卫兵和王敏通过评选，入选2018—2020年度中国科协青年人才托举工程。

主办期刊 学会主办《植物营养与肥料学报》《中国土壤与肥料》2种期刊。

《植物营养与肥料学报》出刊6期，刊发论文179篇，印刷9600册。根据中国科技论文与引文数据库（CSTPCD）统计,《植物营养与肥料学报》2017年度核心影响因子2.205、核心总被引频次5832、综合评分81.2，在土壤学期刊中分别排名第2、第1、第2，在核心统计源2029种期刊中分别排名第34、第50、第60。根据中国精品科技期刊遴选指标体系综合评价结果,《植物营养与肥料学报》入选第四届（2017—2020）中国精品科技期刊，即“中国精品科技期刊顶尖学术论文（F5000）”项目来源期刊。

《中国土壤与肥料》出刊6期，刊发论文165篇，印刷6790册。根据《中国科技期刊引证报告（核心版）》,《中国土壤与肥料》2017年影响因子0.922，在土壤学类期刊中排名第5；根据《中国学术期刊影响因子年报》,《中国土壤与肥料》2017年复合影响因子1.502，在农业基础科学期刊中排名第11。

国内主要学术会议 7月16日，学会联合中国农学会农业分析测试分会与耕地质量评估分会、土壤肥料产业联盟在北京举办有机水溶肥料标准征求意见及产业发展技术论坛。来自有机水溶肥料企业的30余名代表参加会议。会议交流与研讨有机水溶肥料标准、农业应用和技术服务以及产业发展等内容。

7月17日，学会联合中国农学会农业分析测试分会与耕地质量评估分会、土壤肥料产业联盟在北京举办肥料增效剂标准征求意见及产业发展技术论坛。来自科研、推广等部门及生产企业近20人参加会议。会议围绕肥料增效剂标准、农业应用和技术服务以及产业发展等内容进行交流与研讨。

8月22—24日，由学会新型肥料专业委员会、中国化工报社、华中农业大学等联合主办的第三届作物中微量元素营养与肥料施用关键技术研讨会暨中国中微肥创新联盟2018年会在湖北省武汉市召开。来自全国高校、肥料企业等80余名代表参加会议。会议主题为“中微肥，新时代，新使命”。在农业“双减”和“提质增效”背景下，与会领导、专家和企业家建议由华中农业大学牵头提出中微量元素营养与中微肥“十四五”国家重点研发计划。会议邀请来自高校、科研院所和企业的25名专家、学者作报告，颁发2018年度“大北农杯”中国中微肥创新联盟青年英才奖，奖励在第四届植物营养与肥料学知识大赛和研究生墙报展示中获奖的学生。

10月11日，学会农化服务工作委员会在北京召开内蒙古甜菜产业升级优化种植模式现场交流会。10月12日，与会专家、学者前往内蒙古赤峰市翁牛特旗考察乌丹镇甜菜试验点，现场交流甜菜产业发展和市场竞争力等。

10月18—20日，第十七届中国青年土壤科学工作者暨第十二届中国青年植物营养与肥料科学工作者学术研讨会在河南省郑州市召开。全国60余个单位350余名专家、学者参加会议。研讨会以“高效施肥 提升土壤生态健康”为主题。会议安排口头报告93个、墙报展示52份，内容涵盖土壤肥力与生态环境、土壤侵蚀与水土保持、土壤环境与污染修复、植物营养机理与调控、植物营养遗传与分子生物学、土壤改良与利用等，展现中国青年科学工作者在土壤、植物营养、肥料领域最新研究成果和趋势。

12月25—26日，学会在北京香山饭店召开我国磷肥结构调整高层论坛。全国政协委员、中国农业科学院原党组书记陈萌山，中国科学院院士朱兆良，中国工程院院士、清华大学教授金涌等植物营养与肥料领域专家、化工领域专家及企业代表50人参加会议。与会专家交流研讨磷肥生产结构调整、转型升级、促进肥料产业可持续健康发展、选择适应国内资源特点的原料改造路线、全面优化产品结构、整合淘汰落后产能、在新形势下寻找企业的生存之路等议题，提出促进中国磷肥调整的意见和建议。

科普活动 3月26日，由农业农村部种植业管理司指导，学会与农业农村部耕地质量监测保护中心、世界亲土种植联盟联合主办，金正大集团等承办的“亲土种植 富养天下——守护亿亩良田，践行乡村振兴”大型公益行动在北京启动。全球政、产、学、研、用相关代表近1000人参加活动。

表彰举荐优秀科技工作者 8月7日，中国植物营养与肥料学会2018年学术年会评选出第二届中国植物营养与肥料学会–大北农优秀博士论文奖5个、优秀硕士学位论文奖6个。

学会创新发展 学会坚持四个服务职责定位，以信息化建设和网络化建设为基础，以新媒体建设为抓手，打造开放型、枢纽型、平台型现代化学会。开通学会微信公众号，完善会议管理系统、会员管理系统，迎合“互联网+”，为会员服务，拉近会员与会员的关系。

根据中国科学技术协会有关思想库建设精神，出版印刷思想库建设丛书第二册《朱兆良院士文选》，传承老一辈科学家的学术思想。

党建强会 2月8日，中国植物营养与肥料学会党建工作座谈会在中国农业科学院资源楼508召开。学会党委委员、纪委委员、挂靠单位党建工作指导员及老同志等10余人参加座谈。会上，学会党委书记白由路传达中国科协社团党委《关于全国学会党组织深入开展党的十九大精神宣讲活动的通知》的指示精神。与会人员围绕确定宣讲主题和宣讲队伍成员组成进行讨论，一致认为绿色发展将成为中国在新时代发展的主基调，宣讲主题要与之相契合。

11月27—29日，学会党委组织专家开展磷肥生产结构专题调研。农业农村部耕地质量监测保护中心主任谢建华、耕地质量监测保护中心质量建设处处长杨帆、上海化工研究院化学肥料研究所副所长陈明良及学会理事长白由路、监事长刘宝存、副理事长周卫、副秘书长王磊参加调研活动。调研组调研山西天脊集团、贵州芭田生态工程有限公司、金正大贵州分公司等肥料企业磷肥生产状况。调研组通过调研研究中国当前磷肥生产现状与调整的可能性与可行性、硝酸替代硫酸处理磷矿生产磷肥的技术瓶颈、中国磷矿资源对不同磷肥生产工艺的适应性、不同磷肥生产工艺的生产成本、无渣磷肥副产品的利用前景等问题。

会员服务 编纂学会2018年工作年报，反映学会发展现状、内部建设、主要业务活动、会员发展服务及财务状况等年度工作综合信息。利用学会网站、微信公众号平台及网络电子刊等渠道向会员公开发布工作年报。编纂《中国植物营养与肥料学会会讯》，每2个月出刊1期，便于会员了解学会工作综合信息。依托专家工作站、专家企业行活动为单位会员提供咨询服务，探索为会员服务新模式。

【中国植物营养与肥料学会 2018 年学术年会】 8 月 6—9 日，中国植物营养与肥料学会 2018 年学术年会在陕西省西安市召开。中国科学院院士朱兆良，中国工程院院士赵春江，全国政协委员、中国农业科学院原党组书记陈萌山，西北农林科技大学党委书记李兴旺、副校长罗军，中国农业科学院农业资源与农业区划研究所党委书记郭同军，陕西省科协学术部副部长田世坡，西北农林科技大学资环学院院长吕家珑、副院长李志，陕西省植物营养与肥料学会理事长周建斌，黄土高原土壤侵蚀与旱地农业国家重点实验室副主任杨明义等出席大会。来自 31 个省、自治区、直辖市的从事植物营养与肥料教学、科研、管理和生产服务单位的 1800 余名专家、学者参加年会。

学会理事长白由路在开幕式上作关于新时代植物营养与肥料学科的形势与任务的主题发言。

大会开幕式上颁发第二届中国植物营养与肥料学会－大北农优秀博士、硕士学位论文奖，《植物营养与肥料学报》2015—2016 年度优秀论文奖，企业会员单位牌匾及个人会员证书，举行学术年会承办权交接仪式。中国植物营养与肥料学会 2019 年学术年会将由西南大学承办。

会议围绕“肥料、食物健康与绿色发展”主题，邀请陈萌山，赵春江，美国科学院外籍院士、第三世界院士、墨西哥院士、南京农业大学“千人计划”外传项目专家 Luis Herrera-Estralla 和西北农林科技大学教授周建斌作大会主题报告。陈萌山作题为“加快农业绿色发展的几个问题”的报告，从新时代绿色农业的核心要义、如何坚持发展绿色农业、科学认识肥料与绿色农业相关问题等方面阐述绿色农业发展。赵春江作题为“精准农业展望”的报告，报告以美国为例，介绍精准农业技术在美国的应用及国际精准农业新动态与趋势，分析中国精准农业如何发展。Luis Herrera-Estralla 和周建斌分别作题为“开发一种选择性施肥系统控制抗除草剂杂草生长”“百年合成氨：贡献、挑战与对策”的主题报告。

大会设置植物营养生物学、化学肥料、生物与有机肥、新型肥料、绿肥技术、养分循环与环境、肥料工艺与设备、施肥技术、青年科技工作者、农化测试技术 10 个专题分会场和“一带一路”肥料科技创新与国际合作论坛。大会设置学术交流墙报，共展示 100 余项。

（撰稿人：宋震震）

中华医学会

服务创新型国家和社会建设 学会推进全国医学继续教育发展规划与规章制度建设，组织开展《继教学分管理办法》《国家级继教项目管理办法》《国家级继教基地管理办法》等文件拟定及医学继续教育工作需求调研，推动继续教育工作的横向交流与发展。在辽宁省、中国医学科学院等 6 个试点省份、单位开展国家级继续教育项目电子学分证书试点工作，惠及学员近 20 万人。经专家评审、意见核定等程序，公布 2018 年国家级继教项目 18189 项，涉及 17 个医学学科 78 个亚学科，培训学员 1000 万余人次。核发国家级继教项目学分证书 155 批次，共 85.9 万册。为提升期刊影响力和学分认可度，组织专家评审论证，遴选出学会 25 种期刊开展Ⅱ类学分继教培训试点工作。

学会开展形式多样的继续教育活动，举办继续教育项目 157 项，共 218 期次，覆盖学员 19.85 万人次。包括免收注册费、培训费及支持西部地区的继教项目 122 期次，覆盖学员 3.91 万人次。以中华医学会基层卫生人才培养千人计划项目和重症医学专科资质项目为试点，实施远程继续医学教育。通过多渠道加强对继续教育项目执行监督检查，推动项目规范举办。

全年组织医疗事故技术预审会、抽签会、鉴定会等会议 97 次，组织国内医学专家 110 人次参加鉴定活动，鉴定质量得到委托单位和社会各界的认可。组织专家针对临床安全问题撰写案例分析，编写《医疗安全警讯》，向各省卫计委、医学会免费发放。组织编写《医疗鉴定专家培训手册》《预防接种鉴定培训手册》。宣传《医疗纠纷预防和处理条例》，配合国家卫生健康委员会和司法部制定相关配套文件。

探索建立专科研究中心，完成欧盟“将流产后计划生育服务整合到中国医院内现有的人工流产医疗服务中”（INPAC）项目和法国梅里埃基金会项目。以“主要传染病的新发展”为主题，主办第 20 届京港医学交流会议，组织学会感染病学分会 10 余名专家赴香港特别行政区讲学。开展武田科学振兴财团奖学金赴日进修人员遴选工作，选出 8 名临床医生赴日本开展为期 1 年的学习培训。

依托中国科协“一带一路”区域医学联合培训中心，学会与“一带一路”沿线国家开展合作。推进落实“一带一路”医学走廊服务平台建设工作，在铺设

“一带一路”区域医学会网络方面，与缅甸医学会签署合作备忘录，已形成中泰、中斯、中巴、中印、中哈、中俄、中吉、中乌、中日、中美、中缅等国家医学会的网络联系。

学会完善图书出版结构，初步形成学科进展系列、指南与规范系列等八大系列。年内，完成“中国医学发展系列研究报告”丛书的选题策划及出版工作。

学会建设 根据《中央文化企业公司制改制工作实施方案》精神，学习借鉴相关出版单位改革经验，坚持党的领导，坚持正确学术发展方向，坚持期刊发展与学会办刊宗旨相一致的原则，从学会实际出发，明确所有权和经营权的职责，制定《中华医学会期刊主办与出版工作分离实施方案》《〈中华医学杂志〉社有限责任公司完善法人治理结构、推进人员安置转接方案》，落实期刊管理部与杂志社公司管办分离的要求，期刊管理部履行主办单位管理职责，杂志社公司履行出版经营职责，推进期刊改革工作。巩固与中华国际医学交流基金会全面战略合作伙伴关系，深化项目融合，开展多个项目的捐赠合作，落实“一体两翼”改革措施。

试点推进机动委员名额增加和条件成熟分会试点建立秘书处等工作，把专家服务落到实处，为推进会员之家建设、加强专科分会学科建设和人才培养提供组织保障。遵循民主、透明、公开原则，强调纪律要求，以参与学会工作作为委员候选人的重要考量基础，年内完成32个专科分会委员会换届选举工作、23个专科分会委员会青年委员会换届选举工作、12个专科分会76个专业学组换届工作。举办新任主任委员就职仪式，保证新任主任委员及时履职和各项工作平稳过渡。坚持专科分会组织建设联席会议制度，召开专科分会组织建设联席会议10次，严肃专科分会换届纪律。

搭建云平台，建立出口双链路和异地备份环境。通过OA系统建立学会网站信息发布审批流程，加强信息审核与发布管理。内外网站共发布文章信息760条，外网网站访问量636.3万人次。

主办期刊 通过加强选题、策划、重点号组织工作等，强化刊后自检、抽检，提升杂志学术水平和编辑水平。通过承担中国科协科技期刊国际影响力提升计划项目，学会主办期刊总数增至142种，获批2种英文新刊，英文期刊系列增至13种。共有19种期刊获“百种杰出学术期刊”称号，该系列杂志刊发的10篇论文被评为中国百篇最具影响国内学术论文。22种期刊在中国科学技术信息研究所统计源（2029种）期刊综合评价总分学科排名第1。10篇论文入选中国科协中国科技期刊百篇优秀论文。实施精品期刊建设，共16种学会系列杂志入选中文科技期刊精品建设计划项目，其中,《中华儿科杂志》等期刊入选学术创新引领项目期刊,《健康世界》入选科学素质培育项目期刊。

学会电子版系列期刊《中华医学超声杂志（电子版）》首次被《中文核心期刊要目总览》收录，是中国第一本被《中文核心期刊要目总览》收录的电子版期刊。《中华神经创伤外科电子杂志》《中华眼科医学杂志（电子版）》首次被中国科技核心期刊收录，共22种学会电子版系列期刊被中国科技核心期刊收录。

决策咨询 承接国家卫生健康委员会有关基本药物目录的委托任务，组织34个专科分会165人次专家参与卫生与健康适宜技术遴选工作。组织专家论证《医疗机构静脉用细胞毒性药物调配质量管理工作规范（征求意见稿）》等15项工作规范和标准，提供专业建议咨询，服务政府决策。筛选出针对县级医院的217个县级医院版临床路径在学会官网发布，涉及23个专业202个病种，多为常见病和多发病。接受国家卫生健康委员会委托，结合基层卫生工作实际，制定并发布《国家基层糖尿病管理防治指南》，计划在全国范围开展指南培训推广工作。

国内主要学术会议 加强学术会议管理与评价机制建设，引导专科分会通过顶层设计，以医护人员需求为导向，开展学科前瞻性、交叉边缘性和综合性高水平学术交流活动。为提高学术服务能力，发挥“互联网+”交流模式的作用，将学术会议形成的热点问题及共识通过微信公众号等形式发送给全体代表，发挥学术会议引领学术、指导临床实践的作用。全年组织179场学术交流活动，投稿论文20余万篇，为30余万参会人员提供现场学术交流服务，为100余万人提供在线服务支持，会议满意度评估均在95%以上。

国际交往 以建立区域国际医学组织为长远目标，举办“一带一路”医学论坛，与美国、英国、法国、斯里兰卡医学会进行学术交流访问。推进医学走廊学术平台建设，举办中日医学交流会、中巴医学大会，支持骨科、超声等领域专家参加国际专科学术会议。参加世界医学会第209届理事会，对其涉台问题进行严正交涉。落实与斯里兰卡医学会签署的合作备忘录，在斯里兰卡科伦坡联合主办中斯肝病论坛。

科普活动 开展中华医学会西部行（基层行）公益活动，在湖北省、陕西省等省市举办科普活动，近1000名医务人员参加活动。开展“中华医学会糖化血红蛋白达标竞赛科普项目”。选派医疗专家参与2018年第三十届国际科学与和平周、全国科技周科技列车行活动，开展技术咨询、健康讲座等科普活动，参与2018新时代健康科普优秀作品征集大赛，推荐报送健康生活方式、常见病、多发病和慢性病防治等方面科普作品参赛。

9月15—21日，2018年全国科普日活动期间，学会与其他有关学会共同组织开展全国科普日北京主场“乐享健康”主题活动。主题活动包括健康门诊部、健康体育馆、健康游乐园、健康营养屋、健康防护站、健康养生站等。来自北京三甲医院的60名专家参与活动及义诊，涉及妇产科、心血管、急诊、神经外科、儿科、呼吸科等学科。活动期间，健康门诊部接待1500余人次，光明网直播观看人数达33.5万。

表彰举荐优秀科技工作者 制定并发布《中华医学科技奖管理办法》《中华医学科技奖青年科技奖奖励办法（试行）》及《中华医学科技奖评审行为准则》。完成中华医学科技奖（2017）评选，评出86项医学科研成果获2017年中华医学科技奖，其中，一等奖9项、二等奖23项、三等奖50项、卫生管理奖2项、医学科普奖2项。作为国家科技奖直接推荐单位，学会推荐的2个项目获2018年度国家科学技术奖二等奖。开展获奖项目数据库建设工作，利用网站和报刊等渠道宣传推广科技奖项成果。完成生殖医学青年医师研究与发展项目、施维雅肾脏病研究与发展项目临床医学科研专项资金工作。经过民主推荐、专家评议、公示、确认等程序，向教育部、科技部等部门推荐优秀科技人才40余人。

学会创新发展 研究制定期刊数字化出版平台建设方案，实现期刊网络平台统一发布与管理。探索新型出版模式，依托数字化平台建设，形成中华医学期刊全文数据库，集成183种期刊、95万余篇文献、20万篇结构化文档、31万个图表公式等。

整合学会视频资源，推进医学视频资源库建设。中华医学教育在线平台上线运行，包含手术操作视频库、精品课件、电子图书等模块。上线课程近1000种，包括新课程500余种，策划及待上线课程100余种。中华传统医学针灸疗法资源库及应用系统建设工程（一期）上线课程45种，包括新课程15种，策划及待上线课程55种。

党建强会 在民政部和中国科协支持下，学会理事会党委完成《中华医学会章程》个别条款修订工作，在学会章程中载入习近平新时代中国特色社会主义思想和全面加强党的领导内容。推进专科分会党的组织和工作全覆盖，起草完成《中华医学会专科分会党的工作小组工作规则》，88个专科分会均已成立党的工作小组。党的工作小组在履行党建责任、建设工作机制、创新工作方式方法等方面进行探索，在换届选举、学风建设、弘扬先锋模范作用及学术、公益、科普等活动中，发挥重要作用。参与中国科协学会创建星级党组织试点活动，学会获得“优秀星级学会党组织”称号。

【2018世界健康大会未来医学、智慧医疗与医学会的作用分论坛】 10月19—21日，2018世界健康大会在浙江省杭州市召开。学会与相关单位主办未来医学、智慧医疗与医学会的作用分论坛。学会副会长李五四，上海交通大学党委副书记、中国医院发展研究院院长范先群在分论坛致辞。来自美国、英国、法国、德国、瑞典、日本、澳大利亚、乌兹别克斯坦及国内的专家、学者，围绕论坛主题作报告。学会发起组织医学会联谊会，新加坡医学会、巴基斯坦医学会、缅甸医学会、乌兹别克斯坦医学会及港澳地区医学会等17家医学会代表参加。

【中华医学会县级人才培养千人计划项目】 健全基层卫生技术人员定期进修学习机制，组织17个省168家基层医院的176名县级医院骨干医生到43家省内三甲医院进行为期6个月的专业培训。培训学员超过2/3来自县级医院，约56%来自贫困县（市）。在河南省平顶山市、湖北省宜昌市等地开展送教下基层系列活动15场，覆盖5个急需紧缺专业和2000名学员，开展教学查房、手术操作示范、疑难病例讨论和义诊等形式的现场指导，考核合格率和对培训的总体满意度均超过90%。开展重症医学专科资质培训项目、感染科主任及骨干培训项目和肿瘤消融规范化培训项目共39期，培训学员5143人。关注基层急需紧缺专业，邀请重症医学、围产医学、儿科学、急诊医学等领域专家，分批次对贵州省、河北省、重庆市、青海省的培训学员进行督导。

【中华医学会西部行（基层行）公益活动】 6月、9月、10月、12月，学会分别在湖北省宜昌市、湖北省枝江市、国家级贫困县陕西省咸阳市旬邑县、山西省太原市、河南省洛阳市开展中华医学会西部行（基层行）公益活动。宜昌站、枝江站活动选派专家16人，基层医务工作者和患者约600人参加活动。旬邑站活动派选专家12人，基层医务工作者和患者约700人参加活动。太原站活动派选专家8人，基层医务工作者150人参加活动。洛阳站派选专家9人，基层医务工作者181人参加活动。

中华医学会西部行（基层行）公益活动是为响应党中央号召，推动西部地区、基层地区、贫困地区医学科学发展和人才培养，提高人民群众健康意识和健康水平而开展的公益性活动。项目由原卫生部部长、学会原会长张文康任团长，由学会副会长、秘书长任副团长，由临床专家、药学专家和科普专家组成专家团队，根据基层地区具体需求，开展学术讲座、科普报告、查房义诊、手术演示、政策分析及基层医疗卫生机构调研等活动。

（撰稿人：陈　旸）

中华中医药学会

服务创新型国家和社会建设　受国家中医药管理局委托，制定中医临床指南240项、治未病标准136项。

发表《中医药标准化现状、问题与对策》《中医临床实践指南：现状与思考》《中医临床实践指南报告清单》《中成药临床应用专家共识与说明书规范》等学术论文。制定《中成药临床应用专家共识研制规范》《中医临床实践指南报告要求》《中华中医药学会标准化工作手册汇报》等技术文件。基本建立中华中医药学会标准化工作系列SOP（Standard Operating Procedure，标准作业程序）规程。

承担国家中医药管理局、中国科协委托的中药大品种培育策略与路径研究、科技与产业融合机制研究、医保支付方式变革与中医药、中医医疗技术分类标准、中医临床实践指南评价报告规范、标准引领中药产业高质量发展、中医医养结合标准示范研究、制约中医药产业发展的关键问题研究等10余项课题。

完成2018年国家中医药继续教育项目年度项目1038项、备案项目259项。全年审核、发放继续教育学分证书21万余张。

组织专家赴贫困地区通过专家义诊、免费送药、中医药技术帮扶、中医药继续教育帮扶、中药材产业扶贫等方式开展精准扶贫。学会及所属分支机构组织专家义诊400余场，义诊人数8.3万余人次。开展基层医师培训350余次，培训医师5.4万余人次。捐赠医疗物资，价值815.5余万元。发放科普资料近3000册，开展科普活动250余次，受众人数6.2万人次。提供专家咨询服务700余次，服务6000余人次。

7月29日，春播行动第五届高峰论坛在北京人民大会堂举行。学会会长王国强，中国工程院院士黄璐琦，中国中医科学院西苑医院院长唐旭东，山西省运城市芮城县委书记、山西省风陵渡经济开发区党工委书记董旭光，亚宝药业董事长任武贤，部分省市中医药学会会长、秘书长，北京各大医疗、科研院所近100名专家及33个省、自治区、直辖市的3000余名基层医生代表参加论坛。

春播行动是由学会主办、亚宝药业承办的大型公益活动。活动旨在向全国农村和城市社区医疗单位推广中医药适宜技术，培养中医药人才，传承和创新中医药事业，提升基层医生的中医药知识水平和中医适宜技术临床应用水平。春播行动自2012年年底开展以来，共举办培训1000余期，培训基层医生9.6万人次，组建巡诊专家组在全国开展基层巡诊活动120余场。

5月23日，由学会、人民网·人民健康联合主办的2018健康责任论坛暨2017年全民中医健康指数研究报告发布活动在北京举行。报告从中医的情志、饮食、运动、起居4个方面分析中国居民健康状况及影响因素，给出实用性建议。

10月13日，由学会主办的季德胜先生诞辰120周年学术研讨会在北京人民大会堂举办。中国医药卫生界专家、学者，中国科学院院士、中国工程院院士、国医大师及相关领导参加研讨会，研讨季德胜及其传世六代的季德胜蛇药片的应用。

学会建设　发展个人会员5242人，同比增长22.6%，会员总数增至18571人。发展单位会员6个，单位会员总数增至63个。

开发并投入使用学术活动管理综合服务信息平台。修订《中华中医药学会分支机构管理办法》。17个分支机构完成换届选举。

修订《学会信息发布管理办法》。制定《中华中医药学会学术传承活动管理暂行办法》。为3名中医药专家学术传承活动组织拜师仪式和过程管理。开展全国中医药从业人员继续教育现状调查研究，撰写《全国中医药继续教育现状调查报告》。执行继续教育项目42项。

学会发展青年委员 1796 人。

5 月 31 日，2018 年全国中医药学会工作会议暨 2017 年度中华中医药学会科技成果、优秀人才奖励大会在广东省广州市召开。会议总结全国中医药学会 2017 年工作，安排 2018 年重点任务。举行 2017 年度中华中医药学会科技成果、优秀人才奖颁奖仪式。

6 月 12 日，由学会主办的中华中医药学会青年委员会成立大会暨首届中华中医药学会青年创新发展论坛在北京召开。中国科协党组成员、书记处书记宋军，学会会长王国强，中国科学院院士陈凯先，中国工程院院士张伯礼，中国工程院院士黄璐琦，国医大师路志正及来自全国 30 余家高校、科研院所、医院的 100 余名中医药青年学者参加会议。经学会第六届常务理事会第八次会议审议通过，成立中华中医药学会青年委员会。

青年人才托举工程 实施第四届中国科协青年人才托举工程（2018—2020 年度）项目。收到 218 份申报材料，获立项支持 30 人，其中，中国科协资金支持 4 人、学会自筹资金支持 26 人。11 月 25 日，召开中医药青年托举论坛暨项目交流会。交流被托举人入选项目后的学术进展。会上对第一届青年人才托举工程项目开展中期评估，为托举导师和被托举人颁发证书。

主办期刊 作为第一批期刊分级目录试点单位，学会探索中医药科技期刊分级目录制定工作。

5 月 14 日，召开中医药期刊评价体系研究工作启动会。中国科协学会学术部有关负责人，中国工程院院士黄璐琦等相关专家、学者 40 余人参加会议，规划和讨论中医药期刊评价体系研究工作。会上成立以黄璐琦为组长的中医药期刊评价体系研究工作组。

6 月 8—10 日，中医药期刊评价体系创新发展论坛在福建省厦门市召开。论坛向 100 余家期刊编辑部通报项目目标、工作模式，听取与会者意见。

7—9 月，组织中医药期刊评价体系研究工作组及北京中医药大学管理学院教授谭巍领导的科研团队构建中医药期刊评价体系框架。

完成第三届中国科协优秀科技论文遴选工作，作为预防与中医药集群遴选工作牵头单位，通过征集专家、专家推荐论文、初评、终评、答辩环节，向中国科协报送预防与中医药集群优秀论文 10 篇。

《中医杂志》《中华中医药学刊》获 2018 年“百种中国杰出学术期刊”称号。《中国实验方剂学杂志》刊发的论文获中国科协第三届优秀论文奖。《新中医》《中医儿科杂志》获 2018 年度中国高校编辑出版质量优秀科技期刊奖。《中医药导报》获第四届湖湘优秀出版物奖自然类期刊正式奖。

国际学术会议 3 月 17 日，第十四届国际络病学大会在山东省济南市召开。8 名中国科学院院士、中国工程院院士及 3000 余名国内外专家、学者参加大会，交流心脑血管病、糖尿病、肿瘤、前列腺疾病、呼吸疾病等临床治疗的难点、热点及国内外最新进展。

6 月 28—30 日，第八届国际经方学术会议、第九届全国经方论坛暨纪念胡希恕先生诞辰 120 周年学术研讨会在北京召开。国内外 1000 余名经方领域专家、学者参加会议。

11 月 13—15 日，由学会与深圳世健公益基金会、中国战略与管理研究会主办的首届雄安国际健康论坛在河北省廊坊市举办。诺贝尔奖获得者、中国科学院院士、中国工程院院士等国内外专家、学者、企业家 400 余人参加论坛。参会专家、学者交流科技创新与大健康产业升级、共享健康、环境变化与人类健康等话题。

国内主要学术会议 组织学术会议 100 次，参会人数 31711 人次，交流论文 10148 篇。

4 月 27 日，由学会和云南省医院协会共同主办的中华中医药学会眼科分会第十七次学术年会会议在云南省昆明市召开。大会主题是“传承、创新、交融、提升”，设 6 个分会场、22 个专题。来自 30 个省、自治区、直辖市各级医疗机构、高校及科研机构的 2500 余名专家、学者参加会议，其中，近五分之一参会人员来自基层医院。

6 月 15—17 日，中华中医药学会外科分会 2018 年度学术年会暨第二届全国中西医结合乳腺科科主任论坛在重庆市召开。会议主要探讨中医外科学术传承、技术创新、手术改进、新药研发、疑难病诊治、外科教材编写、外科科研方法、学术流派梳理等内容。

10 月 27—29 日，由学会等单位共同主办的第二届中医药文化大会在江西省抚州市召开。大会以“传承创新、文化引领、产业驱动、科学发展”为宗旨，以“改革开放 40 周年——中医药改革之路与展望”为主题。大会举行中医药先贤祝拜仪式，展示中医药发展创新优秀成果，发布中医药民族品牌，发出创立“中华中医药文化节”的倡议。75 家国内外媒体对大会进行报道。

11 月 10—11 日，由学会与中国中药协会、河南省开封市人民政府主办的 2018 全国中医药传承创新与健康产业发展黄河论坛在河南省开封市召开。近 600 余名专家、学者参加论坛。河南健康网对会议全程在线直播。截至论坛结束，在线观看人数 362806 人次。

两岸交流 8 月 31 日—9 月 2 月，由学会与中国台湾地区“中华海峡两岸合作发展交流协会”共同主办的第五届海峡两岸道地药材论坛暨野山参寻根之旅活动在吉林省长白山保护开发区举办。学会副秘书长孙永章，吉林省科协副主席韩宇鸿，吉林省中医药管理局副局长毕明深，吉林省中医药学会会长、吉林中医药大学校长宋柏林，中国台湾地区“中华海峡两岸中医药合作发展交流协会”会长梁克玮，中国台湾地区“中华药用植物学会”理事长黄世勋等参加论坛开幕式。来自海峡两岸的中医药专家、学者 500 余人参加论坛。

国际交往 9 月 9—16 日，由学会与俄罗斯中医药学会共同主办的 2018 中俄“一带一路”国际中医药发展论坛在俄罗斯莫斯科召开。国家中医药管理局医政司副司长陆健伟、俄罗斯医师总会主席罗沙利、俄罗斯国家杜马议员格里戈里 · 列德科夫、俄罗斯友谊大学东方传统医学院院长乌拉饶夫、俄罗斯传统医学会会长易高劳夫、学会国际交流部副主任闫铮、北京中医药大学教授牛建昭、俄罗斯中医药学会会长李云海等参加会议并在开幕式上致辞。中俄两国的中医及中西医结合领域专家、学者 100 余人参加会议。论坛以“‘一带一路’中医药发展”为主要议题。中俄两国 15 名专家、学者交流两国中医药临床与研究现状、存在问题、解决对策及未来发展思路和愿景，探讨中俄两国及海上丝绸之路沿线国家中医药合作新领域和新模式。

科普活动 举办 3 场“中医药临床价值与科学价值——中医药特色优势与创新成果”系列活动，在全国 27 个地区开展近 200 场“科普中国 · 中医药百城千校万村行动——中医护理服务 · 百姓健康助力”大型科普活动，受众人数 3 万余人。

参加 2018 年全国科普日北京主场活动，发放宣传册 1000 余本；举办中医特色护理技术体验活动，650 余人参加。

中医之声微信公众号等新媒体平台新增关注人数 5 万余人，更新 20 期，阅读量增加 8 万余人次。

表彰举荐优秀科技工作者 评选出 2018 年度中华中医药学会科学技术奖 58 项、李时珍医药创新奖 2 人、政策研究奖 1 项、学术著作奖 45 部、中青年创新人才 6 人、优秀管理人才 5 人、岐黄国际奖 2 人，举荐 2 人入选科技部中青年科技创新领军人才。11 月 25 日，在第五届岐黄论坛上举行颁奖会。国家中医药管理局局长于文明，学会会长王国强，副会长杨殿兴、吴勉华、曹正逵等为获奖代表颁发证书。

由学会副会长、江苏康缘药业股份有限公司董事长肖伟等完成的“银杏二萜内酯强效应组合物的发明及制备关键技术与应用”获国家技术发明奖二等奖。

9 月起，实施科技奖励评审专家公示制度。

党建强会 通过专题培训、专题党课、联学联做、赴革命老区、纪念建党 97 周年系列主题活动、“以案释纪明纪　严守纪律规矩”主题廉政警示教育系列活动等形式，学习贯彻习近平新时代中国特色社会主义思想和党的十九大精神。

落实学会党建“两个全覆盖”（党的组织覆盖和工作覆盖）工作，制定《中华中医中医药学会分支机构党建工作方案》，在 16 个分会建立党的工作小组。

学会与国家中医药管理局人事教育司定点帮扶山西省忻州市五寨县薛家村。开展党建扶贫工作，为村民义诊，召开座谈会交流党建工作，捐赠价值 28 万元的药品。

【第五届岐黄论坛】 11 月 25 日，学会主办的第五届岐黄论坛在北京举行。中医药不同领域 2500 余名专家参加会议。国家中医药管理局局长于文明、学会会长王国强、中国科协学会学术部副部长苏小军出席开幕式并讲话。中国工程院院士王永炎作书面交流，国医大师熊继柏、中国工程院院士俞梦孙、北京大学医学人文研究院教授王一方等专家作专题报告。

论坛以“传承 · 创新 · 发展”为宗旨，以“传承创新发展，助力健康中国”为主题，旨在发挥学会学术引领作用，促进中医药创新与发展，提高中医药服务能力。论坛设立中华中医药学会内科分会 2018 学术年会暨董建华学术传承研讨会、第二届国际扶阳医学大会、中华中医药学会亚健康分会 2018 年学术年会暨第九次治未病及亚健康防治论坛、首届国医国药论坛、中华中医药学会补肾活血法分会 2018 年学术年会、整合药理学论坛、中医药青年五十人论坛、中华中医药学会青年托举人才论坛 8 个分论坛。

论坛联合中医在线全程直播论坛实况，线上直播收看人数累计 15639 人次，同时在线人数峰值 7998 人。

《中国中医药报》设学术专版，报道论坛学术成果。《健康报》《中华工商时报》、人民网等媒体对论坛进行报道。

【2018 第五届诺贝尔奖获得者医学峰会】 9月7—9日，由学会主办的2018第五届诺贝尔奖获得者医学峰会在海南省海口市举办。峰会重点围绕肿瘤创新治疗的前沿与方向等内容开展，旨在打造中外医学交流平台。

2004年诺贝尔化学奖获得者阿龙·切哈诺沃（Aaron Ciechanover），1979年诺贝尔物理学奖获得者谢尔登·格拉肖（Sheldon L. Glashow），2003年诺贝尔化学奖获得者彼得·阿格雷（Peter Agre），2009年诺贝尔化学奖获得者阿达·约纳特（Ada E. Yonath），2012年诺贝尔生理学或医学奖获得者约翰·格登（John B. Gurdon），图灵奖获得者姚期智，美国国家科学院院士韦伯斯特·卡瓦内（Webster K. Cavenee），中国台湾地区“中央研究院”院士洪明奇，中国科学院院士刘新恒，英国皇家医学院终身院士刘宗正，国医大师王琦、周岱翰等医学专家及医疗健康企业代表和医疗投资机构代表等1000余人参加峰会。

峰会举办国际肿瘤研究高峰论坛、中医肿瘤论坛、区块链技术与医疗健康产业论坛、人文与科学论坛及国际生物医药项目对接洽谈会、诺奖之星颁奖仪式等活动。峰会关注医疗科研成果转化与应用，以主题活动、论坛交流形式，开展中西方医疗产业创新合作。

（撰稿人：余珍珍）

中国中西医结合学会

服务创新型国家和社会建设 按照国务院扶贫开发领导小组和中国科协相关部署，学会39个专业委员会开展扶贫攻坚活动。开展义诊183次，培训基层医生6300余人，发放物资及药品价值241万余元，受益人数22万余人。学会获2018年度全国科技助力精准扶贫工作优秀组织单位称号。

举办国家级继续教育项目18项、学会级继续教育项目21项，培训人数1.4万余人次。

受国家中医药管理局医政司委托，承担《中西医结合医院工作指南》修订工作。修订工作自5月开始，经过资料收集、素材整理、起草编写、专家论证、修订完善5个阶段，召开3次专家研讨会，形成《中西医结合医院工作指南（2018年版）》。

学会建设 经常务理事会议研究批准，组建康复医学、慢病防治与管理、养生学3个专业委员会，学会分支机构增至65个。中药、消化系统疾病、骨伤科、重症医学、神经外科、肝病、心血管疾病等18个任期届满的专业委员会完成换届。

4月20日，召开2018年第一次中国中西医结合学会会长办公会。会议讨论《专业委员会管理办法》中主任委员连任的补充说明。8月28日，召开第二次中国中西医结合学会会长办公会，汇报纪念毛泽东同志关于西医学习中医批示六十周年大会、成立监事会的筹备工作。11月13日，召开第三次中国中西医结合学会会长办公会暨第六次世界中西医结合大会筹备工作会议。

5月22日，按照学会章程规定，召开七届八次常务理事通信会议。会议以通讯方式征求学会常务理事对会长办公会和组织工作委员会会议形成决议的意见。

7月25日，学会七届九次常务理事会议在北京召开。会议听取并审议学会会长陈香美所作2018年上半年工作总结的汇报。听取学会秘书长吕文良关于纪念毛泽东同志关于西医学习中医批示六十周年大会筹备工作汇报和学会副会长凌昌全有关第六次世界中西医结合大会筹备工作汇报。会议审议重症医学、中药、神经外科等11个专业委员会改选换届方案和《关于增加麻醉专业委员会委员数额的申请报告》。会议决定于2018年12月6日在上海市召开学会七届二次会员代表大会。

12月6日，学会七届十次常务理事会议在上海市召开。会议审议2019年度各专业委员会学术活动及继续教育项目。会议通过2018年度“步长杯”中国中西医结合学会科学技术奖获奖项目名单。会议审议关于设立中国中西医结合学会监事会的报告。会议审议通过《中国中西医结合学会会员管理办法》、中国中西医结合学会2018年度工作总结及2019年度工作计划。会议决定，2019年召开第七次世界中西医结合大会。

12月6日，七届四次理事会议在上海市召开。会议听取中国中西医结合学会2018年度工作总结及2019年度工作计划、关于设立中国中西医结合学会监事会的报告及关于《中国中西医结合学会会员管理办法》的汇报。

12月6日，学会七届二次全国会员代表大会在上海市召开。会议应到会员代表171人，实到139人，出席人数超过会员代表的2/3，符合学会章程规定。会议审议通过中国中西医结合学会2018年度工作总结及2019年度工作计划，选举产生中国中西医结合学会监事会，审议通过《中国中西医结合学会会员管理办法》。

青年人才托举工程 8月12日，收到中国科协第四届青年人才托举工程项目申报材料15份。经学会学术工作委员会评选，上报生命科学联合体3名候选人，获批1人。10月31日，召开中国科协青年人才托举工程2018年度中期总结汇报会议，经答辩和考评，3名被托举人全部合格。

主办期刊 9月11—14日，召开第七届编辑工作委员会第十次会议。来自全国13种中西医系列杂志及山西医学期刊社集团所属5种杂志70余人参加会议。

学会主办学术期刊10种，出版108期，发表文章7070篇。《中国骨伤》刊登的18篇论文入选领跑者5000－中国精品科技期刊顶尖学术论文（F5000）。《中国中西医结合杂志》总被引频次4902，核心影响因子1.164，综合评价总分72.8分，在中西医结合医学类期刊中排名第1。该刊被中国科技核心期刊收录，刊发的22篇文章入选领跑者5000－中国精品科技期刊顶尖学术论文（F5000），获2018年“中国百种杰出学术期刊”称号。中国中西医结合杂志社获第四届中国出版政府奖先进出版单位奖。

国际学术会议 12月6—8日，由学会、上海市科协主办的第六次世界中西医结合大会在上海市召开。10月27—29日，由中国科协、科技部牵头，学会等22家中国科协生命科学学会联合体成员承办的2018世界生命科学大会在北京召开。

国内主要学术会议 召开学术会议82次，参会人数3.38万余人次，交流论文1.38万余篇。

5月24—26日，由学会主办、河南省中西医结合学会检验医学专业委员会协办的第五次全国中西医结合检验医学学术会议在河南省郑州市召开。会议报到注册1354人，实际参会近2000人。

中国科学院院士、国医大师、中西医结合终身成就奖获得者陈可冀，中国医学科学院肿瘤医院副院长、中国医师协会肿瘤分会会长石运凯，河南中医药大学副校长李建生，全军医学科学技术委员会检验医学专业委员会主任委员府伟灵出席大会并作学术报告。

大会举行全体会议，安排分论坛2场，设置分论坛6个。会议共进行67项内容的学术报告。会议收到征文稿件982篇，评选出优秀论文50篇，在闭幕式上为前10名优秀论文获奖者颁发证书和奖杯。会议期间，举行中医、中西医结合检验医学学术推进项目、“医战到底　医鸣惊人”检验人知识发展计划暨“专业，创新，拼搏，发展”主题知识竞赛、慧眼识风险——临检流程诊断大赛启动仪式。

6月30日上午，由学会与学会麻醉专业委员会主办的2018年中国中西医结合学会麻醉专业委员会年会暨第五届全国中西医结合麻醉学术研讨会在辽宁省沈阳市召开。大会注册参会人员2172人，参会人数2700余人，国内外专家80余人参会。会议特别邀请中国工程院院士陈香美作学术演讲。会议为期2天，主会场及8个分会场共举办学术报告80场。内容包括中西医结合麻醉领域最新理念和研究应用成果。大会举办海外专家学术讲座11场、专项学术论坛6场，讨论麻醉领域热点、难点及相关中医药等。

大会举办麻醉青年辩讲会，来自中国医师协会麻醉学医师分会（CAA）、中华医学会麻醉学分会（CSA）、学会麻醉专业委员会（CSIA）的青年专家参加辩讲会。大会举办“我与围术期医学”演讲比赛，参赛选手通过实例、图片和影像资料展示围术期医学内涵、运作及感受。

10月11—14日，学会肾脏疾病专业委员会2018年学术会议在重庆市召开。会议主题为“中西医并重促进肾脏健康——纪念毛泽东主席西学中批示60周年”。会议邀请120余名全国各地的肾脏病专家交流、讲课，收到论文1766篇，参会人数3000余人。会议评选出600篇优秀论文进行壁报展示，200篇壁报作为“一带一路”特别板块展示。

科普活动 学会各专业委员会开展全国科技活动周系列活动150余场，参加人数3万余人次。举办健康知识讲座、发放健康宣教手册、媒体宣传等形式科普活动234次，发放健康宣传手册7万余册，编纂科普专著20余部，受益人数24.7万人次。

表彰举荐优秀科技工作者 根据《中国科协办公厅关于开展优秀科技工作者代表推荐工作的通知》文件要求，经相关程序，向中国科协推荐优秀科技工作者代表，其中，学会会长陈香美被评为老科学家代表，学会副会长郭姣被评为中年科学家代表，学会虚证与老年医学专业委员会常务委员陈瑜被评为青年科学家代表。

收到2018中国中西医结合学会科学技术奖申报项

目103项，经评审办公室形式审查，经初审、终审，评出一等奖6项、二等奖14项、三等奖23项、科普奖3项。推荐3个项目申报2018年度国家科学技术进步奖。

党建强会 11月13日，学会召开中国中西医结合学会党委扩大会议。会议总结2018年党建工作，提出2019年学会党建工作计划，组织党委委员及学会办事机构党员学习习近平总书记关于中医药工作的系列讲话精神。

学会党委根据《中国科协科技社团党委2018年学会党建工作要点》通知要求，推进学会党建“两个全覆盖”专项工作，制订工作计划。

【纪念毛泽东同志关于西医学习中医批示六十周年大会】 10月11日，由学会主办的纪念毛泽东同志关于西医学习中医批示六十周年大会在北京人民大会堂召开。学会理事、各省市中西医结合学会会长、秘书长及办公室工作人员、各专业委员会主任委员、各专业委员会候任主任委员和秘书长、学会主管杂志社代表及媒体记者共约400人参加大会。

大会开幕式上，中国工程院院士、学会第七届会长陈香美作开场致辞，全国政协副主席何维、全国卫生健康委员会主任马晓伟、国家中医药管理局局长于文明出席大会并讲话，肯定中西医结合医疗、科研、教育等领域取得的进步与成绩。中国工程院院士、中国中医科学院院长张伯礼，中国科学院院士、中国中西医结合名誉会长陈可冀、陈凯先，中国工程院院士吴以岭出席大会并讲话。

开幕式后，举行河北医科大学教授李恩编写的《共和国中西医结合的开拓者》首发仪式，向学会代表赠书。该书记载部分中西医结合工作者的工作历程。

11日下午，召开新时代中西医结合传承与创新学术峰会，陈可冀、吴以岭、国医大师刘嘉湘结合各自研究领域作专题报告。

【第六次世界中西医结合大会】 12月6—8日，由学会与上海市科协主办，上海市中西医结合学会和上海中医药大学承办的第六次世界中西医结合大会在上海市召开。来自中国、美国、日本、法国、加拿大等21个国家和地区的3000余名专家参加大会，包括中国科学院院士、中国工程院院士7人，港澳台地区专家56人，外籍专家近200人。

大会开幕式回顾中西医结合医学60年发展历程，在服务体系、人才培养、科学研究等方面取得的成果。中国科学院院士陈凯先，中国工程院院士、学会会长陈香美，上海中医药大学校长徐建光，中国科学院院士陈可冀，上海市卫生健康委员会主任邬惊雷致辞。

中国、美国、日本、法国等国专家，包括7名中国科学院院士、中国工程院院士，分别就中医药现代化、中医药治疗癌症、白血病、免疫调节等领域的发展动态、研究成果、创新趋势作特邀主旨报告。大会设立医学专场和药学专场。医学专场围绕炎症性肠病、肝癌、颈椎病、哮喘、糖尿病周围神经病变等疾病，从创新治疗、针灸、系统生物学等角度开展研讨。药学专场围绕分子靶向药物、有毒中药、天然药物等，从质谱、核磁共振、代谢组学角度开展交流。

大会除主会场外，设立结合医学、心血管病、肾病、神经外科、肝病、皮肤病、医学美容、传染病、重症医学、消化内镜医学等分会场，共有167个专题报告，探讨疾病的流行病学、综合诊治、研究进展。会前共收到投稿论文3665篇，内容涵盖基础、临床、药学等专业领域，交流和研讨中西医结合医学历史、前沿技术、不同专科领域内临床和基础研究进展。

（撰稿人：詹会霞　史冬云）

中国药学会

服务创新型国家和社会建设 2018年，学会开展科技评估任务4项。承接政府转移职能、助力药品监管3项，为国家发展改革委、国家卫健委、国家药监局等部门提供决策参考。

受国家药监局委托，承接“医药代表备案平台建设”“食品药品监管科技成果登记”“过度重复类和鼓励类药品审批目录动态监测”等项目，第四批过度重复药品目录在9月召开的2018年中国药学大会上发布。参与国家药监局推进国际人用药品注册技术协调会（ICH）工作，参与推动ICH在中国转化实施工作。开展ICH药物警戒、通用技术文件等指导原则研讨培训。参加国家药监局仿制药质量和疗效一致性评价工作。开展美国食品药品监督管理局（FDA）公布的生物等效性指导原则翻译工作。

与江苏省科协签署服务创新驱动战略合作协议，推动资源优化整合，推进江苏省医药产业创新发展。建立中国药学会长沙创新驱动助力服务站，落实中国药学会创新驱动助力工程通化服务工作站相关工作。

完成继续教育培训班16项45场次，累计培训55570人次；完成列入学术会议计划的继续教育项目

27项36场次，累计培训15479人次。

在安徽省宿州市砀山县、江西省赣州市龙南县、安徽省阜阳市临泉县，邀请从事医院临床药学的9名基层药师参加合理用药培训；在药学网络大讲堂培训中，为17个贫困地区医疗机构免费开展培训10场，600人次参加网络节点培训活动。

学会能力提升计划 申请并入选中国科协第三期全国学会能力提升专项“世界一流学会建设项目”。围绕世界一流学会、世界一流科技期刊建设目标，推进“互联网+”学会建设，完善网上药学工作者之家，强化药学网络大讲堂及以微信、微博为代表的“两微七端”——药葫芦娃科普自媒体矩阵；创建学会英文网站，提高学会信息化水平。

学会建设 发展单位会员13个、个人会员783人。修订完善《中国药学会学术会议管理办法》《中国药学会保密制度》等22项规章制度。召开理事会议1次、监事会议1次、常务理事会议11次、理事长办公会6次、秘书长办公会12次、秘书处办公会23次。组织开展并完成药物经济学、药物临床评价研究、药物安全评价研究、医药知识产权研究、中药资源、药物检测质量管理、抗肿瘤药物7个专业委员会换届改选工作。完成循证药学、药物临床试验伦理学研究、中药临床评价、药学服务、科学传播、医药信息、中医肿瘤药物与临床研究7个专业委员会组建工作。开发科技项目管理系统、专家库管理系统、科技成果登记系统。

学会治理结构和治理方式改革 发布学会《团体标准管理办法》和《团体标准专家委员会管理办法》，制定《团体标准项目管理工作流程》。开展《细胞毒性药物规范化配置规范及操作流程》和《药物流行病学研究方法学指南》立项工作。

青年人才托举工程 申请并获批第四届中国科协青年人才托举工程（2018—2020年度）项目。组织实施前三届项目，梳理青年人才培养典型案例，探索优秀青年药学科技人才选拔机制、培养模式及评价标准。举办第十四届中国药学会青年药学论坛，组织青年药学工作者面向国家重大需求和国际前沿，就中国药学科技领域研究新进展、新技术、新成果进行交流和探讨。

主办期刊 2018年，学会主办的《药学学报》（英文版）SCI影响因子6.014。《中国中药杂志》《中草药》获2018年“百种中国杰出学术期刊”和“中国最美医药卫生期刊”称号。《药学学报》《中国中药杂志》《中草药》《中国天然药物》获2018中国最具国际影响力学术期刊。《北大核心期刊要目总览》2017版中，16种药学类核心期刊入选，其中11种为学会主办期刊，排名前5名均为学会主办期刊。学会召开主办期刊第二十四次审读会和药学期刊创新发展论坛。《中国中药杂志》《中草药》获得中文科技期刊精品建设计划项目学术创新引领项目资助，《中国药学杂志》获得中文科技期刊精品建设计划项目产业发展服务项目资助；《中国中药杂志》入选中国科协科技期刊青年编辑业务研究择优支持项目。

决策咨询 参与全国两会提案建议。组织专家开展《药品管理法》《疫苗管理法》《医药代表备案管理办法》等法规及ICH指导原则征求意见工作。承接“我国医药创新能力评估”“药品价格改革政策执行情况后评估”“安乃近、去痛片可替代性评价研究”“中药酒剂安全与风险管理问题研究”等项目评估工作。

国际学术会议 举办国际天然产物论坛、2018年第八届监管科学全球峰会、2018年医药创新与发展国际会议、第11届世界华人药物化学研讨会等国际会议。举办全球药学教育会议两周年学术交流活动。

国内主要学术会议 举办一类会议9场次、二类会议35场次，累计参会21576人次，交流论文4054篇。举办2018年中国药学大会、第十八届中国药师周、太湖（马山）生命与健康论坛、第五届药物检测质量管理学术研讨会、2018年中国药学会药物分析专业委员会学术年会、第十二届中国药物制剂大会等学术活动。

两岸交流 参与组织2018两岸企业家峰会年会，发挥峰会作为两岸之间企业交流合作平台优势，推动两岸医药界对接，促进两岸产业合作。

国际组织任职 推荐北京和睦家医院教授张海莲担任2018年亚洲临床药学大会（ACCP）大会主席。推荐福建医科大学附属协和医院教授张进华担任国际药学联合会（FIP）药师支持女性学习用药知识政策委员会委员。学会副理事长、时任亚洲药学科学联盟副主席王晓良当选亚洲药学科学联盟主席（任期2017—2019年）。学会副秘书长何莉任亚太经合组织生命科学创新论坛监管协调指导委员会副主席。

国际交往 参加2018年世界药学大会暨国际药学联合会第78届年会，与FIP、英国皇家药学会、爱尔兰生物药协会、爱尔兰制药与医疗协会等开展交流。应 FIP 邀请，组织药学领域专家完成《基于从业人员发展的药学和药学科学教育转型》会议报告中文版翻译和审校工作，并于5月4日与FIP同步发布《国际药联全球药学教育会议报告》中文版，为药学教育领域的政策制定者和从业人员提供参考。

科普活动 开展全国安全合理用药科普活动 13 项、药学科普研究 3 项，覆盖公众 4300 余万人次。学会科普工作获中国科协通报表扬，获 2018 年全国科普日北京主场活动优秀组织单位和优秀活动奖。“药葫芦娃”系列科普作品获 2017 食品药品科普最佳传播作品，学会创作的漫画作品获中国科协 2018 中国国际科普作品大赛科普图文类二等奖。全国科技活动周期间，学会开展“药品安全　强国富民”公众开放日及互动体验等主题活动 5 项，参与单位 180 个、公众 5.2 万人次。全国科普日期间，学会开展乐享健康专区活动，线上线下互动覆盖公众 960 余万人次。全国安全用药月活动期间，学会发布公众十大用药误区，开展“安全用药　共享健康”第三届互动体验活动等，惠及公众 1796.6 万人次。组织实施全国医药经济信息网科技传播创新工程、智爱妈妈安全用药科普促进行动、精准用药科技传播促进行动等科普研究项目。

5 月 25—27 日，学会在江西省赣州市龙南县组织开展科学用药，科普扶贫活动。启动仪式上，学会向龙南县赠送一批合理用药《基层医务人员基本药物合理使用培训手册》及专门为此次活动编写的《您“药”知道》科普读本等资料，以支持龙南县开展安全用药患者教育和科普宣传。来自北京和江西省南昌市的医药学专家到龙南县第一人民医院开展会诊义诊咨询、常用中药材及贵细中药材真伪鉴别活动，面向公众宣传安全用药和健康知识。活动邀请药学专家开展安全用药科普大讲堂，向当地医院和药品经营单位等 300 人宣传安全用药和健康知识。邀请北京、江西省两地医药学专家为 200 名当地基层医药工作者开展“会聚药师爱的力量”合理用药乡医培训活动。邀请 3 名专家作现场培训，内容涉及抗菌药物合理使用、口腔癌及其预防、急性心衰诊断和治疗进展等。

表彰举荐优秀科技工作者 推荐评选第十三届中国药学会科学技术奖 15 项，评选出一等奖 2 项、二等奖 4 项、三等奖 9 项。5 人获第二十一届中国药学会－施维雅青年药物化学奖，8 人获第六届中国药学会－施维雅青年医院药学奖，4 人获第十九届吴阶平－保罗 · 杨森医学药学研究奖，11 人获第三届中国药学会－以岭生物医药奖，3 个项目获批第二届中国药学会－以岭生物医药创新基金项目。表彰中国药学会优秀药师 72 人。

学会创新发展 组织中国外向型企业参与中欧药品监管与工业界对话会议，主动反映中国制药行业对国外监管机构相关诉求。组织中国企业与捷克制药行业协会及企业交流及药监部门与医药企业沟通会。在亚太经合组织生命科学创新论坛监管协调指导委员会会议平台上推进政产学研国际合作。

党建强会 学会党支部召开党员大会 10 次、支委会 31 次、理论学习中心组集中学习 9 次。组织支部委员及普通党员讲党课 6 人次。开展“不忘初心　重温入党志愿书”主题党日系列活动。组织参观纪念马克思诞辰 200 周年主题展览、改革开放 40 周年大型展览。组织专题学习郑德荣等 11 名全国优秀共产党员先进事迹，组织观看《邹碧华》《榜样 3》等影片。

会员服务 完善网上药学工作者之家，提高管理服务水平。完成《中国药学会会讯》4 期编辑和印发工作，发布 2018 年中国药学会年报。

【2018 年中国药学大会】 9 月 17—20 日，2018 年中国药学大会在四川省成都市召开。大会主题为“深入学习贯彻习近平新时代中国特色社会主义思想和党的十九大精神，巩固改革开放成果，助力药物创新，争创世界一流学会；四十载药学结硕果，新时代创新再出发”。来自药品监管部门、科研院所、高校、医疗机构、医药企业的专家、学者共 1500 余人参加大会。

国家药监局局长焦红，全国政协教科卫体委员会副主任、学会理事长孙咸泽，成都市市长罗强，四川省食品药品监督管理局局长鞠波等出席大会并讲话。

开幕式上，发布第四批过度重复药品提示信息，含 297 个通用名品种，涉及临床药理学和治疗学分类 14 个大类 60 个亚类，均为临床多发病、常用药。

大会邀请 7 名院士作大会报告，79 名特邀专家在 12 个分会场作专题报告。收到论文 518 篇，108 篇论文在分会场报告交流，评选出优秀论文 49 篇，其中，一等奖 6 篇、二等奖 13 篇、三等奖 30 篇。

大会期间，举办药物创新主题沙龙活动。专家、学者互动交流药物创新热点话题。同期召开中国药学会二十四届理事会第十一次常务理事会议、中国药学会监事会第三次会议、中国药学会中药临床评价专业委员会成立大会。

【第十八届中国药师周】 11 月 24 日，第十八届中国药师周在江苏省南京市开幕。大会主题为“深入学习贯彻习近平新时代中国特色社会主义思想和党的十九大精神，团结广大会员和药学工作者，共商药学发展大计”。国家有关部门领导，学会领导，全国医药经济信息网、各地方分网及网员医院负责人，医疗机构药师及来自科研院所、高校、医疗机构、医药企业等机构的专家、学者，新闻媒体记者等2600人参加大会。开幕式由学会副理事长兼秘书长丁丽霞主持。

大会开幕式上，全国政协教科卫体委员会副主任、学会理事长孙咸泽，国家药监局综合和规划财务司副司长巩建平，南京市副市长孙建友分别讲话。国际药学联合会（FIP）主席多米尼克·乔丹发来贺信，希望中国药学会与FIP深化合作，推动中国药学从业人员战略转型。

大会发布《中国药学会医院用药监测报告》，报告全面展示与分析年度医院药品使用及近5年趋势特点。国家卫健委药物政策与基本药物制度司司长于竞进作题为“完善国家基本药物制度，健全药品供应保障体系”的专题报告。

大会为72人颁发2018年中国药学会优秀药师奖，为8人颁发中国药学会－施维雅青年医院药学奖；为在全国医药经济信息网发展和建设上有突出贡献的单位和个人授予科技传播优秀单位、药学科普之星等称号。

大会期间，特邀专家在6个学术论坛进行专题报告，就中国药学领域热点议题进行研讨。大会同期举办“安全用药　共享健康”系列科普公益活动、“药师您好”科普文艺作品展演活动、“科学用药　科普扶贫”图片展，在中国药科大学开展以“科海扬帆　梦想启航”为主题的中国药学会科普公益活动。

（撰稿人：梁　毅　李亚娟）

中华护理学会

服务创新型国家和社会建设　中华护理学会科技奖增设子奖项“创新发明奖”，并完成在国家科技奖励工作办公室的备案。

8月，通过全国团体标准信息平台公示，学会获在全国团体标准信息平台发布团体标准的资质。立项《患者约束护理管理》等17项团体标准。

完成专科临床教学基地评审工作，启动儿科、助产、康复等8个专科护理领域的教材编写工作。完成专科护士及助产士专科培训项目10个，1696人获专科培训合格证书。完成老年护理新进展等专题性培训项目6个，1041人取得相关专题性培训证书。完成经外周静脉置入中心静脉导管技术规范化培训项目2个，254人取得相关专业技术培训证书。1月，与美国心脏协会联合主办心脏专科护理培训项目暨首届心脏专科护理培训班，国内13所医院的26名学员参加培训。7月，举办手术室专科师资培训班，培训护理人员135人。9月，举办首期护理员规范化培训师资班，457人接受培训并获护理员规范化培训师资证书。6月和12月，完成国际护士会领导力变革培训项目第二期2阶段培训，23名学员获培训师资格。全年开展多期基层培训班，培训基层护理人员1802人次。

学会产业工作委员会研究课题“基于‘互联网＋’的慢性病后医疗护理服务模式的构建与应用”获中国科协学会学术部2018年服务国家社会治理品牌建设项目支持。

学会能力提升计划　11月，经项目申报、资格审查、专家评审和结果公示，学会入选中国科协第三期全国学会能力提升专项“世界一流学会建设项目”。11月，在全国范围内开展2018年度中华护理学会科研课题招标工作，资助护理科技工作者开展前沿热点研究。确定立项课题24项。

学会建设　截至2018年年底，学会个人会员118534人，包括资深会员9084人。个人会员数量较2017年增长近10%，资深会员数量增长100%。

4月，在北京召开第27届理事会分支机构成立大会。调整部分工作委员会，资金项目管理工作委员会更名为标准工作委员会，信息产业工作委员会更名为信息工作委员会，新增宣传工作委员会，撤销编辑工作委员会。下属专业委员会由27个增至32个，新增心血管护理专业委员会、呼吸护理专业委员会、安宁疗护专业委员会，将妇产科护理专业委员会细分为妇科护理专业委员会和产科护理专业委员会，眼耳鼻喉科护理专业委员会细分为眼科护理专业委员会和耳鼻喉科护理专业委员会。专业委员会成立专家库和青年委员会，组成人员由原来的2592人增至7979人，覆盖各省、自治区、直辖市。

总结形成并推出中华护理学会愿景、使命和核心价值观。学会法人登记证书在民政部变更业务范围，增加展览展示一项。

主办期刊　《中华护理杂志》获中国科协中文精

品期刊建设项目支持，被评为中国精品科技期刊、百种中国杰出学术期刊、中国期刊数字影响力100强（学术类），在谷歌学术影响力中文期刊综合排名中排名第5名，医学类期刊排名第1名。《国际护理科学》（英文版）入选中国科协科技期刊精准推送服务项目，网络下载量60余万次，比2017年增长36%。

完成首届中华护理百篇优秀论文评选活动，并在2018中国护理科研高峰论坛暨中华护理杂志社系列期刊编委工作会议上为获奖论文颁奖。

3月，完成中华护理杂志社旗下系列期刊编委会换届工作。6月，参与中国科协优秀论文、中华医学百篇优秀论文遴选活动,《中华护理杂志》3篇论文被评为2018年中华医学百篇优秀论文，被评为第三届中国科协优秀科技论文。9月，完成《中华护理杂志》社有限责任公司通联站换届工作。11月，在广东省广州市举办中国护理科技期刊社长（主编）沙龙。

优化和升级期刊管理平台，中文期刊在论文投稿、作者通知、审稿、退修、版面费收取等环节均实现无纸化办公，实现期刊目录及论文实时下载。

决策咨询 启动“《护士条例》实施10周年实施现状调查”，在全国范围内调查20余万名注册护士，获数据支持，形成《〈护士条例〉实施十周年蓝皮书》。

国内主要学术会议 学会及分支机构举办年会、研讨会、论坛等学术活动33次，参会人数29838人次，会议投稿45683篇。其中，2000人以上规模的会议2次，1000人以上规模的会议8次。论文投稿比2017年增加51.77%，参会人数增加34.03%。

4月13—15日，中华护理学会第22届全国手术室护理学术交流会在陕西省西安市举行。大会以“新时代　新起点　新发展”为主题，来自中国31个省、自治区、直辖市，中国香港特别行政区、中国澳门特别行政区，以及美国、澳大利亚等国家和地区的护理工作者共3500余人参加会议。

会议采用主旨演讲和主题发言相结合的方式进行。国家卫健委医政医管局副局长焦雅辉、学会理事长吴欣娟、中国工程院院士樊代明、中华护理杂志社社长姜小鹰、学会手术室护理专业委员会主任委员郭莉、世界围手术期护士协会（IFPN）主席、美国围手术期注册护士协会（AORN）主席、马来西亚护理学会主席，澳大利亚、泰国、韩国、新加坡等国围手术期护理学会主席等专家、学者受邀作学术分享。大会就手术室医院感染控制、日间手术室护理管理、手术室护理质量控制、各国手术室面临的挑战与发展等手术室护理领域的热点问题展开交流和研讨。大会颁布2018版《手术室护理实践指南》。

6月1—4日，由学会、中华护理杂志社主办，湖北省护理学会协办的中华护理学会全国静脉输液治疗护理学术交流会议在湖北省武汉市召开。会议主题为“创新融合　引领未来”。2120名护理工作者参会。

会议讨论静脉输液治疗专业发展方向，具体议题包括实现现代化输液治疗最佳实践的挑战、以患者为中心的血管通路管理、执行指南改善患者结局、静脉治疗的循证实践、静脉输液风险管理与工具创新、重症病人的液体治疗、从血栓并发症看输液工具的选择、全球医疗材料进展等。

两岸交流 12月7日，由学会主办，香港护理学院、澳门护士学会和中国台湾地区护理学会协办的第五届海峡两岸及港澳地区护理高峰论坛暨学术研讨会在北京召开。大会主题为“护士：引领之声——人人享有健康”。海峡两岸及港澳地区的1300余名护理工作者参加大会。学会理事长吴欣娟、香港护理学院会长顾慧贤、澳门护士学会理事长谢少英、中国台湾地区护理学会副理事长王桂芸受邀作主旨演讲，围绕全民健康覆盖分享经验，探讨合作。

国际交往 2月，配合世界卫生组织和国际护士会在全球发起的Nursing Now活动，学会倡议全国护理工作者开展“引领、奉献、为健康——护士的责任”主题活动，受到国际组织赞扬。

5月16—18日，学会理事长吴欣娟率代表团一行3人，赴瑞士日内瓦参加国际护士会（ICN）会员代表大会。吴欣娟与国际护士会主席、俄罗斯护士会主席、南非护理学会主席、巴西联邦护士委员会委员、加拿大护理学会主席及日本护理协会会长、韩国护士协会会长会晤，交流和探讨如何建立和提升护士及助产士能力等问题。

9月16—18日，第五届中日韩护理大会在日本东京召开。学会理事长吴欣娟带领国内各医疗机构98名护理工作者代表参加会议。吴欣娟作主旨演讲，展示学会对中国护理健康事业做出的贡献。北京协和医学院护理学院院长李峥、中华护理杂志社社长姜小鹰、青岛大学附属医院院长助理高玉芳、华中科技大学同济医学院附属协和医院护理部副主任胡德英在分会场分别就护理教育、老年护理、护理质量和护理信息化建设等问题分享经验。

10月8—10日，第二届金砖国家“创造健康世界 护士影响未来健康保健”护理论坛在印度新德里举办。学会副理事长皮红英带领学会代表团一行10人参加论坛。学会代表针对中国护理教育、护理职业发展和临床护理实践案例进行大会发言。会上，皮红英代表学会与参会各国签署《第二届金砖国家护理论坛2018年德里声明》。

11月14—16日，学会理事长吴欣娟率代表团赴香港特别行政区参加国际护士会第19届亚洲人力资源论坛。学会代表团向亚洲地区护理界报告近年来中国护理事业取得的成就，分享中国护理事业发展的成果和经验。

科普活动 学会组建一支由25个专业委员会近200名护理专家组成的护理科普专家传播团队。组织全国范围内的大型科普主题活动2次。5月，启动“健康中国 科普助力——关爱生命 健康守航”主题活动周，服务群众56万余人次。9月，结合全国科普日活动，学会带领20个专业委员会、29个省级学会开展科普互动体验、科普表演等活动，活动受众15万余人次。

表彰举荐优秀科技工作者 5月9日，在北京召开庆祝国际护士节暨宣传杰出护理工作者事迹大会，向60名杰出护理工作者颁发证书及奖杯。

评选出第二届中华护理学会创新发明奖一等奖1项、二等奖7项、三等奖30项，并在中华护理学会第八届学术年会上举行颁奖仪式。

党建强会 32个专业委员会全部建立党组织。学会党委申请并获批中国科协党建强会特色活动项目。5月9日，举办“党建引领 关爱生命 守护健康”活动启动仪式。

7月，学会办事机构党支部组织开展“不忘初心 重温入党志愿书”主题党日活动。9月，学会党委组织党员、积极分子和专职员工赴狼牙山爱国主义教育基地开展“怀革命先烈 传承革命精神”主题党日活动。

会员服务 推出一站式会议注册－缴费系统。学会护理管理、手术室、消毒供应、外科、肿瘤、急诊护理专业委员会前往山东省临沂市、吉林省延边市、陕西省铜川市、山西省吕梁市、湖北省随州市、贵州省黔东南苗族侗族自治州黎平县、甘肃省威武市、西藏自治区拉萨市等地区开展帮扶指导和技术帮扶，提高基层会员业务能力。

向国际护士会（ICN）国际成就奖、Kim Mo Im政策创新和影响奖推荐候选人。向中国科协推荐会员代表参加纪念改革开放40周年、中国科协成立60周年暨百名科学家、百名基层科技工作者座谈会。

【中华护理学会首届护理产业高峰论坛】 9月，中华护理学会首届护理产业高峰论坛在北京举办。论坛主题为“激发产业效能，护行健康中国”。国家卫健委医政医管局副局长焦雅辉、民政部社会福利中心副主任徐怀好、教育部中国现代教育研修中心主任杨捷等出席论坛开幕式。国内700余名护理工作者参加会议。

根据国家卫健委等11部委发布的《关于促进护理服务业改革与发展的指导意见》，论坛上多个部委的政策制定者和研究者、护理产业领域从业者及临床护理专家，共同谋划未来护理产业之路。

会上发布由学会产业工作委员会组织编写、人民卫生出版社出版的《医院护理员培训指导手册》。该书是学会第一本针对医院护理员培训的指导性书籍，目的是规范和引领辅助型护理人员的培养工作。

学会与北京、上海市、河北省、山西省、内蒙古自治区、辽宁省、江苏省、山东省、湖南省、广东省、四川省等11个省、自治区、直辖市护理学会签约“护理员规范化培训师资项目”。培训内容涉及国内外老年护理专业发展现状、老年专科护士培养、远程长期照护、老年患者标准化综合评估、安全问题及其循证实践、医养结合护理模式、养老服务业人才培养研究与实践等。

（撰稿人：余 馨）

中国生理学会

服务创新型国家和社会建设 学会名词审定工作委员会受全国名词审定委员会委托，于12月举行第三次全体委员会议，认定并通过生理学名词审定的“定名版”。

学会运动生理学专业委员会承担《运动生理学》教材的编写工作。学会应激生理学专业委员会承担《中国大百科全书》中特种医学应激生理学与医学相关词条的撰写和审稿工作。

学会在湖北省恩施市举办中国生理学会人体生理实验在机能学实验中的应用培训班，来自19个省、自治区、直辖市34所高校的78名生理科学工作者参加。培训形式包括专题讲座、演示实验、教学实验和机能比赛。

学会建设 年内发展会员1892人，截至2018年年底，会员总数5254人。

召开常务理事会议2次，讨论新一届理事和常务理事的义务、入选标准及人数，确认第二十五次全国会员代表大会代表产生办法，讨论修订《中国生理学会分支机构管理办法》。11月2日，召开中国生理学会第二十五次全国会员代表大会。大会选举监事会，改选理事会和常务理事会，选出第二十五届理事会理事109人，常务理事39人。

新增中医药与脑稳态调控专业委员会、人体微生态专业委员会、系统生理学专业委员会、实验教学专业委员会。学会下属专业委员会增至21个。

青年人才托举工程 向中国科协生命科学学会联合体推荐曹蔚博士和梁倩倩副研究员参评青年人才托举工程第四届项目。经评审专家评选，2人全部入选。

主办期刊 《生理学报》入选《中国学术期刊（光盘版）》电子杂志社、清华大学图书馆、中国学术文献国际评价研究中心遴选发布的"2018中国国际影响力优秀学术期刊"（自然科学与工程技术）。

国际学术会议 11月16—20日，受国际基质生物学会委托，由中国生理学会主办，北京大学和浙江大学联合承办的第十一届亚洲及泛太平洋结缔组织学术专题研讨会暨第三次全国基质生物学大会在浙江省杭州市召开。会议主题是"结缔组织：细胞生命活动的环境——基础与临床应用"，旨在为国内外研究结缔组织、基质－细胞对话及其在健康和疾病相关领域应用的科研工作者和临床医生提供跨学科国际交流平台。300余名专家、学者参会，包括国际基质生物学会主席Liliana Schaefer、美国基质生物学会前任主席Suneel Apte、日本基质生物学学会主席Hideto Watanabe及韩国基质生物学会主席Eok Soo Oh等15个国家和地区的国外专家、学者。开幕式由学会基质生物学专业委员会现任主任委员暨大会主席张宏权主持。会议共包含8个主题，内容涉及基质的基础研究、重大临床疾病相关性研究、新技术新应用及新概念新思想等。

国内主要学术会议 学会及所属分支机构举办国内学术研讨会议13次，参会人数3300余人次，交流论文1000余篇。

5月4—6日，中国生理学会中医药与脑稳态调控专业委员会成立大会暨首届中医脑科学大会在江苏省南京市举办。参会人数150余人，收到论文投稿40余篇。会议主题是"中医药防治重大脑病：成果与再出发"。会议包含8个特邀大会报告和5个专题报告，内容涉及情感障碍、创伤后应激障碍与强迫症、儿童青少年精神疾病、退行性脑病、中风、癫痫、疼痛等脑病的基础与中医药防治研究。

6月21—23日，由学会体适能研究专业委员会、学会运动生理学专业委员会和运动与体质健康教育部重点实验室联合主办的2018年普通高校运动风险与损伤防控技术学术研讨暨论文报告会在江西省宜春市举办，来自30余所院校的80余名专家、学者参加会议。会议以"强化运动风险防控，增强学生体质健康"为主题，邀请15名专家围绕普通高校运动风险与损伤防控的政策措施、应用及技术培训、"健康校园"建设、普通高校实验室管理等主题作特邀报告。会议收到论文投稿66篇，录用57篇。专题报告分为学生体质与健康促进、运动损伤与风险评估、测评技术与干预3个领域及心肺功能测试在运动风险筛查中的应用、肌贴在运动损伤预防与康复治疗中的应用实验技术专题研讨会。

8月15—17日，中国生理学会第三届全国高校生理学教学高峰论坛微课、慕课及生理学教材研讨会在湖南省长沙市召开。

8月22—24日，由学会运动生理学专业委员会和北京体育大学主办的2018中国生理学会运动生理学专业委员会会议暨科技创新与运动生理学学术研讨会在河南省新乡市举办，40余所院校的200余名专家、学者参加会议。会议包含主题报告5个和体育竞技与科技创新、体育健康与科技创新、运动生理教学改革创新、基础研究——肥胖与代谢综合征专题、基础研究——心肌、骨骼肌专题、基础研究——衰老及脑功能专题报告7个。会议收到论文投稿210余篇。

8月17—21日，由学会中医药与脑稳态调控专业委员会主办的2018年神经科学及重大脑病（中西医）研究前沿与课题基金申请研修班在云南省昆明市举行。研修班邀请20余名专家作报告，内容涉及脑病研究新技术应用经验和精讲及基金课题设计和撰写等内容。100余名专家、学者参加研修班。

10月14—16日，中国生理学会应用生理学专业委员会第十一届全国学术大会在河南省新乡市举办。会议共收到论文摘要68篇，150余名专家、学者参加会议。会议安排大会专题报告和高原及其他极端环境生理医学发展战略研讨会，内容涉及极端环境下重点研究的方向，包含高原低氧和寒区保障、中暑预防、军人体能与脑能训练、在轨飞行和出舱作业、核潜艇和深海作业、舰载机、高性能战机、极地医学、新概念武器伤害，以及新技术方法在极端环境中的应用等。

11月1—4日，中国生理学会第二十五次全国会员代表大会暨生理学学术大会在江西省南昌市召开。

12月7—9日，中国生理学会肾脏生理专业委员会第五次学术年会暨缺氧诱导因子新理论与临床高峰论坛在上海市召开。从事肾脏基础和临床研究的360余名专家、学者参加会议。学术讲座部分包含机体缺氧适应的机制与临床、糖尿病肾病：从实验室到临床、肾脏转运体：生理及病理生理3个板块，来自国内外的18名专家作专题报告。会议安排青年论坛和职业发展2个板块。

国际交往 3月28—30日，第95届日本生理学年会（the 95th Annual Meeting of the Physiological Society of Japan）在日本高松市召开。学会理事长王晓民应邀作题为 The Role and Mechanism of Traditional Chinese Medicine in the Prevention and Treatment of Parkinson's Disease（《中医药在帕金森病防治中的作用及机制》）的大会报告。3月30日下午，亚大地区生理科学联合会（Federations of Asian and Oceanian Physiological Societies，FAOPS）执行委员会在日本高松召开，王晓民作为FAOPS主席主持会议。

11月19—20日，国际生理科学联合会（International Union of Physiological Sciences，IUPS）理事长 Julie Yu-Hwa Chan 和秘书长 Hans Ulrich Pohl 到中国访问，召开 IUPS 2021 预备会。学会前理事长杨雄里、前理事长王晓民、理事长王韵、副理事长王世强、秘书长李俊发等参加会议。会议讨论 IUPS 2021 大会举办日期、组委会成员、注册费标准、卫星会议及大会合同，参观会议场馆。确定 IUPS 2021 会期为2021年8月20—24日。

科普活动 5月19日，学会与有关全国学会在北京友谊医院共同举办2018年全国科技活动周活动，活动以"科技创新　强国富民"为主题。学会向参与科普活动的市民发放学会印制的健康科普知识宣传材料300余份，悬挂科普宣传挂图10幅，以纸质答卷和扫描二维码形式发放科普问答题250余份，向700余人次普及生理学相关常识。

学会应激生理学专业委员会开展应激生理学科普讲座和科研成果推广与服务活动9场，受众人数1000余人次。

表彰举荐优秀科技工作者 推荐优秀科技工作者代表5人。11月1—4日，中国生理学会第二十五次全国会员代表大会暨生理学学术大会上评选出优秀青年口头报告奖9人。

党建强会 4月，在重庆市召开学会常务理事会议、学会党委扩大会议，确定将党建工作与学会各项活动相结合，以党组织为桥梁，提高学会的创新能力，为科技工作者搭建学术交流的平台。

会员服务 开展新一届（2019—2022）会员入会工作。编纂印刷会员刊物《生理通讯》（双月刊）6期，向全体会员免费邮寄2.3万余册。制作2018年工作手册，手册中加入学会历史资料，于年初向全体会员免费发放3800余册。通过电子邮件、微信公众号推送等方式向会员发送学会主办的会议通知。

【中国生理学会第二十五次全国会员代表大会暨生理学学术大会】 11月1日，中国生理学会第二十五次全国会员代表大会在江西省南昌市召开，近200名会员代表参加大会。学会理事长王晓民代表学会第二十四届理事会作工作报告，学会副理事长王世强作关于修改章程的说明的报告。会议审议通过学会新章程。

大会以无记名投票方式选举产生学会首届监事会及第二十五届理事会，监事会成员共5人，第二十五届理事会理事共109人。随后召开第二十五届第一次全体理事会议，经选举，王韵任理事长，王世强、陈思锋、罗自强、罗建红、周嘉伟、徐天乐、管又飞任副理事长，李俊发任秘书长。

同期举办生理学学术大会。来自国内院校的1100余名专家、学者参加大会。大会包含纪念报告3个、大会报告4个、小型专题报告28个、青年人才托举工程报告专场1个、青年生理工作者报告专场1个。

大会特邀美国哈佛大学医学院教授马秋富、芝加哥大学教授庄晓曦、北京大学医学部教授王宪分别作纪念冯德培、蔡翘、王志钧的讲座，邀请中国科学院院士、中国科学院生物物理研究所研究员徐涛，赫尔辛基大学教授 Mart Saarma，斯坦福大学教授 Luis de Lecea，中国科学院院士、清华大学教授陈畔光作大会报告。大会收到摘要共572份，从中评选出优秀青年口头报告奖9个，从464份墙报中评选出优秀墙报奖46个。

【第三届全国高校生理学教学高峰论坛微课、慕课及生理学教材研讨会】 8月15—17日，由学会主办的第三届全国高校生理学教学高峰论坛微课、慕课及生理学教材研讨会在湖南省长沙市召开。27个省市的69所院校生理学教育工作者及企业代表148人参加会议。会议分为人民卫生出版社《生理学》第9版教材内容更新解读和慕课、微课及网络信息技术在生理教学中的应用探讨2个部分。

人民卫生出版社高等医学部主任邬洁作题为《新时代医学出版的创新与融合发展》的报告，介绍第9版医学教材整体特色。中山大学教授、《生理学》（第9版）主编王庭槐介绍《生理学》（第9版）的修订原则及概况。该书编委解读各自负责编写内容中的更新环节，包括血液生理的几个问题，特殊条件下的呼吸运动及其调节，临床监控呼吸状态的生理参数及意义，电突触传递的工作原理，心肌细胞动作电位，细胞膜和胞质的被动电学特性，甲状腺、胰岛内分泌的几个问题，尿液的浓缩机制的更新与进展，几种腺垂体激素及其生物作用，细胞内微区域钙离子信号，外耳和中耳的功能，卵泡的生长发育。该书主编和编委阐述教材编写中知识点的更新，考证和修订原有不够恰当的定义。

会议围绕慕课的建设和应用、线上线下混合式教学与生理学课堂教学改革、网络信息技术在生理学教学中的应用、微课录制交流、虚拟实验在生理学教学中的应用5个主题开展中心发言和自由讨论。

会议为学会教育工作委员会主办的第二届“泰盟杯”中国生理学会2018全国生理学微课教学比赛获奖作品颁奖。此次比赛从33所高校的53个微课作品中评出一等奖4个、二等奖8个、三等奖19个、最佳风采奖4个。现场展示了一等奖作品。

（撰稿人：肖　玲）

中国解剖学会

服务创新型国家和社会建设　学会举办专业技术人才培训班和技术讲座2场次。6月19—25日，中国解剖学会皮瓣解剖学高级教程在江南大学无锡医学院举行，来自10个省市的30名学员参加培训，江苏省无锡市各医院10名医生旁听和观摩高级教程。11月6—10日，第23届全国断层影像解剖学及其临床应用学习班暨第9届全国断层影像解剖学研讨会在延安大学举办，来自15个省、自治区、直辖市的50余名解剖学和医学影像学工作者参加会议。

学会建设　12月30日，中国解剖学会第十四次全国会员代表大会和中国解剖学会第十六届理事会第一次会议召开。新成立学会中医形态学分会、虚拟现实分会、血管分会3个专业分会。学会成立第一届监事会。监事会由3名监事组成，1名监事长，2名监事。

截至2018年年底，学会下属分会、委员会23个。学会已交费会员3008人。

学会治理结构和治理方式改革　完成章程修改工作，于第十四次全国会员代表大会通过章程修改。建设并完善线上会议管理系统，实现网上会议报名、缴费及自助下载电子发票等。

青年人才托举工程　组织开展生命科学领域2018—2020年度青年人才托举工程项目人才遴选工作，收到56名候选人申报材料。10月12日，组织召开项目评审专家委员会会议，经22名专家审查，55名申请人符合项目申报条件，评选出33名入选人。学会推荐的中山大学赖碧琴入选第四届中国科协青年人才托举工程。

主办期刊　学会主办中国科协业务主管期刊5种。《解剖学报》印发5000册，发表论文144篇；《解剖学杂志》印发6290册，发表论文263篇；《中国临床解剖学杂志》印发6000册，发表论文171篇；《解剖科学进展》印发4800册，发表论文216篇；《中国组织化学与细胞化学杂志》印发2400册，发表论文112篇。

主办非中国科协业务主管期刊2种。《解剖学研究》印发5400册，发表论文209篇；《神经解剖学杂志》印发3000册，发表论文137篇。

学科发展研究　“中国解剖学学科史研究”项目入选2018年度中国科协学科发展项目，学会监事长席焕久为项目负责人。学会召开项目会议2次，预计2019年年底完成。

11月10日，《中国解剖学学科史研究》编写启动会暨课题组第一次会议在延安大学召开，国内解剖学专家及编写组人员共45人出席会议。

国际学术会议　5月25—27日，学会人脑库研究分会主办，浙江大学医学院、中国医学科学院北京协和医学院、中南大学湘雅医学院承办，浙江省神经科学学会协办的第三届中国人脑组织库建设国际研讨会暨人脑组织库建设及人脑样本研究培训班在浙江大学医学院举办。来自荷兰、美国、英国、澳大利亚、中国等国家和地区的100余名专家、学者参加。

8月2日，在内蒙古自治区呼和浩特市举办中国解剖学会年会期间，学会召开中韩解剖学学术交流会。会议主题为“New Trials of the Chinese and Korean Anatomists”。学会副理事长李云庆和韩国解剖学会理事长Seung Ho Han（安睽云）主持会议。

10月27—29日，由中国科协、科技部主办，中国科协生命科学学会联合体、中国生物技术发展中心承办的2018年世界生命科学大会（2018 World Life Science Conference）在北京国家会议中心召开。学会组织承办第S40分会场——Visible Human and Digital Medicine，学会理事长张绍祥担任分会场主席。中美两国6名专家围绕医学与健康作学术报告，现场近100名相关领域学者参加交流。

国内主要学术会议 学会及下属专业分会、委员会主办、举办国内学术会议5场次，累计参会1320人次，交流学术论文1100余篇。

1月29日—2月1日，2018年解剖学教学工作年会暨解剖学微课大赛会议在上海市召开，会议主题为“数字解剖学的研究现状及发展方向”。来自高等院校的解剖学专家、学者共300余人出席会议。大会组织专家对入围的32份微课作品进行评比，评选出一等奖5人、二等奖10人。

5月18—20日，中国解剖学会中医形态学分会成立大会暨首届学术年会在上海市召开。130余名专家、学者参加会议，12名学者作学术报告交流。

7月20—24日，中国解剖学会护理解剖学分会第十四届年会在黑龙江护理高等专科学校召开。120人参加年会，年会评选出优秀论文和优秀微课一、二、三等奖各6人。

8月2—4日，中国解剖学会第34届学术年会（2018）在内蒙古自治区呼和浩特市召开。来自中国及美国、韩国等国家的专家、学者900余人出席年会。中国工程院院士顾晓松，中国工程院院士张英泽，广东省政协副主席姚志彬，内蒙古自治区人大常委会副主任吴团英、自治区副主席欧阳晓晖、自治区政协副主席常军政、自治区政府办公厅副主任孙利剑、自治区教育厅副厅长张亚民、自治区科协主席赵吉、自治区科技厅副巡视员云涛，内蒙古医科大学党委书记白长明出席会议。

两岸交流 1月20日，第四届海峡两岸解剖学教学研究研讨会在台湾大学医学院召开，9名学会代表参加大会。学会副理事长周德山、刘树伟，常务理事司银楚、曾园山，理事罗学港、谭国鹤分别作交流报告。

8月3日，在中国解剖学会第34届学术年会（2018）期间，举办海峡两岸香港澳门青年解剖学者夏令营报告会。设报告会2场，14名青年学者作学术报告。

国际组织任职 学会副理事长李云庆担任国际解剖学工作者联合会（IFAA）副主席（2014—2019）和国际形态学大会（ISMS）主席。李云庆、周长满任亚太地区解剖学者国际会议（APICA）委员会代表。学会副理事长刘树伟担任亚洲临床解剖学会（AsACA）轮值副主席。

国际交往 7月5—7日，第26届国际形态学大会在捷克布拉格举行。学会副理事长李云庆和前秘书长周长满及27名学会代表参加大会，并作学术报告与交流。

10月28—30日，第8届亚太国际解剖学大会（APICA）和第4届亚太临床解剖学会议（AsACA）在韩国釜山召开。来自22个国家的650名学者参加会议。学会前秘书长周长满与40余名学会代表参加会议。学会团体会员山东数字人公司开设展台，展示该公司最新数字人解剖系统和数字人高清断层3D打印模型。

科普活动 学会科普工作委员会组织线上线下科普活动。线下活动包括，在中国及捷克布拉格、英国伦敦、美国拉斯维加斯等地组织巡展及固定场馆科普展览，观众近170万人次；与环保主题链接，创建以关爱海洋、热爱环保为主题的系列展览展示；开展科普进社区、校园活动近20场，编制科普教学大纲及教学计划16个主题共40节课程；开展研学课程开发及对接，参与人数1万余人次。针对参与对象制定科普类、场景体验类、手工类、合作定制类研学课程，联合教育机构、企事业单位、机关开展研学活动。“生命奥秘丛书”《深海鱼影》《人体的奥秘》《达尔文的证据》获国家科技进步奖二等奖；成立《凝固的时间》编写委员会，结合比较解剖学及考古学，针对古生物化石与现存生物进行比较，撰写以脊椎动物、无脊椎动物、局部比较为主题的丛书；培养大学生科普写作兴趣，在《科普时报》等媒体发表大学生科普作品近10篇。线上活动包括，利用微信、微博、直播平台等发布文章194篇，其中，原创文章约6万字，总阅读量30余万次；举办科普讲堂近48期，参与人数近1万人次。

干细胞与健康医学传播专家团队编写科普图书《不老之泉探秘：干细胞和再生医学》《细胞与干细胞：神奇的生命科学》《生命不老的源泉（干细胞）》；制作科普纪录片《PBS：新星》（即PBS：NOVA）、《我是未来》。人体解剖学科普知识宣传专家团队开展科普活动2次；编写《简明人体学》《简明神经科学》《简明神经生物学实验技术手册》《简明神经解剖学》简易图书，交人民卫生出版社出版。截至2018年年底，已出版《简明神经生物学实验技术手册》。

5月12日，中国解剖学会科普工作委员2018年年会暨全国首届大学生解剖绘图大赛在海南医学院举行。大赛对全国120余所大中专院校大学生840幅人体解剖绘图作品进行评审，评选出50幅作品进入终审。

表彰举荐优秀科技工作者 学会及附属分会、委员会表彰优秀科技工作者117人。

陆军军医大学梅峰、南京医科大学郭雪江、广西医科大学谭国鹤、空军医科大学李臻获第四届中国青年解剖科学家奖。中国解剖学会第34届学术年会期间，对40岁以下参加墙报展示学者，评选出优秀论文报告奖10个、优秀墙报奖10个。7月，开展第三届李继硕教授青年优秀论文奖评审。樊令仲获一等奖，王乐禹、尹俊滨获二等奖，魏潇凡、翟丽东、袁向山获三等奖。8月4日，"于泽杯"首届全国医学生解剖绘图大赛奖评选出获奖者80人。特等奖5人、一等奖15人、二等奖30人、纪念奖30人。12月22日，学会医学发育生物学分会举办第三届Labcracker青年创客大赛。大赛评选出一等奖1人、二等奖2人、三等奖4人。

党建强会 学会党委发挥政治引领、思想引领作用。6月，获批中国科协"学会分支机构覆盖党的组织及党建工作研究"课题。

11月10日，学会党委在陕西省延安市召开第三次党委扩大会议。党委组成人员及分支机构负责人参会，集中学习党的十九大和十九届一中、二中、三中全会精神和习近平新时代中国特色社会主义思想。

11月11日，学会组织"重走总书记不忘初心之路——感受、学习总书记第二故乡'梁家河'"活动。

会员服务 编辑、印刷《中国解剖学会会讯》36、37期，向全国各地会员发送。学会科普工作委员会通过微信、微博、直播平台向会员推送科普知识。

【中国解剖学会第十四次全国会员代表大会】 12月30日，中国解剖学会第十四次全国会员代表大会在北京大学医学部召开。省、自治区、直辖市解剖学会及学会分支机构会员代表共153人出席会议。

会上，学会副理事长李云庆作《代表资格审查报告》，学会理事长张绍祥作《第十五届理事会工作总结报告》，学会副理事长丁文龙作《第十五届财务报告》，学会秘书长周长满向大会介绍《学会章程修改说明》，全体代表通过上述4个报告。

大会以无记名投票方式同时选举第十六届理事会理事93人、监事会监事3人。大会宣布第十六届理事会和监事会成立。

随后召开的中国解剖学会第十六届理事会第一次会议选举出第十六届常务理事会30人，张绍祥当选第十六届理事会理事长。会议表决通过学会法定代表人更变为周德山。选举席焕久为监事会监事长。

（撰稿人：祁　栋）

中国生物医学工程学会

服务创新型国家和社会建设 学会受国家市场监督管理总局委托，承接《医疗器械科技前沿》杂志4期主要内容编写工作，为国家市场监督管理总局决策提供学术信息支撑。

完成国家市场监督管理总局创新医疗器械特别审批审评项目204项，组织专家审查会议116次。配合国家医疗器械技术审评中心筹建、扩大审评专家库。

4月，学会申报并获批国家标准委员会第二批团体标准试点单位，试点周期2年，从2018年4月1日—2020年3月31日。学会参与编写《团体标准百问百答》，主导团体标准制定程序相关章节编写。《团体标准百问百答》在第十五届中国标准化论坛上发布，学会副理事长王国胜获优秀个人表彰。发布《输液输血器具用DEHCH增塑聚氯乙烯（PVC）专用料》《DEHCH增塑医用硬质聚氯乙烯（PVC）专用料》《外科植入物　骨科植入物的清洁度　通用要求》《开展体外循环技术的器材设备配置标准》4项团体标准。

8月31日，学会和国家市场监督管理总局共同主办的第三届医疗器械创新与发展研讨会在北京举行。会议的主题为"人工智能在医疗器械领域的应用与发展"。来自政、产、学、研、医界200余名专家、学者研讨医学人工智能最新进展、中国对人工智能医疗器械的审评思路、人工智能医疗器械临床应用等问题。

国家医疗器械技术审评中心与学会合作，计划搭建人工智能医疗器械研究平台，学会推荐专家参与该项工作。

牵头中国科协重大调研课题“生命科学领域前沿跟踪研究”。与国家市场监督管理总局共同举办第三届医疗器械创新与发展高层论坛。

学会能力提升计划 入选中国科协第三期学会能力提升专项“世界一流学会建设项目”二类项目建设学会。

学会建设 召开常务理事会议2次、理事会议1次，组织国内学术交流活动53次。截至2018年年底，学会有专业分会31个，注册个人会员17319人，比2017年的15418人增加1901人。

4月27日，学会九届六次常务理事会议在天津科技工作者之家召开。会议通过学会党建、财务、组织等工作报告。同意启动学会章程修订工作。投票表决通过医学人工智能分会成立申请。投票表决通过医疗器械咨询工作委员会更名申请。同意成立女科技工作者工作委员会，扩大青年工作委员会委员人数。同意黄家驷生物医学工程奖章程中第六章第三十三条评审程序修改。同意于2019年11月下旬在山东省济南市召开中国生物工程学会第十次全国会员代表大会，同期将召开2019年中国生物医学工程大会，会议主题为“医工融合发展、创新引领未来”。建议中国生物医学工程大会由每两年一次改为每年举办一次。建议设立中国生物医学工程学会终身成就奖、中国生物医学工程学会杰出贡献奖、中国生物医学工程学会青年学者奖及优秀博士论文奖等奖项。

8月3—5日，在天津市举办2018中国生物医学工程青年论坛。论坛邀请中国工程院院士刘德培、中国工程院院士顾晓松、中国科学院院士周琪围绕学科及青年科技人才成长作大会主题报告。会议宣布学会关于聘任中国生物医学工程学会第九届青年工作委员会的决定，99名青年学者组成新一届青年工作委员会。

10月28日，九届七次常务理事会议在北京召开。会议同意于2019年11月14—16日在山东省济南市召开2019年中国生物医学工程大会，于2019年11月17日召开第十次全国会员代表大会。

学会治理结构和治理方式改革 扩大秘书处专职人员队伍，面向社会公开招聘3名专职工作人员。加强学会分支机构管理，健全学会分支机构备案制，强化分支机构依法依章办事。修订《中国生物医学工程学会分支机构管理办法》，对分支机构实现总部化管理，财务由总会直接管理。

12月17日，在四川省成都市召开中国生物医学工程学会组织建设改革与发展培训研讨会。所属分支机构负责人、联系人97人参加会议，交流研讨学会组织建设改革。

青年人才托举工程 学会推荐的天津大学许敏鹏、西安交通大学马玉菲入选中国科协2018—2020年度青年人才托举工程项目。

主办期刊 《中国生物医学工程学报》（中文版）影响因子0.512，较2017年度的0.495有所提高。9月22日，学会在广东省深圳市举办期刊发展论坛，生物医学工程类期刊主编20余人参加论坛。

学科发展研究 承担中国科协“学科方向预测及技术路线图项目”。召开多次工作研讨会，收集整理国内外生物医学工程学科现状和发展趋势的数据。研究报告已提交中国科协。

作为中国科协生命科学学会联合体的牵头学会与其他10个成员学会共同完成生命科学领域前沿跟踪研究课题。牵头组织召开专家及工作会议10余次，形成总报告1篇、分报告10篇、专报11篇。该课题计划持续跟踪全球生命科学领域新技术、新发现、新趋势，发布前沿领域报告，提出生命科学领域前沿发展方向和中国具备培育核心竞争力的重要领域，为中国科协、生命科学领域科学家、各级科研管理部门了解生命科学领域政策内容、前沿与发展态势、学科发展水平、基金资助布局等提供参考。

决策咨询 依托发展战略研究与咨询工作委员会和相关专业委员会，围绕“实施健康中国战略”，开展研究和探讨。

6月30日，由学会顾问工作委员会、科技创新与产业促进工作委员会联合主办的国产医疗器械核心技术研讨会在北京召开。中国工程院院士顾晓松及来自行业龙头企业、政府监管部门、科研院校等相关单位40余人参加研讨会。参会专家、学者探讨中国医疗器械产业发展的核心技术和关键部件等问题。通过分析当前国内医疗健康领域市场环境和经济形势，探讨突破关键“卡脖子”技术制约瓶颈、强化自主创新能力、提高企业核心技术水平的途径，明确突破核心技术要立足发展全局，面向国际竞争，坚持以需求和问题为导向，完善产业创新链条。

9月14日，中国工程院院士、学会发展战略研究与咨询工作委员会主任委员俞梦孙牵头召开以“如何落实人民健康为中心的战略思想”为主题的发展战略研讨会。30余名专家围绕主题开展研讨。经讨论，将老年健康工程作为重点战略研究，报送政府有关部门。

国际学术会议 8月24—26日，学会体外循环分会主办的2018全国体外循环学术大会暨亚洲体外循环联盟大会（FAPS 2018）在上海市召开。国内外近1000名专家、学者参加会议。会议专设“一带一路—世界”专场，14个国家的专家、学者介绍各自国家体外生命支持研究的现状与进展。

国内主要学术会议 7月21—22日，中国生物医学工程学会医学人工智能分会成立大会暨医学人工智能学术会议在北京举办。近200名专家、学者参会，研讨人工智能的临床应用、焦点问题、关键技术等专题。

8月17—21日，由学会生物力学专业委员会（分会）等单位主办的第十二届全国生物力学学术会议暨第十四届全国生物流变学学术会议在陕西省西安市召开。来自中国和美国的1000余名专家、学者和研究生参加会议。会议举行庆贺冯元桢先生百岁寿辰专题报告会。

8月23—26日，全国医学物理大会在北京召开。全国各地500余名专家、学者参加会议。大会邀请31名国内外专家、学者作特邀报告，收到稿件285篇，安排青年学者口头报告95个。

9月6—9日，2018年康复工程学术大会暨国际康复工程高峰论坛在河北省秦皇岛市召开。国内外90余家高校、科研院所和企业的500余名专家、学者参加论坛。论坛旨在会聚国内外高校、科研院所、产业行业的专家、学者，交流康复工程领域学术、技术和产品创新问题。

9月21—22日，学会心律分会组织召开的第一届全国绿色电生理会议在广东省广州市举行。参会人数300余人，网络收看人数1.4万余人次。

11月23—24日，中国生物医学工程学会肿瘤多模态微创诊疗技术创新转化联合体成立大会暨第一届影像引导介入诊疗高峰论坛在上海市召开。首届联合体轮值主席为上海交通大学教授徐学敏。

12月14—16日，学会精确放疗技术分会主办的第六届全国精确放疗学术年会暨第一届全国头颈肿瘤学术会议在四川省成都市召开。国内外放射治疗领域近400余名专家、学者参会。

两岸交流 7月26日，受科技部委托，学会在甘肃省兰州市举办2018年两岸产业技术前瞻论坛。论坛旨在为两岸科技界搭建高层次前瞻性交流合作平台，深化两岸产业技术合作。论坛邀请北京航空航天大学、天津大学、台湾大学、中原大学等院校的生物医学工程领域专家作报告。

国际交往 5月26—28日，学会纳米医学与工程分会在日本召开第六届日本－中国纳米医学论坛。

6月3—8日，国际医学物理和医学工程科学联合会（IUPESM）世界大会（WC 2018）在捷克布拉格市举行。国际医学与生物工程联合会（IFMBE）、国际医学物理组织（IOMP）召开会员代表大会进行换届。学会4人代表团参加会员代表大会和亚太工作组会议。学会常务副秘书长彭屹介绍2017年以来学会的工作，提出希望通过“一带一路”增进沿线各地区交流和合作。

科普活动 学会创建并运行科普微信公众号6个，发送科普文章300余篇，组织科普报告8场，制作科普视频2个，开发科普挂图10余幅，制作科普网站1个，组织专家撰写科普文章80余篇。科普报告听众1000余人次，展览会现场直接互动累计超过1万人次，参观受众约1万人次。

表彰举荐优秀科技工作者 学会选拔优秀科技工作者，参加第十五届中国青年女科学家奖和2018年度未来女科学家计划候选人、谈家桢生命科学奖、优秀党员科技工作者推荐评选等。经学会推荐，北京航空航天大学生物与医学工程学院刘晓冬入选参加“纪念改革开放40周年、中国科协成立60周年暨百名科学家、百名基层科技工作者座谈会”基层科技工作者代表。

9月，启动2018—2019年度黄家驷生物医学工程奖评选活动，完善黄家驷生物医学工程奖章程。

学会创新发展 学会组织成立生物医学工程医疗器械创新驱动发展中心。以有合作基础的浙江省绍兴市、江苏省无锡市、河北省石家庄市为合作对象，成立市级医疗器械创新驱动发展服务分中心。组织30余名专家赴吉林省长春市、浙江省绍兴市、四川省成都市、四川省南充市、江苏省苏州市、江苏省无锡市等地为30余家企业提供技术支持。

9月23日，在浙江省绍兴市举办2018年绍兴医疗创新与产业发展高峰论坛。国内医院、高校、研究院所院士专家和绍兴市医疗器械行业及临床一线医生300余人参加论坛。论坛主题为“打造创新转化平台，促进融合协同发展”。论坛针对12个项目，交流探讨如何实现医疗器械创新与产业升级，发挥优质医疗资源示范、引领、带动和辐射作用。

利用院士专家资源，建设专家（院士）工作站，形成由院士牵头，专家和学者组成的专家库。9月15日，组织11名院士赴上海联影公司，对“3T快速磁共振成像系统”进行科技成果鉴定。

11月3日，在北京中关村国家自主创新示范区会议中心举办2018中国医疗器械创新创业大会。来自科研、临床、企业、投资界等300余人参加大会，研讨医疗器械产业资源跨界整合、促进医疗器械创新成果转化。

党建强会 把强化学会党建工作的政治引领力摆在首位，开展以“加强分支机构组织建设”为主题的党建强会特色活动。

召开学会党委工作扩大会议2次，学习中央及中国科协有关政策。起草《中国生物医学工程学会党建工作条例（试行）》，通过制度发挥功能型党委政治保障作用。学会党组织参加中国科协科技社团党委在全国学会创建星级党组织首批试点评估工作，获得“良好星级学会党组织”称号。

6月13—15日，在浙江省衢州市召开分支党建工作联席会议、党建工作联席会议。围绕学会党建工作开展研讨、交流和培训。在衢州市组织义诊活动。

会员服务 4月23日，学会在天津市召开地方学会联席会议。交流全国地方生物医学工程学会工作经验，了解基层组织和会员工作的情况，制定长效沟通机制。

建立会员管理服务信息化平台及以会员为主体的组织体制。通过微信平台向会员发布生物医学工程领域及医疗器械行业动态及行业信息热点等内容。举办继续教育培训班44次，比2017年增加5次。

【2018年中国生物医学工程联合学术年会】 9月20—22日，由学会主办，中国科学院深圳先进技术研究院、深圳大学、南方科技大学、中国科学院健康信息学重点实验室、中国科学院人机智能协同系统重点实验室共同承办的2018年中国生物医学工程联合学术年会在广东省深圳市举行。1200余名生物医学工程领域专家、学者参加会议。

中国工程院院士、学会候任理事长、大会主席胡盛寿，深圳生物医学工程学会理事长陈思平，中国科学院深圳先进技术研究院院长樊建平，深圳市副市长艾学峰在大会上致辞。大会执行主席、学会青年工作委员会主任委员、中国科学院深圳先进技术研究院副院长郑海荣主持大会开幕式。艾学峰表示，深圳作为首批3个国家生物产业基地之一，正在建设生物科技创新源头地和生物技术产业高地，希望学会加强与深圳合作。

大会以“医工交叉　融合创新”为主题。举办医疗健康大数据创新技术与应用、医学成像与人工智能、生物电子与传感器、微流控与临床检验、生物医学光学、医学神经与康复工程、生物材料与组织工程、纳米医学、生物医学超声诊疗、心血管疾病诊疗方法等10余个学术论坛，组织口头报告近200场、学术交流壁报近300个。

会议特邀胡盛寿、中国科学院院士阎锡蕴、中国科学院院士陈润生、东南大学教授滕皋军、清华大学教授李路明、中国科学院生物物理所研究员张先恩、美国艾伦脑科学研究所教授彭汉川、郑海荣等专家，分别就智慧医疗、纳米医学、质谱成像、介入器械创新、生物传感、神经调控、脑科学大数据和医学磁共振成像作大会主题报告。

会议围绕生物医学工程领域多学科交叉与产学研医协同创新的特点，设置生物医学工程教育分论坛，探讨该领域教育桎梏和解决方案。会议特别设置蒋大宗先生青年论文竞赛和生物医学工程期刊发展论坛。

【2018中国生物医学工程学会天津青年论坛】 8月3—5日，由学会、学会青年工作委员会主办，天津大学等单位承办的2018中国生物医学工程学会青年论坛在天津市举行。海内外生物医学工程相关领域学界、业界、政界500余人参加论坛，参会人数比2017中国生物医学工程学会北戴河青年论坛增加50%。学会青年工作委员会主任委员、中国科学院深圳先进技术研究院研究员郑海荣和学会青年工作委员会副主任委员、天津大学教授明东担任会议主席。

论坛分为医学仪器、医学人工智能、人机交互、生物医学影像、生物材料与组织工程、康复工程、生物力学、生物医学光子学、生物传感与生物电子、纳米医学、医学前沿技术转化和教育发展12个分论坛，专题报告近300场。

论坛特设青年科学道德宣讲报告。中国工程院院士、学会原理事长刘德培作题为“终生进京赶考，永远当好学生”的报告。刘德培表示，成才是环境因素和个人因素相互作用的结果。刘德培介绍其课题组关于衰老疾病等研究进展。

中国工程院院士、天津大学医学部主任顾晓松作题为“科技创新与创新人才培养”的报告。顾晓松强调，创新人才的培养要面向国家重大战略、面向社会重大需求、面向人类健康事业和面向世界科学高峰。

中国科学院院士、中国科学院动物研究所所长周琪报告主题为“科研中的坚持与创新”，介绍干细胞基础研究发展以及转化进展，对青年科技工作者提出要对科学坚持研究和创新，要将科学兴趣上升到国家使命的希望。

论坛期间，召开中国生物医学工程学会第九届青年工作委员会，聘任99名青年学者组成新一届委员会。

（撰稿人：康亚文）

中国病理生理学会

服务创新型国家和社会建设 学会参加中国科协“引领世界科学的前沿科学问题、建设世界科技强国的工程技术难题”征集，由各专业委员会讨论并投票选出3个问题和难题提交中国科协。由华中科技大学同济医学院教授王建枝提出的“如何实现老年性痴呆的早期诊治”进入发布环节。

7月22—23日，学会机能实验教学工作委员会在哈尔滨医科大学大庆校区机能实验教学中心举办机能学骨干教师高级研修班实践培训班。国内42所院校近90名教师及实验技术人员参加培训。培训内容涉及机能实验技术新进展与应用的理论及实践、教学综合实验和人体机能实验，结合科研前沿技术在机能教学中的运用，在教学实践中分析机能教学特点。

9月22日，学会主办第二届全国病理生理学青年教师教学示范课。活动分为初选和现场讲授2部分，国内39名选手通过视频展示方式参加初选，12名选手进入现场讲授环节，经学会常务理事评选并投票确定获奖人选。

学会建设 年内发展会员2183人。截至2018年年底，交费会员8350人、终身会员143人，共8493人。

成立肾脏病、系统生物学和生物活性小分子3个专业委员会，主任委员分别是南京医科大学教授杨俊伟、北京大学医学部教授尹玉新和南京医科大学教授季勇。7月，学会机能实验教学工作委员会进行换届选举，温州医科大学教授龚永生担任主任委员。

学会治理结构和治理方式改革 聘任专职会计1名。制定《分支机构财务管理办法》《分支机构财务管理补充规定》《分支机构组织活动的管理办法》《关于中国病理生理学会分支机构组织活动流程说明》，规范学会内部管理。

主办期刊 主办3种科技期刊，全年印制18400册，发表论文921篇。

12月，中国科学技术信息研究所根据2017年度中国科技论文与引文数据库统计结果授予《中国病理生理杂志》“百种中国杰出学术期刊”称号。《中国病理生理杂志》入选第4届“中国精品科技期刊”暨“中国精品科技期刊顶尖学术论文（F5000）”项目来源期刊，入选中国科学技术信息研究所出版的《中国科技论文统计源期刊》（又称《中国科技核心期刊》），第9次在基础医学类期刊综合排名第1。

《中国实验血液学杂志》纳入生物医学检索系统网MEDLINE/Index Medicus，可用国际标准连续出版物号（International Standard Serial Number，ISSN）搜索。

国际学术会议 9月19—22日，中国病理生理学会心血管专业委员会（第十七届）暨国际心脏病研究会（International Society for Heart Research，ISHR）中国分会（第十四届）学术大会在江苏省南京市召开。来自美国、澳大利亚、阿根廷、加拿大、英国和中国的550名专家、学者参加会议。会议收到论文摘要162篇，84名学者参加壁报交流。会议以“转化，精准，发展”为主题。会议邀请ISHR主席Elizabeth Murphy，中国科学院上海生命科学研究院教授、ISHR杰出研究员奖获得者周斌，美国得克萨斯州大学西南医学中心教授、ISHR成就奖获得者Joseph A. Hill在开幕式上分别作报告《心脏保护的新观点》《心脏干细胞、心肌细胞和心脏再生》《心力衰竭：两个关于炎症的故事》。邀请100余名国内外专家作专题报告，内容涉及心脏重塑、血管重塑、代谢重塑、干细胞与再生、转化医学及科研论文投稿等主题。

国内主要学术会议 举办国内学术交流活动11次，参会人数4100余人次，交流论文400余篇。

3月28日，由学会免疫专业委员会和深圳市光明新区卫计局主办，中山大学附属第七医院承办的中国病理生理学会第八届免疫专业委员会2018年度第一次会议暨学术研讨会在广东省深圳市召开。150名专家、学者参加会议。国家自然科学基金委医学部副主任、学会免疫专业委员会副主任委员孙瑞娟出席会议并致辞。与会专家、学者交流国内外肿瘤学、免疫病理生理学领域新理论、新技术和应用现状及进展趋势。《羊城晚报》对研讨会作题为“免疫学专家聚首光明新区论道”的特别报道。

7月27—30日，中国畜牧兽医学会兽医病理学分会第二十四次学术研讨会、中国病理生理学会动物病理生理学专业委员会第二十三次学术研讨会、中国实验动物学会实验病理学专业委员会第三次学术研讨会、中国兽医病理学家第三次学术研讨会在山东省青岛市举行。国内从事教学、科研、临床、安评和实验动物等兽医病理学工作者352人参加会议。会议以“病理为主，创新驱动”为主题，收到学术论文218篇。50名专家应邀作大会报告。

8月24—26日，中国病理生理学会消化专业委员会六届一次会议暨2018年度学术年会在山东省潍坊市举行。国内专家、学者200余人参加会议。同济大学附属同济医院消化内科副主任、学会消化专业委员会副主任委员王志荣等6名专家围绕消化系统疾病基础与临床若干问题作报告。

10月19—21日，中国病理生理学会炎症、发热、感染、低温专业委员会和中医专业委员会第16次联合学术交流会在北京召开。国内150余名病理生理及相关学科专家、学者参加会议。8名专家围绕感染与免疫、发热的分子生物学理论及中医药治疗机理等领域的研究作专题报告，13名学者就相关研究前沿进展作论文报告。会议举办青年论坛，36名青年学者作演讲。

10月25—26日，中国病理生理学会受体与信号转导专业委员会第十四届学术会议在江苏省无锡市举办。参会代表187人，特邀美国加利福尼亚大学教授Bruce Blumberg、美国肯塔基大学教授Changcheng Zhou、德国杜伊斯堡埃森大学教授Ruth Broöring和Mengji Lu等8名国外专家及北京大学教授董尔丹、大连医科大学教授管又飞、北京大学教授李学军等17名国内专家参会。会议围绕受体结构与功能、信号转导与疾病、受体与信号转导和新药研发等受体与信号转导领域最新重要研究成果展开，包括大会报告4个、专题报告14个、江南受体与健康论坛报告14个、优秀青年论文报告15个和壁报展示23个。

11月4—6日，中国病理生理学会内分泌与代谢专业委员会成立大会暨首届学术研讨会在天津市召开。约500名师生参加会议，多名代谢领域专家作学术报告。会议选举出第一届内分泌与代谢专业委员会主任委员1人、副主任委员5人，组建功能型党支部。

12月12—13日，中国病理生理学会危重病医学专业委员会在湖北省武汉市举办第二期主任智慧论坛。论坛邀请国内医院管理专家从科室管理、人员自身素质、科室建设及科室文化等方面授课，培养科室管理人员战略思维，加强人员管理能力。40余名基层医院科室主任、副主任及护理管理人员参加会议。

12月17日，中国病理生理学会系统生物医学专业委员会成立大会暨学术报告会在北京大学医学部举行，学会理事长、北京大学第三医院研究员张幼怡出席会议，约200名专家、学者、师生参加会议。

中国科学院院士、北京生命科学研究所副所长邵峰作题为“对细菌的先天免疫：不止细胞焦亡”的主题报告，介绍在致病菌炎症反应机制及抗细菌天然免疫方向所取得的发现。清华大学生命科学院教授俞立、北京大学生命科学院教授张泽民、复旦大学基础医学院教授雷群英分别作学术报告《迁移小体与迁移吞排》《肿瘤内部的免疫单细胞特征》《代谢性应激与肿瘤生成》，分享癌症分子生物学、细胞生物学、肿瘤免疫学与代谢等方面的前沿交叉性研究成果。

国际交往 9月5—8日，学会心血管、受体、中医、微循环专业委员会和机能实验教学工作委员会22名专家、学者参加在斯洛伐克首都布拉迪斯拉发举办的第八届国际病理生理学会（International Society for Pathophysiology，ISP）世界大会。北京大学第三医院教授徐明应邀作大会报告，华中科技大学教授王建枝、北京大学第三医院副研究员肖晗、哈尔滨医科大学教授李鸿珠应邀作专题报告。21名中国专家、学者作壁报展示，其中，3人获大会优秀壁报奖。ISP大会主席Olga Pechanova对学会参与国际组织的活动表示肯定和感谢。

科普活动 1月6日和10月19日，学会中医专业委员会分别在北京市海淀区和通州区开展中医药文化进校园师资培训活动。10月23日，学会秘书长、北京市中医研究所副所长李萍为通州区8所学校举办首场中医文化讲座《中医的和文化》，捐赠《中医药文化与我们的健康》一书。10月24日，李萍参加中医中药中国行——中医药健康文化推进行动海淀区首届校园中医药文化节活动，200余名学生参与活动。11月20日，学会中医专业委员会和北京中医药大学联合在北京市公安局举办义诊和健康知识普及宣讲会。

10月23—28日，学会缺氧和呼吸专业委员会主任委员黄庆愿应邀到海拔4300米的西藏自治区某部队驻地为官兵和卫勤保障人员开展“高原病的预防”和“高原医学进展”知识讲座，讲解高原病的诊治、高原医学和缺氧病理生理学研究进展。

党建强会 学会党委制定《中国病理生理学会专业委员会党建管理制度》，以科技社团党建网站、订阅号为枢纽，发挥网站和微信公众号联动模式加强宣传，在分支机构中成立功能型党支部8个。学会党委组织开展“不忘初心、牢记使命、筑牢基础、忠诚担当”主题教育。6月，学会参加中国科协党委举办的十九大精神知识竞赛，决赛取得第2名。学会制定《中国病理生理学会（理事会）党委议事制度（试行）》，前置审议学会“三重一大”事项，获中国科协科技社团党委“党建强会计划”项目党建强会特色活动资助。

会员服务 启用智能化会员管理系统，会员可通过电脑端和微信端注册和登录，实现会费支付多元化、票据管理电子化及会员证打印自动化等功能。通过网站和公众号，传播学会学术活动、工作等信息，建立会员沟通机制。

【中国重症治疗技术大会—2018】 3月9—10日，学会与学会危重病医学专业委员会主办的中国重症治疗技术大会—2018在浙江省杭州市举办。2000余名从事重症医学的医生、护士和呼吸治疗师等参加会议。

大会围绕重症治疗技术主题，开设分会场4个，剖析重症领域各项技术，包括镇静镇痛技术、机械通气和呼吸治疗技术、肾脏替代治疗技术、血液灌流及血浆灌流技术、循环与氧代谢监测技术、循环支持技术、营养支持技术、重症院感防控、重症静脉治疗护理技术、重症患者康复技术等。讲授内容从学术报告到学术辩论，从基本监测到深入分析，从精准评估到精准治疗，从标准流程到行业规范。大会举办腹腔高压的监测与处理、能量代谢与通气技术、床边盲插鼻肠管、纤维支气管镜操作技术、有创机械通气技术和ECMO技术6场工作坊形式培训班。

【第六届全国呼吸系统重大疾病转化医学学术论坛】 4月27—30日，由学会等单位主办的第六届全国呼吸系统重大疾病转化医学学术论坛在浙江省温州市召开。国内40家单位162名专家、学者参加会议，会议收到论文摘要31篇。

论坛旨在加强呼吸系统基础研究与临床研究的学术互动，推进从实验室到病房和从病房到实验室双向通道的转化。大会邀请国内外16名专家作专题报告。内容涉及从儿童到成人的呼吸系统领域相关疾病，包括急性肺损伤、肺动脉高压、肺循环及肺血管疾病和支气管哮喘等，展示中国在呼吸系统疾病领域基础与临床研究最新成果。参会专家从临床防治和基础研究角度探讨哮喘、肺动脉高压、肺损伤等呼吸疾病发病机制及治疗方案，涉及从新生儿到成人、从传统到经典、老药新用等路线。美国范斯坦医学研究所研究员Shufang Liu提出，促进内皮屏障修复是防治急性肺损伤潜在治疗策略。四川大学华西第二医院教授刘瀚旻从整体角度出发，展示儿科呼吸系统和心血管系统的整合治疗方案。空军军医大学教授李志超发现只要处于肺部低氧微环境，不管是肺循环血管还是体循环血管都会出现血管结构与压力的改变，提出低氧性肺动脉高压的微环境假说。深圳大学教授苟德明利用基因芯片技术，发现新的与肺动脉高压发病相关的小RNA（microRNA）和长链非编码RNA（Long-non-coding RNA）。南开大学教授宁文提出，防治肺损伤和肺纤维化的新靶点卵泡抑素样蛋白（Follistatin like protein 1，FSTL1）具有潜在临床转化价值等。参会专家围绕呼吸系统疾病的重大问题开展基础与临床转化医学交流。

论坛期间设立肺动脉高压、呼吸系统其他疾病青年学者论坛专场2个，21名青年学者作论文报告，分享研究成果。

【第五届全国机能实验教学研讨会】 7月19—24日，由学会机能实验教学工作委员会主办的第五届全国机能实验教学研讨会在黑龙江省哈尔滨市召开。国内各医学院170余名专家、学者参加会议，会议收到交流论文35篇。

会议交流与讨论医学整合实验课程及创新性医学实验教学体系建设、信息化背景下医学实验教学改革等。教育部国家级实验教学示范中心联席会副秘书长周勇义作题为“对国家虚拟仿真实验教学项目建设的理解与思考”的特邀报告，介绍虚拟仿真技术在实验实践教学中的作用以及国家虚拟仿真实验教学项目建设标准和要求，强调示范性虚拟仿真实验教学项目建设需要把握能力培养主线，坚持能实不虚、虚实结合。山东大学教授孟延作题为“医学在线考试系统的应用与实践”的特邀报告，介绍医学在线考试系统，指出题库建设是教学建设的一个重点，题库开发是一个长期的工作。会议邀请19名专家、代表介绍机能实验教学改革最新成果和构想，交流教学经验、教学前沿成果和信息，探讨和交流机能实验教学改革趋势、任务及存在的问题。

（撰稿人：张幼怡　丛　馨）

中国营养学会

服务创新型国家和社会建设　学会继续推进国家营养立法工作，参与编写《国民营养计划（2017—2030年）》，完成《各地落实〈国民营养计划（2017—2030年）〉实施方案汇总报告》并上报国家卫生健康委员会。

4月，立项《预包装食品“健康选择”标识使用规范》《体重控制用代餐食品》《全谷物食品标识规范》《员工健康餐厅创建及管理规范》《产褥期（月子）膳食指导规范》《孕期增重异常妇女膳食指导规范》《注册营养师职业能力标准》等食品营养、营养诊疗规范相关团标标准项目10个。计划2018年至2019年分批完成并发布。

承接国家市场监督管理总局委托项目“特殊食品安全管理国际现状研究”“保健食品维生素、矿物质等营养物质原料目录（第二批）纳入标准及原料目录研究”。

实施中国科协创新驱动助力工程项目——富硒产业创新驱动助力工程，支持宁夏回族自治区吴忠市、湖北省恩施土家族苗族自治州富硒健康产业发展。8月，在吴忠市召开中国营养学会创新驱动助力工程——硒产业科技与经济融合论坛。9月，参加第五届世界硒都（恩施）硒产品博览交易会——硒与大健康发展国际高峰论坛。

与江苏省科协、大连市科协签订2018—2020年战略合作协议。

推动11项“营养科学共识（指南）类研究专项”结题、成果转化及应用。编写完成《CNS营养科学共识指南汇编》。召开营养科学共识（指南）类研究专项项目成果验收第二次会议。开展科学共识（指南）类研究专项技术成果转化合作项目3个：哺乳期运动营养项目、健康体重指导项目、母乳喂养营养项目。与企业共建研发中心3个：君乐宝婴幼儿营养研究中心、五谷磨房谷物营养研究中心、国人体质与营养研究中心。

举办16个继续教育项目28场次培训班，参加培训4049人次。

开展“全国基层营养保障能力提升工程”项目（NPSD），旨在提高基层专业人员在妇幼营养和保健、慢病防控、体重管理及营养干预等领域的专业技能和大众教育与指导能力。全年开展10期培训，覆盖1500余名基层专业人员。

编写完成《中国食品工业减盐指南》，计划于2019年出版。4月18日，学会和中国疾病预防控制中心营养与健康所联合召开《中国食品工业减盐指南》研讨会，以落实国务院发布的《国民营养计划（2017—2030年）》行动要求，实现2030年减盐目标。会议上首次发布《中国食品工业减盐指南》。。

9月，启动联合国儿童基金会（UNICEF）农村婴幼儿喂养促进项目。在甘肃省、河北省和陕西省选择试点，对主要看护者进行营养宣教干预，3省共计3600名婴幼儿参加。项目干预时长6个月，设有3次村医培训、6次干预活动，计划到2019年5月结束。

11月3日，《中国0—12岁儿童营养状况流行趋势图解》简要版发布。《中国0—12岁儿童营养状况流行趋势图解》是“儿童图解”公益项目成果之一。项目由学会和安利公益基金会在2016年共同发起，经过2年系统研究，截至2018年年底已发表中英文论文6篇。

学会营养科研基金——DSM专项科研基金和百胜餐饮健康基金开展资助工作，首次启动中国营养学会营养科研基金——飞鹤体质营养与健康研究基金、中国营养学会-益海嘉里营养与安全研究基金。发放科研经费，资助青年学者近30人。7月6—8日，亚洲营养协会联盟主办的第七届亚洲营养师大会在香港特别行政区召开。国内专家、注册营养师和青年营养师160余人参加。中国营养学会理事长基金全额资助20名青年营养工作者参加会议。

学会建设　发展个人会员7129人，个人会员总数30712人。单位会员64个，较2017年增加12个。

修订《中国营养学会分支机构管理办法》，制定《关于中国营养学会重要学术著作管理的规定》。召开常务理事会议2次、理事会议1次、第五次全国理事长联席会。

学会常务理事会同意成立食物与烹饪营养分会、益生菌益生元与健康分会、肿瘤营养管理分会、营养流行病分会、骨代谢与健康分会、海洋食品营养与健康分会。完成微量元素营养分会、老年营养分会、公共营养分会、临床营养分会委员会换届工作，营养与慢病控制分会换届已经常务理事会议通过。截至 2018 年年底，学会工作委员会 16 个，专业分会 21 个。

推进学会秘书处实体化规范化职业化建设，成立中营华堂教育培训中心和中营惠营养健康研究院 2 个实体公司。

学会全职工作人员 24 人，设置部门 9 个。招聘专业人员 1 人。修订、完善内部规章制度 10 余个。

青年人才托举工程 完成第二届项目中期项目考核。第三届（2017—2019）项目被托举人天津医科大学公共卫生学院李文获资助，进行项目开题。上海市儿科医学研究所文洁通过生命科学联合体专家评审获得第四届中国科协青年人才托举工程（2018—2020 年度）项目资助。

主办期刊 《营养学报》收稿 605 篇，退稿 380 篇，稿件采用率 37.0%。发稿 132 篇，期均载文量 22 篇。国内总发行量 1.2 万册，国外发行和交换 80 余册。被国内 9 个数据库和 350 种期刊收录为数据源。

《亚太临床营养杂志》（*Asia Pacific Journal of Clinical Nutrition*，APJCN）收稿 300 余篇，接收 30 余篇，稿件总体采用率约为 20%，与 2017 年基本持平。杂志为双月刊，每年 6 期，全年发稿 160 篇。被 PubMed、Science Citation Index（科学引文索引，SCI）等数据库收录。

学科发展研究 学会申请并获批中国科协学科发展工程项目"营养科技前沿热点综述"和"2018—2019 营养学科发展报告"。完成编写《营养科技前沿热点综述》，综述围绕植物化学物与健康，维生素与非传染性疾病，益生菌、肠道菌群与健康等 6 个主题。《2018—2019 营养学科发展报告》汇集 6 个专题报告，梳理近 5 年最新研究成果、国内外研究进展比较，未来发展趋势展望等内容，提出中国在该学科领域发展的对策与建议，计划于 2019 年 7 月完稿。

修订《中国营养科学全书》，全书预计 400 万字，计划于 2019 年完稿出版。

国际学术会议 举办、承办国际会议 5 次，参会人数 545 人次，交流论文 57 篇。组织和派遣学者参加国际会议 6 次，共 171 人次。

5 月 29 日，在由俄罗斯联邦营养、生物技术和食品安全研究中心营养研究所和俄罗斯国际工业研究院共同举行的 Development of Specialized Nutrition-New Format of Collaboration of Industry and Medicine（特殊营养领域的发展——企业与医学的新融合）会议上，学会承办世界肠道健康日主题峰会分会场，主题为"益生菌与健康研讨会"。学会理事长杨月欣，副理事长杨晓光、马爱国、马冠生等 10 人参加会议并作报告交流。

6 月 9—12 日，美国营养学会（American Society for Nutrition）年会在美国波士顿召开。参会人数 3000 人。大会主题是"科学和健康精英会聚之地"。学会和北美华人营养学会联合举办中国分会场。分会场主题是"营养与肌肉骨骼健康"，参会人数 100 人，交流报告 5 个，交流人次 20 人。

9 月 12 日，由学会与韩国食品科学会、泰国营养协会联合举办的 2018 国际植物营养素研讨会在韩国首尔市召开。研讨会主题为"从种子到产品：植物营养素与健康"。参会人数 200 人，交流报告 18 个。3 国营养学会举行中韩泰三方合作备忘录签署仪式，三方约定可在学术会议上交换发言者，分享学会信息和宣传资料，联名举办学术会议，开展国际合作研究，加强研究写作和出版物发表合作等。

11 月 2—4 日，由学会、学会妇幼营养分会主办的 2018 妇幼营养国际论坛暨妇幼营养学术年会在浙江省杭州市举办。会议以"全民健康：聚焦生命早期营养"为主题，设主会场报告 10 余个、分论坛 5 个、科学技术展台近 20 个。近 70 名国内外妇幼营养及相关领域专家、学者围绕生命早期营养健康、妇幼人群常见疾病的营养问题与对策、婴幼儿营养与科学喂养、母乳组分研究及喂养促进策略等作报告。会议壁报交流 100 余篇，1200 余名中外学者参加会议。

国内主要学术会议 召开国内学术会议 28 次，参加人数 6242 人次，交流论文 315 篇。

1 月 20 日，在重庆市召开两江营养论坛。论坛主题为"临床营养新技术与产业发展"，邀请 10 余名专家就肠道微生态研究新进展、围手术期营养治疗、肿瘤患者的代谢与营养支持等作专题报告。国内相关领域专家、代表 450 余人参加会议。

6 月 29 日，学会在广东省广州市召开营养转化与应用技术创新大会。大会主题为"营养转化与应用技术创新"。多名国内外营养学、食品科学、公共卫生政策、临床医学等领域专家作交流报告 12 个，300 余人参加大会。

10 月 18 日，学会召开营养、能量代谢和肥胖研讨会。国内外相关领域 13 名专家围绕营养流行病学与代谢健康、分子营养与能量代谢、组学研究和前沿技术三大主题作报告。

10月28日，学会承办由中国科协生命科学学会联合体承办的世界生命科学大会的婴儿营养与科学喂养分论坛。论坛邀请6名中外专家就婴儿营养和婴儿喂养相关领域热点问题作专题报告，约150人参会。

国际交往 6月12日，学会代表与韩国营养学会前主席、国际营养科学联合会（IUNS）执委 Hyun-Sook Kim 举行会谈，拟定在亚太地区建立营养联合行动计划，与亚洲各国共同完成IUNS有关营养领导力和能力发展专项目标。

7月4日，美国营养学会（American Society for Nutrition）主席 Mary Ann Johnson 一行访问学会。双方介绍各自学会发展历程、组织架构和主要工作，交流与探讨共同推动营养学科发展问题，相互支持2019年双方举办的学术年会。

8月13—15日，第二届世界营养和肥胖预防研讨会在英国伦敦市召开。20个国家的专家、学者参加研讨会，交流报告60余篇。学会理事长杨月欣带领青年学者5人参会并作交流报告。

11月28—30日，国际食物政策研究所－联合国粮农组织：全球饥饿与营养不良研讨会在泰国曼谷召开。学会理事长杨月欣作为该组织2025国际消除饥饿计划专家委员会成员受邀参加研讨会。

科普活动 5月第3周，学会开展2018年第四届全民营养周（NNW）系列活动。活动以“慧吃慧动，健康体重”为主题，包括线上小程序全民减重挑战赛、体重管理十佳单位评选、减重打卡100天等。活动涉及31个省、自治区、直辖市1000余个城市和地区，直接受众5亿余人次，覆盖国内近8000家医院、疾控中心、保健机构、高校等单位。

9月，中法环境月活动期间，学会和法国驻华大使馆科技处联合举办中法环境月“吃出健康，吃出品质”健康大讲堂2次。9月17日，在中国农业大学举办健康大讲堂，中法专家作7个报告，中法观众150人参加。10月19日，学会、法国驻华大使馆科技处及中粮营养健康研究院举办营养健康大讲堂，交流报告5个，中法观众100人参加。

学会参与国家卫生健康委员会组织的健康中国行、全民健康生活方式活动。参与科普日、科技周活动。宣传母乳喂养周、世界粮食日、5·20学生营养促进日、骨质疏松日等公益活动。

在已有科普专家团队专家86人基础上，培养45岁以下青年营养工作者30人，通过讲座培训、线下沙龙和活动实战等形式，培养科普传播能力。招募专业会员科普志愿者1.5万人。

由国家卫生健康委员会牵头，学会与北京电视台合作，在《我是大医生》栏目推出“慧吃慧动，健康体重”全民营养周特别节目《吃不胖的减肥法则》。

12月，学会联合媒体共同发布2018十大营养新闻。

表彰举荐优秀科技工作者 经学会推荐，1人受邀参加“纪念改革开放40周年、中国科协成立60周年暨百名科学家、百名基层科技工作者座谈会”。

党建强会 开展党支部书记讲党课活动。集中党课学习5次，参加人数120人次。利用每周五下午时间进行“一日一问”党的十九大精神微宣讲，由支部党员带头学习、宣讲。在全体员工中开展“不忘初心、牢记使命”主题教育活动。

会员服务 升级改版个人会员系统，新系统与学会注册营养师系统对接。一个账号登录2个系统，信息同步。优化个人中心界面，显示会费有效期、会员状态、类型等，实现在线缴费，简化推荐新会员办理流程。会员系统增加会员各类数据统计功能。

搭建会员QQ群、会员微信群5个。制作常见问题集锦，通过电话、邮件咨询解答。向会员发送学会工作动态、新闻报道、行业动态等。

1月，召开单位会员座谈会，讨论2018年学会主要工作、营养共识制订计划、营养行业相关标准进展等，听取意见。

【第四届全民营养周活动】 5月13日，第四届全民营养周（National Nutrition Week，NNW）活动启动仪式在北京奥林匹克森林公园举办。5月13日下午，召开2018全民营养周学术研讨会，表彰“体重管理十佳单位”。

本届全民营养周主题为“吃动平衡，健康体重”，宣传口号为“慧吃慧动、健康体重”。学会组织6大类15项内容的宣传材料。包括吃动平衡科普文章12篇、《营养导航》杂志、“吃动平衡、健康体重”折页、吃动平衡APP、全民减重挑战赛小程序、减重打卡100天小程序、海报、教具模型等。其中，《中国居民膳食指南》动画版、《全民营养歌》、“慧吃慧动”专家及体育界奥运冠军公益宣传片、专家科普宣传片等视频资料在公众区域电视屏幕、地铁播放。

为期一周的活动，省级营养学会29个、市县级营养学会37个、地方营养协会27家、省级疾控中心32个、国家级研究院23个与学校、医院机构联动，参与单位5741个，直接受众超过5亿人次，开展活动25091场次。其中，有1429家临床医院开展义诊活动，数万名专家、学者、医生、注册营养师等组织和开展主题科普活动，覆盖国内医院、疾控中心、保健机构、高校等单位近8000家，受益社区700余个、学校1300余所。全民营养周活动期间，今日头条营养、体重控制相关内容阅读量1.2亿余次，国内1700家媒体报道此次活动。

【第三届亚洲营养科学峰会】 6月3—4日，由学会主办的第三届亚洲营养科学峰会（原亚洲营养领导人高峰论坛）在浙江省杭州市召开。中国、韩国、日本、印度、泰国、孟加拉国、蒙古、马来西亚等11个国家的营养学会主席，国际营养科学联合会、亚洲营养学会联合会和国际膳食补充剂联盟的代表和国内专家、学者等60余人参加峰会。会议交流报告17个。学会理事长杨月欣，副理事长马冠生、丁钢强、马爱国参加会议。

峰会主题为“亚洲各地膳食营养素摄入量（DRIs）和膳食补充剂应用”。在亚洲各地DRIs研讨中，特邀英国David Richardson教授讲述人类膳食营养素摄入量标准制定发展过程。亚洲10个国家和地区的营养学会主席报告所在国、地区膳食营养素参考摄入量现行标准和应用方向、存在的问题和挑战、未来修订方向。来自中国、澳大利亚、日本及国际膳食补充剂联盟的6名专家围绕植物化合物及其食物结构和生物活性、营养标签和健康声称、膳食补充剂法规及中国居民膳食补充剂KAP研究等作报告。

会议期间，杨月欣与蒙古营养学会主席Enkhtaivan Gombosuren代表各自学会签订战略合作协议，双方将在学科交流和人才培养等方面开展合作。学会与辉瑞制药有限公司健康药物部签订战略合作协议，双方计划在骨健康和微量元素营养科学领域研究上开展合作。启动针对药店店员进行营养科普教育的第二届中国好营养大赛项目。

【母乳喂养研究发布会暨母乳喂养倡导论坛】 7月31日，学会主办的“母乳喂养+点亮生命之光”——母乳喂养研究发布会暨母乳喂养倡导论坛在北京举行。学会领导、学会妇幼营养分会专家、各省营养学会理事长及媒体代表近100人参会。参会人员响应2018年世界母乳喂养周“Breastfeeding: Foundation of Life”（母乳喂养：生命之根）主题，呼吁公众理解和关怀母乳喂养。

现场讨论环节，围绕母亲哺乳中的困扰，交流实操经验与学术观点。对比新旧哺乳期饮食观念，从均衡饮食、破除禁忌迷信、家庭心理支持等方面展开讨论，提出建议。

（撰稿人：李耕华）

中国药理学会

服务创新型国家和社会建设 学会与首都医科大学宣武医院合作开展“医院用药安全现状调研”课题研究，由学会药源性疾病学专业委员会负责实施。由学会治疗药物监测研究专业委员会与国家儿童医学中心等单位发起和批准，北京大学第三医院和北京儿童医院作为秘书组单位，制定《儿科阿奇霉素注射使用的快速建议指南》。

学会建设 召开常务理事会议2次、理事会议1次。8个专业委员会完成换届。新成立分析药理学专业委员会和表观遗传药理学专业委员会，学会专业委员会达28个。年内，发展会员2127人，学会会员总数10899人。

召开第十一届常务理事会第二、三次会议，审议修改《中国药理学会所属分支机构管理办法》，形成《中国药理学会所属分支机构管理办法（试行）》，于4月印发各分支机构执行。

青年人才托举工程 学会依托中国科协生命科学学会联合体组织申报，广州医科大学博士李仕颖和陆军军医大学第二附属医院博士杨可入选第四届中国科协青年人才托举工程（2018—2020年度）项目。

主办期刊 主办期刊8种，其中，学术期刊7种、内部通讯1种。全年发行总计7.65万余册。《中国药理学报》最新影响因子3.562，首次进入Q1区期刊行列。根据中国科技信息研究所发布的《中国科技期刊引证报告（核心版）》，《中国药理学通报》在药学49种期刊中综合排名第2，被评为2018年“百种中国杰出学术期刊”。《神经药理学报》被评为2018年中国高校优秀科技期刊。

决策咨询 中国科协学会学术部委托生命科学学会联合体围绕“健康和医学领域前瞻研究和技术难题”撰写建议报告，学会理事长张永祥提出的《儿童用药研究与新药研发》建议报告入选。8月，学会承担的“医药产业竞争情报分析及对策研究”项目通过科技部验收并结题。学会组织专家对《中华人民共和国药品管理法（修正草案）》提出修改意见，建议草案增加“关于药品超说明书使用”相关规定1条，复函由中国科协提交全国人大法制工作委员会。学会组织10名专家作为国家“重大新药创制”科技重大专项接续战略研究咨询总体专家组或编写专家组成员，参加2021—2035年“新药专项”接续战略研究工作。

国际学术会议 5月6—9日，由学会和国际药理学联合会（International Union of Basic and Clinical Pharmacology，IUPHAR）天然产物药理学分委联合主办的2018“一带一路”国际传统药物药理学大会在北京召开。

8月23—26日，第二届中国（连云港）国际医药技术大会在江苏省连云港市召开。大会由学会、中国科协海智办、IUPHAR天然产物药理学分委、中国药学会、江苏省科协、江苏省食药监局、连云港市人民政府共同主办。会议期间，学会网络药理学专业委员会与江苏康缘药业股份有限公司共同承办网络药理学与生物医药发展国际论坛。来自26个国家和地区的医药技术专家、学者和国内医药企业代表500余人参会。

10月27—29日，2018世界生命科学大会在北京召开。学会组织天然产物与传统药物（Natural Products and Traditional Medicine）、抗耐药菌药物研究进展（Research Progress in Agents Against Drug-Resistant Infection）和新药发现（New Drug Discovery）3个论坛。

11月30日—12月2日，由学会表观遗传药理学专业委员会主办的2018医学前沿——第三届表观遗传与生物医药研究国际会议在广东省广州市召开。来自中国、美国、加拿大、新加坡相关领域的专家、学者420余人参会。

国内主要学术会议 学会及所属分支机构举办学术年会、研讨会、论坛等47次，累计参会人数10696人次，交流论文2270篇。

3月30日—4月1日，由学会药源性疾病学专业委员会、药物不良反应杂志社联合主办的第十届药源性疾病与安全用药中国论坛在北京召开。论坛主题为“安全用药，健康中国”，800余人参会。

5月11—15日，由学会安全药理学专业委员会、药物毒理专业委员会等联合主办的2018年（第八届）全国药物毒理学年会在江苏省南京市召开。年会主题为“创新技术、评估风险、保障安全”，900余人参会。

10月11—13日，由学会治疗药物监测研究专业委员会主办的第八届全国治疗药物监测学术年会在河南省郑州市召开，800余人参会。

10月12—14日，由学会药物代谢专业委员会主办的第十二届全国药物和化学异物代谢学术会议在河南省郑州市召开，400余人参会。

11月9—11日，2018经典中药方剂现代研究论坛暨首届山西省药理学会学术年会在山西省太原市召开。年会由学会中药与天然药物药理专业委员会和山西省药理学会共同主办，主题为“传承经典方剂，提升研发水平”，400余人参会。

11月9—11日，由学会药物临床试验专业委员会主办的第三次全国药物临床试验学术研讨会在贵州省贵阳市召开，400余人参会。

11月16—18日，由学会定量药理学专业委员会和中南大学共同主办的2018年中国药理学会定量药理学专业委员会学术年会在湖南省长沙市召开，400余人参会。

12月7—9日，由学会和上海市药理学会共同主办的首届东方药理论坛在上海市召开，400余人参会。

国际组织任职 学会提名的候选人杜冠华教授在IUPHAR会员国代表大会上当选IUPHAR执委，魏伟教授连任IUPHAR临床药理学分会执委，另有8名学者当选或连任IUPHAR各分委职务。

国际交往 7月1—6日，第十八届世界药理学大会（WCP 2018）在日本京都召开。大会主题为“未来的药理学——科学，药物发展与治疗”。来自83个国家的4500余名药理学工作者参会，包括中国参会代表350余人。学会领导和会员以IUPHAR执委、分委领导、亚太药理学家联盟（APFP）执委、中国药理学会代表等身份，参加IUPHAR代表大会、执委会及其他IUPHAR或APFP工作会议14场次。中国学者组织或参与前沿进展报告2个、专题论坛3个、论坛报告9个、口头交流16个、壁报交流244个。

会议期间，召开IUPHAR会员国代表大会。IUPHAR秘书长Spedding作IUPHAR 2014—2018年工作报告，表扬学会理事长张永祥担任主席的IUPHAR天然产物药理学分委工作。学会被认定为IUPHAR主要合作伙伴之一。

学会与美国药理学与实验治疗学学会（ASPET）商定，第三届中美双边药理学术会议主题为“帕金森与阿尔茨海默病：抗神经退行性疾病的神经机理与治疗发现（Parkinson's and Alzheimer Diseases: Neuronal

Mechanism and Therapeutic Discoveries to Combat Neurodegenerative Diseases）”。

7月，学会与日本药理学会、日本临床药理学与治疗学会商定，第七届中日双边药理学术会议于2019年8月3—6日在云南省昆明市举行。

科普活动 学会及所属专业委员会围绕“合理用药、安全用药”主题，开展科普活动。

学会与学会定量药理学专业委员会、化疗药理学专业委员会通过微信平台推出看文识药理等科普专栏，介绍常见中药材药理学知识、健康热点及药理学知识，总阅读量10万余人次。

学会肾脏药理专委会以微信公众号和健康科普讲座形式，开展针对肾病患者和血液透析患者的专场患教会。通过“海上名医”医疗健康服务平台向公众普及慢性肾脏病专业知识，累计观看人数8798人次。学会以科普微电影形式，制作不同主题肾病营养课堂8集，发布于复旦大学附属华山医院微信公众号，累计观看人数20692人次。

学会抗衰老与老年痴呆专业委员会联合江苏省医学专家在江苏省南京鼓楼医院及社区开展大型义诊、健康宣教活动，宣传老年阶段认知障碍的预防、诊断及治疗知识。线上传播浏览量1000余次，线下活动每次参加人数约200—300人。

表彰举荐优秀科技工作者 经学会推荐中国工程院院士丁健代表学会参加5月30日在北京人民大会堂召开的纪念改革开放40周年、中国科协成立60周年暨百名科学家、百名基层科技工作者座谈会。

评出中国药理学会-Servier青年药理家奖获得者8人、中国药理学会优秀青年药理学家奖获得者8人。

党建强会 年内，召开党委（扩大）会议3次。

7月30日，学会第十一届理事会党委会议在贵州省遵义市习水县召开。党委书记杜冠华讲授《做新时期合格的中国共产党党员——谈新时期中国共产党员的任务与实践》主题党课。全体与会人员学习习近平总书记在中国科学院第十九次院士大会、中国工程院第十四次院士大会上的讲话。7月31日，学会党员赴习水县土城镇东北的青杠坡战斗遗址，向青杠坡红军烈士纪念碑敬献花圈，并重温入党誓词。

会员服务 6月下旬，学会官方微信公众号上线，主要发布总会及各分支机构（包括专委会、工作部、期刊编辑部等）工作动态、会议通知、重要讯息等，推送专业类、科普类文章，介绍药理学相关最新研究成果、历史及案例等，为会员服务并向公众普及药理学相关知识。

【2018“一带一路”国际传统药物药理学大会】 5月6—9日，2018“一带一路”国际传统药物药理学大会在北京召开。大会由学会和国际药理学联合会（International Union of Basic and Clinical Pharmacology，IUPHAR）天然产物药理学分委（Pharmacology of Natural Products Section）联合主办。会议主题为“增进了解，加强合作，共同提高——发展传统医药，造福人类健康”。来自中国、美国、新加坡等国的14名专家、学者应邀参会并作学术报告。大会设“一带一路”国家传统药物药理学研究与新药研发、传统药物基础与临床药理学研究2个专题，包含大会报告14个。收到论文摘要134篇，经审核后刊登于《中国药理学与毒理学杂志》2018年第4期。大会设青年科学家报告和壁报交流，15名青年学者作口头报告，壁报交流62篇。300余人参会。

【赴贵州省习水县科技扶贫并帮扶习水县卫健系统】 7月，学会组织专家赴贵州省习水县和赤水市开展科技扶贫活动。活动对习水红稗品种、药理作用分析等提供咨询指导和技术支持，在赤水金钗石斛生态种植、基础研究、质量标准、产品研发、市场定位等方面提出建议，为当地特色药物开发及产业发展提供科技支撑。扶贫期间，召开习水县医疗卫生帮扶座谈会，学会与习水县卫生局达成初步合作意向，建立学会与贵州省习水县卫生健康帮扶协作工作制度，通过共建基地、进修培训、实地指导等方式，提高习水县医疗机构管理水平和服务能力。会后，由学会副理事长李林牵头，将首都医科大学宣武医院作为学会临床药师帮扶培训基地，免费为贫困地区基层医院培训临床药师。习水县人民医院、习水县中医院作为第一批受培训单位，选派骨干药师到宣武医院药学部进修培训。11月17日，学会临床药师帮扶培训基地挂牌仪式在北京举行，学会理事长张永祥代表学会宣读《中国药理学会帮扶贵州省遵义市习水县卫健系统实施方案》，并为基地授牌。习水县人民医院派出药师1人，在宣武医院接受为期6个月的培训。

（撰稿人：赵　颖）

中国针灸学会

服务创新型国家和社会建设 学会推进《循证

针灸临床实践指南：痞满》《艾灸技术临床应用指南》等24项针灸团体标准项目研制工作，撰写《中国针灸学会主题年标准化工作要点框架》《关于明确中医药社会组织间业务范围界限的请示报告》。学会成为国家标准化管理委员会第二批团体标准试点单位，开展针灸标准化继续教育暨针灸标准应用培训。

协助国家标准化管理委员会开展中国标准创新贡献奖针灸部分申报与评审。推荐1项针灸国际标准项目“中医药：一次性使用无菌皮肤针　第1部分：叩击型”，完成提案启动，立项投票。向国家标准化管理委员会报批送审“针灸临床实践指南制定及评估规范”“针灸门诊基本服务规范”国家标准项目2项。

举办2018年度国家中医药管理局继续教育项目培训班6期，培训学员790人次。举办各类培训班12期，培训学员250人次。

学会能力提升计划　学会成立中国针灸学会针刀产学研创新联合体。

4月28日，在湖北省十堰市中医医院建立国际欧亚科学院中医药院士十堰工作站、中国针灸学会十堰专家工作站。8月20日，在甘肃省灵台县皇甫谧中医医院建立中国针灸学会灵台专家工作站、石学敏院士专家工作站，举行中医针灸特色疗法培训、义诊等活动。9月1日，在山东省泰安市中医医院建立国际欧亚科学院中医药院士泰安工作站、中国针灸学会泰安专家工作站，启动泰山论灸论坛。9月15日，在广西壮族自治区南宁市第七人民医院建立中国针灸学会南宁专家工作站。

开展国家级中医针灸非物质文化遗产代表性传承人石学敏、田从豁传承工作室资料收集整理。在全国范围内登记整理中医针灸代表流派和继承人，掌握现状和主要代表，制订筛选标准。完成联合国教科文组织（UNESCO）中医针灸非遗丛书《经穴内涵》《代表流派》的编辑出版。在法国巴黎联合国教科文组织总部举办世界针灸日特别活动——中医针灸非遗文化展。举办“一带一路”中医针灸风采行——希腊、阿根廷、英国站中医针灸展。

学会建设　发展个人会员3189人，会员总数增至28935人，团体会员单位19个。召开常务理事会议2次、学会全国工作会议1次。

修订《中国针灸学会学术活动管理办法》《中国针灸学会产学研创新联盟管理办法》。制定并审议通过《中国针灸学会标准管理办法实施细则》《中国针灸学会信息公开管理办法》《中国针灸学会合同管理办法》。

成立小儿推拿专业委员会、基层适宜技术推广专业委员会、新九针专业委员会，完成腧穴分会、针法灸法分会、针刺麻醉分会换届工作。

青年人才托举工程　2月，经专家函审和现场答辩，学会向中国科协推荐的3名青年科技工作者入选中国科协第三届青年人才托举工程（2017—2019年度）项目。承担中国科协第四届青年人才托举工程（2018—2020年度）自筹经费资助项目，扶持青年科技人才3人。

主办期刊　根据《中国科技期刊引证报告》,《中国针灸》核心影响因子1.316，在针灸、中医骨伤类期刊中排名第1。该刊开辟专论、人物访谈栏目，被评为第四届全国悦读中医活动金牌成员单位。《针刺研究》由双月刊改为月刊，中国知网（CNKI）复合影响因子3.020，在中医学与中药学123种期刊中排名第1。《世界针灸杂志》中国知网（CNKI）复合影响因子0.869，入选中国科技期刊国际影响力提升计划。该刊举办《世界针灸杂志》英文期刊走进校园活动。

学科发展研究　组织专家分析针灸国内外形势，针对针灸学科范畴、学科知识、人才体系、针灸服务模式等方面调研论证，撰写《针灸医学一级学科论证报告》。组织中医药界8名中国科学院院士、中国工程院院士联名签署《针灸学科提升为一级学科倡议书》，报送国家中医药管理局。制定针灸大科学研究计划。

国际学术会议　8月19—21日，由学会与世界针灸学会联合会、中华中医药学会主办，甘肃省灵台县人民政府、甘肃省针灸学会、甘肃中医药大学、甘肃医学院、甘肃省中医医院承办的2018灵台《针灸甲乙经》学术思想传承国际研讨会暨皇甫谧文化节在甘肃省灵台县举行。大会开幕式由世界针灸学会联合会秘书长麻颖、学会副会长兼秘书长喻晓春主持，甘肃省平凉市委副书记、市长王奋彦，灵台县委书记刘凯，甘肃省中医药管理局局长崔庆荣等及国内外专家、学者共800余人参加开幕式。

世界针灸学会联合会主席、学会会长刘保延出席开幕式并讲话。活动旨在缅怀世界针灸鼻祖皇甫谧，传承中国传统文化，传承并保护皇甫谧及《针灸甲乙经》学术思想，发扬传统中医针灸文化。

活动期间，举行中国针灸学会灵台专家工作站、灵台县皇甫谧中医院院士专家工作站、甘肃省人才培养基地、平凉市中医针灸人才培训基地成立揭牌仪式暨师承活动，举行《针灸甲乙经》学术思想传承国际研讨会，石学敏、刘保延、王华、赵京生等12名专家就《针灸甲乙经》针灸理论继承发展、学术贡献、中风的针药施治、针灸治未病等问题作学术报告。

活动期间，学会组织中医针灸专家赴灵台县人民医院、灵台县皇甫谧中医院开展精准扶贫义诊活动。

11月2—4日，由学会与世界针灸学会联合会、全球中小企业联盟、浙江省卫生计生委、浙江省衢州市人民政府、中国农业电影电视中心（CCTV7农业节目）主办的第二届世界针灸康养大会在浙江省衢州市衢江区召开。联合国第八任秘书长、博鳌亚洲论坛理事长潘基文及夫人柳淳泽，韩国常驻联合国前副代表、韩国驻澳大利亚前大使金奉炫等出席活动，参加针圣杨继洲祭拜大典。来自亚洲、欧洲的专家探讨中医针灸创新发展。大会通过《中医针灸　健康全球——2018第二届世界针灸康养大会衢江共识》，发布“杨继洲针灸康养全球行动”计划。

11月16—17日，2018国际针灸学术研讨会在法国巴黎联合国教科文组织总部及巴黎科学和工业城召开。学会是此次研讨会的协办单位。来自43个国家和地区的近1000名代表参加会议。国家中医药管理局副局长、世界中医药学会联合会主席马建中，学会会长、世界针灸学会联合会主席刘保延，世界卫生组织传统医学与补充医学处服务和安全部技术主任Ahn Sangyoung及各国中医药针灸代表参加活动。

会议以“世界针灸科学与文化对话”为主题，设立70余场针灸经验、研究、传承等交流与对话。国内30余家中医药高校和科研院所的专家、学者与欧洲专家、学者交流中医针灸在神经系统、内分泌、妇儿科、癌症、精神疾病、人道主义与灾害援助、麻醉止痛、应对老龄化等方面的基础研究、理论创新、临床试验等。大会现场设置中医针灸非遗文化展，针灸器材厂商、医疗机构等43家企业参展。

国内主要学术会议　学会及所属分支机构举办年会、研讨会、论坛等学术交流活动34次，参会总人数6500余人次，收录学术论文1000余篇。

两岸交流　8月25日，由中国科协、学会青年委员会主办，北京中医药大学东方医院、北京中医药大学科技处承办的2018年海峡两岸暨港澳青年科学家学术论坛——针灸的未来发展在北京召开。学会副会长、中国中医科学院首席研究员朱兵，北京中医药大学副校长王伟等出席论坛。会议由学会青年委员会主任委员、北京中医药大学东方医院副院长刘存志主持。

来自香港大学、香港浸会大学、中国台湾地区“中国医药大学”、北京中医药大学、上海中医药大学等70余名青年代表参加论坛。18名学者围绕针灸的未来发展作学术报告。与会专家、学者讨论“一带一路”中医针灸事业发展机遇、国际多中心针刺临床研究经验、神经网络技术在未来针灸研究中的应用等。论坛期间，学会青年委员会与香港大学、香港浸会大学、中国台湾地区“中华针灸医学会”、澳门国际中医药科技协会等签署人才培养与交流合作意向书。

国际组织任职　学会会长刘保延继续担任世界针灸学会联合会第九届（2017—2021）执委会主席。学会名誉副会长梁繁荣继续担任执委会副主席。学会荣誉理事麻颖继续担任执委会秘书长。学会副会长杨金生继续担任执委会司库。杨龙会、喻晓春、王华、黄龙祥继续担任执委会执行委员。

国际交往　5月19—20日，世界针灸学会联合会“一带一路”中医药针灸风采行（布宜诺斯艾利斯站）——首届世界中医针灸论坛暨传统医药产业交流大会在阿根廷首都布宜诺斯艾利斯举行。18个国家和地区中医药针灸专家和中医药企业代表500余人参会。学会组织国内针灸专家围绕头皮针等交流多种中医药及针灸临床经验。

5月23日，世界针灸学会联合会“一带一路”中医药针灸风采行（乌拉圭站）在乌拉圭警察医院举行。学会组织国内针灸专家同乌拉圭警察医院精神健康部、精神压力部、心理学部和理疗学部等共20余名医生开展交流活动。

10月16日，由中国国际商会、湖南省张家界市人民政府、丝绸之路国际总商会等主办的2018丝绸之路工商领导人（张家界）峰会在湖南省张家界市召开。学会作为大会支持单位，参与中医药创新发展国际论坛活动，论坛讨论通过《中医药针灸与人类健康2018张家界共识》。

科普活动　学会启动2018年度中国针灸学会百名针灸科普专家遴选工作，开展第一批30名科普专家聘任工作。举办“针情无限”全国针灸原创微视频大赛。筹备与建设科普委员会网站和微信公众号，12月1日投入运行。

完成北京大诚中医针灸医院等4家中国针灸学会科普教育基地续期考核工作。在湖北省十堰市中医医院、浙江省衢州市衢江区中医医院成立科普教育基地，成立科普志愿者医师宣讲团第十三团和第十四团。

学会及各二级分支机构举办科普宣讲活动530次，开展技术培训99次，举办科普义诊625次，出版科普作品30部，建立新媒体平台22个。

党建强会 4月11日，学会党委前往北京市房山区良乡镇残疾人温馨家园公益基地开展“针爱梨园扶贫助残义诊”党建活动。向残障人士捐赠物资、认捐助残梨树，118人自费认捐助残梨树78棵及价值1500元的毛巾、饮料等物资，合计24900元。9月11日，再次来到温馨家园公益基地，为残障人士作科普讲座、义诊，开展送医送药活动。11月30日，学会党委组织前往国家博物馆参观“伟大的变革——庆祝改革开放40周年”大型展览。12月18日，学会党委和世界针灸学会联合会秘书处等单位联合开展“走进世界针联总部，感受中医针灸文化”系列党建活动。

会员服务 录入中国科协个人会员管理平台会员4606人，会员资格到期提醒会员2514人，查错整理完善会员信息5008人。利用学会网站、邮箱、微信公众号等为会员推送会议和学会动态消息。

【2018“世针教育杯”全国中医药院校针灸推拿临床技能大赛】 9月18—20日，由学会与全国中医药高等教育学会联合主办、湖北中医药大学承办的2018“世针教育杯”全国中医药院校针灸推拿临床技能大赛在湖北省武汉市举行。国内高校35支代表队近300名选手参加比赛。比赛分为学生组、临床教师组、境外学生组，内容包括刺法、温针灸、推拿手法、腧穴定位及经典背诵等。经过半决赛和决赛，广州中医药大学、湖北中医药大学、内蒙古医科大学、天津中医药大学、成都中医药大学、南京中医药大学获大赛团体一等奖，陕西中医药大学等11所院校获团体二等奖，广西中医药大学等18所院校获团体三等奖。120人获个人单项奖，27人获个人全能奖。

【振兴灸法中国行系列活动】 5月26日，由学会发起的“振兴灸法中国行，从医圣故里出发”活动启动仪式在湖北省蕲春市举行。活动通过“振兴灸法中国行”倡议书，倡导每年5月29日为世界艾灸日。近100家艾灸产品商家进行博览展销。

6月25日，振兴灸法中国行活动第二站——特色艾灸创承研讨会在安徽省合肥市举行。安徽省针灸学会会长杨骏、学会副秘书长兼学术部主任文碧玲为参会医生分别作专题学术报告《针灸技术操作规范解读》《特色艾灸与临床应用》。

10月9日，振兴灸法中国行活动第三站在湖南省麻阳苗族自治县举行，活动主题为“助力健康扶贫、传承中医国粹、弘扬针灸文化、造福人民健康”。学会组织针灸专家为当地群众开展义诊等活动，免费发放中医药科普书籍和家庭必备药品。

【“一带一路”中医药针灸风采行英国站暨世界中医药针灸青年发展论坛】 11月18日，由世界针灸学会联合会、中国中医科学院和五洲传播中心共同主办，学会与英国淑兰中医学院、剑桥大学中国学联和世界针联健康传播工作委员会承办的中华之美中医药走向世界系列体验活动之“一带一路”中医药针灸风采行英国站活动在英国剑桥大学举办。此次活动旨在通过国际交流，弘扬中医针灸人类非物质文化遗产，增进中国传统文化与世界其他文化间的对话与交流。

文化和旅游部非物质文化遗产司司长陈通、中国驻英国大使馆一秘谈戈、英国剑桥市政厅议员 Oscar Gillestie、世界针灸学会联合会主席刘保延、英国针灸协会主席 Phillip Rose-Neil 等出席开幕式。中国、法国、澳大利亚、美国等10余个国家的专家及英国剑桥大学、牛津大学的学者、学生近200人参加活动。

10余个国家的近30名专家、学者就中医教育情况、针灸学术传承、针灸治疗与保健等议题，特别是青年群体常见病的缓解与治疗，开展主题演讲、讨论，邀请现场听众体验中医诊疗、中医保健。现场设置中医针灸非遗文化展。

（撰稿人：吴　远　贾晓健）

中国防痨协会

服务创新型国家和社会建设 5月，中国防痨协会结核防控远程网络服务中心在深圳慢性病防治中心挂牌设立。7—8月，山西省吕梁市岚县卫生骨干第一期、第二期培训班在广东省深圳市慢性病防治中心举办。为岚县卫生计生局、岚县医疗集团、岚县疾控中心、岚县各乡镇卫生院的22名卫生骨干开展为期1周的针对性培训。协会刘剑君理事长、钟球副理事长、成诗明秘书长及深圳市慢性病防治中心余卫业主任和谭卫国所长等专家进行授课。培训班组织学员赴深圳市龙华区慢性病防治中心、社区健康服务中心、中国科学院深圳市先进技术研究院和华大基因库等开展实践教学。

8月15—17日，现代结核病控制理论与实践骨干研讨班在北京举办，来自国内结核病防治科技工作者170余人参加培训。20名专家授课，授课内容包括结核病监测、诊断、治疗、预防性治疗、学校结核病疫情处置、社区结核病患者管理与健康促进理论与实践等。

评审5个中国防痨协会转化医学创新基地，分别是首都医科大学附属北京胸科医院、同济大学附属上海市肺科医院、浙江省疾病预防控制中心、河北省胸科医院、沈阳市胸科医院。

为如期实现世界卫生组织提出的到2035年“终止结核病策略”，协会从2016年开始实施的中国防痨公益基金“结核病贫困救助双千行动”项目，通过互联网系统申报审核与下基层慰问贫困结核病患者相结合，截至2018年年底已累计救助3000余名贫困结核病患者。2018年，中国防痨公益基金——苏泊尔南洋爱心基金“关爱生命 关注健康”项目相继在贵州省紫云县和陕西省白河县开展爱心救助。

6月，协会副理事长钟球、协会秘书长成诗明、深圳市慢性病防治中心主任余卫业等10余名医疗技术专家赴山西省吕梁市岚县开展定点医疗帮扶活动。活动现场为岚县医疗集团安装调试远程医疗系统，与深圳慢性病防治中心实时连线对接，建立互联网+医疗远程医疗系统会诊。中国防痨公益基金“结核病贫困救助双千行动”项目救助普明镇部分贫困结核病患者。走访慰问王狮乡长门村结对帮扶困难学生，送上资助资金及文具等。岚县县委、县政府、卫计局、疾控中心、医疗集团等单位领导参加活动。

学会建设 发展个人会员2076人，个人会员总数19207人。

11月17日，协会第六次常务理事会（扩大）会议在北京召开。协会常务理事、各分支机构负责人、《中国防痨杂志》《结核病与肺部健康》编辑部主任和副主任、中国防痨协会西部论坛轮值主任委员和协会秘书处人员70余人参加会议。会议讨论中国防痨协会分支机构换届方案。常务理事投票同意设立结核分枝杆菌/艾滋病毒双重感染专业分会、人兽共患结核病专业分会、临床试验专业分会、骨结核专业分会、影像专业分会。会议为深圳慢性病防治中心主任余卫业颁发中国防痨协会特别贡献奖。会议评估各专业分会和青年理事会，投票选出结核病控制分会、结核病基础专业分会、青年理事会获中国防痨协会第十一届理事会优秀分支机构奖。

主办期刊 《中国防痨杂志》《结核病与肺部健康杂志》《中国肺癌杂志》均按期完成出版任务。

《中国防痨杂志》《结核病与肺部健康杂志》全年分别出版12期和4期，载文量分别为270篇和73篇。根据《2018年版中国科技期刊引证报告（核心版）》，《中国防痨杂志》核心影响因子1.119、总被引频次为1871，在全部2029种自然科学领域核心期刊中分别排名第224、第429。《结核病与肺部健康杂志》扩展总被引频次280，扩展影响因子1.08。

《中国防痨杂志》期刊社评选《中国防痨杂志》2017年刊出论文，评选出优秀论文12篇，其中，一等奖2篇、二等奖4篇、三等奖6篇。该刊获中国科协2018年度中文科技期刊精品建设计划项目学术创新引领项目资助（项目编号：2018KJQK005）。

国内主要学术会议 协会及所属分支机构举办学术会议16次、论坛3次，参加人数7601人次，收到论文1566篇。

5月30日—6月1日，第七届科学研究与结核病防治高峰论坛在湖南省湘西自治州举办。论坛邀请协会秘书长成诗明、北京胸科医院教授马屿、中国科学院生物物理研究所研究员毕利军等29名学者分享交流结核病诊疗、防控和研究方面的经验。来自英国牛津大学、美国哈佛大学、美国亚利桑那大学、巴西里约热内卢联邦大学、荷兰国立公共卫生和环境研究所、荷兰格罗宁根大学医学中心、内梅亨大学医疗中心和荷兰医学院等9名专家分别就结核菌细菌学、蛋白组学、质谱技术等新诊断方法和耐药机制、结核病分子流行病学、耐药结核病治疗等方面研究进展作报告。

9月8日，中国防痨协会非结核分枝杆菌病专业分会成立大会暨2018年首届非结核分枝杆菌病专业分会学术年会在陕西省西安市召开。协会理事长刘剑君、副理事长许绍发、秘书长成诗明出席会议。经过选举程序，上海市肺科医院沙巍当选非结核分枝杆菌病专业分会主任委员。成立大会结束后举行非结核分枝杆菌病专业分会首届年会，马屿、许绍发、肖和平、成诗明、谭守勇、张宗德等专家、学者就非结核分枝杆菌病的流行病学现状、细菌学基础、诊断治疗、指南解读、临床诊治现状和难点、防治工作的未来导向等开展授课。非结核分枝杆菌病专业分会全体委员参会。

12月14日，建设“一带一路”远程影像智能诊断大数据平台研讨会在江西省南昌市召开。会议交流中国防痨协会与“一带一路”沿线国家结核病防控合作、学术交流和研究等情况和中国远程影像智能诊断大数据平台研发与应用情况，探讨建设“一带一路”沿线国家远程影像智能诊断大数据平台的可行性和实施策略等。协会与江西中科九峰智慧医疗科技有限公司就“远程肺结核影像智慧诊断大数据平台”建设签署合作协议。

国际交往 10月23—27日，协会组织专家参加第48届世界肺部健康大会，与荷兰皇家防痨基金会和日本防痨协会负责人交流探讨创建世界一流学会。协会秘书长成诗明作为国际防痨与肺部疾病联合会亚太地区协调员，参加亚太区执行委员会议。

9月12日，协会在新疆胸科医院召开中国－中亚结核病控制研修基地年度总结会，总结项目经验，制定工作安排。9月13—14日，协会代表团参加塔吉克斯坦国际会议，参会专家作学术报告。塔吉克斯坦3名临床人员完成在新疆胸科医院的进修工作。

9月20日，协会与马来西亚拉曼大学签署战略合作协议，开展基础研究和转化医学应用研究学合作与交流等。12月25—28日，在中国科协支持下，协会受邀赴马来西亚参加“一带一路”合作研讨会，探讨结核病防治创新技术转化合作机制与计划。

科普活动 3月24日是第23个世界防治结核病日，由国家卫生健康委员会和湖北省人民政府联合主办，协会和中国健康教育委员会等联合承办的2018年世界防治结核病日主题宣传活动在湖北省武汉市举行。1000余人参加现场活动，包括协会组织的50余名代表。

9月15—20日，全国科普日活动期间，协会与中华医学会等联合主办北京主场“创新引领时代，智慧点亮生活”健康嘉园板块，提供科普题库，参与设计科普游戏等，2000余人次参加活动。

表彰举荐优秀科技工作者 协会组织各地防痨机构开展首届全国最美防痨人推选工作，评选出全国最美防痨人100人。

学会创新发展 3月24日，世界防治结核病日主题宣传活动中，在国家卫生健康委和国务院扶贫办指导下，由协会和中国扶贫志愿服务促进会等单位发起的“健康扶贫·结核病攻坚项目”在世界卫生组织结核病和艾滋病防治亲善大使彭丽媛的见证下对外发布。在各级政府支持下，动员社会力量参与，在河北省张家口市开展项目试点工作，张家口市已在30家乡镇卫生院安装肺结核人工智能筛查工作站，开展远程筛查和诊断，解决贫困地区乡镇卫生院对结核病筛查诊断能力不足等问题。

党建强会 5月，中国科协科技社团党委牵头开展“创建星级学会党组织”及相关评价活动。协会被评选为首批11家创建试点单位之一，被评为优秀星级学会党组织，对口指导中国细胞生物学学会等5家学会党组织创建工作。

会员服务 为团体会员免费提供《中国防痨杂志》《结核病与肺部健康杂志》，为会员提供杂志电子版。定期通过邮件、短信、微信等向会员发送会议通知、科普知识、学术动态信息等。为企业会员单位提供技术咨询、评估和论证会等服务。

【中国防痨协会2018年第32届全国学术大会】 4月26—27日，中国防痨协会2018年第32届全国学术大会在浙江省宁波市召开。来自31个省、自治区、直辖市和香港特别行政区、澳门特别行政区及台湾地区的2300余人参会。协会秘书长成诗明主持开幕式，协会理事长刘剑君、世界卫生组织专家Nobuyuki Nishikiori及国家卫生健康委员会疾病预防控制局有关负责人出席开幕式并致辞。

大会设立9个专题会场，涵盖协会结核病控制分会、结核病临床专业分会、结核病基础专业分会、结核病健康促进专业分会、结核病转化医学专业分会、基层结核病防治专业分会、学校与儿童结核病防治专业分会、结核病互联网技术专业分会、结核病感染控制专业分会、国际交流工作委员会主办及联合主办的专题会议。

大会为首届中国防痨协会科学技术奖获奖者和首届全国最美防痨人颁奖。协会标准化专业分会、结核病感染控制专业分会、老年结核病防治专业分会、结核病互联网技术专业分会召开成立大会。大会为重庆智飞生物制品股份有限公司董事长蒋仁生颁发荣誉证书和奖杯，以表彰该公司向中国防痨协会科学技术奖提供独家经费支持。

【推选首届全国最美防痨人】 3月24日，首届全国最美防痨人颁奖活动在2018年世界防治结核病日主题宣传活动上举行。在国家卫生健康委员会疾控局的指导下，协会组织各地防痨机构开展首届全国最美防痨人推选工作，联合媒体开展全国最美防痨人网络投票宣传活动，评选出100名全国最美防痨人，代表临床诊疗一线专家、基层防痨工作者、科学家、企业家和志愿者。

2018年世界防治结核病日主题宣传活动以“全国最美防痨人的故事”为主题，通过协会和人民网制作的专题短片、演讲、小品、歌舞、访谈等形式展示。协会组织制作短片《我们一直在这里》，在此次宣传活动中播放。

世界卫生组织结核病和艾滋病防治亲善大使、中国结核病防治形象大使彭丽媛为全国最美防痨人10名代表颁奖。

（撰稿人：成诗明　樊海英）

中国麻风防治协会

服务创新型国家和社会建设　1月15—18日，协会在天津市举办“互联网+”学习研讨班。全国50余个地、州、县级麻风防治单位的96名麻风防治专业人员参加培训。8月16—19日，举办全国麻风皮肤病学术年会暨国家级继续医学教育培训班，培训学员731人。10月17—19日，受国家卫生健康委员会疾病预防控制局委托，协会与中国疾病预防控制中心麻风病控制中心、山东省皮肤病医院承办2018年全国麻风流行病学培训班，31个省、自治区、直辖市麻风病防治业务负责单位的120余人参加培训。

承担中国科协调研课题，开展“中国麻风防治人员科研环境调查与改善策略研究”。调研对象覆盖广东省、江苏省、辽宁省、陕西省、四川省、广西壮族自治区、湖南省、贵州省、上海市、云南省、浙江省、江西省、山东省、安徽省、海南省、湖北省、福建省、甘肃省18个省、自治区、直辖市，按麻风流行地区分类，包括一类地区7个、二类地区9个、三类地区2个。调研机构总计107个，其中，省级机构13个、市级机构30个、县级及以下机构64个。调研从事麻风防治工作人员1584人。

自8月开始，协会与中国残疾人福利基金会开展“集善扶贫健康行”麻风救助项目，陕西省、云南省、福建省、江西省、广西壮族自治区、吉林省、湖北省、贵州省、山东省、重庆市等省、自治区、直辖市22个麻风院村1330名麻风受累者获益。

学会建设　协会召开常务理事会议3次、理事会议1次、会员代表大会1次。会员代表大会通过新修改的协会章程及修改章程的报告；重新修订协会终身成就奖、突出贡献奖、青年科技奖奖励办法。

成立中国麻风防治协会皮肤外科与美容分会、皮肤病中西医结合诊断和治疗分会、麻风皮肤病防治分会、皮肤病药物治疗学分会，选出4个分会顾问、正副主任委员、常务委员，并成立党建工作小组。制订分会（分支机构）管理办法和分会（分支机构）党建工作管理制度。2018年年底，常务理事会议同意成立皮肤性病检验与诊断分会，正副主任委员、常务委员在分会成立大会上选举产生。协会在武汉麻风防治中心设中国麻风防治协会武汉麻风康复国际合作基地。

国内主要学术会议　协会召开国内学术会议2次，参会人数857人次，征集论文188篇，其中，40篇论文获优秀论文奖。

科普活动　1月27日是第66届世界防治麻风病日暨第32届中国麻风节，主题为“创造一个没有麻风的世界”。1月15日，协会与北京市热带医学研究所在北京友谊医院门诊楼内大厅开展麻风防治知识科普宣传活动，并开展麻风防治知识知晓率调查，麻风学科学传播专家团队李桓英、温艳、杨忠民等专家，学会副理事长潘春枝及北京市热带医学研究所麻风研究室尤元钢、陈小华、邢燕等参加宣传活动。

1月28日，协会与河北省红十字会、河北省疾病预防控制中心、保定市红十字会、保定市疾病预防控制中心等单位组成慰问组，到河北省皮肤病医院西院（原麻风病院），开展麻风节宣传慰问活动。全国各地麻风防治组织组织人力物力进行麻风节慰问活动，向社会大众宣传不要歧视麻风病人的科学思想，呼吁全社会共同关注麻风患者及畸残者，支持麻风防治工作，努力实现消除麻风危害。

5月10日，中国科协皮肤美容学科学传播首席专家、协会理事长张国成率中国医学科学院皮肤病医院科技工作者在江苏省南京市栖霞区马群街道金陵驿社区金桂园小区，举办常见皮肤疾病与皮肤美容公益性讲座与义诊咨询，100余名社区居民参加活动。

地方病学科学传播专家团队组织甘肃省防治碘缺乏病日活动，通过制作宣传展板、电子滚动屏幕、现场咨询、发放宣传单（画）、演示真假碘盐鉴别方法等形式，宣传碘缺乏的危害，线上传播受众6000人次左右，线下传播受众100万人次左右。

5月19日，协会联合中国生理学会、中国睡眠研究会、中国有色金属学会在北京友谊医院共同举办主题为“科技创新，强国富民”的2018年全国科技活动周活动。北京友谊医院教授李桓英及其团队成员参加活动。北京药到植物科技有限公司技术人员到场宣传皮肤健康科普知识，派发皮肤健康宣传资料和样品。活动现场派发科普宣传资料400份、问卷答题300份、礼品350份、挂图10幅，观众400余人次。

5月29日，中国科协全国心理康复学科学传播首席专家团队及美国天邻基金会2名工作人员，赴云南省昭通市石笋完全小学，为145名学生开展卫生健康课程。

全国科技活动周前后，协会分别在江苏省、云南省、山东省等地，开展麻防知识讲座，深入山东省莱州市辖区各乡镇卫生院进行巡回培训，累计培训20场次，参加培训1000余人次。

9月1—30日，全国银屑病学科科普专家团队在30余个省市开展“消除‘银’影，快乐生活”全国科普日宣传活动。举办展览展示30项、互动体验20项、科普讲座30项、网络活动60项，现场咨询人数3000人次。9月10—15日，全国皮肤美容学科科普专家团队以“人人享受皮肤保健”为副标题，在江苏省南京市仙林社区开展2018年科普日社区科普联合行动。

9月15日，全国麻风学科学传播首席专家团队会同北京友谊医院、中国睡眠研究会、北京药到植物科技有限公司，在北京友谊医院举办全国科普日北京主场活动。现场摆放、派发宣传彩图、挂图共170余份，收回科普知识答卷140份，接待群众咨询、问诊70余人次。

9月15—17日，全国麻风皮肤病学科学传播首席专家团队开展“远离过敏，自在人生——山东省皮研所医疗团队下乡义诊”活动。

9月15—19日，全国心理康复病学科科普专家团队在广东省广州市天河区开展“创造一个没有麻风歧视的世界”全国科普日系列宣传活动。

9月15—21日，全国地方病学科学传播首席专家团队相继在甘肃省兰州市、甘南藏族自治州合作市、陇南市徽县、庆阳市华池县开展科普宣传周系列活动4场。

9月15—21日，全国性病学科科普专家团队在广东省各市县开展性健康教育科普活动。活动包括发放性病门诊健康教育宣传手册、举办高危人群健康教育讲座、网络健康知识科普、社区健康宣传、现场咨询等形式。全国性病学科科普专家团队负责广东省全省性健康教育科普活动的筹划与技术指导，线上传播受众1万人次，线下传播受众1.5万人次。

表彰举荐优秀科技工作者 经协会第四次理事会议讨论通过，沈建平等7人获得中国麻风防治协会第二届终身成就奖，吕成志等6人获得突出贡献奖，孙永虎等2人获得青年科技奖，于爱等110人获得全国麻风防治单位优秀护理工作者称号。

党建强会 协会党支部被评为2017—2018年度中国科协科技社团党委先进基层党组织，党支部书记潘春枝被评为2017—2018年度中国科协科技社团党委优秀党务工作者，纪检书记温艳被评为2017—2018年度中国科协科技社团党委先进共产党员。

5月19日，协会党支部在北京友谊医院邀请北京热带病研究所的科技工作者共同开展2018年全国科技工作者日庆祝活动。同时，协会党支部走访看望麻风防治领域专家李桓英教授。

8月14—22日，协会党支部书记潘春枝、纪检书记温艳等到海南保亭麻风院、三亚三林医院开展精准医疗及麻风溃疡科研项目，与当地党组织共同开展相关活动。

通过协会微信公众号、微信群和网站党建专栏宣传党的政策方针、习近平总书记重要讲话精神，报道党建活动，宣传优秀共产党员潘美儿、李桂科等的先进事迹。

11月，协会在浙江省皮肤病医院上柏住院部建立中国科协科技社团党委学会党建教育基地。

会员服务 重新登记会员，协会会员增加至7832人。

【在浙江省皮肤病医院上柏住院部建立中国科协科技社团党委学会党建教育基地】 11月25日，中国科协科技社团党委学会党建教育基地挂牌仪式在浙江省皮肤病医院上柏住院部举行。中国科协科技社团党委副书记刘桂荣，全国政协委员、马海德基金会理事长周幼马，协会及浙江省卫生健康委员会、浙江省科协、湖州市科协、德清县科协相关领导出席活动。挂牌仪式结束后，举行马海德纪念馆揭牌仪式。刘桂荣、周幼马等到住院部病区，看望休养员。

1887年，英国麻风救济会在浙江省建立广济麻风病院（后更名为浙江武康疗养院，即现在的上柏住院部），收治麻风病人。如今该院的医生护士照料无家可归残老孤寡的麻风休养员。2016年12月，由国家卫生计生委批准的中国麻风防治陈列馆浙江馆建成使用，占地403平方米。陈列馆分为麻防荣誉馆、麻风防治馆、省级麻风村、地方麻风村和麻防实物馆5个主题，用文字、图片、实物和多媒体等形式展示麻风防治历史、麻风防治知识。2017年，上柏住院部建立麻风科普教育基地和爱国主义教育基地。2018年，上柏住院部在原有展馆和基地建设的基础上，新增党建和廉政文化长廊、"新中国卫生事业的先驱，感动中国双百人物，国际共产主义战士——马海德"展馆和"科技精英，时代楷模"——李桓英先生的事迹展览。

（撰稿人：潘春枝）

中国心理卫生协会

服务创新型国家和社会建设 协会举办心理咨询技能培训7期，培训人数近300人次；举办中英精神分析取向儿童青少年心理治疗学院制连续培训项目2期，培训人数140人次；举办治疗技术培训班4个，培训人数近200人次；举办中欧精神分析心理治疗基本概念与技术连续教育项目，培训人数250人次。

学会建设 9月16日，协会青年工作委员会成立，学会副理事长兼秘书长王刚担任主任委员。青年工作委员会共有委员62人，覆盖16个省市，涵盖精神专科医院、综合医院、高校、科研院所及海外研究系所等64家单位。修订分支机构管理办法，包括分支机构学术会议及培训项目申报和运行，分支机构财务管理办法，分支机构成立、变更、换届、注销流程，分支机构用章管理等内容。规范分支机构的设置和分支机构日常事务。

根据中国心理卫生协会章程，认知行为治疗专业委员会、危机干预专业委员会、老年心理卫生专业委员会、残疾人心理卫生分会如期换届改选。换届工作全程按照《中国心理卫生协会成立、变更、换届、注销分支机构管理条例》（2018修订版）执行。

规范管理协会学术活动，要求各分支机构在主办、承办、协办所有学术会议时遵循协会规定，上报必要信息，协会秘书处派工作人员赴现场进行监督。2018年度，协会秘书处人员共参与以各分支机构名义举办的会议10次，核查会议学术内容和账务信息，学习各分支机构的办会理念、运作模式和相关经验。

国内主要学术会议 9月16—18日，中国心理卫生协会第十一次全国心理卫生学术大会在北京举办。

科普活动 10月9—10日，协会联合天津市心理卫生协会举办第27个世界精神卫生日科普宣讲活动。协会科普专家10余人开展科普论坛、讲座和沙龙等形式的心理健康宣传，探索心理健康科普工作经验和活动模式。南开大学、天津医科大学、天津师范大学、天津中医药大学及天津体育学院师生近1000人参加科普宣讲活动。

党建强会 协会党委集中召开党员大会2次，进行主题为"深入贯彻党的十九大精神、履行新时代社会组织的新使命"和"不忘初心、牢记使命，做新时代合格党员"的专题学习。在分支机构所举办活动中，采用多种形式组织党员和群众，进行党的十九大精神传达和学习。协会办事机构所在联合党支部落实"三会一课"制度，组织支部党员开展"两学一做"学习教育活动。协会党委参与和监督协会重大活动的组织和重大决策的制定，包括全国心理卫生学术大会的筹备组织、青年工作委员会的成立、学术活动和继续教育项目的审批管理等。

【第十一次全国心理卫生学术大会】 9月16—18日，中国心理卫生协会第十一次全国心理卫生学术大会在北京举办。国内外心理卫生工作者1000余人参加会议。中国科协学会服务中心主任刘兴平、国家卫健委疾病预防控制局副局长夏刚、北京市医管局副局长潘苏彦参加开幕式并讲话。

大会主题为"新时代的社会心理健康服务——模式与能力建设"，安排大会报告9个、分会场交流9场、工作坊23个、专题论坛4个、跨界论坛3个。安排网络直播，实时观看人数近10万人。大会参会人员来自医院、学校、企业、军队、社团等各个机构，年龄分布跨青年、中年、老年。会议内容涉及政策解读、专业研究、跨界探讨、特殊群体、社会热点等方面。

在以心理学内容为主的原则下，协会尝试跨界合作，在此次会议中引入哲学、社会学、管理学等其他学科概念，并与上述领域相关社会机构进行合作。

（撰稿人：姜婧怡）

中国抗癌协会

服务创新型国家和社会建设 5月，协会组织国内肿瘤领域专家在河北省保定市曲阳县开展"健康扶贫、防病先行"公益行动，举行筛查义诊、健康教育、科普讲座、公益赠书等活动及疑难病例会诊、带教指导等医师培训工作。河北医科大学第四医院、中国医学科学院肿瘤医院、天津医科大学肿瘤医院40余名肿瘤专家参与活动，直接受益群众1500余人次。

协会各专业委员会、省市抗癌协会通过协会申报和实施国家级继续医学教育项目86项，举办学术会议71场，累计培训学员28535人次，授予学分327分。

学会能力提升计划 协会入选中国科协世界一流学会建设项目，获得资助。

学会建设 协会有省级抗癌协会31个，专业委员会63个，团体会员单位74个，个人会员总数20.4万人。根据中国科协关于理事会规模与会员总数挂钩的相关规定，启动理事、常务理事、副理事长增补工作。

按计划完成肿瘤内镜学、肿瘤介入学、肿瘤护理、肿瘤微创治疗、血液肿瘤、肿瘤麻醉与镇痛、甲状腺癌、肿瘤心理学、头颈肿瘤、神经肿瘤10个专业委员会换届工作。筹建成立家族遗传性肿瘤、肿瘤代谢、胃肠间质瘤、肿瘤防治科普、肿瘤热疗、皮肤肿瘤、眼肿瘤、整合肿瘤心脏病学、肿瘤临床药学、中西医整合肿瘤、期刊出版、肿瘤光动力治疗、脑胶质瘤、血液病转化医学、腔镜与机器人外科分会、肿瘤支持治疗16个专业委员会。

协会网站发布信息426篇，访问量160万余次。协会官方微信公众号发布文章116篇，关注人数61013人。改版每季度出版的《中国抗癌协会通讯》，增加专业委员会、省市抗癌协会动态等栏目。

青年人才托举工程 通过中国科协生命科学学会联合体申报中国科协青年人才托举工程项目。协会推荐的空军军医大学基础医学院李积彬、遵义医学院附属医院何思思获得资助。

主办期刊 协会系列期刊28种，其中，主办期刊9种、中国科技核心期刊18种、英文科技期刊6种，SCI收录3种、ESCI收录1种。协会主办的*Cancer Biology & Medicine*（CBM），获首个影响因子4.607，位于Q1区，在国内肿瘤学SCI期刊中排名第1。*Chinese Journal of Cancer*影响因子3.822，*Chinese Journal of Cancer Research*影响因子3.689，位于Q2区。建立中国抗癌协会期刊出版专业委员会，在2018中国肿瘤学大会（CCO）期间举办论文撰写与投稿培训班。

学科发展研究 组织编写并发布《中国恶性肿瘤学科发展报告（2017）》。报告总结和梳理2017年国内外肿瘤领域研究现状与进展、存在问题，提出解决方案与意见。40个专业委员会、249名专家、学者参加编写工作。

国际学术会议 10月27日，协会承办2018世界生命科学大会肿瘤新进展研讨会分会场。詹启敏、季加孚、徐瑞华、魏庆义、金永宏等国内外肿瘤领域院士专家作报告。北京大学医学部、北京大学肿瘤医院、首都医科大学附属世纪坛医院、天坛医院等单位200名学者参与分会场活动。

国内主要学术会议 8月17—19日，协会在辽宁省沈阳市举办2018中国肿瘤学大会（CCO）。

国际组织任职 10月，在国际抗癌联盟会员代表大会上，中国工程院院士、协会理事长樊代明当选国际抗癌联盟常务理事。11月，亚太消化病学大会在韩国首尔召开，樊代明当选亚太消化病学会会长。

12月，国际乳腺疾病协会2018常务理事会暨会员代表大会在法国斯特拉斯堡召开。中国工程院院士、协会名誉理事长、监事长郝希山当选国际乳腺疾病学会副主席。

14个专业委员会的21名委员以上职务的专家在26个国际组织任职，其中，19人担任国际组织执委及以上职务。

国际交往 7月，协会组团赴俄罗斯参加第四届圣彼得堡国际肿瘤医学论坛。

10月1—4日，协会组织141人代表团赴马来西亚参加由国际抗癌联盟主办的2018世界抗癌大会并承办中国专场。

10月29日，美国临床肿瘤学会首席执行官Clifford A. Hudis访问协会秘书处。双方探讨合作举办学术会议、在各自学术年会上举办专场活动等事宜，就办好2020年美国临床肿瘤学会学术年会、2020年中国肿瘤学术大会交换意见和建议。

10月，中国工程院院士、协会理事长樊代明与国际抗癌联盟（UICC）首席执行官Cary Adams在马来西亚吉隆坡举行会谈，商议未来3年的战略合作，签署战略合作计划。双方将开展合作项目，包括选派中国青年肿瘤专业技术人员赴国际肿瘤中心进行1个月的短期培训，推荐符合条件的“一带一路”国家加入国际抗癌联盟，与国际抗癌联盟合作在中国肿瘤学大会上共同举办“一带一路”国际专场，选派协会专职工作人员赴国际抗癌联盟短期培训等。

科普活动 1月10日上午，协会主办的2018世界癌症日启动仪式在河南省肿瘤医院举行。启动仪式上，中国工程院院士樊代明、郝希山领衔参加院士患者面对面节目，与癌症患者交流。肿瘤领域专家举行癌症防治科普讲座，为现场200余名肿瘤患者提供义诊咨询。协会专家向患者代表赠送“癌症知多少”科普系列丛书。河南省生命关怀协会组织医患联谊。参与活动的专业委员会以及来自30个省、自治区、直辖市的122家抗癌协会、医院、学术团体、医学院校举办活动360场，发放科普资料25.5万份。参与活动的专家和医护工作者12.5万人，直接受益群众160余万人次，媒体宣传报道500余次。

协会倡议将每年的4月15日设立为中国抗癌日。4月15日，组织各分支机构开展防癌抗癌全民科普宣传活动。

协会组织出版“癌症知多少”科普系列丛书（第二辑）。丛书包括《妇科肿瘤》《肿瘤康复》《肿瘤中西医结合诊治》《肿瘤标志物》《肿瘤介入》等8个分册。246名专家参与编写。

表彰举荐优秀科技工作者 中国抗癌协会科技奖评审周期改为每年一次。2018年度中国抗癌协会科技奖收到推荐项目97项，经过评审，获奖项目一等奖5项、二等奖10项，计划在2019中国肿瘤学大会开幕式上颁奖。

中国肿瘤青年科学家奖改为每年一届。2018年度中国肿瘤青年科学家奖收到候选人申请67份，经形式审查参加评审65人。经过评审，评选出10名获奖者，计划在2019中国肿瘤学大会开幕式上颁奖。

学会创新发展 实施“大手拉小手”学术支持项目，秉承“大手拉小手”理念，组织实力较强的专业委员会，与技术力量相对薄弱的省市开展学术交流合作。经过评审遴选，9场符合条件的学术会议获得项目资助。

协会在香港特别行政区、澳门特别行政区建立分会。在澳大利亚建立分会，发展海外会员。8月，在中国肿瘤学大会（CCO）期间召开第一次海外分会座谈会，与美国、澳大利亚等国分会签署合作协议，与相关分会负责人讨论和规划未来工作。

开展“一带一路”国际肿瘤专业人员联合培训工作。8月19日，“一带一路”中澳肿瘤护理专场在2018中国肿瘤学大会期间召开。会议邀请6名澳大利亚肿瘤护理专家作学术报告，介绍国际肿瘤护理模式和规范。会议设有主会场和视频转播分会场，北京、天津市、上海市、广州市、湖南省、广西壮族自治区的6家国内培训基地及协会肿瘤护理专业委员会组织人员参加培训，培训人数1000余人。

12月21日，协会参加中国科协“一带一路”2018年项目成果汇报会。来自中国科协、中华医学会、中国免疫学会等6家培训中心的相关负责人参观北京大学肿瘤医院培训基地，进行座谈交流。北京大学肿瘤医院作为“一带一路”国内培训基地之一，开展“一带一路”国际肿瘤专业人员联合培训中心工作，与蒙古、哈萨克斯坦、俄罗斯先后建立国际合作，举办以“一带一路”为主题的国际研讨会。

2018年，协会先后在澳大利亚、俄罗斯等国建立海外培训基地，发展复旦大学附属肿瘤医院、湖南省肿瘤医院、广西医科大学肿瘤医院成为国内培训基地。

党建强会 理事会党委成员带头在所在单位宣讲党的十九大精神。组织所属单位党员会员参与中国科协“不忘初心　牢记使命——党的十九大精神知识竞答活动”，协会代表队获集体二等奖。协会实施党建强会特色活动，组织国内肿瘤领域专家，在河北保定市曲阳县开展“健康扶贫、防病先行”公益行动，直接受益群众达1500余人。

会员服务 开发建设中国抗癌协会学术会议信息管理平台，从2019年起通过该平台管理各类学术会议的申报、审核、宣传和发布。根据会议级别不同，申报审批后的学术会议在会议系统内发布。

【2018中国肿瘤学大会】 8月16—19日，由协会主办，辽宁省肿瘤医院和辽宁省抗癌协会承办的2018中国肿瘤学大会（CCO）在辽宁省沈阳市召开。32名中外院士、500余名医院院长、18000余名肿瘤医学界专家、学者参加大会，包括来自美国、英国、加拿大等国专家300余人。会议在线直播观看人数达108万。210家媒体报道大会，刊登报道500余篇。

大会建立主旨报告遴选制度。主旨报告人候选人由协会各专业委员会、省市抗癌协会、团体会员单位推荐。3月26日，协会在云南省昆明市组织2018中国肿瘤学大会（CCO）主旨报告遴选暨2018中国肿瘤新进展研讨会，经过2轮选拔，9名专家成为大会主旨报告人。

大会的主题是“肿瘤防治，赢在整合”。除主会场之外，设立中外院士论坛、国际专场、海峡两岸肿瘤学术大会、“一带一路”护理专场、手术视频大赛、MDT专场、青年辩论赛、医学人工智能专场8个主题会场。由协会45个专业委员会牵头组织77个专题分会场。923名国内外专家、学者进行学术讲座。大会征文共9003篇，其中青年学者论文3506篇。

8月17日上午，在辽宁省科技馆启动辽宁省万人科普活动。辽宁省科协支持，协会在辽宁省丹东市、本溪市、抚顺市、大连市、营口市、鞍山市、辽阳市、沈阳市、葫芦岛市、庄河市、凤城市等13个地区，举办23场科普活动，共计1.4万人次参与活动。活动包括院士患者面对面、专家科普讲座、赠送由协会组织编写的抗癌书籍《逢生》等。

大会期间，发布协会组织出版的“癌症知多少”科普系列丛书（第二辑）。丛书包括《妇科肿瘤》《肿瘤康复》《肿瘤中西医结合诊治》《肿瘤标志物》《肿瘤介入》等8个分册。

自2018年开始，中国肿瘤学大会由每两年一届改为每年一届。

【第24届全国肿瘤防治宣传周暨首届中国抗癌日活动】 4月15日，第24届全国肿瘤防治宣传周暨首届中国抗癌日活动在全国各地同时启动。

宣传周主题为“科学抗癌，关爱生命”，副主题为“抗癌路上，你我同行”。专业委员会、各省市抗癌协会、协会团体会员单位组织宣传活动。宣传周期间，全国线上线下参与群众5000万余人次。

4月15日上午，中国工程院院士、协会理事长樊代明出席在北京中国医学科学院肿瘤医院举行的启动仪式，协会相关领导分别参加广西壮族自治区、河北省、辽宁省、浙江省、江苏省等地的启动活动。各地在启动仪式上播放樊代明为全国肿瘤防治宣传周启动录制的视频。宣传周期间，协会组织31个省、自治区、直辖市380个城市560个医疗机构和学术团体、组织发动15万名协会专家，聚焦戒烟、食品安全、疫苗应用、早诊早治等内容，开展科普讲座、义诊咨询、媒体访谈等科普宣教活动。活动直接受益群众1000余万人次，媒体报道1000余次，通过新闻媒体传播受益人群达到5000余万人次。

（撰稿人：刘　齐）

中国体育科学学会

服务创新型国家和社会建设　学会开展国家队营养食品采购管理工作，执行国家体育总局反兴奋剂工作有关规定，为各采购单位代理采购营养食品，较2017年增长近1倍。完成14支国家队亚运会携带营养食品统计、汇总、验收、打包工作。

承担国家体育总局2012—2014年度重点研究领域延期和调整研究课题、2015年度全民健身研究领域课题、2015年度科学健身示范区建设研究课题结题验收工作。承担委托结题验收课题128项，其中，采取会议评审方式的课题43项，通过验收40项；采取函件评审方式的课题85项，通过验收75项。参加验收评审工作的专家共50人次，来自17个单位，9人次为体育系统外专家。

受国家体育总局科技司委托，承担体育科技成果登记与统计工作。受理科技成果115项，组织承担单位和项目负责人在线填报国家科技成果在线登记系统，完成114项课题成果登记审核和证书发放工作。

开展科技部2017年全国科技统计调查工作，组织国家体育反兴奋剂中心开展研究与实验发展（R&D）活动调查，组织国家体育总局体育科学研究所和国家体育总局运动医学研究所开展科学研究与技术机构调查，组织体育信息中心开展科学技术信息和文献机构调查，组织体育总局体育科学研究所和冬季运动管理中心开展3项国家级科技计划项目跟踪调查。

承担“运动处方库应用体系第一期”项目科技服务工作，针对不同人群的运动处方库建设目标设立子课题6项，委托5个课题承接单位开展研究工作。1月，启动子课题研究工作。5月，进行阶段性检查。

6月10—15日，由学会主办的第一期全国体育建筑培训班在上海市召开。邀请专家讲授体育建筑设计与发展、体育建筑与城市、冰雪体育建筑设计、体育建筑运营与产业化、体育建筑设施与技术及体育建筑运用与管理等专题。省市体育局及高校场馆建设主管部门领导、管理人员，体育建筑设计研究单位及参与场馆建设、维护与经营企业的相关人员50余人参加培训。

7月20—29日、9月20—29日，由学会主办的第三期和第四期运动处方师（E）培训班在北京召开。来自国内各体育科研院所、高校、医院、社区诊所、健身俱乐部的184名学员参加培训。130名学员通过考试，获得学会颁发的运动处方师证书。

学会体育信息分会完成2018年平昌冬奥会备战信息研究科技服务项目。赛前对比分析中国运动员与竞争对手，撰写《我国重点小项冲金形势分析》，为制定金牌和名次目标及对策提供参考依据。赛后完成6个重点项目赛后分析及冬奥会整体格局分析报告，编发《平昌冬奥会专辑》1期，约10万字。2018年下半年，同步启动《东京奥运会信息》和《北京冬奥会信息》编发工作，首次同步开展夏奥会和冬奥会信息研究。

学会建设 学会个人会员 8675 人，单位会员 158 个。年内，审核个人入会申请 2000 余次、单位会员入会申请 23 次，发展个人会员 670 余人、单位会员 9 个。办理 7 个分支机构委员变更手续。学会体育仪器器材分会更名为体育工程分会。

3 月 15 日，2018 年学会分会及地方学会秘书长工作会议在北京召开，共 60 余人参会。会议传达中国科协九届全委会第四次会议精神，解读学会经费审批报销、会员管理办法、全民健身科技志愿服务神州行项目申报、学术会议组织管理等议题，通报分支机构委员调整、科技奖申报、国际体育科技组织参与情况等事项。

学会治理结构和治理方式改革 制定《中国体育科学学会经费审批报销管理办法》，修订《中国体育科学学会会员管理办法》，起草《中国体育科学学会分支机构考核管理办法》《中国体育科学学会印章管理制度》《中国体育科学学会劳务酬金发放管理规定》征求意见稿及学会分支机构规范英文译名提案，起草《中国体育科学学会规范与企业合作的意见》《战略合作框架协议》。

优化会员管理系统，开通微信缴纳会费方式。签署首信易支付 - 支付服务协议、首信易支付代付协议。

主办期刊 《体育科学》通过国家社科基金资助期刊年终考评，被中国社会科学院《中国人文社会科学期刊 AMI 综合评价报告（2018 年）》收录，入选世界学术影响力指数 WAJCI–Q1 社科期刊（中国）。根据中国知网（CNKI）发布的《中国学术期刊影响因子年报（人文社会科学 · 2018 版）》，影响力指数 CI 值 1414.214，复合影响因子 3.853，在体育类学术期刊中排名第 1。全年发行 12 期，共 52477 册，发表论文 149 篇。

《中国运动医学杂志》在中国知网（CNKI）发布的《中国学术期刊影响因子年报（自然科学与工程技术 · 2018 版）》中影响力指数 CI 值 675.988，复合影响因子 1.028，在国内军事医学与特种医学同类学术期刊中排名第 6。全年发行 12 期，共 20000 册，发表论文数 168 篇。

学科发展研究 学会及分会举办第十届全国体育产业经营管理学科建设研讨会、中国体育科学学会继续教育工作委员会成立大会暨第一次委员会会议等学科发展研究会议 14 次，400 余人次参会。

国际学术会议 学会及分会举办第五届中国多巴高原训练与健康国际研讨会暨第四届中北欧体育学术论坛、第二届国际体育产业与健康论坛、2018 中国常州第三届国际运动康复大会论文报告会等国际学术会议 9 次，3700 余人次参会。

6 月 16 日，由学会学校体育分会、体能训练分会共同主办的第一届国际体育教育高峰论坛在湖北省武汉市召开。会议邀请国内外专家、学者 22 人开展专题讲座 16 场。国内专家、学者 2500 余人参会。

6 月 29 日，由学会运动医学分会主办的第五届广州运动与健康国际学术研讨会暨第五届体医结合论坛在广东省广州市召开。会议主题是“科学运动、健康第一”。中国、美国、澳大利亚、丹麦、德国、日本、芬兰等国高校和科研院所运动与健康领域的专家、学者参会。

9 月 22 日，由学会主办的第二届国际体育产业与健康论坛在山东省济南市召开。与会国内外专家、学者交流体育产业发展、体育品牌赛事、国际足球培训、城市智慧体育、体育旅游等议题。

11 月 17 日，由学会运动生物力学分会主办的 2018 年运动康复与运动生物力学国际学术交流会议在北京召开。大会邀请美国北卡罗来纳大学、意大利布雷西亚大学、德国波兹坦大学、同济大学专家、学者作大会主报告。国内各体育院校、科研院所、医疗机构、体能训练机构 100 余名专家、学者参会。

12 月 7—9 日，由学会运动医学分会主办的 2018 中国常州第三届国际运动康复大会论文报告会在江苏省常州市召开。中国、美国、澳大利亚、加拿大等国运动康复领域专家、学者参会。

国内主要学术会议 学会及分会共举办国内学术会议 38 次，参会人数 5300 余人次，交流论文 3200 余篇。

6 月 29—30 日，由学会主办、河南师范大学承办的第七届中国体育博士高层论坛在河南省新乡市召开。同期，学会组织召开继承 · 创新 · 发展——改革开放 40 年体育科技专家研讨会。来自国内各高校、体育科研单位的体育博士、博士后、青年学者 200 余人参会。学会副理事长、国家体育总局体育科学研究所副所长冯连世作题为“健康中国战略下的运动健康促进”的大会报告。报告通过询证医学研究和体力活动流行病学研究，为“运动是良医”提供科学证据，倡导“多运动锻炼，少花钱看病”理念。

两岸交流 7月24—27日，由学会体育史分会主办的第四届海峡两岸体育运动史学术研讨会在陕西省西安市召开。研讨会主题为“‘一带一路’与海峡两岸体育文化的交流与融合”。会议从海峡两岸报送的近400篇论文中评选出210篇进入会议交流。190名大陆论文作者、30名台湾地区论文作者及20名专家、学者参会。

国际组织任职 9月12—15日，学会运动医学分会主任委员李国平、运动医学分会秘书长詹晖前往巴西参加国际运动医学联合会（FIMS）执委会议。会议期间，全体理事代表大会选举产生FIMS新一届（2018—2022年）执委会，李国平连任FIMS副主席。换届后FIMS重新组建下设委员会，詹晖留任教育委员会委员。

11月29日—12月2日，学会副理事长谢敏豪、学会运动医学分会主任委员李国平赴香港体育学院参加亚洲运动医学联合会（AFSM）执委会及全体理事代表大会。会议选举谢敏豪为AFSM候任主席。

国际交往 3月19—24日，学会派代表团出访美国，参加在田纳西州纳什维尔市举办的第四届国际华人体育与健康学会学术报告大会及美国健康和体育教育协会2018年年会。会上，学会领导围绕科技助力奥运及学会国际交往的目标与任务分别作口头报告，与国际华人体育与健康学会就加强学术交流、科学普及、国际交往和专业培训等方面的合作进行会谈。

4月26日下午，学会国际交往工作委员会协办的“一带一路”国家驻华大使体育论坛在首都体育学院召开。中菲双方专家围绕论坛主题“体育增进中菲友谊”开展交流。

5月30日，学会运动医学分会主任委员李国平参加在美国明尼安那波利斯市举办的美国运动医学会（ACSM）年会。李国平与美国运动医学会主席沃尔特·汤普森（Walter R. Thompson）签署合作备忘录，学会运动医学分会与ACSM将在认证、教育、健康促进及科学研究等领域进行合作。

7月，组织国内专家代表学会参加在爱尔兰举办的第23届欧洲体育科学学会学术年会中欧交流会并作专题报告。会上，学会代表与欧洲体育科学学会举行双边会谈和闭门圆桌会议，双方表达合作意愿，包括吸引青年学者进行中欧学术交流和共同举办学术活动的构想。

8月，学会派代表团参加在日本德岛市举办的第69届日本体育教育、健康和体育科学年会。双方就加强中日体育科学学会间双边合作、巩固中日体育科学协同发展和合作进行交流，分享国际学术会议的举办经验。

9月，学会运动医学分会成员前往巴西里约热内卢市参加国际运动医学联合会执委会和第35届世界运动医学大会。学会运动医学分会主任委员、国际运动医学联合会（FIMS）第一副主席李国平，学会运动医学分会秘书长、国际运动医学联合会（FIMS）教育委员会委员詹晖分别参加国际运动医学联合会（FIMS）执委会、全体理事代表大会、教育委员会工作会及运动医学合作中心工作会。

12月，派代表团参加在法国尼斯举办的体育与健康研讨会。学会代表就学会的学术活动组织作口头报告，围绕科技人员培训、项目联合研究、举办学术会议等方面的合作举行会谈。

科普活动 学会开展的全民健身科技志愿服务神州行活动在项目设立上改变指定承担单位的惯例，采取面向国内各地方学会公开申报的方式。8家地方学会申报并获批，得到项目资助。设立项目考核机制和奖励机制，实时收集活动情况，在国家体育总局和学会网站宣传推广。此次活动在8个省10余个城市组织开展活动22次，参加人数5万余人次。

5月，学会联合河北省体育局、河北省体育科学学会在河北省石家庄市全民健身与健康融合中心举办全国科技工作者日体育科技系列活动启动仪式。河北省社会体育指导员、体育科技工作者、健身教练等200余人参与活动。承担神州行项目的8个单位围绕全国科技工作者日主题开展系列活动。

由学会主办、华奥星空承办的科学健身公开课北京站活动举办3期，公务员、企业职工、医护人员及不同年龄段人群600余人次参与活动。

学会运营管理的科学健身网站发布新闻、科普常识194条，点击量3万余次。

9月15日，学会参加由中国科协主办的2018年全国科普日北京主场活动。活动现场为600余人提供健康体测与咨询服务，发放《科学健身18法》宣传手册1000余册。以“运动是良医”为主题在光明网进行互动直播，在线观看直播人数10.2万余人次。

学会分会、工作委员会承担科普教材编写工作，包括《冰雪运动600问》《冰雪运动一本通》《2022年冬奥运动会志愿者应急服务锦囊》《辉煌历程——中国冬奥会冠军的冰雪奇缘》《中国运动生物力学发展史》《有氧运动健身指南》《力量练习健身指南》《中国传统运动方式健身指南》等。

12月，学会被中国科协科普部评为2018年度全国学会科普工作优秀单位和2018年全国科普日北京主场特色活动优秀单位。

学会创新发展 5月10—11日，在北京举办第一期国家队体能教练培训班。来自国家队、地方省队、体育院校的体能教练和科研人员共130余人参加培训。

学会分别在北京、江苏省南京市、四川省成都市、广东省广州市主办2018香港赛马会助力运动处方师培训班。北京、江苏省、四川省、广东省398名全科医生、家庭医生和社区医生参加培训，358人通过考试。培训班是由香港赛马会资助，与当地卫生部门、体育局合作，面向医疗专业背景人员的运动处方师（M）培训班。培训班邀请运动医学、临床医学、运动人体科学等领域从事运动处方工作的20余名专家担任授课教师，课程包括慢性阻塞性肺疾病运动处方、肥胖与脂代谢紊乱运动处方、冠心病运动处方、慢性心力衰竭运动处方等针对具有医疗专业背景人员的课程，采用理论与实践相结合的教学方式，讲授运动处方最新理论与实操方法。8月25—26日，学会与国家体育总局体育科研所在北京共同主办香港赛马会资助的2018香港赛马会助力运动处方师授课专家研修班。国内体育与医疗领域51名专家参加研修班。

党建强会 根据学会党委和挂靠单位的部署，2—11月，学会办事机构党支部围绕党风建设、五四精神、重温入党誓词、“两学一做”等主题开展党建教育活动10次。

7月25日，学会党委组织党员参观纪念马克思诞辰200周年历史文献展。

会员服务 学会及各专业委员会召开的学术会议，对会员实行会议注册费减免制度，减免幅度达15%—20%。为单位会员免费邮寄学会期刊《体育科学》600余册。

通过学会官方网站和微信公众号向会员发布会议通知，介绍学会工作动态。全年编辑发布通知和新闻138篇，微信公众号编辑推送消息35条。

【2018年中国体育科学学会科学技术奖评选】 2018年中国体育科学学会科学技术奖获华彬集团资金赞助，一等奖奖励额度5万元、二等奖3万元、三等奖1万元。

1月，启动2018年学会科技奖奖励工作。收到申报项目71项，其中，科研机构申报17项，占23.94%，体育院校申报40项，占56.34%，普通高校申报10项，占14.08%，其他单位申报4项，占5.63%。经形式审查，确定参评的申报项目66项。

根据《中国体育科学学会科学技术奖奖励章程》和《中国体育科学学会科学技术奖奖励章程实施细则》，经形式审查、网络初评、会议复评、结果公示、异议处理和常务理事会终审，评审委员会评选出获奖项目26项，其中，一等奖2项、二等奖6项、三等奖18项。一等奖获奖项目是北京大学第三医院推荐的“运动员膝关节半月板损伤的微创手术治疗和再生修复研究及其应用推广”和泰山体育产业集团有限公司推荐的“体质健康监测与科学健身指导智能设备的研发与应用”。

【第五届中国多巴高原训练与健康国际研讨会暨第四届中北欧体育学术论坛】 8月13—16日，由学会和青海省体育局联合主办，青海体育科学学会和青海省体育科学研究所承办的第五届中国多巴高原训练与健康国际研讨会暨第四届中北欧体育学术论坛在青海省多巴国家高原体育训练基地召开。200余名专家、学者、教练员参加研讨会。学会副秘书长、国家体育总局体育科学研究所副所长杨杰，青海省体育局副局长杨培，中国工程院院士吴天一，北京体育大学副校长胡扬等出席开幕式。

研讨会主题为“高原体能训练与健康促进”，邀请日本体育大学教授杉田正明、荷兰康复协会主席弗兰克·多杰夫、日本仙台大学教授内丸仁、芬兰赫尔辛基大学教授尤哈·佩尔托宁、日本体育运动训练科学学会主席太荻田、南丹麦大学教授保罗·卡西罗缇、法国国立大学奥利维尔·吉拉德、中国台湾地区台北市立大学教授郭家骅和青海省体育科学研究所研究员马福海、第三军医大学教授高钰琪等从事高原训练研究的专家、学者作大会报告。参会人员探讨高原体能训练与健康领域的现状与趋势、创新与合作等问题。同期，举办国家冰雪运动高原训练培训班。

【第四届全民健身科学大会】 11月1—4日，由学会主办的第四届全民健身科学大会在陕西省西安市召开。来自国内各省、自治区、直辖市体育局，高校、体育科研单位的近500名专家、学者参会。大会主题为“科学健身　全民健康”。会议邀请中国工程院院士、中华预防医学会会长王陇德，上海体育学院院长陈佩杰，北京体育大学教授任海分别作大会报告《健康中国，从我做起》《基于健身环境、行为和效果维度的中国儿童青少年体育健身指数评估（2017年度）》《身体素养：一个应对全球健康危机的新理念》。

（撰稿人：韩　炜　高利君）

中国毒理学会

服务创新型国家和社会建设　学会受政府部门委托，就《化学品环境与健康风险评估技术方法框架性指南（试行）》（征求意见稿）、《化学物质环境风险评估与管控条例》（征求意见稿）、生态环境部《水名录（第一批）》（征求意见稿）开展专家意见征询，并反馈给政府部门。举办继续教育培训班5次，累计培训1000余人次。

学会建设　发展个人会员1421人，新增单位会员10个，截至2018年年底，个人会员总数15356人，单位会员总数184个。新成立分支机构1个，下设分支机构达28个。召开常务理事会议2次、理事会议1次。

10月，依据《中国毒理学会章程》进行理事会换届选举，产生第七届理事会领导机构。周平坤连任理事长，刘超任秘书长；选举产生第一届监事会，开通监事会邮箱 supervisors_cst@sina.com。根据《中国毒理学会所属专业委员会组织管理细则》规定，分析毒理专业委员会、中毒与救治专业委员会、毒理学史专业委员会、毒理学替代法与转化毒理学专业委员会、药物依赖性毒理专业委员会进行换届。新成立呼吸毒理学专业委员会。

制定理事长办公会议事规则，召开理事长办公会4次、秘书长办公会4次。利用学会换届发展个人会员，表彰为学会做出杰出贡献的个人会员。

青年人才托举工程　经学会推荐，陈石磊、刘晶、王迪雅获中国科协青年人才托举工程资助。在学会第六届中青年学者科技论坛上，2017—2019年度青年人才托举工程项目被托举人段军超、孙艳、谢达菲作中期总结。

主办期刊　学会与英国皇家化学会（RSC）合作创办的 *Toxicology Research*（《毒理研究》英文版）出版6期，刊登中国大陆学者论文50篇。

国际学术会议　10月9—12日，由学会毒理学替代法与转化毒理学专业委员会、中华预防医学会卫生毒理分会联合日本、韩国实验动物替代方法学会等共同主办，南方医科大学等5家单位共同承办的第二届亚洲替代方法大会在广东省广州市召开。日本国立卫生研究院研究员 Hajime Kojima，联合利华环境与安全保障中心博士马修·丹特（Matthew Dent）、教授保罗·卡米克尔（Paul Carmichael），德国莱布尼兹（Leibniz）环境医学研究所教授艾伦·弗里契（Ellen Fritsche），解放军疾病预防控制中心副研究员郭家彬，欧盟联合研究中心（JCR）研究员莫里斯·惠兰（Maurice Whelan）作大会报告。

10月19—21日，由学会单位会员国家纳米科学中心与北京科技大学与中国科学院化学研究所共同承办的第九届亚洲纳米科学和纳米技术会议在山东省青岛市召开。会议设主题分会场11个、专场2个。中国科学院院士谭蔚泓，德国科学院与工程院院士、欧洲科学院院士哈拉尔德·福斯（Harald Fuchs），美国艺术与科学学院院士波尔·威斯（Paul S. Weiss）等17名纳米科学技术领域的专家、学者作大会报告，1000余名从事纳米科学研究的专家、学者等参会。

国内主要学术会议　学会及分支机构共举办年会、研讨会、报告会、论坛等学术活动15次，提交学术交流论文2000余篇。

5月23—25日，由学会和中国药理学会联合主办的新时代的生态环境与健康论坛在江苏省海门市召开。200余名专家、学者围绕管理毒理与风险评估、化学品管控等政策展开专题研讨。

6月24—28日，由学会分析毒理专业委员会举办的第十次全国分析毒理学大会暨第六届分析毒理专业委员会会议在湖北省宜昌市召开。90余名专家、学者对分析毒理学亟待解决的关键科学问题和研究热点进行学术交流和讨论。通过无记名投票，选举产生第六届分析毒理专业委员会及常委。

7月21日，由学会毒理学史专业委员会等单位联合举办的第六届毒理学史研讨会在西北大学召开。大会进行学术研讨报告。学会毒理学史分会与中国畜牧兽医学会动物毒理学分会、深圳市疾病控制中心、阿拉善左旗动物疾病控制中心签订《有毒危险生物科普展合作协议》。同期召开毒理学史专业委员会第六届换届大会。学会将西北大学博物馆设为科普教育基地。

7月27—31日，由学会药物毒理与安全性评价专业委员会主办，新疆维吾尔自治区维吾尔医药研究所等联合承办的2018创新药物非临床安全性评价高峰论坛在新疆维吾尔自治区伊犁哈萨克自治州召开。大会有15个特邀报告，160余名学者参加会议。同期召开药物毒理与安全性评价专业委员会党支部会议。

8月5—8日，学会毒理学教育专业委员会第二次会议暨第三届高校毒理学教育论坛在云南省大理市举行。100余名专家参加论坛，17名专家作大会发言。

8月8—10日，由学会遗传毒理专业委员会主办，云南省药物研究所药物安全性评价中心等单位共同承办的纳米物质遗传毒性研究与评价专题研讨会在云南省昆明市召开，90余名专家参加研讨会。

8月9—11日，由学会计算毒理专业委员会主办，环境化学和生态毒理学国家重点实验室和兰州大学协办，委托甘肃圆美文化传播有限公司协助组织的第二次全国计算毒理学学术会议暨中国毒理学会第一届计算毒理专业委员会第二次会议在甘肃省兰州市召开。中国科学院院士江桂斌等专家出席会议，100名代表参会。

8月13—16日，由学会工业毒理学专业委员会、生化与分子毒理专业委员会主办，中国医科大学公共卫生学院等单位共同承办的2018年环境与健康学术会议在辽宁省沈阳市召开。来自120所高校和科研院所的573名专家、学者参会。中国科学院院士顾东风作特邀报告，日本学者山本雄之、熊谷嘉人，学会理事陈春英，毒理学者蒋义国作大会报告。

9月6—8日，由学会临床毒理专业委员会主办、重庆医科大学承办的中国毒理学会临床毒理专业委员会2018年会暨药物性肝损伤上市后研究及风险评控论坛暨药品上市后研究高峰会议在重庆市举办。会议有特邀报告6篇、专题11篇，60名相关领域专家参加论坛。

9月13日，学会环境与生态毒理学专业委员会第六届学术研讨会暨环境与生态毒理学专业委员会第三届委员会全体委员第二次会议在江西省南昌市举行。100余名专家、学者参会，设立3个分会场开展学术报告。

10月9—11日，由中国毒理学会放射毒理专业委员会和第十届全军辐射医学专业委员会联合主办、南华大学公共卫生学院承办的中国毒理学会放射毒理专业委员会第十二届全国学术会议暨第十届全军辐射医学专业委员会第二次学术会议在湖南省衡阳市召开。近200名专家、学者出席会议。大会有特邀报告4篇、大会报告29篇。

11月2—4日，由学会主办，学会中毒与救治专业委员会及全军中毒救治中心承办的全国中毒救治首都论坛暨第十届全国中毒及危重症救治学术研讨会暨中国毒理学会中毒与救治专业委员会第四次会员代表大会在北京举行。大会特邀中国科学院院士江桂斌、中国工程院院士秦伯益等专家作报告。约500余名专家参会。

11月30日—12月1日，由学会、北京大学中国药物依赖性研究所主办的第十五届全国药物依赖性学术会议暨国际精神疾病研讨会在云南省昆明市召开。300余名专家、学者参会，18名专家、学者作大会报告。大会设4个分会场。同期召开中国毒理学会药物依赖性毒理专业委员会第六届会员大会和专业委员会领导机构换届选举大会，选举产生委员50人、青年委员20人。

国际交往 6月17—20日，中国21名代表全程参加在泰国芭提雅达市举办的第八届亚洲毒理学大会。中国学者14篇论文被大会录用。同期举行理事会换届选举大会，学会副理事长付立杰全票当选连任亚洲毒理学会执行主席。中国毒理学者蒋义国、陈春英、黄瑞雪等当选亚洲毒理学会新一届理事，任期3年。大会确定由学会承办第九届亚洲毒理学大会。

科普活动 学会资助专委会开展科普项目，学会工业毒理专业委员会、放射毒理专业委员会、临床毒理专业委员会、毒理学史专业委员会分别开展科普宣传活动20场次，受众1.3万人次，制作展图311幅、展板50个，发放宣传册（彩页宣传卡）1000张，参与科普活动专家500余人次。全年招募科普工作志愿者37人、志愿者团体单位1个。

9月18日，学会工业毒理专业委员会到山东平福环境服务有限公司、山东省京博集团农药生产厂进行关键职业性有害因素的科学普及与宣传教育。学会毒理学史专业委员会走进陕西省安康市平利县城关初级中学、西北农林科技大学、湖南农业大学，开展科普文化进校园系列活动；在内蒙古自治区阿拉善盟举办有毒危险生物灾害科普展，5000余人次参观展览。学会临床毒理专业委员会开展健康科普活动15场，服务学生7200人次；5月，在贵州省贵阳市观山湖金华社区、省府社区、延中社区组织食品、保健食品安全宣传进社区活动等。

表彰举荐优秀科技工作者 开展第二届中国毒理学优秀青年科技奖评选，评选出段军超、刘颖、曲广波、阮挺、王嘉东、杨胜韬、章宇7名获奖者，在10月召开的中国毒理学会第六次中青年科技论坛上颁奖。中国科学院院士、学会副理事长赵宇亮当选发展中国家科学院院士。学会理事陈春英、副理事长赵宇亮团队与学会常务理事江桂斌团队研究成果获国家自然科学奖二等奖。学会副理事长陈景元、常务理事骆文静团队研究成果获国家科技进步奖二等奖。

学会顾问史志诚教授主编的《世界毒物全史》名列《中国出版传媒商报·改革开放40年特刊》发布的“40年中国最具影响力的400本科学科普书”书单。学会毒理学史专业委员会高级顾问孟紫强教授主持“环境毒理学”慕课于11月15日在中国大学MOOC网正式发布。

党建强会 10月20日，完成第二届党委改选工作，召开第七届理事会党委第一次会议。审议通过并正式施行《中国毒理学会党委工作规则》。

制定《党委工作规则》，坚持党的领导与学会依法依章程自主办会相统一。开展学会优秀党员科技工作者先进事迹宣传活动。选出贾庆忠、杨杏芬和王全军3名优秀党员科技工作者和叶常青、史志诚、杨杏芬、张天宝、杨惠芳和顾爱华6名优秀科技工作者代表，并在学会网站进行宣传。

承担“创建星级学会党组织”试点工作，获得“良好星级学会党组织”称号。

会员服务 参与网上科协建设工作。利用新媒体手段，通过中国毒理学会微信公众号和学会官网，不定期向会员发布学会工作进展、相关通知、科普新闻及活动信息，推荐最新科技动态。

【中国毒理学会第七次全国会员代表大会】 10月20日，中国毒理学会第七次全国会员代表大会在重庆市召开。大会选举产生由149名理事组成的中国毒理学会第七届理事会和由47人组成的第七届常务理事会及学会领导成员。周平坤当选中国毒理学会第七届理事会理事长，陈景元等当选副理事长，刘超当选秘书长。选举产生由郑玉新任监事长、张天宝任副监事长的监事会。大会期间，成立中国毒理学会第二届党委，召开第二届党委第一次会议。

【中国毒理学会第六届中青年科技论坛】 10月19—22日，学会主办的中国毒理学会第六次中青年学者科技论坛在重庆市举行。军事科学院军事医学研究院院长张士涛、重庆市副市长刘桂平、中国工程院副院长王辰等参加开幕式和有关活动。论坛主题为“创新毒理科学，服务健康中国”，约740余名专家、学者参加，收到论文摘要240篇。中国科学院院士江桂斌、张学敏，中国工程院院士王辰，蓝图医药高级副总维韦克·卡达比［Vivek（Vic）Kadambi］博士，辉瑞制药全球执行总监马津·德尔齐（Mazin Derzi）博士等8名国内外毒理学专家作特邀报告。2018年度中国毒理学会优秀青年科技奖和学会2018年校园科普作品大赛的2个获奖单位、9名优秀参赛个人在论坛上进行了颁奖和表彰。论坛设专题报告53场，7名中国毒理学会优秀青年科技奖获奖者作报告。论坛期间，学会呼吸毒理专业委员会召开成立大会，青年委员会完成换届选举，进行青年人才托举工程项目中期总结，举办毒理与健康科技创新成果对接会。

【首届中国毒理学会校园科普大赛】 学会与科学普及出版社联合组织开展首届中国毒理学会校园科普大赛。大赛主题为“健康安全与科技创新”，向在校大学生征集毒理学相关科普作品。广州医科大学护理学院、公共卫生学院、华北理工大学公共卫生学院、山东大学公共卫生学院、中南大学湘雅公共卫生学院、南华大学公共卫生学院6所高校及个人报名参赛。大赛收到文学、漫画、动画、电影等作品26件。经专家评审，共选出获奖作品14件，其中，一等奖1件、二等奖3件、三等奖5件、优秀奖5件。获奖作品在学会官网和微信公众号上展示，旨在向公众宣传毒理科学知识。

（撰稿人：铁 轶 关 华）

中国康复医学会

服务创新型国家和社会建设 2月5日，学会制定《中国康复医学会2020年前参与脱贫攻坚工作规划》，并组织实施。

4月2日，学会下达2018年度康复服务行活动计划。根据计划，组织专家团队在全国各地开展以“康复服务、健康中国”为主题的社会服务活动100余次，为公众、基层医疗机构和一线康复工作者提供康复医疗、康复科普、康复培训、康复科技、康复学术、康复人才、康复管理、康复产业发展8个方面的服务。

4月3日，由学会指导，康知了传媒、中国市县乡康复发展论坛组委会承办的康复服务行·2018康复中国万里行活动发车仪式在广东省广州市举行。活动历时7个月、行程3.5万千米，140余名康复专家参加活动。

受国家卫生健康委员会委托，承担“康复医学指南”系列丛书编著工作。4月21日，学会六届五次常务理事会暨期刊工作会议对编著工作进行部署，组建编撰委员会。9月16日，召开“康复医学指南”系列丛书编著工作会议，启动编著工作。

11月24日，首届新时代中国康复医学人才培养国际高峰论坛在山东省烟台市举办。在开幕式上，学会和滨州医学院围绕康复医学学科发展签署战略合作框架协议。

学会建设 制定《中国康复医学会党委工作规则（试行）》《中国康复医学会会议服务管理办法》《中国康复医学会科学技术奖励管理办法》《中国康复医学会教学成果奖励管理办法》《中国康复医学会评审专家库管理办法》《中国康复医学会分支机构成立管理办法》《中国康复医学会分支机构换届管理办法》7项规章制度，修订《中国康复医学会会员管理办法》。

召开理事会议1次、常务理事会议2次、党委会2次、秘书长办公会11次，举行专题问题研究与集体讨论学习25次。驻会机构新增工作人员8人，学会驻会机构设学会办公室、党委办公室、机构会员部、学术部、培训部、外联部及财务部。新增康复机构管理专业委员会等分支机构14个，组织康复医学教育专业委员会等7个分支机构完成换届。

6月13日，学会下发《关于推荐中国康复医学会评审专家库成员的通知》。依据《中国康复医学会评审专家库管理办法》，经个人申请、单位审核、推荐机构推荐、资格条件审查，首批共有278名专家入库，并于10月11日公布。

入驻一点号、新浪微博、知乎、豆瓣大鱼号、网易号、熊掌号、企鹅号、大风号、简书、搜狐号和今日头条等12个自媒体平台。学会网站发布信息143条，网站浏览量总计约50万人次。学会微信公众号从7月4日重新认证开通后，发布信息34次共53条，累计关注人数8000余人次。

学会治理结构和治理方式改革 学会加强与地方学会的协同发展，在学会平台上宣传和推送地方学会活动，鼓励地方学会参与学会举办的学术活动，号召各地方学会会员申请成为学会会员并探索会员双籍制。

主办期刊 学会主办专业学术期刊9种。6月26日，美国科学信息研究所发布期刊引用报告（JCR），《中国神经再生研究》（英文版）影响因子2.234，首次进入国际神经科学领域Q3区，在JCR收录的中国大陆192种SCI期刊中影响因子排名第64，总被引次数排名第35。该杂志被中国期刊协会评为“2018中国最美期刊”，在《2018中国学术期刊国际引证年报》中入选“2018中国最具国际影响力学术期刊”，编辑赵萌被中国期刊协会医药卫生期刊分会授予青年敬业奖。

据《2018年版中国科技期刊引证报告（核心版）》数据显示，《中国康复医学杂志》核心影响因子1.290，核心总被引频次3291，综合评价总分83.8。11月，该杂志荣获“百种中国杰出学术期刊”称号。

11月16日，《中国脊柱脊髓杂志》编委会完成换届。

学科发展研究 依托所属53个分支机构，跟踪康复医学学科发展前沿，编写修订《社区康复学（第2版）》等书籍14部。

国内主要学术会议 全年举办全国性学术会议交流活动24次，参加会议总人数29800余人次，包括境外学者130余人次。

8月31日—9月2日，由学会主办的首届“一带一路”中部康复论坛暨第三届安阳国际康复设备博览会在河南省安阳市召开。2000余人参加会议，国内200余家医疗企业参展。

9月8—9日，“一带一路”西部康复高峰论坛暨甘肃省康复医学会、甘肃省残疾人康复学会年会在甘肃省兰州市举行。会议主题为“融合，创新，规范，发展”，800余人参加会议。

11月16—18日，2018第二届中国康复医学会综合学术年会暨国际康复设备展览会在北京国家会议中心召开。

两岸交流 6月29日—7月1日，由学会主办、福建中医药大学承办、福建中医药大学附属康复医院协办的首届海峡康复产业高峰论坛暨“一带一路”东部康复医学论坛在福建省福州市召开。论坛主题为“协同创新，助力康复产业发展”。海峡两岸、“一带一路”沿线国家和地区高校、科研院所、医疗机构的康复专家2000余人参会。

国际组织任职 7月11日，在法国巴黎举行的国际物理医学与康复医学学会（ISPRM）第12届年会期间，学会副会长、福建中医药大学教授陈立典作为中国代表担任中亚和东亚地区执委。

国际交往 5月18日，在南非开普敦举行的世界作业治疗师联盟理事会会议（WFOT Council Meeting）上，经理事会表决批准，学会作业治疗专业委员会成为其正式会员（Full membership）。

6月28日—7月1日，第55届日本康复医学会年会在日本福冈举办。会议主题为“前沿康复医学”。学会副会长、中国康复研究所所长李建军受邀担任会议主持并作题为“中国地震康复医学救助与服务模式分享”（Rehabilitation Relief and Service Model in Earthquake in China）的学术演讲。

9月12—15日，美国心肺康复学会第33届年会（AACVPR 33rd Annual Meeting）在美国肯塔基州路易斯维尔市（Louisville，Kentucky，USA）国际会议中心举行。学会心血管病专业委员会与美国心肺康复学会联合设立中美联合论坛，与国际心肺预防与康复联盟共同发起中美欧联合论坛。学会心血管病专业委员会主任委员、国际欧亚科学院院士胡大一和美国心肺康复学会国际交流部主席 Lopez Francisco、国际心肺预防与康复联盟主席 Sherry Grace 共同担任论坛主席。

11月16—18日，2018第二届中国康复医学会综合学术年会暨国际康复设备展览会在北京举办。会议邀请来自美国物理医学与康复学会、美国哈佛大学医学院、美国南加州大学、德国康复学术机构等单位的50余名康复医学专家作专题演讲。会议期间，学会与美国物理治疗与康复学会、中德经济技术合作论坛健康医疗工作组签署长期战略合作协议，并聘请16名外籍专家为学会学术顾问。

科普活动 依托学会科学普及工作委员会，利用信息技术手段，通过“互联网+科普”行动，加强网上科普。中国康复医学会康复科普微信平台关注人数19138人，全年推送原创文章49篇，阅读总数129592次，分享转发6942次。新增抖音运营平台，推送《如何搬运重物》《办公室颈椎操》等短视频。举办健康教育讲座15期、青少年科普宣讲活动2期、贴扎技术培训班3期、腰椎健康培训班1期、科学普及与康复论坛1期，线下受众6000余人。出版《功能性贴扎技术》《社区康复学电子教材》《儿童康复大百科》等书籍。学会科普工作委员会与珠江医院“脑新芽”团队、“随心手愈”团队合作，举办脑新芽活动8期、随心手愈活动6期，参与人数500余人次。学会心血管病专业委员会主任委员胡大一当选典赞·2018科普中国十大科学传播人物。

表彰举荐优秀科技工作者 开展中国康复医学会科学技术奖、教学成果奖评选工作。

7月25日，启动年度优秀奖申报推荐工作。经过申报推荐和专家评审，评选出“优秀三师”121人和“优秀青年三师”112人。11月2日，学会发通报进行表彰。

11月17日，学会成立35周年之际，在2018第二届中国康复医学会综合学术年会暨国际康复设备展览会开幕式上，授予刘昆、南登崑、范振华、吴宗耀、谭维溢、娄思权、华桂茹、纪树荣、孙启良、于长隆10名康复医学科技工作者中国康复医学会第三届终身成就奖。

党建强会 3月16日，学会党委批复学会电诊断专业委员会等14个分支机构成立基层党组织的申请。

4月21日，学会党委书记、常务副会长牛恩喜在学会第六届常务理事会第五次会议上，作题为“深入学习习近平新时代中国特色社会主义思想　增强高举旗帜自觉　积蓄砥砺奋进动力”的专题党课辅导。

7月7—8日，学会党委举办“学习西柏坡精神”主题党日暨康复服务行“走进平山县”党建强会特色活动。

11月15日，学会党委下发通报，表彰康复服务行活动先进集体10个、先进个人30人。

学会党委办公室主任崔川被中国科协科技社团党委评为全国学会十佳党建通讯员。

会员服务 调研会员管理系统各项功能，与康复医学网和康复社进行合作，探讨建立“会员之家”栏目。

【第二届中国康复医学会综合学术年会】 11月16—18日，由学会主办，中国医师协会、中国研究型医院学会、中国残疾人康复协会、中国康复辅助器具协会、中国康复技术转化及发展促进会等参与协办的2018第二届中国康复医学会综合学术年会暨国际康复设备展览会在北京国家会议中心召开。来自200余个国内外学术组织、医疗机构、大专院校和医药企业的9000余名专家、学者和康复医学科技工作者参加会议。原卫生部部长张文康、原解放军总后勤部副部长秦银河、国家卫生健康委员会医政医管局副局长焦雅辉、中国科协学会学术部副部长苏小军等出席开幕式并致辞。学会党委书记牛恩喜主持开幕式，学会会长方国恩发表欢迎词。

会议以“聚焦新时代、引领新康复”为主题，设综合国际康复主论坛、第二届中美康复论坛、首届中德康养结合论坛、国际华人康复论坛及50余场专题分论坛。会议邀请8名院士作专题授课和致辞，邀请国内外康复医学专家作专题演讲。600余次专题发言、50余次国际发言、20余场卫星会展示康复医学领域现状、发展与挑战。学会所属53个专业委员会组织人员参会，9种学术期刊联合参展，各省、自治区、直辖市康复医学会组团参会，广州一康医疗设备公司、翔宇医疗设备公司、蝶和科技公司等康复设备企业参会参展。

会议整体实施网上实时直播，直播观看总量近26万人次。

【2018年度中国康复医学会科学技术奖、教学成果奖评选】 2018年，在中国康复医学会科学技术奖的基础上，首次设立中国康复医学会教学成果奖。4月10日，学会发出关于推荐申报2018年度中国康复医学会科学技术奖、教学成果奖的通知。收到有关单位推荐项目92项，其中，科学技术奖66项、教学成果奖26项。经过初审、形式审查，于9月14—15日在北京国际会议中心召开2018年度中国康复医学会科学技术奖、教学成果奖评审会议。会议评选出"脑卒中后认知障碍康复评价及关键技术研究"等科学技术奖获奖项目32项，其中，一等奖7项、二等奖9项、三等奖16项；评选出"国际化康复治疗学专业'2+2'人才培养模式的构建"等教学成果奖获奖项目16项，其中，一等奖4项、二等奖6项、三等奖6项。10月29日，学会发通报进行表彰。

【"学习西柏坡精神"主题党日暨康复服务行"走进平山县"活动】 7月7—8日，学会党委联合河北省康复医学会在河北省石家庄市平山县西柏坡举办"学习西柏坡精神"主题党日暨康复服务行"走进平山县"活动。活动聚焦纪念建党97周年和党中央移驻西柏坡70周年，落实中国科协科技社团党委"党建强会计划"项目。学会党委成员、分支机构党组织成员、驻会机构全体党员共60人参加活动。

7月7日，到西柏坡红色教育基地进行学习。学会党委书记、常务副会长牛恩喜作题为"追寻先辈足迹　传承红色基因　履行学会使命　践行服务宗旨"的动员讲话。参加活动的人员在学会副会长黄晓琳带领下面向党旗进行宣誓，前往西柏坡纪念馆、廉政教育纪念馆、中共中央旧址等地进行参观学习，并听取《缅怀领袖业绩　弘扬西柏坡精神》专题党课辅导。

7月8日，学会党委组织党员专家赴平山县医院、西柏坡卫生镇、通家口村开展康复服务行活动。党员专家为500余名当地群众开展检查治疗、康复咨询和健康知识普及工作，并深入病房、农户开展"一对一"诊疗和指导，为基层医务人员进行学术讲座。

（撰稿人：钟铁军　崔　川　张文豪）

中国免疫学会

服务创新型国家和社会建设　受中国科协生命科学学会联合体委托，组织编写"健康和医学领域前瞻研究和技术难题"建议报告《建立高效普适癌症免疫治疗技术新体系——我国肿瘤免疫滞后原因及对策分析》。

学会神经免疫分会发布《多发性硬化诊断和治疗中国专家共识（2018版）》。

3月18—23日，作为学会和德国免疫学会双边合作交流的重要部分，推荐2名青年人才参加第14届德国免疫学会春季学校。

举办青年人才继续教育活动2次。7月18—19日，第六届中国免疫学会青年学者论坛在山东省济南市举办。7月16—25日，中国免疫学会第七届博士研究生暑期学校在山东省济南市开班。共计100余名学员参加学习。

11月7—10日，第十三届全国免疫学学术大会期间，通过国外免疫学会推荐，资助美国、德国、英国、荷兰、瑞士、澳大利亚等国14名国际青年学者参加会议，在国际青年学者高峰论坛分会场上开展学术交流。作为中德、中英双边交流重要部分，资助德国、英国免疫学会青年学者会后参观国内实验室并开展交流。

学会能力提升计划　入选中国科协学会能力提升专项一类项目建设单位。

学会建设　发展个人会员724人，个人会员总数10368人。召开全体理事会议1次、常务理事会议2次、全国免疫学会秘书长工作会议1次。

为庆祝学会成立三十周年，策划并完成"八个一"（纪念册、画册、画展、纪念品、宣传片、科普丛书、庆典晚会、学术大会）纪念活动。11月7日，中国免疫学会成立三十周年庆典晚会在上海市举办，国内各省市免疫学会代表、专业分会和工作委员会代表共1000余人参加晚会。学会特邀国外免疫学会理事长，美国、日本、英国、德国、澳大利亚的免疫学会负责人参加晚会。

12月13—15日，在重庆市召开第四届中国免疫学会秘书长工作会议。会议学习党和国家对科技社团工作的要求，围绕新形势下全国协同发展、谋划学术和学会的共同进步这一议题进行研讨。

青年人才托举工程　作为中国科协生命科学学会联合体核心学会，在2015年及2017—2019年度担任联合体项目责任学会，完成联合体对青年人才托举项目的整体设计、联合体项目管理办法的制定及项目监管等工作。截至2018年年底，学会在4期项目中共选拔托举青年人才12人。

主办期刊　根据美国汤姆森科技信息研究所（THOMSON-ISI）公布的2017年度期刊引证报告（JCR），《中国免疫学杂志》（英文版）（CMI）影响因子7.551，位于国际免疫学领域前25%（Q1区），在全球155种免疫学SCI期刊中排名第16，较上一年度上升10名，在中国203种SCI期刊中排名第8，在包括欧美英日在内的各国家级免疫学会会刊中排名第1。

根据中国科学技术信息研究所《中国科技期刊引证报告》，《中国免疫学杂志》2017年度被引频次1572，影响因子0.725。被引频次、影响因子、综合评价总分在全部2029种科技期刊中分别排名第542、第605、第272，在基础医学类29种科技期刊中分别排名第3、第5、第2，在全部免疫学核心期刊中均排名第1。

学科发展研究　学会中文会刊《中国免疫学杂志》每年第1期发布国内外免疫学研究重要进展，为免疫学领域发展提炼最新研究热点。2018年第1期发布《2017年国内外免疫学研究重要进展》。

学会委托专业机构在数据分析的基础上编制《自身免疫疾病研究态势分析报告》，为制定自身免疫病前沿发展报告和相关研究工作提供依据。

决策咨询　组织编写“健康和医学领域前瞻研究和技术难题”建议报告《建立高效普适癌症免疫治疗技术新体系——我国肿瘤免疫滞后原因及对策分析》，通过中国科协生命科学学会联合体上报，为国家相关政策制定提供依据。

国际学术会议　6月1—4日，由学会和英国免疫学会联合主办的第二届中英免疫学高峰论坛在重庆市召开。

6月28日—7月1日，学会生殖免疫分会在上海市主办中美联合生殖免疫大会暨第38届美洲生殖免疫大会。大会收到论文摘要180篇，15个国家近500名专家、学者参加会议。

国内主要学术会议　10月24—26日，学会在浙江省杭州市召开中国免疫学会血液免疫分会临床流式细胞术学组2018年学术年会。400余名专家、学者参加会议。

11月7—10日，学会在上海市召开中国免疫学会第十三届全国免疫学学术大会。参会专家、学者2600人。国内外专家、学者29人作特邀报告。从投稿中选出195篇作分会场报告，111篇作壁报交流。

两岸交流　10月13—14日，第七届海峡两岸四地免疫学研讨会在澳门特别行政区召开。学会理事长田志刚带队参会。两岸四地29名免疫学家作报告，200余名专家、学者和研究生等参加会议。

国际组织任职　学会是国际免疫学联合会（IUIS）及其区域组织亚洲-大洋洲免疫学联盟（FIMSA）的成员，亚洲-大洋洲免疫学联盟秘书处职责由学会代为执行。学会理事长田志刚任IUIS理事、FIMSA理事，张煊任IUIS临床委员会委员，学会秘书长曹雪涛任IUIS性别平等与职业发展委员会委员、FIMSA秘书长，黄波任IUIS教育委员会委员，金伯泉任IUIS命名委员会CD分子分委会委员。

国际交往　5月4—8日，美国免疫学会年会（AAI 2018）在美国得克萨斯州奥斯丁城举行。学会副理事长孙兵组织4名教授在固有淋巴细胞和T细胞的调节功能（The regulatory function of innate lymphoid cells and T-cells）中国免疫学会分会场上作专题报告，300余名各国免疫学家参加分会场活动。分会场开幕式上，AAI主席Wayne M. Yokoyama致辞。

12月17—20日，学会常务副秘书长高扬，学会兽医免疫分会秘书长、中国农业科学院哈尔滨兽医研究所副所长冯力一行11人赴印度尼西亚，执行中国科协“一带一路”动物疫病防治联合研究中心项目。项目组访问印尼帝斯生技公司，听取项目进展，参观P3级别生物实验室和产品研发中心，签署《“一带一路”动物疫病防治联合研究中心合作协议》。项目组访问中心成员印尼乌达亚纳大学，交流科研定位、发展目标、基础设施建设、团队研究方向设置、人才培养等方面情况，部署下一步工作。

科普活动　出版“人体健康与免疫”科普丛书系列中《常见问题篇》《历史篇》《疾病预防篇》《疾病

诊断篇》4 本。该丛书以漫画形式普及健康知识。

承接中国科协科技服务民生项目，组织学会专家编写“科技民生报告丛书”——《免疫与疾病的战争》。

表彰举荐优秀科技工作者 开展第八届中国免疫学会学术奖评选工作，在全国学术大会期间举办颁奖仪式。本届终身成就奖授予中国工程院院士闻玉梅，杰出学者奖授予天津医科大学教授姚智、华中科技大学教授沈关心，青年学者奖授予毕嘉成等 9 名免疫学工作者。

学会创新发展 依托学会兽医免疫分会，承接中国科协国际科技组织合作平台建设项目，建设“一带一路”动物疫病联合防治研究中心。作为项目重点工作之一，通过与埃及和印度尼西亚的合作，研发适合当地的动物疫苗制品，推广中国动物疫苗制品和技术标准。

党建强会 学会党委发挥政治引领作用，参与学会“三重一大”事项前置审议。通过学习交流、理论研讨、实地参观革命纪念馆等方式，学会党委和秘书处党支部号召全体会员将党的十九大精神融入免疫学科学研究、临床诊疗和教学工作。

会员服务 编纂中国免疫学会 2018 年通讯并寄送给会员，向会员传达学会年度工作综合信息。

【第二届中英免疫学高峰论坛】 6 月 1—4 日，由学会和英国免疫学会联合主办的第二届中英免疫学高峰论坛在重庆市召开。

论坛邀请中英两国 30 余名免疫学领域专家、学者参加会议。英方代表以英国免疫学会主席、帝国理工学院教授 Peter Openshaw 和英国免疫学会候任主席、伦敦大学学院教授 Arne N. Akbar 领衔，中方代表以中国工程院院士、学会秘书长、南开大学教授曹雪涛和中国工程院院士、学会理事长、中国科学技术大学教授田志刚领衔。会议围绕免疫学研究热点领域和前沿进展作专题报告。会议主题涵盖新型调节性免疫细胞亚群、NK 细胞抗肿瘤免疫、新生儿病毒感染免疫、固有淋巴细胞、衰老中的炎症和免疫、B 细胞免疫等。参会人员交流各自科研成果，讨论合作计划，就科研和合作信息共享、青年人才共同培养、协助组织 2019 年在北京召开的第十七届国际免疫学学术大会等事宜达成共识。

【第十三届全国免疫学学术大会】 11 月 7—10 日，中国免疫学会第十三届全国免疫学学术大会暨中国免疫学会成立三十周年庆典在上海市召开。参加大会的正式注册代表 2318 人、大会特邀代表 44 人、展商代表 289 人、大会志愿者 40 人，参会人数共 2691 人。

会议特邀国内外报告人 29 人，组织肿瘤免疫与肿瘤免疫治疗、感染免疫、自身免疫病与过敏性疾病、天然免疫应答的识别与调控等 16 个分会场。大会从论文投稿中选出 195 篇在分会场作口头报告，组织壁报交流 111 篇。作为学会加强学术大会国际化举措之一，国际青年免疫学者论坛成为大会常规项目，学会为来自美国、德国、英国、荷兰、瑞士、澳大利亚等国 14 名国际青年学者提供差旅资助。

学会三十周年庆典晚会上颁发第八届中国免疫学会学术奖。会议期间，特别召开国际免疫学联合会和学会共同主办的 2019 年国际免疫学大会学术委员会及组织委员会会议，就大会筹备工作达成多项共识。

（撰稿人：姚　婕）

中华预防医学会

服务创新型国家和社会建设 学会履行国家卫生计生委突发事件卫生应急专家咨询委员会秘书处和中国科协联合国咨商生命科学与人类健康专业委员会秘书处工作职责，开展“5·12”地震灾后十年心理救援回顾调研，举办自然灾害卫生应急管理培训班，参加第 22 届世界艾滋病大会并组织中国卫星会。承办世界生命科学大会 2 个分会场。以秘书处为平台，向国家有关部门建言献策。

组织撰写《肺炎球菌性疾病免疫预防专家共识（2017 版）》《HPV 相关疾病免疫预防专家共识》《流行性脑脊髓膜炎免疫预防专家共识》，指导全国肺炎球菌性疾病、人乳头瘤病毒感染疾病、流行性脑脊髓膜炎防治工作。

与江苏省科协建立服务江苏健康中国战略合作关系，签署服务健康中国战略合作协议，搭建学会、江苏省科协和江苏省预防医学会三方合作平台。

学会能力提升计划 申请中国科协全国学会能力提升专项“世界一流学会建设项目”，获批三类项目建设学会。

学会建设 制定、修订《中华预防医学会重大事项议事制度》《中华预防医学会员工公开招聘及考核聘用工作管理办法》《员工考核奖惩管理办法》《中华预防医学会岗位设置与管理实施方案》等。

成立盆底功能障碍防治专业委员会、感染性疾病防控分会、生物资源管理与利用研究分会、健康生活方式与社区卫生专业委员会、脊柱疾病预防与控制专业委员会、老龄健康与医养结合工作委员会、流感预防控制工作委员会7个分支机构，4个学组。完成6个分支机构换届。启动分支机构考核评估管理工作。

成立学会标准化工作委员会；制定《中华预防医学会团体标准管理办法》《中华预防医学会团体标准评审细则（试行）》等管理办法；将团体标准纳入学会科技奖评审工作；借助学会期刊平台宣传贯彻团体标准，打造学会团体标准工作平台。全年评审立项团体标准23项，发布1项。

完成学会业务管理系统（二期）建设，推进学会及分支机构OA办公系统使用。完成会员管理系统优化升级，完善会议管理系统收费等功能。完成信息系统集成，推进学会各信息系统应用兼容及互联互通。开发完成科技奖申报评审平台。学会网站年浏览量约33万人次，学会官方微信公众号关注人数约12万，学会网站和学会官方微信公众号共发稿283篇。营养与疾病预防微信公众号关注人数约12万。

主办期刊　学会系列报刊共72种，其中，学术类期刊70种，健康科普类报纸和期刊各1种。

修订《中华预防医学会系列期刊审读办法》《中华预防医学会系列期刊编委会通则》。组织系列报刊集中政治审读和编辑出版质量审读，使期刊综合质量监督与管理常态化。

为增强学会系列期刊可持续发展动力，建立融合发展机制，鼓励分支机构与系列期刊资源互补，3个分会和3种期刊建立合作关系。建立精品期刊扶植基金，制定学术期刊国际化发展规划。

学会系列期刊中，45种入选中国科技核心期刊，15种入选北大中文核心期刊。《中国公共卫生》杂志被评为2017年度中国百种杰出学术期刊，获得中国科协科技精品期刊建设项目支持。《中国病毒病杂志》《中国媒介生物学与控制杂志》《职业与健康》杂志中各有1篇论文获第三届中国科协优秀科技论文奖。

学科发展研究　组织撰写《2016—2017公共卫生与预防医学学科发展报告》《中国公共卫生与预防医学学科史》《中国妇幼健康事业发展报告》等。

决策咨询　学会为“长春长生疫苗事件”处理、《疫苗法》和《健康中国人行动计划》制定提供咨询意见。

国际学术会议　学会主办2018年世界流感大会，纪念流感大流行百年；举办第七届媒介生物可持续控制国际研讨会、第十三届亚太生物安全协会年会、国际行为营养及体力活动学会北京会议等国际学术会议，展示中国病媒生物控制、生物安全、营养健康等工作取得的成就。

国内主要学术会议　学会举办中国狂犬病年会、中国慢性病大会、医院感染控制年会等学术会议及继续教育培训活动140余场，参会人数5万余人次。

两岸交流　接待中国台湾地区妇幼卫生协会来访，双方交流两岸妇幼卫生保健工作情况。

国际组织任职　学会秘书长杨维中担任世界公共卫生联盟执委（2016—2019）及亚太区联络办公室主任。

国际交往　学会秘书长杨维中参加第52届世界公共卫生联盟年会及第71届世界卫生大会，参加第22届世界艾滋病大会并主持中国专场卫星会。学会副秘书长刘霞参加2018年国际暴露科学学会和国际环境流行病学学会联合学术年会。完成《“一带一路”国家传染病风险评估与对策建议》编写工作，为开展后续防治合作奠定基础。

科普活动　成立由55名院士和专家组成的中华预防医学会健康科普专家委员会，对学会科普工作进行指导和顶层设计。邀请专家参与学会科普巡讲、科普项目。

成立由6名院士牵头、47名专家组成的《保健时报》专家咨询委员会，指导报纸选题策划、内容设计等。在专家的支持指导下，《保健时报》完成50期报纸出版。各新媒体平台内容阅读量突破1亿次，部分文章阅读量超100万。完成世界流感大会专刊与会讯、中国慢性病大会专刊与会讯、血防专刊等编纂制作工作。

在学会76个分支机构中设立科普联络员。要求每个分支机构每季度至少提交1篇科普作品。

在学会原有的公共卫生与预防医学、慢性病防控、预防接种、生殖健康4个科学传播专家团队基础上，向中国科协推荐脊柱疾病预防与控制、肿瘤预防与控制、眼科疾病预防与控制3个科学传播专家团队。

推荐学会专家和新媒体平台参评十大科普自媒体及十大科学传播人物。经学会推荐，北京大学教授胡大一被评为全国十大科学传播人物。

组建宁波市疾控中心健康教育云平台、江西余江中国血防纪念馆、湖北宜昌市疾病预防控制中心3个学会健康科普基地，学会健康科普基地增至6家。组织各基地举办特色科普活动，围绕重点疾病创作科普作品。制作收集300余项健康科普资料，提交中国科协。

2月1日，学会和中国教科文卫体工会在北京共同发起“健康中国·幸福职工”健康科普巡讲系列活动。活动旨在邀请专家走进企业，普及健康知识，提高员工健康素养，共同推动“健康中国”建设。巡讲活动先后走进中国人民银行、中国轻工业品进出口集团、东升科技园等企业，邀请中国工程院院士、学会会长王陇德，北京大学第一医院、北京大学人文研究院、中国医学科学院肿瘤医院、阜外医院、中日友好医院、武警总医院、中国疾病预防控制中心等医疗卫生机构10余名专家为1000余名职工讲授健康生活方式、子宫颈癌综合预防、员工职业心理健康和职场健康、营养与健康、急救等知识，与企业职工面对面交流。

承办全国科普日活动，开设“乐享健康”主题活动——健康嘉园未来社区健康防护站。组织专家现场义诊、答疑，开展线上科普直播。现场邀请专家拍摄抖音视频，观看人次40余万。

主办全国大学生微视频创作大赛。与相关机构联合主办2018中国健康科普大赛、新时代健康科普作品征集大赛等活动。组织全国儿童预防接种日“4·25”宣传活动。组织实施中国宫颈癌预防控制科普项目、孕产妇身心健康促进项目、领导力建设培训项目、新疫苗纳入研究项目、婴幼儿腹泻与发育健康促进项目、健康产业技术服务项目、疫苗与免疫工作者在线教育项目、出生缺陷防控学术交流活动等。

利用听听专家说微信公众号开展在线问答、公开课等服务，用户覆盖31个省、自治区、直辖市，注册医生8万余人。问答收听累计76万人次，阅读数283万人次，收听课程36万人次。

表彰举荐优秀科技工作者　学会推荐第十五届中国科协青年女科学家奖候选人、全国学会优秀党员科技工作者候选人、优秀科技工作者候选人共计15人。

党建强会　探索社会组织党建工作新模式，启动创建功能型党委分支机构党的工作小组。制订《中华预防医学会理事会党委议事制度》《中华预防医学会理事会党委办事规则》。按照国家卫生健康委员会部署，开展对山西省临汾市永和县索驼村党建扶贫工作。组织申报中国科协党建强会项目，开展“微党课激发大动力”活动。统筹运用互联网、微信、传统培训等形式，推送党的十九大学习内容。创建学会党纪党规知识季度测评机制，对党的理论知识进行系统考核。开展南湖革命纪念学习，与中华中医药学会开展党建联学联做等主题活动。

【社会组织参与艾滋病防治基金工作】　学会作为社会组织参与艾滋病防治基金管理委员会办公室所在单位，负责基金的具体管理工作。2018年，社会组织参与艾滋病防治基金通过中央财政及社会捐赠资金共资助31省730家社会组织930个项目，资助金额近4500万元。为失足妇女、男男同性性行为者及吸毒者等重点人群提供158万余人次干预服务，为35万余名重点人群提供艾滋病病毒抗体检测，新发现阳性艾滋病病毒携带者9334人。为艾滋病感染者和病人22万余人次提供关怀随访服务。7月，向社会公布《2019—2020年社会组织参与艾滋病防治基金项目申请指南》，经“两审三公示”程序，确立项目899个，2年资助金额共1.048亿元。

7月，在第22届世界艾滋病大会设立中国社会组织展台，举办中国专场卫星会向各国参会代表介绍基金工作。2018年世界艾滋病日前后，在国家卫生健康委员会、民政部及财政部指导下，学会联合中国性病艾滋病防治协会、中国预防性病艾滋病基金会在北京发布《社会组织参与防治艾滋病倡议书》，号召社会组织在预防干预宣传、消除歧视、感染者及病人关爱救助等领域发挥更大作用。

在国家卫生健康委员会支持下，学会同比尔与梅琳达·盖茨基金会共同设立提升社会组织参与艾滋病防治基金筹资及沟通能力项目。比尔与梅琳达·盖茨基金会支持人民币532万元，用于基金扩大宣传，提高社会影响，拓展筹资渠道。

支持四川省凉山彝族自治州雷波县、金阳县，云南省怒江傈僳族自治州泸水市、福贡县、兰坪县、贡山县和临沧市沧源县开展预防艾滋病母婴传播工作。培训基层母婴防艾员进村入户普及、宣传艾滋病防治知识及沟通技巧等。打通动员孕妇从村到乡卫生院进行检测的工作关键点，促进阳性妇女孕早期发现，扩大阳性孕产妇随访管理覆盖面。

【2018年世界流感大会】　9月8—10日，学会与亚太流感控制联盟、中国医学科学院和中国疾病预防控制中心共同举办的2018年世界流感大会在北京召开。来自五大洲数十个国家和地区的1000余名代表参加会议。会议以“纪念流感大流行100年：防患于未然”为主题，设立全体报告和分组会议，研讨流感大流行的全球影响、大流行防范计划和政策、流感大

流行准备要素、流感大流行应对要素及将季节性流感干预策略纳入大流行规划等专题。大会旨在分享国际经验，加强全球流感防控领域专家、学者的交流、合作，提升全球流感防控和流感大流行应对水平。

世界各地流感防控流行病学专家、病毒学专家、临床专家、公共卫生政策制定者和中国流感防治相关专业技术人员分享防控技术，指出在流感大流行前采取有针对性的准备工作的必要性与紧迫性，建议提高公众和专业机构对流感危害及其防控的认识。

【2018年中国慢性病大会】 9月15—16日，学会与中华医学会、中国医学科学院、中国疾病预防控制中心、国家心血管病中心、国家癌症中心、国家老年医学中心共同主办的2018年中国慢性病大会在北京召开。会议主题为“加强公共卫生与临床医学整合，护航老龄健康”。来自国家卫生健康委员会、中国工程院、世界卫生组织、学会相关分支机构、中国医学科学院、中国疾病预防控制中心、国家心血管病中心、国家癌症中心、国家老年医学中心、中国老龄协会老年人才信息中心及各级医疗卫生机构、高校、科研院所等单位的领导、院士专家、学者和医疗卫生工作者1000余人参加会议。

会议分全体会议和分会场两部分。全体会议邀请中国工程院院士、学会会长王陇德，中国工程院院士陈君石、宁光、程书钧，国家卫生健康委员会疾病预防控制局副局长张勇，中华预防医学会副会长孔灵芝，中国老龄协会老年人才信息中心主任李伟，世界卫生组织慢病司资深专家邵瑞太，北京医院/国家老年医学中心副主任张铁梅，北京大学医学部公共卫生学院卫生政策与管理系名誉主任陈育德，国际健康促进和教育联盟主席Graham Robertson，中国癌症基金会理事长赵平，中国疾病预防控制中心营养与健康所副所长赵文华，国家儿童医学中心（北京）儿童慢病管理中心教授米杰，中日友好医院教授贾立群，中国疾控中心慢病中心研究员吴静，北京医院国家老年医学中心教授杨泽，上海市徐汇区康健街道社区卫生服务中心主任医师徐东浩，北京安馨养老产业投资有限公司董事长鄂俊宇等专家、学者围绕脑卒中防控、老龄化背景下的慢性病防控、营养身体活动与健康老龄、老年和肿瘤、糖尿病防治与老年生活质量、慢病预防在老龄社会的意义、社区“医、养、护、居、送”全程健康管理实践、基于生命周期的慢病早期防治关键技术、中医在老年慢性病防治中的作用与实践、老年常见疾病的社区干预、老龄健康服务与标准化等主题作大会报告和主题对话。

大会同期举办分论坛10场，与会者交流融合公共卫生和临床医学的肿瘤预防、糖尿病防控健康素养、推进医院健康教育、健康传播的创新与实践、脊柱疾病预防与控制、快乐育儿等问题。

【寻找全国血防卫士系列活动】 4月8日，国家卫生健康委员会办公厅印发《关于开展防治血吸虫病防治系列宣传活动的通知》，委托学会牵头组织开展寻找全国血防卫士活动。

寻找全国血防卫士活动由寻找血防卫士、血防楷模、血防先驱3个部分组成，由12个血吸虫病流行省份的卫生计生委（卫生健康委）、中国疾病预防控制中心、中国畜牧兽医学会、中国水利学会、中国林学会及有关高校组织实施。寻找范围是流行省份疾控机构、血（寄）防专业机构、血防相关科研院所及高校从事现场防治工作和研究的专业技术人员。候选条件除政治上合格、工作成绩突出、群众普遍认可外，血防楷模须从事血防工作30年以上，血防卫士须20年以上，血防先驱则为已故的、早期投身血防并做出开拓性贡献的专家。

学会邀请有关领导和专家组成指导专家组、专家评审组和寻找活动办公室。活动历时4个月，经各地寻找，逐级推荐、审核和公示，专家组评议、指导组审定，已故陈方之等7人为全国血防先驱，已故洪式闾等41人获全国血防先驱提名；51人为全国血防楷模，272人为全国血防卫士。活动得到中国人口福利基金会、光明网和保健时报社的支持。

（撰稿人：牛霏霏　夏建国）

中国法医学会

学会建设　学会秉承“听会员之声，急会员之急，供会员之需”原则，征求会员意见，为会员服务。减免单位会员会费4万元。新批准个人会员23人，清理僵尸会员15人。截至2018年年底，共有个人会员6687人、单位会员2个。

学会秘书处研究学会章程修改草案，与相关专家探讨成立监事会和监事会的职责、定位、工作方式等问题。学会及其所属中国法医学杂志社制定、修订并试行多项规章制度。

学会治理结构和治理方式改革　为落实公安部和

中国科协关于全国性社团参加民政部社团评估要求，学会在学习研究民政部最新实行的全国性学术类社团评估指标的基础上，结合学会工作实际需要，整合秘书处原有内设机构工作任务。改革后学会秘书处内设机构为办公室、会员部、学术部、培训部、宣传部、科普部、财务部和杂志社。

主办期刊 《中国法医学杂志》社在人员锐减的情况下，发展并扩大兼职编审队伍，与学会员工共同努力，保证杂志正常出刊。《中国法医学杂志》收到稿件501篇，编辑出版正刊6期，增刊1期，刊发稿件249篇。

《中国法医学杂志》入选武汉大学中国科学评价研究中心（RCCSE）中国核心学术期刊、中国科技论文统计源期刊（中国科技核心期刊）、荷兰国际科学文献数据库（ELSEVIER）收录期刊、荷兰医学文摘（EMBASE）收录期刊、《中国学术期刊综合评价数据库》（CAJCED）统计源期刊、《中国期刊网》《中国学术期刊（光盘版）》收录期刊、中国期刊全文数据库（CJFD）全文收录期刊、中文科技期刊数据库收录期刊、《CAJ-CD规范》执行优秀期刊。

科普活动 学会科普部尝试开展面向基层、惠及民生、服务创新、有特色的法医科普活动。3月16日，学会科普部撰写的科普作品《诡异的群体性癔病疑云》在北京青年报社主办的《科技生活》杂志第3670期首发，6月，被中国科协主办的《科技大观园》转载。6月，学会科普部主任侯安山的科普作品《DNA检验：用一个细胞锁定疑凶》被科学普及出版社编辑的"尖叫科学"系列丛书——《用一个细胞锁定疑凶》收录。学会法医专家向青少年和群众进行科普宣传，对部分"中毒"事件进行科普，缓解社会恐慌。

党建强会 秘书处党支部根据学会党委安排，多次组织学习习近平总书记系列重要讲话精神，将学习党和国家法律法规和重大政策作为学会开展工作的首要任务。以内部授课的形式，梳理近年来特别是十八大后党和国家、中纪委、公安部、财政部、民政部、国税总局、中国科协、新闻出版广电总局、劳动和社会保障部等上级机关制定的法律法规及政策，加强秘书处党员干部纪律观念。

6月，学会秘书处党支部开展加强作风建设专题教育活动，组织召开作风建设专题民主生活会。多次开展专题学习活动，组织重点学习中共中央办公厅印发的《干部人事档案工作条例》《中国共产党支部工作条例（试行）》《中国共产党纪律处分条例》《中华人民共和国宪法》《中华人民共和国监察法》等法律法规。

（撰稿人：赵丽娜）

中华口腔医学会

服务创新型国家和社会建设 受国家卫健委委托，学会组织专家52人次，制定技术标准和团体标准33项。学会修订并出版《临床路径释义·口腔医学分册》。

4月5日，中华口腔医学会口腔卫生士在职培训工作委员会成立大会暨第一次工作会议在广东省广州市召开。会议论证中国实行口腔卫生士在职培训的必要性、可行性。11月，邀请国内外口腔卫生士培训专家召开教学研讨会，组织撰写《口腔卫生士在职培训试点讲义》。

6月9—12日，与国家卫健委国际交流中心合作举办中国国际口腔设备材料展览会及学术交流会。共策划举办18场学术会议，包括6个操作班（理论+操作），有90名专家参与授课，内容覆盖各专业领域。会议期间，举办"名师讲堂""一步一步"等学会品牌培训项目。

完成"第四次口腔健康流行病学调查"公益科研项目。撰写调查报告，出版《四次流调风采录》，开展项目先进集体和先进个人评选活动。

由中央财政重大公共卫生专项资金支持开展的"全国儿童口腔疾病综合干预项目"在学会设立国家项目办，由学会负责项目管理工作。项目覆盖895个县（市、区），累计培训口腔卫生服务人员2.9万余人次，参与的医疗机构3600余家，健康教育累计覆盖人数1200余万人次。

受国家卫健委委托进行口腔临床路径修订工作。此次修订工作选出口腔医学2009—2011年间发布的14个病种，涉及口腔颌面外科学、口腔黏膜病学、儿童口腔病学、口腔修复学、口腔种植学5个临床专科。编委由19名口腔相关学科领域专家组成。

7月14—15日，西部行公益活动在西藏自治区拉萨市举行启动仪式。启动仪式上，学会向西藏自治区基层口腔医生捐赠《临床诊疗指南》等4种共246册临床实用书籍。同期举办口腔临床规范化治疗技术培训班，培训班授课专家由中国工程院院士、上海交通大学医学院附属第九人民医院教授张志愿领衔，包括来自北京大学口腔医学院、四川大学华西口腔医学院、首都医科大学口腔医学院的专家。

2018 年，学会第五次获民政部中央财政立项，中华口腔医学会“雪域口福行”试点项目在西藏自治区口腔医学会支持下和各项目执行单位共同努力下，共为西藏自治区 302 名贫困无牙颌老人免费完成义齿修复。项目实施期间召开启动仪式，完成项目执行培训和督导检查 2 次，设计制作项目宣传海报，制作藏文口腔健康教育折页，全年在人民网、中国新闻网、《西藏日报》等媒体发布新闻稿件 20 余篇。

学会向世界牙科联盟（FDI）继续教育委员会推荐 2 名继续教育讲师并通过审核，加入 2019 年世界牙科联盟（FDI）亚太地区继续教育项目。

设立多项临床科研基金，举办科研专项基金评审会议 7 次，牙科粘接技术研究专项立项 10 项，青年科研基金树脂材料研究专项立项 10 项。口腔疾病与全身疾病 16 个项目结题，结题成果形成汇编。

学会能力提升计划 学会入选中国科协第三期全国学会能力提升专项“世界一流学会建设项目”。

学会建设 截至 2018 年年底，学会个人会员 88842 人，比 2017 年增加 15832 人，专科会员 69073 人，学生会员 3376 人，团体会员 303 个。年内，完成 13 个二级分支机构换届选举工作，成立 1 个专业委员会，学会分支机构增至 34 个。

3 月，召开第十次专业委员会（分会）工作会议。会议主题为“加强分支机构管理，有序换届”，讨论修订《中华口腔医学会分支机构考评办法》。

7 月 7 日，召开第七次省级口腔医学会会长、秘书长联席工作会议。围绕口腔医学会建设与发展面临的挑战、信息平台建设、如何提高服务会员的能力、如何提高学会管理二级分支机构的能力进行讨论。

召开理事会议（召集）1 次、常务理事会议 4 次、理事会党委会议和会长办公会（通讯）3 次、秘书长办公会 8 次、省级口腔医学会会长秘书长办公会 1 次、监事会议 2 次。

综合考评 33 个分支机构 2017 年度工作。遴选出 7 个专委会获综合优秀奖，3 个专委会获得首次设立的单项优秀奖。经常务理事会议审议通过进行表彰。

在学会第五届理事会推动下和学会秘书处的协助下，7 月 14 日，西藏自治区口腔医学会成立大会和第一次会员代表大会在西藏自治区拉萨市召开，30 个省、自治区、直辖市的口腔医学会发来贺信。

加强信息平台建设，使用电子周报及新媒体传播业内资讯和行业动态。全年发布电子周报 48 期，发布消息 364 条。学会官方微信公众号关注人数 103330 人，学会网站点击量 6543270 次。

青年人才托举工程 通过现场答辩评审，学会选拔 5 名青年人才入选第四届中国科协青年人托举工程项目。其中 2 人获得中国科协经费立项资助，3 人获得学会自筹经费立项资助。

11 月，学会举办青年人才托举工程项目进展汇报及结题报告会。学会获得第四届中国科协青年人才托举工程项目申报免于答辩资格。

主办期刊 主办中文学术期刊 3 种，刊印总数 2.66 万册，发表论文 253 篇。主办英文学术期刊 1 种，刊印总数 1 万册，发表论文 29 篇。

学会主办的英文学术期刊《中国牙科研究杂志》（*The Chinese Journal of Dental Research*）入选中国科协科技期刊精准推送服务试点项目。

决策咨询 围绕专科医师规范化培训、口腔卫生士在职培训、关于牙科汞合金回收及处置相关材料的意见征集、临床路径等事项举办决策咨询活动 4 次，265 名专家参与活动。提供决策咨询报告 4 篇。

国际学术会议 学会及下属二级分支机构举办 2018 国际正畸大会、2018 年中华口腔医学会第九次儿童口腔医学学术会议暨第 11 届亚洲儿童口腔医学学术会议、中华口腔医学会口腔医学科研管理分会第三次学术年会暨国际学术研讨会 3 次国际学术会议。参会人数 4000 余人次，其中，国外专家、学者数百人次。

9 月 12—16 日，2018 年中华口腔医学会第九次儿童口腔医学学术会议暨第 11 届亚洲儿童口腔医学学术会议在北京国际会议中心召开。中国、日本等 15 个亚洲国家和地区 1700 名代表注册参会。会议邀请来自中国、美国、澳大利亚、日本、韩国等国 15 名口腔医学专家讲学。

启动 2020 年世界牙科联盟（FDI）大会筹备工作，召开 2 次筹备会，明确筹备工作的任务和分工，成立各工作组。

国内主要学术会议 全年共举办年会、研讨会、报告会、论坛等学术活动 35 次，参会总人数 8 万余人次，提交学术交流论文 5000 篇。

5 月 10 日，第十一次中国民营口腔年会在山西国际会议中心举办举行。4000 余人参会。年会凸显民营特色，贯彻全科理念，强调学科融合，设置主题专场21个、精品学习班5个、公众演讲3场、大会主题演讲2场。本次年会首次推出民营医生团购日活动。

两岸交流 5月8日，台湾地区高雄医学大学校长刘景宽一行访问学会，学会会长俞光岩参加座谈。6月9日，台湾地区牙医师公会全联会两岸事务委员会主委李文胜及台湾地区“中华牙医学会”理事长林俊彬与学会领导举行会晤。8月28日，台湾地区牙医师公会全联会两岸事务委员会主委李文胜列席中华口腔医学会第五届理事会第三次理事会议。

国际组织任职 学会名誉理事金立坚担任世界牙科联盟（FDI）理事，学会副秘书长、北京大学口腔医院教授荣文笙担任FDI公共卫生委员会主席，学会副会长卢海平担任FDI牙医执业委员会委员。学会副会长郭传瑸担任国际牙科研究会（IADR）中国分会理事会主席及亚太区主席，学会副会长边专担任IADR中国分会理事会执行主席。学会副会长周学东担任国际牙医师学院（ICD）中国区执行委员会主席及国际理事。

国际交往 1月18—19日，学会会长俞光岩参加缅甸口腔医学会第38次年会并致辞。

3月20日，世界牙科联盟（FDI）候任主席Gerhard Seeberger出席护牙助成长，欢笑在中国启动仪式暨2018年世界口腔健康日活动。

5月7—9日，学会国际交流部部长刘怡作为中华口腔医学会–FDI第3位继续教育讲师，赴菲律宾马尼拉参加第40届亚太牙科大会（APDC）暨第109届菲律宾牙科协会年会。

5月9日，学会副会长郭传瑸一行2人参加韩国2018医学展，在中韩口腔论坛作学术报告。

6月9日，世界牙科联盟主席Kathryn Kell出席第二十三届中国国际口腔设备材料展览会开幕式并与国家卫健委国际交流中心主任高卫中、国家卫健委疾控局有关负责人会谈，学会副会长郭传瑸参加会谈。随后，Kathryn Kell围绕FDI任务目标和战略计划及健康中国2030作主旨演讲。

6月19—21日，国际牙医师学院（ICD）第十三区（中国区）与第十五区在中国澳门特别行政区联合举办2018年国际学术会议暨新院士授予大会。学会名誉会长赵铱民、副会长凌均棨、副会长卢海平、秘书长岳林等参加大会。岳林代表学会致辞。

6月22—24日，学会科普部部长司燕等一行3人参加2018首尔国际口腔展暨学术会议（SIDEX 2018）开幕式及晚宴。双方进行会见。北京大学口腔医院教授王晓燕在会议中作学术讲座。

7月20—22日，马来西亚国际口腔年会暨展会（MIDEC）在吉隆坡举行。学会国际交流部部长刘怡等5人参加会议。

7月25—28日，学会会长俞光岩、秘书长岳林一行参加在英国伦敦市举行的第96次国际牙科研究会（IADR）年会。参会中国代表人数近300人。会议期间，学会与IADR理事会成员会见，举办中国之夜（China Night）招待会。

8月23—26日，在中华口腔医学会–香港牙医学会学术交流合作基金的支持下，西部地区基层口腔医生代表和院校志愿者代表等23人赴香港特别行政区参加2018年香港国际牙科博览暨研讨会（HKIDEAS 2018）。

8月29日，在中华口腔医学会第20次全国口腔医学学术会议期间举办第二届“一带一路”口腔协同发展论坛，来自11个国家和地区的20余名境外代表参加论坛。

8月29日，韩国及首尔齿科学会代表参加中华口腔医学会第20次学术会议，与学会会长俞光岩等人进行会晤。

9月3—8日，学会会长俞光岩一行参加在阿根廷布宜诺斯艾利斯举办的世界牙科联盟（FDI）大会。会议期间，由学会支持FDI举办成员国联络官联谊会议，俞光岩及FDI主席Kathryn Kell致辞。

11月17日，第一次中日韩口腔医学会高峰论坛在韩国首尔举办，学会会长俞光岩、学会国际交流部部长刘怡参会。

科普活动 年内，举办主题科普活动29次、科普展览3场，参加活动的科普工作者1900余人次，受众172.1万人次。举办青少年科普宣讲活动6次，受众2.4万人次。

1月16日，学会发布组织推荐中国科协2018年中国国际科普作品大赛科普选题的通知。17人报名，经中国科协组织评选，9人被中国科协授予“科普贡献者”荣誉称号。

5月19日，应邀参加在北京自然博物馆开展的主题为“科技创新 强国富民”的科普宣传活动。学会组织5名口腔专家参与活动，免费进行口腔健康检查。现场咨询人数300余人次，发放口腔健康知识折页200余份。

9月15—21日，学会与中华医学会、中国药学会等9家全国学会在全国科普日北京主场联合举办“乐享健康”主题活动。学会为该活动提供8套口腔健康知识线上互动选题。

9月17日，第七届中国健康生活方式大会暨第30个“全国爱牙日”宣传纪念活动在北京举办。活动由国家卫健委指导，学会与中国疾病预防控制中心、中华预防医学会、中国牙病防治基金会共同主办。学会会长俞光岩、学会名誉会长王兴、中国牙病防治基金会理事长葛立宏等参加会议。全国各地疾控和口腔医学界工作者400余人参加会议。学会和中国牙病防治基金会共同号召各省、自治区、直辖市口腔医学界工作者开展和参与第30个全国爱牙日活动。

表彰举荐优秀科技工作者 累计表彰奖励科技工作者77次。第3次评选中华口腔医学会科技奖，获奖项目9个，其中，一等奖2项、二等奖3项、三等奖4项。四川大学华西口腔医院教授陈谦明项目组完成的“口腔黏膜癌变中多分子事件的预警与治疗意义”和空军军医大学第三附属医院教授陈吉华项目组完成的“牙本质–树脂粘接耐久性衰退机制及改善策略研究”获一等奖。

学会创新发展 开展由学会设计的口腔临床实用技术规范化培训继续教育项目“一步一步”系列项目，以理论课和临床操作课相结合的形式在全国举办4个类别共15个班次，培训2000余人次。

举办名师讲堂系列讲座，传授国内外口腔临床治疗领域前沿技术和全新治疗理念。讲座举办5期，750余名口腔临床医生参加现场活动。

党建强会 学会在中国科协2018年创建星级学会党组织试点评价中，获得“优秀星级学会党组织”称号。

年内召开党委会议3次，审议议题4项。完成所属33个二级分支机构党的工作小组的设立及学会秘书处党支部更名工作。

学会秘书处党支部承接中国科协“党建强会计划”项目。7月7—8日，与江西省口腔医学会、北京大学口腔医院相关支部的党员专家10余人，在革命老区井冈山开展党建扶贫活动。

会员服务 7月1日，启用电子会员卡及电子专科会员证书。在会员服务网增设科普和服务指南板块，优化会员服务内容和形式。

【中华口腔医学会第20次全国口腔医学学术会议（2018年会）暨2018国际口腔设备器材博览会】 8月29日—9月1日，由学会主办、国药励展展览有限责任公司承办、上海市口腔医学会协办的中华口腔医学会第20次全国口腔医学学术会议（2018年会）暨2018国际口腔设备器材博览会在上海市召开。会议以学术引领、交叉综合和继续教育为特色，举办学术会议和现场活动500余场次。参展企业400余家，展位1500余个，展览面积6万余平方米，6万余名口腔医学专家、学者和企业代表参加会议。参会人员还包括30个国家和地区及“一带一路”沿线国家的口腔医学会、牙医协会、工业协会的相关负责人及代表。

2018年会主题是“口腔健康、牙周护航”，根据学会组织完成的全国第四次口腔健康流行病学调查结果，针对中国96.7%的居民均有牙周病的形势提出。该主题为期3年，学会计划开展提高国民口腔健康系列活动，促进全国口腔医生关注牙周健康。

会议注重医学与人文相结合，邀请中央广播电视总台记者白岩松作特别演讲。中国控烟协会会长胡大一作年会新主题开篇演讲《新时代　新征程——实现“以治病为中心”向“以健康为中心”伟大转折》，讲述对实现健康中国目标的思考与体会。

【第四次全国口腔健康流行病学调查项目】 4月3—4日，学会在广东省广州市召开第四次全国口腔健康流行病学调查项目总结表彰会。会议由上海交通大学医学院附属第九人民医院和南方医科大学口腔医院（广东省口腔医院）共同承办。国家卫健委疾控局等部门领导、第四次全国口腔健康流行病学调查各项目组负责人、相关卫生行政部门主管人员、中国疾病预防控制中心（CDC）代表和先进个人获得者共400余人参会。第四次全国口腔健康流行病学调查项目是学会承接的国家卫生和计划生育委员会科教司公益科研项目。会上向各项目单位、相关领导和专家发放《四次流调风采录》。该书采用文字与图片相结合的形式记录项目启动、申报立项、预调查、片区培训、现场检查督导、各省现场工作、新闻发布等过程，共印制1000册。

第四次口腔健康流行病学调查项目历时2年的主要成果形成英文论文14篇，发表在2018年第21卷第3期和第4期*Chinese Journal of Dental Research*。出版《第四次全国口腔流行病学调查报告》，发表论文24篇，建立数据库10个。现场调查基础大数据转化为中国居民口腔健康状况信息库，为国家制定口腔疾病防治政策提供科学依据。

【承办世界牙科联盟（FDI）关爱儿童口腔健康项目】 3月20日，世界牙科联盟（FDI）Smile Around the World“护牙助成长，欢笑在中国”关爱儿童口腔健康项目在云南省昆明市举办项目启动仪式。FDI候任主席 Gerhard Seeberger 参加仪式并致辞。该项目由学会和全国儿童口腔疾病综合干预项目办公室联合承办，指导单位为国家卫健委疾病预防控制局。

项目覆盖云南省、宁夏回族自治区、陕西省3个省份共3614名儿童。FDI主席 Kathryn Kell 参加陕西省渭南站活动。学会参与制作并为项目地区提供口腔健康7步曲海报、“护牙助成长，欢笑在中国”儿童画册、局部用氟规范操作视频、儿童口腔健康教育动漫故事视频、学校儿童口腔健康教育教师和口腔专业人员指导大纲等材料共计3695份，提供画笔3000支。

通过对学生、教师、医生发放问卷形式评估项目效果。该项目于6月上旬完成。

（撰稿人：王　靓）

中国医学救援协会

服务创新型国家和社会建设 1月12日，由国家卫健委医政医管局委托协会承担的“航空医疗救援管理办法”“灾害事故医疗救援工作管理办法”项目定稿会议在北京召开。

12月10日，由协会主办的首期全国空中医疗急救专业培训班在北京开班。从事空中急救的医生、护士与管理人员近80人参加培训。

12月15日，由协会主办的全国现场心肺复苏首期师资培训班在北京开班。医疗机构从事急诊、临床、院外急救、公众心肺复苏科普等工作的医生、护士及志愿者100余人参加培训。

学会建设 3月23日，协会重症医学分会常务理事会第一次会议在泰康仙林鼓楼医院召开。会上，泰康仙林鼓楼医院成为重症医学分会全国第一个教学培训基地。

5月6日，协会心肺复苏分会成立大会暨第一届会员代表大会、协会动物伤害救治分会成立大会、协会影像分会成立大会暨第一次学术会议在四川省成都市召开；协会创伤分会成立大会暨第一次会员代表大会、协会军民融合发展分会成立大会暨第一次会员代表大会在四川省成都市召开。

主办期刊 协会主办的《中国急救复苏与灾害医学杂志》全年收稿720篇，1—11月总刊稿352篇，包括论著169篇，国家、省部级基金项目96篇。被《2018年版中国科技期刊引证报告（核心版）自然科学卷》收录。

国际学术会议 5月4—8日，2018年中国·国际第16届现代救援医学论坛暨汶川地震十周年纪念活动在四川省成都市举行。活动由协会主办，四川省人民医院、国际SOS总部等单位协办，旨在纪念汶川地震十周年，创新发展中国医学救援事业。参与2008年汶川地震灾害救援工作的部分国内外救援队队长、代表，全国医学救援领域1600余名专家、学者，世界卫生组织代表，美国、英国、法国等国家医疗救援组织代表围绕“科学谋划、身体力行打造新时代中国医学救援事业”主题，以成都市为主会场，绵阳市、北川羌族自治县等汶川地震重灾区为卫星会场，展开学术交流和纪念活动。

国内主要学术会议 8月12日，中国心肺复苏·心脏除颤（CPR·D）团体标准与中国胸痛中心建设与评估团体标准发布会在北京召开。协会与国家卫健委医政医管局、中国标准化研究院及来自全国有关机构的70余名专家与近30家媒体共同参与发布会。发布会由协会和中华护理学会主办，中国医师协会胸痛专业委员会、中国心血管健康联盟及协会心血管急救分会、心肺复苏分会、整合康复分会、急救分会、护理分会、科普分会、标准化工作委员会共同举办。

国际交往 1月25日，斯泰格尔基金会主席 Steiger、德国驻华大使馆参赞 Stoffregen 等一行5人访问协会，双方明确合作意向和合作内容。

科普活动 2月2日上午，科普中国——自救互救科普宣传暨志愿者公开选拔活动在国家奥林匹克森林公园举行。

2月6日上午，科普中国——自救互救科普宣传暨志愿者公开选拔活动在北京西城区什刹海街道前海东沿社区举行。协会急救专家、工作人员及科普志愿者在前海东沿社区服务站向社区居民科普自救互救知识，捐赠急救包和灭火器。

5月8日，协会将科普活动与2018年中国·国际第16届现代救援医学论坛暨汶川抗震救灾十周年系列纪念活动相结合。全体科普志愿者分别对北川中学学生进行一对一急救操作培训，指导学生在模拟人上完成心肺复苏、心脏除颤（CPR·D）、创伤处理、海姆立克急救手法等操作。在绵阳“生命广场”和北川羌族自治县“新生广场”，协会科普部围绕“第一时间、第一现场、第一目击者、自救互救”等内容，为公众进行心肺复苏和体外心脏除颤（CPR·D）的宣教、演示。

5月31日，由中国科协主办、协会承办的科普中国——自救互救科普宣传暨志愿者公开选拔活动在北京朝阳区三间房乡泰福苑社区举行。活动以“深入学习贯彻习近平新时代中国特色社会主义思想和党的十九大精神，弘扬中国科学家精神，争做新时代创新先锋，为建设世界科技强国再立新功”为主题，为社区居民科普急救知识、急救技能。

11月20日，由中国科协、中国医师协会、中国医学救援协会、中华医学会心血管病学分会、中国心血管健康联盟、人民网共同主办的科普中国——自救互救科普宣传暨“1120”心梗救治日主题活动在北京举办。活动以“1120”中国心梗救治日为契机，旨在助力国家卫健委“胸痛中心项目”和中国科协“科普中国——灾害医学救援及公众自救互救科普基地”项目落地，推动优化整合医疗资源，完善区域网络救治体系，科学普及规范的心肺复苏·心脏除颤技术，提升中国心脏猝死抢救成功率。

党建强会 2月10日，协会党委、中国医学救援协会和中国医药生物技术协会联合支部在北京朝阳公园举行“科普中国、健康中国”主题党日活动。联合支部全体党员、入党积极分子参加活动。

6月25—26日，中国医学救援协会和中国医药生物技术协会联合党支部组织全体党员、入党积极分子和有关负责人赴北京市房山区没有共产党就没有新中国纪念馆及平西抗日战争纪念馆参观学习，在接受革命传统教育中学习领悟党的十九大精神。

8月28日—9月1日，协会党委在河北省举办“弘扬爱国主义精神，建功立业新时代”主题党日活动。协会党委、党支部、入党积极分子一行7人参观位于河北省乐亭县的李大钊纪念馆。

（撰稿人：吴　慧）

中国女医师协会

学会建设 年内，协会成立4个专业委员会，分别是烧创伤专委会、老年医学专委会、血液专委会、输血专委会。截至2018年12月31日，协会个人会员48443名，比2017年增加1830名，专业委员会38个，研究中心2个，地方女医师协会14个。

国际学术会议 8月3—4日，协会干细胞与免疫细胞专委会在河南省郑州市举办中英国际干细胞研究与临床应用研讨会暨中国女医师协会干细胞与免疫细胞专业委员会第二届学术会议。

国内主要学术会议 协会及专业委员会共组织各类学术交流活动37次，参加人数8430人次，交流论文542篇。

1月20日，协会儿科专委会在北京召开儿童腹膜透析规范化发展论坛。

5月5日，协会视光学专业委员会在北京举办全国角膜塑形安全监控联席会暨近视防控接触镜多中心研究学术会。

5月18—19日，第六届复发转移乳腺癌的管理和综合治疗进展学习班（CABC5）暨第三届中国女医师协会乳腺疾病研究中心学术年会在北京召开，北京大学肿瘤医院乳腺肿瘤内科主任李惠平教授、美国加州大学海伦迪勒家族综合肿瘤中心的Hope S. Rugo教授担任大会主席。

7月28日，协会药学专委会在湖南省长沙市举办第一场和第二场药学变革与发展论坛暨药学管理实践研讨会议。8月11日，协会药学专委会在山东省烟台市举办第二场药学变革与发展论坛暨药学管理实践研讨会议，会议探讨了医保支付方式改革下医院药学面临的转变及实践，围绕合理用药管理产生的医院药事绩效改革、信息化应用及建设、药学服务及质量控制等问题进行交流研讨。

10月14日，协会精准医疗专委会在河北省石家庄市召开中国女医师协会精准治疗论坛暨临床医师综合能力培训会。

10月19—21日，中国女医师协会糖尿病专业委员会2018年学术年会暨第二届女性糖尿病与内分泌疾病论坛在安徽省合肥市召开，会议围绕女性糖尿病及内分泌代谢疾病领域的难点进行交流。

10月26—28日，第四届中国女医师协会妇产科大会暨第二届女性生育力保护年会暨生殖内分泌疾病诊治巡讲在广东省深圳市举办。大会围绕女性生殖健康、生殖内分泌和生育保护进行学术研讨。

12月7日，2018年中国女医师协会肛肠专业委员会学术年会、江苏省肛肠疑难疾病中西医结合诊治培训暨徐州中医肛肠专业委员会第三届年会在江苏省徐州市举办。

科普活动 年内，协会开展咨询义诊、科普讲座234次，宣讲受众43425人次。

协会疼痛专委会出版“疼痛防治靠自己”万问丛书9本。

5月13—24日，协会营养专委会在广东省广州市荔湾地区开展“慧吃慧动，健康体重”营养讲座。多名专业人士联合大型义诊、太极动作表演，吸引了社区大批居民前来参加。

6月1日，协会儿科专委会在广州市第一人民医院举办小儿遗尿诊治与心理咨询义诊活动。

协会糖尿病专委会启动的“春苗计划”，以临床实践为基础，截至2018年年底，已在四川、贵州、云南、重庆、湖北、湖南、广东、广西等地的40个县级市，对5000名内分泌科、内科、全科等相关科室的基层医务工作者开展培训，提高基层内分泌医生及全科医师的临床诊疗水平。

协会健康教育专委会在“智慧母亲·健康家庭”之“女性健康教育三十条”活动期间，在北京、深圳、大连、南京等城市，共举办10场“女性健康教育三十条”群众性科普知识宣教活动，义诊人数达1500余人次。

6月9—12日，组织开展了“母亲健康快车·爱心巡诊周”活动，协会在中国妇女发展基金会以及青海省妇联、青海省卫计委的支持下，在青海省海东市互助土族自治县、海南州共和县、湟中县、青海大学附属医院（唇腭裂手术医院）开展会诊、义诊、健康讲座以及医务人员培训活动。活动与当地妇联和医疗机构密切合作，围绕“送健康理念、送健康知识、送健康服务”的宗旨，通过“公益巡诊服务队”的形式为农村和贫困地区群众提供直接而优质的专业医疗服务。

10月11日，协会疼痛专委会在全国各地30多个医院同时进行世界镇痛日义诊和科普宣传活动。

10月17日，协会老年医学专委会在多地开展“爱在重阳”全国大型义诊及科普宣传活动。37个专家团队、200多名医护人员走进社区医院、养老中心，义诊人数达到5000多人次。

【第二届“中国最美女医师”推选】 协会组织开展第二届“中国最美女医师”推选活动。5月1日前，共收到申报材料71份。5月4—7日，进行形式审查，合格材料70份。7月3—10日，进行网络投票。8月14日，经31位专家函审投票产生30名入围者。8月15日，经25名评委无记名投票产生20名“中国最美女医师”。复旦大学附属中山医院副院长、心内科教授钱菊英，中山大学眼科中心教授陈伟蓉，河北省人民医院肿瘤粒子介入科博士生导师、教授王娟，新疆维吾尔自治区人民医院康复医学科副教授谢荣，上海市第一人民医院急症重病科教授王瑞兰，中国疾病预防控制中心病毒病预防控制所党委书记、研究员武桂珍，山东省立医院血液科教授王欣，长治市妇幼保健院副院长、妇女保健部主任刘桂芝，杭州市第三人民医院皮肤病研究所所长、教授许爱娥，湖南省妇幼保健院副院长兼孕产保健部主任王华，四川大学华西第二医院教授毛萌，北京大学人民医院眼科教授姜燕荣，上海交通大学医学院附属第九人民医院眼科博士生导师周慧芳，北京大学第六医院精神病学专家马弘，中国医学科学院北京协和医院产科教授马良坤，大连医科大学附属第一医院放射科教授刘爱连，昆明医科大学第一附属医院内分泌代谢科教授李红，广州中医药大学第一附属医院妇儿中心主任罗颂平，解放军总医院老年心血管内科教授李小鹰，首都医科大学附属朝阳医院总药师刘丽宏当选。

（撰稿人：张晓颖）

中国研究型医院学会

服务创新型国家和社会建设 学会以“医工结合创新模式链应用研究”为课题，申请并获批中国科协2018年服务国家社会治理品牌建设项目。以申请人解放军总医院教授郭伟发明的逆行分支重建内脏动脉实例研究为依托，在联合相关企业的基础上，提出“技术革新+中国制造+全球市场”器械发展模式。

学会建设 截至2018年年底，学会有会员单位219个，个人会员16000人，下设分支机构115个。召开常务理事扩大会议1次、二级机构管理会议1次、高层管理例会7次。拟订《中国研究型医院学会理事会议事规则》《中国研究型医院学会常务理事会议事规则》《中国研究型医院学会分支机构考核与评价管理规定（试行）》《中国研究型医院学会科学道德与学风建设委员会》《中国研究型医院学会科学道德与学风建设遵循规范》《中国研究型医院学会科研课题管理办法》《中国研究型医院学会固定资产管理办法》《中国研究型医院学会差旅费管理办法》《中国研究型医院学会会议费管理办法》《中国研究型医院学会培训费管理办法》等，在2018年度理事扩大会议上审议通过。

主办期刊 出版《中国研究型医院》杂志6期，刊登论文75篇。

决策咨询 参与制作河南省许昌市建立国家级中医药健康养老养生示范区建设规划，提出以中西医一体化建设为龙头带动区域跨越式发展的设计理念。

向云南省委、省政府提交《关于"云南国际健康医疗城"建设的建议》报告，提出规划建设云南国际健康医疗城的目标定位。

完成《数字医疗与健康框架思路》和《数字研究型医院应用性研究框架思路》报告，提交福建省委。

国内主要学术会议 学会分支机构开展学术报告、专题讲座、手术演示100余次。

3月24日，中国研究型医院学会过敏医学专业委员会成立大会及首届学术会议在北京举办，参会人数400人。

3月30日—4月1日，全国首届骨外科加速康复暨第三届关节外科加速康复学术交流大会暨中国研究型医院学会加速康复外科专业委员会骨外科学组成立大会在四川省成都市举办，参会人数300人。

4月21—22日，中国研究型医院学会胸外科学专业委员会2018学术年会在广东省广州市举办，参会人数300人。5月4—6日，中国研究型医院学会麻醉学专业委员会学术年会暨麻醉学与神经科学高峰论坛在江苏省南京市举办，参会人数400人。

5月11—13日，第十一期皮肤科学高峰论坛暨第三届中国研究型医院学会皮肤科学学科建设论坛在陕西省西安市举办，参会人数300人。

5月15—16日，国家卫健委医管中心医患体验研究基地暨中国研究型医院学会医患体验管理与评价专业委员会成立大会暨2018中国医患体验高峰论坛在北京举办，参会人数300人。

5月17—20日，中国研究型医院学会消化道肿瘤专业委员会第四届学术研讨会在北京举办，参会人数300人。

6月8日，中国研究型医院学会孕产期母儿心脏病专业委员会成立大会暨第一届孕产期母儿心脏病专题研讨会在辽宁省沈阳市举办，参会人数300人。

6月14—17日，中国研究型医院学会加速康复外科专委会年会及中国研究型医院学会加速康复外科专委会护理学组成立会议在浙江省杭州市举办，参会人数500人。

6月22日，中国研究型医院学会心脏瓣膜病学专业委员会成立大会及第一届学术会议在湖北省武汉市举办，参会人数300人。

7月6—7日，第六届南京国际肝胆外科肝移植高峰论坛暨中国研究型医院学会消化外科专委会年会暨中国肝癌精准治疗联盟成立大会暨江苏省医学会肿瘤学分会肝胆肿瘤学组年会在江苏省南京市举办，参会人数600人。

7月19—22日，中国研究型医院学会创面防治与组织损伤修复专业委员会年会在贵州省遵义市举办，参会人数600人。

7月27—29日，中国研究型医院学会第四届脑血管病学专业委员会学术年会暨脑卒中防治多学科闵江论坛在福建省福州市举办，参会人数400人。

8月8—9日，中国研究型医院学会药物评价专委会学术年会在北京举办，参会人数300人。9月13—15日，2018中国研究型医院心脏大会在北京举办，参会人数500人。

9月14—16日，中国研究型医院学会病理学专业委员会2018年学术年会暨第七届美国MDACC-中国姐妹医院管理高峰论坛在湖南省长沙市举办，参会人数300人。

10月12日，中国研究型医院学会脊髓脊柱专业委员会首届年会暨第八届全国神经脊柱大会暨护理学组成立大会在上海市举办，参会人数300人。

10月13日，中国研究型医院学会护理分会2018学术年会在四川省成都市举办，参会人数300人。

国际组织任职 4月13日，学会冲击波专业委员会主任委员邢更彦接任国际医学冲击波治疗学会主席一职。学会细胞研究与治疗专业委员会主任委员黄晓军担任亚太血液联盟主任、美国血液学会国际委员会常委、亚太骨髓移植协会委员、欧洲骨髓移植学会委员。学会放射肿瘤专业委员会主任委员高献书担任亚洲放疗联盟常务委员。学会关节外科学专业委员会副主任委员曹力担任亚太关节学会候任主席。学会神经科学专业委员会主任委员黄一宁担任世界神经病学联盟神经超声学会常务委员。学会妇产科学专业委员会委员王刚担任中国及亚太地区微创妇科肿瘤协会副主席。学会妇产科学专业委员会委员冯云担任世界华人妇产科医师协会常务委员。

科普活动 9月21日，世界阿尔茨海默病日，学会以线上讲解＋线下义诊相结合的形式，开展“早期发现，早期干预，预防痴呆”和“记忆3秒钟”阿尔茨海默病日义诊活动。线上由专家解答咨询者问题，讲解痴呆症具体预防措施。

10月14日—11月4日，学会联合脊柱退行性变与神经保护学组在北京、上海市、天津市、陕西省西安市、江苏省苏州市、辽宁省沈阳市和大连市等地举办脊柱退行性病变社区科普宣传、义诊活动10期。

10月29日，世界卒中日，学会以“战胜卒中，再立人生”为主题，开展为期1个月的脑心健康宣传月活动。线上通过微信等社交媒体发布卒中科普知识，线下通过向民众发放科普资料、收集调查问卷、走访社区进行科普。

2018全国科普日和全国科技活动周期间，学会以“你所不知道的致盲性眼病科普大讲堂”为主题，开展眼科疾病科普、学术推广活动。

通过专家个人网站、线上“时代阳光抑郁症”科普讨论活动进行抑郁症、双相障碍的科普宣传，线上传播16万余次。线下为东北农业大学新生、梅县检察院、雅培公司员工等开展科普讲座，参与人数700人。多次就社会关注的自杀事件接受记者采访，进行有关双相障碍的科普宣传。

11月1日，学会联合中山大学附属第三医院甘照宇主编的《双面人生——双相障碍解读》科普读本在线上线下公开发售。截至2018年年底派发和售出近1000册。

表彰举荐优秀科技工作者 开展中国医学科学家奖、杰出院长（书记）奖评选工作。评选出卞修武、王升启、张学敏、邱贵兴、陆前进、陈香美、季加孚、胡三元、唐佩福、夏照帆、陶开山、顾瑛12人获中国医学科学家奖。评选出于爱平、刘章锁、陆伟、周来新、范先群、金哲虎、侯建全、赵俊、姜保国、姚春雨、韩光曙、瞿介明12人获杰出院长（书记）奖。

学会创新发展 9月，向河南省政府汇报学会拟动员组织全国300余家会员医院的医学专家服务河南精准健康扶贫的初步计划和建议，得到河南省政府的肯定和支持。学会逐步围绕诊治疾病、扶智就业、技术帮带、远程义诊4个方面开展扶贫工作。

党建强会 年初，根据民政部社会组织服务中心党委工作部署要求和学会实际情况，研究制订支部年度工作计划，明确工作安排、工作重点和工作要求。7月，结合建党97周年，组织支部党员和青年到李大钊纪念馆参观学习，举行入党宣誓，开展“不忘初心，重温入党誓词”主题党日活动。11月，通过个人学、网上看、集中议、普遍查等形式，组织驻会党员干部和全体工作人员开展警示教育，对照廉洁风险排查防控表，查找风险点，补充完善防控措施。11月，组织召开学会理事会党委第二次会议，听取学会党建工作情况、年度重大事项和经费使用情况汇报，审定年度工作计划和大项工作安排。

会员服务 6月，应会员要求，成立中国研究型医院学会继教办。继教办申报学会2019年国家级继续医学教育项目108项，获批83项。

【中国研究型医院2018高峰论坛】 11月9—11日，由中国研究型医院学会主办，天津市第一中心医院承办，中国开发性金融促进会、中国康复医学会、中国医药卫生事业发展基金会协办的2018中国研究型医院高峰论坛在天津市召开，参会代表约1500人。

论坛围绕“创新、转化、融通、卓越”主题，探讨国际医学科技创新前沿，分享现代医院管理与改革的新进展、新经验。论坛设主论坛1个、分论坛14个和医学成果转化展。高峰论坛会上，举办中国研究型医院学会助力河南省精准扶贫启动仪式、学会与平安集团战略合作暨智能医疗研究院启动仪式。学会与中关村发展集团签订战略合作协议。

【第二届中国骨科创新与转化学术会议】 3月16—18日，由学会骨科创新与转化专业委员会主办的第二届中国骨科创新与转化学术会议在上海市举办。国内约1500名专家、学者参加会议。会议围绕“融汇创新、重在转化”主题开展院士论坛、专题报告等形式学术活动。会议组织第四届国际骨科教育学院等23个分会场，展示过去的一年里中国骨科各亚专业在手术理念、技术方法、生物材料等各个领域和临床与基础研究方面的进展及市场转化最新动态。

【中国研究型医院学会数字医学临床外科专业委员会学术年会暨第二届国际数字医学大会】 5月25—27日，由学会与学会数字医学临床专业委员会、国际数字医学学会主办，南方医科大学及南方医科大学珠江医院承办的中国研究型医院学会数字医学临床外科专业委员会学术年会暨第二届国际数字医学大会（ICDM 2018）在广东省广州市召开。大会特邀中国工程院院士钟世镇、中国工程院院士戴尅戎、中国科学院院士刘允怡等多名院士在内的300余名数字医学领域专家、学者参加，包括国外专家、学者近100人。参会代表近1000人。

会议特设1个院士及主旨论坛、10个专题分论坛，共150余场学术报告。内容涉及多个领域的数十个交叉学科，包括数字医学的基础研究、转化研究及数字医学技术的临床诊疗，涵盖3D打印、大数据、人工智能、虚拟现实、影像组学、光声成像等前沿研究。

（撰稿人：王雅捷）

中国睡眠研究会

服务创新型国家和社会建设 年内，研究会完成《睡眠家居团体环境标准》制定工作。研究会副理事长高雪梅组织专家团队与会员单位山东愉悦家居集团共同调研，形成可行性报告。8月22日，《睡眠家居团体环境标准》审定会议在北京召开，确定《睡眠家居团体环境标准》自发布之日起执行。3月和10月，研究会与中国国际贸易促进委员会分别在北京和上海市联合主办中国国际睡眠科技产业博览会暨中国睡眠产业峰会。研究会全年举办专业技术人员培训班和技术讲座10场次，参加培训人数400余人次。

研究会副理事长唐向东率领四川大学华西医院团队通过对国际上发表的37篇研究报告系统评价，发现在睡眠呼吸障碍病人中失眠症比例高达38%，失眠症病人中睡眠呼吸障碍者达35%，表明打鼾和失眠可同时存在于一人身上。睡眠呼吸障碍和慢性失眠均可增加患心脑血管疾病、糖尿病，甚至癌症等重大慢性疾病的风险。二者共病，可能增加慢性疾病发生概率。在国家自然科学基金委重点和国际合作及科技部"973"等研究基金资助下，唐向东教授团队针对二者共病导致的后果，尤其与心脑血管疾病的关系和机制进行研究。

研究会常务理事黄志力率领复旦大学团队发现黑暗暴露诱发小鼠觉醒的神经环路，为临床治疗异常光照引起睡眠紊乱相关疾病提供新思路。该研究成果以"上丘 γ-氨基丁酸能神经元在黑暗暴露诱发小鼠觉醒效应中起到关键作用"（Superior Colliculus GABAergic Neurons are Essential for Acute Dark-Induction of Wakefulness in Mice）为题，发表于国际期刊《当代生物学》（*Current Biology*）。该项目获得国家自然科学基金委重点项目资助。

10月26日，研究会常务理事胡志安率领陆军军医大学基础医学院生理教研室课题组在*Science*杂志发表题为"丘脑室旁核是丘脑中维持觉醒的关键核团"（The Paraventricular Thalamus is a Critical Thalamic Area for Wakefulness）的研究论文。首次明确报道丘脑室旁核（PVT）是觉醒维持关键脑区，解析PVT作用神经环路机制。研究认为，在PVT维持觉醒条件下大脑才能产生意识和思维，完成感觉、运动、学习记忆等各项功能，生理性地抑制PVT活动则促使睡眠发生；PVT损害是嗜睡、昏迷等意识障碍疾病发生的潜在因素。

学会建设 年内，召开常务理事会议2次、理事会议1次。6月30日，在中国睡眠研究会第十届全国学术年会上成立中国睡眠研究会儿童睡眠医学专业委员会，选举倪鑫教授为第一届主任委员。6月29日，中国睡眠研究会东北睡眠工作委员会成立大会在黑龙江省哈尔滨市举行，大会选举李廷利教授为主任委员。4月27日，中国睡眠研究会西部睡眠医学工作委员会进行换届选举。谢宇平当选主任委员。

新增企业会员单位32个、个人会员510人，其中，女性会员290人。截至2018年年底，研究会有团体会员162个、个人会员3768人。

国际学术会议 11月9—11日，2018第四届北京大学-宾夕法尼亚大学联合睡眠医学论坛在北京召开。会议邀请宾夕法尼亚大学睡眠医学部主任、美国睡眠协会前主席Allan I. Pack，宾夕法尼亚大学军人退伍医院睡眠中心主任Kuna S.和北京大学第六医院副院长孙洪强等国内外专家、学者参加论坛，分享睡眠领域最新研究进展及美国、欧洲、日本在睡眠医学教育领域的新理念、新模式。

国内主要学术会议 研究会及所属各专业委员会举办学术年会、研讨会、高峰论坛等学术活动8场次，累计参会人数3140人次，提交交流论文1261篇，评选表彰优秀论文100余篇。

3月16—17日，第九届北京睡眠高峰论坛在北京中国科技会堂召开。大会邀请国内外睡眠相关领域专家作专题报告，从事神经科、精神科、呼吸科、耳鼻喉科、口腔科、儿科等睡眠相关研究工作者听取报告。大会同步进行网络直播，线上点击量1万余人次，在线观看600余人，到场参会500余人。

大会从睡眠基础研究到临床诊疗选择，从儿童睡眠障碍到成人睡眠障碍，从神经疾病到精神疾病与睡眠障碍等方面交流当前最新睡眠研究进展、诊疗及技术手段，并就全国睡眠中心建设与职业技能培训提出建议。

国际组织任职 3月22—25日，亚洲睡眠学会年会（Congress of Asian Society of Sleep Medicine 2018）在韩国首尔召开。会上，研究会理事长、北京大学人民医院呼吸内科教授韩芳当选亚洲睡眠学会候任主席。研究会争取到下一届亚洲睡眠学会年会（2020年）在北京召开的主办权。研究会副理事长张希龙、常务理事黄志力当选亚洲睡眠学会理事。

国际交往 3月22—25日，第二届亚洲睡眠学会年会（ASSM）在韩国首尔召开。来自22个国家和地区的近1000名专家、学者参加会议。大会设立主旨发言6个、专题会议50余个，交流论文600余篇。研究会理事长韩芳作题为“发作性睡病在中国：当东方遇到西方”（Narcolepsy in Different Ethnics：When the East Meet the West）的大会主旨发言。30余名中国专家进行口头报告和专题报告。

科普活动 年内，研究会与中国中药控股有限公司以“枣安睡眠健康教育项目”为依托，围绕2018年世界睡眠日主题“规律作息　健康睡眠”开展多项大型主题活动。420家医疗单位报名参与2018年“枣安睡眠健康教育项目”。3月17日，在北京科技会堂睡眠日主题发布会上，研究会秘书长左和鸣介绍“枣安睡眠健康教育项目”。活动发放易拉宝868个、患者教育手册40万册，制作横幅599条，举办科普讲座300余场。参与活动医护人员3615人，其中，副高以上职称1009人，义诊受益群众39370人次，间接教育群众25万余人次，接受118家媒体采访。

5月19日上午，研究会在北京友谊医院门诊楼外开展科普宣传活动。通过问卷调查、义诊、咨询等方式向居民群众宣传普及睡眠知识。

9月15日，研究会在北京友谊医院开展全国科普日宣传活动，参加北京主场举办的线上科普日宣传活动。科普专家以卡通形式，通过多导睡眠仪的不同传感器说明医院为什么要根据不同疾病做不同导联的监测；通过多导睡眠图的不同波形演示如何看懂自己的睡眠质量；通过不同的治疗方法说明睡不好觉该如何治疗。

中西医结合睡眠医学科普专家团队编写《黑夜的魔力》，以多个睡眠病例为切入点，介绍多种睡眠疾患及睡眠卫生知识。睡眠与精神卫生科普专家团队编写《失眠疗愈》，解读发病率最高的常见睡眠疾患。

研究会向中国科协推举睡眠方面科普达人。研究会微信平台关注和转载科普达人活动、作品及微信公众号内容。广州惠爱睡眠、失眠工作坊等公众号得到研究会科普部支持。

会员服务 研究会走访南通紫罗兰卧室用品有限公司、顾家家居股份有限公司、鱼跃医疗股份有限公司、中国中药同济堂股份有限公司、上海珍奥生物科技有限公司等34个会员单位，听取企业意见，了解企业诉求，帮助企业破解发展难题。开展会员数据库整理工作，对于长期未与研究会联系的会员采取逐步淘汰制，不再予以会员资格。

【中国睡眠研究会第十届全国学术年会】 6月29日—7月1日，中国睡眠研究会第十届全国学术年会在黑龙江省哈尔滨市举办。年会开幕式由研究会秘书长左和鸣主持，研究会理事长韩芳致开幕词，黑龙江中医药大学校长孙忠仁致欢迎词。年会邀请国内外睡眠专家针对睡眠疾病诊断、治疗和研究的最新进展进行大会（专题）报告，介绍睡眠科学最新研究进展和学科前沿动态。会议注重和突出与临床工作相关论题的研讨与学术交流。

年会开展大会报告2场，设立睡眠障碍、睡眠呼吸障碍、睡眠与基础医学等分论坛8场。举办临床科研方法及SCI论文写作、临床病例等技术专题培训。举办中国睡眠研究会“倍德杯”全国睡眠医学技能大赛和中德论坛。杭州兆观传感科技有限公司、飞利浦公司各主持1场卫星会。慕思寝室用品有限公司特别赞助此次年会青年优秀论文奖、青年优秀论文口头报告奖和青年优秀论文壁报奖。北京美迪康信息咨询有限公司、中科科猫（北京）科技有限公司、中山市优安电子科技有限公司对年会进行直播，观看直播人数2万余人次。来自中国大陆、中国香港特别行政区和中国台湾地区，以及德国、澳大利亚、日本等国家的睡眠医学专家、睡眠科技工作者、睡眠产业技术人员共800余人参加会议。

【中国国际睡眠科技产业博览会暨中国睡眠产业峰会】 3月和10月，研究会与中国国际贸易促进委员会分别在北京和上海市联合主办中国国际睡眠科技产业博览会暨中国睡眠产业峰会（以下简称“睡博会”）。睡博会得到中国药学会、中国保健协会、中国心理学会心理学普及工作委员会、中国老区建设促进会、中国医疗保健国际交流促进会及人民网、新浪网支持。

北京睡博会集结中国睡眠领域前沿创新科技，为从事睡眠健康产业的企业、科研院校、医疗机构、亚健康专业调理机构、养生保健机构等单位相关从业人员搭建集科学研究、学术交流、信息咨询、教育培训、产品推广、科技成果及市场推广应用等为一体的“产—学—金—研—用”交流、展示、服务平台。研究会常务理事黄志力、山东欣悦健康科技有限公司总经理王春凯、紫罗兰家纺科技股份有限公司董事长陈永兵、众德泰科科技北京有限公司创始人贾相晟、上海事理医疗科技有限公司创始人张少华、浙江麒悦科技有限公司 CEO 李由，分别对睡眠产业发展与人民健康进行阐述。北京睡博会同期举办世界睡眠日中国主题发布暨大型科普活动 17 年回顾展、高峰论坛、企业新产品发布等活动。北京睡博会参展企业 70 家，展出面积 7000 平方米。

上海睡博会期间，睡眠企业对话人民网、新浪网，探讨“睡眠产业发展与人民健康”“睡眠产业融合发展”，提出睡眠产业协同发展初步设想及未来愿景。华为运动健康副总裁牛红亮、尚驰寝具董事长杜海云、爱侣健康科技股份有限公司亚太区总裁徐超、和而泰卧室及酒店事业部总经理杨金荣、上海芙儿优婴童睡眠科技有限公司睡眠研究室主任徐连梅、广州施力普家居用品有限公司 CEO 王涛，针对“睡眠产业的融合发展”展开探讨与交流。上海睡博会参展企业 92 家，展出面积 1 万平方米，展品涉及床垫、睡眠医学、科技、家居、家纺、健康及婴童睡眠、酒店睡眠、旅途睡眠等。

【2018 年世界睡眠日中国主题发布】 3 月 17 日，2018 年“3 · 21”世界睡眠日中国主题发布会暨大型科普宣传活动启动仪式在北京中国科技会堂举办。中国科协学会学术部、科普部相关负责人，研究会理事长韩芳、副理事长高雪梅、秘书长左和鸣，山东省愉悦家纺有限公司总经理刘曰兴，慕思寝室用品有限公司总裁姚吉庆及部分在京常务理事、理事出席启动仪式。中央电视台、新华社、《人民日报》《参考消息》、中国新闻报社、北京电视台、《北京日报》、新华网、千龙网、中国教育网络电视台、腾讯科技等媒体记者近 100 人参加新闻发布会。

韩芳向社会宣布，2018 年“3 · 21”世界睡眠日中国主题为“规律作息　健康睡眠”。研究会睡眠科普专家孙洪强代表研究会对 2018 年世界睡眠日中国主题进行阐述。睡眠是人体生理现象之一，人生约有三分之一时间是在睡眠中度过。专家认为，在长期生物进化过程中，睡眠是自然界昼夜节律与人体生物节律同步化的结果。研究会提倡，遵循自然规律和生物节律，听从脑内生物钟指令，养成良好作息规律，睡出健康生活。

（撰稿人：潘继红）

中国卒中学会

学会建设　学会理事会有理事 104 人、常务理事 35 人。全年召开理事会议 1 次、常务理事会议 2 次。学会青年理事会青年理事 218 人。学会个人会员 19329 人，比 2017 年增加 4410 人。

成立心血管病分会，学会下属的分支机构增至 23 个。在学会支持下，陕西省卒中学会、天津市卒中学会、浙江省卒中学会、湖南省卒中学会于 2018 年成立，地方学会由 2017 年的 13 个增至 17 个。

学会参加中国科协引领世界科学的前沿科学问题、建设世界科技强国的工程技术难题征集和推荐活动，获中国科协表彰奖励。

青年人才托举工程　经学会申报，首都医科大学附属北京天坛医院王安心、苏州大学附属第二医院尤寿江获得中国科协第四届青年人才托举工程项目资助。

主办期刊　2018 年是学会官方英文会刊 *Stroke & Vascular Neurology*（SVN）创刊第 3 年，全年在线出版文章 37 篇。截至 2018 年年底，SVN 已被 PubMed Central（PMC）、Scopus、DOAJ、Google Scholar 等数据库及文献检索系统收录。1 月 8 日，SVN 俱乐部微信公众号上线运行，全年发布原创文章 105 篇，累计图文阅读量 189351 次。

国内主要学术会议　学会及分支机构举办国内学术交流活动近 30 次，提交学术交流论文 2000 余篇。

3 月 16—18 日，中国卒中学会脑血流与代谢分会第三届学术年会在广西壮族自治区南宁市召开。全国近 500 名神经科专家、医师参会。会议秉承“多方协同，共创未来”理念，神经内外、介入、放射、基础等学科领域专家、学者及医学工程人员分别发言。会议特设卒中与相关神经疾病、卒中抗栓治疗、卒中血管内治疗、卒中防治质量控制、卒中精准医学、卒中影像、栓塞性卒中等论坛。

3 月 31 日—4 月 1 日，中国卒中学会转化医学分会第三届年会在江苏省南京市召开。会议内容涵盖基础、临床及转化的前沿，包括缺血性脑损伤的基础研究转化医学应用、脑梗死急性期的溶栓策略的实施、转基因治疗在缺血性脑血管病中应用的基础研究、介入诊疗的临床应用等。

4月20—22日，中国卒中学会医疗质量管理与促进分会第三届学术年会暨中国卒中中心联盟第二届高峰论坛在北京召开。会议内容包括卒中质控体系的建立与作用，卒中中心信息化平台建设——数据库的建立、反馈、使用，质控、卒中质控的科学设计、管理和学术产出，急性缺血性卒中静脉溶栓机遇与挑战，卒中急性期再灌注诊治流程和质控环节，急性期卒中规范处置和管理等。

5月11—13日，中国卒中学会卒中与眩晕分会第二届年会暨全国眩晕疾病多学科诊疗论坛在陕西省西安市召开，近100余名临床医生参会。会议设立卒中和眩晕2个论坛，以学术研究交流和实操演示等形式展开，涵盖卒中与眩晕领域基础知识、最新研究和热点话题。

6月29日—7月1日，中国卒中学会第四届学术年会暨天坛国际脑血管病会议2018在北京举行，国内外400余名专家、近1万名神经科医师参加会议。中国科学院院士、学会会长赵继宗出席会议。大会设分论坛42个，比上届年会增加21个，涵盖基础、临床及科研，包括神经内科、全科医学、神经介入、神经外科、神经重症、卒中康复、卒中护理、青年医师论坛等，涉及从入院急诊评估、分诊，到影像诊断、临床治疗及卒中后康复、护理等环节。向全国神经科医生传播卒中防治理念、防治手段和实用临床操作技术，展示脑血管病领域阶段性研究成果，解读卒中领域最新的临床防治指南。

7月10—12日，中国卒中学会医学影像分会第二届学术年会在北京召开。会议设立综合影像分会场和超声分会场，内容涵盖超急性期脑梗死缺血半暗带影像识别、脑卒中治疗的影像学评估、颅颈大血管成像的评估和临床应用以及出血性卒中的影像学评估等影像专业内容，包括中国脑卒中流行病学、急性缺血性脑卒中急诊救治体系建设、复发脑血管病杂交手术治疗新技术等与卒中临床相关知识。

7月26—28日，中国卒中学会高危人群管理分会第二届学术年会在河南省郑州市召开，国内外近200名专家和3000余名医师参会，探讨卒中相关热点问题及最新进展。大会设13个论坛，内容涵盖脑卒中的急性期救治、一级预防、二级预防等方面。

8月3—5日，中国卒中学会重症脑血管病分会第三届学术年会在内蒙古自治区呼和浩特市召开。国内外神经内科、神经外科、介入科、重症医学科等学科领域专家、学者围绕重症卒中的监护、治疗、评估及相关并发症管理作学术报告。会议围绕重症卒中脑水肿及颅高压管理、血压及血流动力学评估干预、神经功能监测技术进展及临床应用、急重症脑血管病血管再通治疗后监护与管理等主题设立特色分论坛，分享重症脑血管病研究最新进展。

10月13—14日，中国卒中学会脑静脉病变分会第二届学术年会在北京召开。会议旨在加强该领域医学人员交流与合作，促进神经内科医生、神经外科医生及相关领域临床、科研人员了解并掌握脑静脉系统疾病诊断方法及治疗进展，减少相关疾病的误诊、误治。

10月19—20日，中国卒中学会护理学分会第二届学术年会在北京召开，200余名卒中护理专家参会。会议以“不忘初心，共卒发展”为主题，交流卒中专科护理质量管理、急诊救护、并发症管理、信息化和专业化发展等热点、难点问题。

11月16—17日，中国神经病学论坛2018在上海市举行，近100名神经病学专家及约2000名神经科医师参会。大会设置ICH热点争议、VESSEL眩晕论坛、CSCA-SWIFT项目专场、缺血性脑血管病诊疗规范及指南论坛、出血性脑血管病临床诊疗及管理论坛、小血管病论坛、溶栓专场等论坛19个。

11月23—24日，中国卒中学会中西医结合分会第二届学术年会在浙江省杭州市召开，300余名专家、学者参加会议。会议开展全国范围内脑血管病的中医、中西医结合防治相关领域学术交流，旨在引领中医、中西医结合防治脑血管病临床、科研方向的变革，促进相关的科研成果的推广应用。会议由睡眠抑郁论坛、脑血管病论坛、全科医学论坛3部分组成，展示中医、西医卒中医学领域取得的新成果、新进展。

11月30日—12月1日，由中国卒中学会脑血管外科分会主办的2018年天坛脑血管病复合手术技术高峰论坛在北京召开，论坛讲授脑血管病手术和介入治疗技术进展。

12月7—9日，中国卒中学会神经介入分会第四届学术年会在北京召开，神经介入领域专家、学者约

1000人参会。会议内容包括早期显影静脉——AVM诊治的一扇窗、缺血性脑卒中急诊流程、脑动脉夹层的介入治疗策略、大脑中动脉M2段取栓治疗、AIS取栓治疗中再栓塞事件的探讨、同轴技术快速建立取栓通路、DSA一站式评估在急诊取栓中的应用等。

12月15日，中国脑血管病圆桌会议（CNSR）第一次全国会议在北京召开。会议主题为“动脉粥样硬化基础和临床”。中国科学院院士、中国医学科学院阜外心血管病医院教授顾东风，中国科学院院士、清华大学教授李蓬及国内外脑血管病领域专家、学者共35人参会。会议交流动脉粥样硬化残余风险的概念、相关临床研究、基于不同靶点的血脂调控新药物研发的研究进展。会议认为通过在临床中强化残余风险的概念、寻找更多减少残余风险的治疗手段，可以扩展心脑血管疾病预防前景和动脉粥样硬化性疾病的临床研究方向。

科普活动 截至2018年年底，学会红手环志愿者服务团有志愿单位1340个、志愿者37695人，较2017年新增志愿单位187个、志愿者7054人。

在学会组织号召下，全国各地开展5000余场红手环志愿活动，学会秘书处为各志愿单位累计发放科普宣传资料10万册、志愿者服装3000余件。

学会发起并主办红手环走进2018新春关爱行动、红手环走进2018年科技活动周、红手环走进2018年科技工作者日、2018年红五月胆固醇管理月活动、红手环走进凉山州、第13个世界卒中日全国健康科普公益活动等，全年累计受众163万人次。

学会被中国科协科普部评为2018年度全国学会科普工作予以表扬单位。

表彰举荐优秀科技工作者 3月，学会组织开展第四届中国卒中学会终身成就奖、中国卒中学会中国卒中奖评审工作。授予北京协和医院教授李舜伟中国卒中学会终身成就奖，授予上海交通大学教授杨国源中国卒中学会中国卒中奖。6月30日，在中国卒中学会第四届学术年会开幕式举行颁奖仪式。

5月，为庆祝全国科技工作者日，表彰在卒中医学领域做出重要贡献的中国科技工作者，推动中国卒中医学科研事业进步，经评审，学会授予安中平等22人2017年度中国卒中学会优秀科技工作者称号。

45名青年学者申报中匈科学合作基金－青年学者计划项目奖。重庆医科大学附属第一医院李琦、暨南大学附属第一医院谭泽锋、首都医科大学附属北京天坛医院王春娟、浙江大学附属第一医院吴登唱、复旦大学附属华山医院王颖喆获中匈科学基金－青年学者计划2018优秀科研项目奖。6月30日，在中国卒中学会第四届学术年会开幕式举行颁奖仪式。

党建强会 3月6日，学会党支部吸收2人为预备党员。截至2018年年底，党支部共有党员5人，培养对象1人，积极分子2人。

1月19日，学会理事会党委副书记张茁、办事机构党支部书记王枫带领党员、积极分子，到北京市朝阳区西大望路社区服务中心开展中国卒中学会红手环走进2018新春关爱行动暨中国卒中学会党组织走进劲松街道健康科普公益行动。

5月23日，学会党支部在北京天坛医院举办党员红手环志愿者走进2018年科技活动周、科技工作者日卒中科普公益活动。活动通过义诊、健康咨询的形式，向公众宣传全国科技工作者日。

6月，参加中国科协科技社团党委“不忘初心　牢记使命——党的十九大精神知识竞答活动”，获优秀组织奖和学习标兵称号。

7月6—7日，学会理事会党委、党支部及红手环办公室联合四川省卒中学会及四川省凉山彝族自治州8家医院，在凉山州第一人民医院举办中国卒中学会党组织走进凉山州健康公益行动。活动主题为“预防卒中，你我同行”。学会专家及凉山州各医院代表参加义诊活动，为群众提供健康咨询服务。活动举办针对凉山州各基层地区医院、卫生机构专业人员的学术培训活动，慰问凉山州西昌市郊区贫困卒中患者家庭。此次活动是学会办事机构党支部与凉山州第一人民医院大内科党支部党建共建活动的内容之一。

11月16日，中国卒中学会第一届理事会党委第三次会议在上海市召开。会议决定在《中国卒中学会章程》中增加党建和社会主义核心价值观内容，审议通过《中国卒中学会理事会党委工作规则》《中国卒中学会分支机构党建工作规则》。

【红手环走进第13个世界卒中日全国科普公益活动】 10月27日，学会在北京西山国家森林公园启动红手环走进第13个世界卒中日全国科普公益活动。活动以“战胜卒中，再立人生”为主题，开展专家健康大课堂、专家义诊、血压和血脂免费检查、互动健康活动、发放宣传资料和健康礼品、播放宣传视频片、媒体采访和发布健康资讯、健步走等活动。红手环志愿者为现场群众测量血脂、血压，提供健康咨询，指导卒中的防控以及康复训练。全国1300余家红手环志愿单位、3万余名红手环志愿者在全国各地开展近1000场红手环志愿活动。中央电视台、北京卫视、《健康报》等媒体对红手环志愿活动及卒中防治科普知识作宣传报道。

（编稿人：王　枫）

中国自然辩证法研究会

服务创新型国家和社会建设　3月，研究会科学技术与工程伦理专业委员会拍摄大连港事故池负责任创新典型案例视频，作为工程伦理教学资料。向有关部门提交有关科技伦理和工程伦理教育的政策建议。

研究会人力资源专业委员会协助上海华谊（集团）公司完成上海华谊工程有限公司、上海华谊丙烯酸有限公司企业文化落地项目，承担江苏银行无锡分行部门经理和支行副行长阳光心态培训工作，为阳光保险、渤海保险、珠峰保险提供系列培训。

5月，研究会党校系统专业委员会赴贵州省黔南布依族苗族自治州平塘县参观考察；9月，赴青海省玉树藏族自治州考察三江源和震后重建。

11月27—29日，研究会生命伦理学专业委员会主任委员翟晓梅、研究会原副理事长邱仁宗应邀在第二届国际人类基因组高峰会议上作报告，就可遗传基因组编辑发表声明。

研究会技术与经济咨询工作委员会开展江苏省连云港市徐圩新区发展规划调研，撰写阶段调研报告；围绕创新驱动战略和“一带一路”倡议，调研广西壮族自治区桂林市、山东省青岛市等地企业或研究机构。

学会建设　研究会召开理事长会议2次、换届领导小组会议6次、常务理事会议4次、理事会议1次、会员代表大会1次、全国工作会议1次。新增会员224人。研究会第八次会员代表大会审议通过新修订和制定的章程、会员管理办法，设立监事会，选举产生第八届理事会、常务理事会成员。研究会八届一次常务理事会议审议通过副秘书长人选、8个工作委员会负责人名单、第八届理事会会议制度、第八届理事会理事长工作分工。

主办期刊　研究会主办《自然辩证法研究》《医学与哲学》，委托山西省自然辩证法研究会主办《科学技术哲学研究》。

《自然辩证法研究》纸质版每期印刷2650份，为CSSCI（南京大学评价中心）核心期刊、全国中文核心期刊（北京大学）、中国人文社科学报核心期刊、《中国学术期刊影响因子年报》统计源期刊（中国知网）、复印报刊资料重要转载来源期刊（中国人民大学书报资料中心）。完善编审制度，召开《自然辩证法研究》编委会会议。

学科发展研究　研究会及下属委员会通过举办研讨会、报告会，编写学科教材，在《自然辩证法研究》杂志开辟专栏，梳理与思考自然辩证法发展历史，分享教学经验等，推动自然辩证法教学与研究工作。研究会自然辩证法史（科学技术哲学史）专业委员会协助《科学技术哲学》编写组召开全国会议1次。

决策咨询　2月1日，研究会生命伦理学专业委员会与中国人民大学伦理学及道德建设研究中心合作举行“科学、伦理学与政策”研讨会，会议研讨《关于深化审评审批制度改革鼓励药品医疗器械创新的意见》《审理医疗损害责任纠纷案件司法解释》《基本医疗和健康促进法草案》文件伦理问题。研究会生命伦理学专业委员会向全国人大常委会和政府有关部门提出多份建议，就中共中央办公厅、国务院办公厅《关于深化审评审批制度改革鼓励药品医疗器械创新的意见》文件，向卫健委提出建议；就全国人大常委会提出的《基本医疗和健康促进法草案》，向全国人大常委会提出修改建议；向医学伦理专家委员会提出《有关境外机构对我国伦理委员会进行非法认证问题的意见》。

国际学术会议　研究会科学哲学专业委员会、工程哲学专业委员会、技术哲学专业委员会等组织学者参加第24届世界哲学大会。大会主题为“学以成人（Learning to Be Human）”。研究会多名学者担任分论坛主席，来自121个国家和地区的哲学家及哲学爱好者共8000余人参会。

6月2—3日，由研究会生命伦理学专业委员会与中国医学科学院、北京协和医学院生命伦理学研究中心联合举办的第6届国际生命伦理学研讨会在陕西省西安市举行。

8月10—12日，由研究会与技术哲学专业委员会、东北大学联合主办的第24届世界哲学大会技术哲学卫星会议暨第17届全国技术哲学学术会议在东北大学秦皇岛分校召开。会议包含分组议题20个，参会学者分8组展开交流与讨论。

国内主要学术会议　研究会全年举办国内学术会

议11次，各委员会举办国内学术会议40余次。

1月6日，由研究会与技术哲学专业委员会、科技与社会（STS）专业委员会等单位联合举办的习近平新时代中国特色社会主义科技思想与中国自然辩证法学术研讨会在辽宁省沈阳市东北大学召开。会议议题包括马克思、恩格斯与自然辩证法，马克思主义中国化与中国自然辩证法，习近平新时代中国特色社会主义科技思想与中国自然辩证法，毛泽东思想与中国自然辩证法，邓小平理论与中国自然辩证法，新时代自然辩证法的学科建设与发展，研究生自然辩证法概论教材与教学，贯彻落实十九大精神的若干问题。

4月21—22日，由研究会与江苏省自然辩证法研究会共同举办的自然辩证法与美丽中国建设学术研讨会在南京农业大学召开。来自全国近20所高校和科研院所的40余名学者和研究生参会。

5月26日，由研究会主办、大同大学马克思主义学院承办的中国传统文化与当代科技文明学术研讨会在山西省大同市举行。来自全国高校及科研单位的30余名专家、学者参会。

6月2日，由研究会主办，四川理工学院、四川省自然辩证法研究会承办的乡村振兴战略与生态文明建设学术研讨会在四川省自贡市举行。来自全国近30所院校的60余名专家、学者参会。会议围绕《中共中央　国务院关于实施乡村振兴战略的意见》解读、实施乡村振兴战略路径选择、近现代中国乡村建设运动等议题展开。安排主题报告4个、论文报告18个。

6月30日—7月1日，由研究会和教育与普及工作委员会、华中师范大学马克思主义学院共同举办的习近平新时代思想与中国自然辩证法教育改革及学科建设学术研讨会在湖北省武汉市召开。来自全国各高校近100名专家、学者、研究生等参会。参会学者探讨自然辩证法学科定位、自然辩证法回归马克思主义理论学科的现实可能性、恢复自然辩证法教研室和队伍机构调整策略等问题。在分组讨论环节，讨论自然辩证法教学改革、习近平新时代思想研究、自然辩证法思想研究3个专题。

7月14日，由研究会复杂性与系统科学哲学专业委员会主办的第十届复杂性与系统科学哲学学术研讨会在山东省青岛市中国石油大学（华东）举办。会议主题为“运用‘系统思维’全面探析马克思主义理论与党的十九大精神”。来自清华大学、华南师范大学、中国社会科学院等高校和科研机构的50余名专家、学者交流该学科理论与实践等问题。

7月24日，由研究会和未来哲学与发展战略专业委员会联合举办的新时代自然辩证法与交叉学科智库建设学术研讨会在中国科技会堂召开。来自全国10余所高校的30名专家、学者参会。会议研讨新时代发展智库的意义和形式、自然辩证法的智库特性和功能、交叉学科智库建设中的问题和对策等内容。

8月23—25日，第十五届全国科技文化与社会现代化学术研讨会和第七届全国科学技术与工程伦理学术研讨会在湖南省吉首市吉首大学召开。研讨会由研究会科技文化专业委员会、科学技术与工程伦理专业委员会联合主办，吉首大学哲学研究所、武汉理工大学政治与行政学院共同承办。会议收到论文或摘要100余篇。参会专家、学者围绕大会主题“新时代科技文化与科技伦理建设”，从科技文化和科技伦理视角研讨新时代科技文化建设与传播、科研伦理、大数据与人工智能等问题。来自高校、军校、党校、科研院所等单位的100余名专家、学者参会。

10月13日，由研究会自然辩证法史专业委员会与辽宁工业大学马克思主义学院等单位联合举办的马克思科学技术观与自然辩证法全国学术研讨会在辽宁省锦州市辽宁工业大学召开。来自全国10余所高校的30余名专家、学者参会。会议围绕马克思科学技术观与当代科技论、新时代的自然辩证法研究、科学技术发展的时代反思等论题进行发言和研讨。

10月20日，由研究会生物学哲学专业委员会、山西大学科学技术哲学研究中心等单位共同主办的第八次全国生物学哲学学术研讨会在山西大学会议中心召开。来自清华大学、北京大学、中国科学院等国内高校及科研院所的50余名学者参会。

11月24—25日，由研究会自然哲学专业委员会主办的马克思主义视域的自然哲学前沿问题研讨会——中国自然辩证法研究会自然哲学专业委员会2018年会在重庆市西南大学召开。会议议题包括马克思主义视域的生命哲学前沿问题、生态哲学前沿问题、生态文明建设前沿问题等。60余名专家、学者及西南大学师生参会。

12月1日，由中国科协学会学术部主办、研究会承办的道德文明建设学术研讨会在北京召开。研讨会主题为“当前学会加强道德文明建设的措施”。来自医学伦理、科技伦理等专业及相关领域专家、学者及相关学会负责人参会。

12月9日，由研究会和科学基础与信息网络专业委员会联合主办的2018北京信息文化论坛在北京召开。会议解读西方发达国家区块链技术应用（尤其是金融行业）布局和实施进展。“千人计划”引进的区块链专家、社会团体成员、高校师生近100人参会。

12月15—16日，由研究会和科学技术与工程伦理专业委员会等单位共同举办的第五届赛博伦理学与数据伦理学学术研讨会在海南省海口市召开。研究会理事长何鸣鸿参加研讨会。会议主题为“智能时代的数据伦理与算法伦理及其法律规制”，内容涉及人工智能伦理、网络伦理、大数据伦理、机器人伦理等领域。100余名专家、学者和研究生参会。

国际交往 7月，研究会生命伦理学专业委员会主任委员翟晓梅参加在日本举办的国际制药及医疗器械领域伦理合作共识框架签署大会并作题为The Development of Pharma Industry：Ethical Perspective的报告，翟晓梅代表中国在中、澳、日三国制药及医疗器械领域伦理合作共识框架上签字。

7月，研究会复杂性与系统科学哲学专业委员会副主任范冬萍、董春雨带领系统研究团队3名成员参加在美国俄勒冈州立大学举办的第62届国际系统科学大会并作论文报告。

8月，研究会工程哲学专业委员会召集李伯聪、王大洲、李三虎等研究会会员，参加在澳大利亚悉尼召开的2018 Annual Meeting of the Society for Social Studies of Science。会前访问墨尔本斯威本理工大学人文学院，就工程哲学与工程教育进行专题研讨。

12月27—28日，研究会休闲哲学专业委员会与英国开放大学合作开展的“自产时蔬”国际合作项目启动。

科普活动 5月3日，研究会地学哲学专业委员会秘书长林芳一行赴清华附中上地分校开展科普宣传活动。林芳向学生介绍世界地球日背景，讲解爱护地球、保护自然的重要性，捐赠《地学哲学文库》书籍。180余名师生参加活动。

10月底，地学哲学委员会协助中国地质大学（北京）地学发展研究中心开展地学文化周活动。活动邀请中国科学院院士、地学哲学专业委员会顾问赵鹏大等为师生作关于地质人生、三光荣精神的主题报告。

11月24日，地学哲学委员会顾问王恒礼受邀参加地学哲学进校园活动，面向本科生作题为“人生与哲学 地学与哲学”的主题报告。活动由地学哲学委员会提议，中国地质大学（北京）地学哲学研究所主办。

研究会科学哲学专业委员会举办基因编辑与生命伦理专题会议，邀请中国社会科学院研究员邱仁宗和中国科学院动物研究所研究员白皓毅分别作报告《应该允许对人类生殖细胞进行基因编辑吗？》《基因编辑的科学技术与伦理反思》。

研究会教育与普及工作委员会开展新时代自然辩证法理论研讨及教育普及与宣讲活动，委员会主任吴彤和秘书长徐治立等先后在全国多所高校作演讲、报告、讲座，内容涉及自然辩证法原理、科技伦理、新时代自然辩证法思想理论创新等。

表彰举荐优秀科技工作者 经研究会七届十五次常务理事会议审议通过，表彰徐治立等75名从事自然辩证法工作满30年的科技工作者，颁发荣誉证书；表彰学术工作委员会等先进单位47个，颁发先进单位荣誉证书。

10月27日，经研究会八届一次理事会议审议通过，授予何祚庥等31名学者荣誉会员称号。

党建强会 研究会在党委组织下，先后在南京农业大学、贵州师范大学、桂林旅游学院等高校开展科学道德宣讲活动5场，累计受众1000余人次。

会员服务 研究会每月定期向会员邮寄杂志。全年发放《自然辩证法研究》13000余本、《工作通讯》11000余本，邮寄新版《中国自然辩证法研究会历史资料汇编》。

【中国自然辩证法研究会第八次会员代表大会】 10月27日，中国自然辩证法研究会第八次会员代表大会在北京召开。大会由研究会副理事长吴彤、刘孝廷主持。大会主席、研究会第七届理事会理事长吴启迪致开幕词。中国老科学技术工作者协会、中国航空学会、中国未来研究会、中国科技新闻学会等学会向大会发来贺信。来自全国自然辩证法学界200余名会员代表参会。自然辩证法学界老专家何祚庥、李伯聪、王国政等应邀参加大会。

吴启迪代表第七届理事会作题为“不忘初心，创新发展，面向中国自然辩证法事业的新时代”的工作报告，研究会副理事长尚智丛作研究会《章程》修改情况说明。大会以书面形式下发第七届理事会财务报告。会议审议通过第七届理事会工作报告、财务报告和《章程》修订草案，选举产生第八届理事会、监事会。在随后举行的第八届理事会第一次会议上，选举产生第八届常务理事会，何鸣鸿当选中国自然辩证法研究会第八届理事会理事长，王安、郭贵春、陈凡、吴彤、张大庆、刘孝廷、尚智丛7人当选副理事长。经理事长何鸣鸿提名，理事会表决通过，聘任尚智丛为秘书长。在监事会全体会议上，张体勤当选监事长，王克迪当选副监事长。大会表彰研究会先进单位，向75名科技工作者颁发“从事自然辩证法工作三十年”纪念奖，授予何祚庥、孙小礼、朱训、吴启迪等31人荣誉会员称号。

（撰稿人：赵月刚）

中国管理现代化研究会

服务创新型国家和社会建设 1月，2018年全国企业竞争模拟大赛暨第九届（2018）高等院校企业竞争模拟大赛 & 第十七届（2018）MBA培养院校企业竞争模拟大赛启动。大赛由研究会决策模拟专业委员会与高等学校国家级实验教学示范中心联席会经管学科组主办，2158支队伍报名参赛。其中，高校组有效报名队伍1882支、MBA组有效报名队伍276支。4月26—28日，在西南政法大学进行总决赛。经过预赛、复赛、半决赛，高校组60队、MBA组20队近400人参加现场总决赛。

7月19—25日，由研究会廉政建设与治理研究专业委员会举办的第八届全国大学生廉洁领袖夏令营在江西省南昌市举行。新当选廉洁大使20人、廉洁社团骨干28人，分别来自20余个省、自治区、直辖市的35所高校。9月22日，第六届全国管理案例精英赛（2018）“森宇双童杯”全国总决赛在浙江省义乌市闭幕。大赛由研究会管理案例研究专业委员会、全国工商管理专业学位研究生教育指导委员会、中国管理案例共享中心、中国管理案例中心联盟联合主办，义乌市政府和义乌工商职业技术学院承办。国内88所高校近1500支队伍参赛，18所院校进入总决赛。

10月12—13日，研究会信息管理专业委员会与国际信息系统协会中国分会（CNAIS）共同主办的2018博士生与青年学者论坛在北京举行。论坛就基金项目申请、学术生涯规划、研究课题热点等进行互动交流。70余名博士生及青年学者参加论坛。11月17—18日，研究会信息管理专业委员会在宁波大学举行第七届高等学校信息管理与信息系统专业人才培养高峰论坛。

10月27—28日，研究会组织行为与人力资源管理专业委员会与全国工商管理（MBA）专业学位研究生教育指导委员会共同主办的第十九届全国人力资源管理师资研讨会在江苏省南京市召开，150余名学者参会。

10月27—28日，由研究会国际商务谈判专业委员会主办的“北邮杯”2018未来国际商务（英语）谈判精英赛在北京邮电大学举办，来自全国高校的16支代表队200余名选手参赛。

11月18日，由研究会决策模拟专业委员会主办的第三届（2018）全国工商企业管理技能大赛现场总决赛在贵州轻工职业技术学院举行。大赛自9月开始，经历预赛、复赛、半决赛、总决赛4个阶段。复赛阶段有82所高等职业和本科院校425支队伍1700人报名参赛，其中，58所院校58支队伍232名参赛选手晋级现场总决赛。

11月25日，由研究会政府战略与公共政策研究专业委员会主办的第八届全国高校模拟市长大赛校际总决赛在中央财经大学举行。200余支队伍报名参赛，最终，国内10所高校11支队伍进入总决赛。

12月1—2日，由研究会国际商务谈判专业委员会主办的“法大杯”2018未来国际商务谈判精英赛在中国政法大学举办。来自京内外13所高校的18支代表队共200余名师生参赛。

组织2018中国管理学青年奖评选活动，评选方向为宏观管理与政策。经3轮评审，清华大学朱宁、中国科学院大学乔晗、清华大学黄萃获奖。

学会建设 召开全体理事会议1次、理事会通信会议1次。经研究会理事会议审议批准，增设电子商务与网络空间管理专业委员会、管理思想与商业伦理专业委员会。5月12日，在浙江省杭州市召开2018年度分支机构负责人会议，对分支机构全年工作进行统一部署和安排。5月，对下属分支机构中英文名称统一规范备案并发文通告。信息管理专业委员会、财务与会计专业委员会、金融管理专业委员会、平行管理专业委员会、组织行为与人力资源管理专业委员会、创业与中小企业管理专业委员会完成换届工作。学会年度理事会上，审议通过新修订的《中国管理学青年奖评选章程》。

主办期刊 研究会于2015年设立期刊工作委员会和管理学期刊联盟，截至2018年年底，有近60家国内管理学期刊加入。3月24—25日，第五届中国管理学学术期刊年会暨管理创新研讨会在山东大学举行，全国47家期刊及16家高校学报90余名期刊代表和学者参加会议。

《管理学季刊》（*Quarterly Journal of Management*）由研究会技术与创新管理专业委员会和创业与中小企业管理专业委员会学者及国内外其他学者共同编辑出版。入选中国社会科学引文索引（CSSCI）2017—2018来源集刊目录。截至2018年年底,《管理学季刊》刊文在中国知网上下载量8266次，总被引数2783次。成为92家高校图书馆可阅读专业刊物。

学科发展研究 中国工程院院士、研究会理事长杨善林和常务理事李一军分别担任《中国大百科全书》第三版《管理科学与工程卷》主编和副主编，常务理事毛基业担任信息系统分卷主编。常务理事李维安担任《工商管理卷》主编，副理事长薛澜担任《公共管理卷》主编。研究会下属专业委员会骨干成员参与编撰工作。研究会信息管理专业委员会承担教育部信息管理与信息系统学科专业质量国家标准制订工作及信息系统课程体系建设工作。研究会常务理事蔡莉团队围绕“中国转型经济背景下企业创业机会与资源开发行为”开展研究，从整合视角提出基于创业过程的学习-能力-机会-资源的LCOR一体化理论模型。

国际学术会议 6月8—9日，研究会商务智能专业委员会在中国科学院大学召开第五届数据科学国际会议（ICDS 2018）。参会人数100余人，大会作主题演讲20个，交流论文11篇。6月11—13日，研究会商务智能专业委员会在江苏省无锡市召开第18届国际计算科学大会（ICCS 2018），会议演示交流论文180篇，参会人数300余人。10月13—14日，研究会金融管理专业委员会在厦门大学召开第十六届金融系统工程与风险管理国际年会（FSERM 2018），参会代表350余人，交流论文150篇。

国内主要学术会议 4月13—15日，由研究会营销管理专业委员会主办的第三届中国营销高峰论坛在清华大学举行。论坛以“新时代、新营销”为主题，特邀国内高校60余名专家、学者参会。

4月25—26日，由研究会管理案例研究专业委员会主办的第九届中国管理案例学术年会在华东理工大学召开。来自全国百余所高校的300余名专家、学者参会。

5月4—6日，由研究会管理与决策科学专业委员会主办的第一届预测科学前沿论坛在安徽省合肥市召开。来自中国科学院及全国30余所高校的50余名学者和40余名博士生、硕士生参会。

5月19日，由研究会技术与创新管理专业委员会主办的新技术、新业态、新模式与双创战略高峰论坛暨2018创新创业30人论坛在湖南省长沙市举行。参会学者40余人，10余名专家在会上交流其最新研究成果。论坛围绕“新技术、新业态、新模式环境下的创新创业”和“贸易战与自主创新”议题展开研讨。

7月22—24日，由研究会运作管理专业委员会主办的第二十届全国MBA生产运作管理教学和学术研讨会在浙江大学举行。会议以“新零售与供应链”为主题，84所高校116名教师参会。

10月13—14日，由研究会组织行为与人力资源管理专业委员会主办的第七届中国人力资源管理论坛在湖南省长沙市召开。会议以“新时代·心力量，中国情景人力资源管理的创新与发展”为主题，来自国内外100余所高校、研究机构和企业的700余人参会。

11月10—11日，由研究会公共管理专业委员会主办的2018年第五届中国公共管理学术年会暨中国公共管理青年学者论坛在兰州大学召开。会议主题为“新时代的公共治理与绩效：问题、挑战与学术回应”。70余所高校190余名专家、学者参会。

11月10—11日，由研究会廉政建设与治理研究专业委员会主办的中国廉政研究2018年学会年会在江苏省无锡市召开。120余名专家、学者参会，收录论文56篇，交流论文20余篇。

11月23—24日，由研究会组织与战略管理专业委员会主办的“管理学在中国”2018年会在厦门大学召开。年会包括理论研究分论坛、实践探索会议与大会报告3项议程。

两岸交流 5月26日，研究会企业并购重组研究专业委员会在河北省廊坊市大厂回族自治县举办海峡两岸大健康产业前沿发展系列研讨会。参会代表200余人，其中，中国台湾地区师生参会代表20余人。会议为中国医疗健康、养老服务等研究传播新思路、新理念。

国际交往 4月3日，国际比较政策论坛（ICPA-Forum）主席、《比较政策分析杂志》（JCPA）总编Iris Geva-May来华访问，研究会副理事长薛澜代表研究会公共管理专业委员会（CAM PMA）与ICPA-Forum签署合作协议。

党建强会 1月，研究会党委正式成立。10月25日，发布《中国管理现代化研究会分支机构党的工作小组工作细则（试行）》，研究会下属分支机构全部建立党小组。

【第十三届（2018）中国管理学年会】 11月3—4日，第十三届（2018）中国管理学年会在江苏省杭州市举行。此届年会由研究会与复旦管理学奖励基金会联合主办，杭州电子科技大学管理学院承办，浙江工商大学管理工程与电子商务学院、中国计量大学经济与管理学院、浙江工业大学经贸管理学院、杭州电子科技大学中国科教评价研究院等协办。

来自清华大学、北京大学、中国科学院大学、美国加州州立大学等国内外230余所（家）高校、科研院所和企业的1400余名代表参加年会。中国工程院院士、合肥工业大学教授、研究会理事长杨善林在大会致辞中指出，此次大会主题“新时代管理创新”体现深化管理创新，树立和贯彻落实新时代社会主义管理理念，结合新技术、新业态、新模式，推动管理理论与实践变革。

年会上，杨善林，中国工程院院士郑静晨，中国工程院院士、中南大学名誉院长、湖南商学院校长陈晓红，中电海康集团有限公司董事长陈宗年，美国加州州立大学教授孙涤，复旦大学教授彭希哲和杭州电子科技大学教授陈畴镛围绕大会主题，分别作主旨报告《高端装备智能制造工程管理理论与方法》《智慧医疗救援》《新技术融合下的智慧城市发展趋势与实践创新》《对企业技术创新本质的几点认识》《大数据影响金融投资风险控管的若干问题》《应对中国人口老龄化的公共政策选择》《浙江数字经济发展模式与特点》。

会议期间，举行2018年中国管理学青年奖颁奖典礼，清华大学教授朱宁、中国科学院大学副教授乔晗与清华大学副教授黄萃获2018年中国管理学青年奖。

大会举办院士专家论坛、校长－院长论坛、企业家论坛、女管理学家论坛、管理期刊论坛5个平行论坛和高层次人才招聘会。在院士专家论坛上，杨善林、彭希哲、孙涤、乔晗、黄萃等围绕青年科学家成长主题进行对话。在校长－院长论坛上，中国计量大学校长宋明顺、浙江大学管理学院院长魏江、南开大学旅游与服务学院院长邱汉琴、中南大学商学院副院长王宗润、杭州电子科技大学管理学院院长周青等围绕创新创业人才培养主题进行探讨。在女管理学家论坛上，复旦大学教授黄丽华、浙江工业大学副校长虞晓芬、扬州大学原副校长陈耀、大连理工大学商学院副院长马力等围绕角色与冲突主题进行研讨。在企业家论坛上，万事利丝绸文化股份有限公司董事长李建华、晨越建设项目管理集团股份有限公司董事长王宏毅、舟山中远海运重工有限公司总经理周建华分别作报告。在期刊论坛上，20余家期刊负责人就期刊发展进行交流与互动。

年会围绕大会主题设立专题论坛23个，交流论文400余篇，14篇论文被评为年会优秀论文。

11月2日，召开2018中国管理现代化研究会理事会会议。11月4日，举行优秀论文颁奖典礼与年会交接仪式。

【全球首个“三创指数”发布　助力创新型国家建设】 5月20日，全球首个“三创指数”发布会在同济大学举行。该指数由研究会技术与创新管理专业委员会提供技术指导和资源支持，由同济大学经济与管理学院、管理高等研究院及创东方投资有限公司共同发起设立的同济大学创新创业创投（三创）研究中心研发制订。“三创指数”指标体系的构建围绕外部环境、资源投入、主体能力和综合效益4个维度（一级指标）开展，针对17个方面（二级指标）选取93项具体内容（三级指标）进行综合评价。重点分析政策制度环境、政府效率、区域经济基础、当地市场环境、创新创业创投主体的产出能力、经济增长和企业成长发展等方面。

【第十届中国决策科学学术年会】 8月3—5日，由研究会管理与决策科学专业委员会主办，大连海事大学航运经济与管理学院承办，中国系统工程学会船海系统工程专业委员会协办的2018年第十届中国决策科学学术年会在大连海事大学举行。开幕式上，大连海事大学副校长王小勇和研究会常务理事、北京化工大学教授余乐安分别代表大连海事大学和研究会管理与决策科学专业委员会致辞。

8月4日上午，举行交通网络决策主题论坛大会报告，北京航空航天大学教授黄海军、北京交通大学教授吴建军、南开大学教授李勇建、东北大学教授黄敏受邀分别作大会报告《交通网络中的路径选择与管理》《城市轨道交通系统分析与决策优化：数据驱动和相关应用》《基于金融和保险策略的供应链中断管理研究》、Decisions in 4PL-the “Internet-Plus” Logistics Supply Chain Management。8月5日上午，会议邀请中国科学院研究员李建平、北京化工大学教授李想、中山大学教授王帆、国防科技大学副教授吕欣、上海大学教授镇璐等分别在大数据决策主题论坛、杰出学者谈研究体会主题论坛、供应链与物流决策主题论坛上作报告。

8月4日下午，召开期刊编辑与论文发表主题论坛。邀请《管理科学学报》编辑冯绪、《中国管理科学》执行主编李建平、《系统工程理论与实践》编辑李琳、《系统科学与数学》副主编房勇等，就期刊论文发表等相关事宜进行报告交流。

在优秀青年学者谈成长主题论坛上，邀请复旦大学教授戴悦、南京农业大学教授冯淑怡、北京航空航天大学教授郭仁拥、华中科技大学教授胡鹏、同济大学教授胡照林、南开大学教授李辉、西安交通大学教授刘汕、上海交通大学教授罗俊、中国科学院副研究员张珣进行圆桌对话，共同探讨青年科技工作者如何克服"青椒"时期的困难和成长问题。

8月4日下午，会议进行论文分组交流。30余所高校、科研机构39名学者围绕决策理论与研究方法论、运筹优化与决策、博弈论与决策、评价与决策、预测与决策等主题进行论文交流。经过专家遴选，最终评出会议优秀论文15篇。

【第二届中国财务与会计学术年会】 11月17—18日，第二届中国财务与会计学术年会在厦门大学召开。此次年会由研究会财务与会计专业委员会主办，厦门大学管理学院、厦门大学财务管理与会计研究院、厦门大学中国公司金融研究中心、中国自然科学基金委员会重大项目课题组与中国社会科学院经济研究所《经济研究》编辑部承办。会议以"新时代财务与会计的中国问题研究"为主题，来自国内外50余所高校及科研机构的200余名专家、学者参会。会议收到投稿论文近300篇，经评审，收录论文132篇。

11月17日上午，年会开幕式在厦门大学科学艺术中心举行。厦门大学校长助理谭绍滨、管理学院院长叶建明、《经济研究》常务副主编兼编辑部主任刘霞辉分别致欢迎词。随后，举行毕马威优秀论文颁奖仪式。佛罗里达大学教授 Jay R. Ritter、香港大学教授林晨、厦门大学教授吴世农分别作主题演讲。《经济研究》编辑部专家针对参会人员提出的问题进行解答和交流互动。

11月17日下午和11月18日，参会论文作者围绕大会主题，分为公司财务、公司治理与资本市场3部分20余个专题进行论文演示和交流。

（撰稿人：石谷山）

中国技术经济学会

服务创新型国家和社会建设 学会编辑出版《中国创新50人笔谈》，学会理事长李平任编委会主任，副理事长李志军、牛东晓、王宗军、李开孟、杨德林任编委会副主任，中国科技大学教授刘志迎任主编。

9月，学会标准化研究分会征集团体标准和绿色创新技术。通过企业和组织提供的项目建议书和标准草案、秘书处论证等方式筛选出团体标准并制定目录。经评议，决定发布《出租车智能调度系统温室气体减排量评估技术规范》等首批团体标准3项。根据企业绿色技术申报情况，组织专家对企业申报的绿色创新技术进行立项评价，筛选在中国相关领域具备优势的技术进行标准化转化。

学会知识产权专委会秘书长刘云牵头负责国家重点研发计划课题"科技成果知识产权育成与知识产权交易服务标准化"研究，与国家知识产权局知识产权发展研究中心合作开展新兴技术与产业发展预测、科技研究项目技术成熟度评价、科技成果技术经济价值评价等方面研究。

学会建设 学会召开理事长办公会议4次、常务理事会议2次、理事会议1次，成立分支机构6个。截至2018年年底，学会有分支机构25个，其中，专业委员会11个、分会14个。5月19日，第六届常务理事会第五次会议决定成立金融科技分会和标准化研究分会。10月16日，第六届常务理事会第六次会议决定成立投融资分会、电力技术经济分会、军民融合分会、技术孵化与创新生态分会。学会第六届常务理事会第六次会议决定成立组织委员会，常务副理事长李志军任组织委员会主任委员，秘书长杨德林任副主任委员。

在学会成立40周年之际，整理、扫描学会档案，形成电子文档。印制《与时代同行——纪念中国技术经济学会成立四十周年》纪念册。录制电视专题片《与改革开放同行，和国家发展同步——中国技术经济学会成立四十周年》。

学会治理结构和治理方式改革 经学会六届六次常务理事会议决议，加强年度决算和预算制度、重大财务事项报告和支出批准制度执行管理；加强理事长办公会议对秘书处人员薪酬管理，要求秘书处向理事长办公会议成员报送每月财务收支明细表；加强日常财务签报监管等。

主办期刊 学会主办学术刊物《科学技术与工程》《技术经济》和《科技和产业》。

《科学技术与工程》全年出刊36期。9月，入选《中文核心期刊要目总览》(2017版)综合性科学技术类核心期刊。入选中国科技论文统计源期刊(科技类核心期刊)、中国知识资源总库CNKI源期刊、CEPS中文电子期刊服务全文收录期刊等。

《技术经济》由学会主办，教育部人文社会科学重点研究基地——清华大学技术创新研究中心协办，全年出刊12期。入选《中文核心期刊要目总览》(2017版)核心期刊、CSSCI(2017—2018)扩展版来源期刊、2018年中国人文社科期刊AMI综合评价A刊核心期刊等。

《科技和产业》全年出版12期。入选中国知识资源总库CNKI源期刊、中国学术期刊综合评价数据库(CAJCED)统计期刊、中文科技期刊数据库(全文版)源期刊，被中国核心期刊(遴选)数据库、中国期刊全文数据库(CJFD)收录。

决策咨询 6月和11月，学会神经经济管理专业委员会副主任委员范柏乃撰写的调研报告《关于报送"最后跑一次"改革调研报告的函》《加快丽水森林质量精准提升，着力助推我省大花园建设》获浙江省委书记车俊批示。7月，范柏乃撰写的全国政协十三届一次会议提案《加强人才称号过多过滥问题统筹治理的建议》被《人民日报》作为"内参"报送有关部门，获国家领导人批示。10月，范柏乃受中央组织部人才工作局邀请，参加人才计划优化整合方案征求意见座谈会。

学会知识产权专业委员会先后为国家知识产权局各职能部门完成《知识产权基本法立法建议》《职务发明条例修订建议》等报告。与江苏省无锡市地方司法实务部门合作，完成《无锡促进科技型中小企业知识产权能力建设研究报告》，获无锡市委书记和市长批示。与无锡市锡山区国家高新技术开发区合作，依托创客空间，举办"数字版权内容保护"专题论坛，推进大数据时代数字版权产业发展及法律保护工作。与地方司法实务部门合作，邀请知识产权行政部门、高校、司法事务部门专家及企业高管，围绕电子商务时代知识产权保护问题进行交流。

国际学术会议 10月13—15日，第六届运输与时空经济论坛国际会议在北京交通大学举行。会议由北京交通大学经济管理学院主办，学会和重庆交通大学、中国铁道学会、世界交通研究大会等协办。200名国内外专家参会。

11月3—4日，由学会神经经济管理专业委员会参与主办的神经管理学与神经经济学国际会议在浙江省杭州市举行。会议主题为"认知神经科学驱动的管理科学"。200余名来自国内外高校、研究机构和企业从事神经管理学及相关学科研究工作的专家参会。

国内主要学术会议 学会全年举办学术会议20次，累计参会4200余人次。

1月6日，学会体育经济与价值管理分会主办第三届中国体育产业价值创新论坛暨第一届全国体育经济与价值管理学术会议，参会专家、学者95人。

4月15日，学会知识产权专委会与上海市漕河泾新兴技术开发区发展总公司共同主办首届科技成果转化与知识产权运营高峰论坛，参会专家、学者200余人。

4月15日，学会能源创新与环境规制专业委员会成立大会暨绿色发展研讨会在山东省威海市举行，参会专家、学者50人。

4月15—16日，学会中小企业分会与河南财经政法大学联合举办分会首届年会，参会专家、学者80余人。

4月21—22日，第一届中国技术经济学会神经经济管理专业委员会暨第三届中国管理科学与工程学会神经管理与神经工程研究会2018学术年会在武汉科技大学召开。年会由学会神经经济管理专业委员会与中国管理科学与工程学会神经管理与神经工程研究会共同举办，参会专家、学者240人。

6月23—24日，技术创新创业分会与有关单位共同召开中国创新与企业成长年度学术会议。会议主题为"创新引领发展——走向平衡与充分发展的中国实践"。会议是技术创新创业分会成立大会，参会专家、学者200余人。

9月27—28日，学会体育经济与价值管理分会和福建省厦门市思明区人民政府联合举行2018中国体育产业价值创新论坛(思明站)，参会人员200人。

10月28—30日，学会农业技术经济分会在江苏省南京市召开研讨会。会议主题为"乡村振兴战略与农业科技发展"，参会专家、学者120人。

11月2—8日，由标准化研究分会承办的2018绿色生产与消费交流会暨第二届氢能周系列活动在广东省佛山市召开，参加活动1400余人。标准化研究分会作为联合主办单位，召开大会边会——第一届综合能源服务创新发展交流会，200名绿色低碳产业专家、学者参会。

11月3日，中国技术经济学会成立40周年纪念大会暨第二十五届（2018年）学术年会在北京举行。来自全国各地的专家、学者约400人参会。国务院发展研究中心副主任王一鸣就当前经济形势作专题学术讲座，中国国际人才交流协会副主席、国家重大科技专项“十三五”发展规划编制专家组组长马俊如作题为“创新引领发展”的报告。

11月3日，学会技术创新与创业分会举办高质量发展中的创业创新论坛，参会专家150人。

11月3日，学会投融资分会成立大会暨基础设施投融资研讨会在北京新疆大厦举办，150人参会。

11月3日，学会复杂科学管理专业委员会举办复杂科学管理与美丽中国研讨会，参会专家35人。

11月3日，学会军民融合分会举行军民融合学术论坛，参会专家、学者80余人。

11月3日，学会金融科技专业委员会举行金融科技创新及金融人才培养论坛，参会学者120人。

11月3—4日，环境技术经济分会举行“改革开放与绿色发展：技术、制度和政策论坛”。来自全国各地的专家、学者80人参加论坛。

12月1日，学会体育经济与价值管理分会举办第二届全国体育经济与价值管理学术会议暨第四届中国体育产业价值创新论坛，参会专家、学者150余人。

12月28日，由学会技术孵化和创新生态分会主办的第一届全国技术孵化和创新生态学术年会在黑龙江省哈尔滨市举行，参会专家、学者121人。

表彰举荐优秀科技工作者　学会开展第二届技术经济奖、2017年度优秀成果奖、2018年优秀博士学位论文奖、2018年博士生优秀论文奖评选工作。授予吴明瑜、罗冰生、孙晓郁3名理事长终身成就奖，李志军、杨德林杰出贡献奖，黄寰、李纪珍青年创新奖。9项学术研究成果获2017年度优秀成果奖，其中，一等奖3项、二等奖3项、三等奖3项。授予张佳敏、张晶晶、张静2018年优秀博士学位论文奖，向每位获奖者颁发奖金1.5万元；授予邱姝敏、刘业鑫、王婧、孟晓彤2018年博士生优秀论文奖，向每位获奖者颁发奖金1万元。

党建强会　学会六届六次常务理事会议、六届三次理事会议通过决议，同意修改《章程》相应内容，在《章程》中增加“党的建设”和“社会主义核心价值观”相关内容，决定将其提交下一次会员代表大会审议。

【中国技术经济学会成立40周年纪念大会】 11月3日，在学会第二十五届（2018年）学术年会期间，学会举行“与改革同行，领创新时代——中国技术经济学会成立40周年纪念大会”。大会由第六届理事会理事长李平主持。中国工程院院士徐寿波、李京文出席大会并宣读贺词。学会第五届理事会理事长孙晓郁代表学会老领导讲话。重庆大学经济与管理学院院长杨俊代表青年学者发言。学会向第一届理事会理事长于光远等已故老领导致敬，感谢他们为学会和技术经济学科发展做出的贡献；向40年来为学会和技术经济学科发展做出重要贡献的专家、学者颁发特别贡献奖；颁发学会第二届技术经济奖。

（撰稿人：黄检良）

中国未来研究会

服务创新型国家和社会建设　研究会与清华大学合作开设高级工商管理课程4期、企业管理创新课程2期、资本运作与私募股权课程3期、中华传统文化与国学智慧2期，累计培训学员452人次。2月12日，研究会副理事长何传启参加中国科协召开的高层次专家座谈会并作发言。3月，评出“引领世界科学的前沿科学问题、建设世界科技强国的工程技术难题”2项，上报中国科协。

学会建设　研究会召开常务理事会议3次、理事会议2次，聘任第七届理事会办事机构、分支机构、实体机构负责人，讨论第七届理事会工作，审议研究会2018年工作。为纪念改革开放40周年，研究会科技未来研究分会编撰《走近新时代的中华骄子》特辑，宣传全国100余名专家、学者事迹及创新成果。7月，成立研究会专家工作委员会。

主办期刊　研究会主办的《未来与发展》全年出版12期，收稿1026篇，发表279篇。发表的论文均被纳入中国期刊全文数据库和中国核心期刊（遴选数据库）。《未来与发展》入选RCCSE中国核心学术期刊（扩展版）、人大书报资料中心“复印报刊资料”重要转载来源期刊，被“万方数据——数字化期刊群”收录。

与北京国际交流协会联合主办的《发现》全年出

版12期，发行10万册。《发现》设“开卷有益”“特别策划”“管理新理念”“经营新智慧”“科学新思维”“生活新格调”“一月奇闻”等栏目。

国内主要学术会议 8月2—3日，第十六期中国现代化研究论坛在北京举行。论坛由研究会与中国科学院中国现代化研究中心共同主办，北京大学世界现代化进程研究中心、复旦大学中外现代化进程研究中心和天津《理论与现代化》杂志社合办。论坛主题为“健康现代化与健康中国”。来自全国50余家单位的4名院士及100余名专家、学者参会。

9月15日，研究会与中国科学院中国现代化研究中心联合主办《中国现代化报告2018：产业结构现代化》专家座谈会。座谈会指出，从产业结构角度看，中国基本属于工业经济国家，建议实施产业结构现代化路线，加快实现向服务经济和知识经济的产业结构转型。

9月16日，由研究会参与组织的第七届中国科学家教育家企业家论坛在北京召开。11月28日，由研究会举办的首届“一带一路·中国民营企业走出去”（2018）高峰论坛在北京召开。

12月10日，研究会与华北科技学院文法学院（安全与社会发展所）、河南理工大学应急救援研究所联合主办安全风险治理与应急专业教育全国论坛。论坛主题为“安全风险治理与应急专业教育建设”。

科普活动 研究会在广西壮族自治区南宁市举办“中医五藏心学”公益中医养生课堂3期，200余人次参与活动。研究会与中国教育发展基金会合作开展的“关爱未来”项目在江苏省徐州市进行试点，成立“关爱未来”项目组。7月，研究会成立“讲师团”，组织专家进行演讲和报告，宣传中国科学家精神、未来学学科理论及应用成果。

学会创新发展 11月10日，研究会召开中国未来研究会智库专家委员会第一次会议。20余名研究会各领域专家参会。会议研讨研究会学科建设和研究工作、智库专家委员会研究议题及工作模式、未来学书籍出版、研究会2018年学术年会报告人和报告题目等议题。

党建强会 研究会党委发挥功能型党委作用，学习贯彻党的十九大精神和习近平总书记系列重要讲话精神，为研究会各项业务提供政治引领与保障。在研究会理事会期间，召开与会党员大会，传达党的十九大精神。研究会党支部严格执行“三会一课”制度，召开党员学习会议、党员会议、民主生活会各4次，组织党员听党课4次。7月18日，研究会秘书处党支部召开全体党员会议，经全体党员无记名投票，选举华军为秘书处党支部书记，报中国科协科技社团党委审批。9月11日，中国科协科技社团党委同意批复，秘书处党支部完成换届工作。

【第七届中国科学家教育家企业家论坛】 9月16日，研究会作为学术指导参与组织的第七届中国科学家教育家企业家论坛在中国科技会堂召开。论坛主题为“推动产学研深度融合，打造创新发展新引擎”。十二届全国人大常委会副委员长陈至立、全国政协教科文卫体委员会副主任张秋俭、中国科学院院士陈佳洱、中国工程院院士孙永福、教育部总督学顾问张天保、商务部原副部长周可仁、中国未来研究会首席顾问秦麟征等专家参加开幕式。全国700余名科技界、教育界、企业界专家、学者、企业家参加论坛。中国老科技工作者协会常务副会长齐让、中国工程院院士李天初、科技部科技日报社副社长房汉廷分别作主题报告《关于创新驱动发展战略的几点思考》《国际基本单位量子化和中国计量院的应对研究》《让企业家回归资本属性》。在科学家教育家企业家巅峰对话会上，中国工程院院士、清华大学原副校长倪维斗，全国工商联原副主席王治国，国家教育咨询委员会委员陈宇，中和黄埔集团董事长陈明亮等围绕科技成果转化课题进行交流。

【中国未来研究会2018年学术年会】 12月8日，在北京召开中国未来研究会2018年学术年会。年会主题为“创新与未来”。年会研讨未来30年中国的机遇与挑战、新时代的全球化与国家安全、新科技革命与新产业革命、人工智能与未来社会、创新驱动与经济发展、未来学的理论与方法等问题。100余名专家、学者参会。

（撰稿人：白兆钦）

中国科学技术史学会

服务创新型国家和社会建设 学会化学史专业委员会承担《中国大百科全书·科学技术史卷》化学化工史相关内容编撰工作，已组织会员完成多数词条编撰和修订工作。

发挥专业优势，为中国科协各部门提供智力支持。承担学术交流、政策咨询、调研宣传等课题，推动国内同行间学术交流。

8月，学会科技考古专业委员会组织部分学者、专家参与传统工艺振兴计划与措施研究。推动少数民族地区传统工艺保护与传承研究，配合地方政府扶贫工作。

11月26日，学会科技人物专业委员会组织部分会员参加在北京中国科技会堂举行的老科学家学术成长资料采集工程2018年度捐赠仪式。9名科学家捐赠资料4500余件。学会会员申请中国科协采集工程资助，开展盛桐笙、金善宝、谢家荣等5名科学家资料长编的编纂与出版工作。

学会建设 加强内部建设和会员队伍建设，加强学会治理结构调整及专业委员会等分支机构管理，建立工作委员会。

6月23日，学会性别与科学研究专业委员会成立大会暨会员代表大会在北京科技大学举行。从事科学技术史或性别与科学研究的40余名学者参加成立大会。会议选举产生性别与科学研究专业委员会理事会成员，审议通过《中国科学技术史学会性别与科学研究专业委员会工作细则（草案）》。参会学者围绕“性别与科学研究的未来发展与规划”展开研讨。专委会挂靠北京科技大学。

10月17—19日，全国第十四届科技考古学术讨论会在陕西省西安市西北大学召开。大会由学会、西北大学文化遗产学院、中国科学院大学人文学院考古学与人类学系、中国社会科学院考古研究所科技考古中心主办，文化遗产研究与保护技术教育部重点实验室和西北大学科技考古学中心承办。讨论会上举办学会科技考古专业委员成立会议。全体会员代表审议通过《中国科学技术史学会科技考古专业委员会工作规则》和科技考古专业委员会理事会名单，专委会挂靠中国科学院大学人文学院。科技考古专业委员会开通中国科技考古公众微信号，宣传中国科技考古研究成果。

主办期刊 学会主办《自然科学史研究》和《中国科技史杂志》，均为季刊。《自然科学史研究》反映海内外科技史最新成果，发表科学技术史领域综合性研究、科技史理论和各学科史的论文、研究讨论、评论、书评和学术信息等。《中国科技史杂志》发表内容以中国近现代，尤其是近100年来的科学技术发展为主，在搜集、抢救和整理史料基础上，推进中国近现代科学技术史研究。主要栏目包括研究、综述、自述与传记、访谈、资料、图像、科学史家、书评、信息等。

国际学术会议 4月28—29日，由学会建筑史专委会与中国建筑学会建筑史学分会主办，福州大学承办的2018第二届杨鸿勋建筑史学国际学术研讨会在福建省福州市福州大学举办。会议以“建筑考古”为主题，是国内首次召开的以建筑考古为主题的国际学术研讨会。来自国内外近100余名学者、研究人员参会。清华大学教授吕舟，日本教授清水重敦、浅川滋男、布野修司、青木信夫，研究员箱崎和久，德国教授Philip Caston等国际学者参会并作主题报告。美国宾夕法尼亚大学东亚语言与文明系教授夏南悉（Nancy S. Steinhardt）发来书面文稿。33篇论文收入会议论文集。

10月26—28日，学会医学史专业委员会举办全球健康史国际学术研讨会。会议邀请来自国内及印度、英国、美国等国家及世界卫生组织（World Health Organization，WHO）学者参会。研讨会围绕全球重大健康议题设置大会主旨论坛、丝绸之路大学联盟健康子联盟2018年会－全球健康论坛、中华预防医学会全球卫生分会青年委员会论坛等10余个论坛，为全球健康研究学者提供交流平台，建立全球健康教育和科研合作网络，协助解决相关国家面临的重大和热点卫生健康问题。会议内容被《中国青年报》《健康报》等新闻媒体报道。

国内主要学术会议 1月13日，学会物理学专业委员会在山西大学举办杨振宁与理论物理学史研讨会。

7月15日，由学会与中华教育改进社、东南大学、中国地球物理学会、建德市叶氏古文化研究会联合主办的叶企孙与一流大学建设学术会议暨叶企孙诞辰120周年纪念会在北京大学中关新园召开。会议主题为“传承大师精神，建设一流大学，理性文明做人，建设文明社会”。学会协办叶企孙与一流大学建设学术会议。

国际交往 学会参与国际科技社团活动，推动国内学者在国际科技组织任职。8月6—8日，学会医学史专业委员会与大韩医史学会在仁济大学金海校区共同举办第6届韩中（中韩）医学史大会。来自北京大学、南开大学、陕西师范大学、南京大学、中山大学、浙江中医药大学、南京中医药大学、南京医科大学、广西医科大学及韩国的延世大学、梨花女子大学、庆熙大学、全北大学、全南大学、江原大学、釜庆大学、大田大学、仁济大学的26名中韩学者作报告。论文报告主题涉及传统医学史的核心议题——医学人物、医学知识和技术、医疗制度的研究及在政治、社会、文化脉络下探讨医学与医疗之影响与意义的医疗社会史、新文化史的研究。大会组委会决定，第7届大会将于2年后在陕西师范大学举行。

科普活动 学会副理事长关增建被中国科协聘为第六批科学传播首席专家。

3月26日，中国气象局干部学院举办第六期气象科技史名家论坛。学会副理事长、西北大学科学史高等研究院院长曲安京受邀作题为“近现代数学发展与创新启示”的学术报告。

9月17—18日，由中国科协主办、学会参与的世界公众科学素质促进大会在北京召开。学会理事长孙小淳、理事朱进在分论坛作主旨发言。孙小淳在光明网组织的科学素质与文化包容论坛作题为“儒家文化与科学”的发言。

9月21日，中外友好协会举办文明对话论坛2018年度盛典，孙小淳应邀在“传统节日的当代价值”高端对话环节作题为“节日的科学与文化价值”的主旨演讲。

10月26日，孙小淳主持中国科学院“盛放40年：科学的春天40年”SELF格致论道讲坛。中国科学院院士周琪等6名科学家分享其科研经历和科研成果。

学会化学史专业委员会主任任定成等创办的公众号“本末之道”，专门刊发科学思想、科学方法和科学精神等相关文章。

会员服务 学会新增会员351人。成立性别与科学研究专业委员会和科技考古专业委员会。截至2018年年底，学会有专业委员会等分支机构28个。

【科学技术史学科建设再出发学术研讨会】 9月20—21日，由学会和中国科学院大学主办，中国科学院大学人文学院承办的科学技术史学科建设再出发学术研讨会在中国科学院大学雁栖湖校区举办。各高校、科研文博机构、出版机构专家、学者参会。会议安排科学技术史学科建设暨通史教学圆桌会议和中国古代科学与文明、中国科学院与中国近代科学、西方科技史研究、科技考古4个分会场，进行学术报告90余场。

【中国科学技术史学会2018年度学术会议】 10月27—28日，由学会主办，清华大学科学史系承办的中国科学技术史学会2018年度学术会议在北京举行。来自全国高校和研究机构的400余名专家、学者出席开幕式。会议期间，举行4场大会报告和数学史、物理学史、天文学史等分论坛15场。有200余名专家、学者提交论文报告。

【气象科技史名家系列论坛】 3月26日下午，中国气象局干部学院举办第六期气象科技史名家论坛。西北大学科学史高等研究院院长曲安京受邀作学术报告《近现代数学发展与创新启示》。来自干部学院、数值预报中心、气象出版社等单位人员参加报告会。10月19日下午，举办第七期气象科技史名家论坛，邀请希腊国家研究基金会历史研究所HPDST主任、国际科技史学会原主席、国际科学史研究院院士、秘书长Efthymios Nicolaidis作题为“古希腊罗马世界的机械宇宙及对气象启示”的专题报告。

【第十三届中国少数民族科技史学术研讨会】 4月20—22日，学会少数民族科技史专业委员会在江苏省南京市召开第十三届中国少数民族科技史学术研讨会。全国40余家科研院所等学术机构100余名学者参会。与会学者探讨少数民族科技与文明、少数民族科技文化交流、中国科技史等相关学术问题。4月21日，学会少数民族科技史专业委员会举办陈久金80岁生日庆祝活动。4月22日，学会少数民族科技史专业委员会组织中国少数民族科技史丛书编委会成员座谈，布置与督促参编人员撰写工作，要求参编人员保证著作质量，推动丛书编撰与出版工作。

（撰稿人：罗兴波）

中国科学技术情报学会

服务创新型国家和社会建设 4月12—13日，由学会竞争情报分会、中国图书馆学会专业图书馆分会和中国化工信息中心有限公司联合举办的“一带一路”企业投资风险研究及实践研讨会在中国科学院文献情报中心多功能厅举行。国内各地图书馆分会会员、学会竞争情报分会会员和中国化工信息中心客户共60余人参加培训。研讨会贴合“一带一路”倡议，宏观与微观相结合，培训与交流相结合。9名专家围绕主题展开培训，研究和分享中国农业企业走出去战略研究、企业海外投资实践分享、企业海外投资的机遇与挑战等内容。中国化工信息中心竞争情报研究院专家围绕搭建企业海外投资决策情报支撑系统、“一带一路”研究实用数据库、海外舆情监测及系统构建、“一带一路”专利布局及研究、国际企业对标模型体系研究、企业海外投资风险因素及案例发言。

6月28日，学会科技出版与声像专业委员会在河北省张家口市组织召开工作交流会并开展实地扶贫考察活动。会议由河北省科学技术情报研究院承办，学会科技出版与声像专业委员会副主任胡红亮及各会员单位的20余名负责人参加活动。参会人员交流科技声像助力现代农业发展方面的经验与做法，实地考察河北省贫困县——张家口市阳原县，学习河北省科技情报院在科技扶贫方面的经验。活动举办座谈会，观摩优秀农业示范片，交流各单位在科技帮扶制片方面的经验。

7月19日，由学会竞争情报分会、北京科技情报学会知识管理与竞争情报专业委员会、甘肃省科技情报学会联合举办的主题为“第八届技术竞争情报助力科技创新”的专题研讨会在甘肃省张掖市召开。国内情报研究机构、高校、咨询公司、相关企业的代表40余人参加会议。会议围绕技术竞争情报研究与服务的热点和难点，邀请来自研究院所和高校的4名专家作主旨发言。与会代表围绕各自单位具体实践与专家展开互动。

10月18—19日，由学会科技查新专业委员会、中国科学技术信息研究所主办，浙江省科技信息研究院、浙江省科技查新咨询协会、温州市科技情报学会承办的首届2018年“查新+”创新论坛在浙江省温州市举办。全国科技查新机构（查新站）负责人、业务骨干、专家、学者和企业代表等230余人参加会议。论坛主题为“开放共享、协作共赢”。参会人员交流院所改革和科技管理改革双重背景下如何寻求查新业务的重新定位、突破和转型。全国查新机构的查新部门主任和负责人就《科技查新技术规范》贯标细则制定，查新机构管理中的自查、抽查的方式与实施及查新人员能力建设等方面展开交流研讨。

11月10日，情报学与情报工作发展论坛（2018）在湖北省武汉市召开。论坛由学会与全国高等学校图书情报专业学位教育指导委员会、武汉大学共同主办，得到武汉市科协、《图书情报知识》编辑部、《信息资源管理学报》编辑部支持。论坛邀请中国科技情报学界、社会科学情报学界、军事安全情报学界、医学情报学界的100余名专家、学者及《情报学报》《图书情报知识》《情报理论与实践》《情报杂志》《信息资源管理学报》等学术期刊代表参会。会议设置圆桌论坛，针对中国情报学学科建设与发展、数据科学对情报学之影响、情报学的协同与融合发展（安全、军事等）、情报学与情报工作的统一与分野、情报学教育及人才培养等议题，全国情报学各个领域30余名专家开展讨论。与会专家一致认为，大数据和人工智能改变着情报学和情报工作，情报学和情报工作应坚持“耳目尖兵参谋”的社会定位和“广、快、精、准”的工作要求，情报学与情报工作应凸显应用、面向智能、面向战略，与社会发展、政府决策联系在一起，服务于国家创新和安全发展，促进军民情报协同发展与融合，建设具有中国特色的情报学发展之路。

11月11日，数字空间与社会治理智库联盟成立大会在武汉大学举行。学会情报理论方法与教育培训专业委员会以中国人民大学信息分析研究中心为依托，与北京大学互联网研究中心、武汉大学信息资源研究中心、江苏省数据工程与知识服务重点实验室（南京大学）、南开大学网络社会治理研究中心等单位共同发起成立数字空间与社会治理智库联盟。联盟旨在围绕网络空间、社会治理、信息分析、智慧城市等领域展开全方位合作研究，在科学研究、人才培养、平台建设等方面实现资源共享，探索信息管理领域高端智库创新型合作机制。

青年人才托举工程 申请并获批承担中国科协第四届青年人才托举工程项目，2人获项目资助。

学会的第三届青年人才托举工程项目被托举人，完成第一年度的目标任务，通过首年考评。

主办期刊 推进学会会刊《情报学报》编辑部各项工作，联合科学出版社，提升学术期刊出版质量。2月，《情报学报》微信公众号上线运行。优化升级网上投稿系统，实现文章资源公开获取无断面、断点。完成多期国家重大项目专题组稿。《情报学报》表彰优秀审稿人和优秀论文作者。

《情报工程》作为支持媒体，承办2018年知识服务与情报工程学术研讨会，通过会议宣传期刊，征集到一批稿件。

5月，在湖南省长沙市主办全国情报类科技期刊创新发展座谈交流会。全国共22家情报类科技期刊代表参会，商议推动情报学学科建设、服务创新发展的新举措。

学科发展研究 承担中国科协学科发展工程项目——“2018年度情报学研究前沿与研究热点研究”项目。组织南京大学、武汉大学等单位多名情报学界学者，经过研究和多轮研讨，完成《情报学前沿热点综述研究报告》。组织征集情报学研究十大进展。

国内主要学术会议 3月28日，学会竞争情报分会和中国科学院武汉文献情报中心联合主办2018“春之声”竞争情报沙龙活动。活动主题为“大数据背景下区域科技和产业创新的重大情报需求及服务模式”。100余名湖北省信息学会会员及全国各地的分会会员和代表参加活动。

沙龙特邀5名专家作专题报告。与会代表探讨科技情报面临的变革与挑战，情报知识服务的新趋势、新模式、新需求及如何在大环境变化下实施情报服务的改革路径等内容。专家对与会代表提出的问题给予解答。与会代表现场参观武汉文献情报中心并开展交流。

6月20—23日，由学会和湖南省科学技术信息研究所主办，湖南省科学技术情报学会、上海市科学技术情报学会、学会竞争情报分会承办的大数据环境下产业竞争情报与战略研究学术研讨会在湖南省邵阳市召开。15个省市的科技信息机构和企业代表130余人参加会议。大会分析和探讨大数据环境下竞争情报理论研究的最新进展、大数据及“互联网+”环境下的情报方法与技术。

7月22日，由学会情报研究与咨询专业委员会、中国人民大学信息资源管理学院、中国人民大学CIO（首席信息官）中心共同主办的2018中国CIO论坛在北京召开。论坛以“CIO共享生态，赋能产业发展”为主题，会聚国内政府、企业等机构CIO约150余人，探讨中国CIO生态圈的协同发展，协同推进各领域信息化的可持续发展。2018中国CIO论坛主题涵盖中国CIO领域各个方面，探讨研究热点。情报研究与咨询专业委员会依托学院，推进CIO制度建设，构建CIO管理创新平台。

9月13—15日，由学会竞争情报分会和北方科技信息研究所主办，宁夏科学技术发展战略和信息研究所和宁夏科学技术情报学会协办的第二十四届中国竞争情报年会在宁夏回族自治区银川市召开。全国各地200余名代表参加会议。会议以“新时代新模式：竞争情报的挑战与应对”为主题，设特邀报告、大会报告、情报服务与应用、高峰对话、国际视野、互动论坛和征文颁奖等内容，致力于为中国竞争情报学术研讨和实践经验交流搭建交流平台。有18名专家和代表作大会报告和演讲，5名代表在高峰对话上发表演讲。在国际视野环节，来自思保环球（CPA GLOBAL）公司的菲利普向代表介绍竞争情报分析在专利知识产权情报分析管理中的最新应用进展。与会专家分别从竞争情报理论研讨、实践经验、战略创新、工具运用、精英亮剑等角度和层面向与会代表展现中国竞争情报发展的最新进展和成就，展示和分享竞争情报业所取得的重大成果，探讨中国竞争情报业的未来发展。

10月11—12日，由学会知识组织专业委员会举办的2018年中国科学技术情报学会知识组织专业委员会年会暨第三届知识服务与情报工程学术交流会在北京召开。会议邀请来自清华大学、中国科学院、南京大学、武汉大学、浙江大学、上海交通大学、东南大学、复旦大学、日本科学技术振兴机构、韩国科学技术情报研究院等高校、国内外科研院所和行业领域的专家、学者参会，交流知识获取、数据共享、知识组织、知识服务、人工智能、大数据分析、社会媒体计算、产业情报与智库建设等内容。开幕式上，中国科学技术信息研究所副所长刘琦岩、中国工程院办公厅知识中心办公室副主任潘刚、国家新闻出版署副司长冯宏声致辞。会议邀请4名专家作特邀报告，其中，冯宏声作《知识服务体系建设思路》主旨报告，中国工程院院士孙九林作《大数据、数据科学与人工智能》主旨报告，清华大学副教授唐杰作《知识驱动的科技情报挖掘》主题报告，南京大学教授朱学芳作《多媒体信息处理中的人工智能技术》主题报告。19名专家就知识图谱与知识问答、数字出版与智库建设、开放共享与社交媒体、知识管理与知识发现、富媒体与可视化、知识服务与情报分析主题作学术报告。

会议设置《情报工程》2018年度最佳论文和知识服务最佳实践颁奖环节。最佳论文从《情报工程》2017年度发表的论文筛选出候选论文，由专家投票后确定10篇作为年度获奖论文。知识服务最佳实践项目由行业推荐和自主申报，经由专家评审后选出6个作为获奖项目。

科普活动 3月28—30日，由学会竞争情报分会举办的面向决策的大数据挖掘分析与竞争情报系统建设研修班在湖北省武汉市召开。全国各地60余家企业、科研院所等单位的相关人员参加培训。在2天的时间内，培训讲授基于大数据分析的新方法新技术，基于内容分析的舆情监测、竞争分析、产业竞争力分析的新方法新技术，大数据分析与挖掘应用案例，大数据运用需求与效果探讨，创新态势监测及动态快报编制方法，集团模式下的企业情报服务体系建设和创新态势监测及动态快报编制上机实操等8部分内容。

学会普及工作委员会与上海市科学技术情报学会合作，开放协作机制，开展科普工作，用专利情报研究和情报思维支撑科普工作，推动情报特色科普品牌创建。4月，举办2018年专利查新与侵权分析高级培训班。6月，举办2018年专利分析与专利地图高级培训班。11月，举办2018年知识产权分析评议方法与应用高级研修班。

6月19—23日、6月25—29日、11月6—8日，学会科技查新专业委员会在北京先后举办2018年全国科技查新员培训班3次。来自全国各查新机构共200余人参加。

党建强会 学会坚持以“学”立身，强化理论武装。学会党委组织全体党员集中学习《习近平谈治国理政》《十九大报告》《习近平关于科技创新论述摘编》。学会党委以“两学一做”学习教育为抓手，召开多次党员大会，学习新《党章》《共产党宣言》《宪法》，学习宣传贯彻习近平新时代中国特色社会主义思想，推进全体党员领导干部政治理论学习，推进党的思想建设。

在“行”中坚定理想信念。学会应用多种学习形式，开展思想教育。组织支部全体党员参观明镜昭廉反贪文化园廉政教育基地，参观马克思诞辰200周年展览，参观纪念改革开放40周年展览。组织党员召开座谈会，讨论总体国家安全观，分析廉政教育典型案例，讨论学习优秀共产党员的先进事迹，重温入党誓词。结合支部特色，有针对性开展党风廉政、国家安全教育等主题活动。

学会以党风廉政建设为抓手，落实从严治党要求。坚持教育为先，预防为主，执行“八项规定”，反对“四风”问题，落实党风廉政建设责任制。开展党风廉政宣传月活动，开展廉洁教育学习、观看警示教育片，党委委员潘云涛为全体党员讲廉政党课。组织廉洁教育主题党日活动，营造廉洁文化氛围。

（撰稿人：王婷婷）

中国图书馆学会

服务创新型国家和社会建设 学会配合文化和旅游部开展定级相关工作，分别组织完成省级（副省级）图书馆定级建议、地市级和县级图书馆定级建议，在公示基础上协助完成复核工作，向文化和旅游部提交《第六次全国县级以上公共图书馆评估定级上等级馆名单》。1月，召开第六次全国县级以上公共图书馆评估工作汇报会，组织评估专家组专家代表商讨并确定第六次全国县级以上公共图书馆定级原则，提出副省级以上图书馆的拟定上等级名单。4月12日，再次召开评估定级工作专家会，商讨提出全国地市级和县级图书馆拟定上等级名单。经文化和旅游部公示，6月14日，组织召开专家会议进行复审，确定终审意见报送文化和旅游部，协助安排标牌制作和授牌事宜。8月13日，文化和旅游部公布第六次全国县级以上公共图书馆评估定级上等级图书馆名单，至此，该项任务完成。学会依托此次评估定级相关数据，尝试公共图书馆建设与服务大数据分析和应用，探索平台开发和建设，向文化和旅游部提交《关于第六次全国县级以上公共图书馆评估定级工作的报告》，作为公共事务管理与决策咨询参考依据。

参加文化和旅游部公共服务司委托的“基层文化队伍培训县级示范性培训（全国县级图书馆馆长培训）”项目。在山西省晋中市、新疆维吾尔自治区克拉玛依市和广东省肇庆市举办3期全国基层图书馆馆长培训，335人参训。培训内容涵盖政治理论和党性修养、公共文化服务政策法规、县级图书馆业务能力建设、效能提升、领导能力与团队建设等方面。受文化和旅游部公共服务司委托开展全国公共文化巡讲工作，承接“城市图书馆服务体系建设调研课题”“社会力量参与公共图书馆发展调研课题”“改革开放40年农民工精神文化生活发展报告”“老年文化和旅游发展报告”“新时代文化志愿服务机制研究”等研究项目，均通过结项评审。

2018年，学会与国家图书馆共同开展“同筑中国梦　共度书香年”春节系列活动，推送以楹联为主题的新春文化大礼包。全国1397家图书馆及有关单位承办活动，受众660余万人次。

开展书香城市（区县级）发现活动，共有17个省份69个城市（区县级）参与申报，覆盖东北、华北、华南、西北、华中、华东等地区。经过专家评审，天津市和平区、内蒙古自治区鄂尔多斯市东胜区、江苏省南通市如皋市、浙江省宁波市北仑区、浙江省温州市瓯海区、浙江省嘉兴市海宁市、安徽省宿州市泗县、山东省潍坊市青州市、广东省深圳市罗湖区、四川省成都市龙泉驿区10个申报城市入围。通过活动在全国搭建各地区全民阅读推广成果展示与交流平台。

在学会推动下，《中华人民共和国公共图书馆法》出台，于2018年1月1日起施行。学会将2018年确定为《公共图书馆法》宣传贯彻年，通过30余个省、自治区、直辖市的图书馆学会、图书馆协会和分支机构向全国2000余家各级各类图书馆下发《关于倡导在全国图书馆界组织“宣传贯彻〈公共图书馆法〉开展系列主题活动”的通知》，倡导各馆通过公益性讲座、阅读推广、培训、展览等形式，宣传推广公共图书馆的宗旨、使命、服务理念和功能等，鼓励社会公众走进图书馆，体验公共文化设施。组织开展“依法办馆 创新发展——新时代公共图书馆建设与服务”知识学习竞赛、我身边的图书馆——公共图书馆法与新时代公共图书馆建设与服务征文等活动，有8262人参赛，征集作品500余篇。在四川省成都市举办《中华人民共和国公共图书馆法》研修班，研修班通过会员学习中心APP直播，300余人现场参训，2052人次在线观看直播并参与互动。

4月10日，全国少年儿童阅读年系列活动启动仪式在江西省南昌市举办。活动以“新时代，新作为——共创儿童阅读新气象”为主题，策划5大类目17项子活动，包括绘本、征文、表演、数字阅读等形式和载体。引导少年儿童传承中华优秀传统文化。

2018年，在江西省南昌市、黑龙江省伊春市和云南省昆明市举办3期阅读推广人培育行动，培养“阅读推广人”766人。邀请图书馆界、教育界、新闻出版界专家、学者，组建阅读推广人培育指导委员会，出版阅读推广人培育系列教材。

学会能力提升计划 学会在2015年入选中国科协第二期学会能力提升专项“学会创新和服务能力提升工程优秀科技社团建设”项目基础上，2018年入选中国科协第三期全国学会能力提升专项“世界一流学会建设项目”，成为入选的3个交叉学科学会之一。

学会建设 2018年，学会建立务实高效、位阶有序的学会议事制度。召开4次党委会暨学会负责人工作会议、3次常务理事会议、1次理事会议，审议通过《中国图书馆学会固定资产管理办法》《中国图书馆学会会员权利》等文件，审议通过各分支机构和省级图书馆学会变更常务理事、理事及分支机构负责人和委员等申请事宜。完善会员管理体系和会员管理与服务平台，做好单位会员和个人会员的组织发展、收缴会费和颁发证书等。截至2018年年底，个人会员15582人，单位会员549家。编辑并出版《中国图书馆年鉴》（2018卷）、《中国图书馆学会年会论文集》（2018卷）。编辑、出版、发行《中国图书馆学报》2018年1—6期，发文50篇。完成2017年英文年刊校对、出版、发行和2018年英文年刊的组稿、翻译。出版《〈中国图书馆学报〉创刊六十周年文选》《图书馆员论文撰写与投稿指南》《基层图书馆管理与服务》《中小学图书馆建设与服务》等图书。

国内主要学术会议 举办中国图书馆年会、第六届百县馆长论坛、知识图谱助力图书馆知识管理与智慧服务研讨会、第30届全国十五城市公共图书馆工作研讨会、西部公共图书馆2018年学术研讨会等品牌学术活动。协调和指导各分支机构开展全国图书馆新型服务能力建设学术研讨会、2018公私藏书与经典阅读（沧州）论坛、新时代公共图书馆服务与建设创新研讨会、2018年中国高校图书馆发展论坛、专业图书馆分会2018年学术年会、医学图书馆分会第26届学术研讨会暨2018年学术年会、中国高职图书馆发展论坛（2018）等重点学术活动。

12月18日，全国数字图书馆建设与服务联席会议第十九次会议在中共安徽省委党校（安徽行政学院）召开，会议主题为“数字图书馆建设与服务联席会议十年：回顾与展望”。会议由中共中央党校（国家行政学院）图书和文化馆承办，中共安徽省委党校（安徽行政学院）协办。国家图书馆、文化和旅游部全国公共文化发展中心、上海图书馆、中国科学院文献情报中心、中国高等教育数字图书馆（CALIS）管理中心、大学数字图书馆国际合作计划（CADAL）管理中心、中央党校（国家行政学院）图书和文化馆、国防大学图书馆、中国社会科学院图书馆等联席会议成员单位及学会与中共安徽省委党校（安徽行政学院）图书馆等单位的代表近30人参加会议。应联席会议邀请，中国社会科学院图书馆作为新的成员单位参加会议。会上，各成员单位代表围绕主题作专题发言，讨论《数字图书馆资源管理指南》初稿，提出应界定资源管理的相关概念、明晰指南条款逻辑、对资源长期保存和绩效评估等内容进行补充等建议。

国际交往 举办2018年中国图书馆年会会前会——丝绸之路国际图书馆联盟成立暨“阅读·城市·文化”图书馆、书店融合发展学术研讨会。邀请并接待国际图联主席歌莉娅·佩雷兹·萨尔梅隆、秘书长杰拉德·莱特内及美国、英国、新加坡等国的20余名图书馆同行参加2018年中国图书馆年会。为业界代表参加2018年美国图书馆协会年会及2018年国际图联大会提供信息咨询与服务，申请邀请函113份，提供相关会议文件翻译服务。

科普活动 举办“我听·我读——2018年全国少

儿读者朗诵大赛”。大赛分学龄前、小学和中学3个组，以图书馆为单位组织选报，采取网上竞赛与线下活动相结合的方式举行。25个省份91家单位参与，参赛作品2719部。

开展首届“图书馆杯”主题海报创意设计大赛。活动覆盖32个省、自治区、直辖市。共1168个图书馆报名，作为组织单位参与大赛。报名读者人数17796人，审核通过作品13925件。

在全国各级各类图书馆组织开展专题展览，围绕展览主题，开展专题讲座、书目推荐等活动，包括家国情怀 科学精神——中国院士展览及相关优秀图书推荐活动，寻找图书馆最美阅读空间、人文阅读摄影作品公益展征集及展览，“知行天下·邂逅图书馆之美”主题展览及讲座等。

启动《中华传统文化百部经典》全国推介活动。8月，活动在广东省启动，广东省广州市、广东省东莞市、河北省沧州市等城市加入首批推介城市行列，活动在全国各地图书馆展开。

推进阅读推广公益行动——扫码看书，百城共读活动。截至2018年年底，发布荐书活动5期，编发简报3期。29个省、自治区、直辖市的304个机构参与活动。

党建强会 作为试点评价工作小组成员单位，参与中国科协科技社团党委组织的创建星级学会党组织及相关评价活动，联系指导4个学会党组织开展创建工作，获优秀等次。承办中国科协科技社团党委组织的“不忘初心 牢记使命——党的十九大精神知识竞答活动”。活动面向中国科协所属各全国学会、协会、研究会党组织开展，来自150余家单位党组织的3000余名党员参与竞答。6月29日，在中国科技会堂举行决赛，获突出贡献奖。

【中国图书馆年会】 5月31日—6月1日，2018年中国图书馆年会——中国图书馆学会年会·中国图书馆展览会在河北省廊坊市举办。年会由文化和旅游部指导，学会和廊坊市人民政府主办，国家图书馆（国家古籍保护中心）、文化和旅游部全国公共文化发展中心、中国古籍保护协会和河北省文化厅协办。文化和旅游部副部长项兆伦、河北省副省长徐建培、国际图联主席歌莉娅·佩雷兹·萨尔梅隆等出席年会。全国各级各类图书馆工作者和有关专家、学者等3000余人通过学会会员管理与服务平台注册参会。

年会主题为“图书馆与社会：共享 效能 法治”，包括开闭幕活动、主题论坛、学术分会场、展览会、图书馆人之夜等。年会设立征文分主题23个，征集论文1170篇；设立主题论坛4个、分会场6个（下设24个话题）和卫星会议3个（2个会前会和1个会后会）。年会邀请国际图联主席和秘书长及10余个国家和地区的代表参会，邀请美国图书馆协会在展览会设置展位，邀请美国华人图书馆员协会组织学术分会场，邀请喜马拉雅创始人和河北省作家协会主席作嘉宾演讲。开通年会官网年会频道、移动微网站和官微年会频道等，邀请国内媒体进行宣传报道。

【第六届百县馆长论坛】 9月18—19日，由文化和旅游部公共文化司牵头组织，学会联合浙江省湖州市德清县人民政府在德清县举办学习贯彻《中华人民共和国公共图书馆法》培训班暨中国图书馆学会第六届百县馆长论坛。各省、自治区、直辖市图书馆学（协）会的理事长、副理事长、秘书长及各地推荐的县级公共图书馆馆长代表120余人参会。活动包括开幕活动、专家培训、小组讨论、现场研讨、闭幕活动等内容，主题为“学习贯彻《中华人民共和国公共图书馆法》”。活动结合各省、自治区、直辖市对《公共图书馆法》的贯彻落实和交流研讨，开展《公共图书馆法》的学习、培训、贯彻、落实，探讨在现行法律框架下中国县级公共图书馆如何运行与服务。

【“网络书香·数字图书馆建设与服务”宣传推广项目系列活动】 2018年，学会在内蒙古自治区、西藏自治区和贵州省开展“网络书香·数字图书馆建设与服务”宣传推广项目系列活动，包括启动仪式、高级研讨班、数字图书馆推广工程体验区等内容。活动由文化和旅游部公共服务司指导，学会与国家图书馆和各省、自治区文化厅主办，各省、自治区图书馆和省、自治区图书馆学会承办。各级公共图书馆、部分高校图书馆及专业图书馆的馆长及业务骨干370余人参加活动，数字图书馆体验区和展览共接待8000余人次。

8月29—30日，由学会与国家图书馆、内蒙古自治区文化厅主办，内蒙古自治区图书馆、内蒙古自治区图书馆学会、阿拉善盟文化新闻出版广电局承办，阿拉善盟图书馆和阿拉善盟图书馆学会协办的“网络书香·数字图书馆建设与服务”宣传推广项目（内蒙古站）系列活动启动仪式在内蒙古自治区阿拉善盟举行。学会副理事长刘小琴，内蒙古自治区图书馆党总支书记赵景琦及自治区各级各类图书馆馆长和业务骨干200余人参加活动。

9月27—28日，由学会与国家图书馆、西藏自治区文化厅主办，西藏自治区图书馆、西藏自治区图书馆学会承办的“网络书香·数字图书馆建设与服务”宣传推广项目（西藏站）系列活动启动仪式在西藏自治区拉萨市举行。学会秘书长霍瑞娟、西藏自治区文化厅副巡视员阿齐、西藏自治区图书馆党委书记肖华及自治区各地市文化局、各地市图书馆业务骨干70余人参加活动。

10月24—25日，由学会与国家图书馆、贵州省文化厅主办，贵州省图书馆、贵州省图书馆学会承办的“网络书香·数字图书馆建设与服务”宣传推广项目（贵州站）系列活动启动仪式在贵州省贵阳市举行。国家图书馆信息技术部主任谢强、贵州省图书馆馆长刘宇松及来自贵州省各地、市、州图书馆的业务骨干100余人参加活动。

活动设立数字图书馆体验区，通过统一的设计和编排，挂接多样化媒体终端，呈现新媒体环境下的体验式数字图书馆智慧服务站。现场采用无缝拼接屏、多媒体终端，结合交互体验的方式，向公众展示数字图书馆服务理念。读者可通过相关展板、宣传视频、平板电脑、智能手机等多媒体终端享受数字图书馆面向公众的各种服务，访问国家图书馆提供的数字资源。展示区融合光、声、影等技术效果，融入各类生活场景及互动娱乐，将国家数字图书馆已建成的相关成果以文字、图片、视频、虚拟现实等形式呈现给观众，展示在数字图书馆推广工程推动下数字图书馆事业。

【民国时期文献保护计划宣传推广活动】 7月4—5日、8月28—29日、10月31日—11月1日，分别在山西省太原市、山东省烟台市和福建省福州市举办民国时期文献保护计划宣传推广活动——山西站、山东站和福建站系列活动。推广活动采用全国性培训与地区推广相结合的方式，开展培训、展览等，培训专业人员407人，举办民国时期文献保护计划成果展览3场。

（撰稿人：马　骏）

中国城市科学研究会

服务创新型国家和社会建设　研究会参与国家水体污染控制与治理科技重大专项“重污染区（武进）水环境整治技术集成与综合示范项目”、国家重点研发计划NQI重点专项“智慧城市信息应用和感知体验评价关键技术研究”课题。牵头国家社会科学基金重大项目“生态文明背景下的绿色城镇化研究”、国家自然基金应急管理项目“韧性雄安系统理论与方法”、国务院参事室重大项目“房地产调控长效机制研究”课题研究。开展研究会中欧生态城项目，协助国家部委起草低碳生态发展框架，帮助地方政府推进低碳生态城市发展。编制完成国际行业标准《智慧城市基础设施数据交换与共享指南》《智慧城市基础设施——城市停车场智慧交通的引导》《用例收集与分析：智慧城市运营中心》《智慧城市需求研究》，国家行业标准《绿色生态城区评价标准》《绿色校园评价标准》《健康建筑评价标准》征求意见稿，研究会团体标准《城市旧居住小区综合改造技术标准》《超低能耗建筑评价标准》《住宅通风设计标准》《民用建筑室内空气质量自动监测技术标准》。出版研究会主编的“地震灾后绿色重建手册”丛书前三册和研究会修订、增补的《地震灾后重建案例分析》。

学会建设　新增会员4800余人。成立健康城市专业委员会、城市治理专业委员会，截至2018年年底，研究会有专业委员会20个。筹备成立由研究会和中国科协创新战略研究院共同牵头、联合多家学会设立，面向未来城市的多领域交叉性协同创新研究平台——未来城市研究所。加强与央视、人民网、新华网等媒体合作，研究会理事长仇保兴代表研究会录制中央电视台《经济大讲堂》节目2期，录制新华网《思客大讲堂》节目1期。经中国科协专家委员会遴选认定，研究会入选中国科协第三期学会能力提升专项——“世界一流学会建设项目”。

7月26日，研究会在江苏省苏州市召开六届三次理事代表大会，总结一年来主要工作进展，研究年度工作计划及重点工作部署。

学会治理结构和治理方式改革　研究会建设平台型科技社团，为科技工作者提供创新环境。建立激励机制、竞争机制，改革内部科研机构，成立若干个所，自负盈亏。统一规范管理下属分支机构名称及用章。首次对各分支机构进行综合能力评估，明确各分支机构重点工作方向。完善智能网上办公系统，实行网上办公一体化、无纸化。微信公众号定期推送相关科普知识、学术动态、学术观点，关注人数环比增长。

青年人才托举工程　经研究会青年人才托举工程工作小组推荐及研究会常务理事会议审定，推选2名青年托举人才获财政专项资金资助。

主办期刊 研究会会刊《城市发展研究》全年出刊12期，刊发学术论文281篇，关注城镇化、城乡统筹、城市规划、城市经济、土地利用、区域研究等传统研究内容，特别关注乡村振兴、城市更新与保护、城市治理等问题。《城市发展研究》入选南京大学CSSCI来源期刊、人大报刊复印资料重要来源期刊，获2018中国最具国际影响力期刊称号，被中国科协评为优级期刊。

学科发展研究 出版《中国低碳生态城市发展报告（2018）》《中国绿色建筑（2018）》《中国小城镇和村庄建设发展报告（2018）》《智慧城市年度发展报告（2018）》《中国数字化城市管理发展报告2018》《中国智慧城市年鉴2018》《中国建筑节能年度发展研究报告》等年度报告或年鉴11本。

决策咨询 研究会理事长仇保兴针对经济建设、社会发展中的重大问题建言献策，其中，“保障天然气供给对策建议”“我国房地产健康发展和调控长效机制研究”“争取中美贸易战第一阶段止于美国泡沫破裂的建议”“以‘减量发展’促京津冀加速协同的路径探索”“区别不同类型负债表韧性，有效推进稳投资、促消费”获国务院总理李克强批示；“关于保障我国城市供水安全的建议”获国务院副总理胡春华批示；“雄安新区举办中国国际园林博览会”获国务院副总理韩正批示；“对城市老旧小区进行综合改造”获韩正和国务委员肖捷批示；“疏散北京非首都功能借鉴日本筑波”“北京‘减量发展’的路径与对策研究”获北京市委书记蔡奇批示；“上海房地产健康发展和调控长效机制”获上海市委书记李强批示；相关调查报告获有关省市主要领导批示5次。仇保兴担任国务院推进政府职能转变和“放管服”改革协调小组专家组副组长，调研浙江省杭州市、宁波市、湖州市等地，对重点改革事项进行第三方评估，提出意见建议。仇保兴撰写有关雄安新区规划报告2篇，主持国家自然基金委应急课题“雄安新区韧性城市系统理论与方法研究”，指导完成河北省交办的“雄安新区规划体制改革研究”。

国际学术会议 举办国际学术会议4次，累计参会科技人员1万余人次。

4月2—3日，第十四届国际绿色建筑与建筑节能大会暨新技术与产品博览会在广东省珠海市召开。会议以“推动绿色建筑迈向质量时代”为主题，交流国内外绿色建筑与建筑节能最新科技成果、发展趋势、成功案例，研讨绿色建筑与建筑节能技术标准、政策措施、评价体系、检测标识，推广绿色生态城区及建筑碳排放普及教育，分享绿色建筑与建筑节能工作新经验，推广住宅产业化和装配式建筑。

7月26—27日，第十三届城市发展与规划大会在江苏省苏州市召开。会议以“城市设计引领绿色发展与文化传承”为主题，围绕国际生态城市理论前沿与实践进展、生态宜居城市规划建设、中外城镇化发展进程比较等议题进行专题学术研讨。

11月29—30日，第十三届中国城镇水务发展国际研讨会与技术设备博览会在重庆市召开。会议以“水污染防治攻坚与城镇水安全保障”为主题，研讨海绵城市、智慧水务技术与规划建设、保障水安全，净水工艺、水质达标与二次供水的技术与案例及供水设施建设与改造，城市黑臭水体综合治理、污水处理与污泥的处理处置及资源化利用等城镇水务相关专题。

12月18—19日，第七届国际智慧城市峰会暨智慧城市创新生态博览会在海南省海口市召开。会议以“智慧协同，生态创新”为主题，交流国际最新智慧城市建设经验，探讨大数据、人工智能等新技术给城市发展带来的机遇和挑战。

两岸交流 9月26日，第二十四届海峡两岸城市发展研讨会在天津市召开。会议以“韧性城市、永续发展”为主题，设置适应气候变化与沿海城市发展、韧性城市与灾害管理、城市更新与文化保护3个专题论坛。两岸学者探讨创建自我适应、自我恢复、自我发展的城市发展模式，推动构建永续发展的韧性城市。

国际交往 研究会与德国能源署合作开展的中德生态示范城市工作启动建设绿色生态城区7个。与法国建筑科学技术中心、法国开发署签署谅解备忘录，落实两国政府签订的战略框架协议，在生态城区方面达成全面合作共识，启动生态城区示范项目3个。与芬兰大使馆在低碳生态城市方面开展合作，先后完成“南京南部新城中芬生态规划”“阿尔山中芬生态城规划”“陕西省榆林市生态区中芬生态规划”项目合作协议，上述3个城市（区）被国家部委列为中芬低碳生态试点示范城市（区）。加强与世界绿色建筑委员会（WGBC）和国际水协（IWA）交流，邀请2个国际组织5批专家参与研究会学术研究和论坛。作为国际智慧城市基础设施计量分技术委员会（Smart Urban Infrastructure Metrics）国内技术对口单位，合作编制智慧城市方面国际标准4个。

科普活动 研究会绿色建筑委员会联合相关学校及地方政府、组织，开展绿色科普教育巡回课堂及绿色科普主题讲座。组织2018全国青年学生绿色建筑知识竞赛。与教育部学校规划建设发展中心在北京市华北电力大学共同举办青年绿色建筑夏令营；联合指导中国绿色校园社团联盟举办绿色生活方式平面设计及微视频大赛。

党建强会 研究会党委加强研究会秘书处党支部建设，完成秘书处党支部换届工作。成立研究会党总支部委员会，下设党支部3个。研究和布置党建工作要求，落实党建重点任务，完成中国科协2018年全国学会"党建强会计划"项目。研究会党组织参加由中国科协科技社团党委在全国学会创建的星级党组织首批试点评估工作，获优秀星级学会党组织称号。

（撰稿人：姬朕宇）

中国科学学与科技政策研究会

服务创新型国家和社会建设 承接中国科协学会服务中心"科技民生报告资源库建设"项目。为科技民生系列报告撰写提供专家支撑和选题资源，提供技术指导和监督评价。

承接中国科协创新战略研究院"大众创业万众创新示范基地评估服务"项目。通过组织专家对基地建设落实情况开展评估，找出突出问题，凝练典型经验做法。

承接中国科协九大代表调研课题"中国科技社团国际化发展现状调研"，为提升中国科技社团国际化水平提出建议。

承接中国科普研究所"科普企业经营机制研究——以中国国家地理为例"项目。以中国国家地理为案例，对科普企业的发展提供建议。

承接中国科协国际联络部"创新人才国际化与团队建设：体制机制与政策环境研究"项目。

承接中国科协创新战略研究院"我国区域创新生态系统与高质量发展研究"项目。针对中国高质量发展目标，提出通过科技支撑引领高质量发展的基本思路和实施路径。

承接中国科协学会学术部"世界一流科技社团评价体系及排行"项目。

承接科技部"创新方法工作体系集成研究与示范"项目。

承接四川省遂宁市科协"遂宁创新示范城市建设与战略研究"项目。提出与遂宁市特点相符的创新示范试点城市建设方案并提供咨询服务。

承接中国科学院行政管理局"'十三五'发展规划（2016—2020）中期评估"项目。

承接国家自然科学基金应急管理专项"科学基金项目分类评审与'讲信誉+负责任+计贡献'的同行评议机制研究"，为基金委改革提供咨询建议。

承接中国科协年会党政专家座谈会调研咨询任务。5月27日上午，第二十届中国科协年会举行浙江省党政领导与各领域的院士专家座谈会。全国政协副主席、中国科协主席万钢，浙江省委书记车俊出席并讲话。中国科协党组书记、常务副主席、书记处第一书记怀进鹏出席，浙江省委副书记、省长袁家军主持座谈会。研究会名誉理事长方新、研究会理事长穆荣平分别围绕"深化科技体制改革，打造创新生态最优省研究""浙江'大湾区'建设研究"作主题发言。研究会2名专家的意见建议得到万钢和车俊的肯定。车俊表示，浙江省将把课题调研报告提出的意见建议吸纳到省委、省政府的决策部署中，转化为促进经济社会发展的政策思路和具体举措。

承接中国科协学会服务中心编制《中国科协全国学会发展》白皮书项目。研究会围绕建设世界一流科技社团的总体目标，梳理中国科协全国学会发展历程，以数据、案例等形式反映中国科协全国学会发展态势，展望学会未来改革发展方向，完成《中国科协全国学会发展》白皮书编写工作。该书已出版发行。

学会建设 经七届四次理事会议研究决定，调整无故不参加会议、不能正常履职的理事3人。

建立信息公开制度，组织编制2017年年报，在研究会网站公开发布。

按照中国科协办公厅关于印发《关于中国科协所属全国学会进一步加强财务管理的若干规定》的通知（科协办发计字〔2018〕22号）要求，开展财务管理对照检查和整改工作。针对存在的个别制度不完善、不规范现象，制订有关制度实施方案，自查自纠，强化规范管理。

主办期刊 《科学学研究》发表"中国科技发展与改革40年"等3期重点选题专稿。《科学学研究》影响因子3.855，上年度是3.326。总被引频次12040，上年度是10253。影响力指数（CI）学科排序2/34，上年度是 2/32。年指标、被引期刊数、基金论文比、WEB 下载量等指标均比上年提高。被《中国学术期刊（光盘版）》电子杂志社评为 2018 中国最具国际影响力学术期刊。

《科研管理》新增编委 2 人，加强匿名审稿专家队伍建设。以“绿色创新”为主题组织稿件，选题范围包括绿色创新战略与政策、绿色创新体系构建与运行、金融市场与绿色创新、绿色创新影响因素与经济效果。期刊总被引频次 3117，与上年相比上升 190 次，排名第 4。核心影响因子 1.634，与上年相比上升 0.058，排名第 9。入选 2018 年度中国人文社会科学期刊 AMI 综合评价 A 刊核心期刊。入选 2018 中国最具国际影响力学术期刊。

《科学学与科学技术管理》2017 年总被引 12600 次，比 2016 年（10567 次）增长 19.2%。中国知网数据显示，2017 年影响因子 3.478，比 2016 年（2.562）增长 35.8%。在 2017 年度人大复印报刊资料转载指数排名靠前。编辑部创新优先出版业务，缩短期刊从录用到刊发的时间，提高文章时效性。开通微店，实现期刊线上订阅与购买。创新发表模式，对于时效性强的热点选题稿件采用网络优先出版方式，网络首发稿件 7 篇。围绕“专家观点”和“改革开放 40 年”选题，组织发表稿件。

决策咨询 参与中国科协组织的立法咨询活动。组织专家讨论《民法典各分编（草案）》《社会组织登记管理条例（草案）》《社会组织登记管理条例（草案）》《关于加强中央财政科研项目绩效导向的实施意见》等法案，提交相关建议。

国内主要学术会议 3 月 30 日，由研究会协办的生命教育与死亡辅导北京大学清明论坛在北京大学英杰交流中心举行。论坛以生命教育与死亡辅导为议题，旨在打破国人避讳死亡的语境与禁忌思维，从人本角度探讨死亡的本质与灵性，为中国当代社会的生死教育、生死观念提供辅导与引领。400 余人参加论坛。

4 月 15—18 日，由研究会区域创新专业委员会等联合举办的 2016 科技智库核心能力建设高级研修班在上海市举办。来自全国 10 余个省市 30 余家科技类智库、科研院所、高校等单位的 120 余名学员参加研修班。

5 月 18 日，由研究会区域创新专业委员会等联合主办的 2018 区域创新专委会主任扩大会议暨粤港澳大湾区科技创新战略研讨会在广东省广州市举行。100 余人参加会议，探讨区域创新专委会建设、粤港澳大湾区发展。

6 月 8—9 日，由研究会知识产权专业委员会主办的首届中国知识产权政策与管理发展论坛在成都电子科技大学举办。论坛旨在搭建知识产权学者、政策制定者和企业管理者的交流平台。

6 月 23 日，由研究会科技政策专业委员会等联合主办的改革开放 40 年来中国科技体制改革与发展研讨会暨 2018 年科技政策专业委员会会议在天津市科学学研究所召开。与会专家探讨改革开放以来中国科技体制改革取得的成就、主要经验和未来发展。40 余名专家、学者参加会议。

7 月 14—15 日，由研究会技术预见专业委员会等联合主办的第九届中国技术未来分析论坛在北京中国科技会堂召开。论坛主题是“发展质量、老龄社会与大国竞争环境下的科技创新”。200 余人参加会议。

8 月 3—4 日，由研究会技术预见专业委员会等主办的第十三届全国技术预见学术研讨会在山东省烟台市召开。会议以“技术预见与新旧动能转换”为主题，探讨和交流未来科技发展趋势、技术预见方法的探索实践、技术预见在实施创新驱动战略、推动新旧动能转换中的支撑作用等。全国各地 200 余名专家参加会议。

8 月 18—20 日，由研究会主办的第十届中国青年创新论坛在华南理工大学召开。会议主题是“创新型国家建设与科技体制改革”。

8 月 25—26 日，由研究会主办的第十八届全国科技评价学术研讨会在哈尔滨工程大学召开。研讨会主题为“科技评价与治理”。近 500 名专家、学者参会。大会收到论文及摘要 320 余篇，9 篇论文被评为大会优秀论文，8 篇论文获大会表扬。

8 月 30 日，由研究会创业创新专业委员会等联合举办的打造双创升级版国际研讨会在北京裕龙国际大酒店召开。会议主题为“会聚双创动力，促进经济高质量发展”，邀请来自中国、美国、以色列、日本的专家、学者、企业家代表，探讨促进双创、推动科技与经济紧密结合的新思路、新路径、新方法。

两岸交流 12 月 15—16 日，由研究会主办的第八届海峡两岸区域发展论坛在福州大学召开。海峡两岸学者探讨全球化背景下海峡两岸协同发展之路，研究推进两岸在区域经贸、科技、教育、文化和城市发展中交流与合作的途径与方式。

国际交往 8月5—9日，由研究会主办的中加科技政策与创新创业研讨会在加拿大蒙特利尔市召开。会议旨在加强中国和加拿大之间在科技政策和创新创业领域的学术交流，搭建中加学界之间的交流平台，为中国学者参加国际交流创造条件。

表彰举荐优秀科技工作者 10月，完成第二届中国科学学与科技政策研究会奖评选工作。授予张碧晖终身成就奖，授予柳卸林、薛澜杰出贡献奖，授予唐莉、温珂优秀青年奖，授予刘则渊、孙海鹰、李健民、邱均平、张碧晖、陈士俊、彭树堂、雷德森8名教师终身荣誉会员称号。

党建强会 2018年，研究会深入学习宣传贯彻党的十九大精神，在研究会主体业务中融入党的元素，推动研究会党建工作制度化、规范化、科学化，更新党建"五个清"统计台账，组织相关分支机构开展党建工作，发挥研究会党组织政治引领和战斗堡垒作用。

会员服务 加强智慧学会建设，通过公众号、网站等形式联系服务会员。截至2018年年底，会员人数3359人，较2017年增长12%。微信公共平台关注人数2454人，较2017年增长50%。

【第十四届科技政策与管理学术年会】 10月20日，由研究会主办，同济大学承办，同济大学经济与管理学院、中国科学院大学公共政策与管理学院、上海市科学学研究所、《科学学研究》编辑部、《科研管理》编辑部、《科学学与科学技术管理》编辑部和 *Innovation and Development Policy* 编辑部协办的第十四届中国科技政策与管理学术年会暨中国科学学与科技政策研究会理事会在同济大学召开。年会主题为"改革开放40年：科技促进发展的实践探索与理论创新"。高校、科研院所、产业界的近1000名专家、学者参加年会。研究会名誉理事长方新、同济大学党委书记方守恩致辞。

中国科学院科技政策与管理科学研究所研究员穆荣平、同济大学教授李垣、吉林大学教授蔡莉、中国科学院大学教授柳卸林、清华大学教授薛澜、中国工程院院士吴志强、科技部政策法规与创新体系建设司司长贺德方以改革开放40周年为背景，从宏观、微观、技术研究等视角分别作报告《中国创新驱动发展回顾与展望》《中国企业创新40年》《数字技术对创业活动影响研究回顾与展望》《探究经济增长创新驱动的内在机制——基于新熊彼特增长理论的角度》《中国科技政策改革与发展40年：回顾与反思》《人工智能城市原型架构》《国家科技创新政策实践与思考》。

10月21日，年会举办"面向2035的科技发展形势与格局展望和国际科技创新中心建设思考——战略与路径"2场专题对话，陈劲、李光、李廉水、孙海鹰、朱春奎、蔡瑜琢、樊永刚、苏竣、屠启宇、吴建南、张士运等专家作要点发言并与现场听众互动研讨。

年会设立分会场28个，讨论"创新体系：理论、方法与实践""商业模式创新与产品创新""科技成果产业化和创业创新""公共管理""(政)产学研融合创新合作""产业创新管理""开放式创新""科技管理与评价""大数据、人工智能与科技发展""科技金融政策和研发财税政策""科学计量学与信息计量学""科技传播与普及""技术预见""知识产权政策与管理""军民融合""区域创新"等主题。

年会共收到论文431篇，组委会经匿名评审遴选优秀论文16篇。研究会理事长穆荣平向优秀论文作者颁发荣誉证书。优秀论文将刊载于《科学学研究》《科研管理》《科学学与科学技术管理》等期刊。

【第七届科技政策论坛】 12月8日，由中国科协常委会决策咨询专门委员会主办，研究会与中国科协调研宣传部支持，中国科协创新战略研究院共同承办的第七届中国科技政策论坛在北京召开。

论坛以"传承科学文化、弘扬科学精神——薪火相传40年"为主题，旨在通过科技政策制定者、研究者和科技工作者之间的研讨，为促进科技政策学术研究和促进科技决策科学化、民主化提供支撑。全国各地的科技政策制定者、专业政策研究人员、科技工作者、省级科协代表及相关机构代表等共约200人参加论坛。

中国科协调研宣传部部长郭哲主持开幕式。中国科协原副主席、中国老科协常务副会长齐让，中国科学院院士、中国科学院地质与地球物理研究所研究员刘嘉麒，中国科协原副主席、清华大学教授徐善衍，中国科学院科技战略咨询研究院研究员曹效业发表主旨演讲。中国科协创新战略研究院院长任福君主持主旨演讲。演讲人从科技规划回顾与展望、地球科学文化与创新、科技创新发展的文化、中国科学界的文化传统等角度探讨科学文化和科学精神的传承与发展。

中国科学院创新发展研究中心主任、研究会理事长穆荣平，中国科协创新战略研究院院长任福君、副院长陈锐，中国科普研究所副所长赵立新，《科普时报》总编辑尹传红，上海科学学研究会理事长李健民，清华大学社会科学学院副院长李正风，北京大学医学人文研究院院长周程，中国科技大学教授汤书昆，中国科学院大学人文学院副院长张增一、教授袁江洋，北京科技大学教授潜伟等专家以交流研讨的方式，探讨科学普及与教育、科学文化与传承等问题。

（撰稿人：张　悦）

中国农村专业技术协会

服务创新型国家和社会建设　参与制定由中国科协、农业农村部联合编写的《乡村振兴农民科学素质提升行动实施方案（2018—2022 年）》，编印《乡村振兴战略参考文献汇编》。

10 月 16 日，举办全国农村专业技术协会农产品区域公用品牌专题培训班。

11 月 6 日，召开中国农村专业技术协会科技小院联盟成立大会。首批成立 5 个科技小院。科技小院是由协会副理事长张福锁团队创立的农业科技创新、技术服务和人才培养新模式。联盟整合科研机构、政府和市场多方力量和资源，探索提升农民科学种田水平和实现区域增产增效的技术途径和组织模式。

学会建设　7 月 7 日，中国农村专业技术协会第五次全国会员代表大会在中国科技会堂召开。中国科协党组书记、常务副主席、书记处第一书记怀进鹏出席会议。大会选举产生第五届理事会、常务理事会。第五届理事会 193 人，包括常务理事 59 人。理事会中一线科技工作者比例由 39% 增至 85%，常务理事会中一线科技工作者比例由 26% 增至 64%。成立组织、信息、产学研结合 3 个工作委员会和谷物、大豆、油料等 23 个专业委员会。截至 2018 年年底，协会个人会员 1205 人、单位会员 137 个。

成立协会监事会，监事会由 7 人组成，其中，监事长 1 人、副监事长 2 人、监事 4 人。

学会治理结构和治理方式改革　完善《中国农村专业技术协会章程》《会员会费管理办法》《工作委员会管理办法》《专业委员会管理办法》《技术交流中心管理办法》《科普基地管理办法》，规范协会内部管理。

完善协会党委工作制度，制定《中国农村专业技术协会党委工作规则》，加强协会党委建设。

科普活动　联合主办海峡两岸绿色发展与乡村振兴论坛，两岸的专家、学者探讨如何建设美丽乡村、实现绿色发展。

支持广西科协、广西农村专业技术协会开展科普惠农兴村计划成果交流活动。

学会创新发展　加强组织建设，促进协会创新发展。根据农业行业分类完善专业委员会组织建设，搭建服务平台，拓宽服务领域。建立中国农村专业技术协会科技小院联盟，搭建产学研政用服务平台，整合优势科技资源，开展农村科普服务，促进农业产业发展。

建设协会官方网站、微信公众号，完善栏目设置，强化内容建设，建立信息动态更新机制，推送重要信息，刊登、转载各地农村专业技术协会典型事例报道。建设专业委员会专题页面，将专业委员会打造为科技服务指导平台。通过新媒体进行宣传。拍摄宣传片，回顾改革开放 40 年来农村专业技术协会发展历程，总结农村专业技术协会为经济社会发展所作的贡献，尤其是中国农村专业技术协会成立以来，全国农村专业技术协会组织建设取得的成就，宣传未来的工作计划。制作“图说农技协四十年”“这是一次令农技协人振奋的穿越”“一图读懂中国农技协新蓝图”等系列长图、手机电子刊等。

党建强会　协会党委发挥政治引领作用，开展“两学一做”学习教育活动，参与“传承伟大精神，创新建功新时代”主题宣讲活动。参加 2018 年全国学会理事长、秘书长培训班，学习习近平新时代中国特色社会主义思想和党的十九大精神，学习落实中央关于党的群团改革、社会组织改革和 2018 年中央经济工作会议精神。多次赴基层农村专业技术协会调研，宣讲党的十九大精神，交流党的十九大学习心得。

会员服务　拓宽服务领域，提升会员服务水平。推荐协会常务理事、安徽省芜湖县高效农业研究会会长杨良金参加纪念改革开放 40 周年、中国科协成立 60 周年暨百名科学家、百名基层科技工作者座谈会，并应邀出席中国科学院第十九次院士大会、中国工程院第十四次院士大会。推荐中国工程院院士、协会副理事长、中国农业大学教授张福锁参评由中国科协、人民日报社联合组织开展的“典赞 · 2018 科普中国活动”，张福锁被评选为 2018 年十大科学传播人物。

开展中国农村专业技术协会科普奖表彰。邀请 15 个全国优秀农村专业技术协会和 15 名全国农村专业技术协会优秀工作者代表参加协会第五次全国会员代表大会并领奖。

选取部分优秀农村专业技术协会在协会第五次会员代表大会召开期间进行展示宣传。

【中国农村专业技术协会第五次全国会员代表大会】 7月6—9日，中国农村专业技术协会第五次全国会员代表大会在中国科技会堂召开。来自31个省、自治区、直辖市和新疆生产建设兵团的各级科协、农村专业技术协会及有关部门、科研院所的代表共200余人参加会议。中国科协党组书记、常务副主席、书记处第一书记怀进鹏出席会议，中国科协党组副书记、副主席、书记处书记徐延豪作讲话。

会前，怀进鹏、徐延豪接见了中国农技协第五次全国会员代表大会主席团成员。怀进鹏指出，农技协组织要深入贯彻习近平新时代中国特色社会主义思想，牢牢聚焦国家重大战略，发展绿色农业，推进生态文明建设，助力打赢污染防治攻坚战；整合技术资源，推进现代农业产业特别是贫困地区农业产业发展，助力打赢脱贫攻坚战。

会议通过第四届理事会工作报告、事业发展五年规划、章程等相关文件，选举产生第五届理事会、第五届监事会和协会党委。理事会193人，包括常务理事59人，分别来自有关部委、高校、科研院所、各级科协、农村专业技术协会组织。

【中国农村专业技术协会科技小院联盟成立】 11月5—8日，中国农村专业技术协会科技小院联盟成立大会暨培训班在广西壮族自治区南宁市举办。中国农业大学、中国农业科学院、各省农业大学及科学院、各级科协与农村专业技术协会的有关专家、学者及农村专业技术协会领办人等200余人参加大会。培训班邀请中国工程院院士张福锁及部分科技小院典型代表讲解科技小院发展历程、重要意义及典型经验，赴部分优秀科技小院和典型农村专业技术协会现场教学，推广先进农业技术。相关地区和单位报名申请成立科技小院试点。

【实施农技协助力乡村振兴项目】 组织实施2批农技协助力乡村振兴项目，打造产业聚合领航、助力乡村振兴典型示范农村专业技术协会，支持协会专业委员会和省级农村专业技术协会开展系列培训。经评审，第一批支持项目21个，其中产业聚合领航农技协项目10个；智慧农民培训项目6个；助力乡村振兴试点农技协项目5个。第二批支持项目5个，其中农技协专家服务团项目2个；助力乡村振兴试点项目3个。通过项目的实施，打造100余家优秀典型农村专业技术协会，开展精准扶贫活动，助力脱贫攻坚和乡村振兴。

【全国农技协农产品区域公用品牌专题培训班】 10月15—18日，全国农技协农产品区域公用品牌专题培训班在浙江省杭州市举办。来自全国近150名省级农村专业技术协会工作负责人、农产品区域公用品牌打造与保护工作突出的农村专业技术协会领办人等参加培训。培训班以助力乡村振兴战略为主题，针对如何打造、建设、使用农产品区域公用品牌设计课程，旨在支持全国农村专业技术协会打造农产品区域公用品牌，促进农业产业发展，提高农民收入。这次培训搭建了学习交流平台，讲授农产品区域公用品牌的重要性及建设方法，部分农村专业技术协会在培训后启动农产品区域公用品牌建设工作。

（撰稿人：封　伟）

中国工业设计协会

服务创新型国家和社会建设　在工信部和山东省支持下，协会与山东省经济和信息化委员会、烟台市人民政府联合共建中德工业设计中心。依托中德工业设计中心，建设山东省工业设计研究院。研究院是工信部印发《国家工业设计研究院创建工作指南》并启动国家工业设计研究院创建工作以来，全国首个省级工业设计研究院。研究院以为山东省提供工业设计公共服务为核心功能，采取“平台＋公司”模式，实施“双百工程”，建设“百家企业＋百家研发设计中心”。已布局完成机械装备、智能硬件、医疗器械等22个行业领域的子行业工业设计中心和重点实验室，首批建成橡胶工业设计中心、整合设计创新中心、企业创新管理咨询平台等工业设计创新服务平台5个、工业互联网平台2个。7月18日，全球创新动能大会暨中德工业设计中心启动仪式在山东省烟台市举行，中德工业设计中心和山东省工业设计研究院揭牌成立。

8月，协会启动承担的中国优秀工业设计奖评审及展览工作。收到申报项目2667个，符合申报要求项目2528个。经线上初评、现场实物复评、现场答辩终评，评选出金奖10个，其中，产品设计奖9个、概念作品奖1个。11月23日，在第二届中国工业设计展览会开幕式上举行颁奖仪式。11月23—25日，协会组织进入复评的1225个项目在武汉展览会中国优秀工业设计奖展区进行展览。

11月，受工信部委托，协会联合设计机构、院校和平台，举办设计扶贫专项展，300余个项目参加展览。在设计扶贫展上，成立设计扶贫联盟和设计扶贫研究院。12月11日，在工信部召开的设计扶贫动员推进工作电视电话会议上，协会向全国介绍设计扶贫十大模式和十大措施，发挥设计创新在改善贫困地区生活水平、提升产业质量、促进生态环保等方面的作用。

协会与黄山手绘工厂联合培养手绘设计人才，并纳入中国工业设计协会注册设计师认证体系（CCD认证）。已获设计手绘能力注册设计师认证3000余人。

协会承办"国家企业经营管理人才素质提升工程"的2018届工信部中小企业经营管理领军人才工业设计高级研修班，课程为期1年。12月20—22日，由协会承办的山东设计创新企业家高研班首期课程在山东省烟台市举办，44名设计行业企业家参加培训。高研班围绕"设计赋能企业升级"，探索以设计创新赋能制造业转型升级。

学会建设 协会取消一批长期不开展工作的分支机构，新增建筑环境分会、科技设计分会、社会设计分会等产业分会。

学会治理结构和治理方式改革 协会强化责任意识，开展团队建设工作。坚持工作项目化、项目工作责任化，做到实化、细化、量化、具体化和可比较、可检验、可考核。健全绩效考核机制。

协会作为全国首批协会脱钩单位，主动配合有关部门推进脱钩工作，加快体制机制改革，按照党中央国务院对脱钩改革的要求和方向，探索建立协会作为市场化行业资源配置主体的新定位，强化企业化管理，探索市场化运营。

主办期刊 协会主办的《设计》杂志与600余所开设设计学科的高校建立联系。期刊全文被中国知网、《中国学术期刊网络出版总库》、CNKI系列数据库、科学引文数据库（SCD）源期刊、中国学术期刊综合评价数据库、中文科技期刊数据库、中国核心期刊（遴选）数据库、万方数据电子出版社入选期刊、龙源期刊网、维普网、博看网收录。

决策咨询 协会为工信部、国家发展改革委等部委提供智库咨询服务。围绕制造业转型升级、新旧动能转换、创新创业、设计扶贫、乡村振兴、"一带一路"倡议、国家工业设计奖项等工作建言献策，部分建议被采纳，成为指导性意见。完成工信部、财政部委托的"工业设计产业政策评估及新时期工业设计创新发展政策研究工作""工业设计创新发展指导意见研究""工业设计国际交流与人才培养工作专项"研究课题。

国际学术会议 4月22日，国际设计教育高峰论坛在浙江省杭州市举办。国内200余所院校专家、学者及多名中国、美国、俄罗斯、意大利设计教育行业从业者参加论坛。

4月22日，国际用户体验设计论坛在浙江省杭州市举办。国际服务设计联盟主席波吉特·麦格、科罗拉多大学博尔得分校教授杜宜伦、滴滴出行代驾事业部高级运营经理刘宇、阿里巴巴机器智能技术高级专家傅业焘与200余名分会会员及相关从业人员探讨用户体验赋能。

7月18—19日，全球创新动能大会在山东省烟台市举行。大会以"新产能　新动能"为主题，聚焦产业创新，剖析产业发展态势。来自德国等国的设计组织负责人、研发机构负责人、国际设计大师，国内工业设计、金融投资、产业互联网等行业代表，山东省政府部门、企业、工业设计机构代表等共计500余人参会。

8月2日，世界生态设计大会预备会在广东省广州市从化区举行。会议发布首届世界生态设计大会目标愿景。大会将致力创建世界生态设计产业策源中心、建设中瑞低碳城市项目、以生态设计打造乡村振兴计划示范区。协会及工信部产业政策司、商务部财务司、联合国工业发展组织及北京大学、清华大学、浙江大学、上海交通大学、东南大学、南京艺术学院代表和全球设计行业专家、学者等参会。

12月14日，由协会与广州市政府联合主办的首届世界生态设计大会在广东省广州市从化区召开。大会主题为"设计的生态，希望的田野"。全球65家生态设计企业集体与从化生态设计小镇签约，正式入驻生态设计小镇，包括设计公司50家、智能化产业公司10家。来自36个国家和地区的设计组织、高校、企业代表等约1000人参会。12月13—16日，联合国工业发展组织生态设计领军班在从化生态设计小镇开班。领军班以"设计全球化"为主题，举行"创业与投资""人文生态设计""科技智造"等主题讲座。来自14个国家50名联合国驻地代表、各国国家部委领导及相关企业管理人员参加领军班。

国际组织任职 2009年，协会成为国际设计组织（World Design Organization，WDO）资深会员。该组织于2015年更名为WDO，前身是国际工业设计联合会（International Council of Societies of Industrial Design，ICSID）。

国际交往 为落实中国–瑞士低碳城市合作项目，

协会与广东省广州市从化区政府、瑞士设计协会在世界生态设计大会期间签署《中瑞设计合作备忘录》，明确在共建中瑞低碳城市产业园、粤港澳生态工业设计研究院、湾区设计开放大学等方面开展合作，引进瑞士人才培养方法和思维，培养符合两国制造业发展需要的设计人才，打造“一校、一院、一园区”城市低碳产业设计生态链。

科普活动 协会举办设计奖赛、峰会论坛和主题研讨等工业设计推广普及活动。直接发起、组织培训和推广论坛、峰会46场，累计受众2万余人次。

学会创新发展 在协会、中国工业设计小镇、国内外设计企业等支持下建立的开放式高端工业设计人才孵化平台——“设咖工场”，通过“D+X”人才培养模式，衔接学校与企业，为学生、设计师提供培训、择业、终生学习的一站式发展服务，为企业提供人才资源库。“设咖工场”全年培养毕业生300余人；赴20余所高校开展普及课程与高校巡讲，参与师生4000余人；与60余家企业建立设计人才战略合作。

党建强会 协会坚持党对一切工作的领导和覆盖，坚持协会工作服务于国家战略。在“两个坚持”前提下，布局工作任务和路线图。在习近平新时代中国特色社会主义思想指引下，发挥党支部战斗堡垒作用和党员先锋模范作用，推进用党建带动业务工作。

会员服务 协会利用全国性行业资源平台优势，支持和服务会员发展，发挥会员在不同领域优势，在互动、合作、共赢中推动行业发展。组织展览会、论坛、培训、对接会等会员服务活动，通过联络、协调等方式，解决会员单位遇到的实际问题。协会通过网站、微信、微博、《设计通讯》《设计》《中国工业设计年鉴》等信息发布媒介，推送行业发展动态。

【第二届世界工业设计大会】 4月21—22日，由协会与浙江省杭州市余杭区政府联合主办的第二届世界工业设计大会（WIDC 2018）在浙江省杭州市举行。大会主题为“设计·生态”。联合国工业发展组织总干事李勇，工信部党组成员、副部长王江平，浙江省政府党组成员、副省长高兴夫，中国企业联合会常务副会长兼理事长朱宏任，中国轻工业联合会会长张崇和，杭州市委常委、余杭区委书记毛溪浩致辞。来自5大洲30个国家和地区的1000余名行业从业人员参会。

开幕式上，协会与联合国工业发展组织、工信部等联合发布《设计扶贫宣言》，倡议国际组织、各国政府、全球设计行业进行合作，开展更大范围、更深层次的设计扶贫工作，获各参会国家设计组织和机构支持；揭牌设计开放大学；签署多个合作项目。

会议期间，组织数十场国际设计产业合作洽谈会，产生设计产业合作项目20余项，发布设计产业创新成果14个。举办主题展，展览面积5000余平方米，面向全社会开放1个月，参观人数10万余人次。组织专业分论坛20余场，包括“设计·科技”、工业设计园区发展论坛暨“设计浙江”线上平台发布会、“设计为源·赋能生态”“中国制造、品牌出海”“新国货：消费升级与设计创新”“谈道论器——消费升级时代的器皿创新”“设计·创业”“设计再造”——小微企业园区论坛暨设计对接活动、非物质文化遗产活化文创生态研讨会、“今晚7点设计师区块链”“工业设计+电子商务”“为设计而生，与制造同行”等活动，涵盖设计、科技、金融、智能制造、设计产业化、设计孵化、互联网、区块链等内容。

大会获联合国工业发展组织、工信部、浙江省政府、中国企业联合会、中国轻工业联合会支持。

（撰稿人：王艳峰）

中国工艺美术学会

服务创新型国家和社会建设 学会与中国轻工业联合会开展共建工艺美术特色区域工作，考评广东省台山市中国工艺美术产业基地·江门台山、福建省泉州市中国工艺美术之都·泉州、福建省莆田市木雕之城。与国际竹藤组织就2018世界竹藤大会及多项合作事宜签署合作意向书。与四川省宜宾市政府就发挥各自优势发展竹产业和竹文化及在2018世界竹藤大会期间共同举办主题分论坛等事项签署战略合作协议。参与中国轻工联合会、文化部、恭王府博物馆组织的《传统工艺振兴案例汇编》编纂工作，完成相关资料和出版物编纂工作。参与中国轻工业联合会组织的第七届中国工艺美术大师评审工作，开展向全国总工会推荐学习大国工匠活动的工作。

学会建设 坚持理事会长办公会制度，重大问题集体研究、集体决策。按照民政部、中国科协有关规定和学会章程开展学会工作，规范秘书处和分支机构工作行为。

12月5日，在广东省深圳市召开四届六次常务理事会议。会议听取副理事长马佩关于学会党委建设工作和学会工作的总结。理事长陶小年在总结中指出，要认识学会的根本定位，明确中国科协所确定的学术建设、智库建设和科普教育工作的重要性，促进艺术与科学、传统与创新的融合与发展；做好学会的会员发展和服务工作；从学术建设和工作模式着手，做好各专业委员会的工作，通过学术刊物、学会网站和其他传播渠道，提高专业委员会的学术影响力；做好联席会的工作，完善学会与省市一级学会的联络机制；设立代表学会学术高度的奖项。

注册会员增长，个人会员总数为6112人，团体会员6个。网站、微信公众号运行正常，报道行业发展动态。

国际学术会议 6月，学会与四川省宜宾市政府主办，学会竹工艺专委会承办2018世界竹藤大会分会场“守正创新，崇尚生活——当代竹工艺、竹设计、竹产业”主题研讨。研讨竹文化、竹产业、竹品牌，在竹藤大会上宣传中国竹文化、竹产业的发展。

11月，由学会作为支持单位，云南省丽江市委、丽江市人民政府、中央美术学院、暨南大学联合主办的第二届“一带一路”文化遗产合作与交流（2018）国际研讨会在中央美术学院举行。会议以“保护与发展、传承与创新、传统与现代、合作与交流”为中心议题，研讨文化遗产的交流与合作、分享与应用，文化遗产与当代城市旅游经济、创意产业的发展等内容。会议认为，对文化遗产的再研究，包括文化遗产保护及将存在的文化观念、艺术理念转换为创造动力，要让非遗文化的传承和创新与“一带一路”的交流形成密切联系，要进行创新性转化和创造性发展，通过学习各国的文化遗产及相关经验，认识到文化遗产是生命的存在，是推动文化发展和文化交流的重要资源。

国内主要学术会议 1月，在福建省厦门市召开四届二次理事会议期间举办“融合、创新、繁荣——鹭岛对话”。参会人员探讨如何以扩大工艺美术社会影响力、调整产业结构、加强跨界融合等方式迎接工艺美术行业的新时代。

3月，由学会传统工艺协同创新中心与江门工艺美术协会共同主办，广东省工艺美术协会和广东省工艺美术学会共同参与的“振兴传统工艺——广作家具的过去和现在”主题研讨会在广东（江门）振兴传统工艺推介会期间举办。会议探讨广作家具和工艺品发展方向、品牌意识与建设。

7月，由学会、北京紫檀文化基金会、中国《雕塑》杂志社等联合主办的2018第十三届全国高校毕业生优秀雕塑作品展在上海市举办，会议期间举行“新科技影响下的雕塑语言”主题的全国艺术高校雕塑教学研讨会。会上阐释教学理念，探讨当下雕塑教育与艺术人才培养、雕塑艺术跨学科创新与发展、雕塑教学改革与成果转化、专业创作与理论研究、艺术品牌与推广等话题。9月，学会民间工艺美术专业委员会在云南省大理白族自治州剑川县召开第33届年会，会议主题是“弘扬民族文化，促进旅游发展”。会议包括学术报告、剑湖论坛、考察当地历史遗迹、民间工艺美术的交流等内容。12月，由学会、广东工艺美术学会共同主办，深圳市工艺美术行业协会协办的“岭南论坛·2018——传统手工艺如何有效融入当代文化消费”论坛在广东省深圳市举办。论坛从学术、宏观、微观的视角，阐述传统手工艺如何融入当代文化消费；从工艺美术教学、生产、市场等角度，论述传统手工艺的发展趋势。

学会创新发展 8月22日，学会、甘肃省文化厅、甘肃省文联、中共武威市委、武威市人民政府主办，学会雕塑专委会承办的2018首届中国·民勤沙漠雕塑国际创作营在甘肃省武威市民勤县开幕。创作营以“自然·创新·共享”为主题，邀请国内外艺术家以民勤当地文化为创作题材，创作沙漠雕塑，建成大型沙雕艺术主题公园，用艺术形式展示民勤地域特色，推动雕塑艺术、文化旅游、产业融合。

10月，由学会、浙江省杭州市临安区政府、福建省福州市、内蒙古赤峰市巴林右旗、浙江省丽水市青田县政府共同主办的“匠心天成·国石大典——第十四届四大国石雕刻艺术展”在上海市举办。艺术展走出产区，面向社会。明确以石会友、传承文化理念，推广“印”的内涵和作用，以国石文化打造品牌，推动国石文化产业发展。通过讲座形式探讨在工艺上如何发扬工匠精神，引导人们对手工艺精神和物质价值的形象认识。以展览为平台展开多种活动造势。现场互动，现场指导，推动传统工艺科普。

10月，由学会、福建省泉州市惠安县政府、泉州市总工会主办，惠安联社总工会、泉州惠安雕艺文创园管委会筹建办承办的锦绣中华影雕现场技能大赛在惠安县举办。影雕是以绘画为基础、雕刻为手段的传统手工艺，入选首批国家非物质文化遗产目录。

党建强会 在中国科协科技社团党委和中国轻工

业联合会党委领导下，学会党委和秘书处党支部认真学习贯彻党的十九大精神，提高政治占位，引领工艺美术工作者围绕中央决策部署，推动行业发展与传统工艺振兴。7月，组织驻会党员和秘书处党员到陕西省延安革命纪念地瞻仰，学习革命前辈坚定信仰、艰苦奋斗的延安精神。

（撰稿人：蒋　敏）

中国科普作家协会

服务创新型国家和社会建设　协会完成中国科幻大会、“水滴奖”征集评选和青年作者座谈会策划工作。完成第五届中国科普作家协会优秀科普作品奖、第三届王麦林科学文艺奖评奖工作，完成科技部2018年度全国优秀科普作品推荐工作。完成2018年度国家科技奖励项目推荐工作，启动2019年度国家科技奖励项目推荐工作。

开展由中国科协科普部资助的中国科普作家协会科普作品评论活动。活动包括推荐优秀科普图书和撰写作品评论两部分。活动向社会推荐科普图书200部，开展科普评论培训2次。截至11月，征集到图书评论130余篇，发表20余篇。

承担中国科协科学传播专家团队培训交流组织实施工作，为科学家参与科普及科普创作提供服务。已完成工作方案制定、学会调研及专报报送工作，正在开展2018年科学传播专家团队建设资料搜集整理、聘任续聘、网站开发等工作。

协会理事长周忠和团队和理事黄寰团队完成的调研课题分别入选中国科协九大代表2017年优秀调研课题报告名单。

学会建设　截至11月底，协会个人会员3900余人。年内发展以中青年科技人员为主的个人会员362人，接纳单位会员3个。

协会落实七届三次理事会议通过的《中国科普作家协会2018年工作要点》。聘请财务、法律、审计团队处理相关事务。修订、印发《中国科普作家协会规章制度汇编》，通过民政部年检、中国科协评估。配合主管部门开展巡视、审计等工作。

完成分支机构合并、更名工作，成立协会青年科学家社会责任工作委员会、协会生态科普创作专业委员会。制定《中国科普作家协会科普创作基地管理办法》，接纳山东洪湖湿地公园、北京翠湖湿地公园为协会科普创作基地。

在发展和管理上得到中国科协、中国作协、民政部指导；在项目上得到中国科协科普部、学会部，中国21世纪议程管理中心资助；在宣传平台建设上得到国家新闻出版和期刊管理部门指导和支持；在青少年科学阅读和写作方面得到国家教育部门支持。各地方科普作家协会支撑协会工作，秘书处挂靠单位——中国科普研究所对协会工作给予支持。

各专业委员会和创作基地开展线上线下交流，科学文艺专委会、医学专委会、农业专委会委员创作大量作品，获多个奖项；举办年会和沙龙，联络会员，搭建平台；医学专委会、科学文艺专委会、新媒体专委会、国防专委会、教育专委会、科幻研究基地等申请、承担多项国家级、省部级研究项目；全面参与协会评奖、交流和培训等工作。

截至10月底，中国科普作家网总访问量731807次；微博月均访问量3万次，粉丝3.17万人，每周平均推送文章5篇；微信公众号在每个工作日推送文章，累计推送319篇，关注人数3638人。年初，协会建设英文版网站。10月，改版中文网站，重点建设协会个人会员、单位会员、专委会和各地方科普作家协会宣传栏目，突出作家和作品。

协助中国科协科普部和学会部完成纪念中国科协成立60周年系列宣传片中关于科普创作的内容策划和拍摄工作。

12月21日，中国科普作家协会七届四次理事会议在广东省深圳市召开。会议召开协会功能型党委扩大会议，协会党委副书记王玉平传达《关于进一步加强中国科协所属学会党委建设的指导意见（试行）》。会议审议通过《中国科普作家协会2018年工作总结》《中国科普作家协会2019年工作要点》《江苏省科普作家协会承办中国科普作家协会2019年会的提议》《关于在协会章程增加党的建设和社会主义核心价值观等有关内容的提议》。到会各分支机构、创作基地和地方科普作家协会代表汇报2018年工作开展情况，就协会今后工作开展和事业发展建言献策。协会理事长、中国科学院院士周忠和作总结发言，提出各专委会要团结全国范围内的科普作者，要在会员发展及各类项目实施中增强各级协会之间的动员和联动机制。协会理事会2/3以上成员参会，协会各分支机构、单位会员及创作基地代表、秘书处有关成员列席会议。

主办期刊　协会主办期刊《科普创作》《科学故

事会》《科普作家通讯》。完成《科普创作》出刊工作。《生物技术世界》变更刊名为《科学故事会》，2019年出刊。改版内部刊物《科普作家通讯》，印发第1、第2期。

学科发展研究 开展学科科普图书创作历史研究，完成物理、化学、天文3个学科研究，正在进行中医、环境、核科学3个学科研究，启动气象学科研究。完成2016—2017年科普创作状况研究，内容涵盖科普创作政策、人才队伍、作品创作与出版等主题，出版《中国科普创作发展研究2018》。组织翻译科研人员参与科普创作指南书系列编纂，展开5本科普创作指南书编纂工作。编写《第三届获奖优秀科普作品佳作评介》。开展“第四次气候变化国家评估报告（科普版）”项目。

国内主要学术会议 协会举办“繁荣科普创作 助力创新发展”系列沙龙21期，辐射北京、上海市、山东省、四川省等地，参与会员1000余人次。

8月，在2018青少年科技创新大赛期间，组织青少年科学阅读论坛。

9月18日，由中国科协主办、协会承办的世界公众科学素质大会“共建共享 共促科学写作繁荣”专题论坛在国家会议中心召开，近80名国内科学传播从业者参加论坛。协会理事长周忠和主持论坛并致辞。世界科学记者联盟主席默罕默德·亚希亚、国际公众科技传播组织学术委员会副主席劳埃德·戴维斯、澳大利亚科学传播者协会主席科密克·格雷格等作学术报告。

12月14日，由协会、教育部中学校长培训中心、温州市教育局联合主办的2018年全国青少年科普科幻教育大会在浙江省温州市教研院附校教育集团学院路分校召开。协会常务理事颜实、教育部中学校长培训中心党支部书记韦保宁、温州市教育局副局长王剑波参加大会开幕式。协会副理事长王晋康、协会荣誉理事卞毓麟等科普作家及全国500余名一线教师参会。在面向未来的科普科幻教育主论坛上，卞毓麟作报告《“半个人”和一座桥——关于科学与人文的交融》；王晋康以“基因编辑、伦理冲击和科幻”为主题作报告，探讨科幻社会功能，思考科学伦理。温州市6名教师讲授科普与科幻教育主题研究课。大会举办科普科幻讲座、科普科幻阅读论坛、科普科幻教育沙龙和“未来学校和未来教育”校长论坛等活动。

12月22—23日，中国科普作家协会2018年会在广东省深圳市召开。

两岸交流 8月29日，协会与福建省科协、重庆市科协共同举办第十一届海峡两岸科普论坛。

科普活动 7月28—31日，协会举办第五届全国中学生科普科幻作文大赛。6—11月，联合中国青少年科技辅导员协会举办第六届全国科学表演大赛。

实施科普文创项目“科普科幻青年之星计划”（Young Science Writers Hunting Project），探索发现和培养科普创作人才途径。与北京青蜜科技有限公司、北京市科普创作协会、上海市科普作家协会、四川省科普作家协会、武汉市高校科协联盟、广东外语外贸大学、清华大学、北京师范大学科幻社团等开展合作，先后开展创作选题遴选、潜力人才选拔、创作培训、创作大赛、创作交流等工作。全年累计在北京、广州市、武汉市、上海市、成都市等地开展科普科幻创作初级培训班6次、高级培训班7次，邀请授课讲师40余人次，培训学员1445人。收到各地投稿作品205篇，经评审专家评审，在项目官网展示和传播作品176篇，授予55篇优秀作品的作者科普科幻青年之星称号。

党建强会 发挥协会功能型党委作用，贯彻落实习近平新时代中国特色社会主义思想，实施“党建强会计划”，完善协会功能型党委工作机制。

会员服务 经协会推荐，会员李建臣、余蕾（笔名凌晨）被吸纳为中国作家协会会员，会员韩开春选题《野果记》入选中国作家协会2018年度定点深入生活项目名单。会员王韬、尹传红、孙怡入选“典赞·2017科普中国”评选的2017年十大科学传播人物。

【中国科普作家协会2018年会】 12月22—23日，中国科普作家协会2018年会在广东省深圳市召开。会议主题是“新时代背景下的科普创作”。会议由协会主办，深圳市梦想家科普教育中心承办，华大基因、南方科技大学科学与人类想象力研究中心等单位协办，中国科普研究所支持。年会开幕式由协会副理事长汤书昆主持。协会副理事长杨焕明、中国科协科普部副部长郑凯、深圳市科协党组成员孙楠分别致辞。协会副理事长王晋康、冯伟民，中国科普研究所副所长颜实、王玉平，全国各地科普作协、高校、科研院所、出版单位及相关媒体的专家、学者和科普创作者200余人参会。协会理事长周忠和主持大会报告和互动交流。大会特邀协会副理事长吴岩、香港科技大学客座教授杨强、中国科教影视协会副会长赵致真、浙江大学生命科学研究院教授王立铭作大会主题报告。

22 日下午，召开科普产业发展论坛、科学文艺创作与评论论坛、科影融合创作论坛、科幻创作论坛、科普教育与创作论坛。23 日上午，举行第三届王麦林科学文艺创作奖和第五届中国科普作家协会优秀科普作品奖颁奖会议，邀请获奖者进行对话，分享科普创作的思想与经验。

年会期间，协会联合北京市科普创作协会展出优秀科普图书作品。

【全国青少年科普科幻教育大会】 12 月 14 日，2018 年全国青少年科普科幻教育大会在浙江省温州市教研院附校教育集团学院路分校召开。大会由协会、教育部中学校长培训中心、温州市教育局联合主办。教育部中学校长培训中心党支部书记韦保宁、协会常务理事颜实、温州市教育局副局长王剑波参加大会开幕式。协会副理事长王晋康、协会荣誉理事卞毓麟等科普作家，及全国 500 余名一线教师参会。

在面向未来的科普科幻教育主论坛上，卞毓麟作报告《“半个人”和一座桥——关于科学与人文的交融》；王晋康以“基因编辑、伦理冲击和科幻”为主题作报告，探讨科幻社会功能，思考科学伦理。大会期间，王剑波介绍“核心素养”与“发展全面的人”的理念对未来学校的意义，及跨界融合对未来教育的作用。温州市 6 名教师讲授科普与科幻教育主题研究课。开展科普科幻讲座、科普科幻阅读论坛、科普科幻教育沙龙和“未来学校和未来教育”校长论坛等活动。

【第二届中国科普作家协会科幻创作研究基地年会】 11 月 21 日，第二届中国科普作家协会科幻创作研究基地年会暨少儿科幻系列图书与《中国科幻的探索者——刘慈欣科幻小说精品赏析》研讨会在北京召开。大会由协会、中国科协科普部、中国科学技术出版社（暨科学普及出版社）、北京市海淀区科协联合主办。协会理事长周忠和、协会党委书记王康友、中国科技馆党委书记苏青、中国科学技术出版社社长秦德继等领导，科幻作家王晋康、刘慈欣、张文武，儿童文学作家、科学童话作家杨红樱，文学评论界和科普科幻界的孟庆枢、王泉根、李晓东等 40 余名专家、学者及腾讯、新华网、中国科协官网等 10 余家媒体、网站工作人员参会。

11 月 21 日上午，召开第二届中国科普作家协会科幻创作研究基地年会。年会由协会科幻创作研究基地主任王晋康主持。基地秘书长王卫英从科研成果、图书出版、新媒体转化、海外推广、学术交流等方面汇报基地 2018 年工作。基地荣誉主任刘慈欣，副主任李凌己、李云飞及基地专家顾问、参会代表和媒体代表发言。作家叶永烈从美国硅谷发来贺信。

11 月 21 日下午，召开科幻基地学术论坛。论坛由“王晋康、刘慈欣、新锐作家少儿科幻系列及获奖作文图书研讨”“《中国科幻的探索者——刘慈欣科幻小说精品赏析》新书发布及研讨会”2 个分论坛组成。参会专家、学者通过主题发言与自由发言展开研讨。与会专家一致肯定《中国科幻的探索者——刘慈欣科幻小说精品赏析》的专业性和权威性。

【“共建共享，共促科学写作繁荣”专题论坛】 9 月 18 日，由中国科协主办、协会承办的“共建共享，共促科学写作繁荣”专题论坛在国家会议中心召开。协会理事长周忠和主持论坛并致辞。世界科学记者联盟主席默罕默德·亚希亚、国际公众科技传播组织学术委员会副主席劳埃德·戴维斯、澳大利亚科学传播者协会主席科密克·格雷格等作学术报告，近 80 名国内科学传播从业者参加论坛。

默罕默德·亚希亚表示，科学写作是科学普及的重要组成方式，只有被传播的科学才是完成的科学，科学传播人员要成为批判的分析者，把科学有效地传给受众；科学传播要针对不同群体，采用不同传播内容和方法；要保持传播的客观性和平衡性；要理解公众尤其是注重年轻人需求；要借助网络工具开展科学传播。劳埃德·戴维斯认为，随着网络媒体发展，从网络和视频中获取科技信息成为当前重要趋势，科普作家和科学传播者要学会讲故事，要让内容具有吸引力，让科学传播更真实。科密克·格雷格提到，要讲跟人相关的故事，给公众一种真实感，帮助读者构建脑海中场景，建构符合读者价值观的故事，科普创作应注重逻辑和事实，不仅为公众提供科学知识，也提供更多科学理性的逻辑氛围。

（撰稿人：李姗姗　谢丹杨）

中国自然科学博物馆学会

服务创新型国家和社会建设 学会协助中国科协组织并实施推进全国科技馆免费开放工作。2015 年，中宣部、财政部和中国科协启动全国科技馆免费开放工作，学会作为组织与实施单位，推进有关工作。完成2018年科技馆免费开放补助资金测算工作；完成全国科技馆免费开放中央对地方转移支付三年重大增减测算工作；组织开展2017年度全国科技馆免费开放工作总结及调研工作，收集整理138家免费开放科技馆工作情况统计表及工作总结材料，编写《2017年度全国免费开放科技馆工作情况统计报告》，共计2.5万字；起草并完成《2019年全国科技馆免费开放补助资金分配方案草案》；完成各省、自治区、直辖市2018年免费开放科技馆名单整理工作，共计174座；起草《2018年全国科技馆免费开放工作实地调研方案》，分别于7月、10月、11月，分3批完成6条路线调研，抽取13个省份共22家科技馆进行实地调研；撰写《全国科技馆免费开放运行情况调研报告》，共计1.3万字；代拟开展全国科技馆免费开放2018年度工作总结和报送2019年度新增计划通知工作。

10—11月，由学会支持，中国科技馆、中国科技馆发展基金会、国际博协科技博物馆专业委员会联合主办的首届“国际科技馆能力建设培训班”在中国科技馆举办。学会作为支持单位，前期向中国科协申报有关项目资助，从会员单位中遴选和组织21名国内科技馆学员参加培训班，并为学员提供经费支持。

学会能力提升计划 9月17—18日，由学会联合承办的世界公众科学素质促进大会专题论坛在北京召开。期间，学会举办2018年年会。

主办期刊 由学会支持、上海科技馆主办的《科学教育与博物馆》被认定为A类学术期刊。完成科普杂志《大自然》出版发行工作。出版杂志《自然科学博物馆研究》6期，包括增刊2期。

11月，召开第4期编委会，确定期刊2019年整体发展方向和主要选题。

学科发展研究 学会编辑并出版《中国科普场馆年鉴（2017卷）》。收集整理150家科普场馆2016年发展情况、数据统计、资料分析及学会发展等资料，已交由科普出版社出版。

国际学术会议 9月18日，由学会和中国科技馆联合承办的世界公众科学素质促进大会专题论坛在中国科技馆召开。论坛主题为“‘一带一路’倡议下科普场馆能力建设”。

国内主要学术会议 4月20日，由学会承办、中国科协科普部主办的“2018年科普产业发展论坛”在安徽省芜湖市召开。来自全国科普场馆、企业、高校、研究机构共150余名代表参加论坛。论坛是在党的十九大召开后，科普产业发展回应新时代新要求、承担新时代赋予新使命进行的探索与实践，在搭建科普产业交流研讨平台，探索科普产业发展新途径，推动科普产业健康成长和可持续发展等方面发挥作用。

11月，由学会、中国科学院科学传播局、中国海洋湖沼学会、青岛市科学技术协会联合主办的2018年中国海洋科普教育论坛在山东省青岛市召开。来自全国省（市）科技馆、科普传播与教育机构及青岛海洋科普联盟成员单位负责人、科普教育部门专家学者共300余人参加论坛。论坛主题为“科普、科普产品和科普研学”，邀请学会名誉理事长徐善衍等14名专家作主旨报告。论坛旨在推动形成社会化科普工作格局，落实海洋强国发展战略。

国际组织任职 学会副理事长、中国科协党组成员、书记处书记束为担任国际博协（ICOM）科技馆专委会副主席、亚太科技中心协会（ASPAC）执行委员会执委。学会副理事长、天文馆专业委员会主任朱进担任国际天文馆学会（IPS）理事。

国际交往 6月24日，学会与联合国教科文组织签署双边合作协议书。

科普活动 学会推进理论研究、科普类培训、科普期刊出版工作，响应全国科普日号召，举办科普活动。

表彰举荐优秀科技工作者 4月，学会完成中国科协科技社团党委“展风采，树楷模”全国学会优秀党员科技工作者推荐工作。5月，完成中国科协优秀科技工作者代表推荐工作，推荐名誉理事长李象益作为基层科技工作者代表，参加中国科协成立60周年暨百名科学家、百名基层科技工作者座谈会。

学会创新发展 3月，由学会主办的“新时代科普场馆管理与传播”专题培训班在陕西省延安市召开。来自30余个省、自治区、直辖市的170余名中层管理人员参加培训。培训班通过专家授课与现场教学相结合方式，将科学传播理念与红色教育结合，发扬以会员为中心发展理念。

5月，由学会主办的“新时期地学类博物馆的新使命”博物馆论坛在湖南省郴州市召开。作为第六届中国（湖南）国际矿博会组成部分，论坛邀请专家进行主题演讲，组织领域同行展开研讨。

6月，由学会主办的2018年全国科普场馆文化创意产品开发研讨会在重庆市召开。来自30个省、自治区、直辖市120余家企事业单位共280余名代表参会。

参会代表围绕“博物 +? = 文创”主题，从文化创意产品社会需求和创意来源、文创产业困境与对策及科普文化创意产品类型、品牌战略、市场整合营销和新媒体对文创发展影响等方面进行探讨。

11 月，由学会主办的“2018 年全国科普场馆文化创意产品研发主题培训班”在贵州省遵义市召开。来自全国各会员单位主管文创产品研发负责人及一线骨干共计 134 名代表参加培训。此次培训是 6 月重庆研讨会的延续，以“科技 + 文创”为主题，邀请业内专家学者围绕品牌打造、IP 转化、产品开发、宣传推广、营销服务等环节分享文化创意产品实践和经验，旨在提升科普场馆文化创意产业应用和实践能力，推动文化创意产品研发工作。

11 月，由学会主办的“科博学会第三期教育人员初级培训班”在山西省太原市召开。来自全国 55 家科普场馆、会员单位的场馆管理层代表、一线骨干教育人员共 316 人参加培训。培训主题为“科博场馆馆校结合教育活动”。邀请 8 名专家进行授课，培训采取理论授课、研讨交流、实地观摩相结合方式展开探讨，从不同角度讲析科博场馆馆校结合教育活动开发、实践及典型案例。

党建强会 学会组织学习《中国科协关于加强学会党建工作的若干意见》，贯彻落实《中国科协科技社团党委关于推进中国科协所属学会党建“两个全覆盖”专项工作方案》要求，发挥学会理事会中党员的政治核心、思想引领及组织保障作用。学会党委召开会议 2 次，研究党建强会相关工作。

会员服务 3 月，学会在陕西省延安市举办 2018 年联络员工作会议，各地会员单位联络员共计 170 余人参加。会议对学会 2017 年党建工作推进、国际平台搭建、学会能力建设、社团优势发挥、服务能力提升等工作进行总结，对 2018 年工作进行部署和安排。

8 月，由学会主办的 2018 年地方博协工作会议在内蒙古自治区阿拉善盟召开。19 家省级自然科学博物馆协会领导参加会议。会议围绕“法人治理结构改革”及“科技馆‘PPP’管理运营模式”两大议题展开研讨，并就 2017 年各协会开展具体工作及工作中经验和问题进行交流与讨论。

学会秘书处支持各专委会工作，参加江苏科普场馆协会换届大会、水族馆专委会全委会工作会议、天文馆专委会工作会议。赴中国铁道馆、湖北省科技馆、武汉市科技馆、武汉自然博物馆等会员单位开展调研。

【与联合国教科文组织签署双边合作协议书】 6 月 24 日，学会与联合国教科文组织签署双边合作协议书。《人民日报》《光明日报》《科技日报》《中国科学报》《文汇报》、人民网、科学网、新浪网、腾讯网等媒体，对签署仪式进行报道。

2017 年，“首届‘一带一路’科普场馆发展国际研讨会（BRISMIS）”签署 16 项双边合作协议后，学会与有关单位保持沟通，跟进和助推有关合作事项，巩固 BRISMIS 会议成果。推动开展中国科技馆“中国流动科技馆”缅甸、柬埔寨巡展，古代科技展赴希腊多地巡展，航天主题展品走进马来西亚槟城活动；上海科技馆原创 4D 影片《熊猫滚滚》在泰国、肯尼亚、马来西亚、塞尔维亚、澳大利亚展映，原创展览“星空之境”在泰国国家科技节展出；中国地质博物馆、北京自然博物馆、北京天文馆等科普场馆有关合作项目取得进展。5 个场馆共完成合作项目 18 个。

经前期与有关方面的沟通，学会和联合国教科文组织决定共同为斯里兰卡国家科学中心建设提供技术支持。学会商请中国科技馆牵头承担此次技术支持项目，办公室负责联系各方，启动筹备和组织工作。与中国科技馆召开联席会议 3 次，组团赴斯里兰卡考察，派员赴四川省陪同斯里兰卡国家科学基金会主席一行考察四川科技馆，组织中国科技馆与斯里兰卡到访人员商讨技术支持方案。

【中国自然科学博物馆学会 2018 年年会】 9 月 17—18 日下午，中国自然科学博物馆学会 2018 年年会在国家会议中心和中国科技馆召开。年会主题为“科学素质促进：科普场馆的责任”。亚太科技中心协会（ASPAC）主席、新加坡科学馆馆长林直明，斯里兰卡国家科学基金会主席 Sirimali Fernando，泰国国家科技馆副馆长 Aphiya Hathayatham 等国外代表和国内科普场馆馆长、专家参加年会，共作主题发言 13 场。年会围绕“首届‘一带一路’科普场馆发展国际研讨会（BRISMIS）”后续成果，聚焦能力建设，从不同角度对科普场馆能力建设理论和实践进行讨论和交流。

【世界公众科学素质促进大会专题论坛】 9 月 18 日，由学会和中国科技馆联合承办的世界公众科学素质促进大会专题论坛在中国科技馆召开。论坛邀请拉丁美洲和加勒比海地区科技普及网络组织（RedPOP）前主席 Luisa Massarani、希腊塞萨洛尼基科学中心暨技术博物馆馆长 Thanasios Kontonikolaou、泰国国家科技馆副馆长 Aphiya Hathayatham 博士、英国科学博物馆集团战略与国际事务主任 Helen Jones、斯里兰卡国家科学基金会主席 Sirimali Fernando 教授等国外科技社团（组织）代表和国内科普场馆及有关企业代表共120余人。论坛主题为"'一带一路'倡议下科普场馆能力建设"。参会代表围绕国际视野下科普场馆能力建设理念、经验、需求、困境、策略等方面进行主题发言并交流讨论。此次论坛是科普界首次将"一带一路"倡议与"科普场馆能力建设"主题相结合的国际论坛，是学会推进学会学术能力建设、拓展学会会员国际视野、提升学会国际影响力途径，是学会助力中国科协年度重点工作、服务科协工作大局举措。世界公众科学素质促进大会组委会向学会发来感谢信，以表彰学会为科促会筹备及举办所作贡献。

（撰稿人：陈　春）

中国可持续发展研究会

服务创新型国家和社会建设　2018年，研究会发挥人才、技术和信息优势，为地方经济社会发展提供科技和人才支撑，将研究会的智库专家资源与地方需求相结合，组织多批专家分别赴广西壮族自治区桂林市、广东省深圳市、山西省太原市、上海市等地考察调研，与当地政府及企业开展对接洽谈活动，对创新示范区建设工作、创新示范区与绿色技术银行的对接活动提供指导建议。

研究会多位理事受聘为国家可持续发展议程创新示范区咨询委员，多次参加科学技术部社会发展科技司和中国21世纪议程管理中心组织的研讨会，参与创新示范区创建主体的调研、评审、咨询、能力建设活动。

学会建设　截至2018年年底，研究会个人会员201人，女性会员56人，高级（资深）会员83人。新吸纳4个单位为团体会员，团体会员增至70个。研究会秘书处工作人员7人，包括社会聘用人员4人。

按照中国科协要求，研究会财务部门完成2017年年终决算编报工作，撰写财务分析报告，分析2017年研究会收支活动并做出评价。研究会被中国科协评为2017年度全国学会财务决算工作先进单位。

组织、开展员工培训，提升管理水平。3月14—16日，派员工参加中国民间组织国际交流促进会（中促会）第二期社会组织"走出去"能力建设培训班，学习中国社会组织参与国际活动的政策与实践、当前国际经济形势分析、社会组织"走出去"的经验等。4月17—18日，参加中国科协2018年全国科技工作者状况调查站点培训班。10月11日，参加中国科协全国学会财务管理培训班。研究会还在内部举行针对工作人员的培训与学习分享活动，涉及政策解读、形势分析、管理制度等。梳理研究会对外公共服务平台，根据宣传与服务工作需要，完成研究会网站、官方微信订阅号改版。

学会治理结构和治理方式改革　研究会遵循工作程序，优化内控流程，规范管理，提高效能，梳理形成各类项目合同范本、聘用合同范本、提案范本等。通过梳理现有各项规章制度，形成《中国可持续发展研究会规章制度汇编（2018）》。

完善兼职人员行为准则，明确研究会理事等兼职人员的权利和义务。做到兼职人员权责明、任务清。

主办期刊　研究会会刊为《中国人口·资源与环境》。

《中国人口·资源与环境》中文刊在中国科学技术信息研究所科技核心期刊环境科学技术与资源科学技术学科排名第1，核心影响因子2.339，在全部2029种科技核心期刊中排名从2017年的第26名上升到第23。在中国社会科学院人文社会科学期刊评价中，中文刊环境科学学科排名第1，被评为权威期刊。中文刊的中国知网学术期刊影响因子从2017年的4.53上升为2018年的5.211，在环境科学技术、经济计划与管理2个学科排名第1。入选中国知网世界学术影响力指数WAJCI-Q2科技期刊，在254种国际期刊中排名第79。入选谷歌学术中文期刊百强，排名第57。

《中国人口·资源与环境》英文刊入选中国科学技术信息研究所中国科技核心期刊。在中国社会科学院人文社会科学期刊评价中，英文刊首次被评为英刊核心期刊。

决策咨询　研究会发挥协同平台和智库优势，为国家、地方和企业开展咨询服务。与地方合作推进地方可持续发展标准化体系建设，围绕重点领域协助地方组织制定、修订地方标准，为实现城市可持续发展提供方法与指南。在深入调研的基础上，为地方政策研究提供咨询与建议。2018年，为会员企业提供项目咨询服务，累计接待会员企业咨询200余次。

应新华社《经济参考报》环保周刊邀请，研究会理事长王浩撰文《基于生态流域的绿色发展问题探讨》，宣传中国可持续发展、生态保护和生态文明建设等工作。

国际学术会议 11月20—21日，第二届落实2030年可持续发展议程·宁波论坛在浙江省宁波市举行。论坛由研究会主办，国家住宅与居住环境工程技术研究中心、宁波市小城镇环境综合整治行动领导小组办公室承办。经上届论坛讨论确定，此届论坛及今后论坛主题将永久命名为“再造魅力故乡”。来自联合国机构及多个国家的学者、管理者近50人，以案例分享、大会发言、分组讨论的形式，就落实2030年可持续发展议程，实现第11个全球可持续发展目标“可持续城市和住区”过程中社区复兴发展的政策、方法、实践和能力建设等，进行问题诊断、经验传播、机制创新和伙伴关系探索。通过多轮讨论交流，与会代表通过《落实2030年可持续发展议程·宁波共识》（2018年修订稿）。

国内主要学术会议 3月22—25日，全国第五届防灾减灾之路暨周恩来防震减灾思想及汶川地震十周年学术研讨会举行，由研究会减灾与公共安全专业委员会与相关机构共同主办。会议期间，中国工程院院士赵文津、欧美同学基金会监事伍一曼、研究会减灾与公共安全专业委员会主任高建国和中国地震台网中心研究员耿庆国等专家围绕周恩来总理的一生进行座谈，一致认为制定中国特色的地震工作方针、路线和政策的周恩来是中国地震科学事业的引路人，是中国防震减灾事业的奠基人，是中国建立防震减灾工作队伍的缔造者，为中国防震减灾事业做出巨大贡献。会议从近200篇研讨论文中评选出56篇作为参会论文，包括反映周恩来防震减灾思想的论文15篇。组委会选出37篇论文编撰《全国第五届防灾减灾之路研讨会暨周恩来防震减灾思想及汶川地震十周年学术研讨论文集》。论文集反映近年来全国防震减灾学术进展，体现周恩来提出的“自力更生、奋发图强、发展生产、重建家园”基本方针，彰显周恩来“救灾－恢复－重建”一体化的思想，贯彻习近平总书记新时代防灾减灾思想和理念。

10月25日，第八届中日水环境技术交流活动暨第一届中日韩水资源发展论坛在浙江省绍兴市举行。研究会水问题专业委员会根据研究会工作部署，配合中国科协组织中日水环境交流会，特邀中国水利水电科学研究院水资源研究所副所长贾仰文、上海同济大学环境科学与工程学院教授兼日本东京大学客座教授李建华、佛山水木金谷环境科技有限公司江东博士3名中方专家，分别作专题报告《基于最严格水资源管理的中国水资源可持续利用战略》《中国河流生态环境保护的机遇与挑战》《河湖清淤底泥原位资源化利用》。

国际交往 3月7日，研究会理事兼副秘书长何建清、人居环境专业委员会代表参加德国国际合作机构主办的合作伙伴关系研讨会。洽谈中德新型城镇化伙伴关系项目的可持续城市与社区、公共住房、绿色小镇方面的能力建设合作及研究合作。

4月26—27日，研究会执行秘书金曦赴泰国曼谷参加亚太经合组织（APEC）第一次燃料经济平台政策对话研讨会。会议研讨美国、澳大利亚、加拿大、中国、菲律宾、泰国、越南在推进燃料经济性方面的财政激励措施，提出企业提升燃料经济性的技术举措及燃料经济性政策实施工具的使用等。

10月23—24日，研究会理事兼副秘书长何建清赴瑞典隆德大学参加IEA-SHC新项目任务讨论。新任务将围绕协作模式、案例对标、方法创新、工具集成、数据共享、成果转化等方面，开展社区尺度的太阳能应用技术体系和商业模式研究，并将组织研究会单位会员向IEA-SHC报送中国优秀案例。

党建强会 研究会党委组织党员和工作人员开展党的十九大精神学习，向每位工作人员发放《中国共产党章程》《党的十九大报告学习辅导百问》等。为新入职员工开展十九大报告专项培训，指导全体工作人员学习党的十九大精神的重要内容与重大意义及新知识、新理论。

研究会注重党建工作与业务工作的相辅相成，总结党建活动开展情况。安排有关人员学习重要文件、重要讲话精神等，进行内部宣贯和交流。

结合2018年秘书处人员更替和人才招聘情况，研究会功能性党组织加大党员在工作人员中的比例。在应聘面试环节宣传研究会贯彻落实党的十九大精神的具体举措和重点任务，确保完成党建工作目标和任务。

会员服务 1月25日，研究会2018加强会员管理与服务工作座谈会——推进国家可持续发展实验区建设专题研讨在北京外国专家大厦举行。会议在贯彻执行党的十九大精神、推进新时期实验区工作、落实2030年可持续发展议程的基础上召开。研究会学术工作委员会副主任孙新章介绍创新示范区工作特点和进展情况，回顾实验区30年建设工作，展望新时期创新示范区、实验区发展方向和工作重点。研究会理事、新华社《经济参考报》吴燕川介绍有关创新示范区、实验区宣传工作的设想和具体提案，拟通过战略合作构建以主流媒体为主、以自媒体和新兴媒体为辅的传播渠道，通过可持续发展宣传周、领跑者计划等推进可持续发展宣传工作。与会代表分享各自实验区建设情况，对研究会提出具体服务需求及工作建议。

3—5月，研究会秘书处完成会员之家的布置。会员之家位于北京市海淀区玉渊潭南路8号，设有交流区与历年科研著作、可持续发展书籍展示架，所展示的图书可免费赠予会员。通过建设会员之家，为会员提供讨论、取阅书籍、学习交流的场所。2018年会员之家共接待会员来访30余次。

【“走进可持续发展实验区”系列报道】 7月19日，研究会在新华社《经济参考报》开设“走进可持续发展实验区”栏目。专栏在采访过程中，走访调研6家国家可持续发展实验区会员单位，采访企业负责人、部门领导40余人，得到第一手基层信息和资料，为推动实验区工作提供支撑。新华社《经济参考报》3个多月共发表系列文章8篇，采写28959字，被人民网、新浪、金融界等中央媒体、财经媒体、行业媒体共200余家转载。仅新华社客户端阅读量累计达1400余万次，保守估计全媒体阅读量4000多万次。

2018年，研究会传播可持续发展理念，以服务国家可持续发展实验区为宗旨，以主流媒体宣传为主要渠道，在中央媒体刊发有关可持续发展及可持续发展实验区相关报道10余篇。

【筹备召开2019中国可持续发展研究会学术年会】 10月29日，发出《2019中国可持续发展研究会学术年会通知（第一轮）》暨学术年会论文征文启事。2018年，研究会共召开4次筹备会议。2019中国可持续发展研究会学术年会暨可持续发展论坛旨在总结和交流中国建设国家可持续发展议程创新示范区等各项落实2030年可持续发展议程的举措取得的进展和经验，研讨面临的问题、挑战和对策，拟于2019年5月在山东省济南市召开。

（撰稿人：金　曦）

中国青少年科技辅导员协会

服务创新型国家和社会建设　协会对外发布《青少年科技辅导员专业水平认证办法（试行）》及高级科技辅导员认证实施细则，推动北京、内蒙古自治区、江苏省、湖南省、广西壮族自治区等7个省、自治区、直辖市的试点工作。

协会机器人教育专业委员会赴海南省、广东省珠海市、重庆市、广西壮族自治区中小学开展机器人科技活动辅导员培训需求调研。协会人工智能普及教育专委会开展“中小学阶段人工智能普及教育现状调研”课题研究，对中小学生、教师、人工智能科研人员、教育管理部门、企业和社会组织开展问卷调查和访谈，梳理国外在基础教育阶段人工智能普及教育相关举措，研究分析目前中小学人工智能普及教育中学生、教师现状和面临的问题。

2018年，协会对外发布《青少年科技辅导员专业水平认证办法（试行）》及高级科技辅导员认证实施细则。协会开发报名、审核、笔试、评审、管理等功能于一体的网上平台，建立起认证专家库、笔试题库等开展认证的基础，推动在北京、内蒙古自治区、江苏省、湖南省、广西壮族自治区等7个省、自治区、直辖市进行试点。全国共有728人报名申请专业水平认证，60人被认证为高级科技辅导员，191人被认证为中级科技辅导员，281人被认证为初级科技辅导员。

2018年组织线下示范性培训32次、慕课培训21期，线下培训直接受益科技辅导员4500余人次。报名在线课程学习科技辅导员4万余人次。培训向西部地区、农村和基层倾斜，培训农村基层科技辅导员1880人。“送培到基层”项目从资金、课程和专家团队等方面支持河北省、吉林省、江西省、河南省、四川省、青海省、宁夏回族自治区、新疆维吾尔自治区等10个省区培训贫困地区科技辅导员。承接中央文明办和中国科协“圆梦工程”项目农村骨干科技辅导员培训工作。2018年，科技辅导员培训主题为“人工智能、机器人技术、环境教育、天文科普、科学与艺术、创新思维、科技综合实践活动”。形成专家讲座、分组研讨、工作坊实践及实地参观等理论和实践结合示范性培训模式。开发培训管理平台，提升培训信息化管理，加强对科技辅导员培训数据收集和评估。

开展第26届科技辅导员论文征集活动，主题为“科学教育：开启培养未来创新人才的新探索”。活动征集到论文476篇，《基于科技创新项目的校本课程开发与教学模式实践》等10篇论文获一等奖，65篇论文获二等奖，242篇论文获三等奖。

学会建设　新命名全国青少年科技辅导员培训基地8家。截至2018年年底，协会命名培训基地共29

家。培训基地网络基本建成，各类培训基地的课程建设、线上线下培训等工作成为协会培训工作的支撑。

3月23日，中国青少年科技辅导员协会机器人教育专业委员会成立会议暨第一次工作会在中国科技会堂召开。协会常务副理事长李晓亮、北京理工大学机电学院书记王伟出席成立会议并致辞。机器人教育专业委员会由来自北京理工大学、北京工业大学等高校机器人领域的科技专家及北京、湖南省、广东省等地的中小学校教育专家、骨干科技教师组成。秘书处设在北京理工大学机电学院。

4月14日，中国青少年科技辅导员协会人工智能普及教育专业委员会成立会议在北京召开。会议由协会秘书长林利琴主持，常务副理事长李晓亮出席会议并致辞。北京航空航天大学计算机学院副院长王蕴红受聘担任专业委员会主任委员。中国科学技术大学计算机科学与技术学院副院长陈恩红、西北工业大学计算机学院教授张艳宁担任专业委员会副主任委员。

主办期刊 主办《中国科技教育》杂志，全年出版12期。全年发行量6.6万份，发表文章近400篇。出版《第六届全国科学表演大赛优秀科普剧本作品选》增刊。杂志社微信公众号每周推送文章5天，订阅人数14811人。

国际学术会议 与中国科协青少年科技中心共同成为“一带一路”国际科学教育协调委员会的发起机构，共同举办“一带一路”科学教育论坛、第二届“一带一路”青少年创客营与教师研讨活动及“一带一路”文化融合课程开发国际研讨会等国际交流活动。在2018年世界公众科学素质促进大会期间，承办面向未来创新科技教育专题论坛，邀请100余名中外科技教育专家、中小学科技教师参加论坛研讨。协会2018年年会期间，举办以“面向未来的科技教育”为主题的2018科学教育国际论坛。

国内主要学术会议 8月，在重庆市举办中国青少年科技辅导员协会2018年年会。年会以服务青少年科技教育工作者，搭建国际国内合作交流平台为目标，线上报名注册购票参会代表700余人。

科普活动 8月，与中国科协青少年科技中心共同主办2018年全国青少年创意编程与智能设计大赛。10月19—20日，与陶行知教育基金会、综合实践基地联盟联合主办2018综合实践基地风采展示活动。10月26日，与中国科普作家协会、新华网共同主办第6届全国科学表演大赛。10月28日，与中国科协青少年科技中心、湖南省科学技术协会共同主办第9届全国青少年科学影像节。11月，与广西师范大学、桂林兴华科学教育研究院联合主办第3届兴华国际青少年科技运动会。12月8日，主办第7届全国科学教育专业师范生教学技能创新展示活动。主办STEM世博会及STEM国际教育论坛等。承担第33届全国青少年科技创新大赛辅导员科技教育创新成果的评审和展示交流工作。

学会创新发展 加强社会服务信息化协同。以服务科技教育工作者为中心，将网站、微信、杂志等媒体平台宣传功能与科技教育资源服务功能协同；对会员管理系统、线下培训管理平台、专业水平认证平台、科技辅导员在线学习中心进行数据信息管理协同；拓展移动端应用场景开发，基本实现对会员线上线下学习数据、专业能力数据、会员会籍管理信息化及科教资讯和资源服务信息化。科技辅导员在线学习中心注册用户3万余人，日平均访问量近1万人次，每天通过移动端在线学习近300人。中国青少年科技辅导员协会、中国科技教育、科技学堂等微信公众号订阅量6万余人，环比增长56%。

党建强会 发挥党委功能性党组织作用，参与重大事项的审议决策。通过协会官网、微信号、科技教育杂志等平台宣传党中央、中国科协党组对学习贯彻习近平新时代中国特色社会主义思想和党的十九大精神的要求；解读党中央、中国科协党组对科技工作和教育工作的重要指示精神和工作部署；加强对科技辅导员的政治引领，引导科技辅导员坚持用习近平新时代中国特色社会主义思想武装头脑、指导实践、推动工作。

协会秘书处联合党支部学习宣传贯彻习近平新时代中国特色社会主义思想和十九大精神，推动“两学一做”学习教育常态化制度化。参与中国科协机关党委和青少年科技中心党总支组织的专题辅导讲座和主题宣讲活动。组织党员参观“伟大的变革——庆祝改革开放40周年大型展览”。以提升组织力为重点，坚持“三会一课”制度，突出政治功能，加强思想政治建设，多渠道多方式开展学习教育活动。严肃党内政治生活，完成年度组织生活会和民主评议党员工作。

协会被中国科协科普部评为2018年度全国学会科普工作予以表扬单位，并获中国科协定点扶贫工作优秀单位称号。

会员服务 丰富会员服务内容，推出会议、认证、线下培训、论坛、网上资源下载会员优先优惠等措施，服务会员专业学习发展。吸纳科技辅导员、中小学校、社会机构和企业加入。全年近1000名会员参与线上免费课程学习，会员赠书6489册。参加年会、认证和线下培训活动会员共576人次。协会秘书处推荐61项会员科教项目参加第33届全国青少年科技创新大赛。28个理事单位会员和单位会员推荐476篇论文参加第26届科技辅导员论文征集活动。5月，微信平台会员小助手小程序上线使用。截至2018年年底，协会会员管理系统登记在册的个人会员5655人、单位会员488个；新增个人会员1591人、单位会员75个；个人会员同比增长20.89%。

【2018中国青少年科技辅导员协会年会】 8月16—18日，2018中国青少年科技辅导员协会年会在重庆市举办。年会主题为“面向未来的科技教育”。通过线上报名注册购票参会代表700余人。会议邀请国内外科技和教育专家、优秀中小学校长、科技教师及科技辅导员围绕在世界科技革命和产业变革的背景下，科技教育如何培养面向未来的人才问题进行交流研讨。重庆市副市长屈谦，中国工程院院士、协会理事长陈赛娟，重庆市科协领导出席开幕式。年会演讲嘉宾，合作伙伴机构代表及来自47个国家和地区的800余名专家、学者，科技教师和科技辅导员参加开幕式。

屈谦在致辞中表示，年会在重庆市举办将密切重庆市与“一带一路”有关国家和城市在青少年科技教育方面的合作，推动重庆市科技教育高质量发展。陈赛娟表示，协会愿为国内外科技教育工作者了解新的科技教育理念和资讯，分享科技教育实践经验提供学习和交流平台，为教育机构搭建沟通和合作桥梁。

年会与第33届全国青少年科技创新大赛同期同地举办。为期3天的年会包括2018科学教育国际论坛、“一带一路”科技教育论坛、科技教育新视野等7个论坛，32个科技教师工作坊及科技课程路演和科教资源展览等交流活动。来自中国、美国、芬兰及巴基斯坦、澳大利亚、印度尼西亚、突尼斯等“一带一路”沿线国家的50余名科技和教育专家、中小学校长和科技教师、企业代表在年会上交流发言。40余个国家和地区，全国31个省、自治区、直辖市及香港特别行政区、澳门特别行政区、中国台湾地区的2000余名青少年科技教育工作者参会。

8月16日下午，举办2018科学教育国际论坛。中国新一代人工智能发展战略研究院执行院长、世界工程组织联合会候任主席龚克作题为“浅议面向未来的科学教育”的主旨报告。美国科学教师协会前任主席、内华达大学教授David Crowther作题为“STEM教育的挑战与回报”的报告；清华大学附属中学校长王殿军和芬兰于韦斯莱大学教授Pekka Koskinen分别作主旨报告《科技教育的科学与技术》《黄金时段学习：培养主动学习的要素》。

【第七届全国科学教育专业师范生教学技能创新展示活动】 12月8—9日，第七届全国科学教育专业师范生教学技能创新展示活动在武汉城市职业学院举行。活动共收到18个省市36所高校学生456份教学设计。参赛学生通过模拟授课、演讲、答辩和科技活动方案设计等方式展示自身专业学习水平和教学创新能力。经过初审，33所高校145名学生入围决赛。最终评选出一等奖21人、二等奖37人、三等45人。西华师范大学马茂媛、杭州师范大学金群群获最高奖项创新奖。北京市基教研中心科学教研室主任、特级教师彭香和湖北省教育科学研究院许晓林教研员在颁奖典礼上对参加活动学生的表现进行点评。来自全国高校、各有关省市教研机构专家、教师、参赛学生共290人参加活动。

【第六届全国科学表演大赛】 10月25日，由协会、中国科普作家协会、新华网共同主办的第六届全国科学表演大赛在北京市密云区古北水镇闭幕。大赛主题为“人工智能与未来生活”。共收到来自26个省、自治区、直辖市的600余部科普剧、科学秀和原创科普剧本作品。大赛分初评、网上投票及现场决赛等环节。

21个省、自治区、直辖市430名中小学师生、科技场馆科技辅导员共46个科普剧和科学秀剧目参加现场决赛活动。新疆维吾尔自治区昌吉市第十四小学的《卡拉麦里的主人》等9个剧目获科普剧一等奖，广东省佛山市顺德德胜小学的《玩爆气球》等2个项目获得科学秀一等奖。10名科学表演者获得科学演绎达人奖。

（撰稿人：于　波）

中国科教电影电视协会

服务创新型国家和社会建设　协会承接原国家新闻出版广电总局电影局2部可在全国公映的科教影片的制作任务。2部影片正在拍摄中。

学会建设　截至2018年年底，协会有个人会员954人、团体会员46家。学会建立中国科教电影电视协会理事工作群，加强网上办公，提高工作效率。12月28日，召开第六次全国会员代表大会，选举产生第六届理事会成员。

国内主要学术会议 协会作为行业学术指导单位，主导召开国内学术会议1次，200余名影视工作者参加会议。

协会在广东省深圳圣淘沙酒店召开科教影视业内人士专业座谈会。在会场周围布置协会制作的宣传展板，与会人员围绕中国科教影视发展发表建议。

科普活动 协会承办第三届深圳（国际）科技影视周2018优秀科教影视展播活动，在科技影视周活动筹备期间，组织专家审看往届中国龙奖及“科蕾杯”获奖作品，挑选14部作品在科技影视周期间展播。

会员服务 协会每月定期向会员单位寄送《摄影与摄像杂志》。做到会员来电、来信有求必应，为会员开拓影视职称评定渠道。

【中国科教电影电视协会第六次全国会员代表大会】 12月28日，中国科教电影电视协会第六次全国会员代表大会在北京召开。各省市科协、部委从事科教影视业的代表共200余人参会。会议选举产生常务理事45人、理事116人。中国国际电视总公司总裁薛继军当选第六届理事会理事长，中国农业电影电视中心副总编季林当选副理事长兼秘书长，兰军等12人当选副理事长。

【第三届深圳（国际）科技影视周】 9月15—21日，由中国科协、深圳市人民政府主办，协会与深圳市委宣传部、深圳市科协等单位承办的第三届深圳（国际）科技影视周在广东省深圳市召开。深圳市科技创业促进会为总执行单位。协会负责2018中国科教影视协会颁奖典礼、科教影视高峰论坛、优秀科教影视展播3个板块。在颁奖典礼上，颁发协会杰出贡献奖、国际合作奖、贡献奖、贡献单位奖及特别鸣谢单位奖5个奖项。刘建中、赵致真、孔祥瑾、沈纪、张清获杰出贡献奖，刘通海、王录、陈宏、王临安、何苏六、陈虎、谢九如、董晓光、吴鹤林、丁文忠、何建红、张健、翟旭红获贡献奖，中国教育电视台、中国农业电影电视中心、北京科学教育电影制片厂等18家单位获贡献单位奖，方柏德、苏德本、亚历桑德罗·格里菲尼获国际合作奖，中国科协科学技术普及部、原国家新闻出版广电总局电影局、中央电视台科教频道获特别鸣谢单位奖。

（撰稿人：刘　畅）

中国科学技术期刊编辑学会

服务创新型国家和社会建设 学会举办各类培训班6期，累计培训634人。培训人员全部取得国家新闻出版广电总局印制的继续教育合格证书。

学会建设 召开六届七次、八次正副理事长会议。会议听取秘书处汇报学会主要工作和2017年度财务情况，商讨2019年学会学术年会方案、会费收缴举措、翻译出版国际科学编辑委员会（CSE）体例手册等事项。学会副理事长兼秘书长任胜利代表秘书处向常务理事汇报2018年学会工作重点，包括加强党建工作、扩大培训范围、申请加入国际性期刊编辑学会、推出电子会讯、加强会员发展与服务、秘书处引进人才、实施中国科协委托的项目、协助《编辑学报》召开编委会等。

召开六届四次理事会议，111名理事及理事代表参会。会议由学会理事长朱邦芬主持。任胜利向理事会汇报2018年主要工作。各工作委员会、专业委员会交流2018年工作总结和2019年工作计划。与会理事肯定2018年学会工作，对2019年学会工作提出建议。

主办期刊 完成《编辑学报》第1—6期编辑出版工作。截至2018年年底,《编辑学报》收稿1307篇，发表185篇，发行2300余册。编辑部对全部来稿写出审稿意见，对退修文章给出修改建议，退稿率约80%。

编辑部召开编委会议，听取编委意见；开设专栏，发起“中国特色科技期刊强国之路”专题讨论；取消对文章字数和页码限制。

国内主要学术会议 主办学术交流活动7次，累计参加活动3000余人次，交流论文300余篇，出版论文集1册、《编辑学报》增刊2册。

4月18—21日，2018科技期刊创新与区域发展研讨会在福建省厦门市召开，全国170余名专家、学者参会。会议主题为“新时代科技期刊影响力提升及学术生态”，包括学术交流和中国科技期刊编辑大奖赛2项内容。在学术交流环节，12名专家从科技期刊国际化、科技期刊智能出版与期刊评价、期刊功能、人才培养4个方面作大会报告。期刊编辑大奖赛通过视频展示、现场定题演讲、现场抽题答题、现场抢答等环节，考察编辑各项素质。26人报名参赛。经预赛和决赛，6名编辑分别获一、二、三等奖，9名编辑获优秀奖。

8月22—23日，第10届科技期刊发展创新研讨会在新疆维吾尔自治区乌鲁木齐市举办，全国200余名科技期刊编辑参会。研讨会主题为“新时代科技期刊的使命担当”，包括大会报告、科技期刊办刊咨询会、编辑技能大赛等内容。往届研讨会举办的编辑知识竞赛改为期刊选题策划竞赛。学会政策咨询工作委员会主任郭志明回顾科技期刊发展创新研讨会10年历程。大会邀请13名期刊界专家作学术报告。报名参加期刊选题策划竞赛28人。会议接收投稿论文86篇，经评选，推荐27篇论文在编辑学核心期刊《编辑学报》《中国编辑》《科技与出版》正刊发表。

9月8日，国际学术出版运营模式研讨会在北京召开，46个期刊出版单位的60余名编辑参会。学会副理事长彭斌致欢迎词。研讨会特邀国际出版机构7名专家作专题报告。

9月8—11日，第十六届（2018）全国核心期刊与期刊国际化、网络化研讨会在辽宁省大连市召开。来自27个省、直辖市的369个编辑部共500余名专家、学者参会。大会以“开放融合发展，共创期刊繁荣”为主题，探讨“互联网+”时代下期刊的创新发展之路。大会邀请6名专家作专题报告。

10月22日，由中国科协指导、学会主办、学会青年工作委员会承办的第二届中国科技期刊青年编辑业务大赛决赛在湖北省武汉市闭幕。大赛考察科技期刊编辑在编校技能、期刊出版政策法规、编辑思想和办刊理念等方面的知识。大赛自4月开始，经历直通赛、全国初赛、复赛环节，从六大赛区及直通赛中选出的17名青年编辑，通过视频展示、主题答辩、完成预设任务等形式进行决赛。《中国科学：材料科学》（英文版）编辑王贵林、中国激光杂志社编辑何卓铭、清华大学出版社《科技与出版》杂志社编辑张广萌等4人获一等奖，中国激光杂志社编辑殷建芳、《中国舰船研究》编辑胡文莉、《重庆医学》编辑廖梓言等13人获二等奖，参与大赛组织工作的14家单位获优秀组织奖。大赛采用现场问答结合网络直播、网络抽奖等方式进行。

科普活动 探讨合力打造跨机构科普平台的可能性。学会科普工作委员会引进科普期刊编辑、记者，旗下各科普期刊开展图书、期刊、视频、图文、游戏等形式科普作品创作，定期组织交流，共享资源。围绕“科普期刊增值服务及期刊发行策略研究”主题，通过优秀案例分享、主题研讨等方式，在线上线下讨论科普期刊发行渠道拓展、内容挖掘、科普活动等内容。组织《航空知识》和《博物》联合推出天空游乐场活动，带领少年儿童参观北京航空航天博物馆，制作飞机模型，到北京天文馆学习傅科摆物理实验之验证地球自转等知识。被中国科协评为科普工作优秀单位。

党建强会 3月31日，学会党委在浙江省嘉兴市开展深入学习宣传贯彻党的十九大精神专题活动，45名党员参加活动。学会党委书记任胜利从学习领会“六个聚焦”和“十个领会”角度，引领参加活动的党员学习十九大精神。学会理事刘雪立作为党员代表，以“马克思主义研究的国际化：中国期刊工作者的责任担当”为题向参会人员讲党课。活动组织党员参观嘉兴革命纪念馆和中国共产党第一次代表大会会址——嘉兴红船。

10月25日，在六届四次理事会议期间，学会党委开展党员听党课活动。学会理事长、中国科学院院士朱邦芬，学会党委书记任胜利，党委委员彭斌等共111名理事及会员单位代表参加活动。学会党委副书记栗延文代表学会党委就2018年新修订的中国共产党纪律处分条例作题为“学习贯彻《中国共产党纪律处分条例》”的党建报告，从党员、党委（党组）、纪委（纪检组）3个层次明确不同主体应如何贯彻新《条例》。

会员服务 截至2018年年底，学会单位会员1258个、个人会员9196人。会员工作由专职人员负责。制定并实施《会员管理办法》《会费管理办法》。举办学术会议、培训班、评优等活动。定期向会员赠送《编辑学报》。学会办公室向过生日的理事寄送生日贺卡。在会员中开展“展风采，树楷模”全国学会优秀党员科技工作者评选活动，经学会理事推荐、民主评议和学会党委讨论，《新疆农业科学》常务副主编张琼和《中国光学》执行主编李耀彪获该称号。组织会员申报2018年中国科协青年科学家参与国际组织及相关活动项目，中国实用医学杂志社编审任延刚、中国激光杂志社副编审王晓峰获项目支持。

【第18届中国科技期刊青年编辑学术研讨会】 5月25—26日，第18届中国科技期刊青年编辑学术研讨会暨2018年中国科技期刊青年创新论坛在上海市召开。300余名专家、学者参加研讨会。会议主题为“科技期刊影响力与科技创新”。

中国期刊协会副会长刘建生作题为“创新的动力

和条件”的主旨报告，从“科技期刊水平不一定与本国的科研水平同步”和“科技期刊问题说到底是整个民族文化的问题”引入，鼓励青年编辑要向青年时期的习近平总书记学习。国家新闻出版广电总局新闻报刊司原巡视员张泽青作题为“学术期刊应当具有国际视野”的主旨报告，提出学术期刊要有国际视野，应积极发展新媒体。中国科技情报学会秘书长潘云涛作题为“新时代科技论文与科技期刊评价”的主旨报告，介绍中国科技期刊的数量、学术水平、国际影响。《上海航天》编委会副主任翁伟樑作题为“航天精神的传承与实践”的主旨报告，介绍中国三大航天精神——传统的航天精神、两弹一星精神、载人航天精神。

会议设中国科技期刊青年创新论坛分会场和中国科技期刊英文办刊经验分会场。会议收到投稿论文110余篇，内容涵盖青年编辑成长经验、新媒体技术在学术传播中的应用、科技期刊办刊经验交流、出版传播新技术、编辑加工方法等方面。

（撰稿人：张　霞）

中国流行色协会

服务创新型国家和社会建设　2018年，协会开展色彩搭配师职业技能培训及考评工作，累计开展色彩搭配师职业能力四级、三级和二级培训与考评42期，来自服装、家具、建筑设计、室内装饰、形象设计、纺织品设计、环境艺术、机械制造、化妆品制造、互联网、工业设计、涂料等行业相关人员参加培训与考评。其中，举办色彩搭配师四级培训30期，共培训417人次，累计通过色彩搭配师职业技能四级考评374人次；举办色彩搭配师三级培训7期，共培训63人次，累计通过色彩搭配师职业技能三级考评47人次；举办色彩搭配师二级培训4期，共培训40人次，累计通过色彩搭配师职业技能二级考评38人次。

举办色彩领域培训班19期，累计培训3000余人次。其中，举办室内软装色彩趋势讲解培训1期，培训300人；纺织行业色彩多元化设计及流行趋势培训1期，培训300人；少儿丝绸色彩科普培训1期，培训100余人；家纺产品色彩趋势讲解培训1期，培训300余人；室内软装色彩搭配技巧培训12期，培训1200余人次；色彩搭配技巧讲座培训3期，培训800余人次。

10月11—13日，在北京举办2018中国国际拼布邀请赛暨拼布手工艺术展。

10月16日，由协会、广东省深圳市龙华区委宣传部（文化体育局）、龙华区观湖街道办事处主办，观湖街道宣传文化科、观湖街道文化体育中心、协会拼布色彩与艺术研究专业委员会承办的2018第二届中国（深圳）国际拼布与手工艺术展在深圳观湖美术馆开幕。

10月31日，协会承办由新疆维吾尔自治区经信委主办的以国家级非物质文化遗产艾德莱斯绸为灵感演绎的原创大秀——艾德莱斯出天山亮相中国国际时装周。全国十佳服装设计师孙秀琴、程应奋、陶陶及新疆十佳设计师王一桦设计一系列民族文化传承与时尚趋势相结合的作品。

11月，与广东省东莞市大朗镇政府联合发布2019/2020中国毛织服装流行趋势报告。与大朗镇政府开展合作，促进当地产业时尚度发展，带动国内毛衫产业发展。

代表中国参加在葡萄牙举办的国际流行色委会会议，与15个成员国家共同确定2020/2021秋冬色彩流行趋势提案。

学会建设　新发展团体会员15个，团体会员总数达到777个。新发展个人会员1004人，个人会员总数达到9312人。召开常务理事会议2次、理事会议1次。

多次召开会长办公会等专题会议，讨论会员发展和服务举措及提升会员服务的创新方法。修订《中国流行色协会会员服务条例》，优化会员服务流程，扩大会员服务内容和形式，搭建专业杂志报告、色彩研究、学术交流、色彩培训等多元化会员服务体系。

结合协会各项业务工作的开展和专业委员会的活动，搭接协会举办的各项专业活动，做好会员宣传和发展工作。配合学术论文征集及专业活动的组织工作。制定优惠于各类会员的多种举措，宣传协会会员服务，吸纳企业和个人加入协会会员队伍。

主办期刊　全年出版《流行色》12期。发表论文34篇、科普文章150篇。

决策咨询　为青岛海尔集团开展全面色彩战略合作的咨询服务，为企业进行色彩规划和色彩管理。为企业新产品开发提供技术支持与指导，帮助企业进行产品规划和市场调研及产品色彩应用。提高企业产品线管理的时效性，帮助企业进行产品分类、细化和销售。

3—4月，与协会基地企业天创集团确立色彩市场调研合作及新季产品开发思路，达成深度合作关系。7月，与广东省东莞市大朗镇人民政府洽谈科协创新助力工程项目，在原有合作项目基础上提供新思路。为北京爱慕内衣有限公司提供色彩咨询服务，确立新项目合作创新点及开发方向。

国际学术会议 9月15—16日，协会与亚洲色彩联合会、浙江省北嘉兴市桐乡市人民政府联合主办的第十届亚洲色彩论坛在桐乡市举行。论坛围绕“色彩·创新·融合”主题，邀请专家、学者与参会的近400名跨界人士共同探讨色彩的重要作用与影响及色彩在各个领域的应用趋势。

国内主要学术会议 举办或承办国内学术会议3次，280人次参会，收录论文34篇。

4月11日，在浙江省金华市举办2018电动车色彩流行趋势研讨会。研讨会以“行·出色”为主题，150人参会并展开交流。发布日光黄、乐活橙、探戈红、雾兰、石灰绿、曜石黑6个流行色。

6月，主办科技民生报告——城市色彩研讨会。30名专家、学者参会，以公众关注热点问题为导向，通过问、观、探、统、瞻5个维度剖析城市色彩问题，旨在给城市管理者以专业知识的更新和思考，提升公众在城市色彩中的参与度与美育度，引发公众美学思考，提升公众美学修养。

10月13日，由中国科协主办，协会承办，北京设计学会协办的双创周北京分会场“创新无界·时尚创意”论坛在北京中关村国家自主创新示范区展示交易中心举行。来自工业设计和空间设计领域的设计师及相关设计专业高校师生共80人参加论坛。论坛旨在共同探讨与演绎创新的空间和逻辑、创新的无界、时尚与创意的融合发展。

国际交往 全年接待来自意大利、日本、韩国相关色彩公司和机构专家、学者共15人次，就色彩应用、设计等相关专业领域内容开展交流和会谈。5月、11月，协会2次派代表参加国际流行色委员会会议，提交2020年春夏季中国色彩提案、2020/2021年秋冬季中国色彩提案。带回日本、韩国、泰国、英国、法国、美国、意大利、德国、瑞士、芬兰、西班牙、匈牙利、土耳其、葡萄牙、丹麦共15个成员国色彩提案和国际定案，出版《国际色彩趋势报告》，将最新色彩信息传达给会员。

科普活动 1—7月，分别在安徽省合肥市、上海市、北京、浙江省绍兴市、江苏省扬州市、贵州省贵阳市、湖北省宜昌市、辽宁省大连市等地开展室内色彩搭配技巧分享会、色彩搭配技巧讲座、家纺产品色彩趋势讲解等主题科普讲座活动19场，邀请19人次专家开展科普讲座，惠及各行业设计师3000余人。加强相关产业竞争力，丰富相关行业设计师对相关色彩搭配内容的了解和体会。

利用流行色和色彩搭配师微信公众号、微博等新媒体渠道传播时尚流行趋势、色彩科学常识、色彩设计理念、色彩时尚、色彩趋势、色彩营销、色彩培训等方面知识。协会5个自媒体平台推送科普文章529篇，微博发布消息1033条，受众粉丝9万余人。

表彰举荐优秀科技工作者 推荐全国学会优秀党员科技工作者1人，中国色彩学术年会表彰优秀论文作者50人次、2018年度优秀色彩科技工作者24人次。

党建强会 4月10日，召开协会党委会议，会议决定推荐山东如意科技集团有限公司执行总裁丁彩玲为全国学会优秀党员科技工作者“展风采、树楷模”宣传对象，并开展宣传活动。

3—10月，协会党支部开展以“不忘初心、牢记使命，政治引领、凝心聚力——色彩技术创新发展与科学应用”为主题的党建强会活动；3月9日，创办党建学习书架，丰富支部党员学习资料，提升支部党员思想觉悟和政治觉悟。6—9月，开展“注重从学会办事机构人员中发展党员研究”课题调研。以党的十九大精神、习近平新时代中国特色社会主义思想和党章有关规定为指导思想，对新时期社会组织办事机构党员队伍的现状和发展、党员在社会组织办事机构中作用、影响及党员教育等方面进行系统化研究，并对今后党员发展工作提供新思路。7月20日，组织参观“无问西东——从丝绸之路到文艺复兴展”。7—9月，参加中国科协科技社团党委组织的创建星级学会党组织试点评价工作，协会党组织获优秀党组织称号。12月24日，协会党支部召开支部党员大会，审议、讨论、表决并通过贺显伟按期转为中共正式党员。

会员服务 为会员企业提供《流行色》期刊12期及《2020春夏国际色彩趋势报告》《2019/2020秋冬国际色彩趋势报告》《纺织服装流行趋势展望》等专业研究报告。开展会员服务需求调查征询活动，征集会员意见与建议，提出有完善会员服务内容的举措，加大对色彩专业工作的投入，确定于2019年为会员新增电子版《色彩快讯》内容。开展中国色彩学术论文征集活动，表彰2018年协会会员中学术成绩突出的代表。经专家评审，共50篇论文入选，将收录在中国知网；其中34篇被评为优秀论文，将被刊登在《流行色》杂志。

【2018第二届中国（深圳）国际拼布与手工艺术展】 10月16日，2018第二届中国（深圳）国际拼布与手工艺术展在深圳观湖美术馆开幕。艺术展由协会、广东省深圳市龙华区委宣传部（文化体育局）、龙华区观湖街道办事处主办，观湖街道宣传文化科、观湖街道文化体育中心、协会拼布色彩与艺术研究专业委员会承办。100余幅来自中国大陆、中国台湾地区及美国、加拿大、澳大利亚、新加坡、韩国、日本等国拼布艺术家的作品在现场展出。展出至10月22日，其间，拼布艺术家在观湖艺术长廊内开设公益性质拼布体验课，设手工材料包、植物染色服饰、手工刺绣、缝纫设备等特色手工交易会。

（撰稿人：蔡　飞）

中国档案学会

服务创新型国家和社会建设　学会参与“授渔计划精准扶贫一帮一助学行动”。响应国家档案局关于扶贫工作号召，合理安排部门经费使用，利用自有资金支持国家档案局扶贫工作。

学会建设　截至2018年年底，学会个人会员8029人、团体会员248个。第八届理事会有理事108人，包括常务理事34人。

学会在国家档案局指导下开展八届理事会各项工作，中央档案馆馆长、国家档案局局长李明华，中央档案馆副馆长、国家档案局副局长付华参与有关会议并讲话。召开2018年全国秘书长会议、八届四次理事会议、八届七次常务理事会议、八届八次常务理事会议，传达上级有关文件精神，部署相关工作，审议2018年工作情况，表决通过发展会员等事项。

学会加入国际档案理事会、国际档案理事会东亚分会2个国际民间组织。制定《中国档案学术网管理暂行办法》，关注国家档案局、中国科协高层动态和地方档案学会工作动态，通过中国档案学术网实时更新信息。各专业委员会编撰出版《档案编研开发与档案文化建设》《计算机输出彩色缩微质量受制理论与实践》《录音录像档案数字化》《企业档案管理风险与评估》等学术专著。

主办期刊　学会主办的《档案学研究》由编辑指导委员会指导、编审委员会具体编辑。全年出版6期，刊登论文150余篇，印发2.1万册。入选中文社会科学引文索引（CSSCI）来源期刊、全国中文（档案学）核心期刊。

国内主要学术会议　全年交流论文1400余篇，出版年会论文集《新时代档案工作者的使命——融合与创新》等论文集7部。

3月16日，电子档案长期保存研讨会在北京召开，150余名专家、学者、档案从业人员等参会。中国人民大学档案学院副教授钱毅、青岛市档案局副局长杨来青、北京市档案局副局长陶水龙等专家、学者围绕国内外电子档案长期保存研究及工作现状、长期保存策略、存储介质、文件格式、技术手段、信息安全等问题与参会人员进行学术交流。

5月9日，由学会和浙江省档案学会联合举办的档案文化建设学术研讨会在浙江省杭州市召开。与会人员从中国档案文化的传统与现代化建设和档案文化自信的基本逻辑、利用馆藏民国档案信息资源、创新构建档案文化宣传大格局、充分认识档案文化的概念内涵和重要性、坚定档案文化自信、发挥档案文化在文化建设中的独特作用等方面介绍各地档案部门在服务党和国家中心工作、新时代文化建设方面的成绩，提出加强档案文化建设的意见与建议。

7月5日，由学会和广东省档案学会、东莞市档案局（馆）联合举办的东莞明伦堂档案学术研讨会在广东省东莞市召开，40余名专家、学者参会。学会理事长段东升指出，东莞明伦堂档案学术研讨会是学会首次专题研讨一个县域曾经存在的民间组织形成的历史档案；东莞明伦堂的兴衰成败时间跨度与中国近现代史时间跨度基本吻合，东莞明伦堂形成的档案真实记录东莞的历史，对东莞来说，“研究明伦堂档案、窥半部近现代史”；开发研究东莞明伦堂档案资料，对丰富东莞历史文化内涵、服务当地经济社会发展具有现实意义，对研究明伦堂这一存在1000余年的文化现象具有特殊意义。

9月20日，2018年档案从业人员健康保护专题研讨会在湖南省长沙市召开，湖南省各市州档案部门、省直单位档案工作者共300余人参会。会议强调，要加强档案职业健康保护科学研究，从运用绿色设备改进工作环境、建立科学工作方法等方面，提出加强档案从业人员健康保护的具体路径。

10月17—18日，2018年全国档案工作者年会在安徽省合肥市召开。

学会指导各专业委员会开展学术交流活动，学会所属 7 个专业委员会分别召开学术年会和专题研讨会。学会基础理论学术委员会召开学术年会暨新时代中国特色档案学理论与档案工作实践研讨会。学会整理鉴定学术委员会召开抗战档案整理鉴定研讨会。学会档案文献编纂学术委员会举办档案编研开发与档案文化建设专题研讨会。学会档案信息化技术委员会举办主题为“数字技术与声像档案修复”的 2018 年学术年会。学会档案保护技术委员会举办档案保护学术研讨会。学会影像技术委员会召开融合与创新：新时代的影像技术学术研讨会。学会企业档案学术委员会召开企业档案管理风险与评估工作学术交流会。

两岸交流 5 月 26—27 日，2018 年海峡两岸档案暨缩微学术交流会在中国台湾地区台北市馥敦饭店召开。会议由学会、中国文献影像技术协会和“中华档案暨资讯微缩管理学会”共同主办，“中华档案暨资讯微缩管理学会”承办。

国际组织任职 学会理事杜梅担任国际档案理事会专业协会处指导委员会委员。

科普活动 学会与北京市档案局、北京市社会科学界联合会、北京市档案学会联合举办“档案见证北京”社会公益文化系列讲座。讲座聘请档案业内专家、学者到“档案见证北京”文化讲堂开讲。

6 月 8 日，由国家档案局主办、学会承办的专题讲座在北京举办。此次讲座是国际档案日系列宣传活动重要组成部分。国家档案局副局长付华主持专题讲座并讲话。中国航天科技集团有限公司科学技术委员会副主任江帆作题为“中国梦 航天梦——从档案看中国航天事业的发展”的讲座。来自中央和国家机关各部委档案部门、中央军委办公厅保密和档案局、人民团体档案部门、驻京中央企业档案部门的 700 余名档案工作者参加讲座。

【2018 年海峡两岸档案暨缩微学术交流会】 5 月 26—27 日，2018 年海峡两岸档案暨缩微学术交流会在台北市馥敦饭店召开。学会、中国文献影像技术协会代表团参会。交流会主题为“新技术环境下的社会记忆”。来自海峡两岸的专家、学者围绕主题进行研讨。17 名专家、学者围绕档案与文献保护、社会记忆重建、档案与文献资源构建、档案与文献资源利用等内容作会议发言。学会代表团的 7 篇发言为《新技术环境下档案信息资源开发利用的探索与思考——以黑龙省档案馆为例》《内蒙古地区少数民族数字档案资源建设研究》《用档案传承乡村文化构筑广西新农村建设记忆桥梁》《大数据背景下档案数字资源智能管理及挖掘分析方法研究》《中国联通电子档案数据挖掘与智能利用的研究》《档案在职教育的现状及前瞻》《新形势下我国境外档案收集工作的思考》。代表团与台湾孙中山纪念馆、历史文物陈列馆、台北“故宫博物院”文献处、台湾图书馆图书医院等单位，开展学术交流活动。会后，学会联合中国文献影像技术协会，编辑出版《2018 年海峡两岸档案暨缩微学术交流会论文集》。

【2018 年全国档案工作者年会】 10 月 17—18 日，2018 年全国档案工作者年会在安徽省合肥市召开。学会理事长、副理事长、理事，部分省、自治区、直辖市、计划单列市和副省级市档案学会负责人及成员，以及部分入选论文作者、民间档案收藏家等 1100 余人参会。

年会以“新时代档案工作者的使命——融合与创新”为主题，下设分论坛 8 个、研讨会 1 个，举行学术报告 59 场。与会专家与来自基层的档案工作者探讨档案资源建设、档案学科建设、电子档案长期保存等议题。

年会邀请 5 名专家作主旨演讲。中国综合开发研究院副院长曲建作题为“从历史档案中寻找未来发展之路——中国经济特区探索与‘一带一路’倡议”的演讲，中国人民大学档案学院院长张斌作题为“改革开放以来中国档案事业发展道路研究”的演讲，浙江省档案局局长刘芸作题为“改革创新——浙江档案事业转型发展的关键一招”的演讲，科大讯飞股份有限公司轮值总裁陈涛作题为“人工智能技术最新进展及典型应用”的演讲，安徽档案局局长黄玉明作题为“人工智能在档案领域的应用”的演讲。

年会期间，举办档案新技术、新产品展示会，10 余家档案服务企业展示和推介与档案相关的新技术、新产品和新服务。

（撰稿人：李　威）

中国国土经济学会

服务创新型国家和社会建设 2018 年，学会贯彻落实中国科协“1–9 · 6–1”战略布局，立足于中小城市，围绕自主品牌“一城三区”的巩固、延展、提升开展各项工作。充分利用为“一城三区”量身打造的服务平台，主动服务平台，为各“深呼吸小城”及所在党委、政府、企业或基层单位提供发展战略、政策咨询、经验交流、政策解答、宣传推动等服务项目。

分别与河北省保定市和河南省漯河市科协签署创新驱动助力工程共建协议。与创新驱动试点市——河南省鹤壁市开展的“空间规划多规合一项目”被中国科协纳入2018年服务国家社会治理品牌建设项目。截至2018年年底，与福建省三明市将乐县、吉林省白山市长白朝鲜族自治县、山西大同市大同县、山西省长治市沁源县签订空间战略规划编制协议。1月7日，与国家开发银行评审二局共同主办百佳深呼吸小城新时代绿色发展座谈会，国家开发银行评审专家就河南省商丘市睢县、河北省秦皇岛市青龙县、四川省攀枝花市米易县、浙江省衢州市常山县、江苏省淮安市盱眙县提交的50个项目进行逐县对接点评。

2月2—4日，与四川省攀枝花市米易县政府联合举办“深呼吸在米易·阳光体验行活动”。环境保护部原副部长周建，地质矿产部原副部长陈洲其，学会旅游发展委员会成员单位同程旅游、景域国际旅游、中青旅有关负责人及新华社、《人民日报》记者一行20余人应邀前往米易县实地考察调研，探讨米易县绿色发展成果和经验，就米易县经济社会发展中的优势、问题和对策进行研讨。

5月19日，在福建省邵武市举办全域旅游与绿色发展论坛。6月16日，深呼吸小城旅游文化节在江苏省宿迁市泗阳县开幕，21家深呼吸小城代表应邀参会，原环境保护部副部长周建应邀出席，学会副理事长、党委副书记李青松主持度假休闲与乡村振兴论坛及对话研讨。9月25—27日，应深呼吸小城四川省遂宁市蓬溪县邀请，在该县主办“深呼吸，在蓬溪”绿色发展推介活动。组织5个团队：一是部委团队，自然资源部、农村农业部相关领导讲政策；二是专家团队，中国科学院、中国社会科学院、中国人民大学专家讲绿色发展、乡村旅游思路；三是企业团队，景域驴妈妈、同程旅游、途牛旅游、盈科旅游企业现场考察，推动政企合作、项目落地，同程旅游、途牛旅游现场签约；四是金融团队，国家开发银行四川分行考察对接融资项目；五是媒体团队，新华社、人民网、《农民日报》现场采访、现场发稿。

学会建设 加强秘书处建设，通过完善规章制度、严格工作纪律、不断学习等方式提高工作人员综合素质，进而提高办事效率和水平。召开监事会议，重点对学会财务管理进行监督，规范学会运作。修订分支机构管理办法，强化对分支机构的管理。

主办期刊 学会杂志重点刊发实验区和深呼吸小城新闻或经验，以宣传、推动精准扶贫，发展绿色经济为主要内容。在宣传学会工作的同时，应四川省攀枝花市米易县、福建省南平市、江苏省宿迁市泗阳县、四川省遂宁市蓬溪县、河南省洛阳市等地党委政府请求，编辑出版专刊，推动“一城三区”经验交流、助力地方经济社会发展。

决策咨询 学会决策咨询工作坚持积极主动、建言献策，为国家宏观决策提供理论支撑，为中小城市政府决策服务，推动中小城市经济社会可持续发展。

2018年，学会组建“国土经济50人论坛”，定位为学会高端智库。首先是承担学会学术研究工作；其次是向党中央、国务院、地方党委政府建言献策；最后是服务于学会事业发展，在“一城三区”建设过程中发挥作用。

2018年，学会为地方提供决策咨询建议8项。4月10日，与洛阳师范学院联合主办大运河文化论坛，围绕大运河经济带建设建言献策。5月27日，在浙江省党政领导与院士专家座谈会上，学会高级顾问、国务院参事刘燕华等提出的《关于加快建设杭州湾自由贸易港的建议》受到好评。围绕深呼吸小城发展分别在福建省三明市将乐县、四川省攀枝花市米易县、浙江省衢州市常山县、吉林省白山市长白山保护开发区池南区、山西省长治市沁源县等地组织咨询服务。7月28—29日，组织中国国土经济50人走进鹤壁活动。

国内主要学术会议 主办或协办学术会议8场次。3月3日，在北京召开以“区域协调发展与乡村振兴”为主题的第11届中国国土区域城市经济学家新春论坛。5月19日，在福建省邵武市组织全域旅游与绿色发展论坛。6月16日，在江苏省宿迁市泗阳县举办度假休闲与乡村振兴论坛。围绕绿色发展、空间规划、旅游发展等主题，分别在北京、河南省、吉林省等地组织学术活动。

科普活动 在福建省南平市、福建省邵武市、江苏省泗阳县3家深呼吸小城举办国土知识大讲堂，学会专家分别发表主题演讲，累计600余名深呼吸小城领导参加。7月28日，学会在河南省鹤壁市举办全国绿色国土行科普活动，普及低碳、绿色、环保知识。于3月23—28日、7月20—25日、9月14—19日分别在重庆市、海南省海口市、内蒙古自治区呼和浩特市等地组织有关城乡发展、土地利用等培训班。

党建强会 学会党支部先后派2人参加中国科协科技社团党委举办的培训班3次，前往北京参加警示教育和传达学习中央有关文件活动4次。实施党建强会计划项目1项，召开党建论坛1次。在中国科协科技社团党委指导下，学会党委工作规则经学会党委会议审定通过。建立联席会议制度、优化学会管理方式，召开党委扩大会2次，举办主题党日活动1次、党委委员宣讲活动1次，在学会党建动态上发表新闻3篇。参与星级党组织评选，在中国科协科技社团党委组织的2018年党建强会计划暨创建星级学会党组织试点评价项目中，学会获优秀党组织称号。

11月24日，由中国科协机关党委、中国科协科技社团党委指导，学会党委主办，学会秘书处党支部承办的2018中国国土经济学会党建论坛在北京召开。论坛主题为“动员社会力量，运用智能手段，提升党支部在乡村振兴中的政治引领力、组织力”。中国科协党组成员兼机关党委书记、组织人事部部长王守东，中国科协机关党委常务副书记李志刚和学会党委成员以及来自10个省13家基层党支部书记，部分县委宣传部、组织部负责人，中国水产学会、中国粮油学会、中国照明学会、中华医学会等全国学会领导、专家参加会议。

会议通过《党支部共建工程实施纲要》(修改稿)。学会党委书记、秘书处党支部书记柳忠勤代表学会与13家党支部签署共建协议。会议邀请休闲农业专家、乡村旅游专家、智慧党建专家、乡村照明专家先后为与会党支部书记作专题报告。

会员服务 扩大会员规模，遵守一、二线比例为6.5∶3.5，专业与非专业比例为6∶4，老、中、青比例为3∶4∶3，男、女性别比例为7∶3。健全优化个人会员入会申请审批制度、注册制度和缴费制度。制定会员分类服务管理办法。丰富、强化团体会员服务内容，完善奖励机制。

【“一城三区”建设与发展座谈会】 1月20日，中国国土经济学会“一城三区”建设与发展座谈会在北京国际竹藤大厦召开。第十届全国政协副主席、学会名誉理事长张怀西，学会首席顾问江泽慧，地质矿产部原副部长陈洲其，环境保护部原副部长周建，科技部原副部长刘燕华，学会党委书记、理事长柳忠勤及专家、学者40余人出席会议。江泽慧主持会议。

会议首先听取柳忠勤关于2017年学会和“一城三区”工作情况和2018年工作安排的报告。与会人员肯定2017年学会工作，认为要用高端智库和学术引领助力“一城三区”建设与发展。与会专家建议政府、社会、企业、市场、资本要相互融合、共同发力；要充分发挥媒体力量，设立相应机构，安排专门人员负责媒体对接，学会要有自己的新闻发言人；提出要尽快研究并发展“三个实验区”工作，尤其是低碳国土实验区的建议。

张怀西指出，“一城三区”核心就是绿色发展，绿色发展是历史使命。要认真学习贯彻党的十九大报告，真正为生态富民、绿色发展，建设美丽中国服务。

【第十一届中国国土区域城市经济学家新春论坛】 3月3日，由学会主办，中国区域经济学会、中国区域科学协会、全国经济地理研究会、中国城镇化促进会联合主办的第十一届中国国土区域城市经济学家新春论坛在北京召开。论坛主题为“区域协调发展与乡村振兴”。学会首席顾问、环境保护部原副部长周建及来自5个学会的专家、学者70余人出席。

论坛把党的十九大报告中区域协调发展和乡村振兴两大战略作为主题，对标国家战略方向，对标地方现实需求，满足各学会职责、任务和要求。周建指出，要推动政府力量、市场力量、社会力量融合、发力和协同。他认为，区域协调发展要指向均衡、相对均衡，要指向健康，否则就不是协调发展，乡村振兴必须指向共享，让每位公民能够共享改革发展的成果。

【大运河文化论坛】 4月10日和14日，学会与洛阳师范学院、北京物资学院、河南省社会科学院分别在北京和河南省洛阳市主办大运河文化论坛。第十届全国政协副主席、学会名誉理事长、总顾问张怀西，学会理事长柳忠勤及来自发展改革委、水利部、文物局、国家开发银行和新华社、人民网等相关部门的领导和专家出席座谈会，围绕大运河经济带建设建言献策。

与会专家、学者认为，隋唐大运河是中国大运河的历史起点与重要组成，具有不可替代的历史地位和意义。当前应对隋唐大运河予以更多关注。要关注“活”的运河，也要关注已堙没的运河，以实现运河话语体系构建的科学性与均衡化。建议将国家级隋唐大运河博物馆建设提上日程，建设地点建议选在河南省洛阳市；有关部门在进行中国大运河文化带规划建设时，应将隋唐大运河遗址系统考古发掘工程设为重大专项。

学会与洛阳师范学院是长期的会院共建单位，学会党支部与洛阳师范学院国土与旅游系党支部是党支部共建单位，双方在绿色发展、学科建设、重大学术课题研究等领域共建合作。基于这一背景，学会组织专家、学者和部委领导，与洛阳师范学院在大运河文化研究方面探索并支持洛阳师范学院开展课题攻关。

【全国绿色国土行暨中国国土经济50人走进鹤壁】 7月28—29日，学会与河南省鹤壁市政府共同举办全国绿色国土行暨中国国土经济50人走进鹤壁活动。原环境保护部副部长周建，国务院参事、科技部原副部长刘燕华，学会党委书记、理事长柳忠勤及学会专家，鹤壁市有关单位和中小学生代表300余人参加活动。

7月29日上午，党建强会在行动——全国绿色国土行暨中国国土经济50人走进鹤壁在鹤壁市人民会堂举行。科技部原副部长、国务院参事刘燕华，全国政协委员、洛阳师范学院校长梁留科，国家发展改革委国土开发与地区经济研究所原所长肖金成，国家开发银行评审二局局长王雪峰，分别以“创新模式的转型创新产品的有效供给”“新时代背景下旅游业转型创新发展”“发展战略与空间规划”“新时代、新使命、新探索、新发展”为主题进行150分钟演讲。活动期间，柳忠勤等参加学会党支部共建单位、鹤壁国立光电公司党支部全体党员“不忘初心，重温入党誓词”活动。

（撰稿人：杨巧英）

中国土地学会

服务创新型国家和社会建设 学会以建立土地行业自律体系为目标，推进土地调查行业资信等级评定工作；完成第二批土地规划甲级机构推荐名录延续认定工作，指导各省级土地学会强化土地规划乙级机构管理；参与修改《国土资源科学技术奖励办法》，组织会员单位申报和推荐国土资源科学技术奖，获奖成果4项；开展首届全国乡村规划优秀案例评选活动，入选作品23个；举办首届全国土地资源管理专业大学生土地利用规划技能大赛；开展学会学术年会青年优秀论文评选，获奖论文14篇；设立土地经济研究新秀奖；完成学会首批专家库建设，入库专家720人；推荐自然资源部第二批首席科学传播专家，中国农业大学教授张凤荣、中国地质大学（北京）教授白中科入选。

学会建设 截至2018年年底，学会个人会员8666人、团体会员550个。第七届理事会有理事160人。开展学会LOGO网络评选，访问量26万余次。巩固“二网三号”网络宣传格局，网站发布消息328条，微信公众号推送信息210条。志愿者队伍发展至2000余人，以此为主体，举办第二届村庄规划编制志愿者服务活动，80所高校137支志愿者服务团队近1000人参加，受到团中央肯定。形成分支机构工作会议制度。制定、出台学会差旅、培训和会议费等管理办法。加入全球国际土地测量标准联盟并参与制定国际土地测量标准。

3月29日，学会科普工作委员会在北京召开工作会议，总结2017年科普工作，研究2018年科普工作计划。

5月7日，中国土地学会第七届常务理事会第四次会议在北京召开。学会副理事长、法人代表李海兵主持会议。学会理事长、副理事长、秘书长、副秘书长及全体常务理事参会。学会分支机构主要负责人和学会办事机构代表列席会议。学会副理事长兼秘书长高延利作学会工作报告。会议审议通过学会2017年工作总结和2018年主要工作安排、2017年财务报告、学会和学会分支机构人员调整和增补建议、学会城市土地分会人员组成方案，以及学会优秀博士论文评选、会议费、培训费、差旅费和团体会员登记等管理办法。审批通过25家机构入会申请，研究学会其他重要事项。会议经过审议，以举手表决方式，同意增补中国工程院院士郭仁忠为理事、常务理事、副理事长，增补中国科学院地理科学与资源研究所研究员刘彦随为副理事长，增补孙雪东、李满春、杜筑华为常务理事，增补郑振华为理事、常务理事，增补陈韦为理事；通过土地规划分会、土地文化分会、土地经济分会、土地资源分会、土地法学分会、土地生态分会、科普工作委员会、对外联络工作委员会提出的调整和增补主任委员和副主任委员建议。学会理事长王世元在讲话中肯定学会2017年取得的成绩，对学会2018年工作提出搭建学术交流平台，凝聚各界力量，为自然资源统一管理建言献策；重视推进土地科学学科建设进程；做好会员服务工作；强化学会治理能力建设4点要求。

7月29日，2018年全国土地学会秘书长工作会议在北京召开。学会副理事长兼秘书长高延利作大会报告，学会副理事长李海兵主持会议并作总结讲话，北京、内蒙古自治区、山东省、山西省、云南省等省、自治区、直辖市学会作大会工作交流。各工作委员会、各分会秘书长，全国各省级学会理事长（会长）、秘书长和办公室主任共80余人参会。

7月31日，2018年中国土地学会第一届会员乒乓球比赛暨中国土地学会乒乓球队选拔赛在北京举行，13个省级学会80余名队员参赛。湖北省土地学会获团体冠军，浙江省土地学会和山东省土地学会分获亚军和季军。

8月25日，2018年中国土地学会会员代表大会在北京召开，211名会员参会。学会副理事长李海兵主持会议。学会理事长王世元讲话，学会副理事长兼秘书长高延利作学会换届以来工作报告。会议审议并以无记名投票方式通过新修订的《中国土地学会团体会员会费收取标准和管理办法》。

9月9日，2018中国科协全国学会乒乓球赛（第九届）在北京闭幕，全国48个学会500余名运动员参赛。学会副理事长李海兵作为特邀嘉宾为球赛开球。学会获团体冠军。

12月25日，中国土地学会第七届第二次学术工作委员会全体会议在云南省昆明市举行，50余名委员参会。会议讨论《中国土地学会优秀博士学位论文评选暂行办法（送审稿）》，对评奖条件、推荐方式、回避原则、评审过程、奖惩方式等提出建议。

主办期刊　据《中国学术期刊影响因子年报（2018年）》数据显示，学会主办的《中国土地科学》复合影响因子为3.327，影响力指数CI值为720.423，位于农业经济类期刊Q1区，影响因子在农业经济类学科51种期刊中排名第4。

学科发展研究　编写出版年度《土地科学学科发展蓝皮书》。

国内主要学术会议　学会《中国土地科学》编辑部联合有关土地科研事业单位举办相关学术会议。4月1日，联合江西省鄱阳湖流域农业资源与生态重点实验室等单位，在江西省南昌市召开农村产业用地政策创新与乡村振兴研讨会。5月5日，联合中国人民大学经济学院等单位，在四川省成都市召开宅基地制度改革与乡村振兴研讨会。8月20日，联合学会土地生态分会等单位，在黑龙江省哈尔滨市召开第二届中国土地生态学学术研讨会。9月15日，联合安徽农业大学等单位在安徽省合肥市召开"农村土地制度改革40年：回顾与展望"学术研讨会;《中国土地科学》主编高延利、安徽省政府参事室主任白和平、安徽省国土资源厅副厅长李世蕴、安徽农业大学副校长马传喜等参加研讨会开幕式并致辞，全国20余所高校和相关土地研究机构的专家、学者、管理人员及安徽农业大学的部分师生共60余人参会；会议认为，土地制度改革要有明确的方向，要发挥土地的多功能效益，应将土地的资源属性放在首位，资产、资本属性要为更好地发挥资源属性服务。11月27日，联合广西土地学会等单位在广西壮族自治区南宁市召开新时代边境土地利用与乡村振兴学术研讨会，8个省市近100名专家、学者参会。

5月18日，由学会学术工作委员会与土地经济分会等单位联合举办的国土空间优化与自然资源资产管理研讨会暨纪念改革开放四十年自然资源管理改革研讨会在江苏省南京市河海大学召开。来自高校、科研院所和企事业单位的80余名专家、学者参会。

6月22日，为纪念第28个全国土地日，学会联合中国土地勘测规划院、国土资源部土地利用重点实验室在北京举办乡村振兴与乡村规划专家座谈会。座谈会邀请专家、学者探讨新时代如何有序推进乡村规划编制、加强规划实施管理、优化乡村空间格局、建设美丽宜居乡村等议题。会议发布第一届全国乡村规划优秀案例，浙江省嘉善县大云镇缪家村等23个乡村规划获全国乡村规划优秀案例称号。

6月25日，由学会、自然资源部、广东省人民政府、深圳市人民政府联合举办的纪念第28个全国土地日座谈会在广东省深圳市召开。座谈会主题为"珍惜土地资源，建设美丽家园"。学会理事长王世元主持会议。自然资源部党组成员、副部长王广华，广东省副省长许瑞生，深圳市委常委、市政府党组成员杨洪参会并讲话。

12月25—26日，2018年中国土地学会学术年会在云南省昆明市举行。

两岸交流　4月20—21日，第二届海峡两岸土地（不动产）制度比较与经验借鉴学术研讨会在江西财经大学举行，200余名海峡两岸学者参会。学会土地经济分会、青年工作委员会、对外联络工作委员会协办此次研讨会。会议研讨土地（不动产）财税制度比较、海峡两岸城市更新案例比较与借鉴、大陆乡村振兴与土地改革、台湾农村土地利用与管理等内容。9月2—8日，组团赴中国台湾地区参加第27届海峡两岸土地学术研讨会。

国际交往 学会召开乡村活力评价、盐碱地土壤治理与修复、低碳生态型土地整治退化土地利用与生态系统服务国际研讨会。支持举办世界城市经济论坛。

4月22—26日，学会组团赴越南河内参加国际测量师协会2018年度工作周会议。4月30日，学会对外联络工作委员会副主任委员、浙江大学教授谭荣受学会和中国土地勘测规划院委托，赴肯尼亚首都内罗毕，访问联合国人居署（UN–Habitat）。

科普活动 5月27日，2018年土地科技活动周活动在江苏省南京市启动。活动由学会与中国土地勘测规划院、中国青年志愿者协会主办。300余名专家、学生参加活动。

6月23—29日，第28个全国土地日宣传活动周期间，学会首席科学传播专家郧文聚、张凤荣、白中科，先后应邀到河北省承德市六道河中学，向中学生讲授与土地相关的社会实践和科普示范课3堂。

6月25日，学会在中国土地学会网、自然资源部网、学会微信公众平台等网络平台同时举办第28个全国土地日青年网络论坛。

11月2日，自然资源部发布通报，表彰在第28个全国土地日主题宣传周期间表现突出的单位和活动项目。学会获优秀组织单位奖。由学会联合自然资源部、广东省政府、深圳市政府举办的纪念第28个全国土地日座谈会及学会青年工作委员会开展的第28个全国土地日青年网络论坛等15个活动项目获优秀宣传项目称号。

党建强会 学会第七届理事会有党员138人。学会向中国科协科技社团党委申请组建学会党委，1月12日，得到中国科协科技社团党委批复：学会党委由王世元任党委书记，李海兵、高延利任党委副书记，张晓玲、范树印、蒋文彪、何平、赵继成、张凤荣、严金明、冯淑怡任委员。学会党委作为党的工作组织，在学会建设中发挥政治引领、思想引领和组织保障作用，不接转组织关系，不重复统计党员信息，不选举党代表参加上一级党代会，委员任期与在学会理事会任职同步。

会员服务 学会规范会员管理，个人会员采用预审、复查的审批程序，团体会员采用预审、复查和常务理事会委托学会办公室批准的审批程序。强化会费收取，清理一批违反学会章程、长期不缴纳会费的团体会员。加强会员服务力度，全年解答数百条会员提出的问题，评选、推荐优秀项目、人才时优先考虑会员。

【2018年中国土地学会学术年会】 12月25—26日，2018年中国土地学会学术年会在云南省昆明市举行。年会主题为“自然资源管理改革和国土空间规划”。云南省副省长王显刚、学会理事长王世元参会并致辞。

与会专家认为，自然资源管理改革是国土空间规划的重要体制机制保障，国土空间规划对自然资源管理体制的完善、改革的深化提出更明确的要求；同步推进自然资源管理改革与国土空间规划。会议呼吁土地科技工作者在自然资源管理改革和国土空间规划体系重构中应有更大作为，在理论研究、法律规范、科技引领、体制机制重构和技术支撑等方面为自然资源管理改革提供更多支撑。

大会特邀北京市国土资源局副局长谢俊奇、国土资源部耕地保护司司长刘国洪、学会副理事长刘彦随、中国工程院院士郭仁忠、中国土地勘测规划院土地规划所所长贾克敬、中国地理学会副理事长顾朝林、昆明理工大学国土资源工程学院教授赵俊三、中国国土勘测规划院调查所副所长曾珏等围绕大会主题作大会学术报告。开幕式上，与会领导为14名2018年中国土地学会学术年会青年优秀论文获奖者代表颁奖。年会设多个分会场，部分团体会员单位在年会现场展示国土调查云、华为云等业务成果。

（撰稿人：许　坚）

中国科技新闻学会

服务创新型国家和社会建设 受中国科协委托，学会组织媒体对第二十届中国科协年会、“5·30”全国科技工作者日、2018年全国双创周、2018年全国科普日暨首届世界公众科学素质促进大会、2018世界机器人大会、2018世界交通运输大会、2018世界生命科学大会等20余项活动进行宣传。

完成中国科协等有关部门交办的宣传任务。组织、策划、采访一线科技工作者、典型人物、院士专家300余人。制作宣传片3部、专题报道100余个，其中，大型专题报道46个。《人民日报》《光明日报》《科技日报》《中国科学报》《人民政协报》等中央主要媒体刊发报道900余篇，人民网、新华网、中国新闻网等中央重点网站发布报道1000余篇（含转载），主流新闻APP发布报道2000余篇。中央电视台、北京电视台及地方电视台发稿100余条。参与策划的直播项目观看人数近100万。

8—12月，受民政部区划地名司委托，学会主办、光明网承办的“‘漫步北京中轴线’地名故事系列大直播”项目启动。项目围绕北京中轴线进行选题策划，先后以北京天坛、景山、北京奥林匹克塔、正阳门、先农坛为直播主场地。邀请文化学者、古建筑教育工作者、相关单位负责人作为入镜主讲嘉宾，并与主播、网友探讨地名文化，分享故事。直播活动共5期，平台累计观看量659.2万人次，在线互动留言近3000条，获点赞助力近1000万次。

11月13—17日，受中国科协调宣部委托，与中国传媒大学合作承办2018中国科协宣传干部媒介素养培训班。全国学会、地方科协及中国科协机关和事业单位70余名宣传干部参加培训。

学会建设　1月7日，召开第六次全国会员代表大会，选举产生第六届理事会理事148人、常务理事50人。新增个人会员90人、单位会员5个。成立数据新闻专业委员会、智能传播专业委员会。

10月12日，学会分支机构负责人工作会议在山西省太原市召开，会议由科技报分会承办。各分支机构负责人交流工作经验，研究探讨如何加强合作。学会理事长宋南平出席会议并对分支机构工作提出要求，要将本职工作与学会工作结合，抓好组织落实、工作落实，由务虚向务实转变，由无形向有形转变，准确定位工作目标。

学科发展研究　完成“科技工作者开展科普工作基本状况及对策建议研究”课题。由学会理事李占军牵头，通过问卷调查和深度访谈形式，了解中国科技工作者当前参与科普工作的时间、频次、方式方法等，分析科技工作者在开展科普工作中遇到的问题、困难和诉求，总结出支持和鼓励科技工作者开展科普工作的对策建议。

由学会常务理事周荣庭牵头的“科技新闻评价服务体系研究与应用示范”课题已形成课题报告。科技新闻评价体系研究是科技新闻研究新领域，课题研究采用理论与实践相结合、资料搜集与实地调研相结合的方法。

国际学术会议　9月18日，世界公众科学素质促进大会——科学素质促进与媒体的责任分论坛在北京举办。分论坛由学会与中央电视台国际频道联合承办。论坛邀请中国科学院院士、中国科学院古脊椎动物与古人类研究所所长周忠和，生态健康联盟主席彼得·达斯扎克，美国物理联合会媒体总监杰森·索克拉茨·巴蒂，国际公众科技传播组织副主席劳埃德·戴维斯，核桃微纳有限公司CEO陈晓薇，日本国会众议院前议员、清华大学客座研究员小池政就等专家和科学传播工作者围绕“科学素质促进与媒体的责任”进行讨论，并呼吁媒体应在提升公众科学素质中肩负起重大责任和使命担当。中央电视台国际频道对分论坛全程进行录播，全部内容在133个国家和地区落地播出4次。《人民日报》、中央电视台、《光明日报》《中国日报》《科技日报》《中国科学报》《中国青年报》等19家媒体参与讨论，40余家媒体对会议相关内容进行报道。

国内主要学术会议　3月6日，2018全国科技报创新发展研讨会在江苏省南京市召开。会议由学会科技报分会主办，江苏农业科技报社、山西科技传媒集团承办。与会代表围绕“融合、创新、合作、共赢”主题，共同探讨融合发展之路、创新经营之道、合作共赢之策。来自江苏省、浙江省、山东省等30余个省市的科技报、科技传播机构的社长、总编、负责人分享各自创新经营的实践经验，就联合打造全国性科技信息融合发展平台达成共识。

7月26日，学会农业科技传播专业委员会一届一次会议在吉林省长春市召开。委员会主任、中国农业科学院办公室主任高士军等专家就“如何积极开展农业科技传播理论研究，探索传播方式方法创新”“如何凝聚业界力量，进行会员单位间的优势互补、交流与合作，推动媒体与产学研用结合，发挥好农专委平台作用”等议题进行研讨。学会常务理事蒋建科、理事李海燕分别作专题报告《超视距科学传播》和《农业科普新媒体的传播实践》。

9月8日，由学会大数据与科技传播专业委员会主办的全国大数据科技传播与应用研讨会在北京举办。学会理事长宋南平出席会议并致辞。中国工程院院士邬贺铨、中国科学院院士郭华东等近170名专家、学者、地方政府领导、大数据及大数据科技传播代表、新闻媒体记者参与研讨。

10月28日，由学会智能传播专业委员会与上海交通大学媒体与传播学院、国际传播学会共同主办的2018新媒体国际论坛在上海交通大学召开。论坛主题为“智能传播：机遇与挑战”。海内外500余名专家、学者参加论坛，重点研讨智能媒体未来发展前景、技术应用及其现实影响等。

科普活动　与光明网和KK直播合作，推出“你好，美好生活”大型系列科普直播活动。7月13日—8月30日，组织开展网络直播10场，内容涵盖智能交通、智慧医疗、基因检测、3D打印等，直播总访问量730万余人次。

举办科技成果推介沙龙7期，主题涉及“当你知道这些真相，你的安全感是增加了还是减少了？”“解读医疗科技，探索预防医疗”“已经改变世界，却被忽略的创新科技”“科技助力健康生活”“白酒香气成分研究”“帕金森病的治疗手段新进展”“啤酒的历史与制造”等。在沙龙现场进行网络直播，参与报道媒体包括《人民日报》、新华社、《光明日报》《科技日报》、腾讯、新浪等。

表彰举荐优秀科技工作者 11月25日，2018科技传播奖颁奖仪式在中国科技传播论坛上举行。此届科技传播奖共产生优秀个人6人、优秀团队4个、优秀作品30件。首次将人物奖和作品奖同时评选颁发。人民日报社记者赵永新、光明日报社记者詹媛、中国科学院国家天文台研究员郑永春、北京果壳互动科技传媒有限公司CEO嵇晓华、上海科技馆馆长王小明、上海市第六人民医院急诊部主任王韬获优秀个人奖。新华社国际部科技新闻编辑室、科技日报社《科普时报》编辑部、中国科学报科学网编辑部、中国气象报科普看台策划团队获优秀团体奖。《人民日报》系列调查报道《企业创新，还有多少“制度藩篱”》等5件作品获一等奖；新华社稿件《中科院井盖上的这些经典公式，你能认出几个？》等10件作品获二等奖；央视新闻微博、客户端稿件《这个可能耗资千亿的科技大项目引发顶级科学家争议，到底是啥？》等15件作品获三等奖。

会员服务 8月16—18日，第三十一届（2017年度）科技报系统优秀作品评选会在广东省广州市举办。学会副理事长兼秘书长许英，学会副理事长、山西省科协副主席郝建新，学会科技报分会秘书长李时夫，广东省科协党组成员、专职副主席冯日光及20余家科技报（刊）社社长、总编等30余人参加会议。共有113篇（幅）作品获奖，其中，一等奖30篇、二等奖36篇、三等奖46篇、好标题1个。

【中国科技新闻学会第六次全国会员代表大会】 1月7日，中国科技新闻学会第六次全国会员代表大会在北京召开。中国互联网发展基金会理事长、《人民日报》原副总编、人民网原总裁马利，中国科协党组成员兼学会学术部部长、企业工作办公室主任宋军，中华全国新闻工作者协会党组成员、书记处书记季星星，中国科普研究所所长、中国科普作家协会党委书记王康友，学会第五届理事会理事长宋南平，副理事长徐九武、周建强、郝建新等及来自全国各地180余名代表出席大会。大会由学会副理事长、中国科学报社社长兼总编辑陈鹏主持。

会上，宋南平作《中国科技新闻学会第五届理事会工作报告》。报告围绕学会学术交流、表彰奖励、科技新闻传播、国际交流、组织建设、会员服务等方面展开。大会代表审议通过《中国科技新闻学会第五届理事会工作报告》《中国科技新闻学会章程修订的说明》《中国科技新闻学会第五届理事会财务工作报告》。经过投票，大会选举产生学会第六届理事会和监事会，通过《中国科技新闻学会会费标准及收取使用办法的说明》。中国科学技术出版社社长、党委副书记秦德继当选学会监事会监事长。第六届理事会理事148人。

大会闭幕后，学会召开六届一次理事会议。新一届理事投票选举产生常务理事50人，其中，周建强、陈鹏、周德进、王进展、房汉廷、郝建新、王挺、刘守训、田俊荣、许英、刘志军、崔保国、赵承、龙兵华当选副理事长，宋南平当选理事长。许英当选秘书长兼法定代表人。杜祥琬、马利、翟惠生当选第六届理事会名誉理事长、徐九武当选第六届理事会顾问。

【2018年中国科技传播论坛】 11月25日，由学会主办，中国科普研究所、光明网等协办的2018年中国科技传播论坛在北京召开。论坛主题为“下一代互联网时代的科技传播”，学会理事长宋南平主持论坛。中国科协党组副书记、副主席、书记处书记徐延豪出席论坛并致辞。中国工程院院士、中国工程院原副院长邬贺铨，中国出版协会常务副理事长、国家新闻出版广电总局原党组成员、副局长邬书林，中国CERNET网络中心副主任、清华大学教授李星作主旨报告。论坛设5个分论坛，主题分别为“网络空间时代的科技传播创新”“智媒时代科技报刊的创新与发展”“探索太空　创想未来——青少年太空科技传播”“大数据背景下数据新闻的机遇与挑战”和“首届中国科普研学论坛”。论坛期间，举行2018年科技传播奖颁奖仪式，颁发优秀个人、优秀团体、优秀作品等奖项。中国科协有关部门、直属事业单位，中华全国新闻工作者协会、中国科学院科学传播局等单位领导及来自科研院所、新闻媒体共220余人参加论坛。

（撰稿人：杜　梦）

中国老科学技术工作者协会

服务创新型国家和社会建设 推动“既有住宅加装电梯工作”写入政府工作报告。1月22日，协会在调研基础上形成《关于将既有多层住宅加装电梯纳入重要民生工程的建议报告》，并由理事长陈至立直接报送国务院领导。报告提出三点建议，一是建议国务院有关部门总结推广江苏省南京市等地加装电梯工作经验，并针对既有住宅加装电梯工做出台指导意见；二是建议有关部委组织力量对既有住宅加装电梯中碰到的问题进行研究并出台解决方案；三是建议把支持和鼓励有条件的既有多层建筑加装电梯工作纳入政府工作报告。1月31日，受国务院总理李克强委托，住房和城乡建设部党组书记、部长王蒙徽，副部长倪虹一行到协会会见陈至立，就将既有住宅加装电梯工作纳入政府工作报告进行沟通。3月5日，李克强在十三届全国人大一次会议上所作的政府工作报告中提出，有序推进“城中村”、老旧小区改造，完善配套设施，鼓励有条件的加装电梯。

4月和9月，组织多名专家，分别赴山东省泰安市、黑龙江省佳木斯市开展义诊活动。在当地医院现场坐诊，进行科普讲座、培训医护人员。

11月21—23日，协会会同中国科协老科技工作者专委会赴广西壮族自治区开展农村基层科普工作调研。调研组由专委会主任沈岩带队，先后到柳州市文惠小学、龙胜县农村中学科技馆等地调研青少年科普教育工作开展情况；前往桂林市阳朔县福利镇蔗香甜园示范基地和白沙镇金桔协会等基层农技协组织调研基层农村科普和助力乡村振兴工作开展情况。

举办全国老科学技术工作者协会秘书处工作人员和科普讲师培训班，为老科学技术工作者协会工作人员和老科技工作者提供进修基地；协会分别在北京、湖北省武汉市、江苏省南京市等地举办科普讲师提高培训班、全国老科协工作人员培训班、企业技术创新培训班共5期，累计参训260余人。召开西部省区市老科协第十一次协作网会议，进行以“西部省区市助力乡村振兴”为主题的经验交流。在江西省南昌市召开2018年全国省会城市老科协工作经验交流与研讨会。会议围绕“新时代不忘初心、新征程再作贡献”主题，收到相关省会城市老科学技术工作者协会工作交流材料19篇，与会代表围绕老科学技术工作者协会再作贡献展开交流。

学会建设 增补常务理事3人，变更常务理事4人、理事3人。

召开会长办公会6次，商讨协会重大事宜，审议秘书处提出的工作方案，了解工作进展，研究下一步工作，确保协会稳健发展和高效运转。

协会理事长陈至立和副理事长率领秘书处工作人员赴湖北省、浙江省、陕西省、上海市、江西省、四川省、湖南省、河南省等地出席会议、调研老科学技术工作者协会工作；召开座谈会，听取汇报、讨论交流；深入县老科学技术工作者协会、企业老科学技术工作者协会、乡镇和街道社区老科学技术工作者协会、老科学技术工作者协会农业科技项目基地、农村中学科技馆等进行实地考察。

对协会网站首页头条新闻、五老品牌等进行美化。增设电子资料下载专区，用于协会大学堂、协会报告团和协会年报等资料下载。协会网站浏览量130万余次，微信公众号按照每周2—4次、每次2—6篇频率推送，订阅用户2663人，阅读量6万余次。网站有通讯员45人。

学会治理结构和治理方式改革 协会规范分支机构管理，修订《中国老科协分支机构管理办法》。修订完善秘书处财务管理制度、考勤管理办法、请休假制度等工作制度20多余项。理顺财务工作机制，梳理财务情况，处理遗留问题。

主办期刊 协会主办期刊《今日科苑》全年出版12期，发表论文120篇，出版《老科协奖》专刊1期。增设政策研究、科技创新、科学文化、科学与社会等新栏目。特别邀请4名专家撰写期刊序言，向学科领域专家约稿，利用会议、论坛资源打造精品专栏。探索设立栏目负责人，完善约稿机制，聘请2名栏目主持人。

决策咨询 提供决策咨询报告8篇，获上级领导批示1篇。《高校青年科技人才创新能力建设若干问题》获党中央和国务院领导批示。

完成“高校青年科技人才创新能力建设若干问题”“城市下沉自身优质医疗资源提升基层医疗和健康服务能力的调研与建议”“全国老科技工作者状况调查研究”“充分利用我国疾病资源优势提高新药研发竞争力”“农民工返乡创业问题”“老科技工作者乡归问题与对策研究”“我国科学家参与国际科技组织并发挥作用研究”“关于江苏省老科技工作者与大学

生村官对接帮扶工作的情况报告”8项课题。

3月，“鼓励有条件的加装电梯”正式写入政府工作报告，成为重要的民生实事。10月，协会调研组会同福建省老科学技术工作者协会、厦门市老科学技术工作者协会开展专题调研，了解“既有住宅加装电梯”进展情况，听取有关单位、专家和老科技工作者代表意见建议，实地考察“既有住宅增设电梯”项目。通过函调了解全国情况，已形成报告。

完成《全国老科技工作者状况调查研究》，反映老科技工作者呼声和建议。在中国科协《科技界情况》上刊发。调查显示，超过90%的老科技工作者希望继续发挥作用，为国家科技事业发展贡献力量，愿意投身科普事业、服务“三农”发展、助力企业创新、开展建言献策等。

国内主要学术会议 12月，举办全国老科协科普工作论坛。中国科协有关机关部门和事业单位负责人，协会部分理事、各团体会员单位代表，部分基层老科学技术工作者协会代表近200人参加论坛。论坛收到论文74篇。河南省老科学技术工作者协会、湖南省老科学技术工作者协会、新疆维吾尔自治区老科学技术工作者协会、哈尔滨市老科学技术工作者协会、青岛市老科学技术工作者协会、中国老科学技术工作者协会地震分会、中国老科学技术工作者协会中国科学院分会代表作论坛交流发言。

科普活动 协会在20余个省市开展科普报告196场，听众12万余人。

开展助力农村中学科技馆专题调研。赴贵州省、河北省、宁夏回族自治区10余所农村中学实地查看，与县（市）有关部门和学校负责人座谈交流，了解科技馆建设使用和日常管理情况及协会发挥人才智力优势与中学科技馆结合案例。会同中国科技馆发展基金会召开座谈会，研讨如何壮大农村中学科技馆师资力量，完善管理制度，加强内容建设，发挥协会组织优势，助力农村中学科技馆建设。动员老科技工作者深入农村中学科技馆调研考察、作报告，关心培养农村青少年。

表彰举荐优秀科技工作者 举荐优秀老科技工作者，经推荐，闻邦椿、秦裕琨入选中国科协科技社团党委“展风采，树楷模”优秀党员科技工作者宣传人物。开展2018年度老科协奖评选表彰活动，评选出2018年度中国老科协奖突出贡献奖获得者10人、老科协奖获得者168人、先进集体奖24个。获奖情况经协会常务理事会议审议通过，并在全国科技工作者日期间进行公示，于12月召开大会进行颁奖表彰。结合改革开放40周年和中国科协成立60周年，开展“我与科协、我与老科协征文暨我为科协献一策”征集建议活动。活动收到征文243篇、建议56篇。经过形式审查、初评和终评，评选出优秀征文59篇、优秀建议11篇、优秀组织奖10人，评选结果在协会网站、公众号及《今日科苑》等媒体上刊登，对事迹比较突出的推荐参加中国科协有关评选活动。

学会创新发展 组织开展企业技术创新专项调研，到企业实地考察，与老科技工作者座谈，听取意见建议，了解和掌握基层老科学技术工作者协会企业创新工作有关情况。在调研基础上，制定出台《中国老科协助力企业技术创新行动计划（2018—2020年）》。

协会“三农”与扶贫专门委员会牵头组成调研组，赴6个省市10个县15个企业开展中国元宝枫产业发展专题调研，召开座谈会10次。国家林业和草原局召开专题工作会议，听取元宝枫产业发展调研组汇报。10月，国家林业和草原局同“三农”与扶贫专委会、林业分会共同主办全国元宝枫产业发展科技创新研讨会，成立元宝枫产业国家创新联盟及元宝枫工程技术中心，举办专家报告会，17个省、自治区、直辖市的林业部门及各院校、企业专家、学者250人参加会议。陕西省老科学技术工作者协会高级顾问范肖梅和理事长张光强提出的“促进我省元宝枫产业发展的咨询建议”得到省委书记胡和平、省长刘国中等省领导批示。

党建强会 按照中国科协科技社团党委工作部署，协会党委制定《党的十九大精神宣讲工作计划》。由党委书记和党委委员组成宣讲队伍，将党的十九大精神专题宣讲内容编入协会大学堂培训班课程，为学员解读党的十九大报告、创新驱动发展战略等。在微信公众号和官网推送党建文章，加强对老科技工作者的思想政治引领。协会党委制定出台党委工作规则，定期召开党委会议研究推荐全国协会优秀党员科技工作者，传达学习中国科协科技社团党委工作精神等，研究探索组织建设工作机制，推进全国各级老科学技术工作者协会党建工作。

7月31日—8月4日，协会组织来自北京和黑龙江省三甲医院医生、国防大学教授等4名专家深入边疆革命老区黑龙江省鹤岗市开展“不忘初心、服务老区”义诊与科普报告活动。在义诊与科普报告进行的同时，协会理事会党委和秘书处党支部开展党员红色教育活动，组织党员和入党积极分子参观赵尚志纪念馆、黑龙江流域博物馆等。

10月17日，在老科技工作者日期间，组织开展以“学习宣传贯彻党的十九大、庆祝改革开放四十周年、歌颂赞扬科学家精神”为主题的“激情诵”活动，协会理事长陈至立宣布活动启动。中国工程院院士胡文瑞、顾国彪等院士专家及京津冀地区老科技工作者代表共600余人参加活动。人民网、光明网、新浪网、腾讯网、《中国青年报》、中国新闻社等13家媒体对活动进行报道，光明网进行全程直播。

会员服务 建立会员代表大会代表常任制。加强与代表沟通联络，为代表免费订阅科技类报刊，创新和提升代表服务工作。

【全国老科技工作者日活动】 10月17日下午，第三届全国老科技工作者日暨北京第十四届老科技工作者日活动在北京市通州区文化馆启动。活动主题为“弘扬科学家精神 讴歌新时代旋律”。原国务委员、第十一届全国人大常委会副委员长、协会理事长陈至立，协会常务副理事长齐让，中国科协党组成员、书记处书记束为，协会副理事长臧胜业、杨继平，北京市科协、北京市老龄委、通州区人民政府等单位负责人出席启动仪式。中国工程院院士胡文瑞、顾国彪及京津冀地区老科技工作者代表共600余人参加活动，庆祝改革开放40周年。

陈至立向老年朋友及全国老科技工作者致以重阳节日问候，并宣布2018全国老科技工作者日“激情诵”暨北京第十四届老科技工作者日活动正式开始。

现场，少先队员为胡文瑞院士、顾国彪院士等老科技工作者代表献花，表达对老科技工作者敬仰之情，向全国老科技工作者献上节日祝福。启动仪式后，陈至立等领导与京津冀老科技工作者代表共同观看以“激情诵”为主的诗歌朗诵文艺汇演。北京老科学技术工作总会、天津市老科学技术工作者协会、河北省老科学技术工作者协会、北京老医药卫生工作者协会、北京邮政老科学技术工作者协会、中国水利水电科学研究院老科学技术工作者协会等10余家单位老科技工作者表演诗歌朗诵和歌唱节目。现场展示中国科学院院士欧阳自远、刘嘉麒、童庆禧、滕吉文为全国老科技工作者日创作的诗词以及老科技工作者原创作品《从春天的原野出发》。

活动首次采用网络直播互动形式，视频由光明网全程在线直播，全国各地老科技工作者、网友参与和同步收看。

【2018年度中国老科学技术工作者协会表彰大会暨科学健康报告会】 12月25日上午，2018年度中国老科学技术工作者协会表彰大会在北京举行。原国务委员、第十一届全国人大常委会副委员长、协会理事长陈至立出席大会并讲话。人力资源和社会保障部副部长汤涛，中国科协党组成员、书记处书记束为，中国科协副主席、老科技工作者专委会副主任、中国工程院院士周守为，中国科协常委、北京航空航天大学党委书记曹淑敏，中国科协荣誉委员、中国工程院院士屠海令，人力资源和社会保障部专业技术人员管理司司长俞家栋，科技部引智司副司长李勇，国家卫健委老龄健康司巡视员张晖等出席大会。协会常务副理事长齐让主持表彰会，副理事长冯长根主持报告会。

冯长根宣读《关于表彰2018年度中国老科学技术工作者协会奖先进个人和集体的决定》和《关于表彰中国老科协主题年活动优秀征文、建议和组织单位的决定》，对马怀新等10名2018年度中国老科协奖突出贡献奖获得者、丁良茗等168名2018年度中国老科协奖获得者、河北省老科学技术工作者协会等24个2018年度中国老科协奖先进集体进行表彰。对中国老科学技术工作者协会主题年活动中《老科协助领我科技创新不止步》等59篇优秀征文、《关于将老科协建成老科技工作者之家的建议》等11篇优秀建议、江西省老科学技术工作者协会等10个优秀组织单位进行表彰。陈至立等为中国老科协奖获奖者代表和获奖单位颁奖。突出贡献奖获得者王性炎代表获奖者发言。

表彰大会后，举行科学报告会。北京航空航天大学党委书记曹淑敏和北京朝阳医院总药剂师刘丽宏分别受邀为老科技工作者作报告《5G将给我们带来什么》和《药物精准使用的意义与实践》。

协会副理事长、理事，中国老科协奖评审委员会代表，2018年度获奖者代表，中国科协办公厅等机关部门和有关事业单位负责人，京津冀老科技工作者代表近500人参加大会。

【全国老科协科普工作论坛】 12月24日上午，全国老科协科普工作论坛在北京举行。原国务委员、第十一届全国人大常委会副委员长、协会理事长陈至立出席论坛。协会常务副理事长齐让等出席论坛。中国科协有关机关部门和事业单位负责人、协会部分理事、各团体会员单位代表、部分基层老科协代表近200人参加论坛。论坛由协会副会长、科普与教育专委会主任陈小娅主持。

协会副理事长、科普与教育专委会副主任、黑龙江省老科学技术工作者协会理事长申立国作工作报告《老有所为投身科普事业，为全民科学素质提高贡献力量》。

齐让在论坛上作《关于公民科学素质几点思考》报告，从公民科学素质是一项基础性社会工程、公民科学素质的昨天今天明天、农村中学科技馆的补短板大作用三个方面，阐释公民科学素质建设的重要性和意义及实施创新驱动发展战略和建设国家创新体系的基础、关键和核心，解读全民科学素质行动计划纲要，介绍农村中学科技馆建设情况。

河南省老科学技术工作者协会、湖南省老科学技术工作者协会、新疆维吾尔自治区老科学技术工作者协会、哈尔滨市老科学技术工作者协会、青岛市老科学技术工作者协会、中国老科学技术工作者协会地震分会、中国老科学技术工作者协会中国科学院分会7个单位代表作论坛交流发言。论坛书面交流科普工作论文74篇。

【全国老科技工作者代表参观“伟大的变革——庆祝改革开放40周年大型展览”】 12月25日下午，协会组织参加2018年年底系列会议的理事、科普工作论坛参会代表、中国老科协奖获奖代表及京津地区老科技工作者代表近300人赴国家博物馆参观“伟大的变革——庆祝改革开放40周年大型展览”。协会常务副理事长齐让带队参观。

（撰稿人：胡　末）

中国科学探险协会

服务创新型国家和社会建设　4月25—30日，协会海洋科学考察专业委员会参与组织的斯里兰卡近海中－斯联合科学考察航次启动仪式在中国科学院实验3号科考船上举行。斯里兰卡渔业与水生资源部、卢胡纳大学，中国驻斯里兰卡大使馆等单位领导参加启动仪式。启动仪式由协会海洋科学考察专业委员会主任王东晓主持。

5月，协会陨石科学考察专业委员会提出的“建立中国科学探险协会陨石标准和陨石鉴定标准”项目通过立项评审，通过国家技术监督局备案。

学会建设　3月，协会完成《中国科学探险协会团体标准实施办法》制定工作。10月28日，中国科学探险协会准噶尔基地在新疆维吾尔自治区昌吉回族自治州奇台县挂牌成立。

国际学术会议　7月20—21日，协会海洋科学考察专业委员会参与组织与协办的印度洋海洋科学国际研讨会在上海市举行。来自中国、美国、印度、斯里兰卡的70余名科学家参加研讨会。

科普活动　2018年，协会推进极地及境外科普活动。组织会员开展南北极科普考察活动4次，参与人数340余人。以小团队方式开拓新境外科普活动。1月，分2个航次组织270名会员参加南极科普考察活动。活动分别由协会秘书长李杰、办公室副主任霍翠萍带队，协会理事井哲帆、会员宗同昌作为指导专家随队出行。此次活动前往南极半岛、南乔治亚岛、马尔维纳斯（福克兰）群岛考察，登陆长城站。6月20日，组织9名会员赴加拿大，自驾进入北极圈（北纬66° 33′ ）考察，全程12天。6月23日—7月7日，组织20名会员前往北极点考察，登陆北极点。6月29日—8月5日，组织20名会员前往津巴布韦、赞比亚、博茨瓦纳、纳米比亚考察南部非洲沙漠、低树草原与非洲原始部落。7月16—27日，组织24名会员前往肯尼亚考察。9月，组织56名会员前往格陵兰考察。9月20日，组织8名会员赴加拿大，自驾进入北极圈（北纬66° 33′）考察并观赏到北极光，全程12天。

8月25日，联合牧马人俱乐部开展主题为“发现新疆”的猎陨、科学探险科普考察活动。60余人参加活动。

截至10月底，共开展科普讲座41次。

表彰举荐优秀科技工作者　组织开展2018年度中国科学探险协会优秀科研工作者评选、中国科学探险协会先进工作者评选、中国科学探险协会科普工作先进工作者评选工作。中国科学院地理科学与资源研究所资源与环境信息系统国家重点实验室创新基地研究员张百平和中国科学院青藏高原研究所研究员丛志远获优秀科研工作者称号，协会常务理事张继民获科普工作先进工作者称号，协会办公室副主任霍翠萍获先进工作者称号。

【中国科学探险协会准噶尔基地成立】 10月28日，中国科学探险协会准噶尔基地在新疆维吾尔自治区昌吉回族自治州奇台县北部荒漠区沃霖沙漠生态园成立。中国科学院院士、协会主席秦大河，自治区科技厅副厅长陈旗，学会秘书长李杰为基地挂牌。昌吉州政协副主席艾来提·木合买提，奇台县委副书记、县长张峰参加成立揭牌仪式。基地的成立结束了中国科学探险协会在新疆没有基地的历史，为协会在新疆开展科学考察和科学普及活动提供技术支撑和后勤保障。

（撰稿人：霍翠萍）

中国城市规划学会

服务创新型国家和社会建设 2018 年，学会申报的《规划团体标准引领》《城乡规划科技奖励国际化建设》《中国古镇联盟信息化建设与大数据运维工程》入选中国科协服务国家社会治理品牌建设项目。参与中国科协创新驱动助力工程，先后在浙江省宁波市、广东省东莞市、四川省遂宁市等创新驱动示范市开展专业服务。

加入中国团体标准化发展联盟，编制并发布施行第一批团标《小城镇空间特色塑造指南》《建设工程电子报批数据标准》。

学会能力提升计划 2018 年，学会入选中国科协第三期全国学会能力提升专项“世界一流学会建设项目”。

学会建设 新增个人会员 1398 人、单位会员 5 个。截至 2018 年年底，个人会员 8198 人，单位会员 85 个。完成青年工作委员会、城市生态规划学术委员会、城市交通规划学术委员会、编辑出版工作委员会换届工作。完成历史文化名城规划学术委员会、乡村规划与建设学术委员会领导班子调整工作。完成居住区规划学术委员会更名工作。

针对青年人才举荐和培养，学会举办青年工作委员会年会、第 7 届全国青年规划师演讲比赛、2018 六校联合毕业设计、2018 年京津冀城乡规划专业 X+1 联合毕业设计、第 7 届金经昌中国青年规划师创新论坛、第 6 届西部之光大学生暑期规划设计竞赛等活动。在年会上专门设置 2 场青年专场论坛及香港与内地青年规划师对话板块。联合国际规划学会举办国际青年规划师工作坊等。

学会治理结构和治理方式改革 新修订二级组织考评办法，打造专职办事机构。创建以年会为代表的学术品牌、以“922”绿色出行活动为代表的科普品牌、以规划西部行活动为代表的公益品牌、以六校联合毕业设计为代表的教育品牌等精品品牌活动。

主办期刊 全年共发行期刊 557780 册。其中，学会会刊《城市规划》12 期 169180 册、《城市规划》英文版（*China City Planning Review*）4 期 3000 册、《人类居住》3 期 11600 册、《城市交通》6 期 24000 册、《凤凰品城市》12 期 300000 册、《小城镇建设》12 期 42000 册、《城镇化》4 期 8000 册。

《城市规划》入选中国科协精品科技期刊工程，被中国科学引文数据库收录，获 2018 年度国际影响力学术期刊、中国最美期刊称号，被引用总频次学科排名第 1。

学科发展研究 出版《中国城乡规划学科史》，启动《学科预测及技术路线图研究》编写工作。举办第 10 届城市规划历史与理论高级研讨会，出版《城市规划历史与理论》年度学科进展报告。委托同济大学、东南大学等高校编写“低碳生态城市规划”系列丛书。

决策咨询 组织完成河北省雄安新区启动区城市设计国际咨询工作。联合东南大学、北京市城市规划设计研究院、北京清华同衡规划设计研究院、上海市城市规划设计研究院、深圳市城市规划设计研究院等单位，承担编制《雄安新区规划技术指南》，成果通过专家鉴定。承担中国科协、中宣部、建设部、中国工程院的“城市工业遗产保护名录”“城市工业遗产价值评价标准”“城乡规划基本术语”“城市物流发展与城市规划协调研究”“城市景观风貌规划研究”“绿色城市更新方法与实施路径研究”等重点咨询课题。参与“十三五”国家历史文化名城名镇名村保护设施建设规划、国家历史文化名城名镇名村信息监管系统建设。承担山西左云历史文化名城保护规划、湖北红安城市总体规划专题研究、三沙海岛特色风貌技术指引研究、云南大山包文化旅游特色小镇改造提升规划等地方重点规划课题。

国际学术会议 举办境内国际会议 5 次，交流论文 59 篇。

12 月 15—16 日，由学会与苏州科技大学联合主办的 2018 首届水网地区城乡发展与规划国际会议在江苏省苏州市召开。会议主题为“新时代的乡村振兴与水乡特色”。邀请荷兰代尔夫特理工大学城市规划系主任 Vincent Nadin，英国皇家规划学会前主席、欧洲空间规划理事会英国代表 Janet Mary Askew，国际城市形态学会前主席、创始人、美国华盛顿大学教授 Anne Moudon，日本都市计划学会前会长、东京大学名誉教授、丰桥科技大学校长大西隆等专家、学者近50人作学术报告。国内外近400人报名参会，共同就水网地区城乡发展与规划阶段性关键问题展开讨论。

会议包括全体大会和4个平行论坛。Vincent Nadin作题为“空间规划在欧洲乡村发展中的角色：河流流域的地区资本与政策整合”的报告，通过对欧盟统一的河流流域规划优势的解读分析，提出对欧洲城乡规划一体化发展思考与建议。Janet Mary Askew作题为“城市地区之外的规划和政策：英国经验”的主旨报告，从城乡互动、国家规划指定和英格兰规划体系3个方面阐述英国乡村地区规划建设和政策制定经验。Anne Moudon围绕交通模式、城市形态与公共健康主题，提出发展自行车和电动自行车改善城市交通及公共健康的建议。大西隆以“城乡关系的碰撞与融合”为主题，就城乡融合发展角度提出紧凑型发展模式可改善当前日本城乡发展中面临的问题。

国内主要学术会议 2018年，学会举办国内学术会议46次，较上年度减少13次；参会人数20105人次，较上年度增加5255人次；交流论文2943篇，较上年度减少1919篇。出版《持续共享与品质——2018中国城市规划年会论文集》等学术出版物9本，发行2.7万册，光盘1.1万张。

4月22日，由学会和中国工程院联合主办，西南交通大学承办，四川大学、成都市规划设计研究院、四川省建筑设计研究院、四川省城乡规划设计研究院、中国建筑西南设计研究院有限公司协办的2018地震灾后重建学术论坛在四川省成都市举行。来自全国高校和科研机构的专家、学者100余人出席会议。论坛旨在总结中国汶川地震、芦山地震在灾后重建实践中的经验，探讨灾后重建规划建设新理论与新方法，商讨促进城乡可持续发展策略。

10月13—14日，2018年城市规划·长安论坛在西安建筑科技大学召开。西安建筑科技大学副校长王树声、西安建筑科技大学建筑学院副院长段德罡、学会常务副理事长兼秘书长石楠等出席会议。中国城市规划设计研究院院长杨保军、重庆大学教授赵万民、《人文地理》创刊人及主编王兴中、清华大学建筑学院特别研究员龙瀛、西安建筑科技大学教授王树声作主旨报告。论坛设置文化遗产保护与丝路城市复兴、文脉传承策略与城市设计方法、乡村振兴发展与人居环境营建、西部地区城市规划回顾与展望、传统村落营建与乡村振兴规划、经济发展规划与区域发展治理6个分论坛。

国际组织任职 学会理事陈小卉、学会城市影像学术委员会副主任委员马向明担任国际城市与区域规划师学会中国理事。

国际交往 10月29日，学会常务副理事长兼秘书长石楠、副秘书长曲长虹会见来访的国际城市与区域规划师学会主席杜马丁，双方就共建合作学院进行磋商，对编撰ISOCARP Review、教育培训、共同举办国际活动、优秀人才举荐和互认、共同开展学术团体标准制定和研究等达成初步合作意向。

科普活动 学会科普类杂志《人类居住》全年发行3期11600册。学会官网、微博、微信等信息平台协同普及规划知识，开辟学会声音、规划周刊等栏目，围绕城市设计、京津冀协同发展等主题，为公众梳理城乡规划行业重大新闻事件。参与主办的“922”绿色出行活动得到74个城市响应，活动内容包括划定无车区域和步行街，开展竞走、骑行比赛，推出公共交通优惠搭乘服务，鼓励私家车主选择绿色出行方式，开展交通安全教育等。会刊《城市规划》杂志在陕西省西安市举办城市规划论文撰写讲座，截至2018年年底，讲座在不同城市举办7期，成为《城市规划》杂志品牌活动。

表彰举荐优秀科技工作者 举办第6届西部之光大学生暑期规划设计竞赛，开展求是论文奖、第5届全国优秀城市规划科技工作者奖、2018中国城市规划年会优秀组织奖、2017—2018年度杰出学会工作者奖评选活动。向中国科协推荐学会优秀党员科技工作者、第十五届中国青年女科学家候选人。

学会创新发展 改进学会官网、年会官网，建设学会微博、微信公众号等平台，提升学会服务创新、服务社会、服务科技工作者的能力。学会网站资源总量5000G，浏览量1780余万次，独立用户30余万人；微信公众号“中国城市规划”关注人数13.4万余人，总阅读量500余万次。利用信息化建设优势，助力地方建设中国古镇联盟网站，创新服务方式。打造学术会议网络视频直播品牌，利用直播平台扩大会议受众人群，提高学会学术影响力。

党建强会 学会党委坚持“三重一大”把关。联合规划企业组织党员开展对口服务。参加中国科协党建强会、“两个全覆盖”、星级党组织评估等工作，入选中国科协党建强会优秀案例并获八星级学会党组织评价。

会员服务 全年编辑《学会简讯》纸质版及电子杂志 12 期，面向全体会员传递学会及所属二级组织最新工作动态。学会各项活动和奖励优先、优惠向会员开放。改版完善会员管理系统，利用技术手段简化会员入会手续，开发多元化会费支付方式，为会员提供优质服务。学会网站提供最新学术会议 PPT 和会议论文全文专供会员学习。

【2018 中国城市规划年会】 11 月 23—26 日，由学会与杭州市人民政府共同主办，浙江省住房和城乡建设厅协办，杭州市规划局（杭州市测绘与地理信息局）承办的 2018 中国城市规划年会在浙江省杭州市召开。学会常务副理事长兼秘书长石楠主持开幕式。学会理事长孙安军，浙江省副省长彭佳学，浙江省委常委、杭州市委书记周江勇，国际城市与区域规划师学会主席杜马丁分别致辞。在开幕式上，学会表彰学术活动和公益活动获奖者。国家最高科学技术奖获得者、中国科学院院士、中国工程院院士、学会名誉理事长、清华大学教授吴良镛以同步视频方式参加空间规划体系变革与学科发展学术对话。会议主题为“共享与品质”。会议包括全体大会和分会场交流。分会场包括主题对话 1 场、专题会议 19 场、学术对话 27 场、特别对话 4 场、高端对话 1 场。来自全国各地的城乡规划相关领域专家、学者 1 万余人参加年会。

住房和城乡建设部副部长黄艳，杭州市市长徐立毅，中国科学院地理科学与资源研究所副主任张文忠，中国科学院院士、同济大学建筑与城市规划学院教授常青，西安建筑科技大学副校长王树声，中国工程院院士、环境保护部环境规划院院长王金南，清华大学地球系统科学系主任宫鹏，中国城市规划设计研究院院长杨保军分别作大会报告《品质与共享：高质量的设计和营造才能提升城市品质，广泛深入的共谋共建共治才能实现共享》《以规划引领推动城市可持续发展》《从居民视角解析宜居城市》《城乡历史空间再生思考与实践》《中国城市规划智慧的现代传承》《碧水蓝天：城市共享的生态产品》《中国健康城市发展的系统性思考》《规划新理念——雄安新区规划体会》。

年会共收到征文 3915 篇，其中，1905 篇被《2018 中国城市规划年会论文集》收录，206 篇优秀论文在年会专题会议上宣读，408 篇入选墙报展示。年会通过网络直播大会学术报告及重要平行会议。学会开发中国城市规划年会微信小程序，参会代表通过小程序查看电子手册、会场日程、交通安排等会议相关信息，通过规划问吧栏目与同行提问、交流，实现所有人问所有人答。

【首届绿点大赛】 首届绿点大赛由学会、四川省住房和城乡建设厅、四川省遂宁市人民政府主办，是绿色发展科技创新大会的“会 + 展 + 赛 + 服”四大板块之一，每 2 年举办一次，与绿色发展科技创新大会同期举行。首届绿点大赛以贯彻落实党的十九大报告提出的乡村振兴战略为基本宗旨，主题为“乡村振兴——聚落更新”，主要内容为乡村规划设计。大赛邀请国内高校建筑和城市规划专业师生团队，在四川省遂宁市创作一批乡村聚落规划设计方案。

4 月 5 日，绿点大赛现场调研活动在四川省遂宁市开启。首批来自中央美术学院、重庆大学、天津大学、华中科技大学、西安建筑科技大学、长安大学、西南交通大学的 49 个参赛团队 44 名指导教师、179 名参赛学生对遂宁 5 个区县的 6 个乡村进行为期 3 天的现场踏勘。

8 月 28 日，方案评审会在四川省遂宁市举行。大赛共有 21 所高校 140 名指导教师、606 名学生参加。共提交参赛设计作品 106 份。评审专家团从调查分析、主题理解、方案创意、图面表达和可操作性 5 方面进行评审打分。最终评选出一等奖 6 项、二等奖 12 项、三等奖 18 项、专项奖 20 项。同时，在一、二、三等奖中，有 3 项以上获奖作品的学校获优秀组织奖。在绿色发展科技创新大会活动期间举行颁奖仪式，表彰大赛获奖团队。学会编辑出版绿点大赛获奖作品集。

【第九届世界城市论坛】 2 月 7—13 日，第九届世界城市论坛在马来西亚首都吉隆坡举行。学会常务副理事长兼秘书长石楠，中国工程院院士、学会副理事长、同济大学副校长吴志强，学会常务理事、清华大学教授毛其智，学会生态规划学术委员会副主任委员、北京市城市规划设计研究院规划研究室副主任何永组成高级别专家代表团参会，并在平行会议和活动中代表中国城市规划界发声。

2 月 9 日，学会与国际规划师学会、英联邦规划师学会、美国规划协会等联合举办规划师气候变化行动（Planner for Climate Action）平行会议。石楠作为对话嘉宾参加会议。吴志强、毛其智出席由联合国人居署、中国住房城乡建设部和上海市人民政府联合主办的生态城市绿色发展第二届世界城市日专题论坛。何永出席德国环保部和中国住房城乡建设部联合举办的在城区开展气候变化行动的边会。

2月10日，学会和意大利规划学会在吉隆坡会议中心联合举办主题为“设计拯救地球——人性化的公共空间推动可持续城镇化（Saving the Planet by Design：Making Urbanization Sustainable by Creating Humane Urban Space）”的培训活动。毛其智介绍中国城镇化过程取得的成就和面临的挑战，并通过上海市15分钟社区生活圈规划、上海市街道设计导则等具体案例，介绍中国规划师如何通过规划设计，创造宜人的社区和街道空间。2月10日下午，石楠作为嘉宾出席由联合国人居署主办的系统和区域视角下的可持续发展（An Integrated Territorial Approach to Sustainable Development）高端圆桌会议。石楠在发言中介绍中国在京津冀协同发展中取得的成就，特别是如何通过统一规划、产业政策指引和环保措施，推动区域减贫、基础设施和公共服务均等化，缩小区域内部差别。

2月11日，石楠应邀参加由联合国人居署组织的全球专业组织圆桌会议。石楠在会议上介绍学会基本情况，并就中国城市规划、建设和管理工作中取得的成就及如何应对发展中面临的不平衡、不充分问题，特别是如何更加重视绿色发展、遗产保护和社会包容，与代表们进行交流。

2月12日，国际规划师学会联合中国城市规划学会、英国皇家规划学会、美国规划协会、国际建协、国际住房与规划联盟的组织机构，举办可持续智慧城市（Smart Sustainable Cities）平行会议。参会人员从国家、区域、城市不同层面介绍各自国家在规划领域的探索及在推动世界可持续发展的目标。

（撰稿人：刘静静　曲长虹）

中国产学研合作促进会

服务创新型国家和社会建设　促进会在广东省广州市举办产学研协同创新（广州）新年座谈会，来自产学研示范基地、示范企业、创新联盟依托单位的代表，学习十九大精神，交流推进产学研深度融合。支持举办2018中国校企协同产学研创新高峰论坛暨扬州大学国家级科技企业孵化器、国家众创空间揭牌仪式，围绕校企协同创新、校地企推动创业等开展专题研讨。

把融入和服务“一带一路”“中国制造2025”“健康中国”“扶贫攻坚”等重大战略作为工作重点。支持指导2018国家制造强国建设专家论坛、2017年中国（宁波）新材料与智能制造发展论坛，探讨“中国制造2025”新材料与智能制造创新发展。支持指导中央企业电子商务联盟发布《中央企业电子商务协同发展指数及报告》，首次全面介绍央企电商业务发展现状及央企电商联盟成员单位协同发展情况。支持举办“全面实施标准化战略，助力质量提升”标准化服务论坛，聚焦标准化领域前沿和热点，推进国家标准化体系服务经济社会创新与发展。完成团体标准发布工作，发布标准化第三方评估基本术语、企业产品标准评价通则、政务服务大厅第三方评价通则等团体标准30余项。

支持创建中国临床营养产业创新联盟、中国医学影像AI产学研用创新联盟、中国科创金融联盟、铅基堆核能产业创新战略联盟、中国周围血管诊疗技术创新联盟等创新联盟。推进各创新联盟发挥资源聚焦优势，凝聚各界协同创新力量，细分产业技术领域，实现政产学研金资源整合和深度融合，提升技术研发和成果转移转化水平。辽宁省抚顺市望花区政产学研联盟以政府为主导，吸纳科研院校和工业企业参加联盟，首批聘任中国工程院院士胡永康等技术专家127人，分为课题组5个，促成一批以水基防锈技术为代表的产学研合作创新成果，指导各示范基地、示范企业加强协同创新，发挥在行业创新中示范引领作用。

评选出哈工大机器人集团股份有限公司、浙江卫健科技有限公司等中国产学研合作好案例10个。联合中国国家人才测评网举办科研经费管理能力素质测评培训4期，经培训和考核，300余名学员获人社部颁发的人才素质测评证书。

年内，各地各单位申报示范基地30余家，多家乡镇街道申报示范小镇。经专家考察评审，江苏省南京市栖霞区等20余家单位成为创新示范基地，广东省佛山市顺德区大良街道等7家单位成为创新示范小镇。

承担并完成中国科协科普部举办的2018年科普人员培训班的科普活动组织与专题班策划工作，培训内容包含中国科协“十三五”期间重要发展政策和科普信息化建设成就、科普活动理论、活动组织实践方式、案例教学与分享等内容。

发挥国家重点科技期刊《中国科技产业》、中国产学研合作促进网、中国科技产业网和微信公众号的宣传作用，宣传国家科技活动、大政方针，完成对全国“两会”、国家科学技术奖励大会、全国科技活动周等重大活动宣传报道任务。采访报道产学研合作示范基地、示范企业、产学研合作好案例等经验、成果。健全信息联络员队伍，开展科普宣传工作。

学会建设 促进会加强内部管理和制度建设，组织工作人员参加国资委、民政部、科技部、中国科协等部门组织的能力提升培训。以联盟建设和开展产学研合作创新示范基地、示范企业试点工作为抓手，推进产学研用一体化，建设产学研协同创新体系。

国际学术会议 7月27日，由促进会主办、赛尔集团等承办的2018生物科技与转化医学国际高峰论坛在北京举行。论坛主题为“产学研医深度融合，助力健康中国”。全国政协常委张勤、促进会副会长石军、十二届全国政协委员翟惠生、中国开发性金融促进会执行副会长李吉平、促进会执行副会长王建华、诺贝尔生理学或医学奖获得者托马斯·聚德霍夫（Thomas C. Südhof）等国内外政产学研医各界人士共300余人参会，交流最新科研发现。

10月19日，第28届国际血管联盟世界大会在北京举行。大会由促进会和国际血管联盟（IUA）主办，首都医科大学宣武医院、中国周围血管诊疗技术创新联盟等单位共同承办。中国科学院院士汪忠镐、国际脉管性疾病研究学会前任主席韦恩·亚克斯（Wayne F. Yakes）等专家及国内外产学研界人士参会，探讨血管诊疗技术和临床工作。

国内主要学术会议 5月26—27日，“智汇中国 创领未来”——人才与产业创新高峰论坛暨中国校企协同产学研创新联盟年会在北京举办。会议由促进会、中关村软件园主办，中国校企协同产学研创新联盟、北京中关村智酷双创人才服务股份有限公司承办。促进会副会长马德秀、中国科学院院士徐宗本、科技部人才中心主任李普、教育部高教司巡视员吴爱华、中关村发展集团党委副书记王明兰及促进会执行副会长、秘书长王建华等产学研界人士参会。

促进会指导举办中国医学影像AI产学研用创新联盟成立大会暨首届医学影像AI高峰论坛、中国肾脏病大数据应用创新联盟成立仪式暨2018江苏省中医肾病学术交流会、中国能源应用技术创新战略联盟暨中通能源集团成立大会和首届能源应用技术创新论坛、有色金属产业技术创新湘江论坛暨中国有色金属产业技术创新战略联盟成立大会、中国母婴产业第三届高峰论坛暨“百企惠万婴”公益工程启动活动、第六届中国快堆论坛暨快堆产业联盟第六次成员大会、全国地方高校产学研协同创新大会暨首届中国校地合作佛山论坛、2018泰山论坛暨中国微能源网产业技术创新战略联盟年会、首届中国医学影像AI大会。

促进会支持举办2018年第二届金胶州英才周暨产学研合作洽谈会、四川省民营企业创新发展论坛、教育部产学合作协同育人项目第五次对接会、2018大湾区机器人与人工智能大会、智汇中国·开封创新发展高层论坛暨开封·中关村智酷人才与产业创新基地启动仪式、2018中国（潍坊）资本论坛暨第二届政产学研金联谊会。

两岸交流 9月28日，2018年中国平潭·企业家科学家金融家创新论坛在福建省福州市平潭县召开。十二届全国政协副主席王钦敏，中国知识产权研究会理事长田力普，促进会副会长石军，福建省政府副省长郑建闽，平潭创新论坛理事长李川，中国企业联合会常务副会长兼理事长朱宏任，促进会执行副会长、秘书长王建华等领导及近600名企业界、科学界人士参加论坛。论坛以“聚焦新兴产业，共商融合发展”为主题，举办国际名品无假货购物发展论坛、海峡两岸品牌发展交流研讨会等活动。论坛签约项目47个，总投资额196.6亿元，其中，与世界500强企业合作项目1个、与央企省企合作项目5个、与外资及港澳台资合作项目17个、与民企及其他单位合作项目24个。

表彰举荐优秀科技工作者 促进会评出中国产学研合作创新奖、促进奖、成果奖、军民融合奖、工匠精神奖等奖项682项。作为承接政府职能转移的创新人才推进计划推荐试点单位，申报“万人计划”中青年科技创新领军人才、中国青年女科学家、杰出工程师奖、中国专利奖、国家科学技术奖等，推荐哈尔滨工程大学教授孙大军入选国家“万人计划”中青年科技创新领军人才。

党建强会 促进会党委落实《2018年中国产学研合作促进会党委工作要点》，召开党委委员全体会议，增补刘玉强、周蕾为党委委员。在中国企业联合会指导下，促进会秘书处党支部进行换届，完善组织生活、政治生活制度。

（撰稿人：蒋向利）

中国发明协会

服务创新型国家和社会建设 3月，协会承担的由国防知识产权局委托的课题“专利技术国防应用价值社会化评价机制研究”通过结题验收。课题借鉴众筹网站在产品、技术展示、推广方面的独特效果，提出一种社会化的专利技术国防应用价值评价、推荐工作新模式。

6月21—24日，由协会与科技部、工信部、中央军委科技委、重庆市人民政府共同主办的第十三届中国重庆高新技术交易会暨第九届中国国际军民两用技术博览会在重庆南坪国际会展中心举行。协会党委书记余华荣参加展会。协会组织36个展位，100余项项目参展。活动期间，重庆市市长唐良智、中国工程院院长李晓红、军委科技委副主任辛毅中将、原第二炮兵某基地副司令员兼参谋长饶书元少将、西部战区副司令刘小午中将等领导与协会领导共同探讨发展新思路、新举措。

7月10—12日、23—25日，由协会承办的国家知识产权局企业走出去知识产权战略研修班分别在河南省信阳市和甘肃省兰州市举行。中国科学院院士、国机科学技术研究院北京飞机强度研究所所长闫楚良，国家知识产权局专利局光电部处长陈海英，中国科学院兰州化学物理研究所环境材料与生态化学研究发展中心主任王爱勤等专家担任培训讲师。培训对象主要来自中小企业，参加培训学员300余人。

7月20—27日，由协会与中国教育技术协会联合主办的第十六届全国中小学信息技术创新与实践活动（NOC大赛）在内蒙古自治区包头市内蒙古科技大学举办。

8月6—11日，由协会承办的人力资源和社会保障部新产品研发高级专业人才能力提升高级研修班在北京举办，闫楚良等专家担任培训教师，15个省、自治区、直辖市的74名学员参加培训。

与北京合弘威宇法律事务所合作成立中国发明协会法律服务中心，为发明人提供法律服务。9月15日，在第十届国际发明展览会暨第三届世界发明创新论坛闭幕式上举行揭牌仪式。

10月30日，2018浦江创新论坛在上海市开幕。协会是文化论坛主办单位之一。协会党委书记余华荣在文化论坛上发表题为《中国发明协会的创新使命》主旨演讲。

学会建设　年内，协会发展单位会员16家、个人会员368人。个人会员中，硕士研究生以上学历92人，占比25%。

4月24日，召开七届三次理事（扩大）会议。审议通过《中国发明协会2017年度工作报告》《中国发明协会会士管理办法》《中国发明协会章程修改意见》等文件，把以习近平新时代中国特色社会主义思想为指导和社会组织中党的组织、党的工作“两个全覆盖”等内容写入章程总纲，在协会宗旨中，明确提出为国家创新驱动发展战略、军民融合发展战略、知识产权强国战略服务，推进“一带一路”和“大众创业万众创新”等内容。

6月9—10日，协会党委书记、常务副理事长兼秘书长余华荣受邀参加2018第二十届中国风险投资论坛。论坛期间，向十三届全国人大常委会副委员长郝明金、十三届全国政协副主席辜胜阻、十二届全国人大常委会副委员长陈昌智等领导汇报工作。

国际学术会议　10月29—31日，由协会主办的2018中国·佛山人工智能与智能制造国际大会在广东省佛山市召开。协会理事长潘云鹤参加大会并发表题为“人工智能2.0及其技术端倪”的主题演讲。29日，来自协会、广东省和佛山市相关政府部门代表与来自英国政府及企业的代表举行中英工业4.0产业项目合作专题研讨会，洽谈双方产业项目合作。

9月13—15日，第十届国际发明展览会暨第三届世界发明创新论坛在广东潭州国际会展中心召开。

国内主要学术会议　4月24日，由协会与科技日报社、国家科学技术奖励工作办公室、中国知识产权报社共同主办的第十二届中国发明家论坛暨第十届发明创业奖颁奖典礼在北京举办。中国工程院院士、协会理事长潘云鹤主持论坛和颁奖典礼。论坛以“改革开放四十年　科技发展与发明创新”为主题，中国科学院院士、北京航空航天大学副校长房建成作论坛主旨报告。

冯起等103名发明家获第十届发明创业奖，其中，王军、王爱杰、王雷、田可川、江碧涛、汤广福、孙文彬、邹远东、张衍国、陈志强、郑玉平、昝林森、秦勇、郭剑波、唐佩福、阎超、韩雅玲、戴瑜兴18人获发明创业奖特等奖及“当代发明家”称号，上海发明协会、江苏省发明协会、山东省发明协会、清华大学、国家电网有限公司、国防知识产权局、新疆维吾尔自治区知识产权局、泉州市总工会（职工技协中心）8个单位获伯乐奖。同期召开协会七届三次理事（扩大）会议。

11月24日，2018中国投融资论坛、中国法治实践学派论坛暨浙江省法学会商法学研究会年会在浙江省杭州市浙江国际大酒店举行。协会是论坛首席支持单位。协会党委书记余华荣发表题为“助力发明创新，服务社会各界”的演讲，介绍协会主要工作进展。

两岸交流 9月13—15日，由协会与发明者协会国际联合会主办的第十届国际发明展览会暨第三届世界发明创新论坛在广东潭州国际会展中心召开，中国台湾创新发明联合总会组织60余人参展。

11月24—28日，协会接待中国台湾发明协会到访。双方达成合作意向，一致赞同坚持一个中国原则和“九二共识”，促进两岸发明创新事业共同发展。

国际交往 全年出国、出境参加发明展览会、会议15次，展出项目211项，参团75人次。所到国家包括泰国、美国、瑞士、法国、罗马尼亚、韩国、印度、土耳其、塞尔维亚、克罗地亚、德国。协会选送的参展项目中，超过90%获金银铜奖或专项奖。组织15人、52个项目赴法国参加第117届巴黎国际发明展，获金奖4项、银奖19项、铜奖26项、列宾荣誉奖3项。参展期间，中国驻法国大使馆科技公使衔参赞孙玉明现场慰问参展团员，参观展览。

4月3—7日，应美国国家发明家科学院邀请，协会党委书记余华荣一行赴美参加美国国家发明家科学院第七届年会，进行工作访问。访美期间，协会向中国驻美使馆领导汇报工作并请示指导。中国驻美国大使馆科技公参陈富韬参加座谈会，并派秘书全程参与协会访美期间活动。余华荣在华盛顿五月花饭店国宴厅举行的午餐会上发表演讲，介绍中国发明创新和科技发展及协会工作情况，介绍协会成立30余年来优秀发明人的成就，美国国家发明家科学院主席桑博格向协会授予中美发明创新合作牌匾及荣誉会员牌匾。访美期间，访问美国国家专利商标局并举行合作会谈，与美国国家发明家科学院进行工作会晤，签署中美发明创新合作发展备忘录，双方将开展互相推荐院士、会士等合作。

7月2—5日，发明者协会国际联合会（IFIA）在美国加州硅谷举办首届硅谷国际发明节。发明节由韩国发明振兴会（KIPA）承办，协会组织27个项目参加展会，获金奖16项、银奖8项、铜奖3项及多项专项大奖。其中，芜湖圣大医疗器械技术股份有限公司总经理、协会理事商建忠发明的“商环”环切吻合器获展会大奖和IFIA杰出发明奖。展会期间，中国驻旧金山总领馆科技参赞祝学华看望协会展团。

9月13—15日，第十届国际发明展览会暨第三届世界发明创新论坛期间，协会党委书记余华荣，佛山市常务副市长蔡家华，协会副理事长、北京怡海集团主席王琳达等与塞尔维亚总统府秘书长尼古拉·塞拉科维奇进行会谈，中塞双方达成友好合作发展协议。10月，协会组团赴塞尔维亚参展，尼古拉·塞拉科维奇在总统府会见协会副秘书长宣增培一行。

1月11日，中国发明协会与科技部驻外科技参赞座谈会在北京举行。中国驻美国大使馆科技公参陈富韬、驻英国大使馆科技公参蒋苏南、驻韩国大使馆科技参赞富贵等驻外使馆、总领馆参赞，协会全体员工参加座谈会。通过座谈，为协会国际交流工作开拓思路。

科普活动 9月16—22日，全国科普日北京主场活动在中国科技馆和奥林匹克公园广场举行。协会推荐中国航天科工二院的“郑和下西洋及安全教育VR体验”项目参展。

表彰举荐优秀科技工作者 12月18日，庆祝改革开放40周年大会在北京人民大会堂举行。党中央、国务院授予100人改革先锋称号，颁授改革先锋奖章，8名协会现任、曾任领导获奖，分别是袁隆平（现任协会顾问，协会发起人之一）、屠呦呦（长期担任协会领导职务，协会发起人之一）、王永民（长期担任协会副理事长）、包起帆（长期担任协会副理事长）、王选（曾任全国政协副主席、协会副会长，已故）、王大珩（协会发起人之一，已故）、马云（现任协会副理事长）、李书福（现任协会副理事长）。

推荐参评2018年度中国专利奖有效项目4项，西安交通大学“一种基于宽波束造影成像及提取灌注时间强度曲线的方法”获金奖，中国石油化工股份有限公司“滑套式压裂组件、使用该组件的装置及该装置的使用方法”获银奖，湖南大学“一种海岛供电互动式UPS系统抗扰动抑制方法”和中国环境科学研究院“多阶段进水垂直流土壤渗滤系统的污水处理装置及方法”获优秀奖。

设立发明创业奖·成果奖。成果奖采用提名制，首届成果奖提名项目来自国家部委研究机构、重点高校、各大科研院所、大型央企等单位，选出中国科学院、清华大学、北京理工大学等单位获奖项目86个。

学会创新发展 协会根据七届四次常务理事会议决定，提出首届第一批会士人选建议名单。召开由部分常务理事和专家组成的评审会，征求各方意见，评审出首届第一批会士10人，分别为袁隆平、段崇智、闫楚良、邹远东、徐士龙、王锡娟、黄嘉鸿、唐佩福、张衍国、王爱杰。9月13日，在第十届国际发明展览会暨第三届世界发明创新论坛开幕式上，由十二届全国人大常委会副委员长张宝文、协会理事长潘云鹤颁发会士证书。

8月3日，中国发明协会学前创新教育分会成立大会暨中国下一代教育基金会“新儿童计划”启动仪式在中国儿童中心举办。第十届全国人大常委会副委员长、中国关心下一代工作委员会主任顾秀莲等领导参加活动。活动期间，首次颁发“小小会员证书”，76名已经申请国家专利的学龄前儿童获颁证书。

党建强会 协会党委书记余华荣主持召开党委会议2次，研究落实“两个全覆盖”，要求协会分支机构必须建立党组织，指导地方协会建立党组织。

协会党委按照“一方隶属，参加多重组织生活”原则，要求协会党员参加党委各项活动，接受党委教育、管理和监督，发挥党员在各个领域先锋模范作用。加强党对协会的全面领导。

协会党委决定，凡组团到境外参加展会、外事工作访问交流等活动，须成立临时党支部或党小组，协会党委负责监督落实。

4月20日，协会全体党员干部到中国宇航员培训中心、中国航天科技集团502所参观学习。11月21日，协会党员干部、全体员工参观“伟大的变革——庆祝改革开放40周年大型展览”。

【第十届国际发明展览会暨第三届世界发明创新论坛】 9月13—15日，第十届国际发明展览会暨第三届世界发明创新论坛在广东潭州国际会展中心召开。会议由协会与发明者协会国际联合会主办，佛山市人民政府承办，得到科技部、中国科协、全国总工会等单位支持。开幕式由协会党委书记、常务副理事长兼秘书长余华荣主持。

十二届全国人大常委会副委员长张宝文，十二届全国政协常委、外事委员会主任、中国工程院院士、协会理事长潘云鹤，广东省副省长黄宁生，发明者协会国际联合会（IFIA）主席阿里·瑞兹，塞尔维亚总统府秘书长尼古拉·塞拉科维奇，科技部党组成员夏鸣九，中国科学院党组成员、秘书长邓麦村，国家知识产权局专利局副局长徐聪，民盟中央专职副主席、全国人大常委会委员、农业与农村委员会副主任龙庄伟，原总装备部副政委、纪委书记李栋恒中将，中央军委正军级巡视专员、协会常务理事、专家评审委员会主任赵军少将，国防大学教授谭凯家少将，国家知识产权局前任局长、中国知识产权研究会理事长田力普，中央纪委驻工信部纪检组原组长郭炎炎，中央军委装备发展部国防知识产权局局长王宏宇，广东省科技厅厅长、联合国科技促进发展委员会主席王瑞军，泰国总理府国家研究理事会秘书长西尔鲁格，韩国发明振兴会会长李焌硕，中国科学院院士方滨兴、闫楚良等参加开幕式。

2006年诺贝尔物理学奖获得者乔治·斯穆特、2008年诺贝尔生理学或医学奖获得者吕克·蒙塔尼、香港中文大学校长段崇智等在论坛作报告。中国发明成果转化研究院与国内外合作方签订协议，计划在佛山市高新区筹建开放式磁共振应用国家重点实验室、水分子的量子纠缠研究及应用实验室，开展生态环保厕所项目、5G芯片射频技术项目。

展览会主题为“发明实现梦想、创新引领未来”，展览面积4万平方米，62个国家和地区及2个国际组织参展，参展项目4000余项。展览会分为国际展区、军民融合展区、全国发明创新展区、粤港澳大湾区展区、青少年发明创新展区等，促成国际发明展技术交易、专利许可、专利技术吸引投资5亿元。港澳台地区300余人组团参会。在1808个国内参评项目中，1250个项目获“发明创业奖·项目奖”，其中，金奖311项、银奖446项、铜奖493项；专项奖26项，团组获优秀展团奖15项。国外参展人员350人，组织国际展位86个，组织国际论坛、双边会谈、外宾考察等活动10余场；在254个国外参展项目中，评出金奖91个、银奖81个、铜奖35个。

中央军委装备发展部作为展览会支持单位，发布国防解密专利信息，发布国防保密专利解密3000项、脱密4000项，组织军队各有关单位和各大军工央企组团参展。

【发明者协会国际联合会（IFIA）大会】 9月14日，由协会承办的2018发明者协会国际联合会（IFIA）大会在广东省佛山市举行。来自中国、巴西、加拿大、德国、印度、意大利、波兰、美国、俄罗斯、克罗地亚等国50名代表参加大会。大会修改IFIA章程，阿里·瑞兹当选新一届IFIA主席，选举产生包括中国代表在内的21名代表组成的IFIA执行委员会。

【第十四届宋庆龄少年儿童发明奖颁奖典礼】 8月27日，由协会与中国宋庆龄基金会共同举办的第十四届宋庆龄少年儿童发明奖颁奖典礼在湖南省长沙市举行。第十二届全国政协副主席、中国宋庆龄基金会主席王家瑞等领导参加典礼。协会党委书记余华荣作关于第十四届宋庆龄少年儿童发明奖评选的工作报告，为获奖代表颁奖。来自海峡两岸暨香港、澳门以及马来西亚的39支代表队近1万名青少年参加典礼。评出金奖30人、银奖60人、铜奖180人、优秀创意奖30人，表彰优秀科技绘画作品30幅、优秀组织单位30个、优秀辅导教师31人。29个学校、少年宫和少年儿童科技活动中心被授予“宋庆龄少年儿童科技发明示范基地”。

【第十三届高等职业院校“发明杯”大学生创新创业大赛】 10月20—21日，由协会高等职业院校发明创新分会主办的第十三届高等职业院校“发明杯”大学生创新创业大赛暨大学生知识产权培训活动在山东省济宁市山东理工职业学院举办。山东理工职业学院党委书记许可、协会党委书记余华荣等参加开幕式并讲话。大赛评出一等奖298个、二等奖285个、三等奖567个、优秀指导教师267人、组织工作先进个人30人、优秀组织奖30个、全国高等职业院校创新发明教育基地10个、全国高等职业院校双创先进工作单位10个。

（撰稿人：朱汉夫）

中国工程教育专业认证协会

服务创新型国家和社会建设 中国科协为《华盛顿协议》正式成员，2018年，协会协助中国科协开展相关工作，包括向《华盛顿协议》提交2017年度报告。6月24—29日，2018年国际工程联盟年会（IEAM 2018）在英国伦敦召开。年会由英国工程委员会、英国工程行业监管机构及英国工程技术学会共同主办，中国科协、协会及有关高校专家组成的中国代表团参加会议。这是中国加入《华盛顿协议》以来第二次作为正式成员参加会议。

3月，协会完成《工程教育认证通用标准解读及使用指南（2018版）》审定工作。该指南针对每一条标准项，从内涵解释、专业自评、专家考查、常见问题等方面对标准进行解读，是对认证标准内涵的全面解释，是认证专业和专家理解标准、使用标准的参考资料。

4月，组织认证专业自评辅导答疑9期。参加2018年认证的547个专业约1600名专业教师参加答疑活动。活动针对专业在自评准备过程中遇到的具体问题，采用集中答疑和分组研讨形式，请认证专家与专业教师面对面答疑解惑，指导完成专业自评工作。

5月，协会公布北京科技大学机械工程等293个专业的2017年认证结论。与教育部高等教育教学评估中心（以下简称“评估中心”）联合向认证合格的专业颁发证书，证书采用中英文2个版本；与评估中心联合印发通告，集中公布2006年以来通过认证的846个专业名单。教育部高教司以正式函件形式向省级教育行政部门和部属高校转发。

7月，启动2019年认证申请受理工作，收到1505个专业提交的申请。经专家和机构审核，综合考虑专业布点情况、学校及各专业委员会工作基础等因素，于12月确定受理东南大学机械工程专业等688个专业认证申请。

2018年，举办工程教育认证骨干专家培训3期。培训针对真实自评案例，采用小规模、研讨式方式，181名认证骨干专家参加培训。

2018年576个专业参加认证，其中，464个专业通过自评报告审查，112个专业自评工作未能达到认证标准要求，在自评阶段中止认证。5月20日—12月5日，协会派出现场考查专家1511人次对通过自评阶段的专业进行现场考查，完成认证专业数环比增长58%。

5月，根据认证专家接受培训和参与认证工作情况，与评估中心联合对专家库内所有专家资格进行重新认定。确定1035名专家和346名秘书符合要求，成为正式专家（秘书），并向正式专家（秘书）颁发证书。

与评估中心联合组织研制工程教育认证专家培训系列慕课课程，依托学堂在线技术支持，开发专家培训慕课平台，面向所有认证专家开放。平台在新专家入门培训、老专家定期轮训中发挥作用。截至2018年年底，累计1500余名专家完成慕课学习。

学会建设 2月9日，协会召开2018年度专业类认证委员会工作会议，协会17个专业类认证委员会负责人参加会议。会议总结各专业类认证委员会2017年工作开展情况，研讨2018年工作计划。

4月，协会制定规划“工程教育认证2018年工作要点”，并以《中国工程教育专业认证协会通讯》形式发送至各会员。

协会于4月、9月分别召开2次理事会通信会议，审议通过近期协会相关工作，并将审议内容及结果以《中国工程教育专业认证协会通讯》形式发送至各会员。

12月16日，协会秘书处《华盛顿协议》国际事务办公室（筹）（2018—2022）正式运行。

学会治理结构和治理方式改革 9月10日，协会秘书处召集有关学会秘书长及相关负责人，启动认证组织实施方式改革试点工作。改革率先在机械、材料2个专业类进行，中国机械工程学会、中国汽车工程学会、中国兵工学会、中国金属学会、中国复合材料学会参加试点工作。

国际学术会议 11月21—23日，中国科协举办主题为"加强能力建设，共建美好未来"的工程能力国际论坛，论坛分全体大会、工程能力与标准分论坛、工程教育和认证分论坛3个环节。协会参加会议并参与工程教育和认证分论坛组织工作，协会理事长吴启迪在全体大会上作主旨报告。来自20个国家的工程师和工程教育认证组织及联合国教科文组织代表参加论坛。

国内主要学术会议 3月27—28日，2017年下半年认证专业结论审议会在北京召开。会议审议2017年下半年参加认证的161个专业认证报告，确定各专业认证结论，对各专业类认证委员会结论审议工作进行综合评议。

9月27—28日，2018年上半年认证专业结论审议会在北京召开。会议审议2018年上半年参加认证的199个专业认证报告，确定各专业认证结论，对各专业类认证委员会结论审议工作进行综合评议。协会理事长吴启迪全程参加会议。此次会议是土木工程专业认证结论首次正式接受审议，标志着土木工程专业正式纳入认证工作体系。

11月23—24日，召开学术委员会扩大会议。会议研讨专业类补充标准修订要求、认证组织实施模式改革试点等工作，集中讨论认证核心骨干专家培训方法，确定培训案例。

国际交往 4月13日，英国工程技术学会（The Institution of Engineering and Technology，IET）总部认证和奖项总监Daniel Canty和中国区总经理杜伟到协会访问。双方就认证标准、认证专家队伍建设等问题进行交流和探讨，就双方加强交流合作可行性进行交流。根据会谈确定的意向，10月15—18日，协会派出观察员参与IET对北京邮电大学国际学院中英联合培养项目的认证现场考查工作。

党建强会 协会秘书处党建工作纳入教育部高等教育教学评估中心统筹组织。

2018年，协会坚持全面学习贯彻党的十九大精神，组织党员集中观看习近平总书记在十三届全国人大第一次会议、北京大学师生座谈会、纪念马克思诞辰200周年大会、全国教育大会、在庆祝改革开放40周年大会等会议上的系列重要讲话；组织参观"伟大的变革——庆祝改革开放40周年大型展览"；集中学习观看"不忘初心、牢记使命"为主题的《榜样3》专题节目；组织全体党员干部集体观看违纪违法典型案例警示教育片；组织到"绿水青山就是金山银山"科学论断诞生地——浙江省湖州市安吉县天荒坪镇余村学习"两山"精神，体会"两山"理论科学性和指导性；组织党员赴嘉兴南湖革命纪念馆开展"重走'一大路'，体悟'红船精神'，重温入党誓词"主题党日活动；购置《习近平谈治国理政》（第二卷）和《习近平新时代中国特色社会主义思想三十讲》等党建图书，鼓励自主学习。

会员服务 截至2018年年底，协会向会员发出通讯刊物9期。

【教育部转发通过工程教育认证专业名单】 5月28日，协会与评估中心联合印发通告，集中公布2006年以来通过认证的846个专业名单。6月3日，教育部高教司以正式函件形式向省级教育行政部门和部属高校转发，并在教育部网站主页面发布新闻稿《我国近千专业进入全球工程教育"第一方阵"》，专题宣传工程教育认证成绩。《光明日报》《中国青年报》、新华网、人民网等中央媒体及数百家地方媒体转发新闻稿或进行相关报道。

（撰稿人：李 涛）

中国女科技工作者协会

服务创新型国家和社会建设 4月3日，协会会长王志珍，中国科协党组成员、书记处书记吴海鹰，协会常务副会长方新、程东红，协会秘书长许平前往中国航天科技集团有限公司航天第一研究院进行工作调研，与航天一院科研人员座谈交流。航天一院书记李明华及有关院领导，总设计师祝学军、总工程师孙国斌，航天一院科技女性五一劳动奖章获得者、三八红旗手等20余人参加座谈交流。

4月14日，协会联合中国科协常委会女科技工作者专门委员会举办女科学家座谈会，老中青三代女科技工作者参会。

11 月 16 日，第二届广州女性创客（创新创业）大赛决赛暨颁奖盛典在广东省广州市落幕。大赛得到广州市总工会、市妇联支持，协会秘书长许平、广东省总工会副主席郭开农、广州市总工会主席唐航浩、广州市妇女联合会主席刘梅、广州市科技进步基金会理事长周兆炎、广州市女科技工作者协会会长曹静等 300 人参加活动。大赛围绕“科技引领，创新创业”主题，为女创客搭建成长、展示、交流平台，支持和促进女性创新创业。

学会建设　1 月 22 日，协会常务副会长程东红与浙江省女科技工作者协会会长田梅一行举行会谈。双方交流群众组织工作规律、活动特色，围绕 2018 年单位会员借力开展社会服务交换意见。

8 月 24 日，浙江省女科技工作者协会一届二次理事会议在浙江省温州市召开。中国女科技工作者协会秘书长许平参加会议。

国际学术会议　9 月 18 日，世界公众科学素质促进大会“科学素质与科技女性”专题论坛暨第十一届女科学家论坛在北京召开。

国内主要学术会议　5 月 8—9 日，女催化科学家论坛— 2018（Chinese Women Forum for Catalysis-2018）在上海师范大学举行。论坛由协会青年女科技工作者委员会和中国化学会女化学工作者委员会共同组织，得到中国化学会催化委员会的支持。论坛主题为“魅力催化　美丽同行”。复旦大学、华东理工大学、华东师范大学、上海师范大学等单位的近 150 名师生参加论坛，挪威科技大学教授、挪威工程院院士陈德应邀参加。论坛开幕式由上海师范大学教授万颖主持。中国科学院山西煤炭化学研究所研究员董梅、北京化工大学教授何静、中国科学院过程工程研究所研究员刘瑞霞、中国科学院化学研究所研究员刘志敏、中国科学院大连化学物理研究所研究员王爱琴、大连理工大学教授石川、上海师范大学教授万颖、复旦大学教授张亚红、中国科学院长春应用化学研究所研究员赵凤玉和南京大学教授祝艳应邀作主题报告。

国际组织任职　6 月 22 日，世界工程组织联合会（WFEO）中国委员会进行换届，新一届 WFEO 中国委员会由 28 名委员组成。经协会推荐，协会常务理事、宁波诺丁汉大学副校长崔平当选中方委员。

国际交往　1 月 19 日，经协会组织协调，上海市妇联发展联络部、上海市女工程师协会与美国女工程师协会在上海市举行交流座谈。座谈会由上海市女工程师协会副会长杨毓莹主持。双方与会人员讨论相关话题、项目及进一步合作的可能性。双方一致同意，将进一步以邮件来往等方式加强交流沟通，寻求取得实质性合作的可能。

3 月 12—23 日，联合国妇女地位委员会第 62 届会议在美国纽约举办。联合国 170 个会员国、多个联合国实体、600 余个联合国经社理事会认可的非政府组织的代表参加会议。会议主题为“落实性别平等和赋予农村妇女和儿童权利方面的机遇及挑战”。协会理事李若梅以协会会员身份参加会议并在会上呼吁要推进和拓展妇女能力。

科普活动　以传统媒体和新媒体结合的方式开展科学普及宣传工作，以中国女科技工作者网（www.cwst.net）为主要宣传窗口，进行科学普及，把组织动员、宣传引导、联系服务融入网站。

6 月 25—29 日，“女科学家走基层——贵州行”进校园活动在贵州省贵阳市等地举办。

10 月 15—17 日，协会首次参与协办“科学与中国”院士专家巡讲团暨（粤港澳大湾区）“弘扬科学精神、普及科学知识”巡讲活动。活动邀请 29 名院士、17 名专家作巡讲报告，包括女性院士 2 人、女性专家 6 人。协会推荐女科学家周卫健、田世平、闫桂英作为科技女性优秀代表，在机关、企业、学校作主题报告。活动面向中学生，在广东省深圳市宝安区福永中学、龙岗区横岗保安学校、南山区学府中学、北京师范大学南山附属学校（中学部）、龙岗区福安学校 5 所学校举行科普进校园活动。

表彰举荐优秀科技工作者　完成第三届女科技工作者社会服务奖推荐、申报、遴选、评审、公示等工作。汪爱英、张丹、夏光敏、吕植、李英贤、张艳璇、曹静、殷艳玲 8 名女科技工作者获个人奖，中国计算机学会女计算机工作者委员会获集体奖，中央音乐学院“科学与艺术”团队获特别奖。

3 月 8 日，由中国科协常委会女科技工作者专门委员会支持、协会和中央音乐学院共同主办的 2017 年度女科技工作者社会服务奖颁奖暨第九届“科学与艺术——相约国际妇女节”主题音乐会在中央音乐学院歌剧音乐厅举行。第十二届全国政协副主席、中国科协名誉主席、中国科学院院士韩启德，中国科协党组书记、常务副主席、书记处第一书记、中国科学院院士怀进鹏出席活动并讲话。颁奖仪式由协会常务副会长程东红主持，协会会长、中国科学院院士王志珍致颁奖词，协会副会长、中国工程院院士王红阳宣读表彰决定。中国科协党组成员、书记处书记吴海鹰与协会领导共同为获奖者颁奖。

11 月 1 日，中国妇女第十二次全国代表大会在北京人民大会堂举行全体会议。大会以无记名投票方式选举产生全国妇联第十二届执行委员会委员。协会推荐的协会常务理事秦川当选执委。

党建强会 在中国科协机关党委指导下，修订《中国女科技工作者协会章程》，将“始终坚持中国共产党领导，以习近平新时代中国特色社会主义思想为指导”写入《中国女科技工作者协会章程》的协会宗旨；将弘扬社会主义核心价值观在章程中予以体现。章程修改拟提交第四届会员代表大会审议。

会员服务 4 月 21 日，由协会主办、中国科学院数学与系统科学研究院承办的十二届中国女科技工作者协会 2018 年春季女科学家乐跑健走活动在中国科学院数学与系统科学研究院南楼多功能厅举办。活动由协会常务副会长方新带队，北京市近 100 名个人会员和来自北京大学妇女中心、中国实验动物学会、燕山石化公司、中国石化工程建设有限公司、中国科学院自动化研究所、中国科学院生物物理研究所、中国科学院文献情报中心等单位会员代表参加活动。活动邀请国家级木兰拳教练余小平团队进行木兰拳表演及现场教学。

11 月 10 日，2018 年秋季女科学家乐跑健走活动（北京地区）在奥林匹克森林公园举行。活动由协会常务副会长程东红带队，单位会员中国科学院自动化研究所轮值、中国科学院文献情报中心支持，北京市女科学家代表、个人会员和单位会员代表约 150 人参加。

【“女科学家走基层——贵州行”系列活动】 6 月 25—29 日，由中国科协常委会女科技工作者专门委员会主办，协会、贵州省科协共同承办的“女科学家走基层——贵州行”系列活动在贵州省贵阳市、遵义市余庆县、黔南布依族苗族自治州平塘县等地举办。活动由中国科学院院士、协会会长王志珍，中国科协党组成员、书记处书记吴海鹰，协会常务副会长方新，中国工程院院士、协会副会长王红阳带队，旨在搭建女科学家了解基层、服务基层的平台，发挥协会组织优势和女科学家智力优势，为贵州地方经济社会发展建言献策。活动包括院士专家报告会、女科技工作者座谈会、女科学家进校园科普报告会、乡村旅游讲座、基层调研。

活动期间，“创新是第一驱动力”院士专家报告会在贵州省委大会堂召开。报告会主题为“创新与发展”。中国科学院原党组副书记、协会常务副会长方新作主题报告《创新驱动发展——新时代、新动力、新要求》，中国工程院院士、中国科协常委、中国科学院广州能源研究所研究员陈勇作主题报告《创新发展“城乡矿山”，助力“无废社会”建设和乡村振兴战略》。

在贵州大学举行“弘扬中国科学家精神”科研励志报告进高校活动。王志珍、王红阳、中国科学院院士刘明、北京师范大学教授李永平、中国科学院植物所研究员田世平等女科学家参加活动。活动聚焦“人才是第一资源”，女科学家通过分享自身科研工作经历、科技事业发展及创新实践中个人成长感悟，与青年学生交流。

在余庆县和平塘县举行“普及科学知识，传递科学精神”科学普及进中学活动。女科学家韩喜球、杨晓、闫桂英、曹静、罗丽娟分别在余庆中学、余庆中等职业学校、平塘县塘边中学和通州中学 4 所学校作科普报告。女科学家向学生普及科学知识，分享个人成长经历、从事科研工作的感悟，与现场学生互动交流。

在贵阳市举行“话创新、话发展”基层女科技工作者座谈会。来自不同领域、不同行业的女科技工作者结合自身科研经历，交流对新时代科学家精神的理解。

开展“聚焦乡村振兴战略，助力精准脱贫”调研。深入扶贫地点，开展服务基层实践活动，在余庆县和平塘县分别举办乡村旅游讲座。南开大学教授徐虹通过分析其他县市发展旅游脱贫的典型成功案例，结合当地旅游发展现状，提出针对性意见和建议。

【“科学素质与科技女性”专题论坛暨第十一届女科学家论坛】 9 月 18 日，由中国科协常委会女科技工作者专门委员会主办，协会、中国科协培训和人才服务中心承办的世界公众科学素质促进大会“科学素质与科技女性”专题论坛暨第十一届女科学家论坛在北京召开。中国科学院院士、协会会长王志珍，全国妇联副主席、书记处书记谭琳，联合国妇女署驻华办事处代主任林加蕾等参加论坛开幕式并致辞。中国工程院院士王红阳、曹淑敏、高瑞平、吕植等协会领导及韩喜球、尤玉仙、龙迪、李红艳、凯米·保德瑞、阮美都参加论坛并进行现场交流。联合国妇女署、联合国环境署、联合国教科文组织、古巴驻华大使馆有关代表，国内外高校、科研院所专家、学者，全国学会、北京女企业家协会、留学生代表中的女性科技工作者共350余人参加论坛。中国科协党组成员、书记处书记吴海鹰主持论坛。

论坛围绕“科学素质与科技女性”主题，聚焦“公众科学素质与人类命运共同体”核心议题。14名女科学家结合各自的教育科研经历，分享在推动科学知识普及方面的事迹。世界工程组织联合会主席马琳·坎加、中国工程院院士韦钰、协会常务副会长方新、伦敦政治经济学院研究员玛尔塔·恩特拉达斯、联合国环境署国际生态系统管理伙伴计划主任张林秀分别作主旨报告《女科学家与工程师：可持续发展所需的科学素质领导力》《运用前沿科学技术来推进科学普及》《担起社会责任，将爱洒满人间》《女科学家开展科学传播状况研究》《养育未来：投资农村儿童早期发展》。

（撰稿人：江　梦）

中国创造学会

服务创新型国家和社会建设　2018年，学会创造教育专业委员会组织并指导222所创造教育实验基地学校，在学校办学设计、课程建设、课堂教学、课外活动、思想品德教育、学校管理、校园文化等方面开展创造教育。经过申报、展示、审批等程序，发展5所中小幼学校成为创造教育实验基地。9月，与上海创造教育培训中心联合举办2018年上海市小学创造教育骨干教师学习研修班，全市各区县创造教育基地学校39名小学教师参加研修班学习。11月，与上海创造教育培训中心举办2018年贵阳市高层次创新型青年教师上海教育改革发展与创造教育实践高级学习研修班，贵阳市40名高层次创新型青年教师参加研修班学习。

学会创造教育专业委员会联合中国下一代教育基金会健康成长专项基金、中国儿童发展中心、昂立STEM、昂立教育科技集团、校外宝教育科技共同组织了2018年上海市儿童STEM创新大赛。

学会与依托单位同济大学科学技术协会组成学会联合体，面向科技工作者征集“引领世界科学的前沿科学问题、建设世界科技强国的工程技术难题”。组建专家团队对征集难题进行遴选，推荐上报同济大学材料学院教授杨晓伟的“二维亚纳米离子选择通道的可控构筑及海水淡化应用研究”和测绘学院教授童小华的“深空科学探测的测绘遥感科学问题”，最终未能入选。

学会建设　7月31日，学会青年工作委员会成立。经过推举、自荐和民主投票选举上海市创造学会副会长刘宏建为主任委员，同济大学创新创业学院副教授许涛、同济大学中德工程学院主任靳文瑞为副主任委员，欧洲–中国企业家联合会国际部部长王荟为秘书长，复旦大学微电子学院讲师林青、华中师范大学心理学院副院长赵庆柏、北京航天控制仪器研究所所长助理王学锋为副秘书长。截至2018年年底，青年工作委员会有正式委员24人，均来自国内创造领域研究机构。青年工作委员会职能是面向全国创造学领域的青年学者，通过与各地方学会、分支机构互动，开展创造学相关学术交流活动，激活学会内部活力促进产学研融合、科技知识传播、成果转化等，扩大学会国内外影响力，促进中国创新创业事业发展和人才培养。

表彰举荐优秀科技工作者　6月，启动第十一届中国创造学会创造成果奖申报工作。12月7日，完成评选。共评出一等奖3项，分别为刘仲林《中西会通创造学》（专著），王立端、靳文瑞“基于FPGA的多传感器组合导航时间同步系统”，周诠“基于信息安全的图像传输技术”；二等奖5项，分别为张武城《大数据时代的创新发明路线图和SAFC分析模型及其实践活动》（专著）、刘学欣“季冻区高速公路服务区污水处理关键技术研究及应用”、黄文铮“文物建筑修缮关键技术研究及工程示范”、上海市第二师范学校附属小学“基于教学实践的小学骨干教师专业持续发展瓶颈突破的行动研究”、上海华杰生态环境工程有限公司“智能生态系列厕所制造及应用”；三等奖7项，分别为杨斌“专利布局设计方法的研究与实践”，任少伟、曹瑞斓、杨力、冷护基、杨建、汤龙升、马帅、宗晓蕾、陈冉“打造‘群体效应’开启‘众创模式’——大学生多元互动异质型创新群体培育探索与实践”，王大鹏“超高分辨三维单分子定位技术的研发”，湖北文理学院和襄阳华中科技大先进制造工程研究院“数控机床空间误差综合补偿关键技术及系统”，上海市向明中学“提升创造品牌，构建学校创造文化特色”，南通大学“基于自主创新研究的燃料电池原理与应用实验系统”，王汉席“寒区生活垃圾和畜禽粪便资源化利用技术研究”。湖北文理学院提交个人及团体申报材料共10份，获优秀组织奖。

【中国创造学会2018年学术年会】 12月8日，由学会主办，河北省创造创新学会承办的中国创造学会2018年学术年会暨河北创造学会2018年会在河北省廊坊市举行。年会主题为“科技创新与未来教育”，分上午、下午2场。上午场，与会专家、学者围绕大会主题分别就科技创新与未来教育如何协调发展、当今教育如何应对科技创新带来的挑战及中国厕所革命与科技创新趋势等方面内容发表主旨演讲。下午场，2个分会场同步召开中创会年度汇报及翼创会专题讨论。专家、学者、企业家共80余人参加会议。

【首届全国大学生创新体验竞赛】 6月2—3日，由学会主办，南京江宁经济技术开发区协办，东南大学、东南大学国家大学科技园及安徽工业大学承办的首届全国大学生创新体验竞赛决赛在东南大学九龙湖校区举行。大赛共有42所高校258件参赛作品通过资格审查，经过网络评审、现场答辩，最终评选出日新月异一等奖31人、日新月异二等奖39人、创新价值一等奖20人、创新价值二等奖33人及其他优胜奖项。11月初，启动第二届全国大学生创新体验竞赛。

【第四届浦江法治论坛暨中国上市公司合规战略论坛】 11月3—4日，由学会、浦江法治论坛组委会、中国人民大学法学院、中国人民大学公共治理研究院、中国人民大学上海校友会、中国金融信息中心等共同主办的第四届浦江法治论坛暨中国上市公司合规战略论坛在上海市召开。论坛主题为“上市公司合规管理与公司价值”。与会学者以主题报告、论文交流、圆桌讨论、对话交流、联谊活动等形式，从理论、制度和实践层面全面探讨上市公司合规管理内涵、问题、对策及建议，风险控制及其对公司治理的影响，共同寻求中国法治建设突破之路。论坛旨在引起社会各界对上市公司合规管理的重视，促进上市公司合规管理理论繁荣，推进上市公司合规管理深入实践，提升中国上市公司价值，提升中国证券市场资源配置效率。开幕式上，举行中国上市公司合规战略论坛、中国上市公司合规战略联盟、“985”高校校友法律联盟、浦江法治大讲堂揭牌仪式。学会朱国华教授主持揭牌仪式。

（撰稿人：李　芹）

中国高科技产业化研究会

服务创新型国家和社会建设　研究会承接中国科协服务国家社会治理品牌建设项目的“学会常态化开展承接政府转移职能工作”课题。就“新形势下创业科技人才评价品牌建设”展开研究，完成《产业导向的科技人才评价研究与经验启示》典型案例集。

为缓解西北地区水资源不足状况，研究会与研究会科技成果转化协作工作委员会、研究会海洋分会、中国铁建股份有限公司、大连海水淡化中心等单位及中国工程院院士曾恒一共同推进“绿水西输”项目。邀请中国工程院院士、中国水利水电科学研究院水文学及水资源专家王浩，中国工程院院士、新疆维吾尔自治区水利厅总工程师邓铭江及水利部科技推广中心等单位专家、领导参加相关会议，并针对项目可行性方案提出意见及建议。

研究会信息化工作委员会系统总结自2002年来已完成的16项研究成果及其60万文字“汇编”（包含各个课题附件，共约100万字），涉及信息通信产业从2G到4G的迭代演进、战略规划、技术走向、产业重组、行业生态、政策建议等，形成《我国信息通信产业创新发展之路》（拟定名）汇编。

11月6日，在第十二届中国国际航空航天博览会（珠海航展）重大项目签约仪式上，研究会与中国空间技术研究院总体部（北京空间飞行器总体设计部）签署《可重复使用返回式卫星首发星植物类空间技术开发和试验》合同。为合作开展空间诱变搭载试验和推进航天育种应用研究、助力现代农业发展提供基础。

研究会建立网络化成果转化服务平台，分别与湖南省常德市澧县、安徽省黄山市政府及河南省濮阳市科协、四川省乐山市开发区、湖北省咸宁市科技局、湖南省登丰市科技局、河北省沧州市渤海新区招商局、天津市武清区招商局、北京良乡大学城经济开发区等签署合作协议。开展科技成果项目评价和研讨162次，推荐专家咨询、洽商、交流等50余次，举行项目成果产业化新闻发布会6场。将湖南长笛龙吟竹业有限公司新型环保竹木制品加工及废料综合技术集成项目引入渤海新区，将集云计算、物联网、智能硬件、人工智能等技术的大健康项目引入四川省乐山市开发区大健康产业基地。

研究会聚焦科技成果转化，促进产业化项目落地。全方位跟踪服务“竹缠绕复合管项目”“装配式钢制管廊项目”“波形钢板桥涵项目”等有产业化潜力项目，通过召开新技术推广会等活动，促成中建八局、中国铁建与企业签订投资合作协议。协助“禾木科技辐射型保温隔热涂料项目”申报并获评住建部华夏奖，被列入发改委节能目录、国家重点研发计划。参与农村科技重大项目申报，服务“千企千镇工程”。协助4个单位完成发展规划、可行性报告等方案，获“千企千镇工程”办公室项目入库资格。帮助4个单位编制田园综合体总体规划，其中，甘肃省武威市获甘肃田园综合体示范市称号。帮助5个单位编制康养生态小镇方案及城镇区域生态循环农业可行性研究报告。

研究会申报的“广西百色地区平果县等地红心火龙果种植技术升级改造及产品深加工扶贫项目”被列为中国科协2018创新驱动助力项目。协助当地种植企业编制《红心火龙果种植技术管理要求》企业标准，带动当地种植标准化、规范化。组织专家前往广西壮族自治区，在广西壮族自治区科技厅、广西革命老区促进会支持下，分别与百色国家农业科技园区、横县政府召开交流会，共同推进革命老区扶贫脱贫，发展新兴特色农业。

学会建设　12月1日，召开四届三次理事会议，向理事会汇报自2017年5月换届以来的工作情况。会上，审议并通过设立军民两用技术创新工作委员会和科技金融专业委员会2个分支机构决议。

学会治理结构和治理方式改革　明确“一办三部”，职能部门明确职责，充实人员。系统清理研究会各项制度，按中国科协规定进行修订和完善。全面清理《中国高科技产业化研究会分支机构管理试行办法》《中国高科技产业化研究会例会制度》《中国高科技产业化研究会财务管理规定》《中国高科技产业化研究会固定资产管理办法》《中国高科技产业化研究会印章管理办法》《中国高科技产业化研究会网络宣传管理办法（试行）》共6个研究会运行管理相关规定。

根据中组部有关文件要求，将研究会顾问成员与专家委成员合并组成专家工作委员会。调整后的专家工作委员会共计76人。设主任1人、副主任4人、秘书长1人。专家委员会为研究会开展课题研究、产业化咨询、培训等工作提供技术支撑。

对研究会网站进行改版，调整服务器接入端口，新建后台管理系统、会员服务系统。新网站于7月上线试运行。

组织分支机构、会员单位参与中国科协组织的“不忘初心　牢记使命——党的十九大精神知识竞答活动”，获优秀组织奖。参与中国科协第九届乒乓球比赛，48家参赛单位370余名选手参赛，研究会获单打亚军1项、单打季军2项，获团体赛第5名，获团体组织奖。

主办期刊　研究会会刊《高科技与产业化》由中国科学院主管，研究会和中国科学院文献情报中心共同主办。调整、充实编委会成员，加强对编辑部工作的指导、联系。在首届中国高科技产业化高峰论坛后，形成会议报告集并在《高科技与产业化》杂志专题刊出。

国际学术会议　9月8日，第五届诺贝尔奖获得者医学峰会在海南省海口市开幕。峰会由研究会、中华中医药学会、中国化学制药工业协会、海南省卫生和计划生育委员会、海南省商务厅、中国国际科技交流中心、诺贝尔奖得主国际科学交流协会（ISSCNL）联合主办，研究会国际交流中心承办。峰会围绕“肿瘤创新治疗的前沿与方向”等内容进行交流与探讨，旨在打造中外医学交流的世界平台，向医学人才培训、科研成果落地等目标迈进。海南省副省长彭金辉，诺贝尔奖获得者医学峰会主席、中华中医药学会会长王国强，研究会党委书记兼常务副理事长梁小虹、副理事长刘延宁与5名诺贝尔奖得主及多名中外院士出席峰会，围绕既定议题展开交流。峰会期间，研究会参与举办的ITTS国际技术转移峰会，以“科技创新新时代”为主题，共举办演讲10余场、高端对话3场，内容覆盖科技创新、产业升级、知识产权保护与IP运营、生态环境等话题。

国内主要学术会议　研究会及分会主办、联合主办前沿、高端学术会议20余场，累计参与2143人次，交流论文190篇。配合北京市首都网络安全日活动，举办网络空间安全战略高峰论坛。6月15日，在3GPP 5G独立组网标准冻结后第一天，研究会信息化工作委员会联合大唐电信集团、中国通信学会组织召开5G技术、标准、产业进展与展望研讨会。邀请国家电网、中国信通院、大唐移动、中国移动等单位专家就5G后续技术、标准、产业、网络部署及垂直应用展开研讨。10月26日，研究会主办2018航空航天产业发展高峰论坛，论坛围绕航空航天、新兴产业、军民融合等战略问题开展交流，约300人参加。中国人民解放军总装备部原副部长张建启中将、军事科学院专家于川信、航天大道总裁解月江、卫星导航首席专家王盾、重庆两江新区招商局长李光作专题报告。

国际交往 与新西兰华人科学家协会签署合作备忘录，就双方组织各自资源开展科技项目合作研发、成果产业化、科技交流、人才培养等进行合作。承接由商务部主办，面向“一带一路”沿线国家的司处级官员培训项目，来自亚洲、非洲、拉丁美洲共14个国家46名代表参加培训。

科普活动 以航天为主题，主办和参与承办航天科普展览会10场。与湖南省常德市澧县政府共同举办全国航天日庆祝活动分会场活动——“共筑航天新时代”中国航天科普巡展（澧县站），展览面积近1万平方米，历时1个月余，共有10万人次参观。湖南省政府副秘书长易佳良、常德市副市长汤祚国、澧县县委书记邹如龙等省、市、县领导参加活动，航天员张晓光出席活动并作科普报告。研究会常务副理事长梁小虹应邀作弘扬航天精神讲座，800余人听取讲座。

研究会申报的“‘走进中国空间站’航天科普展”项目被北京市科协选为北京市基层科普行动计划首都公民科学素质提升工程资助项目之一，展览于10月12—25日在北京房山科技活动中心举办。北京市科协党组书记、常务副主席宋春福，房山区委常委、副区长刘兵等市、区机关领导出席活动，研究会副理事长冯记春、北京市科协副主席孟凡兴致辞。展览面积1500平方米，参观人数近2万人次。

在山东省威海市、烟台市、菏泽市及河南省周口市等地与当地政府共同设立航天科普院士专家工作站各3个。在广东省江门梁启超中学、台山中学，北京21世纪国际学校等15所学校举办航天育种蔬菜种植活动及航天科普报告会，1700余人参与。

学会创新发展 2月12日，在中国工程院举办“献给共和国科学家们——2018新春京剧名家名段欣赏活动”，500余名科学家参加活动。孟广禄、王蓉蓉、袁慧琴、朱宝光等京剧表演艺术家及来自国家京剧院的10余名京剧名家登台表演。孟广禄和中国工程院院士陈念念合作演出，全国工商联原副主席、研究会监事会主席王治国献唱。

研究会首次成功举办中国高科技产业化高峰会议。研究会四届二次理事长会议决定，集中力量，精心策划，全力以赴打造具有自身特色的品牌活动，力争在全国形成一定的影响力。12月1日，首届中国高科技产业化高峰会议在北京举办。大会同期举办5个高层专题分论坛，700余人参加会议。

研究会成立工业控制系统产业联盟、人工智能产业技术创新联盟、航天育种产业创新联盟。以联盟形式聚集企事业单位和专家、学者共同推进产业化工作。

党建强会 研究会建立健全党的各级组织，有力保障党建工作的组织落实。经中国科协科技社团党委批准，研究会秘书处成立办事机构临时党支部。在符合条件的分支机构建立党的工作小组和党的联系人，落实中国科协“双覆盖”要求。

研究会党建工作遵守《中国高科技产业化研究会党委“三重一大”事项集体决策制度》《中国高科技产业化研究会党委会议事规则》《中国高科技产业化研究会党委党风廉政建设准则》《中国高科技产业化研究会办事机构临时党支部工作制度》等相关规定。在各分支机构（含内设专业机构、联盟）党的工作小组层面制定《中国高科技产业研究会分支机构党的工作小组工作规则》。

2018年，召开党委会4次、党委扩大会1次、临时党支部会议4次，做到“三重一大”事项前置审议。把党建与业务工作相融合，保证各项业务工作的政治方向，起到政治引领作用。按照中国科协科技社团党委统一布置，研究会被列为首批开展学会星级党组织创建试点的50家学会之一。在中国科协科技社团党委验收测评中获优秀。建立党建微信群，在研究会网站和微信公众号开辟党建栏目，开展党建强会宣传工作。

研究会党委及办事机构临时党支部举办主题党日活动3次。组织办事机构及分支机构、内设机构党员及入党积极分子参观“真理的力量——纪念马克思诞辰200周年”主题展览，赴北京西郊中央档案馆参观“不忘初心 牢记使命”档案文献展，参观中国科学院“率先行动、砥砺奋进”最新高科技展览。

在中国科协科技社团党委组织的2018年学会党组织负责人培训班上，作为4个学会党建典型代表之一，党委书记梁小虹以“以航天精神为引领，不断增进价值认同，进一步巩固和发展党在科技界的执政基础”为题，介绍研究会党建工作的探索与实践。

3月23日，在中国科协科技社团党委书记刘亚东、副书记刘桂荣带领下，中国科协科技社团党委所属学会20个支部60余名党员赴中国运载火箭技术研究院开展以“学习航天精神，铸就新的辉煌”为主题的党日活动。中国运载火箭技术研究院原党委副书记李光亚作主题报告。活动实地参观中华航天博物馆、火箭总装车间，开展党课讲授、先进党支部经验交流等活动。活动由研究会承办。

研究会申请承接的“党建宣传教育阵地建设项目”确立以宣传、学习国家授勋的23名“两弹一星”功勋元勋为主要内容，弘扬中国科学家精神。在北京通州区永乐航天科普教育馆支持下，11月13日，举行“党建阵地”验收暨揭牌仪式。中国科协科技社团党委副书记刘桂荣、北京通州区科协党组书记岳风山、研究会党委书记梁小虹出席并讲话。“党建阵地”通过图片、文字和实物等形式，展示功勋人物的伟大情怀、精神风貌和感人事迹，起到继承传统、弘扬精神，鼓舞人、激励人、教育人的作用。

【首届中国高科技产业化高峰会议】 12月1日，首届中国高科技产业化高峰会议在北京举办。会议邀请中国科学院院士、科技部原部长徐冠华担任大会主席，研究会理事长包为民作大会报告，中国工程院原副院长朱高峰院士、邬贺铨院士，中国工程院院士卢秉恒，国务院发展研究中心创新发展研究部原部长、研究员吕薇到会作专题报告。700余人参加会议。会议期间，发布干喷湿纺碳纤维和竹缠绕复合材料2项重大科技创新成果。同期召开赋能中国——2018人工智能产业化高峰论坛、5G时代的工业互联网创新应用论坛、未来农业科技生态圈论坛、绿色发展高峰论坛、航天育种助力未来农业发展和生态环境建设等高层次专业分论坛。

（撰稿人：凌　芸）

中国国际经济技术合作促进会

服务创新型国家和社会建设　1月13日，促进会在北京举办2018新年专家智库强国论坛。从全球产业变革、专家智库强国战略、系统金融风险防控等多角度、多层次为加快建设创新型国家献言献策。

为贯彻落实《中国科协关于推进院士专家工作站建设的指导意见》，促进会以企业为主体，以院士及其团队为核心，以产业发展为导向，以产学研合作为纽带，以院士专家工作站为载体，引进院士及其团队的技术成果，为企业开展科技成果转化和产业化咨询指导，为会员企业开展产业及企业发展战略咨询和技术指导。会员企业百顺源现代农业集团袁隆平院士专家工作站运行顺畅，为研究会开展院士专家工作站工作积累了经验。

2018年，研究会组织或参与2018京津冀智慧城市建设博览会暨第二届河北智慧城市博览会、中国（河南）国际投资贸易洽谈会、2018中国城市大会、新能源制造业发展座谈会、未来教育发展趋势和区块链技术与应用座谈会、首届青岛军民融合科技成果展、大型跨媒体嘉陵江文旅综合考察活动、中意国际品牌创新高峰论坛等活动。

1月18日，促进会理事长杨春光一行到湖南省湘西土家族苗族自治州吉首市矮寨镇补点村实地考察扶贫捐赠项目，参加捐赠项目富民桥竣工仪式。杨春光一行实地查看促进会捐赠项目心连心广场、四组防洪堤、富民桥、二组防洪堤及一组休闲坪项目。在富民桥竣工仪式上，自治州政协民宗委主任兼驻村扶贫工作组组长汇报补点村精准扶贫工作及促进会捐赠项目实施情况。杨春光和湘西土家族苗族自治州政协第十二届委员会主席刘昌刚为富民桥揭牌。杨春光为补点村村支两委赠送系列图书和文具。自治州政协机关驻村扶贫工作组和补点村村支两委为促进会赠送感谢牌匾。

2018年，促进会理事长杨春光邀请环保部有关专家，实地考察河北省魏县和大名县环保治理情况，并赴山东省青岛市科创蓝企业调研。促进会发挥自身平台优势，为地方政府和环保企业搭建沟通合作桥梁，提供因地制宜的优质清洁能源供热方案，解决冬季清洁能源供暖及大气污染问题，推进北方采暖地区城镇清洁供暖工作，助力打赢蓝天保卫战。

学会建设　2018年，研究会加大对分支机构统一管理。把好入口关，认真审查其资质；把好重点人，主要是负责人（会长和秘书长）；把好活动关，反复了解开展活动意图和路径，防止越规越线；用负面典型警示，增强命运共同体意识，同心合力确保学会工作健康发展。

学会治理结构和治理方式改革　推进办事机构工作人员职业化建设，实施理事会聘任专职秘书长制，专职工作人员实行聘任制。

学科发展研究　促进会申报的中国科协服务国家社会治理品牌建设项目“基于产研高效对接与耦合的公共服务模式探索与研究”和学科发展研究项目“农业科技前沿热点综述”获批立项。“基于产研高效对接与耦合的公共服务模式探索与研究”项目，通过实地调研、举办学术沙龙和科技研讨会等方式，将企业科技难题从线上、线下双重推送给科技人员团队，组织相关科技人员开展科技问题攻关，将科技人员最新研究成果介绍给企业，实现双方对接。“农业科技前沿热点综述”项目叙述和评论年度农业科技前沿热点进展和重大技术突破，并对研究视角、研究方法和研究水平进行分析比较，发挥学科发展研究引领科技进步、优化科技资源的作用。

党建强会 促进会深入贯彻落实党的十九大精神和习近平新时代中国特色社会主义思想，开展学会党建工作学习班、交流会、党委书记讲党课、全体党员学党章党规、学系列讲话等活动10余次。开展纪念建党97周年专题党课活动，党委书记、理事长杨春光作题为“改革开放——中国共产党人智慧的结晶和前进的路标”的报告。召开促进会纪念中国共产党成立97周年座谈会，邀请4名老领导讲政治、讲传统、讲科技、讲改革发展。党委委员多次参加中国科协科技社团党委组织的党建工作学习组、交流会，并配合完成“学会党组织建设标准化、规范化、科学化、制度化研究”“关于理事会党委工作职能及现状研究”等调研任务。

7月1日，促进会常务理事会在北京召开纪念中国共产党成立97周年座谈会。十二届全国政协常委、国家旅游局原局长邵琪伟，中纪委驻司法部原纪检组长岳宣义，十二届全国人大常委会委员、全国工商联原副主席李路，十二届全国政协委员、中国保利集团原董事长陈洪生应邀出席座谈会并作主旨发言，共同缅怀党的光辉历史，见证党的辉煌成就。

【2018新年专家智库强国论坛】 1月13日上午，中国国际经济技术合作促进会2018新年专家智库强国论坛在北京召开。促进会理事长杨春光致开幕词。第十二届全国政协委员、文史和学习委员会副主任、中央党校原副校长孙庆聚，第十二届全国政协常委、农工党中央副主席、国家中医药管理局副局长于文明，中共第十八届中央纪律检查委员会委员、人民日报社原副总编辑谢国明，第十二届全国人大外事委员会副主任委员、人力资源和社会保障部原副部长王晓初，第十二届全国政协委员、教育部原副部长李卫红，国家铁路局党组成员郑健，国务院参事室公共政策研究中心理事长胡本钢，九三学社研究室副主任、北京交通大学教授、博士生导师王元丰，国家信息中心副主任马忠玉，华融新兴产业投资公司党委书记、董事长宁克平，中国电子信息产业发展研究院副院长王鹏等出席论坛。孙庆聚、郑健、胡本钢、马忠玉等发表主旨演讲，从全球产业变革、专家智库强国战略、系统金融风险防控等角度为如何加快建设创新型国家献言献策。国家有关部门领导、专家、学者、企业代表、促进会会员代表和媒体记者等200余人出席论坛。

【2018京津冀智慧城市建设博览会暨第二届河北智慧城市博览会】 4月10日，由促进会、河北省智慧城市建设联盟、河北省京津冀大数据产业协会联合主办的2018京津冀智慧城市建设博览会暨第二届河北智慧城市博览会在河北廊坊会展中心举办。河北省原副省长郭世昌，廊坊市副市长王凯军，中国工程院院士邬贺铨，中国科学院院士姚健铨，中国科学院院士、华为EBG中国区智慧城市总工姚健圭等出席开幕式并作主旨发言。博览会以“千年大冀　众智成城”为主题，深入贯彻落实党的十九大提出的建设网络强国、数字中国、智慧社会的战略部署，履行促进会作为国家一级学会搭建平台职责，融合多方优势资源，推动“政、产、学、研、金”全面交流合作，实现“共建、共享、共荣、共赢”共同发展，助力推动京津冀协同发展，高标准建设雄安新区的国家战略。

【新能源制造业发展座谈会】 6月9日，促进会在江苏省泰州市新能源工业园区举办新能源制造业发展座谈会。邀请国内专家、学者，为促进会会员企业解读国家能源局5月31日发布的《关于2018年光伏发电有关事项的通知》文件精神。理事长杨春光出席会议并致辞。十二届全国政协常委、全国政协民族宗教委员会原主任朱维群，十二届全国政协委员、国家煤炭安全监察局原局长赵铁锤，十三届全国政协委员、全国政协经济委员会委员、全国人大预算工作委员会原副主任苏军，国务院原参事、原国家发改委能源局局长徐锭明，国家发改委经济体制改革综合司原司长孔泾源，国务院原参事胡本钢，环保部政策法规司原司长彭近新，中商建开新能源江苏有限公司总经理朱晓阳，中盛光电集团董事长王兴华等共32人出席座谈会。

【大型纪录片《嘉陵江》开机暨文旅结合跨媒体行动仪式】 8月3日，促进会理事长杨春光在中央电视台梅地亚中心参加大型纪录片《嘉陵江》开机暨文旅结合跨媒体行动仪式，并作为主办单位代表之一作主旨发言。活动由促进会与中国生产力学会策划专家委员会、中央新影国际传媒、亚洲阳光国际传媒、新华社手机电视台、重庆电视台、陕西电视台、重庆日报报业集团，联合嘉陵江流域陕西省、甘肃省、四川省、河南省30余县共同组织。启动仪式的核心主题为携手打造“嘉陵江文化旅游产业带”和“嘉陵江绿色经济走廊”，将嘉陵江的绿水青山，变成金山银山。

（撰稿人：张志伟）

中国基本建设优化研究会

服务创新型国家和社会建设 2018年，研究会为更好服务创新型国家和社会建设，进一步加强“四平台”建设。其一是国家智库平台，充分发挥“国家队”作用，为各级政府出谋划策，为区域经济发展提供咨询、规划、设计、产业调整服务。其二是政商学研服务平台，发挥桥梁和纽带作用，优化政商学研对接、资源调配、策略运用。其三是金融运作服务平台，在金融产品开发、PPP模式、金融价值链建设等方面进行探索，围绕工商资本、社会资本、金融资本进行优化，为企业提供信贷、基金、证券、保险在内的现代金融创新服务。其四是科技文创服务平台，整合科技文化智力资源服务会员，为科技文化创意提供产业、人才、资源和优化发展空间。

学会建设 1月29日，研究会在北京举行新年茶话会。原国家邮政总局局长刘立清、国务院国资委监事会主席解思忠、新华社副总编辑闵凡路、研究会专家委员会主任梅方权、农业部总农艺师孙中华、国家发展改革委农经司司长胡恒洋等研究会老领导及研究会副会长、党委书记徐小青，副会长石俊志、韩奇兴，副会长兼秘书长孙晓洲等出席。会上，徐小青代表研究会会长厉无畏向老同志致以节日问候，感谢老同志对研究会工作的领导与支持。孙晓洲汇报研究会秘书处近期工作情况及未来发展规划。与会领导对研究会工作给予肯定，对服务国家战略、服务区域经济、服务产业经济，打造国家顶级智库发展理念表示认可和支持。

学会治理结构和治理方式改革 邀请实业界人士韩奇兴出任副会长，加强学会领导力量。成立标准化技术委员会，开展团体标准计划项目征集工作，满足行业发展需要。为贯彻落实习近平总书记民营企业座谈会重要讲话精神，以“坚持两个毫不动摇”为宗旨，以“促进联合发展，实现互利共赢”为目标，聚焦研究和推进中国国有企业混合所有制改革，为民营企业创造良好营商环境，研究会新设立国民经济优化发展中心，与中铁中冶联合控股集团公司建立战略合作关系，在北京人民大会堂举行国企民企联合发展工程启动仪式。

国内主要学术会议 12月22—23日，由研究会房地产与物业委员会、房地产总工工作委员会、中博精典建筑科学研究院、总工之家（CTO）联合举办的第十一届全国房地产总工（CTO）年会在北京召开。同期召开第十一届全国房地产产业链技术融合创新发展论坛暨第十一届全国房地产技术选用产品创新成果展示会。来自行业协会、设计院、建筑工程、房地产等机构和行业领导、专家300余人参加大会，围绕中国房地产领域技术革新、建设生态节能项目、提升产品质量、降低建设成本交流思想、分享创新，旨在推动中国房地产领域更加节能化、生态化。

国际交往 11月12—14日，研究会联合日本、韩国等国家有关机构举办的首届芦笋大健康亚洲论坛在湖南省张家界市举办。原农业部总农艺师、中国合作经济学会会长孙中华，国家发展改革委农经司原司长、中国农业投资委员会会长胡恒洋等领导、专家出席并讲话。联合国食物安全委员会高级指导委员、研究会专家指导委员会主任梅方权，首届芦笋大健康亚洲论坛组委会主任、中国园艺学会芦笋分会理事长陈光宇，中国工程院院士、中国园艺学会副理事长、国家特色蔬菜产业技术体系首席科学家邹学校，中国农业科学院农产品加工所所长、国家食药同源产业联盟理事长戴小枫，韩国园艺学会副理事长龙咏禄等专家、学者作主旨演讲。来自中国、日本、韩国、越南、印度等国农业及芦笋机构的领导、专家、种植商、生产商、企业商及媒体代表近500人参加大会。

论坛包括开幕式、主旨演讲、颁奖仪式及闭幕式，举行芦笋营养及药用功能、乡村振兴产业扶贫及大健康综合体、芦笋生态种植与产后加工3场分论坛专题报告，进行授牌仪式、授旗仪式及产品展览、项目招商、合作签约、国际名厨芦笋邀请表演赛等。研究会副会长兼秘书长孙晓洲表示，在世界进入“地球村”，构建人类命运共同体背景下，多元文化融合、多界交往合作、多方共赢发展变得更加迫切和重要，NGO组织要充分发挥作用，更加积极地服务于国家战略、服务于社会发展和产业与区域经济，积极参与国际事务，广泛开展国际间交流合作，这是一种积极的探索和尝试。

党建强会 研究会党委组织党委委员、支部委员、所属党员深入学习贯彻落实党的十九大精神，在工作岗位和业务活动中贯彻落实十九大精神。一是践行“两学一做”，推进“两学一做”常态化制度化。学习习近平中国特色社会主义思想，尤其是结合业务工作内容，学习习近平新型城镇化思想、“三农”思想、城乡融合思想。通过学习，使业务工作坚持正确政治方向。以激励党员践行“两学一做”为目的，在党员中开展“全面从严治党对党员的基本要求”微党课。通过坚持“三会一课”制度，以“三会一课”为载体，推进“两学一做”学习教育常态化制度化。二是加强思想政治建设，践行“两个维护”。通过对习近平新时代中国特色社会主义思想的学习和践行“两学一做”，教育引导全体党员更加坚定理想信念，增强坚持政治意识、大局意识、核心意识、看齐意识的自觉性和坚定性。三是加强思想政治建设，践行“两个维护”。在党建强会中突出政治建设在党的建设中的重要地位，教育党员严格遵守政治纪律和政治规矩，在政治立场、政治方向、政治原则、政治道路上同党中央保持高度一致，带头践行“两个维护”。四是履行党委主体责任，巩固战斗堡垒。按照党的十九大提出的“要以提升组织力为重点，突出政治功能，把社会组织等基层党组织建设成为宣传党的主张、贯彻党的决定、领导基层治理、团结动员群众、推动改革发展的坚强战斗堡垒”要求，进一步加强战斗堡垒建设，构建团结和谐、充满活力的党委。在党委及支部中宣传贯彻执行党的路线、方针、基本方略和战略部署，团结动员广大群众，推动学会各项工作健康发展。

会员服务 通过研究会官网、微信公众平台等为会员企业推送党中央、国务院及各部委政策资讯和研究会最新动态信息，帮助企业了解经济及产业发展形势。推荐会员企业参加中国科协及有关部委组织的科技、创新、优化类评优评奖项目及活动。为会员企业提供个性化解决方案。

【国企民企联合发展工程启动仪式】 12月1日，研究会成立国民经济优化发展中心。12月28日，研究会国民经济优化发展中心在北京人民大会堂举行国企民企联合发展工程启动仪式。十二届全国政协副主席、全国工商联原主席王钦敏，国务院发展研究中心党组书记、副主任马建堂，国有重点大型企业监事会原主席季晓楠，研究会副会长兼秘书长孙晓洲，中国企联常务副会长兼理事长朱宏任，中国建材集团公司党委书记、董事长宋志平，中国煤炭地质总局党委书记、局长赵平，《中国企业报》集团社长吴昀国等有关领导、专家、学者、企业家代表400余人参加。发起实施的国企民企联合发展工程，将以国企民企联合发展中心为载体，组织央企和全国范围国有企业、民营企业，按照自愿、平等、合作原则，建立国企与民营企业在产业链上下游、产学研信息、资本、技术、知识产权等资源共享机制，建立国企与民营企业业务合作、产权合作、技术合作及人才培养平台，建立国企与民营企业一对一、一帮多精准帮扶机制，促进混合所有制改革，开创国企与民企共生、共进、共赢、共荣新格局。

（撰稿人：孙华伟）

中国科技馆发展基金会

服务创新型国家和社会建设 2018年，基金会新建农村中学科技馆169所。截至2018年年底，28个省、自治区、直辖市和新疆建设兵团建立农村中学科技馆共708所，直接服务公众302万余人次。

出版《春晖——农村中学科技馆学生作品集》。开展“中国特色现代科技馆体系调研”之“农村中学科技馆专题调研”，共收集10904份学生有效问卷和229份学校有效问卷，按西部（甘肃省、宁夏回族自治区）、中部（河北省、安徽省）、南部（江西省）线路，专赴20余所农村中学展开实地调研，形成3万余字的问卷数据分析报告2份、调研报告1份。

5月和12月中下旬，组织中标公司在北京召开技术交流会2次，研讨规范每件展品技术标准，明确验收工作方案，提出维保要求等，以提升标准化效果。利用信息化手段，通过登录基金会网站，按月督促、审核受助学校上报的农村中学科技馆各项运行数据，做好数据信息统计和整理，通过数据监测监督和指导项目执行。修订三方协议，要求农村中学制定相应管理制度，并对如何使用、管理、开放时间、服务范围、活动开展等做出明确规定。

7月10日，2018年农村中学科技馆首套展品验收工作在中国科技馆举行。采取集中验收形式，达到各公司横向比较、互相学习、共同提高的效果。9月26—28日，展品批量验收创新工作方式，由中国科技馆资源管理部和基金会联合开展。大篷车和农村馆2个项目组合理分工、协同开展，避免同一项目多地奔波、不同项目重复到访的复杂程序，优化验收环节，提高工作效率。

联合地方自主培训，5月2—4日，由广西科技馆、广西青少年科技中心、防城港市科协主办，防城港市东兴市京族学校协办的2018年广西农村中学科技馆公益项目交流培训班在广西壮族自治区防城港市举办，55人参加培训。5月21—22日，云南省楚雄彝族自治州武定县中小学科技辅导员培训在香水中学举办。来自全县11个乡镇29所中小学的64名科技辅导员参加培训。开展年度培训，11月21—23日，在南宁市组织召开2018年农村中学科技馆工作研讨及业务培训会，300余人参加。截至2018年年底，基金会累计培训农村科技辅导教师1000余人次。

基金会作为2018中国国际科普作品大赛和第一届全国科技馆展览展品大赛公益支持单位，在基金会官网和中国数字科技馆等平台发布《2018中国国际科普作品大赛赞助招商工作方案》，独家赞助支持两个大赛的奖励及国际嘉宾差旅等相关经费共计245万余元。

学会建设 按照权责一致、有效制衡和分事行权、分岗设权、分级授权要求，围绕收入管理、支出管理、项目管理、资产管理、合同管理等经济业务活动进行流程梳理和风险评估，逐一针对风险点建立健全各项内部控制制度。

完善财务信息公开制度，将社会捐赠收入、承接项目经费收入、利息等收入及相关支出等财务信息，通过基金会官网及向捐赠人报告等方式，主动定期向社会公开。召开2次理事会议，向理事会报告财务状况，向民政部及中国科协报送年度财务报告。

完善项目管理办法，与捐赠单位或捐赠人签订捐赠协议。根据捐赠人意愿，严格区分限定性及非限定性收支，保证管理费用比例不超标。严格执行项目进度安排，严格专款专用和专账管理。

明晰记账人员与业务事项和会计事项的审批人员、经办人员、财物保管人员的职责权限。执行重大事项决策、重要人事任免、重要项目安排、大额资金使用必须经理事会决策通过。执行基金会内部审计规定，按要求聘请专业会计师事务所对基金会财务情况进行审计并出具报告。执行基金会换届及更换法定代表人前接受财务审计规定。

10月，民政部社会组织管理局在中国残疾人福利基金会等社会组织参与脱贫攻坚有关情况的通报中指出，中国科技馆基金会在参与脱贫攻坚工作中，强化责任意识，发挥职能优势，积极主动作为，通过实施农村中学科技馆公益项目，注重提升农村青少年科学素质，取得明显成效。

根据《中国科协科普部关于对2018年度有关全国学会科普工作予以表扬的通知》，基金会获2018年度全国学会科普工作优秀单位称号。

国际学术会议 基金会与中国科技馆、国际博协科技博物馆专业委员会合作设立“科技馆能力建设培训项目”，利用向社会募集的50万元公益资金，支持举办首届国际科技馆能力建设培训班。

10月29日—11月4日，在中国科技馆举办主题为“如何开发出具有时代性的启迪创新的科技馆展览——从创意到展出”的培训班。培训班聘请世界科技馆领域著名专家授课，采用案例分析、分组讨论、科技馆实践等形式，专家和学员就科技馆展品设计流程、展览研发与叙事性设计、展览团队创新方法等专题展开讨论。

科普活动 6月12日，基金会赴河北省平山县北冶乡中学开展“我分享、你快乐”公益科普行活动。针对中学生学习情况，为学生带去学习和科普活动用品。下半年，为该校捐建一所农村中学科技馆。

9月，基金会通过前期问卷调查和实地调研，结合国家、社会、个人科普发展需求，在全国科普日期间试点组织实施“中学科技馆在行动”活动。活动旨在使全国各地已建农村中学科技馆通过项目资助方式，有组织、成规模地在全国开展以“创新引领时代，智慧点亮生活”为主题的全国科普日联合行动。活动通知发出后，基金会组织专家开展评审，最终安徽省太湖中学等10所学校获助2万元用于开展活动。10所学校举办各类科普活动共87项，活动累计开展62.5天，累计直接、间接服务群众6.91万人次。地方报纸、电视新闻、自媒体等28家媒体机构对活动进行专门宣传报道。

表彰举荐优秀科技工作者 经中国科技馆发展基金会2018年度专家评审委员会第二次会议投票，并由第五届理事会第八次会议审议，评选出2018年度科技馆发展奖展览奖、创意奖、贡献奖共30个。

党建强会 基金会功能型党委推进“两学一做”学习教育。每季度向理事发送党建和工作动态；召开理事会集中学习讨论会议；党小组每月至少组织1次集中交流活动；用党建云、支部工作APP开展e学习等。基金会功能型党委把思想政治教育作为首要任务，用习近平新时代中国特色社会主义思想指导实践，推动工作。

基金会把“三会一课”制度作为党建活动根本保证，组织听党课、讲党课，传达学习中国科协机关党委关于集中整治形式主义、官僚主义的工作安排和警示教育专题组织生活会精神，提高党员政治觉悟和工作水平。组织开展“不忘初心、重温入党志愿书”主题党日活动，参加“对党说句心里话，咱当兵的人就是不一样”八一主题党日活动。组织党员干部赴北京汽车博物馆交流学习，赴国家博物馆参观“伟大的变革——庆祝改革开放40周年大型展览”，观看改革开放40周年专题音乐会。赴江西省赣州市寻乌县、瑞金市中央苏区革命旧址、爱国主义教育基地参观学习。

【2018年度资金募集】 2018年，基金会收到社会企事业单位捐赠科普展品实物价值400万元，企业资助1050万元，图书捐赠价值510万元，网络平台筹款额1.36万元。

6月7日，上海智慧圆科普教育设备有限公司向中国科技馆发展基金会捐赠仪式在中国科技馆举行。中国科协名誉主席韩启德、中国老科学技术工作者协会常务副会长齐让、中国科协党组成员殷皓等领导出席捐赠仪式。上海智慧圆向基金会无偿捐赠价值人民币1000万元的科普展品，共计50套农村中学科技馆展品，分3年执行完毕，用于支持基金会农村中学科技馆公益项目。

9月7—9日，参与腾讯公益联合发起的“99”公益日活动，配套制作宣传海报，开通微信公众号。经过3天集中募捐，共有708人次参与，募得公益善款10742.79元。利用指尖公益、人人可公益、小额捐赠等募资渠道，全年通过基金会网站接受公众个人小额捐赠款13647元。

10月，向合肥磐石自动化科技有限公司等5家企业募集资助款50万元，用于提高科技馆从业人员培训课程质量。

11月，中国国家博物馆和中国科学技术出版社分别向基金会捐赠价值410万元文博类图书和100万元科普类图书。基金会将把受赠图书分批次逐步发放至已建成的农村中学科技馆。

【2018年度科技馆发展奖评选】 3月，召开2018年度专家评审委员会第一次会议，通过《2018年度科技馆发展奖工作实施方案》。4月，面向全国开展第五届展览奖、创意奖、贡献奖推荐评选工作，加强对专家委员和推荐单位的指导和要求。采用H5等新媒体手段，借助微信、中国科协网、中国科技馆官网、数字科技馆网、基金会官网等传播平台，增加科技馆发展奖宣传渠道和方式，扩大宣传力和影响力。8月，开展科技馆发展奖奖项初审工作。10月29日，召开2018年度专家评审委员会第二次会议，投票评选出2018年度科技馆发展奖展览奖6个、创意奖9个、贡献奖2人，展览奖提名奖4个、创意奖提名奖9个，形成获奖建议名单提交理事会，于12月召开的理事会二次会议审议通过，评选结果公示无异议。

【全国青年科普创新实验暨作品大赛】 完成“探知未来”2017年全国青年科普创新实验暨作品大赛决算总结工作。作为该项赛事公益合作组织，基金会首次参与大赛组织实施，主要负责大赛经费管理。上半年，基金会针对15家承办方经费开展审核决算和总结工作，为主办方把好财务关。

【合展励学金公益项目终期检查工作】 5月底，基金会联合第三方审计（北京中正天通会计师事务所）完成合展励学金公益项目终期检查工作。检查结果形成《合展励学金专项检查工作总结报告》和《合展励学金公益项目专项审计报告》上报各相关部门。2011—2017年，基金会受中国科协委托，连续实施合展励学金公益项目，接受合展（集团）有限公司捐赠1600万元。2017年年底完成该项目资助工作。7年来，该项目共资助中国科协年会举办地天津市、河北省、贵州省、云南省4省8所高校3634名家庭经济困难学生。

（撰稿人：范家旭）

中国生物多样性保护与绿色发展基金会

服务创新型国家和社会建设 7月10日，基金会将中国境内最具濒危性的物种大鸨、白鱀豚、中华穿山甲相关观测数据信息通过全球生物多样性信息服务网络平台（GBIF）中国端口（www.gbifchina.org）录入上线。基金会获得中国科学院生物多样性委员会正式背书，成为GBIF数据发布者。GBIF将目前世界上现存生物多样性数据库集整合起来，形成面向全世界用户的有关全球生物多样性综合性信息的服务网络，促进生物多样性科研、保护和可持续利用。

基金会与云南省普洱市政府、中国科学院生态中心共同合作开展普洱市生态系统生产总值（GEP）核算项目。参与GEP数据收集处理、报告撰写修改、项目验收工作。10月18日，普洱市生态系统生产总值（GEP）核算项目成果发布，基金会在首届普洱（国际）生态文明暨第四届绿色发展论坛上，将生态系统生产总值（GEP）核算成果移交普洱市人民政府。

9月25日，基金会星空工作委员会参照国际经验，结合中国现实情况发布《暗夜星空保护地项目标准》。该标准的发布，为有条件或有意愿开展暗夜保护项目的地方开展工作提供参照依据，昭示中国对于星空保护方面的重视。

11月10日，基金会副秘书长马勇获聘担任中国法学会环境资源法学研究会环境纠纷多元解决机制专业委员会委员，为环境纠纷多元解决贡献力量。

基金会获澎湃新闻颁发的2018最佳政务传播群团组织奖。在2018年度中国公益节中，基金会获评公益集体奖（综合奖）和年度公益组织奖（单项奖）；基金会穿山甲项目组负责人张思远获评公益人物奖；基金会选送“水安全项目”获评公益项目奖。

学会建设 3月，基金会成立少年儿童工作组，开辟微博宣传平台。该平台是基金会向少年儿童开放的宣传互动平台，通过开展公益活动，实践环保教育从娃娃抓起，让少年儿童从小正确认识生命、认识人与自然的关系。5月16日，成立自然守望者专项基金。基金致力于推动中非在野生动植物保护领域交流与合作、推动“一带一路，野保先行”。通过发动政府相关职能部门、企业、同行机构和社会参与，提高公众对野生动物及其栖息地保护的认识，关注生态环境和生物多样性保护，助力绿色发展事业。

9月，加入国际自然保护地联盟（International Alliance of Protected Areas，IAPA）并成为观察员。联盟宗旨是联合全球自然保护区，开展国家、地区和国际层面交流与合作，实现人与自然和谐发展。

国际学术会议 6月7日，由基金会参与共同发起的中非野保合作论坛在南非约翰内斯堡金山大学举行。论坛主题为“野生动植物保护：中国将成为全球野保战役的中坚力量”。活动旨在促进中非民间在野生动植物保护上合作，邀请使领馆代表、非洲中资企业代表、华侨领袖、国际及本地野保组织代表、政府部门代表、国内国际媒体代表等共同研讨中非野生动物保护合作问题，向全世界发出“抵制非法野生动物制品贸易，非洲华人在行动”中非民间野生动物保护合作宣言。

6月27日，基金会与国际竹藤组织共同主办首届世界竹藤大会（BARC 2018）绿色经济与可持续发展（Green Economy and Sustainable Development）平行论坛。论坛讨论议题围绕联合国可持续发展目标（SDGs）、生态自然资源保护与可持续利用、生态扶贫、生态“一带一路”（EBRs）、2020年后生物多样性目标等展开。4名中国学者代表、5名国外学者代表在大会上作交流发言。约50人参会。

国内主要学术会议 2018年，基金会各部门主办或参与联合主办研讨会、论坛等学术活动20余次。内容涉及环境法律（案件、草案征求意见、社会热点、提案议案）、绿色经济与可持续发展。

8月4—7日，主办第二届良食英雄峰会，主题为“引领未来的菜单”。提交项目并入选的50名“良食英雄”与食物领域专业人士和学者及食物体系各领域创新实践者进行交流，助力公共机构制定并贯彻食物政策，引领中国食物体系走向美味、健康、可持续的未来。

8月19日，参与主办首届2019全球绿色设计大会联合发起签约仪式暨讨论会。通过构建尊崇自然、绿色发展的经济结构和产业体系，解决好工业文明带来的矛盾。通过工业设计引领行业变革，创造绿色价值。通过多方合作达成共识，建立全球绿色设计大会平台。

国际组织任职 6月2日，基金会秘书长周晋峰受印度地球政策中心主席Rajendra Shende邀请，成为Smart Campus Cloud Network（SCCN）高级顾问。SCCN是全球性教育校园网平台，致力于广大学生参与实现绿色校园和校园可持续发展。

10月16日，基金会秘书长周晋峰当选罗马俱乐部执行委员会（Executive Committee）委员。罗马俱乐部是有关未来学研究的国际性民间学术团体，是研讨全球问题的世界智囊组织。宗旨是通过对人口、粮食、工业化、污染、资源、贫困、教育等全球性问题的系统研究，提高公众全球意识，敦促国际组织和各国有关部门采取必要社会和整治行动，以改善全球管理，使人类摆脱所面临的困境。

国际交往 2月，基金会代表参加世界自然保护联盟（International Union for Conservation of Nature，IUCN）在印度古瓦哈提举办的第二次GBM-CSO会议。会议围绕“共同的生态系统，共同的遗产，共同的命运”

展开，其中，BRIDGE（建设河流与对话与治理）是IUCN推动的全球性计划，在亚洲、非洲和加勒比地区14个跨界流域实施。该方案支持共享河流或湖泊盆地内国家提升水资源治理能力，通过共同愿景、利益分享原则和可持续发展构造管理体制框架，目标是促进跨界流域合作国家通过多层次水资源外交开展合作。

3月，基金会接待日本前首相、东亚共同体研究所及世界友爱论坛理事长鸠山由纪夫。鸠山由纪夫对十九大报告中提到的生态文明建设和绿色发展理念表示赞赏，认为中国所表现出的保护地球的坚定决心，对于全世界而言有着巨大帮助。

4月，基金会代表赴阿联酋阿布扎比参与国际鸟盟、CMS、IFHC等主办的第一届全球候鸟迁徙路线峰会。世界所有8条候鸟迁徙路线上的执行者和决策者参加峰会，旨在通过研究交流推动解决候鸟种群急剧下降问题。根据国际鸟盟发布的《2018全球鸟类状况报告》，在世界1.1万种鸟类中，25%是迁徙鸟类，40%的种群数量在下降，其中，12.5%面临全球灭绝威胁。

10月，基金会作为中国唯一非政府组织观察员，参与联合国《国际湿地公约》第十三次缔约方大会（Ramsar COP13）。召开边会Sharing CBCGDF's Experience in "Community Conservation Area（CCAfa）" Practice in China—towards a shared future for mankind，基金会副秘书长Alice Hughes主持并致开幕词。

11月17日，基金会代表团参加2018年联合国生物多样性大会（UN Biodiversity Conference）并参与举办2场边会。基金会副秘书长Alice Hughes主持大会平行分论坛"可持续基础设施日"。11月19日，基金会与IUCN WCPA ACC合办第十四次《生物多样性公约》缔约方大会（CBD COP14）边会"连接性保护地（ACCs）——生态网络的新保护命题"。11月21日，基金会主办"一带一路"主题边会"志同道合的生物多样性国家作为可持续发展的榜样"。

科普活动 全年举办或参与主办科普活动30余场次。包括公益赛事、征文活动、摄影作品征集、国际观鸟赛、暗夜星空高校公益科普讲座、青少年科普教育活动、野生鸟类救助培训班等。

3月17—18日，与天津市滨海新区政府联合举办第二届中国天津滨海新区国际观鸟大赛。150余人参与。国内外20支代表队参赛，其中，国内代表队15支、国际代表队5支。赛事旨在倡导全社会爱鸟护鸟、保护生物多样性、保护生态环境，传播观鸟理念、方法与技术，全面反映天津滨海新区区域鸟种状况及保护现状。

3月18日，主办2018年"绿梦校园"全国大学生环保知识竞赛活动暨第二届全国大学生环保知识竞赛。同步开展为期4个月的高校环保文化节活动，开展线上线下系列环保公益活动。竞赛由1227个高校协办，139万余名大学生参赛，影响约1500万名在校大学生。活动得到中国新闻社安徽分社、中国新闻网、中国公益新闻网、《安徽日报》《安徽青年报》等新闻媒体的支持和关注。

6月，主办"E领新时代·减塑捡塑"公益活动，征集环境污染、生态保护、美丽中国等摄影作品2700余幅，线上互动30万人。

8月18日，举办第二届野生鸟类救助培训班，线下参与100人，线上直播浏览2万余次。基金会"水鸟保护地·唐山"累计开展线下实地科普教育50余次，科普受众1万余人次。

10月18日，与云南省普洱市政府等单位联合举办首届普洱（国际）生态文明暨第四届普洱绿色发展论坛，300余人参加论坛。

学会创新发展 新成立中华保护地36个。该体系总数达105个，类型涵盖古村古建筑、濒危动植物、生态系统，如中华斑海豹保护地·盘锦、中华大鸨保护地·锦州、中华乡土文化保护地·东源村、中华江豚保护地·彭泽、奥肯耶·狮子社区保护地等，分布在辽宁省、河北省、黑龙江省、湖南省、江西省、湖南省等国内16个省份及非洲肯尼亚。同民间NGO、在地志愿者、有关部门等联合推动社区参与式保护、科普宣教、科学研究等。着重对穿山甲、大鸨、雪豹、江豚等代表性物种开展重要工作，践行生物多样性保护。

党建强会 基金会党支部以党的十九大精神为指引，组织、参与各项重要活动，推动党组织建设。

4月27日，基金会党支部代表参加中国科协机关党委组织的智慧党建培训活动。5月4日，中国科协科技社团党委组织所属党支部全体青年团员赴北京房山区"没有共产党就没有新中国纪念馆"参观学习，开展"不忘初心，砥砺奋进"主题团日活动，基金会党支部代表参加活动。7月10日，组织部分党员和积极分子到中国人民抗日战争纪念馆，开展"重温誓词，不忘初心，牢记使命”主题党日活动。8月28日，组织党员和积极分子开展党建活动，学习习近平总书记在全国宣传思想工作会议上的重要讲话精神。9月19日，组织学习会，学习讨论新修订的《中国共产党纪律处分条例》。11月21日，基金会代表参加中国科协2018年学会党组织负责人培训班。11月28日，组织部分党员及积极分子参观“伟大的变革——庆祝改革开放40周年大型展览”。12月18日，组织党员及积极分子观看改革开放40周年庆祝大会现场直播。

【“地球一小时”特别活动：开启我的“60+”生活，找回失去的星空】 3月24日20：30，基金会星空工作委员会启动“地球一小时”特别活动：开启我的“60+”生活，找回失去的星空。2018年是“地球一小时”进入中国10周年，作为世界自然基金会（WWF）“地球一小时”官方公益合作伙伴，基金会联合全国各地高校、社团与环保志愿者共同举办路边天文夜观测活动，向社会公众倡导减少使用并控制光污染及大气污染，宣扬可持续、节能环保生活理念。

【2018首届中国（连云港）绿色制造大会】 6月8日，由基金会参与主办的2018首届中国（连云港）绿色制造大会在江苏省连云港市召开。国务院参事、全国工商联原副主席谢伯阳，中国工程院院士金涌，生态环境部政策法规司相关领导，连云港市委副书记、代市长方伟，江苏省经济和信息化委员会党组书记、主任谢志成，国务院发展研究中心研究员周宏春等出席会议。大会旨在推进绿色生产方式与生活方式，加快建立绿色生产和消费的法律制度和政策导向，提高中国绿色经济发展水平。盛虹石化集团向基金会捐赠公益资金100万元。

（撰稿人：李颜颜）

中国反邪教协会

服务创新型国家和社会建设 协会以“崇尚科学 反对邪教”为主题，组织全国各级反邪教协会开展防范邪教宣传日（周、月）活动。在各地政法委、科协领导支持下，各级反邪教协会通过宣讲报告会、展览、文艺演出、知识竞赛、专家咨询、资料发放等形式，向群众普及反邪教知识，帮助群众认识邪教本质和危害。全年开展各类活动10万余场次。翻译和校订DVD 2部、日本相关组织宣传资料和研究专著4部，共计66万余字，汇集成册。

学会建设 联合中国心理学会、中国心理卫生协会，围绕涉邪教人员心理研究、心理健康科学知识普及、涉邪教人员教育转化、薄荷茶社网站内容建设、建立长期联络机制等主题开展调研座谈。

筹备上线薄荷茶社微信公众号，每天固定推送科普文化类、各地活动类、破迷反伪、邪教曝光等文章。增加薄荷茶社网站原创内容，全年发布稿件3000余篇，网站点击量20万余次。

整理完成《中国反邪教协会大事记》（2000年11月—2017年12月）。

主办期刊 协会主办期刊《中国反邪教通讯》，结合深入学习贯彻党的十九大精神，设置“新时代 新气象 新作为”栏目，邀请各地协会秘书长撰写“秘书长之声”，吸引专家、学者提供稿件。2018年编印12期，共约100万字，每期印发3000册。

科普活动 在薄荷茶社网站开辟专题栏目，筹备制作薄荷动漫、2018年防范邪教宣传日（周、月）活动、“正本清源 张洪林教授谈气功”和古今风水谈等专题栏目5个。

学会创新发展 举办首届全国反邪教系统微电影微视频微动漫征集评选活动。

统筹各省级反邪教协会、理论研究基地专家人才资源，聚焦邪教向高校渗透传播热点问题，对高校学生的邪教认知应对及高校反邪教工作状况开展实证性研究。调研工作在全国200余所高校同时进行。在国内外有关研究基础上，首次设计完成调查问卷，抽取样本11000份，对河北省、浙江省、郑州市3地高校反邪教工作进行经验总结和案例剖析，梳理高校反邪教工作中存在的问题，提出具体意见建议。

党建强会 坚持“三会一课”制度，开展支部学习，提高协会干部政治理论素质。全年召开支部党员会议12次。与北京反邪教协会党支部联合举办主题党日活动，邀请有关专家围绕新时代社会建设进行授课。党支部书记王慧梅围绕“防范和处理邪教工作的法治进程”讲党课。开展“不忘初心 重温入党誓词”支部活动。开辟“不忘初心 牢记使命”学习园地，交流心得体会。制作各处室重点任务清单，要求干部填写2018年干部业绩目录，集中展示交流。

【首届全国反邪教系统微电影微视频微动漫征集评选活动】 5月，协会开展首届全国反邪教系统微电影微视频微动漫征集评选活动。活动收到20个省级和大型企业反邪教协会报送的参赛作品296个，总时长33小时45分钟。经筹备会、初评、复评和终评，选出获奖作品148个，其中，一等奖6个、二等奖18个、三等奖25个、优秀奖99个。选出优秀组织奖10个。活动旨在解决各地反邪教协会宣传资源不平衡不充分问题，整合共享全国反邪教系统视频宣传资源，提升各地协会利用视频开展反邪教宣传教育工作能力。

（撰稿人：姚　达）

辽宁省科协第九次代表大会

上海市科协第十次代表大会

安徽省科协第十次代表大会

福建省科协第九次代表大会

广东省科协第九次代表大会

广西科协第八次代表大会暨广西科协成立60周年纪念大会

第二届中国（连云港）国际医药技术大会

江西省“院士专家共话江西航空产业高质量发展高端对话”

京津冀众创空间发展论坛、中国创新方法大赛河北赛区决赛暨第二届河北创新方法大赛

四川省第二届农村乡土人才创新创业大赛

青海省藏医药传承创新产业发展论坛

2018 年全国大众创业万众创新活动周新疆分会场

2018 年山西省科协年会

第十届吉林省科协年会

第八届云南省科协学术年会

天津市自然科学研究系列生物医药技术专业高、中级职称评审会议

2018年海南省“全国科技工作者日”人才专题座谈会

庆祝全国科技工作者日座谈暨宁夏青年科技奖表彰会

2018 陕西航空航天产业发展论坛

重庆市为 2018 年新建院士专家工作站授牌

北京国际城市科学节联盟启动仪式

2018 年浙江省“全国科普日”活动

2018 年全国科普日湖南（岳阳）主场活动

龙粤科协对口合作座谈会暨协议签订仪式

省、自治区、直辖市科协，新疆生产建设兵团科协简况

北京市科学技术协会

服务经济社会发展 北京市科协贯彻中央和市委智库建设要求，强化学会主体作用，打造以专业智库基地为龙头，以调研课题、决策咨询沙龙、科技工作者状况站点调查为基础支撑平台，以科技工作者建议、政协提案等为成果转化平台的科协特色智库体系。设立北京电子学会等16个专业智库基地，作为专业智库群理念的实践载体。北京减灾协会、北京测绘学会等首批8家基地产生决策咨询成果。开展“加强全国科技创新中心建设背景下北京营商环境的研究”等年度重点调研课题15个，开展决策咨询沙龙10期，征集科技工作者建议119项，收集科技工作者状况调查站点信息近200篇。北京工商大学科协等站点的信息被中国科协采用，北京自然辩证法研究会提出的《关于促进怀柔科学城发展的几点政策建议》得到时任副市长阴和俊批示，北京水利学会提出的《关于加强北京水文化遗存保护的建议》得到副市长卢彦批示，团体提案《关于推动北京众创空间可持续发展的提案》被评为市政协十三届一次会议优秀提案。

参与全市创新创业·惠民生活动，北京制冷学会《鲜食玉米冰温保鲜技术征集方案》获奖。北京土木建筑学会、北京电工技术学会等10家学会14个项目进入全国双创周北京主场，展览展示科技新成果、新应用。

以企业需求为出发点，以人才成长为结合点，以产业战略发展为着力点，以十大高精尖产业为突破点，以一区十六园为落脚点，打造新型科技服务体系。截至2018年年底，成立科技社团创新簇20家，增设朝阳区、昌平区及大兴区3个区域企业创新服务中心，建设北京中煤矿山工程有限公司等74家企业创新簇，对接全国和市级学会266家，对接科研院所、高校和科技服务机构198家。新建企业院士专家工作站38家，建站总数达180家。引进院士276人、专家880人。通过创新簇、企业科协建设等联系一线科技工作者的数量增加6万人，达到48.5万人。

发挥科技成果转化平台作用，累计面向京津冀地区发布科技成果90项。围绕前沿产业举办大讲堂6期，举办人才培训班4期，累计培训200余人次。搭建高校创新人才服务平台，组织京津冀等地44所高校649件作品参加第七届大学生科技创新作品与专利成果展示推介会，6个项目与企业签约。在河北省秦皇岛市青龙满族自治县（国家级贫困县）设立现代农业升级项目，探索农业实施科技创新簇和延伸都市型现代农业示范基站新模式。组织北京作物学会、北京制冷学会、北京营养师协会、顺义区基站等学会和基站精准对接河北省贫困地区，促进当地产业整体水平提升。延伸科技评价工作，北京生物医学工程学会和北京超声医学学会分别开展面向京津冀地区的人才评价工作。承办河北省科协燕赵学堂大型系列科普讲座，欧阳自远等10名院士专家作讲座。

落实对口援藏工作，组织中国园艺学会草莓分会、北京农业职业学院等单位9名专家赴西藏自治区拉萨市开展“草莓专家拉萨行”活动。组织“企业创新簇”建设专家和中国科协九大代表园区建设专家22人赴拉萨市，深入7家藏区企业、3个产业园和1个双创基地开展访谈和实地考察，举行咨询对接会4场，精准对接并达成合作协议5项。

《科学素质纲要》实施及科普信息化建设工作 落实《科学素质纲要》，实施年度重点任务61项。编制全民科学素质工作评估指标，组织实施“十三五”中期工作评估。2018年北京市公民具备科学素质比例达到21.48%。举办首届北京市公民科学素质大赛，15.1万人参与线上科学素质测试和答题活动，编制题库新题目2000个。实施农民提素工程，邀请专家深入乡村举行讲座37场，直接覆盖人群4000余人，发放资料6000余份。北京市全民科学素质行动网站上传各成员单位、各区纲要办新闻1400余条。《全民科学素质行动专刊》全年出版24期。

开展基层科普行动计划，确定资助项目88个，其中，科普惠农兴村工程项目30个、社区科普益民工程项目38个、首都公民科学素质提升工程项目20个。举办2018年全国科普日暨第八届北京科学嘉年华活动等科普品牌活动150余项，参与公众26.2万人次。科普中央厨房各栏目资源输入量达25012条，其中，文章16050篇、视频7541个、挂图358张、音频692条、试题155组、专家216个。举办北京国际科普资源博览会，成立北京国际城市科学节联盟。科普日基层巡展活动分别在昌平区、平谷区、怀柔区、通州区、大兴区、延庆区开展6场，每场活动场地面积近万平方米、科普资源展项30余项，活动共计受众3万余人次。第二十届北京科普之春宣传月活动中，各郊区科协组织活动680余项、发放宣传资料14万余份，受益群众18万余人次。第二十届北京科普之夏宣传月活动中，各区科协开展基层科普活动3000余场次，受益群众22万余人次。

北京科学中心正式开馆运行，“展教结合、以教为主”的建馆理念、展线课程、展教活动得到市委书记蔡奇肯定，成为科普理念与科普实践双升级的有效载体。推动体系建设，示范引领首都科普场馆发展。以北京科学中心为核心，以16个区域分中心和N个专业特色科普场馆为依托，相互形成联动效应，构建“1+16+N”的北京科学中心发展体系。海淀区、延庆区等6个区域分中心及北京科学中心天文观测体验中心、北京科学中心商飞航空科技展示中心等4家特色分中心已挂牌。

学术交流 举办科技交流学术月，开展学术交流活动240余项，覆盖科技工作者10万人次。北京科技情报学会、北京项目管理协会的学术交流专题活动与双创结合，北京粘接学会等4家学会与全国学会共同举办学术活动。通过6个学会开展学术评价试点工作，带动52个学会主动开展人才评价、成果评价和科技评价229项。学术资源对接高端科技平台，科技工作者在更高端的展示平台上交流合作。与市对外友协联合举办2018国际民间友好论坛，形成一系列民间合作意向。

开展科学家宣讲党的十九大精神巡回报告活动，将巡回报告与北京科技学术交流月结合，中国工程院院士、市科协主席刘德培，中国科学院院士、市科协副主席薛其坤，中国工程院院士倪光南作《推动健康中国建设》等主题宣讲。

服务科技工作者 助力青年人才成长，举办青年学术演讲比赛和各类青年学术交流活动。创新青年人才托举工作，首次设立“北京优秀青年工程师创新工作室”专项种子资金。举荐评选优秀科技工作者，北京邮电大学彭木根获中国科协求是杰出青年成果转化奖，李蓉等15人获第21届茅以升北京青年科技奖。《科学星探》作为全国首档青年科技人才托举访谈节目，在电视和新媒体播出视频节目100余集，观看人数1000余万。增设科学传播专业职称，推动解决专业科普工作者的职称评审难问题，使北京成为全国唯一设立相关职称的省市。创新开展海智工作，助力海外科技人才在北京创新创业。创办奖励项目，北京医学会、北京膜学会等22家学会主办或承办人才奖项29个。

在全国科技工作者日期间开展新时代创新先锋系列人物直播，集中宣传20名科技工作者，展现科研场景和群体风貌，累计在线观看人数784余万。举办以“赞颂新时代，引领新发展，再创新辉煌”为主题的文艺演出和交响音乐会，1000余名优秀科技工作者代表共庆节日。

学会普遍设立实体化秘书处，14个学会实行理事会聘任秘书长制度，96家学会实现秘书长专职化。通过政府购买设置学会管理岗位30个、党建管理岗位26个。截至2018年年底，110家学会实现工作人员专职化。

自身建设 召开“创新簇”示范站建设、科普双升级落实和经理学术实践专题推进会3次，近70%的改革任务已基本完成或取得突破性进展。编制修订学会学术、创新驱动、决策咨询、人才培养等改革方面配套文件，推动《创新驱动工程经费使用管理办法》等系列改革配套政策印发。截至2018年年底，顺义、平谷、西城、大兴、延庆、丰台、昌平、密云、通州、怀柔10个区科协已经区常委会通过或正式印发改革方案，其他各区科协改革方案基本完成，陆续上报区常委会或改革领导小组。

出台《北京市科协关于进一步加强社会组织党建工作的若干意见》，完善《党建工作专项经费管理办法》，为26家学会购买党建管理岗位。新成立党建工作小组31个，累计有172家学会建立党建工作小组，覆盖率达80%。党建工作覆盖市科协所属217家科技类社会组织。召开北京市科协社会组织党建工作会。

8月30日，北京市科协推进改革工作专题会在市科协常委会议室召开。会议由北京市科协党组成员、副主席孙晓峰主持。北京市科协党组书记、常务副主席马林出席会议并讲话。学会代表、科协机关和事业单位负责人及相关人员近40人参加会议。

此次会议主题为“进一步参与和推动经理学术、深化科协系统改革实践”。会议由经验交流和主题研讨2个环节组成。在经验交流环节，北京作物学会秘书长王卫红、北京公路学会理事长董平如、北京药学会秘书长彦玲分别介绍学会践行经理学术、深化学会改革的经验和体会。北京市科协国际联络部、北京科技社团服务中心、北京市科技进修学院从推动国际学术交流、加强学会党建和为学会科技工作者服务、院会合作等角度分享经理学术工作。在主题研讨环节，市科协学会部总结2018年市科协经理学术工作在理论和实践方面的突破和成绩，提出今后开展工作的思路。市科协各部门、事业单位负责人围绕开展经理学术工作的意见建议、参与经理学术等发表看法。

区县及科协基层组织 截至2018年年底，北京市有区科协16个、街道（乡镇）科协178个、社区科协1283个。

顺义区科协通过改革建立“两部一室”的组织架构，增加人员编制和科级职数。房山区科协成立房山区科技工作者服务联盟，15个行业的57家单位加入联盟组织。西城区科协举办全国科技工作者日互动交流活动，200余名科技工作者参与活动。通州区科协举办“通武廊”暨京津冀生态环境绿色发展高端论坛，来自水处理及环保领军企业、相关企业科协等40余家单位的100余名代表参加论坛。

市级学会、企业科协、高校科协 新增团体会员7个，团体会员总数达217个。新增企业科协59家，总数达834家。21所高校建立科协组织。

北京听力协会举办2018新声代听力行业峰会，来自全国各地的助听器验配师、门店经营者、国内外制造商和经销商的管理者200余人参加大会。北京电工学会举办先进电气化交通技术主题论坛暨2018 IEEE第二届国际电气与能源大会分论坛，论坛邀请业界权威学者和专家围绕“轨道交通供电技术创新”“磁悬浮、高铁交通技术前沿”“新能源汽车技术发展现状与展望核心”等主题，通过主旨报告和研讨交流形式探讨电气化交通中的科学创新与关键技术。来自企事业单位、科研院所、高校的近150人参加论坛。北京光学学会联合天津光学学会、河北光学学会（筹）等单位主办首届京津冀光电子技术创新发展论坛，来自全国从事激光技术研究的科研院所及大专院校的专家、学者，激光产品生产、使用单位的专家或企业负责人，首都激光界、制造业人士近100人参加论坛交流。北京科技人才研究会与内蒙古自治区科技厅共同举办2018年京蒙科技人才及项目对接会，内蒙古自治区各盟市科技局，39家企业、高校、科研院所的代表60余人参加会议。

【北京科学中心开馆运营】 9月15日，北京科学中心正式面向公众开放。全年累计参观总人数5.6万余人次。40余家媒体进行现场采访，电视报道7次、纸媒和网络报道1600余条。开展展线课程和展厅活动175场，受益人数2646人。举办北京国际科学节圆桌会议、科学大讲堂、10家北京科学中心分中心集体授牌仪式、46家后备人才基地校签约仪式、中央电视台《解码科技》拍摄等国内外会议和活动50余场。接待国内外10余个科技场馆、科普组织和机构参观调研。

【北京国际城市科学节联盟成立】 9月17日，北京国际城市科学节联盟在北京国际科学节圆桌会议上成立。大会推选北京市科协常务副主席马林担任首届联盟主席。媒体将该事件比喻为“不断扩大的科普国际交流朋友圈”。来自俄罗斯、德国、美国、法国、澳大利亚、新西兰、波兰等19个国家28家机构的36名代表见证了北京国际城市科学节联盟的成立。德国城市与科学传播组织、美国马萨诸塞州科学工程博览会、新加坡科学中心、泰国国家科技馆、墨西哥科学技术交流协会、荷兰屯特大学、挪威斯坦梅斯科学节、印度国家科学博物馆委员会、克罗地亚“科学野餐会”组委会等21家成员单位加入联盟，包括科学节组委会、科学传播研究机构、科普相关社团组织、科技馆、高校等。

【“科协学会促双创”助力2018全国双创周北京会场】 10月9日，2018年全国大众创业万众创新活动周开幕。此次活动以“高水平双创、高质量发展”为主题，设成都主会场和北京会场，全国各地分会场同步开展。北京会场设在中关村国家自主创新示范区展示中心，通过主题展览展示、创新创业大赛、研讨会等系列活动分享双创经验。

科协学会促双创是此次北京会场室外展陈的重要内容，由北京市科协依托所属学会共同完成。由北京土木建筑学会推荐的“从水立方到冰立方转换践行可持续冬奥”项目展示了可灵活在游泳池和冰场之间转换的创新建构体系，可达到2022年冬奥会冰壶比赛要求，使原有奥运场馆未来可在夏季和冬季场馆间切换运行。高近4米的“埃菲尔塔”是北京市学习科学学会友善用脑学习体系社会化运用的实例，该学习体系依据学习科学规律改变传统的教与学方式，在实际生活中发现问题、找到方法、创建解决渠道，培养学生创新思维和能力。在学会指导下，北京市57中学学生运用友善用脑体系获得专利27项。该展品在2016年全球头脑创新思维竞赛中获最佳结构文艺复兴奖，北京市57中学代表队获总成绩第二名。

参加科协学会促双创室外展陈的项目还包括：由北京电工技术学会推荐的“燕房线自主化全自动运行”项目，由北京企业技术开发研究会推荐的“植物健康种植的新技术”项目，由北京土木建筑学会推荐的“一站式智能停车解决方案”“建筑垃圾的艺术再造”“创意数字编织结构体系”项目，由北京生态修复学会推荐的“海绵型高速公路系统”项目等。

【海智计划搭建平台举办创新链接系列活动】 11月28—29日，北京市科协等单位举办创新链接系列活动。来自美国、英国、中国、加拿大、比利时、丹麦、菲律宾、挪威、葡萄牙、荷兰、斯洛文尼亚和瑞典12个国家的科技团体、产学研机构和企业负责人，国际组织驻京机构和驻华使馆相关负责人，以及部分海智专家、海智计划特聘专家代表、海智计划基地负责人参加活动。

活动期间，北京市科协引导北京长风信息技术产业联盟发挥其作为市科协团体会员和企业创新服务分中心双重身份相互结合的优势，参与创新链接平台工作，探索利用创新链接模式推动学术交流主平台和创新生态圈互动作用的国际化工作路径。组织新一代信息技术与智慧城市国际专题研讨会，以创新链接对接国际最前沿技术，在推动国际科技成果转化和产业化发展过程中丰富学术成果、放大学术价值、释放学会活力。发布中欧创新创业平台，该平台在北京市对外友协和北京市科协支持下，由北京长风信息技术产业联盟和匈牙利ACPM IT咨询服务公司联合建设，并得到经合组织的高度关注。其中，作为平台发布后的首批项目，科拓股份有意向在北京交通学会、荷兰木案投资帮助下开拓欧洲智慧停车市场。金山软件计划通过匈牙利ACPM IT咨询服务公司在马来西亚的合作伙伴开拓东南亚市场。

活动期间，组织北京市科协海智座谈交流活动，部分海智专家、海智计划特聘专家代表、海智计划基地负责人共同围绕各自工作的进展、问题与建议进行交流，共同探讨海智工作机制，为海外人才来北京创新创业、参与北京建设与发展搭建平台。

北京市“海外智力为首都建设发展服务计划”由北京市科协联合海内外科技团体于2004年开始实施，已举办七届，现已成为北京海外高层次智力资源引进的窗口。创新链接国际专题研讨会是北京市科协海智计划的重要年度会议，旨在传播海内外前沿学术思想、分享创新创业经验、推动科技成果转化、提供合作发展平台。

【北京科学教育馆科学思想方法主题展区建设座谈会】 12月18日，北京市科协召开北京科学教育馆科学思想方法主题展区建设座谈会。北京市科协党组书记马林，党组成员、副主席孙晓峰出席会议。会议由北京市科协副巡视员、科普部部长陈维成主持。来自中国科普作家协会青年科学家社会责任工作委员会的郑永春、陈征、吴宝俊等17人，以及中国科学院、高校、科技教育系统的青年科学家共40余人参加会议。

马林向与会者介绍了北京市科协在服务推动全民科学素质提升中取得的成绩，希望青年科学家社会责任工作委员会的科技工作者参与其中，共同推动北京市科学教育场馆的转型升级工作。

与会专家结合科研人员做科普工作的经验和体会，对建设什么样的科学教育馆科学思想方法主题展区、怎样建设科学教育馆科学思想方法主题展区、谁建设科学教育馆科学思想方法主题展区等议题提出意见和建议。

（撰稿人：石　军）

天津市科学技术协会

服务经济社会发展 5月16日，天津市政府与中国科协签署全面战略合作协议，共同创建天津全域科普模式，建设中国科协·智能产业创新创业中心，打造滨海新区数字经济创新示范区，强化紧缺应用型人才培养等。

天津市科协组织科技专家开展重点决策咨询课题研究28项。有5项科技工作者建议得到天津市委书记李鸿忠、市长张国清等市领导的批示肯定。发挥政协科协界作用，17篇提案建议在天津市政协大会、专题协商会、双周座谈会上交流。组织优秀决策咨询成果评选工作，3项成果获天津市第14届优秀决策咨询成果评选二、三等奖。

联合主办京津冀智能科技产业发展院士座谈会，18名中国科学院、中国工程院院士出席，为智能科技产业发展建言献策。共同组织举办第31届两科联盟项目活动，围绕“京津冀协同下的城市群发展模式研究”进行两科调查研究。召开“天津·雄安：智能产业高质量协同发展高端研讨会”，邀请中国工程院院士余贻鑫等为天津—雄安智能产业发展建言献策。举办京津冀科协科技成果转化平台项目成果（天津武清）推介发布会，筛选30项优秀科技成果项目进行推介、发布。举办主题为“预见区块　链接未来”的2018区块链技术应用与产业发展研讨会，来自北京、天津市、河北省的270余名区块链研究领域的科技工作者参加研讨会。

举办天津市创新工程师培训班2期，来自78家科技型企业的239名专业技术人员参加培训。为116家企业提供专利信息进企业实地服务，培育高质量企业应用成果案例20项。连续4年开展“科技信息企业推广应用”项目，全年共实现科技服务产品应用推广项目注册企业143家；开展专利应用工程师培训10场次，帮助企业培训专利应用工程师461人次。

推动天津（滨海）海外人才离岸创新创业基地发展。开展引智对接活动45场，签署各项合作协议17个，洽谈项目233项；引进落地项目38个、团队43个、高端人才72人；接待海外专家455人次，通过各种渠道向海内外发布需求41项，邀请海外专家开展讲座、培训等活动20余次，组团出境开展引智活动1次；新设海外引才引智工作站4个，总数达10个。

举办主题为“双创领航　智汇津门”的2018年海外人才津门行活动，来自美国加州大学洛杉矶分校、哥伦比亚大学、华盛顿大学、德国亚琛工业大学、英国爱丁堡大学等的15支留学创业人员项目团队进行路演推介。举办首届中国创新方法大赛天津分赛区暨2018年第三届天津市企业创新方法应用大赛，参赛项目涵盖全市八大支柱产业。

邀请种养殖专家为对口帮扶村开展农业产业项目技术帮扶工作。修建公路1.5千米，安装治安摄像头24个，制作科普宣传栏2个。开展科技下乡示范活动、科普文化进乡村活动，赠送天文科普书籍。组织村民参观科技馆。开展助教助学活动，赴贵州省黔南布依族苗族自治州平塘县进行考察，助力天文科普教学。

12月26日，天津市制造领域第一个跨学科联合性的学会联合组织——天津市科协智能制造学会联合体召开成立大会。中国科学院院士、天津大学教授姚建铨，中国科协智能制造联合体副主席、中国电工技术学会理事长、天津理工大学校长杨庆新，联合体副主席、天津大学电气自动化与信息工程学院院长王成山等出席大会。该学会联合体是由市科协倡议，市机械工程学会、市电机工程学会、市仪器仪表学会、市电子学会、市自动化学会、市设计学学会、市激光技术学会、市智能科学与技术研究会、市工业工程学会、市机器人学会、市机械工业协会共11家学会（协会）共同发起成立的学术组织，旨在形成共谋发展、联合攻关的稳定合作体系，致力于推动智能制造技术能力创新，促进市制造业向中高端迈进。

《科学素质纲要》实施及科普信息化建设工作　2018年，天津市公民具备科学素质比例提高至14.13%。

围绕市委、市政府发展智能科技产业的决策部署，举办天津市第32届科技周、2018年全国科普日天津科普嘉年华活动、人工智能知识教育普及、全国航天日主题科普活动等全市性科普活动。配合第二届世界智能大会，举办智能科技展、京津冀青少年机器人表演赛、人工智能科普教育论坛、京津冀智能科技进万家等活动。开发科普挂图、科普图书、科普视频等资源，发放至基层社区、学校、乡村。科普大篷车活动全年行驶7838千米，开展活动134次，受众人数达2.96万人次。

与市委党校合作，邀请中国科学院院士欧阳自远、中国工程院院士廖湘科走进党校讲堂。与市委宣传部、市社科联联合开展人工智能知识教育普及活动，邀请中国工程院院士李德毅、中国科学院院士姚建铨、南开大学教授龚克等为市管领导干部开展人工智能知识普及教育32场，配送人工智能教材3600套。联合开展市级机关干部科学素质大赛，线上线下吸引4万余名党员干部参加学习。在市委组织部主办的“干部在线学习”平台增加科学素质课程。引入中国科学院科技创新年度巡展，接待155个团队参观。

天津科技馆新建机械和航空航天展区，开展科学表演、科普剧等演示项目4800余场，全年接待各类团体458个、公众46.3万人次。开展科技馆进校园进社区、创想空间互动体验等科普活动155次，受众2.6万人次。承接第三届STEM世博会，开展英才计划等科技教育活动，邀请航天专家为市青少年开展航天科普专题报告会10场。编写开发科普教材和校本教材，建设科学云教室，开展科学课教师网上培训教研。组织青少年科学调查体验活动、读书活动、青少年科学大讲堂、青少年机器人竞赛、市青少年无线电工程竞赛、阳光测向比赛、青少年科学影像节等活动，累计参与的青少年达80余万人次。

2018年，由市科协主办、天津科学技术馆和天津电视台科教频道承办的天津科技大讲堂电视专栏播出节目3期。

邀请中国科学院研究员张双南、英雄航天员王亚平、德国微纳制造专家克洛克院士等开设“科学大家话科普”讲座。发挥市反邪教协会职能作用，推动全市开展反邪教集中宣传3550余场次。启动科普品牌工程试点工作，开展百名专家进社区、科普文化进乡村等科普活动。开展“科普中国·百城千校万村行动”，建成科普中国e站844个，发展科普员2804人。

运用融媒体开展科普宣传，联合海河传媒中心推出多档科普节目。《我们爱科学》广播节目全年听众达3000余万人次;《天津科技大讲堂》电视节目邀请中国科学院院士杨振宁、葛墨林等解读科学精神；在《创新天津大家谈》报刊栏目上普及推广科学新知识；超级月亮观测直播活动平台观看超亿人次。推进“两微一端”（微博、微信、手机客户端）科普平台建设，在今日头条、新浪微博、腾讯视频开通科普天津频道。市科协官网全年发布信息1587条，微信推送信息415条，微博发布信息302条，津云云上科协发布信息522条、视频87条。

学术交流 征集学术活动项目146项，资助创新驱动学术项目、继续教育培训项目共100余项。通过天津市国际学术交流平台培育计划，资助“第十届国际环境催化会议暨第三届可持续能源与环境中的催化科学与技术国际研讨会”等项目10个。围绕重点学术课题举办学术报告150余场，邀请来自约40个国家的近400名外籍专家出席，包括美国科学院院士等9名外籍院士，受众3500余人。支持市物理学会和南开大学承办2018年全国物理科普大会，举办第十一届天津青年科技论坛等学术交流活动。

服务科技工作者 协调市领导慰问在天津市院士和科技工作者代表3次，市科协领导干部直接走访慰问科技工作者110余人次。天津科技工作者之家全年服务各类科技交流活动182场，服务院士104人、专家466人、科技工作者1.2万人次。

市科协负责实施的天津市杰出人才培养计划、天津市青年人才托举工程、支持民营企业建立研发平台和支持国际学术交流平台4个项目被纳入海河英才计划。推进院士遴选服务工作，立项两院院士学术活动32个、院士专家驱动行项目15个。

通过科技工作者状况调查站点反映科技工作者意见建议50余件。开展2018年度天津市自然科学研究系列生物医药技术专业职称评审和增评工作，55人通过评审。

在全国科技工作者日期间，联合海河传媒中心采访宣传中国科学院院士姚建铨等10余名优秀科技工作者。实施中国科协老科学家学术成长资料采集工程，推动李正名、母国光、李猷佳、陈玉昶4名老科学家资料采集工程项目结项验收。指导南开大学、天津大学完成《杨石先》《侯德榜》剧目改编和公演。

自身建设 完成学会改革工作部署培训、企业科协建设培训、思想政治业务专项培训、科协系统信息员培训等培训任务。向有关单位和个人征集反映市科协60年发展建设史料30余件。实施党建强会计划，所属市级学会和基金会全部完成党建进章程工作，组织所属学会党支部书记参加市级社会组织党组织书记示范培训班轮训。推进科协系统深化改革，机关事业单位深化改革任务基本完成；市科协机关划拨21个编制到各区，指导服务16个区出台各区科协系统深化改革方案，改革方案中明确独立建制的区科协由改革前的3个增加至15个，11个已实现独立办公。

区县及科协基层组织 截至2018年年底，天津市共有区科协16个，其中15个区科协独立建制、11个独立办公。全年推进83个乡镇（街道）成立科协组织。

南开区建立全市第一家规范的街道科协，形成可复制的“资源包”，全区12个街道全部建立科协组织，形成区、街道、社区三级联动的科普工作网络。河东区科协与区委宣传部、区新闻中心共同拍摄制作电视栏目《科普时间》。东丽区科协在东丽区电视台开辟《科普大篷车》电视栏目，加强科普宣传。津南区科协举办院士专家企业行活动，邀请中国工程院院士贺克斌为相关企业进行技术指导。武清区科协推进院士专家工作站建设，与企业新签合作项目7项，申报专利21项，授权专利8项，攻克核心技术5项，科研成果转化9项。河西区科协依托五爱教育阵地等载体开展社区青少年科技实践活动，寒暑假期间在全区14个街道举办活动400余场次。河北区科协组织30余名科技辅导员参加学访活动，帮助学校与科普教育基地建立合作关系。静海区科协根据农民实际需求举办实用技术培训班30期，并派发实用技术丛书、生产技术规程、科技明白纸等科普资料2400余份。蓟州区科协按照时节变化开展不同内容的农村科普大课堂活动，推介农业科技新成果、新品种，提供农技推广服务。

市级学会、企业科协、高校科协 截至2018年年底，天津市共有市级学会153个、基金会2个、企业科协1759个、高校科协10家。

新建传统型企业科协28个，枢纽型企业科协45个，园区科协24个，商会、楼宇、孵化器企业联合科协7个，产业技术联盟企业联合科协8个，驻津央企联合科协3个。发展团体会员887个，辐射服务企业7547家，联系服务科技工作者近3万人。新建院士专家工作站24个。

7月13—15日，由天津心脏病学研究所、天津医科大学第二医院、天津市医学会、天津市生物医学工程学会和天津市医师协会共同主办的2018第十四届海河之滨心脏病学会议在天万丽天津宾馆召开。中国工程院院士张运、北京阜外心血管病医院教授刘力生、北京大学第一医院教授霍勇、北京安贞医院教授马长生、天津医科大学总医院教授周金台等专家出席会议。来自全国的400余名心血管领域专家及2000余名医学科技工作者参加会议。

8月4日，由天津市药学会、天津医科大学总医院联合主办的2018海河药学论坛在天津市举办。中国工程院院士刘昌孝、日本神户市立医疗中心中央市民医院教授桥田亨、中国药学大学校长姚文兵、首都医科大学附属北京同仁医院教授王家伟、复旦大学药学院教授程能能、四川大学华西第二医院教授张伶俐出席论坛。来自全国的650余名药学科技工作者参加论坛。

8月5日，由天津市抗衰老学会主办，市科协、农工民主党天津市委员会、中国致公党天津市委员会、天津市老科技工作者协会等单位支持的第三届抗衰老高峰论坛在天津市举行。中国工程院院士、原副院长樊代明，药学专家金世元，法国国家技术科学院院士韩忠朝等专家出席论坛。来自全国的2000余名医学领域科技工作者参加论坛。

8月22日，天津市科协生命科学学会联合体召开工作会议，12家组成学会负责人参会。会议审议并通过天津市自然科学研究系列生物医药技术专业职称评审专家库成员调整名单。

【怀进鹏来天津市调研】 4月24日，中国科协党组书记、常务副主席、书记处第一书记怀进鹏一行来天津市调研，就开展市会全面战略合作、共同筹备世界智能大会、支持滨海新区建设等开展研究对接。市委书记李鸿忠、市长张国清会见怀进鹏。市委常委、滨海新区区委书记张玉卓，副市长姚来英，中国科协党组成员兼学会学术部部长、企业工作办公室主任宋军一同调研。中国科协有关部门、中国电子学会、市科协负责人参加座谈会。

【天津市第32届科技周活动】 5月19—26日，市科协、市委宣传部、市科委会同天津科技周组委会各成员单位举办天津市第32届科技周活动。此届科技周主题为“智能科技　强市惠民”，重点举办智能科普系列活动，面向群众普及智能科技知识，营造支持智能科技创新和智能产业发展的良好氛围。

5月18日，科技周主场活动在天津梅江会展中心举办。市委常委、市委宣传部部长陈浙闽，市人大常委会副主任李虹，副市长姚来英，市政协副主席李绍洪，市科协主席、中国科学院院士饶子和出席活动，并向入围第18届中国青少年机器人竞赛的天津赛区获奖代表颁发奖杯，向2018年天津科普大使颁发聘书，向基层科协、社区、学校代表赠送智能科普资料。同期举办智能科普展和天津市青少年人工智能教育成果展示暨京津冀青少年机器人表演赛。会同中国电子学会开发智能科普材料，配发到社区、学校。首次编制科技周手册，促进工作规范化、制度化。

5月19日上午，科技周开幕式在天津梅江会展中心举办。同期举办人工智能科普论坛暨全国骨干科技教师培训，市人大常委会副主任李虹、中国科协科普部部长白希出席。来自全国各地的人工智能教育相关领域专家、学者及科技教师代表近300人围绕实施全民智能科普和青少年人工智能教育展开交流研讨。

科技周期间，全市共举办科技活动2780项，其中市级重点活动20项；发放科普材料36万份；直接参与各类活动市民累计50万人次，科普受众200余万人次。

【2018年全国科普日天津主场活动暨科普嘉年华系列活动】 9月16—17日，由市科协、河西区委、河西区政府联合举办的2018年全国科普日天津主场活动暨科普嘉年华系列活动在河西区少年宫举行。市人大常委会副主任李虹，市政府副市长姚来英，市政协副主席李绍洪，中国科学院院士、市科协主席饶子和出席活动。主场活动以“科技在身边，科普零距离”为理念，设置梦幻剧场、AI公社、好奇实验室3大板块，围绕创新、智能、科技等问题，以科普产品互动体验、科学实验、科普剧表演、科普图书展、科普讲座为主要形式，展示无人机、3D打印、智能机器人、融合现实（MR）等主要内容，通过线上线下相结合的形式展现科技创新成果。

科普日期间，全市共开展科普活动269项，其中市级重点活动16项、基层重点活动25项，共计50万余人次参加活动。天津地铁移动传媒连续1周滚动播放主场活动宣传片。

【2018年天津STEM世博会】 11月30日，天津STEM世博会在天津青少年活动中心开幕。STEM教育即科学（Science）、技术（Technology）、工程（Engineering）、数学（Mathematics）教育的统称。此届STEM世博会以中国人民对外友好协会为指导机构，

由中国友好和平发展基金会、联合技术公司、天津市人民对外友好协会、天津市科学技术协会、共青团天津市委员会、天津市妇女联合会联合主办。以“教育进步，未来职业，多元包容，可持续发展”为主题，就国际及中国 STEM 教育新趋势，结合天津市青少年科创教育的新思路和新机遇，邀请各界专家进行分享和交流，探讨中国推动 STEM 教育的借鉴、创新与发展。世博会为期 3 天，围绕主题举办公益年展、主旨论坛、讲座与拓课、津浙“百万立方”大学生极客挑战赛，成立教育联盟圈。在 STEM 教育展区中以可视化和体验式的方式让青少年和家长了解 STEM 教育的意义、形式和成果。推出 STEM 特色展区，包括科学与艺术、人工智能、生命科学、天文与空间科学 4 个主题。

【2018 年度天津市国际学术交流平台培育计划】 8 月 15 日，2018 年度天津市国际学术交流平台培育计划入选名单确定。经过前期通知、材料审核、召开评审会、社会公示、报审等程序，南开大学“第十届国际环境催化会议暨第三届可持续能源与环境中的催化科学与技术国际研讨会”等 10 个拟在天津市举办的国际学术会议项目入选。入选的 10 个项目具备学术水平突出、与天津市优势学科和重点产业关联度强、促成科技合作与科研能力提升的预期效果可行性高等特点。

“天津市国际学术交流平台培育计划”是市人才办落实《天津市进一步加快引育高端人才若干措施》的具体举措之一，被纳入“海河英才”行动计划。2018 年是平台培育计划资助项目组织实施的第 1 年，共收到来自市各区、高校、科研院所、科技团体等 21 个单位推荐的 37 份有效申请，涵盖能源、环境、材料、计算机与自动化、智能制造、化工、生物医药、海洋工程、农业、交通、管理等领域。

【中国科学院科技创新年度巡展 2018 天津站】 9 月 17 日—10 月 19 日，由中国科学院主办，中国科学院传播局、文献情报中心和天津市科协共同承办的“创新驱动发展 · 科技引领未来”中国科学院科技创新年度巡展 2018 天津站在天津科技馆举办。该巡展以中国科学院“率先行动　砥砺奋进——党的十八大以来中国科学院创新成果展”为基础，重点遴选“深空”“深海”“深地”“深蓝”“生命科学”“生态”“农业”和“大科学装置”8 个方面的科技创新成果。展览期间，市科协打造的一批讲解员队伍帮助参观者了解中国科学院取得的主要科技新进展和新成就，普及前沿科学知识。来自市政法委、市文广局、市委党校等党政机关、事业单位，天津大学、天津科技大学、新华中学等院校，天津市文物公司、天津青年联合实业公司、泥人张彩塑工作室等企业单位的 155 个团体、5657 人次参观展览。

（撰稿人：张晓亭）

河北省科学技术协会

服务经济社会发展　省科协面向省高校、科研院所、企业、科协系统等单位发布重点调研课题选题 21 个，支持调研课题项目 34 个，组织召开调研课题结题汇报会。配合省政协教科文卫体委员会完成“提升企业技术创新能力”专题协商调研，完成《关于“企业科技人员分布状况和发挥作用情况”的调研报告》。根据省政协《关于“实施乡村振兴战略”重点调研工作实施方案》，提交《学习外省经验促进河北省农产品加工业发展的建议》调研报告，在省政协常委会上作大会发言。省委书记王东峰、省长许勤、省委副书记赵一德肯定省科协围绕如何加快河北省全域旅游高质量发展撰写的《关于加快河北省全域旅游高质量发展的调研报告》，并要求有关部门吸纳。

组织开展首都科技工作者助力河北创新发展活动，32 名专家与企业对接，签署帮扶意向 23 项。举办京津冀科协科技成果转化平台（河北）项目发布和推介会，成立中关村天合（河北省衡水市桃城区）科技成果转化促进中心。组织开展双创活动周，参与全国大众创业万众创新活动周河北分会场活动，组织举办专题活动 8 场，省电子学会、省电工技术学会分别举办论坛 2 场。服务雄安新区建设，组织省农业系统工程学会等有关学会围绕雄安新区建设举办科技创新高峰论坛、绿色雄安与系统工程高层论坛、特色蔬菜产业发展学术交流会等。举办设施蔬菜种植技术培训班，邀请日本专家对石家庄市鹿泉区、保定市涞水县种植大户和合作社负责人进行培训。

服务企业技术创新，搭建系统组织、专家智库、科技成果、数字资源支撑、交流通道 5 个平台，为基层科协服务企业提供创新资源和活动支持。新建院士工作站 105 家、科技专家企业工作站 45 家。科技信息应用服务企业 2400 余家，培训专利应用工程师 500 余人，建设科技成果库并收集科技成果 866 项，专家库服务队伍 460 人，帮扶企业 40 余家。举办创新方法培训活动 2 次，培训科技人员 78 人，并获创新工程师证书。组织召开京津冀众创空间发展论坛，成立河北省科协众创空间联盟，举办首届中国创新方法大赛河北赛区决赛暨第二届河北省企业创新方法大赛。

动员各级科协及科技工作者面向贫困地区开展科普服务，投入国家和省级基层科普行动计划项目资金 2075 万元。支持贫困地区开展科技助力扶贫工作，将科普 e 站示范站、流动科技馆、农业专家工作站等项目资源重点向贫困地区倾斜。派出驻张家口市怀安县南刘家窑村精准脱贫工作队，围绕全村群众实现“两不愁、三保障”脱贫目标，完成村“两委”班子换届，规划设计互助幸福院。完成民居建设 2 套，实施进村道路拓宽和村内道路硬化工程，建成村内文体广场和卫生室，为米面加工厂安装变压器和色选机。派出专家组对西藏自治区阿里地区农牧民进行技术培训，援助新疆生产建设兵团二师价值 10 万元的科普图书，帮助 223 团、38 团、华山中学建立科普书屋。

《科学素质纲要》实施及科普信息化建设工作 发挥全民科学素质领导小组办公室职能，对全省 2016 年以来全民科学素质实施情况进行检查评估。配合完成第十次全国公民科学素质抽样调查，调查结果显示，2018 年河北省公民具备基本科学素质的比例为 8.1%，较 2015 年“十二五”末的 5.28% 提高 2.82 个百分点，提高幅度为 34.8%。开展全民科学素质网络竞赛，全省近 20 万人次参赛，在东北大学秦皇岛分校举办 2018 脱贫攻坚・科素先行科普创新培训班。

联合北京市科协、天津市科协共同举办 2018 年京津冀科普资源河北推介会。开发动漫 10 部、H5 科普作品 50 部。科普中国－河北网站上线运行，年更新信息量达 12 万余条，浏览量突破 30 万次。开设科普中国电视专题频道，设置栏目 9 个，制作科普主题片 500 余个。推广科普中国 V 视快递 1.08 万部、科普资源 2.80 万篇。指导省科技馆、张家口市科技馆、邯郸市科技馆、馆陶县科技馆免费开放，其中省科技馆免费开放 300 天、接待观众 54.3 万人次。在全国首届地震科普大会上作防震减灾科普典型发言。22 套流动科技馆全年巡展 80 站，参与观众 180 余万人次。科普大篷车总巡展 240 余场（次），总行程 11.6 万千米，参与观众 70 余万人次。新增农村中学科技馆 5 所，24 所农村中学科技馆共开展活动 103 次，接待师生 3.8 万人次，总参观人数达 4.4 万余人。

联合省委宣传部、省教育厅、省科技厅、省工业和信息化厅、省科学院共同举办 2018 年全国科普日河北主场活动。在全国科普日期间安排省级重点活动 552 个。组织开展防灾减灾日、食品安全周、科技周等活动。联合省气象局等部门开展“冀望风云、燕赵科普行”活动，组织开展科普中国—绿色核能主题科普活动和科普大讲堂进社区活动，会同省民委开展“为少数民族地区送科技”活动。组织召开第十二届河北种子肥料农药信息交流暨产品订货会。

承办全国青少年科学工作室教师学习交流活动，联合团省委、省妇联印发《关于开展联合共建青少年科学工作室工作的通知》。利用京津人才资源，建立优势互补、资源共享的京津冀青少年科技教育协同创新机制，牵头举办京津冀中小学科技教育校长论坛，规划设计京津冀青少年创客联盟河北中心，规划建设青少年科学工作室示范室、青少年科普剧场。举办第 33 届河北省青少年科技创新大赛、河北省青少年机器人竞赛、青少年科学调查体验活动、青少年高校科学营、英才计划、大手拉小手院士专家科普巡讲和青少年走进中国工程院等青少年科技活动。

学术交流 2018 年，省级学会共邀请院士 12 人次、全国知名专家 40 人次出席学术交流活动。河北省急救医学会举办第五届石家庄国际糖尿病论坛，邀请 11 个国家和地区的 40 余名糖尿病专家进行学术交流。河北省中医药学会举办第三届中国扁鹊暨燕赵名医学术思想研讨会，邀请“国医大师”路志正、晁恩祥、李佃贵作学术报告。支持河北省健康教育与康复学会、河北省力学会等 11 个学会举办国际学术会议。

服务科技工作者 举行河北省科学技术奖励暨庆祝全国科技工作者日大会，省委书记王东峰出席会议并讲话，省长许勤主持会议。开展第十届河北省优秀科技工作者和河北省最美科技工作者评选工作。在燕山大学设立 2018 年全国科学道德和学风建设宣讲教育报告会河北分会场，省研究生培养单位宣讲工作相关负责人、燕山大学研究生导师及研究生近 1000 人参加报告会。制定《关于省科协贯彻落实党委联系服务专家工作的实施方案》，建立省科协处级以上干部联系服务专家工作台账，在重大节日期间走访院士专家及基层一线科技工作者，举办优秀科技工作者考察休养活动 2 期。

宣传科技英才事迹，组织媒体宣传报道省优秀科技工作者和最美科技工作者先进事迹。组织召开科技工作者深入学习习近平总书记在纪念马克思诞辰 200

周年大会上的重要讲话和两院院士大会上的重要讲话精神座谈会，加强对科技工作者的政治引领。制定《中国科协科学家宣讲党的十九大精神巡回报告河北站活动实施方案》，邀请专家进高校、进园区、进企业等举行宣讲报告5场，现场听众2100余人，近万人通过新媒体观看。开展纪念改革开放40周年和中国科协成立60周年征文活动。

自身建设 推进省、市、县三级科协改革。省科协系统上下联动，在抓好5个市级科协、25个县级科协改革试点基础上，指导推动全省11个市和2个省直管市全部出台改革方案，168个县级科协中已有143个出台改革方案，占84.6%。推动关键领域改革，个人会员系统上线试运行，吸纳个人会员近2万人。印发《河北省科协系统深化改革工作评价指标体系》《河北省科协系统深化改革督察方案》，对11个设区市和2个省直管市科协改革落实情况进行督查。省科协先后3次在中国科协大会上作典型发言。

制定《河北省科协提升基层科协组织力“3+1”试点工作实施方案》，印发《河北省科协关于推进乡镇（街道）科协建设的实施意见》和《河北省科协系统乡镇（街道）科协换届工作指南》。举办河北省科协加强基层科协组织建设“3+1”试点工作培训班。11个设区市和2个直管市均已印发试点工作方案、建立试点工作领导机制和责任体系。建设面积为6000平方米的科技工作者之家，组织召开全省基层科协组织建设暨建家工作推进会，命名挂牌科技工作者之家建设示范单位52个。

地市县及科协基层组织 截至2018年年底，河北省共有设区市科协11个、省直管市科协2个、县级科协171个、街道（社区）科协517个、乡镇科协1825个、农技协3815个。

石家庄市科协建立市级学会学术会议制度，要求各学会每年召开学术会议不少于1次。石家庄市新建立院士工作站59家。承德市科协出台所属学会理事会规范化、秘书处实体化、秘书长职业化建设的实施意见和推进市所属学会“三化”建设试点工作实施方案；全市县级科协全部出台“3+1”试点方案，建立乡镇（街道）科协180个，“三长”副主席占80%；举办各类实用技术培训班，培训农民90万人次；组建专家技术服务团队75个，带动建档立卡贫困户2781户5821人，解决技术问题28项。保定市科协创办创新驱动发展论坛，建立产业协同创新共同体5个，在市海外人才离岸创新创业基地成立美国硅谷国际和新硅谷离岸孵化中心；全年征集科技需求3000余项、科研成果4000余项，印发《保定市科技需求白皮书》和《中关村、全国学会、科研院所科技成果蓝皮书》；市高校科协覆盖率达100%，企业科协达128家。唐山市乡镇（街道）科协组织建设实现全覆盖，规划建设面积为500平方米的唐山市科技工作者之家。邯郸市建成集四室四厅一中心为一体、总实用面积约1050平方米的实体化科技工作者之家；组织科技人员帮扶带动建档立卡户647户2502人。衡水市景县科协针对县城区惠民渠存在的问题进行专题调研，形成《县城区惠民渠污染问题亟待治理》调查报告，得到县委、县政府的主管领导认可。秦皇岛市在广电网络开辟科普e家专栏，服务全市有线电视家庭30万户。

省级学会、企业科协、高校科协 截至2018年年底，河北省共有省级学会141个，全部成立党组织，23个省级学会完成换届改选。30个省级学会完成换届，全部实现理事会规范化。建有园区科协149家、企业科协285家、高校科协42家。

省科协推动学会“三化”改革，在16个省级学会开展秘书长职业化、秘书处实体化试点工作。落实准入退出机制，接纳首批团体会员4个，清理河北省科技俄语协会、河北省老年学学会等8家僵尸学会。创新学会承接政府转移职能工作机制，推动省老科技工作者协会、省畜牧兽医学会、省计算机学会等10个省级学会承担省职称改革领导小组办公室、省农业厅等省直有关部门7项职能。鼓励所属学会参与国家重大战略，评选并完成学会能力提升计划项目49项。

省环境科学学会举办2018暑期大学生科普志愿者农村环保科普行动。

【河北省科学技术奖励暨庆祝全国科技工作者日大会】 5月30日上午，河北省科学技术奖励暨庆祝全国科技工作者日大会在石家庄市举行。省委书记王东峰出席会议并讲话，省长许勤主持会议。省政协主席叶冬松，省委常委、省委组织部部长梁田庚，省委常委、秘书长童建明，省人大常委会党组书记、常务副主任范照兵，省政协原副主席、省科协主席段惠军出席会议。

省委副书记赵一德宣读《关于表彰第十届河北省优秀科技工作者的决定》，副省长徐建培宣读《河北省人民政府关于2017年度河北省科学技术奖励的决定》。王东峰为2017年度河北省科学技术突出贡献奖获得者孙晨华颁发证书。与会省领导一同为河北省自然科学奖、技术发明奖、科学技术进步奖代表和第十届河北省优秀科技工作者代表颁发证书。

各市党委或政府分管负责人、市科技局局长，省直有关单位主要负责人，驻石家庄省属重点骨干大学、科研院所主要负责人，2017年度河北省科学技术奖获奖代表，第十届河北省优秀科技工作者代表共约260人参加会议。

【2018年全国科普日河北系列活动】 9月15日，2018年全国科普日河北省主场活动在石家庄市人民广场举办。活动由省科协、省委宣传部、省教育厅、省科技厅、省工业和信息化厅、省科学院共同主办。活动聚焦协同创新发展和创造美好生活，打造创新时代、军民融合、冬奥科技、智慧农业、智慧生活、智慧少年、科普讲堂7大活动板块和科学表演、e享科普特色展示等重点活动51项。此次活动聚合省级学会、高校、科研院所、地市科协、科普教育基地等科普资源，同时开展省科技馆主题活动、科普大讲堂、中国公民科学素质基准知识竞赛读本编写和发放等全国科普日省级系列活动。活动现场开展网络传播科普日H5宣传片、微信“摇一摇”网络答题等在线活动，发动公众通过网络参与科普日活动。开展基层群众性科普活动1000余场次。省内10万余名科普工作者、科普志愿者走进农村、学校、企业、社区开展科普宣传和科普服务。

11月，根据各地各部门活动的开展情况和工作总结，省科协会同省全国科普日活动共同主办单位，对省全国科普日工作进行考核。根据考核结果，石家庄市科协等66个单位被评为2018年河北省全国科普日活动优秀组织单位，河北省科技新闻学会——首届河北科技传播论坛等46项活动被评为2018年河北省全国科普日优秀活动。

【第三届中国扁鹊暨燕赵名医学术思想研讨会】 5月19日，由中华中医药学会、省科协中医药联合体、省中医药学会联合主办的第三届中国扁鹊暨燕赵名医学术思想研讨会在邢台市内丘县召开。同期举行改革开放40周年中医药传承发展河北论坛暨“一带一路”首届中华扁鹊中医药国际合作论坛。

研讨会以“传承·弘扬·发展·共享”为主题，特邀“国医大师”路志正、晁恩祥、李佃贵，中国科学院大学教授、扁鹊文化专家李伯聪和来自内蒙古自治区、福建省、海南省、宁夏回族自治区以及美国等的海内外中医药专家进行学术交流，对燕赵名医学术思想的传承和发展提出建议和思路。省科协主席段惠军、中华中医药学会副会长曹正逵、省老科协常务副会长唐树钰、省中医药学会会长孔祥骊、邢台市委副书记王素平、邢台市副市长邓素雪、内丘县委书记张辉、内丘县县长杨辉等有关领导和专家参加会议。来自全国各地的专家学者500余人参加活动。

研讨会上，晁恩祥、“国医大师”路志正传承人路喜善、李佃贵、李伯聪分别就对中医发展的认识、路志正学术与从医经历、扁鹊思想对浊毒理论构建的启发和重新认识中医史的传统观点进行专场报告。会后，路志正书写“扁鹊言医、为方者宗”赠予内丘扁鹊博物馆，李伯聪、孔祥骊赠予内丘扁鹊博物馆书籍。

【河北省科协众创空间联盟成立大会】 5月10日，河北省科协众创空间联盟成立大会在石家庄市召开。会议审议通过《河北省科协众创空间联盟章程（草案）》，提名通过众创梦工厂为联盟第一届理事会理事长单位、秘书长单位，河北科技大学、河北互联时空众创空间等11家单位为副理事长单位。举行联盟成立揭牌仪式，理事长单位众创梦工厂代表发言，现场发布创新创业项目。

组织成立河北省科协众创空间联盟是省科协服务“双创双服”的创新之举，目的是加强省众创空间业界联系，通过强强联合实现优势互补、形成规模效益，推动众创空间创新发展。众创空间联盟由河北省科技工作者服务中心发起成立，是各市县科协和众创空间自愿组成的、非营利性的、非法人的创客联合体，是以省科协为依托，整合企业、园区、高校等资源优势搭建的服务创新创业的开放共享平台。联盟本着自愿、平等、合作、发展的原则，推动各联盟成员在创客培养、项目引进、创新服务等方面创建集约化发展新模式，整体提升服务水平、人才培养质量，实现联盟成员“抱团式”发展。目前，联盟已吸纳48家省内企业、高校众创空间等为会员单位。

（撰稿人：姚　琳）

山西省科学技术协会

服务经济社会发展 促成省政府与中国科协签署新一轮全面战略合作协议。10月16日，省长楼阳生，中国科协党组书记、常务副主席、书记处第一书记怀进鹏分别代表省政府与中国科协签署全面战略合作协议。

院士专家工作站建设取得显著成效。新建院士专家工作站30个，全省科协系统为企事业单位建立院士专家工作站108个。引进院士100余人、院士专家团队500余人。与院士专家团队签订合作项目200余项，累计申请专利540项、软件著作权186项，获国家级、省部级奖项152个。联合培养各类专业人才1390人。举办高端论坛20场，开展“院士专家山西行”17场，邀请20名院士来山西省作主题报告、开展实地调研，并与省市县领导及企业开展座谈、建言献策。

开展大众创业万众创新活动。10月9—15日，会同省发展改革委等单位联合组织全国大众创业万众创新活动周山西分会场活动。举办展示、论坛、竞赛、讲座等活动18项，线上线下展出项目800个，接待公众2万余人次；举办群众竞赛3项，开展推选活动4项，举行第二届“三晋新农人”创业创新竞赛，开展第三届山西省大学生科学文化作品创新创意大赛。

搭建企业技术创新服务平台。出台《山西省科协学会服务站建设管理办法》，建立国家级学会服务站3个、省级学会服务站20个、企业科技创新e站试点10个。与省科技厅联合举办首届中国创新方法大赛山西赛区竞赛，评选出10个项目参加全国总决赛。实施金桥工程、企会合作创新联盟建设、科技信息转化应用、知识产权战略巡讲等项目，推进海智计划工作基地建设。

实施科技助力精准扶贫工程。推进“百千万”工程、“1658”示范行动和乡村e站、农技协组织服务等“六个全覆盖”。建立科普惠农中心服务站20个，在贫困县推广新技术、新产品220项。组织动员3354名科技工作者、326个农技协在贫困县开展精准扶贫，共帮扶贫困户75410人。推动吕梁市方山县麻地会乡4个包扶村党的建设、产业培育、公益服务等取得新成效。

加强智库建设。推动市级科协科技创新智库专家库建设，完成决策咨询课题研究17项。主办《科学决策参考》《调研动态》等专刊，完成专报14篇，6篇专报有关信息被省委办公厅《山西信息》刊发。省科协评估评价中心受省直相关部门和地方党委政府委托，开展“2018年易地扶贫搬迁成效评估”“左权县、右玉县电子商务进农村综合示范评估”等项目。

《科学素质纲要》实施及科普信息化建设工作 出台《市级〈科学素质纲要〉实施工作考核办法评分细则》，开展《科学素质纲要》实施工作自查评估。开展针对重点人群的特色活动27项。举办山西省公众科学素质网络知识竞赛，参与答题人数70余万人，答题600万余次。

推进科普信息化建设。实施科普中国·百城千校万村行动，构建科协系统线上线下相结合的科普服务阵地。为3000个居民社区提供科普网络书屋服务，提供期刊650种、视频550部、挂图340幅。推进省城公交楼宇电视“科普每一天”工程，编播科普专题片48期，覆盖太原市2800辆公交车和400个公共场所。为全省61个市县制作提供《科普大篷车》电视节目52期。打造“乌同鸦讲”等科普资源品牌，科普资源数据存储总量达112TB。

开展群众性科普活动。9月12—21日，牵头开展山西省2018年全国科普日暨第15届“科普三晋”系列活动。各级科协因地制宜举办科普活动，省科技馆等13个单位获优秀组织单位表扬，省公众科学素质网络知识竞赛等11个活动获优秀活动表扬。举办第七届中国科普摄影大赛，收到全国各地作品5445件。农科110等科技热线免费为1.26万人次提供咨询服务，专家下乡服务89场次。开展全省青少年科技创新大赛、青少年机器人竞赛、宋庆龄少年儿童发明奖评选、青少年科学影像节活动、山西省青少年创意编程与智能设计大赛等活动。

完善现代科技馆体系。省科技馆全年对外开放253天，接待观众107万余人次。新建VR虚拟现实体验馆和3D打印体验馆，组织科学实验、科学表演703场次，4个原创节目在全国大赛上获奖。举办山西科学讲坛41期，受众2.3万人次。流动科技馆深入基层42个站点巡展，受众77.18万人次。科普大篷车深入基层29个站点巡展，受众3.5万人次。科技馆进校园深入基层24个站点巡展，受众1.9万人次。

学术交流 以“转型综改，创新引领”为主题举办2018年山西省科协年会，邀请20余名院士专家围绕人工智能、固体废弃物综合利用、绿色有机旱作农业、中药材等主题等开展学术研讨和技术服务。实施精品学术活动择优资助项目，支持省级学会、市级科协举办年会和学术论坛23项。修订《山西省优秀学术论文评审与管理办法》，举办第十九届山西省优秀学术论文评选活动。

服务科技工作者 组织科技工作者学习贯彻习近

平新时代中国特色社会主义思想、十九大精神、习近平总书记视察山西重要讲话精神及省委十一届六次、七次全会精神，把广大科技工作者的思想和行动统一到中央和省委重大决策部署上来。举办科学家宣讲党的十九大精神巡回报告会7场，举办科学道德和学风宣讲报告会1场，推送十九大精神微讲堂1229期。在《科学导报》、山西科协网、山西科协微信等媒体上开设专题，在全省科技界兴起学习贯彻的热潮。

加强科技工作者联系服务。出台《加强联系服务科技工作者实施办法》，举办山西省科协八大代表专题培训班，向省科协八大代表征集代表建议案，听取科技工作者的意见建议。打造山西省科技工作者之家网站和微信，网站更新栏目内容1021条，微信发布信息187条。开展全国科技工作者日系列活动，各级党政领导携科协负责人深入基层，走访看望一线科技工作者。

培育弘扬创新文化。开展第二届山西最美科技工作者寻访活动，编制《黄土地上的科技之光》宣传画册。通过网站、电视、微信、报刊等载体宣传在山西省工作的院士、山西省籍院士、与山西有合作关系的院士专家，宣传在转型综改建设中涌现出的领军人才、创新团队和基层一线科技工作者，宣传山西省重大科技成果和科普活动。

自身建设　全面推进科协系统深化改革。省科协党组召开全面深化改革领导小组会议19次、市级科协深化改革推进会议2次，向各市市委办公厅通报改革进展情况3次。完成《深化改革实施方案》细化分解的64项改革举措中的57项。全省11个市均以市委办公厅名义出台科协改革方案，117个县（市、区）有113个以党委或党委办公室名义出台科协改革方案，县级科协改革覆盖率达96%。

推动全面从严治党向纵深发展。省科协召开2018年度党建暨党风廉政建设工作会议，教育引导党员干部增强“四个意识”、坚定“四个自信”。成立省科协反腐败领导小组，制定实施方案。贯彻执行中央八项规定和省委一系列规定办法，推进作风建设常态化、长效化。开展中央巡视组巡视山西省反馈意见整改工作。履行全面从严治党主体责任，坚持党组每周一例会制度、党支部每周五集中学习制度，坚持党组书记每季度与机关部室、直属单位负责人进行廉政谈话。

推进学会改革创新。推进学会治理结构和治理方式改革，指导10家省级学会换届，推动省科协所属学会秘书处职业化和实体化。召开学会工作暨学会党建工作会议，下发社团党委2018年党建工作要点、理论学习计划。开展支部书记培训、走基层主题党日活动、学会党建工作暨党风廉政建设工作培训班。开展承接政府转移职能试点工作，确定省医学会等5个省级学会为承能工作试点学会。出台学会团体会员和学会联合体管理办法，省科协军民融合学会联合体与中北大学等单位联合举办山西航天领域军民融合产业发展展示，与省军民融合协同创新研究院等单位承办山西省军民融合双创工作推进交流座谈会。

建立省科协包点联系市县工作机制，机关各部门包点联系1个市科协、1个县科协，直属各单位包点联系1个县科协，向11个市59个县下达各类项目经费2035万元。推动市县科协改革创新，完善市级科协年度考核评价指标体系。

地市县及科协基层组织　截至2018年年底，全省有市级科协11个，县（市、区）科协117个，其中独立建制115个；右玉县、长治市郊区2个县（区）科协与科技行政部门合署办公；有乡镇科协1108个、街道科协331个、行业科协2个（省国防科协、省电力科协）。

太原市科协举办重点活动17项、展览展示73项、现场咨询20余场、各类科普讲座90余场，展出科普板面1000余个，发放科普资料12万余份，播放科普影片227场次，举办网络科普活动47次。大同市科协开展“绿水青山就是金山银山”科普宣传活动；联合市科技局召开民营企业科技需求座谈会。朔州市科协与市广播电视台联合制作科普中国·朔州行动科普栏目。忻州市科协新建院士工作站3个、国家级学会服务站1个；打造科普忻州云平台，推动科普资源落地应用。吕梁市科协配合中国科协召开全国科技助力精准扶贫现场会，促成市政府与中国科协签署合作协议；推进院士专家工作站建设，新建院士工作站3个。晋中市科协推进市科技馆建设与开馆试运行，新建院士专家工作站5个；支持奖补形式学术交流活动25场次。阳泉市科协与市图书馆创办全省首家科普图书馆；新建乡村e站4个、社区e站3个、校园e站1个。长治市科协建立科技人员信息库、科技智库，实施科技工作者包联制度、科普直通车制度，搭建学术交流、建言献策等平台。晋城市科协与市文明办联合开展文明科普一条街活动；成立文明科普艺术团，创建文明科普大讲堂。临汾市科协成立山西创新方法培训基地临汾分基地，培训专利应用工程师300人，服务企业18家；加强科技工作者信息库建设，在册科技工作者达到1万余人。运城市科协举办国际奥林匹克青少年机器人竞赛中国赛区选拔赛；新建院士专家工作站2家、省级学会科技服务站4家，培训专利信息应用企业150余家。

省级学会、企业科协、高校科协 省科协分别与省国资委、省教育厅联合下发文件，加强企业科协、高校科协组织建设。新成立企业科协4个、高校科协3个。截至2018年年底，省科协所属省级学会有135个，其中，理科学会17个、工科学会34个、农科学会16个、医科学会21个、综合交叉学科学会47个。

省医学会推动省直有关部门将科普文章纳入考核体系，医务人员做科普可以参评高级职称，被光明网称为“开创医学科普的山西模式”。省林学会承接“山西省林业科技标兵”评选、“全省林业科普基地”评选、“山西省森林康养基地”评选工作。省金属学会制定科学技术成果评价管理办法，开展山西省冶金工业科技成果评价工作。省食品科学技术学会联合有关单位举办山西杂粮功能食品产业发展研讨会，组织食醋企业检验人员技能培训2期。省水利学会承办京津冀晋永定河流域生态修复适宜技术高研班和中国水之行——海河行（大同站）活动。省土地学会开展山西省第三次国土调查作业机构和数据管理系统软件研发机构的评选推荐工作。省护理学会开展护理管理人员岗位培训、专科护士培训及县级医疗集团、基层医疗机构优质护理服务培训，承接山西护工培训管理及考核，配合省直有关部门开展医疗护理员培训标准制定工作。省自然科学博物馆协会连续3年举办全国科博场馆教育人员培训班，协助晋中市科技馆完成展品设计和人员培训。省气象学会承接山西省防雷装置检测专业技术人员能力评价工作、气象科学和技术工作奖评审工作。

【怀进鹏在吕梁市调研定点扶贫工作】 4月13—14日，中国科协党组书记、常务副主席、书记处第一书记怀进鹏一行到吕梁市岚县、临县调研中国科协定点扶贫工作。省委常委、统战部部长徐广国，全国政协常委、省科协主席周然等陪同调研。吕梁市委书记李正印、市长王立伟分别主持座谈会。

怀进鹏到岚县梁家庄乡草城村香菇生产基地、山西康农薯业有限公司、临县万家乐食用菌协会、中鹰大红枣产业有限公司详细了解产业发展、生产经营、吸收贫困群众就业情况。在岚县王狮乡长门村、临县城庄镇移民新村，怀进鹏考察基层党组织建设、产业扶贫和贫困户移民搬迁安居等情况，走访慰问当地建档立卡的6户贫困家庭，了解致贫原因、帮扶措施等情况。调研期间，怀进鹏与乡镇和村党支部负责人座谈，了解扶贫政策、项目、资金落实及成效；看望中国科协派驻吕梁市的2名驻村第一书记，了解他们的工作、生活情况，肯定他们在定点扶贫工作中取得的成绩和担当奉献的精神，鼓励他们扎根农村、心系群众、艰苦奋斗、精准施策，当好群众的贴心人、脱贫的带头人。

【孟庆海在吕梁市调研精准扶贫工作】 9月25—27日，中国科协副主席、书记处书记孟庆海赴吕梁市临县、岚县等地调研精准扶贫等工作。孟庆海传达2018年中央单位定点扶贫工作推进会精神，会商推动中国科协定点扶贫等工作。吕梁市委书记李正印主持在吕梁市召开的座谈会。中国科协计财部部长杨文志，省科协党组书记、副主席许富昌等参加有关活动。

孟庆海一行深入临县城庄镇程家塔村、山西中鹰大红枣产业有限公司、临泉镇电子商务产业园区、岚县沙棘育苗基地、普明中学、康农薯业脱毒马铃薯繁育基地、吕梁学院、吕梁军民融合研究院等地进行调研，走访贫困户，看望派驻干部，了解基层情况，帮助解决问题，并与吕梁市、临县、岚县相关负责人分别召开座谈会。孟庆海通报了中国科协落实中央单位定点扶贫工作推进会精神做出的相关部署和10月计划在吕梁市召开的全国科技助力精准扶贫现场会的筹备情况。

【2018年山西省科协年会主场活动】 9月8日，由省科协、长治市政府主办的2018年山西省科协年会在长治市举行主场活动和多项年会活动。主场活动由开幕式和院士专家特邀报告会两部分组成，并进行网络直播。中国工程院院士谢克昌、黄璐琦、谭建荣，全国政协常委、省科协主席周然，长治市委书记孙大军，省科协党组书记、副主席许富昌，全国人大代表、省作物学会理事长、省农科院副院长王娟玲等出席活动。

开幕式上举行国家级学会服务站授牌仪式，邀请中国生物工程学会、中国林学会、中国机械工程学会在长治市、晋中市、忻州市的3家企业建立国家级学会服务站。开幕式后召开院士专家特邀报告会，谢克昌、谭建荣、周然等分别围绕煤化工、人工智能、药酒、固体废弃物综合利用等作学术报告。同日，召开党政领导与院士专家座谈会、全省市级科协主要负责人座谈会、学会服务站建设座谈会、2018 年中药饮片质量与标准学术会议。

2018 年山西省科协年会在 8 月 15 日—10 月 15 日举行，由学术引领、助力转型和科学传播三大板块数十场活动组成。20 余名院士、50 余名国内专家、30 余名国外专家及省内的近 5000 名科技工作者参加年会。

（撰稿人：吕　伟）

内蒙古自治区科学技术协会

服务经济社会发展　4 月，自治区科协召开科技助力精准扶贫工作汇报会和对接会，21 个区直学会与 31 个贫困旗县科协签署合作协议。在 31 个国家级贫困旗县同步开展科技助力乡村振兴和精准扶贫专家旗县行活动，100 余名区内外专家累计开展实用技术培训、推广和普及、义诊及科普活动 400 余场次，受益群众 10 万人次。加大定点帮扶工作力度，自筹和协调资金 60 万元，帮助建成占地 165 亩、育苗 11 万株的苗圃基地；确定重点以发展牛养殖、配套种植饲草作物为主的种养殖项目，投入 100 万元发展养牛业，推动贫困户稳定脱贫。组织科技工作者开展 16 个方面的课题研究。联合农牧业科学院共同提交《我区农牧业科技发展现状及建议》，被自治区党委办公厅信息调研专报采纳。发挥院士专家工作站智力优势，为自治区经济转型发展建言献策，助力自治区经济发展。

举办第二届全区创新方法大赛暨首届中国创新方法大赛内蒙古分赛区大赛。与相关部门单位组织开展 2018 年全国大众创业万众创新活动周内蒙古分会场活动。举办知识产权战略巡讲暨国际科技成果推介会，为 115 家双创科技信息企业提供推广应用服务。组织专家开展知识产权与科技成果转化精深服务，走访企业 62 家，解决技术难题 15 项；开展线上线下科技成果转化对接活动，对接科技成果 253 项，转化交易金额超过 8000 万元。开展“海智专家内蒙古行”活动，6 名海外高层次科技人才深入 3 个盟市企业、农村牧区开展学术报告、技术咨询、项目合作、建言献策等活动。

《科学素质纲要》实施及科普信息化建设工作　9 月，召开自治区《全民科学素质行动计划纲要》实施推进工作会议，与 30 个《科学素质纲要》成员单位签订合作协议，对 12 个盟市开展公民科学素质测评，组织安排《科学素质纲要》实施“十三五”中期评估工作。开展自治区公民科学素质调查，2018 年自治区公民具备科学素质比例达到 7.63%。

举办全国科普日内蒙古主场系列活动、文化科技卫生“三下乡”活动、内蒙古科技活动周、食品安全宣传周和防灾减灾日等科普品牌活动。成立由 100 余名专家组成的科普专家团，于 6 月和 9 月分 2 个批次在全区 103 个旗县组织开展“百名专家走进盟市旗县科普传播行”活动，举办科普讲座、科技培训等 500 余场次，受益人数 20 余万人次。9 月，开展李四光地质学科普讲座 4 场，参加学生 4000 余人。12 月，在全区 12 个盟市的农村牧区同步开展“冬季科普传播行”活动，举办科学知识普及和实用技术培训 200 余场次，受益农牧民 10 万余人次。

在 31 个国家级贫困旗县、9 个区级贫困旗县实施“基层科普行动计划”，全年拨付项目资金 1420 万元。增加、扩建青少年科技馆和青少年科学工作室 20 个、农村牧区中学科技馆 1 个。加大力度推进《内蒙古科技报》、《身边科学》（蒙文版）杂志和《内蒙古科协》期刊进学校、农村牧区、社区、机关，每期发行量增加至 3 万份。自治区流动科技馆巡展 50 余个旗县，受益人数 37 万人次。利用 99 辆科普大篷车开展各类科普活动 2700 余次，总行程 23.5 万余千米，受益人数 120 万余人次。盟市、旗县新建、改扩建科技馆 20 座，全区各级科技场馆免费开放，接待观众 500 万余人次。

拓宽科普传播渠道，在内蒙古广播电台《绿野之声》《农牧民之友》等频道开设科普栏目。内蒙古电视台蒙古语卫视在新闻联播前播出 15 秒原创“科普中国”蒙汉语动画宣传片，《内蒙古日报》头版刊登“科普中国”标志和二维码。投入 500 余万元与内蒙古广播电视台、内蒙古日报社、内蒙古新闻网及中国蒙古语互联网等协作构建起集广播、电视、网络、微信平台、移动客户端 APP、科普 e 站六位一体的科普传播体系。内蒙古科协、科普内蒙古和科普草原（蒙文）微信公众平台转载推送科普资讯 5000 余条，阅读量 300 余万次。与内蒙古广电网络集团合作，在数字电视 4K 智能终端建设并上线运行科普公共服务平台，截至 2018 年年底，已覆盖用户 100 万。开展蒙汉文报刊和网络全民科学素质知识竞赛，举办电视大赛，累计参与答题人数 45 万余人次。与自治区教育厅联合举办全区大学生预防艾滋病知识答题活动，参与人数 15 万余人次。

8月，示范开展科普信息员培训2个批次，各盟市、旗县滚动培训，侧重培训蒙汉“双语”信息员，累计培训信息员430余名。组建起16万余人的嘎查村（社区）科普信息员“群主”队伍，全年分享科普文章157万余篇次。开展第34届内蒙古青少年科技创新大赛、青少年机器人大赛、青少年科学影像节、英才计划、青少年高校科学营等品牌活动，参与青少年人数达60万余人次，推荐的选手和作品在全国大赛中累计获奖84个。9月，举办科协成立60周年主题展览，表彰40名优秀科技工作者。加强对农技协的培育指导，投入100万元表彰奖补全区20个典型农村专业技术协会。在呼和浩特市科技场馆、文化场馆、大中小学校等场所开展科普知识有奖答题活动，通过发放科普书籍、张贴科普宣传画册等方式，加强人员密集场所的科普宣传。分期、分批安排27个区直机关4000余名党员干部在内蒙古科技馆开展科技主题体验活动。

12月15—16日，由自治区全民科学素质专项工作协调办公室（内蒙古科协）主办，自治区卫生健康委员会、自治区科技厅、自治区生态环境厅等全民科学素质纲要成员单位协办的2018年全区公民科学素质电视大赛在内蒙古广播电视台举行。自治区党委常委、组织部部长曾一春出席大赛，并为一等奖获得者颁奖。300余名高校师生现场观看大赛，内蒙古广播电视台全程录制并播出比赛。

学术交流 8月，举办自治区第十三届自然科学学术年会。年会设1个主会场和20个分会场，在全区范围内同步开展测绘地理信息高峰论坛、无线和移动通信学术研讨会、现代农牧业科技创新学术研讨会等学术交流活动，参加活动的科技工作者达4000余人次。召开内蒙古院士专家工作站交流暨认证培训会，106家院士工作站参加培训。举办全国科技馆发展论坛，开展馆校结合理论研讨交流。承接台湾大学生、香港青年工程师学会代表团来自治区参访交流活动。举办有120余名中俄蒙青少年参加的科普研学活动。举办“一带一路”国际科技交流二连浩特论坛，来自9个国家的200余名专家、学者参加活动。投入120万元资助区直学会40个学术交流项目。召开自治区科技工作者座谈会，10名专家、科技工作者代表畅谈科技创新成果、谋划科学普及工作。

服务科技工作者 1月，开展第二十一届求是杰出青年成果转化奖候选人推荐工作。4月，联合自治区人社厅评选40名内蒙古自治区优秀科技工作者，并在内蒙古科协成立60周年纪念活动中进行表彰奖励。5月，先后举行内蒙古自治区“5·30”科技工作者日科普专家报告会、内蒙古自治区科技工作者座谈会，看望科技工作者代表；各盟市科协分别开展知识讲座、慰问演出、健步行等系列庆祝活动。6月，组织推荐中国科协九大（内蒙古）代表参加中国科协调研课题项目申报，3个调研课题入选中国科协专项资助项目。8月，联合自治区妇联开展第十五届中国青年女科学家和2018年度未来女科学家计划候选人推荐工作。9月、10月，分别举办2018年内蒙古自治区科学道德和学风建设集中宣讲教育报告会2场，邀请李四光纪念馆馆长助理、李四光先生的外孙女邹宗平作题为“李四光的故事”的专题报告。10月，开展“传承、创新、发展——纪念内蒙古科协成立60周年媒体走基层”采访活动。在内蒙古科协官网以专题形式宣传报道8名2018年全区优秀科技工作者和16名基层科普人物事迹。10月、12月，推荐部分代表参加中国科协九大代表交流活动和履职专题培训班。发挥14个中国科协调查站点功能，完成压力调查、生活方式调查、职业发展调查，全年收集上报信息46篇，组织调查站点人员赴重庆市参加中国科协举办的全国科技工作者状况调查站点培训。向中国科协九大（内蒙古）代表和基层科技工作者赠阅《科协论坛》《身边科学》《内蒙古科协》《内蒙古科技报》等杂志。建立科协系统科技工作者微信群，征集意见建议，了解科技工作者诉求，加强与科技工作者日常交流。

自身建设 自治区科协党组中心组学习28次、研讨交流12次，举办专题讲座12次、支部学习88次、研讨交流76次，召开政治例会65次。落实党组主体责任，推进“两学一做”学习教育常态化制度化，开展“不忘初心、牢记使命”主题教育，召开机关党的工作暨党风廉政建设工作会议、机关党建工作重点任务推进会。举办党务干部培训班2期，培训党务干部60余人次。召开党风廉政警示教育会，举办学习新修订的《中国共产党纪律处分条例》报告会。开展意识形态研讨交流活动，抓好意识形态和网络安全专题培训，建立舆情分析、工作检查制度，加强阵地管理，全面排查隐患。举办全区科协系统干部培训班。

召开全区学会党建暨工作会议。举办全区学会业务人员培训班。指导101个区直学会建立规范党的组织86个。利用学术年会、学术交流会、科技工作者座谈会等宣传宣讲习近平新时代中国特色社会主义思想和党的十九大精神，强化对科技工作者的政治引领。11月，召开自治区科协七届六次全委会。

推进改革任务落实，将深化改革方案细化为5个方面20类60项任务。截至2018年年底，完成自治区科协机关及直属事业单位机构改革、兼职副主席驻会、基层科普行动计划等38项任务。推进代表大会代表、委员结构优化，农村牧区科普信息化建设等22项任务。指导推动盟市、旗县科协改革，12个盟市印发方案并组织实施。组成3个调研组深入全区7个盟市的32个贫困旗县，就基层科协组织建设、学会改革、科普产品供给等深化改革任务落实情况开展实地调研，推动各项改革任务落实落地。规范学会工作，推进学会治理结构、体系变革，开展示范学会评选。经过改革，85家学会理事会一线科技工作者占比达到3/4，76家学会常务理事会一线科技工作者占比达到2/3，15家学会实行秘书长聘任制。对82家学会组织机构、人员配备、专家信息、经费管理和制度建设等基本情况进行摸底。加大团体会员发展力度，新增内蒙古分子诊断学学会等5家学会。抓好旗县以下基层科协组织建设，以“四有一落实”为标准建立健全苏木乡镇（街道）科协，吸纳同级医院院长、学校校长、农技站站长兼任科协副主席。采取由分管副校长兼任科协主席的办法，设立专兼职科技辅导员，推进中小学科协组织建立。12月，制定《关于进一步加强全区基层科协组织建设的实施意见》。新建基层科协组织539个，其中苏木乡镇（街道）科协232个、企业科协44个、高校科协4个、中小学科协259个。

推进“网上科协”建设，构建自治区、盟市、旗县三级科协和区直学会“四位一体”的科协系统云站群，建成12个盟市、86个旗县科协网站及28个学会网站，并实现互联互通。建设数据资源管理、学会服务、会议培训等应用平台。建成网上评奖系统、科技工作者调查系统、会议系统等。推进信息化科普资源落地应用，获批国家发改委项目资金500万元，开展全国首家蒙汉文数字资源共享平台建设。借助“科普中国·百城千校万村行动”开展“互联网+科普”行动，新建乡村e站772个、社区e站440个、校园及其他类型e站281个，截至2018年年底，全区共有科普e站1493个。7月，自治区科协被中国科协评为2017年“科普中国·百城千校万村行动”省级优秀组织单位。8月，举办全区科协系统信息宣传工作培训班，150余人参加。

地市县及科协基层组织　呼伦贝尔市科协实施科技工作者关爱工程，在市3所医院为445名科技工作者开通医疗绿色通道，在市科协网站开辟科技工作者法律维权平台。巴彦淖尔市3个旗县科技馆开馆运行，市本级及6个旗县科技馆全部建成并运行，成为自治区盟市科协中首家实现科技馆全覆盖的盟市。赤峰市科协设立的“赤峰市自然科学科研课题”评选科研成果100余项，并选取部分成果编印《赤峰市科技工作者建议》上报市党委政府。鄂尔多斯市科协打造“智慧党建+科普中国”服务模式，建立全民科普e站信息网络管理平台移动端，实现实时监控和大数据分析。包头市科协编印《公民安全知识读本》，包括10个部分90个条目，约27.9万字。阿拉善盟科协加强馆校合作，科技馆与盟34所中小学及幼儿园合作开展科普剧、科普实验、科普有奖知识问答活动。乌海市科协在市中小学开展科学实验课20余场次。乌兰察布市科协联合市教育局举办“少年科学家”青少年机器人创新体验活动，220名市中小学学生和学龄前儿童参加。兴安盟科协联合内蒙古中农之星科技有限公司举办兴安盟优质水稻品种推介会，加快“兴安盟大米”品牌战略推进。通辽市科协新建农村科普学校4所，助推“科教兴农”。呼和浩特市科协在6家快递公司的6万份快递单上印制科普中国宣传标识。满洲里市科协促成俄罗斯莫斯科建筑运输集团与内蒙古蒙西集团合作投资建设水泥厂项目的初步合作意向，并签署战略合作框架协议。二连浩特市科协开展“农牧区科学普及和实用技术培训‘暖冬’行动”。

省级学会、企业科协、高校科协　自治区蒙医药学会开展乡村医生培训工作，培训乡村医生400人。自治区畜牧学会开展科技助力精准扶贫养殖培训，举办讲座34场，培训农牧民3536人。自治区中医药学会开展养生康复助力脱贫攻坚义诊活动，90余名专家深入9个国家级贫困旗县为1300余名群众义诊。自治区瓜果蔬菜协会赴乌兰察布市兴和县开展“精准扶贫专家兴和行”活动，组织专家70余人次深入基层一线开展技术指导和培训，受益农牧民400余人。

按照单独组建、区域联建、行业统建、依托组建等方式建设企业科协。新建企业科协组织44家，截至2018年年底，全区共有企业科协组织78家。5月，联合自治区国资委、科技厅、经信委、工商联印发《关于加强企业科协组织建设的意见》。8月，联合自治区国资委召开全区企业科协组织建设推进会，对全区企业科协组织建设工作进行全面部署，印发《关于落实全区企业科协组织建设推进会精神的通知》。12月，结合全区企业科协组织建设调度会和盟市科协年度考核工作，调研指导企业科协组织建设情况。

根据属地管理的原则建设高校科协，新建高校科协组织4家，截至2018年年底，全区共有高校科协组织11家。12月，联合自治区教育厅召开全区高校科协组织建设座谈会，听取高校科协代表交流发言，对全区高校科协组织建设工作进行全面部署。

【“共和国的脊梁——科学大师名校宣传工程”科学家主题剧目演出活动】 5—6月，自治区科协组织开展“共和国的脊梁——科学大师名校宣传工程”科学家主题剧目演出活动。演出话剧《侯德榜》《哥德巴赫猜想》共5场，观众达6000余人。活动期间，自治区党委常委、宣传部部长白玉刚与中国科协党组成员、书记处书记束为，陈景润夫人由昆及儿子陈由伟，厦门大学有关领导座谈。

【百名专家走进盟市旗县科普传播行活动】 6月10—15日，自治区科协开展“百名专家走进盟市旗县科普传播行”活动。首批中国科学院老科学家科普演讲团及航空航天科普报告团共21名科学家与自治区30余名科普专家团专家深入呼和浩特市、呼伦贝尔市、兴安盟、通辽市、赤峰市及所属49个旗县（市、区），在基层学校、医院、苏木乡镇（街道）、嘎查村（社区）开展科普讲座、义诊、心理咨询、座谈及农牧业技术指导205场，受益群众10万余人次。

【科技助力乡村振兴和精准扶贫专家旗县行活动】 7月，自治区科协围绕国家级贫困旗县生产经营、特色产业发展和增产增收实际需求，印发《关于征集“科技助力乡村振兴和精准扶贫专家旗县行”服务需求的通知》和《关于申报“科技助力乡村振兴和精准扶贫专家旗县行”专家团的通知》。共征集到种植业、养殖业、医疗卫生等方面科技服务需求120余项，收到区内外160余名科技工作者拟参加“科技助力乡村振兴和精准扶贫专家旗县行”活动的申报书。8月20—25日，组织100余名专家在呼和浩特市等7个盟市的31个国家级贫困旗县同步开展“科技助力乡村振兴和精准扶贫专家旗县行”活动，面向农牧民、贫困户开展实用技术培训、现场技术指导、义诊活动等400余场次，受益群众近10万人次。

【纪念内蒙古科协成立60周年暨全国科普日系列活动启动仪式】 9月13日，纪念内蒙古科协成立60周年暨全国科普日系列活动启动仪式在内蒙古科技馆举行。自治区科协党组书记麻魁主持会议。自治区政协主席、党委政法委书记李佳出席并讲话。李佳等领导为扎其劳、夏国宏等40名全区优秀科技工作者颁发荣誉证书，为哈斯苏荣、郝文胜等12名内蒙古科普专家团代表颁发聘书。自治区党委副秘书长、党委农牧办主任刘万华，科技厅厅长孙俊青，自治区科协兼职副主席、退休领导，全区优秀科技工作者，内蒙古科普专家团专家代表，自治区各学会及科协系统干部职工300余人参加活动。

【首届中国创新方法大赛内蒙古分赛暨第二届全区创新方法大赛】 9月16日—11月15日，自治区科协联合自治区科技厅、自治区教育厅举办首届中国创新方法大赛内蒙古分赛暨第二届全区创新方法大赛。600余名企业科研人员和高校师生参赛，其中，企业组项目107个、高校组项目114个。11月15日，全区电视擂台赛决赛在内蒙古广播影视数字传媒中心演播大厅举行，相关企事业单位和高校的300余人现场观看比赛。8个参赛项目入围全国总决赛，获全国奖项8个及优秀组织奖。大赛期间，累计举办创新方法培训班5期，培训学员300人次，产生创新方法成果110项。

（撰稿人：吴欣倩）

辽宁省科学技术协会

服务经济社会发展 服务辽宁全面、全方位振兴和“一带五基地”建设等战略。在企业和园区建立学会服务站127家，组织40余家省级学会开展“进企业、送技术、解难题、促振兴”创新助力行动503次，参与专家1824人次，为企业引进高层次人才204人，解决企业技术需求和难题506个，实现科技成果转化137项。省科协被中国科协评为创新驱动助力工程优秀试点省。

推动创新驱动助力示范区（县）建设。将示范区（县）创建工作列入《辽宁省人才服务全面振兴三年行动计划（2018—2020年）》，作为全省县域人才发展战略。联合省委组织部举办全省创新驱动助力示范区（县）创建工作推进现场会，推广阜新市新邱区首个示范区（县）经验。截至2018年年底，获批示范区（县）6家，签署合作协议38个，建设学会服务站18

个、专家工作站7个，开展对接洽谈57次。其中，助力新邱区的“育繁推一体化”项目一期已完工，帮助企业争取国家农业补贴1200万元。建成600平方米人才服务中心和4000平方米专家公寓。在《辽宁日报》刊登宣传报道5篇，辽宁电视台报道3次。

构建科技成果转化服务体系。成立辽宁省科技成果转化促进联盟，征集科技成果服务企业科技需求3124项，累计服务企业7585次，签订技术合同4547项，其中技术开发项目223项、技术转让项目35项、技术咨询项目114项、技术服务项目4175项。主办科技成果转化促进人员能力提升培训班，参加培训学员101人。

实施全国学会入辽计划。到中国仪器仪表学会、中国电工技术学会、中国复合材料学会和中国汽车工程学会进行对接，将全国学会科技人才、科技成果等资源引入辽宁。截至2018年年底，全国学会在辽宁省设立分支机构20余个，举办高端学术活动30余个。全国学会入辽计划得到中国科协认可，在全国科协系统属首创。

打造高水平科技创新智库。开展“辽宁省民营科技型中小企业人才队伍建设研究”等课题研究77项，开展科技专家建议申报工作。支持学会重点围绕振动工程、增材制造、化工新材料等领域开展调查研究，形成学科（产业）发展报告8个，服务省委省政府的科学决策。

实施科技助力精准扶贫行动计划。组建专家团队89个，全年有868名专家深入贫困地区开展服务，助力贫困人口脱贫20396人、贫困户脱贫6581户。推荐先进团队1个、先进个人4人参加2018年全国科技助力精准扶贫工作先进单位、先进个人评选。

《科学素质纲要》实施及科普信息化建设工作 实施社区科普益民计划、科普惠农兴村计划，开展“科普中国·百城千校万村行动”，举办名家讲科普报告会3场。举办全省科普信息化建设暨科普员培训班，省内科普员代表近200人参加培训，4家单位进行经验交流。服务科普中国落地，新建科普e站400余家。截至2018年年底，全省共建科普e站1240个，其中校园e站390个、社区e站566个、乡村e站284个。科普中国手机客户端APP累计注册科普员11985人。

推进全省科技馆免费开放。发挥省科技馆科学普及、科技传播、科普资源研发作用。全省共获科技馆免费开放补助资金4721万元。全年累计接待观众100余万人次、参观团体700余个，研发教育资源包50个，科普大篷车和流动科技馆巡展受众50余万人次。

主题科普活动品牌效应凸显。围绕“天蓝水清、美丽家园”主题开展全国科普日暨辽宁省第七届科普日活动，被评为全国科普日优秀组织单位。组织省青少年科技创新大赛，举办省青少年机器人竞赛，开展全国高校科学营活动，被评为第十八届中国青少年机器人竞赛优秀组织单位和全国青少年高校科学营优秀组织单位第3名。

科普信息化建设稳步推进。联合省移动通信公司开展辽宁省公民科学素质网络竞赛活动。创新“科普之冬”活动方式，面向重点人群以短信形式推送“遇事问科学”科普内容。提升科普辽宁微信公众平台推送水平，平台累计点击量约200万人次。

11月，中国科协科普部评估检查组在葫芦岛市对辽宁省《科学素质纲要》实施工作进行为期2天的评估检查，总体评价良好。完成国家对省“十三五”《科学素质纲要》实施情况中期评估工作。据《中国公民科学素质建设报告（2018年）》显示，全省公民具备基本科学素质比例达8.47%。

2018年，辽宁省获中国科协、财政部“基层科普行动计划”资助，全省受益基层科普组织和基层单位401个。

学术交流 举办主题为“先进材料与先进制造”的辽宁省第十二届学术年会暨第二届辽宁青年科学家论坛。邀请中国工程院院士郭东明、中国科学院院士成会明作特邀报告，6名杰出青年科学家作专题报告。主办第九届辽宁现代农业发展论坛，围绕农村改革40年来的成功经验和未来现代农业发展方向进行学术研讨、实地调研。开展辽宁省自然科学学术成果奖评审工作，评出获奖成果878项。在首届中国创新方法大赛中，沈阳飞机工业（集团）有限公司获金奖，沈阳鼓风机集团股份有限公司获铜奖。

8月25—26日，由中国复合材料学会、中国航空学会、中国力学学会、中国宇航学会与省科协共同主办的第二十届全国复合材料学术会议在大连海创科技交流中心召开。会议主题为“复合材料新时代：创新、研发与产业”。来自浙江大学、西安交通大学、哈尔滨工程大学、大连理工大学等高校和北京航空材料研究院、航天材料及工艺研究所等科研院所和企业的500余名专家学者参加会议。此次学术会议是省科协贯彻落实《辽宁省人才服务全面振兴三年行动计划（2018—2020年）》、实施“全国学会人辽计划”的重要举措。

全省新建院士工作站27家，引进院士34人，其中省外院士22人。建站单位中含企业20家，其中民营企业18家。评选出省示范院士专家工作站10个，丹东奥龙射线等3个院士专家工作站被评为全国模范院士专家工作站。实施海外智力为辽服务行动计划，首次在全省建设海智专家工作站5个。

全年分3批资助青年科技工作者国际和港澳台学术交流项目42人。首次在国际学术会议作口头报告23人，在国际科技组织任职科技工作者6人，辽宁省自然科学领域学科带头人2人。

加强与台湾青年科技交流。9月3—10日，接待第九届海峡两岸青年学子科技交流活动台湾团组来访。来自台湾大学等8所高校的15名在读研究生和辽宁省5名研究生全程参加交流。10月21—27日，组织4名在读研究生随代表团赴中国台湾地区参加第九届海峡两岸青年学子科技交流活动。

截至2018年年底，打造省级学会学术交流平台304个，支持省级学会学术交流平台项目42个。

服务科技工作者 推荐中国科学院大连化学物理研究所田鹏等3人为中国青年女科学家奖候选人；推荐煤科集团沈阳研究所有限公司研究员梁运涛获第二十一届中国科协求是杰出青年成果转化奖；评选大连海洋大学丁君等140人为第十一届辽宁省优秀科技工作者；推荐李天来等科技工作者6人参加“纪念改革开放40周年、中国科协成立60周年暨百名科学家、百名基层科技工作者座谈会”。资助出版自然科学学术著作21部。

与省委宣传部、省文明办、省科技厅联合开展科技界“辽宁好人·最美人物”推选宣传活动。通过各市推选、新华网展播、专家评审等程序，评选出姜大光等10名“辽宁好人·最美人物”。10月18日，在辽宁广播电视台举行电视发布会，宣传一线科技工作者。

强化科学道德和学风建设，通过举办报告会、组织学术沙龙、开展专题论坛等形式开展科学道德和学风建设宣讲教育活动235场次。举办黄大年先进事迹和中船重工第七六〇所抗灾抢险英雄群体先进事迹报告会。

组织科协系统开展全国科技工作者日活动，全省28名市委、市政府领导和13名学会理事长参与活动和走访慰问，举办大型活动57场次。联络省院士专家，与辽宁日报社合作，专版刊登《2018年“全国科技工作者日”辽宁院士专家寄语》，中国工程院院士孙聪等33名专家参与活动。

协助中国科协完成科技工作者压力情况、生活方式、职业发展等问卷调查任务3次，完成问卷2380份。上报反映科技工作者状况和科协工作情况信息101条，其中《省级学会开展科普活动存在问题》被中国科协《站点信息》刊发。

自身建设 贯彻《辽宁省科协系统深化改革实施方案》，制定《辽宁省科协系统服务振兴发展三年行动计划》。改革机关机构设置、运行机制，推进直属事业单位改革，重新组建辽宁省科技馆。召开省科协第九次代表大会，选举产生省科协九大代表511人，第九届委员会委员129人、常委56人，其中主席、副主席15人。在代表中，一线科技工作者占比72.6%，45岁以下代表占比33.5%。在全委会、常务委员会中，一线科技工作者代表占比分别达70.5%和65.1%。

贯彻落实习近平总书记重要讲话精神和省委“1+8”系列文件精神。制定《关于贯彻落实习近平总书记在辽宁考察时和在深入推进东北振兴座谈会上的重要讲话精神的实施方案》，向全省科技工作者发出《在新时代辽宁全面振兴中再立新功》倡议书。落实省委书记陈求发在辽宁省科协第九次代表大会开幕式上讲话精神，制定实施“思想政治引领工程”“创新驱动助力工程”“学术创新推动工程”“科技人才托举工程”“公民科学素质提升工程”“智汇辽宁工程”6个工程。

举办全面推进“一带五基地”建设专题培训班。各市科协班子成员和中层干部、部分县（市、区）科协负责人及省科协机关干部共60人参加培训。推进所属学会党建工作，省科协业务主管的74家省级学会全部建立党组织。组织机关党员干部参观“不忘初心 奋发图强——新中国工业档案文献展”。

地市县及科协基层组织 全省有副省级科协2个、地级市科协12个、县级科协114个。沈阳市科协开展“解放思想 推动沈阳高质量发展大讨论”活动，召开高层次科技专家学者座谈会，形成建议30余项。大连市科协打造海外专家论坛工作品牌，邀请美国、德国等海外专家举办学术报告会5场。鞍山市科协举办2018年新型功能材料国际会议，6名中外院士及50余名专家学者出席。抚顺市科协开展“科技助推创新争先行动”活动，立项105项，实现经济效益2亿余元。本溪市科协通过社区科普学校、科普惠农服务站，举办培训、报告会30余场次，推广新技术12项。丹东市科协开展科技助力乡村振兴，通过农业技术培训、科普专家讲座等，向当地农民和在校学生普及科学知识。锦州市科协获批科普中国应用推广项目，成为全国30家地级市获批单位之一，是辽宁省唯一获批项目单位。营口市科协建立科技成果转化服务网上平台，被市委组织部列为2018年全市党组书记抓人才工作重点项目。阜新市科协推进新邱区创新驱动助力示范区建设，2个国家级学会、6个省级学会与新邱区签订专家工作站建设协议。辽阳市科协完善专家智库建设，新入库专家29人，专家库现有专家361人。盘锦市科协组织召开科技工作者为盘锦石化产业创新发展建言献策座谈会，全市40名科技工作者为盘锦建设世界级石化及精细化工产业基地建言献策。铁岭市科协开展“优秀专家铁岭行”活动，促进专家和企业开展技术对接，解决企业科技研发中遇到的技术瓶颈问题。朝阳市科协做好科技扶贫攻坚工作，获批国家基层科普行动计划资金120万元，支持涉农协会、合作社18个。葫芦岛市科协开展以“科技创新 强国富民”为主题的2018年科技活动周科普进校园宣传活动，现场发放《环境与生活》等科普宣传书籍手册500余本。

省级学会、企业科协、高校科协 截至2018年年底，省科协所属省级学会129家（理工农医类99家、交叉学科30家），省科协业务主管74家。新成立省级学会2家，5家省级学会申请变更省科协为业务主管单位。制定《辽宁省科协所属学会年度工作评价办法》，发挥承接政府转移职能与公共服务试点示范学会引领作用。

在企业科协中开展优秀创新团队和创新标兵活动，授予沈飞集团罗志光创新团队等30个团队优秀创新团队奖、万井明等30人创新标兵奖。沈鼓科协开展“讲理想、比贡献竞赛活动”，确定一等奖8项、二等奖30项、三等奖50项。申报并获批中国科协创新先锋活动1项。

推进高校科协组织建设。通过将著作资助、智库项目申报等工作资源向高校科协倾斜等方式，提高科协工作对高校的吸引力。省属本科以上高校科协组织工作覆盖率达82.9%。沈阳理工大学科协邀请5名院士召开军民融合深度发展院士论坛，促进军民产学研深度融合发展。

【辽宁省科学技术协会第九次代表大会】 11月7日，辽宁省科学技术协会第九次代表大会在沈阳市举行。会议落实习近平总书记在辽宁考察时和在深入推进东北振兴座谈会上的重要讲话精神，总结过去5年工作，研究部署今后5年工作目标和任务。大会正式代表和特邀代表等近800人参加大会。省委书记、省人大常委会主任陈求发，中国科协党组副书记、副主席、书记处书记徐延豪出席会议并讲话。省委副书记、省长唐一军出席会议。

会议审议通过省科协第八届委员会工作报告，选举产生省科协第九届领导机构，中国工程院院士郭东明当选省科协第九届委员会主席，中国工程院院士王天然被授予省科协名誉主席职务。

【辽宁省第十二届学术年会暨第二届青年科学家论坛】 12月3日，辽宁省第十二届学术年会暨第二届青年科学家论坛在东北大学举办。会议主题为“先进材料与先进制造”。中国工程院院士、省科协主席、大连理工大学校长郭东明出席会议并致开幕词。东北大学校长、省科协副主席赵继致欢迎词。省内大连理工大学、东北大学、中国科学院沈阳分院等近50所高校、科研院所和沈阳鼓风机集团、沈阳飞机工业集团、沈阳机床集团等近40家企业及省级学会、各市科协科技工作者代表共300余人参加会议。

开幕式上，为第十一届辽宁省优秀科技工作者代表和2018年辽宁省自然科学学术成果奖一等奖代表进行颁奖。主题报告会上，郭东明、中国科学院院士成会明分别作特邀学术报告《高性能装备制造技术及发展趋势》和《石墨烯及二维材料的制备与应用探索》。

同期举办第二届青年科学家论坛。东北大学袁国、王聪，大连理工大学卢一平，中国科学院沈阳分院任玲、栾义坤，沈阳工业大学王峰等青年专家分别围绕稀土钢、镁合金、共晶高熵合金等先进材料关键技术、发展趋势及应用概况等进行交流和探讨。

【第九届辽宁现代农业发展论坛】 5月12日，由省科协、省发展改革委、省财政厅、省农村工作委员会、省农业科学院和沈阳农业大学联合农村经济问题杂志社共同主办的第九届辽宁现代农业发展论坛在沈阳市举办。政府有关部门代表出席论坛，近300名涉农科技工作者参加论坛。论坛邀请了国家食物与营养咨询委员会名誉主任、原农业部常务副部长万宝瑞，中央政策研究室经济局局长冯海发，农业农村部经管总站巡视员黄延信，中国人民大学教授温铁军、刘守英，国务院参事室特约研究员刘奇。中国农业科学院办公室副主任王济民在主会场作主题报告，省内外20余名专家在分会场作专题报告并互动交流。会后，与会专家和代表参观考察国家农村改革试验区海城市。专家建议，要以乡村振兴战略为总指导，推进农业供给侧结构性改革，围绕质量兴农、绿色兴农，提高农业规模化、绿色化、优质化、特色化、品牌化水平，加快转变农业生产方式，依据辽宁不同区域资源禀赋和社会经济条件，构建完善的现代农业经营体系、生产体系和产业体系，促进农村三产融合发展、产城融合发展、城乡融合发展，培养新型职业农民、培育新型经营主体、拓展农业新业态、挖掘农业新功能，推进科技创新和制度改革，加快农业农村现代化步伐。

【辽宁省科学技术馆挂牌成立】 7月25日，新组建的辽宁省科学技术馆（“辽宁省科技馆”）挂牌成立。新组建的辽宁省科技馆整合省科技馆、省科普宣传中心、省科技咨询中心、省青少年科技活动中心和省老科技工作者服务中心5家事业单位，为省科协所属事业单位。辽宁省科技馆服务资源丰富、功能优化，将开展科学普及、科技传播、科普资源研发等工作，为社会提供公益性科普产品和服务；为科技工作者创新创业、成长成才、学术交流、服务社会、成果展示等提供服务平台；宣传科学家精神，创建科技工作者之家；为创新驱动提供学科发展、科技交流合作、成果转化推介、创新方法培训、科技信息咨询等服务。

【全国科普日暨辽宁省第七届科普日】 9月26日，由省全民科学素质工作领导小组办公室、省科协主办的2018年全国科普日暨辽宁省第七届科普日启动仪式在辽宁省科技馆举行。2018年省科普日主题为“遇事问科学：‘天蓝水清　美丽家园’”，旨在倡导生态环保。省委常委、统战部部长范继英出席仪式。省科协、省委宣传部、省直机关工委、省教育厅、省科技厅、省农委、省环保厅、省总工会、共青团辽宁省委、省妇联、省社科联、中国科学院沈阳分院有关领导和部分机关干部、社会群众、科普志愿者、大学生、中小学生400余人参加启动仪式。启动仪式现场举办“天蓝水清　美丽家园”主题展览，播放2017年科普日成果回顾及2018年展望短片，组织12架无人机进行飞行表演，发放原创主题漫画《天蓝水清　美丽家园》科普读物等。

科普日期间，省全民科学素质工作领导小组成员单位、各省级学会、各市全民科学素质工作领导小组以“遇事问科学：‘天蓝水清　美丽家园’”为主题，同时开展污染防治主题科普活动、校园科普联合行动、基层科普联合行动、科技馆主题日联合行动、科普教育基地主题日联合行动、院士专家科学传播行动、名家讲科普等科普活动。各地区、各部门还组织省内外专家和科技工作者进校园、进乡村、进社区，开展科普讲座、科普展览、技术培训和科技咨询等活动。组织省内科技场馆、科普教育基地、大专院校和科研院所实验室等对外开放。

科普日期间，全省100余个组织和单位开展活动，受众百万人次。在2018年全国科普日优秀组织单位、优秀活动评选中，辽宁省科协获中国科协颁发的优秀组织单位奖；“天蓝水清　美丽家园”主题系列科普活动获优秀活动奖；13个市科协、7个县区科协获优秀组织单位奖，11家单位获优秀活动奖。

（撰稿人：郑福宝）

吉林省科学技术协会

服务经济社会发展　省科协对全省科技创新驱动能力开展综合评估，形成《吉林省科技创新驱动能力评价报告》。开展咨询课题研究42项，向省委、省政府报送建议3次。与省委组织部联合开展院士专家基层行活动，先后组织43名院士专家深入地方，为党委政府开展决策提供咨询服务。与省内高校、科研机构合作建立科技创新智库基地12个，委托开展专项课题研究。举办科技创新人才创新方法培训11场次，培训1700余人。

实施创新驱动助力工程，与中国电子学会共建创新成果转化平台，与中国制冷学会合作开展吉林省冷链产业发展研究，与中国照明学会合作编写《汽车工业企业LED照明应用标准》。推动吉林大学与中国药学会合作开展技术创新，支持省级学会与企业联合开展技术攻关。制定《吉林省院士专家工作站管理办法》，全年推动新建院士专家工作站13家，截至2018年年底，建立院士专家工作站共73家，进站院士23人、专家196人。

主导成立吉林省科技创新创业研究会、吉林省科技工作者创新创业联盟，为双创企业和科技工作者架起桥梁、搭建平台。组织省内企业参加首届中国创新方法大赛，中国石油吉林油田公司代表队获银奖，2

支代表队获一等奖，3 支代表队获二等奖，5 支代表队获三等奖。

与省农业委员会、省扶贫开发领导小组办公室、省畜牧业管理局共同开展“科技助力精准扶贫暨‘科技之冬’送科技下乡”活动，共组织 1692 名科技专家累计开展下乡活动 1858 次，发放科普宣传资料 44.81 万份，惠泽农民 60 万人次。在第十七届中国长春国际农业·食品博览（交易）会举办之际，与长春市科协、长春农业博览园共同主办科普大集活动，组织 100 名专家与农民精准对接，解决农民生产、生活实际问题，发放科普图书 4 万余册，回答各类咨询 3500 余人次。开展新型职业农民专业技术评定，计划年度评出初级、中级、高级农技师 5000 人，已完成初级评审。帮助省科协扶贫包保的洮南市车力乡创业村建设党群服务中心，建设科普中国乡村 e 站，指导村民开展电子商务。

《科学素质纲要》实施及科普信息化建设工作 开展 2018 年全民科学素质建设重点项目资助，共支持特色活动 7 项、科普资源开发成果 13 项、科普教育基地 5 项。为各成员单位配备科普中国示范大屏 25 台。支持和配合各成员单位开展吉林省科技活动周、第十四届公众科学日、“5·20” 世界计量日等主题活动。开展吉林省公民科学素质行动计划纲要实施工作“十三五” 中期评估，吉林省公民具备科学素质比例达到 8.08%，比“十二五” 末提高 2.11 个百分点。

与省委宣传部、省教育厅、省工业和信息化厅、省气象局、中国科学院长春分院共同主办 2018 年全国科普日暨吉林省第十六届科普周活动，集中开展科普活动 200 余项。开展“与大师面对面，与科学手拉手” 主题科普活动，邀请中国工程院院士王陇德等走进普通百姓中开展科普。

举办第 33 届吉林省青少年科技创新大赛、第十八届中国青少年机器人竞赛吉林赛区竞赛、第 26 届吉林省青少年科技艺术大赛、第 14 届全省青少年航模车模船模竞赛、第 2 届吉林省青少年益智科技竞赛、明天小小科学家奖励活动。完成五学科奥林匹克竞赛监管工作，参赛 5.8 万余人次。组织完成全国高校科学营吉林省分营活动，在全省选拔 25 名高中生赴日本东京开展海外科学营活动。完成英才计划工作任务，在全省选拔 76 名高中生成为英才计划学员。在第 30 届欧盟青年科学家竞赛中，通过第 32 届吉林省青少年科技创新大赛选拔推荐的选手、长春吉大附中实验学校学生张思佳获三等奖。

组织实施“基层科普行动计划”，与省财政厅联合印发《吉林省基层科普行动计划资金管理实施细则》，资助建设科普中国 e 站 115 个（乡村 e 站 38 个、社区 e 站 37 个、校园 e 站 28 个、企业 e 站 12 个），农村专业技术协会、科普示范基地 29 个，“科普中国” 互动点播频道 31 个。编印“特色种植养殖实用技术系列丛书” 4.8 万册。开发科普挂图 200 张、动画 20 部、漫画 10 部、H5 作品 30 部，为全省各级科协配发科普挂图 2.1 万张。

省科技馆常设展览及各类主题展面向社会免费开放，全年接待观众 48 万人次，同比增长 27%。省数字科技馆获评中国数字科技馆共建共享资源建设优秀单位一等奖。流动科技馆全年巡展 13 站，累计参观 65 万人次，中小学生覆盖率达 92%。科普大篷车进校园活动走进 13 个县（市、区）、25 个乡镇，惠及中小学生 3.1 万人。

加强吉视传媒“科普中国” 融媒体传播平台建设，在全省 270 余万户双向数字电视家庭中，“科普中国” 点播专区每天实际点播用户达 84 万户。在全省发展实名注册“科普中国” 手机 APP 科普信息员 33 万人，分享文章 236 万篇。与《吉林日报》合办“求证·科学” 专栏 33 期，与吉林人民广播电台合办“求真·听科学怎么说” 专栏 214 期，与《城市晚报》合办“科普中国吉林行” 专栏 236 期，与吉视乡村频道《乡村四季 12316》栏目合作播出“科协在行动” 专栏 50 期。“吉林科普微窗” 公众号累计发布图文 600 余篇，其中省科技工作者原创文章达 20%。

学术交流 举办第五届吉林省科技论坛 14 期、第十二届吉林省科协青年科学家论坛 16 期、第五届吉林省科协研究生论坛 10 期。举办第十届吉林省科协年会，设主会场 1 个和分会场 9 个。主会场邀请中国科学院信息安全国家重点实验室教授、北京知识安全工程中心主任吕述望，中国工程院院士、长春理工大学校学术委员会主任姜会林，中国工程院院士、中国人民解放军军事医学研究院军事兽医研究所分子病毒学与免疫学实验室主任金宁一作特邀报告。400 余名专家学者参加开幕式并听取报告。分会场有 44 名院士专家作报告，1200 余名专家学者参与其中。

7 月 20 日，由工业和信息化部、中国科协、省人民政府指导，中国电子学会、省科协、省科技厅、长春新区管理委员会主办的 2018 中国工业大数据创新发展高峰论坛在长春市召开。论坛主题为“新工业，新智能”。中国工程院院士柴天佑、中国科学院院士管晓宏、欧洲科学院院士 Fausto Giunchiglia、IEEE Computer Society 副主席 Andy CHEN 分别作主题报告。中国航天科工集团航天云网公司副总经理祝守宇、中国医药集团信息化专家组组长雷万云、甲骨文中国区大数据业务总经理李辉等大数据领域的高层次专家和企业代表围绕工业大数据的应用作典型案例分享。中国电子学会发布《中国工业大数据创新地图》，与长春新区管理委员会签署创新成果转化平台合作协议。500 余名专家学者参加论坛。

9 月 16—18 日，由吉林大学、国家外国专家局、省科协、省教育厅、省科技厅共同主办的吉林大学首届未来科学论坛在长春市举办。省政府省长景俊海出席开幕式并致辞。论坛主题为“科学前沿与人类未来”。1988 年诺贝尔化学奖获得者、德国科学院院士哈特穆特·米歇尔（Hartmut Michel），2011 年诺贝尔化学奖获得者、以色列理工学院院士丹·谢赫特曼（Dan Shechtman）分别作大会报告。中国科学院院士、省政府副省长安立佳，中国科学院院士、国家自然科学基金委员会副主任侯增谦等国内外近 20 名院士及 140 余名国内外专家、青年学者，围绕人工智能与数据科学、纳米科学与新能源材料、战略性新型信息器件、精准医学等专题展开学术研讨与交流。

服务科技工作者 开展中国科协科学家宣讲党的十九大精神巡回报告吉林站系列活动。在全省科技工作者中开展“弘扬爱国奋斗精神、建功立业新时代”活动。与省委宣传部等联合评选“黄大年式科研团队”。举办吉林省科学道德和学风建设宣讲教育系列活动。组织省级学会和科技工作者代表赴北京参观“伟大的变革——庆祝改革开放 40 周年大型展览”。

5 月 25 日，在第二个全国科技工作者日前夕，召开“牢记初心使命、做新时代创新先锋座谈会”。座谈会邀请 40 余名全省各领域科技工作者、科普工作者。集中在媒体宣传报道 10 名在科技创新一线做出突出贡献的科技工作者，发挥典型示范作用。

与省委组织部、省人力资源和社会保障厅、省财政厅共同评选表彰 2018 年吉林省青年科技奖。评选出创新团队奖 1 个、青年科技奖特别奖 3 人、青年科技奖 30 人，推荐 2 人入选第十五届中国青年科技奖。与省人力资源和社会保障厅共同评选表彰 2017 年度吉林省自然科学学术成果奖，评选出一等奖 20 项、二等奖 80 项、三等奖 146 项。

实施“吉林省青年科技领英计划”。开展吉林省青年人才托举工程（2018—2019 年）评选，10 名 32 岁以下青年科技工作者及其项目入选，对 2017—2018 年项目开展中期评估。实施 2018 年吉林省优秀科技专著（科普著作）资助计划项目，6 部作品入选。举办 2018 年吉林省研究生科技论文演讲比赛、第十七届海峡两岸大学生辩论赛吉林省预选赛、吉林省大学生生命科学实验大赛、吉林省高等学校大学生测绘技能竞赛、吉林省高等学校机器人大赛等。

谋划和推动一批服务科技工作者的实事、好事落地。遴选推荐 8 人当选政协吉林省第十二届委员会科协界委员，其中 3 人当选常委。开展 2 批省院士专家学术考察休假活动，51 名院士、科技创新领军人才参加。与长春市肿瘤医院联合建立“吉林省院士 PET、MR 体检站”，为院士定期进行公益体检。与省委网信办建立网络舆情处置联动机制。为科技工作者免费提供政策、法律咨询服务。建立与科技工作者双向联系渠道，省科协机关干部与省内高层次科技领军人才、省科协九大代表近 300 人建立起常态联系。

开展科技工作者状况调查站点工作，有国家级站点 12 个、省级站点 27 个。组织填报调查问卷 7700 份，向中国科协报送科技工作者建议 66 件。

自身建设 提升学会发展和服务能力，遴选示范学会 15 个、特色学会 20 个，支持学会推进会员结构、治理结构、治理方式改革。指导省级学会建立各类党组织 107 个，覆盖率达 76%。组织开展干部职工基本素质、基本能力提升工程，以提高科协干部沟通协调能力、文字综合能力和科学素质为重点举办专题培训 9 期。

地市县及科协基层组织 省科协有市（州）科协 9 个、长白山管委会科协、县（市、区）科协 60 个。研究制定《提升基层科协组织力“3+1”试点工作方案》，推动 12 个市级和县级科协召开代表大会，依法依章程建立和完善科协组织体系。

长春市科协向市委、市政府报送重要建议 2 次，服务党和政府科学决策。吉林市科协出台《常委年度工作书面述职评议办法》，推动兼职常委履职尽责。四平市科协调研全市企业实施创新驱动助力工程情况，形成报告报市委组织部。松原市科协命名一批“绿色有机农业科普示范基地”，组织专家开展生产技术指导。白城市科协注销有名无实的学会 20 个，推动成立人工智能和机器人学会等适应新时代要求的学会组织。辽源市科协、公主岭市科协制定完善机关制度，提高管理水平和风险防控能力。通化市科协在媒体开设“新时代通化科技工作者风采”专栏，集中宣传报道优秀科技工作者11人。白山市科协举办“干部大讲堂”，服务公务员和领导干部科学素质提升。延边州科协联合州委组织部等多部门开展延边州首届十佳科技工作者和优秀科技工作者表彰奖励活动。梅河口市科技馆接待观众12万人次。

省级学会、企业科协、高校科协 全省新成立省级学会5个，接纳变更业务主管单位学会1个，省级学会数量增至140个。新建企业科协24个，企业科协数量增至262个。新成立长春师范大学科协，高校科协数量增至29个。

省级学会相继举办第一届MXene储能材料国际学术研讨会、第一届中俄山葡萄及抗寒浆果产业发展学术研讨会、首届中国汽车工业照明高峰论坛、现代农业装备产业发展与技术进步高端论坛、吉林省首届慢病管理与医院管理高峰论坛、第七届吉林省农特产业大会等活动。长春修正药业集团成立企业科协组织。中车长春轨道客车股份有限公司科协邀请院士开展专题学术讲座、技术交流活动。吉林化纤集团科协推荐的碳谷碳纤维技术研发创新团队被授予吉林省“黄大年式科研团队”称号。长春师范大学科协探索组织建设新模式，吸引凝聚一批校外院士专家加入科协组织、经常性参与科协工作，广开交流合作渠道。

【2018年全国科普日暨吉林省第十六届科普周活动】 9月15—21日，由省科协、省委宣传部、省教育厅、省工业和信息化厅、省气象局、中国科学院长春分院共同主办的2018年全国科普日暨吉林省第十六届科普周活动在全省集中开展。活动主题为“数字吉林建设、推动高质量发展”。省委副书记高广滨、省人大常委会副主任车秀兰出席开幕式主场活动并参观指导。

主场活动聚焦数字吉林建设，采用虚拟与现实交互、演示与体验结合的方式，使公众感受科技魅力。在主场活动中，14个智能机器人伴随音乐起舞，机器人“小科”宣布活动启动，机器人“小胖”“悟空”与观众交流互动。主场活动分数字政府、智能制造、智慧城市、智慧农业、智慧生活5大板块，60家企事业单位以展板展示、视频播放、软件演示、实物展示、互动体验等方式展出新技术、新产品及其应用项目87项。水中机器鱼、消防救援无人机、VR体验、应急气象系统等应用吸引市民参与体验。在“科普中国”APP展板前，群众纷纷在手机上安装“科普中国”APP，并在工作人员指导下应用。78岁的中国科学院院士王家骐到场参观并与群众互动交流。

活动期间，省科协动员指导省级学会、全省各级科协、高校、科研院所、科技企业等120余个单位开展科普活动共200余项，在新闻媒体和网络平台设置专栏，制作的科普日活动专题片观看人数达100余万人。

【第十届吉林省科协年会】 11月20日，第十届吉林省科协年会在长春市开幕。省科协主席、中国科学院院士冯守华致开幕词。开幕式上，举行“吉林省青年人才托举工程”（2018—2019年）入选项目证书颁发仪式。开幕式后，举行特邀报告会，3名院士专家作学术报告，报告会由省科协副主席、长春中医药大学校长宋柏林主持。400余名专家学者参加开幕式并听取报告。年会以“激发创新第一动力、推动吉林高质量发展”为主题，设主会场1个和分会场9个。

中国科学院信息安全国家重点实验室教授、北京知识安全工程中心主任吕述望作报告《创新网络强国建设》，分享关于创新网络强国建设的个人体会，分析当前中国网络安全现状，阐释现代网络对中国发展的影响，剖析网络安全面临的严峻挑战，为创新网络强国建设提出具体措施和建议。

省科协副主席、中国工程院院士、长春理工大学校学术委员会主任姜会林作报告《抓好军民融合，促进创新发展——对我省军民融合的几点思考》，介绍近年来国家关于军民融合发展的战略部署与要求，分析中国军民融合发展的现状与趋势，围绕吉林省在光电与信息技术、材料与制造技术、军队与国防平台、高校与科研院所等方面的特色和优势，提出6个方面的发展对策与建议。

省科协副主席、中国工程院院士、中国人民解放军军事医学研究院军事兽医研究所分子病毒学与免疫学实验室主任金宁一作报告《共患病毒病与防控》，阐述共患传染病的概念、分类和在世界范围流行的概况，解析引发共患传染病流行的原因，介绍人们最为关注的几类重要病毒性传染疾病，就如何应对和防控共患传染病及当前面临的问题提出意见和建议。

开幕式暨特邀报告会期间，举办“吉林省科协历届年会回顾”“吉林省青年人才托举工程”主题展览。

分会场学术交流活动于10月14日—11月27日陆续举办，内容涉及人工智能地球系统科学、页岩油勘探、智慧农业、生殖医学、中枢神经修复重建、遗传与人类健康等，44名院士专家作报告，1200余名专家学者参与其中。

【吉林省首批院士专家学术考察休假活动】 8月6日，吉林省首批院士专家学术考察休假活动暨松花湖人才驱动创新交流中心启动仪式在吉林市举办。省科协党组书记、副主席林天，吉林市委常委、组织部部长高海珠，吉林市副市长谢义出席启动仪式。林天、谢义共同为松花湖人才驱动创新交流中心揭牌。包括院士、全国优秀科技工作者、国务院特殊津贴获得者、百千万人才工程国家级人选、吉林省高级专家等在内的31名省内外高端人才参加活动。活动为期6天，安排学术交流、校企对接、科技咨询等内容。吉林创新科技城、吉林华鑫菌业公司分别与有关专家王立军和吉林省食品学会签订合作协议。中国汽车工程学会、吉林市科协和永吉市经济技术开发区共建的创新驱动助力工程服务站在永吉市揭牌。活动与服务地方经济发展有机结合，松花湖人才驱动创新交流中心建立后发布技术需求98项、人才需求72项、科技成果110项，对促进科技成果交流转化发挥了积极作用。

（撰稿人：任　远）

黑龙江省科学技术协会

服务经济社会发展　实施创新驱动助力工程，印发《黑龙江省科协实施创新驱动助力工程工作方案》，召开省科协创新驱动助力工程供需调研座谈会，建立创新驱动助力工程供需对接信息化平台，为创新要素供需双方搭建信息互通、资源共享的交流平台。举办中国创新方法大赛企业创新方法大赛黑龙江赛区竞赛；推选13个团队代表黑龙江赛区参加中国创新方法大赛全国总决赛，获一等奖1个、二等奖1个、三等奖4个、优胜奖7个。

成立省科协决策咨询专门委员会，制定《黑龙江省科协决策咨询专门委员会工作职责》。7月19日，中国工程院院士、省科协副主席、省科协决策咨询专门委员会主任杨宝峰主持召开省科协决策咨询专门委员会第一次会议，解读《黑龙江省科协科技创新智库建设实施方案》并研究落实意见，审定2018年度智库研究项目。遴选16个智库研究基地开展2018年度智库研究项目、科技工作者创新创业状况调查项目申报工作，12个智库研究课题立项。

开展科技助力精准扶贫工作，协调省财政投入500余万元在哈尔滨市延寿县、齐齐哈尔市富裕县等8个贫困县建设农村科普宣传栏，在齐齐哈尔市克山县、大庆市杜尔伯特蒙古族自治县等7个贫困县建设农村中学科技馆，在28个贫困县建设科普中国乡村e站50个。组织省科技馆、省天文学会等单位在绥化市明水县、齐齐哈尔市拜泉县等6个贫困县开展流动科技馆巡展活动，行程3550千米，34.54万名学生参加活动。开展农技协领办人交流培训班20期、科普流动课堂30期、农村实用技术推广培训班20期。开展专家服务行动，组织82名省级专家、69名市级专家、252名基层专家开展科技培训941次，培训受众7.75万人次；组织569名专家到贫困地区进行示范指导2657次，受众6.57万人次；组织557名专家到2508个贫困户家中进行现场指导，推广新技术新品种543个，发放科普资料17.39万册。开展“科普大篷车科技助力精准扶贫——专家在行动”系列活动，深入12个贫困县开展专家服务培训12场次，行程8200余千米。联合中国知网建设“三农”科普网络书屋，全省有35个县（市、区）建成1524个科普网络书屋，其中28个贫困县的1122个行政村实现全覆盖。

《科学素质纲要》实施及科普信息化建设工作　调整省科学素质纲要实施工作联席会议办公室组成人员，将省统计局、人民网黑龙江2个单位增补为省科学素质纲要实施工作联席会议办公室成员单位。截至2018年年底，省科学素质纲要实施工作联席会议成员单位共33家。

组织开展科普之冬、全国科普日暨龙江金秋科普月、青少年科技创新大赛、科普小主播演讲比赛等活动和科技类竞赛项目20余项。编印《图解雾霾百问》等科普读物，编发关于公共安全、生态环境、乡村振兴战略等内容的科普挂图100余种。建立农村科普实用人才库，全省有588名农村科普实用人才加入科普人才库，其中农业科研院所专家53人、科普惠农专家71人、种植类基层农技人员181人、养殖类基层农技人员57人、综合类基层农技人员226人。组织全省农民参加2018年全国农民科学素质网络竞答活动。截至2018年年底，全省有国家级科普教育基地28个、省级科普教育基地276个、国家级科普示范县（市、区）14个、省级科普示范县（市、区）32个。

全省科普大篷车总行程3.2万千米，开展科普宣传活动42次，受教育人数近6万人次。组织科技专家服务团开展农技培训15次、现场技术指导22次；邀请农业专家24人次，发放各类农技教材2万套，受益农民达3万人次。截至2018年年底，全省共有科普大篷车40辆，设科普大篷车科普活动站52所。

省科技馆全年累计开放305天，接待公众238万人次。球幕影院放映774场次，4D影院放映1036场次，观影人数6余万人次。完成21个市县的中国流动科技馆巡展任务，受益公众110万人次。省科技馆网站和数字科技馆全年点击量达110万次。

联合人民网黑龙江、新华网黑龙江、凤凰网黑龙江、东北网、黑龙江广播电视台、《黑龙江日报》、黑龙江广播电视网络股份有限公司、黑龙江新媒体集团等12家媒体，建立科学传播融媒体联盟。与黑龙江广播电视网络股份有限公司联合打造科普中国全媒体传播云平台，累计播放科普视频1000余小时，点击量达800万次。与人民网黑龙江频道联合建设掌云乡村APP平台，设“龙江头条”“科普社区”“图解知天下”“农业百科”“健康养生”等栏目，招募科普志愿者2000余人。与黑龙江广播电视台龙广乡村台联合改造升级“龙江科普惠农云服务”平台，近10万用户关注。黑龙江新闻广播在早间版《行风热线》节目中开设“科普进行时”专栏,《黑龙江日报》客户端开设“科普龙江”专栏，推送科普文章360篇。

学术交流 成立省科协学术交流专门委员会，制定《黑龙江省科协学术交流专门委员会工作职责》。7月13日，中国工程院院士、省科协副主席、省科协学术交流专门委员会主任周玉主持召开省科协学术交流专门委员会第一次会议，审核2个省级学会的成立申请和2018年度省科协学术活动质量提升计划项目、学会能力提升计划项目。

实施2018年度学术质量提升计划，由省仿生与生物制造学会等17个学会承办新发展新理念学术沙龙活动4项、太阳岛科技论坛系列活动5项、小型高端学术研讨活动6项、高端学术交流项目2项。实施2018年度学术能力提升计划，由省微生物学会等16个学会承办专题培训6次、品牌竞赛3次、科普活动4项、党建强会项目2项，承接政府转移职能项目1项。

服务科技工作者 开展科技人才举荐工作，省科协推荐的哈尔滨理工大学自动化学院院长许家忠获第二十一届中国科协求是杰出青年成果转化奖、哈尔滨工业大学教授姜波获第十五届中国青年科技奖。哈尔滨工业大学科协推荐的哈尔滨工业大学教授吴晓宏获第十五届中国青年科技奖特别奖。省科协推荐的黑龙江广播电视台乡村广播主持人张琦卓获“典赞·2018科普中国”十大科学传播人物奖。

开展庆祝全国科技工作者日系列活动。省科协主席赵敏和省科协党组成员分别赴省农科院、哈尔滨工业大学机器人集团、哈尔滨飞机工业集团有限责任公司、哈尔滨滨圣养猪协会走访慰问基层一线科技工作者。在《黑龙江手机党报》、东北网、龙江科协微信平台等设置专题，集中展示中国工程院院士李圭白、秦裕琨、杨宝峰等10名优秀科技工作者代表的事迹。

举办科学家宣讲党的十九大精神巡回报告会3场。11月10日，党的十九大代表、中国工程院院士、省科协副主席杨德森在哈尔滨工业大学作专题报告《在习近平新时代中国特色社会主义思想指导下为海洋强国建设贡献青春力量》。12月11日，党的十九大代表、中国工程院院士、省科协副主席杨宝峰在齐齐哈尔医学院作专题报告《以十九大精神为引领推进医药创新与转化》。

自身建设 召开省科协深化改革领导小组会议，制定年度改革任务分解表，对改革工作做出安排部署。截至2018年年底，全省13个市（地）、44个县（市、区）已出台改革方案。黑河市、鹤岗市、哈尔滨市依兰县完成换届工作。制定《省科协提升基层科协组织力“3+1”试点工作方案》，遴选6个市（地）、4个县级科协为试点单位。

加强和规范省科协所属学会管理，出台《黑龙江省科学技术协会省级学会通则（试行）》，指导成立省生物信息学学会、省心脏医学学会、省虚拟现实科学学会、省睡眠学会、省湿地多样性学会5个学会。指导省自动化学会、省自然辩证法研究会、省软件学会等15个学会完成换届工作。

举办学习型机关大讲堂15期、青年党员学习营20期、专题调研学习5次、主题党日活动18次，开展以“不忘初心跟党走、牢记使命有作为”为主题的纪念建党97周年系列活动。

地市县及科协基层组织 截至2018年年底，全省共有市（地）科协13个、县级科协127个。

各市（地）科协开展庆祝全国科技工作者日系列活动。哈尔滨市科协组织哈药集团等31家国有、民营企业及科研院所的基层优秀科技工作者120人进行免费体检。齐齐哈尔市科协组织召开庆祝全国科技工作者日暨创新先锋青年科技奖表彰大会。佳木斯市科协在《佳木斯日报》以“科技人 · 创新路”为专题集中宣传报道4名优秀科技工作者。大庆市科协组织召开第八届大庆市青年科技奖获得者座谈会。鸡西市政协组织科技界委员召开全国科技工作者日座谈会。鹤岗市科协联合鹤岗电台、《鹤岗日报》对优秀科技工作者进行专题报道。

大兴安岭地区科协申报的“管护区经济技术人才指导与培养”项目获2018年中国科协创新驱动助力工程支持。大兴安岭地区科协与管护区经济办公室、扶贫办、人社局、农林科学院等部门配合，在全区举办食用菌栽培、北药种植、电子商务、旅游等各类培训班56期，培训人员3800余人次。邀请相关专家和专业技术人员进行实地现场指导65次。编印《北药种植技术》《食用菌栽培技术》《山野菜种植技术》等培训材料8500册。

7月13—14日，牡丹江市医学会和中国乳腺微创与腔镜手术联盟联合主办第三届牡丹江市甲状腺乳腺疾病高峰论坛暨中国乳腺微创与腔镜手术联盟全国巡讲（东北站）。牡丹江市肿瘤医院副院长巴图主持论坛，来自国内甲状腺外科、乳腺内外科、核医学科、放疗科、内分泌科、影像科、病理科等的40余名专家围绕甲状腺疾病、乳腺手术、乳腺癌术后化疗、乳腺癌术后内分泌及分子靶向治疗4个专题进行学术交流。

11月30日，齐齐哈尔高新区科协暨市科协创新服务促进联盟成立大会召开。齐齐哈尔市政府副秘书长刘海涛，市科协、市高新区及市科协创新服务促进联盟会员单位代表参加会议。大会产生齐齐哈尔高新区科协第一届组织机构，推选第一届委员会主席、副主席、秘书长。

省级学会、企业科协、高校科协　截至2018年年底，全省有省级学会212个、企业科协204个、高校科协18个。

8月30—31日，省水利学会联合省水利科学研究院共同主办省水利学会2018年学术年会暨水利先进技术（产品）推介会。中国科学院院士刘昌明、中国工程院院士康绍忠及来自中国农业大学等单位的40余名水利专家学者参加年会。与会学者围绕水文学、农业高效节水、生态水利、河长制湖长制、水土保持、水资源高效利用、水利工程建设与管理、水利信息化等行业前沿课题和热点话题，通过大会特邀报告、主题报告等方式进行为期2天的交流研讨。年会同步进行水利新技术（新产品）展示、推介。

9月12日，省地温能学会、东北石油大学地球科学学院、大庆市科协联合举办寒区地温（热）能开发与利用科技论坛。中国工程院院士、国家地热中心指导委员会主任曹耀峰，中国工程院院士、中国石油天然气股份有限公司副总裁、大庆油田有限责任公司总经理孙龙德，中国欧美同学会副会长、省欧美同学会会长董浩，东北石油大学党委书记孙明学，大庆市政府副市长朱清霞出席论坛，政府有关部门及企业人士200余人参加论坛。曹耀峰、山东建筑大学可再生能源教育部重点实验室主任刁乃仁、华中科技大学建筑节能技术中心主任胡平放、辽宁省建筑设计研究院有限公司副总工程师郭晓朝、哈尔滨工业大学教授马最良分别作学术报告。

12月28日，哈尔滨医科大学科协举办“一带一路”传染病防控国际学术会议暨伍连德论坛。来自俄罗斯、日本、南非、肯尼亚等国家和国内传染病相关领域的专家共100余人参加论坛。中国工程院院士杨宝峰、哈尔滨医科大学校长张学等国内外专家25人作大会特邀报告。专家就传染病防控领域的最新研究和进展、“一带一路”沿线国家交界地域传染病联合监测方法和信息进行交流和研讨。

【黑龙江省科协八届二次全委会议】1月30日，省科协八届二次全委会议在哈尔滨市召开。省委副书记陈海波出席会议并讲话。省科协主席赵敏作总结讲话。省科协党组书记、副主席陶福胜代表省科协八届委员会作工作报告。会议传达中央书记处关于科协工作的几点意见，审议通过《关于黑龙江省科协第八届常委会工作报告的决议》《黑龙江省科协省级学会通则（草案）》，表彰第十三届黑龙江省青年科技奖获奖者。

陈海波在会上发表讲话。与会委员围绕学习贯彻中央书记处关于科协工作的几点意见、审议常委会工作报告和各项议案进行分组学习讨论。

【第二十一届中国科协年会筹备工作调度会议】11月19日，第二十一届中国科协年会筹备工作调度会议在哈尔滨市召开。省委副书记陈海波主持会议并讲话。省政府副省长程志明出席会议并讲话。省科协主席赵敏、省政府副秘书长邢爱国出席会议。

会议听取赵敏关于全国政协副主席、中国科协主席万钢对第二十一届中国科协年会具体指示的通报，听取陶福胜关于第二十一届中国科协年会前期筹备工作及进展情况的汇报。会议就院士专家调研选题、中国海外人才创新创业项目大赛、年会宣传片策划制作、省政府与中国科协共建协议草拟、年会组织机构等重点工作进行研究部署，提出工作要求。

【黑龙江省科协与广东省科协签署战略合作协议】 5月16日，省科协与广东省科协签署战略合作协议，广东省科协党组书记、副主席何真，省科协党组书记、副主席陶福胜等出席签约仪式。

省科协将按照“相互借鉴、优势互补、互利共赢、共谋发展”的原则，发挥科协系统的智力、人才、组织优势，在推动科技人才成长、开展学术交流合作、提高科技资源供给能力、推进公民科学素质提升、搭建科协智库平台5个方面进行合作。双方拟定对口合作备忘录，商讨建立对口合作联系机制、联合举办科协系统干部培训班、互相参加双方重大活动、共享双方对外科技交流平台、进行定期互访等具体事项。

【黑龙江省（首届）中小学校校长科技教育论坛】 7月13日，由省科协、省发展改革委、省教育厅、省文明办和团省委联合举办的黑龙江省（首届）中小学校校长科技教育论坛在哈尔滨市举办。省教育厅、团省委相关负责人及高校专家、中小学校校长、科技教师共100余人参加论坛。

论坛围绕新时代大背景下中小学校科技创新人才培养话题，就如何更好地促进青少年科技教育事业发展相互交流，就如何提升科技类自主招生比例、开展科技类拔尖人才选拔等问题建言献策。

论坛倡议，全省中小学校校长要准确把握新时代对青少年科技教育工作提出的新要求，进一步挖掘、培养、储备好科技后备人才；要进一步发挥好引导作用，大力营造和倡导青少年学科学、爱科学、用科学的良好氛围，为创新型人才培养创造良好的社会环境，为创新型国家建设输送更多的龙江科技人才。

（撰稿人：谢　婷）

上海市科学技术协会

服务经济社会发展　市科协聚焦生物医药、新一代信息技术、节能环保、新材料等行业领域民营科技企业创新需求，新建院士专家工作站67家，助推战略性新兴产业发展。截至2018年年底，市院士专家工作站（服务中心）共357家，进站工作院士196人、专家1662人，服务覆盖中小微企业3万余家。工作站为企业产生经济效益370亿元，组织研发、技术交流及培训科技工作者7.5万余人次，与院士专家团队签订合作项目1226项，帮助企业开发关键技术2580余项、申请专利5690余项，获国家级、省部级科技奖182个。4家建站企业获2018年度国家科学技术奖，占市获奖企业总数的1/3。

在临港举办首届上海市院士专家工作站·学会服务日活动，8家市级学会与临港12家新型科技企业达成合作意向。在西藏喜马拉雅生态科技股份有限公司建立院士专家工作站，引入中国科学院院士韩斌团队帮助藏区开展青稞新品种开发、种植及应用研究。

推进上海自贸区海外人才离岸创新创业基地建设，形成由总部空间和12个合作空间构成的主体孵化网络。与32个海内外团体和机构建立合作伙伴关系，以引才引智服务国家战略。举办2018（第三届）海外人才上海自贸区创业汇大型对接交流活动，17个国家和地区的700余个创业项目申报，最终遴选出60个项目实施对接。

支持学会以承接政府转移职能等方式参与社会治理，市医学会等33家学会承接政府转移职能64项，57家学会完成政府部门和单位委托第三方科技评价780项。启动团体标准制定工作，市服饰学会等4家学会完成并发布团体标准项目7项。

配合市发改委举办全国双创周上海分会场活动，汇总市级层面项目110个，遴选典型案例27个。全市在双创周期间举办亚洲智能硬件大赛等活动53项，直接参与人数近7万人。

《科学素质纲要》实施及科普信息化建设工作　据第十次全国公民科学素质调查结果显示，2018年上海公民具备科学素质比例达到21.88%，位列全国第一。

探索实践社区书苑试点工作，通过共建共享社区党建服务平台，引导优质科普资源向基层下沉，打造社区群众家门口的精神家园。中国科协党组书记、常务副主席、书记处第一书记怀进鹏与市委常委、组织部部长于绍良一同调研社区科协建设情况，对虹口区白玉兰广场党建服务中心、徐汇区枫林街道邻里会的科普模式给予肯定。

协同成员单位及各区组织开展《科学素质纲要》“十三五”中期自评。会同市科委拟定《上海市科普示范区—上海市科普示范街道（镇、乡）—上海市科普示范社区（村）创建办法》，建立三级科普示范创建体系。开展第十二届上海市大众科学奖评选、推进公民科学素质示范项目和推进公民科学素质先进个人创建工作。

举办2018（第五届）上海国际科普产品博览会、第十一届海峡两岸科普论坛。开展全国科普日、上海科技节、科普电影周等活动。举办第33届青少年科技创新大赛、2018青少年高校科学营、谁是王牌诠释者大赛等活动。选派中学生参加英特尔国际科学与工程大奖赛、欧盟青年科学家大赛等。在第33届全国青少年科技创新大赛上，市代表队获奖62项。

2018上海公民科学素养知识竞赛吸引近4000人参与，同步在线上广播节目和新媒体阿基米德APP进行的竞赛答题，每日浏览人数近4万人，累计参与450万人次。

社区科普大学在全市设立教学点1000余个，推出体验式教学、街镇（社区）科普干部能力提升培训、科普惠农专题培训等课程，2万余人参加。

7月16日，由市科协、市教委联合复旦大学、上海交通大学、同济大学、华东师范大学、华东理工大学以及中船上海船舶工业有限公司共同组织实施的2018年青少年高校科学营上海科学营活动在华东理工大学奉贤校区举行开营仪式。活动为期1周，来自25个省、市、自治区及港澳台地区的共970名高中生营员参加活动。活动内容包括开放40余个国家重点实验室供营员参观体验、邀请名家大师开设专题讲座10余场、分学科开展科学探究型学习、举办校园文化活动和科技社团活动等。

9月15—21日，市科协开展2018年上海市全国科普日活动。活动主题为“创新引领时代、智慧点亮生活”，部分主题活动贯穿全年。市区两级、街镇村居、学会、学校、企业、科研院所、科普教育基地组织策划各类科普活动，活动申报数量2977项，其中市级重点活动13项、区级重点活动67项，97%以上的活动在基层展开。

活动主会场——上海科学会堂推出科普嘉年华系列，上海科普电影周播映《我们诞生在中国》《地球脉动》等科普电影。奇妙科学体验日、全能脑力王、2018上海公民科学素养知识竞赛等活动同步展开。与穷游联合打造科普行走路线“走过1914的田野与文明”，围绕近代上海城市发展和科学研究两大主题，从上海新兴时尚生活空间新天地开始最终走进科学会堂，全程约3.8千米。

10月23日，市科协智慧科普盒子发布会在上海科技影城举行。智慧科普盒子通过人工智能技术对现有的科普内容进行数据挖掘，把原本海量、无序的科普内容进行整合，并根据社区人群特征和需求喜好自动、实时、精准地投放到社区大屏。

学术交流 与临港管委会等联合举办首届世界顶尖科学家论坛，邀请诺贝尔奖获得者屠呦呦为大会致贺信。同时选拔优秀青少年参加青年科学家论坛。论坛围绕量子力学、人工智能等热点，举办第十五届长三角科技论坛、第十六届市科协学术年会、第二十届中国工业博览会院士圆桌会议、第二十六届海峡两岸都市交通学术研讨会、上海科协大讲坛、上海科技论坛、诺贝尔奖学术报告会等高端前沿学术交流活动近100场，邀请10余名诺贝尔奖获得者、海内外科学家交流研讨。发挥学术交流“倍增”效应，组织科技工作者建言献策，形成《关于推进大科学装置整合集聚　早日建成世界光子科学高地的建议》《关于推进上海“硅滩”建设的建议》等科技建言，获市领导批示。组织学会发挥专家优势，立足学科领域，开展学术交流。首次开展向学会、区科协、基层科协征集学术活动计划，每月发布学术信息预告，促进各类学术活动主体间的联合联动。

服务科技工作者 开展“不忘初心、牢记使命，深化改革，更好联系服务科技工作者”大调研活动。梳理科技工作者期待和建议90余条，制定措施80余项，优化联系服务机制。

开展第九届上海青年科技英才等评选表彰工作。完成第二十一届中国科协求是杰出青年成果转化奖、第十五届中国青年女科学家奖、2018年度未来女科学家计划、上海市青年科技杰出贡献奖等推荐工作。实施晨光计划，资助青年科技人才出版书籍。举办“5·30”全国科技工作者日系列活动，为科技工作者举办诺奖解读报告会、音乐会等，在上海科技影城推出科技电影专场；组织参观科普场馆和中国商飞等科研基地；协调学会、区科协等在科技园区为科技工作者提供健康咨询服务、专利应用工程师培训等。开展科技工作者职称申报受理服务工作，受理点总数增至44个，覆盖全市4万余家企业。提供职称申报上门培训和辅导，举办政策解读会和继续教育公益讲座，发放新版《申报指南》5000余份。与申通集团合作，在地铁站举办传承科学精神主题展。在院士风采展示馆展示近300名院士的科技成就，年参观16万人次。完成建家交友服务工作，推进网上科技工作者之家建设，挖掘科学会堂百年建筑的历史文化和人文情怀，提升服务品质和内涵。

9月19日，由市科协、市教委联合主办的上海市科学道德和学风建设宣讲教育报告会暨中国科协科学家宣讲党的十九大精神巡回报告上海站活动在上海科学会堂举行。报告会主题为“弘扬爱国奋斗精神，建功立业新时代”。中国科学院院士、中国科学院上海技术物理研究所研究员沈学础，全国创新争先奖获得者、上海海洋大学深渊科学技术研究中心主任、“深潜英雄”崔维成作宣讲报告。宣讲报告会在全市各大学园区分别设立复旦大学、上海交通大学、东华大学、上海海事大学、上海应用技术大学、上海第二工业大学6个分会场，以网络直播方式播放。30余所高校和科研单位学生、青年教师、青年科技工作者代表及市科协学会代表3000多人参加报告会。

自身建设 召开市科协第十次代表大会，与市人力资源和社会保障局联合表彰市科协系统先进集体30家、先进工作者62人。开展“不忘初心、牢记使命”主题教育活动，推进“两学一做”学习教育常态化制度化。开展“四责协同”自查自纠工作，严格执行中央八项规定，落实全面从严治党各项要求。坚持党建带群建，开展“三位一体”社团党建工作。党建责任制隶属于市科协的190个科技社团中，有187个科技社团在理事会层面建立党的工作小组，覆盖率达98.4%。建立党建指导员联系两新组织工作制度，选派专职党务工作者担任所属科技社团党建指导员，实现指导工作全覆盖。

开展2018年市科协星级学会评选。优化市级科技类社会组织规范化建设评估程序，市土木工程学会、市交通工程学会获评为5A等级社会组织。指导近40家学会完成理事会换届，14家学会在全国团体标准信息平台通过注册登记。组织学会秘书长沙龙活动，举办学会能力提升培训班，实施学会管理岗位购买试点项目，编撰《2018学会发展报告》。推动建设生命科学、城市与交通科学等学会联盟，促进学科产业跨界融合。

围绕支持民营企业发展，市科协领导班子成员带头走访民营企业40余家。制定《上海市企业（园区）科协工作指南》，推动联合利华、美团点评等两新组织成立科协。启动提升基层科协组织力“3+1”试点工作，通过吸纳“三长”会聚社会力量。

区县及科协基层组织 截至2018年年底，上海市有区科协16家，区级学会360家，街道、社区科协51家，乡镇科协99家，农技协11家，注册科普志愿者9708人。

区科协全年举办科普宣讲活动405次，受众19.6万人次。举办青少年科技竞赛88项，参与人数111.9万人次。表彰奖励科技工作者594人次。开展继续教育培训班45场次，参与人数2.5万人次。开展实用技术培训157场，培训科技人员5.1万人次。签订创新驱动助力工程项目合同42个，开展推进双创活动74项。播放科技广播、影视节目1733小时。

黄浦、杨浦、虹口、徐汇4区科协联合举办以“大数据时代的生物医学研究与实践”为主题的第十三届蓝色浦江学术年会。浦东新区科协推进科普教育基地可视化项目建设，中国航海博物馆等5家基地实现在线参观、查询等功能。黄浦区科协举办创新型智慧城市高峰论坛等。静安区科协开展“‘科学in生活氧吧’白领科普主题系列活动”。徐汇区科协深化与中国科学院上海分院、上海交通大学等高校院所的资源协同，助推上海研发与转化功能型平台建设。长宁区科协举办“一带一路”国际科普展，开展探索邬达克建筑学科普系列活动。普陀区科协举办第三届长风科普集市，与江苏省昆山市科协签订科普战略合作框架协议。虹口区科协开展以“垃圾分类”为主题的系列科普活动，在北外滩白玉兰广场党建服务站设立科普驿站。杨浦区科协开展助力杨浦2018中国科协创新驱动助力工程系列活动。宝山区科协以智慧湾科创园为载体，推动建立科普产业园区创客空间。闵行区科协举办长三角少儿科普微童话创作实践活动。嘉定区科协与江苏省昆山市、太仓市科协联合举办上海新能源与智能网联汽车项目路演活动。金山区科协首次启动金牌科普讲师评选活动，与浙江省平湖市科协签订结对共建框架协议。松江区科协举办G60科创走廊科技节，发布G60科创走廊科技进步报告和最新科技成果。青浦区科协借助北斗人家科普特色示范区，举办长三角无人机操作技能大赛等活动。奉贤区科协以东方美谷美丽健康产业为主导，开展科普与产业融合调研。崇明区科协举办第四届上海国际自然保护周·名人讲坛圆桌会议，推进3亿像素云相机项目在东滩湿地公园落地运行。

市级学会、企业科协、高校科协 2018年，市科协新增市级学会1家、企业科协27家、高校科协4家。截至2018年年底，共有市级学会200家，学会个人会员 30.5 万余人、团体会员 1.46 万个，全年吸引 4.2 万余人加入学会；有企业科协 163 家、园区科协 28 家、高校科协 10 家。

市级学会举办国内学术会议 1400 余场、境内国际学术会议 72 场，参与人数 31.8 万人次，交流论文 3.4 万余篇。举办科普宣讲活动 529 场，受众 92.9 万人次。主办科技期刊 72 种，发表论文 1.5 万篇。

市建筑学会联合匈牙利驻上海总领事馆等主办 V4–上海国际建筑论坛。市医学会联合欧洲妇科内镜学会主办 2018 欧洲妇科内镜学会亚太区域会议。市医学会、市护理学会联合举办第四届东方儿科大会。市船舶与海洋工程学会主办 2018 世界海事技术学术会议。市航空学会主办 2018 上海国际航空航天技术与设备展览会。市测绘地理信息学会主办 2018 海峡两岸测绘技术交流与学术研讨会等。市宇航学会与上海图书馆、市老科学技术工作者协会共同主办未来之星——上图杯科普知识竞赛。市计算机学会举办 2018 沪港台 IT 夏令营等。市城市科学研究会承接“上海地下空间综合利用的三维管理法规建设策略研究”等课题研究。

上海理工大学科技园科协举办上海理工大学—通州湾示范区产学研直通车活动、长三角大学科技园三省一市论坛等。上海紫竹高新技术产业开发区科协搭建科技成果转化、科研设备共享、知识产权保护等服务平台，提供科技项目对接、法律咨询指导、中小企业融资、职称申报咨询、人才培育与专家对接等服务。上海华虹宏力半导体制造有限公司科协开设网上专栏，分享热点技术、高端论坛动态，开展人才举荐、论文征集、科技沙龙等活动。上海澳星照明电器制造有限公司科协开展以“学科学、爱科学、用科学”为主题的员工活动，组织科协成员参与企业标准化建设工作。

【上海市科学技术协会第十次代表大会】 9 月 25 日，市科协第十次代表大会召开。中共中央政治局委员、市委书记李强，中国科协党组书记、常务副主席、书记处第一书记怀进鹏出席开幕式并讲话。市委副书记、市长应勇，市人大常委会主任殷一璀，市委副书记尹弘，市委常委、常务副市长周波，市人大常委会副主任高小玫，市政协副主席方慧萍等出席大会。中国科协、上海市领导为第十五届上海市科技精英、第九届上海青年科技英才、第十二届上海市大众科学奖获奖者及市科协系统先进集体标兵、先进工作者标兵称号获得者颁奖。

大会选举产生市科协第十届委员会和常务委员会，中国工程院院士陈赛娟当选市科协第十届委员会主席。会议审议通过第九届委员会工作报告和《上海市科学技术协会实施〈中国科学技术协会章程〉细则（修改草案）》。1300 余名代表参加大会。

【上海市领导对市科协青少年科技教育工作做出批示】 5 月，由市科协选派的 7 名上海学生进入中国代表团，参加在美国举行的第 69 届英特尔国际科学与工程大奖赛（Intel ISEF）。华师大二附中樊悦阳的“山慈姑粗提物诱导肝癌细胞凋亡及相关研究”项目获植物学科一等奖和学科最佳奖。复旦附中张镜如、上海交大附中张宇晖及上外附中顾燮然的“谁是鼠大王——C57BL/6 小鼠社会等级现象的发现及其规律初探”项目获动物学科二等奖。上海市实验学校王子卓的“基于位权凸轮组合方式点显的盲文电子阅读器的设计”项目获嵌入式系统四等奖。4 名学生获得用自己名字为小行星命名的特殊荣誉。

在市科协专报《第 69 届英特尔国际科学与工程大奖赛上海青少年再创佳绩》上，中共中央政治局委员、市委书记李强做出批示“可喜可贺！要进一步总结经验，充分发挥科协组织的独特优势，不断提高科技资源的供给和服务能力，全面提升上海青少年的科学素养。”市委副书记、市长应勇批示“请向获奖者表示祝贺”。市委副书记尹弘批示“向取得大奖赛优秀成绩的同学们表示祝贺。市科协在培养青少年科技素养方面做了卓有成效的工作。要注意在这方面取得的进展及积极支持科技教育的社会各界给予宣传和鼓励。”

【中国科协社区科协建设座谈会】 11 月 19 日，中国科协社区科协建设座谈会在上海市召开。中国科协党组书记、常务副主席、书记处第一书记怀进鹏主持座谈会。市委常委、组织部部长于绍良出席座谈会并讲话。怀进鹏、于绍良共同调研上海社区科协建设情况，考察虹口区白玉兰广场科普驿站、徐汇区枫林街道邻里汇。

会上，市科协党组书记、副主席马兴发，北京市科协党组书记、常务副主席马林，天津市科协副主席、一级巡视员白景美，重庆市科协党组书记、常务副主席王合清分别就该市社区科协建设情况和工作思路作汇报。怀进鹏对四个直辖市科协在加强基层科协建设特别是推进社区科协建设和“3+1”试点工作方面取得的成绩给予肯定。他强调，中国科协将把明年作为基层组织建设年，希望四个直辖市科协把基层科协组织建设工作列入重点任务部署推进，主动适应全球科技产业变革、中国经济社会转型、基层社会治理改革的形势，积极争取市委市政府领导支持，在加强社区科协建设、楼宇经济联盟、两新组织联系服务、建设基层科协综合改革试验区、推动国际化发展等方面积极探索、大胆改革，在服务区域经济社会发展中彰显科协组织新作为，为全国基层科协建设提供中国直辖市的样板和示范。

【世界顶尖科学家论坛】 10月29—31日，由市政府主办，临港地区开发建设管理委员会、临港经济发展（集团）有限公司、市科协、世界顶尖科学家协会和上海交通大学承办的世界顶尖科学家论坛在上海市临港滴水湖举行。论坛主题为“科技，为了人类共同的命运”，包括主题论坛、世界顶尖青年科学家特别论坛和前沿科技与创新发展圆桌会议3大板块。

10月29日，中共中央政治局委员、市委书记李强会见来上海市出席论坛的国外科学家。市委副书记、市长应勇出席论坛开幕式并致辞。世界顶尖科学家协会主席、2006年诺贝尔化学奖得主罗杰·科恩伯格在开幕式上代表科学家致辞。26名诺贝尔奖得主和8名沃尔夫奖、拉斯克奖、图灵奖、麦克阿瑟天才奖等世界著名学术奖项得主在内的多名世界顶尖科学家以及17名中国科学院院士和中国工程院院士、18名中外杰出青年科学家参加论坛。

10月31日，由市科协遴选的16名青少年参加顶尖青年科学家特别论坛，与2004年诺贝尔物理学奖得主、李政道研究所首任所长弗兰克·维尔泽克及中国工程院院士、上海市科协主席陈赛娟共同围绕“科技，为了人类共同的命运”主题进行探讨交流。

【第20届中国国际工业博览会院士圆桌会议】 10月19日，由市科协、上海推进科创中心建设办公室、市发改委、市科委、中国科学院上海分院主办的第20届中国国际工业博览会院士圆桌会议在上海科学会堂举办。会议以“科创中心的重要载体——国家实验室”为核心议题，围绕“大科学装置集群与上海科创中心建设”，邀请英国皇家科学院院士约翰·埃利斯（John R. Ellis），中国科学院院士王建宇、李儒新、陈和生，中国工程院院士李建刚、陈赛娟等院士专家就国内外大科学装置的设计、建设、运行和应用等进行探讨，并提出相关意见和建议。

【上海市科协第16届学术年会暨第13届上海工程师论坛】 10月12日，市科协第16届学术年会暨第13届上海工程师论坛在上海科学会堂开幕。中国工程院院士、市科协主席陈赛娟，市科协党组书记、副主席马兴发出席开幕式，共同为30家市科协星级学会代表授证表彰。陈赛娟及中国科学院院士王建宇、金亚秋等分别就空间探测、血液学、遥感数据的智能演进等研究领域作特邀报告。本届学术年会为期1个月，包括开幕式暨主题报告会、9项综合分论坛及40场学会（区科协）年会、专题活动。

【2018世界海事技术学术会议】 12月5日，由世界海事技术大会主办、上海市船舶与海洋工程学会承办、首次在中国举办的2018世界海事技术学术会议在上海市开幕。除主题报告外，本届大会共设智能船设计、海事规范、智能船舶建造、极地技术、大数据及数据安全等学术专场27个，现场交流论文近180篇。来自14个国家的800余名专家学者参加了为期3天的会议。会议同期举办学生创新设计大赛和趣味比赛。世界海事技术大会由全球17个国家的21个造船学会组织组成，上海市船舶与海洋工程学会于2012年加入该组织，并成为其国际常设委员会成员。

【首届上海历史建筑文化与科技国际周】 9月27日，由市科协、市住建委共同主办，市建筑学会协办的首届上海历史建筑文化与科技国际周在上海科学会堂开幕。活动得到市政府法制办、市科委、市房管局、市对外文化交流协会等单位支持。活动围绕上海城市更新中历史建筑的保护修缮和利用，聚焦盘点以上海科学会堂为代表的一批沪上最具代表性的法式建筑，介绍老建筑背后的历史记忆和在修缮过程中采用的先进工艺，展示科技在历史建筑修缮与保护中所发挥的作用，提升对历史建筑保护的公共意识，促进中外技术文化交流，用科技凝聚人与城市。

【上海市健康科技医疗卫生创新联盟成立】 1月9日，由吴孟超、陈灏珠等院士引领的上海市健康科技医疗卫生创新联盟成立仪式在上海科学会堂举行。联盟由市科协、市卫计委指导，市医学会、市医师协会、市中医医师协会、上海现代服务业联合会健康专业委员会、市健康科技协会、吴孟超医学科技基金会、复旦大学陈灏珠院士医学人才培养基金、大虹桥国际医院管理有限公司8家单位联合发起成立。联盟将开展智库建设、成果转化、人才培养、国际交流和“一带一路”协作等工作，在创新文化、健康服务、营商环境建设等方面发挥作用，培育上海健康科技和医疗卫生高端品牌。

（撰稿人：葛繁丽）

江苏省科学技术协会

服务经济社会发展 3月21日，省政府与中国科协在南京市签署全面战略合作协议。省科协党组抓住签署战略合作协议的机遇，细化分解各项举措，推动合作协议落地生效。

省科协新建创新创业示范基地49个、科技服务站86个。依托已建平台服务企业258家，推送专利11015项，培训人才15068人次。打造“会、展、赛、商”学术交流平台。联合盐城市政府组织江苏科技论坛（第七届省青年科学家年会），以“高质量发展与青年科学家的使命”为主题，围绕服务地方重点产业发展，同步在南京市、苏州市、无锡市、镇江市等地组织8场分论坛，形成一批学术成果和签约项目。举办2018年全国双创周江苏主会场活动。联合省发改委启动院士专家进百园活动，省委常委、省委秘书长、常务副省长樊金龙出席活动，组织李永舫等院士对接服务产业园区。举办第三届省青年会员创新创业大赛，涵盖工程与制造等6个领域，路演项目202项，获奖120项。

聘请马启元等30名专家为海智特聘专家，发挥专家嫁接国际创新资源、引进海外高层次人才和项目的作用，助力江苏经济社会高质量发展。推进苏州市离岸创新创业基地建设，成立苏州工业园区常青藤离岸创新产业研究院，与美国哈佛大学、麻省理工学院、新加坡科技研究局开展合作，促成12个海外项目落户苏州市。设立无锡马山等7个省级海智工作基地。举办2018中韩科技型企业技术合作洽谈会等各类海智活动145场，柔性引进人才474人，签订合作项目412项，落地项目70项。

《科学素质纲要》实施及科普信息化建设工作 贯彻习近平总书记致世界公众科学素质促进大会的贺信精神，首次对31家成员单位及13个设区市全民科学素质工作目标责任制落实情况进行考核评估，完成全省“十三五”《科学素质纲要》实施工作中期评估自查和全国纲要办实地调研评估。13个设区市中有11个市将《科学素质纲要》实施工作纳入当地政府考核；9个设区市与所辖县（市、区）签订“十三五”或年度《加强公民科学素质建设目标责任书》；96个县（市、区）中有75个将《科学素质纲要》实施情况纳入当地政府考核。2018年江苏省公民科学素质调查显示，江苏省公民具备科学素质的比例达11.51%。

4月24日，省全民科学素质工作领导小组会议在南京市召开。副省长、领导小组组长马秋林出席会议并讲话。领导小组副组长、省科协党组书记孙春雷主持会议并汇报全省实施《全民科学素质行动计划纲要》进展情况及2018年重点工作安排建议。会议通报2017年度全民科学素质工作目标责任制落实情况考核评估结果。

围绕江苏省“十三五”战略性新兴产业发展需求，联合省工信厅编撰《江苏省战略性新兴产业科普丛书》；与省地震局签订《合作框架协议》；会同省市场监管局等开展食品安全宣传周等主题科普活动；联合省文化和旅游厅等部门开展第九届省优秀科普作品评选和第四届省科普公益作品大赛；联合省科技厅、省教育厅认定97家省科普教育基地，首次择优奖补20家基地；联合省科技厅举办首届省科普讲解大赛。

开展全国科普信息化建设综合应用试点和百城千校万村行动试点工作。以社区、学校、农村等为重点持续建设科普e站，推动“科普中国”优质资源落地应用；建设、运用“科普云”信息服务系统，新增科普内容1.83TB，其中自主研发0.67TB，资源总量已达4.99TB。联合省委组织部、省广电总台等部门创办“科普江苏”“大众科学”等科普栏目；持续开办“科学号”地铁专列。

省市县三级联动，营造讲科学、爱科学、学科学、用科学的氛围。开展院士专家进百校活动195场，崔向群、都有为等10名院士参加活动。持续举办省青少年科技创新大赛、金钥匙科技竞赛，160万名中小学生和科技辅导教师参赛。举办2018年省公民科学素质大赛，312.1万人次参加网络答题。组织专家赴全省各地举办高端科普报告、科普培训等268场。支持举办南京青少年国际科学博览会。设立省政府青少年科技创新培源奖，引领10个设区市、42个县（市、区）设奖。

9月14日，2018年全国科普日江苏省主场活动在省科技工作者活动中心开幕。活动以“创新引领时代、智慧点亮生活”为主题。省政府副省长、省全民科学素质工作领导小组组长马秋林，省政府副秘书长、省全民科学素质工作领导小组副组长张乐夫出席开幕式并参加主场活动。开幕式为第九届江苏省优秀科普作品、第四届江苏省科普公益作品大赛获奖代表颁奖，同时启动第二届江苏省公民科学素质大赛。主场活动举行国际琥珀科普展、院士报告会、大型科幻童话话剧《皮皮的火星梦》展演等。在全国科普日活动期间，全省举办2100项重点科普活动，包括校园科普活动475场、社区科普益民活动845场、科普惠农兴村活动361场、院士专家科学传播活动100场。

截至2018年年底，全省有科技馆（科技活动中心）21座，其中省级1座（江苏省科技馆）；设区市6座，分别是南京市科技馆、无锡市科技馆、南通市科技馆、盐城市科技馆、扬州市科技馆、泰州市科技馆；宜兴市科技馆等县、市（市、区）科技馆14座。

学术交流 引领支持省级学会组织开展学术交流活动841场次，参会人数超21万人次，交流论文2万余篇。举办第二届中国（连云港）国际医药技术大会，邀请400余名海内外院士专家和相关专家学者参会，参会人员达3000人次，达成合作意向项目99个，其中成功签约项目33个。举办首届太湖（马山）生命与健康论坛，海内外专家及企业高管等1100余人参会，签约10个项目。开展与港澳台民间科技交流工作，组织赴台交流团组12批227人，举办苏台农业论坛、海峡两岸暨港澳青年双创训练营、苏台青少年创新创意大赛等活动。

服务科技工作者 开展各类表彰奖励的推选工作。推选高裕弟、于敦德获第15届中国青年科技奖，马瑜婷获第15届中国女科学家奖。开展第十六届省青年科技奖评选工作，表彰省青年科技奖获得者和省十大青年科技之星各10人。组织实施省青年科技人才托举工程，评选并资助100名青年科技工作者开展学术交流、课题研究和技术攻关。制订《省科协走访慰问科技工作者实施办法》，在全国科技工作者日，由副省长马秋林带队走访慰问王泽山、祝世宁等科技工作者代表。

举办“共和国的脊梁——科学大师名校宣传工程”江苏汇演暨科学道德与学风建设教育活动，赴南京市等6个设区市和南京大学、东南大学等9所高校演出27场次，3.2万余名科技工作者、师生代表观看演出。联合省委组织部举办省高层次人才爱国·奋斗·奉献精神教育专题培训班。组织媒体宣传报道省青年科技奖获得者和省十大青年科技之星先进事迹，编印《青春舞动创新梦——青年科技奖获奖者风采录》，拍摄获奖者专题宣传片，在《新华日报》开辟专版进行宣传报道。在全国科技工作者日集中宣传报道省优秀科技工作者，在主流媒体刊载稿件64篇。

自身建设 13个设区市出台深改方案，指导推动88个县（市、区）科协陆续出台深改方案，较2017年增加37家，占江苏省县（市、区）科协的91.7%。南京市、无锡市、常州市、连云港市、淮安市、盐城市、扬州市、泰州市、宿迁市9个设区市所辖县（市、区）改革方案全部出台。省科协有团体会员10554个、个人会员48.51万人。

地市县及科协基层组织 截至2018年年底，全省有设区市级科协13个、县（市、区）科协96个，其中独立建制的81个，占比84.4%。镇江市、泰州市、连云港市、淮安市、盐城市、宿迁市6个市所属县级科协全部独立建制。县级科协设立党组的有41个，占比42.7%。县级科协领导班子成员进入同级人大或政协常委会的有55个，占比57.3%。推动科协组织向基层延伸，全省乡镇、街道科协1154个，乡镇科协实现全覆盖；行政村及社区科协14585个。建立农技协902个，初步实现涉农县全覆盖。市县科协组织举办科普宣讲活动14598次，举办实用技术培训13514场次，参加活动的科技人员总数达7.2万人次，受众超过810万人次。

省级学会、企业科协、高校科协 截至2018年年底，省科协有省级学会、协会、研究会147个，其中新吸纳省级学会2个；全省建立高校科协87个，覆盖率达52%；规模以上企业科协2936家，占比6.5%；省级以上开发区设立科协组织95家，占比71.4%。改学会考核为年度评价。配合省委组织部开展2018“双创计划”评审工作。通过召开省科协所属学会承接政府转移职能工作座谈会，推动3A级以上省级学会实现承能全覆盖，17家综合示范学会实现6大承能类别全覆盖。共有92家省级学会承接37个部门委托的423个社会化公共服务项目，引领带动市县两级391家学会承接1297项社会化服务项目。

【江苏省科协所属学会承接政府转移职能工作座谈会】 1月5日，省科协所属学会承接政府转移职能工作座谈会在南京市召开。省委常委、宣传部部长王燕文出席会议并讲话。副省长蓝绍敏主持会议，省委副秘书长水家跃出席会议。省科协党组书记、副主席陈惠娟汇报省科协所属学会承接政府转移职能试点工作情况及工作计划。省科技厅、省住建厅、省能源研究会、宿迁市政府、常熟市政府相关负责人作交流发言。

【第29届江苏省青少年科技创新大赛】 4月21

日，由省科协联同相关部门主办，省青少年科技中心、泰州市科协承办的第29届江苏省青少年科技创新大赛在泰州市开幕。省科协党组书记孙春雷出席开幕式并讲话，泰州市委副书记、市长史立军致欢迎词。大赛主要包括开幕式、公开展示、封闭问辩、科学讨论会、专项奖颁奖等活动。全省13支代表队的292名学生、61名科技辅导员参加为期3天的展示、问辩、交流活动。220个学生创新项目、61个科技辅导员创新项目参加终评评审；10项优秀科技实践活动项目、19项青少年科技创意比赛项目和30幅优秀少年儿童科学幻想绘画作品参加展示。公开展示环节中，3000余人次免费观摩大赛，20余万人次通过网络直播平台线上观看。大赛期间，举办我最喜爱的创新成果十佳评选活动，公众通过江苏省青少年科技中心官方微信平台参与投票。

【太湖（马山）生命与健康论坛】 4月21日，由省科协与中国药学会、中国科协企业创新服务中心、省食药监局等单位主办，省药学会、省科协海智办、无锡市科协、无锡市食药监局、无锡市滨湖区政府承办的太湖（马山）生命与健康论坛在无锡市开幕。论坛以“生物医药创新与资本助推发展”为主题。院士专家、企业高管等800余人共同探讨生物医药产业的前沿技术和应用前景。中国药学会理事长孙咸泽，省科协党组书记孙春雷，省食品药品监督管理局局长朱勤虎，无锡市委副书记、代市长黄钦等出席开幕式并讲话。论坛采用主会场开幕、主题演讲、高端对话和专业分论坛相结合等形式，为期2天。在主题报告会上，中国工程院院士詹启敏提出，“大健康”要贯穿生命“全里程”，精准是医学追求的终极目标。美国医学科学院院士何大一分享抗艾滋、HIV抗体开发的最新进展。德国科学院院士来茂德讲解靶向诊断与靶向治疗。中国科学院院士韩济生揭示针刺镇痛的奥秘。

【2018年全国科技工作者日、全国科技活动周暨江苏省第三十届科普宣传周】 5月19日，由省科协与省委宣传部、省科技厅、中国科学院南京分院、省民防局、南京林业大学、南京市委宣传部、南京市科委、南京市科协、南京市玄武区政府共同举办的2018年全国科技工作者日、全国科技活动周暨江苏省第三十届科普宣传周主场活动在南京林业大学开幕。省委常委、宣传部部长王燕文，省委副秘书长尹卫东等出席开幕式并参加主场活动。开幕式表彰了南京市科普讲解大赛优胜者获奖代表和省政府青少年科技创新培源奖获奖者，举行省科学传播学会联合体和南京林业大学科学技术协会揭牌仪式。举办科技创新成果展、青少年科技创新成果展、科普资源展示推介、全国科技工作者日主题报告会、民防应急科普文艺演出、广场科普咨询等活动，启动省公民科学素质大赛、省优秀科普作品评选、科普公益作品大赛等活动。在应急科普文艺演出现场，通过应急科普知识现场竞答，宣传普及防空防灾减灾、应急自救互救等知识和技能，同步开启核应急科普知识竞赛活动。省级学会、高校科协、企事业单位等近200家单位带来的500余项新技术、新展品在550块科普展板上集中展出。

【第二届中国（连云港）国际医药技术大会】 8月24日，由省科协与中国科协海智办、国际药理学联合会天然药物药理学分会、中国药理学会、中国药学会、省食药监局、连云港市政府共同主办的第二届中国（连云港）国际医药技术大会开幕。大会以“新时代·新医药·新平台”为主题。全国政协副主席、农工党中央常务副主席何维出席会议并讲话。中国科协党组成员、书记处书记吴海鹰，中国药学会理事长孙咸泽，省政协副主席周健民，中国药理学会理事长张永祥，省科协党组书记、副主席孙春雷，连云港市委书记项雪龙等共同启动大会。来自26个国家和地区的110名高层次海外专家参会，达成意向合作项目97项，揭牌成立院士工作站4家。会议期间，举行医药产业前沿技术院士专家报告会、政产学研用协同创新高端对话、“一带一路”医院院长论坛、中美生物医药技术峰会、中欧生命科学峰会等活动。

【2018年全国大众创业万众创新活动周江苏分会场活动】 10月9日，2018年全国大众创业万众创新活动周主会场在四川省成都市启动，江苏分会场启动仪式在南京市同期举行。省委常委、省委秘书长、常务副省长樊金龙出席启动仪式并讲话。省发展改革委主任李侃桢发布第二批40家省级双创示范基地名单，南京市委常委、常务副市长杨学鹏发布《2018年南京市第二批独角兽、培育独角兽、瞪羚企业名单及分析报告》。中国科学院院士、省科协主席陈骏介绍院士专家进百园活动。樊金龙为8家省级双创示范基地代表授牌，南京市委副书记、市长蓝绍敏为南京市第二批8家独角兽企业颁发奖杯。陈骏为南京市第二批8家培育独角兽企业和瞪羚企业代表颁发奖牌。10月9—

15日，江苏双创周期间，各省级部门、各设区市、国家级和省级双创示范基地以“高水平双创，高质量发展”为主题，在全省范围内组织开展成果展示、会议论坛、文化传播、项目路演、群众竞赛、专业服务等双创活动。

【2018年共和国的脊梁——科学大师名校宣传工程江苏汇演活动】 10月20日，2018年“共和国的脊梁——科学大师名校宣传工程”江苏汇演暨江苏省科学道德与学风建设教育活动在南京大学启动。启动仪式由中国科协党组副书记、副主席、书记处书记徐延豪主持。中国科协党组书记、常务副主席、书记处第一书记怀进鹏，省委常委、宣传部部长王燕文，南京大学党委书记张异宾分别致辞。中国地质大学（武汉）党委书记何光彩介绍《大地之光》剧目情况。汇演活动由中国科协、教育部、共青团中央、中国科学院、中国工程院共同主办，省科协、省教育厅、共青团江苏省委、中国科学院南京分院、省社会科学院等部门联合承办。20—30日，清华大学等9所参演高校分赴南京市、苏州市、无锡市、扬州市、南通市、淮安市等地9所高校演出，献上27场科学家主题剧目，展现邓稼先、钱学森、李四光、茅以升、竺可桢、杨石先、师昌绪、罗阳、黄大年9名科学大师的人生故事。

【第三届国际氢能与燃料电池汽车大会】 10月23日，由国际氢能燃料电池协会（筹）、中国汽车工程学会主办，省科协、南通市政府及如皋市政府承办的第三届国际氢能与燃料电池汽车大会在如皋市开幕。全国政协副主席、中国科协主席万钢，省政协副主席周健民，省科协党组书记、副主席孙春雷等出席会议。会议期间，签署《中国汽车工程学会—江苏省科学技术协会服务创新驱动战略合作协议》。协议主要从全面强化品牌学术活动、促进产业深度发展，全面强化科技智库功能、服务政府园区决策咨询，全面强化人才引进培养、增强科技服务效应，全面强化联动服务方式、推动资源优化整合4个方面进行规划和合作，制定2019年开展项目的具体实施计划。

【第七届江苏省青年科学家年会（江苏科技论坛）】 11月8日，由省科协、盐城市政府主办，盐城市委组织部、盐城市科协、盐城市科技局、盐城国家高新区承办的第七届江苏省青年科学家年会（江苏科技论坛）在盐城市启幕。年会以“高质量发展与青年科学家的使命”为主题。盐城市委书记戴源致辞。中国科学院院士、南京大学物理系教授都有为，《科技日报》总编辑、高级记者刘亚东作主题报告。省科协党组书记、副主席孙春雷发表讲话，并为第十六届江苏省青年科技奖获得者、江苏省十大科技之星颁奖。年会期间举办盐城主会场论坛活动、专题论坛和分论坛，为第三届省科协青年会员创新创业大赛获奖代表颁奖，举行项目签约仪式。会后，与会人员参观盐城国家级高新区智能终端产业园。

（撰稿人：杨　非）

浙江省科学技术协会

服务经济社会发展 完善创新驱动助力工程绩效评价指标框架体系，完成省长试点专项第三方绩效评价，省委书记车俊、省长袁家军批示肯定省科协实施创新驱动助力工程。11个中国科协创新驱动助力工程项目落地浙江省，支持宁波市、绍兴市、嘉兴市、台州市和16个县域深化助力工程试点，4家单位入选中国科协综合评估优秀试点单位，学会协同创新服务站管理和评价标准被列为浙江省地方标准。截至2018年年底，参加省助力工程实施的国家、省、市三级学会共180余个，建立国家及省级学会服务站102个、学会服务企业联系点500余个、创新助力学会企业联合体4个、产业技术创新联盟7家。启动浙江院士之家建设，已建成市级以上院士专家工作站869家，其中省级站201家、全国示范站48家，基本实现县域全覆盖。与浙江省股权交易中心联合组织实施凤凰计划，助力院士专家工作站专项行动。台州市科协举办南非院士专家台州行活动。嘉兴市科协举办“智汇禾城星耀南湖百名青年嘉兴行”活动，主动接轨上海加强科技人才对接，深化与上海院士专家的联络联系。举办中国（杭州）海外人才创新创业项目大赛，推动欧洲华人微电子中国论坛和中国海归创业联盟杭州创业中心落户浙江省。

《科学素质纲要》实施及科普信息化建设工作 履行省科学素质纲要实施工作办公室职责，推动省政府召开《科学素质纲要》实施情况专题汇报会和实施工作电视电话会议。启动《浙江省科学技术普及条例》立法调研，开展“十三五”中期评估和全省抽样调查，第十次全国公民科学素质调查显示，浙江省公民科学素质水平达11.12%。与省教育厅共同开展青少年科技创新大赛、青少年机器人竞赛、明天小小科学家等活动。会同省总工会、省妇联开展全省首届科普辅导员大赛。省心理卫生协会在全省组织开展公务员心理卫生健康专题讲座，建立嘉善协同创新服务站。推进科普中国应用落地，加快“科学+”品牌建设。举办菠萝科学奖和20场基层科学传播活动，组织大型科普情景剧《加油！科学+》全省巡演49场。推出大型电视益智科学挑战节目，覆盖全省11个设区市万名青少年。创新成立科学传播融媒体联盟，面向全国进行示范展示，华数传媒通过宣传资源累计曝光科普2.16亿人次，网易全年直播35场，累积观看人数1200万人次。成立省科协乡村振兴领导小组，牵头制定省科协服务乡村振兴战略实施方案和实绩考评办法，对全省科协系统进行考评。成立由省级涉农学会组成的百人乡村振兴服务专家团，开展破解技术难题、乡村振兴希望之光送服务活动。

学术交流 出台《省科协科技智库建设实施意见》，发挥院士专家、海外智力、学会组织对产业发展的引领作用。承办中国科技峰会——中国科技智库论坛，联合一批国内创新智库，搭建高水平创新智库合作交流平台，推动构建一流智库对话合作的平台与机制。围绕浙江省大湾区建设行动计划，邀请中国工程院院士潘云鹤、薛群基等32名院士专家、海外人才组建浙江省大湾区建设院士专家顾问团，聚焦大湾区开展决策咨询、国际合作、学术支持和产学研合作，形成院士专家参与推进大湾区建设的联动机制。以承办第二十届中国科协年会为契机，举办省党政领导与院士专家座谈会，组织院士专家围绕人工智能2.0、高端装备制造关键基础技术等10项课题进行专题调研。中国工程院院士潘云鹤、王玉明等8名院士专家在会上就区域发展、产业发展、创新体制机制等提出对策建议，得到省委书记车俊、省长袁家军等省领导肯定，省领导指示要求做好十大课题调研成果落地。编辑报送《关于浙江省抢抓玄武岩纤维及复合材料产业发展机遇的对策建议》《关于浙江省发展集成电路产业的若干建议》，得到省委书记车俊、常务副省长冯飞、副省长高兴夫等省领导批示肯定。

服务科技工作者 制定《浙江省科协联系科技工作者制度》，拓展联系服务手段平台，坚持面向基层改进服务体制机制，梳理高层次人才、青年科技工作者和基层科技工作者3张联系清单。会同省委人才办启动院士工作“六个一”行动计划，以建立党政领导联系制度、建立学术休假制度、建设院士之家、开展院士文化建设等形式，加深与院士的感情联络，将智力资源柔性引进浙江省。开展全国科技工作者日活动，全省各地开展主题活动380余场。推荐秦山核电等4家企业参加中国科协创新先锋行动，推荐宗庆后出席全国双创活动周改革开放四十周年创业代表座谈会，推荐屠呦呦等5人为改革开放40年表彰人选。举办省院士专家工作站建设十周年系列活动，对建站院士事迹、工作站建设典型、各市整体工作推进特色做提炼总结。扩大实施老科学家学术成长资料采集工程，开展老科技工作者口述历史活动。联合《浙江日报》、浙江在线、腾讯大浙网等媒体，宣传报道王谟显等科学家、基层科技工作者、科协工作者的事迹，宣传好“爱国、奋斗”典型，让“向先进看齐、向榜样学习”活动成为常态。

自身建设 全省各级科协坚持把学习宣传贯彻习近平新时代中国特色社会主义思想作为首要政治任务，推进“两学一做”学习教育常态化制度化。开展“弘扬爱国奋斗精神、建功立业新时代”活动，组织百场争做新时代创新先锋宣讲报告进高校、进企业、进基层。在全省各大高校举办科学道德和学风建设宣讲活动。加强对全省科技工作者的思想政治引领，增强“四个意识”，坚定“四个自信”。举办中国科协第二十届年会和纪念省科协成立60周年系列活动，省政府与中国科协签署《全面战略合作协议》。全国政协副主席、中国科协主席万钢等领导和139名院士参加年会，省委书记车俊、省长袁家军等领导相继批示肯定，并就抓好成果转化运用提出要求。

全面落实《科协系统深化改革实施方案》，围绕去“四化”、强“三性”、建“三型”目标，推进改革措施落地落实。坚持党建与会建并举、机关党建与学会党建并进，推动86个省科协所属学会建立党的工作小组。以“三长”为抓手推进基层组织建设，面向市、县、乡、村确定33家试点单位，编印出版《浙江省科协基层组织建设工作实践》《“三长”访谈录》，涌现出余姚、安吉、嘉善、浦江、仙居、鹿城等一大批典型，形成“三长四老”模式、代表大会推进、基层换届吸纳等浙江经验。全省11个设区市、89个县（市、区）、1319个乡镇完成“三长”吸纳工作，科协组织在乡镇（街道）覆盖率达100%、村（社区）覆盖率达82.9%。编制完成网上科协建设三年规划方案，建立省级学会信息化平台，出台《浙江省企业科学技术协会组织通则（试行）》等制度，推动华东勘测设计研究院、阿里巴巴等在浙江省的央企及其他大型企业成立科协组织。

地市县及科协基层组织 截至2018年年底，浙江省共有省、市、县三级科协组织101个，乡镇（街道）科协1340个，村（社区）科协组织24966个，农村专业技术协会1143个。

嘉兴市科协推出“红船旁科技先锋——百名科技工作者大型宣传报道”活动。杭州市建立首家特色小镇科协。宁波市科协探索构建行业联合会科协、创客科协、众创空间科协等新型企业科协组织。台州市科协遴选104家优质企业科协组建企业科协联盟。

省级学会、企业科协、高校科协 截至2018年年底，浙江省共有省级学会（协会、研究会、促进会）175个、团体会员9381个、个人会员25万人，遍及全省理、工、农、医和综合类学科；有企业科协1519个、高校科协67个。

省科协制定出台《浙江省科协接纳新学会工作办法》和《省科协关于规范省级学会个人会员登记号的通知》2个学会管理文件。截至2018年年底，省科协所属省级学会中3A级以上有33家，其中5A 22家、4A 9家。坚持党建与会建并举、机关党建与学会党建并进，推动86个省科协所属学会建立党的工作小组，推动省铁道学会、省气象学会、省电力学会等122家学会建立党的工作小组。改革完善学会会员、学会组织通则等制度，整理和规范139家学会业务工作。推动53家省级学会承担社会化服务职能100余项，11个设区市科协所属126家学会已承接政府转移职能200余项。全省各级学会共开展学术交流活动2000余场，实施省科协学会服务科技创新专项，通过项目申报管理系统共收到申报项目236项，立项资助96项。12月21日，省市场监督管理局批准发布DB33/T 2174–2018《学会协同创新服务站管理和评价规范》省级地方标准，并计划于2019年1月21日开始实施。

【纪念浙江省科协成立60周年系列活动】 7月，省科协启动纪念浙江省科协成立60周年“60系列”征集活动。活动主题为“传承、创新、发展”。活动分为“60人、60组织、60事”3部分进行。此次纪念活动的“60系列”征集活动涵盖几代科协人和科技工作者，反映省科协成立60年来的发展历程与成就。

11月20日下午，浙江省科协纪念成立60周年主场活动在杭州市举行。省委常委、组织部部长黄建发出席活动并讲话。省政协原副主席、省科协主席姚克致辞。省人大常委会副主任姒健敏、省政府副省长高兴夫、省政协副主席蔡秀军出席活动并为“60系列”代表颁证。省人大常委会原副主任郑树、中国科学院院士杨玉良、中国工程院院士陈宗懋、中国工程院院士陈剑平等出席活动并观看演出。纪念活动由省科协党组书记、副主席郑金平主持。

【海智项目落地呈现“浙江效率”】 5月，中国（杭州）海外人才创新创业项目大赛在杭州市余杭区举办。赛后，省各地与海智专家保持互动，推进项目落地。温州市举办海外智力项目交流大会；杭州市余杭区政府与中国海归创业联盟就成立杭州创业中心签订合作协议；宁波市江北区与中国科学院行政管理局建立全面合作关系；爱尔兰皇家学院院士胡培君的成果落户嘉兴市高新区。截至2018年年底，宁波市已达成初步合作意向6项，温州市已达成合作意向41项，杭州市余杭区7个项目完成工商注册，注册资金4000万。欧洲华人微电子中国论坛作为第一个海外华人科技社团整体回归，永久落户杭州市大江东产业集聚区，并于9月注册成立民办非企业组织——杭州华欧微电子技术研究中心，举办回归后首届年会，引进多个微电子相关人才项目。

省科协联合相关部门编制印发《浙江省海外创新孵化中心建设与管理办法（试行）》，已在美国、欧洲、日本、澳大利亚等国家和地区建立浙江省海外创新孵化中心9家，探索“人才＋项目＋资本”三位一体、“海外创新孵化、省内离岸创业”的离岸双创新模式，增强浙江省的人才“黏和度”，把海内外院士专家和科技社团智力资源柔性引进浙江省。杭州基地已形成“1个核心区＋4个共建区”格局，嘉兴离岸基地已在美国、德国、英国、澳大利亚等国家设立离岸孵化器8个，预孵化高科技项目近300个、“带土移植”项目近60项。宁波离岸基地联合组织人才部门、高新园区、人才服务机构、产业基金等10家单位发起成立海外人才离岸创新创业联盟，搭建海外人才离岸创新创业的“宁波模式”。

【浙江院士之家建设启动仪式】 12月20日下午，浙江省院士专家工作站建设10周年总结会暨浙江院士之家建设启动仪式在义乌市举行。中国工程院院士、清华大学教授王玉明，省委组织部副部长、省委人才办常务副主任温暖到会并讲话。省科协党组书记、副主席郑金平，省人力社保厅副厅长葛平安等领导出席会议。

大会要求各地组织部门要坚持党管人才原则，加强对院士智力集聚工作的指导和协调，落实党政领导联系服务专家制度，密切与院士专家的联系沟通，经常性向院士专家通报经济社会发展重要情况，听取意见建议，选树一批爱国奉献的院士专家典型，弘扬爱国奋斗精神，共同推动省院士专家智力集聚工作再上新台阶。10年来，全省共建市级以上工作站869家，其中省级站201家。签约建站院士457人，其中省外院士428人、海外院士机构院士58人，累计引进院士专家进站工作5200余人。48家工作站被评定为全国示范院士专家工作站。

【创新科普融媒体　推进科技成果科普发布】 2018年，省科协牵头华数传媒、《都市快报》、网易等9家媒体正式组建成立浙江科学传播融媒体联盟。联盟将传统媒体与新媒体相结合，打造全媒体的科普平台。华数传媒通过开机画面宣传、门户巨幅宣传、门户TVC视频流宣传、换台宣传等宣传资源，实现超高到达率，曝光量8338余万户次，累计曝光2.16亿人次。依托浙江科普融媒体联盟，推出科技成果科普发布。搭建开放型平台，吸纳网易、腾讯、今日头条、《都市快报》等各类媒体，合力打造具有浙江特色的创新成果发布机制，突出科普传播度和科技工作者美誉度。全年举办6期发布，吸引中国工程院院士李兰娟、中国科学院院士薛永祺等科技专家推出新理念、新标准和新技术。通过科普创新，使得科技成果科普发布呈现网络化、动态化、全方位、综合性、立体式传播，李兰娟的李氏人工肝新技术发布单场活动就吸引50万人在线观看。

截至2018年年底，大型科普情景剧《加油！科学+》在全省范围内巡演30余场。以《加油！科学+》为蓝本开展科学益智电视挑战节目，竞赛活动海选遍及全省11个市，最终490对亲子组合参与录制11场活动。4—6月，在浙江经视频道进行播放，并投放至爱奇艺等视频门户网站。借助科普融媒体与《都市快报》，合作开辟科普栏目“超级科学+”，聚焦科学事件，撰写科普稿件。与今日头条合作推出“抖in科学+”，探索科普活动新模式。

【创新驱动助力工程“浙江样板”】 8月25日，省心理卫生协会嘉善协同创新服务站正式挂牌成立，成为浙江省首个社会科学领域的学会服务站。截至2018年年底，全省已建立各类学会服务站381个、企业联系点500余个、创新助力学会企业联合体3个、产业技术创新联盟11家，参与专家1万余名。

省科协聚焦八大万亿产业规划，组织邀请各级学会在特色小镇、高新产业园区、产业集聚区、工业设计基地建立服务站，组织专家开展科技攻关、科技协作，助推浙江制造向浙江智造转型。实施创新驱动助力工程以来，全省共对接全国学会60个，对接省级、市级学会120余个；邀请全国学会专家2638人次，与全国学会合作落地学术活动466个；遴选邀请海外高层次科技人才开展浙江省调研对接服务1000余人次，帮助引进“国千”人才12人、“省千”人才21人。全省各级科协组织学会专家走访调研企业3370个，组织学会与企业对接活动6000余次，为企业解决关键技术难题及组织学会专家制定方案570余项。

【心系浙江　桑梓情深　院士联络服务“六个一”行动计划】 2018年，省科协提出开展“心系浙江　桑梓情深　院士联络服务‘六个一’行动计划”。该行动计划已列入省委组织部、省委宣传部联合印发的《在全省知识分子中深入开展“弘扬爱国奋斗精神、建功立业新时代”活动的实施方案》中。

“心系浙江　桑梓情深　院士联络服务‘六个一’行动计划”主要提出六项行动内容：一是倡导建立省市县党政领导至少联系1名院士制度，通过多种联络形式与院士建立联系；二是搭建一方院士服务浙江省创新发展的平台，邀请院士到浙江省开展各项活动和支持院士团队在浙江省创新创业；三是聘请一批院士为顾问或导师，参与浙江省重大规划等方面的咨询论证和带动省青年科技人才的培养；四是邀请院士回乡开展一周学术休假，让院士专家放松身心，激发创新活力；五是创建一批浙江院士之家或院士文化展示基地，为科技人才开展活动提供优质服务；六是打造一支专业化院士服务团队，为人才精准化对接服务提供保障。

截至2018年年底，中国科学院、中国工程院共有浙江籍院士229人。其中，中国科学院院士117人、中国工程院院士115人、“两院”院士3人。通过已建的869家市级以上院士专家工作站，柔性引进457名建站院士到浙江省服务。

（撰稿人：耿　介）

安徽省科学技术协会

服务经济社会发展　实施创新驱动助力工程，组织协调84家全国、省级、市级学会的257名专家为338家企业提供科技服务，建立学会服务站103个。举办创新驱动助力工程集中对接会，遴选117个项目需求与56个省级学会进行对接。对50个创新驱动助力工程予以奖补，对16个市创新驱动工程项目进行督导。开展省科协所属学会有序承接政府转移职能试点工作督察，推进工作常态化制度化。实施海智计划，推动合肥市政府出台《关于合肥国家海外人才离岸创新创业基地建设的实施意见》；加强6个中国科协海智工作基地建设；在4个省辖市开展海智项目人才专题对接活动；赴5个国家开展高层次人才招聘推介。举办第八届皖台科技论坛，加强与台湾地区科技界交流合作，推动皖台双方签署合作项目7个。协助省政协组织科协界委员深入科研院所、高校和创新园区开展调查研究，形成《抓住人才队伍建设这个根本　推进合肥综合性国家科学中心建设》资政报告，在省政协十二届二次常委会议暨深入推进“四个一”创新主平台建设资政会上作交流发言。省循环经济研究会的《实施乡村振兴战略的一个重要途径　发展多功能大循环农业》调研报告获国务院领导及省政府主要领导批示。扩大创新智库建设，增补安徽省科学家企业家协会为省科协创新智库单位，省科协创新智库总数达到4个。

《科学素质纲要》实施及科普信息化建设工作　2018年，全省公民具备科学素质比例提高至8.24%。完成省政府对各市政府2017年度全民科学素质目标管理绩效考核工作。实施科普为民惠民行动，开展科普惠民服务基层、现代科技馆体系提升、科普传播协助和科普关爱服务4项计划。全国科普日期间，组织各级科协、科研单位、科普教育基地等单位开展活动807场，运用互联网对省主场活动进行现场直播，观众人数667.3万人次，27家单位和31项活动获中国科协表彰。组织参加全国农民科学素质网络知识竞赛，参赛人数103万人，连续4年获评优秀组织单位。开展百名专家乡村学堂讲科普活动，举办科普讲座、报告会55场次。组织12套流动科技馆、30辆科普大篷车在全省开展巡展活动。举办第九届安徽省百所高校百万大学生科普创意创新大赛，3000余名高校学生参赛，征集作品3041件。实施科技助力精准扶贫工程，6700余名科技专家深入扶贫一线开展科技扶贫扶智。建成科普中国e站466个，开展线上线下科普活动4200余次。在“科普安徽”微信公众号发布科普资源6000余件，推送视频资源381部、时长32小时。开展科普信息员试点建设，注册科普信息员4.4万余人。组建省科协科学传播专家团，开展巡讲活动65场。

9月15日，2018年全国科普日安徽主场活动在安徽农业大学举办。安徽省委常委、常务副省长邓向阳，省政协副主席、省科协主席韩军出席开幕式并与群众共同参加观摩活动。

学术交流　举办第十五届长三角科技论坛，邀请7名院士和15名相关学科带头人、专家、学者参加论坛。以“聚力科技创新圈建设、助力长三角一体化发展”为主题，开展主题报告会、专题分论坛和专题研讨会及参观考察等系列活动。印发《关于申报2018年度省级学会学术会议补助项目的通知》，资助学术会议项目23个。

服务科技工作者　制定《省科协机关领导干部联系服务专家制度》，省科协机关24名干部直接联系服务71名科技专家。联合省科技厅开展全国科技工作者日活动，走访慰问全省各地科学家和一线科技工作者800余人次，开展庆祝活动300余场次。联合省委组织部举办安徽省高层次人才2018年暑期联谊休假活动，组织30名科技专家赴青海省休假。推荐第十五届中国青年女科学家奖候选人3人，推荐2018年度未来女科学家计划候选人1名。组织相关学会申报2018年度安徽省科学技术奖。联合省人社厅、省科技厅、省国资委开展首届安徽省创新争先奖评选表彰，表彰集体5个、个人25人。开展2013—2017年度全省科协系统先进集体和先进个人表彰，表彰集体30个、个人70人。开展科技工作者意见征集活动，征集建议65篇。开通安徽公众科技网、省科协微信公众号留言板，反馈科技工作者关心关切的问题。推进科技工作者状况调查站点建设，开展“科技工作者职业发展”等专项调查3次。开展“科技政策和法律知识”专题宣传，向科技工作者推送科技政策和法律法规。

自身建设　在党员领导干部中开展“讲忠诚、严纪律、立政德”专题警示教育。开展“三查三问”，一查政治上是否做到“两个维护”；二查工作上是否坚决贯彻落实党中央重大决策部署；三查作风上是否严格落实中央八项规定精神。推进“两学一做”学习教育常态化制度化。深化作风建设，制定《省科协党组贯彻落实中央八项规定精神深入推进作风建设实施办法》，每半年对执行情况进行督查总结通报。整治“四风”问题，开展形式主义、官僚主义大排查大调研和集中整治专项行动，累计落实整改措施20项。

制定并发布《省科协关于进一步激励广大干部新时代新担当新作为的贯彻举措》，激励干部新时代新担当新作为。按照好干部“20字”标准，优化选人用人机制。选派干部到脱贫攻坚一线培养锻炼。安排机关和直属单位全体处级干部参加省直机关学习党的十九大精神轮训班，7人参加省委组织部组织的调学培训，增强干部理论水平和履职能力。举办市县级科协负责人培训班、省科协党员培训班，引导科协党员干部增强“四个意识”、坚定“四个自信”、践行“两个维护”。

修订《省科协驻会负责人办公会议制度》，坚持重大事项决策前广泛征求意见建议、集体研究、主要负责人末位表态。完善党建配套制度，强化制度执行。制定并发布《省科协党务公开实施方案》等相关制度13项，确保重大工作落实到位，推动形成有部署、有实施、有检查、有反馈的工作闭环。

推进科协系统深化改革，在30个省级学会、10个市县级科协围绕12个领域开展改革试点探索。50个省级学会建立监事会并制定监事会相关工作制度，47家省级学会理事会、常务理事会完成换届工作。

地市县及科协基层组织 截至2018年年底，全省有省辖市科协16个、县级科协105个、街道（社区）科协477个、乡镇科协1048个、农技协3167个。地市县级科协举办科普宣讲活动4895次，开展实用技术培训420场次，推广新技术新品种235项，参加活动的科技人员数量达4万余人次，受众人数279万余人次。淮北、蚌埠、淮南、六安、黄山等市科协召开代表大会，完成换届工作。合肥市政府出台《关于合肥国家海外人才离岸创新创业基地建设的实施意见》，落实专项经费，制定配套政策。淮北市科协在南湖之声广播电台开设“科普之声”栏目，制作播出节目24期。亳州市科协、市药膳养生协会举办2018世界药膳文化交流活动暨中国·亳州药膳大赛，来自5个国家的36个代表队共418名选手参赛。池州市人社局、科协、科技局、国资委设立池州市创新争先奖，首届表彰集体2个、个人5人。

省级学会、企业科协、高校科协 截至2018年年底，全省有省级学会155个、企业科协644个，17家高校建立科协组织。

由合肥市科协主办、省生物工程学会联办的《生物学杂志》入编《中文核心期刊要目总览》“生物科学”类核心期刊。省老科技工作者协会主办的《少儿科技》杂志被评为安徽省“十佳皖版期刊”。省航空学会与中国航空工业集团公司联合主办第二届全国飞行器雷电与HIRF防护技术论坛。省机械工程学会与上海市机械工程学会、江苏省机械工程学会、浙江省机械工程学会联合主办长三角制造发展论坛。省科技期刊编辑学会承办第十五届长三角科技期刊发展论坛。

【安徽省委领导对省科协工作做出批示】 7月，安徽省委书记李锦斌，省委副书记、省长李国英，省委常委、常务副省长邓向阳在省科协党组报送的《关于呈报〈第八届中国（芜湖）科普产品博览交易会总结〉的报告》上分别做出批示，对第八届科博会举办工作给予肯定，并对继续办好科博会提出要求。7月和12月，省委副书记信长星在省科协党组报送的《关于市县级科协深化改革试点工作有关情况的报告》和《省科协创新驱动助力工程省级试点工作总结》上做出批示，对改革试点工作和创新驱动助力工程试点工作给予肯定，对下一步工作提出要求。

【安徽省科协第十次代表大会】 12月15—16日，安徽省科学技术协会第十次代表大会在合肥市召开。省委书记李锦斌出席并讲话。中国科协党组副书记、副主席、书记处书记徐延豪到会致辞。省委副书记、省长李国英，省委副书记信长星，省领导邓向阳、陶明伦、谢广祥出席开幕会。来自全省各条战线的800余名科技工作者代表参加大会。韩军当选省科协第十届委员会主席。

【第八届中国（芜湖）科普产品博览交易会】 4月20—22日，由中国科协、安徽省人民政府联合主办，省科协、芜湖市人民政府联合承办的第八届中国（芜湖）科普产品博览交易会在芜湖市举办。中国科协党组副书记、副主席、书记处书记徐延豪，省委常委、常务副省长邓向阳，省政协副主席郑宏，中国工程院院士倪光南、李建刚等出席开幕式。科博会主题为“创新驱动发展、科技引领未来”，展示面积3.5万平方米，分8个展区。20余个省、自治区、直辖市的404家参展商和来自加拿大、俄罗斯、法国、丹麦、瑞士、以色列、澳大利亚、日本及中国台湾地区的39家企业参展。展示产品5600件，接待观众16万人次，成交金额10.6亿元。科博会期间，举办科普产业发展论坛、院士专家报告会、机器人发展高峰论坛、海峡两岸中小学仿生机器人竞赛等活动。

【第十五届长三角科技论坛】10月16—17日，由省科协、江苏省科协、浙江省科协、上海市科协和合肥市人民政府共同主办的第十五届长三角科技论坛在合肥市举行。论坛以习近平总书记关于推动长三角更高质量一体化发展的重要指示精神为指导，认真落实长三角地区主要领导座谈会精神。以“聚力科技创新圈建设　助力长三角一体化发展”为主题，开展主题报告会、专题分论坛、专题研讨会和参观考察等系列活动。省政协副主席、省科协主席韩军出席开幕式并致辞。省科协党组书记、副主席王洵主持开幕式和主题报告会。中国科学院院士陈国良，中国工程院院士王威琪、万元熙、郑裕国、杨善林、刘文清、陈学东，江苏省科协党组书记、副主席孙春雷，上海市科协党组书记、副主席马兴发等出席开幕式和主题报告会。来自“三省一市”科协系统代表、科技工作者代表、有关部门和企事业单位代表共400余人参加论坛活动。论坛期间，苏浙沪皖三省一市相关学会联合组织开展2018中国（合肥）大数据技术与应用高峰论坛、长三角智能制造发展论坛等专题分论坛26个。

（撰稿人：钱吉伟）

福建省科学技术协会

服务经济社会发展　省科协促成全国首个省政府与中国科协全面战略合作协议的签署，省政府办公厅印发《关于落实福建省人民政府与中国科协全面战略合作协议任务分工的通知》；促成厦门市科协与中国科协企业创新服务中心、厦门火炬高技术产业开发区等共同签署中国科协（厦门）创新创业基地建设合作框架协议；助力省造船工程学会与中国造船工程学会、中国船舶工业七〇八和七〇二技术研究所与福建省福船海洋工程技术研究院联合攻克福建海上风电移动安装船技术，建造海上风电移动安装船并投入使用，研究和建造马尾造船厂半潜式深海养殖平台、智能环保型鲍鱼养殖平台并投入使用。

省科协通过征集研究决策咨询课题，结题评审“提升大陆台资制造业与生产性服务业融合发展研究”等20个重点课题和“福建省山区供给侧改革与科技精准扶贫联动机制构建及对策研究”等30个一般课题，中期评审《福建学会发展报告》（学会创新发展蓝皮书）等4个重大专项课题；提交《关于推进福建省城市生态文明建设的建议》等福建省政协提案9项；提出“建立产学研协同创新机制，加快建设创新型省份”“推动区块链技术在行业领域的试点应用及区块链大社会建设”“全方位开展海峡两岸能源合作，促进两岸能源产业融合发展”等15项政策建议；开展2013—2017年福建省科技工作者状况调查、福建省化工领域科技工作者毒损防护现状调查研究，形成调查报告；牵头完成“两岸科技社团协同推动福建省实施创新驱动助力工程的实证研究”项目，开展“在闽台湾科技人员现状及融合发展对策研究”项目调研。

省科协认定国家级学会服务站10家、省级学会服务站33家。省农学会等36家学会服务站在各自专业领域服务民营企业。

截至2018年年底，新建省级院士专家工作站43家，全省省级院士专家工作站增至205家，进站院士163名、院士团队专家1116名，开展合作项目505项。遴选院士专家示范工作站10家，获评全国模范院士专家工作站5家。

省科协组织院士137人次、专家867人次赴全省各设区市84家企事业单位，促成签约项目74项，开展科技报告130场；举办院士专家八闽行、院士专家龙岩行、院士专家农业行（漳州、泉州）、院士专家海洋渔业行（漳州）、福建院士专家宁夏行、院士专家工作站服务月等活动，征集院士专家创新成果872项；主办“6·18”院士专家馆，展示院士专家最新科技成果169项。

省科协联合省民政厅出台《支持和促进闽台科技社团及科技人员融合发展的若干措施》，组织科技工作者参与中国台湾地区科技活动16人次，接待中国台湾地区专家学者80人次。邀请35个中国台湾地区科技社团的专家900人次、青年学生165人次进行交流，交流学术论文820篇，签订合作协议33项，闽台科技社团结对90个，涉台园区和企业成立科协组织24个。

省科协促成匈牙利芦竹纤维农业技术有限公司与福建农林大学菌草中心达成合作，联合开展植物生态屏障建设实验；促成德国斯图加特梅赛德斯－奔驰汽车公司与福建宾士汽车有限公司就平行进口汽车改造、设计以及新能源汽车技术研发和推广签订合作协议。

省科协推动引进海外智力加拿大云计算机（分散云及系统）技术项目，9月，该项目被福建省外国专家局列入服务重点扶贫县、革命老区苏区发展及闽台合作引智专项计划。

12月，省科协邀请中国科协海智专家、比利时金海农业集团总裁高继明来访，在闽清县、连江县作乡村振兴专题报告，现场指导当地农业规划发展。

省农村科普服务中心联办乡村振兴暨农技协领办人培训班和科协系统农技协转型升级培训班2场，培训学员200人。举办科技教育专家巡讲培训班4期，培训科技辅导员1000人。

组织开展专利应用工程师培训10场、知识产权战略巡讲2场，培训专利应用工程师710人次，培训企业科技工作者202人次，新增注册应用企业671家，跟踪服务注册应用企业并培育企业应用示范案例59个。

《科学素质纲要》实施及科普信息化建设工作 建立省全民科学素质工作联席会议制度，将公民科学素质提升指标及相关工作纳入2019年度省效能办工作绩效考核体系。全省科协系统全年组织开展科普宣讲活动1521场，455.22万人次参与活动。2018年，福建省公众具备科学素质的比例为9.05%。

省科协与省气象局签署战略合作协议，共同推进防灾减灾科普教育基地联盟建设和科普作品创作与推广。组织"闽江科学传播学者"围绕经济社会热点问题开展科普活动；启动第二批闽江科学传播学者遴选工作。

在福清市举办第33届福建省青少年科技创新大赛。在晋江市举办第16届福建省青少年机器人竞赛。持续在厦门大学开展中学生英才计划等活动。在宁德市霞浦县举办第十五届福建国际英语科普夏令营。举办香港大学生海上丝绸之路科学营。省科协牵头海峡两岸有关单位在福州市举办第十七届海峡两岸大学生辩论赛，两岸各有8支代表队参赛。

全省启动建设或在建科技馆、科普专业馆14个，已建成使用28个，总建筑面积20万平方米，7家科技馆免费开放。示范青少年科学工作室96个。省科技馆老馆全年举办科学教育活动230场，接待观众32.1万人次。数字科技馆体系创新升级，全年浏览量近150万次。增配中国流动科技馆展品6套，省流动科技馆在4个区市县、21个站点巡展，受益群众71.58万人次；全省22辆科普大篷车服务基层群众50余万人次。

设立连续3年、每年1000万元的专项资金用于支持第二批省级科普示范建设，创建科普示范村100个、示范农技协30个。组织2000余名大学生暑期志愿者面向农村开展科普宣传助力"乡村振兴"活动300余场。组织编印并出版发行农村和城市科普挂图5.1万套。

搭建科普中国e站、福建科普微信矩阵、福建科普公共服务云、流动科普、科普电视栏目、公共场所科普视频、党建网站科普栏目、VR科普8个平台，推进特色科普信息化资源开发和共享。新建科普中国e站1689个，总数超过2800个；福建科普微信公众号累计发布原创及特色科普图文1.1万余篇，总阅读数超过130万次，粉丝数超过1.8万；整合省内科普类微信、微博公众号，打造福建科普微矩阵2.0版本，福建科普微博入选《人民日报》2018年度全国十大科协微博榜，排名第5。全省科普中国云资源覆盖率达73%。

7月9—27日，由省科协、美国鹤庐亚洲文化中心和霞浦县政府联合主办的第十五届福建国际英语科普夏令营在宁德市霞浦县举办。霞浦县160余名师生与6名美国教师志愿者共同参与为期20天的夏令营活动。省科协与美国鹤庐亚洲文化中心在开营式上签署进一步加强合作的协议。

学术交流 10月17日—12月31日，举办第十八届福建省科协年会。11月2日，举办2018数字经济产学融合厦门论坛，550人参会。

主办第十届海峡论坛·2018海峡科技专家论坛，联合海峡两岸9家单位主办2018海峡两岸管理论坛，联合10家单位举办第十届海峡两岸科普论坛。开展闽台科技社团民间交流30年图片展，举行《海峡两岸优秀科普论文集》首发式。

在漳州市举办闽台民间科技交流合作研讨会，53家闽台科技社团参会，研讨民间科技交流合作。闽台科技社团联合举办两岸绿色发展与乡村振兴论坛、海峡两岸品质农业产业发展研讨会、海峡两岸美丽乡村融合发展研讨会。

指导、支持省级学会举办第十五届国际海洋与淡水真菌学研讨会、先进计算智能国际会议、国际红曲研究与产业发展趋势探讨会等200场学术会议。

与省教育厅、省科技厅联合开展第十三届福建省自然科学优秀学术论文评选，共评选出一等奖论文33篇、二等奖论文97篇、三等奖论文195篇。

服务科技工作者 制定习近平新时代中国特色社会主义思想"大学习"方案。全省科协系统领导面向一线科技工作者开展宣讲300余场，举办座谈会、研讨会等会议100余场。

起草《院士后备人才支持计划实施方案》，推进福建省科技工作者法律服务中心建设。

举荐院士候选人4人。评选表彰第六届福建省优秀科技工作者30名、第十届紫金科技创新奖获得者10名、第二十五届运盛青年科技奖获得者10名。推荐改革先锋候选人1名、国务院特殊津贴专家人选1名。推荐中国青年女科学家奖候选对象1名、中国科协求是杰出青年成果转化奖候选对象1名、国家科技进步奖候选项目1项、省科技进步奖候选项目3项。推荐福建省首届青年人才托举对象10名。与省人力资源社会保障厅共同表彰全省科协系统先进集体40个、先进工作者48名。

通过《福建日报》向全省科技工作者发出倡议书，引导科技工作者投身新福建建设。在《福建日报》等主流媒体、新媒体开辟“科技工作者之家”专栏，刊载优秀科技工作者事迹26篇，宣传科技工作者120余人次。制作全国科技工作者日公益宣传片，在福建电视台黄金时段播出。

省科协驻会领导、各地党政领导共走访慰问优秀科技工作者代表及一线科技工作者2000余人。开展科技工作者状况调查站点建设，收集调查问卷4000余份。

召开科技工作者学习践行新思想创新争先建新功座谈会，组织收看2018年全国科学道德和学风建设宣讲教育报告会3场，受众1.5万人；组织开展2018年福建省科学道德和学风建设宣讲教育报告会1场，受众1000人。

自身建设 省科协召开第九次代表大会，选举产生新一届领导机构。

推进全省科协系统改革，完成58项改革任务，9个设区市、71个县（市、区）出台并实施科协改革方案。实施“党建带科建计划”，印发《2018年省科协党组理论学习中心组及各党总支（支部）专题学习重点内容安排》，面向科协系统党员干部部署以“践行新思想 科协勇担当”为主题的5大系列梯次推进的12项内容的学习，建立健全处级干部电子廉政档案，逐级签订《党风廉政建设责任书》。

完成中央巡视整改和省委《整改方案》细化措施35条中的33条。开展学习习近平新时代中国特色社会主义思想和党的十九大精神集中轮训2次。

制定《福建省科协省级学会组织通则》《加强省科协所属学会监督管理的意见》等规章制度；联合省委人才办等部门印发《关于贯彻落实福建省人民政府与中国科协全面战略合作协议 吸纳“三长”等进入县乡（镇）科协领导机构的通知》，选择27个县（市、区）开展首轮试点工作。

省科协所属科技社团党组织覆盖率超过90%，党的工作覆盖率达100%。

全省建立农技协2225个、乡镇（街道）科协1064个，实现公办本科院校及涉农市、县农技协联合会科协全覆盖。

地市县及科协基层组织 福州市科协促成本市及有关部门与同济大学、中国人民大学等高校开展战略合作；出版“福州院士”“福州高级科技专家名录”系列丛书；新增科普标准化建设工作试点社区16个。

厦门市科协修订《科普教育基地服务项目指南》，命名授牌市科普教育基地16家；出台《关于进一步推动厦门和台湾科技社团及科技人员融合发展的意见》。

漳州市科协召开第五次代表大会，选举产生新一届领导班子；实现省级院士专家工作站覆盖漳州市全部所属县；设立学会论坛，将83家市级学会进行分组，由组长牵头举办学术交流活动。

泉州市科协成立省内首个设区市科技工作者维权服务中心；推动17家高校科协组建全省首个高校科协联盟；遴选聘任首批50名刺桐科学传播学者，成为全省首个地市级科学传播学者团队。

三明市科协推动市政府表彰第十届三明市青年科技奖，20名优秀科技工作者获奖。

莆田市科技馆新馆建成并开馆运行；成立莆田市科协社会组织行业党委，指导市级科技社团的党建工作。

南平市科协建立科技工作者心理咨询服务站；围绕7大绿色产业，邀请23人次院士专家调研指导，举办绿色产业发展战略研讨会；组织147名市级涉农学会会员参加科技特派员队伍，助力乡村振兴。

宁德市科协挂钩寿宁县大安乡水洋村，开展科技助力精准扶贫工作。

省级学会、企业科协、高校科协 新成立漳平永福台湾农民创业园科协等企业科协192个，全省共成立高校科协58个、企业科协1793个。

省级学会主办或参与主办的科技期刊55种，发表论文近万篇。省医学会等28个省级学会承接60余项政府转移职能；举办学会规范管理、学会分类管理改革培训班2期，200余人次参训。省护理学会等100余个省级学会开展学会科普活动1000余项，受众80

万人次。

【第十八届福建省科协年会】 10月17日—12月31日，由省科协、福建农林大学联合主办的第十八届福建省科协年会在全省各地举行。主要包括中国科学院学部学术与出版工作委员会四届八次会议、海峡两岸绿色农业与乡村振兴专家论坛、现代生态农业与粮食安全高层论坛、生物安全学术沙龙、学术进校园、院士专家科技创新大讲堂、院士专家八闽行活动十八年座谈会、院士专家八闽行活动成果展、院士专家八闽行——送服务到基层等活动。年会设58个分会场，200余家省市级学会的7万余名科技工作者参加。

10月17日，第十八届福建省科协年会主场活动在福建农林大学举行。省委常委周联清、省人大常委会副主任吴洪芹、副省长郑建闽、省政协副主席阮诗玮及院士专家代表出席大会。会议由省科协党组书记曾能建主持。开幕式上，省科协向全省科技工作者发出倡议书，号召科技工作者践行习近平新时代中国特色社会主义思想，通过创新驱动高质量发展传播科学知识、弘扬科学精神，为福建建设做贡献。大会举办第二十五届运盛青年科技奖、第十届紫金科技创新奖、第十三届福建省自然科学优秀学术论文一等奖颁奖仪式，揭晓2018年国家级学会创新服务站名单。

本届年会以“改革开放　创新引领”为主题，设置年会主会场、院士专家八闽行、年会系列主题活动、省级学会年会分会场4大板块。李天来、聂泳忠、倪英伟3位院士专家在年会主会场分别作特邀主旨报告。主会场外，15个省级学会围绕现代农业、健康生活、智慧城市3个主题板块，采取展板、实物展示、互动体验等方式举办科普活动和科技成果展。

【福建省科协第九次代表大会】 12月12日，福建省科协第九次代表大会在福建会堂召开。省委书记、省人大常委会主任于伟国出席开幕式并讲话。省长唐登杰、常务副省长张志南、省委常委周联清出席大会，省总工会副主席丁文清代表人民团体在会上致贺词。中国科协副主席、书记处书记孟庆海出席大会并讲话。会议由全国政协常委、省科协八届委员会主席郑兰荪主持，省科协党组书记曾能建宣读全省科协系统先进集体和先进工作者表彰决定。

会议总结省科协过去5年的工作，谋划今后5年的工作思路，表彰全省科协系统先进集体和先进工作者；审议通过省科协第八届委员会工作报告；选举产生新一届省科协领导机构，郑兰荪连任省科协九届委员会主席。

大会于12月13日闭幕。闭幕式上，周联清对省科协今后工作提出指导意见和要求。省科协常委、委员、荣誉委员、列席委员、全省科协系统先进单位代表、先进工作者等600余人参会。

【十六届中国·海峡项目成果交易会】 6月18日，由福建省政府联合31个有关部门、央企、全国学会（协会）共同主办的第十六届中国·海峡项目成果交易会（简称“6·18”）在福州海峡国际会展中心开幕。李晓红、周济、何华武等42名中国工程院和中国科学院院士出席“6·18”主会场及院士专家八闽行系列活动。

此届“6·18”院士专家展、中国工程院和中国科协创新成果展由院士专家成果展、中国科协创新驱动助力工程成果展、全国学会成果展、海外引智成果展4个专题组成，集中展示创新成果169项。

李晓红、周济在省委书记于伟国，省委常委、常务副省长张志南以及中国科协党组成员、书记处书记宋军等陪同下参观展览，出席院士专家工作站授牌暨院士专家项目签约仪式，见证19个院士专家项目现场签约，并为43家新建院士专家工作站、10家院士专家示范工作站授牌。

6月15—22日，院士专家共对接项目47项，包括创新驱动助力工程项目1个、院士项目33个、专家项目12个、海外智力项目1个，总投资6.2亿元，年产值27.9亿。举办2个高峰论坛、5场科普报告、17场技术交流活动，超过1万人次参加。

【第十届海峡论坛·2018海峡科技专家论坛】 6月10日，由中国科协主办、省科协承办的第十届海峡论坛·2018海峡科技专家论坛的主会场活动在厦门市开幕，分会场活动分别在福州市、泉州市、漳州市、莆田市、三明市等地举行。省政协副主席薛卫民、中国科协国际联络部副部长张森、中国台湾地区“中华公共事务管理学会”理事长汪明生出席论坛开幕式并致辞。中国科学院院士、全国政协常委、省科协主席郑兰荪主持开幕式。省科协党组成员、副主席史斌主持12个两岸交流合作项目签约仪式。

本届科技专家论坛主题为“两岸一家亲、科技促融合”。论坛设1个主会场和15个分会场，围绕科技创新、供给侧改革、健康中国、美丽中国、闽台融合等议题开展研讨交流和项目合作。

此届论坛两岸参会专家、学者2000余人，其中中国台湾地区 700 人，促成两岸项目签约 33 个，收集两岸科技论文 600 篇，促成闽台科技社团“一对一”结对子 2 个，编辑整理完成《推动区块链技术在行业领域的试点应用及区块链大社会建设》等两岸科技政策建议 15 份。

论坛期间，推出《海峡科技专家论坛十周年专题片》，举办“闽台科技社团民间交流 30 年图片展”，举行《海峡两岸优秀科普论文集》首发式。

【2018 闽台青年学子（创新创业）科技研习营】 8 月 30 日—9 月 5 日，省科协联合集美大学、武夷学院、中国台湾地区“中华公共事务管理学会”共同举办 2018 闽台青年学子（创新创业）科技研习营。研习营主题为“闽台情 · 青春行”。来自中国台湾地区的“清华大学”、台中教育大学、暨南国际大学、元智大学等 19 所高校的 45 名青年学生走进泉州市、福州市、武夷山市、厦门市等地，进行创新创业演示交流活动，了解福建省城市建设、科技创新、经贸合作、创新创业等惠台政策。

【香港大学生海上丝绸之路科学营】 6 月 11—15 日，由省科协和省港澳办主办，香港华闽（集团）有限公司、香港公开大学和香港文化交流促进会协办的香港大学生海上丝绸之路科学营在福州市、泰宁市举行。科学营以“探海丝核心，觅最美丹霞”为主题。来自香港公开大学、香港理工大学、香港中文大学、香港城市大学和香港浸会大学等香港特别行政区高校的 33 名青年学生近距离感受福建发展，了解海上丝绸之路历史文化。

（撰稿人：邱雪如）

江西省科学技术协会

服务经济社会发展 省科协引进全国性学会或专业委员会 45 个、院士 80 余人、专家团队 200 余人服务区域经济创新发展。建立国家级学会科技服务站 10 个、省级学会科技服务站 67 个。

全省新建院士工作站 65 家，累计达到 225 家（省级 122 家、市级 103 家）。柔性引进院士 181 人（获诺贝尔奖外国专家 1 人）、院士团队专家 1200 余人，覆盖全省 11 个设区市、十大战略性新兴产业。院士工作站共签订合作项目 685 项，实施完成 268 项；获专利授权 1662 项，其中发明专利 500 项；转化科研成果 561 项，创造直接经济效益 151.89 亿元。5 家院士工作站被评为 2018 年全国模范院士专家工作站。

新建省级海智工作站 10 个，省级海智工作站总数达 40 个，实现 11 个设区市和赣江新区建站全覆盖。引进海外专家 34 人、团队 8 个，开展学术交流和引智对接活动 36 场次。累计建成国家级创新平台 19 个、省级创新平台 54 个。开展国家级项目 200 余个、省级项目近 300 个。发表 SCI、EI 论文 800 余篇，获专利 140 余项。

新增中国科协专利信息数据库注册应用企业 698 家，累计注册 3235 家。免费培训专利应用工程师 1006 人，累计培训 5030 人。企业转化应用科技信息产生新技术 85 个、新产品 74 个、新专利 116 个，产生显著经济效益。组织专利应用企业参加 2018 年中国科协企业创新服务成果展，获十佳组织奖。全年助力贫困户脱贫 26090 人，提前完成科技助力精准扶贫三年建议目标任务。在 2018 年度全国科技助力精准扶贫工作考核评估中，江西省再次被评为优秀组织单位，2 个服务团队被评为先进团队，5 人被评为先进个人。

与澳大利亚新南威尔士州教育部中国战略合作中心、日本华侨华人博士协会签订合作备忘录。南昌大学附属口腔医院海智工作站引进的澳大利亚昆士兰大学教授叶青松入选省“双千计划”。举办第 11 届赣台大学生科技文化夏令营，增强台湾学子对祖国的认同。

新增省“创客之家”15 家，总数达 28 家。联合省科技厅举办首届全国创新方法大赛江西企业创新方法区域赛。首次组织江西省企业技术人员创新方法带题实战培训班。组织 4 家企业申报中国民营科技促进会民营科技发展贡献奖。组织 2 家企业申报中国科协“创新先锋行动”项目。

《科学素质纲要》实施及科普信息化建设工作 第十次全民科学素质状况调查结果显示，江西省公民具备科学素质比例为 7.58%，比 2015 年提高 2.48 个百分点。

建成科普 e 站 325 个，科普江西微信公众号每个工作日发布推文 4 条，月点击量 9.87 万余人次，全年点击量 110 万余人次，关注量由 2017 年最高的 25 万人增至 45 万人，增长 80%。开展公民科学素质网络知识竞赛活动，近 100 万人次参与答题。组织江西卫视、中国江西网、今日头条、网易江西等 13 家媒体成立江西省科学传播融媒体联盟，发布《共同宣言》。联合江西卫视、中国科技馆推出少儿科普节目《真是想不到》，共播出 60 期。在抖音平台发布科普短视频，点击量387.7万余人次。与南昌地铁合作开展科普进地铁，每天分6个时段在站台和车厢发布科普公益短片。《江西手机报》APP“科普”频道累计刊发科普文图信息1万余条、科普V视频600余条。《江西手机报》彩信版“微科普”栏目每天面向1000万名用户发送科普信息，累计发送量106亿人次。

省科技馆和上饶、赣州科技馆获2018年度全国科技馆免费开放资金1017万，省科技馆参观人数25.6万人次，网站访问量76.7万。流动科技馆重点面向国家级贫困县，在赣州市兴国县、吉安市遂川县等19个县（市、区）完成巡展，参观人数累计95万人次。全省29辆科普大篷车深入学校、农村、社区开展科普宣教活动，受益公众14万余人次。已建成农村中学科技馆32所，新命名省科普教育基地55个，总数达到233个。

举办第33届全省青少年科技创新大赛，选送8个项目参加全国大赛，获二等奖4项、三等奖4项。组织全省8万余名中小学生参加以“我爱绿色生活”为主题的2018年江西省青少年科学调查体验活动。开展五学科奥赛（数学、物理、化学、生物、信息学），在全国决赛中获16金、15银、17铜。组织省青少年参加全国科学影像节活动，1项作品获全国一等奖、未来科技创意奖，1项作品获全国青少年科学微电影二等奖。首次举办全省青少年机器人竞赛，选送12支队伍参加全国大赛，获二等奖1个、三等奖11个。

组织以“创新引领时代，智慧点亮生活”为主题的江西省全国科普日活动，参与群众150万人次，21个组织单位、12项活动获中国科协通报表扬。举办江西省科普之春暨学雷锋志愿者服务月活动、“科学，让生活更美好——江西省百场科普报告进社区”主题实践活动。联合中国宇航学会、赣州市政府举办为期1个月的“航天放飞中国梦航天科普展”。参加第六届全国科学表演大赛，获科普剧一等奖、科学秀二等奖、微剧本二等奖、个人演绎达人奖。举办第二届江西省科普讲解大赛，获一等奖、二等奖和优秀组织奖。

学术交流　在中国科协支持下，与中国化工学会、中国环境科学学会、九江市政府共同主办2018长江经济带（九江）石化产业绿色发展峰会，8名中国科学院、中国工程院院士出席峰会，共同搭建产学研用协同创新平台。与赣州市政府联合主办2018海峡两岸暨港澳大健康论坛，来自海峡两岸的40余名专家学者在4场平行论坛进行学术交流，500余人参加论坛，签约2个国家级学会科技服务站和总投资额130.2亿余元的5个大健康领域项目。省微生物学会、省医学会、省土地学会、省水利学会、省研究型医院学会、江西理工大学科协、华东交大科协等30余个省级学会、高校科协分别主办、承办一批学术交流活动，60余名院士来江西省交流、开展科技合作。联合主办或支持有关单位举办第十四届国际亲水胶体大会、遗传性心肌病和心律失常国际高峰论坛、2018机器人与微创泌尿外科手术论坛等国际学术交流活动。借助海智工作站等平台，推动江西省常态化学术交流与国际前沿接轨。

服务科技工作者　在省发改委等部门支持下，建成江西省科协创新服务信息化平台，成为提供创新创业综合服务的网上科技工作者之家。

新选拔88名中青年科技人员出国学习交流。截至2018年年底，“百人远航工程”共资助中青年人才赴境外学习交流600人次，实现资助对象11个设区市全覆盖。资助对象累计发表论文1000余篇，获国家课题和项目100余个、省级课题及项目130余个。100余人在职务或职称上得到提升，多人入选国家百千万人才和国家万人计划。与46个海外科技专家、团队开展合作；在加拿大多伦多大学等建立20余个海外学习深造点。

加强与《江西日报》、江西卫视、中国江西网等主流媒体联系合作，宣传报道省优秀科技工作者事迹。拍摄制作反映省院士工作站、海智基地、“百人远航工程”等人才工作的《创新引领　人才兴赣（2018）》专题宣传片，并在2018年全国科技工作者日暨江西科技界纪念改革开放40周年座谈会上播出。与江西电视台合作拍摄制作反映省11名（每个设区市1名）基层一线优秀科技工作者事迹视频，在江西卫视《江西新闻联播》集中连续宣传播报。

自身建设　落实“一岗双责”，推进“两学一做”学习教育常态化制度化，同步调度党建工作与改革任务、重点工作，促进党建工作与业务工作协同发展，并将党建工作纳入领导干部年度考核述职重要内容和评先评优重要指标。推进“互联网+党建”，利用微信等网络平台实现线上线下党内生活相融合，构建随处能学习、随时受教育的科协党员网上精神家园。

推进“3+1”试点工作，发挥医院院长、学校校长、农技站站长等关键人物作用，加强县乡镇（街道）科协组织建设。列入第一批试点的县级科协 60 个、乡镇科协 570 个，已完成试点的县级科协 35 个、乡镇科协 385 个，分别吸纳“三长”115 人和 1168 人。在浙江省杭州市举办 2018 年市县级科协主席能力提升（浙江）培训班，江西省各设区市科协及部分县（区、市）科协主席、党组书记，省科协机关各部室及直属单位主要负责人共 60 余人参加培训。

4 月 13 日，省科协召开全体干部大会。省委组织部副部长、省人大常委会选任联工委主任龚绍林宣布省委关于省科协主要领导职务调整的决定，提名史可为省科协主席候选人，卢天锡不再担任省科协主席职务。4 月 17 日，省科协召开七届六次常委会，按照《江西省科学技术协会实施〈中国科学技术协会章程〉细则》有关规定，选举史可为江西省科协七届委员会主席。省科协党组书记、常务副主席罗莹主持上述两个会议。

地市县及科协基层组织 省科协系统现有设区市科协 11 个，县（市、区、局）科协 100 个，农村、企业、院校、街道社区科协等 2300 余个。南昌市启动“洪燕领航”工程，加强对本土人才的培养，资助 60 名中青年科技工作者赴境外学习深造。九江市举办 2018（九江）智能制造产业发展论坛暨行业企业对接交流会，邀请清华大学天津高端装备研究院科研部副部长李振邦等智能制造领域学者和企业高管，围绕智能制造与工业互联网发展现状和面临的问题，探讨智能制造新理念、新趋势、新成果，打造智能制造行业前沿化、市场化高端交流合作平台。景德镇市科协培育发展新的创客之家，推荐市伊人如瓷陶瓷有限公司获批省科协第二批“创客之家”，该公司固定资产近亿元，占地 1.3 万余亩。现有入驻创客 51 家、导师 33 人、常驻导师 6 人、创业导师 12 人，带动和服务 6 家机构，成为聚集和培养人才的创客服务平台。萍乡市科协新启动 12 个科普社区建设、13 所科普学校建设，新配备科普 e 站设备 24 台，编印《科普知识百问百答》1 期共 800 本。新余市科协推动企业科技信息应用覆盖全市高新技术企业，共有 293 家企业注册加入中国科协企业创新服务平台，应用成果累计 30 项，全年协助 10 家企业取得应用成果案例，推荐其中 2 家（江西瑞晶、江西益盟）参加中国科协组织的创新成果展。鹰潭市科协完成“专利信息数据库”建设，新增注册企业 45 家，累计 198 家；培训企业专利应用工程师和企业高管 60 余名，培育企业典型案例 8 家，推荐 2 家企业参加中国科协展示；新增科普中国 e 站 15 个，累计建成 23 个。赣州市科协推出“赣州科创吧——网上科技工作者之家”，包含网上科协、科技资讯、高端智库、需求对接、大数据集成和第三方服务等七大平台；联合赣州经开区企业服务中心，建设“赣州科创吧——线下科创空间”O2O 服务平台。宜春市邀请 13 名中国材料研究学会专家与 25 家宜春市锂电新材料企业参加对接洽谈会，为企业涉及技术研发、发展前景、生产工艺等方面的 30 个问题和需求给予解答和指导。上饶市科协与上饶电视台打造首档科普类栏目“科普微视界”，每天 21：30 播出，时长 8 分钟；在大美上饶公众号开设“微科普”板块，推动科普工作转型升级。吉安市投资完成吉安市科技馆陈展工程建设，建筑面积约 2.8 万平方米，内设 6 大展厅、300 余件展品展项。9 月 15 日，吉安市科技馆举行开馆仪式，向社会公众免费开放，日均接待参观市民 1000 余人次。抚州市科协联合市委组织部举办情系老区发展、助力创新驱动院士专家抚州行活动。中国工程院院士吴慰祖、舒兴田、张文海、胡永康、邱定蕃、欧阳平凯、陈芬儿、李仲平、张联盟以及胡长平、牛立业等专家到江西为抚州的经济发展和产业转型升级献智献策。

省级学会、企业科协、高校科协 截至 2018 年年底，省科协有所属省级学会（协会、研究会）127 个，全年新成立省级学会 4 个；建立企业科协 142 家，全年新增 15 家，成立企业科协联盟 3 家；建立园区科协 82 家，全年新增 3 家；建立高校科协 49 家，全年新增 13 家。指导 27 个省级学会召开会员代表大会，完成换届工作。深化学会治理结构和治理方式改革，建立优胜劣汰的动态管理机制，全年注销或脱钩省级学会 4 个。在 4 个省级学会实行理事会聘任秘书长制试点，推进秘书处实体化、秘书长职业化。根据省委办公厅省政府办公厅印发的《省科协所属学会有序承接政府转移职能工作实施方案》（赣办发电〔2018〕2 号）要求，28 个省级学会承接政府转移职能 74 项，4 个省级学会新增政府转移职能 6 项。

【江西省科技界学习习近平总书记在庆祝改革开放 40 周年大会上的重要讲话精神座谈会】 12 月 19 日，省科技界学习习近平总书记在庆祝改革开放 40 周年大会上的重要讲话精神座谈会在南昌市召开。省科协副主席孙卫民主持会议，省科协主席史可出席座谈会并讲话。省科协副主席梁纯平、宋平岗，全国优秀科技工作者代表、江西农业大学副校长、省作物学会理事长贺浩华参会并发言。

【院士专家共话江西航空产业高质量发展高端对话活动】 11月14日，由省科协主办、中国航空学会支持、北京航空航天大学江西通航研究院协办的院士专家共话江西航空产业高质量发展高端对话活动在南昌市举行。省科协党组书记、常务副主席罗莹主持活动。省政府副省长吴晓军、中国航空学会理事长林左鸣出席活动并讲话。省政府副秘书长陈敏，中国工程院院士刘大响、甘晓华、孙聪、王振国、赵振业、李明、何友等及有关专家参加活动。会后，省委常委、副省长刘强，省政府副秘书长宋迪维会见院士专家一行。省科协主席史可代表省科协与中国航空学会签署战略合作协议。

【2018年中国科协九大驻赣代表"不忘初心、牢记使命"党性教育活动】 10月30日—11月3日，省科协在瑞金市举行2018年中国科协九大驻赣代表"不忘初心、牢记使命"党性教育活动。省科协党组书记、常务副主席罗莹，党组成员、副主席孙卫民出席活动。罗莹带领中国科协九大驻赣代表向烈士敬献花篮，重温入党誓词。代表们先后参观原中央苏区革命旧址群，学习"八子参军""十七棵松"等红色故事和《中央苏区与苏区精神》等专题报告。

活动期间，代表们围绕九大代表履职的好经验、好做法和新思路、新举措，交流研讨新形势下中国科协代表如何更好履职及需要科协组织提供的服务和帮助，就丰富全国科技工作者日活动的内容形式等主题进行座谈交流。

【首届赣南苏区人才峰会暨院士专家民营企业行座谈会】 12月29日，首届赣南苏区人才峰会暨院士专家民营企业行座谈会在赣州市举行。省委书记刘奇主持座谈会并讲话。省委副书记、赣州市委书记李炳军，中国工程院副院长钟志华，中国科学院党组成员、秘书长邓麦村出席并讲话。中国工程院、中国科学院38名院士及有关专家，省直有关单位领导和部门负责人，国家级高层次人才代表、国际青年学者代表、赣州在外优秀人才代表等约330人参会。省科协主席史可率省院士专家服务中心主要负责人出席会议。座谈会上，中国工程院院士邬贺铨、罗锡文、干勇、陈清泉，中国科学院院士蒋华良，宁波市智能制造产业研究院理事长、复旦大学机器人学院院长甘中学，赣州能之光新材料科技股份有限公司董事长张发饶，赣州商会联合总会会长、毅德控股集团创始主席王再兴等围绕"弘扬爱国奋斗精神、助力赣南苏区振兴发展"主题分别发言。

（撰稿人：钟海峰　刘海平）

山东省科学技术协会

服务经济社会发展　省科协在省人才办指导下组织第二批智库高端人才遴选，入库专家299人，组建28个智库高端人才团队。举办山东省智库高端人才研修班暨首届新旧动能转换国家战略创新峰会，院士专家、智库高端人才等近400人参加，整理形成决策咨询建议报告11篇。围绕动能转换、乡村振兴、经略海洋等重大战略确定28项重点调研课题，取得一批研究成果。通过《院士建议直通车》《科技工作者建议》呈报决策咨询建议16期，省委书记刘家义对6期建议做出实质性批示，《关于建立我省重点产业人才地图体系的建议》和《物联网建设的建议》等研究成果纳入决策程序，部分成果已得到转化。

推进创新驱动助力工程，支持35个省级学会精准对接26个县（市、区），建立协同创新基地23家、服务站140个，对接企业258家，达成合作意向52项，引进科技人才1559人。新建立院士专家工作站23家，建立省级海智基地11个、海外工作站3个，柔性引进院士20人。

加大服务创新创业力度，围绕做强做优"十强产业"组建"十强产业"学会群，以学会集群支持产业发展。组织编制《山东省重点产业人才发展报告》，得到省领导和职能部门好评。围绕大众创业万众创新，提升大学生科技节水平，比赛项目拓展到65项，覆盖100余所高校，360余家企业参与，直接参赛大学生6万余人。省电子学会、省机械工程学会进入省"十强产业"工作专班，省循环经济学会获全球循环经济奖。部分省级学会举办科技工作者创新大赛、创客嘉年华、杰出工程师评选等活动。

做好精准扶贫专家服务行动，组织119名专家深入213个贫困村提供技术指导和规划服务，累计开展技术培训754次、扶贫活动594次，带动7471户脱贫。完成山东数字科普扶贫工程，新建数字科普终端2905个，实现全省6805个省级贫困村科普数字屏全覆盖。

《科学素质纲要》实施及科普信息化建设工作　联合开展全国科普日济南主场活动，发动全省各级学会、学校等有关部门单位开展各类主题活动1016项，31个单位、40项活动获中国科协表扬。联合举办山东科学大讲堂，全年累计举办89期。联合举办2018（首届）山东省科普创作大赛，参赛作品2800余件，获奖作品490件。探索开发科普文创作品，上线“科学大脑”。12月10日，启动全省公民科学素质提升专项行动，启动当月参与人数20余万。

建设省科技馆新馆。全省建成和在建市级科技馆14座、县级科技馆33座。全省16家科技馆免费开放，全年接待观众300余万人次。继续推进“基层科普行动计划”，共支持建设科普社区110家，支持农技协75家，支持科普教育基地40家，完善全省科普基础设施体系。

整合现有科普信息渠道，打造科普山东信息集成平台，建立科普公众号96个、科普网站111个、科普e站1991个，形成矩阵式科普信息化传播平台。“科普山东”微信公众号关注人数30余万人次。全省累计建设科普中国e站2654个、V视快递终端4616个。科普百科微视频上线，有序推进山东广电科普频道、数字科普地图等项目。

组织参与新时代文明实践农业科技志愿服务、省科技周、文化科技卫生“三下乡”等主题科普活动。组织全省公众参与2018年全民科学素质网络和农民科学素质网络竞赛，分别获全国第3名和第2名。

9月15日，山东省暨济南市2018年全国科普日活动在山东省济南市启动。活动主题为“创新引领时代，智慧点亮生活”。省政府副省长于杰出席启动仪式并讲话，启动仪式由省科协党组书记、副主席王春秋主持。省科协、省经信委、省科技厅、省科学院、济南市及市中区相关负责人参加启动仪式。省科协、济南市科协机关及直属单位职工代表，济南市市民代表共260人参加活动。

联合省委组织部等组建山东省科普专家人才库，首批遴选入库专家914人。完成中国科协《全民科学素质行动计划纲要》实施工作“十三五”中期评估，全省公民具备科学素质比例由2015年的6.47%提高至9.18%，全国排名第7。

学术交流　全省各级科协组织学术交流活动378次。组织省级学会、市科协、高校科技工作者采取统一命名支持的方式举办泰山科技论坛。支持学会及各市初步形成“一会一例”“一地一例”特色学术活动品牌。确定泰山科技论坛74期，其中A类项目50期、B类项目24期。A类项目已举办50期，邀请22名“两院”院士、446名学术带头人作学术报告，12910名科技工作者参与；B类项目全部如期完成。

以“突出学术创新引领　建功新旧动能转换”为主题，举办2018年省科协年会。设计“4+10+N”模式，即主会场围绕产业智慧化、智慧产业化、跨界融合化、品牌高端化邀请4名中外专家作主旨报告；分会场设立山东虚拟现实产业创新发展论坛、物联网与人工智能助力企业动能提升论坛、生物技术新进展与区域生物产业创新论坛、山东省创新驱动发展暨科技服务产品推广应用研讨论坛4个分会场，30名业内学者作专题报告。

开展山东省自然科学学术创新奖评选，修订《山东省自然科学学术创新奖评选办法》。组织市科协、省级学会和企事业科协等推荐单位通过网络平台进行申报。评选表彰科技工作者100名。

修订《山东省科协因公出国（境）管理规定》，派出2个科技馆建设管理访问团赴日本和德国访问交流。实施海外专利技术信息应用培训项目。完成承接的香港建筑界考察团赴青岛考察活动、中国台湾地区“国立自然博物馆”赴省科技馆考察交流活动、澳门科协改革开放周年科普展考察团考察交流任务。完成全省儒商大会院士邀请任务。与美国纽约州先进材料信息中心建立联系，该中心主任马克一行应邀来访。

服务科技工作者　联合省委组织部等10部门开展高层次科技人才专题调研，出台《关于联系服务科技工作者的指导意见》《走访看望院士专家办法》等文件，建设高层次人才服务工作体系。开展院士候选人拟推荐人选专项调查，建立山东院士（含山东籍）信息库。承接和举办院士专家夏季疗养考察活动，组织20名院士、18名专家疗养。全年看望省内外院士35人。

完成省青年科学家协会筹备工作，首批发展会员203人。组织编印《山东省青年科学家协会会员风采》。举荐青年科技人才，4人获第十五届中国青年科技奖。借助媒体和省科协自有平台多渠道宣传优秀科技工作者1300余人次。

全省上下联动，开展科技工作者日系列活动，党政领导走访慰问科技工作者。利用省级数据共享机遇，探索网上科协建设途径。实施老科学家学术成长资料采集工程，共采集郭永怀等24名科学家的资料。完成山东省第三次科技工作者状况调查，推进科技工作者调查站点工作，连续4年获中国科协优秀区域责任部门称号。

自身建设 全省市级科协改革方案全部出台；137个县级科协中有135个出台改革方案，130个独立建制；县级科协新成立事业单位56个，实现加强型改革目标。开展提升基层科协组织力“3+1”试点工作，菏泽市、临沂市、枣庄市3市乡、村科协组织实现全覆盖，“三长”进入县乡科协兼挂职，激发基层科协组织活力。

修订《山东省科协省级学会组织通则（试行）》。探索实施《学会改革试点考核指标KPI》。吸纳大数据、人工智能、光电等新兴学科学会加入省科协。给予20家后进学会限期整改处罚，取消7家整改未达标学会团体会员资格，前置约谈15家拟列入限期整改的省级学会。实施改革品牌培育工程，遴选30个改革品牌项目，计划进一步培育和推广。

树立“抓党建就是最大的政绩”理念，加强科协机关党建。结合机构改革和干部调整，建立健全各级党组织。调整充实党建工作领导小组，落实机关党建工作责任制，推动“两个责任”落实。开展“大学习、大调研、大改进”。整改中央巡视组反馈问题。开展对贯彻落实习近平总书记视察山东重要讲话、重要指示批示精神“回头看”，强化学习、教育、交流。

完善《关于规范直属单位科级干部选拔任用工作流程的意见》，制定《山东省科协机关及直属单位干部轮岗交流工作意见》。

3月14日，省科协八届五次全委会议在山东省济南市召开。会议传达中央书记处关于科协工作重要指示精神、中国科协九届四次全委会精神。审议通过省科协八届五次全委会工作报告和《山东省科协新“五大计划”实施方案》等；听取省科协常委会4个专门委员会工作汇报；表彰第九届山东省优秀科技工作者获奖人员，6个单位和个人作典型发言。中国工程院院士、省科协主席唐启升作工作报告，省科协党组书记、副主席王春秋主持会议并作总结讲话。

地市县及科协基层组织 截至2018年年底，全省共有省辖市科协16个，县（市、区）科协137个，全省91.49%的乡镇、街道办事处建有科协组织。市、县（市、区）科协全年共举办科普宣讲活动2597次、实用技术培训2372场次，受众人数600余万人次。开展助力地方创新驱动发展、精准扶贫、科普中国e站落地应用等科技服务活动。

济南市科协与山东开创集团共同筹建国家级学会助力新旧动能转换服务基地，搭建“一网三库一基地”，将国家级学会专家智力资源引入济南市。青岛市科协打造青岛海洋科普联盟“科普海洋·智慧共享”科普品牌，启动青岛海洋科普联盟研学游活动，深化海洋科普资源和教育资源的融合。淄博市科协打造科普小镇，建设室外科技馆新阵地，推进科普工作转型提升。枣庄市科协开展“百会联百村”科普惠农行动，服务乡村振兴战略。东营市科协举办“崇尚科学，反对邪教”微信答题竞赛活动。烟台市科协利用电视台、微博、微信、短信平台等宣传邪教的危害，强化正面引导。潍坊市科协举办鸢都科技论坛，搭建学术交流平台。济宁市科协召开济宁博士联谊会成立大会暨2018年济宁市科协年会，打造济宁博士联谊会工作品牌。泰安市科协将中国科协创新驱动助力工程示范市建设写入泰安市新旧动能转换重大工程实施方案，建立中国科协创新驱动科技成果转化服务中心（泰安）分中心。威海市科协加强威海科普智慧电视互动点播平台建设，依托社会力量加强市民网威海科普专栏及其手机端、微信端等平台的管护应用，提升科普信息化水平。日照市科协举办海峡两岸创意IP合作研发洽谈会、厚道鲁商诚信日照暨科技兴企专题讲座。莱芜市科协实现高校科协全覆盖。临沂市科协制定印发《临沂市实施中国科协海智计划三年工作规划（2018—2020年）》，打造“海智在沂蒙　科协再行动”品牌。德州市科协打造“天衢科技论坛”品牌，形成一批学术交流成果。聊城市科协举办以“科技创新　强国富民”为主题的科技活动周，在聊城电视台综合频道开办以《科普大篷车》为主体的科学素质提升节目。滨州市科协开展首届滨州工匠评选活动，评选出滨州工匠30人，并组织优秀代表拍摄《滨州工匠》微电影。菏泽市科协完成全市168个乡镇（办事处）科协的调整充实工作，负责建立菏泽市高层次人才智库，牵头建立“擦亮‘中国科协海智基地（菏泽）’品牌”。

济南市天桥区、淄博市张店区、龙口市、烟台市福山区、新泰市、临沂市莒南县、菏泽市郓城县、青岛市李沧区、聊城市东昌府区的全国科普日活动，滕州市2018年全民科学素质网络竞赛，东营市东营区第三届青少年科学素养电视大赛，寿光市2018年全国科普日科普晚会和全国科普日——科普研学一日游活动，泰安市泰山区全国科普日活动之青少年系列活动，威海市文登区埠口社区科普体验馆体验活动，临沂市沂水县2018年全国科普日活动暨沂水县“科教文体E+党建”服务联盟启动仪式，聊城市阳谷县科普专家集中服务行动，菏泽市单县精准扶贫专家开展罗汉参生产管理技术培训等活动受到中国科协表扬。

省级学会、企业科协、高校科协 截至2018年年底，全省有省级学会151个，会员40余万人；有高校科协130家，建成率达92%，实现理工农医类院校全覆盖，其中新建92家，较2017年增长271%。全省17市和70%的县（市、区）建有农技协联合会，各类基层农技协达到6451个。全省通过认证的企业科协1500家、国家级园区科协27家。

由省软科学研究会、省高层次人才发展促进会、省机械工程学会、省化学化工学会、省电子学会、省能源学会、省农学会、省海洋经济技术研究会、省医学会、济南科学传播协会编著的《山东省重点产业人才报告》得到省委书记刘家义批示。

省电子学会进入山东省新旧动能转换重大工程协调推进体系新一代信息技术产业专班。

截至2018年年底，省标准化协会发布实施团体标准项目46项，在研团体标准项目20余项，培育团体标准10余项。省物联网协会研制的5项团体标准完成专家评审，8月发布实施，填补了国内空白。

【山东省智库高端人才研修班暨新旧动能转换国家战略创新峰会】 4月19日，山东省智库高端人才研修班暨新旧动能转换国家战略创新峰会在山东省济南市举办。会议旨在凝聚人才智慧优势，研究推进新旧动能转换的方法和路径，服务新旧动能转换重大工程。省政府副省长于杰、中国科协创新战略研究院院务委员王宏伟出席会议并致辞。省政协副主席赵家军主持会议。

中国科学院院士胡文瑞、中国工程院院士于金明、中国工程院院士汪懋华、国务院发展研究中心研究员李国强、世界物联网组织副主席刘龙军等发表主旨演讲。会议举行新兴产业发展和经略海洋战略研究、产业转型升级和乡村振兴战略研究两场主题研讨对话活动；聚焦山东省省“十强”产业，邀请山东省专家学者、市县政府领导、企业家围绕新旧动能转换过程中区域经济和产业发展的需求、探索实践、困境问题及解决路径等开展对话交流和研讨。

【第33届山东省青少年科技创新大赛终评决赛】 4月21日上午，由省科协、省教育厅、省科技厅、省体育局、团省委、省妇联、省机关工委办公室共同主办，山东省青少年科技活动中心、泰安市科协、泰安市教育局承办的第33届山东省青少年科技创新大赛终评决赛在泰安市泰山国际会展中心开幕。山东省科协二级巡视员陈爱国，泰安市副市长成丽，团省委、省妇联相关负责人等出席开幕式。来自全省17个地市的417名青少年、49名科技辅导员及科技教育工作者等500余人参加开幕式。

大赛以“创新·体验·成长”为主题，分为青少年、科技辅导员两大板块，活动内容包括竞赛活动和展示活动两个系列。大赛初评收到经全省各市级创新大赛选拔推荐的共1384项参赛项目作品。

【山东省科技界庆祝全国科技工作者日座谈会】 5月28日上午，山东省科技界庆祝全国科技工作者日座谈会在山东省济南市召开。山东省智库高端人才、优秀科技工作者和青年科技奖获奖者代表，高校、科研院所、医疗卫生、工业企业和基层一线科技工作者参加座谈会。参会代表围绕“深入学习贯彻习近平新时代中国特色社会主义思想和党的十九大精神，弘扬中国科学家精神，争做新时代创新先锋，为建设世界科技强国再立新功”主题进行交流讨论，庆祝全国科技工作者日。会议由省科协党组成员、副主席于洪文主持。省科技厅、省教育厅有关负责人参加会议。省科协党组书记、副主席王春秋参加会议并讲话。

座谈会上，与会科技工作者围绕培养青年科技人才、培养世界一流山东科学家队伍、如何在新旧动能转换重大工程中发挥科技工作者的人才支撑作用展开讨论。与会科技工作者表示，新时代为科技工作者施展抱负提供了舞台和机遇，要把科技成果应用在实现新旧动能转换重大战略大局中，推动全省在全面建成小康社会进程中、在社会主义现代化建设新征程中走在前列，在全面开创新时代现代化强省建设中做出贡献。与会科技工作者希望科协组织能够搭建更多平台、提供更多机会、畅通更多渠道。

【山东省科协助力创新驱动发展工程】 5月30日上午，省科协助力创新驱动发展工程启动仪式在山东省济南市举行。该项启动仪式是省科协2018年年会重要内容。启动仪式上，省科协学会服务中心与省电子学会、省计算机学会、省农村专业技术协会、省化学化工学会和枣庄市科协、聊城市科协、德州市科协签订三方项目协议书。

2018年创驱工程重点围绕服务“山东新旧动能

转换综合试验区建设”这一区域性国家发展战略，聚焦重点产业集群、双创人才培养、科技精准扶贫、环保攻坚，以提供智力支持和科技支撑为重点，以培育精品为目标，以动态管理为手段，按照需求为先、总量控制、优胜劣汰、滚动发展的思路，综合考虑市县区优势产业分布和牵头单位以往工作业绩、服务连续性、地方党委政府重视程度等因素，确定协同创新基地 23 个、专题项目 3 个、牵头单位 25 个。

5 月 30 日下午，召开创新驱动发展暨科技服务产品应用推广研讨会。创驱工程牵头学会秘书长、各市科协分管及负责学会工作的相关人员参加会议。

【山东科学大讲堂】 6 月 7 日，2018 年“山东科学大讲堂”启动仪式及第 1 期科普活动在齐鲁工业大学举行。山东省科协二级巡视员陈爱国出席启动仪式并讲话。

“山东科学大讲堂”由省科协联合省教育厅、省科技厅、省卫生与计划生育委员会共同设立，旨在为贯彻落实党的十九大精神，倡导创新文化、弘扬科学精神、普及科学知识，建设学习型社会，提高国民素质。

2018 年，“山东科学大讲堂”举办近 100 期，内容涵盖智能制造、航空航天、生态环保、新能源新材料、科学生活、医疗健康、农业技术等领域。举办地域遍及全省各地，承办单位涉及各行各业。

【山东省青年科技领军人才国情研修班】 11 月 14 日，由中国科协、山东省科协和北京大学三方联合举办的山东省青年科技领军人才国情研修班在北京大学举行开班式。中国科协培训和人才服务中心主任辛兵、副主任王书瑞，省科协党组成员、副主席于洪文，北京大学马克思主义学院党委书记、副院长孙蚌珠参加开班式并致辞。北京大学马克思主义学院副院长沈扬主持开班式。

来自全省各高校、科研单位的 60 名青年科技人才参加研修班。研修班为期 6 天，分为课堂授课和现场教学两部分。

（撰稿人：袁慎庆　范士昌）

河南省科学技术协会

服务经济社会发展　主办院士中原行活动。联合承办中国工程院化工、冶金与材料工程第十二届学术会议，60 余名院士和近 300 名专家学者来河南省参加活动，为河南省资源型城市转型发展、智能制造等产业转型发展建言献策。

围绕“以科技创新推动河南高质量发展”主题，举办首届河南科技智库高端论坛；启动实施“河南省基础科学研究现状调研”和“河南省科技人才流动调查研究”等重大研究课题；举办人工智能与河南产业转型发展、智能制造引领转型发展、智能制造云互助院士报告会。举办“一市一品”产业技术大会。先后与濮阳市、平顶山市、焦作市、南阳市、郑州市、洛阳市等地联合，引进 20 余家全国学会，举办全国性和国际性产业技术大会 10 余场次，涉及领域包括石油化工、尼龙、橡胶轮胎、电缆、超硬材料、新材料新装备新技术、仪器仪表、传感器、机器人及智能制造、煤化工等地方主导产业；并以此为平台柔性引进 20 余名院士、400 余名专家，建立联合研发机构 4 个，引进项目 106 个，项目金额 408 亿元。

实施百千万创新驱动助力工程。通过组织学会专家与企业对接、协同科技攻关、创建示范市（县）、建立科技成果转移转化中心等形式，搭建服务企业创新的平台载体，推动工程实施。引进全国学会专家 152 人，组织全省学会专家 189 人开展创新驱动发展协同创新项目 26 项、开展共性关键技术联合攻关项目 160 余项，解决企业科技难题和需求 504 项，建设协同创新基地 27 个、学会服务站 24 个。

将扶贫与扶智相结合，支持建设农技协 291 个、农技协联合会 71 个，组织 4270 名科技专家参与科技扶贫，助力建档立卡贫困户 9194 户、贫困人口 33000 余人。

组织首届中国创新方法大赛河南分赛。引进中国老科协资源，在河南省举办乡村振兴战略系列报告会，助力推进美丽乡村、特色小镇建设和都市农业发展。组建河南科技投融资联盟，探索科技助力民营企业创新发展的途径。

《科学素质纲要》实施及科普信息化建设工作　推进《科学素质纲要》实施。建立河南省全民科学素质行动计划纲要实施工作管理系统；举办全省全民科学素质工作培训班；开展纲要实施“十三五”中期评估检查和年度工作考评；组织全省 347 万人次参加 2018 年全民科学素质网络竞赛，获全国参赛人次、人数双第一；组织河南省 162.6 万人次参加全国农民科学素质网络知识竞赛活动答题。2018 年河南省公民具备科学素质的比例达到 8.04%，从 2010 年的全国第 22 位升至第 14 位。

开展青少年科技教育活动，100余万名中小学生参加第32届河南省青少年科技创新大赛，57所高校近800支队伍参加第五届河南省大学生机器人竞赛，118万人次学生参加第12届青少年科学素质知识竞赛，2万名中学生参加学科奥赛。527名师生赴清华大学等高校参加高校科学营活动。实施“河南省科技创新后备人才建设支撑工程”，新评比命名40所河南省科技活动特色学校。

组织科普专家1.8万余人，组建首席科普专家讲师团，开展科普五进、精准扶贫、服务双创活动，开发科普资源2000项以上，受益人数达400余万。开展全国科普日2867项重点活动，1052万余人受益。全省开展防范邪教宣传月活动6698场次，受益群众550万余人次。新建农村中学科技馆8个，总数达到22个，接待中小学生15余万人次。联合开展文化科技卫生“三下乡”、科技活动周、食品安全周等活动。组织实施中国流动科技馆河南省巡展进校园活动，完成40个站点巡展任务，接待观众173万余人次。与北京索尼探梦科技馆合作开展科普万里行科学实验表演公益活动。参与中国数字科技馆共建共享体系建设，已开发完成中国数字科技馆子站专栏17期，浏览量达90万人次，在今日头条发布科普资讯1226篇，阅读量接近百万人次，获2017—2018年度中国数字科技馆共建共享工程二等奖。

推进科普示范体系建设，建设现代农业科普园21个和社区科普基地20个，助力乡村振兴和新型城镇化；推进科普信息化工程建设，投入1800万元建设河南省科普信息化试点县（市、区）18个，全省累计建设科普信息化试点县37个，覆盖近2000个村庄、社区，实现科技进村（社区）、入户、到人；建设全媒体科普传播中心创作基地16所，与蜻蜓FM合作开办“科普之声”专栏，累计上传音频节目575期，听众490余万人次。

建设农村电商技能人才培训基地300个，培训骨干教师500余人，累计建设农村电商示范店铺436个，电商科普受益人数37.2万人，培训农村电商技能人才2万人。

9月15日，由省科协、省委宣传部、省教育厅、省科技厅、省工业和信息化委、省科学院、省气象局和郑州市政府主办的2018年河南省暨郑州市全国科普日主场活动在郑州市举行。省委副书记、政法委书记喻红秋，省人大常委会副主任张维宁，省政协副主席高体健，省委副秘书长郝常伟，省政府办公厅副巡视员张学卫，省委宣传部副部长张曼如，省科协党组书记曹奎等出席活动。曹奎主持启动仪式。喻红秋作讲话，并为河南省科协科普大篷车走进大别山走进贫困县活动进行授旗。

此次主场活动设现代科技体验区、智慧生活体验区、应急避险体验区、智慧医疗体验区、流动科技馆体验区、科普大篷车体验区等展位63个，通过科普实验表演、无人机飞行表演等科普表演秀及科普视频展播、科普游园等互动参与性科普活动为群众进行科普。2.5万余名群众参加当天的主场活动。9月15—21日，全省各级科协组织围绕“创新引领时代　智慧点亮生活”主题开展科普活动2800余项。

学术交流　发布学科及相关产业的发展报告。发布《河南省超硬材料学科与产业发展报告》《河南省食品学科与产业发展研究报告》《河南省电子学科与产业发展研究报告》，调查、分析和规划全省学科建设与产业发展，研判发展现状、发展优势、发展劣势、发展途径等问题。

联办10余场全国性和国际性学术交流活动以及300余场次全省学术交流活动。联办2018年全国信息科学发展高端论坛暨科技项目合作大会、第三届中国橡胶轮胎产业发展高端学术论坛暨自动化技术培训班、“一带一路”中医微创国际学术交流大会暨河南省软组织病研究会年会、第十三届亚洲生物制氢和生物炼制学术会议、2018年北方医院药学高峰论坛、中国古生物学会第十二次全国会员代表大会暨第29届学术年会、中国动物学会第十七届理事会第六次会议和秘书长会议暨党建会议、中国仪器仪表学会2018年秘书长工作会议、全国大数据处理与安全高端论坛等全国性学术活动。联合漯河市举办以“创新驱动　协同发展”为主题的河南省第九届学术与产业发展年会，2000余名专家学者参会。

服务科技工作者　牵头组织实施自然科学和工程技术类“中原千人计划”——中原青年拔尖人才遴选工作，工程技术、农林畜牧、医疗卫生、基础交叉等学科领域的166名科技工作者进行申报，共评审出30名予以专项支持。实施青年人才托举工程，资助有基础、有潜质的基层一线优秀青年科技工作者，共20个项目入选。召开高规格科技界座谈会，推选和组织百名科技工作者代表参会。组织21所高校、9000余名师生收看全国科学道德和学风建设宣讲教育报告会，动员引领全省科技工作者弘扬优良的科学道德和学风。以河南省25个科技工作者状况调查站点为依托开展问卷调查，反映科技工作者诉求和建议。以《全省科技界情况》为载体，向省委、省政府呈报院士专家及科技工作者建议近百条。在洛阳市成立河南首家中国科协海智工作基地，开辟海外科技人才来河南省创新创业的新渠道。

自身建设 新建高校科协8家、企业科协数十家、医疗卫生机构科协13家。探索在县乡镇开展“三长制”（医院院长、学校校长、农技站站长）试点。实施学会治理与服务改革创新工程，推进学会治理结构、服务内容和学会活动组织机制的改革创新。实施党建强会计划，实现全省学会党建工作全覆盖，推动把党支部建在学会。举办以“不忘初心跟党走、出彩中原立新功”为主题的第四届（2018）学会党建凝聚力论坛。推动网上科协建设，开发投用20余个信息化平台，建成有影响的新媒体10个，关注人数30余万人。

制定印发河南省科协党组履行全面从严治党主体责任清单和重大专项管理办法等多项制度。学习贯彻河南省委六次全会暨省委工作会议精神，部署开展“转、比、创”活动。组织党员干部到开封市兰考县焦裕禄纪念馆开展“不忘初心、牢记使命”主题党日活动。开展落实中央八项规定专项整治工作，强化作风建设。深化以案促改工作，印发《河南省科协推进以案促改制度化常态化实施方案》，编印《河南省科协推进以案促改制度化常态化典型案例选编》，开展整治“帮圈文化”专项排查工作。

1月15日，省科协八届六次全委会议在郑州市召开。省委副书记王炯出席会议并讲话。

会议审议通过霍金花代表省科协常委会向全委会议所作的工作报告。

地市县及科协基层组织 截至2018年年底，全省共有省辖市科协18个、县（市、区）科协158个。

郑州市科协组织召开学会工作会暨学会干部业务培训会，安排部署2018年学会工作，并就学会如何加强党建工作以及学会参加3A评估等内容举办主题讲座培训。开封市科协到兰考县调研农技协工作开展情况，了解协会发展状况并提出意见建议。洛阳市科协赴南京市科协学习海智工作经验，创建中国科协海智计划河南（洛阳）工作基地。平顶山市科协开展企业技术创新与产业转型发展院士行活动，邀约省内外院士专家等高层次人才为平顶山市转型和创新发展提供智力支持和人才支撑。安阳市科协开展年度农村电商技能人才培训工作综合检查，重点督导2017年度培训任务落实情况。鹤壁市科协组织企业赴北京对接全国学会，推动鹤壁市创新驱动助力工程工作进程。濮阳市科协邀请院士专家参加中国·河南招才引智创新发展大会，并到濮阳市企业考察座谈，达成5项合作意向。

省级学会、企业科协、高校科协 截至2018年年底，全省有省级学会148个、企业科协1082个、高校科协35个、医院科协12个。

省水利学会、省仪器仪表学会、省电工技术学会组织召开科技成果评价鉴定会。省化工学会与省食品科学技术学会自筹资金、自主评审、自主立项新工科教学研究项目45项。省制冷学会承办全国制冷空调及热泵技术高端论坛。省力学学会承办第十七届北方七省市区力学学会学术会议，来自15个省、自治区、直辖市54所高校和科研机构的219名专家学者参会。省数字图形图像学会于2月3—4日在郑州市召开数字图形图像学会年会暨人工智能临床医学应用高峰论坛，省内外数字图形图像、人工智能临床医学应用领域的专家学者500余人参会。省电机工程学会开展电力之光科普下乡活动。省汽车工程学会主办鹤壁市山城区首届汽车行业产业链对接会，围绕汽车行业技术现状和发展进行交流沟通。省食品科学技术学会组织专家到鹤壁市与企业对接，帮助企业解决自身技术难题。省药学会助力基层学会发展，精准扶贫中药种植。省化学学会、省化工学会、省生物工程学会、省食品科学技术学会4个学会赴南阳市调研绿色经济产业发展与产业精准扶贫情况，针对部分技术难题进行现场解答、提出改进建议。省土木建筑学会与驻马店市科协签订创新驱动助力工程合作协议，搭建企会合作平台。

【中国超硬材料产业发展论坛暨2018中国金刚石线切产业链研讨会论坛】 3月22—24日，由省科协与中国机械工程学会、国家超硬材料及制品高新技术产业化基地（商丘）主办，省机械工程学会等单位承办的中国超硬材料产业发展论坛暨2018中国金刚石线切产业链研讨会论坛在郑州市国际会展中心召开。省科协党组书记曹奎出席论坛并讲话。

省机械工程学会发布由省科协批准的《河南省超硬材料学科与产业发展报告》。报告对河南省超硬材料学科和产业的发展历史、现状、产业规模及技术创新进展等进行分析描述，对影响学科和产业发展的若干问题提出政策建议。

【“聚焦中原”第九期院士专家智库论坛】 6月5日，由省科协主办的“聚焦中原”第九期院士专家智库论坛在郑州市举办。第十二届全国政协常委、全国政协外事委员会主任、中国工程院原常务副院长潘云鹤出席论坛并作专题报告。省科协党组书记曹奎主持论坛。有关省直单位、高等院校、科研院所、全省学会、相关产业和企业专家等近400人参会。

潘云鹤院士作题为“人工智能走向2.0”的专题报告，展望人工智能产业发展前景，并对人工智能促进河南省产业转型发展提出建议。

【2018中国（平顶山）尼龙新材料产业技术发展大会】 6月14日，由中国科协指导，省科协与中国纺织工程学会、中国化学会、平顶山市人民政府联合主办的2018中国（平顶山）尼龙新材料产业技术发展大会在平顶山市举行。省人大常委会副主任王保存，省科协党组书记曹奎，平顶山市委书记周斌，平顶山市委副书记葛巧红及相关领导参加开幕式。开幕式上，龚进礼代表中国纺织工程学会向平顶山尼龙新材料产业集聚区授予“中国科协创新驱动助力工程中国纺织工程学会平顶山服务站”牌匾、向平煤神马集团神马股份帘子布公司授予“全国纺织帘子布技术研发中心”牌匾；焦斌向平顶山尼龙新材料产业集聚区授予“中国科协创新驱动助力工程中国化学会平顶山服务站”牌匾。

开幕式现场举行投资项目签约仪式，签约合作项目24个。其中，东华大学副校长邱高和平顶山市政府副市长李毛、平煤神马集团董事张电子签订三方共建东华大学（河南）尼龙新材料研究院的战略合作协议，签约投资项目21个。

【2018中国（南阳）仪器仪表产业技术发展大会】 6月29日—30日，由省科协、中国仪器仪表学会、南阳市政府联合主办的2018中国（南阳）仪器仪表产业技术发展大会暨首届张衡科技文化周活动在南阳市举办。中国工程院院士、清华大学自动化系教授吴澄，中国工程院院士、哈尔滨工业大学仪器科学与技术学科教授谭久彬等院士专家出席开幕式并作特邀报告。中国仪器仪表学会常务副理事长吴幼华，省科协党组成员、副主席谈朗玉，南阳市委副书记王智慧出席开幕式并致辞。南阳市委书记张文深，南阳市委副书记、市长霍好胜致信祝贺。

开幕式上，南阳市政府常务副市长景劲松代表市委、市政府向吴澄、谭久彬颁发南阳市人民政府科技顾问聘书；吴幼华代表中国仪器仪表学会向中国仪器仪表学会南阳仪控防爆分会授牌，并与南阳市人民政府签订《战略合作协议书》；河南迈松医用设备有限公司等6家公司代表分别与中国仪器仪表学会代表签订合作协议。

大会举行主论坛和分论坛。主论坛上，吴澄、谭久彬等4名院士专家分别作主旨报告；分论坛上，南阳防爆电气研究所所长王军、西门子（中国）有限公司大型传动集团副总裁和援凯等5名企业代表分别作主旨报告。

【科普大篷车走进大别山走进贫困县活动】 9月17日，省科协科普大篷车走进大别山走进贫困县活动在信阳市新县启动。省科协党组书记曹奎等为开展省科协科普大篷车走进大别山走进贫困县活动的5县授旗。

在省科协的协调组织下，省市县科协三级联动，整合全省科普大篷车资源，制订活动实施方案，落实车辆调度、巡展线路设计、志愿者讲解培训、组织学生参观体验、制订安全保障措施等环节。为确保中小学生在活动现场能操作展品，真正理解展品背后的科学原理，省科协举办“省科协科普大篷车走进大别山区走进贫困县科普展品讲解员培训班”，邀请郑州科技馆专业讲解员为100余名来自各乡镇中心小学的志愿者进行展品讲解、课堂辅导、安全组织学生参观、带电展品注意事项等系列培训。

启动仪式结束后，21辆科普大篷车载着400余件科教展品、10万份科普资料，在省科协的统一调度下深入大别山5个县、115所乡镇中心学校，行程4.6万余千米，向23万余名中小学生提供参观体验服务。

【中国工程科技发展战略河南研究院签约暨揭牌成立仪式】 11月1日上午，以“推动制造业开放合作和高质量发展”为主题的2018中国（郑州）产业转移系列对接活动在郑州国际会展中心开幕。省委书记王国生、省长陈润儿、中国工程院院长李晓红、工信部副部长罗文共同启动开幕装置。省委常委、常务副省长黄强主持开幕式。中国工程院主席团名誉主席周济、中国工程院副院长何华武、省科协党组书记曹奎等出席开幕式。陈润儿、李晓红、罗文分别致开幕词。

作为对接活动的一部分，同期举行中国工程科技发展战略河南研究院签约暨揭牌成立仪式。王国生、李晓红为中国工程科技发展战略河南研究院揭牌。何华武、霍金花分别代表中国工程院、河南省政府就共建中国工程科技发展战略河南研究院签署协议。

【河南省科普信息化试点县（市、区）建设工作现场会暨科普大屏开播仪式】 12月8日，河南省科普信息化试点县（市、区）建设工作现场会暨科普大屏开播仪式在信阳市潢川县白店乡罗大塘村科普文化广场举行。省科协党组书记曹奎、信阳市市长尚朝阳等为首批19个科普信息化试点县（市、区）授牌并启动光电球。全省18个省辖市科协、55个省科普信息化试点县（市、区）科协、省科协有关部室、省科协相关事业单位负责人参加会议和启动仪式。

与会人员现场观摩潢川县白店乡罗大塘村、肖围孜村科普大屏。省科协全媒体科普传播中心负责人现场演示科普大屏远程控制、现场直播等功能。

（撰稿人：蒋云鹏　安建伟）

湖北省科学技术协会

服务经济社会发展　省科协支持7个学会、3所高校科协在企业设立“会企创新协作基地”“协同创新示范基地”。举办海智专家荆楚行、院士专家民营企业行等活动。院士专家工作站总数达720家，获评全国模范（示范）院士专家工作站27家，工作站总数、通过认证及模范站数量均排名全国第2，为企业解决了一批技术创新难题。实施科技创新源泉工程。资助省级学会、高校科协举办重点学术活动49场次，重点支持学术交流项目10个。推动成立学会联合体3个，联合体由院士领衔，100余家学会、研究机构和企业加入。建设中国科协（武汉）海外科技人才离岸创新创业中心，成立海外回国人员创新创业联谊会，引进（落地）海外人才项目43个、团队19个。

率先成立由省政府与中国工程院合作共建的中国工程科技发展战略湖北研究院，聚焦科技、经济、产业、创新等领域，开展院士领衔研究课题29个，2项决策咨询成果获省委书记蒋超良、省长王晓东批示。“关于加快湖北省科技创新体系建设”等建议写入省委省政府年度重点工作计划。推进科技思想库建设，全年编印上报科技工作者建议和决策咨询成果52篇，多篇获省领导批示，1篇获湖北省优秀调研成果一等奖。发挥科技工作者状况调查站点作用，开展调查研究、反映意见建议，全省调查站总数达49家。

《科学素质纲要》实施及科普信息化建设工作　履行全民科学素质纲要实施牵头部门职责，开展科学教育、传播和普及活动。2018年，湖北省公民具备科学素质的比例达8.48%，排名全国第9。基本落实各市县人均1元钱的科普经费。建设“楚天科普”品牌。开通江城科普快车2号线，建成一批科普绿道、科普公园，改版上线湖北科普网。各级科协开展科普活动，推动科普进农村、进社区、进学校，青少年科技活动获国家、国际奖93项。实施基层科普能力提升行动，集中财力和资源在全省每个县市区建设1个特色产业科普基地，建设一批科普学校、科普惠民社区（村），成为科普工作示范阵地。建设湖北特色科技馆体系。整合资金支持各地科技馆免费开放。省科技馆新馆进入布展阶段，武汉新馆全年接待量在全国免费开放科技馆中排名前3。流动科技馆、科普大篷车向贫困地区倾斜，全年巡展39个县市，40万人次参观。

服务科技工作者　推荐第十五届中国青年科技奖、中国青年女科学家奖湖北候选人。开展湖北省青年科技晨光计划，资助59名优秀青年学者出国进修。建设网上科技工作者之家，科协服务项目实现网上在线申报、办理。办理来信、来电、来访，完善院士专家走访慰问和联系服务机制，省委常委尔肯江·吐拉洪在科技工作者日与科技工作者座谈交流，听取意见建议。推进老科学家学术成长资料采集工程。编纂《湖北科协60年》《湖北科技新星》，集中报道优秀科技工作者事迹。

自身建设　开展学会党建“百日提升”行动，提高学会党建标准化、规范化水平。压紧压实党建和党风廉政建设主体责任，制定党组、机关党委、支部三级党建责任清单。开展党组中心组学习，推动“两学一做”学习教育制度化常态化。加强作风建设，整治形式主义、官僚主义，发文数环比下降27%，“三公”经费环比下降10.45%。开展“学习·提能”活动，坚持一流工作标准。全省科协系统将学习宣传贯彻习近平新时代中国特色社会主义思想和党的十九大精神作为首要政治任务，分层分批开展研讨、培训，举办学习习近平新时代中国特色社会主义思想培训班、科学家宣讲十九大精神巡回报告、科协主席和学会秘书长培训班、科学家先进事迹报告会等活动，推动十九大精神进学会、进高校、进院所、进基层。把政治引领、学术规范建设融入人才培养举荐等环节。举办2018年全省科学道德和学风建设宣讲教育报告会。

地市县及科协基层组织 截至2018年年底，全省共有市、州、直管市、林区科协17个，县级科协101个。各级科协及相关单位在学校、社区、党校、广场、公园等地举办大型科普活动2530场、科普报告会1012场、科普展览5985场、送科技下乡1593场，参与公众623万人次。加强县乡科协人员编制、保障能力。县级科协实现全覆盖，独立建制达90%，全省乡镇街道科协覆盖率达70%，推动农技协、科普协会等向村（社区）延伸。推动“3+1”试点，1000余名以“三长”（医院院长、农技站长、学校校长）为代表的基层科技工作者骨干进入县乡科协组织领导机构。

武汉市组织开展2018医学前沿论坛暨第九届中国妇儿健康发展促进高峰论坛、长江经济带生态发展高端论坛等40余场高水平学术会议。资助在武汉举办2018年薄板坯连铸连轧国际研讨会等高端国际学术会议17场次，来自30余个国家的近600名国外专家参会。

黄冈市实施科协系统改革，通过挂职、兼职的方式增加挂职副主席7人、兼职副主席31人，充实县级科协领导力量。提高科协领导机构基层一线科技工作者比例，各县市区代表、委员、常委中一线科技工作者的比例均在70%以上。加强基层科协组织领导，明确130个乡镇、园区科协组织负责人。推动科协组织向村（社区）延伸，12个乡镇413个村和社区全面设立兼职科普员，每个乡镇科协预算科普经费2万元。建立高校、大型企业、产业园区、新型科研机构科协组织，全市大专院校和科研院所全部成立科协组织。

荆门市实施党建强会工程，把加强党对科协工作的领导贯穿到每个组织单元，出台《关于加强荆门市科协所属学会党建工作的实施意见》《荆门市科协党建强会工程实施方案》，促进市科协所属15家学会全部成立独立的功能型党支部，实现组织建设和活动开展两个“全覆盖”。

武穴市出台科协改革试点工作实施方案，明确将科技型企业厂长纳入科协领导机构兼职，全市12个镇（处）配置科协主席，325个行政村配置科普联络员，建成市、镇、村三级科协架构，新吸收“四长”39人次，建立“双述职制度”——镇（处）主席向市科协述职，兼职副主席向镇（处）科协述职。

荆州市江陵县组织参与首届世界公众科学素质促进大会分论坛，并作会议交流发言。襄阳市保康县组织科技助力精准扶贫工作队赴贫困乡村开展科技扶贫，推广核桃技术，发展特色产业，获评全国科技助力精准扶贫先进团队。

省级学会、企业科协、高校科协 截至2018年年底，新成立省级学会6个，总数达153个，会员16.6万人。新建一批高校院所科协，高校科协总数达46家。全省各级科协新建企业科协144家，总数达899家。

省环境科学学会、省临床肿瘤学会等开展秘书处实体化、秘书长专兼职化“两化”试点。省公路学会、省信息学会、省通信学会等主动适应新一轮机构改革需要，承接完成专业技术职称评定、技术标准及规范制定、科技成果评定等政府职能26项。省地震学会、省灾害防御学会、省气象学会、省营养学会、省地球物理学会等以突发事件、纪念日、科普日、地球日、气象日、营养周等为契机，以科普教育基地、重点实验室等为阵地，以农村、社区和学校为平台，结合大众传媒，举办科普讲座、科普展览，组织青少年参加国际竞赛、科技夏（冬）令营等活动。

葛洲坝集团科协建设院士专家工作站，与6名院士签订入站协议，与多名院士持续开展合作。院士专家工作站在城市地下空间建设、高原冻土爆破等方面开展技术攻关，累计申请软件著作权6项，申请专利10项，发表论文10余篇。中南建筑设计院科协创新服务科技工作者机制，启动实施科技人员激励奖励计划。武汉钢铁（集团）公司科协承办2018年薄板坯连铸连轧国际研讨会。

武汉大学科协建设学校“珞珈讲坛”高端学术论坛品牌，举办论坛38场，包括诺贝尔化学奖获得者Jean-Pierre Sauvage在内的国内外知名院士共38人参加。华中科技大学科协成立青年教师科协，实现学校科协基层组织建设人群全覆盖，开辟“梧桐语”学术交流活动中心，为青年教师开展活动提供免费场地。中国地质大学（武汉）科协组织教师开展学科领域的科普研究与创作，编著出版科普丛书10余部，《地学真好玩儿》《地质探秘神农架》《神农架地质旅游指南》《恩施大峡谷的故事》“青少年科普系列丛书”5本图书入选自然资源部2018年优秀科普图书名单；“南极科学考察科普系列丛书”（3册）入选深化社会主义核心价值观宣传阐释类图书，获国家出版基金资助。

【中国工程科技发展战略湖北研究院成立暨湖北省创新驱动发展座谈会】 3月22日，中国工程科技发展战略湖北研究院成立暨湖北省创新驱动发展座谈会在武汉市召开。湖北省委书记蒋超良，省委副书记、省长王晓东，中国工程院院长、院士周济，中国工程院党组书记、院士李晓红，湖北省委常委、省委秘书长梁伟年参加会议，副省长陈安丽主持会议。省政协副主席、省科技厅厅长郭跃进，省政协副主席秦顺全，省科协主席郭生练，省政府秘书长别必雄，中国工程院有关方面负责人，省直机关有关单位负责人参加会议。

蒋超良、王晓东、周济、李晓红共同为院省共建区域性工程科技智库"中国工程科技发展战略湖北研究院"揭牌。王晓东、周济共同签署《共建中国工程科技发展战略湖北研究院框架协议》。9名院士专家围绕湖北省经济高质量发展、产业转型升级、湖北省工程科技创新与综合性国家科学中心建设等内容作战略咨询发言。

【承办第十四届中国科技期刊发展论坛】 10月23—24日，由中国科协、国家新闻出版署联合主办，省科协承办的第十四届中国科技期刊发展论坛在武汉市举行。中国科协书记处书记宋军、湖北省政府副省长陈安丽参加会议并讲话。论坛主题为"合作　开放——新时代科技期刊建设"。全国各地600余名专家学者和科技期刊工作者参加论坛，近50名专家学者围绕新时代背景下的中国科技期刊的国际化道路、学会与期刊、融合发展、市场化探索、出版传播平台建设等内容作专题报告。论坛期间，举办"合作　开放——新时代科技期刊建设"主题展、第二届中国科技期刊青年编辑业务大赛决赛和全媒体沙龙、参观国家数字出版转型示范单位等活动。

【2018年湖北省科学道德和学风建设宣讲教育报告会】 10月8日，2018年湖北省科学道德和学风建设宣讲教育报告会在武汉大学信息学部学生活动中心举行。中国科学院院士、中国工程院院士李德仁作题为"老师教我做人做学问"的宣讲报告。省科协党组书记、副主席叶贤林致辞。省教育厅党组成员、副厅长黄国斌主持报告会。中国科学院武汉分院党组副书记、纪检组长尚纳新，中国工程院院士、武汉大学副校长李建成和省社科院的有关领导参加报告会。武汉市的26所高校和科研院所分管研究生工作的负责人、研究生代表、新入职青年教师和新上岗研究生导师共1200余人参加报告会。

（撰稿人：高　笛）

湖南省科学技术协会

服务经济社会发展　省科协加快长沙市、株洲市、湘潭市、岳阳市等中国科协创新驱动助力示范市建设，建成中国科协科技成果转化服务株洲、湘潭分中心2个，全国学会服务站9个。新建省级院士专家工作站15家，省市站达到183家，进站院士138人，其中省外院士106人、外籍院士3人。围绕高质量发展和"三大攻坚战"，瞄准"四个一批"，即建立一批协同创新平台、引进一批院士专家团队、促进一批科技成果转化、建立一批长期稳固的科技创新合作关系，先后在益阳市、长沙市、郴州市、岳阳市和宁夏回族自治区等地开展院士专家行。开展科技创新服务活动300余次，推广转化科技成果290余项，申请专利167项。联合省委统战部举办西藏、新疆科协干部培训班。

承办首届中国创新方法大赛，湖南省获一等奖2个、二等奖1个、三等奖7个。配合省发展改革委、省科技厅、省委宣传部、省教育厅等单位先后举办2018年全国双创活动周湖南省分会场活动、双创新成果展、"实施创新引领、推动智能制造"论坛等7大专项活动，评选出双创示范基地20家、区域示范基地10个。

在长沙市、株洲市、湘潭市、益阳市、衡阳市新建5个科技信息服务子站，全省共建科技信息服务子站14个。巩固已建子站，服务平台注册企业，开展科技信息平台操作实务培训。组织知识产权战略宣讲和专利应用工程师培训5场，培训872人。举办一线创新人才培训5场，培训502人。推进省级学会有序承接政府转移职能，26个省属学会承接政府转移职能70余项。围绕精准扶贫、洞庭湖生态保护、长江经济带发展等，开展重大决策咨询课题研究15个。

联合省扶贫办、省农业农村厅、省农科院实施科技助力精准扶贫工程。全年共安排资金2250万元，实现省派驻工作队驻点贫困村全覆盖。2017—2018年，组织3700余名科技工作者深入扶贫一线，开展科技帮扶，助力2.6万余贫困人口脱贫。湖南省形成的"省派驻村工作队＋科技专家小组＋贫困群众"有效协同模式得到中国科协肯定，被列为全国3种典型模式之一。

截至 2018 年年底，共建有国家级海智基地 2 个、省级海智基地 24 个，其中新建省级海智基地 10 个。开展 2018 年省科协海智基地项目和海智基地示范项目评审工作，评选出省级海智基地 10 个、海智基地示范项目 8 个。开展引智对接活动 131 场，签署各类合作协议 71 项，洽谈项目 178 项。引进（落地）项目 53 个，引进团队 32 个，引进海外高科技人才 93 人。接待海外专家 469 人次，邀请海外专家开展讲座、培训等活动 165 次。组团出境开展引智活动 30 次。新设海外引才引智工作站 8 个。

《科学素质纲要》实施及科普信息化建设工作 6 月 5 日，全省科学素质纲要实施推进工作电视电话会议召开。省委副书记乌兰、省政府副省长陈飞等领导及省纲要办 35 个成员单位负责人在主会场参加会议。乌兰在会上讲话，陈飞主持会议并作总结讲话。省委、省政府领导在会上对湖南省纲要实施做出全面部署，对科普经费投入等提出明确要求。各市州、县市区党委和政府分管领导及相关部门负责人在各地分会场参加会议。6 月 8 日,《省委通报》(第 24 期) 印发省委副书记乌兰在省《科学素质纲要》实施推进工作会议上的讲话至全省县团级以上单位。

协调推动 35 个纲要办成员单位落实任务。召开湖南省科学素质纲要实施推进工作电视电话会议，通报纲要实施工作情况并部署下一步工作，省委副书记乌兰、副省长陈飞出席会议并讲话。

2018 年，国家和省级“基层科普行动计划”评选立项项目 287 个。其中，农村科技助力示范项目 225 个，实现年内新确定的 225 个省派工作队驻点贫困村全覆盖；农村科普带头人项目 28 个；科普示范社区项目 34 个。

组织和参与湖南省全国科普日、科技活动周、“三下乡”、防灾减灾日、“大手拉小手　科普进校园”等主题科普活动。全省组织全国科普日活动 280 余场，以“守护一江碧水”为主题，在岳阳市开展全国科普日湖南主场活动；举办第二届全省科学素质网络大赛，300 余万人次参与；承办第九届全国青少年科学影像节活动，举办省青少年科技创新大赛、青少年机器人竞赛和 5 项学科竞赛。

推进科普信息化落地应用。组织评选和推荐湖南省 2017 年“科普中国 · 百城千校万村行动”优秀组织单位和典型案例。与湖南邮政共同建设“科普湖南 · 智慧乡村加‘邮’站”，首批在 265 个邮政网点实现“科普中国”内容推送。“科普湖南”用户突破 120 万，被评为全国最具影响力科技新媒体。

探索建立科普网格化服务新模式。在怀化市鹤城区试点，建立街道科协、社区科协，将社区网格管理员统一培训发展为科普信息员。在鹤城区智慧政务系统嵌入“科普中国 e 站”内容，推动“科普中国”等优质科普资源应用，切实打通科普服务社区群众的“最后一公里”。

省科技馆共接待观众约 148.9 万人次，较 2017 年增长 138%。创作的科普剧《交通工具 GO！GO！GO！》获第六届全国科学表演大赛三等奖。11 套流动科技馆完成怀化市、湘西土家族苗族自治州、娄底市等 9 个市州的 21 个县市区站点巡展工作，共接待观众 61.3 万人次。科普大篷车开进 38 所中小学，受众达 3.8 万人次。“童趣馆——积木科学王国”建成开放。创建国家 3A 级旅游景区。

学术交流　举办 2018 年湖南科技论坛主论坛——2018 大康复国际湘江科技论坛暨湖南省康复医学会成立 30 周年学术大会。论坛主题为“生态优先　绿色发展”，1500 余名康复领域的专家学者、医护工作人员参会。期间，举办大数据系统工程论坛、2018 年湖南交通运输高层论坛、湖南省中医药和中西医结合学会分论坛、绿色环保智能建材制造及应用专题论坛 4 个分论坛及 30 余场学术交流活动。支持学会开展学术交流，围绕“一带一路”建设引进承办一批国内、国际学术交流活动，省属学会全年举办学术活动 500 余场。

服务科技工作者　推进制度建设，制定《科技人才托举工程项目管理暂行办法》。

举办 2018 年全国科技工作者日湖南（长沙）主场活动暨“走在建设世界科技强国征程上的中国科学家”主题展，“我与青年科学家面对面”，庆祝全国科技工作者日暨科协成立六十周年美术、书法、摄影作品展等主题宣传活动。开展“每周一星”一线科技人物宣传，全年宣传优秀科技人物 46 人。推荐中国工程院院士邹学校作为湖南省代表参加中国科协庆祝全国科技工作者日“双百”座谈会，邹学校被中宣部、中国科协、科技部推选为全国十位最美科技工作者，中央电视台对其进行宣传报道。开展中国科协求是杰出青年成果转化奖、第十五届中国青年女科学家奖、2018 年度未来女科学家计划等候选人推选工作，推荐的中南林业科技大学教授张仲凤、湖南大学教授姜潮获第十五届中国青年科技奖。

召开2018年湖南省科技工作者状况调查站点现场会，组织全省19个站点完成3次问卷调查任务，上报有效信息135篇，其中1篇被中国科协刊发。2017年，湖南省有1个站点被评为优秀，12个站点被评为良好，湖南省科协获评优秀区域责任部门。

自身建设 3月16日，湖南省科学技术协会第十届全省委员会第四次会议在长沙市召开。会议由省科协党组书记、副主席刘小明主持，省科协主席张尧学作工作报告。会议传达学习中央书记处、省委省政府领导对科协工作的指示，传达中国科协九届四次全委会精神，总结2017年工作，并对2018年工作任务进行部署。5名委员向大会作口头述职。会议通过关于同意修改《湖南省科学技术协会实施〈中国科学技术协会章程〉细则》的决议，通过有关人事事项。省科协第十届全省委员会委员、省政协科协界委员、省级学会秘书长、市州科协主要负责人、省科协机关干部及直属单位班子成员共350余人参加会议。

成立宣讲报告团，举办学习宣传贯彻党的十九大精神宣讲报告、专题轮训班、竞赛考试等174场次。围绕“不忘初心、牢记使命”主题教育，培育和践行社会主义核心价值观，在全省科协系统开展“新时代·新作为，我为新湖南添光彩”演讲大赛等系列实践活动。设立44个分会场，组织全省科协系统和部分高校师生收看2018年全国科学道德和学风建设宣讲教育报告会。在湘南学院举办2018年湖南省科学道德和学风建设宣讲教育报告会。

创建“湖南科协党建云”，开展网上党建工作。探索社会组织党的建设新途径新方法，以精准定位、精准摸排、精准施策、精准指导推进省属136个学会党组织建设“两个覆盖”。实行派驻学会指导党建工作制度，向省属学会增派30名“第一书记”，共派驻学会“第一书记”61人，发挥学会党建“指导员”和学会发展“服务员”作用。12个市州科协成立社会组织行业党委，362个市州科协所属学会、281个县科协所属学会成立党组织或联合党组织。衡阳、岳阳、常德、郴州、永州、益阳等市科协所属学会实现党组织全覆盖。

根据中国科协提升基层科协组织力“3+1”试点要求，组织县乡村科协现状调研，开展基层科协组织建设“3+5+1”试点。召开试点工作现场会，推怀化市广鹤区、临湘市等地经验。中国科协《提升基层科协组织力“3+1”试点工作周报》将鹤城区、临湘市经验向全国推广。通过深化改革，全省各级科协组织发展至5900余个，较2017年增长37%。115个县级科协独立建制，81个建立党组；1622个乡镇（街道）建立科协，覆盖率达84.2%。开展代表分区联络和服务试点工作，落实代表任期制和委员述职制，开展科协“四联”工作。

印发《湖南省科协系统深化改革2018年工作要点》，参与省委群团深化改革督查。省科协党组领导带队分片督查调研，推动全省科协系统改革任务落地落实。截至2018年年底，14个市州、122个县市区科协深改方案已全部出台。实施学会服务能力提升计划，修订学会组织通则，开展示范性学会建设。成立湖南省大医药学会联合体，举办首届高校科协组织建设论坛。出台加强企业科协组织建设的意见，推动各市州建立企业科协联合会，新成立省级学会7家，吸收10家省级学会和省科协团体会员单位。

地市县及科协基层组织 长沙市科协开展“诺奖专家长沙行”，引入诺贝尔奖获得者莫利纳在标朗住工设立诺奖实验室。湘潭市科协建成海智基地3个，引进国家“千人计划”专家1人、省“百人计划”专家9人。娄底市科协举荐24名专家入选市级领导联系专家，享受特殊人才优惠政策。衡阳市科协建设科技人才信息库，已录入4945名专家信息，正在编撰《衡阳市科技人物志》和《衡阳科协志》。株洲市打造“中国动力谷科技创新论坛”，80余名院士专家为株洲发展建言献策。郴州市科协与市公汽公司合作，在公交车载电视播放科普宣传节目，受众达500余万人次。湘西自治州科协组织专家创办产业示范基地，开展产业培训，提升贫困群众稳定脱贫能力。永州市科协开展特色民居（古村落）调查，举办高峰论坛，为当地古建筑开发和保护、地域文化传承提供决策参考。

省级学会、企业科协、高校科协 新成立省级学会7个、高校科协20个、企业科协22家、园区科协14家。截至2018年年底，省科协所属省级学会138个、高校科协59个、企业科协168个、园区科协30个。省级学会党的基层组织覆盖率达100%。实施学会服务能力提升计划，资助62个项目，帮助学会提升服务科技创新、服务经济社会发展、服务科技工作者以及自我发展的能力。省科协印发《关于加强企业科协组织建设工作的意见》，市州企业科协联合会2018年全覆盖超过50%。

【2018 年全国科技工作者日湖南（长沙）主场活动暨“走在建设世界科技强国征程上的中国科学家”主题展】 6 月 4 日，2018 年全国科技工作者日湖南（长沙）主场活动暨“走在建设世界科技强国征程上的中国科学家”主题展启动式在湖南省科学技术馆举行。“走在建设世界科技强国征程上的中国科学家”主题展是 2018 年全国科技工作者日（湖南）系列活动之一，是共和国历史上第一次以科学家群体为主题的大型展览，涵盖中国科学家近 700 人。展览运用个性化、可视化历史资料介绍科学家事迹和成长经历，讲述他们为国家富强、民族复兴所付出的艰苦努力和做出的巨大贡献。

【2018 年全国科普日湖南主场活动】 9 月 14 日，2018 年全国科普日湖南（岳阳）主场活动在岳阳市岳阳楼景区巴陵广场举行。此次活动主题为“创新引领时代，智慧点亮生活”。省科协党组成员、副主席刘晓河主持启动式。省政协副主席、省科技厅厅长赖明勇，中国工程院院士、省科协主席张尧学，省委宣传部、省教育厅相关负责人及岳阳市党政相关领导出席启动式。来自省直有关部门、岳阳市有关单位及当地干部群众代表共 2000 余人参加活动。

为认真落实习近平总书记 2018 年 4 月 25 日考察长江经济带时在岳阳提出的“守护好这一江碧水”等指示精神，2018 年湖南省的全国科普日主场活动重点确定为“守护好一江碧水、推进生态文明建设”。启动式上，岳阳市科技工作者代表、市专家协会副会长王五星宣读《“爱我三湘，守护一江碧水”环保志愿服务倡议书》。启动式上举行授牌及颁奖仪式，全省 30 个单位被命名为“2018—2022 年湖南省科普教育基地（第二批）”并被授牌；岳阳市优秀科普作品和“保护一江碧水”优秀论文一等奖获得者上台领奖。

主场活动现场举行科技文化节目表演，并设置科技成果展示、科普法宣讲、科普宣传展示、生态环保宣传、科技助力成长 5 大展示体验区。通过展板展示、咨询宣讲、发放物资、表演互动等形式，重点围绕洞庭湖水环境综合整治和湖南省四水流域水污染治理、水生态修复、水资源保护、水安全保障等问题集中展示湖南省牢记总书记“守护好一江碧水”嘱托，开展生态环境治理和保护的情况。“科普湖南”扫码有礼活动吸引社会公众参与。“科普岳阳”岳阳麦芒频道线上直播参与活动人数 10 万余人次。

2018 年全国科普日活动期间，全省各级科协及有关部门单位组织开展“线上 + 线下”双互动科普活动 280 余场，包括第二届全省科学素质大赛、科学嘉年华及校园科普、基层科普、科技馆主题日、科普教育基地等联合行动。

【湖南省科协系统“新时代 · 新作为，我为新湖南添光彩”演讲大赛】 11 月 9 日，全省科协系统“新时代 · 新作为，我为新湖南添光彩”演讲大赛决赛在长沙市举行。通过初赛，从市州科协、所属学会、企业科协、高校科协中选拔 19 支队伍进入复赛；选出 10 支队伍进入决赛。此次演讲大赛决赛分为主题演讲、知识竞答两个环节。来自全省科协系统的科技工作者和科协人共 10 支队伍在红网演播厅进行演讲。最终，永州市科协、怀化市科协两支代表队获冠军。

此次大赛得到省委宣传部、省委“两新”工委、省直工委和红网的指导与支持。

【健康湖南大医学学会联合体成立】 12 月 28 日，健康湖南大医学学会联合体举行成立大会。联合体由湖南省康复医学会等多家学会联合相关企事业单位、科研院所、高校、社会团体自愿共同组建成立。省政协原副主席、遗传学与生殖医学专家卢光琇，省科协党组成员、副主席傅爱军，省科协副主席、湖南中医药大学党委书记秦裕辉，省科协副主席周后德出席成立大会。省科协学会学术工作部部长胡为平宣读湖南省科协关于同意成立健康湖南大医学学会联合体的批复。

联合体将建设湖南大医学高端智库，开展大医学发展战略研究；搭建高水平学术交流及合作平台，推动湖南大医学引进来、走出去；搭建科技成果转化平台，促进科技成果转化对接；搭建大医学创新人才培养平台，注重内部培养、外部引进；建立专业化的大医学决策咨询和评估评价平台，服务地区大医学相关单位；开展科学普及以及经联合体主席团研究决定开展的其他有关业务工作。联合体聘请卢光琇、周宏灏、谭蔚泓、秦裕辉担任顾问。

【承办首届中国创新方法大赛暨系列活动】 11 月 21—23 日，省科协承办的以创新为主题的“赛展会”大型系列活动在长沙市举行。活动包括首届中国创新方法大赛总决赛，同期举办中国科协企业创新服务成果展及论坛和研讨会等活动。此次系列活动由中国科协、科技部、湖南省人民政府共同主办，省科协与中国科协企业创新服务中心、中国 21 世纪议程管理中心、创新方法研究会、省科技厅、长沙市人民政府共同承办。11月21日上午，活动启动式在长沙市万家丽大酒店举行。省科协党组书记、副主席刘小明，中国科协企业工作办公室副主任、企业创新服务中心主任郑浩峻出席启动仪式并致辞。中国科协企业创新服务中心副主任郭昊主持启动仪式。

首届中国创新方法大赛全国共有32个区域赛区，1000余家企业、2000余支参赛队（项目）报名参赛。经区域赛选拔后，评选出150支代表队（项目）参加全国总决赛。通过项目展示、理论测试环节决出排名，排在前10名的代表队通过电视擂台赛角逐金、银、铜奖。中国创新创业大赛的大学生TRIZ专项赛、工业工程创新方法专项赛的前3名同时在电视擂台赛颁奖仪式上颁奖。

2018中国科协企业创新服务成果展以“促进产学融合、服务企业创新”为主题，通过特装区和科技成果转化、创新人才培养、科技公共服务、科技资源会聚4个展区展示科协组织在服务企业科技创新中的最新成果和成效。展览面积近6000平方米，参展单位200余家。同期举办中国石油石化科技创新发展论坛、科技成果转化促进创新服务论坛及绿色建造创新共同体成立暨绿色建造发展问题研讨会等活动。

【2018年“湖南院士专家行”活动】 2018年，省科协先后在益阳市、长沙市、郴州市、岳阳市和宁夏回族自治区开展院士专家行活动。在当地建立一批协同创新平台，为当地企业引进一批院士专家团队，促进一批科技成果转化，建立一批科技创新合作关系，为区域经济发展提供科技支撑。

1月3日，省科协和益阳市委市政府共同举办以“开放合作、创新益阳”为主题的首届“院士专家益阳行”活动。益阳市人民政府分别与省科协、湖南大学、湖南农业大学、中南林业科技大学签订战略合作协议，24名院士专家与19家企业签订技术合作协议，建立2个院士专家工作站，促成湖南院士产业园落户益阳。

7月27—30日，2018年“湖南院士专家宁夏行”活动在宁夏回族自治区举行。中国工程院院士官春云、陈政清、邹学校，省政协原副主席、人类干细胞国家工程研究中心主任卢光琇等10余名专家在宁夏回族自治区开展学术交流、技术指导、合作洽谈等活动。活动期间，院士专家实地调研考察8所高校、科研院所和医疗机构，考察宁夏回族自治区医学会生殖医学分会等3家学会，举办洽谈合作对接会5场、学术报告会7场、技术咨询服务会13场。省科协与宁夏回族自治区科协签署合作框架协议，揭牌成立1个院士工作站，签署2项合作协议、4项意向性协议。省委常委、组织部部长王少峰对院士行活动给予批示，强调要继续组织开展好此项活动。

（撰稿人：肖欣磊）

广东省科学技术协会

服务经济社会发展 省科协推进全省科技工作者“上山下乡”助力乡村振兴计划行动，得到时任省委副书记任学锋，时任副省长黄宁生、叶贞琴批示。实施“千会万企金桥工程”，新成立院士专家企业工作站45家，51家工作站通过全国院士专家工作站认证。广州市、深圳市、东莞市、佛山市等全国创新驱动助力工程示范市科协发挥人才智力优势，帮助地方政府和企业引才、引智、引项目。推进海智计划，设省科协海智计划海外工作站（联络处）9个。支持学术论坛、精品科技期刊、承接政府转移职能、打造综合示范学会、建立学会联合体、助力地方产业、建设科技服务站等项目，促进学术引领科技创新。中国工程院和广东省政府共建中国工程科技发展战略广东研究院，省科协承担研究院秘书处工作。组织召开广东研究院第一届第一次理事会暨学术委员会会议，评审并组织实施首批咨询研究项目。完成在粤工作院士意见“直通车”工作，张偲、吴清平等院士的意见建议得到省委省政府主要领导批示。全省各级政协科协届委员围绕科技界普遍关切的问题建言献策，形成一批提案。加强对湛江市遂溪县岭北镇西塘村对口帮扶工作，建设光伏发电科普基地，发展各类项目，贫困户危房改造完成率达100%。

省科协和省科技厅签署推进实施创新驱动发展战略合作备忘录，并实现合作的常态化、制度化，为全省各级科技、科协部门合作树立典范。广州市、深圳市、东莞市、佛山市等全国创新驱动助力工程示范市科协结合示范市的产业需求，联合全国学会、省级学会、市级学会，发挥人才智力优势，帮助地方政府和企业引才、引智、引项目。广州市科协承办2018中国创新创业成果交易会，组织举办对接会45场，促成项目签约落地127个，成交金额约66.28亿元。佛山市投入1000万元支持市科协开展创新驱动助力项目。佛山市科协被中国科协评为创新驱动助力工程优秀试点单位。

《科学素质纲要》实施及科普信息化建设工作 开展全省文化科技卫生“三下乡”活动暨“千会服务千村”行动。开展2018年广东省全国防灾减灾日、科技活动周、食品安全宣传周和全省科技进步活动月系列活动。举办首届广东科普嘉年华活动。组织开展科普活动1000余场，参与公众1000余万人次。开展青少年科技创新活动，全省参与各级科技创新活动的青少年500余万人次。参加第33届全国青少年科技创新大赛、第18届中国青少年机器人竞赛、第18届“明天小小科学家”奖励等活动。推进科技馆免费开放，开展中国流动科技馆、科普大篷车巡展活动。创建广东省科普示范县（市、区）22个、科普示范镇7个、省级科普教育基地216家、国家级科普教育基地47家。开展“十三五”纲要实施工作中期评估，健全纲要工作机制。根据第十次中国公民科学素质抽样调查显示，2018年广东省公民具备科学素质比例达10.35%，超过全国8.47%的平均水平。

推进科普信息化建设，创建科普信息化试点县（区、市）21个，建设科普中国基层e站示范单位216个。举办全省科普e站建设推进会。运营“广东科普”频道和“广东科普”微信公众号。首届广东科普嘉年华在线吸引100余万公众参与，网络点击量达8000余万次。

学术交流 搭建高端学术交流平台，打造岭南科学论坛等学术品牌。第十六届学术活动月期间，全省各级学会、地市科协开展学术活动700余项。全年省级学会举办国际、国内学术交流活动1059场。组织“港澳科技专家广东行（阳江市、茂名市、肇庆市、韶关市）”等考察交流活动，全年来粤进行科技交流合作人数达1200余人。举办粤港澳大湾区科技社团助力创新驱动高端峰会等活动，参与人数达2000余人。

服务科技工作者 慰问走访在粤工作院士，解决院士日常就医绿色通道等问题，组织在粤工作院士赴肇庆市考察调研。配合省委组织部修订《关于进一步加强院士服务保障工作的意见》。创新服务科技工作者的形式和内容，搭建创新创业平台，动员和组织科技工作者服务创新驱动发展。完成各类表彰推荐工作，广东省2名科技工作者获第十五届中国青年科技奖。在全国科技工作者日期间，全省各级科协组织开展慰问基层一线科技工作者活动。组织科技工作者状况调查和智库课题申报，配合中国科协组织开展“科技工作者压力情况”等调查。省科协被中国科协评为全国科技工作者状况调查站点优秀区域责任部门。

自身建设 落实《广东省科协系统深化改革实施方案》，如期完成方案中的4个方面13项重点改革任务。制定并落实广东省科协兼职副主席轮流定期驻会的制度举措。以召开省科协第九次代表大会为契机，选举产生新委员250人，来自基层一线的科技工作者委员占总数的82.8%，高于70%的改革要求。完成省科协机关机构改革，推进直属单位机构改革，将2个公益二类和2个公益三类事业单位合并调整为3个公益二类事业单位。开展广东省提升基层科协组织力“3+1”试点工作。

地市县及科协基层组织 广东省20个市出台科协系统深化改革实施方案或任务分工方案，21个市科协独立设置党组，广州、深圳、梅州三市科协增加机关人员编制。43个县（区）出台改革实施方案或改革任务清单，63个县（区）科协在解决干部配备、独立建制、机构编制、工作经费等突出问题上取得新进展。

河源市和平县科协作为中国科协改革试点单位，取得一批试点成果。广州市科协实施青年人才托举工程，资助培养团体会员中32岁以下的青年科技人才20人；举办2018年广东“众创杯”创业创新大赛；举办花城科技论坛。佛山市科协承办第十届国际发明展暨第三届世界发明创新论坛。潮州市科协举行2018年全国科技工作者日专题报告会。深圳市科协举办第三届深圳海洋发展论坛；组织“中国深圳”科技展团，带领一批中小微企业赴德国、英国、美国、俄国等国家和地区参加国际科技会展；深圳市政协科协界《关于科学规划新科技馆建设项目的提案》引起市委市政府重视，经过近两年来的推动立项、选址、预算、讨论建设方案等工作，确定深圳新科技馆选址地块，占地12万平方米，总投资初步估算约20亿元。汕头市科协举办第九届学术年会暨海智专家讲堂，湛江市科协举办2018年中国海洋经济博览会现代海洋渔业论坛。汕头市将智库专家的意见建议整理成《关于改善汕头人才环境意见建议的报告》呈报市委，获市委主要领导批示。汕尾市科协推广新肥料、水稻新品种，应用面积1万余亩。清远市科协通过入股水电站、引进特色农业种植、修缮水利设施等方式改善帮扶村经济状况。肇庆市科协深化“银会合作”，建立科技金融服务农业现代化示范基地4个，累计放款5792万元。揭阳市科协邀请清华大学院士团队服务揭阳水立法工作，为揭阳重点流域水环境保护条例出台提出意见建议30条。东莞市科协完善院士咨询委员会工作机制，举办东莞市发展战略咨询委员会2018年年会和院士专家科技创新成果展。中山市科协开展专题研讨和基层调研走访，办理《关于加快中山科学馆建设的建议》等提案，获政协提案委员的满意评价。汕头、潮州、揭阳三市科协推荐一批科技工作者参加“第十二届潮汕星河国瑞科技奖”评选。佛山、东莞、茂名三市科协组织科技工作者慰问座谈会。韶关市科协举办优秀科技工作者先进事迹报告会和展示活动。

省级学会、企业科协、高校科协 修订《广东省科协团体会员管理办法（试行）》，新增团体会员5个，省科协团体会员达182个。新成立省科协智能制造等学会联合体3个。推进承接政府转移职能工作，支持11个省级学会开展试点工作。成立或已批复高校科协52个、园区科协15个，成立广东省高校科协联盟。

省植物学会主办广东省南药战略发展科技创新论坛暨龙湾南药文化交流会，开展南药产品展览、药农种植技术培训等活动。省增材制造研究与应用协会、省公路学会、省中西医结合学会等助力佛山3D打印产业、新型玻璃纤维混凝土护栏研发、中药配方颗粒产业发展。省生态学会主办的《生态科学》期刊首次被中国人文社会科学引文数据库收录为入库期刊，再次入选“中国高校优秀科技期刊”。省光学学会承办2018第十二届亚洲（深圳）国际激光应用技术论坛，展示中国激光行业前沿高端技术与最新科研成果。省测量控制技术与装备应用促进会等学会开展省级学会专业技术人员水平评价试点工作，制订省级学会工程师能力标准，开展4个专业试点工作。省电子学会建立SMT专业技术资格水平认证体系，考核通过中国电子学会认证的SMT助理工程师301人。

【广东省科协第九次代表大会】 9月27—29日，广东省科协第九次代表大会在广州市召开。省委书记李希，中国科协党组书记、常务副主席、书记处第一书记怀进鹏，省长马兴瑞，时任省委副书记任学锋，省人大常委会副主任王学成，时任副省长黄宁生，省政协副主席林雄等接见与会全体代表并合影留念。李希、怀进鹏在开幕式上讲话，任学锋在闭幕式上讲话。会议表彰第十四届广东省丁颖科技奖获得者、全国科协系统先进集体和先进工作者。大会总结回顾过去5年全省科协工作的成绩经验，提出新时代科协组织新使命，明确今后5年科协改革创新发展的目标任务，选举产生省科协新一届领导机构。近700名代表参加会议。

【推进广东省科技工作者“上山下乡”行动】 对标广东省乡村振兴和扶贫攻坚战略目标任务，推进全省科技工作者“上山下乡”助力乡村振兴计划行动，得到时任省委副书记任学锋、时任副省长黄宁生、叶贞琴的批示。省科协整合各类科技社团和人才资源，按照需求导向、专业对口、精准对接、靶向合作的人才项目对接服务模式，精准助力乡村振兴。组织160余名青年科学家分别赴茂名市、云浮市、潮州市、韶关市等地市开展人才对接和科技服务，为200余家企事业单位提供服务，签订合作协议近200个。

【广东版海智计划】 省科协系统逐步建立健全海智计划工作机制和网络体系。累计建立中国科协海智计划工作基地8个、示范基地1个、海外人才离岸创新创业基地1个。累计建立“广东省科协海智工作站”41个，设立广东省科协海智计划海外工作站（联络处）9个。建站单位与海外144个科技团体建立合作关系，开展引智对接活动301场次，落地项目291项，引进海外人才1140人。发布海外需求137项，向海外发布国内需求337项。江门市科协结合“中国侨都”特色，举办引智对接活动6场，签署合作协议20个，洽谈项目56项。中山市科协支持“留创园”海智工作站招才引智，全年入驻项目18个、引进创新创业人才23人。

（撰稿人：刘泽周）

广西壮族自治区科学技术协会

服务经济社会发展 自治区科协搭建高层次科技工作者与党委、政府沟通平台，开展“八桂科技英才建言行动”，收集建言12篇。面向各自治区级学会、高校科协开展“学术成果提炼转化行动”，广西化学化工学会、环境科学学会、东盟养生学会等5家学会提出转化申请，形成决策咨询建议5篇。组织选题策划会，遴选立项5项课题开展研究，资助青年科技工作者开展35项课题研究。向自治区党委、政府和中国科协报送《科技创新智库成果专报》13期、《广西科技工作者建议》9期，向自治区政协提交提案7篇。其中，《把广西的冬天变成学术界“春天”的建议》《广西创新驱动发展政策实施现状及对策建议》《广西科技成果转化政策实施的问题及建议》等9项建议相继获自治区党政领导批示，并分别印送相关部门研究处理。《关于大力发展广西淀粉基完全生物降解塑料产业的建议》被列为广西党政领导督办重点提案。

推动建立院士（专家）工作站8个、双创示范基地3个、省级科技孵化器2个，柔性引进人才65人。中国科协创新驱动助力工程试点市北海市为21家企业提供技术改造、项目引进、人才引进等服务，签订合作协议31项，开展技术攻关25项，为企业解决技术难题28项。推动南宁市申报中国科协创新驱动科技成果转化服务南宁分中心建设项目，推动在广西田园生化股份有限公司牵头成立国家高效低风险农药科技创新联盟。举办创新方法深度培训班，为企业提供技术难题解决方案445个、可行性方案151个、实施方案87个、专利预案34个、发明专利预案31个。组织广西南南铝加工有限公司、柳州银海铝业股份有限公司参加首届中国创新方法大赛全国总决赛，均获二等奖。

实施“提质增效”项目，开展助力工程，资助支持10个学会实施“党建强会计划”，开展会员中党员基础调查等工作。通过2018年自治区科协“提质增效”项目形式，广西财经学院科协等4个基层科协组织实施“打造中国－东盟自贸区升级版背景下的广西企业集群演化共生及创新资源配置研究”等4项助力工程项目。

制定并发布《科普服务乡村振兴助力精准扶贫工程实施方案》《广西科协开展扶贫领域作风问题专项治理实施方案》《科技助力打赢脱贫攻坚战三年行动实施方案》等工作方案。各级科协组织新培育建设基层农技协（含联合会）120余个。组建和充实各级科技助力精准扶贫专家团120个，专家成员3500余人。在贫困地区开展科技服务8000余人次，全区各级各类科协组织联系带动建档立卡贫困人口8000余人。实施“全国基层科普行动计划”，将项目资金向贫困地区倾斜，建设扶贫产业科普示范基地46个，新培育建设基层农技协140个，规范农技协建设40个，支持建设贫困地区学校青少年科学工作室39个。开展扶贫产业科技培训，完成培训农民和村干部15万余人次。自治区科协本级全年举办培训班38期，培训基层干部和农民5000余人次。邀请中国工程院院士罗锡文到南宁市为300余名农业科技工作者作专题报告。牵线在广西然泉农业科技有限公司成立全国首家以构树饲料研发与利用为主要研究方向的院士专家工作站，助力乡村振兴和精准脱贫。开展“党旗领航——百名学会专家走基层”活动，20余个学会共300余名专家参与，开展活动70余场次。在全国首创“会邮科普联盟”，推动全区1万个“邮乐购”电商平台与3000余个基层农技协、科普示范基地对接融合。

《科学素质纲要》实施及科普信息化建设工作 增补自治区国土厅、工信委等6个单位为全民科学素质工作领导小组成员单位，成员单位数量由2017年的26个增至32个。召开自治区全民科学素质工作领导小组第十一次会议、2018年广西全民科学素质工作会议。制定《广西壮族自治区2018年全民科学素质行动工作要点》《广西全民科学素质行动三年规划（2019—2021年）》。开展《科学素质纲要》实施工作“十三五”中期评估和实地督查。

举办“科普进党校”院士专家报告会，向自治区党校捐赠《公民科学素质百问百答》《大开眼界》等科普书籍和“科普中国”信息化平台全媒体科普阅览屏。向有关领导和公务员赠阅《科技生活》周刊，助力领导干部和公务员提升科学理论素养和科学决策能力。开展广西中小学教师科学营活动，自治区各地市280名中学教师、小学校长和科技教师参加活动。多次承接、举办或支持开展中国科协层面、自治区级及基层市县校外辅导员培训活动，培训人数累计2200人次。

2018年年初，针对多地频发的一氧化碳中毒事件，开展应急科普宣传活动。印制并向全区发放预防一氧化碳中毒的科普挂图和科普宣传资料22万份；动员全区科协系统走进2500余个公共场所，张贴、发放科普宣传资料12万余份；动员全区交通运输系统2360余人在全区220个高速公路服务区和128个汽车客运站张贴、发放宣传资料。应急科普工作得到时任自治区党委书记彭清华、自治区主席陈武、自治区党委副书记孙大伟的肯定。中国科协党组书记、常务副主席、书记处第一书记怀进鹏，自治区副主席费志荣对活动给予批示肯定。

广西科技馆推进实现科普展览教育和青少年科技教育工作“四个100万”工作目标。实体科技馆年参观人数141万人次；中国流动科技馆广西第二轮巡展惠及群众120万人次；第六届广西青少年科学节联动全区，参与人数100万余人次；开展青少年科技创新活动，参加人数累计100万余人次。开展2018年国际天文馆日广西科技馆会场活动，全区6000余人参与。国际天文馆学会（IPS）向广西科技馆颁发国际天文馆日一等奖（IPS First Place Prize）及昴宿星团队奖（Pleiades Prize）。开展广西科普大篷车月月行活动，全年出车开展活动30余次，惠及群众8万余人。

推动“科普中国”资源落地运用，利用15个城市中心广场LED科普大屏、500余个科普e站、100组科普动车电视屏、2000余部电梯LED屏等宣传平台，推送“科普中国”提供的科普知识。构建科普反邪教联盟，开设“科普中国之广西”新媒体宣传平台，建成“大众科普”微信公众平台。实施“科普中国·百城千校万村行动”，完成中国科协“科普中国云项目”验收工作。推动“大众科普”与政法委“桂风起”微信平台结成业务合作，受众群体覆盖180万人。打造自治区青少年主题系列科普电视节目《小小科学家》和线上线下资讯相结合的在线科普服务平台。开展科普中国e站建设工作。截至2018年年底，在全区科普教育基地、科普示范学校、科普示范村和高速公路服务区、科普场馆、车站、医院等公共场所建设标准化科普中国e站539个。

学术交流 举办中欧生命科学论坛、中韩海洋可持续发展论坛、中国－东盟汇商聚智高峰论坛、中国－东盟工程项目合作与发展论坛、石墨烯研究最新进展国际会议等高端学术论坛和会议。开展全国科学院科技成果联展等活动，邀请1名诺贝尔奖获得者、20余名院士、近100名专家到桂林市开展学术交流或科普报告，实现签约项目12个，带动5000余人参与学术交流活动。高端学术论坛的举办带动自治区级学会开展学术交流活动429场，参加总人数5万余人次。其中，在桂林市举办石墨烯研究最新进展国际会议期间，利用入桂专家资源同步举办鹿寨石墨烯成果推介会、诺奖大师和中国科学院院士校园报告会、桂林石墨烯会议成果展示会等。举办可再生能源材料研究进展和应用开拓国际会议，交流分享创新能源材料最新进展与应用研究成果。建立中欧生命科学联盟广西工作站、海外专家联谊会加拿大工作站，推动桂籍海外专家、教授姚蔚新药项目落地，申报并获批外国专家局“外专聚桂”项目。设立南宁海智基地中国（广西）—以色列技术转移促进中心。

服务科技工作者 获自治区党委、政府批准设立“广西创新争先奖”和“广西杰出工程师奖”，开展首评和首颁。评选出广西创新争先集体10个、广西创新争先个人30人、广西杰出工程师30人。推荐第十五届中国青年女科学家奖候选人、2018年度未来女科学家计划候选人及第二十一届中国科协求是杰出青年成果转化奖候选人。

与多家媒体合作开办“广西科技群英谱”“最美科技人”“‘青科’娇子”等专栏，全年宣传各类科技工作者100余人次，讲好一批广西优秀科技工作者故事。开展春节慰问科技人员活动，举办科技工作者2018年迎春座谈会，慰问自治区院士后备人选及各领域优秀科技工作者代表40人。开展学习贯彻党的十九大精神暨黄大年同志先进事迹分享会系列活动、科学道德和学风建设宣讲报告活动等，全区青年科技工作者和高校师生万余人次参与。

自身建设 3月28日，广西壮族自治区科学技术协会七届常务委员会第九次会议在南宁市召开。自治区科协主席赵艳林主持会议。会议传达了中央书记处关于科协工作的指示精神、中国科协九届四次全委会精神、中国科协2018年地方科协工作座谈会精神及国务院副总理刘延东听取全民科学素质行动计划纲要实施情况汇报的会议精神。会议审议通过《广西科协第八次代表大会筹备工作方案（审议稿）》《广西科协成立60周年纪念活动总体工作方案（审议稿）》《广西高等学校科学技术协会组织通则（试行）（审议稿）》等文件。10月13日，广西壮族自治区科学技术协会第八次代表大会在南宁市召开。

实施党建强会计划，推进学会党组织集中组建。在所属113个自治区级学会（协会、研究会）中，学会理事会层面有112个成立党的工作小组，1个委派党建指导员；在学会秘书处层面成立3个独立党支部、1个联合党支部，实现党的组织和工作在学会全覆盖。在“广西科技工作者之家”信息平台注册学会79家，会员5.2万人，为9000余名科技人员提供便捷服务。7月31日，广西科学技术普及传播中心挂牌成立，并对部门进行调整，加强制度建设、绩效管理、干部教育培训等，助推中心转型。截至2018年年底，全区科协系统深化改革任务完成率达92.4%。召开自治区科协第八次代表大会，选出科协新一届委员会。其中，来自基层一线的代表大会代表、新一届委员会委员、常委分别占全体代表、委员和常委的81.9%、84.3%和76.4%。

在全区各地建立的院士专家工作站（含专家工作站、院士专家服务中心）达22个。自治区科协推出11类80余个“提质增效”项目支持学会，助力提升学会服务能力。梧州、贺州、钦州、防城港、玉林等市乡镇（街道、社区）科协实现全覆盖。防城港市、贺州市、河池市巴马县、钦州市钦北区、玉林市容县等“三长”全部纳入县乡级科协组织。

地市县及科协基层组织 截至2018年年底，自治区共有地级市科协14个、县（市、区）科协111个、街道（社区）科协279个、乡镇科协704个。

南宁市科协承办第五届南宁市海外高层次人才与项目对接会，首次采用“会、展、赛、商”一体化形式，实现参会人才数量和项目落地成功率的倍增；促成64名海外高层次人才携67个项目与南宁市80余家企业进行交流洽谈，促成中国科学院院士黄维等3名高层次人才分别与南宁市企业签订项目合作协议。柳州市人民政府成立“柳州市青少年科技创新市长奖”奖励委员会，印发《关于“柳州市青少年科技创新市长奖”评选办法的通知》，委员会办公室设在柳州市科协。桂林市科协配合自治区科协，在桂林市举办2018石墨烯研究最新进展国际会议。在百色、钦州、河池三市科协推动下，分别建起首个院士（专家）工作站。崇左市科协推动扶绥县成立专家工作站，引进广西农业科学研究院专家。梧州、北海、贵港、来宾等市科协组织青少年参加全国性科技竞赛并获多个奖项。贵港市科协组建乡镇（街道）科协74个，全部实现“四有”目标，“三长”配备覆盖率100%。贺州市科协建立起科普“公众号＋大喇叭＋大屏＋网站”等“四位一体”新型科普传播平台。河池市科协创新“旅游＋科普”模式，以环江和巴马为试点探索推动旅游新业态发展。玉林市科协探索“产业＋旅游＋科普”模式，打造特色科普小镇品牌。

省级学会、企业科协、高校科协 截至2018年年底，共有自治区级学会（协会、研究会）113个、企业科协312个（新增52个）、高校科协39个（新增4个）、园区科协32个（新增5个）。吸纳广西无人机技术应用协会为自治区科协团体会员。推动广西造船学会和广西航海学会等相关学会、企业成立学会联合体。建立学会专家库，分10个学科领域，共有230名专家，收集整理574项广西化学化工类可转化的科技成果和413条企业技术需求信息。25个学会参与承接政府职能转移工作，共承接各类政府转移职能项目1828项，协助地方引进高端人才86人。其中，政府购买服务27项、承接科技评估958项、承接职业资格认定2项。推荐28人、17个集体获各类科技类奖励。开展科学普及活动443场次，1392名专家参加，活动总人数124382人。开展科技扶贫活动303场次，634名专家参加，活动总人数40159人。共邀请5名院士参加3场科普活动。与104家企业、41个高校、43个科研院所开展产学研合作，其中，院士参与的合作10个；与94家建立长期合作机制；设立34个工作站点，并全部运行；促进7个项目落地企业高校（科研院所）。

广西物理学会、广西气象学会等25个学会主办期刊，全年出版137期。广西心理学会、广西昆虫学会等26个学会出版论文集48本，收录论文2108篇。其中，有刊号的12本，收集论文390篇。出版科普读物13本、84.2万字。

【广西壮族自治区科学技术协会第八次代表大会】 10月12日，广西科协第八次代表大会暨广西科协成立60周年纪念大会在广西人民会堂开幕。开幕式由自治区党委副书记孙大伟主持。中国科协党组书记、常务副主席、书记处第一书记怀进鹏和自治区党委书记鹿心社出席开幕式并讲话。自治区政协主席蓝天立，自治区人大常委会副主任、党组副书记张秀隆，自治区政府副主席费志荣，自治区政协副主席黄日波等出席开幕式。各方代表共551人参加开幕式。

广西科协七届委员会主席赵艳林作题为“不忘初心 牢记使命 担当作为——团结引领全区科技工作者奋力谱写新时代广西发展新篇章”的工作报告。自治区妇联主席、党组书记刘咏梅代表群团组织向大会致贺词。会上，颁发了首届广西创新争先奖和广西杰出工程师奖。

10月13日，大会选举产生广西科协第八届委员会，选举产生委员121人。随后，召开广西科协八届一次全委会，107名委员出席会议。会上，由自治区党委提名、经八届一次全委会选举产生广西科协新一届领导机构，自治区政协副主席黄日波当选广西科协八届委员会主席。

会议期间，举办纪念广西科协成立60周年专题展览，编印《广西科协十年记略（2009—2018）》。举办《科协人故事汇》征文活动，出版《我与广西科协》。举办“共筑中国梦，建功新时代”——庆祝广西科协第八次代表大会胜利召开暨纪念广西科协成立60周年文艺演出活动，颁发全区科协系统记二等功集体和个人奖，向在广西科协系统工作逾20年、30年人员授予纪念证书和荣誉证书。

10月13日，广西科协第八次代表大会闭幕。自治区副主席费志荣出席闭幕式并讲话，黄日波致闭幕词。闭幕式上，审议通过广西科协第八次代表大会关于通过《广西科协第七届委员会工作报告》的决议，发布《广西科协第八次代表大会致全区科技工作者倡议书》。

【第八届中国－东盟工程项目合作与发展论坛】 9月10日，第八届中国－东盟工程项目合作与发展论坛在广西壮族自治区南宁市开幕。论坛主题为"人工智能与智能制造"。自治区人民政府副秘书长黄植建，自治区科协主席赵艳林，澳门机电工程师学会会长邝伟文，东盟工程与技术科学院院士、拉曼大学副校长Ewe Hong Tat等分别在开幕式上致辞。自治区科协党组书记、副主席纳翔主持开幕式。中国工程院院士李培根、刘永才，中国军事科学院少将孙柏林，东盟工程与技术科学院院士、秘书长、拉曼大学副校长Ewe Hong Tat，东盟工程与技术科学院院士、拉曼大学教授Bok-Min GOI，东盟工程与技术科学院院士Chee-Cheong HO、Lam Wei Haur、Leong Yue Peng，缅甸工程理事会主席、院士Charlie Than等专家出席论坛并作主题报告。

论坛采用"1+4"架构模式，除设立主题论坛，首次设立中国－东盟技能发展合作圆桌会及中国－东盟智能制造与应用合作、智能传感检测及自动化技术合作、无人机产业融合发展等3个分论坛。33名国内外著名专家学者在为期2天的论坛活动中，围绕人工智能政策、法规、标准、规范，国内外智能制造技术发展现状和形势研判，智能化产品与应用，智能传感器与开放平台，智能制造新模式，人工智能安全与发展环境，系统技术解决方案及实际应用案例等展开研讨。阿里云、京东、华中数控、广西柳工、玉柴集团、中冶赛迪集团、航天科工集团、深圳高科新农等分别派代表参加论坛，促成工程项目合作签约5项。来自中国、缅甸、马来西亚等国家和地区的专家共300余人参加论坛，自治区内有关行业专家参加论坛。

【2018年全国科普日广西活动暨"八桂科普大行动"】 9月15日，2018年全国科普日广西活动暨"八桂科普大行动"在广西科技馆启动。自治区党委副书记孙大伟，自治区副主席费志荣出席启动仪式。活动主题为"创新引领时代，智慧点亮生活"。活动分为自治区本级以及各地系列联合活动，来自各地的群众及学生共数百人参加启动仪式。启动仪式当天，在广西科技馆广场举行广场科普联展活动，开展了各类主题科普宣传、健康专家咨询服务、科普大篷车及高科技展示。广西青少年科学节主场活动由自治区科协、自治区文明办、自治区教育厅、自治区科技厅、共青团广西区委承办，各大展区汇集5家主办单位的特色亮点活动和全区青少年科技创新成果，采取形式多样的科普体验形式开展展示、展演、竞技、培训等青少年科技教育活动。

各地市系列联合行动陆续开展，包括开展科普中国e站、科普示范社区、技术培训等基层科普联合行动。各地科普教育（示范）基地举办公众开放日等校园科普联合行动。科学家、优秀科技工作者开展科普讲座等校园科普联合行动。各地科技馆、科普大篷车开展线上线下科普活动等科技馆主题日联合行动。组织院士专家聚焦热点科技问题开展科普报告会等院士专家科学传播行动。开展"我是小小科学家"系列青少年科学知识电视节目联播、百列动车主题科普宣传活动、广西青少年科学素质提升行动、首届广西大学生科普知识竞赛、2018年第八届大学生科普演讲比赛、药用植物与健康——2018年广西药用植物园全国科普日活动等系列活动。

（撰稿人：吕　游　陈启浩）

海南省科学技术协会

服务经济社会发展　推进海南自贸区（港）建设工作，成立由省科协推进的海南自贸试验区（中国特色自贸港）建设工作领导小组，制定并出台领导小组及办公室工作规则。落实《百万人才进海南行动计划（2018—2025年）》第18项工作任务省科协责任分工，促进科技与经济融合。开展调研并建议出台《科技类社会组织直接登记管理办法》，配合省民政厅探索行业协会商会类、科技类社会组织依法直接登记制度，加强社会组织负责人管理、年度检查等项目执行情况专项检查。

设立海南省海智计划工作站3个，已纳入2018年海南省人才工作要点。开展商业航天航空领域的离岸创新创业基地建设，支持复兴城启动海南国际离岸创新创业示范区揭牌和运营，设立海外创新中心——设施甜瓜示范基地。推动海南大学海智计划工作站外籍院士工作站的设立，申报并获批设立海南省院士工作站，柔性引进海外高层次人才3人，推动离岸合作研发，引进国内（北京）高层次人才 13 人。筹备设立“海南省科技创新高端智库”。

建设种桑养蚕、养蜂和食用菌 3 个扶贫（科普）示范基地。指导贫困户种桑树 76 亩，建成养蜂 220 箱，建设 3 个大棚共 450 平方米用于食用菌种植。琼中县握岱村贫困发生率从 2017 年的 1.45% 下降至 0.15%。联合省农科院在五指山市等地建立产业扶贫示范点 8 个。开展消费扶贫行动，全年省科协机关和直属事业单位共消费 12906.4 元。

《科学素质纲要》实施及科普信息化建设工作 召开 2018 年海南省全民科学素质工作会议，部署省纲要实施工作“十三五”中期评估工作。举办 2018 年海南省全国科普日系列活动 56 场次，组织讲座及培训 381 场次，发放各类科普书籍 5.5 万余本，直接参与此次活动的民众达 55 万余人次。开展中国流动科技馆海南巡展，观展人数 8.6 万人次。举办全民科学素质网络大赛，参赛人数 68 万余人次。举办第 4 届奥秘万千海南省青少年科普知识大赛等青少年科普活动 135 场次，受众青少年 3.5 万人次。建立科普中国 e 站 185 个。制作播出《科普一分钟》365 期，“科普海南”微信公众号关注粉丝高峰期达 4.2 万人次。科普中国“V 视快递”优质视频上线，覆盖全省 19 个市县电信站点 3685 个。

学术交流 组织海南省科技合作与人才培养调研团赴英国、德国、比利时调研。新设立海南省海外高层次人才联络站 3 家，举办 2018 年海南省第一届海外离岸创新项目招商引资路演活动，征集创新创业项目 137 个，其中通过投资评审项目 6 个。

依托海智计划工作站开展创新创业领域合作，与菲律宾有关学术机构建立交流途径与互信机制，开展种植资源交流与合作。与印度尼西亚梭罗大学开展交流与合作，为印度尼西亚培养农业科技人员。举办亚太空间合作组织与国际空间科学研究所—北京第二届空间科学讲习班，参加亚洲—大洋洲区域综合地球观测能力建设网络培训班，增进海南省与“一带一路”国家的空间科学交流与合作。与 40 个“一带一路”热带国家开展农业生物资源调查，与柬埔寨、马来西亚等国家相关科教机构共建联合实验室。

举办 2018 年度海南省科技论坛，开展论坛系列学术交流项目 4 项。组织实施创新驱动助力工程项目 36 项。推进院士专家工作站标准化建设工作，完成 9 家院士专家工作站认证工作。开展 TRIZ 技术创新方法、管理创新方法培训和模拟项目路演，组织队伍参加全国总决赛。举办 2018 年海南省促进科技成果转化创新论坛暨重点创新科技成果推介会等双创周系列活动。举办大型和高端国际会议 6 场，支持创新创业论坛和相关活动 4 场。协调和接待日本日中介护协会团队考察博鳌乐城国际医疗旅游先行区并洽谈合作事宜。推动海南省融入粤港澳大湾区科技创新体系，与香港工程师学会继签合作协议。

服务科技工作者 组织实施省科协青年科技英才创新计划项目 15 项，推进自然科学研究系列职称评定方式改革。推荐柯用春为省优秀科技工作者代表，参加纪念改革开放 40 周年、中国科协成立 60 周年暨百名科学家、百名基层科技工作者座谈会；推荐吉训聪为中国科协求是杰出青年成果转化奖候选人。制作播出《最美科技人》电视专题片 24 期。开展全国科技工作者日系列活动等。

2018 年，省科协增设国家级站点（海南大学）1 个、省级站点（昌江县科协）1 个，下拨调查站点经费共计 21 万元。组织 3 个国家级调查站点参加由中国科协举办的全国调查站点业务培训。配合中国科协开展问卷调查 3 次，共计完成问卷调查 772 份，包括科技工作者压力情况调查 268 份、科技工作者生活方式系列调查 346 份及科技工作者职业发展调查 158 份。三亚市南繁科学技术研究院调查站点被中国科协调宣部评为 2018 年度“优秀调查站点”，获中国科协“2018 年度优秀调查站点”称号并获资金奖励。全年报送中国科协信息 61 篇，其中有效 51 篇，1 篇被中国科协《站点信息》第 35 期（总第 1287 期）和第 22 期（总第 1274 期）录用。

推动设立海南国际离岸创新创业示范区，形成《海南国际离岸创新创业园建设方案》并报送海南省委。与清华大学合作草拟和完善智库建设实施方案，已被纳入《百万人才进海南行动计划（2018—2025 年）》30 项工作任务实施方案。报送《科技工作者建议》7 篇，其中 4 篇获省委省政府领导圈阅，班子成员牵头撰写的《关于重视科学普及全力推进海南全民科学素质提升的建议》得到海南省委领导批示。

自身建设 推进党建工作，强化顶层设计和系统部署，落实“一岗双责”，推进“两学一做”学习教育制度化常态化。邀请省委巡视办专家解读《中国共产党巡视工作条例》精神，邀请海南大学教授解读新党章。开展中国共产党纪律处分条例知识测试，全体干部合格率达 100%。开展岗位大练兵、主题党日活动，组织观看《不忘初心 继续前进》专题片。定期听取机关党建工作专题汇报。完成机关党委换届工作并成立机关纪委。开展支部标准化建设工作，全年开展“三会一课”130 余次。开展基层党组织书记抓党建述职评议考核工作。召开基层党组织生活会，开展民主评议党员，各党支部查摆出 19 个问题和差距，制定整改措施 13 条。

加强作风建设，贯彻执行中央八项规定精神和省委省政府三十三条实施细则，传达学习中央纪委《关于贯彻落实习近平总书记重要讲话精神 严肃整治领导干部利用名贵特产类特殊资源谋取私利问题的通知》。开展纪律廉政警示教育活动，定期传达省纪委通报的典型案例。组织观看警示教育片《伸手必被捉》《铁纪强军》。逐级签订党风廉政建设和反腐败工作责任书。班子成员以“学习十九大党章之党的纪律”为题作纪律教育报告。开展监督执纪问责，整改纪检监察组关于党风廉政专项检查反馈的问题。全年给予诫勉谈话干部 2 人、通报批评干部 1 人。

落实《关于进一步激励广大干部新时代新担当新作为的意见》，提拔任用调研员 2 人、副部长 1 人，晋升主任科员 2 人；选调年轻干部 2 人，招录党政机关急需人才 1 人，安置军转干部 1 人，招聘省科技活动中心工作人员 3 人。完善干部继续教育工作，组织科协系统干部赴河南省林州市红旗渠开展党性教育 2 批共计 91 人次，组织干部参加中国科协和省有关部门组织的培训 21 期共计 241 人次。

省科协党组召开意识形态专题分析会 2 次，总结意识形态工作，研究当前形势，制定措施。在元旦、春节、全国科技工作者日等节日期间组织慰问科技工作者。制作播出《最美科技人》电视专题片。加强意识形态阵地建设，利用科协门户网宣传党的路线方针政策。加大反邪教宣传教育工作，在文昌市、琼中黎族苗族自治县等地播放反邪教宣传教育视频 3 场次，受众 2.7 万人次。省科协领导深入学会、定点帮扶村调研宣讲十九大精神、习总书记“4 · 13”重要讲话和中央 12 号文件精神 4 次。科协门户网站开辟党的十九大精神学习专题和海南自贸区（港）建设专栏，制作宣传栏 5 期、宣传标语 46 块，利用分布全省的 185 个科普中国 e 站进行宣传学习。

修订、完善和建立重大问题专题研究、重大任务定期调度、重要工作及时总结、重要事项督办问责等制度 57 个，规范议事决策和工作流程，提高工作效率和执行力。落实《关于开展“我与宪法”优秀微视频征集展播活动的通知》《关于充分运用〈中国普法〉、〈法制海南〉微信公众号做好法制宣传教育工作的通知》等，开展全国第五个宪法日主题活动，班子成员带头进行宪法宣誓仪式，邀请宪法宣讲团专家作报告《新时代宪法的发展》。在“科普海南”公众号开辟宪法宣传周专栏，普及宪法知识，弘扬宪法精神。坚持以落实巡视整改工作为契机，提高科协工作科学化水平。省科协党组根据省委第四轮巡视第三巡视组反馈的问题和意见建议，组织开展巡视整改工作；建立健全各项规章制度；开展机关作风纪律、重点领域部门和岗位、学会工作等专项整治和专项检查工作。创新“四服务”职责内涵，提高科协工作科学化水平。开展党组会、党组理论学习中心组学习会和分层分批开展专题研讨、举办专题培训及深入基层一线宣传等活动，全年召开党组学习、党组理论学习中心组学习和全体干部职工大会共计 26 次。举办十九大精神和自贸区（港）建设专题讲座 8 期，累计参训人数 150 余人。班子成员参加省委组织的周末学习班和省委理论学习中心组学习 2 次，参加“4 · 13”“全面深化改革开放”等专题培训班 2 期。发挥机关纪委监督执纪问责作用，开展监督检查工作。配合省纪委监委派驻组开展各项巡查工作。严格执行新形势下党内政治生活若干准则，落实严肃党内政治生活、净化党内政治生态各项任务。

全面深化改革。开展“大学习、大宣讲、大行动”专题活动。门户网站开辟专栏，分享解读习近平总书记“4 · 13”重要讲话、中央 12 号文件和海南省委七届四次和五次全会精神的理论文章。组织人员赴山东省、江苏省等地调研，参观海南建省办经济特区 30 周年成就展等。开展“勇当先锋，做好表率”专题活动。召开会议，制订方案，明确 9 方面 21 项工作任务。开展党员讲体会、支部书记讲党课演讲比赛。举办自贸区（港）建设专题培训班 3 期。开展“勇当先锋 做好表率”岗位大练兵活动，活动期间收到心得体会 100 余篇、专题调研报告 8 篇。主动认领中央第十二巡视组巡视反馈意见的整改任务，梳理 5 个方面 13 项共性责任，制订整改方案，提出整改措施 29 条，均已落实并长期坚持。配合七届海南省委第四轮巡视第三巡视组开展巡视工作，制定《落实七届省委第四轮巡视工作实施方案》，配合巡视组开展巡视。巡视期间共报送巡视材料507份，对6个市县科协、3个学会进行行业督查检查，对省科协机关和直属事业单位开展内部监督检查。

地市县及科协基层组织 出台《海南省科协系统深化改革方案》。从4个方面提出改革措施19项。万宁、澄迈等5个市县科协相继出台深改方案。

省级学会、企业科协、高校科协 成立6所高校科协。开展提升基层科协组织力“3+1”试点。学会治理结构改革有效推进，成立中共海南省科协科技社团委员会，指导77家省级学会成立党支部。推动学会承接政府职能工作，提升学会创新和服务能力。

3月29日，中共海南省委办公厅出台《海南省科协系统深化改革方案》。该方案结合海南特点和海南省科协工作实际，明确海南省科协系统深化改革总体要求、基本原则和总体目标，从四个方面提出改革措施19项。

一是创新完善省科协组织体系。推进省、市（县）科协机关改革；提高科协领导机构广泛性代表性；扩大学会有效覆盖面。

二是创新服务科技工作者的机制。创新科技人才成长成才服务机制；建设网上科协，打造海南科学文化传媒体系；创新学会治理方式；有序承接政府转移职能；整合资源，协同推进科协工作。

三是增强服务创新驱动发展的能力。在服务科技创新和经济建设中主动融入新发展理念；引导各级各类学会助力创新发展；创新以科普信息化建设为龙头的普惠共享现代科普体系；推进服务党和政府科学决策的科技创新智库建设；创新拓展对外科技交流渠道；创新宣传手段，打造科协系统宣传精品。

四是加强和改进党对科协工作的领导。加大对科协工作的支持保障力度；改革学会党建工作机制，扩大组织覆盖；创新学会党组织运行机制，强化工作覆盖；加强思想引领机制，不断保持和增强政治性；突出和增强先进性，引导科技工作者自觉践行社会主义核心价值观。

省科协开展庆祝科技工作者日活动。海南省科协领导分别带领5个慰问小组开展科技工作者慰问活动，重点慰问30年来坚守海岛并做出贡献的科技工作者代表。举行主题为“服务海南自由贸易区（港）建设　科技工作者的担当”沙龙活动，召开“30年的‘坚’与‘守’”——2018海南省全国科技工作者日人才专题座谈会。

9月13—14日，第九届海南省科技论坛——发展热带农业　助推乡村振兴主题论坛在海口市举行。此次主题论坛由省科协主办，省植物学会、省农学会等9家省级学会共同承办。来自全国64家农业科研单位的350余名农业科技工作者参加论坛。论坛开幕式由省科协副主席史海涛主持，省科协党组成员、副主席郑红参加论坛并致辞。论坛邀请中国工程院院士、湖南省农业科学院院长邹学校等3名专家作主旨报告，南京农业大学陈发棣教授等5名专家作特邀报告。论坛围绕遗传育种与生物工程、植物病虫与绿色农业、药用植物与品牌农业、低碳农业与美丽乡村四个主题分别设立分论坛，邀请省内外专家学者作学术报告，专家们针对做强做优海南热带特色高效农业、助力乡村振兴主题建言献策。

9月15日下午，由省科协、省委宣传部、省工信厅等单位共同组织开展的2018年海南省全国科普日活动在海口市龙华区国贸京华城中庭广场启动。启动仪式由副主席刘丹主持，副主席郑红致辞。启动仪式结束后，2018年海南省全国科普日主会场活动其他板块活动开幕。主场活动包括启动仪式、科普主题展、科普知识互动、宣传普及互动等主题活动，共有32家省内外相关科普产业公司和单位、7家科研机构、5个省级学会和协会共同参加科普主题展和科普宣传，参展项目104个。

（撰稿人：陈　理）

重庆市科学技术协会

服务经济社会发展 市科协加强“一带一路”与长江经济带协同创新研究中心的运行建设管理，获批设立中国工程院科技发展战略重庆研究院下属项目征集办公室。立项调研课题16个，完成中国科协“‘三型’科协组织建设研究”课题。向市委、市政府和中国科协报送决策咨询专报46篇，其中3篇由中央办公厅、国务院参事室、中国科协转报党中央国务院领导决策参考，25篇获省部级以上领导批示。与中国科协创新战略研究院联合举办第三届科协改革研讨会，编辑出版《科协创新纵横谈》。开展兴调研、转作风、促落实行动，围绕科技创新与乡村振兴、科技创新与城市提升进行蹲点调研，调研成果报送市委、市政府和中国科协。赴湖北省武汉市东湖高新区学习考察，形成《武汉东湖高新区考察报告》，提出的5点建议得到市政府领导的肯定。

新批准4个区县设立市级创新驱动助力工程示范区，全市13个示范区与67个全国及市级学会建立合作关系，与320名院士专家进行对接，开展决策咨询活动135次，签订合作协议51项，为企业解决科技需求75项。市科协党组成员带队深入18家民营企业开展集中走访精准服务民营企业活动。市高校科技资源精准对接企业系列活动走进合川区、涪陵区和璧山区，48个研究团队的84名专家对接28家企业。向1500余家科技信息应用企业推广应用新版数据库，产生新产品43项、新技术56项，申请新专利176项。

首次开展院士专家工作站评估，召开院士重庆行暨院士专家工作站建设推进会。新建市级院士专家工作站24家，撤销3家，全市增至84家。新建区县级院士专家工作站26家，累计引进院士专家668人，其中2家被评为中国科协模范院士专家工作站。实施“院士牵头科技创新引导专项”，对35个院士项目支持资金1100万元。新建海智工作站7家，全市增至28家，累计引进海外高端人才247人。市科技工作者众创之家全年举办双创沙龙75场，孵化项目70余个，获批专利61个。探索学会、学校与企业合作的“两学一产”协同创新机制，在万州区、合川区等区县成立“两学一产”联合体5个，涉及智能制造、食品、信息安全等领域，促进产学研用深度融合。

在深度贫困乡镇实施“六个一”工程，投资1500万元兴建20个共享科技馆和25个乡村科普馆。举办深度贫困乡镇中小学生科技冬（夏）令营活动2次，受益中小学生108人。开展科技助推深度贫困乡镇产业发展培训班。遴选24个市级学会与24个村结对子实施“村会合作”项目，每年支持240万元建设乡村振兴示范点，成立重庆市科协助力乡村振兴学会联合体。推进对口支援昌都工作，投入30万元支持建设LED科普画廊，免费赠送优质科普读物。市科协扶贫工作情况被国务院扶贫办网站刊载，市科技助力精准扶贫领导小组被评为全国科技助力精准扶贫工作优秀组织单位。

《科学素质纲要》实施及科普信息化建设工作 履行公民科学素质实施纲要办公室职责。120余万人次参与首届市公民科学素质大赛。开展公民科学素质调查，2018年重庆市公民具备科学素质的比例达8.01%。市科协在首届世界公众科学素质促进大会上作题为“找准新时代科学普及工作的发力点”交流发言。

全市1800台科普文化重庆云终端运行良好。举办全国科普日、科普大篷车、流动科技馆等科普品牌活动200余场次，300万人次参与。加强反邪教工作，区县反邪教协会组织实现全覆盖，开展2018年防范邪教宣传日（周、月）、反邪教警示教育和走访慰问等活动。重庆科技馆推进馆馆合作、馆校合作，接待观众250余万人次。科技服务中心承接一系列重大活动。中科普公司以STEAM课程切入科技教育领域，《电脑报》转型全媒体科普传播平台；《课堂内外》发行量4780万册，《重庆科技报》累计发行196期；整合中科普集团、《课堂内外》《电脑报》等资源，启动筹建重庆科普文化产业（集团）公司。

探索建立青少年科学素养标准，形成的《关于制定青少年科学素养标准的建议》被中国科协采纳。举办第11届青少年科技创新市长奖颁奖活动、全国青少年“五好小公民”主题教育读书活动、第18届中国青少年机器人竞赛重庆赛区选拔赛等青少年科技教育活动。

学术交流 支持市级学会举办全国大数据与人工智能科学大会、2018国际前沿科技创新大会、山区交通基础设施长期性能与安全国际会议、2018桥梁文化论坛等国际国内学术活动400余场次。资助2018中国生物化学与分子生物学全国学术会议、第六届全国种群生态学前沿论坛、中国长江流域船舶“一带一路”建设学术会议、2018新能源汽车等6个高端学术活动。推动与国际和港澳台地区民间科技交流与合作，接待新加坡工程师学会代表团，举办第十一届海峡两岸科普论坛，组织参加第十七届海峡两岸大学生辩论赛、第九届海峡两岸青年学子科技交流活动。开展2018自然科学优秀学术论文、军民融合发展之路优秀论文评选活动，91篇获奖。

服务科技工作者 召开庆祝改革开放40周年和中国科协成立60周年座谈会，邀请专家举行专题党课辅导、宪法专题讲座等活动。举办科技专家学习贯彻党的十九大精神、习近平总书记两院院士大会重要讲话精神座谈会，举行党的十九大精神集中宣讲、“榜样面对面”专题宣讲及科学道德和学风建设集中宣讲报告会等30余场次。与《重庆日报》策划推出《与在渝院士专家面对面》系列报道10期，举办科技工作者摄影、美术、书法大赛。利用科协系统报刊网等平台宣传习近平新时代中国特色社会主义思想。

开展“三长制”改革试点，全市配备“三长”兼职副主席1346人，其中乡镇（街道）科协1289人。

新建企事业单位科协组织45家、市级学会4家，推进“AI+科协”服务，市科协学会及会员综合管理服务平台正式投入运行。

制定《全市科协系统认真实施科教兴市和人才强市行动计划的若干举措》。健全中国科协九大代表，市科协常委、委员、代表及科协界别政协委员的服务制度。开展科技人力资源调查，全市科技工作者总数达202.17万人。组织2018年全国科技工作者日活动，表彰宣传科技工作者2000余人次。获批开展重庆市创新争先奖评选表彰活动。开展第四届重庆市十佳科技青年奖评选活动。

自身建设　召开市科协党组会议31次、党组理论学习中心组学习会28次，形成《运用科学方法学懂弄通做实十九大精神》《领悟真理力量　担当实践使命》《青年习近平的人格力量》《增强领导干部执政本领的“三子”良方》等理论文章，分别在《党课参考》《当代党员》《重庆日报》发表。推行党建工作纪实制度，基层党组织召开组织生活会24次，开展主题党日290余次，领导干部上党课40余次。“七一”表彰先进党支部13个、优秀共产党员25人、优秀党务工作者19人。开展“缅怀先烈、牢记使命”红色主题教育活动。举办市科协2018年基层党支部书记培训会。实施党建强会计划，支持学会党组织开展政治引领政治吸纳工作，科技社团党委在全市行业党委专职副书记座谈会作交流发言。

举办全市科协领导干部领导力建设与素能拓展培训班2期，120余名干部参加培训。改进干部考核激励，倡导MCR工作方法。举办首届智博会数字经济百人会总结大会并编印“一赛一会”资料汇编。

推进38个区县科协改革，重点推动永川区、石柱土家族自治县2个中国科协改革试点单位的改革工作。荣昌区创建首个全国基层科协综合改革试验区，5个区县出台加强乡镇（街道）科协组织的意见。召开全市社区科协工作现场会，出台《关于进一步加强和改进社区科协工作的实施方案》和《重庆市社区科普大学示范教学点提升行动计划》。

区县及科协基层组织　截至2018年年底，重庆市有区县（自治县）科协38个、万盛经开区科协1个。

江北区科协修订《重庆市社区科普大学江北分校评级管理办法》；新增社区科普大学教学点24个；全年开设培训班126个，开展科普课程570余次，累计培训居民1.8万余人次。酉阳县科协实施“科技人才助育行动专项”，推进创新争先行动，支持项目4个，助力培育科技人才21人。武隆区科协开展“乡村振兴·人才先行科技专家武隆行”活动，邀请10余名院士专家深入基层调研，围绕山地特色高效农业、乡村旅游、人才培育、产业升级等方面为乡村振兴精准把脉、建言献策。开州区科协举办镇乡街道科协秘书长培训会，围绕为什么要成立镇乡街道科协、怎样组建好镇乡街道科协、如何发挥好镇乡街道科协的作用3个方面授课，全区40个镇乡街道科协秘书长参加培训。

市级学会、企业科协、高校科协　截至2018年年底，重庆市共有市级学会161个、市科协直接批复成立的企事业科协256家、区县企事业科协426个。

清理“僵尸”学会3个，对5个问题学会予以黄牌警告。21个学会完成换届。15个学会参加社团组织评估，其中市电机工程学会、市公路学会获评5A级，市水利学会、市防水防渗灌浆技术协会、市电子学会、市测绘地理信息学会、市护理学会获评4A级。深入贯彻实施《关于推进市科协所属学会有序承接政府转移职能或委托工作的实施意见》，召开承能工作推进座谈会。市科协所属学会中，57个市级学会累计承接政府转移职能或委托工作206项。市气象学会举办2018年世界气象日系列科普活动。市工业设计协会举办第十一届中国（重庆）明日之星智能产品创新创业设计大赛。市煤炭学会举办小型强力机械化自动测孔钻机推广活动。市化工节能与防腐蚀技术协会组织开展施工质量管理暨上岗证继续教育培训。长安汽车科协举办汽车轻量化联盟&电动车联盟走进长安、智能网联技术与产品巡展等新技术巡展交流活动。

【首届中国国际智能产业博览会】8月23—25日，由市政府、科技部、工业和信息化部、中国科学院、中国工程院和中国科协共同主办的首届中国国际智能产业博览会在重庆市举办。中共中央总书记、国家主席、中央军委主席习近平向大会致贺信。中共中央政治局常委、国务院副总理韩正出席开幕式，宣读习近平主席贺信并致辞。中共中央政治局委员、市委书记陈敏尔在开幕式上致辞。中国科协党组书记、常务副主席、书记处第一书记怀进鹏代表主办单位致辞。

市科协完成市委、市政府和承委会交办的任务，完成40名院士嘉宾的接待工作。会同中国科协学会学术部、中国电子学会承办数字经济百人会、高端闭门研讨会，举办中国科学技术协会与重庆市人民政府全面战略合作协议签约仪式。

【承办第33届全国青少年科技创新大赛】 8月14—20日，第33届全国青少年科技创新大赛在重庆市举行。大赛由市政府、中国科协、教育部、科技部、生态环境部、国家体育总局、国家知识产权局、自然科学基金委、团中央、全国妇联主办，市科协、中国科协青少年科技中心、中国青少年科技辅导员协会承办。全国政协副主席、中国科协主席万钢，市委副书记、市长唐良智出席开幕式并致辞。

大赛以“创新·体验·成长”为主题，设计“3+2+1+X”活动：“3”为开、闭幕式及专项奖晚会；“2”为竞赛活动、展览展示，其中竞赛活动包括青少年科技创新成果竞赛、科技辅导员科技教育创新成果竞赛，展览展示包括青少年优秀获奖作品展、中国科协青少年科技教育专题展；“1”为“一带一路”青少年科技夏令营；“X”为其他专项交流活动，包括中国－东盟青少年创新大赛、2018科学教育国际论坛、“一带一路”科技教育论坛、“十佳科技创新教育学校”校长论坛、公众开放、大数据和人工智能展示等活动。

重庆市19个青少年科技创新成果和12个科技辅导员创新项目入围终评，其中青少年项目共获一等奖5项、二等奖10项、三等奖4项；科技辅导员项目共获一等奖4项、二等奖5项、三等奖3项。重庆市八中学生冯路桥获中国科协主席奖。在专项奖评选中，重庆市代表队共获专项奖47项，其中教师项目专项奖10项、学生项目专项奖37项，西南大学附属中学获十佳科技教育创新学校称号，重庆市八中获科技创新教育特别贡献奖。

【2018重庆国际人才创新创业洽谈会】 11月10—11日，由市委、市政府主办，市委组织部、市人力社保局、两江新区管委会、市科协承办的2018重庆国际人才创新创业洽谈会在重庆悦来国际会议中心举行。市委书记陈敏尔，市委副书记、市长唐良智会见与会外国院士、中国科学院和中国工程院院士、部分知名企业家。唐良智、人力资源和社会保障部副部长张义珍在开幕式上致辞。

此届洽谈会以“创新创业、人才引领”为主题，旨在搭建集人才、智力、技术、项目于一体的国际交流合作平台。同期举办创新创业项目大赛、院士重庆行暨院士专家工作站建设推进会、人才发展环境暨创新创业成果展、紧缺优秀人才招聘会等系列活动。市科协邀请29名院士、100名高层次人才参会，会同市生态环境局、市科技局、市卫健委分别联合举办生态环保前沿科技学术报告会、大数据智能化前沿科技学术报告会、生物医药前沿科技学术报告会。大会促成正式签约引进人才268人、落地项目163个。

11月10日下午，由市科协主办的院士重庆行暨院士专家工作站建设推进会在重庆悦来国际会议中心举行。市委常委、组织部部长胡文容，中国科协党组成员、中国科技馆馆长殷皓出席会议并讲话。市科协党组书记、常务副主席王合清主持会议。12名院士专家工作站进站院士出席会议。

会议通报2018年重庆市院士专家工作站评估工作结果，公布2018年重庆市院士专家工作站柔性引进院士牵头科技创新引导专项，公布2018年重庆市院士专家工作站建站单位名单，胡文容、殷皓为24家新建站单位授牌。重庆房地产职业学院院士专家工作站江欢成院士、重庆邮电大学院士专家工作站柴天佑院士作交流发言。3家院士专家工作站代表作发言。

会议结束后，30余名院士深入各建站单位开展院士重庆行活动。

【2018年重庆市科协年会系列活动】 6月13—14日，由市科协、潼南区政府共同主办的2018年重庆市科协年会系列活动在潼南区举行。此届年会以“创新驱动·智慧发展”为主题。活动总体分为“1+3+X”，即开幕式和大会特邀报告会，专题论坛、科技竞赛、决策咨询3个板块和其他配套活动。市科协和潼南区相关领导，各分论坛特邀专家，相关高校、科研院所、市级学会专家，各区县科协主席和农技协负责人，潼南区相关部门、镇街、园区等负责人及新闻媒体记者共计800余人参加活动。

14日上午，举行开幕式和大会特邀报告会。市科协主席、中国工程院院士潘复生，中国科学院院士田禾，中国科学院院士崔鹏，中国工程院院士赵春江，德国汉堡科学院院士张建伟，中国农业大学原校长柯炳生等出席相关活动。潘复生、田禾、崔鹏、张建伟分别作大会特邀报告《科技创新生态和创新体系》《精细化学2.0》《长江上游水土保持与灾害防治》《认知信息物理系统时代的人工智能》。

14日下午，举行院士专家与潼南区党政领导座谈会。相关专题论坛代表分别围绕潼南区人工智能与智能装备、绿色发展与环境保护、天然气综合利用、柠檬产业发展等方面汇报前期调研情况，并提出决策咨询建议。赵春江、张建伟、柯炳生、李万林、张洪松、易小光等与会院士专家围绕潼南区经济社会发展建言献策。年会同步举行人工智能与智能装备、绿色发展与环境保护、天然气综合利用、柠檬产业发展4个分论坛，形成《决策咨询报告集》。

年会期间举办照明科技前沿技术与产业发展、物联网与区块链技术发展2个学术交流活动。开展科技与乡村振兴战略研讨会、认识机器人——机器人展示体验2个科普活动。举办市大学生软件设计大赛优秀参赛作品展示及产学研成果对接等活动。

【2018年重庆市全国科普日】 9月15日，2018年重庆市全国科普日活动在重庆国际博览中心智慧小镇开幕。市委常委、组织部部长胡文容宣布活动正式启动。市委宣传部、市教委、市科委、市经济信息委、两江新区管委会和市科协等单位的负责人参加相关活动。启动仪式上，渝中区大溪沟街道、人和街社区等10个科普中国e站被授牌。杨万才等10名最美科普志愿者获奖者和毕小江等10名最美科普志愿者提名奖获奖者获得表彰，最美科普志愿者获奖代表李麒麟作发言。

此届科普日活动主题为“创新引领时代，智慧点亮生活”。9月15—21日，举办重庆市首届公民科学素质大赛决赛、华夏航空之旅科普日专场活动、重庆科技馆科普日专场活动、科技人文大讲坛活动、科普进乡村入农户行动、科普基地和科研机构开放活动等活动百余场。举办网上科普日活动，通过科普文化重庆云平台让市民了解科普常识。

重庆市首届公民科学素质大赛由市科协主办，主题为“普及科学知识，提升科学素质”。比赛内容涵盖《公民科学素质问答与测试》、科普中国时事热点、前沿科学、科学素质综合能力等试题，题目涉及环境保护、航空航天、食品安全、消防抢险、城市应急等领域。比赛分为初选、复赛、决赛，共有8支代表队进入决赛。9月14日上午，重庆市首届公民科学素质大赛决赛在重庆彩电中心举行，由重庆科教频道录播。

（撰稿人：贺　鹏）

四川省科学技术协会

服务经济社会发展　4—9月，省科协开展大学习、大讨论、大调研活动。组织起草《2018年科技智库调研课题项目指南》《科技智库调研课题管理办法（试行）》等文件，并组织有关单位申报项目，动员科技工作者开展调查研究和建言献策。组织院士专家共同起草完成20余篇智库报告、40余项科技工作者建议。向省委、省政府报送《科技创新支撑引领四川省高质量发展调研报告》《关于加快研究出台推动四川经济高质量发展考核指标体系的建议》《关于制订激发贫困群众脱贫内生动力专项扶贫政策　为我省夺取脱贫攻坚胜利提供有力支撑的建议》《关于推进我省脑科学发展　引领新一轮产业发展的建议》等决策建议报告，受到彭清华、邓小刚等省领导批示肯定。

4月，联合省发展改革委开展2018年“创响中国”新希望站活动。10月，开展2018年全国双创活动周四川主会场活动，组织学会、市（州）科协在活动周期间举办双创主题活动。省科技咨询服务中心举办四川省知识产权战略巡讲、四川省双创科技信息企业推广应用服务专利应用工程师培训、企业一线创新人才培训等各类培训20余次，培训各类人才3000人次。完成技术合同认定登记52项，合同交易总金额5160万元。

制定《深入实施创新驱动助力工程的意见》，举办创新驱动助力工程工作会，推动德阳市、南充市、成都市郫都区全国创新示范市建设，德阳市被中国科协评为优秀试点单位，南充市、成都市郫都区被评为合格试点单位。加强中国科协（成都）海外人才离岸创新创业基地建设，设立中国海归创业联盟成都创业中心，建成纽约、首尔等海外工作站18个，成立中国科协海智计划广元、绵阳工作基地，建立离岸基地德阳市、遂宁市、广元市、天府新区工作站。

截至2018年年底，全省已建省、市（州）级工作站454个，其中省级工作站70个，工作站在市（州）覆盖率达100%。引进院士172人、高层次专家2450人，合作开展科技项目1089项，带动建站单位投入研发经费近66亿元，实现产值885亿元，其中新产品实现产值365亿元，新增利税78亿元。为建站单位提供战略咨询4779次，形成研究报告1521篇，帮助企业解决关键技术难题1604项，获发明专利1817项，获省部级及以上科技奖励235项，推广转化科技成果1794项，主持或参与制定国家行业标准332项。省科技咨询服务中心连续三年被评为全国院士专家工作站建设示范单位。

推进精准扶贫，选派7名科协年轻干部到定点帮扶的甘孜州乡城县、凉山州布拖县开展脱贫攻坚工作，在乡城县、布拖县、美姑县和昭觉县开展27期科技助力精准扶贫培训工作，培训1000人次，发放培训资料1700余份。参与“藏区文化发展繁荣计划”，向藏区4146个行政村免费发放《四川科技报》。“借羊还羊”扶贫模式落地实施，在乡城县、布拖县组织实施“科技产业脱贫致富”“学生科技夏令营”“共享科技馆建设”“科普科幻资源捐赠”等扶贫项目，落实项目资金81万元。

主办四川省第二届农村乡土人才创新创业大赛，发现一批在创新创业方面卓有成效的农村乡土人才，营造全社会关心支持农村创新创业的氛围。成立四川乡村振兴农民大学，与德阳市政府、绵竹市政府签订合作协议，共同推动四川乡村振兴人才培养，对全省45个深度贫困县的基层农技协骨干、技术带头人和扶贫村干部进行培训。组织成立四川竹产业科技创新联盟，吸纳各级学会、高校和科研院所、企业等近100家单位参与，着力培育一批技术能力强、规模效益好的竹类经营知名品牌和龙头企业。推动农技协转型升级，制定《关于农技协转型升级服务乡村振兴的实施方案》，计划3年内重点打造100个产业聚合领航农技协，建设一二三产有机融合的全产业链农业体系。

《科学素质纲要》实施及科普信息化建设工作 7月2日，2018年四川省全民科学素质工作专题会议在成都市召开。全省全民科学素质工作相关单位的负责人以及科普作家代表参加会议。会议分析总结2017年全民科学素质工作取得的成绩和存在的问题，安排部署2018年公民科学素质建设重点工作。省教育厅、省科技厅、省环保厅、省卫生计生委相关负责人以及科普作家张文敬在会上分别结合自身职责，从不同角度介绍推动四川省科普工作的经验。

开展21个市（州）公民科学素质中期监测评估，全省公民具备科学素质比例达到7.46%。改造后的四川科技馆共接待观众近200万人次。启动中国流动科技馆四川第二轮巡展，完成29个站点巡展，服务公众113万余人次。全省建成社区、乡村、校园科普e站1417个。

举办省青少年科技创新大赛、省青少年机器人创新实践活动、中学生英才计划、全国青少年高校科学营、首届四川省青少年创意编程与设计活动。承接2018年青少年科学调查体验活动全国首发式，组织开展省青少年科学调查体验活动。

成立四川省科幻学会，出版《玩家1号》《量子魔术师》等作品。《科幻世界·译文版》实现日本科幻专辑出版，通过英国火焰树出版社实现中国科幻版权输出。举办科幻阅读季、科幻周、科幻大会等活动。推进科幻影视城、科幻产业园、未来博物馆、科幻研究中心等项目建设工作。《科幻世界》杂志再次获出版政府期刊奖提名奖，再次入选第三届全国“百强报刊”。

腾讯新闻客户端科普频道、天天快报科幻频道及科普四川微信公众号等科普媒体影响力持续扩大。“科普大篷车”电视栏目在全省电视台开播数达200家，与四川广电网络合作在《川网导视》频道每天开播“科普之窗”，与康巴卫视合作每周持续播出“云丹科普苑”，支持凉山州电视台播出“科普苑”20余期。在全省建立一支专兼职结合的科普信息员队伍，通过“群主”模式实现科普信息分类精准推送。

学术交流 联合遂宁市举办2018绿色发展科技创新大会，举办中西南学会学研究第36届年会，组织四川省大学生计算机作品赛、创青春四川大学生创新创业大赛。支持、指导省级学会开展学术交流活动，全年各省级学会开展学术交流活动1000余场次，如2018年首届人工智能与大数据国际会议、2018年第七届生物育种暨高通量筛选技术理论与应用研讨会、2018年四川省环保科技学术交流会、四川省第九届乡村文化旅游节百博汇智竹文化旅游论坛、新世界新思维新方向创新沙龙论坛等。加强省际学术交流活动，组织科技工作者参加中国科协第20届杭州年会。促进国际民间科技交流，组团参加在莫斯科举办的高速铁路国际学术论坛。

服务科技工作者 联合科技厅组织召开四川省科技奖励大会，表彰为四川科技事业做出贡献的科技工作者。组织开展“天府万人计划”天府杰出科学家初评工作；开展2018年四川省科学技术奖、中国科协第二十一届求是杰出青年成果转化奖、2018年享受政府特殊津贴人员候选人等推荐工作。制定《青年人才托举工程实施方案》，培养学术和科技青年领军人才。

组织开展四川省2018年全国科技工作者日活动，开设创新争先先锋、科技助力扶贫先锋等媒体宣传专栏，持续开展老科学家学术成长资料采集工程，开展科学道德和学风建设宣讲教育活动，在弘扬科学家精神、营造创新创造氛围等方面发挥作用。

自身建设 学习宣传贯彻党的十九大精神、习近平总书记来川视察重要讲话精神和省委十一届三次和四次全会精神。召开党组中心组学习会12次、党组会议28次、专题会议26次，开展“大学习、大讨论、大调研”活动，党组成员带队“走基层”宣讲，把中央、省委决策部署传达到基层科协组织和科技工作者，引领科技工作者自觉听党话跟党走。

7月3日，省科协八届十一次常委会在蓉召开，会议传达了第二十届中国科协年会精神、省委第十一届三次全会精神，通报了省科协2018年上半年工作总结暨下半年工作计划，审议了《四川省科学技术协会省级学会组织通则》。

成立中共四川省科协系统社会组织委员会，分类指导推进科技社团党建工作。已有28个学会相继成立27个党支部。选派39名党建工作指导员协同抓好社会组织党建工作，探索建立省级学会功能型党组织，扩大党的组织覆盖和工作覆盖，加强科技社团党建工作。

加强省科协改革工作，完成机关内设机构职能调整和事业单位改革。督促、指导市县科协推进改革工作，21个市级科协全部出台改革方案；各市、县科协改革工作有序推进。组织开展提升基层科协组织力“3+1”试点工作，试点单位涵盖9个市（州）、18个县（市、区）、146个乡（镇、街道）科协。

制定省科协所属学会承接政府转移职能项目绩效评估办法和操作规范，支持、指导试点学会承接政府转移职能；47个省级学会以转移、委托、授权等形式承接职能112项。推动省级学会创新发展，秘书处实现实体化的省级学会达69个，实现秘书长职业化的省级学会达41个，有专职工作人员385人。

地市县及科协基层组织　截至2018年年底，全省有市（州）科协21个、县（市、区）科协183个、乡镇（街道）科协3832个、农村专业技术协会6609个、科普志愿者18.1万人。

成都市科协为发挥市级学会的专家力量和专业优势，动员组织市级学会开展城乡社区科技公共服务站试点建设工作，助力乡村振兴战略和高品质和谐宜居生活社区建设。开展以科技集市形式提供服务的试点工作，首批16家试点学会已与成都市城乡社区签订服务协议48份，建立科技公共服务站48个。试点社区群众对学会服务满意度达91.86%。在成都市郫都区举办首届成都市城乡社区科技公共服务集市，搭建科协组织服务乡村振兴和社区发展治理的重要平台，打通科技公共服务“最后一公里”。

遂宁市科协开展“全国学会遂宁行”项目对接活动，举办全国首届绿点大赛，开展专家学者为遂宁海绵城市建设、城市发展规划、加快建设绿色经济强市献计献策活动，推动全市相关企事业单位、学会与全国学会、科研院所及高校的合作。

泸州市科协实施“科普中国·百城千校万村行动”活动，构建科普小松鼠科普传播矩阵。在原有面向机关干部的“科普小松鼠”手机彩信传播平台、川江都市报“科普小松鼠”专栏传播平台基础上，2018年新建微信公众号移动端传播平台、公交车载视频传播平台、泸州日报户外触摸阅读屏传播平台3大平台，推动“科普中国”落地传播模式创新，提升传播效果。

省级学会、企业科协、高校科协　截至2018年年底，全省共有省级学会188个、企事业（园区）科协1188个。

省老科协第八次会员代表大会在成都市召开。中国老科协会长陈至立，省委副书记邓小刚出席会议并讲话。省人大常委会副主任陈文华、省政协副主席祝春秀参加会议。翟占一当选省老科协第八届理事会会长。省石油学会联合国家能源高含硫气藏开采研发中心、西南油气田公司主办的高含硫气藏开采国际技术交流会在成都市召开。大会围绕降低安全风险、降低环境危害、提高气藏开发效益和开发水平等新攻关方向进行讨论。省电子学会举办首届IEEE电子技术国际会议（ICET 2018），来自世界各地的140余名专家学者参加会议。会议论文集收录论文89篇，并提交EI核心和Scopus检索。省计算机学会召开第七次会员代表大会暨2018学术年会。中国科学院成都计算所王晓宇当选第七届理事会理事长，中国科学院院士张景中被聘请为名誉理事长。

【四川省科学技术奖励大会】 5月30日，省委、省政府在成都市举行四川省科学技术奖励大会，表彰为四川省科技事业做出贡献的科技工作者。省委书记彭清华出席大会，省委副书记、省长尹力讲话，省政协主席柯尊平出席，省委副书记邓小刚主持并就贯彻落实会议精神提出要求。

大会召开前，彭清华、尹力等会见出席大会的部分科技工作者，听取他们对四川实施创新驱动发展战略的意见建议。会见结束后，彭清华、尹力等参观2017年度省科学技术奖获奖项目展，听取专家学者和有关方面负责人关于四川省重大科技创新成果介绍，了解研发创新、成果转化、市场拓展、人才培养等情况。

会上宣读了省政府关于2017年度四川省科学技术奖励的决定，省委常委、组织部部长黄建发宣读四川省第七批院士（专家）工作站名单。随后，彭清华、尹力、柯尊平、邓小刚等省领导为获奖代表颁奖，为东方电气集团东方锅炉股份有限公司、四川省有色科技集团有限责任公司院士（专家）工作站等10个省级院士（专家）工作站授牌。

【第33届四川省青少年科技创新大赛】 3月31日—4月2日，由省科协、省教育厅、省科技厅等有关部门共同主办，以“创新·体验·成长”为主题的第33届四川省青少年科技创新大赛在成都市华阳中学举办。中国工程院院士、省科协主席谢和平，省政府副秘书长朱家德等出席活动并参观创新成果展示。来自全省21个市（州）的近400名青少年、50名科技辅导员携1548个创新项目参赛，大赛评出一等奖239个、专项奖30个。

【四川乡村振兴农民大学成立】 6月12日，由省科协、德阳市人民政府、绵竹市人民政府共同举办的四川乡村振兴农民大学成立签约揭牌仪式暨首期培训开班仪式在绵竹市举行。省级涉农学会（协会、研究会）的相关专家，省、市（州）科协相关负责人，省科协、德阳市、绵竹市有关部门负责人参加揭牌仪式。来自全省45个深度贫困县的有关县级部门负责人、乡镇负责人、驻村扶贫干部、农技协或合作社领办人、农村科普带头人等100余人参加首期培训。

【四川省第二届农村乡土人才创新创业大赛】 1月10—12日，由省科协、省委农工委、省农业厅、省扶贫和移民局、邮储银行四川省分行主办，成都市科协、新都区人民政府、四川科技报社、四川省农村专业技术协会承办的四川省第二届农村乡土人才创新创业大赛决赛在成都市新都区举行。大赛以“创业成就梦想、奋斗致富奔康”为主题，旨在搭建展示交流、资源对接和项目孵化平台，发现一批在创新创业和脱贫攻坚方面卓有成效的农村乡土人才，示范引领更多的农村乡土人才成为创业致富的领头人，助力农村脱贫攻坚，为实现全面建成小康社会和创新驱动发展战略奠定群众基础。大赛评出金奖10名、银奖20名、铜奖30名、脱贫攻坚特别奖15名和优胜奖若干。

【中西南学会学研究第36届年会】 8月28日，中西南学会学研究第36届年会在绵阳市召开。年会以“深化学会改革　激发创新活力”为主题。来自四川、云南、广东、广西、海南、河南、重庆等省、自治区、直辖市科协的领导和学会工作部有关代表、论文作者，四川各省级学会（协会、研究会、促进会）代表，各市（州）科协分管学会工作领导、学会工作负责人及市级学会代表200余人参加会议。

会上，省电子学会普及工作委员会秘书长刘桄序、省科技协同创新促进会秘书长雷伟、绵阳市商务协会会长张忠诚、河南省商丘市医学会秘书长邵世清、省测量控制与装备应用促进会理事长刘佳雄等10名学会工作者围绕学会改革发展作交流发言。

会后，与会代表走进绵阳市梓潼县中国两弹城，参观考察两弹历程馆、两弹模型馆、邓稼先旧居和三防教育馆，了解“两弹”研制的幕后故事和科技强国的艰辛历程。

【第十七届中国西部海外高科技人才洽谈会人工智能高峰论坛】 9月10日，第十七届中国西部海外高科技人才洽谈会人工智能高峰论坛在成都市举办。论坛由省科协、省外事侨务办、省经信委承办，省人工智能联盟举办，旨在为全球人工智能顶级学术、产业、投资搭建“产学研”跨界交流平台，促进全球人工智能应用发展，推动四川省人工智能产业发展。中国工程院院士谭建荣作主题报告《人工智能：内涵、热点、技术与应用》，中国科学院院士尹浩作主题报告《万物智联面临的挑战》，南京大学计算机科学与技术系主任周志华、香港大学工程学院院长助理霍伟栋分别作主题演讲《关于机器学习的一点思考》《人工智能与未来教育》。

（撰稿人：余永刚）

贵州省科学技术协会

服务经济社会发展　省科协制定实施“三年提质脱贫攻坚计划”，引导全省科技工作者参与脱贫攻坚、服务经济社会发展。开展基层科普行动计划，制定《贵州省基层科普行动计划实施方案》和《贵州省基层科普行动计划资金管理办法》，推动基层科普行动计划工作规范化、制度化。在各地各部门申报基础上，与省财政厅共同组织评审组对申报项目进行评审，最终资助科普惠农兴村工程49个、社区科普益民工程33个、基层科普能力提升工程28个、科普信息化工程6个，资助金额共计1555万元。投入121万元资助36个科技致富“二传手”培训项目。

3月22—25日，邀请中国科学院院士陈宜瑜、傅伯杰等30人及南京大学、中国科学院水生生物研究所20余名专家在赤水市开展院士专家援黔行动——赤水行活动，举办专题报告、科普报告；30余名院士专家与遵义市、赤水市党政领导干部进行座谈，就推进赤水河流域保护治理、探索生态与经济协调发展新路子建言献策。6月25—29日，十一届全国政协副主席、中国科学院院士王志珍，中国科协党组成员、书记处书记吴海鹰等一行16人赴贵阳市出席2018年女科学家走基层活动，举办院士专家报告会2场、女科学家进校园报告会5场、女科技工作者座谈会1场、特色产业对接活动2场。全年分批次邀请院士专家进校园、进企业、进社区开展院士专家报告会26场次，现场受众6200人次，通过网络渠道延伸受众近1万人次。

《科学素质纲要》实施及科普信息化建设工作 整合省全民科学素质工作领导小组各成员单位力量，落实《科学素质纲要》，推动省公民科学素质提升。9月，中国科协“十三五”中期公民科学素质抽样调查结果显示，贵州省公民具备基本科学素质的比例为5.01%，比2015年的3.56%提高1.45个百分点，提升幅度为40.7%。履行全民科学素质工作领导小组办公室职责。3月19日，贵州省全民科学素质工作领导小组召开第十一次会议，研究部署2018年工作计划，推进《科学素质纲要》实施。省政府副省长、省全民科学素质工作领导小组组长王世杰出席会议并讲话，要求50家领导小组成员单位要强合作、形成工作合力，紧密结合经济发展和民生改善的需求开展工作。省目标办将全民科学素质工作纳入年度专项目标考核，对省直成员单位进行专项考评。7月，中国科协纲要实施工作“十三五”中期评估检查组到贵州省实地检查，检查组肯定贵州省纲要实施工作，认为贵州省党委政府高度重视，政策保障扎实有力，纲要工作措施到位，重点人群科学素质行动扎实有效；主题活动广泛深入，科普公共服务能力持续提升；省科协发挥牵头部门作用，纲要成员单位协调配合，形成各方参与支持的强大合力。

整合资源深入开展科普宣传。9月15日，贵州省全国科普日主场活动在贵阳市开阳县启动。副省长王世杰、省政协副主席任湘生出席启动仪式。活动期间，各地各部门共组织科普工作者和科技工作者1.4万人，围绕传播新时代新发展理念、倡导科技助力精准脱贫、弘扬科学思想和科学精神、普及科技助力美好生活4方面内容，深入农村、社区、学校、企业开展基层科普、校园科普、科普专家讲科学等活动204场次，参与公众50万余人次。贵州科技馆常设展厅共接待观众41万人次，举办科普大讲堂12期，听众达1600余人次；7月15日—9月16日，举办“海洋精灵”水母科普展，吸引观众2万余人次。中国流动科技馆项目在毕节市大方县、铜仁市江口县、安顺市紫云县等20个县开展第二轮巡展，观众约36万人次。科普大篷车分别在乌当区、平塘县、兴义市等15个县区开展活动20余次。开展反邪教宣传活动20余次，发放宣传资料2万份。

扎实开展青少年科技教育。3月30日—4月1日，由省科协、省教育厅、省科技厅、省环境保护厅、省体育局、团省委、省妇联和遵义市政府共同举办的贵州省第四届青少年科技节暨第33届贵州省青少年科技创新大赛和第四届贵州省机器人竞赛在遵义师范学院举行。7月19—24日，由省科协、贵州大学共同承办的第十八届中国青少年机器人竞赛暨2018世界青少年机器人邀请赛在贵州大学举办。7—8月，组织各市（州）230名青少年学生分别赴北京市、上海市、湖南省、陕西省、四川省、云南省高校和科研院所开展青少年高校科学营活动。举办青少年科学影像节、2018贵州省青少年科学调查体验等青少年科技教育活动。

积极推进科普工作信息化。与多彩贵州网合作建设“科普贵州”网页，发布科普知识内容稿件3600余条，日均浏览量5000余次。开辟科普贵州微博，关注量达27.3万人次。与贵州电视台联合创办《科普贵州》之“不可思异”栏目。全年建设科普农村e站、校园e站和社区e站352个。通过征集文稿、向科学家定向约稿等形式聘请专家进行评审后，资助《贵州桥梁博物馆》等12本科普图书出版，资助金额共计97.8万元。开展百万公众网络学习工程活动，利用互联网、移动客户端等学习平台，联合多彩贵州网推出手机成效测试平台、微信答题闯关活动，同步开展科普有奖征文等活动。百万公众网络学习工程在线成效测试平台访问量达1.91亿人次，共377.5万人、994.2万人次参加在线成效测试答题；收到有奖征文来稿1081篇。

学术交流 组织代表团赴中国台湾地区以及日本、韩国就引进专业技术人才、培育创新型产业等进行交流，并签署相关合作备忘录。举办第三届海峡两岸新农村研讨会，促进安顺市科协与台湾神农科技发展协会、安顺市镇宁自治县金瀑农产品开发有限公司与台湾农村专业技术服务协会签署合作协议。举办贵州省省级学会能力提升研讨会。举办“女性·新时代的创生力量——2018首届贵州精英女性文化论坛”。

服务科技工作者 制定《贵州省科协关于开展2018年“全国科技工作者日”活动的实施方案》，开展全国科技工作者日庆祝活动。分别邀请省四大班子领导在全国科技工作者日期间带队慰问科技工作者代表。5月30日，与省委组织部、省人社厅等联合开展2018年全国科技工作者日贵州主场活动暨第十四届贵州青年科技奖获奖者表彰仪式，邀请往届贵州青年科技奖获得者作专题报告，举行贵州科学技术名人网络展馆建成上线仪式。省科协驻会领导分别带队慰问科技工作者代表。与贵州电视台2频道合作，挖掘在推进贵州经济社会发展过程中的科技工作者的典型人、典型事，拍摄制作专题片，宣传省优秀科技工作者先进事迹和科研成果。支持编撰出版“贵州省科学家传记丛书”（第一卷），弘扬科学家精神，引导科技工作者践行社会主义核心价值观。开展贵州省第一届创新先锋、科技榜样系列宣传活动。与省妇联联合组织推荐第十五届中国青年女科学家奖候选人、2018年度未来女科学家计划候选人。经单位推荐、综合评审，确定推荐宋月华、康颖倩、沈奇、苏日新、聂瑛洁5人作为贵州省向中国科协、全国妇联推荐的第十五届中国青年女科学家奖候选人；谭娟、郑雪玉、林洁如3人作为贵州省向中国科协、全国妇联推荐的2018年度未来女科学家计划候选人。推荐贵州省农业科学院名誉院长李桂莲、贵州医科大学海外教育学院副院长康颖倩、铜仁市沿河县黑水新群果蔬协会会长张国英等人为改革开放40周年贵州优秀杰出女性候选人。与省人社厅联合开展贵州省第六届科普工作先进集体和先进个人评选工作，表彰贵州省公安厅刑侦总队警犬训导处等50个先进集体和丁居聪等100名先进个人。评选出500米口径球面射电望远镜工程团队、马铃薯全产业链技术研发团队及金林红、周琦、熊康宁、杜才富、韩洪举、沈祥春、李庆生、周欣共10名（个）贵州省第一届“创新争先·科技榜样”。

自身建设 经省编办批准，设立贵州省科普创新服务中心，为省科协所属正县级公益一类财政全额拨款事业单位。撤销贵州省青少年科技活动中心、贵州省科技咨询中心、贵州省科技培训中心，青少年科技活动中心职能并入贵州科技馆。贵州省9个市（州）科协系统深化改革方案均已印发实施，遵义市科普经费达到人均1元。11月12—16日，省科协第九届委员会委员暨科协系统干部综合能力提升培训班在贵阳市举办。省人大常委会副主任、省科协主席何力出席开班仪式并作题为“新时代科协工作的使命和担当”专题报告。省科协副主席、省科协第九届委员会委员、部分基层一线科技工作者代表、新任县级科协主席、省科协同步小康驻村挂帮点部分党员干部和省科协机关、直属事业单位干部共100余人参加培训。

地市县及科协基层组织 截至2018年年底，贵州省有市（州）科协9个、县级科协87个、街道（社区）科协220个、乡镇科协691个。

贵阳市科协新建科普大学区分校6所，投入经费18万元，开展社区科普便民服务活动，开展科普培训活动60余期；8月31日，上线推出贵阳科普+微信公众号；11月2—30日，由贵阳市政府主办，贵阳市科协、贵阳市教育局、中国航天科技国际交流中心、中国宇航学会承办的航天放飞中国梦科普巡展（贵阳站）在贵阳科技馆举办。遵义市科协投入167万元，撬动各级各部门总投入经费1000余万元，建成新蒲新区科普示范一条街、全省首个乡镇科技馆播州区鸭溪镇科技馆等科普示范阵地38个。六盘水市科协制定《六盘水市科协“农村科普小院”建设工作实施方案》《六盘水市科协“社区科普大院”建设工作实施方案》，开展农村科普小院和社区科普大院试点建设工作。安顺市科协在全国科普日活动期间，围绕“创新引领时代·科技助力脱贫”主题举办科普报告、科普讲座30余场、科普培训80余次，展出展品展具800余件（次）、科普展板1200余块（次），发放科普宣传资料、宣传物品50万余份，接受群众咨询3000余次。毕节市科技馆开展青少年走进科技馆·体验科学活动，免费接待社会公众和青少年2.6万余人次；放映科普宣传片110场，组织科普讲解200场（次），展出科普展板140块（次），举办专题科普讲座7场，演示科学小实验50余场，组织表演科普剧10场。铜仁市科协印发《关于组建各区（县）乡土实用性技术人才（土专家）库的通知》，启动乡土实用性人才库建设，全年收录乡土实用性人才1500余人。黔南州科协通过单独组建、联合组建方式指导黔南州19个学会全部成立党组织，并为每个学会指派党建指导员。黔东南州科协承办2018年中国科协“大手拉小手科普报告希望行”贵州省巡讲活动，10月18—19

日，邀请中国科学院老科学家科普演讲团团长、中国科学院地质与地球物理研究所研究员白武明等6名科普专家在黔东南州民族高中、凯里一中、振华民中、凯里实验高中等学校开展科普报告会，共2100余名学生及中小学科技教师听取科普报告。黔西南州科协承办2018·中国·贵州黔西南州合金材料科技创新峰会暨第26届中国金属学会铁合金分会学术研讨会，兴义市、安龙县被学会授予“科技创新成果转化基地”。

省级学会、企业科协、高校科协 截至2018年年底，省科协所属学会、协会、研究会、促进会（以下简称学会）共128个，新成立省级学会4个。其中，理科学会23个、工科学会37个、农科学会13个、医科学会24个、综合交叉学会31个。省级学会共有会员9.6万人。全省共有企业科协、园区科协198个，高校科协29个，其中新成立高校科协14个。

举办创新驱动助力贵州大健康——食品、药品安全高峰论坛，中国南方喀斯特间歇泉——长顺潮井生态文化高层论坛，国际建模、辨识和控制会议，西南五省市区第二次岩石力学与工程学术大会，第34届国际氟研究学术大会，第十四届泛珠三角区域科协和科技团体合作联席会等学术交流活动，邀请国内外院士专家对经济社会发展中的问题进行研讨，为贵州省生态文明建设、食品药品安全体系建设等献计献策。全年省级学会有2万余人次参加学会学术活动，撰写论文1500余篇，编辑出版论文集4000余册。

【贵州省科学技术协会第九次代表大会】 3月30—31日，贵州省科学技术协会第九次代表大会在贵阳市召开。省委书记、省人大常委会主任孙志刚出席开幕式并讲话。中国科协党组副书记、副主席、书记处书记徐延豪到会祝贺并讲话。省委副书记、省长谌贻琴，省委常委、宣传部部长慕德贵，省人大常委会副主任刘远坤，省政府副省长王世杰，省政协副主席左定超出席开幕式。省总工会党组书记、副主席杨再春代表人民团体致贺词。

大会学习习近平新时代中国特色社会主义思想，特别是关于科技创新和科协工作的重要论述，号召广大科技工作者不忘科技报国初心、牢记科技强省使命。大会听取并审议通过张美圣代表省科协第八届委员会所作的工作报告《高举旗帜 感恩奋进 团结引领科技工作者奋力开创多彩贵州新未来》；审议通过《贵州省科学技术协会实施〈中国科学技术协会章程〉细则》；选举产生新一届省科协领导机构，对未来5年科协工作做出全面部署。大会发出为开创多彩贵州新未来感恩奋进创新争先倡议，向贵州省首届“创新争先·科技榜样”获奖者颁发证书。省人大常委会副主任何力当选省科协第九届委员会主席，张美圣等19人当选副主席。省科协第九届委员会由139名委员组成，其中主席1人、副主席19人（驻会4人）、常务委员54人。会议授予谢庆生为第九届委员会名誉主席，授予马克俭等17人为第九届委员会荣誉委员。全省科技工作者代表，省直有关部门负责人，各市（州）、贵安新区党政负责人，老一辈科技工作者代表参加开幕式。大会正式代表450人，特邀代表60人。

【承办第十八届中国青少年机器人竞赛暨2018世界青少年机器人邀请赛】 7月19—24日，由中国科协主办，省科协、贵州大学承办的第十八届中国青少年机器人竞赛暨2018世界青少年机器人邀请赛在贵州大学举行。省委常委、宣传部部长慕德贵，副省长王世杰，省政协副主席左定超等出席竞赛颁奖典礼暨闭幕式。来自全国各地和亚洲、欧洲、非洲、北美洲、大洋洲28个国家和地区的60个代表团青少年选手和教练员代表及裁判员、评审专家、志愿者、国内外观摩人员共3000余人参加赛事活动。

第十八届中国青少年机器人竞赛共设立5个赛项：主题为“海洋开发”的机器人综合技能比赛、主题为“家庭服务机器人”的机器人创意比赛、主题为“细水长流”的FLL机器人工程挑战赛、主题为“跃上巅峰”的VEX机器人工程挑战赛、主题为“信息时代”的WER工程创新赛。竞赛共产生一等奖87项、二等奖167项、三等奖264项。其中，来自四川省、甘肃省、福建省、广东省、安徽省、北京、天津市等省市的参赛队分别获机器人综合技能、FLL机器人工程挑战赛、VEX机器人工程挑战赛和WER工程创新赛4个赛项冠军。贵州省选派28支队伍参加5项主题比赛，获一等奖1项，实现贵州省参加中国青少年机器人竞赛决赛一等奖零的突破，获二等奖9项、三等奖17项。

2018世界青少年机器人邀请赛设立3个赛项：WRO常规赛、WRO创意赛、全球FIRST机器人挑战赛。邀请赛共产生冠军队7支、亚军队7支、季军队4支。来自中国、俄罗斯、韩国、法国等国的青少年机器人团队获2018世界青少年机器人邀请赛3项比赛冠军。

竞赛组委组织开展友谊之夜、科普讲座、科学表演秀，组织参观贵阳孔学堂、东方科幻谷、贵州省博物馆、青岩古镇等科技和文化体验活动，为中外师生搭建沟通交流平台。

【贵州省公民科学素质抽样调查】 8—10月，省科协委托中国科普研究所开展贵州省公民科学素质抽样调查。此次调查覆盖贵州省所辖9个市（州）的18—69岁公民，调查以省为总体、各市（州）级单位为子总体进行抽样，设计样本量1.32万份，回收有效样本13386份。调查采用网络线上调查和实地线下调查相结合方式，根据贵州省及各市（州）经济社会和互联网发展水平分配线上线下样本量。调查获得"十三五"以来贵州省及所辖9个市（州）公民的科学素质水平发展状况、公民获取科技信息和参与科普活动情况及公民对科学技术态度等方面数据。

调查结果显示，2018年贵州省具备基本科学素质公民比例为5.01%；贵州省9个市（州）具备基本科学素质公民比例分别是贵阳市8.8%、遵义市5.5%、安顺市5.2%、六盘水市5.1%、铜仁市4.6%、黔南布依族苗族自治州4.3%、黔东南苗族侗族自治州4.2%、黔西南布依族苗族自治州4.1%、毕节市4.1%。调查结果显示，互联网已成为贵州省公民获取科技信息的主要渠道，公民每天利用互联网及移动互联网获取科技信息比例达到58.0%；有68.5%的公民赞成科技创新与科学普及同等重要的论断，认可科技创新对于创新型国家建设的作用，愿意支持基础科学研究工作。

【贵州省第四届青少年科技节】 3月30日—4月1日，由省科协、省教育厅、省科技厅、省环境保护厅、省体育局、团省委、省妇联和遵义市人民政府共同举办的贵州省第四届青少年科技节暨第33届贵州省青少年科技创新大赛、第四届贵州省机器人竞赛在遵义师范学院举行。9个市（州）的参赛选手及遵义市学生代表共2000余人参加竞赛。经过封闭问辩、公开展示共评出青少年创新成果一等奖50项、二等奖138项；科技辅导员创新成果一等奖15项、二等奖41项；科技创意竞赛一等奖30项、二等奖102项；科技实践活动一等奖10项、二等奖40项；科学幻想画一等奖30幅、二等奖70幅。活动期间，举办科普专家讲座、科技辅导员沙龙、各市州科普成果展示、机器人体验、科学表演秀、飞行器表演、3D绘画表演、科普大篷车、VR互动等活动。

（撰稿人：黄德远）

云南省科学技术协会

服务经济社会发展 9月27—29日，省科协与楚雄州委、州政府联合主办以"创新引领绿色发展、科技支撑楚雄跨越"为主题的第八届云南省科协学术年会。10余名院士专家和1000余名科技工作者应邀出席年会，围绕云南"全力打造世界一流的'绿色食品''绿色能源'和'健康生活目的地'三张牌"的战略部署，就加快实施创新驱动发展战略、推进科技创新、促进产业转型升级、加快对外开放等问题进行研讨和学术交流，为楚雄经济社会发展建言献策，形成《专家咨询报告》上报省委、省政府。加强科技创新智库建设，支持省环境科学学会、省科学技术发展研究院分别完成《关于云南省生物多样性保护与开发利用存在的问题与建议》和《关于加快云南生物产业跨越发展的对策建议》，以《专家建议》形式上报省委、省政府，得到省委书记陈豪、省长阮成发的批示。全省各级科协举办决策咨询活动64次，提供决策咨询报告80余篇，其中20篇获上级领导批示。

在2018年双创活动周中，组织开展各项活动195场，直接参与人数近7万人次。开发双创云平台等互联网应用，为20余家中小企业提供服务器存储、平台托管等服务。分别授予云南银峰新材料有限公司等27家企业、李万伟等17名科技工作者2018年度云南省大众创业万众创新工作优秀企事业单位和优秀个人称号。新建院士专家工作站38个，组织104个院士专家工作站完成全国认证。举办企业专利应用工程师和创新方法培训4场，参训的企业管理和科技人员累计1000余人。

结合省科协挂钩扶贫点——大理州南涧县乐秋乡麻栗村实际，提出"科技助力、智力帮扶、素质提升、产业先导"基本原则和"聚焦脱贫目标、聚焦科技扶贫、聚焦产业扶贫、聚焦智力扶贫"工作思路，以"一次扶贫、一生亲情"为主题开展帮户脱贫"一对一"活动。通过全面深化"挂包帮、转走访"工作实施科技助力精准扶贫示范项目，建设全省第一个光伏扶贫示范村。推进美丽乡村建设，首创"会村、会社、会会、会企、会校、会医"省级学会扶贫模式等。全年支持、协调各类扶贫资金150万元。麻栗村贫困人口从2014年建档立卡的248户946人减少至17户44人，全村贫困发生率从2014年的24%

降至 1.6%。省科协被全国科技助力精准扶贫工程领导小组评为全国科技助力精准扶贫优秀组织单位。

《科学素质纲要》实施及科普信息化建设工作 履行省全民科学素质工作联席会议办公室职责，推动建立全民科学素质建设目标责任机制，将全民科学素质建设纳入全省年度综合考评。省级科普经费投入由 2017 年的年人均 1.5 元增至 2 元，2019 年将提高至年人均 3 元。2018 年云南省公民具备科学素质比例从"十二五"末的 3.29% 提高至 5.15%，增幅 56.53%。

推进基层科普行动计划。创建并命名省级科普示范社区 50 个、科普教育示范学校 50 所。开展全国科普日、科技活动周、"三下乡"和流动科技馆、科普大篷车下基层等科普活动。省科技馆和普洱市科技馆、昆明市石林县科技馆等 9 家科技馆被纳入 2018 年全国科技馆免费开放单位。新建农村科技馆 20 所，累计建成 62 所，全年参观人数累计 15 万人次。省科技馆"科学的探索"展厅全年免费对外开放 306 天，接待观众 35 万余人次。在全省 52 个县（市、区）开展中国流动科技馆巡展，受众达 127 万人次。全省 87 辆科普大篷车开展科普宣传活动 574 场次，直接受益群众 82.6 万人次。与省民宗委、省教育厅等单位协作，在怒江州泸水县等 10 个县开展第三批双语科普工作。举办第 33 届云南省青少年科技创新大赛暨机器人竞赛，共有 1987 项作品参赛，来自 11 个州（市）的 156 支团队、366 名中小学生参加机器人竞赛，选送项目获一等奖 3 项、二等奖 17 项、三等奖 31 项、优秀创意奖 5 项、专项奖 9 项。

将"科普中国·百城千校万村行动"延伸至全省 16 个州（市）。全年建设科普 e 站 1095 个、LED 电子屏 892 块、微信公众号 394 个。科普资源数据库入库图文 2000 部、视频 7018 部，播放科普视频 53321 部，转发科普图文 87421 篇，微平台总阅读量 320.61 万人次，认证科普信息员 28929 人，科普文章转发量 104 万篇。组织公众参与全民科学素质网络竞赛，APP 参赛人数全国排名第一，公众号参赛人数全国排名第二。省科协被评为 2017 年"科普中国·百城千校万村行动"省级优秀组织单位，楚雄州、红河州科协被评为 2017 年"科普中国·百城千校万村行动"地市级优秀组织单位，云南省 10 个基层典型材料被收录进 2017 年"科普中国·百城千校万村行动"优秀典型案例。

全省各级科协组织共举办科普宣讲活动 1719 次。举办实用技术培训 2880 次，推广新技术、新品种 349 项，参加活动科技人员 8.2 万人次，受益群众近 600 万人次。开展百名专家科技下乡活动 61 场，受益群众 1.4 万余人次。全省共挂牌建立社区科普大学教学点 400 余个，开展教学培训近 1100 期，培训社区居民 14 万人次。各级农函大培训新型农民 10.2 万人次，发放教材 6.6 万册。

5 月 31 日，以柬埔寨水利气象部副国务卿谷奇·温斯伦为团长的柬埔寨皇家政府考察团一行对中国流动科技馆云南巡展石林站进行实地考察，此次考察活动为中国科技馆依托流动优质科普资源开展国际科学文化交流工作进行了新尝试。

学术交流 以项目资助形式择优支持省级学会开展科技创新智库建设、学术交流示范品牌建设、科普示范、科技助力精准扶贫、学会改革创新发展、产业发展智力支撑、有序承接政府转移职能等 7 类 43 个项目，项目资金总额 370 万元。发挥大湄公河次区域传统医药交流平台、澜沧江—湄公河传统医药学术交流平台、东南亚测绘协会交流平台机制，推动与东南亚、南亚国家科技团体和科技人员的交流合作。6 月 16—19 日，省科协与云南中医学院联合主办以"健康·合作·传承·发展"为主题的第二届澜沧江—湄公河传统医药学术交流会暨首届国际哈尼族医药发展交流会，来自 6 个国家的近 300 名专家学者参会。组团参加东南亚测绘协会第 67 次理事会、第六届沙巴国际测量师大会、第二届东盟土地治理峰会等国际民间科技交流活动。全年全省各级科协组织共举办国内学术会议 120 次，交流论文近 3000 篇，参加人数 1.5 万人次；举办境内国际学术会议 8 次，交流论文 130 余篇，参加人数 3200 人次；参加国外及港澳台地区科技活动 101 人次，接待国外及港澳台地区专家学者 231 人次。

服务科技工作者 实施青年人才托举工程，面向高校科协和省级学会择优支持 6 名青年科技工作者，在科研设计、学术交流、专著出版、专利申请、项目申报等方面给予专项资助。建立完善省科协青年科技人才选拔、培养和评价体系。开展第二十一届中国科协求是杰出青年成果转化奖、云南省改革先锋等推荐评审工作。在 2018 年全国科技工作者日活动中，与省科技厅联合在全省开展以科技楷模宣传、科技列车云南行、科学使者进校园等为代表的系列特色活动，发挥科协组织桥梁纽带作用。制定并发布《关于在全省广大科技工作者中深入开展"弘扬爱国奋斗精神、建功立业新时代”活动的实施方案》，遴选一批成就显著、积淀深厚、威望较高的科技工作者开展科技工作者口述历史活动。全省各级科协组织和所属学会共表彰奖励科技工作者3321人次，其中女性科技工作者1048人次、40岁以下科技工作者1723人次。反映科技工作者建议400余条，其中33条获上级领导批示。

自身建设 结合“两学一做”学习教育常态化制度化，开展“四问一检查五反思深化年”活动。活动分“学、看、思”三个阶段进行。学，即认真学习宣传贯彻习近平新时代中国特色社会主义思想；看，即经过“四问一检查五反思活动”后，看看自己还存在哪些方面的突出问题；思，即反思自己的忠诚度、干净度、奉献度和执行力、约束力。解决科协干部中存在的事业心、进取心、责任心不强，守纪律、懂规矩、用心工作不够，与社会脱节，软懒散浮拖等突出现象。在挂钩扶贫点——大理州南涧县乐秋乡麻栗村开展“自力更生、艰苦奋斗，自强不息、感恩组织和不忘初心、牢记使命，心系群众、感怀党恩主题党日教育活动”2次。组织州（市）、县（市、区）科协负责人和省科协机关、直属单位干部职工赴江西省井冈山市和陕西省延安市举行“不忘初心、牢记使命，增强党性、提升能力培训班”；赴上海市和浙江省举行“学现代科技，学前沿知识，提升科协干部综合素质培训班”。

7月3日，省科协在挂钩扶贫点——大理州南涧县乐秋乡麻栗村开展“不忘初心、牢记使命，心系群众、感怀党恩”主题教育活动。省科协机关全体干部职工、直属单位副处级以上领导干部，受表彰的优秀共产党员、优秀党务工作者和先进基层党组织代表，麻栗村全体党员共100余人参加活动。省科协党组书记、第一副主席张泽军为全体党员干部讲党课。活动期间，表彰了省科协系统15名优秀共产党员、7名优秀党务工作者和3个先进基层党组织。机关第一、第二党支部与麻栗村党总支开展支部共建活动。全体干部职工实地走访慰问挂钩扶贫户。

6月27日，召开全省科协系统深化改革工作座谈会暨提升基层科协组织力“3+1”工作推进会。制定《云南省科协提升基层科协组织力“3+1”试点工作方案》，确定20个县级科协、138个乡镇科协为改革试点。截至2018年年底，《云南省科协系统深化改革实施方案》明确的4大类29项指标已完成26项，其余3项正在推进，完成率89.6%。完成省科协机关、事业单位职能调整工作。独立设置院士专家科技兴滇办公室，并升格为省科协正处级内设机构。全省16个州（市）、129个县（市、区）出台科协系统改革方案，改革事项完成率超过70%。

省科协被中国科协评为地方科协财务决算先进单位、全国科技工作者状况调查站点优秀区域责任管理部门和全国科普日活动先进集体。玉溪市科协、曲靖市麒麟区科协被中国科协列为全国市级科协和县级科协改革试点。

地市县及科协基层组织 截至2018年年底，全省共有省辖州（市）科协16个、县级科协129个、街道（社区）科协325个、乡镇科协918个，注册科普志愿者2.5万人。全省共发展农技协6141个，会员69.6万人。

昆明市科协联合阿里云计算有限公司举办“科技服务企业，创新推动发展交流会”。昭通市科协举办“玩转纸飞机”“与天空有约”“泡泡水的秘密”等科学大魔界活动15期。曲靖市科协打造“科普大篷车”电视栏目，全年播出72期1080分钟。玉溪市科协贯彻落实《玉溪市干在实处走在全省前列的决定》，从推进科协系统深化改革等7个方面入手，激发全市科协系统新活力。保山市科协呈请市委办公室印发《保山市提升基层科协组织力“3+1”试点工作方案》，试点工作稳步推进。楚雄州科协发挥农民合作组织在脱贫攻坚中的独特作用，探索实践“协会+公司+合作社+示范基地+互联网+专家站”楚雄模式。红河州科协完成首个青少年校外科普e站落地应用。文山州科协在全国科技工作者日期间，以“重温习近平总书记在‘科技三会’上重要讲话精神，进一步激发广大科技工作者创新争先热情”为主题，组织科技工作者开展观摩学习和献计献策活动。普洱市科协依托市科技馆，投入资金80万元在普洱一中等学校新建农村中学科技馆4个。西双版纳州科协发挥农函大在农村科技培训中的主渠道作用，完成新型农民培训4670人次。大理州科协在全省率先实现科普大篷车科普设备配备率100%的目标，打通科普服务基层群众的“最后一公里”。德宏州科协举办第四届中缅青少年科技交流活动，来自缅甸蛮稳几、东枝、曼占、当阳地区的120名华裔青少年参加活动。丽江市科协在丽江师专建立韩占文院士工作站，开展以“丽江星空”为主题的天文知识科学普及活动。怒江州科协以“双联系一共建双推进活动”为抓手，推进上江镇蛮英村科技助力脱贫攻坚工作。迪庆州科协深入基层开展“送十九大知识进村、送反邪教知识进村、送科普知识进村、送法律知识进村、创建平安和谐家庭”主题科普宣传活动，发放宣传材料 1.8 万份，受众 2.45 万人次。临沧市科协组织双创活动，在云刷宝科技有限公司等企业建设院士专家科技服务平台。昆明市西山区科协在全区 60% 的城市社区、30% 的农村社区、90% 的学校布点建设科普 e 站 103 个，信息化建设驶入“互联网 + 科普”快车道。东川区科协与统战等部门合作建立归国留学人员资料库，完成归国留学人员联系服务工作。姚安县科协以发展复合型农民合作组织为重点，探索“协会 + 公司 + 示范基地”和“协会 + 合作社 + 示范基地”的发展模式。漾濞彝族自治县全民科学素质工作领导小组办公室官方微博“漾濞科素”位居云南十大政务机构微博榜第 8 位。景谷县科协在傣族广场建设一道长 18 米、高 3.5 米的永久性科普文化长廊。澜沧县科技馆于 5 月 13 日正式开馆，全馆总建筑面积 2018.8 平方米、可布展面积 1628 平方米。盐津县科协帮助建档立卡贫困户争取贫困大学生免息贷款、优秀大学生政府奖励基金。富源县科协从制订计划、选准主题、抓实培训 3 方面着手，发挥社区科普大学作用。

省级学会、企业科协、高校科协　召开全省学会工作会议，制定并发布《云南省科学技术协会学会组织通则（试行）》。与省教育厅联合出台《关于加强云南省高等学校科协工作的意见》，促进高校科协创新发展。截至 2018 年年底，全省共有省级学会（协会、研究会）128 个，个人会员 12.5 万人；企业科协 260 家，其中新成立 38 家，个人会员 2.2 万人；有 11 所高校成立科协组织。

省热带作物学会开展咖啡初加工废弃物综合利用及废水排放情况调研。省数学会召开 2018 年学术年会，137 名专家学者围绕几何分析、数理逻辑、反推数学等主题进行交流和研讨。省环境科学学会举办云南省社会化监测机构如何更好发展和中国生活垃圾综合环境排污许可证试点项目研讨活动。省农业机械学会举办拓展视野协同创新 · 助力发展绿色食品论坛暨 2018 年学术年会。省地质学会推荐的手绘地学科普图书《云南地质之旅》获中国地质学会第二届优秀科普产品奖。省通信学会开展云南省信息通信高级工程师职称资格评审工作，42 人获相应任职资格。省健康与发展研究会同全美华人文化交流基金会合作开展 2018—2019 年度光荣学生项目。玉溪市林学会开展核桃品种改良技术培训，推进智力扶贫。曲靖市护理学会举办强技能 · 重质量急救技能竞赛。

【第八届云南省科协学术年会】 9 月 26—28 日，由省科协和楚雄州委、州政府联合主办的第八届云南省科协学术年会在楚雄州召开。本届年会以“创新引领绿色发展，科技支撑楚雄跨越”为主题，10 余名院士专家和云南省科技工作者 1000 余人围绕科技创新、绿色发展、健康生活和楚雄经济社会发展等问题开展研讨和学术交流活动。中国工程院院士、中国农业科学院副院长万建民，中国工程院院士、省科协主席朱有勇分别作大会特邀报告《农业生物技术与现代农业发展》《林下有机中药材种植科技创新》。

第八届年会设会、研、展、观四大板块。会，即中国彝医药传承与产业发展研讨会、云南省第五届兰茂论坛、云南绿色食品产业发展研讨会和云南核桃产业发展研讨会 4 个分会场；研，即围绕彝医药产业、楚粳优质米产业、核桃产业、鲜食玉米产业、魔芋产业、食用菌产业、撒坝猪产业和楚雄州特色经济作物种植的气候适宜性论证调研 8 个课题进行研究；展，指科普科技成果展、彝绣文化产业展 2 个展览；观，即参观考察楚雄摩尔农庄生物科技开发有限公司、州博物馆、州城乡建设规划馆、州高原绿色粮油产销协会等。

【云南省 2018 年全国科普日活动】 9 月 15—22 日，省科协与省委宣传部、省教育厅、省科技厅、省工业和信息化委员会、省社会科学界联合会、中国科学院昆明分院联合主办云南省 2018 年全国科普日活动。活动主题为“创新引领时代，智慧点亮生活”。省全民科学素质工作领导小组成员单位、各级学会、学校及广大市民参加活动。全省 16 个州（市）和所属县（市、区）结合各地实际情况开展科普活动。

9 月 15 日，2018 年全国科普日云南省主场活动在昆明市启动。中国工程院院士、省科协主席朱有勇主持启动仪式，省委副书记李秀领宣布活动启动。主场活动突出信息化、国际化、协同化“三化”联动特色，现场观众通过手机扫码将科普中国图标发送至大屏幕，千万个小图标会聚成 16 个科普中国大图标，飞向全省 16 个州（市），并依次呈现各地实时画面，展示省、州（市）、县（市、区）三级联合开展科普宣传活动的场景。

9 月 20 日，2018 年全国科普日云南特色科普专场暨国际科普交流活动在德宏州瑞丽市姐告边境贸易区国门广场举行。中国工程院院士罗锡文的团队与缅甸好兄弟公司在启动仪式上签订合作协议，并向缅甸好兄弟公司捐赠水稻直播机。启动仪式上进行中缅科普交流文艺表演、中缅物联网展示、中缅科普宣传等活动。

中国科学院昆明分院统筹协调昆明植物所、昆明动物所、西双版纳植物园、云南天文台等科普资源，深入云南“老、少、边”地区向青少年群体传播科学精神和科学知识。红河州科协在屏边县开展科普大篷车联合行动，展出展品108件、科普宣传展板216块、3D科普图片274幅，发放各类科普资料1.1万份。楚雄州科技馆举办首届科普剧创作表演活动，为彝州群众表演话剧《彝乡春早》、小彝剧《张科协与普大妈》、禁毒小品《别毁掉下一代》等。中国流动科技馆开展基层站点巡展活动17个。

据不完全统计，活动期间，云南省暨昆明市主场活动开展各类科普讲座、科技论坛、报告会285次，设置科技咨询台322个、科普展板1269块，编印活动指南1000份、科普挂图2402张，悬挂标语横幅584条，开放科普基地106个，放映科普影视173场，科技下乡139次，发放各类科普宣传资料40余万份，通过纸媒宣传报道28篇、电视26次、微博102条、微信666条，直接参与群众约35万人次。

（撰稿人：黄剑平）

西藏自治区科学技术协会

服务经济社会发展　支持有关学会开展“措木及日冰湖调研和决策咨询报告”“西藏高校科普人才培养问题调查与研究”“尼泊尔银币进入西藏地区流通领域的各个重要历史阶段的探讨”等调研咨询项目。联合上海市科协在日喀则市成立西藏喜马拉雅生态科技股份有限公司院士专家工作站，支持西藏月王生物科协建立月王药诊生物有限公司院士专家工作站。实施自治区基层科普行动计划，投入资金96万元奖补科普示范基地12个、农村专业技术协会1个、科普社区2个、科普带头人9人。落实兴边富民任务，投入330万元安排科普助力精准扶贫项目10个，重点向贫困地区和边境地区倾斜；深入6个边境县实施雪域科普大讲堂系列活动，开展农牧业专业技术培训6期，培训农牧民480人，辐射带动周边农牧民1200人，示范推广新技术新产品，提高农牧民种植技能，促进增产增收。实施墨脱县宗荣村亚热带水果示范种植项目、察隅县中藏药材种植技术推广及应用项目、山南市科普带头人培训项目、拉孜县普村页岩石合作社产能提升和乃村科普活动站建设项目。支持学会组织农牧业专家开展实用技术培训和农技推广，培训基层一线科技工作者120人。支持西藏土壤肥料与植物营养学会开展黑青稞高产种植培训班。

落实自治区驻村点调整工作安排，指导村组织建设。安排科技助力资金，帮助发展村集体经济。推进产业扶贫，协助日喀则市拉孜县普村成立页岩合作社，页岩生产已初具规模并已上升到县级产业；牵线西藏月王生物有限责任公司与乃村达成种植藏药材协议，引导农牧民发展特色产业；安排资金推进2个村科普基础设施建设；西藏援藏工作者协会连续2年在那曲市班戈县门当乡开展扶贫济困、捐资助学活动，筹措投入资金12万余元。

《科学素质纲要》实施及科普信息化建设工作　完成“十三五”科学素质工作中期评估工作。第十次中国公民科学素质调查结果显示，2018年自治区公民具备基本科学素质比例达2.94%，比“十二五”末增长1个百分点。组织动员全民科学素质成员单位、基层科协和学会组织实施全国科普日、“五下乡”、全国科技活动周、雪域科普大讲堂、“5·12”防灾减灾、科普培训等系列科普活动。与西藏人民广播电台合作开设科普专栏广播节目《科普中国·西藏》。与西藏电视台合作播出“科普西藏”专题栏目52期。在《西藏日报》和《西藏科技报》开展自治区首次公民科学素质知识竞赛活动。联合西藏电视台举办2018年西藏自治区公民科学素质电视知识竞赛，全区17支团队参加竞赛活动。对172个行政村科普信息员进行培训，科普服务向基层延伸，打通科普服务“最后一公里”。6家单位组织开展的2018年全国科普日活动受到中国科协通报表扬。

以中国科协专项援藏经费为支撑，以科普中国平台资源为依托，藏汉双语科普中国·西藏门户网站及微信公众号上线试运行。针对农牧民、社区居民需求，研发藏汉双语科普盒子终端设备，向300余个村居试点推广。开展校园科普e站试点建设，在日喀则市创建校园科普e站10个。依托科普中国网站及其微信公众号的科普资源，选择适合西藏实际需求的科普作品，制作面向西藏农牧民和社区居民群体的藏汉双语版本，完成500篇科普图文、50个科普微视频、40幅科普漫画、40个科普音频的藏汉双语版本编译制作。开发制作科普资源包1500个，并为基层农家书屋解决科普图书2500余册、科普宣传品120余件，免费向农牧区和寺庙配送《西藏科技报》。实现对自治区科协、西藏农牧科学院、西藏科技信息研究所、西藏气象局等单位的藏汉科普资源整合，公众可通过科普中国服务云平台查询与下载。在林芝市、山南市、日喀则市边境乡镇小学创建小学科技馆15个。在昌都市、山南市、日喀则市创建科普文化宣传长廊3个。在拉萨市、日喀则市、林芝市、山南市精准脱贫搬迁村创建村级科普活动站10个。在那曲市创建寺庙科普活动站2个。在拉萨火车站建立科普宣传栏。截至2018年年底，自治区中学科技馆达到102个，落实流动科技馆11套，区地县三级科协组织配齐科普大篷车。

组织参加第33届全国青少年科技创新大赛，获奖24项。参加第十八届中国青少年机器人竞赛暨2018年世界青少年机器人邀请赛，获奖7项，在FGC项目中获国际赛事排名第21。参加第九届全国青少年科学影像节活动，林芝八一学校学生作品进入展映展评。组织110名学生参加2018年全国青少年高校科学营活动。组织开展中国科协“大手拉小手科普报告希望行（西藏巡讲）”活动，受益师生5000余人。开展2018年青少年科学调查体验活动，拉萨市墨竹工卡县中学等6所学校被评为青少年科学调查体验活动示范学校。开展2018年全国高中数学联赛（西藏赛区）、第二十七届全国初中应用物理竞赛（西藏赛区）、第十二届全国高中应用物理竞赛（西藏赛区）、第三十四届全国中学生物理竞赛西藏赛区（新星杯）等竞赛活动，获一等奖49项、二等奖161项、三等奖251项。开展以“体验科学”为主题的2018年中国流动科技馆第二轮巡展和西藏流动科普设备三级联动试点活动，参加科学体验活动的青少年1.53万人次。完成青少年创客示范工作室推荐和青少年机器人科技实践活动申报工作。

根据中国科协主席万钢6月在西藏调研时提出的打造阿里高原天文科普基地的指示，阿里天文科普基地建设被纳入中国科协援藏重点项目。11月27日，阿里天文台科普站挂牌仪式在中国科技馆和西藏阿里天文台两地通过网络联动方式同步举行。

支持西藏药学会、西藏气象学会、西藏园艺学会、藏医学院科协深入基层开展雪域科普大讲堂活动。

学术交流　联合自治区农科院围绕“科技为本　振兴乡村”主题举办西藏科协第六届学术年会暨农业科技创新成果展，3名中国工程院院士参加大会并作主旨报告。自治区领导出席大会并向全区科技工作者发出《争做新时代创新先锋》倡议书。经专家委员会评审，98篇论文入选年会论文集。举办西藏化学会第四届全国中学化学教育高峰论坛暨第八届中国化学会关注西部中学化学教育发展论坛、医学会第二届西藏高原医学论坛、畜牧兽医学会第11届全国系统动物营养学发展论坛、水利学会2018年青藏高原河湖监测与水生态文明学术研讨会、解剖学会第二届学术交流会等系列学术活动。

服务科技工作者　开展全国科技工作者日活动，邀请自治区领导看望慰问基层一线科技工作者代表。推荐的中国工程院院士多吉被中宣部、科技部、中国科协评为2018年最美科技工作者，推荐多吉、云登参加中国科协成立60周年暨百名科学家、百名基层科技工作者座谈会。推荐唐亚伟获第二十一届中国科协求是杰出青年成果转化奖，推荐西藏藏医学院副教授次仁德吉和西藏大学信息技术副教授雍措为第十五届女科学家奖候选人。开展全区科技工作者状况调查，研究分析自治区科技人才状况。在《西藏科技报》和科普网站宣传优秀科技工作者典型，如张际明扎根高原18年推广蔬菜种植技术、带动农民致富的事迹，并作为科技助力精准扶贫典型推荐到中国科协。支持西藏护理学会举办西藏自治区护理质量持续改进中心启动大会暨第一届护理质量持续改进培训班，培训医务工作者650余人。支持西藏地质学会举办2018年度西藏地质技术骨干及项目管理人员业务知识培训班。

自身建设　落实全面从严治党主体责任和“一岗双责”，开展党的政治纪律教育活动，推进“两学一做”学习教育常态化制度化，深化科协机关政治规矩、政治生态建设。加强机关作风建设，贯彻落实中央八项规定精神和自治区实施办法，开展集中整治不作为慢作为、文山会海等形式主义、官僚主义突出问题自查自纠工作。推进机关党委和支部标准化建设，完成机关党委组成人员调整和党支部换届，开展“高举旗帜跟党走、青春建功新时代”学习宪法、党员进社区服务、结对帮扶等活动。加强干部队伍建设，落实领导干部个人有关事项报告制度，开展干部选拔任用“回头看”、干部超职数配备自查整改等工作。

出台《自治区级学会组织通则》和《学会年度工作考核办法》。指导成立西藏青年科技创新协会和西藏自治区土地学会，批复注销西藏农牧业机械流通学会。指导西藏物理学会等学会按章程换届，推进学会党建工作，学会党组织建设全覆盖。与自治区财政厅沟通协调，落实学会提能专项经费。

全面总结中国科协与自治区人民政府签订战略合作协议以来的工作实施情况。争取中国科协通过中央财政转移支付，落实基层科普能力建设资金、科普信息化建设项目资金和西藏自然科学博物馆免费开放补助资金。江苏省科协在拉萨市建设中学科技馆2个，并落实援藏经费200万元。重庆市科协投入120万元在昌都市建设电子科普画廊，开展科协系统能力提升培训项目。山东省科协援助日喀则市科协6台科普e站电子大屏。吉林省投入17.53万元为日喀则市援建到县的农业科技综合信息服务平台。安徽省科协开展山南市科技特派员蔬菜种植技术培训。安徽省科协、山东省科协等赴藏考察对接，开展智库人才交流合作、支持青少年参加高校科学营活动等。

联合中国生物多样性保护与绿色发展基金会，推动西藏阿里地区、那曲市2个“中华暗夜星空保护地”正式列入“世界暗夜保护地名录”，填补中国暗夜保护地在国际名录上的空白，开启自治区环境保护和生态建设新领域。

（撰稿人：李月桂）

陕西省科学技术协会

服务经济社会发展　围绕汽车和航空产业发展科技需求，组织专家赴渭南市相关企业开展调研对接、咨询服务。围绕新能源新技术、智能制造、人工智能、生命科学等科技产业前沿领域开展前瞻性理论探索和政策研究课题10项，上报省委省政府专家建议5份，其中《关中平原城市群发展建议》《关于加快陕西建筑垃圾资源化利用的建议》获省领导批示。

联合省委组织部等9部门制定出台《陕西省院士专家工作站建设管理办法》。成立院士专家工作站建设机构，推动全省建立各类院士专家工作站170余家，其中40家被评为省级工作站。

支持西咸新区全国双创示范基地建设，联合举办“创响中国”西咸站系列活动。支持西咸新区申报中国科协海外人才离岸创新创业基地，创新集聚海外人才模式，打造创新创业高地。

举办一线工程师创新方法培训班，对30余家企业技术高管、研发骨干、创新小组和一线科技工作者130余人进行培训。开展三新三小创新竞赛活动和讲理想、比贡献优秀科技论文评选活动。

制定并发布《2018年陕西省科技助力精准扶贫工程工作要点》，召开全省科技助力精准扶贫现场会，推进精准扶贫“百千万行动”。推动建立脱贫攻坚学会联合体1个、学会服务工作站5个。开展百名专家走基层系列活动，在32个县（区）举办各类培训80余场次，培训人数1.2万人次。投入1740万元实施基层科普行动计划和陕西省科普惠农富民计划。投入45万元支持对口帮扶贫困村产业发展，建设科普e站和电子科普画廊等，实现整村脱贫摘帽。组织32家单位参加第25届杨凌农高会科技助力精准扶贫专题展，省委书记胡和平出席参观并给予高度评价，省科协获评优秀组织奖和优秀展示奖。省科协代表陕西省参加全国科技助力精准扶贫现场会并作典型发言。

《科学素质纲要》实施及科普信息化建设工作　履行全民科学素质纲要实施工作办公室职责，牵头制定并发布《陕西省2018年纲要工作要点》，落实各成员单位主体责任。向省委汇报首届世界公众科学素质促进大会精神，提出6点建议。组织5024人参加2018年全国农民科学素质网络知识竞赛活动。

围绕“科技引领未来　创造美好生活”主题开展第26届科技之春宣传月科普示范活动1310余项，重点涉及农民培训、青少年科技教育等方面。全省各地举办科技报告会、研讨会、科普讲座达730余场次，举办各类实用技术培训3510余期次，发放各类科普宣传资料、图书262万余份（册），受益群众达450万人次。

围绕“创新引领时代　智慧点亮生活”主题开展2018年全国科普日科普活动550余项。其中，举办科技报告会、科普讲座150期（次），举办各类农业实用技术培训300余期（次），展出科普展板4900余块。省政协副主席刘宽忍等出席陕西省暨西安市2018年全国科普日主场示范活动。省科协等21家单位及21项优秀活动被中国科协通报表扬。

联合举办第33届陕西省青少年科技创新大赛、第18届青少年机器人竞赛。组织参加全国竞赛，获奖

76项。实施中国科协与联合国儿童基金会农村青少年校外教育项目，举办项目课程培训20期，培训青少年615人。举办第23届陕西省少儿科幻绘画评审推荐活动，推荐优秀作品参加全国大赛，获奖30项。组织实施青少年高校科学营陕西分营、中学生英才计划、“明天小小科学家”等活动，其中，青少年科学调查体验、青少年科学影像节2项活动获表彰。

组织实施基层科普行动计划、陕西省科普惠农富民计划及社区科普益民计划，获中央财政专项奖补资金、省财政配套资金。向中国科协争取流动科技馆4套、科普大篷车9辆、车载展品3套。修订《陕西省科普教育基地认定管理办法》，评选认定“2018—2022年陕西省科普教育基地”46家。

省科技馆常设展厅全年免费开放258天，接待观众近14万人次。中国流动科技馆巡展29个县（区），接待公众53万余人次。科普大篷车深入基层24个县（区）开展活动50场，直接服务观众6万余人次。完成科普资料编印、配送工作，出版《陕西科技报》89期，发行315.28万份。

建成陕西科普网站及科普资源管理平台。陕西科普官方微博、微信和今日头条号等累计阅读量达2167余万次，今日头条号连续7个月进入全国科学榜TOP 10。陕西科技传媒网、微博、微信、今日头条及百家号等平台累计浏览量625万，其中水煮科技活跃粉丝5.8万、阅读量为43万人次，科普直播累计观看250万人次。建设科普中国e站，推进V视快递落地应用。投入240万元在全省新建电子科普画廊20个。投入280万元建立少年科普馆10个。开展2018年度科普自查自评。

学术交流　开展陕西省2018年学术金秋重点活动133项。举办2018年国际丝路新能源汽车高层论坛、2018陕西航空航天产业发展论坛等高端前沿学术交流活动。支持学会承办第一届全国寒区岩石力学与工程青年学者沙龙会议、2018年西部药学大会、2018年中国地理学大会、第二届绿色勘查科技暨“一带一路”地球物理高层论坛等学术交流活动。

邀请中国台湾地区农业专家一行28人来陕西深入创新企业、示范园区进行技术交流和对接合作。召开海峡两岸道路施工品质与养护管理技术发展及经验交流会，服务陕西自贸区建设。杨凌示范区等市区科协配合省科协加强与中国台湾地区交流与合作，推动现代农业发展。

服务科技工作者　开展全国科技工作者日系列活动。承办弘扬西迁精神科技工作者座谈会，发出《弘扬“西迁精神” 争做新时代科技创新先锋》倡议书。推荐话剧《寻找师昌绪》入选中国科协等5部委“共和国的脊梁——科学大师名校宣传工程”，组织首演活动。举办弘扬西迁精神巡回报告会，配合中国科协开展西迁群体资料采集工作。省委书记胡和平、中国科协党组书记怀进鹏、省委副书记贺荣等出席活动，并慰问看望科技工作者。评选表彰第十二届陕西青年科技奖获奖者70人，从中推选10人为陕西青年科技标兵。推荐1人获第十五届中国青年科技奖、1人获中国青年女科学家奖。

实施百名科技工作者宣传计划，对老科学家、科技奖项获奖人员、优秀科普致富带头人、优秀科技创新团队等100余人次进行集中宣传报道。联合省委组织部等5部门开展寻找陕西最美科技工作者活动，评选出30名优秀科技工作者。召开最美科技工作者座谈会，省委副书记贺荣会见获奖人员。省委组织部陕西先锋公众号对30名获奖者进行连载宣传。

开展科技工作者继续教育培训活动56期，培训人数4370人次。开展科技工作者状况调查站点工作，报送信息120余条，完成调研问卷2500余份，省科协被中国科协评为站点工作优秀区域责任部门。

自身建设　在省级学会建立党组织117家，党组织覆盖率达85.4%。举办全省科技界学习《梁家河》座谈会，开展“弘扬爱国奋斗精神、建功立业新时代”活动，引导科技工作者践行社会主义核心价值观。制定并发布《陕西省科协团体会员管理办法》和《陕西省科协所属省级学会组织管理报备工作办理指南》。改进提升学会创新和服务能力提升计划工作，对学会进行扶植和培育。支持20个学会争创优秀科技社团。指导7家学会与有关厅局签署承能三方协议。推动省级学会推荐科技项目，推荐的项目获陕西省科技进步奖项16个。组织学会开展团体标准制定试点工作，推动学会深化改革。召开全省市县科协深化改革推进会议，总结交流工作经验，探索基层科协深化改革的思路和对策。制定并发布《关于增强基层科协组织动员能力 推进“三长”发挥示范引领作用工作方案》，支持宝鸡市陇县等26个深度贫困县开展工作试点。深入西北工业大学等20余所高校开展调研，推动陕西铁路工程职业技术学院等单位成立科协组织。

地市县及科协基层组织　截至2018年年底，全省共有市级科协11个、县级科协107个、乡镇科协753个、街道（社区）科协338个。成立农技协组织（联合会）2437个，注册科普志愿者23162人。地市县（区）科协全年开展科普宣讲活动1259次，受众370.27万人次；开展实用技术培训1005次，培训51.97万人次。

西安市科协在13个区县建立社区科普大学分校38所、科技助力精准扶贫示范村5个。宝鸡市科协形成决策咨询成果268篇，78篇被刊发批转；宝鸡数字经济发展思路和对策、宝鸡传感器产业发展调查等成果列入全市经济工作重点，并写入宝鸡市委全会工作报告和政府工作报告。咸阳市科协加快中国科协创新驱动示范市建设，面向70余家企业发布科技成果1700余项。铜川市科协深入全区学校开展科普大篷车流动科技馆巡展活动，受到中国科协通报表扬。渭南市科协遴选20名科技工作者走进“对话渭南”栏目。延安市科协通过圣地科苑APP提升网上联系服务科技工作者的能力，加强科普基础设施建设。榆林市科协评选出榆林最美科技工作者35人；承办智慧榆林院士专家论坛。汉中市科协设立学术和道德委员会，引导科技工作者践行社会主义核心价值观。安康市科协探索形成“六抓”工作法和“互联网+科协+X”助力扶贫模式。商洛市科协评选表彰10名全市优秀科技工作者，举办科技工作者创新争先行动科技成果展评活动，发挥入选成果示范引领作用。杨凌示范区科协举办首届中国农民丰收节杨凌农业科技服务技能比武大赛；承办中国台湾地区专家服务杨凌自贸区发展考察交流活动。韩城市科协“三长”（医院院长、学校校长、农技站站长）工作达到全覆盖。

省级学会、企业科协、高校科协 截至2018年年底，全省共有省级学会137个，新增2个；团体会员3863个、个人会员17.82万人；成立学会联合体3个，新增1个；成立学会服务工作站5个；企业科协201个；高校科协32个，新增3个。

省医学会、省地理学会、省消防协会、省野生动植物保护协会等30余家省级学会参加科技之春、全国科普日等主题科普活动，采取咨询、讲座、展览等形式面向公众开展科普宣传。省防痨协会举办2018年学术大会，会议围绕结核病流行病学、预防控制、临床诊断治疗、耐药结核病临床诊断治疗等方面进行探讨和交流，征集学术论文145篇。宝鸡市、西安市等地17家科技企业开展科技咨询活动，参与活动的科技工作者800余人次，解决技术难题180余项。

省内外近300家高校、企业、科研院所、孵化器及科技组织共330余个科技项目参与2018年陕西省科技工作者创新创业大赛，152个项目进入决赛，600余人参加决赛活动。活动评出金奖16个、银奖44个、铜奖87个，对获得金奖、银奖的项目给予奖励，对落户的优秀项目给予优先扶持。

西安交通大学、西北工业大学、西北农林科技大学等12所高校举办高校科协科学论坛15场次。陕西师范大学、西北大学等高校科协举办青年科技工作者学术交流活动11场次，近万名科技工作者参与活动。

【智惠榆林高端科技创新智库论坛】 11月21—22日，由省科协、榆林市人民政府主办的智惠榆林高端科技创新智库论坛在榆林市举行。来自省内外有关高校、科研院所的专家学者等200余人参加会议。中国工程院院士金涌作报告《现代煤化工展望》，介绍中国煤化工发展战略、煤化工发展进程；中国科学院院士郭烈锦作《我国能源科技与产业的现状与发展出路探析》报告，诠释能源科技与产业发展的出路——能源有序转化；中国工程院院士、陕西省煤炭学会理事长王双明作《对西部煤炭开发与环境保护的认识与思考》报告，指出榆林市作为中国重要的能源化工基地，必须要走绿色可持续发展之路；陕西省化工学会名誉理事长贺永德、延长石油集团煤化工首席专家李大鹏分别作报告《榆林现代煤化工产业现状及发展建议》《科技创新引领能源化工转型发展》，分析世界能源结构转变趋势、全国及榆林现代煤化工产业发展现状、榆林能源资源优势，对榆林煤化工产业转型升级、高质量发展提出具体建议。

论坛设有煤化工和新材料2个分论坛。在前期深入神木、府谷两地调研基础上，专家学者分别围绕榆林能源化工产业发展整体布局、煤化工和新材料等方面作报告，并就调研中的具体问题和需求进行对接和研讨。

【2018年陕西最美科技工作者座谈会】 12月7日，由省委组织部、省委宣传部、省科技厅、省人力资源和社会保障厅、省科协共同主办的2018年陕西最美科技工作者座谈会在西安市召开。中国工程院院士、寻找陕西最美科技工作者活动组委会主任、省科协主席蒋庄德，中国工程院院士王兴治、康振生等30名2018年陕西最美科技工作者参加座谈会。此次活动评选出基层科研一线科技工作者代表30人。座谈

会上，中国工程院院士、中国兵器工业第二〇三研究所高级工程师王兴治，咸阳市长武县农业技术推广中心研究员梁增基，陕西中医药大学教授、主任医师张学文，西北工业大学教授周洲，安康市农业技术推广中心农技推广研究员崔鸣5名科技工作者代表2018年陕西最美科技工作者介绍各自从业以来的奋斗历程，畅谈对“弘扬爱国奋斗精神、建功立业新时代”的感悟。

【2018秦岭乳腺疾病论坛】 5月19日，由省抗癌协会主办的2018秦岭乳腺疾病论坛暨乳腺癌多学科规范化诊疗国家继续教育项目在西安市举行。武汉中南医院教授吴高松、上海九院教授董佳生、北京307医院教授王涛、上海复旦肿瘤医院教授杨昭志分别就乳腺癌腋窝淋巴结功能清扫、乳腺矫形术和乳头重建术、乳腺癌内科治疗全程管理、前哨淋巴结阳性患者放疗的腋窝管理进展及临床应用等进行讲解，聚焦乳腺癌预防、早期诊断等信息，揭示早期筛查在乳腺癌全程管理中的重要性。北京中医药大学附属第三医院教授樊英怡、武汉同济医院教授阮秋蓉分别作报告《中医思维在乳腺癌预防与治疗中的运用》和《AJCC第八版乳腺癌分期病理解读、乳腺癌分子分型及分子检测研究进展》，提出乳腺癌规范化治疗和多学科诊治思路。此次论坛是2018年西北地区首个大型乳腺专病论坛，来自省内外的500余名乳腺疾病诊治专家参会，探究乳腺疾病早期筛查、综合治疗，专注乳腺疾病的创新医疗，传播乳腺疾病最新诊治知识，传递国内外疾病进展信息，提升西北地区乳腺癌防治水平。

大会在以专题讲座进行乳腺癌诊疗知识传播的同时，以专题模块介绍乳腺癌创新领域的医工结合、“互联网+思维”和大数据整合等方面的最前沿进展。西安交大电信学院教授钱步月、交大二附院肿瘤病院教授康华峰分别讲解乳腺癌病案的智能管理与应用和IBM Watson在乳腺癌规范化诊疗中的应用心得。

【2018中国自动化大会】 12月1日，由中国自动化学会主办、西安交通大学承办的2018中国自动化大会在西安市开幕。中国工程院原院长周济作题为“以智能制造为主攻方向，加快建设制造强国”的开场报告。中国工程院院士孙优贤、郑南宁，香港科技大学教授曹希仁、王煜，中国科学院院士包为民、房建成作大会报告。在圆桌论坛上，吴宏鑫、柴天佑、桂卫华等来自自动化领域各行业的8名院士围绕“自动化未来”这一命题展开讨论。此次大会设大会主旨报告7个、专题特邀报告200余个、会议论文报告180余个，张贴论文800余篇。围绕自动化未来发展，设大会圆桌论坛1个、专题圆桌论坛2个。来自海内外自动化、先进制造、信息技术及人工智能等相关领域的13名院士、200余名专家学者及1800余名科技人员围绕智能交通、智慧城市、自主控制、智能电网、无人系统、智慧农业、计算感知、大数据等20余个技术前沿热点展开交流与讨论。

（撰稿人：田西平）

甘肃省科学技术协会

服务经济社会发展 省科协推动新建企业、园区院士专家工作站35个，柔性引进36名院士及其团队进站工作。新建海智计划工作站10个，对6个工作站实施的特色示范项目给予立项资助。支持庆阳市推进创新驱动示范市建设，争取18个全国学会与40余家地方企业建立长期合作关系，建成院士工作站1个、学会专家工作站8个、产业创新联盟4个，达成合作项目50余个。推进省级试点工作，组织8个省级学会深入试点县区开展对接服务3次，新确定省级试点3个，组织1个学会联合体和2个学会分别开展对接服务。

支持市州科协和省级学会举办学术年会、论坛活动26场次。承办兰州国际生物医学高峰论坛、环境与发展智库论坛等高层次学术会议，形成一批高质量专家建议。7月23日，来自全省25家党政机关、院所高校、科技企业、行业协会、新闻媒体的40家智库代表参加会议，并自愿联合发起成立研究型科技创新智库群——甘肃省科技创新智库联盟。7月25日，联合西部资源环境与区域发展智库、中国科学院西北生态环境资源研究院举办第四届环境与发展智库论坛。

实施科技助力精准扶贫工程，组织动员3343名科技专家与1.75万户建档立卡贫困户建立常态扶智脱贫链接，助力带动贫困群众脱贫致富。发挥基层科普惠民行动计划作用，争取到中央和省级财政专项资金1585万元，奖补基层科普组织104个。投入101万元实施农技协能力提升、创新服务和助力精准扶贫项目，支持农技协组织转型升级发展，形成“以会带户、组团致富”的社会化扶贫新路子。定点帮扶庆阳市合水县蒿咀铺乡脱贫攻坚，投入86万元帮助实施野兔养殖、花椒种植和科技宣传培训项目。

《科学素质纲要》实施及科普信息化建设工作 联

合甘肃省15家单位在陇南市两当县启动全省“三下乡”集中示范活动。配合省科技厅启动科技创新、创强国富民科技活动周活动。举办第33届甘肃省青少年科技创新大赛、第18届中国青少年机器人（甘肃赛区）竞赛等，受益青少年近200万人次，在全国竞赛活动中获奖28项。以流动科技馆巡展、科普大篷车社会化运行等为载体，开展科普进农村、进社区、进企业、进校园、进机关、进军营、进寺院活动，覆盖人数300万人次。以创新科普进寺院活动方式，成立甘南藏族自治州玛曲县马背科普队，探索出针对少数民族地区开展有效科普服务新模式。截至2018年年底，全省建成国家级科普教育基地12家、省级科普教育基地60家。全省配套科普大篷车84辆，共计行程57万千米，开展活动4040场次，活动受益人数640万人次。5月初，省科协成立“科普中国·百城千校万村行动”领导小组，对6个县区科协科普信息化试点给予项目奖补经费各30万元。

推进甘肃科技馆建设，完成展馆信息化建设、室内外环境设计及设备采购安装工作，正在建设青少年科学实践与体验中心。甘肃科技馆向社会公众免费开放，全年累计接待公众60余万人次，落实免费开放补助1476万元。支持2个市、4个县的科技馆免费开放，推动6个市州、5个县区启动建设科技馆。截至2018年年底，建成农村中学科技馆48所，建成科普e站289个，开通微信公众号10个，改版上线甘肃省科协门户网和甘肃大众科普网。建成省科协学会服务平台、科普管理和服务平台等业务信息化平台。

学术交流　4—9月，组织省级学会和市州科协开展学术论坛、学术沙龙等系列活动26场次，形成并上报专家建议书5份，推动6个市州科协举办学术年会。其中，首届庆阳市学术年会、兰州国际生物医学高峰论坛第三届丝绸之路（敦煌）国际文化博览会系列活动、2018甘肃睡眠医学高峰论坛等活动的开展，推动形成省级学会、地方科协探索参与国际交流活动新模式。

服务科技工作者　评选推荐10名科技工作者参评中国科协求是杰出青年成果转化奖等全国性奖项；恢复“甘肃青年科技奖”，完成第九届评选工作，30名青年科技人才获奖；实施青年科技人才托举工程，对16名青年科技人才牵头实施的科技成果转化、课题研究等项目给予资助。通过科技工作者代表座谈会、走访看望科技工作者、宣传优秀科技人才先进事迹等开展新时代首个全国科技工作者日活动。

自身建设　开展“不忘初心、牢记使命”主题党日活动，依托浙江大学继续教育学院分2批对市州科协党组书记和省科协支部书记、党务干部进行专题培训，提高党员干部理论素养和业务水平，增强抓党建的责任心和主动性。制定《甘肃省科学技术协会第八次代表大会代表产生办法》《甘肃省科学技术协会第八届委员会委员候选人推选办法》，起草《关于选举甘肃省科协第八次代表大会代表及推选第八届委员会委员的候选人的通知》。组织完成600名正式代表和130名委员候选人选推工作。强化服务基层导向，调整省科协机关部门职能设置，精减所属事业单位1个，核销自收自支事业编制14个，其余事业单位职能设置、压编重组工作正在推进。

地市县及科协基层组织　截至2018年年底，全省有市级科协14个，县级科协86个，乡镇、街道科协1430个。地市县级科协全年组织科普宣讲活动957次，受众339万人次；开展实用技术培训497场次，参加活动的科技人员12.5万人次，受众282万余人次。市州科协改革全面启动并有序推进，县区科协改革方案出台率达77%。

白银市科协配合白银人才“联合舰队”打造计划，协助新建院士专家工作站13个。截至2018年年底，已建成院士专家工作站21个，为企事业单位新引进两院院士13人。制定《白银市科协科技助力“三变”改革实施方案》，在全市筛选出25家农技协组织开展试点工作。举办第33届白银市青少年科技创新大赛，组织136名师生及18支机器人代表队参加第33届甘肃省青少年科技创新大赛暨第18届中国青少年机器人（甘肃赛区）竞赛，获一等奖9人、二等奖17人、三等奖23人；获第18届中国青少年机器人（甘肃赛区）竞赛奖项18项，白银市科协被授予科技创新大赛优秀组织奖和机器人竞赛优秀组织奖。

定西市科协开展“三下乡”、防灾减灾日、世界环境日等主题科普宣传活动50场次，发放科普宣传资料8万余份。通过科普展览、宣传和教育向公众解疑释惑，引导公众用科学精神、科学方法认识问题、指导生产生活。以全国科技工作者日、全国科技周等科普活动为节点，通过科普进农村、进社区、进集市开展市县科普大篷车联合宣传活动，推广新技术示范应用20余项。编印发放《马铃薯中药材玉米蔬菜病虫害及防治技术》等科普资料10万册、科普挂图5000余张，受益民众20万人次。指导全市近100个农技协会200余名科技工作者联系精准扶贫户1500余户。开展马铃薯良种工程培训等科技培训和技术指导，累计举办培训会10期，800余人参加培训。

庆阳市科协举办首届庆阳市学术年会，年会围绕庆阳特色优势产业、脱贫攻坚和主导产业发展开展大学生创新创业大赛、优秀科技成果推介会、乡村振兴战略与三扶工作有机融合高峰论坛、庆阳市能源化工创新共同体建设学术研讨会、首届中国农民丰收节·庆阳市农技协科技助力产业发展观摩交流活动。

平凉市灵台县科协打造出甘肃省第一家县级科普信息化管理系统，实现农户、村科普分会、乡（镇）科协、县科协4级科普信息数据的互联互通，并融入智慧党建内容。该系统使省内科普工作首次实现模块化管理，方便科普信息化管理和知识传播。

省级学会、企业科协、高校科协　截至2018年年底，省科协所属省级学会96个、企业科协10个、高校科协13个。2个学会开展治理结构和治理方式改革，促成10个学会承接政府转移职能项目13项。指导32家学会开展年检服务，12个学会参加民政厅省级社团评价评级工作。13个省级学会完成换届，1个直属学会实现脱钩。直属省级学会开展学术交流活动190次，累计参与2.39万人次，交流学术论文720篇。

省环境科学学会受环保厅委托，编制甘肃省环保产业发展规划（2018—2020）；受兰州市委托，编撰甘肃省中小学垃圾分类教材（小学版）。省项目管理协会承接兰州市委宣传部“新时代偶像、精神的力量”全国文明城市主题宣讲活动。省植物保护学会在张掖市举办以“绿色植保与现代农业”为主题的学术年会。省心理学会在金昌市举办以“甘肃心理学的使命与构建社会心理服务体系”为主题的学术年会。省水利学会在兰州市举办以“水生态文明建设与流域综合治理”为主题的学术年会。省科协生命科学学会联合体和甘肃省生物工程学会联合举办兰州国际生物医学高峰论坛。省心理咨询师学会和省联合国教科文组织协会联合举办“第三届丝绸之路（敦煌）国际文化博览会系列活动——2018‘一带一路’青年成长与发展系列活动”。省环境科学学会举办甘肃省水污染处理技术及环境健康评价国际学术会议等活动。省睡眠研究会牵头成立涵盖32家各级医疗机构的甘肃睡眠医联体，主办2018甘肃睡眠医学高峰论坛。省化学会联合中国科学院共同承办第七届化学与材料金砖论坛。省免疫学会举办西北首届生殖免疫及相关疾病高峰论坛等。

【第33届甘肃省青少年科技创新大赛暨第18届中国青少年机器人（甘肃赛区）竞赛】　4月12—16日，由省科协、省教育厅、省体育局、省妇联、省科技厅、省环保厅、省发改委、团省委、临夏州委、临夏州政府主办，省青少年科技活动中心、临夏州科协和永靖县委、县政府承办的第33届甘肃省青少年科技创新大赛暨第18届中国青少年机器人（甘肃赛区）竞赛在临夏州永靖县举办。省委常委、省委宣传部部长陈青出席4月13日的开幕式并宣布大赛开幕。大赛主题为“创新·体验·成长”。此届青少年创新大赛先由各市州及省直单位分区进行初赛评比，选拔组成17支代表队参加省级比赛，参赛学生325人，参赛作品1242件；16支队伍参加机器人竞赛，参赛人数1200余人。大赛产生青少年科技创新奖项1132项、机器人竞赛奖项397项。

【第九届甘肃青年科技奖专家评审会】　5月16日，第九届甘肃青年科技奖专家评审会在兰州市召开。评委会主任、中国科学院院士刘维民，评委会副主任高世铭、冯起、黄建平、杨克虎出席评审会。省委组织部、省人社厅、省科协有关部门负责人参加专家评审会。甘肃青年科技奖是由省委组织部、省人社厅、省科协于1995年共同设立的面向全省青年科技工作者的省级奖项，每2年评选1次。截至2018年年底，已评选表彰8届，共表彰奖励青年科技工作者222人。2011年奖项因故停止评选，2017年恢复评选表彰。

【庆祝新时代首个全国科技工作者日座谈会】　5月30日，由省科协、省科技厅举办的庆祝新时代首个全国科技工作者日座谈会在兰州市召开。省科协党组书记、第一副主席陈炳东在会上讲话。省科技厅副厅长巨有谦致辞。省科协副主席张平出席座谈会。省科协副主席张炯主持座谈会。座谈会主题为“深入学习贯彻习近平新时代中国特色社会主义思想和党的十九大精神，弘扬中国科学家精神，争做新时代创新先锋，为建设世界科技强国再立新功”。与会科技工作者及领导交流讨论，肯定甘肃省在“十三五”以来取得的科技成就，指出在政策规划与政府投入、科技人才培养与科技成果推广、科技创新体系建设等方面的不足和问题，并提出意见和建议。来自全省各条战线的20名青年科技工作者参加座谈会。

【2018年脱贫攻坚帮扶工作推进会】　7月20日，

省科协召开2018年脱贫攻坚帮扶工作推进会。省科协副主席张平主持会议。省科协党组书记、第一副主席陈炳东出席会议并讲话。会议传达中央、省委省政府脱贫攻坚有关文件和会议精神。省科协帮扶办负责人通报上半年脱贫攻坚帮扶工作督查情况。机关各部门、各事业单位负责人汇报上半年脱贫攻坚工作开展情况、存在问题，下半年工作打算。3名贫困村驻村工作队队长作大会述职报告。省科协机关、事业单位全体干部参加会议。

2018年，省科协党组高度重视并推进脱贫攻坚帮扶工作，与省市县相关部门配合制定“一户一策”精准脱贫方案；实施野兔养殖、花椒种植产业扶贫项目；进行科普宣传培训，开展青少年高校科学营、留守儿童进省城科普夏令营、庆六一助脱贫等双扶双脱系列活动，取得明显成效。

【第二届兰州国际生物医学高峰论坛】 9月9日，由省科协主办，省科协生命科学学会联合体、兰州大学第一医院、省生物工程学会承办的第二届兰州国际生物医学高峰论坛在兰州市开幕。论坛以“面向‘一带一路’，聚焦精准医疗、转化医学与产学研融合”为主题，旨在借助国内外生物医学领域专家学者及市场主体的专业视角和实践经验，搭建生物医药产学研用创新发展平台，推动跨领域跨行业协同创新，助推省生物医药产业转型升级和创新发展。论坛上，中国工程院院士王陇德和第三军医大学第一附属医院检验医学中心教授府伟灵，机械工业仪器仪表综合技术经济研究所所长欧阳劲松，中国检科院快速检测装备与技术研究首席专家邹明强，香港医务化验学会会长、英国医事生化科学学会院士彭永恒等14名生物医学领域的专家学者分别围绕各自研究领域新发展作主题报告，分享生物医学和精准医疗前沿学术成果。来自国内外生物医学领域的百余名专家学者及论坛承办单位、支持单位和省内各有关医疗卫生、检验检疫机构及企业的代表参加论坛。

【第八届兰州生命科学论坛】 10月13—14日，由省科协主办，兰州大学基础医学院遗传学研究所、兰州大学医学遗传中心承办的第八届兰州生命科学论坛在兰州大学举办。论坛主题为“生命组学与生命健康”。省科协党组成员、副主席冯永成出席并致辞。英国医学研究院、高等教育院院士Mark Jobling，英国皇家医师学院专家咨询委员会委员、莱斯特大学皇家医院临床遗传服务中心主任Pradeep Vasudevan等参加开幕式。论坛期间，Mark Jobling，Pradeep Vasudevan，华裔生命科学家黄艳，中山大学教授周忠卫、孙力涛，甘肃省医科院教授李克生，中国科学院近代物理研究所副研究员狄翠霞，宁夏医科大学副教授马国荣，兰州大学遗传学研究所博士谢寒晖分别作《从群体遗传学的角度对复杂疾病的研究》《临床遗传学在英国的实践》《酵母筛选平台在复杂疾病研究中的应用》等学术报告9场。论坛邀请国内外30余所高校、医院、科研院所、企业、政府部门从事临床遗传学、基础医学、临床医学、检验医学、生物工程、健康管理等领域的专家学者、企业界代表、政府管理人员共300余人参加。

英国莱斯特大学生命学院和中国科协甘肃海智基地兰州大学基因组医学工作站共同倡导的中英远程医疗医联体项目通过论坛实现落地对接。甘肃省妇幼保健院与Mark Jobling率领的英方代表团经过洽谈，同意中英远程医疗医联体项目在甘肃省妇幼保健院落地，并承诺2019年派遣4名临床医生赴英国进行远程医疗对接培训，英方建议由中国科协甘肃海智基地兰州大学基因组医学工作站全程负责沟通协调中英双方在各阶段的具体项目实施工作。

（撰稿人：李晓伟）

青海省科学技术协会

服务经济社会发展 省科协围绕省委省政府发展战略和中心工作，以项目资助形式与中国科学院高原生物研究所等单位的专家学者合作实施决策咨询调研课题10个，编发《青海科技工作者建言》9期，为党委政府科学决策提供服务。在学习借鉴山东、江苏等省份智库建设经验基础上，研究制定《青海省科协关于建设高水平科技创新智库实施意见》。围绕全省优势产业发展，通过举办高水平特色学术交流活动开展建言献策。指导省农学会举办“全谷物加工技术和营养研讨”首届高原生态农业论坛，就青海省青稞和藜麦2个特色品种培育、加工、政策支持等形成科技工作者建言。

以柔性引进人才为突破口，全面融入党委人才工作大局，服务创新发展。确定“质量优先”发展原则，新建10个院士专家工作站（院士站9个、专家站1个），柔性引进10名院士驻站指导。截至2018年年底，全省共建成院士工作站33个、专家工作站9个，累计引进33名院士驻站帮助指导。院士专家工作站在提高学术交流水平、人才培养、推动科技进步、促进科技成果转化等方面发挥积极作用，得到省委主要领导肯定。青海大学附属医院董家鸿院士工作站打造包虫病分级诊疗模式，为青海省包虫病的治疗发挥示范作用。青海省第三地质勘查院何继善院士工作站解决青海省地质探测的重大难题，带动培养本土人才。海西州农科所曹福亮院士工作站提高该单位科技人员科研水平，推动柴达木枸杞产业化发展。省科协主动与园区和重点企业对接，推进双创工作，分别在海西州格尔木市和海东科技产业园区举办“一线创新工程师培训班”2期，培训企业一线工程技术人员150余人。举办首届中国创新方法大赛青海分赛区比赛，组队参加首届中国创新方法大赛长沙总决赛。

开展精准扶贫工作。新建农技协及农技协联合会40个。支持海南藏族自治州贵德县、海东市民和县2个示范县农技协组织项目经费共580万元，对接建档立卡贫困人口2800人，助力脱贫6500人。据不完全统计，2018年全省各级农技协累计举办培训班、专题讲座260期（次），展览活动86场次，培育推广新技术新品种2400亩，辐射周边130个村7000余名群众。

《科学素质纲要》实施及科普信息化建设工作 省科协围绕省委提出的“一优两高”战略打造“生态科普”活动品牌，开展“生态科普行”系列宣传教育活动、全国科普日等品牌科普活动。据不完全统计，全省各级科协全年累计开展科普宣传活动220余场次，举办各类实用技术培训和讲座875余场次，累计参与群众达115万余人次。中国流动科技馆在14个县市区站点开展巡展活动，累计行程8000余千米，接待公众8万余人次。全省43辆科普大篷车累计开展活动540余次，行程5.2万千米，受益公众达16.2万余人次。发挥科普教育阵地作用，推动建设以省科技馆为“龙头”，以市州和农村中学科技馆、流动科技馆和科普大篷车为拓展和延伸，辐射基层的现代特色科技馆体系。全年新建农村中学科技馆和基层科技馆22个。西宁市科协投入资金50万元新建基层科技馆5个。黄南州和玉树州科协推进州科技馆项目前期筹备工作。

举办第33届青海省青少年科技创新大赛、第17届青海省青少年机器人竞赛，全省5万余名中小学生参加活动，50余个单项活动获全国二、三等奖。扩大馆校合作项目覆盖范围，青海科技馆全年签约学校20所，开发科学课程课件144个，参加活动青少年1.6万余人。

推进全省科普信息化建设，运用电视媒体、手机APP等手段推送科普信息，开通微信公众平台“青海科普”并试运行。组织翻译的“科普中国”藏语微视频在省内外18个市州县电视台播出。青海安多卫视、海南州、西宁电视台、“云藏”搜索引擎共制作“科普中国——百科面对面”等汉藏文电视专题栏目122期。《青海科技报》获“全国优秀科技报”荣誉称号。

学术交流 由省科协和中国中医药学会联合主办、青海省藏医药学会承办的藏医药传承创新与产业发展高峰论坛在西宁市举办。联合中国水力发电工程学会主办风光水能互补研讨会。据不完全统计，2018年全省各级学会累计举办、承办学术会议600余场次。省睡眠研究会承办第二届中国高原睡眠医学高峰论坛。省医学会承办第三届泡型包虫病XUUB多中心国际合作会议。省通信学会承办人工智能和5G技术发展学术会议。打造省医学会等4个综合示范性学会，资助实施省级学会能力提升项目7个。加强和改进学会管理，建立学会动态管理机制，研究制定《青海省科协省级学会组织通则（试行）》。通过举办学会深化改革和能力提升培训班等，引导带动省级学会秘书长进一步厘清思路、转变观念，推进学会改革提能。

服务科技工作者 实施科学家精神弘扬行动，以宣传“精忠报国、敢为人先、拼搏奉献”的科学家精神为重点，举办中国科协科学家宣讲党的十九大精神巡回报告、青海省科学道德和学风建设宣讲报告会、时代楷模黄大年先进事迹青海宣讲等活动。邀请中国科协九大代表、省内优秀科技工作者代表赴企业、医院、农牧区等地开展宣讲。落实《青海省科协机关干部直接联系科技工作者工作制度（试行）》，提升服务科技工作者水平，增强科协组织的吸引力和凝聚力。全省各级科协组织深入挖掘优秀科技工作者的先进事迹，利用报刊、网站、微信等媒体平台宣传报道。开展庆祝全国科技工作者日系列主题活动，邀请党政领导慰问优秀科技工作者代表，组织动员科技工作者参与学术交流、科普讲座等活动。加大人才举荐工作力度，推荐优秀科技工作者和团队参加国家部委和省内相关奖项评审。2015—2016年度青海省自然科学优秀学术论文奖评选出获奖论文46篇，在2018年12月27日举行颁奖大会，省“四大班子”领导出席并为获奖者颁奖。省科协申请设立青海省创新争先奖，制定《青海省创新争先奖评审办法》，完成报请工作。

自身建设 省科协贯彻落实中央和省委对科协工作的要求，学习贯彻习近平新时代中国特色社会主义思想，组织科技工作者学习贯彻党的十九大和十九届二中、三中全会及省委十三届四次、五次全会精神，增强科技工作者对习近平新时代中国特色社会主义思想的政治认同、思想认同、理论认同和价值认同，引导全省科技工作者听党话、跟党走。以加强机关党的建设带动科协系统党的建设，推动科协系统全体党员领导干部牢固树立“四个意识”、坚定“四个自信”、做到“两个维护”，在大是大非面前立场坚定，坚决贯彻党的路线方针政策。加强政治理论武装，结合工作职责，对标“四个扎扎实实”重大要求和“一优两高”战略目标，开展交流研讨，研究落实措施，在结合转化上下功夫。加强党支部建设和党员干部教育培训工作，依托浙江大学举办省科协十大代表履职培训班和省科协系统干部科普能力提升研修班，提升科协代表履职意识与能力，提升科协系统干部工作能力。

推进省科协直属事业单位改革，在完成青海省科协领导机构和机关改革任务基础上，对科协机关及事业单位职能进行重新界定，明确机关业务部室宏观管理指导功能，突出事业单位服务职能。改革后，省科协直属事业单位4家，即青海省科学技术馆、青海省科协科技创新与学会服务中心、青海省科协网络信息与科普服务中心、青海藏文科技报社；企业1家，即青海科普传媒有限公司。开展“3+1”试点，提升基层科协组织力。探索乡镇建立综合化、扁平化的群团基层组织工作模式，制定《青海省提升基层科协组织力“3+1”试点实施方案》，给予西宁市、海南州科协试点工作经费支持。报请省委组织部同意成立“中国共产党青海省科技社团委员会”，研究制定《青海省科协党组关于加强科技社团党建工作的意见（试行）》，推进省级学会党的组织和党的工作“两个覆盖”。指导省农学会等22个省级学会建立党组织。

地市县及科协基层组织 西宁市科协成立深化改革领导小组，成立创新驱动助力委员会、科学普及委员会、决策咨询和学会（学术）委员会、服务“三农”委员会、服务科技工作者委员会共5个专委会。海南藏族自治州科协组织各县科协开展全国科技工作者日系列活动，召开科技工作者座谈会、科技体验活动、看望慰问科技工作者代表等主题活动。

省级学会、企业科协、高校科协 省医学会党总支把党建融入深化体制改革和学会创新发展的全过程，坚持从严治党，落实主体责任，深化党建强会战略，细化强会措施，探索新形势下党建工作在学会社会治理体系中的定位和作用。省质量管理协会承接青海省质量奖表彰委员会、省消费者协会等政府转移职能。成立青海大学科协、青海中关村高新技术产业基地园区科协和青海大学高新技术园区科协。各高校科协、园区科协和企业科协参与开展全国科技工作者日、科学道德和学风建设宣讲教育等活动。

【黄大年先进事迹报告团来青海宣讲】 7月6日，由省科协和省教育厅联合举办的中国科协科学家宣讲党的十九大精神巡回报告青海站活动启动仪式暨青海省科学道德和学风建设宣讲报告会在西宁市举行。黄大年先进事迹报告团一行5人来青开展宣讲。省科协党组成员、副主席刘青主持报告会并作总结讲话。省教育厅党组成员、副厅长杨发玉，省属高校和职业技术院校负责人出席。省科协机关和直属事业单位干部、高校和科研院所师生等1000余人参加报告会。

【青海省自然科学优秀学术论文奖颁奖】 12月27日，2015—2016年度青海省自然科学优秀学术论文奖颁奖大会召开。省委常委、省总工会主席马吉孝讲话。省政府副省长张黎宣读省政府表彰决定。省人大常委会副主任高华、省政协副主席王绚出席。此届论文奖评选出获奖论文46篇，其中一等奖6篇、二等奖15篇、三等奖25篇，涵盖理、工、农、医4个学科大类。

【中国科协院士专家赴青海考察休假活动】 8月26—31日，中国科协主办、省科协承办了2018年中国科协院士专家赴青考察休假活动。来自全国各地的18名院士和专家携家属来青海省开展为期1周的参观考察。院士专家考察贵德国家地质公园、龙羊峡水电站、原子城纪念馆、青海藏文化博物馆等，详细了解青海省生态环境保护、科普教育基地、水力发电和新能源建设等情况，并为青海省经济建设和社会发展提出建议。活动期间，省委常委、省总工会主席马吉孝，中国科协党组成员、组织人事部部长王守东，省科协党组书记、主席尤伟利，省委组织部副部长、省人才办常务副主任熊义志等领导看望慰问院士专家。省科协党组成员、副主席刘青全程陪同考察。

【青海省科协“十大”代表履职培训班】 6月20—22日，省科协举办“十大”代表履职培训班。中国科协党组成员、书记处书记吴海鹰，办公厅副主任于小晗，科普部副部长钱岩应邀出席开班式并授课。

省科协党组书记、主席尤伟利主持开班式并讲话。省科协党组成员、副主席刘青、徐东向出席开班式。省科协十大代表、省科协机关和直属事业单位干部90余人参加培训。培训班邀请青海省经济研究院院长李勇作报告《建设现代化经济体系　迈向高质量发展阶段》。

（撰稿人：潘永胜）

宁夏回族自治区科学技术协会

服务经济社会发展　宁夏科协组织自治区科协系统干部及科技工作者开展大调研活动，遴选调研报告32篇，编辑出版《2018年宁夏科协资政报告》。组织15个科技决策咨询课题，编发《科技决策咨询》8期，其中《关于保障和促进硒砂瓜产业健康可持续发展的调研报告》《实施乡村振兴战略宁夏人居环境综合整治面临的挑战问题及对策》得到自治区领导批示。

贯彻落实《科协系统实施创新驱动助力工程的实施意见》，发挥科协组织和人才优势，做好对接和服务工作。成立院士专家工作站等服务机构13个，对10个服务机构进行支持。开展院士专家宁夏行活动，邀请福建省、湖南省6名院士和20余名专家指导180余项技术创新需求，签订合作协议10项，成立院士专家工作站2个，实施合作示范项目2个。实施科技服务产品应用推广及企业一线创新人才培养项目，举办企业专利应用工程师培训班15场，培训企业高管及一线工程师1000余人，帮助企业解决生产技术难题80余项。举办宁夏第二届创新方法大赛和双创活动周主场活动。

成立由百名科技专家组成的服务团，通过集中培训、现场指导等方式进行点对点、一对一的菜单式科技服务，帮助贫困群众解决生产技术难题。10月22—24日，在固原市举办百名专家助力脱贫攻坚活动，开展固原农特产品展示推介、现场专家科技咨询培训、电商培训、青年创新创业项目路演、妇女创业带头人经验交流、项目洽谈和协议签订，推出2018版固原市“互联网+科普”扶贫创新服务平台，受益群众6万余人次。7月30日，在中卫市召开科技助力精准扶贫工作推进会，分享专家助力脱贫攻坚行动和科技助力精准扶贫项目实施经验，组建科技专家惠农服务团队，搭建新型农民培训平台，建立农技服务精准到户机制，委托宁夏农技协举办宁夏基层农技协领办人中卫站培训班。获得中央彩票公益基金1800万元，在贫困地区建设农村中学科技馆57个。探索农业+科普+生态旅游发展模式，打造西吉县龙王坝、贺兰县稻渔空间和永宁县立兰葡萄酒庄3个科普小镇。

《科学素质纲要》实施及科普信息化建设工作　9月17日，中国科协发布《中国公民科学素质建设报告（2018年）》，宁夏公民具备科学素质的比例为6.42%，居全国第23名、西北地区第2名，提前两年完成到2020年宁夏公民具备科学素质比例超过6.3%的目标。

开展2018年宁夏科普讲解竞赛、全民科学素质网络竞赛、科普作品创作大赛、新型农民科技知识竞赛和大众科学讲堂等科普活动230余场次，参与人数80余万人次。举办第33届宁夏青少年科技创新大赛暨机器人竞赛，自治区代表队在全国竞赛中获78个奖项，包括一等奖7个。举办第三届青少年科学节、青少年科普剧竞赛展演、青少年高校科学营、大手拉小手——科普报告宁夏行活动等，近50万人次青少年参与。实施生态立区助力工程，聚焦蓝天、碧水、净土“三大行动”。通过科普新媒体宣传微矩阵、宁夏科普e点通、宁夏微科普、大众科学讲堂等科普宣传平台编印科普图书，宣传生态、环保科学知识，引导树立简约适度、绿色低碳的生活理念。联合自治区林业厅、气象局、地震局等单位，结合科技周、爱鸟周、防灾减灾日等纪念日，以环境保护、资源节约等为主题，组织开展各类科普活动50余场。支持自治区级学会围绕“生态立区”主题，开展学术交流活动60余场。

获得中央财政科技馆免费开放资金2207万元，提升自治区6个科技馆展览展示能力。宁夏科技馆接待观众60万人次，完成穹幕影院升级改造。流动科技馆和科普大篷车巡展接待观众35万人次。

扩大科普宁夏全媒体传播云平台覆盖面，通过电视、手机、微信、公交等方式播出科普视频3200余期。建成科普新媒体宣传微矩阵联盟，公众阅读量540万人次。建成科普e站872个，宁夏在科普中国传播活跃榜上居全国第2名。

学术交流　实施学术繁荣工程，开展2018年度学术交流扶持项目，重点支持国家级学术交流活动5项、自治区级学术交流活动23项。指导自治区学会开展学术交流活动860余场，3万余人次科技工作者参加活动。组织科技工作者参加海峡两岸休闲农业学术交流研讨会。举办2018年塞上学术月活动，围绕“工业新技术”“农业与气象”“医药科技”等主题，29个自治区级学会在9—10月举办专题学术交流活动29

场，9000余人次参加。举办第十三届宁夏资深专家论坛和第十四届宁夏青年科学家论坛，围绕乡村振兴战略、绿色环保创新驱动等举办专题论坛，2000余人次参加，出版论文集2部。

服务科技工作者 召开庆祝全国科技工作者日座谈会，自治区党委、政府分管领导与200余名科技工作者代表举行座谈，开展全国科技工作者日系列活动300余场次。表彰20名第十六届宁夏青年科技奖获得者和10名“宁夏最美科技人”。联合自治区人才办实施宁夏青年科技人才托举工程，托举人选100名。

调整科技工作者状况调查站点，对自治区6个全国科技工作者站点中的3个进行调整。确定中卫市科协、银川能源学院、宁夏康亚药业为新的全国科技工作者调查站点。组建吴忠市科协、大武口区科协为自治区级科技工作者调查站点，编发站点有效信息31篇。2018年，宁夏科协被中国科协评为全国科技工作者调查站点优秀区域责任部门。

自身建设 制定年度深化改革工作任务分工方案，确定16个方面28项改革任务。以市、县、区科协改革为重点，将基层一线科技工作者代表比例扩大至65%以上，吸纳优秀科技工作者代表进入科协领导层兼职、挂职，吸纳“两新”组织及研发机构代表进入科协委员行列。健全完善学会党建工作机制，创新学会党组织组建方式，在理事会层面建设功能型党支部，学会党组织的覆盖率达到92.2%，学会党建工作覆盖率达到100%。

指导22家学会完成筹备及换届工作。实行学会淘汰退出机制，对履职不力、组织涣散、治理结构不规范的13家学会采取解除业务主管关系、建议撤销社团登记、限制项目申报等措施。吸纳宁夏干细胞学会等4家学会为宁夏科协团体会员，形成有进有出的自治区级学会动态管理机制。

履行全面从严治党主体责任。实施“三强九严”工程，整治机关党建“灯下黑”问题。组织开展党建知识大学习活动，组织集中考试4次。开展违反中央八项规定精神问题专项治理工作，组织开展自查自纠，对相关责任人进行处理。出台意识形态责任制实施细则和考核办法，签订责任书，做好网上舆情预警监测和舆论引导工作。开展“三化”清理整治活动，开展共产党员信仰宗教专项整治活动。

开展专题培训、集中学习、座谈交流、主题活动、十九大精神进基层等活动，学习党的十九大和自治区第十二次党代会精神。结合自治区成立60周年，组织媒体对26名科技工作者代表进行报道，组织编印《科苑匠心》《奋进新时代》等书刊，刊发新闻稿件176篇（条），反映自治区科技工作者工作成果。开展网上科技工作者之家建设，通过宁夏科协网、科技之友、科协委员微信群、宁夏微科普等传播手段，与科技工作者联系沟通，把党的声音传递到科技工作者当中。调整自治区科学道德和学风建设领导小组，组建宣讲教育专家团，到宁夏大学、宁夏医科大学等高校开展科学精神、科学道德、科研伦理和学术规范宣讲教育8场次，近1万名师生参加宣讲教育活动。

地市县及科协基层组织 截至2018年年底，自治区有市级科协5个，县（市、区）科协21个，乡镇、街道科协236个。新增农技协14个，总数达485个。自治区乡镇（街道）和行政村（社区）科协组织覆盖率分别为85%和32%。市县科协全年组织科普宣讲活动3679次，举办实用技术培训2356场次，参加活动科技人员1.8万人次，受众180万人次。

银川市科协提请市委市政府出台《银川市科协系统实施创新驱动助力工程实施意见》，为全面实施创新驱动助力工程提供制度保障。6月15日，银川市永宁县科协开展永宁县2018年科技服务产品应用推广项目专利应用工程师培训班，50余名企业科技人才参加培训。银川市贺兰县科协承办2018年科技服务产品应用推广项目专利应用工程师培训班（贺兰站），60名技术研发人员参加培训。

中卫市科协、科技局联合主办中卫市2018年度创新工程师认证辅导暨创新方法大赛参赛项目培训班，47人参加培训。中卫市科协在《中卫日报》开办“科学普及”专版，刊发稿件750余篇。中卫市海原县15所农村中学科技馆通过验收，交付使用。

吴忠市科协联合自治区科技咨询服务中心在吴忠市委党校举办2018年科技服务产品应用推广项目企业专利应用工程师培训班，全市60余家科技型企业负责人、高管、研发人员和知识产权管理人员等100余人参加培训。吴忠市盐池县科技馆是自治区首家县级科技馆，2018年维修改造后年接待参观者20万余人次。

石嘴山市科协建立技术创新需求项目库，对接技术创新需求120项，组建全国首个氰胺产业技术创新战略联盟。固原市科协建立“新媒体+固原科普”媒体矩阵，促进全市科普信息化建设。

省级学会、企业科协、高校科协 截至2018年年底，宁夏科协所属学会、协会、研究会83个，团体会员4000个，个人会员5.6万人，分支机构301个。自治区累计成立企业科协176个、园区科协4个、高校科协5个。新成立企业科协60个、园区科协1个、高校科协3个。各自治区级学会全年举办国家级、自治区级学术活动1000余场次，参加人数10万余人次。

6月5日，宁夏化学分析测试协会在银川六中举办庆祝科技工作日暨六五环境日科普进校园讲座。讲座围绕“化学与生活”主题，邀请宁夏大学化学化工学院史可人、宁夏出入境检验检疫局主任李竹岩、宁夏中科精科检测技术有限公司环保工程师田士梅作讲座。

6月29日—7月2日，第七届中国西部动物学学术研讨会在银川市召开。大会由宁夏、重庆、四川等西部省、自治区、直辖市动物学会主办，宁夏科协支持，宁夏生物学会、宁夏大学生命科学学院、北方民族大学生物科学与工程学院承办。研讨会上，中国西部十省、自治区、直辖市动物学会负责人及代表以“中西部动物学多样性与保护”为主题开展交流，研究内容涉及动物形态学、系统学、生态学、行为学、动物地理学、特有动物资源保护与利用、实验动物模型、基因组学、动物生理生化等领域。会议征集论文摘要117篇、学术报告72个，其中大会主题报告12个、分会场专题报告60个。

11月5—6日，宁夏气象学会在银川市举办2018年枸杞气象研究与服务技术研讨会。会议邀请宁夏农林科学院植物保护研究所研究员张蓉，宁夏农林科学院枸杞工程技术研究所研究员安巍、秦垦等8名专家学者围绕枸杞产业发展、枸杞病虫害监测预警与防控、枸杞生物学特性研究及光谱应用技术、枸杞种质资源耐热性研究等作特邀报告。

2018年，作为试点项目，自治区科技厅、农牧厅的5项职能由宁夏老科学技术协会、宁夏科技情报学会承接。宁夏护理学会、宁夏生态学会等自治区学会对接全国学会，在自治区举办全国性学术交流活动。

【《宁夏科协所属学会有序承接政府转移职能试点工作方案》印发】 1月11日，宁夏科协起草的《宁夏科协所属学会有序承接政府转移职能试点工作方案》由自治区党委办公厅、自治区政府办公厅印发实施，全面安排部署科协所属学会承接政府转移职能试点工作。

方案分为总体要求、基本原则、主要内容、工作流程、保障措施5个部分，重点聚焦“有序推进承接政府转移职能试点工作”主要内容和关键环节，按照“政府定规、科协协调、学会参与、有序承接”的工作机制，坚持中央精神和宁夏实际相结合，突出围绕宁夏产业特点、科技发展、人才培育等重点开展试点，通过建立协调管理、监督约束、绩效评估等机制，促进学会成为可负责、可问责的现代科技团体。

【《关于科协系统实施创新驱动助力工程的实施意见》印发】 1月11日，自治区党委办公厅、自治区政府办公厅印发《关于科协系统实施创新驱动助力工程的实施意见》。

意见以服务创新驱动战略和地方经济社会发展为主线，以体现科技工作者知识价值为重点，以提高科协组织及所属学会业务能力为导向，坚持“政府主导、企业主体、学会主角、专家主力”的工作机制。工作原则明确市县主导、合作共赢，科协搭台、学会助力，产业主导、长效发展。意见提出要集聚各类创新资源，围绕中心工作提供决策咨询、搭建开放型协同创新平台、帮助解决重大关键技术问题、促进科技创新成果转化等7方面内容。意见提出要深化改革，提升学会服务创新能力和水平，包括分类推进学会内部改革、提升学会服务创新能力、有序推进学会承接政府转移职能等5方面。

【宁夏科协第八届委员会第六次全体会议】 11月19日，宁夏科协召开第八届委员会第六次全体会议。宁夏科协党组成员、副主席陈国顺主持会议。全委会选举宁夏科协第八届委员会常委、主席，陈红缨当选宁夏科协常委、主席。会议传达学习世界公众科学素质促进大会、自治区党委第十二届四次全会、自治区宣传思想工作会议和《宁夏促进科技成果转化条例》等会议和文件精神，提出落实要求。宁夏科协党组书记陈红缨，宁夏科协副主席李星、张晓玲、钟景明、姚敏、吴旭东及宁夏科协第八届委员会常委、委员共101人参加会议。

【宁夏公民具备科学素质比例增至6.42%】 9月17日，世界公众科学素质促进大会在北京召开。中国科协发布《中国公民科学素质建设报告（2018年）》，报告显示宁夏公民具备科学素质比例为6.42%，居全国第23位、西北地区第2位，提前两年实现到2020年宁夏公民具备科学素质的比例超过6.3%的目标。宁夏科协联合有关部门共同实施《宁夏全民科学素质行动计划纲要实施方案（2016—2020年）》。宁夏公民具备科学素质的比例从2010年的1.72%增长至2015年的4.01%，2010—2015年年平均增长0.46百分点，2015—2018年年平均增长0.8个百分点。

【2018年宁夏全国科普日活动】 9月12日，宁夏科协联合自治区党委宣传部、自治区教育厅、自治区科技厅和自治区经信委在银川市主办2018年宁夏全国科普日主场活动。自治区党委副书记姜志刚、自治区副主席杨培君、自治区政协副主席王紫云参加主场活动。宁夏科协党组书记、主席李晓波，自治区党委宣传部副部长毛录，科技厅副厅长桑长清，经信委巡视员范宏明，宁夏科协副主席吴旭东等参加活动。

姜志刚指出要认真贯彻习近平总书记提出的"两翼论断"，把科学普及放在与科技创新同等重要的位置。希望社会各界和科技工作者关注科普、参与科普、开展科普、受惠科普，提升宁夏公民科学素质，为宁夏与全国同步建成全面小康社会的目标做出贡献。

主场活动举办3天，运用展会形式和信息化手段全程网络直播。现场同步开展2018年全国科普日宣传片和科普中国V视频展示播放、科普剧表演、科普宣传与互动游戏、科普知识竞答、宁夏全民科学素质网络知识竞赛与推广、展商科普路演等活动。50余家高新技术企业、学会、社会机构、创新团队等参加活动。

【湖南、福建院士专家宁夏行】 7月27—30日，由自治区党委组织部、湖南省委组织部支持和指导，宁夏科协、湖南省科协组织实施，宁夏农林科学院、宁夏大学、宁夏医科大学和银川市科协协办的2018湖南院士专家宁夏行活动在银川市、平罗县、彭阳县等地举行。中国工程院院士官春云、陈政清、邹学校，湖南省政协原副主席、遗传与生殖医学专家卢光琇等10名专家，湖南省委组织部、湖南省科协有关领导共18人组成湖南院士专家服务团到宁夏开展需求对接、学术交流、技术指导、合作洽谈等。

7月28日，湖南院士专家宁夏行座谈会在银川市召开。自治区党委常委、组织部部长、自治区人才工作领导小组组长盛荣华参加座谈会并讲话。自治区政府副主席杨培君参加座谈会并为宁夏农科院"辣椒育种与栽培院士专家工作站"授牌。活动期间，举办洽谈合作对接会5场、学术报告7场、技术咨询服务13场次。湖南省科协与宁夏科协签订合作框架协议，中国工程院院士邹学校与宁夏泰金种业股份有限公司签订院士工作站合作协议；湖南中医药大学教授夏新华、湖南安邦制药有限公司研发副总裁高尚分别与彭阳县壹珍药业有限公司签订膜荚黄芪、北葶苈子等中药材种植加工技术合作意向协议；长沙理工大学教授王建辉分别与宁夏渔业产业协会、宁夏海达生物科技开发公司签订特色水产品综合开发和食品大分子分析与鉴别意向性协议。

9月27—30日，由自治区党委组织部、福建省科协、宁夏科协主办，福建省院士专家交流协会、银川市科协、银川市农牧局协办的2018福建院士专家宁夏行活动在银川市等地举行。自治区党委副书记、银川市委书记姜志刚及有关市、县领导参加活动。中国科学院院士林惠民、洪茂椿，中国工程院院士李玉，沈阳农业大学教授须晖等13名院士专家，福建省科协有关领导共19人到宁夏开展技术创新需求对接、学术交流、技术指导、合作洽谈等。活动期间，开展学术报告3场、技术咨询服务13场次。福建农林大学与西夏区政府、宁夏农科院枸杞研究所签订农产品贮藏保鲜合作研究中心意向合作协议；贺兰县欣荣和食用菌有限公司与古田县为民食用菌研究所签订食用菌栽培合作协议。

（撰稿人：贺党立）

新疆维吾尔自治区科学技术协会

服务经济社会发展 自治区科协组织科技工作者围绕自治区党委政府中心工作开展决策咨询课题研究。《关于补齐新疆林果产业链短板，提高脱贫实效的建议》《关于建设万吨牧草种业基地，加快脱贫进程的建议》等建议得到自治区领导批示。

组织自治区学会围绕脱贫攻坚开展精准扶贫专家服务行动。组织动员各类专家800余人次，通过实地交流、技术指导等形式解决农牧民生产中的技术难题和突出问题，累计在全疆138个村开展培训849场，内容涵盖种植业、林果业、畜牧业及电商销售等，受益群众90482人次。

自治区科协领导带领干部开展入户走访、结对认亲、扶贫帮困"三个全覆盖"工作。开展"访惠聚"驻村和深度贫困村第一书记选派工作，推进驻村工作持久开展。科协领导班子全年累计赴基层调研58次、314天，撰写调研报告27篇；累计开展6轮17批次共计1038人次结亲活动，走访群众3885人次，干部职工捐款36.99万元、捐物6486件；开展活动970场次，为群众办实事好事372件，报送简报168期。

10月12日，自治区科协、自治区住建厅相关领导及部分专家与香港青年建造专业人士代表团举行座谈会。自治区科协党组成员、副主席海萨尔·夏班拜主持会议。双方就生态资源、经济发展、城市基础设施规划等领域进行交流。座谈会旨在加强香港建造界青年专业人士对“一带一路”建设和新疆的了解，增强国家意识和爱国情怀，促进香港与新疆两地专业人士交流合作。座谈会由中央人民政府驻港联络办教育科技部协助，香港建设管理交流中心和香港建造专业人士协会共同组织，中国科协国际科技交流中心具体实施。

《科学素质纲要》实施及科普信息化建设工作 自治区科协提出“讲好科学故事，倡导文明理性，强化科普灌输，提高科学素质”的科普工作理念，推进科学普及“去极端化”。召开自治区“十三五”全民科学素质工作中期部署视频会议。实施全国和自治区基层科普行动计划，落实奖补资金2000万元。

出版发行《知识—力量》《科学与生活》维文科普杂志17期28万册，编译“科普大篷车”电视栏目104期，翻译、制作科普微电影10部，累计发布“科学诗苑”科学诗歌276首。举办2018年全国科普日新疆系列科普活动启动仪式暨主场活动，开展科学大讲堂、科学普及基层行科普宣讲活动135场。在新疆人民广播电台、乌鲁木齐人民广播电台开设“科普之声”专栏，制作播出汉语节目22期、维吾尔语节目11期、科普公益主张60条。

打造“四位一体”现代科技馆体系。对新疆科技馆前沿科技、人工智能、现代信息技术等主题科普展区、互动体验区进行改造升级，累计接待观众43.2万人次。落实免费开放资金，加大对基层科技场馆支持力度。组织中国流动科技馆新疆巡展、科普大篷车巡展，扩大基层科普服务覆盖面。举办第32届自治区青少年科技创新大赛、第18届自治区青少年机器人竞赛活动，评选表彰第七届自治区青少年科技创新奖获奖者100人。

完善“科普中国·新疆云视”平台建设，实现主控主播。召开全疆科普中国e站建设工作推进视频会议，启动“科普中国·新疆云视”平台电子科普画廊建设项目（二期）试点工作。截至2018年年底，已链入户外LED大屏130块（在建180块）、iTV智能电视终端点位3740个、科普触控屏274个，覆盖社区、学校、医院、车站等公共场所。

学术交流 举办、承办第十二届新疆青年学术年会暨第六届新疆青年博士论坛、丝绸之路·健康论坛、全国无膜棉现场观摩暨交流研讨会、科学道德与学风建设等学术交流活动。开展第十五届自治区自然科学优秀学术论文奖评选，为科技工作者搭建学术交流平台。

服务科技工作者 组织科技工作者和科协系统干部学习贯彻习近平新时代中国特色社会主义思想和十九大精神，增强“四个意识”、坚定“四个自信”、做到“两个维护”。完成第21届中国科协求是杰出青年成果转化奖、第15届中国青年女科学奖及第14届未来女科学家奖推荐工作，将新疆青年科技奖、自治区科普奖纳入自治区党委天山系列奖项。发起“西部医学青年发展合作行动”。制作“星光工程”系列专题片4部。加大对科技工作者的宣传力度，在自治区及以上媒体刊登稿件300余篇。

5月22日，全国科技工作者日座谈会在自治区科协大厦召开。自治区科协党组书记李春阳主持会议并讲话。与会人员围绕“深入学习贯彻习近平新时代中国特色社会主义思想和党的十九大精神，弘扬中国科学家精神，争做新时代创新先锋，为建设世界科技强国再立新功”主题发言，并就新疆科技人才、科技创新、科普宣传等工作进行交流。中国工程院院士王小东、邓铭江等近20名来自高校、科研院所、科技型企业的自治区老中青科技工作者参加座谈。

自身建设 召开自治区科协八届六次全委会，增补5名基层一线科技人员担任委员，一线科技工作者比例提高至61%。推动科协系统深化改革，市级科协改革完成率达86%。出台《自治区科协落实中国科协“3+1”改革试点实施方案》，推进全区“3+1”改革试点工作。

开展“不忘初心、牢记使命”主题教育活动，举办基层科协主席及业务骨干培训班、党的十九大精神专题培训班、纪念建党97周年庆祝暨表彰、“不忘初心 牢记使命”主题演讲比赛、“党纪印我心”知识竞赛等活动。

开展“五好家庭”“最美家庭”评选工作，组织“恒爱毛衣一线牵行动”、五四青年节活动、向南疆地区义务教育阶段中小学捐赠国家通用语言文字图书活动等。加快学习型、服务型、创新型机关建设，倡导“快乐工作、健康生活、和谐向上”的机关文化理念，开展撰写读书心得、展示文明提示语、制作宣传展板、道德讲堂实践等活动。

召开自治区科协2018年度学会工作会议，开展年度评估工作。加强科技社团党建工作，推进学会秘书处党组织建设，自治区学会党组织基本覆盖。

地市县及科协基层组织　截至2018年年底，自治区共有地州市科协14个、县级科协103个、地县少数民族科普工作队73个、农村专业技术协会1269个。

伊犁州科协结合包户住户工作，开展新品种、新技术、新成果的培训、推广和应用，倡导科学文明健康的生产生活方式。克拉玛依市科协举办第32届青少年科技创新大赛，开展参观科技馆有奖征文夏令营活动，鼓励青少年参加校外科技实践活动。博州科协与州“访惠聚”办联合发文，为全州283个“访惠聚”工作队和100个社区免费配送科普挂图400套，为农牧民群众和社区居民学科学提供便利。乌鲁木齐市科协举办“民族团结·科技馆特色主题教育展”“中国梦·科技梦·民族团结一家亲”现场绘画和宣讲等活动。哈密市科协以哈密高新技术产业开发区院士专家工作站为依托，借助建站院士科研资源优势，提升科研能力，助力高新区创新发展。阿克苏地区科协依托地区党员远程教育平台、校园班班通网络链入“科普中国·新疆云视”平台，将科普资源拓展至基层。

省级学会、企业科协、高校科协　截至2018年年底，自治区共有自治区级学会（协会、研究会）101个，会员11.8万余人；企业科协105家；院士专家工作站47个。44名院士及其团队与建站单位确立合作与服务关系，累计建立企业技术中心15个、工程技术研究中心18个、国家级重点实验室2个、自治区级重点实验室5个、博士后科研工作站9个；累计培养博士生、硕士生50余人。召开企业科协与院士专家工作站建设交流座谈会，推进企业院士专家工作站、企业科协、高校科协建设。成立新疆疾控中心院士工作站、新疆准东国家级经济技术开发区科协等科协组织。对47家院士工作站进行综合评估，给予经费支持300万元。举办首届中国创新方法大赛新疆区分赛，承办2018年全国大众创业万众创新活动周新疆分会场，在全疆中小微企业推广应用科技信息平台。在巴州、乌鲁木齐市、昌吉州、哈密市、石河子市、奎屯市、霍尔果斯市建立服务子站，注册企业1500家。

【新疆科协八届六次全委会议】　2月12日，召开自治区科协八届六次全委会议。自治区政府党组成员、自治区科协副主席陈新发主持会议。自治区科协党组书记、副主席李春阳作常委会工作报告。会议传达《中央书记处关于科协工作的几点意见》、中央和自治区党委领导对群团工作指示精神、中国科协九届四次全委会和2018年地方科协工作座谈会精神。审议通过自治区科协八届六次常委会工作报告和《关于变更部分自治区科协八届常委的建议》决议。表彰乌鲁木齐市科协等5个基层科普工作先进集体、新疆微生物学会等40个先进自治区学会（协会、研究会）和龙宣杞等62名学会工作先进个人。自治区科协第八届委员会委员、各地州市科协领导、自治区学会（协会、研究会）代表及自治区科协全体干部职工近300人参加会议。

【2018年全国科普日新疆系列科普活动】　9月14日，由自治区经信委、自治区科技厅、自治区科协、自治区气象局、中国科学院新疆分院联合主办的2018年全国科普日新疆系列科普活动启动仪式暨主场活动在新疆科技馆举行。自治区相关单位领导，部分学会（协会）、企业代表和学生代表280余人参加启动仪式。活动主题为“创新引领时代，智慧点亮生活”。自治区人大常委会党组副书记、副主任、自治区科协主席王永明参会并讲话。自治区科协党组书记李春阳主持启动仪式。与会人员听取《从世界科技格局看中美贸易战》主题报告、《浅谈人工智能及智能社会的思考》科普讲座，参与青少年创新团队“创客机器人”系列互动体验等主场活动。全国科普日期间，全疆各地开展科普活动100余项。

【第十二届新疆青年学术年会暨第六届新疆青年博士论坛】　12月15日，自治区科协召开第十二届新疆青年学术年会暨第六届新疆青年博士论坛。自治区科协党组副书记、副主席陶鹏主持会议。自治区人大常委会党组副书记、自治区科协主席王永明参会并讲话。第十二届年会执行委员会主席、中国科学院新疆生态与地理研究所所长助理、科研处处长桂东伟致辞。11名青年科技工作者代表宣读年会宣言。会上，颁发第十五届自治区自然科学优秀学术论文奖。此届年会指导委员会、执行委员会委员，自治区科协专兼职副主席，第十五届自治区自然科学优秀学术论文奖获奖代表以及来自全区的青年科技工作者代表共260余人参加会议。

【第32届新疆维吾尔自治区青少年科技创新大赛】　4月21日，第32届新疆维吾尔自治区青少年科技创新大赛在新疆科技馆举行。大赛主题为“创新·体验·成长——中国梦·科学梦·青春梦”。全疆共选拔推荐263个青少年科技创新成果竞赛项目、112个青少年科技创意项目、131个科技辅导员创新成果竞赛项目、83个优秀科技实践活动项目和450幅优秀少年儿童科学幻想绘画作品参赛。

【新疆“十三五”全民科学素质工作中期部署视频会议】 6月21日，自治区召开“十三五”全民科学素质工作中期部署视频会议。自治区全民科学素质工作领导小组副组长、自治区科协党组书记李春阳参会并讲话。会议传达国务院办公厅印发的《听取全民科学素质行动计划纲要实施情况汇报的会议纪要》和2018年国家全民科学素质工作会议精神，报告《全民科学素质行动计划纲要》实施情况，对2020年各地州市公民具备科学素质指导性指标进行说明。乌鲁木齐市、昌吉州、和田地区分别作交流发言。自治区科协常委、兵团科协专职副主席王红德，自治区科协领导班子及自治区全民科学素质工作领导小组办公室有关负责人在主会场参加会议。各地州市科协领导、全民科学素质工作领导小组办公室及成员单位负责人在各分会场参加会议。

【新疆青少年科技创新教育成果亮相亚欧博览会】 8月30日—9月1日，新疆青少年科技创新教育成果展在第六届中国—亚欧博览会亮相。此次新疆青少年科技创新教育成果展以加快推进新疆“五大中心”特别是“文化科教中心”建设要求、展现自治区科技教育尤其是青少年科技创新教育成果为目标，展出近年来自治区在全国青少年科技创新大赛和自治区青少年科技创新大赛上获奖的22个青少年科技创新项目。同时，展示乌鲁木齐市第八中学等3所全国十佳青少年科技创新学校、昌吉州第二中学等5所自治区优秀青少年科技特色学校在人才培养、资源开发、设施建设、理论研究等方面取得的新成果。

（撰稿人：黄　越）

新疆生产建设兵团科学技术协会

服务经济社会发展 9月15—16日，第五届兵团青年科技论坛在石河子大学举办，兵团副秘书长童鹰出席开幕式并讲话，100余名科技工作者参加论坛。论坛围绕“创新驱动深化改革　科技助力向南发展”主题设立分论坛3个，邀请院士专家作报告，交流学术成果，为兵团经济社会发展建言献策，论坛评选优秀论文一等奖5篇、二等奖10篇、三等奖25篇。联合财政局组织实施2018年基层科普行动计划，奖励先进集体25个、先进个人19人，奖补资金250万元。加大南疆科技资源投入，科技助力精准扶贫支持的12个项目中有9个项目在南疆师、市实施，开展农业先进技术推广、农技人员培训，发挥农业生产技术传递枢纽作用，解决区域发展不平衡、科普公共服务不充分问题。

《科学素质纲要》实施及科普信息化建设工作 调整兵团科学素质工作领导小组，成员单位由原来的23家调整至26家。召开兵团全民科学素质工作领导小组会议2次，兵团党委副书记孔星隆出席并讲话。印发《2018年兵团全民科学素质行动工作要点》，制定《兵团全民科学素质推进计划》。编制、印发《2018年全民科学素质工作要点》和有关学习资料，开展兵团全民科学素质实施工作“十三五”中期评估工作。2018年兵团公民具备科学素质比例达6.29%。组织参加全国农民科学素质网络竞赛活动，开展兵团2018年青少年科学素质网络竞赛，参加竞赛活动7万余人次，关注4万余人次。

全国科技活动周、全国科普日期间，在兵团机关先后举办“科技创新　强国富民”主题展和“人工智能”科普展，展出展板160余块。在石河子大学举办2018年全国科普日兵团主场活动，兵团副秘书长童鹰出席启动仪式并讲话。在全国科普日兵团主场举办科普报告会、科普讲解大赛和开放科普教育基地等活动。利用兵团电视台“科普兵团”专栏、科普兵团微信公众平台等媒体宣传科普知识。在全国科技活动周期间，组织科技工作者到兵团科技局驻村（连）工作队阿克苏市喀拉塔勒镇托万克阿勒迪尔村与51团4连共同举办科学普及“去极端化”报告会，开展科技服务，实现科技知识送上门活动，为乡村、连队开展技术咨询、技术诊断和技术服务，帮助解决技术难题。各级科协及所属学会独立或联合开展重点科普活动100余项，近5000名科技工作者为主题科普活动服务，全兵团参与活动10万余人次。

举办第16届兵团青少年科技创新大赛，自治区政协副主席、兵团党委副书记、副政委孔星隆出席开幕式并讲话，来自各师、市及兵直学校的200余名青少年和科技辅导员代表参赛。邀请专家举办兵团青少年科技辅导员培训班，组队参加第33届全国青少年科技创新大赛。举办石河子大学高校科学营开营仪式，赴内地10所高校及石河子大学开展2018年高校科学营190名营员选拔工作。开展青少年科学调查体验和科学影像节活动。举办第十届兵团中小学机器人大赛暨第六届兵团青少年机器人竞赛。

围绕兵团深化改革和向南发展目标，投入280万元建成青少年科学工作室10个、社区科普活动室8个，南疆地区投入比例超过85%；投入225万元建成科普中国e站45个，实现维稳重点连队全覆盖；获中国科协支持科普大篷车2辆、科普大篷车展品1套，石河子科技馆获免费开放资金，基层科普服务能力进一步提升。支持开发《新疆棉花病虫害及其防治》“滴灌水肥一体化科普丛书”等科普读物6种，提高职工群众科学生产生活能力。利用《科普兵团》《科普周刊》等科普栏目宣传科普知识，发挥科普中国e站、科普兵团微信平台作用，满足职工群众对科普的需求。

服务科技工作者 5月30日，举办第二个全国科技工作者日兵团主场活动。组织召开科技工作者座谈会，看望院士及优秀科技工作者，举办十九大精神宣讲报告会等系列活动，强化对科技工作者的政治引领，发挥党和政府联系科技工作者的桥梁纽带作用。9月16日，邀请3名专家作科学道德与学风建设宣讲报告，青年科技论坛代表、石河子大学师生共500余人参加。10月15日，分别在兵团机关、石河子大学、塔里木大学、新疆农垦科学院设立4个分会场，组织收看2018年全国科学道德和学风建设宣讲教育报告会，兵团科技局、科协、教育局及“两校一院”师生、科技工作者共700余人收看报告会直播。

研究制定《健全完善联系服务科技工作者制度机制工作方案》《兵团院士专家工作站管理办法》。制定《兵团科技局（知识产权局）、科协联系服务科技工作者实施方案》，起草《推进兵团科技创新智库建设实施办法（试行）》。举办第五届兵团青年科技论坛、兵团科学道德和学风建设集中宣讲教育报告会，开展全国科技工作者日系列活动。在全兵团范围内组织开展第二次科技工作者状况调查，调查范围包括科学研究、工程技术、农业技术、卫生技术、自然科学教学5类专业技术人员，调查涵盖兵团14个师、“两校一院”及兵团直属企事业单位，发放问卷2000余份，形成第二次兵团科技工作者状况调查报告。开展兵团科研、实验系列高级职称评审工作，向中国科协推荐6名全国优秀科技工作者候选人。

自身建设 把学习宣传贯彻党的十九大精神和习近平新时代中国特色社会主义思想作为首要政治任务，加强对科技界思想政治引领，维护党中央权威和集中统一领导。研究制定《兵团开展宣讲党的十九大精神巡回报告活动方案》，邀请专家开展“学习贯彻十九大精神，感党恩、跟党走宣讲报告会”，开展中国科协科学家宣讲党的十九大精神巡回报告兵团站活动，实现兵团科技工作者全覆盖。2月28日，组织召开兵团科协三届九次全委电视电话会议。兵团科协主席、科技局局长徐秀芝作工作报告《以党的十九大精神为统领在发挥兵团维稳戍边职责使命中奋力展现科协新作为》。50余名兵团科协委员参加主会场和分会场会议。11月29—30日，兵团科协第四次代表大会在乌鲁木齐市召开。自治区党委副书记、兵团党委书记、政委孙金龙，中国科协党组副书记、副主席、书记处书记徐延豪出席开幕式并讲话。

【全国科技活动周兵团系列活动】 5月19—26日，组织开展2018年全国科技活动周活动。举办“科技创新　强国富民”主题展，以图片、展板等方式展示兵团重大科技项目、近年兵团获奖科技项目、国家高新技术产业开发区、创新平台与双创工作、科技援疆工作成效及近年获得优秀专利情况等；开展科普宣传活动，发挥兵团主要媒体作用，加强科普宣传，在兵团电视台开设“科普兵团”专栏，倡导科学文化，提升公众科学文化素质；开展送科技下乡活动，结合“访惠聚”工作、民族团结一家亲工作，到阿克苏市喀拉塔勒镇托万克阿勒迪尔村和51团4连开展科普活动。组织兵团科研机构、高校科技工作者到基层举办科普报告会，为乡村、团场连队开展技术咨询、技术诊断和技术服务。

【第十六届兵团青少年科技创新大赛】 4月15—16日，由兵团科协、教育局、团委等单位主办，石河子科技馆承办的第十六届兵团青少年科技创新大赛在石河子科技馆举办。大赛主题为“创新·体验·成长”。来自兵团14个师、3个兵直学校的15支代表队和大赛评委、八师石河子市中小学师生约500人参加。在第33届全国青少年科技创新大赛中，兵团获银牌3枚、铜牌14枚；在展示项目中，10个项目参加学生科技实践活动，获十佳1项、一等奖5项、二等奖5项；30幅作品参加少儿科幻画活动，获一等奖11幅、二等奖16幅；在青少年科技创意比赛中，获全国优秀创意奖4项；在专项奖评比活动中，兵团代表队获奖

6项。

【新疆生产建设兵团科学技术协会第四次代表大会】 11月29日，新疆生产建设兵团科学技术协会第四次代表大会召开。自治区党委副书记、兵团党委书记、政委孙金龙，中国科协党组副书记、副主席、书记处书记徐延豪出席开幕式并讲话。自治区政协副主席、兵团党委副书记、副政委孔星隆出席闭幕大会并讲话。大会进行换届选举，产生兵团科协第四届委员会委员、常务委员、主席、专职副主席、兼职副主席。大会审议徐秀芝代表第三届委员会所作的工作报告《聚焦总目标　勇担新使命　团结引领广大科技工作者为发挥兵团特殊作用贡献智慧和力量》，通过《兵团科协实施〈中国科学技术协会章程〉细则》，授予孔星隆为兵团科协第四届委员会名誉主席。来自兵团师市、院校、兵团学会、企事业单位、直属单位及兵团机关的共142名代表出席大会。

【全国科技工作者日兵团系列活动】 5月30日，兵团科协在新疆农垦科学院举行全国科技工作者日兵团主场活动。新疆农垦科学院党委书记王选东、兵团科协专职副主席王红德和来自新疆农垦科学院、石河子大学、八师石河子市、兵团级学会等单位的科技工作者代表共20余人参加相关活动。活动邀请科技工作者代表召开座谈会，与会代表围绕加强对科技工作者政治引领、学会承接政府转移职能、科协组织履行“四服务”职责等方面进行座谈交流，对如何提高兵团科技事业发展水平、提升科协工作能力、加大人才引进和培养力度等方面提出意见和建议。

【全国科普日兵团系列活动】 9月14日，在兵团机关、石河子大学分别举办人工智能科普展览，普及最前沿人工智能知识。9月17日，围绕转基因、生物应用、大数据、人工智能等科技热点，邀请区内外科技专家作科普报告4场。9月21日，围绕健康生活、科学养生，以科普讲解形式开展比赛，搭建科普讲解人员学习交流平台，提升科技工作者科普水平和传播能力，发挥辐射带动作用。9月15—21日，兵团科协在石河子大学、兵团机关举办全国科普日活动，围绕“创新驱动深化改革　科技助力向南发展”主题，聚焦兵团深化改革、向南发展战略、新型工业化、乡村振兴战略等内容设立3个分论坛作专题报告。组织石河子科技馆、流动科技馆、科普大篷车、农村中学科技馆开展具有科技馆体系特色的科普活动。组织院士专家通过科普讲座、论坛等形式面向社会大众开展创新性、示范性科普活动，倡导公众贴近科学、融入科学，提升公众对新时代智慧生活的认知度。

【第七届中国创新创业大赛（兵团赛区）活动】 5月，第七届中国创新创业大赛（兵团赛区）暨第四届兵团创新创业大赛在石河子大学举办。大赛审核通过项目154个，最终产生初创企业组、成长企业组一等奖各1项、二等奖各2项、三等奖各3项、优秀奖各10项；优秀组织奖9个。推荐参加全国行业总决赛项目13项，其中初创企业组4项、成长企业组9项。

（撰稿人：张玉和）

大事记

1月

1月1日　中国科学院院士、北京大学教授、中国化学会副理事长、中国科协国际科学理事会工作协调委员会委员周其凤正式就任国际纯粹与应用化学联合会主席，任期两年。

1月4日　中国科协国际科学理事会工作协调委员会（ICSU-CHINA）全体会议在北京举行。李静海等院士专家参加会议。

1月7日　中国科技新闻学会第六次全国会员代表大会在北京召开。宋南平当选学会第六届理事会理事长。

1月8日　英才计划2017年度工作总结会在北京召开。韩启德出席并讲话。徐延豪主持会议。

中国科协党组在北京召开座谈会，征求科学家、全国学会代表对中国科协党组的意见建议。项昌乐出席会议。宋军主持会议。

1月10日　中国科协党组召开扩大会议，传达学习习近平总书记在新进中央委员会的委员、候补委员和省部级主要领导干部学习贯彻习近平新时代中国特色社会主义思想和党的十九大精神研讨班上的重要讲话精神，传达学习习近平总书记在中央政治局民主生活会和中央农村工作会议上的重要讲话精神，传达学习中央书记处对科协工作的重要指示精神，研究贯彻落实工作。怀进鹏主持会议。中国科协党组、书记处领导出席会议。

1月11日　中国科协党组召开理论学习中心组学习扩大会议，专题学习习近平新时代中国特色社会主义思想。怀进鹏主持会议并讲话。中国科协党组、书记处领导出席并作交流发言。

1月12日　第十四届中国青年女科学家奖颁奖典礼在北京举行。全国人大常委会副委员长、全国妇联主席沈跃跃，全国妇联党组书记、副主席、书记处第一书记宋秀岩，怀进鹏，束为等出席。

中国科协党组在北京召开座谈会，征求中国科协九大代表、基层科技工作者代表、北京市科协代表对中国科协党组的意见建议。吴海鹰主持会议。

中国科协党组在北京召开座谈会，征求离退休同志意见建议。徐延豪出席会议。王延祜主持会议。

1月12—13日　中国风景园林学会第六次全国会员代表大会在广东省广州市召开。陈重当选学会第六届理事会理事长。

1月13日　全国总工会、共青团中央、全国妇联、中国科协、中国侨联5家群团组织班子成员会议在北京召开。中共中央政治局常委、中央书记处书记王沪宁出席会议并讲话。

1月15日　国务院副总理刘延东主持召开会议，听取《全民科学素质行动计划纲要》实施工作情况汇报。怀进鹏对《全民科学素质行动计划纲要》2017年实施情况和2018年工作安排作汇报。

中国科协党组召开座谈会，征求部门单位班子成员代表、中层干部代表、党员和党外人士代表对科协党组领导班子和党组成员的意见建议。束为出席会议。王守东主持会议。

1月16日　全国政协科协界委员座谈会在北京召开。全国政协人口资源环境委员会副主任齐让主持会议。徐延豪出席会议。

1月17日　怀进鹏主持召开中国科协机关、直属单位2017年工作总结和2018年工作安排汇报交流暨述责述廉会议。中国科协党组、书记处全体成员，机关各部门、各直属单位班子成员及部分处室负责人出席会议。

国家新闻出版广电总局公布第四届中国出版政府奖评选结果。中国科协有12种科技期刊获奖或获提名奖。

1月22日　怀进鹏主持召开党组会议，传达学习贯彻党的十九届二中全会精神。中国科协党组、书记处领导出席会议。

1月23日 怀进鹏主持召开党组会议，传达学习王沪宁在全国宣传部长会议上的重要讲话精神、陈希在全国组织部长会议上的重要讲话精神，研究部署有关工作。中国科协党组、书记处领导出席会议。

1月24日 2017年“创响中国”系列活动总结暨成果展示在北京举行。宋军出席活动并致辞。

1月25日 中国科协九届六次常委会议在北京召开。万钢主持会议。怀进鹏传达中央对中国科协工作的指示精神。

1月26日 中国科协第九届全国委员会第四次会议在北京召开。万钢作常委会工作报告。怀进鹏主持会议并作总结讲话。

1月27日 中国科协在北京召开2018年地方科协工作座谈会。怀进鹏主持会议并讲话。中国科协党组、书记处领导出席会议。各省、自治区、直辖市和新疆生产建设兵团科协，各副省级城市科协主要负责人参加会议。

1月29日 “典赞·2017科普中国”活动在北京举行。活动现场揭晓了2017年十大科学传播人物、十大网络科普作品、十大科学传播事件、十大“科学”流言终结榜和十大科普自媒体。怀进鹏、徐延豪出席活动。

科技导报社和*Science*就合作推广宣传全新综合性英文科技期刊*Research*在北京举行签约仪式。项昌乐出席并讲话。

2月

2月2日 2018年全国文化科技卫生“三下乡”福建分会场集中示范活动在福建省福鼎市磻溪镇赤溪村举行。怀进鹏、福建省副省长郑新聪出席并讲话。

青少年科技创新人才成长规律研究座谈会在北京召开。徐延豪主持座谈会。

2月5日 中国科协与国家食品药品监督管理总局在北京举行合作框架协议签订仪式。徐延豪、国家食品药品监督管理总局副局长尚勇分别致辞并签署协议。

2月9日 中国科协党组召开2017年度民主生活会。怀进鹏主持会议。中国科协党组、书记处领导参加会议。

2月11日 中国科协在北京召开中国科学家精神研讨会。韩启德出席会议。怀进鹏主持会议。

2018年中国科协党组向离退休老同志通报工作暨新春团拜会在北京举行。怀进鹏出席并讲话。中国科协党组、书记处领导出席会议。

2月12日 束为会见香港中文大学校长段崇智一行。

2月13日 中国科协党组召开2018年第八次会议和九届书记处第四十次会议。怀进鹏主持会议。中国科协党组、书记处领导出席会议。

中国科协第八次党组会议审议通过《中国科协与地方党委政府开展省会合作工作的建议》，决定成立中国科协省会合作领导小组，怀进鹏任组长，宋军任领导小组办公室主任。

2月23日 中国科协党组召开2018年第九次会议和九届书记处第四十一次会议，研究部署开展2018年中国公民科学素质抽样调查、与中国气象局加强战略合作等工作，审议2017年度党组民主生活会情况报告。怀进鹏主持会议。中国科协党组、书记处领导出席会议。

2月24日 中国科协事业发展中长期规划纲要编制工作会议在北京召开。万钢出席并讲话。怀进鹏主持会议。吴海鹰、束为出席会议。

宋军赴中国航天科工集团调研，双方就院士增选相关工作进行交流。

2月26日 怀进鹏主持召开党组会议，传达学习中共中央关于对杨晶严重违纪问题及处理情况的通报并讲话。中国科协党组、书记处领导出席会议。

2月27日　中国科协邀请有关专家就推动中国一流科技期刊建设、搭建中外顶级科技期刊主编交流平台的有关举措进行研讨。李静海、宋军出席会议。项昌乐主持会议。

2月28日　徐延豪赴安徽省调研企业创新发展情况，并看望一线科技工作者和研发生产人员。

2月28日—3月1日　2018年度科协系统青少年科技教育研讨会在安徽省合肥市召开。徐延豪出席并讲话。

3月

3月1日　怀进鹏主持召开2018年第十一次党组会议，传达学习贯彻党的十九届三中全会精神。中国科协党组、书记处领导出席会议。

3月5日　中国科协高端智库专题研讨会在北京召开。项昌乐主持会议。宋军出席会议。

3月6日　非公企业科技联合体筹备会在北京召开。项昌乐出席并讲话。宋军主持会议。

3月9日　中国科协党组召开理论学习中心组学习扩大会议，深入学习习近平总书记的网络强国战略思想，专题研究“智慧科协”建设。怀进鹏主持会议。中国科协党组、书记处领导出席会议。

中国文物保护技术协会第七次全国会员代表大会在北京召开。王时伟当选协会第七届理事会理事长。

3月14日　中国科协邀请有关专家共同探讨世界一流学会发展与科技期刊建设的难点和问题。怀进鹏主持会议。项昌乐、宋军出席会议。

3月19日　中国科协召开科技期刊专业化运营与服务能力提升专题调研会。怀进鹏、宋军参加会议。

3月21日　中国科协与江苏省政府签署全面战略合作协议。怀进鹏，江苏省委书记娄勤俭，省委副书记、省长吴政隆，副省长马秋林，宋军等出席签约仪式。

3月22日　中国科协召开干部大会，专题学习贯彻2018年全国“两会”精神。万钢出席并讲话。怀进鹏主持会议并作总结讲话。徐延豪、吴海鹰、束为、宋军出席会议。

中国科协召开2018年党风廉政建设推进会暨首轮巡视工作动员部署会。怀进鹏，中央纪委驻科技部纪检组组长王宾宜出席会议并讲话。徐延豪主持会议。吴海鹰、束为、宋军、王延祜出席会议。

中国科协深化改革领导小组2018年第二次会议召开。怀进鹏主持会议。徐延豪、吴海鹰、束为、宋军出席会议。

3月26日　中国科协学习贯彻党的十九大精神集中轮训开班式在北京举行。怀进鹏出席并作主旨报告《新时代焕发新气象　新使命砥砺新作为》。束为主持开班式。

徐延豪在北京会见英国科学博物馆集团总监兼执行长伊恩·布莱区福（Ian Blatchford）一行。

3月28日　2018年全民科学素质工作会议在北京召开。怀进鹏、束为、项昌乐、宋军等参加会议。徐延豪主持会议。

3月30日　怀进鹏赴北京理工大学调研老科学家学术成长资料采集工程馆藏基地。束为、项昌乐一同调研。

“在新时代的科学春天里出发——纪念全国科学大会召开40周年暨中国科学家精神”座谈会在北京举行。怀进鹏出席会议。束为主持会议。

贵州省科协第九次代表大会在贵阳市开幕。贵州省委书记、省人大常委会主任孙志刚出席并讲话。徐延豪出席并致辞。何力当选贵州省科协第九届委员会主席。

3 月 31 日　中国铁道学会成立 40 周年年会在北京举行。怀进鹏出席并致辞。

4 月

4 月 2 日　怀进鹏在北京会见澳门科学技术协进会访京团。束为参加会见。

4 月 3 日　中国科协召开人工智能发展研讨会。万钢主持会议。怀进鹏、宋军出席会议。

中国研究生创新实践系列大赛（2018）启动大会在北京举行。徐延豪参加大会。

4 月 4 日　中国科协召开 2018 年第十三次党组会议和九届书记处第四十三次会议。怀进鹏主持会议。中国科协党组、书记处领导出席会议。

4 月 9 日　中国科协召开新一代信息技术系列丛书编制委员会第一次会议。怀进鹏出席并讲话。项昌乐出席会议。

4 月 11 日　束为在北京会见中国旅美科技协会访问团一行。

4 月 13—14 日　怀进鹏一行深入山西省吕梁市岚县、临县调研中国科协定点扶贫工作。

4 月 15—20 日　第 42 届国际大学生程序设计竞赛全球总决赛在北京举办。万钢出席大赛开幕式并致辞。怀进鹏出席闭幕式，并为全球总冠军和金牌队颁奖。

4 月 16 日　中国科协与福建省政府在福州市签署全面战略合作协议。怀进鹏，福建省委书记、省人大常委会主任于伟国出席签约仪式并讲话。福建省委副书记、省长唐登杰，省委常委、秘书长梁建勇，副省长杨贤金，宋军等出席签约仪式。

4 月 16 日和 19 日　中国科协党组巡视组分别进驻中国科普研究所和中国科技馆并召开动员会，开展中国科协 2018 年首轮巡视。王延祜出席并讲话。

4 月 19 日　科技馆免费开放工作座谈会在安徽省芜湖市召开。徐延豪出席会议。

4 月 20 日　第八届中国（芜湖）科普产品博览交易会在安徽省芜湖市开幕。徐延豪出席开幕式并讲话。

4 月 23 日　中国科协召开 2018 年第十四次党组会议，研究部署中国科技峰会等重点工作。怀进鹏主持会议。徐延豪、吴海鹰、束为、项昌乐、宋军出席会议。

怀进鹏在北京会见思科公司董事长兼首席执行官罗卓克（Chuck Robbins）一行。

4 月 24 日　中国科协组织召开颠覆性技术座谈会。怀进鹏主持会议。宋军出席会议。

怀进鹏一行赴天津市调研，就开展市会全面战略合作、共同筹备世界智能大会、支持滨海新区建设等开展深入研究对接。宋军出席调研座谈。

4 月 26 日　怀进鹏一行赴雄安新区调研，并赴石家庄市会见河北省委书记、省人大常委会主任王东峰，省委副书记、省长许勤。

5 月

5 月 5 日　第十七届中国生态学大会暨中国生态学学会第十次全国会员代表大会在江苏省南京市召开。欧阳志云当选学会第十届理事会理事长。

5 月 6 日　大众创业万众创新示范基地第三方评估动员会在北京召开。束为出席会议。

5 月 8 日　中国科协召开座谈会，邀请专家共同探讨基因编辑与合成生物学的新进展、新趋势和新举措。万钢主持会议。

5 月 9 日　第六届智能制造国际会议（2018）在北京举行。第十一届全国人大常委会副委员长路甬祥，怀进鹏出席并致辞。

5 月 10 日　中国科协召开 2018 年第十六次党组会议，传达中央有关文件精神，研究部署中央巡视整改督查等近期重点工作。怀进鹏主持会议。中国科协党组、书记处领导出席会议。

中国科协在北京组织召开“百名科学家、百名基层科技工作者”代表推荐委员会会议。韩启德担任推荐委员会主任。

5月11日　中国科协党组召开理论学习中心组学习扩大会议，深入学习习近平总书记关于推进马克思主义中国化时代化大众化的重要思想和习近平总书记在纪念马克思诞辰200周年大会上的重要讲话精神。怀进鹏主持会议。中国科协党组、书记处领导出席并作交流发言。

中国科协机关团委举行“践行新思想　建功新时代”——讲好中国科协直属机关青春故事主题团日活动，并对年度“一红两优”先进典型进行表彰。徐延豪出席并讲话。王延祜为先进典型颁发荣誉证书。

5月14—24日　徐延豪率中国科协代表团赴美国、哥斯达黎加、智利访问，出席在美国举办的第69届英特尔国际科学与工程大奖赛（Intel ISEF）开幕式并会见美国科学与公众社团主席Maya Ajmera。

5月15—20日　怀进鹏、吴海鹰、束为等先后看望中国科学院院士、中国科协名誉主席周光召，诺贝尔奖获得者、药学家屠呦呦，中国工程院院士、“杂交水稻之父”袁隆平等院士专家。

5月16日　第二届世界智能大会在天津市开幕。中共中央政治局委员、天津市委书记李鸿忠，万钢，中国工程院院长周济，怀进鹏，天津市委副书记、市长张国清，河北省委副书记、省长许勤，国家发展改革委副主任林念修，宋军等出席会议。

中国科协与天津市政府签署全面战略合作协议，中共中央政治局委员、天津市委书记李鸿忠出席。怀进鹏与天津市委副书记、市长张国清分别代表双方签署协议。天津市委常委、宣传部部长陈浙闽，宋军，中国科学院院士、天津市科协主席饶子和，天津市政府秘书长孟庆松等出席签约仪式。天津市副市长孙文魁主持签约仪式。

5月18日　《重要学术会议指南（2018）》面向广大科技工作者在线首发，共发布中国科协所属全国学会（学会联合体）2018年主办的重要学术会议667个、2018年相关领域国际重要学术会议182个。

5月22日　中国科协党组召开会议，传达学习全国生态环境保护大会精神。怀进鹏主持会议。吴海鹰、束为、项昌乐、宋军出席会议。

中国科协国际科技组织工作座谈会在北京举行。李静海、束为等参加会议。

5月22—23日　万钢率团赴香港特别行政区进行工作访问。万钢出席团结香港基金“中华大讲堂”讲座并作专题报告，会见香港特别行政区行政长官林郑月娥，全国政协副主席、团结香港基金会主席董建华，香港中联办主任王志民，出席香港海外学人联合会座谈会与香港创业青年座谈会。

5月23日　吴海鹰在北京会见墨西哥科学院前任院长、墨西哥总统科学顾问委员会委员哈伊梅·乌鲁蒂亚教授（Jaime Urrutia）一行。

5月24—25日　首届中国科技智库论坛在浙江省杭州市举办。怀进鹏出席并致开幕词。束为主持会议。

中外科技社团发展论坛在浙江省杭州市举行。怀进鹏出席论坛闭门研讨会并讲话。项昌乐出席论坛报告会并致辞。宋军出席论坛活动。中国地理学会与英国皇家地理学会、中国农学会与德国农业协会、中国纺织工程学会与英国纺织学会签署合作协议。

第五届智能网联汽车技术年会（CICV 2018）在浙江省宁波市举办。怀进鹏出席并致辞。

5月25日　中国科协九届七次常委会议在浙江省杭州市召开。万钢主持会议。会议审议《关于〈中国科学技术协会章程〉修改工作进展情况的报告》，提名中国科协书记处书记事项，增补中国科协第九届常务委员会委员事项和变更、增补中国科协第九届全国委员会委员事项，听取关于中国科协规划纲要编制情况和第二十届中国科协年会筹备情况及第二十一届中国科协年会初步设想的汇报。

“数字经济：科学家企业家之江对话”活动在浙江省杭州市举办。浙江省副省长王文序，宋军出席活动并致辞。

提升基层科协组织力“3+1”试点工作座谈会在浙江省杭州市召开。束为出席并讲话。王守东主持会议。

5月25—26日　中国科技峰会——世界科技期刊论坛在浙江省嘉兴市乌镇召开。万钢、怀进鹏、项昌乐、宋军等出席论坛报告会。

5月26日　由中国科协和浙江省人民政府共同主办的第二十届中国科协年会在浙江省杭州市召开。万钢致开幕词，浙江省委书记、省人大常委会主任车俊致欢迎辞，美国电气和电子工程师协会（IEEE）执行总干事兼首席运营官史蒂芬·韦尔比致辞。怀进鹏主持开幕式。

地方科协党组书记座谈会在浙江省杭州市召开。怀进鹏主持会议并讲话。徐延豪、项昌乐、宋军出席会议。来自全国各省、自治区、直辖市和副省级城市科协，新疆生产建设兵团科协的党组书记、专职主席参加会议。

怀进鹏与出席第20届中国科协年会的港澳台代表座谈。

中国（杭州）海外人才创新创业项目大赛路演签约仪式在杭州市举行。束为参加活动。

中国核学会第九次全国会员代表大会在北京召开。王寿君当选学会第九届理事会理事长。

5月27日　第二十届中国科协年会在浙江省杭州市闭幕。怀进鹏出席并致辞，徐延豪主持闭幕式。李洪代表中国科协发布2018年60个重大科学问题和工程技术难题。

中国科协与浙江省政府签署全面战略合作协议。万钢，浙江省委书记、省人大常委会主任车俊出席。怀进鹏与浙江省委副书记、省长袁家军分别代表双方签署协议。

第二十届中国科协年会浙江省党政领导与院士专家座谈会召开。万钢，浙江省委书记、省人大常委会主任车俊出席并讲话。怀进鹏出席会议。浙江省委副书记、省长袁家军主持会议。

万钢与浙江大学生见面会在浙江大学求是大讲堂举行。

中国（杭州）海外人才创新创业项目大赛颁奖仪式和离岸创新创业基地授牌仪式在浙江省杭州市举行。怀进鹏、徐延豪、李洪等出席仪式。

5月30日　中国科协成立60周年百名科学家、百名基层科技工作者座谈会在北京召开。中共中央政治局常委、中央书记处书记王沪宁出席会议并讲话。陈希、黄坤明、陈竺、卢展工、韩启德及苗华出席会议。万钢主持会议。中央和国家机关有关部门负责人，200余位科学家和基层科技工作者代表参加会议。

中国科协在北京举办“科技中国梦　建功新时代”专题报告会。束为出席报告会。

5月31日　中国科协党组召开（扩大）会议，深入学习贯彻习近平总书记在中国科学院第十九次、中国工程院第十四次院士大会上的重要讲话精神，传达学习李克强总理在大会上所作的经济社会发展形势报告，传达学习王沪宁同志在中国科协成立60周年百名科学家、百名基层科技工作者座谈会上对科协工作的重要指示，传达学习刘鹤同志在两院院士大会上的重要讲话精神，研究部署贯彻落实工作。怀进鹏主持会议。中国科协党组、书记处领导出席会议。

6月

6月2日　中国土木工程学会第十次全国会员代表大会在北京召开。宋军出席并致辞。郭允冲当选学会第十届理事会理事长。

6月4日 中国科协党组理论学习中心组举行集体学习暨专题党课讲座，深入学习习近平新时代中国特色社会主义思想的科学理论体系。怀进鹏主持会议。中国科协党组、书记处领导参加集体学习。

6月7日 中国科协会同中央改革办、国家自然科学基金委员会组织召开对基础研究进行稳定支持座谈会。怀进鹏主持会议。宋军出席会议。

上海智慧圆科普教育设备有限公司向中国科技馆发展基金会捐赠仪式在北京举行。韩启德，第十二届全国政协人口资源环境委员会副主任、中国科技馆发展基金会顾问齐让，中国科技馆发展基金会理事长殷皓等出席捐赠仪式。

6月11日 中国科协党组召开2018年第二十次会议，传达赵乐际同志在贯彻落实中央巡视工作规划推进会上的重要讲话。怀进鹏主持会议。中国科协党组、书记处领导出席会议。

中国科协召开九届书记处第四十五次会议。怀进鹏主持会议。徐延豪、吴海鹰、束为、宋军出席会议。

束为在北京会见匈牙利驻华大使白思谛一行。

6月13日 中国岩石力学与工程学会理事长冯夏庭当选国际地质工程联合会主席，任期自2018年7月15日起，为期4年。

6月15日 中国科协邀请院士专家专题研讨深海科技与海洋装备的新进展、新趋势和新举措。万钢主持会议。怀进鹏、宋军出席会议。

中国科协和中国气象局战略合作协议签署仪式在北京举行。怀进鹏和中国气象局党组书记、局长刘雅鸣代表双方签署合作协议。徐延豪出席签约仪式。

6月19日 2018世界交通运输大会在北京召开。怀进鹏，交通运输部部长、党组副书记李小鹏，何华武出席并致辞。开幕式由项昌乐主持。

6月21日 中国科协党组召开会议，传达学习习近平总书记近期关于脱贫攻坚工作的重要指示精神，研究科协系统贯彻落实方案。怀进鹏主持会议。

中国科协党组召开2018年第二十一次会议和九届书记处第四十六次会议，研究部署中国科协会史馆建设等近期重点工作。怀进鹏主持会议。

6月22日 2018中国创新创业成果交易会暨2018年“创响中国”广州站活动正式启动。全国政协副主席、九三学社中央常务副主席邵鸿，何华武，广东省委副书记、广州市委书记任学锋，广东省副省长黄宁生，宋军等参加启动仪式。

世界工程组织联合会中国委员会2018换届工作会议在北京举行。吴海鹰出席并致辞。中国科协荣誉委员、世界工程组织联合会（WFEO）候任主席龚克主持会议。

6月23日 中国腐蚀与防护学会第十次全国会员代表大会在江苏省南京市召开。王福会当选学会第十届理事会理事长。

6月23—29日 应挪威科学与文学院和瑞典皇家工程科学院邀请，怀进鹏率中国科协代表团访问挪威和瑞典。

6月27日 中国科协党组首轮专项巡视组向中国科技馆反馈专项巡视情况。徐延豪出席会议。

6月28日 中国科协党组派驻中国科普研究所巡视组向中国科普研究所反馈巡视情况。徐延豪出席并讲话。

6月29日 “不忘初心　牢记使命——党的十九大精神知识竞答活动”决赛在北京举行。徐延豪出席并讲话。

7月

7月4日 国际科学理事会首届全体大会在法国巴黎召开。李静海当选国际科学理事会副主席，任期为 2018—2021 年。

7 月 7 日 中国农村专业技术协会第五次全国会员代表大会在北京召开。怀进鹏、徐延豪出席并讲话。柯炳生当选协会第五届理事会理事长。

中国微循环学会第五次全国会员代表大会在北京召开。刘乃丰当选学会第五届理事会理事长。

7 月 9 日 中国科协与国资委在北京召开共同推进中央企业科技创新座谈会，并签署战略合作协议。国资委主任、党委副书记肖亚庆，怀进鹏出席并讲话。国资委党委委员、副主任徐福顺主持会议。李洪、周守为、宋军出席会议。

怀进鹏在北京会见日本三菱电机株式会社社长杉山武史一行。

7 月 12 日 中国科协与香港科学工作者协会访问团座谈会在北京召开。束为参加会议。

7 月 12—13 日 2018 年地方科协办公室工作研讨会在黑龙江省哈尔滨市召开。吴海鹰出席并讲话。

7 月 13 日 由中国科协主办的中国－北欧国家科学战略圆桌会议在北京召开。怀进鹏出席会议。

科技创新中心第三方评估专家研讨会在北京召开。束为出席会议。

7 月 16 日 世界公众科学素质促进大会组委会第一次会议召开。徐延豪主持会议。吴海鹰、束为、殷皓出席会议。

束为率中国科协创新战略研究院评估组赴北京大学开展国家双创示范基地第三方评估工作。

7 月 17 日 2018 年青少年高校科学营全国开营式暨北京营开营活动在北京航空航天大学举行。怀进鹏、徐延豪参加开营活动。

7 月 19 日 中国科协党组召开理论学习中心组学习扩大会议，专题学习习近平总书记关于党的建设和组织工作重要思想，传达学习习近平总书记对推进中央和国家机关党的政治建设重要指示精神、全国组织工作会议精神及中央和国家机关党的政治建设推进会议精神。怀进鹏主持会议。徐延豪作重点发言。中国科协党组、书记处领导出席会议。

7 月 20—23 日 第十八届中国青少年机器人竞赛暨 2018 世界青少年机器人邀请赛在贵州大学举办。

7 月 23 日 2018 年度全国学会综合能力评估工作动员部署会在北京召开。项昌乐出席并讲话。宋军主持会议。

7 月 24 日 束为在北京会见泰国建筑师委员会主席解甘钟·帕隆育提、秘书长蒙隆·巴吉迪·甲盛讪。

7 月 26 日 万钢在北京会见香港特别行政区行政长官林郑月娥一行。怀进鹏、束为等参加会见。

7 月 27 日 怀进鹏在北京会见广西壮族自治区副主席费志荣一行。双方围绕中国科协和广西壮族自治区有关合作情况进行交流。宋军参加会见。

7 月 28 日 首届中国特色社会主义科技群团改革与发展研讨会第二次专题会议在北京召开。怀进鹏、束为、王守东出席会议。

7 月 30 日 中国科协召开学会党建工作调研座谈会。怀进鹏、束为、项昌乐、宋军、王守东出席会议。徐延豪主持会议。

7 月 31 日 怀进鹏在北京会见重庆市政府副市长李殿勋一行。双方围绕中国科协和重庆市有关合作情况进行交流。宋军参加会见。

8 月

8 月 4 日 2017 年度中国生命科学十大进展交流会暨青少年科普报告会在江苏省南京市举行。宋军出席活动。

8 月 7 日 束为在北京会见巴基斯坦工程科技促进会执行董事 Shakil Durrani、执行委员会成员

Farid Rahman，巴基斯坦 GIK 工程科技学院校长 Jehangir Bashar 和巴基斯坦驻华大使馆科技参赞 Ataur Rahman。

8 月 9 日　　中国颗粒学会第七次全国会员代表大会在辽宁省沈阳市召开。朱庆山当选学会第七届理事会理事长。

8 月 13 日　　怀进鹏在北京会见山西省政协副主席、吕梁市委书记李正印一行，就中国科协吕梁定点扶贫工作进行座谈交流。王守东参加座谈。

8 月 15 日　　2018 世界机器人大会开幕式在北京举行。中共中央政治局委员、国务院副总理刘鹤出席并讲话。中共中央政治局委员、北京市委书记蔡奇，万钢出席开幕式。

中国科协深化改革领导小组第 11 次会议暨规划纲要编制专家指导委员会和领导小组会议在北京召开。万钢出席会议。怀进鹏主持会议。

8 月 16—19 日　　第 33 届全国青少年科技创新大赛在重庆市举办。万钢出席开幕式并讲话。

8 月 17 日　　中国科协党组召开会议，传达学习习近平总书记在中央财经委员会第二次会议上的重要讲话。怀进鹏主持会议。

8 月 23 日　　首届中国国际智能产业博览会在重庆市开幕。国家主席习近平向会议致贺信。

中国科协规划纲要征求全国学会意见座谈会在北京召开。孟庆海主持会议。

8 月 23—24 日　　数字经济百人会在重庆市举办。怀进鹏，重庆市委副书记、市长唐良智等出席相关活动。

8 月 23—25 日　　怀进鹏深入重庆市部分市辖区、街道社区和企业，就弘扬中国科学家精神、壮大新经济培育新动能、推进群团改革等进行专题调研。

8 月 24 日　　中国科协与重庆市政府签署全面战略合作协议。怀进鹏与重庆市委副书记、市长唐良智分别代表双方签署协议。重庆市委常委、组织部部长胡文容，市人大常委会副主任沈金强，副市长李殿勋，宋军出席签约仪式。

8 月 25 日　　中国植物病理学会第十一次全国会员代表大会暨 2018 年学术年会在北京召开。彭友良当选学会第十一届理事会理事长。

中国公路事业发展 40 年暨中国公路学会成立 40 周年纪念会在北京举行。宋军出席活动。

8 月 28 日　　万钢在北京会见米其林集团管理合伙人（联合总裁）夏逸夫（Yves Chapot）一行。

8 月 28—29 日　　中国仪器仪表学会第九次全国会员代表大会在北京召开。尤政当选学会第九届理事会理事长。

8 月 29 日　　中国科协党组组织学习贯彻 2018 全国宣传思想工作会议精神，深入学习研讨习近平总书记在会上发表的重要讲话、王沪宁主持会议讲话、黄坤明总结讲话精神。怀进鹏主持会议。中国科协党组、书记处领导出席会议。

8 月 26—31 日
9 月 3—8 日　　中国科协组织院士专家分两批分别赴青海省和山东省开展社会调研、国情考察、咨询服务等考察休假活动。

9 月

9 月 2—6 日　　2018 年第一期县级科协主席提升组织力专题培训班在北京举办。王守东出席并作动员讲话。

9 月 3 日　　中国科协九届八次常委会议在北京召开。万钢主持会议。会议审议《面向建设世界科技强国的中国科协规划纲要》，听取世界公众科学素质促进大会筹备工作情况和关于创新开展省会合作工作情况。会议一致表决通过，孟庆海担任中国科协第九届全国委员会常务委员会书记处书记，审议通过《关于增补孟庆海同志为中国科协第九届全国委员会副主席、常务委员会委员的报告》。会议决定以通讯方式召开中国科协九届五次全委会议，批准增补中国科协副主席、常委有关决议。

韩启德出席老科学家学术成长资料采集工程工作会议。

中国科协生命科学学会联合体主席团会议暨2018世界生命科学大会筹备进展汇报会在北京召开。宋军出席会议。

9月6日 在国务院新闻办公室举行的新闻发布会上，怀进鹏、徐延豪介绍世界公众科学素质促进大会和2018年全国科普日活动安排，并答记者问。

9月10日 中国科协组织召开青藏高原生态环境与全球气候变化高层次研讨会。万钢主持会议。宋军出席会议。

9月12—13日 孟庆海出席2018中国－东盟汇商聚智高峰论坛，并调研南宁市科技助力精准扶贫工作。

9月14日 中国科协生态环境产学联合体筹备会暨主席团第一次会议在北京召开。怀进鹏出席会议。宋军主持会议。

9月15日 《科学文化（英文）》（*Cultures of Science*）期刊创刊号发布会在北京举行。徐延豪出席发布会并致辞。

2018年全国科普日活动在全国范围内同步启动，活动持续到9月21日。

“科学与你”国际研讨会暨科学文化高峰论坛在北京开幕。韩启德、怀进鹏、徐延豪出席会议。李洪主持会议。

9月16日 2018中国国际科普作品大赛颁奖典礼在北京举行。怀进鹏、徐延豪出席颁奖典礼并为获奖者及大赛赞助方中国科技馆发展基金会颁奖，为第一届全国科技馆展览展品大赛展览和展品获奖者颁奖。殷皓出席颁奖典礼。

9月17日 中共中央政治局常委、中央书记处书记王沪宁和黄坤明、蔡奇、万钢等到中国科技馆参加全国科普日北京主场活动。怀进鹏等同志参加。

中国科技峰会——科普高峰论坛在北京召开。怀进鹏主持论坛。孟庆海、项昌乐、宋军出席论坛。

由中国科技馆策划并主办的科学之夜大型活动开幕。李静海、徐延豪、袁亚湘、束为参加活动。

9月17—19日 世界公众科学素质促进大会在北京召开。中共中央政治局常委、中央书记处书记王沪宁出席开幕式，宣读习近平主席贺信并致辞。万钢陪同参加相关活动。韩启德致闭幕词。怀进鹏主持闭幕式。

中国古生物学会第十二次全国会员代表大会暨第29届学术年会在河南省郑州市召开。詹仁斌当选学会第十二届理事会理事长。

9月18日 怀进鹏分别会见来北京出席世界公众科学素质促进大会的世界工程组织联合会主席Marlene Kanga、候任主席龚克和美国科促会首席执行官Rush Holt一行。

新时代公众科学素质评估评价专题论坛暨第25届全国科普理论研讨会发布第十次中国公民科学素质调查结果。

9月19日 中国科协党组召开会议，传达学习习近平总书记致世界公众科学素质促进大会贺信精神，研究贯彻落实具体举措，传达学习中央单位定点扶贫工作推进会精神。怀进鹏主持会议。徐延豪做重点发言。中国科协党组、书记处领导参加会议。

9月20日 中国科协召开工业互联网产学融合高层次座谈会。怀进鹏主持会议。工业和信息化部总经济师王新哲、宋军出席会议。

第四届中国科协青年人才托举工程项目立项评审会在北京召开，宋军出席会议并讲话。经过评审，58 个学会（学会联合体）获得立项资格。

9 月 21 日　怀进鹏在北京会见湖南省副省长、党组成员陈飞和中国电子信息产业集团有限公司董事长、党组书记芮晓武一行，就邀请中国科协支持举办网络安全和智能智造重大活动、加强合作等事项进行交流。

孟庆海赴华扬联众数字技术股份有限公司及优客工场调研科技产业融合工作。

9 月 25 日　上海市科协第十次代表大会召开。中共中央政治局委员、上海市委书记李强，怀进鹏等出席开幕式。陈赛娟当选上海市科协第十届委员会主席。

9 月 25—27 日　孟庆海赴山西省吕梁市临县、岚县等地调研精准扶贫等工作，传达 2018 年中央单位定点扶贫工作推进会精神，会商推动中国科协定点扶贫工作。

9 月 25—29 日　全国政协教科卫体委员会和中国科协赴广西开展 2018 年送科技下基层活动。

9 月 26 日　中国科技峰会——生态环境高峰论坛暨中国科协生态环境产学联合体成立大会在四川省遂宁市召开。怀进鹏，中国科协生态环境产学联合体首任主席、中国环境科学学会理事长、生态环境部副部长黄润秋出席并致辞。宋军主持会议。

2018 绿色发展科技创新大会在四川省遂宁市开幕。怀进鹏出席开幕式并致辞。宋军主持开幕式。

9 月 28 日　广东省科协第九次代表大会在广东省广州市举行。中共中央政治局委员、广东省委书记李希，怀进鹏，广东省委副书记、省长马兴瑞出席会议。陈勇当选广东省科协第九届委员会主席。

吴海鹰一行赴江苏省调研中国科协代表联络服务工作。

9 月 29 日　中国科协党组召开理论学习中心组学习扩大会议暨党课报告会，专题学习《中国共产党纪律处分条例》。怀进鹏主持会议。中国科协党组、书记处领导参加会议。

中国科协党组召开理论学习中心组学习扩大会议，专题学习习近平总书记在中央全面依法治国委员会第一次会议上的重要讲话精神。怀进鹏主持会议。徐延豪作重点发言。中国科协党组、书记处领导进行交流发言。

10 月

10 月 2 日　在马来西亚举办的国际抗癌联盟会员代表大会上，中国抗癌协会理事长、中国工程院院士、美国科学院外籍院士、亚洲癌症协会常务理事樊代明当选国际抗癌联盟常务理事。

10 月 9 日　2018 年全国大众创业万众创新活动周在四川省成都市开幕。中共中央政治局常委、国务院总理李克强做出重要批示。中共中央政治局常委、国务院副总理韩正出席启动仪式并讲话。万钢、怀进鹏、宋军出席成都主会场活动。

10 月 11 日　中国植物学会第十六次全国会员代表大会暨 85 周年学术年会在云南省昆明市召开。种康当选学会第十六届理事会理事长。

10 月 12 日　广西科协第八次代表大会暨广西科协成立 60 周年纪念大会在南宁市召开。怀进鹏、广西壮族自治区党委书记鹿心社出席并讲话。黄日波当选广西科协第八届委员会主席。

由中国科协与中国侨联联合主办的海外人才离岸创新创业座谈会在北京举行。束为出席并讲话。

2018 世界智能制造大会在江苏省南京市开幕。孟庆海出席大会主论坛并致辞。

宋军参观 2018 全国双创活动周北京会场主题展示并出席第三届中国航空创新创业大赛全国总决赛颁奖仪式。

10 月 15 日　2018 年全国科学道德和学风建设宣讲教育报告会在北京举办。万钢致辞。中船重工

719所名誉所长、中国工程院院士黄旭华，西湖大学校长、中国科学院院士施一公，怀进鹏先后作宣讲报告。

中国科协党组召开2018年第三十四次会议，传达学习中央纪委办公厅《关于贯彻落实习近平总书记重要指示精神集中整治形式主义、官僚主义的工作意见》，研究《中国科协关于集中整治形式主义、官僚主义的工作安排》。怀进鹏主持会议。徐延豪、束为、项昌乐、宋军、王守东、殷皓出席会议。孟庆海、中央纪委国家监委驻科技部纪检监察组副局级纪检监察员邢波、中国科协机关各部门和各直属单位主要负责人列席会议。

10月16日　2018年全国科技助力精准扶贫现场会在山西省吕梁市召开。怀进鹏、孟庆海出席会议。

中国科协与山西省政府签署全面战略合作协议，怀进鹏与山西省省长楼阳生分别代表双方签署协议。山西省委常委、统战部部长徐广国，副省长王一新，省政府秘书长王纯，宋军出席签约仪式。

中国科协与山西省吕梁市政府签署合作协议，孟庆海与吕梁市市长王立伟分别代表双方签署协议。怀进鹏，山西省政协副主席、吕梁市委书记李正印出席签约仪式。

中国粮油学会第八次全国会员代表大会暨第九届学术年会在北京召开。张桂凤当选学会第八届理事会理事长。

10月20日　中国毒理学会第七次全国会员代表大会在重庆市召开。周平坤当选学会第七届理事会理事长。

2018年“共和国的脊梁——科学大师名校宣传工程”江苏汇演暨江苏省科学道德与学风建设教育活动在南京大学启动。怀进鹏，江苏省委常委、宣传部部长王燕文等出席。徐延豪主持启动仪式。

“2018中日科学家高层对话”活动在山东省青岛市举行。王守东参加开幕式并致辞。

10月22日　中国科协召开警示教育大会，传达学习贯彻习近平总书记关于全面从严治党重要论述，传达落实中央和国家机关警示教育大会有关安排，通报违纪违法典型案例，部署开展警示教育和形式主义、官僚主义集中整治工作。怀进鹏出席并讲话。孟庆海、束为、项昌乐、宋军、中央纪委国家监委驻科技部纪检监察组副组长玄洪云出席会议。王守东主持会议。

10月23日　第三届国际氢能与燃料电池汽车大会在江苏省如皋市开幕。万钢出席并作主旨演讲。

10月23—24日　第十四届中国科技期刊发展论坛在湖北省武汉市召开。湖北省副省长陈安丽、宋军出席开幕式并讲话。会议发布《中国科技期刊发展蓝皮书（2018）》。

10月25日　由中国科协和瑞典皇家工程科学院共同举办的“中国的科研与创新”论坛在瑞典皇家工程科学院举行。

2018年度中国数字科技馆共建共享会议在重庆市开幕。殷皓出席并讲话。

10月25—28日　中国生物化学与分子生物学会第十二次全国会员代表大会暨2018年全国学术会议在重庆市召开。李林当选学会第十二届理事会理事长。

10月26－28日　中国系统工程学会第十次全国会员代表大会暨第20届学术年会在四川省成都市召开。杨晓光当选学会第十届理事会理事长。

10月27日　2018世界生命科学大会在北京开幕。全国人大常委会副委员长、中国科学院院士陈竺，诺贝尔生理学或医学奖获得者戴维·巴尔的摩教授出席开幕式并致辞。李静海出席开幕式。

中国自然辩证法研究会第八次全国会员代表大会在北京召开。何鸣鸿当选研究会第八届理事会理事长。

10 月 30 日　中国科协党组召开 2018 年第三十六次会议，传达学习李克强总理对 2018 世界生命科学大会做出的重要批示。徐延豪主持会议。束为、项昌乐、宋军、王守东、殷皓出席会议。孟庆海，中央纪委国家监委驻科技部纪检监察组副局级纪检监察员邢波，中国科协机关各部门、机关纪委和各直属单位主要负责人列席会议。

10 月 30 — 31 日　国际内燃机学会秋季董事会和理事会在德国法兰克福召开。会议选举国际内燃机学会副主席、中国工程院院士、中国内燃机学会理事长，上海大学党委书记、校长金东寒为国际内燃机学会新一届主席，任期为 2019—2022 年。

10 月 31 日—11 月 1 日　中国天文学会第十四次全国会员代表大会在云南省昆明市召开。景益鹏当选学会第十四届理事会理事长。

11 月

11 月 1—2 日　应澳门科学技术协进会邀请，怀进鹏率团赴澳门特别行政区出席澳门科学技术协进会成立二十周年庆祝活动并进行工作访问。

11 月 1—4 日　中国生理学会第二十五次全国会员代表大会暨生理学学术大会在江西省南昌市召开。王韵当选学会第二十五届理事会理事长。

11 月 4 日　第 18 届"明天小小科学家"奖励活动颁奖典礼在北京举行。

11 月 7 日　辽宁省科协第九次代表大会在辽宁省沈阳市召开。辽宁省委书记、省人大常委会主任陈求发，徐延豪出席会议并讲话。郭东明当选辽宁省科协第九届委员会主席。

11 月 9 日　"爱国知识分子的杰出典范——钱学森生平事迹展"在北京开幕。韩启德出席并为展览揭幕。

11 月 10 日　中国声学学会第九次全国会员代表大会在北京召开。张春华当选学会第九届理事会理事长。

11 月 12—16 日　2018 年第二期县级科协主席提升组织力专题培训班在北京举办。

11 月 14 日　中国科协 2018 年海智计划联席会暨基地工作会在北京召开。束为出席并讲话。

中国科协主办第二届风向标——中国创新创业先锋论坛。孟庆海出席论坛并讲话。

11 月 14—16 日　2018 中国科协宣传干部高级研修班在北京举办。

11 月 16 日　由中国科协、科技部共同主办的第二届"一带一路"青少年创客营与教师研讨活动在北京开幕。

"一带一路"国际科学教育协调委员会成立会议暨 2018 年度会议在北京召开。

11 月 19 日　怀进鹏在上海市调研社区科协建设情况并主持座谈会。

11 月 20—23 日　2018 年全国学会党组织负责人培训班在北京举办。宋军出席并讲话。

11 月 21—22 日　工程能力国际论坛在北京举办。束为，WFEO 候任主席、论坛程序委员会主席龚克，联合国教科文组织亚太科学局主任沙赫巴兹·汗在开幕式上致辞。

11 月 23 日　首届中国创新方法大赛擂台赛在湖南省长沙市举行。宋军出席活动。

2018 中国科幻大会在广东省深圳市开幕。

11 月 24 日　第十五届中国青年科技奖领导工作委员会会议在北京召开。万钢主持会议。怀进鹏、束为等出席会议。

11 月 25 日　中国农业机械学会第十一次全国会员代表大会在浙江省杭州市召开。王博当选学会第十一届理事会理事长。

11 月 26—29 日　中国遗传学会第十次全国会员代表大会暨学术讨论会在江苏省南京市召开。薛勇彪当选学会第十届理事会理事长。

11 月 27 日　阿里天文台科普站挂牌仪式在北京中国科技馆和西藏阿里天文台通过网络联动方式同步举行。万钢、怀进鹏、殷皓、中国科学院国家天文台党委书记赵刚参加北京现场活动。西藏自治区政府副主席罗梅、副秘书长旦增伦珠参加西藏阿里现场活动。

万钢在北京会见德国联邦交通和数字基础设施部国务秘书吉多·贝尔曼一行。

11 月 30 日　中国科协党组召开理论学习中心组学习扩大会议暨传统教育宣讲报告会。怀进鹏主持会议。中国科协党组、书记处领导参加主会场活动。

12 月

12 月 2 日　中国科协党组召开 2018 年第四十一次会议，传达学习习近平总书记在中共中央政治局第十次集体学习时的重要讲话精神，传达学习中央纪委办公厅《关于贯彻落实习近平总书记重要指示精神集中整治形式主义、官僚主义的工作意见》，传达学习深化中央纪委国家监委派驻机构改革动员部署会精神，研究贯彻落实措施。怀进鹏主持会议。徐延豪、束为、项昌乐、宋军、王守东、殷皓出席会议。孟庆海、中央纪委国家监委驻科技部纪检监察组副组长玄洪云、中国科协机关有关部门主要负责人列席会议。

12 月 9 日　中国科协召开首届中国特色社会主义科技群团改革与发展研讨会第三次专题会议。怀进鹏、束为、宋军、王守东出席会议。

12 月 11 日　全民科学素质纲要实施工作办公室 2018 年第二次全体会议在北京召开。

12 月 12 日　福建省科协第九次代表大会在福州市召开。福建省委书记、省人大常委会主任于伟国出席开幕式并讲话。省委副书记、省长唐登杰出席大会。中国科协副主席、书记处书记孟庆海到会祝贺。郑兰荪当选福建省科协第九届委员会主席。

中国惯性技术学会第七次全国会员代表大会在北京召开。宋军出席并讲话。包为民当选学会第七届理事会理事长。

12 月 13 日　第十五届中国青年科技奖终评会议在北京召开。万钢主持会议。

院士专家工作站建设推进会在北京召开。宋军出席并讲话。

中国科协定点扶贫领导小组办公室第一次会议在北京召开。孟庆海出席会议。

中国生物多样性保护与绿色发展基金会第五届理事会换届会议在北京召开。谢伯阳当选基金会第五届理事会理事长。

12 月 14 日　中国智能医学发展战略研讨会在北京召开。万钢主持研讨会。宋军出席会议。

12 月 15 日　安徽省科协第十次代表大会在安徽省合肥市开幕。安徽省委书记李锦斌出席并讲话。徐延豪出席并致辞。韩军当选安徽省科协第十届委员会主席。

12 月 18 日　中国电子学会第十次全国会员代表大会在北京召开。怀进鹏出席并致辞。宋军等出席会议。张峰当选学会第十届理事会理事长。

12 月 19 日　“中国科学家”微信公众号上线暨“恰同学少年”科学家成长足迹展开幕式在北京举行。徐延豪出席活动。

中国科协党组巡视组分别进驻农村专业技术服务中心和企业创新服务中心并召开动员会，展开中国科协 2018 年第二轮巡视。王守东出席动员会并讲话。

12 月 20 日　庆祝中国科协成立 60 周年第二场传统教育宣讲报告会在北京召开。徐延豪主持会议并讲话。

12 月 21 日　中国科协党组召开 2018 年第四十二次会议，传达学习习近平总书记在庆祝改革开放 40 周年大会上的重要讲话精神，研究贯彻落实措施。怀进鹏主持会议。徐延豪、束为、宋军、王守东、殷皓出席会议。孟庆海，中国科协机关各部门、各直属单位主要负责人列席会议。

中央纪委国家监委驻科技部纪检监察组与中国科协党组在北京召开沟通会，通报派驻监督情况，专题研究中国科协全面从严治党、党风廉政建设和反腐败工作。怀进鹏、驻科技部纪检监察组组长王宾宜出席会议并讲话。徐延豪、孟庆海、束为、宋军、王守东、殷皓、驻科技部纪检监察组副组长玄洪云等出席会议。

12 月 22 日　中国地理学会第十二次全国会员代表大会在北京召开。宋军出席并致辞。陈发虎当选学会第十二届理事会理事长。

12 月 23 日　中国认知科学学会第二次会员代表大会在北京召开。陈霖当选学会第二届理事会理事长。

12 月 24 日　万钢在北京会见日本科技振兴机构（JST）前理事长、JST 中国综合研究・樱花科技交流中心首席研究员冲村宪树一行。

12 月 26 日　中国女医师协会第五次全国会员代表大会在北京召开。乔杰当选协会第五届会长。

12 月 28 日　庆祝改革开放 40 周年、中国科协成立 60 周年“不忘初心　创新发展”演出活动在北京举行。万钢、束为、宋军、王守东、殷皓、张玉台、张勤、王延祜等出席活动。

中国科协提名 2019 年度国家科学技术奖评审会议在北京召开。王守东出席并讲话。

中国科协离退休干部庆祝改革开放 40 周年暨中国科协成立 60 周年书法美术摄影展在北京开展。王守东参观展览。

中国科教电影电视协会第六次全国会员代表大会在北京召开。薛继军当选协会第六届理事会理事长。

12 月 29 日　中国科协在北京召开新闻发布会，发布《面向建设世界科技强国的中国科协规划纲要》。

中国科协会史陈列馆开幕仪式在北京举行。万钢、韩启德共同为中国科协会史陈列馆揭幕。怀进鹏主持开幕仪式。

科技界深入学习贯彻习近平总书记庆祝改革开放 40 周年大会重要讲话精神，庆祝中国科协成立 60 周年，“礼赞・科学家精神”中国科协甲子华诞特别奉献专题活动举办。万钢、怀进鹏出席并致辞。

“礼赞・科学家精神”中国科协甲子华诞特别奉献专题活动在北京举行。万钢，韩启德，怀进鹏，中国科协党组、书记处领导出席活动。

中国科协深化改革领导小组第 17 次会议在北京召开。会议传达学习中央领导对中国科协规划纲要的重要指示要求，研究推动规划纲要的宣传解读和组织实施工作。万钢出席会议。怀进鹏主持会议。孟庆海介绍规划纲要编制进展情况及下一步规划纲要实施工作的考虑。中国科协党组、书记处领导出席会议。

中国科协党组第四十四次会议研究通过《2018 年度党组民主生活会工作方案》。

中国自动化学会第十一次全国会员代表大会在北京召开。郑南宁当选学会第十一届理事会理事长。

12 月 29—30 日　中国化学会第十一次全国会员代表大会在北京召开。姚建年当选学会第三十届理事会理事长。

12 月 30 日　中国解剖学会第十四次全国会员代表大会在北京召开。张绍祥当选学会第十六届理事会理事长。

附　录

中国科学技术协会组织体系框图

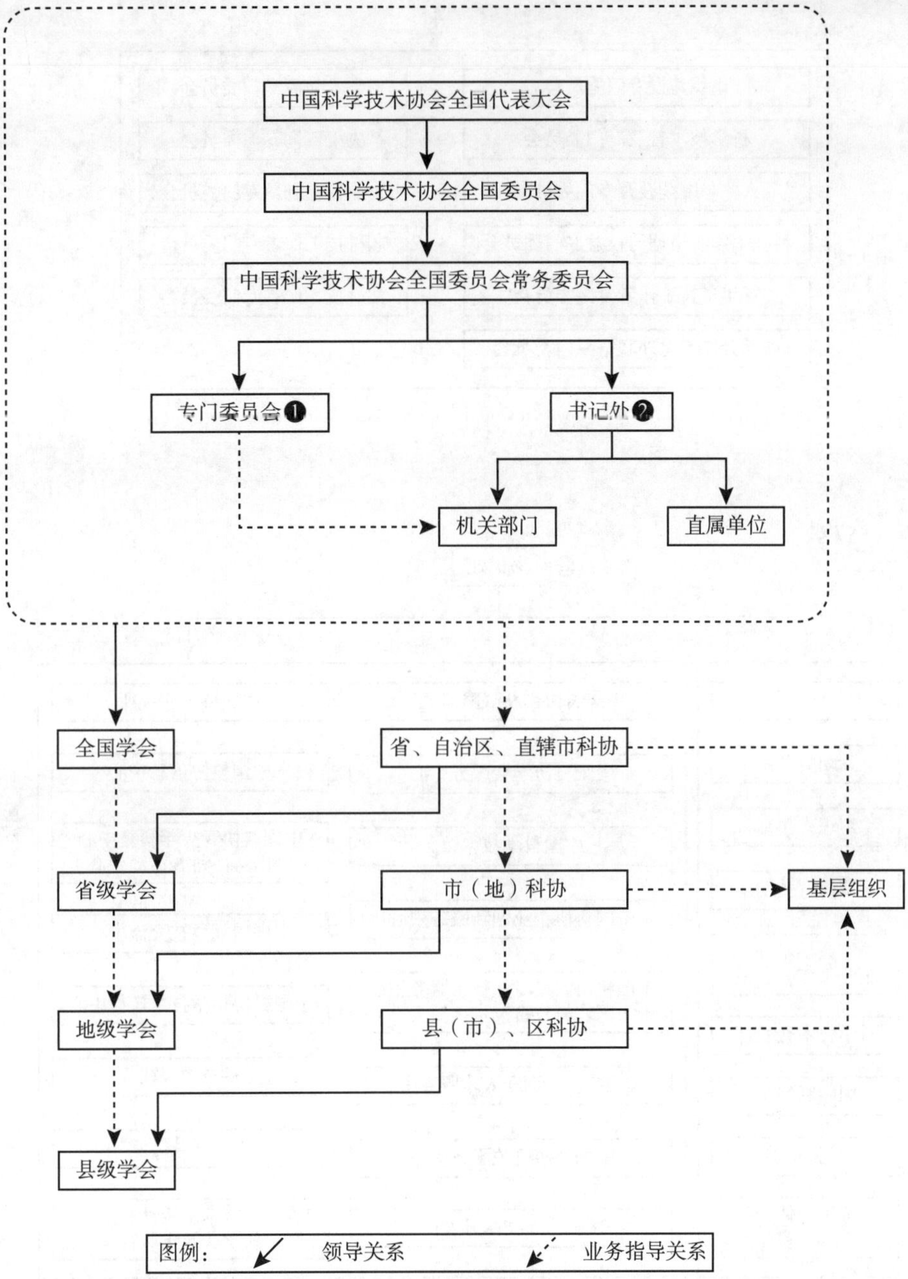

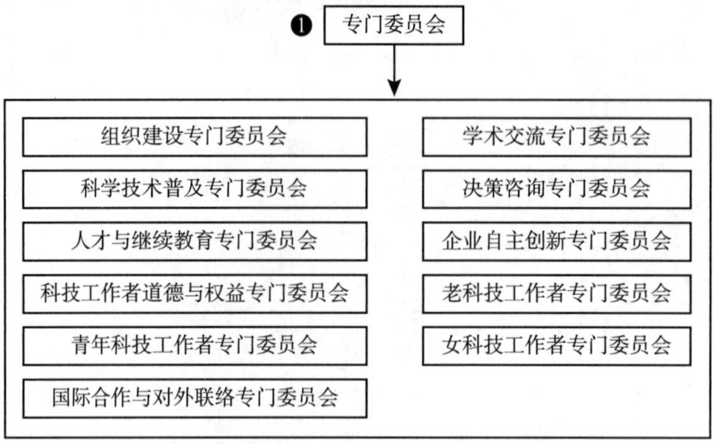
❶ 专门委员会
组织建设专门委员会
科学技术普及专门委员会
人才与继续教育专门委员会
科技工作者道德与权益专门委员会
青年科技工作者专门委员会
国际合作与对外联络专门委员会
学术交流专门委员会
决策咨询专门委员会
企业自主创新专门委员会
老科技工作者专门委员会
女科技工作者专门委员会

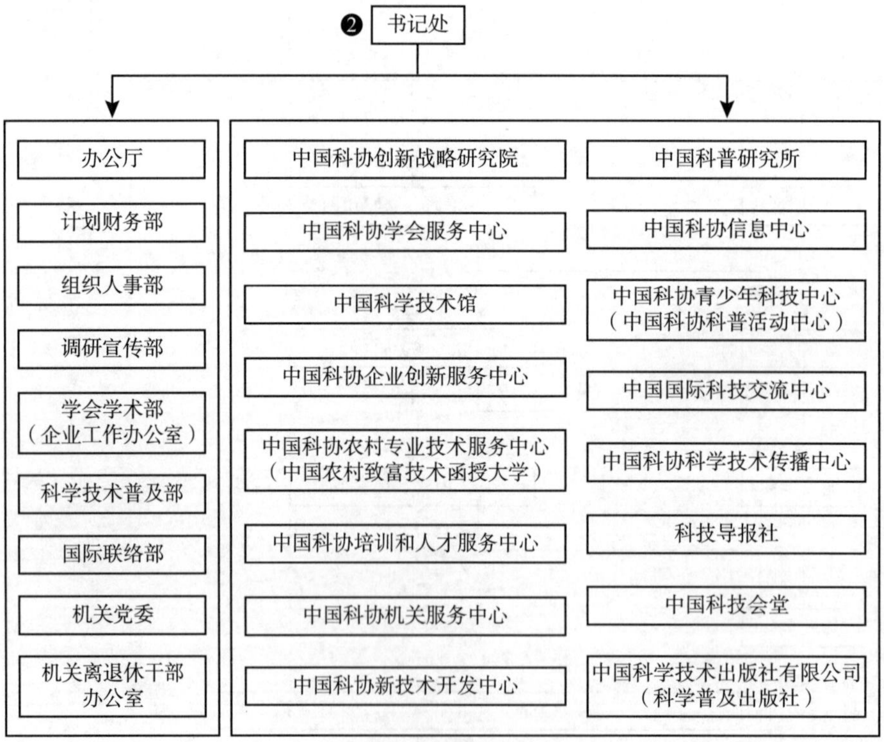
❷ 书记处
办公厅
计划财务部
组织人事部
调研宣传部
学会学术部（企业工作办公室）
科学技术普及部
国际联络部
机关党委
机关离退休干部办公室
中国科协创新战略研究院
中国科协学会服务中心
中国科学技术馆
中国科协企业创新服务中心
中国科协农村专业技术服务中心（中国农村致富技术函授大学）
中国科协培训和人才服务中心
中国科协机关服务中心
中国科协新技术开发中心
中国科普研究所
中国科协信息中心
中国科协青少年科技中心（中国科协科普活动中心）
中国国际科技交流中心
中国科协科学技术传播中心
科技导报社
中国科技会堂
中国科学技术出版社有限公司（科学普及出版社）

中国科学技术协会名誉主席、荣誉委员

1986年6月27日中国科协三届一次全委会议通过

名誉主席 周培源 严济慈 茅以升

荣誉委员（以姓氏笔画为序）

王顺桐 王淦昌 许 杰 苏步青 汪德昭 沈 鸿 陈世骧 杨显东 金善宝
高士其 谈家桢 黄汲清 董纯才 裴丽生

1987年3月中国科学技术协会三届二次全委会议通过

荣誉委员 袁翰青 沈其益

1991年5月27日中国科学技术协会四届一次全委会议通过

名誉主席 钱学森 钱三强

荣誉委员（以姓氏笔画为序）

王大珩 卢嘉锡 刘东生 李国豪 吴仲华 沈 元 张 维 陆 达 唐敖庆
曹天钦 裘维蕃

1996年5月31日中国科学技术协会五届一次全委会议通过

名誉主席 朱光亚 卢嘉锡 吴阶平

荣誉委员 何 康 林兰英（女） 强巴赤列（藏族） 胡亚美（女） 高景德

2001年6月24日中国科学技术协会六届一次全委会议通过

荣誉委员 干福熹 王连铮 石元春 叶叔华（女） 母国光 朱高峰 庄逢甘 孙大涌
李振声 杨 乐 闵桂荣 张存浩 陈可冀 陈佳洱 施蕴邦 聂 力（女）
顾方舟 高 潮 龚育之

2006年5月25日中国科学技术协会七届一次全委会议通过

名誉主席 周光召

荣誉委员 左铁镛 旭日干（蒙古族） 刘 恕（女） 江泽慧（女） 苏纪兰 李依依（女）
张玉台 国 林 胡启恒（女） 钱 易（女） 徐善衍 郭孔辉 曾庆存

2011年5月29日中国科学技术协会八届一次全委会议通过

荣誉委员 马国馨 王永炎 王震西 韦 钰（女，壮族） 邓 楠（女） 艾国祥
白春礼（满族） 齐 让 杜祥琬 杨福家 张开逊 张启发 陆延昌 陈运泰
赵忠贤 栾恩杰（满族） 高润霖 郭桂蓉 符淙斌 管华诗

2016年6月2日中国科学技术协会九届一次全委会议通过

名誉主席 韩启德

荣誉委员 干 勇 王 兴 王 韧 王小兰（女） 王诗宬 王恩哥 方 新（女）
邓中翰 卢锡城 冯长根 吕 植（女） 刘 玠 许振超 孙家广 杨 卫
杨 劼（女，蒙古族） 杨玉良 吴 跃 吴明江 沈爱民 张 勤 张桃林
陈惠娟（女） 陈赛娟（女） 周建平 郑南宁 赵沁平 饶子和 秦大河 袁家军
夏 强 唐启升 黄伯云 龚 克 屠海令 程东红（女） 谢克昌 樊明武

已去世的名誉主席（8名）

卢嘉锡 朱光亚 吴阶平 周培源 严济慈 茅以升 钱三强 钱学森

已去世的荣誉委员（37名，以姓氏笔画为序）

王大珩 王顺桐 王淦昌 王连铮 卢嘉锡 母国光 刘东生 庄逢甘 旭日干 许 杰
吴仲华 张 维 李国豪 杨显东 汪德昭 沈 元 沈 鸿 沈其益 苏步青 陆 达
陈世骧 林兰英 金善宝 施莫邦 唐敖庆 袁翰青 谈家桢 高 潮 高士其 高景德
曹天钦 黄汲清 龚育之 强巴赤列 董纯才 裘维蕃 裴丽生

中国科学技术协会所属全国学会、协会、研究会及受委托管理的学会

（截至 2018 年 12 月 31 日）

序号	序码	学会名称	理事长	秘书长
1	A-01	中国数学会	袁亚湘	陈大岳
2	A-02	中国物理学会	詹文龙	方 忠
3	A-03	中国力学学会	杨 卫	杨亚政
4	A-04	中国光学学会	龚旗煌	刘 旭
5	A-05	中国声学学会	张春华	张守著
6	A-06	中国化学会	姚建年	范青华
7	A-07	中国天文学会	景益鹏	周济林
8	A-08	中国气象学会	王会军	王金星
9	A-09	中国空间科学学会	吴 季	庞红勋
10	A-10	中国地质学会	钟自然	李金发
11	A-11	中国地理学会	陈发虎	张国友
12	A-12	中国地球物理学会	陈晓非	郭 建
13	A-13	中国矿物岩石地球化学学会	胡瑞忠	冯新斌
14	A-14	中国古生物学会	詹仁斌	蔡华伟
15	A-15	中国海洋湖沼学会	孙 松	杨红生
16	A-16	中国海洋学会	陈连增	林明森
17	A-17	中国地震学会	张培震	李小军
18	A-18	中国动物学会	孟安明	王德华
19	A-19	中国植物学会	种 康	汪小全
20	A-20	中国昆虫学会	康 乐	戈 峰
21	A-21	中国微生物学会	邓子新	东秀珠
22	A-22	中国生物化学与分子生物学会	李 林	刘小龙
23	A-23	中国细胞生物学学会	陈晔光	王 纲
24	A-24	中国植物生理与植物分子生物学学会	陈晓亚	唐威华
25	A-25	中国生物物理学会	徐 涛	张 宏
26	A-26	中国遗传学会	薛勇彪	杨维才
27	A-27	中国心理学会	周晓林	罗 劲
28	A-28	中国生态学学会	欧阳志云	钟林生
29	A-29	中国环境科学学会	黄润秋	王志华
30	A-30	中国自然资源学会	成升魁	沈 镭
31	A-31	中国感光学会	蒲嘉陵	黄 勇

序号	序码	学会名称	理事长	秘书长
32	A-32	中国优选法统筹法与经济数学研究会	池　宏	李建平
33	A-33	中国岩石力学与工程学会	冯夏庭	杨晓杰
34	A-34	中国野生动物保护协会	陈凤学	李青文
35	A-35	中国系统工程学会	杨晓光	唐锡晋
36	A-36	中国实验动物学会	秦　川	赵宏旭
37	A-37	中国青藏高原研究会	姚檀栋	欧阳华
38	A-38	中国环境诱变剂学会	曹　佳	郝卫东
39	A-39	中国运筹学会	胡旭东	刘　克
40	A-40	中国菌物学会	郭良栋	白逢彦
41	A-41	中国晶体学会	苏晓东	孙俊良
42	A-42	中国神经科学学会	段树民	何　成
43	A-43W	中国认知科学学会	陈　霖	马原野
44	A-44W	中国微循环学会	詹启敏	刘乃丰
45	A-45G	国际数字地球协会	郭华东	Mario Hernandez
46	A-46G	国际动物学会	张知彬	韩春绪
47	B-01	中国机械工程学会	李培根	陆大明
48	B-02	中国汽车工程学会	李　骏	张进华
49	B-03	中国农业机械学会	王　博	张咸胜
50	B-04	中国农业工程学会	隋　斌	朱　明
51	B-05	中国电机工程学会	郑宝森	谢明亮
52	B-06	中国电工技术学会	杨庆新	裴相精
53	B-07	中国水力发电工程学会	张　野	袁柏松
54	B-08	中国水利学会	胡四一	汤鑫华
55	B-09	中国内燃机学会	金东寒	李树生
56	B-10	中国工程热物理学会	金红光	杜建一
57	B-11	中国空气动力学会	唐志共	徐　翔
58	B-12	中国制冷学会	金嘉玮	孟庆国
59	B-13	中国真空学会	许宁生	郭海明
60	B-14	中国自动化学会	郑南宁	张　楠
61	B-15	中国仪器仪表学会	尤　政	张　彤
62	B-16	中国计量测试学会	蒲长城	马爱文
63	B-17	中国标准化协会	纪正昆	高建忠
64	B-18	中国图学学会	孙家广	赵　罡
65	B-19	中国电子学会	张　峰	徐晓兰
66	B-20	中国计算机学会	高　文	杜子德
67	B-21	中国通信学会	陈肇雄	张延川

序号	序码	学会名称	理事长	秘书长
68	B-22	中国中文信息学会	方滨兴	孙　乐
69	B-23	中国测绘学会	宋超智	彭震中
70	B-24	中国造船工程学会	李长印	林宪东
71	B-25	中国航海学会	黄有方	王　群
72	B-26	中国铁道学会	卢春房	马福海
73	B-27	中国公路学会	翁孟勇	刘文杰
74	B-28	中国航空学会	林左鸣	姚俊臣
75	B-29	中国宇航学会	雷凡培	王一然
76	B-30	中国兵工学会	尹家绪	于小虎
77	B-31	中国金属学会	干　勇	王新江
78	B-32	中国有色金属学会	贾明星	张洪国
79	B-33	中国稀土学会	李春龙	牛京考
80	B-34	中国腐蚀与防护学会	王福会	杜翠薇
81	B-35	中国化工学会	戴厚良	华　炜
82	B-36	中国核学会	王寿君	于鉴夫
83	B-37	中国石油学会	赵政璋	于明祥
84	B-38	中国煤炭学会	刘　峰	刘　峰
85	B-39	中国可再生能源学会	谭天伟	祁和生
86	B-40	中国能源研究会	吴新雄	郑玉平
87	B-41	中国硅酸盐学会	徐永模	晋占平
88	B-42	中国建筑学会	修　龙	仲继寿
89	B-43	中国土木工程学会	郭允冲	李明安
90	B-44	中国生物工程学会	高　福	马树恒
91	B-45	中国纺织工程学会	孙瑞哲	尹耐冬
92	B-46	中国造纸学会	陈学忠	曹春昱
93	B-47	中国文物保护技术协会	王时伟	曲　亮
94	B-48T	中国印刷技术协会	王岩镔	陈迎新
95	B-49	中国材料研究学会	魏炳波	韩雅芳
96	B-50	中国食品科学技术学会	孟素荷	邵　薇
97	B-51	中国粮油学会	张桂凤	王莉蓉
98	B-52T	中国职业安全健康协会	王德学	马　骏
99	B-53	中国烟草学会		王建雪
100	B-54	中国仿真学会	赵沁平	吴云洁
101	B-55	中国电影电视技术学会	谢锦辉	路晓俐
102	B-56	中国振动工程学会	苏义脑	陈国平
103	B-57	中国颗粒学会	朱庆山	王体壮

序号	序码	学会名称	理事长	秘书长
104	B-58	中国照明学会	邴树奎	窦林平
105	B-59	中国动力工程学会	黄迪南	张树林
106	B-60	中国惯性技术学会	包为民	王　岩
107	B-61	中国风景园林学会	陈　重	贾建中
108	B-62	中国电源学会	徐德鸿	张　磊
109	B-63	中国复合材料学会	陈祥宝	张博明
110	B-64	中国消防协会	陈伟明	曹忙根
111	B-65	中国图象图形学学会	谭铁牛	马惠敏
112	B-66	中国人工智能学会	李德毅	王卫宁
113	B-67	中国体视学学会	陈志强	王　忠
114	B-68	中国工程机械学会	卞永明	刘　钊
115	B-69T	中国海洋工程咨询协会	周茂平	屈　强
116	B-70T	中国遥感应用协会	罗　格	徐　文
117	B-71	中国指挥与控制学会	费爱国	秦继荣
118	B-72T	中国光学工程学会	张广军	赵雪燕
119	B-73T	中国微米纳米技术学会	尤　政	王晓浩
120	B-74	中国密码学会	王　杰	于艳萍
121	B-75T	中国大坝工程学会	矫　勇	贾金生
122	B-76T	中国卫星导航定位协会	于贤成	张全德
123	B-77W	中国生物材料学会	付小兵	艾　华
124	B-78G	国际粉体检测与控制联合会	谢　植	李新光
125	C-01	中国农学会	张桃林	胡义萍
126	C-02	中国林学会	赵树丛	陈幸良
127	C-03	中国土壤学会	沈仁芳	张甘霖
128	C-04	中国水产学会	王清印	崔利锋
129	C-05	中国园艺学会	杜永臣	孙日飞
130	C-06	中国畜牧兽医学会	黄路生	杨汉春
131	C-07	中国植物病理学会	彭友良	韩成贵
132	C-08	中国植物保护学会	陈万权	郑传临
133	C-09	中国作物学会	翟虎渠	刘春明
134	C-10	中国热带作物学会	李尚兰	刘国道
135	C-11	中国蚕学会	廖森泰	沈兴家
136	C-12	中国水土保持学会	陆桂华	王玉杰
137	C-13	中国茶叶学会	江用文	阮建云
138	C-14	中国草学会	何新天	张英俊
139	C-15T	中国植物营养与肥料学会	白由路	赵秉强

序号	序码	学会名称	理事长	秘书长
140	C-16W	中国农业历史学会	刘新录	王一民
141	D-01	中华医学会	马晓伟	饶克勤
142	D-02	中华中医药学会	王国强	王国辰
143	D-03	中国中西医结合学会	陈香美	吕文良
144	D-04	中国药学会	孙咸泽	丁丽霞
145	D-05	中华护理学会	吴欣娟	应　岚
146	D-06	中国生理学会	王　韵	李俊发
147	D-07	中国解剖学会	张绍祥	周德山
148	D-08	中国生物医学工程学会	曹雪涛	池　慧
149	D-09	中国病理生理学会	张幼怡	李　萍
150	D-10	中国营养学会	杨月欣	杜松明
151	D-11	中国药理学会	张永祥	张永鹤
152	D-12	中国针灸学会	刘保延	喻晓春
153	D-13	中国防痨协会	刘剑君	成诗明
154	D-14	中国麻风防治协会	张国成	王　红
155	D-15	中国心理卫生协会	马　辛	王　刚
156	D-16	中国抗癌协会	樊代明	王　瑛
157	D-17	中国体育科学学会	李颖川	张　良
158	D-18	中国毒理学会	周平坤	刘　超
159	D-19	中国康复医学会	方国恩	牛恩喜
160	D-20	中国免疫学会	田志刚	曹雪涛
161	D-21	中华预防医学会	王陇德	杨维中
162	D-22	中国法医学会		翟恒利
163	D-23T	中华口腔医学会	俞光岩	岳　林
164	D-24T	中国医学救援协会	李宗浩	李立兵
165	D-25T	中国女医师协会	何界生	于　冬
166	D-26T	中国研究型医院学会	王发强	刘希华
167	D-27W	中国睡眠研究会	韩　芳	左和鸣
168	D-28W	中国卒中学会	赵继宗	王彩云
169	E-01	中国自然辩证法研究会	何鸣鸿	尚智丛
170	E-02	中国管理现代化研究会	石　勇	赵景华
171	E-03	中国技术经济学会	李　平	杨德林
172	E-04	中国现场统计研究会	房祥忠	程维虎
173	E-05	中国未来研究会	金灿荣	刘益东
174	E-06	中国科学技术史学会	孙小淳	鲁大龙
175	E-07	中国科学技术情报学会	戴国强	潘云涛

序号	序码	学会名称	理事长	秘书长
176	E–08	中国图书馆学会	韩永进	霍瑞娟
177	E–09	中国城市科学研究会	仇保兴	余　刚
178	E–10	中国科学学与科技政策研究会	穆荣平	陈　光
179	E–11	中国农村专业技术协会	柯柄生	杨利军
180	E–12	中国工业设计协会	刘　宁	应放天
181	E–13	中国工艺美术学会	陶小年	任建新
182	E–14	中国科普作家协会	周忠和	陈　玲
183	E–15	中国自然科学博物馆学会	程东红	欧建成
184	E–16	中国可持续发展研究会	王　浩	周海林
185	E–17	中国青少年科技辅导员协会	陈赛娟	林利琴
186	E–18	中国科教电影电视协会	薛继军	季　林
187	E–19	中国科学技术期刊编辑学会	朱邦芬	任胜利
188	E–20	中国流行色协会	朱　莎	贺显伟
189	E–21	中国档案学会	段东升	邓小军
190	E–22	中国国土经济学会	柳忠勤	刘军萍
191	E–23	中国土地学会	王世元	高延利
192	E–24	中国科技新闻学会	宋南平	许　英
193	E–25	中国老科学技术工作者协会	陈至立	徐　强
194	E–26	中国科学探险协会	秦大河	王　维
195	E–27T	中国城市规划学会	孙安军	石　楠
196	E–28T	中国产学研合作促进会	路甬祥	王建华
197	E–29T	中国知识产权研究会	田力普	赵志彬
198	E–30T	中国发明协会	潘云鹤	余华荣
199	E–32T	中国工程教育专业认证协会	吴启迪	吴　岩
200	E–33T	中国检验检测学会		夏　扬
201	E–34T	中国女科技工作者协会	王志珍	许　平
202	E–35W	中国创造学会	徐建平	张亚雷
203	E–36W	中国经济科技开发国际交流协会	李振声	张　帆
204	E–37W	中国高科技产业化研究会	包为民	黎宇红
205	E–38W	中国微量元素科学研究会	朱志国	陈　岳
206	E–39W	中国国际经济技术合作促进会	杨春光	任树平
207	E–40W	中国基本建设优化研究会	厉无畏	孙晓洲
208	E–41W	中国科技馆发展基金会	殷　皓	初学基
209	E–42W	中国生物多样性保护与绿色发展基金会	胡德平	周晋峰
210	E–43W	中国反邪教协会	欧阳自远	王慧梅

中国科学技术协会机关各部门及主要负责人

办公厅 **主 任** 王进展 **副主任** 张晓梅 徐 强

下设：综合处（信访办公室）、秘书处（督查室）、委员工作处、文档处（值班室）、信息处（代表联络处）

计划财务部 **部 长** 杨文志 **副部长** 王江宏 王 蓓

下设：综合处、规划发展处、预算管理处、财务处、经费资产监督处、扶贫工作处

组织人事部 **部 长** 王守东 **巡视员、副部长** 公坤后 **副部长** 解 欣

下设：综合处、干部处（干部教育培训处）、事业单位人事管理处、人才工作处、组织处、干部监督处

调研宣传部 **部 长** 郭 哲 **副部长** 吴善超

下设：综合处、调查研究处、政策法规处、宣传处、改革协调处

学会学术部 **部 长** 宋 军（兼） **副部长** 刘兴平 陈 锐

下设：综合处、学会管理处、改革发展处、学术交流处、期刊出版处、企业工作处

（企业工作办公室） **主 任** 宋 军（兼） **副主任** 苏小军

科学技术普及部 **部 长** 白 希 **副部长** 钱 岩 郑 凯 廖 红

下设：综合处、资源办（联络处）、基层处、传播处、科普信息化处

国际联络部 **部 长** 刘 阳（兼） **副部长** 王庆林 张 森

下设：综合处、国际组织处、双边合作处、港澳台交流处、海智工作处

机关党委 **书 记** 王守东（兼） **常务副书记** 李志刚

副书记、机关纪委书记 周文标 **副书记** 许向阳 于小晗

副巡视员 徐 斌

下设：办公室、党风监督室、巡视工作协调室（机关纪委办公室）、纪律检查室（审计室）、机关工会

机关离退办 **主 任** 王志舜

下设：服务一处、服务二处、办公室综合处

中国科学技术协会直属单位及主要负责人

中国科协创新战略研究院	院长、党委副书记　任福君 副院长　赵立新　周大亚　阮　草（挂职） 纪委书记、党委委员　邓　芳　　党委副书记　张利洁
中国科普研究所	所　长　王　挺　　副所长　颜　实　王玉平　王京春
中国科协学会服务中心	主　任　申金升　　党委书记、副主任　刘亚东 副主任　楼　伟　朱文辉　陈前斌 副主任、党委委员　李　芳　　纪委书记　冯继谦
中国科协信息中心	主　任　高　勘　　副主任　杨秀萍　魏时刚　曲大成
中国科学技术馆	馆长、党委副书记　殷　皓　　党委书记　苏　青 副馆长　欧建成　隗京花　庞晓东　廖　红 党委委员、纪委书记　蒋志明
中国科协青少年科技中心 （中国科协科普活动中心）	主　任　刘　阳　　副主任　钱　岩　张振威　刘会强 青辅协秘书长　林利琴
中国科协企业创新服务中心	主　任　苏小军　　副主任　郭　昊　冯师斌
中国科协农村专业技术服务中心 （中国农村致富技术函授大学）	主　任　师　铎　　副主任　王　诚　杨利军
中国国际科技交流中心	主　任　陈　剑　　副主任　刘　莉　秦久怡　贾子文
中国科协科学技术传播中心	主　任　郑浩峻　　副主任　梁　华　宁方刚　毛大庆（挂）
中国科协培训和人才服务中心	主　任　辛　兵　　副主任　王书瑞　何　巍
科技导报社	主　编　项昌乐（兼）　社　长　王康友 副社长　杨书宣　史永超
中国科协机关服务中心	主　任　顾　斌　　副主任　白元平　周庆云
中国科技会堂	总经理、党委书记　佘建坤 副总经理、党委副书记　杨绍丽 纪委书记　胡富梅
中国科协新技术开发中心	主　任　陈　剑（兼）
中国科学技术出版社有限公司 （科学普及出版社）	社长、党委书记　秦德继 总编辑、副社长、党委副书记　吕建华 党委委员、党委副书记、纪委委员　林　立 党委委员、纪律委员、纪委书记　高春波 副社长　郭　晶

中国科协主管科技期刊目录

截至2019年7月（共499种）

编号	中文刊名	国内统一连续出版物号（CN）	主办单位
1	癌变·畸变·突变	44–1063/R	中国环境诱变剂学会
2	癌症康复	11–3882/R	中国抗癌协会，北京市肿瘤防治研究办公室，北京大学临床肿瘤学院
3	癌症生物学与医学(英文版)	12–1431/R	中国抗癌协会
4	办公自动化	11–3749/TP	中国仪器仪表学会
5	爆破器材	32–1163/TJ	中国兵工学会
6	编辑学报	11–2493/G2	中国科学技术期刊编辑学会
7	兵工学报	11–2176/TJ	中国兵工学会
8	兵器材料科学与工程	33–1331/TJ	中国兵工学会，中国兵器工业集团第五二研究所
9	兵器知识	11–1470/TJ	中国兵工学会
10	病毒学报	11–1865/R	中国微生物学会
11	材料科学技术（英文版）	21–1315/TG	中国金属学会，中国材料研究学会，中国科学院国际材料物理中心
12	材料热处理学报	11–4545/TG	中国机械工程学会
13	蚕业科学	32–1115/S	中国蚕学会，中国农业科学院蚕业研究所
14	草地学报	11–3362/S	中国草学会
15	草业科学	62–1069/S	中国草学会，甘肃草原生态研究所
16	草业学报	62–1105/S	中国草学会，兰州大学
17	测绘学报	11–2089/P	中国测绘学会
18	茶叶科学	33–1115/S	中国茶叶学会
19	车辆与动力技术	11–4493/TH	中国兵工学会
20	城市发展研究	11–3504/TU	中国城市科学研究会
21	城市公共交通	11–4416/U	中国土木工程学会，北京公共交通控股(集团)有限公司
22	畜牧兽医学报	11–1985/S	中国畜牧兽医学会
23	畜牧与生物技术杂志(英文版)	11–5967/S	中国畜牧兽医学会
24	大学物理	11–1910/O4	中国物理学会
25	大自然	11–1385/N	中国自然科学博物馆学会，北京自然博物馆，中国野生动物保护协会
26	弹道学报	32–1343/TJ	中国兵工学会，南京理工大学
27	弹箭与制导学报	61–1234/TJ	中国兵工学会，中国兵器工业第203研究所
28	当代矿工	11–2762/C	中国煤炭学会

续表

编号	中文刊名	国内统一连续出版物号（CN）	主办单位
29	档案学研究	11-1226/G2	中国档案学会
30	地理学报（英文版）	11-4546/P	中国地理学会，中国科学院地理科学与资源研究所
31	地球大数据（英文）	10-1455/P	国际数字地球学会，中国科学院遥感与数字地球研究所，中国科技出版传媒股份有限公司
32	地震学报（英文版）	11-5695/P	中国地震学会，中国地震局地球物理研究所
33	地震学报	11-2021/P	中国地震学会，中国地震局地球物理研究所
34	地质论评	11-1952/P	中国地质学会
35	地质学报（英文版）	11-2001/P	中国地质学会
36	地质学报	11-1951/P	中国地质学会
37	电波科学学报	41-1185/TN	中国电子学会
38	电工技术学报	11-2188/TM	中国电工技术学会
39	电化学	35-1172/O6	中国化学会
40	电气技术	11-5255/TM	中国电工技术学会
41	电信科学	11-2103/TN	中国通信学会，人民邮电出版社
42	电子测量与仪器学报	11-2488/TN	中国电子学会
43	电子技术与软件工程	10-1108/TP	中国电子学会
44	电子竞技	11-5293/TP	中国科技新闻学会
45	电子商务	11-4499/TN	中国电子学会，中国信息产业商会，北京思得易咨询公司
46	电子世界	11-2086/TN	中国电子学会
47	电子显微学报	11-2295/TN	中国物理学会
48	电子学报（英文）	10-1284/TN	中国电子学会
49	电子学报	11-2087/TN	中国电子学会
50	动物营养（英文）	10-1360/S	中国畜牧兽医学会
51	动物营养学报	11-5461/S	中国畜牧兽医学会
52	发现	11-1585/N	中国未来研究会，北京国际交流协会
53	防务技术（英文）	10-1165/TJ	中国兵工学会
54	纺织学报	11-5167/TS	中国纺织工程学会
55	分析检测（英文）	10-1412/06	中国有色金属学会，北京有色金属研究总院
56	分析试验室	11-2017/TF	中国有色金属学会，北京有色金属研究总院
57	分子科学学报	22-1262/O4	中国化学会，东北师范大学
58	粉末冶金技术	11-1974/TF	中国机械工程学会，中国金属学会，中国有色金属学会
59	风湿病与关节炎	10-1073/R	中华中医药学会
60	钢铁	11-2118/TF	中国金属学会，钢铁研究总院

续表

编号	中文刊名	国内统一连续出版物号（CN）	主办单位
61	高分子科学(英文版)	11–2015/O6	中国化学会，中国科学院化学研究所
62	高分子通报	11–2051/O6	中国化学会，中国科学院化学研究所
63	工程力学	11–2595/O3	中国力学学会
64	固体力学学报(英文版)	42–1121/O3	中国力学学会
65	固体力学学报	42–1250/O3	中国力学学会
66	管理现代化	11–1403/C	中国管理现代化研究会
67	光谱学与光谱分析	11–2200/O4	中国光学学会
68	光学学报	31–1252/O4	中国科学院上海光学精密机械研究所，中国光学学会
69	光学仪器	31–1504/TH	中国仪器仪表学会，上海光学仪器研究所，中国光学学会工程光学专业委员会
70	硅酸盐通报	11–5440/TQ	中国硅酸盐学会，中材人工晶体研究院
71	硅酸盐学报	11–2310/TQ	中国硅酸盐学会
72	无机材料学学报（英文）	10–1466/TQ	中国硅酸盐学会
73	国际地震动态	11–2362/P	中国地震学会，中国地震局地球物理研究所
74	国际护理科学（英文）	10–1444/R	中华护理学会
75	国际煤炭科学技术学报(英文)	10–1252/TD	中国煤炭学会
76	海陆空天惯性世界	11–4491/O3	中国惯性技术学会
77	海洋工程	32–1423/P	中国海洋学会，南京水利科学研究院，上海交通大学
78	海洋世界	11–1261/P	中国海洋学会
79	海洋学报(英文版)	11–2056/P	中国海洋学会
80	海洋学报	11–2055/P	中国海洋学会
81	海洋渔业	31–1341/S	中国水产学会，中国水产科学研究院东海水产研究所
82	海洋与湖沼	37–1149/P	中国海洋湖沼学会
83	焊接学报	23–1178/TG	中国机械工程学会，中国机械工程学会焊接学会，机械科学研究院哈尔滨焊接研究所
84	航海技术	31–1251/U	中国航海学会，上海海事大学
85	航空材料学报	11–3159/V	中国航空学会
86	航空模型	11–1525/V	中国航空学会，中国航空运动协会
87	航空学报	11–1929/V	中国航空学会
88	航空知识	11–1526/V	中国航空学会
89	核科学与工程	11–1861/TL	中国核学会
90	化工进展	11–1954/TQ	中国化工学会，化学工业出版社
91	化工学报	11–1946/TQ	中国化工学会，化学工业出版社
92	化学传感器	32–1406/TP	中国仪器仪表学会
93	化学教育	11–1923/O6	中国化学会，北京师范大学

续表

编号	中文刊名	国内统一连续出版物号（CN）	主办单位
94	化学物理学报（英文版）	34–1295/O6	中国物理学会
95	环境与生活	11–5582/X	中国环境科学学会
96	火炮发射与控制学报	61–1280/TJ	中国兵工学会
97	火炸药学报	61–1310/TJ	中国兵工学会，中国兵器工业第二〇四研究所
98	机床与液压	44–1259/TH	中国机械工程学会，广州机械科学研究院
99	机械工程学报	11–2187/TH	中国机械工程学会
100	机械设计	12–1120/TH	中国机械工程学会，天津市机械工程学会，天津市机电工业科技信息研究所
101	激光生物学报	43–1264/Q	中国遗传学会
102	工医艺的可视计算（英文）	10–1521/TP	中国图学学会
103	计算机辅助设计与图形学学报	11–2925/TP	中国计算机学会，北京中科期刊出版有限公司
104	计算物理	11–2011/O4	中国核学会
105	技术经济	11–1444/F	中国技术经济研究会
106	建筑结构学报	11–1931/TU	中国建筑学会
107	建筑热能通风空调	42–1439/TV	中国建筑学会
108	建筑学报	11–1930/TU	中国建筑学会
109	健康世界	11–3251/R	中华医学会
110	交通运输系统工程与信息	11–4520/U	中国系统工程学会
111	结核病与肺部健康杂志	10–1059/R	中国防痨协会
112	解剖科学进展	21–1347/Q	中国解剖学会
113	解剖学报	11–2228/R	中国解剖学会
114	解剖学杂志	31–1285/R	中国解剖学会
115	今日国土	11–4757/N	中国国土经济学研究会
116	今日科苑	11–4764/N	中国老科学技术工作者协会
117	金属世界	11–1417/TG	中国金属学会，中国有色金属学会
118	金属学报（英文版）	21–1361/TG	中国金属学会
119	金属学报	21–1139/TG	中国金属学会
120	经济地理	43–1126/K	中国地理学会，湖南省经济地理研究所
121	科幻画报	11–4854/N	中国科技新闻学会
122	科技传播	11–5820/N	中国科技新闻学会
123	科技创新与品牌	11–5588/G3	中国科技新闻学会
124	科技导报	11–1421/N	中国科协
125	科技和产业	11–4671/T	中国技术经济研究会
126	科技尚品	11–5573/Z	中国科教电影电视协会，摄影与摄像杂志社

续表

编号	中文刊名	国内统一连续出版物号（CN）	主办单位
127	科普创作	10–1488/I	中国科普作家协会
128	科普研究	11–5410/N	中国科普研究所
129	科协论坛	42–1341/G3	中国科协科普部
130	科学大观园	11–1607/N	科学普及出版社
131	科学技术与工程	11–4688/T	中国技术经济研究会
132	科学家	10–1135/N	中国科技新闻学会
133	科学养鱼	32–1131/S	中国水产学会，中国水产科学研究院淡水渔业研究中心，全国水产技术推广总站
134	科学中国人	11–3292/G3	中国科技新闻学会
135	颗粒学报	11–5671/O3	中国颗粒学会，中国科学院过程工程研究所
136	矿床地质	11–1965/P	中国地质学会矿床地质专业委员会，中国地质科学院矿产资源研究所
137	矿物岩石地球化学通报	52–1102/P	中国科学院地球化学研究所，中国矿物岩石地球化学学会
138	昆虫科学（英文版）	11–6019/Q	中国昆虫学会，中国科学院动物研究所
139	力学学报（英文版）	11–2063/O3	中国力学学会，中国科学院力学研究所
140	连铸	11–3385/TG	中国金属学会
141	林业科学	11–1908/S	中国林学会
142	流行色	10–1458/J	中国流行色协会
143	流体机械	34–1144/TH	中国机械工程学会
144	慢性疾病与转化医学（英文）	10–1249/R	中华医学会
145	煤炭学报	11–2190/TD	中国煤炭学会
146	密码学报	10–1195/TN	中国密码学会，中国科学技术出版社
147	棉花学报	41–1163/S	中国农学会
148	模式识别与人工智能	34–1089/TP	中国自动化学会，国家智能计算机研究开发中心，中国科学院合肥智能机械研究所
149	内燃机工程	31–1255/TK	中国内燃机学会
150	内燃机学报	12–1086/TK	中国内燃机学会
151	泥沙研究	11–2532/TV	中国水利学会
152	农村电气化	11–2181/TM	中国电机工程学会
153	农电管理	11–3778/D	中国电机工程学会
154	农学学报	11–6016/S	中国农学会
155	农业工程学报	11–2047/S	中国农业工程学会
156	农业机械学报	11–1964/S	中国农业机械学会，中国农业机械化科学研究院
157	农业科研经济管理	11–3801/S	中国农学会

续表

编号	中文刊名	国内统一连续出版物号（CN）	主办单位
158	贫困所致传染病 (英文)	10–1399/R	中华医学会，中国疾病预防控制中心寄生虫病预防控制所
159	气象水文海洋仪器	22–1135/TH	中国仪器仪表学会气象水文海洋仪器分会，长春气象仪器研究所
160	气象学报 (英文版)	11–2277/P	中国气象学会
161	汽车工程	11–2221/U	中国汽车工程学会
162	汽车知识	11–4722/TH	中国机械工程学会，中国汽车工业经济技术信息研究所
163	情报工程	10–1263/G3	中国科学技术情报学会，中国科学技术信息研究所
164	情报学报	11–2257/G3	中国科学技术情报学会，中国科学技术信息研究所
165	热带作物学报	46–1019/S	中国热带作物学会
166	软件	12–1151/TP	中国电子学会，天津电子学会
167	润滑与密封	44–1260/TH	中国机械工程学会，广州机械科学研究院
168	色谱	21–1185/O6	中国化学会
169	设备管理与维修	11–2503/F	中国机械工程学会，卓众出版有限公司
170	设计	11–5127/TB	中国工业设计协会
171	摄影与摄像	11–3625/TB	中国科教电影电视协会
172	生理科学进展	11–2270/R	中国生理学会，北京大学
173	生命的化学	31–1384/Q	中国生物化学与分子生物学会
174	生态学报	11–2031/Q	中国生态学学会，中国科学院生态环境研究中心
175	生态学杂志	21–1148/Q	中国生态学学会，中国科学院沈阳应用生态研究所
176	科学故事会	10–1591/N4	中国科普作家协会
177	生物物理学报	10–1302/Q	中国生物物理学会，中国科学院生物物理研究所
178	生物学通报	11–2042/Q	中国动物学会，中国植物学会，北京师范大学
179	生殖与发育医学（英文）	10–1442/R	中华医学会，上海市计划生育科学研究院，复旦大学附属妇产科医院
180	石油学报（石油加工）	11–2129/TE	中国石油学会
181	石油学报	11–2128/TE	中国石油学会
182	石油研究 (英文)	10–1439/TE	中国石油学会，石油工业出版社有限公司
183	石油知识	11–4725/TE	中国石油学会
184	实验力学	34–1057/O3	中国力学学会，中国科学技术大学
185	实验流体力学	11–5266/V	中国空气动力学会
186	实用疼痛学杂志	10–1379/R	中华医学会，河北医科大学第四医院
187	世界地理研究	31–1626/P	中国地理学会
188	世界耳鼻咽喉头颈外科杂志(英文)	10–1248/R	中华医学会

续表

编号	中文刊名	国内统一连续出版物号（CN）	主办单位
189	世界中西医结合杂志	11-5511/R	中华中医药学会
190	兽类学报	63-1014/Q	中国科学院西北高原生物研究所，中国动物学会兽类学分会
191	数据采集与处理	32-1367/TN	中国电子学会，中国仪器仪表学会，中国物理学会，南京航空航天大学
192	数理天地（初中版）	11-3091/O1	中国优选法统筹法与经济数学研究会
193	数理天地（高中版）	11-3095/O1	中国优选法统筹法与经济数学研究会
194	数理统计与管理	11-2242/O1	中国现场统计研究会
195	数码影像时代	11-5714/TN	中国科学技术投资有限公司
196	数学进展	11-2312/O1	中国数学会
197	数学通报	11-2254/O1	中国数学会，北京师范大学
198	数学学报（英文版）	11-2039/O1	中国数学会，中国科学院数学与系统科学研究院
199	水产学报	31-1283/S	中国水产学会
200	水力发电学报	11-2241/TV	中国水力发电工程学会
201	水利学报	11-1882/TV	中国水利学会
202	塑性工程学报	11-3449/TG	中国机械工程学会
203	太空探索	11-4492/V	中国宇航学会
204	太阳能	11-1660/TK	中国可再生能源学会
205	太阳能学报	11-2082/TK	中国可再生能源学会
206	糖尿病天地	11-5210/R	中华中医药学会
207	特种铸造及有色合金	42-1148/TG	中国机械工程学会，武汉机械工艺研究所
208	天文爱好者	11-1390/P	中国天文学会，北京天文馆
209	铁道工程学报	11-3567/U	中国铁道学会，中国铁路工程总公司，中国中铁股份有限公司
210	铁道学报	11-2104/U	中国铁道学会
211	铁道知识	11-1372/U	中国铁道学会
212	通信学报	11-2102/TN	中国通信学会
213	图学学报	10-1034/T	中国图学学会
214	土木建筑工程信息技术	11-5823/TU	中国图学学会
215	土壤通报	21-1172/S	中国土壤学会
216	新一代信息技术	10-1581/TP	中国电子学会，北京思得易咨询中心
217	微波学报	32-1493/TN	中国电子学会
218	未来与发展	11-1627/G3	中国未来研究会
219	无机化学学报	32-1185/O6	中国化学会
220	无损检测	31-1335/TG	中国机械工程学会，上海材料研究所

续表

编号	中文刊名	国内统一连续出版物号（CN）	主办单位
221	物理化学学报	11–1892/O6	中国化学会，北京大学
222	物理教学	31–1033/G4	中国物理学会
223	物理学进展	32–1127/O4	中国物理学会
224	稀土学报（英文版）	11–2788/TF	中国稀土学会，北京有色金属研究总院
225	稀有金属	11–2111/TF	中国有色金属学会，北京有色金属研究总院
226	稀有金属（英文版）	11–2112/TF	中国有色金属学会，北京有色金属研究总院
227	稀有金属材料与工程	61–1154/TG	中国有色金属学会，中国材料研究学会，西北有色金属研究院
228	稀有金属材料与工程（英文版）	10–1190/TG	中国有色金属学会，西北有色金属研究院，中国科技出版传媒股份有限公司
229	系统工程理论与实践	11–2267/N	中国系统工程学会
230	系统工程学报	12–1141/O1	中国系统工程学会
231	系统科学与系统工程学报(英文版)	11–2983/N	中国系统工程学会
232	系统科学与信息学报（英文）	10–1192/N	中国系统工程学会，中国科技出版传媒股份有限公司
233	爱上机器人	10–1564/TP	中国通信学会，人民邮电出版社
234	心理科学	31–1582/B	中国心理学会
235	心理与健康	11–3387/R	中国心理卫生协会
236	新媒体研究	11–4775/N	中国科技新闻学会
237	信号处理	11–2406/TN	中国电子学会
238	压力容器	34–1058/TH	中国机械工程学会压力容器分会
239	岩矿测试	11–2131/TD	中国地质学会岩矿测试专业委员会，国家地质实验测试中心
240	岩石矿物学杂志	11–1966/P	中国地质学会岩石学专业委员会，中国地质学会矿物学专业委员会，中国地质科学院地质研究所
241	岩石力学与工程学报	42–1397/O3	中国岩石力学与工程学会
242	岩土工程学报	32–1124/TU	中国水利学会，中国土木工程学会，中国力学学会，中国建筑学会，中国水力发电工程学会，中国振动工程学会
243	药物不良反应杂志	11–4015/R	中华医学会
244	药物分析杂志	11–2224/R	中国药学会
245	药学学报（英文）	10–1171/R	中国药学会，中国医学科学院药物研究所
246	药学学报	11–2163/R	中国药学会，中国医学科学院药物研究所
247	医学与哲学	21–1093/R	中国自然辩证法研究会
248	仪器仪表学报	11–2179/TH	中国仪器仪表学会
249	仪器仪表学报（英文版）	10–1206/TH	中国仪器仪表学会，科学普及出版社
250	英国医学杂志（中文版）	11–3904/R	中华医学会

续表

编号	中文刊名	国内统一连续出版物号（CN）	主办单位
251	应用地球物理(英文版)	11–5212/O	中国地球物理学会
252	应用概率统计	31–1256/O1	中国数学会概率统计学会
253	应用基础与工程科学学报	11–3242/TB	中国自然资源学会
254	渔业学报(英文)	10–1397/S	中国水产学会，上海海洋大学，中国科技出版传媒股份有限公司
255	宇航学报	11–2053/V	中国宇航学会
256	园艺学报(英文)	10–1305/S	中国园艺学会，中国农业科学院蔬菜花卉研究所，中国农业科学技术出版社
257	园艺学报	11–1924/S	中国园艺学会，中国农业科学院蔬菜花卉研究所
258	运筹学学报	31–1732/O1	中国运筹学会
259	运筹与管理	34 1133/G3	中国运筹学会
260	噪声与振动控制	31–1346/TB	中国声学学会
261	照明工程学报	11–3029/TM	中国照明学会
262	真空科学与技术学报	11–5177/TB	中国真空学会
263	振动工程学报	32–1349/TB	中国振动工程学会
264	振动与冲击	31–1316/TU	中国振动工程学会，上海交通大学，上海市振动工程学会
265	知识就是力量	11–1647/N	中国科协，共青团中央，中华全国总工会
266	植物保护	11–1982/S	中国植物保护学会，中国农业科学院植物保护研究所
267	植物保护学报	11–1983/S	中国植物保护学会
268	植物病理学报	11–2184/Q	中国植物病理学会
269	植物生理学报	31–2055/Q	中国科学院上海生命科学研究院植物生理生态研究所，中国植物生理与植物分子生物学学会
270	植物生态学报(英文版)	10–1172/Q	中国植物学会，中国科学院植物研究所
271	纸和造纸	11–2709/TS	中国造纸学会
272	制冷学报	11–2182/TB	中国制冷学会
273	制造技术与机床	11–3398/TH	中国机械工程学会，北京机床研究所
274	中国癌症研究(英文版)	11–2591/R	中国抗癌协会
275	中国安全科学学报	11–2865/X	中国职业安全健康协会
276	中国比较医学杂志	11–4822/R	中国实验动物学会，中国医学科学院实验动物研究所
277	中国表面工程	11–3905/TG	中国机械工程学会
278	中国病理生理杂志	44–1187/R	中国病理生理学会
279	中国畜牧杂志	11–2083/S	中国畜牧兽医学会
280	中国电机工程学报	11–2107/TM	中国电机工程学会

续表

编号	中文刊名	国内统一连续出版物号（CN）	主办单位
281	中国电机工程学会电力与能源系统学报(英文)	10–1328/TM	中国电机工程学会
282	中国电信业	11–4524/TN	中国通信学会，人民邮电报社
283	中国动脉硬化杂志	43–1262/R	中国病理生理学会，南华大学
284	中国动物保健	11–3994/Q	中国乡镇企业协会，北京中美欧畜牧科学研究院
285	中国防痨杂志	11–2761/R	中国防痨协会
286	中国防汛抗旱	11–5587/TV	中国水利学会
287	中国肺癌杂志	12–1395/R	中国抗癌协会，中国防痨协会，天津医科大学总医院
288	中国腐蚀与防护学报	21–1474/TG	中国腐蚀与防护学会，中国科学院金属研究所
289	中国工程机械学报	31–1926/TH	中国工程机械学会
290	中国公路	11–3597/F	中国公路学会
291	中国公路学报	61–1313/U	中国公路学会
292	中国惯性技术学报	12–1222/O3	中国惯性技术学会
293	中国海洋工程(英文版)	32–1441/P	中国海洋学会
294	海洋湖沼学报（英文版）	37–1518/P	中国海洋湖沼学会
295	中国海洋药物	37–1155/R	中国药学会
296	中国航海	31–1388/U	中国航海学会
297	中国航空学报(英文版)	11–1732/V	中国航空学会
298	环境生态学	10–1620/S	中国环境科学学会
299	中国化学(英文版)	31–1547/O6	中国化学会，中国科学院上海有机化学研究所
300	中国化学工程学报(英文版)	11–3270/TQ	中国化工学会，化学工业出版社
301	中国化学快报(英文版)	11–2710/O6	中国化学会
302	中国环境科学	11–2201/X	中国环境科学学会
303	中国机械工程	42–1294/TH	中国机械工程学会
304	中国机械工程学报(英文版)	11–2737/TH	中国机械工程学会
305	中国激光医学杂志	11–2926/R	中国光学学会
306	中国健康心理学杂志	11–5257/R	中国心理卫生协会
307	中国交通信息化	11–5951/U	中国公路学会
308	中国科技教育	11–4765/N	中国青少年科技辅导员协会
309	中国科技史杂志	11–5254/N	中国科学技术史学会，中国科学院自然科学史研究所
310	中国科技信息	11–2739/N	中国科技新闻学会
311	中国科学探险	11–5048/N	中国科学探险协会，北京《电脑爱好者》杂志社
312	中国粮油学报	11–2864/TS	中国粮油学会

续表

编号	中文刊名	国内统一连续出版物号（CN）	主办单位
313	中国临床解剖学杂志	44–1153/R	中国解剖学会
314	中国临床药理学与治疗学	34–1206/R	中国药理学会
315	中国临床药理学杂志	11–2220/R	中国药学会
316	中国临床药学杂志	31–1726/R	中国药学会
317	中国麻风皮肤病杂志	37–1348/R	中国麻风防治协会，山东省皮肤病性病防治研究所
318	中国免疫学杂志	22–1126/R	中国免疫学会，吉林省医学期刊社
319	中国免疫学杂志（英文版）	11–4987/R	中国免疫学会，中国科学技术大学
320	中国农学通报	11–1984/S	中国农学会
321	中国葡萄酒	11–5567/TS	中国园艺学会，中国农业大学
322	中国人兽共患病学报	35–1284/R	中国微生物学会
323	中国生物化学与分子生物学报	11–3870/Q	中国生物化学与分子生物学会，北京大学
324	中国生物医学工程学报	11–2057/R	中国生物医学工程学会
325	中国生物医学工程学报（英文版）	11–2953/R	中国生物医学工程学会，天津市泌尿外科研究所
326	中国实验动物学报	11–2986/Q	中国实验动物学会，中国医学科学院医学实验动物研究所
327	中国实验血液学杂志	11–4423/R	中国病理生理学会
328	中国食品学报	11–4528/TS	中国食品科学技术学会
329	中国兽医杂志	11–2471/S	中国畜牧兽医学会，中国农业大学动物医学院
330	中国水土保持科学	10–1449/S	中国水土保持学会
331	中国体视学与图像分析	11–3739/R	中国体视学学会
332	中国通信（英文版）	11–5439/TN	中国通信学会
333	中国土地科学	11–2640/F	中国土地学会，中国土地勘测规划院
334	中国稀土学报	11–2365/TG	中国稀土学会，北京有色金属研究总院
335	中国现代应用药学	33–1210/R	中国药学会
336	中国心理卫生杂志	11–1873/R	中国心理卫生协会
337	中国心脏起搏与心电生理杂志	42–1421/R	中国生物医学工程学会，武汉大学人民医院
338	中国新药与临床杂志	31–1746/R	中国药学会，上海市食品药品监督管理局科技情报研究所
339	研究（英文）	10–1541/N	科技导报社
340	中国学术期刊文摘（英文版）	11–5411/N	科技导报社
341	中国血液流变学杂志	32–1625/R	中国生物医学工程学会，苏州大学
342	中国牙科研究杂志（英文）	10–1194/R	中华口腔医学会，科学普及出版社
343	中国烟草学报	11–2985/TS	中国烟草学会

续表

编号	中文刊名	国内统一连续出版物号（CN）	主办单位
344	中国药理学报（英文版）	31–1347/R	中国药理学会，中国科学院上海药物研究所
345	中国药理学通报	34–1086/R	中国药理学会，安徽医科大学出版中心
346	中国药学（英文版）	11–2863/R	中国药学会
347	中国药学杂志	11–2162/R	中国药学会
348	中国冶金	11–3729/TF	中国金属学会
349	中国医院药学杂志	42–1204/R	中国药学会
350	中国有色金属学报（英文版）	43–1239/TG	中国有色金属学会，中南大学
351	中国有色金属学报	43–1238/TG	中国有色金属学会，中南大学
352	中国园林	11–2165/TU	中国风景园林学会
353	中国运筹学会会刊（英文）	10–1191/O1	中国运筹学会，中国科技出版传媒股份有限公司
354	中国造纸学报	11–2075/TS	中国造纸学会
355	中国针灸	11–2024/R	中国针灸学会，中国中医科学院针灸研究所
356	中国中西医结合耳鼻咽喉科杂志	34–1159/R	中国中西医结合学会
357	中国中西医结合急救杂志	12–1312/R	中国中西医结合学会
358	中国中西医结合皮肤性病学杂志	12–1380/R	中国中西医结合学会，天津市中西医结合皮肤病研究所
359	中国中西医结合肾病杂志	14–1277/R	中国中西医结合学会
360	中国中西医结合外科杂志	12–1249/R	中国中西医结合学会，天津市中西医结合急腹症研究所
361	中国中西医结合影像学杂志	11–4894/R	中国中西医结合学会，山东中医药大学附属医院
362	中国中西医结合杂志	11–2787/R	中国中西医结合学会，中国中医科学院
363	中国中药杂志	11–2272/R	中国药学会
364	中国中医骨伤科杂志	42–1340/R	中华中医药学会，湖北省中医药研究院
365	中国肿瘤临床	12–1099/R	中国抗癌协会
366	中国肿瘤生物治疗杂志	31–1725/R	中国免疫学会，中国抗癌协会
367	中国铸造装备与技术	37–1269/TG	中国机械工程学会，济南铸造锻压机械研究所
368	中国总会计师	11–5056/F	中国总会计师协会
369	中国组织化学与细胞化学杂志	42–1300/Q	中国解剖学会，华中科技大学同济医学院
370	中华病理学杂志	11–2151/R	中华医学会
371	中华超声影像学杂志	13–1148/R	中华医学会
372	中华传染病杂志	31–1365/R	中华医学会
373	中华创伤骨科杂志	11–5530/R	中华医学会
374	中华创伤杂志	50–1098/R	中华医学会
375	中华创伤杂志（英文版）	50–1115/R	中华医学会

续表

编号	中文刊名	国内统一连续出版物号（CN）	主办单位
376	中华儿科杂志	11–2140/R	中华医学会
377	中华耳鼻咽喉头颈外科杂志	11–5330/R	中华医学会
378	中华放射学杂志	11–2149/R	中华医学会
379	中华放射医学与防护杂志	11–2271/R	中华医学会
380	中华放射肿瘤学杂志	11–3030/R	中华医学会
381	中华风湿病学杂志	14–1217/R	中华医学会
382	中华妇产科杂志	11–2141/R	中华医学会
383	中华肝胆外科杂志	11–3884/R	中华医学会
384	中华肝脏病杂志	50–1113/R	中华医学会
385	中华骨科杂志	12–1113/R	中华医学会
386	中华航海医学与高气压医学杂志	31–1847/R	中华医学会
387	中华航空航天医学杂志	11–3854/R	中华医学会
388	中华核医学与分子影像杂志	32–1828/R	中华医学会
389	中华护理教育	11–5289/R	中华护理学会
390	中华护理杂志	11–2234/R	中华护理学会
391	中华急诊医学杂志	11–4656/R	中华医学会
392	中华检验医学杂志	11–4452/R	中华医学会
393	中华健康管理学杂志	11–5624/R	中华医学会
394	中华结核和呼吸杂志	11–2147/R	中华医学会
395	中华解剖与临床杂志	10–1202/R	中华医学会
396	中华精神科杂志	11–3661/R	中华医学会
397	中华口腔医学杂志	11–2144/R	中华医学会
398	中华口腔正畸学杂志	11–5797/R	中华医学会
399	中华劳动卫生职业病杂志	12–1094/R	中华医学会
400	中华老年医学杂志	11–2225/R	中华医学会
401	中华临床感染病杂志	11–5673/R	中华医学会
402	中华临床营养杂志	11–5822/R	中华医学会，中国医学科学院
403	中华流行病学杂志	11–2338/R	中华医学会
404	中华麻醉学杂志	13–1073/R	中华医学会
405	中华泌尿外科杂志	11–2330/R	中华医学会
406	中华内分泌代谢杂志	31–1282/R	中华医学会
407	中华内分泌外科杂志	11–5807/R	中华医学会
408	中华内科杂志	11–2138/R	中华医学会

续表

编号	中文刊名	国内统一连续出版物号（CN）	主办单位
409	中华皮肤科杂志	32–1138/R	中华医学会
410	中华普通外科杂志	11–3855/R	中华医学会
411	中华器官移植杂志	42–1203/R	中华医学会
412	中华全科医师杂志	11–4798/R	中华医学会
413	中华烧伤杂志	50–1120/R	中华医学会
414	中华神经科杂志	11–3694/R	中华医学会
415	中华神经外科杂志	11–2050/R	中华医学会
416	中华神经外科杂志（英文）	10–1275/R	中华医学会
417	中华神经医学杂志	11–5354/R	中华医学会
418	中华肾脏病杂志	44–1217/R	中华医学会
419	中华生物医学工程杂志	11–5668/R	中华医学会，广州医学院
420	中华生殖与避孕杂志	10–1441/R	中华医学会，上海市计划生育科学研究院，复旦大学附属妇产科医院
421	中华实验和临床病毒学杂志	11–2866/R	中华医学会
422	中华实验外科杂志	42–1213/R	中华医学会
423	中华实验眼科杂志	11–5989/R	中华医学会
424	中华实用儿科临床杂志	10–1070/R	中华医学会
425	中华手外科杂志	31–1653/R	中华医学会
426	中华糖尿病杂志	11–5791/R	中华医学会
427	中华外科杂志	11–2139/R	中华医学会
428	中华微生物学和免疫学杂志	11–2309/R	中华医学会
429	中华围产医学杂志	11–3903/R	中华医学会
430	中华胃肠外科杂志	44–1530/R	中华医学会，中山大学
431	中华物理医学与康复杂志	42–1666/R	中华医学会，华中科技大学同济医学院
432	中华显微外科杂志	44–1206/R	中华医学会
433	中华现代护理杂志	11–5682/R	中华医学会
434	中华消化内镜杂志	32–1463/R	中华医学会
435	中华消化外科杂志	11–5610/R	中华医学会
436	中华消化杂志	31–1367/R	中华医学会
437	中华小儿外科杂志	42–1158/R	中华医学会
438	中华心力衰竭和心肌病杂志（中英文）	10–1460/R	中华医学会
439	中华心律失常学杂志	11–3859/R	中华医学会

续表

编号	中文刊名	国内统一连续出版物号（CN）	主办单位
440	中华心血管病杂志（网络版）	11-6031/R	中华医学会
441	中华心血管病杂志	11-2148/R	中华医学会
442	中华新生儿科杂志（中英文）	10-1451/R	中华医学会
443	中华胸心血管外科杂志	11-2434/R	中华医学会
444	中华血管外科杂志	10-1411/R	中华医学会
445	中华血液学杂志	12-1090/R	中华医学会
446	中华眼底病杂志	51-1434/R	中华医学会
447	中华眼科杂志	11-2142/R	中华医学会
448	中华眼视光学与视觉科学杂志	11-5909/R	中华医学会
449	中华眼外伤职业眼病杂志	11-6022/R	中华医学会
450	中华医史杂志	11-2155/R	中华医学会
451	中华医学教育探索杂志	11-6021/R	中华医学会
452	中华医学教育杂志	11-5259/R	中华医学会
453	中华医学科研管理杂志	11-3565/R	中华医学会
454	中华医学美学美容杂志	11-4657/R	中华医学会
455	中华医学信息导报	11-5178/R	中华医学会
456	中华医学遗传学杂志	51-1374/R	中华医学会
457	中华医学杂志（英文版）	11-2154/R	中华医学会
458	中华医学杂志	11-2137/R	中华医学会
459	中华医院管理杂志	11-1325/R	中华医学会
460	中华胰腺病杂志	11-5667/R	中华医学会
461	中华预防医学杂志	11-2150/R	中华医学会
462	中华整形外科杂志	11-4453/R	中华医学会
463	中华中医药杂志	11-5334/R	中华中医药学会
464	中华肿瘤杂志	11-2152/R	中华医学会
465	中外管理	11-2812/C	中国管理现代化研究会，中国工业经济联合会，中国中小企业国际合作协会
466	中外能源	11-5438/TK	中国能源研究会
467	中文信息学报	11-2325/N	中国中文信息学会，中国科学院软件研究所
468	中学生数学	11-1531/O1	中国数学会，北京数学会，首都师范大学
469	中医临床研究	11-5895/R	中华中医药学会
470	自动化博览	11-2516/TP	中国自动化学会，北京中煤电气有限公司
471	自动化学报（英文版）	10-1193/TP	中国自动化学会，中国科学院自动化研究所，中国科技出版传媒股份有限公司

续表

编号	中文刊名	国内统一连续出版物号（CN）	主办单位
472	自动化仪表	31–1501/TH	中国仪器仪表学会，上海工业自动化仪表研究所
473	自然辩证法研究	11–1649/B	中国自然辩证法研究会
474	自然科学博物馆研究	10–1368/G2	中国自然科学博物馆协会，科学普及出版社，中国科学技术馆
475	自然科学进展·国际材料（英文版）	11–3853/N	中国材料研究学会
476	自然资源学报	11–1912/N	中国自然资源学会，中国科学院地理科学与资源研究所
477	组合机床与自动化加工技术	21–1132/TG	大连组合机床研究所，中国机械工程学会
478	作物学报（英文版）	10–1112/S	中国作物学会，中国农业科学院作物科学研究所，中国科技出版传媒股份有限公司
479	作物学报	11–1809/S	中国作物学会，中国农业科学院作物科学研究所
480	作物杂志	11–1808/S	中国作物学会，中国农业科学院作物科学研究所
481	儿科学研究（英文）	10–1593/R72	中华医学会
482	中国电工技术学会电机与系统学报（英文）	10–1483/TM	中国电工技术学会，中国科学院电工研究所
483	中华炎性肠病杂志（中英文）	10–1480/R	中华医学会
484	地球与行星物理（英文）	10–1502/P	中国地球物理学会，中国科学院地质与地球物理研究所，中国科技出版传媒股份有限公司
485	汽车创新工程（英文）	10–1501/U	中国汽车工程学会
486	生态系统健康与可持续性（英文）	10–1499/X	中国生态学学会，中国科学院生态环境研究中心，中国科技出版传媒股份有限公司
487	科学文化（英文）	10–1524/G	中国科协创新战略研究院
488	卒中与血管神经病学（英文）	10–1528/R	中国卒中学会
489	植物病理学报（英文）	10–1545/Q	中国植物病理学会，中国农业大学
490	测绘学报（英文）	10–1544/P	中国测绘地理信息学会，测绘出版社
491	动物模型与实验医学（英文）	10–1546/R	中国实验动物学会，中国医学科学院实验动物研究所
492	中华转移性肿瘤杂志	10–1548/R	中华医学会
493	胰腺病学杂志（英文）	10–1560/R	中华医学会
494	生物组学研究杂志（英文）	10–1558/R	中华医学会
495	中国化学会会刊（英文）	10–1566/O6	中国化学会
496	知识就是力量（汉藏文）	10–1569/N	中国科学技术出版社
497	生物安全与健康（英文）	10–1630/Q	中华医学会
498	母胎医学杂志（英文）	10–1632/R71	中华医学会
499	环境科学与生态技术（英文）	10–1631/X	中国环境科学学会，哈尔滨工业大学，中国环境科学研究院

全国学会、协会、研究会简介

中国数学会
Chinese Mathematical Society（CMS）

地址：北京市海淀区中关村东路 55 号
邮政编码：100190
电子信箱：cms@math.ac.cn
主页网址：www.cms.org.cn
电话：010–82541197/82541448
传真：010–82541448
理事长：袁亚湘
副理事长：王跃飞　高小山　陈　敏　田　刚
郭军义　程　晋　罗懋康　叶向东
韦　维　王万义
秘书长：陈大岳

中国物理学会
Chinese Physical Society（CPS）

地址：北京市海淀区中关村南三街 8 号中国科学院物理研究所内
邮政编码：100190
电子信箱：cps@iphy.ac.cn
主页网址：www.cps–net.org.cn
电话：010–82649019
传真：010–82649019
理事长：詹文龙
副理事长：王玉鹏　方　忠　朱少平　朱邦芬
龚旗煌
秘书长：方　忠

中国力学学会
The Chinese Society of Theoretical and Applied Mechanics（CSTAM）

地址：北京市海淀区北四环西路 15 号
邮政编码：100190
电子信箱：office@cstam.org.cn
主页网址：www.cstam.org.cn
电话：010–62559209
传真：010–62559588
理事长：杨　卫
副理事长：戴兰宏　樊　菁　方岱宁　韩杰才
申长雨　袁　驷　翟婉明　郑晓静
周哲玮
秘书长：杨亚政

中国光学学会
The Chinese Optical Society（COS）

地址：北京市海淀区学院南路 86 号中国科协综合楼东 201 室
邮政编码：100081
电子信箱：cos@cast.org.cn
主页网址：http//www.cncos.org
电话：010–62103292
传真：010–62103235
理事长：龚旗煌
副理事长：李儒新　顾　瑛　贾锁堂　刘文清

刘泽金　任晓敏　王文杰
秘书长：刘　旭

中国声学学会
Acoustical Society of China（ASC）

地址：北京市海淀区北四环西路21号
邮政编码：100190
电子信箱：asc@mail.ioa.ac.cn
主页网址：www.aschina.org
电话：010-82547909/82547910
传真：010-82547909
理事长：张春华
副理事长：李　琪　李风华　孙　超　他得安
　　　　谢菠荪　章　东
秘书长：张守著

中国化学会
Chinese Chemical Society（CCS）

地址：北京市海淀区中关村北一街2号
邮政编码：100190
电子信箱：spzheng@iccas.ac.cn
主页网址：www.chemsoc.org.cn
电话：010-82449177
传真：010-62568157
理事长：姚建年
副理事长：丁奎岭　黄　维　帅志刚　孙世刚
　　　　谭蔚泓　田　禾　谢在库　杨学明
　　　　于吉红
秘书长：范青华

中国天文学会
Chinese Astronomical Society（CAS）

地址：江苏省南京市北京西路2号
邮政编码：210008
电子信箱：cas.nj@pmo.ac.cn
主页网址：astronomy.pmo.cas.cn
电话：025-83332036
传真：025-83332036
理事长：景益鹏
副理事长：王　娜　白金明　刘继峰　吴学兵　常　进
秘书长：周济林

中国气象学会
Chinese Meteorological Society（CMS）

地址：北京市海淀区中关村南大街46号
邮政编码：100081
电子信箱：cms@cms1924.org
主页网址：www.cms1924.org
电话：010-68406821
传真：010-68406821
理事长：王会军
副理事长：宇如聪　费建芳　钱泽宏　端义宏
　　　　杨修群　胡永云　李廉水
秘书长：王金星

中国空间科学学会
Chinese Society of Space Research（CSSR）

地址：北京市海淀区中关村南二条一号
邮政编码：100190
电子信箱：cssr@nssc.ac.cn
主页网址：cssr.org.cn
电话：010-62559882
传真：010-62582961
理事长：吴　季
副理事长：万卫星　陆　卫　曹喜滨　高　铭
　　　　邹永廖　黄江川
秘书长：庞红勋

中国地质学会
Geological Society of China（GSC）

地址：北京市西城区百万庄大街26号
邮政编码：100037
电子信箱：cgdzxh@cags.ac.cn

主页网址：www.geosociety.org.cn
电话：010-68999605
传真：010-68995305
理事长：钟自然
副理事长：李金发　朱立新　王香增　邓　军
任　辉　杜运斌　郝　芳　侯启军
徐锡伟　郭正堂
秘书长：李金发

中国地理学会
Geographical Society of China（GSC）

地址：北京市朝阳区大屯路甲 11 号
邮政编码：100101
电子信箱：gsc@igsnrr.ac.cn
主页网址：www.gsc.org.cn
电话：010-64870663
传真：010-64889598
理事长：陈发虎
副理事长：董治宝　葛全胜　何大明　贺灿飞
李小娟　刘　敏　鹿化煜　宋长青
吴正方　夏　军　薛德升　张国友
秘书长：张国友（兼）

中国地球物理学会
Chinese Geophysical Society（CGS）

地址：北京市海淀区民族学院南路 5 号
邮政编码：100081
电子信箱：cgs@cgs.org.cn
主页网址：www.cgs.org.cn
电话：010-68729347/82998257
传真：010-82998257
理事长：陈晓非
副理事长：陈海弟　苟　量　谢玉洪
熊盛青　张东宁　赵殿栋
秘书长：郭　建

中国矿物岩石地球化学学会
Chinese Society for Mineralogy Petrology and Geochemistry（CSMPG）

地址：贵州省贵阳市观山湖区林城西路 99 号
邮政编码：550081
电子信箱：csmpg@vip.skleg.cn
主页网址：csmpg.gyig.cas.cn
www.csmpg.org.cn
电话：0851-5895823
传真：0851-5895823
理事长：胡瑞忠
副理事长：陈　骏　邓　军　何宏平　胡素云
王世杰　翟明国　郑建平　郑永飞
周卫健
秘书长：冯新斌

中国古生物学会
Palaeontological Society of China（PSC）

地址：江苏省南京市玄武区北京东路 39 号
邮政编码：210008
电子信箱：psc@nigpas.ac.cn
主页网址：www.china-psc.org.cn
电话：025-83282138
传真：025-83357026
理事长：詹仁斌
副理事长：邓　涛　姚建新　王永栋　白志强
华　洪
秘书长：蔡华伟

中国海洋湖沼学会
Chinese Society for Oceanology and Limnology（CSOL）

地址：山东省青岛市福山路 32 号
邮政编码：266071
电子信箱：csol@qdio.ac.cn
主页网址：csol.qdio.ac.cn
电话：0532-82898636

传真：0532-82868636
理事长：孙 松
副理事长：王 凡（常务） 杨红生 沈 吉
麦康森 赵进东 高 抒 焦念志
张 偲
秘书长：杨红生

中国海洋学会
Chinese Society for Oceanography（CSO）

地址：北京市丰台区六里桥北里马官营家园 3 号楼
邮政编码：100161
电子信箱：csoxhb@163.com
主页网址：www.cso.org.cn
电话：010-68047614/6804811
传真：010-68567980
理事长：陈连增
副理事长：蒋兴伟（常务） 李家彪 孙 松
于志刚 张建川 张 偲 罗季燕
雷 波 戴民汉 窦希萍
秘书长：林明森

中国地震学会
Seismological Society of China（SSC）

地址：北京市海淀区民族大学南路 5 号
邮政编码：100081
电子信箱：zgdzxh@sina.com
主页网址：www.ssoc.org.cn
电话：010-68729352
传真：010-68417858
理事长：张培震
副理事长：陈晓非 吴忠良 孙柏涛 高孟潭
秘书长：李小军

中国动物学会
China Zoological Society（CZS）

地址：北京市朝阳区北辰西路 1 号院 5 号
邮政编码：100101
电子信箱：czs@ioz.ac.cn
主页网址：www.czs.ioz.cas.cn
电话：010-64807051
传真：010-64807051
理事长：孟安明
副理事长：王德华 冯 江 孙青原 李保国
宋微波 张正旺 张希武
张知彬（常务） 桂建芳 魏辅文
秘书长：王德华（兼）

中国植物学会
Botanical Society of China（BSC）

地址：北京市海淀区香山南辛村 20 号
邮政编码：100093
电子信箱：bsc@ibcas.ac.cn
主页网址：www.botany.org.cn/
电话：010-62836505
传真：010-82599636
理事长：种 康
副理事长：巩志忠 顾红雅 黄宏文 康振生
刘 宝 孙 航 谭仁祥 汪小全
秘书长：汪小全（兼）

中国昆虫学会
The Entomological Society of China（ESC）

地址：北京市朝阳区北辰西路 1 号院 5 号中国科学院动物研究所内
邮政编码：100101
电子信箱：entsoc@ioz.ac.cn
主页网址：entsoc.ioz.ac.cn/
电话：010-64807135
传真：010-64807198
理事长：康 乐
副理事长：戈 峰 卜文俊 陈学新 高希武
韩日畴 洪晓月 金道超 骆有庆
王成树 魏启文 吴孔明 张雅林
秘书长：戈 峰

中国微生物学会

Chinese Society for Microbiology（CSM）

地址：北京市朝阳区北辰西路 1 号院 3 号
邮政编码：100101
电子信箱：csm@im.ac.cn
主页网址：csm.im.ac.cn
电话：010-64807200
传真：010-64807950
理事长：邓子新
副理事长：黄 力 邵一鸣 徐志凯 杨瑞馥
焦念志 徐建国 张克勤 王 磊
秘书长：东秀珠

中国生物化学与分子生物学会

The Chinese Society of Biochemistry and Molecular Biology（CSBMB）

地址：上海市徐汇区岳阳路 320 号
邮政编码：200031
电子信箱：csbmb@sibs.ac.cn
主页网址：www.csbmb.org.cn
电话：021-54921088/54922818/54921090
传真：021-54922818
理事长：李 林
副理事长：陈国强 林圣彩 刘小龙 邵 峰
汤其群 许瑞明
秘书长：刘小龙

中国细胞生物学学会

Chinese Society for Cell Biology（CSCB）

地址：上海市徐汇区岳阳路 320 号
邮政编码：200031
电子信箱：cell@cscb.org.cn
主页网址：www.cscb.org.cn
电话：021- 54922879
传真：021-54922891
理事长：陈晔光
副理事长：丁小燕 韩家淮 李朝军 宋纯鹏
张 旭 周 琪
秘书长：王 纲

中国植物生理与植物分子生物学学会

Chinese Society for Plant Biology（CSPB）

地址：上海市徐汇区岳阳路 319 号 31 号楼 A 座 211 室
邮政编码：200031
电子信箱：cspb@sibs.ac.cn
主页网址：www.cspb.org.cn
电话：021-54922859/54920737/54922857
传真：021-54922859
理事长：陈晓亚
副理事长：韩 斌 何祖华 宋纯鹏 夏光敏
赵德刚 赵进东
秘书长：唐威华

中国生物物理学会

The Biophysical Society of China（BSC）

地址：北京市朝阳区大屯路 15 号
邮政编码：100101
电子信箱：wangyue@ibp.ac.cn
主页网址：www.bsc.org.cn
电话：010-64889894/64887226
传真：010-64889892
理事长：徐 涛
副理事长：程和平 雷 鸣 李 蓬 刘志杰
许瑞明
秘书长：张 宏

中国遗传学会

Genetics Society of China（GSC）

地址：北京市朝阳区北辰西路 1 号院 2 号
邮政编码：100101
电子信箱：geneticssociety@163.com
主页网址：www.gsc.ac.cn
电话：010-64806529
传真：010-64806636
理事长：薛勇彪
副理事长：曹晓风 韩 斌 黄路生 孟安明

乔　杰　谭华荣　杨焕明　杨维才
秘书长：杨维才（兼）

中国心理学会
Chinese Psychological Society（CPS）

地址：北京市朝阳区林萃路16号院中国科学院心理研究所内
邮政编码：100101
电子信箱：cps@psych.ac.cn
主页网址：www.cpsbeijing.org
电话：010-64888946
传真：010-64855830
理事长：周晓林
副理事长：陈　红　郭秀艳　李　红　苏彦捷
秘书长：罗　劲

中国生态学学会
Ecological Society of China（ESC）

地址：北京市海淀区双清路18号
邮政编码：100085
电子信箱：esc@rcees.ac.cn
主页网址：www.esc.org.cn
电话：010-62849101
传真：010-62849113
理事长：欧阳志云
副理事长：安黎哲　陈利顶　吕永龙　闵庆文
任　海　王克林　王艳芬　魏辅文
吴文良　朱教君
秘书长：钟林生

中国环境科学学会
Chinese Society for Environmental Sciences（CSES）

地址：北京市海淀区红联南村54号
邮政编码：100082
电子信箱：hybcses@163.com
主页网址：www.chinacses.org
电话：010-62210708
传真：010-62210728
理事长：黄润秋
副理事长：丁仲礼　王灿发　曲久辉　任官平
任南琪　刘文清　邹首民　陆新元
武维华　贺克斌　倪晋仁　高吉喜
王金南　吴丰昌
秘书长：王志华

中国自然资源学会
China Society of Natural Resources（CSNR）

地址：北京市朝阳区大屯路甲11号
邮政编码：100101
电子信箱：csnr@igsnrr.ac.cn
主页网址：www.csnr.org
电话：010-64861455/64889806
传真：010-64861455
理事长：成升魁
副理事长：王仰麟　王艳芬　江　源　吴文良
沈　镭　陈　曦　陈发虎　林家彬
封志明　夏　军　高　峻　濮励杰
秘书长：沈　镭

中国感光学会
Chinese Society for Imaging Science and Technology（CSIST）

地址：北京市海淀区中关村东路29号
邮政编码：100190
电子信箱：xh@csist.org.cn
主页网址：www.csist.org.cn
电话：010-82543686/82543687
传真：010-82543687
理事长：蒲嘉陵
副理事长：张丽萍（常务）　马礼谦　薛　唯
杨　斌　魏　杰　周秉锋　杨建文
秘书长：黄　勇

中国优选法统筹法与经济数学研究会

Chinese Society of Optimization，Overall Planning and Economic Mathematics（CSOOPEM）

地址：北京市海淀区中关村东路 55 号中国科学院思源楼 1201 室
邮政编码：100190
电子信箱：shuangfa@casipm.ac.cn
主页网址：www.scope.org.cn
电话：010–62542629
传真：010–62542629
理事长：池 宏
副理事长：马超群 杨善林 范 英 周 勇 高自友 徐玖平 梁 樑 黄海军 魏一鸣
秘书长：李建平

中国岩石力学与工程学会

Chinese Society for Rock Mechanics and Engineering（CSRME）

地址：北京市朝阳区北土城西路 19 号
邮政编码：100029
电子信箱：csrme@vip.sina.com
主页网址：www.csrme.com
电话：010–82998163/82998164/82998165/82998528
传真：010–82998163
理事长：冯夏庭
副理事长：杜时贵 郭熙灵 康红普 李术才 李夕兵 李 晓 潘一山 唐春安 王明洋 杨更社 杨 强 殷跃平 朱合华
秘书长：杨晓杰

中国野生动物保护协会

China Wildlife Conservation Association（CWCA）

地址：北京市东城区和平里东街 18 号
邮政编码：100714
电子信箱：cwcaoffice@163.com
主页网址：www.cwca.org.cn
电话：010–84238801
传真：010–64238030
会长：陈凤学
副会长：王洪杰 刘建顺 李书民 李青文 张希武 张举彦 陈万成 郝燕湘 高振坤 郭家学 葛剑平 蒋志刚 焦德发 赵 勇
秘书长：李青文

中国系统工程学会

Systems Engineering Society of China（SESC）

地址：北京市海淀区中关村东路 55 号思源楼
邮政编码：100190
电子信箱：sesc@iss.ac.cn
主页网址：www.sesc.org.cn
电话：010–82541431
传真：010–82626697
理事长：杨晓光
副理事长：陈国青 狄增如 冯耕中 胡祥培 寇 纲 李仲飞 汪小帆 王红卫 薛惠锋
秘书长：唐锡晋

中国实验动物学会

Chinese Association for Laboratory Animal Sciences（CALAS）

地址：北京市朝阳区潘家园南里 5 号
邮政编码：100021
电子信箱：calas@calas.org.cn
主页网址：www.calas.org.cn
电话：010–67781534
传真：010–67781534
理事长：秦 川
副理事长：林东昕 卢金星 陈学进 孙岩松 黄 韧 赵德明
秘书长：赵宏旭

中国青藏高原研究会

The China Society on Tibetan Plateau

（CSTP）

地址：北京市朝阳区林萃路18号院3号楼
邮政编码：100101
电子信箱：qingzang@igsnrr.ac.cn
主页网址：www.cstp.org.cn
电话：010-64889819/84249441
传真：010-64889769
理事长：姚檀栋
副理事长：岗　青(藏)　侯增谦
洛桑·灵智多杰（藏）
于贵瑞　张人禾　朱立平
秘书长：欧阳华

中国环境诱变剂学会

Chinese Environmental Mutagen Society

（CEMS）

地址：北京大学医学部公共卫生学院236室
邮政编码：100191
电子信箱：iaems_cn@163.com
主页网址：www.cems.org.cn
电话：010-82335754
传真：010-82335754
理事长：曹　佳
副理事长：浦跃朴　林东昕　郝卫东　张天宝
陈　雯
秘书长：郝卫东

中国运筹学会

Operations Research Society of China

（ORSC）

地址：北京市海淀区中关村东路55号
邮政编码：100190
电子信箱：orsc@amt.ac.cn
主页网址：www.orsc.org.cn
电话：010-82541190
传真：010-82541190
理事长：胡旭东
副理事长：白延琴　陈国庆　戴彧虹　范更华
李　勇　修乃华　杨晓光　张玉忠
赵晓波
秘书长：刘　克

中国菌物学会

Mycological Society of China（MSC）

地址：北京市朝阳区北辰西路1号院3号中国科学院微生物所B410室
邮政编码：100101
电子信箱：msc93@im.ac.cn
主页网址：www.mscfungi.org.cn
电话：010-64807455
传真：010-64807455
理事长：郭良栋
副理事长：边银丙　戴玉成　姜子德　图力古尔
王源超　席丽艳　张劲松　张修国
朱　平
秘书长：白逢彦

中国晶体学会

Chinese Crystallographic Society（CCrS）

地址：北京大学陈守仁国际研究中心伟利楼207室
邮政编码：100871
电子信箱：ccrs@pku.edu.cn
主页网址：www.ccrs.net.cn
电话：010-62757857
传真：010-62767969
理事长：苏晓东
副理事长：牛立文　苏成勇　来鲁华　靳常青
廖立兵　王　牧　于　荣　吕　扬
秘书长：孙俊良

中国神经科学学会
Chinese Neuroscience Society（CNS）

地址：上海市徐汇区岳阳路 319 号 31A 楼 211 室
邮政编码：200031
电子信箱：cns@sibs.ac.cn
主页网址：www.cns.org.cn
电话：021-54922854/54922893
传真：021-54922893
理事长：段树民
副理事长：陈生弟　高天明　何士刚　王以政
谢俊霞　徐如祥　于常海　张　旭
张玉秋
秘书长：何　成

中国认知科学学会
Chinese Society for Cognitive Science

地址：北京市朝阳区大屯路 15 号中国科学院生物物理所 7300 房间
邮政编码：100101
电子信箱：sec@cogsci.org.cn
主页网址：www.cogsci.org.cn
电话：010-64861049
传真：010-64861049
理事长：陈　霖
副理事长：韦　钰　郑南宁　段树民　郭爱克
秘书长：马原野

中国微循环学会
Chinese Society of Microcirculation（CSM）

地址：江苏省南京市丁家桥 87 号
邮政编码：210009
电子信箱：csm_nj@126.com
主页网址：www.microcirculation.org.cn
电话：025-83272369
传真：025-83272011
理事长：詹启敏
副理事长：刘乃丰　郭渝成　韩晶岩
秘书长：刘乃丰（兼）

国际数字地球学会
International Society for Digital Earth（ISDE）

地址：北京市海淀区邓庄南路 9 号
邮政编码：100094
电子信箱：isde@radi.ac.cn
主页网址：www.digitalearth-isde.org
电话：010-82178912
传真：010-82178916
主席：郭华东
副主席：Alessandro Annoni（欧盟）
John Townshend（美国）
秘书长：Mario Hernandez（墨西哥）

国际动物学会
International Society of Zoological Sciences（ISZS）

地址：北京市朝阳区北辰西路 1 号院 5 号 C506 室
邮政编码：100101
电子信箱：iszs@ioz.ac.cn
主页网址：www.globalzoology.org
电话：010-64807295
传真：010-64807295
主席：张知彬
副主席：长滨嘉孝（日本）　Sarita Maree（南非）
秘书长：韩春绪

中国机械工程学会
Chinese Mechanical Engineering Society（CMES）

地址：北京市海淀区首体南路 9 号主语国际 4 号楼 11 层
邮政编码：100048
电子信箱：headquarters@cmes.org
主页网址：www.cmes.org.cn
电话：010-68799009
传真：010-68799050
理事长：李培根
副理事长：张彦敏（常务）　王德成　尤　政

陆大明　陈　钢　陈学东　林忠钦
郭东明　蒋庄德　谭建荣
秘书长：陆大明（兼）

中国汽车工程学会
China Society of Automotive Engineers
（SAE-China）

地址：北京市西城区莲花池东路102号天莲大厦4层/北京市大兴区亦庄经济开发区荣华南路13院7号楼6层、7层
邮政编码：100055/100176
电子信箱：office@sae-china.org
主页网址：www.sae-china.org
电话：010-50950000
传真：010-50950095
理事长：李　骏
副理事长：丁宏祥　王秋景　刘　波　刘卫东
李开国　吴绍明　余卓平　张进华
陈　龙　欧阳明高　项昌乐　赵　韩
高和生　管　欣
秘书长：张进华

中国农业机械学会
Chinese Society for Agricultural Machinery
（CSAM）

地址：北京德胜门外北沙滩1号
邮政编码：100083
电子信箱：csam@caams.org.cn
主页网址：www.agro-csam.org
电话：010-64882291/64880302
传真：010-64882291
理事长：王　博
副理事长：于海业　刘　旭　刘恒新　李安宁
杨　洲　赵春江　赵剡水　姜文娟
袁寿其　隋　斌　傅泽田
秘书长：张咸胜

中国农业工程学会
Chinese Society of Agricultural Engineering
（CSAE）

地址：北京市朝阳区麦子店街41号
邮政编码：100125
电子信箱：hqcsae@agri.gov.cn
主页网址：www.csae.org.cn
电话：010-59197098
传真：010-59197100
理事长：隋　斌
副理事长：朱　明（常务）　康绍忠　李天来
赵春江　吴普特　袁寿其　包　军
陆华忠　张全国　李瑞川　方宪法
秘书长：朱　明

中国电机工程学会
Chinese Society for Electrical Engineering
（CSEE）

地址：北京市西城区白广路二条1号
邮政编码：100761
电子信箱：csee@csee.org.cn
主页网址：www.csee.org.cn
电话：010-63414320
传真：010-63414319
理事长：郑宝森
副理事长：张智刚　谢明亮　毕亚雄　刘国跃
金耀华　邓建玲　魏　锁　王良友
张　诚　米树华　王树民　姚　强
赵　洁　高立刚　刘吉臻　宋永华
陈　斌
秘书长：谢明亮

中国电工技术学会
China Electrotechnical Society（CES）

地址：北京市西城区莲花池东路102号天联大厦10层
邮政编码：100055
电子信箱：esintl@public.bta.net.cn

主页网址：www.ces.org.cn
电话：010-63256857
传真：010-63256808
理事长：杨庆新
副理事长：尹天文　叶向东　朱元巢　刘　杰
孙逢春　孙鹤旭　肖立业　宋永华
宋晓刚　张文亮　陈干锦　郝玉成
荣命哲　姚为正　秦汉军　徐殿国
郭帼俊　梁曦东　裴相精　裴振江
管瑞良
秘书长：裴相精（兼）

中国水力发电工程学会

China Society for Hydropower Engineering（CSHE）

地址：北京市海淀区车公庄西路 22 号院 A 座 11 层
邮政编码：100048
电子信箱：b07@cast.org.cn/leidy5378@126.com
主页网址：www.hydropower.org.cn
电话：010-58381747/58382515
传真：010-63547632
理事长：张野
副理事长：袁柏松（常务）　么　虹　王　琳
王　森　王志轩　朱跃龙　刘国跃
李　云　杨晓东　杨清廷　张建民
陈云华　周厚贵　郑声安　郑旭东
夏　忠　晏志勇　韩　水　喻新强
谢长军
秘书长：袁柏松（兼）

中国水利学会

Chinese Hydraulic Engineering Society（CHES）

地址：北京市西城区白广路二条 16 号
邮政编码：100053
电子信箱：ches@ches.org.cn
主页网址：www.ches.org.cn
电话：010-63204863
传真：010-63202154
理事长：胡四一
副理事长：匡尚富　张建云　金兴平　薛松贵
张忠义　徐　辉　陈永灿　吴　澎
秘书长：汤鑫华

中国内燃机学会

Chinese Society for Internal Combustion Engines（CSICE）

地址：上海市闵行区华宁路 3111 号
邮政编码：201108
电子信箱：zhuweijin66@126.com
主页网址：www.csice.org.cn
电话：021-31310973
传真：021-31310973
理事长：金东寒
副理事长：孙少军　刘志刚　李继凯　许传国
张树勇　邵　煜　董建福　舒歌群
谭贵荣
秘书长：李树生

中国工程热物理学会

Chinese Society of Engineering Thermophysics（CSET）

地址：北京市海淀区北四环西路 11 号
邮政编码：100190
电子信箱：cset@iet.cn
主页网址：www.cset.org.cn
电话：010-82543040
传真：010-82543037
理事长：金红光
副理事长：陈　勇　李应红　朱俊强　杨勇平
姚春德　郭烈锦　张　兴
秘书长：杜建一

中国空气动力学会

Chinese Aerodynamics Research Society（CARS）

地址：北京市海淀区学院路 37 号国家计算流体力学实验室
邮政编码：100191

电子信箱：carsqdxh@gmail.com
主页网址：www.cars.org.cn
电话：010-82317341
传真：010-82317341
理事长：唐志共
副理事长：任玉新　王志川　沈　清　孙　茂
高正红　赵　宁　张新宇　杨　炯
张来平
秘书长：徐　翔

中国制冷学会
Chinese Association of Refrigeration（CAR）

地址：北京市海淀区阜成路67号银都大厦10层
邮政编码：100142
电子信箱：car@car.org.cn
主页网址：www.car.org.cn
电话：010-68715723
传真：010-68434679
理事长：金嘉玮
副理事长：孟庆国　江　亿　陈学东　何雅玲
纪志坚　李增群　罗二仓　刘长永
王翔雨　路　宾　刘　挺　黄　辉
王如竹　李先庭
秘书长：孟庆国

中国真空学会
Chinese Vacuum Society（CVS）

地址：北京市朝阳区建国路93号万达广场9号楼6层612室
邮政编码：100022
电子信箱：cvs@chinesevacuum.com
主页网址：www.chinesevacuum.com
电话：010-58208908/58208985
传真：010-58207735
理事长：许宁生
副理事长：高鸿钧　李言荣　巴德纯　雷震霖
彭练矛　王西龙　董振超　于天化
李得天　苏　原
秘书长：郭海明

中国自动化学会
Chinese Association of Automation（CAA）

地址：北京市海淀区中关村东路95号自动化大厦509室
邮政编码：100190
电子信箱：caa@ia.ac.cn
主页网址：www.caa.org.cn
电话：010-62522248
传真：010-62522248
理事长：郑南宁
副理事长：陈　杰　陈俊龙　戴琼海　桂卫华
侯增广　李少远　王成红　杨孟飞
于海斌　张纪峰　张剑武　周东华
秘书长：张　楠

中国仪器仪表学会
China Instrument and Control Society（CIS）

地址：北京市海淀区知春路6号锦秋国际大厦A座23层
邮政编码：100088
电子信箱：info@cis.org.cn
主页网址：www.cis.org.cn
电话：010-82800755
传真：010-82800879
理事长：尤　政
副理事长：谭久彬　王　巍　刘文清　黄　如
钱　锋　曾周末　徐洪海　吴　朋
许大庆　邵柏庆　马玉山　叶华俊
王东江　张　彤
秘书长：张　彤

中国计量测试学会
Chinese Society for Measurement（CSM）

地址：北京市朝阳区育慧南路3号西单元5层
邮政编码：100029
电子信箱：13810830294@163.com
主页网址：www.china-csm.org
电话：010-84639756

传真：010-84639822
理事长：蒲长城
副理事长：丁雪梅　于化东　马爱文　张广军
林建忠　方　向　钟新明　欧阳证
王　巍　万立骏
秘书长：马爱文（兼）

中国标准化协会
China Association for Standardization（CAS）

地址：北京市海淀区增光路 33 号
邮政编码：100048
电子信箱：cas@china-cas.org
主页网址：www.china-cas.org
电话：010-68482899
传真：010-68482899
理事长：纪正昆
副理事长：王　晔　王中丹　王宗龄　刘泽洪
吴江徽　吴道洪　宋明顺　陈　璐
季　飞　贾　科　钱建林　高建忠
董若琳　冀晓东
秘书长：高建忠（兼）

中国图学学会
China Graphics Society（CGS）

地址：北京市海淀区知春路 1 号学院国际大厦 1006 室
邮政编码：100191
电子信箱：cgsmsc@cgn.net.cn
主页网址：www.cgn.net.cn
电话：010-62165986
传真：010-62165987
理事长：孙家广
副理事长：许杰峰　孙林夫　李　华　陈锦昌
赵　罡　韩宝玲　强　毅　魏小鹏
秘书长：赵　罡（兼）

中国电子学会
Chinese Institute of Electronics（CIE）

地址：北京市海淀区玉渊潭南路普惠南里 13 号楼
（北京市 165 信箱）
邮政编码：100036
电子信箱：dzxh@cie-info.org.cn
主页网址：www.cie-info.org.cn
电话：010-68600650
传真：010-68233917
理事长：张　峰
副理事长：王海峰　吴一戎　张建锋　陆建华
周子学　房建成　郝　跃　徐晓兰
黄　维　蒋亚非　潘建伟
秘书长：徐晓兰（兼）

中国计算机学会
China Computer Federation（CCF）

地址：北京市海淀区中关村科学院南路 6 号
邮政编码：100190
电子信箱：ccf@ccf.org.cn
主页网址：www.ccf.org.cn
电话：010-62562503
传真：010-62527485
理事长：高　文
副理事长：孙凝晖　吕　建　王巨宏
秘书长：杜子德

中国通信学会
China Institute of Communications（CIC）

地址：北京市海淀区万寿路 27 号院 8 号楼
邮政编码：100846
电子信箱：pengshengbo@china-cic.cn
主页网址：www.china-cic.cn
电话：010-68209083
传真：010-68209074
理事长：陈肇雄
副理事长：余少华　张延川　衣雪青　张新生

乔建永　高步文　江　阳　许家奇
李正茂　刘桂清
秘书长：张延川（兼）

中国中文信息学会
Chinese Information Processing Society of China（CIPSC）

地址：北京市海淀区中关村南四街 4 号中科院软件园 7 号楼 201 房间
邮政编码：100190
电子信箱：cips@iscas.ac.cn
主页网址：cipsc.org.cn
电话：010-62661047
传真：010-62562916
理事长：方滨兴
副理事长：马少平　王海峰　刘庆峰　孙　乐
那顺乌日图　张桂平　李宇明
宗成庆　施水才　黄河燕
秘书长：孙　乐

中国测绘学会
Chinese Society for Geodesy Photogrammetry and Cartography（CSGPC）

地址：北京市海淀区莲花池西路 28 号
邮政编码：100830
电子信箱：zgchxh1401@163.com
主页网址：www.csgpc.org
电话：010-63881320
传真：010-63881449
理事长：宋超智
副理事长：彭震中　李建成　程鹏飞　张建平
赖百炼　徐　文　李清泉　宋关福
陈　平　陈　军(特聘)　刘耀林（特聘）
秘书长：彭震中（兼）

中国造船工程学会
The Chinese Society of Naval Architects and Marine Engineers（CSNAME）

地址：北京市西城区月坛北街 5 号
邮政编码：100861
电子信箱：msc@csname.org.cn
主页网址：www.csname.org.cn
电话：010-59517926
传真：010-59517928
理事长：李长印
副理事长：李国安　孙　伟　王宇航　金晓剑
石　林　黄　震　刘志刚　宋保维
王自力　刘祖源　张宏军　周希辰
秘书长：林宪东

中国航海学会
China Institute of Navigation（CIN）

地址：北京市东城区和平里东街 10 号院 1-401 室
邮政编码：100013
电子信箱：cinnet@163.com
主页网址：www.cinnet.cn
电话：010-65299797
传真：010-65299796
理事长：黄有方
副理事长：曹　迪　丁　农　丁小岗　潘新祥
苏新刚　李　甄　丁平生　李　扬
秘书长：王　群

中国铁道学会
China Railway Society（CRS）

地址：北京市复兴路 10 号中国铁道学会
邮政编码：100844
电子信箱：tdxh68@163.com
主页网址：www.crs.org.cn/crs/
电话：010-51842891
传真：010-51847402
理事长：卢春房
副理事长：马福海　叶阳升　孙永才　庄尚标
余邦利　张宗言　周　黎　周志亮
郑　健　赵国堂　徐　飞　耿志修
康高亮　程先东　傅选义
秘书长：马福海

中国公路学会

China Highway and Transportation Society

（CHTS）

地址：北京市朝阳区安华路 17 号院一号楼
邮政编码：100011
电子信箱：zc@9811.com.cn
主页网址：www.chts.cn
电话：010-64951487
传真：010-64951487
理事长：翁孟勇
副理事长：周纪昌　郑健龙　孟凤朝　陈奋健
游庆仲　冯西宁　刘文杰　邓仁杰
马　建　唐伯明　王　民　张喜刚
秘书长：刘文杰

中国航空学会

Chinese Society of Aeronautics and Astronautics（CSAA）

地址：北京市朝阳区安外北苑 2 号院
邮政编码：100012
电子信箱：csaazhb@126.com
主页网址：www.csaa.org.cn
电话：010-84924382
传真：010-84923942
理事长：林左鸣
副理事长：王　政　张新国　汪劲松　罗荣怀
徐惠彬　聂　宏　高建设　吴　松
秘书长：姚俊臣

中国宇航学会

Chinese Society of Astronautics（CSA）

地址：北京市海淀区阜成路 8 号
邮政编码：100048
电子信箱：office_csa@163.com
主页网址：www.csaspace.org.cn
电话：010-68768625
传真：010-68768617
理事长：雷凡培
副理事长：王一然　王兆耀　刘石泉　李　跃
杨保华　吴燕生　袁　洁　徐　强
潘旭东
秘书长：王一然

中国兵工学会

China Ordnance Society

地址：北京市海淀区车道沟 10 号院
邮政编码：100089
电子信箱：suggest@cos.org.cn
主页网址：www.cos.org.cn
电话：010-68963154/68963055
传真：010-68962962
理事长：尹家绪
副理事长：胡海岩　刘仓理　曾　毅　聂晓夫
邓智尤　王晓锋　于小虎
秘书长：于小虎

中国金属学会

The Chinese Society for Metals

（CSM）

地址：北京市海淀区学院南路 76 号
邮政编码：100081
电子信箱：csmoffice@csm.org.cn
主页网址：www.csm.org.cn
电话：010-65270210
传真：010-65124122
理事长：干　勇
副理事长：赵　沛（常务）　陈德荣　姚　林
赵民革　张少明　左　良　张欣欣
赵　继　于　勇　沈　彬　曲　阳
王新江
秘书长：王新江（兼）

中国有色金属学会
The Nonferrous Metals Society of China
（NFsoc）

地址：北京市复兴路乙 12 号
邮政编码：100038
电子信箱：nfsoc@163.com
主页网址：www.nfsoc.org.cn
电话：010–63971451
传真：010–63965399
理事长：贾明星
副理事长：葛红林　李福利　桂卫华　严纯华
孙加林　杨志强　刘江浩　胡岳华
彭金辉　杨　斌　张少明　蒋开喜
陆志方　张洪国
秘书长：张洪国（兼）

中国稀土学会
The Chinese Society of Rare Earths
（CSRE）

地址：北京市 8139 信箱
邮政编码：100081
电子信箱：csre@cs–re.org.cn
主页网址：www.cs–re.org.cn
电话：010–62173497/62182748
传真：010–62173501
理事长：李春龙
副理事长：严纯华　龚　斌　李　波　杨占峰
黄松涛　胡伯平　黄长庚　张尚虎
薛冬峰　黄光惠　王　涛　李　琼
秘书长：牛京考

中国腐蚀与防护学会
Chinese Society for Corrosion and Protection（CSCP）

地址：北京市学院路 30 号
邮政编码：100083
电子信箱：mail@cscp.org.cn
主页网址：www.cscp.org.cn
电话：010–62320080
传真：010–82372305
理事长：王福会
副理事长：李晓刚（常务）　孙明先　李　劲
吴建华　张　盾　张政军　宫声凯
陆　峰　董俊华　韩　冰　汪的华
秘书长：杜翠薇

中国化工学会
The Chemical Industry and Engineering Society of China（CIESC）

地址：北京市安定路 33 号化信大厦 B 座 7 层
邮政编码：100029
电子信箱：wangyan@ciesc.cn
主页网址：www.ciesc.cn
电话：010–64449479
传真：010–64411194
理事长：戴厚良
副理事长：李静海　蔺爱国　华　炜　何仲文
胡徐腾　黄　维　李良君　刘良炎
潘正安　谭天伟　辛　忠　张传江
张　方　张锁江
秘书长：华　炜（兼）

中国核学会
Chinese Nuclear Society（CNS）

地址：北京市西城区三里河南四巷 1 号
邮政编码：100045
电子信箱：cns@ns.org.cn
主页网址：www.ns.org.cn
电话：010–68555559/68576120
传真：010–68576150
理事长：王寿君
副理事长：王　森　王凤学　王文宗　田东风
刘永德　张志俭　庞松涛　姜圣耀
祖　斌　赵　军　赵永明　赵宪庚
詹文龙　雷增光
秘书长：于鉴夫

中国石油学会
Chinese Petroleum Society（CPS）

地址：北京市西城区六铺炕街 6 号
邮政编码：100724
电子信箱：syxhqn@126.com
主页网址：www.cps.org.cn
电话：010–62067135
传真：010–62067135
理事长：赵政璋
副理事长：孙龙德　金之钧　陈　伟　张　涛
　　　　　黎　明　周抚生
秘书长：于明祥

中国煤炭学会
China Coal Society（CCS）

地址：北京市朝阳区青年沟路 5 号
邮政编码：100013
电子信箱：mtxh@chinacs.org.cn
主页网址：www.chinacs.org.cn
电话：010–84262776/84262778
传真：010–84264526
理事长：刘　峰
副理事长：田　会　卜昌森　王　安　刘建功
　　　　　张玉卓　张铁岗　武华太　袁　亮
　　　　　谢和平　葛世荣
秘书长：刘　峰

中国可再生能源学会
China Renewable Energy Society（CRES）

地址：北京市海淀区中关村北二条 6 号
邮政编码：100190
电子信箱：cres@mail.iee.ac.cn
主页网址：www.cres.org.cn
电话：010–82547225
传真：010–82547225
理事长：谭天伟
副理事长：蒋利军　李宝山　柳　地　吴创之
　　　　　许洪华　喜文华　姚兴佳　仲继寿
　　　　　赵　颖
秘书长：祁和生

中国能源研究会
China Energy Research Society（CERS）

地址：北京市西城区三里河路 54 号
邮政编码：100045
电子信箱：cers@cei.gov.cn
主页网址：www.cers.org.cn
电话：010–56034652/56034653
传真：010–68513097
理事长：吴新雄
副理事长：王　敏　王禹民　史玉波　李　东
　　　　　李　辉　李庆奎　杨长利　吴　吟
　　　　　沙先华　陆启洲　陈进行　祖　斌
　　　　　贺锡强　曹培玺　喻宝才
秘书长：郑玉平

中国硅酸盐学会
The Chinese Ceramic Society（CCS）

地址：北京市海淀区三里河路 11 号
邮政编码：100831
电子信箱：guisuanyanxuehui@ceramsoc.com
主页网址：www.ceramsoc.com
电话：010–57811248
传真：010–57811249
理事长：徐永模
副理事长：张联盟　李建保　李新华　陈立泉
　　　　　周　玉　罗宏杰　南策文　姚　燕
　　　　　徐德龙　晋占平　彭　寿
秘书长：晋占平（兼）

中国建筑学会
The Architectural Society of China
（ASC）

地址：北京市三里河路 9 号
邮政编码：100835
电子信箱：zhb@chinaasc.org
主页网址：www.chinaasc.org
电话：88082227
传真：88082224
理事长：修 龙
副理事长：曹嘉明 崔 愷 丁 建 丁烈云
官 庆 刘 军 龙卫国 孟建民
王 俊 王建国 徐 建 张 桦
赵 琦 朱小地 庄惟敏 刘加平
梅洪元
秘书长：仲继寿

中国土木工程学会
China Civil Engineering Society（CCES）

地址：北京市海淀区三里河路 9 号
邮政编码：100835
电子信箱：cceszhb@163.com
主页网址：www.cces.net.cn
电话：010–58933958
传真：010–58933953
理事长：郭允冲
副理事长：戴东昌 王同军 王祥明 张宗言
刘起涛 王 俊 李 宁 顾祥林
聂建国 徐 征
秘书长：李明安

中国生物工程学会
Chinese Society of Biotechnology
（CSBT）

地址：北京朝阳区北辰西路 1 号院 3 号中国科学院微生物研究所 B 座 411 室
邮政编码：100101
电子信箱：csbt@im.ac.cn
主页网址：www.biotechchina.org
电话：010–64807678
传真：010–64807678
理事长：高 福
副理事长：陈惠鹏 林 敏 刘双江 马树恒
马延和 麦康森 岳国君 张 偲
张先恩
秘书长：马树恒（兼）

中国纺织工程学会
China Textile Engineering Society
（CTES）

地址：北京市朝阳区延静里中街 3 号
邮政编码：100025
电子信箱：ctes@public.bta.net.cn
主页网址：www.ctes.com.cn
电话：010–65016537
传真：010–65016538
理事长：孙瑞哲
副理事长：伏广伟 封亚培 徐卫林 俞建勇
胡 克 崔世忠 刘 迪 蒲宗耀
程博闻 夏志林 刘子斌 李鹏飞
高卫东 陈建勇 龚进礼 彭燕丽
秘书长：尹耐冬

中国造纸学会
China Technical Association of Paper Industry（CTAPI）

地址：北京市朝阳区望京启阳路 4 号中轻大厦 B 座 10 层
邮政编码：100102
电子信箱：123123@ctapi.org.cn
主页网址：www.ctapi.org.cn
电话：010–64778760/64778766
传真：010–64778769
理事长：陈学忠
副理事长：曹振雷（常务） 刘 忠 李 耀
李义民 李友生 何北海 张 辉
张美云 陈鄂生 陈嘉川 赵 伟
胡开堂 姜海斌
秘书长：曹春昱

中国文物保护技术协会

China Association for Conservation Technology of Cultural Heritage (CACTCH)

地址：北京市东城区景山前街 4 号故宫博物院内
邮政编码：100009
电子信箱：cactch1980@hotmail.com
电话：010-85007412
传真：010-85007412
理事长：王时伟
副理事长：杜晓帆 郭 宏 黄 滋 黄继忠
苏伯民 谭玉峰 铁付德 赵西晨
秘书长：曲 亮

中国印刷技术协会

The Printing Technology Association of China (PTAC)

地址：北京市西城区太平街 6 号富力摩根中心 E 座 818 室
邮政编码：100050
电子信箱：ptac_shenxiang@163.com
主页网址：www.chinaprint.org
电话：010-59361480/59361487
传真：010-59361489
理事长：王岩镔
副理事长：褚庭亮（常务） 陈 彦（执行）
管政明 卢卫东 栗延秋 陈邦设
张 亦 朱 敏 马五一 李 莉
费屹立 罗 龙 李新立 黎 雪
钱 薇 刘 杰 陈 均 乔鲁予
郭 全 万 捷 陈 斌 许文才
汤 帜 张 涛 王 冰 蒲嘉陵
秘书长：陈迎新

中国材料研究学会

Chinese Materials Research Society (CMRS)

地址：北京市海淀区紫竹院路 62 号 4102 室
邮政编码：100048
电子信箱：chinese_mrs@163.com
主页网址：www.c-mrs.org.cn
电话：010-68475052
传真：010-68722033
理事长：魏炳波
副理事长：李元元 丁文江 韩高荣 聂祚仁
潘复生 王迎军 翁 端 谢建新
杨 锐 姚 燕 张平祥 周科朝
周少雄 朱美芳

中国食品科学技术学会

Chinese Institute of Food Science and Technology (CIFST)

地址：北京市海淀区阜成路北三街 6 号轻苑大厦三层
邮政编码：100048
电子信箱：cifst@126.com
主页网址：www.cifst.org.cn
电话：010-65265375/65265376
传真：010-65264731
理事长：孟素荷
副理事长：孙宝国 周光宏 朱蓓薇 邵 薇
金征宇 丁钢强 岳国君 吴清平
李 宁 石维忱 谢明勇 路福平
秘书长：邵 薇（兼）

中国粮油学会

Chinese Cereals and Oils Association (CCOA)

地址：北京市西城区百万庄大街 11 号粮科大厦
邮政编码：100037
电子信箱：yong@ccoaonline.com
主页网址：www.ccoaonline.com
电话：010-68357523
传真：010-68357522
理事长：张桂凤
副理事长：马 俊 王莉蓉 丹志国 卞 科
刘民钢 邱伟芬 佟 毅 俞学锋
宫旭洲 顾正彪 涂长明 陶 英
谢松柏 翟江临
秘书长：王莉蓉

中国职业安全健康协会

China Occupational Safety and Health Association（COSHA）

地址：北京市东城区和平里北街 21 号
邮政编码：100713
电子信箱：37951250@qq.com
主页网址：www.cosha.org.cn
电话：010–64463959
传真：010–64463210
理事长：王德学
副理事长：马　骏　伊　烈　贺黎光　周　彬
　　杨宇栋　康高亮　杨庚宇　王铃丁
　　刘　勇　陈　壁
秘书长：马　骏

中国烟草学会

China Tobacco Society（CTS）

地址：北京市西城区月坛南街 55 号
邮政编码：100045
电子信箱：chenc1@tobacco.gov.cn
主页网址：www.tobacco.org.cn
电话：010–63605165
传真：010–63605760
副理事长：王建雪　张　虹　杨先杰　谢剑平
　　刘建福　杨　俊　王元英
秘书长：王建雪（兼）

中国仿真学会

China Simulation Federation（CSF）

地址：北京市海淀区学院路 37 号
邮政编码：100191
电子信箱：cassimul@vip.sina.com
主页网址：www.csf–sim.org.cn
电话：010–82310612
传真：010–82317098
理事长：赵沁平
副理事长：戴　岳　范文慧　胡晓峰　纪志成
　　李国雄　刘　金　马世伟　邱晓刚
　　吴云洁　杨　明　张　霖　张志利
　　赵　民
秘书长：吴云洁

中国电影电视技术学会

China Society of Motion Picture and Television Engineers（CSMPTE）

地址：北京市西城区真武庙二条真武家园 4 号楼一层西区
邮政编码：100045
电子信箱：csmpte@csmpte.com
主页网址：www.csmpte.com.cn
电话：010–63983646
传真：010–63959031
理事长：谢锦辉
副理事长：丁汶平　马晓波　王　晓　李　江
　　郑福双　钱岳林　徐建新　黄　伟
　　雷振宇
秘书长：路晓俐

中国振动工程学会

Chinese Society for Vibration Engineering（CSVE）

地址：江苏省南京市御道街 29 号
邮政编码：210016
电子信箱：csve@nuaa.edu.cn
主页网址：www.csve.com.cn
电话：025–84892135
传真：025–84892135
理事长：苏义脑
副理事长：褚福磊　华宏星　李　杰　孟　光
　　王永亮　邢誉峰　杨绍普　翟婉明
秘书长：陈国平

中国颗粒学会
Chinese Society of Particuology（CSP）

地址：北京市海淀区中关村北二街 1 号过程大厦 1003 室
邮政编码：100190
电子信箱：klxh@ipe.ac.cn
主页网址：www.csp.org.cn
电话：010–62647647/62647657
传真：010–82629146
理事长：朱庆山
副理事长：费广涛 卢春喜 李春忠 彭 峰 常 津
秘书长：王体壮

中国照明学会
China Illuminating Engineering Society（CIES）

地址：北京市东城区菊儿胡同 7 号北京一轻研究所南楼 3 层
邮政编码：100009
电子信箱：cies@lightingchina.com
主页网址：www.lightingchina.com.cn
电话：010–65836525/65815905/65830997
传真：010–65812194
理事长：郦树奎
副理事长：华树明（专职） 高 飞（专职） 汪 猛 徐 华 郝洛西 杨春宇 梁荣庆 潘建根 庄申安 魏 彬 官 勇 梁 毅 王立雄 姚梦明
秘书长：窦林平

中国动力工程学会
Chinese Society of Power Engineering（CSPE）

地址：上海市闵行区剑川路 1115 号
邮政编码：200240
电子信箱：cspe@speri.com.cn
主页网址：cspe.cpeweb.com.cn
电话：021–54705106
传真：021–54705106
理事长：黄迪南
副理事长：刘吉臻 朱元巢 严宏强 张英健 倪明江 陈干锦
秘书长：张树林

中国惯性技术学会
Chinese Society of Inertial Technology（CSIT）

地址：北京市西城区月坛北小街 2 号
邮政编码：100037
电子信箱：guanxing86627@163.com
主页网址：www.csit.org.cn
电话：010–68386627
传真：010–68386627
理事长：包为民
副理事长：马卫华 王 巍 王振华 刘付成 李立新 杨 雨 尚俊云 姜福灏 赵 坤 袁 利 雷宏杰
秘书长：王 岩

中国风景园林学会
Chinese Society of Landscape Architecture（CHSLA）

地址：北京市海淀区三里河路 9 号
邮政编码：100835
电子信箱：chsla@vip.sina.com
主页网址：www.chsla.org.cn
电话：010–88084198
传真：010–88082100
理事长：陈 重
副理事长：王 翔 王磐岩 李 雄 朱子瑜 张 勇 杨 锐 吴桂昌 周如雯 郑淑玲 夏颖彪 高 翅 强 健
秘书长：贾建中

中国电源学会

China Power Supply Society（CPSS）

地址：天津市南开区黄河道 467 号大通大厦 16 层
邮政编码：300110
电子信箱：cpss@cpss.org.cn
主页网址：www.cpss.org.cn
电话：022-27680796
传真：022-27687886
理事长：徐德鸿
副理事长：韩家新　罗　安　张　波　曹仁贤
　　陈成辉　刘进军　阮新波　汤天浩
秘书长：张　磊

中国复合材料学会

Chinese Society for Composite Materials（CSCM）

地址：北京市海淀区学院路 37 号
邮政编码：100191
电子信箱：office@csfcm.org.cn
主页网址：csfcm.org.cn
电话：010-82026320/82026120
传真：010-82026910
理事长：陈祥宝
副理事长：成来飞　方岱宁　冯志海　韩克岑
　　侯　晓　冷劲松　马朝利　徐　坚
　　邢丽英　薛忠民　俞建勇
秘书长：张博明

中国消防协会

China Fire Protection Association（CFPA）

地址：北京市朝阳区华威西里甲 19 号
邮政编码：100021
电子信箱：quyi@cfpa.cn
主页网址：www.cfpa.cn
电话：010-87789256
传真：010-87789252
会长：陈伟明
副会长：王铁民　谢模乾　杨建民　李引擎
　　陈　飞　朱力平　尹俊士　张荣昌
　　许兆亭　冷　俐
秘书长：曹忙根

中国图象图形学学会

China Society of Image and Graphics（CSIG）

地址：北京市海淀区中关村东路 95 号东楼 307、308 室
邮政编码：100190
电子信箱：info@csig.org.cn
主页网址：www.csig.org.cn
电话：010-82544676/82544661
传真：010-82544676
理事长：谭铁牛
副理事长：赖剑煌　卢汉清　马惠敏　潘志庚
　　汪国平　俞能海　章毓晋　赵忠明
秘书长：马惠敏

中国人工智能学会

Chinese Association for Artificial Intelligence（CAAI）

地址：北京市海淀区西土城路十号北京邮电大学教一楼 122 室
邮政编码：100876
电子信箱：msc@caai.cn
主页网址：www.caai.cn
电话：010-62281360
传真：010-62282983
理事长：李德毅
副理事长：杨放春　谭铁牛　焦李成　黄河燕
　　马少平　刘　宏　王国胤　蒋昌俊
秘书长：王卫宁

中国体视学学会

Chinese Society for Stereology（CSS）

地址：清华大学工物系刘卿楼 211 室
邮政编码：100084
电子信箱：tscss@mail.tsinghua.edu.cn

主页网址：www.tscss.org
电话：010-62776336
传真：010-62784659
理事长：陈志强
副理事长：张　跃　彭瑞云　张艳宁　田　捷
　　　　　姜志国　秦高梧　王　忠　宋晓艳
秘书长：王　忠

中国工程机械学会
China Construction Machinery Society（CCMS）

地址：上海市杨浦区四平路 1239 号同济大学
　　　机械学院机械南馆 303-305 室
邮政编码：200092
电子信箱：ccms_office@126.com
主页网址：ccms.tongji.edu.cn
电话：021-65985015
传真：021-65985015
理事长：卞永明
副理事长：杨华勇　宓为建　肖汉斌　朱真才
　　　　　黄兴华　赵静一　焦生杰　许武全
　　　　　刘元洪
秘书长：刘　钊

中国海洋工程咨询协会
China Association of Oceanic Engineering（CAOE）

地址：北京市丰台区马官营家园 3 号院
邮政编码：100161
电子信箱：caoe@vip.163.com
主页网址：www.caoe.org.cn
电话：010-68040020
传真：010-68040020
会长：周茂平
副会长：李春先　吕　波　郭立峰　刘修德
　　　　吴德星　谭建生　王海怀　靳　伟
　　　　逯　鹰　梁伟康　王永福　屈　强
秘书长：屈　强（兼）

中国遥感应用协会
China Association of Remote Sensing Application（CARSA）

地址：北京市海淀区永丰产业基地丰贤东路 5 号
　　　中国资源卫星应用中心 A 座 3 层
邮政编码：100094
电子信箱：ygxh@carsa.org.cn
主页网址：www.carsa.org.cn
电话：010-57503347
传真：010-57503347
理事长：罗　格
副理事长：王　桥　李传荣　左群声　李国平
　　　　　杨　军　杨保华　吴一戎　顾行发
　　　　　徐　文　高　平　郭华东　龚健雅
　　　　　蒋兴伟　童旭东　吴军虎　潘旭东
　　　　　童旭东
秘书长：徐　文

中国指挥与控制学会
Chinese Institute of Command and Control（CICC）

地址：北京市海淀区车道沟十号院科技 1 号楼 10 层
邮政编码：100089
电子信箱：cicc@c2.org.cn
主页网址：www.c2.org.cn
电话：010-68964721
传真：010-68964756
理事长：费爱国
副理事长：王积鹏　付　琨　吕金虎　朱荣刚
　　　　　李定主　何　友　张红文　陈　杰
　　　　　秦继荣　顾　浩　黄　强
秘书长：秦继荣（兼）

中国光学工程学会
Chinese Society for Optical Engineering（CSOE）

地址：北京市丰台区海鹰路 1 号院 6 楼
邮政编码：100070

电子信箱：dengwei@csoe.org.cn
主页网址：www.csoe.org.cn
电话：010-83739883
传真：010-63723558
理事长：张广军
副理事长：吕跃广　王立军　王　巍　刘文清
王恩东　范国滨　相里斌　苏建忠
马　晶　王　健
秘书长：赵雪燕

中国微米纳米技术学会
Chinese Society of Micro-Nano Technology（CSMNT）

地址：北京市海淀区清华大学精密仪器系 3301 室
邮政编码：100084
电子信箱：csmnt@mail.tsinghua.edu.cn
主页网址：www.csmnt.org.cn
电话：010-62772108
传真：010-62796707
理事长：尤　政
副理事长：蒋庄德　黄　如　王　琛　邱介山
王　政　许建中　王跃林　王晓浩
秘书长：王晓浩

中国密码学会
Chinese Association for Cryptologic Research（CACR）

地址：北京市丰台区靛厂路 7 号
邮政编码：100036
电子信箱：cacr@cacrnet.org.cn
主页网址：www.cacrnet.org.cn
电话：010-59703621
传真：010-59703621
理事长：王　杰
副理事长：杨义先　王小云　陈克非　吴文玲
秘书长：于艳萍

中国大坝工程学会
Chinese National Committee on Large Dams（CHINCOLD）

地址：北京市海淀区玉渊潭南路 1 号中国水利水电科学研究院 A 座
邮政编码：100038
电子信箱：www.chincold@126.com
主页网址：www.chincold.org.cn
电话：010-68781663
传真：010-68712208
理事长：矫　勇
副理事长：贾金生
秘书长：贾金生（兼）

中国卫星导航定位协会
GNSS & LBS Association of China（GLAC）

地址：北京市丰台区金家村 288 号华信大厦
邮政编码：100080
电子信箱：glac@glac.org.cn
主页网址：www.glac.org.cn
电话：010-68185060
传真：010-68187080
会长：于贤成
副会长：于建国　王文忠　支晓晔　牛新民
刘忠华　刘贵生　刘爱明　李　冰
李　澍　姜卫平　杨玉坤　张　伟
金乃高　周儒欣　郑　琪　赵　军
胡发兴　姜德荣　莫晓宇　贾必明
郭信平　黄伟文　彭扬名　程鹏飞
朱少岩
秘书长：张全德

中国生物材料学会
Chinese Society for Biomaterials（CSBM）

地址：四川省成都市望江路 29 号四川大学生物材料楼
邮政编码：610064
电子信箱：csbm@csbm.org.cn

主页网址：www.csbm.org.cn
电话：028-85417078
传真：028-85410246
理事长：付小兵
副理事长：曹谊林　蒲忠杰　王云兵　奚廷斐
赵毅武
秘书长：艾　华

国际粉体检测与控制联合会

International Federation of Measurement & Control of Granular Materials（IFMCGM）

地址：辽宁省沈阳市和平区文化路3号巷11号
东北大学信息楼209室
邮政编码：110004
电子信箱：mcgm2012@126.com
主页网址：www.ifmcgm.com
电话：024-83689395
传真：024-23891977
理事长：谢　植
副理事长：Mark Jones（澳大利亚）
Shuji Matsusaka（日本）
Siegfried Ranandt（德国）
InShup Ahn（韩国）
盖国胜
秘书长：李新光

中国农学会

China Association of Agricultural Science Societies（CAASS）

地址：北京市朝阳区麦子店街22号楼
邮政编码：100125
电子信箱：59194203@163.com
主页网址：www.caass.org.cn
电话：010-59194203/59194204
传真：010-59194204
会长：张桃林
副会长：万建民　刘　旭　孙其信　吴孔明
沈仁芳　陈晓亚　周光宏　胡义萍
喻树迅　廖西元
秘书长：胡义萍

中国林学会

Chinese Society of Forestry（CSF）

地址：北京市海淀区香山路东小府2号
邮政编码：100091
电子信箱：zglxhbgs@126.com
主页网址：www.csf.org.cn
电话：010-62889975
传真：010-62889815
理事长：赵树丛
副理事长：谭光明　曹福亮　蒋剑春　马广仁
宋权礼　郝育军　刘世荣　安黎哲
李　斌　王　浩　陈幸良　费本华
秘书长：陈幸良（兼）

中国土壤学会

Soil Science Society of China（SSSC）

地址：江苏省南京市北京东路71号
邮政编码：210008
电子信箱：sssc@issas.ac.cn
主页网址：www.csss.org.cn
电话：025-86881532
传真：025-86881538
理事长：沈仁芳
副理事长：邓良基　吴金水　张兴昌　张旭东
李保国　胡　锋　徐建明　徐明岗
谢建华
秘书长：张甘霖

中国水产学会

China Society of Fisheries（CSF）

地址：北京市朝阳区麦子店街18号楼中国水产学会
邮政编码：100125
电子信箱：csfish@vip.163.com
主页网址：www.csfish.org.cn
电话：010-59195028
传真：010-59194025

理事长：王清印
副理事长：崔利锋　肖　放　麦康森　桂建芳
　　　　　吴嘉敏　宋林生　刘东超　丁雪燕
　　　　　赵玉山　张　璐
秘书长：崔利锋

中国园艺学会
Chinese Society for Horticultural Science (CSHS)

地址：北京市海淀区中关村南大街 12 号中国农业科学院蔬菜花卉研究所内
邮政编码：100081
电子信箱：cshs@caas.cn
主页网址：www.cshs.org.cn
电话：010-82109528
传真：010-82109528
理事长：杜永臣
副理事长：邓秀新　李天来　邹学校　孙日飞
　　　　　韩振海　刘君璞　张　显　张启翔
　　　　　高俊平　陈昆松
秘书长：孙日飞

中国畜牧兽医学会
Chinese Association of Animal Science and Veterinary Medicine（CAAV）

地址：北京市朝阳区农展馆南路 9 号博雅园 1-106 室
邮政编码：100125
电子信箱：c06@cast.org.cn/caav001@163.com
主页网址：www.caav.org.cn
电话：010-85959009/85959010/85959006
传真：010-85959010
理事长：黄路生
副理事长：才学鹏　包　军　冯忠武　朱　庆
　　　　　乔玉锋　李　明　杨汉春　步志高
　　　　　呙于明　张许科　陈伟生　邵根伙
　　　　　秦玉昌　殷　宏　焦新安　廖　明
　　　　　薛廷伍
秘书长：杨汉春（兼）

中国植物病理学会
Chinese Society for Plant Pathology (CSPP)

地址：北京市海淀区圆明园西路二号
邮政编码：100193
电子信箱：office@cspp.org.cn
主页网址：www.cspp.org.cn
电话：010-62731025
传真：010-62813785
理事长：彭友良
副理事长：王源超　王福祥　刘杏忠　朱有勇
　　　　　吴元华　吴祖建　李健强　陈剑平
　　　　　周雪平　姜道宏　康振生　韩成贵
秘书长：韩成贵（兼）

中国植物保护学会
China Society of Plant Protection（CSPP）

地址：北京市海淀区圆明园西路 2 号中国农业科学院植保所院内
邮政编码：100193
电子信箱：cspp62@163.com
主页网址：www.ipmchina.net
电话：010-62815913
传真：010-62815913
理事长：陈万权
副理事长：周雪平　康　乐　陈剑平　宋宝安
　　　　　魏启文　陈洪俊　柏连阳　康振生
　　　　　张友军　刘　学　沈　杰
秘书长：郑传临

中国作物学会
The Crop Science Society of China（CSSC）

地址：北京市海淀区中关村南大街 12 号中国农业科学院育种南楼
邮政编码：100081
电子信箱：zwxh@caas.cn
主页网址：www.chinacrops.org
电话：010-82108616

传真：010-82105939
理事长：翟虎渠
副理事长：万建民（常务） 李召虎 李绍明
陈 刚 张爱民 潘文博 刘春明
秘书长：刘春明

中国热带作物学会
China Society of Tropical Crops
（CSTC）

地址：海南省海口市龙华区学院路4号
邮政编码：571101
电子信箱：cstcorg@126.com
主页网址：www.cstcs.org.cn
电话：0898-66962982
传真：0898-66962962
理事长：李尚兰
副理事长：符月华 郭安平 吴金玉 刘 波
张治礼 刘国道 胡新文 范源洪
吕林汉 汪 铭 陈东奎 钟广炎
秘书长：刘国道（兼）

中国蚕学会
Chinese Society of Sericultural Science（CSSS）

地址：江苏省镇江市四摆渡江苏科技大学西校区
邮政编码：212018
电子信箱：csss_china@126.com
主页网址：www.sricaas.cn
电话：0511-85616661
传真：0511-85622507
理事长：廖森泰
副理事长：李 龙（常务） 代方银 李 标
钱永华 宋国柱 吴海平 杨 彪
秘书长：沈兴家

中国水土保持学会
Chinese Society of Soil and Water Conservation（CSSWC）

地址：北京市海淀区清华东路35号北京林业大学四教505室
邮政编码：100083
电子信箱：zgsbxh@263.net
主页网址：www.sbxh.org
电话：010-62336451
传真：010-62336451
理事长：陆桂华
副理事长：蒲朝勇 黄正秋 吴 斌 崔 鹏
刘国彬 谢建华 王玉杰
秘书长：王玉杰（兼）

中国茶叶学会
China Tea Science Society（CTSS）

地址：浙江省杭州市梅灵南路9号
邮政编码：310008
电子信箱：chinatss@tricaas.com
主页网址：www.chinatss.cn
电话：0571-87310353/86653176
传真：0571-87310353
理事长：江用文
副理事长：黄 政 梁月荣 麦楚均 阮建云
肖力争 殷建豪 余文权 张正竹
秘书长：阮建云

中国草学会
Chinese Grassland Society（CGS）

地址：北京市海淀区圆明园西路2号新动科楼0118室
邮政编码：100193
电子信箱：cgsoffice@163.com
主页网址：www.chinagrass.org.cn
电话：010-62732799/62731666
传真：010-62732799
理事长：何新天
副理事长：王 堃 王德利 师尚礼 沈益新
张 博 呼天明 侯扶江 高洪文
韩国栋 韩烈保 张英俊
秘书长：张英俊

中国植物营养与肥料学会

Chinese Society of Plant Nutrition and Fertilizer Science（CSPNFS）

地址：北京市海淀区中关村南大街 12 号中国农业科学院资源楼
邮政编码：100081
电子信箱：zwyyxh@caas.cn
主页网址：www.cspnf.org.cn
电话：010-82109093
传真：010-82109093
理事长：白由路
副理事长：王敬国　谢建华　周　卫　杨少海
　　孙　波　王俊忠　赵秉强
秘书长：赵秉强（兼）

中国农业历史学会

地址：北京市朝阳区东三环北路 16 号中国农业博物馆
邮政编码：100026
电子信箱：113719887@qq.com
电话：010-65096055/65096059
传真：010-65096052
理事长：刘新录
秘书长：王一民

中华医学会

Chinese Medical Association（CMA）

地址：北京市东城区东四西大街 42 号
邮政编码：100710
电子信箱：cma@cma.org.cn
主页网址：www.cma.org.cn
电话：010-85158114
传真：010-85158028
会长：马晓伟
副会长：赵玉沛　李五四　饶克勤　苏　志
　　刘雁飞　刘德培　买买提·牙森
　　李清杰　杨宝峰　张伯礼　陈赛娟
　　金大鹏　郑树森　柯　杨　贺福初
　　徐建光　高　福
秘书长：饶克勤（兼）

中华中医药学会

China Association of Chinese Medicine（CACM）

地址：北京市朝阳区樱花园东街甲 4 号
邮政编码：100029
电子信箱：xinxibu102@126.com
主页网址：www.cacm.org.cn
电话：010-84257895
传真：010-84255568
会长：王国强
副会长：王　辰　王　阶　王国辰　王新陆
　　刘维忠　闫希军　李俊德　杨殿兴
　　吴以岭　吴勉华　张伯礼　陈达灿
　　陈凯先　徐安龙　萧　伟　曹正逵
　　屠志涛
秘书长：王国辰（兼）

中国中西医结合学会

Chinese Association of Integrative Medicine（CAIM）

地址：北京市东城区东直门内南小街 16 号
邮政编码：100700
电子信箱：caim@caim.org.cn
主页网址：www.caim.org.cn
电话：010-64010688/64025672
传真：010-84035154/84035154
会长：陈香美
副会长：王文健　李显筑　吴以岭　姚树坤
　　郭　姣　唐旭东　高思华　凌昌全
　　崔乃强　黄光英
秘书长：吕文良

中国药学会

Chinese Pharmaceutical Association（CPA）

地址：北京市东城区天坛西里 2 号

邮政编码：100050
电子信箱：cpa@cpa.org.cn
主页网址：www.cpa.org.cn
电话：010-58699270
传真：010-58699270
理事长：孙咸泽
副理事长：陈志南 黄璐琦 丁 健 李 松
王晓良 吴春福 丁丽霞 孙飘扬
李 波 来茂德 张晓东 蔡东晨
秘书长：丁丽霞

中华护理学会
Chinese Nursing Association（CNA）

地址：北京市西城区西直门南大街2号成铭大厦C座28层
邮政编码：100035
电子信箱：zhhlxhcna@163.com
主页网址：www.cna-cast.org.cn
电话：010-53779547
传真：010-53779547
理事长：吴欣娟
副理事长：皮红英 么 莉 李 峥 丁炎明
李春燕 吴 瑛 张素秋 胡斌春
李映兰
秘书长：应 岚

中国生理学会
Chinese Association for Physiological Sciences（CAPS）

地址：北京东四西大街42号
邮政编码：100710
电子信箱：zgslxh@126.com
主页网址：www.caps-china.org
电话：010-65278802/85158602
传真：010-65278802
理事长：王 韵
副理事长：王世强 陈思锋 罗自强 罗建红
周嘉伟 徐天乐 管又飞
秘书长：李俊发

中国解剖学会
Chinese Society for Anatomical Sciences（CSAS）

地址：北京市东城区东单三条9号院
邮政编码：100005
电子信箱：d07@cast.org
主页网址：www.csas.org.cn
电话：010-65296459/65273712
传真：010-65273712
理事长：张绍祥
副理事长：李云庆 丁文龙 刘树伟 赵春华
刘学政 李 和 周德山 张宏权
崔慧先 隋鸿锦 马 超
秘书长：周德山

中国生物医学工程学会
Chinese Society of Biomedical Engineering（CSBME）

地址：北京市东单三条5号
邮政编码：100005
电子信箱：swyxgch@126.com
主页网址：www.csbme.org
电话：010-65136537/69156448
传真：010-65265035
理事长：曹雪涛
副理事长：陈武凡 王智彪 赵大哲 李德玉
王广志 程 京 顾晓松 赵毅武
王国胜 尧德中 万遂人
秘书长：池 慧

中国病理生理学会
Chinese Association of Pathophysiology（CAP）

地址：北京市海淀区学院路38号北京大学医学部生理楼104室
邮政编码：100191
电子信箱：zgblslxh@163.com
主页网址：www.caop.ac.cn
电话：010-82801403

传真：010-82802403
理事长：张幼怡
副理事长：陈　琪　陈国强　陆大祥　刘秀华
秘书长：李　萍

中国营养学会
Chinese Nutrition Society（CNS）

地址：北京市朝阳区建国门外大街甲 14 号北京广播大厦 1405 室
邮政编码：100022
电子信箱：cns@cnsoc.org
主页网址：www.cnsoc.org
电话：010-83554781
传真：010-83554780
理事长：杨月欣
副理事长：蔡　威　常翠青　丁钢强　马爱国　马冠生　孙长颢　杨晓光　朱蓓薇
秘书长：杜松明

中国药理学会
Chinese Pharmacological Society（CNPHARS）

地址：北京市西城区先农坛街 1 号
邮政编码：100050
电子信箱：ylxh@cnphars.org
主页网址：www.cnphars.org
电话：010-63165211
传真：010-63165211
理事长：张永祥
副理事长：陈建国　丁　健　杜冠华　李　林　石京山　魏　伟
秘书长：张永鹤

中国针灸学会
China Association of Acupuncture and Moxibustion（CAAM）

地址：北京市东城区东直门内南小街 16 号
邮政编码：100700
电子信箱：caambgs@126.com
主页网址：www.caam.cn
电话：010-64030959
传真：010-64030959
理事长：刘保延
副理事长：王　华　王　舒　王麟鹏　方剑乔　朱　兵　刘智斌　许能贵　孙忠人　杨金生　吴焕淦　余曙光　夏有兵　高树中　喻晓春
秘书长：喻晓春

中国防痨协会
Chinese Anti-Tuberculosis Association（CATA）

地址：北京市东城区东四西大街 42 号
邮政编码：100010
电子信箱：cata_1933@126.com
主页网址：www.cata1933.cn
电话：010-65257475
传真：010-65257409
理事长：刘剑君
副理事长：许绍发　洪　峰　王黎霞　王栩冬　张宗德　钟　球　袁政安
秘书长：成诗明

中国麻风防治协会
China Leprosy Association（CLA）

地址：北京朝阳区十里堡甲 3 号 5 号楼 27D
邮政编码：100025
电子信箱：clabj@vip.163.com
主页网址：www.chinalep.org
电话：010-67522205
传真：010-67522206
理事长：张国成
副理事长：潘春枝　冯清华　宁　湧　严丽英　严良斌　吴建中　张连华　张锡宝　李　伟　李延庆　李俊华　杨　军　郑道城　格鹏飞
秘书长：王　红

中国心理卫生协会

Chinese Association for Mental Health (CAMH)

地址：北京市西城区德外安康胡同5号
邮政编码：100088
电子信箱：yyt808@sina.com.cn
主页网址：www.camh.org.cn
电话：010-58303238
传真：010-82029354
理事长：马 辛
副理事长：王 刚 谢 斌 杨甫德 刘 靖
王 力 赵旭东
秘书长：王 刚（兼）

中国抗癌协会

China Anti-Cancer Association (CACA)

地址：天津新技术产业园区兰苑路5号A座10楼
邮政编码：300384
电子信箱：bgs@caca.org.cn
主页网址：www.caca.org.cn
电话：022-23359958
传真：022-23526512
理事长：樊代明
副理事长：詹启敏 于金明 季加孚 王红阳
赫 捷 李 强 郭小毛 徐瑞华
秘书长：王 瑛

中国体育科学学会

China Sport Science Society (CSSS)

地址：北京市东城区体育馆路11号
邮政编码：100061
电子信箱：csssbgs@126.com
主页网址：www.csss.cn
电话：010-87182586/87182594
传真：010-87183928
理事长：李颖川
副理事长：张 良 冯连世 祝 莉 谢敏豪
池 建 陈佩杰 刘 青 敖英芳
季林红
秘书长：张 良（兼）

中国毒理学会

Chinese Society of Toxicology (CST)

地址：北京市海淀区太平路27号
邮政编码：100850
电子信箱：cst@chntox.org
主页网址：www.chntox.org
电话：010-66932387
传真：010-68183899
理事长：周平坤
副理事长：陈景元 李 桦 彭双清 浦跃朴
沈建忠 孙祖越 吴永宁 杨杏芬
赵宇亮 周建伟
秘书长：刘 超

中国康复医学会

Chinese Association of Rehabilitation Medicine (CARM)

地址：北京市朝阳区北辰东路8号汇欣大厦A座307室
电子信箱：zhangxia@carm.org.cn
主页网址：www.carm.org.cn
电话：010-64210670
传真：010-64210670（转610）
会长：方国恩
副会长：牛恩喜 彭明强 李建军 陈立典
周谋望 燕铁斌 黄晓琳 岳寿伟
秘书长：牛恩喜（兼）

中国免疫学会

Chinese Society for Immunology (CSI)

地址：北京市东城区东单三条5号
邮政编码：100005
电子信箱：csi@immunol.org.cn
主页网址：www.csi.org.cn

电话：010–69156451
传真：010–69156451
理事长：田志刚
副理事长：何　维　马大龙　高　福　孙　兵
　　　　　吴玉章
秘书长：曹雪涛

中华预防医学会
Chinese Preventive Medicine Association（CPMA）

地址：北京市朝阳区华威里 25 号 5 层
邮政编码：100021
电子信箱：cpma_zhxt@126.com
主页网址：www.cpma.org.cn
电话：010–84039879
传真：010–84039873
理事长：王陇德
副理事长：杨维中　王　宇　蔡纪明　孔灵芝
　　　　　肖东楼　柯　杨　李兰娟　胡大一
　　　　　张伯礼　李立明
秘书长：杨维中

中国法医学会
Chinese Forensic Medicine Association（CFMA）

地址：北京市西城区木樨地南里 17 号楼
邮政编码：100038
电子信箱：fyxh6626@sina.com
主页网址：www.fyxh.org
电话：010–66269250
传真：010–63495531
副会长：翟恒利
秘书长：翟恒利

中华口腔医学会
Chinese Stomatological Association（CSA）

地址：北京市海淀区中关村南大街甲 18 号
　　　北京国际大厦 C 座 4 层
邮政编码：100081
电子信箱：csa@cndent.com
主页网址：www.cndent.com
电话：010–62116665
传真：010–62110880
会长：俞光岩
副会长：王　林　王松灵　卢海平　白玉兴
　　　　边　专　刘洪臣　沈国芳　张　斌
　　　　陈吉华　周　诺　周学东　郭传瑸
　　　　凌均棨　章锦才　路振富
秘书长：岳　林

中国医学救援协会
China Association for Disaster & Emergency Rescue Medicine（CADERM）

地址：北京市海淀区永定路 69 号解放军总医院第三医学中心行政 6 层 613 室
邮政编码：100039
电子信箱：caderm@163.com
主页网址：www.caderm.org
电话：010–57976109
传真：010–57976104
会长：李宗浩
副会长：钱阳明　王明晓　黎檀实　李立兵
　　　　殷　明　封志纯　田军章　吴永平
　　　　赵劲民
秘书长：李立兵

中国女医师协会
China Medical Women's Association（CMWA）

地址：北京市朝阳区建国门外外交公寓 3–141 室
邮政编码：100600
电子信箱：nysh120@126.com
主页网址：www.cmwa.org.cn
电话：010–88129685
传真：010–88129685
会长：何界生
副会长：陈晓枫
秘书长：于　冬

中国研究型医院学会

Chinese Research Hospital Association

（CRHA）

地址：北京市海淀区西三环北路甲 2 号
邮政编码：100081
电子信箱：yjxyyxh@163.com
主页网址：www.crha.cn
电话：010-57975263/57975280
传真：010-68220625
会长：王发强
副会长：刘希华　丁义涛　马保根　王延军
　　王明晓　王深明　刘玉村　朱正纲
　　许树强　李为民　李景波　沈中阳
　　易学明　侯世科　郭启勇　温　浩
　　程晓曙　何昆仑　瞿介明　吕吉云
　　张抒扬　王永晨　徐安龙
秘书长：刘希华

中国睡眠研究会

Chinese Sleep Research Society（CSRS）

地址：北京市海淀区高梁桥斜街 40 号 B 座 902 室
邮政编码：100044
电子信箱：sleepcn@163.com
主页网址：www.zgsmyjh.org
电话：010-65230156
传真：010-65230156
理事长：韩　芳
副理事长：叶京英　张希龙　汪卫东　胡志安
　　赵忠新　唐向东　徐　建　高雪梅
秘书长：左和鸣

中国卒中学会

Chinese Stroke Association（CSA）

地址：北京市朝阳区广渠路 66 号院百环大厦 808 室
邮政编码：100022
电子信箱：csa.office@chinastroke.net
主页网址：www.chinastroke.net
电话：010-57986000
传真：010-57986256
会长：赵继宗
副会长：王拥军　董　强　葛均波　纪立农
　　徐安定
秘书长：王彩云

中国自然辩证法研究会

The Chinese Society for Dialectics of Nature/Philosophy of Nature, Science and Technology（CSDN/PNST）

地址：北京市西城区三里河路 54 号
邮政编码：100045
电子信箱：zrbzhf@vip.sina.com
主页网址：www.chinasdn.org.cn
电话：010-62149306
传真：010-62173674
理事长：何鸣鸿
副理事长：王　安　郭贵春　陈　凡　吴　彤
　　张大庆　刘孝廷　尚智丛
秘书长：尚智丛

中国管理现代化研究会

Chinese Academy of Management

（CAM）

地址：北京中关村东路 80 号青年公寓 7 号楼
邮政编码：100190
电子信箱：camchina@126.com
主页网址：www.camchina.org.cn
电话：010-82680396
传真：010-82680396
理事长：李维安　石　勇　席西民　杨善林
　　张　维
副理事长：陈国青　陈　剑　杜越新　陆雄文
　　黄丽华　汪寿阳　薛　澜　赵景华
　　赵曙明
秘书长：赵景华

中国技术经济学会
Chinese Society of Technology Economics
（CSTE）

地址：北京市海淀区学院南路 86 号
邮政编码：100081
电子信箱：jishujingjixuehui@vip.163.com
主页网址：www.cste.org.cn
电话：010-62144346
传真：010-62174221
理事长：李　平
副理事长：李志军　牛东晓　王宗军　李开孟
　　杨德林
秘书长：杨德林

中国现场统计研究会
Chinese Association for Applied Statistics
（CAAS）

地址：北京市朝阳区平乐园 100 号北京工业大学应用数理学院（数理楼 2417 室）
邮政编码：100124
电子信箱：e04@cast.org.cn
主页网址：www.caas.org.cn
电话：010-67392433
传真：010-67392433
理事长：房祥忠
副理事长：崔恒建　郭建华　石　坚　孙六全
　　唐年胜　万东华　王兆军　汪荣明
　　吴耀华　张宝学
秘书长：程维虎

中国未来研究会
China Society for Futures Studies（CSFS）

地址：北京市海淀区学院南路 86 号
邮政编码：100081
电子信箱：e05@cast.org.cn
主页网址：www.csfs.org.cn
电话：010-62103295
传真：010-62103295
理事长：金灿荣
副理事长：阎耀军　顾朝林　何传启　陈恩红
秘书长：刘益东

中国科学技术史学会
Chinese Society for the History of Science and Technology（CSHST）

地址：北京市海淀区中关村东路 55 号
邮政编码：100190
电子信箱：luoxb@ucas.ac.cn
主页网址：www.cshst.org
电话：010-57552527
传真：010-57552527
理事长：孙小淳
副理事长：关增建　胡化凯　梅建军　曲安京
　　张大庆
秘书长：鲁大龙

中国科学技术情报学会
China Society for Scientific and Technical Information（CSSTI）

地址：北京市海淀区复兴路 15 号
邮政编码：100038
电子信箱：wangtt@istic.ac.cn
主页网址：www.cssti.org.cn
电话：010-58882544
传真：010-58882028
理事长：戴国强
副理事长：邢宪力　马费成　代　涛　叶缘民
　　刘林山　陈　超
秘书长：潘云涛

中国图书馆学会
Library Society of China（LSC）

地址：北京市海淀区中关村南大街 33 号
邮政编码：100081
电子信箱：ztxhmsc@nlc.cn

主页网址：www.lsc.org.cn
电话：010-88545677
传真：010-68417815
理事长：韩永进
副理事长：方 卿 朱 强 刘小琴 李广建
吴建中 张晓林 陈 力 程焕文
秘书长：霍瑞娟

中国城市科学研究会

Chinese Society for Urban Studies
（CSUS）

地址：北京市海淀区三里河路 9 号
邮政编码：100835
电子信箱：csus@chinasus.org
主页网址：http://www.chinasus.org
电话：010-58933149
传真：010-68313149
理事长：仇保兴
副理事长：杨焕明 曲久辉 江 亿 郭仁忠
谭荣尧 王 俊 俞孔坚 吴志强
张爱林 詹纯新
秘书长：余 刚

中国科学学与科技政策研究会

The Chinese Association for Science of Science and S&T Policy（CASSSTP）

地址：北京市海淀区中关村东路 55 号思源楼 1209 室
邮政编码：100190
电子信箱：casssp@casipm.ac.cn
主页网址：www.casssp.org.cn
电话：010-62542615
传真：010-62542615
理事长：穆荣平
副理事长：李廉水 柳卸林 李 光 李 垣
魏 江 蔡 莉 胡志坚 薛 澜
秘书长：陈 光

中国农村专业技术协会

China Rural Special Technology Association
（CRSTA）

地址：北京市朝阳区白家庄东里 13 号楼 7 层
邮政编码：100026
电子信箱：zgnjx2015@sina.com
主页网址：www.nongjixie.org
电话：010-65032609
传真：010-65032609
理事长：柯炳生
副理事长：师 铎 韩文胜 张福锁 李杰人
张建华 纳 翔 陈豫川
秘书长：杨利军

中国工业设计协会

China Industrial Design Association
（CIDA）

地址：北京市海淀区万寿路 27 号院 8 号楼 7 层
邮政编码：100036
电子信箱：cida@vip.163.com
主页网址：www.chinadesign.cn
电话：010-68209323
传真：010-68209323
会长：刘 宁
副会长：应放天 赵卫国
秘书长：应放天（兼）

中国工艺美术学会

China National Arts & Crafts Society
（CNACS）

地址：北京市西城区阜外大街乙 22 号
邮政编码：100833
电子信箱：xuehuiwangzhan@126.com
主页网址：www.cnacs.org
电话：010-68396408
传真：010-68396405
理事长：陶小年

副理事长：马　佩　李幼梅　王建中　何炳钦
张玉蟲　张春雷　李　节　岳芙蓉
杨明贤　沈国臣　邹本柱　黄宝庆
秘书长：任建新

中国科普作家协会
China Science Writers Association（CSWA）

地址：北京市海淀区学院南路 86 号
邮政编码：100081
电子信箱：kpcswa@163.com
主页网址：www.kpcswa.org.cn
电话：010-62103258/62187884
传真：010-62103258
理事长：周忠和
副理事长：崔丽娟　冯伟民　汤书昆　王晋康
王康友　吴　岩　颜　宁　杨焕明
郑永春
秘书长：陈　玲

中国自然科学博物馆学会
Chinese Association of Natural Science Museums（CANSM）

地址：北京市朝阳区北辰东路 5 号
邮政编码：100012
电子信箱：cansm@vip.sina.com
主页网址：new.cansm.org
电话：010-59041302
传真：010-59041331
理事长：程东红
副理事长：束　为　赵有利　孟庆金　朱　进
王小明　张希武　贾跃明　齐继光
陈博君　黄克力
秘书长：欧建成

中国可持续发展研究会
Chinese Society for Sustainable Development（CSSD）

地址：北京市海淀区玉渊潭南路 8 号
邮政编码：100038
电子信箱：cssd@acca21.org.cn
主页网址：www.cssd1992.org
电话：010-58884795/58884796
传真：010-58884795
理事长：王　浩
副理事长：曲久辉　郭日生　赵　清
秘书长：周海林

中国青少年科技辅导员协会
China Association of Children's Science Instructors（CACSI）

地址：北京市海淀区复兴路 3 号中国科技会堂 C 座 302 室
邮政编码：100863
电子信箱：cacsi@cacsi.org.cn
主页网址：www.cacsi.org.cn
电话：010-68518719/68580512
传真：010-68516005
理事长：陈赛娟
副理事长：李晓亮（常务）　王康友　刘　阳
林长春　俞伟跃　欧建成
秘书长：林利琴

中国科教电影电视协会
China Science Film and Video Association（CSFVA）

地址：北京市海淀区学院南路 86 号西楼 414 室
邮政编码：100081
电子信箱：cicsep@cast.org.cn
主页网址：www.csfva.org.cn
电话：010-62113038
传真：010-62113038

理事长：薛继军

副理事长：兰　军　李海胜　何苏六　张　健

　　张　跃　陈　虎　季　林　蒋　涛

秘书长：季　林

中国科学技术期刊编辑学会

China Editology Society of Science Periodicals（CESSP）

地址：北京市海淀区学院南路 86 号

邮政编码：100081

电子信箱：cessp1987@vip.163.com

主页网址：www.cessp.org.cn

电话：010–62147743

传真：010–62147743

理事长：朱邦芬

副理事长：任胜利　栗延文　彭　斌　饶子和

　　汪新红　宋培元　杨亚政　颜　帅

秘书长：任胜利（兼）

中国流行色协会

China Fashion & Color Association（CFCA）

地址：北京市朝阳区朝阳门北大街 18 号中国人寿保险大厦 618 室

邮政编码：100020

电子信箱：fashioncolor@fashioncolor.org.cn

主页网址：www.fashioncolor.org.cn

电话：010–85229522

会长：朱　莎

副会长：于西蔓　李小白　姚映佳　徐海松

　　吴　剑　张志峰

秘书长：贺显伟

中国档案学会

The Society of Chinese Archives（SCA）

地址：北京市西城区永安路 106 号

邮政编码：100050

电子信箱：daxsw@263.net

主页网址：www.idangan.com

电话：010–63020081

传真：010–63018703

理事长：段东升

副理事长：丁志隆　高大岭　张　斌　邓小军

　　胡振荣

秘书长：邓小军

中国国土经济学会

China Society of Territorial Economists（CSOTE）

地址：北京市丰台区紫芳园六区 2 号楼 1 单元 213 室

邮政编码：100078

电子信箱：bj_jrgt@126.com

主页网址：www.csote.org

电话：010–87692301

传真：010–87699631

理事长：柳忠勤

副理事长：李青松　赵林茹　严金明　吴文良

秘书长：刘军萍

中国土地学会

China Land Science Society（CLSS）

地址：北京市西城区冠英园西区 37 号

邮政编码：100035

电子信箱：zgtdxh@vip.sina.com

主页网址：www.zgtdxh.org.cn

电话：010–66562607/66562609/66562613

传真：010–66562563

理事长：王世元

副理事长：李海兵　高延利　王仰麟　冯淑怡

　　刘彦随　严金明　何　平　张凤荣

　　范树印　赵继成　郭仁忠　黄贤金

　　蒋文彪　谢俊奇

秘书长：高延利（兼）

中国科技新闻学会
Chinese Society for Science and Technology Journalism（CSSTJ）

地址：北京市西城区三里河路 54 号
邮政编码：100045
电子信箱：kjxw@sina.com
主页网址：www.csstj.org.cn
电话：010–68598031/68598032
传真：010–68598473
理事长：宋南平
副理事长：周建强　陈　鹏　周德进　王进展
　　　　　房汉廷　郝建新　王　挺　刘守训
　　　　　田俊荣　许　英　刘志军　崔保国
　　　　　赵　承　龙兵华
秘书长：许　英

中国老科学技术工作者协会
China Association of Senior Scientists and Technologists（CASST）

地址：北京市海淀区学院南路 86 号
邮政编码：100081
电子信箱：zhglkx@cast.org.cn
主页网址：www.casst.org.cn
电话：010–62148262
传真：010–62170582
理事长：陈至立
副理事长：齐　让　申立国　冯长根　朱正昌
　　　　　朱张才　仲跻权　刘永忠　杨继平
　　　　　张友君　张国梁　陈小娅　罗啸天
　　　　　岳明生　徐　强　蒋济雄　蔡力峰
　　　　　臧胜业
秘书长：徐　强

中国科学探险协会
China Association for Scientific Expeditions（CASE）

地址：北京市海淀区西小关中国科学院大气物理所铁塔分部内
邮政编码：100083
电子信箱：e26@cast.org.cn
主页网址：www.case.org.cn
电话：010–62378038
传真：010–62379818
主席：秦大河
副主席：王会军　张树义　邹　捍　马耀明
　　　　张百平　康世昌　郭　柯　吕茅利
　　　　王　维
秘书长：王　维（兼）

中国城市规划学会
Urban Planning Society of China（UPSC）

地址：北京市三里河路 9 号
邮政编码：100037
电子信箱：planning@planning.org.cn
主页网址：www.planning.org.cn
电话：010–58323862/58323863/58323864/58323866
传真：010–58323850
理事长：孙安军
副理事长：石　楠（常务）　王建国　尹　稚
　　　　　吕　斌　伍　江　吴志强　何兴华
　　　　　张　泉　张少康　赵万民　赵燕菁
　　　　　周　岚　施卫良　樊　杰
秘书长：石　楠（兼）

中国产学研合作促进会
China Industry-University-Research Institute Collaboration Association（CIUR）

地址：北京市海淀区阜成路北 3 街 6 号轻苑大厦 11 信箱
邮政编码：100048
电子信箱：zgcxy06@163.com
主页网址：www.360cxy.cn
电话：010–68987182
传真：010–68986913
会长：路甬祥
副会长：陈小娅　王建华
秘书长：王建华（兼）

中国知识产权研究会

China Intellectual Property Society（CIPS）

地址：北京市海淀区高梁桥斜街 11 号中国专利大厦 701 室
邮政编码：100081
电子信箱：cips1985@126.com
主页网址：www.cnips.org
电话：010–58515222
传真：010–58515188
理事长：田力普
副理事长：马小航　王宏祥　刘建波　刘春田
朱雪忠　何盛宝　吴汉东　张　平
张　勤　张雪红　张景利　李国华
李明德　李顺德　杨　哲　杨宗仁
杨铁军　陈文彤　周中琦　林广海
俞思瑛　徐志武　聂玉栋　陶鑫良
高　峰　黄　峰　曾祥袤　谢商华
秘书长：赵志彬

中国发明协会

China Association of Inventions（CAI）

地址：北京市海淀区复兴路甲 15 号专家公寓 6 层
邮政编码：100036
电子信箱：zgfmxh@cainet.org.cn
主页网址：www.cainet.org.cn
电话：010–63951008
传真：010–63955811
理事长：潘云鹤
副理事长：余华荣　唐大立　钱为强
秘书长：余华荣（兼）

中国工程教育专业认证协会

China Engineering Education Accreditation Association（CEEAA）

地址：北京市海淀区魏公村路 2 号
邮政编码：100081
电子信箱：secretariat@ceeaa.org.cn
主页网址：www.ceeaa.org.cn
电话：010–82213367
理事长：吴启迪
副理事长：张　勤　谢克昌　吴　岩　李金生
秘书长：吴　岩

中国检验检测学会

China Society of Inspection and Testing（CSIT）

地址：北京市朝阳区麦子店街 22 号三层
邮政编码：100125
电子信箱：info@csiq.org
主页网址：www.csiq.org
电话：010–82261111
传真：010–82261122
秘书长：夏　扬

中国女科技工作者协会

China Women's Association for Science and Technology

地址：北京市海淀区复兴路 3 号中国科技会堂 A 座 213
邮政编码：100863
电子信箱：nvkeji@163.com
主页网址：http://www.cwst.net
电话：010–68588799
传真：010–68588799
理事长：王志珍
副理事长：方　新（常务）　程东红（常务）
陈赛娟　王红阳　郑晓静　高瑞平
吕　植　曹淑敏　华　炜
秘书长：许　平

中国创造学会

China Creative Studies Institute（CCSI）

地址：上海市杨浦区四平路 1239 号同济大学
邮政编码：200092
电子信箱：ccsis@ccsis.org
主页网址：www.ccsis.org

电话：021–65986960
传真：021–65985811
理事长：徐建平
副理事长：张亚雷（常务）
秘书长：张亚雷（兼）

中国经济科技开发国际交流协会
Chinese Association for Exchange of Development Economy, Science and Technology (CAEDEST)

地址：北京市西城区前门西河沿街 215 号
邮政编码：100051
电子信箱：zhjkx@cast.org.cn
主页网址：www.caedest.org.cn
电话：010–63173409
传真：010–63029375
理事长：李振声
秘书长：张　帆

中国高科技产业化研究会
China High-Tech Industrialization Association（CHIA）

地址：北京市海淀区阜成路 8 号档案馆楼 315 室
邮政编码：100830
电子信箱：zghw10@163.com
主页网址：www.chia.org.cn
电话：010–68370413/68370784
传真：010–68370884
理事长：包为民
副理事长：梁小虹（常务）　王宇宏　王映民　王晋年　刘延宁　冯记春　沈保根　张寿全　张宝红　康金城
秘书长：黎宇红

中国微量元素科学研究会
Trace Elements Science Association of China

地址：江苏省南京市玄武区龙蟠中路 26 号
邮政编码：210016
电子信箱：3058553545@qq.com
主页网址：www.elementmedical.com
电话：025–86621959
传真：025–52309310
理事长：朱志国
副理事长：赵春杰　范广勤　周欣欣
秘书长：陈　岳

中国国际经济技术合作促进会
China Association for Promoting International Economic & Technical Cooperation（CAPC）

地址：北京市朝阳区惠新南里 6 号天建大厦 1001 室
邮政编码：100029
电子信箱：496704005@qq.com
主页网址：www.capc.com.cn
电话：010–53635604
理事长：杨春光
副理事长：王志宗　田继生　任树平　刘敬桢　宋　旭　宋和平　张学记　李　勇　陈凯慧　黄福水　彭　东　霍庆华
秘书长：任树平（代）

中国基本建设优化研究会
China Optimization Society of Capital Construction（COSOCC）

地址：北京市海淀区北洼路 48 号院三层
邮政编码：100142
电子信箱：sunhuawei@cosocc.org.cn
主页网址：www.cosocc.org.cn
电话：010–62809310
传真：010–62809310
理事长：厉无畏
副理事长：徐小青
秘书长：孙晓洲

中国科技馆发展基金会

Foundation for the Development of Science and Technology Museums in China（FDSTMC）

地址：北京市朝阳区北辰东路 5 号
邮政编码：100012
电子信箱：fdstmc@cstm.org.cn
主页网址：www.fdstmc.org.cn
电话：010-59041573
传真：010-59041576
理事长：殷　皓
秘书长：初学基

中国生物多样性保护与绿色发展基金会

China Biodiversity Conservation and Green Development Foundation（CBCGDF）

地址：北京市海淀区板井路 69 号世纪金源国际公寓
邮政编码：100097
电子信箱：v1@cbcgdf.org
主页网址：www.cbcgdf.org
电话：010-68485952
传真：010-88431370
理事长：胡德平
副理事长：张佐双　吴稼祥　金亦石　刘海彬
秘书长：周晋峰

省、自治区、直辖市科协，新疆生产建设兵团科协简介

北京市科学技术协会

地址：北京市朝阳区育慧里 4 号
邮政编码：100101
电子信箱：bastbgsh@126.com
主页网址：www.bast.net.cn
电话：010-84635008/84635009
传真：010-84655007
主席：刘德培
副主席：于德明　马　林　王恩哥　田　文
刘晓勘　孙宝国　孙晓峰　李德发
杨月欣　沈　岩　孟凡兴　徐明波
高　松　高　福　薛其坤

天津市科学技术协会

地址：天津市和平区和平路 287 号
邮政编码：300041
电子信箱：tastbgs@163.com
主页网址：www.tast.org.cn
电话：022-27120933/27126422
传真：022-23434553
主席：饶子和
副主席：陆为民（常务）　白景美　张丽珠
卢双盈　张泽峰（挂职）

河北省科学技术协会

地址：河北省石家庄市西大街 73 号
邮政编码：050011
电子信箱：skxbgs2015@163.com
主页网址：www.hbast.org.cn
电话：0311-86049311
传真：0311-86049311
主席：段惠军
副主席：刘纪雷　许顺斗　郑丽萍　张建辉

山西省科学技术协会

地址：山西省太原市迎泽大街 366 号
邮政编码：030001
电子信箱：sxskx@163.com
主页网址：www.sxast.cn
电话：0351-4041018
传真：0351-4068848
主席：周　然
副主席：许富昌　温万一　郝建新　张秀亲
马　进　王建文　孙世新　张克军
张其光　陈明昌　金智新　段志光
黄庆学　常国华　谢　红

内蒙古自治区科学技术协会

地址：内蒙古自治区呼和浩特市回民区新华大街 70 号
邮政编码：010020

电子信箱：nmgkxbgs@126.com
主页网址：www.imast.org.cn
电话：0471-6290014/18004719882
传真：0471-6939371
主席：赵 吉
副主席：麻 魁 荣昌平 苏雅来

辽宁省科学技术协会

地址：辽宁省沈阳市浑南区智慧三街 159 号
邮政编码：110167
电子信箱：lnkxbgs@163.com
主页网址：www.lnast.net
电话：024-23227601
传真：024-23221693
主席：郭东明
副主席：张春英 王元立 崔铁民 朱玉宏

吉林省科学技术协会

地址：吉林省长春市朝阳区人民大街 6255 号
邮政编码：130021
电子信箱：reny1023@163.com
主页网址：www.jlskx.org.cn
电话：0431-85261419
传真：0431-85682405
主席：冯守华
副主席：林 天 张晶莹 曹 军 韩宇鸿
穆晓东 张明耀（挂职） 于吉红
王利祥 冯 江 刘益春 安立佳
孙友宏 李 骏 冷春生 宋柏林
张会轩 金宁一 姜会林 贾 平

黑龙江省科学技术协会

地址：黑龙江省哈尔滨市南岗区中山路 204 号
邮政编码：150001
电子信箱：hljkx@sina.com
主页网址：www.hljkx.cn
电话：0451-82626403
传真：0451-82642716
主席：赵 敏
副主席：陶福胜 刘 福 臧晓敏 夏永刚
王希豹 付宏刚 包 军 孙柏涛
李 斌 李己华 李文华 杨宝峰
杨德森 周 玉 郭春景

上海市科学技术协会

地址：上海市南昌路 47 号
邮政编码：200020
电子信箱：zhuzhu@sast.gov.cn
主页网址：www.sast.gov.cn
电话：021-53822040
传真：021-53826013
主席：陈赛娟
副主席：马兴发 李虹鸣 梁兆正 陈 丽

江苏省科学技术协会

地址：江苏省南京市北京西路 30 号
邮政编码：210024
电子信箱：jskx2412@163.com
主页网址：www.jskx.org.cn
电话：025-83323435
传真：025-83303700
主席：陈 骏
副主席：孙春雷 刘志红 祝世宁 张建云
黄 维 缪昌文 王广基 朱怀诚
易中懿 胡敏强 尤肖虎 杨 辉
孙力斌 郁霞秋 任晋生 冯少东
徐春生

浙江省科学技术协会

地址：浙江省杭州市武林广场 8 号省科协大楼
邮政编码：310003
电子信箱：info@zast.org.cn
主页网址：www.zast.org.cn
电话：0571-85101326
传真：0571-85106947
主席：姚 克
副主席：郑金平 姜长才 陆 锦 王忠民
田 梅

安徽省科学技术协会

地址：安徽省合肥市花园街 4 号安徽科技大厦
邮政编码：230001
电子信箱：ahkxxx@126.com
主页网址：www.ahpst.net.cn
电话：0551-62661725
传真：0551-62655031
主席：韩　军
副主席：王　洵　蔡士祥　魏军锋　方勇华
王英俭　朱长飞　伍　军　刘晓平
闫红新　陈学东　项兴初　胡以华
俞本立　袁　亮　徐义流　曹云霞
蒋育翔　靳学明

福建省科学技术协会

地址：福建省福州市鼓楼区东大路 73 号
省直机关东湖大院 2 号楼 4-5 层
邮政编码：350001
电子信箱：kx303l@qq.com
主页网址：www.fjkx.org
电话：0591-86270693/86270610
传真：0591-86270660
主席：郑兰荪
副主席：曾能建　林学理　史　斌　鲁伟群
田中群　焦念志　付贤智　徐西鹏
陈立典　杨江帆　江云宝　王长平
兰思仁　陈晓春　李清彪　曹　荣
翁启勇　朱鹏立　涂慕溪　汪世华

江西省科学技术协会

地址：江西省南昌市东湖区北京西路 39 号
邮政编码：330046
电子信箱：357496307@qq.com
主页网址：www.jxkx.gov.cn
电话：0791-86261298
传真：0791-86261298
主席：史　可
副主席：罗　莹（常务）　梁纯平　孙卫民
宋平岗

山东省科学技术协会

地址：山东省济南市杆南东街 8 号
邮政编码：250001
电子信箱：skxbgsgy@sd.cn
主页网址：www.sdast.org.cn
电话：0531-82073209
传真：0531-82073209
主席：唐启升
副主席：王春秋　纪洪波　朱　明　秦维强
于洪文　万书波　王英龙　王金宝
张宏明　徐茂波　凌沛学　唐　波
韩圣浩　韩金祥　谢立信

河南省科学技术协会

地址：河南省郑州市花园路 53 号
邮政编码：450008
电子信箱：hnskxnba@163.com
主页网址：www.hast.net.cn
电话：0371-65707511
传真：0371-65707512
主席：霍金花
副主席：谈朗玉　冯　琦　童孟进　张占仓
张新友　刘炯天　张改平　薛松贵

湖北省科学技术协会

地址：湖北省武汉市武昌区八一路 9 号
邮政编码：430071
电子信箱：hubeikexie@126.com
主页网址：www.hbkx.org.cn
电话：027-87823704
传真：027-87823704
主席：郭生练
副主席：叶贤林（常务）　丁烈云　马忠星
王永良　王国斌　王焰新　毛新平
朱　瑛　刘松林　余　军　陈焕春
秦顺全　袁志明　窦贤康

湖南省科学技术协会

地址：湖南省长沙市开福区东风路 17 号
邮政编码：410005
电子信箱：hnkxbgs@163.com
主页网址：www.hnast.org.cn
电话：0731-84884371
传真：0731-84884348
主席：张尧学
副主席：丁荣军　于起峰　刘小明　刘晓河
印遇龙　李　华　张辉学　陈晓红
周后德　罗　安　郑健龙　柏连阳
段美娟　秦裕辉　童旭东　傅爱军
蒋晓云　谭蔚泓

广东省科学技术协会

地址：广东省广州市连新路 171 号
邮政编码：510040
电子信箱：stainfo@sta.gd.cn
主页网址：www.gdsta.cn
电话：020-83550424
传真：020-83549085
主席：陈　勇
副主席：王瑞军　王迎军　冯日光　吴创之
吴焕泉　吴清平　陆华忠　陈　新
罗　俊　郑庆顺　徐义刚　廖　兵
瞿金平

广西壮族自治区科学技术协会

地址：广西壮族自治区南宁市古城路 31 号
邮政编码：530022
电子信箱：gxkxdxb@126.com
主页网址：www.gxast.org.cn
电话：0771-2630650
传真：0771-2630650
主席：黄日波
副主席：纳　翔　梁春花　何　求　朱其东
梁　宏　赵劲民　邓国富　马少健
孙国友　唐咸来　袁智军　刘翠权

海南省科学技术协会

地址：海南省海口市国兴大道 69 号海南广场
人大政协楼 7 层
邮政编码：570203
电子信箱：hnkxxcb@163.com
主页网址：www.hainanast.org.cn
电话：0898-65393360
传真：0898-65332244
主席：康耀红
副主席：胡月明　林　峰　郑　红　吕传柱
史海涛　刘　丹

重庆市科学技术协会

地址：重庆市渝中区双钢路 3 号科协大厦 16 楼
邮政编码：400013
电子信箱：cqkxbgs@yahoo.cn
主页网址：www.cqast.cn
电话：023-63003916
传真：023-63003788
主席：潘复生
副主席：王云贵　王合清　卞修武　石晓辉
卢　涛　刘　彤　刘　波　许洪斌
杜云贵　李　林　李祖伟　李儒冠
张卫国　陈昌明　陈　蓉　周　雄
周后康　钟　宁　唐伯明　唐洪军
程　伟　蒋和全　曾　礼

四川省科学技术协会

地址：四川省成都市武侯区人民南路四段 11 号
邮政编码：610041
电子信箱：bgs@sckx.org.cn
主页网址：www.sckx.org.cn
电话：028-85221933
传真：028-85222804
主席：谢和平
副主席：王为民　石　碧　刘　进　朱　颖
吴显奎　张维岩　李元峰　李安民
李言荣　侯水平　黄润秋　黄竞跃
赖　静　翟婉明

贵州省科学技术协会

地址：贵州省贵阳市南明区瑞金南路 2 号
邮政编码：550002
电子信箱：gzskxbgs@126.com
主页网址：www.gzast.org
电话：0851-85832225
传真：0851-85832225
主席：何　力
副主席：张美圣　刘炳银　刘开树　杨泳滨
宋宝安　赵德刚　谭　红　杨　柱
冯新斌　秦水介　周　琦　韦　维
罗　扬　董泽琴　刘志杰　潘学军
杨三可　夏峥嵘　魏　巍

云南省科学技术协会

地址：云南省昆明市护国路 26 号
邮政编码：650021
电子信箱：ynast@163.com
主页网址：www.yunast.cn
电话：0871-63138614
传真：0871-63155032
主席：朱有勇
副主席：王　华　左荣贵　朱华山　向　云
刘　强　关鼎禄　孙　航　吴启明
张泽军　和江峰　郑　进　唐　兵
蒋永文

西藏自治区科学技术协会

地址：西藏自治区拉萨市江苏大道东三路
邮政编码：850000
电子信箱：xzkx-006@163.com
主页网址：http://kjg.cdstm.cn/index.php?a=subweb&wsid=39&webname=xzkx
电话：0891-6890529
传真：0891-6828576
主席：李秀珍
副主席：顿珠旦增　杜恩社

陕西省科学技术协会

地址：陕西省西安市新城大院
邮政编码：710006
主页网址：www.snast.org.cn
电话：029-87291492
传真：029-87291496
主席：蒋庄德
副主席：孙　科（常务）　丁德科　王跃进
方光华　孙振霖　李　跃　李金城
杨效宏　郑晓静　赵　卫　赵铱民
郝　跃　党广录　翁志黔　韩开兴
程光旭　蔡钊利　谭永华　熊中元

甘肃省科学技术协会

地址：甘肃省兰州市安宁区银安路 566 号
邮政编码：730070
电子信箱：gsskxbgs@163.com
主页网址：www.gsast.org.cn
电话：0931-6184211
传真：0931-6184256
第一副主席：陈炳东
副主席：张　平　毛曼君　张　炯　冯永成

青海省科学技术协会

地址：青海省西宁市西川南路 53 号君庭国际酒店 4 楼
邮政编码：810008
电子信箱：qhskxbgs@163.com
主页网址：www.qhkxw.com
电话：0971-6335628
传真：0971-6302839
主席：尤伟利
副主席：刘　青　徐东向　马　玉

宁夏回族自治区科学技术协会

地址：宁夏回族自治区银川市金凤区广场西路
邮政编码：750011
电子信箱：nxkxbgsh@163.com
主页网址：www.nxkx.org

电话：0951-5085100
传真：0951-5043588
主席：陈红缨
副主席：陈国顺 张晓玲 吴旭东

新疆维吾尔自治区科学技术协会

地址：新疆维吾尔自治区乌鲁木齐市新医路 686 号
邮政编码：830054
电子信箱：xjqkxbgs@126.com
主页网址：www.xast.org.cn
电话：0991-6386038/6386011
传真：0991-6386012
主席：王永明
副主席：陶 鹏 海萨尔·夏班拜 谢国政
米 宁 巴哈尔古丽·库尔班
李春阳 阿布都艾尼·依干拜尔迪

新疆生产建设兵团科学技术协会

地址：新疆乌鲁木齐市光明路 196 号
邮政编码：830002
电子信箱：xjbtkx@126.com
主页网址：kjj.xjbt.gov.cn
电话：0991-2896193
传真：0991-2896163
主席：徐秀芝
副主席：王红德 王晓严 周 霖 徐 斌
李宝成 代 斌 张传辉

索　引

主题索引

编制说明

1. 本索引为主题索引，以年鉴内容述及的主题为索引对象，包括收入书名、机构名、会议名等专有名词。主题选取力求概括全面，突出重点，揭示特色内容，提供多方位检索。

2. 索引范围为全书正文及附录中的部分相关内容。

3. 索引排序按先汉语拼音音序，再按阿拉伯数字、拉丁字母的次序排列。

4. 索引以“见”的形式将非标引词指向标引词，例如：为科技工作者服务　见　服务科技工作者；以“参见”揭示相关条目之间的联系，例如：科普工作　参见　科普活动；再如，国际科技交流与合作　参见　各全国学会、省级科学技术协会。后一例指可参看年鉴中相应全国学会、省级科学技术协会条目下的相关内容。

5. 检索页码后的“a”为该页文献左栏，“b”为该页文献右栏。检索数字“d1.01”中“d”表示“大事记”，“1.01”表示 1 月 1 日的记录。连续页码只记录起始页。二级标题在主标题下以缩格方式显示，以“—”表示主标题的区分；以“，”表示主标题的补充说明。

A

B

C

D

E

F

G

J

L

M

N

R

S

T

W

X

Y

Z

人名索引

本索引收录年鉴中的人名，先按汉语拼音音序排列中文人名，再按西文字母的次序排列其余人名。

D

E

F

G

J

K

L

T

X

Y

Z

国际组织机构名称索引

本索引收录国际机构组织名称，先按中文译名的拼音排列，再按西文字母的次序排列。